						18
						He 2 hélio 4,00 $1s^2$

☐ Metal
☐ Metaloide
☐ Não metal

13	14	15	16	17
B 5 boro 10,81 $2s^22p^1$	**C** 6 carbono 12,01 $2s^22p^2$	**N** 7 nitrogênio 14,01 $2s^22p^3$	**O** 8 oxigênio 16,00 $2s^22p^4$	**F** 9 flúor 19,00 $2s^22p^5$	**Ne** 10 neônio 20,18 $2s^22p^6$
Al 13 alumínio 26,98 $3s^23p^1$	**Si** 14 silício 28,09 $3s^23p^2$	**P** 15 fósforo 30,97 $3s^23p^3$	**S** 16 enxofre 32,06 $3s^23p^4$	**Cl** 17 cloro 35,45 $3s^23p^5$	**Ar** 18 argônio 39,95 $3s^23p^6$

10	11	12						
Ni 28 níquel 58,69 $3d^84s^2$	**Cu** 29 cobre 63,55 $3d^{10}4s^1$	**Zn** 30 zinco 65,41 $3d^{10}4s^2$	**Ga** 31 gálio 69,72 $4s^24p^1$	**Ge** 32 germânio 72,64 $4s^24p^2$	**As** 33 arsênio 74,92 $4s^24p^3$	**Se** 34 selênio 78,96 $4s^24p^4$	**Br** 35 bromo 79,90 $4s^24p^5$	**Kr** 36 criptônio 83,80 $4s^24p^6$
Pd 46 paládio 106,42 $4d^{10}$	**Ag** 47 prata 107,87 $4d^{10}5s^1$	**Cd** 48 cádmio 112,41 $4d^{10}5s^2$	**In** 49 índio 114,82 $5s^25p^1$	**Sn** 50 estanho 118,71 $5s^25p^2$	**Sb** 51 antimônio 121,76 $5s^25p^3$	**Te** 52 telúrio 127,60 $5s^25p^4$	**I** 53 iodo 126,90 $5s^25p^5$	**Xe** 54 xenônio 131,29 $5s^25p^6$
Pt 78 platina 195,08 $5d^96s^1$	**Au** 79 ouro 196,97 $5d^{10}6s^1$	**Hg** 80 mercúrio 200,59 $5d^{10}6s^2$	**Tl** 81 tálio 204,38 $6s^26p^1$	**Pb** 82 chumbo 207,2 $6s^26p^2$	**Bi** 83 bismuto 208,98 $6s^26p^3$	**Po** 84 polônio (209) $6s^26p^4$	**At** 85 astatínio (210) $6s^26p^5$	**Rn** 86 radônio (222) $6s^26p^6$
Ds 110 darmstádtio (281) $6d^87s^2$	**Rg** 111 roentgênio (280) $6d^{10}7s^1$	**Cn** 112 copernício (285) $6d^{10}7s^2$	113	**Fl** 114 fleróvio (289) $7s^27p^2$	115	**Lv** 116 livermório (293) $7s^27p^4$	117	118

Eu 63 európio 151,96 $4f^76s^2$	**Gd** 64 gadolínio 157,25 $4f^75d^16s^2$	**Tb** 65 térbio 158,93 $4f^96s^2$	**Dy** 66 disprósio 162,50 $4f^{10}6s^2$	**Ho** 67 hólmio 164,93 $4f^{11}6s^2$	**Er** 68 érbio 167,26 $4f^{12}6s^2$	**Tm** 69 túlio 168,93 $4f^{13}6s^2$	**Yb** 70 itérbio 173,04 $4f^{14}6s^2$	**Lu** 71 lutécio 174,97 $5d^16s^2$
Am 95 amerício (243) $5f^77s^2$	**Cm** 96 cúrio (247) $5f^76d^17s^2$	**Bk** 97 berkélio (247) $5f^97s^2$	**Cf** 98 califórnio (251) $5f^{10}7s^2$	**Es** 99 einstênio (252) $5f^{11}7s^2$	**Fm** 100 férmio (257) $5f^{12}7s^2$	**Md** 101 mendelévio (258) $5f^{13}7s^2$	**No** 102 nobélio (259) $5f^{14}7s^2$	**Lr** 103 laurêncio (262) $6d^17s^2$

TABELAS E FIGURAS DE USO FREQUENTE

		Página
Propriedades atômicas e moleculares		
Raios atômicos	Fig. 1F.4	54
Raios iônicos	Fig. 1F.6	55
Primeiras energias de ionização	Fig. 1F.8	57
Afinidade eletrônica	Fig. 1F.12	59
Eletronegatividade	Fig. 2D.2	97
Comprimentos de ligação médios	Tabela 2D.3	101
Configurações eletrônicas do estado fundamental	Apêndice 2C	A18
Os elementos (propriedades físicas)	Apêndice 2D	A19
Propriedades termodinâmicas		
Entalpias padrão de mudanças físicas	Tabela 4C.1	268
Entalpias de rede	Tabela 4E.1	291
Entalpias de ligação médias	Tabela 4E.3	293
Pressão de vapor da água	Tabela 5A.2	351
Dados termodinâmicos	Apêndice 2A	A9
Soluções		
Constantes de acidez em 25°C	Tabela 6C.1	461
Constantes de basicidade em 25°C	Tabela 6C.2	462
Constantes de acidez de ácidos polipróticos em 25°C	Tabela 6E.1	483
Produtos de solubilidade	Tabela 6I.1	524
Eletroquímica		
Potenciais padrão	Tabela 6M.1	557
	Apêndice 2B	A16

PRINCÍPIOS
de QUÍMICA

A874p   Atkins, Peter.
     Princípios de química : questionando a vida moderna e o meio ambiente / Peter Atkins, Loretta Jones, Leroy Laverman ; tradutor: Félix José Nonnenmacher ; revisão técnica: Ricardo Bicca de Alencastro. – 7. ed. – Porto Alegre : Bookman, 2018.
     xxvi , [1062 em várias paginações] : il. color. ; 28 cm.

     ISBN 978-85-8260-461-8

     1. Química. I. Jones, Loretta. II. Laverman, Leroy. III. Título.

                                                              CDU 54

Catalogação na publicação: Karin Lorien Menoncin – CRB 10/2147

PETER ATKINS
Oxford University

LORETTA JONES
University of Northern Colorado

LEROY LAVERMAN
University of California, Santa Barbara

PRINCÍPIOS de QUÍMICA

QUESTIONANDO A VIDA MODERNA E O MEIO AMBIENTE

7ª Edição

Tradução
Felix Nonnenmacher

Revisão técnica
Ricardo Bicca de Alencastro
Doutor em Físico-Química pela Universidade de Montréal, Quebec, Canadá
Professor Emérito do Instituto de Química da UFRJ

2018

Obra originalmente publicada sob o título
Chemical Principles: The Quest for Insight, 7th Edition
ISBN 9781464183959

First published in the United States by W.H.Freeman and Company, New York
Copyright ©2016 by W.H.Freeman and Company.
All rights reserved.

Gerente editorial: *Arysinha Jacques Affonso*

Colaboraram nesta edição:

Editora: *Denise Weber Nowaczyk*

Capa: *Márcio Monticelli* (arte sob capa original)

Imagem da capa: *regionales/Shuterstock*

Tradutor da 5ª. Edição: *Ricardo Bicca de Alencastro*

Leitura final: *Monica Stefani* e *Amanda Jansson Breitsameter*

Editoração: *Clic Editoração Eletrônica Ltda.*

Reservados todos os direitos de publicação, em língua portuguesa, à
BOOKMAN EDITORA LTDA., uma empresa do GRUPO A EDUCAÇÃO S.A.
Av. Jerônimo de Ornelas, 670 – Santana
90040-340 Porto Alegre RS
Fone: (51) 3027-7000 Fax: (51) 3027-7070

Unidade São Paulo
Rua Doutor Cesário Mota Jr., 63 – Vila Buarque
01221-020 São Paulo SP
Fone: (11) 3221-9033

SAC 0800 703-3444 – www.grupoa.com.br

É proibida a duplicação ou reprodução deste volume, no todo ou em parte, sob quaisquer
formas ou por quaisquer meios (eletrônico, mecânico, gravação, fotocópia, distribuição na Web
e outros), sem permissão expressa da Editora.

IMPRESSO NO CHINA
PRINTED IN CHINA

PREFÁCIO

Princípios de química

A principal proposta deste livro é instigar o estudante a refletir e questionar, fornecendo uma base sólida sobre os princípios da química. Aprender a pensar, formular perguntas e abordar problemas são tarefas essenciais para todo estudante, independentemente do nível. Neste livro mostramos como desenvolver modelos, refiná-los de forma sistemática com base em dados experimentais e expressá-los quantitativamente. Com esse fim, *Princípios de Química: questionando a vida moderna e o meio ambiente*, sétima edição, objetiva desenvolver os conhecimentos e oferecer aos estudantes uma ampla gama de ferramentas pedagógicas.

A nova organização dos conteúdos

Nesta edição a organização dos conteúdos foi reformulada. Os assuntos são apresentados em 85 *Tópicos* curtos, distribuídos em 11 grupos temáticos chamados de *Focos*. Nosso objetivo foi apresentar os conteúdos com o máximo de flexibilidade e clareza para o estudante e para o professor. Tínhamos uma estrutura específica em mente enquanto escrevíamos o texto, porém muitos professores têm suas próprias ideias sobre como usar materiais didáticos. Por essa razão, embora o conteúdo tenha sido organizado tendo o átomo como tema principal nas discussões, a divisão em tópicos permite adaptações, como a omissão de tópicos ou a ordenação dos conteúdos de acordo com os objetivos específicos de ensino. Tomamos todo o cuidado para evitar sugerir que os tópicos tenham de ser estudados na ordem apresentada. De leitura fácil, estão divididos em seções menores, o que simplifica o uso do material nos estudos.

Cada Foco começa com uma breve discussão sobre como os tópicos tratam do tema e como este se relaciona com os outros temas do livro. Esta relação contextual também é representada visualmente por meio de um "organograma" no começo de cada Foco. A ideia é expor a estrutura do conhecimento abordado, sem influenciar a ordem da apresentação.

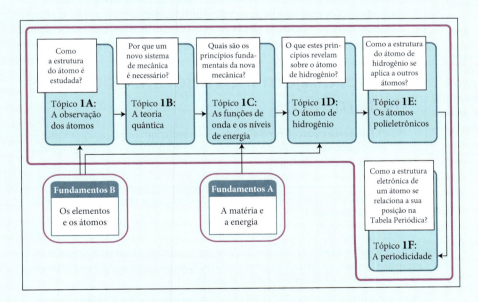

Nossa principal motivação é ajudar os estudantes a dominar os conteúdos das disciplinas que cursam. Por isso, cada tópico inicia com duas questões muito presente entre os alunos: "Por que você precisa estudar este assunto?" e "Que conhecimentos você precisa dominar?" As respostas para a segunda pergunta direcionam o estudante para os tópicos que ele deve conhecer antes de estudar o novo. Com base nos conselhos recebidos dos nossos revisores, nos esforçamos para que esta nova organização dos conteúdos ajude e oriente estudantes e professores nos percursos que escolherem, aperfeiçoando a experiência em sala de aula. Inclusive o organograma foi concebido como incentivo ao aprendizado, pois mostra como cada tópico aborda uma questão conceitual.

Uma novidade nesta edição, especificamente no Foco 5, é a apresentação comparativa dos desdobramentos cinéticos e termodinâmicos de um assunto. Esta inovação pretende atender às expectativas de professores que abordam o equilíbrio a partir de diferentes perspectivas, permitindo que se concentrem naquela que melhor atende a seus objetivos pedagógicos.

Por fim, reunimos as Técnicas Principais em um grupo, em seções disponíveis no hotsite deste livro (http://apoio.grupoa.com.br/atkins7ed).

Como explicar esse fenômeno...

...usando a cinética?

A *interpretação cinética* do equilíbrio é baseada em uma comparação de velocidades opostas, como as taxas de evaporação e de condensação, neste caso. O vapor se forma à medida que as moléculas deixam a superfície do líquido devido à evaporação. Entretanto, quando o número de moléculas na fase vapor aumenta, um número maior delas está disponível para condensar, isto é, chocar-se com a superfície do líquido, aderindo a ela e voltando a fazer parte do líquido. Eventualmente, o número de moléculas que voltam ao líquido em cada segundo se iguala ao número que escapa (Fig. 5A.2). Nessas condições, o vapor condensa com a mesma velocidade com que o líquido vaporiza e o equilíbrio é *dinâmico*, porque os processos direto e inverso continuam ocorrendo, mas em velocidades idênticas. O **equilíbrio dinâmico** entre a água líquida e seu vapor é representado por

$$H_2O(l) \rightleftharpoons H_2O(g)$$

O símbolo $\rightleftharpoons$ significa que as espécies descritas em ambos os lados estão em equilíbrio dinâmico. Levando isso em conta, a **pressão de vapor** de um líquido (ou de um sólido) pode ser definida como a pressão exercida por seu vapor em equilíbrio dinâmico com o líquido (ou o sólido).

... usando a termodinâmica?

Na *interpretação termodinâmica* do equilíbrio, as fases condensada e vapor de uma substância estão em equilíbrio, denotado por

$$H_2O(l) \rightleftharpoons H_2O(g)$$

quando não há variação na energia livre de Gibbs, $\Delta G = 0$ para o processo de mudança de fase. Em resumo, nem o processo direto nem o inverso são espontâneos no equilíbrio. A **pressão de vapor** de um líquido (ou de um sólido) pode ser definida como a pressão exercida por seu vapor em equilíbrio com o líquido (ou o sólido).

A revisão dos conceitos básicos

O livro inicia com a seção *Fundamentos*, identificada por margens verdes, que apresenta os conceitos básicos da química sob uma ótica dinâmica. Este material é uma fonte útil para referência rápida ao longo do uso do livro, mas também pode ser adotado como material de pesquisa antes do estudo de um tema específico.

A abordagem inovadora a conceitos matemáticos

- **"O que esta equação revela"** ajuda a interpretar uma equação em termos físicos e químicos. O objetivo é mostrar que a matemática é uma linguagem que revela aspectos da realidade.

O resultado do cálculo é que o trabalho feito quando o sistema se expande por ΔV contra uma pressão externa constante P_{ext} é

$$w = -P_{ext}\Delta V \tag{3}$$

Esta expressão se aplica a todos os sistemas. Em um gás, o processo é mais fácil de visualizar, mas a expressão também se aplica a líquidos e sólidos. Contudo, a Equação 3 *só é aplicável quando a pressão externa é constante* durante a expansão.

O que esta equação revela? Quando o sistema expande, ΔV é positivo. Portanto, o sinal negativo na Equação 3 diz que a energia interna do sistema diminui quando ele expande. O fator P_{ext} informa que o trabalho realizado é maior para determinada variação de volume quando a pressão externa é alta. O fator ΔV diz que, para uma dada pressão externa, quanto maior for o trabalho realizado, maior será a variação de volume.

Prefácio   vii

- **"Como isso é feito?"** apresenta as expressões matemáticas destacadas no texto, facilitando o estudo, encorajando os estudantes a conhecer o poder da matemática (mostrando que o progresso no estudo depende dela) e descrevendo a obtenção de equações importantes a partir do conteúdo apresentado. A maior parte dos cálculos é apresentada neste formato, o que permite sua fácil identificação, seja para não abordá-los, seja para destacá-los. Para aqueles professores que acreditam que seus alunos possam se beneficiar da compreensão mais profunda da matemática, estes processos de obtenção de equações são muito motivadores. Alguns exercícios apresentados no final de cada Foco são identificados com $\int_{dx}^{C}$.

──────────── **Como isso é feito?** ────────────

Para calcular a fração do espaço ocupado em uma estrutura de empacotamento compacto, examinemos uma estrutura ccp. A primeira etapa é ver como as esferas que representam os átomos formam os cubos. A Figura 3H.18 mostra oito esferas nos cantos dos cubos. Somente um oitavo dessas esferas faz parte do cubo, logo, as oito esferas dos vértices contribuem, em conjunto, com $8 \times \frac{1}{8} = 1$ esfera do cubo. Metade de uma esfera em cada uma das seis faces faz parte do cubo e, por essa razão, as esferas em cada face contribuem com $6 \times \frac{1}{2} = 3$ esferas, perfazendo quatro esferas em todo o cubo. O comprimento da diagonal da face do cubo mostrado na Fig. 3H.18 é $4r$, em que r é o raio atômico. Cada um dos dois átomos do vértice contribui com r e o átomo do centro da face contribui com $2r$. De acordo com o teorema de Pitágoras, o comprimento do lado do cubo, a, está relacionado com a diagonal do lado segundo a expressão $a^2 + a^2 = (4r)^2$, ou $2a^2 = 16r^2$ e, portanto, $a = 8^{1/2}r$. Assim, o volume do cubo é $a^3 = 8^{3/2}r^3$. O volume de cada esfera é $\frac{4}{3}\pi r^3$ e, desta forma, o volume total das esferas que contribuem com o volume do cubo é $4 \times \frac{4}{3}\pi r^3 = \frac{16}{3}\pi r^3$. A razão deste volume ocupado para o volume total do cubo é:

$$\frac{\text{Volume total das esferas}}{\text{Volume total do cubo}} = \frac{(16/3)\pi r^3}{8^{3/2}r^3} = \frac{16\pi}{3 \times 8^{3/2}} = 0{,}74\ldots$$

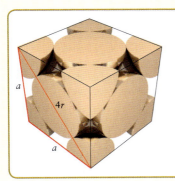

FIGURA 3H.18 Relação entre as dimensões de uma célula unitária cúbica de face centrada e o raio das esferas, r. As esferas estão em contato ao longo da diagonal da face.

- As **equações explicativas** ajudam o estudante a interpretar a conexão entre símbolos e valores numéricos. O uso correto de unidades é parte importante do vocabulário acadêmico, não apenas porque é parte da linguagem química internacional, mas também porque permite sistematizar a abordagem aos cálculos. Em contextos mais complicados ou menos relevantes, as anotações são utilizadas para explicar a movimentação de unidades.

$$w = -\overbrace{(0{,}100 \text{ mol})}^{n} \times \overbrace{(8{,}3145 \text{ J·K}^{-1}\text{·mol}^{-1})}^{R} \times \overbrace{(298 \text{ K})}^{T} \times \ln\overbrace{\frac{2{,}00 \text{ L}}{1{,}00 \text{ L}}}^{V_2/V_1} = -172 \text{ J}$$

A ênfase na solução de problemas

- **"Notas de boa prática"** promovem a conformidade à linguagem científica apresentando os termos e procedimentos adotados pela União Internacional de Química Pura e Aplicada (IUPAC). Em muitos casos, estas notas identificam erros comuns e explicam como evitá-los.

> **Nota de boa prática** Uma propriedade y "varia linearmente com x" se a relação entre y e x pode ser escrita como $y = b + mx$, em que b e m são constantes. A propriedade y é "proporcional a x" se $y = mx$ (isto é, $b = 0$).

- A estratégia **"Antecipe/Planeje/Resolva/Avalie"** para a solução de problemas estimula o estudante a prever uma resposta qualitativa e determinar a resposta antes de tentar resolver a questão quantitativa. Após a solução, a previsão inicial é avaliada. Muitos estudantes se sentem confusos sobre o que devem pressupor em um cálculo. Os exemplos resolvidos incluem informações explícitas sobre o que deve ser pressuposto. Como os estudantes processam a informação de formas diferentes, muitas etapas nos exemplos são divididas em três componentes: uma frase *qualitativa* sobre o que está sendo feito, uma explicação *quantitativa* com o tratamento matemático adequado e uma representação *visual* que auxilia na interpretação de cada etapa.

EXEMPLO 6A.2 Cálculo da concentração de íons em uma solução de um hidróxido de metal

O hidróxido de bário é uma base usada na titulação de alguns ácidos. Para usar o composto, você precisa conhecer a concentração real do íon hidróxido em solução. Quais são as concentrações de íons H_3O^+ e OH^- em uma solução 0,0030 M de $Ba(OH)_2(aq)$ em 25°C?

ANTECIPE Como o composto contém íons OH^-, eles estarão presentes em concentração muito elevada, mas deve haver uma pequena concentração de íons H_3O^+ para manter o valor de K_w.

PLANEJE A maior parte dos hidróxidos dos Grupos 1 e 2 podem ser considerados como totalmente dissociados em solução. Decida, usando a fórmula química, quantos íons OH^- são fornecidos por cada fórmula unitária e calcule a concentração desses íons na solução. Para encontrar a concentração de íons H_3O^+, use a constante de autoprotólise da água, $K_w = [H_3O^+][OH^-]$.

RESOLVA

Decida se o composto está totalmente dissociado em solução.

Como o bário é um metal alcalino-terroso, o $Ba(OH)_2$ dissocia quase completamente em água para dar íons Ba^{2+} e OH^-.

Encontre a razão molar entre o íon hidróxido e o hidróxido de bário.

$$Ba(OH)_2(s) \longrightarrow Ba^{2+}(aq) + 2\,OH^-(aq); \quad 1\text{ mol }Ba(OH)_2 \simeq 2\text{ mol }OH^-$$

Calcule a concentração de íons hidróxido a partir da concentração de soluto (complete com as unidades).

$$[OH^-] = 2 \times 0{,}0030 \text{ mol·L}^{-1} = 0{,}0060 \text{ mol·L}^{-1}$$

Use K_w na forma $[H_3O^+] = K_w/[OH^-]$ para encontrar a concentração de íons H_3O^+.

$$[H_3O^+] = \frac{K_w}{[OH^-]} = \frac{1{,}0 \times 10^{-14}}{0{,}0060} = 1{,}7 \times 10^{-12}$$

AVALIE A concentração de íons H_3O^+ é 1,7 pmol·L^{-1} (1 pmol = 10^{-12} mol), que é muito pequena, como esperado, mas não é zero.

Teste 6A.3A Estime as molaridades de (a) H_3O^+ e de (b) OH^-, em 25°C, em uma solução $6{,}0 \times 10^{-5}$ M de HI (aq).

[***Resposta:*** (a) 60. μmol·L^{-1}; (b) 0,17 nmol·L^{-1}]

Teste 6A.3B Estime as molaridades de (a) H_3O^+ e de (b) OH^-, em 25°C, em uma solução $2{,}2 \times 10^{-3}$ M de NaOH(aq).

Exercícios relacionados 6A.19, 6A.20, 6A.23 e 6A.24

Prefácio **ix**

- Contextos reais nos **Exemplos** motivam os estudantes a perceber que o cálculo é uma ferramenta importante em todos os cenários e as aplicações profissionais. Com isso em mente, os problemas são propostos em contextos nos quais estes cálculos são possíveis.
- **Testes** permitem ao estudante avaliar sua compreensão sobre os conteúdos aprendidos ou sobre um exemplo resolvido. São propostos dois testes em cada caso. A resposta do primeiro é fornecida na sequência e a do segundo está no final do livro.
- **"Ponto para pensar"** motiva o estudante a refletir sobre as implicações dos conteúdos aprendidos e a aplicar esses conhecimentos a novas situações.

PONTO PARA PENSAR

Como a velocidade única de uma reação muda se os coeficientes da equação química forem dobrados?

- **"Caixas de ferramentas"** mostram aos estudantes como abordar os principais tipos de cálculo e demonstram como encontrar as relações entre conceitos na solução de problemas. Servem como ferramenta pedagógica e resumos práticos de conteúdos essenciais. Elas resumem a base conceitual das etapas seguintes, porque acreditamos que os estudantes devam entender a fundo o que estão fazendo, além de serem meramente capazes de fazê-lo. Após cada Caixa de Ferramentas seguem exemplos resolvidos aplicando a estratégia de solução de problemas nela descrita, ilustrando todas as etapas do procedimento.

Caixa de ferramentas 6D.1 COMO CALCULAR O pH DE UMA SOLUÇÃO DE UM ÁCIDO FRACO

BASE CONCEITUAL

Como o equilíbrio de transferência de prótons se estabelece assim que o ácido fraco se dissolve em água, as concentrações do ácido, do íon hidrônio e da base conjugada do ácido devem sempre satisfazer à constante de acidez do ácido. Essas quantidades podem ser calculadas construindo uma tabela de equilíbrio como a da Caixa de Ferramentas 5I.1.

PROCEDIMENTO

Etapa 1 Escreva a equação química e a expressão de K_a do equilíbrio de transferência de prótons. Construa uma tabela com colunas denominadas ácido (HA), H_3O^+ e base conjugada do ácido (A^-). Na primeira linha, coloque as concentrações iniciais de cada espécie. Nesta etapa, imagine que não houve desprotonação das moléculas do ácido.

Registre na segunda linha as mudanças de concentração necessárias para que a reação atinja o equilíbrio. Suponha que a concentração do ácido diminuiu x $mol \cdot L^{-1}$ em consequência da desprotonação. A estequiometria da reação determina as demais mudanças em termos de x. Na terceira linha, registre as concentrações de equilíbrio para cada substância adicionando a mudança de concentração (linha 2) aos valores iniciais de cada substância (linha 1).

	Ácido, HA	H_3O^+	Base conjugada, A^-
concentração inicial	$[HA]_{inicial}$	0	0
mudanças de concentração	$-x$	$+x$	$+x$
concentração de equilíbrio	$[HA]_{inicial} - x$	x	x

Embora uma mudança de concentração possa ser positiva (acréscimo) ou negativa (decréscimo), o valor da concentração deve ser sempre positivo.

Etapa 2 Substitua as concentrações de equilíbrio na expressão de K_a.

Etapa 3 Resolva para o valor de x, que dá $[H_3O^+]$ (da linha 3).

O cálculo de x pode ser frequentemente simplificado, como vimos na Caixa de Ferramentas 5I.1, desprezando-se as mudanças inferiores a 5% da molaridade inicial do ácido. Uma maneira simples de predizer se a aproximação pode ser usada consiste em comparar os valores de K_a e a concentração inicial do ácido fraco. Se o valor numérico de $[HA]_{inicial}$ for ao menos duas ordens de magnitude maior do que o valor de K_a (mais de 10^2 vezes maior), então a aproximação provavelmente será válida. Entretanto, no final do cálculo, é preciso verificar se x é consistente com a aproximação, calculando a percentagem do ácido desprotonado. Se essa percentagem for superior a 5%, então a expressão exata para K_a deverá ser resolvida para x. O cálculo exato envolve, com frequência, a resolução de equações de segundo grau. Se o pH for maior do que 6 (mas inferior a 7), o ácido está tão diluído ou é tão fraco que a autoprotólise da água contribuirá significativamente para o pH. Nesses casos, é preciso usar os procedimentos descritos no Tópico 6F, que levam em conta a autoprotólise da água. A contribuição da autoprotólise da água em uma solução ácida só poderá ser ignorada quando a concentração calculada de H_3O^+ for substancialmente (cerca de 10 vezes) maior do que 10^{-7} $mol \cdot L^{-1}$, o que corresponde a um pH de 6 ou menos.

Etapa 4 Calcule o pH a partir de pH $= -\log[H_3O^+]$.

Embora o pH deva ser calculado com o número de algarismos significativos apropriados aos dados iniciais, as respostas são, em geral, consideravelmente menos confiáveis do que isso. Uma das razões desta baixa precisão é que as interações entre os íons em solução não estão sendo consideradas.

Este procedimento está ilustrado nos Exemplos 6D.1 e 6D.2.

x Prefácio

- **"Os conhecimentos que você deve dominar incluem a capacidade de:"** são listas de conceitos-chave no final de cada tópico. Além de ser um lembrete dos temas que os estudantes devem dominar, é uma oportunidade de confirmar que os conteúdos foram assimilados.

Os conhecimentos que você deve dominar incluem a capacidade de:

- ☐ **1.** Determinar a energia de ativação a partir da relação experimental entre a temperatura e as constantes de velocidade de reação (Exemplo 7D.1).
- ☐ **2.** Predizer a constante de velocidade de uma reação em uma nova temperatura se a energia de ativação e a constante de velocidade em outra temperatura forem conhecidas (Exemplo 7D.2).
- ☐ **3.** Discutir os parâmetros de Arrhenius, A e E_a, em termos dos modelos de reação (Seções 7D.2 e 7D.3).

- **Notas de margem** ao lado do trecho ao qual se referem ajudam a esclarecer conceitos e práticas ou comentar fatos históricos.

O modelo VSEPR foi proposto pelos químicos ingleses Nevil Sidgwick e Herbert Powell e desenvolvido pelo químico canadense Ronald Gillespie.

As estruturas de Lewis (Tópicos 2B e 2C) mostram apenas como os átomos estão ligados e como os elétrons estão arranjados em torno deles. O **modelo da repulsão dos pares de elétrons da camada de valência** (modelo VSEPR) amplia a teoria da ligação química de Lewis incluindo regras para explicar as formas das moléculas e os ângulos de ligação:

- Novas nesta edição, cinco **"Interlúdios"** descrevem uma variedade de aplicações modernas da química, mostrando como a disciplina é usada em contextos atuais.
- Outra novidade são os **exercícios específicos para Focos e Tópicos**, que representam uma oportunidade de resolver problemas envolvendo os conteúdos em cada tópico (ao final de cada tópico) e incluem exercícios que combinam conceitos de todo um Foco (ao final do respectivo Foco).

Tópico 3I Exercícios

3I.1 Estime a densidade relativa (em comparação com o alumínio puro) do magnálio, uma liga de magnésio e alumínio em que 30,0% dos átomos de alumínio foram substituídos por átomos de magnésio sem distorção da estrutura cristalina.

3I.2 Estime a densidade relativa (comparada com a do cobre puro) do bronze-alumínio, uma liga com 8,0% de alumínio em massa. Suponha que não exista distorção da estrutura cristalina.

3I.3 Como as propriedades físicas das ligas diferem das propriedades dos metais puros com os quais são produzidas?

3I.4 Qual é a diferença entre ligas homogêneas e heterogêneas? Dê exemplos de cada tipo.

3I.5 Quando superfícies de ferro são expostas à amônia em temperatura elevada, ocorre a "nitrificação" – a incorporação de nitrogênio à rede do ferro. O raio atômico do ferro é 124 pm. (a) A liga é intersticial ou substitucional? Justifique sua resposta. (b) Como você espera que a nitrificação modifique as propriedades do ferro?

alumínio para uso na construção de aeronaves que contém 4,4% de cobre, 1,5% de magnésio e 0,6% de magnésio em alumínio.

3I.9 Uma célula unitária da estrutura da calcita é mostrada em http://webmineral.com. Com base nela, identifique (a) o sistema cristalino e (b) o número de fórmulas unitárias presentes na célula unitária.

3I.10 Consulte http://webmineral.com e examine as células unitárias da calcita e da dolomita. (a) Que aspectos as duas estruturas têm em comum? (b) No que diferem as duas estruturas? (c) Onde estão localizados os íons magnésio e cálcio na dolomina?

3I.11 A pirita de ferro (FeS_2) é conhecida como o ouro dos tolos porque se parece com o metal ouro. Entretanto, ela pode ser facilmente reconhecida pela diferença nas densidades. A densidade do ouro é 19,28 $g \cdot cm^{-3}$ e a do ouro dos tolos é 5,01 $g \cdot cm^{-3}$. Que volume de ouro dos tolos teria a mesma massa de uma peça de ouro de 4,0 cm^3?

3I.12 A mica, com uma densidade igual a 1,5 $g \cdot cm^3$, pode ser ex-

O exemplo e os exercícios a seguir baseiam-se no conteúdo do Foco 3.

FOCO 3 — Exemplo cumulativo online

Algumas das primeiras argamassas eram *cimentos não hidráulicos*, que curam mediante reação com o CO_2, e não com a água. Estes cimentos eram preparados aquecendo-se a calcita, $CaCO_3(s)$, a temperaturas elevadas para liberar o gás CO_2 e formar cal, $CaO(s)$. O sólido resultante é misturado com água para formar uma pasta de cal hidratada, $Ca(OH)_2$, à qual adiciona-se areia ou cinza vulcânica para formar a argamassa de cal. Por exemplo, em Roma, o Coliseu e o Panteão foram construídos usando este tipo de argamassa e estão se mantendo de pé ao longo dos séculos. Imagine que você está investigando métodos antigos de construção e precisa entender a química destes materiais.

(a) Escreva as equações químicas balanceadas para (i) a conversão da calcita em cal, (ii) a reação da cal com água para formar cal hidratada e (iii) a reação da cal hidratada com CO_2 para formar carbonato de cálcio.

(b) A preparação da cal libera dióxido de carbono, um gás de estufa. Se 1.000 t (1 t = 10^3 kg) de $CaCO_3$ é colocada em um forno e aquecida até 850°C, que volume de $CO_2(g)$ é formado em 850°C e 1 atm?

(c) Se o $CO_2(g)$ encontrado no item (b) for esfriado até atingir a temperatura do ambiente de 22°C, que volume ele ocupará?

(d) O óxido de cálcio tem a estrutura cúbica mostrada em (**1**). Cada aresta mede 481,1 pm. Os átomos estão nas arestas, faces e vértices do cubo, cujo átomo central é um oxigênio. Use estas informações e a densidade do $CaCO_3(s)$, 2,711 g·cm^{-3}, para calcular a variação no volume do sólido à medida que CO_2 é liberado de 1,0 t de $CaCO_3$.

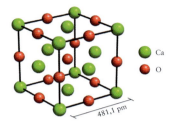

1 Óxido de cálcio, CaO

(e) Com base nos resultados da parte (d), aponte uma razão pela qual edificações construídas com tijolos unidos com argamassa de cal podem desabar durante um incêndio.

 A solução deste exemplo está disponível, em inglês, no hotsite http://apoio.grupoa.com.br/atkins7ed

FOCO 3 — Exercícios

3.1 O desenho abaixo representa uma pequena seção de um balão que contém dois gases. As esferas de cor laranja representam átomos de neônio, e as de cor azul, átomos de argônio. (a) Se a pressão parcial do neônio nesta mistura for 420. Torr, qual será a pressão parcial do argônio? (b) Qual é a pressão total?

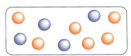

3.2 Os quatro balões abaixo foram preparados com o mesmo volume e temperatura. O Balão I contém átomos de He; o Balão II, mo-

3.3 Por meio de uma série de etapas enzimáti fotossíntese, o dióxido de carbono e a água prod gênio, de acordo com a equação

$$6\,CO_2(g) + 6\,H_2O(l) \longrightarrow C_6H_{12}O_6(s$$

Sabendo que a pressão parcial do dióxido de ca ra é 0,26 Torr e que a temperatura é 25°C, calc necessário para produzir 10,0 g de glicose a 1 at

3.4 Colegas de quarto enchem dez balões par com hidrogênio e cinco com hélio. Após a festa, os balões de hidrogênio perderam um quinto de do à difusão através das paredes dos balões. Que outros balões perderem no mesmo intervalo de

- Os **"Exemplos cumulativos online"** são apresentados no final de cada Foco, desafiando o estudante a combinar a compreensão dos conceitos dados nos pontos abordados.

Ilustrações

- Muitas fotografias foram substituídas por imagens mais informativas e relevantes. Os desenhos também foram melhorados e estão em cores mais vibrantes.

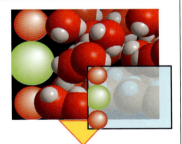
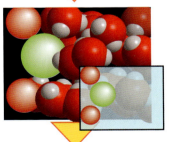
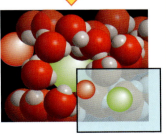

FIGURA 5D.1 Eventos que acontecem na interface de um soluto iônico sólido e um solvente (água). A figura mostra apenas a camada superficial dos íons. Quando os íons da superfície do sólido se hidratam, eles se movem para o interior da solução. Os destaques à direita mostram só os íons.

A química contemporânea

A química tem uma gama extraordinária de aplicações. Por isso, levamos em consideração as necessidades gerais dos estudantes, de forma inclusiva e abrangente, na discussão dos conteúdos e no uso de exemplos. As notas contextualizadas sucintas nos exemplos resolvidos ajudam a ilustrar essa variedade. Este também é o objetivo dos exercícios ao final de cada Foco e dos quadros distribuídos por todo o livro, os quais demonstram as modernas aplicações da química. Este livro foi concebido considerando que os conhecimentos de química são essenciais a engenheiros, biólogos e outros profissionais que atuam em setores que utilizam materiais. Pontos específicos relevantes no contexto da química verde são identificados com . Uma das características mais marcantes da química refere-se ao desenvolvimento de competências úteis em uma variedade de setores de atuação profissional. É por isso que nos esforçamos, em todo o livro, em ajudar o leitor a pensar de forma sistemática, construir modelos com base em observações, compreender a importância do conceito de ordem de magnitude, expressar ideias, conceitos e modelos qualitativos de uma perspectiva quantitativa e interpretar expressões matemáticas no mundo físico.

Conteúdos complementares

Material de livre acesso pelo hotsite http://apoio.grupoa.com.br/atkins7ed

Acreditamos que um estudante precisa interagir com um conceito várias vezes em uma variedade de cenários para dominar o conhecimento. Com isso em mente, está disponível um hotsite exclusivo contendo um amplo conjunto de recursos de aprendizagem.

As **Figuras Interativas** permite a observação de imagens tridimensionais.

Os **Vídeos Interativos** estão relacionados às figuras no livro e demostram experimentos laboratoriais.

A **Tabela Periódica Interativa** é dinâmica e contém informações detalhadas sobre os elementos químicos.

As **Técnicas Principais** foram atualizadas e estão disponíveis em formato pdf.

Os **Recursos Especiais** são textos que aprofundam a matemática da equação de Schrödinger e tratam do pH de sais anfipróticos.

Os **Apêndices** e o **Glossário** são os mesmos que estão no livro, disponíveis em formato pdf.

Material exclusivo para professôres no site loja.grupoa.com.br

Os Recursos para Professores de *Princípios Químicos* são ferramentas valiosas tanto para professores iniciantes como para os mais experientes no ensino da disciplina. O professor interessado em acessar os materiais listados abaixo deve acessar o site do Grupo A (loja.grupoa.com.br), buscar pela página do livro, clicar em Material do professor e fazer seu cadastro.

- **Instructor Solution Manual** contém as soluções completas em inglês dos exercícios ímpares
- **Apresentações em PowerPoint (em português)** trazem todas as imagens do livro
- **Test Bank** inclui mais de 1400 questões dissertativas, de múltipla escolha e de preenchimento e lacunas (em inglês)
- **Online Cumulative Examples** contêm as soluções (em inglês) no mesmo formato dos exemplos resolvidos no texto

Prefácio **xiii**

Agradecimentos

Somos gratos a muitos professores, colegas e alunos que contribuíram com esta edição trazendo conhecimentos e experiências importantes. Gostaríamos de agradecer a todos que avaliaram a sétima edição deste livro com muita atenção e nos ajudaram a desenvolver a nova organização dos conteúdos:

Natalya Bassina, *Boston University*
Charles Carraher, *Florida Atlantic University*
Patricia Christie, *Massachusetts Institute of Technology*
Gregory M. Ferrence, *Illinois State University*
David Finneran, *Miami Dade College*
James Fisher, *Imperial Valley College*
Teresa Garrett, *Vassar College*
Dawit Gizachew, *Purdue University Calumet*
Susan Green, *Macalester College*
P. Shiv Halasyamani, *University of Houston*
Vlad M. Iluc, *University of Notre Dame*
Elon Ison, *North Carolina State University*
Adam Johnson, *Harvey Mudd College*
Humayun Kabir, *Oglethorpe University*
James I. Lankford, *St. Andrews University*
Susan Maleckar, *University of Pittsburgh*
Lynn Mandeltort, *Auburn University*
David W. Millican, *Guilford College*
Apryl Nenortas, *Clovis Community College*

Brian Northrop, *Wesleyan University*
John W. Overcash, *University of Illinois*
Pat Owens, *Winthrop University*
Rene Rodriguez, *Idaho State University*
Michael P. Rosynek, *Texas A&M University*
Suzanne Saum, *Washington University*
Carlos Simmerling, *Stony Brook University*
Thomas Speltz, *DePaul University*
Melissa Strait, *Alma College*
John Straub, *Boston University*
Hal Van Ryswyk, *Harvey Mudd College*
Kirk Voska, *Rogers State University*
Dunwei Wang, *Boston College*
Kim Weaver, *Southern Utah University*
Scott Weinert, *Oklahoma State University*
Carl T. Whalen, *Central New Mexico Community College*
Kenton H. Whitmire, *Rice University*
Burke Scott Williams, *Claremont McKenna*

As contribuições dos revisores da primeira, segunda, terceira, quarta, quinta e sexta edições de *Princípios de Química* continuam enriquecendo a sétima. Por isso, nosso agradecimento vai também para:

Rebecca Barlag, *Ohio University*
Thomas Berke, *Brookdale Community College*
Amy Bethune, *Albion College*
Lee Don Bienski, *Blinn Community College*
Simon Bott, *University of Houston*
Luke Burke, *Rutgers University—Camden*
Rebecca W. Corbin, *Ashland University*
Charles T. Cox, Jr., *Stanford University*
Irving Epstein, *Brandeis University*
David Esjornson, *Southwest Oklahoma State University*
Theodore Fickel, *Los Angeles Valley College*
David K. Geiger, *State University of New York—Geneseo*
John Gorden, *Auburn University*
Amy C. Gottfried, *University of Michigan*
Myung Woo Han, *Columbus State Community College*
James F. Harrison, *Michigan State University*
Michael D. Heagy, *New Mexico Tech*
Michael Hempstead, *York University*
Byron Howell, *Tyler Junior College*
Gregory Jursich, *University of Illinois at Chicago*
Jeffrey Kovac, *University of Tennessee*
Evguenii Kozliak, *University of North Dakota Main Campus*

Richard Lavallee, *Santa Monica College*
Laurence Lavelle, *University of California, Los Angeles*
Hans-Peter Loock, *Queens University*
Yinfa Ma, *Missouri University of Science and Technology*
Marcin Majda, *University of California, Berkeley*
Diana Mason, *University of North Texas*
Thomas McGrath, *Baylor University*
Shelly Minteer, *University of Utah*
Nixon Mwebi, *Jacksonville State University*
Maria Pacheco, *Buffalo State College*
Hansa Pandya, *Richland College*
Gregory Peters, *Wilkes University*
Britt Price, *Grand Rapids Community College*
Robert Quant, *Illinois State University*
Christian R. Ray, *University of Illinois at Urbana-Champaign*
William Reinhardt, *University of Washington*
Michael P. Rosynek, *Texas A&M*
George Schatz, *Northwestern University*
David Shaw, *Madison Area Technical College*
Conrad Shiba, *Centre College*
Lothar Stahl, *University of North Dakota*
John B. Vincent, *University of Alabama*

Kirk W. Voska, *Rogers State University*
Joshua Wallach, *Old Dominion University*
Meishan Zhao, *University of Chicago*
Thomas Albrecht-Schmitt, *Auburn University*
Matthew Asplund, *Brigham Young University*
Matthew P. Augustine, *University of California, Davis*
Yiyan Bai, *Houston Community College System Central Campus*
David Baker, *Delta College*
Alan L. Balch, *University of California, Davis*
Maria Ballester, *Nova Southeastern University*
Mario Baur, *University of California, Los Angeles*
Robert K. Bohn, *University of Connecticut*
Paul Braterman, *University of North Texas*
William R. Brennan, *University of Pennsylvania*
Ken Brooks, *New Mexico State University*
Julia R. Burdge, *University of Akron*
Paul Charlesworth, *Michigan Technological University*
Patricia D. Christie, *Massachusetts Institute of Technology*
William Cleaver, *University of Vermont*
Henderson J. Cleaves, II, *University of California, San Diego*
David Dalton, *Temple University*
J. M. D'Auria, *Simon Fraser University*
James E. Davis, *Harvard University*
Walter K. Dean, *Lawrence Technological University*
Ivan J. Dmochowski, *University of Pennsylvania*
Jimmie Doll, *Brown University*
Ronald Drucker, *City College of San Francisco*
Jetty Duffy-Matzner, *State University of New York, Cortland*
Christian Ekberg, *Chalmers University of Technology, Sweden*
Robert Eierman, *University of Wisconsin*
Bryan Enderle, *University of California, Davis*
David Erwin, *Rose-Hulman Institute of Technology*
Kevin L. Evans, *Glenville State College*
Justin Fermann, *University of Massachusetts*
Donald D. Fitts, *University of Pennsylvania*
Lawrence Fong, *City College of San Francisco*
Regina F. Frey, *Washington University*
Dennis Gallo, *Augustana College*
P. Shiv Halasyamani, *University of Houston*
David Harris, *University of California, Santa Barbara*
Sheryl Hemkin, *Kenyon College*
Michael Henchman, *Brandeis University*
Geoffrey Herring, *University of British Columbia*
Jameica Hill, *Wofford College*
Timothy Hughbanks, *Texas A&M University*
Paul Hunter, *Michigan State University*
Keiko Jacobsen, *Tulane University*
Alan Jircitano, *Penn State, Erie*
Robert C. Kerber, *State University of New York, Stony Brook*
Robert Kolodny, *Armstrong Atlantic State University*
Lynn Vogel Koplitz, *Loyola University*
Petra van Koppen, *University of California, Santa Barbara*

Mariusz Kozik, *Canisius College*
Julie Ellefson Kuehn, *William Rainey Harper College*
Cynthia LaBrake, *University of Texas, Austin*
Brian B. Laird, *University of Kansas*
Gert Latzel, *Riemerling, Germany*
Nancy E. Lowmaster, *Allegheny College*
Yinfa Ma, *Missouri University of Science and Technology*
Paul McCord, *University of Texas, Austin*
Alison McCurdy, *Harvey Mudd College*
Charles W. McLaughlin, *University of Nebraska*
Matthew L. Miller, *South Dakota State University*
Clifford B. Murphy, *Boston University*
Maureen Murphy, *Huntingdon College*
Patricia O'Hara, *Amherst College*
Noel Owen, *Brigham Young University*
Donald Parkhurst, *The Walker School*
Enrique Peacock-López, *Williams College*
LeRoy Peterson, Jr., *Francis Marion University*
Montgomery Pettitt, *University of Houston*
Joseph Potenza, *Rutgers University*
Wallace Pringle, *Wesleyan University*
Philip J. Reid, *University of Washington*
Tyler Rencher, *Brigham Young University*
Michael Samide, *Butler University*
Gordy Savela, *Itasca Community College*
Barbara Sawrey, *University of California, San Diego*
George Schatz, *Northwestern University*
Paula Jean Schlax, *Bates College*
Carl Seliskar, *University of Cincinnati*
Robert Sharp, *University of Michigan, Ann Arbor*
Peter Sheridan, *Colgate University*
Jay Shore, *South Dakota State University*
Herb Silber, *San Jose State University*
Lori Slavin, *College of Saint Catherine*
Lee G. Sobotka, *Washington University*
Mike Solow, *City College of San Francisco*
Michael Sommer, *Harvard University*
Nanette A. Stevens, *Wake Forest University*
John E. Straub, *Boston University*
Laura Stultz, *Birmingham-Southern College*
Tim Su, *City College of San Francisco*
Peter Summer, *Lake Sumter Community College*
Sara Sutcliffe, *University of Texas, Austin*
Larry Thompson, *University of Minnesota, Duluth*
Dino Tinti, *University of California, Davis*
Sidney Toby, *Rutgers University*
David Vandenbout, *University of Texas, Austin*
Deborah Walker, *University of Texas, Austin*
Lindell Ward, *Franklin College*
Thomas R. Webb, *Auburn University*
Peter M. Weber, *Brown University*
David D. Weis, *Skidmore College*

Ken Whitmire, *Rice University*
James Whitten, *University of Massachusetts*
Lowell David W. Wright, *Vanderbilt University*
Gang Wu, *Queen's University*
Mamudu Yakubu, *Elizabeth City State University*

Meishan Zhao, *University of Chicago*
Zhiping Zheng, *University of Arizona*
Marc Zimmer, *Connecticut College*
Martin Zysmilich, *Massachusetts Institute of Technology*

Algumas contribuições específicas merecem destaque. Roy Tasker, da Purdue University, contribuiu com o desenvolvimento do website deste livro e criou algumas animações. Kent Gardner (Thundercloud Consulting) reformulou os gráficos interativos no website. Michael Cann, da University of Scranton, abriu nossos olhos para o mundo da química verde de uma maneira que enriqueceu esta obra. Também gostaríamos de agradecer a Nathan Barrows, da Grand Valley State University, pela contribuição com as respostas aos testes e com a criação dos vídeos de solução de problemas nos ChemCasts. Os autores dos materiais suplementares, especialmente John Krenos, Laurence Lavelle, Yinfa Ma e Christina Johnson foram muito generosos, fornecendo conselhos importantes. Valerie Keller, da University of Chicago, fez uma criteriosa verificação de todas as soluções. Muitas pessoas nos escreveram com sugestões, as quais nos ajudaram significativamente em nosso trabalho. Estes revisores de nosso texto foram especialmente prestativos, e somos muito gratos a eles.

Nossa gratidão também vai para a equipe da W. H. Freeman and Company, que entendeu nossa visão e nos ajudou a concretizá-la. Entre tantas pessoas que poderíamos mencionar, nosso agradecimento especial vai para Alicia Brady, editora da área de química, que nos apoiou com orientações valiosas, Heidi Bamatter, nossa editora de projetos, que contribuiu com noções claras sobre o processo de edição e supervisionou muitos aspectos deste livro, Liz Geller, editora de projetos sênior, que dirigiu este complexo processo, Marjorie Anderson, nossa revisora, que poliu o texto; Robin Fadool e Richard Fox, nossos editores de imagem e direitos autorais de material visual, Marsha Cohen e Blake Logan, que criaram o visual atraente deste livro, Susan Wein, que supervisionou a composição e a impressão, e Amy Thorne, que comandou o desenvolvimento e a produção dos suplementos eletrônicos. Gostaríamos de agradecer também à equipe da Aptara, que transformou nosso manuscrito em um produto publicado. Nós tivemos a sorte de poder contar com essa equipe incomparável.

SUMÁRIO RESUMIDO

	FUNDAMENTOS	F1
Foco 1	**OS ÁTOMOS**	1
Foco 2	**AS MOLÉCULAS**	67
Foco 3	**OS ESTADOS DA MATÉRIA**	145
INTERLÚDIO	**As cerâmicas e os vidros**	239
Foco 4	**A TERMODINÂMICA**	241
INTERLÚDIO	**A energia livre e a vida**	346
Foco 5	**O EQUILÍBRIO**	347
INTERLÚDIO	**A homeostase**	442
Foco 6	**AS REAÇÕES**	443
INTERLÚDIO	**As células práticas**	584
Foco 7	**A CINÉTICA**	587
Foco 8	**OS ELEMENTOS DO GRUPO PRINCIPAL**	643
Foco 9	**OS ELEMENTOS DO BLOCO d**	705
Foco 10	**A QUÍMICA NUCLEAR**	747
Foco 11	**A QUÍMICA ORGÂNICA**	777
INTERLÚDIO	**Tecnologia: os combustíveis**	829

TÉCNICAS PRINCIPAIS (Somente online)
http://apoio.grupoa.com.br/atkins7ed

FUNDAMENTOS F1

Introdução e orientação — F1

A A matéria e a energia — F5
- A.1 Os símbolos e as unidades — F5
- A.2 A acurácia e a precisão — F8
- A.3 A força — F9
- A.4 A energia — F10
- **FUNDAMENTOS A** Exercícios — F13

B Os elementos e os átomos — F15
- B.1 Os átomos — F15
- B.2 O modelo nuclear — F16
- B.3 Os isótopos — F18
- B.4 A organização dos elementos — F19
- **FUNDAMENTOS B** Exercícios — F21

C Os compostos — F22
- C.1 O que são compostos? — F22
- C.2 As moléculas e os compostos moleculares — F23
- C.3 Os íons e os compostos iônicos — F24
- **FUNDAMENTOS C** Exercícios — F28

D Nomenclatura dos compostos — F29
- D.1 Os nomes dos cátions — F29
- D.2 Os nomes dos ânions — F29
- D.3 Os nomes dos compostos iônicos — F31
- **CAIXA DE FERRAMENTAS D.1** Como dar nome aos compostos iônicos — F31
- D.4 Os nomes dos compostos inorgânicos moleculares — F32
- **CAIXA DE FERRAMENTAS D.2** Como nomear os compostos inorgânicos moleculares simples — F33
- D.5 Os nomes de alguns compostos orgânicos comuns — F35
- **FUNDAMENTOS D** Exercícios — F37

E Os mols e as massas molares — F38
- E.1 O mol — F38
- E.2 A massa molar — F40
- **FUNDAMENTOS E** Exercícios — F44

F A determinação da composição — F46
- F.1 A composição percentual em massa — F46
- F.2 A determinação das fórmulas empíricas — F48
- F.3 A determinação das fórmulas moleculares — F49
- **FUNDAMENTOS F** Exercícios — F50

G Misturas e soluções — F51
- G.1 A classificação de misturas — F51
- G.2 As técnicas de separação — F53
- G.3 A concentração — F54
- G.4 A diluição — F56
- **CAIXA DE FERRAMENTAS G.1** Cálculo do volume de uma solução-estoque necessário para uma determinada diluição — F57
- **FUNDAMENTOS G** Exercícios — F58

H As equações químicas — F60
- H.1 A representação das reações químicas — F60
- H.2 As equações químicas balanceadas — F62
- **FUNDAMENTOS H** Exercícios — F64

I As reações de precipitação — F66
- I.1 Os eletrólitos — F66
- I.2 Os precipitados — F67
- I.3 As equações iônicas e iônicas simplificadas — F68
- I.4 As aplicações da precipitação — F69
- **FUNDAMENTOS I** Exercícios — F71

J Os ácidos e as bases — F72
- J.1 Os ácidos e as bases em solução em água — F73
- J.2 Os ácidos e bases fortes e fracos — F74
- J.3 A neutralização — F76
- **FUNDAMENTOS J** Exercícios — F77

K As reações redox — F78
- K.1 A oxidação e a redução — F78
- K.2 Os números de oxidação — F80
- **CAIXA DE FERRAMENTAS K.1** Como atribuir os números de oxidação — F80
- K.3 Os agentes oxidantes e redutores — F82
- K.4 O balanceamento de equações redox simples — F84
- **FUNDAMENTOS K** Exercícios — F85

L A estequiometria das reações — F87
- L.1 As predições mol a mol — F87
- L.2 As predições massa a massa — F88
- **CAIXA DE FERRAMENTAS L.1** Como fazer cálculos massa a massa — F88
- L.3 A análise volumétrica — F90
- **CAIXA DE FERRAMENTAS L.2** Como interpretar uma titulação — F91
- **FUNDAMENTOS L** Exercícios — F94

M Os reagentes limitantes — F96
- M.1 O rendimento da reação — F96
- M.2 Os limites da reação — F98

xviii Sumário

CAIXA DE FERRAMENTAS M.1 Como identificar o reagente limitante F98
M.3 A análise por combustão F101
FUNDAMENTOS M Exercícios F104

FOCO 1

OS ÁTOMOS 1

Tópico 1A A observação dos átomos 2
1A.1 Modelo nuclear do átomo 2
1A.2 A radiação eletromagnética 4
1A.3 Os espectros atômicos 6
TÓPICO 1A Exercícios 9

Tópico 1B A teoria quântica 11
1B.1 A radiação, os quanta e os fótons 11
1B.2 A dualidade onda-partícula da matéria 17
1B.3 O princípio da incerteza 19
TÓPICO 1B Exercícios 21

Tópico 1C As funções de onda e os níveis de energia 23
1C.1 A função de onda e sua interpretação 23
1C.2 A quantização da energia 24
QUADRO 1C.1 Os nanocristais 26
TÓPICO 1C Exercícios 28

Tópico 1D O átomo de hidrogênio 30
1D.1 Os níveis de energia 30
1D.2 Os orbitais atômicos 31
1D.3 Os números quânticos, as camadas e as subcamadas 33
1D.4 As formas dos orbitais 35
1D.5 O spin do elétron 38
1D.6 A estrutura eletrônica do hidrogênio 39
QUADRO 1D.1 Como sabemos... que um elétron tem spin? 39
TÓPICO 1D Exercícios 40

Tópico 1E Os átomos polieletrônicos 42
1E.1 As energias dos orbitais 42
1E.2 O princípio da construção 44
CAIXA DE FERRAMENTAS 1E.1 Como prever a configuração eletrônica de um átomo no estado fundamental 47
TÓPICO 1E Exercícios 49

Tópico 1F A periodicidade 51
1F.1 A estrutura geral da Tabela Periódica 51
1F.2 O raio atômico 53
1F.3 O raio iônico 54
1F.4 A energia de ionização 56
1F.5 A afinidade eletrônica 58
1F.6 O efeito do par inerte 60
1F.7 As relações diagonais 60
1F.8 As propriedades gerais dos elementos 60
TÓPICO 1F Exercícios 63
FOCO 1 Exemplo cumulativo online 64
FOCO 1 Exercícios 64

FOCO 2

AS MOLÉCULAS 67

Tópico 2A A ligação iônica 68
2A.1 Os íons que os elementos formam 68
2A.2 Os símbolos de Lewis 70
2A.3 As relações energéticas na ligação iônica 71
2A.4 As interações entre os íons 72
TÓPICO 2A Exercícios 75

Tópico 2B A ligação covalente 77
2B.1 As estruturas de Lewis 77
CAIXA DE FERRAMENTAS 2B.1 Como escrever a estrutura de Lewis de uma espécie poliatômica 79
2B.2 A ressonância 81
2B.3 A carga formal 84
CAIXA DE FERRAMENTAS 2B.2 Como usar a carga formal para identificar a estrutura de Lewis mais provável 85
TÓPICO 2B Exercícios 86

Tópico 2C Além da regra do octeto 88
2C.1 Os radicais e os birradicais 88
QUADRO 2C.1 O que isso tem a ver com... permanecer vivo? 89
2C.2 As camadas de valência expandida 89
2C.3 Os octetos incompletos 92
TÓPICO 2C Exercícios 93

Tópico 2D As propriedades das ligações 95
2D.1 A correção do modelo covalente: a eletronegatividade 95

2D.2	A correção do modelo iônico: a polarizabilidade	97
2D.3	A energia de ligação	98
2D.4	O comprimento de ligação	100
	TÓPICO 2D Exercícios	102

Tópico 2E O modelo VSEPR — 103

2E.1	O modelo VSEPR básico	103
	QUADRO 2E.1 As fronteiras da química: os fármacos obtidos por projeto e descoberta	104
2E.2	Moléculas com pares isolados no átomo central	107
	CAIXA DE FERRAMENTAS 2E.1 Como usar o modelo VSEPR	110
2E.3	As moléculas polares	112
	TÓPICO 2E Exercícios	115

Tópico 2F A teoria da ligação de valência — 117

2F.1	As ligações sigma e pi	117
2F.2	A promoção de elétrons e a hibridação de orbitais	119
2F.3	Outros tipos comuns de hibridação	120
2F.4	As características das ligações múltiplas	123
	TÓPICO 2F Exercícios	126

Tópico 2G A teoria dos orbitais moleculares — 127

2G.1	Os orbitais moleculares	127
2G.2	As configurações eletrônicas das moléculas diatômicas	128
	QUADRO 2G.1 Como sabemos... quais são as energias dos orbitais moleculares?	130
	CAIXA DE FERRAMENTAS 2G.1 Como determinar a configuração eletrônica e a ordem de ligação de uma espécie diatômica homonuclear	131
	QUADRO 2G.2 Como sabemos... que os elétrons não estão emparelhados?	133
2G.3	As ligações em moléculas diatômicas heteronucleares	134
2G.4	Os orbitais em moléculas poliatômicas	135
	TÓPICO 2G Exercícios	137
FOCO 2	Exemplo cumulativo online	139
FOCO 2	Exercícios	139

——————— FOCO 3
OS ESTADOS DA MATÉRIA 145

Tópico 3A A natureza dos gases — 147

3A.1	A observação dos gases	147
3A.2	A pressão	148
3A.3	As unidades alternativas de pressão	150
	TÓPICO 3A Exercícios	151

Tópico 3B As leis dos gases — 153

3B.1	As observações experimentais	153
3B.2	As aplicações da lei dos gases ideais	156
3B.3	O volume molar e a densidade dos gases	159
	TÓPICO 3B Exercícios	161

Tópico 3C Os gases em misturas e reações — 163

3C.1	As misturas de gases	163
3C.2	A estequiometria dos gases em reações	166
	TÓPICO 3C Exercícios	168

Tópico 3D O movimento das moléculas — 170

3D.1	A difusão e a efusão	170
3D.2	O modelo cinético dos gases	171
3D.3	A distribuição das velocidades de Maxwell	176
	QUADRO 3D.1 Como sabemos... qual é a distribuição das velocidades das moléculas?	176
	TÓPICO 3D Exercícios	178

Tópico 3E Os gases reais — 179

3E.1	Os desvios da idealidade	179
3E.2	As equações de estado dos gases reais	180
3E.3	A liquefação dos gases	182
	TÓPICO 3E Exercícios	183

Tópico 3F As forças intermoleculares — 185

3F.1	A origem das forças intermoleculares	185
3F.2	As forças íon-dipolo	186
3F.3	As forças dipolo-dipolo	187
3F.4	As forças de London	189
3F.5	A ligação hidrogênio	191
3F.6	As repulsões	192
	TÓPICO 3F Exercícios	193

Sumário

Tópico 3G	Os líquidos	195
3G.1	A ordem nos líquidos	195
3G.2	A viscosidade e a tensão superficial	195
3G.3	Os cristais líquidos	197
3G.4	Os líquidos iônicos	198
	TÓPICO 3G Exercícios	199

Tópico 3H	Os sólidos	201
3H.1	A classificação dos sólidos	201
	QUADRO 3H.1 Como sabemos... qual é a aparência de uma superfície?	202
3H.2	Os sólidos moleculares	204
3H.3	Os sólidos reticulares	204
3H.4	Os sólidos metálicos	206
3H.5	As células unitárias	209
3H.6	Os sólidos iônicos	212
	TÓPICO 3H Exercícios	215

Tópico 3I	Os materiais inorgânicos	218
3I.1	As ligas	218
3I.2	Os silicatos	220
3I.3	O carbonato de cálcio	221
3I.4	O cimento e o concreto	222
	TÓPICO 3I Exercícios	223

Tópico 3J	Os materiais para as novas tecnologias	224
3J.1	A condução eletrônica nos sólidos	224
3J.2	Os semicondutores	225
3J.3	Os supercondutores	227
3J.4	Os materiais luminescentes	228
3J.5	Os materiais magnéticos	229
3J.6	Os nanomateriais	229
3J.7	Os nanotubos	230
	TÓPICO 3J Exercícios	231
FOCO 3	Exemplo cumulativo online	233
FOCO 3	Exercícios	233
INTERLÚDIO	As cerâmicas e os vidros	239

FOCO 4

A TERMODINÂMICA 241

Tópico 4A	O calor e o trabalho	243
4A.1	Os sistemas e a vizinhança	243
4A.2	O trabalho	244
4A.3	O trabalho de expansão	245
4A.4	O calor	250

4A.5	A medida do calor	250
	TÓPICO 4A Exercícios	255

Tópico 4B	A energia interna	256
4B.1	A primeira lei	256
4B.2	As funções de estado	257
4B.3	Uma discussão molecular	260
	TÓPICO 4B Exercícios	262

Tópico 4C	A entalpia	263
4C.1	As transferências de calor sob pressão constante	263
4C.2	As capacidades caloríficas dos gases em volume e pressão constantes	264
4C.3	A origem molecular da capacidade calorífica dos gases	265
4C.4	A entalpia das transformações físicas	267
	QUADRO 4C.1 Como sabemos... a forma de uma curva de aquecimento?	270
4C.5	As curvas de aquecimento	270
	TÓPICO 4C Exercícios	272

Tópico 4D	A termoquímica	273
4D.1	A entalpia de reação	273
4D.2	A relação entre ΔH e ΔU	274
4D.3	As entalpias padrão de reação	276
	QUADRO 4D.1 O que isso tem a ver com... o meio ambiente?	277
	CAIXA DE FERRAMENTAS 4D.1 Como usar a lei de Hess	280
4D.4	Combinação das entalpias de reação: lei de Hess	280
4D.5	As entalpias padrão de formação	282
4D.6	A variação da entalpia com a temperatura	285
	TÓPICO 4D Exercícios	287

Tópico 4E	As contribuições para a entalpia	290
4E.1	A formação de íons	290
4E.2	O ciclo de Born–Haber	290
4E.3	As entalpias de ligação	292
	TÓPICO 4E Exercícios	295

Tópico 4F	A entropia	296
4F.1	A mudança espontânea	296
4F.2	A entropia e a desordem	296
4F.3	A entropia e o volume	298
4F.4	A entropia e a temperatura	300

4F.5	A entropia e o estado físico	303
	TÓPICO 4F Exercícios	306
Tópico 4G	**A interpretação molecular da entropia**	308
4G.1	A fórmula de Boltzmann	308
4G.2	A equivalência entre as entropias estatística e termodinâmica	311
	TÓPICO 4G Exercícios	313
Tópico 4H	**As entropias absolutas**	314
4H.1	As entropias padrão molares	314
	QUADRO 4H.1 Fronteiras da química: à procura do zero absoluto	315
4H.2	As entropias padrão de reação	318
	TÓPICO 4H Exercícios	319
Tópico 4I	**As variações globais de entropia**	321
4I.1	A vizinhança	321
4I.2	A variação da entropia total	323
4I.3	O equilíbrio	326
	TÓPICO 4I Exercícios	328
Tópico 4J	**A energia livre de Gibbs**	329
4J.1	Um olhar sobre o sistema	329
4J.2	A energia livre de Gibbs de reação	332
4J.3	A energia livre de Gibbs e o trabalho de não expansão	335
4J.4	O efeito da temperatura	337
	TÓPICO 4J Exercícios	339
FOCO 4	Exemplo cumulativo online	341
FOCO 4	Exercícios	341
INTERLÚDIO	**A energia livre e a vida**	346

FOCO 5

O EQUILÍBRIO 347

Tópico 5A	**A pressão de vapor**	349
5A.1	A origem da pressão de vapor	349
5A.2	A volatilidade e as forças intermoleculares	350
5A.3	A variação da pressão de vapor com a temperatura	351
5A.4	A ebulição	354
	TÓPICO 5A Exercícios	356

Tópico 5B	**Os equilíbrios de fase em sistemas de um componente**	357
5B.1	Os diagramas de fase de um componente	357
5B.2	As propriedades críticas	360
	TÓPICO 5B Exercícios	362
Tópico 5C	**Os equilíbrios de fase em sistemas de dois componentes**	364
5C.1	A pressão de vapor das misturas	364
5C.2	As misturas binárias líquidas	366
5C.3	A destilação	369
5C.4	Os azeótropos	369
	TÓPICO 5C Exercícios	371
Tópico 5D	**A solubilidade**	373
5D.1	Os limites da solubilidade	373
5D.2	A regra "igual dissolve igual"	374
5D.3	A pressão e a solubilidade dos gases	376
5D.4	A temperatura e a solubilidade	377
5D.5	A termodinâmica da dissolução	377
5D.6	Os coloides	380
	TÓPICO 5D Exercícios	381
Tópico 5E	**A molalidade**	383
	CAIXA DE FERRAMENTAS 5E.1 Como usar a molalidade	384
	TÓPICO 5E Exercícios	387
Tópico 5F	**As propriedades coligativas**	388
5F.1	A elevação do ponto de ebulição e o abaixamento do ponto de congelamento	388
5F.2	A osmose	390
	QUADRO 5F.1 Fronteiras da química: liberação de fármacos	391
	CAIXA DE FERRAMENTAS 5F.1 O uso das propriedades coligativas para determinar a massa molar	393
	TÓPICO 5F Exercícios	396
Tópico 5G	**O equilíbrio químico**	397
5G.1	A reversibilidade das reações	397
5G.2	O equilíbrio e a lei da ação das massas	399
5G.3	A origem das constantes de equilíbrio	402

xxii Sumário

5G.4 A descrição termodinâmica do equilíbrio — 403

TÓPICO 5G Exercícios — 408

Tópico 5H As formas alternativas da constante de equilíbrio — 410

5H.1 Os múltiplos da equação química — 410

5H.2 As equações compostas — 411

5H.3 As concentrações molares dos gases — 411

TÓPICO 5H Exercícios — 414

Tópico 5I Os cálculos de equilíbrio — 415

5I.1 O progresso da reação — 415

5I.2 A direção da reação — 416

5I.3 Os cálculos com as constantes de equilíbrio — 418

CAIXA DE FERRAMENTAS 5I.1
Como elaborar e usar uma tabela de equilíbrio — 418

TÓPICO 5I Exercícios — 423

Tópico 5J A resposta dos equilíbrios às mudanças das condições — 426

5J.1 A adição e a remoção de reagentes — 426

5J.2 A compressão de uma mistura de reação — 429

5J.3 A temperatura e o equilíbrio — 431

TÓPICO 5J Exercícios — 434

FOCO 5 Exemplo cumulativo online — 436

FOCO 5 Exercícios — 436

INTERLÚDIO A homeostase — 442

FOCO 6

AS REAÇÕES 443

Tópico 6A A natureza dos ácidos e bases — 445

6A.1 Os ácidos e bases de Brønsted-Lowry — 445

6A.2 Os ácidos e bases de Lewis — 448

6A.3 Os óxidos ácidos, básicos e anfotéricos — 449

6A.4 A troca de prótons entre moléculas de água — 450

TÓPICO 6A Exercícios — 453

Tópico 6B A escala de pH — 455

6B.1 A interpretação do pH — 455

6B.2 O pOH de soluções — 457

TÓPICO 6B Exercícios — 459

Tópico 6C Os ácidos e bases fracos — 460

6C.1 As constantes de acidez e basicidade — 460

6C.2 A gangorra da conjugação — 463

6C.3 A estrutura molecular e a acidez — 465

6C.4 A acidez dos oxoácidos e ácidos carboxílicos — 467

TÓPICO 6C Exercícios — 470

Tópico 6D O pH das soluções em água — 472

6D.1 As soluções de ácidos fracos — 472

CAIXA DE FERRAMENTAS 6D.1
Como calcular o pH de uma solução de um ácido fraco — 473

6D.2 As soluções de bases fracas — 475

CAIXA DE FERRAMENTAS 6D.2
Como calcular o pH de uma solução de base fraca — 475

6D.3 O pH de soluções de sais — 477

TÓPICO 6D Exercícios — 482

Tópico 6E Os ácidos e bases polipróticos — 483

6E.1 O pH de uma solução de ácido poliprótico — 483

6E.2 As soluções de sais de ácidos polipróticos — 484

6E.3 As concentrações de solutos — 486

CAIXA DE FERRAMENTAS 6E.1
Como calcular as concentrações de todas as espécies de uma solução de um ácido poliprótico — 486

6E.4 A composição e o pH — 489

QUADRO 6E.1 O que isso tem a ver com... o meio ambiente? — 490

TÓPICO 6E Exercícios — 493

Tópico 6F A autoprotólise e o pH — 494

6F.1 As soluções muito diluídas de ácidos e bases fortes — 494

6F.2 As soluções muito diluídas de ácidos fracos — 496

TÓPICO 6F Exercícios — 498

Sumário **xxiii**

Tópico 6G	**Os tampões**	499
6G.1	A ação dos tampões	499
6G.2	O planejamento de tampões	500
6G.3	A capacidade tamponante	505
	QUADRO 6G.1 O que isso tem a ver com… permanecer vivo?	506
	TÓPICO 6G Exercícios	507
Tópico 6H	**As titulações ácido-base**	509
6H.1	As titulações ácido forte-base forte	509
	CAIXA DE FERRAMENTAS 6H.1 Como calcular o ph durante a titulação de um ácido fraco ou uma base fraca	510
6H.2	As titulações ácido forte-base fraca e ácido fraco-base forte	511
	CAIXA DE FERRAMENTAS 6H.2 Como calcular o pH durante a titulação de um ácido fraco ou uma base fraca	514
6H.3	Os indicadores ácido-base	516
6H.4	As titulações de ácidos polipróticos	518
	TÓPICO 6H Exercícios	520
Tópico 6I	**Os equilíbrios de solubilidade**	523
6I.1	O produto de solubilidade	523
6I.2	O efeito do íon comum	525
6I.3	A formação de íons complexos	527
	TÓPICO 6I Exercícios	529
Tópico 6J	**A precipitação**	530
6J.1	A predição da precipitação	530
6J.2	A precipitação seletiva	531
6J.3	A dissolução de precipitados	533
6J.4	A análise qualitativa	533
	TÓPICO 6J Exercícios	535
Tópico 6K	**A representação das reações redox**	537
6K.1	As meias-reações	537
6K.2	O balanceamento de reações redox	538
	CAIXA DE FERRAMENTAS 6K.1 Como balancear equações redox complicadas	538
	TÓPICO 6K Exercícios	543
Tópico 6L	**As células galvânicas**	545
6L.1	A estrutura das células galvânicas	545

6L.2	Potencial de célula e energia livre de Gibbs de reação	546
6L.3	A notação das células	549
	CAIXA DE FERRAMENTAS 6L.1 Como escrever a reação da célula que corresponde a um diagrama de célula	551
	TÓPICO 6L Exercícios	553
Tópico 6M	**Os potenciais padrão**	554
6M.1	A definição do potencial padrão	554
6M.2	A série eletroquímica	559
	TÓPICO 6M Exercícios	560
Tópico 6N	**As aplicações dos potenciais padrão**	561
6N.1	Os potenciais padrão e as constantes de equilíbrio	561
	CAIXA DE FERRAMENTAS 6N.1 Como calcular o pH de uma solução de um ácido fraco usando dados eletroquímicos	562
6N.2	A equação de Nernst	563
6N.3	Os eletrodos seletivos para íons	566
6N.4	A corrosão	567
	TÓPICO 6N Exercícios	569
Tópico 6O	**A eletrólise**	571
6O.1	As células eletrolíticas	571
6O.2	Os produtos da eletrólise	573
	CAIXA DE FERRAMENTAS 6O.1 Como prever o resultado da eletrólise	574
6O.3	As aplicações da eletrólise	576
	TÓPICO 6O Exercícios	577
FOCO 6	Exemplo cumulativo online	578
FOCO 6	Exercícios	578
INTERLÚDIO	**As células práticas**	584

FOCO 7

A CINÉTICA 587

Tópico 7A	**As velocidades de reação**	588
7A.1	Concentração e velocidade de reação	588
	QUADRO 7A.1 Como sabemos… o que acontece com os átomos durante uma reação?	591
7A.2	A velocidade instantânea de reação	591

7A.3	Leis de velocidade e ordem de reação	592
	TÓPICO 7A Exercícios	598

Tópico 7B **As leis de velocidade integradas** 600

7B.1	As leis de velocidade integradas de primeira ordem	600
7B.2	A meia-vida de reações de primeira ordem	604
7B.3	As leis de velocidade integradas de segunda ordem	606
	TÓPICO 7B Exercícios	609

Tópico 7C **Os mecanismos de reação** 611

7C.1	As reações elementares	611
7C.2	As leis de velocidade das reações elementares	612
7C.3	A combinação das leis de velocidade das reações elementares	613
7C.4	As velocidades e o equilíbrio	617
7C.5	As reações em cadeia	618
	TÓPICO 7C Exercícios	619

Tópico 7D **Os modelos de reações** 621

7D.1	O efeito da temperatura	621
7D.2	A teoria das colisões	624
	QUADRO 7D.1 Como sabemos... o que ocorre durante uma colisão molecular?	627
7D.3	A teoria do estado de transição	628
	TÓPICO 7D Exercícios	630

Tópico 7E **A catálise** 631

7E.1	Como os catalisadores atuam	631
	QUADRO 7E.1 O que isso tem a ver com... o meio ambiente?	632
7E.2	Os catalisadores industriais	635
7E.3	Os catalisadores vivos: enzimas	635
	TÓPICO 7E Exercícios	637
FOCO 7	Exemplo cumulativo online	639
FOCO 7	Exercícios	639

FOCO 8

OS ELEMENTOS DO GRUPO PRINCIPAL 643

Tópico 8A **As tendências periódicas** 644

8A.1	As propriedades atômicas	644
8A.2	As tendências nas ligações	645
8A.3	As tendências exibidas pelos hidretos e óxidos	646
	TÓPICO 8A Exercícios	648

Tópico 8B **O hidrogênio** 649

8B.1	O elemento	649
	QUADRO 8B.1 O que isso tem a ver com... o meio ambiente?	650
8B.2	Os compostos de hidrogênio	652
	TÓPICO 8B Exercícios	653

Tópico 8C **Grupo 1: Os metais alcalinos** 654

8C.1	Os elementos do Grupo 1	654
8C.2	Os compostos de lítio, sódio e potássio	656
	TÓPICO 8C Exercícios	658

Tópico 8D **Grupo 2: Os metais alcalino-terrosos** 659

8D.1	Os elementos do Grupo 2	659
8D.2	Os compostos de berílio, magnésio e cálcio	661
	TÓPICO 8D Exercícios	663

Tópico 8E **Grupo 13: A família do boro** 664

8E.1	Os elementos do Grupo 13	664
8E.2	Os óxidos, halogenetos e nitretos do Grupo 13	666
8E.3	Os boranos, boro-hidretos e boretos	668
	TÓPICO 8E Exercícios	669

Tópico 8F **Grupo 14: A família do carbono** 670

8F.1	Os elementos do Grupo 14	670
	QUADRO 8F.1 Fronteiras da química: materiais autoarrumados	673
8F.2	Os óxidos de carbono e de silício	674
8F.3	Outros compostos importantes do Grupo 14	675
	TÓPICO 8F Exercícios	676

Tópico 8G **Grupo 15: A família do nitrogênio** 677

8G.1	Os elementos do Grupo 15	677
8G.2	Os compostos de hidrogênio e os halogênios	679

Sumário **XXV**

8G.3	Os óxidos e oxoácidos de nitrogênio	681
8G.4	Os óxidos e oxoácidos de fósforo	683
	TÓPICO 8G Exercícios	684

Tópico 8H Grupo 16: A família do oxigênio — 685

8H.1	Os elementos do Grupo 16	685
8H.2	Os compostos de hidrogênio	688
8H.3	Os óxidos e oxoácidos de enxofre	690
	TÓPICO 8H Exercícios	692

Tópico 8I Grupo 17: Os halogênios — 693

8I.1	Os elementos do Grupo 17	693
8I.2	Os compostos dos halogênios	695
	TÓPICO 8I Exercícios	697

Tópico 8J Grupo 18: Os gases nobres — 699

8J.1	Os elementos do Grupo 18	699
8J.2	Compostos de gases nobres	700
	TÓPICO 8J Exercícios	701
FOCO 8	Exemplo cumulativo online	702
FOCO 8	Exercícios	702

FOCO 9
OS ELEMENTOS DO BLOCO d — 705

Tópico 9A As tendências periódicas dos elementos do bloco d — 706

9A.1	As tendências das propriedades físicas	706
9A.2	As tendências das propriedades químicas	708
	TÓPICO 9A Exercícios	710

Tópico 9B Elementos selecionados do bloco d: uma inspeção — 711

9B.1	Do escândio ao níquel	711
9B.2	Os Grupos 11 e 12	716
	TÓPICO 9B Exercícios	719

Tópico 9C Os compostos de coordenação — 720

9C.1	Os complexos de coordenação	720
	QUADRO 9C.1 O que isso tem a ver com... permanecer vivo?	721
	CAIXA DE FERRAMENTAS 9C.1 Como dar nome aos complexos de metais d e aos compostos de coordenação	723
9C.2	As formas dos complexos	725
9C.3	Os isômeros	726
	QUADRO 9C.2 Como sabemos... que um complexo é opticamente ativo?	729
	TÓPICO 9C Exercícios	731

Tópico 9D A estrutura eletrônica dos complexos de metais de d — 733

9D.1	A teoria do campo cristalino	733
9D.2	A série espectroquímica	735
9D.3	As cores dos complexos	737
9D.4	As propriedades magnéticas dos complexos	739
9D.5	A teoria do campo ligante	741
	TÓPICO 9D Exercícios	742
FOCO 9	Exemplo cumulativo online	744
FOCO 9	Exercícios	744

FOCO 10
A QUÍMICA NUCLEAR — 747

Tópico 10A O decaimento nuclear — 748

10A.1	As evidências do decaimento nuclear espontâneo	748
10A.2	As reações nucleares	750
10A.3	O padrão da estabilidade nuclear	753
10A.4	A predição do tipo de decaimento nuclear	754
10A.5	A nucleossíntese	755
	QUADRO 10A.1 O que isso tem a ver com... permanecer vivo?	756
	TÓPICO 10A Exercícios	758

Tópico 10B A radioatividade — 760

10B.1	Os efeitos biológicos da radiação	760
10B.2	A medida da velocidade de decaimento nuclear	761
	QUADRO 10B.1 Como sabemos... o quanto um material é radioativo?	762
10B.3	Os usos dos radioisótopos	765
	TÓPICO 10B Exercícios	766

Tópico 10C A energia nuclear — 768

10C.1	A conversão massa-energia	768

Sumário

10C.2	A extração da energia nuclear	770
10C.3	A química da energia nuclear	772
	TÓPICO 10C Exercícios	774
FOCO 10	Exemplo cumulativo online	775
FOCO 10	Exercícios	775

FOCO 11
A QUÍMICA ORGÂNICA 777

Tópico 11A	**As estruturas dos hidrocarbonetos alifáticos**	778
11A.1	Os tipos de hidrocarbonetos alifáticos	778
	CAIXA DE FERRAMENTAS 11A.1 Como nomear os hidrocarbonetos alifáticos	780
11A.2	Os isômeros	783
11A.3	As propriedades físicas dos alcanos e alquenos	786
Tópico 11B	**As reações dos hidrocarbonetos alifáticos**	789
11B.1	As reações de substituição em alcanos	789
11B.2	A síntese de alquenos e alquinos	789
11B.3	A adição eletrofílica	790
Tópico 11C	**Os compostos aromáticos**	793
11C.1	A nomenclatura	793
11C.2	A substituição eletrofílica	794
Tópico 11D	**Os grupos funcionais comuns**	798
11D.1	Os halogeno-alcanos	798
11D.2	Os álcoois	799
11D.3	Os éteres	800
11D.4	Os fenóis	800
11D.5	Os aldeídos e as cetonas	801
11D.6	Os ácidos carboxílicos	802
11D.7	Os ésteres	802
11D.8	As aminas, os amino-ácidos e as amidas	803
	CAIXA DE FERRAMENTAS 11D.1 Como nomear compostos simples com grupos funcionais	805
	TÓPICO 11D Exercícios	806
Tópico 11E	**Os polímeros e as macromoléculas biológicas**	808
11E.1	A polimerização por adição	808

11E.2	A polimerização por condensação	810
11E.3	Os copolímeros e materiais compósitos	812
11E.4	As propriedades físicas dos polímeros	813
	QUADRO 11E.1 Fronteiras da química: polímeros condutores	815
11E.5	As proteínas	817
11E.6	Os carboidratos	819
11E.7	Os ácidos nucleicos	820
FOCO 11	Exemplo cumulativo online	824
FOCO 11	Exercícios	824
Interlúdio	**Tecnologia: os combustíveis**	829

APÊNDICES

Apêndice 1	**Símbolos, unidades e técnicas matemáticas**	A1
1A	Os símbolos	A1
1B	Unidades e conversão de unidades	A3
1C	Notação científica	A5
1D	Expoentes e logaritmos	A6
1E	Equações e gráficos	A7
1F	Cálculo avançado	A8
Apêndice 2	**Dados experimentais**	A9
2A	Dados termodinâmicos a 25°C	A9
2B	Potenciais padrão a 25°C	A16
2C	Configurações eletrônicas no estado fundamental	A18
2D	Os elementos	A19
Apêndice 3	**Nomenclatura**	A25
3A	Nomenclatura de íons poliatômicos	A25
3B	Os nomes comuns de produtos químicos	A26
3C	Nomes de alguns cátions comuns com carga variável	A26
Glossário		G1
Respostas		R1
Testes B		R1
Respostas aos exercícios ímpares		R12
Índice		I1

Bem-vindo à química! Você está prestes a embarcar em uma viagem extraordinária que o levará ao centro da ciência. Se olhar em uma direção, a da Física, verá que os princípios da Química baseiam-se no comportamento de átomos e moléculas. Se olhar em outra direção, a da Biologia, verá como os químicos contribuem para a compreensão da propriedade mais impressionante da matéria, a vida. Por fim, você será capaz de observar os objetos comuns do dia a dia, imaginar sua composição em termos de átomos e compreender como ela determina suas propriedades.

FUNDAMENTOS

Introdução e orientação

A **química** é a ciência da matéria e das mudanças que ela sofre. O mundo da química inclui, portanto, todo o mundo material que nos rodeia – o chão que o suporta, a comida com que você se alimenta, os tecidos biológicos dos quais você é feito e o silício com que o seu computador foi fabricado. Nenhum material independe da química, seja vivo ou morto, vegetal ou mineral, seja na Terra ou em uma estrela distante.

A química e a sociedade

Nos primórdios da civilização, na passagem da Idade da Pedra à Idade do Bronze e, depois, à Idade do Ferro, as pessoas não se davam conta de que estavam fazendo química ao transformar o material que encontravam na forma de pedras – hoje o chamaríamos de minerais – em metais (Fig. 1). O uso dos metais deu-lhes mais poder sobre o ambiente, e a natureza perigosa ficou menos brutal. A civilização surgiu com o desenvolvimento da capacidade de transformar os materiais: o vidro, as joias, as moedas, as cerâmicas e, inevitavelmente, as armas tornaram-se mais variados e eficientes. A arte, a agricultura e a guerra ficaram mais complexas. Nada disso teria acontecido sem a química.

O desenvolvimento do aço acelerou o profundo impacto da química sobre a sociedade. Aços melhores levaram à Revolução Industrial, quando a força muscular deu lugar ao vapor e empreendimentos gigantescos apareceram. Com a melhoria dos transportes e o aumento da produtividade das fábricas, o comércio cresceu e o mundo tornou-se simultaneamente menor e mais ativo. Nada disso teria acontecido sem a química.

FIGURA 1 O cobre é facilmente extraído dos seus minérios e foi um dos primeiros metais a ser trabalhado. A Idade do Bronze nasceu quando o homem descobriu que, ao adicionar um pouco de estanho ao cobre, o metal ficava mais duro e resistente. Estas quatro espadas de bronze foram fabricadas entre os anos 1250 e 850 a.C., durante a última Idade do Bronze, e fazem parte da coleção do Naturhistorisches Museum, em Viena, Áustria. De baixo para cima, vê-se uma espada curta, uma espada tipo antena, uma espada tipo língua e uma espada tipo Liptau. *(Erich Lessing/Art Resource, NY.)*

FIGURA 2 O tempo frio desencadeia processos químicos que reduzem a quantidade de clorofila verde nas folhas e permitem o aparecimento das cores de vários outros pigmentos. *(David Q. Cavagnaro/Photolibrary/Getty Images.)*

Com o advento do século XX, e agora do século XXI, a indústria química se desenvolveu enormemente. A química transformou a agricultura. Os fertilizantes artificiais geraram os meios de alimentar a enorme, sempre crescente, população do planeta. A química transformou as comunicações e os transportes. A química de hoje produz materiais avançados, como polímeros para tecidos, silício de elevada pureza para computadores e vidro para fibras ópticas. Ela está produzindo combustíveis mais eficientes e renováveis, e deu-nos ligas mais leves e resistentes, necessárias para a aviação moderna e as viagens espaciais. A química transformou a medicina, aumentando substancialmente nossa expectativa de vida, e assentou os fundamentos da engenharia genética. O aprofundamento da compreensão da vida, que estamos conseguindo a partir da biologia molecular, é uma das áreas mais vibrantes da ciência. Todo esse progresso não teria sido possível sem a química.

O preço desses benefícios, entretanto, foi alto. O rápido crescimento da indústria e da agricultura, por exemplo, estressou a Terra e colocou em perigo nossa herança. Existe, agora, uma preocupação generalizada com a preservação de nosso extraordinário planeta. Dependerá de você e de seus contemporâneos inspirar-se na química – em qualquer carreira que você escolher – para continuar o desenvolvimento que já foi alcançado. Talvez você colabore para o começo de uma nova fase da civilização, baseada em novos materiais, do mesmo modo que os semicondutores transformaram a sociedade no século XX. Talvez você possa ajudar a reduzir o impacto desastroso do progresso sobre nosso meio ambiente. Para fazer isso, você precisará da química.

Química: uma ciência em três níveis

A química funciona em três níveis. No primeiro, ela trata da matéria e de suas transformações. Neste nível, conseguimos ver as mudanças, como quando um combustível queima, uma folha muda de cor no outono (Fig. 2) ou o magnésio queima brilhantemente no ar (Fig. 3). Esse é o **nível macroscópico**, que trata das propriedades de objetos grandes e visíveis. Existe, entretanto, um submundo de mudança, um mundo que você não consegue ver diretamente. Nesse **nível microscópico**, mais profundo, a química interpreta esses fenômenos em termos do rearranjo dos átomos (Fig. 4). O terceiro nível é o **nível simbólico**, a descrição dos fenômenos químicos por meio de símbolos químicos e equações matemáticas. O químico pensa no nível microscópico, conduz experimentos em nível macroscópico e representa as duas coisas por meio de símbolos. Estes três aspectos da química são representados como um triângulo (Fig. 5). Ao se aprofundar neste texto, você verá que algumas vezes os tópicos e as explicações ficarão próximos de um dos vértices do triângulo; às vezes, do outro. Como para entender a química é útil ligar esses três níveis, nos exemplos resolvidos deste livro você encontrará desenhos que representam o nível molecular, bem como interpretações gráficas das equações. À medida que sua compreensão da química aumentar, o mesmo acontecerá com sua capacidade de viajar comodamente pelo triângulo, ligando, por exemplo, uma observação de laboratório aos símbolos impressos em uma página e às imagens mentais de átomos e moléculas.

Como é feita a ciência

Os cientistas perseguem ideias por um caminho mal definido, mas eficiente, chamado **método científico**. Não existem regras estritas que levem você de uma boa ideia ao Prêmio Nobel, ou mesmo a uma descoberta digna de divulgação. Alguns cientistas são meticulosamente cuidadosos, outros são altamente criativos. Os melhores cientistas são, provavelmente, cuidadosos e criativos. Embora existam vários métodos científicos em aplicação, a abordagem típica inclui uma série de etapas (Fig. 6). O primeiro passo é, com frequência, a coleta de **dados** a partir de observações e medidas. Essas medidas geralmente são realizadas em **amostras** pequenas, representativas do material de estudo.

Os cientistas estão sempre à procura de padrões. Quando um padrão é observado nos dados, ele pode ser formalmente descrito como uma **lei** científica, um resumo sucinto de uma grande quantidade de observações. Por exemplo, descobriu-se que a água tem oito vezes a massa do oxigênio em relação à massa do hidrogênio, independentemente da origem da água ou do tamanho da amostra. Uma das primeiras leis da química resumiu este tipo de observação como a **"lei das composições constantes"** que estabelece que um composto tem a mesma composição, independentemente da origem da amostra.

FIGURA 3 Quando o magnésio queima no ar, produz-se uma grande quantidade de calor e luz. O produto cinza-branco poeirento parece fumaça. *(©1991 Richard Megna–Fundamental Photographs.)*

LAB_VIDEO – FIGURA 3

A formulação de uma lei é somente um modo, e não o único, de resumir dados. Existem muitas propriedades da matéria (como a supercondutividade, isto é, a capacidade de alguns poucos sólidos frios de conduzir eletricidade sem qualquer resistência) que estão hoje na linha de frente da pesquisa, mas que não são descritas por "leis" gerais que incluam centenas de compostos diferentes. Uma questão atual, que poderá ser resolvida no futuro (seja pela definição de uma lei apropriada, seja pela computação detalhada de casos individuais), é o que determina a forma das grandes moléculas de proteínas, como as que governam quase todos os aspectos da vida, inclusive doenças sérias, como a de Alzheimer, a de Parkinson e o câncer.

Após terem detectado os padrões, os cientistas desenvolvem **hipóteses**, possíveis explicações das leis – ou das observações – em termos de conceitos mais fundamentais. A observação requer cuidadosa atenção aos detalhes, mas o desenvolvimento de uma hipótese requer intuição, imaginação e criatividade. Em 1807, John Dalton interpretou resultados de muitos experimentos para propor a **hipótese atômica**, que diz que a matéria é feita de átomos. Embora Dalton não pudesse ver os átomos, ele pôde imaginá-los e formular sua hipótese atômica. A hipótese de Dalton foi uma intuição monumental que permitiu que outros pudessem compreender o mundo de uma nova maneira. O processo da descoberta científica nunca para. Com sorte e aplicação, você pode desenvolver esse tipo de intuição enquanto estiver lendo este livro e, um dia, formular suas próprias hipóteses, importantes e extraordinárias.

Após formular uma hipótese, os cientistas planejam outros **experimentos** – testes cuidadosamente controlados – para verificar sua validade. O projeto e a condução de bons experimentos necessitam, com frequência, de engenhosidade e, às vezes, de muita sorte. Se os resultados de experimentos repetidos – frequentemente em outros laboratórios e, algumas vezes, feitos por colegas céticos – estão de acordo com a hipótese, os cientistas podem avançar e formular uma **teoria**, a explicação formal de uma lei. Com bastante frequência, a teoria é expressa matematicamente. Uma teoria originalmente imaginada como um conceito **qualitativo** – um conceito expresso em palavras ou em figuras – adota uma forma **quantitativa** – o mesmo conceito expresso em termos matemáticos. Após ser expresso quantitativamente, um conceito pode ser submetido a uma rigorosa confirmação

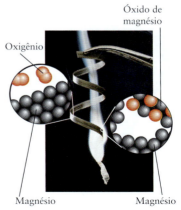

FIGURA 4 Quando ocorre uma reação química, os átomos mudam de parceiros. Na Fig. 3, o magnésio e o oxigênio formam óxido de magnésio. Como resultado, duas formas de matéria (à esquerda, no destaque) transformam-se em outra forma de matéria (à direita, no destaque). Átomos não são criados nem destruídos durante as reações químicas. *(Foto: ©1991 Richard Megna–Fundamental Photographs.)*

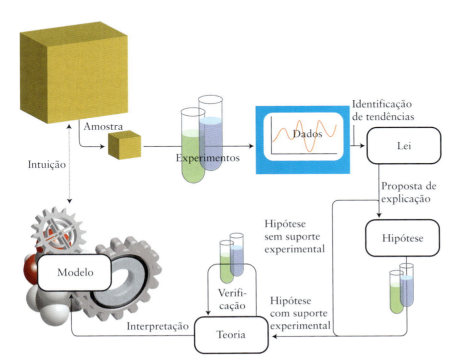

FIGURA 6 Resumo das principais atividades envolvidas em uma versão comum do método científico. As ideias propostas devem ser testadas e provavelmente revisas em cada etapa.

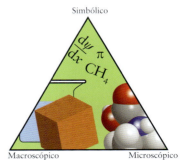

FIGURA 5 Este triângulo ilustra os três modos de pesquisa usados em química: macroscópico, microscópico e simbólico. Algumas vezes os cientistas trabalham mais perto de um dos vértices do que dos demais, mas é importante ser capaz de transitar de um modo aos outros dentro do triângulo.

FIGURA 7 Hoje, a pesquisa científica requer equipamentos complexos e computadores. Estes cientistas estão usando um espectrômetro gama portátil para medir a radiação gama perto da cidade de Quezon, nas Filipinas. *(Bullit Marquez/AP Photo.)*

experimental e ser usado para fazer predições numéricas. Você irá praticar os aspectos quantitativos da química enquanto estiver estudando este texto.

Os cientistas comumente interpretam uma teoria em termos de um **modelo**, isto é, uma versão simplificada do objeto de estudo, com o qual eles podem fazer predições. Como as hipóteses, as teorias e os modelos devem ser submetidos à experimentação e alterados, se os resultados experimentais não estão de acordo com eles. O modelo atual do átomo, por exemplo, sofreu várias reformulações e modificações ao longo do tempo, começando pela visão de Dalton de um átomo como uma esfera sólida indivisível até nosso elaborado modelo atual, que será descrito no Foco 1. Um dos principais objetivos deste livro é mostrar como construir modelos, convertê-los em uma forma que permita o teste dos modelos e, então, refiná-los à luz de novas evidências.

Os ramos da química

A química é mais do que tubos de ensaio e bécheres. Modernas tecnologias transformaram consideravelmente a química nos últimos 50 anos e novas áreas de pesquisa surgiram (Fig. 7). O campo da química organizou-se, tradicionalmente, em três ramos principais: a **química orgânica**, o estudo dos compostos de carbono; a **química inorgânica**, o estudo dos demais elementos e seus compostos; a **físico-química**, o estudo dos princípios da química.

Novas áreas de estudo foram se desenvolvendo à medida que mais conhecimento foi sendo adquirido em áreas especializadas ou como resultado do uso de técnicas especiais. Elas incluem a bioquímica, a química analítica, a química computacional, a engenharia química, a química médica e a química biológica. Várias disciplinas do conhecimento com raízes na química também apareceram, como a **biologia molecular** (o estudo das bases químicas e físicas das funções e da diversidade biológicas), a **ciência dos materiais** (o estudo da estrutura química e da composição dos materiais) e a **nanotecnologia** (o estudo da matéria na escala nanométrica, a qual permite manipular estruturas compostas por um número pequeno de átomos).

Um novo interesse da química é o **desenvolvimento sustentável**, a utilização econômica e a renovação das matérias-primas aliadas à redução de rejeitos perigosos e à preocupação com o meio ambiente. Este novo tratamento do ambiente e de nossa herança planetária é conhecido coloquialmente como **química verde**. Nos pontos apropriados, indicaremos este importante desenvolvimento com o pequeno ícone que mostramos ao lado.

Todas as ciências, a medicina e muitos campos da atividade comercial apoiam-se na química. Você pode estar certo de que, em qualquer carreira que escolher, no campo científico ou técnico, fará uso dos conceitos discutidos neste livro. A química está verdadeiramente no centro da ciência.

Aprendendo química

Talvez você já tenha um forte embasamento nessa ciência e em alguns de seus conceitos fundamentais. Estas páginas introdutórias servirão como um resumo dirigido dos princípios e das técnicas da química. Seu professor irá orientá-lo quanto a seu uso, para que você esteja preparado para os tópicos do texto propriamente dito.

Se você tem pouco conhecimento de química, estas páginas também são para você. Elas contêm um breve, porém sistemático, resumo dos conceitos básicos e dos cálculos utilizados em química, que você necessitará para estudar os tópicos do livro. Você pode voltar a elas sempre que for necessário. Se você precisar rever a matemática necessária para a química, especialmente a álgebra e os logaritmos, encontrará no Apêndice 1 uma pequena revisão dos procedimentos mais importantes.

A A matéria e a energia

A.1 *Os símbolos e as unidades*
A.2 *A acurácia e a precisão*
A.3 *A força*
A.4 *A energia*

Sempre que você toca, muda de lugar ou pesa alguma coisa, você está trabalhando com a matéria. As propriedades da matéria são o objeto da química, particularmente a conversão de uma forma da matéria em outra. Mas, o que é matéria? A matéria é, na verdade, muito difícil de ser definida com precisão sem o apoio das ideias avançadas da física das partículas elementares, porém uma definição operacional simples é que **matéria** é qualquer coisa que tem massa e ocupa espaço. Assim, o ouro, a água e a carne são formas da matéria, mas a radiação eletromagnética (que inclui a luz) e a justiça não o são.

Uma das características da ciência é que ela usa as palavras comuns de nossa linguagem cotidiana, mas lhes dá significado preciso. Na linguagem diária, uma "substância" é apenas outro nome da matéria. Em química, porém, uma **substância** é uma forma simples e pura da matéria. Logo, ouro e água são substâncias distintas. A carne é uma mistura de muitas substâncias diferentes e, no sentido técnico usado em química, não é uma "substância". O ar é matéria, mas, sendo uma mistura de vários gases, não é uma substância simples.

As substâncias e a matéria, em geral, podem assumir diferentes formas, chamadas de **estados da matéria**. Os três estados da matéria mais comuns são sólido, líquido e gás:

Um **sólido** é uma forma da matéria que retém sua forma e não flui.

Um **líquido** é uma forma fluida da matéria, que tem superfície bem definida e que toma a forma do recipiente que o contém.

Um **gás** é uma forma fluida da matéria que ocupa todo o recipiente que o contém.

O termo **vapor** é usado para indicar que uma substância, normalmente sólida ou líquida, está na forma de gás. Por exemplo, a água existe nos estados sólido (gelo), líquido e vapor.

A Figura A.1 mostra as diferentes configurações e mobilidades de átomos e moléculas nos três estados da matéria. Em um sólido, como o gelo ou o cobre, os átomos são empacotados de modo a ficarem muito perto uns dos outros. O sólido é rígido porque os átomos não podem mover-se facilmente, porém, não ficam imóveis: eles oscilam em torno de sua posição média, e o movimento de oscilação fica mais vigoroso com o aumento da temperatura. Os átomos e as moléculas de um líquido têm empacotamento semelhante ao de um sólido, porém eles têm energia suficiente para mover-se facilmente uns em relação aos outros. O resultado é que um líquido, como a água ou o cobre fundido, flui em resposta a forças como a da gravidade. Em um gás, como o ar (que é uma mistura de nitrogênio e oxigênio, principalmente) e o vapor de água, as moléculas são quase totalmente livres umas das outras: elas se movem pelo espaço em velocidades próximas à do som, eventualmente colidindo e mudando de direção.

A.1 Os símbolos e as unidades

A química trata das **propriedades** da matéria, isto é, de suas características. Uma **propriedade física** de uma substância é uma característica que pode ser observada ou medida sem mudar a identidade dessa substância. A massa, por exemplo, é uma propriedade física de uma amostra de água; outra, é sua temperatura. As propriedades físicas incluem características como o ponto de fusão (a temperatura na qual um sólido passa a líquido), a dureza, a cor, o estado da matéria (sólido, líquido ou gás) e a densidade. Quando uma substância sofre uma **alteração física**, sua identidade não muda, porém as propriedades físicas tornam-se diferentes. Quando a água congela, por exemplo, o gelo sólido ainda é água. Uma **propriedade química** refere-se à capacidade de uma substância de transformar-se em outra substância. Uma propriedade química do gás hidrogênio, por exemplo, é que ele reage com oxigênio (queima) para produzir água. Uma propriedade química do metal zinco é que ele reage com ácidos para produzir o gás hidrogênio. Quando uma substância sofre uma **alteração química**, ela é transformada em uma substância diferente, como o hidrogênio sendo convertido em água.

Uma propriedade física é representada por uma fonte em itálico (logo, para a massa temos *m*, não m). Os resultados de uma medida, o "valor" de uma quantidade física, são registrados como múltiplos de uma **unidade**. Assim, dizer que uma determinada massa vale 15 quilogramas significa que ela vale 15 vezes a unidade "1 quilograma". Os cientistas chegaram a um acordo internacional sobre as unidades que devem ser usadas quando as medidas são registradas, de modo que os resultados possam ser usados com confiança e corroborados por

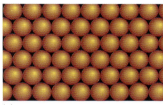

(a)

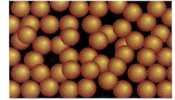

(b)

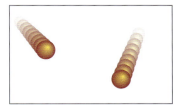

(c)

FIGURA A.1 Representação molecular dos três estados da matéria. Em cada caso as esferas representam partículas que podem ser átomos, moléculas ou íons. (a) Em um sólido, as partículas têm empacotamento compacto, mas continuam a oscilar. (b) Em um líquido, as partículas têm energia suficiente para se mover umas em relação às outras. (c) Em um gás, as partículas estão afastadas, movem-se quase completamente livres e estão em um movimento aleatório incessante.

F6 Fundamentos

qualquer pessoa em qualquer lugar do mundo. Você encontrará a maior parte dos símbolos utilizados neste livro, junto com suas unidades, no Apêndice 1.

Nota de boa prática Todas as unidades são registradas com letras romanas, como m para metro e s para segundo, que as distinguem das quantidades físicas a que se referem (como *l* para comprimento e *t* para tempo).

O **Sistema Internacional** (SI) é aceito internacionalmente e baseia-se no sistema métrico. Ele define sete **unidades básicas** que são usadas para expressar todas as quantidades físicas. Por enquanto, precisaremos de:

metro, m	O **metro**, a unidade de comprimento
quilograma, kg	O **quilograma**, a unidade de massa
segundo, s	O **segundo**, a unidade de tempo

Todas as unidades estão definidas no Apêndice 1B. Uma unidade pode ser modificada por um prefixo que representa um múltiplo de 10 (normalmente 10^3 ou $1/10^3$). O conjunto completo está no Apêndice 1B. Alguns exemplos comuns são:

Prefixo	Símbolo	Fator	Exemplo
quilo-	k	$10^3 (1000)$	1 km = 1000 m (1 quilômetro)
centi-	c	$10^{-2} (1/100, 0{,}01)$	1 cm = 1/100 m (1 centímetro)
mili-	m	$10^{-3} (1/1000, 0{,}001)$	1 ms = 1/1000 s (1 milissegundo)
micro-	μ	$10^{-6} (1/1.000.000, 0{,}000001)$	$1\ \mu g = 10^{-6}\ g$ (1 micrograma)
nano-	n	$10^{-9} (1/1.000.000.000, 0{,}000000001)$	$1\ nm = 10^{-9}\ m$ (1 nanômetro)

As unidades podem ser combinadas para formar **unidades derivadas** que expressam propriedades mais complexas do que massa, comprimento ou tempo. Por exemplo, o **volume**, V, a quantidade de espaço ocupado por uma substância, é o produto de três comprimentos; logo, a unidade derivada de volume é (metro)^3, representada por m^3. Do mesmo modo, a **densidade**, a massa de uma amostra dividida por seu volume, é uma unidade derivada, expressa em termos da unidade básica de massa dividida pela unidade derivada de volume – isto é, quilograma/(metro)^3, ou seja, $kg \cdot m^{-3}$.

Nota de boa prática A convenção SI apropriada é que uma potência, como o 3 em cm^3, refere-se à unidade e a seu prefixo. Em outras palavras, cm^3 deve ser interpretado como $(cm)^3$ ou $10^{-6}\ m^3$, não como $c(m^3)$ ou $10^{-2}\ m^3$.

Com frequência, é preciso converter medidas de outro conjunto de unidades em unidades SI. Por exemplo, ao converter comprimento medido em polegadas (in) em centímetros (cm), é preciso usar a relação 1 in = 2,54 cm. As relações entre as unidades comuns estão na Tabela 5 do Apêndice 1B. Elas são usadas para elaborar um **fator de conversão** na forma:

$$\text{Fator de conversão} = \frac{\text{unidades necessárias}}{\text{unidades dadas}}$$

que é usado da seguinte forma:

$$\text{Informações necessárias} = \text{informações dadas} \times \text{fator de conversão}$$

Ao usar um fator de conversão, tratamos as unidades como quantidades algébricas: elas são multiplicadas ou canceladas na forma normal.

EXEMPLO A.1 A conversão de unidades

Suponha que você esteja em uma loja que só venda tinta em litros. Você sabe que precisa de 1,7 qt de uma tinta específica. A que volume isso corresponde em litros?

ANTECIPE A Tabela 5 no Apêndice 1B mostra que 1 L é ligeiramente maior do que 1 qt; logo, você deve esperar um volume um pouco menor do que 1,7 L.

PLANEJE Identifique a relação entre as duas unidades da Tabela 5 ou do Apêndice 1B.

$$1 \text{ qt} = 0{,}9463525 \text{ L}$$

Após, desenvolva o fator de conversão a partir da unidade fornecida (qt) na unidade exigida (L).

RESOLVA

Forme o fator de conversão na forma (unidade exigida/unidade fornecida).

$$\text{Fator de conversão} = \frac{0{,}946\,3525 \text{ L}}{1 \text{ qt}}$$

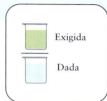

Converta a medida para as unidades desejadas.

$$\text{Volume (L)} = (1{,}7 \text{ qt}) \times \frac{0{,}946\,3525 \text{ L}}{1 \text{ qt}} = 1{,}6 \text{ L}$$

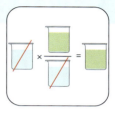

AVALIE Conforme esperado, você precisa de um pouco menos que 1,7 L. A resposta foi arredondada com dois algarismos decimais (Apêndice 1).

Teste A.1A Expresse em centímetros a altura de uma pessoa que mede 6,00 ft.

[***Resposta:*** 183 cm]

Teste A.1B Expresse a massa em onças de um pacote de 250 g de um cereal matinal.

Exercícios relacionados A.13, A.14, A.31, A.32

Com frequência, é necessário converter uma unidade que está elevada a uma potência (inclusive potências negativas). Nestes casos, o fator de conversão deve ser elevado à mesma potência. Por exemplo, para converter uma densidade de 11.700 kg·m^{-3} em gramas por centímetro cúbico (g·cm^3), usamos as duas relações:

$$1 \text{ kg} = 10^3 \text{ g e } 1 \text{ cm} = 10^{-2} \text{ m}$$

fazendo:

$$d = (11\,700 \text{ kg·m}^{-3}) \times \frac{10^3 \text{ g}}{1 \text{ kg}} \times \left(\frac{1 \text{ cm}}{10^{-2} \text{ m}}\right)^{-3}$$

$$= (11\,700 \text{ kg·m}^{-3}) \times \frac{10^3 \text{ g}}{1 \text{ kg}} \times \frac{10^{-6} \text{ m}^3}{1 \text{ cm}^3}$$

$$= 11{,}7 \frac{\text{g}}{\text{cm}^3} = 11{,}7 \text{ g·cm}^{-3}$$

As respostas para todos os testes B encontram-se no fim do livro.

Teste A.2A Expresse uma densidade de 6,5 g·mm^{-3} em microgramas por nanômetro cúbico (μg·nm^{-3}).

[***Resposta:*** $6{,}5 \times 10^{-12}$ μg·nm^{-3}]

Teste A.2B Expresse uma aceleração de 9,81 m·s^{-2} em quilômetros por hora ao quadrado.

Como visto, as unidades são tratadas como quantidades algébricas e multiplicadas e canceladas como números. O resultado é que uma quantidade como $m = 5$ kg também pode ser representada como $m/\text{kg} = 5$ dividindo-se os dois lados por kg. Da mesma forma, a resposta na conversão da densidade poderia ser dada como $d/(\text{g·cm}^{-3}) = 11{,}7$.

As propriedades são classificadas segundo sua dependência do tamanho da amostra.

Uma **propriedade extensiva** depende do tamanho (extensão) da amostra.

Uma **propriedade intensiva** não depende do tamanho da amostra.

Mais precisamente, se um sistema é dividido em partes e verifica-se que a propriedade do sistema completo tem um valor que é a soma dos valores encontrados para a propriedade em cada uma das partes, então esta propriedade é extensiva. Se isso não acontecer, então a propriedade é intensiva. O volume é uma propriedade extensiva: 2 kg de água ocupam duas vezes o volume de 1 kg de água. A temperatura é uma propriedade intensiva, porque, independentemente do tamanho da amostra de um banho uniforme de água, a temperatura dela será sempre a mesma (Figura A.2). A importância da distinção é que substâncias diferentes podem ser identificadas com base em suas propriedades intensivas. Assim, uma amostra de água é identificada observando-se sua cor, sua densidade (1,00 g·cm^{-3}), seu ponto de fusão (°C), seu ponto de ebulição (100°C) e o fato de que é um líquido.

Algumas propriedades intensivas são uma razão entre duas propriedades extensivas. Por exemplo, a densidade é a razão entre a massa, m, de uma amostra dividida por seu volume, V:

$$\text{Densidade} = \frac{\text{massa}}{\text{volume}} \quad \text{ou} \quad d = \frac{m}{V} \tag{1}$$

A densidade de uma substância independe do tamanho da amostra, porque quando o volume dobra, sua massa também dobra, assim a razão entre a massa e o volume permanece constante. Portanto, a densidade é uma propriedade intensiva e pode ser utilizada para identificar uma substância. A maior parte das propriedades depende do estado da matéria e de condições como temperatura e pressão. Por exemplo, a densidade da água em 0°C é 1,000 g·cm^{-3}, mas em 100°C é 0,958 g·cm^{-3}. A densidade do gelo em 0°C é 0,917 g·cm^{-3}, e a densidade do vapor de água em 100°C e na pressão atmosférica é cerca de 2.000 vezes menor, 0,597 g·L^{-1}.

PONTO PARA PENSAR

Quando você aquece um gás em temperatura constante, ele expande. A densidade do gás aumenta, diminui ou permanece constante durante a expansão?

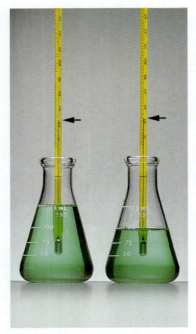

FIGURA A.2 A massa é uma propriedade extensiva, mas a temperatura é intensiva. Estas duas amostras de sulfato de ferro(II) em solução foram tiradas da mesma fonte: elas têm massas diferentes, mas estão na mesma temperatura. *(W.H. Freeman. Foto: Ken Karp.)*

Unidades de quantidades físicas e escalas de temperatura são discutidas no Apêndice 1B.

Teste A.3A A densidade do selênio é 4,79 g·cm^{-3}. Qual é a massa de 6,5 cm³ de selênio?

[***Resposta***: 31 g]

Teste A.3B A densidade do gás hélio em 0°C e 1,00 atm é 0,17685 g·L^{-1}. Qual é o volume de um balão que contém 10,0 g de hélio nas mesmas condições?

As propriedades químicas envolvem a mudança de identidade de uma substância; as propriedades físicas não. As propriedades extensivas dependem do tamanho da amostra; as intensivas não.

A.2 A acurácia e a precisão

Todas as quantidades medidas têm alguma incerteza associada a elas; na ciência, é importante expressar confiança não apenas com relação aos valores encontrados, mas também sobre os resultados dos cálculos que levaram você a esses valores. No Exemplo A.1, o resultado da multiplicação de 1,7 por 0,9463526 foi representado como 1,6, e não 1,60879925. O número de casas decimais dadas no resultado de um cálculo precisa refletir o número de algarismos conhecidos dos dados, não todo o conjunto de algarismos que a calculadora consegue informar.

O número de **algarismos significativos** de um valor numérico é o número de dígitos que podem ser justificados pelos dados:

Ao representar os resultados de uma multiplicação ou de uma divisão, identifique o número de algarismos no valor menos preciso e use este número de algarismos na resposta.

Logo, a medida de 1,7 qt tem dois algarismos significativos (2 as), ao passo que 0,9463525 tem sete (7 as). Logo, o resultado do Exemplo A1 ficou limitado em 2 as.

Ao representar os resultados de uma adição ou de uma subtração, identifique o valor com o menor número de algarismos significativos após a vírgula decimal e use este número de algarismos na resposta.

Por exemplo, duas medidas muito precisas de comprimento geraram valores de 55,845 mm e 15,99 mm. O comprimento total seria representado como:

$$55{,}845 \text{ mm} + 15{,}99 \text{ mm} = 71{,}83 \text{ mm}$$

Isto é, a precisão da resposta é dada pelo número de algarismos nos dados (mostrados em vermelho). O Apêndice 1C dá o conjunto de regras para o registro dos algarismos significativos, bem como as regras para o arredondamento de valores numéricos.

Pode ocorrer ambiguidade quando um número inteiro termina em zero porque o número de algarismos significativos pode ser inferior ao número de dígitos. Por exemplo, 400 significa 4×10^2 (1 as), $4{,}0 \times 10^2$ (2 as), ou $4{,}00 \times 10^2$ (3 as)? Para evitar a ambiguidade, quando todos os algarismos de um número que termina em zero são significativos, ele é seguido, neste livro, por um ponto decimal. Assim, o número 400. tem 3 as. No "mundo real", esta convenção útil é raramente adotada.

Para ter certeza sobre os seus dados, os cientistas repetem suas medições várias vezes, calculam a média e avaliam a precisão e a acurácia de suas medidas:

A **precisão** de uma medida é uma indicação do quanto os valores das repetidas medições estão próximos.

A **acurácia** de uma série de medidas está relacionada a quão próximo o valor médio está do valor real.

A ilustração da Fig. A.3 distingue precisão de acurácia. Como a ilustração sugere, mesmo medidas precisas podem dar valores inacurados.

As medidas são, frequentemente, acompanhadas por dois tipos de erros. Um **erro sistemático** é um erro que ocorre em todas as medidas repetidas de uma série. Erros sistemáticos em uma série de medições sempre têm o mesmo sinal e a mesma magnitude. Por exemplo, uma balança em um laboratório pode não estar calibrada corretamente, o que resultaria em valores maiores ou menores do que os reais. Se você está usando uma balança para medir a massa de uma amostra de prata, então, embora seja justificável informar os seus resultados com precisão de cinco algarismos significativos (como 5,0450 g), a massa informada em seus dados será inacurada. Em princípio, os erros sistemáticos são descobertos e corrigidos, mas muitas vezes passam despercebidos e, na prática, podem ser difíceis de identificar. Um **erro aleatório** é um erro que varia em sinal e magnitude, e pode ter média zero em um conjunto de medidas. Um exemplo disso é o efeito de rajadas de ar que passam através de uma janela aberta, que podem mover o prato da balança aleatoriamente para cima e para baixo, diminuindo ou aumentando o resultado da medida da massa. Os cientistas tentam reduzir o erro aleatório a valores mínimos, realizando muitas medições e tomando a média dos resultados.

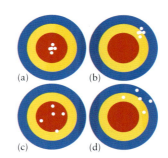

FIGURA A.3 Os furos nestes alvos representam medidas que são (a) precisas e acuradas, (b) precisas, mas inacuradas, (c) imprecisas, mas na média acuradas e (d) imprecisas e inacuradas.

PONTO PARA PENSAR

Liste alguns procedimentos que os cientistas podem adotar para identificar e eliminar erros sistemáticos.

A precisão de uma medida indica o quão próximo elas estão umas das outras, enquanto a acurácia de uma medida indica o quão próxima a média das medidas está do valor real.

A.3 A força

A **velocidade escalar média**, *v*, é a taxa da variação na posição de um corpo. No SI, ela é representada em metros por segundo (m/s). Já a **velocidade** é uma grandeza vetorial muito parecida com a velocidade escalar, mas considera a direção do movimento, além da velocidade escalar. Assim, uma partícula que se move em um círculo com uma velocidade escalar constante tem velocidade vetorial que muda a cada instante. A **aceleração**, *a*, é a taxa da variação da velocidade: uma partícula que se move em linha reta com velocidade constante não está acelerando (sua velocidade escalar e sua direção não variam), mas uma partícula que se move com velocidade escalar constante em um trajeto curvo acelera, porque, embora sua velocidade escalar seja constante, o seu vetor velocidade não o é (Fig. A.4). No SI, a aceleração é expressa em metros por segundo ao quadrado (m·s^{-2}).

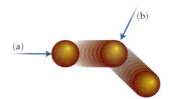

FIGURA A.4 (a) Quando uma força atua ao longo da direção de propagação, o módulo da velocidade varia, mas não a direção do movimento. (b) A direção de propagação pode variar sem afetar o módulo da velocidade se a força for aplicada na direção apropriada. Ambas as variações de velocidade implicam aceleração.

Uma força, F, é uma influência que modifica o estado de movimento de um objeto. Para abrir uma porta, por exemplo, você exerce uma força – o impulso inicial para começar o balanço de abertura da porta – e o mesmo acontece ao acertar uma bola com um chute. De acordo com a segunda lei de Newton, quando um objeto sofre a ação de uma força, ele é acelerado na proporção dessa força que ele sofre:

$$\text{Aceleração} \propto \text{força} \quad \text{ou} \quad a \propto F$$

e, especificamente,

$$a = \frac{F}{m}$$

em que m é a massa do corpo. Logo, para determinada força, um corpo mais pesado tem aceleração menor do que um corpo mais leve. Esta relação, denominada **segunda lei de Newton**, normalmente é expressa como:

$$\text{Força} = \text{massa} \times \text{aceleração} \quad \text{ou} \quad F = ma \qquad (2)$$

Isso significa que a unidade de força no SI, que usa a massa em quilogramas e a aceleração em metros por segundo ao quadrado, é 1 kg·m·s^{-2}. Esta unidade derivada ocorre com tanta frequência, que recebeu um nome próprio, o newton, cujo símbolo é N. isto é, $1 \text{ N} = 1 \text{ kg·m·s}^{-2}$. Uma força de 1 N é aproximadamente igual à atração gravitacional exercida sobre uma maçã pequena (100 g) pendurada na macieira.

A aceleração, a taxa de mudança de velocidade, é proporcional à força aplicada.

A.4 A energia

O **trabalho** é o processo de movimentação de um corpo contra uma força oposta. Sua magnitude é o produto da intensidade da força oposta pela distância percorrida pelo objeto:

$$\text{Trabalho realizado} = \text{força} \times \text{distância}$$

Como a força é dada em newtons e a distância em metros, a unidade de trabalho no SI é 1 N/m, ou $1 \text{ kg·m}^2\text{·s}^{-2}$. Na química, esta combinação de unidades básicas é mais comum do que o newton e é chamada de joule (J). Isto é, $1 \text{ J} = 1 \text{ kg·m}^2\text{·s}^{-2}$. Cada batimento cardíaco humano consome 1 J de trabalho.

A **energia** é a capacidade de produzir trabalho. Assim, energia é necessária para fazer o trabalho de levantar um peso até certa altura ou para forçar uma corrente elétrica através de um circuito. Quanto maior for a energia de um objeto, maior será sua capacidade de realizar trabalho. Para erguer um livro cuja massa é aproximadamente 2,0 kg a 0,97 m do solo são necessários 19 J (Fig. A.5). Como as trocas de energia nas reações químicas são da ordem de milhares de joules para as quantidades normalmente estudadas, é mais comum, na química, o uso da unidade prática quilojoule (kJ, em que $1 \text{ kJ} = 10^3 \text{ J}$).

Nota de boa prática Os nomes de unidades derivados de nomes de pessoas são apresentados sempre com iniciais minúsculas (como em joule, cujo nome é devido ao cientista J. Joule), mas os símbolos são sempre em letra maiúscula (como em J para joule).

Existem três contribuições para a energia que são fundamentais na química: a energia cinética, a energia potencial e a energia eletromagnética. A **energia cinética**, E_c, é a energia dada a um corpo por seu movimento. Para um corpo de massa m movendo-se em uma velocidade v, a energia cinética é:

$$E_c = \tfrac{1}{2}mv^2 \qquad (3)$$

Um corpo pesado que viaja rapidamente tem energia cinética elevada. Um corpo em repouso (estacionário, $v = 0$) tem energia cinética igual a zero.

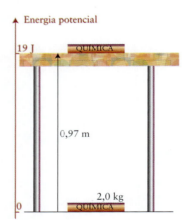

FIGURA A.5 A energia necessária para levantar do chão o livro até soltá-lo sobre a mesa é aproximadamente igual a 19 J. A mesma quantidade de energia será liberada se o livro cair da mesa até o chão.

EXEMPLO A.2 O cálculo da energia cinética

Os atletas gastam muita energia em uma corrida, não apenas durante a competição, mas também no processo de iniciar o deslocamento. Suponha que você trabalhe como fisiologista do esporte e esteja estudando as relações energéticas no ciclismo. Você precisa conhecer a energia envolvida em cada fase de uma corrida. Qual é a energia necessária para acelerar uma pessoa e uma bicicleta cuja massa total é 75 kg até 20 mph ($8,9 \text{ m·s}^{-1}$), partindo do repouso e desprezando o atrito e a resistência do ar?

PLANEJE No repouso, um ciclista tem energia cinética zero. Você precisa determinar quanta energia tem de ser dada para chegar à energia cinética do ciclista na velocidade final.

RESOLVA

De $E_c = \frac{1}{2}mv^2$,

$$E_c = \frac{1}{2} \times (75 \text{ kg}) \times (8{,}9 \text{ m·s}^{-1})^2$$
$$= 3{,}0 \times \underbrace{10^3}_{k} \underbrace{\text{kg·m}^2\text{·s}^{-2}}_{J} = 3{,}0 \text{ kJ}$$

AVALIE São necessários 3,0 kJ no mínimo. Mais energia será necessária se levarmos em conta a fricção e a resistência do ar.

Teste A.4A Calcule a energia cinética de uma bola cuja massa é 0,050 kg que viaja na velocidade de 25 m·s^{-1}.

[***Resposta:*** 16 J]

Teste A.4B Calcule a energia cinética de um livro de massa 1,5 kg no momento preciso em que ele atinge seu pé ao cair de uma mesa. Nesse momento, sua velocidade é de 3,0 m·s^{-1}.

Exercícios relacionados A.35, A.36

A **energia potencial**, E_p, de um objeto é sua energia em função de sua posição em um campo de forças. Não existe uma fórmula única para a energia potencial de um objeto, porque ela depende da natureza das forças que agem sobre ele. Dois casos simples, entretanto, são importantes em química: a energia potencial gravitacional (para uma partícula em um campo gravitacional) e a energia potencial de Coulomb (para uma partícula com carga em um campo eletromagnético).

Um corpo de massa m que está a uma altura h da superfície da Terra tem energia potencial gravitacional dada por

$$E_p = mgh \quad (4)$$

em relação à energia potencial na superfície (Fig. A.6), em que g é a **aceleração de queda livre** (comumente denominada "aceleração da gravidade"). O valor de g depende da localização do objeto, mas nos locais mais habitados na superfície da Terra, os valores típicos de g estão próximos do "valor padrão" 9,81 m·s^{-2}, que é usado em todos os cálculos neste livro. A Equação 4 mostra que, quanto maior for a altura de um objeto em relação à superfície da Terra, maior é sua energia potencial. Por exemplo, um livro colocado sobre uma mesa tem energia potencial maior do que um livro colocado no chão.

> **Nota de boa prática** Você verá a energia cinética, algumas vezes, representada por EC e a energia potencial por EP. A prática moderna é representar todas as quantidades físicas por uma única letra (em itálico, acompanhada por subscritos, se necessário).

A energia potencial também é comumente representada por V. Um *campo* é uma região em que uma força age.

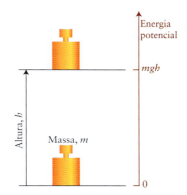

FIGURA A.6 A energia potencial de uma massa m em um campo gravitacional é proporcional a sua altura h acima de um certo ponto (neste caso, a superfície da Terra), que corresponde à energia potencial zero.

EXEMPLO A.3 O cálculo da energia potencial gravitacional

Um esquiador que pesa 65 kg embarca em um teleférico em uma estação de esqui e é levado a 1164 m de altitude em relação ao ponto de partida. Qual é a energia potencial do esquiador?

ANTECIPE Quando uma massa de 1 kg é erguida a 1 m do solo, ela ganha aproximadamente 10 J de energia potencial. Neste exemplo, 65 kg são levantados a mais de 1000 m. Por isso, você deve esperar que o ganho em energia potencial seja maior do que 650 kJ.

PLANEJE Para calcular a variação de energia, suponha que a energia potencial do esquiador no pé da montanha seja zero e calcule a energia na altura correspondente ao ponto final do teleférico.

RESOLVA A energia potencial do esquiador no ponto final do teleférico é:

De $E_p = mgh$,

$$E_p = (65 \text{ kg}) \times (9{,}81 \text{ m·s}^{-2}) \times (1164 \text{ m})$$
$$= 7{,}4 \times 10^5 \text{ kg·m}^2\text{·s}^{-2} = +740 \text{ kJ}$$

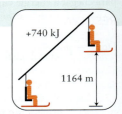

AVALIE Conforme esperado, a diferença de energia potencial é maior do que 650 kJ.

Teste A.5A Qual é a energia potencial gravitacional de um livro (2,0 kg de massa) quando ele está sobre uma mesa de 0,82 m de altura em relação à que teria se estivesse no chão?

[*Resposta:* 16 J]

Teste A.5B Quanta energia tem de ser gasta para levar uma lata de refrigerante (massa 0,350 kg) até o topo do edifício Willis Tower na cidade de Chicago, nos Estados Unidos (altura 443 m)?

Exercícios relacionados A.37–A.39

A energia decorrente da atração e da repulsão entre cargas elétricas é de grande importância na química, porque ela trata de elétrons, núcleos atômicos e íons, todos com carga. A **energia potencial de Coulomb** de uma partícula de carga Q_1 colocada a uma distância r de outra partícula de carga Q_2 é proporcional às duas cargas e ao inverso da distância entre elas:

$$E_p = \frac{Q_1 Q_2}{4\pi\varepsilon_0 r} \tag{5}$$

Nesta expressão, a qual é válida quando as duas cargas são separadas em um ambiente com vácuo, ε_0 (épsilon zero) é uma constante fundamental chamada *permissividade no vácuo* e seu valor é $8{,}854 \times 10^{-12}$ J^{-1}·C^2·m^{-1}. A energia potencial de Coulomb é obtida em joules quando as cargas são dadas em coulombs (C, a unidade SI de carga), e sua separação, em metros (m). A carga de um elétron é $-e$, com $e = 1{,}602 \times 10^{-19}$ C, a "carga fundamental".

O que esta equação revela? A energia potencial de Coulomb se aproxima de zero quando a distância entre as duas partículas tende ao infinito. Se as duas partículas têm a mesma carga – se são dois elétrons, por exemplo –, o numerador Q_1Q_2 (e, portanto, E_p) é positivo e a energia potencial *aumenta* (torna-se mais fortemente positiva) quando elas se aproximam (r diminui). Se as partículas têm cargas opostas – um elétron (que tem carga negativa) e um núcleo atômico (que tem carga positiva), por exemplo –, então o numerador (e, portanto, E_p) é negativo e a energia potencial *decresce* (torna-se mais negativa) quando a separação das partículas diminui (Fig. A.7).

A "energia eletromagnética" mencionada no começo desta seção é a energia do **campo eletromagnético**, como a energia transportada por ondas de rádio no espaço, pelas ondas de luz e pelos raios x. Um campo eletromagnético é gerado pela aceleração de partículas carregadas e tem dois componentes: um **campo elétrico** e um **campo magnético** oscilantes (Fig. A.8). A diferença crucial é que um campo elétrico afeta as partículas carregadas quando elas estão estacionárias ou em movimento, enquanto um campo magnético só afeta as partículas carregadas quando elas estão em movimento. O campo eletromagnético é discutido em detalhes no Tópico 1A.

A **energia total**, E, de uma partícula é a soma de suas energias cinética e potencial:

$$\text{Energia total} = \text{energia cinética} + \text{energia potencial}, \quad \text{ou} \quad E = E_c + E_p \tag{6}$$

Uma característica muito importante da energia total de um objeto é que, se não existem influências externas, ela é constante. Essa observação pode ser resumida dizendo que a *energia é conservada*. As energias cinética e potencial podem se interconverter, mas a soma, para um dado objeto, seja ele grande como um planeta ou pequeno como um átomo, é constante. Assim, por exemplo, uma bola jogada para o alto tem, inicialmente, alta energia cinética e

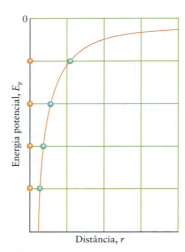

FIGURA A.7 Variação da energia potencial de duas cargas opostas (uma representada pelo círculo vermelho e, a outra, pelo círculo verde) com a distância entre elas. Observe que a energia potencial diminui conforme as cargas se aproximam.

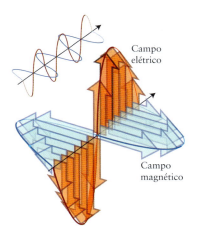

FIGURA A.8 Um campo eletromagnético oscila no tempo e no espaço. O campo magnético é perpendicular ao campo elétrico. O comprimento de uma seta em qualquer ponto representa a intensidade do campo nesse ponto e sua orientação representa a direção. Os dois campos são perpendiculares à direção em que a radiação se propaga.

energia potencial igual a zero. No máximo de seu voo, ela tem energia cinética igual a zero e alta energia potencial. Ao cair, entretanto, sua energia cinética aumenta e sua energia potencial se aproxima novamente de zero. Em cada estágio, sua energia *total* é igual à energia inicial (Fig. A.9). Quando atinge o chão, a bola não está mais isolada e sua energia é dissipada na forma de **movimento térmico**, o movimento aleatório e caótico de átomos e moléculas. Se as energias cinética e potencial desses átomos e moléculas fossem somadas, você constataria que a energia total da Terra teria aumentado na mesma quantidade perdida pela bola. Nunca foi observada uma exceção à **lei de conservação de energia**, a observação de que a energia não pode ser criada ou destruída. Uma região do universo – um átomo, por exemplo – pode perder energia, mas outra região terá de ganhar a mesma energia.

Os químicos referem-se com frequência a dois outros tipos de energia. O termo **energia química** é usado para a mudança de energia que ocorre durante uma reação química, como na queima de combustíveis. A "energia química" não é uma forma especial de energia: ela é simplesmente um nome coloquial para a soma das energias potencial e cinética das substâncias que participam da reação, incluindo as energias cinética e potencial de seus elétrons. O termo **energia térmica** é outro nome coloquial. Neste caso, representa a soma das energias potencial e cinética que provêm dos movimentos de átomos, íons e moléculas.

> *O trabalho é o movimento contra uma força de direção oposta. A energia é a capacidade de gerar trabalho. A energia cinética é resultado do movimento; a energia potencial é resultado da posição. Um campo eletromagnético transporta energia no espaço.*

O que você aprendeu em Fundamentos A?

Você aprendeu a usar e representar medidas, usar unidades e relatar resultados de cálculos com o número correto de algarismos significativos. Você também se familiarizou com os conceitos de força e energia, e aprendeu a distinguir a energia cinética da energia potencial.

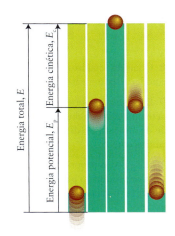

FIGURA A.9 A energia cinética (representada pela altura da barra verde-clara) e a energia potencial (a barra verde-escura) são interconversíveis, mas sua soma (a altura total da barra) é constante na ausência de influências externas, como a resistência do ar. Uma bola lançada de baixo para cima perde energia cinética à medida que perde aceleração, mas ganha energia potencial. O inverso ocorre quando a bola volta ao chão.

Os conhecimentos que você deve dominar incluem a capacidade de:

☐ **1.** Identificar propriedades como físicas ou químicas, intensivas ou extensivas.
☐ **2.** Converter unidades (Exemplo A.1).
☐ **3.** Calcular a energia cinética de um objeto (Exemplo A.2).
☐ **4.** Calcular a energia potencial gravitacional de um objeto (Exemplo A.3).
☐ **5.** Escrever a expressão da energia potencial de Coulomb entre cargas elétricas.

Fundamentos A Exercícios

A.1 As diferenças entre leis e hipóteses são apresentadas na *Introdução e Orientação*. Que alternativas podem ser consideradas leis? (a) O volume de um gás aumenta quando ele é aquecido à pressão constante. (b) O sódio reage com o cloro para produzir cloreto de sódio. (c) O universo é infinito. (d) Toda vida animal na terra precisa de água para sobreviver. (e) A combustão do carvão é a causa do aquecimento global.

A.2 Que alternativas dadas no Exercício A.1 podem ser consideradas hipóteses?

A.3 Classifique as seguintes propriedades como físicas ou químicas: (a) os objetos feitos de prata ficam escuros com o tempo; (b) a cor vermelha dos rubis deve-se à presença de íons cromo; (c) o ponto de ebulição do etanol é 78°C.

A.4 Um químico investiga a turbidez, o ponto de ebulição e a inflamabilidade do hexano, um componente de combustíveis minerais. Quais dessas propriedades são físicas e quais são químicas?

A.5 Identifique todas as propriedades físicas e as alterações nesta afirmação: "A enfermeira de uma pista de corridas mediu a temperatura do corredor lesionado e ligou um queimador de propano; quando a água começou a ferver, uma parte do vapor condensou-se na janela fria".

A.6 Identifique todas as propriedades químicas e as alterações nesta afirmação: "O cobre é um elemento marrom-avermelhado, obtido de minerais que contêm sulfeto de cobre por aquecimento no ar, com formação de óxido de cobre. O aquecimento do óxido de cobre com carbono produz cobre impuro, que é purificado por eletrólise".

A.7 Nos quadros a seguir, as esferas verdes representam os átomos de um elemento, e as esferas vermelhas, os átomos de um segundo elemento. Em cada caso, as figuras mostram uma mudança física ou uma mudança química. Identifique o tipo de mudança.

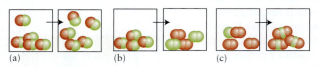

A.8 Quais dos quadros do Exercício A.7 mostram uma substância que poderia ser um gás?

A.9 Diga se as propriedades dadas são extensivas ou intensivas: (a) a temperatura de ebulição da água; (b) a cor do cobre; (c) a umidade da atmosfera; (d) a intensidade da luz emitida pelo fósforo incandescente.

A.10 Diga se as propriedades dadas são extensivas ou intensivas: (a) o calor produzido pela combustão da gasolina; (b) o volume da gasolina; (c) o custo da gasolina; (d) a pressão do ar no interior de um pneu.

A.11 As seguintes unidades podem parecer estranhas, mas já foram usadas na antiguidade. Suponha que elas foram incorporadas ao sistema SI. Reescreva cada valor com o prefixo SI apropriado. (a) 1000 grão; (b) 0.01 batman; (c) 1×10^6 mutchkin.

A.12 As seguintes unidades podem parecer estranhas, mas eram usadas pelos romanos. Suponha que elas foram incorporadas ao sistema SI. Reescreva cada valor com o prefixo SI apropriado. (a) 1×10^{-12} estádio; (b) 1×10^2 vara; (c) 1×10^1 passo simples.

A.13 Expresse em mililitros o volume de uma amostra de 1,00 copo de leite, considerando que 2 copos = 1 quartilho e 2 quartilhos = 1 quarto.

A.14 A unidade ångström (1 Å = 10^{-10} m) ainda é muito usada para registrar medidas das dimensões de átomos e moléculas. Expresse os seguintes dados em ångströms: (a) o raio de um átomo de sódio, 180 pm (2 as); (b) o comprimento da luz amarela, 550 nm (2 as). (c) Escreva um fator de conversão único entre ångströms e nanômetros.

A.15 Dois comprimentos de onda (a distância entre dois picos adjacentes em uma onda) foram medidos em laboratório. Sem usar uma calculadora, decida qual é o maior comprimento de onda: (a) $5,4 \times 10^2$ μm; (b) $1,3 \times 10^9$ pm.

A.16 As densidades de duas substâncias foram medidas em laboratório. Sem usar uma calculadora, decida qual é a substância com maior densidade: (a) 2,4 g·cm^{-3}; (b) 2,4 kg·m^{-3}.

A.17 Quando se deixa cair uma peça de um metal inerte cuja massa é 11,23 g em um cilindro graduado que contém 2,34 mL de água, o nível da água sobe para 2,93 mL. Qual é a densidade do metal (em gramas por centímetro cúbico)?

A.18 Quando se deixa cair uma peça de um metal inerte cuja massa é 17,32 g em um cilindro graduado que contém 3,24 mL de água, o nível da água sobe para 4,98 mL. Qual é a densidade do metal (em gramas por centímetro cúbico)?

A.19 A densidade do diamante é 3,51 g·cm^{-3}. A unidade prática internacional (que não é SI) para a pesagem de diamantes é o "quilate" (1 quilate = 200 mg, exatamente). Qual é o volume de um diamante de 0,750 quilates?

A.20 Use dados do Apêndice D para calcular o volume de 1,00 onça de ouro.

A.21 Um balão pesa 43,50 g quando vazio e 105,50 g quando cheio de água. Quando o mesmo balão está cheio de outro líquido, a massa passa a ser 96,75 g. Qual é a densidade do segundo líquido?

A.22 Que volume (em centímetros cúbicos) de chumbo (densidade 11,3 g·cm^{-3}) tem a mesma massa que 215 cm^3 de uma tora de pau-brasil (densidade 0,38 g·cm^{-3})?

A.23 As espaçonaves são comumente forradas com alumínio para proteção contra a radiação. A camada de proteção adequada deve ter 20 g de alumínio por centímetro quadrado. Use dados do Apêndice D para calcular a espessura da proteção necessária.

A.24 Imagine que toda a massa de um átomo está concentrada no núcleo, uma esfera de raio $1,5 \times 10^{-5}$ pm. (a) Se a massa de um átomo de carbono é $2,0 \times 10^{-23}$ g, qual é a densidade de um núcleo de carbono? O volume de uma esfera de raio r é $^4/_3 \pi r^3$. (b) Qual seria o raio da Terra se sua matéria fosse comprimida até ter a mesma densidade de um núcleo de carbono? (O raio médio da Terra é $6,4 \times 10^3$ km, e sua densidade média é 5,5 g·cm^{-3}.)

A.25 Expresse a resposta do cálculo abaixo com o número correto de algarismos significativos:

$$\frac{51,875 \times 1,700}{50,4 + 207,2}$$

A.26 Expresse a resposta do cálculo abaixo com o número correto de algarismos significativos:

$$\frac{64\,500 \times 0,001\,962}{3,02 - 1,007}$$

A.27 Expresse a resposta do cálculo abaixo com o número correto de algarismos significativos:

$$\frac{0,082\,06 \times (27,015 + 1,2)}{3,25 \times 7,006}$$

A.28 Expresse a resposta do cálculo abaixo com o número correto de algarismos significativos:

$$\frac{(604,01 + 0,53) \times 321,81 \times 0,001\,80}{3,530 \times 10^{-3}}$$

A.29 Use os fatores de conversão do Apêndice 1B e do final do livro para expressar as seguintes medidas nas unidades listadas: (a) 4,82 nm em pm; (b) 1,83 mL·min^{-1} em mm^3·s^{-1}; (c) 1,88 ng em kg; (d) 2,66 g·cm^{-3} em kg·m^{-3}; (e) 0,044 g·L^{-1} em mg·cm^{-3}.

A.30 Use os fatores de conversão do Apêndice 1B e do final do livro para expressar as seguintes medidas nas unidades listadas: (a) 36 L em m³; (b) 45 g·L^{-1} em mg·mL^{-1}; (c) 1,54 mm·s^{-1} em nm·μs^{-1}, (d) 7,01 cm·s^{-1}em km·h^{-1}; (e) US\$3,50/galão em peso/litro (1 dólar = 13,1 pesos).

A.31 A densidade de um metal foi medida por dois métodos diferentes. Em cada caso, calcule a densidade e indique que medida é mais precisa. (a) As dimensões de um bloco de seção retangular de um metal foram 1,10 cm × 0,531 cm × 0,212 cm. Sua massa foi 0,213 g. (b) A massa de um cilindro cheio de água até a marca de 19,65 mL é 39,753 g. Quando uma peça do metal foi imersa na água, o nível subiu para 20,37 mL e a massa do cilindro contendo o metal foi 41,003 g.

A.32 Um químico do Trustworthy Labs usou um conjunto de quatro experimentos para determinar a densidade do metal magnésio como 1,68 g·cm^{-3}, 1,67 g·cm^{-3}, 1,69 g·cm^{-3} e 1,69 g·cm^{-3}. Um químico no Righton Labs repetiu as medidas, mas encontrou os seguintes valores: 1,72 g·cm^{-3}, 1,63 g·cm^{-3}, 1,74 g·cm^{-3} e 1,86 g·cm^{-3}. O valor aceito para a densidade do magnésio é 1,74 g·cm^{-3}. O que você pode concluir sobre a precisão e a acurácia dos dados dos químicos?

A.33 Os pontos de referência de uma nova escala de temperatura expressa em °X são os pontos de congelamento e de ebulição da água, igualados em 50 °X e 250 °X, respectivamente. (a) Derive uma fórmula para converter temperaturas da escala Celsius para a nova escala. (b) A temperatura de um ambiente confortável é 22°C. Qual é esta temperatura em °X?

A.34 Quando Anders Celsius propôs inicialmente sua escala, ele tomou 100 como o ponto de congelamento da água e 0 como o ponto de ebulição. (a) A que temperatura 25°C corresponderia naquela escala? (b) A que temperatura 98,6°F corresponderia naquela escala?

A.35 A velocidade máxima de uma galinha que corre no chão é 14 km·h^{-1}. Calcule a energia cinética de uma galinha, cuja massa é 4,2 kg, que atravessa uma estrada em sua velocidade máxima.

A.36 Marte orbita o Sol com velocidade média igual a 25 km·s^{-1}. Uma nave espacial que tenta pousar em Marte precisa ajustar-se à velocidade da órbita. Se a massa da nave espacial é 3,6 × 10^5 kg, qual é sua energia cinética quando sua velocidade for igual à de Marte?

A.37 Um veículo cuja massa é 2,8 t reduz sua velocidade de 100 km·h^{-1} para 50 km·h^{-1} ao entrar em uma cidade. Quanta energia poderia ser recuperada em vez de se dissipar como calor? Até que altura, desprezando o atrito e outras perdas, essa energia poderia, ao ser usada, levar o veículo ladeira acima?

A.38 Qual é a energia mínima que um jogador de futebol gasta ao chutar uma bola com massa 0,51 kg sobre uma trave de 3,0 m de altura?

A.39 Tem sido dito ironicamente que o único exercício que algumas pessoas fazem é levar um garfo à boca. Qual é a energia gasta para levantar um garfo cheio, de massa total 40,0 g, até a altura de 0,50 m, 30 vezes durante uma refeição?

A.40 Calcule a energia liberada quando um elétron é trazido do infinito até a distância de 53 pm de um próton. (Esta é a distância mais provável de se encontrar um elétron em um átomo de hidrogênio.) A energia liberada quando um elétron e um próton formam um átomo de hidrogênio é 13,6 elétrons-volt (eV; 1 eV = 1,602 × 10^{-19} J). Explique a diferença.

A.41 A expressão $E_p = mgh$ aplica-se somente nas vizinhanças da superfície da Terra. A expressão geral para a energia potencial de uma massa m à distância R do centro da Terra (de massa m_T) é $E_p = -Gm_Tm/R$. Escreva $R = R_T + h$, em que R_T é o raio da Terra, e mostre que quando $h \ll R_T$ essa expressão geral se reduz ao caso especial e encontre uma expressão para g. Você vai precisar usar a expansão $(1 + x)^{-1} = 1 - x + \dots$.

A.42 A expressão para a energia potencial de Coulomb é muito semelhante à expressão da energia potencial gravitacional geral, dada no Exercício A.41. Existe uma expressão semelhante a $E_p = mgh$, a mudança de energia potencial quando um elétron muito afastado de um próton se aproxima até uma pequena distância h? Encontre a expressão da forma $E_p = egh$, com uma expressão apropriada para g, usando o mesmo procedimento do Exercício A.41.

B   Os elementos e os átomos

A ciência é a busca pela simplicidade. Embora a complexidade do mundo pareça ilimitada, ela tem origem na simplicidade fundamental que a ciência busca descrever. A contribuição da química para essa busca é mostrar como tudo o que nos cerca – montanhas, árvores, pessoas, computadores, cérebros, concreto, oceanos – é, de fato, constituído por um punhado de entidades simples. Os gregos antigos tinham a mesma ideia. Eles pensavam que havia quatro elementos – terra, ar, fogo e água – que podiam produzir todas as outras substâncias quando combinados nas proporções corretas. A noção de elemento que tinham na época é semelhante ao conceito que temos hoje. Porém, com base em experimentos, sabe-se que na verdade existem mais de 100 elementos, os quais – em diversas combinações – compõem toda a matéria na Terra (Fig. B.1).

B.1   *Os átomos*

B.2   *O modelo nuclear*

B.3   *Os isótopos*

B.4   *A organização dos elementos*

B.1 *Os átomos*

Os gregos perguntavam-se o que aconteceria se eles dividissem a matéria em pedaços cada vez menores. Haveria um ponto no qual teriam de parar porque os pedaços não teriam mais as mesmas propriedades do conjunto, ou eles poderiam continuar indefinidamente? Sabemos hoje que existe um ponto em que temos de parar. Dito de outro modo, a matéria é formada por partículas incrivelmente pequenas que não podem ser divididas por métodos

FIGURA B.1 Amostras de elementos comuns. Em sentido horário, a partir do bromo, líquido de cor marrom-avermelhada, estão o mercúrio, líquido prateado, e os sólidos iodo, cádmio, fósforo vermelho e cobre. *(W.H. Freeman. Foto: Ken Karp.)*

FIGURA B.2 John Dalton (1766-1844), o professor inglês que usou medidas experimentais para sustentar que a matéria é formada por átomos. *(Photos.com/Getty Images.)*

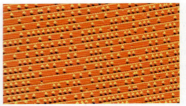

FIGURA B.3 Átomos individuais podem ser vistos como protuberâncias sobre a superfície de um sólido a partir de uma técnica chamada microscopia de varredura por tunelamento (MVT). Esta imagem mostra quanta informação pode ser armazenada nos átomos. As esferas amarelas são átomos de silício distribuídos em uma superfície formada por átomos de ouro e silício em um arranjo que pode ser lido por um microscópio MVT. Estas pequenas filas podem levar a um meio de armazenamento de densidade muito alta. *(Franz Himpsel/University of Wisconsin/Science Source.)*

convencionais. A menor partícula possível de um elemento é chamada de **átomo**. A história do desenvolvimento do modelo moderno do átomo é uma excelente ilustração de como os modelos científicos são construídos e revisados e continua no Foco 1.

O primeiro argumento convincente em favor dos átomos, baseado em experimentos, não em especulação, foi apresentado em 1807 pelo professor de escola elementar e químico inglês John Dalton (Fig. B.2). Ele mediu muitas vezes a razão entre as massas dos elementos que se combinam para formar as substâncias a que chamamos de "compostos" e verificou que as razões entre as massas mostravam uma tendência. Ele encontrou, por exemplo, 8 g de oxigênio para cada 1 g de hidrogênio em todas as amostras de água que estudou, mas em outro composto dos dois elementos (peróxido de hidrogênio), havia 16 g de oxigênio para cada 1 g de hidrogênio. Dados desse tipo levaram Dalton a desenvolver sua **hipótese atômica**:

1. Todos os átomos de um dado elemento são idênticos.
2. Os átomos de elementos diferentes têm massas diferentes.
3. Um composto utiliza uma combinação específica de átomos de mais de um elemento.
4. Em uma reação química, os átomos não são criados nem destruídos, porém trocam de parceiros para produzir novas substâncias.

Atualmente, a instrumentação de que dispomos fornece evidências muito mais diretas da existência dos átomos do que Dalton dispunha (Fig. B.3). Não existem mais dúvidas de que os átomos existem e que eles são as unidades que formam os elementos. Na verdade, os químicos usam a existência dos átomos para definir o elemento: um **elemento** é uma substância composta por um único tipo de átomo. Até 2015, 114 elementos haviam sido descobertos ou criados, mas, em alguns casos, somente em quantidades muito pequenas. Assim, quando o elemento 110 foi fabricado, somente dois átomos do elemento foram produzidos e, mesmo assim, eles duraram uma pequena fração de segundo antes de se desintegrar. As alegações de que vários outros elementos foram produzidos estão sendo averiguadas.

Toda a matéria é feita de várias combinações de formas simples da matéria, chamadas de elementos químicos. Um elemento é uma substância formada por um único tipo de átomo.

> O nome *átomo* vem do grego e significa "não divisível".

> A primeira suposição de Dalton teve de ser modificada porque hoje sabemos que os átomos de um elemento não são idênticos porque podem ter massas ligeiramente diferentes (Seção B3).

> O Apêndice 2D lista os nomes e os símbolos químicos de todos os elementos e dá a origem dos seus nomes.

B.2 O modelo nuclear

De acordo com o **modelo nuclear** atual, um átomo é formado por um **núcleo** com carga positiva, que é responsável por quase toda a sua massa, cercado por **elétrons** com carga negativa (representados por e⁻). Em comparação com o tamanho do núcleo (diâmetro de cerca de 10^{-14} m), o espaço ocupado pelos elétrons é enorme (diâmetro de cerca de 10^{-9} m, cem mil vezes maior). Se o núcleo de um átomo tivesse o tamanho de uma mosca no centro de um campo de beisebol, então o espaço ocupado pelos elétrons vizinhos seria aproximadamente igual ao tamanho do estádio inteiro (Fig. B.4).

TABELA B.1	Propriedades das partículas subatômicas relevantes na química		
Partícula	Símbolo	Carga/e*	Massa/kg
elétron	e^-	-1	$9{,}109 \times 10^{-31}$
próton	p	$+1$	$1{,}673 \times 10^{-27}$
nêutron	n	0	$1{,}675 \times 10^{-27}$

*As cargas são dadas como múltiplos da carga de um próton, que, em unidades SI, vale $1{,}602 \times 10^{-19}$ C (veja o Apêndice 1B).

A carga negativa dos elétrons cancela a carga positiva do núcleo central com exatidão. Em consequência, o átomo é eletricamente neutro (sem carga). Como cada elétron tem carga negativa, podemos dizer que um núcleo contém uma partícula com carga positiva para cada elétron circulante (fato este confirmado em laboratório). Essas partículas com carga positiva são denominadas **prótons** (representados por p) e suas propriedades estão listadas na Tabela B.1. Um próton é praticamente 2 mil vezes mais pesado do que um elétron.

O número de prótons do núcleo atômico de um elemento é chamado de **número atômico**, Z, do elemento. O núcleo de um átomo de hidrogênio tem um próton, logo, seu número atômico é $Z = 1$; o núcleo de um átomo de hélio tem dois prótons, logo, o seu número atômico é $Z = 2$. Um jovem cientista britânico, Henry Moseley, foi o primeiro a determinar números atômicos com precisão, pouco tempo antes de ser morto em ação na Primeira Guerra Mundial. Moseley sabia que, quando os elementos são bombardeados com elétrons rápidos, eles emitem raios x. Ele descobriu que as propriedades dos raios x emitidos por um elemento dependem de seu número atômico e, estudando os raios x de muitos elementos, foi capaz de determinar seus valores de Z. Desde então, os cientistas determinaram o número atômico de todos os elementos conhecidos (veja a lista de elementos no final do livro).

Os avanços tecnológicos da eletrônica, no início do século XX, levaram à invenção do **espectrômetro de massas**, um instrumento que permite a determinação da massa de um átomo (Fig. B.5). A espectrometria de massas já foi usada na determinação das massas dos átomos de todos os elementos. Hoje sabe-se que a massa de um átomo de hidrogênio, por exemplo, é $1{,}67 \times 10^{-27}$ kg e que a massa de um átomo de carbono é $1{,}99 \times 10^{-26}$ kg. As massas dos átomos mais pesados não passam de 5×10^{-25} kg, aproximadamente. Conhecendo-se a massa de determinado átomo, o número de átomos em determinada amostra do elemento pode ser determinado pela simples divisão da massa da amostra pela massa do átomo.

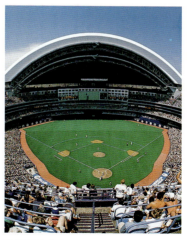

FIGURA B.4 Imagine uma mosca no centro deste estádio: seria esse o tamanho relativo do núcleo de um átomo se o átomo fosse ampliado até o tamanho do estádio. (*Walter Schmid/The Image Bank/Getty Images.*)

EXEMPLO B.1 Cálculo do número de átomos de uma amostra

Suponha que você esteja preparando uma amostra de carbono para uso como substrato em um estudo em eletrônica molecular, no qual as moléculas orgânicas servem como componentes em um circuito eletrônico. Talvez você precise conhecer o número de átomos em sua amostra. Quantos átomos existem em uma amostra de carbono de massa 10,0 g?

ANTECIPE Como os átomos são muito pequenos, você deve esperar um número muito grande.

PLANEJE Divida a massa da amostra pela massa de um átomo.

RESOLVA A massa de um átomo de carbono é $1{,}99 \times 10^{-26}$ kg (dada no texto).

De $N =$ (massa da amostra)/(massa de um átomo),

$$N = \frac{\overbrace{1{,}00 \times 10^{-2} \text{ kg}}^{10{,}0 \text{ g}}}{1{,}99 \times 10^{-26} \text{ kg}} = 5{,}03 \times 10^{23}$$

AVALIE Como antecipamos, o número de átomos, $5{,}03 \times 10^{23}$, é muito grande.

> **Nota de boa prática** Observe como a unidade de massa (gramas para a amostra) foi convertida em unidades que se cancelam (aqui, quilogramas). É sempre prudente converter todas as unidades nas unidades básicas SI.

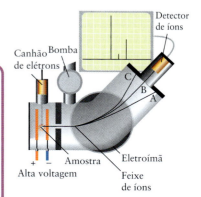

FIGURA B.5 Um espectrômetro de massas é usado para medir as massas dos átomos. Os elétrons são emitidos por um canhão, acelerados por diferença de potencial, e passam por um campo magnético. Usa-se uma bomba para remover o ar. À medida que muda a intensidade do campo magnético, o caminho dos íons acelerados movimenta-se de A para C. Quando o caminho está em B, o detector de íons manda um sinal para o registrador. A massa do íon é proporcional à intensidade de campo magnético necessária para mover o feixe até a posição correta para acertar o detector.

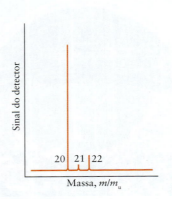

FIGURA B.6 Espectro de massas do neônio. A localização dos picos no eixo x dá a massa dos átomos como múltiplos da constante de massa atômica, m_u, e as intensidades dão o número relativo de átomos com cada massa.

Outro nome, mais adequado, para o número de massa é *número de núcleons*.

Quando o termo "nuclídeo" foi introduzido, ele era usado em referência ao núcleo apenas. Hoje, o termo é usado para se referir ao átomo todo.

O nome isótopo vem das palavras gregas para "o mesmo lugar".

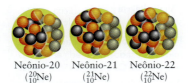

Neônio-20 ($^{20}_{10}$Ne)   Neônio-21 ($^{21}_{10}$Ne)   Neônio-22 ($^{22}_{10}$Ne)

FIGURA B.7 Os núcleos de diferentes isótopos do mesmo elemento têm o mesmo número de prótons, mas número diferente de nêutrons. Estes três diagramas mostram a composição dos núcleos dos três isótopos do neônio. Nesta escala, o átomo deveria ter 1 km de diâmetro. Estes diagramas não têm o objetivo de mostrar como os prótons e os nêutrons estão arranjados dentro do núcleo.

Teste B.1A A massa de um átomo de ferro é $9{,}29 \times 10^{-26}$ kg. Quantos átomos de ferro existem em um ímã de ferro cuja massa é 25,0 g?

[***Resposta:*** $2{,}69 \times 10^{23}$]

Teste B.1B Um garimpeiro que procurava ouro em um riacho do Alasca coletou 12,3 g de peças finas de ouro conhecidas como "pó de ouro". A massa de um átomo de ouro é $3{,}27 \times 10^{-25}$. Quantos átomos de ouro ele coletou?

Exercícios relacionados B.1, B.2

No modelo nuclear do átomo, a carga positiva e quase toda a massa estão concentradas no pequeno núcleo, e os elétrons com carga negativa que o rodeiam tomam quase todo o espaço. O número atômico é o número de prótons do núcleo.

B.3 Os isótopos

Como frequentemente acontece na ciência, uma técnica nova e mais precisa leva a uma descoberta muito importante. Quando os cientistas usaram os primeiros espectrômetros de massas, eles descobriram – o que causou surpresa – que nem todos os átomos de um elemento têm a mesma massa. Por essa razão, o modelo de Dalton não está exatamente correto. Em uma amostra de neônio perfeitamente puro, por exemplo, a maior parte dos átomos tem $3{,}32 \times 10^{-26}$ kg, isto é, cerca de 20 vezes a massa do átomo de hidrogênio. Alguns átomos de neônio, entretanto, são cerca de 22 vezes mais pesados do que o hidrogênio e, outros, cerca de 21 vezes mais (Fig. B.6). Os três tipos de átomos têm o mesmo número atômico e são, sem dúvida, átomos de neônio. Porém, contrariando a visão de Dalton, eles não são idênticos.

A observação de que existem diferenças de massa entre os átomos de um elemento ajudou os cientistas a refinar o modelo nuclear. Eles perceberam que o núcleo atômico deveria conter outras partículas subatômicas além dos prótons e propuseram a existência de partículas eletricamente neutras, denominadas **nêutrons** (representados por n). Como os nêutrons não têm carga, sua presença não afeta a carga do núcleo nem o número de elétrons do átomo. Entretanto, eles têm aproximadamente a mesma massa que os prótons, assim, aumentam substancialmente a massa do núcleo. Portanto, diferentes números de nêutrons em um núcleo geram átomos de massas distintas, mesmo quando os átomos são do mesmo elemento. Exceto pela carga, os nêutrons e os prótons são muito semelhantes (Tabela B.1). Conjuntamente, prótons e nêutrons são chamados de **núcleons**.

O número total de prótons e nêutrons de um núcleo é denominado **número de massa**, A, do átomo. Um núcleo que tem número de massa A é cerca de A vezes mais pesado do que um átomo de hidrogênio, cujo núcleo tem um só próton. Portanto, se você sabe que um átomo é um certo número de vezes mais pesado do que um átomo de hidrogênio, poderá deduzir o número de massa do átomo. Por exemplo, como a espectrometria de massas mostra que existem três tipos de átomos de neônio que são 20, 21 e 22 vezes mais pesados do que um átomo de hidrogênio, é possível inferir que os números de massa dos três tipos de átomos de neônio são 20, 21 e 22. Como, para cada um deles, $Z = 10$, esses átomos de neônio devem conter 10, 11 e 12 nêutrons, respectivamente (Fig. B.7).

Um átomo com determinados valores de número atômico e número de massa é denominado **nuclídeo**. Logo, o oxigênio-16 ($Z = 8$, $A = 16$) e o neônio-20 ($Z = 10$, $A = 20$) são nuclídeos. Os átomos que têm o mesmo número atômico (isto é, são do mesmo elemento) e diferentes números de massa são chamados de **isótopos** do elemento. Todos os isótopos de um elemento têm exatamente o mesmo número atômico; logo, eles têm o mesmo número de prótons e elétrons, mas números de nêutrons diferentes. Um isótopo é nomeado escrevendo-se seu número de massa após o nome do elemento, como em neônio-20, neônio-21 e neônio-22. Seu símbolo é obtido escrevendo-se o número de massa como um sobrescrito à esquerda do símbolo químico do elemento, como em ^{20}Ne, ^{21}Ne e ^{22}Ne. Ocasionalmente, coloca-se o número atômico do elemento como um subscrito à esquerda, como no símbolo $^{22}_{10}$Ne, usado na Fig. B.7.

Como os isótopos de um elemento têm o mesmo número de prótons e, portanto, o mesmo número de elétrons, eles têm essencialmente as mesmas propriedades físicas e químicas. Entretanto, as diferenças de massa entre os isótopos do hidrogênio são comparáveis à massa atômica, o que leva a diferenças consideráveis em algumas propriedades físicas e pequenas variações de algumas propriedades químicas. O hidrogênio tem três isótopos (Tabela B.2).

B   Os elementos e os átomos   **F19**

TABELA B.2	Alguns isótopos de elementos comuns			
Elemento	**Símbolo**	**Número atômico, Z**	**Número de massa, A**	**Abundância (%)**
hidrogênio	^{1}H	1	1	99,985
deutério	^{2}H ou D	1	2	0,015
trítio	^{3}H ou T	1	3	—*
carbono-12	^{12}C	6	12	98,90
carbono-13	^{13}C	6	13	1,10
oxigênio-16	^{16}O	8	16	99,76

*Radioativo, vida curta.

O mais comum (^{1}H) não tem nêutrons; logo, o núcleo é formado por um próton isolado. Os outros dois isótopos são menos comuns, mas são tão importantes em química e física nuclear que recebem nomes e símbolos especiais. O isótopo que tem um nêutron (^{2}H) é chamado de *deutério* (D) e o outro, com dois nêutrons (^{3}H), de *trítio* (T).

Teste B.2A Quantos prótons, nêutrons e elétrons existem em (a) um átomo de nitrogênio-15; (b) um átomo de ferro-56?

[***Resposta:*** (a) 7, 8, 7; (b) 26, 30, 26]

Teste B.2B Quantos prótons, nêutrons e elétrons existem em (a) um átomo de oxigênio-16; (b) um átomo de urânio-236?

Os isótopos de um elemento têm o mesmo número atômico, mas diferentes números de massa. Seus núcleos têm o mesmo número de prótons, mas número diferente de nêutrons.

B.4 A organização dos elementos

Cada elemento químico tem um nome e um símbolo exclusivos compostos de uma ou duas letras. Muitos desses símbolos são as duas primeiras letras do nome do elemento. Outros têm símbolos formados pela primeira letra e uma posterior:

carbono C	nitrogênio N	alumínio Al	níquel Ni
magnésio Mg	cloro Cl	zinco Zn	plutônio Pu

Observe que a primeira letra de um símbolo é sempre maiúscula, ao passo que a segunda é sempre minúscula (por exemplo, He, não HE). Os símbolos de alguns elementos derivam de seu nome em latim, alemão ou grego. Assim, o símbolo do ferro é Fe, do latim *ferrum*. O Apêndice 2D lista os nomes e os símbolos químicos de todos os elementos e dá a origem dos seus nomes.

Teste B.3A Dê os símbolos do (a) rênio e do (b) boro. Dê o nome dos elementos cujos símbolos são (c) Hg e (d) Zr.

[***Resposta:*** (a) Re; (b) B; (c) mercúrio; (d) zircônio]

Teste B.3B Dê os símbolos do (a) titânio e do (b) sódio. Dê o nome dos elementos cujos símbolos são (c) I e (d) Y.

Em 2015, havia 114 elementos conhecidos e confirmados, dos quais apenas 88 ocorrem em quantidades significativas na Terra e são considerados naturais. À primeira vista, a ideia de ter de aprender suas propriedades parece impossível. A tarefa fica mais fácil – e mais interessante – devido a uma das mais importantes descobertas da história da química. Como explicado em detalhes no Tópico 1F, descobriu-se que, ao serem listados na ordem crescente do número atômico e arranjados em linhas contendo um certo número deles, os elementos formam famílias cujas propriedades têm tendências regulares. O arranjo dos elementos que mostra as relações entre famílias constitui a **Tabela Periódica** (ela está impressa no começo deste livro e repetida, de forma esquemática, na Fig. B.8).

A história da descoberta das relações periódicas por Dmitri Mendeleev está no Tópico 1F.

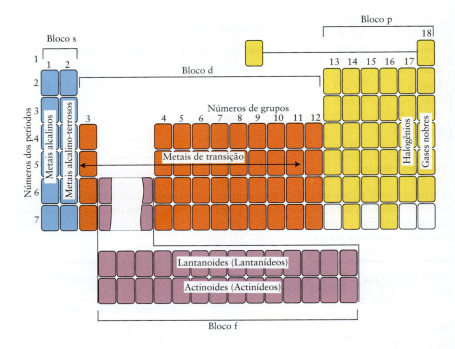

FIGURA B.8 Estrutura da Tabela Periódica, com os nomes de algumas regiões e grupos. Os grupos são as colunas verticais, numeradas de 1 a 18. Os períodos são as linhas horizontais, numeradas de 1 a 7 (o Período 1 é a linha superior – hidrogênio e hélio). Os elementos do grupo principal são os que ocupam os blocos s e p, junto com o hidrogênio. Os Grupos 1 e 2 formam o bloco s; os Grupos 3-12, o bloco d; e os Grupos 13-18, o bloco p.

Em algumas versões da Tabela Periódica você encontra notações diferentes para grupos. Nelas, os gases nobres pertencem ao Grupo VIII ou VIIIA. Essas alternativas estão na tabela dada no começo do livro.

Em algumas versões da Tabela Periódica, os lantanoides começam no lantânio (elemento 57) e, os actinoides, no actínio (elemento 89).

FIGURA B.9 Todos os metais podem ser deformados por marteladas. O ouro chega a formar folhas tão finas que a luz pode atravessá-la. Aqui, é possível ver a luz de uma chama através da folha de ouro. (*Chip Clark/Fundamental Photographs, NYC.*)

As colunas verticais da Tabela Periódica são chamadas de **grupos**. Esses grupos identificam as principais famílias dos elementos. As colunas mais altas (Grupos 1, 2 e 13 até 18) são os **grupos principais** da Tabela. As linhas horizontais formam os **períodos** e são numeradas de cima para baixo. As quatro regiões retangulares da Tabela constituem **blocos** e, por razões relacionadas com a estrutura atômica (Tópico 1D), são também chamados de s, p, d e f. Os membros do bloco d, exceto os do Grupo 12 (o grupo do zinco), são os **metais de transição**. O nome indica que eles têm caráter de passagem entre os metais altamente reativos do bloco s e os menos reativos do bloco p. Os membros do bloco f, que aparecem na parte inferior da tabela principal (para economizar espaço), são os **metais de transição internos**. A linha superior desse bloco, começando pelo lantânio (elemento 57), do Período 6, inclui os **lantanoides** (conhecidos tradicionalmente como "lantanídeos"), e a linha inferior, começando pelo actínio (elemento 89), do Período 7, abarca os **actinoides** (conhecidos mais comumente como "actinídeos").

Alguns grupos principais têm nomes especiais:

Grupo 1: os **metais alcalinos**

Grupo 2: os **metais alcalinos-terrosos** (mais precisamente o cálcio, o estrôncio e o bário)

Grupo 17: os **halogênios**

Grupo 18: os **gases nobres**

No topo da Tabela Periódica, isolado, está o hidrogênio. Algumas versões da Tabela colocam o hidrogênio no Grupo 1; outras, no Grupo 17; e outras, ainda, em ambos os grupos. Neste livro, ele é tratado como um elemento muito especial e não faz parte de grupo algum.

Os metais são, em sua maioria, sólidos. Somente dois elementos (mercúrio e bromo) são líquidos nas temperaturas comuns e somente 11 são gases. Os elementos são classificados como metais, não metais e metaloides:

Um **metal** conduz eletricidade, tem brilho, é maleável e dúctil.

Um **não metal** não conduz eletricidade e não é maleável nem dúctil.

Um **metaloide** tem a aparência e algumas propriedades de metal, mas se comporta quimicamente como um não metal, dependendo das condições.

Uma substância *maleável* (da palavra latina para "martelo") pode ser martelada até transformar-se em folhas finas, como o cobre (Fig. B.9). Uma substância *dúctil* (da palavra latina para "alongamento") pode ser alongada em fios. Muitos não metais são quebradiços e se

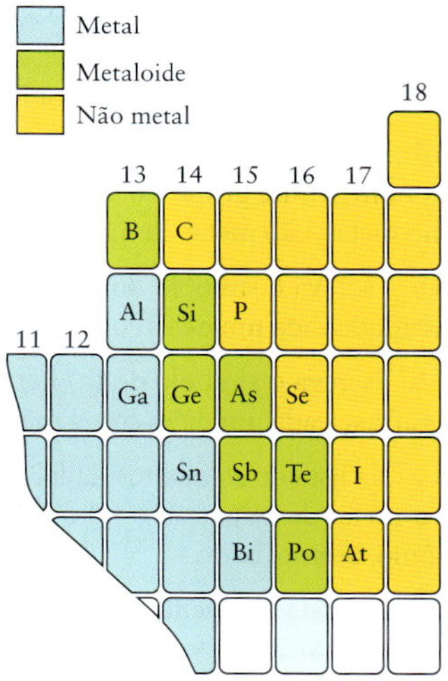

Fundamentos B Exercícios **F21**

FIGURA B.10 Localização dos sete elementos comumente chamados de metaloides. Esses elementos têm características de metais e de não metais. Outros elementos, notadamente o berílio e o bismuto, são algumas vezes incluídos nessa classificação. O boro (B), embora não tenha a aparência de um metal, é incluído porque se parece quimicamente com o silício (Si).

partem quando são golpeados com um martelo. As distinções entre metais e metaloides e entre metaloides e não metais não são muito precisas (e nem sempre são feitas), mas os sete elementos mostrados na Fig. B.10 (na diagonal entre os metais, à esquerda, e os não metais, à direita) são frequentemente considerados metaloides.

A Tabela Periódica é um arranjo dos elementos que reflete suas relações de família. Os membros do mesmo grupo normalmente mostram a mesma tendência nas propriedades.

O que você aprendeu em Fundamentos B?

Você aprendeu sobre a estrutura do átomo e como ele foi descoberto. Você também descobriu como converter a massa de uma amostra no número de átomos que ela contém, e viu que as propriedades dos elementos seguem um padrão na organização da Tabela Periódica.

Os conhecimentos que você deve dominar incluem a capacidade de:

- ☐ **1.** Descrever a estrutura de um átomo.
- ☐ **2.** Encontrar o número de átomos em uma amostra de um elemento (Exemplo B.1).
- ☐ **3.** Encontrar o número de nêutrons, prótons e elétrons de um isótopo (Teste B.2).
- ☐ **4.** Escrever os símbolos dos elementos (Teste B.3).
- ☐ **5.** Descrever a organização da Tabela Periódica e as características dos elementos em diferentes regiões da Tabela.

Fundamentos B Exercícios

B.1 A massa de um átomo de berílio é $1,50 \times 10^{-26}$ kg. Quantos átomos de berílio existem em 0,210 g de um filme de berílio usado como janela de tubos de raios x?

B.2 A massa de um átomo de flúor é $3,16 \times 10^{-26}$ kg. Quantos átomos de flúor estão presentes em um tanque de 0,970 L de gás flúor? A densidade do gás flúor no tanque é 0,777 $g \cdot L^{-1}$.

B.3 Dê o número de prótons, nêutrons e elétrons de um átomo de (a) boro-11; (b) ^{10}B; (c) fósforo-31; (d) ^{238}U.

B.4 Dê o número de prótons, nêutrons e elétrons de um átomo de (a) ^{40}K; (b) ^{58}Co; (c) tântalo-180; (d) ^{210}At.

B.5 Identifique o nuclídeo que tem átomos com (a) 117 nêutrons, 77 prótons e 77 elétrons; (b) 12 nêutrons, 10 prótons e 10 elétrons; (c) 28 nêutrons, 23 prótons e 23 elétrons.

B.6 Identifique o nuclídeo que tem átomos com (a) 44 nêutrons, 42 prótons e 42 elétrons; (b) 40 nêutrons, 32 prótons e 32 elétrons; (c) 101 nêutrons, 70 prótons e 70 elétrons.

B.7 Complete a tabela:

Elemento	Símbolo	Prótons	Nêutrons	Elétrons	Número de massa
	^{36}Cl				
		30			65
			20	20	
lantânio			80		

B.8 Complete a tabela:

Elemento	Símbolo	Prótons	Nêutrons	Elétrons	Número de massa
ósmio					190
	^{120}Sn				
		74			184
			30	25	

B.9 (a) Que características têm em comum os átomos de argônio-40, potássio-40 e cálcio-40? (b) Em que aspectos eles diferem? (Pense nos números e tipos de partículas subatômicas.)

B.10 (a) Que características têm em comum os átomos de manganês-55, ferro-56 e níquel-58? (b) Em que aspectos eles diferem? (Pense nos números e tipos de partículas subatômicas.)

B.11 Determine a fração da massa total de um átomo de ^{56}Fe que é decorrente dos (a) nêutrons; (b) prótons; (c) elétrons. (d) Qual é a massa de nêutrons de um automóvel de 1,000 t? Suponha que a massa total do veículo seja devido ao ^{56}Fe.

B.12 (a) Determine o número total de prótons, nêutrons e elétrons de uma molécula de pentacloreto de fósforo, PCl_5, supondo que todos os átomos são dos isótopos mais estáveis dos elementos. (b) Qual é a massa total de prótons, nêutrons e elétrons em uma molécula de PCl_5? (Calcule as três massas.)

B.13 Nomeie os elementos (a) Sc; (b) Sr; (c) S; (d) Sb. Verifique seus números de grupo na Tabela Periódica. Identifique cada um como metal, não metal ou metaloide.

B.14 Nomeie os elementos (a) Tc; (b) Te; (c) Ti; (d) Tm. Verifique seus números de grupo na Tabela Periódica. Identifique cada um como metal, não metal ou metaloide.

B.15 Escreva o símbolo do (a) estrôncio; (b) xenônio; (c) silício. Classifique cada um deles como metal, não metal ou metaloide.

B.16 Escreva o símbolo do (a) itérbio; (b) manganês; (c) selênio. Classifique cada um deles como metal, não metal ou metaloide.

B.17 Na lista de elementos dada, identifique (a) o metal alcalino, (b) o metal de transição e (c) o lantanoide: cério, cádmio, rádio, radônio, bromo, bário.

B.18 Na lista de elementos dada, identifique (a) o halogênio, (b) o metal alcalino-terroso e (c) gás nobre: cério, cádmio, rádio, radônio, bromo, bário.

B.19 Identifique na Tabela Periódica o bloco a que pertencem os seguintes elementos: (a) zircônio, (b) As, (c) Ta, (d) bário, (e) Si, (f) cobalto.

B.20 Identifique o bloco da Tabela Periódica a que pertencem os seguintes elementos: (a) fósforo, (b) No, (c) Po, (d) Mo, (e) ósmio, (f) criptônio.

B.21 Escreva o símbolo de cada um dos elementos dados, informe o grupo e o período em que estão na Tabela Periódica e indique se são metais, não metais ou metaloides: (a) um elemento com 118 nêutrons e número de massa 200; (b) um elemento com 78 nêutrons e número de massa 133.

B.22 Escreva o símbolo de cada um dos elementos dados, informe o grupo e o período em que estão na Tabela Periódica e indique se são metais, não metais ou metaloides: (a) um elemento com 67 nêutrons e número de massa 116; (b) um elemento com 22 nêutrons e número de massa 40.

C.1 O que são compostos?
C.2 As moléculas e os compostos moleculares
C.3 Os íons e os compostos iônicos

C Os compostos

Os poucos elementos que constituem nosso mundo combinam-se para produzir a matéria em uma aparentemente ilimitada variedade de formas. Basta olhar para a vegetação, a carne, as paisagens, os tecidos, os materiais de construção e outras coisas à nossa volta para apreciar a maravilhosa variedade do mundo material. Uma parte da química é a **análise**: a identificação dos elementos que se combinaram para formar uma substância. Outro aspecto da química é a **síntese**: o processo de combinar elementos para produzir compostos ou de converter um composto em outro. Se os elementos são o alfabeto da química, então os compostos são suas peças de teatro, poemas e histórias.

C.1 O que são compostos?

Um **composto** é uma substância eletricamente neutra, formada por dois ou mais elementos diferentes cujos átomos estão em uma proporção definida. Um **composto binário** é formado por dois elementos. A água, por exemplo, é um composto binário de hidrogênio e oxigênio, com dois átomos de hidrogênio para cada átomo de oxigênio. Qualquer que seja a fonte de água, sua composição é a mesma. Sem dúvida, uma substância com uma razão atômica diferente não seria água! O peróxido de hidrogênio (H_2O_2), por exemplo, tem um átomo de hidrogênio para cada átomo de oxigênio.

Os compostos podem ser classificados como orgânicos ou inorgânicos. Os **compostos orgânicos** contêm o elemento carbono e, normalmente, também o hidrogênio. Existem milhões de compostos orgânicos, inclusive combustíveis, como o metano ou o propano, açúcares, como a glicose e a sacarose, e a maior parte dos medicamentos. Esses compostos são denominados *orgânicos* porque se acreditava, incorretamente, que só poderiam ser sintetizados pelos organismos vivos. Os **compostos inorgânicos** são todos os demais compostos. Eles incluem água, sulfato de cálcio, amônia, sílica, ácido clorídrico e muitos outros. Além disso, compostos muito simples de carbono, particularmente o dióxido de carbono e os carbonatos, que incluem o giz (carbonato de cálcio), são tratados como compostos inorgânicos.

Em um composto, os elementos não estão apenas misturados. Seus átomos estão unidos, ou *ligados*, uns aos outros de maneira específica, devido a uma reação química. O resultado é uma substância com propriedades químicas e físicas diferentes das dos elementos que a formam. Quando o enxofre se queima no ar, por exemplo, ele se combina com o oxigênio para formar o dióxido de enxofre. O enxofre, um sólido amarelo, e o oxigênio, um gás inodoro, produzem um gás incolor, irritante e venenoso (Fig. C.1).

Os químicos determinaram que os átomos podem ligar-se para formar moléculas ou participar de compostos como íons:

Uma **molécula** é um grupo discreto de átomos ligados em um arranjo específico.

Um **íon** é um átomo ou um grupo de átomos com carga positiva ou negativa.

FIGURA C.1 O enxofre elementar queima com uma chama azul e produz o gás denso dióxido de enxofre, um composto de enxofre e oxigênio. (©1983 Chip Clark–Fundamental Photographs.)

Um íon com carga positiva é chamado de **cátion** e um íon com carga negativa, de **ânion**. Assim, um átomo de sódio com carga positiva é um cátion, representado como Na^+. Um átomo de cloro com carga negativa é um ânion, representado como Cl^-. Um exemplo de cátion "poliatômico" (muitos átomos) é o íon amônio, NH_4^+, e um exemplo de ânion poliatômico é o íon carbonato, CO_3^{2-}. Observe que este último tem duas cargas negativas. Um **composto iônico** é formado por íons, em uma razão tal que o total é eletricamente neutro. Um **composto molecular** é formado por moléculas eletricamente neutras.

Os compostos binários formados por dois não metais normalmente são moleculares, e os formados por um metal e um não metal muitas vezes são iônicos. A água (H_2O) é um exemplo de composto molecular binário, e o cloreto de sódio (NaCl) é um exemplo de composto iônico binário. Esses dois tipos de compostos têm propriedades características, e o conhecimento do tipo de composto que estamos estudando oferece informações importantes sobre suas propriedades.

> *Os compostos são combinações de elementos nas quais os átomos de elementos diferentes estão em uma razão constante e característica. Um composto é classificado como molecular se ele é feito de moléculas e como iônico se é feito de íons.*

C.2 As moléculas e os compostos moleculares

A **fórmula química** de um composto representa sua composição em termos de símbolos químicos. Os subscritos mostram o número de átomos de cada elemento que estão presentes na menor unidade representativa do composto. Para compostos moleculares, é comum usar a **fórmula molecular,** uma fórmula química que mostra quantos átomos de cada tipo de elemento estão presentes em uma única molécula do composto. Assim, por exemplo, a fórmula molecular da água é H_2O, isto é, cada molécula contém um átomo de O e dois átomos de H. A fórmula molecular da estrona, um hormônio sexual feminino, é $C_{18}H_{22}O_2$, mostrando que uma molécula de estrona contém 18 átomos de C, 22 átomos de H e 2 átomos de O. A molécula de um hormônio sexual masculino, a testosterona, apresenta pouca diferença. Sua fórmula molecular é $C_{19}H_{28}O_2$. Pense nas consequências desta pequena diferença!

Alguns elementos também existem na forma molecular. Exceto os gases nobres, todos os elementos gasosos em temperaturas comuns são encontrados como moléculas diatômicas (com dois átomos) e, em menor proporção, como moléculas triatômicas (com três átomos). As moléculas do gás hidrogênio, por exemplo, contêm dois átomos de hidrogênio e são representadas por H_2. A forma mais comum do oxigênio é composta por moléculas diatômicas, também chamadas de dioxigênio, O_2. Uma forma menos comum, o ozônio, tem fórmula O_3. O enxofre sólido existe como moléculas S_8 e o fósforo ocorre como moléculas P_4. O nitrogênio e todos os halogênios existem como moléculas diatômicas: N_2, F_2, Cl_2, Br_2 e I_2.

A **fórmula estrutural** indica como os átomos estão ligados, mas não mostra seu arranjo no espaço tridimensional. Por exemplo, a fórmula molecular do metanol é CH_4O, e sua fórmula estrutural é mostrada em (**1**): cada linha representa uma ligação química (a ligação entre dois átomos) e cada símbolo, um átomo. As fórmulas estruturais são muito claras e oferecem mais informações do que as fórmulas químicas, mas são incômodas. Por isso, os químicos as condensam e escrevem, por exemplo, CH_3OH para representar o metanol. Esta fórmula estrutural "condensada" indica os agrupamentos de átomos e resume a fórmula estrutural completa. Na maior parte dos casos, os símbolos e subscritos representam átomos ligados ao elemento precedente na fórmula. Um grupo de átomos unidos a outro átomo da molécula é colocado entre parênteses. Por exemplo, o metil-propano (**2**) tem um grupo metila ($-CH_3$) unido ao átomo de carbono central de uma cadeia de três carbonos e sua fórmula estrutural condensada é escrita como $CH_3CH(CH_3)CH_3$ ou $HC(CH_3)_3$.

A riqueza da química orgânica vem, em parte, do fato de que, embora quase sempre o carbono forme quatro ligações, ele pode formar cadeias e anéis muito variados. Outra explicação para essa riqueza é que os átomos podem juntar-se a partir de ligações simples, indicadas por uma linha simples (C—C); ligações duplas, representadas por uma linha dupla (C=C); e ligações triplas, representadas por uma linha tripla (C≡C). Um átomo de carbono pode formar quatro ligações simples, duas ligações duplas ou qualquer combinação que resulte em quatro ligações, como uma ligação simples e uma tripla.

Os prefixos *cat-* e *an-* vêm das palavras gregas "para baixo" e "para cima". Os íons com cargas opostas viajam em sentidos opostos quando colocados em um campo elétrico.

1 Metanol, CH_3OH

2 Metil-propano, $CH_3CH(CH_3)CH_3$

F24 Fundamentos

(a) [estrutura de linhas do 2-cloro-butano]

(b) [fórmula estrutural do 2-cloro-butano]

3 2-Cloro-butano, CH₃CHClCH₂CH₃

[estrutura da testosterona]

4 Testosterona, $C_{19}H_{28}O_2$

Os químicos orgânicos encontraram um modo de representar estruturas moleculares muito complexas de maneira simplificada, sem mostrar os átomos de C e H. Uma **estrutura de linhas** representa uma cadeia de átomos de carbono por uma linha em ziguezague, na qual cada linha curta indica uma ligação, e o fim de cada linha, um átomo de carbono. Os átomos diferentes de C e H são explicitados. Como o átomo de carbono forma sempre quatro ligações nos compostos orgânicos, não há necessidade de mostrar as ligações C-H. Basta completar mentalmente a fórmula com o número correto de átomos de hidrogênio: compare a estrutura de linhas do 2-cloro-butano, $CH_3CHClCH_2CH_3$ (**3a**) com a fórmula estrutural (**3b**). As estruturas de linhas são particularmente úteis no caso de moléculas complexas, como a testosterona (**4**).

Outro aspecto importante de um composto molecular é sua forma. A representação pictográfica das moléculas que mostra mais precisamente suas formas é a feita por gráficos de computadores das estruturas calculadas. Um exemplo é o **modelo de bolas cheias** de uma molécula de etanol, mostrado na Fig. C2a. Os átomos são representados por esferas coloridas (observe que não são as cores reais dos átomos!) que se ajustam umas às outras. Outra representação da mesma molécula, chamada de **modelo de bolas e palitos**, é mostrada na Fig. C.2b. Cada bola representa a localização de um átomo e os palitos indicam as ligações. Embora esse tipo de modelo não descreva a forma molecular tão bem como o modelo de bolas cheias, ele dá uma representação mais clara dos comprimentos e ângulos das ligações. Além disso, ele é mais fácil de desenhar e interpretar.

PONTO PARA PENSAR

Que tipo de representação de moléculas você usaria para estudar (a) as distâncias de ligação e (b) o volume molecular?

Uma fórmula molecular mostra a composição de uma molécula em termos dos átomos de cada elemento presente. Estilos diferentes de modelos moleculares são usados para enfatizar características moleculares diferentes.

C.3 Os íons e os compostos iônicos

Para visualizar os compostos iônicos, você terá de imaginar um grande número de cátions e ânions, juntos, em um arranjo regular tridimensional mantido pela atração entre suas cargas opostas. Cada cristal de cloreto de sódio, por exemplo, é um conjunto ordenado com um número muito grande de íons Na^+ e Cl^- que se alternam (Fig. C.3). Cada cristal de uma pitada de sal contém mais íons do que todas as estrelas do universo visível.

O modelo nuclear do átomo explica facilmente a existência de **íons monoatômicos** (íons de um átomo). Quando um elétron é removido de um átomo neutro, a carga dos elétrons remanescentes não cancela mais a carga positiva do núcleo (Fig. C.4). Como um elétron tem uma unidade de carga negativa, cada elétron removido de um átomo neutro deixa um cátion com uma unidade a mais de carga positiva. Assim, um cátion sódio, Na^+, é um átomo de

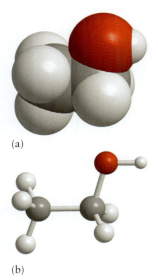

(a)

(b)

FIGURA C.2 Duas representações de uma molécula de etanol: (a) modelo de bolas, (b) bolas e palitos.

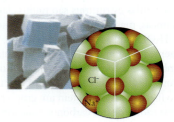

FIGURA C.3 Um sólido iônico é um arranjo de cátions e ânions dispostos em uma certa ordem. Esta ilustração mostra o arranjo dos cátions sódio (Na^+) e ânions cloreto (Cl^-) em um cristal de cloreto de sódio (o sal de cozinha comum). As faces do cristal estão onde as camadas de íons se interrompem. *(Foto: Andrew Syred/Science Source.)*

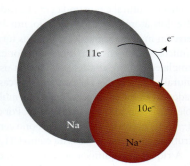

FIGURA C.4 Um átomo de sódio neutro (à esquerda) é formado por um núcleo com 11 prótons circundado por 11 elétrons. Quando um dos elétrons é perdido, os 10 elétrons restantes só cancelam a carga de 10 prótons. O íon resultante (à direita) tem uma carga total positiva.

FIGURA C.5 Um átomo neutro de flúor (à esquerda) é formado por um núcleo com 9 prótons circundado por 9 elétrons. Quando o átomo ganha um elétron, as 9 cargas positivas dos prótons só cancelam 9 das cargas dos 10 elétrons. O íon resultante (à direita) tem uma carga negativa.

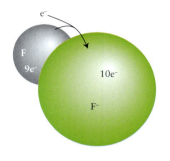

sódio que perdeu um elétron. Quando um átomo de cálcio perde dois elétrons, torna-se o íon cálcio, com duas cargas positivas, Ca^{2+}.

Cada elétron ganho por um átomo aumenta a carga negativa em uma unidade (Fig. C.5). Por isso, quando um átomo de flúor ganha um elétron, torna-se o íon fluoreto, com uma carga negativa, F^-. Quando um átomo de oxigênio ganha dois elétrons, torna-se o íon óxido, com duas cargas, O^{2-}. Quando um átomo de nitrogênio ganha três elétrons, torna-se o íon nitreto, com três cargas, N^{3-}.

A Tabela Periódica ajuda a determinar que tipo de íon um elemento pode formar e que cargas ele pode assumir. Uma tendência importante é que os elementos de metais – os que estão à esquerda da Tabela Periódica – formam, normalmente, cátions pela perda de elétrons. Os elementos de não metais – os que estão à direita da Tabela – formam, comumente, ânions pelo ganho de elétrons. Por isso, os metais alcalinos formam cátions, e os halogênios formam ânions.

A Figura C.6 mostra outro padrão observado nas cargas dos íons. No caso dos elementos dos Grupos 1 e 2, por exemplo, a carga dos íons é igual ao número do grupo. Assim, o césio, do Grupo 1, forma íons Cs^+; o bário, do Grupo 2, forma íons Ba^{2+}. A Figura C.6 mostra, também, que os elementos do bloco d podem formar cátions com cargas diferentes. Um átomo de ferro, por exemplo, pode perder dois elétrons para formar o Fe^{2+} ou três elétrons para formar o Fe^{3+}. O cobre pode perder um elétron para formar o Cu^+ ou dois elétrons para formar o Cu^{2+}. Alguns dos metais mais pesados dos Grupos 13 e 14 também formam cátions com cargas distintas.

A Fig. C.7 lista alguns dos ânions comuns em compostos. Além disso, você precisa saber identificar outro padrão igualmente importante: um elemento do grupo principal, do lado direito da Tabela, forma um ânion com carga negativa igual à distância entre o grupo do elemento e o dos gases nobres seguintes. O oxigênio está dois grupos afastado do gás nobre seguinte e forma o íon óxido, O^{2-}. O fósforo, que está três grupos afastado, forma o íon fosfeto, P^{3-}. Mais especificamente, se o número do Grupo é N (no sistema 1-18), a carga dos ânions que se formam é $N - 18$.

O padrão de formação de íons pelos elementos do grupo principal pode ser resumido em uma regra simples: para os átomos mais à esquerda ou mais à direita da Tabela Periódica, os átomos perdem ou ganham elétrons até atingir o número de elétrons do átomo do gás nobre mais próximo. Isto é:

- Os elementos dos Grupos 1, 2 e 3 perdem elétrons até atingirem o mesmo número de elétrons do gás nobre no final do período anterior.
- Os elementos dos Grupos 14–17 ganham elétrons até atingirem o mesmo número de elétrons do gás nobre no final do seu período.

Por isso, o magnésio perde dois elétrons e torna-se Mg^{2+}, que tem o número de elétrons do átomo de neônio. O selênio ganha dois elétrons e torna-se Se^{2-}, que tem o número de elétrons do criptônio.

Os elementos metálicos normalmente formam cátions, os elementos não metálicos normalmente formam ânions. As cargas dos íons monoatômicos estão relacionadas ao grupo a que pertencem na Tabela Periódica.

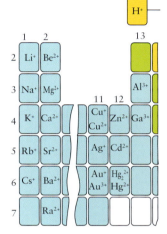

FIGURA C.6 Cátions típicos formados por alguns elementos selecionados da Tabela Periódica. Os metais de transição (Grupos 3-11) formam um grande número de cátions variados. Apenas alguns são mostrados aqui.

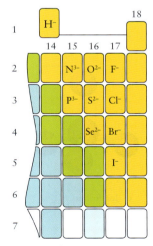

FIGURA C.7 Ânions monoatômicos típicos formados por alguns elementos selecionados da Tabela Periódica. Observe que a carga de cada íon depende do número de seu grupo. Somente os não metais formam ânions monoatômicos nas condições usuais.

EXEMPLO C.1 A identificação da carga provável de um íon monoatômico

Com relação à ciência dos materiais, certamente terá de estudar elementos que podem ser utilizados na preparação de novos compostos cerâmicos. Nesse caso, você precisará conhecer os tipos de íons que esses elementos formam. Que íons (a) o nitrogênio e (b) o cálcio provavelmente formam?

ANTECIPE O nitrogênio é um não metal, logo, você deve esperar que ele forme um ânion. O cálcio é um metal, logo, espera-se que ele forme um cátion.

PLANEJE Identifique o grupo a que cada elemento pertence e decida se ele tende a perder ou a ganhar elétrons para atingir o número de elétrons do gás nobre mais próximo. Comumente, um não metal forma um ânion de carga $N - 18$, e um metal dos Grupos 1 ou 2 forma um cátion de carga N, em que N é o número do grupo.

F26 Fundamentos

> ### RESOLVA
>
> (a) O nitrogênio (N) pertence ao Grupo 15 e é um não metal.
>
> $N = 15$, logo, $N - 18 = -3$. O nitrogênio forma N^{3-}.
>
>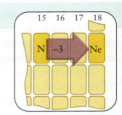
>
> (b) O cálcio (Ca) está no Grupo 2 e é um metal.
>
> $N = 2$, logo, o cálcio forma Ca^{2+}.
>
>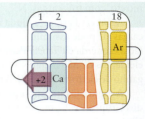
>
> **Teste C.1A** Que íons (a) o iodo e (b) o alumínio devem formar?
>
> [***Resposta:*** (a) I^-; (b) Al^{3+}]
>
> **Teste C.1B** Que íons (a) o enxofre e (b) o potássio devem formar?
>
> **Exercícios relacionados** C.7, C.8

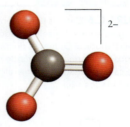

5 Íon carbonato, CO_3^{2-}

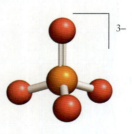

6 Íon fosfato, PO_4^{3-}

Aglomerados de íons, como Na^+Cl^-, existem na fase gás e em soluções concentradas em água. Neste caso, são chamados de pares de íons e não de moléculas.

Muitos íons são diatômicos, isto é, são formados por dois átomos ligados; outros são **poliatômicos**, isto é, são formados por três ou mais átomos ligados. Em ambos os casos, eles podem ter carga total positiva ou negativa. Assim, o íon cianeto, CN^-, é diatômico, e o íon amônio, NH_4^+, é poliatômico. Os ânions poliatômicos mais comuns são os **oxoânions**, ânions poliatômicos que contêm oxigênio. Eles incluem os ânions carbonato, CO_3^{2-}; nitrato, NO_3^-; fosfato, PO_4^{3-}; e sulfato, SO_4^{2-}. O íon carbonato (**5**), por exemplo, tem três átomos de O ligados a um átomo de C, além de dois elétrons adicionais. O íon fosfato (**6**) tem quatro átomos de O ligados a um átomo de P, com três elétrons adicionais.

As fórmulas dos compostos iônicos e dos compostos moleculares significam coisas diferentes. Cada cristal de cloreto de sódio pode ter um número total diferente de cátions e ânions de qualquer outro cristal. É impossível especificar o número de íons presentes como sendo a fórmula desse composto iônico, porque para cada cristal teríamos uma fórmula diferente e os subscritos ficariam enormes. Entretanto, a razão entre o número de cátions e o número de ânions é a mesma em todos os cristais e a fórmula química mostra isso. No cloreto de sódio, existe um íon Na^+ para cada íon Cl^-; logo, sua fórmula é NaCl. O cloreto de sódio é um exemplo de **composto iônico binário**, um composto formado por íons de dois elementos. Outro composto binário, $CaCl_2$, é formado por íons Ca^{2+} e Cl^- na razão 1:2, necessária para a neutralidade eletrônica.

As fórmulas dos compostos que contêm íons poliatômicos seguem regras semelhantes. No carbonato de sódio, existem dois íons Na^+ (sódio) para cada CO_3^{2-} (íon carbonato); logo, sua fórmula é Na_2CO_3. Quando um subscrito tem de ser adicionado a um íon poliatômico, o íon é escrito entre parênteses, como em $(NH_4)_2SO_4$, em que $(NH_4)_2$ significa que no sulfato de amônio existem dois íons NH_4^+ (amônio) para cada íon SO_4^{2-} (sulfato). Os íons sempre se combinam de tal forma que as cargas positivas e negativas se cancelam: *todos os compostos são eletricamente neutros.*

Um grupo de íons com o mesmo número de átomos dado pela fórmula é denominado **fórmula unitária**. A fórmula unitária do cloreto de sódio, NaCl, por exemplo, é formada por um íon Na^+ e um íon Cl^-. A fórmula unitária do sulfato de amônio, $(NH_4)_2SO_4$, é constituída por dois íons NH_4^+ e um íon SO_4^{2-}.

Você consegue determinar, com frequência, se uma substância é um composto iônico ou molecular analisando sua fórmula. Os compostos binários moleculares normalmente são formados por dois não metais (como hidrogênio e oxigênio, os elementos da água). Os compostos iônicos são, normalmente, formados por uma combinação de um metal e um ou mais não metais (como potássio, enxofre e oxigênio, os elementos do sulfato de potássio, K_2SO_4). Os compostos iônicos comumente contêm um metal. As principais exceções são os compostos do íon amônio, como o nitrato de amônio, que são iônicos, embora todos os elementos presentes sejam não metais.

EXEMPLO C.2 Predição da fórmula unitária de um composto iônico binário

O composto iônico binário formado por magnésio e fósforo é inflamável no ar. O fogo gerado é difícil de extinguir. Se você está preparando materiais de treinamento para bombeiros, talvez seja preciso listar as fórmulas de compostos inflamáveis. Escreva a fórmula deste composto.

ANTECIPE Como o magnésio é um metal e está localizado no lado esquerdo da Tabela Periódica, você pode predizer que o Mg pode perder elétrons com facilidade, formando cátions. Como um composto precisa ser eletricamente neutro, você deve esperar que o fósforo forme ânions.

PLANEJE Identifique as cargas do cátion e do ânion e determine os números deles que fazem a carga total ser igual a zero.

RESOLVA

Encontre a carga do cátion na Tabela Periódica.

Mg está no Grupo 2 e forma íons com carga +2.

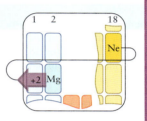

Encontre a carga do ânion na Tabela Periódica.

P está no Grupo 15 e forma ânions com carga de $15 - 18 = -3$.

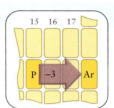

Combine os íons de modo que as cargas se cancelem.

3 íons Mg^{2+} correspondem à carga +6
2 íons P^{3-} correspondem à carga −6.
A fórmula é Mg_3P_2.

AVALIE O magnésio forma cátions Mg^{2+}, conforme previmos, enquanto o fósforo forma o ânion esperado, P^{3-}.

Teste C.2A Escreva a fórmula do composto iônico binário formado por (a) bário e bromo; (b) alumínio e oxigênio.

[***Resposta:*** (a) $BaBr_2$; (b) Al_2O_3]

Teste C.2B Escreva a fórmula do composto iônico binário formado por (a) lítio e nitrogênio; (b) estrôncio e bromo.

Exercícios relacionados C.13, C.14

A fórmula química de um composto iônico mostra a razão entre o número de átomos de cada elemento da fórmula unitária. A fórmula unitária de um composto iônico é um grupo de íons com o mesmo número de átomos de cada elemento, como aparece em sua fórmula.

O que você aprendeu em Fundamentos C?

Você aprendeu que átomos de diferentes elementos podem se combinar para formar compostos moleculares ou iônicos. Você também aprendeu a predizer a carga em um íon monoatômico que determinado átomo pode formar, interpretar fórmulas químicas e predizer as fórmulas de compostos iônicos.

Os conhecimentos que você deve dominar incluem a capacidade de:

☐ **1.** Distinguir entre átomos, moléculas e íons.
☐ **2.** Identificar compostos como orgânicos ou inorgânicos e como moleculares ou iônicos.
☐ **3.** Usar vários meios de representar moléculas e de escrever fórmulas.
☐ **4.** Predizer o cátion ou o ânion que um elemento do grupo principal da Tabela Periódica deve formar (Exemplo C.1).
☐ **5.** Interpretar fórmulas químicas em termos do número de átomos presentes de cada tipo.
☐ **6.** Predizer as fórmulas de compostos iônicos binários (Exemplo C.2).

Fundamentos C Exercícios

C.1 Cada uma das caixas abaixo tem ou uma mistura, ou um único composto, ou, ainda, um único elemento. As esferas azuis representam átomos de um elemento, e as esferas verdes, átomos de outro elemento. Identifique, em cada caso, o tipo do conteúdo.

(a) (b)

C.2 Cada uma das caixas abaixo tem ou uma mistura, ou um único composto, ou, ainda, um único elemento. As esferas azuis representam átomos de um elemento, e as esferas verdes, átomos de outro elemento. Identifique, em cada caso, o tipo do conteúdo.

(a) (b)

C.3 A xantofila, também chamada de luteína, é um composto amarelo encontrado na gema do ovo, em folhas verdes, nas penas de aves e em flores. Acredita-se que a xantofila tenha um papel importante na manutenção da visão. A xantofila contém átomos de carbono, hidrogênio e oxigênio na razão 20:28:1. Cada molécula tem dois átomos de oxigênio. Escreva a fórmula química da xantofila.

C.4 A casimiroedina é um alcaloide extraído das sementes de *Casimiroa edulis*, uma planta nativa do México. Estudos demonstraram que a substância reduz a pressão arterial em cobaias, o que despertou o interesse de outros pesquisadores. A casimiroedina contém átomos de carbono, hidrogênio, nitrogênio e oxigênio na razão 7:9:1:2. Cada molécula tem 6 átomos de oxigênio. Escreva a fórmula molecular da casimiroedina.

C.5 Nas seguintes estruturas moleculares de bolas e palitos, a cor cinza indica carbono; a cor vermelha, oxigênio; a cor branca, hidrogênio; a cor azul, nitrogênio; a cor verde, cloro. Escreva a fórmula química de cada estrutura.

(a) (b)

C.6 Escreva a fórmula química de cada estrutura de bolas e palitos. Para o código de cores, veja o Exercício C.5.

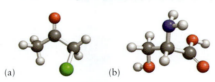
(a) (b)

C.7 Descubra se os seguintes elementos são propensos a formar um cátion ou um ânion e escreva a fórmula do íon mais provável: (a) césio; (b) iodo; (c) selênio; (d) cálcio.

C.8 Descubra se os seguintes elementos são propensos a formar um cátion ou um ânion e escreva a fórmula do íon mais provável: (a) nitrogênio; (b) bismuto; (c) enxofre; (d) magnésio.

C.9 Quantos prótons, nêutrons e elétrons existem em (a) $^{10}Be^{2+}$; (b) $^{17}O^{2-}$; (c) $^{80}Br^{-}$; (d) $^{75}As^{3-}$?

C.10 Quantos prótons, nêutrons e elétrons existem em (a) $^{66}Zn^{2+}$ (b) $^{150}Sm^{3+}$; (c) $^{133}Cs^{+}$; (d) $^{127}I^{-}$?

C.11 Escreva o símbolo do íon que tem (a) 9 prótons, 10 nêutrons e 10 elétrons; (b) 12 prótons, 12 nêutrons e 10 elétrons; (c) 52 prótons, 76 nêutrons e 54 elétrons; (d) 37 prótons, 49 nêutrons e 36 elétrons.

C.12 Escreva o símbolo do íon que tem (a) 11 prótons, 13 nêutrons e 10 elétrons; (b) 13 prótons, 14 nêutrons e 10 elétrons; (c) 34 prótons, 45 nêutrons e 36 elétrons; (d) 24 prótons, 28 nêutrons e 22 elétrons.

C.13 Escreva a fórmula de um composto formado pela combinação de (a) Al e Te; (b) Mg e O; (c) Na e S; (d) Rb e I.

C.14 Escreva a fórmula de um composto formado pela combinação de (a) Ca e C; (b) Al e O; (c) Li e N; (d) Sr e S.

C.15 Um elemento do grupo principal e do Período 3 forma os seguintes compostos iônicos: EBr_3 e E_2O_3. (a) A que grupo o elemento E pertence? (b) Escreva o nome e o símbolo do elemento E.

C.16 Um elemento do grupo principal no Período 4 forma um composto H_2E e um composto iônico Na_2E. (a) A que grupo o elemento E pertence? b) Escreva o nome e o símbolo do elemento E.

Os nomes dos ânions monoatômicos terminam em -eto. Os oxoânions são ânions que contêm oxigênio. Na mesma série de oxoânions, o sufixo -ato indica um número de átomos de oxigênio maior do que o sufixo -ito. Em uma série de três ou mais oxoânions, o prefixo per- indica o número máximo de átomos de oxigênio, e o prefixo hipo-, o número mínimo de átomos de oxigênio.

D.3 Os nomes dos compostos iônicos

O nome dos compostos iônicos é formado pelo nome do ânion seguido pela preposição *de* e pelo nome do cátion, *sem* a palavra íon. Adiciona-se o número de oxidação do cátion se mais de uma carga é possível. Entretanto, se o cátion vem de um elemento que só existe em um estado de carga (como na Fig. C.6), então o número de oxidação é omitido. Nomes típicos incluem cloreto de potássio (KCl), um composto que contém K^+ e Cl^-, e nitrato de amônio (NH_4NO_3), que contém os íons NH_4^+ e NO_3^-. O cloreto de cobalto que contém íons Co^{2+} ($CoCl_2$) é chamado de cloreto de cobalto(II), e o que contém íons Co^{3+} ($CoCl_3$), de cloreto de cobalto(III). Observe que o número de íons cloreto é determinado pelo balanço de cargas.

Alguns compostos iônicos formam cristais que incorporam uma proporção definida de moléculas de água, além dos íons do próprio composto. Esses compostos são denominados **hidratos**. O sulfato de cobre(II), por exemplo, existe normalmente na forma de cristais azuis de composição $CuSO_4 \cdot 5H_2O$ (Fig. D.1). O ponto que aparece na fórmula é usado para separar a água de hidratação do resto da fórmula, e o número que aparece antes de H_2O indica o número de moléculas de água de cada fórmula unitária. O nome dos hidratos é formado pelo nome do composto, adicionando-se a palavra *hidratado* e um prefixo grego para indicar o número de moléculas de água encontradas em cada fórmula unitária (Tabela D.2). Por exemplo, o nome do composto $CuSO_4 \cdot 5H_2O$, a forma azul comum desse composto, é sulfato de cobre(II) penta-hidratado.

TABELA D.2 Prefixos usados nos nomes dos compostos

Prefixo	Significado	Prefixo	Significado
mono-	1	hepta-	7
di-	2	octa-	8
tri-	3	nona-	9
tetra-	4	deca-	10
penta-	5	undeca-	11
hexa-	6	dodeca-	12

FIGURA D.1 Cristais azuis de sulfato de cobre(II) penta-hidratado ($CuSO_4 \cdot 5H_2O$) perdem água acima de 150°C e formam um pó branco anidro ($CuSO_4$). A cor é restaurada quando água é adicionada; o sulfato de cobre anidro tem forte atração pela água e normalmente tem cor azul-claro, pela reação com a água do ar. *(W.H. Freeman. Foto: Ken Karp.)*

 LAB_VIDEO – FIGURA D.1

Caixa de ferramentas D.1 COMO DAR NOME AOS COMPOSTOS IÔNICOS

BASE CONCEITUAL

O objetivo da nomenclatura química é ser simples sem ser ambígua. As nomenclaturas dos compostos iônicos e moleculares utilizam procedimentos diferentes; portanto, é importante identificar primeiramente o tipo de composto de interesse. Esta caixa de Ferramentas descreve o procedimento para nomear compostos iônicos. A nomenclatura dos compostos moleculares é apresentada na Caixa de Ferramentas D.2.

PROCEDIMENTO

Para nomear um composto iônico, nomeie os íons presentes e depois combine esses nomes.

Etapa 1 Identifique o cátion e o ânion (veja a Tabela D.1 ou o Apêndice 3A, se necessário). Para encontrar o número de oxidação do cátion, determine a carga necessária para cancelar a carga total negativa dos ânions.

Etapa 2 Nomeie o cátion. Se o metal pode ter mais de um número de oxidação (a maior parte dos metais de transição e dos grupos 12 a 15), identifique sua carga usando um algarismo romano.

Etapa 3 Nomeie o ânion. Se o ânion for monoatômico, mude o final do nome do elemento para -eto. Combine os nomes dos íons com os cátions (os cátions são escritos após os íons).

Para um oxoânion:

(a) Para elementos que formam dois oxoânions, dê ao íon que tem o maior número de átomos de oxigênio o sufixo *-ato* e ao que tem o menor número de átomos de oxigênio, o sufixo *-ito*.

(b) No caso dos elementos que formam uma série de quatro oxoânions, adicione o prefixo *-hipo* ao nome do oxoânion que tem o menor número de átomos de oxigênio. Adicione o prefixo *-per* ao oxoânion que tem o maior número de átomos de oxigênio.

No caso de outros ânions poliatômicos, encontre o nome do íon na Tabela D.1 ou no Apêndice 3A. Se hidrogênio estiver presente, adicione "*hidrogeno*" ao nome do ânion. Se dois átomos de hidrogênio estiverem presentes, adicione "*di-hidrogeno*" ao nome do ânion.

Etapa 4 Se aparecerem moléculas de água na fórmula, o composto é um hidrato. Adicione o termo hidratado e um prefixo grego adequado que corresponda ao número que está na frente de H_2O.

O Exemplo D.1 mostra a aplicação destas regras.

F32 Fundamentos

EXEMPLO D.1 Como dar nome aos compostos inorgânicos iônicos

Em atividades científicas você precisará conhecer os nomes e as fórmulas de compostos, porque alguns rótulos dão apenas uma dessas informações. Nomeie (a) o $CrCl_3 \cdot 6H_2O$, um sólido verde usado na síntese de compostos orgânicos, e (b) o $Ba(ClO_4)_2$, que confere cor verde a fogos de artifício.

PLANEJE Use as regras da Caixa de Ferramentas D.1.

RESOLVA

Etapa 1 Identifique o cátion e o ânion.

(a) $CrCl_3 \cdot 6H_2O$: Cr^{3+}, Cl^- **(b) $Ba(ClO_4)_2$:** Ba^{2+}, ClO_4^-

Etapa 2 Dê o nome do cátion, incluindo a carga do metal de transição na forma de algarismos romanos entre parênteses. Note que em (a) existem três íons Cl^-, logo, a carga do cromo deve ser $+3$.

   cromo(III)   bário

Etapa 3 Dê o nome do ânion. Componha o nome do composto na ordem: ânion, a preposição "de" e o nome do cátion. Como o cloro forma uma série de quatro oxoânions, adicione o prefixo *per-* ao oxoânion em (b).

   cloreto de cromo(III)   perclorato de bário

Etapa 4 Se H_2O está presente na fórmula, adicione a palavra hidratado e o prefixo grego adequado.

   cloreto de cromo(III) hexa-hidratado

Teste D.2A Dê o nome dos compostos (a) $NiCl_2 \cdot 2H_2O$; (b) AlF_3; (c) $Mn(IO_2)_2$.

> [***Resposta:*** (a) cloreto de níquel(II) di-hidratado; (b) fluoreto de alumínio;
> (c) iodito de manganês(II)]

Teste D.2B Dê o nome dos compostos (a) $AuCl_3$; (b) CaS; (c) Mn_2O_3.

Exercícios relacionados D.7, D.8

Os compostos iônicos são nomeados começando-se pelo nome do ânion, seguindo-se a preposição de e o nome do cátion (com seu número de oxidação). Os hidratos são nomeados adicionando-se a palavra hidratado e um prefixo grego que indica o número de moléculas de água da fórmula unitária.

D.4 Os nomes dos compostos inorgânicos moleculares

Muitos compostos inorgânicos moleculares simples são nomeados usando-se os prefixos gregos da Tabela D.2 para indicar o número de átomos de cada tipo presente. Os prefixos não são necessários se só ocorre um átomo do elemento. O NO_2, por exemplo, é o dióxido de nitrogênio. Uma importante exceção a esta regra é o monóxido de carbono, CO. Quando estiver nomeando compostos moleculares binários – compostos moleculares formados por dois elementos –, nomeie primeiro o elemento que ocorre mais à direita na Tabela Periódica terminando com o sufixo *-eto*:

   tricloreto de fósforo, PCl_3 óxido de dinitrogênio, N_2O

   hexafluoreto de enxofre, SF_6 pentóxido de dinitrogênio, N_2O_5

Algumas exceções a essas regras são os óxidos de fósforo e os compostos que são mais conhecidos por seus nomes comuns. Os óxidos de fósforo se distinguem pelo número de oxidação do fósforo, que é calculado como se o fósforo fosse um metal e o oxigênio estivesse presente como O^{2-}. Assim, P_4O_6 é nomeado como óxido de fósforo(III), como se fosse $(P^{3+})_4(O^{2-})_6$, e o composto P_4O_{10}, como óxido de fósforo(V), como se fosse $(P^{5+})_4(O^{2-})_{10}$. Esses compostos, no entanto, são moleculares. Certos compostos binários moleculares, como NH_3 e H_2O, têm nomes comuns, que são muito mais usados (Tabela D.3).

As fórmulas moleculares dos compostos formados entre o hidrogênio e os não metais dos Grupos 16 e 17 são escritas com o H em primeiro lugar. No nome, o hidrogênio aparece no fim. A fórmula do cloreto de hidrogênio, por exemplo, é HCl, e a do sulfeto de hidrogênio,

---

TABELA D.3	Nomes comuns de alguns compostos moleculares simples
Fórmula*	**Nome comum**
NH_3	amônia
N_2H_4	hidrazina
NH_2OH	hidroxilamina
PH_3	fosfina
NO	óxido nítrico
N_2O	óxido nitroso
C_2H_4	etileno
C_2H_2	acetileno

*Por razões históricas, as fórmulas moleculares dos compostos binários de hidrogênio dos elementos do Grupo 15 são escritas com os elementos do Grupo 15 na frente.

H₂S. Observe, entretanto, que muitos desses compostos, quando dissolvidos em água, atuam como ácidos e são nomeados como ácidos. Os ácidos binários são nomeados pela adição do sufixo *-ídrico* ao nome do elemento, antecedido pela palavra *ácido*, como em ácido clorídrico, para HCl em água, e ácido sulfídrico, para H₂S em água. Indica-se uma **solução em água** colocando-se o termo (aq) imediatamente após a fórmula. Assim, HCl, o composto em si, é cloreto de hidrogênio, e HCl(aq), sua solução em água, é ácido clorídrico.

Os **oxoácidos** são compostos moleculares ácidos que contêm oxigênio. Os oxoânions são derivados dos oxoácidos no sentido de que um oxoânion forma-se pela remoção de um ou mais íons hidrogênio de uma molécula de oxoácido (veja a Tabela D.1). Em geral, os oxoácidos em *-ico* dão os oxoânions em *-ato*, e os oxoácidos em *-oso* dão os oxoânions em *-ito*. Por exemplo, o composto molecular H₂SO₄, ácido sulfúrico, gera o íon sulfato, SO_4^{2-}. De modo semelhante, o composto molecular H₂SO₃, ácido sulfuroso, gera o íon sulfito, SO_3^{2-}.

Caixa de ferramentas D.2 COMO NOMEAR OS COMPOSTOS INORGÂNICOS MOLECULARES SIMPLES

BASE CONCEITUAL
O nome de um composto deve ser o mais simples possível, sem ambiguidades. O nome sistemático de um composto normalmente especifica os elementos presentes e o número de átomos de cada elemento.

PROCEDIMENTO
Determine o tipo do composto e depois aplique as regras adequadas.

Compostos moleculares binários (exceto ácidos)
Em geral, o composto não é um ácido se sua fórmula não começa com H.

Etapa 1 Escreva o nome do segundo elemento com a terminação alterada para -eto. Acrescente a preposição de e o nome do primeiro elemento.

Etapa 2 Adicione os prefixos gregos necessários para indicar o número de átomos de cada elemento. O prefixo *mono-* geralmente é omitido.
As exceções são os óxidos de fósforo, os quais são denominados a exemplo dos compostos iônicos.

Veja os Exemplos D.2(a) e (b).

Ácidos
As fórmulas dos ácidos inorgânicos começam, em geral, com H. As fórmulas dos oxoácidos começam com H e terminam com O. Fazemos distinção entre os hidretos binários, como HX, que não são nomeados como ácidos, e suas soluções em água, HX(aq), que o são.

Se o composto é um ácido binário em solução, adicione "ácido…ídrico" à raiz do nome do elemento.

Veja o Exemplo D.2(c).

Se o composto é um oxoácido, derive o nome do ácido a partir do nome do íon poliatômico a que ele dá origem, como na Caixa de Ferramentas D.1. Em geral,

íons *-ato* vêm de *ácidos -icos*
íons *-ito* vêm de *ácidos -osos*

Mantenha prefixos, como *hipo-* ou *per-*. Veja o Apêndice 3A para uma sistemática de denominação de oxoácidos.

Veja o Exemplo D.2(d).

EXEMPLO D.2 Como dar nome aos compostos inorgânicos moleculares

Dê os nomes sistemáticos de (a) N₂O₄, o qual já foi estudado devido a seu potencial uso como combustível espacial; (b) ClO₂, usado como desinfetante da água; (c) HI(aq), usado na síntese da metanfetamina; (d) HNO₂, formado na atmosfera durante tempestades elétricas.

PLANEJE Use as regras da Caixa de Ferramentas D.2.

RESOLVA

Os compostos (a) e (b) não são ácidos.

Etapa 1 Escreva o nome do segundo elemento seguido do nome do primeiro, com mudança de nome para –eto. Use a preposição 'de' entre os nomes dos dois elementos.

(a) __óxido de __nitrogênio; (b) __óxido de __cloro

Etapa 2 Adicione prefixos gregos para indicar o número de átomos de cada elemento. Na maioria das vezes, *mono-* é omitido.

(a) A molécula N₂O₄ tem dois átomos de nitrogênio e quatro de oxigênio.

Tetróxido de dinitrogênio

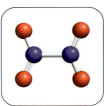

(b) A molécula ClO₂ tem um átomo de cloro e dois de oxigênio.

> Dióxido de cloro.

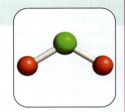

Os compostos (c) e (d) são ácidos.

Como o composto é um ácido binário em solução, adicione *ácido...ídrico* à raiz do nome do elemento. HI(aq) é um ácido binário formado quando o iodeto de hidrogênio se dissolve em água.

> Ácido iodídrico. (O composto molecular HI é iodeto de hidrogênio.)

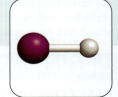

(d) Como o composto é um oxoácido, derive o nome do ácido a partir do nome do íon poliatômico a que ele dá origem, como na Caixa de Ferramentas D.1.

O HNO₂ é um oxoácido que gera o íon nitrito, NO₂⁻.

> Ácido nitroso.

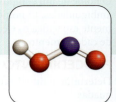

Teste D.3A Dê o nome dos compostos (a) HCN(aq); (b) BCl₃; (c) IF₅.

[***Resposta:*** (a) ácido cianídrico; (b) tricloreto de boro; (c) pentafluoreto de iodo]

Teste D.3B Dê o nome dos compostos (a) PCl₃; (b) SO₃; (c) HBr(aq).

Exercícios relacionados D.9–D.12

EXEMPLO D.3 Como escrever a fórmula de um composto binário a partir de seu nome

Escreva as fórmulas do (a) cloreto de cobalto(II) hexa-hidratado, um composto rosa usado como indicador de umidade; (b) trissulfeto de diboro, usado na fabricação de baterias de lítio.

PLANEJE Em primeiro lugar, verifique se os compostos são iônicos ou moleculares. Muitos compostos que contêm um metal são iônicos. Escreva primeiro o símbolo do metal e depois o símbolo do não metal. As cargas dos íons são determinadas como mostramos nos Exemplos C.1 e C.2. Os subscritos são escolhidos de modo a balancear as cargas. Os compostos de dois não metais são normalmente moleculares. Escreva suas fórmulas listando os símbolos dos elementos na ordem inversa da do nome, e dê-lhes subscritos correspondentes aos prefixos gregos usados.

RESOLVA

(a) Determine se o composto é iônico ou molecular.

> Metal e não metal; logo, é iônico.

Determine a carga do cátion.

> O (II) no cobalto(II) indica carga +2; logo, Co²⁺.

Determine a carga do ânion.

> O Cl está no Grupo 17, logo, a carga do cloro é 17 − 18 = −1, logo, Cl⁻.

Balanceie as cargas.

> Dois íons Cl⁻ são necessários para cada Co²⁺, logo, CoCl₂.

Adicione as águas de hidratação.

Hexa-hidratado; logo, temos de adicionar 6 moléculas de água: CoCl$_2$·6H$_2$O.

(b) Determine se o composto é iônico ou molecular.

Dois não metais, logo, molecular.

Converta os prefixos gregos em subscritos.

di = 2; tri = 3, logo, B$_2$S$_3$.

Teste D.4A Dê as fórmulas de (a) óxido de vanádio(V); (b) carbeto de magnésio; (c) tetrafluoreto de germânio; (d) trióxido de dinitrogênio.

[**Resposta:** (a) V$_2$O$_5$; (b) Mg$_2$C; (c) GeF$_4$; (d) N$_2$O$_3$]

Teste D.4B Dê as fórmulas de (a) sulfeto de césio tetra-hidratado; (b) óxido de manganês(VII); (c) cianeto de hidrogênio (um gás venenoso); (d) dicloreto de dienxofre.

Exercícios relacionados D.3, D.4, D.15, D.16

Os compostos moleculares binários são nomeados pelo uso de prefixos gregos que indicam o número de átomos de cada elemento presente. O elemento citado em primeiro lugar tem sua terminação trocada por -eto.

D.5 Os nomes de alguns compostos orgânicos comuns

Existem milhões de compostos orgânicos, muitos dos quais têm moléculas muito complexas; assim, seus nomes podem ser bastante complicados. Porém, na maior parte deste texto, você só usará alguns poucos compostos orgânicos simples e, nesta seção, apresentamos alguns deles.

Os compostos de hidrogênio e carbono são denominados **hidrocarbonetos**. Eles incluem o metano, CH$_4$ (**1**), o etano, C$_2$H$_6$ (**2**) e o benzeno, C$_6$H$_6$ (**3**). Os hidrocarbonetos que não têm ligações múltiplas carbono-carbono são chamados de **alcanos**. Assim, metano e etano são alcanos. A Tabela D.4 lista os alcanos não ramificados com até 12 átomos de carbono. Observe que prefixos gregos são usados para dar nome aos alcanos com cinco átomos de carbono ou mais. Os hidrocarbonetos com ligações duplas são chamados de **alquenos**. O eteno, CH$_2$=CH$_2$, é o exemplo mais simples de alqueno. Ele era (e ainda é, por muitos) chamado de etileno. O benzeno é um hidrocarboneto com ligações duplas,

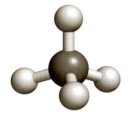

1 Metano, CH$_4$

Na química industrial, os alquenos são normalmente chamados de olefinas, do francês *oléfiant*, "formador de óleo".

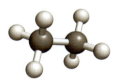

2 Etano, C$_2$H$_6$

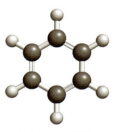

3 Benzeno, C$_6$H$_6$

TABELA D.4	Nomenclatura dos alcanos		
Número de átomos de carbono	**Fórmula**	**Nome do alcano**	**Nome do grupo alquila**
1	CH$_4$	metano	metila
2	CH$_3$CH$_3$	etano	etila
3	CH$_3$CH$_2$CH$_3$	propano	propila
4	CH$_3$(CH$_2$)$_2$CH$_3$	butano	butila
5	CH$_3$(CH$_2$)$_3$CH$_3$	pentano	pentila
6	CH$_3$(CH$_2$)$_4$CH$_3$	hexano	hexila
7	CH$_3$(CH$_2$)$_5$CH$_3$	heptano	heptila
8	CH$_3$(CH$_2$)$_6$CH$_3$	octano	octila
9	CH$_3$(CH$_2$)$_7$CH$_3$	nonano	nonila
10	CH$_3$(CH$_2$)$_8$CH$_3$	decano	decila
11	CH$_3$(CH$_2$)$_9$CH$_3$	undecano	undecila
12	CH$_3$(CH$_2$)$_{10}$CH$_3$	dodecano	dodecila

F36 Fundamentos

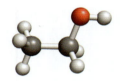

4 Etanol, CH₃CH₂OH

5 Metanol, CH₃OH

6 Grupo carboxila, —COOH

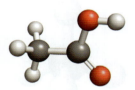

7 Ácido acético, CH₃COOH

8 Ácido fórmico, HCOOH

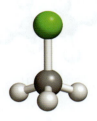

9 Clorometano, CH₃Cl

10 Triclorometano, CHCl₃

cujas propriedades são tão diferentes que ele é considerado o hidrocarboneto principal de uma nova classe de compostos, chamada de **compostos aromáticos**. O anel hexagonal do benzeno é excepcionalmente estável e pode ser encontrado em muitos compostos importantes. Grupos de átomos específicos derivados de hidrocarbonetos, como —CH₃, metila, e —CH₂CH₃, etila, são nomeados pela substituição da terminação do nome do hidrocarboneto por -ila.

Os hidrocarbonetos são o esqueleto fundamental de todos os compostos orgânicos. As diferentes classes de compostos orgânicos têm um ou mais átomos de hidrogênio substituídos por outros átomos ou grupos de átomos. No momento, precisamos estar atentos a três classes de compostos, conhecidos como álcoois, ácidos carboxílicos e halogenoalcanos:

Um **álcool** é um tipo de composto orgânico que contém um grupo —OH.

O etanol, CH₃CH₂OH (**4**), o "álcool" da cerveja e do vinho, é, formalmente, uma molécula de etano em que um átomo de hidrogênio foi substituído por um grupo —OH. O CH₃OH (**5**) é o álcool tóxico, chamado de metanol ou álcool da madeira.

Um **ácido carboxílico** é um composto que contém um grupo carboxila, —COOH (**6**).

O exemplo mais comum é o ácido acético, CH₃COOH (**7**), o ácido que dá ao vinagre seu sabor acentuado. O ácido fórmico, HCOOH (**8**), é o ácido do veneno das formigas.

Um **halogenoalcano** é um alcano em que um ou mais átomos de H são substituídos por átomos de halogênio.

Os halogenoalcanos incluem o clorometano, CH₃Cl (**9**), e o triclorometano, CHCl₃ (**10**). Este último é comumente chamado de clorofórmio e foi um dos primeiros anestésicos a serem usados. Note que os nomes são formados pelo nome do halogênio, fluoro-, cloro-, bromo- ou iodo, e pela inclusão de um prefixo grego que indica o número de átomos de halogênio.

> **Teste D.5A** (a) Dê o nome de CH₂BrCl. (b) Que tipo de composto é CH₃CH(OH)CH₃?
>
> [***Resposta:*** (a) bromo-cloro-metano; (b) um álcool]
>
> **Teste D.5B** (a) Dê o nome de CH₃CH₂CH₂CH₂CH₃. (b) Que tipo de composto é CH₃CH₂COOH?

Os nomes dos compostos orgânicos são baseados nos nomes dos hidrocarbonetos correspondentes. Os álcoois contêm grupos —OH; os ácidos carboxílicos contêm grupos —COOH; e os halogenoalcanos contêm átomos de halogênios.

O que você aprendeu em Fundamentos D?

Você aprendeu a escrever os nomes dos compostos químicos a partir de suas fórmulas originais e a escrever estas fórmulas com base nos nomes dos respectivos compostos. Você também aprendeu a identificar alguns compostos orgânicos simples.

Os conhecimentos que você deve dominar incluem a capacidade de:

☐ **1.** Nomear íons e compostos iônicos com íons poliatômicos comuns, e hidratos (Teste D.1, Caixa de Ferramentas D.1 e Exemplo D.1).

☐ **2.** Nomear compostos inorgânicos moleculares binários e oxoácidos (Caixa de Ferramentas D.2 e Exemplo D.2).

☐ **3.** Escrever as fórmulas de compostos inorgânicos binários a partir de seus nomes (Exemplo D.3).

☐ **4.** Dar nomes aos hidrocarbonetos simples e a metanos substituídos (Seção D.5).

☐ **5.** Identificar álcoois e ácidos carboxílicos a partir de suas fórmulas (Teste D.5).

Fundamentos D Exercícios

D.1 Escreva (a) o nome do íon BrO_2^- e (b) a fórmula do íon sulfeto de hidrogênio.

D.2 Escreva (a) o nome do íon CN^- e (b) a fórmula do íon periodato.

D.3 Escreva as fórmulas de (a) cloreto de manganês(II); (b) fosfato de cálcio; (c) sulfito de alumínio; (d) nitreto de magnésio.

D.4 Escreva as fórmulas de (a) hidróxido de bário; (b) fosfito de cobalto; (c) brometo de magnésio(II); (d) sulfeto de cromo(III).

D.5 Dê o nome dos compostos: (a) PF_5; (b) IF_3; (c) OF_2; (d) B_2Cl_4; (e) $CoSO_4 \cdot 7H_2O$; (f) $HgBr_2$; (g) $Fe_2(HPO_4)_3$; (h) W_2O_5; (i) $OsBr_3$.

D.6 Dê o nome dos compostos: (a) P_2S_5; (b) SO_3; (c) SiO_2; (d) S_2F_4; (e) $Co_3(PO_4)_2 \cdot 8H_2O$; (f) Cr_2O_3; (g) $Ir(HCO_3)_3$; (h) $Sr(BrO)_2$; (i) $MoBr_4$.

D.7 Dê o nome dos seguintes compostos iônicos. Escreva os nomes antigo e moderno, onde convier. (a) $Ca_3(PO_4)_2$, o componente inorgânico principal dos ossos; (b) SnS_2; (c) V_2O_5; (d) Cu_2O.

D.8 Os compostos iônicos dados a seguir são comumente encontrados em laboratório. Escreva seus nomes modernos. (a) $NaHCO_3$ (soda de cozinha); (b) Hg_2Cl_2 (calomelano); (c) $NaOH$ (soda cáustica); (d) ZnO (calamina).

D.9 Dê o nome dos seguintes compostos moleculares binários: (a) SF_6; (b) N_2O_5; (c) NI_3; (d) XeF_4; (e) $AsBr_3$; (f) ClO_2.

D.10 Os compostos seguintes são frequentemente encontrados nos laboratórios químicos. Dê o nome de cada um deles. (a) SiO_2 (sílica); (b) SiC (carborundum); (c) N_2O (um anestésico geral); (d) P_4O_{10} (um agente secante usado em solventes orgânicos); (e) CS_2 (um solvente); (f) SO_2 (um alvejante); (g) NH_3 (um reagente comum).

D.11 As seguintes soluções em água são ácidos comuns de laboratório. Quais são os seus nomes? (a) $HCl(aq)$; (b) $H_2SO_4(aq)$; (c) $HNO_3(aq)$; (d) $CH_3COOH(aq)$; (e) $H_2SO_3(aq)$; (f) $H_3PO_4(aq)$.

D.12 Nomeie os seguintes ácidos: (a) $H_2SeO_4(aq)$; (b) $HClO_2(aq)$; (c) $HIO_4(aq)$; (d) $H_3PO_3(aq)$; (e) $HBrO(aq)$; (f) $H_2S(aq)$.

D.13 Escreva as fórmulas de (a) ácido perclórico; (b) ácido hipocloroso; (c) ácido hipoiodoso; (d) ácido fluorídrico; (e) ácido fosforoso; (f) ácido periódico.

D.14 Escreva as fórmulas de (a) ácido nitroso; (b) ácido carbônico; (c) ácido hidrosselênico; (d) ácido bromoso; (e) ácido iódico; (f) ácido telúrico.

D.15 Escreva as fórmulas de (a) dióxido de titânio; (b) tetracloreto de silício; (c) dissulfeto de carbono; (d) tetrafluoreto de enxofre; (e) sulfeto de lítio; (f) pentafluoreto de antimônio; (g) pentóxido de dinitrogênio; (h) heptafluoreto de iodo.

D.16 Escreva as fórmulas de (a) pentóxido de dinitrogênio; (b) iodeto de hidrogênio; (c) difluoreto de oxigênio; (d) tricloreto de fósforo; (e) trióxido de enxofre; (f) tetrabrometo de carbono; (g) trifluoreto de bromo.

D.17 Escreva as fórmulas dos compostos iônicos formados a partir de (a) íons zinco e fluoreto; (b) íons bário e nitrato; (c) íons prata e iodeto; (d) íons lítio e nitreto; (e) íons cromo(III) e sulfeto.

D.18 Escreva as fórmulas dos compostos iônicos obtidos de (a) íons cálcio e brometo; (b) íons amônio e fosfito; (c) íons césio e óxido; (d) íons gálio e sulfeto; (e) íons lítio e nitreto.

D.19 Escreva as fórmulas e os nomes dos compostos formados quando o elemento de Grupo 2, Período 6 da Tabela Periódica, se combina com o elemento do Grupo 17, Período 3. (b) O composto é molecular ou iônico?

D.20 (a) Escreva as fórmulas e os nomes dos compostos formados quando o elemento de Grupo 13, Período 3 da Tabela Periódica, se combina com o elemento do Grupo 16, Período 2. (b) O composto é molecular ou iônico?

D.21 Dê o nome dos compostos (a) Na_2SO_3; (b) Fe_2O_3; (c) FeO; (d) $Mg(OH)_2$; (e) $NiSO_4 \cdot 6H_2O$; (f) PCl_5; (g) $Cr(H_2PO_4)_3$; (h) As_2O_3; (i) $RuCl_2$.

D.22 Dê o nome dos compostos iônicos (a) $CrBr_2 \cdot 6H_2O$; (b) $Co(NO_3)_3 \cdot 6H_2O$; (c) $InCl_3$; (d) BrF; (e) CrO_3; (f) $Cd(NO_2)_2$; (g) $Ca(ClO_3)_2$; (h) $Ni(ClO_2)$; (i) V_2O_5.

D.23 Os compostos dados foram nomeados incorretamente. Corrija os nomes. (a) $CuCO_3$, carbonato de cobre(I); (b) K_2SO_3, sulfato de potássio; (c) $LiCl$, litieto de cloro.

D.24 As fórmulas dos compostos listados estão incorretas. Corrija-as. (a) Sulfato de sódio, $NaSO_4$; (b) clorito de magnésio, $Mg(ClO)_2$; (c) óxido de fósforo(V), P_2O_{10}.

D.25 Dê nomes a cada um dos seguintes compostos orgânicos: (a) $CH_3CH_2CH_2CH_2CH_2CH_2CH_3$; (b) $CH_3CH_2CH_3$; (c) $CH_3CH_2CH_2CH_2CH_3$; (d) $CH_3CH_2CH_2CH_3$.

D.26 Dê nomes a cada um dos seguintes compostos orgânicos: (a) CH_4; (b) CH_3F; (c) CH_3Br; (d) CH_3I.

D.27 Você encontrou, em um almoxarifado, algumas garrafas antigas rotuladas como (a) óxido cobáltico mono-hidratado e (b) hidróxido cobaltoso. Use o Apêndice 3C como guia e escreva seus nomes modernos e fórmulas químicas.

D.28 A aplicação das regras formais da nomenclatura química faz com que um certo composto usado como componente eletrônico tenha o nome titanato(IV) de bário, no qual o estado de oxidação é $+4$. Tente escrever sua fórmula química. Depois que você tiver identificado as regras de nomenclatura de oxoânions, sugira um nome formal para H_2SO_4.

D.29 Um elemento E, do grupo principal e do Período 3, forma o composto molecular EH_4 e o composto iônico Na_4E. Identifique o elemento E e escreva o nome dos compostos.

D.30 Um composto E, do grupo principal e do Período 5, forma os compostos iônicos EBr_2 e EO. Identifique o elemento E e escreva o nome dos compostos.

D.31 Os nomes de alguns compostos de hidrogênio são exceções das regras normais de nomenclatura. Examine os seguintes compostos, escreva seus nomes e identifique-os como iônicos ou moleculares: (a) $LiAlH_4$; (b) NaH.

D.32 Os nomes de alguns compostos de oxigênio são exceções das regras normais de nomenclatura. Examine os seguintes compostos, escreva seus nomes e identifique-os como iônicos ou moleculares: (a) KO_2; (b) Na_2O_2; (c) CsO_3.

D.33 Dê nomes aos seguintes compostos, usando os compostos análogos de fósforo e enxofre como guia: (a) H_2SeO_4; (b) Na_3AsO_4; (c) $CaTeO_3$; (d) $Ba_3(AsO_4)_2$; (e) H_3SbO_4; (f) $Ni_2(SeO_4)_3$.

D.34 Dê nomes aos seguintes compostos, usando os compostos análogos de fósforo e enxofre como guia: (a) AsH_3; (b) H_2Se; (c) Cu_2TeO_4; (d) $Ca_3(AsO_3)_2$; (e) NaH_2SbO_4; (f) $BaSeO_3$.

D.35 Que tipos de compostos orgânicos são (a) $CH_3CH_2CH_2OH$; (b) $CH_3CH_2CH_2CH_2COOH$; (c) CH_3F?

D.36 Que tipos de compostos orgânicos são (a) $CH_3CH_2CH_3$; (b) CH_3CH_2Br; (c) CH_3CH_2COOH?

E.1 O mol
E.2 A massa molar

E Os mols e as massas molares

Números astronômicos de moléculas ocorrem mesmo em pequenas amostras: 1 mL de água contém 3×10^{22} moléculas, um número superior ao das estrelas do universo visível. Como você pode determinar esses números e registrá-los de modo simples e claro? É tão inconveniente imaginar e ter de se referir a números muito grandes como 3×10^{22} moléculas, como é para os atacadistas contar itens individualmente em vez de usar dúzias (12) ou grosas (144). Para não perder de vista números enormes de átomos, íons ou moléculas de uma amostra, precisamos de um modo eficiente de determinar e apresentar esses números.

E.1 O mol

Os químicos descrevem os números de átomos, íons e moléculas em termos de uma unidade chamada "mol". O mol é o análogo da "dúzia" dos atacadistas, definida como um conjunto de 12 objetos. No caso de um mol,

> 1 mol de objetos contém um determinado número de objetos igual ao número de átomos que existe em precisamente 12 g de carbono-12 (Fig. E.1).

Como este número é determinado? Primeiro você precisa lembrar que uma "dúzia" pode ser definida simplesmente como o número de latas de refrigerante em uma caixa. Mesmo sem abrir a embalagem para contar o número de latas que há dentro dela, você poderia determinar o que significa "uma dúzia de latas" pesando a caixa e dividindo a massa total pela massa de uma lata cheia. De modo análogo, para "contar" os átomos em 12 g de carbono-12, você deve dividir a massa de 12 g da amostra pela massa do átomo. A massa do átomo de carbono-12 foi determinada por espectrometria como $1,99265 \times 10^{-23}$ g. Isso significa que o número de átomos em exatamente 12 g de carbono-12 é

$$\text{Número de átomos de C} = \frac{\overbrace{12 \text{ g [exatamente]}}^{\text{massa de amostra}}}{1{,}992\,65 \times 10^{-23} \text{ g}} = 6{,}0221 \times 10^{23}$$

Como o mol é igual a este número, você pode aplicar a definição a *qualquer* objeto, não apenas a átomos de carbono (Fig. E.2).

1 mol de qualquer objeto corresponde a $6{,}0221 \times 10^{23}$ desse objeto.

FIGURA E.1 Definição de mol: se medirmos exatamente 12 g de carbono 12, então teremos exatamente 1 mol de átomos de carbono 12. Existirá um número de átomos na pilha igual ao número de Avogadro.

O nome mol vem da palavra latina para "pilha muito grande".

Logo, 1 mol de átomos de qualquer elemento, 1 mol de íons e 1 mol de moléculas contêm, cada um, $6{,}0221 \times 10^{23}$ átomos, íons e moléculas, respectivamente. O símbolo da unidade mol é o seu próprio nome, mol, isto é, mol está para mol como g está para grama.

Assim como 1 g e 1 m são unidades usadas para medir propriedades físicas, o mesmo acontece com 1 mol. O mol é a unidade utilizada para medir a propriedade física formalmente chamada de **quantidade de substância**, n. Esse nome, porém, é pouco usado pelos químicos, que preferem referir-se a ela, coloquialmente, como "número de mols". Um acordo, que vem sendo aceito, é chamar n "quantidade química" ou, simplesmente, "quantidade" das espécies presentes em uma amostra. Assim, 1,0000 mol de átomos de hidrogênio ($6{,}0221 \times 10^{23}$ átomos de hidrogênio), que é escrito como 1,0000 mol de H, é a quantidade química de átomos de hidrogênio da amostra. Pergunte a seu instrutor se é melhor usar o termo formal. Como qualquer unidade SI, o mol pode ser usado com prefixos. Por exemplo, 1 mmol = 10^{-3} mol e 1 μmol = 10^{-6} mol. Os químicos encontram essas quantidades pequenas quando utilizam produtos naturais raros ou muito caros e fármacos.

O número de objetos por mol, $6{,}0221 \times 10^{23}$ mol^{-1}, é chamado de **constante de Avogadro**, N_A, em homenagem ao cientista italiano do século XIX, Amedeo Avogadro (Fig. E.3),

FIGURA E.2 Cada amostra tem um 1 mol de átomos do elemento. No sentido horário, a partir da direita, acima, estão 32 g de enxofre, 201 g de mercúrio, 207 g de chumbo, 64 g de cobre e 12 g de carbono. (© 1991 Chip Clark– Fundamental Photographs.)

que ajudou a estabelecer a existência dos átomos. A constante de Avogadro é usada na conversão entre a quantidade química (número de mols) e o número de átomos, íons ou moléculas:

Número de objetos = número de mols × número de objetos por mol
= número de mols × constante de Avogadro

Se representamos o número de objetos por N e a quantidade de substância (em mol) por n, essa relação é escrita como

$$N = nN_A \quad (1)$$

Nota de boa prática A constante de Avogadro tem unidades. Ela não é um número puro. Você ouvirá as pessoas se referirem com frequência ao número de Avogadro: elas estão se referindo ao número puro $6{,}0221 \times 10^{23}$.

Para evitar ambiguidade ao usar a unidade mol, você precisa especificar a espécie que está sendo descrita (isto é, átomos, moléculas, unidades de fórmula ou íons). Assim, o hidrogênio é um gás, com dois átomos por molécula, descrito como H_2. Escreva 1 mol de H se você está se referindo a átomos de hidrogênio, ou 1 mol de H_2 se está se referindo às moléculas de hidrogênio. Não escreva "1 mol de hidrogênio", porque gera ambiguidade. Observe que 1 mol de H_2 corresponde a 2 mol H.

FIGURA E.3 Lorenzo Romano Amedeo Carlo Avogadro, Conde de Quaregna e Cerreto (1776-1856). (SPL/Science Source.)

EXEMPLO E.1 Conversão de número de átomos a mols

Pesquisadores em nanotecnologia desenvolveram um dispositivo para acumulação de hidrogênio, capaz de armazenar grandes quantidades de hidrogênio. Este tipo de pesquisa tem importância vital na descoberta de maneiras de transportar hidrogênio com segurança e economia em veículos "verdes". Suponha que você desenvolveu um dispositivo de armazenamento de hidrogênio capaz de estocar $1{,}29 \times 10^{24}$ átomos do elemento. Qual é a quantidade química (em mols) de átomos de hidrogênio armazenados?

ANTECIPE Como o número de átomos da amostra é superior a 6×10^{23}, podemos antecipar que mais de 1 mol de átomos está presente.

PLANEJE Rearranje a Equação 1 para $n = N/N_A$ e substitua os dados.

RESOLVA

De $n = N/N_A$

$$n = \frac{1{,}29 \times 10^{24}\,\text{H}}{6{,}0221 \times 10^{23}\,\text{mol}^{-1}} = 2{,}14\ \text{mol H}$$

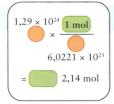

AVALIE Existe mais de 1 mol de átomos de hidrogênio no dispositivo, como antecipado.

Teste E.1A Uma amostra de uma droga extraída de um fruto usado pela tribo peruana Achuar Jivaro para tratar infecções fúngicas contém $2{,}58 \times 10^{24}$ átomos de oxigênio. Quantos mols de átomos de oxigênio tem a amostra?

[**Resposta:** 4,28 mol O]

Teste E.1B Um expresso duplo contém 3,14 mols de H_2O. Qual é o número de átomos de hidrogênio presentes no café?

Exercícios relacionados E.7, E.8, E.18

As quantidades de átomos, íons ou moléculas de uma amostra são expressas em mols e a constante de Avogadro, N_A, é usada para a conversão entre o número de partículas e o número de mols.

E.2 A massa molar

Como você determina a quantidade de átomos presente em uma amostra, já que não é possível contá-los diretamente? Você pode calcular essa quantidade se conhecer a massa da amostra e a **massa molar**, M, a massa por mol de partículas.

A massa molar de um *elemento* é a massa por mol de seus *átomos*.

A massa molar de um *composto molecular* é a massa por mol de suas *moléculas*.

A massa molar de um *composto iônico* é a massa por mol de suas *fórmulas unitárias*.

A unidade de massa molecular é sempre gramas por mol ($g \cdot mol^{-1}$). A massa da amostra é a quantidade (em mols) multiplicada pela massa por mol (a massa molar),

$$\text{Massa da amostra} = \text{quantidade em mols} \times \text{massa por mol}$$

Assim, se representarmos a massa total da amostra por m, podemos escrever

$$m = nM \qquad (2)$$

Disso decorre que $n = m/M$. Isto é, para encontrar a quantidade de mols, n, divida a massa, m, da amostra pela massa molar da espécie presente.

EXEMPLO E.2 Cálculo do número de átomos de uma amostra

O gás flúor é tão reativo, que reage de forma explosiva com praticamente todos os elementos. Se você está trabalhando com flúor em observações quantitativas, é muito importante conhecer quanto material você tem disponível. Calcule (a) a quantidade de F_2 e (b) o número de átomos de F em 22,5 g de flúor. A massa molar do flúor é 19,00 $g \cdot mol^{-1}$ ou, mais especificamente, 19,00 $g \cdot (mol\ de\ F_2)^{-1}$.

ANTECIPE Como a massa de flúor presente na amostra é maior do que a massa de 1 mol de átomos de F_2, devemos esperar que mais de 1 mol de F_2 esteja presente.

PLANEJE Para encontrar a quantidade de mols, divida a massa total da amostra pela massa molar.

RESOLVA

(a) De $n = m/M$,

$$n(F) = \frac{22{,}5\ g}{38{,}00\ g \cdot (mol\ F_2)^{-1}} = \frac{22{,}5}{38{,}00}\ mol\ F_2 = 0{,}592\ mol\ F_2$$

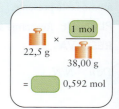

AVALIE Como esperado, mais de 1 mol de F_2 está presente.

Nota de boa prática Para evitar ambiguidade, especifique as entidades (neste caso, as moléculas de F_2, não os átomos de F) nas unidades do cálculo.

(b) Para calcular o número de átomos da amostra, *N*, multiplique a quantidade (em mols) pela constante de Avogadro:

De $N = nN_A$

$$N = (0{,}592 \text{ mol F}_2) \times (6{,}0221 \times 10^{23} \text{ mol}^{-1})$$
$$= 3{,}57 \times 10^{23} \text{ F}_2$$

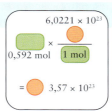

Como cada molécula de F_2 contém dois átomos de F,

$$N = 3{,}57 \times 10^{23} \text{ F}_2 \times \frac{2 \text{ F}}{1 \text{ F}_2} = 7{,}13 \times 10^{23} \text{ F}$$

Isto é, a amostra contém $7{,}13 \times 10^{23}$ átomos de flúor.

Teste E.2A A massa de uma moeda de cobre é 3,20 g. Suponha que ela foi feita com cobre puro. (a) Quantos mols de átomos de Cu a moeda deve conter, dada a massa molar de Cu de 63,55 g·mol^{-1}? (b) Quantos átomos de Cu estão presentes?

[**Resposta:** 0,0504 mol de Cu; $3{,}03 \times 10^{22}$ átomos de Cu]

Teste E.2B A cada dia são coletados 5,4 kg de alumínio em uma lixeira para resíduos recicláveis. (a) Quantos mols de átomos de Al o lixo continha, sabendo que a massa molar do alumínio é 26,98 g·mol^{-1}? (b) Quantos átomos de Al foram coletados?

Exercícios relacionados E.9, E.10, E.17

As massas molares dos elementos são determinadas por espectrometria de massas, que mede as massas dos isótopos e suas abundâncias relativas. A massa por mol dos átomos é a massa de um átomo multiplicada pela constante de Avogadro (o número de átomos por mol):

$$M = m_{\text{átomo}} N_A \quad \text{(3a)}$$

Quanto maior for a massa de um átomo, maior será a massa molar da substância. Porém, a maior parte dos elementos ocorre na natureza como uma mistura de isótopos. Como explicado em *Fundamentos B*, o neônio existe na forma de três isótopos, com massas diferentes. Na química, você quase sempre trata de amostras de elementos naturais, que têm a abundância natural dos isótopos. A massa média do átomo é determinada calculando a média ponderada, a soma dos produtos das massas de cada isótopo, $m_{\text{isótopo}}$, multiplicada por sua abundância relativa em uma amostra natural, $f_{\text{isótopo}}$.

Σ significa "soma dos membros a seguir"

$$m_{\text{átomo, média}} = \sum_{\text{isótopos}} f_{\text{isótopo}} m_{\text{isótopo}} \quad \text{(3b)}$$

A massa molecular média correspondente é

$$M = m_{\text{átomo, média}} N_A \quad \text{(3c)}$$

Todas as massas molares citadas neste livro referem-se aos valores médios. Seus valores são dados no Apêndice 2D. Elas também foram incluídas na Tabela Periódica, no começo, e na lista alfabética de elementos, no final do livro.

EXEMPLO E.3 Avaliação da massa molar média

O cloro, usado na sanitização da água para consumo humano e em piscinas, tem dois isótopos naturais: cloro-35 e cloro-37. A massa de um átomo de cloro-35 é $5{,}807 \times 10^{-23}$ g e a de um átomo de cloro-37 é $6{,}139 \times 10^{-23}$ g. A composição de uma amostra natural típica de cloro é 75,77% de cloro-35 e 24,23% de cloro-37. Qual é a massa molar de uma amostra típica de cloro?

ANTECIPE Como o isótopo mais abundante é o cloro-35, devemos esperar que a massa molar de uma amostra típica seja um pouco maior do que 35 g·mol^{-1}.

PLANEJE Calcule inicialmente a massa média dos isótopos adicionando as massas de cada isótopo multiplicadas pela respectiva abundância. Obtenha, então, a massa molar, isto é, a massa por mol de átomos, multiplicando a massa atômica média pela constante de Avogadro.

RESOLVA

Da Equação 3b, $m_{\text{átomo, média}} = f_{\text{cloro-35}} m_{\text{cloro-35}} + f_{\text{cloro-37}} m_{\text{cloro-37}}$

$$m_{\text{átomo, média}} = 0{,}7577 \times (5{,}807 \times 10^{-23}\text{ g}) + 0{,}2423 \times (6{,}139 \times 10^{-23}\text{ g})$$
$$= 5{,}887 \times 10^{-23}\text{ g}$$

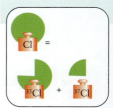

Temos da Equação 3c que a massa molar de uma amostra típica de átomos de cloro é

De $M = m_{\text{átomo, média}} N_A$

$$M = (5{,}887 \times 10^{-23}\text{ g}) \times (6{,}0221 \times 10^{23}\text{ mol}^{-1})$$
$$= 35{,}45\text{ g·mol}^{-1}$$

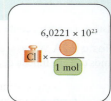

AVALIE Como esperado, a massa ficou um pouco acima de 35 g/mol^{-1}.

Teste E.3A A composição de uma amostra típica de magnésio é 78,99% de magnésio-24 (massa atômica $3{,}983 \times 10^{-23}$ g), 10,00% de magnésio-25 ($4{,}149 \times 10^{-23}$ g) e 11,01% de magnésio-26 ($4{,}315 \times 10^{-23}$ g). Calcule a massa molar de uma amostra típica de magnésio, dadas as suas massas atômicas (em parênteses).

[**Resposta:** 24,31 g·mol^{-1}]

Teste E.3B Calcule a massa molar do cobre sabendo que a composição de uma amostra natural é, tipicamente, 69,17% de cobre-63, cuja massa molar é 62,94 g·mol^{-1}, e 30,83% de cobre-65, cuja massa molar é 64,93 g·mol^{-1}. (Observe que a massa molar de um isótopo é proporcional a sua massa atômica. Logo, o procedimento demonstrado no Exemplo E.3 pode ser seguido, mas sem a necessidade de converter a massa atômica em massa molar no final.)

Exercícios relacionados E.11, E.12, E.14

Para calcular as massas molares de compostos moleculares e iônicos, use as massas molares dos elementos presentes: *a massa molar de um composto é a soma das massas molares dos elementos que constituem a molécula ou a fórmula unitária.* É preciso levar em conta o número de átomos ou íons na fórmula molecular ou na fórmula unitária do composto iônico. Assim, 1 mol do composto iônico Al$_2$(SO$_4$)$_3$ contém 2 mols de Al, 3 mols de S e 12 mols de O. Portanto, a massa molar do Al$_2$(SO$_4$)$_3$ é

$$M(\text{Al}_2(\text{SO}_4)_3) = 2M(\text{Al}) + 3M(\text{S}) + 12M(\text{O})$$
$$= 2(26{,}98\text{ g·mol}^{-1}) + 3(32{,}06\text{ g·mol}^{-1}) + 12(16{,}00\text{ g·mol}^{-1})$$
$$= 342{,}14\text{ g·mol}^{-1}$$

Teste E.4A Calcule a massa molar de (a) etanol, C$_2$H$_5$OH; (b) sulfato de cobre(II) penta-hidratado.

[**Resposta:** (a) 46,07 g·mol^{-1}; (b) 249,69 g·mol^{-1}]

Teste E.4B Calcule a massa molar de (a) fenol, C$_6$H$_5$OH; (b) carbonato de sódio deca-hidratado.

Para uma lista mais atualizada e confiável dos pesos atômicos, consulte a Tabela Periódica da IUPAC no site iupac.org/reports/periodic_table/.

Dois termos ainda muito usados na literatura química são *peso atômico* e *peso molecular*:

O **peso atômico** de um elemento é o valor numérico de sua massa molar.

O **peso molecular** de um composto molecular ou **peso-fórmula** de um composto iônico é o valor numérico de sua massa molar.

Assim, o peso atômico do hidrogênio (massa molar 1,0079 g·mol^{-1}) é 1,0079, o peso atômico da água (massa molar 18,02 g·mol^{-1}) é 18,02 e o peso-fórmula do cloreto de sódio (massa molar 58,44 g·mol^{-1}) é 58,44. Esses dois termos estão tradicional e profundamente arraigados na literatura química, ainda que esses números não sejam "pesos". A massa de um objeto é uma medida da *quantidade de matéria* que ele contém, enquanto o peso de um objeto é uma medida do *efeito gravitacional* sobre ele. Massa e peso são proporcionais, mas não são idênticos. Um astronauta tem a mesma massa (contém a mesma quantidade de matéria), mas pesos diferentes na Terra e em Marte.

Conhecendo a massa molar de um composto, você poderá aplicar a mesma técnica usada para elementos a fim de determinar quantos mols de moléculas ou fórmulas unitárias existem em uma amostra de uma determinada massa.

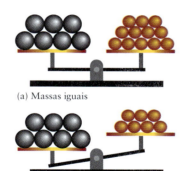

(a) Massas iguais

(b) Quantidades iguais

Teste E.5A Calcule a quantidade de moléculas de ureia, OC(NH$_2$)$_2$, em 2,3 × 10^5 g de ureia, que é usada em cremes faciais e, em escala maior, como fertilizante agrícola.

[***Resposta:*** 3,8 × 10^3 mol]

Teste E.5B Calcule a quantidade de fórmulas unitárias de Ca(OH)$_2$ em 1,00 kg de cal hidratada (hidróxido de cálcio), usada para ajustar a acidez dos solos.

FIGURA E.4 (a) As duas amostras têm a mesma massa, mas como os átomos que estão à direita são mais leves do que os que estão à esquerda, a amostra da direita tem um número maior de átomos. (b) As duas amostras contêm o mesmo número de mols de átomos, mas como os átomos que estão à direita são mais leves do que os que estão à esquerda, a massa da amostra da direita é a menor das duas. Quantidades iguais (mesmo número de mols) de átomos não correspondem necessariamente à mesma massa.

A massa molar é importante quando queremos saber o número de átomos de uma amostra. Seria impossível contar 6 × 10^{23} átomos de um elemento, mas é muito fácil medir uma massa igual à massa molar do elemento em gramas. Cada amostra da Fig. E.2 foi medida dessa maneira: cada amostra contém o mesmo número de átomos do elemento (6,022 × 10^{23}), mas as massas variam porque as massas dos átomos são diferentes (Fig. E.4). A mesma regra se aplica a compostos. Como a massa molar do cloreto de sódio é 58,44 g·mol^{-1}, se medimos 58,44 g de cloreto de sódio, obteremos uma amostra que contém 1,000 mol de fórmulas unitárias de NaCl (Fig. E.5).

Na prática, os químicos raramente tentam medir determinada massa. Em vez disso, eles estimam a massa necessária e separam uma quantidade aproximada. Eles medem, então, a massa da amostra com precisão e a convertem em mols (usando a Equação 2, $n = m/M$) para determinar a quantidade exata obtida.

PONTO PARA PENSAR

Por que os químicos não medem massas precisas, predeterminadas para preparar uma solução?

FIGURA E.5 Cada amostra contém 1 mol de fórmulas unitárias de um composto iônico. Da esquerda para a direita, temos 58 g de cloreto de sódio (NaCl), 100 g de carbonato de cálcio (CaCO$_3$), 278 g de sulfato de ferro(II) hepta-hidratado (FeSO$_4$·7H$_2$O) e 78 g de peróxido de sódio (Na$_2$O$_2$). *(Chip Clark/ Fundamental Photographs, NYC.)*

EXEMPLO E.4 Calcular a massa a partir do número de mols

O permanganato de potássio, KMnO$_4$, é muito reativo. Os estúdios de cinema usam o composto para manchar materiais novos, conferindo-lhes um aspecto antigo. Suponha que você seja um técnico em um estúdio e está avaliando os efeitos de diferentes concentrações de KMnO$_4$. Você precisa de aproximadamente 0,10 mol de KMnO$_4$ para preparar uma solução. Que massa (em gramas) do composto será necessária?

ANTECIPE Você deve esperar que a massa de KMnO$_4$ seja de somente alguns gramas, cerca de um terço de um mol.

PLANEJE Para encontrar a massa desejada de um composto, multiplicamos a quantidade pela massa molar do composto.

RESOLVA Para achar a massa de KMnO$_4$ que corresponde a 0,10 mol de KMnO$_4$, notamos que a massa molar do composto é 158,04 g·mol^{-1} e que

De $m = nM$,

$$m = (0{,}10\ \text{mol}) \times (158{,}04\ \text{g·mol}^{-1}) = 16\ \text{g}$$

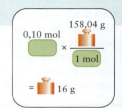

Assim, é necessário medir cerca de 16 g de KMnO$_4$.

AVALIE Como esperado, a massa necessária é pequena. Se, ao medirmos a amostra, encontrarmos a massa 14,87 g, podemos concluir que a quantidade, m, que realmente medimos foi

De $n = m/M$,

$$n(\text{KMnO}_4) = \frac{14{,}87\ \text{g}}{158{,}04\ \text{g·}(\text{mol KMnO}_4)^{-1}}$$
$$= 0{,}094\ 09\ \text{mol KMnO}_4$$

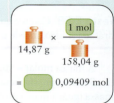

Teste E.6A Que massa de hidrogenossulfato de sódio anidro você deveria medir para obter cerca de 0,20 mol de NaHSO$_4$?

[***Resposta:*** cerca de 24 g]

Teste E.6B Que massa de ácido acético você deveria pesar para obter 1,5 mol de CH$_3$COOH?

Exercícios relacionados E.25, E.26

Usa-se a massa molar de um composto, isto é, a massa por mol de suas moléculas ou fórmulas unitárias, para a conversão entre a massa de uma amostra e o número de moléculas ou fórmulas unitárias que ela contém.

O que você aprendeu em Fundamentos E?

Você aprendeu a usar o conceito de quantidade química e conheceu o significado da unidade mol e da constante de Avogadro. Você aprendeu a converter a massa expressa em gramas e quantidade expressa em mols utilizando a massa molar. Além disso, você descobriu que um "peso atômico" (assim como o "peso molecular" e o "peso-fórmula") é uma média adimensional das massas atômicas da composição isotópica de uma amostra.

Os conhecimentos que você deve dominar incluem a capacidade de:

☐ **1.** Usar a constante de Avogadro para a conversão entre a quantidade, em mols, e o número de átomos, moléculas ou íons de uma amostra (Exemplos E.1 e E.2).

☐ **2.** Calcular a massa molar de um elemento, dada sua composição isotópica (Exemplo E.3).

☐ **3.** Calcular a massa molar de um composto, dada sua fórmula química.

☐ **4.** Fazer a conversão entre a massa e a quantidade, em mols, usando a massa molar (Exemplo E.4).

Fundamentos E Exercícios

E.1 O campo da nanotecnologia oferece algumas possibilidades interessantes, como a criação de fibras da largura de um átomo. Suponha que você fosse capaz de juntar 1,00 mol de átomos de Ag, cada um com raio de 144 pm, em uma dessas fibras, encapsulando-os em nanotubos de carbono. Qual seria o comprimento da fibra?

E.2 Se você ganhasse 1 mol de dólares na loteria no dia em que nasceu e gastasse 1 bilhão de dólares por segundo durante o resto de sua vida, que percentagem do prêmio restará, se for o caso, quando você decidir se aposentar aos 90 anos de idade?

E.3 Em um laboratório de nanotecnologia, você pode manipular átomos isolados. Os átomos da esquerda são de gálio (massa molar 70 g·mol^{-1}) e os da direita são de astato (massa molar 210 g·mol^{-1}). Quantos átomos de astato devem estar no prato à direita para que as massas nos dois pratos sejam iguais?

E.4 Em um laboratório de nanotecnologia, você pode manipular átomos isolados. Os átomos da esquerda são de silício (massa molar 28 g·mol^{-1}) e os da direita são de lítio (massa molar 7 g·mol^{-1}). Quantos átomos de lítio teriam de ser adicionados ao prato da direita para que as massas fossem iguais nos dois pratos?

E.5 (a) A população aproximada da Terra é de 7,0 bilhões de pessoas. Quantos mols de pessoas habitam a Terra? (b) Se todas essas pessoas fossem catadores de ervilhas, quanto tempo levaria para a população inteira do planeta catar 1 mol de ervilhas à velocidade de uma ervilha por segundo, trabalhando 24 horas por dia, durante 365 dias por ano?

E.6 (a) Mil toneladas de areia (1.000 t, 1 t = 10^3 kg) contêm cerca de 1 trilhão (10^{12}) de grãos de areia. Quantas toneladas de areia são necessárias para formar um mol de grãos de areia? (b) Imaginando que o volume de um grão de areia é 1 mm^3 e que a área continental de um país como os Estados Unidos da América é aproximadamente igual a 3,6 × 10^6 mi^2, qual seria a altura da pilha de areia sobre aquele país se sua área fosse inteiramente coberta com 1 mol de grãos de areia?

E.7 Uma molécula de DNA humano contém 2,1 × 10^9 átomos de carbono. Calcule a quantidade química (em mols) de átomos de carbono na molécula de DNA.

E.8 "Fósseis artificiais" formados por lâminas de TiO$_2$ são obtidos por deposição de um filme de TiO$_2$ em papel de filtro, que é removido posteriormente. O filme de TiO$_2$ retém a marca da textura da superfície do papel de filtro. Em uma preparação, foram depositadas 2,4 × 10^{21} fórmulas unitárias de TiO$_2$. Calcule a quantidade química (em mols) de TiO$_2$ no filme produzido.

E.9 O sal de Epsom é o sulfato de magnésio hepta-hidratado. Escreva sua fórmula. (a) Quantos átomos de oxigênio existem em 5,15 g de sal de Epsom? (b) Quantas fórmulas unitárias do composto existem em 5,15 g? (c) Quantos mols de moléculas de água existem em 5,15 g de sal de Epsom?

E.10 O metal cobre pode ser extraído de uma solução de sulfato de cobre(II) por eletrólise. Se 45,20 g de sulfato de cobre(II) penta-hidratado, CuSO$_4$·5H$_2$O, forem dissolvidos em 100 mL de água e todo o cobre sofrer eletrodeposição, que massa de cobre pode ser recuperada?

E.11 A indústria de energia nuclear extrai ^{6}Li, mas não ^{7}Li, das amostras naturais de lítio. Em consequência, a massa molar das amostras comerciais de lítio está aumentando. Hoje, as abundâncias dos dois isótopos são 7,42% e 92,58%, respectivamente. As massas de seus átomos são 9,988 × 10^{-24} g e 1,165 × 10^{-23} g. (a) Qual é a massa molar atual de uma amostra natural de lítio? (b) Qual será a massa molar quando a abundância de ^{6}Li for reduzida a 5,67%?

E.12 Calcule a massa molar do enxofre em uma amostra natural com 93,0% de ^{32}S (massa molar 31,97 g·mol^{-1}), 1,2% de ^{33}S (massa molar 32,97 g·mol^{-1}) e 5,8% de ^{34}S (massa molar 33,97 g·mol^{-1}).

E.13 A massa molar dos átomos de boro de uma amostra natural é 10,81 g·mol^{-1}. Sabe-se que a amostra contém ^{10}B (massa molar 10,013 g·mol^{-1}) e ^{11}B (massa molar 11,093 g·mol^{-1}). Quais são as abundâncias percentuais dos dois isótopos?

E.14 Calcule a massa molar do gás nobre criptônio em uma amostra natural, que contém 0,3% de ^{78}Kr (massa molar 77,92 g·mol^{-1}), 2,3% de ^{80}Kr (massa molar 79,91 g·mol^{-1}), 11,6% de ^{82}Kr (massa molar 81,91 g·mol^{-1}), 11,5% de ^{83}Kr (massa molar 82,92 g·mol^{-1}), 56,9% de ^{84}Kr (massa molar 83,91 g·mol^{-1}) e 17,4% de ^{86}Kr (massa molar 85,91 g·mol^{-1}).

E.15 A massa molar do hidróxido de metal M(OH)$_2$ é 74,10 g·mol^{-1}. Qual é a massa molar do sulfeto deste metal?

E.16 A massa molar do óxido de metal M$_2$O é 231,74 g·mol^{-1}. Qual é a massa molar do cloreto deste metal?

E.17 Que amostra em cada dos seguintes pares contém o maior número de mols de átomos? (a) 75 g de índio ou 80 g de telúrio; (b) 15,0 g de P ou 15,0 g de S; (c) 7,36 × 10^{27} átomos de Ru ou 7,36 × 10^{27} átomos de Fe.

E.18 Calcule a massa, em microgramas, de (a) 3,27 × 10^{16} átomos de Hg; (b) 963 nmol de átomos de Hf; (c) 5,50 μmol de átomos de Gd; (d) 6,02 × 10^{25} átomos de Sb.

E.19 Um relatório declarou que o Observatório de Neutrinos de Sudbury, em Sudbury, Canadá, usa 1,00 × 10^3 t (1 t = 10^3 kg) de água pesada, D$_2$O, em um tanque esférico de diâmetro igual a 12 m para detectar as partículas subatômicas chamadas de neutrinos. A densidade da água normal (H$_2$O) na temperatura do tanque é igual a 1,00 g·cm^{-3}. (a) Usando a massa molar do deutério (2,014 g·mol^{-1}), calcule a massa molar do D$_2$O. (b) Supondo que o volume ocupado por uma molécula de D$_2$O é igual ao ocupado por uma molécula de H$_2$O, calcule a densidade da água pesada. (c) Calcule o volume do tanque em metros cúbicos a partir de seus dados de densidade e da massa da água pesada e compare o volume encontrado com o volume do tanque determinado a partir do diâmetro. (d) A massa dada para a água pesada é acurada? (e) A suposição que você fez no item (b) é razoável? Explique seu raciocínio. (O volume de uma esfera de raio r é $V = \frac{4}{3}\pi r^3$.)

E.20 Um químico encomendou 1,000 kg de D$_2$O de um fabricante que afirma que o composto é 98% puro (isto é, contém no máximo 2% de H$_2$O por massa). Para verificar a afirmação, o químico mediu a densidade do D$_2$O e encontrou 1,10 g·cm^{-3}. A densidade da água normal (H$_2$O) na temperatura do teste é igual a 1,00 g·cm^{-3}. A pureza declarada pelo fabricante está correta? (A massa molar do deutério é igual a 2,014 g·mol^{-1}.) Faça as mesmas suposições do Exercício E.19(b).

E.21 Calcule a quantidade (em mols) e o número de moléculas e de fórmulas unitárias (ou átomos, se indicado) em (a) 10,0 g de alumina, Al$_2$O$_3$; (b) 25,92 mg de fluoreto de hidrogênio, HF;

(c) 1,55 mg de peróxido de hidrogênio, H$_2$O$_2$; (d) 1,25 kg de glicose, C$_6$H$_{12}$O$_6$; (e) 4,37 g de nitrogênio como átomos de N e como moléculas de N$_2$.

E.22 Converta as seguintes massas em quantidades (em mols) e número de moléculas (ou átomos, se indicado). (a) 3,60 kg de H$_2$O; (b) 91 kg de benzeno (C$_6$H$_6$); (c) 350,0 g de fósforo, como átomos de P e como moléculas de P$_4$; (d) 1,2 g de CO$_2$; (e) 0,37 g de NO$_2$.

E.23 Calcule a quantidade (em mols) de (a) íons Cu^{2+} em 3,00 g de CuBr$_2$; (b) moléculas de SO$_3$ em 7,00 × 10^{-2} mg de SO$_3$; (c) íons F$^-$ em 25,2 kg de UF$_6$; (d) H$_2$O em 2,00 g de Na$_2$CO$_3$·10H$_2$O.

E.24 Calcule a quantidade (em mols) de (a) CN$^-$ em 4,00 g de NaCN; (b) átomos de O em 4,00 × 10^2 ng de H$_2$O; (c) CaSO$_4$ em 4,00 kg de CaSO$_4$; (d) H$_2$O em 4,00 mg de Al$_2$(SO$_4$)$_3$·8H$_2$O.

E.25 (a) Determine o número de fórmulas unitárias em 0,750 mol de KNO$_3$. (b) Qual é a massa (em miligramas) de 2,39 × 10^{20} fórmulas unitárias de Ag$_2$SO$_4$? (c) Estime o número de fórmulas unitárias em 3,429 kg de NaHCO$_2$, formato de sódio, que é usado em tinturaria e na impressão de tecidos.

E.26 (a) Quantas fórmulas unitárias de CaH$_2$ estão presentes em 6,177 g de CaH$_2$? (b) Determine a massa de 8,75 × 10^{21} fórmulas unitárias de NaBF$_4$, tetrafluoro-borato de sódio. (c) Calcule a quantidade (em mols) de 8,15 × 10^{20} fórmulas unitárias de CeI$_3$, iodeto de cério(III), um sólido solúvel em água e de cor amarela brilhante.

E.27 (a) Calcule a massa, em gramas, de uma molécula de água. (b) Determine o número de moléculas de H$_2$O em 1,00 kg do composto.

E.28 O octano, C$_8$H$_{18}$, é um exemplo típico das moléculas encontradas na gasolina. (a) Calcule a massa de uma molécula de octano.

(b) Determine o número de moléculas C$_8$H$_{18}$ em 1,00 mL de octano, cuja massa é 0,82 g.

E.29 Um químico mediu 8,61 g de cloreto de cobre tetra-hidratado, CuCl$_2$·4H$_2$O. (a) Quantos mols de CuCl$_2$·4H$_2$O foram medidos? (b) Quantos mols de íons Cl$^-$ estão presentes na amostra? (c) Quantas moléculas de H$_2$O estão presentes na amostra? (d) Que fração da massa total da amostra é atribuída ao oxigênio?

E.30 O sulfato de cobre(II) anidro é difícil de obter completamente seco. Que massa de sulfato de cobre(II) restaria após a remoção de 90% da água de 360 g de CuSO$_4$·5H$_2$O?

E.31 Suponha que você comprou, por engano, 2,5 kg de Na$_2$CO$_3$·10H$_2$O por US$ 175 em vez de 2,5 kg de Na$_2$CO$_3$ por US$ 195. (a) Que quantidade de água você comprou e quanto você pagou por litro? (A massa de 1 litro de água é 1 kg.) (b) Qual seria o preço justo para o composto hidratado, considerando custo zero para a água?

E.32 Um químico quer extrair o ouro existente em 13,62 g de cloreto de ouro(III) di-hidratado, AuCl$_3$·2H$_2$O, em uma solução em água. Que massa de ouro poderia ser obtida da amostra?

E.33 Cremes dentais fluoretados ajudam a reduzir a incidência de cáries. O íon fluoreto converte a hidróxi-apatita, Ca$_5$(PO$_4$)$_3$OH, do esmalte do dente em flúor-apatita, Ca$_5$(PO$_4$)$_3$F. Se toda a hidróxi-apatita fosse convertida em flúor-apatita, qual seria a percentagem do aumento provocado na massa do esmalte?

E.34 O antibiótico tetraciclina tem a fórmula C$_{22}$H$_{24}$N$_2$O$_8$. A dose segura da droga é 0,24 μmol por quilograma por dia (de massa corporal). Se a tetraciclina for administrada em quatro doses ao dia a uma criança que pesa 20,411 kg, que massa de tetraciclina deve estar presente em cada dose?

F.1 A composição percentual em massa

F.2 A determinação das fórmulas empíricas

F.3 A determinação das fórmulas moleculares

F A determinação da composição

Uma das maneiras usadas pelos cientistas para descobrir novos medicamentos consiste em extrair um composto biologicamente ativo de uma fonte natural (Fig. F.1). Após, eles tentam identificar sua estrutura molecular para que ele possa ser melhorado e fabricado em grandes quantidades. Esta seção focaliza a primeira etapa da identificação da estrutura, a determinação das fórmulas "empírica" e "molecular" do composto.

A **fórmula empírica** de um composto expressa o número *relativo* de átomos de cada elemento do composto. Assim, por exemplo, a fórmula empírica da glicose, CH$_2$O, mostra que os átomos de carbono, hidrogênio e oxigênio estão na razão 1:2:1. Os elementos estão nessa proporção independentemente do tamanho da amostra. A **fórmula molecular** dá o número real de átomos de cada elemento da molécula. A fórmula molecular da glicose, C$_6$H$_{12}$O$_6$, mostra que cada molécula de glicose contém 6 átomos de carbono, 12 átomos de hidrogênio e 6 átomos de oxigênio (**1**). Como a fórmula empírica informa apenas as *proporções* dos números de átomos de cada elemento, compostos distintos com fórmulas moleculares diferentes podem ter a mesma fórmula empírica. Assim, o formaldeído CH$_2$O (**2**), (o preservativo das soluções de formol), o ácido acético, C$_2$H$_4$O$_2$ (o ácido do vinagre), e o ácido lático, C$_3$H$_6$O$_3$ (o ácido do leite azedo), têm todos a fórmula empírica (CH$_2$O) da glicose, mas são compostos diferentes com propriedades diferentes.

F.1 A composição percentual em massa

Para determinar a fórmula empírica de um composto, começa-se por medir a massa de cada elemento presente na amostra. O resultado normalmente é apresentado na forma da **composição percentual em massa**, isto é, a massa de cada elemento expressa como uma percentagem da massa total:

$$\text{Percentagem em massa do elemento} = \frac{\text{massa do elemento na amostra}}{\text{massa total da amostra}} \times 100\% \quad (1)$$

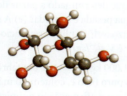

1 α-D-glicose, C$_6$H$_{12}$O$_6$

2 Formaldeído, CH$_2$O

F A determinação da composição F47

FIGURA F.1 Um zoólogo marinho estuda as esponjas marinhas, que contêm compostos com valor medicinal. Os compostos que têm atividade antifúngica ou antiviral são, então, submetidos a análises, como descrito nesta seção. *(©Images & Stories/Alamy.)*

Como a composição percentual em massa não depende do tamanho da amostra – na linguagem da seção *Fundamentos A*, é uma propriedade intensiva – ela representa a composição de qualquer amostra da substância. A principal técnica de determinação da composição percentual em massa de compostos orgânicos desconhecidos é a *análise por combustão*, descrita em *Fundamentos M*.

Teste F.1A Há séculos, os aborígenes australianos usam folhas de eucalipto para aliviar gargantas irritadas e outras dores. O ingrediente ativo primário foi identificado e recebeu o nome de eucaliptol. A análise de uma amostra de eucaliptol de massa total 3,16 g mostrou em sua composição 2,46 g de carbono, 0,373 g de hidrogênio e 0,329 g de oxigênio. Determine as percentagens em massa de carbono, hidrogênio e oxigênio no eucaliptol.

[***Resposta:*** 77,8% C, 11,8% H, 10,4% O]

Teste F.1B O composto α-pineno, um antisséptico natural encontrado na resina de pinheiros, tem sido usado desde tempos antigos por curandeiros da tribo Zuni. Uma amostra de 7,50 g de α-pineno contém 6,61 g de carbono e 0,89 g de hidrogênio. Quais são as percentagens em massa de carbono e hidrogênio no α-pineno?

Se a fórmula química de um composto já é conhecida, a composição percentual em massa pode ser obtida a partir daquela fórmula.

EXEMPLO F.1 Percentagem em massa de um elemento em um composto

Suponha que você trabalhe no projeto de uma nova célula fotovoltaica cujo objetivo é desenvolver uma maneira econômica de utilizar a luz solar para quebrar a molécula de água em seus elementos constituintes. A primeira etapa do projeto exige que você conheça a massa de hidrogênio que pode ser produzida a partir de determinada massa de água. Qual é a percentagem em massa de hidrogênio na água?

ANTECIPE Embora cada molécula de H_2O tenha dois átomos de hidrogênio, como eles são muito mais leves do que os átomos de oxigênio, eles contribuem pouco para a massa de cada molécula e, portanto, você deve esperar uma contribuição pequena para a percentagem em massa.

PLANEJE Para calcular a percentagem em massa de hidrogênio na água, encontre a massa dos átomos de H presentes em 1 mol de moléculas de H_2O, observando que existem 2 mols de H em 1 mol de H_2O, dividindo aquela massa pela massa de 1 mol de H_2O e multiplicando por 100%.

RESOLVA

De

$$\text{Percentagem em massa de H} = \frac{\text{massa de átomos de H}}{\text{massa de moléculas de } H_2O} \times 100\%$$

$$\text{Percentagem em massa de H} = \frac{(2 \text{ mol}) \times (1{,}0079 \text{ g·mol}^{-1})}{(1 \text{ mol}) \times (18{,}02 \text{ g·mol}^{-1})} \times 100\%$$
$$= 11{,}19\%$$

AVALIE Como esperado, a percentagem em massa de hidrogênio na água, 11,19%, é pequena.

Teste F.2A Calcule a percentagem em massa de Cl em NaCl.

[***Resposta:*** 60,66%]

Teste F.2B Calcule a percentagem em massa de Ag em $AgNO_3$.

Exercícios relacionados F.1, F.2, F.5, F.6, F.23

A composição percentual em massa é obtida pelo cálculo da fração devida a cada elemento presente na massa total de um composto. O resultado é expresso em percentagem.

F48   Fundamentos

F.2 A determinação das fórmulas empíricas

Para converter a composição percentual em uma fórmula empírica, converta as percentagens em massa de cada tipo de átomo no número relativo de átomos de cada elemento. O procedimento mais simples é imaginar que a amostra tem exatamente 100 g de massa. Desse modo, a composição percentual em massa dá a massa em gramas de cada elemento. Então, a massa molar de cada elemento é usada para converter essas massas em mols e, depois, encontrar o número relativo de mols de cada tipo de átomo.

EXEMPLO F.2   Determinação da fórmula empírica a partir da composição percentual em massa

Em alguns casos você talvez precise testar um composto para descobrir se ele é o produto que você espera. O primeiro passo é determinar sua fórmula empírica. Suponha que você enviou uma amostra de um composto desconhecido, que você suspeita tratar-se de vitamina C, a um laboratório para uma análise de combustão. A composição encontrada foi 40,9% de carbono, 4,58% de hidrogênio e 54,5% de oxigênio. O composto desconhecido é vitamina C?

ANTECIPE   Como a massa molar do carbono é ligeiramente menor do que a do oxigênio mas 12 vezes maior do que a do hidrogênio, você deve esperar encontrar aproximadamente o mesmo número de átomos de cada elemento no composto.

PLANEJE   Divida cada percentagem em massa pela massa molar do elemento para obter o número de mols encontrados em 100 g exatos do composto. Divida o número de mols de cada elemento pelo menor número de mols. Se o resultado incluir números fracionários, multiplique-os por um fator de correção que dê o conjunto de menores números inteiros de mols. Represente a quantidade de uma substância J por $n(J)$.

RESOLVA

A massa de cada elemento X, $m(X)$, em 100 g exatos do composto é igual a sua percentagem em massa em gramas.

$$m(C) = 40,9 \text{ g}$$
$$m(H) = 4,58 \text{ g}$$
$$m(O) = 54,5 \text{ g}$$

Converta cada massa em uma quantidade de átomos, $n(J)$, em mols usando a massa molar, M, do elemento, $n(J) = m(J)/M(J)$.

$$n(C) = \frac{40,9 \text{ g}}{12,01 \text{ g} \cdot (\text{mol C})^{-1}} = 3,41 \text{ mol de C}$$

$$n(H) = \frac{4,58 \text{ g}}{1,0079 \text{ g} \cdot (\text{mol H})^{-1}} = 4,54 \text{ mol de H}$$

$$n(O) = \frac{54,5 \text{ g}}{16,00 \text{ g} \cdot (\text{mol O})^{-1}} = 3,41 \text{ mol de O}$$

Divida cada quantidade pela menor quantidade (3,41 mol).

$$\text{Carbono: } \frac{3,41 \text{ mol}}{3,41 \text{ mol}} = 1,00$$

$$\text{Hidrogênio: } \frac{4,54 \text{ mol}}{3,41 \text{ mol}} = 1,33$$

$$\text{Oxigênio: } \frac{3,41 \text{ mol}}{3,41 \text{ mol}} = 1,00$$

Como um composto só pode conter um número inteiro de átomos, multiplique pelo menor fator que gere um número inteiro para cada elemento.

Como 1,33 é 4/3, multiplique os três números por 3 para obter 3,00:3,99:3,00 ou, aproximadamente, 3:4:3. A fórmula empírica é, portanto, $C_3H_4O_3$.

AVALIE   Conforme esperado, os números de átomos de cada elemento na fórmula do composto são semelhantes.

Teste F.3A   Use a composição molar do eucaliptol calculada no Teste F.1A para determinar sua fórmula empírica.

[***Resposta:*** $C_{10}H_{18}O$]

Teste F.3B   A composição percentual em massa do composto difluoreto de tionila é 18,59% de O, 37,25% de S e 44,16% de F. Calcule sua fórmula empírica.

Exercícios relacionados   F.9–F.12, F.15, F.16

A fórmula empírica de um composto é determinada a partir da composição percentual em massa e da massa molar dos elementos presentes.

F.3 A determinação das fórmulas moleculares

Outra informação, a massa molar, é necessária para você descobrir a fórmula molecular de um composto molecular. Para encontrar a fórmula molecular, você precisará decidir quantas fórmulas unitárias empíricas são necessárias para explicar a massa molar observada.

EXEMPLO F.3   Determinação da fórmula molecular a partir da fórmula empírica

Na continuação de sua investigação sobre o composto do Exemplo F.2, que você acha ser a vitamina C, a espectrometria de massas realizada em laboratório mostrou que a massa molar da amostra desconhecida é 176,12 g·mol^{-1}. Como a fórmula empírica do composto é $C_3H_4O_3$, qual é a fórmula molecular do composto? Você tem certeza de que o composto é a vitamina C?

ANTECIPE   Você pode estimar a massa molar da fórmula unitária empírica lembrando que o composto tem três átomos de carbono, quatro de hidrogênio e três de oxigênio. Isso dá $(3 \times 12) + (4 \times 1) + (3 \times 16)$ g·mol^{-1} = 88 g·mol^{-1}. Este valor é metade da massa molar obtida em laboratório. Portanto, a fórmula molecular deve ter o dobro de átomos de cada elemento.

PLANEJE   Para encontrar o número de fórmulas unitárias necessárias para atingir a massa molar da vitamina C, divida a massa molar do composto pela massa molar da fórmula unitária empírica.

RESOLVA

A massa molar de uma fórmula unitária de $C_3H_4O_3$ é:

$$\begin{aligned}\text{Massa molar de } C_3H_4O_3 = &\ 3 \times (12,01 \text{ g·mol}^{-1}) \\ &+ 4 \times (1,008 \text{ g·mol}^{-1}) \\ &+ 3 \times (16,00 \text{ g·mol}^{-1}) \\ = &\ 88,06 \text{ g·mol}^{-1}\end{aligned}$$

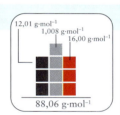

Divida a massa molar do composto pela massa da fórmula unitária empírica:

$$\frac{\text{Massa molar do composto}}{\text{Massa molar da fórmula unitária empírica}} = \frac{176,14 \text{ g·mol}^{-1}}{88,06 \text{ g·mol}^{-1}} = 2,000$$

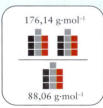

Multiplique os coeficientes na fórmula empírica pelo fator 2 para obter a fórmula molecular.

$$2 \times (C_3H_4O_3), \text{ ou } C_6H_8O_6$$

AVALIE   Conforme previsto, há o dobro de átomos de cada elemento na fórmula. A fórmula molecular é igual à da vitamina C, portanto, você pode pensar que o composto desconhecido é, de fato, a vitamina. Porém, você não pode ter certeza, já que existem vários compostos que poderiam ter a mesma fórmula molecular.

Teste F.4A   A massa molar do estireno, usado na manufatura do plástico poliestireno, é 104 g·mol^{-1} e sua fórmula empírica é CH. Deduza sua fórmula molecular.

[**Resposta:** C_8H_8]

Teste F.4B   A massa molar do ácido oxálico, o ácido encontrado no ruibarbo, é 90,0 g·mol^{-1} e sua fórmula empírica é CHO_2. Qual é sua fórmula molecular?

Exercícios relacionados   F.17–F.22

A fórmula molecular de um composto é obtida determinando-se quantas fórmulas empíricas unitárias são necessárias para atingir a massa molar medida do composto.

O que você aprendeu em Fundamentos F?

Você aprendeu a determinar as fórmulas empíricas e moleculares de um composto com base em sua composição expressa em percentagem em massa.

Os conhecimentos que você deve dominar incluem a capacidade de:

☐ **1.** Calcular a percentagem em massa de um elemento em um composto a partir de uma fórmula (Exemplo F.1).

☐ **2.** Calcular a fórmula empírica de um composto a partir de sua composição percentual em massa (Exemplo F.2).

☐ **3.** Determinar a fórmula molecular de um composto a partir de sua fórmula empírica e sua massa molar (Exemplo F.3).

Fundamentos F Exercícios

F.1 O citral é um componente odorífero do óleo de limão usado em perfumes. Ele tem a estrutura molecular dada abaixo. (a) Escreva a fórmula química do citral. (b) Calcule sua composição percentual em massa (cinzento = C, branco = H, vermelho = O).

F.2 O composto responsável pelo odor de almíscar dos cervos é a muscona, que tem a estrutura molecular dada abaixo. (a) Escreva a fórmula química da muscona. (b) Calcule sua composição percentual em massa (cinzento = C, branco = H, vermelho = O).

F.3 (a) Escreva a fórmula do ácido nítrico. (b) Sem fazer cálculos, estime que elemento no ácido nítrico ocorre em maior percentagem de massa.

F.4 (a) Escreva a fórmula do sulfeto de lítio. (b) Sem fazer cálculos, estime que elemento no sulfeto de lítio ocorre em maior percentagem de massa.

F.5 Qual é a composição percentual em massa da L-carnitina, $C_7H_{15}NO_3$, um composto utilizado na dieta diária para reduzir a fadiga muscular?

F.6 Qual é a composição em percentagem em massa do hormônio testosterona, $C_{19}H_{28}O_2$?

F.7 Um metal M forma um óxido com fórmula M_2O, na qual a percentagem em massa do metal é 88,8%. (a) Qual é a massa molar do metal? (b) Escreva o nome do composto.

F.8 Um metal M forma um óxido de fórmula M_2O_3 em que a percentagem em massa do metal é 69,9%. (a) Qual é a identidade do metal? (b) Escreva o nome do composto.

F.9 A vanilina é encontrada na baunilha, extraída de orquídeas mexicanas. A análise da vanilina encontrou uma composição em percentagem em massa igual a 63,15% de C; 5,30% de H e 31,55% de O. Quais são as razões atômicas dos átomos constituintes da vanilina?

F.10 A cadaverina é produzida na carne em decomposição. A análise da cadaverina encontrou uma composição em percentagem de massa igual a 58,77% de C, 13,81% de H e 27,42% de N. Quais são as razões atômicas dos átomos constituintes da cadaverina?

F.11 Determine as fórmulas empíricas a partir das análises seguintes. (a) A composição percentual em massa da criolita, um composto usado na produção de alumínio, é 32,79% de Na, 13,02% de Al e 54,19% de F. (b) Um composto usado para gerar o gás O_2 no laboratório tem como composição percentual em massa: 31,91% de K e 28,93% de Cl, o restante sendo oxigênio. (c) Um fertilizante tem a seguinte composição percentual em massa: 12,2% de N, 5,26% de H, 26,9% de P e 55,6% de O.

F.12 Determine a fórmula empírica de cada um dos seguintes compostos a partir dos dados. (a) Talco (usado na forma de pó) cuja composição em massa é 19,2% de Mg, 29,6% de Si, 42,2% de O e 9,0% de H. (b) Sacarina, um agente adoçante, cuja composição em massa é 45,89% de C, 2,75% de H, 7,65% de N, 26,20% de O e 17,50% de S. (c) Ácido salicílico, que é usado na síntese da aspirina e tem a composição em massa 60,87% de C, 4,38% de H e 34,75% de O.

F.13 Em um experimento, 4,14 g de fósforo foram combinados com cloro para produzir 27,8 g de um composto sólido branco. (a) Qual é a fórmula empírica do composto? (b) Imaginando que as fórmulas empíricas e moleculares do composto são iguais, qual é o seu nome?

F.14 Um químico constatou que 4,69 g de enxofre combinados com flúor produzem 15,81 g de um gás. (a) Qual é a fórmula empírica do gás? (b) Imaginando que as fórmulas empíricas e moleculares do composto são iguais, qual é o seu nome?

F.15 Diazepam, um fármaco usado no tratamento da ansiedade, contém 67,49% de C, 4,60% de H, 12,45% de Cl, 9,84% de N e 5,62% de O. Qual é a fórmula empírica do composto?

F.16 O composto fluoxetina é vendido como o antidepressivo Prozac em combinação com HCl. A composição da fluoxetina é 66,01% de C, 5,87% de H, 18,43% de F, 4,53% de N e 5,17% de O. Qual é a fórmula empírica da fluoxetina?

F.17 O ósmio forma um composto molecular de composição percentual em massa 15,89% de C, 21,18% de O e 62,93% de Os. (a) Qual é a fórmula empírica do composto? (b) A espectrometria de massas deu para o composto a massa molar 907 g·mol^{-1} para a molécula. Qual é sua fórmula molecular?

F.18 O paclitaxel, extraído da conífera *Taxus brevifolia*, tem atividade antitumoral para os cânceres de mama e de ovário. É vendido sob o nome comercial Taxol. A análise mostrou que sua composição percentual em massa é 66,11% de C, 6,02% de H e 1,64% de N, o restante sendo oxigênio. (a) Qual é a fórmula empírica do paclitaxel? (b) A massa molar do paclitaxel é 853,91 g·mol^{-1}. Qual é sua fórmula molecular?

F.19 A cafeína, um estimulante do café e do chá, tem massa molar 194,19 g·mol^{-1} e composição percentual em massa igual a 49,48% de C, 5,19% de H, 28,85% de N e 16,48% de O. Qual é a fórmula molecular da cafeína?

F.20 Uma amostra de 2,00 mg de um composto com odor acre foi extraída do líquido de defesa da jaritataca. A análise de uma amostra de 2,00 mg tem a seguinte composição: 1,09 mg de C; 0,183 mg de H e 0,727mg de S. A massa molar do composto é 88,17 g·mol^{-1}. Qual é a fórmula molecular do composto?

F.21 Em 1978, os cientistas extraíram um composto com propriedades antitumorais e antivirais de animais marinhos no Mar do Caribe. Uma amostra de 1,78 mg do composto didemnina-A foi analisada e encontrou-se a seguinte composição: 1,11 mg de C, 0,148 mg de H, 0,159 mg de N e 0,363 mg de O. A massa molar da didemnina-A é 942g·mol^{-1}. Qual é a fórmula molecular da didemnina-A?

F.22 O etomidato é um anestésico usado para procedimentos em pacientes em tratamento ambulatorial. Uma amostra de etomidato com massa 5,80 mg tem a seguinte composição: 3,99 mg de C, 0,383 mg de H, 0,665 mg de N e 0,760 mg de O. A massa molar do etomidato é 244,29 g·mol^{-1}. Qual é a fórmula molecular do etomidato?

F.23 O CO_2 produzido pela combustão de hidrocarbonetos contribui para o aquecimento global. Coloque os seguintes combustíveis na ordem crescente da percentagem em massa de carbono: (a) eteno, C_2H_4; (b) propanol, C_3H_7OH; (c) heptano, C_7H_{16}.

F.24 A dolomita é um carbonato misto de cálcio e magnésio. O carbonato de cálcio e o carbonato de magnésio se decompõem por aquecimento para dar os óxidos de metal (CaO e MgO) e dióxido de carbono (CO_2). Se 5,12 g de um resíduo de MgO e CaO permanecem quando se aquece 10,04 g de dolomita até a decomposição completa, que percentagem em massa da amostra original era $MgCO_3$?

F.25 Nas estruturas moleculares de bola e palito, abaixo, o cinzento indica carbono; o branco, hidrogênio; o azul, nitrogênio; e o verde, cloro. Escreva as fórmulas moleculares e empíricas de cada estrutura. *Sugestão*: Pode ser mais fácil escrever primeiramente a fórmula molecular.

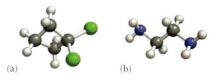

(a)   (b)

F.26 Escreva as fórmulas moleculares e empíricas de cada estrutura de bola e palito, abaixo. O cinzento indica carbono; o branco, hidrogênio; o vermelho, oxigênio; e o verde, cloro. *Sugestão*: Pode ser mais fácil escrever primeiramente a fórmula molecular.

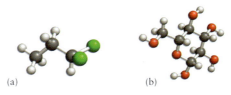

(a)   (b)

F.27 Uma mistura de $NaNO_3$ e Na_2SO_4 de massa 5,37 g contém 1,61 g de sódio. Qual é a percentagem em massa de $NaNO_3$ na mistura?

F.28 Uma mistura de KBr e K_2S de massa 6,14 g contém 2,50 g de potássio. Qual é a percentagem em massa de KBr na mistura?

G Misturas e soluções

A maior parte dos materiais não é formada por elementos ou compostos puros. Por essa razão, elas não são "substâncias" no sentido técnico do termo (*Fundamentos* A): elas são **misturas** de várias substâncias. Assim, o ar, o sangue e a água do mar são misturas. Medicamentos, como os xaropes contra a tosse, são misturas de vários ingredientes, ajustados para conseguir um melhor efeito biológico. A mesma coisa pode ser dita em relação aos perfumes.

G.1 A classificação de misturas
G.2 As técnicas de separação
G.3 A concentração
G.4 A diluição

G.1 A classificação de misturas

Um composto tem composição fixa, porém as misturas podem ter qualquer composição desejada. Existem sempre dois átomos de H para cada átomo de O em uma amostra de água, mas açúcar e areia, por exemplo, podem ser misturados em diferentes proporções. Como os componentes de uma mistura são meramente mesclados, eles retêm suas propriedades químicas na mistura. Por outro lado, um composto tem propriedades químicas que diferem das de seus componentes. A formação de uma mistura é uma mudança *física*, enquanto a

F52 Fundamentos

FIGURA G.1 Este pedaço de granito é uma mistura heterogênea de várias substâncias. *(De Agostini/A. Rizzi/Getty Images.)*

TABELA G.1	Diferenças entre misturas e compostos
Mistura	**Composto**
Os componentes podem ser separados por técnicas físicas	Os componentes não podem ser separados por técnicas físicas
A composição é variável	A composição é fixa
As propriedades de seus componentes são conservadas	As propriedades de seus componentes não são conservadas

formação de um composto exige uma mudança *química*. A Tabela G.1 resume as diferenças entre misturas e compostos.

Em algumas misturas, as partículas que as compõem são tão grandes que é possível reconhecê-las com a ajuda de um microscópio óptico ou mesmo a olho nu (Fig. G.1). Essas colchas de retalhos de diferentes substâncias são denominadas **misturas heterogêneas**. Muitas das rochas que formam a paisagem são misturas heterogêneas de cristais de minerais diferentes.

Em algumas misturas, as moléculas ou íons componentes estão tão bem dispersos que a composição é a mesma em toda a amostra, independentemente do seu tamanho. Tal mistura é chamada de **mistura** ou **solução homogênea** (Fig. G.2). Uma solução típica contém uma substância dominante, o **solvente**. As demais substâncias presentes são denominadas **solutos**. A água do mar filtrada é uma solução de sal (cloreto de sódio) e muitas outras substâncias em água. Existem, também, **soluções sólidas**, nas quais o solvente é um sólido. Um exemplo é o bronze, que é uma solução de cobre em zinco. Embora uma solução pareça ter composição uniforme, seus componentes retêm suas identidades. A formação de uma solução é um processo físico, não um processo químico. Na prática, as misturas gasosas não são consideradas soluções, ainda que um gás possa ser a substância dominante (como o nitrogênio na atmosfera).

A **cristalização** é o processo em que um soluto lentamente se converte em cristais, às vezes por evaporação do solvente. Isso acontece, por exemplo, com os cristais de sal que se formam quando a água evapora nas salinas. Na **precipitação**, o soluto se separa tão rapidamente da solução, que não há tempo para que se formem cristais simples. Ao contrário, o soluto forma um pó fino (um conjunto de cristais muito pequenos) chamado de **precipitado**. Normalmente, a precipitação é quase instantânea, ocorrendo tão logo duas soluções são misturadas (Fig. G.3).

As bebidas e a água do mar são exemplos de **soluções aquosas**, soluções em que o solvente é a água. As soluções em água são muito comuns no nosso dia a dia e na rotina dos laboratórios e, por isso, a maior parte das soluções mencionadas neste texto é em água. As **soluções não aquosas** são as soluções em que o solvente não é a água. Embora sejam menos comuns do que as soluções em água, elas têm importantes aplicações. Na "lavagem a seco", a gordura e a sujeira depositadas sobre os tecidos são dissolvidas em um solvente líquido não aquoso, como o tetracloro-eteno, C_2Cl_4.

As misturas retêm as propriedades de seus constituintes e nisso elas diferem dos compostos, como resumido na Tabela G.1. As misturas são classificadas como homogêneas ou heterogêneas. As soluções são misturas homogêneas de duas ou mais substâncias.

FIGURA G.3 Ocorre precipitação quando uma substância insolúvel se forma. Aqui, iodeto de chumbo(II), PbI_2, que é um sólido insolúvel amarelo, precipita quando misturamos soluções de nitrato de chumbo(II), $Pb(NO_3)_2$, e iodeto de potássio, KI. *(© 1995 Chip Clark–Fundamental Photographs.)*

LAB_VIDEO – FIGURA G.3

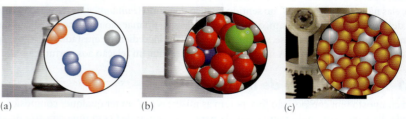

(a)   (b)   (c)

FIGURA G.2 Três exemplos de misturas homogêneas. (a) O ar é uma mistura homogênea de vários gases, incluindo nitrogênio, oxigênio e argônio, que são mostrados aqui. (b) O sal de cozinha dissolvido em água contém íons sódio e íons cloreto entre moléculas de água. (c) Muitas ligas são misturas homogêneas sólidas de dois ou mais metais. As expansões mostram que a mistura é uniforme em nível molecular. *(W. H. Freeman. Fotos: Ken Karp.)*

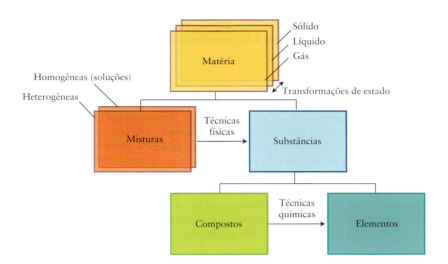

FIGURA G.4 A hierarquia dos materiais: a matéria, seja sólida, líquida ou gasosa, é feita de misturas ou de substâncias. As substâncias são feitas de compostos ou de elementos. Técnicas físicas são usadas para separar as misturas em substâncias puras. Técnicas químicas são usadas para separar compostos em seus elementos.

G.2 As técnicas de separação

Para analisar a composição de qualquer amostra que é supostamente uma mistura, é preciso separar seus componentes por métodos físicos e identificar cada substância presente (Fig. G.4). As técnicas físicas comuns de separação são a decantação, a filtração, a cromatografia e a destilação.

A **decantação** aproveita a diferença de densidades. Um líquido que flutua sobre outro líquido ou está acima de um sólido pode ser decantado. A **filtração** é usada para separar substâncias quando existem diferenças de solubilidade (a capacidade de se dissolver em um dado solvente). Agita-se a amostra com o solvente que, então, passa por um filtro fino. Os componentes da mistura que são solúveis se dissolvem no líquido e passam pelo filtro, mas os componentes insolúveis ficam retidos. A técnica pode ser usada para separar açúcar de areia, porque o açúcar é solúvel em água e a areia, não. Uma técnica relacionada e que é uma das mais sensíveis de separação de misturas é a **cromatografia**, que usa a capacidade diferente das substâncias de **adsorver-se**, ou grudar-se, nas superfícies (Fig. G.5). O suporte seco que mostra os componentes da mistura separados é denominado **cromatograma**. A cromatografia será discutida mais detalhadamente na *Técnica Principal* 4.

A **destilação** usa as diferenças de pontos de ebulição para separar as misturas. Na destilação, os componentes de uma mistura vaporizam-se em temperaturas diferentes e condensam-se em um tubo resfriado chamado de *condensador* (Fig. G.6). A técnica pode ser usada para remover água do sal comum (cloreto de sódio), que só se funde em 801°C. O sal permanece sólido quando a água evapora.

O primeiro equipamento de destilação, montado no século I d.C., é atribuído a Maria, a Judia, alquimista que viveu no Oriente Médio.

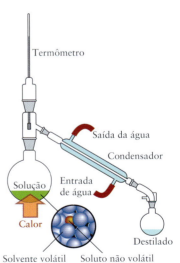

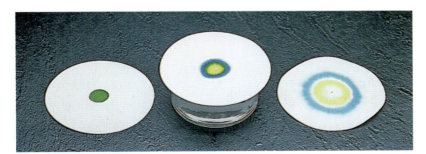

FIGURA G.5 Na cromatografia em papel, os componentes de uma mistura são separados ao serem arrastados pelo solvente ao longo do papel – o suporte. Mostramos aqui uma forma primitiva dessa técnica. À esquerda, está um papel de filtro seco ao qual se adicionou uma gota de corante verde usado em alimentos. O solvente foi então aplicado no centro do papel de filtro. Os corantes azul e amarelo, que foram combinados para formar a cor verde, começam a se separar. Deixamos secar o papel de filtro, à direita, após o solvente ter atingido as bordas, carregando os dois componentes do corante até distâncias diferentes. *(W. H. Freeman. Foto: Ken Karp.)*

FIGURA G.6 A técnica de destilação é usada para separar um líquido de baixo ponto de ebulição de um sólido dissolvido ou de um líquido com ponto de ebulição muito mais alto. Quando a solução é aquecida, o líquido de baixo ponto de ebulição ferve, condensa-se no tubo resfriado com água (o condensador) e é coletado como destilado.

A separação de misturas aproveita as diferenças de propriedades físicas dos componentes. As técnicas baseadas nas diferenças físicas incluem a decantação, a filtração, a cromatografia e a destilação.

G.3 A concentração

Uma das maneiras de expressar a composição de uma mistura é como a **percentagem em massa** de cada componente, isto é, a massa de cada componente em um total de 100 g da mistura. Por exemplo, se 15 g de NaCl são dissolvidos em 60 g de água, a massa total da mistura é 75 g e a percentagem de NaCl na solução é (15 g/75 g) × 100% = 20% de NaCl. Se a amostra contém 30 g daquela solução, ela terá a mesma composição, 20% de NaCl em massa e conterá 6,0 g de NaCl.

Com frequência, é importante em química saber a quantidade de soluto em um dado volume de solução. A **concentração molar**, c, de um soluto em uma solução, chamada comumente de "molaridade" do soluto, é a quantidade de moléculas do soluto ou de fórmulas unitárias (em mols) presente em um dado volume da solução (em litros):

> O nome formal da molaridade é "quantidade de concentração de substância".

$$\text{Molaridade} = \frac{\text{quantidade de soluto (em mols)}}{\text{volume das soluções (em litros)}}, \text{ ou } c = \frac{\overset{\text{mol}}{n}}{\underset{\text{L}}{V}} \quad (1)$$

As unidades de molaridade são mols por litro (mol·L^{-1}), normalmente representado por:

$$1 \text{ M} = 1 \text{ mol·L}^{-1}$$

O símbolo M é lido como "molar". Não é uma unidade SI. Os químicos que trabalham com concentrações muito baixas de solutos também utilizam milimols por litro (mmol·L^{-1}) e micromols por litro (μmol·L^{-1}).

EXEMPLO G.1 Cálculo da concentração molar de um soluto

Suponha que você dissolveu 10,0 g de açúcar de cana em água até completar 200 mL de solução, o que poderíamos ter feito (com menos precisão) se quiséssemos preparar uma limonada, e gostaria de relatar sua concentração. O açúcar de cana é a sacarose (C$_{12}$H$_{22}$O$_{11}$), massa molar 342 g·mol^{-1}. Qual é a concentração molar da sacarose na solução resultante?

ANTECIPE A massa da amostra de açúcar é somente cerca de 3% da massa de um mol de açúcar, portanto, embora estejamos preparando somente 0,200 L da solução, você deve esperar uma concentração inferior a 1 mol·L^{-1}.

PLANEJE A definição de concentração molar (molaridade) é $c = n/V$. Primeiro você precisa converter a massa de soluto em quantidade de mols (usando $n = m/M$) e então substituir essa quantidade na expressão de c.

RESOLVA

De $c = n/V$ e $n = m/M$,

$$c = \frac{\overset{n=m/M}{\overbrace{(10{,}0 \text{ g})/(342 \text{ g·mol}^{-1})}}}{\underset{V}{\underbrace{0{,}200 \text{ L}}}}$$

$$= \frac{10{,}0 \text{ g}}{(342 \text{ g·mol}^{-1}) \times (0{,}200 \text{ L})} = 0{,}146 \text{ mol·L}^{-1}$$

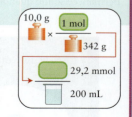

AVALIE A concentração molar encontrada, 0,146 M de C$_{12}$H$_{22}$O$_{11}$(aq), é menor do que 1 mol·L^{-1}, como esperado.

Teste G.1A Se, em vez de dissolver 10 g, você tivesse de dissolver 20,0 g de açúcar de cana no mesmo volume de solução, qual seria a molaridade do açúcar?

[**Resposta:** 0,292 de C$_{12}$H$_{22}$O$_{11}$ (aq)]

Teste G.1B Qual é a molaridade do sulfato de sódio em uma solução preparada pela dissolução de 15,5 g em água até completar 350 mL de solução?

Exercícios relacionados G.5, G.6

Como a molaridade é definida em termos do *volume da solução*, e não do volume do solvente usado para preparar a solução, o volume deve ser medido depois que os solutos forem adicionados. O modo mais comum de preparar uma solução de uma dada molaridade é transferir uma massa conhecida do sólido para um **balão volumétrico**, um frasco calibrado para conter um dado volume, acrescentar um pouco de água para dissolver o soluto, encher o balão com água até a marca e, então, agitar o balão invertendo o frasco repetidamente (Fig. G.7).

A concentração molar de um soluto é usada para calcular a quantidade de soluto em determinado volume de solução:

$$\overset{\text{mol}}{n} = \overset{\text{mol·L}^{-1}}{c} \times \overset{\text{L}}{V} \tag{2a}$$

em que c é a molaridade, V é o volume e n é a quantidade. Esta fórmula também é usada para estimar a massa do soluto necessária para preparar determinado volume de uma solução de concentração conhecida. Neste cálculo, a massa molar do soluto é empregada para converter a quantidade em massa. Primeiro, escreva $n = m/M$ e a Equação 2a se transforma em $m/M = cV$. Portanto, após multiplicar ambos os membros da igualdade por M, você tem:

$$m = cMV \tag{2b}$$

EXEMPLO G.2 Determinação da massa de soluto necessária para atingir uma dada concentração

Soluções muito diluídas de $CuSO_4$ são usadas no controle de algas em tanques de produção de peixes em cativeiro. Suponha que você está investigando a concentração ótima para o controle de algas sem prejuízo aos peixes. Você precisa preparar 250 mL de uma solução de $CuSO_4(aq)$ aproximadamente 0,0380 M usando sulfato de cobre (II) penta-hidratado, $CuSO_4 \cdot 5H_2O$. Que massa de sólido é necessária?

ANTECIPE Como a solução é diluída, ainda que um volume relativamente grande seja necessário, você deve esperar que a massa necessária não ultrapasse alguns gramas apenas.

PLANEJE Use a Equação 2b para encontrar a massa correspondente ao volume especificado e à concentração molar.

RESOLVA Você precisa conhecer a quantidade necessária de $CuSO_4$ a ser usada para preparar 250 mL (0,250 L) da solução. Como 1 mol de $CuSO_4 \cdot 5H_2O$ contém 1 mol de $CuSO_4$, a quantidade de $CuSO_4 \cdot 5H_2O$ que você tem de utilizar é a mesma quantidade de $CuSO_4$ necessária para preparar a solução. Isto é

$$n(CuSO_4 \cdot 5H_2O) = n(CuSO_4)$$

Então, como a massa molar do sulfato de cobre(II) penta-hidratado é 249,6 g·mol⁻¹, calcule a massa necessária do composto penta-hidratado como a seguir:

De $m = cMV$,

$$m(CuSO_4 \cdot 5H_2O) = (0,0380 \text{ mol·L}^{-1}) \times (249,6 \text{ g·mol}^{-1}) \times (0,250 \text{ L}) = 2,37 \text{ g}$$

Você precisa de aproximadamente 2,37 g de sulfato de cobre(II) penta-hidratado.

AVALIE Como esperado, a massa necessária é muito pequena.

> **Nota de boa prática** O procedimento de laboratório consiste em usar a quantidade aproximada de soluto necessária, pesando-a com precisão, preparar a solução e calcular a concentração real do soluto a partir da massa utilizada e do volume final da solução. Por exemplo, se você usou 2,403 g, a concentração molar será 0,0385 M $CuSO_4(aq)$.

Teste G.2A Calcule a massa de glicose necessária para preparar 150 mL de uma solução 0,442 M de $C_6H_{12}O_6(aq)$.

[*Resposta:* 11,9 g]

Teste G.2B Calcule a massa de ácido oxálico necessária para preparar 50,00 mL de uma solução 0,125 M de $C_2H_2O_4(aq)$.

Exercícios relacionados G.7–G.10

FIGURA G.7 Etapas da preparação de uma solução de molaridade conhecida. Uma massa conhecida do soluto é colocada em um balão volumétrico (acima). Adiciona-se um pouco de água (ao centro) para dissolver o soluto. Por fim, adiciona-se água até a marca (abaixo). A parte inferior do menisco da solução (a parte curva da superfície do líquido) deve estar no nível da marca. (©1992 Richard Megna– Fundamental Photographs.)

A molaridade também é usada para calcular o volume de solução, V, que contém uma determinada quantidade de soluto, ao rearranjar a Eq. 2a:

$$\underset{L}{V} = \dfrac{\overset{mol}{n}}{\underset{mol \cdot L^{-1}}{c}} \qquad (3)$$

e, então, substituir os dados.

EXEMPLO G.3 Cálculo do volume de uma solução que contém uma dada quantidade de soluto

Muitos reagentes armazenados nos almoxarifados de laboratórios são preparados na forma de soluções aquosas. Suponha que queremos preparar uma solução que contém 0,760 mmol de CH_3COOH, ácido acético, um ácido encontrado no vinagre e muito usado em laboratórios, e dispomos de uma solução 0,0560 M de $CH_3COOH(aq)$. Que volume dessa solução teríamos de usar?

ANTECIPE Como a quantidade necessária de ácido acético é muito pequena, você deve predizer que apenas alguns mililitros serão necessários para preparar a solução, mesmo ela sendo muito diluída.

PLANEJE Rearranje $c = n/V$ em $V = n/c$. Para manter a coerência das dimensões, é melhor converter a quantidade necessária de milimol para mols.

RESOLVA

De $V = n/c$,

$$V = \dfrac{0{,}760 \times 10^{-3} \text{ mol}}{0{,}0560 \text{ mol} \cdot L^{-1}} = 0{,}0136 \text{ L}$$

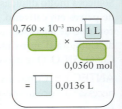

Devemos, então, transferir 13,6 mL da solução de ácido acético para um frasco, com o auxílio de uma bureta ou uma pipeta (Fig. G.8). O frasco conterá 0,760 mmol de CH_3COOH.

AVALIE Como esperado, o volume necessário é muito pequeno.

Teste G.3A Que volume de uma solução $1{,}25 \times 10^{-3}$ M de $C_6H_{12}O_6(aq)$ contém 1,44 µmol de moléculas de glicose?

[***Resposta:*** 1,15 mL]

Teste G.3B Que volume de uma solução 0,358 M de HCl(aq) contém 2,55 mmol de HCl?

Exercícios relacionados G.11, G.12

A molaridade (concentração molar) de um soluto em uma solução é o número de mols do soluto dividido pelo volume da solução em litros.

G.4 A diluição

Uma prática comum em química para economizar espaço é armazenar uma solução na forma concentrada chamada de **solução-estoque** e, então, quando necessário, **diluí-la**, isto é, reduzir a concentração até a desejada. Os químicos usam técnicas como a diluição sempre que eles precisam ter um controle muito preciso sobre as quantidades das substâncias que estão manuseando, mesmo quando elas são muito pequenas. Por exemplo, pipetar 25,0 mL de uma solução $1{,}50 \times 10^{-3}$ M de NaOH(aq) corresponde a transferir 37,5 µmol de NaOH, isto é, 1,50 mg do composto. É difícil medir com precisão uma massa tão pequena, mas o volume pode ser adicionado com exatidão.

Para diluir uma solução-estoque até a concentração desejada, uma pipeta é usada para transferir o volume apropriado da solução para um balão volumétrico. Então, uma quantidade suficiente de solvente é adicionada para elevar o volume da solução até o valor final. A **Caixa de Ferramentas G.1** mostra como calcular o volume inicial correto da solução-estoque.

FIGURA G.8 As buretas são calibradas para que o volume liberado possa ser medido. (*Martyn F. Chillmaid/Science Source.*)

G Misturas e soluções F57

Caixa de ferramentas G.1 CÁLCULO DO VOLUME DE UMA SOLUÇÃO-ESTOQUE NECESSÁRIO PARA UMA DETERMINADA DILUIÇÃO

BASE CONCEITUAL
Este procedimento baseia-se em uma ideia simples: a adição de solvente a um dado volume de solução não altera o número de mols do soluto (Fig. G.9). Após a diluição, a mesma quantidade de soluto ocupa um volume maior de solução.

PROCEDIMENTO
O procedimento envolve duas etapas:

Etapa 1 Calcule a quantidade de soluto, n, na solução diluída final, de volume V_{final}. (Essa é a quantidade de soluto que deve ser transferida para o balão volumétrico.)

$$n = c_{final} V_{final}$$

Etapa 2 Calcule o volume da solução-estoque inicial, $V_{inicial}$, de molaridade $c_{inicial}$ que contém essa quantidade de soluto. (Este é o volume de solução-estoque que contém a quantidade de soluto calculada na etapa 1.)

$$V_{inicial} = \frac{n}{c_{inicial}}$$

Este procedimento está ilustrado no Exemplo G.4.

Como a quantidade de soluto, n, é a mesma nas duas expressões, podemos combiná-las

$$V_{inicial} = \frac{c_{final} V_{final}}{c_{inicial}}$$

ou na forma rearranjada, mais fácil de lembrar

$$c_{inicial} V_{inicial} = c_{final} V_{final} \qquad (4)$$

Na Eq. 4, a quantidade de soluto na solução final (o produto à direita) é igual à quantidade de soluto da solução inicial (o produto, à esquerda), $n_{final} = n_{inicial}$.

EXEMPLO G.4   Cálculo do volume da solução-estoque a diluir

Uma solução de hidróxido de sódio é usada na reciclagem de papel. Ela induz o aumento de volume das fibras, permitindo a eliminação da tinta. Suponha que você trabalhe no laboratório de uma companhia de celulose e investiga como as fibras do material são afetadas por soluções de hidróxido de sódio de diferentes concentrações. Você precisa preparar 250 mL de uma solução $1,25 \times 10^{-3}$ de NaOH(aq) e usar uma solução-estoque de concentração 0,0270 M de NaOH(aq). Que volume da solução-estoque será necessário?

ANTECIPE Como a solução-estoque é cerca de 22 vezes mais concentrada do que a solução diluída, você deve se preparar para usar cerca de 1/22 de 250. mL, isto é, em torno de 12 mL.

PLANEJE Aja como na Caixa de Ferramentas G.1.

RESOLVA

Etapa 1 Calcule a quantidade de soluto, n, na solução diluída final, de volume V_{final}.

De $n = c_{final} V_{final}$,

$$n = (1,25 \times 10^{-3}\ mol \cdot L^{-1}) \times (0,250\ L)$$
$$= (1,25 \times 10^{-3} \times 0,250)\ mol$$

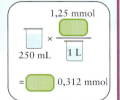

Etapa 2 Calcule o volume da solução-estoque inicial, $V_{inicial}$, de molaridade $c_{inicial}$ que contém essa quantidade de soluto.

De $V_{inicial} = n/c_{inicial}$,

$$V_{inicial} = \frac{(1,25 \times 10^{-3} \times 0,250)\ mol}{0,0270\ mol \cdot L^{-1}} = 1,16 \times 10^{-2}\ L$$

ou 11,6 mL.

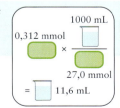

AVALIE O volume de solução-estoque necessário é igual a 11,6 mL, próximo do valor esperado. Este volume deve ser medido em um balão volumétrico de 250 mL (com o auxílio de uma bureta) com adição de água até a marca (Fig. G.10).

FIGURA G.9 Quando uma solução é diluída, o mesmo número de moléculas do soluto ocupa um volume maior. Assim, o mesmo volume (como representado pelo cubo) contém menos moléculas na solução diluída do que na solução concentrada.

Nota de boa prática Observe que, para reduzir os erros de arredondamento, fizemos todos os cálculos em uma só etapa. Entretanto, para guiá-lo durante os cálculos, daremos nos exemplos, com frequência, os resultados numéricos com valores não arredondados, como $n,nnn\ldots$.

Teste G.4A Calcule o volume de 0,0155 M de HCl(aq) que deve ser usado para preparar 100 mL de uma solução de $5,23 \times 10^{-4}$ M de HCl(aq).

[*Resposta:* 3,37 mL]

Teste G.4B Calcule o volume de uma solução 0,152 M de $C_6H_{12}O_6$(aq) que deve ser usado para preparar 25,00 mL de uma solução $1,59 \times 10^{-5}$ M de $C_6H_{12}O_6$(aq).

Exercícios relacionados G.15, G.16, G.18, G.27

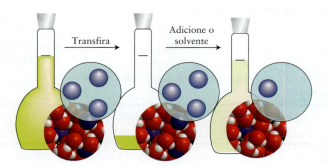

FIGURA G.10 Etapas envolvidas na diluição. Uma pequena amostra da solução original é transferida para um balão volumétrico e, então, o solvente é adicionado até atingir a marca.

Quando um volume pequeno de uma solução é diluído até um volume maior, o número total de mols de soluto na solução não muda, mas a concentração do soluto diminui.

O que você aprendeu em Fundamentos G?

Você aprendeu a classificar misturas e preparar, diluir e usar uma solução de concentração conhecida.

Os conhecimentos que você deve dominar incluem a capacidade de:

☐ 1. Distinguir misturas homogêneas e heterogêneas e descrever métodos de separação (Seções G.1 e G.2).

☐ 2. Calcular a molaridade de um soluto em uma solução, o volume da solução e a massa do soluto, dadas as outras duas quantidades (Exemplos G.1 a G.3).

☐ 3. Determinar o volume de solução-estoque necessário para preparar uma solução diluída de dada molaridade (Caixa de Ferramentas G.1 e Exemplo G.4).

Fundamentos G Exercícios

G.1 Indique se cada uma das declarações seguintes é verdadeira ou falsa. Se falsa, diga o que está errado: (a) Os componentes de um composto podem ser separados uns dos outros por métodos físicos. (b) A composição de uma solução pode ser variada. (c) As propriedades de um composto são idênticas às dos elementos que o compõem.

G.2 Diga se cada uma das declarações seguintes é verdadeira ou falsa. Se falsa, diga o que está errado: (a) Uma solução não aquosa é aquela em que o solvente é água. (b) A decantação aproveita a diferença de pontos de ebulição para separar os componentes de uma mistura. (c) Na cromatografia, os componentes são separados segundo sua capacidade de adsorção em uma superfície.

G.3 Identifique as misturas seguintes como homogêneas ou heterogêneas e sugira uma técnica para separar seus componentes: (a) óleo e vinagre; (b) giz e sal de cozinha; (c) água salgada.

G.4 Identifique as misturas seguintes como homogêneas ou heterogêneas e sugira uma técnica para separar seus componentes: (a) limonada; (b) azeite de salada e vinagre; (c) sal e pimenta em pó.

G.5 Um estudante preparou uma solução de carbonato de sódio colocando 2,111 g de sólido em um balão volumétrico de 250,0 mL e adicionando água até a marca. Parte da solução foi transferida para uma bureta. Que volume de solução o estudante deveria transferir para um segundo balão para obter (a) 2,15 mmol de Na^+; (b) 4,98 mmol de CO_3^{2-}; (c) 50,0 mg de Na_2CO_3?

G.6 (a) Um químico está preparando uma solução e dissolve 1,734 g de $NaNO_3$ em água suficiente para 250,0 mL de solução. Que concentração molar do nitrato de sódio deveria ser escrita no rótulo? (b) Se o químico comete um engano e usa um balão volumétrico de 500,0 mL, em vez do balão de 250,0 mL da parte (a), que concentração molar de nitrato de sódio ele efetivamente prepara?

G.7 Você precisa preparar 510 g de uma solução contendo 5,45% de KNO_3 em massa em água. Descreva o processo e diga que massa de cada componente você usará.

G.8 Você precisa preparar uma amostra que contém 0,453 g de $CuSO_4$ a partir de uma solução 5,16% de $CuSO_4$ em massa. Que massa de solução você precisará usar?

G.9 Um químico que estuda as propriedades de emulsões fotográficas precisa preparar 500,0 mL de uma solução 0,179 M de $AgNO_3(aq)$. Que massa de nitrato de prata precisa ser colocada em um balão volumétrico de 500,0 mL, dissolvida e diluída com água até a marca?

G.10 Que massa (em gramas) do soluto anidro é necessária para preparar: (a) 1,00 L de uma solução 0,125 M de $K_2SO_4(aq)$; (b) 375 mL de uma solução 0,015 M de $NaF(aq)$; (c) 500 mL de uma solução 0,35 M de $C_{12}H_{22}O_{11}(aq)$.

G.11 Um pesquisador que estuda as propriedades de soluções intravenosas preparou uma solução contendo 0,278 M de $C_6H_{12}O_6$ (glicose). Que volume de solução o pesquisador deve usar para fornecer 4,5 mmol de $C_6H_{12}O_6$?

G.12 Um estudante, que estava investigando as propriedades de soluções que contêm íons carbonato, preparou uma solução contendo 8,124 g de Na_2CO_3 em um balão volumétrico de 250,0 mL. Parte da solução foi transferida para uma bureta. Que volume de solução deveria ser liberado da bureta para obter (a) 5,124 mmol de Na_2CO_3; (b) 8,726 mmol de Na^+?

G.13 Para preparar uma solução de um fertilizante, um florista diluiu 1,0 L de $NH_4NO_3(aq)$ 0,20 M com 3,0 L de água. Depois, o florista regou cada planta com 100 mL da solução diluída. Quantos mols de átomos de nitrogênio cada planta recebeu? Resolva sem usar uma calculadora.

G.14 Para preparar uma solução nutriente, uma enfermeira dilui 1,0 L de $C_6H_{12}O_6(aq)$ 0,30 M com 4,0 L de água. Depois, ela coloca 100. mL da solução diluída em uma bolsa para administração intravenosa. Quantos mols de átomos de carbono estarão contidos na bolsa? Resolva sem usar uma calculadora.

G.15 (a) Que volume de uma solução 0,778 M de Na_2CO_3 (aq) deveria ser diluído até 150,0 mL com água para reduzir sua concentração a 0,0234 M de $Na_2CO_3(aq)$? (b) Um experimento necessita de 60,0 mL de 0,50 M de $NaOH(aq)$. O técnico do laboratório só encontrou um frasco contendo uma solução 2,5 M de $NaOH(aq)$. Como fazer para preparar a solução 0,50 M de $NaOH(aq)$?

G.16 Um químico dissolveu 0,033 g de $CuSO_4 \cdot 5H_2O$ em água e diluiu a solução até a marca em um balão volumétrico de 250,0 mL. Uma amostra de 2,00 mL dessa solução foi transferida para outro balão volumétrico de 250,0 mL e diluída. (a) Qual é a molaridade do $CuSO_4$ na solução final? (b) Para preparar a solução final de 250,0 mL diretamente, que massa de $CuSO_4 \cdot 5H_2O$ precisaria ser medida?

G.17 (a) Determine a massa de sulfato de cobre(II) anidro que deve ser usada na preparação de 250 mL de uma solução 0,20 M de $CuSO_4(aq)$. (b) Determine a massa de $CuSO_4 \cdot 5H_2O$ que tem de ser usada para preparar 250 mL de uma solução 0,20 M de $CuSO_4(aq)$.

G.18 Uma solução de amônia adquirida para um almoxarifado tem a molaridade de 15,0 mol·L^{-1}. (a) Determine o volume da solução 15,0 M de $NH_3(aq)$ que deve ser diluído até 250. mL para preparar uma solução 0,720 M de $NH_3(aq)$. (b) Um experimento tem de usar 0,050 M de $NH_3(aq)$. O técnico do almoxarifado estima que serão necessários 8,10 L dessa base. Que volume de solução 15,0 M de $NH_3(aq)$ deve ser usado na preparação?

G.19 (a) Uma amostra de 12,56 mL de uma solução 1,345 M de $K_2SO_4(aq)$ é diluída até 250,0 mL. Qual é a concentração molar de K_2SO_4 na solução diluída? (b) Uma amostra de 25,00 mL de uma solução 0,366 M de $HCl(aq)$ é retirada de uma garrafa de reagente com uma pipeta. A amostra é transferida para um balão volumétrico de 125,00 mL e diluída com água até a marca. Qual é a concentração molar da solução de ácido clorídrico diluída?

G.20 Para preparar uma solução muito diluída, é aconselhável executar uma série de diluições a partir de uma solução preparada de um reagente, em vez de pesar uma massa muito pequena ou medir um volume muito pequeno da solução-estoque. Uma solução foi preparada por transferência de 0,661 g de $K_2Cr_2O_7$ para um balão volumétrico de 250,0 mL e diluição com água até a marca. Uma amostra de 1,000 mL dessa solução foi transferida para um balão volumétrico de 500,0 mL e diluída novamente com água até a marca. Depois, 10,0 mL dessa última solução foram transferidos para um balão de 250,0 mL e diluídos com água até a marca. (a) Qual é a concentração de $K_2Cr_2O_7$ na solução final? (b) Qual é a massa de $K_2Cr_2O_7$ na solução final? (A resposta desta última questão dá a quantidade que deveria ter sido medida se a solução final tivesse sido preparada diretamente.)

G.21 Uma solução foi preparada pela dissolução de 0,500 g de KCl, 0,500 g de K_2S e 0,500 g de K_3PO_4 em 500 mL de água. Qual é a concentração da solução final de (a) íons potássio; (b) íons sulfeto?

G.22 Descreva a preparação de cada uma das seguintes soluções, começando com o soluto anidro e água. Use o balão volumétrico adequado: (a) 75,0 mL de uma solução 5,0 M de $NaOH(aq)$; (b) 5,0 L de uma solução 0,21 M de $BaCl_2(aq)$; (c) 300. mL de uma solução 0,0340 M de $AgNO_3(aq)$.

G.23 Em medicina, às vezes é necessário preparar soluções com uma dada concentração de um determinado íon. Um técnico de laboratório preparou 100,0 mL de uma solução que contém 0,50 g de $NaCl$ e 0,30 g de KCl, bem como glicose e outros açúcares. Qual é a concentração de íons cloreto na solução?

G.24 Quando uma amostra de 2,016 g de minério de ferro é tratada com 50,0 mL de ácido clorídrico, o ferro se dissolve no ácido para formar uma solução de $FeCl_3$. A solução de $FeCl_3$ foi diluída até 100,0 mL e a concentração de íons Fe^{3+}, determinada por espectrometria, foi 0,145 mol·L^{-1}. Qual é a percentagem em massa de ferro no minério?

G.25 Os adeptos do ramo da medicina alternativa conhecida como homeopatia afirmam que soluções muito diluídas de certas substâncias têm efeito terapêutico. Isso é plausível? Para explorar essa questão, suponha que você preparou uma solução supostamente ativa, X, com concentração molar de 0,10 mol·L^{-1}. Dilua 10. mL dessa solução dobrando o volume, dobrando novamente, e assim por diante, 90 vezes. Quantas moléculas de X estarão presentes em 10. mL da solução final? Comente os possíveis efeitos terapêuticos da solução.

G.26 Volte ao Exercício G.25. Quantas diluições sucessivas, por 10 vezes, da solução original seriam necessárias para que restasse uma molécula de X em 10 mL de solução?

G.27 O ácido clorídrico concentrado contém 37,50% de HCl em massa e tem densidade 1,205 g·cm^{-3}. Que volume (em mililitros) de ácido clorídrico concentrado deve ser usado para preparar 10,0 L de uma solução 0,7436 M de HCl(aq)?

G.28 Você precisa de 500. mL de uma solução 0,10 M de AgNO$_3$(aq). Você dispõe de 100. mL de uma solução 0,30 M de AgNO$_3$(aq) e 1,00 L de uma solução 0,050 M de AgNO$_3$(aq), além de muita água destilada. Descreva como você prepararia a solução desejada e que volume de cada solução você usaria.

G.29 A concentração de metais tóxicos no ambiente é medida frequentemente em partes por milhão (ppm) ou até mesmo partes por bilhão (ppb). Uma solução em que a concentração do soluto é de 3 ppb em massa tem 3 g do soluto para cada bilhão de gramas (1000 t) de solução. A Organização Internacional da Saúde aceita como padrão para o chumbo na água potável a concentração de 10 ppb. Você tem de analisar a concentração de chumbo em um reservatório, mas seu equipamento só detecta o chumbo em concentrações de até 1×10^{-8} mol·L^{-1}. Seu equipamento é satisfatório? Você pode tomar a densidade da solução nessas concentrações como igual a 1,00 g·cm^{-3}. Explique seu raciocínio.

G.30 Volte ao Exercício G.29. Em 1992, a água potável em Chicago atingiu a concentração de cerca de 10 ppm de chumbo. Se você vivesse ali e tomasse 2 L de água em casa por dia, qual seria a massa total de chumbo que você teria ingerido em um ano?

H.1 *A representação das reações químicas*

H.2 *As equações químicas balanceadas*

H   As equações químicas

O crescimento de uma criança, a produção de polímeros a partir do petróleo e a digestão da comida são o resultado de **reações químicas**, processos nos quais uma ou mais substâncias se convertem em outras substâncias. Este tipo de processo é uma mudança química (*Fundamentos A*). Os materiais iniciais são chamados de **reagentes**. As substâncias formadas são chamadas de **produtos**. Os produtos químicos disponíveis no laboratório também são chamados de reagentes. Em *Fundamentos H* você verá como expressar o resultado de uma reação química em termos de símbolos: este procedimento é uma parte absolutamente fundamental da linguagem da química e você irá encontrá-lo em todos os estágios de seus estudos.

H.1 A representação das reações químicas

Uma reação química é simbolizada por uma seta:

$$\text{Reagentes} \longrightarrow \text{produtos}$$

O sódio, por exemplo, é um metal mole e brilhante, que reage vigorosamente com água. Quando uma pequena quantidade do metal sódio é colocada em um recipiente com água, ocorre uma reação violenta, com formação rápida de gás hidrogênio e hidróxido de sódio que permanece em solução (Fig. H.1). Esta reação pode ser descrita em palavras:

$$\text{Sódio} + \text{água} \longrightarrow \text{hidróxido de sódio} + \text{hidrogênio}$$

Mas podemos resumir essa declaração usando também fórmulas químicas:

$$\text{Na} + \text{H}_2\text{O} \longrightarrow \text{NaOH} + \text{H}_2$$

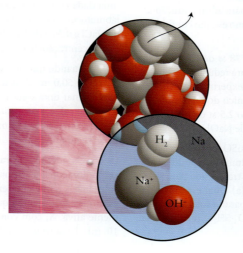

FIGURA H.1 Quando uma quantidade pequena de sódio é colocada na água, ocorre uma reação vigorosa. Formam-se gás hidrogênio e hidróxido de sódio, e o calor liberado é suficientemente grande para fundir o sódio, que forma uma esfera. A cor rósea é decorrente da presença de um corante que muda de cor na presença de hidróxido de sódio. A equação química balanceada mostra que quando dois átomos de sódio dão origem a dois íons sódio, duas moléculas de água dão origem a uma molécula de hidrogênio (que escapa como gás) e dois íons hidróxido. Existe um rearranjo dos parceiros, sem criação ou destruição de átomos. As moléculas de água que não reagiram não foram incluídas no detalhe inferior. (*Foto: ©2012 Chip Clark–Fundamental Photographs.*)

H As equações químicas   **F61**

Esse tipo de expressão é chamado de **equação simplificada**, porque mostra o essencial da reação (as identidades dos reagentes e dos produtos) em termos de fórmulas químicas. Uma equação simplificada é um resumo *qualitativo* de uma reação química.

Para resumir as reações *quantitativamente*, é preciso reconhecer que os átomos não são criados nem destruídos em uma reação química: eles simplesmente mudam de parceiros. A principal evidência para essa conclusão é que não há mudança na massa total quando uma reação ocorre em um recipiente selado. A observação de que a massa total é constante durante uma reação química é chamada de **lei de conservação das massas.** Uma vez que átomos não podem ser criados ou destruídos, as fórmulas químicas de uma equação simplificada precisam ser multiplicadas por fatores que igualem os números de determinado átomo em cada lado da seta. Diz-se que a expressão resultante está balanceada e é chamada de **equação química**. Assim, existem dois átomos de H no lado esquerdo da equação simplificada anterior, porém três átomos de H no lado direito. Então, a equação balanceada é

$$2\,Na + 2\,H_2O \longrightarrow 2\,NaOH + H_2$$

Agora, existem quatro átomos de H, dois átomos de Na e 2 átomos de O em cada lado da equação, de acordo, portanto, com a lei de conservação das massas. Os números que multiplicam todas as fórmulas químicas de uma equação química (por exemplo, o 2 que multiplica H_2O) são denominados **coeficientes estequiométricos** da substância. Um coeficiente 1 (como no caso de H_2) não é escrito explicitamente.

> O nome incômodo *estequiométrico* deriva das palavras gregas para "elemento" e "medida".

Nota de boa prática Atenção para não confundir coeficientes com subscritos. Os subscritos em uma fórmula dizem quantos átomos daquele elemento estão presentes em uma molécula. Os coeficientes mostram quantas fórmulas unitárias ou moléculas estão presentes.

Uma equação química normalmente indica também o estado físico de cada reagente e produto, usando um símbolo associado aos **estados da matéria**:

(s): sólido   (l): líquido   (g): gás   (aq): solução em água

Para a reação entre o sódio e a água líquida, por exemplo, a equação química completa e balanceada é, portanto,

$$2\,Na(s) + 2\,H_2O(l) \longrightarrow 2\,NaOH(aq) + H_2(g)$$

Quando é importante enfatizar que uma reação requer temperatura elevada, a letra grega Δ (delta) é escrita sobre a seta. Assim, por exemplo, a conversão de calcário em cal ocorre em cerca de 800°C e podemos escrever

$$CaCO_3(s) \xrightarrow{\Delta} CaO(s) + CO_2(g)$$

Algumas vezes, um **catalisador**, uma substância que acelera uma reação mas não é consumida, é adicionado (Tópico 7E). Assim, o pentóxido de vanádio, V_2O_5, é um catalisador usado em uma etapa do processo industrial de produção de ácido sulfúrico. A presença de um catalisador é indicada escrevendo-se a fórmula do catalisador sobre a seta da reação:

$$2\,SO_2(g) + O_2(g) \xrightarrow{V_2O_5} 2\,SO_3(g)$$

Uma importante interpretação da equação química é dada a seguir. Primeiro, observe que a equação da reação do sódio com a água ($2\,Na + 2\,H_2O \rightarrow 2\,NaOH + H_2$) nos diz que:

- Quando quaisquer 2 *átomos* de sódio reagem com 2 *moléculas* de água, eles produzem 2 *fórmulas unitárias* de NaOH e 1 *molécula* de hidrogênio.

Você pode multiplicar tudo pelo número de entidades em um mol ($6,0221 \times 10^{23}$, *Fundamentos E*), e concluir que

- Quando 2 *mols* de átomos de Na reagem com 2 *mols* de moléculas de H_2O, eles produzem 2 *mols* de fórmulas unitárias de NaOH e 1 *mol* de moléculas de H_2.

Em outras palavras, os coeficientes estequiométricos que multiplicam as fórmulas químicas em qualquer equação química balanceada dão o número relativo de mols de cada substância que reage ou é produzida em uma reação.

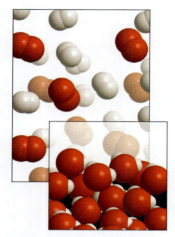

FIGURA H.2 Representação da reação entre hidrogênio e oxigênio com produção de água. Nenhum átomo foi criado ou destruído: eles simplesmente mudam de parceiros. Para cada duas moléculas de hidrogênio que reagem (no fundo em branco), uma molécula de oxigênio (em vermelho) é consumida e formam-se duas moléculas de água.

Uma equação química balanceada simboliza as mudanças qualitativas e quantitativas que ocorrem em uma reação química. Os coeficientes estequiométricos resumem as quantidades relativas (números de mols) dos reagentes e produtos que participam da reação.

H.2 As equações químicas balanceadas

Em alguns casos, os coeficientes estequiométricos necessários para balancear uma equação são determinados com facilidade. Como exemplo, vamos considerar a reação de combinação dos gases hidrogênio e oxigênio para formar água. Esta informação qualitativa é resumida na equação simplificada:

$$H_2 + O_2 \longrightarrow H_2O$$

O símbolo internacional para *Perigo!*, ⚠, é usado (neste livro) para alertar que a equação simplificada não está balanceada. Então, os átomos de hidrogênio e oxigênio são balanceados:

$$2\,H_2 + O_2 \longrightarrow 2\,H_2O$$

Existem quatro átomos de H e dois átomos de O de cada lado da flecha. Por fim, os símbolos que indicam os estados da matéria são inseridos nas fórmulas:

$$2\,H_2(g) + O_2(g) \longrightarrow 2\,H_2O(l) \quad \textbf{(A)}$$

A Figura H.2 ilustra a reação em nível molecular.

Uma equação nunca deve ser balanceada mudando-se os subscritos das fórmulas químicas. Uma mudança dessas sugere que substâncias diferentes participam da reação. Por exemplo, alterando H_2O para H_2O_2 na equação simplificada e escrevendo

$$H_2 + O_2 \longrightarrow H_2O_2$$

certamente resulta em uma equação balanceada. Entretanto, ela descreve agora uma equação diferente – a formação de peróxido de hidrogênio (H_2O_2) a partir de seus elementos. Você também não deve escrever

$$H_2 + O \longrightarrow H_2O$$

Embora essa equação esteja balanceada, ela descreve a reação entre moléculas de hidrogênio e átomos de oxigênio, não entre as moléculas de oxigênio, que, de fato, são os reagentes originais. Pela mesma razão, adicionar átomos não ligados para balancear uma equação não é correto. Escrever

$$H_2 + O_2 \longrightarrow H_2O + O$$

indicaria que átomos livres de oxigênio estão sendo formados junto com a água. Mas isso não acontece.

De modo geral, os coeficientes de uma equação balanceada são os menores números inteiros possíveis, como na equação que descreve a reação do hidrogênio e do oxigênio (reação **A**). Porém, uma equação química pode ser multiplicada por determinado fator e mesmo assim permanecer válida. Em alguns casos, indica-se usar coeficientes fracionários. Por exemplo, a reação **A** poderia ser multiplicada por ½ para dar

$$H_2(g) + \tfrac{1}{2}\,O_2(g) \longrightarrow H_2O(l)$$

se você quisesse que a equação correspondesse ao consumo de 1 mol de H_2.

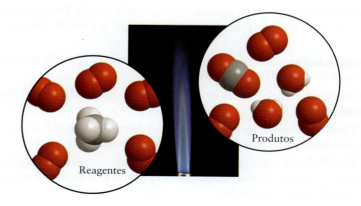

FIGURA H.3 O metano queima com formação de dióxido de carbono e água. A cor azul deve-se à presença de moléculas de C_2 na chama. Se a quantidade de oxigênio fornecido é inadequada, essas moléculas de carbono ficam juntas e formam a fuligem, produzindo, assim, uma chama enfumaçada. Observe que uma molécula de dióxido de carbono e duas moléculas de água são produzidas para cada molécula de metano consumida. Os dois átomos de hidrogênio de cada molécula de água não vêm necessariamente da mesma molécula de metano: a ilustração apresenta o resultado global, não o resultado específico da reação de uma molécula. O excesso de oxigênio permanece sem reagir. *(Foto: SPL/Science Source.)*

Uma boa estratégia para equações mais complexas consiste em balancear um elemento por vez, começando com aquele que aparece no menor número de fórmulas, e balanceando os elementos não combinados no final. Por exemplo, suponha que você precise balancear a equação da combustão do metano. A **combustão** se refere à queima no ar, mais especificamente, à reação com oxigênio molecular. Neste caso, os produtos são o dióxido de carbono e a água (Fig. H.3). Primeiro, escreva a equação simplificada:

$$CH_4 + O_2 \longrightarrow CO_2 + H_2O$$

É mais fácil balancear inicialmente o carbono e o hidrogênio, deixando o oxigênio para o final. Depois de balancear a equação, especifique os estados da matéria. Se água for produzida nas condições do experimento, a equação é escrita como:

$$CH_4(g) + 2\,O_2(g) \longrightarrow CO_2(g) + 2\,H_2O(g)$$

EXEMPLO H.1 Como escrever e balancear uma equação química

Os químicos estão constantemente em busca de combustíveis mais eficientes, sobretudo no que diz respeito à economia de combustíveis fósseis. Se você entrar para esta linha de pesquisa, será preciso estudar as reações de combustão. Escreva e balanceie a equação química da combustão de hexano líquido, C_6H_{14}, em dióxido de carbono gasoso e água gasosa.

ANTECIPE Como o hexano contém 6 átomos de C e 14 átomos de H, você deve esperar que cada molécula dê origem a 6 moléculas de CO_2 e 7 moléculas de H_2O; logo, a equação balanceada será da forma $C_6H_{14} + ?\,O_2 \rightarrow 6\,CO_2 + 7\,H_2O$ ou um múltiplo dela.

PLANEJE Escreva primeiro a equação simplificada, usando as regras dadas em *Fundamentos D*, se necessário. Balanceie o elemento que aparece no menor número de fórmulas. Depois, balanceie os outros elementos. Se um coeficiente estequiométrico é um número fracionário, é comum multiplicar a equação por um fator que gere coeficientes inteiros. Por fim, especifique o estado físico de cada reagente e de cada produto.

RESOLVA

Escreva a equação simplificada

$$C_6H_{14} + O_2 \longrightarrow CO_2 + H_2O$$

Balanceie o carbono e o hidrogênio

$$C_6H_{14} + O_2 \longrightarrow 6\,CO_2 + 7\,H_2O$$

Balanceie agora o oxigênio. Neste caso, um coeficiente estequiométrico fracionário será necessário.

$$C_6H_{14} + {}^{19}\!/_2\,O_2 \longrightarrow 6\,O_2 + 7\,H_2O$$

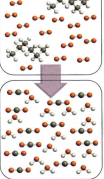

A equação está balanceada. Entretanto, multiplique por 2 para eliminar a fração e obter os menores coeficientes inteiros possíveis.

$$2\,C_6H_{14} + 19\,O_2 \longrightarrow 12\,CO_2 + 14\,H_2O$$

Por fim, informe os estados da matéria.

$$2\,C_6H_{14}(g) + 19\,O_2(g) \longrightarrow 12\,CO_2(g) + 14\,H_2O(g)$$

AVALIE Como previsto, a equação balanceada, $2\,C_6H_{14}(g) + 19\,O_2(g) \rightarrow 12\,CO_2(g) + 14\,H_2O(g)$, é um múltiplo (por um fator de 2) de uma equação da forma $C_6H_{14} + ?\,O_2 \rightarrow 6\,CO_2 + 7\,H_2O$.

Teste H.1A Quando o alumínio é fundido e aquecido com óxido de bário sólido, ocorre uma reação vigorosa e se formam bário elementar fundido e óxido de alumínio sólido. Escreva a equação química balanceada da reação.

[***Resposta:*** $2\,Al(l) + 3\,BaO(s) \xrightarrow{\Delta} Al_2O_3(s) + 3\,Ba(l)$]

> **Teste H.1B** Escreva a equação balanceada da reação do nitrito de magnésio sólido com o ácido sulfúrico para formar sulfato de magnésio em água e sulfato de amônio em água.
>
> **Exercícios relacionados** H.7, H.8, H.13–H.21

Uma equação química expressa uma reação química em termos das fórmulas químicas. Os coeficientes estequiométricos são escolhidos de modo a mostrar que os átomos não são criados nem destruídos na reação.

O que você aprendeu em Fundamentos H?

Você aprendeu a expressar uma reação química de forma simbólica e a garantir que ela esteja balanceada, e descobriu como interpretar os coeficientes estequiométricos desta equação.

Os conhecimentos que você deve dominar incluem a capacidade de:

☐ **1.** Explicar o papel dos coeficientes estequiométricos (Seção H.1).

☐ **2.** Escrever, balancear e representar uma equação química a partir de informações dadas por extenso (Exemplo H.1).

Fundamentos H Exercícios

H.1 Aparentemente, balancear a equação química $Cu + SO_2 \rightarrow CuO + S$ seria simples se pudéssemos adicionar mais um O ao lado do produto: $Cu + SO_2 \rightarrow CuO + S + O$. (a) Por que isso não é possível? (b) Balanceie corretamente a equação.

H.2 Indique quais das seguintes entidades se conservam em uma equação química: (a) massa; (b) número de átomos; (c) número de moléculas; (d) número de elétrons.

H.3 A primeira caixa, abaixo, representa os reagentes de uma reação química, e a segunda, os produtos que se formam se todas as moléculas mostradas reagirem. Use a chave abaixo para escrever uma equação balanceada para a reação. Suponha que se dois átomos se tocam, eles estão ligados entre si. Legenda: ● oxigênio; ○ hidrogênio; ◆ silício.

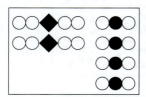
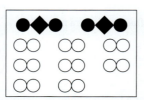

H.4 A primeira caixa, abaixo, representa os reagentes de uma reação química, e a segunda, os produtos que se formam se todas as moléculas mostradas reagirem. Use a chave para escrever uma equação balanceada para a reação usando os menores números inteiros como coeficientes. Suponha que se dois átomos se tocam, eles estão ligados. Legenda: ● oxigênio; ○ hidrogênio; ◆ nitrogênio.

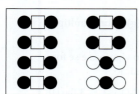
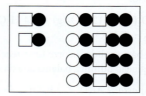

H.5 Balanceie as seguintes equações simplificadas:

(a) $NaBH_4(s) + H_2O(l) \rightarrow NaBO_2(aq) + H_2(g)$
(b) $Mg(N_3)_2(s) + H_2O(l) \rightarrow Mg(OH)_2(aq) + HN_3(aq)$
(c) $NaCl(aq) + SO_3(g) + H_2O(l) \rightarrow Na_2SO_4(aq) + HCl(aq)$
(d) $Fe_2P(s) + S(s) \rightarrow P_4S_{10}(s) + FeS(s)$

H.6 Balanceie as seguintes equações simplificadas:

(a) $KClO_3(s) \xrightarrow{\Delta} KCl(s) + O_2(g)$
(b) $KClO_3(l) \xrightarrow{\Delta} KCl(s) + KClO_4(g)$
(c) $N_2H_4(aq) + I_2(aq) \rightarrow HI(aq) + N_2(g)$
(d) $P_4O_{10}(s) + H_2O(l) \rightarrow H_3PO_4(l)$

H.7 Escreva uma equação química balanceada para cada uma das reações descritas. (a) O metal cálcio reage com água com produção de gás hidrogênio e hidróxido de cálcio que se dissolve na água. (b) A reação entre óxido de sódio sólido, Na_2O, e água produz hidróxido de sódio que se dissolve na água. (c) O metal magnésio sólido reage a quente em atmosfera de nitrogênio para produzir nitreto de magnésio, Mg_3N_2, sólido. (d) A reação do gás amônio com oxigênio em temperaturas altas na presença do metal cobre como catalisador produz os gases água e dióxido de nitrogênio.

H.8 Escreva uma equação química balanceada para cada uma das reações descritas: (a) A primeira etapa do processo de recuperação de cobre do minério que contém $CuFeS_2$ é o aquecimento do minério no ar. Durante esse processo de cozimento, o oxigênio molecular reage com o $CuFeS_2$ e produz sulfeto de cobre(II) sólido, óxido de ferro(II) sólido e o gás dióxido de enxofre. (b) O carbeto de silício, um abrasivo do tipo diamante, SiC, é produzido pela reação de dióxido de silício com carbono elementar em 2000°C para dar carbeto de silício sólido e o gás monóxido de carbono. (c) A reação dos gases hidrogênio e nitrogênio é usada na produção comercial do gás amônia no processo de Haber. (d) Em condições ácidas, o gás oxigênio reage com ácido bromídrico em água para formar água líquida e bromo líquido.

Fundamentos H Exercícios **F65**

H.9 Um dos atalhos que você pode usar para balancear reações nas quais íons poliatômicos permanecem intactos consiste em tratar os íons como se fossem elementos. Use este atalho para balancear as reações abaixo:

(a) $Pb(NO_3)_2(aq) + Na_3PO_4(aq) \rightarrow$
$$Pb_3(PO_4)_2(s) + NaNO_3(aq)$$

(b) $Ag_2CO_3(s) + NaBr(aq) \rightarrow AgBr(s) + Na_2CO_3(aq)$

H.10 Um dos atalhos que você pode usar para balancear reações nas quais íons poliatômicos permanecem intactos consiste em tratar os íons como se fossem elementos. Use este atalho para balancear as reações abaixo:

(a) $H_3PO_4(aq) + Ca(OH)_2(aq) \rightarrow Ca_3(PO_4)_2(s) + H_2O(l)$

(b) $Cr_2(SO_4)_3(aq) + HClO_2(aq) \rightarrow$
$$Cr(ClO_2)_3(aq) + H_2SO_4(aq)$$

H.11 Em um estágio da produção comercial do metal ferro em um alto-forno, o óxido de ferro(III), Fe_2O_3, reage com monóxido de carbono para formar Fe_3O_4, sólido, e o gás dióxido de carbono. Em um segundo estágio, Fe_3O_4 reage com excesso de monóxido de carbono para produzir ferro elementar, sólido, e o gás dióxido de carbono. Escreva a equação balanceada de cada estágio desse processo.

H.12 A oxidação, catalisada por bactérias, da amônia em esgotos ocorre em duas etapas. Na primeira, a amônia reage em água com o gás oxigênio para formar ácido nitroso e água. Na segunda etapa, o ácido nitroso em água reage com oxigênio para formar ácido nítrico em água. Escreva a equação balanceada de cada estágio desse processo.

H.13 Quando os gases nitrogênio e oxigênio reagem no cilindro de um motor de automóvel, forma-se o gás óxido nítrico, NO. Depois que este último escapa para a atmosfera com os outros gases de exaustão, o óxido nítrico reage com oxigênio para produzir o gás dióxido de nitrogênio, um dos precursores da chuva ácida. Escreva as duas equações balanceadas das reações que levam à formação do dióxido de nitrogênio.

H.14 A reação do trifluoreto de boro, $BF_3(g)$, com boro-hidreto de sódio, $NaBH_4(s)$, leva à formação de tetrafluoro-borato de sódio, $NaBF_4(s)$, e do gás diborano, $B_2H_6(g)$. O diborano reage com o oxigênio do ar para dar óxido de boro, $B_2O_3(s)$, e água. Escreva as duas equações balanceadas que levam à formação do óxido de boro.

H.15 O ácido fluorídrico é usado na gravação de vidros porque reage com a sílica, $SiO_2(s)$, do vidro. Os produtos da reação são tetrafluoreto de silício aquoso e água. Escreva a equação balanceada da reação.

H.16 O pentaborano, B_5H_9 é um líquido volátil que já foi estudado para uso como combustível espacial. A combustão do B_5H_9 gera uma chama verde brilhante quente, o que lhe valeu o apelido "dragão verde". (a) Em motores a jato, o composto reage com o oxigênio gasoso para produzir $B_2O_3(s)$ e água líquida. Escreva uma equação balanceada para a reação. (b) Como ele é muito tóxico e instável, o pentaborano deixou de ser usado. As quantidades do composto armazenadas no arsenal de Redstone, Estado do Alabama, Estados Unidos, foram decompostas com segurança no processo denominado *dragonslayer*, no qual o composto reage com água líquida para produzir hidrogênio gasoso e uma solução de ácido bórico, H_3BO_3, em água. Escreva a equação balanceada da reação.

H.17 Escreva uma equação balanceada para a combustão completa (a reação com o oxigênio) do heptano líquido, C_7H_{16}, um representante típico dos hidrocarbonetos da gasolina, com formação do gás dióxido de carbono e vapor de água.

H.18 Escreva uma equação balanceada para a combustão incompleta (a reação com o oxigênio) do heptano líquido, C_7H_{16}, a gás monóxido de carbono e vapor de água.

H.19 O aspartame, $C_{14}H_{18}N_2O_5$, é um sólido usado como adoçante artificial. Escreva a equação balanceada de sua combustão a gás dióxido de carbono, água líquida e gás nitrogênio.

H.20 Dimetazano, $C_{11}H_{17}N_5O_2$, é um antidepressivo sólido. Escreva a equação balanceada de sua combustão a gás dióxido de carbono, água líquida e gás nitrogênio.

H.21 A droga psicoativa metanfetamina (*speed*), vendida mediante prescrição médica como o fármaco desoxina, $C_{10}H_{15}N$, sofre uma série de reações no organismo, cujo resultado global é a oxidação da metanfetamina sólida pelo gás oxigênio para produzir o gás dióxido de carbono, água líquida e uma solução aquosa de ureia, CH_4N_2O. Escreva a equação balanceada dessa equação.

H.22 A droga psicoativa vendida nas ruas como MDMA (*ecstasy*), $C_{11}H_{15}NO_2$, sofre uma série de reações no corpo. O resultado dessas reações é a oxidação do MDMA em água pelo gás oxigênio para produzir o gás dióxido de carbono, água líquida e uma solução de ureia, CH_4N_2O, em água. Escreva a equação balanceada desta reação simplificada.

H.23 O tiossulfato de sódio, que como penta-hidrato, $Na_2S_2O_3$ ·$5H_2O$, forma grandes cristais brancos e é usado como "fixador" em fotografia, pode ser preparado fazendo-se passar oxigênio em uma solução de polissulfeto de sódio, Na_2S_5, em álcool, e adicionando-se água. Forma-se dióxido de enxofre como subproduto. O polissulfeto de sódio é feito pela ação do gás sulfeto de hidrogênio sobre uma solução de sulfeto de sódio, Na_2S, em álcool, que, por sua vez, é feito pela reação do gás sulfeto de hidrogênio, H_2S, com hidróxido de sódio sólido. Escreva as três equações químicas que mostram como o fixador é preparado a partir de sulfeto de hidrogênio e hidróxido de sódio. Use o símbolo (alc) para indicar o estado das espécies dissolvidas em álcool.

H.24 O primeiro estágio da produção de ácido nítrico pelo processo de Ostwald é a reação do gás amônia com o gás oxigênio com produção do gás óxido nítrico, NO, e água líquida. O óxido nítrico reage com oxigênio para dar o gás dióxido de nitrogênio que, quando dissolvido em água, produz ácido nítrico e óxido de nitrogênio. Escreva as três equações balanceadas que levam à produção de ácido nítrico.

H.25 Fósforo e oxigênio reagem para formar dois óxidos de fósforo diferentes. A percentagem em massa do fósforo em um deles é 43,64% e, no outro, 56,34%. (a) Escreva a fórmula empírica de cada óxido de fósforo. (b) A massa molar do primeiro óxido é 283,33 $g \cdot mol^{-1}$, e a do segundo, 219,88 $g \cdot mol^{-1}$. Determine a fórmula molecular e nomeie cada óxido. (c) Escreva uma equação química balanceada para a formação de cada um dos óxidos.

H.26 Uma etapa do refino do metal titânio é a reação de $FeTiO_3$ com gás cloro e carbono. Balanceie a equação da reação: $FeTiO_3(s) + Cl_2(g) + C(s) \rightarrow TiCl_4(l) + FeCl_3(s) + CO(g)$.

F66 Fundamentos

I.1 Os eletrólitos
I.2 Os precipitados
I.3 As equações iônicas e iônicas simplificadas
I.4 As aplicações da precipitação

I As reações de precipitação

Quando duas soluções são misturadas, o resultado pode ser, simplesmente, uma nova solução que contém ambos os solutos. Em alguns casos, porém, os solutos reagem um com o outro. Por exemplo, quando uma solução incolor de nitrato de prata em água é misturada a uma solução amarelada de cromato de potássio, forma-se um pó sólido de cor vermelha, indicando que uma reação química ocorreu (Fig. I.1).

I.1 Os eletrólitos

Uma **substância solúvel** dissolve-se em quantidade significativa em um determinado solvente. De modo geral, a menção da solubilidade sem indicação de um solvente significa "solúvel em água". Uma **substância insolúvel** não se dissolve significativamente em um solvente especificado. Considera-se, normalmente, uma substância "insolúvel" quando ela não se dissolve mais do que cerca de 0,1 mol·L^{-1}. A menos que seja especificado o contrário, o termo *insolúvel* significa "insolúvel em água" neste livro. O carbonato de cálcio, CaCO$_3$, por exemplo, que forma a pedra calcária e a pedra giz, dissolve-se para formar uma solução que contém somente 0,01 g·L^{-1} (que corresponde a 1×10^{-4} mol·L^{-1}) e é considerado insolúvel. Essa insolubilidade é importante para o meio ambiente: morros e construções de pedras calcárias não são significativamente desgastados pela chuva.

Um soluto pode existir como íon ou como molécula. Você pode identificar a natureza do soluto descobrindo se a solução conduz uma corrente elétrica. Como a corrente é um fluxo de cargas, somente soluções que contêm íons conduzem eletricidade. Existe uma concentração muito pequena de íons na água pura (cerca de 10^{-7} mol·L^{-1}) que não permite a condução significativa de eletricidade.

Um **eletrólito** é uma substância que conduz eletricidade mediante a migração de íons. As soluções de sólidos iônicos são eletrólitos porque os íons ficam livres para se mover após a dissolução (Fig. I.2). O termo **solução eletrolítica** é comumente utilizado para enfatizar que o meio é de fato uma solução. Alguns compostos, como os ácidos, formam íons quando se dissolvem e, por isso, produzem uma solução eletrolítica, ainda que não estejam presentes íons antes da dissolução. Por exemplo, o cloreto de hidrogênio é um gás formado por moléculas de HCl, mas, ao dissolver em água, reage com ela, formando o ácido clorídrico. Esta solução é formada por íons hidrogênio, H$^+$, e íons cloro, Cl$^-$.

Um **não eletrólito** é uma substância que não conduz eletricidade, mesmo em solução. Uma **solução não eletrolítica** é aquela que, devido à ausência de íons, não conduz

FIGURA I.1 Quando uma solução amarela de K$_2$CrO$_4$ mistura-se com uma solução incolor de AgNO$_3$, forma-se um precipitado vermelho de cromato de prata, Ag$_2$CrO$_4$. *(©1998 Richard Megna–Fundamental Photographs.)*

Em uma solução em água, os íons hidrogênio ocorrem como íons H$_3$O$^+$, descritos em *Fundamentos J*.

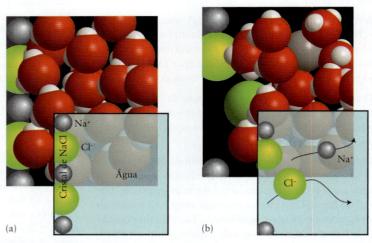

FIGURA I.2 O cloreto de sódio é formado por íons sódio e íons cloreto. Quando o cloreto de sódio entra em contato com a água (à esquerda), os íons se separam devido às moléculas de água e se espalham pelo solvente (à direita). A solução inclui água, íons sódio e íons cloreto. Não existem moléculas de NaCl na solução. Nas expansões, as moléculas de água são representadas pelo fundo azul.

FIGURA INTERATIVA I.2

eletricidade. Soluções de acetona (**1**) e do açúcar ribose (**2**) em água são soluções não eletrolíticas. Exceto pelos ácidos, a maior parte dos compostos orgânicos que se dissolvem em água forma soluções não eletrolíticas. Se você pudesse ver as moléculas de uma solução não eletrolítica, constataria as moléculas de soluto intactas e dispersas entre as moléculas de solvente (Fig. I.3).

Um **eletrólito forte** é uma substância que está presente quase totalmente na forma de íons em solução. Três tipos de solutos são eletrólitos fortes: ácidos fortes e bases fortes, que são discutidos em mais detalhes em *Fundamentos J*, e compostos iônicos solúveis. O ácido clorídrico é um eletrólito forte, assim como o hidróxido de sódio e o cloreto de sódio. Um **eletrólito fraco** é uma substância incompletamente ionizada em solução. Em outras palavras, a maior parte das moléculas permanece intacta. O ácido acético é um eletrólito fraco: em água nas concentrações normais, somente uma pequena fração das moléculas de CH_3COOH se separa em íons hidrogênio, H^+, e íons acetato, $CH_3CO_2^-$. Uma das formas de distinguir entre eletrólitos fortes e fracos é medir sua capacidade de conduzir eletricidade. Na mesma concentração molar de soluto, um eletrólito forte é um condutor melhor do que um ácido fraco (Fig. I.4).

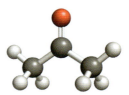

1 Acetona, C_3H_6O

2 D-Ribose

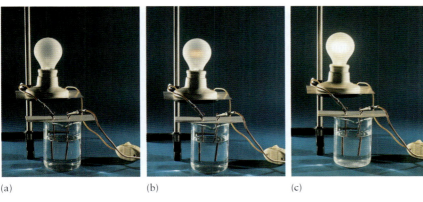

FIGURA I.4 (a) A água pura é má condutora de eletricidade, como mostrado pela luz muito fraca no bulbo do circuito à esquerda. (b) Na presença de íons, como ocorre nesta solução eletrolítica fraca, a solução tem baixa capacidade de conduzir eletricidade, e uma luz tênue é emitida. A capacidade de condução é significativa quando o soluto é um eletrólito forte (c), mesmo quando a concentração de soluto é a mesma. (*©1970 George Resch–Fundamental Photographs.*)

LAB_VIDEO – FIGURA I.4

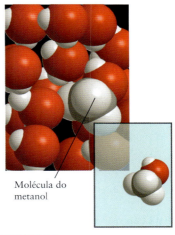

FIGURA I.3 Em uma solução de um não eletrólito, o soluto permanece como moléculas intactas e não se separa em íons. O metanol, CH_3OH, é um não eletrólito e está na forma de molécula quando dissolvido em água. A expansão mostra a molécula do metanol isolada.

> **Teste I.1A** Identifique as substâncias como eletrólito ou não eletrólito e diga quais delas conduzem eletricidade quando dissolvidas em água: (a) NaOH; (b) Br_2.
>
> [***Resposta:*** (a) composto iônico, logo, eletrólito forte, conduz eletricidade; (b) composto molecular, logo, não eletrólito, não conduz eletricidade]
>
> **Teste I.1B** Identifique cada uma das substâncias como eletrólito ou não eletrólito e diga quais delas conduzem eletricidade quando dissolvidas em água: (a) etanol, $CH_3CH_2OH(aq)$; (b) $Pb(NO_3)_2(aq)$.

O soluto em uma solução de eletrólito forte em água está na forma de íons que permitem a condução de eletricidade. Os solutos em soluções de não eletrólitos estão presentes como moléculas. Somente uma fração pequena de moléculas do soluto em soluções de eletrólitos fracos está presente como íons.

I.2 Os precipitados

Vejamos o que acontece quando uma solução de cloreto de sódio (um eletrólito forte) é vertida em uma solução de nitrato de prata (outro eletrólito forte). A solução de cloreto de sódio contém cátions Na⁺ e ânions Cl⁻. De modo análogo, a solução de nitrato de prata, AgNO₃, contém cátions Ag⁺ e ânions NO₃⁻. Quando as duas soluções se misturam em água, forma-se imediatamente um **precipitado**, um depósito de sólidos finamente divididos. A análise mostra que o precipitado é cloreto de prata, AgCl, um sólido branco insolúvel. A solução incolor que permanece acima do precipitado de nosso exemplo contém cátions Na⁺ e ânions NO₃⁻ dissolvidos. Esses íons permanecem em solução porque o nitrato de sódio, NaNO₃, é solúvel em água.

Em uma **reação de precipitação**, forma-se um produto sólido insolúvel quando duas soluções eletrolíticas são misturadas. Quando uma substância insolúvel forma-se em água, ela precipita imediatamente. Na equação química de uma reação de precipitação, (aq) é usado para indicar as substâncias que estão dissolvidas em água e (s) para indicar o sólido que precipitou:

$$AgNO_3(aq) + NaCl(aq) \longrightarrow AgCl(s) + NaNO_3(aq)$$

Ocorre uma reação de precipitação quando duas soluções de eletrólitos são misturadas e eles reagem para formar um sólido insolúvel.

I.3 As equações iônicas e iônicas simplificadas

Uma **equação iônica completa** de uma reação de precipitação mostra todos os íons dissolvidos. Como os compostos iônicos dissolvidos existem como íons em água, eles são listados separadamente. Por exemplo, a equação iônica completa da precipitação do cloreto de prata, mostrada na Fig. I.5, é:

$$Ag^+(aq) + NO_3^-(aq) + Na^+(aq) + Cl^-(aq) \longrightarrow AgCl(s) + Na^+(aq) + NO_3^-(aq)$$

Como os íons Na⁺ NO₃⁻ aparecem como reagentes e produtos, eles não influenciam diretamente a reação. Eles são **íons espectadores**, isto é, íons que estão presentes durante a reação, mas que permanecem inalterados, como espectadores em um evento esportivo. Como os íons espectadores permanecem inalterados, eles podem ser cancelados em cada lado da equação, simplificando-a:

$$Ag^+(aq) + \cancel{NO_3^-(aq)} + \cancel{Na^+(aq)} + Cl^-(aq) \longrightarrow AgCl(s) + \cancel{Na^+(aq)} + \cancel{NO_3^-(aq)}$$

O cancelamento dos íons espectadores leva à **equação iônica simplificada** da reação, a equação química que só mostra as trocas que ocorrem durante a reação:

$$Ag^+(aq) + Cl^-(aq) \longrightarrow AgCl(s)$$

A equação iônica simplificada mostra que os íons Ag⁺ se combinam com os íons Cl⁻ e precipitam como cloreto de prata, AgCl (veja a Fig. I.5).

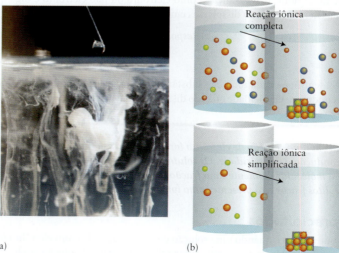

FIGURA I.5 (a) O cloreto de prata precipita imediatamente quando uma solução de cloreto de sódio é adicionada a uma solução de nitrato de prata. (b) Se imaginarmos a remoção dos íons espectadores da reação iônica completa (acima), podemos focalizar o processo essencial, a reação iônica simplificada (abaixo). *(Parte a: ©1995 Richard Megna–Fundamental Photographs.)*

FIGURA INTERATIVA I.5

(a)   (b)

I As reações de precipitação **F69**

EXEMPLO I.1   Escrever uma equação iônica simplificada

Suponha que você trabalhe no setor de purificação de água e precisa saber quanto bário está presente em uma amostra de água. Você pode isolar os íons bário (Ba^{2+}) em uma reação com outra substância, para formar um precipitado. A adição de uma solução concentrada de iodato de amônio $NH_4IO_3(aq)$ a uma solução de nitrato de bário em água ($Ba(NO_3)_2(aq)$) forma o iodato de bário, $Ba(IO_3)_2(s)$, um precipitado insolúvel. A equação química da reação de precipitação é:

$$Ba(NO_3)_2(aq) + 2\,NH_4IO_3(aq) \longrightarrow Ba(IO_3)_2(s) + 2\,NH_4NO_3(aq)$$

Escreva a equação iônica simplificada da reação.

PLANEJE Primeiro, escreva e balanceie a equação iônica completa, mostrando todos os íons dissolvidos separadamente. Mostre os sólidos insolúveis como compostos completos. Depois, elimine os íons espectadores, isto é, os íons que aparecem em ambos os lados da equação.

RESOLVA

A equação iônica completa, que mostra os íons dissolvidos, é

$$Ba^{2+}(aq) + 2\,NO_3^{-}(aq) + 2\,NH_4^{+}(aq) + 2\,IO_3^{-}(aq) \longrightarrow Ba(IO_3)_2(s) + 2\,NH_4^{+}(aq) + 2\,NO_3^{-}(aq)$$

Agora cancele os íons expectadores, NH_4^{+} e NO_3^{-}:

$$Ba^{2+}(aq) + 2\,\cancel{NO_3^{-}(aq)} + 2\,\cancel{NH_4^{+}(aq)} + 2\,IO_3^{-}(aq) \longrightarrow Ba(IO_3)_2(s) + 2\,\cancel{NH_4^{+}(aq)} + 2\,\cancel{NO_3^{-}(aq)}$$

e obtenha a equação iônica simplificada:

$$Ba^{2+}(aq) + 2\,IO_3^{-}(aq) \longrightarrow Ba(IO_3)_2(s)$$

Teste I.2A Escreva a equação iônica simplificada da reação dada na Figura I.1, na qual uma solução incolor de nitrato de prata em água reage com uma solução amarela de cromato de potássio, gerando um precipitado vermelho de cromato de prata.

$$[\textbf{\textit{Resposta:}}\ 2\,Ag^{+}(aq) + CrO_4^{2-}(aq) \rightarrow Ag_2CrO_4(s)]$$

Teste I.2B O íon mercúrio(I), Hg_2^{2+}, é formado por dois íons Hg^{+}. Escreva a equação iônica simplificada da reação entre duas soluções incolores de nitrato de mercúrio(I), $Hg_2(NO_3)_2$, e fosfato de potássio, K_3PO_4, em água para formar um precipitado branco de fosfato de mercúrio(I).

Exercícios relacionados I.5, I.6, I.15, I.16

Uma equação iônica completa expressa uma reação em termos dos íons presentes em solução. Uma equação iônica simplificada é a equação química que permanece após a eliminação dos íons espectadores.

I.4 As aplicações da precipitação

Uma das muitas aplicações das reações de precipitação utiliza duas soluções que, quando misturadas, formam o precipitado insolúvel que se deseja obter. Este composto insolúvel pode ser separado da mistura de reação por filtração. As reações de precipitação também são usadas na análise química. Na **análise qualitativa** – a identificação das substâncias presentes em uma amostra –, a formação de um precipitado é usada para confirmar a identidade de certos íons. Na **análise quantitativa**, o objetivo é determinar a quantidade de cada substância ou elemento presente na amostra. Em específico, na **análise gravimétrica**, que é utilizada no monitoramento ambiental, a quantidade da substância presente é determinada com base na medida da massa. Nessa aplicação, um composto insolúvel precipita, o depósito é filtrado e pesado, e a quantidade de substância em uma das soluções originais é calculada (Fig. I.6).

A Tabela I.1 resume os padrões de solubilidade observados em compostos iônicos comuns em água. Observe que todos os nitratos e todos os compostos comuns de metais do Grupo 1 são solúveis e, portanto, são úteis como soluções de partida em reações de precipitação. Pode-se usar quaisquer íons espectadores porque eles permanecem em solução e, em princípio, não reagem. A Tabela I.1, por exemplo, mostra que o iodeto de mercúrio(I), Hg_2I_2, é insolúvel. Ele se forma por precipitação quando duas soluções que contêm íons Hg_2^{2+} e íons I^{-} são misturadas:

$$Hg_2^{2+}(aq) + 2\,I^{-}(aq) \longrightarrow Hg_2I_2(s)$$

O Tópico 6J descreve com mais detalhes o uso de precipitados na análise qualitativa.

Você encontrará um exemplo de como usar esta técnica em *Fundamentos L.*

FIGURA I.6 Uma etapa da análise gravimétrica. Para determinar a quantidade de um dado tipo de íon presente em uma solução, ele foi precipitado e está sendo filtrado. O papel de filtro, de massa conhecida, será então secado e pesado, permitindo a determinação da massa do precipitado. *(Richard Megna–Fundamental Photographs.)*

TABELA I.1 Regras de solubilidade de compostos inorgânicos

Compostos solúveis	Compostos insolúveis
compostos dos elementos do Grupo 1 compostos de amônio (NH_4^+) cloretos (Cl^-), brometos (Br^-) e iodetos (I^-), **exceto** os de Ag^+, Hg_2^{2+} e Pb^{2+}* nitratos (NO_3^-), acetatos ($CH_3CO_2^-$), cloratos (ClO_3^-) e percloratos (ClO_4^-) sulfatos (SO_4^{2-}), **exceto** os de Ca^{2+}, Sr^{2+}, Ba^{2+}, Pb^{2+}, Hg_2^{2+} e Ag^+ †	carbonatos (CO_3^{2-}), cromatos (CrO_4^{2-}), oxalatos ($C_2O_4^{2-}$) e fosfatos (PO_4^{3-}), **exceto** os dos elementos do Grupo 1 e NH_4^+ sulfetos (S^{2-}), **exceto** os dos elementos dos Grupos 1 e 2 e NH_4^+‡ hidróxidos (OH^-) e óxidos (O^{2-}), **exceto** os dos elementos do Grupo 1, e os dos elementos do Grupo 2 abaixo do Período 2§

*$PbCl_2$ é ligeiramente solúvel.
†Ag_2SO_4 é ligeiramente solúvel.
‡Os sulfetos do Grupo 2 reagem com água para formar o hidróxido e H_2S.
§$Ca(OH)_2$ e $Sr(OH)_2$ são ligeiramente solúveis. $Mg(OH)_2$ é muito ligeiramente solúvel.

Como os íons espectadores não aparecem, a equação iônica simplificada será a mesma se qualquer composto solúvel de mercúrio(I) for misturado com qualquer iodeto solúvel.

EXEMPLO I.2 Como predizer o resultado de uma reação de precipitação

Se você pretende usar uma reação de precipitação para produzir um novo composto, você precisa saber predizer os produtos que ela gerará e se algum deles precipitará como sólido insolúvel. Prediga os produtos que provavelmente se formam quando duas soluções de fosfato de sódio e nitrato de chumbo(II) em água são misturadas. Escreva a equação iônica simplificada da reação.

PLANEJE Decida que íons estão presentes nas soluções que foram misturadas e considere todas as combinações possíveis. Use as regras de solubilidade da Tabela I.1 para decidir que combinação corresponde a um composto insolúvel e escreva a equação iônica simplificada correspondente.

RESOLVA

As soluções misturadas contêm íons Na^+, PO_4^{3-}, Pb^{2+} e NO_3^-. Todos os nitratos e compostos dos metais do Grupo 1 são solúveis, mas os fosfatos de outros elementos são geralmente insolúveis.

Por isso, os íons Pb^{2+} e PO_4^{2+} formam um composto insolúvel, e o fosfato de chumbo(II), $Pb_3(PO_4)_2$, precipita.

Agora, escreva a equação iônica simplificada. Os íons Na^+ e NO_3^- são espectadores, logo, podem ser omitidos.

$$3\,Pb^{2+}(aq) + 2\,PO_4^{3-}(aq) \longrightarrow Pb_3(PO_4)_2(s)$$

Teste I.3A Determine a identidade do precipitado formado, se houver, quando se misturam duas soluções de sulfeto de amônio e sulfato de cobre(II) em água e escreva a equação iônica simplificada da reação.

[***Resposta:*** Sulfeto de cobre(II); $Cu^{2+}(aq) + S^{2-}(aq) \to CuS(s)$]

Teste I.3B Sugira duas soluções que podem ser misturadas para preparar o sulfato de estrôncio e escreva a equação iônica simplificada da reação.

Exercícios relacionados I.11–I.14

As regras de solubilidade da Tabela I.1 são usadas para predizer o resultado das reações de precipitação.

O que você aprendeu em Fundamentos I?

Você aprendeu que, em uma reação de precipitação, duas soluções são misturadas para formar um precipitado insolúvel sólido. Você aprendeu a diferença entre eletrólitos e não eletrólitos, e viu como escrever uma equação iônica simplificada para uma reação.

Os conhecimentos que você deve dominar incluem a capacidade de:

☐ **1.** Identificar eletrólitos ou não eletrólitos com base nas fórmulas dos solutos (Teste I.1).

☐ **2.** Escrever equações iônicas completas e balanceadas e equações iônicas simplificadas de reações que envolvem íons (Exemplo I.1).

☐ **3.** Usar as regras de solubilidade para selecionar soluções apropriadas que, ao serem misturadas, produzem o precipitado desejado (Seção I.4).

☐ **4.** Identificar qualquer precipitado que possa se formar na mistura de duas soluções (Exemplo I.2).

Fundamentos I Exercícios

I.1 A solução da esquerda, abaixo, contém 0,50 M de $CaCl_2$(aq), e a da direita, 0,50 M de Na_2SO_4(aq). Suponha que os conteúdos das duas soluções foram misturados. Faça um esquema do resultado.

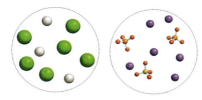

I.2 A solução da esquerda, abaixo, contém 0,50 M de $Hg_2(NO_3)_2$(aq), e a da direita, 0,50 M de K_3PO_4(aq). Suponha que os conteúdos das duas soluções foram misturados. Faça um esquema do resultado.

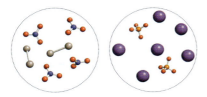

I.3 Classifique as seguintes substâncias como eletrólitos fortes, eletrólitos fracos ou não eletrólitos: (a) CH_3OH; (b) $BaCl_2$; (c) KF.

I.4 Classifique as substâncias seguintes como eletrólitos fortes, eletrólitos fracos ou não eletrólitos: (a) H_2SO_4; (b) KOH; (c) $CH_3CH_2CH_2COOH$.

I.5 Escreva, para cada reação, a equação total, a equação iônica completa e a equação iônica simplificada:

(a) $BaBr_2$(aq) + Li_3PO_4(aq) → $Ba_3(PO_4)_2$(s) + LiBr(aq)
(b) NH_4Cl(aq) + $Hg_2(NO_3)_2$(aq) → NH_4NO_3(aq) + Hg_2Cl_2(s)
(c) $Co(NO_3)_3$(aq) + $Ca(OH)_2$(aq) →
$Co(OH)_3$(s) + $Ca(NO_3)_2$(aq)

I.6 Escreva, para cada reação, a equação total, a equação iônica completa e a equação iônica simplificada:

(a) $MgBr_2$(aq) + Na_3PO_4(aq) → $Mg_3(PO_4)_2$(s) + NaBr(aq)
(b) CsI(aq) + $Hg_2(HSO_3)_2$(aq) → Hg_2I_2(s) + $CsHSO_3$(aq)
(c) $K_2C_2O_4$(aq) + $Co(NO_3)_3$(aq) →
$Co_2(C_2O_4)_3$(s) + KNO_3(aq)

I.7 Use as informações dadas na Tabela I.1 para classificar os compostos iônicos como solúveis ou insolúveis em água: (a) fosfato de potássio, K_3PO_4; (b) cloreto de chumbo(II), $PbCl_2$; (c) Sulfeto de cádmio, CdS; (d) sulfato de bário, $BaSO_4$.

I.8 Use as informações da Tabela I.1 para classificar os seguintes compostos iônicos como solúveis ou insolúveis em água: (a) nitrato de cádmio, $Cd(NO_3)_2$; (b) acetato de cobre(II), $Cu(CH_3CO_2)_2$; (c) hidróxido de cobalto(III), $Co(OH)_3$; (d) brometo de prata, AgBr.

I.9 Quais são as principais espécies presentes nas soluções em água de (a) NaI; (b) Ag_2CO_3; (c) $(NH_4)_3PO_4$; (d) $FeSO_4$?

I.10 Quais são as principais espécies presentes nas soluções em água de (a) $CoCO_3$; (b) $LiNO_3$; (c) K_2CrO_4; (d) Hg_2Cl_2?

I.11 (a) A mistura de soluções de sulfato de ferro(III) e hidróxido de sódio em água leva à formação de um precipitado. Escreva sua fórmula. (b) A mistura de soluções de nitrato de prata, $AgNO_3$, e carbonato de potássio em água leva à formação de um precipitado? Em caso positivo, escreva sua fórmula. (c) A mistura de soluções de nitrato de chumbo(II) e acetato de sódio também leva à formação de um precipitado? Em caso positivo, escreva sua fórmula.

I.12 (a) Nitrato de cálcio sólido e carbonato de sódio sólido foram colocados em água e misturados. O que se observa? Se ocorrer precipitação, escreva a fórmula do precipitado. (b) Sulfato de níquel(II) sólido e cloreto de cobre(II) sólido foram misturados em água e a solução foi agitada. Um precipitado se formou? Em caso positivo, escreva a fórmula. (c) Soluções de fosfato de sódio e cloreto de bário em água são misturadas. O que se observa? Se ocorrer precipitação, escreva a fórmula do precipitado.

I.13 Quando a solução que está no Bécher 1 é misturada com a solução que está no Bécher 2, forma-se um precipitado. Use a tabela abaixo e escreva a equação iônica simplificada que descreve a formação do precipitado. Identifique os íons espectadores.

Bécher 1	Bécher 2
(a) $FeCl_2$(aq)	Na_2S(aq)
(b) $Pb(NO_3)_2$(aq)	KI(aq)
(c) $Ca(NO_3)_2$(aq)	K_2SO_4(aq)
(d) Na_2CrO_4(aq)	$Pb(NO_3)_2$(aq)
(e) $Hg_2(NO_3)_2$(aq)	K_2SO_4(aq)

I.14 Os conteúdos dos Bécheres 1 e 2 são misturados. Caso ocorra reação, escreva a equação iônica simplificada e indique os íons espectadores.

Bécher 1	Bécher 2
(a) K_2SO_4(aq)	$AgNO_3$(aq)
(b) H_3PO_4(aq)	$SrBr_2$(aq)
(c) Na_2S(aq)	NH_4NO_3(aq)
(d) $CdSO_4$(aq)	$(NH_4)_2CO_3$(aq)
(e) H_2SO_4(aq)	Hg_2Cl_2(aq)

F72 Fundamentos

I.15 Cada um dos procedimentos descritos a seguir leva à formação de um precipitado. Escreva, para cada reação, as equações químicas que descrevem a formação do precipitado: a equação total, a equação iônica completa e a equação iônica simplificada. Identifique os íons espectadores.

(a) $(NH_4)_2CrO_4(aq)$ é misturado com $BaCl_2(aq)$.
(b) $CuSO_4(aq)$ é misturado com $Na_2S(aq)$.
(c) $FeCl_2(aq)$ é misturado com $(NH_4)_3PO_4(aq)$.
(d) Oxalato de potássio, $K_2C_2O_4(aq)$, é misturado com $Ca(NO_3)_2(aq)$.
(e) $NiSO_4(aq)$ é misturado com $Ba(NO_3)_2(aq)$.

I.16 Cada um dos procedimentos descritos a seguir leva à formação de um precipitado. Escreva, para cada reação, as equações químicas que descrevem a formação do precipitado: a equação total, a equação iônica completa e a equação iônica simplificada. Identifique os íons espectadores.

(a) $AgNO_3(aq)$ é misturado com $Na_3PO_4(aq)$.
(b) $Hg_2(NO_3)_2(aq)$ é misturado com $NH_4I(aq)$.
(c) $BaCl_2(aq)$ é misturado com $Na_2SO_4(aq)$.
(d) $K_2S(aq)$ é misturado com $Bi(NO_3)_3(aq)$.
(e) Acetato de bário, $Ba(CH_3CO_2)_2(aq)$, é misturado com $Li_2CO_3(aq)$.

I.17 Para cada uma das seguintes reações, sugira dois compostos iônicos solúveis que, ao serem misturados em água, levam às seguintes equações iônicas simplificadas:

(a) $2\,Ag^+(aq) + CrO_4^{2-}(aq) \rightarrow Ag_2CrO_4(s)$
(b) $Ca^{2+}(aq) + CO_3^{2-}(aq) \rightarrow CaCO_3(s)$, a reação responsável pela deposição de calcário e pelos espinhos dos ouriços-do-mar
(c) $Cd^{2+}(aq) + S^{2-}(aq) \rightarrow CdS(s)$ uma substância amarela usada para colorir vidro.

I.18 Para cada uma das seguintes reações, sugira dois compostos iônicos solúveis que, ao serem misturados em água, levam às seguintes equações iônicas simplificadas:

(a) $2\,Ag^+(aq) + CO_3^{2-}(aq) \rightarrow Ag_2CO_3(s)$
(b) $Mg^{2+}(aq) + 2\,OH^-(aq) \rightarrow Mg(OH)_2(s)$, a suspensão do leite de magnésio
(c) $3\,Ca^{3+}(aq) + 2\,PO_4^{3-}(aq) \rightarrow Ca_3(PO_4)_2(s)$, gesso, um componente do concreto

I.19 Como você usaria as regras de solubilidade da Tabela I.1 para separar os seguintes pares de íons? Indique, em cada caso, que reagente você adicionaria e escreva a equação iônica simplificada da reação de precipitação: (a) íons chumbo(II) e cobre(II); (b) íons amônio e magnésio.

I.20 Como você usaria as regras de solubilidade da Tabela I.1 para separar os seguintes pares de íons? Indique, em cada caso, que reagente você adicionaria e escreva a equação iônica simplificada da reação de precipitação: (a) íons césio e zinco; (b) íons níquel(II) e bário.

I.21 Escreva a equação iônica simplificada da formação de cada um dos seguintes compostos insolúveis em água: (a) sulfato de prata, Ag_2SO_4; (b) sulfeto de mercúrio(II), HgS, usado como eletrólito em algumas baterias primárias; (c) fosfato de cálcio, $Ca_3(PO_4)_2$, um componente dos ossos e dentes. (d) Selecione dois compostos iônicos solúveis que, quando misturados em solução, formam cada um dos compostos insolúveis listados em (a), (b) e (c). Identifique os íons espectadores.

I.22 Escreva a equação iônica simplificada da formação de cada um dos seguintes compostos insolúveis em água: (a) cromato de chumbo(II), $PbCrO_4$, um pigmento amarelo usado por vários séculos em pinturas a óleo; (b) fosfato de alumínio, $AlPO_4$, usado em cimentos e como antiácido; (c) hidróxido de ferro(II), $Fe(OH)_2$. (d) Selecione dois compostos iônicos solúveis que, quando misturados em solução, formam cada um dos compostos insolúveis listados em (a), (b) e (c). Identifique os íons espectadores.

I.23 Você recebeu uma solução para analisar os cátions Ag^+, Ca^{2+} e Zn^{2+}. Quando você adiciona ácido clorídrico, forma-se um precipitado branco. Após a filtração do sólido, você adiciona ácido sulfúrico à solução. Nada parece acontecer. Entretanto, quando você borbulha sulfeto de hidrogênio, forma-se um precipitado preto. Que íons estão presentes na sua solução?

I.24 Você recebeu uma solução para analisar os cátions Ag^+, Ca^{2+} e Hg^{2+}. Quando você adiciona ácido clorídrico, nada acontece, aparentemente. Você, então, adiciona ácido sulfúrico diluído, forma-se um precipitado branco. Após filtração do sólido, você adiciona sulfeto de hidrogênio na solução remanescente e forma-se um precipitado preto. Que íons estão presentes na sua solução?

I.25 Suponha que 40,0 mL de uma solução 0,100 M de $NaOH(aq)$ foram adicionados a 10,0 mL de uma solução 0,200 M de $Cu(NO_3)_2(aq)$. (a) Escreva a equação química da reação de precipitação, a equação iônica completa e a equação iônica simplificada. (b) Qual é a molaridade dos íons Na^+ na solução final?

I.26 Suponha que 2,50 g do sólido $(NH_4)_3(PO_4)$ foram adicionados a 50,0 mL de uma solução 0,125 M de $CaCl_2(aq)$. (a) Escreva a equação química da reação de precipitação e a equação iônica simplificada. (b) Qual é a molaridade de cada íon espectador após o término da reação? Considere 70,0 mL como volume final.

J.1 Os ácidos e as bases em solução em água

J.2 Os ácidos e bases fortes e fracos

J.3 A neutralização

A escala de pH é discutida em detalhes no Tópico 6B.

J Os ácidos e as bases

Os primeiros químicos aplicavam o termo *ácido* a substâncias que tinham sabor azedo acentuado. O vinagre, por exemplo, contém ácido acético, CH_3COOH. As soluções em água das substâncias que eram chamadas de *bases* ou **álcalis** eram reconhecidas pelo gosto de sabão. Felizmente, existem maneiras menos perigosas de reconhecer ácidos e bases. Os ácidos e as bases, por exemplo, mudam a cor de certos corantes conhecidos como **indicadores** (Fig. J.1). Um dos indicadores mais conhecidos é o tornassol, um corante vegetal obtido de um líquen. Soluções de ácidos em água deixam o tornassol vermelho, e as soluções de bases em água o deixam azul. Um instrumento eletrônico conhecido como "medidor de pH" permite identificar rapidamente uma solução como ácida ou básica:

Uma leitura de pH *abaixo* de 7 (pH $<$ 7) é característica de uma **solução ácida**.

Uma leitura *acima* de 7 (pH $>$ 7) é característica de uma **solução básica**.

J Os ácidos e as bases   F73

FIGURA J.1 A acidez de vários produtos domésticos é demonstrada adicionando-se um indicador (extrato de repolho roxo, neste caso) e observando-se a cor resultante. Vermelho indica uma solução ácida, e azul, uma solução básica. Da esquerda para a direita, os produtos domésticos são suco gástrico, refrigerante à base de limão, água da torneira, detergente, e uma solução de lixívia. A cor amarela observada na solução de lixívia mostra que ela é uma base tão forte que destrói parcialmente o corante. *(Andrew Lambert Photography/Science Source.)*

J.1 Os ácidos e as bases em solução em água

Os químicos debateram os conceitos de acidez e basicidade por muitos anos antes que definições precisas aparecessem. Dentre as primeiras definições úteis estava a que foi proposta pelo químico sueco Svante Arrhenius, por volta de 1884. Ele definiu um "ácido" como um composto que contém hidrogênio e reage com a água para formar íons hidrogênio. Uma base foi definida como um composto que gera íons hidróxido em água. Os compostos que atendem a estas definições são chamados de **ácidos e bases de Arrhenius**. O HCl, por exemplo, é um ácido de Arrhenius, porque libera um íon hidrogênio, H^+ (um próton), quando se dissolve em água. O CH_4 não é um ácido de Arrhenius, porque não libera íons hidrogênio em água. O hidróxido de sódio é uma base de Arrhenius, porque íons OH^- passam para a solução quando ele se dissolve. A amônia também é uma base de Arrhenius, porque produz íons OH^- por reação com a água:

$$NH_3(aq) + H_2O(l) \longrightarrow NH_4^+(aq) + OH^-(aq) \quad \textbf{(A)}$$

O metal sódio produz íons OH^- quando reage com a água, mas não é considerado uma base de Arrhenius, porque é um elemento, e não um composto, como requer a definição.

O problema com as definições de Arrhenius é que se referem a um solvente particular, a água. Quando os químicos estudaram solventes diferentes da água, como a amônia líquida, encontraram algumas substâncias que mostraram o mesmo padrão de comportamento ácido-base. Um avanço importante no entendimento do conceito de ácidos e bases aconteceu em 1923, quando dois químicos trabalhando independentemente, Thomas Lowry, na Inglaterra, e Johannes Brønsted, na Dinamarca, tiveram a mesma ideia. Sua contribuição foi compreender que o processo fundamental, responsável pelas propriedades de ácidos e bases, era a transferência de um próton (um íon hidrogênio) de uma substância para outra. A **definição de Brønsted-Lowry** para ácidos e bases é a seguinte:

- Um **ácido** é um doador de prótons.
- Uma **base** é um aceitador de prótons.

Essas substâncias são chamadas de "ácidos e bases de Brønsted" ou, simplesmente, "ácidos e bases", porque a definição de Brønsted-Lowry é comumente aceita hoje em dia e é a que usaremos neste livro.

Quando uma molécula de um ácido se dissolve em água, ela transfere um íon hidrogênio, H^+, para uma molécula de água e forma um **íon hidrônio**, H_3O^+ (**1**). Assim, quando o cloreto de hidrogênio, HCl, se dissolve em água, libera um íon hidrogênio, e a solução resultante contém íons hidrônio e íons cloreto:

$$HCl(aq) + H_2O(l) \longrightarrow H_3O^+(aq) + Cl^-(aq)$$

1 Íon hidrônio, H_3O^+

Note que, como H_2O aceita o íon hidrogênio para formar H_3O^+, a água está agindo como uma base de Brønsted.

Como identificar um ácido a partir de sua fórmula? Um ácido de Brønsted contém um **átomo de hidrogênio ácido**, que pode ser liberado como próton. Um átomo de hidrogênio ácido muitas vezes é escrito como o primeiro elemento na fórmula molecular dos ácidos

2 Grupo carboxila, —COOH

inorgânicos. Por exemplo, o cloreto de hidrogênio, HCl, e o ácido nítrico, HNO₃, são ácidos de Brønsted. As moléculas dos dois compostos contêm átomos de hidrogênio que podem ser transferidos como prótons para outras substâncias. A fórmula de um ácido orgânico é diferente, já que o átomo de hidrogênio ácido é colocado no fim, como parte do grupo carboxila, —COOH (**2**). O grupo carboxila, —COOH, é escrito por extenso, o que facilita lembrar que um átomo de H neste grupo de átomos é ácido. O ácido acético, CH₃COOH, libera *um* íon hidrogênio (do átomo de hidrogênio do grupo carboxila) para a água e outras bases de Brønsted presentes na solução. Quando um íon carboxila perde um próton, ele se converte no **ânion carboxilato**. No ácido acético, o ânion formado é o acetato, CH₃CO₂⁻. O metano, CH₄, e a amônia, NH₃, não são ácidos de Brønsted, já que normalmente não cedem prótons a outras substâncias, ainda que contenham hidrogênio.

Como o HCl e o HNO₃, o ácido acético é um **ácido monoprótico**, um ácido que só pode transferir um próton de cada molécula. O ácido sulfúrico, H₂SO₄, pode liberar seus dois hidrogênios como íons – um mais facilmente do que o outro – e é um exemplo de **ácido poliprótico**, um ácido que pode doar mais de um próton de cada molécula.

Com base nas fórmulas destes compostos, você pode se orientar para reconhecer que o HCl, o H₂CO₃ (ácido carbônico), o H₂SO₄ (ácido sulfúrico) e o HSO₄⁻ (hidrogenossulfato) são ácidos em água, mas o CH₄, a NH₃ (amônia) e o CH₃CO₂⁻ (o íon acetato) não são. Os oxoácidos comuns, ácidos que contêm oxigênio, foram apresentados em *Fundamentos D* e estão listados na Tabela D.1.

Os íons hidróxido são bases porque aceitam prótons de ácidos para formar moléculas de água:

$$OH^-(aq) + CH_3COOH(aq) \longrightarrow H_2O(l) + CH_3CO_2^-(aq)$$

A amônia é uma base porque, como vimos na reação **A**, ela aceita prótons da água, formando os íons NH₄⁺. Observe que, como a água doa um íon hidrogênio, ela está agindo como ácido de Brønsted nessa reação.

> **Nota de boa prática** No sistema de Arrhenius, o hidróxido de sódio é uma base. Do ponto de vista de Brønsted, porém, ele apenas *fornece* uma base, OH⁻. Os químicos muitas vezes voltam-se para a definição de Arrhenius, menos geral.

Teste J.1A Quais dentre os seguintes compostos são ácidos ou bases de Brønsted em água? (a) HNO₃; (b) C₆H₆; (c) KOH; (d) C₃H₅COOH.

[***Resposta:*** (a) e (d) são ácidos; (b) não é ácido nem base; (c) fornece a base OH⁻]

Teste J.1B Quais dentre os seguintes compostos são ácidos ou bases de Brønsted em água? (a) KCl; (b) HClO; (c) HF; (d) Ca(OH)₂.

Ácidos são moléculas ou íons doadores de prótons. As bases são moléculas ou íons aceitadores de prótons.

J.2 Os ácidos e bases fortes e fracos

Os eletrólitos são classificados como fortes ou fracos, de acordo com sua capacidade de formar íons em solução (*Fundamentos I*). Os ácidos e as bases são classificados de modo análogo, segundo o grau de **desprotonação**, isto é, a perda de um próton (no caso dos ácidos), ou de **protonação**, isto é, o ganho de um próton (no caso das bases):

Um **ácido forte** está completamente desprotonado em solução.

Um **ácido fraco** está incompletamente desprotonado em solução.

Uma **base forte** está completamente protonada em solução.

Uma **base fraca** está incompletamente protonada em solução.

Nesse contexto, "completamente desprotonado" significa que quase *todas* as moléculas ou os íons ácidos transferiram, como prótons, seus átomos de hidrogênio ácidos para as moléculas de solvente. "Completamente protonado" significa que quase *todas* as espécies básicas ganharam um próton. "Incompletamente desprotonado" significa que somente uma fração

> Os termos *ionizado* e *dissociado* são comumente utilizados em vez de "desprotonado".

TABELA J.1	Ácidos e bases fortes em água
Ácidos fortes	**Bases fortes**
ácido bromídrico, HBr(aq)	hidróxidos do Grupo 1
ácido clorídrico, HCl(aq)	hidróxidos de metais alcalino-terrosos*
ácido iodídrico, HI(aq)	óxidos dos Grupos 1 e 2
ácido nítrico, HNO$_3$	
ácido clórico, HClO$_3$	
ácido perclórico, HClO$_4$	
ácido sulfúrico, H$_2$SO$_4$ (forma HSO$_4^-$)	

*Ca(OH)$_2$, Sr(OH)$_2$, Ba(OH)$_2$

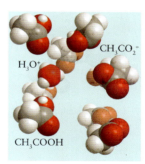

FIGURA J.2 O ácido acético, como todos os ácidos carboxílicos, é um ácido fraco em água. Isso significa que suas moléculas permanecem principalmente como moléculas de ácido acético, CH$_3$COOH, em solução. Entretanto, uma pequena proporção de moléculas transfere um íon hidrogênio para moléculas de água para formar íons hidrônio, H$_3$O$^+$, e íons acetato, CH$_3$CO$_2^-$.

(normalmente uma fração muito pequena) de moléculas ácidas ou íons perdeu átomos de hidrogênio como prótons. "Incompletamente protonado" significa que somente uma pequena fração de espécies básicas ganhou prótons.

Para entender a distinção entre ácidos fortes e fracos, compare o ácido clorídrico e o ácido acético. O cloreto de hidrogênio dissolve em água para formar o ácido clorídrico, que é forte. Esta solução contém íons hidrônio, íons cloreto e algumas moléculas de HCl. A transferência de prótons é completa.

$$HCl(g) + H_2O(l) \longrightarrow H_3O^+(aq) + Cl^-(aq)$$

O ácido acético, por outro lado, é um ácido fraco em água. Somente uma pequena fração de suas moléculas sofre desprotonação, de acordo com a equação

$$CH_3COOH(aq) + H_2O(l) \longrightarrow H_3O^+(aq) + CH_3CO_2^-(aq)$$

Portanto, a solução contém principalmente moléculas de CH$_3$COOH (Fig. J.2). Na verdade, uma solução 0,1 M de CH$_3$COOH(aq) contém somente cerca de um íon CH$_3$CO$_2^-$ a cada 100 moléculas usadas para fazer a solução.

A Tabela J.1 lista todos os ácidos fortes comuns em água. Eles incluem três ácidos frequentemente encontrados como reagentes em laboratórios – ácido clorídrico, ácido nítrico e ácido sulfúrico (somente a perda de um próton de cada molécula de H$_2$SO$_4$). Os ácidos, em sua maior parte, são fracos em água. Todos os ácidos carboxílicos são fracos em água.

As bases fortes comuns são os íons hidróxidos e óxidos fornecidos pelos óxidos dos metais alcalinos e alcalino-terrosos, como o óxido de cálcio (veja a Tabela J.1). Quando um óxido se dissolve em água, os íons óxido, O^{2-}, aceitam prótons para formar íons hidróxido:

$$O^{2-}(aq) + H_2O(l) \longrightarrow 2\, OH^-(aq)$$

Os íons hidróxido, como os fornecidos pelo hidróxido de sódio e pelo hidróxido de cálcio, também são bases fortes em água:

$$H_2O(l) + OH^-(aq) \longrightarrow OH^-(aq) + H_2O(l)$$

Embora um íon hidróxido seja uma base forte e esteja protonado em água, ele sobrevive porque a molécula de H$_2$O que doa um próton ao OH$^-$ torna-se um íon hidróxido e toma seu lugar!

Todas as outras bases comuns são bases fracas em água. A amônia (**3**), por exemplo, é uma base fraca em água e a reação

$$NH_3(aq) + H_2O(l) \longrightarrow NH_4^+(aq) + OH^-(aq)$$

produz uma quantidade muito pequena de íons OH$^-$. Em suas soluções em água, ela permanece praticamente na forma NH$_3$, com apenas uma pequena proporção – menos de uma em cada 100 moléculas nas concentrações usuais – como cátions NH$_4^+$ e ânions OH$^-$. Outras bases fracas comuns são as aminas, compostos com cheiro agressivo, derivadas formalmente da amônia por substituição de um ou mais de seus átomos de hidrogênio por um grupo orgânico. Por exemplo, a substituição de um átomo de hidrogênio de NH$_3$ por um grupo metila, –CH$_3$ (**4**), leva à metilamina, CH$_3$NH$_2$ (**5**). A substituição de três átomos de hidrogênio dá a trimetilamina, (CH$_3$)$_3$N (**6**), uma substância encontrada em peixes podres e em cachorros sujos. Quando as aminas são protonadas, elas formam cátions amônio substituídos. No caso da metilamina, o cátion formado é o íon metil-amônio, CH$_3$NH$_3^+$ (**7**).

3 Amônia, NH$_3$

4 Grupo metila, —CH$_3$

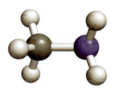

5 Metilamina, CH$_3$NH$_2$

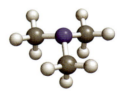

6 Trimetilamina, (CH$_3$)$_3$N

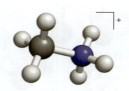

7 Íon metilamônio, $CH_3NH_3^+$

Os ácidos fortes (os ácidos listados na Tabela J.1) estão completamente desprotonados em solução. Os ácidos fracos (os demais ácidos) não estão. As bases fortes (os óxidos e hidróxidos de metal listados na Tabela J.1) estão completamente protonados em solução. As bases fracas (amônia e seus derivados orgânicos, as aminas) estão parcialmente protonadas em solução.

J.3 A neutralização

A reação entre um ácido e uma base é denominada **reação de neutralização**, e o composto iônico produzido na reação é chamado de **sal**. A forma geral de uma reação de neutralização de um ácido forte e um hidróxido de metal que gera um íon hidróxido, uma base forte, em água, é

$$\text{Ácido + hidróxido de metal} \longrightarrow \text{sal + água}$$

O nome *sal* vem do sal comum de cozinha, cloreto de sódio, o produto iônico da reação entre o ácido clorídrico e o hidróxido de sódio:

$$HCl(aq) + NaOH(aq) \longrightarrow NaCl(aq) + H_2O(l)$$

Na reação de neutralização entre um ácido e um hidróxido de metal, o cátion do sal vem do hidróxido de metal, como o Na^+ do NaOH, e o ânion é fornecido pelo ácido, como o Cl^- do HCl. Outro exemplo é a reação entre ácido nítrico e hidróxido de bário:

$$2 HNO_3(aq) + Ba(OH)_2(aq) \longrightarrow Ba(NO_3)_2(aq) + 2 H_2O(l)$$

O nitrato de bário permanece em solução como íons Ba^{2+} e NO_3^-.

A carga química líquida de uma reação de neutralização fica mais clara quando se escreve sua equação iônica simplificada (*Fundamentos I*). Por exemplo, a equação iônica completa da reação de neutralização entre o ácido nítrico e o hidróxido de bário em água é

$$2 H^+(aq) + 2 NO_3^-(aq) + Ba^{2+}(aq) + 2 OH^-(aq) \longrightarrow Ba^{2+}(aq) + 2 NO_3^-(aq) + 2 H_2O(l)$$

Os íons comuns aos dois lados se cancelam,

$$2 H^+(aq) + 2 \cancel{NO_3^-(aq)} + \cancel{Ba^{2+}(aq)} + 2 OH^-(aq) \longrightarrow \cancel{Ba^{2+}(aq)} + 2 \cancel{NO_3^-(aq)} + 2 H_2O(l)$$

e a carga iônica líquida da reação é

$$2 H^+(aq) + 2 OH^-(aq) \longrightarrow 2 H_2O(l)$$

que é simplificada como

$$H^+(aq) + OH^-(aq) \longrightarrow H_2O(l)$$

O mesmo resultado é obtido para qualquer reação de neutralização entre um ácido e uma base fortes em água: a água é formada a partir dos íons hidrogênio e hidróxido.

Quando se escreve a equação iônica simplificada da neutralização de um ácido fraco ou de uma base fraca, usa-se a forma molecular do ácido ou base fracos porque as moléculas intactas do ácido são a espécie dominante em solução. Por exemplo, a equação iônica líquida da reação entre o ácido fraco HCN e a base forte NaOH em água (Fig. J.3) é escrita como

$$HCN(aq) + OH^-(aq) \longrightarrow H_2O(l) + CN^-(aq)$$

De forma semelhante, a equação iônica simplificada da reação da base fraca amônia com o ácido forte HCl é

$$NH_3(aq) + H^+(aq) \longrightarrow NH_4^+(aq)$$

> Embora os íons hidrogênio em solução aquosa estejam sempre ligados a moléculas de água como íons hidrônio, H_3O^+, em alguns casos é mais fácil escrevê-los como H^+ (aq), para simplificar a aparência das equações.

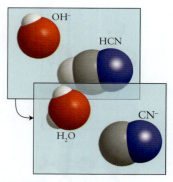

FIGURA J.3 A equação iônica simplificada da neutralização de HCN, um ácido fraco, pela base forte, NaOH, nos diz que o íon hidróxido extrai o íon hidrogênio de uma molécula de ácido.

Teste J.2A Que soluções ácidas e básicas você usaria para preparar o nitrato de rubídio? Escreva a equação química da neutralização.

[*Resposta:* $HNO_3(aq) + RbOH(aq) \rightarrow RbNO_3(aq) + H_2O(l)$]

Teste J.2B Escreva a equação química da reação de neutralização que produz fosfato de cálcio.

Em uma reação de neutralização em água, um ácido reage com uma base para produzir um sal (e água, se a base é forte). O resultado final da reação entre soluções de um ácido forte e um hidróxido de metal é a formação de água a partir de íons hidrogênio e íons hidróxido.

O que você aprendeu em Fundamentos J?

Você aprendeu que, segundo a definição de Brønsted, ácidos e bases são definidos pela capacidade de doar ou receber um próton. Você também descobriu que existe uma distinção entre ácidos e bases fortes e fracos.

Os conhecimentos que você deve dominar incluem a capacidade de:

☐ **1.** Descrever as propriedades químicas de ácidos e bases (Seção J.1).
☐ **2.** Classificar as substâncias como ácidos e bases (Teste J.1).
☐ **3.** Identificar ácidos e bases fortes comuns (Tabela J.1).
☐ **4.** Distinguir ácidos fortes de fracos, e bases fortes de fracas (Seções J.2 e J.3).
☐ **5.** Predizer o resultado de reações de neutralização e escrever suas equações químicas (Teste J.2).

Fundamentos J Exercícios

J.1 Identifique os seguintes compostos como um ácido ou uma base de Brønsted: (a) NH_3; (b) HBr; (c) KOH; (d) H_2SO_3; (e) $Ca(OH)_2$.

J.2 Classifique cada um dos seguintes compostos como um ácido ou uma base de Brønsted: (a) H_2SeO_4; (b) $CH_3CH_2NH_2$, um derivado da amônia; (c) HCOOH; (d) CsOH; (e) HIO_4.

J.3 Cinco compostos estão sendo estudados em um laboratório de pesquisa: HCl, KOH, glicose ($C_6H_{12}O_6$, um açúcar), CH_3COOH e NH_3. Um técnico preparou uma solução de um dos compostos em água, mas esqueceu de rotulá-la. Você precisa identificar a solução, e usa papel tornassol e um medidor de condutividade. A solução deixou o papel tornassol rosa, e tem baixa condutividade comparada com uma solução padrão de NaCl. Qual é o composto na solução?

J.4 Cinco compostos estão sendo estudados em um laboratório de pesquisa: HNO_3, NaOH, metanol (CH_3OH, um álcool), HCOOH e CH_3NH_2. Um técnico preparou uma solução de um dos compostos em água, mas esqueceu de rotulá-la. Você precisa identificar a solução, e usa papel tornassol e um medidor de condutividade. A solução deixou o papel tornassol azul, e conduz tanta eletricidade quanto uma solução padrão de NaCl. Qual é o composto na solução?

J.5 Escreva a equação total, a equação iônica completa e a equação iônica simplificada das seguintes reações de neutralização. Se uma substância for um ácido ou base fraca, deixe-a na forma molecular ao escrever as equações.

(a) HF(aq) + NaOH(aq) →
(b) $(CH_3)_3N$(aq) + HNO_3(aq) →
(c) LiOH(aq) + HI(aq) →

J.6 Escreva a equação total, a equação iônica completa e a equação iônica simplificada das seguintes reações de neutralização. Se uma substância for um ácido ou base fraca, deixe-a na forma molecular ao escrever as equações.

(a) H_3AsO_4(aq) + NaOH(aq) → (O ácido arsênico, H_3AsO_4, é um ácido triprótico. Escreva a equação da reação completa com o NaOH.)
(b) $Sr(OH)_2$(aq) + $HClO_4$(aq) →
(c) $Ca(OH)_2$(s) + HBrO(aq) →

J.7 Selecione um ácido e uma base para uma reação de neutralização que leva à formação de (a) brometo de potássio; (b) nitrito de zinco; (c) cianeto de cálcio, $Ca(CN)_2$; (d) fosfato de potássio. Escreva a equação balanceada de cada reação.

J.8 Selecione um ácido e uma base para a reação de neutralização que leva à formação de (a) iodeto de chumbo(II); (b) sulfeto de cádmio; (c) sulfito de magnésio; (d) hipoclorito de ferro(II). Escreva a equação balanceada de cada reação.

J.9 Identifique o sal produzido na reação de neutralização entre (a) hidróxido de potássio e ácido acético, CH_3COOH; (b) amônia e ácido fosfórico; (c) hidróxido de cálcio e ácido bromoso; (d) hidróxido de sódio e ácido sulfídrico, H_2S (ambos os átomos de H reagem). Escreva a equação iônica completa de cada reação.

J.10 Identifique o sal produzido na reação de neutralização entre (a) hidróxido de sódio e ácido propanoico, CH_3CH_2COOH; (b) amônia e ácido nitroso; (c) hidróxido de cobalto(III) e ácido hidrossulfúrico, H_2S (ambos os átomos de H reagem); (d) hidróxido de bário e ácido clórico. Escreva a equação iônica completa de cada reação.

J.11 O ácido clorídrico é um ácido forte. Qual das imagens abaixo melhor representa uma solução de ácido clorídrico? As esferas verdes representam o cloro, e as brancas, o hidrogênio.

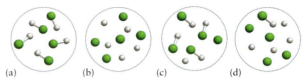

(a)   (b)   (c)   (d)

J.12 O ácido fluorídrico é um ácido fraco. Qual das imagens abaixo melhor representa uma solução de ácido fluorídrico? As esferas azuis representam o flúor, e as brancas, o hidrogênio.

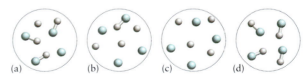

(a)   (b)   (c)   (d)

F78 Fundamentos

J.13 Identifique o ácido e a base nas seguintes reações:

(a) $CH_3NH_2(aq) + H_3O^+(aq) \rightarrow CH_3NH_3^+(aq) + H_2O(l)$
(b) $CH_3NH_2(aq) + CH_3COOH(aq) \rightarrow$
$$CH_3NH_3^+(aq) + CH_3CO_2^-(aq)$$
(c) $2\,HI(aq) + CaO(s) \rightarrow CaI_2(aq) + H_2O(l)$

J.14 Identifique o ácido e a base nas seguintes reações:

(a) $HBrO_3(aq) + NaHCO_3(aq) \rightarrow H_2CO_3(aq) + NaBrO_3(aq)$
(b) $(CH_3)_3N(aq) + HCl(aq) \rightarrow (CH_3)_3NH^+(aq) + Cl^-(aq)$
(c) $O^{2-}(aq) + H_2O(l) \rightarrow 2\,OH^-(aq)$

J.15 Pediram-lhe que identificasse o composto X, extraído de uma planta apreendida por um agente alfandegário. Após alguns testes, você obteve os seguintes resultados. O composto X é um sólido branco cristalino. Uma solução de X em água muda para vermelho o tornassol e conduz mal a eletricidade, mesmo em altas concentrações de X. A adição de hidróxido de sódio provoca uma reação química e a solução passa a conduzir bem a eletricidade. A análise elementar de X fornece a composição em percentagem de massa, que é 26,68% de C e 2,239% de H, o restante sendo oxigênio. O espectro de massas de X dá a massa molar 90,0 g·mol^{-1}. (a) Escreva a fórmula empírica de X. (b) Escreva a fórmula molecular de X. (c) Escreva a equação química balanceada e a equação iônica simplificada da reação de X com hidróxido de sódio. (Suponha que X tem dois átomos de hidrogênio ácidos.)

J.16 (a) O fósforo branco, cuja fórmula é P_4, queima no ar para dar o composto A, no qual a percentagem em massa do fósforo é 43,64% e, o restante, oxigênio. O espectro de massas de A dá a massa molar 283,9 g·mol^{-1}. Escreva a fórmula molecular do composto A. (b) O composto A reage com água para formar um composto B, que torna vermelho o tornassol e cuja composição em percentagem em massa é 3,087% de H e 31,60% de P, o restante sendo oxigênio. O espectro de massas de B dá a massa molar 97,99 g·mol^{-1}. Escreva a fórmula molecular de B. (c) O composto B reage com uma solução de hidróxido de cálcio em água para formar C, um precipitado branco. Escreva equações químicas balanceadas para as reações dos itens (a), (b) e (c).

J.17 Em cada um dos seguintes sais, um dos dois, o cátion ou o ânion, é um ácido fraco ou uma base fraca. Escreva a equação química da reação de transferência do próton entre esse cátion, ou ânion, e a água: (a) NaC_6H_5O; (b) $KClO$; (c) C_5H_5NHCl; (d) NH_4Br.

J.18 Em cada um dos seguintes sais, um dos dois, o cátion ou o ânion, é um ácido fraco ou uma base fraca. Escreva a equação química da reação de transferência de próton entre esse cátion, ou ânion, e a água: (a) $NaCH_2ClCO_2$; (b) C_2H_5NHBr; (c) $KBrO_2$; (d) $(CH_3)_2NH_2Cl$.

J.19 O $C_6H_5NH_3Cl$ é um sal de cloro com um cátion ácido. (a) Se 40,0 g de $C_6H_5NH_3Cl$ são dissolvidos em água para preparar 210,0 mL de uma solução, qual é a concentração inicial do cátion (em mols por litro)? (b) Escreva a equação química da reação de transferência de próton do cátion para a água. Identifique o ácido e a base nessa reação.

J.20 O conservante de alimentos benzoato de sódio, $NaC_6H_5CO_2$, é um sal com um cátion básico. (a) Se 25,0 g de benzoato de sódio forem dissolvidos em água para formar 150 mL de solução, qual é a concentração molar inicial (em mols por litro) do ânion? (b) Escreva a equação química da reação de transferência de próton do cátion para a água. Identifique o ácido e a base nessa reação.

J.21 O ânion de Na_3AsO_4 é um sal de uma base fraca que pode aceitar mais de um próton. (a) Escreva as equações químicas da transferência em sequência de prótons entre o ânion e a água. Identifique o ácido e a base nessa reação. (b) Se 35,0 g de Na_3AsO_4 são dissolvidos em água para preparar 250,0 mL de solução, quantos mols de cátions de sódio estão na solução?

J.22 O ânion do sulfito de potássio, K_2SO_3, é uma base fraca que pode aceitar mais de um próton. (a) Escreva as equações químicas da transferência em sequência de prótons entre o ânion e a água. Identifique o ácido e a base nessa reação. (b) Se 0,054 g de K_2SO_3 são dissolvidos em água para preparar 200,0 mL de solução, quantos mols de cátions de potássio estão na solução?

J.23 Os óxidos de elementos não metálicos são chamados de óxidos ácidos porque formam soluções ácidas em água. Escreva a equação química balanceada da reação de um mol de fórmulas unitárias de cada óxido ácido com um mol de moléculas de água para formar um oxoácido e dê nome aos ácidos formados: (a) CO_2; (b) SO_3.

J.24 Os óxidos de elementos metálicos são chamados de óxidos básicos porque formam soluções básicas em água. Escreva a equação química balanceada da reação de um mol de cada óxido básico com um mol de moléculas de água para formar um hidróxido de metal: (a) BaO; (b) Li_2O.

K.1 *A oxidação e a redução*

K.2 *Os números de oxidação*

K.3 *Os agentes oxidantes e redutores*

K.4 *O balanceamento de equações redox simples*

K   As reações redox

Muitas reações comuns, como a combustão, a corrosão, a fotossíntese, o metabolismo dos alimentos e a extração de metais de minérios, parecem completamente diferentes. Porém, ao examinar essas reações em nível molecular, sob a óptica de um químico, pode-se ver que elas são exemplos de um único tipo de processo.

K.1 *A oxidação e a redução*

Vejamos a reação entre magnésio e oxigênio, que produz óxido de magnésio (Fig. K.1). Essa é a reação usada em fogos de artifício, para produzir faíscas brancas. Ela é também usada, menos agradavelmente, em munição traçadora e em dispositivos incendiários. Ela é um exemplo clássico de **reação de oxidação**, que, no sentido original do termo, significa "reação com o oxigênio". Durante a reação, os átomos Mg do magnésio sólido perdem elétrons para formar íons Mg^{2+}, e os átomos de O do oxigênio molecular ganham elétrons para formar íons O^{2-}:

$$2\,Mg(s) + O_2(g) \longrightarrow 2\,Mg^{2+}(s) + 2\,O^{2-}(s),\text{ como } 2\,MgO(s)$$

Uma reação semelhante acontece quando magnésio reage com cloro para produzir cloreto de magnésio:

$$Mg(s) + Cl_2(g) \longrightarrow 2\,Mg^{2+}(s) + 2\,Cl^-(s),\text{ como } MgCl_2(s)$$

Como o *padrão* da reação é o mesmo, a segunda reação também é considerada uma "oxidação" do magnésio, embora nenhum oxigênio participe. Nos dois casos, há o aspecto comum da perda de elétrons do magnésio e sua transferência para outro reagente. A transferência de elétrons de uma espécie para outra é hoje reconhecida como a etapa essencial da oxidação, assim, os químicos definem **oxidação** como a perda de elétrons, desconsiderando as espécies para as quais os elétrons migram.

Pode-se reconhecer, com frequência, a perda de elétrons observando o aumento da carga de uma espécie. Essa regra também se aplica a ânions, como na oxidação dos íons brometo (carga -1) a bromo (carga 0), como ocorre em uma reação usada comercialmente para a obtenção de bromo (Fig. K.2):

$$2\,NaBr(s) + Cl_2(g) \longrightarrow 2\,NaCl(s) + Br_2(l)$$

Aqui, o íon brometo (como brometo de sódio) é oxidado a bromo pelo gás cloro.

O nome *redução* referia-se, originalmente, à extração de um metal de seu óxido, em geral pela reação com hidrogênio, carbono ou monóxido de carbono. Um exemplo é a redução do óxido de ferro(III) pelo monóxido de carbono usada na produção de aço:

$$Fe_2O_3(s) + 3\,CO(g) \longrightarrow 2\,Fe(l) + 3\,CO_2(g)$$

Na redução do óxido de ferro(III), os íons Fe^{3+} presentes em Fe_2O_3 são convertidos em átomos de Fe, com carga zero, ao ganhar elétrons para neutralizar as cargas positivas. Este padrão é comum a todas as reduções: em uma **redução**, um átomo *ganha* elétrons de outra espécie. Sempre que a carga de uma espécie diminui (como de Fe^{3+} a Fe), dizemos que houve redução. A mesma regra se aplica se a carga é negativa. Assim, quando cloro converte-se em íons cloro na reação

$$2\,NaBr(s) + Cl_2(g) \longrightarrow 2\,NaCl(s) + Br_2(l)$$

a carga diminui de 0 (em Cl_2) a -1 (em Cl^-) e dizemos que o cloro se reduziu.

FIGURA K.1 Exemplo de uma reação de oxidação: o magnésio queima com chama brilhante no ar. O magnésio se oxida tão facilmente que também queima com chama brilhante na água e no dióxido de carbono. É por isso que os incêndios que envolvem magnésio são muito difíceis de apagar. (*W.H. Freeman. Foto: Ken Karp.*)

LAB_VIDEO – FIGURA K.1

Teste K.1A Identifique as espécies que foram oxidadas ou reduzidas na reação $3\,Ag^+(aq) + Al(s) \rightarrow 3\,Ag(s) + Al^{3+}(aq)$.

[***Resposta:*** o Al(s) é oxidado, o $Ag^+(aq)$ é reduzido]

Teste K.1B Identifique as espécies que foram oxidadas ou reduzidas na reação $2\,Cu^+(aq) + I_2(s) \rightarrow 2\,Cu^{2+}(aq) + 2\,I^-(aq)$.

Os elétrons são partículas reais e não podem ser "perdidos"; portanto, *sempre que, em uma reação, uma espécie se oxida, outra tem de se reduzir*. Considerar a oxidação e a redução separadamente é como bater palmas com uma só mão: uma transferência precisa ocorrer junto com a outra para que a reação aconteça. Por isso, na reação entre cloro e brometo de sódio, os íons brometo são oxidados e as moléculas de cloro são reduzidas. Como a oxidação e a redução estão sempre juntas, os químicos utilizam o termo **reações redox**, isto é, reações de oxidação-redução, sem separar as reações de oxidação das reações de redução.

Oxidação é a perda de elétrons, redução é o ganho de elétrons. A reação redox é a combinação de oxidação e redução.

FIGURA K.2 Quando se borbulha cloro em uma solução de íons brometo, ele os oxida a bromo, e a solução passa a marrom-avermelhado. (*©2012 Chip Clark–Fundamental Photographs.*)

F80 Fundamentos

K.2 *Os números de oxidação*

No caso de íons monoatômicos, a perda ou o ganho de elétrons é fácil de identificar, porque podemos monitorar as cargas das espécies. Por isso, quando os íons Br^- se convertem em átomos de bromo (que formam as moléculas de Br_2), sabemos que cada íon Br^- perdeu um elétron e, portanto, foi oxidado. Quando O_2 forma íons óxido, O^{2-}, cada átomo de oxigênio ganha elétrons e, portanto, foi reduzido. Como os elétrons estão intimamente envolvidos na formação de ligações, sua transferência muitas vezes resulta em átomos sendo arrastados da molécula de um reagente para a do outro, o que pode dificultar muito a identificação de uma reação redox. O gás cloro, Cl_2, por exemplo, é oxidado ou reduzido quando se converte em íons hipoclorito, ClO^-? O oxigênio foi adicionado, sugerindo oxidação, mas o sinal negativo devido a um elétron adicional indica redução.

Os químicos encontraram uma maneira de seguir o caminho dos elétrons atribuindo um "número de oxidação", N_{ox}, a cada elemento (*Fundamentos D*).

- A oxidação corresponde ao *aumento* do número de oxidação.
- A redução corresponde à *diminuição* do número de oxidação.

Uma reação redox, portanto, é qualquer reação na qual os números de oxidação de um ou mais elementos se alteram.

O número de oxidação de um elemento em um íon monoatômico é igual a sua carga. Assim, o número de oxidação do magnésio é $+2$ nos íons Mg^{2+}, e o número de oxidação do cloro é -1 nos íons Cl^-. O número de oxidação de um elemento na forma elementar é 0. Por isso, o metal magnésio tem número de oxidação 0 e o cloro nas moléculas de Cl_2 também. Quando o magnésio se combina com o cloro, os números de oxidação mudam:

$$\overset{0}{Mg}(s) + \overset{2(0)}{Cl_2}(g) \longrightarrow \overset{+2\ 2(-1)}{MgCl_2}(s)$$

Logo, o magnésio se oxidou e o cloro se reduziu. De forma semelhante, veja a reação entre brometo de sódio e cloro,

$$\overset{2(+1-1)}{2\,NaBr}(s) + \overset{2(0)}{Cl_2}(g) \longrightarrow \overset{2(+1-1)}{2\,NaCl}(s) + \overset{2(0)}{Br_2}(l)$$

Nessa reação, o bromo se oxida e o cloro se reduz, mas os íons sódio não se alteram.

Você ouvirá químicos usando as expressões "número de oxidação" e "estado de oxidação". O **número de oxidação** é o número fixado de acordo com as regras mencionadas na Caixa de Ferramentas K.1. O **estado de oxidação** é a condição real de uma espécie com um dado número de oxidação. Então, um elemento *tem* certo número de oxidação e *está* no estado de oxidação correspondente. Por exemplo, Mg^{2+} está no estado de oxidação $+2$ do magnésio e, neste estado, o magnésio tem número de oxidação $+2$. Contudo, na prática, muitos químicos usam os dois termos como sinônimos.

Caixa de ferramentas K.1 COMO ATRIBUIR OS NÚMEROS DE OXIDAÇÃO

BASE CONCEITUAL

Para atribuir um número de oxidação a um elemento, imagine que os átomos de uma molécula, fórmula unitária ou íon poliatômico estejam na forma iônica (mesmo que não seja o caso). O número de oxidação é, então, a carga de cada "íon". O "ânion" normalmente é o oxigênio como O^{2-} ou o elemento mais à direita na Tabela Periódica. Depois, atribua cargas aos outros átomos. Elas devem balancear a carga nos "ânions". O método baseado nesta abordagem é definido no Procedimento 1. Se você já se familiarizou com o conceito de eletronegatividade (apresentado no Tópico 2D), então você achará o Procedimento 2 mais apropriado.

PROCEDIMENTO 1

As duas regras para atribuir um número de oxidação $N_{ox}(E)$ a um elemento E são:

1. O número de oxidação de um elemento não combinado com outros elementos é zero.
2. A soma dos números de oxidação de todos os átomos em uma espécie é igual a sua carga total.

Os números de oxidação dos elementos na maior parte dos compostos que vamos encontrar neste estágio do texto são atribuídos usando essas duas regras em conjunto com os seguintes valores específicos:

- O número de oxidação do hidrogênio é +1 quando combinado com não metais e −1 em combinação com metais.
- O número de oxidação dos elementos dos Grupos 1 e 2 é igual ao número do seu grupo.
- O número de oxidação de todos os halogênios é −1, exceto quando o halogênio está combinado com o oxigênio ou outro halogênio mais alto do grupo. O número de oxidação do flúor é −1 em todos os seus compostos.
- O número de oxidação do oxigênio é −2 na maior parte de seus compostos. As exceções são seus compostos com flúor (caso em que vale a regra anterior) e em peróxidos (O_2^{2-}), superóxidos (O_2^-) e ozonídeos (O_3^-), nos quais valem as duas primeiras regras.

Este procedimento está ilustrado no Exemplo K.1.

PROCEDIMENTO 2

Se você estudou o conceito de eletronegatividade (veja a Fig. 2D.2), então pode incluir a regra abaixo ao lado das duas primeiras regras dadas:

3. O número de oxidação de cada elemento é a carga quando o átomo mais eletronegativo está presente como um íon típico do elemento (como o O^{2-} do oxigênio).

Este procedimento está ilustrado no Exemplo K.2.

EXEMPLO K.1 A determinação de números de oxidação

Uma das reações mais importantes na indústria é a conversão do dióxido de enxofre, SO_2, ao íon sulfato, SO_4^{2-}. Suponha que você trabalhe com reações como esta: você teria de saber se deve reduzir ou oxidar o composto de partida. A conversão de SO_2 em SO_4^{2-} é uma oxidação ou uma redução?

ANTECIPE Embora o produto tenha adquirido uma carga negativa, sugerindo redução, ele também adquiriu dois átomos de O; logo, podemos antecipar que, no total, a conversão é uma oxidação.

PLANEJE Determine os números de oxidação do enxofre em SO_2 e em SO_4^{2-} e compare-os. O processo é de oxidação se o número de oxidação do enxofre aumentar, e de redução, se diminuir. Em cada caso, represente o número de oxidação do enxofre por $N_{ox}(S)$ e resolva para $N_{ox}(S)$ após usar as regras da Caixa de Ferramentas K.1. O número de oxidação do oxigênio é −2 na maior parte de seus compostos.

RESOLVA

SO_2: Pela regra 2, a soma dos números de oxidação dos átomos no composto deve ser 0:
$N_{ox}(S) + 2N_{ox}(O) = 0$

$$N_{ox}(S) + [2(-2)] = 0$$
$\quad\quad\ \ $ S $\quad\quad\quad$ 2 O $\quad\quad$ carga zero na molécula neutra

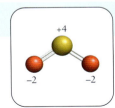

Portanto, o número de oxidação do enxofre em SO_2 é +4.

SO_4^{2-}: Pela regra 2, a soma dos números de oxidação dos átomos no íon é −2; então, $N_{ox}(S) + 4N_{ox}(O) = -2$

$$N_{ox}(S) + [4(-2)] = -2$$
$\quad\quad\ \ $ S $\quad\quad\quad$ 4 O $\quad\quad$ carga total no íon

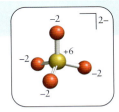

Portanto, o número de oxidação do enxofre no SO_4^{2-} é +6.

AVALIE O enxofre está mais oxidado no íon sulfato do que no dióxido de enxofre. Como suspeitamos, a conversão de SO_2 em SO_4^{2-} é uma oxidação.

Teste K.2A Encontre os números de oxidação do enxofre e do fósforo em (a) H_2S; (b) P_4O_6.

[***Resposta***: (a) −2; (b) +3]

Teste K.2B Encontre os números de oxidação do enxofre, do nitrogênio e do cloro em (a) SO_3^{2-}; (b) NO_2^-; (c) $HClO_3$.

Exercícios relacionados K.1, K.2

EXEMPLO K.2 A atribuição do número de oxidação II

As diferenças em eletronegatividade são um método muito rápido de atribuir números de oxidação em alguns casos. Qual é o número de oxidação (a) do enxofre em SF_6 e (b) do nitrogênio no N_2O_4?

ANTECIPE Os elementos à direita na Tabela Periódica (F e O) têm mais chances de terem números de oxidação negativos, logo, o S e o N deveriam ter números de oxidação positivos.

PLANEJE Use o Procedimento 2 na Caixa de Ferramentas K.1. Consulte a Fig. 2D.2 para as eletronegatividades.

RESOLVA

(a) SF_6. Pela regra 2, a soma dos números de oxidação dos átomos na molécula neutra deve ser

$$N_{ox}(S) + 6N_{ox}(F) = 0$$

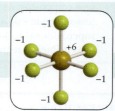

Para aplicar a regra 3, observe que as eletronegatividades do S e do F são 2,6 e 4,0, respectivamente.

Como o F é mais eletronegativo do que o S, a ele é atribuído um número de oxidação -1 (a carga típica de um íon flúor).

Como existem 6 átomos de flúor, cada um com número de oxidação igual a -1, o número de oxidação do único átomo de S é:

$$N_{ox}(S) = -6N_{ox}(F) = -6(-1) = +6$$

(b) N_2O_4. Pela regra 2, a soma dos números de oxidação dos átomos no composto deve ser:

$$2N_{ox}(N) + 4N_{ox}(O) = 0$$

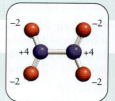

Para aplicar a regra 3, observe que as eletronegatividades do N e do O são 3,0 e 3,4, respectivamente, e, por esta razão, presume-se que o oxigênio esteja presente como íon O^{2-}. Logo, o número de oxidação do oxigênio é -2. Como $2N_{ox}(N) + 4N_{ox}(O) = 0$ e $N_{ox}(O) = -2$, é possível concluir que

$$N_{ox}(N) = \frac{-4N_{ox}(O)}{2} = \frac{-4(-2)}{2} = +4$$

AVALIE Conforme esperado, F e O têm números de oxidação negativos.

Teste K.3A Encontre os números de oxidação (a) do nitrogênio no N_2O_4 e (b) do cloro no ClO^-.

[***Resposta:*** (a) $+4$, (b) $+1$]

Teste K.3B Encontre os números de oxidação (a) do nitrogênio no N_2S_4 e (b) do bromo no BrO_3^-.

Exercícios relacionados K.3, K.4

A oxidação aumenta o número de oxidação de um elemento. A redução diminui o número de oxidação do elemento. Os números de oxidação são atribuídos segundo as regras da Caixa de Ferramentas K.1.

K.3 Os agentes oxidantes e redutores

A espécie que *provoca* a oxidação em uma reação redox é chamada de *agente oxidante* (ou, simplesmente, *oxidante*). Ao agir, o oxidante aceita os elétrons liberados pelas espécies que se oxidam. Em outras palavras, o oxidante contém um elemento no qual o número de oxidação *diminui* (Fig. K.3). Isto é,

- O **agente oxidante** (ou **oxidante**) em uma reação redox é a espécie que promove a oxidação e é reduzida no processo.

FIGURA K.3 O agente oxidante (embaixo, à esquerda) é a espécie que contém o elemento cujo número de oxidação diminui. A mudança de cor mostra como o número de oxidação da espécie de cima aumenta quando o agente oxidante ganha elétrons. Quanto mais forte for a cor verde, maior será o número de elétrons presentes.

Por exemplo, o oxigênio remove elétrons do magnésio. Como o oxigênio aceita esses elétrons, seu número de oxidação diminui de 0 a −2 (uma redução). O oxigênio é, portanto, o oxidante nessa reação. Os oxidantes podem ser elementos, íons ou compostos.

A espécie que promove a redução é chamada de *agente redutor* (ou, simplesmente, *redutor*). Como o redutor fornece os elétrons para a espécie que está sendo reduzida, ele perde elétrons. Isto é, o redutor contém um elemento no qual o número de oxidação aumenta (Fig. K.4). Em outras palavras,

- O **agente redutor** (ou **redutor**) em uma reação redox é a espécie que provoca a redução e é oxidada no processo.

Por exemplo, quando o metal magnésio fornece elétrons ao oxigênio (reduzindo os átomos de oxigênio), os átomos de magnésio perdem elétrons e o número de oxidação do magnésio aumenta de 0 a +2 (uma oxidação). Ele é o redutor na reação entre o magnésio e o oxigênio.

Para identificar o redutor e o oxidante em uma reação redox, você precisa comparar os números de oxidação dos elementos antes e depois da reação, para ver o que mudou. O reagente que contém um elemento que é reduzido na reação é o agente oxidante, e o reagente que contém um elemento que é oxidado é o agente redutor. Por exemplo, quando um pedaço de zinco é colocado em uma solução de cobre(II) (Fig. K.5), a reação é:

$$\overset{0}{Zn}(s) + \overset{+2}{Cu^{2+}}(aq) \longrightarrow \overset{+2}{Zn^{2+}}(aq) + \overset{0}{Cu}(s)$$

O número de oxidação do zinco aumenta de 0 a +2 (oxidação), e o do cobre diminui de +2 a 0 (redução). Portanto, como o zinco se oxida, o metal zinco é o redutor nessa reação. Em contrapartida, como o cobre é reduzido, os íons cobre(II) são o agente oxidante.

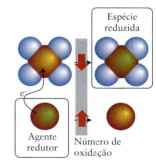

FIGURA K.4 O agente redutor (embaixo, à esquerda) é a espécie que contém o elemento cujo número de oxidação aumenta. A mudança de cor mostra como o número de oxidação da espécie de cima aumenta quando o agente redutor ganha elétrons. Quanto mais forte for a cor verde, maior será o número de elétrons presentes.

FIGURA K.5 Quando uma fita de zinco é colocada em uma solução que contém íons Cu^{2+}, a solução azul lentamente se descora e o metal cobre deposita-se sobre o zinco. A expansão mostra que, nessa reação redox, o metal zinco reduz os íons Cu^{2+} ao metal cobre e os íons Cu^{2+} oxidam o metal zinco a íons Zn^{2+}. (W.H. Freeman. Foto: Ken Karp.)

EXEMPLO K.3 A identificação dos agentes oxidantes e redutores

Um químico ambiental precisa determinar a quantidade de íons Fe^{2+} em uma amostra de água poluída de uma unidade industrial em desuso e exposta à ferrugem. Um dos procedimentos indicados é analisar a amostra usando uma solução de dicromato de sódio, $Na_2Cr_2O_7$. Identifique o agente oxidante e o agente redutor na reação:

$$Cr_2O_7^{2-}(aq) + 6\,Fe^{2+}(aq) + 14\,H^+(aq) \longrightarrow 6\,Fe^{3+}(aq) + 2\,Cr^{3+}(aq) + 7\,H_2O(l)$$

ANTECIPE Uma espécie com muitos átomos de O deve agir como agente oxidante; logo, devemos esperar que o dicromato ($Cr_2O_7^{2-}$) seja o agente oxidante.

PLANEJE Os números de oxidação de H e de O não mudaram, logo, nos concentraremos em Cr e Fe.

RESOLVA

Determine os números de oxidação do cromo.

Como reagente (em $Cr_2O_7^{2-}$): Façamos o número de oxidação do Cr igual a $N_{ox}(Cr)$. Temos, então,

$$\underbrace{2N_{ox}(Cr)}_{Cr_2O_7^{2-}} + \underbrace{[7 \times (-2)]}_{Cr_2O_7^{2-}} = \underbrace{-2}_{Cr_2O_7^{2-}}, \text{ ou } 2N_{ox}(Cr) - 14 = -2$$

O número de oxidação do Cr em $Cr_2O_7^{2-}$ é +6.

Como um produto (como Cr^{3+}): o número de oxidação é +3.

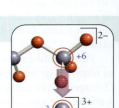

Decida se Cr se oxida ou se reduz.

$$\overset{+6}{Cr_2}O_7^{2-} \longrightarrow 2\,\overset{+3}{Cr}^{3+}$$

O número de oxidação de Cr diminui de +6 a +3, logo, o Cr se reduz e o íon dicromato é o oxidante.

Determine os números de oxidação do ferro.

Como reagente (Fe^{2+}): o número de oxidação é +2.
Como produto (Fe^{3+}): o número de oxidação é +3.

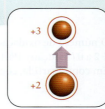

Decida se Fe se oxida ou se reduz.

O número de oxidação do Fe aumenta de +2 a +3, logo, o Fe se oxida e o íon ferro(II) é o redutor.

AVALIE Como previsto, o íon dicromato é o agente oxidante. O íon dicromato em meio ácido é um agente oxidante comum de laboratório.

Teste K.4A No processo de Claus usado na recuperação de enxofre do gás natural e do petróleo, o sulfeto de hidrogênio, H_2S, reage com dióxido de enxofre, SO_2, para formar enxofre elementar e água: $2\,H_2S(g) + SO_2 \rightarrow 3\,S(s) + 2\,H_2O(l)$. Identifique o oxidante e o redutor.

[**Resposta:** SO_2 é o oxidante e H_2S é o redutor]

Teste K.4B Quando o ácido sulfúrico reage com iodeto de sódio, formam-se iodato de sódio e dióxido de enxofre. Identifique o oxidante e o redutor nessa reação.

Exercícios relacionados K.7–K.10, K.15

A oxidação é produzida por um agente oxidante, uma espécie que contém um elemento que se reduz. A redução é produzida por um agente redutor, uma espécie que contém um elemento que se oxida.

K.4 O balanceamento de equações redox simples

Como os elétrons não podem ser perdidos nem criados em uma reação química, todos os elétrons perdidos pela espécie que está sendo oxidada se transferem para a espécie que está sendo reduzida. Como os elétrons têm carga, a carga total dos reagentes deve ser igual à carga total dos produtos. Assim, ao balancear a equação química de uma reação redox, tanto as cargas quanto os átomos precisam ser balanceados.

Vejamos, por exemplo, a equação iônica simplificada da oxidação do metal cobre a íons cobre(II) pelos íons prata (Fig. K.6):

$$Cu(s) + Ag^+(aq) \longrightarrow Cu^{2+}(aq) + Ag(s)$$

À primeira vista, a equação parece estar balanceada, porque o número de átomos de cada espécie é o mesmo nos dois lados. Entretanto, a carga total dos produtos é diferente da dos reagentes. Cada átomo de cobre perdeu dois elétrons e cada átomo de prata ganhou só um. Para balancear os elétrons, é preciso balancear a carga e escrever

$$Cu(s) + 2\,Ag^+(aq) \longrightarrow Cu^{2+}(aq) + 2\,Ag(s)$$

> **Teste K.5A** Quando o metal estanho é colocado em contato com uma solução de íons Fe^{3+}, ele reduz o ferro a ferro(II) e se oxida a íons estanho(II). Escreva a equação iônica simplificada da reação.
>
> [**Resposta:** $Sn(s) + 2\,Fe^{3+}(aq) \to Sn^{2+}(aq) + 2\,Fe^{2+}(aq)$]]
>
> **Teste K.5B** Os íons cério(IV), em água, oxidam íons iodeto a iodo diatômico sólido e se reduzem a íons cério(III). Escreva a equação iônica simplificada da reação.

Algumas reações redox, particularmente as que envolvem oxoânions, têm equações químicas complexas que requerem procedimentos especiais para o balanceamento. O Tópico 6K apresenta exemplos e procedimentos.

No balanceamento de uma equação química de uma reação redox que envolve íons, a carga total de cada lado também deve estar balanceada.

O que você aprendeu em Fundamentos K?

Você aprendeu que, em uma reação redox, os elétrons (em alguns casos acompanhados por átomos) são transferidos de uma espécie para outra. Você aprendeu a identificar os agentes oxidantes e redutores monitorando os números de oxidação dos elementos.

Os conhecimentos que você deve dominar incluem a capacidade de:

☐ **1.** Determinar o número de oxidação de um elemento (Caixa de Ferramentas K.1 e Exemplos K.1 e K.2).

☐ **2.** Identificar o oxidante e o redutor em uma reação (Exemplo K.2).

☐ **3.** Escrever e balancear as equações químicas de reações redox simples (Teste K.5).

FIGURA K.6 (a) Uma solução de nitrato de prata é incolor. (b) Algum tempo depois de um fio de cobre ser mergulhado nela, a solução adquire a cor azul do cobre(II) e formam-se cristais do metal prata na superfície do fio. (©1986 Peticolas/Megna–Fundamental Photographs.)

FIGURA INTERATIVA K.6

Fundamentos K Exercícios

K.1 Identifique o número de oxidação do elemento em itálico em cada íon: (a) $Zn(OH)_4^{2-}$; (b) $PdCl_4^{2-}$; (c) UO_2^{2+}; (d) SiF_6^{2-}; (e) IO^-.

K.2 Determine o número de oxidação do elemento em itálico nos seguintes compostos: (a) $ClFO_3$; (b) SOF_2; (c) N_2O_5; (d) P_4S_3; (e) $HAsO_3$; (f) XeF_4.

K.3 Determine o número de oxidação do elemento em itálico nos seguintes compostos: (a) H_4SiO_4; (b) SnO_2; (c) N_2H_4; (d) P_4O_{10}; (e) S_2Cl_2; (f) P_4.

K.4 Determine o número de oxidação do elemento em itálico nos seguintes íons: (a) BF_4^-; (b) NO_2^-; (c) $S_2O_8^{2-}$; (d) VO^{2+}; (e) BrF_2^+.

K.5 Quando níquel é adicionado a $CuCl_2(aq)$, formam-se íons Ni^{2+} e cobre. Quando ferro é adicionado a $NiCl_2(aq)$, formam-se íons Fe^{2+} e níquel. O que acontece se você adicionar ferro a $CuCl_2(aq)$? Explique sua resposta.

K.6 Quando chumbo é adicionado a $AgCl(aq)$, formam-se íons Pb^{2+} e prata. Quando zinco é adicionado a $PbCl_2(aq)$, formam-se íons Zn^{2+} e chumbo. O que acontece se você adicionar prata a $ZnCl_2(aq)$? Explique sua resposta.

K.7 Identifique pela variação dos números de oxidação nas seguintes reações redox a substância oxidada e a substância reduzida:

(a) $CH_3OH(aq) + O_2(g) \to HCOOH(aq) + H_2O(l)$

(b) $2\,MoCl_5(s) + 5\,Na_2S(s) \to$
$\qquad\qquad\qquad 2\,MoS_2(s) + 10\,NaCl(s) + S(s)$

(c) $3\,Tl^+(aq) \to 2\,Tl(s) + Tl^{3+}(aq)$

K.8 Use os números de oxidação para identificar, em cada uma das seguintes reações, a substância oxidada e a substância reduzida:

(a) Produção de iodo a partir da água do mar:
$Cl_2(g) + 2\,I^-(aq) \to I_2(aq) + 2\,Cl^-(aq)$

F86 Fundamentos

(b) Reação de preparação de um alvejante:
$$Cl_2(g) + 2\,NaOH(aq) \rightarrow NaCl(aq) + NaOCl(aq) + H_2O(l)$$
(c) Reação de destruição do ozônio na estratosfera:
$$NO(g) + O_3(g) \rightarrow NO_2(g) + O_2(g)$$

K.9 Identifique o agente oxidante e o agente redutor em cada uma das seguintes reações:

(a) $Zn(s) + 2\,HCl(aq) \rightarrow ZnCl_2(aq) + H_2(g)$, um método simples de preparar o gás H_2 em laboratório
(b) $2\,H_2S(g) + SO_2(g) \rightarrow 3\,S(s) + 2\,H_2O(l)$, uma reação usada para produzir enxofre a partir de sulfeto de hidrogênio, o "gás azedo" do gás natural
(c) $B_2O_3(s) + 3\,Mg(s) \rightarrow 2\,B(s) + 3\,MgO(s)$, um método de preparação do boro elementar

K.10 Identifique o agente oxidante e o agente redutor em cada uma das seguintes reações:

(a) $2\,Al(l) + Cr_2O_3(s) \xrightarrow{\Delta} Al_2O_3(s) + 2\,Cr(l)$, um exemplo de uma reação termita usada para a obtenção de alguns metais a partir de seus minérios
(b) $6\,Li(s) + N_2(g) \rightarrow 2\,Li_3N(s)$, uma reação que mostra a semelhança entre o lítio e o magnésio
(c) $2\,Ca_3(PO_4)_2(s) + 6\,SiO_2(s) + 10\,C(s) \rightarrow P_4(g) + 6\,CaSiO_3(s) + 10\,CO(g)$, uma reação de preparação do elemento fósforo

K.11 O *processo de Sabatier* tem sido usado para remover CO_2 de atmosferas artificiais, como as de submarinos e espaçonaves. Uma vantagem é que ele produz metano, CH_4, que serve como combustível, e água, que pode ser reutilizada. Balanceie a equação do processo e identifique o tipo de reação: $CO_2(g) + H_2(g) \rightarrow CH_4(g) + H_2O(l)$.

K.12 A produção industrial do metal sódio e do gás cloro usa o processo de Downs, a eletrólise do cloreto de sódio fundido. Escreva uma equação balanceada para a produção dos dois elementos a partir do cloreto de sódio fundido. Que elemento é produzido pela oxidação? E pela redução?

K.13 Escreva equações balanceadas para as seguintes reações redox simplificadas:

(a) $NO_2(g) + O_3(g) \rightarrow N_2O_5(g) + O_2(g)$
(b) $S_8(s) + Na(s) \rightarrow Na_2S(s)$
(c) $Cr^{2+}(aq) + Sn^{4+}(aq) \rightarrow Cr^{3+}(aq) + Sn^{2+}(aq)$
(d) $As(s) + Cl_2(g) \rightarrow AsCl_3(l)$

K.14 Escreva equações balanceadas para as seguintes reações redox simplificadas:

(a) $Sb_2S_3(s) + Fe(s) \rightarrow Sb(s) + FeS(s)$
(b) $BrO^-(aq) \rightarrow BrO_3^-(aq) + Br^-(aq)$
(c) $Cr_2O_3(s) + C(s) \rightarrow Cr_3C_2(s) + CO(g)$
(d) $PbS(s) + O_2(g) \rightarrow PbO(s) + SO_2(g)$

K.15 Identifique o agente oxidante e o agente redutor em cada uma das seguintes reações:

(a) A produção do metal tungstênio a partir de seu óxido,
$$WO_3(s) + 3\,H_2(g) \rightarrow W(s) + 3\,H_2O(l)$$
(b) A geração de gás hidrogênio em laboratório,
$$Mg(s) + 2\,HCl(aq) \rightarrow H_2(g) + MgCl_2(aq)$$
(c) A produção do metal estanho a partir do óxido de estanho(IV),
$$SnO_2(s) + 2\,C(s) \xrightarrow{\Delta} Sn(l) + 2\,CO(g)$$
(d) Uma das reações usadas na propulsão de foguetes,
$$2\,N_2H_4(g) + N_2O_4(g) \rightarrow 3\,N_2(g) + 4\,H_2O(g)$$

K.16 Identifique o agente oxidante e o agente redutor em cada uma das seguintes reações:

(a) Uma reação usada para remover íons nitrato de águas residuais,
$$5\,CH_3OH(aq) + 6\,NO_3^-(aq) + 6\,H^+(aq) \rightarrow$$
$$5\,CO_2(g) + 3\,N_2(g) + 13\,H_2O(l).$$
(b) Uma das etapas da produção de combustível alternativo a partir do carvão, $CH_4(g) + H_2O(g) \rightarrow CO(g) + 3\,H_2(g)$.
(c) Uma das reações na queima de fogos de artifício,
$$4\,KNO_3(s) \rightarrow 2\,K_2O(s) + 2\,N_2(g) + 5\,O_2(g).$$

K.17 Balanceie as reações dadas e identifique os agentes redutor e oxidante em cada uma delas.

(a) $Cl_2(g) + H_2O(l) \rightarrow HClO(aq) + HCl(aq)$
(b) $NaClO_3(aq) + SO_2(g) + H_2SO_4(aq, diluído) \rightarrow$
$$NaHSO_4(aq) + ClO_2(g)$$
(c) $CuI(aq) \rightarrow Cu(s) + I_2(s)$

K.18 Balanceie as seguintes equações e identifique os oxidantes e os redutores em cada uma delas:

(a) $CO(g) + H_2O(g) \rightarrow CO_2(g) + H_2(g)$
(b) $ClO_2(g) + O_3(g) \rightarrow Cl_2O_6(l) + O_2(g)$
(c) $Cl_2(g) + F_2(g) \rightarrow ClF_3(g)$

K.19 Escreva as equações balanceadas para as seguintes reações redox:

(a) O deslocamento do íon cobre(II) em solução pelo metal magnésio:
$$Mg(s) + Cu^{2+}(aq) \rightarrow Mg^{2+}(aq) + Cu(s)$$
(b) A formação do íon ferro(III) na reação:
$$Fe^{2+}(aq) + Ce^{4+}(aq) \rightarrow Fe^{3+}(aq) + Ce^{3+}(aq)$$
(c) A síntese do cloreto de hidrogênio a partir de seus elementos:
$$H_2(g) + Cl_2(g) \rightarrow HCl(g)$$
(d) A formação da ferrugem (a equação é simplificada):
$$Fe(s) + O_2(g) \rightarrow Fe_2O_3(s)$$

K.20 As reações redox abaixo são importantes no refino de determinados elementos. Balanceie as equações e, em cada caso, escreva o nome da fonte do elemento (em negrito) e o estado de oxidação do elemento que está sendo extraído daquele composto (em vermelho).

(a) $\mathbf{SiCl_4}(l) + H_2(g) \rightarrow Si(s) + HCl(g)$
(b) $\mathbf{SnO_2}(s) + C(s) \xrightarrow{1200°C} Sn(l) + CO_2$
(c) $\mathbf{V_2O_5}(s) + Ca(l) \xrightarrow{\Delta} V(s) + CaO(s)$
(d) $\mathbf{B_2O_3}(s) + Mg(s) \rightarrow B(s) + MgO(s)$

K.21 Alguns compostos de hidrogênio e oxigênio são exceções da observação comum de que H tem número de oxidação $+1$ e O tem número de oxidação -2. Considerando que cada metal tem o número de oxidação de seu íon mais comum, encontre os números de oxidação de H e O nos seguintes compostos: (a) KO_2; (b) $LiAlH_4$; (c) Na_2O_2; (d) NaH; (e) KO_3.

K.22 O nitrogênio do ar de um foguete interplanetário perde-se gradualmente por vazamento e tem de ser substituído. Uma das maneiras é guardar nitrogênio na forma de hidrazina, $N_2H_4(l)$, que libera nitrogênio com facilidade por aquecimento. A amônia produzida pode ser ainda processada para dar mais nitrogênio: $N_2H_4(l) \rightarrow NH_3(g) + N_2(g)$. (a) Balanceie a equação. (b) Dê o número de oxidação do nitrogênio em cada composto. (c) Identifique o agente oxidante e o agente redutor. (d) Considerando que 28 g do gás nitrogênio ocupam 24 L na temperatura e na pressão normal, que volume de gás nitrogênio pode ser obtido de 1,0 L de hidrazina? (A densidade da hidrazina é 1,004 g·cm^{-3} na temperatura normal.)

K.23 Para cada uma das seguintes reações incompletas, você escolheria um oxidante ou um redutor para fazer as conversões?

(a) $ClO_4^-(aq) \rightarrow ClO_2(g)$
(b) $SO_4^{2-}(aq) \rightarrow SO_2(g)$

K.24 Para cada uma das seguintes reações incompletas, você escolheria um oxidante ou um redutor para fazer as conversões?

(a) $H_3PO_3(aq) \rightarrow P_4O_{10}(g)$
(b) $CH_3CH_2OH(etanol) \rightarrow CH_3CH_2COOH(\text{ácido acético})$

K.25 Classifique as seguintes reações como de precipitação, neutralização ácido-base ou redox. Se for uma reação de precipitação, escreva a equação iônica. Se for uma reação de neutralização, identifique o ácido e a base. Se for uma reação redox, identifique o oxidante e o redutor.

(a) A reação usada para medir a concentração do monóxido de carbono em um fluxo de gás:
$5 CO(g) + I_2O_5(s) \rightarrow I_2(s) + 5 CO_2(g)$
(b) O teste usado para avaliar a quantidade de iodo em uma amostra:
$I_2(aq) + 2 S_2O_3^{2-}(aq) \rightarrow 2 I^-(aq) + S_4O_6^{2-}(aq)$
(c) O teste para os íons brometo em solução:
$AgNO_3(aq) + Br^-(aq) \rightarrow AgBr(s) + NO_3^-(aq)$
(d) O aquecimento do tetrafluoreto de urânio com o magnésio, um dos estágios da purificação do metal urânio:
$UF_4(g) + 2 Mg(s) \rightarrow U(s) + 2 MgF_2(s)$

K.26 Classifique cada uma das reações dadas como precipitação, neutralização ácido-base ou redox. Se for uma reação de precipitação, escreva a equação iônica. Se for uma reação de neutralização, identifique o ácido e a base. Se for uma reação redox, identifique o oxidante e o redutor.

(a) A combustão da amônia no ar:
$4 NH_3(g) + 3 O_2(g) \rightarrow 2 N_2(g) + 6 H_2O(g)$
(b) A formação do óxido de prata no ar:
$2 AgNO_3(aq) + 2 NaOH(aq) \rightarrow Ag_2O(s) + 2 NaNO_3(aq) + H_2O(l)$
(c) A reação usada para gerar hidrogênio em laboratório:
$Mg(s) + 2 HCl(aq) \rightarrow H_2(g) + MgCl_2(aq)$
(d) A reação do trióxido de enxofre com vapor da água:
$SO_3(g) + 2 H_2O(g) \rightarrow H_2SO_4(aq)$

L A estequiometria das reações

L.1 As predições mol a mol
L.2 As predições massa a massa
L.3 A análise volumétrica

Algumas vezes precisamos saber que quantidade de produto esperar em uma reação ou quanto reagente precisamos utilizar para fabricar a quantidade desejada de produto. Para fazer este tipo de cálculo, você vai usar o aspecto quantitativo das reações químicas, denominado **estequiometria das reações**, na qual os coeficientes estequiométricos em uma reação química balanceada são interpretados com base nas quantidades relativas que reagem ou são produzidas. Logo, os coeficientes estequiométricos na reação

$$N_2(g) + 3 H_2(g) \longrightarrow 2 NH_3(g)$$

indicam que, quando 1 mol de N_2 reage, 3 mols de H_2 são consumidos e produzem-se 2 mols de NH_3. As quantidades relativas de reagentes e produtos envolvidos em uma reação química são resumidas como **relações estequiométricas**

$$1 \text{ mol de } N_2 \simeq 3 \text{ mols de } H_2 \qquad 1 \text{ mol de } N_2 \simeq 2 \text{ mols de } NH_3$$

O sinal $\simeq$ é lido como "é quimicamente equivalente a". De modo geral, reações diferentes têm relações estequiométricas distintas.

L.1 As predições mol a mol

A estequiometria tem aplicações importantes, como a estimativa da quantidade de produto que se forma em uma reação. Por exemplo, em algumas células a combustível usadas para gerar eletricidade, o oxigênio reage com o hidrogênio para produzir água. No ônibus espacial, a água gerada foi usada para o suporte à vida (Fig. L.1). Vejamos os cálculos que os projetistas da missão teriam de fazer para descobrir a quantidade de água formada quando 0,25 mol de O_2 reage com o gás hidrogênio.

A equação química da reação é

$$2 H_2(g) + O_2(g) \longrightarrow 2 H_2O(l)$$

A informação de que 1 mol de O_2 reage para formar 2 mols de H_2O é resumida, escrevendo a relação estequiométrica entre o oxigênio (a substância dada) e a água (a substância desejada):

$$1 \text{ mol } O_2 \simeq 2 \text{ mol } H_2O$$

Depois, esta relação estequiométrica é usada para criar um fator de conversão que relaciona as duas substâncias:

$$\frac{\text{Substância desejada}}{\text{Substância fornecida}} = \frac{2 \text{ mol } H_2O}{1 \text{ mol } O_2}$$

FIGURA L.1 Um técnico estuda uma célula a combustível de hidrogênio-oxigênio, muito leve e eficiente, do tipo usado no ônibus espacial. As três células a combustível fornecem eletricidade e água potável para o suporte da vida. Como elas não têm partes móveis, têm vida útil muito longa. *(Pasquale Sorrentino/Science Source)*.

Os coeficientes estequiométricos são números exatos; portanto, eles não limitam o número de algarismos significativos dos cálculos estequiométricos (ver o Apêndice 1C).

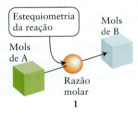

Este fator, comumente chamado de **razão molar** da reação, permite relacionar a quantidade de moléculas de O₂ à quantidade de moléculas de H₂O produzidas. A razão molar é usada da mesma maneira que o fator de conversão de unidades (*Fundamentos A*):

$$\text{Quantidade de H}_2\text{O produzida (mol)} = (0{,}25 \text{ mol de O}_2) \times \frac{2 \text{ mol de H}_2\text{O}}{1 \text{ mol de O}_2}$$

$$= 0{,}50 \text{ mol de H}_2\text{O}$$

Observe que a unidade mol e as espécies (neste caso, moléculas de O₂) se cancelam. A estratégia geral para esse tipo de cálculo está resumida no diagrama (**1**).

> **Teste L.1A** Que quantidade de NH₃ é produzida a partir de 2,0 mols de H₂ na reação N₂(g) + 3 H₂(g) → 2 NH₃(g)?
>
> [***Resposta:*** 1,3 mol NH₃]
>
> **Teste L.1B** Que quantidade de átomos de Fe (em mols) pode ser extraída de 25 mols de Fe₂O₃?

A equação química balanceada de uma reação serve para estabelecer a razão molar, o fator usado para converter a quantidade de uma substância na quantidade de outra.

L.2 As predições massa a massa

Para determinar a massa de produto que pode ser formada a partir da massa conhecida de um reagente, a massa do reagente (em gramas) é convertida em quantidade em mols utilizando sua massa molar. Após, a razão molar da equação balanceada é utilizada para estimar a quantidade de produto (em mols). Por fim, esta quantidade de produto é convertida em massa (em gramas) utilizando sua massa molar, como descrito na Caixa de Ferramentas L.1:

$$\text{Massa de reagente} \xrightarrow{\text{Massa molar}} \text{quantidade de reagente} \xrightarrow{\text{Razão molar}} \text{quantidade de produto} \xrightarrow{\text{Massa molar}} \text{massa de produto}$$

Caixa de ferramentas L.1 COMO FAZER CÁLCULOS MASSA A MASSA

BASE CONCEITUAL

Uma equação química estabelece as relações entre as quantidades (em mols) de cada reagente ou produto. Podemos usar as massas molares como fatores de conversão para expressar essas relações em termos de massas.

PROCEDIMENTO

O procedimento geral para fazer os cálculos massa a massa, resumido no diagrama (**2**), exige que você escreva primeiro a equação química balanceada da reação. Depois, faça os seguintes cálculos:

Etapa 1 Converta a massa conhecida, em gramas, de uma substância (A) em quantidade de mols usando a massa molar:

$$n_A = \frac{m_A}{M_A}$$

Se necessário, converta primeiro as unidades de massa para gramas.

Etapa 2 Use a razão molar derivada dos coeficientes estequiométricos da equação química balanceada para converter a quantidade de uma substância (A) em quantidade em mols da outra substância (B).

Para $a\text{A} \rightarrow b\text{B}$ ou $a\text{A} + b\text{B} \rightarrow c\text{C}$, use

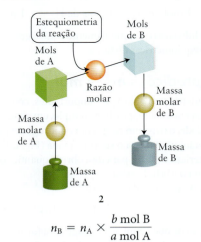

$$n_B = n_A \times \frac{b \text{ mol B}}{a \text{ mol A}}$$

Etapa 3 Converta a quantidade em mols da segunda substância em massa (em gramas) usando a massa molar.

$$m_B = n_B M_B$$

Este procedimento está ilustrado no Exemplo L.1.

EXEMPLO L.1 Cálculo da massa de produto que pode ser obtida de uma dada massa de reagente

Suponha que você esteja envolvido no projeto de uma siderúrgica. Diante da preocupação com o impacto ambiental do projeto, você precisa conhecer não apenas a quantidade de ferro que pode ser extraída do minério utilizado, como também a quantidade de dióxido de carbono produzida na extração. Você realiza alguns experimentos em laboratório para saber mais sobre o processo. (a) Que massa de óxido de ferro(III), Fe_2O_3, presente no minério de ferro, é necessária para produzir 10,0 g de ferro ao ser reduzida por monóxido de carbono ao metal ferro e ao gás dióxido de carbono em um alto-forno? (b) Que massa de dióxido de carbono é liberada na produção de 10,0 g de ferro?

ANTECIPE Como nem toda a massa de Fe_2O_3 é ferro, espera-se usar mais de 10,0 g do minério para obter 10,0 g de ferro. Para responder à parte (b), temos de fazer o cálculo.

PLANEJE Siga as etapas da Caixa de Ferramentas L.1.

RESOLVA A equação química balanceada é

$$Fe_2O_3(s) + 3\,CO(g) \longrightarrow 2\,Fe(s) + 3\,CO_2(g)$$

o que resulta em

$$2 \text{ mols de Fe} \simeq 1 \text{ mol de } Fe_2O_3 \text{ e } 2 \text{ mols de Fe} \simeq 3 \text{ mols de } CO_2$$

(a) A massa molar do ferro é 55,85 g·mol^{-1} e a do óxido de ferro(III) é 159,69 g·mol^{-1}.

Etapa 1 Converta a massa de ferro em quantidade de átomos de Fe utilizando sua massa molar ($n = m/M$).

$$\text{Quantidade de Ferro (mol)} = \frac{10,0 \text{ g}}{55,85 \text{ g·(mol Fe)}^{-1}}$$

$$= \frac{10}{55,85} \text{ mol Fe} = 0,179\ldots \text{ mol Fe}$$

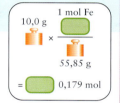

Etapa 2 Use a razão molar para converter a quantidade de átomos de Fe na quantidade de fórmulas unitárias de óxido de ferro(III).

$$\text{Quantidade de } Fe_2O_3 \text{ (mol)} = \frac{10}{55,85} \text{ mol Fe} \times \frac{1 \text{ mol } Fe_2O_3}{2 \text{ mol Fe}}$$

$$= \frac{10}{55,85 \times 2} \text{ mol } Fe_2O_3 = 0,0895\ldots \text{ mol } Fe_2O_3$$

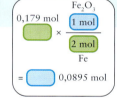

Etapa 3 Converta a quantidade de Fe_2O_3 em massa de óxido de ferro(III) usando sua massa molar ($n = m/M$).

$$\text{Massa de } Fe_2O_3 \text{ (g)} = \frac{10}{55,85 \times 2} \text{ mol } Fe_2O_3 \times 159,69 \text{ g·(mol } Fe_2O_3)^{-1}$$

$$= 14,3 \text{ g}$$

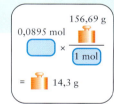

(b) A massa molar do dióxido de carbono é 44,01 g·mol^{-1}.

Etapa 1 Como antes, converta a massa de ferro em quantidade de átomos de Fe usando sua massa molar ($n = m/M$).

$$\text{Quantidade de Ferro (mol)} = \frac{10,0 \text{ g}}{55,85 \text{ g·(mol Fe)}^{-1}}$$

$$= \frac{10}{55,85} \text{ mol Fe} = 0,179\ldots \text{ mol Fe}$$

Etapa 2 Use a razão molar para converter a quantidade de átomos de ferro em quantidade de moléculas de CO_2.

$$\text{Quantidade de } CO_2 \text{ (mol)} = 0,179\ldots \text{ mol Fe} \times \frac{3 \text{ mol } CO_2}{2 \text{ mol Fe}}$$

$$= 0,179\ldots \times \tfrac{3}{2} \text{ mol } CO_2$$

Etapa 3 Use a massa molar para converter a quantidade de moléculas de CO_2 em massa de dióxido de carbono ($n = m/M$).

$$\text{Massa de } CO_2(g) = 0{,}179\ldots \times \tfrac{3}{2} \text{ mol } CO_2 \times 44{,}01 \text{g·(mol } CO_2)^{-1}$$
$$= 11{,}8 \text{ g}$$

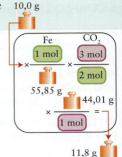

AVALIE Como previsto, são necessários mais de 10 g de minério para obter 10 g de ferro.

Nota de boa prática Note que, embora, como de costume, tenhamos deixado os cálculos numéricos para uma etapa final, o mesmo não é verdade para as unidades: o cancelamento de unidades não introduz erros de arredondamento e simplifica cada etapa.

Teste L.2A Calcule a massa do metal potássio necessária para reagir com 0,450 g de gás hidrogênio para produzir hidreto de potássio, KH.

[*Resposta:* 17,5 g]

Teste L.2B O dióxido de carbono pode ser removido dos gases emitidos por uma usina termelétrica combinando-o com uma emulsão de silicato de cálcio em água: $2\,CO_2(g) + H_2O(l) + CaSiO_3(s) \rightarrow SiO_2(s) + Ca(HCO_3)_2(aq)$. Que massa de $CaSiO_3$ (massa molar 116,17 g·mol^{-1}) é necessária para reagir completamente com 0,300 kg de dióxido de carbono?

Exercícios relacionados L.3 a L.8, L11 e L12

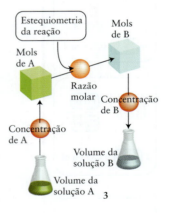

O ponto estequiométrico também é chamado de *ponto de equivalência.*

Em um cálculo massa a massa, converta a massa fornecida em quantidade de mols, aplique o fator de conversão mol a mol para obter a quantidade desejada e, por fim, converta a quantidade de mols em massa da substância desconhecida.

L.3 A análise volumétrica

Uma das técnicas de laboratório mais comuns de determinação da concentração de um soluto é a **titulação** (Fig. L.2). As titulações normalmente são **titulações ácido-base**, nas quais um ácido reage com uma base, ou **titulações redox**, nas quais ocorre reação entre um agente redutor e um oxidante. As titulações são muito usadas no controle da pureza da água, na determinação da composição do sangue e no controle de qualidade das indústrias de alimentos.

Em uma titulação, uma solução é adicionada gradativamente a outra, até a reação se completar. Um volume conhecido da solução a ser analisada, que é chamada de **analito**, é transferido para um frasco. Então, uma solução de concentração conhecida de reagente é vertida no frasco por uma bureta até que todo o analito tenha reagido. A solução contida na bureta é chamada de **titulante**, e a diferença das leituras dos volumes inicial e final na bureta dá o volume de titulante utilizado. A determinação da concentração ou da quantidade de substância pela medida do volume é chamada de **análise volumétrica**.

Em uma titulação ácido-base, o analito é uma solução de uma base, e o titulante, a solução de um ácido, ou vice-versa. Um indicador, um corante solúvel em água (*Fundamentos J*), ajuda a detectar o **ponto estequiométrico**, isto é, a situação em que o volume de titulante adicionado é exatamente igual ao requerido pela relação estequiométrica entre titulante e analito. Por exemplo, se ácido clorídrico contendo algumas gotas do indicador fenolftaleína está sendo titulado, a solução é inicialmente incolor. Após o ponto estequiométrico, quando ocorre excesso de base, a solução do frasco fica básica e o indicador se torna cor-de-rosa. A mudança de cor do indicador é repentina e, então, é fácil detectar o ponto estequiométrico (Fig. L.3). A Caixa de Ferramentas L.2 mostra como interpretar uma titulação. O procedimento é resumido no diagrama (**3**), em que a solução A é o titulante, e a solução B, o analito.

FIGURA L.2 Aparelhagem típica de uma titulação: agitador magnético, Erlenmeyer que contém o analito, garra, bureta que contém o titulante – neste caso, hidróxido de potássio. (*W.H. Freeman. Foto: Ken Karp.*)

Caixa de ferramentas L.2 COMO INTERPRETAR UMA TITULAÇÃO

BASE CONCEITUAL

Em uma titulação, um reagente (o titulante) é adicionado gradualmente, em solução, a outro (o analito) até a reação se completar. O objetivo é determinar a concentração do analito ou a massa do reagente no analito.

PROCEDIMENTO

Etapa 1 Calcule, a partir do volume de titulante ($V_{titulante}$), a quantidade ($n_{titulante}$ em mols) da espécie titulante adicionada e sua molaridade ($c_{titulante}$).

$$\underbrace{n_{titulante}}_{\text{mol de titulante}} = \underbrace{c_{titulante}}_{\text{mol de titulante} \cdot L^{-1}} \times \underbrace{V_{titulante}}_{L}$$

Etapa 2 Calcule a quantidade de analito: (a) Escreva a equação química da reação, (b) identifique a razão molar entre o titulante e o analito, e (c) use-a para converter a quantidade de titulante em quantidade de analito ($n_{analito}$).

$$n_{analito} = n_{titulante} \times \text{razão molar}$$

Etapa 3 Calcule a molaridade inicial do analito ($c_{analito}$) dividindo a quantidade de analito pelo volume, $V_{analito}$, da solução.

$$\underbrace{c_{analito}}_{(\text{mol de analito}) \cdot L^{-1}} = \frac{\overbrace{n_{analito}}^{\text{mol de analito}}}{\underbrace{V_{analito}}_{L}}$$

Este procedimento está ilustrado no Exemplo L.2.

Se o que se deseja é a massa do analito, substitua a etapa 3 e use a massa molar do analito para converter mols em gramas.

Este procedimento está ilustrado no Exemplo L.3.

Nota de boa prática Como precisamos caracterizar bem as substâncias, certifique-se de indicar exatamente as espécies e suas unidades de concentração, escrevendo, por exemplo, 1,0 (mol HCl)·L^{-1} ou 1,0 M HCl(aq).

EXEMPLO L.2 Determinação da molaridade de um ácido por titulação

Uma das técnicas comuns de laboratório é a determinação da concentração de uma solução ácida por titulação. Suponha que 25,00 mL de uma solução de ácido oxálico, $H_2C_2O_4$ (**4**), que tem dois hidrogênios ácidos, foi titulada com uma solução 0,100 M de NaOH(aq) e que o ponto estequiométrico foi atingido após a adição de 38,0 mL da solução de base. Determine a molaridade da solução de ácido oxálico.

ANTECIPE Se o ácido fosse monoprótico, como mais de 25 mL do álcali são necessários para neutralizá-lo (cerca de 1,5 vez o volume do ácido), a molaridade do ácido deveria ser maior do que a molaridade da base. Entretanto, como o ácido é diprótico, cada molécula de ácido tem dois prótons e a molaridade seria a metade da do ácido monoprótico. Assim, podemos esperar que a molaridade seja cerca de $\frac{1}{2} \times 1,5 \times 0,1$ M $\approx 0,08$ M.

PLANEJE Siga as instruções da Caixa de Ferramentas L.2.

RESOLVA

Etapa 1 Calcule, a partir do volume de titulante ($V_{titulante}$), a quantidade ($n_{titulante}$ em mols) da espécie titulante adicionada (NaOH) e sua molaridade ($c_{titulante}$).

$$n_{NaOH} = (38,0 \times 10^{-3} L) \times 0,100 \text{ (mol NaOH) } L^{-1}$$
$$= 0,0038\ldots \text{ mol NaOH}$$

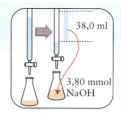

FIGURA L.3 Titulação ácido-base no ponto estequiométrico. O indicador é a fenolftaleína. (W.H. Freeman. Foto: Ken Karp.)

Etapa 2 (a) Escreva a reação química. (b) Identifique a razão molar. (c) Calcule a quantidade de ácido presente.

(a) $H_2C_2O_4(aq) + 2\, NaOH(aq) \rightarrow Na_2C_2O_4(aq) + 2\, H_2O(l)$
(b) 2 mol NaOH ≏ 1 mol $H_2C_2O_4$
(c) $n(H_2C_2O_4) = (0,0038\ldots \text{ mol NaOH}) \times \dfrac{1 \text{ mol } H_2C_2O_4}{2 \text{ mol NaOH}}$

$$= 0,0019\ldots \text{ mol } H_2C_2O_4$$

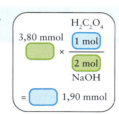

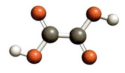

4 Ácido oxálico, $(COOH)_2$

Etapa 3 Calcule a molaridade inicial do analito, $c(H_2C_2O_4)$ dividindo a quantidade de analito pelo volume inicial do analito, $V_{analito}$.

$$c(H_2C_2O_4) = \frac{0{,}0019\ldots \text{ mol } H_2C_2O_4}{25{,}00 \times 10^{-3} \text{ L}}$$
$$= 0{,}0760 \text{ (mol } H_2C_2O_4)\cdot L^{-1}$$

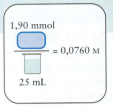

AVALIE A solução é 0,0760 M $H_2C_2O_4$ (aq). Como previsto, o ácido está menos concentrado do que a base e tem molaridade próxima de 0,08 M.

Teste L.3A Um estudante usou uma amostra de ácido clorídrico, que continha 0,020 mol de cloreto de hidrogênio em 500,0 mL de solução, para titular 25,0 mL de uma solução de hidróxido de cálcio. O ponto estequiométrico foi atingido quando 15,1 mL do ácido foram adicionados. Qual era a molaridade da solução de hidróxido de cálcio?

[***Resposta:*** 0,012 M em $Ca(OH)_2$(aq)]

Teste L.3B Muitas minas abandonadas já expuseram comunidades próximas ao problema da drenagem do ácido das minas. Certos minerais, como a pirita (FeS_2), se decompõem quando expostos ao ar e formam soluções de ácido sulfúrico. A água ácida das minas passa, então, para lagos e riachos, matando peixes e outros animais. Em uma mina no Colorado, Estados Unidos, uma amostra de 16,45 mL de água de mina foi neutralizada completamente com 25,00 mL de uma solução 0,255 M em KOH(aq). Qual é a concentração molar de H_2SO_4 na água?

Exercícios relacionados L.13–L.16

EXEMPLO L.3 Determinação da pureza de uma amostra com uma titulação redox

Um método experimental para determinar a pureza do minério de ferro consiste em titular uma amostra com uma solução de permanganato de potássio, $H_2C_2O_4$, que é púrpura. O minério é inicialmente dissolvido em ácido clorídrico. Depois, o ferro é reduzido pela via química a íons ferro(II), os quais reagem com os íons MnO_4^-:

$$5\ Fe^{2+}(aq) + MnO_4^-(aq) + 8\ H^+(aq) \longrightarrow 5\ Fe^{3+}(aq) + Mn^{2+}(aq) + 4\ H_2O(l)$$

O ponto estequiométrico é atingido quando todo o Fe^{2+} reagiu e a detecção é feita porque a cor do íon permanganato persiste. Este método pressupõe que o minério não contém impurezas capazes de reagir com o íon permanganato. Uma amostra de massa 0,202 g de minério foi dissolvida em ácido clorídrico, e a solução resultante utilizou 16,7 mL de 0,0108 M (aq) em $KMnO_4$(aq) para atingir o ponto estequiométrico. (a) Qual é a massa de íons ferro(II) presente na amostra? (b) Qual é a percentagem em massa de ferro na amostra de minério?

ANTECIPE A massa de ferro presente deve ser inferior à massa de minério usada na titulação. A percentagem em massa do ferro no minério também não pode ser maior do que a que está presente no Fe_2O_3 puro (70%).

PLANEJE (a) Para obter a quantidade de ferro(II) no analito, efetue as duas primeiras etapas dadas na Caixa de Ferramentas L.2. Converta, então, mols de íons Fe^{2+} em massa usando a massa molar do Fe^{2+}. Como a massa dos elétrons é muito pequena, é seguro utilizar a massa molar do ferro elementar como se fosse a massa molar dos íons Fe^{2+}. (b) Divida a massa do ferro pela massa da amostra de minério e multiplique por 100%.

RESOLVA

(a) Encontre a massa de ferro presente na amostra. Na etapa 1, calcule a quantidade da espécie titulante (MnO_4^-) adicionada a partir do volume do titulante e sua concentração, usando $n = cV$.

$$n(MnO_4^-) = \underbrace{\frac{0{,}0108 \text{ mol } MnO_4^-}{1 \text{ L}}}_{\text{concentração}} \times \underbrace{0{,}0167 \text{ L}}_{\text{volume}}$$
$$= 0{,}180\ldots \text{ mmol } MnO_4^-$$

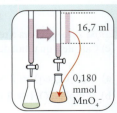

Na etapa 2, identifique a razão entre a espécie titulante e a espécie analito a partir da equação química (dada anteriormente):

$$5 \text{ mol } Fe^{2+} \simeq 1 \text{ mol } MnO_4^-$$

Use-a para converter a quantidade de titulante na quantidade de analito:

$$n(\text{Fe}^{2+}) = \overbrace{0{,}180\ldots \text{ mmol MnO}_4^-}^{\text{quantidade de MnO}_4^-} \times \overbrace{\dfrac{5 \text{ mmol Fe}^{2+}}{1 \text{ mmol MnO}_4^-}}^{\text{razão molar}}$$
$$= 0{,}902\ldots \text{ mmol Fe}^{2+}$$

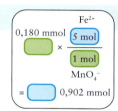

Encontre a massa do ferro usando $m = nM$:

$$m(\text{Fe}^{2+}) = \overbrace{0{,}902\ldots \text{ mmol Fe}^{2+}}^{\text{quantidade de Fe}^{2+}} \times \overbrace{\dfrac{55{,}85 \text{ mg}}{\text{mmol Fe}^{2+}}}^{\text{massa molar}} = 50{,}4 \text{ mg}$$

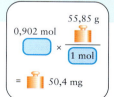

(b) Calcule a percentagem em massa do ferro no minério a partir de: percentagem em massa = [(massa do ferro)/(massa da amostra)] × 100%,

$$\text{Porcentagem em massa de ferro} = \dfrac{0{,}0504 \text{ g}}{0{,}202 \text{ g}} \times 100\% = 25{,}0\%$$

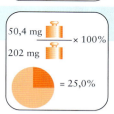

AVALIE A amostra contém 0,0504 g de ferro (como antecipamos, é necessariamente menor do que a massa do minério) e é 25,0% de ferro em massa, o que é menos do que no Fe_2O_3 puro (70,0%).

Teste L.4A Uma amostra de calcário de massa 20,750 g, para uso em cerâmica, foi analisada para a determinação do conteúdo de ferro. O calcário foi lavado com ácido clorídrico e o ferro convertido em íons ferro(II). A solução resultante foi titulada com uma solução de sulfato de cério(IV):

$$\text{Fe}^{2+}(\text{aq}) + \text{Ce}^{4+}(\text{aq}) \longrightarrow \text{Fe}^{3+}(\text{aq}) + \text{Ce}^{3+}(\text{aq})$$

Na titulação foram gastos 13,45 mL de uma solução 1,340 M em $\text{Ce(SO}_4)_2$ (aq) para atingir o ponto estequiométrico. Qual é a percentagem de massa de ferro no calcário?

[***Resposta:*** 4,85%]

Teste L.4B A quantidade de óxido de arsênio(III) em um mineral pode ser determinada pela dissolução do mineral em ácido e pela titulação com permanganato de potássio:

$$24\,\text{H}^+(\text{aq}) + 5\,\text{As}_4\text{O}_6(\text{s}) + 8\,\text{MnO}_4^-(\text{aq}) + 18\,\text{H}_2\text{O}(\text{l}) \rightarrow 8\,\text{Mn}^{2+}(\text{aq}) + 20\,\text{H}_3\text{AsO}_4(\text{aq})$$

Uma amostra de despejo industrial foi analisada para a presença de óxido de arsênio(III) por titulação com uma solução 0,0100 M KMnO_4. Foram utilizados 28,15 mL do titulante para atingir o ponto estequiométrico. Que massa de óxido de arsênio(III) a amostra continha?

Exercícios relacionados L.25, L.26

A relação estequiométrica entre as espécies de analito e titulante, junto com a molaridade do titulante, é usada nas titulações para determinar a molaridade do analito.

Quando uma anotação sobre uma expressão se refere a toda a fração, o termo é mostrado em azul.

O que você aprendeu em Fundamentos L?

Você aprendeu a usar os coeficientes estequiométricos em uma equação química balanceada para predizer o resultado de uma reação em termos das quantidades ou massas de reagentes e produtos.

Os conhecimentos que você deve dominar incluem a capacidade de:

☐ **1.** Executar cálculos estequiométricos para quaisquer duas espécies envolvidas em uma reação química (Caixa de Ferramentas L.1 e Exemplo L.1).

☐ **2.** Calcular a concentração molar (molaridade) de uma solução a partir de dados de titulação (Caixa de Ferramentas L.2 e Exemplo L.2).

☐ **3.** Calcular a massa de um soluto a partir de dados de titulação (Caixa de Ferramentas L.2 e Exemplo L.3).

F94 Fundamentos

Fundamentos L Exercícios

L.1 Sem usar uma calculadora, estime a quantidade de Br_2 (em mols) que pode ser obtida de 0,30 mols de ClO_2 na reação $6\,ClO_2(g) + 2\,BrF_3(l) \rightarrow 6\,ClO_2F(s) + Br_2(l)$.

L.2 Sem usar uma calculadora, estime a quantidade de Cl_2 (em mols) que pode ser obtida de 0,75 mols de N_2H_4 na reação $3\,N_2H_4(g) + 4\,ClF_3(g) \rightarrow 12\,HF(g) + 3\,N_2(g) + 2\,Cl_2(g)$.

L.3 Compostos que possam ser usados para acumular hidrogênio em veículos estão sendo ativamente procurados. Uma das reações estudadas para a armazenagem do hidrogênio é $Li_3N(s) + 2\,H_2(g) \rightarrow LiNH_2(s) + 2\,LiH(s)$. (a) Que quantidade (em mols) de H_2 é necessária para reagir com 1,5 mg de Li_3N? (b) Calcule a massa de Li_3N que produz 0,650 mol de LiH.

L.4 Na pesquisa em sínteses de supercondutores, está sendo estudada a reação $Tl_2O_3(l) + 2\,BaO(s) + 3\,CaO(s) + 4\,CuO(s) \rightarrow Tl_2Ba_2Ca_3Cu_4O_{12}(s)$. (a) Quantos mols de BaO são necessários para reagir com 5,0 g de CaO? (b) Calcule a massa de CuO necessária para produzir 0,24 mol do produto.

L.5 O combustível sólido do foguete auxiliar do ônibus espacial é uma mistura de perclorato de amônio e pó de alumínio. Na ignição, a reação que ocorre é $6\,NH_4ClO_4(s) + 10\,Al(s) \rightarrow 5\,Al_2O_3(s) + 3\,N_2(g) + 6\,HCl(g) + 9\,H_2O(g)$. (a) Que massa de alumínio deve ser misturada com 1,325 kg de NH_4ClO_4 para essa reação? (b) Determine a massa de Al_2O_3 (alumina, um pó branco finamente dividido que é produzido como uma enorme nuvem de fumaça branca) formada na reação de $3,500 \times 10^3$ kg de alumínio.

L.6 O composto diborano, B_2H_6, já foi considerado como um possível combustível de foguetes. A reação de combustão é

$$B_2H_6(g) + 3\,O_2(l) \longrightarrow 2\,HBO_2(g) + 2\,H_2O(l)$$

O fato de que HBO_2, um composto reativo, é produzido, e não o composto B_2O_3, relativamente inerte, foi um dos fatores da interrupção dos estudos de uso do diborano como combustível. (a) Que massa de oxigênio líquido (LOX) seria necessária para queimar 257 g de B_2H_6? (b) Determine a massa de HBO_2 produzida na combustão de 106 g de B_2H_6.

L.7 Os camelos armazenam a gordura triestearina, $C_{57}H_{110}O_6$, em suas corcovas. Além de ser uma fonte de energia, a gordura é também uma fonte de água, pois, quando ela é usada, ocorre a reação $2\,C_{57}H_{110}O_6(s) + 163\,O_2(g) \rightarrow 114\,CO_2(g) + 110\,H_2O(l)$. (a) Que massa de água pode ser obtida de 454 g dessa gordura? (b) Que massa de oxigênio é necessária para oxidar essa quantidade de triestearina?

L.8 O superóxido de potássio, KO_2, é utilizado em equipamentos de respiração de sistema fechado para remover o dióxido de carbono e a água do ar exalado. A remoção de água gera oxigênio para a respiração pela reação $4\,KO_2(s) + 2\,H_2O(l) \rightarrow 3\,O_2(g) + 4\,KOH(s)$. O hidróxido de potássio remove o dióxido de carbono do equipamento pela reação $KOH(s) + CO_2(g) \rightarrow KHCO_3(s)$. (a) Que massa de superóxido de potássio gera 63,0 g de O_2? (b) Que massa de CO_2 pode ser removida do equipamento por 75,0 g de KO_2?

L.9 A combustão de um hidrocarboneto produz água e dióxido de carbono. A densidade da gasolina é 0,79 g·mL^{-1}. Suponha que a gasolina está representada pelo octano, C_8H_{18}, para o qual a reação de combustão é $2\,C_8H_{18}(l) + 25\,O_2(g) \rightarrow 16\,CO_2(g) + 18\,H_2O(l)$. Calcule a massa de água produzida na combustão de 3,8 L de gasolina.

L.10 A reação de Sabatier usa hidrogênio para gerar água a partir de resíduos de dióxido de carbono na estação espacial: $CO_2(g) + 4\,H_2(g) \rightarrow CH_4(g) + 2\,H_2O(l)$. O hidrogênio é estocado como líquido com densidade 0,070 g·cm^{-3}. Que massa de água pode ser produzida na reação de 2,0 L de $H_2(l)$?

L.11 O estômago usa HCl para digerir a comida. O excesso do ácido no estômago, porém, causa problemas, e ele deve ser neutralizado com pastilhas de antiácidos que contêm uma base como $Mg(OH)_2$. Carbonatos como $CaCO_3$ também são usados porque podem reagir como bases: $CaCO_3(s) + 2\,HCl(aq) \rightarrow CaCl_2(aq) + CO_2(g) + H_2O(l)$. Uma pastilha de antiácido muito usada contém 400 mg de $CaCO_3$ e 150 mg de $Mg(OH)_2$. Que massa de HCl ela consegue neutralizar?

L.12 Você gastou todas as suas pastilhas de antiácido e então decide usar bicarbonato de sódio porque ele pode agir como base: $NaHCO_3(s) + HCl(aq) \rightarrow NaCl(aq) + H_2O(l) + CO_2(g)$. Que massa de $NaHCO_3$ você precisará usar para neutralizar a mesma massa de ácido que você obteve no Exercício L.11?

L.13 Uma solução de $Ca(OH)_2$ de volume igual a 25,00 mL foi titulada ao ponto estequiométrico com 12,15 mL de $HNO_3(aq)$ 0,144 M. Qual era a concentração inicial de $Ca(OH)_2$ na solução?

L.14 Uma solução de HCl de volume igual a 10,00 mL foi titulada ao ponto estequiométrico com 13,35 mL de KOH(aq) 0,0152 M. Qual era a concentração inicial de HCl na solução?

L.15 Uma solução de 15,00 mL de hidróxido de sódio foi titulada até o ponto estequiométrico com 17,40 mL de uma solução 0,234 M em HCl(aq). (a) Qual era a molaridade inicial do NaOH em solução? (b) Calcule a massa de NaOH na solução.

L.16 Uma solução de ácido oxálico, $H_2C_2O_4$ (com dois hidrogênios ácidos), de volume 25,17 mL foi titulada até o ponto estequiométrico com 26,72 mL de uma solução 0,327 M de NaOH(aq). (a) Qual era a molaridade do ácido oxálico? (b) Determine a massa de ácido oxálico na solução.

L.17 Uma amostra de 9,670 g de hidróxido de bário foi dissolvida e diluída até a marca de 250,0 mL em um balão volumétrico. Foram necessários 11,56 mL dessa solução para atingir o ponto estequiométrico na titulação de 25,0 mL de uma solução de ácido nítrico. (a) Calcule a molaridade da solução de HNO_3. (b) Qual era a massa de HNO_3 na solução inicial?

L.18 Suponha que 10,0 mL de uma solução 3,0 M de KOH(aq) foram transferidos para um balão volumétrico de 250,0 mL e diluídos até a marca. Foram necessários 38,5 mL dessa solução diluída para atingir o ponto estequiométrico na titulação de 10,0 mL de uma solução de ácido fosfórico, de acordo com a reação $3\,KOH(aq) + H_3PO_4(aq) \rightarrow K_3PO_4(aq) + 3\,H_2O(l)$. (a) Calcule a molaridade do H_3PO_4 na solução. (b) Qual era a massa de H_3PO_4 na solução inicial?

L.19 Em uma titulação, 3,25 g de um ácido, HX, requerem 68,8 mL de uma solução 0,750 M de NaOH(aq) para completar a reação. Qual é a massa molar do ácido?

Fundamentos L Exercícios **F95**

L.20 Suponha que 14,56 mL de uma solução 0,115 M de NaOH(aq) foram necessários para titular 0,2037 g de um ácido desconhecido, HX. Qual é a massa molar do ácido?

L.21 Excesso de NaI foi adicionado a 50,0 mL de uma solução de $AgNO_3$ em água e formou-se 1,76 g de um precipitado de AgI. Qual era a concentração molar do $AgNO_3$ na solução original?

L.22 Um excesso de $AgNO_3$ reage com 30,1 mL de uma solução 4,2 M de K_2CrO_4(aq) para formar um precipitado. O que é o precipitado e que massa dele se forma?

L.23 Uma solução de ácido clorídrico foi preparada colocando-se 10,00 mL do ácido concentrado em um balão volumétrico de 1,000 L e adicionando-se água até a marca. Outra solução foi preparada colocando-se 0,832 g de carbonato de sódio anidro em um balão volumétrico de 100,0 mL e adicionando-se água até a marca. Então, 25,00 mL desta última solução de carbonato foram pipetados para outro balão e titulados com o ácido diluído. O ponto estequiométrico foi atingido quando 31,25 mL do ácido foram adicionados. (a) Escreva uma equação balanceada para a reação de HCl(aq) com Na_2CO_3(aq). (b) Qual era a molaridade do ácido clorídrico concentrado original?

L.24 Um comprimido de vitamina C foi analisado para determinar se de fato continha, como o fabricante anunciava, 1,0 g de vitamina. O comprimido foi dissolvido em água para formar 100,00 mL de solução e uma alíquota de 10,0 mL dessa solução foi titulada com iodo (como triiodeto de potássio). Foram necessários 10,1 mL de uma solução 0,0521 M em I_3^-(aq) para atingir o ponto estequiométrico na titulação. Dado que 1 mol de I_3^- reage com 1 mol de vitamina C na reação, o anúncio do fabricante estava correto? A massa molar da vitamina C é 176 g·mol^{-1}.

L.25 O teor de cobre de determinados supercondutores específicos para uso em altas temperaturas pode ser determinado dissolvendo-se uma amostra do supercondutor em ácido diluído e titulando-se uma amostra com o íon iodeto, que é oxidado ao íon triiodeto pelo cobre.

$$6\,Cu^{2+}(aq) + 15\,I^-(aq) \longrightarrow 6\,CuI(aq) + 3\,I_3^-(aq)$$

A quantidade de triiodeto consumida é determinada com uma reação com o íon tiossulfato. Em um experimento, 1,10 g de um supercondutor precisou de 24,4 mL de I_3^-(aq) 0,0010 M para atingir o ponto estequiométrico. Qual era a percentagem em massa do cobre no supercondutor?

L.26 O teor de urânio em minérios pode ser determinado dissolvendo-se o minério em ácido e convertendo-se todo o urânio em íon U^{4+}, que é titulado com permanganato de potássio em solução ácida até todo o U^{4+} ter reagido, quando a cor púrpura do permanganato persiste:

$$5\,U^{4+}(aq) + 2\,MnO_4^-(aq) + 2\,H_2O(aq) \longrightarrow$$
$$5\,UO_2^{2+}(aq) + 2\,Mn^{2+}(aq) + 4\,H^+(aq)$$

Uma amostra de urânio de massa igual a 11,020 g foi dissolvida em ácido e o urânio foi convertido em U^{4+}. A solução resultante precisou de 25,8 mL de $KMnO_4$(aq) 0,538 M para atingir o ponto estequiométrico. Qual era a percentagem em massa de urânio no minério?

L.27 Iodo é um agente oxidante comum, frequentemente usado na forma de íon triiodeto, I_3^-. Suponha que, na presença de HCl(aq), 25,00 mL de uma solução 0,120 M em triiodeto em água reagem completamente com 30,00 mL de uma solução que contém 19,0 g·L^{-1} de um composto iônico de estanho e cloro. Os produtos são íons iodeto e outro composto de estanho e cloro. O reagente contém 62,6% em massa de estanho. Escreva a equação balanceada da reação.

L.28 Um laboratório forense está analisando uma mistura de dois sólidos, cloreto de cálcio di-hidratado, $CaCl_2 \cdot 2H_2O$, e cloreto de potássio, KCl. A mistura foi aquecida para eliminar a água de hidratação: $CaCl_2 \cdot 2H_2O(s) \xrightarrow{\Delta} CaCl_2(s) + 2\,H_2O(g)$. A massa de uma amostra da mistura antes do aquecimento foi 2,543 g. Após o aquecimento, a massa da mistura de $CaCl_2$ e cloreto de potássio foi 2,312 g. Calcule a percentagem em massa de cada composto na amostra original.

L.29 Os íons tiossulfato ($S_2O_3^{2-}$) se "desproporcionam" em solução ácida para dar enxofre (S) sólido e o íon hidrogenossulfito (HSO_3^-):

$$2\,S_2O_3^{2-}(aq) + 2\,H_3O^+(aq) \longrightarrow$$
$$2\,HSO_3^-(aq) + 2\,H_2O(l) + 2\,S(s)$$

(a) A reação de desproporcionação é um tipo de reação de oxidação-redução. Que espécie se oxidou e que espécie se reduziu? (b) Se 10,1 mL de HSO_3^- 55% em massa são obtidos na reação, que massa de $S_2O_3^{2-}$ estava presente na amostra original, considerando que a reação foi completa? A densidade da solução de HSO_3^- é 1,45 g·cm^{-3}.

L.30 Suponha que 25,0 mL de uma solução 0,50 M em K_2CrO_4(aq) reage completamente com 15 mL de uma solução em $AgNO_3$(aq). Que massa de NaCl é necessária para que ocorra reação completa com 45,0 mL da mesma solução de $AgNO_3$?

L.31 O composto $XCl_2(NH_3)_2$ forma-se da reação entre XCl_4 e NH_3. Suponha que 3,571 g de XCl_4 reagem com excesso de NH_3 para dar Cl_2 e 3,180 g de $XCl_2(NH_3)_2$. Qual é o elemento X?

L.32 A redução do óxido de ferro(III) ao metal ferro em um alto-forno é outra fonte de dióxido de carbono atmosférico. A redução ocorre em duas etapas:

$$2\,C(s) + O_2(g) \longrightarrow 2\,CO(g)$$
$$Fe_2O_3(s) + 3\,CO(g) \longrightarrow 2\,Fe(l) + 3\,CO_2(g)$$

Imagine que todo o CO gerado na primeira etapa reaja na segunda. (a) Quantos átomos de C são necessários para reagir com 600 fórmulas unitárias de Fe_2O_3? (b) Qual é o volume máximo de dióxido de carbono (com densidade 1,25 g·L^{-1}) que pode ser gerado na produção de 1,0 t de ferro (1 t = 10^3 kg)? (c) Supondo um rendimento de 67,9%, que volume de dióxido de carbono é liberado na atmosfera durante a produção de 1,0 t de ferro? (d) Quantos quilogramas de O_2 são necessários para a produção de 5,00 kg de Fe?

L.33 O brometo de bário $BaBr_x$ pode ser convertido em $BaCl_2$ por tratamento com cloro. Sabe-se que 3,25 g de $BaBr_x$ reagem completamente com excesso de cloro para dar 2,27 g de $BaCl_2$. Determine o valor de x e escreva a equação química balanceada da produção de $BaCl_2$ a partir de $BaBr_x$.

L.34 O enxofre é uma impureza indesejável no carvão e no petróleo usados como combustível. A percentagem em massa de enxofre em um combustível pode ser determinada pela queima do combustível em oxigênio e dissolução em água do SO_3 produzido para formar ácido sulfúrico diluído. Em um experimento, 8,54 g de um combustível foram queimados, e o ácido sulfúrico resultante foi titulado com 17,54 mL de uma solução 0,100 M em NaOH(aq). (a) Determine a quantidade (em mols) de H_2SO_4 que foi produzida. (b) Qual é a percentagem em massa de enxofre no combustível?

F96 Fundamentos

L.35 O brometo de sódio, NaBr, que é usado para produzir AgBr para uso em filmes fotográficos, pode ser preparado da seguinte forma:

$$Fe + Br_2 \longrightarrow FeBr_2$$
$$FeBr_2 + Br_2 \longrightarrow Fe_3Br_8$$
$$FeBr_2 + Na_2CO_3 \longrightarrow NaBr + CO_2 + Fe_3O_4$$

Qual é a massa de ferro, em quilogramas, necessária para produzir 2,50 t de NaBr? Lembre-se de que estas equações têm de ser primeiro balanceadas!

L.36 O nitrato de prata é um reagente caro de laboratório que é usado com frequência na análise quantitativa de íons cloreto. Um estudante está preparando uma análise e precisa de 100,0 mL de uma solução 0,0750 M de $AgNO_3(aq)$, mas só encontra cerca de 60 mL de uma solução 0,0500 M de $AgNO_3(aq)$. Em vez de fazer uma nova solução com a concentração exata desejada (0,075 M), o estudante decide pipetar 50,0 mL da solução existente para um balão de 100,0 mL e adicionar $AgNO_3$ sólido puro suficiente para cobrir a diferença, além de água suficiente para levar o volume da solução resultante a exatos 100,0 mL. Que massa de $AgNO_3$ sólido deve ser adicionada na segunda etapa?

L.37 (a) Como você prepararia 1,00 L de uma solução 0,50 M de $HNO_3(aq)$ a partir de $HNO_3(aq)$ "concentrado" (16 M)? (b) Quantos mililitros de uma solução 0,20 M em NaOH(aq) poderiam ser neutralizados por 100. mL da solução diluída?

L.38 Você recebeu uma amostra de um ácido diprótico desconhecido. (a) A análise do ácido mostra que 10,0 g de amostra contêm 0,224 g de hidrogênio e 2,67 g de carbono e que o resto é oxigênio. Determine a fórmula empírica do ácido. (b) A massa de 0,0900 g de amostra do ácido desconhecido foi dissolvida em 30,0 mL de água e titulada até o ponto final com 50,0 mL de uma solução 0,040 M em NaOH(aq). Determine a fórmula molecular do ácido. (c) Escreva uma equação química balanceada para a neutralização do ácido desconhecido com NaOH(aq).

L.39 Uma amostra de massa 1,50 g do metal estanho foi colocada em um cadinho de 26,45 g e aquecida até que todo o estanho reagisse com o oxigênio do ar para formar um óxido. O cadinho e o produto pesaram 28,35 g. (a) Qual é a fórmula empírica do óxido? (b) Escreva o nome do óxido.

L.40 Uma amostra de massa 1,27 g do metal cobre foi colocada em um cadinho de 26,32 g e aquecida até que todo o cobre reagisse com o oxigênio do ar para formar um óxido. O cadinho e o produto pesaram 27,75 g. (a) Qual é a fórmula empírica do óxido? (b) Escreva o nome do óxido.

L.41 Um químico está titulando uma solução de KOH de concentração desconhecida com uma solução 0,0101 M HCl(aq) e um certo número de eventos ocorreu durante a titulação. Quais dos seguintes eventos afetarão a concentração encontrada? Se houver um efeito, indique se a concentração de KOH determinada será muito alta ou muito baixa.

(a) O balão usado para a solução de KOH não estava seco e continha uma pequena quantidade de água destilada.
(b) A bureta usada para a solução de HCl não estava seca e continha uma pequena quantidade de água destilada.
(c) As paredes da bureta estavam ligeiramente engorduradas e algumas gotas de água ficaram presas enquanto o nível caía.
(d) O químico leu erradamente a concentração de HCl como 0,0110 M em HCl(aq).

L.42 Um químico está determinando a percentagem em massa de ferro em uma amostra de minério usando o método do Exemplo L.3. Após dissolver o minério em ácido clorídrico, ele descobriu que um pouco do sólido não se dissolvia. Quais das seguintes informações o químico precisaria para determinar a percentagem em massa do ferro no minério?

(a) A massa do sólido insolúvel.
(b) A cor do sólido insolúvel.
(c) Conhecimento de que o sólido insolúvel não contém ferro.
(d) Conhecimento de que o sólido insolúvel não contém ferro.
(e) Nenhuma dessas informações é necessária.

M.1 *O rendimento da reação*
M.2 *Os limites da reação*
M.3 *A análise por combustão*

M Os reagentes limitantes

Os cálculos estequiométricos da quantidade de massa de produto formado em uma reação baseiam-se em uma visão ideal do mundo. Eles supõem, por exemplo, que as substâncias reagem exatamente como está escrito em uma equação química. Na prática, isso nem sempre acontece. Uma parte dos reagentes pode ser consumida em **reações competitivas**, isto é, reações que têm a mesma duração da que você está estudando e usam alguns dos mesmos reagentes. Outra possibilidade é que a reação não esteja completa quando as medidas são feitas. Uma terceira possibilidade é que muitas reações não se completam. Aparentemente, elas se interrompem quando certa parte dos reagentes foi consumida. Portanto, a quantidade real do produto pode ser inferior à que foi calculada a partir da estequiometria da reação.

M.1 *O rendimento da reação*

O **rendimento teórico** de uma reação é a quantidade *máxima* (mols, massa ou volume) de produto que pode ser obtida a partir de uma determinada quantidade de reagente. O **rendimento percentual** é a fração do rendimento teórico de fato produzida, expressa como percentagem:

$$\text{Rendimento percentual} = \frac{\text{rendimento real}}{\text{rendimento teórico}} \times 100\% \qquad \textbf{(1)}$$

EXEMPLO M.1 O cálculo do rendimento percentual de um produto

A combustão incompleta do combustível em um motor mal calibrado pode produzir monóxido de carbono, tóxico, junto com o dióxido de carbono e a água normalmente obtidos. Imagine que você trabalhe para uma montadora de automóveis e precise avaliar a eficiência de um motor especial para motocicletas de rali. Você precisa determinar o rendimento percentual do dióxido de carbono. No teste do motor, 1,00 L de octano (de massa 702 g) foi incinerado sob certas condições, obtendo-se 1,84 kg de dióxido de carbono. Qual é o rendimento percentual da formação de dióxido de carbono? A fórmula do octano é C_8H_{18}.

ANTECIPE Além de saber que o rendimento percentual não pode ultrapassar 100%, não é possível antecipar o valor real neste caso.

PLANEJE Comece escrevendo a equação química da reação desejada. Depois calcule o rendimento teórico (em gramas) de produto usando o procedimento descrito na Caixa de Ferramentas L.1. Para evitar erros de arredondamento, faça todos os cálculos numéricos no fim do cálculo (no sentido de utilizar valores intermediários não arredondados nos cálculos). Para obter o rendimento percentual, divida a massa de produto que foi obtida na realidade pela massa que deveria ter sido obtida teoricamente e multiplique o resultado por 100%.

RESOLVA
A equação química é

$$2\ C_8H_{18}(l) + 25\ O_2(g) \longrightarrow 16\ CO_2(g) + 18\ H_2O(l)$$

Etapa 1 Converta a massa de octano dada em gramas em quantidade de mols utilizando sua massa molar, $n = m/M$. A massa molar do C_8H_{18} é 114,2 g·mol^{-1}.

$$n(C_8H_{18}) = \frac{702\ g}{114,2\ g \cdot (mol\ C_8H_{18})^{-1}} = \frac{702}{114,2}\ mol\ C_8H_{18}$$
$$= 6,14...\ mol\ C_8H_{18}$$

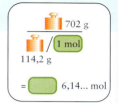

Etapa 2 Use a razão molar obtida com os coeficientes estequiométricos na equação química balanceada, 2 mol de $C_8H_{18} \simeq$ 16 mol CO_2, para converter a quantidade de moléculas de C_8H_{18} na quantidade de mols de moléculas de CO_2.

$$n(CO_2) = (6,14...\ mol\ C_8H_{18}) \times \frac{16\ mol\ CO_2}{2\ mol\ C_8H_{18}} = 49,1...\ mol\ CO_2$$

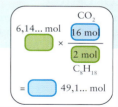

Etapa 3 Converta a quantidade de mols de CO_2 em massa (em gramas e depois em quilogramas) utilizando sua massa molar, 44,01 g·mol^{-1}, e $m = nM$:

$$m(CO_2) = (49,1...\ mol\ CO_2) \times 44,01\ g \cdot (mol\ CO_2)^{-1}$$
$$= 49,1... \times 44,01\ g = \underbrace{2,16 \times 10^3\ g}_{2,16\ kg}$$

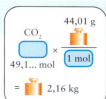

Por fim, calcule o rendimento percentual de dióxido de carbono, sabendo que somente 1,84 kg foi produzido, não 2,16 kg.

$$\text{Rendimento percentual de } CO_2 = \frac{1,84\ kg}{2,16\ kg} \times 100\% = 85,2\%$$

AVALIE O rendimento teórico de 2,16 kg corresponde a cerca de 8 kg de CO_2 por galão de combustível. Apesar das preocupações com o aumento dos níveis de CO_2, neste caso, definitivamente não é um passo na boa direção que o rendimento teórico seja de somente 85,2%! Isso significa que o combustível está sendo utilizado de forma ineficiente e que um bocado de CO indesejável está sendo produzido.

Teste M.1A Quando 24,0 g de nitrato de potássio foram aquecidos com chumbo, formaram-se 13,8 g de nitrito de potássio na reação $Pb(s) + KNO_3(s) \rightarrow PbO(s) + KNO_2(s)$. Calcule o rendimento percentual de nitrito de potássio.

[*Resposta:* 68,3%]

Teste M.1B A redução de 15 kg de óxido de ferro(III) em um alto-forno produziu 8,8 kg de ferro na reação $Fe_2O_3(s) + 3\ CO(g) \rightarrow 2\ Fe(s) + 3\ CO_2(g)$. Qual é o rendimento percentual de ferro?

Exercícios relacionados M.1–M.4

O rendimento teórico de um produto é a quantidade máxima que pode ser esperada com base na estequiometria de uma equação química. O rendimento percentual é a percentagem do rendimento teórico que foi realmente atingida.

M.2 Os limites da reação

O **reagente limitante** de uma reação é o reagente que determina o rendimento máximo do produto. Um reagente limitante é como uma peça com pouco estoque em uma fábrica de motocicletas. Imagine que só existam oito rodas e sete chassis de motos. Como cada chassi requer duas rodas, só existem rodas suficientes para quatro motos. Em outras palavras, as rodas fazem o papel de reagente limitante. Quando todas as rodas forem usadas, três chassis permanecerão sem uso porque há chassis em excesso.

Em alguns casos, o reagente limitante não é tão óbvio e precisa ser encontrado por cálculos. Por exemplo, para identificar o reagente limitante na reação

$$N_2(g) + 3 H_2(g) \longrightarrow 2 NH_3(g)$$

na qual 1 mol $N_2 \rightleftharpoons 3$ mol H_2, é preciso comparar o número de mols de cada elemento fornecido com coeficientes estequiométricos. Assim, vamos supor que você tenha disponíveis 1 mol de N_2, mas somente 2 mols de H_2. Como a quantidade de hidrogênio é menor do que o necessário, segundo a relação estequiométrica, o hidrogênio é o reagente limitante, mesmo estando presente em quantidade maior. Uma vez identificado o reagente limitante, é possível calcular a quantidade de produto que pode se formar. Você também pode calcular a quantidade de reagente em excesso no final da reação.

Caixa de ferramentas M.1 COMO IDENTIFICAR O REAGENTE LIMITANTE

BASE CONCEITUAL

O reagente limitante é o que é consumido completamente antes de a reação atingir o término. Os demais reagentes estão todos em excesso. Como o reagente limitante determina a quantidade de produtos que podem ser formados, o rendimento teórico deve ser calculado a partir da quantidade do reagente limitante.

PROCEDIMENTO

Existem duas maneiras de determinar qual é o reagente limitante.

Método 1

Neste método, usa-se a razão molar obtida da equação química para determinar se existe quantidade suficiente para a reação de qualquer reagente com os demais.

Etapa 1 Converta a massa de cada reagente em mols; se necessário, use as massas molares das substâncias.

Etapa 2 Escolha um dos reagentes e use a relação estequiométrica para calcular a quantidade teórica do segundo reagente necessária para que se complete a reação com o primeiro.

Etapa 3 Se a quantidade real do segundo reagente é maior do que a quantidade necessária (o valor calculado na etapa 2), então o segundo reagente está em excesso; neste caso, o primeiro reagente é o reagente limitante. Se a quantidade real do segundo reagente é menor do que o valor calculado, então toda ela reagirá e o primeiro reagente estará em excesso.

Este método é usado no Exemplo M.2.

Método 2

Calcule o rendimento molar teórico de um dos produtos para cada reagente separadamente, usando o procedimento da Caixa de Ferramentas L.1. O reagente que produzir a menor quantidade de produto é o reagente limitante. Este método é mais eficaz quando há mais de dois reagentes.

Etapa 1 Converta a massa de cada reagente em mols; se necessário, use as massas molares das substâncias.

Etapa 2 Para cada reagente, calcule quantos mols de produto ele irá formar.

Etapa 3 O reagente que produzir menos produto é o reagente limitante.

Este método é usado no Exemplo M.3.

EXEMPLO M.2 Identificação do reagente limitante

O carbeto de cálcio, CaC_2, reage com água para formar hidróxido de cálcio e o gás inflamável etino (acetileno) na reação $CaC_2(s) + 2 H_2O(l) \rightarrow Ca(OH)_2(aq) + C_2H_2(g)$. No passado, esta reação era usada na queima de combustível nas lanternas presas aos capacetes de mineiros, porque os reagentes são facilmente transportados e o acetileno queima como uma chama brilhante (devido às partículas de carbono incandescente formadas). (a) Qual é o reagente limitante quando 100 g de água reagem com 100 g de carbeto de cálcio? (b) Que massa de etino pode ser obtida? (c) Qual é a massa do reagente em excesso que permanece após o término da reação? Suponha que os reagentes sejam puros e que a reação atinge o término.

ANTECIPE Como a massa molar de CaC$_2$ é muito maior do que a de H$_2$O, você deve suspeitar que a quantidade de carbeto disponível é pequena e, portanto, ele será o reagente limitante. Por outro lado, a razão molar da reação indica que a quantidade de H$_2$O presente é duas vezes a de CaC$_2$, logo, você deve ter cuidado com essa estimativa.

PLANEJE Seguiremos o procedimento do Método 1 da Caixa de Ferramentas M.1. As massas molares são calculadas usando as informações da Tabela Periódica no começo do livro ou da lista alfabética dos elementos no final do livro.

RESOLVA

(a) *Etapa 1* Converta a massa de cada reagente em mols. Se necessário, use as massas molares: para CaC$_2$, 64,10 g·mol^{-1}; para H$_2$O, 18,02 g·mol^{-1}.

$$n(\text{CaC}_2) = \frac{100\text{ g}}{64{,}10\text{ g·}(\text{mol CaC}_2)^{-1}}$$
$$= \frac{100}{64{,}10}\text{ mol CaC}_2 = 1{,}56\ldots\text{ mol CaC}_2$$

$$n(\text{H}_2\text{O}) = \frac{100\text{ g}}{18{,}02\text{ g·}(\text{mol H}_2\text{O})^{-1}}$$
$$= \frac{100}{18{,}02}\text{ mol H}_2\text{O} = 5{,}55\ldots\text{ mol H}_2\text{O}$$

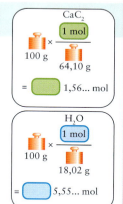

Etapa 2 Selecione o CaC$_2$ e use a relação estequiométrica 1 mol de CaC$_2$ ≏ 2 mol H$_2$O para calcular a quantidade teórica de H$_2$O necessária para completar a reação com determinada quantidade de CaC$_2$.

$$n(\text{H}_2\text{O}) = (1{,}56\ldots\text{ mol CaC}_2) \times \frac{2\text{ mol H}_2\text{O}}{1\text{ mol CaC}_2}$$
$$= 1{,}56\ldots \times 2\text{ mol H}_2\text{O} = 3{,}12\text{ mol H}_2\text{O}$$

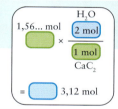

Etapa 3 Determine qual é o reagente limitante.

Como 3,12 mol de H$_2$O são necessários e têm-se os 5,55 mols de H$_2$O, todo o carbeto de cálcio pode reagir; logo, o carbeto de cálcio é o reagente limitante e a água está em excesso.

(b) Como C$_2$H$_2$ é o reagente limitante e 1 mol de CaC$_2$ ≏ 1 mol de C$_2$H$_2$, a massa de etino (de massa molar 26,04 g·mol^{-1}) que pode ser produzida é

$$m(\text{CaC}_2) = (1{,}56\ldots\text{ mol CaC}_2) \times \frac{1\text{ mol C}_2\text{H}_4}{1\text{ mol CaC}_2} \times 26{,}04\text{ g·}(\text{mol C}_2\text{H}_4)^{-1}$$
$$= 40{,}6\text{ g}$$

(c) O reagente em excesso é a água. Como 5,55 mols de H$_2$O foram fornecidos e 3,12 mols de H$_2$O foram consumidos, a quantidade de água que sobrou é 5,55 − 3,12 mol = 2,43 mol. Portanto, a massa do reagente em excesso ao final da reação é

$$\text{Massa de H}_2\text{O remanescente} = (2{,}43\text{ mol}) \times (18{,}02\text{ g·mol}^{-1}) = 43{,}8\text{ g}$$

AVALIE O CaC$_2$ é o reagente limitante (como antecipamos).

Teste M.2A (a) Identifique o reagente limitante na reação 6 Na(l) + Al$_2$O$_3$(s) → 2 Al(l) + 3 Na$_2$O(s) quando 5,52 g de sódio são aquecidos com 5,10 g de Al$_2$O$_3$. (b) Que massa de alumínio pode ser produzida? (c) Que massa de reagente em excesso permanece no final da reação?

[***Resposta:*** (a) Sódio; (b) 2,16 g de Al; (c) 1,02 g de Al$_2$O$_3$]

Teste M.2B (a) Qual é o reagente limitante na preparação da ureia a partir da amônia na reação 2 NH$_3$(g) + CO$_2$(g) → OC(NH$_2$)$_2$(s) + H$_2$O(l) em que 14,5 kg de amônia estão disponíveis para reagir com 22,1 kg de dióxido de carbono? (b) Que massa de ureia pode ser produzida? (c) Que massa de reagente em excesso permanece ao final da reação?

Exercícios relacionados M.7, M.8, M.11, M.12

EXEMPLO M.3 Cálculo do rendimento percentual de um reagente limitante

Uma etapa importante no refino do metal alumínio é a manufatura da criolita, Na_3AlF_6, a partir de fluoreto de amônio, aluminato de sódio e hidróxido de sódio em água:

$$6\,NH_4F(aq) + NaAl(OH)_4(aq) + 2\,NaOH(aq) \longrightarrow Na_3AlF_6(s) + 6\,NH_3(aq) + 6\,H_2O(l)$$

Infelizmente, subprodutos podem se formar, reduzindo o rendimento. Imagine que você precisa investigar a eficiência deste processo. Você mistura 100,0 g de NH_4F com 82,6 g de $NaAl(OH)_4$ e 80,0 g de NaOH, e obtém 75,0 g de Na_3AlF_6. Qual é o rendimento percentual da reação?

ANTECIPE Além de saber que o rendimento percentual não pode ultrapassar 100%, não é possível antecipar o valor real neste caso.

PLANEJE Primeiramente, deve-se identificar o reagente limitante (Caixa de Ferramentas M.1). Este reagente limitante determina o rendimento teórico da reação, logo, vamos usá-lo para calcular a quantidade teórica de produto pelo Método 2 da Caixa de Ferramentas L.1. O rendimento percentual é a razão entre a massa produzida e a massa teórica multiplicada por 100%.

RESOLVA

Etapa 1 Converta a massa de cada reagente em mols utilizando as massas molares das substâncias, que são NH_4F: 37,04 g·mol^{-1}, NaOH: 40,00 g·mol^{-1}, $NaAl(OH)_4$: 118,00 g·mol^{-1} e Na_3AlF_6: 209,95 g·mol^{-1}. Use também a fórmula $n = m/M$.

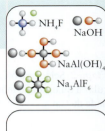

$$n(NH_4F) = \frac{100{,}0\text{ g}}{37{,}04\text{ g}\cdot(\text{mol}\,NH_4F)^{-1}} = 2{,}700\text{ mol }NH_4F$$

$$n(NaAl(OH)_4) = \frac{82{,}6\text{ g}}{118{,}00\text{ g}\cdot(\text{mol}\,NaAl(OH)_4)^{-1}}$$
$$= 0{,}700\text{ mol }NaAl(OH)_4$$

$$n(NaOH) = \frac{80{,}0\text{ g}}{40{,}00\text{ g}\cdot(\text{mol}\,NaOH)^{-1}} = 2{,}00\text{ mol }NaOH$$

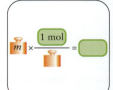

Etapa 2 Para cada reagente, calcule quantos mols de produto (Na_3AlF_6) ele forma. Use as seguintes razões molares na reação:

$$6\text{ mol }NH_4F \simeq 1\text{ mol }Na_3AlF_6$$
$$1\text{ mol }NaAl(OH)_4 \simeq 1\text{ mol }Na_3AlF_6$$
$$2\text{ mol }NaOH \simeq 1\text{ mol }Na_3AlF_6$$

De NH_4F:

$$n(Na_3AlF_6) = 2{,}700\text{ mol }NH_4F \times \frac{1\text{ mol }Na_3AlF_6}{6\text{ mol }NH_4F}$$
$$= 0{,}450\text{ mol }Na_3AlF_6$$

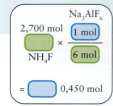

De $NaAl(OH)_4$:

$$n(Na_3AlF_6) = 0{,}700\text{ mol }NaAl(OH)_4 \times \frac{1\text{ mol }Na_3AlF_6}{1\text{ mol }NaAl(OH)_4}$$
$$= 0{,}700\text{ mol }Na_3AlF_6$$

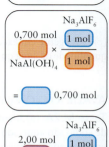

De NaOH:

$$n(Na_3AlF_6) = 2{,}00\text{ mol }NaOH \times \frac{1\text{ mol }Na_3AlF_6}{2\text{ mol }NaOH}$$
$$= 1{,}00\text{ mol }Na_3AlF_6$$

O NH_4F só pode produzir 0,450 mol de Na_3AlF_6. Portanto, ele é o reagente limitante.

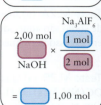

Calcule o rendimento teórico em massa de Na$_3$AlF$_6$ usando $m = nM$.

$$m(\text{Na}_3\text{AlF}_6) = 0{,}450 \text{ mol} \times 209{,}95 \text{ g·mol}^{-1} = 94{,}5 \text{ g}$$

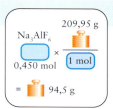

Calcule o rendimento percentual usando a Equação 1.1.

$$\text{Rendimento percentual de Na}_3\text{AlF}_6 = \frac{75{,}0 \text{ g}}{94{,}5 \text{ g}} \times 100\% = 79{,}4\%$$

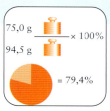

AVALIE Como esperado, o rendimento (79,4%) é inferior a 100% devido à formação de subprodutos indesejados.

Teste M.3A Na síntese de amônia, qual é o rendimento percentual de amônia quando 100 kg de hidrogênio reagem com 800 kg de nitrogênio para produzir 400 kg de amônia segundo a reação N$_2$(g) + 3 H$_2$(g) → 2 NH$_3$(g)?

[*Resposta:* 71,0%]

Teste M.3B Suponha que 28 g de NO$_2$ e 18 g de água reagiram para produzir ácido nítrico e monóxido de nitrogênio segundo a reação 3 NO$_2$(g) + H$_2$O(l) → 2 HNO$_3$(aq) + NO(g). Se 22 g de ácido nítrico são produzidos na reação, qual é o rendimento percentual?

Exercícios relacionados M.15, M.17, M.18, M.24

O reagente limitante de uma reação é o reagente que está em quantidade menor do que o necessário, segundo a relação estequiométrica entre os reagentes.

M.3 A análise por combustão

Uma técnica usada nos laboratórios químicos modernos é a determinação das fórmulas empíricas pela análise por combustão (*Fundamentos F*). Queima-se a amostra em um tubo por onde passa um fluxo abundante de oxigênio (Fig. M.1). O excesso de oxigênio assegura que o reagente limitante é a amostra. Todo o hidrogênio do composto converte-se em água e todo o carbono converte-se em dióxido de carbono. Na versão moderna da técnica, os gases produzidos são separados por cromatografia e suas quantidades relativas são determinadas pela medida da condutividade térmica (a capacidade de conduzir calor) dos gases que saem do aparelho.

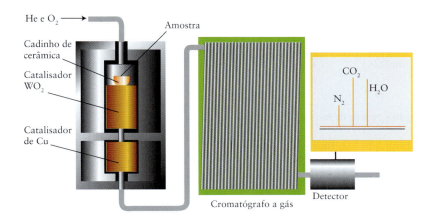

FIGURA M.1 Equipamento usado para a análise por combustão. Uma mistura oxigênio-hélio passa sobre o cadinho de cerâmica que contém a amostra, que é oxidada. Os gases produzidos passam por dois filtros. O catalisador WO$_3$ garante que todo CO eventualmente produzido seja oxidado a CO$_2$. O cobre remove o excesso de oxigênio. As massas de nitrogênio, dióxido de carbono e água produzidas são obtidas pela separação dos gases e pela medida de suas condutividades térmicas.

Sob excesso de oxigênio, cada átomo de carbono do composto transforma-se em uma molécula de dióxido de carbono. Portanto,

$$1 \text{ mol de C na amostra} \simeq 1 \text{ mol de } CO_2 \text{ como produto}$$

ou, simplesmente, 1 mol de C $\simeq$ 1 mol de CO_2. Por isso, ao medir a massa de dióxido de carbono produzida e converter em mols, obtém-se o número de mols de átomos C da amostra original.

De maneira semelhante, cada átomo de hidrogênio do composto contribui, sob excesso de oxigênio, para a formação de uma molécula de água durante a combustão.

$$2 \text{ mol de H na amostra} \simeq 1 \text{ mol de } H_2O \text{ como produto}$$

ou, simplesmente, 2 mols de H $\simeq$ 1 mol de H_2O. Por isso, conhecendo-se a massa de água produzida quando o composto queima sob excesso de oxigênio, obtém-se a quantidade de átomos de H (em mols) da amostra original.

Muitos compostos orgânicos também contêm oxigênio. Se o composto só contém carbono, hidrogênio e oxigênio, é possível calcular a massa de oxigênio inicialmente presente ao subtrair as massas de carbono e hidrogênio da massa original da amostra. A massa de oxigênio pode ser convertida em quantidade de átomos de O (em mols) usando a massa molar dos átomos de oxigênio (16,00 g·mol^{-1}).

EXEMPLO M.4 Determinação de uma fórmula empírica pela análise por combustão

Se você se especializar em química orgânica, as chances são altas de que você precisará usar a análise por combustão em seu trabalho. Vamos supor que você analisou, por combustão, 1,621 g de um composto recém-sintetizado, do qual se sabia que continha somente C, H e O. As massas de água e dióxido de carbono produzidas foram 1,902 g e 3,095 g, respectivamente. Qual é a fórmula empírica do composto?

ANTECIPE Somente se você tivesse feito a síntese dirigida para um produto especificado poderia antecipar a fórmula empírica.

PLANEJE Use as relações estequiométricas dadas anteriormente para encontrar as quantidades de átomos de carbono e hidrogênio da amostra e, então, converta-as de mols a massas. A massa de oxigênio na amostra é obtida pela subtração das massas de carbono e de hidrogênio da massa original da amostra. A diferença de massa é devida ao oxigênio e precisa ser convertida no número de mols de átomos de O. Por fim, os números relativos de átomos são expressos como uma fórmula empírica.

RESOLVA As massas molares de que você precisa são

C: 12,01 g·mol^{-1} CO_2: 44,01 g·mol^{-1} H: 1,008 g·mol^{-1} H_2O: 18,02 g·mol^{-1}

A razão molar para a produção de CO_2 é 1 mol de C $\simeq$ 1 mol de CO_2, e para a produção de H_2O é 1 mol de $H_2O \simeq$ 2 mols de H.

Converta a massa de CO_2 produzida em quantidade de C na amostra

$$n(C) = \frac{3{,}095 \text{ g}}{44{,}01 \text{ g·(mol } CO_2)^{-1}} \times \frac{1 \text{ mol C}}{1 \text{ mol } CO_2} = \frac{3{,}095}{44{,}01} \text{ mol C}$$
$$= 0{,}070\ldots \text{ mol C}$$

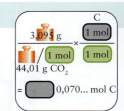

Calcule a massa de carbono na amostra a partir de $m = nM$.

$$m(C) = \left(\frac{3{,}095}{44{,}01} \text{ mol C}\right) \times 12{,}01 \text{ g·(mol C)}^{-1} = 0{,}8446\ldots \text{ g}$$

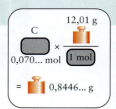

Converta a massa de H₂O produzida em quantidade de H na amostra.

$$m(\text{H}) = \frac{1{,}902\ \text{g}}{18{,}02\ \text{g}\cdot(\text{mol H}_2\text{O})^{-1}} \times \frac{2\ \text{mol H}}{1\ \text{mol H}_2\text{O}}$$

$$= \frac{1{,}902 \times 2}{18{,}02}\ \text{mol H} = 0{,}2111\ldots\ \text{mol H}$$

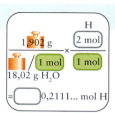

Calcule a massa de H na amostra.

$$m(\text{H}) = (0{,}2111\ldots\ \text{mol H}) \times 1{,}008\ \text{g}\cdot(\text{mol H})^{-1} = 0{,}2128\ \text{g}$$

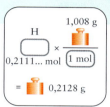

Encontre a massa total de C e de H

$$0{,}8446\ \text{g} + 0{,}2128\ \text{g} = 1{,}0574\ \text{g}$$

Calcule a massa de oxigênio da amostra a partir da diferença entre a massa da amostra e a massa total de C e H.

$$m(\text{O}) = 1{,}621\ \text{g} - 1{,}0574\ \text{g} = 0{,}564\ \text{g}$$

Converta a massa de oxigênio em quantidade de átomos de O.

$$n(\text{O}) = \frac{0{,}564\ \text{g}}{16{,}00\ \text{g}\cdot(\text{mol O})^{-1}} = 0{,}0352\ \text{mol O}$$

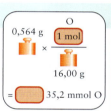

Escreva a razão das quantidades de cada elemento na amostra. Essa razão é igual ao número relativo de átomos.

$$\text{C:H:O} = 0{,}070\ 32 : 0{,}2111 : 0{,}0352$$

Divida pelo menor número (0,0352).

$$\text{C:H:O} = \frac{0{,}070\ 32}{0{,}0352} : \frac{0{,}2111}{0{,}0352} : \frac{0{,}0352}{0{,}0352}$$
$$= 2{,}00 : 6{,}00 : 1{,}00$$

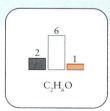

AVALIE Você pode concluir que a fórmula empírica do novo composto é C_2H_6O.

Teste M.4A Quando 0,528 g de sacarose (um composto de carbono, hidrogênio e oxigênio) é queimado, formam-se 0,306 g de água e 0,815 g de dióxido de carbono. Deduza a fórmula empírica da sacarose.

[**Resposta:** $C_{12}H_{22}O_{11}$]

Teste M.4B Quando 0,236 g de aspirina (um composto de carbono, hidrogênio e oxigênio) é queimado em oxigênio, formam-se 0,519 g de dióxido de carbono e 0,0945 g de água. Deduza a fórmula empírica da aspirina.

Exercícios relacionados M.19–M.22

F104 Fundamentos

Em uma análise por combustão, as quantidades de átomos de C, H e O na amostra de um composto e, portanto, sua fórmula empírica, são determinadas a partir das massas de dióxido de carbono e água produzidas quando o composto queima sob excesso de oxigênio.

O que você aprendeu em Fundamentos M?

Você aprendeu que uma relação estequiométrica pode ser usada para predizer o rendimento teórico de uma reação, mas nem todos os rendimentos atingem este máximo teórico e, em alguns casos, a quantidade de um reagente limita a quantidade do produto. Você também viu como usar o conceito de rendimento teórico para determinar a fórmula empírica de um composto por análise por combustão.

Os conhecimentos que você deve dominar incluem a capacidade de:

☐ **1.** Calcular os rendimentos teórico e percentual dos produtos de uma reação (Exemplo M.1).

☐ **2.** Identificar o reagente limitante de uma reação.

☐ **3.** Usar o reagente limitante para calcular o rendimento de um produto e a quantidade de reagente em excesso após a reação atingir o término (Caixa de Ferramentas M.1 e Exemplos M.2 e M.3).

☐ **4.** Determinar a fórmula empírica de um composto orgânico que contém carbono, hidrogênio e oxigênio por análise por combustão (Exemplo M.4).

Fundamentos M Exercícios

M.1 A hidrazina, N_2N_4, é um líquido oleoso usado como combustível espacial. Ela é preparada em água, oxidando-se a amônia com íons hipoclorito: $2\ NH_3(g) + ClO^-(aq) \rightarrow N_2H_4(aq) + Cl^-(aq) + H_2O(l)$. Quando 35,0 g de amônia reagem com um excesso de íon hipoclorito, formaram-se 25,2 g de hidrazina. Qual é o rendimento percentual da hidrazina?

M.2 O metal vanádio pode ser extraído de seu óxido por aquecimento na presença de cálcio: $V_2O_5(s) + 5\ Ca(l) \overset{\Delta}{\rightarrow} 2\ V(s) + 5\ CaO(s)$. Quando 150,0 kg de V_2O_5 foram aquecidos com cálcio, 36,7 kg de vanádio foram produzidos. Qual é o rendimento percentual do vanádio?

M.3 O aquecimento de pedra calcária, que é principalmente $CaCO_3$, produz dióxido de carbono e cal, CaO, pela reação $CaCO_3(s) \overset{\Delta}{\rightarrow} CaO(s) + CO_2(g)$. Se a decomposição térmica de 42,73 g de $CaCO_3$ produz 17,5 g de CO_2, qual é o rendimento percentual da reação?

M.4 Tricloreto de fósforo, PCl_3, é produzido na reação do fósforo branco, P_4, com o cloro: $P_4(s) + 6\ Cl_2(g) \rightarrow 4\ PCl_3(g)$. A reação de 49,91 g de P_4 com excesso de cloro forneceu 180,5 g de PCl_3. Qual é o rendimento percentual da reação?

M.5 Resolva este exercício sem usar uma calculadora. A reação $6\ ClO_2(g) + 2\ BrF_3(l) \rightarrow 6\ ClO_2F(s) + Br_2(l)$ é realizada com 12 mols de ClO_2 e 5 mols de BrF_3. (a) Identifique o reagente em excesso. (b) Estime quantos mols de cada produto são gerados e quantos mols do reagente em excesso restarão ao término da reação.

M.6 Resolva este exercício sem usar uma calculadora. A reação $3\ N_2H_4(g) + 4\ ClF_3(g) \rightarrow 12\ HF(g) + 3\ N_2(g) + 2\ Cl_2(g)$ é realizada com 12 mols de N_2H_4 e 12 mols de ClF_3. (a) Identifique o reagente em excesso. (b) Estime quantos mols de cada produto são

gerados e quantos mols do reagente em excesso restarão ao término da reação.

M.7 Boro sólido pode ser extraído do óxido de boro sólido por reação com o metal magnésio em temperatura alta. Um produto secundário é o óxido de magnésio sólido. (a) Escreva uma equação balanceada para a reação. (b) Se 125 kg de óxido de boro forem aquecidos com 125 kg de magnésio, qual é a massa de boro produzida?

M.8 O antiperspirante cloreto de alumínio é feito pela reação de óxido de alumínio sólido, carbono sólido e gás cloro. O gás monóxido de carbono também é produzido na reação. (a) Escreva uma equação balanceada para a reação. (b) Se 185 kg de óxido de alumínio forem aquecidos com 25 kg de carbono e 100 kg de cloro, qual é a massa de cloreto de alumínio produzida?

M.9 O nitrato de cobre(II) reage com hidróxido de sódio para produzir um precipitado azul-claro de hidróxido de cobre(II). (a) Escreva a equação iônica simplificada da reação. (b) Calcule a massa máxima de hidróxido de cobre(II) formada quando 2,00 g de hidróxido de sódio são adicionados a 80,0 mL de uma solução 0,500 M em $Cu(NO_3)_2(aq)$.

M.10 O nitrato de cobalto(III) reage com o sulfeto de sódio para formar o sulfeto de cobalto(III). (a) Escreva a equação iônica simplificada da reação. (b) Calcule a massa máxima de sulfeto de cobalto(III) formada quando 3,00 g de sulfeto de sódio são adicionados a 65,0 mL de uma solução 0,620 M em $Co(NO_3)_3$ (aq).

M.11 Um vaso de reação contém 5,77 g de fósforo branco e 5,77 g de oxigênio. A primeira reação que ocorre é a formação de óxido de fósforo(III), P_4O_6: $P_4(s) + 3\ O_2(g) \rightarrow P_4O_6(s)$. Se o oxigênio estiver em excesso, a reação prossegue, com formação de óxido de fósforo(V), P_4O_{10}: $P_4O_6(s) + 2\ O_2(g) \rightarrow P_4O_{10}(s)$. (a) Qual é

Fundamentos M Exercícios **F105**

o reagente limitante para a formação de P_4O_{10}? (b) Que massa de P_4O_{10} foi obtida? (c) Quantos gramas de reagente em excesso permanecem no vaso de reação?

M.12 Uma mistura de 12,375 g de óxido de ferro(II) e 6,144 g do metal alumínio é colocada em um cadinho e aquecida em alta temperatura em um forno. Ocorre a redução do óxido: $3\,FeO(s) + 2\,Al(l) \rightarrow 3\,Fe(l) + Al_2O_3(s)$. (a) Qual é o reagente limitante? (b) Determine a quantidade máxima de ferro (em mols de Fe) que pode ser produzida. (c) Calcule a massa do reagente em excesso que permaneceu no cadinho.

M.13 Bifenilas policloradas (PCBs) já foram produtos químicos muito usados na indústria, mas descobriu-se que eles eram perigosos para a saúde e para o meio ambiente. PCBs contêm somente carbono, hidrogênio e cloro. Aroclor 1254 é o nome comercial de um PCB cuja massa molar é 360,88 $g\cdot mol^{-1}$. A combustão de 1,52 g de Aroclor 1254 produziu 2,224 g de CO_2, e a combustão de 2,53 g produziu 0,2530 g de H_2O. Quantos átomos de cloro a molécula de Aroclor 1254 contém?

M.14 Na reação entre o gás hidrogênio (H_2) e o gás oxigênio (O_2) para formar vapor de água, qual é o reagente limitante em cada situação? Qual é a quantidade máxima de vapor de água que pode ser produzida em cada caso? Dê sua resposta nas unidades que estão entre parênteses. (a) 1,0 g de gás hidrogênio e 1,0 mol de $O_2(g)$ (em mols de H_2O); (b) 100 moléculas de H_2 e 30 moléculas de O_2 (em moléculas de H_2O).

M.15 O metal alumínio reage com o gás cloro para produzir cloreto de alumínio. Em uma preparação, 255 g de alumínio foram postos em uma vasilha fechada contendo 535 g de gás cloro. Após a reação terminar, descobriu-se que 300 g de cloreto de alumínio foram produzidos. (a) Escreva uma equação balanceada para a reação. (b) Que massa de cloreto de alumínio pode ser obtida utilizando estes reagentes? (c) Qual é o rendimento percentual de cloreto de alumínio?

M.16 Uma mistura de massa 4,94 g contendo 85% de fosfina pura, PH_3, e 0,110 kg de $CuSO_4\cdot5H_2O$ (cuja massa molar é 249,68 $g\cdot mol^{-1}$) foi colocada em um vaso de reação. (a) Balanceie a reação química que ocorre, dada a equação simplificada $CuSO_4\cdot5H_2O(s) + PH_3(g) \rightarrow Cu_3P_2(s) + H_2SO_4(aq) + H_2O(l)$. (b) Dê nomes aos reagentes e produtos. (c) Determine o reagente limitante. (d) Calcule a massa (em gramas) de Cu_3P_2 (cuja massa molar é 252,56 $g\cdot mol^{-1}$) produzida, sabendo que o rendimento percentual da reação é 6,31%.

M.17 O ácido HA (em que A representa um grupo desconhecido de átomos) tem massa molar igual a 231 $g\cdot mol^{-1}$. HA reage com a base XOH (massa molar 125 $g\cdot mol^{-1}$) para produzir H_2O e o sal XA. Em um experimento, 2,45 g de HA reagiram com 1,50 g de XOH para formar 2,91 g de XA. Qual é o rendimento percentual da reação?

M.18 O ácido H_2A (em que A representa um grupo desconhecido de átomos) tem massa molar igual a 168 $g\cdot mol^{-1}$. H_2A reage com a base XOH (massa molar 125 $g\cdot mol^{-1}$) para produzir H_2O e o sal X_2A. Em um experimento, 1,20 g de H_2A reagiu com 1,00 g de XOH para formar 0,985 g de X_2A. Qual é o rendimento percentual da reação?

M.19 O estimulante do café e do chá é a cafeína, uma substância cuja massa molar é 194 $g\cdot mol^{-1}$. Na queima de 0,376 g de cafeína formam-se 0,682 g de dióxido de carbono, 0,174 g de água e 0,110 g de nitrogênio. Determine as fórmulas empírica e molecular da cafeína e escreva a equação de sua combustão.

M.20 A nicotina, o estimulante do tabaco, tem efeitos fisiológicos muito complexos no organismo. Sua massa molar é 162 $g\cdot mol^{-1}$. A queima de uma amostra de massa 0,385 g produziu 1,072 g de dióxido de carbono, 0,307 g de água e 0,068 g de nitrogênio. Quais são as fórmulas empírica e molecular da nicotina? Escreva a equação de sua combustão.

M.21 Um composto encontrado no núcleo de uma célula humana contém carbono, hidrogênio, oxigênio e nitrogênio. A análise por combustão de 1,35 g do composto produziu 2,20 g de CO_2 e 0,901 g de H_2O. Quando outra amostra, de 0,500 g, do composto foi analisada para nitrogênio, produziu-se 0,130 g de N_2. Qual é a fórmula empírica do composto?

M.22 Um composto obtido como subproduto em uma síntese industrial de polímeros contém carbono, hidrogênio e iodo. A análise por combustão de 1,70 g do composto produziu 1,32 g de CO_2 e 0,631 g de H_2O. A percentagem em massa de iodo no composto foi determinada pela conversão do iodo contido em 0,850 g da amostra em 1,15 g de iodeto de chumbo(II). Qual é a fórmula empírica do composto? O composto também contém oxigênio? Explique sua resposta.

M.23 Quando soluções de nitrato de cálcio e ácido fosfórico em água são misturadas, um sólido branco precipita. (a) Qual é a fórmula do sólido? (b) Quantos gramas de sólido podem se formar a partir de 206 g de nitrato de cálcio e 150 g de ácido fosfórico?

M.24 Pequenas quantidades de gás cloro podem ser geradas em laboratório pela reação do óxido de manganês(IV) com ácido clorídrico: $4\,HCl(aq) + MnO_2(s) \rightarrow 2\,H_2O(l) + MnCl(s) + Cl_2(g)$. (a) Que massa de Cl_2 pode ser produzida a partir de 42,7 g de MnO_2 e excesso de $HCl(aq)$? (b) Que volume de gás cloro (densidade 3,17 $g\cdot L^{-1}$) seria produzido pela reação entre 300 mL de uma solução 0,100 M em $HCl(aq)$ e excesso de MnO_2? (c) Suponha que somente 150 mL de cloro foram produzidos na reação em (b). Qual é o rendimento percentual da reação?

M.25 Além da determinação da composição elementar de compostos desconhecidos puros, a análise por combustão pode ser usada para a determinação da pureza de compostos conhecidos. Uma amostra de 2-naftol, $C_{10}H_7OH$, usada para preparar antioxidantes a serem incorporados na borracha sintética, estava contaminada com uma pequena quantidade de LiBr. A análise por combustão da amostra deu os seguintes resultados: 77,48% de C e 5,20% de H. Sabendo que as únicas espécies presentes eram 2-naftol e LiBr, calcule a pureza percentual em massa da amostra.

M.26 Um composto orgânico de fórmula $C_{14}H_{20}O_2N$ foi recristalizado a partir de 1,1,2,2-tetracloro-etano, $C_2H_2Cl_4$. A análise por combustão do composto deu os seguintes resultados: 68,50% de C e 8,18% de H em massa. Como esses resultados são muito diferentes do que se esperaria para $C_{14}H_{20}O_2N$ puro, a amostra foi examinada e encontrou-se uma quantidade significativa de 1,1,2,2-tetracloro-etano. Supondo que somente esses dois compostos estão presentes, qual é a pureza percentual em massa do $C_{14}H_{20}O_2N$?

M.27 Tu-jin-pi é uma casca de raiz usada na medicina tradicional chinesa para o tratamento do "pé de atleta". Um dos ingredientes ativos do tu-jin-pi é o ácido pseudolárico A, que só contém carbono, hidrogênio e oxigênio. Um químico queria determinar a fórmula molecular do ácido pseudolárico A e queimou 1,000 g do composto em um analisador elementar. Os produtos da combustão foram 2,492 g de CO_2 e 0,6495 g de H_2O. (a) Determine a fórmula empírica do composto. (b) A massa molar encontrada foi 388,46 g·mol^{-1}. Qual é a fórmula molecular do ácido pseudolárico A?

M.28 Um subproduto industrial só tem C, H, O e Cl em sua fórmula. Quando 0,100 g do composto foi analisado por combustão, produziram-se 0,0682 g de CO_2 e 0,0140 g de H_2O. A percentagem em massa de Cl no composto foi 55,0%. Quais são as fórmulas empírica e molecular do composto?

OS ÁTOMOS

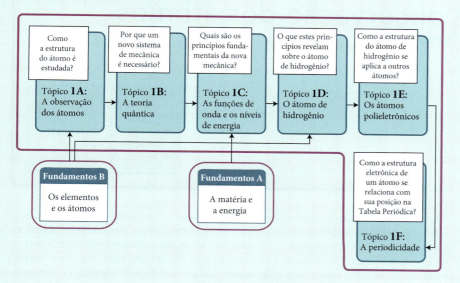

O átomo é a unidade fundamental da química. Quase todos os conceitos e definições da química fazem alusão a ele, e pouco pode ser compreendido sem levá-lo em conta. Portanto, é essencial entender suas características.

Este grupo de Tópicos fornece a base para você entender a estrutura atômica. Começamos com o **TÓPICO 1A**, que discute os experimentos que levaram ao modelo nuclear do átomo e esclarece como a espectroscopia gera informações sobre o estado energético dos elétrons em torno do núcleo do átomo. Depois, no **TÓPICO 1B**, os experimentos que levaram à substituição da mecânica clássica pela mecânica quântica são descritos. Com base nessas ideias fundamentais, o **TÓPICO 1C** examina o importante conceito de função de onda. Algumas de suas principais características são ilustradas com um sistema muito simples, mas elucidativo.

O **TÓPICO 1D** aborda o átomo em detalhes, começando com o mais simples, o átomo de hidrogênio. Para construir um modelo aceitável do átomo de hidrogênio, é preciso tratar o elétron como uma onda e considerar as implicações da equação de Schrödinger. A discussão sobre o átomo de hidrogênio embasa o estudo dos átomos com mais de um elétron, no **TÓPICO 1E**. Essa discussão nos ajudará a entender a estrutura da Tabela Periódica dos elementos, no **TÓPICO 1F**. Você verá que ela é essencial no estudo da química.

Tópico 1A A observação dos átomos

1A.1 O modelo nuclear do átomo
1A.2 A radiação eletromagnética
1A.3 Os espectros atômicos

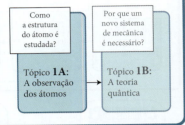

Por que você precisa estudar este assunto? Os átomos são essenciais no estudo dos fenômenos químicos, logo, é fundamental saber obter informações sobre sua estrutura e descobrir o que elas nos revelam.

Que conhecimentos você precisa dominar? Você precisa estar familiarizado com a discussão inicial sobre o modelo nuclear do átomo (*Fundamentos* B).

John Dalton descreveu os átomos como esferas simples, como bolas de bilhar. Mas, hoje sabe-se que os átomos têm estrutura interna: eles são formados por **partículas subatômicas**, ainda menores. Este livro aborda as três partículas subatômicas mais importantes: o elétron, o próton e o nêutron. Ao entender a estrutura interna dos átomos, você verá como um elemento difere de outro e como suas propriedades estão relacionadas às estruturas dos átomos.

1A.1 Modelo nuclear do átomo

A primeira evidência experimental da estrutura interna dos átomos foi obtida em 1897. O físico britânico J. J. Thomson (Figura 1A.1) investigava os "raios catódicos", os raios emitidos quando uma grande diferença de potencial (alta voltagem) é aplicada entre dois contatos de metal, chamados de eletrodos, em um tubo de vidro sob vácuo (Figura 1A.2). Ao observar a direção do desvio do feixe causado por um campo elétrico aplicado aos eletrodos, Thomson demonstrou que os raios catódicos são fluxos de partículas negativas oriundas do interior dos átomos do eletrodo de carga negativa, o *catodo*. Thomson descobriu que as partículas carregadas, que depois foram chamadas de **elétrons**, eram as mesmas, independentemente do metal usado no catodo.

Thomson conseguiu medir o valor de e/m, a razão entre a carga do elétron, e, e sua massa, m. Os valores de e e m, porém, não foram conhecidos até mais tarde, quando outros pesquisadores, principalmente o físico americano Robert Millikan, conduziram experimentos que permitiram a determinação de e. Millikan projetou uma aparelhagem engenhosa, na qual pôde observar pequenas gotas com carga elétrica (Figura 1A.3). A partir da intensidade do campo elétrico necessária para vencer a gravidade que age sobre as gotículas, ele determinou as cargas das partículas. Como cada gotícula de óleo tinha mais de um elétron extra, ele considerou que a carga de um elétron era igual à menor diferença de carga entre as gotículas.

FIGURA 1A.1 Joseph John Thomson (1856-1940), com a aparelhagem que ele usou para descobrir o elétron. (© Pictorial Press Ltd/Alamy.)

1A.1 Modelo nuclear do átomo

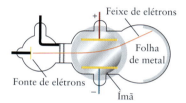

FIGURA 1A.2 Aparelhagem usada por Thomson para investigar as propriedades dos elétrons. Um campo elétrico é estabelecido entre as duas placas amarelas e um campo magnético é aplicado perpendicularmente ao campo elétrico.

FIGURA 1A.3 Esquema do experimento da gota de óleo de Millikan. O óleo é disperso como uma nuvem em uma câmara, que contém um gás com carga, e a localização das gotas é feita com a ajuda de um microscópio. As partículas carregadas (íons) são geradas no gás por exposição a raios X. A queda da gotícula carregada é balanceada pelo campo elétrico.

O valor aceito hoje, $e = 1,602 \times 10^{-19}$ C, é obtido por metodologia muito mais sofisticada. A carga de $-e$ é considerada "uma unidade" de carga negativa, e e, denominada **carga fundamental**, é considerada "uma unidade" de carga positiva. A massa do elétron foi calculada pela combinação desta carga com o valor de e/m medido por Thomson. O valor adotado hoje é $9,109 \times 10^{-31}$ kg.

Embora os elétrons tenham carga negativa, um átomo tem carga total zero: ele é eletricamente neutro. Isso significa que o átomo deve conter carga positiva suficiente para neutralizar a carga negativa. Mas onde estaria essa carga positiva? Thomson sugeriu um modelo atômico que ficou conhecido como o "modelo do pudim de passas", segundo o qual um átomo é como uma esfera de material gelatinoso com carga positiva sobre a qual os elétrons estão suspensos, como passas de uva em um pudim. Esse modelo, entretanto, foi descartado em 1908 por outra observação experimental. Ernest Rutherford (Figura 1A.4) sabia que alguns elementos, incluindo o radônio, emitem partículas de carga positiva, que ele chamou de **partículas α** (partículas alfa). Ele pediu a dois de seus estudantes, Hans Geiger e Ernest Marsden, que fizessem passar um feixe de partículas através de uma folha de platina muito fina, cuja espessura era de apenas uns poucos átomos (Figura 1A.5). Se os átomos fossem realmente uma gota de gelatina com carga positiva, as partículas α passariam facilmente pela carga positiva difusa da folha, com pequenos e raros desvios em sua trajetória.

As observações de Geiger e Marsden espantaram a todos. Embora quase todas as partículas α passassem e sofressem eventualmente um desvio muito pequeno, cerca de 1 em cada 20.000 sofria um desvio superior a 90°, e algumas poucas partículas voltavam na direção da trajetória original. "Foi quase inacreditável", declarou Rutherford, "foi como se você disparasse uma bala de canhão de 15 polegadas contra um lenço de papel e ela rebatesse e o atingisse."

Como explicamos em Fundamentos A, a unidade de carga elétrica no SI é o coulomb, C.

FIGURA 1A.4 Ernest Rutherford (1871-1937), responsável por muitas descobertas sobre a estrutura do átomo e de seu núcleo. (*Prof. Peter Fowler/Science Source.*)

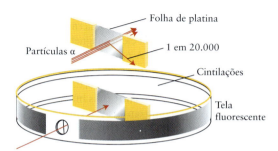

FIGURA 1A.5 Parte do arranjo experimental usado por Geiger e Marsden. As partículas α vinham de uma amostra do gás radioativo radônio. Elas passavam por um furo para uma câmara cilíndrica com uma cobertura interna de sulfeto de zinco. As partículas α se chocavam contra a folha de platina montada no interior do cilindro e os desvios eram medidos pela emissão de luz (cintilação) provocada na cobertura interna. Cerca de 1 em cada 20.000 partículas sofria um desvio muito grande, embora a maioria passasse pela folha quase sem desvios.

Eles usaram uma folha de platina em seus primeiros experimentos; mais tarde, a folha de platina foi substituída por uma de ouro.

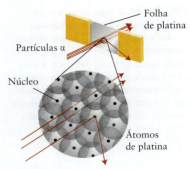

FIGURA 1A.6 O modelo do átomo de Rutherford explica por que a maior parte das partículas atravessa quase sem desvios a folha de platina, enquanto algumas – as que acertam o núcleo – sofrem desvios muito grandes. A maior parte do átomo consiste em um espaço quase vazio, esparsamente ocupado por seus elétrons. Os núcleos são muito menores em relação ao volume dos átomos do que mostramos aqui.

Os resultados do experimento de Geiger-Marsden sugeriam um **modelo nuclear** do átomo, no qual um centro muito pequeno e denso de carga positiva, o **núcleo**, era envolvido por um volume muito grande de espaço praticamente vazio que continha os elétrons. Rutherford imaginou que quando uma partícula α com carga positiva atingia diretamente um dos núcleos muito pequenos, porém pesados, de platina, a partícula sofria um desvio muito grande, como uma bola de tênis se chocando com uma bala de canhão parada (Figura 1A.6). Trabalhos posteriores realizados por físicos nucleares mostraram que o núcleo de um átomo contém partículas, chamadas de **prótons**, cada uma com carga +e, que são responsáveis pela carga positiva, e **nêutrons**, partículas sem carga com massa praticamente idêntica à massa dos prótons. Como prótons e nêutrons têm massas semelhantes e a massa do elétron é muito menor (*Fundamentos* B), quase toda a massa de um átomo deve-se a seu núcleo. O número de prótons do núcleo é diferente para cada elemento e é chamado de **número atômico**, Z, do elemento. A carga total do núcleo do átomo de número atômico Z é $+Ze$ e, para tornar os átomos eletricamente neutros, deve haver Z elétrons ao redor do núcleo para que eles tenham carga total negativa igual a $-Ze$.

No modelo nuclear do átomo, toda a carga positiva e quase toda a massa estão concentradas no pequeno núcleo, enquanto os elétrons, com carga negativa, o cercam. O número atômico é o número de prótons do núcleo.

1A.2 A radiação eletromagnética

Por muitos anos os cientistas tentaram encontrar respostas para uma importante questão: como os Z elétrons se arranjam em volta do núcleo? Para investigar a estrutura interna de objetos tão diminutos quanto o átomo, é preciso observá-los indiretamente, analisando as propriedades da luz que emitem quando estimulados por calor ou por uma descarga elétrica. A análise da luz emitida ou absorvida por substâncias é chamada de **espectroscopia**.

A luz é uma forma de **radiação eletromagnética**, que consiste em campos elétricos e magnéticos oscilantes (isto é, variam com o tempo) que atravessam o vácuo a $3,00 \times 10^8$ m·s^{-1}, ou cerca de 1.080 milhão de quilômetros por hora. Essa velocidade tem o símbolo c e é chamada de "velocidade da luz". A luz visível, as ondas de rádio, as micro-ondas e os raios x são tipos de radiação eletromagnética. Todas essas formas de radiação transferem energia de uma região do espaço para outra. Por exemplo, o calor que você sente quando está exposto ao sol é transmitido através do espaço como radiação eletromagnética.

Quando um feixe de luz encontra um elétron, seu campo elétrico empurra-o primeiro em uma direção, depois na direção oposta, periodicamente. Em outras palavras, o campo oscila em direção e intensidade (Figura 1A.7). O número de ciclos (isto é, a mudança completa de direção e intensidade até voltar à direção e intensidade iniciais) por segundo é chamado de **frequência**, ν (a letra grega nu), da radiação. A unidade de frequência, 1 hertz (1 Hz), é definida como 1 ciclo por segundo: 1 Hz = 1 s^{-1}. A radiação eletromagnética de frequência 1 Hz empurra uma carga em uma direção, depois na direção oposta e então retorna à direção original uma vez a cada segundo. A frequência da radiação eletromagnética que percebemos como luz visível é de cerca de 10^{15} Hz, isto é, seu campo magnético muda de direção cerca de mil trilhões (10^{15}) de vezes por segundo ao passar por determinado ponto.

Uma fotografia instantânea de uma onda eletromagnética que viaja pelo espaço seria semelhante à onda mostrada na Fig. 1A.7. A onda se caracteriza pela amplitude e pelo comprimento de onda. A **amplitude** é a altura da onda em relação à linha central. O quadrado da amplitude determina a **intensidade**, ou brilho, da radiação. O **comprimento de onda**, λ (a letra grega lambda), é a distância entre dois máximos sucessivos. Agora imagine a onda mostrada na Fig. 1A.7 viajando em sua velocidade real, a da luz, c. Se o comprimento de onda é muito curto, um número muito grande de oscilações completas passa por determinado ponto a cada segundo (Fig. 1A.8a). Se o comprimento de onda é grande, um número muito menor de oscilações completas passa por esse ponto a cada segundo (Fig. 1A.8b). Um comprimento de onda curto corresponde, portanto, a uma radiação de alta frequência; um comprimento de onda longo, a uma radiação de baixa frequência. A relação precisa é

$$\underset{\text{comprimento de onda}}{\lambda} \times \underset{\text{frequência}}{\nu} = \underset{\text{velocidade da luz}}{c} \tag{1}$$

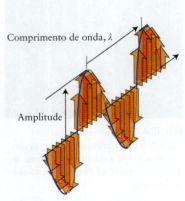

FIGURA 1A.7 O campo elétrico da radiação eletromagnética oscila no espaço e no tempo. O diagrama corresponde a uma "foto" de uma onda eletromagnética em um dado instante. O comprimento de uma seta em qualquer ponto representa o valor da intensidade que o campo exerce, nesse ponto, sobre uma partícula carregada. A distância entre dois picos (máximos) é o comprimento de onda da radiação, e a altura da onda é a amplitude.

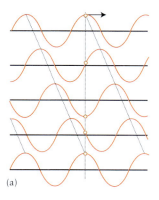 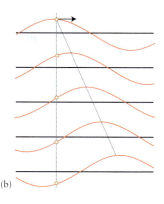

FIGURA 1A.8 (a) Radiação de pequeno comprimento de onda: a linha vertical mostra como o campo elétrico muda acentuadamente de cima para baixo em cada um dos cinco instantes sucessivos. (b) Para os mesmos cinco instantes, o campo elétrico da radiação de grande comprimento de onda muda muito menos. As setas horizontais que aparecem no alto das imagens mostram que, em cada caso, a onda percorreu a mesma distância. A radiação de pequeno comprimento de onda tem alta frequência, enquanto a radiação de grande comprimento de onda tem baixa frequência.

EXEMPLO 1A.1 O cálculo do comprimento de onda da luz de frequência conhecida

O arco-íris forma-se quando os comprimentos de onda da luz solar são refratados (têm sua direção alterada) em ângulos diferentes. Quando a luz do sol atravessa gotículas de água, quanto menor for o comprimento de onda da luz, maior será a variação angular de seu percurso. Que radiação tem o maior comprimento de onda: a luz vermelha, de frequência $4,3 \times 10^{14}$ Hz, ou a luz azul, de frequência $6,4 \times 10^{14}$ Hz?

ANTECIPE Como ondas de grande comprimento de onda resultam em menos oscilações quando passam por um determinado ponto, comprimentos de onda longos são associados a baixas frequências. Portanto, como a luz vermelha tem frequência menor do que a luz azul, devemos esperar que ela tenha o maior comprimento de onda.

PLANEJE Use a Equação 1 para converter frequência em comprimento de onda.

RESOLVA

Para a luz vermelha: de $\lambda v = c$ escrito como $\lambda = c/v$,

$$\lambda = \frac{\overbrace{2{,}998 \times 10^8 \text{ m}\cdot\text{s}^{-1}}^{c}}{4{,}3 \times 10^{14}\ \underbrace{\text{s}^{-1}}_{\text{Hz}}} = \frac{2{,}998 \times 10^8}{4{,}3 \times 10^{14}}\text{ m} = 7{,}0 \times 10^{-7}\text{ m}$$

(ou 700 nm, com 2 as)

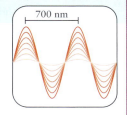

Para a luz azul: $\lambda v = c$ escrito como $\lambda = c/v$,

$$\lambda = \frac{\overbrace{2{,}998 \times 10^8 \text{ m}\cdot\text{s}^{-1}}^{c}}{6{,}4 \times 10^{14}\ \underbrace{\text{s}^{-1}}_{\text{Hz}}} = \frac{2{,}998 \times 10^8}{6{,}4 \times 10^{14}}\text{ m} = 4{,}7 \times 10^{-7}\text{ m}$$

(ou 470 nm, com 2 as)

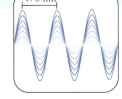

AVALIE Como previsto, a luz vermelha tem comprimento de onda maior (700 nm) do que a luz azul (470 nm).

Teste 1A.1A Calcule os comprimentos de onda das três cores de luz de um sinal de trânsito. Suponha que as frequências sejam: verde, $5{,}75 \times 10^{14}$ Hz; amarelo, $5{,}15 \times 10^{14}$ Hz; vermelho, $4{,}27 \times 10^{14}$ Hz.

[*Resposta:* verde: 521 nm; amarelo: 582 nm; vermelho: 702 nm]

Teste 1A.1B Qual é o comprimento de onda utilizado por uma estação de rádio que transmite em 98,4 MHz?

Exercícios relacionados 1A.7 a 1A.10.

As respostas de todos os testes B são dadas no fim do livro.

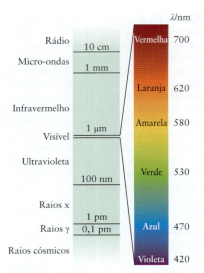

FIGURA 1A.9 Espectro eletromagnético e nomes das regiões. A região chamada de "luz visível" ocupa um intervalo muito pequeno de comprimentos de onda. As regiões não estão em escala.

Embora 500 nm corresponda somente à metade de um milésimo de milímetro (para você ter apenas uma pequena ideia da magnitude das dimensões atômicas!), este número é muito maior do que o diâmetro dos átomos, cujo tamanho típico é de cerca de 0,2 nm.

As teorias modernas sugerem que nosso conceito de espaço se perde na escala de 10^{-34} m. Dito de outro modo, talvez este valor seja um limite inferior para os comprimentos de onda da radiação eletromagnética.

Os componentes de frequências ou comprimentos de onda diferentes são chamados de *linhas* porque, nos primeiros experimentos de espectroscopia, a radiação proveniente da amostra era emitida através de uma fenda, passando então por um prisma. A imagem da fenda era projetada em uma chapa fotográfica, onde aparecia como uma linha.

TABELA 1A.1 Cor, frequência e comprimento de onda da radiação eletromagnética*

Tipo de radiação	Frequência (10^{14} Hz)	Comprimento de onda (nm, 2 as)	Energia por fóton (10^{-19} J)
raios x e raios γ	$\geq 10^3$	≤ 3	$\geq 10^3$
ultravioleta	8,6	350	5,7
luz visível			
violeta	7,1	420	4,7
azul	6,4	470	4,2
verde	5,7	530	3,8
amarela	5,2	580	3,4
laranja	4,8	620	3,2
vermelha	4,3	700	2,8
infravermelha	3,0	1000	2,0
micro-ondas e ondas de rádio	$\leq 10^{-3}$	$\geq 3 \times 10^6$	$\leq 10^{-3}$

*Os valores listados aqui são representativos da faixa de cada região.

Comprimentos de onda diferentes correspondem a regiões diferentes do espectro eletromagnético (Tabela 1A.1). O comprimento de onda da luz visível é da ordem de 500 nm. O olho humano detecta a radiação eletromagnética de comprimento de onda entre 700 nm (luz vermelha) e 400 nm (luz violeta). Neste intervalo, a radiação é chamada de **luz visível**, e a frequência da luz determina sua cor. A luz branca é a mistura de todos os comprimentos de onda da luz visível. Não se sabe se existe um limite inferior para os comprimentos de onda da radiação eletromagnética (Fig. 1A.9). A **radiação ultravioleta** tem frequência mais alta do que a luz violeta. Seu comprimento de onda é inferior a 400 nm. A radiação ultravioleta é o componente prejudicial da radiação do Sol, responsável pelas queimaduras e pelo bronzeamento da pele, e destruiria todas as formas de vida na Terra se não fosse praticamente impedida de atingi-la pela camada de ozônio. A **radiação infravermelha**, a radiação que conhecemos como calor, tem frequência menor (comprimento de onda maior) do que a luz vermelha. O comprimento de onda é superior a 800 nm. As micro-ondas, que são utilizadas em radares e fornos de cozinha, têm comprimentos de onda na faixa de milímetro a centímetro.

A cor da luz depende da frequência e do comprimento de onda. A radiação de grande comprimento de onda tem frequência menor do que a radiação de pequeno comprimento de onda.

1A.3 Os espectros atômicos

Quando uma corrente elétrica passa por uma amostra de hidrogênio em baixa pressão, o gás emite luz. Embora o gás hidrogênio não conduza eletricidade, o forte campo elétrico formado arranca elétrons das moléculas de H_2 desmanchando-as e criando um "plasma" de íons H^+ e elétrons, que conduzem a corrente. Mas os elétrons retornam para os íons H^+, formando átomos de hidrogênio excitados. Esses átomos liberam rapidamente o excesso de energia emitindo radiação eletromagnética e recombinando-se, em seguida, para formar novas moléculas de H_2.

Quando a luz branca, que é formada por todos os comprimentos de onda da radiação visível, passa por um prisma, obtém-se um espectro contínuo de luz (Fig. 1A.10a). Entretanto, quando a luz emitida pelos átomos excitados de hidrogênio passa pelo prisma, a radiação mostra diversos componentes distintos, isto é, **linhas espectrais** (Fig. 1A.10b). A linha mais brilhante (em 656 nm) é vermelha e os átomos excitados do gás brilham com esta cor. Os átomos excitados de hidrogênio também emitem as radiações ultravioleta e infravermelha, que são invisíveis a olho nu, mas podem ser detectadas eletronicamente e em filmes fotográficos especiais.

A primeira pessoa a identificar uma tendência nas linhas da região visível do espectro do hidrogênio foi o professor de escola primária suíço Johann Balmer. Ele percebeu, em 1885, que os comprimentos de todas as linhas até então conhecidas obedeciam à expressão

$$\lambda \propto \frac{n^2}{n^2 - 4} \qquad n = 3, 4, \ldots$$

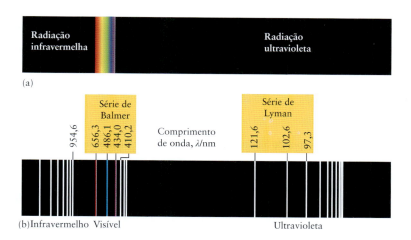

FIGURA 1A.10 (a) Espectro infravermelho, visível e ultravioleta. (b) Espectro completo dos átomos de hidrogênio. As linhas espectrais foram atribuídas a vários grupos chamados de séries, duas das quais aparecem com seus nomes.

Pouco tempo depois, o espectroscopista sueco Johannes Rydberg sugeriu uma nova forma para a mesma expressão, que foi muito mais reveladora:

$$\frac{1}{\lambda} \propto \frac{1}{2^2} - \frac{1}{n^2} \quad n = 3, 4, \ldots$$

Esta expressão é facilmente estendida a outras séries de linhas descobertas posteriormente, simplesmente substituindo 2^2 por 3^2, 4^2, etc. A forma atual da expressão geral é escrita comumente em termos da frequência $\nu = c/\lambda$ como

$$\nu = \mathcal{R}\left\{\frac{1}{n_1^2} - \frac{1}{n_2^2}\right\} \quad n_1 = 1, 2, \ldots, \quad n_2 = n_1 + 1, \quad n_1 + 2, \ldots \quad (2)$$

Aqui, $\mathcal{R}$ é uma constante empírica (determinada experimentalmente), conhecida como **constante de Rydberg**. Seu valor é $3{,}29 \times 10^{15}$ Hz. A **série de Balmer** é formada pelo conjunto de linhas com $n_1 = 2$ (e $n_2 = 3, 4\ldots$). A **série de Lyman**, um conjunto de linhas na região do ultravioleta do espectro, tem $n_1 = 1$ (e $n_2 = 2, 3\ldots$).

EXEMPLO 1A.2 Como identificar uma linha no espectro do hidrogênio

É possível imaginar o entusiasmo de Rydberg logo após provar que sua fórmula era válida para todas as linhas conhecidas do espectro do hidrogênio atômico. Calcule o comprimento de onda da radiação emitida por um átomo de hidrogênio para $n_1 = 2$ e $n_2 = 3$. Identifique a linha espectral na Figura 1A.10b.

ANTECIPE Como $n_1 = 2$, o comprimento de onda deve corresponder a uma das linhas da série de Balmer.

PLANEJE A frequência é dada pela Eq. 2. Converta a frequência em comprimento de onda usando a Eq. 1.

RESOLVA

Da Eq. 2, com $n_1 = 2$ e $n_2 = 3$,

$$\nu = \mathcal{R}\left\{\frac{1}{2^2} - \frac{1}{3^2}\right\} = \frac{5}{36}\mathcal{R}$$

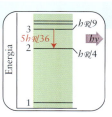

De $\lambda\nu = c$,

$$\lambda = \frac{c}{\nu} = \frac{c}{5\mathcal{R}/36} = \frac{36c}{5\mathcal{R}}$$

Agora substitua os dados:

$$\lambda = \frac{36 \times \overbrace{(2{,}998 \times 10^8 \text{ m·s}^{-1})}^{c}}{5 \times \underbrace{(3{,}29 \times 10^{15} \text{ s}^{-1})}_{\mathcal{R}}} = 6{,}57 \times 10^{-7} \text{ m} = 657 \text{ nm}$$

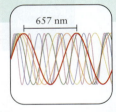

AVALIE Este comprimento de onda, 657 nm, corresponde à linha vermelha da série de Balmer no espectro, conforme esperado.

Teste 1A.2A Repita o cálculo para $n_1 = 2$ e $n_2 = 4$ e identifique a linha espectral na Figura 1A.10b.

[*Resposta:* 486 nm; linha azul]

Teste 1A.2B Repita o cálculo para $n_1 = 2$ e $n_2 = 5$ e identifique a linha espectral na Figura 1A.10b.

Exercícios relacionados 1A.13 a 1A.16

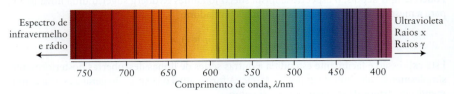

FIGURA 1A.11 Quando a luz branca passa por um vapor, a radiação é absorvida pelos átomos em frequências que correspondem às energias de excitação. Nesta pequena seção do espectro do Sol, é possível identificar os átomos de sua atmosfera que absorvem a radiação emitida pelo núcleo do Sol. Muitas das linhas foram atribuídas ao hidrogênio, mostrando que este elemento está presente nas camadas mais externas e mais frias da atmosfera solar.

Se você passar luz branca através de um gás formado por átomos de hidrogênio e analisar a luz gerada, verá o seu **espectro de absorção**, isto é, uma série de linhas escuras sobre um fundo contínuo (Fig. 1A.11). As linhas do espectro de absorção têm as mesmas frequências das linhas do espectro de emissão, o que sugere que um átomo só pode *absorver* radiação naquelas frequências. Os astrônomos usam os espectros de absorção para identificar elementos na atmosfera das estrelas porque cada um tem o seu próprio espectro de absorção.

A presença de linhas espectrais em um espectro de emissão é explicada com base na suposição de que, quando faz parte de um átomo de hidrogênio, um elétron só pode existir com pacotes discretos de energia, chamados de **níveis de energia**, e que uma linha em um espectro de emissão provém de uma **transição** entre dois níveis de energia permitidos, isto é, uma mudança de estado energético. A diferença entre as energias dos dois níveis corresponde à radiação eletromagnética emitida pelo átomo. Se isto é verdade, a fórmula de Rydberg sugere que as energias permitidas são proporcionais a $\mathcal{R}/n^2$, pois as diferenças de energia entre os estados envolvidos nas transições são dadas por uma expressão semelhante no lado direito da fórmula de Rydberg (Eq. 2). Mas por que a frequência da radiação emitida deveria ser proporcional àquela diferença de energia? Além disso, por que a constante de Rydberg tem o valor que é observado? Estas questões importantes são tratadas no Tópico 1B.

A observação de linhas espectrais discretas sugere que um elétron em um átomo só pode ter certas energias.

O que você aprendeu com este tópico?

Você viu que experiências com espalhamento demonstraram que um átomo é formado por um núcleo central maciço muito pequeno (como um ponto), mas muito grande quando comparado com os Z elétrons que o circundam, em que Z é o número atômico do elemento. Você também aprendeu que a radiação eletromagnética é uma onda que viaja pelo espaço com a velocidade c e tem frequência e comprimento de onda característicos. A espectroscopia atômica é a análise das frequências da luz emitida ou absorvida por átomos, e a existência das linhas espectrais é forte indício de que os átomos têm determinados níveis energéticos associados a eles.

Os conhecimentos que você deve dominar incluem a capacidade de:

☐ **1.** Descrever os experimentos que levaram à formulação do modelo nuclear do átomo (Seção 1A.1).

☐ **2.** Calcular o comprimento de onda ou a frequência da luz, a partir da relação $\lambda v = c$ (Exemplo 1A.1).

☐ **3.** Calcular o comprimento de onda de uma transição do átomo de hidrogênio utilizando a fórmula de Rydberg (Exemplo 1A.2).

Tópico 1A Exercícios

1A.1 Quando J.J. Thomson fez seus experimentos com raios catódicos, a natureza do elétron foi colocada em xeque. Alguns o imaginavam como uma forma de radiação, como a luz; outros acreditavam que o elétron era uma partícula. Algumas das observações feitas com raios catódicos eram usadas para apoiar uma ou outra visão. Explique como cada uma das propriedades seguintes dos raios catódicos pode servir de suporte para o modelo de partícula ou o de onda do elétron. (a) Eles passam através de folhas de metal. (b) Eles viajam em velocidades inferiores à da luz. (c) Se um objeto é colocado em sua trajetória, observa-se uma sombra. (d) Sua trajetória muda quando eles passam entre placas com carga elétrica.

1A.2 J.J. Thomson inicialmente chamou os raios produzidos em sua aparelhagem (Figura 1.2) de "raios canais". Os raios canais sofrem desvios ao passar entre os polos de um ímã e depois atingem a tela de fósforo. A razão Q/m (em que Q é a carga, e m, a massa) das partículas que compõem os raios canais é $2{,}410 \times 10^7 \; C \cdot kg^{-1}$. O catodo e o anodo do aparelho são feitos de lítio, e o tubo contém hélio. Use as informações do final do livro para identificar as partículas (e suas cargas) que formam os raios canais. Explique seu raciocínio.

1A.3 Quais fenômenos acontecem quando a frequência da radiação eletromagnética diminui? Explique seu raciocínio.

(a) A velocidade da radiação diminui.
(b) O comprimento de onda da radiação diminui.
(c) A medida da variação no campo elétrico em determinado ponto diminui.
(d) A energia da radiação aumenta.

1A.4 Qual das alternativas sobre o espectro eletromagnético é verdadeira? Explique seu raciocínio.

(a) Os raios x viajam a uma velocidade maior do que a da radiação infravermelha porque têm energia maior.
(b) O comprimento de onda da luz visível diminui à medida que sua cor passa de azul a verde.
(c) A frequência da radiação infravermelha, cujo comprimento de onda é $1{,}0 \times 10^3$ nm, é metade da frequência das ondas de rádio, que têm comprimento de onda igual a $1{,}0 \times 10^6$ nm.
(d) A frequência da radiação infravermelha, cujo comprimento de onda é $1{,}0 \times 10^3$ nm, é o dobro da frequência das ondas de rádio, que têm comprimento de onda igual a $1{,}0 \times 10^6$ nm.

1A.5 Arranje, em ordem crescente de energia, os seguintes tipos de fótons de radiação eletromagnética: raios γ, luz visível, radiação ultravioleta, micro-ondas, raios x.

1A.6 Arranje, em ordem crescente de frequência, os seguintes tipos de fótons de radiação eletromagnética: luz visível, ondas de rádio, radiação ultravioleta, radiação infravermelha.

1A.7 (a) A frequência da luz ultravioleta é $7{,}1 \times 10^{14}$ Hz. Qual é o comprimento de onda (em nanômetros) da luz ultravioleta? (b) Quando um feixe de elétrons choca-se com um bloco de cobre, são emitidos raios x de frequência $2{,}0 \times 10^{18}$ Hz. Qual é o comprimento de onda (em picômetros) destes raios x?

1A.8 (a) As ondas de rádio da estação de FM Rock 99, prefixo 99,3, são geradas com 99,3 MHz. Qual é o comprimento de onda das transmissões da rádio? (b) Os radioastrônomos usam ondas de 1420,0 MHz para observar nuvens de hidrogênio interestelares. Qual é o comprimento de onda desta radiação?

1A.9 Um estudante universitário teve recentemente um dia movimentado. Todas as suas atividades (ler, tirar uma chapa de raios x de um dente, fazer pipoca em um forno de micro-ondas e descansar ao sol para pegar um bronzeado) envolveram radiações de diferentes faixas do espectro eletromagnético. Complete a seguinte tabela e atribua um tipo de radiação a cada evento:

Frequência	Comprimento de onda	Energia do fóton	Evento
$8{,}7 \times 10^{14}$ Hz			
		$3{,}3 \times 10^{-19}$ J	
300 MHz			
	2,5 nm		

1A.10 Um estudante universitário encontrou vários tipos de radiação eletromagnética quando foi ao restaurante para o almoço (olhar uma luz vermelha do trânsito mudar de cor, ouvir o rádio do carro, ser atingido por raios gama perdidos vindos do espaço exterior ao entrar no restaurante e pegar comida de um bufê aquecido com uma lâmpada infravermelha). Complete a seguinte tabela e atribua um tipo de radiação a cada evento:

Frequência	Comprimento de onda	Energia do fóton	Evento
		$2{,}7 \times 10^{-19}$ J	
	999 nm		
5×10^{19} Hz			
	155 cm		

1A.11 No espectro do átomo de hidrogênio, muitas linhas são classificadas como pertencendo a uma série (por exemplo, a série

Tópico 1A A observação dos átomos

de Balmer, a série de Lyman, a série de Paschen, como mostra a Fig. 1A.10). O que as linhas de uma série têm em comum que torna lógico juntá-las em um grupo?

1A.12 Que fótons gerados pelas transições do átomo de hidrogênio listadas a seguir terão a maior energia? Explique sua resposta. (a) De $n = 6$ a $n = 5$; (b) de $n = 4$ a $n = 3$; (c) de $n = 2$ a $n = 1$.

1A.13 (a) Use a fórmula de Rydberg para o hidrogênio atômico e calcule o comprimento de onda da radiação gerada pela transição de $n = 2$ para $n = 1$. (b) Qual é o nome dado à série espectroscópica a que esta linha pertence? (c) Use a Tabela 1A.1 para determinar a região do espectro na qual a transição é observada.

1A.14 (a) Use a fórmula de Rydberg para o hidrogênio atômico e calcule o comprimento de onda da radiação gerada pela transição de $n = 3$ para $n = 1$. (b) Qual é o nome dado à série espectroscópica a que esta linha pertence? (c) Use a Tabela 1A.1 para determinar a região do espectro na qual a transição é observada.

1A.15 No espectro do átomo de hidrogênio, observa-se uma linha em 102,6 nm. Determine os níveis de n para as energias inicial e final do elétron durante a emissão de energia que corresponde a essa linha espectral.

1A.16 Uma linha violeta é observada em 434 nm no espectro do átomo de hidrogênio. Determine os níveis de n para as energias inicial e final do elétron durante a emissão de energia que corresponde a essa linha espectral.

1A.17 Os níveis de energia dos íons hidrogenoides, com um elétron e número atômico Z, diferem dos níveis de energia do hidrogênio por um fator igual a Z^2. Estime o comprimento de onda da transição de $n = 2$ para $n = 1$ no He^+.

1A.18 Alguns lasers funcionam pela excitação de átomos de um elemento e colisão posterior entre esses átomos excitados e os de outro elemento, com transferência da sua energia de excitação para esses átomos. A transferência é mais eficiente quando a separação dos níveis de energia é a mesma nas duas espécies. Dada a informação do Exercício 1A.17, existe alguma transição do He^+ (incluindo transições de seus estados excitados) que poderia ser excitada pela colisão com um átomo de hidrogênio excitado com o elétron na configuração $n = 2$?

Tópico 1B A teoria quântica

1B.1 A radiação, os quanta e os fótons
1B.2 A dualidade onda-partícula da matéria
1B.3 O princípio da incerteza

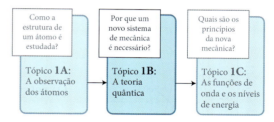

No fim do século XIX, os cientistas estavam cada vez mais perplexos com as informações sobre a radiação eletromagnética que não podiam ser explicadas pela mecânica clássica. Além disso, as linhas do espectro do hidrogênio permaneciam sem solução. Porém, a partir de 1900, vários avanços ocorreram e, já em 1927, esses problemas haviam sido resolvidos, somente para serem substituídos por questões novas e mais intrigantes.

1B.1 A radiação, os quanta e os fótons

Informações importantes sobre a natureza da radiação eletromagnética vêm da observação de objetos aquecidos. Em altas temperaturas, um objeto aquecido brilha com muita intensidade – o fenômeno da **incandescência**. À medida que a temperatura sobe, ele brilha com mais intensidade, e a cor da luz emitida passa sucessivamente do vermelho ao laranja e ao amarelo, até chegar ao branco. Mas estas observações são *qualitativas*. Para entender o que significa a mudança de cor, os cientistas tiveram de estudar esse efeito da perspectiva *quantitativa*. Eles mediram a intensidade da radiação em cada comprimento de onda e repetiram as medidas em várias temperaturas diferentes. Esses experimentos provocaram uma das maiores revoluções já ocorridas na ciência.

A Figura 1B.1 mostra alguns dos resultados experimentais. O "objeto quente" é conhecido como **corpo negro** (embora ele esteja emitindo a cor branca porque está muito quente!). O nome significa que o objeto não tem preferência em absorver ou emitir um determinado comprimento de onda. As curvas na Fig. 1B.1 mostram a intensidade da **radiação do corpo negro**, isto é, a radiação emitida por um corpo negro em diferentes comprimentos de onda quando a temperatura varia. Note que, quando a temperatura aumenta, a intensidade do máximo da radiação emitida ocorre em comprimentos de onda cada vez mais curtos.

PONTO PARA PENSAR

Por que um objeto de metal aquecido primeiro brilha com a cor vermelha e depois com a cor branca?

Duas descobertas cruciais para o desenvolvimento de um modelo para a radiação do corpo negro ocorreram no fim do século XIX. Em 1879, Josef Stefan investigava o aumento do brilho do corpo negro quando era aquecido e descobriu que a intensidade total emitida em todos os comprimentos de onda aumentava com a quarta potência da temperatura absoluta (Fig. 1B.2). Hoje essa relação quantitativa é conhecida como a **lei de Stefan-Boltzmann**, geralmente escrita como

$$\text{Intensidade total} = \text{constante} \times T^4 \qquad (1a)$$

O valor experimental da constante é $5{,}67 \times 10^{-8}$ W·m^{-2}·K^{-4}, em que W está em watts (1 W = J·s^{-1}). Poucos anos depois, em 1893, Wilhelm Wien examinou a mudança da cor da radiação do corpo negro com o aumento da temperatura e descobriu que o comprimento de onda que corresponde ao máximo de intensidade, λ_{max}, é inversamente proporcional à temperatura absoluta, $\lambda_{max} \propto 1/T$ (isto é, quando T aumenta, o comprimento de onda diminui);

Por que você precisa estudar este assunto? As propriedades dos elétrons em átomos e moléculas formam a base da química e somente são entendidos mediante o estudo da mecânica quântica.

Que conhecimentos você precisa dominar? Você precisa estar familiarizado com os conceitos de energia cinética, energia potencial e energia total (*Fundamentos A*).

Um corpo negro emite e absorve em um amplo intervalo de comprimentos de onda porque os átomos e seus elétrons se comportam como uma unidade. Além disso, os níveis de energia de várias transições se sobrepõem, sem as transições discretas de átomos individuais.

O nome Lei de Stefan-Boltzmann é uma homenagem à contribuição teórica de Ludwig Boltzmann.

12 Tópico 1B A teoria quântica

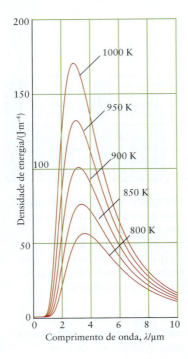

FIGURA 1B.1 Intensidade da radiação emitida por um corpo negro aquecido em função do comprimento de onda. Quando a temperatura aumenta, a energia total emitida (a área sob a curva) aumenta rapidamente, e o máximo da intensidade de emissão move-se para comprimentos de onda mais curtos. (Para obter a energia em um volume V em comprimentos de onda λ e $\lambda + \Delta\lambda$, multiplique a densidade de energia por V e $\Delta\lambda$.)

logo, $\lambda_{max} \times T$ é constante (Fig. 1B.3). Esse resultado quantitativo é conhecido como **lei de Wien**, normalmente escrita como

$$T\lambda_{max} = \text{constante} \tag{1b}$$

O valor empírico da constante nessa expressão é 2,9 K · mm.

EXEMPLO 1B.1 Uso da radiação do corpo negro para determinar a temperatura

Muitos astrônomos estudam as temperaturas das estrelas (incluindo a do Sol), porque elas trazem indícios sobre o tamanho, a composição e a idade delas. A intensidade máxima de radiação solar ocorre a 490 nm. Qual é a temperatura da atmosfera do Sol?

ANTECIPE Lembre-se de que a temperatura de objetos que brilham com cor branca é de alguns milhares de graus.

PLANEJE Use a lei de Wien na forma $T = \text{constante}/\lambda_{max}$

RESOLVA

De $T = \text{constante}/\lambda_{max}$,

$$T = \frac{\overbrace{2{,}9 \times 10^{-3}\,\text{m}\cdot\text{K}}^{2{,}9\,\text{mm}\cdot\text{K}}}{\underbrace{4{,}90 \times 10^{-7}\,\text{m}}_{490\,\text{mm}}} = \frac{2{,}9 \times 10^{-3}}{4{,}90 \times 10^{-7}}\,\text{K} = 5{,}9 \times 10^{3}\,\text{K}$$

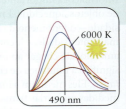

AVALIE A temperatura da atmosfera do Sol é de cerca de 5900 K, conforme esperado.

Teste 1B.1A Descobriu-se, em 1965, que o universo é atravessado por radiação eletromagnética com o máximo em 1,05 mm (na região das micro-ondas). Qual é a temperatura do "vácuo"?

[*Resposta:* 2,76 K]

Teste 1B.1B Uma gigante vermelha é uma estrela que está nos estágios finais de evolução. O comprimento de onda máximo médio da radiação é 700 nm, o que mostra que as gigantes vermelhas esfriam quando estão morrendo. Qual é a temperatura média da atmosfera das gigantes vermelhas?

Exercícios relacionados 1B.11 a 1B.14

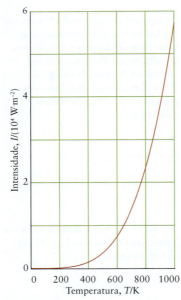

FIGURA 1B.2 A intensidade total da radiação emitida por um corpo negro aquecido aumenta com a quarta potência da temperatura. Por isso, um objeto em 1.000 K emite cerca de 120 vezes mais energia do que o mesmo objeto em 300 K.

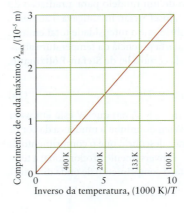

FIGURA 1B.3 Quando a temperatura aumenta (1/T decresce), o comprimento de onda do máximo de emissão desloca-se para valores menores.

Para os cientistas do século XIX, a única maneira de explicar as leis da radiação dos corpos negros era usar a física clássica, a teoria do movimento proposta, com muito sucesso, por Newton dois séculos antes. Entretanto, esses cientistas descobriram, com muita surpresa, que as características deduzidas com base na física clássica não estavam de acordo com as observações experimentais. O pior de tudo era a **catástrofe do ultravioleta**: a física clássica predizia que qualquer corpo negro que estivesse em uma temperatura diferente de zero deveria emitir radiação ultravioleta intensa, além de raios x e raios γ! De acordo com a física clássica, qualquer objeto muito quente deveria devastar a região em volta dele com radiação de alta frequência. Até mesmo o corpo humano, em 37°C, deveria brilhar no escuro. Dito de outro modo, a escuridão simplesmente não existiria.

A sugestão que resolveu o problema foi apresentada em 1900 pelo físico alemão Max Planck, que propôs que a troca de energia entre a matéria e a radiação ocorre em **quanta**, isto é, em pacotes de energia. Planck concentrou sua atenção nos átomos e elétrons quentes do corpo negro, que oscilavam rapidamente. Sua ideia central era que, ao oscilar na frequência ν (nu), os átomos só poderiam trocar energia com sua vizinhança, gerando ou absorvendo radiação eletromagnética em pacotes discretos de energia de magnitude

$$E = h\nu \qquad (2)$$

A palavra *quantum* vem do latim para quantidade – literalmente, "quanto?"

A constante h, hoje conhecida como **constante de Planck**, é igual a $6{,}626 \times 10^{-34}$ J · s. Se os átomos transferem a energia E para a vizinhança ao oscilarem, a radiação detectada tem frequência $\nu = E/h$.

PONTO PARA PENSAR

Por que a radiação ultravioleta é muito mais prejudicial para os tecidos vivos do que a radiação infravermelha?

A hipótese de Planck sugere que uma radiação de frequência ν só pode ser gerada quando um oscilador com essa frequência tiver a energia mínima suficiente para começar a oscilar e, com isso, emiti-la de volta, como um pacote de energia de radiação eletromagnética $h\nu$. Em temperaturas baixas, não existe energia suficiente para estimular a oscilação em frequências muito altas, e o objeto não consegue gerar radiação ultravioleta de alta frequência. Assim, as curvas de intensidade da Fig.1B.1 caem drasticamente nas frequências mais altas (menores comprimentos de onda), o que evita a catástrofe do ultravioleta. Na física clássica, ao contrário, considerava-se que um objeto poderia oscilar com qualquer energia e, portanto, mesmo em temperaturas baixas, os osciladores de alta frequência poderiam contribuir para a radiação emitida. A hipótese de Planck também teve sucesso do ponto de vista *quantitativo*, porque Planck conseguiu usá-la não só para deduzir as leis de Stefan-Boltzmann e de Wien, como também para calcular a variação da intensidade com o comprimento de onda, obtendo curvas extremamente semelhantes àquelas verificadas em laboratório.

Na verdade, Planck lutou por anos para manter viva a mecânica clássica, acreditando que a introdução do quantum era somente um truque matemático. Einstein é frequentemente citado como tendo estabelecido a realidade física da quantização, embora ele tivesse fortes suspeitas sobre a aplicabilidade da teoria.

Para desenvolver essa teoria de sucesso, Planck teve de descartar a física clássica, que não restringe a quantidade de energia que pode ser transferida de um objeto para outro. Ele propôs descrever a transferência de energia em termos de pacotes discretos. Para justificar uma revolução tão drástica, no entanto, outras evidências eram necessárias. Uma delas vem do **efeito fotoelétrico**, a ejeção de elétrons de um metal quando sua superfície é exposta à radiação ultravioleta (Fig. 1B.4). As observações experimentais foram:

1. Nenhum elétron é ejetado até que a radiação tenha frequência acima de um determinado valor, característico do metal.
2. Os elétrons são ejetados imediatamente, por menor que seja a intensidade da radiação.
3. A energia cinética dos elétrons ejetados aumenta linearmente com a frequência da radiação incidente.

Nota de boa prática Uma propriedade y "varia linearmente com x" se a relação entre y e x pode ser escrita como $y = b + mx$, em que b e m são constantes. A propriedade y é "proporcional a x" se $y = mx$ (isto é, $b = 0$).

Albert Einstein encontrou uma explicação para essas observações e, no processo, modificou profundamente o pensamento científico sobre o campo eletromagnético. Ele propôs que a radiação eletromagnética é feita de partículas, que mais tarde foram chamadas de **fótons**. Cada fóton pode ser entendido como um pacote de energia, e a energia do fóton relaciona-se com a frequência da radiação pela Equação 2 ($E = h\nu$). Assim, os fótons da luz ultravioleta

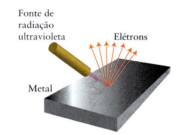

FIGURA 1B.4 Quando um metal é iluminado com radiação ultravioleta, ejeta elétrons se a frequência estiver acima de uma frequência-limite característica do metal.

têm mais energia do que os fótons da luz visível, que têm frequências menores. De acordo com esse modelo de fótons para a radiação eletromagnética, pode-se visualizar um feixe de luz vermelha como um feixe de fótons com uma dada energia, a luz amarela como um feixe de fótons de energia maior, e a luz verde como um feixe de fótons de energia mais alta ainda. É importante notar que a *intensidade* da radiação é uma indicação do *número* de fótons presentes e que $E = h\nu$ é uma medida da *energia* de cada fóton, tomado individualmente.

EXEMPLO 1B.2 Como calcular a energia de um fóton

Muitas reações químicas envolvem a luz, como a fotossíntese (que produz carboidratos), o bronzeamento da pele pela luz ultravioleta da radiação solar e os incríveis eventos moleculares na atmosfera superior. Para entender esses processos, os químicos precisam saber como a energia é transferida a uma molécula quando um fóton colide com ela. Qual é (a) a energia de um fóton de luz azul de frequência $6,4 \times 10^{14}$ Hz; (b) a energia por mol de fótons da mesma frequência?

ANTECIPE A Tabela 1A.1 mostra que a energia de um fóton de luz azul deve ser cerca de 4×10^{-19} J.

PLANEJE (a) Use a Eq. 2 para encontrar a energia da luz de determinada frequência. (b) Multiplique a energia de um fóton pelo número de fótons por mol, que é a constante de Avogadro (*Fundamentos E*).

RESOLVA

(a) De $E(1 \text{ fóton}) = h\nu$,

$$E(1 \text{ fóton}) = (6,626 \times 10^{-34} \text{ J·s}) \times (6,4 \times 10^{14} \text{ Hz}) = 4,2 \times 10^{-19} \text{ J}$$

(b) De $E(\text{por mol de fótons}) = N_A E(1 \text{ fóton})$

$$E(\text{por mol de fótons}) = (6,022 \times 10^{23} \text{ mol}^{-1}) \times (4,2 \times 10^{-19} \text{ J})$$
$$= 2,5 \times 10^5 \text{ J·mol}^{-1}, \text{ ou } 250 \text{ kJ·mol}^{-1}$$

Para encontrar a energia no item (a), usamos 1 Hz = 1 s^{-1}, logo, 1 J·s × 1 Hz = 1 J·s × 1 s^{-1} = 1 J.

AVALIE As energias estão de acordo com os valores esperados, mostrados na Tabela 1A.1.

Teste 1B.2A Qual é a energia de um fóton de luz amarela de frequência $5,2 \times 10^{14}$ Hz?

[***Resposta***: $3,4 \times 10^{-19}$ J]

Teste 1B.2B Qual é a energia de um fóton de luz laranja de frequência $4,8 \times 10^{14}$ Hz?

Exercícios relacionados 1B.5 a 1B.8

Tenha cuidado ao distinguir o símbolo de velocidade, *v*, do símbolo de frequência, *ν* (a letra grega "nu").

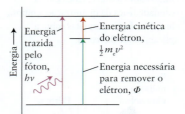

FIGURA 1B.5 No efeito fotoelétrico, um fóton com energia $h\nu$ atinge a superfície de um metal e sua energia é absorvida por um elétron. Se a energia do fóton é maior do que a função de trabalho, Φ, do metal, o elétron absorve energia suficiente para se libertar do metal. A energia cinética do elétron ejetado é a diferença entre a energia do fóton e a função de trabalho, $\frac{1}{2}m_e v^2 = h\nu - \Phi$.

As características do efeito fotoelétrico são facilmente explicadas se a radiação eletromagnética for considerada um feixe de fótons. Se a radiação incidente tem frequência ν, ela é formada por um feixe de fótons de energia $h\nu$. Quando estes fótons colidem com os elétrons no metal, estes absorvem parte da energia dos fótons. A energia necessária para remover um elétron da superfície de um metal é chamada de **função de trabalho** do metal e é representada por Φ ("fi" maiúsculo). Entretanto, se a energia do fóton for inferior à energia necessária para remover um elétron do metal, não ocorrerá a ejeção do elétron, independentemente da intensidade da radiação (que afeta a velocidade de chegada dos fótons). Contudo, se a energia do fóton, $h\nu$, for maior do que Φ, então um elétron com energia cinética $E_c = \frac{1}{2}m_e v^2$, igual à diferença de energia do fóton e a função de trabalho, $E_c = h\nu - \Phi$, será emitido (Fig. 1B.5). Segue-se que

$$\underbrace{\tfrac{1}{2}m_e v^2}_{\substack{\text{energia cinética} \\ \text{do elétron} \\ \text{ejetado}}} = \underbrace{h\nu}_{\substack{\text{energia} \\ \text{disponibilizada} \\ \text{pelo fóton}}} - \underbrace{\Phi}_{\substack{\text{energia necessária} \\ \text{para ejetar o elétron} \\ \text{(função de trabalho)}}} \qquad (3)$$

1B.1 A radiação, os quanta e os fótons

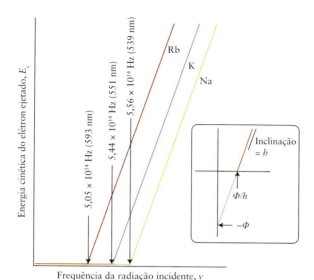

FIGURA 1B.6 Quando fótons atingem um metal, não ocorre emissão de elétrons, a menos que a radiação incidente tenha frequência superior a um determinado valor, característico do metal. A energia cinética dos elétrons ejetados varia linearmente com a frequência da radiação incidente. A expansão mostra a relação da inclinação da reta e das duas interseções com os parâmetros da Equação 3.

O que esta equação revela? Como a energia cinética dos elétrons ejetados varia linearmente com a frequência, um gráfico da energia cinética em função da frequência da radiação deveria se parecer com o gráfico mostrado na Fig. 1B.6: uma linha reta de inclinação h, que é a mesma para todos os metais, e com interseção com o eixo vertical em $-\Phi$, que é característico do metal em estudo. A interseção com o eixo horizontal (que corresponde a um elétron ejetado com energia cinética igual a zero) é sempre igual a Φ/h.

A teoria de Einstein dá a seguinte interpretação do efeito fotoelétrico:

1. Um elétron só pode ser expelido do metal se receber do fóton, durante a colisão, uma quantidade mínima de energia igual à função de trabalho, Φ. Assim, a frequência da radiação deve ter um valor mínimo para que elétrons sejam ejetados. Essa frequência mínima depende da função de trabalho – logo, da natureza do metal (Fig. 1B.6).
2. Se o fóton tem energia suficiente, a cada colisão observa-se a ejeção imediata de um elétron.
3. A energia cinética do elétron ejetado do metal aumenta linearmente com a frequência da radiação incidente, de acordo com a Equação 3.

EXEMPLO 1B.3 A análise do efeito fotoelétrico

Suponha que você esteja desenvolvendo um detector de radiação para uso espacial e decida empregar uma fina camada do metal potássio para detectar determinada faixa de radiação eletromagnética. Você precisa estimar algumas das propriedades físicas envolvidas. A velocidade de um elétron emitido pela superfície de uma amostra de potássio pela ação de um fóton é 668 km · s^{-1}. (a) Qual é a energia cinética do elétron ejetado? (b) A função de trabalho do potássio é 2,29 eV. Qual é o comprimento de onda da radiação que provocou a fotoejeção do elétron? (c) Qual é o comprimento de onda mais longo de radiação eletromagnética capaz de ejetar elétrons do potássio?

ANTECIPE A única informação que você pode considerar de antemão é que o comprimento de onda da radiação usada (item b) precisa ser menor ou igual ao comprimento de onda mais longo da radiação capaz de ejetar elétrons do potássio (item c), já que este comprimento de onda corresponde aos fótons com a energia mínima necessária para a ejeção.

PLANEJE (a) Determine a energia do elétron ejetado com base em $E_c = \frac{1}{2}m_e v^2$. Para usar unidades SI (o que é sempre aconselhável nos cálculos), converta primeiro a velocidade em metros por segundo. (b) A energia do elétron ejetado é igual à diferença de energia entre a radiação incidente e a função de trabalho (Equação 3). O fóton deve fornecer energia suficiente para ejetar o elétron do metal (a função de trabalho) a uma velocidade de 668 km · s^{-1}. Converta o valor da função de trabalho em joules e use a Equação 2 para determinar o valor de $h\nu$ do fóton. Use, então, $\lambda \nu = c$ para converter a energia em comprimento de onda. Os fatores de conversão e as constantes fundamentais estão no final do livro. (c) O comprimento de onda mais longo de radiação capaz de ejetar elétrons de uma substância é o que resulta em elétrons ejetados com energia cinética igual a zero.

RESOLVA

(a) De $E_c = \frac{1}{2}m_e v^2$

$$E_c = \frac{1}{2} \times \overbrace{(9{,}109 \times 10^{-31}\,\text{kg})}^{m_e} \times \Big(\overbrace{6{,}68 \times 10^5\,\text{m·s}^{-1}}^{v}\Big)^2$$

$$= 2{,}03\ldots \times 10^{-19}\,\overbrace{\text{kg·m}^2\text{·s}^{-2}}^{\text{J}}$$

(b) Converta a função de trabalho de elétron-volts para joules.

$$2{,}29\,\text{eV} \times \frac{1{,}602 \times 10^{-19}\,\text{J}}{1\,\text{eV}} = 3{,}67\ldots \times 10^{-19}\,\text{J}$$

De $\frac{1}{2}m_e v^2 = h\nu - \Phi$, $h\nu = \Phi + \frac{1}{2}m_e v^2 = \Phi + E_c$

$$h\nu = \overbrace{3{,}67\ldots \times 10^{-19}\,\text{J}}^{\Phi} + \overbrace{2{,}03\ldots \times 10^{-19}\,\text{J}}^{E_c}$$

$$= 5{,}70\ldots \times 10^{-19}\,\text{J}$$

logo,

$$\nu = \frac{5{,}70\ldots \times 10^{-19}\,\text{J}}{h}$$

$$= \frac{5{,}70\ldots \times 10^{-19}\,\text{J}}{6{,}626 \times 10^{-34}\,\text{J·s}} = \frac{5{,}70\ldots \times 10^{-19}}{6{,}626 \times 10^{-34}}\,\text{s}^{-1}$$

$$= 8{,}60\ldots \times 10^{14}\,\text{s}^{-1}$$

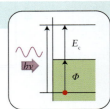

Agora use $\lambda = c/\nu$

$$\lambda = \frac{2{,}998 \times 10^8\,\text{m·s}^{-1}}{\underbrace{8{,}60\ldots \times 10^{14}\,\text{s}^{-1}}_{\nu}}$$

$$= 3{,}48 \times 10^{-7}\,\text{m (ou 348 nm)}$$

(c) Para encontrar o comprimento de onda mais longo de radiação capaz de ejetar um elétron, faça $E_c = 0$ na Equação 3, de modo que $h\nu = \Phi$ e, portanto, $\lambda = ch/\Phi$.

$$\lambda = \frac{(2{,}998 \times 10^8\,\text{m·s}^{-1}) \times (6{,}626 \times 10^{-34}\,\text{J·s})}{3{,}67 \times 10^{-19}\,\text{J}}$$

$$= \frac{(2{,}998 \times 10^8) \times (6{,}626 \times 10^{-34})}{3{,}67 \times 10^{-19}}\,\text{m}$$

$$= 5{,}41 \times 10^{-7}\,\text{m (ou 541 nm)}$$

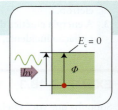

AVALIE Conforme esperado, o comprimento de onda da radiação usada (item b) é menor do que o maior comprimento de onda da radiação capaz de ejetar elétrons do potássio (item c).

Teste 1B.3A A função de trabalho do zinco é 3,63 eV. Qual é o comprimento de onda mais longo de radiação eletromagnética capaz de ejetar elétrons do zinco?

[*Resposta:* 342 nm]

Teste 1B.3B A velocidade de um elétron emitido pela superfície de uma amostra de zinco pela ação de um fóton é 785 km·s^{-1}. (a) Qual é a energia cinética do elétron ejetado? (b) A função de trabalho do zinco é 3,63 eV. Qual é o comprimento de onda da radiação que provocou a fotoejeção do elétron?

Exercícios relacionados 1B.15 e 1B.16

A existência de fótons e a relação entre a energia e a frequência de um fóton ajudam a responder a uma das questões envolvendo o espectro do átomo de hidrogênio. No fim do Tópico 1A, vimos que uma linha espectral provém de uma transição entre dois níveis de energia. Agora vemos que, se a diferença de energia é dissipada como um fóton, a frequência de uma linha individual de um espectro está relacionada à diferença de energia entre os dois níveis de energia envolvidos na transição (Fig. 1B.7):

$$h\nu = E_{superior} - E_{inferior} \qquad (4)$$

Esta relação é chamada de **condição de frequência de Bohr**. Se as energias à direita da expressão são proporcionais a $h\mathcal{R}/n^2$, então explicamos a fórmula de Rydberg. Embora avanços importantes tenham sido obtidos, a razão de as energias terem esta forma ainda precisa ser esclarecida.

Estudos da radiação de corpos negros levaram à hipótese de Planck da quantização da radiação eletromagnética. O efeito fotoelétrico fornece evidências da natureza particulada da radiação eletromagnética.

1B.2 A dualidade onda-partícula da matéria

A observação e a interpretação do efeito fotoelétrico dão forte suporte à visão de que a radiação eletromagnética consiste em fótons que se comportam como partículas. Entretanto, existem muitas outras evidências que mostram que a radiação eletromagnética se comporta como uma onda! A mais contundente é a **difração**, o padrão de intensidades máximas e mínimas geradas por um objeto colocado no caminho de um feixe de luz (Fig. 1B.8). Um **padrão de difração** é obtido quando máximos e mínimos de ondas que viajam por um caminho interferem em máximos e mínimos de ondas que viajam por outro caminho. Se os máximos coincidem, a amplitude da onda (sua altura) aumenta e dizemos que ocorre **interferência construtiva** (Fig. 1B.9a). Se os máximos de uma onda coincidem com os mínimos de outra onda, a amplitude da onda diminui e dizemos que ocorre **interferência destrutiva** (Fig. 1B.9b). Este efeito é a base física de muitas técnicas úteis para o estudo da matéria. Por exemplo, a difração de raios x é uma das ferramentas mais importantes de estudo da estrutura de moléculas (veja a *Técnica Principal 3*, no hotsite deste livro).

Você consegue imaginar como os cientistas ficaram perplexos! Frente aos resultados de alguns experimentos (o efeito fotoelétrico), a radiação eletromagnética pôde ser vista como algo semelhante a uma partícula. Frente aos resultados de outros experimentos (difração), a radiação eletromagnética pôde ser vista como algo semelhante a uma onda. Isso nos conduz ao coração da física moderna. Os experimentos nos obrigam a aceitar a **dualidade onda-partícula** da radiação eletromagnética, que combina os conceitos de ondas e de partículas.

- No modelo de ondas, a intensidade da radiação é proporcional ao quadrado da amplitude da onda.
- No modelo de partículas, a intensidade é proporcional ao número de fótons presentes em cada instante.

É neste ponto que surge uma noção interessante. Se a radiação eletromagnética, que por muito tempo foi interpretada apenas como uma onda, tem caráter dual, a matéria, que desde a época de Dalton foi entendida como constituída por partículas, poderia ter propriedades de ondas? Em 1924, o cientista francês Louis de Broglie sugeriu que *todas* as partículas deveriam

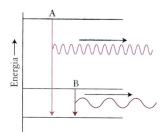

FIGURA 1B.7 Quando um átomo sofre uma transição de um estado de energia mais alta para um estado de energia mais baixa, ele perde energia que é dissipada na forma de um fóton. Quanto maior for a diferença de energia, maior será a frequência (e menor o comprimento de onda) da radiação emitida. Compare a frequência elevada da emissão durante a transição de um estado de energia mais alta (A) para o estado fundamental (o estado de energia mais baixa) com a de um estado de energia mais baixa (B) ao estado fundamental.

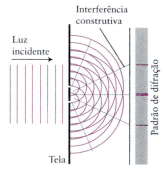

FIGURA 1B.8 Nesta ilustração, as linhas coloridas representam os picos das ondas da radiação eletromagnética. Quando a radiação que vem da esquerda (as linhas verticais) passa através de duas fendas muito próximas, ondas circulares são geradas em cada fenda. Estas ondas interferem umas nas outras. Onde estas ondas interferem construtivamente (como indicado pelas posições das linhas pontilhadas), uma linha brilhante pode ser vista no anteparo atrás das fendas. Quando a interferência é destrutiva, o anteparo permanece escuro.

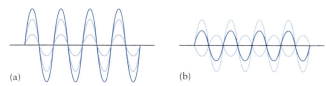

FIGURA 1B.9 (a) Interferência construtiva. As duas ondas componentes (em azul claro) estão "em fase", isto é, os máximos e os mínimos coincidem. A resultante (em azul escuro) tem amplitude igual à soma das amplitudes das ondas componentes. O comprimento de onda da radiação não é modificado pela interferência, somente a amplitude. (b) Interferência destrutiva. As duas ondas componentes estão "fora de fase": os máximos de uma coincidem com os mínimos da outra. A onda resultante tem amplitude muito menor do que no caso da interferência construtiva de cada componente.

18 Tópico 1B A teoria quântica

ser entendidas como tendo propriedades de ondas. Ele sugeriu, também, que o comprimento de onda associado à "onda de matéria" é inversamente proporcional à massa da partícula, m, e à velocidade, v, e que

$$\lambda = \frac{h}{mv} \tag{5a}$$

O produto da massa pela velocidade é chamado de **momento linear**, p, de uma partícula; essa expressão é escrita de forma mais simples na chamada **relação de de Broglie**:

$$\lambda = \frac{h}{p} \tag{5b}$$

EXEMPLO 1B.4   Cálculo do comprimento de onda de uma partícula

Vamos supor que você seja de Broglie, e acabou de desenvolver sua fórmula. Um amigo observa que o mundo, naturalmente, não tem caráter de onda. Talvez você devesse tentar descobrir se a sua fórmula tem consequências preocupantes para objetos corriqueiros. Calcule o comprimento de onda de uma partícula de massa 1 g viajando em $1 \text{ m} \cdot \text{s}^{-1}$.

ANTECIPE Como a partícula é muito mais pesada do que qualquer partícula subatômica, devemos esperar um comprimento de onda muito curto.

PLANEJE Use a Equação 5a para encontrar o comprimento de onda de uma partícula de massa conhecida.

RESOLVA

De $\lambda = \dfrac{h}{mv}$

$$\lambda = \frac{6{,}626 \times 10^{-34} \overbrace{\text{J}\cdot\text{s}}^{\text{kg}\cdot\text{m}^2\cdot\text{s}^{-2}}}{\left(\underbrace{1 \times 10^{-3} \text{ kg}}_{m}\right) \times \left(\underbrace{1 \text{ m}\cdot\text{s}^{-1}}_{v}\right)} = \frac{6{,}626 \times 10^{-34}}{1 \times 10^{-3}} \frac{\text{kg}\cdot\text{m}^2\cdot\text{s}^{-2}\cdot\text{s}}{\text{kg}\cdot\text{m}\cdot\text{s}^{-1}}$$

$$= 7 \times 10^{-31} \text{ m}$$

AVALIE Como esperado, esse comprimento de onda é muito pequeno para ser detectado. O mesmo se aplica a qualquer objeto macroscópico (visível) que viaje em velocidades normais.

> **Nota de boa prática** Observe que, em todos os cálculos, mantivemos todas as unidades, escrevendo-as separadamente e, então, cancelando-as e multiplicando-as como números comuns. Nós não "achamos", simplesmente, que o comprimento de onda apareceria em metros. Este procedimento o ajudará a detectar erros e garantirá que sua resposta tem as unidades corretas.

Teste 1B.4A Calcule o comprimento de onda de um elétron que viaja a 1/1000 da velocidade da luz (veja a massa do elétron no final deste livro).

[**Resposta:** 2,43 nm]

Teste 1B.4B Calcule o comprimento de onda de uma bala de espingarda de massa 5,0 g viajando em duas vezes a velocidade do som (a velocidade do som é $331 \text{ m}\cdot\text{s}^{-1}$).

Exercícios relacionados 1B.21 a 1B.24

PONTO PARA PENSAR

Qual é o seu comprimento de onda quando você está completamente imóvel? Esta pergunta o confunde?

O caráter ondulatório dos elétrons pôde ser observado quando foi demonstrado que eles sofrem difração. O experimento foi realizado em 1925 por dois cientistas norte-americanos, Clinton Davisson e Lester Germer, que dispararam um feixe de elétrons rápidos contra um monocristal de níquel. O arranjo regular dos átomos do cristal, cujos núcleos estão separados por 250 pm, funciona como uma rede que difrata as ondas, revelando um padrão de difração (Fig. 1B.10). A partir daí provou-se que partículas mais pesadas, como as moléculas, também sofrem difração, acabando com as dúvidas de que as partículas têm caráter de onda. Por isso, a difração de elétrons é agora uma técnica importante na determinação da estrutura de moléculas e na exploração da estrutura de superfícies sólidas.

Os elétrons (e a matéria em geral) têm propriedades de ondas e de partículas.

1B.3 O princípio da incerteza

A descoberta da dualidade onda-partícula não somente mudou a compreensão dos cientistas sobre a radiação eletromagnética e a matéria, como também abalou as fundações da física clássica. Na mecânica clássica, uma partícula tem uma **trajetória** definida, isto é, segue um caminho em que a localização e o momento linear são especificados a cada instante. Compare com a trajetória de uma bola: a princípio, você poderia dar a localização e o momento a cada instante do percurso. Por outro lado, não é possível especificar a localização precisa de uma partícula se ela se comporta como onda: imagine uma onda em uma corda de violão, que se espalha por toda a corda, sem se localizar em um ponto determinado. Uma partícula com um momento linear determinado tem comprimento de onda preciso, mas, como não faz sentido falar da localização de uma onda, não é possível especificar a localização da partícula que tem determinado momento linear. Esta dualidade onda-partícula da matéria significa que o elétron de um átomo de hidrogênio não pode ser descrito como estando em uma órbita ao redor do núcleo com uma trajetória definida. A ideia popular do elétron em uma órbita ao redor do núcleo está errada.

Esta dificuldade não pode ser resolvida. A dualidade onda-partícula elimina a possibilidade de descrever a localização se o momento linear é conhecido e, assim, não se pode especificar a trajetória das partículas com exatidão. A incerteza é insignificante quando a partícula é pesada, mas pode ser enorme para partículas subatômicas. Logo, se você souber que a partícula está *aqui* neste instante, nada poderá dizer sobre onde ela estará um instante depois! A impossibilidade de conhecer a posição com precisão se o momento linear é precisamente conhecido é um aspecto da **complementaridade** de posição e momento, isto é, se uma propriedade é conhecida, a outra não o pode ser. O **princípio da incerteza de Heisenberg**, formulado pelo cientista alemão Werner Heisenberg, em 1927, expressa quantitativamente essa complementaridade ao estabelecer que, se a localização de uma partícula é conhecida com incerteza Δx, então o momento linear, p, paralelo ao eixo x, somente pode ser conhecido simultaneamente com a incerteza Δp, em que

$$\underbrace{\Delta p}_{\text{incerteza do momento}} \times \underbrace{\Delta x}_{\text{incerteza da posição}} \geq \tfrac{1}{2}\hbar \qquad (6)$$

O $\hbar$, lido como "h barrado", significa $h/2\pi$, uma combinação útil que ocorre muito na mecânica quântica.

O que esta equação revela? O produto das incertezas em duas medidas simultâneas não pode ser inferior a um certo valor constante. Portanto, se a incerteza na posição é muito pequena (Δx muito pequeno), então a incerteza no momento linear deve ser muito grande e vice-versa (Fig. 1B.11).

Embora o princípio da incerteza tenha consequências práticas insignificantes para objetos corriqueiros, sua importância é muito grande na medição precisa de partículas subatômicas, como as localizações e os momentos dos elétrons nos átomos, além da interpretação de suas propriedades.

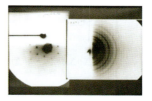

FIGURA 1B.10 Davisson e Germer mostraram que os elétrons produzem um padrão de difração quando refletidos por um cristal. G. P. Thomson, trabalhando em Aberdeen, Escócia, mostrou que eles também fornecem um padrão de difração quando atravessam uma folha muito fina de ouro. Este último resultado é mostrado aqui. G. P. Thomson era filho de J. J. Thomson, que identificou o elétron (Seção 1B.1). Ambos receberam o Prêmio Nobel: J. J. Thomson por mostrar que o elétron é uma partícula e G. P. por mostrar que o elétron é uma onda. (*Science & Society Picture Library/Getty Images.*)

FIGURA 1B.11 Representação do princípio da incerteza. (a) A localização da partícula está mal definida; assim, o momento da partícula (representado pela flecha) pode ser especificado com precisão razoável. (b) A localização da partícula está bem definida e, assim, o momento não pode ser especificado com muita precisão.

EXEMPLO 1B.5 A aplicação do princípio da incerteza

Até que ponto o princípio da incerteza de Heisenberg afeta sua capacidade de especificar as propriedades de objetos visíveis? Você consegue definir a localização desses objetos com precisão? Estime a incerteza mínima (a) na posição de uma bola de gude de massa 1,0 g, sabendo que sua velocidade está no intervalo $\pm 1{,}0$ mm·s^{-1} e (b) na velocidade de um elétron confinado em um átomo com o diâmetro de 200. pm.

ANTECIPE Devemos esperar que a incerteza na posição de um objeto tão pesado quanto uma bola de gude seja muito pequena, mas que a incerteza da velocidade de um elétron, que é muito leve e está confinado em uma região de diâmetro pequeno, seja muito grande.

PLANEJE (a) A incerteza Δp é igual a $m\Delta v$, em que Δv é a incerteza da velocidade. Use a Equação 6 para estimar a incerteza mínima na posição, Δx, ao longo da direção da trajetória da bola de gude a partir de $\Delta p \Delta x = \tfrac{1}{2}\hbar$ (o menor valor do produto das incertezas). (b) Suponha que Δx é o diâmetro de um átomo e use a Equação 6 para estimar Δp. Com a massa do elétron dada no final do livro, podemos achar Δv a partir de $\Delta p = m\Delta v$.

RESOLVA (a) Primeiro escreva a massa e a velocidade usando as unidades básicas do SI. A massa, m, é $1,0 \times 10^{-3}$ kg, e a incerteza da velocidade, Δv, é $2 \times (1,0 \times 10^{-3}\ m \cdot s^{-1})$. A incerteza mínima na posição, Δx, é:

De $\Delta p \Delta x = \frac{1}{2}\hbar$ e $\Delta p = m\Delta v$,

$$m\Delta v \Delta x = \frac{1}{2}\hbar \text{ e, portanto, } \Delta x = \frac{\hbar}{2m\Delta v}$$

De $\Delta x = \hbar/2m\Delta v$,

$$\Delta x = \frac{\overbrace{1,054\,57 \times 10^{-34}\ \text{J} \cdot \text{s}}^{\hbar}}{2 \times \underbrace{(1,0 \times 10^{-3}\ \text{kg})}_{1,0\ \text{g}} \times \underbrace{(2,0 \times 10^{-3}\ \text{m}\cdot\text{s}^{-1})}_{2,0\ \text{mm}\cdot\text{s}^{-1}}}$$

$\Delta x = 2{,}6 \times 10^{-29}$ m

$$= \frac{1{,}054\,57 \times 10^{-34}}{2 \times 1{,}0 \times 10^{-3} \times 2{,}0 \times 10^{-3}} \frac{\overbrace{\text{J}}^{\text{kg}\cdot\text{m}^2\cdot\text{s}^{-2}} \cdot \text{s}}{\text{kg}\cdot\text{m}\cdot\text{s}^{-1}}$$

$$= 2{,}6 \times 10^{-29} \frac{\text{kg}\cdot\text{m}^2\cdot\text{s}^{-2}\cdot\text{s}}{\text{kg}\cdot\text{m}\cdot\text{s}^{-1}} = 2{,}6 \times 10^{-29}\ \text{m}$$

AVALIE Como esperado, esta incerteza é muito pequena. As medidas da localização de uma bola de gude em movimento podem ser realizadas com precisão.

Nota de boa prática Note que, para manipular as unidades, expressamos as unidades derivadas (neste caso, J) em termos das unidades fundamentais. Observe, também, que estamos usando os valores mais precisos das constantes fundamentais dadas no final do livro, em vez dos valores menos precisos dados no texto, para garantir valores confiáveis.

(b) A massa de um elétron é dada no final do livro; o diâmetro do átomo é $200. \times 10^{-12}$ m, ou $2{,}00 \times 10^{-10}$ m. A incerteza mínima na velocidade, Δv, é igual a $\Delta p/m$:

De $\Delta p \Delta x = \frac{1}{2}\hbar$ e $\Delta p = m\Delta v$,

$$\Delta v = \frac{\overbrace{\Delta p}^{\hbar/2\Delta x}}{m} = \frac{\hbar}{2m\Delta x}$$

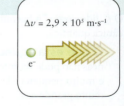

$\Delta v = 2{,}9 \times 10^5$ m·s^{-1}

$$\Delta v = \frac{\overbrace{1{,}054\,57 \times 10^{-34}\ \text{J}\cdot\text{s}}^{\hbar}}{2 \times \underbrace{(9{,}109\,39 \times 10^{-31}\ \text{kg})}_{m_e} \times \underbrace{(2{,}00 \times 10^{-10}\ \text{m})}_{\Delta x}}$$

$$= \frac{1{,}054\,57 \times 10^{-34}}{2 \times 9{,}109\,39 \times 10^{-31} \times 2{,}00 \times 10^{-10}} \frac{\overbrace{\text{J}}^{\text{kg}\cdot\text{m}^2\cdot\text{s}^{-2}} \cdot \text{s}}{\text{kg}\cdot\text{m}}$$

$$= 2{,}89 \times 10^5 \frac{\text{kg}\cdot\text{m}^2\cdot\text{s}^{-2}\cdot\text{s}}{\text{kg}\cdot\text{m}} = 2{,}89 \times 10^5\ \text{m}\cdot\text{s}^{-1}$$

AVALIE Como previsto, a incerteza da velocidade do elétron é muito grande, quase $\pm$ 150 km·s^{-1}.

Teste 1B.5A Um próton é acelerado em um cíclotron até uma velocidade muito alta, conhecida até $\pm 3{,}0 \times 10^2$ km·s^{-1}. Qual é a incerteza mínima de sua posição?

[***Resposta***: 0,11 pm]

Teste 1B.5B A polícia acompanha um automóvel de massa 2,0 t (1 t = 10^3 kg) em uma rodovia. Os guardas só têm certeza da localização do veículo dentro da margem de erro de 1 m. Qual é a incerteza mínima da velocidade do veículo? Você consegue defender a sua resposta com base no argumento de que o princípio da incerteza impede a polícia de medir a velocidade de um veículo com precisão?

Exercícios relacionados 1B.25 a 1B.28

Tópico 1B Exercícios **21**

A localização e o momento de uma partícula são complementares, isto é, os dois não podem ser conhecidos simultaneamente com precisão arbitrária. A relação quantitativa entre a precisão de cada medida é dada pelo princípio da incerteza de Heisenberg.

O que você aprendeu com este tópico?

Você aprendeu que os conceitos clássicos nem sempre são válidos para partículas subatômicas, e que os conceitos de onda e de partícula se fundem. Vimos que uma das consequências desta fusão é a impossibilidade de especificar a trajetória de uma partícula com precisão arbitrária.

Os conhecimentos que você deve dominar incluem a capacidade de:

☐ **1.** Usar a lei de Wien para estimar a temperatura (Exemplo 1B.1).

☐ **2.** Usar a relação $E = h\nu$ para calcular a energia, a frequência ou o número de fótons emitidos por uma fonte de luz (Exemplo 1B.2).

☐ **3.** Usar o efeito fotoelétrico para calcular a função de trabalho de um metal (Exemplo 1B.3).

☐ **4.** Estimar o comprimento de onda de uma partícula (Exemplo 1B.4).

☐ **5.** Estimar a incerteza na posição ou na velocidade de uma partícula (Exemplo 1B.5).

Tópico 1B Exercícios

1B.1 Examine as seguintes informações sobre a radiação eletromagnética e decida se elas são verdadeiras ou falsas. Se forem falsas, corrija-as. (a) A intensidade total da radiação emitida por um corpo negro na temperatura absoluta T é diretamente proporcional à temperatura. (b) Quando a temperatura de um corpo negro aumenta, o comprimento de onda do máximo de intensidade diminui. (c) Fótons da radiação de radiofrequência têm energia maior do que fótons da radiação ultravioleta.

1B.2 Examine as seguintes informações sobre a radiação eletromagnética e decida se elas são verdadeiras ou falsas. Se forem falsas, corrija-as. (a) Fótons da radiação ultravioleta têm menos energia do que fótons da radiação infravermelha. (b) A energia cinética de um elétron emitido por uma superfície metálica irradiada com luz ultravioleta é independente da frequência da radiação. (c) A energia de um fóton é inversamente proporcional ao comprimento de onda da radiação.

1B.3 Entre os fenômenos listados, selecione aquele que fornece as melhores evidências de que a radiação eletromagnética tem propriedades de partículas. Explique seu raciocínio.

(a) Radiação do corpo negro
(b) Difração dos elétrons
(c) Espectros atômicos
(d) Efeito fotoelétrico

1B.4 Entre os fenômenos listados, selecione aquele que fornece as melhores evidências de que as partículas têm caráter de onda. Explique seu raciocínio.

(a) Espalhamento de partículas α por uma folha de ouro
(b) Difração dos elétrons
(c) Raios catódicos
(d) Efeito fotoelétrico

1B.5 Os fótons de raios γ emitidos durante o decaimento nuclear de um átomo de tecnécio-99 usado em produtos radiofarmacêuticos têm energia igual a 140,511 keV. Calcule o comprimento de uma onda desses raios γ.

1B.6 Uma lâmpada de neon brilha com luz laranja e emite radiação com comprimento de onda igual a 865 nm. Calcule a mudança de energia resultante da emissão de 1,00 mol de fótons nesse comprimento de onda.

1B.7 As lâmpadas de vapor de sódio usadas na iluminação pública emitem luz amarela de comprimento de onda 589 nm. Quanta energia é emitida por (a) um átomo de sódio excitado quando gera um fóton; (b) 5,00 mg de átomos de sódio que emitem luz nesse comprimento de onda; (c) 1,00 mol de átomos de sódio que emitem luz nesse comprimento de onda?

1B.8 Quando um feixe de elétrons choca-se com um bloco de cobre, são emitidos raios x com frequência $1,2 \times 10^{17}$ Hz. Quanta energia é emitida por (a) um átomo de cobre excitado quando ele gera um fóton de raios X; (b) 2,00 mols de átomos de cobre excitados; (c) 2,00 g de átomos de cobre?

1B.9 Uma lâmpada de 32 W (1 W $= 1$ J $\cdot$ s^{-1}) emite luz violeta de comprimento de onda 420 nm. Quantos fótons de luz violeta a lâmpada pode gerar em 2,0 s? Quantos mols de fótons são emitidos nesse intervalo?

1B.10 Uma lâmpada de 40. W (1 W $= 1$ J $\cdot$ s^{-1}) emite luz azul de comprimento de onda 470 nm. Quantos fótons de luz azul a lâmpada pode gerar em 2,0 s? Quantos mols de fótons são emitidos nesse intervalo?

1B.11 A estrela Antares emite luz com intensidade máxima de 850 nm. Qual é a temperatura da superfície de Antares?

1B.12 A temperatura da superfície da estrela Spica, considerada quente, é 23 kK ($2,3 \times 10^4$ K). Em que comprimento de onda a estrela emite o nível máximo de intensidade da luz?

1B.13 A temperatura do ferro derretido pode ser estimada pela lei de Wien. Se o ponto de fusão do ferro é 1.540°C, qual será o comprimento de onda (em nanômetros) que corresponde à intensidade máxima da radiação quando uma peça de ferro funde? Em que região do espectro eletromagnético se encontra essa luz?

1B.14 Um astrônomo descobre uma nova estrela vermelha que emite luz com intensidade máxima em 632 nm. Qual é a temperatura da superfície da estrela?

1B.15 A velocidade de um elétron emitido pela superfície de um metal iluminada por um fóton é $3,6 \times 10^3$ km $\cdot$ s^{-1}. (a) Qual é o comprimento de onda do elétron emitido? (b) A superfície do metal não emite elétrons até que a radiação alcance $2,50 \times 10^{16}$ Hz. Qual é a energia necessária para remover o elétron da superfície do metal? (c) Qual é o comprimento de onda da radiação que causa a fotoemissão do elétron? (d) Que tipo de radiação eletromagnética foi usado?

1B.16 A função de trabalho do metal cromo é 4,37 eV. Que comprimento de onda da radiação deve ser usado para provocar a emissão de elétrons com velocidade $1,5 \times 10^3$ km $\cdot$ s^{-1}?

1B.17 Quem tem o menor comprimento de onda correndo na mesma velocidade: uma pessoa pesando 60 kg ou outra pesando 80 kg? Explique seu raciocínio.

1B.18 (a) Calcule o comprimento de onda de um átomo de hidrogênio viajando a 10. m $\cdot$ s^{-1}. (b) O que faria diminuir o comprimento de onda do átomo: acelerá-lo ou reduzir sua velocidade? Explique seu raciocínio.

1B.19 Prótons e nêutrons têm aproximadamente a mesma massa. Qual é a diferença entre os seus comprimentos de onda? Calcule o comprimento de onda de cada partícula viajando a $2,75 \times 10^5$ m $\cdot$ s^{-1} em um acelerador de partículas e represente o valor encontrado como percentual do comprimento de onda do nêutron.

1B.20 Qual é o comprimento de onda do elétron quando a distância que ele percorre em 1 s é igual a seu comprimento de onda?

1B.21 Uma bola de beisebol pesa entre 145,00 e 149,00 gramas. Qual é o comprimento de onda de uma bola de 145,75 gramas arremessada a 147,2 km $\cdot$ h^{-1}?

1B.22 Um automóvel de massa 1.531 kg viaja em uma autoestrada alemã a 175 km$\cdot$h^{-1}. Qual é o comprimento de onda do automóvel?

1B.23 Qual é a velocidade de um nêutron com comprimento de onda igual a 100. pm?

1B.24 A velocidade média de um átomo de hélio em 25°C é $1,23 \times 10^3$ m$\cdot$s^{-1}. Qual é o comprimento de onda de um átomo de hélio nessa temperatura?

1B.25 Qual é a incerteza mínima na velocidade de um elétron confinado em um átomo de chumbo com diâmetro de 350. pm? Imagine que o átomo seja um quadrado unidimensional com lado igual ao diâmetro do átomo.

1B.26 Qual é a incerteza mínima na posição de um átomo de hidrogênio em um acelerador de partículas, sabendo que sua velocidade é conhecida no intervalo $\pm 5,00$ m$\cdot$s^{-1}?

1B.27 Uma bola de boliche com massa igual a 8,00 kg rola pela pista com velocidade $5,00 \pm 5,0$ m$\cdot$s^{-1}. Qual é a incerteza mínima de sua posição?

1B.28 O princípio da incerteza tem consequências práticas insignificantes para objetos corriqueiros. Contudo, as propriedades das nanopartículas, cujas dimensões variam de alguns a várias centenas de nanômetros, podem ser diferentes das de partículas maiores. (a) Calcule a incerteza mínima na velocidade de um elétron encapsulado em uma nanopartícula com diâmetro $2,00 \times 10^2$ nm. (b) Calcule a incerteza mínima na velocidade de um íon móvel de Li$^+$ encapsulado em uma nanopartícula do mesmo diâmetro. (c) Que grandeza poderia ser determinada com maior precisão em uma nanopartícula: a velocidade de um elétron ou a de um íon Li$^+$?

Tópico 1C   As funções de onda e os níveis de energia

1C.1 A função de onda e sua interpretação
1C.2 A quantização da energia

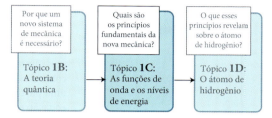

A observação dos espectros do átomo de hidrogênio foi um importante passo na ciência. Mas, para explicá-los, os cientistas do começo do século XX tiveram de rever a descrição da matéria para levar em conta a dualidade onda-partícula. Esta mudança transformou a descrição e a compreensão da química, e seus resultados serão discutidos ao longo deste livro.

1C.1 A função de onda e sua interpretação

Como as partículas têm propriedades de onda, não podemos esperar que se comportem como objetos pontuais movendo-se em trajetórias precisas. Em 1927, o cientista austríaco Erwin Schrödinger (Fig. 1C.1) concebeu uma nova abordagem. Ele substituiu a trajetória precisa da partícula por uma **função de onda**, ψ (a letra grega "psi"), uma função matemática cujos valores variam com a posição. Ao contrário do que alguns acreditam, as funções de onda não são entidades matemáticas incrivelmente complexas; na verdade, algumas funções de onda são bastante simples. Uma delas é muito conhecida: a função sen x.

O físico alemão Max Born propôs uma interpretação física para a função de onda. Na **interpretação de Born** da função de onda, *a probabilidade de encontrar uma partícula em uma região é proporcional ao valor de ψ^2 naquela região* (Fig. 1C.2). Mais precisamente, ψ^2 é uma **densidade de probabilidade**, isto é, a probabilidade de que a partícula esteja em uma pequena região do espaço dividida pelo volume da região ocupada. A "densidade de probabilidade" é o análogo da grandeza "densidade de massa", mais familiar, a massa de uma região dividida por seu volume. Para calcular a massa de uma região, sua densidade de massa é multiplicada por seu volume. Da mesma forma, para calcular a probabilidade de que a partícula esteja em uma pequena região do espaço, é preciso multiplicar a densidade de probabilidade pelo volume da região. Por exemplo, se $\psi^2 = 0{,}1 \text{ pm}^{-3}$ em um ponto, então a probabilidade de encontrar a partícula em uma região de volume 2 pm^3 localizada nesse ponto será $(0{,}1 \text{ pm}^{-3}) \times (2 \text{ pm}^3) = 0{,}2$, isto é, 1 chance em 5. Quando ψ^2 é grande, a partícula tem alta densidade de probabilidade, e quando ψ^2 é pequeno, a partícula tem baixa densidade de probabilidade.

Nota de boa prática É preciso distinguir entre *probabilidade* e *densidade de probabilidade*. Enquanto a primeira não tem unidades e está entre 0 (certamente não está ali) e 1 (certamente está ali), a segunda tem as dimensões de 1/volume. Assim, para transformar a densidade de probabilidade em probabilidade, basta multiplicar pelo volume da região em estudo.

Como o quadrado de qualquer número real é sempre positivo, você não precisa se preocupar com o fato de ψ ter sinal negativo em algumas regiões do espaço (como também acontece com uma função como sen x), porque a densidade de probabilidade nunca é negativa. Quando ψ, e consequentemente ψ^2, é igual a zero, a densidade de probabilidade é zero para a partícula. A região do espaço em que ψ passa *pelo* zero (e não apenas se aproxima de zero) é chamada de **nodo** da função de onda; a partícula tem densidade de probabilidade zero nos nodos da função de onda.

Por que você precisa estudar este assunto? Na mecânica quântica, você precisa considerar as propriedades das funções de onda e as informações que contêm.

Que conhecimentos você precisa dominar? Este tópico utiliza as propriedades da função seno (sen x). Você deve estar familiarizado com o conceito de dualidade e a relação entre momento e comprimento de onda descrita por de Broglie (Tópico 1B).

Em seus estudos sobre mecânica quântica, você verá que as funções de onda podem ser "complexas", no sentido técnico do termo, porque envolvem a unidade imaginária $i = \sqrt{-1}$. Essa possibilidade não será considerada neste livro.

FIGURA 1C.1 Erwin Schrödinger (1887–1961). *(© Bettmann/Corbis.)*

24 Tópico 1C As funções de onda e os níveis de energia

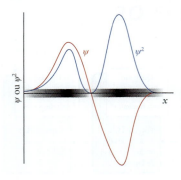

FIGURA 1C.2 Interpretação de Born da função de onda. A densidade de probabilidade (a linha azul) é dada pelo quadrado da função de onda e representada como uma variação da densidade do sombreado da banda. Observe que a densidade de probabilidade é zero em um nodo. Um nodo é um ponto em que a função de onda (a linha laranja) passa pelo zero, não meramente se aproxima do zero.

A **equação de Schrödinger** representa a grande contribuição desse cientista e serve para calcular a função de onda de uma partícula. Embora a equação não seja usada diretamente neste livro (só precisaremos conhecer a forma de algumas de suas soluções, não o modo como foram obtidas), ela é muito importante e temos ao menos que saber o que ela faz. Para uma partícula de massa m que se move em uma dimensão com energia potencial $V(x)$, a equação é

$$-\frac{\hbar^2}{2m}\frac{d^2\psi}{dx^2} + V(x)\psi = E\psi \qquad (1a)$$

(energia cinética + energia potencial = energia total)

O termo $d^2\psi/dx^2$ pode ser considerado uma medida da curvatura da função de onda. O lado esquerdo da equação de Schrödinger é normalmente escrito como $H\psi$, em que H é chamado de **hamiltoniano** do sistema:

$$\underbrace{-\frac{\hbar^2}{2m}\frac{d^2\psi}{dx^2} + V(x)\psi}_{H\psi} = E\psi$$

então, a equação assume a forma aparentemente simples

$$H\psi = E\psi \qquad (1b)$$

A equação de Schrödinger é usada para calcular a função de onda ψ e a energia E correspondente. Para entender o que está envolvido, considere um dos sistemas mais simples, uma partícula de massa m confinada entre duas paredes rígidas separadas por uma distância L, sistema conhecido como **partícula em uma caixa** (Fig. 1C.3). A solução da equação para este sistema é muito simples e introduz vários conceitos importantes muito utilizados na ciência. A ideia é que uma partícula atua como uma onda e somente alguns comprimentos de onda são possíveis no sistema, exatamente como ocorre com uma corda esticada, que só aceita certos comprimentos de onda. Pense na corda de um violão. Como ela está presa nas duas extremidades, só pode adotar formas como as mostradas na Fig. 1C.3, para as quais o deslocamento nas extremidades é nulo. As formas das funções de onda da partícula na caixa unidimensional são idênticas às das vibrações de um fio esticado, e suas formas matemáticas obedecem à descrição de uma onda estacionária. Sua forma matemática é

$$\psi_n(x) = \left(\frac{2}{L}\right)^{1/2} \operatorname{sen}\left(\frac{n\pi x}{L}\right) \quad n = 1, 2, \ldots \qquad (2)$$

O número inteiro n representa as funções de onda e é chamado de "número quântico". Em geral, um **número quântico** é um inteiro (algumas vezes, como veremos no Tópico 1D, ele é a metade de um número inteiro) que determina a função de onda, especifica um estado e pode ser usado para calcular o valor de uma propriedade do sistema.

> *A densidade de probabilidade de uma partícula estar em uma determinada posição é proporcional ao quadrado da função de onda nesse ponto. A função de onda é encontrada com a solução da equação de Schrödinger para a partícula.*

A equação de Schrödinger é uma "equação diferencial", isto é, uma equação que relaciona as "derivadas" de uma função (neste caso, a segunda derivada de ψ, $d^2\psi/dx^2$) com o valor da função em cada ponto. Um resumo sobre derivadas é dado no Apêndice 1F.

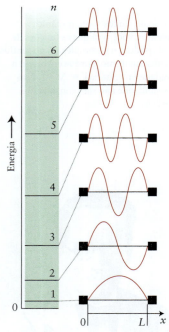

FIGURA 1C.3 Arranjo conhecido como "partícula em uma caixa", em que uma partícula de massa m é confinada entre duas paredes impenetráveis, separadas pela distância L. Mostramos as primeiras seis funções de onda e suas energias. Os números à esquerda são os valores do número quântico n.

1C.2 A quantização da energia

Uma importante característica da partícula em uma caixa é que ela tem energia potencial zero dentro dela e energia potencial infinita fora dela. As paredes confinam a partícula no sistema. Esta limitação impõe **condições de contorno** para a função de onda, isto é, os valores que ela precisa ter em determinados pontos. Essas condições de contorno para a partícula em uma caixa determinam que as funções de onda devem ser zero nas paredes e fora do sistema, e têm de ser levadas em conta.

1C.2 A quantização da energia **25**

Como isso é feito?

A energia cinética de uma partícula de massa m relaciona-se com sua velocidade, v, por $E_c = \frac{1}{2}mv^2$. Essa energia está relacionada ao comprimento de onda da partícula, lembrando que o momento linear é $p = mv$ e usando a relação de de Broglie (Equação 5b do Tópico 1B, $p = h/\lambda$):

$$E_c = \frac{1}{2}mv^2 = \frac{(\overbrace{mv}^{p})^2}{2m} = \frac{(\overbrace{p}^{h/\lambda})^2}{2m} = \frac{(h/\lambda)^2}{2m} = \frac{h^2}{2m\lambda^2}$$

A energia potencial da partícula é considerada zero em qualquer lugar dentro da caixa. Logo, a energia total, E, é dada somente pela expressão de E_c.

Neste ponto você precisa saber que, como em uma corda de violão, somente o conjunto dos múltiplos inteiros da metade do comprimento de onda pode existir na caixa – veja a Fig. 1C.3; as ondas têm um antinodo (máximos e mínimos), dois antinodos, três antinodos, e assim por diante, com cada antinodo correspondendo a uma meia onda. Dito de outra forma, os comprimentos de onda possíveis para uma caixa de comprimento L devem satisfazer a condição:

$$L = \frac{1}{2}\lambda, \frac{2}{2}\lambda, \frac{3}{2}\lambda, \ \ldots \ = n \times \frac{1}{2}\lambda, \ \text{com} \ n = 1, 2, \ldots$$

Portanto, os comprimentos de onda permitidos são

$$\lambda = \frac{2L}{n} \ \text{ com } \ n = 1, 2, \ldots$$

Quando esta expressão de λ é inserida na expressão da energia, tem-se:

$$E_n = \frac{h^2}{2m\lambda^2} = \frac{h^2}{2m(2L/n)^2} = \frac{n^2h^2}{8mL^2}$$

O n subscrito é adicionado a E para indicar que a energia depende do valor de n.

O cálculo mostra que as energias permitidas para uma partícula de massa m em uma caixa unidimensional de comprimento L são:

$$E_n = \frac{n^2h^2}{8mL^2} \quad n = 1, 2, \ldots \tag{3}$$

O que esta equação revela? Como a massa, m, da partícula aparece no denominador, para um dado comprimento da caixa, os níveis de energia estão em valores mais baixos para partículas pesadas do que para partículas leves. Como o comprimento da caixa aparece no denominador, quando as paredes se aproximam (L menor), a energia sobe rapidamente.

Uma surpreendente conclusão da Equação 3 é que, como n só pode ter valores inteiros, a energia da partícula é **quantizada**, isto é, ela está restrita a uma série de valores discretos denominados **níveis de energia**. De acordo com a mecânica clássica, um objeto pode ter qualquer energia total – alta, baixa ou qualquer valor intermediário. Assim, uma partícula em uma caixa poderia, do ponto de vista clássico, saltar de uma parede para outra com qualquer velocidade e, portanto, com qualquer energia cinética. De acordo com a mecânica quântica, porém, a *energia é quantizada*, isto é, somente certos comprimentos de onda podem ser admitidos para a partícula em uma caixa. A diferença entre as descrições clássica e quântica da energia é como a diferença entre as descrições macroscópica e molecular da água: quando você despeja água de um balde, ela parece ser um fluido contínuo que pode ser transferido em qualquer quantidade, grande ou pequena; entretanto, a menor quantidade que pode ser transferida é uma molécula de H_2O, um "quantum" de água.

Como você viu no cálculo que levou à Eq. 3, a quantização é uma consequência das condições de contorno, isto é, das restrições que as funções de onda devem satisfazer em pontos diferentes do espaço (tal como caber exatamente na caixa). Isso permite a você identificar a origem da quantização dos níveis de energia de um átomo: *como um elétron em um átomo tem uma função de onda que deve satisfazer certas condições em três dimensões, somente algumas soluções da equação de Schrödinger e suas energias correspondentes são aceitáveis.*

Uma maneira mais geral de encontrar os níveis de energia da partícula em uma caixa é resolver a equação de Schrödinger (acesse o hotsite deste livro e busque por Recursos Especiais).

A Equação 3 serve para calcular a separação de energia entre dois níveis adjacentes com números quânticos n e $n + 1$:

$$E_{n+1} - E_n = \overbrace{\frac{(n+1)^2 h^2}{8mL^2}}^{\text{energia do nível } n+1} - \overbrace{\frac{n^2 h^2}{8mL^2}}^{\text{energia do nível } n}$$

$$= \{(n+1)^2 - n^2\}\frac{h^2}{8mL^2} = (2n+1)\frac{h^2}{8mL^2} \qquad (4)$$

Observe que, quando L (o comprimento da caixa) ou m (a massa da partícula) aumenta, a separação entre os níveis de energia adjacentes diminui (Fig. 1C.4). Essa é a razão pela qual ninguém notou que a energia era quantizada até que foram investigados sistemas muito pequenos, como um elétron em um átomo de hidrogênio: a separação entre os níveis é tão pequena para partículas de tamanhos comuns em recipientes de tamanhos comuns que não é detectada. Na verdade, você pode ignorar completamente a quantização do movimento dos átomos de um gás em um balão de laboratório de tamanho comum. Contudo, em sistemas muito pequenos, como átomos ou mesmo nanopartículas, a quantização é importante (Quadro 1C.1).

Quadro 1C.1 OS NANOCRISTAIS

Diz-se que as nanopartículas de alguns materiais semicondutores com diâmetros entre 1 e 100 nm estão em *confinamento quântico*, isto é, os elétrons excitados desses materiais se comportam como uma partícula em uma caixa. Os elétrons excitados pela absorção de radiação visível ficam presos no interior da partícula. Quando um elétron retorna a um estado de menor energia, ele emite um fóton. A energia do fóton emitido depende do tamanho da partícula. A energia de uma partícula presa em uma caixa unidimensional diminui quando o tamanho da caixa aumenta. A aplicação deste modelo a sistemas tridimensionais gera resultados análogos: as partículas maiores emitem fótons com menor energia.

Os materiais semicondutores que exibem confinamento quântico são chamados de *pontos quânticos* ou *nanocristais* e estão na base de nosso interesse atual em *nanotecnologia*. Nanocristais de CdSe recobertos com uma camada de ZnS e uma de um polímero podem formar ligação covalente com uma ampla gama de anticorpos gerando um conjugado anticorpo-ponto quântico (primeira ilustração abaixo). Quando estes materiais conjugados são incubados com células, o anticorpo estabelece uma forte ligação com antígenos específicos localizados nas proteínas ou em outras macromoléculas da célula. A localização desses conjugados em regiões específicas permite que os cientistas saibam com precisão onde os antígenos estão localizados no interior da célula. Como a cor da luz emitida depende do tamanho do ponto quântico, é possível obter microfotografias coloridas que destacam a variedade de componentes celulares ao conjugar pontos quânticos de tamanhos diferentes a diversos anticorpos. A segunda ilustração mostra uma microfotografia fluorescente de células HeLa, uma linhagem imortal de células de câncer de colo do útero usadas em pesquisa e cultivadas pela primeira vez a partir de amostras coletadas de Henrietta Lacks, em 1951. Estas células ainda são usadas na pesquisa médica e tiveram papel essencial no desenvolvimento da vacina contra a poliomielite.

Leitura complementar Para uma perspectiva histórica sobre as células HeLa e seu impacto na medicina, visite "Henrietta Lacks' 'Immortal' Cells," Smithsonian.com, January 22, 2010, http://www.smithsonianmag.com/science-nature/Henrietta-Lacks-Immortal-Cells.html.

Os pontos quânticos de CdSe recobertos por uma camada de ZnS e polímero são conjugados a um anticorpo. Este se liga a antígenos específicos no interior da célula.

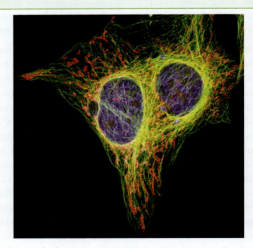

Microfotografia fluorescente de células HeLa mostra a localização do citoesqueleto (verde e amarelo) e o núcleo (púrpura) da célula. *(Dr. Gopal Murti/Science Source.)*

EXEMPLO 1C.1 Cálculo das energias de uma partícula em uma caixa

Os cientistas frequentemente utilizam expressões muito simples para estimar a magnitude de uma propriedade, sem cálculos detalhados. Trate o átomo de hidrogênio como uma caixa unidimensional de 150. pm de comprimento (o diâmetro aproximado do átomo) contendo um elétron e estime o comprimento de onda da radiação emitida quando o elétron cai de um nível de energia mais alto para o nível de energia imediatamente abaixo.

ANTECIPE Como vimos no Tópico 1A, as transições do átomo de hidrogênio têm comprimentos de onda da ordem de 100 nm. Logo, espere um valor semelhante.

PLANEJE No nível de energia mais baixo, temos $n = 1$, assim, você pode usar a Equação 4, com $n = 1$ e $m = m_e$, a massa do elétron. A diferença de energia é emitida como um fóton de radiação, logo, considere a diferença de energia como igual a $h\nu$ e expresse ν em termos do comprimento de onda correspondente usando a Equação 1 do Tópico 1A ($\lambda = c/\nu$). A massa do elétron está no final do livro.

RESOLVA

Da Equação 4 com $n = 1$, $2n + 1 = 3$,

$$E_2 - E_1 = \frac{3h^2}{8m_e L^2}$$

De $E_2 - E_1 = h\nu$,

$$h\nu = \frac{3h^2}{8m_e L^2} \quad \text{logo} \quad \nu = \frac{3h}{8m_e L^2}$$

De $\lambda = c/\nu$,

$$\lambda = \frac{c}{3h/8m_e L^2} = \frac{8m_e c L^2}{3h}$$

Agora, substitua os dados:

$$\lambda = \frac{8 \times \overbrace{(9{,}10939 \times 10^{-31}\,\text{kg})}^{m_e} \times \overbrace{(2{,}998 \times 10^8\,\text{m}\cdot\text{s}^{-1})}^{c} \times \overbrace{(1{,}50 \times 10^{-10}\,\text{m})^2}^{L=150\,\text{pm}}}{3 \times \underbrace{(6{,}626 \times 10^{-34})\ \underbrace{\text{J}\cdot\text{s}}_{\text{kg}\cdot\text{m}^2\cdot\text{s}^{-2}}}_{h}}$$

$$= 2{,}47 \times 10^{-8}\,\text{m} \ (\text{ou } 24{,}7\,\text{nm})$$

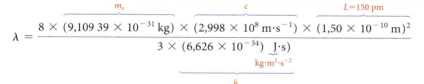

Nota de boa prática Note como tratamos a coleção complicada de unidades: chegar às unidades corretas na resposta é um sinal de que você usou corretamente a equação. Como sempre, é melhor trabalhar o problema usando símbolos e introduzir os valores numéricos nas últimas etapas do cálculo.

AVALIE O resultado obtido, 24,7 nm, é muito menor do que o valor observado para a transição, 122 nm, mas está dentro do esperado. A discrepância ocorre porque o átomo foi tratado de modo muito simples. Um átomo não tem os limites definidos que confinam uma partícula em uma caixa. Além disso, ele é tridimensional. O fato de o comprimento de onda estimado ter aproximadamente a mesma ordem de grandeza do valor experimental sugere que uma teoria quântica do átomo baseada em um modelo tridimensional mais realista deveria levar a uma melhor concordância.

Teste 1C.1A Use o mesmo modelo para o hélio, mas suponha que a caixa tem largura igual a 100. pm, porque o átomo é menor. Estime o comprimento de onda da mesma transição.

[*Resposta:* 11,0 nm]

Teste 1C.1B Use o mesmo modelo para o hidrogênio e estime o comprimento de onda da transição do nível de energia $n = 3$ para o nível $n = 2$.

Exercícios relacionados 1C.1 e 1C.2

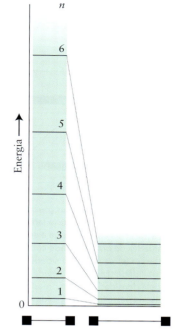

FIGURA 1C.4 Conforme o comprimento da caixa aumenta (compare as caixas à direita e à esquerda), os níveis de energia caem e ficam mais próximos.

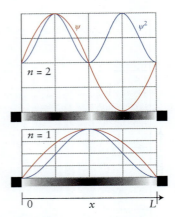

FIGURA 1C.5 As duas funções de onda de energia mais baixa (ψ laranja) para a partícula em uma caixa e as densidades de probabilidade correspondentes (ψ^2 azul). As densidades de probabilidade também são evidenciadas pela densidade do sombreado das bandas na parte inferior de cada função de onda.

Outra consequência surpreendente da Equação 3 é que *uma partícula em uma caixa não pode ter energia igual a zero*. Como o menor valor de n é 1 (que corresponde a uma onda de meio comprimento de onda na caixa), a energia mais baixa é $E_1 = h^2/8mL^2$. Este é o menor nível de energia possível e é chamado de **energia do ponto zero**. A existência da energia do ponto zero significa que, de acordo com a mecânica quântica, uma partícula nunca pode estar imóvel quando confinada entre duas paredes: ela possui sempre energia – neste caso, energia cinética – no mínimo igual a $h^2/8mL^2$. Esse resultado é consistente com o princípio da incerteza. Quando uma partícula está confinada entre duas paredes, a incerteza acerca de sua posição não pode ser maior do que a distância entre as duas paredes. Mas, como a posição não é completamente incerta, o momento linear precisa ser incerto. Você não pode afirmar que a partícula está imóvel, o que significa que ela tem energia cinética. A energia de ponto zero é um fenômeno puramente quantomecânico e é muito pequena para sistemas macroscópicos. Uma bola de bilhar em uma mesa de jogo, por exemplo, tem uma energia do ponto zero desprezível, cerca de 10^{-67} J.

Por fim, a forma das funções de onda da partícula em uma caixa também fornece algumas informações interessantes. Vejamos as duas funções de onda de energia mais baixa, que correspondem a $n = 1$ e $n = 2$. A Figura 1C.5 mostra, a partir da densidade do sombreado, a probabilidade de encontrar uma partícula (em linguagem científica, a densidade de probabilidade). Pode-se ver que, quando a partícula é descrita pela função de onda ψ_1 (e tem energia $h^2/8mL^2$), ela tem maior probabilidade de ser encontrada no centro da caixa. Já a partícula descrita pela função de onda ψ_2 (com energia $h^2/2mL^2$) tem maior probabilidade de ser encontrada nas regiões entre o centro e as paredes, e menor probabilidade de ser encontrada no centro da caixa. Lembre que as funções de onda não têm, por si só, significado físico: é preciso tomar o quadrado de ψ para poder interpretá-las em termos da probabilidade de encontrar a partícula em algum lugar.

Quando a equação de Schrödinger é resolvida sob condições de contorno adequadas, verifica-se que a partícula só pode ter certas energias discretas.

O que você aprendeu com este tópico?

Você aprendeu que a localização e as propriedades de uma partícula são expressas por uma função de onda, cujo quadrado representa a probabilidade (como densidade de probabilidade) de uma partícula ser encontrada em determinada região do espaço. Você também aprendeu que uma função de onda é encontrada resolvendo-se a equação de Schrödinger e que a necessidade de a função de onda se ajustar a uma região do espaço obriga uma partícula confinada a ter certas energias discretas.

Os conhecimentos que você deve dominar incluem a capacidade de:

☐ **1.** Descrever a origem e as formas das funções de onda de uma partícula em uma caixa.
☐ **2.** Calcular as energias de uma partícula em uma caixa (Exemplo 1C.1) e explicar como elas dependem do comprimento da caixa e da massa da partícula.
☐ **3.** Explicar o que é energia do ponto zero e esclarecer sua origem.

Tópico 1C Exercícios

Os exercícios marcados com $\int_{dx}^{C}$ exigem cálculos.

1C.1 (a) Usando o modelo da partícula em uma caixa para o átomo de hidrogênio e considerando o átomo um elétron em uma caixa unidimensional de comprimento 150. pm, estime o comprimento de onda da radiação emitida quando o elétron passa do nível $n = 5$ ao nível $n = 4$. (b) Repita o cálculo para a transição entre os níveis $n = 4$ e $n = 3$.

1C.2 (a) Usando o modelo da partícula em uma caixa para o átomo de hélio e considerando o elétron uma partícula em uma caixa unidimensional de comprimento 150. pm, estime o comprimento de onda da radiação emitida quando o elétron passa do nível $n = 4$ ao nível $n = 1$. (b) Repita o cálculo para a transição entre os níveis $n = 4$ e $n = 2$.

1C.3 Os níveis de energia de uma partícula de massa m em uma caixa quadrada bidimensional de lado L são dados pela expressão $(n_1^2 + n_2^2)h^2/8mL^2$. Estes níveis têm a mesma energia? Se tiverem, encontre os valores dos números quânticos n_1 e n_2 para os três primeiros casos.

Tópico 1C Exercícios **29**

1C.4 Reveja o Exercício 1C.3. Se um lado da caixa é o dobro do outro, os níveis de energia são dados por $(n_1^2/L_1^2 + n_2^2/L_2^2) \times h^2/8m$. Estes níveis têm a mesma energia? Se tiverem, encontre os valores dos números quânticos n_1 e n_2 para os níveis mais baixos com energias iguais.

1C.5 Trace o gráfico da função de onda da partícula em uma caixa para $n = 2$ e $L = 1$ m. (b) Quantos nodos tem a função de onda? Onde esses nodos ocorrem? (c) Repita as partes (a) e (b) para $n = 3$. (d) Que conclusão geral você pode tirar para a relação entre n e o número de nodos presentes em uma função de onda? (e) Converta o gráfico de $n = 2$ para distribuição de densidade de probabilidade: em que valores de x é mais provável encontrar a partícula? (f) Repita a parte (e) para $n = 3$.

1C.6 Verifique a conclusão da parte (d) do Exercício 1C.5 elaborando o gráfico para $n = 4$ e determinando o número de nodos.

1C.7 O comprimento de onda de uma partícula em uma caixa unidimensional é dado na Equação 2. Confirme que a probabilidade de encontrar a partícula na metade esquerda da caixa é ½, independentemente do valor de n.

1C.8 O comprimento de onda de uma partícula em uma caixa unidimensional é dado na Equação 2. Será que a probabilidade de encontrar a partícula no primeiro terço à esquerda da caixa depende de n? Se assim for, determine a probabilidade. Sugestão: A integral indefinida de $\operatorname{sen}^2 ax$ é $\frac{1}{2}x - (1/4a)\operatorname{sen}(2ax)$ + constante.

Tópico 1D O átomo de hidrogênio

1D.1 Os níveis de energia
1D.2 Os orbitais atômicos
1D.3 Os números quânticos, as camadas e as subcamadas
1D.4 As formas dos orbitais
1D.5 O spin do elétron
1D.6 A estrutura eletrônica do hidrogênio

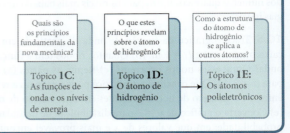

Por que você precisa estudar este assunto? Como é o átomo mais simples na natureza, o hidrogênio é usado para explicar as estruturas de todos os átomos. Portanto, ele é essencial em muitos conceitos da química.

Que conhecimentos você precisa dominar? Você deve estar familiarizado com o modelo nuclear do átomo e com a organização geral da Tabela Periódica (*Fundamentos B*). Você também precisa dominar os conceitos de função de onda e níveis de energia (Tópico 1C), que são importantes na mecânica quântica.

Nossa tarefa neste tópico é construir um modelo mecânico quântico do átomo coerente com as observações experimentais, tomando como base as propriedades de onda do elétron e sua função de onda.

1D.1 Os níveis de energia

Um elétron em um átomo é como uma partícula em uma caixa (Tópico 1C), no sentido de que ele está confinado ao átomo, não devido a paredes, mas pela atração do núcleo. Portanto, é possível esperar que as funções de onda do elétron obedeçam a algumas condições de contorno, como as que encontramos ao ajustar uma onda às paredes de uma caixa unidimensional. No caso da partícula em uma caixa, essas restrições resultam na quantização da energia e na existência de níveis discretos de energia. Mesmo neste primeiro momento, você deve esperar que o elétron esteja confinado a certos níveis de energia, exatamente como exigido pelas observações espectroscópicas resumidas no Tópico 1A.

PONTO PARA PENSAR

O estado de uma partícula em uma caixa é definido por um número quântico. Quantos números quânticos você acha que serão necessários para especificar as funções de onda de um elétron em um átomo de hidrogênio?

Para encontrar as funções de onda e os níveis de energia de um elétron em um átomo de hidrogênio, é necessário resolver a equação de Schrödinger apropriada. Para formular esta equação, que permite o movimento em três dimensões, usamos a expressão da energia potencial de um elétron de carga $-e$ na distância r de um núcleo com carga $+e$. Como vimos em *Fundamentos* A, esta energia potencial de "Coulomb" é

$$V(r) = \frac{(-e) \times (+e)}{4\pi\varepsilon_0 r} = -\frac{e^2}{4\pi\varepsilon_0 r} \tag{1}$$

A permissividade no vácuo, ε_0, é uma constante fundamental. Os valores de permissividade são dados na terceira capa deste livro.

Resolver a equação de Schrödinger para uma partícula com essa energia potencial é difícil, mas Schrödinger o conseguiu em 1927. Ele descobriu que os níveis de energia permitidos para um elétron em um átomo de hidrogênio são

$$E_n = -\frac{h\mathcal{R}}{n^2} \quad \text{com} \quad \mathcal{R} = \frac{m_e e^4}{8h^3\varepsilon_0^2} \quad n = 1, 2, \ldots \tag{2a}$$

Esses níveis de energia têm exatamente a forma sugerida pela espectroscopia (Tópico 1A), mas agora a constante de Rydberg, $\mathcal{R}$, está relacionada a diversas constantes fundamentais. Na ciência, é sempre gratificante perceber que uma variável experimental tem relação com uma combinação de constantes fundamentais. Quando os valores adequados das constantes são inseridos, o valor obtido é $\mathcal{R} = 3{,}29 \times 10^{15}$ Hz, o mesmo valor determinado experimentalmente. A concordância foi um triunfo para a teoria de Schrödinger e para a mecânica quântica. É fácil imaginar a emoção que Schrödinger sentiu quando chegou a esse resultado. Uma expressão muito semelhante se aplica a outros íons com um elétron, como He⁺ e mesmo C⁵⁺, com o número atômico Z:

$$E_n = -\frac{Z^2 h\mathcal{R}}{n^2} \quad n = 1, 2, \ldots \quad \text{(2b)}$$

O que esta equação revela? Primeiro, observe que todas as energias são negativas, isto é, um elétron tem energia menor no átomo do que quando está distante do núcleo. Outro aspecto é que n é um número quântico, como o número quântico de uma partícula em uma caixa, além do fato de que ele só pode ter valores inteiros, o que significa que as energias só podem ter valores discretos. Como n aparece no denominador, à medida que n aumenta, as energias dos níveis sucessivos também sobem (isto é, tornam-se menos negativas), aproximando-se de zero quando o elétron está a ponto de escapar do átomo. Além disso, como Z aparece no numerador da Equação 2b, vemos que quanto maior for a carga do núcleo, mais fortemente o elétron estará ligado a ele.

É importante pensar nas razões pelas quais determinada propriedade depende de diversos parâmetros de modo particular. Você deve estar se perguntando: por que a energia depende de Z^2 e não de Z? A razão pode ser atribuída a dois fatores que se complementam. Primeiro, um núcleo de número atômico Z e carga Ze dá origem a um campo que é Z vezes mais forte do que o de um único próton. Segundo, o elétron é atraído pela carga mais alta e está Z vezes mais próximo do núcleo do que no átomo de hidrogênio. Os dois fatores atuam em conjunto para promover um abaixamento global de energia, proporcional a Z^2.

A Figura 1D.1 mostra os níveis de energia calculados pela Equação 2a. Todas as energias são negativas, porque são medidas em relação à energia do elétron livre. Cada nível corresponde a um número n inteiro, chamado de **número quântico principal**, de $n = 1$ para o primeiro nível (mais baixo, mais negativo), $n = 2$ para o nível mais alto a seguir, e assim por diante até o infinito, com o maior nível de energia, zero, quando o elétron está a ponto de escapar do átomo.

O nível de energia mais baixo, que é o mais negativo possível para o elétron em um átomo de hidrogênio, é obtido quando $n = 1$ e é $-h\mathcal{R}$. Esse estado de energia é conhecido como o **estado fundamental** do átomo. Um átomo de hidrogênio normalmente é encontrado em seu estado fundamental, com o elétron no nível $n = 1$. Quando o elétron ligado é excitado pela absorção de um fóton ou é bombardeado por outras partículas, sua energia aumenta a um nível maior de n. Ele atinge $E = 0$, quando n é infinito. Nesse ponto, o elétron efetivamente se liberou do átomo, no processo denominado **ionização**. A **energia de ionização**, discutida em detalhes no Tópico 1F, é a energia necessária para atingir a ionização a partir do estado fundamental. Qualquer energia adicional, além da energia de ionização, simplesmente se soma à energia cinética do elétron liberado.

Os níveis de energia de um átomo de hidrogênio são definidos pelo número quântico principal, n = 1, 2,..., e formam uma série convergente, como mostra a Fig. 1D.1.

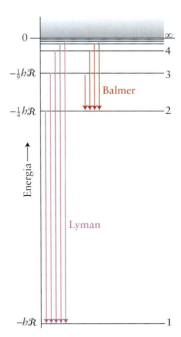

FIGURA 1D.1 Níveis de energia permitidos de um átomo de hidrogênio como calculado pela Eq. 2a. Os níveis estão marcados com o número quântico n, que vai de 1 (para o estado de energia mais baixa) ao infinito (para o estado em que o próton e o elétron estão separados). Observe como os níveis de energia ficam mais próximos à medida que n aumenta.

1D.2 Os orbitais atômicos

As funções de onda dos elétrons nos átomos são chamadas de **orbitais atômicos**. O nome foi escolhido para sugerir alguma coisa menos definida do que uma "órbita" de um elétron em torno de um núcleo e também para levar em conta a natureza de onda do elétron. As expressões matemáticas dos orbitais atômicos – que são soluções da equação de Schrödinger – são mais complicadas do que as funções seno da partícula em uma caixa descritas no Tópico 1C, mas as suas características essenciais são relativamente simples. Além disso, nunca devemos perder de vista a interpretação de que o *quadrado* da função de onda é proporcional à densidade de probabilidade do elétron em cada ponto. Para visualizar essa densidade de probabilidade, imagine uma nuvem centrada no núcleo. A densidade da nuvem em cada ponto representa a probabilidade de encontrar o elétron naquele ponto. As regiões mais densas da nuvem, portanto, correspondem às posições em que a probabilidade de encontrar o elétron é maior.

Para escrever a forma de um orbital atômico, é necessário especificar a localização de cada ponto em torno de um núcleo e atribuir o valor de uma função de onda a este ponto.

As latitudes geográficas são medidas a partir do equador, não do polo norte. O nome técnico para θ é colatitude.

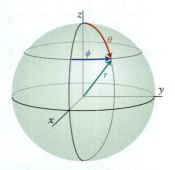

FIGURA 1D.2 Coordenadas esféricas polares: r é o raio, que dá a distância a partir do centro; θ é a colatitude, que dá o ângulo em relação ao eixo z; e ϕ, a "longitude", é o ângulo azimutal, que dá o ângulo em relação ao eixo x.

Como o átomo é como uma pequena esfera, é conveniente descrever estas localizações usando **coordenadas polares esféricas**. Nelas, cada ponto é descrito por três coordenadas, r, θ e ϕ:

- r é a distância em relação ao núcleo.
- θ ("teta") é o ângulo entre o eixo z positivo (o "polo norte"), que pode ser visto como a "latitude" geográfica.
- ϕ ("fi") é o ângulo em torno do eixo z, a "longitude geográfica".

A Fig. 1D.2 dá a definição dessas coordenadas.

Cada função de onda, que em geral varia com a posição, depende dos valores das três coordenadas e, portanto, é representada por $\psi(r,\theta,\phi)$. Contudo, é possível escrever a função de onda como o produto de duas funções: uma que depende somente de r e outra que depende somente dos ângulos θ e ϕ. Ou seja,

$$\psi(r,\theta,\phi) = \underbrace{R(r)}_{\text{função de onda radial}} \times \underbrace{Y(\theta,\phi)}_{\text{função de onda angular}} \qquad (3)$$

A função $R(r)$ é chamada de **função de onda radial**; ela diz como varia a função de onda ao se afastar do núcleo. A função $Y(\theta,\phi)$ é chamada de **função de onda angular** e ela nos diz como varia a função de onda com os ângulos θ e ϕ.

As expressões de alguns orbitais selecionados são dadas na Tabela 1D.1a (para R) e Tabela 1D.1b (para Y). Em princípio, a forma completa das funções de onda pode parecer

TABELA 1D.1 Funções de onda hidrogenoides* (orbitais atômicos), $\psi = RY$

(a) Funções de onda radiais			(b) Funções de onda angulares		
n	l	$R_{nl}(r)^\dagger$	l	"m_l"[‡]	$Y_{lm_l}(\theta,\phi)$
1	0	$2\left(\dfrac{Z}{a_0}\right)^{3/2} e^{-Zr/a_0}$	0	0	$\left(\dfrac{1}{4\pi}\right)^{1/2}$
2	0	$\dfrac{1}{2\sqrt{2}}\left(\dfrac{Z}{a_0}\right)^{3/2}\left(2 - \dfrac{Zr}{a_0}\right) e^{-Zr/2a_0}$	1	x	$\left(\dfrac{3}{4\pi}\right)^{1/2} \operatorname{sen}\theta \cos\phi$
2	1	$\dfrac{1}{2\sqrt{6}}\left(\dfrac{Z}{a_0}\right)^{3/2}\left(\dfrac{Zr}{a_0}\right) e^{-Zr/2a_0}$	1	y	$\left(\dfrac{3}{4\pi}\right)^{1/2} \operatorname{sen}\theta \operatorname{sen}\phi$
3	0	$\dfrac{2}{9\sqrt{3}}\left(\dfrac{Z}{a_0}\right)^{3/2}\left(3 - \dfrac{2Zr}{a_0} + \dfrac{2Z^2 r^2}{9 a_0^2}\right) e^{-Zr/3a_0}$	1	z	$\left(\dfrac{3}{4\pi}\right)^{1/2} \cos\theta$
3	1	$\dfrac{2}{9\sqrt{6}}\left(\dfrac{Z}{a_0}\right)^{3/2}\left(\dfrac{Zr}{a_0}\right)\left(2 - \dfrac{Zr}{3a_0}\right) e^{-Zr/3a_0}$	2	xy	$\left(\dfrac{15}{16\pi}\right)^{1/2} \operatorname{sen}^2\theta \operatorname{sen} 2\phi$
3	2	$\dfrac{4}{81\sqrt{30}}\left(\dfrac{Z}{a_0}\right)^{3/2}\left(\dfrac{Zr}{a_0}\right)^2 e^{-Zr/3a_0}$	2	yz	$\left(\dfrac{15}{4\pi}\right)^{1/2} \cos\theta \operatorname{sen}\theta \operatorname{sen}\phi$
			2	zx	$\left(\dfrac{15}{4\pi}\right)^{1/2} \cos\theta \operatorname{sen}\theta \cos\phi$
			2	$x^2 - y^2$	$\left(\dfrac{15}{16\pi}\right)^{1/2} \operatorname{sen}^2\theta \cos 2\phi$
			2	z^2	$\left(\dfrac{5}{16\pi}\right)^{1/2} (3\cos^2\theta - 1)$

*Por exemplo, um orbital $2p_x$ ($n = 2$, $l = 1$, "m_l" = x), do hidrogênio ($Z = 1$) é

$$\psi(r,\theta,\phi) = R_{2,1}(r) Y_{1,x}(\theta,\phi) = \dfrac{1}{2\sqrt{6}}\left(\dfrac{1}{a_0}\right)^{3/2} \dfrac{r}{a_0} e^{-r/2a_0} \times \left(\dfrac{3}{4\pi}\right)^{1/2} \operatorname{sen}\theta \cos\phi$$

$$= \dfrac{1}{(32\pi a_0^5)^{1/2}} r e^{-r/2a_0} \operatorname{sen}\theta \cos\phi$$

e $1/(32\pi a_0^5)^{1/2} = 4{,}9 \times 10^{-6}$ pm$^{-5/2}$.

[†]Em cada caso, $a_0 = 4\pi\varepsilon_0 \hbar^2 / m_e e^2$, que tem valor próximo de 52,9 pm. Para o hidrogênio, $Z = 1$.
[‡]Em todos os casos, exceto $m_l = 0$, os orbitais designados como x, y, etc. são somas e diferenças (combinações lineares) de orbitais com valores iguais mas opostos de m_l (como +1 e −1).

complicada, mas, na verdade, essa forma é relativamente simples (e não precisa ser memorizada em detalhes). Por exemplo, a função de onda que corresponde ao estado fundamental do átomo de hidrogênio ($n = 1$) é

$$\psi(r,\theta,\phi) = \left(\frac{1}{\pi a_0^3}\right)^{1/2} e^{-r/a_0}$$

O parâmetro a_0 é chamado de **raio de Bohr** e mede 52,9 pm. Neste caso, a função de onda é **esférica e simétrica**, o que significa que ela é independente dos ângulos θ e ϕ e que, para um determinado raio, o valor da função de onda é o mesmo em todas as direções. A função de onda radial decai exponencialmente até zero quando r aumenta, o que significa que a densidade de probabilidade é maior perto do núcleo (em $r = 0$, usando $e^0 = 1$). O importante é lembrar que a função de onda do estado fundamental cai exponencialmente com a distância em relação ao núcleo.

> No modelo de Bohr do menor estado de energia do átomo de hidrogênio, o elétron era representado como uma esfera em órbita circular de raio a_0 em torno do núcleo.

A distribuição de um elétron em um átomo é descrita por uma função de onda chamada de orbital atômico.

1D.3 Os números quânticos, as camadas e as subcamadas

Quando a equação de Schrödinger é resolvida para um átomo tridimensional, observa-se que são necessários *três* números quânticos para caracterizar cada função de onda. Os três números quânticos são chamados de n, l e m_l:

- n está associado ao *tamanho* e à *energia* do orbital
- l está associado a sua *forma*
- m_l está associado com sua *orientação* espacial

Você já conhece n, o número quântico principal, que especifica a energia do orbital em um átomo de um elétron (veja a Equação 2). Em um átomo com um elétron, todos os orbitais atômicos com o mesmo valor de n têm a mesma energia e dizemos que eles pertencem à mesma **camada** do átomo. O termo reflete o fato de que quando n aumenta, a região de máxima densidade de probabilidade parece-se com uma concha oca de raio progressivamente maior. A distância média entre um elétron e o núcleo aumenta com o valor de n.

O segundo número quântico necessário para especificar um orbital é l, o **número quântico do momento angular do orbital**. Esse número quântico pode ter os valores

$$l = 0, 1, 2, ..., n - 1$$

Existem n valores diferentes de l para cada valor de n. Para $n = 3$, por exemplo, l pode assumir qualquer um dos valores 0, 1 e 2. Os orbitais de uma camada com número quântico principal n, portanto, são classificados em n **subcamadas**, grupos de orbitais que têm o mesmo valor de l. Existe somente uma subcamada no nível $n = 1$ ($l = 0$), duas no nível $n = 2$ ($l = 0$ e 1), três no nível $n = 3$ ($l = 0$, 1 e 2), e assim por diante. Todos os orbitais com $l = 0$ são chamados de **orbitais s**, os de $l = 1$ são chamados de **orbitais p**, os de $l = 2$ são chamados de **orbitais d** e os de $l = 3$ são chamados de **orbitais f**.

> Estes nomes se originam no fato de que as linhas espectroscópicas eram classificadas como nítidas (o "s" vem da palavra em inglês *sharp*), principais, difusas e fundamentais.

Valor de l	0	1	2	3
Tipo de orbital	s	p	d	f

Embora valores maiores de l (correspondentes aos orbitais g, h, ...) sejam possíveis, os valores menores (0, 1, 2 e 3) são os únicos que os químicos precisam na prática.

Assim como os valores de n podem ser usados para calcular a energia de um elétron, os valores de l permitem o cálculo de outra propriedade física. Como o nome sugere, l nos dá o momento angular orbital do elétron, uma medida da velocidade com que o elétron "circula" (em termos clássicos) ao redor do núcleo:

$$\text{Momento angular orbital} = \{l(l + 1)\}^{1/2}\ \underset{\underbrace{}}{\hbar} \qquad (4)$$

$h/2\pi$

TABELA 1D.2	Números quânticos dos elétrons nos átomos			
Nome	Símbolo	Valores	Especifica	Indica
principal	n	$1, 2, \ldots$	camada	tamanho
momento orbital angular*	l	$0, 1, \ldots, n-1$	subcamada: $l = 0, 1, 2, 3, 4, \ldots$ s, p, d, f, g, $\ldots$	forma
magnético	m_l	$l, l-1, \ldots, -l$	orbitais de subcamada	orientação
magnético de spin	m_s	$+\frac{1}{2}, -\frac{1}{2}$	estado de spin	direção de spin

* Também chamado de número quântico azimutal.

Um elétron em um orbital s (um "elétron s"), para o qual $l = 0$, tem momento angular do orbital igual a zero. Isso significa que você deve imaginar o elétron não como se estivesse circulando em redor do núcleo, mas simplesmente distribuído igualmente em volta dele. Um elétron em um orbital p ($l = 1$) tem momento angular diferente de zero (de magnitude $2^{1/2}\hbar$); logo, diferentemente de um elétron s, podemos imaginá-lo como se estivesse circulando ao redor do núcleo. Um elétron em um orbital d ($l = 2$) tem momento angular maior ($6^{1/2}\hbar$); um elétron em um orbital f ($l = 3$) tem momento angular ainda maior ($12^{1/2}\hbar$), e assim por diante.

Um aspecto importante do átomo de hidrogênio (mas não de átomos com mais de um elétron) é que todos os orbitais de uma mesma camada têm a mesma energia, independentemente do valor do momento angular (observe na Equação 2 que l não aparece na expressão da energia). Os orbitais de uma camada de um átomo de hidrogênio são chamados de **degenerados**, isto é, têm a mesma energia. Essa degenerescência de orbitais com o mesmo valor de n e diferentes valores de l só é verdadeira no caso do átomo de hidrogênio e dos íons de um elétron (como He^+ e C^{5+}).

O terceiro número quântico necessário para especificar um orbital é m_l, o **número quântico magnético**, que distingue os orbitais de uma subcamada. Este número quântico pode assumir os seguintes valores

$$m_l = l, l - 1, \ldots, -l$$

Existem $2l + 1$ valores diferentes de m_l para um dado valor de l e, portanto, $2l + 1$ orbitais em uma subcamada de número quântico l. Por exemplo, para um orbital p, $l = 1$ e $m_l = +1$, $0, -1$; logo, existem três orbitais p em uma camada. Dito de outro modo, uma subcamada com $l = 1$ tem três orbitais. Orbitais com o mesmo valor de l e diferentes valores de m_l são degenerados mesmo em átomos de muitos elétrons. Logo, os três orbitais p de uma camada são degenerados tanto no hidrogênio como em outros átomos.

Nota de boa prática Como o número quântico magnético pode ter valor negativo ou positivo, sempre escreva o sinal + explicitamente no caso de valores positivos de m_l. Por exemplo, escreva $m_l = +1$, não $m_l = 1$.

O número quântico magnético especifica a orientação do movimento orbital do elétron. Mais especificamente, ele revela que o momento angular do orbital em torno de um eixo arbitrário é igual a $m_l\hbar$, enquanto o restante do movimento orbital (para completar a quantidade $\{l(l + 1)\}^{1/2}\hbar$) está em torno de outros eixos. Assim, por exemplo, se $m_l = +1$, então o momento angular do orbital do elétron em torno do eixo arbitrário é $+\hbar$, ao passo que se $m_l = -1$, o momento angular do orbital do elétron em torno do mesmo eixo arbitrário é $-\hbar$. A diferença de sinal simplesmente significa que a direção do movimento é a contrária: o elétron em um estado circula em torno do eixo no sentido horário e um elétron no outro estado circula no sentido anti-horário. Se $m_l = 0$, então o elétron não está circulando em torno do eixo arbitrário selecionado, mas está distribuído uniformemente ao redor dele em determinado raio. As camadas e as subcamadas são organizadas como mostram a Fig. 1D.3 e a Tabela 1D.2.

Os orbitais atômicos são representados pelos números quânticos n, l e m_l, e se dividem em camadas e subcamadas.

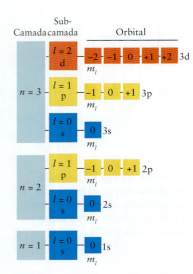

FIGURA 1D.3 Resumo do arranjo de camadas, subcamadas e orbitais em um átomo e os números quânticos correspondentes. Note que o número quântico m_l é uma caracterização alternativa dos orbitais individuais: em química, é mais comum usar x, y e z, como nas Figs. 1D.9 a 1D.11.

1D.4 As formas dos orbitais

Cada combinação possível dos três números quânticos especifica um orbital e atua como "endereço" do elétron que o "ocupa", isto é, tem a distribuição dada por aquela função de onda. Assim, o elétron no estado fundamental de um átomo de hidrogênio tem a especificação $n = 1$, $l = 0$, $m_l = 0$. Como $l = 0$, a função de onda do estado fundamental é um exemplo de orbital s e é conhecida como 1s. Cada camada tem um orbital s, e o orbital s da camada com número quântico n é chamado de **orbital ns**.

Os orbitais s são independentes dos ângulos θ e ϕ e, por essa razão, são considerados esfericamente simétricos (Fig. 1D.4). A densidade de probabilidade de um elétron no ponto (r, θ, ϕ) quando ele está em um orbital 1s é dada pelo quadrado da função de onda correspondente (que já foi apresentada):

$$\psi^2(r,\theta,\phi) = \frac{1}{\pi a_0^3} e^{-2r/a_0} \qquad (5)$$

Neste caso, a densidade de probabilidade é independente do ângulo e, para simplificar, é escrita comumente como $\psi^2(r)$. Em princípio, a nuvem que representa a densidade de probabilidade nunca chega ao valor zero, mesmo quando r tende a um valor muito grande. Se assim fosse, você poderia até imaginar o átomo como sendo maior do que a Terra! Entretanto, a chance de encontrar um elétron a uma distância da ordem de 250 pm a partir do núcleo é praticamente nula, logo, os átomos têm, para todos os fins, um volume muito pequeno. Como mostra a alta densidade da nuvem no núcleo na Fig. 1D.4, o elétron em um orbital s tem uma probabilidade diferente de zero de ser encontrado no núcleo: como $l = 0$, não existe momento angular do orbital para arrancar o elétron do núcleo.

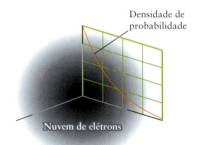

FIGURA 1D.4 Nuvem eletrônica tridimensional que corresponde a um elétron em um orbital 1s do hidrogênio. A densidade da sombra representa a probabilidade de encontrar o elétron em um determinado ponto. O gráfico sobreposto mostra como a densidade de probabilidade varia conforme a distância do ponto ao núcleo, ao longo de qualquer raio.

PONTO PARA PENSAR

Que diferenças você acha que existem entre um orbital 1s no He^+ e no H?

EXEMPLO 1D.1 O cálculo da probabilidade de encontrar um elétron em determinado ponto

Conhecer a localização provável dos elétrons em átomos (e em moléculas) é essencial para entendermos suas propriedades. Além disso, devemos saber interpretar suas funções de onda. Suponha que o elétron está no orbital 1s de um átomo de hidrogênio. Qual é a probabilidade de encontrar o elétron em um pequeno volume colocado a uma distância a_0 do núcleo em relação à probabilidade de encontrá-lo em um volume de mesmo tamanho localizado no núcleo?

ANTECIPE Você deve esperar uma probabilidade menor porque a função de onda decai exponencialmente com a distância em relação ao núcleo.

PLANEJE Compare as densidades de probabilidade nos dois pontos. Para fazer isso, tome a razão entre os quadrados das funções de onda nos dois pontos. Como a densidade de probabilidade não depende do ângulo quando $l = 0$, como vimos, escrevemos a função de onda simplesmente como $\psi(r)$, em vez da expressão mais completa, $\psi(r, \theta, \phi)$.

RESOLVA

A razão entre as probabilidades de encontrar o elétron no núcleo ou na distância $r = a_0$ é:

$$\frac{\text{Densidade de probabilidade quando } r = a_0}{\text{Densidade de probabilidade quando } r = 0} = \frac{\psi^2(a_0)}{\psi^2(0)}$$

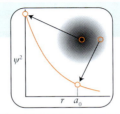

De $\psi^2(r) = (1/\pi a_0^3) e^{-2r/a_0}$, observe que $(1/\pi a_0^3)$ se cancela,

$$\frac{\psi^2(a_0)}{\psi^2(0)} = \frac{\overbrace{e^{-2a_0/a_0}}^{e^{-2}}}{\underbrace{e^0}_{1}} = e^{-2} = 0{,}14$$

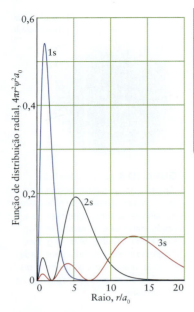

FIGURA 1D.5 A função de distribuição radial nos dá a densidade de probabilidade de encontrar um elétron em um dado raio somado em todas as direções. O gráfico mostra a função de distribuição radial dos orbitais 1s, 2s e 3s do hidrogênio. Observe que o raio mais provável (que corresponde ao maior máximo) aumenta quando n aumenta.

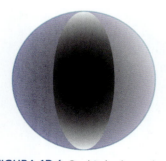

FIGURA 1D.6 O orbital s. A maneira mais simples de desenhar um orbital atômico é como uma superfície-limite, uma superfície dentro da qual existe uma alta probabilidade (tipicamente 90%) de encontrar o elétron. Usaremos azul para os orbitais s, mas a cor é usada somente para auxiliar a identificação. O sombreado das superfícies-limite é uma indicação aproximada da densidade de elétrons em cada ponto. Quanto mais forte for o sombreado, maior é a probabilidade de encontrar o elétron naquela distância a partir do núcleo.

FIGURA INTERATIVA 1D.6

> **AVALIE** Como esperado, a probabilidade de encontrar um elétron em um pequeno volume a uma distância a_0 é menor do que a de encontrá-lo no núcleo. Ela representa somente 14% da probabilidade de encontrar um elétron em um mesmo volume localizado no núcleo.
>
> **Teste 1D.1A** Calcule a mesma razão, mas em um ponto duas vezes mais distante do núcleo, em $r = 2a_0$.
>
> [***Resposta:*** 0,018]
>
> **Teste 1D.1B** Calcule a mesma razão, mas em um ponto situado à distância $3a_0$ do núcleo.
>
> **Exercícios relacionados** 1D.3 e 1D.4

O valor de ψ^2 permite predizer a probabilidade de encontrar o elétron em uma dada região na distância r do núcleo. Suponha, porém, que você queira saber a probabilidade de encontrar um elétron em uma distância r em todas as direções possíveis. Para calcular essa probabilidade, você precisa usar a **função de distribuição radial**, P. Especificamente, a probabilidade de encontrar o elétron em algum lugar de uma camada estreita de raio r e espessura δr ao redor do núcleo é dada por $P(r)\delta r$ (Fig. 1D.5), em que

$$P(r) = r^2 R^2(r) \tag{6a}$$

Para os orbitais s, $\psi = RY = R/2\pi^{1/2}$, logo, $R^2 = 4\pi\psi^2$, e essa expressão é, então, igual a

$$P(r) = 4\pi r^2 \psi^2(r) \tag{6b}$$

Essa é a fórmula que você encontrará com mais frequência. Ela só se aplica, entretanto, aos orbitais s, enquanto a Expressão 6a se aplica a qualquer tipo de orbital.

É importante distinguir a função de distribuição radial da função de onda e de seu quadrado, a densidade de probabilidade:

- A função de distribuição radial nos diz, por meio de $\psi^2(r, \theta, \phi)\delta V$, a probabilidade de encontrar o elétron no pequeno volume δV em uma posição particular, especificada por r, θ e ϕ.
- A função de distribuição radial nos diz, por meio de $P(r)\delta r$, a probabilidade de encontrar o elétron entre r e $r + \delta r$ e somados todos os valores de θ e ϕ.

A função de distribuição radial da população da Terra, por exemplo, é zero até cerca de 6.400 km a partir do centro da Terra, cresce muito rapidamente, e, então, cai novamente até quase zero (o "quase" leva em conta o pequeno número de pessoas que estão nas montanhas ou, então, voando em aviões).

Observe que para *todos* os orbitais, não somente os orbitais s, P é zero no núcleo, simplesmente porque a região na qual estamos procurando o elétron reduziu-se ao volume zero. (A densidade de probabilidade para um orbital s é diferente de zero no núcleo, mas aqui estamos multiplicando esta grandeza por um volume, $4\pi r^2 \delta r$, que se reduz a zero no núcleo, $r = 0$.) Quando r aumenta, o valor de $4\pi r^2$ também aumenta (a camada está ficando maior), mas, para um orbital 1s, o quadrado da função de onda, ψ^2, tende a zero quando r aumenta. Como resultado, o produto de $4\pi r^2$ e ψ^2 começa em zero, passa por um máximo e tende novamente a zero. O valor de P é máximo em a_0, o raio de Bohr. Assim, o raio de Bohr corresponde ao raio em que um elétron de um orbital 1s em um átomo de hidrogênio tem a maior probabilidade de ser encontrado.

PONTO PARA PENSAR

Qual é a diferença na função de distribuição radial de um elétron em He^+ em relação a um elétron em H?

Em vez de desenhar o orbital s como uma nuvem, os químicos em geral desenham sua **superfície-limite**, isto é, a superfície que inclui as regiões mais densas da nuvem. Entretanto, embora a superfície-limite seja mais facilmente desenhada, ela não é a melhor representação do átomo, porque ele tem limites difusos e não é tão localizado como a superfície-limite sugere. Apesar dessa limitação, a superfície-limite é útil porque é nela que o elétron tem probabilidade máxima de ser encontrado. Lembre que a densidade de probabilidade no interior da superfície-limite não é uniforme. Um orbital s tem superfície-limite esférica (Fig. 1D.6) porque a nuvem eletrônica é esférica. Os orbitais s com energias mais altas têm superfícies-limite esféricas de diâmetro progressivamente maior. Sua variação radial é também mais complicada, com nodos radiais em certas posições que podem ser encontradas a partir das funções de onda (Fig. 1D.7).

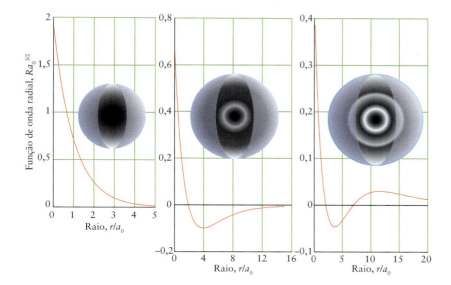

FIGURA 1D.7 Funções de onda radiais dos três primeiros orbitais s de um átomo de hidrogênio. Observe que o número de nodos radiais cresce (como n − 1) com a distância média do elétron ao núcleo (compare com a Fig. 1D.5). Como a densidade de probabilidade é dada por ψ^2, todos os orbitais s têm densidade de probabilidade diferente de zero no núcleo.

A superfície-limite de um orbital p tem dois lobos (Figura 1D.8). Esses lobos são marcados por + e − para mostrar que a função de onda tem sinais opostos nas duas regiões. Por exemplo, o orbital $2p_z$ é proporcional a cos θ e, à medida que θ aumenta de 0 a π durante o trajeto "entre polos" do átomo, cos θ muda de +1 (com θ = 0, o "polo norte"), passando pelo zero (no "equador", em que θ = π/2), até chegar a −1 (no "polo sul", onde θ = π). Assim, em um hemisfério a função é positiva e, no outro, é negativa, como se pode ver na superfície-limite da Fig. 1D.8. Os dois lobos de um orbital p são separados por um **plano nodal**, que passa pelo núcleo e no qual ψ = 0: a função de onda muda de sinal ao atravessar esse plano nodal. Um **elétron p**, isto é, um elétron em um orbital p, nunca será encontrado no núcleo, porque ali a função de onda é zero. Essa diferença em relação aos orbitais s ocorre porque um elétron no orbital p tem momento angular diferente de zero, o que o afasta do núcleo.

PONTO PARA PENSAR

Um orbital 2p tem um nodo radial? *Sugestão*: Pense com atenção na definição de nodo, no Tópico 1C.

Existem três orbitais p em cada subcamada, que correspondem aos números quânticos m_l = +1, 0, −1. Entretanto, os químicos normalmente se referem aos orbitais relacionando-os com os eixos que correspondem aos lobos que eles acompanham. Assim, preferimos nos referir aos orbitais como p_x, p_y e p_z (Figura 1D.9).

Uma subcamada com l = 2 é formada por cinco orbitais d. Cada orbital d tem quatro lobos, exceto o orbital chamado de d_{z^2}, que tem forma mais complexa (Figura 1D.10). Uma subcamada com l = 3 tem sete orbitais f com formas ainda mais complicadas (Figura 1D.11).

Como vimos no Tópico 1C, à medida que cresce o valor de n para uma partícula em uma caixa, aumenta também o número de nodos na função de onda: cada função de onda tem n − 1 nodos. O mesmo é válido para os orbitais atômicos, os quais igualmente têm n − 1 nodos: um orbital com números quânticos n e l tem l nodos angulares e n − l − 1 nodos radiais. O número de nodos aumenta com o número quântico principal para determinado valor de l.

O número total de orbitais em uma camada com número quântico principal n é n^2. Para confirmar esta regra, é preciso lembrar que l tem valores inteiros de zero a n − 1 e que o número de orbitais em uma subcamada é $2l$ + 1 para um dado valor de l. Por exemplo, para n = 4, existem quatro subcamadas com l = 0, 1, 2, 3, formadas por um orbital s, três orbitais

FIGURA 1D.9 Existem três orbitais p de mesma energia que ficam ao longo de três eixos perpendiculares. Usaremos amarelo para indicar os orbitais p: amarelo-escuro para o lobo positivo e amarelo-claro para o lobo negativo.

FIGURA INTERATIVA 1D.9

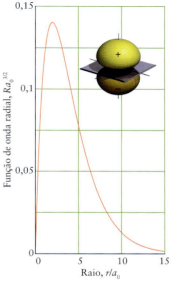

FIGURA 1D.8 Superfície-limite e variação radial de um orbital 2p colocado no eixo z (vertical). Todos os orbitais p têm superfícies-limite com formas semelhantes, incluindo um plano nodal. Note que o orbital tem sinais opostos (destacado pela intensidade da cor) de cada lado do plano nodal.

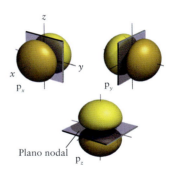

FIGURA 1D.10 A superfície-limite de um orbital d é mais complicada do que a dos orbitais s e p. Existem, na verdade, cinco orbitais d de uma dada energia. Quatro deles têm quatro lobos e o último é ligeiramente diferente. Em nenhum caso um elétron que ocupa um orbital d será encontrado no núcleo. Usaremos a cor laranja para indicar os orbitais d: laranja-escuro e laranja-claro correspondem a sinais diferentes da função de onda. As superfícies azuis representam os planos nodais.

FIGURA INTERATIVA 1D.10

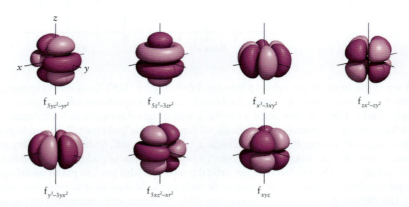

FIGURA 1D.11 Os sete orbitais f de uma camada (com $l = 3$) têm aparência muito complexa. Suas formas detalhadas não serão usadas novamente neste livro. Entretanto, sua existência é importante para entender a Tabela Periódica, a presença dos lantanoides e actinoides (os "lantanídeos" e "actinídeos") e as propriedades dos últimos elementos do bloco d. Os tons claros e escuros indicam diferentes sinais das funções de onda.

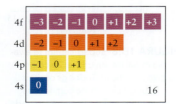

FIGURA 1D.12 Existem 16 orbitais na camada $n = 4$, cada um dos quais pode aceitar dois elétrons (veja a Seção 1D.6), no total de 32 elétrons.

p, cinco orbitais d e sete orbitais f, respectivamente. Existem, portanto, $1 + 3 + 5 + 7 = 16$, ou 4^2, orbitais na camada $n = 4$ (Figura 1D.12).

A forma de um orbital atômico é dada por sua superfície-limite, e a distância média entre um elétron e o núcleo é calculada a partir da função de distribuição radial.

1D.5 O spin do elétron

O cálculo das energias dos orbitais do hidrogênio proposto por Schrödinger foi um marco no desenvolvimento da teoria atômica moderna. Entretanto, as linhas espectrais observadas não tinham exatamente a mesma frequência predita por ele. Em 1925 (antes do trabalho de Schrödinger, mas após o desenvolvimento, por Bohr, do primeiro modelo do átomo), dois físicos holandeses, naturalizados americanos, Samuel Goudsmit e George Uhlenbeck, propuseram uma explicação para essas pequenas diferenças. Eles sugeriram que um elétron podia se comportar, de certo modo, como uma esfera em rotação, como um planeta girando em torno de seu eixo. Esta propriedade é chamada de **spin**. A teoria de Schrödinger não levava em conta o spin, mas isso acabou acontecendo naturalmente quando o físico britânico Paul Dirac encontrou um modo (em 1928) de combinar a teoria da relatividade de Einstein com o procedimento de Schrödinger.

De acordo com a mecânica quântica, um elétron tem dois estados de spin, representados pelas setas ↑ (para cima) e ↓ (para baixo) ou pelas letras gregas (α) e (β). Imagine que o elétron gira no sentido anti-horário em uma dada velocidade (o estado ↑) ou no sentido horário, exatamente na mesma velocidade (o estado ↓). Os dois estados de spin são distinguidos

FIGURA 1D.13 Os dois estados de spin de um elétron podem ser representados como rotações nos sentidos horário e anti-horário em torno de um eixo que passa pelo elétron. Os dois estados são identificados pelo número quântico m_s e representados pelas setas.

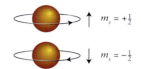

por um quarto número quântico, o **número quântico magnético de spin**, m_s. Este número quântico só pode assumir dois valores: $+½$ indica um elétron ↑ e $-½$ indica um elétron ↓ (Figura 1D.13). O Quadro 1.1 descreve um experimento que confirma essas propriedades do spin do elétron.

Um elétron tem a propriedade de spin. O número quântico m_s descreve o spin, $m_s = ±½$.

Quadro 1D.1 COMO SABEMOS... QUE UM ELÉTRON TEM SPIN?

Dois cientistas alemães, Otto Stern e Walter Gerlach, foram os primeiros a detectar o spin do elétron experimentalmente, em 1922. Como uma carga elétrica em movimento gera um campo magnético, eles previram que um elétron com spin deveria se comportar como um pequeno ímã.

Em seu experimento (veja a ilustração), Stern e Gerlach removeram todo o ar de um recipiente e fizeram passar por ele um campo magnético muito pouco uniforme. Depois, eles dispararam um feixe fino de átomos de prata pelo recipiente na direção de um detector. Um átomo de prata tem um elétron desemparelhado. Os 46 elétrons restantes são emparelhados. Por isso, o átomo se comporta como um elétron desemparelhado que se desloca sobre uma plataforma pesada, o resto do átomo (Tópico 1E).

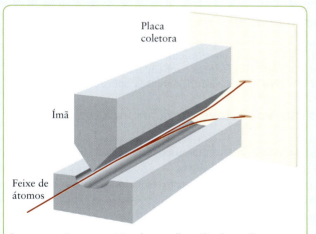

Representação esquemática do aparelho utilizado por Stern e Gerlach. No experimento, um feixe de átomos divide-se em dois ao passar entre os polos de um ímã. Os átomos de um feixe têm um elétron desemparelhado com orientação ↑, e os do outro, com orientação ↓.

Se o elétron tem spin e se comporta como uma bola que gira, o eixo de rotação poderia apontar em qualquer direção. Dito de outro modo, o elétron se comportaria como um ímã capaz de adotar qualquer orientação em relação ao campo magnético aplicado. Nesse caso, uma faixa larga de átomos de prata deveria aparecer no detector, porque o campo atrairia os átomos de prata diferentemente, de acordo com a orientação do spin. Foi exatamente isso que Stern e Gerlach observaram quando fizeram o experimento pela primeira vez.

Esse resultado inicial, porém, era enganador. O experimento é difícil porque os átomos colidem uns com os outros no feixe. Um átomo que se move em uma direção pode ser facilmente empurrado pelos vizinhos para outra direção. Quando Stern e Gerlach refizeram o experimento, eles usaram um feixe de átomos muito menos denso, reduzindo, assim, o número de colisões entre os átomos. Nessas condições, eles viram duas bandas estreitas apenas. Uma banda era formada pelos átomos que passavam pelo campo magnético com uma orientação de spin, e a outra, pelos átomos de spin contrário. As duas bandas estreitas confirmaram que um elétron tem spin e também que ele só pode adotar duas orientações.

O spin do elétron é a base da técnica experimental chamada de *ressonância paramagnética do elétron* (EPR), que é usada para estudar as estruturas e os movimentos de moléculas e íons que têm elétrons desemparelhados. A técnica baseia-se na detecção da energia necessária para fazer passar um elétron de uma das orientações de spin para a outra. Como o experimento de Stern e Gerlach, ela só funciona com íons ou moléculas que têm elétrons desemparelhados.

Leitura complementar "Stern and Gerlach: How a Bad Cigar Helped Reorient Atomic Physics," *Physics Today*, December 2003, p. 53. Online at: http://ptonline.aip.org/journals/doc/PHTOAD-ft/vol_56/iss_12/53_1.shtml.

1D.6 A estrutura eletrônica do hidrogênio

No estado fundamental, o elétron está no nível de energia mais baixo, o estado com $n = 1$. O único orbital com $n = 1$ é o orbital s. Dizemos que o elétron **ocupa** um orbital 1s, ou que é um "elétron 1s". O elétron do átomo de hidrogênio no estado fundamental é descrito por quatro números quânticos, cujos valores são:

$$n = 1 \quad l = 0 \quad m_l = 0 \quad m_s = +½ \text{ ou } -½$$

O elétron pode adotar qualquer um dos estados de spin.

40 Tópico 1D O átomo de hidrogênio

Quando o átomo adquire energia suficiente (pela absorção de um fóton de radiação, por exemplo) para que seu elétron atinja a camada em que $n = 2$, ele pode ocupar qualquer um de quatro orbitais. Nessa camada, existem um orbital 2s e três orbitais 2p e, no hidrogênio, todos têm a mesma energia. Quando um elétron é descrito por uma dessas funções de onda, dizemos que ele ocupa um orbital 2s ou um orbital 2p, ou, então, que ele é um "elétron 2s" ou um "elétron 2p", respectivamente. A distância média de um elétron ao núcleo quando ele ocupa um dos orbitais da camada $n = 2$ é maior do que quando ele ocupa a camada $n = 1$. Podemos, então, imaginar que o átomo aumenta de tamanho quando é excitado pela energia.

Se o átomo adquire ainda mais energia, o elétron move-se para a camada em que $n = 3$ e o átomo aumenta ainda mais. Nessa camada, o elétron pode ocupar qualquer um de nove orbitais (um 3s, três 3p e cinco 3d). Quando o átomo absorve mais energia ainda, o elétron se afasta novamente do núcleo e ocupa a camada em que $n = 4$, na qual 16 orbitais estão disponíveis (um 4s, três 4p, cinco 4d e sete 4f). A absorção de energia prossegue, até ser suficiente para que o elétron possa escapar da atração do núcleo e, assim, deixar o átomo.

Teste 1D.2A Em um determinado estado, os três números quânticos do elétron de um átomo de hidrogênio são $n = 4$, $l = 2$ e $m_l = -1$. Em que tipo de orbital esse elétron está localizado?

[***Resposta:*** 4d]

Teste 1D.2B Em um determinado estado, os três números quânticos do elétron de um átomo de hidrogênio são $n = 3$, $l = 1$ e $m_l = -1$. Em que tipo de orbital esse elétron está localizado?

O estado de um elétron em um átomo de hidrogênio é definido pelos quatro números quânticos n, l, m_l e m_s. À medida que o valor de n aumenta, aumenta também o tamanho do átomo.

O que você aprendeu com este tópico?

Você aprendeu que os elétrons de um átomo são descritos por funções de onda chamadas de orbitais atômicos, e que cada orbital é definido por três números quânticos: n, l, m_l. Você viu que a forma e a energia de determinado orbital são obtidas resolvendo-se a equação de Schrödinger apropriada. Além disso, você conheceu a propriedade denominada "spin do elétron".

Os conhecimentos que você deve dominar incluem a capacidade de:

- ☐ **1.** Estimar a probabilidade relativa de encontrar um elétron em uma determinada distância do núcleo de um átomo (Exemplo 1D.1).
- ☐ **2.** Nomear e explicar a relação de cada um dos quatro números quânticos com as propriedades e energias relativas dos orbitais atômicos (Seções 1D.1 a 1D.4).
- ☐ **3.** Descrever as propriedades do spin do elétron (Seção 1D.5).
- ☐ **4.** Descrever a estrutura de um átomo de hidrogênio nos estados fundamental e excitado (Seção 1D.6).

Tópico 1D Exercícios

Os exercícios marcados com $\int_{dx}^{C}$ **exigem cálculos.**

1D.1 Qual dos parâmetros dados aumenta quando o elétron em um átomo de hidrogênio faz a transição do orbital 1s para o orbital 2p? (a) A energia do elétron. (b) O valor de n. (c) O valor de l. (d) O raio do átomo.

1D.2 Qual dos parâmetros dados aumenta quando o elétron em um átomo de hidrogênio faz a transição do orbital 2s para o orbital 2p? (a) A energia do elétron. (b) O valor de n. (c) O valor de l. (d) O raio do átomo.

1D.3 Avalie a probabilidade de encontrar um elétron em uma pequena região do orbital 1s do hidrogênio, a uma distância $0{,}55a_0$ do núcleo, em relação à probabilidade de encontrá-lo em uma região de mesmo volume localizada no núcleo.

1D.4 Avalie a probabilidade de encontrar um elétron em uma pequena região do orbital 1s do hidrogênio, a uma distância $0{,}83a_0$ do núcleo, em relação à probabilidade de encontrá-lo em uma região de mesmo volume localizada no núcleo.

1D.5 Mostre que a distribuição dos elétrons é esfericamente simétrica para um átomo em que um elétron ocupa cada um dos três orbitais p de determinada camada.

1D.6 Mostre que, se a função de distribuição radial é definida como $p = r^2 R^2$, então a expressão de P para um orbital s é $P = 4\pi^2 r^2 \psi^2$.

1D.7 Qual é a probabilidade de encontrar um elétron em uma pequena esfera de raio (a) a_0 ou (b) $2a_0$ no estado fundamental de um átomo de hidrogênio?

1D.8 A que distância do núcleo se encontra o elétron com maior probabilidade de ser localizado, se este elétron ocupa (a) um orbital 3d ou (b) um orbital 3s em um átomo de hidrogênio?

1D.9 (a) Esquematize a forma das superfícies-limite correspondentes aos orbitais 1s, 2p e 3d. (b) O que é um nodo? (c) Quantos nodos radiais e *superfícies nodais* angulares existem em cada orbital? (d) Calcule o número de planos nodais de um orbital 4f.

1D.10 Descreva a diferença de orientação dos orbitais d_{xy} e $d_{x^2 = y^2}$ em relação aos eixos cartesianos de referência. Talvez você queira olhar a animação dos orbitais atômicos disponível no hotsite deste livro.

1D.11 Quantos orbitais existem em subcamadas com l igual a (a) 0; (b) 2; (c) 1; (d) 3?

1D.12 (a) Quantas *subcamadas* existem para o número quântico principal $n = 6$? (b) Identifique as subcamadas na forma 6s, etc. (c) Quantos orbitais existem na camada com $n = 6$?

1D.13 (a) Quantos valores do número quântico l são possíveis quando $n = 7$? (b) Quantos valores de m_l são permitidos para um elétron na subcamada 6d? (c) Quantos valores de m_l são permitidos para um elétron em uma subcamada 3p? (d) Quantas subcamadas existem na camada com $n = 4$?

1D.14 (a) Quantos valores do número quântico l são possíveis quando $n = 6$? (b) Quantos valores de m_l são permitidos para um elétron na subcamada 5f? (c) Quantos valores de m_l são permitidos para um elétron em uma subcamada 2s? (d) Quantas subcamadas existem na camada com $n = 3$?

1D.15 Quais são os números quânticos principal e de momento angular do orbital para cada um dos seguintes orbitais? (a) 6p; (b) 3d; (c) 2p; (d) 5f.

1D.16 Quais são os números quânticos principal e de momento angular do orbital para cada um dos seguintes orbitais? (a) 3s; (b) 4p; (c) 5d; (d) 6f.

1D.17 Para cada um dos orbitais listados no Exercício 1D.15, dê os valores possíveis do número quântico magnético.

1D.18 Para cada um dos orbitais listados no Exercício 1D.16, dê os valores possíveis do número quântico magnético.

1D.19 Quantos orbitais estão presentes nas subcamadas (a) 4p, (b) 3d, (c) 1s e (d) 4f de um átomo?

1D.20 Quantos orbitais existem em uma subcamada com l igual a (a) 0; (b) 1; (c) 2; (d) 3?

1D.21 Escreva a notação da subcamada (3d, por exemplo) e o número de orbitais que têm os seguintes números quânticos: (a) $n = 5$, $l = 2$; (b) $n = 1$, $l = 0$; (c) $n = 6$, $l = 3$; (d) $n = 2$, $l = 1$.

1D.22 Suponha que cada orbital possa ser ocupado por, no máximo, dois elétrons. Escreva a notação da subcamada (3d, por exemplo) e o número de orbitais que podem ter os seguintes números quânticos: (a) $n = 4$, $l = 1$; (b) $n = 5$, $l = 0$; (c) $n = 6$, $l = 2$; (d) $n = 7$, $l = 3$.

1D.23 Quantos orbitais podem ter os seguintes números quânticos em um átomo? (a) $n = 2$, $l = 1$; (b) $n = 4$, $l = 2$, $m_l = -2$; (c) $n = 2$; (d) $n = 3$, $l = 2$, $m_l = +1$.

1D.24 Quantos orbitais podem ter os seguintes números quânticos em um átomo? (a) $n = 3$, $l = 1$; (b) $n = 5$, $l = 3$, $m_l = -1$; (c) $n = 2$, $l = 1$, $m_l = 0$; (d) $n = 7$.

1D.25 Quais das seguintes subcamadas não podem existir em um átomo? (a) 2d; (b) 4d; (c) 4g; (d) 6f.

1D.26 Quais das seguintes subcamadas não podem existir em um átomo? (a) 1p; (b) 5f; (c) 5g; (d) 6g?

Tópico 1E   Os átomos polieletrônicos

1E.1 As energias dos orbitais
1E.2 O princípio da construção

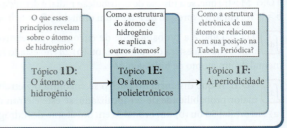

Por que você precisa estudar este assunto? Exceto o hidrogênio, todos os elementos têm mais de um elétron. Um tratamento sistemático da estrutura eletrônica dos átomos explica a forma da Tabela Periódica, um dos instrumentos mais importantes da química.

Que conhecimentos você precisa dominar? Você precisa estar familiarizado com a descrição dos orbitais atômicos do hidrogênio (Tópico 1D), sobretudo sua dependência radial e suas formas angulares, além de saber que o elétron tem uma propriedade chamada de spin (Tópico 1D). Você também deve conhecer a estrutura geral da Tabela Periódica (*Fundamentos* B).

Um átomo polieletrônico também é chamado de *átomo com muitos elétrons*.

Junto com os decifradores de códigos, os meteorologistas e os biólogos moleculares, os químicos estão entre os maiores usuários de computadores e os utilizam para calcular estruturas eletrônicas detalhadas de átomos e moléculas.

Todos os átomos neutros, exceto o hidrogênio, têm mais de um elétron e são conhecidos como **átomos polieletrônicos**. Este tópico se baseia na descrição do átomo de hidrogênio dada no Tópico 1D para explicar como a presença de mais de um elétron afeta as energias dos orbitais atômicos e o modo como eles são ocupados. As estruturas eletrônicas resultantes são a chave das propriedades periódicas dos elementos e da capacidade dos átomos de formar ligações químicas. Este material, portanto, embasa quase todos os aspectos da química.

1E.1   As energias dos orbitais

Os elétrons em átomos polieletrônicos ocupam orbitais como os do hidrogênio. Entretanto, as energias desses orbitais não são iguais às do átomo de hidrogênio. O núcleo de um átomo polieletrônico tem um número maior de cargas do que o núcleo do hidrogênio e atrai os elétrons mais fortemente, diminuindo sua energia. Entretanto, os elétrons também se repelem uns aos outros, em oposição à atração nuclear, o que aumenta a energia dos orbitais. No átomo de hélio, por exemplo, com dois elétrons, em que a carga do núcleo é $+2e$, a energia potencial total é dada por três termos:

$$V \propto \underbrace{-\frac{2e^2}{r_1}}_{\text{atração do elétron 1 pelo núcleo}} \underbrace{-\frac{2e^2}{r_2}}_{\text{atração do elétron 2 pelo núcleo}} \underbrace{+\frac{e^2}{r_{12}}}_{\text{repulsão entre os dois elétrons}} \tag{1}$$

em que r_1 é a distância do elétron 1 ao núcleo, r_2 é a distância do elétron 2 ao núcleo, e r_{12} é a distância entre os dois elétrons. Os dois termos com sinal negativo (que indica que a energia potencial *diminui* quando r_1 ou r_2 diminuem e os elétrons se aproximam do núcleo) correspondem à atração entre o núcleo e cada um dos dois elétrons. O termo com sinal positivo (que indica que a energia potencial *aumenta* quando r_{12} diminui, isto é, os dois elétrons se aproximam) corresponde à repulsão entre os dois elétrons. A equação de Schrödinger baseia-se nesta energia potencial e é extremamente difícil de resolver com exatidão, mas soluções numéricas muito precisas podem ser obtidas com o auxílio de computadores.

No átomo de hidrogênio, com um elétron, não ocorre repulsão elétron-elétron e todos os orbitais de uma determinada camada são degenerados (têm a mesma energia). Por exemplo, como vimos no Tópico 1D, o orbital 2s e os três orbitais 2p têm a mesma energia. No entanto, cálculos e experimentos em espectroscopia com átomos polieletrônicos mostraram que as repulsões elétron-elétron tornam a energia dos orbitais 2p mais alta do que a de um orbital 2s. O mesmo ocorre na camada $n = 3$, em que os três orbitais 3p ficam acima do orbital 3s e os cinco orbitais 3d ficam ainda mais altos (Figura 1E.1). Como explicar essas diferenças de energia?

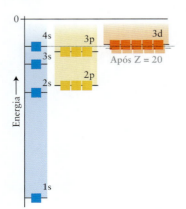

FIGURA 1E.1 Energias relativas de camadas, subcamadas e orbitais de átomos de muitos elétrons. Cada uma das caixas pode ser ocupada por dois elétrons, no máximo. Note a mudança na ordem de energias dos orbitais 3d e 4s após $Z = 20$.

Assim como é atraído pelo núcleo, cada elétron de um átomo de muitos elétrons é repelido pelos demais elétrons. Como resultado, ele está menos fortemente ligado ao núcleo do que estaria na ausência dos outros elétrons. Cada elétron é **blindado** pelos demais contra a atração total do núcleo. A blindagem reduz efetivamente a atração entre o núcleo e os elétrons. A **carga nuclear efetiva**, Z_{ef}, sentida pelo elétron, é sempre menor do que a carga nuclear real, Ze, porque as repulsões elétron-elétron trabalham contra a atração do núcleo. Uma aproximação grosseira da energia de um elétron em um átomo polieletrônico é uma versão da Equação 2b do Tópico 1D ($E_n = -Z^2 h\mathcal{R}/n^2$), em que o número atômico verdadeiro é substituído pelo número atômico efetivo:

$$E_n = -\frac{Z_{ef}^2 h\mathcal{R}}{n^2} \qquad (2)$$

Observe que os demais elétrons não "bloqueiam" a influência do núcleo. Eles criam simplesmente uma interação repulsiva coulombiana adicional que corrige parcialmente a atração do núcleo sobre os elétrons. A atração do núcleo sobre os elétrons no átomo de hélio, por exemplo, é menor do que aquela que a carga $+2e$ deveria exercer, mas é maior do que a carga $+e$ que seria esperada se cada elétron balanceasse exatamente uma carga positiva.

Um elétron s de qualquer das camadas pode ser encontrado em uma região muito próxima do núcleo (lembre-se de que ψ^2, para um orbital s, é diferente de zero no núcleo), e dizemos que ele **penetra** as camadas internas. Um elétron p penetra muito menos, porque o momento angular do orbital impede a aproximação entre o elétron e o núcleo (Fig. 1E.2). Vimos no Tópico 1D que sua função de onda se anula no núcleo; logo, a densidade de probabilidade do elétron no núcleo é zero para um elétron p. Como o elétron p penetra menos que um elétron s as camadas internas do átomo, ele está mais efetivamente blindado em relação ao núcleo e, por isso, experimenta uma carga efetiva menor do que a de um elétron s. Em outras palavras, um elétron s está mais firmemente ligado ao núcleo do que um elétron p e tem energia ligeiramente menor (mais negativa). Um elétron d está menos firmemente ligado ao núcleo do que um elétron p da mesma camada, porque o momento angular orbital é maior e o elétron é menos capaz ainda de se aproximar do núcleo. Isso significa que os elétrons d têm energia mais alta do que os elétrons p da mesma camada, que, por sua vez, têm energia mais alta do que os elétrons s daquela camada.

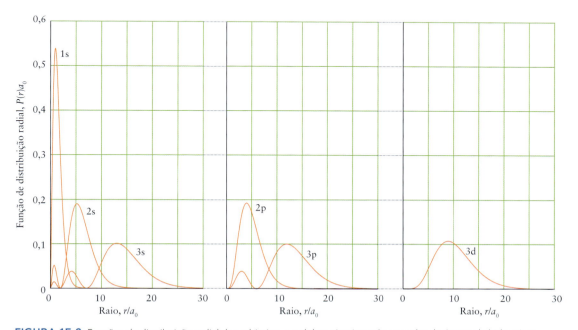

FIGURA 1E.2 Funções de distribuição radial dos orbitais s, p e d das primeiras três camadas do átomo de hidrogênio. Observe que os máximos de probabilidade dos orbitais de uma mesma camada estão próximos uns dos outros. Note, entretanto, que um elétron em um orbital ns tem probabilidade mais alta de ser encontrado perto do núcleo do que um elétron em um orbital np ou nd.

Os efeitos da penetração e da blindagem podem ser grandes. Um elétron 4s costuma ter energia muito mais baixa do que um elétron 4p ou 4d. Ele pode até ter energia inferior à de um elétron 3d do mesmo átomo (veja a Fig. 1E.1). A ordem precisa da energia dos orbitais depende do número de elétrons no átomo, como será explicado na próxima seção.

Por causa dos efeitos da penetração e da blindagem, a ordem das energias dos orbitais em uma dada camada em um átomo polieletrônico é s < p < d < f.

1E.2 O princípio da construção

A estrutura eletrônica de um átomo determina suas propriedades químicas e, por isso, é preciso ser capaz de descrever essa estrutura. Para isso, você escreve a **configuração eletrônica** do átomo – uma lista de todos os orbitais ocupados, com o número de elétrons que cada um contém. No estado fundamental de um átomo com muitos elétrons, os elétrons ocupam os orbitais atômicos disponíveis, de modo a tornar a energia total do átomo a menor possível. À primeira vista, poderíamos esperar que um átomo tivesse a menor energia quando todos os seus elétrons estivessem no orbital de menor energia (o orbital 1s). Porém, exceto para o hidrogênio e o hélio, que só têm dois elétrons, isso não pode acontecer. Em 1925, o cientista austríaco Wolfgang Pauli descobriu uma regra fundamental sobre os elétrons e orbitais, conhecida hoje como **princípio da exclusão de Pauli**:

Dois elétrons, no máximo, podem ocupar um dado orbital. Quando dois elétrons ocupam um orbital, seus spins devem estar emparelhados.

Diz-se que os spins de dois elétrons estão **emparelhados** se um é ↑ e o outro, ↓ (Fig. 1E.3). Os spins emparelhados são representados como ↑↓, e os elétrons com spins emparelhados têm números quânticos magnéticos de spin de sinais opostos. Como um orbital atômico é determinado por três números quânticos (n, l e m_l) e os dois estados de spin são especificados por um quarto número quântico, m_s, outra forma de expressar o princípio da exclusão de Pauli é:

Dois elétrons em um átomo nunca podem ter o mesmo conjunto de quatro números quânticos.

O átomo de hidrogênio tem, no estado fundamental, um elétron no orbital 1s. Essa estrutura é representada por uma seta no orbital 1s de um "diagrama de caixas", que mostra cada orbital como uma "caixa" que pode conter, no máximo, dois elétrons (veja o diagrama **1**, que é parte da Fig. 1E.1). Sua configuração eletrônica, isto é, uma lista dos orbitais ocupados, é representada por 1s¹ ("um s um"). No estado fundamental do átomo de hélio ($Z = 2$), os dois elétrons estão em um orbital 1s, que é descrito como 1s² ("um s dois"). Como se pode ver em (**2**), os dois elétrons estão emparelhados. Nessa situação, o orbital 1s e a camada $n = 1$ estão completamente ocupados. O átomo de hélio no estado fundamental tem a **camada fechada**, isto é, uma camada em que o número de elétrons é o máximo permitido pelo princípio da exclusão.

Nota de boa prática Quando um único elétron ocupa um orbital, escrevemos, por exemplo, 1s¹ e não 1s, de forma abreviada.

O lítio ($Z = 3$) tem três elétrons. Dois elétrons ocupam o orbital 1s e completam a camada $n = 1$. O terceiro elétron deve ocupar o próximo orbital de mais baixa energia disponível, o orbital 2s (veja a Fig. 1E.1). Logo, o estado fundamental de um átomo de lítio (Li) é 1s²2s¹ (**3**). Imagine que a estrutura eletrônica deste átomo é formada pelo **caroço**, parte central que contém os elétrons de orbitais totalmente preenchidos, circundado pelos **elétrons de valência** (os da camada mais externa). No lítio, o caroço é formado por uma camada fechada semelhante ao caroço 1s² do átomo de hélio, representado por [He]. Este caroço é rodeado por uma camada externa que contém um elétron 2s, de energia mais alta. Assim, a configuração do lítio é [He]2s¹. Em geral, somente os elétrons de valência podem se envolver em reações químicas porque os elétrons do caroço estão nos orbitais internos de menor energia e, portanto, estão muito fortemente ligados. Isso significa que o lítio perde somente um elétron ao formar compostos, isto é, ele forma normalmente íons Li⁺, e não íons Li²⁺ ou Li³⁺.

O elemento com $Z = 4$ é o berílio, Be, com quatro elétrons. Os primeiros três elétrons tomam a configuração 1s²2s¹, como o lítio. O quarto elétron emparelha-se com o elétron 2s,

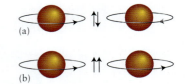

FIGURA 1E.3 (a) Diz-se que dois elétrons estão emparelhados se eles têm spins opostos (um horário, o outro anti-horário). (b) Dizemos que dois elétrons têm spins paralelos se seus spins estão na mesma direção.

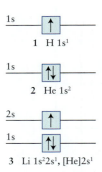

1 H 1s¹

2 He 1s²

3 Li 1s²2s¹, [He]2s¹

Os elétrons mais externos são usados na formação das ligações químicas (Tópico 2A) e a teoria da formação das ligações é denominada teoria de valência, o que explica o nome desses elétrons.

para dar a configuração 1s²2s², ou, mais simplesmente, [He]2s² (**4**). Um átomo de Be tem, então, um caroço semelhante ao do hélio, rodeado por uma camada de valência com dois elétrons emparelhados. Como o lítio – e pela mesma razão –, um átomo de Be só pode perder seus elétrons de valência em reações químicas. Assim, ele perde ambos os elétrons 2s para formar o íon Be²⁺.

O boro ($Z = 5$) tem cinco elétrons. Dois ocupam o orbital 1s e completam a camada $n = 1$. Dois ocupam o orbital 2s. O quinto elétron ocupa um orbital da próxima subcamada disponível, que, segundo a Fig. 1E.1, é um orbital 2p. Este arranjo de elétrons corresponde à configuração 1s²2s²2p¹ ou [He]2s²2p¹ (**5**), que mostra que o boro tem três elétrons de valência em torno de um caroço semelhante ao do hélio.

Temos de tomar outra decisão no caso do carbono ($Z = 6$): o sexto elétron pode ficar junto ao anterior no orbital 2p ou deve ocupar um orbital 2p diferente? (Lembre-se de que existem três orbitais p na subcamada, todos com a mesma energia.) Para responder essa questão, é preciso reconhecer que os elétrons estão mais longe um do outro e se repelem menos quando ocupam orbitais p diferentes do que quando ocupam o mesmo orbital. Portanto, o sexto elétron ocupa um dos orbitais 2p vazios e o estado fundamental do carbono é 1s²2s²2p$_x^1$2p$_y^1$ (**6**). Os orbitais são representados desta forma somente quando é necessário enfatizar que os elétrons ocupam orbitais diferentes da mesma subcamada. Na maior parte das situações, a forma compacta, como em [He]2s²2p², é suficiente. Observe que, no diagrama de orbitais, os dois elétrons 2p foram representados com **spins paralelos** (↑↑), para indicar que eles têm os mesmos números quânticos magnéticos de spin. Por razões baseadas na mecânica quântica, dois elétrons com spins paralelos tendem a se repelir. Portanto, esse arranjo tem energia ligeiramente menor do que a do arranjo com elétrons emparelhados. Entretanto, esse tipo de arranjo só é possível quando os elétrons ocupam orbitais diferentes.

Este procedimento é chamado de **princípio da construção** e pode ser resumido em duas regras. Para predizer a configuração do estado fundamental de um elemento com o número atômico Z e seus Z elétrons:

1. Adicione Z elétrons, um após o outro, aos orbitais, na ordem da Fig. 1E.4, porém, não coloque mais de dois elétrons em um mesmo orbital.
2. Se mais de um orbital em uma subcamada estiver disponível, adicione elétrons com spins paralelos aos diferentes orbitais daquela subcamada até completá-la, antes de emparelhar dois elétrons em um dos orbitais.

A primeira regra leva em conta o princípio da exclusão de Pauli. A segunda regra é conhecida como **regra de Hund**, em homenagem ao espectroscopista alemão Friedrich Hund, que a propôs. Esse procedimento dá a configuração do átomo que corresponde à energia total mais baixa, levando em conta a atração dos elétrons pelo núcleo e a repulsão dos elétrons. Quando os elétrons de um átomo estão em estados de energia mais altos do que os preditos pelo princípio da construção, dizemos que o átomo está em um **estado excitado**. A configuração eletrônica [He]2s¹2p³, por exemplo, representa um estado excitado do átomo de carbono.

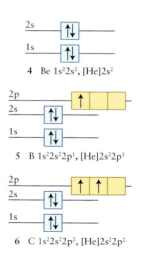

4 Be 1s²2s², [He]2s²

5 B 1s²2s²2p¹, [He]2s²2p¹

6 C 1s²2s²2p², [He]2s²2p²

O princípio da construção também é chamado de princípio Aufbau, que significa "construção" em alemão.

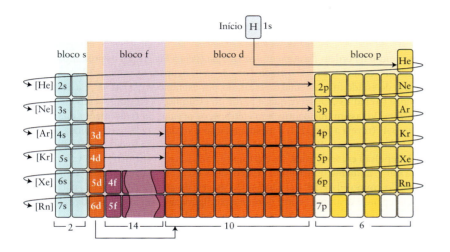

FIGURA 1E.4 Os nomes dos blocos da Tabela Periódica indicam a última subcamada ocupada de acordo com o princípio da construção. O número de elétrons que cada tipo de orbital pode acomodar aparece na parte inferior da Tabela. As cores dos blocos correspondem às cores usadas para representar os orbitais.

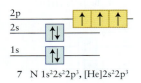

7 N $1s^22s^22p^3$, [He]$2s^22p^3$

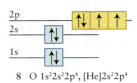

8 O $1s^22s^22p^4$, [He]$2s^22p^4$

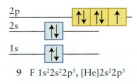

9 F $1s^22s^22p^5$, [He]$2s^22p^5$

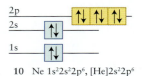

10 Ne $1s^22s^22p^6$, [He]$2s^22p^6$

Um estado excitado é instável e emite um fóton quando o elétron retorna ao orbital que restabelece o estado de energia mínima do átomo.

Em geral, você deveria imaginar um átomo de qualquer elemento como um caroço de gás nobre rodeado pelos elétrons da camada de valência, a camada ocupada mais externa. A **camada de valência** é a camada ocupada com o maior valor de n.

A organização básica da Tabela Periódica descrita em *Fundamentos B* começa a ficar mais clara. Todos os átomos dos elementos do grupo principal em um dado período têm uma camada de valência com o mesmo número quântico principal, que, por sua vez, é igual ao número do período. Por exemplo, a camada de valência dos elementos do Período 2 (do lítio ao neônio) é a camada com $n = 2$. Logo, todos os átomos de um dado *período* têm o mesmo tipo de caroço e elétrons de valência com o mesmo número quântico principal. Por isso, os átomos do Período 2 têm o caroço $1s^2$, semelhante ao do hélio e representado por [He], e os elementos do Período 3 têm o caroço $1s^22s^22p^6$, semelhante ao do neônio e representado por [Ne]. Todos os átomos de determinado *grupo* (em específico, nos grupos principais) têm configurações de elétrons de valência análogas, que só diferem no valor de n. Todos os membros do Grupo 1, por exemplo, têm configuração de valência ns^1, e todos os membros do Grupo 14 têm configuração de valência ns^2np^2. Essas configurações eletrônicas semelhantes dão aos elementos de um grupo propriedades químicas semelhantes, como ilustrado em *Fundamentos B*.

Com esses pontos sempre em mente, vamos continuar a construir a configuração eletrônica dos elementos do Período 2. O nitrogênio tem $Z = 7$ e mais um elétron do que o carbono, o que dá [He]$2s^22p^3$. Cada elétron p ocupa um orbital diferente e os três têm spins paralelos (**7**). O oxigênio tem $Z = 8$ e mais um elétron do que o nitrogênio, logo, sua configuração é [He]$2s^22p^4$ (**8**) e dois dos elétrons 2p estão emparelhados. O flúor, por sua vez, com $Z = 9$, tem mais um elétron do que o oxigênio, e a configuração [He]$2s^22p^5$ (**9**), com um elétron desemparelhado. O neônio, com $Z = 10$, tem mais um elétron do que o flúor. Esse elétron completa a subcamada 2p, levando a [He]$2s^22p^6$ (**10**). De acordo com as Figs. 1.E1 e 1E.4, o próximo elétron ocupa o orbital 3s, o orbital de menor energia na próxima camada. A configuração do sódio é, então, [He]$2s^22p^63s^1$, ou, de forma mais resumida, [Ne]$3s^1$, em que [Ne] é um caroço semelhante ao do neônio.

Teste 1E.1A Escreva a configuração do átomo de magnésio no estado fundamental.

[***Resposta:*** $1s^22s^22p^63s^2$, ou [Ne]$3s^2$]

Teste 1E.1B Escreva a configuração do átomo de alumínio no estado fundamental.

Os orbitais s e p da camada $n = 3$ se completam no argônio, [Ne]$3s^23p^6$, um gás incolor, sem cheiro, não reativo, que lembra o neônio. O argônio completa o terceiro período. Na Fig. 1E.1, você pode ver que a energia do orbital 4s é ligeiramente menor do que a dos orbitais 3d. Isso faz o quarto período começar com o preenchimento do orbital 4s (veja a Fig. 1E.1). Então, as duas próximas configurações eletrônicas são [Ar]$4s^1$ para o potássio e [Ar]$4s^2$ para o cálcio, em que [Ar] representa um caroço semelhante ao do argônio, $1s^22s^22p^63s^23p^6$. Neste ponto, entretanto, os orbitais 3d começam a ser ocupados, e o ritmo da Tabela Periódica se altera.

Em função da ordem do aumento da energia (veja a Fig. 1E.1), os próximos 10 elétrons (do escândio, com $Z = 21$, até o zinco, com $Z = 30$) ocupam os orbitais 3d. A configuração eletrônica do estado fundamental do escândio, por exemplo, é [Ar]$3d^14s^2$, e a de seu vizinho, o titânio, é [Ar]$3d^24s^2$. Observe que, a partir do escândio, os elétrons 4s são escritos depois dos elétrons 3d: assim que contiverem elétrons, os orbitais 3d terão menor energia do que os orbitais 4s (reveja a Fig. 1E.1: a mesma relação é verdadeira para os orbitais nd e $(n+1)$s nos períodos seguintes). Essas diferenças em energia são resultado das complexidades causadas pela repulsão entre elétrons. Os elétrons são adicionados sucessivamente aos orbitais d à medida que Z aumenta. Entretanto, existem duas exceções: a configuração eletrônica experimental do cromo é [Ar]$3d^54s^1$, não [Ar]$3d^44s^2$, e a do cobre é [Ar]$3d^{10}4s^1$, não [Ar]$3d^94s^2$. Essa discrepância aparente ocorre porque a configuração com a subcamada semipreenchida d^5 e a configuração com a subcamada completa d^{10}, segundo a mecânica quântica, têm

1E.2 O princípio da construção 47

energia mais baixa do que a indicada pela teoria simples. Como resultado, pode-se alcançar uma energia total mais baixa quando um elétron ocupa um orbital 3d, em vez do orbital 4s esperado, se esse arranjo completa uma meia subcamada ou uma subcamada completa. Outras exceções ao princípio da construção você encontra na lista completa de configurações eletrônicas, no Apêndice 2C e na Tabela Periódica do começo do livro.

Como você deveria prever a partir da estrutura da Tabela Periódica (veja a Fig. 1E.4), os elétrons só ocupam os orbitais 4p se os orbitais 3d estiverem completos. A configuração do germânio, $[Ar]3d^{10}4s^24p^2$, por exemplo, é obtida pela adição de dois elétrons aos orbitais 4p depois de completar a subcamada 3d. O arsênio tem mais um elétron e a configuração é $[Ar]3d^{10}4s^24p^3$. O quarto período da Tabela Periódica contém 18 elementos, porque os orbitais 4s e 4p podem acomodar, juntos, um total de 8 elétrons e os orbitais 3d podem acomodar 10 elétrons. O Período 4 é o primeiro **período extenso** da Tabela Periódica.

PONTO PARA PENSAR

Em que valor aproximado de número atômico pode aparecer um "período extralongo", correspondente aos orbitais g, e qual seria o seu tamanho?

O próximo da fila para ocupação no início do Período 5 é o orbital 5s, seguido pelos orbitais 4d. Como no Período 4, a energia do orbital 4d cai abaixo da energia do orbital 5s após a acomodação de dois elétrons no orbital 5s. Um efeito semelhante ocorre no Período 6, mas agora outro conjunto de orbitais internos, os orbitais 4f, começa a ser ocupado. O cério, por exemplo, tem a configuração $[Xe]4f^15d^16s^2$. Os elétrons continuam a ocupar os sete orbitais 4f, que se completam após a adição de 14 elétrons no itérbio, $[Xe]4f^{14}6s^2$. Em seguida, os orbitais 5d são ocupados. Os orbitais 6p só são ocupados depois que os orbitais 6s, 4f e 5d estão completos no mercúrio. O tálio, por exemplo, tem configuração $[Xe]4f^{14}5d^{10}6s^26p^1$. O Apêndice 2C mostra uma série de discrepâncias aparentes na ordem de preenchimento dos orbitais 4f. Essas discrepâncias aparentes ocorrem porque os orbitais 4f e 5d têm energias muito próximas. Na verdade, níveis de energia muito próximos são responsáveis pelo fato de aproximadamente 25% dos elementos terem configurações eletrônicas que, de algum modo, se desviam dessas regras. Entretanto, para a maior parte dos elementos, elas são um guia útil e um bom ponto de partida para todos eles. A Caixa de Ferramentas 1E.1 apresenta um procedimento para escrever a configuração eletrônica de um elemento pesado.

Caixa de ferramentas 1E.1 COMO PREVER A CONFIGURAÇÃO ELETRÔNICA DE UM ÁTOMO NO ESTADO FUNDAMENTAL

BASE CONCEITUAL

Os elétrons ocupam orbitais de modo a reduzir ao mínimo a energia total do átomo, maximizando atrações e minimizando repulsões segundo o princípio da exclusão de Pauli e a regra de Hund.

PROCEDIMENTO

Use as seguintes regras de construção para obter a configuração do estado fundamental de um átomo neutro de um elemento de número atômico Z:

1 Na Tabela Periódica, observe o período e o grupo em que está o elemento. O caroço tem a configuração do gás nobre precedente, junto com as subcamadas d e f preenchidas. O número do período informa o valor do número quântico principal da camada de valência e o número do grupo indica o número de elétrons de valência.

2 Adicione Z elétrons, um após o outro, aos orbitais na ordem mostrada nas Figs. 1E.1 e 1E.4. Não coloque mais de dois elétrons em um mesmo orbital (princípio da exclusão de Pauli).

3 Se mais de um orbital de uma subcamada estiver disponível, adicione elétrons aos diferentes orbitais antes de completar qualquer um deles (Regra de Hund).

4 Escreva as letras que identificam os orbitais na ordem crescente de energia, com um sobrescrito que informa o número de elétrons daquele orbital. A configuração de uma camada fechada é representada pelo símbolo do gás nobre que tem aquela configuração, como em [He] para $1s^2$.

Na maior parte dos casos, este procedimento gera a configuração eletrônica de um átomo no estado fundamental. Qualquer outro arranjo corresponde a um estado excitado do átomo. Observe que a estrutura da Tabela Periódica é útil para predizer a configuração eletrônica da maior parte dos elementos se soubermos quais orbitais estão sendo preenchidos em cada bloco da Tabela (veja a Fig. 1E.4).

O Exemplo 1E.1 mostra como aplicar essas regras.

EXEMPLO 1E.1 Como calcular a configuração eletrônica de um átomo pesado no estado fundamental

No desenvolvimento de compostos inorgânicos de interesse comercial, os químicos muitas vezes começam observando a localização de um elemento na Tabela Periódica e a configuração de seus elétrons de valência. Suponha que você trabalhe em um laboratório de desenvolvimento de catalisadores para um processo industrial. Escreva a configuração do estado fundamental de (a) um átomo de vanádio e de (b) um átomo de chumbo.

ANTECIPE Como o vanádio é um membro do bloco d, você deve esperar que seus átomos tenham um conjunto de orbitais d parcialmente preenchidos. Como o chumbo é do mesmo grupo do carbono, esperamos que a configuração de seus elétrons de valência seja semelhante à do carbono (ns^2np^2).

PLANEJE Siga o procedimento da Caixa de Ferramentas 1E.1.

RESOLVA

(a) *Etapa 1* Encontre o número do período, que informa o valor do número quântico principal da camada de valência, e o número do grupo, que dá o número de elétrons de valência.

O vanádio está no Período 4, Grupo 5, logo, tem um caroço de argônio, com cinco elétrons de valência.

Etapa 2 Adicione Z elétrons, um após o outro, aos orbitais na ordem mostrada nas Figuras 1E.1 e 1E.4, mas não coloque mais de dois elétrons em um mesmo orbital.

Etapa 3 Dois elétrons preenchem o orbital 4s e, assim, os três últimos elétrons entram em três orbitais 3d diferentes.

Etapa 4 Escreva as letras que identificam os orbitais na ordem crescente de energia.

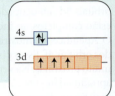

$$[Ar]3d^34s^2$$

(b) *Etapa 1* Como antes, encontre o número do período e o do grupo do elemento na Tabela Periódica.

O chumbo pertence ao Período 6, Grupo 14. Ele tem um caroço de xenônio com subcamadas 5d e 4f completas e quatro elétrons de valência adicionais.

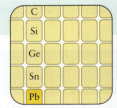

Etapa 2 Adicione Z elétrons, um após o outro, aos orbitais na ordem mostrada nas Figuras 1E.1 e 1E.4, mas não coloque mais de dois elétrons em um mesmo orbital.

Etapa 3 O chumbo tem dois elétrons de valência em um orbital 6s e dois em diferentes orbitais 6p.

Etapa 4 Escreva as letras que identificam os orbitais na ordem crescente de energia.

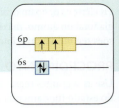

$$[Xe]4f^{14}5d^{10}6s^26p^2$$

AVALIE Como esperado, o vanádio tem um conjunto incompleto de elétrons d e a configuração da camada de valência do chumbo é semelhante à do carbono.

Teste 1E.2A Escreva a configuração de um átomo de bismuto no estado fundamental.

[*Resposta*: $[Xe]4f^{14}5d^{10}6s^26p^3$]

Teste 1E.2B Escreva a configuração de um átomo de arsênio no estado fundamental.

Exercícios relacionados 1E.11 a 1E.14

A configuração eletrônica do estado fundamental de um átomo é predita usando o princípio da construção (junto com a Fig. 1E.1), o princípio da exclusão de Pauli e a regra de Hund.

O que você aprendeu com este tópico?

Você aprendeu que as estruturas de átomos polieletrônicos são explicadas pela ocupação sistemática de orbitais por elétrons, com a ordem sendo determinada pelos efeitos da penetração e blindagem em conjunto com o princípio da exclusão de Pauli. O princípio da construção não apenas se reflete na estrutura geral da Tabela Periódica, mas também a explica.

Os conhecimentos que você deve dominar incluem a capacidade de:

- ☐ **1.** Descrever os fatores que afetam as energias de um elétron em um átomo com muitos elétrons (Seção 1E.1).
- ☐ **2.** Escrever a configuração do átomo de um elemento no estado fundamental (Caixa de Ferramentas 1.1E e Exemplo 1E.1).

Tópico 1E Exercícios

1E.1 Qual dos parâmetros dados aumenta quando o elétron de um átomo de lítio faz a transição do orbital 1s para o orbital 2p? (a) A energia do elétron. (b) O valor de n. (c) O valor de l. (d) O raio do átomo. Quais das respostas dadas seriam diferentes para um átomo de hidrogênio? Em que elas seriam diferentes?

1E.2 Qual dos parâmetros dados aumenta quando o elétron em um átomo de lítio faz a transição do orbital 2s para o orbital 2p? (a) A energia do elétron. (b) O valor de n. (c) O valor de l. (d) O raio do átomo. Quais das respostas dadas seriam diferentes para um átomo de hidrogênio? Em que elas seriam diferentes?

1E.3 (a) Escreva uma expressão para a energia potencial total de Coulomb para um átomo de lítio. (b) O que representa cada um dos termos?

1E.4 (a) Escreva uma expressão para a energia potencial total de Coulomb para um átomo de berílio. (b) Se Z é o número de elétrons de um átomo, escreva uma expressão geral que represente o número total de termos que estará presente na equação da energia potencial total de Coulomb.

1E.5 Quais das seguintes afirmações são verdadeiras para os átomos com muitos elétrons? Se forem falsas, explique a razão. (a) A carga nuclear efetiva, Z_{ef}, é independente do número de elétrons presentes em um átomo. (b) Os elétrons de um orbital s blindam mais efetivamente da carga do núcleo os elétrons de outros orbitais porque um elétron em um orbital s pode penetrar o núcleo de um átomo. (c) Elétrons com $l = 2$ são mais efetivos na blindagem do que elétrons com $l = 1$. (d) Z_{ef} de um elétron em um orbital p é menor do que o de um elétron em um orbital s da mesma camada.

1E.6 Decida, para os elétrons em um átomo de carbono no estado fundamental, quais das afirmações são verdadeiras. Se forem falsas, explique a razão. (a) A Z_{ef} de um elétron em um orbital 1s é igual à Z_{ef} de um elétron em um orbital 2s. (b) A Z_{ef} de um elétron em um orbital 2s é igual à Z_{ef} de um elétron em um orbital 2p. (c) Um elétron em um orbital 2s tem a mesma energia que um elétron no orbital 2p. (d) Os elétrons nos orbitais 2p têm números quânticos m_s com spins de sinais contrários. (e) Os elétrons no orbital 2s têm o mesmo valor do número quântico m_s.

1E.7 Determine se as seguintes configurações eletrônicas representam o estado fundamental ou um estado excitado do átomo em questão.

(a) C — 1s, 2s, 2p   (b) N — 1s, 2s, 2p

(c) Be — 1s, 2s, 2p   (d) O — 1s, 2s, 2p

1E.8 As seguintes *configurações da camada de valência* são possíveis para um átomo neutro. Que elemento e que configuração correspondem ao estado fundamental?

(a) 4s, 4p   (b) 4s, 4p

(c) 4s, 4p   (d) 4s, 4p

1E.9 Dentre os conjuntos de quatro números quânticos $\{n, l, m_l, m_s\}$, identifique os que são proibidos para um elétron em um átomo e explique por quê:

(a) $\{4, 2, -1, +\frac{1}{2}\}$; (b) $\{5, 0, -1, +\frac{1}{2}\}$; (c) $\{4, 4, -1, +\frac{1}{2}\}$.

1E.10 Dentre os conjuntos de quatro números quânticos $\{n, l, m_l, m_s\}$, identifique os que são proibidos para um elétron em um átomo e explique por quê:

(a) $\{2, 2, -1, +\frac{1}{2}\}$; (b) $\{6, 6, 0, +\frac{1}{2}\}$; (c) $\{5, 4, +5, +\frac{1}{2}\}$.

1E.11 Escreva a configuração eletrônica do estado fundamental de cada um dos átomos: (a) sódio; (b) silício; (c) cloro; (d) rubídio.

1E.12 Escreva a configuração eletrônica do estado fundamental de cada um dos átomos: (a) titânio; (b) cromo; (c) európio; (d) criptônio.

1E.13 Escreva a configuração do estado fundamental de cada um dos seguintes elementos: (a) prata; (b) berílio; (c) antimônio; (d) gálio; (e) tungstênio; (f) iodo.

1E.14 Escreva a configuração do estado fundamental de cada um dos seguintes elementos: (a) germânio; (b) césio; (c) irídio; (d) telúrio; (e) tálio; (f) plutônio.

1E.15 Que elementos têm as seguintes configurações eletrônicas de estado fundamental de seus átomos: (a) $[Kr]4d^{10}5s^25p^4$; (b) $[Ar]3d^34s^2$; (c) $[He]\ 2s^22p^2$; (d) $[Rn]7s^26d^2$?

50 Tópico 1E Os átomos polieletrônicos

1E.16 Que elementos têm as seguintes configurações eletrônicas de estado fundamental de seus átomos: (a) $[Ar]3d^{10}4s^24p^1$; (b) $[Ne]3s^1$; (c) $[Kr]5s^2$; (d) $[Xe]4f^76s^2$?

1E.17 Para cada um dos seguintes átomos no estado fundamental, prediga o tipo de orbital (por exemplo, 1s, 2p, 3d, 4f, etc.) do qual um elétron poderia ser removido para torná-lo um íon +1: (a) Ge; (b) Mn; (c) Ba; (d) Au.

1E.18 Para cada um dos seguintes átomos no estado fundamental, prediga o tipo de orbital (por exemplo, 1s, 2p, 3d, 4f, etc.) do qual um elétron poderia ser removido para torná-lo um íon +1: (a) Zn; (b) Cl; (c) Al; (d) Cu.

1E.19 Prediga o número de elétrons de valência de cada um dos seguintes átomos (inclua os elétrons d mais externos): (a) N; (b) Ag; (c) Nb; (d) W.

1E.20 Prediga o número de elétrons de valência de cada um dos seguintes átomos (inclua os elétrons d mais externos): (a) Ta; (b) Tc; (c) Te; (d) Tl.

1E.21 Quantos elétrons desemparelhados são previstos para a configuração do estado fundamental de cada um dos seguintes átomos: (a) Bi; (b) Si; (c) Ta; (d) Ni?

1E.22 Quantos elétrons desemparelhados são previstos para a configuração do estado fundamental de cada um dos seguintes átomos: (a) Pb; (b) Ir; (c) Y; (d) Cd?

1E.23 Os elementos Ga, Ge, As, Se e Br estão no mesmo período da Tabela Periódica. Escreva a configuração eletrônica esperada para os estados fundamentais desses elementos e prediga quantos elétrons desemparelhados, se houver algum, cada átomo contém.

1E.24 Os elementos N, P, As, Sb e Bi estão no mesmo grupo da Tabela Periódica. Escreva a configuração eletrônica esperada para os estados fundamentais desses elementos e prediga quantos elétrons desemparelhados, se houver algum, cada átomo contém.

1E.25 Dê a notação da configuração da camada de valência (incluindo os elétrons d mais externos) dos (a) metais alcalinos; (b) elementos do Grupo 15; (c) metais de transição do Grupo 5; (d) metais de "cunhagem" (Cu, Ag, Au).

1E.26 Dê a notação da configuração da camada de valência (incluindo os elétrons d mais externos) dos (a) halogênios; (b) calcogênios (elementos do Grupo 16); (c) metais de transição do Grupo 5; (d) elementos do Grupo 14.

Tópico 1F A periodicidade

- **1F.1** A estrutura geral da Tabela Periódica
- **1F.2** O raio atômico
- **1F.3** O raio iônico
- **1F.4** A energia de ionização
- **1F.5** A afinidade eletrônica
- **1F.6** O efeito do par inerte
- **1F.7** As relações diagonais
- **1F.8** As propriedades gerais dos elementos

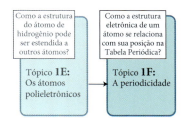

A organização da Tabela Periódica é uma das realizações mais notáveis e úteis da química porque ajuda a organizar o que, do contrário, seria um arranjo confuso de propriedades dos elementos. O fato de que a estrutura da Tabela corresponde à estrutura eletrônica dos átomos, entretanto, era desconhecido de seus descobridores. A Tabela Periódica foi desenvolvida exclusivamente a partir das propriedades físicas e químicas dos elementos.

Em 1869, dois cientistas, o alemão Lothar Meyer e o russo Dmitri Mendeleev, (Fig. 1F.1) descobriram, cada um em seu próprio laboratório, que os elementos, quando arranjados na ordem crescente das massas atômicas, se agrupavam em famílias com propriedades semelhantes. Mendeleev chamou essa observação de **lei periódica**. Contudo, um dos problemas com a Tabela de Mendeleev era que alguns elementos pareciam fora de lugar. Por exemplo, quando o argônio foi isolado, sua massa aparentemente não correspondia à sua posição na Tabela. O seu peso atômico de 40 (isto é, sua massa molar de $40 \text{ g} \cdot \text{mol}^{-1}$) é quase igual ao do cálcio, mas o argônio é um gás inerte e o cálcio é um metal reativo. Essas anomalias levaram os cientistas a questionar o uso do peso atômico como base de organização dos elementos. No começo do século XX, Henry Moseley examinou os espectros de raios x dos elementos produzidos no bombardeamento de uma amostra com um feixe de elétrons. Ele percebeu que era possível estimar o número atômico com base na relação entre as frequências dos raios x e a carga nuclear e, portanto, o valor de Z. Os cientistas da época não demoraram a perceber que os elementos têm a organização uniformemente repetida da Tabela Periódica se forem organizados pelo número atômico e não pela massa atômica.

1F.1 A estrutura geral da Tabela Periódica

Na época em que a Tabela Periódica foi formulada, a razão por trás da periodicidade dos elementos químicos era um mistério. Porém, hoje conseguimos entender a organização da Tabela Periódica em termos da configuração eletrônica dos elementos. A Tabela é dividida em **blocos**, cujos nomes indicam a última subcamada ocupada de acordo com o princípio da construção (os blocos s, p, d e f), como mostra a Fig. 1E.4, repetida neste tópico como Fig. 1F.2. Dois elementos são exceções. Como tem dois elétrons 1s, o hélio deveria aparecer no bloco s, mas é colocado no bloco p devido a suas propriedades. Ele é um gás cujas características são semelhantes às dos gases nobres do Grupo 18, não às dos metais reativos do Grupo 2. Sua colocação no Grupo 18 justifica-se porque, assim como os demais elementos do Grupo 18, ele tem a camada de valência completa. O hidrogênio ocupa uma posição única na Tabela Periódica. Ele tem um elétron s, logo, pertence ao Grupo 1; mas tem um elétron a menos do que a configuração de um gás nobre e, assim, pode agir como um membro do Grupo 17. Como o hidrogênio tem esse caráter especial, não o colocamos em grupo algum. Você o encontrará frequentemente no Grupo 1 ou no Grupo 17, e, às vezes, em ambos.

PONTO PARA PENSAR

Quais são os argumentos a favor e contra colocar o He no Grupo 2, acima do berílio?

Por que você precisa estudar este assunto? A Tabela Periódica resume as tendências das propriedades dos elementos. A capacidade de predizer essas propriedades com base na posição de um elemento químico na Tabela é uma das competências mais importantes de um químico.

Que conhecimentos você precisa dominar? Você precisa estar familiarizado com a estrutura da Tabela Periódica e sua relação com as estruturas de átomos polieletrônicos, como sugere o princípio da construção (Tópico 1E). Você deve conhecer a definição de energia de ionização (Tópico 1D).

FIGURA 1F.1 (a) Dmitri Ivanovitch Mendeleev (1834–1907) e (b) Lothar Meyer (1830–1895). [(a) RIA Novosti/Science Source; (b) Science Source].

FIGURA 1F.2 Os nomes dos blocos da Tabela Periódica indicam a última subcamada ocupada de acordo com o princípio da construção. As cores dos blocos correspondem às cores usadas para representar os orbitais.

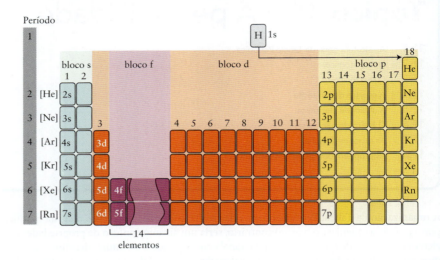

Os blocos s e p formam os **grupos principais** da Tabela Periódica. As configurações eletrônicas semelhantes dos elementos do mesmo grupo principal são a causa das propriedades semelhantes desses elementos. O número do grupo informa quantos elétrons estão presentes na camada de valência. No bloco s, o número do grupo (1 ou 2) é igual ao número de elétrons de valência. Essa relação se mantém em todos os grupos principais quando se usa a antiga prática dos números romanos (I a VIII) para indicar os grupos. No entanto, ao usar números arábicos (1–18), é preciso subtrair, no bloco p, 10 unidades do número do grupo para encontrar o número de elétrons de valência. O flúor, por exemplo, do Grupo 17 (notação antiga: grupo VII), tem sete elétrons de valência.

Cada novo período corresponde à ocupação de uma camada com o número quântico principal mais alto do que o da anterior. Esta correspondência explica os diferentes comprimentos dos períodos:

- O Período 1 inclui somente dois elementos, H e He, nos quais o orbital 1s da camada $n = 1$ é preenchido com até dois elétrons.
- O Período 2 contém oito elementos, do Li ao Ne, nos quais um orbital 2s e três orbitais 2p são progressivamente preenchidos com mais oito elétrons.
- No Período 3 (do Na ao Ar), os orbitais 3s e 3p vão sendo ocupados por mais oito elétrons.
- No Período 4, os oito elétrons dos orbitais 4s e 4p são adicionados e, também, os 10 elétrons dos orbitais 3d. Existem, então, 18 elementos no Período 4.
- Os elementos do Período 5 adicionam outros 18 elétrons, com o preenchimento dos orbitais 5s, 4d e 5p.
- No Período 6, um total de 32 elétrons é adicionado, porque também é preciso incluir os 14 elétrons dos sete orbitais 4f.

Os elementos do bloco f têm propriedades químicas muito semelhantes, porque sua configuração eletrônica difere somente na população dos orbitais f internos, e esses elétrons participam pouco da formação de ligações.

A Tabela Periódica pode ser usada na predição de inúmeras propriedades, muitas das quais são cruciais para a compreensão da química. A variação da carga nuclear efetiva, Z_{ef}, na Tabela Periódica tem papel importante na explicação das tendências da periodicidade, porque ela influencia as energias e as posições dos elétrons nas camadas de valência dos átomos. A Figura F.3 mostra a variação da carga efetiva nos três primeiros períodos. Ela cresce da esquerda para a direita em cada período e cai rapidamente na passagem de um período para o outro.

PONTO PARA PENSAR

Antes de continuar a ler, prediga como a carga nuclear efetiva pode afetar as propriedades atômicas, como o tamanho do átomo ou a facilidade com que um elétron externo pode ser removido.

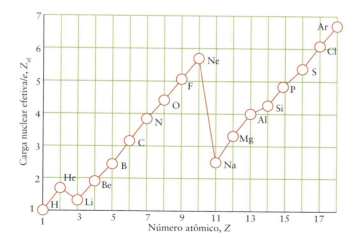

FIGURA 1F.3 Variação da carga nuclear efetiva do elétron de valência mais externo com o número atômico. Observe que a carga nuclear efetiva aumenta da esquerda para a direita no período, mas cai quando o elétron mais externo ocupa uma nova camada. (A carga nuclear efetiva é, na verdade, $Z_{ef}e$, porém Z_{ef} é comumente chamado de carga.)

Os blocos da Tabela Periódica são nomeados segundo o último orbital ocupado de acordo com o princípio da construção. Os períodos são numerados de acordo com o número quântico principal da camada de valência.

1F.2 O raio atômico

As nuvens de elétrons não têm fronteiras bem definidas, logo, não é possível medir o raio exato de um átomo. Entretanto, a densidade eletrônica de átomos polieletrônicos cai muito rápido na "fronteira" do átomo e, quando os átomos se empacotam para formar sólidos ou se unem para formar moléculas, seus centros encontram-se em distâncias bem definidas uns dos outros. O **raio atômico** de um elemento é definido como a metade da distância entre os núcleos de átomos vizinhos (**1**). Logo:

- Se o elemento é um metal, o raio atômico é a metade da distância entre os centros de átomos vizinhos em uma amostra sólida.

Por exemplo, como a distância entre os núcleos vizinhos do cobre sólido é 256 pm, o raio atômico do cobre é 128 pm.

- Se o elemento é um não metal ou um metaloide, usamos a distância entre os núcleos de átomos unidos por uma ligação química. Esse raio é também chamado de **raio covalente** do elemento, por razões que ficarão claras no Tópico 2D.

Como exemplo, a distância entre os núcleos de uma molécula de Cl_2 é 198 pm; logo, o raio covalente do cloro é 99 pm.

- Se o elemento é um gás nobre, usa-se o **raio de van der Waals**, a metade da distância entre os centros de átomos vizinhos em uma amostra do gás solidificado.

Os raios dos átomos dos gases nobres listados no Apêndice 2D são todos raios de van der Waals. Como os átomos de uma amostra de gás nobre não estão ligados quimicamente, os raios de van der Waals são, em geral, muito maiores do que os raios covalentes e é melhor não incluí-los em nossa discussão das tendências de periodicidade.

A Figura 1F.4 mostra os raios atômicos de alguns elementos do grupo principal e a Figura 1F.5 mostra a variação do raio atômico com o número atômico. Observe o padrão denteado. O importante é lembrar que:

- O raio atômico geralmente diminui da esquerda para a direita ao longo de um período e aumenta com o valor de *n* em cada grupo.

O aumento do raio atômico em cada grupo, como do Li para o Cs, por exemplo, faz sentido: a cada novo período, os elétrons mais externos ocupam as camadas com número quântico principal maior e, portanto, estão mais distantes do núcleo. A diminuição em cada período, como do Li para o Ne, por exemplo, é surpreendente a princípio, porque o número de elétrons aumenta com o número de prótons. A explicação é que os novos elétrons estão na

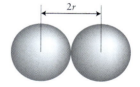

1 Raio atômico

FIGURA 1F.4 Os raios atômicos (em picômetros) dos elementos do grupo principal. Eles decrescem da esquerda para a direita em um período e crescem de cima para baixo em um grupo. Os raios atômicos, inclusive os dos elementos do bloco d, estão listados no Apêndice 2D.

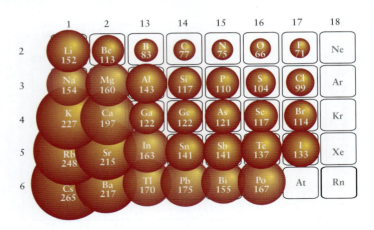

FIGURA 1F.5 Variação periódica dos raios atômicos dos elementos. A variação em um período pode ser explicada pelo efeito do aumento da carga nuclear efetiva. A variação no grupo pode ser explicada pela ocupação das camadas, com o aumento do número quântico principal.

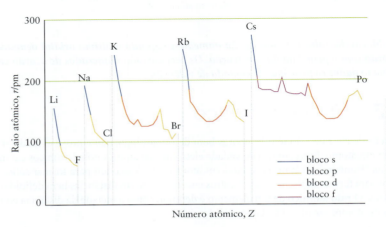

mesma camada e estão tão próximos do núcleo como os demais elétrons da mesma camada, no entanto, como eles estão espalhados na camada, a blindagem dos elétrons uns sobre os outros contra a carga nuclear não é muito eficiente, assim, a carga nuclear efetiva cresce ao longo do período. A maior carga nuclear efetiva atrai os elétrons. Como resultado, o átomo é mais compacto e vemos uma tendência diagonal para os raios atômicos crescerem da direita superior da Tabela Periódica para a esquerda inferior.

> **PONTO PARA PENSAR**
>
> Que elemento conhecido tem os maiores átomos?

Os raios atômicos geralmente decrescem da esquerda para a direita em cada período devido ao aumento do número atômico efetivo e crescem em cada grupo quando camadas sucessivas são ocupadas.

1F.3 O raio iônico

Os raios dos íons são muito diferentes dos raios dos átomos que lhes dão origem. Como vimos em *Fundamentos C*, em um sólido iônico, cada íon está rodeado de íons de carga oposta. O **raio iônico** de um elemento é sua parte da distância entre íons vizinhos em um sólido iônico (**2**). Em outras palavras, a distância entre os centros de um cátion e um ânion vizinhos é a soma dos dois raios iônicos. Na prática, o raio do íon óxido é estimado em 140 pm e calculamos o raio dos outros íons com base nesse valor. Assim, como a distância entre os centros dos íons vizinhos Mg^{2+} e O^{2-} no óxido de magnésio é 212 pm, o raio do íon Mg^{2+} é 212 pm − 140 pm = 72 pm.

A Figura 1F.6 mostra as tendências de periodicidade dos raios iônicos e a Fig. 1F.7 mostra os tamanhos relativos de alguns íons e dos átomos que lhes deram origem. Todos os cátions

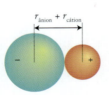

2 Raio iônico

1F.3 O raio iônico

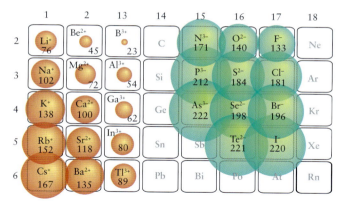

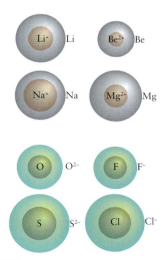

FIGURA 1F.6 Raios iônicos (em picômetros) dos íons dos elementos do grupo principal. Observe que os cátions são, em geral, menores do que os átomos de origem, enquanto os ânions são maiores – e, em alguns casos, muito maiores.

FIGURA 1F.7 Tamanhos relativos de alguns cátions e ânions e dos átomos que lhes deram origem. Observe que os cátions (rosa) são menores do que os átomos de origem (cinza), ao passo que os ânions (verde) são maiores.

são menores do que os átomos originais, porque os átomos perdem seus elétrons de valência para formar o cátion e expõem seu caroço, que, geralmente, é muito menor do que o átomo neutro. O raio atômico do Li, por exemplo, que tem configuração $1s^22s^1$, é 152 pm, mas o raio iônico do Li^+, o caroço $1s^2$, semelhante ao hélio, do átomo original é somente 76 pm. Essa diferença de tamanho pode ser comparada à encontrada entre uma cereja e seu caroço. Os átomos no mesmo grupo tendem a formar íons com cargas iguais. Como no caso dos raios atômicos, os raios dos cátions crescem em cada grupo, porque os elétrons ocupam camadas com números quânticos principais sucessivamente maiores.

A Figura 1F.7 mostra que os ânions são maiores do que os átomos que lhes deram origem. Isso pode ser atribuído ao aumento do número de elétrons da camada de valência do ânion e aos efeitos de repulsão que os elétrons exercem uns sobre os outros. A variação dos raios dos ânions mostra a mesma tendência diagonal observada nos átomos e nos cátions, com os menores no extremo superior à direita da Tabela Periódica, perto do flúor.

- Os cátions são menores do que os átomos de origem, enquanto os ânions são maiores.

Os átomos e íons que têm o mesmo número de elétrons são chamados de **isoeletrônicos**. Por exemplo, Na^+, F^- e Mg^{2+} são isoeletrônicos. Esses três íons têm a mesma configuração eletrônica, $[He]2s^22p^6$, porém seus raios são diferentes porque eles têm cargas nucleares diferentes (veja a Fig. 1F.3). O íon Mg^{2+} tem a maior carga nuclear, logo, a atração do núcleo sobre os elétrons é maior e, portanto, ele tem o menor raio. O íon F^- tem a menor carga nuclear dentre os três íons isoeletrônicos e, como resultado, tem o maior raio.

EXEMPLO 1F.1 Como estimar os tamanhos relativos de íons

Em muitas situações, os geólogos e engenheiros de minas precisam identificar os tamanhos relativos de átomos para saber se um mineral pode ser modificado com a inserção de um átomo diferente. As muitas cores exibidas por pedras preciosas são resultado desse tipo de inserção. Arranje cada um dos seguintes pares de íons na ordem crescente do raio iônico: (a) Mg^{2+} e Ca^{2+}; (b) O^{2-} e F^-.

PLANEJE O menor membro de um par de íons isoeletrônicos do mesmo período é um íon do elemento que está mais à direita no período, porque aquele íon tem a carga nuclear efetiva maior. Se os dois íons estão no mesmo grupo, o menor íon é o do elemento que está mais alto no grupo, porque seus elétrons mais externos estão mais perto do núcleo.

RESOLVA

(a) O Mg está acima de Ca no Grupo 2.

Mg^{2+} tem o raio iônico menor.

(b) Como F está à direita de O no Período 2,

F⁻ tem o menor raio iônico.

AVALIE O Apêndice 2C mostra que os valores experimentais são (a) 72 pm para Mg^{2+} e 100 pm para Ca^{2+}; (b) 133 pm para F⁻ e 140 pm para O^{2-}.

Teste 1F.1A Arranje cada um dos seguintes pares de íons na ordem crescente de raios iônicos: Mg^{2+} e Al^{3+}; (b) O^{2-} e S^{2-}.

[**Resposta:** (a) $r(Al^{3+}) < r(Mg^{2+})$; (b) $r(O^{2-}) < r(S^{2-})$]

Teste 1F.1B Arranje cada um dos seguintes pares de íons na ordem crescente de raios iônicos: Ca^{2+} e K^+; (b) S^{2-} e Cl^-.

Exercícios relacionados 1F.3 e 1F.4

Os raios iônicos geralmente crescem com o valor de n em um grupo e decrescem da esquerda para a direita em um período. Os cátions são menores e os ânions são maiores do que os átomos que lhes deram origem.

1F.4 A energia de ionização

Conforme vimos no Tópico 2A, a formação de uma ligação em um composto iônico depende da remoção de um ou mais elétrons de um átomo e de sua transferência para outro átomo. A energia necessária para remover elétrons de um átomo é, portanto, de suma importância para a compreensão de suas propriedades químicas. Como mencionado no Tópico 1D, a energia de ionização, I, é a energia necessária para remover um elétron de um átomo na fase gás: Especificamente:

$$J(g) \longrightarrow J^+(g) + e^-(g) \qquad I = E(J^+) - E(J) \qquad (1)$$

em que $E(J)$ é a energia da espécie J. As energias de ionização são expressas como quantidades molares em quilojoules por mol (kJ·mol⁻¹) ou em elétron-volts (eV) e representam a variação de energia de um elétron quando ele se move por uma diferença de potencial de 1 V (1 eV = 1,602 × 10⁻¹⁹ J). A **primeira energia de ionização**, I_1, é a energia necessária para remover um elétron de um átomo neutro na fase gás. Por exemplo, para o cobre,

$$Cu(g) \longrightarrow Cu^+(g) + e^-(g) \qquad \text{energia necessária} = I_1 \text{ (7,73 eV, 746 kJ·mol}^{-1}\text{)}$$

A **segunda energia de ionização**, I_2, de um elemento é a energia necessária para remover um elétron de um cátion com carga unitária na fase gás. Para o cobre,

$$Cu^+(g) \longrightarrow Cu^{2+}(g) + e^-(g) \qquad \text{energia necessária} = I_2 \text{ (20,29 eV, 1958 kJ·mol}^{-1}\text{)}$$

Como a energia de ionização é uma medida da dificuldade de remover um elétron, os elementos com baixas energias de ionização formam cátions facilmente e conduzem eletricidade (o que exige que alguns elétrons estejam livres para se mover) em suas formas sólidas (ou líquidas). Os elementos com altas energias de ionização formam cátions com dificuldade e não conduzem eletricidade.

> **PONTO PARA PENSAR**
>
> Por que a segunda energia de ionização de um átomo é sempre maior do que a primeira energia de ionização?

Como mostra a Fig. 1F.8:

- As primeiras energias de ionização geralmente decrescem em um grupo.
- As primeiras energias de ionização geralmente aumentam em um período.

O decréscimo em um grupo pode ser explicado pelo fato de, em períodos sucessivos, o elétron mais externo ocupar uma camada mais afastada do núcleo e, por isso, ele está menos

---

Ao usar a energia mínima, você não precisa se preocupar com a energia cinética do elétron: pressupõe-se que ele está parado. A ionização pode ser alcançada utilizando-se mais energia, mas, nesse caso, o elétron utilizaria o excesso de energia na forma de energia cinética.

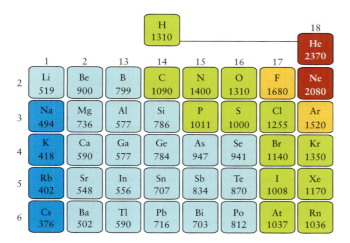

FIGURA 1F.8 Primeiras energias de ionização dos elementos do grupo principal, em quilojoules por mol. Em geral, os valores baixos são encontrados na parte inferior, à esquerda da tabela, e os valores altos, no topo, à direita.

preso. Portanto, é necessária menos energia para remover um elétron de um átomo de césio do que de um átomo de sódio.

Com poucas exceções, a primeira energia de ionização cresce da esquerda para a direita no período (Fig. 1F.9). Isso pode ser explicado pelo aumento da carga nuclear efetiva no período. As pequenas discrepâncias observadas se devem às repulsões entre elétrons, particularmente os elétrons que ocupam o mesmo orbital. Por exemplo, a energia de ionização do oxigênio é ligeiramente menor do que a do nitrogênio porque no nitrôgenio cada orbital p tem um elétron, mas no oxigênio o oitavo elétron está emparelhado com um elétron que já ocupa um orbital. A repulsão entre os dois elétrons que estão no mesmo orbital aumenta sua energia e faz um deles ser removido do átomo com mais facilidade do que se os dois elétrons estivessem em orbitais diferentes.

A Figura 1F.10 mostra que a segunda energia de ionização de um elemento é sempre maior do que a primeira. Mais energia é necessária para remover um elétron de um íon com carga positiva do que de um átomo neutro. Para os elementos do Grupo 1, a segunda energia de ionização é consideravelmente maior do que a primeira, mas, no Grupo 2, as duas energias de ionização têm valores semelhantes. Essa diferença é razoável, porque os elementos do Grupo 1 têm configuração ns^1 na camada de valência. Embora a retirada do primeiro elétron requeira pouca energia, o segundo elétron deve sair de um caroço de gás nobre. Os elétrons do caroço têm números quânticos principais menores e estão muito mais próximos do núcleo. Eles são fortemente atraídos por ele e muita energia é necessária para removê-los.

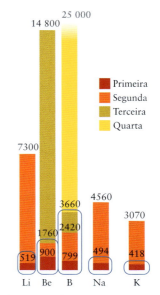

FIGURA 1F.10 Sucessivas energias de ionização de alguns elementos do grupo principal. Observe o grande aumento da energia necessária para remover um elétron da camada mais interna. Em cada caso, o contorno azul indica a ionização a partir da camada de valência.

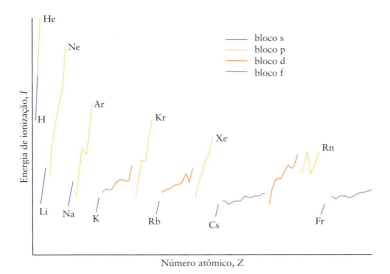

FIGURA 1F.9 Variação periódica da primeira energia de ionização dos elementos.

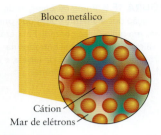

FIGURA 1F.11 Um bloco de metal é um arranjo de cátions (as esferas) rodeado por um mar de elétrons. A carga do mar de elétrons cancela a carga dos cátions. Os elétrons do mar de elétrons são móveis e passam de cátion a cátion facilmente, conduzindo, assim, uma corrente elétrica.

FIGURA INTERATIVA 1F.11

> **Teste 1F.2A** Explique o pequeno decréscimo da primeira energia de ionização entre o berílio e o boro.
>
> [***Resposta***: O boro perde um elétron mais facilmente de uma subcamada de mais alta energia do que o berílio.]
>
> **Teste 1F.2B** Explique a grande diminuição da terceira energia de ionização entre o berílio e o boro.

As baixas energias de ionização dos elementos da parte inferior, à esquerda, da Tabela Periódica explicam seu caráter de metal. Um bloco de metal é uma coleção de cátions do elemento rodeados por um mar de elétrons de valência não ligados perdidos pelos átomos (Fig. 1F.11). Somente os elementos com baixas energias de ionização – os membros do bloco s, do bloco d, do bloco f e os da parte inferior, à esquerda, do bloco p – conseguem formar sólidos metálicos, porque somente eles podem perder elétrons com facilidade.

Os elementos que estão na parte superior direita da Tabela Periódica têm altas energias de ionização e não perdem elétrons com facilidade. Por isso eles não são metais. Observe que sua compreensão da estrutura eletrônica o ajudou a entender uma propriedade importante da Tabela Periódica – neste caso, por que os metais aparecem na parte inferior, à esquerda, e os não metais, na parte superior, à direita.

A primeira energia de ionização é maior para os elementos próximos do hélio e menor para os que estão próximos do césio. A segunda energia de ionização é maior do que a primeira energia de ionização (do mesmo elemento) e a diferença é muito maior se o segundo elétron tiver de ser retirado de uma camada fechada. Os metais são encontrados na parte inferior, à esquerda, da Tabela Periódica porque esses elementos têm baixa energia de ionização e podem perder elétrons com facilidade.

1F.5 A afinidade eletrônica

Para predizer algumas propriedades químicas, é necessário saber como a energia muda quando um elétron se liga a um átomo. A **afinidade eletrônica**, E_{ae}, de um elemento é a energia liberada quando um elétron se liga a um átomo na fase gás. Uma afinidade eletrônica positiva significa que energia é liberada quando um elétron se liga a um átomo. Uma afinidade eletrônica negativa significa que é necessário *fornecer* energia para fazer um elétron se ligar a um átomo. Esta convenção é baseada no sentido mais usual do termo "afinidade". Em um linguagem mais formal, a afinidade eletrônica de um elemento X é definida como:

$$X(g) + e^-(g) \longrightarrow X^-(g) \qquad E_{ea}(X) = E(X) - E(X^-) \qquad (2)$$

em que $E(X)$ é a energia do átomo X na fase gás e $E(X^-)$ é a energia do ânion na mesma fase. Por exemplo, a afinidade do cloro é a energia liberada no processo

$$Cl(g) + e^-(g) \longrightarrow Cl^-(g) \qquad \text{energia liberada} = E_{ea} \text{ (3,62 eV, 349 kJ·mol}^{-1})$$

Como o elétron tem energia mais baixa quando ocupa um dos orbitais do átomo, a diferença $E(Cl) - E(Cl^-)$ é positiva e a afinidade eletrônica do cloro é positiva. Como as energias de ionização, as afinidades eletrônicas são registradas em elétron-volts para um átomo isolado ou em joules por mol de átomos.

A Figura 1F.12 mostra a variação da afinidade eletrônica nos grupos principais da Tabela Periódica. Ela é muito menos periódica do que a variação do raio e da energia de ionização. Entretanto, uma tendência é claramente visível. Com exceção dos gases nobres:

- As afinidades eletrônicas são maiores à direita da Tabela Periódica.

Essa tendência é particularmente verdadeira na parte superior direita, perto do oxigênio, do enxofre e dos halogênios. Nesses átomos, o elétron adicionado ocupa um orbital p próximo de um núcleo com carga efetiva elevada e sofre intensamente sua atração. Os gases nobres têm afinidades eletrônicas negativas porque qualquer elétron adicionado deve ocupar um orbital no exterior de uma camada completa e distante do núcleo: esse processo requer energia e, portanto, a afinidade eletrônica é negativa.

Alguns livros definem a afinidade eletrônica com um sinal negativo. Esses valores são, na verdade, a entalpia do ganho de um elétron (Tópico 4C).

1F.5 A afinidade eletrônica

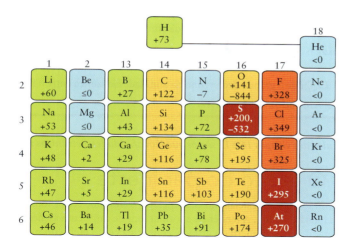

FIGURA 1F.12 Variação da afinidade eletrônica em quilojoules por mol dos elementos do grupo principal. Quando dois valores são fornecidos, o primeiro refere-se à formação do íon com carga unitária, e o segundo, à energia adicional necessária para produzir um ânion com duas cargas. O sinal negativo do segundo valor indica que energia é necessária para adicionar um elétron a um ânion com carga unitária. A variação é menos sistemática do que a da energia de ionização, mas altos valores tendem a ser encontrados perto do flúor (exceto para os gases nobres).

Quando um elétron entra na única vaga da camada de valência de um átomo do Grupo 17, a camada se completa e qualquer elétron adicional deve iniciar uma nova camada. Nessa nova camada, ele não somente estaria mais afastado do núcleo como também sentiria a repulsão da carga negativa já existente. Como resultado, a segunda afinidade eletrônica do flúor é fortemente negativa, o que significa que muita energia é consumida para formar F^{2-} a partir de F^-. Por isso, os compostos iônicos dos halogênios utilizam íons com carga unitária, como o F^-, e nunca íons com duas cargas, como o F^{2-}.

Um átomo do Grupo 16, como O ou S, tem duas vagas nos orbitais p da camada de valência e pode acomodar dois elétrons adicionais. A primeira afinidade eletrônica é positiva, porque energia é liberada quando um elétron é adicionado a O ou S. A colocação do segundo elétron, entretanto, requer energia por causa da repulsão provocada pela carga negativa já existente em O^- ou S^-. Diferentemente do caso dos halogênios, a camada de valência do ânion O^- só tem sete elétrons e pode, portanto, acomodar mais um. Por isso, podemos esperar que a energia necessária para fazer O^{2-} a partir de O^- seja menor do que a necessária para fazer F^{2-} a partir de F^-, em que não existe essa vacância. Na verdade, 141 kj·mol^{-1} são liberados quando o primeiro elétron é adicionado ao átomo neutro para formar O^-, porém 844 kj·mol^{-1} devem ser fornecidos para adicionar o segundo elétron e formar O^{2-}. Assim, a energia total requerida para fazer O^{2-} a partir de O é 703 kj·mol^{-1}. Como explicado no Tópico 2A, essa energia pode ser obtida em reações químicas, e os íons O^{2-} são típicos de óxidos de metais.

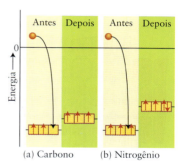

(a) Carbono   (b) Nitrogênio

FIGURA 1F.13 Mudanças de energia que ocorrem quando um elétron é adicionado a um átomo de carbono e a um átomo de nitrogênio. (a) Um átomo de carbono pode acomodar um elétron adicional em um orbital p vazio. (b) Quando um elétron é adicionado a um átomo de nitrogênio, ele deve se emparelhar com um elétron em um orbital p. O elétron que se aproxima sofre tanta repulsão dos que já estão no átomo de nitrogênio, que sua afinidade é menor do que a do carbono. Na verdade, ela é negativa.

EXEMPLO 1F.2 Como predizer as tendências da afinidade eletrônica

Os químicos orgânicos precisam considerar a distribuição de elétrons nas moléculas porque as regiões ricas em elétrons podem ser centros de ataque de reagentes. A afinidade eletrônica de um elemento ajuda a predizer onde os elétrons têm chance de se acumular. A afinidade eletrônica do carbono é maior do que a do nitrogênio. Na verdade, a afinidade eletrônica do nitrogênio é negativa. Sugira uma explicação para isso.

PLANEJE Quando uma tendência periódica é diferente do esperado, é preciso examinar as configurações eletrônicas de todas as espécies para procurar pistas que levem a uma explicação.

RESOLVA Espera-se a liberação de mais energia quando um elétron é adicionado a um átomo de nitrogênio porque ele é menor do que um átomo de carbono e seu núcleo tem carga maior: a carga nuclear efetiva sobre os elétrons mais externos dos *átomos neutros* é 3,8 para N e 3,1 para C. Entretanto, o oposto é observado, assim, você deve considerar também as cargas nucleares efetivas experimentadas pelos elétrons de valência dos ânions (Fig. 1F.13). Quando C^- se forma a partir de C, o elétron adicional ocupa um orbital 2p vazio (**3**). O elétron adicional está bem separado dos demais elétrons p, assim, sofre uma carga nuclear efetiva próxima de 3,1. Quando N^- se forma a partir de N, o elétron adicional deve ocupar um orbital 2p que já está parcialmente cheio (**4**). A carga nuclear efetiva nesse íon é, portanto, muito menor do que 3,8 e, por isso, é necessário dar energia para a formação de N^- e a afinidade eletrônica do nitrogênio é menor do que a do carbono.

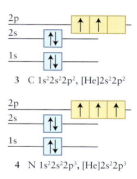

3 C $1s^22s^22p^2$, [He]$2s^22p^2$

4 N $1s^22s^22p^3$, [He]$2s^22p^3$

FIGURA 1F.14 Quando óxido de estanho(II) é aquecido ao ar, ele fica incandescente porque se forma óxido de estanho(IV). Mesmo sem ser aquecido, ele pode entrar em combustão lenta e flamejar. *(W. H. Freeman. Foto de Ken Karp.)*

Teste 1F.3A Explique o grande decréscimo da afinidade eletrônica entre o lítio e o berílio.

[***Resposta***: No Li, o elétron adicional entra no orbital 2s; no Be, em um orbital 2p. Um elétron 2s está mais firmemente ligado ao núcleo do que um elétron 2p.]

Teste 1F.3B Explique o grande decréscimo da afinidade eletrônica entre o flúor e o neônio.

Exercícios relacionados 1F.11 e 1F.12

Os elementos dos Grupos 16 e 17 são os que têm afinidades eletrônicas mais altas.

1F.6 O efeito do par inerte

Embora o alumínio e o índio estejam no Grupo 13/III, o alumínio forma íons Al^{3+}, enquanto o índio forma íons In^{3+} e In^+. A tendência a formar íons de carga com menos duas unidades do que o esperado para o número do grupo é conhecida como **efeito do par inerte**. Outro exemplo do efeito do par inerte é encontrado no Grupo 14/IV: o estanho forma óxido de estanho(IV) quando aquecido ao ar, mas o átomo de chumbo, mais pesado, perde somente seus dois elétrons p e forma óxido de chumbo(II). O óxido de estanho(II) pode ser preparado, mas se oxida rapidamente a óxido de estanho(IV) (Fig. 1F.14). O chumbo mostra o efeito do par inerte muito mais fortemente do que o estanho.

O efeito do par inerte é devido, em parte, às energias relativas dos elétrons de valência s e p. Nos períodos mais tardios da Tabela Periódica, os elétrons de valência s têm energia muito baixa por causa de sua boa penetração e da baixa capacidade de blindagem dos elétrons d. Os elétrons de valência s podem, então, permanecer ligados ao átomo durante a formação do íon. O efeito do par inerte é mais saliente nos átomos pesados de um grupo, em que a diferença de energia entre os elétrons s e p é maior (Fig. 1F.15). Ainda assim, o par de elétrons s pode ser removido de um átomo sob condições suficientemente vigorosas. Um par inerte poderia ser chamado de "par preguiçoso" de elétrons.

O efeito do par inerte é a tendência de formar íons de carga duas unidades a menos do que o esperado para o número do grupo. Isso é mais saliente nos elementos mais pesados do bloco p.

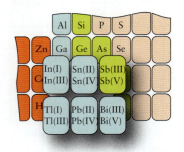

FIGURA 1F.15 Os íons típicos (mais precisamente, os estados de oxidação) formados pelos elementos pesados dos Grupos 13 a 15 mostram a influência do par inerte – a tendência a formar compostos nos quais os números de oxidação diferem de 2 unidades.

1F.7 As relações diagonais

As **relações diagonais** são semelhanças de propriedades entre vizinhos diagonais nos grupos principais da Tabela Periódica (Fig. 1F.16). Uma parte do porquê dessa semelhança pode ser vista na Fig. 1F.8, observando as cores que mostram as tendências gerais dos raios atômicos e das energias de ionização. As bandas coloridas de valores semelhantes ocorrem em faixas diagonais ao longo da tabela. Como essas características afetam as propriedades químicas de um elemento, não é surpresa verificar que os elementos de uma faixa diagonal têm propriedades químicas semelhantes. As relações diagonais são úteis na predição das propriedades dos elementos e de seus compostos.

A banda diagonal dos metaloides que divide os metais dos não metais é outro bom exemplo de relação diagonal (*Fundamentos B*). O mesmo acontece com a semelhança química entre o lítio e o magnésio e entre o berílio e o alumínio. Por exemplo, o lítio e o magnésio reagem diretamente com o nitrogênio para formar nitretos. Como o alumínio, o berílio reage com ácidos e bases. O Foco 8 traz vários exemplos de semelhança diagonal e discute as propriedades dos elementos dos grupos principais.

Os pares de elementos com relação diagonal mostram, com frequência, propriedades químicas semelhantes.

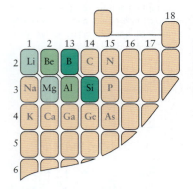

FIGURA 1F.16 Os pares de elementos representados pelas caixas de cores semelhantes mostram uma forte relação diagonal entre eles.

1F.8 As propriedades gerais dos elementos

Com base no que foi apresentado, você já pode começar a predizer, pelo menos de modo geral, as propriedades dos elementos. Por exemplo, um elemento do bloco s tem baixa energia

TABELA 1F.1	As características dos elementos metálicos e não metálicos
Metálico	**Não metálico**
Propriedades físicas	**Propriedades físicas**
boa condutividade elétrica	baixa condutividade elétrica
maleáveis	não maleáveis
dúcteis	não dúcteis
brilhantes	não brilhantes
normalmente são sólidos com alto ponto de fusão e boa condutividade térmica	normalmente são sólidos, líquidos ou gases; têm baixo ponto de fusão e são maus condutores de calor
Propriedades químicas	**Propriedades químicas**
reagem com ácidos	não reagem com ácidos
formam óxidos básicos (que reagem com ácidos)	formam óxidos ácidos (que reagem com bases)
formam cátions	formam ânions
formam halogenetos iônicos	formam halogenetos covalentes

de ionização, o que quer dizer que seus elétrons mais externos podem ser perdidos com facilidade. Um elemento do bloco s muito provavelmente será um metal reativo com todas as características que o nome "metal" envolve (Tabela 1F.1, Fig. 1F.17). Estes metais são macios, brilhantes e fundem em temperaturas baixas, produzindo hidrogênio quando entram em contato com a água. Como as energias de ionização são menores na parte inferior de cada grupo e os elementos dessas posições perdem seus elétrons de valência com muito mais facilidade, os elementos pesados césio e bário reagem mais vigorosamente do que os demais elementos do bloco s e devem ser guardados fora do contato com o ar e a água.

Os elementos à esquerda do bloco p, especialmente os elementos mais pesados, têm energias de ionização suficientemente baixas para ter algumas das propriedades de metais dos membros do bloco s. Entretanto, as energias de ionização dos metais do bloco p são muito mais altas e, por isso, eles são menos reativos do que os do bloco s (Fig. 1F.18).

Os elementos à direita do bloco p, com exceção dos gases nobres, têm afinidades eletrônicas caracteristicamente altas: eles tendem a ganhar elétrons para completar a camada. Os elementos do Grupo 18, os gases nobres, têm camadas completas e, portanto, são tão pouco reativos que, no passado, eram chamados de "gases inertes". Exceto pelos metaloides telúrio e polônio, os membros dos Grupos 16 e 17 são não metais (Fig 1F.19). Em geral, eles formam compostos moleculares entre si.

Todos os elementos do bloco d são metais e muitas vezes são chamados de "metais do bloco d" (Fig. 1F.20). Suas propriedades são intermediárias entre os elementos do bloco s e os

FIGURA 1F.17 Todos os metais alcalinos são macios, reativos e têm cor prateada. O sódio é guardado em óleo mineral para que fique protegido do contato com o ar. Uma superfície recentemente cortada rapidamente se cobre com óxido. (©1983 Chip Clark–Fundamental Photographs.)

FIGURA 1F.18 Elementos do Grupo 14. Da esquerda para a direita: carbono (como grafita), silício, germânio, estanho e chumbo. (©1984 Chip Clark–Fundamental Photographs.)

LAB_VIDEO – FIGURA 1F17

FIGURA 1F.19 Elementos do Grupo 16. Da esquerda para a direita: oxigênio, enxofre, selênio e telúrio. Observe a tendência de não metal a metaloide. *(©1989 Chip Clark–Fundamental Photographs.)*

FIGURA 1F.20 Elementos da primeira linha do bloco d. Acima (da esquerda para a direita): escândio, titânio, vanádio, cromo e manganês. Abaixo: ferro, cobalto, níquel, cobre e zinco. *(©1989 Chip Clark–Fundamental Photographs.)*

do bloco p, o que explica (com a exceção dos membros do Grupo 12) seu nome alternativo, "metais de transição".

Quando um átomo de um elemento d perde elétrons para formar um cátion, ele perde primeiro os elétrons s externos. Entretanto, a maior parte dos elementos do bloco d forma íons com estados de oxidação diferentes porque os elétrons d têm energias semelhantes e um número variável deles pode se perder ao formar compostos. O ferro, por exemplo, forma Fe^{2+} e Fe^{3+}; o cobre forma Cu^+ e Cu^{2+}. Embora o cobre seja semelhante ao potássio porque o elétron mais externo é um elétron s, o potássio só forma K^+. A razão disso pode ser compreendida ao comparar a segunda energia de ionização, que é 1958 kJ·mol^{-1} para o cobre e 3051 kJ·mol^{-1} para o potássio. Para formar Cu^{2+}, um elétron é removido da subcamada d do $[Ar]3d^{10}$, porém, para formar K^{2+}, o elétron teria de ser retirado do caroço semelhante ao argônio do potássio.

A disponibilidade dos orbitais d e a semelhança dos raios atômicos dos elementos do bloco d têm impacto significativo em muitas áreas que nos afetam. A disponibilidade dos orbitais d é, em grande parte, responsável pela ação dos elementos do bloco d e dos compostos que eles formam como catalisadores (substâncias que aceleram as reações mas não são consumidas no processo) na indústria química. Assim, o ferro é usado na manufatura da amônia; o níquel, na conversão de óleos vegetais em óleos comestíveis; a platina, na manufatura de ácido nítrico; o óxido de vanádio(V), na manufatura de ácido sulfúrico; e os compostos de titânio, na manufatura de polietileno. A capacidade de formar íons com diferentes cargas é importante porque facilita as reações delicadas que ocorrem em organismos vivos. Por exemplo, o ferro está presente como ferro(II) na hemoglobina, a proteína que transporta oxigênio no sangue dos mamíferos; o cobre, nas proteínas responsáveis pelo transporte de elétrons; e o manganês, nas proteínas responsáveis pela fotossíntese. A semelhança de seus raios atômicos é, em grande parte, responsável pela capacidade dos metais de transição de formar as misturas conhecidas como *ligas*, especialmente a grande variedade de aços que viabilizam a engenharia moderna.

As dificuldades em separar e isolar os lantanoides (também chamados de "lantanídeos", em linguagem coloquial) retardaram seu uso tecnológico. Entretanto, hoje eles são intensamente estudados, pois os materiais supercondutores com frequência contêm lantanoides. Todos os actinoides (e, portanto, os "actinídeos") são radioativos. Nenhum dos elementos que estão depois do plutônio na Tabela Periódica tem abundância natural significativa na Terra. Como eles são fabricados somente em reatores nucleares ou em aceleradores de partículas, só estão disponíveis em pequenas quantidades.

> *Todos os elementos do bloco s são metais reativos que formam óxidos básicos. Os elementos do bloco p tendem a ganhar elétrons para completar camadas; eles vão de metais a metaloides e não metais. Todos os elementos do grupo d são metais com propriedades intermediárias entre as dos metais do bloco s e as dos metais do bloco p. Muitos elementos do bloco d formam cátions com mais de um estado de oxidação.*

Tópico 1F Exercícios **63**

O que você aprendeu com este tópico?

Muitas propriedades dos elementos, sobretudo a variação periódica, podem ser estimadas examinando a Tabela Periódica e considerando o conceito de carga nuclear efetiva.

Os conhecimentos que você deve dominar incluem a capacidade de:

☐ **1.** Explicar as tendências periódicas dos raios atômicos, das energias de ionização e das afinidades eletrônicas (Exemplos 1F.1 e 1F.2).

☐ **2.** Descrever o efeito do par inerte e sua origem (Seção 1F.6).

☐ **3.** Descrever as relações diagonais e sua origem (Seção 1F.7).

☐ **4.** Resumir, de modo geral, as propriedades dos elementos em relação a sua posição na Tabela Periódica (Seção 1F.8).

Tópico 1F Exercícios

1F.1 Coloque cada um dos seguintes conjuntos de elementos na ordem *decrescente* de raio atômico: (a) enxofre, cloro, silício; (b) cobalto, titânio, cromo; (c) zinco, mercúrio, cádmio; (d) antimônio, bismuto, fósforo.

1F.2 Coloque cada um dos seguintes conjuntos de elementos na ordem *decrescente* de raio atômico: (a) bromo, cloro, iodo; (b) gálio, selênio, arsênio; (c) cálcio, potássio, zinco; (d) bário, cálcio, estrôncio.

1F.3 Coloque os seguintes íons na ordem *crescente* do raio iônico: S^{2-}, Cl^-, P^{3-}.

1F.4 Qual dos íons de cada par tem o *maior* raio: (a) Ga^{3+}, In^{3+}; (b) P^{3-}, S^{2-}; (c) Pb^{2+}, Pb^{4+}?

1F.5 Qual dos íons de cada par tem a *menor* primeira energia de ionização: (a) Ca ou Mg; (b) Mg ou Na; (c) Al ou Na?

1F.6 Qual dos íons de cada par tem provavelmente a *menor* segunda energia de ionização: (a) Ca ou Mg; (b) Mg ou Na; (c) Al ou Na?

1F.7 Coloque cada um dos seguintes conjuntos de elementos na ordem *decrescente* de energia de ionização. Explique suas escolhas. (a) Selênio, oxigênio, telúrio; (b) ouro, tântalo, ósmio; (c) chumbo, bário, césio.

1F.8 (a) Geralmente, a primeira energia de ionização de um *período* cresce da esquerda para a direita com o aumento do número atômico. Por quê? (b) Examine os dados dos elementos do bloco p dados na Figura 1F.9. Anote qualquer exceção da regra dada em (a). Como você explica essas exceções?

1F.9 A primeira e a segunda energias de ionização do fósforo, enxofre e cloro são dadas na tabela abaixo. Explique por que as primeiras energias de ionização do fósforo e do enxofre são aproximadamente iguais, ao passo que a segunda energia de ionização do enxofre é muito maior do que a do fósforo.

	$I_1/(kJ \cdot mol^{-1})$	$I_2/(kJ \cdot mol^{-1})$
P	1011	1903
S	1000	2251
Cl	1255	2296

1F.10 A primeira e a segunda energias de ionização do fósforo, enxofre e cloro foram dadas na tabela do Exercício 1F.9. Explique por que a primeira energia de ionização do cloro é muito maior do que a do enxofre, enquanto suas segundas energias de ionização são quase iguais.

1F.11 Que elemento em cada um dos seguintes pares tem a *maior* afinidade eletrônica: (a) telúrio ou iodo; (b) berílio ou magnésio; (c) oxigênio ou enxofre; (d) gálio ou índio?

1F.12 Que elemento em cada um dos seguintes pares tem a *maior* afinidade eletrônica: (a) germânio ou selênio; (b) boro ou carbono; (c) fósforo ou arsênio?

1F.13 (a) O que é o efeito do par inerte? (b) Por que o efeito do par inerte só é observado nos elementos pesados?

1F.14 Identifique, dentre os seguintes elementos, quais experimentam o efeito do par inerte e escreva as fórmulas dos íons que eles formam: (a) Sb; (b) As; (c) Tl; (d) Ba.

1F.15 (a) O que é uma relação diagonal? (b) Qual é a sua origem? (c) Dê dois exemplos que ilustrem este conceito.

1F.16 Use o Apêndice 2D para encontrar os valores dos raios atômicos do germânio e do antimônio, bem como os raios iônicos do Ge^{2+} e do Sb^{3+}. O que esses valores sugerem a respeito das propriedades químicas desses dois íons?

1F.17 Quais dos seguintes pares de elementos têm uma relação diagonal: (a) Li e Mg; (b) Ca e Al; (c) F e S?

1F.18 Quais dos seguintes pares de elementos não têm uma relação diagonal: (a) Be e Al; (b) As e Sn; (c) Ga e Sn?

1F.19 Por que os metais do bloco s são tipicamente mais reativos do que os do bloco p?

1F.20 Quais dos seguintes elementos são metais de transição: (a) rádio; (b) radônio; (c) háfnio; (d) nióbio; (e) cádmio?

1F.21 Identifique os seguintes elementos como metais, não metais ou metaloides: (a) chumbo; (b) enxofre; (c) zinco; (d) silício; (e) antimônio; (f) cádmio.

1F.22 Identifique os seguintes elementos como metais, não metais ou metaloides: (a) alumínio; (b) carbono; (c) germânio; (d) arsênio; (e) selênio; (f) telúrio.

O exemplo e os exercícios a seguir baseiam-se no conteúdo do Foco 1.

FOCO 1 — Exemplo cumulativo online

Você trabalha em um laboratório que investiga as propriedades de nanomateriais semicondutores. Uma de suas pesquisas requer que você sintetize nanocristais de CdSe ao reagir CdO com Se em solução, em temperaturas elevadas. A solução de Se é preparada dissolvendo 152,6 mg do metal selênio em 25,0 mL de um solvente, o 1-octadeceno. Em outro frasco, 64,2 mg de CdO são dissolvidos em 3,00 mL de ácido oleico e 50,0 mL de 1-octadeceno, em 225°C.

(a) Escreva as configurações eletrônicas do Cd e do Se.

(b) Com base nos dados no Apêndice 2D, que elemento tem (i) a maior energia de ionização (I_1); (ii) a maior afinidade eletrônica (E_{ae}); (iii) o maior raio atômico (r)?

(c) O CdSe pode ser considerado um composto iônico binário. Com base nos valores de afinidade eletrônica encontrados em (b), que elemento tem maior probabilidade de formar um ânion neste composto? Estime a carga dos íons que cada elemento pode formar.

(d) O produto final exige uma razão molar Cd:Se de 1:1. Que volume de solução de selênio precisa ser adicionado à solução de CdO?

(e) Uma amostra do material que você preparou emite luz em 546 nm quando é excitada com radiação ultravioleta. Um elétron em um nanocristal pode ser tratado como um elétron aprisionado em uma caixa unidimensional, que emite luz devido à transição eletrônica entre os estados energéticos $n = 2$ e $n = 1$. Qual é o diâmetro dos nanocristais de sua amostra? Observe que a massa efetiva (m_e^*) de um elétron no CdSe (a massa que você deve usar na expressão da energia) é $m_e^* = 0{,}090\, m_e$. A massa do elétron é dada no final deste livro.

(f) Qual é o comprimento de onda da radiação necessário para excitar um elétron nos nanocristais de $n = 1$ para $n = 3$?

 A solução deste exemplo está disponível, em inglês, no hotsite http://apoio.grupoa.com.br/atkins7ed

FOCO 1 — Exercícios

1.1 As linhas da série de Balmer do espectro do hidrogênio são observadas em 656,3; 486,1; 434,0 e 410,2 nm. Qual é o próximo comprimento de onda na série?

1.2 Em um experimento em laboratório, o elétron de um átomo de hidrogênio foi excitado até a camada com $n = 5$, no máximo. (a) Quantas linhas diferentes podem aparecer no espectro quando o átomo excitado retorna aos estados de menor energia? (b) Qual seria a faixa de comprimento de onda emitida? (*Sugestão*: Encontre os comprimentos de onda das transições de maior e menor energia.)

1.3 A cada segundo, uma lâmpada emite $2{,}4 \times 10^{21}$ fótons com comprimento de onda igual a 633 nm. Quanta energia (em Watts) é produzida como radiação nesse comprimento de onda (1 W = 1 J·s^{-1})?

1.4 Em um experimento de Millikan, cada gota observada pelos técnicos continha um número par de elétrons. Se eles desconhecessem essa limitação, como ela afetaria o relatório deles sobre a carga de um elétron?

1.5 As funções de onda que correspondem a estados de energia diferente da partícula em uma caixa são mutuamente "ortogonais", pois, se as duas funções de onda são multiplicadas, uma pela outra, e, então, integradas sobre a dimensão da caixa, o resultado é zero. (a) Confirme que as funções de onda de $n = 1$ e $n = 2$ são ortogonais. (b) Demonstre, sem fazer cálculos, que todas as funções de onda com n ímpar são ortogonais a todas as funções com n par. (*Sugestão*: Pense na área sob o produto de quaisquer dessas duas funções.)

1.6 As funções de onda são "normalizadas" em 1. Isso significa que a probabilidade de encontrar um elétron no sistema é 1. Verifique essa afirmação para uma função de onda de uma partícula em uma caixa (Equação 2 no Tópico 1C).

1.7 A intensidade de uma transição entre os estados n e n' de uma partícula em uma caixa é proporcional ao quadrado da integral $\mu_{nn'}$, em que

$$\mu_{nn'} = -e\int_0^L \psi_n x \psi_{n'} \, dx$$

(a) É possível ocorrer uma transição entre estados com números quânticos 3 e 1? (b) Considere a transição entre dois estados com números quânticos 2 e 1. A intensidade diminui ou aumenta quando a dimensão da caixa aumenta?

1.8 Millikan mediu a carga do elétron em *unidades eletrostáticas*, ues. Os dados que ele coletou incluíram as seguintes séries de cargas encontradas em gotas de óleo: $9{,}60 \times 10^{-10}$ esu, $1{,}92 \times 10^{-9}$ esu; $2{,}40 \times 10^{-9}$ esu; $2{,}88 \times 10^{-9}$ esu e $4{,}80 \times 10^{-9}$ esu. (a) A partir dessa série, encontre a carga provável do elétron em unidades eletrostáticas. (b) Estime o número de elétrons em uma gota de óleo com carga $6{,}72 \times 10^{-9}$ esu. A carga real (em Coulombs) de um elétron é $1{,}602 \times 10^{-19}$ C. Qual é a relação entre esu e Coulombs?

1.9 O elétron de um átomo de hidrogênio é excitado ao orbital $2p_x$. Qual é a probabilidade de encontrar o elétron na região do espaço na qual a função de onda tem sinal positivo?

1.10 No bloco f, existem numerosas exceções no preenchimento regular previsto pelo princípio da construção. Explique por que tantas exceções são observadas nesses elementos.

1.11 A espectroscopia de fotoelétron (PES, veja o Tópico 1B) pode ser usada para determinar as energias dos orbitais atômicos pela medida das energias necessárias para remover os elétrons dos orbitais. Os seguintes picos foram observados nos espectros de fotoelétron de dois elementos. Identifique os elementos, escreva suas configurações eletrônicas e explique o seu raciocínio:

(a) 75,7 eV (7,30 MJ·mol^{-1}) e 5,38 eV (0,519 MJ·mol^{-1})
(b) 153 eV (14,8 MJ·mol^{-1}) e 9,33 eV (0,90 MJ·mol^{-1})

1.12 Os seguintes picos foram observados nos espectros de fotoelétron de dois elementos (veja o Exercício 1.11). Identifique os elementos, escreva suas configurações eletrônicas e explique o seu raciocínio:

(a) 257 eV (24,8 MJ·mol^{-1}), 25,2 eV (2,43 MJ·mol^{-1}) e 8,29 eV (0,800 MJ·mol^{-1})
(b) 301 eV (29,0 MJ·mol^{-1}), 47,8 eV (4,61 MJ·mol^{-1}) e 11,4 eV (1,10 MJ·mol^{-1})

1.13 As energias de ionização geralmente aumentam da esquerda para a direita na Tabela Periódica. A energia de ionização do oxigênio, entretanto, é menor do que a do nitrogênio e a do flúor. Explique essa anomalia.

1.14 O tálio é o elemento estável mais pesado entre os elementos do Grupo 13. O alumínio também é um membro desse grupo e sua química é dominada pelo estado de oxidação +3. Entretanto, normalmente o tálio tem estado de oxidação +1. Examine essa diferença ao fazer o gráfico da primeira, segunda e terceira energias de ionização dos elementos do grupo 13 em função dos números atômicos (veja o Apêndice 2D ou a Tabela Periódica disponível no hotsite deste livro). Explique as tendências observadas.

1.15 O físico alemão Lothar Meyer observou a periodicidade das propriedades físicas dos elementos aproximadamente ao mesmo tempo em que Mendeleev estudava as propriedades químicas. Algumas constatações feitas por Meyer podem ser reproduzidas examinando o volume molar de um elemento sólido em função de seu número atômico. Calcule os volumes molares dos elementos nos Períodos 2 e 3 a partir das densidades dos elementos dadas no Apêndice 2D e dos seguintes valores de densidade dos sólidos (em g·cm^{-3}): nitrogênio, 0,88; flúor, 1,11; neônio, 1,21. Expresse os resultados em um gráfico com o número atômico e explique as variações observadas.

1.16 Na técnica espectroscópica conhecida como espectroscopia fotoeletrônica (PES), a radiação ultravioleta é dirigida para um átomo ou molécula. Elétrons são ejetados da camada de valência e suas energias cinéticas são medidas. Como a energia dos fótons ultravioleta incidentes é conhecida e a energia cinética do elétron ejetado é medida, a energia de ionização, I, pode ser deduzida porque a energia total é conservada. (a) Mostre que a velocidade, v, do elétron ejetado e a frequência, n, da radiação incidente estão relacionadas por $h\nu = I + \frac{1}{2}m_e v^2$ (b) Use essa relação para calcular a energia de ionização de um átomo de rubídio, sabendo que a luz de comprimento de onda de 58,4 nm produz elétrons com velocidade de 2.450 km·s^{-1}. Lembre-se de que 1 J = 1 kg·m^2·s^{-2}.

1.17 No cromo e no cobre, ocorrem anomalias aparentes no preenchimento dos orbitais. Nesses elementos, um elétron que deveria ocupar um orbital 1s ocupa um orbital d. (a) Explique essas anomalias. (b) Anomalias semelhantes ocorrem em sete outros elementos do bloco d. Use o Apêndice 2C para identificar esses elementos e diga para quais deles valem as explicações utilizadas para racionalizar as configurações do cromo e do cobre. (c) Explique por que não existem elementos cujos elétrons preenchem orbitais $(n+1)$s em vez de orbitais np.

1.18 O elétron de um átomo de hidrogênio é excitado ao orbital 4d. Calcule a energia do fóton emitido se o elétron se movesse para cada um dos seguintes orbitais: (a) 1s; (b) 2p; (c) 2s; (d) 4s. (e) Suponha que o elétron mais externo de um átomo de potássio foi excitado a um orbital 4d e depois se moveu para cada um desses mesmos orbitais. Descreva qualitativamente as diferenças que seriam encontradas entre os espectros de emissão do potássio e do hidrogênio (não faça cálculos). Explique sua resposta.

1.19 As seguintes propriedades foram observadas em um elemento desconhecido. Identifique o elemento com base em suas propriedades.
(a) O átomo neutro tem dois elétrons desemparelhados com $l = 2$.
(b) O gás nobre que o antecede na Tabela Periódica é o criptônio.

1.20 A afinidade eletrônica do túlio foi medida por uma técnica chamada de *espectroscopia eletrônica de fotosseparação* (*fotodetachment*, em inglês) *a laser*. Nesta técnica, um feixe gasoso de ânions de um elemento é bombardeado com fótons de um laser. Os fótons ejetam elétrons de alguns dos ânions e as energias dos elétrons emitidos são detectadas. A radiação incidente tinha comprimento de onda de 1064 nm e os elétrons emitidos tinham energia de 0,137 eV. Embora a análise seja mais complicada, podemos obter uma estimativa da afinidade eletrônica a partir da diferença de energia entre os fótons e os elétrons emitidos. Qual é a afinidade eletrônica do túlio em elétron-volts e em quilojoules por mol?

1.21 O frâncio é tido como o mais reativo dos metais alcalinos. Como ele é radioativo e está disponível em quantidades muito pequenas, seu estudo é muito difícil. Entretanto, podemos predizer suas propriedades com base em sua localização no Grupo 1 da Tabela Periódica. Estime as seguintes propriedades do frâncio: (a) raio atômico; (b) raio iônico do cátion 1; (c) energia de ionização.

1.22 Abaixo, está representada a reação entre um átomo de magnésio e um átomo de oxigênio. Identifique cada elemento e os íons formados e explique seu raciocínio.

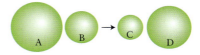

1.23 Abaixo, está representada a reação entre um átomo de sódio e um átomo de cloro. Identifique cada elemento e os íons formados e explique seu raciocínio.

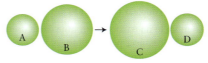

1.24 Este gráfico mostra a função de distribuição radial dos orbitais 3s e 3p do átomo de hidrogênio. Identifique as curvas e explique como você tomou sua decisão.

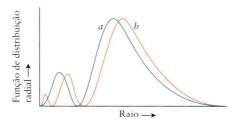

1.25 Suponha que, em um universo paralelo, exista uma regra análoga ao princípio da exclusão de Pauli, a qual diz que "dois elétrons do mesmo átomo podem ter o mesmo conjunto de quatro números quânticos". Considere também que os outros fatores que influenciam a configuração eletrônica se mantêm inalterados.

(a) Dê a configuração eletrônica do elemento com cinco prótons nesse universo paralelo. (b) Qual é a carga mais provável do íon que ele forma? (c) Dê o valor de Z do segundo gás inerte nesse universo paralelo. Explique seu raciocínio.

1.26 Imagine um mundo tetradimensional. Nele, os átomos teriam um orbital s e quatro orbitais p em determinada camada. (a) Descreva a forma da Tabela Periódica dos primeiros 24 elementos. (b) Que elementos seriam os primeiros dois gases nobres (use os nomes do nosso mundo que correspondem aos números atômicos).

1.27 Recentemente uma equipe de cientistas desenvolveu uma série de nanocabos (cabos muito finos) usados na produção de minilasers. (a) Um nanocabo emite luz com frequência igual a $6,27 \times 10^{14}$ Hz. Qual é o comprimento de onda da luz emitida? (b) Um segundo nanocabo emite luz com 421 nm de comprimento de onda. Qual é a frequência da luz emitida pelo segundo cabo?

1.28 Recentemente uma equipe de cientistas desenvolveu uma série de nanocabos (cabos muito finos) usados na produção de minilasers. (a) Um nanocabo emite luz com frequência igual a $7,83 \times 10^{14}$ Hz. Qual é o comprimento de onda da luz emitida? (b) Um segundo nanocabo emite luz com 452 nm de comprimento de onda. Qual é a frequência da luz emitida pelo segundo cabo?

1.29 Os contadores Geiger detectam a radioatividade porque a radiação nuclear é formada por partículas ou radiação com energia alta o bastante para ejetar elétrons de átomos. Por essa razão, este tipo de radiação é chamada de "radiação ionizante". Qual é o maior comprimento de onda da radiação que um contador Geiger pode detectar usando gás neon como meio ionizante?

1.30 Muitos fogos de artifício utilizam a combustão do magnésio, que libera quantidade significativa de energia. O calor liberado faz o óxido incandescer, emitindo luz branca. É possível alterar a cor dessa luz incluindo nitratos e cloretos de elementos que emitem na região visível de seus espectros. Um desses compostos é o nitrato de bário, que produz uma luz amarelo-esverdeada. Os íons de bário excitados geram luz com comprimento de onda igual a 487 nm, 524 nm, 543 nm e 578 nm. Para cada caso, calcule: (a) a variação na energia (em elétron-volts) de um átomo de bário e (b) a variação molar na energia (em quilojoules por segundo).

1.31 Em um filme de suspense, dois agentes secretos precisam entrar no esconderijo de um criminoso. O esconderijo é fortemente monitorado por uma célula fotomultiplicadora de lítio iluminada continuamente pela luz de um laser. Quando o feixe de luz é interrompido, o alarme soa. Os agentes precisam usar um laser manual para iluminar a célula enquanto passam por ela. Eles têm dois lasers, um de alta intensidade, de cor vermelho rubi (694 nm), e um de baixa intensidade, de GaN, que gera luz violeta (405 nm). Porém, os agentes não conseguem decidir qual é o melhor. Determine (a) que laser deve ser usado e (b) a energia cinética dos elétrons emitidos. A função de trabalho do lítio é 2,93 eV.

1.32 Nuvens de gás hidrogênio interestelar quente e luminoso podem ser vistas em algumas partes da galáxia. Em alguns átomos de hidrogênio, os elétrons são excitados a níveis quânticos com $n = 100$ ou mais. (a) Calcule o comprimento de onda observado na Terra se os elétrons caem do nível com $n = 100$ para um com $n = 2$. (b) Em que série esta transição seria encontrada? (c) Alguns destes elétrons de alta energia caem em estados intermediários, como $n = 90$. Os comprimentos de onda de uma transição do estado com $n = 100$ para um com $n = 90$ seriam mais longos ou mais curtos do que os da série de Balmer? Explique sua resposta.

FOCO 1 Exercícios cumulativos

1.33 Os elétrons em moléculas são descritos por funções de onda que se estendem além de um átomo. Suponha um elétron descrito por uma função de onda que se estende a dois átomos de carbono adjacentes. O elétron pode se mover livremente entre os dois átomos. A distância internuclear C—C é 139 pm.

(a) Usando o modelo da partícula em uma caixa unidimensional, calcule a energia necessária para promover um elétron do nível $n = 1$ ao nível $n = 2$, considerando que o comprimento da caixa é igual à distância entre os dois átomos de carbono.

(b) A que comprimento de onda de radiação isso corresponde?

(c) Se cada átomo em uma cadeia linear de 10 átomos de carbono contribui com um elétron, qual é o número mínimo de funções de onda necessárias para explicar todos os elétrons?

(d) Repita o cálculo em (a) para uma cadeia linear de 10 átomos de carbono com a mesma distância internuclear (139 pm) mas nos quais a transição ocorre do nível mais alto ocupado para o nível imediatamente acima.

(e) A que comprimento de onda de radiação corresponde a transição no item (d)?

(f) Um certo composto com uma cadeia longa de átomos de carbono exige luz de 696 nm para promover um elétron do nível $n = 6$ para $n = 7$. Qual é o tamanho da cadeia de átomos de carbono nessa molécula?

1.34 Os métodos da "química verde", que usam reagentes não tóxicos, estão substituindo o cloro elementar no tratamento da polpa de papel. O cloro causa problemas porque é um oxidante muito forte que reage com compostos orgânicos para formar subprodutos tóxicos, como furano e dioxinas.

(a) Escreva a configuração eletrônica de um átomo de cloro no estado fundamental. Quantos elétrons desemparelhados ocorrem no átomo? Escreva a configuração eletrônica esperada para o íon cloreto. A configuração eletrônica do íon cloreto é idêntica ao átomo neutro de que outro elemento?

(b) Quando um átomo de cloro é excitado por calor ou luz, um de seus elétrons de valência é promovido a um nível mais alto de energia. Prediga a configuração eletrônica mais provável do estado excitado de energia mais baixa do átomo de cloro.

(c) Estime o comprimento de onda (em nm) da energia que deve ser absorvida para que o elétron atinja o estado excitado da parte (b). Para isso, use a Equação 2 do Tópico 1E e utilize a carga nuclear efetiva dada na Fig. 1F.3.

(d) Qual é o valor da energia necessária na parte (c) em quilojoules por mol e em elétron-volts?

(e) A proporção de ^{37}Cl em uma amostra típica é 75,77%, o resto sendo ^{35}Cl. Qual seria a massa molar de uma amostra de átomos de cloro se a proporção de ^{37}Cl fosse reduzida à metade? A massa de um átomo de ^{35}Cl é $5,807 \times 10^{-23}$ g e a do átomo de ^{37}Cl é $6,139 \times 10^{-23}$ g.

(f) Quais são os números de oxidação do cloro nos alvejantes ClO_2 e NaClO?

(g) Quais são os números de oxidação do cloro nos agentes de oxidação $KClO_3$ e $NaClO_4$?

(h) Escreva os nomes dos compostos das partes (f) e (g).

AS MOLÉCULAS

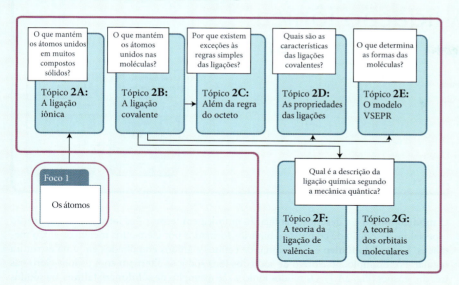

Uma *ligação química* é o elo entre átomos formado quando os elétrons de valência (os elétrons nas camadas mais externas) se deslocam para uma nova posição, acomodando-se em configurações de energias mais baixas. Se o abaixamento de energia pode ser obtido pela *transferência completa* de um ou mais elétrons de um átomo para o outro, formam-se íons, e o composto mantém-se pela atração eletrostática entre eles. Esta atração, descrita no **TÓPICO 2A**, é chamada de *ligação iônica*. Os íons formados por determinado elemento são explicados com base em uma regra simples, que usa os *símbolos de Lewis*. Se a menor energia pode ser alcançada mediante o *compartilhamento* de elétrons, então os átomos se ligam por meio de uma *ligação covalente*. Esta ligação forma moléculas discretas, como descrito no **TÓPICO 2B**. Na maioria dos casos, o padrão das ligações nas moléculas é expresso utilizando algumas regras simples para desenhar uma *estrutura de Lewis*.

Todas as descrições de ligações são modelos. O **TÓPICO 2C** mostra como as descrições dos dois tipos básicos de ligação são aperfeiçoadas e apresenta as exceções às regras simples. O **TÓPICO 2D** apresenta as propriedades das ligações, como força e comprimento, e mostra como elas podem ser transferidas entre moléculas. O **TÓPICO 2E** descreve como a forma tridimensional de uma molécula pode ser predita utilizando um modelo simples baseado na interação eletrostática (coulômbica) entre pares de elétrons.

Nenhuma dessas descrições é baseada diretamente na teoria quântica. As teorias modernas da estrutura molecular se fundamentam na natureza ondulatória dos elétrons. Os **TÓPICOS 2F** e **2G** apresentam duas teorias rivais que descrevem a distribuição eletrônica a partir da ocupação dos orbitais. Estes modelos introduzem uma linguagem utilizada em todos os ramos da química e ajudam a explicar os modelos mais simples.

Tópico 2A A ligação iônica

2A.1 Os íons que os elementos formam
2A.2 Os símbolos de Lewis
2A.3 As relações energéticas na ligação iônica
2A.4 As interações entre os íons

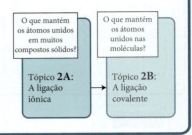

Por que você precisa estudar este assunto? A ligação iônica é uma das principais formas de união entre átomos. Entender como as ligações se formam entre íons ajudará você a obter as fórmulas de compostos iônicos e estimar a força que une os íons.

Que conhecimentos você precisa dominar? Você precisa conhecer as configurações eletrônicas dos átomos poliatômicos (Tópico 1E), o conceito de energia potencial e a natureza das interações coulômbicas entre cargas (*Fundamentos* A). Além disso, você deve estar familiarizado com os conceitos de raio atômico, energia de ionização e afinidade eletrônica dos elementos (Tópico 1F).

O **modelo iônico** é a descrição da ligação química em termos dos íons. Ele tem aplicação especial na descrição de compostos binários formados por elementos metálicos e não metálicos. Um **sólido iônico** é um arranjo de cátions e ânions empilhados em uma estrutura regular. Por exemplo, no cloreto de sódio, os íons sódio se alternam com os íons cloro nas três dimensões (Fig. 2A.1). Os sólidos iônicos são exemplos de **sólidos cristalinos**, ou sólidos formados por átomos, moléculas ou íons amontoados em um arranjo regular.

2A.1 Os íons que os elementos formam

Quando um átomo de um metal do bloco s forma um cátion, ele perde um ou mais elétrons até atingir a estrutura de gás nobre de seu caroço (Fig. 2A.2). Esse caroço normalmente tem a configuração da camada mais externa igual a ns^2np^6, que é chamada de **octeto** de elétrons. Assim, o sódio ([Ne]$3s^1$) perde seus elétrons 3s para formar Na$^+$, que tem a mesma configuração eletrônica do neônio, [Ne] ou $1s^12s^22p^6$. Os íons Na$^+$ não podem perder mais elétrons em uma reação química porque as energias de ionização dos elétrons do caroço são muito altas. Existem três exceções na formação de octetos no começo da Tabela Periódica. O hidrogênio perde seu único elétron para formar um próton exposto. Os átomos de lítio ([He]$2s^1$) e berílio ([He]$2s^2$) perdem seus dois elétrons 2s, formando um **dubleto** semelhante ao hélio, um par de elétrons com configuração semelhante à do hélio $1s^2$, quando se convertem nos íons Li$^+$ e Be^{2+}. Algumas configurações eletrônicas típicas de átomos e dos íons que eles formam estão na Tabela 2A.1.

Quando os átomos de elementos metálicos, que estão à esquerda do bloco p nos Períodos 2 e 3, perdem seus elétrons de valência, eles formam íons com a configuração eletrônica do gás nobre precedente. O alumínio, [Ne]$3s^23p^1$, por exemplo, forma Al^{3+} com a mesma configuração eletrônica do neônio. Quando, porém, os elementos metálicos do bloco p do Período 4 e os mais pesados perdem seus elétrons s e p, eles expõem um caroço de gás nobre rodeado por uma subcamada adicional completa de elétrons d. O gálio, por exemplo, forma o

FIGURA 2A.1 Este pequeno fragmento de cloreto de sódio é um exemplo de sólido iônico. Os íons de sódio são representados pelas esferas vermelhas, e os de cloro, pelas esferas verdes. Um sólido iônico é formado por um número enorme de cátions e ânions que se empilham uns sobre os outros, em uma configuração que garante o arranjo de menor energia. O padrão mostrado aqui repete-se em todo o cristal.

FIGURA INTERATIVA 2A.1

TABELA 2A.1	Configurações eletrônicas de alguns átomos e dos íons que eles formam		
Átomo	**Configuração**	**Íon**	**Configuração**
Li	[He]$2s^1$	Li$^+$	[He] (= $1s^2$)
Be	[He]$2s^2$	Be^{2+}	[He]
Na	[Ne]$3s^1$	Na$^+$	[Ne] (= [He]$2s^22p^6$)
Mg	[Ne]$3s^2$	Mg^{2+}	[Ne]
Al	[Ne]$3s^23p^1$	Al^{3+}	[Ne]
N	[He]$2s^22p^3$	N^{3-}	[Ne]
O	[He]$2s^22p^4$	O^{2-}	[Ne]
F	[He]$2s^22p^5$	F$^-$	[Ne]
S	[Ne]$3s^23p^4$	S^{2-}	[Ar] (= [Ne]$3s^23p^6$)
Cl	[Ne]$3s^23p^5$	Cl$^-$	[Ar]

íon Ga^{3+} com configuração [Ar]3d^{10}. Os elétrons d dos átomos do bloco p estão firmemente presos ao núcleo e, na maior parte dos casos, não são perdidos.

Muitos elementos metálicos, como os dos blocos p e d, têm átomos que podem perder um número variável de elétrons, exibindo, portanto, **valência variável**. Como visto no Tópico 1.F, o efeito do par inerte pressupõe que os elementos listados na Figura 1F.15, que repetimos aqui como Fig. 2A.3, podem perder somente seus elétrons p de valência ou todos os elétrons p e s de valência. Esses elementos e os metais do bloco d podem formar compostos diferentes, como óxido de estanho(II), SnO, e óxido de estanho(IV), SnO$_2$, no caso do estanho. Muitos elementos do bloco d também adquirem valência variável ao perderem elétrons d após a remoção de seus elétrons s. No bloco d, os elétrons ns são perdidos em primeiro lugar, seguido de um número variável de elétrons $(n - 1)$d. Por exemplo, para obter o íon Fe^{2+}, dois elétrons 4s são removidos do átomo de Fe, cuja configuração é [Ar]3d^{6}4s^2, para dar a configuração [Ar]3d^6, quando, então, um terceiro elétron é removido da subcamada 3d, gerando Fe^{3+} com configuração [Ar]3d^5.

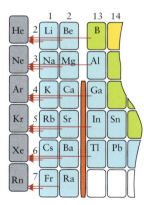

FIGURA 2A.2 Quando um átomo de um metal do grupo principal forma um cátion, ele perde elétrons de valência s e p, adquirindo a configuração eletrônica do átomo do gás nobre que o precede na Tabela Periódica. Os átomos mais pesados dos Grupos 13 e 14 conservam totalmente suas subcamadas de elétrons d.

EXEMPLO 2A.1 Como escrever as configurações eletrônicas dos cátions

Apesar dos efeitos colaterais, os sais de índio(III) são usados na formulação de suplementos alimentares. Acredita-se que esses sais sejam capazes de melhorar a memória, equilibrar os hormônios e reduzir a sonolência. Contudo, os sais de índio(I) são instáveis em água e, portanto, não podem fazer parte de alguma dieta. Imagine que você trabalha em um laboratório farmacêutico e precisa distinguir os dois íons com base em suas propriedades. Escreva a configuração eletrônica de (a) In$^+$ e (b) In^{3+}.

ANTECIPE Como o In está no Grupo 13, com a configuração eletrônica "genérica" [caroço]s^{2}p^1, você verá que ocorre a perda sucessiva do elétron p e dos dois elétrons s para dar as configurações [caroço]s^2 e [caroço], respectivamente.

PLANEJE Identifique a configuração do átomo neutro a partir de sua posição na Tabela Periódica. Remova primeiro os elétrons dos orbitais p da camada de valência, depois os do orbital s, e por fim, se necessário, os elétrons dos orbitais d da camada inferior mais próxima, até que o número de elétrons removidos seja igual à carga do íon.

RESOLVA

Identifique a configuração do átomo neutro.

O índio está no Grupo 13, Período 5. Sua configuração de estado fundamental é, portanto, [Kr]4d^{10}5s^{2}5p^1.

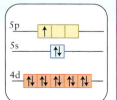

(a) Remova o elétron mais externo (do orbital 5p).

$$\text{O In}^+ \text{ é [Kr]4d}^{10}\text{5s}^2$$

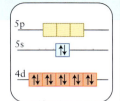

As fórmulas de alguns cátions comuns são mostradas na Figura C.6, na seção *Fundamentos C*.

(b) Remova os próximos dois elétrons (do orbital 5s).

$$\text{O In}^{3+} \text{ é [Kr]4d}^{10}$$

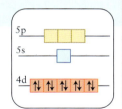

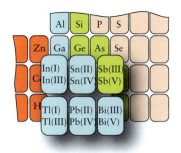

FIGURA 2A.3 Os íons mais comuns formados pelos elementos pesados dos Grupos 13 a 15 na Tabela Periódica demonstram a influência do par inerte – a tendência de formar compostos nos quais os números de oxidação diferem por 2 unidades.

AVALIE Como esperado, as duas conformações têm a forma [caroço]s² (como em [Kr]4d¹⁰5s²) e [caroço] (como em [Kr]4d¹⁰).

Teste 2A.1A Escreva as configurações eletrônicas (a) do íon cobre(I) e (b) do íon cobre(II).

[***Resposta:*** (a) [Ar]3d¹⁰, [Ar]3d⁹]

Teste 2A.1B Escreva as configurações eletrônicas (a) do íon manganês(II) e (b) do íon chumbo(IV).

Exercícios relacionados 2A.3 a 2A.6

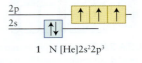

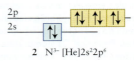

As fórmulas de alguns ânions comuns são mostradas na Figura C.7, *Fundamentos* C.

Os não metais raramente perdem elétrons em reações químicas porque suas energias de ionização são muito altas. Contudo, um átomo de um elemento não metálico pode adquirir elétrons suficientes para completar sua camada de valência e formar o octeto correspondente à configuração do gás nobre mais próximo (1s² no caso do íon hidreto, H⁻), Fig. 2A.4. Quando a afinidade eletrônica do átomo é positiva, energia é liberada nesta etapa. Porém, em alguns casos, a afinidade eletrônica é negativa, quando o processo exige energia (como na formação de O²⁻ a partir de O). Esse é o limite para o número de elétrons que um átomo de O pode ganhar, porque isso envolveria a acomodação de elétrons em uma camada de energia mais alta, o que representaria uma demanda de energia muito elevada. Por essa razão, para escrever a fórmula de um ânion monoatômico, você precisa adicionar um número suficiente de elétrons para completar a camada de valência. O nitrogênio, por exemplo, tem cinco elétrons de valência (**1**); logo, mais três elétrons são necessários para atingir a configuração de um gás nobre, o neônio. Portanto, o íon nitreto é N³⁻ (**2**), que tem a configuração eletrônica do neônio, o próximo gás nobre na Tabela Periódica.

Teste 2A.2A Prediga a fórmula química e a configuração eletrônica do íon fosfeto.

[***Resposta:*** P³⁻, [Ne]3s²3p⁶]

Teste 2A.2B Prediga a fórmula química e a configuração eletrônica do íon iodeto.

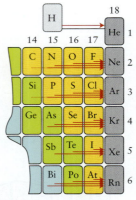

FIGURA 2A.4 Quando os átomos de elementos não metálicos adquirem elétrons e formam ânions, o processo continua apenas até estes elétrons atingirem a configuração do gás nobre mais próximo na Tabela Periódica.

Para predizer a configuração eletrônica de um cátion monoatômico, remova os elétrons mais externos, na ordem np, ns e (n − 1)d. No caso de um ânion monoatômico, adicione elétrons até atingir a configuração do próximo gás nobre. A transferência de elétrons resulta na formação de um octeto (ou dubleto) de elétrons na camada de valência de cada átomo: os átomos de metais adquirem um octeto (ou dubleto) pela perda de elétrons, e os átomos de não metais, pelo ganho de elétrons.

2A.2 Os símbolos de Lewis

Muitas de nossas ideias sobre a ligação química foram propostas por G.N. Lewis nos primeiros anos do século XX. Lewis inventou uma forma simples de mostrar os elétrons de valência quando os átomos formam ligações iônicas. Ele representou cada elétron de valência como um ponto e arranjou-os em torno do símbolo do elemento. Um ponto representa um único elétron em um orbital, e um par de pontos representa dois elétrons emparelhados partilhando o orbital. Alguns exemplos dos **símbolos de Lewis** para os átomos são

$$H\cdot \quad He\!: \quad :\!\overset{\cdot}{N}\!\cdot \quad \cdot\overset{\cdot\cdot}{O}\!: \quad :\!\overset{\cdot\cdot}{Cl}\!: \quad K\cdot \quad Mg\!:$$

O símbolo de Lewis para o nitrogênio, por exemplo, representa a configuração dos elétrons de valência $2s^2 2p_x^{\,1} 2p_y^{\,1} 2p_z^{\,1}$ (veja a estrutura **1**), com dois elétrons emparelhados no orbital 2s e três elétrons desemparelhados nos diferentes orbitais 2p. O símbolo de Lewis é um resumo visual da configuração dos elétrons de valência de um átomo ou íon.

Para deduzir a fórmula de um composto iônico usando os símbolos de Lewis:

- Represente o cátion removendo o número adequado de pontos do símbolo do átomo do elemento metálico.
- Represente o ânion transferindo esses pontos para o símbolo de Lewis do átomo dos elementos não metálicos, de modo a completar sua camada de valência.

2A.3 As relações energéticas na ligação iônica **71**

- Se necessário, ajuste os números dos átomos de cada tipo para que os pontos removidos do átomo do elemento metálico sejam acomodados pelo átomo do elemento não metálico.
- Escreva a carga de cada íon em sobrescrito, do modo normal.

Um exemplo simples é a fórmula do cloreto de cálcio. O átomo de cálcio perde seus dois elétrons de valência ao formar o íon Ca^{2+}. Como cada átomo de cloro tem uma vacância, são necessários dois átomos para acomodar os elétrons cedidos pelo átomo de cálcio:

$$:\ddot{C}l\cdot \ + \ Ca: \ + \ :\ddot{C}l\cdot \ \longrightarrow \ :\ddot{C}l:^- \ \ Ca^{2+} \ \ :\ddot{C}l:^-$$

A razão de dois íons cloreto para cada íon cálcio resulta na fórmula $CaCl_2$. Contudo, observe que esta é apenas uma fórmula unitária (*Fundamentos* E). Não existem moléculas de $CaCl_2$. Os cristais do composto são formados por números enormes desses íons em um arranjo tridimensional.

Teste 2A.3A Desenhe a fórmula unitária do nitreto de lítio usando os símbolos de Lewis.

[***Resposta:*** $Li^+ \ Li^+ \ :\ddot{N}:^{3-} \ Li^+$]

Teste 2A.3B Desenhe a fórmula unitária do brometo de magnésio usando os símbolos de Lewis.

As fórmulas dos compostos formados por íons monoatômicos dos elementos dos grupos principais podem ser preditas supondo que os cátions perdem todos os seus elétrons de valência e que os ânions incorporam todos esses elétrons em suas camadas de valência, de modo que cada íon passa a ter um octeto de elétrons (ou um dubleto, no caso de H, Li e Be).

2A.3 As relações energéticas na ligação iônica

Para entender por que um cristal de um composto iônico, como o cloreto de sódio, tem energia menor do que os átomos de cloro e de sódio separados, você pode fazer como os químicos e usar uma estratégia muito útil: eles analisam um processo complexo dividindo-o em etapas mais simples, muitas vezes hipotéticas. Neste caso, a formação do sólido ocorreria em três etapas hipotéticas:

1. Os átomos de sódio gasoso liberam elétrons.
2. Estes elétrons se ligam aos átomos de cloro gasoso.
3. Os cátions e ânions gasosos resultantes se unem, formando um cristal sólido.

O sódio está no Grupo 1 da Tabela Periódica e espera-se que ele forme um íon $+1$. Entretanto, o elétron de valência é fortemente atraído pela carga nuclear efetiva – que não o deixa se desprender. A energia de ionização experimental do sódio é $494 \ kJ \cdot mol^{-1}$ (veja a Fig. 1F.8); logo, é preciso fornecer essa quantidade de energia para formar os cátions:

$$Na(g) \ \longrightarrow \ Na^+(g) + e^-(g) \qquad \text{energia necessária} = 494 \ kJ \cdot mol^{-1}$$

A afinidade eletrônica dos átomos de cloro é $+349 \ kJ \cdot mol^{-1}$ (veja a Fig. 1F.12). Logo, $349 \ kJ \cdot mol^{-1}$ de energia são *liberados* quando os elétrons se ligam aos átomos de cloro para formar os ânions:

$$Cl(g) + e^-(g) \ \longrightarrow \ Cl^-(g) \qquad \text{energia liberada} = 349 \ kJ \cdot mol^{-1}$$

Neste ponto, o balanço da mudança de energia (energia requerida – energia liberada) é $494 - 349 \ kJ \cdot mol^{-1} = +145 \ kJ \cdot mol^{-1}$, o que representa um *aumento* de energia. Um gás de íons Na^+ e Cl^- muito separados tem energia mais alta do que um gás de átomos de Na e Cl neutros.

Vejamos, porém, o que acontece quando os íons Na^+ e Cl^- do gás se juntam para formar um sólido cristalino. A diferença de energia entre os íons de um composto quando separados na forma de gás e quando estão lado a lado no estado sólido é a **energia de rede**, a qual normalmente é muito alta. Esta energia é liberada durante a formação do sólido:

$$Na^+(g) + Cl^-(g) \ \longrightarrow \ NaCl(s) \qquad \text{energia liberada} = 787 \ kJ \cdot mol^{-1}$$

Uma afinidade eletrônica positiva significa que energia é liberada quando um elétron se liga a um átomo neutro ou a um íon na fase gás (Tópico 1F).

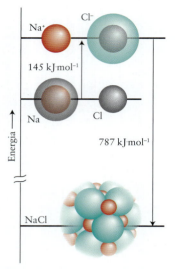

FIGURA 2A.5 Uma quantidade considerável de energia é necessária para produzir cátions e ânions a partir de átomos neutros. A energia de ionização de átomos de metais é recuperada apenas parcialmente a partir da afinidade de átomos de não metais por elétrons. A redução global de energia que permite a formação de um sólido iônico é oriunda da forte atração entre cátions e ânions na estrutura do sólido final. Este diagrama não mostra como a reação química ocorre entre o Na(s) e o Cl$_2$(g). Ele apenas ilustra as energias dos átomos de Na(g) e Cl(g) em relação à energia do NaCl(s).

Portanto, a variação líquida na energia do processo Na(g) + Cl(g) → NaCl(s) é 145 − 787 kJ·mol^{-1} = −642 kJ·mol^{-1} (Fig. 2A.5), o que representa uma *diminuição* considerável de energia. Isto é, um sólido composto de íons Na$^+$ e Cl$^-$ tem energia mais baixa do que uma coleção de átomos de Na e Cl muito separados.

Em resumo, ocorre abaixamento de energia se a atração entre os íons for maior do que a energia necessária para formá-los. A principal contribuição energética normalmente é a energia de ionização do elemento que fornece o cátion. Embora uma parte dessa energia possa ser recuperada pela afinidade eletrônica do não metal quando o ânion se forma, em alguns casos também é necessária energia para produzir o ânion. Esta energia também deve ser recuperada a partir das interações entre os íons. Normalmente, *somente os elementos metálicos têm energias de ionização suficientemente baixas para que a formação de ligações iônicas seja energeticamente favorável.*

> **O abaixamento de energia que acompanha a formação de ligações iônicas é devido, em sua maior parte, à atração entre íons de cargas opostas.**

2A.4 As interações entre os íons

A discussão anterior mostrou que uma contribuição fundamental para a formação das ligações iônicas é a energia da interação entre íons em um sólido, que deve ser suficiente para superar a energia necessária para produzir os íons. Entretanto, um ponto muito importante é que um sólido iônico não é mantido por ligações entre pares específicos de íons: *todos* os cátions interagem em maior ou menor grau com *todos* os ânions, *todos* os cátions repelem uns aos outros, e *todos* os ânions repelem uns aos outros. Uma ligação iônica é uma característica de interação "global" do cristal como um todo, ou seja, o abaixamento da energia do cristal como um todo em relação a átomos neutros separados por grandes distâncias.

As fortes interações eletrostáticas entre os íons explicam as propriedades típicas dos sólidos iônicos, como os altos pontos de fusão e a fragilidade. Temperaturas elevadas são necessárias para que os íons possam mover-se uns em relação aos outros até que o sólido comece a fundir, formando um líquido. Quando um sólido iônico é golpeado com um objeto duro, os íons com cargas iguais fazem contato para logo em seguida se repelirem. Neste momento, o cristal se parte em pedaços (Fig. 2A.6).

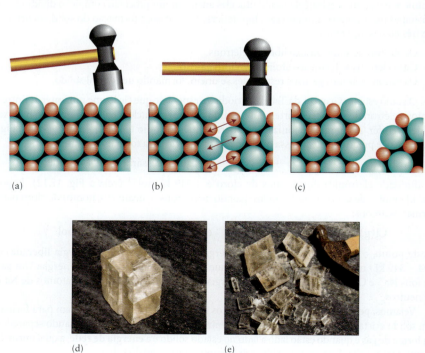

FIGURA 2A.6 Esta sequência de imagens ilustra por que os sólidos iônicos são tão quebradiços. (a) O sólido original é formado por um arranjo organizado de cátions e ânions. (b) Um golpe de martelo é capaz de forçar íons com cargas iguais a ficarem lado a lado. Tal proximidade de cargas semelhantes gera forças de repulsão intensas (representadas pelas setas de ponta dupla). (c) O efeito dessas forças de repulsão se traduz na quebra do sólido em fragmentos. (d) As superfícies lisas deste cristal de calcita resultam da configuração regular dos íons de cálcio e carbonato. (e) O golpe do martelo fragmentou o cristal, deixando superfícies planas e regulares formadas por planos de íons. *(Partes (d) e (e) © 2009 Paul Silverman–Fundamental Photographs.)*

2A.4 As interações entre os íons

O ponto de partida para entender a interação entre os íons em um sólido é a expressão da energia potencial de Coulomb entre dois íons isolados (*Fundamentos* A):

$$E_{p,12} = \frac{\overbrace{(z_1 e)}^{\text{carga do íon 1}} \times \overbrace{(z_2 e)}^{\text{carga do íon 2}}}{4\pi\varepsilon_0 \underbrace{r_{12}}_{\text{separação}}} = \frac{z_1 z_2 e^2}{4\pi\varepsilon_0 r_{12}} \quad (1)$$

Nesta expressão, e é a carga elementar, isto é, o valor absoluto da carga de um elétron, z_1 e z_2 são o número de cargas sobre os dois íons (positivo para o cátion e negativo para o ânion), r_{12} é a distância entre os centros dos íons e ε_0 ("épsilon zero") é a permissividade do vácuo (veja no final do livro o valor dessa constante fundamental).

Nota de boa prática O número de carga, z, é positivo para os cátions e negativo para os íons, e a carga de um íon é ze. Os químicos, porém, sempre se referem a z como carga e falam de carga $+1$, -1, etc.

Cada íon de um sólido sofre a atração dos demais íons de carga oposta e a repulsão dos demais íons de mesma carga. A energia potencial total é a soma de todas essas contribuições. Cada cátion é rodeado por ânions, e existe uma grande contribuição negativa (que abaixa a energia) proveniente da atração entre cargas opostas. Além desses vizinhos imediatos, existem cátions que contribuem como termos positivos (repulsivos que aumentam a energia) para a energia potencial total do cátion central. Existe também uma contribuição negativa dos ânions que estão além desses cátions, uma contribuição positiva dos cátions além deles, e assim por diante, até a superfície do sólido. Essas repulsões e atrações ficam progressivamente mais fracas à medida que a distância até o íon central aumenta, mas, como os vizinhos próximos de um íon dão origem a uma atração forte, o balanço total dessas contribuições é uma diminuição de energia. A dimensão desta redução de energia pode ser avaliada usando a Equação 1.

Como isso é feito?

Considere um modelo simples, formado por uma linha única de cátions e ânions alternados com espaçamento regular e uniforme, cujos centros estão separados pela distância d, a soma dos raios iônicos (Fig. 2A.7). Se as cargas dos íons têm a mesma magnitude ($+1$ e -1, ou $+2$ e -2, por exemplo), então $z_1 = +z$, $z_2 = -z$ e $z_1 z_2 = -z^2$. A energia potencial do íon central é calculada somando todos os termos da energia potencial de Coulomb, com os termos negativos representando a atração entre os íons de cargas opostas e os positivos representando a repulsão dos íons de mesma carga. Para a interação entre os íons em linha à direita do íon central, a energia potencial total do íon central é

$$E_p = \frac{e^2}{4\pi\varepsilon_0} \times \left(-\overbrace{\frac{z^2}{d}}^{\text{atração}} + \overbrace{\frac{z^2}{2d}}^{\text{repulsão}} - \overbrace{\frac{z^2}{3d}}^{\text{atração}} + \overbrace{\frac{z^2}{4d}}^{\text{repulsão}} - \ldots \right)$$

$$= -\frac{z^2 e^2}{4\pi\varepsilon_0 d}\left(1 - \frac{1}{2} + \frac{1}{3} - \frac{1}{4} + \ldots \right) = -\frac{z^2 e^2}{4\pi\varepsilon_0 d} \times \ln 2$$

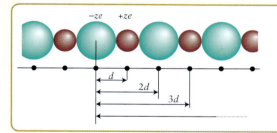

FIGURA 2A.7 Arranjo utilizado para calcular a energia potencial de um íon em uma linha de cátions (esferas vermelhas) e ânions (esferas verdes) em alternância. Vamos nos concentrar em um íon, o íon "central", representado pela linha vertical mais longa.

A última etapa utilizou a relação $1 - \frac{1}{2} + \frac{1}{3} - \frac{1}{4} + \ldots = \ln 2$. A seguir, multiplique E_p por 2 para obter a energia total resultante das interações com os íons nos dois lados do íon central. Então, multiplique pela constante de Avogadro, N_A, para obter a expressão da energia da rede por mol de íons. Neste ponto, sabemos que a energia potencial total por mol de íons de um tipo (cátions, por exemplo) é:

$$E_p(\text{cátions}) = -2 \ln 2 \times \frac{N_A z^2 e^2}{4\pi\varepsilon_0 d}$$

A mesma expressão se aplica à energia por mol dos ânions presentes:

$$E_p(\text{ânions}) = -2 \ln 2 \times \frac{N_A z^2 e^2}{4\pi\varepsilon_0 d}$$

Porém, as duas expressões não podem ser simplesmente adicionadas para obter a energia potencial total. Se fossem somadas, as interações seriam consideradas duas vezes: primeiro íon com o segundo, segundo íon com o primeiro. Assim, a energia total por mol de pares de íons é a metade da soma, isto é,

$$E_p = \tfrac{1}{2}\{E_p(\text{cátions}) + E_p(\text{ânions})\} = -2 \ln 2 \times \frac{N_A z^2 e^2}{4\pi\varepsilon_0 d}$$

em que $d = r_{\text{cátion}} + r_{\text{ânion}}$ é a distância entre os centros de íons vizinhos.

Esse cálculo mostra que a energia potencial molar do cristal unidimensional em que cátions e ânions com cargas iguais e opostas se alternam em uma linha tem a forma

$$E_p = -A \times \frac{N_A z^2 e^2}{4\pi\varepsilon_0 d} \tag{2}$$

em que $A = 2 \ln 2$ (ou 1,386), para este sistema modelo.

Qual é o significado desta equação? Como a energia potencial é negativa, ocorre um abaixamento líquido da energia, o que significa que a atração entre cargas opostas supera a repulsão entre cargas de mesmo nome. A energia potencial é fortemente negativa quando os íons têm carga elevada (grandes valores de z) e a distância entre eles é pequena (pequenos valores de d), o que acontece quando os íons são pequenos.

O cálculo que leva à Eq. 2 pode ser estendido a um arranjo tridimensional mais realista de íons com cargas diferentes. O resultado tem a mesma forma, porém valores diferentes de A e $|z_1 z_2|$ (isto é, o valor absoluto de $z_1 z_2$, seu valor sem o sinal negativo) no lugar de z^2. O fator A é uma constante numérica chamada **constante de Madelung**, cujo valor depende do arranjo dos íons. Em todos os casos, o abaixamento de energia que ocorre quando um sólido iônico se forma é maior para íons pequenos com cargas elevadas. Por exemplo, existe uma forte interação entre os íons Mg^{2+} e O^{2-} no óxido de magnésio, MgO, porque os íons têm carga elevada e raios pequenos (logo, seus centros estão próximos). Essa forte interação é uma das razões pelas quais o óxido de magnésio resiste a temperaturas muito altas e pode ser usado no revestimento de fornos. É um exemplo de material "refratário", uma substância que pode resistir a altas temperaturas. Agora você consegue entender por que a natureza adotou um sólido iônico, o fosfato de cálcio, para nosso esqueleto: os pequenos íons Ca^{2+}, com carga dupla, e os íons PO_4^{3-}, com carga tripla, se atraem muito fortemente e se agrupam firmemente para formar um sólido rígido e insolúvel (Fig. 2A.8).

Teste 2A.4A Os sólidos iônicos CaO e KCl cristalizam no mesmo tipo de estrutura. Em que composto as interações entre os íons são mais fortes e que fatores influenciam esta diferença?

[*Resposta:* CaO, maiores cargas e menores raios.]

Teste 2A.4B Os sólidos iônicos KBr e KCl cristalizam no mesmo tipo de estrutura. Em que composto as interações entre os íons são mais fortes?

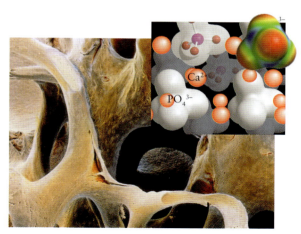

FIGURA 2A.8 Microfotografia de um osso, que deve sua rigidez ao fosfato de cálcio. O detalhe mostra parte da estrutura cristalina do fosfato de cálcio. Os íons fosfato são poliatômicos, porém, como mostra o detalhe, eles são aproximadamente esféricos e se encaixam na estrutura cristalina de modo muito semelhante aos íons monoatômicos de carga −3. *(Prof. P. Motta/Science Source.)*

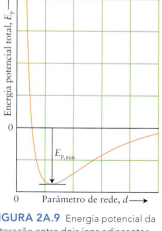

FIGURA 2A.9 Energia potencial da interação entre dois íons adjacentes em um sólido iônico, considerando a interação coulômbica entre os íons e o aumento das forças de repulsão quando entram em contato.

A energia potencial na Equação 2 se torna mais negativa (isto é, a interação favorável entre os íons aumenta) à medida que a distância d diminui. O conjunto de íons não converge para um ponto porque a repulsão entre vizinhos aumenta em importância quando eles entram em contato, e a energia cresce rapidamente a partir daí. Para levar em conta os efeitos de repulsão entre vizinhos muito próximos em um sólido iônico, costuma-se supor que as interações repulsivas aumentam exponencialmente quando a separação diminui e, portanto, tem a forma $E_p^* \propto e^{-d/d^*}$ em que d^* é uma constante (comumente tomada como 34,5 pm). A energia potencial total é a soma de E_p e E_p^* e passa por um mínimo quando a separação diminui, mas depois aumenta fortemente outra vez, quando estão muito próximos (Fig. 2A.9).

> *Os sólidos iônicos, geralmente, têm altos pontos de fusão e de ebulição e são quebradiços. A energia de rede de um sólido iônico é alta quando os íons são pequenos e têm cargas elevadas.*

O que você aprendeu com este tópico?

Você aprendeu que os elétrons são transferidos entre átomos durante a formação de uma ligação iônica. Os padrões desta formação são representados por fórmulas unitárias com base nos símbolos de Lewis. Você também aprendeu que quanto menor for o íon e maior for sua carga, mais alta será a energia da rede iônica.

Os conhecimentos que você deve dominar incluem a capacidade de:

☐ **1.** Escrever a configuração eletrônica de um íon (Exemplo 2A.1 e Teste 2A.2).

☐ **2.** Explicar a formação de íons com base na energia de ionização, na afinidade eletrônica e na energia de rede (Seção 2A.3).

☐ **3.** Elaborar a fórmula química de um composto iônico e desenhar sua fórmula unitária utilizando os símbolos de Lewis (Seção 2A.3).

☐ **4.** Explicar a origem e a magnitude da energia de rede (Seção 2A.4).

Tópico 2A Exercícios

2A.1 Dê o número de elétrons de valência (incluindo os elétrons d) de cada um dos seguintes elementos: (a) Sb; (b) Si; (c) Mn; (d) B.

2A.2 Dê o número de elétrons de valência (incluindo os elétrons d) de cada um dos seguintes elementos: (a) V; (b) Fe; (c) Cd; (d) I.

2A.3 Dê a configuração eletrônica do estado fundamental esperada para cada um dos íons: (a) S^{2-}; (b) As^{3+}; (c) Ru^{3+}; (d) Ge^{2+}.

2A.4 Dê a configuração esperada para o estado fundamental de cada um dos seguintes íons: (a) V^{4+}; (b) Fe^{3+}; (c) Cd^{2+}; (d) I^-.

76 Tópico 2A A ligação iônica

2A.5 Dê a configuração esperada para o estado fundamental de cada um dos seguintes íons: (a) Cu^+; (b) Bi^{3+}; (c) Ga^{3+}; (d) Tl^{3+}.

2A.6 Dê a configuração esperada para o estado fundamental de cada um dos seguintes íons: (a) Zr^{4+}; (b) Os^{3+}; (c) Cs^+; (d) P^{3-}.

2A.7 As seguintes espécies têm o mesmo número de elétrons: Cd, In^+ e Sn^{2+}. (a) Escreva a configuração eletrônica de cada espécie. Explique qualquer diferença. (b) Quantos elétrons isolados, se existir algum, estão presentes em cada espécie? (c) Que átomo neutro, se existir algum, tem a mesma configuração eletrônica do In^{3+}?

2A.8 As seguintes espécies têm o mesmo número de elétrons: Ca, Ti^{2+} e V^{3+}. (a) Escreva a configuração eletrônica de cada espécie. Explique qualquer diferença. (b) Quantos elétrons isolados, se existir algum, estão presentes em cada espécie? (c) Que átomo neutro, se existir algum, tem a mesma configuração eletrônica do Ti^{3+}?

2A.9 Que íons M^{2+} (em que M é um metal) têm a seguinte configuração eletrônica no estado fundamental: (a) $[Ar]3d^7$; (b) $[Ar]3d^6$; (c) $[Kr]4d^4$; (d) $[Kr]4d^3$?

2A.10 Que íons E^{3+} (em que E é um elemento) têm a seguinte configuração eletrônica no estado fundamental: (a) $[Xe]4f^{14}5d^8$; (b) $[Xe]4f^{14}5d^5$; (c) $[Kr]4d^{10}5s^25p^2$; (d) $[Ar]3d^{10}4s^2$?

2A.11 Que íons M^{3+} (em que M é um metal) têm a seguinte configuração eletrônica no estado fundamental: (a) $[Ar]3d^6$; (b) $[Ar]3d^5$; (c) $[Kr]4d^5$; (d) $[Kr]4d^3$?

2A.12 Que íons M^{2+} (em que M é um metal) têm a seguinte configuração eletrônica no estado fundamental: (a) $[Ar]3d^4$; (b) $[Kr]4d^9$; (c) $[Ar]3d^{10}$; (d) $[Xe]4f^{14}5d^{10}5s^2$?

2A.13 Diga, para cada um dos seguintes átomos no estado fundamental, o tipo de orbital (1s, 2p, 3d, 4f, etc.) do qual se deve remover um elétron para formar íons +1: (a) Zn; (b) Cl; (c) Al; (d) Cu.

2A.14 Diga, para cada um dos seguintes íons no estado fundamental, o tipo de orbital (1s, 2p, 3d, 4f, etc.) do qual se deve remover um elétron para formar íons com uma carga positiva a mais: (a) Mo^{3+}; (b) P^{3-}; (c) Bi^{2+}; (d) Mn^+.

2A.15 Dê a carga mais provável dos íons formados pelos seguintes elementos: (a) S; (b) Te; (c) Rb; (d) Ga; (e) Cd.

2A.16 Dê a carga mais provável dos íons formados pelos seguintes elementos: (a) Cs; (b) O; (c) Ca; (d) N; (e) I.

2A.17 Dê o número de elétrons de valência de cada um dos seguintes íons: (a) Mn^{4+}; (b) Rh^{3+}; (c) Co^{3+}; (d) P^{3+}.

2A.18 Dê o número de elétrons de valência de cada um dos seguintes íons: (a) In^+; (b) Tc^{2+}; (c) Ta^{2+}; (d) Re^+.

2A.19 Dê a configuração eletrônica do estado fundamental e o número de elétrons desemparelhados de cada um dos seguintes íons: (a) Sb^{3+}; (b) Sn^{4+}; (c) W^{2+}; (d) Br^-; (e) Ni^{2+}.

2A.20 Dê a configuração eletrônica do estado fundamental e o número de elétrons desemparelhados de cada um dos seguintes íons: (a) Sc^{3+}; (b) Co^{2+}; (c) Sr^{2+}; (d) Se^{2-}.

2A.21 Dê a configuração eletrônica do estado fundamental e o número de elétrons desemparelhados de cada um dos seguintes íons: (a) Ca^{2+}; (b) In^+; (c) Te^{2-}; (d) Ag^+.

2A.22 Dê a configuração eletrônica do estado fundamental e o número de elétrons desemparelhados de cada um dos seguintes íons: (a) Fe^{3+}; (b) Bi^{3+}; (c) Si^{4+}; (d) I^-.

2A.23 Com base nas cargas esperadas para os íons monoatômicos, dê as fórmulas químicas de cada um dos seguintes compostos: (a) arseneto de magnésio; (b) sulfeto de índio(III); (c) hidreto de alumínio; (d) telureto de hidrogênio; (e) fluoreto de bismuto(III).

2A.24 Com base nas cargas esperadas para os íons monoatômicos, dê as fórmulas químicas de cada um dos seguintes compostos: (a) telureto de manganês(II); (b) arseneto de bário; (c) nitreto de silício; (d) bismuteto de lítio; (e) cloreto de zircônio(IV).

2A.25 Com base nas cargas esperadas para os íons monoatômicos, dê as fórmulas químicas de cada um dos seguintes compostos usando símbolos de Lewis: (a) cloreto de tálio(III); (b) sulfeto de alumínio; (c) óxido de bário.

2A.26 Com base nas cargas esperadas para os íons monoatômicos, dê as fórmulas químicas de cada um dos seguintes compostos usando símbolos de Lewis: (a) iodeto de estrôncio; (b) fosfeto de potássio; (c) nitreto de magnésio.

2A.27 Use os dados do Apêndice 2D para indicar qual dos seguintes pares de íons deveria ter a maior atração coulômbica em um composto sólido: (a) K^+, O^{2-}; (b) Ga^{3+}, O^{2-}; (c) Ca^{2+}, O^{2-}.

2A.28 Use os dados do Apêndice 2D para indicar qual dos seguintes pares de íons deveria ter a maior atração coulômbica em um composto sólido: (a) Mg^{2+}, S^{2-}; (b) Mg^{2+}, Se^{2-}; (c) Mg^{2+}, O^{2-}.

2A.29 Explique por que a energia de rede do cloreto de lítio (861 $kJ \cdot mol^{-1}$) é maior do que a do cloreto de rubídio (695 $kJ \cdot mol^{-1}$), sabendo que os íons têm arranjos semelhantes na rede cristalina. Veja o Apêndice 2D.

2A.30 Explique por que a energia de rede do brometo de prata (903 $kJ \cdot mol^{-1}$) é maior do que a do iodeto de prata (887 $kJ \cdot mol^{-1}$), sabendo que os íons têm arranjos semelhantes na rede cristalina. Veja o Apêndice 2D.

Tópico 2B A ligação covalente

2B.1 As estruturas de Lewis
2B.2 A ressonância
2B.3 A carga formal

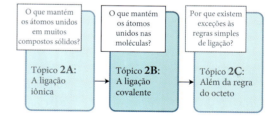

A natureza das ligações entre átomos de não metais, cujas energias de ionização são muito altas para que uma ligação iônica seja possível (Tópico 2A), intrigou os cientistas até 1916, quando G. N. Lewis publicou uma explicação. Com intuição brilhante, e antes mesmo do desenvolvimento da mecânica quântica ou do conceito de orbitais, Lewis propôs que uma **ligação covalente** consiste em um par de elétrons compartilhados por dois átomos (**1**). Um par de elétrons compartilhados é representado por um traço (—). Assim, a molécula de hidrogênio, formada por dois átomos de hidrogênio (H·) que compartilham um par de elétrons (H:H), é representada pelo símbolo H—H. A **valência** de um elemento é o número de ligações que seus átomos podem realizar compartilhando pares de elétrons. Segundo esta definição, o hidrogênio tem valência 1.

2B.1 As estruturas de Lewis

Lewis achava que uma ligação covalente era o resultado do compartilhamento de pares de elétrons. Ele observou que os átomos compartilham elétrons até atingirem a configuração de um gás nobre. Lewis chamou esse princípio de **regra do octeto**:

> Na formação de uma ligação covalente, os átomos tendem a completar seus octetos pelo compartilhamento de pares de elétrons.

Por exemplo, um átomo de flúor tem sete elétrons de valência e pode atingir um octeto aceitando um elétron fornecido por outro átomo, neste caso, de flúor:

:F· + ·F: ⟶ :F:F: ou   :F—F:

Os círculos foram desenhados em torno de cada átomo de F para mostrar que cada um chega ao octeto pelo compartilhamento de um par. A valência do flúor é, então, igual a **1**, a mesma do hidrogênio. Um átomo de hidrogênio, como em outras situações, é uma anomalia: ele tende a completar um dubleto, não um octeto.

Além do par de elétrons compartilhados, a molécula de flúor possui três "pares isolados" de elétrons no mesmo átomo: um **par isolado** é um par de elétrons de valência que não participa diretamente das ligações. Os pares isolados de cada átomo de F repelem os pares isolados do outro átomo de F, e essa repulsão é quase suficiente para compensar a atração favorável do par ligante que mantém a molécula de F_2 unida. Essa repulsão é uma das razões da alta reatividade do gás flúor: a ligação entre os átomos das moléculas de F_2 é muito fraca. Dentre as moléculas diatômicas comuns, somente o H_2 não tem pares isolados.

Enquanto concebia uma maneira de representar as configurações dos elétrons de valência dos átomos (Tópico 2A), Lewis também desenvolveu um modo de ilustrar a configuração dos pares de elétrons compartilhados e isolados nas moléculas. A **estrutura de Lewis** de uma molécula representa os átomos por seus símbolos químicos, as ligações covalentes por linhas e os pares isolados por pares de pontos. Por exemplo, a estrutura de Lewis do HF é H—F:. A estrutura de Lewis não retrata a forma tridimensional da molécula: ela simplesmente indica como os átomos se ligam e quais têm pares isolados. Entretanto, as estruturas de Lewis ajudam a explicar as propriedades das moléculas, incluindo suas formas e reações.

Por que você precisa estudar este assunto? Um tipo importante de ligação química é a ligação covalente, um conceito utilizado em todo o estudo da química e essencial para entender as propriedades e as reações da matéria.

Que conhecimentos você precisa dominar? Você precisa conhecer as configurações eletrônicas de átomos poliatômicos (Tópico 1F). Além disso, é importante você ter familiaridade com as várias classes e nomenclaturas dos compostos químicos (*Fundamentos* C e D) e dominar o conteúdo sobre números de oxidação (*Fundamentos* K).

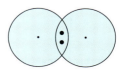

1 Par de elétrons compartilhados

Às vezes é necessário escrever uma estrutura de Lewis ao final de uma frase: cuidado para não confundir os pontos do elétron com o ponto final e os dois-pontos.

78 **Tópico 2B** A ligação covalente

> **Teste 2B.1A** Escreva a estrutura de Lewis do composto "inter-halogênio" monofluoreto de cloro, ClF, e determine quantos pares isolados cada átomo tem no composto.
>
> [*Resposta:* $:\!\ddot{C}l\!-\!\ddot{F}:$; três em cada átomo]
>
> **Teste 2B.1B** Escreva a estrutura de Lewis do composto HBr e determine quantos pares isolados cada átomo tem no composto.

Para ilustrar o modo de escrever a estrutura de Lewis de uma molécula poliatômica, considere o metano, CH_4.

- Conte os elétrons de valência disponíveis de todos os átomos na molécula. No caso do metano, os símbolos de Lewis dos átomos são

$$:\!\dot{C}\qquad H\cdot\qquad H\cdot\qquad H\cdot\qquad H\cdot$$

logo, existem oito elétrons de valência.

- Organize os pontos, representando os elétrons de forma que o átomo de C tenha um octeto e cada átomo de H, um dubleto, e os átomos compartilhem pares de elétrons.
- Desenhe esse arranjo à esquerda, acompanhado pela estrutura de Lewis do metano em linhas, como mostrado ao lado, em (**2**).

Como o carbono forma quatro ligações com outros átomos, dizemos que o carbono é *tetravalente*, isto é, tem valência 4.

Em muitos casos, os átomos vizinhos atingem seus octetos compartilhando mais de um par de elétrons. Um par de elétrons compartilhado é chamado de **ligação simples**. Dois pares de elétrons compartilhados por dois átomos constituem uma **ligação dupla**, e três pares formam uma **ligação tripla**. Uma ligação dupla, como C::O, é escrita como C=O em uma estrutura de Lewis. De modo semelhante, uma ligação tripla, como C:::C, é escrita como C≡C. As ligações duplas e triplas são coletivamente chamadas de **ligações múltiplas**. A **ordem de ligação** é o número de ligações que une um par específico de átomos. Logo, a ordem de ligação em H_2 é 1, no grupo C=O é 2, e em C≡C, como no etino, C_2H_2, é 3.

O procedimento geral para a construção da estrutura de Lewis de qualquer molécula ou íon é explicado na **Caixa de Ferramentas 2B.1**. Em cada caso, você precisa saber que átomos estão ligados na molécula. Um átomo "terminal" liga-se a somente um átomo. Os H do metano são um exemplo. Exceto no caso dos compostos incomuns chamados de boranos (Tópico 8E), um átomo de H é sempre um átomo terminal. Um átomo "central" é um átomo que se liga a pelo menos dois outros. Dois exemplos de átomos centrais são o átomo de O da molécula da água, H_2O (HOH), e o átomo de C do metano, CH_4. A estrutura geral da molécula e a identidade do átomo central quase sempre são conhecidas de antemão (é fácil, por exemplo, lembrar os arranjos de átomos em CH_4, NH_3 e H_2O). Mas, se houver dúvida, uma boa regra prática para moléculas que não sejam compostos de hidrogênio consiste em *escolher como átomo central o elemento com a mais baixa energia de ionização*. Este procedimento frequentemente conduz ao mínimo de energia, porque um átomo central compartilha mais elétrons do que um átomo terminal. Os átomos com maiores energias de ionização são mais relutantes em compartilhar e mais propensos a manter seus elétrons como pares isolados.

Outra boa regra para predizer a estrutura de uma molécula é *arranjar os átomos simetricamente em torno do átomo central*. Por exemplo, SO_2 é OSO, não SOO. Uma exceção comum a essa regra é o monóxido de dinitrogênio, N_2O (óxido nitroso), que tem o arranjo assimétrico NNO. Outra dica é que, em fórmulas químicas simples, o átomo central é frequentemente escrito primeiro, seguido dos átomos a ele ligados. Por exemplo, no composto cuja fórmula química é OF_2, o arranjo dos átomos é FOF, e não OFF, e no SF_6, o átomo S está rodeado por seis átomos de F. Os ácidos são exceção a esta regra porque os átomos de H são sempre escritos na frente, como em H_2S, que tem o arranjo HSH. Se o composto é um oxoácido, os átomos de hidrogênio ácidos ligam-se aos átomos de oxigênio, que, por sua vez, ligam-se ao átomo central. Assim, o ácido sulfúrico, H_2SO_4, tem a estrutura $(HO)_2SO_2$ (**3**). No ácido hipocloroso, de fórmula HClO, os átomos estão ligados como HOCl.

2 Metano, CH_4

Uma maneira mais comum de expressar esta regra é que o átomo central normalmente é o elemento de menor eletronegatividade (Tópico 2D).

As cargas formais dos átomos de uma molécula ajudam a decidir qual é a melhor estrutura (Seção 2B.3).

2B.1 As estruturas de Lewis **79**

O mesmo procedimento geral é usado para determinar a estrutura de Lewis de íons poliatômicos, exceto que adicionamos ou retiramos elétrons para levar em conta a carga do íon, como mostrado na Caixa de Ferramentas 2B.1. Como nas moléculas neutras, é essencial conhecer o arranjo geral dos átomos nos íons. No caso dos oxoânions, normalmente (exceto para H) o primeiro átomo escrito na fórmula química é o átomo central. Em CO_3^{2-}, por exemplo, o átomo de C está rodeado por três átomos de O. Cada átomo contribui com um número de pontos (elétrons) igual ao número de elétrons de sua camada de valência, mas é preciso ajustar o número total de pontos para representar a carga total. No caso de um cátion, subtraia um ponto para cada carga positiva. No caso de um ânion, adicione um ponto para cada carga negativa. O cátion e o ânion têm de ser tratados separadamente porque eles são íons separados e não se ligam por pares compartilhados. A estrutura de Lewis do carbonato de amônio, $(NH_4)_2CO_3$, por exemplo, é escrita como três íons entre colchetes (**4**).

3

Observe que parte da estrutura de Lewis não é mostrada. Em alguns casos, uma estrutura que mostre apenas os elétrons envolvidos é mais conveniente para enfatizar um aspecto associado a uma estrutura ou reação.

4

Caixa de ferramentas 2B.1 COMO ESCREVER A ESTRUTURA DE LEWIS DE UMA ESPÉCIE POLIATÔMICA

BASE CONCEITUAL

Uma estrutura de Lewis corretamente representada acomoda todos os elétrons de valência para dar a cada átomo, se possível, um octeto (ou om dubleto).

PROCEDIMENTO

Etapa 1 Conte o número de elétrons de valência em cada átomo. No caso de íons, ajuste o número de elétrons para levar em conta a carga. Divida o número total de elétrons da molécula por 2 para obter o número de pares de elétrons.

Etapa 2 Escreva os arranjos mais prováveis dos átomos usando padrões comuns e as indicações dadas no texto.

Etapa 3 Coloque um par de elétrons entre cada par de átomos ligados.

Etapa 4 Complete o octeto (ou dubleto, no caso de H) de cada átomo colocando os pares de elétrons remanescentes em torno dos átomos. Se não existirem pares de elétrons suficientes, forme ligações múltiplas em vez de uma ou mais ligações simples.

Etapa 5 Represente cada par de elétrons ligados por uma linha.

Para conferir a validade de uma estrutura de Lewis, observe se cada átomo tem um octeto ou um dubleto (no caso do hidrogênio). Como explicado no Tópico 2C, uma exceção comum dessa regra ocorre quando o átomo central é de um elemento do Período 3 ou superior. Um átomo desse tipo pode acomodar mais de oito elétrons em sua camada de valência. Consequentemente, a estrutura de Lewis de menor energia pode ser uma em que o átomo central tem mais de oito elétrons.

Este procedimento é mostrado nos Exemplos 2B.1 e 2B.2.

EXEMPLO 2B.1 Escrever a estrutura de Lewis de uma molécula ou de um íon

Quando você está avaliando as propriedades de um composto, como a capacidade de participar de uma reação, você precisa saber se ele forma somente ligações simples ou se forma ligações duplas também. Escreva a estrutura de Lewis (a) da água, H_2O; (b) do metanal, H_2CO; e (c) do íon clorito, ClO_2^-. Use as regras da Caixa de Ferramentas 2B.1 e note que devemos adicionar um elétron para a carga negativa de ClO_2^-.

ANTECIPE É difícil antecipar estruturas de Lewis quando se está começando a estudar o assunto, mas, à medida que ganhar experiência, você será capaz de escrevê-las sem ter de recorrer ao procedimento sistemático usado aqui.

PLANEJE Siga as etapas propostas na Caixa de Ferramentas 2B.1.

80 **Tópico 2B** A ligação covalente

RESOLVA

	(a) H_2O	(b) H_2CO	(c) ClO_2^-
Etapa 1 Conte os elétrons de valência e ajuste o número de cargas dos íons.	$1 + 1 + 6 = 8$	$1 + 1 + 4 + 6 = 12$	$7 + 6 + 6 + 1 = 20$
Conte os pares de elétrons.	4	6	10

Etapa 2 Arranje os átomos.

$$\text{H} \quad \text{O} \quad \text{H}$$

$$\begin{array}{c} \text{H} \\ \text{C} \quad \text{O} \\ \text{H} \end{array}$$

$$\text{O} \quad \text{Cl} \quad \text{O}$$

Etapa 3 Coloque um par de elétrons entre cada par de átomos ligados.

$$\text{H} : \text{O} : \text{H}$$

$$\begin{array}{c} \text{H} \\ \text{C} : \text{O} \\ \text{H} \end{array}$$

$$\text{O} : \text{Cl} : \text{O}$$

Etapa 4 Conte os pares de elétrons ainda não localizados.

$$: : \;(2)$$

$$: : : \;(3)$$

$$: : : : : : : : \;(8)$$

Complete os octetos com pares isolados. Se não houver elétrons suficientes para que cada átomo tenha um octeto ou dubleto com ligações simples, use ligações múltiplas.

$$\text{H} : \overset{..}{\underset{..}{\text{O}}} : \text{H}$$

$$\begin{array}{c} \text{H} \\ \overset{..}{\text{C}} :: \overset{..}{\underset{..}{\text{O}}} \\ \text{H} \end{array}$$

$$\overset{..}{\underset{..}{\text{O}}} : \overset{..}{\underset{..}{\text{Cl}}} : \overset{..}{\underset{..}{\text{O}}}$$

Etapa 5 Represente as ligações com linhas e indique as cargas.

$$\text{H} - \overset{..}{\underset{..}{\text{O}}} - \text{H}$$

$$\begin{array}{c} \text{H} \\ | \\ \text{C} = \overset{..}{\underset{..}{\text{O}}} \\ | \\ \text{H} \end{array}$$

$$\overset{..}{\underset{..}{\text{O}}} - \overset{..}{\underset{..}{\text{Cl}}} - \overset{..}{\underset{..}{\text{O}}}{:}^{\boxed{-}}$$

AVALIE Observe que o H_2CO não tinha elétrons suficientes para completar octetos, por isso, uma ligação dupla foi incluída.

Teste 2B.2A Escreva a estrutura de Lewis do íon cianato, CNO^- (o átomo C está no centro).

$$[\textit{Resposta: } \overset{..}{\underset{..}{\text{N}}} = \text{C} = \overset{..}{\underset{..}{\text{O}}} {}^{\boxed{-}}]$$

Teste 2B.2B Escreva a estrutura de Lewis do NH_3.

Exercícios relacionados 2B.1 a 2B.6, B.9, B.10

EXEMPLO 2B.2 Escrever as estruturas de Lewis de moléculas com mais de um átomo "central"

Quando os químicos orgânicos refletem sobre as mudanças que uma molécula sofre durante uma reação, eles escrevem um esquema com base nas estruturas de Lewis. Escreva a estrutura de Lewis do ácido acético, CH_3COOH, um dos compostos constituintes do vinagre. A molécula do ácido acético sugere que ela é formada por um grupo CH_3— e um grupo —COOH. No grupo —COOH, os dois átomos de O estão ligados ao mesmo átomo de C, e um deles está ligado ao átomo final de H. Os dois átomos de C estão ligados um ao outro.

ANTECIPE Você perceberá que o grupo —CH_3, por analogia com o metano, é formado por um átomo de C preso a três átomos de H por ligações simples.

PLANEJE Aplique os procedimentos da Caixa de Ferramentas 2B.1.

RESOLVA

Etapa 1 Conte os elétrons de valência para determinar o número de pares de elétrons:

$$4 + (3 \times 1) + 4 + 6 + 6 + 1 = 24, \text{ 12 pares}$$

CH_3COOH

$$: : : : : :$$
$$: : : : : :$$
12 pares

Etapa 2 Arranje os átomos (os átomos ligados são indicados pelos retângulos).

Etapa 3 Ligue os átomos com pares de elétrons de ligação.

Etapa 4 Conte os pares de elétrons ainda não localizados.

Complete os octetos.

Etapa 5 Desenhe as ligações.

AVALIE Conforme previsto, o grupo metila tem um arranjo semelhante ao do metano. A prática ajudará você a reconhecer com facilidade os arranjos mais comuns de átomos em muitas moléculas orgânicas.

Teste 2B.3A Escreva uma estrutura de Lewis para a molécula de ureia, $(NH_2)_2CO$.

[**Resposta:** Veja (**5**).]

Teste 2B.3B Escreva uma estrutura de Lewis para a hidrazina, H_2NNH_2.

Exercícios relacionados 2B.11, 2B.12, 2.59, 2.60.

Na estrutura de Lewis de espécies poliatômicas, todos os elétrons de valência são usados para completar os octetos (ou dubletos) dos átomos presentes, de modo a formar ligações simples ou múltiplas e a deixar alguns elétrons como pares isolados.

2B.2 A ressonância

Algumas moléculas não são representadas adequadamente por uma única estrutura de Lewis. Vejamos, por exemplo, o íon nitrato, NO_3^-. Na forma de nitrato de potássio, o íon é usado como fonte de oxigênio em fogos de artifício e de nitrogênio em fertilizantes. As três estruturas de Lewis mostradas em (**6**) diferem somente na posição da ligação dupla. Elas são

5 Ureia, $(NH_2)_2CO$

Tópico 2B A ligação covalente

6 (estrutura) **7** Íon nitrato, NO_3^-

O comprimento de ligação, isto é, a distância entre os centros dos átomos ligados, é discutida em mais detalhes no Tópico 2D.

igualmente válidas e têm exatamente a mesma energia. Se uma delas fosse correta e as outras não, você perceberia duas ligações simples, mais longas, e uma ligação dupla, mais curta, porque uma ligação dupla entre dois átomos é mais curta do que uma ligação simples entre os mesmos tipos de átomos. Entretanto, a evidência experimental é que as ligações do íon nitrato são todas iguais. A distância é 124 pm, o que as torna mais longas do que uma ligação dupla $N=O$ típica (120 pm), porém mais curtas do que uma ligação simples $N-O$ típica (140 pm). A ordem de ligação no íon nitrato está entre 1 (uma ligação simples) e 2 (uma ligação dupla).

Como as três ligações são idênticas, um modelo melhor para o íon nitrato é uma *combinação* das três estruturas de Lewis, com cada ligação tendo propriedades intermediárias entre uma simples e uma dupla. Essa fusão de estruturas é chamada de **ressonância** e é indicada em (**7**) por setas de duas pontas. A estrutura resultante dessa combinação é um híbrido de ressonância das estruturas de Lewis que contribuem para (ou participam da) sua formação. A molécula não oscila entre as três estruturas de Lewis diferentes: um **híbrido de ressonância** é uma fusão de estruturas, da mesma forma que uma mula é uma fusão entre um cavalo e um burro e não uma criatura que se alterna entre os dois.

Os elétrons que podem ocupar posições diferentes nas estruturas de ressonância são chamados de elétrons **deslocalizados**. A deslocalização significa que o par de elétrons compartilhado distribui-se por diversos pares de átomos e não pode ser relacionado a apenas um par de átomos. As três estruturas de ressonância em (**7**) não existem como moléculas de fato. Elas são apenas uma maneira de mostrar que os elétrons estão espalhados em toda a molécula. Além de deslocalizar os elétrons pelos átomos, a ressonância também abaixa a energia do híbrido, tornando-o mais estável do que qualquer estrutura participante, e ajuda a estabilizar a molécula. Esse abaixamento de energia ocorre por razões quantomecânicas. De modo geral, a função de onda que descreve a estrutura de ressonância é uma descrição mais acurada da estrutura eletrônica da molécula do que a função de onda de qualquer estrutura participante, e quanto mais acurada for a função de onda, mais baixa será a energia correspondente.

Os seguintes pontos ajudarão você a escrever estruturas de ressonância apropriadas e a identificar aquelas que mais contribuem com a estrutura observada:

- Em cada estrutura participante, os núcleos permanecem nas mesmas posições: só as posições dos pares de elétrons isolados e ligados mudam.
- Estruturas de mesma energia (chamadas de "estruturas equivalentes") contribuem igualmente para a ressonância.
- Estruturas de energias mais baixas contribuem mais para a ressonância do que as estruturas de energia mais alta.

Por exemplo, embora você possa escrever as duas estruturas hipotéticas NNO e NON para o óxido de dinitrogênio (óxido nitroso), não há ressonância entre elas porque os átomos estão em posições diferentes.

EXEMPLO 2B.3 Como escrever uma estrutura de ressonância

O ozônio da estratosfera, O_3, protege a vida na Terra da radiação ultravioleta prejudicial do Sol. Imagine que você é um químico atmosférico. Para entender as propriedades espectroscópicas e estruturais do ozônio, você precisa saber como os seus elétrons estão arranjados. Sugira duas estruturas de Lewis que contribuam para a estrutura de ressonância da molécula O_3. Os dados experimentais mostram que as duas ligações têm o mesmo comprimento.

ANTECIPE Você precisa saber escrever as estruturas, que diferem apenas na posição de uma ligação múltipla.

PLANEJE Escreva uma estrutura de Lewis para a molécula, usando o método descrito na Caixa de Ferramentas 2B.1. Verifique se existe outra estrutura equivalente que resulte da troca entre uma ligação simples e uma ligação dupla ou tripla. Escreva a estrutura real como um híbrido de ressonância dessas estruturas de Lewis.

2B.2 A ressonância **83**

RESOLVA

Conte os elétrons de valência.

O oxigênio é do Grupo 16, logo, cada átomo tem seis elétrons de valência: $6 + 6 + 6 = 18$ elétrons.

Desenhe uma estrutura de Lewis para a molécula.

Desenhe uma segunda estrutura trocando as posições das ligações.

Desenhe o híbrido de ressonância com as duas estruturas de ressonância ligadas por uma seta de duas pontas.

AVALIE Como esperado, a ressonância no ozônio pode ser descrita escrevendo duas estruturas que diferem apenas na posição da ligação dupla (claro, os pares isolados de elétrons também estão distribuídos de forma diferente).

Teste 2B.4A Escreva as estruturas de Lewis que contribuem para o híbrido de ressonância do íon acetato, $CH_3CO_2{}^-$. A estrutura de CH_3COOH está no Exemplo 2B.2. O íon acetato tem estrutura semelhante, exceto que perdeu o H final, mas reteve ambos os elétrons da ligação OH.

[***Resposta:*** Veja (**8**).]

Teste 2B.4B Escreva as estruturas de Lewis que contribuem para o híbrido de ressonância do íon nitrito, $NO_2{}^-$.

Exercícios relacionados 2B.13 a 2B.18

8 Íon acetato, $CH_3CO_2{}^-$

O benzeno, C_6H_6, é outra substância cuja molécula é melhor descrita por um híbrido de ressonância. Ela é um anel hexagonal de seis átomos de carbono, com um átomo de hidrogênio ligado a cada um. Uma das estruturas de Lewis que contribui para o híbrido de ressonância, mostrada em (**9**), é conhecida como **estrutura de Kekulé**. Normalmente, a estrutura é escrita como uma estrutura de linhas (veja *Fundamentos* C), um hexágono com linhas simples e duplas alternadas (**10**).

A dificuldade com uma única estrutura de Kekulé é que ela não explica todas as evidências experimentais:

● *Reatividade*: o benzeno não sofre as reações típicas de compostos com ligações duplas.

Por exemplo, quando uma solução de bromo, marrom-avermelhada, é misturada com um alqueno como o 1-hexeno, $CH_2{=}CHCH_2CH_2CH_2CH_3$, a cor do bromo desaparece porque as moléculas de Br_2 atacam as ligações duplas para produzir $CH_2Br{-}CHBrCH_2CH_2CH_2CH_3$ (Fig. 2B.1). O benzeno, entretanto, não descora o bromo.

● *Comprimento de ligação*: todas as ligações carbono-carbono no benzeno têm o mesmo comprimento.

Uma estrutura de Kekulé sugere que o benzeno deveria ter dois comprimentos de ligação diferentes: três ligações simples mais longas (154 pm) e três ligações duplas mais curtas (134 pm). Na verdade, as ligações têm, experimentalmente, o mesmo comprimento, intermediário entre as duas (139 pm).

● *Evidência estrutural*: só existe um dicloro-benzeno no qual os dois átomos de cloro estão ligados a carbonos adjacentes.

Se a estrutura de Kekulé estivesse correta, deveriam existir dois dicloro-benzenos distintos com os átomos de cloro ligados a carbonos adjacentes (**11**): um com os átomos de carbono unidos por uma ligação simples e o outro com os átomos de carbono unidos por uma ligação dupla. Porém, só se conhece um dicloro-benzeno.

O químico alemão Friedrich Kekulé foi o primeiro a propor (em 1865) que o benzeno tem uma estrutura cíclica com ligações simples e duplas alternadas.

9 Estrutura de Kekulé

10 Estrutura de Kekulé, em linhas

Outros arranjos podem ser desenhados, mas eles diferem somente pela rotação da molécula.

84 Tópico 2B A ligação covalente

FIGURA 2B.1 Quando o bromo dissolvido em um solvente (o líquido marrom) é misturado a um alqueno (o líquido incolor), os átomos de bromo se adicionam à ligação dupla da molécula do alqueno, gerando um produto incolor. (W. H. Freeman, foto de Ken Karp.)

11 Dicloro-benzeno, $C_6H_4Cl_2$

12 A ressonância do benzeno

O conceito de ressonância explica essas características da molécula do benzeno. Existem duas estruturas de Kekulé, exatamente com a mesma energia, que só diferem na posição das ligações duplas. Como resultado da ressonância entre as duas estruturas (**12**), os elétrons partilhados nas ligações duplas C═C estão deslocalizados por toda a molécula, dando a cada ligação um comprimento intermediário entre o de uma ligação simples e o de uma ligação dupla. A ressonância torna idênticas as seis ligações C—C. Essa equivalência está implícita na representação das ligações duplas no híbrido de ressonância com um círculo (**13**). Podemos ver em (**14**) por que existe somente um 1,2-dicloro-benzeno. Por fim, uma consequência importante da ressonância é que ela estabiliza a molécula pelo abaixamento da energia total. Essa estabilização torna o benzeno menos reativo do que o esperado para uma molécula com três ligações duplas carbono-carbono.

A ressonância é uma fusão de estruturas que têm o mesmo arranjo de átomos e arranjos diferentes de elétrons. Ela distribui o caráter de ligação múltipla sobre uma molécula e diminui sua energia.

2B.3 A carga formal

As estruturas de Lewis não equivalentes – estruturas de Lewis que não correspondem à mesma energia – em geral não contribuem igualmente para o híbrido de ressonância. Um modo de decidir que estruturas contribuem mais efetivamente é comparar o número de elétrons de valência distribuídos em cada átomo da estrutura com o número de elétrons do átomo livre. Quanto menor for essa diferença, maior será a contribuição da estrutura para o híbrido de ressonância.

Uma medida da redistribuição de elétrons é a **carga formal** de um átomo em uma dada estrutura de Lewis, isto é, a carga que ele teria se as ligações fossem perfeitamente covalentes e o átomo tivesse exatamente a metade dos elétrons compartilhados das ligações. Em outras palavras, a carga formal leva em consideração o número de elétrons que um átomo "possui" na molécula. Ele "possui" todos os seus pares de elétrons isolados e a metade de cada par compartilhado. A diferença entre esse número e o número de elétrons de valência do átomo livre é a carga formal:

$$\text{Carga formal} = V - (L + \tfrac{1}{2}B) \quad (1)$$

em que V é o número de elétrons de valência do átomo livre, L é o número de elétrons presentes nos pares isolados e B é o número de elétrons compartilhados. Se o átomo tem mais elétrons na molécula do que quando é um átomo neutro e livre, então o átomo tem carga formal negativa, como um ânion monoatômico. Se a atribuição de elétrons deixa o átomo com menos elétrons do que quando ele está livre, então o átomo tem carga formal positiva, como se fosse um cátion monoatômico.

A carga formal pode ser utilizada para predizer o arranjo mais favorável dos átomos em uma molécula e a estrutura de Lewis mais provável para aquele arranjo:

- Uma estrutura de Lewis em que as cargas formais dos átomos individuais estão mais próximas de zero representa, em geral, o arranjo de menor energia dos átomos e elétrons.

Uma carga formal baixa indica que um átomo sofreu uma redistribuição muito restrita de elétrons em relação ao átomo livre. A estrutura com cargas formais próximas de zero tem, geralmente, a energia mais baixa dentre todas as estruturas possíveis. Por exemplo, a regra da carga formal sugere que a estrutura OCO é mais provável para o dióxido de carbono do que COO, como em (**15**). Ela também sugere que a estrutura NNO é mais provável para o monóxido de dinitrogênio do que NON, como em (**16**).

13 Benzeno, C_6H_6

14 Dicloro-benzeno, $C_6H_4Cl_2$

15

16

Alguns compostos, como o CO, são exceções às regras das cargas formais, mas estas são válidas para a maior parte dos compostos comuns.

2B.3 A carga formal · 85

> ### Caixa de ferramentas 2B.2 COMO USAR A CARGA FORMAL PARA IDENTIFICAR A ESTRUTURA DE LEWIS MAIS PROVÁVEL
>
> #### BASE CONCEITUAL
>
> Uma carga formal é estipulada determinando o número de elétrons de valência que "pertencem" a um átomo da molécula e comparando o resultado com o de um átomo livre. Um átomo possui um elétron de cada par das ligações que forma e todos os seus pares de elétrons isolados. A estrutura de Lewis mais provável será aquela em que a carga formal dos átomos for a mais baixa.
>
> #### PROCEDIMENTO
>
> **Etapa 1** Encontre o número de elétrons de valência (V) de cada átomo livre, localizando o número de seu grupo na Tabela Periódica. Se a espécie é um íon, ajuste o número de elétrons para levar em conta a carga.
>
> **Etapa 2** Desenhe as estruturas de Lewis.
>
> **Etapa 3** Para cada átomo ligado, conte cada elétron que está como par isolado (L) e adicione um elétron de cada um dos pares ligantes ($\frac{1}{2}B$, em que B é o número de elétrons ligantes).
>
> **Etapa 4** Para cada átomo ligado, subtraia de V o número total de elétrons que ele "possui", como na Equação 1.
>
> Cada átomo equivalente (o mesmo elemento, o mesmo número de ligações e pares isolados) tem a mesma carga formal. Para verificar as cargas formais calculadas, observe se sua soma é igual à carga total da molécula ou íon. Para uma molécula eletricamente neutra, a soma das cargas formais é zero. Compare as cargas formais de todas as estruturas possíveis. A estrutura com a carga formal mais baixa representa a menor alteração das estruturas eletrônicas dos átomos e é a estrutura mais provável (de mais baixa energia).
>
> *Este procedimento está ilustrado no Exemplo 2B.4.*

EXEMPLO 2B.4 A seleção da configuração atômica mais provável

Se você fosse químico analítico, um teste que poderia usar para a presença de íons ferro(III) em solução seria adicionar uma solução de tiocianato de potássio, KSCN, com formação de um composto que contém ferro e íon tiocianato, de cor vermelho-sangue. Escreva três estruturas de Lewis com arranjos atômicos diferentes para o íon tiocianato e selecione a estrutura mais provável, identificando a estrutura com cargas formais mais próximas de zero. Para simplificar, utilize somente estruturas com ligações duplas entre os átomos.

ANTECIPE O elemento com a energia de ionização mais baixa (depois de ler o Tópico 2D, você achará mais apropriado pensar em "menor eletronegatividade") dos três é o carbono, logo, devemos esperar que ele seja o átomo central e que a estrutura seja NCS^-.

PLANEJE Siga o procedimento descrito na **Caixa de Ferramentas 2B.2**.

RESOLVA

	NCS^-	CNS^-	CSN^-
Etapa 1 Conte os elétrons de valência, V, e, no caso de íons, ajuste a carga.	C: 4, N: 5, S: 6 Carga: -1 (16 elétrons)	C: 4, N: 5, S: 6 Carga: -1 (16 elétrons)	C: 4, N: 5, S: 6 Carga: -1 (16 elétrons)
Etapa 2 Desenhe as estruturas de Lewis.	$\ddot{N}=C=\ddot{S}$	$\ddot{C}=N=\ddot{S}$	$\ddot{C}=S=\ddot{N}$
Etapa 3 Para cada átomo ligado, conte cada elétron que está como par isolado (L) e adicione um elétron de cada uma das ligações que ele forma ($\frac{1}{2}B$).	$\overset{6}{\ddot{N}}=\overset{4}{C}=\overset{6}{\ddot{S}}$	$\overset{6}{\ddot{C}}=\overset{4}{N}=\overset{6}{\ddot{S}}$	$\overset{6}{\ddot{C}}=\overset{4}{S}=\overset{6}{\ddot{N}}$
Etapa 4 Para cada átomo ligado, subtraia de V o número total de elétrons que ele "possui", como na Equação 1.	$\overset{-1}{\ddot{N}}=\overset{0}{C}=\overset{0}{\ddot{S}}$	$\overset{-2}{\ddot{C}}=\overset{+1}{N}=\overset{0}{\ddot{S}}$	$\overset{-2}{\ddot{C}}=\overset{+2}{S}=\overset{-1}{\ddot{N}}$

AVALIE Na primeira coluna, as cargas formais dos átomos são próximas de zero. O arranjo NCS^- é o mais provável, como antecipado.

Teste 2B.5A Sugira uma estrutura provável para o gás venenoso fosgênio, $COCl_2$. Escreva a estrutura de Lewis e as cargas formais. C é o átomo central.

[**Resposta:** Veja (**17**).]

Teste 2B.5B Sugira uma estrutura provável para a molécula do difluoreto de oxigênio. Escreva a estrutura de Lewis e as cargas formais.

Exercícios relacionados 2B.21, 2B.22

86 Tópico 2B A ligação covalente

17 Fosgênio, $COCl_2$

Embora a carga formal e o número de oxidação (*Fundamentos* K) deem informações sobre o número de elétrons em torno de um átomo em um composto, eles são determinados de maneira diferente e têm, com frequência, valores diferentes:

- A carga formal exagera o caráter covalente das ligações quando supõe que todos os elétrons são compartilhados igualmente.
- O número de oxidação exagera o caráter iônico das ligações. Ele representa os átomos como íons, e **todos** os elétrons de uma ligação são atribuídos ao átomo com a energia de ionização mais baixa (o átomo com a maior atração por elétrons, Tópico 2D).

Por isso, embora a carga formal de C na estrutura **15** de CO_2 seja zero, seu número de oxidação é $+4$, porque todos os elétrons das ligações são atribuídos aos átomos de oxigênio para dar uma estrutura que poderia ser representada por $O^{2-}C^{4+}O^{2-}$. As cargas formais dependem da estrutura de Lewis que você escreve, mas os números de oxidação, não.

A carga formal dá uma indicação da extensão da medida da perda ou do ganho de elétrons por um átomo no processo de formação da ligação covalente. As estruturas com as menores cargas formais são as que têm provavelmente as menores energias.

O que você aprendeu com este tópico?

Você aprendeu que uma ligação covalente é formada por um par de elétrons compartilhados e que os átomos tendem a completar um octeto (ou um dubleto). Os padrões de compartilhamento de elétrons nos compostos covalentes são representados pelas estruturas de Lewis. Você viu que, em alguns casos, é necessário representar uma molécula como um híbrido de ressonância que espalha o caráter de ligação múltipla por toda a molécula. Além disso, muitas vezes a estrutura de Lewis de menor energia pode ser identificada calculando as cargas formais dos átomos.

Os conhecimentos que você deve dominar incluem a capacidade de:

- ☐ **1.** Desenhar as estruturas de Lewis de moléculas e íons (Caixa de Ferramentas 2B.1 e Exemplos 2B.1 e 2B.2).
- ☐ **2.** Escrever as estruturas de ressonância de uma molécula (Exemplo 2B.3).
- ☐ **3.** Usar cálculos de cargas formais para selecionar as configurações atômicas mais prováveis (Caixa de Ferramentas 2B.2 e Exemplo 2B.4).

Tópico 2B Exercícios

2B.1 Desenhe a estrutura de Lewis de (a) CCl_4; (b) $COCl_2$; (c) ONF; (d) NF_3.

2B.2 Desenhe a estrutura de Lewis de (a) SCl_2; (b) $AsFr_3$; (c) SiH_4; (d) $InCl_3$.

2B.3 Desenhe a estrutura de Lewis de (a) OF_2; (b) NHF_2; (c) SiO_2; (d) BrF_3.

2B.4 Desenhe a estrutura de Lewis de (a) Cl_2O; (b) N_2F_2; (c) SO_3; (d) BrF_4^-.

2B.5 Desenhe a estrutura de Lewis de (a) íon tetra-hidrido-borato, BH_4^-; (b) íon hipobromito, BrO^-; (c) íon amida, NH_2^-.

2B.6 Desenhe a estrutura de Lewis de (a) íon nitrônio, ONO^+; (b) íon clorito, ClO_2^-; (c) íon peróxido, O_2^{2-}; (d) íon formato, HCO_2^-.

2B.7 A seguinte estrutura de Lewis foi desenhada para um elemento do Período 3. Identifique o elemento.

2B.8 A seguinte estrutura de Lewis foi desenhada para um elemento do Período 4. Identifique o elemento.

2B.9 Desenhe a estrutura de Lewis completa de cada um dos seguintes compostos: (a) cloreto de amônio; (b) fosfeto de potássio; (c) hipoclorito de sódio.

2B.10 Desenhe a estrutura de Lewis completa de cada um dos seguintes compostos: (a) hidróxido de bário; (b) nitrito de césio; (c) sulfeto de amônio.

2B.11 Desenhe a estrutura de Lewis completa de cada um dos seguintes compostos: (a) formaldeído, HCHO, que, em solução em água (formol), é usado para conservar amostras biológicas; (b) metanol, CH_3OH, um composto tóxico também chamado de álcool de madeira; (c) glicina, $H_2C(NH_2)COOH$, o mais simples dos aminoácidos, as unidades que formam as proteínas.

Tópico 2B Exercícios **87**

2B.12 Desenhe a estrutura de Lewis de cada um dos seguintes compostos orgânicos: (a) ureia, $H_2N\!-\!CO\!-\!NH_2$, usada como fertilizante e como ingrediente em loções para as mãos (O é o átomo terminal); (b) CH_3SH, metanotiol, um dos compostos presentes no hálito; (c) $HOOC\!-\!COOH$, ácido oxálico, um composto tóxico encontrado nas folhas de ruibarbo.

2B.13 O antraceno tem a fórmula $C_{14}H_{10}$. Ele é semelhante ao benzeno, mas tem três anéis de seis átomos que partilham ligações $C\!-\!C$, como se vê a seguir. Complete a estrutura desenhando as ligações múltiplas de modo a satisfazer a regra do octeto em cada átomo de carbono. Existem várias estruturas de ressonância. Desenhe todas as que você puder encontrar.

2B.14 Desenhe as estruturas de Lewis que contribuem para o híbrido de ressonância do íon guanadínio, $C(NH_2)_3^{+}$.

2B.15 Desenhe as estruturas de Lewis que contribuem para o híbrido de ressonância do cloreto de nitrila, $ClNO_2$ (o N é o átomo central).

2B.16 Desenhe as estruturas de Lewis que contribuem para o híbrido de ressonância do ácido clórico, $HClO_2$ (o Cl é o átomo central e o H está ligado a um dos átomos de O).

2B.17 No ciclobutadieno, C_4H_4, os átomos de carbono formam um quadrado. Um átomo de hidrogênio se liga a cada um dos átomos de carbono. Desenhe duas estruturas de ressonância do C_4H_4.

2B.18 No íon Se_4^{2+}, os átomos de selênio formam um quadrado. Desenhe duas estruturas de ressonância do Se_4^{2+}.

2B.19 Desenhe a estrutura de Lewis e determine a carga formal de cada átomo de (a) NO^{+}; (b) N_2; (c) CO; (d) C_2^{2-}; (e) CN^-.

2B.20 Use somente estruturas que obedecem à regra do octeto para escrever as estruturas de Lewis e determinar a carga formal de cada átomo de (a) SO_2; (b) SO_3; (c) SO_3^{2-}.

2B.21 O ácido hipocloroso, HClO, é encontrado nos glóbulos brancos do sangue, onde auxilia na destruição das bactérias. Desenhe duas estruturas de Lewis com arranjos atômicos diferentes para o HClO e selecione a estrutura mais provável, identificando aquela que tem as cargas formais mais próximas de zero. Considere apenas as estruturas com ligações simples.

2B.22 O fluoreto de nitrosila, NOF, é um agente oxidante utilizado como combustível espacial. Desenhe três estruturas de Lewis com arranjos atômicos diferentes para o NOF e selecione a estrutura mais provável, identificando aquela que tem as cargas formais mais próximas de zero. Considere apenas as estruturas com uma ligação simples e uma ligação dupla.

2B.23 Determine a carga formal de cada átomo das seguintes moléculas. Identifique a estrutura de energia mais baixa em cada par.

2B.24 Determine a carga formal de cada átomo dos seguintes íons. Identifique a estrutura de energia mais baixa em cada um deles.

Tópico 2C Além da regra do octeto

2C.1 Os radicais e os birradicais
2C.2 As camadas de valência expandida
2C.3 Os octetos incompletos

O que mantém os átomos unidos nas moléculas?

Por que existem exceções às regras simples das ligações?

Tópico **2B**: A ligação covalente

Tópico **2C**: Além da regra do octeto

Por que você precisa estudar este assunto? Embora a regra do octeto seja um bom ponto de partida para uma discussão sobre as ligações covalentes, existem muitas exceções e maneiras sutis de empregá-la. Você precisa estar consciente destes detalhes para entender as estruturas de todos os tipos de moléculas.

Que conhecimentos você precisa dominar? Você precisa saber desenhar e interpretar as estruturas de Lewis (Tópico 2B), conhecer o conceito de ressonância, além de ser capaz de atribuir cargas formais aos átomos em uma estrutura de Lewis (Tópico 2B).

O antigo sinônimo de radical, *radical livre*, ainda é empregado.

$\cdot CH_3$
1

$\cdot \ddot{N} = \ddot{O}\cdot$
2

3 Um birradical

O papel dos radicais no buraco da camada de ozônio é discutido no Quadro 7D.1

4 Hidrogenoperoxila, $HO_2\cdot$

A regra do octeto (Tópico 2B) explica as valências de muitos elementos e as estruturas de vários compostos, sobretudo os formados por elementos do Período 2 (especificamente o carbono, o nitrogênio, o oxigênio e o flúor). Porém, ela tem diversas exceções:

- Uma molécula pode ter um número ímpar de elétrons, logo, a formação de octetos é numericamente impossível.
- Os átomos de determinados elementos podem acomodar mais de oito elétrons em suas camadas de valência.
- Um átomo pode formar compostos com octetos incompletos.

2C.1 Os radicais e os birradicais

Algumas espécies têm número ímpar de elétrons de valência, o que significa que pelo menos um de seus átomos não pode ter um octeto. As espécies que têm elétrons com spins não emparelhados são chamadas de **radicais**. Dois exemplos, com suas estruturas de Lewis, são o radical metila (**1**) e o óxido nítrico, NO (**2**).

De modo geral, os radicais são muito reativos. Exceto casos especiais, a maior parte tem vida muito curta. O radical metila, $\cdot CH_3$, ocorre na chama durante a queima de hidrocarbonetos combustíveis. O elétron isolado é indicado por um ponto no átomo C em $\cdot CH_3$. Os radicais são cruciais para as reações químicas que ocorrem na atmosfera superior, onde eles contribuem para a formação e decomposição do ozônio. Eles também desempenham um papel na nossa vida diária, muitas vezes destrutivo. Eles são responsáveis pelo ranço da comida e pela degradação de plásticos sob a luz solar. Os danos causados pelos radicais podem ser retardados por um aditivo chamado de **antioxidante**, que reage rapidamente com os radicais antes que eles possam agir. Acredita-se que o envelhecimento humano é devido parcialmente à ação de radicais e que antioxidantes, como as vitaminas C e E, podem retardar o processo (veja o Quadro 2C.1). O óxido nítrico tem papel importante no organismo, como neurotransmissor e vasodilatador. Como é um radical, o NO é muito reativo e pode ser eliminado em alguns poucos segundos. Como é pequena, a molécula de NO consegue mover-se facilmente pelo corpo. Essas propriedades permitem ao NO cumprir vários papéis, que incluem o controle da pressão sanguínea e o combate a infecções durante a resposta imune.

Um **birradical** é uma molécula com dois elétrons desemparelhados. Os elétrons desemparelhados encontram-se, em geral, em átomos diferentes, como em (**3**). Nesse birradical, um elétron desemparelhado está em um átomo de carbono da cadeia e o segundo está em outro átomo de carbono muitas ligações depois. Em alguns casos, entretanto, ambos os elétrons estão no mesmo átomo. Um dos exemplos mais importantes é o átomo de oxigênio. Sua configuração eletrônica é $[He]2s^2 2p_x^2 2p_y^1 2p_z^1$ e seu símbolo de Lewis é $\cdot \ddot{O} \cdot$. O átomo de O tem dois elétrons desemparelhados, logo, pode ser considerado um caso especial de birradical.

Teste 2C.1A Escreva uma estrutura de Lewis para o radical hidrogenoperoxila, $HOO\cdot$, que atua na química da atmosfera e que, no corpo, age, aparentemente, na degeneração de neurônios.

[*Resposta:* Veja (**4**).]

Teste 2C.1B Escreva uma estrutura de Lewis para o dióxido de nitrogênio, NO_2.

Quadro 2C.1 O QUE ISSO TEM A VER COM... PERMANECER VIVO?

A AUTOPRESERVAÇÃO QUÍMICA

Praticamente qualquer farmácia, supermercado ou loja de suplementos alimentares vende frascos de antioxidantes e produtos naturais antioxidantes, como óleos de peixe e folhas de *Gingko biloba* ou de trigo. Esses suplementos alimentares são utilizados para ajudar a controlar a população de radicais do corpo humano e a retardar o envelhecimento e o aparecimento de doenças degenerativas, como insuficiência cardíaca e câncer.

Os radicais ocorrem naturalmente no corpo como subprodutos do metabolismo. Eles têm funções importantes, mas podem causar problemas se não forem eliminados quando não são mais necessários. Eles contêm, com frequência, átomos de oxigênio e oxidam as moléculas de *lipídeos* (gorduras) que formam as membranas celulares e outros tecidos vitais. Essas oxidações mudam a estrutura das moléculas de lipídeos e, consequentemente, afetam as funções das membranas. As membranas celulares alteradas não conseguem proteger efetivamente as células contra doenças, e as células do coração e dos nervos podem perder sua função. Pesquisas indicam que os danos causados por radicais às células vivas podem ser um fator importante no processo de envelhecimento e na disseminação de algumas doenças, como o câncer.

Os *antioxidantes* são moléculas que reagem prontamente com os radicais antes que eles possam causar algum dano ao organismo. Muitos alimentos comuns, como vegetais verdes, suco de laranja e chocolate, contêm antioxidantes. O mesmo acontece com o café e o chá. O organismo mantém uma rede de antioxidantes formada pelas vitaminas A, C e E, por enzimas antioxidantes e por um grupo de compostos relacionados, chamado de coenzima Q, cuja fórmula geral é dada a seguir. *n* é o número de vezes que um dado grupo é repetido e pode ser 6, 8 ou 10.

Estrutura molecular da coenzima Q, um antioxidante usado pelo organismo para controlar o nível de radicais.

Condições ambientais agressivas, como a luz ultravioleta, o ozônio no ar que respiramos, a má alimentação e a fumaça de cigarros podem causar *estresse oxidativo*, uma condição em que a concentração de radicais fica tão alta que os antioxidantes naturais do organismo não conseguem mais nos proteger. O envelhecimento prematuro da pele superexposta à luz do sol e o câncer de pulmão dos fumantes são dois possíveis resultados. Ervas medicinais que contêm certos produtos *fitoquímicos*, produtos químicos derivados de plantas e óleos de peixe, estão sendo estudados como antioxidantes em potencial que podem complementar a dieta, de modo a aumentar a proteção contra os radicais livres. Eles também estão sendo investigados quanto a sua capacidade de retardar o processo de envelhecimento.

Exercícios relacionados 2C.5, 2C.6, 2.17

Leitura complementar D. Harman, "The aging process," *Proceedings of the National Academy of Sciences*, **78** (2004), 7124. M. W. Moyer, "The myth of antioxidants," *Scientific American*, vol. 308 (Feb., 2013), pp. 62–67. F. L. Muller, M. S. Lustgarten, Y. Jang, A. Richardson, and H. Van Remmen, "Trends in oxidative aging theories," *Free Radical Biology & Medicine*, 43 (2007), 477–503. G. Critser, *Eternity Soup: Inside the Quest to End Aging*, New York: Harmony Books (2010).

Folhas da árvore *Gingko biloba*, de origem chinesa. Extratos dessas folhas têm, aparentemente, propriedades antioxidantes. Alguns acreditam também que os extratos melhoram a capacidade de pensar, devido ao aumento do fluxo de oxigênio para o cérebro. (© Rob Walls/Alamy.)

Um radical é uma espécie com um elétron desemparelhado. Um birradical tem dois elétrons desemparelhados no mesmo átomo ou em átomos diferentes.

2C.2 As camadas de valência expandida

A regra do octeto diz que o compartilhamento de elétrons prossegue até oito elétrons preencherem a camada externa para atingir a configuração da camada de valência de um gás nobre ns^2np^6. Contudo, quando o átomo central na molécula tem orbitais d vazios com energia semelhante à dos orbitais de valência, é possível acomodar 10, 12 ou mais elétrons e adquirir uma **camada de valência expandida**.

Esta expansão pode ocorrer de duas maneiras (às vezes de ambas):

- O número de átomos ligados ao átomo central pode ultrapassar o valor permitido pela regra do octeto.

90 Tópico 2C Além da regra do octeto

:Cl:
|
:Cl—P—Cl:
/   \
:Cl: :Cl:

5 Pentacloreto de fósforo, PCl₅

:Ö—Cl̈=Ö:⁻   :Ö=Cl̈=Ö:⁻
  6a   **6b**

:Cl:
|
:Cl—P—Cl:
..   ..

7 Tricloreto de fósforo, PCl₃

• O número de átomos é igual ao permitido pela regra do octeto, mas algumas ligações simples são substituídas por ligações duplas.

Um composto que contém um átomo com mais átomos ligados a ele do que o permitido pela regra do octeto (a primeira possibilidade dada) é chamado de **composto hipervalente**, como na formação do PCl₅ (**5**). A hipervalência muitas vezes é associada com a **covalência variável**, isto é, a formação de compostos com diferentes números de átomos ligados, como no PCl₃ e no PCl₅. A segunda possibilidade dada é mais comumente associada com a capacidade de escrever diferentes estruturas de Lewis para uma molécula, com diversos arranjos de pares eletrônicos, como nas estruturas (**6a**) e (**6b**) do íon clorito, ClO₂⁻.

Nota de boa prática Embora "camada de valência expandida" seja o termo mais lógico, muitos químicos ainda usam o termo *octeto expandido*.

Somente os átomos do bloco p do Período 3 ou seguintes podem expandir a camada de valência. Os átomos desses elementos têm orbitais d vazios na camada de valência. Outro fator – possivelmente o mais importante – que determina se outros átomos, além dos permitidos pela regra do octeto, podem se ligar ao átomo central é o tamanho deste último. Um átomo de P é grande o suficiente para que até seis átomos de cloro se acomodem em torno dele. O PCl₆ é um reagente comum de laboratório. Um átomo de N, porém, é muito pequeno e o NCl₅ é desconhecido.

A valência variável do fósforo é um exemplo muito interessante. Ele reage diretamente com uma quantidade limitada de cloro para formar o tricloreto de fósforo, um líquido incolor e tóxico, segundo a reação: $P_4(s) + 6\,Cl_2(g) \rightarrow 4\,PCl_3(l)$. O produto formado, PCl₃, obedece à regra do octeto (**7**). Entretanto, quando o tricloreto de fósforo reage com excesso de cloro (Fig. 2C.1), produz-se o pentacloreto de fósforo, um sólido cristalino amarelo-claro, na reação $PCl_3(l) + Cl_2(g) \rightarrow PCl_5(s)$. O pentacloreto de fósforo é um sólido iônico formado por cátions PCl₄⁺ e ânions PCl₆⁻, que tem 160°C sublima a um gás formado por moléculas de PCl₅. As estruturas de Lewis dos íons poliatômicos são mostradas em (**8**) e a molécula em (**5**). No ânion PCl₆⁻, o átomo P tem a camada de valência expandida para 12 elétrons fazendo uso de dois de seus orbitais 3d. No PCl₅, o átomo P expande a camada de valência para 10 elétrons usando um de seus orbitais 3d.

[:Cl—P(—Cl)(—Cl)—Cl:]⁺   [:Cl—P(—Cl)(—Cl)(—Cl)(—Cl)—Cl:]⁻

8 Pentacloreto de fósforo, PCl₅(s)

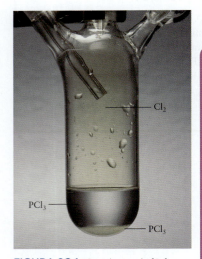

FIGURA 2C.1 O tricloreto de fósforo é um líquido incolor. Quando reage com cloro (o gás amarelo-claro no frasco), ele forma o pentacloreto de fósforo, um sólido amarelo muito claro (no fundo do frasco). *(W.H. Freeman, foto de Ken Karp.)*

EXEMPLO 2C.1 Como escrever uma estrutura de Lewis com camada de valência expandida

O fluoreto SF₄ é utilizado na indústria farmacêutica para sintetizar fluorocarbonetos, alguns dos quais são usados como anestésicos. Escreva a estrutura de Lewis do tetrafluoreto de enxofre e dê o número de elétrons da camada de valência expandida.

ANTECIPE O enxofre, do Grupo 16, tem seis elétrons de valência. Se cada átomo de flúor der um elétron para a ligação que ele forma, você verá que 4 + 6 = 10 elétrons ocorrem em torno do átomo de S.

PLANEJE Os elementos do Período 3 e superiores podem expandir seu octeto para aceitar elétrons adicionais. Depois de atribuir todos os elétrons de valência às ligações e pares isolados para dar a cada átomo um octeto, atribua os elétrons que restam ao átomo central.

RESOLVA

Conte os elétrons de valência.

6 do enxofre (·S̈·)

7 de cada átomo de flúor (:F̈·)

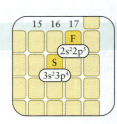

2C.2 As camadas de valência expandida **91**

Encontre o número de pares de elétrons.

Existem $6 + (4 \times 7) = 34$ elétrons ou 17 pares de elétrons.

Construa a estrutura de Lewis.

Dê a cada átomo de F três pares isolados e um par ligante compartilhado com o átomo central de S. Coloque os dois elétrons adicionais no átomo de S.

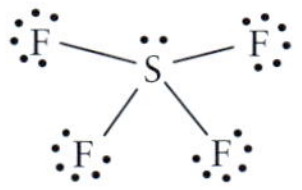

AVALIE Como esperado, nesta estrutura o enxofre tem 10 elétrons na camada de valência expandida.

Teste 2C.2A Escreva a estrutura de Lewis do tetrafluoreto de xenônio, XeF_4, e dê o número de elétrons da camada de valência expandida.

[**Resposta:** Veja (**9**); 12 elétrons.]

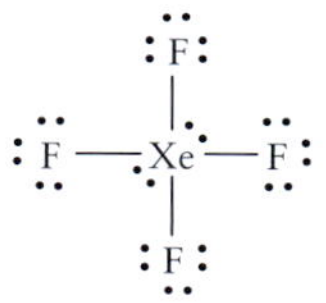

9 Tetrafluoreto de xenônio, XeF_4

Teste 2C.2B Escreva a estrutura de Lewis do íon I_3^- e dê o número de elétrons da camada de valência expandida.

Exercícios relacionados 2C.3, 2C.4, 2C.9 a 2C.12

Quando estruturas de ressonância diferentes são possíveis, algumas dando um octeto ao átomo central de um composto, outras mostrando a camada de valência expandida (como no íon clorito, em **6**), a estrutura de ressonância dominante é identificada avaliando as cargas formais dos átomos (Tópico 2B). A estrutura dominante e mais provável é a que tem as cargas formais mais baixas. Entretanto, ocorrem muitas exceções, e a seleção da melhor estrutura depende frequentemente de uma análise cuidadosa dos dados experimentais.

EXEMPLO 2C.2 Identificação da estrutura de ressonância dominante de uma molécula

O íon sulfato, SO_4^{2-}, ocorre em vários minerais importantes, incluindo o gesso ($CaSO_4 \cdot 2H_2O$), que é usado no cimento, e o sal de Epsom ($MgSO_4 \cdot 7H_2O$), um purgativo. Determine a estrutura de ressonância dominante no íon sulfato, dentre as três mostradas em (**10a-10c**), a partir do cálculo das cargas formais dos átomos de cada estrutura.

ANTECIPE Quando você tiver mais experiência, será capaz de reconhecer a estrutura mais favorável somente olhando as ligações e os pares isolados, mas até lá terá de calcular as cargas formais.

PLANEJE Siga o procedimento descrito na Caixa de Ferramentas 2B.2. Você precisa fazer apenas um cálculo para átomos equivalentes, como os átomos de oxigênio do primeiro diagrama, porque todos eles têm o mesmo arranjo de elétrons e a mesma carga formal.

RESOLVA A seguinte tabela foi montada de acordo com as instruções da Caixa de Ferramentas 2B.2.

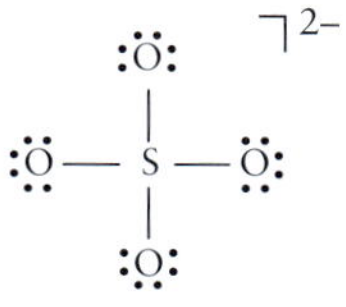

10a 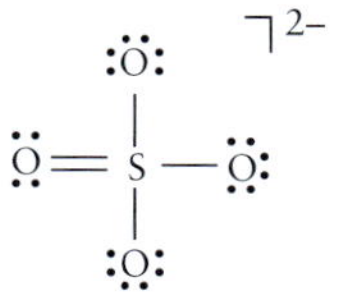   10b

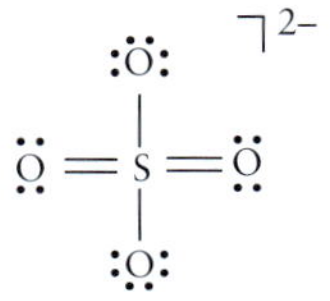

10c

	10a	**10b**	**10c**
Etapa 1 Conte os elétrons de valência (V).		O: 6 S: 6	
		Total: 30 elétrons, que geram 15 pares de elétrons mais os dois elétrons da carga -2.	
Etapa 2 Desenhe as estruturas de Lewis.	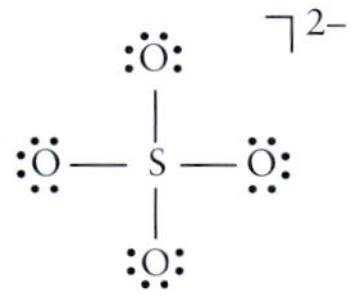	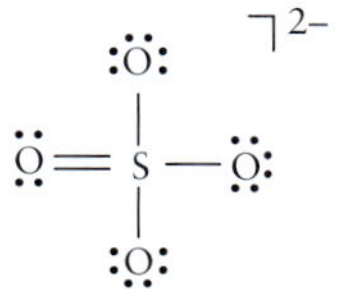	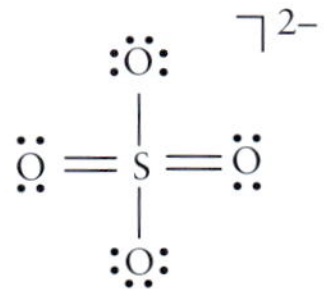

92 **Tópico 2C** Além da regra do octeto

Etapa 3 Atribua os elétrons aos átomos, $(L + \frac{1}{2}B)$.

Etapa 4 Deduza as cargas formais, $V - (L + \frac{1}{2}B)$.

AVALIE As cargas formais de cada átomo são mais próximas de zero na estrutura (**10c**), logo, essa estrutura, com duas ligações duplas, é provavelmente a que mais contribui para o híbrido de ressonância, mesmo com a valência do átomo S expandida a 12 elétrons. Esta conclusão é coerente com as medidas experimentais do comprimento da ligação S—O no íon sulfato (140 pm), enquanto o comprimento da ligação simples S—OH no ácido sulfúrico é 157 pm.

Teste 2C.3A Calcule a carga formal das duas estruturas de Lewis do íon fosfato mostradas em (**11**).

[**Resposta:** Veja (**12**).]

Teste 2C.3B Calcule as cargas formais dos três átomos de oxigênio de uma das fórmulas de Lewis da estrutura de ressonância do ozônio (Exemplo 2B.3).

Exercícios relacionados 2C.15 a 2C.18

11

12

A expansão da camada de valência para mais de oito elétrons ocorre nos elementos do Período 3 e períodos seguintes. Estes elementos podem exibir covalência variável e ser hipervalentes. A carga formal ajuda a identificar a estrutura de ressonância dominante.

2C.3 Os octetos incompletos

Alguns compostos são formados por átomos com um **octeto incompleto**. O boro é o principal exemplo. Uma das estruturas de Lewis do trifluoreto de boro, BF_3, (**13**), um gás incolor, mostra que ele tem uma camada de valência com apenas seis elétrons. Tudo indica que o átomo de boro completaria seu octeto compartilhando mais elétrons com o flúor, como mostrado em (**14**), porém o flúor tem energia de ionização tão alta que é pouco provável que ele possa existir com uma carga formal positiva. Evidências experimentais, como os comprimentos de ligação B—F relativamente curtos, sugerem que a verdadeira estrutura do BF_3 é um híbrido de ressonância dos dois tipos de estruturas de Lewis e que a estrutura com as ligações simples dá a maior contribuição.

Um átomo de boro ou de elementos semelhantes consegue completar seu octeto por meio de um processo interessante: outro átomo ou íon com um par isolado de elétrons pode formar uma ligação doando *ambos* os elétrons. Uma ligação na qual ambos os elétrons vêm de um dos átomos é chamada de **ligação covalente coordenada**. O ânion tetrafluoro-borato, BF_4^- (**15**), por exemplo, forma-se quando o trifluoreto de boro passa sobre um fluoreto de metal. Observe que ambos os elétrons ligantes são fornecidos pelo íon fluoreto. Outro exemplo de ligação covalente coordenada é a que se forma quando o trifluoreto de boro reage com amônia:

$$BF_3(g) + NH_3(g) \longrightarrow NH_3BF_3(s)$$

A estrutura de Lewis do produto, um sólido molecular branco, é mostrada em (**16**). Nessa reação, o par isolado do átomo de nitrogênio da amônia, $:NH_3$, completa o octeto do boro em BF_3 pela formação de uma ligação covalente coordenada.

Outra maneira de gerar ligações covalentes coordenadas para completar um octeto é mediante a formação de **dímeros** (pares de moléculas unidas). O cloreto de alumínio é um

13 Trifluoreto de boro, BF_3

14 Trifluoreto de boro, BF_3

15 Tetrafluoro-borato, BF_4^-

16 NH_3BF_3

sólido branco volátil que sublima em 180°C para dar um gás formado por moléculas de Al_2Cl_6. Essas moléculas sobrevivem como gás até cerca de 200°C e somente então se separam em moléculas de $AlCl_3$. As moléculas de Al_2Cl_6 existem porque um átomo de Cl de uma molécula de $AlCl_3$ usa um de seus pares isolados para formar uma ligação covalente coordenada com o átomo de Al da molécula de $AlCl_3$ vizinha (**17**). Este arranjo é possível no cloreto de alumínio, mas não no tricloreto de boro, porque o raio atômico do Al é maior do que o do B. Além disso, o átomo de Cl pode se aproximar do átomo de Al a ponto de formar uma ligação tipo ponte.

17 Cloreto de alumínio, Al_2Cl_6

> *Os compostos de boro e alumínio podem ter estruturas de Lewis incomuns, nas quais o boro e o alumínio têm octetos incompletos ou os átomos de halogênio agem como pontes.*

O que você aprendeu com este tópico?

Você aprendeu que as moléculas com um elétron desemparelhado são chamadas de radicais. De modo geral, estes compostos são muito reativos. Ao desenhar as estruturas de Lewis de moléculas que contêm elementos do Período 3 e períodos seguintes, você viu que pode ser necessário permitir a expansão da camada de valência.

Os conhecimentos que você deve dominar incluem a capacidade de:

☐ **1.** Desenhar as estruturas de Lewis de moléculas e íons com camadas de valência expandidas e incompletas (Exemplo 2C.1).

☐ **2.** Usar cálculos de cargas formais para avaliar estruturas de Lewis alternativas (Exemplo 2C.2).

Tópico 2C Exercícios

2C.1 Quais das seguintes espécies são radicais? (a) NO_2^-; (b) CH_3; (c) OH; (d) CH_2O.

2C.2 Quais das seguintes espécies são radicais? (a) NO_3; (b) ICl_2^+; (c) CH_2O; (d) HOCO.

2C.3 Desenhe a estrutura de Lewis, incluindo as contribuições típicas para a estrutura de ressonância (se for o caso, permita a expansão do octeto, incluindo ligações duplas em diferentes posições), do (a) íon periodato; (b) íon hidrogenofosfato; (c) ácido clórico; (d) íon arsenato.

2C.4 Desenhe a estrutura de Lewis, incluindo as contribuições típicas para a estrutura de ressonância (se for o caso, permita a expansão do octeto, incluindo ligações duplas em diferentes posições), do (a) íon formato (HCO_2^-); (b) íon hidrogenofosfito; (c) íon bromato; (d) íon selenato.

2C.5 Desenhe a estrutura de Lewis de cada uma das seguintes espécies reativas, (todas contribuem para a destruição da camada de ozônio) e indique quais delas são radicais: (a) monóxido de cloro, ClO; (b) dicloroperóxido, Cl—O—O—Cl; (c) nitrato de cloro, $ClONO_2$ (o átomo central de O está ligado ao átomo de Cl e ao átomo de N do grupo NO_2).

2C.6 Desenhe as estruturas de Lewis das seguintes espécies e identifique as que são radicais: (a) o íon triiodeto, I_3^-; (b) o cátion metila, CH_3^+; (c) o ânion metila, CH_3^-; (d) o dióxido de cloro, ClO_2.

2C.7 Determine o número de pares de elétrons (ligantes e desemparelhados) do átomo de iodo em (a) ICl_2^+; (b) ICl_4^-; (c) ICl_3; (d) ICl_5.

2C.8 Determine o número de pares de elétrons (ligantes e desemparelhados) do átomo de fósforo em (a) PCl_3; (b) PCl_5; (c) PCl_4^+; (d) PCl_6^-.

2C.9 Desenhe as estruturas de Lewis para as seguintes moléculas ou íons e dê o número de elétrons em torno do átomo central: (a) SF_6; (b) XeF_2; (c) AsF_6^-; (d) $TeCl_4$.

2C.10 Desenhe as estruturas de Lewis para as seguintes moléculas ou íons e dê o número de elétrons em torno do átomo central: (a) SiO_4^{4-}; (b) SCl_2; (c) BrF_5; (d) ICl_2^-.

2C.11 Desenhe a estrutura de Lewis e dê o número de pares isolados do xenônio, o átomo central das seguintes moléculas: (a) $XeOF_2$; (b) XeF_4; (c) $XeOF_4$.

2C.12 Desenhe a estrutura de Lewis e dê o número de pares isolados do átomo central das seguintes moléculas: (a) IF_5; (b) AsF_5; (c) H_2SO_3 (o S é o átomo central e cada átomo de H está ligado a um átomo de O).

2D.13 Em cada um destes íon ou compostos, um átomo viola a regra do octeto. Identifique-o e explique o desvio da regra: (a) $BeCl_2$; (b) ClO_2.

2C.14 Em cada um destes íon ou compostos, um átomo viola a regra do octeto. Identifique-o e explique o desvio da regra: (a) SF_6; (b) BH_3.

94 **Tópico 2C** Além da regra do octeto

2C.15 Duas contribuições para a estrutura de ressonância de cada espécie são dadas abaixo. Determine a carga formal de cada átomo e, se possível, identifique a estrutura de Lewis de energia mais baixa para cada espécie.

(a)

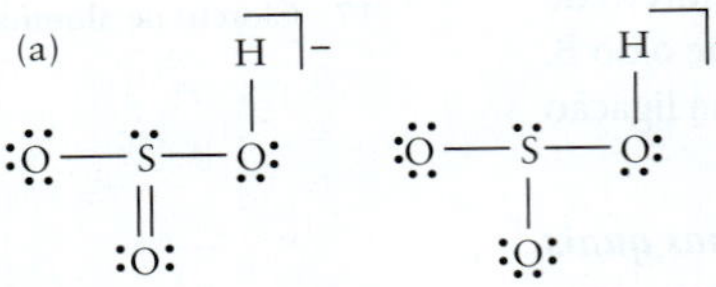

(b)

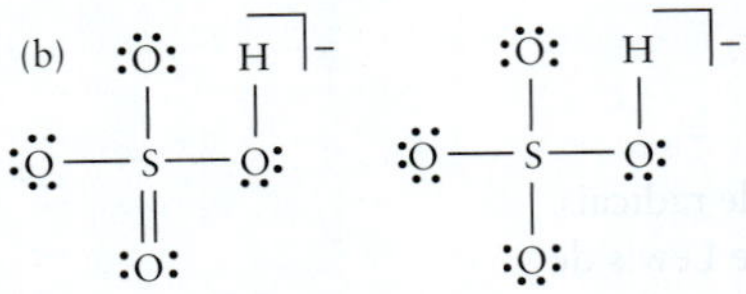

2C.16 Duas estruturas de Lewis são mostradas abaixo para cada espécie. Determine a carga formal de cada átomo e, se for o caso, identifique a estrutura de Lewis de energia mais baixa para cada espécie.

(a)

(b)

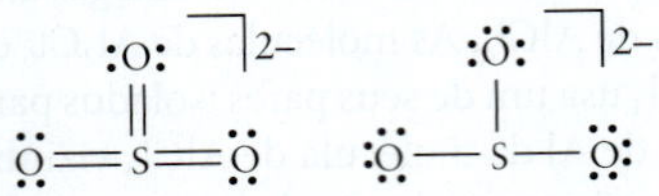

2C.17 Dentre os seguintes pares de estruturas de Lewis, selecione aquela que provavelmente contribui mais para o híbrido de ressonância dominante. Explique sua seleção.

(a)

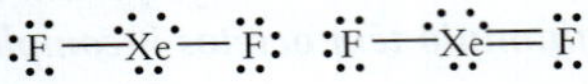

(b)

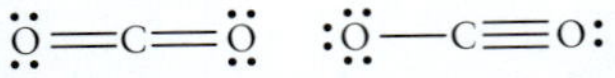

2C.18 Dentre os seguintes pares de estruturas de Lewis, selecione aquela que provavelmente contribui mais para o híbrido de ressonância dominante. Explique sua seleção.

(a)

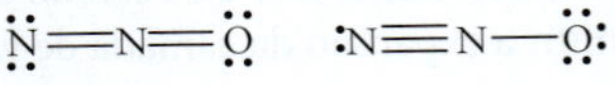

(b)

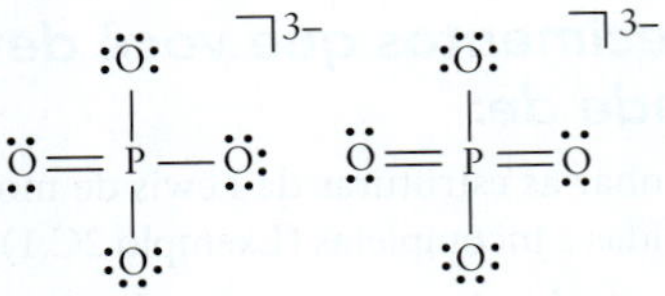

Tópico 2D   As propriedades das ligações

2D.1 A correção do modelo covalente: a eletronegatividade
2D.2 A correção do modelo iônico: a polarizabilidade
2D.3 A energia de ligação
2D.4 O comprimento de ligação

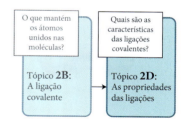

As características de uma ligação covalente entre dois átomos se devem principalmente às propriedades desses átomos. Elas variam pouco com a natureza de outros átomos presentes na molécula. Isso permite predizer algumas características de uma ligação com razoável certeza conhecendo os dois átomos que a formam, independentemente dos outros átomos na molécula. Assim, desde que a ordem de ligação seja a mesma, o comprimento e a força de uma ligação A—B são aproximadamente os mesmos, independentemente da molécula em que estão. Por isso, é possível entender as propriedades de moléculas grandes, como, a replicação do DNA em nossas células e a transferência da informação genética, estudando as características das ligações C=O e N—H de compostos muito mais simples, como o formaldeído, $H_2C=O$, e a amônia, NH_3.

Outra questão importante é que as ligações iônicas e covalentes (Tópicos 2A e 2B) são dois modelos extremos da ligação química. A maior parte das ligações reais tem caráter intermediário, parte iônica e parte covalente. A ligação covalente é um bom modelo para descrever as ligações entre não metais. Quando um metal e um não metal estão presentes em um composto simples, a ligação iônica é um bom modelo. Em muitos compostos, entretanto, as ligações parecem ter propriedades entre esses dois modelos extremos. É possível descrever essas ligações com mais precisão aperfeiçoando os dois modelos fundamentais?

Por que você precisa estudar este assunto? As propriedades dos compostos covalentes podem variar muito, em parte devido à maneira como os elétrons são compartilhados nas ligações covalentes. Estas variações, sobretudo no comprimento de ligação, são usadas para explicar as propriedades físicas e químicas das moléculas.

Que conhecimentos você precisa dominar? Você precisa conhecer as tendências das propriedades periódicas (Tópico 1F) e o papel do compartilhamento do par de elétrons nas ligações covalentes (Tópico 2B).

2D.1 A correção do modelo covalente: a eletronegatividade

Uma única estrutura de Lewis é apenas a primeira etapa na formulação de uma descrição de uma molécula covalente. Esta descrição pode ser aperfeiçoada utilizando a ressonância, que permite combinar as contribuições alternativas. Todas as moléculas podem ser vistas como híbridos de ressonância de estruturas puramente covalentes e puramente iônicas, ainda que em grau limitado. Assim, a estrutura da molécula de Cl_2 pode ser descrita como

$$:\ddot{Cl}:^- \ \ddot{Cl}:^+ \longleftrightarrow :\ddot{Cl}-\ddot{Cl}: \longleftrightarrow Cl^+ :\ddot{Cl}:^-$$

Neste caso, as estruturas iônicas (apenas um par de íons localizados, não um grupo numeroso deles) contribuem muito pouco para o híbrido de ressonância e podemos descrever a ligação como quase puramente covalente. Além disso, as duas estruturas iônicas têm a mesma energia e contribuem igualmente para o híbrido, e a carga média de cada átomo é zero. Entretanto, em uma molécula composta de elementos diferentes, como o HCl, a ressonância

$$H:^- \ \ddot{Cl}:^+ \longleftrightarrow H-\ddot{Cl}: \longleftrightarrow H^+ :\ddot{Cl}:^-$$

tem contribuições diferentes das duas estruturas iônicas. Como o átomo de cloro tem afinidade eletrônica maior do que o hidrogênio, a estrutura com uma carga negativa no átomo de Cl, $H^+ :\ddot{Cl}:^-$, contribui mais efetivamente do que $H:^- \ \ddot{Cl}:^+$. Como resultado, existe uma pequena carga negativa residual no átomo de Cl e uma pequena carga positiva residual no átomo de H.

96 Tópico 2D As propriedades das ligações

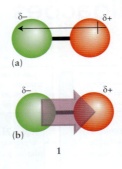

O nome debye é uma homenagem ao químico holandês Peter Debye, que fez importantes estudos sobre os momentos de dipolo.

A unidade SI de momento de dipolo é 1 C · m (1 coulomb · metro). É o momento de dipolo de uma carga de 1 C separada de uma carga de −1 C por 1 m; 1 D = 3,336 × 10^{-30} C · m.

As energias de dissociação, uma medida da energia de ligação, são discutidas na Seção 2D.3.

As cargas líquidas nos átomos de HCl, isto é, o resultado médio da ressonância, são chamadas de **cargas parciais** e são escritas como $^{\delta+}$H—Cl$^{\delta-}$. Uma ligação na qual existem cargas parciais diferentes de zero é chamada de **ligação covalente polar**. Todas as ligações entre átomos de elementos diferentes são, até certo ponto, polares. As ligações em moléculas e íons diatômicos homonucleares (formadas por um único elemento) não são polares porque, embora as estruturas iônicas contribuam de forma diferente, as cargas líquidas nos átomos são zero.

As cargas parciais nos dois átomos em uma ligação covalente polar formam um **dipolo elétrico**, isto é, uma carga parcial positiva ao lado de uma carga parcial negativa de mesmo módulo. Na convenção original, um dipolo é representado por uma seta que aponta para a carga parcial negativa (**1a**). Na convenção moderna, a seta aponta para a carga parcial positiva (**1b**). Claramente, é preciso saber que convenção está sendo usada! Neste livro usamos a convenção moderna. O tamanho de um dipolo elétrico – que é uma medida da magnitude das cargas parciais – é chamado de **momento de dipolo elétrico**, μ (letra grega "mü"), em unidades denominadas **debye** (D). O debye é definido de forma que uma carga negativa unitária (um elétron) separada por 100 pm de uma carga unitária positiva (um próton) corresponde a um momento de dipolo 4,80 D. O momento de dipolo associado a uma ligação Cl—H é cerca de 1,1 D. Esse dipolo pode ser visto como o resultado de uma carga parcial de cerca de 23% de um elétron no átomo de Cl e uma carga positiva equivalente no átomo de H.

Uma ligação covalente é polar se um átomo tem poder de atração do elétron maior do que o outro átomo, porque então o par de elétrons tem maior probabilidade de ser encontrado próximo ao primeiro. Em 1932, o químico norte-americano Linus Pauling propôs uma medida quantitativa desta capacidade de atração. O poder de atração dos elétrons exercido por um átomo que participa de uma ligação é chamado de **eletronegatividade**. As eletronegatividades são representadas por χ (a letra grega "chi" – pronuncia-se "ki"). O átomo do elemento que tem a eletronegatividade mais alta tem maior poder de atrair elétrons e tende a afastá-los do átomo que tem a menor eletronegatividade (Fig. 2D.1). Pauling baseou sua escala nas energias de dissociação, D, das ligações A—A, B—B e A—B, medidas em elétron-volts. Ele definiu a diferença de eletronegatividade dos dois elementos A e B como

$$|\chi_A - \chi_B| = \{D(A—B) - \tfrac{1}{2}[D(A—A) + D(B—B)]\}^{1/2} \quad (1)$$

Ele, então, atribuiu às eletronegatividades valores coerentes com essa equação.

Um modo diferente de estabelecer uma escala de eletronegatividade foi desenvolvido, em 1934, por outro químico norte-americano, Robert Mulliken. Em sua abordagem, a eletronegatividade é a média entre a energia de ionização (I) e a afinidade eletrônica (E_a) do elemento (ambas expressas em elétron-volts):

$$\chi = \tfrac{1}{2}(I + E_a) \quad (2)$$

A definição de Mulliken faz sentido porque um átomo doa um elétron com dificuldade se a energia de ionização é alta. Além disso, se a afinidade eletrônica do átomo é alta, então ligar um elétron a ele é energeticamente favorável. Os elementos que têm ambas as características perdem elétrons com dificuldade (no sentido de que a perda de elétrons envolve grande quantidade de energia) e tendem a ganhá-los (no sentido de que a energia é reduzida se tiverem sucesso), logo, são classificados como muito eletronegativos. De modo análogo, se a energia de ionização e a afinidade eletrônica são baixas, muito pouca energia é necessária para que o elemento ceda elétrons e ele tem pouca tendência a recebê-los, consequentemente, a eletronegatividade é baixa. Os valores numéricos obtidos desta forma são coerentes com os valores de Pauling, que são utilizados neste livro.

A Figura 2D.2 mostra a variação da eletronegatividade dos elementos do grupo principal da Tabela Periódica. Como as energias de ionização e as afinidades eletrônicas são maiores no alto, à direita, da Tabela Periódica (perto do flúor, com a exceção dos gases nobres), não é surpreendente que nitrogênio, oxigênio, bromo, cloro e flúor sejam os elementos com as maiores eletronegatividades.

Quando a diferença em eletronegatividade entre os dois átomos em uma ligação é muito pequena, as cargas parciais também são pequenas. Quando a diferença de eletronegatividade aumenta, também crescem as cargas parciais. Se a diferença nas eletronegatividades for muito grande, um dos átomos pode ficar com a maior parte do par de elétrons, e a estrutura

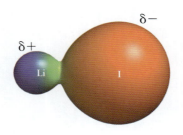

FIGURA 2D.1 A eletronegatividade de um elemento é o poder de atrair elétrons que ele mostra ao participar de um composto. A ligação do iodeto de lítio é aproximadamente 50% covalente e 50% iônica. A densidade eletrônica do LiI é mostrada aqui. As áreas em vermelho e azul indicam regiões ricas e pobres em elétrons, respectivamente. O resultado desta disputa é que o átomo mais eletronegativo (I) tem uma parcela maior no par de elétrons da ligação covalente.

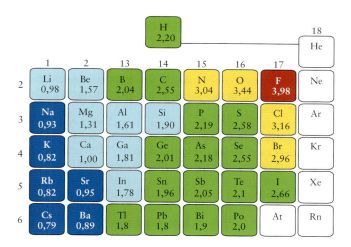

FIGURA 2D.2 A variação da eletronegatividade dos elementos do grupo principal (exceto os gases nobres). A eletronegatividade tende a ser alta no canto superior direito e baixa no canto inferior esquerdo da Tabela Periódica. Os elementos com eletronegatividade baixa (como os metais do bloco s) muitas vezes são chamados de "eletropositivos". Esses valores de Pauling são usados em todo o livro.

iônica correspondente contribui apreciavelmente para a ressonância. Como se apropriou da maior parte do par de elétrons compartilhado, o elemento muito eletronegativo lembra um ânion, e o outro, um cátion. Essas ligações têm **caráter iônico** considerável.

Não existe uma linha divisória clara entre as ligações covalentes e iônicas. Entretanto, uma regra útil diz que uma diferença de eletronegatividade da ordem de 2 unidades significa que o caráter iônico da ligação é tão alto que é melhor considerar a ligação como iônica (Fig. 2D.3). Para diferenças de eletronegatividade menores do que 1,5, a descrição da ligação como covalente é razoável. Por exemplo, as eletronegatividades do carbono e do oxigênio são 2,55 e 3,44, o que representa uma diferença de eletronegatividade igual a 0,89. Portanto, as ligações C—O devem ser consideradas covalentes polares. Contudo, há exceções a essas regras. Por exemplo, a eletronegatividade do magnésio é 1,31 e as ligações Mg—Cl, com diferença de eletronegatividade de 1,85, são consideradas iônicas.

> **Teste 2D.1A** Em qual dos seguintes compostos as ligações têm o maior caráter iônico: (a) P_4O_{10} ou (b) PCl_3?
>
> [***Resposta:*** (a)]
>
> **Teste 2D.1B** Em qual dos seguintes compostos as ligações têm o maior caráter iônico: (a) CO_2 ou (b) NO_2?

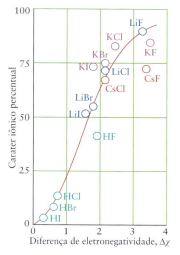

FIGURA 2D.3 A dependência do caráter iônico percentual da ligação em função da diferença de eletronegatividade, $\Delta\chi$, entre átomos ligados de diversos halogenetos.

A eletronegatividade é uma medida do poder de atração de um átomo sobre o par de elétrons de uma ligação. Uma ligação covalente polar é uma ligação entre dois átomos com cargas elétricas parciais provenientes da diferença de eletronegatividade. Cargas parciais dão origem a um momento de dipolo elétrico.

2D.2 A correção do modelo iônico: a polarizabilidade

Considere a abordagem alternativa da ligação iônica e o modo como esta descrição pode ser aperfeiçoada. Todas as ligações iônicas têm algum caráter covalente. Para ver como o caráter covalente aparece, imagine um ânion monoatômico (como o Cl^-) próximo a um cátion (como o Na^+). Como as cargas positivas do cátion atraem os elétrons do ânion, a nuvem eletrônica esférica do ânion distorce-se na direção do cátion. Você pode interpretar essa distorção como uma tendência da densidade eletrônica da ligação de ocupar a região entre os núcleos, formando uma ligação covalente (Fig. 2D.4). Quanto maior é a distorção na nuvem de elétrons, maior é o caráter covalente da ligação.

Os átomos e íons com nuvens de elétrons que sofrem forte distorção são considerados muito **polarizáveis**. Pode-se esperar que um ânion seja muito polarizável se ele for volumoso,

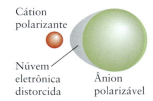

FIGURA 2D.4 Quando um cátion pequeno e com carga alta está próximo de um ânion grande, a nuvem de elétrons do ânion é distorcida no processo chamado de polarização. A esfera verde representa o ânion na ausência de um cátion. A área sombreada em cinza mostra a forma da esfera distorcida pela carga positiva do cátion.

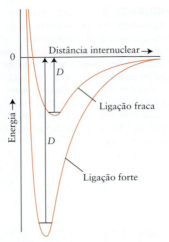

FIGURA 2D.5 A variação da energia de uma molécula diatômica com a distância entre os núcleos de seus átomos constituintes para ligações fortes e fracas. A energia de dissociação é uma medida da profundidade do poço. (Na prática, precisamos considerar a pequena energia do ponto zero da molécula vibrante. Por essa razão, a energia de dissociação é ligeiramente menor do que a profundidade do poço.)

como o íon iodeto, I^-. Em um ânion dessas proporções, o núcleo exerce controle muito pequeno sobre os elétrons mais externos porque a carga nuclear efetiva sentida pelos elétrons de valência é relativamente pequena (Tópico 1E). O resultado é que a nuvem eletrônica do ânion maior é distorcida com facilidade e o íon é muito polarizável. Os cátions, que têm menos elétrons do que os átomos originais, não são significativamente polarizáveis porque os elétrons que restam experimentam uma carga nuclear efetiva muito maior e, por essa razão, ficam mais fortemente presos.

Os átomos e íons capazes de provocar grandes distorções na nuvem eletrônica de seus vizinhos têm alto **poder de polarização**. Um cátion pode ter um alto poder de polarização se ele for pequeno e tiver carga elevada, como o cátion Al^{3+}. Um raio pequeno significa que o centro de cargas de um cátion com carga elevada fica muito perto do ânion e pode exercer forte atração sobre seus elétrons. As ligações em compostos formados por um cátion pequeno e altamente carregado e um ânion volumoso e polarizável tendem a ter considerável caráter covalente.

Os cátions tornam-se menores, com carga maior e, portanto, com maior poder de polarização, da esquerda para a direita em um período. Assim, o Be^{2+} tem maior poder de polarização do que o Li^+, e o Mg^{2+} tem maior poder de polarização do que o Na^+. Por outro lado, os cátions ficam maiores e têm menor poder de polarização de cima para baixo em um grupo. Assim, o Na^+ tem menor poder de polarização do que o Li^+, e o Mg^{2+} tem menor poder de polarização do que o Be^{2+}. Como o poder de polarização aumenta do Li^+ para o Be^{2+}, mas decresce do Be^{2+} para o Mg^{2+}, os valores do poder de polarização dos vizinhos diagonais Li^+ e Mg^{2+} devem ser semelhantes. Tais semelhanças nas propriedades de outros vizinhos nas diagonais da Tabela Periódica não são incomuns e fazem parte das relações diagonais na Tabela Periódica apresentadas no Tópico 1F.

Teste 2D.2A Em que composto, $NaBr$ ou $MgBr_2$, as ligações devem ter maior caráter covalente?

[**Resposta:** $MgBr_2$]

Teste 2D.2B Em que composto, CaS ou CaO, as ligações devem ter maior caráter covalente?

A ligação química dos compostos formados por cátions e ânions muito polarizáveis tem forte caráter covalente.

2D.3 A energia de ligação

A força de uma ligação química é medida por sua **energia de dissociação**, D, a energia necessária para separar completamente os átomos ligados. Em um gráfico da energia potencial de uma molécula diatômica em função da distância internuclear, a energia de dissociação é a diferença de energia entre o fundo do poço de potencial e a energia dos átomos separados (Fig. 2D.5). Quando uma ligação deste tipo se rompe, cada átomo fica com um dos elétrons da ligação. Um exemplo é $H-Cl(g) \longrightarrow \cdot H(g) + \cdot Cl(g)$. Uma energia de dissociação alta indica um poço de potencial profundo e, portanto, uma ligação forte, que exige muita energia para ser quebrada. A ligação mais forte conhecida entre dois átomos de não metais é a ligação tripla do monóxido de carbono, cuja energia de dissociação é $1.062 \text{ kJ} \cdot \text{mol}^{-1}$. Uma das ligações mais fracas conhecidas é a de dois átomos de iodo, no iodo molecular, cuja energia de dissociação é somente $139 \text{ kJ} \cdot \text{mol}^{-1}$.

As Tabelas 2D.1 e 2D.2 listam valores típicos de energia de dissociação. Os valores dados na Tabela 2D.1 são os valores reais da energia de dissociação de diversas ligações em moléculas diatômicas. Os valores mostrados na Tabela 2D.2 são as *médias* das energias de dissociação de várias moléculas poliatômicas. A energia de ligação real depende dos outros átomos em uma molécula poliatômica, mas esta dependência normalmente não é muito grande. Além disso, há casos em que valores médios típicos de determinada ligação são úteis, independentemente da molécula em que ela ocorre. Por exemplo, a força dada para a ligação simples C—O da lista é a média das energias dessa ligação em uma seleção de moléculas orgânicas, como metanol (CH_3-OH), etanol (CH_3CH_2-OH) e dimetil-éter (CH_3-O-CH_3).

TABELA 2D.1 Energias de dissociação de ligação de moléculas diatômicas

Molécula	Energia de dissociação (kJ·mol⁻¹)
H_2	424
N_2	932
O_2	484
CO	1062
F_2	146
Cl_2	230
Br_2	181
I_2	139
HF	543
HCl	419
HBr	354
HI	287

2D.3 A energia de ligação

TABELA 2D.2	Valores médios da energia de dissociação de ligação		
Ligação	Energia de dissociação média (kJ · mol⁻¹)	Ligação	Energia de dissociação média (kJ · mol⁻¹)
C—H	412	C—I	238
C—C	348	N—H	388
C═C	612	N—N	163
C⋯C*	518	N═N	409
C≡C	837	N—O	210
C—O	360	N═O	630
C═O	743	N—F	270
C—N	305	N—Cl	200
C—F	484	O—H	463
C—Cl	338	O—O	157
C—Br	276		

* No benzeno.

Os valores devem então ser entendidos como valores típicos e não como valores acurados de uma dada molécula.

As tendências das energias de ligação mostradas nas tabelas são explicadas, em parte, pelas estruturas de Lewis das moléculas. Vejamos, por exemplo, as moléculas diatômicas de nitrogênio, oxigênio e flúor (Fig. 2D.6). Observe a diminuição da energia de ligação quando a ordem de ligação decresce, de 3, em N_2, para 1, em F_2. A ligação tripla do nitrogênio é a origem de sua inércia química. Uma ligação múltipla é, sem dúvida, sempre muito mais forte do que uma ligação simples, porque mais elétrons unem os átomos. Uma ligação tripla entre dois átomos é sempre mais forte do que uma ligação dupla entre os mesmos átomos, e uma ligação dupla é sempre mais forte do que uma ligação simples. Entretanto, uma ligação dupla entre dois átomos de carbono não é duas vezes mais forte do que uma ligação simples, e uma ligação tripla é muito menos forte do que três vezes uma ligação simples. Pode-se ver, por exemplo, que a energia de dissociação média de uma ligação dupla C═C é 612 kJ · mol⁻¹, mas são necessários 696 kJ · mol⁻¹ para quebrar duas ligações simples C—C. Da mesma forma, a energia média de dissociação de uma ligação tripla C≡C é 837 kJ · mol⁻¹, mas consomem-se 1.044 kJ · mol⁻¹ para quebrar três ligações simples C—C (Fig. 2D.7). A origem dessas diferenças está, em parte, nas repulsões entre os pares de elétrons de uma ligação múltipla que fazem cada par envolvido não ser tão efetivo na ligação como um par de elétrons de uma ligação simples.

Os valores da Tabela 2D.2 mostram como a ressonância afeta as energias de ligação. Por exemplo, a energia de uma ligação carbono-carbono do benzeno é intermediária entre as das ligações simples e duplas. A ressonância distribui o caráter de ligação múltipla por todas as ligações e, como resultado, as ligações simples são reforçadas, e as ligações duplas, enfraquecidas. O efeito total geral é a estabilização da molécula.

A presença de pares isolados pode influenciar as energias das ligações. Os pares isolados repelem-se e, se eles estão em átomos vizinhos, a repulsão pode enfraquecer a ligação. A repulsão entre pares isolados ajuda a explicar por que a ligação em F_2 é mais fraca do que em H_2: esta última molécula não tem pares isolados.

As variações de energia de ligação correlacionam-se com as variações de raios atômicos. Se os núcleos dos átomos ligados não podem se aproximar do par que fica entre eles, a ligação dos dois átomos é fraca. Por exemplo, as energias de ligação dos halogenetos de hidrogênio decrescem de HF para HI, como se vê na Fig. 2D.8. A energia da ligação entre o hidrogênio e um elemento do Grupo 14 também decresce no grupo de cima para baixo (Fig. 2D.9). Esse enfraquecimento da ligação correlaciona-se com a diminuição da estabilidade dos hidretos de cima para baixo no grupo. O metano, CH_4, pode ser mantido indefinidamente no ar na temperatura normal. O silano, SiH_4, se inflama em contato com o ar. O estanano, SnH_4, decompõe-se em estanho e hidrogênio. O plumbano, PbH_4, nunca foi preparado, exceto, talvez, em quantidades mínimas (traços).

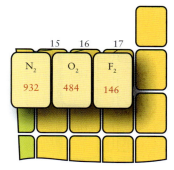

FIGURA 2D.6 As energias de dissociação, em quilojoules por mol de moléculas de N_2, O_2 e F_2. Observe como as ligações ficam mais fracas, da ligação tripla em N_2 para a ligação simples em F_2.

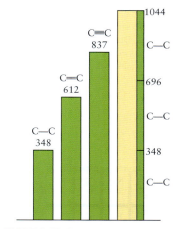

FIGURA 2D.7 As energias de ligação (em quilojoules por mol) de ligações simples e múltiplas entre dois átomos de carbono. Observe que, para ligações entre átomos de carbono, uma ligação dupla é quase duas vezes mais forte do que uma ligação simples e que uma ligação tripla é quase três vezes mais forte do que uma simples, como mostra a quarta coluna.

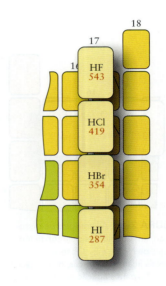

2 ATP

As energias relativas das ligações são importantes para a compreensão de como a energia é usada nos organismos para fazer funcionar nossos cérebros e músculos. Por exemplo, o trifosfato de adenosina, ATP (**2**), é encontrado em todas as células vivas. A parte trifosfato dessa molécula é uma cadeia de três grupos fosfato. Um dos grupos fosfato é removido em uma reação com água. A ligação P—O do ATP requer apenas 276 kJ · mol^{-1} para quebrar, e a nova ligação P—O formada em $H_2PO_4^-$ libera 350 kJ · mol^{-1} quando se forma. O resultado é que a conversão de ATP a difosfato de adenosina, ADP, na reação

$$\sim\!\!\!O-\overset{\overset{O}{\|}}{\underset{\underset{O^-}{|}}{P}}-O-\overset{\overset{O}{\|}}{\underset{\underset{O^-}{|}}{P}}-O-\overset{\overset{O}{\|}}{\underset{\underset{O^-}{|}}{P}}-O^- + H_2O \longrightarrow \sim\!\!\!O-\overset{\overset{O}{\|}}{\underset{\underset{O^-}{|}}{P}}-O-\overset{\overset{O}{\|}}{\underset{\underset{O^-}{|}}{P}}-O^- + H_2PO_4^-(aq)$$

(em que as linhas sinuosas indicam o resto da molécula) pode liberar energia que é usada para a realização de determinados processos nas células.

Muito relacionada à energia de uma ligação é sua rigidez (a resistência ao alongamento e à compressão), com as ligações fortes sendo normalmente mais rígidas do que as ligações fracas. A rigidez das ligações é medida por espectroscopia de infravermelho (IV) e é usada para identificar compostos, como descrito na *Técnica Principal 1* no hotsite deste livro.

A força de uma ligação entre dois átomos é medida por sua energia de dissociação: quanto maior é a energia de dissociação, mais forte é a ligação. A energia de ligação cresce quando a multiplicidade da ligação aumenta, decresce quando aumenta o número de pares isolados em átomos vizinhos e decresce quando aumenta o raio atômico.

2D.4 O comprimento de ligação

O **comprimento de ligação** é a distância entre os centros de dois átomos em ligação covalente. Ele corresponde à distância internuclear no mínimo de energia potencial dos dois átomos (veja a Fig. 2D.5). Os comprimentos de ligação afetam o volume total e a forma de uma molécula. A transmissão da informação hereditária no DNA, por exemplo, depende dos comprimentos de ligação porque os dois ramos da hélice dupla devem encaixar-se como peças de um quebra-cabeças (Tópico 11E). Os comprimentos de ligação são também cruciais para a ação das enzimas, porque somente uma molécula com o volume e a forma corretos pode se ajustar ao sítio ativo da molécula da enzima (Tópico 7E). Os comprimentos de ligação são determinados experimentalmente por espectroscopia (*Técnica Principal 1* no hotsite deste livro) ou difração de raios X (*Técnica Principal 3* no hotsite deste livro).

Como mostra a Tabela 2D.3, os comprimentos das ligações entre elementos do Grupo 2 estão, em geral, entre 100 e 150 pm. As ligações entre átomos pesados tendem a ser mais longas do que as de átomos leves porque os átomos pesados têm raios maiores (Fig. 2D.10). *Entre os mesmos dois elementos*, as ligações múltiplas são mais curtas do que as ligações simples porque os elétrons de ligação adicionais atraem os núcleos mais fortemente e os aproximam: compare os comprimentos das várias ligações carbono-carbono da Tabela 2D.3. O efeito da ressonância sobre as ligações também fica claro: o comprimento das ligações carbono-carbono do benzeno é intermediário entre os das ligações simples e duplas de uma estrutura de Kekulé (porém mais próximo do valor da ligação dupla).

Algumas correlações úteis podem ser obtidas com esses dados. Por exemplo, nas ligações entre o mesmo par de átomos, *a ligação mais curta é mais forte*. Assim, uma ligação tripla C≡C é mais forte e mais curta do que uma ligação dupla C=C. O mesmo acontece com uma ligação dupla C=O, que é mais forte e mais curta do que uma ligação simples C—O.

Assim como as energias de ligação são essencialmente transferíveis entre moléculas, os raios atômicos são semelhantes, independentemente das moléculas formadas por esses átomos. Cada átomo tem uma contribuição característica, chamada de **raio covalente**, para o comprimento de uma ligação (Fig. 2D.11). O comprimento de ligação é aproximadamente a soma dos raios covalentes dos dois átomos envolvidos (**3**). O comprimento da ligação O—H do etanol, por exemplo, é a soma dos raios covalentes de O e de H, 37 pm + 66 pm =

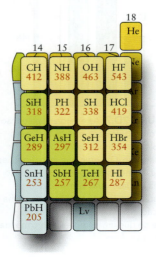

FIGURA 2D.8 Energias de dissociação das moléculas de halogenetos de hidrogênio em quilojoules por mol de moléculas. Observe como a ligação fica mais fraca à medida que o átomo de halogênio aumenta de tamanho.

FIGURA 2D.9 Energias de dissociação de ligações entre o hidrogênio e os elementos do bloco p. A energia de ligação diminui de cima para baixo em cada grupo, à medida que os átomos aumentam de tamanho.

2D.4 O comprimento de ligação

TABELA 2D.3 Comprimentos de ligação médios e experimentais

Ligação	Comprimento de ligação médio (pm)	Molécula	Comprimento de ligação experimental (pm)
C—H	109	H$_2$	74
C—C	154	N$_2$	110
C═C	134	O$_2$	121
C⋯C*	139	F$_2$	142
C≡C	120	Cl$_2$	199
C—O	143	Br$_2$	228
C═O	112	I$_2$	268
O—H	96		
N—H	101		
N—O	140		
N═O	120		

* Em benzeno.

103 pm. Contudo, o valor exato depende da ordem da ligação: a Fig. 2D.11 mostra que o raio covalente de um átomo em uma ligação múltipla é menor do que em uma ligação simples do mesmo átomo.

Os raios covalentes decrescem, tipicamente, da esquerda para a direita em um período. O motivo é o mesmo observado para os raios atômicos (Tópico 1F): o aumento da carga nuclear efetiva puxa os elétrons e torna o átomo mais compacto. Como os raios atômicos, os raios covalentes crescem de cima para baixo em um grupo porque, em períodos sucessivos, os elétrons de valência ocupam camadas cada vez mais distantes do núcleo e são blindados mais efetivamente pelo caroço de elétrons.

> *O raio covalente de um átomo é a contribuição que ele dá para o comprimento de uma ligação covalente. Os raios covalentes devem ser somados quando se deseja estimar os comprimentos de ligação em moléculas.*

O que você aprendeu com este tópico?

Você aprendeu que uma propriedade importante de um elemento é sua eletronegatividade. Ela permite identificar o átomo com maior parcela no compartilhamento do par de elétrons em uma ligação. As ligações químicas variam muito em caráter, de completamente covalente a completamente iônica. Você viu que as energias de ligação são essencialmente transferíveis entre moléculas e que os átomos fazem contribuições características aos comprimentos de ligação.

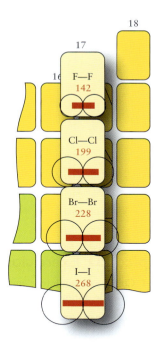

FIGURA 2D.10 Os comprimentos de ligação (em picômetros) de moléculas diatômicas de halogênios. Observe como a energia de ligação aumenta de cima para baixo no grupo, à medida que os raios atômicos aumentam.

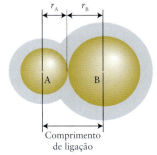

3 Raio covalente

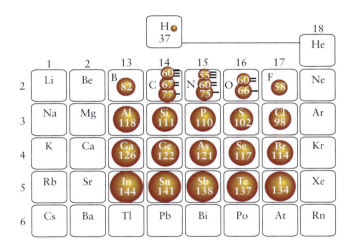

FIGURA 2D.11 Raios covalentes do hidrogênio e dos elementos do bloco p (em picômetros). Onde mais de um valor é dado, os valores se referem a ligações simples, duplas e triplas. Os raios covalentes tendem a diminuir até o flúor. O comprimento de ligação é aproximadamente a soma dos raios covalentes dos dois átomos envolvidos.

102 Tópico 2D As propriedades das ligações

Os conhecimentos que você deve dominar incluem a capacidade de:

☐ **1.** Explicar o conceito de eletronegatividade e utilizá-lo para avaliar a polaridade de uma ligação (Seção 2D.1).

☐ **2.** Explicar como a ressonância é utilizada para melhorar a descrição de uma ligação covalente ao introduzir nela um caráter iônico (Seção 2D.1).

☐ **3.** Estimar o caráter relativo iônico ou covalente (Testes 2D.1 e 2D.2).

☐ **4.** Explicar como o conceito de polarizabilidade é usado para aperfeiçoar a descrição da ligação iônica (Seção 2D.2).

☐ **5.** Predizer e explicar as tendências periódicas da polarizabilidade de ânions e do poder de polarização de cátions (Seção 2D.2).

☐ **6.** Predizer e explicar as energias de ligação relativas e os comprimentos de ligação (Seções 2D.3 a 2D.4).

Tópico 2D Exercícios

2D.1 Coloque os seguintes elementos em ordem crescente de eletronegatividade: antimônio, estanho, selênio, índio.

2D.2 Coloque os seguintes elementos em ordem crescente de eletronegatividade: iodo, enxofre, bromo, oxigênio, arsênio.

2D.3 Quais dos compostos dados têm ligações primariamente iônicas? (a) BBr_3; (b) $BaBr_2$; (c) $BeBr_2$.

2D.4 Quais dos compostos dados têm ligações primariamente covalentes? (a) $CaCl_2$; (b) $CsCl$; (c) CCl_4.

2D.5 Determine que composto, em cada par, tem ligações com maior caráter iônico: (a) HCl ou HI, (b) CH_4 ou CF_4, (c) CO_2 ou CS_2.

2D.6 Determine qual composto, em cada par, tem ligações com maior caráter iônico: (a) PH_3 ou NH_3; (b) SO_2 ou NO_2; (c) SF_6 ou IF_5.

2D.7 Compostos com ligações com alto caráter covalente tendem a ser menos solúveis em água do que compostos semelhantes com baixo caráter covalente. Use eletronegatividades para predizer quais dos seguintes compostos em cada par são mais solúveis em água: (a) $AlCl_3$ ou KCl; (b) MgO ou BaO.

2D.8 Use eletronegatividades para predizer quais dos seguintes compostos em cada par são mais solúveis em água (veja o Exercício 2D.7): (a) LiI ou MgI_2; (b) CaS ou CaO.

2D.9 Arranje os cátions Rb^+, Be^{2+} e Sr^{2+} em ordem crescente de capacidade de polarização. Explique seu raciocínio.

2D.10 Arranje os cátions K^+, Mg^{2+}, Al^{3+} e Cs^+ em ordem crescente de capacidade de polarização. Explique seu raciocínio.

2D.11 Arranje os cátions Cl^-, Br^-, N_3^- e O_2^- em ordem crescente de polarizabilidade e explique o seu raciocínio.

2D.12 Arranje os cátions N_3^-, O_2^-, Cl^- e Br^- em ordem crescente de polarizabilidade e explique o seu raciocínio.

2D.13 Com base nas estruturas de Lewis, coloque as seguintes moléculas ou íons em ordem *decrescente* de comprimento de ligação: (a) a ligação CO em CO, CO_2, CO_3^{2-}; (b) a ligação SO em SO_2, SO_3, SO_3^{2-}; (c) a ligação CN em HCN, CH_2NH, CH_3NH_2. Explique seu raciocínio.

2D.14 Com base nas estruturas de Lewis, coloque as seguintes moléculas ou íons em ordem *decrescente* de comprimento de ligação: (a) a ligação NO em NO, NO_2, NO_3^-; (b) a ligação CC em C_2H_2, C_2H_4, C_2H_6; (c) a ligação CO em CH_3OH, CH_2O, CH_3OCH_3. Explique seu raciocínio.

2D.15 Em qual dos compostos você espera a ligação CX mais forte, em que X é um halogênio: (a) CF_4, (b) CCl_4 ou (c) CBr_4? Explique.

2D.16 Em qual dos compostos você espera a ligação CN mais forte? (a) $NHCH_2$, (b) NH_2CH_3 ou (c) HCN? Explique.

2D.17 Use as informações da Fig. 2D.11 para estimar o comprimento (a) da ligação CO no CO_2; (b) das ligações CO e CN na ureia, $OC(NH_2)_2$; (c) da ligação OCl no HClO; (d) da ligação NCl no NOCl.

2D.18 Use as informações da Fig. 2D.11 para estimar o comprimento (a) da ligação CO no formaldeído, H_2CO; (b) da ligação CO no dimetil-éter, CH_3OCH_3; (c) da ligação CO no metanol, CH_3OH; (d) da ligação CS no metanotiol, CH_3SH.

2D.19 Use os raios covalentes da Fig. 2D.11 para calcular os comprimentos de ligação das seguintes moléculas. Explique as tendências dos valores calculados: (a) CF_4; (b) SiF_4; (c) SnF_4.

2D.20 Use os raios covalentes da Fig. 2D.11 para calcular os comprimentos de ligação entre os átomos de nitrogênio nas seguintes moléculas. Explique as tendências dos valores calculados: (a) hidrazina, H_2NNH_2; (b) hidreto de nitrogênio, HNNH; (c) N_3^-.

Tópico 2E O modelo VSEPR

2E.1 O modelo VSEPR básico
2E.2 As moléculas com pares isolados no átomo central
2E.3 As moléculas polares

As estruturas de Lewis mostram os elos entre os átomos e a presença de pares isolados. Porém, exceto em casos simples, estas estruturas não dizem nada sobre como os átomos estão arranjados no espaço. Neste tópico, as ideias de Lewis são discutidas para ajudá-lo a predizer a forma de moléculas simples.

2E.1 O modelo VSEPR básico

Considere uma molécula formada por um átomo central ao qual os outros átomos estão ligados. Muitas dessas moléculas têm a forma das figuras geométricas apresentadas na Fig. 2E.1. Assim, CH_4 (**1**) é um tetraedro, SF_6 (**2**) é um octaedro e PCl_5 (**3**) é uma bipirâmide trigonal.

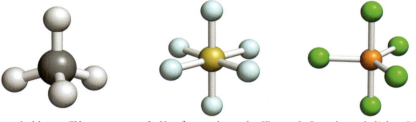

1 Metano, CH_4 **2** Hexafluoreto de enxofre, SF_6 **3** Pentacloreto de fósforo, PCl_5

Em muitos casos, os **ângulos de ligação**, isto é, os ângulos entre ligações adjacentes (as linhas retas que unem os núcleos ao átomo central), são fixados pela simetria da molécula. Esses ângulos de ligação são mostrados na Fig. 2E.1. Assim, o ângulo HCH de CH_4 é 109,5° (o "ângulo do tetraedro"), os ângulos FSF de SF_6 são 90° e 180°, e os ângulos ClPCl do PCl_5 são 90°, 120° e 180°. Os ângulos de ligação de moléculas que não são determinados pela simetria têm

Por que você precisa estudar este assunto? As formas das moléculas determinam seus odores, seus sabores e sua ação como fármacos. Essas formas têm papel crucial nas reações essenciais à vida. Elas também afetam as propriedades dos materiais que nos rodeiam, incluindo seus estados físicos e suas solubilidades.

Que conhecimentos você precisa dominar? O modelo VSEPR amplia o conceito de estrutura de Lewis (Tópico 2B), e a discussão sobre moléculas polares aprofunda o material sobre ligações polares estudado no Tópico 2D.

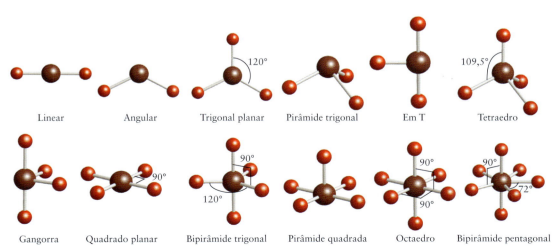

FIGURA 2E.1 Nomes das formas de moléculas simples e seus ângulos de ligação. Os pares isolados não foram incluídos porque não são levados em consideração na identificação das formas das moléculas.

de ser determinados experimentalmente. O ângulo de ligação HOH da molécula angular H_2O, por exemplo, é, experimentalmente, igual a 104,5°, e o ângulo HNH da molécula NH_3, uma pirâmide trigonal, é 107°. A principal técnica experimental para determinar os ângulos de ligação de moléculas pequenas é a espectroscopia, especialmente as espectroscopias rotacional e vibracional. A difração de raios X é usada para moléculas maiores. Conhecer as formas das moléculas e os seus ângulos de ligação é essencial no projeto de um novo fármaco utilizando técnicas computacionais (Quadro 2E.1).

Quadro 2E.1 AS FRONTEIRAS DA QUÍMICA: OS FÁRMACOS OBTIDOS POR PROJETO E DESCOBERTA

A procura por novos fármacos depende da capacidade não somente dos químicos, mas também de biólogos, etnobotânicos e pesquisadores médicos. Como existem muitos milhões de compostos, tomaria tempo começar com os elementos e combiná-los de diferentes maneiras para, então, testá-los. Em vez disso, os químicos normalmente começam pela *descoberta de um novo fármaco*, isto é, identificação e modificação de fármacos promissores que já existem, ou pelo *planejamento racional de fármacos*, isto é, a identificação das características de uma enzima, vírus, bactéria ou parasita e o projeto de novos compostos que interajam com eles.

No descobrimento de um novo fármaco, o químico normalmente começa pela investigação de compostos que já mostraram algum valor medicinal. Um bom caminho é a identificação de um *produto natural*, um composto orgânico encontrado na natureza, do qual se conhecem as características curativas. A natureza é o melhor de todos os químicos de sínteses, com bilhões de compostos que suprem diferentes necessidades. O desafio é encontrar compostos que têm propriedades curativas. Essas substâncias são encontradas de diferentes maneiras: aleatoriamente, a partir de uma coleção "cega" de amostras que serão testadas, ou de forma guiada, a partir de coleções de amostras específicas, identificadas por curandeiros locais como tendo efeitos medicinais.

A observação das propriedades das plantas e dos animais pode guiar a procura aleatória. Como exemplo, se certas frutas permanecem frescas enquanto outras estragam ou secam, podemos esperar que as primeiras contenham agentes fungicidas. Um exemplo é a coleta de tunicados e esponjas no Caribe. Os químicos colhem as amostras mergulhando de barcos utilizados para a pesquisa. As amostras são testadas para atividades antivirais e antitumorais em laboratórios químicos instalados nesses barcos. O medicamento antiviral didemnina-C e o anticancerígeno briostatina 1 foram descobertos em organismos marinhos.

A rota guiada normalmente envolve o teste de um número menor de amostras porque o químico trabalha com um curandeiro local – antigos conhecimentos guiando a química moderna.

Frequentemente um etnobotânico, especialista nas plantas utilizadas pelos curandeiros, junta-se ao grupo de pesquisa. Esse processo economiza tempo para os cientistas e pode beneficiar financeiramente os curandeiros e suas tribos. Medicamentos que foram descobertos dessa maneira incluem muitos fármacos contra o câncer e a malária, assim como agentes anticoagulantes, antibióticos e medicamentos para o coração e o sistema digestivo.

Uma vez determinadas as fórmulas empírica e molecular do composto ativo, é necessário definir suas fórmulas estruturais. Nesse ponto, inicia-se o trabalho de síntese. O químico identifica compostos de valor medicinal no material e encontra uma maneira de *sintetizá-los*, ou seja, prepará-los no laboratório, para que estejam disponíveis em grandes quantidades.

No planejamento racional de um novo medicamento, os químicos começam com o tumor ou o organismo que se pretende erradicar com o fármaco. A vasta maioria dos processos realizados por células vivas depende de *enzimas* específicas, proteínas muito grandes com formas determinadas. Normalmente existe um *sítio ativo* na enzima, ao qual somente certas moléculas podem ter acesso e reagir. Se a enzima que controla o crescimento do parasita ou da bactéria for identificada e sua estrutura conhecida, é possível projetar compostos que tenham acesso a seu sítio ativo e bloqueiem as reações. Os químicos que seguem essa rota começam pela identificação de enzimas-chave da bactéria ou do parasita. Depois, eles determinam sua estrutura molecular. Programas de computador são utilizados para desenhar e planejar moléculas com estruturas que se ajustem ao sítio ativo. As relações estrutura-atividade são investigadas para descobrir quais aspectos da estrutura são importantes para a ação do fármaco. Os novos compostos são sintetizados, e seus efeitos benéficos ou colaterais são avaliados.

COMO VOCÊ PODE CONTRIBUIR?

Apesar de todos os medicamentos já existentes, é sempre muito grande a necessidade de agentes quimioterápicos específicos, com poucos efeitos colaterais. Além dissso, cepas de bactérias resistentes a fármacos podem exigir o desenvolvimento de novos métodos de descoberta de fármacos.

Exercícios relacionados 2.29, 2.44

Leitura complementar I. Chopra, "The 2012 Garrod Lecture: Discovery of antibacterial drugs in the 21st century," *Journal of Antimicrobial Chemotherapy*, vol. 68, 2013, pp. 496–505. W. H. Gerwick and B. S. Moore, "Lessons from the past and charting the future of marine natural products drug discovery and chemical biology," *Chemistry & Biology*, vol. 19, 2012, pp. 85–98. J. W.-H. Li and J. C. Vederas, "Drug discovery and natural products: End of an era or an endless frontier?" *Science*, vol. 325, pp. 161–165 [July 10, 2009]. D. Camp, "Discovery and development of natural compounds into medicinal products," *Drugs of the future*, vol. 38, 2013, pp. 245–256.

Uma bióloga de campo examina uma planta em uma floresta tropical da América do Sul. A planta sintetiza produtos químicos que serão investigados por seu valor medicinal. *(Gary Retherford/Science Source.)*

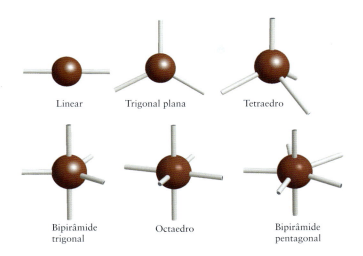

Linear   Trigonal plana   Tetraedro

Bipirâmide trigonal   Octaedro   Bipirâmide pentagonal

FIGURA 2E.2 Posições, de duas a sete, das regiões de alta concentração de elétrons (átomos e pares isolados) ao redor de um átomo central. Essas regiões são representadas por linhas retas que partem do átomo central. Use este diagrama para identificar o arranjo dos elétrons de uma molécula e depois use a Figura 2E.1 para identificar sua forma a partir da localização dos átomos. O arranjo de bipirâmide pentagonal, com sete regiões, não é único: vários arranjos têm mais ou menos a mesma energia.

As estruturas de Lewis (Tópicos 2B e 2C) mostram apenas como os átomos estão ligados e como os elétrons estão arranjados em torno deles. O **modelo da repulsão dos pares de elétrons da camada de valência** (modelo VSEPR) amplia a teoria da ligação química de Lewis incluindo regras para explicar as formas das moléculas e os ângulos de ligação:

Regra 1 As regiões de altas concentrações de elétrons (ligações e pares isolados do átomo central) se repelem e, para reduzir essa repulsão, elas tendem a se afastar o máximo possível, mantendo a mesma distância do átomo central (Fig. 2E.2).

Estas localizações "mais distantes" descrevem a **configuração eletrônica** da molécula. Após a identificação deste arranjo, a posição dos átomos é determinada e a forma da molécula é estabelecida com base na Fig. 2E.1. Observe que, para nomear a forma da molécula, apenas a posição dos átomos é considerada. Os pares isolados que possam estar presentes no átomo central são ignorados, mesmo que afetem esta forma.

A molécula do $BeCl_2$ tem apenas dois átomos ligados ao átomo central. A estrutura de Lewis é $:\!\ddot{Cl}\!-\!Be\!-\!\ddot{Cl}\!:$ e não existem pares isolados de elétrons no átomo central. A posição na qual os pares ligantes estão mais afastados é quando eles se encontram em lados opostos do átomo de Be e o arranjo dos elétrons é linear. Os átomos de Cl estão, portanto, em lados opostos do átomo de Be e o modelo VSEPR prediz a forma linear para a molécula de $BeCl_2$, com um ângulo de ligação igual a 180° (**4**). Essa forma é confirmada experimentalmente.

A molécula do trifluoreto de boro, BF_3, tem a estrutura de Lewis mostrada em (**5**). Existem três pares ligantes no átomo central e nenhum par isolado. De acordo com o modelo VSEPR, para ficarem o mais afastados possível, os três pares ligantes têm de estar nos vértices de um triângulo equilátero. O arranjo de elétrons é trigonal planar. Como um átomo de flúor liga-se a um dos pares de elétrons, a molécula BF_3 é trigonal planar (**6**) e os três ângulos FBF são iguais a 120°, um arranjo também confirmado experimentalmente.

O metano, CH_4, tem quatro pares ligantes no átomo central. Para ficarem o mais afastados possível, os quatro pares devem estar em um arranjo tetraédrico em torno do átomo de C. Como o arranjo de elétrons é tetraédrico e um átomo de H liga-se a cada um dos pares de elétrons, o modelo VSEPR prediz que a molécula seja tetraédrica (como em **1**), com ângulos de ligação de 109,5°. Experimentos de laboratório confirmam essa forma.

Na molécula de pentacloreto de fósforo, PCl_5 (**7**), existem cinco pares ligantes e nenhum par isolado no átomo central. De acordo com o modelo VSEPR, os cinco pares e os átomos a que eles se ligam devem estar afastados o máximo possível em um arranjo de bipirâmide trigonal. Nesse arranjo, três átomos (os átomos "equatoriais") estão nos vértices de um triângulo equilátero, com ângulos de ligação iguais a 120°. Os outros dois átomos (os átomos "axiais") estão acima e abaixo do plano do triângulo, em ângulos de 90° em relação aos átomos equatoriais (como em **3**). A forma prevista da molécula é bipirâmide trigonal, que também é confirmada em laboratório.

A molécula de hexafluoreto de enxofre, SF_6, tem seis átomos ligados ao átomo central de S, que não tem pares isolados (**8**). De acordo com o modelo VSEPR, o arranjo de elétrons

O modelo VSEPR foi proposto pelos químicos ingleses Nevil Sidgwick e Herbert Powell e desenvolvido pelo químico canadense Ronald Gillespie.

4   Cloreto de berílio, $BeCl_2$

$:\!\ddot{F}\!:$
$\,\,\,\,\,\,\,\,|$
$:\!\ddot{F}\!-\!B\!-\!\ddot{F}\!:$

5   Trifluoreto de boro, BF_3

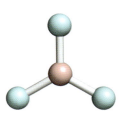

6   Trifluoreto de boro, BF_3

7   Pentacloreto de fósforo, PCl_5

8 Hexafluoreto de enxofre, SF_6

Os seis átomos terminais são equivalentes em uma molécula octaédrica regular.

9 Dióxido de carbono, CO_2

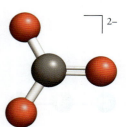

10 Íon carbonato, CO_3^{2-}

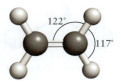

11 Íon carbonato, CO_3^{2-}

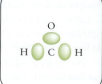

12 Eteno, C_2H_4

13 Eteno, C_2H_4

é octaédrico, com quatro pares nos vértices de um quadrado planar e os dois outros pares acima e abaixo do plano do quadrado (veja a Fig. 2E.2). Um átomo de F está ligado a cada par de elétrons, o que indica que a molécula é octaédrica, com ângulos de ligação de 90° e 180°. Esta estrutura também é confirmada experimentalmente.

A segunda regra do modelo VSEPR diz respeito ao tratamento de ligações múltiplas:

Regra 2 Uma ligação múltipla é tratada como uma única região de alta concentração de elétrons.

Dito de outra forma, os dois pares de elétrons de uma ligação dupla permanecem juntos e repelem outras ligações ou pares isolados como se fossem uma unidade. Os três pares de elétrons de uma ligação tripla também ficam juntos e agem como uma única região de alta concentração de elétrons. Assim, a molécula de dióxido de carbono, $\ddot{O}=C=\ddot{O}$, tem estrutura semelhante à da molécula de $BeCl_2$, mesmo com as ligações duplas (**9**). Uma das estruturas de Lewis do íon carbonato, CO_3^{2-}, é mostrada em (**10**). Os dois pares de elétrons da ligação dupla são tratados como uma unidade, e a forma resultante (**11**) é trigonal planar. Seja simples ou múltipla, toda ligação age como uma unidade. Portanto, para contar o número de regiões de alta concentração de elétrons, basta contar o número de átomos ligados ao átomo central e adicionar o número de pares isolados.

Quando existe mais de um átomo "central", as ligações de cada átomo são tratadas de modo independente. Como exemplo, para predizer a forma de uma molécula de eteno (etileno), $CH_2=CH_2$, cada átomo de carbono é considerado separadamente. Com base na estrutura de Lewis (**12**), observe que cada átomo de carbono tem três regiões de alta densidade eletrônica (duas ligações simples e uma ligação dupla). O arranjo ao redor de cada átomo de carbono é, então, trigonal planar. Há dois átomos de H e um átomo de C ligados ao átomo de C central. Assim, você pode predizer que os ângulos HCH e HCC estarão próximos de 120°. Essa estimativa é confirmada em laboratório (os valores medidos são 117° e 122°, respectivamente) (**13**). Observações experimentais também mostraram que os seis átomos estão no mesmo plano.

EXEMPLO 2E.1 Como predizer a forma de uma molécula

Sobretudo na biologia molecular, conhecer o formato de uma molécula é muito importante, já que a forma determina as funções. As formas de biomoléculas grandes podem ser previstas estudando os padrões de moléculas simples, como o metanal (ou formaldeído, $H_2C=O$), que era usado como conservante de amostras biológicas. Prediga a forma da molécula do metanal.

ANTECIPE Os átomos de carbono normalmente formam quatro ligações. O átomo central de C no metanal tem quatro ligações. Por isso, você não deve esperar que ele tenha pares de elétrons isolados no átomo central.

PLANEJE Escreva a estrutura de Lewis e identifique o arranjo dos pares de elétrons ao redor do átomo central (neste caso, o átomo de C). Trate cada ligação múltipla como uma unidade. Identifique a forma da molécula (se necessário, consulte a Fig. 2E.2).

RESOLVA

Escreva a estrutura de Lewis da molécula.

Identifique o arranjo de elétrons em torno do átomo central.

Trigonal plana: a configuração eletrônica tem três regiões de concentração eletrônica elevada. Para minimizar a repulsão, a estrutura adota a forma trigonal plana.

> Identifique o arranjo dos átomos ao redor de cada átomo de C.
>
> Trigonal plana: uma vez que não há pares isolados, a forma é trigonal plana.
>
> **AVALIE** Conforme previsto, esta molécula não tem pares isolados de elétrons no átomo central. De agora em diante, sempre que você encontrar um grupo X—C(=Z)—Y em uma molécula, não importa o grau de complexidade dela, é possível predizer que a estrutura em torno do carbono central é trigonal plana.
>
>
>
> **Teste 2E.1A** Obtenha a forma da molécula do pentafluoreto de arsênio, AsF$_5$.
>
> [***Resposta:*** bipirâmide trigonal]
>
> **Teste 2E.1B** Obtenha a forma da molécula de etino (acetileno), HC≡CH.
>
> Exercícios relacionados 2E.3, 2E.4

O modelo VSEPR trata ligações simples e múltiplas como equivalentes, não importa que estruturas de Lewis contribuam para a estrutura de ressonância que estamos considerando. Por exemplo, a descrição do íon nitrato baseada na ressonância diz que ele tem três ligações em torno do átomo central (Tópico 2B). Logo, você pode esperar que a molécula seja trigonal plana (**14**).

As técnicas computacionais modernas fornecem mais detalhes sobre a distribuição dos elétrons nas moléculas. Um tipo especial de representação molecular é a **isossuperfície de densidade**, que mostra a forma da distribuição eletrônica calculada. Uma combinação da isossuperfície de densidade e dos cálculos de potencial eletrostático resulta na **superfície de potencial eletrostático**, na qual o potencial elétrico líquido é calculado em cada ponto na superfície e é mostrado em cores diferentes (**15**): o potencial relativo positivo (em azul) é devido ao núcleo com carga positiva; o potencial relativo negativo é mostrado em vermelho. No NO$_3^-$, embora a distribuição eletrônica seja bastante complexa, as três regiões de ligação são idênticas.

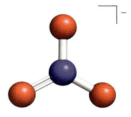

14 Íon nitrato, NO$_3^-$

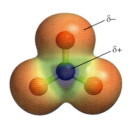

15 Íon nitrato, NO$_3^-$

PONTO PARA PENSAR

É possível apresentar a teoria VSEPR sem utilizar as estruturas de Lewis?

Segundo o modelo VSEPR, as regiões de concentração elevada de elétrons ocupam posições que maximizam a separação entre elas. Os pares de elétrons em uma ligação múltipla são tratados como uma unidade. A forma da molécula é identificada com base nas posições relativas de seus átomos.

2E.2 Moléculas com pares isolados no átomo central

A "fórmula VSEPR" geral, AX$_n$E$_m$, é útil para identificar as diferentes combinações de átomos e pares isolados ligados ao átomo central: A representa o átomo central, X um átomo ligado e E um par isolado. As moléculas de mesma fórmula VSEPR têm essencialmente o mesmo arranjo de elétrons e a mesma forma. Assim, ao reconhecer a fórmula, você pode predizer a forma (mas não necessariamente o valor numérico preciso dos ângulos de ligação que não são governados pela simetria). Por exemplo, a molécula BF$_3$, que contém três átomos de flúor ligados e nenhum par isolado em B, é um exemplo de uma espécie AX$_3$, assim como o íon NO$_3^-$ (**14**). O íon sulfito, SO$_3^{2-}$ (**16**), que tem um par de elétrons isolados no átomo de S, é um exemplo de espécie AX$_3$E, assim como NH$_3$.

16 Íon sulfito, SO$_3^{2-}$

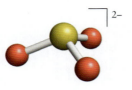

17 Íon sulfito, SO_3^{2-}

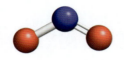

18 Dióxido de nitrogênio, NO_2

19 Dióxido de nitrogênio, NO_2

Se não existirem pares isolados no átomo central (uma molécula AX_n), cada região de alta concentração de elétrons tem um átomo ligado, e a forma é a mesma do arranjo de elétrons. Esta foi a situação mostrada nos exemplos na Seção 2E.1 ($BeCl_2$, BF_3, CH_4, PCl_5 e SF_6). Se pares isolados de elétrons estão presentes, a forma da molécula é diferente da do arranjo de elétrons, porque somente as posições dos átomos ligados são levadas em consideração na determinação da forma. Por exemplo, as quatro regiões de alta concentração de elétrons no SO_3^{2-} estarão suficientemente afastadas se adotarem o arranjo tetraédrico (Fig. 2E.2). Todavia, a *forma* do íon é determinada somente pela localização dos átomos. Como três dos vértices do tetraedro estão ocupados pelos átomos e um é ocupado pelo par isolado, o íon SO_3^{2-} é uma pirâmide trigonal (**17**). Uma regra importante é

Regra 3 Todas as regiões de concentração eletrônica elevada e todos os pares de elétrons isolados e ligantes são incluídos na descrição do arranjo de elétrons. Todavia, somente as posições dos átomos são consideradas quando descrevemos a forma de uma molécula.

Um elétron desemparelhado no átomo central é tratado como uma região de alta concentração de elétrons e atua como um par isolado na determinação da forma da molécula. Assim, radicais como NO_2 têm um elétron não ligante. Logo, o NO_2 (**18**) tem um arranjo trigonal planar de elétrons (incluindo o elétron desemparelhado de N), mas sua forma, a configuração de seus átomos, é angular (**19**).

Até agora os pares de elétrons foram tratados como átomos quanto ao efeito na forma. Mas isso está correto? O arranjo dos elétrons do íon SO_3^{2-} é tetraédrico. Por isso, é provável

---

EXEMPLO 2E.2 Predição da forma de uma molécula com pares isolados no átomo central

Em muitas moléculas simples, a forma é relevante para as propriedades físicas. À medida que avançar em seus estudos da química, você perceberá a importância de saber se uma molécula é plana ou não. Dê (a) o arranjo dos elétrons e (b) a forma da molécula do trifluoreto de nitrogênio, NF_3.

ANTECIPE A fórmula lembra a da amônia, NH_3, que é uma pirâmide trigonal, logo, você pode suspeitar que NF_3 também seja uma pirâmide trigonal.

PLANEJE Para o arranjo dos elétrons, desenhe a estrutura de Lewis e use o modelo VSEPR para decidir como os pares ligantes e os pares isolados se arranjam ao redor do átomo central (nitrogênio) (se necessário, consulte a Figura 2E.2). Identifique a forma da molécula a partir do arranjo dos átomos, como na Figura 2E.1

RESOLVA

Desenhe a estrutura de Lewis.

Conte as ligações e os pares isolados do átomo central.

O átomo central N tem um par de elétrons e três ligações correspondendo a quatro regiões de alta densidade de elétrons.

Determine o arranjo de elétrons.

Tetraédrico

Identifique a forma considerando apenas os átomos.

Os três átomos ligados a N formam uma pirâmide trigonal.

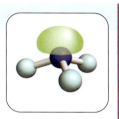

Observe que normalmente os pares isolados não são mostrados quando as formas moleculares são desenhadas.

AVALIE As medidas espectroscópicas confirmam a predição de que a molécula NF₃ é uma pirâmide trigonal. O valor experimental do ângulo de ligação é 102°.

Teste 2E.2A Encontre (a) o arranjo dos elétrons e (b) a forma da molécula IF₅.

[***Resposta:*** (a) Octaedro; (b) pirâmide quadrada]

Teste 2E.2B Encontre (a) o arranjo de elétrons e (b) a forma da molécula SO₂.

Exercícios relacionados 2E.5 a 2E.16

que os ângulos OSO sejam de 109,5°. No entanto, observações experimentais mostraram que, embora o íon sulfito tenha estrutura de pirâmide trigonal, o ângulo de ligação é de apenas 106° (**20**). Dados experimentais como esses mostram que o modelo VSEPR, como foi descrito, é incompleto e deve ser melhorado.

Para explicar os ângulos de ligação menores em moléculas com pares isolados, o modelo VSEPR trata os pares isolados como se exercessem maior repulsão do que os pares de ligação. Dito de outro modo, o par isolado empurra os átomos ligados ao átomo central uns contra os outros. Uma possível explicação desse efeito é que a nuvem eletrônica de um par isolado ocupa um volume maior do que a de um par ligado (ou vários pares ligados, nas ligações múltiplas) que está preso a dois átomos, não a um (Fig. 2E.3). Em resumo, a regra abaixo ajuda a obter predições segundo o modelo VSEPR com confiabilidade razoável:

Regra 4 A repulsão é exercida na ordem par isolado-par isolado > par isolado-átomo > átomo-átomo.

Portanto, devido à forte repulsão, a energia mais baixa é atingida quando os pares isolados estão em posições as mais afastadas possíveis. A energia também é mais baixa se os átomos ligados ao átomo central estiverem afastados dos pares isolados, ainda que isso aproxime os átomos uns dos outros.

O modelo melhorado ajuda a explicar o ângulo de ligação do íon sulfito, AX₃E. Os pares de elétrons adotam um arranjo tetraédrico ao redor do átomo de S. No entanto, o par isolado exerce uma forte repulsão sobre os elétrons ligantes, forçando-os a se aproximar. Como resultado desse ajuste de posições, o ângulo OSO se reduz de 109,5°, do tetraedro regular, para 106° quando observado experimentalmente. Note que, embora o modelo VSEPR prediga a direção da distorção, ele não informa sua extensão. Você perceberá que, em qualquer espécie AX₃E, o ângulo XAX será menor do que 109,5°, mas seu valor real não pode ser previsto: ele precisa ser medido experimentalmente ou calculado resolvendo a equação de Schrödinger numericamente em um computador.

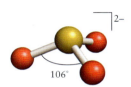

20 Íon sulfito, SO₃²⁻

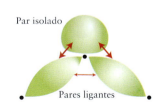

FIGURA 2E.3 Uma explicação possível do maior efeito de repulsão dos pares isolados em comparação com os elétrons de ligação. Um par isolado está menos preso do que os pares ligantes e ocupa um volume maior. Os pares ligantes (e seus átomos) se afastam dos pares isolados para reduzir a repulsão, diminuindo ligeiramente o ângulo de ligação.

Teste 2E.3A (a) Dê a fórmula VSEPR da molécula NH₃. Obtenha (b) o arranjo de elétrons e (c) a forma.

[***Resposta:*** (a) AX₃E; (b) tetraédrica; (c) pirâmide trigonal (**21**, L.P. = par isolado), ângulo HNH inferior a 109,5°]

Teste 2E.3B (a) Dê a fórmula VSEPR de um íon ClO₂⁻. Obtenha (b) o arranjo de elétrons e (c) a forma.

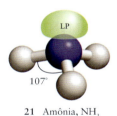

21 Amônia, NH₃

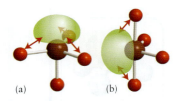

FIGURA 2E.4 (a) Um par isolado na posição axial está próximo de três átomos equatoriais. (b) Na posição equatorial, ele está próximo somente de dois átomos. O último arranjo é mais favorável.

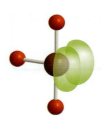

FIGURA 2E.5 Dois pares isolados em uma molécula AX_3E_2 adotam posições equatoriais e se afastam ligeiramente um do outro. Como resultado, a molécula tem a forma aproximada de um T.

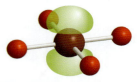

FIGURA 2E.6 Arranjo quadrado planar dos átomos em uma molécula AX_4E_2: os dois pares isolados estão mais distantes quando se encontram em lados opostos do átomo central.

A Regra 4 permite predizer a posição em que o par isolado está. Por exemplo, o arranjo dos elétrons de uma molécula ou íon AX_4E, como o IF_4^+, é uma bipirâmide trigonal, mas existem duas posições possíveis para o par isolado:

- Um **par isolado axial** encontra-se no eixo da molécula, onde ele repele fortemente os pares de elétrons nas três ligações equatoriais, que estão separadas por ângulos de 90° em relação à posição axial.
- Um **par isolado equatorial** encontra-se no equador da molécula, no plano perpendicular ao eixo desta, onde ele repele fortemente apenas os pares de elétrons das duas ligações axiais (Fig. 2E.4).

Portanto, obtém-se menor energia quando o par isolado está na posição equatorial, produzindo uma molécula com a forma de uma gangorra. Uma molécula AX_3E_2, como ClF_3, também tem um arranjo de bipirâmide trigonal de pares de elétrons, mas dois dos pares são pares isolados. Os dois pares estarão o mais afastado possível se ocuparem duas das três posições equatoriais, as quais estão em ângulo de 120°, mas um pouco mais afastados um do outro. O resultado é uma molécula em forma de T (Fig. 2E.5). Se os pares isolados estivessem nas posições axiais, eles formariam ângulos de 90° em relação à posição equatorial, resultando em maior repulsão. Agora, vejamos uma molécula AX_4E_2, que tem um arranjo octaédrico dos pares de elétrons, dois dos quais são pares isolados. Os dois pares estarão mais distantes se estiverem em posições opostas, levando a uma molécula em um arranjo quadrado planar (Fig. 2E.6).

Todas as moléculas de mesma fórmula VSEPR têm sempre a mesma forma, embora os ângulos de ligação possam ser um pouco diferentes. Por exemplo, O_3 é uma espécie AX_2E. Ele tem um arranjo de elétrons trigonal planar e uma forma molecular angular (**22**). O ângulo de ligação no O_3 é 116,8°, valor este que é um pouco menor do que o valor previsto de 120° para uma molécula trigonal plana. O íon nitrito, NO_2^-, tem a mesma fórmula VSEPR geral (com ângulo de ligação de 116°) e a mesma forma (**23**). O mesmo ocorre com o dióxido de enxofre, SO_2 (**24**), cujo ângulo de ligação é 119,5°. Ocorrem exceções, às vezes, quando a diferença de energia entre duas estruturas possíveis é pequena e o átomo central é tão grande que seus pares isolados exercem efeito muito pequeno na molécula. Por exemplo, o íon $SeCl_6^{2-}$ é octaédrico, mesmo com o átomo de Se contendo um par isolado, além de ligações para os seis átomos.

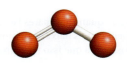

22 Ozônio, O_3

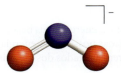

23 Íon nitrito, NO_2^-

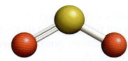

24 Dióxido de enxofre, SO_2

Caixa de ferramentas 2E.1 COMO USAR O MODELO VSEPR

BASE CONCEITUAL

Regiões de alta concentração de elétrons – ligações e pares isolados de um átomo central de uma molécula – se rearranjam de modo a reduzir as repulsões mútuas.

PROCEDIMENTO

O procedimento geral para predizer a forma de uma molécula obedece às quatro regras VSEPR:

Etapa 1 Determine quantos átomos e pares isolados estão presentes no átomo central escrevendo a estrutura de Lewis da molécula.

Etapa 2 Identifique o arranjo de elétrons, incluindo pares isolados e átomos e tratando uma ligação múltipla como se fosse uma ligação simples (veja a Fig. 2E.2).

Etapa 3 Localize os átomos e identifique a forma molecular (de acordo com a Fig. 2E.1). A forma molecular descreve apenas as posições dos átomos e não os pares isolados.

Etapa 4 Permita que a molécula se distorça até que os pares isolados fiquem o mais distante possível uns dos outros e dos pares ligantes. A repulsão age na seguinte ordem:

Par isolado-par isolado > par isolado-átomo > átomo-átomo

O Exemplo 2E.3 mostra como usar este procedimento.

EXEMPLO 2E.3 Como predizer a forma de uma molécula

Às vezes você não consegue predizer a forma de uma molécula a partir de sua fórmula química. Até as moléculas mais simples podem ter formas surpreendentes. Prediga a fórmula da molécula do tetrafluoreto de enxofre, SF_4.

ANTECIPE Você pode pensar que o SF_4 tem geometria tetraédrica. Contudo, você precisa estar ciente de que o enxofre pode ter uma camada de valência expandida (Tópico 2C). Você deve seguir os passos descritos na Caixa de Ferramentas 2E.1 para predizer a forma da molécula do SF_4.

PLANEJE Aplique os procedimentos da Caixa de Ferramentas 2E.1.

RESOLVA

Etapa 1 Determine quantos átomos e pares de elétrons e pares isolados estão presentes no átomo central escrevendo a estrutura de Lewis da molécula.

Cada átomo de F deve ter três pares isolados de elétrons. Por essa razão, o átomo central de S tem quatro átomos em seu redor e um par isolado.

Etapa 2 Identifique o arranjo de elétrons em volta do átomo central, incluindo os pares isolados e os átomos.

Há cinco regiões de alta densidade eletrônica (quatro ligações e um par isolado) em torno do átomo de S. Logo, o arranjo é bipirâmide trigonal.

Etapa 3 Localize os átomos e identifique a forma molecular: AX_4E.

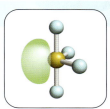

Para minimizar a repulsão entre os pares de elétrons, o par isolado ocupa a posição equatorial. Neste estágio, o SF_4 parece ter a forma de uma gangorra.

Etapa 4 Permita que a molécula se distorça até que os pares isolados fiquem o mais distantes possível uns dos outros e dos pares ligantes.

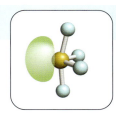

Os átomos se afastam ligeiramente do par isolado.

Nota de boa prática Todos os pares isolados são mostrados nas figuras, mas na hora de predizer a forma de uma molécula, só é preciso desenhar os pares que estão no átomo central.

AVALIE A forma de gangorra ligeiramente curva mostrada é encontrada em experimentos em laboratório.

Teste 2E.4A Prediga a forma do íon I_3^-.

[***Resposta:*** Linear]

Teste 2E.4B Prediga a forma da molécula do tetrafluoreto de xenônio, XeF_4.

Exercícios relacionados 2E.17 a 2E.24

Nas moléculas que têm pares isolados ou um elétron desemparelhado no átomo central, os elétrons de valência contribuem para o arranjo de elétrons em volta do átomo central, mas só os átomos ligados são considerados na identificação da forma. Os pares isolados distorcem a forma da molécula para reduzir as repulsões entre pares isolados e pares ligantes.

2E.3 As moléculas polares

Uma *ligação* covalente polar, na qual os elétrons não estão igualmente distribuídos pelos átomos ligados, tem momento de dipolo diferente de zero (Tópico 2B). Uma **molécula polar** é uma *molécula* com momento de dipolo diferente de zero. Uma molécula diatômica é polar se sua ligação for polar. Uma molécula de HCl com sua ligação covalente polar ($^{\delta+}$H—Cl$^{\delta-}$) é uma molécula polar. Seu momento de dipolo, igual a 1,1 D, é típico de moléculas diatômicas polares (Tabela 2E.1). Todas as moléculas diatômicas formadas por átomos de elementos diferentes têm alguma polaridade. Uma **molécula não polar** é uma molécula cujo momento de dipolo elétrico é igual a zero. Todas as **moléculas diatômicas homonucleares**, formadas por átomos do mesmo elemento, como O_2, N_2 ou Cl_2, são não polares devido a suas ligações não polares.

Uma molécula poliatômica pode ser não polar mesmo se suas ligações forem polares. Por exemplo, os dois momentos de dipolo $^{\delta+}$C—O$^{\delta-}$ do dióxido de carbono, uma molécula linear, apontam para direções opostas e se cancelam (**25**). Por essa razão, o CO_2 é uma molécula não polar. O diagrama de potencial eletrostático (**26**) ilustra essa conclusão. No caso da água, os dois dipolos $^{\delta+}$H—O$^{\delta-}$ formam um ângulo de 104,5° entre si e não se cancelam. Por isso, H_2O é uma molécula polar (**27**). A polaridade é uma das razões pelas quais a água é um solvente tão bom para compostos iônicos.

PONTO PARA PENSAR

Você consegue justificar esta última afirmação?

Na comparação entre o CO_2 e a H_2O, você viu que a forma de uma molécula poliatômica define sua polaridade. O mesmo é válido para moléculas mais complexas. Por exemplo, os átomos e as ligações são os mesmos no *cis*-dicloro-eteno (**28**) e no *trans*-dicloro-eteno (**29**); mas, neste último, as ligações C—Cl apontam para direções opostas e os dipolos (que estão sobre as ligações C—Cl) se cancelam. Assim, enquanto o *cis*-dicloro-eteno é polar, o *trans*-dicloro-eteno é não polar.

Se os quatro átomos ligados ao átomo central de uma molécula tetraédrica forem iguais, como no tetracloro-metano (tetracloreto de carbono), CCl_4 (**30**), os momentos de dipolo se cancelam e a molécula é não polar. Entretanto, se um ou mais átomos terminais forem

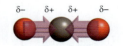

25 Dióxido de carbono, CO_2

26 Dióxido de carbono, CO_2

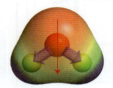

27 Água, H_2O

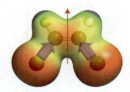

28 *cis*-Dicloro-eteno, $C_2H_2Cl_2$

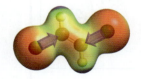

29 *trans*-Dicloro-eteno, $C_2H_2Cl_2$

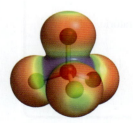

30 Tetracloro-metano, CCl_4

TABELA 2E.1	Momentos de dipolo de algumas moléculas comuns		
Molécula	Momento de dipolo (D)	Molécula	Momento de dipolo (D)
HF	1,91	PH_3	0,58
HCl	1,08	AsH_3	0,20
HBr	0,80	SbH_3	0,12
HI	0,42	O_3	0,53
CO	0,12	CO_2	0
ClF	0,88	BF_3	0
NaCl*	9,00	CH_4	0
CsCl*	10,42	cis-CHCl=CHCl	1,90
H_2O	1,85	trans-CHCl=CHCl	0
NH_3	1,47		

*Valores válidos para pares de íons na fase gás, não para o sólido iônico.

substituídos por átomos diferentes, como no tricloro-metano (clorofórmio), CHCl₃, ou por pares isolados, como no caso do NH₃, então os momentos de dipolo associados às ligações não se cancelam. Por isso, a molécula CHCl₃ é polar (**31**).

A Figura 2E.7 mostra as formas das moléculas simples que as fazem ser polares ou não polares.

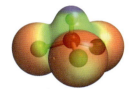

31 Tricloro-metano, CHCl₃

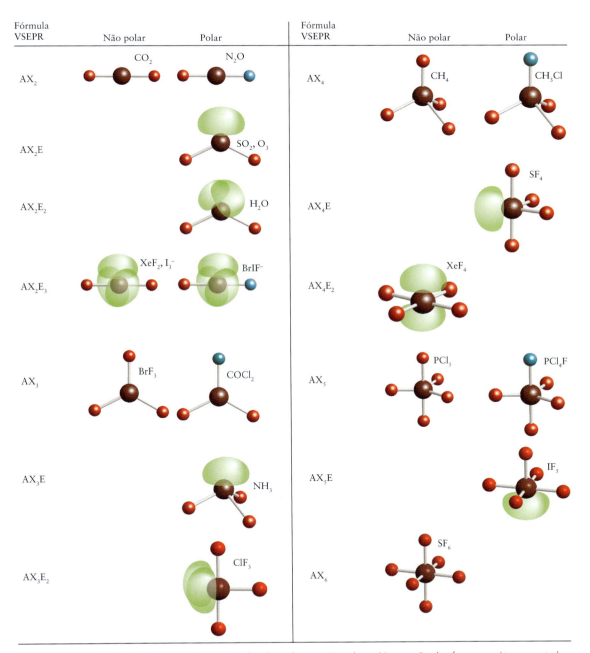

FIGURA 2E.7 Arranjos de átomos que levam a moléculas polares e não polares. Na notação, A refere-se ao átomo central, X a um átomo ligado e E a um par isolado. Os átomos idênticos têm a mesma cor, e átomos ligados de cores diferentes são de elementos distintos. Os lobos verdes correspondem aos pares isolados de elétrons.

EXEMPLO 2E.4 Como predizer o caráter polar de uma molécula

Como a polaridade de uma molécula afeta suas propriedades físicas, você precisa saber se uma molécula é polar ou não polar ao investigar como ela interage com outras moléculas. Diga se (a) uma molécula de trifluoreto de boro, BF_3, e (b) uma molécula de ozônio, O_3, são polares.

ANTECIPE As ligações no BF_3 têm forte caráter polar, mas as ligações no O_3 não. Por essa razão, você poderia imaginar que o BF_3 fosse polar e o O_3 fosse não polar. Contudo, a forma de uma molécula define sua polaridade. Portanto, as formas precisam ser identificadas antes de você fazer qualquer previsão.

PLANEJE É preciso determinar, em cada caso, a forma da molécula utilizando o modelo VSEPR e, então, verificar se os momentos de dipolo associados às ligações se cancelam devido à simetria da molécula. Se necessário, consulte a Fig. 2E.7.

RESOLVA

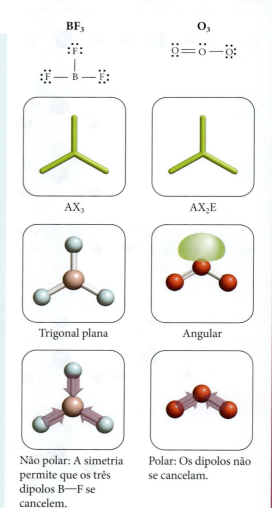

Desenhe a estrutura de Lewis.

Determine o arranjo de elétrons.

Identifique a fórmula VSEPR.

Dê nomes às formas moleculares.

Identifique a polaridade.

BF_3 — AX_3 — Trigonal plana — Não polar: A simetria permite que os três dipolos B—F se cancelem.

O_3 — AX_2E — Angular — Polar: Os dipolos não se cancelam.

AVALIE Este exemplo mostra que uma molécula poliatômica homonuclear (O_3) pode ser polar. Neste caso, a densidade eletrônica associada ao átomo central de O é diferente da dos dois átomos de O externos: o átomo central está ligado a dois átomos de O, ao passo que os átomos externos estão ligados a apenas um átomo de O. Este exemplo também mostra que, apesar de ter ligações B—F muito polares, o BF_3 é não polar porque os dipolos individuais se cancelam.

Teste 2E.5A Verifique se estas moléculas são polares ou não polares: (a) SF_4, (b) SF_6.

[*Resposta:* (a) Polar; (b) não polar]

Teste 2E.5B Verifique se estas moléculas são polares ou não polares: (a) PCl_5, (b) IF_5.

Exercícios relacionados 2E.25 a 2E.30

Uma molécula diatômica é polar se sua ligação for polar. Uma molécula poliatômica é polar se tiver ligações polares orientadas no espaço de maneira que os momentos de dipolo associados às ligações não se cancelem.

O que você aprendeu com este tópico?

As formas das moléculas simples (e as formas de regiões localizadas das moléculas mais complexas) podem ser previstas avaliando a repulsão entre as regiões de densidade eletrônica elevada. Você viu que os pares isolados têm maior poder de repulsão do que os elétrons que participam de ligações. Você também aprendeu que ligações múltiplas são tratadas como ligações simples na predição da forma de uma molécula e que esta forma é identificada com base nas posições dos átomos (não dos pares isolados). Além disso, você descobriu que pares isolados muitas vezes distorcem a forma de uma molécula de maneira previsível e viu que a forma tem um papel importante na determinação da polaridade de uma molécula poliatômica.

Os conhecimentos que você deve dominar incluem a capacidade de:

☐ **1.** Explicar a base do modelo VSEPR de ligação em termos das repulsões entre elétrons (Seção 2E.1).

☐ **2.** Utilizar o modelo VSEPR para predizer o arranjo de elétrons e a forma de uma molécula ou de um íon poliatômico a partir de sua fórmula (Caixa de Ferramentas 2E.1 e Exemplos 2E.1, 2E.2 e 2E.3).

☐ **3.** Predizer o caráter polar de uma molécula (Exemplo 2E.4).

Tópico 2E Exercícios

2E.1 Abaixo estão representados modelos de bolas e palitos de duas moléculas. Em cada caso, indique se deve existir, ou talvez exista, ou não pode haver um ou mais de um par de elétrons no átomo central.

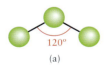
(a) 120°

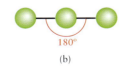
(b) 180°

2E.2 Abaixo estão representados modelos de bolas e palitos de duas moléculas. Em cada caso, indique se deve existir, ou talvez exista, ou não pode haver um ou mais de um par de elétrons no átomo central.

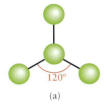
(a) 120°

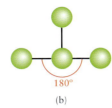
(b) 180°

2E.3 Desenhe as estruturas e indique as formas das moléculas: (a) HCN; (b) CH$_2$F$_2$.

2E.4 Desenhe as estruturas e indique as formas das moléculas: (a) SeF$_6$; (b) IF$_7$.

2F.5 (a) Qual é a forma do íon ClO$_2^+$? (b) Quais são os valores esperados para os ângulos OClO?

2E.6 (a) Qual é a forma do íon ClO$_2^-$? (b) Quais são os valores esperados para os ângulos OClO?

2E.7 (a) Qual é a forma da molécula do cloreto de tionila, SOCl$_2$? O enxofre é o átomo central. (b) Quantos ângulos de ligação OSCl diferentes existem na molécula? (c) Quais são os valores esperados para os ângulos OSCl e ClSCl?

2E.8 (a) Qual é a forma da molécula do XeF$_4$? (b) Quais são os valores esperados para os ângulos FXeF?

2E.9 (a) Qual é a forma da molécula do ICl$_3$ (o iodo é o átomo central)? (b) Qual é o valor esperado para o ângulo ClICl?

2E.10 (a) Qual é a forma da molécula do GeF$_4$? (b) Qual é o valor esperado para o ângulo FGeF?

2E.11 Utilize as estruturas de Lewis e o modelo VSEPR para obter a fórmula VSEPR e predizer a forma de cada uma das seguintes espécies: (a) tetracloreto de enxofre; (b) tricloreto de iodo; (c) IF$_4^-$; (d) trióxido de xenônio.

2E.12 Utilize as estruturas de Lewis e o modelo VSEPR para obter a fórmula VSEPR e predizer a forma de cada uma das seguintes espécies: (a) PF$_4^-$; (b) ICl$_4^+$; (c) pentafluoreto de fósforo; (d) tetrafluoreto de xenônio.

2E.13 Desenhe as estruturas de Lewis e obtenha a fórmula VSEPR, a forma molecular e os ângulos de ligação de cada uma das seguintes espécies: (a) I$_3^-$; (b) POCl$_3$; (c) IO$_3^-$; (d) N$_2$O.

2E.14 Desenhe as estruturas de Lewis e obtenha a fórmula VSEPR, a forma molecular e os ângulos de ligação de cada uma das seguintes espécies: (a) SiCl$_4$; (b) PF$_5$; (c) SBr$_2$; (d) ICl$_2^+$.

2E.15 Desenhe as estruturas de Lewis e a fórmula VSEPR, indique a forma da espécie e obtenha os ângulos de ligação aproximados de: (a) CF$_3$Cl; (b) TeCl$_4$; (c) COF$_2$; (d) CH$_3^-$.

2E.16 Desenhe as estruturas de Lewis e a fórmula VSEPR, indique a forma da espécie e obtenha os ângulos de ligação aproximados de: (a) PCl_3F_2; (b) SnF_4; (c) SnF_6^{2-}; (d) IF_5; (e) XeO_4.

2E.17 Obtenha os ângulos das ligações que envolvem o átomo central dos seguintes íons e moléculas triatômicos: (a) ozônio, O_3; (b) íon azido, N_3^-; (c) íon cianato, CNO^-; (d) íon hidrônio, H_3O^+.

2E.18 Obtenha os ângulos das ligações que envolvem o átomo central dos seguintes íons e moléculas triatômicos: (a) OF_2; (b) ClO_2^-; (c) NO_2^-; (d) $SeCl_2$.

2E.19 Obtenha a forma e estime os ângulos de ligação de: (a) íon tiossulfato, (a) $S_2O_3^{2-}$; (b) $(CH_3)_2Be$; (c) BH_2^-; (d) $SnCl_2$.

2E.20 Para cada uma das seguintes moléculas ou íons, desenhe a estrutura de Lewis, liste o número de pares isolados do átomo central, identifique a forma e estime os ângulos de ligação: (a) PBr_5; (b) $XeOF_2$; (c) SF_5^+; (d) IF_3; (e) BrO_3^-.

2E.21 Desenhe as estruturas de Lewis e dê os ângulos de ligação aproximados de: (a) C_2H_4; (b) $ClCN$; (c) $OPCl_3$; (d) N_2H_4.

2E.22 Desenhe as estruturas de Lewis e obtenha as formas de: (a) ClF_5; (b) SbF_5; (c) IO_5^{3-}; (d) IO_6^{5-}.

2E.23 Desenhe as estruturas de Lewis e obtenha as formas de: (a) O**Sb**Cl$_3$; (b) **S**O$_2$Cl$_2$; (c) **I**O$_2$F$_2^-$. O átomo em negrito é o átomo central.

2E.24 Desenhe as estruturas de Lewis e obtenha as formas de: (a) **As**O$_4^{3-}$; (b) O**S**F$_4$; (c) F$_3$**I**O$_2$. O átomo em negrito é o átomo central.

2E.25 Desenhe as estruturas de Lewis e indique se as seguintes moléculas são polares ou não polares: (a) CH_2Cl_2; (b) CCl_4; (c) CS_2; (d) SF_4.

2E.26 Desenhe as estruturas de Lewis e indique se as seguintes moléculas são polares ou não polares: (a) H_2Se; (b) AsF_5; (c) SiO_2; (d) NF_3.

2E.27 Diga se as seguintes moléculas devem se comportar como polares ou não polares: (a) C_5H_5N (piridina, uma molécula semelhante ao benzeno, exceto que um grupo CH é substituído por um átomo de nitrogênio); (b) C_2H_6 (etano); (c) $CHCl_3$ (tricloro-metano, também conhecido como clorofórmio, um solvente orgânico comum que já foi usado como anestésico).

2E.28 Diga se as seguintes moléculas devem se comportar como polares ou não polares: (a) CH_3SH (metanotiol, encontrado no hálito e em jaritatacas); (b) CH_3NH_2 (metilamina, um precursor de drogas); (c) CH_3OCH_3 (dimetil-éter, utilizado como gás propelente em aerossóis).

2E.29 Existem três isômeros do dicloro-benzeno, $C_6H_4Cl_2$, que diferem nas posições relativas dos átomos de cloro ligados ao anel benzeno. (a) Quais das três formas são polares? (b) Qual delas tem o maior momento de dipolo?

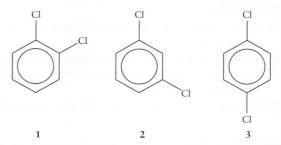

2E.30 Existem três isômeros do difluoro-eteno, $C_2H_2F_2$, que diferem nas posições dos átomos de flúor. (a) Quais das formas são polares e quais são não polares? (b) Qual delas tem o maior momento de dipolo?

Tópico 2F A teoria da ligação de valência

2F.1 As ligações sigma e pi
2F.2 A promoção de elétrons e a hibridação de orbitais
2F.3 Outros tipos comuns de hibridação
2F.4 As características das ligações múltiplas

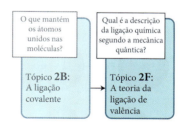

A **teoria da ligação de valência** (teoria VB) é a descrição da ligação covalente em termos dos orbitais atômicos. Concebida por Walter Heitler, Fritz London, John Slater e Linus Pauling no final da década de 1920, a teoria VB é um modelo quantomecânico da distribuição dos elétrons pelas ligações que vai além da teoria de Lewis e do modelo VSEPR e permite o cálculo numérico dos ângulos e dos comprimentos de ligação. Os conceitos e a linguagem em que ela se baseia são utilizados em toda a química.

O modelo de Lewis das ligações covalentes (Tópico 1B) pressupõe que cada par de elétrons ligantes está localizado entre dois átomos ligados – é um *modelo de elétrons localizados*. No entanto, a posição de um elétron em um átomo não pode ser descrita de forma precisa, mas somente em termos da *probabilidade* de encontrá-lo em algum lugar do espaço definido pelo orbital (Tópico 1C). A teoria da ligação de valência leva em conta a natureza ondulatória dos elétrons.

Por que você precisa estudar este assunto? A teoria da ligação de valência das estruturas eletrônicas ajuda a entender a natureza quantomecânica da ligação covalente, as ligações múltiplas e as formas das moléculas, além de introduzir uma linguagem muito utilizada na química.

Que conhecimentos você precisa dominar? Você precisa conhecer a descrição da estrutura atômica em termos da ocupação de orbitais (Tópicos 1D e 1E), a noção de função de onda (Tópico 1C) e o conceito de spin do elétron (Tópico 1D).

2F.1 As ligações sigma e pi

Consideremos, inicialmente, a formação de H_2, a molécula mais simples. Cada átomo de hidrogênio no estado fundamental tem um elétron no orbital 1s (Tópico 1D). A teoria da ligação de valência supõe que, quando os dois átomos H se aproximam, o par de elétrons 1s (descritos como ↑↓) e os orbitais atômicos se fundem (Fig. 2F.1). A distribuição de elétrons resultante apresenta a forma de uma salsicha, tem densidade eletrônica acumulada entre os núcleos e é chamada de "ligação σ" (ligação sigma). Em linguagem técnica:

- Uma **ligação σ** é simetricamente cilíndrica (é igual em todas as direções ao longo do eixo) e não tem planos nodais contendo o eixo internuclear.

A fusão dos dois orbitais atômicos é chamada de **superposição** de orbitais. Um ponto importante a ter em mente é que quanto maior for a superposição dos orbitais, mais forte é a ligação.

Ligações semelhantes, do tipo σ, ocorrem nos halogenetos de hidrogênio. Por exemplo, antes da combinação dos átomos H e F para formar o fluoreto de hidrogênio, um elétron desemparelhado do átomo de flúor ocupa um orbital $2p_z$ e o elétron desemparelhado do átomo de hidrogênio ocupa um orbital 1s (**1**). Estes elétrons se emparelham para formar uma ligação quando os orbitais que ocupam se superpõem e se fundem em uma nuvem que se espalha pelos dois átomos (Fig. 2F.2). Vista de lado, a ligação resultante tem forma mais complicada do que a das ligações σ de H_2. No entanto, a ligação σ no HF, a qual compartilha muitas das características da ligação σ do H_2, tem simetria cilíndrica ao longo do eixo internuclear (z) e não tem planos nodais contendo o eixo internuclear. Portanto, ela também é uma ligação σ. *Todas* as ligações covalentes são ligações σ.

A molécula do nitrogênio, N_2, apresenta um tipo diferente de ligação. Ela tem um elétron desemparelhado em cada um dos três orbitais 2p de cada átomo (**2**). Todavia, somente um

A letra grega sigma, σ, é o equivalente de nossa letra s. Ela é um lembrete de que, se você olhar ao longo do eixo internuclear, verá que a distribuição dos elétrons se parece com um orbital s.

Por convenção, a direção da ligação define o eixo z.

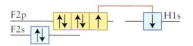

1 Fluoreto de hidrogênio, HF

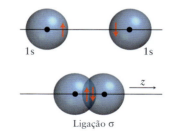

Ligação σ

FIGURA 2F.1 Quando elétrons de spins opostos (representados como ↑ e ↓) em orbitais 1s de dois hidrogênios se emparelham e os orbitais s se superpõem, eles formam uma ligação σ. A nuvem tem simetria cilíndrica ao redor do eixo internuclear e se espalha sobre os dois núcleos. Nas ilustrações deste texto, as ligações σ normalmente estão em azul.

FIGURA INTERATIVA 2F.1

118 Tópico 2F A teoria da ligação de valência

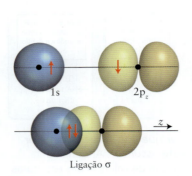

FIGURA 2F.2 Uma ligação σ também pode ser formada pelo emparelhamento de elétrons de orbitais 1s e 2p$_z$ (em que z é a direção do eixo internuclear). Os dois elétrons da ligação se espalham por toda a região do espaço ao redor da superfície-limite.

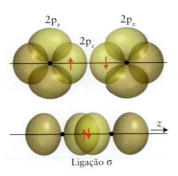

FIGURA 2F.3 Uma ligação σ forma-se no emparelhamento de spins de elétrons em dois orbitais 2p$_z$ de átomos vizinhos. Até aqui, estamos ignorando as interações de orbitais 2p$_x$ (e 2p$_y$), que também contêm elétrons desemparelhados, mas não podem formar ligações σ. Note que o plano nodal do orbital p$_z$ continua a existir na ligação σ.

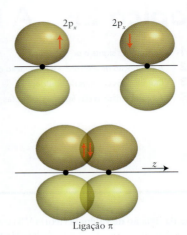

FIGURA 2F.4 Uma ligação π forma-se quando elétrons de dois orbitais 2p se emparelham e a superposição se dá lateralmente. O diagrama inferior mostra a superfície-limite correspondente. Apesar da forma complicada da ligação, com dois lobos, ela é ocupada por um par de elétrons e conta como uma única ligação. Neste livro, as ligações π normalmente estão em amarelo.

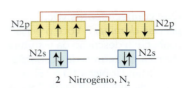

A letra grega "pi", π, é equivalente à nossa letra p. Quando olhamos ao longo do eixo internuclear, uma ligação π parece um par de elétrons em um orbital p.

Existem algumas exceções à regra descrita sobre as ligações duplas: em casos raros, ambas as ligações de uma ligação dupla são ligações π.

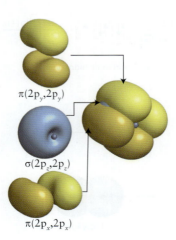

dos três orbitais de cada átomo, que está no orbital 2p$_z$, consegue se sobrepor cabeça-cabeça para formar uma ligação σ (Fig. 2F.3). Dois dos orbitais 2p de cada átomo (2p$_x$ e 2p$_y$) são perpendiculares ao eixo internuclear e cada um deles contém um elétron desemparelhado (Fig. 2F.4, parte superior). Quando esses elétrons, um de cada orbital p de um átomo de N, se emparelham, seus orbitais só podem se sobrepor lado a lado. Esse tipo de superposição leva a uma "ligação π", uma ligação em que os dois elétrons estão em dois lobos, um de cada lado do eixo internuclear (Fig. 2F.4, parte inferior). Mais formalmente:

- Uma **ligação π** tem um único plano nodal que contém o eixo internuclear.

Embora uma ligação π tenha densidade eletrônica nos dois lados do eixo internuclear, existe só uma ligação em que a nuvem de elétrons tem dois lobos, como acontece com o orbital p, que é um orbital com dois lobos. Em uma molécula com duas ligações π, como N$_2$, as densidades eletrônicas das duas ligações π se fundem, e os dois átomos parecem rodeados por um cilindro de densidade eletrônica (Fig. 2F.5).

PONTO PARA PENSAR

Você consegue justificar esta última afirmação? Como se forma uma ligação δ (uma ligação delta)?

De modo geral, a teoria da ligação de valência pode ser usada nestes casos para descrever as ligações covalentes:

Uma **ligação simples** é uma ligação σ.
Uma **ligação dupla** é uma ligação σ mais uma ligação π.
Uma **ligação tripla** é uma ligação σ mais duas ligações π.

Teste 2F.1A Quantas ligações σ e quantas ligações π existem em (a) CO$_2$ e (b) CO?

[***Resposta:*** (a) duas σ, duas π; (b) uma σ, duas π]

Teste 2F.1B Quantas ligações σ e quantas ligações π existem em (a) NH$_3$ e (b) HCN?

FIGURA 2F.5 O padrão da ligação da molécula do N$_2$. Os dois átomos são mantidos juntos por uma ligação σ (azul) e duas ligações π (amarelo). Embora sejam mostradas separadamente, na verdade as duas ligações π se fundem para formar uma longa nuvem em forma de biscoito ao redor da nuvem da ligação σ. A estrutura cilíndrica final lembra um cachorro-quente.

Segundo a teoria da ligação de valência, as ligações se formam quando os elétrons dos orbitais atômicos da camada de valência formam pares; os orbitais atômicos se sobrepõem cabeça-cabeça para formar ligações σ ou lateralmente para formar ligações π.

2F.2 A promoção de elétrons e a hibridação de orbitais

Algumas dificuldades são observadas quando a teoria VB é aplicada ao metano. O átomo de carbono tem a configuração $[He]2s^22p_x^12p_y^1$ com quatro elétrons de valência (**3**). No entanto, dois elétrons já estão emparelhados e somente os dois orbitais 2p incompletos do átomo de carbono estão disponíveis para a ligação. A impressão que se tem é de que o carbono deveria ter valência 2 e formar somente duas ligações perpendiculares. Porém, sabemos que o carbono quase sempre tem valência 4 (normalmente é "tetravalente") e no CH_4 o arranjo de ligações é tetraédrico.

Um átomo de carbono tem quatro elétrons desemparelhados disponíveis para a ligação quando um elétron é **promovido**, isto é, realocado em um orbital de energia mais alta. Quando um elétron 2s é promovido a um orbital 2p vazio, o átomo de carbono adquire a configuração $[He]2s^12p_x^12p_y^12p_z^1$ (**4**) e pode formar quatro ligações.

O caráter tetravalente do carbono deve-se à pequena energia de promoção de um átomo de carbono. Ela é pequena porque um elétron 2s é transferido de um orbital que ele partilha com outro elétron para um orbital 2p vazio. Embora o elétron fique em um orbital de maior energia, ele sofre menos repulsão de outros elétrons do que antes da promoção. Como resultado, somente uma pequena quantidade de energia é necessária para promover o elétron. O nitrogênio, vizinho do carbono, não pode utilizar a promoção para elevar o número de ligações que pode formar, porque a promoção não aumenta o número de elétrons desemparelhados que ele tem (**5**). O mesmo ocorre com o oxigênio e o flúor. A promoção de um elétron é possível se a carga total, levando em conta todas as contribuições para a energia e, especialmente, o maior número de ligações que podem se formar, está na direção da menor energia. O boro, $[He]2s^22p^1$, como o carbono, é um elemento em que a promoção de um elétron pode levar à formação de mais ligações (três, no boro), e geralmente ele forma três ligações.

Neste ponto, parece que a promoção de um elétron leva a dois tipos de ligação no metano: uma resultante da superposição de um orbital 1s do hidrogênio com um orbital 2s do carbono e três ligações resultantes da superposição de um orbital 1s de cada hidrogênio com cada um dos três orbitais 2p do carbono. A superposição com os orbitais 2p deveria levar a três ligações σ a 90° entre si. Este modelo, todavia, não corresponde à estrutura tetraédrica conhecida do metano com quatro ligações equivalentes.

O modelo é melhorado lembrando que os orbitais s e p são ondas de densidade eletrônica centradas no núcleo do átomo. Imagine que os quatro orbitais interferem uns nos outros e produzem novos arranjos quando se cruzam, como ondas na água. Quando as funções de onda são todas positivas ou todas negativas, as amplitudes aumentam pela interferência e quando as funções de onda têm sinais opostos, as amplitudes se reduzem e eventualmente se cancelam. Por essa razão, a interferência entre orbitais atômicos origina novos padrões, chamados de **orbitais híbridos**. Cada um dos orbitais híbridos, denominados h_i, forma-se pela combinação linear de quatro orbitais atômicos:

$$h_1 = s + p_x + p_y + p_z \qquad h_2 = s - p_x - p_y + p_z$$
$$h_3 = s - p_x + p_y - p_z \qquad h_4 = s + p_x - p_y - p_z$$

Em h_1, por exemplo, os orbitais s e p têm os sinais usuais e suas amplitudes se adicionam porque eles são todos positivos. Em h_2, porém, os sinais de p_x e p_y são invertidos, logo, o padrão de interferência resultante é diferente. Esses quatro orbitais híbridos são chamados de **híbridos sp³** porque são formados a partir de um orbital s e três orbitais p. Eles diferem na orientação, cada um apontando para o vértice de um tetraedro (Fig. 2F.6). Em todos os outros aspectos eles são idênticos.

Em um diagrama de energia de orbitais, a hibridação é representada como a formação de quatro orbitais de igual energia. Esta energia é intermediária entre as energias dos orbitais s e p com os quais eles são formados (**6**). Os híbridos são mostrados em verde

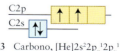

3 Carbono, $[He]2s^22p_x^12p_y^1$

O monóxido de carbono, CO, é a única exceção comum à tetravalência do carbono.

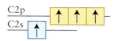

4 Carbono, $[He]2s^12p_x^12p_y^12p_z^1$

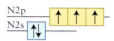

5 Nitrogênio, $[He]2s^22p_x^12p_y^12p_z^1$

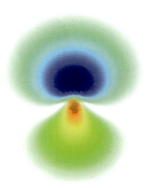

FIGURA 2F.6 Estes contornos indicam a amplitude da função de onda do orbital híbrido sp³ em um plano que o divide em dois e passa pelo núcleo. Cada orbital híbrido sp³ aponta para o vértice de um tetraedro.

FIGURA INTERATIVA 2F.6

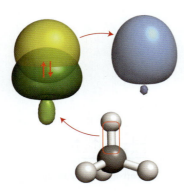

FIGURA 2F.7 As ligações C—H do metano são formadas pelo emparelhamento de um elétron 1s do hidrogênio e um elétron de um dos quatro orbitais híbridos sp³ do carbono. Portanto, a teoria dos orbitais de valência prevê quatro ligações σ equivalentes em um arranjo tetraédrico, o que é coerente com os resultados experimentais.

FIGURA INTERATIVA 2F.7

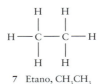

7 Etano, CH₃CH₃

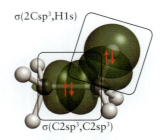

FIGURA 2F.8 Descrição da molécula do etano, C₂H₆, utilizando a teoria da ligação de valência. Só são mostradas as superfícies-limite de duas das ligações. Cada par de átomos vizinhos está ligado por uma ligação σ formada pelo emparelhamento de elétrons dos orbitais H1s e dos orbitais híbridos C2sp³. Todos os ângulos de ligação são 109,5°, aproximadamente (o ângulo do tetraedro).

FIGURA INTERATIVA 2F.8

para lembrar que são uma mistura de orbitais s (azuis) e p (amarelos). Os orbitais híbridos sp³ têm dois lobos, mas um dos lobos se estende além do orbital p original e o outro é mais curto. O fato de que os orbitais híbridos têm suas amplitudes concentradas em um lado do núcleo permite que eles se estendam e se sobreponham mais efetivamente com outros orbitais e, como resultado, formam ligações mais fortes do que se não ocorresse hibridação.

As ligações no metano agora podem ser explicadas. No átomo hibridado com um elétron promovido, os quatro orbitais híbridos sp³ podem formar um par com o elétron do orbital 1s de um hidrogênio. As superposições formam quatro ligações σ que apontam para os vértices de um tetraedro regular (Fig. 2F.7). Agora é possível ver que a descrição dada pela teoria da ligação de valência é coerente com a forma conhecida da molécula.

Quando existe mais de um átomo "central" na molécula, a hibridação de cada átomo é ajustada à forma obtida usando o modelo VSEPR. No etano, C₂H₆ (**7**), por exemplo, os dois átomos de carbono são considerados "centrais". De acordo com o modelo VSEPR, os quatro pares de elétrons de cada átomo de carbono assumem um arranjo tetraédrico. Esse arranjo sugere a hibridação sp³ para os átomos de carbono, como no metano (veja a Fig. 2F.7). Cada átomo de C tem um elétron desemparelhado em cada um dos quatro orbitais híbridos sp³ e pode formar quatro ligações σ dirigidas aos vértices de um tetraedro regular. A ligação C—C é formada pelo emparelhamento dos spins de dois elétrons um em cada orbital híbrido sp³ de um átomo de C. Chamamos essa ligação de σ(C2sp³,C2sp³) para descrever sua composição: C2sp³ significa um orbital híbrido sp³ composto por orbitais 2s e 2p de um átomo de carbono, e os parênteses mostram quais orbitais de cada átomo estão se sobrepondo (Fig. 2F.8). Cada ligação C—H se forma quando um elétron em um dos orbitais sp³ restantes se emparelha com um elétron do orbital 1s de um átomo de hidrogênio (representado por H1s). Essas ligações são representadas por σ(C2sp³,H1s).

Essas ideias são válidas também para moléculas como a amônia (NH₃), que têm um par isolado de elétrons no átomo central. De acordo com o modelo VSEPR, os quatro pares de elétrons de NH₃ estão em um arranjo tetraédrico e o átomo de nitrogênio pode ser descrito em termos de quatro orbitais híbridos sp³. Como o nitrogênio tem cinco elétrons de valência, um desses orbitais híbridos terá dois elétrons (**8**). Os elétrons 1s dos três átomos de hidrogênio se emparelham com os três elétrons desemparelhados dos orbitais híbridos sp³ remanescentes para formar três ligações σN—H. *Sempre que um átomo de um elemento não metálico em uma molécula tiver um arranjo tetraédrico de elétrons, ele está em hibridação sp³.*

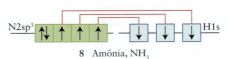

8 Amônia, NH₃

A promoção de elétrons só ocorrerá se o resultado for o abaixamento da energia provocado pela formação de novas ligações. Os orbitais híbridos são formados em um átomo para reproduzir o arranjo dos elétrons que é característico da forma experimental determinada para a molécula.

2F.3 Outros tipos comuns de hibridação

Diferentes esquemas de hibridação são usados para descrever outros arranjos de pares de elétrons (Fig. 2F.9). Para explicar um arranjo trigonal planar, como o do BF₃ e de cada átomo de carbono do eteno, um orbital s e dois orbitais p são misturados para produzir três orbitais híbridos sp²:

$$h_1 = s + 2^{1/2}p_y$$
$$h_2 = s + \left(\tfrac{3}{2}\right)^{1/2}p_x - \left(\tfrac{1}{2}\right)^{1/2}p_y$$
$$h_3 = s - \left(\tfrac{3}{2}\right)^{1/2}p_x - \left(\tfrac{1}{2}\right)^{1/2}p_y$$

FIGURA 2F.9 Três esquemas de hibridação comuns mostrados como superfícies-limite da função de onda e em termos das orientações dos orbitais híbridos. (a) Um orbital s e um orbital p hibridizam em dois orbitais híbridos sp, que apontam em direções opostas, formando uma molécula linear. (b) Um orbital s e dois orbitais p podem se combinar, formando três orbitais híbridos sp², que apontam para os vértices de um triângulo equilátero. (c) Um orbital s e três orbitais p podem se combinar, formando quatro orbitais híbridos sp³, que apontam para os vértices de um tetraedro.

FIGURA INTERATIVA 2F.9

(a)

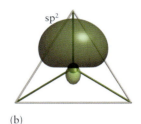

(b)

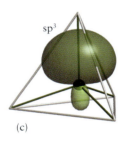

(c)

Os três orbitais, que são idênticos (exceto pela orientação espacial) mas não estão normalizados, estão no mesmo plano e apontam para os vértices de um triângulo equilátero.

Um arranjo linear de pares de elétrons requer dois orbitais híbridos, então um orbital s é misturado com um orbital p para produzir dois orbitais híbridos sp:

$$h_1 = s + p \qquad h_2 = s - p$$

Estes dois orbitais sp híbridos (não normalizados) apontam para direções opostas, formando um ângulo de 180°. Esta é a configuração do CO_2.

> **Teste 2F.2A** Sugira uma estrutura com orbitais híbridos para BF_3.
>
> [***Resposta:*** Três ligações σ formadas a partir de híbridos $B2sp^2$ e orbitais $F2p_z$ em um arranjo trigonal planar]
>
> **Teste 2F.2B** Sugira uma estrutura com orbitais híbridos para cada átomo de carbono do etino, C_2H_2.

Alguns dos elementos do Período 3 e posteriores podem acomodar cinco pares de elétrons ou mais, como em PCl_5. Estes tipos de ligação são descritos por um esquema de hibridação que usa os orbitais d do átomo central. Para explicar um arranjo de bipirâmide trigonal com cinco pares de elétrons, pressupõe-se que um orbital d se misture com os orbitais s e p do átomo. Os cinco orbitais resultantes são chamados de **orbitais híbridos sp³d** (Fig. 2F.10).

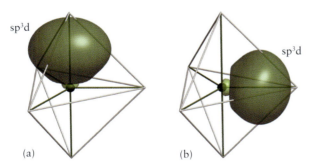

(a)   (b)

FIGURA 2.F10 Dois dos cinco orbitais híbridos sp³d: (a) um orbital axial e (b) um orbital equatorial. Os cinco orbitais sp³d explicam a configuração bipirâmide trigonal dos pares de elétrons. O esquema de hibridação sp³d só pode ser aplicado quando existirem orbitais d disponíveis no átomo central.

FIGURA INTERATIVA 2F.10

São necessários seis orbitais para acomodar os seis pares de elétrons ao redor do átomo em um arranjo octaédrico, como em SF_6 e XeF_4. Assim, pressupomos que dois orbitais d se misturam aos orbitais s e p para gerar seis **orbitais híbridos sp³d²** (Fig. 2F.11). Esses orbitais idênticos apontam para os seis vértices de um octaedro regular.

A Tabela 2F.1 resume as relações entre o arranjo de elétrons e o tipo de hibridação. Observe que o número de orbitais híbridos é sempre igual ao número de orbitais atômicos usado na sua construção:

N orbitais atômicos sempre produzem *N* orbitais híbridos.

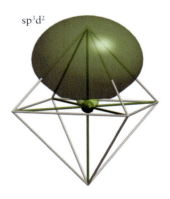

FIGURA 2F.11 Um dos seis orbitais híbridos sp³d² que podem ser formados quando orbitais d estão disponíveis e é preciso reproduzir um arranjo octaédrico de pares de elétrons.

FIGURA INTERATIVA 2F.11

TABELA 2F.1 Hibridação e forma molecular*

Arranjo dos elétrons	Número de orbitais atômicos	Hibridação do átomo central	Número de orbitais híbridos
Linear	2	sp	2
Trigonal planar	3	sp^2	3
Tetraédrico	4	sp^3	4
Bipirâmide trigonal	5	sp^3d	5
Octaédrico	6	sp^3d^2	6

* Outras combinações de orbitais s, p e d podem dar origem às mesmas formas ou a outras, mas as combinações da tabela são as mais comuns.

Até agora, os átomos terminais, como os átomos de cloro no PCl_5, não foram considerados hibridados. Dados espectroscópicos e cálculos sugerem que os orbitais s e p dos átomos terminais participam das ligações e é razoável supor que seus orbitais são hibridados. O modelo mais simples é imaginar que os três pares de elétrons e o par de elétrons da ligação estão em um arranjo tetraédrico e que os átomos de cloro ligam-se ao átomo de fósforo por orbitais híbridos sp^3.

O esquema de hibridação é adotado para corresponder ao arranjo de elétrons de uma molécula. A expansão do octeto implica o envolvimento de orbitais d.

EXEMPLO 2F.1 Como atribuir um esquema de hibridação

Em muitos casos, a identificação da hibridação de um átomo em uma molécula pode ajudar a entender as reações químicas envolvidas e a interpretar achados espectroscópicos. Qual é a hibridação do fósforo no PF_5?

ANTECIPE Para formar cinco ligações, são necessários cinco orbitais híbridos, o que sugere que um orbital d deve estar envolvido, além dos quatro orbitais s e p de uma camada de valência.

PLANEJE Escolha o esquema de hibridação válido para a configuração eletrônica prevista pelo modelo VSEPR usando N orbitais atômicos para formar N orbitais híbridos.

RESOLVA

Desenhe a estrutura de Lewis.

Identifique o arranjo de elétrons em volta do átomo central.

Cinco ligações e nenhum par isolado, portanto, bipirâmide trigonal.

Identifique a forma da molécula.

Bipirâmide trigonal

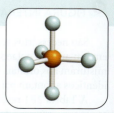

O número de orbitais atômicos é igual ao número de orbitais híbridos.

5

Construa os orbitais híbridos, começando com o orbital s, depois com os orbitais p e d.

$$sp^3d$$

AVALIE Conforme previsto, um orbital d é necessário para acomodar todos os elétrons de valência.

Teste 2F.3A Encontre (a) o arranjo dos elétrons, (b) a forma da molécula e (c) a hibridação do átomo central de cloro no trifluoreto de cloro.

[***Resposta:*** (a) bipirâmide trigonal; (b) forma da letra T; (c) sp^3d]

Teste 2F.3B Descreva (a) a configuração eletrônica, (b) a forma da molécula e (c) a hibridação do átomo central no BrF_4^-.

Exercícios relacionados 2F.5 a 2F.10

2F.4 As características das ligações múltiplas

Os átomos dos elementos do Período 2, C, N e O, formam ligações duplas uns com os outros, entre si e (especialmente o oxigênio) com átomos de elementos de períodos posteriores. Entretanto, ligações duplas são raras entre os elementos do Período 3 e posteriores porque os átomos e, consequentemente, as distâncias de ligações são muito grandes para que a superposição lateral dos orbitais p seja eficiente.

O padrão observado no eteno, $CH_2{=}CH_2$, é utilizado para descrever outras ligações duplas carbono-carbono. Os dados experimentais indicam que os seis átomos do eteno estão no mesmo plano, com ângulos de ligação HCH e CCH iguais a 120°. Esse ângulo sugere um arranjo trigonal planar para os elétrons e hibridação sp^2 para os átomos de C (**9**). Cada orbital híbrido do átomo de C tem um elétron disponível para ligação. O quarto elétron de valência de cada átomo de C ocupa o orbital 2p, não hibridado, perpendicular ao plano formado pelos híbridos. Os dois átomos de carbono formam uma ligação sigma por superposição de um orbital híbrido sp^2 de cada átomo. Os átomos de H formam ligações sigma com os lobos remanescentes dos híbridos sp^2. Os elétrons dos dois orbitais 2p não hibridados formam uma ligação π por superposição lateral. A Figura 2F.12 mostra que a densidade de elétrons da ligação π encontra-se acima e abaixo do eixo C—C da ligação σ.

No benzeno, os átomos de C e os de H ligados a eles estão no mesmo plano e os átomos de C formam um anel hexagonal. Para descrever as ligações das estruturas de Kekulé do benzeno (Tópico 2B) nos termos da teoria VB, os orbitais híbridos nos átomos de C precisam reproduzir os ângulos de ligação de 120° do anel hexagonal. Portanto, os átomos de carbono são considerados hibridados em sp^2, como no eteno (Fig. 2F.13). Existe um elétron em cada um dos três orbitais híbridos e um elétron no orbital 2p, não hibridado, perpendicular ao plano dos híbridos. Dois orbitais híbridos sp^2 de cada átomo de carbono se sobrepõem aos de seus vizinhos, resultando em seis ligações σ entre eles. O orbital híbrido sp^2 restante se sobrepõe a um orbital 1s do hidrogênio para formar seis ligações carbono-hidrogênio. Por fim, a superposição lateral do orbitais 2p de cada átomo de carbono resulta em uma ligação π com um dos vizinhos (Fig. 2F.14). O resultado é que as ligações π correspondem às duas

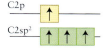

9 Carbono com hibridação sp^2

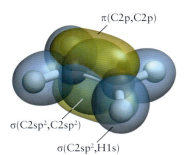

FIGURA 2F.12 Uma vista do eteno (etileno), mostrando o esqueleto de ligações σ e a ligação π formada pela superposição lateral dos orbitais C2p não hibridados. A ligação dupla resiste a torções porque tais movimentos reduziriam a superposição dos dois orbitais C2p e enfraqueceria a ligação π. Aqui a estrutura ligada se sobrepõe a um modelo de bolas e palitos.

FIGURA INTERATIVA 2F.12

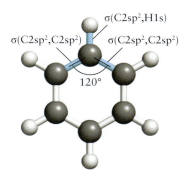

FIGURA 2F.13 A estrutura das ligações σ no benzeno. Cada átomo de carbono tem hibridação sp^2 e o arranjo de orbitais híbridos tem os mesmos ângulos (120°) da molécula hexagonal. As ligações de um dos átomos de carbono estão em destaque na figura. As demais são iguais.

124 Tópico 2F A teoria da ligação de valência

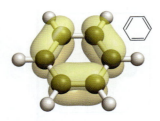

FIGURA 2F.14 Os orbitais 2p não hibridados do carbono podem formar uma ligação π com qualquer um de seus vizinhos. Dois arranjos são possíveis, cada um correspondendo a uma estrutura de Kekulé diferente. A figura mostra uma das estruturas de Kekulé e as ligações π correspondentes.

10 *cis*-Retinal

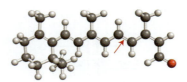

11 *trans*-Retinal

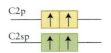

12 Carbono com hibridação sp

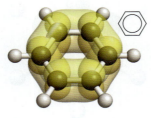

FIGURA 2F.15 Como resultado da ressonância entre duas estruturas como a da Fig. 2F.14 (correspondendo à ressonância entre duas estruturas de Kekulé), os elétrons π formam uma nuvem dupla, em forma de biscoito, acima e abaixo do plano do anel.

FIGURA INTERATIVA 2F.15

estruturas de Kekulé, e a estrutura final é um híbrido de ressonância das duas. Essa ressonância garante que os elétrons das ligações π se espalhem por todo o anel (Fig. 2F.15).

A presença de uma ligação dupla carbono-carbono influencia fortemente a forma da molécula porque impede a rotação de uma parte da estrutura em relação à outra. A ligação dupla do eteno, por exemplo, torna a molécula planar. A Figura 2F.12 mostra que os dois orbitais 2p se sobrepõem melhor se os dois grupos CH$_2$ estiverem no mesmo plano. Para que ocorresse rotação em torno da ligação dupla, a ligação π teria de se quebrar e se formar novamente.

As ligações duplas e sua influência sobre a forma das moléculas são extremamente importantes para os organismos vivos. A visão depende da forma de uma molécula chamada retinal, que existe na retina do olho. O *cis*-retinal mantém-se rígido por força de suas ligações duplas (**10**). Quando a luz encontra o olho, ela excita um elétron da ligação π, indicada pela seta. A ligação dupla se enfraquece e a molécula pode rodar em torno da ligação σ remanescente. Quando o elétron excitado retorna ao orbital original, a molécula é congelada na forma trans (**11**). Essa mudança de forma dispara um sinal que é transportado pelo nervo óptico até o cérebro, onde é interpretado como uma sensação de visão.

Vejamos, agora, os alquinos, hidrocarbonetos com ligações triplas. A estrutura de Lewis da molécula linear do etino (acetileno) é H—C≡C—H. Uma molécula linear tem dois orbitais equivalentes separados por um ângulo de 180°, o que caracteriza hibridação sp. Cada átomo de C tem um elétron em cada um dos dois orbitais híbridos sp e um elétron em cada um dos dois orbitais perpendiculares 2p não hibridados (**12**). Os elétrons de um dos orbitais híbridos sp em cada átomo de carbono se emparelham e formam uma ligação σ carbono-carbono. Os elétrons dos orbitais híbridos sp restantes se emparelham com os elétrons 1s do hidrogênio e formam duas ligações σ carbono-hidrogênio. Os elétrons dos dois conjuntos de orbitais 2p perpendiculares se emparelham por superposição lateral, formando duas ligações π em 90°. Como na molécula do N$_2$, a densidade eletrônica nas ligações π forma um cilindro em torno do eixo da ligação C—C. O padrão de ligação resultante é mostrado na Fig. 2F.16.

A teoria da ligação de valência explica por que uma ligação dupla carbono-carbono é mais forte do que uma ligação simples carbono-carbono, porém mais fraca do que a soma de duas ligações simples (Tópico 2D), e por que uma ligação tripla carbono-carbono é mais fraca do que a soma de três ligações simples. Uma ligação simples C—C é uma ligação σ, mas as ligações adicionais de uma ligação múltipla são ligações π. Uma razão para a diferença de força está na superposição lateral dos orbitais p, que é menor e mais fraca em uma ligação π do que a superposição cabeça-cabeça que leva a uma ligação σ. A superposição lateral também explica por que raramente são encontradas ligações duplas nos átomos dos elementos dos períodos posteriores ao Período 3. Os átomos são muito grandes para se sobrepor de maneira eficiente e formar uma ligação.

EXEMPLO 2F.2 Explicação da estrutura de uma molécula que tem ligações múltiplas

O ácido fórmico é um importante composto iniciador de algumas polimerizações. Devido a sua estrutura, ele é útil na síntese de cadeias poliméricas fortes. Explique a estrutura de uma molécula do ácido fórmico, HCOOH, em termos de orbitais híbridos, ângulos de ligação e ligações σ e π. O átomo de C liga-se a um átomo de H, a um átomo de O terminal e a um grupo —OH.

ANTECIPE Como o átomo de C está ligado a três outros átomos, você deve esperar que seu esquema de hibridação seja sp^2 e que um orbital p não hibridado permaneça.

PLANEJE Use o modelo VSEPR para identificar a forma da molécula e ache a hibridação coerente com a forma encontrada. Todas as ligações simples são ligações σ e as ligações múltiplas são ligações σ associadas a uma ou mais ligações π. Por fim, permita que as ligações σ e π se formem por superposição dos orbitais.

RESOLVA

Desenhe a estrutura de Lewis.

Use o modelo VSEPR para identificar o arranjo de elétrons em volta dos átomos centrais de C e de O.

O átomo de C está ligado a três átomos e não tem pares isolados, portanto, ele está em um arranjo trigonal planar. O átomo de O do grupo —OH tem duas ligações simples e dois pares de elétrons isolados, logo, tem arranjo tetraédrico.

Identifique a hibridação e os ângulos de ligação.

Átomo de C: trigonal planar, logo, ângulos de 120°, hibridação sp^2.
Átomo de O do grupo —OH: tetraédrico, logo, ângulos próximos a 109,5°, hibridação sp^3.

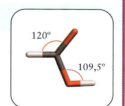

Forme as ligações.

Uma ligação π forma-se por superposição do orbital p do átomo de C com o orbital p do átomo de O terminal.

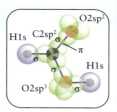

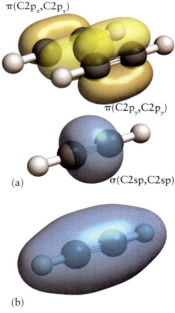

(a)

(b)

FIGURA 2F.16 O modelo de ligação do etino (acetileno). Os átomos de carbono têm hibridação sp e os dois orbitais p remanescentes de cada átomo de C formam duas ligações π. (a) O padrão resultante é bastante semelhante ao proposto para o nitrogênio (Fig. 2F.15), com grupos C—H substituindo os dois átomos de N. (b) Embora os dois orbitais π sejam formados por orbitais p, a densidade eletrônica total tem simetria cilíndrica.

FIGURA INTERATIVA 1F.16

AVALIE Como previsto, o esquema de hibridação do átomo de C é sp^2, deixando um orbital p não hibridado.

Teste 2F.4A Descreva a estrutura da molécula do subóxido de carbono, C$_3$O$_2$, em termos de orbitais híbridos, ângulos de ligação e ligações σ e π. Os átomos estão dispostos na ordem OCCCO.

[**Resposta:** Linear; todos os ângulos de ligação são de 180°. Todos os átomos de C têm hibridação sp, formando uma ligação σ e uma ligação π com cada átomo de C ou O adjacente.]

Teste 2F.4B Descreva a estrutura da molécula de propeno, CH$_3$—CH=CH$_2$, em termos de orbitais híbridos, ângulos de ligação e ligações σ e π.

Exercícios relacionados 2F.17 e 2F.18

Nas ligações múltiplas, um átomo forma uma ligação σ, usando um orbital híbrido sp ou sp^2, e uma ou mais ligações π, usando orbitais p não hibridados. A superposição lateral que produz uma ligação π restringe a rotação das moléculas, resulta em ligações mais fracas do que as ligações σ e impede que átomos com raios maiores formem ligações múltiplas.

O que você aprendeu com este tópico?

Você aprendeu que, segundo a teoria da ligação de valência, uma ligação covalente se forma quando os elétrons em orbitais atômicos emparelham os seus spins e os orbitais se sobrepõem. Você viu que existem dois tipos de ligação (σ e π) e que a promoção de elétrons ocorre se o maior número de ligações possíveis compensa o investimento em energia. Além disso, você encontrou o conceito de hibridação, que permite explicar a forma da molécula com base nas ligações que a formam.

Os conhecimentos que você deve dominar incluem a capacidade de:

☐ **1.** Descrever a diferença entre as ligações σ e π e identificar os tipos de ligações que compõem as ligações duplas e triplas (Seção 2F.1).

☐ **2.** Explicar a promoção de elétrons.

☐ **3.** Descrever a formação de orbitais híbridos a partir da mistura de orbitais atômicos.

☐ **4.** Explicar a estrutura de uma molécula em termos de orbitais híbridos e ligações σ e π (Exemplos 2F1 e 2F.2).

Tópico 2F Exercícios

Os exercícios marcados com $\int_{dx}^{C}$ exigem cálculos.

2F.1 Dê as orientações relativas dos seguintes orbitais híbridos: (a) sp^3; (b) sp; (c) sp^3d^2; (d) sp^2.

2F.2 A orientação das ligações do átomo central de uma molécula que não tem pares isolados de elétrons pode ser qualquer uma das listadas a seguir. Qual é a hibridação dos orbitais utilizados pelo átomo central para acomodar os pares de ligação: (a) tetraedro; (b) bipirâmide trigonal; (c) octaedro; (d) linear?

2F.3 Quantas ligações σ e quantas ligações π existem em (a) H_2S e (b) SO_2?

2F.4 Quantas ligações σ e quantas ligações π existem em (a) NO e (b) N_2O?

2F.5 Dê a hibridação do átomo em vermelho negrito das seguintes moléculas: (a) **Be**Cl2; (b) **B**H_3; (c) **B**H_4^-; (d) **Si**F_4.

2F.6 Dê a hibridação do átomo em vermelho negrito das seguintes moléculas: (a) **S**F_6; (b) **Cl**O_3^-; (c) **N**O_3^-; (d) O**C**Cl_2.

2F.7 Identifique a hibridação usada pelos átomos em vermelho negrito nas seguintes espécies: (a) **B**F_3; (b) **As**F_3; (c) **Br**F_3; (d) **Se**F_3^+.

2F.8 Identifique os orbitais híbridos utilizados pelos átomos em vermelho negrito nas seguintes moléculas: (a) CH_3**C**CCH_3; (b) CH_3**N**NCH_3; (c) $(CH_3)_2$**C**$C(CH_3)_2$; (d) $(CH_3)_2$**N**$N(CH_3)_2$.

2F.9 Identifique os orbitais híbridos utilizados pelos átomos de fósforo nas seguintes espécies: (a) PCl_4^+; (b) PCl_6^-; (c) PCl_5; (d) PCl_3.

2F.10 Identifique os orbitais híbridos utilizados pelos átomos em vermelho negrito nas seguintes moléculas: (a) H_2**C**CCH_2; (b) H_3**C**CH_3; (c) CH_3**N**N; (d) CH_3**C**OOH.

2F.11 O fósforo branco, P_4, é tão reativo que inflama no ar. Os quatro átomos de P_4 formam um tetraedro no qual cada átomo de P está ligado a três outros átomos de P. (a) Sugira um esquema de hibridação para a molécula de P_4. (b) A molécula de P_4 é polar ou não polar?

2F.12 Na fase vapor, o fósforo pode existir como moléculas de P_2 que são muito reativas, enquanto o N_2 é relativamente inerte. Use a teoria da ligação de valência para explicar essa diferença.

2F.13 A acrilonitrila, CH_2CHCN, é empregada na síntese de fibras acrílicas (poliacrilonitrilas), como o Orlon. Desenhe a estrutura de Lewis da acrilonitrila e descreva os orbitais híbridos de cada átomo de carbono. Qual é o valor aproximado dos ângulos de ligação?

2F.14 O xenônio forma XeO_3, XeO_4 e XeO_6^{4-}, que são poderosos agentes oxidantes. Desenhe suas estruturas de Lewis e seus ângulos de ligação e dê a hibridação dos átomos de xenônio. Qual deles teria as maiores distâncias Xe—O? Explique sua resposta.

2F.15 Sabendo que os ângulos de ligação de um átomo hibridado sp^3 são 109,5° e os de um átomo hibridado sp^2 são 120°, você esperaria que o ângulo de ligação entre dois orbitais híbridos aumentasse ou diminuísse com o aumento do caráter s dos orbitais híbridos?

2F.16 NH_2^- e NH_2^+ são espécies angulares, mas o ângulo de ligação em NH_2^- é menor do que em NH_2^+. (a) Qual é a razão da diferença? (b) Faça o eixo x perpendicular ao plano da molécula. O orbital $N2p_x$ participa da hibridação nessas espécies? Justifique de forma resumida sua resposta.

2F.17 Descreva a estrutura da molécula de formaldeído, CH_2O, em termos de orbitais híbridos, ângulos de ligação e ligações σ e π. O átomo de C é o átomo central ao qual os outros três átomos estão ligados.

2F.18 Descreva a estrutura da molécula de formamida, $HCONH_2$, em termos de orbitais híbridos, ângulos de ligação e ligações σ e π. O átomo de C está ligado a um átomo de H, a um átomo de O terminal e a um átomo de N. O átomo de N também está ligado a dois átomos de H.

2F.19 $\int_{dx}^{C}$ Sabendo que os orbitais atômicos usados para produzir os híbridos são normalizados a 1 e são mutuamente ortogonais, (a) mostre que os dois híbridos tetraédricos $h_1 = s + p_x + p_y + p_z$ e $h_3 = s - p_x + p_y - p_z$ são ortogonais. (b) Construa os dois híbridos tetraédricos restantes, que são ortogonais a esses dois híbridos. *Sugestão*: Duas funções de onda são ortogonais se $\int \psi_1 \psi_2 d\tau = 0$, em que $\int \dots d\tau$ significa "integrado sobre todo o espaço".

2F.20 $\int_{dx}^{C}$ O orbital híbrido $h_1 = s + p_x + p_y + p_z$ a que o Exercício 2F.19 se refere não está normalizado. Encontre o fator de normalização N, levando em conta que todos os orbitais atômicos estão normalizados a 1. Uma função de onda ψ pode ser normalizada escrevendo-a como $N\psi$ e encontrando o fator N que garante que a integral no espaço de $(N\psi)^2$ seja igual a 1.

2F.21 A composição dos híbridos pode ser discutida quantitativamente. O resultado é que, se dois híbridos equivalentes compostos de um orbital s e dois orbitais p formam um ângulo θ, então os híbridos podem ser considerados sp^λ, com $\lambda = -\cos\theta / \cos^2(\frac{1}{2}\theta)$. Qual é a hibridação dos orbitais de O que formam as duas ligações O—H em H_2O?

2F.22 Levando em conta a informação dada no Exercício 2F.21, construa um gráfico que mostre como a hibridação depende do ângulo entre dois orbitais híbridos formados por um orbital s e dois orbitais p, e confirme que ele varia de 90°, quando não se inclui o orbital s na mistura, até 120°, em que a hibridação é sp^2.

Tópico 2G A teoria dos orbitais moleculares

2G.1 Os orbitais moleculares
2G.2 As configurações eletrônicas das moléculas diatômicas
2G.3 As ligações em moléculas diatômicas heteronucleares
2G.4 Os orbitais em moléculas poliatômicas

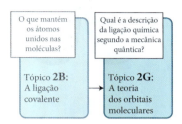

A teoria dos orbitais moleculares, introduzida por Robert Mulliken, Friedrich Hund, John Slater e John Lennard-Jones no fim da década de 1920, provou ser a melhor teoria para a descrição da ligação química: ela resolve todas as deficiências da teoria de Lewis (Tópico 2B) e é mais fácil de usar nos cálculos do que a teoria da ligação de valência (Tópico 2F).

2G.1 Os orbitais moleculares

Na **teoria dos orbitais moleculares** (teoria MO), os elétrons são descritos por funções de ondas chamadas de **orbitais moleculares**, que se espalham por toda a molécula. Dito de outra forma, enquanto nos modelos de Lewis e de ligação de valência os elétrons estão localizados em átomos ou entre pares de átomos, na teoria dos orbitais moleculares todos os elétrons de valência estão deslocalizados sobre toda a molécula, isto é, não pertencem a alguma ligação específica.

Os orbitais moleculares são construídos a partir de orbitais atômicos que pertencem à camada de valência dos átomos da molécula. Assim, um orbital molecular de H_2 é:

$$\psi = \psi_{A1s} + \psi_{B1s} \quad (1)$$

em que ψ_{A1s} é um orbital 1s centrado em um átomo (A) e ψ_{B1s} é um orbital 1s centrado em outro átomo (B). O termo técnico usado para adicionar funções de onda (algumas vezes com coeficientes diferentes) é "formar uma combinação linear", e o orbital molecular da Equação 1 é chamado de **combinação linear de orbitais atômicos** (LCAO, de *linear combination of atomic orbitals*). Qualquer orbital molecular formado a partir da combinação linear de orbitais atômicos é chamado, por extensão, um **LCAO-MO**. Observe que, neste estágio, não existem elétrons no orbital molecular, que é somente uma combinação (neste caso, a soma) de funções de onda. Como os orbitais atômicos, o orbital molecular da Equação 1 é uma função matemática bem definida que pode ser determinada em qualquer ponto do espaço e desenhada em três dimensões.

O LCAO-MO da Equação 1 tem energia menor do que qualquer um dos orbitais atômicos empregados em sua construção. Antes de o orbital molecular se formar, os dois orbitais atômicos são como ondas centradas em núcleos diferentes. Quando o orbital molecular se forma, as ondas interferem construtivamente uma na outra, aumentando a amplitude total da função de onda onde ocorre superposição (Fig. 2G.1). O aumento da amplitude na região internuclear indica que existe uma maior densidade de probabilidade. Qualquer elétron que ocupa um orbital molecular é atraído por ambos os núcleos e tem energia menor do que quando está confinado no orbital atômico de um átomo. Além disso, como o elétron ocupa agora um volume maior do que quando está confinado a um único átomo, ele também tem energia cinética mais baixa, como acontece com uma partícula confinada em uma caixa de dimensões maiores (Tópico 1C). A combinação de orbitais atômicos que leva à maior redução da energia total, como na Equação 1, é chamada de **orbital ligante**.

Por que você precisa estudar este assunto? A abordagem quantomecânica mais comum para descrever a estrutura eletrônica de moléculas é a teoria dos orbitais moleculares. Ela é utilizada em toda a química, e é essencial para entender as propriedades dos materiais modernos.

Que conhecimentos você precisa dominar? Este tópico utiliza os conhecimentos sobre orbitais atômicos (Tópico 1D). Você também precisa conhecer a interpretação de Born para as funções de onda (Tópico 1D) e entender como o princípio da construção é usado para descrever as estruturas de átomos poliatômicos (Tópico 1E).

Enquanto os orbitais híbridos são combinações lineares de orbitais atômicos no mesmo átomo, os orbitais moleculares são formados a partir da combinação linear de orbitais atômicos que podem ser de átomos diferentes.

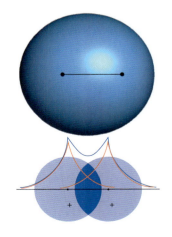

FIGURA 2G.1 Quando dois orbitais 1s se sobrepõem na mesma região do espaço e suas funções de onda têm o mesmo sinal naquela região, elas (linhas vermelhas) interferem construtivamente e dão origem a uma região com maior amplitude entre os dois núcleos (linha azul).

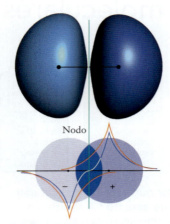

FIGURA 2G.2 Quando dois orbitais 1s se sobrepõem na mesma região do espaço e suas funções de onda têm sinais opostos, elas (linhas vermelha e laranja) interferem destrutivamente e dão origem a uma região com menor amplitude e um nodo entre os dois núcleos (linha vertical azul).

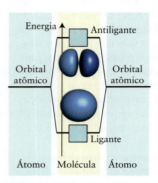

FIGURA 2G.3 Diagrama de energia dos orbitais moleculares ligantes e antiligantes, que podem ser construídos a partir de dois orbitais s. Os sinais diferentes dos orbitais s (que indicam como eles se combinam para formar o orbital molecular) são representados por diferentes tonalidades de azul.

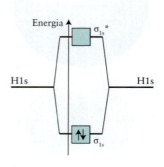

Uma das características importantes da teoria MO é que

N orbitais atômicos podem formar N orbitais moleculares.

No caso do hidrogênio molecular, em que LCAO-MOs são formados a partir da combinação linear de dois orbitais atômicos, dois orbitais moleculares são gerados. O segundo orbital molecular tem a forma:

$$\psi = \psi_{A1s} - \psi_{B1s} \quad (2)$$

O sinal negativo indica que a amplitude de ψ_{B1s} *subtrai-se* da amplitude de ψ_{A1s} quando eles se sobrepõem (Fig. 2G.2) e que existe uma superfície nodal nos pontos em que os orbitais atômicos se anulam. No caso da molécula de hidrogênio, a superfície nodal é um plano equidistante dos dois núcleos. Se um elétron ocupa este orbital, ele é excluído fortemente da região internuclear e, consequentemente, tem energia mais alta do que quando ocupa um dos orbitais atômicos. A combinação de orbitais atômicos que tem energia total maior do que aquela dos orbitais atômicos originais, como na Equação 2, é chamada de **orbital antiligante**.

Nota de boa prática O que o sinal negativo na Equação 2 realmente significa é que o sinal de ψ_{B1s} é trocado em todos os pontos (isto é, um pico vira um vale e vice-versa) e a função de onda resultante é adicionada (sobreposta) a ψ_{A1s}.

As energias relativas dos orbitais atômicos originais e dos orbitais moleculares ligante e antiligante são comumente representadas na forma de **diagramas de níveis de energia dos orbitais moleculares**, como o da Fig. 2G.3. O acréscimo de energia de um orbital antiligante em relação aos orbitais atômicos é aproximadamente igual ou um pouco maior do que a diminuição de energia do orbital ligante correspondente.

Os orbitais moleculares são formados pela combinação linear de orbitais atômicos: quando os orbitais atômicos interferem construtivamente, formam-se orbitais ligantes, e quando interferem destrutivamente, formam-se orbitais antiligantes. N orbitais atômicos combinam-se para dar N orbitais moleculares.

2G.2 As configurações eletrônicas das moléculas diatômicas

Na descrição dos orbitais moleculares de moléculas diatômicas homonucleares, deve-se construir primeiro todos os orbitais moleculares possíveis a partir dos orbitais atômicos disponíveis da camada de valência. Depois, os elétrons são acomodados nos orbitais moleculares segundo o mesmo procedimento do princípio da construção nos orbitais atômicos (Tópico 1E). Isto é,

1. Os elétrons são acomodados inicialmente no orbital molecular de mais baixa energia e, depois, sucessivamente, nos níveis de energia mais alta.
2. De acordo com o princípio da exclusão de Pauli, cada orbital molecular pode acomodar até dois elétrons. Se dois elétrons estão no mesmo orbital, eles estão emparelhados (↑↓).
3. Se mais de um orbital molecular de mesma energia estiver disponível, os elétrons os ocupam um a um, adotando spins paralelos (Regra de Hund).

Em H_2, dois orbitais 1s (um em cada átomo) se fundem, formando dois orbitais moleculares. O orbital ligante é representado por σ_{1s}, e o antiligante, por σ_{1s}^*. O símbolo 1s na notação corresponde aos orbitais atômicos usados na formação dos orbitais moleculares. O σ indica que um "orbital σ", com forma de salsicha, foi construído. Em linguagem técnica:

- Um **orbital σ** é um orbital sem plano nodal com simetria cilíndrica e eixo internuclear.

Dois elétrons, um de cada átomo de H, podem ser usados e ambos ocupam o orbital ligante (de menor energia), resultando na configuração σ_{1s}^2 (Fig. 2G.4). Como só o orbital ligante está ocupado, a energia da molécula é menor do que a energia dos átomos separados, e o

FIGURA 2G.4 Os dois elétrons da molécula H_2 ocupam o orbital molecular de menor energia (ligante) e formam uma molécula estável.

hidrogênio existe na forma de moléculas de H₂. Dois elétrons em um orbital σ formam uma ligação σ, como na ligação σ da teoria VB. No entanto, mesmo um único elétron pode manter dois átomos ligados, embora com energia aproximadamente igual à metade da de um par de elétrons, e, por isso, ao contrário do predito pela teoria de Lewis e pela teoria da ligação de valência, um par de elétrons não é essencial para manter uma ligação. Ele é meramente o número máximo de elétrons permitido pelo princípio da exclusão de Pauli para ocupar um orbital molecular.

Agora é possível estender essas ideias a outras moléculas diatômicas homonucleares dos elementos do Período 2. A primeira etapa é a construção do diagrama de energia dos orbitais moleculares a partir dos orbitais atômicos da camada de valência dos átomos. Como os átomos do Período 2 têm orbitais 2s e 2p nas camadas de valência, os orbitais moleculares são construídos por superposição desses orbitais atômicos. Existem, no total, oito orbitais atômicos (um orbital 2s e três orbitais 2p em cada átomo), isto é, oito orbitais moleculares podem ser construídos. Os dois orbitais 2s se sobrepõem para formar dois orbitais s, um ligante (o orbital σ_{2s}) e o outro antiligante (o orbital σ_{2s}*), que se assemelham aos orbitais σ_{1s} e σ_{1s}* do H₂. Os seis orbitais 2p (três em cada átomo vizinho) formam os seis orbitais moleculares remanescentes. Eles podem se sobrepor de duas maneiras: os dois orbitais 2p que estão ao longo do eixo internuclear formam um orbital ligante σ (σ_{2p}) e um orbital antiligante σ* (σ_{2p}*) quando se sobrepõem (Fig. 2G.5), ou os dois orbitais 2p de cada átomo que são perpendiculares ao eixo internuclear se sobrepõem lateralmente para formar "orbitais π" (Fig. 2G.6). Em linguagem técnica:

- Um **orbital π** é um orbital molecular com um plano nodal que contém o eixo internuclear.

Existem dois orbitais 2p em cada átomo, perpendiculares ao eixo internuclear, logo, quatro orbitais moleculares (dois orbitais π_{2p} ligantes e dois orbitais π_{2p}* antiligantes) formam-se por superposição.

Cálculos detalhados mostram que existem pequenas diferenças na ordem dos níveis de energia em diferentes moléculas (Quadro 2G.1). A Figura 2G.7 mostra a ordem para os elementos do Período 2, com a exceção de O₂ e F₂, que estão na ordem mostrada na

No trabalho computacional de precisão, os orbitais são construídos a partir dos orbitais do caroço e dos orbitais de valência.

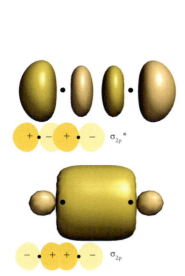

FIGURA 2G.5 Dois orbitais p podem se sobrepor para formar um orbital σ ligante (inferior) e um orbital σ antiligante (superior). Observe que este último tem um plano nodal entre os dois núcleos. Os dois orbitais σ têm nodos que passam através dos dois núcleos, mas não segundo o eixo da ligação.

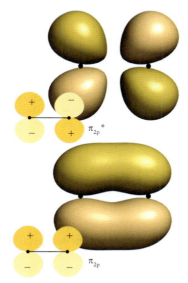

FIGURA 2G.6 Dois orbitais p podem se sobrepor lateralmente para formar um orbital π ligante (inferior) e um orbital π antiligante (superior). Observe que este último tem um plano nodal entre os dois núcleos. Os dois orbitais têm um plano nodal que passa através dos dois núcleos e se assemelham a orbitais p quando observados ao longo do eixo internuclear.

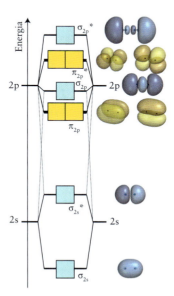

FIGURA 2G.7 Diagrama típico de níveis de energia dos orbitais moleculares das moléculas diatômicas homonucleares Li₂ até N₂. Cada caixa representa um orbital molecular que pode acomodar até dois elétrons.

Quadro 2G.1 COMO SABEMOS... QUAIS SÃO AS ENERGIAS DOS ORBITAIS MOLECULARES?

As energias dos orbitais são calculadas resolvendo a equação de Schrödinger com programas de computador. Os programas comerciais disponíveis são hoje tão completos que resolver a equação de Schrödinger é tão fácil quanto digitar o nome da molécula ou desenhá-la em uma tela. No entanto, esses valores são teóricos. Como essas energias são medidas experimentalmente?

Um dos métodos mais diretos é usar a espectroscopia fotoeletrônica (PES), uma adaptação do efeito fotoelétrico (Tópico 1B). Um espectrômetro fotoeletrônico contém uma fonte de radiação de alta frequência (veja a primeira ilustração). A radiação ultravioleta é a mais empregada para moléculas, porém raios X são utilizados na exploração dos orbitais do interior de sólidos. Em ambas as faixas de frequência, os fótons têm energia suficiente para expulsar os elétrons dos orbitais moleculares que eles ocupam.

Suponha que a frequência de radiação é ν (nu); logo, cada fóton tem energia $h\nu$. Um elétron que ocupa um orbital molecular tem energia $E_{orbital}$ abaixo do zero de energia (que corresponde a um elétron muito afastado da molécula). Assim, um fóton que colide com o elétron pode expulsá-lo da molécula se tiver a energia necessária. A energia remanescente do fóton, $h\nu - E_{orbital}$, aparece como a energia cinética, E_c, do elétron ejetado:

$$h\nu - E_{orbital} = E_c$$

A frequência ν da radiação que está sendo utilizada para bombardear as moléculas é conhecida. Logo, se a energia cinética do elétron expulso, E_c, for medida, essa equação pode ser resolvida, resultando na energia do orbital, $E_{orbital}$.

A energia cinética de um elétron expulso depende de sua velocidade, v, porque $E_c = \frac{1}{2}m_e v^2$ (*Fundamentos* A). Um espectrômetro fotoeletrônico atua como um espectrômetro de massas, porque mede a velocidade dos elétrons, o mesmo que o espectrômetro de massas faz para os íons (*Fundamentos* B). Neste método, os elétrons atravessam um campo elétrico ou um campo magnético, que muda sua trajetória. Quando a intensidade do campo é modificada, a trajetória dos elétrons também se altera até que eles atinjam o detector e forneçam um sinal. Sabendo a intensidade de campo necessária para a obtenção do sinal, a velocidade dos elétrons expulsos de um determinado orbital pode ser calculada. A partir da velocidade, é possível calcular a energia cinética dos elétrons e obter a energia do orbital do qual eles saíram.

O espectro fotoeletrônico do nitrogênio é mostrado na segunda ilustração. Cada sinal corresponde a elétrons que são expulsos de orbitais de energias diferentes. Uma análise detalhada mostra que o espectro é uma boa representação do arranjo qualitativo da estrutura (como se pode ver em **1**).

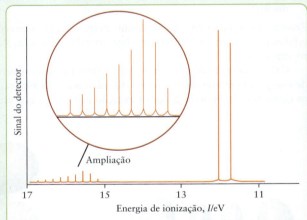

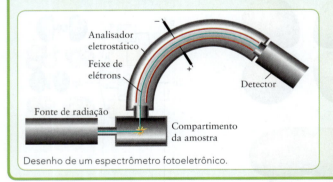

Desenho de um espectrômetro fotoeletrônico.

O espectro fotoeletrônico do nitrogênio (N_2) tem diversos picos, um padrão que indica que os elétrons podem ser encontrados em vários níveis de energia da molécula. Cada grupo principal de linhas corresponde à energia de um orbital molecular. A "estrutura fina" adicional de alguns grupos de linhas se deve à excitação dos modos de vibração molecular quando um elétron é expelido.

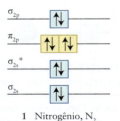

1 Nitrogênio, N_2

Fig. 2G.8. A ordem dos níveis de energia é fácil de explicar para essas duas moléculas. Em primeiro lugar, como cada átomo de O e de F tem muitos elétrons que contribuem para a blindagem, os orbitais 2s ficam muito abaixo dos orbitais 2p e os orbitais σ podem ser construídos usando os dois conjuntos de orbitais separadamente. Entretanto, como os átomos dos elementos anteriores no período têm menos elétrons, seus orbitais 2s e 2p têm energias mais próximas do que no caso de O e de F. O resultado é que não é possível pensar em um orbital σ formado pelos conjuntos separados de 2s e $2p_z$ e os quatro orbitais devem ser usados para construir os quatro orbitais σ. Por essa razão, é difícil prever, sem cálculos detalhados, onde os quatro orbitais estarão. Na verdade, suas posições são mostradas na Fig. 2G.7.

2G.2 As configurações eletrônicas das moléculas diatômicas

Sabendo quais orbitais moleculares estão disponíveis, é possível deduzir as configurações eletrônicas do estado fundamental usando o princípio da construção. Vejamos, por exemplo, N_2. Como o nitrogênio pertence ao Grupo 15, cada átomo contribui com cinco elétrons de valência. Um total de dez elétrons devem, portanto, ser acomodados nos oito orbitais moleculares mostrados na Fig. 2G.7. Dois ocupam o orbital σ_{2s}. Os próximos dois preenchem o orbital $\sigma_{2s}{}^*$. Na sequência de ocupação estão os dois orbitais π_{2p}, que podem acomodar um total de quatro elétrons. Os dois últimos elétrons ocupam, então, o orbital σ_{2p}. Essa configuração é, portanto,

$$N_2: \sigma_{2s}{}^2 \sigma_{2s}{}^{*2} \pi_{2p}{}^4 \sigma_{2p}{}^2$$

Essa configuração está representada em (**1**), em que as caixas representam os orbitais moleculares.

Essa descrição dos orbitais moleculares de N_2 parece muito diferente da descrição de Lewis (:N≡N:). No entanto, elas são muito semelhantes, como fica claro quando a *ordem de ligação* é considerada. Na teoria dos orbitais moleculares, a **ordem de ligação**, b, é definida como o número líquido de ligações, permitindo o cancelamento dos elétrons em orbitais ligantes pelos antiligantes:

Ordem de ligação = $\frac{1}{2}$ × (número de elétrons em orbitais ligantes − número de elétrons em orbitais antiligantes)

$$b = \frac{1}{2} \times (N_e - N_e{}^*) \quad (3)$$

Aqui, N_e é o número de elétrons dos orbitais moleculares ligantes e $N_e{}^*$ é o número de elétrons dos orbitais moleculares antiligantes. No caso de N_2, existem oito elétrons nos orbitais ligantes e dois nos orbitais antiligantes. Assim, a ordem de ligação é $\frac{1}{2}(8 - 2) = 3$. Como a ordem de ligação é 3, N_2 tem efetivamente três ligações entre os átomos de N, exatamente como sugere a estrutura de Lewis.

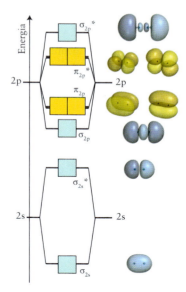

FIGURA 2G.8 Diagrama de níveis de energia dos orbitais moleculares das moléculas diatômicas homonucleares que estão à direita do Grupo 2 da Tabela Periódica, especificamente O_2 e F_2.

Caixa de ferramentas 2G.1 COMO DETERMINAR A CONFIGURAÇÃO ELETRÔNICA E A ORDEM DE LIGAÇÃO DE UMA ESPÉCIE DIATÔMICA HOMONUCLEAR

BASE CONCEITUAL

Quando N orbitais atômicos de valência se sobrepõem, eles formam N orbitais moleculares. A configuração eletrônica do estado fundamental de uma molécula é obtida pelo uso do princípio da construção para acomodar todos os elétrons de valência nos orbitais moleculares disponíveis. A ordem de ligação é o número de ligações na molécula.

PROCEDIMENTO

Etapa 1 Identifique *todos* os orbitais das camadas de valência, ignorando o número de elétrons que eles contêm.

Etapa 2 Use cada par de orbitais atômicos compatíveis da camada de valência para construir um orbital molecular ligante e um antiligante e desenhe o diagrama de níveis de energia dos orbitais moleculares (veja as Figs. 2G.7 e 2G.8).

Etapa 3 Determine o número total de elétrons que estão nas camadas de valência dos dois átomos. Se a espécie é um íon, ajuste o número de elétrons para levar em conta a carga.

Etapa 4 Acomode os elétrons nos orbitais moleculares, de acordo com o princípio da construção.

Etapa 5 Para determinar a ordem de ligação, subtraia o número de elétrons que estão nos orbitais antiligantes do número de elétrons que estão nos orbitais ligantes, e divida o resultado por 2 (Eq. 3).

Este procedimento está ilustrado no Exemplo 2G.1.

EXEMPLO 2G.1 Dedução da configuração eletrônica do estado fundamental e da ordem de ligação de uma molécula diatômica ou de um íon homonucleares

É possível compreender as reatividades dos compostos com base nas energias de suas ligações, porque ligações fracas podem ser rompidas com facilidade. A ordem de ligação é um indicador da energia de uma ligação. Deduza a configuração eletrônica do estado fundamental da molécula de flúor e calcule a ordem de ligação.

ANTECIPE Como a estrutura de Lewis para o F_2 é :F̈—F̈:, você deveria antecipar que a ordem de ligação é 1.

PLANEJE Elabore o diagrama de níveis de energia e use o princípio de construção para acomodar os elétrons de valência como descrito na Caixa de Ferramentas 2G.1. Calcule, então, a ordem de ligação a partir da configuração resultante.

RESOLVA

Etapa 1 Identifique *todos* os orbitais das camadas de valência, ignorando o número de elétrons que eles contêm.

Cada átomo contribui com um orbital 2s e três orbitais 2p, em um total de oito orbitais.

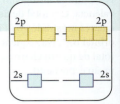

Etapa 2 Use cada par de orbitais atômicos compatíveis da camada de valência para construir um orbital molecular ligante e um antiligante e desenhe o diagrama de níveis de energia dos orbitais moleculares.

Veja a Fig. 2G.8.

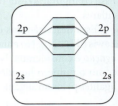

Etapa 3 Determine o número total de elétrons que estão nas camadas de valência dos dois átomos.

$$2 \times 7 = 14$$

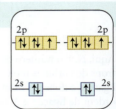

Etapa 4 Acomode os elétrons nos orbitais moleculares, de acordo com o princípio da construção.

$$\sigma_{2s}^2 \sigma_{2s}^{*2} \sigma_{2p}^2 \pi_{2p}^4 \pi_{2p}^{*4}$$

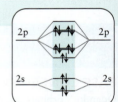

Etapa 5 Para determinar a ordem de ligação, subtraia o número de elétrons que estão nos orbitais antiligantes do número de elétrons que estão nos orbitais ligantes, e divida o resultado por 2 (Equação 3):

$$b = \tfrac{1}{2} \times [(2 + 2 + 4) - (2 + 4)] = 1$$

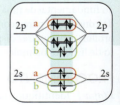

AVALIE Como esperado, F_2 é uma molécula com uma ligação simples, de acordo com a estrutura de Lewis. Note que os primeiros 10 elétrons repetem a configuração do N_2 (exceto pela mudança na ordem dos orbitais σ_{2p} e π_{2p}).

Teste 2G.1A Deduza a configuração eletrônica e a ordem de ligação do íon carbeto (C_2^{2-}).

[***Resposta:*** $\sigma_{2s}^2 \sigma_{2s}^{*2} \pi_{2p}^4 \sigma_{2p}^2$, $b = 3$]

Teste 2G.1B Sugira uma configuração para o íon O_2^+ e determine a ordem de ligação.

Exercícios relacionados 2G.1 a 2G.4, 2G.11, 2G.12.

A configuração eletrônica do estado fundamental de O_2 é obtida pela adição dos 12 elétrons de valência (seis de cada átomo) aos orbitais moleculares da Fig. 2G.8. Os primeiros 10 elétrons repetem a configuração de F_2, como no Exemplo 2G.1. De acordo com o princípio da construção, os últimos dois elétrons ocupam os dois orbitais π_{2p}^* com spins paralelos.

A configuração é, então:

$$O_2: \sigma_{2s}^2 \sigma_{2s}^{*2} \sigma_{2p}^2 \pi_{2p}^4 \pi_{2p}^{*1} \pi_{2p}^{*1}$$

como em (**2**). Essa conclusão é um pequeno triunfo para a teoria dos orbitais moleculares, porque existe um importante teste experimental para esta configuração. Você precisa saber que as substâncias podem ser classificadas de acordo com seu comportamento em um campo magnético: uma **substância diamagnética** tende a se mover para fora de um campo magnético, enquanto uma **substância paramagnética** tende a se mover para dentro dele. O *diamagnetismo* significa que todos os elétrons de uma molécula estão emparelhados; o *paramagnetismo* indica que a molécula tem elétrons desemparelhados (Quadro 2G.2). De acordo com a descrição de Lewis e a teoria da ligação de valência, o O_2 deveria ser diamagnético. Mas, na verdade, ele é paramagnético (Fig. 2G.9), exatamente como sugere a teoria MO, porque os dois elétrons π* não estão emparelhados. A ordem de ligação de O_2 é:

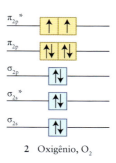

2 Oxigênio, O_2

$$b = \tfrac{1}{2}\{\overbrace{(2 + 2 + 4)}^{N_e}\overbrace{(2 + 1 + 1)}^{N_e^*}\} = 2$$

A ligação dupla da molécula é, na realidade, uma ligação σ mais duas *meias ligações* π. Cada *meia ligação* é um par de elétrons em um orbital ligante e um elétron em um orbital antiligante.

Quadro 2G.2 COMO SABEMOS... QUE OS ELÉTRONS NÃO ESTÃO EMPARELHADOS?

Os materiais comuns são normalmente diamagnéticos. A tendência de uma amostra do material de se afastar de um campo magnético pode ser medida suspendendo-se uma amostra longa e fina no braço de uma balança e colocando-a entre os polos de um eletroímã. Esse arranjo, que já foi a técnica mais usada para medir as propriedades magnéticas de materiais, é chamado de *balança de Gouy*. Quando o eletroímã é ligado, a amostra diamagnética tende a subir para fora do campo e parece pesar menos do que na ausência do campo. O diamagnetismo é uma consequência do efeito do campo magnético sobre os elétrons da molécula: o campo força os elétrons a circularem através da estrutura nuclear. Como os elétrons são partículas carregadas, o movimento provoca o aparecimento de uma corrente elétrica na molécula. Essa corrente cria seu próprio campo magnético, que se opõe ao campo originalmente aplicado. A amostra tende a se afastar do campo para reduzir esse campo contrário.

Os compostos que têm elétrons desemparelhados são *paramagnéticos*. Eles tendem a mover-se na direção do campo magnético e são identificados porque parecem pesar mais em uma balança de Gouy, quando um campo magnético é aplicado, do que quando ele está ausente. O paramagnetismo é devido ao spin dos elétrons, que se comportam como pequenas barras magnéticas que tendem a se alinhar com o campo aplicado. Quanto mais elétrons puderem se alinhar dessa forma, maior será a diminuição da energia e maior será o deslocamento da amostra no campo magnético, fazendo com que ela pareça mais pesada. O oxigênio é uma substância paramagnética porque tem dois elétrons desemparelhados. Esta propriedade é utilizada para detectar a concentração de oxigênio em incubadoras. Todos os radicais são paramagnéticos. Muitos compostos dos elementos do bloco d são paramagnéticos, porque têm elétrons d desemparelhados.

A abordagem adotada hoje consiste em medir as propriedades magnéticas de uma amostra utilizando um *aparelho supercondutor de interferência quântica* (SQUID), o qual é muito sensível a pequenos campos magnéticos e permite medidas muito precisas em amostras pequenas.

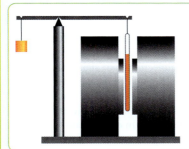

Uma balança de Gouy é utilizada para observar o caráter magnético de um material com base na magnitude da aproximação (substâncias paramagnéticas) ou do afastamento (substâncias diamagnéticas) de uma amostra em um campo magnético.

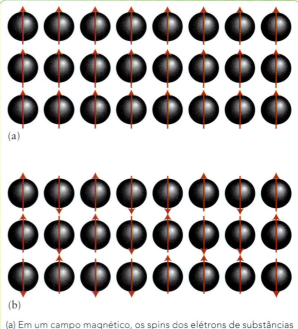

(a) Em um campo magnético, os spins dos elétrons de substâncias paramagnéticas e ferromagnéticas (Tópico 3J) estão bastante alinhados ao campo. (b) Os spins dos elétrons de uma substância paramagnética retomam uma orientação aleatória quando o campo magnético é removido. Os spins dos elétrons de uma substância ferromagnética, entretanto, permanecem alinhados após a remoção do campo magnético.

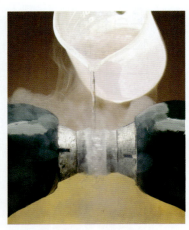

FIGURA 2G.9 As propriedades paramagnéticas do oxigênio ficam evidentes quando oxigênio líquido é derramado entre os polos de um ímã. O líquido prende-se ao ímã em vez de fluir.
(© 1992 Richard Megna–Fundamental Photographs.)

PONTO PARA PENSAR

A teoria dos orbitais moleculares explica por que o flúor é um gás tão reativo?

As configurações eletrônicas do estado fundamental das moléculas diatômicas são deduzidas pela construção dos orbitais moleculares a partir de todos os orbitais atômicos das camadas de valência dos dois átomos e pela adição dos elétrons de valência aos orbitais moleculares, na ordem crescente de energia e de acordo com o princípio da construção.

2G.3 As ligações em moléculas diatômicas heteronucleares

A ligação em uma **molécula diatômica heteronuclear**, uma molécula diatômica construída com átomos de dois elementos diferentes, é polar. Nela, os elétrons são compartilhados desigualmente pelos dois átomos. A Equação 1 torna-se uma combinação linear

$$\psi = c_A \psi_A + c_B \psi_B \qquad (4)$$

em que os coeficientes c_A e c_B são diferentes. Como os quadrados das funções de onda são usados para interpretá-las em termos de probabilidades, se c_A^2 é grande, então o orbital molecular fica muito parecido com o orbital atômico de A e a densidade eletrônica é maior perto de A. Se c_B^2 é grande, o orbital molecular fica muito parecido com o orbital atômico de B e a densidade eletrônica é maior perto de B. Em geral, o átomo com os orbitais atômicos de energia mais baixa domina os orbitais moleculares, e a densidade eletrônica é maior perto daquele átomo. Os valores relativos de c_A^2 e c_B^2 determinam o tipo de ligação:

- Em uma *ligação covalente não polar*, $c_A^2 = c_B^2$ e o par de elétrons é compartilhado igualmente entre os dois átomos.
- Em uma *ligação iônica*, o coeficiente de um dos íons, o cátion, é praticamente zero, porque o outro íon, o ânion, captura quase toda a densidade eletrônica.
- Em uma *ligação covalente polar*, o orbital atômico do átomo mais eletronegativo tem a energia menor, logo, ele contribui mais para o orbital molecular de menor energia.

O último ponto se refere aos elétrons em orbitais ligantes. O oposto é válido para os elétrons em orbitais antiligantes: a maior contribuição é dada pelo átomo *menos* eletronegativo. Esta diferença é ilustrada na Fig. 2G.10.

Para encontrar a configuração eletrônica do estado fundamental das moléculas diatômicas heteronucleares, utilize o mesmo procedimento empregado para as moléculas diatômicas homonucleares, mas, primeiro, modifique os diagramas de níveis de energia. Vejamos, por exemplo, a molécula de HF. A ligação σ dessa molécula é formada por um par de elétrons em um orbital σ, construído a partir dos orbitais de simetria semelhante: F2p_z, F2s e H1s. Como a eletronegatividade do flúor é 3,98 e a do hidrogênio é 2,20, você perceberá que o orbital σ é formado sobretudo por orbitais do flúor e que o orbital σ* antiligante tem maior caráter de hidrogênio. Essas suposições são confirmadas por cálculos teóricos. Como os dois elétrons do orbital ligante são mais provavelmente encontrados nos orbitais do flúor do que no orbital H1s, existe uma carga parcial negativa no átomo de F e uma carga parcial positiva no átomo de H.

Os diagramas de níveis de energia de orbitais moleculares de moléculas diatômicas heteronucleares são muito mais difíceis de predizer qualitativamente (mas são facilmente calculados usando softwares específicos disponíveis). Cada nível de energia precisa ser calculado numericamente, porque os orbitais atômicos contribuem diferentemente para cada um. Além disso, os diagramas precisam mostrar como todos os orbitais atômicos de simetria apropriada contribuem para determinado orbital molecular. Isso significa que, para o HF, os orbitais σ são formados pela combinação dos orbitais s e p_z dos átomos. Quando ambos os átomos são do Período 2, cada um contribui com um orbital s e um orbital p_z, já que podem se formar quatro orbitais atômicos e quatro orbitais σ. O mesmo é válido para os orbitais π: existem dois conjuntos de orbitais atômicos em cada átomo (os orbitais p_x e p_y), logo, quatro orbitais π podem ser formados. A Figura 2G.11 mostra o esquema geralmente encontrado para o CO e o NO. Esse diagrama serve para obter a

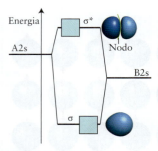

FIGURA 2G.10 Diagrama típico de níveis de energia de orbitais moleculares σ de uma molécula diatômica heteronuclear AB. As contribuições relativas dos orbitais atômicos para os orbitais moleculares estão representadas pelo tamanho relativo das esferas e pela posição horizontal das caixas. Neste caso, A é o mais eletronegativo dos dois elementos.

configuração eletrônica com base no procedimento descrito para as moléculas diatômicas homonucleares.

> **EXEMPLO 2G.2** Como escrever a configuração de uma molécula ou íon diatômico heteronuclear
>
> As moléculas participam de reações e formam compostos de acordo com a configuração eletrônica de seus átomos. Este fato permite entender, por exemplo, como o monóxido de carbono causa sufocamento ao formar uma ligação forte com o átomo de ferro da molécula de hemoglobina que impede a ligação de moléculas de oxigênio. Escreva a configuração eletrônica do estado fundamental da molécula do monóxido de carbono.
>
> **ANTECIPE** O monóxido de carbono tem uma ligação tripla. Por isso, você deve esperar que a configuração tenha ordem 3.
>
> **PLANEJE** Atribua os elétrons aos orbitais de acordo com o princípio da construção, como mostra a Fig. 2G.11.
>
> **RESOLVA** Existem $4 + 6 = 10$ elétrons de valência que precisam ser acomodados (4 do C, 6 do O). A configuração obtida, mostrada na Fig. 2G.11, é
>
> $$\text{CO: } 1\sigma^2 2\sigma^{*2} 1\pi^4 3\sigma^2$$
>
> **AVALIE** A ordem de ligação é $b = \frac{1}{2} \times \{(2 + 4 + 2) - 2\} = 3$, conforme antecipado.
>
> Teste 2G.2A Escreva a configuração do estado fundamental da molécula do óxido nítrico (monóxido de nitrogênio).
>
> [*Resposta:* $1\sigma^2 2\sigma^{*2} 1\pi^4 3\sigma^2 2\pi^{*1}$]
>
> Teste 2G.2B Escreva a configuração do estado fundamental da molécula do íon cianeto, CN^-, supondo que o seu diagrama de níveis de energia dos orbitais seja idêntico ao do CO.
>
> Exercícios relacionados 2G.13 e 2G.14

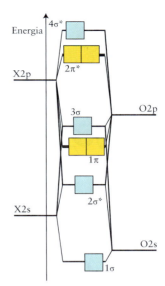

FIGURA 2G.11 Esquemas típicos dos orbitais moleculares calculados para uma molécula de um óxido diatômico, XO (em que X = C para CO e X = N para NO). Note que os orbitais σ são formados pela mistura de orbitais s e p_z de ambos os átomos. Por isso, são chamados de 1σ, 2σ, etc., na ordem de energia crescente.

As ligações em moléculas diatômicas heteronucleares envolvem um compartilhamento desigual dos elétrons de ligação. O elemento mais eletronegativo contribui mais fortemente para os orbitais ligantes e o menos eletronegativo contribui mais fortemente para os orbitais antiligantes.

2G.4 Os orbitais em moléculas poliatômicas

A teoria dos orbitais moleculares de moléculas poliatômicas segue os mesmos princípios descritos para as moléculas diatômicas, porém os orbitais moleculares se espalham sobre *todos* os átomos da molécula. O par de elétrons de um orbital ligante ajuda a manter unida *toda* a molécula, não somente um par de átomos. As energias dos orbitais moleculares das moléculas poliatômicas podem ser estudadas experimentalmente com o uso da espectroscopia no visível e no ultravioleta (veja a *Técnica Principal* 2 no hotsite deste livro).

Uma molécula poliatômica importante é o benzeno, C_6H_6, o modelo dos compostos aromáticos. Na descrição dos orbitais moleculares do benzeno, os 30 orbitais C2s, C2p e H1s contribuem para os orbitais moleculares que se espalham sobre todos os 12 átomos (seis de C e seis de H). Os orbitais que estão no plano do anel (os orbitais C2s, $C2p_x$ e $C2p_y$ de cada átomo de carbono e todos os seis orbitais H1s) formam orbitais σ deslocalizados que mantêm os átomos de C juntos e os ligam aos átomos de H. Os seis orbitais $C2p_z$, que são perpendiculares ao anel, contribuem para os seis orbitais π deslocalizados que se espalham pelo anel.

Os químicos (exceto os que executam cálculos detalhados e usam um esquema MO puro) misturam, com frequência, as descrições MO e de orbitais de valência (VB) ao discutir moléculas orgânicas. Como a linguagem da hibridação e da superposição de orbitais é razoável para a descrição de ligações σ, os químicos costumam descrever o esqueleto σ das moléculas em termos VB. Assim, eles imaginam o esqueleto σ do benzeno sendo formado

Na maior parte das vezes, o eixo z é escolhido como eixo de rotação principal de uma molécula.

136 Tópico 2G A teoria dos orbitais moleculares

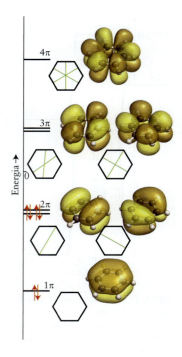

FIGURA 2G.12 Os seis orbitais π do benzeno. A posição dos nodos é mostrada por desenhos em linhas. Observe que os orbitais variam de totalmente ligante (nenhum nodo internuclear) até totalmente antiligante (seis nodos internucleares). O zero de energia corresponde à energia total dos átomos separados. Os três orbitais com energia negativa têm caráter ligante.

pela superposição de orbitais híbridos sp² de átomos vizinhos. Logo, como a deslocalização é um aspecto fundamental do componente π das **ligações duplas conjugadas**, que se alternam como em —C=C—C=C—C=C—, os químicos tratam as ligações π em termos da teoria MO.

Na descrição do benzeno segundo a teoria VB, cada átomo de C tem hibridação sp² e cada orbital híbrido tem um elétron. Cada átomo de C tem um orbital p_z, perpendicular ao plano dos orbitais híbridos e ele contém um elétron. Cada um dos dois orbitais sp² dos átomos de carbono se sobrepõem para formar ligações σ com os C vizinhos, formando o ângulo de 120° interno do hexágono do benzeno. O terceiro orbital sp² de cada C aponta para fora do anel e forma uma ligação σ com um átomo de hidrogênio. O esqueleto σ resultante é idêntico ao ilustrado na Fig. 2F.13.

PONTO PARA PENSAR

Suponha que você precisa de uma descrição completa da molécula do benzeno segundo a teoria MO. Quantos orbitais σ são necessários? Quantos seriam ocupados?

Segundo a teoria MO, os seis orbitais $C2p_z$ formam seis orbitais π deslocalizados; suas formas e suas energias são mostradas nas Figuras 2G.12 e 2G.13. O caráter dos orbitais varia de ligante a antiligante conforme o número de nodos entre os núcleos aumenta de zero (totalmente ligante) a seis (totalmente antiligante).

Cada átomo de carbono contribui com um elétron para os orbitais π. Dois elétrons ocupam o orbital de menor energia, o orbital mais ligante, e os outros quatro ocupam os orbitais seguintes na ordem crescente de energia (dois orbitais de mesma energia). A Figura 2G.13 mostra uma das razões da grande estabilidade do benzeno: os elétrons π ocupam somente orbitais ligantes. Nenhum dos orbitais antiligantes, desestabilizadores, é ocupado.

A teoria MO também pode ser testada com base na deslocalização dos elétrons. A teoria de Lewis falha ao tentar explicar o diborano, B_2H_6, um gás incolor que se inflama em contato com o ar. O problema é que o diborano tem 12 elétrons de valência (três de cada átomo de B e um de cada átomo de H). Porém, para uma estrutura de Lewis, seriam necessárias sete ligações, ou seja, 14 elétrons, para ligar os oito átomos! O diborano é um exemplo de um **composto deficiente em elétrons**, um composto com menos elétrons de valência do que os necessários para ser representado por uma estrutura de Lewis válida. A teoria da ligação de valência consegue dar conta das estruturas de compostos deficientes em elétrons em termos de ressonância, mas a explicação não é simples. A teoria dos orbitais moleculares contribui com uma explicação muito direta e objetiva para a existência de moléculas deficientes em elétrons. Como a influência de um par de elétrons se espalha por todos os átomos da molécula, não é necessário haver um par de elétrons em cada par de átomos. Um número menor de par de elétrons espalhados por toda a molécula pode ser capaz de manter todos os átomos juntos, especialmente se os núcleos não tiverem uma carga muito alta e não se repelirem fortemente.

Outro mistério resolvido pela teoria dos orbitais moleculares é a existência de compostos hipervalentes, isto é, compostos em que o átomo central forma mais ligações do que o permitido pela regra do octeto (Tópico 2C). Na teoria da ligação de valência, esquemas de hibridação são necessários para explicar esses compostos. Por exemplo, a camada de valência expandida dos elementos do Período 3 em compostos como o SF_6 é explicada pela hibridação sp³d². Entretanto, os orbitais d do enxofre estão em energias relativamente altas e podem não estar acessíveis para a ligação. Na teoria dos orbitais moleculares, um esquema de ligação que não envolve orbitais d pode ser desenhado para o SF_6. Os quatro orbitais de valência do átomo de enxofre e os seis orbitais dos átomos de flúor que apontam para o átomo de enxofre, em um total de 10 orbitais atômicos, resultam em 10 orbitais moleculares com as energias

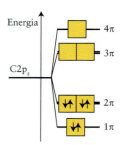

FIGURA 2G.13 Diagrama de energia dos orbitais moleculares para os orbitais π do benzeno. No estado fundamental da molécula, estão ocupados somente os orbitais ligantes.

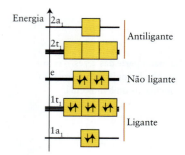

FIGURA 2G.14 Diagrama de energia dos orbitais moleculares do SF_6 e a ocupação dos orbitais pelos 12 orbitais de valência dos átomos. Observe que nenhum dos orbitais antiligantes está ocupado e que há interação total das ligações mesmo sem envolver orbitais d.

Tópico 2G Exercícios **137**

dadas pela Figura 2G.14. Os 12 elétrons ocupam os seis orbitais de energia mais baixa, que são ou ligantes ou não ligantes e, assim, prendem todos os átomos sem a necessidade de usar os orbitais d. Como quatro orbitais ligantes estão ocupados, a ordem de ligação média de cada uma das ligações S—F é 2/3.

> *De acordo com a teoria dos orbitais moleculares, a deslocalização dos elétrons em uma molécula poliatômica espalha os efeitos ligantes dos elétrons por toda a molécula.*

O que você aprendeu com este tópico?

Você aprendeu que, de acordo com a teoria dos orbitais moleculares, os elétrons são descritos por funções de onda que se espalham sobre todos os átomos da molécula e que cada função de onda pode ser ocupada por dois elétrons. Você sabe que existem orbitais σ e π ligantes e antiligantes, e que a ocupação sistemática destes orbitais segundo o princípio da construção é usada para determinar a configuração eletrônica do estado fundamental de uma molécula. Você viu como a teoria MO explica o paramagnetismo e a existência de moléculas hipervalentes deficientes em elétrons.

Os conhecimentos que você deve dominar incluem a capacidade de:

☐ **1.** Construir e interpretar um diagrama de níveis de energia de orbitais moleculares de uma espécie homonuclear diatômica (Seção 2G.2).

☐ **2.** Deduzir as configurações eletrônicas do estado fundamental de moléculas diatômicas do Período 2 (Caixa de Ferramentas 2G.1 e Exemplos 2G.1 e 2G.2).

☐ **3.** Definir e utilizar a ordem de ligação como medida do número de ligações entre os pares de átomos (Exemplo 2G.1).

☐ **4.** Explicar a existência de compostos hipervalentes e deficientes em elétrons com base nos orbitais deslocalizados (Seção 2G.2).

☐ **5.** Utilizar a teoria dos orbitais moleculares para descrever as ligações de moléculas poliatômicas, como a molécula do benzeno (Seção 2G.4).

Tópico 2G Exercícios

Os exercícios marcados com $\int_{dx}^{C}$ exigem cálculos.

2G.1 Desenhe um diagrama de níveis de energia dos orbitais moleculares e determine a ordem de ligação esperada para cada uma das seguintes espécies: (a) Li_2; (b) Li_2^+; (c) Li_2^-. Decida se cada molécula ou íon tem caráter paramagnético ou diamagnético. No caso de ser paramagnético, dê o número de elétrons desemparelhados.

2G.2 Desenhe um diagrama de níveis de energia dos orbitais moleculares e determine a ordem de ligação esperada para cada uma das seguintes espécies: (a) B_2; (b) B_2^-; (c) B_2^+. Decida se cada molécula ou íon tem caráter paramagnético ou diamagnético. No caso de ser paramagnético, dê o número de elétrons desemparelhados.

2G.3 (a) Com base na configuração da molécula neutra F_2, escreva a configuração dos orbitais moleculares de valência de (1) F_2; (2) F_2^+; (3) F_2^{2-}. (b) Dê a ordem de ligação esperada para cada espécie. (c) Quais dessas espécies são paramagnéticas, se houver alguma? (d) O orbital ocupado de mais alta energia tem caráter σ ou π?

2G.4 (a) Com base na configuração da molécula neutra F_2, escreva a configuração dos orbitais moleculares de valência de (1) N_2^+; (2) N_2^{2+}; (3) N_2^{2-}. (b) Dê a ordem de ligação esperada para cada espécie. (c) Quais dessas espécies são paramagnéticas, se houver alguma? (d) O orbital ocupado de mais alta energia tem caráter σ ou π?

2G.5 A configuração eletrônica do estado fundamental do íon C_2^{n-} é $\sigma_{2s}^2\sigma_{2s}^{*2}\pi_{2p}^4\sigma_{2p}^2$. Quais são a carga do íon e a ordem de ligação?

2G.6 A configuração eletrônica do estado fundamental do íon B_2^{n-} é $\sigma_{2s}^2\sigma_{2s}^{*2}\pi_{2p}^3$. Quais são a carga do íon e a ordem de ligação?

2G.7 O íon HeH^- existe? Qual seria sua ordem de ligação? Quem tem a menor energia, HeH^- ou HeH^+? Explique.

2G.8 A teoria dos orbitais moleculares diz que O_2 é paramagnético. Que outras moléculas diatômicas homonucleares podem ser paramagnéticas?

2G.9 (a) Desenhe o diagrama de níveis de energia dos orbitais moleculares de N_2 e nomeie os níveis de energia conforme o tipo de orbital do qual eles provêm, isto é, se eles são orbitais σ ou π, e se são ligantes ou antiligantes. (b) A estrutura dos orbitais do íon diatômico heteronuclear NO^+ é semelhante à do N_2. Como a eletronegatividade diferente de N e de O afeta o diagrama de níveis de energia de NO^+ em relação ao de N_2? Use estas informações para desenhar o diagrama de níveis de energia do NO^+. (c) Nos orbitais moleculares, os elétrons têm maior probabilidade de estar em N ou em O? Por quê?

2G.10 (a) Como a teoria dos orbitais moleculares explica as ligações iônicas *e* as covalentes? (b) O grau de caráter iônico das

Tópico 2G A teoria dos orbitais moleculares

ligações foi relacionado à eletronegatividade no Tópico 2D. Como a eletronegatividade afeta o diagrama de orbitais moleculares se as ligações tornarem-se iônicas?

2G.11 Escreva as configurações eletrônicas da camada de valência e as ordens de ligação de: (a) B_2; (b) Be_2; (c) F_2.

2G.12 Escreva as configurações eletrônicas da camada de valência e as ordens de ligação de: a) O_2^{2-}; (b) N_2^-; (c) C_2^-.

2G.13 Escreva as configurações eletrônicas da camada de valência e as ordens de ligação de CO e CO^+. Use essa informação para predizer que espécie tem as ligações mais fortes.

2G.14 Escreva as configurações eletrônicas da camada de valência e as ordens de ligação de NO e NO^+. Use essa informação para predizer que espécie tem as ligações mais fortes.

2G.15 Quais das seguintes espécies são paramagnéticas: (a) B_2; (b) B_2^-; (c) B_2^+? Se a espécie é paramagnética, quantos elétrons desemparelhados ela tem?

2G.16 Quais das seguintes espécies são paramagnéticas: (a) N_2^-; (b) F^{2+}; (c) O_2^{2+}? Se a espécie é paramagnética, quantos elétrons desemparelhados ela tem?

2G.17 Determine as ordens de ligação e utilize-as para predizer que espécie em cada par tem a ligação mais forte: (a) F_2 ou F_2^-; (b) B_2 ou B^{2+}.

2G.18 Determine as ordens de ligação e utilize-as para predizer que espécie em cada par tem a ligação mais forte: (a) C_2 ou C_2^-; (b) N_2 ou N_2^-.

2G.19 Com base nas configurações eletrônicas da camada de valência, que espécie você espera que tenha a menor energia de ionização: (a) C_2^+; (b) C_2; (c) C_2^-.

2G.20 Com base nas configurações eletrônicas da camada de valência, que espécie você espera que tenha a maior afinidade eletrônica: (a) Be_2; (b) F_2; (c) B_2^+; (d) C_2^+

2G.21 É conveniente utilizar funções de onda "normalizadas", isto é, em que a integral $\int \psi^2 \, d\tau = 1$. O orbital ligante da Equação 1 não está normalizado. Uma função de onda ψ pode ser normalizada escrevendo-a como $N\psi$ e encontrando o fator N que garante que a integral no espaço de $(N\psi)^2$ seja igual a 1. Encontre o fator N que normaliza o orbital ligante da Equação 1, sabendo que os orbitais atômicos nela utilizados estão normalizados. Expresse sua resposta em termos da "integral de recobrimento" $S = \int \psi_{A1s} \psi_{B1s} \, d\tau$.

2G.22 O orbital antiligante da Equação 2 não está normalizado (veja o Exercício 2G.21). Encontre o fator que o normaliza a 1, sabendo que os orbitais atômicos nela utilizados estão normalizados. Expresse sua resposta em termos da "integral de recobrimento". Confirme que os orbitais ligante e antiligante são mutuamente ortogonais, isto é, que a integral do produto das duas funções de onda é zero.

Foco 2 Exercícios **139**

O exemplo e os exercícios a seguir baseiam-se no conteúdo do Foco 2.

FOCO 2 Exemplo cumulativo online

Em seu trabalho em um laboratório de química dos materiais você estuda compostos híbridos orgânico-inorgânicos para uso em dispositivos de memória óptica. Um composto com potencial de aplicação nesta finalidade é o di-hidrogenofosfato de 2,4,6-tri-metil-piridínio. Você precisa saber mais acerca da estrutura deste material.

(a) Desenhe a estrutura de Lewis do ânion di-hidrogenofosfato, $H_2PO_4^-$ (P é o átomo central e os átomos de H estão ligados a dois átomos de O).

(b) Qual é a forma do ânion? (Desconsidere os átomos de hidrogênio.) Estime os ângulos das ligações O—P—O e HO—P—OH.

(c) A estrutura do cátion (**1**) é igual à do benzeno (Tópico 2F), mas um nitrogênio substitui um dos átomos de carbono e três grupos metila (—CH$_3$) substituem os átomos de hidrogênio. Desenhe a estrutura de Lewis e indique a hibridação dos átomos de carbono e nitrogênio.

1 íon 2,4,6-trimetil-piridínio, $C_5H_{12}N$

(d) Use o modelo da ligação de valência para desenhar as ligações π no íon 2,4,6-trimetil-piridínio. Indique os orbitais atômicos usados (considere o eixo z perpendicular ao plano da molécula).

(e) Examine os orbitais moleculares π da molécula do benzeno na Fig. 2G.12. Desenhe o orbital π de menor energia do íon 2,4,6-tri-metil-piridínio. Qual é a diferença entre ele e o orbital correspondente no benzeno? *Sugestão*: Considere as eletronegatividades do carbono e do nitrogênio.

(f) O íon 2,4,6-trimetil-piridínio é polar ou apolar? Se ele for polar, dê a direção do momento de dipolo.

A solução deste exemplo está disponível, em inglês, no hotsite http://apoio.grupoa.com.br/atkins7ed

FOCO 2 Exercícios

2.1 Escreva a estrutura de Lewis, incluindo estruturas de ressonância quando apropriado, de (a) íon oxalato, $C_2O_4^{2-}$ (existe uma ligação C—C com dois átomos de oxigênio ligados a cada átomo de carbono); (b) BrO^+; (c) íon acetileto, C_2^{2-}. Dê a carga formal de cada átomo.

2.2 Escreva três estruturas de Lewis do íon isocianato, CNO^-, que seguem a regra do octeto (incluindo a estrutura mais importante). Diga qual das três é a mais importante e explique sua escolha.

2.3 Que composto tem a maior energia de rede, o cloreto de ferro(III) ou o cloreto de ferro(II)? Explique sua resposta.

2.4 Explique a tendência de valores decrescentes de energia de rede dos cloretos formados pelos metais do Grupo 2 em ordem decrescente.

2.5 Desenhe as estruturas de ressonância do ânion trimetileno-metano, $C(CH_2)_3^{2-}$, no qual um carbono central liga-se a três grupos CH$_2$ (os grupos CH$_2$ são chamados de metileno).

2.6 Mostre como pode ocorrer ressonância nos seguintes íons orgânicos: (a) íon acetato, $CH_3CO_2^-$; (b) íon enolato, $CH_2COCH_3^-$, que tem uma estrutura de ressonância com uma ligação dupla C=C e um grupo —O^- ligados ao carbono central; (c) cátion alila, $CH_2CHCH_2^+$; (d) íon amidato, CH_3CONH^- (os átomos O e N estão ligados ao segundo átomo de C).

2.7 Em 1999, Karl Christe sintetizou e caracterizou um sal do cátion N_5^+, no qual cinco átomos de N estão ligados formando uma cadeia longa. Este cátion é a primeira espécie que contém unicamente nitrogênio a ser isolada em mais de 100 anos. Dê a estrutura de Lewis mais importante desse íon, incluindo todas as estruturas de ressonância equivalentes. Calcule as cargas formais de todos os átomos.

2.8 Dê a estrutura de Lewis mais importante de cada uma das seguintes moléculas cíclicas (que foram desenhadas sem as ligações duplas). Mostre todos os pares isolados e as cargas formais diferentes de zero. Se existirem formas de ressonância equivalentes, desenhe-as.

(a)   (b)   (c)   (d)

2.9 Um princípio muito simples e importante em química é a *analogia isolobular*, que estabelece que fragmentos químicos com estruturas de orbitais de valência semelhantes podem substituir uns aos outros em moléculas. Por exemplo, $\cdot\overset{\cdot}{C}$—H e $\cdot$Si—H são fragmentos isolobulares, cada um deles com três elétrons com os quais podem formar ligações além da ligação com H. Uma série isolobular de moléculas seria HCCH, HCSiH, HSiSiH. Da mesma forma, um par isolado de elétrons pode ser usado para substituir uma ligação de maneira que $\cdot$N: é isolobular com $\cdot\overset{\cdot}{C}$—H, com o par isolado substituindo a ligação C—H. O conjunto isolobular aqui é HCCH, HCN e NN. (a) Desenhe as estruturas de Lewis das moléculas HCCH, HCSiH, HSiSiH, HCN e NN. (b) Use o princípio isolobular e desenhe as estruturas de Lewis de moléculas baseadas na estrutura do benzeno, C_6H_6, nas quais um ou mais grupos CH são substituídos por átomos de N.

2.10 O esqueleto do cátion tropílio, $C_7H_7^+$, é um anel de sete átomos de carbono, com um átomo de hidrogênio ligado a cada carbono. Complete a estrutura colocando as ligações múltiplas nas posições adequadas. Existem várias estruturas de ressonância. Desenhe todas as que você puder encontrar. Determine a ordem de ligação de C—C.

2.11 A quinona, $C_6H_4O_2$, é uma molécula orgânica que tem a estrutura dada abaixo. Ela pode ser reduzida ao ânion $C_6H_4O_2^{2-}$. (a) Desenhe a estrutura de Lewis do produto da redução. (b) Com base nas cargas formais derivadas das estruturas de Lewis, diga que átomos da molécula têm mais carga negativa. (c) Se dois prótons são adicionados ao produto da redução, a que átomos eles provavelmente se ligam?

2.12 Um dos seguintes compostos não existe. Use estruturas de Lewis para identificá-lo. (a) C_2H_2; (b) C_2H_4; (c) C_2H_6; (d) C_2H_8.

2.13 Desenhe a estrutura de Lewis mais importante das seguintes moléculas. Mostre todos os pares isolados e as cargas formais. Desenhe todas as fórmulas de ressonância equivalentes. (a) HONCO; (b) H_2CSO; (c) H_2CNN; (d) ONCN. Os átomos estão ligados na ordem mostrada.

2.14 Determine as cargas formais dos átomos em (a) $BeCl_2$; (b) H_2NOH; (c) NO_2^-.

2.15 (a) Mostre que as energias de rede são inversamente proporcionais à distância entre os íons em MX (M = metal alcalino, X = íons halogeneto), lançando em um gráfico as energias de rede de KF, KCl e KI em função das distâncias internucleares, d_{M-X}. As energias de rede de KF, KCl e KI são 826, 717 e 645 kJ·mol^{-1}, respectivamente. Use os raios iônicos que estão no Apêndice 2D para calcular d_{M-X}. A correlação obtida é boa? Você precisa usar um programa gerador de gráficos padrão para construir o gráfico (um programa de planilhas, por exemplo). Ele gera uma equação para a reta e calcula um coeficiente de correlação. (b) Estime a energia de rede do KBr a partir de seu gráfico. (c) Encontre um valor experimental

para a energia de rede do KBr na literatura e compare esse valor com o calculado em (b). Eles concordam?

2.16 (a) Verifique se as energias de rede dos iodetos de metais alcalinos são inversamente proporcionais às distâncias entre os íons em MI (M = metal alcalino), construindo o gráfico das energias de rede dadas abaixo em função das distâncias internucleares. d_{M-I}

	Energia de rede, $E/(\text{kJ·mol}^{-1})$
LiI	759
NaI	700
KI	645
RbI	632
CsI	601

Use os raios iônicos dados no Apêndice 2D para calcular d_{M-I}. A correlação obtida é boa? Seria obtido um ajuste melhor lançando as energias de rede em função de $(1 - d^{\star}/d)/d$, como sugerido teoricamente, com $d^{\star} = 34{,}5$ pm? Você precisa usar um programa gerador de gráficos padrão para construir o gráfico. Ele gera uma equação para a reta e calcula um coeficiente de correlação. (b) A partir dos raios iônicos dados no Apêndice 2D e do gráfico obtido em (a), estime a energia de rede do iodeto de prata. (c) Compare os resultados de (b) com o valor experimental 886 kJ·mol^{-1}. Se eles não concordarem, explique o desvio.

2.17 Um radical comum, biologicamente ativo, é o radical pentadienila, RCHCHCHCHCHR′, no qual os carbonos formam uma cadeia, incluindo R e R′, que podem ser vários grupos orgânicos, em cada extremidade. Desenhe três estruturas de ressonância desse composto mantendo a valência quatro do carbono.

2.18 Esquematize, qualitativamente, as curvas de energia potencial da ligação NN de N_2H_4, N_2 e N_3^- em um gráfico. Explique por que a energia no mínimo de cada curva não é a mesma.

2.19 (a) O tálio e o oxigênio formam dois compostos com as seguintes características:

	Composto I	Composto II
Percentagem em massa Tl	89,49%	96,23%
Ponto de fusão	717°C	300°C

Determine as fórmulas químicas dos dois compostos. (b) Determine o número de oxidação do tálio em cada composto. (c) Suponha que os compostos são iônicos e escreva a configuração eletrônica de cada íon tálio. (d) Use os pontos de fusão para decidir que composto tem mais caráter covalente em suas ligações. O que você encontrou é coerente com o que você esperaria a partir da capacidade de polarização dos dois cátions?

2.20 Quão próximas são as escalas de eletronegatividade de Mulliken e de Pauling? (a) Use a Eq. 2 para calcular as eletronegatividades de Mulliken de C, N, O e F. Use os valores (em quilojoules por mol) dados nas Figs. 1F.8 e 1F.12 e divida cada valor por 230 kJ · mol^{-1} para realizar esta comparação. Os valores de Pauling são dados na Fig. 2D.2. (b) Lance em gráfico ambos os conjuntos de eletronegatividades em função do número atômico (use o mesmo gráfico). (c) Que escala depende de modo mais consistente da posição na Tabela Periódica?

2.21 O íon perclorato, ClO_4^-, é descrito por estruturas de ressonância. (a) Desenhe as estruturas de ressonância que contribuem para o híbrido de ressonância e, com base em argumentos que envolvam cargas formais, identifique as estruturas mais prováveis. (b) O comprimento médio de uma ligação Cl—O simples é 172 pm e o de uma ligação Cl=O dupla é 140 pm. O comprimento da ligação Cl—O do íon perclorato é, experimentalmente, 144 pm para todas as quatro ligações. Identifique as estruturas mais prováveis do íon perclorato a partir desse dado experimental. (c) Qual é o número de oxidação do cloro no íon perclorato? Use o número de oxidação para identificar a estrutura de Lewis mais provável. Suponha que os pares isolados pertencem ao átomo a que eles estão ligados, mas que todos os elétrons partilhados de ligações pertencem ao átomo do elemento mais eletronegativo. (d) Essas três formas de lidar com o problema dão resultados coerentes? Justifique sua opinião.

2.22 No estado sólido, o enxofre é comumente encontrado em anéis de oito átomos, mas anéis de seis átomos de enxofre foram identificados em 1958. (a) Desenhe uma estrutura de Lewis válida para S_6. (b) É possível ocorrer ressonância em S_6? Se a resposta for positiva, desenhe uma das estruturas de ressonância.

2.23 *Isômeros estruturais* são moléculas que têm a mesma composição mas diferentes padrões de conectividade. Dois isômeros do difluoreto de dienxofre, S_2F_2, são conhecidos. Em ambos, os dois átomos de S estão ligados um ao outro. Em um dos isômeros, cada átomo de S está ligado a um átomo de F. No outro isômero, ambos os átomos de F estão ligados a um dos átomos de S. (a) Em ambos os isômeros, o comprimento da ligação S—S é aproximadamente 190 pm. As ligações S—S desses isômeros são simples, ou elas têm algum caráter de ligação dupla? (b) Desenhe duas estruturas de ressonância para cada isômero. (c) Use considerações de carga formal para decidir qual das duas estruturas de ressonância é a mais favorável. Suas conclusões são coerentes com a distância S—S dada acima?

2.24 Os compostos iônicos têm, em geral, pontos de ebulição mais elevados e pressões de vapor mais baixas do que os compostos covalentes. Em cada par, indique o composto que tem a pressão de vapor mais baixa na temperatura normal: (a) Cl_2O ou Na_2O; (b) $InCl_3$ ou $SbCl_3$; (c) LiH ou HCl; (d) $MgCl_2$ ou PCl_3.

2.25 Que ligação é mais longa: (a) a ligação CN em HCN ou em H_3CNH_2 (b) A ligação NF em NF_3 ou a ligação PF em PF_3?

2.26 Que ligação é a mais longa (a) a ligação BrO no BrO^- ou no BrO_2^- (b) a ligação CH em CH_4 ou a ligação SiH em SiH_4?

2.27 (a) Desenhe as estruturas de Lewis das seguinte espécies: CH_3^+; CH_4; CH_3^-; CH_2; CH_2^{2+}; CH_2^{2-}. (b) Identifique cada uma delas como sendo ou não um radical. (c) Coloque-as na ordem crescente de ângulos de ligação HCH. Explique suas escolhas.

2.28 Os halogênios formam compostos entre si. Esses compostos, chamados de *inter-halogênios*, têm as fórmulas X′X, X′X_3 e X′X_5, em que X representa o átomo de halogênio mais pesado. (a) Obtenha suas estruturas e ângulos de ligação. (b) Quais deles são polares? (c) Por que o halogênio mais leve não é o átomo central dessas moléculas?

2.29 A massa molar de um composto orgânico destilado da madeira é 32,04 g · mol^{-1} e ele tem a seguinte composição por massa: 37,5% de C, 12,6% de H e 49,9% de O. (a) Escreva a estrutura de Lewis do composto e determine os ângulos de ligação que envolvem os átomos de carbono e oxigênio. (b) Dê a hibridação dos átomos de carbono e oxigênio. (c) Prediga se a molécula é polar ou não polar.

2.30 Desenhe as estruturas de Lewis de cada uma das seguintes espécies e prediga a hibridação de cada átomo de carbono: (a) H_2CCH^+; (b) $H_2CCH_3^+$; (c) $H_3CCH_2^-$.

2.31 (a) Desenhe os orbitais ligantes e antiligantes que correspondem à ligação σ em H_2. (b) Repita o procedimento para HF. (c) Em que esses orbitais diferem?

2.32 (a) Imagine uma espécie hipotética "HeH". Que carga (magnitude e sinal) ela deveria ter para produzir a molécula ou o íon mais estável possível? (b) Qual seria a ordem de ligação máxima que essa molécula ou íon poderia ter? (c) Se a carga dessa espécie aumentasse ou diminuísse de uma unidade, qual seria o efeito sobre a ligação da molécula?

2.33 (a) Coloque as seguintes moléculas na ordem crescente de comprimento da ligação C—F: CF^+, CF, CF^-. (b) Alguma dessas moléculas é diamagnética? Explique seu raciocínio.

2.34 Descreva o mais completamente possível a estrutura e as ligações do íon carbamato, $H_2NCO_2^-$. Os comprimentos das ligações C—O são 128 pm e o da ligação C—N, 136 pm.

2.35 A borazina, $B_3N_3H_6$, um composto que tem sido chamado de "benzeno inorgânico" devido a sua estrutura hexagonal semelhante (mas com átomos de B e de N alternados substituindo o carbono), é o protótipo de uma grande classe de compostos de boro e nitrogênio. Escreva sua estrutura de Lewis e diga qual é a composição dos orbitais híbridos utilizados por B e N.

2.36 Sabendo que o carbono tem valência quatro em quase todos os seus compostos e que ele pode formar cadeias e anéis de átomos de C, (a) desenhe duas das três possíveis estruturas de C_3H_4, (b) determine todos os ângulos de ligação de cada estrutura, (c) determine a hibridação dos átomos de carbono das duas estruturas, (d) verifique se as duas são estruturas de ressonância ou não e explique seu raciocínio.

2.37 Os dois orbitais atômicos que contribuem para o orbital antiligante da Equação 2 no Tópico G são proporcionais a e^{-r/a_0}, em que r é a distância até o núcleo correspondente. Confirme que existe um plano nodal equidistante dos dois núcleos.

2.38 Mostre que uma molécula com configuração π^4 tem uma distribuição eletrônica cilindricamente simétrica. *Sugestão*: Faça os orbitais π serem iguais a xf e yf, em que f é uma função que depende somente da distância do eixo internuclear.

2.39 Além de formar ligações σ e π que são semelhantes ao modo como os orbitais p adjacentes se sobrepõem, os orbitais d vizinhos podem se sobrepor para formar ligações δ. (a) Desenhe os diagramas de superposição mostrando os três modos em que os orbitais d podem se combinar para formar ligações. (b) Coloque os três tipos de ligação d—d (σ, π e δ) em ordem decrescente de energia.

2.40 Um orbital s e um orbital p em átomos vizinhos estão sendo considerados para contribuição na formação de uma ligação em uma molécula. Desenhe diagramas para mostrar como determinada combinação pode contribuir para uma ligação σ enquanto outra não pode.

142   **Foco 2**   Exercícios

2.41 (a) Descreva as mudanças que podem ocorrer nas ligações do benzeno se dois elétrons forem removidos do HOMO (orbital molecular ocupado de energia mais alta). Esse processo corresponderia à oxidação do benzeno a $C_6H_6^{2+}$. (b) Descreva as mudanças que podem ocorrer nas ligações se dois elétrons forem adicionados ao LUMO (orbital molecular vazio de mais baixa energia). Esse processo corresponderia à redução do benzeno a $C_6H_6^{2-}$. Você esperaria que esses íons fossem diamagnéticos ou paramagnéticos?

2.42 (a) Confirme, utilizando a trigonometria, que os dipolos das três ligações de uma molécula trigonal piramidal, AB_3, não se cancelam e que a molécula é polar. (b) Mostre que os dipolos das quatro ligações de uma molécula tetraédrica, AB_4, se cancelam e que a molécula é não polar.

2.43 O benzino é uma molécula muito reativa de fórmula C_6H_4 que só pode ser detectada em baixas temperaturas. Ele tem semelhança com o benzeno em função dos seis átomos de carbono do anel, mas, em lugar de três ligações duplas, a estrutura normalmente é desenhada com duas ligações duplas e uma ligação tripla. (a) Desenhe uma estrutura de Lewis para a molécula do benzino. Indique, na estrutura, a hibridação de cada átomo de carbono. (b) Use sua compreensão das ligações químicas para explicar por que essa molécula deve ser muito reativa.

2.44 A estrutura de Lewis da cafeína, $C_8H_{10}N_4O_2$, um estimulante comum, é dada abaixo. (a) Dê a hibridação de cada átomo que não o hidrogênio. (b) Considerando sua resposta para a parte (a), estime os ângulos de ligação que envolvem cada átomo de carbono e de nitrogênio. (c) Procure na literatura química a estrutura da cafeína e compare os parâmetros estruturais observados com suas predições.

2.45 Examine as ligações em $CH_2{=}CHCHO$. (a) Desenhe a estrutura de Lewis mais importante. Inclua todas as cargas formais diferentes de zero. (b) Identifique a composição das ligações e a hibridação de cada par isolado – por exemplo, escrevendo $\sigma(H1s,C2sp^2)$.

2.46 Considere as moléculas H_2CCH_2, H_2CCCH_2 e H_2CCCCH_2. (a) Desenhe as estruturas de Lewis destas moléculas. (b) Qual é a hibridação de cada átomo de carbono? (c) Que tipo de ligação conecta os átomos de carbono (simples, dupla, etc.)? (d) Quais são os ângulos das ligações HCH, CCH e CCC nestas moléculas? (e) Todos os átomos de hidrogênio estão no mesmo plano? (f) Uma fórmula geral para moléculas deste tipo é $H_2C(C)_xCH_2$, em que x é 0, 1, 2, etc. O que pode ser dito sobre a orientação relativa dos átomos de H das extremidades da cadeia em função de x?

2.47 Na reação entre SbF_3 e CsF obtém-se, entre outros produtos, o ânion $[Sb_2F_7]^-$. Esse ânion não tem ligações F—F nem Sb—Sb. (a) Proponha uma estrutura de Lewis para o íon. (b) Dê um esquema de hibridação para os átomos de Sb.

2.48 As seguintes moléculas são bases que participam da estrutura dos ácidos nucleicos envolvidos no código genético. Identifique: (a) a hibridação de cada átomo de C e de N, (b) o número de ligações σ e π, e (c) o número de pares isolados de elétrons das moléculas.

2.49 Assim como o $AlCl_3$ forma dímeros (Tópico 2C), no íon $[Bi_2Cl_4]^{2-}$ dois dos átomos de Cl formam "pontes" entre os dois átomos de Bi. (a) Proponha uma estrutura de Lewis para o íon.

2.50 O germânio forma uma série de ânions chamados "germetos". No íon Ge_4^{n-}, os quatro átomos de Ge formam um tetraedro, com cada átomo de Ge ligando-se aos outros três. Cada átomo tem um par isolado de elétrons. Qual é o valor de n, a carga do ânion? Explique seu raciocínio.

2.51 Uma das formas do íon poliatômico I_5^- tem uma estrutura em V pouco comum: um átomo de I fica no vértice do V, com uma cadeia linear de dois átomos de I em cada braço. Os ângulos são 88° no átomo central e 180° nas cadeias laterais. Desenhe uma estrutura de Lewis para I_5^- que explique a forma descrita e indique a hibridação que você daria a cada átomo não terminal.

2.52 Moléculas e íons, como os átomos, podem ser isoeletrônicos, isto é, podem ter o mesmo número de elétrons. Por exemplo, CH_4 e NH_4^+ são isoeletrônicos. Eles têm, portanto, a mesma forma molecular. Identifique uma molécula ou íon que seja isoeletrônico com cada uma das seguintes espécies e mostre que cada par tem a mesma forma: (a) CO_3^{2-}; (b) O_3; (c) OH^-.

2.53 Que variações na ordem de ligação, distância de ligação e propriedades magnéticas são possíveis nos seguintes processos de ionização? (a) $C_2 \rightarrow C_2^+ + e^-$; (b) $N_2 \rightarrow N_2^+ + e^-$; (c) $O_2 \rightarrow O_2^+ + e^-$.

2.54 (a) Desenhe a estrutura de Lewis do N_2O_3. (b) Qual é a ordem da ligação N—N? (c) Explique por que o N_2O_3 tem esta estrutura, enquanto o composto análogo formado pelo fósforo é P_4O_6.

2.55 Os complexos dos metais dos blocos d e f podem ser descritos em termos de esquemas de hibridação, cada um associado com uma dada forma. Lembrando que o número de orbitais atômicos hibridados deve ser igual ao de orbitais híbridos produzidos, relacione os orbitais híbridos sp^2d, sp^3d^3 e sp^3d^3f às seguintes formas: (a) bipirâmide pentagonal; (b) cubo; (c) quadrado plano.

2.56 (a) A fórmula do íon bromato, BrO_3^-, é semelhante à do íon clorato, ClO_3^-, mas as formas dos íons nitrato e fosfato têm números diferentes de átomos de oxigênio, como as dos íons nitrito e fosfito. Desenhe estruturas de Lewis para esses quatro íons e explique por que as fórmulas são diferentes. (b) Energia é transferida para os músculos no organismo por meio de mudanças na ATP, uma molécula que contém cadeias de íons fosfato (—PO_2—O—PO_2—O—PO_2—O—). Explique por que os íons fosfato podem se ligar dessa maneira, mas os íons nitrato não.

Foco 2 Exercícios **143**

2.57 A acetonitrila, CH_3CN, é usada como solvente na indústria farmacêutica. Descreva a estrutura da molécula CH_3CN em termos de orbitais híbridos, ângulos de ligação e ligações σ e π. O átomo de N é o átomo terminal.

2.58 As nitrosaminas são carcinógenos potentes presentes na fumaça do cigarro e na carne cozida em altas temperaturas. A fórmula básica da nitrosamina é R_2NNO, na qual R é um grupo orgânico. Os átomos estão ligados como indicado na fórmula, na qual os dois grupos orgânicos estão no primeiro átomo de nitrogênio. Na nitrosamina mais simples, os grupos R são grupos metila, $—CH_3$. Desenhe a estrutura de Lewis dessa nitrosamina.

2.59 Escreva a estrutura de Lewis de cada um dos seguintes compostos: (a) metanotiol, CH_3SH, um dos compostos encontrados no hálito ruim e em alguns queijos; (b) dissulfeto de carbono, CS_2, usado para fazer o raiom; (c) dicloro-metano, CH_2Cl_2, um solvente comum.

2.60 Escreva a estrutura de Lewis de cada um dos seguintes compostos: (a) ureia, $OC(NH_2)_2$, um composto formado no corpo pelo metabolismo das proteínas; (b) fosgênio, Cl_2CO, um gás venenoso que já foi usado na guerra; (c) trinitramida, $N(NO_3)_3$, um oxidante usado como combustível de foguetes.

2.61 O metano, o hidrocarboneto mais abundante na atmosfera e potente gás de estufa, oxida lentamente no ar, formando dióxido de carbono. Um dos compostos intermediários neste processo de oxidação é o HOCO. (a) Desenhe a estrutura de Lewis deste composto. (b) Descubra se o composto é um radical.

2.62 O composto 2,4-pentanodiona (também conhecido como acetilacetona e abreviado como *acac*) é ácido e pode ser desprotonado.

O ânion forma complexos com metais que são usados como aditivos de gasolina, lubrificantes, inseticidas e fungicidas. (a) Estime os ângulos de ligação marcados com arcos e letras minúsculas na 2,4-pentanodiona e no íon acac. (b) Quais são as diferenças, se houver alguma?

Acetil-acetona   Íon acetil-acetonato

2.63 Estime os ângulos de ligação, que estão marcados com arcos e letras minúsculas, do peroxiacetilnitrato, um irritante dos olhos que ocorre na neblina poluída:

Peroxiacetilnitrato

2.64 A hidroxilamina, $HONH_2$, é utilizada para remover o pelo do couro animal e como removedor de agentes fotorresistentes na indústria de eletrônicos. Descreva a estrutura da molécula de hidroxilamina em termos de orbitais híbridos, ângulos de ligação e ligações σ e π. O átomo de O está ligado ao átomo de N e a um átomo de H. O átomo de N também está ligado a dois átomos de H.

FOCO 2 Exercícios cumulativos

2.65 Os óxidos de nitrogênio são poluentes comuns, gerados por motores a combustão interna e por usinas de eletricidade. Eles não somente contribuem para os problemas respiratórios provocados pelo ar poluído, como também atingem a estratosfera e ameaçam a camada de ozônio que protege a Terra de radiação perigosa.

(a) A energia de ligação do NO é 632 $kJ \cdot mol^{-1}$ e a de cada ligação $N—O$ em NO_2 é 469 $kJ \cdot mol^{-1}$. Use estruturas de Lewis e as energias de ligação médias da Tabela 2.4 para explicar as diferenças entre as energias de ligação nas duas moléculas e o fato de que as energias de ligação das duas ligações de NO_2 são iguais.

(b) O comprimento da ligação no NO é 115 pm. Use a Fig. 2D.11 para obter o comprimento de uma ligação simples e de uma ligação dupla entre o nitrogênio e o oxigênio. Use a Tabela 2D.3 para estimar o comprimento de uma ligação tripla entre o nitrogênio e o oxigênio. Dê a ordem de ligação no NO a partir do comprimento da ligação e explique a diferença com os valores calculados.

(c) Quando o NO no ar poluído reage com NO_2, forma-se uma ligação entre os dois átomos de N. Desenhe a estrutura de Lewis de cada reagente e do produto e indique a carga formal de cada átomo.

(d) O NO_2 do ar poluído também reage com NO_3 para formar um produto em que o átomo de O está entre os dois átomos de N. Desenhe a estrutura de Lewis do produto mais provável e indique a carga formal de cada átomo.

(e) Escreva a equação química balanceada da reação do produto da parte (d) com água para produzir um ácido. O ácido produzido age como um agente poluente secundário no meio ambiente. Dê um nome ao ácido.

(f) Se 4,05 g do produto da parte (d) reagem com água, como na parte (e), para produzir 1,00 L de solução ácida, qual será a concentração do ácido?

(g) Determine o número de oxidação do nitrogênio em NO, NO_2, e os produtos das partes (c) e (d). Quais dentre esses compostos você esperaria que fosse o agente oxidante mais potente?

2.66 O peróxido de hidrogênio, H_2O_2, é um alvejante não tóxico utilizado em lavanderias industriais e domésticas em substituição ao cloro. O processo de alvejamento é uma oxidação e, quando o peróxido de hidrogênio age como alvejante, o único produto é a água.

(a) Desenhe a estrutura de Lewis do peróxido de hidrogênio e determine as cargas formais de cada átomo. Qual é o número de oxidação do oxigênio no peróxido de hidrogênio? Qual é mais útil na previsão da capacidade do H_2O_2 de agir como agente oxidante: a carga formal ou o número de oxidação? Explique seu raciocínio.

(b) Preveja os ângulos de ligação em torno de cada átomo de O em H_2O_2. Os átomos estão todos no mesmo plano? A molécula é polar ou não polar? Explique seu raciocínio.

144 **Foco 2** Exercícios

(c) Escreva a configuração eletrônica de valência de (1) O_2; (2) O_2^-; (3) O_2^+; (4) O_2^{2-}. Dê, para cada espécie, a ordem de ligação esperada e indique quais, se alguma, são paramagnéticas.

(d) As seguintes distâncias de ligação foram encontradas: (1) O_2, 121 pm; (2) O_2^-, 134 pm; (3) O_2^+, 112 pm; (4) O_2^{2-}, 149 pm. Sugira uma explicação para essas diferenças com base nas configurações da parte (c).

(e) Uma reação em que H_2O_2 age como agente oxidante é $Fe^{2+}(aq) + H_2O_2(aq) + H^+(aq) \rightarrow Fe^{3+}(aq) + H_2O(l)$. Balanceie a equação e determine que massa de ferro(II) pode ser oxidada a ferro(III) por 43,2 mL de uma solução 0,200 M de $H_2O_2(aq)$. Sugestão: Lembre-se de balancear as cargas e os elementos.

(f) O peróxido de hidrogênio também pode funcionar como redutor, como em $Fe^{3+}(aq) + H_2O_2(aq) + OH^-(aq) \rightarrow Fe^{2+}(aq) + H_2O(l) + O_2(g)$. Balanceie a equação e determine que massa de ferro(III) pode ser reduzida a ferro(II) por 41,8 mL de uma solução 0,200 M de $H_2O_2(aq)$. Sugestão: Lembre-se de balancear as cargas e os elementos.

(g) O peróxido de hidrogênio deve ser mantido em garrafas escuras porque na presença da luz pode desproporcionar-se, isto é, oxidar-se e reduzir-se na reação $2\ H_2O_2(aq) \rightarrow 2\ H_2O(l) + O_2(g)$. Quantos elétrons são transferidos na reação representada por essa equação?

(h) Embora os peróxidos não gerem resíduos perigosos, podem causar problemas na atmosfera. Por exemplo, se um peróxido de hidrogênio chegar à estratosfera, ele pode quebrar-se em dois radicais ·OH, que ameaçam a camada de ozônio que protege a Terra de radiações perigosas. Use os dados da Tabela 2D.2 para calcular a frequência mínima e o comprimento de onda correspondente da luz necessária para quebrar a ligação HO—OH.

OS ESTADOS DA MATÉRIA

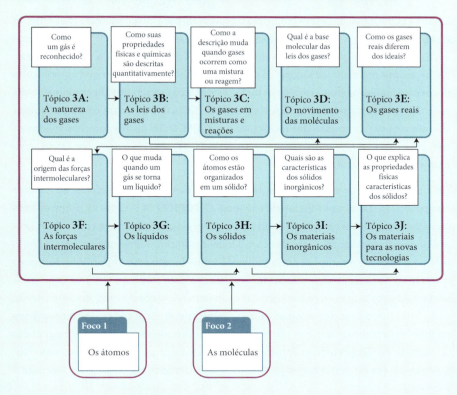

FOCO 3

Os materiais desenvolvidos no século XXI estão mudando o modo como vivemos. No projeto de um edifício, na criação de próteses ou no desenvolvimento de novos meios de comunicação, os engenheiros, os médicos, os arquitetos e os cientistas precisam entender a base química dos materiais. Materiais jamais imaginados serão desenvolvidos – talvez por você – à medida que nossa capacidade de fabricar novas formas da matéria aumenta, transformando a sociedade.

O Foco 3 aborda as propriedades da matéria, tal qual formada por uma quantidade muito grande de partículas. O estado mais simples da matéria é o gasoso. Alguns dos primeiros experimentos quantitativos na química foram realizados com gases, e o **TÓPICO 3A** apresenta uma propriedade característica deste estado da matéria: a pressão que ele exerce. O **TÓPICO 3B** mostra como as experiências sobre as relações entre pressão, volume e temperatura permitiram desenvolver uma equação de estado e o conceito de gás ideal. No **TÓPICO 3C**, a relação entre o volume de um gás ideal e a quantidade de gás presente é usada para estender as relações estequiométricas e assim predizer as quantidades de reagentes consumidos ou de produtos formados nas reações químicas, incluindo o volume de um gás envolvido na reação. O **TÓPICO 3D** mostra como as propriedades de um gás ideal podem ser entendidas com base em um modelo simples no qual moléculas muito distantes umas das outras estão em movimento incessante e aleatório. Este modelo permite entender, da perspectiva quantitativa, a faixa de velocidades das moléculas de um gás.

Um gás ideal é uma abstração muito importante utilizada em toda a química para formular expressões para as propriedades da matéria. Como tal, um gás ideal é uma idealização, já que os gases reais demonstram desvios em relação ao comportamento ideal. O **TÓPICO 3E** aprimora o modelo do gás ideal para incluir as interações entre as moléculas. O modo como as moléculas interagem é discutido no **TÓPICO 3F**, em que você verá que a origem das forças entre moléculas está associada a suas estruturas. As forças intermoleculares são fracas nos gases, porque o tempo em que as moléculas ficam próximas é muito curto. No entanto, estas forças são muito importantes no estudo das propriedades de líquidos e sólidos. O **TÓPICO 3G** mostra como os líquidos surgem a partir da coesão das moléculas e o **TÓPICO 3H** ilustra como os sólidos se formam quando quase todo o movimento molecular é perdido e as moléculas se agrupam em estruturas características.

Uma parte expressiva dos avanços tecnológicos passados e atuais nasceu de uma compreensão das propriedades dos sólidos. O **TÓPICO 3I** resume as propriedades características de uma ampla faixa de sólidos inorgânicos e descreve como essas propriedades podem ser relacionadas com a localização dos elementos na Tabela Periódica e os tipos de interações entre átomos e íons. Um aspecto importante de alguns materiais sólidos é sua capacidade de conduzir corrente elétrica e o **TÓPICO 3J** apresenta conceitos que permitem classificar os materiais em condutores, isolantes e – de suma importância nas tecnologias atuais – semicondutores e supercondutores. Você também verá como os elétrons contribuem com as propriedades ópticas e magnéticas da matéria. For fim, este foco apresenta uma breve discussão sobre os nanomateriais, que são objeto de importantes pesquisas e considerados muito promissores para a tecnologia.

Tópico 3A   A natureza dos gases

3A.1 A observação dos gases
3A.2 A pressão
3A.3 As unidades alternativas de pressão

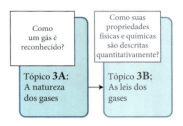

O gás mais importante do planeta é a atmosfera, uma camada fina de gases presa pela gravidade à superfície da Terra. Se estivéssemos longe, no espaço, em um ponto onde a Terra ficasse do tamanho de uma bola de futebol, a atmosfera pareceria ter apenas 1 mm de espessura (Fig. 3A.1). No entanto, essa camada fina e delicada é essencial para a vida: ela nos protege da radiação de alta energia e fornece substâncias necessárias à vida, como o oxigênio, o nitrogênio, o dióxido de carbono e a água.

Onze elementos são gases à temperatura e pressão ambientes (Fig. 3A.2). Muitos compostos com massa molar baixa, como o dióxido de carbono, o cloreto de hidrogênio e o metano, CH_4, também são gases. Todas as substâncias que são gases nas temperaturas normais são moleculares, exceto os seis gases nobres, que são monoatômicos (isto é, suas moléculas são formadas por um só átomo).

3A.1   A observação dos gases

As amostras de gases suficientemente grandes para serem estudadas são exemplos de **matéria em grosso** ("bulk"), isto é, matéria formada por um número muito grande de moléculas. Suas propriedades são consequência do comportamento coletivo dessas partículas. No caso de um gás, por exemplo, quando você pressiona o êmbolo de uma bomba para encher o pneu de sua bicicleta, você sente que o ar é **compressível** – isto é, que ele pode ser confinado em um volume menor do que o inicial O ato de reduzir o volume de uma amostra de gás é chamado de **compressão**. A observação de que os gases são mais compressíveis do que os sólidos e líquidos sugere que existe muito espaço livre entre as moléculas dos gases.

A partir da experiência diária, por exemplo, você também sabe que se deixar escapar o ar de um balão inflado, um gás se expande rapidamente para encher o espaço disponível. Essa observação sugere que as moléculas se movem rapidamente e respondem prontamente a mudanças do volume que podem ocupar. Como a pressão no balão é a mesma em todas as direções, podemos inferir que o movimento das moléculas é aleatório, sem que qualquer direção seja favorecida. Uma imagem primitiva de um gás poderia ser, então, a de uma coleção de moléculas muito espaçadas que passam umas pelas outras em incessante movimento aleatório e que mudam de direção e velocidade somente quando colidem.

O fato de os gases serem facilmente compressíveis e preencherem o espaço disponível sugere que suas moléculas estão muito afastadas umas das outras e em movimento aleatório incessante.

Por que você precisa estudar este assunto? Um aspecto importante da química é sua capacidade de explicar as propriedades da matéria com base no comportamento de suas moléculas. Como os gases são o estado mais simples da matéria, as ligações entre as propriedades das moléculas e da matéria são relativamente fáceis de identificar.

Que conhecimentos você precisa dominar? Você precisa conhecer o conceito de força e o procedimento de conversão de unidades (*Fundamentos* A).

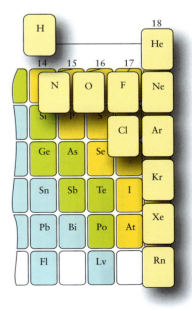

FIGURA 3A.1 O delicado filme que forma a atmosfera da Terra, visto do espaço. (*Pete Turner/Iconica/Getty Images.*)

FIGURA 3A.2 Os 11 elementos que são gases nas condições normais. Note que eles ficam na parte superior à direita da Tabela Periódica.

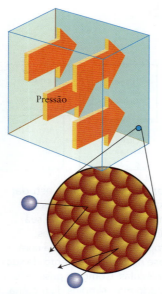

FIGURA 3A.3 A pressão de um gás surge da colisão das moléculas com as paredes do recipiente. A "tempestade" de colisões mostrada na expansão exerce uma força quase estacionária nas paredes.

FIGURA INTERATIVA 3A.3

A palavra barômetro vem do termo grego para peso, referindo-se ao "peso" da atmosfera.

3A.2 A pressão

Se você já encheu um pneu de bicicleta ou apertou um balão cheio de ar, experimentou uma força oposta vinda do ar confinado. A **pressão**, P, é a força F exercida pelo gás, dividida pela área A, sobre a qual a força é exercida:

$$P = \frac{F}{A} \tag{1}$$

A pressão que um gás exerce nas paredes de um recipiente resulta das colisões de suas moléculas com elas (Fig. 3A.3). Quanto mais forte for a "tempestade" das moléculas sobre a superfície, maior será a força e, consequentemente, a pressão.

A unidade SI de pressão é o **pascal**, Pa:

$$1 \text{ Pa} = 1 \text{ kg·m}^{-1}\text{·s}^{-2}$$

Um pascal é uma unidade muito pequena de pressão: a atmosfera exerce uma pressão de aproximadamente 100.000 Pa (100 kPa) ao nível do mar; 1 Pa é a pressão que seria exercida por uma camada de água de 0,1 mm de espessura. A pressão atmosférica ao nível do mar é equivalente a uma camada de água com cerca de 10 m de profundidade. Qualquer objeto na superfície da Terra é atingido continuamente por uma tempestade invisível de moléculas e que exerce uma força sobre ele. Até em um dia aparentemente tranquilo, estamos no meio de uma tempestade de moléculas.

A pressão exercida pela atmosfera pode ser medida de várias maneiras. Quando um manômetro é usado para medir a pressão do ar em um pneu, a "pressão do manômetro" é, na verdade, a diferença entre a pressão no interior do pneu e a pressão atmosférica. Um pneu vazio tem pressão zero, porque a pressão dentro dele é igual à pressão atmosférica. Um manômetro ligado a um equipamento científico, entretanto, mede a pressão *real* no aparelho.

A pressão da atmosfera pode ser medida com um **barômetro**. A versão mais antiga de um barômetro foi inventada no século XVII pelo cientista italiano Evangelista Torricelli, discípulo de Galileu. Torricelli (cujo nome significa, por coincidência, "torre pequena" em italiano) fabricou uma torre pequena de mercúrio líquido, que é muito denso. Ele selou um tubo longo de vidro em um dos lados, encheu-o com mercúrio e o inverteu em um bécher (Fig. 3A.4). A coluna de mercúrio caiu até que a pressão que ela exercia sobre a base se igualasse à pressão exercida pela atmosfera. Para interpretar as medidas feitas com um barômetro é preciso saber como a altura da coluna depende da pressão atmosférica.

Como isso é feito?

Desejamos encontrar a relação entre a altura, h, da coluna de mercúrio do barômetro e a pressão atmosférica, P. Suponhamos que a área da seção transversal da coluna cilíndrica é A. O volume de mercúrio da coluna é a altura do cilindro multiplicada pela área da seção transversal, $V = hA$. A massa, m, desse volume de mercúrio é o produto da densidade, d, pelo volume, ou $m = dV = dhA$. Essa massa de mercúrio é empurrada pela força da gravidade, e a força total que esta última exerce sobre sua base é o produto da massa pela aceleração da queda livre (a aceleração devido à gravidade), g, ou $F = mg$. Então, a pressão na base da coluna é a força dividida pela área.

De $P = F/A$, $F = mg$ e $m = dhA$:

$$P = \frac{F}{A} = \frac{\overset{F}{\overbrace{mg}}}{A} = \frac{\overset{m}{\overbrace{dhA}}g}{A} = dhg$$

Área, A
Massa, $m = dhA$
Força, $F = mg$

Pressão devida à coluna de mercúrio
Pressão da atmosfera
Altura proporcional à pressão da atmosfera

FIGURA 3A.4 Um barômetro de mercúrio é usado para medir a pressão atmosférica. A pressão atmosférica é equilibrada pela pressão exercida pela coluna de mercúrio que cai até a altura apropriada, deixando um vácuo acima dela. A altura da coluna é proporcional à pressão atmosférica.

O cálculo mostra que a pressão de ar que sustenta a coluna de líquido com altura h e densidade d é

$$P = dhg \qquad (2)$$

onde g é a aceleração da gravidade. A pressão é obtida em pascals quando a densidade, a altura da coluna e o valor de g são expressos em unidades SI. Essa equação mostra que a pressão, P, exercida pela coluna de mercúrio é proporcional à altura da coluna. A altura da coluna, portanto, pode ser usada como uma medida da pressão atmosférica.

PONTO PARA PENSAR

Você poderia usar um barômetro de mercúrio para medir a pressão em uma estação espacial?

EXEMPLO 3A.1 Como calcular a pressão atmosférica a partir da altura da coluna de mercúrio

Os meteorologistas monitoram as mudanças na pressão atmosférica para ajudar a predizer padrões climáticos. Uma queda na pressão normalmente é sinal de um sistema de instabilidade. Suponha que a altura da coluna de mercúrio em um barômetro é 760 mm em 15°C. Qual é a pressão atmosférica em pascals? Em 15°C, a densidade do mercúrio é 13,595 g·cm^{-3} (que corresponde a 13.595 kg·m^{-3}) e a aceleração padrão da gravidade na superfície da Terra é 9,80665 m·s^{-2}.

ANTECIPE Vimos que a pressão atmosférica está perto de 100 kPa, logo, esperamos um valor próximo a este.

PLANEJE Substitua os dados na Equação 2, lembrando que 1 kg·m^{-1}·s^{-2} = 1 Pa.

RESOLVA

De $P = dhg$,

$$P = \overbrace{13{,}595 \text{ kg·m}^{-3}}^{d} \times \overbrace{0{,}760 \text{ m}}^{h} \times \overbrace{9{,}806\,65 \text{ m·s}^{-2}}^{g}$$
$$= 1{,}01 \times 10^5 \underbrace{\text{kg·m}^{-1}\text{·s}^{-2}}_{\text{Pa}} = 1{,}01 \times 10^5 \text{ Pa}$$

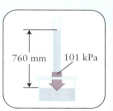

AVALIE Esta pressão pode ser expressa como 101 kPa. Este valor está próximo do esperado. A aceleração da queda livre varia na superfície da Terra e depende da altitude. Em todos os cálculos deste texto, usaremos o valor "padrão" de g, dado anteriormente.

Teste 3A.1A Qual é a pressão atmosférica em quilopascals se a altura da coluna de mercúrio que está em 15°C em um barômetro é 756 mm?

[***Resposta:*** 100. kPa]

Teste 3A.1B A densidade da água em 20°C é 0,998 g·cm^{-3}. Que altura terá a coluna de líquido de um barômetro de água em 20°C quando a pressão atmosférica corresponder a 760. mm de mercúrio?

Exercícios relacionados 3A.7 e 3A.8

Embora os manômetros eletrônicos sejam mais usados quando se deseja medir a pressão em uma aparelhagem de laboratório, às vezes prefere-se um **manômetro** (Fig. 3A.5), que são tubos em forma de U ligados ao recipiente do experimento. O outro lado do tubo pode ser aberto à atmosfera ou selado. No caso do "manômetro de tubo aberto" (como o da Fig. 3A.5a), a pressão no sistema é igual à da atmosfera quando os níveis do líquido em cada braço do tubo em U são iguais. Se, no manômetro aberto, o nível de mercúrio no lado do recipiente está acima do nível do que está do lado aberto, a pressão no interior do recipiente é inferior à pressão atmosférica. No caso do "manômetro de tubo fechado" (como o da Fig. 3A.5b), um lado está ligado a um frasco fechado (o sistema) e o outro lado está sob vácuo. A diferença das alturas das duas colunas é proporcional à pressão no sistema.

A palavra manômetro vem do grego para "fino", em alusão a uma atmosfera "fina" (de baixa pressão).

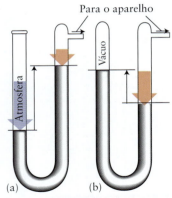

FIGURA 3A.5 (a) Manômetro de tubo aberto. A pressão no interior do aparelho ao qual o tubo fino horizontal está ligado trabalha contra a pressão externa. Nessas condições, a pressão dentro do sistema é menor do que a pressão atmosférica em quantidade proporcional à diferença de altura do líquido nos dois braços. (b) Manômetro de tubo fechado. A pressão no aparelho ligado é proporcional à diferença das alturas do líquido nos dois braços. O espaço do lado fechado está sob vácuo.

> **Teste 3A.2A** Qual é a pressão em quilopascals dentro de um sistema quando o nível do mercúrio da coluna do lado do sistema, em um manômetro de mercúrio de tubo aberto, é 25 mm inferior ao da coluna do lado da atmosfera, quando a pressão atmosférica é de 760 mmHg em 15°C?
>
> [*Resposta:* 105 kPa]
>
> **Teste 3A.2B** Qual é a pressão em pascals dentro de um sistema quando um manômetro de mercúrio *fechado* acusa uma diferença de altura de 10. cm em 15°C?

A pressão de um gás, a força que o gás exerce dividida pela área em que ela se aplica, surge dos impactos entre suas moléculas.

3A.3 As unidades alternativas de pressão

Embora a unidade SI de pressão seja o pascal (Pa), outras unidades também são muito utilizadas. A pressão atmosférica normal é de cerca de 100 kPa e é útil usar o bar, exatamente 100 kPa, como unidade:

$$1 \text{ bar} = 10^5 \text{ Pa}$$

Os mapas climáticos normalmente mostram as pressões em milibars (1 mbar = 10^{-3} bar = 10^2 Pa), com as pressões atmosféricas típicas sendo da ordem de 1.000 mbar. A **pressão padrão** para a listagem de dados é definida hoje como 1 bar exatamente e representada por $P°$.

Uma pressão de 1 bar é semelhante a uma unidade tradicional e muito usada, baseada na pressão típica exercida pela atmosfera ao nível do mar, chamada de **atmosfera** (atm). Esta unidade é definida pela relação exata

$$1 \text{ atm} = 1{,}01325 \times 10^5 \text{ Pa}$$

Observe que 1 atm = 1,01325 bar e que, por isso, 1 atm é um pouco maior do que 1 bar. O uso de barômetros de mercúrio no passado levou ao uso da altura da coluna de mercúrio (em milímetros) para expressar pressão em **milímetros de mercúrio** (mmHg). Essa unidade é definida em termos da pressão exercida por uma coluna de mercúrio de altura igual a 1 mm sob certas condições (15°C e um campo gravitacional padrão), mas ela está sendo substituída por uma unidade de magnitude semelhante, o **torr** (Torr). Esta unidade é definida pela relação exata

$$1 \text{ Torr} = \frac{1}{760} \text{ atm, então } 1 \text{ atm} = 760 \text{ Torr}$$

Na maior parte dos casos, não há problema em usar mmHg ou Torr um no lugar do outro (é por isso que você vê 1 atm expresso como 760 mmHg), mas em cálculos que exigem muita precisão, você deve estar ciente de que as duas unidades não são idênticas (elas diferem em menos de uma parte em um milhão).

Nota de boa prática O nome da unidade torr, como outras unidades derivadas de nomes de pessoas, começa com letra minúscula, como na unidade pascal. Porém, o símbolo da unidade, como todos os símbolos de unidades derivados de nomes próprios, começa com maiúscula (Torr, Pa).

A Tabela 3A.1 apresenta as unidades de pressão. É importante conhecê-las e ser capaz de convertê-las. A pressão de 746 Torr, por exemplo, converte-se em pascals pelo fator derivado da Tabela 3A.1:

$$P = 746 \text{ Torr} \times \frac{133{,}322 \text{ Pa}}{1 \text{ Torr}} = 9{,}95 \times 10^4 \text{ Pa ou } 99{,}5 \text{ kPa}$$

A pressão real exercida pela atmosfera varia com a altitude e o clima. A pressão na cabine de um jato comercial na altura de cruzeiro (10 km) é aproximadamente 200 Torr (cerca de 0,3 atm) e, por isso, as cabines de avião devem ser pressurizadas. Uma região de pressão atmosférica muito baixa, como a mostrada no mapa climático da Fig. 3A.6, normalmente tem uma pressão da ordem de 0,98 atm ao nível do mar. Uma região de alta pressão típica é de cerca de 1,03 atm.

TABELA 3A.1 Unidades de pressão*

Unidade SI: pascal (Pa)
1 Pa = 1 kg·m^{-1}·s^{-2} = 1 N·m^{-2}

Unidades convencionais
1 bar = 10^5 Pa = **100 kPa**
1 atm = **1,013 25 × 10^5 Pa**
     = **101,325** kPa

1 Torr = **1/760** atm = 133,322... Pa†
1 mmHg = 133,322... Pa ≈ 1 Torr
1 atm = 14,7 lb·pol.$^{-2}$ (psi)

*Os valores em **negrito** são exatos. Veja no final do livro mais relações. N, newton (1 N = 1 kg·m·s^{-2}).
†1 mmHg é igual a 1 Torr a menos de 1 parte em 10^7.

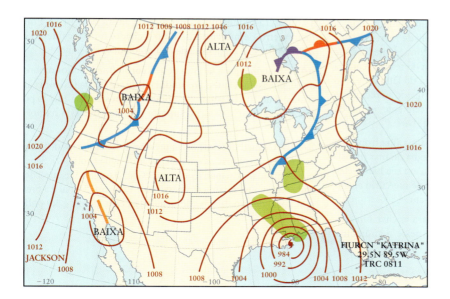

FIGURA 3A.6 Mapa meteorológico típico que mostra a América do Norte durante o furacão Katrina, em 2005. As curvas são chamadas de *isóbaras* e são contornos de pressão atmosférica constante. As regiões de baixa pressão (vistas sobre a Louisiana) são chamadas de *ciclones*, e as de alta pressão (vistas sobre o Canadá e o Estado do Colorado) são chamadas de *anticiclones*. Todas as pressões estão em milibars. A pressão mais baixa no mapa é 984 mbar, no centro do furacão. Antes de atingir a terra, a pressão no centro do furacão chegou a cair até 902 mbar. *(NOAA)*

Teste 3A.3A O Centro Nacional de Monitoramento de Furacões dos Estados Unidos relatou que a pressão no olho do furacão Katrina (2005) caiu a 902 mbar. Qual é o valor em atm?

[***Resposta***: 0,890 atm]

Teste 3A.3B A pressão atmosférica em Denver, Colorado, era 630. Torr em determinado dia. Expresse este valor em pascals.

As principais unidades de pressão são o torr, a atmosfera, o bar e o pascal (a unidade SI). As unidades de pressão se interconvertem segundo as informações da Tabela 3A.1.

O que você aprendeu com este tópico?

Você aprendeu que as propriedades dos gases sugerem que suas moléculas estão em movimento aleatório e constante, e que a pressão exercida por um gás é o resultado das colisões de suas moléculas com as paredes do recipiente que o contém.

Os conhecimentos que você deve dominar incluem a capacidade de:

☐ **1.** Calcular a pressão na base de uma coluna de líquido (Exemplo 3A.1).
☐ **2.** Interpretar a leitura de um manômetro (Teste 3A.2).
☐ **3.** Converter as unidades de pressão (Teste 3A.3).

Tópico 3A Exercícios

3A.1 A pressão necessária para produzir diamantes sintéticos a partir da grafita é 8×10^4 atm. Expresse essa pressão em: (a) Pa; (b) kbar; (c) Torr; (d) lb·pol^{-2}.

3A.2 A pressão de um cilindro de gás argônio é 35,0 lb·pol^{-2}. Converta essa pressão para: (a) kPa; (b) Torr; (c) bar; (d) atm.

3A.3 Algumas pessoas sentem mal-estar durante a subida de uma montanha, devido à menor pressão atmosférica em relação ao nível do mar. Por que a pressão atmosférica em grandes altitudes é menor?

3A.4 Como seria a altura da coluna de um barômetro de mercúrio no planeta Marte? Explique seu raciocínio.

3A.5 Um estudante acoplou um bulbo de vidro contendo gás neônio a um manômetro de tubo aberto (como mostrado na Fig. 3A.5) e calculou a pressão do gás, obtendo 0,890 atm. (a) Se a pressão atmosférica é 762 Torr, qual é a diferença de altura entre os dois lados do mercúrio no manômetro? (b) Que lado tem a maior altura de coluna: o lado do manômetro acoplado ao bulbo ou o lado aberto à atmosfera? (c) Se o estudante comete um erro e troca os números relativos aos lados do manômetro na hora de registrar os dados em seu bloco de anotações, qual seria o valor da pressão registrado no interior do bulbo de gás?

Tópico 3A A natureza dos gases

3A.6 Uma reação é feita em um recipiente ligado a um manômetro de tubo fechado. Antes da reação, os níveis de mercúrio nos dois lados do manômetro estavam na mesma altura. À medida que a reação se processa, produz-se um gás. No fim da reação, a altura da coluna de mercúrio do manômetro que está do lado do vácuo sobe 30,74 cm e a altura do manômetro do lado ligado ao recipiente desce pelo mesmo valor. Qual é a pressão no recipiente no fim da reação, expressa em: (a) Torr; (b) atm; (c) Pa; (d) bar?

3A.7 Suponha que você foi abandonado em uma ilha tropical e teve de fazer um barômetro primitivo usando água do mar (densidade 1,10 $g \cdot cm^{-3}$). Que altura alcançaria a água em seu barômetro se a pressão atmosférica fizesse um barômetro de mercúrio alcançar 74,7 cm? A densidade do mercúrio é 13,6 $g \cdot cm^{-3}$.

3A.8 Um líquido desconhecido foi usado para encher um manômetro de tubo fechado. Verificou-se que, neste manômetro, a atmosfera produz uma diferença de altura de 6,14 m. Em um manômetro de mercúrio de tubo fechado, o deslocamento é de 758,7 mm. Qual é a densidade do líquido desconhecido?

3A.9 Imagine que a largura de seu corpo (medida nos ombros) é de 20. polegadas e que a profundidade de seu corpo (do tórax até as costas) é de 10 polegadas. Se a pressão atmosférica é 14,7 $lb \cdot pol^{-2}$, que massa de ar seu corpo suporta quando você está na posição vertical?

3A.10 Os medidores de baixa pressão de laboratórios de pesquisa são, às vezes, calibrados em polegadas de água ($polH_2O$). Sabendo que a densidade do mercúrio, em 15°C, é 13,6 $g \cdot cm^{-3}$ e que a densidade da água na mesma temperatura é 1,0 $g \cdot cm^{-3}$, qual é a pressão (em Torr) dentro de um cilindro de gás cuja leitura é 8,9 $polH_2O$ em 15°C?

Tópico 3B   As leis dos gases

3B.1 As observações experimentais
3B.2 As aplicações da lei dos gases ideais
3B.3 O volume molar e a densidade dos gases

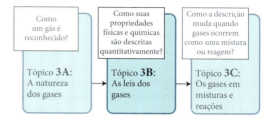

As primeiras medições confiáveis das propriedades dos gases foram feitas em 1662 pelo cientista anglo-irlandês Robert Boyle, ao estudar o efeito da pressão sobre o volume dos gases. Um século e meio depois, um passatempo novo, o uso de balões de ar quente, motivou dois cientistas franceses, Jacques Charles e Joseph-Louis Gay-Lussac, a formular outras leis dos gases. Charles e Gay-Lussac descobriram como a temperatura de um gás afeta sua pressão, seu volume e sua densidade. No final do século XIX, o cientista italiano Amedeo Avogadro contribuiu ao estabelecer a relação entre o volume e o número de moléculas da amostra e, portanto, ajudou a estabelecer a realidade dos átomos. Estas descobertas foram combinadas em uma equação simples, mas muito útil.

Por que você precisa estudar este assunto? As equações neste tópico são usadas em muitas áreas da química, tanto em cálculos práticos quanto no desenvolvimento da termodinâmica e sua aplicação no equilíbrio químico.

Que conhecimentos você precisa dominar? Você precisa conhecer os conceitos de pressão (Tópico 3A) e de quantidade de substância (*Fundamentos* E).

3B.1   As observações experimentais

Boyle usou um tubo longo de vidro moldado em forma de J, com o lado menor lacrado (Fig. 3B1), no qual verteu mercúrio, prendendo ar no lado menor do tubo. Quanto mais mercúrio ele adicionava, mais o gás era comprimido. Ele concluiu que o volume de uma quantidade fixa de gás (o ar, neste caso) diminui quando a pressão sobre ele aumenta. A Figura 3B.2 mostra um gráfico da dependência. A curva da figura é uma **isoterma**, que é um termo geral para um gráfico em temperatura constante. Uma **variação isotérmica** ocorre em temperatura constante. Os cientistas procuram sempre colocar os dados experimentais em gráficos de modo a obter linhas retas, porque esses gráficos são mais fáceis de identificar, analisar e interpretar. Os dados obtidos por Boyle geraram uma linha reta quando a pressão foi expressa em relação ao inverso do volume (Fig. 3B.3). Disso resulta a

Lei de Boyle: Para uma quantidade fixa de gás em temperatura constante, o volume é inversamente proporcional à pressão.

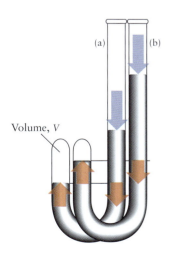

FIGURA 3B.1 (a) No experimento de Boyle, um gás é aprisionado pelo mercúrio no lado fechado de um tubo em forma de J. (b) O volume do gás aprisionado diminui quando a pressão sobre ele aumenta pela adição de mercúrio pelo lado aberto do tubo.

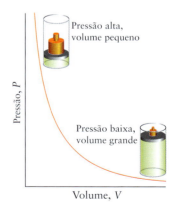

FIGURA 3B.2 A lei de Boyle resume o efeito da pressão sobre o volume de uma quantidade fixa de gás em temperatura constante. Quando a pressão da amostra de gás aumenta (o que é representado pelo peso maior sobre o pistão), o volume diminui.

154 Tópico 3B As leis dos gases

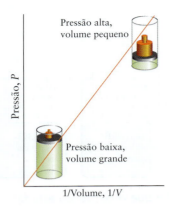

FIGURA 3B.3 Em um gráfico da pressão em função de 1/volume, obtém-se uma linha reta. A lei de Boyle falha em pressões altas e não se obtém uma linha reta nessas regiões (não mostradas).

A lei de Boyle é escrita como

$$\text{Volume} \propto \frac{1}{\text{pressão}} \quad \text{ou} \quad V = \frac{\text{constante}}{P} \quad (\text{com } n \text{ e } T \text{ constantes})$$

De modo análogo, multiplicando os dois lados da expressão por P,

$$PV = \text{constante (com } n \text{ e } T \text{ constantes)} \tag{1a}$$

Suponha que a pressão e o volume de uma quantidade invariável de gás no começo do experimento sejam P_1 e V_1. Logo, $P_1V_1 =$ constante. No fim do experimento, a pressão e o volume são P_2 e V_2, mas P_2V_2 é igual à mesma constante (desde que a temperatura não tenha mudado). Decorre que a lei de Boyle também pode ser expressa como

$$P_2V_2 = P_1V_1 \text{ (com } n \text{ e } T \text{ constantes)} \tag{1b}$$

Teste 3B.1A Uma amostra de 10,0 L de neônio em 300. Torr sofre expansão isotérmica em um tubo sob vácuo com volume de 20,0 L. Qual é a pressão final do neônio no tubo?

[***Resposta:*** 150 Torr]

Teste 3B.1B Em uma refinaria de petróleo, um tanque com capacidade para 750 L contendo gás etileno a 1,00 bar foi comprimido isotermicamente até a pressão chegar a 5,00 bar. Qual é o volume final da amostra?

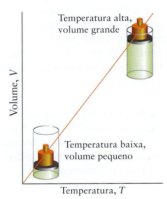

FIGURA 3B.4 Quando a temperatura de um gás aumenta e seu volume pode mudar em pressão constante (como representado pelo peso constante que age sobre o pistão), o volume aumenta. Um gráfico do volume em função da temperatura é uma linha reta.

Charles e Gay-Lussac levaram a cabo várias experiências com o objetivo de melhorar o desempenho de seus balões. Eles descobriram que, mantendo constante a pressão, o volume de um gás aumenta quando a temperatura aumenta. Ao colocar em gráfico o volume em função da temperatura, obtém-se uma linha reta (Fig. 3B.4). Disso resulta a

Lei de Charles: O volume de uma quantidade fixa de gás sob pressão constante varia linearmente com a temperatura.

O nome de Gay-Lussac é, às vezes, associado à lei, mas "Lei de Charles" é mais comum.

A lei de Charles tem uma implicação muito importante. Quando as linhas retas obtidas de medidas semelhantes em diferentes gases e em diferentes pressões são colocadas em gráfico e extrapoladas (isto é, estendidas para além da faixa dos dados), pode-se ver que todas elas se encontram no volume zero em −273,15°C (Fig. 3B.5). Esse ponto não pode ser alcançado na prática, porque nenhum gás real tem volume zero e todos os gases reais se condensam a líquidos antes de alcançar esta temperatura. Além disso, como um volume não pode ser negativo, a temperatura −273,15°C deve ser a mais baixa possível. Este é o valor que corresponde a zero na **escala Kelvin**. A unidade SI da temperatura é o **kelvin** (K, não °K). A graduação em Kelvin equivale à graduação em graus Celsius. Portanto, uma variação de 1 K é igual a uma variação de 1°C. Para converter um valor na escala Celsius para a escala Kelvin, adicione 273,15 à temperatura na escala Celsius. Decorre que, quando a temperatura absoluta T é usada, a lei de Charles assume a forma

A escala Kelvin é descrita no Apêndice 1B.

$$\text{Volume} \propto \text{temperatura absoluta ou } V = \text{constante} \times T \text{ (com } n \text{ e } P \text{ constantes)} \tag{2a}$$

Neste livro, sempre que a temperatura é expressa como T, ela denota temperatura absoluta, cujo menor valor possível é $T = 0$. Uma expressão semelhante resume a variação linear da pressão de uma amostra de gás que é aquecido em um recipiente de volume fixo. A pressão experimental pode ser extrapolada para a pressão zero em −273,15°C (Fig. 3B.6). Portanto, conforme Gay-Lussac conseguiu demonstrar de forma experimental,

$$\text{Pressão} \propto \text{temperatura absoluta ou } P = \text{constante} \times T \text{ (com } n \text{ e } V \text{ constantes)} \tag{2b}$$

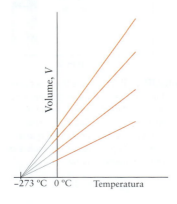

FIGURA 3B.5 A extrapolação de dados como os da Figura 3B.4 para um certo número de gases sugere que o volume de cada gás deve ser igual a 0 em $T = 0$ (−273°C). Os dados extrapolados são mostrados nas linhas tracejadas. Na prática, todos os gases se condensam a líquidos antes de alcançar esta temperatura.

Isso significa que quando a temperatura absoluta dobra, a pressão também dobra, mantidos constantes a quantidade e o volume do gás.

Nota de boa prática Note que para uma quantidade fixa de gás, o volume (ou a pressão) dobra quando a temperatura dobra na escala absoluta (Kelvin), não na escala Celsius. O aumento de 20°C a 40°C corresponde a um aumento de 293 K a 313 K, um aumento de 7% somente.

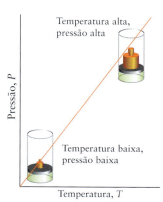

Teste 3B.2A Um tanque rígido é usado para estocar oxigênio na parte externa de um edifício. A pressão no interior do tanque é 20,00 atm às 6h00, quando a temperatura ambiente é 10.°C. Qual é a pressão no tanque às 18h00, quando a temperatura atinge 30.°C?

[*Resposta:* 21,4 atm]

Teste 3B.2B Uma amostra de gás hidrogênio sob 760. mmHg na temperatura de 20.°C é aquecida até 300.°C em um recipiente de volume constante. Qual é a pressão final da amostra?

FIGURA 3B.6 A pressão de uma quantidade fixa de gás em um recipiente de volume constante é proporcional à temperatura absoluta. Note o aumento da pressão no cilindro (representado pelo aumento do peso sobre o pistão) com o aumento da temperatura. A pressão é extrapolada a 0 para $T = 0$.

Outra contribuição para a compreensão dos gases foi dada pelo cientista italiano Amedeo Avogadro:

Princípio de Avogadro: nas mesmas condições de temperatura e pressão, um determinado número de moléculas de gás ocupa o mesmo volume, independentemente de sua identidade química.

O princípio de Avogadro é comumente expresso em termos do **volume molar**, V_m, o volume ocupado por um mol de moléculas:

$$\text{Volume molar} = \frac{\text{volume}}{\text{quantidade}} \quad \text{ou} \quad V_m = \frac{V}{n} \quad \text{(3a)}$$

que pode ser expresso como:

$$V = nV_m \quad \text{(3b)}$$

O volume molar de todos os gases é de cerca de 22 L·mol⁻¹ em 0°C e 1 atm (Fig. 3B.7).

Princípio de Avogadro e não lei, porque ele se baseia não somente em observações experimentais, mas também em um modelo da matéria – a matéria feita de moléculas. Mesmo que não haja mais dúvidas de que a matéria é feita de átomos e moléculas, ele continua sendo um princípio e não uma lei.

Teste 3B.3A Um balão atmosférico foi inflado com hélio em −20°C e uma determinada pressão, com $1,2 \times 10^3$ mol de He até completar o volume de $2,5 \times 10^4$ L. Qual é o volume molar do hélio nessas condições?

[*Resposta:* 21 L·mol⁻¹]

Teste 3B.3B Um tanque grande de armazenamento de gás natural contém 200. mol de CH₄(g) sob 1,20 atm. Outros 100. mols de CH₄(g) entram no tanque em temperatura constante. Qual é a pressão final no tanque?

Todas as propriedades vistas até agora são coerentes com o modelo molecular de um gás formado por moléculas muito afastadas em movimento incessante. A lei de Boyle é coerente com o modelo porque a compressão aumenta o número de moléculas em um dado volume de amostra e, portanto, aumenta o número de colisões das moléculas com as paredes do recipiente. O resultado é que a pressão que elas exercem aumenta (Fig. 3B.8). O efeito da temperatura sobre a pressão de um gás sob volume constante sugere um novo aspecto: *quando a temperatura de um gás aumenta, a velocidade média das moléculas aumenta*. Como resultado desse aumento, as moléculas chocam-se com as paredes com frequência maior e com mais força. Portanto, o gás exerce pressão maior quando a temperatura aumenta sob volume constante. Esse modelo de gás pode ser usado para explicar o efeito da temperatura sobre o volume de um gás sob pressão constante. Para contrabalançar o aumento da pressão com o aumento da temperatura e da velocidade das moléculas, o volume disponível para o gás deve aumentar de modo que menos moléculas possam se chocar com as paredes no mesmo intervalo de tempo. Por fim, o princípio de Avogadro é coerente com o modelo apresentado: à medida que mais moléculas são colocadas em um recipiente, seu volume deve aumentar para que a pressão permaneça constante.

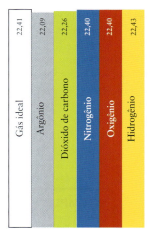

FIGURA 3B.7 Volumes molares (em litros por mol) de vários gases, em 0°C e 1 atm. Os valores são muito semelhantes e próximos do volume molar de um gás ideal nessas condições, 22,41 L·mol⁻¹.

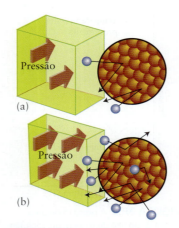

FIGURA 3B.8 (a) A pressão de um gás tem origem no impacto de suas moléculas nas paredes do recipiente. (b) Quando o volume da amostra diminui, existem mais moléculas em um dado volume e, assim, ocorrem colisões com a mesma área da parede em um dado intervalo de tempo. Como o número de impactos na parede aumentou, o mesmo ocorre com a pressão.

FIGURA INTERATIVA 3B.8

TABELA 3B.1	A constante dos gases, R^*
$8{,}205\,74 \times 10^{-2}$ L·atm·K^{-1}·mol^{-1}	
$8{,}314\,46 \times 10^{-2}$ L·bar·K^{-1}·mol^{-1}	
$8{,}314\,46$ L·kPa·K^{-1}·mol^{-1}	
$8{,}314\,46$ J·K^{-1}·mol^{-1}	
$62{,}364$ L·Torr·K^{-1}·mol^{-1}	

* A constante dos gases está relacionada à constante de Boltzmann, k, por $R = N_A k$, em que N_A é a constante de Avogadro.

As três propriedades de um gás expressas pelas Equações 1, 2 e 3 podem ser combinadas em uma única expressão que relaciona a pressão (P), o volume (V), a temperatura (T) e o número de mols (n) de um gás:

$$PV = \text{constante} \times nT$$

Assim, se a temperatura e a quantidade são constantes, PV é constante (lei de Boyle). Se a pressão e a quantidade de gás são constantes, V é proporcional a T (lei de Charles). Se a pressão e a temperatura são constantes, o volume é proporcional a n (princípio de Avogadro). Quando a constante de proporcionalidade é escrita como R, essa expressão é conhecida como a **lei dos gases ideais**:

$$PV = nRT \tag{4}$$

A constante R é chamada de **constante dos gases** e é "universal", já que tem o mesmo valor para todos os gases. Seu valor pode ser obtido medindo P, V, n e T, e substituindo os dados em $R = PV/nT$. Em unidades SI (pressão em pascals, volume em metros cúbicos, temperatura em kelvins e quantidade em mols), R é obtido em joules por kelvin por mol: $R = 8{,}314$ J·K^{-1}·mol^{-1}. A Tabela 3B.1 lista os valores de R para valores de volume e pressão expressos em outras unidades.

A lei dos gases ideais é um exemplo de **equação de estado**, isto é, uma expressão que mostra como a pressão de uma substância – neste caso, um gás – se relaciona com a temperatura, o volume e a quantidade de substância na amostra. Um gás hipotético que obedece à lei dos gases ideais sob todas as condições é chamado de **gás ideal**. Todos os gases reais obedecem à Equação 4 com precisão crescente à medida que a pressão é reduzida até chegar a zero (que nós escrevemos como $P \to 0$). A lei dos gases ideais, portanto, é um exemplo de uma **lei-limite**, isto é, uma lei que só é válida dentro de certos limites – neste caso, quando $P \to 0$. Embora a lei dos gases ideais seja uma lei-limite, ela é, na realidade, razoavelmente correta em pressões normais, logo, podemos usá-la para descrever o comportamento de muitos gases nas condições normais.

A lei dos gases ideais, $PV = nRT$, resume as relações entre a pressão, o volume, a temperatura e a quantidade de moléculas de um gás ideal e é usada para avaliar o efeito das mudanças nestas propriedades. Ela é um exemplo de lei-limite.

3B.2 As aplicações da lei dos gases ideais

As leis dos gases podem ser usadas, separadamente, nos cálculos em que uma só variável é alterada, como o aquecimento de uma quantidade fixa de gás sob volume constante. A lei dos gases ideais permite predições quando duas ou mais variáveis são alteradas simultaneamente.

Para prever o resultado da mudança de mais de uma variável, observe que, se as condições dos gases forem n_1, P_1, V_1 e T_1, então a Equação 4 diz que $P_1 V_1 = n_1 R T_1$ ou $P_1 V_1 / n_1 T_1 = R$. Após a variação, as condições são n_2, P_2, V_2 e T_2; uma vez que a lei dos gases ideais continua válida, $P_2 V_2 / n_2 T_2 = R$. Como R é uma constante, $P_1 V_1 / n_1 T_1$ e $P_2 V_2 / n_2 T_2$ podem ser igualados, resultando em:

$$\underbrace{\frac{P_1 V_1}{n_1 T_1}}_{\text{condições iniciais}} = \underbrace{\frac{P_2 V_2}{n_2 T_2}}_{\text{condições finais}} \tag{5}$$

Esta expressão é denominada **lei dos gases combinada**. Ela é uma consequência direta da lei dos gases ideais, não uma nova lei.

EXEMPLO 3B.1 Cálculo da pressão de uma amostra

Nas telas de plasma, uma descarga elétrica ioniza gases, produzindo radiação UV, que atinge um elemento de fósforo, gerando luz vermelha, verde ou azul, dependendo do composto de fósforo que recobre a célula. Milhões destas células são combinadas para formar uma imagem. Calcule a pressão (em atm) no interior de uma célula de uma tela de plasma, sabendo que o volume da célula é 0,030 mm³ e que ela contém 9,6 ng de gás neônio. A temperatura é 34°C.

PLANEJE Use a lei dos gases ideais, Eq. 4, para encontrar a pressão.

RESOLVA

Etapa 1 Expresse a temperatura em kelvins, a quantidade em mols e o volume em litros. Converta a massa em quantidade ($n = m/M$) e a temperatura de graus Celsius em kelvins (adicione 273,15).

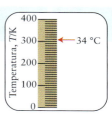

$$n = \frac{\overbrace{9,6 \times 10^{-9} \text{ g}}^{9,6 \text{ ng}}}{20,18 \text{ g·mol}^{-1}} = 4,7\ldots \times 10^{-10} \text{ mol}$$

$$T = (34 + 273,15) \text{ K} = 307 \text{ K}$$

$$V = 0,030 \text{ mm}^3 \times \frac{1 \text{ L}}{10^6 \text{ mm}^3} = 3,0 \times 10^{-8} \text{ L}$$

Etapa 2 Rearranje a equação $PV = nRT$ para colocar a quantidade desejada à esquerda e as demais quantidades à direita.

$$P = \frac{nRT}{V}$$

Etapa 3 Substitua os dados, com R em L·atm·K^{-1}·mol^{-1}.

$$P = \frac{\overbrace{4,7\ldots \times 10^{-10} \text{ mol}}^{n} \times \overbrace{8,205\,74 \times 10^{-2} \text{ L·atm·K}^{-1}\text{·mol}^{-1}}^{R} \times \overbrace{307 \text{ K}}^{T}}{\underbrace{3,0 \times 10^{-8} \text{ L}}_{V}}$$

$$= 0,40 \text{ atm}$$

Teste 3B.4A Calcule a pressão (em quilopascals) exercida por 1,0 g de dióxido de carbono em um balão de volume 1,0 L a 300°C.

[*Resposta:* $1,1 \times 10^2$ kPa]

Teste 3B.4B Um motor de automóvel mal regulado, em marcha lenta, pode liberar até 1,00 mol de CO por minuto na atmosfera. Que volume de CO, ajustado para 1,00 atm, é emitido por minuto a 27°C?

Exercícios relacionados 3B.5, 3B.6, 3B.25 a 3B.28

EXEMPLO 3B.2 Uso da lei dos gases combinada quando uma variável se altera

No motor de um automóvel, o pistão comprime uma mistura de vapor de gasolina e ar antes da ignição. A lei dos gases combinada pode ser usada para calcular a nova pressão. Suponha que, quando o pistão é empurrado, o volume no interior do cilindro cai de 100. cm³ para 20. cm³ antes da ignição. Suponha também que a compressão é isotérmica. Calcule a pressão final da mistura gasosa se a pressão inicial é 1,00 atm.

ANTECIPE O volume se reduz por um fator de 5, logo, você pode esperar um aumento de cinco vezes na pressão.

PLANEJE Use a lei dos gases combinada, Equação 5. Somente a pressão e o volume mudam, logo, todas as demais variáveis se cancelam, resultando na lei de Boyle.

RESOLVA

Etapa 1 Rearranje $P_1V_1/n_1T_1 = P_2V_2/n_2T_2$ para encontrar P_2 multiplicando os dois lados da expressão por n_2T_2/V_2. Defina $n_2 = n_1$ (sem variação na quantidade) e $T_2 = T_1$ (sem variação na temperatura) e cancele estes parâmetros.

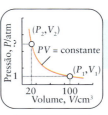

$$P_2 = \frac{P_1V_1}{n_1T_1} \times \frac{n_2T_2}{V_2} \xrightarrow{\substack{n_2 = n_1 \\ T_2 = T_1}} P_2 = \frac{P_1V_1}{V_2}$$

Etapa 2 Substitua os dados:

$$P_2 = \frac{(1,00 \text{ atm}) \times (100 \text{ cm}^3)}{20 \text{ cm}^3} = 5,0 \text{ atm}$$

AVALIE A pressão final, como esperado, é maior por um fator de 5 (mais precisamente 5,0).

Teste 3B.5A Uma amostra de argônio com volume de 10,0 mL em 200. Torr se expande isotermicamente em um tubo sob vácuo de volume 0,200 L. Qual é a pressão final do argônio no tubo?

[***Resposta:*** 10,0 Torr]

Teste 3B.5B Uma amostra de ar seco no cilindro de um motor de teste de 80. cm^3 e 1,00 atm é comprimida isotermicamente até 3,20 atm sob a ação de um pistão. Qual é o volume final da amostra?

Exercícios relacionados 3B.9 a 3B.14, 3B.23, 3B.24

EXEMPLO 3B.3 Uso da lei dos gases combinada quando duas variáveis se alteram

Se você estivesse projetando um sistema de ar-condicionado em que o efeito redutor da temperatura fosse atingido mediante a expansão de um gás, você talvez precisasse avaliar as mudanças de pressão do gás durante as alterações de temperatura e volume. Uma amostra de gás medindo 500 mL em volume em 28,0°C exerce pressão de 92,0 kPa. Que pressão exercerá a amostra quando for comprimida até 300 mL e resfriada até −5,0°C?

ANTECIPE O problema que você tem de resolver consiste em descobrir se a compressão, que aumenta a pressão, domina ou não o efeito do resfriamento, que reduz a pressão. Na escala Kelvin, a mudança de temperatura é muito pequena, logo, você pode suspeitar que a compressão domine.

PLANEJE Use a lei dos gases combinada, Equação 5, lembrando que apenas a quantidade é a mesma nos dois estados.

RESOLVA

Etapa 1 Rearranje $P_1V_1/n_1T_1 = P_2V_2/n_2T_2$ para encontrar P_2, como no Exemplo 3B.2, mas faça $n_1 = n_2$ e cancele. Expresse as temperaturas em kelvins.

$$P_2 = \frac{P_1V_1}{n_1T_1} \times \frac{n_2T_2}{V_2} \xrightarrow{n_1 = n_2} P_2 = \frac{P_1V_1T_2}{T_1V_2}$$

$$T_1 = (273{,}15 + 28{,}0)\ K = 301{,}2\ K$$
$$T_2 = (273{,}15 - 5{,}0)\ K = 268{,}2\ K$$

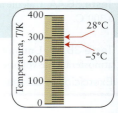

Etapa 2 Substitua os dados:

$$P_2 = \frac{(92{,}0\ kPa) \times (500.\ mL) \times (268{,}2\ K)}{(301{,}2\ K) \times (300.\ mL)} = 137\ kPa$$

AVALIE O resultado é o aumento de pressão. Neste exemplo, a compressão tem um efeito maior do que a diminuição da temperatura, como suspeitamos.

Teste 3B.6A Uma parcela (termo técnico usado em meteorologia para uma pequena região da atmosfera) de ar cujo volume é $1{,}00 \times 10^3$ L em 20.°C e 1,00 atm se eleva em um dos lados de uma montanha. No topo, onde a pressão é 0,750 atm, a parcela de ar esfriou até −10. °C. Qual é o volume da parcela nesse ponto?

[***Resposta:*** $1{,}20 \times 10^3$ L]

Teste 3B.6B Um balão atmosférico está cheio de gás hélio em 20. °C e 1,00 atm. O volume do balão é 250. L. Quando o balão sobe até uma camada de ar onde a temperatura é −30. °C, o volume se expande até 800. L. Qual é a pressão da atmosfera nesse ponto?

Exercícios relacionados 3B.17, 3B.18, 3B.29, 3B.30

A lei dos gases combinada descreve como um gás responde a mudanças de condição.

3B.3 O volume molar e a densidade dos gases

A lei dos gases ideais também pode ser usada para calcular o volume molar de um gás ideal sob qualquer condição de temperatura e pressão. Para fazer isso, as Equações 3a ($V_m = V/n$) e 4 (na forma $V = nRT/P$) são combinadas

$$V_m = \frac{V}{n} = \frac{nRT/P}{n} = \frac{RT}{P} \quad (6)$$

Em **condições normais de temperatura e pressão** (CNTP), isto é, exatamente 25°C (298,15 K) e 1 bar, as condições normalmente usadas para relatar dados químicos, o volume molar de um gás ideal é 24,79 L·mol^{-1}, valor este que é aproximadamente igual ao volume de um cubo com 30 cm de lado (Fig. 3B.9). A expressão **temperatura e pressão padrão** (*standard temperature and pressure*, STP) significa exatamente 0°C e 1 atm (valores exatos), as condições que eram usadas para relatar os dados e que ainda são vistas em alguns cálculos. Nas STP, o volume molar de um gás ideal é 22,41 L·mol^{-1}. Observe o valor ligeiramente menor: a temperatura é mais baixa e a pressão ligeiramente maior, logo, a mesma quantidade de moléculas de gás ocupa um volume menor do que nas CNTP.

A Tabela 3B.2 dá os volumes molares de um gás ideal sob várias condições comumente encontradas. Para obter o volume de uma quantidade conhecida de gás em uma temperatura e pressão especificadas, basta multiplicar o volume molar *naquela temperatura e pressão* pelo número de mols ($V = nV_m$, em que $n = m/M$).

FIGURA 3B.9 O cubo transparente é o volume (25 L) ocupado por 1 mol de moléculas de gás ideal em 25°C e 1 bar. (© 2001 *Richard Megna–Fundamental Photographs*.)

TABELA 3B.2 Volume molar de um gás ideal, $V_m/(\text{L·mol}^{-1})$

Temperatura	Pressão	
	1 atm	1 bar
0°C	22,4140	22,7110
25°C	24,4654	24,7896

Em $T = 0$, $V_m = 0$

Teste 3B.7A Calcule o volume ocupado por 1,0 kg de hidrogênio em 25°C e 1,0 atm.

[*Resposta:* $1{,}2 \times 10^4$ L]

Teste 3B.7B Calcule o volume ocupado por 2,0 g de hélio em 25°C e 1,0 atm.

Em baixas pressões, os gases tendem a seguir a lei dos gases ideais. Portanto, ela pode ser usada para calcular a densidade de um gás ou determinar sua massa molar, conhecendo-se sua densidade. Como vimos em *Fundamentos* G, a concentração molar de uma substância é a quantidade de moléculas (n, em mols) dividida pelo volume que elas ocupam (V). A lei dos gases ideais diz que, para um gás que tem comportamento ideal (isto é, um gás para o qual a relação $n = PV/RT$ é válida),

$$\text{Concentração molar} = \frac{\text{quantidade}}{\text{volume}} = \frac{n}{V} = \frac{PV/RT}{V} = \frac{P}{RT} \stackrel{\text{Eq.6}}{=} \frac{1}{V_m} \quad (7)$$

A densidade de massa, d, do gás, ou simplesmente "densidade", como em qualquer outra substância, é a massa da amostra dividida por seu volume, $d = m/V$. De modo geral, a densidade dos gases é expressa em gramas por litro. Por exemplo, a densidade do ar é aproximadamente 1,6 g·L^{-1} nas CNTP. A densidade é inversamente proporcional ao volume molar e, em determinada temperatura, é proporcional à pressão.

$$\text{Densidade} = \frac{\text{massa}}{\text{volume}} = \frac{m}{V} = \frac{nM}{nV_m} = \frac{M}{V_m} = \frac{MP}{RT} \quad (8)$$

A Equação 8 mostra que:

- Em determinados valores de pressão e temperatura, quanto maior for a massa molar do gás, maior é a densidade.
- Quando a temperatura é constante, a densidade de um gás aumenta com a pressão (a pressão aumenta devido à adição de material ou à redução do volume).
- O aquecimento de um gás livre para se expandir sob pressão constante aumenta o volume ocupado pelo gás e, portanto, reduz sua densidade.

A Equação 8 é a base do uso de medidas de densidade para determinar a massa molar de um gás ou vapor.

PONTO PARA PENSAR

Por que os balões de ar quente flutuam no ar?

EXEMPLO 3B.4 Cálculo da massa molar de um gás a partir de sua densidade

Muitos compostos usados na indústria de perfumaria são derivados de extratos vegetais. Uma das etapas da identificação de um composto com potencial industrial e científico é a determinação de sua massa molar. O composto orgânico volátil geraniol é um componente do óleo de rosas. A densidade do vapor em 260. °C e 103 Torr é 0,480 g·L^{-1}. Qual é a massa molar do geraniol?

ANTECIPE Como o composto é volátil, você tem motivos para predizer que ele terá massa molar pequena.

PLANEJE Liste as informações dadas e converta a temperatura em kelvins. Depois, rearranje a Equação 8 para uma expressão em M, selecione um valor de R com as unidades apropriadas e substitua os dados.

RESOLVA

Organize os dados:

$$d = 0,480 \text{ g·L}^{-1}$$
$$P = 103 \text{ Torr}$$
$$T = (273,15 + 260.) \text{ K} = 533 \text{ K}$$

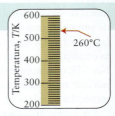

Rearranje $d = MP/RT$ para $M = dRT/P$ e substitua os dados, selecionando um valor de R expresso em torr e litros:

$$M = \frac{\overbrace{0,480 \text{ g·L}^{-1}}^{d} \times \overbrace{62,36 \text{ L·Torr·K}^{-1}\text{·mol}^{-1}}^{R} \times \overbrace{533 \text{ K}}^{T}}{\underbrace{103 \text{ Torr}}_{P}} = 155 \text{ g·mol}^{-1}$$

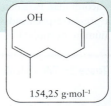

154,25 g·mol^{-1}

AVALIE Este valor, 155 g·mol^{-1}, está perto do valor calculado a partir da fórmula molecular (154,25 g·mol^{-1}, veja a ilustração).

Teste 3B.8A O fármaco crisarobina foi isolado de plantas usadas pelos curandeiros da etnia Zuni para tratar doenças de pele. Em 213°C e 64,5 Torr, uma amostra do vapor de crisarobina tem densidade 0,511 g·L^{-1}. Calcule a massa molar da crisarobina.

[*Resposta:* 240 g·mol^{-1}]

Teste 3B.8B O Codex Ebers, um papiro médico egípcio, descreve o uso de alho como antisséptico. Hoje os químicos sabem que o óxido do dissulfeto de dialila (o composto volátil responsável pelo odor do alho) é um agente bactericida poderoso. Em 177°C e 200. Torr, uma amostra do vapor de crisarobina tem densidade 1,04 g·L^{-1}. Qual é a massa molar do dissulfeto de dialila?

Exercícios relacionados 3B.38, 3B.39, 3B.41

As condições normais de temperatura e pressão (CNTP) são 25°C (298,15 K) e 1 bar. As condições de temperatura e pressão padrão são 0°C (273,15 K) e 1 atm. As concentrações molares e as densidades dos gases aumentam quando eles são comprimidos, mas diminuem quando eles são aquecidos. A densidade de um gás depende de sua massa molar.

O que você aprendeu com este tópico?

Você aprendeu que a pressão de um gás é diretamente proporcional à temperatura e à quantidade mas inversamente proporcional ao volume, e que o comportamento dos gases em temperaturas baixas obedece à lei dos gases ideais, $PV = nRT$. Você aprendeu a calcular o volume molar e a densidade de um gás ideal utilizando a lei dos gases ideais, e que a densidade de um gás em temperatura e pressão conhecidas é diretamente proporcional a sua massa molar.

Os conhecimentos que você deve dominar incluem a capacidade de:

☐ **1.** Usar as leis dos gases para calcular P, V, T ou n em determinadas condições (Exemplo 3B.1).

☐ **2.** Usar as leis dos gases para calcular P, V, T ou n após uma mudança de condições (Exemplos 3B.2 e 3B.3).

☐ **3.** Usar a lei dos gases ideais para calcular o volume molar e a densidade de um gás em condições conhecidas (Seção 3B.3).

Tópico 3B Exercícios

3B.1 Robert Boyle media a pressão em polegadas de mercúrio (polHg). Em um dia em que a pressão atmosférica era 29,85 polHg, ele prendeu um pouco de ar no braço de um tubo em forma de J (**1**) e mediu a diferença de altura da coluna de mercúrio nos dois braços do tubo (*h*). Quando *h* = 12,0 polegadas, a altura do gás no braço do tubo era de 32,0 pol. Boyle, então, adicionou mais mercúrio até o nível do metal atingir a altura *h* = 30,0 pol. (**2**). (a) Qual era a altura do espaço de ar (em polegadas) no tubo em (**2**)? (b) Qual era a pressão do gás no tubo em (**1**) e (**2**) em polHg?

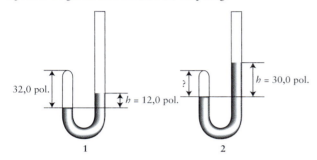

2B.2 Boyle continuou a adicionar mercúrio no tubo do Exercício 3B.1 até que a altura do ar retido caiu a 6,85 pol. Considerando que a pressão atmosférica não mudou, qual era a pressão do ar retido neste momento (em polHg)?

3B.3 Os seguintes dados foram obtidos para uma amostra de gás contendo 1,00 mol de moléculas em um recipiente rígido. (a) Determine o volume da amostra. (b) Lance os dados em um gráfico, à mão ou com o auxílio de um computador. Agora, suponha que você adicionou mais 1,00 mol de moléculas de gás, mas manteve fixo o volume. Lance os dados da segunda amostra em um gráfico. (c) Em que temperatura (em kelvins) as duas linhas se cruzam?

Temperatura/°C	0	20	40	60	80
Pressão, *P*/atm	1,12	1,20	1,28	1,36	1,45

3B.4 Os seguintes dados foram obtidos para uma amostra de gás contendo 5,00 mols de moléculas em um recipiente rígido. (a) Determine o volume da amostra. (b) Lance os dados em um gráfico, à mão ou com o auxílio de um computador. Agora, suponha que você adicionou mais 5,00 mols de moléculas de gás, mas manteve fixo o volume. Lance os dados da segunda amostra em um gráfico. (c) Em que temperatura (em kelvins) as duas linhas se cruzam?

Temperatura/°C	0	20	40	60	80
Pressão, *P*/atm	4,48	4,80	5,14	5,46	5,80

3B.5 (a) Um balão de 350. mL contém 0,1500 mols de Ar em 24°C. Qual é a pressão do gás em quilopascais? (b) Você foi alertado de que 23,9 mg de trifluoreto de bromo exercem uma pressão de 10,0 Torr em 100°C. Qual é o volume do recipiente em mililitros? (c) Um balão de 100,0 mL contém dióxido de enxofre em 0,77 atm e 30°C. Qual é a massa do gás? (d) Um tanque contém $6,00 \times 10^3$ m^3 de metano em 129 kPa e 14°C. Quantos mols de CH$_4$ estão presentes?

3B.6 (a) Um balão de 125 mL contém argônio em 1,85 atm e 86°C. Qual é a quantidade de Ar presente (em mols)? (b) Um balão de 250 mL contém 6,5 μg de O$_2$ em 17°C. Qual é a pressão (em Torr)? (c) Um balão de 50,0 L contém nitrogênio em 203 K e 20. Torr. Qual é a massa de nitrogênio (em gramas)? (d) Uma amostra de criptônio pesando 0,0387 g exerce uma pressão de $2,00 \times 10^2$ mTorr em 65°C. Qual é o volume do recipiente (em litros)?

3B.7 (a) Trace um gráfico da pressão em função da temperatura para 1,00 mol de moléculas de um gás, mostrando as curvas em volumes entre 0,01 L e 0,05 L, em incrementos de 0,01 L para *T* = 0 até 400 K. (b) Qual é a equação da inclinação de cada uma dessas linhas? (c) O que é cada intercepto? Dê suas respostas com duas casas decimais.

3B.8 (a) Trace um gráfico do volume em função da temperatura para 1,00 mol de moléculas de um gás, mostrando as curvas em pressões entre 11.000 e 15.000 atm, em incrementos de 1.000 atm para *T* = 0 até 400 K. (b) Qual é a equação da inclinação de cada uma dessas linhas? (c) O que é cada intercepto? Dê suas respostas com duas casas decimais.

3B.9 Determine a pressão final quando (a) 7,50 mL do gás criptônio sob $2,0 \times 10^5$ kPa são transferidos para um recipiente de 1,0 L; (b) 54,2 cm^3 de O$_2$, sob 643 Torr, são comprimidos até 7,8 cm^3. Considere a temperatura constante.

3B.10 (a) Suponha que 5,00 L de metano sob pressão de 620. Torr são transferidos para um balão de 2,50 L na mesma temperatura. Qual é a pressão final da amostra? (b) Um gás orgânico fluorado colocado em um cilindro é comprimido de um volume inicial de 654 mL, sob 152 Pa, até 218 mL na mesma temperatura. Qual é a pressão final?

3B.11 Um balão de hélio tem volume igual a 12,4 L quando a pressão é 0,885 atm, e a temperatura, 22°C. O balão é resfriado sob pressão constante até a temperatura de −18°C. Qual é o volume do balão nessas condições?

3B.12 Um químico preparou uma amostra de brometo de hidrogênio que ocupa 500. mL em 45°C e 120. Torr. Que volume ela ocuparia em 0°C sob a mesma pressão?

3B.13 Um químico preparou 0,100 mol de Ne(g) sob uma determinada pressão e temperatura em um recipiente expansível. Mais 0,010 mol de Ne(g) foram, então, adicionados ao mesmo recipiente. Como mudou o volume para manter a mesma pressão e temperatura?

3B.14 Um químico preparou uma amostra de 0,0120 mol de He(g) sob uma certa pressão, temperatura e volume, e depois adicionou 0,0240 mol de He(g). Quanto ele teve de variar a temperatura para manter a mesma pressão e o mesmo volume?

3B.15 Uma amostra de gás metano, CH$_4$, foi aquecida lentamente na pressão constante de 0,90 bar. O volume do gás foi medido em diferentes temperaturas e um gráfico do volume em função da temperatura foi construído. A inclinação da reta foi $2,88 \times 10^{-4}$ L·K^{-1}. Qual era a massa da amostra de metano?

3B.16 Uma amostra de gás butano, C$_4$H$_{10}$, foi aquecida lentamente na pressão constante de 0,80 bar. O volume do gás foi medido em diferentes temperaturas e um gráfico do volume em função da temperatura foi construído. A inclinação da reta foi 0,0208 L·K^{-1}. Qual era a massa da amostra de butano?

3B.17 Uma amostra de 35,5 mL de xenônio tem pressão igual a 0,255 atm em −45°C. (a) Qual é o volume da amostra em 1,00 atm e 298 K? (b) Qual seria a pressão exercida se a amostra fosse

162 Tópico 3B As leis dos gases

transferida para um frasco de 12,0 mL em 20°C? (c) Calcule a temperatura necessária para o xenônio exercer a pressão de $5,00 \times 10^2$ Torr nesse frasco.

3B.18 Um volume de 332 cm³ de ar foi soprado em uma máquina que mede a capacidade pulmonar. Se o ar exalado dos pulmões estava sob a pressão de 1,08 atm em 37°C, mas a máquina estava em um ambiente cujas condições eram 0,964 atm e 25°C, qual foi o volume de ar medido pela máquina?

3B.19 Qual é o volume molar de um gás ideal sob pressão atmosférica e (a) 500.°C; (b) no ponto de ebulição normal do nitrogênio líquido (−196°C)?

3B.20 Qual é o volume molar de um gás ideal em 1,00 atm e (a) 212°F; (b) no ponto de sublimação normal do gelo seco (−78,5°C)?

3B.21 Uma amostra de 1,00 L de ar, originalmente em −20°C e 759 Torr, foi aquecida até 235°C. Depois, a pressão foi elevada a 765 Torr e a amostra, aquecida até 1250. °C. Por fim, a pressão foi abaixada até 252 Torr. Qual é o volume final da amostra de ar?

3B.22 Um aparelho doméstico para carbonatar a água usa cilindros de aço que contêm dióxido de carbono com volume igual a 250 mL. Eles pesam 1,04 kg quando cheios e 0,74 kg quando vazios. (a) Qual é a pressão do gás (em bars) em um cilindro cheio em 20. °C? (b) Qual é a pressão do gás quando o cilindro pesa 0,87 kg?

2B.23 O efeito da pressão alta em organismos, inclusive humanos, foi estudado para obter informações úteis sobre mergulhos em águas profundas e anestesia. Uma amostra de ar ocupa 1,00 L em 25°C e 1,00 atm. Qual é a pressão (em atm) necessária para comprimir a amostra até 239 cm³ nessa temperatura?

3B.24 Até que temperatura uma amostra de gás hélio deve ser resfriada, partindo de 115,0°C, para reduzir seu volume de 7,20 L até 0,325 L sob pressão constante?

3B.25 O "ar" na roupa espacial dos astronautas é, na verdade, oxigênio puro na pressão de 0,30 bar. Cada um dos dois tanques da roupa espacial tem o volume de 3980. cm³ e pressão inicial de 5860. kPa. Supondo que a temperatura do tanque é 16°C, que massa de oxigênio os dois tanques contêm?

3B.26 Um vendedor de balões tem um recipiente de hélio de 18,0 L que está sob 170 atm em 25°C. Quantos balões, de 2,40 L cada, podem ser enchidos, em 1,0 atm e 25°C, com o hélio desse recipiente?

3B.27 Verificou-se que o monóxido de nitrogênio, NO(g), age como um neurotransmissor. Para preparar um estudo de seus efeitos, uma amostra foi coletada em um recipiente de volume 250,0 mL. Em 19,5°C, a pressão do recipiente é 24,5 kPa. Que quantidade (em mols) de NO foi coletada?

3B.28 As erupções vulcânicas podem ser uma fonte importante de poluição atmosférica. O vulcão Kilauea, no Havaí, emite entre 200 e 300 t de dióxido de enxofre gasoso (SO_2) por dia (1 t = 10^3 kg). Em determinado dia, o Kilauea emitiu 248 t de SO_2. Se o gás foi emitido em 800. °C e 1 atm, que volume de SO_2 foi lançado na atmosfera naquele dia?

3B.29 No nível do mar, onde a pressão é 104 kPa, e a temperatura, 21,1°C, uma certa massa de ar ocupa 2,0 m³. Até que volume ela se expandirá quando subir a uma altitude na qual a pressão e a temperatura são (a) 52 kPa, −5,0°C; (b) 880. Pa, −52,0°C?

3B.30 O raio de um balão meteorológico era 1,0 m ao ser lançado ao nível do mar em 20°C. Ele se expandiu e o raio aumentou para 3,0 m na altitude máxima, onde a temperatura era −20°C. Qual era a pressão dentro do balão nessa altitude?

3B.31 Sem fazer cálculos, coloque os seguintes gases em ordem crescente de densidade de massa: N_2H_4; N_2; NH_3. A temperatura e a pressão são as mesmas nas três amostras.

3B.32 Sem fazer cálculos, coloque os seguintes gases em ordem crescente de densidade de massa: NO, NO_2, N_2O. A temperatura e a pressão são as mesmas nas três amostras.

2B.33 Uma amostra de 2,00 mg de argônio está confinada em um frasco de 0,0500 L em 20°C. Uma amostra de 2,00 mg de criptônio está confinada em outro frasco de 0,0500 L. Qual deve ser a temperatura do criptônio para que ele tenha a mesma pressão que o argônio?

3B.34 Que massa de amônia exercerá a mesma pressão que 12 mg de sulfeto de hidrogênio, H_2S, no mesmo recipiente, sob as mesmas condições?

3B.35 Qual é a densidade, em $g \cdot L^{-1}$, do vapor de clorofórmio, $CHCl_3$, em (a) $2,00 \times 10^2$ Torr e 298 K; (b) 100. °C e 1,00 atm?

3B.36 Qual é a densidade, em $g \cdot L^{-1}$, de amônia em (a) 1,00 atm e 298 K; (b) 32,0°C e 0,865 atm?

3B.37 O gás de um composto fluorado de metano tem densidade 8,0 $g \cdot L^{-1}$, em 2,81 atm e 300. K. (a) Qual é a massa molar do composto? (b) Qual é a fórmula do composto sabendo que ele é formado somente por C, H e F? (c) Qual é a densidade do gás em 1,00 atm e 298 K?

3B.38 A densidade do gás de um composto de fósforo é 0,943 $g \cdot L^{-1}$, em 420. K quando sua pressão é 727 Torr. (a) Qual é a massa molar do composto? (b) Supondo que o composto permanece gasoso, qual seria sua densidade em 1,00 atm e 298 K?

3B.39 Um composto usado na fabricação de filme plástico de Saran é 24,7% de C, 2,1% de H e 73,2% de Cl em massa. O armazenamento de 3,557 g do gás do composto em um recipiente de 755 mL, a 0°C, resulta em uma pressão de 1,10 atm. Qual é a fórmula molecular do composto?

3B.40 A análise de um hidrocarboneto mostrou que ele tem 85,7% de C e 14,3% de H em massa. Quando 1,77 g do gás foi armazenado em um balão de 1,500 L, em 17°C, o gás exerceu a pressão de 508 Torr. Qual é a fórmula molecular do hidrocarboneto?

3B.41 A densidade de um gás é 0,943 $g \cdot L^{-1}$ em 298 K e 53,1 kPa. Qual é a massa molar do composto?

3B.42 Uma amostra de 115 mg de eugenol, o composto responsável pelo odor do cravo-da-índia, foi colocada em um balão evacuado de volume 500,0 mL, em 280,0°C. A pressão exercida pelo eugenol no balão, nessas condições, foi 48,3 Torr. Em uma experiência de combustão, 18,8 mg de eugenol produziram 50,0 mg de dióxido de carbono e 12,4 mg de água. Qual é a fórmula molecular do eugenol?

Tópico 3C Os gases em misturas e reações

3C.1 As misturas de gases
3C.2 A estequiometria dos gases em reações

Muitas reações químicas têm gases como reagentes ou produtos. Conhecer a lei dos gases ideais permite acompanhar as quantidades de gás produzidas ou consumidas ao monitorar sua temperatura, sua pressão e seu volume. Esses cálculos podem ser usados independentemente de o gás ser um componente de uma mistura gasosa ou o único gás no recipiente.

3C.1 As misturas de gases

Muitos dos gases que conhecemos no dia a dia – e nos laboratórios de química – são misturas. A atmosfera, por exemplo, é uma mistura de nitrogênio, oxigênio, argônio, dióxido de carbono e muitos outros gases (Tabela 3C.1). Muitos anestésicos gasosos são misturas cuidadosamente controladas. A descrição de um gás ideal precisa ser estendida para as misturas de gases.

Em pressões baixas, todos os gases respondem da mesma maneira a mudanças de pressão, volume e temperatura. Por isso, nos cálculos comuns sobre as propriedades físicas dos gases, não é essencial que todas as moléculas de uma amostra sejam iguais. *Uma mistura de gases que não reagem entre si comporta-se como um único gás puro.*

John Dalton foi o primeiro a mostrar como calcular a pressão de uma mistura de gases. Para entender seu raciocínio, imagine determinada quantidade de oxigênio em um recipiente na pressão de 0,60 atm. O oxigênio é, então, evacuado. Depois disso, uma quantidade de gás nitrogênio suficiente para chegar à pressão de 0,40 atm é introduzida no recipiente, na mesma temperatura. Dalton queria saber qual seria a pressão total se as mesmas quantidades dos dois gases estivessem simultaneamente no recipiente. Ele fez algumas medidas pouco precisas e concluiu que a pressão total exercida pelos dois gases no mesmo recipiente era 1,00 atm, a soma das pressões individuais.

Dalton descreveu suas observações em termos do que chamou de **pressão parcial** de cada gás, isto é, a pressão que o gás exerceria se somente ele ocupasse o recipiente. Em nosso exemplo, as pressões parciais de oxigênio e nitrogênio na mistura são 0,60 e 0,40 atm, respectivamente, porque essas são as pressões que os gases exercem quando cada um está sozinho no recipiente. Dalton resumiu suas observações na **lei das pressões parciais**:

A pressão total de uma mistura de gases é a soma das pressões parciais de seus componentes.

Por que você precisa estudar este assunto? Uma das preocupações dos químicos são as misturas de gases e as reações que produzem ou consomem gases. A lei dos gases ideais permite estudar a produção e o consumo de gases sob a perspectiva quantitativa.

Que conhecimentos você precisa dominar? Você precisa dominar a lei dos gases ideais (Tópico 3B). Este tópico estende as técnicas da reação estequiométrica (*Fundamentos* L e M) aos gases.

Este é o mesmo Dalton cuja contribuição para a teoria atômica foi apresentada em *Fundamentos* B.

TABELA 3C.1	Composição típica do ar seco ao nível do mar	
Constituinte	Massa molar* (g·mol^{-1})	Composição percentual em massa
N_2	28,02	75,52
O_2	32,00	23,14
Ar	39,95	1,29
CO_2	44,01	0,05

*A massa molar média de moléculas do ar seco é 28,97 g·mol^{-1}. A percentagem de vapor de água no ar comum varia com a umidade.

FIGURA 3C.1 Representação do experimento que Dalton executou em uma mistura de gases. De acordo com a lei de Dalton, a pressão total, P, de uma mistura de gases é a soma das pressões parciais P_A e P_B dos gases A e B. Essas pressões parciais são as pressões que os gases exerceriam se estivessem sozinhos no recipiente (na mesma temperatura).

Se escrevemos as pressões parciais dos gases A, B, ... como P_A, P_B, ... e a pressão total da mistura como P, então a lei de Dalton pode ser escrita como:

$$P = P_A + P_B + \cdots \quad (1)$$

A lei das pressões parciais é ilustrada na Fig. 3C.1. Ela só é exata para gases de comportamento ideal, mas é uma boa aproximação para quase todos os gases em condições normais (temperatura e pressão ambientes).

A lei de Dalton é coerente com o modelo de um gás descrito no Tópico 3A e revela novas informações. A pressão total de um gás é o resultado do choque das moléculas contra as paredes do recipiente (Tópico 3A). Os choques ocorrem com todas as moléculas da mistura. As moléculas do gás A colidem com as paredes, assim como as do gás B. Mas se essas colisões são independentes umas das outras, então a pressão resultante final é a soma das pressões individuais, como diz a lei de Dalton.

As pressões parciais servem para descrever a composição de um gás úmido. Por exemplo, a pressão parcial do ar úmido em seus pulmões é:

$$P = P_{\text{ar seco}} + P_{\text{vapor de água}}$$

Em um recipiente fechado, que é uma boa aproximação para um pulmão, a água se vaporiza até que sua pressão parcial alcance certo valor, chamado de pressão de vapor. A pressão parcial da água na temperatura normal do corpo é 47 Torr. Portanto, a pressão parcial do ar em seus pulmões é:

$$P_{\text{ar seco}} = P - P_{\text{vapor de água}} = P - 47 \text{ Torr}$$

Em um dia típico, a pressão total ao nível do mar é 760 Torr. Logo, a pressão nos seus pulmões devida a todos os gases, exceto o vapor de água, é 760 − 47 Torr = 713 Torr.

PONTO PARA PENSAR

O ar úmido é mais denso ou menos denso do que o ar seco nas mesmas condições?

Teste 3C.1A Uma amostra de oxigênio foi coletada sobre água em 24°C e 745 Torr e fica saturada com vapor de água. Nesta temperatura, a pressão de vapor da água é 24,38 Torr. Qual é a pressão parcial do oxigênio?

[*Resposta:* 721 Torr]

Teste 3C.1B Alguns estudantes que coletavam os gases hidrogênio e oxigênio da eletrólise da água não conseguiram separar os dois gases. Se a pressão total da mistura seca é 720. Torr, qual é a pressão parcial de cada gás? *Sugestão:* Considere as quantidades relativas de cada gás produzido.

Um modo útil de expressar a relação entre a pressão total de uma mistura e as pressões parciais de seus componentes é usar a **fração molar**, x, de cada componente A, B,..., isto é, a fração do número total de mols de moléculas da amostra. Se a quantidade total de moléculas de gás presentes é n e a quantidade de moléculas de cada gás A, B, etc. presente é n_A, n_B, e assim sucessivamente, a fração molar é:

$$x_A = \frac{n_A}{n} = \frac{n_A}{n_A + n_B + \cdots} \quad (2)$$

O mesmo acontece com as frações molares dos demais componentes. Em uma mistura binária (dois componentes) dos gases A e B,

$$x_A + x_B = \frac{n_A}{n_A + n_B} + \frac{n_B}{n_A + n_B} = \frac{n_A + n_B}{n_A + n_B} = 1 \quad (3)$$

Quando $x_A = 1$, a mistura é de A puro e, quando $x_B = 1$, de B puro. Quando $x_A = x_B = 0,50$, metade das moléculas é do gás A e metade do gás B (Fig. 3C.2). Estas definições e a lei dos gases ideais podem ser usadas para expressar a pressão parcial de um gás em termos de sua fração molar em uma mistura.

FIGURA 3C.2 A fração molar, x, nos diz qual é a fração de moléculas de um determinado tipo em uma mistura de dois ou mais tipos de moléculas. Nesta ilustração, a fração molar das moléculas mostradas em vermelho é dada abaixo de cada figura. A mistura pode ser sólida, líquida ou gasosa.

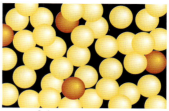

$x_{RED} = 0,1$

Como isso é feito?

Para expressar a relação entre a pressão parcial de um gás A em uma mistura e sua fração molar, utilize a lei dos gases ideais para expressar a pressão parcial, P_A, do gás em termos da quantidade de moléculas de A presentes, n_A, do volume, V, ocupado pela mistura e da temperatura, T:

$$P_A = \frac{n_A RT}{V}$$

Como $n_A = nx_A$ (em que n é a quantidade total de todos os gases) e $P = nRT/V$,

$$P_A = \frac{nx_A RT}{V} = x_A \frac{nRT}{V} = x_A P$$

O resultado é

$$P_A = x_A P \qquad (4)$$

em que P é a pressão total e x_A é a fração molar de A na mistura.

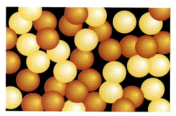

$x_{RED} = 0,5$

$x_{RED} = 0,9$

Um fator importante mas sutil é que, enquanto Dalton definiu pressão parcial como a pressão que um gás exerceria sozinho no interior de um recipiente, a abordagem moderna consiste em usar a Equação 4 como definição da pressão parcial de gases ideais *e* reais. Portanto, a Equação 1 é válida para todos os gases, ideais e reais. Por exemplo, para uma mistura binária de qualquer gás,

$$P_A + P_B = x_A P + x_B P = (x_A + x_B)P = P$$

No entanto, de acordo com esta abordagem moderna, as pressões parciais calculadas com a Equação 4 podem ser interpretadas como a pressão que cada gás exerce quando ele é o único gás no recipiente apenas se os gases são ideais.

EXEMPLO 3C.1 Como calcular as pressões parciais

O ar é uma fonte de reagentes em muitos processos químicos, como na síntese da amônia. Para determinar a quantidade necessária desses gases nessas reações, é preciso conhecer as pressões parciais dos componentes. Certa amostra de ar seco com massa total 1,00 g compõe-se quase completamente de 0,76 g de nitrogênio e 0,24 g de oxigênio. Calcule as pressões parciais desses gases quando a pressão total é 0,87 atm.

ANTECIPE As massas molares de N_2 e O_2 são muito próximas e podemos esperar que as quantidades de N_2 e O_2 estejam mais ou menos na mesma razão das massas presentes, 0,76:0,24. As pressões parciais deveriam estar mais ou menos na mesma razão, 3:1.

PLANEJE Para usar a Equação 4, é preciso conhecer a pressão total (que é dada) e a fração molar de cada componente. A primeira etapa é calcular a quantidade (em mols) de cada gás presente e a quantidade total (em mols). Em seguida, é preciso calcular as frações molares usando a Eq. 2. Para obter as pressões parciais dos gases, multiplique a pressão total pelas frações molares dos gases na mistura (Eq. 4).

O que você deve supor? Não há necessidade de supor que os gases sejam ideais, porque as Equações 4 e 1 são válidas para qualquer gás.

RESOLVA

Use as massas molares do N_2 e do O_2 para obter as quantidades (em mols) das moléculas de cada tipo de gás:

$$n_{N_2} = \frac{0,76 \text{ g}}{28,02 \text{ g·mol}^{-1}} = \frac{0,76}{28,02} \text{ mol} = 0,027\ldots \text{ mol}$$

$$n_{O_2} = \frac{0,24 \text{ g}}{32,00 \text{ g·mol}^{-1}} = \frac{0,24}{32,00} \text{ mol} = 0,0075\ldots \text{ mol}$$

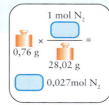

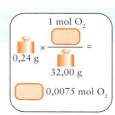

Encontre a quantidade total de moléculas de gás de $n_{total} = n_A + n_B$:

$$n_{N_2} + n_{O_2} = 0,027\ldots + 0,0075\ldots \text{ mol} = 0,035\ldots \text{ mol}$$

Calcule as frações molares a partir de $x_A = n_A/n_{total}$:

$$x_{N_2} = \underbrace{\frac{\overbrace{0,027\ldots}^{n_{N_2}}}{0,035\ldots}}_{n_{N_2} + n_{O_2}} = 0,78\ldots$$

$$x_{O_2} = \underbrace{\frac{0,0075\ldots}{0,035\ldots}}_{n_{N_2} + n_{O_2}} = 0,22\ldots$$

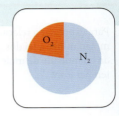

Multiplique cada fração molar pela pressão total, $P_A = x_A P$:

$$P_{N_2} = 0,78\ldots \times (0,87 \text{ atm}) = 0,68 \text{ atm}$$
$$P_{O_2} = 0,22\ldots \times (0,87 \text{ atm}) = 0,19 \text{ atm}$$

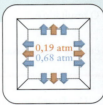

AVALIE Como esperado, P_{N_2} é cerca de três vezes maior do que P_{O_2}. O cálculo mostra que $0,68 + 0,19$ atm $= 0,87$ atm, como nos dados.

Teste 3C.2A Um bebê, acometido de infecção brônquica severa, está com problemas respiratórios. O anestesista administra uma mistura de hélio e oxigênio, com 92,3% de O_2 em massa. Qual é a pressão parcial do oxigênio na mistura que está sendo administrada no bebê se a pressão atmosférica é 730 Torr?

[***Resposta:*** $4,4 \times 10^2$ Torr]

Teste 3C.2B Alguns mergulhadores estão explorando um naufrágio e desejam evitar a narcose associada à respiração de nitrogênio sob alta pressão. Eles passaram a usar uma mistura neônio-oxigênio que contém 141,2 g de oxigênio e 335,0 g de neônio. A pressão nos tanques de gás é 50,0 atm. Qual é a pressão parcial de oxigênio nos tanques?

Exercícios relacionados 3C.2 a 3C.4, 3C.7, 3C.8

> *A pressão parcial de um gás é a pressão que ele exerceria se ocupasse sozinho o recipiente. A pressão total de uma mistura de gases é a soma das pressões parciais de seus componentes. A pressão parcial de um gás está relacionada à pressão total pela fração molar: $P_A = x_A P$.*

3C.2 A estequiometria dos gases em reações

Suponha que você precise conhecer o volume de dióxido de carbono produzido quando um combustível queima ou o volume de oxigênio necessário para reagir com uma determinada massa de hemoglobina nos glóbulos vermelhos do sangue. Para responder a esse tipo de pergunta, você pode combinar os cálculos de mol a mol, do tipo descrito nos *Fundamentos* L e M, com a conversão de mols de moléculas de gás ao volume que elas ocupam. O diagrama em (**1**) estende as estratégias de estequiometria (*Fundamentos* L) de modo a incluir o volume de um gás.

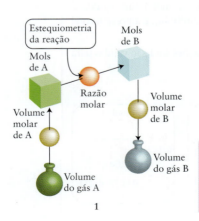

1

EXEMPLO 3C.2 Cálculo da massa de uma substância necessária para a reação com um dado volume de gás

O dióxido de carbono gerado pelos tripulantes na atmosfera de submarinos e espaçonaves deve ser removido do ar, e o oxigênio, recuperado. Grupos de projetistas de submarinos investigaram o uso do superóxido de potássio, KO$_2$, como purificador de ar, porque esse composto reage com o dióxido de carbono e libera oxigênio (Fig. 3C.3):

$$4\ KO_2(s) + 2\ CO_2(g) \longrightarrow 2\ K_2CO_3(s) + 3\ O_2(g)$$

Calcule a massa de KO$_2$ necessária para a reação com 50. L de dióxido de carbono em 25°C e 1,0 atm.

ANTECIPE O volume de 50 L nas condições normais corresponde a cerca de 2 mols de CO$_2$, e a estequiometria da equação indica que cerca de 4 mols de KO$_2$ seriam necessários. Como a massa molar do KO$_2$ é de cerca de 70 g·mol^{-1}, você pode suspeitar que a resposta estará perto de 280 g.

PLANEJE Converta o volume do gás em mols de moléculas de CO$_2$ (usando o volume molar), depois na quantidade de fórmulas unitárias de KO$_2$ (usando a razão molar) e, então, em massa de KO$_2$ (usando a massa molar). Se o volume molar, nas condições fornecidas, não estiver disponível, calcule a quantidade de moléculas do gás usando a lei dos gases ideais: $n = PV/RT$.

RESOLVA

Encontre o volume molar nas condições dadas em uma tabela ou por cálculo.

A Tabela 3B.2 dá $V_m = 24{,}47$ L·mol^{-1} (com duas casas decimais) nessas condições.

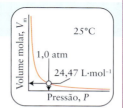

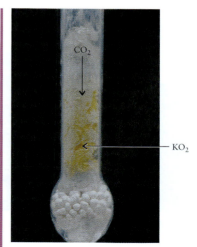

FIGURA 3C.3 Quando o dióxido de carbono passa através de superóxido de potássio (o sólido amarelo), ele reage para formar carbonato de potássio incolor (o sólido branco que cobre as paredes do tubo) e gás oxigênio. A reação é usada para remover dióxido de carbono do ar em ambientes fechados habitáveis.

Encontre a relação estequiométrica entre CO$_2$ e KO$_2$ obtida da equação química.

$$2\ mol\ CO_2 \simeq 4\ mol\ KO_2\ ou\ 1\ mol\ CO_2 \simeq 2\ mol\ KO_2$$

Encontre a massa molar de KO$_2$ (*Fundamentos* E).

$$39{,}10 + 2(16{,}00)\ g\cdot mol^{-1} = 71{,}10\ g\cdot mol^{-1}$$

Converta o volume de CO$_2$ em massa de KO$_2$.

Massa de KO$_2$ = $50.\ L \times \dfrac{1\ mol\ CO_2}{24{,}47\ L} \times \dfrac{2\ mol\ KO_2}{1\ mol\ CO_2} \times \dfrac{71{,}10\ g}{1\ mol\ KO_2}$

$= 2{,}9 \times 10^2$ g

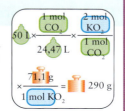

AVALIE A resposta, 290 g, está próxima dos 280 g que antecipamos.

Teste 3C.3A Calcule o volume de dióxido de carbono, ajustado para 25°C e 1,0 atm, que as plantas utilizam para produzir 1,00 g de glicose, C$_6$H$_{12}$O$_6$, por fotossíntese na reação 6 CO$_2$(g) + 6 H$_2$O(l) → C$_6$H$_{12}$O$_6$(s) + 6 O$_2$(g).

[***Resposta:*** 0,81 L]

Teste 3C.3B A reação entre os gases H$_2$ e O$_2$ para produzir o líquido H$_2$O é usada em células a combustível de naves espaciais para o fornecimento de eletricidade. Que massa de água é produzida na reação de 100,0 L de oxigênio armazenado em 25°C e 1,00 atm?

Exercícios relacionados 3C.9 a 3C.14

Quando líquidos ou sólidos reagem para formar um gás, o volume pode aumentar de forma considerável. Os volumes molares dos gases estão próximos de 25 L·mol^{-1} nas condições normais, ao passo que os líquidos e os sólidos só ocupam algumas dezenas de mililitros por mol. O volume molar da água líquida, por exemplo, é somente 18 mL·mol^{-1} 25°C. Em outras palavras, 1 mol de moléculas de gás em 25°C e 1 atm ocupa um volume aproximadamente mil vezes maior do que 1 mol de moléculas de um líquido ou sólido típico.

FIGURA 3C.4 Explosão causada pela ignição de pó de carvão. Cria-se uma onda de choque na enorme expansão de volume que resulta da formação de grandes quantidades de moléculas de gás. (© RIA Novosti/The Image Works.)

FIGURA 3C.5 A decomposição rápida da azida de sódio, NaN$_3$, leva à formação de um grande volume de gás nitrogênio. A reação é ativada eletricamente no *airbag*. (Benelux Press BV/Science Source.)

O aumento do volume durante a formação de produtos gasosos em uma reação química é ainda maior se várias moléculas de gás são produzidas por molécula de reagente, como no caso da formação de CO e CO$_2$ a partir de um combustível sólido (Fig. 3C.4). A azida de chumbo (II), Pb(N$_3$)$_2$, um detonador para explosivos, libera um volume grande de gás nitrogênio quando sofre um golpe mecânico, produzindo a reação:

$$Pb(N_3)_2(s) \longrightarrow Pb(s) + 3\,N_2(g)$$

Uma explosão do mesmo tipo, com azida de sódio, NaN$_3$, é usada nos *airbags* de automóveis (Fig. 3C.5). A liberação explosiva de nitrogênio é detonada eletricamente quando o veículo desacelera abruptamente durante uma colisão.

> *O volume molar (na temperatura e pressão especificadas) é usado para converter a quantidade de um reagente ou produto de uma reação química em um volume de gás.*

O que você aprendeu com este tópico?

Você aprendeu que cada gás ideal em uma mistura tem uma pressão parcial igual à pressão que ele exerceria se fosse o único gás no mesmo recipiente. Você também viu como usar o volume molar de um gás como medida de sua quantidade em um cálculo estequiométrico e como calcular o volume de um gás consumido ou produzido.

Os conhecimentos que você deve dominar incluem a capacidade de:

☐ **1.** Expressar a composição de uma mistura em termos das frações molares dos componentes (Seção 3C.1).

☐ **2.** Calcular as pressões parciais de gases e a pressão total de uma mistura (Exemplo 3C.1).

☐ **3.** Calcular a massa ou o volume de um composto necessários para reagir com um dado volume de gás (Exemplo 3C.2).

Tópico 3C Exercícios

3C.1 Uma amostra do gás cloreto de hidrogênio, HCl, borbulha através de benzeno líquido e é coletada em uma proveta. Suponha que as moléculas mostradas a seguir como esferas formam uma amostra representativa da mistura de HCl e vapor de benzeno: ● representa uma molécula de HCl e ○ representa uma molécula de benzeno). (a) Use a figura para determinar

as frações molares de HCl e vapor de benzeno no interior do recipiente. (b) Quais serão as pressões parciais de HCl e benzeno quando a pressão total no recipiente for 0,80 atm?

3C.2 Um pedaço de sódio metálico foi colocado em um balão contendo água em um dia em que a pressão atmosférica era 757,5 Torr. O sódio reagiu completamente com a água para produzir 137,0 mL de uma mistura de gás hidrogênio e vapor de água a 24°C. Nesta temperatura, a pressão parcial da água é 23,38 Torr. (a) Qual é a pressão parcial do hidrogênio (em Torr) no frasco de coleta?

Tópico 3C Exercícios **169**

(b) Escreva uma equação balanceada para a reação do sódio com a água. (c) Que massa de sódio reagiu?

3C.3 Um recipiente de volume 22,4 L contém 2,0 mol de $H_2(g)$ e 1,0 mol de $N_2(g)$ em 273,15 K. Calcule (a) suas pressões parciais e (b) a pressão total.

3C.4 Uma mistura de gases usada para simular a atmosfera de outro planeta contém 376 mg de metano, 154 mg de argônio e 252 mg de nitrogênio. A pressão parcial do nitrogênio em 300. K é 21,3 kPa. Calcule (a) a pressão total da mistura e (b) o volume da amostra.

3C.5 Um balão de 1,00 L é preenchido com gás nitrogênio em 15°C e 0,50 bar. Então, 0,10 mol de $O_2(g)$ são adicionados ao balão e os gases se misturam. Em seguida, uma torneira se abre para permitir a saída de 0,020 mol de moléculas. Qual é a pressão parcial do oxigênio na mistura final?

3C.6 Um aparelho inclui um frasco de 4,0 L, que contém gás nitrogênio em 25°C e 803 kPa, unido por uma válvula a um frasco de 10,0 L que contém gás argônio em 25°C e 47,2 kPa. Quando a válvula é aberta, os gases misturam-se. (a) Qual é a pressão parcial de cada gás após a mistura? (b) Qual é a pressão total da mistura de gases?

3C.7 Durante um experimento de eletrólise de água, o gás hidrogênio foi coletado em um dos eletrodos sob água em 20. °C e pressão externa igual a 756,7 Torr. A pressão de vapor da água em 20. °C é 17,54 Torr. O volume medido do gás era 0,220 L. (a) Qual é a pressão parcial do hidrogênio? (b) O outro produto da eletrólise da água é o gás oxigênio. Escreva uma equação balanceada da eletrólise da água para dar H_2 e O_2. (c) Que massa de oxigênio foi produzida na reação?

3C.8 O gás óxido de dinitrogênio, N_2O, gerado na decomposição térmica de nitrato de amônio, foi coletado sob água. O gás úmido ocupou 126 mL em 21°C, quando a pressão atmosférica era 755 Torr. Que volume a mesma quantidade de óxido de dinitrogênio *seco* ocuparia se ele fosse coletado sob 755 Torr e 21°C? A pressão de vapor da água é 18,65 Torr em 21°C.

3C.9 O processo de Haber de síntese da amônia é um dos processos industriais mais importantes para o bem-estar da humanidade. Ele é muito usado na produção de fertilizantes, polímeros e outros produtos. (a) Que volume de hidrogênio em 15,00 atm e 350. °C deve ser usado para produzir 1,0 tonelada (1 t = 10^3 kg) de NH_3? (b) Que volume de hidrogênio seria necessário em (a) se o gás fosse fornecido em 376 atm e 250. °C?

3C.10 A nitroglicerina é um líquido sensível ao choque, que detona pela reação

$$4\ C_3H_5(NO_3)_3(l) \longrightarrow$$
$$6\ N_2(g)\ +\ 10\ H_2O(g)\ +\ 12\ CO_2(g)\ +\ O_2(g)$$

Calcule o volume total de gases produzido, em 88,5 kPa e 175°C, na detonação de 1,00 lb (454 g) de nitroglicerina.

3C.11 Que condição inicial geraria o maior volume de dióxido de carbono na combustão de $CH_4(g)$ com excesso de gás oxigênio para produzir dióxido de carbono e água: (a) 2,00 L de $CH_4(g)$; (b) 2,00 g de $CH_4(g)$? Justifique sua resposta. O sistema é mantido na temperatura de 75°C e em 1,00 atm.

3C.12 Que condição inicial geraria o maior volume de dióxido de carbono na combustão de $C_2H_4(g)$ com excesso de gás oxigênio para produzir dióxido de carbono e água: (a) 1,00 L de $C_2H_4(g)$; (b) 1,20 g de $C_2H_4(g)$? Justifique sua resposta. O sistema é mantido na temperatura de 45°C e em 2,00 atm.

3C.13 Os compostos inter-halogênios podem ser preparados pela reação direta dos elementos. As seguintes sínteses foram feitas em 298 K e 1,00 atm. Dê, em cada caso, o volume de produto, na mesma temperatura e pressão, que pode ser produzido a partir de 2,00 mols de F_2 e excesso de Cl_2: (a) $Cl_2(g)\ +\ F_2(g) \rightarrow 2\ ClF(g)$; (b) $Cl_2(g) + 3\ F_2(g) \rightarrow 2\ ClF_3(g)$; (c) $Cl_2(g) + 5\ F_2(g) \rightarrow 2\ ClF_5(g)$.

3C.14 O composto natural ureia, $CO(NH_2)_2$, foi primeiramente sintetizado por Friedrich Wöhler na Alemanha, em 1828, pelo aquecimento de cianato de amônio. Essa síntese foi um evento importante, porque pela primeira vez um composto orgânico foi produzido a partir de uma substância inorgânica. A ureia também pode ser produzida pela reação entre dióxido de carbono e amônia:

$$CO_2(g)\ +\ 2\ NH_3(g) \longrightarrow CO(NH_2)_2(s)\ +\ H_2O(g)$$

Que volumes de CO_2 e NH_3, em 160. atm e 440. °C, são necessários para produzir 1,50 kg de ureia, supondo que a reação se complete?

3C.15 Uma amostra de 15,0 mL do gás amônia, em 1,00 Torr e 30.°C, é misturada com 25,0 mL do gás cloreto de hidrogênio, em 150. Torr e 25°C. A seguinte reação ocorre:

$$NH_3(g)\ +\ HCl(g) \longrightarrow NH_4Cl(s)$$

(a) Calcule a massa de NH_4Cl formada. (b) Identifique o gás que está em excesso e determine sua pressão em 27°C, depois que a reação se completou (no volume combinado dos dois frascos originais).

3C.16 Uma amostra de 1,00 L de gás eteno, C_2H_4, em 1,00 atm e 298 K, é queimada junto com 4,00 L do gás oxigênio, na mesma pressão e temperatura, para formar o gás dióxido de carbono e água líquida. Ignore o volume de água e determine qual é o volume final da mistura de reação (incluindo os reagentes em excesso) em 1,00 atm e 298 K depois que a reação se completou.

Tópico 3D   O movimento das moléculas

3D.1 A difusão e a efusão
3D.2 O modelo cinético dos gases
3D.3 A distribuição das velocidades de Maxwell

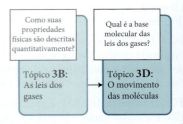

Por que você precisa estudar este assunto? As propriedades de um gás com base no comportamento de suas moléculas podem ser usadas para fazer predições sobre ele. Este tópico aborda um aspecto importante da ciência: como usar modelos qualitativos para obter expressões quantitativas passíveis de serem testadas.

Que conhecimentos você precisa dominar? Você precisa dominar a lei dos gases ideais (Tópico 3B) e os conceitos de força e energia cinética (*Fundamentos* A).

Os resultados empíricos resumidos pelas leis dos gases sugerem um modelo em que um gás ideal é formado por moléculas muito espaçadas (na maior parte do tempo), que não interagem entre si (exceto durante colisões) e que estão em movimento incessante e aleatório, com velocidades médias que aumentam com a temperatura (Tópicos 3A e 3B). Este modelo é detalhado em duas etapas neste tópico. Primeiramente, as medidas experimentais da velocidade com que os gases viajam de uma região para outra são usadas para obter informações sobre as velocidades *médias* das moléculas. Em seguida, essas informações são empregadas para expressar quantitativamente o modelo.

3D.1   A difusão e a efusão

A observação de dois processos, a difusão e a efusão, fornece resultados que mostram como as velocidades médias das moléculas dos gases se relacionam com a massa molar e a temperatura. A **difusão** é a dispersão gradual de uma substância em outra substância, como o criptônio se dispersando em uma atmosfera de neônio (Fig. 3D.1). A difusão explica a expansão dos perfumes e dos feromônios (sinais químicos que os animais trocam entre si) pelo ar. Ela também ajuda a manter aproximadamente uniforme a composição da atmosfera. A **efusão** é a fuga de um gás para o vácuo através de um orifício pequeno (Fig. 3D.2). Ocorre efusão sempre que um gás está separado do vácuo por uma barreira porosa – uma barreira que contém orifícios microscópicos – ou por uma única abertura muito pequena. O gás escapa pela abertura porque ocorrem mais "colisões" com o orifício do lado de alta pressão do que do lado de baixa pressão e, consequentemente, passam mais moléculas da região de alta pressão para a região de baixa pressão do que na direção oposta. A efusão é examinada nesta seção, mas os aspectos discutidos são válidos também para a difusão.

O químico escocês Thomas Graham, no século XIX, fez uma série de experiências sobre a velocidade de efusão dos gases. Ele descobriu que:

Quando a temperatura é constante, a velocidade de efusão de um gás é inversamente proporcional à raiz quadrada de sua massa molar:

$$\text{Velocidade de efusão} \propto \frac{1}{\sqrt{\text{massa molar}}} \quad \text{ou} \quad \text{Velocidade de efusão} \propto \frac{1}{\sqrt{M}} \quad \textbf{(1a)}$$

Essa observação é hoje conhecida como a **lei da efusão de Graham**. A velocidade de efusão (em termos dos números ou das quantidades de moléculas) é proporcional à velocidade média das moléculas do gás porque ela determina a velocidade com que as moléculas se aproximam do furo. Portanto, podemos concluir que

$$\text{Velocidade média} \propto \frac{1}{\sqrt{M}} \quad \textbf{(1b)}$$

Se a lei de Graham fosse escrita para dois gases, A e B, com massas molares M_A e M_B e uma equação fosse então dividida pela outra, as constantes de proporcionalidade se cancelariam e o resultado seria

$$\frac{\text{Velocidade de efusão das moléculas de A}}{\text{Velocidade de efusão das moléculas de B}} = \frac{1/\sqrt{M_A}}{1/\sqrt{M_B}} = \sqrt{\frac{M_B}{M_A}} \quad \textbf{(2a)}$$

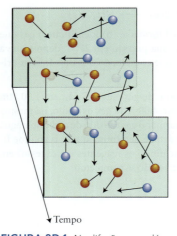

FIGURA 3D.1 Na difusão, as moléculas de uma substância espalham-se pela região ocupada por moléculas de outra substância em uma série de etapas aleatórias e sofrem colisões enquanto se movem.

Como os tempos necessários para que as mesmas quantidades (em números ou mols de moléculas) das duas substâncias efundam por uma pequena abertura são inversamente proporcionais às velocidades com que efundem, o *tempo* necessário para determinada substância efundir através de um orifício é *diretamente* proporcional à raiz quadrada de sua massa molar. Portanto, a seguinte expressão é equivalente à Equação 2a:

$$\frac{\text{Tempo de efusão de A}}{\text{Tempo de efusão de B}} = \sqrt{\frac{M_A}{M_B}} \quad (2b)$$

Esta relação pode ser usada para estimar a massa molar de uma substância comparando o tempo necessário para a efusão da substância desconhecida com o tempo necessário para a efusão da mesma quantidade de uma substância de massa molar conhecida.

PONTO PARA PENSAR

Por que as moléculas mais pesadas difundem mais lentamente do que as moléculas leves na mesma temperatura?

Teste 3D.1A São necessários 40. s para 30 mL de argônio efundirem por uma barreira porosa. O mesmo volume de vapor de um composto volátil extraído de esponjas do Caribe leva 120 s para efundir pela mesma barreira nas mesmas condições. Qual é a massa molar desse composto?

[***Resposta:*** $3,6 \times 10^2$ g·mol^{-1}]

Teste 3D.1B Certa quantidade de átomos de hélio leva 10. s para efundir por uma barreira porosa. Quanto tempo a mesma quantidade de moléculas de metano, CH_4, levaria para efundir pela mesma barreira nas mesmas condições?

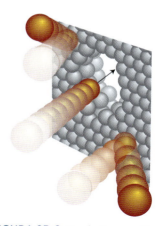

FIGURA 3D.2 Na efusão, as moléculas de uma substância escapam por um orifício pequeno em uma barreira para o vácuo ou para uma região de baixa pressão.

A Equação 1b mostra que a velocidade média das moléculas de um gás é inversamente proporcional à raiz quadrada da massa molar. Nos experimentos com efusão realizados em diferentes temperaturas, a velocidade de efusão aumenta com a raiz quadrada da temperatura:

$$\frac{\text{Velocidade de efusão em } T_2}{\text{Velocidade de efusão em } T_1} = \sqrt{\frac{T_2}{T_1}} \quad (3a)$$

Como a velocidade de efusão é diretamente proporcional à velocidade média das moléculas, pode-se deduzir que:

A velocidade média das moléculas de um gás é proporcional à raiz quadrada da temperatura,

$$\text{Velocidade média} \propto \sqrt{T} \quad (3b)$$

Essa relação muito importante começa a revelar o significado de um dos conceitos mais difíceis de compreender em ciência: a natureza da temperatura. Quando nos referimos a um gás, a temperatura é uma indicação da velocidade média das moléculas: quanto mais alta for a temperatura, maior será a velocidade média.

As Equações 1 e 3 podem ser combinadas. Como a velocidade média das moléculas de um gás é proporcional à raiz quadrada da temperatura (Equação 3b) e inversamente proporcional à raiz quadrada da massa molar (Equação 1b), segue-se que:

$$\text{Velocidade média} \propto \sqrt{\frac{T}{M}} \quad (4)$$

Isto é, quanto mais alta é a temperatura e menor é a massa molar, maior é a velocidade média das moléculas de um gás.

A velocidade média das moléculas de um gás é diretamente proporcional à raiz quadrada da temperatura e inversamente proporcional à raiz quadrada da massa molar.

3D.2 O modelo cinético dos gases

O **modelo cinético**, também chamado de "teoria cinética molecular" (KMT, *kinetic molecular theory*), é um modelo de gás ideal que explica as leis dos gases e o comportamento da efusão e pode ser usado para fazer predições numéricas. Ele é baseado nas seguintes suposições (Fig. 3D.3):

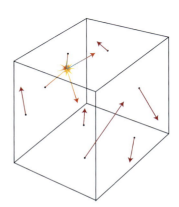

FIGURA 3D.3 No modelo cinético dos gases, as moléculas são consideradas pontos infinitesimais que viajam em linha reta até sofrerem colisões instantâneas.

1. Um gás é uma coleção de moléculas em movimento aleatório contínuo.
2. As moléculas de um gás são pontos infinitesimalmente pequenos.
3. As partículas se movem em linha reta até colidirem.
4. As moléculas não influenciam umas às outras, exceto durante as colisões.
5. As colisões são elásticas.

Neste contexto, "moléculas" incluem todos os tipos de partículas, sejam átomos, íons ou moléculas.

A quarta hipótese significa que o modelo exige que não existam forças de atração ou repulsão entre as moléculas do gás ideal, exceto durante as colisões instantâneas. Uma colisão é "elástica" se a energia cinética total das moléculas em colisão permanece invariável durante o fenômeno.

No modelo cinético dos gases, as moléculas são consideradas sempre muito separadas e em movimento aleatório constante. Elas se deslocam sempre em linha reta, mudando de direção apenas quando colidem com a parede do recipiente ou com outra molécula. As colisões mudam a velocidade e a direção das moléculas, como bolas em um jogo de sinuca molecular tridimensional. O modelo cinético de um gás permite obter a relação quantitativa entre a pressão e as velocidades das moléculas.

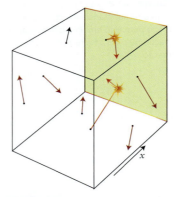

FIGURA 3D.4 No modelo cinético dos gases, a pressão surge da força exercida sobre as paredes do recipiente pelo choque das moléculas, que são defletidas.

Como isso é feito?

Os cálculos da pressão de um gás, baseados no modelo cinético e descritos a seguir, podem parecer longos e complicados, mas eles são feitos em muitas etapas simples que podem ser interpretadas fisicamente.

Considere a imagem na Fig. 3D.4 e a força que uma única molécula consegue exercer quando ela atinge uma parede. Como a segunda lei do movimento de Newton afirma que a força é igual à velocidade de variação do momento (*Fundamentos* A), a primeira tarefa a realizar é calcular a mudança de momento. O momento é o produto da massa pela velocidade, logo, se uma molécula de massa m se movimenta com uma componente de velocidade v_x, em direção paralela a x, então seu momento linear antes de tocar a parede à direita é mv_x. Imediatamente após a colisão, quando a direção do movimento é revertida mas a velocidade é a mesma (lembre que a colisão é elástica), o momento da molécula é $-mv_x$. Isto é:

A variação no momento de uma molécula devida à colisão com a parede é:

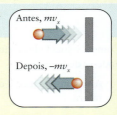

$$\Delta mv_x = \overbrace{mv_x}^{\text{inicial}} - \overbrace{(-mv_x)}^{\text{final}} = 2mv_x$$

A força total exercida por todas as moléculas no recipiente é a velocidade total de variação do momento. Considere um intervalo Δt e o número de moléculas que pode atingir a parede do recipiente neste intervalo. Como uma molécula deslocando-se na velocidade v_x paralela ao eixo x viaja a uma distância $v_x \Delta t$ neste intervalo:

Qualquer molécula que esteja a uma distância igual a $v_x \Delta t$ da parede e se desloque em sua direção atingirá a parede no intervalo de tempo Δt.

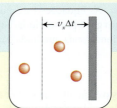

Se a área da parede é A, todas as partículas do volume $Av_x \Delta t$ alcançarão a parede se estiverem se movimentando em sua direção.

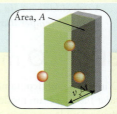

Quantas moléculas estão naquele volume? Se o número total de partículas no recipiente é N e seu volume é V, o número de moléculas no volume $Av_x\Delta t$ é obtido da seguinte maneira:

O número de moléculas no volume $Av_x\Delta t$ é esta fração do volume V, multiplicado pelo número total de moléculas:

$$\text{Número de moléculas} = \underbrace{\frac{\overbrace{Av_x\Delta t}^{V\ (\text{em verde})}}{V}}_{\text{volume total}} \times N = \frac{NAv_x\Delta t}{V}$$

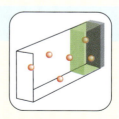

Metade das moléculas da caixa move-se para a parede à direita, e a outra metade, para a parede à esquerda. Portanto:

O número médio de colisões com a parede no intervalo Δt é metade do número de moléculas que está no volume $Av_x\Delta t$:

$$\text{Número de colisões} = \frac{NAv_x\Delta t}{2V}$$

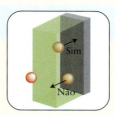

Nesta etapa, a variação do momento de uma molécula em uma única colisão e o número de colisões das moléculas durante o intervalo Δt já foram calculados e as duas partes do cálculo são reunidas. A mudança total de momento naquele intervalo é a mudança $2mv_x$, que uma molécula sofre, multiplicada pelo número total de colisões:

$$\text{Variação total do momento} = \frac{NAv_x\Delta t}{2V} \times 2mv_x = \frac{NmAv_x^2\Delta t}{V}$$

Lembre que a força é dada pela velocidade da variação do momento. A velocidade de variação é a variação total do momento no intervalo Δt dividida pela duração do intervalo de tempo:

Da velocidade de mudança de momento = (mudança de momento total)/Δt),

$$\text{Velocidade de variação do momento} = \frac{NmAv_x^2\Delta t}{V\Delta t} = \frac{NmAv_x^2}{V}$$

Da segunda lei de Newton,

$$\text{Força} = \text{Velocidade da variação do momento} = \frac{NmAv_x^2}{V}$$

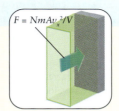

De pressão = força/área,

$$\text{Pressão} = \frac{NmAv_x^2}{VA} = \frac{Nmv_x^2}{V}$$

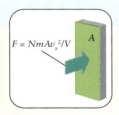

Tópico 3D O movimento das moléculas

Nem todas as moléculas da amostra estão se movendo com a mesma velocidade. Para obter a pressão observada, P, é preciso usar o valor *médio* de v_x^2 em vez de v_x^2 de cada molécula. As médias são geralmente representadas por meio de parênteses angulares, logo:

$$P = \frac{Nm\langle v_x^2 \rangle}{V}$$

em que $\langle v_x^2 \rangle$ é o valor médio de v_x^2 para todas as moléculas da amostra.

O cálculo está quase completo. Para completá-lo, $\langle v_x^2 \rangle$ pode ser relacionado a uma quantidade chamada de **raiz quadrada da velocidade quadrática média**, $v_{\text{rms}} = \sqrt{\langle v_x^2 \rangle}$, a raiz quadrada da média dos quadrados das velocidades das moléculas (este parâmetro é explicado mais detalhadamente logo depois dessa derivação). Primeiro, note que a velocidade de uma única molécula, v, está relacionada à velocidade paralela às direções x, y e z:

Do teorema de Pitágoras,

$$v^2 = v_x^2 + v_y^2 + v_z^2$$

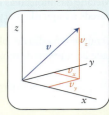

Logo, a velocidade quadrática média é dada por

$$v_{\text{rms}}^2 = \langle v^2 \rangle = \langle v_x^2 \rangle + \langle v_y^2 \rangle + \langle v_z^2 \rangle$$

Porém, como as partículas estão se movendo aleatoriamente em todas as direções, a média de v_x^2 é igual à média de v_y^2 e à média de $\langle v_x^2 \rangle$, as quantidades análogas nas direções de y e z. Como $\langle v_x^2 \rangle = \langle v_y^2 \rangle = \langle v_z^2 \rangle$, então $\langle v^2 \rangle = 3\langle v_x^2 \rangle$, logo, $\langle v_x^2 \rangle = \frac{1}{3}v_{\text{rms}}^2$. Segue-se que:

$$P = \frac{Nmv_{\text{rms}}^2}{3V}$$

O resultado final pode ser expresso em termos da quantidade (em mols) de moléculas, não do número real. O número total de moléculas, N, é o produto da quantidade, n, e da constante de Avogadro, N_A ($N = nN_A$); portanto,

$$P = \frac{\overbrace{nN_A}^{N}mv_{\text{rms}}^2}{3V} = \frac{n\overbrace{M}^{mN_A}v_{\text{rms}}^2}{3V}$$

em que m é a massa de uma molécula e $M = mN_A$ é a massa molar das moléculas.

Este cálculo mostrou que, com base nas suposições razoáveis da teoria da cinética molecular, a pressão de um gás e o seu volume estão relacionados por

$$PV = \tfrac{1}{3}nMv_{\text{rms}}^2 \tag{5}$$

em que n é a quantidade (em mols) de moléculas de gás, M é sua massa molar e v_{rms} é a raiz quadrada da velocidade quadrática média das moléculas (a raiz quadrada da média dos quadrados das velocidades). Se existem N moléculas na amostra cujas velocidades são, em algum momento, $v_1, v_2, ..., v_N$, a raiz quadrada da velocidade quadrática média é

$$v_{\text{rms}} = \sqrt{\frac{v_1^2 + v_2^2 + \cdots v_N^2}{N}} \tag{6}$$

A importância (e o significado físico) da raiz quadrada da velocidade quadrática média vem do fato de que v_{rms}^2 é proporcional à energia cinética média das moléculas, $\langle E_c \rangle = \tfrac{1}{2}m\langle v^2 \rangle = \tfrac{1}{2}mv_{\text{rms}}^2$.

PONTO PARA PENSAR

Qual é a *velocidade* média das moléculas?

A lei dos gases ideais pode agora ser usada para calcular a velocidade quadrática média das moléculas de um gás. Sabemos que $PV = nRT$ para um gás ideal e podemos fazer o lado direito da Eq. 5 ser igual a nRT. A expressão resultante, $\frac{1}{3}nMv_{rms}^2 = nRT$, pode ser rearranjada após cancelar n:

$$v_{rms} = \sqrt{\frac{3RT}{M}} \quad (7a)$$

Esta equação importante serve para encontrar a raiz quadrada da velocidade quadrática média das moléculas em fase gás em qualquer temperatura (Fig. 3D.5). Ela também pode ser reescrita para enfatizar que, para um gás, a temperatura é uma medida da velocidade média das moléculas. De $v_{rms}^2 = 3RT/M$, segue que:

$$T = \frac{Mv_{rms}^2}{3R} \quad (7b)$$

Isto é,

A temperatura de um gás é proporcional à velocidade média de suas moléculas.

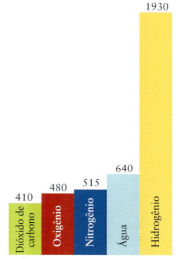

FIGURA 3D.5 Raiz quadrada da velocidade quadrática média das moléculas de cinco gases, em 25°C, em metros por segundo. Os gases são alguns dos componentes do ar. O hidrogênio foi incluído para mostrar que a raiz quadrada da velocidade quadrática média das moléculas mais leves é muito maior do que a das moléculas mais pesadas.

> **EXEMPLO 3D.1** Cálculo da raiz quadrada da velocidade quadrática média das moléculas de um gás
>
> As moléculas do ar colidem constantemente com o seu rosto. Com que rapidez elas estão se movendo durante a colisão? Calcule a raiz quadrada da velocidade quadrática média das moléculas de nitrogênio em 20. °C.
>
> **ANTECIPE** Como uma onda sonora se propaga pelo movimento das moléculas, você pode suspeitar que as velocidades típicas são mais ou menos as mesmas da velocidade do som no ar. Isto é, cerca de 300 m·s^{-1}.
>
> **PLANEJE** Para os cálculos, substituímos os dados na Equação 7a. Nos cálculos envolvendo propriedades físicas elementares como a velocidade, use R em unidades SI e as massas molares nas unidades básicas SI, ou seja, quilogramas por mol.
>
> **RESOLVA** A temperatura é 293 K e a massa molar de N_2 é 28,02 g·mol^{-1} (que corresponde a $2,802 \times 10^{-2}$ kg·mol^{-1}).
>
> De $v_{rms} = (3RT/M)^{1/2}$,
>
> $$v_{rms} = \left(\frac{3 \times 8{,}3145\ \overbrace{\text{J·K}^{-1}\text{·mol}^{-1}}^{R\ \text{kg·m}^2\text{·s}^{-2}} \times \overbrace{293\ \text{K}}^{T}}{\underbrace{2{,}802 \times 10^{-2}\ \text{kg·mol}^{-1}}_{M = 28{,}02\ \text{g·mol}^{-1}}} \right)^{1/2} = 511\ \text{m·s}^{-1}$$
>
> O cancelamento das unidades utilizou a relação 1J = 1 kg·m^2·s^{-2}.
>
> **AVALIE** Este resultado, $v_{rms} = 511$ m·s^{-1}, está próximo da velocidade do som no ar, como antecipamos. Isso significa que as moléculas de nitrogênio colidem com sua cabeça a cerca de 1.840 quilômetros por hora.
>
> **Teste 3D.2A** Estime a raiz quadrada da velocidade quadrática média das moléculas de água no vapor que está em equilíbrio com a água em ebulição em 100. °C.
>
> [***Resposta:*** 719 m·s^{-1}]
>
> **Teste 3D.2B** Estime a raiz quadrada da velocidade quadrática média das moléculas de metano, CH_4, em 25°C.
>
> **Exercícios relacionados** 3D.9 a 3D.12

O modelo cinético dos gases é coerente com a lei dos gases ideais e produz uma expressão para a raiz quadrada da velocidade quadrática média das moléculas. A raiz quadrada da velocidade quadrática das moléculas de um gás é proporcional à raiz quadrada da temperatura.

3D.3 A distribuição das velocidades de Maxwell

Embora muito útil, a Equação 7a dá somente a raiz quadrada da velocidade quadrática média das moléculas de um gás. Como os automóveis no trânsito, as moléculas têm velocidades que podem variar muito. Além disso, como um automóvel que se envolve em uma colisão frontal, uma molécula pode quase parar quando colide com outra. No instante seguinte (mas agora diferentemente de um automóvel que colidiu), ela pode ser golpeada por outra molécula e mover-se na velocidade do som. Uma molécula sofre vários bilhões de mudanças de velocidade e direção a cada segundo.

A fórmula usada para calcular a fração de moléculas de gás que têm uma determinada velocidade, v, em um dado momento foi originalmente derivada do modelo cinético pelo cientista escocês James Clerk Maxwell. Ele obteve a expressão

$$\Delta N = N f(v) \Delta v \qquad \text{com } f(v) = 4\pi \left(\frac{M}{2\pi RT}\right)^{3/2} v^2 e^{-Mv^2/2RT} \qquad (8)$$

em que ΔN é o número de moléculas com velocidades na estreita faixa entre v e $v + \Delta v$, N é o número total de moléculas da amostra, M é a massa molar e R é a constante dos gases. Essa expressão para $f(v)$ é chamada de **distribuição de velocidades de Maxwell** (Quadro 3D.1).

> A distribuição de Maxwell também é chamada de distribuição de Maxwell-Boltzmann em reconhecimento à contribuição teórica de Ludwig Boltzmann para sua formulação.

Quadro 3D.1 COMO SABEMOS... QUAL É A DISTRIBUIÇÃO DAS VELOCIDADES DAS MOLÉCULAS?

A distribuição das velocidades das moléculas de um gás pode ser determinada experimentalmente em um instrumento de feixe molecular. Nesta técnica, o gás é aquecido em um forno até a temperatura desejada. As moléculas de gás emergem do forno por um pequeno furo para uma região mantida sob vácuo. Para garantir que as moléculas formem um feixe estreito, elas passam por uma série de fendas.

O feixe de moléculas atravessa uma série de discos giratórios (veja a primeira ilustração). Cada disco contém uma fenda que está deslocada de um certo ângulo em relação a suas vizinhas. Uma molécula que atravessa a primeira fenda só passará pela fenda do próximo disco se o tempo gasto para passar entre os discos for igual ao tempo necessário para a fenda do segundo disco chegar à posição originalmente ocupada pelo primeiro disco. Os dois tempos devem se ajustar nos discos subsequentes. Portanto, uma determinada velocidade de rotação dos discos só

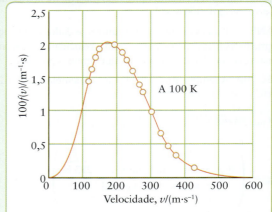

Os pontos representam um resultado típico de medidas de distribuição de velocidades. Eles se sobrepõem à curva teórica. (Eq. 8). Para obter a fração de moléculas com velocidades na faixa v a $v + \Delta v$, multiplique $f(v)$ por Δv.

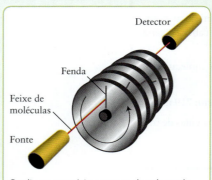

Os discos rotatórios servem de seletor de velocidades em um aparelho de feixes moleculares. Somente as moléculas que viajam em determinada velocidade podem passar pela sucessão de fendas.

permite a passagem das moléculas que têm a velocidade adequada para atravessar as fendas. Para determinar a distribuição das velocidades das moléculas, a intensidade do feixe de moléculas que chega ao detector em diferentes velocidades de rotação dos discos é medida. Um resultado típico é mostrado no gráfico (segunda ilustração) e revela uma boa equivalência com a expressão teórica de Maxwell.

Mas existe um aspecto sutil. A distribuição de Maxwell é válida para moléculas gasosas livres para se moverem nas três dimensões, não apenas na configuração unidimensional típica de um feixe. Contudo, colisões ocorrem também no interior do feixe. Além disso, na escala molecular, o feixe é tridimensional. O resultado é que a velocidade ao longo da direção do feixe tem a distribuição típica de uma amostra tridimensional.

FIGURA 3D.6 Faixa de velocidades das moléculas de três gases, conforme a distribuição de Maxwell. Todas as curvas correspondem à mesma temperatura (300 K). Quanto maior for a massa molar, menor será a velocidade média e mais estreito será o intervalo de velocidades. Para obter a fração de moléculas com velocidades na faixa v a $v + \Delta v$, multiplique $f(v)$ por Δv.

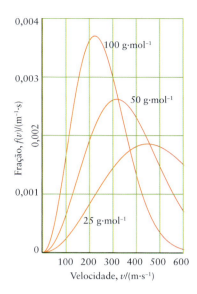

O que esta equação revela? O fator exponencial (que cai rapidamente a zero quando v aumenta) significa que muito poucas moléculas atingem grandes velocidades. O fator v^2 que multiplica o fator exponencial vai a zero quando v vai a zero, logo, isso significa que o número de moléculas com velocidades muito baixas é muito pequeno. O fator $4\pi(M/2\pi RT)^{3/2}$ assegura, simplesmente, que a probabilidade total de uma molécula ter velocidade entre zero e infinito é igual a um.

A Figura 3D.6 mostra um gráfico da distribuição de Maxwell em função da velocidade para vários gases. Pode-se ver que as moléculas pesadas (com massa molar 100 g·mol^{-1}, por exemplo) viajam com velocidades próximas de seus valores médios. As moléculas leves (20 g·mol^{-1}, por exemplo) têm não somente velocidades médias maiores, como também uma faixa maior de velocidades. Algumas moléculas de gases que têm massas molares pequenas têm velocidades tão altas que podem escapar da força gravitacional de planetas pequenos e sair para o espaço. Consequentemente, moléculas de hidrogênio e átomos de hélio, que são muito leves, são muito raros na atmosfera da Terra, mas são abundantes em planetas de massa muito grande, como Júpiter.

Um gráfico da distribuição de Maxwell para o mesmo gás em várias temperaturas mostra que a velocidade média cresce quando a temperatura aumenta (Fig. 3D.7), conforme esperado com base nas observações do comportamento de difusão e efusão, mas as curvas também mostram que a distribuição de velocidades se amplia com o aumento da temperatura. Em baixas temperaturas, a maior parte das moléculas tem velocidades próximas de sua velocidade média. Em temperaturas altas, uma grande proporção delas tem velocidades muito diferentes de suas velocidades médias. Como a energia cinética de uma molécula em um gás é proporcional ao quadrado de sua velocidade, a distribuição das energias cinéticas moleculares é semelhante.

> *As moléculas de todos os gases têm uma ampla faixa de velocidades. Quando a temperatura cresce, a raiz quadrada da velocidade quadrática média e a faixa de velocidades aumentam. A faixa de velocidades é descrita pela distribuição de Maxwell, Eq. 8.*

O que você aprendeu com este tópico?

Você aprendeu que os dados sobre efusão revelam como as velocidades médias das moléculas dependem de suas massas molares e da temperatura. Você descobriu como usar esta informação junto com um modelo no qual a pressão exercida por um gás é resultado do impacto de suas moléculas nas paredes do recipiente para obter uma equação que lembra a lei dos gases ideais e dá uma expressão da raiz quadrada das velocidades quadráticas médias das moléculas de um gás. Além disso, você aprendeu sobre a distribuição característica das velocidades, a distribuição de Maxwell, que é ampla em temperaturas elevadas e para gases com massas molares pequenas.

Os conhecimentos que você deve dominar incluem a capacidade de:

☐ **1.** Usar a lei de Graham para explicar as velocidades relativas de efusão (Teste 3D.1).
☐ **2.** Calcular o efeito da temperatura sobre a velocidade média (Seção 3D.1).
☐ **3.** Listar e explicar as hipóteses da teoria cinética dos gases (Seção 3D.2).
☐ **4.** Calcular a raiz quadrada da velocidade quadrática média das moléculas de uma amostra de gás (Exemplo 3D.1).
☐ **5.** Descrever o efeito da massa molar e da temperatura na distribuição de Maxwell das velocidades das moléculas (Seção 3D.3).

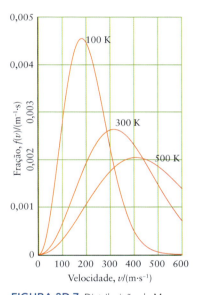

FIGURA 3D.7 Distribuição de Maxwell para uma única substância (com massa molar 50 g·mol^{-1}) em diferentes temperaturas. Quanto mais alta for a temperatura, maior será a velocidade média e mais amplo será o intervalo de velocidades.

Tópico 3D Exercícios

Os exercícios marcados com $\int_{dx}^{C}$ exigem cálculos.

3D.1 Todas as moléculas de um gás colidem com as paredes de seu recipiente com a mesma força? Justifique sua resposta com base no modelo cinético dos gases.

3D.2 Como muda a frequência de colisões das moléculas de um gás com as paredes de seu recipiente quando o volume do gás decresce em temperatura constante? Justifique sua resposta com base no modelo cinético dos gases.

3D.3 Qual é a fórmula molecular de um composto de fórmula empírica CH que difunde 1,24 vez mais lentamente do que o criptônio na mesma temperatura e pressão?

3D.4 Qual é a massa molar de um composto que leva 2,7 vezes mais tempo para efundir por uma rolha porosa do que a mesma quantidade de XeF_2 na mesma temperatura e pressão?

3D.5 Uma amostra do gás argônio efunde por uma rolha porosa em 147 s. Calcule o tempo necessário para a efusão do mesmo número de mols de (a) CO_2, (b) C_2H_4, (c) H_2 e (d) SO_2 nas mesmas condições de pressão e temperatura.

3D.6 Uma amostra do gás argônio efunde por uma rolha porosa em 62,1 s. Calcule o tempo necessário para a efusão do mesmo número de mols de (a) CO, (b) NH_3 e (c) NO nas mesmas condições de pressão e temperatura.

3D.7 Um hidrocarboneto de fórmula empírica C_2H_3 levou 349 s para efundir por uma rolha porosa. Nas mesmas condições de temperatura e pressão, são necessários 210 s para que ocorra a efusão da mesma quantidade de átomos de argônio. Determine a massa molar e a fórmula molecular do hidrocarboneto.

3D.8 Um composto usado para preparar cloreto de polivinila (PVC) tem a composição 38,4% de C, 4,82% de H e 56,8% de Cl em massa. São necessários 7,73 min para um determinado volume do composto efundir por uma rolha porosa, mas só 6,18 min para a mesma quantidade de argônio difundir na mesma temperatura e pressão. Qual é a fórmula molecular do composto?

3D.9 Calcule as raízes quadradas das velocidades quadráticas médias das moléculas de (a) metano, (b) etano e (c) propano, todas a $-20°C$.

3D.10 Calcule as raízes quadradas das velocidades quadráticas médias das moléculas de (a) flúor, (b) cloro e (c) bromo, todas em $220°C$.

3D.11 A raiz quadrada das velocidades quadráticas médias das moléculas do gás metano, CH_4, em uma dada temperatura é $550 \ m \cdot s^{-1}$. Qual é a raiz quadrada das velocidades quadráticas médias dos átomos de criptônio na mesma temperatura?

3D.12 Em um experimento com gases, você está estudando uma amostra de 1,00 L de gás hidrogênio em $25°C$ e 0,150 atm. Você aqueceu o gás até triplicar a raiz quadrada das velocidades quadráticas médias das moléculas da amostra. Qual será a pressão final do gás?

3D.13 Uma sonda atmosférica registrou que a raiz quadrada das velocidades quadráticas médias das moléculas do ozônio, O_3, na estratosfera sobre as Ilhas Fiji era $375 \ m \cdot s^{-1}$. Qual era a temperatura daquela região da estratosfera?

3D.14 Em um estudo sobre a turbulência causada pelas turbinas de aviões a jato, a raiz quadrada das velocidades quadráticas médias das moléculas do nitrogênio em um túnel de vento era $495 \ m \cdot s^{-1}$. Qual era a temperatura no interior do túnel?

3D.15 Uma garrafa contém 1,0 mol de He(g). Outra garrafa contém 1,0 mol de Ar(g) na mesma temperatura. Nessa temperatura, a raiz quadrada da velocidade quadrática média do He é $1.477 \ m \cdot s^{-1}$ e a do Ar é $467 \ m \cdot s^{-1}$. Qual é a razão entre o número de átomos de hélio na primeira garrafa e o de argônio na segunda garrafa com essas velocidades? Suponha que os dois gases têm comportamento ideal.

3D.16 Um cientista está estudando uma amostra de 1,00 mol de He(g) em um recipiente grande em 200. K. Calcule com que fator as seguintes variáveis mudariam a pressão do gás e sua raiz quadrada das velocidades quadráticas médias: (a) O gás foi comprimido a um terço do volume original. (b) A temperatura foi reduzida para 100. K (c) O hélio foi substituído pela mesma quantidade de xenônio.

3D.17 (a) A partir do gráfico da distribuição de velocidades de Maxwell mostrado na Fig. 3D.6, encontre o ponto que representa a velocidade mais provável das moléculas em cada temperatura. (b) O que acontece com a fração de moléculas cujas velocidades estão na faixa estreita Δv centrada na velocidade mais provável, v_{mp}, quando a temperatura aumenta (Equação 8)?

3D.18 (a) A partir do gráfico da distribuição de velocidades de Maxwell mostrado na Fig. 3D.6, encontre o ponto que representa a velocidade mais provável das moléculas para cada massa molecular. (b) O que acontece com a fração de moléculas cujas velocidades estão na faixa estreita Δv centrada na velocidade mais provável, v_{mp}, quando a massa molar aumenta (Eq. 8)?

$\int_{dx}^{C}$ 3D.19 O número de moléculas de uma amostra de gás que têm a velocidade na faixa estreita Δv centrada na velocidade mais provável (v_{mp}) na temperatura T é um quarto do número do mesmo tipo de moléculas que tem a velocidade na mesma faixa centrada na velocidade mais provável em 200. K. Qual é a temperatura?

$\int_{dx}^{C}$ 3D.20 O número de moléculas de uma amostra de gás que têm a velocidade na faixa estreita Δv centrada na velocidade mais provável (v_{mp}) na temperatura T é a metade do número do mesmo tipo de moléculas que tem a velocidade na mesma faixa centrada na velocidade mais provável em 300. K. Qual é a temperatura?

Tópico 3E Os gases reais

3E.1 Os desvios da idealidade
3E.2 As equações de estado dos gases reais
3E.3 A liquefação dos gases

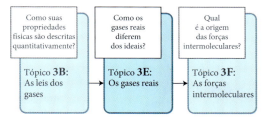

Sob algumas condições, a lei dos gases ideais falha. Na indústria e em muitos laboratórios de pesquisa, é necessário usar gases em pressões elevadas, mas a lei dos gases ideais é uma lei *limitante*, válida apenas quando $P \to 0$. Os gases comuns, que são chamados de **gases reais**, têm propriedades diferentes das preditas pela lei dos gases ideais. Estas diferenças podem ser usadas para sugerir modificações na descrição de um gás ideal de modo que sejam aplicadas em pressões mais elevadas.

3E.1 Os desvios da idealidade

O efeito das forças intermoleculares pode ser avaliado quantitativamente comparando o comportamento dos gases reais ao esperado de um gás ideal. Uma das melhores maneiras de mostrar esses desvios é medir o **fator de compressão**, Z, a razão entre o volume molar do gás real e o volume molar de um gás ideal nas mesmas condições:

$$Z = \frac{V_m}{V_m^{\text{ideal}}} \tag{1}$$

O fator de compressão de um gás ideal é 1, assim, desvios do valor $Z = 1$ significam não idealidade. A Figura 3E.1 mostra a variação experimental de Z para vários gases. Pode-se ver que todos os gases desviam do valor $Z = 1$ quando a pressão aumenta. Um modelo refinado dos gases ideais precisa explicar este comportamento.

Os desvios do comportamento ideal estão relacionados à existência de **forças intermoleculares**, isto é, atrações e repulsões entre moléculas. O Tópico 3F descreve a origem das forças intermoleculares. Aqui, tudo o que você precisa lembrar é que todas as moléculas se atraem mutuamente quando estão separadas por distâncias da ordem de alguns poucos diâmetros moleculares, mas (desde que não reajam) se repelem assim que suas nuvens de elétrons entram em contato. A Figura 3E.2 mostra como a energia potencial de uma molécula varia com sua distância até uma segunda molécula. Quando a separação não é muito grande, sua energia potencial é mais baixa do que quando elas estão infinitamente separadas: a atração sempre reduz a energia potencial de um objeto. Quando as moléculas entram em contato e se repelem, a energia potencial começa a subir, porque a repulsão sempre aumenta a energia potencial de um objeto.

A existência de forças intermoleculares atrativas explica a observação de que, em temperaturas suficientemente baixas, os gases condensam a líquidos quando são comprimidos. A compressão aproxima as moléculas, e as moléculas vizinhas podem então ser capturadas pela atração mútua, desde que suas velocidades sejam suficientemente baixas (isto é, que a amostra esteja fria o suficiente). A baixa compressibilidade dos líquidos e sólidos é coerente com

Por que você precisa estudar este assunto? As equações e os modelos desenvolvidos para condições limitantes, como a lei dos gases ideais, nem sempre funcionam corretamente para sistemas reais. Por essa razão, é importante levar em conta os desvios do comportamento ideal.

Que conhecimentos você precisa dominar? Você precisa conhecer a natureza dos gases (Tópico 3A), a lei dos gases ideais (Tópico 3B) e o modelo cinético dos gases (Tópico 3D).

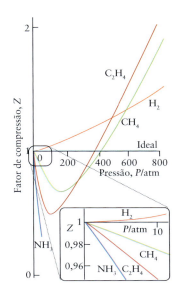

FIGURA 3E.1 Gráfico do fator de compressão, Z, de alguns gases em função da pressão. Para um gás ideal, $Z = 1$ em todas as pressões. Para a maior parte dos gases, as forças atrativas dominam em pressões baixas e $Z < 1$ (veja o detalhe). Em pressões altas, as forças repulsivas dominam e $Z > 1$ para todos os gases. Para alguns gases reais nos quais as atrações intermoleculares são muito fracas, como H_2, Z é sempre maior do que 1.

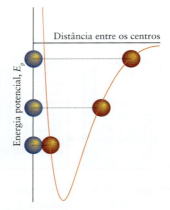

FIGURA 3E.2 Variação da energia potencial de uma molécula que se aproxima de outra molécula. A energia potencial aumenta rapidamente assim que as duas moléculas entram em contato.

a presença de forças repulsivas intensas que agem quando as moléculas entram em contato. Outra maneira de descrever as forças repulsivas é dizer que as moléculas têm volumes definidos. Quando você toca um objeto sólido, sente seu tamanho e forma porque seus dedos não podem penetrar no objeto. A resistência à compressão oferecida pelo sólido se deve às forças de repulsão exercidas pelos seus átomos sobre os átomos dos dedos.

As forças intermoleculares também explicam a variação do fator de compressão. Assim, nos gases que estão sob condições de pressão e temperatura tais que $Z > 1$, as repulsões são mais importantes do que as atrações. Seus volumes molares são maiores do que o esperado para um gás ideal porque as repulsões tendem a manter as moléculas mais afastadas. Por exemplo, uma molécula de hidrogênio tem um número tão pequeno de elétrons que a atração entre suas moléculas é muito fraca. Nos gases que estão sob condições de pressão e temperatura tais que $Z < 1$, as atrações são mais importantes do que as repulsões e os volumes molares são menores do que o esperado para um gás ideal, porque as atrações tendem a manter as moléculas mais próximas. Para melhorar o modelo cinético de um gás, os efeitos das forças atrativas e repulsivas que as moléculas de um gás real exercem umas sobre as outras precisam ser incluídos.

> *Os gases reais são formados por átomos ou moléculas sujeitos a atrações e repulsões intermoleculares. As atrações têm um alcance maior do que as repulsões. O fator de compressão é uma medida da intensidade e do tipo de forças intermoleculares. Quando $Z > 1$, as repulsões intermoleculares são dominantes e quando $Z < 1$, as atrações dominam.*

3E.2 As equações de estado dos gases reais

O comportamento dos gases reais que não obedecem à lei dos gases ideais precisa ser descrito matematicamente para permitir predições mais precisas. Um procedimento comum em química é supor que o termo à direita de uma equação (como nRT em $PV = nRT$ da equação do gás ideal) é somente o termo principal (e dominante) de uma expressão mais complexa. Assim, um procedimento usado para estender a lei dos gases ideais a gases reais é escrever

$$PV = nRT\left(1 + \frac{B}{V_m} + \frac{C}{V_m^2} + \cdots\right) \qquad (2)$$

O termo "virial" vem do latim que significa "força".

Essa expressão é chamada de **equação do virial**. Os coeficientes $B, C, \ldots$ são chamados de **segundo coeficiente do virial**, **terceiro coeficiente do virial**, e assim por diante. Os coeficientes do virial dependem da temperatura e são determinados pelo ajuste dos dados experimentais à equação do virial.

Embora a equação do virial possa ser usada para a obtenção de predições acuradas das propriedades de um gás real quando os coeficientes do virial são conhecidos na temperatura de interesse, ela não é muito informativa sem análises prévias muito complexas. Uma equação menos acurada, porém mais fácil de interpretar, foi proposta pelo cientista holandês Johannes van der Waals. A equação de **van der Waals** é

$$\left(P + a\frac{n^2}{V^2}\right)(V - nb) = nRT \qquad (3)$$

Os **parâmetros de van der Waals** independentes da temperatura, a e b, são característicos de cada gás e são determinados experimentalmente (Tabela 3E.1). O parâmetro a representa o papel das *atrações* e, por isso, é relativamente grande para moléculas que se atraem fortemente e para moléculas grandes com muitos elétrons. Observe que os valores de a na Tabela 3E.1 para gases com moléculas polares, como a água e a amônia, são maiores do que aqueles para moléculas não polares e átomos com massas molares semelhantes ou maiores, como o neônio e o oxigênio. O parâmetro b representa o papel das *repulsões*. Pode-se imaginar que ele represente o volume de uma molécula (mais precisamente, o volume por mol de moléculas), porque são as forças repulsivas entre moléculas que impedem que uma molécula ocupe o espaço já ocupado por outra. Como mostra a Tabela 3E.1, os valores de b dos halogênios aumentam com o tamanho do átomo do halogênio.

Uma das maneiras de demonstrar os diferentes papéis dos dois parâmetros consiste em expressar o fator de compressão em relação a eles.

3E.2 As equações de estado dos gases reais

TABELA 3E.1 Os parâmetros de van der Waals*

Gás	$a/(\mathrm{bar \cdot L^2 \cdot mol^{-2}})$	$b/(\mathrm{L \cdot mol^{-1}})$	Gás	$a/(\mathrm{bar \cdot L^2 \cdot mol^{-2}})$	$b/(\mathrm{L \cdot mol^{-1}})$
Gases nobres			**Gases e vapores polares inorgânicos**		
hélio	0,0346	$2,38 \times 10^{-2}$	amônia	4,225	$3,71 \times 10^{-2}$
neônio	0,208	$1,67 \times 10^{-2}$	água	5,537	$3,05 \times 10^{-2}$
argônio	1,355	$3,20 \times 10^{-2}$	monóxido de carbono	1,472	$3,95 \times 10^{-2}$
criptônio	5,193	$1,06 \times 10^{-2}$	sulfeto de hidrogênio	4,544	$4,34 \times 10^{-2}$
xenônio	4,192	$5,16 \times 10^{-2}$	**Gases e vapores orgânicos não polares**		
Halogênios			metano	2,303	$4,31 \times 10^{-2}$
flúor	1,171	$2,90 \times 10^{-2}$	etano	5,507	$6,51 \times 10^{-2}$
cloro	6,343	$5,42 \times 10^{-2}$	propano	9,39	$9,05 \times 10^{-2}$
bromo	9,75	$5,91 \times 10^{-2}$	benzeno	18,57	$11,93 \times 10^{-2}$
Gases inorgânicos não polares					
hidrogênio	0,2452	$2,65 \times 10^{-2}$			
oxigênio	1,382	$3,19 \times 10^{-2}$			
dióxido de carbono	3,658	$4,29 \times 10^{-2}$			

* As substâncias em cada categoria estão organizadas por massa molar crescente.

Como isso é feito?

Primeiro, expresse o fator de compressão em termos da pressão, escrevendo $V_\mathrm{m} = V/n$ e $V_\mathrm{m}^{\mathrm{ideal}} = RT/P$, para que

$$ Z = \frac{V/n}{RT/P} = \frac{PV}{nRT} $$

A seguir, rearranje a expressão de van der Waals para uma expressão para P, dividindo cada lado por $V - nb$ e subtraindo an^2/V^2 dos dois lados:

$$ P = \frac{nRT}{V - nb} - a\frac{n^2}{V^2} \tag{4} $$

Agora substitua esta expressão de P na expressão anterior de Z:

$$ Z = \frac{V}{nRT} \times \left(\frac{nRT}{V - nb} - a\frac{n^2}{V^2} \right) = \frac{V}{V - nb} - \frac{an}{RTV} $$

Por fim, divida o numerador e o denominador do termo em azul por V. O resultado é a Eq. 5, dada a seguir.

A expressão de Z em termos dos parâmetros a e b que deve ser obtida é:

$$ Z = \frac{1}{1 - nb/V} - \frac{an}{RTV} \tag{5} $$

O que esta equação revela? Para um gás ideal, a e b são iguais a zero e $Z = 1$. Quando a contribuição atrativa (a) é pequena, o segundo termo à direita pode ser negligenciado. Quando a contribuição repulsiva (b) é considerável, o denominador no primeiro termo é menor do que 1 e o primeiro termo é maior do que 1. O resultado é que quando as repulsões dominam, $Z > 1$. Por outro lado, quando a contribuição repulsiva é pequena (b é pequeno) e a contribuição atrativa é grande (a é grande), o primeiro termo à direita está perto de 1 e o segundo termo à direita o reduz significativamente. O resultado é que as atrações dominam quando $Z < 1$.

Os valores de a e b de um gás podem ser determinados experimentalmente ajustando a expressão de Z a curvas como as da Fig. 3E.1. Uma vez determinados os parâmetros, eles podem ser usados na equação de van der Waals para predizer a pressão do gás nas condições de interesse.

182 Tópico 3E Os gases reais

PONTO PARA PENSAR

Para quais dos gases listados na Tabela 3E.1 as forças de atração são dominantes? Que condições favorecem este domínio?

EXEMPLO 3E.1 Como estimar a pressão de um gás real

Alguns investigadores estão estudando as propriedades físicas de um gás a ser usado como refrigerante em uma unidade de ar-condicionado. Como os fluidos refrigerantes são usados em temperaturas baixas e pressões altas, eles não podem ser tratados como gases ideais. Uma tabela de parâmetros de van der Waals mostra que para certo refrigerante $a = 16,4$ bar·L^2·mol^{-2} e $b = 8,4 \times 10^{-2}$ L·mol^{-1}. Estime a pressão obtida quando 1,50 mol ocupa 5,00 L em 0°C.

ANTECIPE A Fig. 3E.1 sugere que na maior parte dos gases nas condições normais, as interações atrativas dominam as repulsivas. Assim, você pode suspeitar que a pressão calculada é inferior à que seria obtida se o gás fosse ideal, porém, que a diferença deve ser pequena porque os gases reais, em geral, se desviam pouco do comportamento ideal.

PLANEJE Substitua os dados na Eq. 4 após converter a temperatura para a escala Kelvin. R deve estar em unidades compatíveis com as utilizadas.

RESOLVA

Da Eq. 4, $P = nRT/(V - nb) - an^2/V^2$,

$$P = \frac{(1,50 \text{ mol}) \times (8,3145 \times 10^{-2} \text{ L·bar·K}^{-1}\text{·mol}^{-1}) \times (273 \text{ K})}{5,00 \text{ L} - (1,50 \text{ mol}) \times (8,4 \times 10^{-2} \text{ L·mol}^{-1})}$$

$$- (16,4 \text{ bar·L}^2\text{·mol}^{-2}) \times \frac{(1,50 \text{ mol})^2}{(5,00 \text{ L})^2}$$

$$= \frac{1,50 \times (8,3145 \times 10^{-2} \text{ bar}) \times 273}{5,00 - 1,50 \times 8,4 \times 10^{-2}} - (16,4 \text{ bar}) \times \frac{(1,50)^2}{(5,00)^2}$$

$$= 5,51 \text{ bar}$$

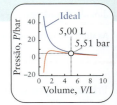

AVALIE Um gás ideal, nas mesmas condições, tem pressão igual a 6,81 bar, logo, a pressão "real" (pelo menos a calculada com a equação de van der Waals) de 5,51 atm é inferior, como antecipamos.

Teste 3E.1A Um tanque de 10,0 L que contém 25 mols de O$_2$ está instalado em uma loja de artigos de mergulho na temperatura de 25°C. Use os dados da Tabela 3E.1 e a equação de van der Waals para estimar a pressão no tanque.

[*Resposta:* 58,7 bar]

Teste 3E.1B As propriedades do dióxido de carbono, CO$_2$, são bem conhecidas na indústria de bebidas engarrafadas. Em um processo industrial, um tanque de volume 100. L, em 20°C, contém 20. mols de CO$_2$. Use os dados da Tabela 3E.1 e a equação de van der Waals para estimar a pressão no tanque.

Exercícios relacionados 3E.5, 3E.6, 3E.9, 3E.10

A equação do virial é uma equação geral usada para descrever os gases reais. A equação de van der Waals é uma equação de estado aproximada de um gás real. O parâmetro a representa o papel das forças atrativas, e o parâmetro b, o papel das forças repulsivas.

3E.3 A liquefação dos gases

As moléculas de um gás movem-se tão lentamente em temperaturas baixas que, se for um gás real, as atrações intermoleculares podem levar à captura de uma molécula pela atração de outras e a sua aderência a elas, cessando o movimento livre. Quando a temperatura cai abaixo do ponto de ebulição da substância, o gás se condensa em um líquido (Fig. 3E.3).

FIGURA 3E.3 O cloro pode ser condensado a um líquido sob pressão atmosférica por resfriamento a −35°C ou abaixo disso. Aqui, o gás cloro é introduzido no frasco inferior. O frasco superior inclui um "dedo frio", um pequeno tubo repleto de gelo seco em acetona em −78°C, no qual o cloro condensa. *(W. H. Freeman. Foto de Ken Karp.)*

FIGURA 3E.4 O resfriamento pelo efeito Joule-Thomson pode ser visualizado como uma redução da velocidade das moléculas (aqui em azul) quando elas se separam umas das outras (neste caso, da molécula em vermelho) contra a força de atração entre elas.

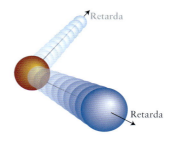

Os gases também podem ser liquefeitos aproveitando a relação entre a temperatura e a velocidade molecular. Como velocidades médias baixas correspondem a temperaturas baixas, reduzir a velocidade das moléculas equivale a esfriar o gás. As moléculas de um gás real podem ter a velocidade reduzida aproveitando as atrações entre elas e permitindo que o gás se expanda, isto é, as moléculas têm de se separar, trabalhando contra as forças atrativas (Fig. 3E.4). Assim, quando se permite que o gás ocupe um volume maior, e, consequentemente, que a separação média das moléculas aumente, elas passam a ter velocidade média mais baixa. Em outras palavras, contanto que os efeitos de atração sejam dominantes, um gás real esfria ao se expandir. Esse comportamento é chamado de **efeito Joule-Thomson** em homenagem aos cientistas que primeiro o estudaram, James Joule e William Thomson (que mais tarde se tornou Lorde Kelvin), o inventor da escala de temperatura absoluta.

As exceções são o hélio e o hidrogênio, que têm interações atrativas muito fracas e interações repulsivas relativamente fortes. Na temperatura normal, eles se aquecem quando expandem.

O efeito Joule-Thomson é usado em alguns refrigeradores comerciais para liquefazer gases. O gás a ser liquefeito é comprimido e depois sofre expansão ao passar por um orifício pequeno, chamado de regulador. O gás esfria quando se expande e circula pelo gás que entra em alta pressão (Fig. 3E.5). Esse contato esfria o gás que entra antes que ele se expanda e se esfrie ainda mais. Como o gás é comprimido continuamente e recirculado, a sua temperatura cai progressivamente até que ele finalmente condensa a líquido. Se o gás é uma mistura, como o ar, então o líquido que se forma pode ser destilado posteriormente para a separação de seus componentes. Essa técnica é usada para obter nitrogênio, oxigênio, neônio, argônio, criptônio e xenônio da atmosfera.

Muitos gases podem ser liquefeitos aproveitando o efeito Joule-Thomson, o resfriamento induzido pela expansão.

O que você aprendeu com este tópico?

Você viu que os desvios em relação ao comportamento ideal se devem às forças de atração entre as moléculas e ao tamanho delas. Você também aprendeu que a equação do virial permite ajustar a lei dos gases ideais para obter uma descrição mais precisa do comportamento dos gases reais e que a equação de van der Waals é uma equação de estado para um gás real modelo, que usa dois parâmetros para levar em conta o efeito das forças de atração e repulsão entre moléculas. Você viu como as forças intermoleculares são usadas para liquefazer um gás por meio do efeito Joule-Thomson.

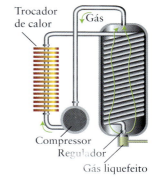

FIGURA 3E.5 Um refrigerador de Linde para liquefazer gases. O gás comprimido libera calor para o ambiente no trocador de calor (à esquerda) e atravessa a serpentina (à direita). O gás é ainda mais resfriado pelo efeito Joule-Thomson quando emerge através do regulador. Esse gás esfria o que entra e circula novamente pelo sistema. Por fim, a temperatura do gás que entra é tão baixa que ele se condensa a um líquido.

Os conhecimentos que você deve dominar incluem a capacidade de:

☐ **1.** Explicar a diferença entre gases reais e gases ideais (Seção 3E.1).
☐ **2.** Usar a equação de van der Waals para estimar a pressão de um gás (Exemplo 3E.1).
☐ **3.** Descrever como o efeito Joule-Thomson é usado para esfriar gases (Seção 3E.2).

Tópico 3E Exercícios

3E.1 A pressão de uma amostra de fluoreto de hidrogênio é mais baixa do que a esperada e, com o aumento da temperatura, sobe mais depressa do que o previsto pela lei dos gases ideais. Sugira uma explicação.

3E.2 Em que condições de temperatura e pressão um gás real tem (a) $Z < 1$; (b) $Z > 1$?

3E.3 Dois balões idênticos estão cheios de um gás em 20°C e 100 atm. Um balão contém NH_3, e o outro, a mesma quantidade de H_2. (a) Em qual dos balões as moléculas têm maior raiz quadrada das velocidades médias quadráticas? (b) Em que balão a atração entre as moléculas é maior? Explique seu raciocínio.

3E.4 Dois balões idênticos estão cheios de um gás em 20°C e 100 atm. Um balão contém NH_3, e o outro, a mesma quantidade de H_2. (a) Em qual dos balões as moléculas têm a maior taxa de colisão por segundo com as paredes? (b) Descubra, para cada balão, se a pressão será maior ou menor do que a prevista pela lei dos gases ideais. Explique seu raciocínio.

3E.5 Use a equação do gás ideal para calcular a pressão, em 298 K, exercida por 1,00 mol de $CO_2(g)$ quando confinado em um volume de (a) 15,0 L; (b) 0,500 L; (c) 50,0 mL. Repita os cálculos usando a equação de van der Waals. O que esses cálculos indicam sobre a dependência da lei dos gases ideais com a pressão?

Tópico 3E   Os gases reais

3E.6 Use a equação do gás ideal para calcular a pressão, em 298 K, exercida por 1,00 mol de $H_2(g)$ quando confinado em um volume de (a) 30,0 L; (b) 1,00 L; (c) 50,0 mL. Repita os cálculos usando a equação de van der Waals. O que esses cálculos indicam sobre o fato de a precisão da lei dos gases ideais depender da pressão?

3E.7 A seguinte tabela lista os parâmetros a de van der Waals de HCl, CH_3CN, Ne e CH_4. Sem consultar a Tabela 3E.1, use seu conhecimento dos fatores que governam as magnitudes de a para atribuir a cada um desses quatro gases um valor de a. Explique seu raciocínio.

$a/(\mathbf{bar \cdot L^2 \cdot mol^{-2}})$	17,813	3,700	2,303	0,208
Substância	?	?	?	?

3E.8 A tabela a seguir lista os parâmetros b de van der Waals de Br_2, N_2, He e SF_6. Sem consultar a Tabela 3E.1, use seu conhecimento dos fatores que governam as magnitudes de b para atribuir a cada um desses quatro gases um valor de b. Explique seu raciocínio.

$100b/(\mathbf{L \cdot mol^{-1}})$	8,79	5,91	3,87	2,38
Substância	?	?	?	?

3E.9 Calcule a pressão exercida por 1,00 mol de H_2S comportando-se como (a) um gás ideal; (b) um gás de van der Waals confinado nas seguintes condições: (1) em 273,15 K em 22,414 L; (ii) em 800 K em 60,0 L.

3E.10 Calcule a pressão exercida por 1,00 mol de C_2H_6 (etano) comportando-se como (a) um gás ideal; (b) um gás de van der Waals confinado nas seguintes condições: (1) em 273,15 K em 1,121 L e (2) em $1,00 \times 10^3$ K em 40,0 L.

3E.11 Elabore um gráfico da pressão em função do volume para 1 mol de (a) moléculas de um gás ideal, (b) moléculas de amônia e (c) moléculas de oxigênio no intervalo de $V = 0,05$ L a 1,0 L em 298 K. Use a equação de van der Waals para calcular as pressões dos dois gases reais. Use uma planilha, compare os gráficos e explique a origem das diferenças encontradas.

3E.12 Faça um gráfico da pressão em função do volume para 1 mol (a) de um gás ideal, (b) de dióxido de carbono, (c) de moléculas de amônia e (d) de benzeno na faixa $V = 0,1$ L a 1,0 L, em 375 K. Use a equação de van der Waals para determinar as pressões dos gases reais. Use uma planilha, compare as formas das curvas e explique as diferenças encontradas.

3E.13 (a) Os parâmetros de van der Waals do hélio são $a = 3,46 \times 10^{-2}$ $L^2 \cdot atm \cdot mol^{-2}$ e $b = 2,38 \times 10^{-2}$ $L \cdot mol^{-1}$. Calcule, a partir dos parâmetros de van der Waals, o volume aparente (em pm^3) e o raio (em pm) de um átomo de hélio. (b) Estime o volume de um átomo de hélio na base do raio atômico (Apêndice 2D). (c) Como essas quantidades se comparam? Elas deveriam ser iguais? Justifique suas respostas.

3E.14 Mostre que o parâmetro b de van der Waals está relacionado ao volume molar (isto é, o volume ocupado por uma molécula), V_{mol}, segundo a expressão $b = 4N_A V_{mol}$. Trate as moléculas como esferas de raio r, de modo que $V_{mol} = \frac{4}{3}\pi r^3$. A aproximação máxima permitida dos centros é $2r$.

Tópico 3F As forças intermoleculares

3F.1 A origem das forças intermoleculares
3F.2 As forças íon-dipolo
3F.3 As forças dipolo-dipolo
3F.4 As forças de London
3F.5 A ligação hidrogênio
3F.6 As repulsões

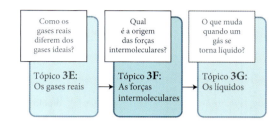

As moléculas se atraem. Este simples fato tem consequências importantes. Sem as forças entre as moléculas, os tecidos de seu corpo se separariam dos ossos e os oceanos virariam gás. De forma menos dramática, as forças entre as moléculas governam as propriedades físicas da matéria. Elas explicam por que o CO_2 é um gás, por que o SiO_2 é sólido e por que o gelo flutua na água.

As moléculas também se repelem. Quando comprimidas, elas resistem a deformações. O resultado é que você não afunda no chão e os objetos sólidos têm forma e tamanho definidos. Mesmo nos gases, as repulsões são importantes porque garantem que as moléculas não passem umas por dentro das outras, mas colidam entre si.

Nos gases, as forças intermoleculares geram pequenos desvios em relação ao comportamento ideal (Tópico 3E). Por outro lado, nos líquidos e sólidos, as forças que mantêm as moléculas unidas são de grande importância e controlam as propriedades físicas desses materiais. Uma molécula isolada de água, por exemplo, não congela nem ferve, mas uma coleção delas sim, porque no processo de congelamento as moléculas ficam juntas, ao passo que durante a ebulição elas se separam para formar um gás.

3F.1 A origem das forças intermoleculares

As forças intermoleculares são responsáveis pela existência das várias "fases" da matéria. Uma **fase** é uma forma da matéria que tem composição química e estado físico uniformes. As fases da matéria incluem os três estados físicos comuns: sólido, líquido e gás (ou vapor), que vimos em *Fundamentos* A. Muitas substâncias têm mais de uma fase sólida, com arranjos diferentes dos átomos ou das moléculas. Por exemplo, o carbono tem várias fases sólidas: uma delas é o diamante, duro e transparente, usado em joalheria e na produção de instrumentos de corte; outra é a grafita, macia e preta, que usamos no lápis de escrever e como lubrificante. A maioria dos sólidos se funde quando são aquecidos, passando para a fase líquida. Tanto os sólidos como os líquidos são chamados de **fases condensadas**, porque quando um gás é esfriado, ele condensa (torna-se mais compacto) em um líquido ou um sólido. A temperatura na qual um gás condensa depende da intensidade das forças atrativas entre as moléculas.

Todas as interações interiônicas e quase todas as interações intermoleculares podem ser atribuídas, em grande parte, às interações coulômbicas entre cargas (Tópico 2A). A discussão a seguir sobre as interações intermoleculares é baseada na Equação 5 de *Fundamentos* A, a expressão da energia potencial, E_p, entre duas cargas, Q_1 e Q_2, separadas por uma distância r:

$$E_p = \frac{Q_1 Q_2}{4\pi\varepsilon_0 r} \qquad (1)$$

Essa expressão se aplica diretamente a íons, mas é a base de todas as interações, inclusive as interações entre moléculas neutras.

A Figura 3F.1 mostra uma **curva da energia potencial molecular**, um gráfico que ilustra como a energia potencial de um par de moléculas varia com a distância entre seus centros. Em um caso, as moléculas reagem e uma ligação química é formada. No outro, a ligação não se completa. Nos dois casos, a energia cai inicialmente, à medida que as moléculas se

Por que você precisa estudar este assunto? A formação e as propriedades de líquidos e sólidos dependem da presença de forças de atração e de repulsão entre as moléculas. Por isso, é essencial entender suas origens.

Que conhecimentos você precisa dominar? Este tópico usa os conceitos de energia potencial (*Fundamentos* A), interações de Coulomb (Tópico 2.A) e polarizabilidade (Tópico 2D). Você precisa estar ciente da existência de cargas parciais e momentos de dipolo em moléculas polares (Tópico 2E) e de forças intermoleculares nos gases (Tópico 3E).

A permissividade no vácuo, ε_0 (épsilon zero) é uma constante fundamental. Seu valor é $8,854 \times 10^{-12}$ $J^{-1} \cdot C^2 \cdot m^{-1}$.

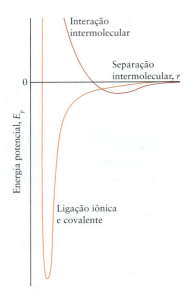

FIGURA 3F.1 Dependência da energia potencial com a distância de interação entre átomos e íons que formam uma ligação (laranja, linha inferior) e que não formam ligação (marrom, linha superior). Observe que um poço de potencial muito profundo caracteriza a formação de uma ligação química. O poço raso na curva superior mostra que mesmo quando não há formação de ligação, as forças atrativas reduzem a energia das partículas.

Tipo de interação	Dependência da E_p	Energia típica $E_p/(kJ \cdot mol^{-1})$	Espécies que interagem
íon-íon	$-\|z\|^2/r$	250	íons
íon-dipolo	$-\|z\|\mu/r^2$	15	íons e moléculas polares
dipolo-dipolo	$-\mu_1\mu_2/r^3$	2	moléculas polares estacionárias
	$-\mu_1\mu_2/r^6$	0,3	moléculas polares em rotação
dipolo-dipolo induzido	$-\mu_1^2\alpha_2/r^6$	2	moléculas uma das quais polar
London (dispersão)	$-\alpha_1\alpha_2/r^6$	2	todos os tipos de moléculas e íons
ligação hidrogênio		20	moléculas contendo N—H, O—H ou F—H

TABELA 3F.1 As interações entre íons e moléculas*

* A interação total experimentada por uma espécie é a soma de todas as interações das quais ela participa. Nas expressões dadas, r é a distância entre os centros de partículas em interação, z é o número de carga de um íon, μ é o momento de dipolo elétrico e α é a polarizabilidade de uma molécula.
† Também conhecida como interação dipolo induzido-dipolo induzido. As interações que são proporcionais a $1/r^6$ são normalmente consideradas interações de van der Waals.
‡ A ligação hidrogênio é considerada uma interação de contato.

aproximam, indicando o predomínio das forças de atração. Contudo, à medida que diminui a distância entre as moléculas, as forças de repulsão passam a prevalecer e a energia potencial aumenta rapidamente, atingindo valores elevados. As formas das duas curvas são semelhantes, mas a profundidade do poço de potencial é muito menor para as interações não ligantes do que quando há formação de ligação química.

Existem vários tipos de interações entre íons, entre íons e moléculas neutras e entre moléculas neutras. Estas interações e suas energias típicas estão resumidas na Tabela 3F.1 e discutidas em detalhes nas seções seguintes. Observe que as interações entre íons são muito mais fortes do que as entre moléculas ou dipolos. As ligações covalentes também são muito mais fortes do que as interações intermoleculares (compare os valores mostrados na Tabela 3F.1 com os da Tabela 2D.2).

Quando forças atrativas juntam as moléculas, formam-se fases condensadas. As repulsões dominam em distâncias pequenas.

3F.2 As forças íon-dipolo

Quando um sólido iônico é adicionado à água, suas moléculas envolvem os íons da superfície do sólido, separando-os dos outros íons e dissolvendo-os, gradativamente. As cargas parciais das moléculas de água envolvendo um desses íons substituem as cargas dos íons vizinhos no sólido. Com isso, os íons entram em solução com pouca variação de energia.

A ligação de moléculas de água a partículas solúveis (particularmente, mas não exclusivamente, íons) é chamada de **hidratação**. A hidratação se deve ao caráter polar da molécula de H_2O (**1**). A carga parcial negativa do átomo de O é atraída pelos cátions e as cargas parciais positivas dos átomos de H são repelidas por eles. Espera-se, por isso, que as moléculas de água se aglomerem ao redor do cátion, com os átomos de O apontando para o interior e os átomos de H apontando para o exterior (Fig. 3F.2, à esquerda). O arranjo inverso é observado em torno de um ânion: os átomos de H têm cargas parciais positivas; logo, eles são atraídos pela carga negativa do ânion (Fig. 3F.2, à direita). Como a hidratação é o resultado da interação entre o íon e as cargas parciais da molécula polar de água, ela é um exemplo de uma **interação íon-dipolo**.

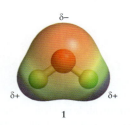

1

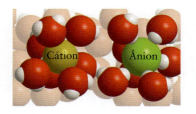

FIGURA 3F.2 Os íons, em água, estão hidratados. À esquerda, um cátion está rodeado por moléculas de água orientadas de modo a que os átomos de oxigênio de carga parcial negativa fiquem próximos do íon. À direita, um ânion está rodeado de moléculas de água que dirigem seus hidrogênios de carga parcial positiva para o íon.

A energia potencial da interação entre a carga completa de um íon e as duas cargas parciais de uma molécula polar é proporcional a $-|z|\mu/r^2$ (Tabela 3F.1), em que z é o número da carga do íon e μ é o momento de dipolo da molécula polar. O sinal negativo significa que a energia potencial do íon e das moléculas do solvente que o envolvem é *reduzida* com a interação entre eles, o que, por sua vez, significa atração.

PONTO PARA PENSAR

Que outros solventes poderiam formar interações íon-dipolo análogas às formadas pela água?

A interação íon-dipolo só é significativa quando as moléculas polares estão muito próximas de um íon. Mesmo então essa interação ainda é mais fraca do que a atração entre dois íons, porque o momento de dipolo de uma molécula polar é devido às cargas parciais. Além disso, um íon atraído pela carga parcial de um lado da molécula é repelido pela carga oposta parcial do outro lado e os dois efeitos se cancelam parcialmente. Em distâncias maiores, as duas cargas parciais têm praticamente o mesmo afastamento do íon e o cancelamento é quase total. É por isso que a energia potencial de interação entre uma carga pontual e um dipolo diminui mais rapidamente com a distância (como $1/r^2$) do que a interação entre duas cargas pontuais (como $1/r$) (Fig. 3F.3).

O tamanho do íon e sua carga controlam o grau de hidratação. A força da interação íon-dipolo aumenta à medida que o dipolo se aproxima do íon. Por essa razão, os cátions pequenos são hidratados mais do que os grandes. De fato, o lítio e o sódio normalmente formam sais hidratados, porém os elementos mais pesados do Grupo 1 (potássio, rubídio e césio), que têm cátions maiores, não. Podemos ver o efeito da carga no grau de hidratação ao comparar os cátions de bário e de potássio, que têm raios semelhantes (135 pm para Ba^{2+} e 138 pm para K^+). Os sais de potássio no estado sólido não são hidratados apreciavelmente, mas os sais de bário são frequentemente hidratados. A diferença está ligada à carga maior do íon de bário.

As interações íon-dipolo são fortes para íons pequenos com carga elevada. Em consequência, os cátions pequenos com carga elevada formam, frequentemente, compostos hidratados.

3F.3 As forças dipolo-dipolo

Vejamos as interações entre moléculas polares, como a do cloro-metano, CH_3Cl, com carga parcial negativa no átomo de Cl e carga parcial positiva espalhada pelos átomos de H (**2**). No cloro-metano sólido, um estado de energia menor é atingido quando o átomo de Cl de uma molécula de $CHCl_3$ está próximo ao CH_3 de outra (Fig. 3F.4). A interação entre dipolos, especificamente entre suas cargas parciais, é chamada de **interação dipolo-dipolo**, e a energia potencial resultante de moléculas polares em um sólido é proporcional a $-\mu^2/r^3$ se as moléculas forem idênticas e a $-\mu_1\mu_2/r^3$ se forem diferentes (Tabela 3F.1). Note que quanto maior for a polaridade das moléculas, mais fortes serão as interações entre elas. A força dessas interações depende mais intensamente da distância (como $1/r^3$) do que das interações íon-dipolo. Se a distância entre as moléculas dobrar, a redução da força da interação entre elas é da ordem de $2^3 = 8$. A razão por trás de uma queda tão rápida na interação dipolo-dipolo é que à medida que aumenta a distância entre as moléculas, as cargas parciais opostas em *cada* molécula parecem se combinar e se anular. Já na interação entre uma carga pontual e um dipolo, somente as cargas parciais no dipolo parecem se combinar.

Agora imagine que as moléculas polares em um gás estão girando rapidamente (Fig. 3F.5). Para uma rotação perfeitamente livre, as atrações entre as cargas parciais opostas e as repulsões entre as cargas parciais de mesmo sinal se cancelam e não existe interação. No entanto, na realidade, os vizinhos que estão rodando ficam retidos brevemente nas orientações mais energeticamente favoráveis (com as cargas de sinais opostos adjacentes), isto é, as interações atrativas entre cargas parciais opostas predominam ligeiramente sobre as interações repulsivas entre cargas parciais de mesmo sinal. Isso indica que existe uma pequena atração residual entre as moléculas polares que estão em rotação na fase gás e que a energia potencial é proporcional a $1/r^6$ (Tabela 3F.1). Quando a separação das moléculas polares dobra, a energia de interação reduz-se por um fator de $2^6 = 64$, o que significa que as interações

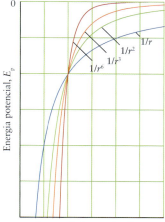

FIGURA 3F.3 Dependência da energia potencial da interação entre íons (azul), íons e dipolos (verde), dipolos estacionários (laranja) e dipolos em rotação (vermelho) com a distância.

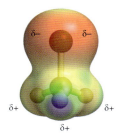

2

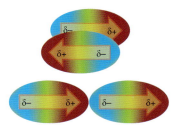

FIGURA 3F.4 As moléculas polares atraem umas às outras por interação entre as cargas parciais de seus dipolos elétricos (representados pelas setas). As orientações relativas mostradas aqui (em fila ou lado a lado) resultam em energia mais baixa do que quando as interações são aleatórias.

São necessários cerca de 1 ps para que uma molécula pequena complete uma revolução na fase gás.

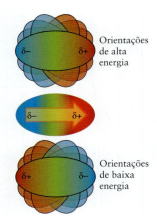

FIGURA 3F.5 Uma molécula polar que roda nas proximidades de outra molécula polar passa mais tempo na orientação de menor energia (embaixo), que favorece as atrações; logo, a interação resultante é atrativa, porém menos do que seria se as moléculas não estivessem rodando.

dipolo-dipolo entre moléculas em rotação são importantes somente quando as moléculas estão muito próximas.

Agora você pode começar a entender por que o modelo cinético explica tão bem as propriedades dos gases (Tópico 3D): as moléculas de um gás giram quase livremente, o que torna as interações entre elas muito fracas. As moléculas de um líquido também têm rotação (mas este movimento ocorre de forma espasmódica, com muito menos liberdade), mas elas estão muito mais próximas umas das outras do que na fase gás e, por este motivo, as interações dipolo-dipolo são mais fortes. Como a energia necessária para separar moléculas fortemente atraídas umas às outras é muito alta, as substâncias com interações intermoleculares intensas têm pontos de ebulição altos.

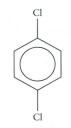

3 *p*-dicloro-benzeno

4 *o*-dicloro-benzeno

5 *cis*-dicloro-eteno

6 *trans*-dicloro-eteno

7 1,1-dicloro-eteno

EXEMPLO 3F.1 Como predizer pontos de ebulição relativos com base nas interações dipolo-dipolo

Imagine que você trabalha com a síntese de um composto orgânico e precisa substituir um solvente por outro de ponto de ebulição mais elevado. Que composto terá o ponto de ebulição mais alto: o *p*-dicloro-benzeno (**3**) ou o *o*-dicloro-benzeno (**4**)?

PLANEJE Quando dois compostos têm momentos de dipolo diferentes mas estrutura semelhante, espera-se que as moléculas que têm o momento de dipolo elétrico maior interajam mais fortemente. Portanto, atribua o ponto de ebulição mais alto ao composto mais polar. Para decidir se uma molécula é polar, verifique se os momentos de dipolo das ligações se cancelam ou não, como foi explicado no Tópico 2E.

O que você deve supor? Suponha que a polaridade do grupo C—H é muito menor do que a do grupo C—Cl e, portanto, não tem efeito expressivo na polaridade da molécula e pode ser ignorada.

RESOLVA

Como as duas ligações C—Cl no *p*-dicloro-benzeno estão em posições opostas no anel, seus momentos de dipolo se cancelam e a molécula é não polar.

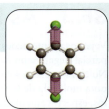

A molécula de *o*-dicloro-benzeno é polar porque os dipolos das duas ligações C—Cl não se cancelam. Logo, o *o*-dicloro-benzeno tem ponto de ebulição maior do que o *p*-dicloro-benzeno, que é não polar.

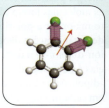

AVALIE Os valores experimentais são 180°C para o *o*-dicloro-benzeno, e 174°C para o *p*-dicloro-benzeno.

Teste 3F.1A Que composto terá o ponto de ebulição mais alto: o *cis*-dicloro-eteno (**5**) ou o *trans*-dicloro-eteno (**6**)?

[***Resposta:*** *cis*-dicloro-eteno]

Teste 3F.1B Que composto terá o ponto de ebulição mais alto: o 1,1-dicloro-eteno (**7**) ou o *trans*-dicloro-eteno (**6**)?

Exercícios relacionados 3F.5 a 3F.8

As moléculas polares participam de interações dipolo-dipolo. As interações dipolo-dipolo são mais fracas do que as forças entre íons e diminuem rapidamente com a distância, especialmente nas fases líquida e gás, em que as moléculas estão em rotação.

3F.4 As forças de London

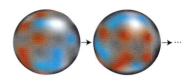

FIGURA 3F.6 A nuvem de elétrons em torno de um átomo lembra um nevoeiro em constante movimento, com regiões instantâneas de densidade eletrônica maior ou menor.

Interações atrativas são observadas mesmo entre moléculas não polares. Uma evidência da existência dessas interações é que os gases nobres – que, por serem monoatômicos, são necessariamente não polares – podem ser liquefeitos, e muitos compostos não polares, como os hidrocarbonetos que formam a gasolina, são líquidos.

À primeira vista, parece não existir um mecanismo de atração entre moléculas não polares. A explicação está na maneira como os elétrons são distribuídos em uma molécula. Primeiramente, você precisa entender que as representações das distribuições eletrônicas e de carga (ver as estruturas **1** e **2**) têm valores *médios*. Em uma molécula não polar ou em um átomo isolado, os elétrons parecem estar simetricamente distribuídos. Na verdade, em um determinado instante, as nuvens de elétrons de átomos e moléculas não são uniformes (Fig. 3F.6). Se pudéssemos fazer uma fotografia instantânea de uma molécula, a distribuição eletrônica pareceria uma neblina em movimento. Em determinado momento, os elétrons podem se acumular em uma região da molécula, deixando algum núcleo exposto em outra parte. No instante seguinte, essa acumulação é observada em outra região. Como resultado, uma região da molécula adquire uma carga parcial negativa instantânea, e outra região, uma carga parcial positiva instantânea. No momento seguinte – na verdade, cerca de 10^{-16} s depois –, as cargas podem se inverter ou estar em outras posições. Até uma molécula não polar é capaz de ter um **momento de dipolo instantâneo**, isto é, uma separação dipolar momentânea das cargas (Fig. 3F.7).

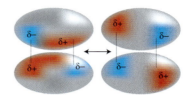

FIGURA 3F.7 A flutuação rápida da distribuição eletrônica em duas moléculas vizinhas resulta em dois momentos de dipolo elétrico instantâneos que se atraem. As flutuações mudam de posição, mas cada novo arranjo de uma molécula induz um arranjo na outra que mantém a atração mútua.

Um momento dipolo instantâneo em uma molécula distorce a nuvem de elétrons na molécula vizinha e induz um momento de dipolo temporário naquela molécula; os dois dipolos instantâneos se atraem. No momento seguinte, a nuvem de elétrons da primeira molécula se altera e dá origem a um momento de dipolo em uma direção diferente que, por sua vez, induz um momento de dipolo na segunda molécula, e as duas moléculas ainda se atraem. Isso significa que, embora o momento de dipolo instantâneo de uma molécula possa variar de uma orientação a outra, o momento de dipolo induzido na segunda molécula a segue fielmente e, em decorrência, existe atração permanente entre as duas moléculas. Esta interação atrativa é chamada de **interação dispersiva de London**, ou, em termos mais simples, **interação de London**. Ela atua entre *todas* as moléculas e átomos e é a única interação entre moléculas não polares e em gases monoatômicos.

A energia das interações de London depende da **polarizabilidade**, α (alfa), das moléculas, isto é, da facilidade de deformação das nuvens de elétrons. Como descrito no tópico 2D, as moléculas muito polarizáveis são aquelas em que a carga do núcleo tem pouco controle sobre os elétrons circundantes, porque os átomos são volumosos e a distância entre o núcleo e os elétrons é grande ou porque os elétrons de valência são blindados efetivamente pelos elétrons interiores. A densidade de elétrons pode flutuar muito e, portanto, as moléculas muito polarizáveis podem ter grandes momentos de dipolo instantâneos e interações de London fortes.

A interação dispersiva de London tem o nome do físico anglo-alemão Fritz London, que estabeleceu a existência de forças de dispersão entre átomos de gases nobres.

Cálculos detalhados mostram que a energia potencial da interação de London varia como $-\alpha^2/r^6$, quando as moléculas são idênticas, e $-\alpha_1\alpha_2/r^6$, quando são diferentes (Tabela 3F.1). Assim como a energia potencial das interações dipolo-dipolo entre moléculas em rotação, a energia potencial das interações de London também diminui rapidamente com a distância. A energia da interação aumenta com a polarizabilidade das moléculas que interagem. Como as moléculas volumosas, que têm muitos elétrons, são mais polarizáveis do que as moléculas pequenas com poucos elétrons, pode-se esperar que elas sofram interações de London mais fortes do que as menores (Fig. 3F.8).

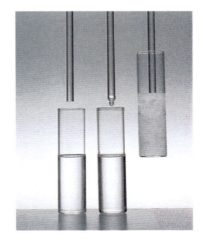

FIGURA 3F.8 Estes hidrocarbonetos mostram como as intensidades das forças de London aumentam com a massa molar. O pentano é um fluido móvel (à esquerda), o pentadecano, $C_{15}H_{32}$, é um líquido viscoso (no centro) e o octadecano, $C_{18}H_{38}$, é uma cera sólida (à direita). Até certo ponto, o aumento das forças intermoleculares é favorecido pela capacidade que as moléculas de cadeia longa têm de se enrolar umas nas outras. *(W. H. Freeman. Foto de Ken Karp.)*

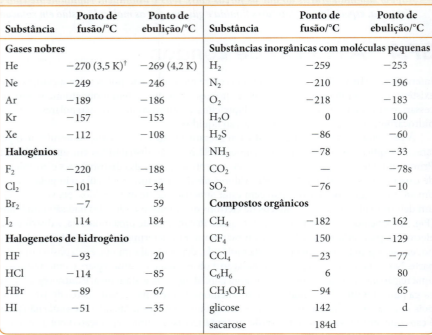

TABELA 3F.2 Pontos de fusão e de ebulição de algumas substâncias*

Substância	Ponto de fusão/°C	Ponto de ebulição/°C	Substância	Ponto de fusão/°C	Ponto de ebulição/°C
Gases nobres			**Substâncias inorgânicas com moléculas pequenas**		
He	−270 (3,5 K)†	−269 (4,2 K)	H_2	−259	−253
Ne	−249	−246	N_2	−210	−196
Ar	−189	−186	O_2	−218	−183
Kr	−157	−153	H_2O	0	100
Xe	−112	−108	H_2S	−86	−60
Halogênios			NH_3	−78	−33
F_2	−220	−188	CO_2	—	−78s
Cl_2	−101	−34	SO_2	−76	−10
Br_2	−7	59	**Compostos orgânicos**		
I_2	114	184	CH_4	−182	−162
Halogenetos de hidrogênio			CF_4	150	−129
HF	−93	20	CCl_4	−23	−77
HCl	−114	−85	C_6H_6	6	80
HBr	−89	−67	CH_3OH	−94	65
HI	−51	−35	glicose	142	d
			sacarose	184d	—

* Abreviações: s, o sólido sublima; d, o sólido se decompõe.
† Sob pressão.

8 Pentano, C_5H_{12}

9 2,2-dimetil-propano, $C(CH_3)_4$

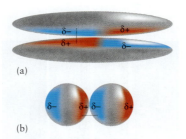

FIGURA 3F.9 (a) Os momentos de dipolo instantâneos em duas moléculas cilíndricas vizinhas tendem a ficar juntos e a interagir fortemente em uma região relativamente grande da molécula, como indicado pelas linhas verticais. (b) Os de duas moléculas esféricas vizinhas tendem a ficar mais afastados e a interagir fracamente em uma região pequena da molécula.

Agora você pode ver por que os halogênios vão de gases (F_2 e Cl_2) a um líquido (Br_2) e a um sólido (I_2) na temperatura normal: o número de elétrons das moléculas cresce, assim, as polarizabilidades e, em consequência, as interações de London aumentam quando se desce no grupo. A energia das interações de London aumenta de forma surpreendente quando os átomos de hidrogênio são substituídos por átomos mais pesados. O metano ferve a −16°C, mas o tetracloro-metano (tetracloreto de carbono, CCl_4) tem muito mais elétrons e é um líquido que ferve em 77°C (Tabela 3F.2). O tetrabromo-metano, CBr_4, que tem um número muito maior de elétrons, é sólido na temperatura ambiente, funde em 94°C e ferve em 190°C.

A eficácia das interações de London também depende da forma das moléculas. O pentano (**8**) e o 2,2-dimetil-propano (**9**), por exemplo, têm a mesma fórmula molecular, C_5H_{12}, e têm, portanto, o mesmo número de elétrons. As moléculas de pentano são relativamente longas e têm forma quase cilíndrica. As cargas parciais instantâneas em moléculas adjacentes de geometria cilíndrica podem interagir fortemente. Por outro lado, as cargas parciais instantâneas de moléculas esferoidais, como as do 2,2-dimetil-propano, não podem se aproximar porque o contato entre as moléculas é limitado a uma região muito pequena (Figura 3F.9). Devido à forte dependência da distância, as interações de London entre moléculas de geometria cilindroide são mais efetivas do que entre moléculas de geometria esferoide com o mesmo número de elétrons.

Fortemente relacionadas com as interações de London são as **interações dipolo-dipolo induzido**, mecanismo pelo qual uma molécula polar interage com uma molécula não polar (por exemplo, quando o oxigênio se dissolve em água). Assim como as interações de London, as interações dipolo-dipolo induzido têm sua origem na capacidade que uma molécula tem de induzir um momento de dipolo em outra. Neste caso, porém, a molécula que induz o momento de dipolo tem um momento de dipolo permanente. A energia potencial desta interação também é inversamente proporcional à sexta potência da distância.

Como mostra a Tabela 3F.1, as energias potenciais da interação dipolo-dipolo de moléculas polares em rotação na fase gasosa, da interação de London e da interação dipolo-dipolo induzido dependem do inverso da sexta potência da distância. Estas interações são denominadas **interações de van der Waals**, em homenagem a Johannes van der Waals, o cientista holandês que as estudou em detalhes.

EXEMPLO 3F.2   Como explicar as tendências dos pontos de ebulição

Em muitos casos, os químicos obtêm informações importantes sobre as propriedades físicas de compostos examinando as tendências no comportamento de moléculas semelhantes. Explique as tendências dos pontos de ebulição dos halogenetos de hidrogênio: HCl, −85°C; HBr, −67°C; HI, −5°C.

PLANEJE Forças intermoleculares mais fortes levam a pontos de ebulição mais altos. Os momentos de dipolo e a energia das interações dipolo-dipolo aumentam com a polaridade da ligação H—X e, portanto, com a diferença de eletronegatividade entre os átomos de hidrogênio e halogênio. A energia das forças de London aumenta com o número de elétrons. Use os dados para identificar o efeito dominante.

RESOLVA Os dados na Fig. 2D.2 mostram que as diferenças de eletronegatividade diminuem do HCl para o HI. Por essa razão, os momentos de dipolo também diminuem. Portanto, a energia das interações dipolo-dipolo diminui, o que pode ser visto como uma tendência de os pontos de ebulição diminuírem do HCl para o HI. Essa previsão entra em conflito com os dados, logo, é preciso examinar o que acontece com as interações de London. O número de elétrons da molécula aumenta de HCl para HI, logo, as interações de London também crescem. Portanto, os pontos de ebulição deveriam crescer de HCl para HI, o que está de acordo com os dados experimentais. Essa análise sugere que as interações de London predominam sobre as interações dipolo-dipolo no caso dessas moléculas.

Teste 3F.2A Explique a tendência dos pontos de ebulição dos gases nobres, que aumentam do hélio para o xenônio.

[*Resposta:* A energia das interações de London aumenta com o número de elétrons.]

Teste 3F.2B Sugira uma razão para que o trifluoro-metano, CHF_3, tenha ponto de ebulição mais alto do que o tetrafluoro-metano, CF_4.

Exercícios relacionados 3F.15, 3F.16, 3F.19

As interações de London surgem da atração entre os dipolos elétricos instantâneos de moléculas vizinhas e agem em todos os tipos de moléculas. Sua energia aumenta com o número de elétrons da molécula. Elas ocorrem juntamente com as interações dipolo-dipolo. Moléculas polares também atraem moléculas não polares por meio de interações fracas dipolo-dipolo induzido.

3F.5 A ligação hidrogênio

As interações de London são "universais", no sentido de que elas se aplicam a todas as moléculas, independentemente de sua identidade química. Do mesmo modo, as interações dipolo-dipolo dependem somente da polaridade das moléculas, não de sua identidade química. Contudo, existe outra interação muito forte, que é específica para moléculas que contêm átomos de hidrogênio ligados a certos elementos.

Um gráfico dos pontos de ebulição de compostos binários de hidrogênio com elementos dos grupos 14 a 17 sugere a presença de um tipo especial de interação (Fig. 3F.10). A tendência no Grupo 14 é a que se esperaria para compostos semelhantes com número diferente de elétrons, isto é, que os pontos de ebulição aumentem de cima para baixo no grupo, porque a energia das interações de London aumenta. A amônia, a água e o fluoreto de hidrogênio, entretanto, têm comportamento anômalo. Seus pontos de ebulição excepcionalmente altos sugerem que existem forças atrativas muito fortes entre as moléculas.

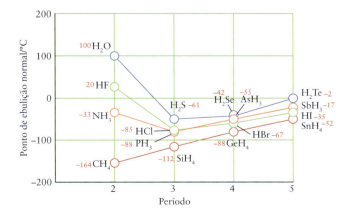

FIGURA 3F.10 Os pontos de ebulição da maior parte dos hidretos moleculares dos elementos do bloco p mostram um aumento brando com a massa molar em cada grupo. Entretanto, três compostos – amônia, água e fluoreto de hidrogênio – têm comportamento anormal.

10 Ligação hidrogênio (em água)

A forte interação responsável pelos pontos de ebulição elevados dessas substâncias é a **ligação hidrogênio**, uma interação intermolecular na qual um átomo de hidrogênio ligado a um átomo pequeno e muito eletronegativo (especificamente o N, O ou F) é atraído por um par isolado de elétrons de um desses átomos (**10**).

Para entender como se forma a ligação hidrogênio, imaginemos o que acontece quando uma molécula de água se aproxima de outra. As ligações O—H são polares. O átomo de O, que é eletronegativo, atrai fortemente os elétrons da ligação, deixando o átomo de hidrogênio quase completamente desprotegido. Como este último é muito pequeno, ele pode se aproximar bastante, com sua carga parcial positiva, de um dos pares isolados de elétrons do átomo de O de outra molécula de água. O par isolado de elétrons e a carga parcial positiva atraem-se fortemente e formam a ligação hidrogênio. A ligação hidrogênio é mais forte quando o átomo de hidrogênio está na linha reta que une os dois átomos de oxigênio. A ligação hidrogênio é representada por uma linha pontilhada, logo, a ligação entre dois átomos de O é representada por O—H···O. O comprimento da ligação O—H é 101 pm e a distância H···O é um pouco mais longa. No gelo, o valor é 175 pm. A ligação hidrogênio é possível no HF e para qualquer molécula que contenha uma ligação N—H ou O—H.

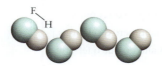

11 Fluoreto de hidrogênio (HF)$_n$

> **Teste 3F.3A** Quais das seguintes ligações intermoleculares podem ser atribuídas às ligações hidrogênio: (a) CH$_3$NH$_2$ a CH$_3$NH$_2$; (b) CH$_3$OCH$_3$ a CH$_3$OCH$_3$; (c) HBr a HBr?
>
> [***Resposta:*** O H está ligado diretamente ao N, O ou F somente em (a).]
>
> **Teste 3F.3B** Quais das seguintes ligações intermoleculares podem ser atribuídas às ligações hidrogênio: (a) CH$_3$OH; (b) PH$_3$; (c) HClO (que tem a estrutura Cl—O—H)?

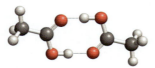

12 Dímero do ácido acético

Nos casos em que ocorre, a ligação hidrogênio é tão forte – cerca de 10% da energia de uma ligação covalente típica – que domina todos os demais tipos de interação intermolecular. A ligação hidrogênio é, de fato, tão forte que permanece até no vapor de algumas substâncias. O fluoreto de hidrogênio líquido, por exemplo, contém cadeias em ziguezague de moléculas de HF (**11**), e o vapor contém pequenos fragmentos de cadeias e anéis (HF)$_6$. O vapor de ácido acético contém dímeros, isto é, pares de moléculas, ligados por duas ligações hidrogênio (**12**).

As ligações hidrogênio têm papel vital na manutenção da forma das moléculas biológicas. A forma de uma molécula de proteína é governada principalmente por ligações hidrogênio. Quando essas ligações se quebram, a molécula de proteína, com sua organização delicada, perde a função. Por exemplo, quando você cozinha um ovo, a clara se torna branca, porque à medida que aumenta a temperatura, as moléculas de proteína passam a se mover mais rápido, rompendo as ligações hidrogênio que as unem. Com isso, as moléculas se aglomeram em um arranjo aleatório e desordenado. As árvores se mantêm eretas por ligações hidrogênio (Fig. 3F.11). As moléculas de celulose (que têm muitos grupos —OH) podem formar muitas ligações hidrogênio umas com as outras, e a resistência da madeira deve-se em grande parte às interações de ligações hidrogênio entre moléculas vizinhas de celulose que se enrolam como fitas. As ligações hidrogênio mantêm unidas as duas cadeias das moléculas de DNA e são essenciais para o entendimento do processo de reprodução (veja o Tópico 11E). As ligações hidrogênio são suficientemente fortes para manter unidas as duas hélices do DNA, mas sua energia é muito menor do que as ligações covalentes típicas e elas podem ser desfeitas durante o processo da divisão celular sem afetar as ligações covalentes do DNA.

A ligação hidrogênio, que ocorre quando átomos de hidrogênio estão ligados a átomos de oxigênio, nitrogênio e flúor, é o tipo mais forte de força intermolecular.

FIGURA 3F.11 A vegetação, até mesmo árvores enormes como as da foto, mantém-se em pé graças às fortes ligações hidrogênio intermoleculares que existem entre as moléculas de celulose, em forma de fita, que formam grande parte de sua estrutura. Sem ligações hidrogênio, estas árvores se desmanchariam. (*J.A. Kraulis/Masterfile.*)

3F.6 As repulsões

Quando as moléculas (ou átomos que não formam moléculas) estão muito próximas, eles se repelem uns aos outros. Esta repulsão, responsável pelo rápido aumento na energia potencial mostrado no lado esquerdo da Fig. 3F.1, é explicada pelo princípio da exclusão de Pauli (Tópico 3E). Para entender esse fenômeno, pense que dois átomos de He se aproximam. Em distâncias muito pequenas, os orbitais atômicos 1s se sobrepõem e formam um orbital

Tópico 3F Exercícios **193**

molecular ligante e um antiligante. Dois dos quatro elétrons cedidos pelos dois átomos ocupam o orbital ligante inferior e o princípio da exclusão de Pauli exige que os dois elétrons restantes ocupem o orbital antiligante. Um orbital antiligante aumenta a energia a uma taxa um pouco maior do que um orbital ligante consegue reduzi-la (Tópico 2G). O resultado é um aumento real de energia à medida que os dois átomos se ligam. O efeito aumenta rapidamente quando a distância se reduz, porque a superposição entre os orbitais atômicos aumenta rapidamente com a aproximação. Essa repulsão ocorre entre quaisquer moléculas nas quais os átomos têm camadas preenchidas, embora os detalhes dos orbitais ligantes e antiligantes que formam sejam muito mais complexos.

A densidade eletrônica em todos os orbitais atômicos e nos orbitais moleculares que eles formam diminui exponencialmente até zero a grandes distâncias do núcleo, logo, podemos esperar que a superposição entre orbitais de moléculas vizinhas também diminua exponencialmente com a separação entre elas. O resultado é que as repulsões são efetivas apenas quando as duas moléculas estão muito próximas. Porém, quando as moléculas ficam próximas demais, as repulsões crescem rapidamente. Essa dependência da separação é a razão pela qual os objetos sólidos têm formas bem definidas.

As repulsões entre moléculas são o resultado da superposição de orbitais de moléculas vizinhas e do princípio da exclusão de Pauli.

O que você aprendeu com este tópico?

Você aprendeu que as forças de atração entre as cargas parciais ou permanentes de moléculas fazem com que estas se atraiam, o que explica as fases condensadas da matéria. Você aprendeu sobre a ligação hidrogênio, a mais forte das interações não ligantes, e viu que quando moléculas ou átomos estão muito próximos, a energia potencial aumenta rapidamente, originando as forças repulsivas.

Os conhecimentos que você deve dominar incluem a capacidade de:

- ☐ **1.** Predizer as energias relativas das interações íon-dipolo e dipolo-dipolo (Seções 3F.2 e 3F.3).
- ☐ **2.** Explicar como surgem as forças de London e como elas variam com a polarizabilidade de um átomo e com o volume e a forma de uma molécula (Seção 3F.4).
- ☐ **3.** Predizer a ordem relativa dos pontos de ebulição de duas substâncias a partir das energias das forças intermoleculares (Exemplos 3F.1 e 3F.2).
- ☐ **4.** Identificar moléculas que podem participar de ligações hidrogênio (Teste 3F.3).
- ☐ **5.** Explicar por que objetos sólidos têm forma e tamanho definidos (Seção 3F.6).

Tópico 3F Exercícios

Os exercícios marcados com $\int_{dx}^{C}$ exigem cálculos.

3F.1 Identifique os tipos de forças intermoleculares que podem agir entre as moléculas das seguintes substâncias: (a) NH_2OH; (b) CBr_4; (c) H_2SeO_4; (d) SO_2.

3F.2 Identifique os tipos de forças intermoleculares que podem agir entre as moléculas das seguintes substâncias: (a) H_2S; (b) SiH_4; (c) N_2H_4; (d) CHF_3.

3F.3 Para quais das seguintes moléculas as interações dipolo-dipolo são importantes: (a) CH_4; (b) CH_3Cl; (c) CH_2Cl_2; (d) $CHCl_3$; (e) CCl_4?

3F.4 Para quais das seguintes moléculas as interações dipolo-dipolo são importantes: (a) O_2; (b) O_3; (c) CO_2; (d) SO_2?

3F.5 Identifique, apresentando suas razões, que substância em cada par tem, provavelmente, o ponto de fusão normal mais alto

(as estruturas de Lewis podem ajudar nos argumentos): (a) HCl ou NaCl; (b) $C_2H_5OC_2H_5$ (dietil-éter) ou C_4H_9OH (butanol); (c) CHI_3 ou CHF_3; (d) C_2H_4 ou CH_3OH.

3F.6 Identifique, apresentando suas razões, que substância em cada par tem, provavelmente, o ponto de ebulição normal mais alto: (a) H_2S ou H_2Se; (b) NaCl ou $CHCl_3$; (c) NH_3 ou PH_3; (d) SiH_4 ou SiF_4.

3F.7 Use a teoria VSEPR (Tópico 2E) para predizer as formas de cada uma das seguintes moléculas. Identifique, em cada par, o composto de ponto de ebulição mais alto: (a) PBr_3 ou PF_3; (b) SO_2 ou O_3; (c) BF_3 ou BCl_3.

3F.8 Use a teoria VSEPR (Tópico 2E) para predizer as formas de cada uma das seguintes moléculas. Identifique, em cada par, o composto de ponto de ebulição mais alto: (a) BF_3 ou ClF_3; (b) SF_4 ou CF_4; (c) *cis*-CHCl=CHCl ou *trans*-CHCl=CHCl (ver as estruturas **5** e **6**).

3F.9 Coloque os seguintes tipos de interações iônicas e moleculares na ordem crescente de magnitude: (a) íon-dipolo; (b) dipolo induzido-dipolo induzido; (c) dipolo-dipolo na fase gás; (d) íon-íon; (e) dipolo-dipolo na fase sólido.

3F.10 Em cada par, indique a substância com as maiores forças intermoleculares e explique o seu raciocínio: (a) CO, CO_2; (b) SiF_4, Si_2F_2; (c) O_2, O_3; (d) CH_3SH, CH_3OH.

3F.11 Quais das seguintes moléculas provavelmente formam ligações hidrogênio: (a) PH_3; (b) HBr; (c) C_2H_4; (d) HNO_2?

3F.12 Quais das seguintes moléculas provavelmente formam ligações hidrogênio: (a) CH_3OCH_3; (b) CH_3COOH; (c) CH_3CH_2OH; (d) CH_3CHO?

3F.13 Identifique o arranjo (I, II ou III, todas as moléculas são CH_2Cl_2) que deve corresponder às atrações intermoleculares mais fortes e justifique sua escolha.

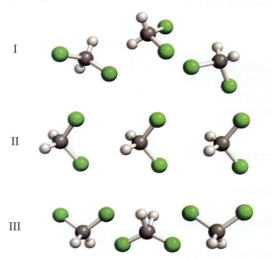

3F.14 Identifique o arranjo (I, II ou III, todas as moléculas são NH_3) que deve corresponder às atrações intermoleculares mais fortes e justifique sua escolha.

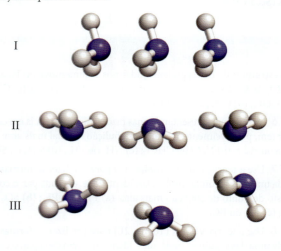

3F.15 Explique a diferença nos pontos de ebulição do AsF_3 (63°C) e AsF_5 (−53°C).

3F.16 Explique a diferença nos pontos de ebulição do NO_2 (21°C) e N_2O (−88°C).

3F.17 Calcule a relação entre as energias potenciais das interações de uma molécula de água com um íon Al^{3+} e com um íon Be^{2+}. Tome o centro do dipolo estando em $r_{íon}$ + 100. pm. Qual dos dois íons atrai mais fortemente a molécula de água?

3F.18 Calcule a relação entre as energias potenciais das interações de uma molécula de água com um íon Li^+ e com um íon K^+. Tome o centro do dipolo estando em $r_{íon}$ + 100. pm. Qual dos dois íons atrai mais fortemente a molécula de água?

3F.19 Explique as seguintes observações em termos de tipo e intensidade das forças intermoleculares: (a) O ponto de fusão do xenônio é −112°C e o do argônio é −189°C. (b) A pressão de vapor do dietil-éter ($C_2H_5OC_2H_5$) é maior do que a da água. (c) O ponto de ebulição do pentano, $CH_3(CH_2)_3CH_3$, é 36,1°C, mas o do 2,2-dimetil-propano (também conhecido como neopentano), $C(CH_3)_4$, é 9,5°C.

3F.20 Dois alunos devem estudar dois compostos puros. Eles observaram que o composto A ferve em 37°C e o composto B, em 126°C. Eles, porém, não têm mais tempo para outras análises. Examine as seguintes afirmações sobre os dois compostos. Em cada caso, indique se elas são justificadas pelos dados, estão erradas ou poderiam ser verdadeiras ou falsas. Justifique suas respostas. (a) O composto B tem a massa molecular maior. (b) O composto A é mais viscoso. (c) O composto B está sujeito a forças intermoleculares mais intensas. (d) O composto B tem tensão superficial maior.

3F.21 Os termos "interação intermolecular" e "forças intermoleculares" são usados como sinônimos em alguns casos. Mas é importante reconhecer que existe uma diferença entre a força e a energia potencial da interação. Na mecânica clássica, a intensidade da força F está relacionada com a dependência da energia potencial em relação à distância, E_p, segundo a relação $F = -dE_p/dr$. De que maneira a força intermolecular depende da distância no caso de uma interação intermolecular típica que varia com $1/r^6$?

3F.22 Você esperaria que a energia de interação de duas moléculas polares que rodam dependesse da temperatura? Se isso acontecesse, a interação cresceria ou diminuiria, quando a temperatura aumentasse?

Tópico 3G   Os líquidos

3G.1 A ordem nos líquidos
3G.2 A viscosidade e a tensão superficial
3G.3 Os cristais líquidos
3G.4 Os líquidos iônicos

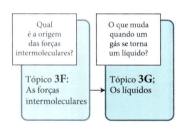

As moléculas de um líquido são mantidas em contato com as moléculas vizinhas pelas forças intermoleculares, mas elas têm energia suficiente para movimentar-se, eventualmente colidindo umas com as outras (Fig. 3G.1). Quando imaginamos um líquido, podemos pensar em um conjunto de moléculas que trocam constantemente de lugar com suas vizinhas. Um líquido em repouso é como uma multidão que se agita em um estádio. Um líquido que flui é como a multidão deixando o estádio.

Por que você precisa estudar este assunto? Os líquidos estão em toda a parte e muitas reações químicas ocorrem em soluções líquidas. Por essa razão, é essencial entender como as propriedades dos líquidos estão relacionadas com suas moléculas.

3G.1   A ordem nos líquidos

Um sólido cristalino tem **ordem de longo alcance**. Dito de outro modo, os átomos ou moléculas de um sólido estão em um arranjo ordenado, que se repete por longas distâncias. Durante a fusão do cristal, a ordem de longo alcance se perde. No líquido, a energia cinética das moléculas supera, eventualmente, as forças intermoleculares, e as moléculas se movimentam. Elas, no entanto, ainda experimentam fortes atrações umas em relação às outras. Na água, por exemplo, somente cerca de 10% das ligações hidrogênio são perdidas na fusão. As demais quebram-se e se refazem continuamente com diferentes moléculas de água. Em um determinado instante, a vizinhança imediata de uma molécula no líquido é muito semelhante à do sólido, mas a ordem não se estende muito além dos vizinhos mais próximos. Essa ordem local é chamada de **ordem de curto alcance**. Na água, por exemplo, em decorrência das ligações hidrogênio, cada molécula participa de um arranjo aproximadamente tetraédrico com outras moléculas. Essas ligações mudam rapidamente de um momento ao seguinte, mas são suficientemente fortes para afetar a estrutura local das moléculas, mantendo-se até o ponto de ebulição. Assim que o líquido evapora, as moléculas passam a se mover praticamente livres, porque as forças entre elas são muito pequenas.

Que conhecimentos você precisa dominar? Este tópico se baseia nas forças intermoleculares (Tópico 3F).

   As moléculas em um líquido têm ordem de curto alcance, não de longo alcance.

3G.2   A viscosidade e a tensão superficial

A **viscosidade** de um líquido é a resistência ao escoamento. Quanto maior for a viscosidade do líquido, mais lento é o escoamento. Os líquidos de alta viscosidade, como o melaço na temperatura normal, ou o vidro fundido, são chamados de "viscosos". A viscosidade de um líquido é uma indicação da intensidade das forças entre as moléculas: interações intermoleculares fortes mantêm as moléculas unidas e não deixam que elas se afastem facilmente (Fig. 3G.2). A previsão da viscosidade, porém, é muito difícil porque ela depende não somente da intensidade das forças intermoleculares, mas também da facilidade com que as moléculas

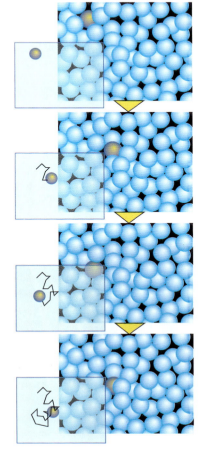

FIGURA 3G.1 Estrutura de um líquido. Embora as moléculas (representadas por esferas nesta série de diagramas) permaneçam em contato com suas vizinhas, elas têm energia suficiente para mudar de posição, afastando-se umas das outras e incorporando-se a outra vizinhança. Em consequência, a substância como um todo é fluida. Uma das esferas está ligeiramente mais escura, para que você possa seguir seu movimento. O movimento está registrado no destaque.

FIGURA INTERATIVA 3G.1

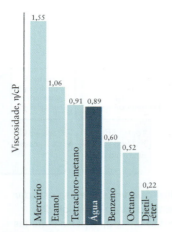

FIGURA 3G.2 Viscosidades de vários líquidos. Os líquidos formados por moléculas que não participam de ligações hidrogênio são geralmente menos viscosos do que os que podem formar ligações hidrogênio. O mercúrio é uma exceção: seus átomos ficam juntos por um tipo de ligação metálica e sua viscosidade é muito alta.

TABELA 3G.1	Tensão superficial de líquidos em 25°C
Líquido	Tensão superficial γ(mN·mol^{-1})
benzeno	28,88
tetracloreto de carbono	27,0
etanol	22,8
hexano	18,4
mercúrio	472
metanol	22,6
água	72,75
	58,0 em 100°C

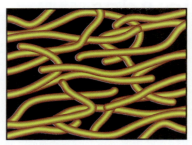

FIGURA 3G.3 As moléculas compridas dos óleos formados por hidrocarbonetos pesados tendem a se emaranhar, como espaguete cozido. Como resultado, as moléculas não deslizam facilmente umas sobre as outras e o líquido é muito viscoso.

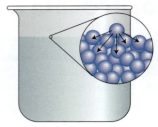

FIGURA 3G.4 A tensão superficial decorre das forças atrativas que agem sobre as moléculas da superfície. O detalhe da figura mostra que uma molécula no corpo de um líquido experimenta forças atrativas em todas as direções, mas uma molécula da superfície experimenta uma força resultante na direção do corpo do líquido.

assumem diferentes posições quando o fluido se move. As fortes ligações hidrogênio da água dão-lhe viscosidade maior do que a do benzeno. Isso significa que as moléculas de benzeno se deslocam mais facilmente umas em relação às outras, mas para que as moléculas de água se movam, é preciso quebrar as ligações hidrogênio. Entretanto, a viscosidade da água não é muito grande porque uma molécula de água pode se ajustar rapidamente para participar da rede de ligações hidrogênio de seus novos vizinhos. Outro fator é o entrelaçamento de cadeias longas de hidrocarbonetos. As moléculas dos hidrocarbonetos oleosos e das graxas são não polares e só estão sujeitas às forças de London. Elas têm, entretanto, cadeias longas que se enrolam como espaguete cozido (Fig. 3G.3) e, por isso, as moléculas movem-se com dificuldade.

A viscosidade dos líquidos diminui com o aumento da temperatura. A maior energia cinética das moléculas em temperaturas elevadas permite que elas vençam as forças de atração intermolecular e passem pelas moléculas vizinhas com mais facilidade. A viscosidade da água em 100°C, por exemplo, é apenas 1/6 do valor em 0°C, o que significa que a mesma quantidade de água escoa seis vezes mais rapidamente pelo mesmo tubo na temperatura mais elevada.

A superfície de um líquido é uniforme porque as forças intermoleculares tendem a atrair as moléculas umas às outras para o interior do líquido (Fig. 3G.4). A **tensão superficial** é a resultante dessas forças. Mais uma vez, espera-se que os líquidos formados por moléculas em que as interações intermoleculares são fortes tenham tensão superficial elevada, porque o empuxo para o corpo do líquido, na superfície, deve ser forte. A tensão superficial da água, por exemplo, é aproximadamente três vezes maior do que a da maior parte dos líquidos comuns, devido às fortes ligações hidrogênio (Tabela 3G.1). A tensão superficial do mercúrio é ainda maior – mais de seis vezes superior à da água. A tensão superficial elevada indica que existem ligações muito fortes entre os átomos de mercúrio do líquido: na verdade, elas têm caráter parcialmente covalente.

A tensão superficial explica vários fenômenos cotidianos. Por exemplo, uma gota de líquido suspensa no ar ou em uma superfície encerada é esférica porque a tensão superficial faz as moléculas assumirem a forma mais compacta possível, a esfera (Fig. 3G.5). As forças atrativas entre as moléculas de água são maiores do que entre a água e a cera, que é feita essencialmente de hidrocarbonetos não polares. A tensão superficial diminui quando a temperatura aumenta e as interações entre moléculas são superadas pelo movimento crescente das moléculas.

A água tem interações fortes com papel, madeira ou tecido porque as moléculas da superfície desses materiais formam ligações hidrogênio que podem substituir algumas das ligações hidrogênio das moléculas de água. Como resultado, a água maximiza seu contato com esses materiais e se espalha sobre eles. Em outras palavras, a água os *molha* ao formar ligações hidrogênio com eles.

PONTO PARA PENSAR

Por que a adição de sabão ou detergente à água diminui a tensão superficial? A estrutura de um sabão típico é mostrada em (**1**).

FIGURA 3G.5 A forma aproximadamente esférica destas gotas de água sobre a superfície encerada de uma folha é um efeito da tensão superficial. (*Nigel Catlin/Science Source.*)

A **ação capilar**, a elevação de líquidos em tubos estreitos, ocorre quando existem atrações favoráveis entre as moléculas do líquido e a superfície interna do tubo. Essas atrações são forças de **adesão**, forças que mantêm juntas uma substância e uma superfície. Elas são distintas das forças de **coesão**, as forças que unem as moléculas de uma substância para formar um material. Uma indicação das intensidades relativas de adesão e coesão é a formação de um **menisco**, a superfície curva de um líquido que se observa em um tubo estreito (Fig. 3G.6). O menisco da água em um tubo capilar de vidro curva-se para cima nas bordas (tomando a forma côncava) porque as forças adesivas entre as moléculas de água e os átomos de oxigênio e grupos —OH da superfície do vidro são comparáveis às forças coesivas das moléculas de água. A água tende, por isso, a se espalhar sobre a maior área possível do vidro. O menisco do mercúrio curva-se para baixo, descendo pelas paredes do vidro (tomando a forma convexa). Essa forma indica que as forças coesivas entre os átomos de mercúrio são mais fortes do que as forças entre os átomos de mercúrio e os átomos da superfície do vidro, e, por isso, o líquido tende a reduzir o contato com o vidro.

Quanto maior for a viscosidade de um líquido, mais lentamente ele escoa. A viscosidade normalmente diminui com o aumento da temperatura. A tensão superficial decorre do desequilíbrio de forças intermoleculares na superfície de um líquido. A ação capilar é uma consequência do desequilíbrio entre as forças adesivas e coesivas.

3G.3 Os cristais líquidos

Um tipo de material que transformou os mostradores eletrônicos não é nem um sólido nem um líquido, e, sim, algo intermediário entre esses dois estados da matéria. Os **cristais líquidos** são substâncias que escoam como líquidos viscosos, mas suas moléculas ficam em um arranjo moderadamente ordenado, semelhante ao de um cristal. São exemplos de uma **mesofase**, um estado da matéria no qual as moléculas têm um grau intermediário de ordem entre um cristal totalmente organizado e um líquido desorganizado. Os cristais líquidos são muito usados na indústria eletrônica, porque respondem bem a mudanças de temperatura e de campo elétrico.

Uma molécula de cristal líquido típica, como o *p*-azóxi-anisol, é longa e tem forma de bastão (**2**). A forma de bastão permite que as moléculas se empilhem, como espaguete seco, não cozido: elas ficam paralelas, mas têm liberdade para escorregar umas sobre as outras ao longo do eixo principal. Devido a essa ordem, os cristais líquidos são anisotrópicos. Os materiais **anisotrópicos** têm propriedades que dependem da direção da medida. A viscosidade dos cristais líquidos é menor na direção paralela às moléculas: é mais fácil para as moléculas em forma de bastão comprido escorregarem ao longo dos eixos principais do que moverem-se nas direções perpendiculares. Os materiais **isotrópicos** têm propriedades que não dependem da direção da medida. Os líquidos comuns são isotrópicos: suas viscosidades são iguais em todas as direções.

Existem três classes de cristais líquidos que diferem no arranjo das moléculas. Na **fase nemática**, as moléculas ficam juntas, todas na mesma direção, porém atrasadas umas em relação às outras, como carros em uma estrada muito movimentada de várias faixas (Fig. 3G.7). Na **fase esmética**, as moléculas se alinham como soldados em um desfile e formam camadas (Fig. 3G.8). As membranas celulares são formadas principalmente de cristais líquidos esméticos. Na **fase colestérica**, as moléculas formam camadas ordenadas, porém, as camadas vizinhas têm as moléculas em ângulos diferentes, isto é, o cristal líquido tem um arranjo helicoidal de moléculas (Fig. 3G.9).

Os cristais líquidos também podem ser classificados pelo modo de preparação. Os **cristais líquidos termotrópicos** são fabricados pela fusão da fase sólida. A fase cristal líquido, altamente viscosa, existe em um pequeno intervalo de temperatura entre os estados sólido e líquido. Os cristais líquidos termotrópicos tornam-se líquidos isotrópicos ao serem aquecidos acima de uma temperatura característica, porque as moléculas adquirem energia suficiente para vencer as atrações que restringem seus movimentos. O *p*-azóxi-anisol pode formar um cristal líquido termotrópico entre 118°C e 137°C. Os cristais líquidos termotrópicos são usados em relógios, telas de computador e termômetros. Os **cristais líquidos liotrópicos** são estruturas em camadas que resultam da ação de um solvente sobre um sólido ou um líquido. São exemplos as membranas celulares e as soluções de detergentes e lipídeos (gorduras) em água. Essas moléculas, como o detergente lauril-sulfato de sódio, têm longas cadeias apolares de hidrocarbonetos unidas a cabeças polares (**3**). Quando os lipídeos que formam

1 Laureato de sódio (um sabão)

FIGURA 3G.6 Quando as forças adesivas entre um líquido e o vidro são mais fortes do que as forças coesivas do líquido, o líquido se curva para cima, de modo a aumentar o contato com o vidro, formando o menisco mostrado na figura para a água no vidro (à esquerda). Quando as forças coesivas são mais fortes do que as forças adesivas (como é o caso do mercúrio no vidro), as extremidades da superfície curvam-se para baixo, para reduzir o contato com o vidro (à direita). (*©1990 Chip Clark–Fundamental Photographs.*)

Nemático vem da palavra grega para "tecido"; esmético vem da palavra grega para "ensaboado"; colestérico está relacionado com a palavra colesterol, que vem do termo grego para "bílis sólida".

2 *p*-Azóxi-anisol

3 Lauril-sulfato de sódio

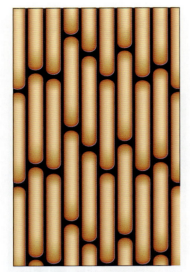

FIGURA 3G.7 Representação da fase nemática de um cristal líquido. As moléculas longas ficam paralelas umas às outras, mas deslocadas segundo o eixo longo.

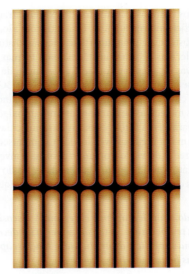

FIGURA 3G.8 Fase esmética de um cristal líquido. As moléculas ficam paralelas umas às outras e também formam camadas.

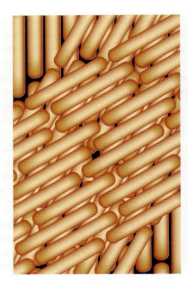

FIGURA 3G.9 Fase colestérica de um cristal líquido. Nesta fase, folhas de moléculas paralelas estão defasadas rotacionalmente e formam uma estrutura helicoidal.

as membranas celulares são misturados com água, eles formam folhas espontaneamente, nas quais as moléculas estão alinhadas em filas, formando uma camada dupla, com as cabeças polares voltadas para a parte externa de cada lado da folha. Essas camadas formam as membranas protetoras das células dos tecidos vivos.

Os mostradores eletrônicos aproveitam a anisotropia da fase nemática e o fato de que a orientação das moléculas nos cristais líquidos muda na presença de um campo elétrico. Em um LCD (mostrador de cristais líquidos) de televisores ou de monitores de computador, as camadas de um cristal líquido na fase nemática são colocadas entre as superfícies de duas placas de vidro ou de plástico. O eixo longo das moléculas de cada camada muda da orientação governada por riscos de uma placa para outra, perpendicular, governada por riscos da segunda placa (Fig. 3G.10). A luz da fonte é polarizada e, quando passa pelo cristal líquido, seu plano de polarização também muda, o que permite sua passagem por um segundo polarizador. Quando, porém, uma diferença de potencial é aplicada nos eletrodos (que têm a forma dos caracteres que devem ser mostrados), perde-se a estrutura helicoidal do cristal líquido, assim como a mudança da polarização da luz. O resultado é um ponto escuro na tela. Em uma tela LCD "super-helicoidal", a estrutura helicoidal do cristal líquido em repouso tem mais de uma volta.

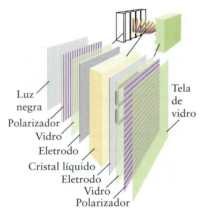

FIGURA 3G.10 Estrutura de uma tela LCD iluminada por trás. O detalhe mostra como as moléculas de cristal líquido passam de uma orientação a outra por influência dos entalhes das placas transparentes. Quando uma diferença de potencial é aplicada entre os eletrodos, a torção se perde.

Os cristais líquidos colestéricos também são interessantes, porque a estrutura helicoidal se desenrola ligeiramente quando a temperatura varia. Como a mudança da estrutura helicoidal afeta propriedades ópticas do cristal líquido, como a cor, essas propriedades mudam com a temperatura. O efeito é utilizado nos termômetros de cristal líquido (Fig. 3G.11).

Os cristais líquidos têm um certo grau de ordem, característico dos cristais sólidos, mas podem escoar como líquidos. Eles são mesofases, intermediárias entre sólidos e líquidos, e suas propriedades podem ser modificadas por campos elétricos e por mudanças na temperatura.

3G.4 Os líquidos iônicos

Os solventes líquidos são muito usados na indústria na extração de substâncias de produtos naturais e na síntese de compostos úteis. Como muitos desses solventes têm pressões de vapor elevadas e produzem vapores perigosos, procurou-se desenvolver líquidos de baixas pressões de vapor, capazes de dissolver compostos orgânicos.

FIGURA 3G.11 O retângulo verde neste termômetro de cristal líquido indica a temperatura normal do corpo humano, 37°C. *(Martyn F. Chillmaid/Science Source.)*

Uma nova classe de solventes, chamados de **líquidos iônicos**, foi desenvolvida para responder a essa necessidade. Um líquido iônico típico tem um ânion relativamente pequeno, como BF_4^-, e um cátion orgânico relativamente grande, como o 1-butil-3-metil-imidazólio (**4**). Como o cátion tem uma região não polar grande e é, frequentemente, assimétrico, o composto não cristaliza facilmente e é líquido na temperatura normal. Líquidos como estes conseguem dissolver compostos orgânicos apolares. Entretanto, as atrações entre os íons diminuem a pressão de vapor até valores semelhantes aos dos sólidos iônicos, reduzindo, assim, a poluição do ar. Como podem ser usados cátions e ânions muito diversos, os solventes podem ser desenhados para aplicações específicas. Por exemplo, uma determinada formulação é capaz de dissolver a borracha de pneus usados e permitir sua reciclagem. Outros solventes podem ser usados para extrair materiais radioativos de águas subterrâneas.

4 1-butil-3-metil-imidazólio

Os líquidos iônicos são compostos nos quais um dos íons é orgânico e volumoso, o que impede a cristalização nas temperaturas comuns. A baixa pressão de vapor dos líquidos iônicos os torna solventes capazes de reduzir a poluição.

O que você aprendeu com este tópico?

Você aprendeu que as forças de atração entre as moléculas de um líquido são responsáveis por sua viscosidade e sua tensão superficial, e que forças intensas de atração entre um líquido e o recipiente que o contém podem gerar a ação capilar. Quanto mais intensas forem as forças de coesão em um líquido, maior será a tensão superficial e, em muitos casos, maior será também a viscosidade. Você viu que os cristais líquidos têm propriedades intermediárias entre líquidos e sólidos e que substâncias iônicas nas quais um dos íons é orgânico podem ser líquidas na temperatura ambiente.

Os conhecimentos que você deve dominar incluem a capacidade de:

☐ **1.** Descrever a estrutura de um líquido (Seção 3G.1).
☐ **2.** Distinguir as forças de adesão e de coesão (Seção 3G.2).
☐ **3.** Explicar como a viscosidade e a tensão superficial variam com a temperatura e a intensidade das forças moleculares (Seção 3G.2).
☐ **4.** Distinguir os diferentes tipos de cristais líquidos (Seção 3G.3).
☐ **5.** Explicar por que os líquidos iônicos têm pressão de vapor baixa (Seção 3G.4).

Tópico 3G Exercícios

3G.1 Prediga como cada uma das seguintes propriedades de um líquido varia quando a intensidade das forças intermoleculares aumenta. Explique seu raciocínio: (a) ponto de ebulição, (b) viscosidade, (c) tensão superficial.

3G.2 Prediga como cada uma das seguintes propriedades de um líquido varia quando a temperatura aumenta. Explique seu raciocínio: (a) ponto de ebulição, (b) viscosidade, (c) tensão superficial.

3G.3 Avalie que líquido, em cada um dos seguintes pares, tem a maior tensão superficial: (a) *cis*-dicloro-eteno ou *trans*-dicloro-eteno (veja as estruturas **5** e **6** no Tópico 3F), (b) benzeno em 20°C ou benzeno em 60°C?

3G.4 Avalie que substância nos pares dados têm maior viscosidade em sua forma líquida em 20°C: (a) metanol, CH_3OH, ou etanol, CH_3CH_2OH, (b) hexano, $CH_3CH_2CH_2CH_2CH_3$, ou 1-pentanol, $CH_3CH_2CH_2CH_2CH_2OH$.

3G.5 Coloque as seguintes moléculas na ordem crescente de viscosidade em 50°C: C_6H_5SH, C_6H_5OH, C_6H_6.

3G.6 Coloque as seguintes moléculas na ordem crescente de viscosidade em 25°C: C_6H_6, CH_3CH_2OH, $CH_2OHCHOHCH_2OH$, CH_2OHCH_2OH e H_2O. Explique sua escolha.

3G.7 Os pontos de ebulição dados a seguir correspondem às substâncias da lista. Relacione os pontos de ebulição com as substâncias. Ponto de ebulição, em °C: −162, −88,5; 28, 36, 64,5; 78,3; 82,5; 140, 205, 290; substâncias: CH_4, $CH_3CHOHCH_3$, $C_6H_5CH_2OH$ (tem um anel benzeno), CH_3CH_3, C_5H_9OH (cíclico), $(CH_3)_2CHCH_2CH_3$, CH_3OH, $HOCH_2CHOHCH_2OH$, $CH_3(CH_2)_3CH_3$, CH_3CH_2OH. Sugestão: O ponto de ebulição de $(CH_3)_2CHCH_2CH_3$ é 28°C e o de CH_3OH é 64,5°C.

3G.8 Os valores de tensão superficial dados (em milinewtons por metro, $mN \cdot m^{-1}$ em 20°C) correspondem aos líquidos dados. Relacione as tensões superficiais com as substâncias. Tensão superficial 18,43; 22,75; 27,80; 28,85; 72,75; composto: H_2O, $CH_3(CH_2)_4CH_3$, C_6H_6, CH_3CH_2OH, CH_3COOH.

3G.9 Explique por que a água forma um menisco côncavo em um tubo de vidro estreito e um menisco convexo em um tubo estreito de plástico.

3G.10 Em uma solução em água, as moléculas ou íons de soluto precisam de um certo tempo para migrarem através da solução. A velocidade de migração estabelece um limite superior para a velocidade das reações, porque nenhuma reação pode ocorrer mais rapidamente do que a velocidade de fornecimento dos íons. Esse

Tópico 3G Os líquidos

limite é conhecido como *velocidade controlada por difusão*. Sabe-se que, em solução em água, a velocidade controlada por difusão dos íons hidrônio (H_3O^+, *Fundamentos* J) é cerca de três vezes maior do que a de outros íons em água. Por quê?

3G.11 A altura, h, de uma coluna de líquido em um tubo capilar pode ser estimada por $h = 2\gamma/gdr$, em que γ é a tensão superficial, d é a densidade do líquido, g é a aceleração da gravidade ($g = 9,806$ m·s^{-1}) e r é o raio do tubo. Que líquido irá subir mais alto em um tubo de 0,15 mm de diâmetro, em 25°C: a água ou o etanol? A densidade da água é 0,997 g·cm^{-3} e a do etanol é 0,79 g·cm^{-3}. Veja a Tabela 3G.1.

3G.12 A expressão da altura da coluna capilar no Exercício 3G.11 pressupõe que o tubo seja vertical. Como ficaria a expressão se o tubo fosse colocado em um ângulo θ (teta) em relação à vertical?

3G.13 Por que moléculas longas de hidrocarbonetos que não têm ligações duplas, como o decano, $CH_3(CH_2)_8CH_3$, não formam cristais líquidos?

3G.14 A molécula do *p*-azóxi-anisol (**2**) é um cristal líquido no intervalo 117°C-137°C. Como essa molécula poderia ser modificada para abaixar seu ponto de fusão, de modo que ela se tornasse útil em aplicações de temperaturas mais baixas (próximas da temperatura normal, por exemplo)?

3G.15 Dois solutos foram usados para estudar a difusão em líquidos, o metil-benzeno, que é uma molécula pequena de forma aproximadamente esférica, e um cristal líquido de forma alongada como um bastão. No benzeno, os dois solutos movem-se e rodam em todas as direções da mesma maneira. Em um solvente que é cristal líquido, o metil-benzeno novamente se move e roda em todas as direções da mesma maneira, mas o soluto cristal líquido move-se muito mais rapidamente pelo eixo longo da molécula do que na direção perpendicular a este eixo. Ele também roda mais rapidamente ao redor do eixo longo do que na direção perpendicular. Explique esse comportamento.

3G.16 As estruturas moleculares de muitos cristais líquidos comuns são alongadas como um bastão. Além disso, eles contêm grupos polares. Explique como essas características dos cristais líquidos contribuem para sua natureza anisotrópica.

3G.17 Que substância seria a melhor escolha como solvente líquido iônico: (a) $C_5H_6N^+Cl^-$; (b) $CH_3NH_3^+Cl^-$? Explique sua seleção.

3G.18 Que substância seria a melhor escolha como solvente líquido iônico: (a) $C_{11}H_{23}Br$; (b) $C_{11}H_{14}N^+Br^-$? Explique sua seleção.

Tópico 3H   Os sólidos

3H.1 A classificação dos sólidos
3H.2 Os sólidos moleculares
3H.3 Os sólidos reticulares
3H.4 Os sólidos metálicos
3H.5 As células unitárias
3H.6 Os sólidos iônicos

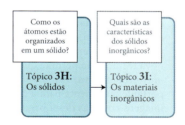

Quando a temperatura é tão baixa que as moléculas de uma substância não têm energia suficiente para escapar, ainda que parcialmente, de seus vizinhos, ela se solidifica. A natureza do sólido depende do tipo de forças que mantêm juntos átomos, íons ou moléculas. O entendimento dos sólidos em termos das propriedades de seus átomos vai ajudá-lo a compreender, por exemplo, por que os metais podem permanecer em formas diferentes mas os cristais de sais quebram-se e por que os diamantes são tão duros.

3H.1 A classificação dos sólidos

Em um **sólido cristalino**, átomos, íons ou moléculas estão dispostos em um arranjo ordenado (Fig. 3H.1). Os sólidos cristalinos têm ordem de longo alcance. Nos **sólidos amorfos**, átomos, íons ou moléculas estão dispostos em um arranjo desordenado e aleatório, como na manteiga, na borracha e no vidro (Fig. 3H.2). A estrutura de um sólido amorfo é muito semelhante à de um líquido congelado no tempo. Os sólidos cristalinos, em geral, têm superfícies planas bem definidas, chamadas de **faces do cristal**, em ângulos bem definidos uns em relação aos outros. Essas faces são formadas por camadas ordenadas de átomos (Quadro 3H.1). Os sólidos amorfos não têm faces bem definidas, a menos que tenham sido moldados ou cortados. O arranjo de átomos, íons e moléculas no interior de um cristal é determinado por difração de raios X (*Técnica Principal* 3 no hotsite deste livro).

Por que você precisa estudar este assunto? Para entender as propriedades dos sólidos, você precisa antes saber como as partículas individuais contribuem com as estruturas e propriedades dos diversos estados da matéria.

Que conhecimentos você precisa dominar? Este tópico se baseia nos conceitos de ligação iônica e ligação covalente (Tópicos 2A e 2B) e, principalmente, de raio iônico (Tópico 1F).

FIGURA 3H.1 Os sólidos cristalinos têm faces bem definidas e uma estrutura interna ordenada. Cada face do cristal é o plano extremo de uma pilha ordenada de átomos, moléculas ou íons. (*Chip Clark/Fundamental Photographs, NYC.*)

 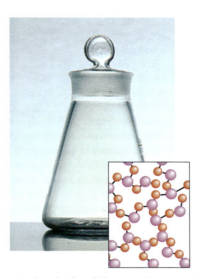

FIGURA 3H.2 (À esquerda) O quartzo é uma forma cristalina da sílica, SiO$_2$, cujos átomos estão em um arranjo ordenado, representado aqui em duas dimensões. (À direita) Quando a sílica fundida se solidifica, torna-se vidro. Os átomos estão agora em um arranjo desordenado. (*Fotos: Steven Smale (à esquerda), W.H. Freeman, foto por Ken Karp (à direita).*)

Quadro 3H.1 COMO SABEMOS... QUAL É A APARÊNCIA DE UMA SUPERFÍCIE?

Mesmo os microscópios ópticos mais potentes não permitem que se veja os átomos da superfície de um sólido. No entanto, o novo campo da nanotecnologia (o desenvolvimento e estudo de estruturas em escala nanométrica, Quadro 1C.1) exige a capacidade de determinar as superfícies em escala atômica. Uma nova técnica que permite que os átomos sejam visualizados, a *microscopia de varredura por tunelamento* (MVT), é uma importante ferramenta para a nanotecnologia. A técnica produz imagens como as desta página.* A primeira delas mostra um pequeno cristal de iodeto de sódio em uma superfície de cobre.

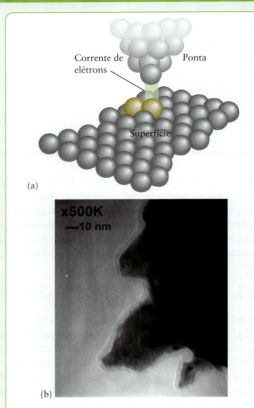

Um cientista tentou criar um cristal de iodeto de sódio bidimensional sobre uma superfície de cobre, mas os íons se rearranjaram espontaneamente em um minúsculo cristal tridimensional. *(Hopkinson, Lutz & Eigler/IBM.)*

(a) Ponta de um microscópio de tunelamento sobre uma superfície. Como a ponta está muito próxima da superfície para que outras moléculas interfiram, os equipamentos de MVT podem ser usados em gases ou até em líquidos. (b) Esta imagem obtida por microscopia eletrônica de transmissão (MET) de uma ponta de MVT preparada a partir de uma liga Pt/Ir mostra que o diâmetro da ponta é inferior a 20 nm. *(Parte (b): Reifenberger Nanophysics Laboratory, Dept. of Physics, Purdue University.)*

O princípio de funcionamento dos MVT é que, embora os elétrons tenham propriedades de ondas (Tópico 1B), eles conseguem penetrar e atravessar regiões do espaço que não seriam permitidas pela mecânica clássica. Essa penetração é chamada de *tunelamento*. Esse efeito é usado na MVT (daí o nome) colocando-se a ponta fina de uma agulha perto de uma superfície e monitorando a corrente que flui entre a ponta da agulha e a superfície. A magnitude da corrente, assim como o tunelamento, é muito sensível à distância entre a ponta e a superfície, e variações até mesmo do tamanho de um átomo podem afetá-la.

Para obter uma imagem MVT, a ponta extremamente fina movimenta-se para frente e para trás pela superfície, em uma série de linhas paralelas muito próximas (daí o nome "varredura"). A ponta termina em um único átomo (veja a segunda figura). À medida que a ponta se movimenta sobre a superfície em uma altura constante, o tunelamento flui e reflui, e, consequentemente, a corrente varia ao longo do circuito. A imagem representa a corrente medida em cada varredura.

Uma variante é manter a corrente em um nível constante e variar e monitorar a altura da agulha sobre a superfície. A altura é controlada usando uma substância *piezoelétrica* como suporte da agulha, isto é, uma substância que muda suas dimensões de acordo com a diferença de potencial elétrico nela aplicado. Assim, a medida da voltagem que deve ser aplicada ao suporte piezoelétrico para manter constante a corrente que passa através da ponta permite inferir a altura da ponta e registrar os resultados em um gráfico.

Outra variante é a *microscopia de força atômica* (MFA), na qual uma ponta aguda ligada a um cantilever (um feixe fino e flexível) varre a superfície. O átomo que está na ponta experimenta uma força que o puxa para a superfície ou o empurra para longe dos átomos da superfície. O tipo de força entre a ponta e a amostra varia com o tipo de amostra e os revestimentos aplicados a ela. Por exemplo, em uma variante denominada *microscopia de força magnética* (MFM), a ponta pode ser recoberta com um material magnético para investigar as propriedades magnéticas de uma amostra, como a superfície de um disco

---

*O Prêmio Nobel de Física de 1986 foi concedido aos cientistas Ernst Ruska e Gerd Binnig da Alemanha e Heinrich Rohrer da Suíça por terem inventado a microscopia de varredura por tunelamento.

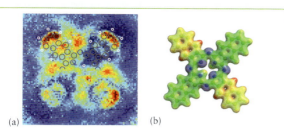

(a) Imagem da naftalocianina obtida por diferença de potencial de contato local (DPCL). Os círculos representam os locais calculados dos átomos. (b) Superfície de isodensidade de potencial eletrostático mostrando os potenciais eletrostáticos relativos na naftalocianina. Observe que o potencial positivo é mostrado em vermelho e o menos positivo, em azul. *(Parte (a) Fabian Mohn, Leo Gross, Nikolaj Moll & Gerhard Meyer, Imaging the charge distribution within a single molecule, Nature Nanotechnology (Feb. 2012), Vol. 7, 2008, pp. 227–231, cortesia de IBM Research–Zurich.)*

no disco rígido de um computador. Os desvios do feixe seguem a forma da superfície e são monitorados usando a luz de um laser. Uma vantagem da MFA é que ela consegue reproduzir a imagem de superfícies biológicas que não conduzem correntes elétricas. Por exemplo, a MFA pode ser usada pare estudar as formas dos cromossomos humanos e entender como carcinógenos (que provocam câncer) promovem o desenvolvimento de tumores ao interferir na reprodução da molécula de DNA. Recentemente uma nova técnica foi desenvolvida, na qual uma ponta usada na MFA é modificada com uma única molécula de CO, o que permite observar o campo elétrico formado pela distribuição de carga na molécula em estudo. A terceira imagem mostra a distribuição de carga de uma única molécula de naftalocianina, comparada a uma superfície de isodensidade calculada com base no potencial eletrostático (elpot).

As imagens aqui apresentadas foram geradas por computadores. Elas não são fotografias, no sentido comum do termo. No entanto, abriram nossos olhos para a aparência das superfícies de maneira extraordinária.

Os sólidos cristalinos são classificados segundo as ligações que mantêm seus átomos, íons ou moléculas em suas posições:

Sólidos moleculares são conjuntos de moléculas discretas mantidas em suas posições por forças intermoleculares.

Sólidos reticulares são formados por átomos ligados a seus vizinhos por covalências em todo o sólido.

Sólidos metálicos, ou simplesmente *metais*, são formados por cátions unidos por um "mar" de elétrons.

Sólidos iônicos são construídos pela atração mútua de cátions e ânions.

A Tabela 3H.1 dá exemplos de cada tipo de sólido e suas características típicas. Os sólidos são formas densas da matéria porque seus átomos, íons e moléculas são empacotados. Os sólidos reticulares (como o diamante) têm pontos de ebulição muito altos, porque suas ligações covalentes são muito fortes. Os metais também têm pontos de ebulição altos e muitos são densos porque seus átomos estão muito próximos. A ligação metálica é relativamente forte. O resultado é que a maior parte dos metais têm pontos de fusão elevados e são usados como materiais resistentes de construção. Os sólidos iônicos têm pontos de fusão tipicamente mais elevados do que os sólidos moleculares porque as forças interiônicas são muito mais fortes do que as forças intermoleculares.

Os sólidos cristalinos têm um arranjo interno regular de átomos ou íons. Os sólidos amorfos, não. Os sólidos são classificados como moleculares, reticulares, metálicos ou iônicos.

TABELA 3H.1 Características típicas dos sólidos

Classe	Exemplos	Características
Metálico	Elementos dos blocos s e d	maleável, dúctil, lustroso, condutores térmicos e elétricos
Iônico	NaCl, KNO$_3$, CuSO$_4$·5H$_2$O	duro, rígido, quebradiço; pontos de fusão e de ebulição altos; os solúveis em água dão soluções condutoras
Reticular	B, C, P preto, BN, SiO$_2$	duro, rígido, quebradiço; pontos de fusão muito altos; insolúveis em água
Molecular	BeCl$_2$, S$_8$, P$_4$, I$_2$, gelo, glicose, naftaleno	pontos de fusão e de ebulição relativamente baixos; quebradiços, quando puros

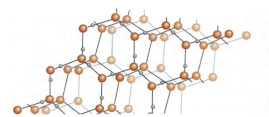

FIGURA 3H.3 O gelo é formado por moléculas de água mantidas juntas por ligações hidrogênio em uma estrutura relativamente aberta. Cada átomo de O é rodeado por quatro átomos de hidrogênio em um arranjo tetraédrico, dois dos quais interagindo por ligações σ e dois por ligações hidrogênio. Para ilustrar a estrutura com mais clareza, somente os átomos de hidrogênio que estão na camada próxima são mostrados.

FIGURA INTERATIVA 3H.3

3H.2 Os sólidos moleculares

1 Sacarose, $C_{12}H_{22}O_{11}$

Os sólidos moleculares são moléculas mantidas juntas por forças intermoleculares (Tópico 3F) e suas propriedades físicas dependem das energias dessas forças. Os sólidos moleculares amorfos podem ser macios como a graxa de parafina, que é uma mistura de hidrocarbonetos de cadeia longa. Essas moléculas se juntam de forma desordenada e as forças entre elas são tão fracas que elas mudam facilmente de lugar. Muitos outros sólidos moleculares têm estrutura cristalina e forças intermoleculares intensas que os tornam rígidos e quebradiços. Por exemplo, as moléculas de sacarose, $C_{12}H_{22}O_{11}$ (**1**), ficam juntas devido às ligações hidrogênio que ocorrem entre seus muitos grupos —OH. A ligação hidrogênio entre as moléculas de sacarose é tão forte que, antes de atingir o ponto de fusão (em 184°C), as moléculas começam a se decompor. A mistura parcialmente decomposta de produtos, chamada de caramelo, é usada para acrescentar sabor e cor aos alimentos. Alguns sólidos moleculares são muito resistentes. Por exemplo, o "polietileno de densidade ultraelevada" é formado por cadeias longas de hidrocarbonetos mantidas bem próximas em um arranjo cilíndrico muito denso: o material resultante é tão liso e resistente que é usado para fazer vestimentas à prova de balas e próteses articulares ortopédicas.

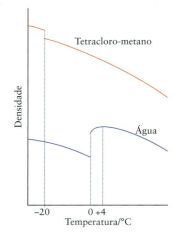

FIGURA 3H.4 Como resultado de sua estrutura aberta, o gelo é menos denso do que a água no estado líquido e flutua nela (à esquerda). O benzeno sólido é mais denso do que o benzeno líquido, assim, o benzeno congelado afunda no benzeno líquido (à direita). (©1988 Chip Clark–Fundamental Photographs.)

Como as moléculas têm formas muito variadas, elas se empilham de muitas maneiras. No gelo, por exemplo, cada átomo de O é cercado por quatro átomos de H em um arranjo tetraédrico. Dois desses átomos de H estão ligados ao átomo de O por ligações σ. Os outros dois pertencem às moléculas de H_2O vizinhas e estão em ligação hidrogênio com o átomo de O. Como resultado, a estrutura do gelo é uma rede aberta de moléculas de H_2O mantidas por ligações hidrogênio (Fig. 3H.3). Algumas das ligações hidrogênio quebram-se quando o gelo derrete e, à medida que o arranjo ordenado entra em colapso, as moléculas se empacotam de maneira menos uniforme, porém mais compacta (Fig. 3H.4). A abertura da rede do gelo em comparação com a estrutura do líquido explica por que ele tem densidade mais baixa do que a água líquida (0,92 e 1,00 g·cm^{-3}, respectivamente, em 0°C). O benzeno sólido e o tetracloro-metano, por outro lado, têm densidades superiores às de seus líquidos (Fig. 3H.5). Suas moléculas são mantidas no lugar por forças de London muito menos direcionais do que as ligações hidrogênio e, por isso, elas podem se empacotar melhor no sólido do que no líquido.

Os sólidos moleculares normalmente são macios e fundem em temperaturas baixas.

3H.3 Os sólidos reticulares

Enquanto nos sólidos moleculares as moléculas são mantidas juntas por forças intermoleculares relativamente fracas, nos sólidos reticulares os átomos são mantidos por ligações covalentes fortes, que formam uma rede que se estende por todo o cristal. Para desfazer um cristal de um sólido reticular, ligações covalentes, que são muito mais fortes do que as forças intermoleculares, devem ser quebradas. Portanto, os sólidos reticulares são materiais rígidos muito duros, com pontos de ebulição e de fusão elevados.

O diamante e a grafita são sólidos reticulares elementares. Essas duas formas de carbono são **alótropos**, isto é, são formadas pelo mesmo elemento e diferem na forma de ligação dos

FIGURA 3H.5 Variação da densidade da água e do tetracloro-metano com a temperatura. Note que o gelo é menos compacto do que a água líquida no ponto de congelamento e que a água tem sua densidade máxima em 4°C.

FIGURA INTERATIVA 3H.5

átomos. Cada átomo de C no diamante forma uma ligação covalente com quatro vizinhos por meio de ligações σ hibridadas sp³ (Fig. 3H.6). O arranjo tetraédrico estende-se por todo o sólido, como a estrutura de aço de um prédio muito grande. Essa estrutura explica a dureza excepcional do sólido. O diamante é um sólido rígido e transparente. De fato, é a substância mais dura conhecida e o melhor condutor de calor, sendo cerca de cinco vezes melhor do que o cobre. A elevada condutividade térmica do diamante explica por que filmes muito finos do material são usados como base de circuitos integrados e revestimentos de ferramentas de corte para evitar o superaquecimento.

Na natureza, o diamante é encontrado incrustado em uma rocha mole chamada *kimberlita*. Essa rocha cresce em colunas a partir do interior da Terra, onde os diamantes são formados sob intensa pressão. Um método para fabricar diamantes industriais sintéticos é comprimir a grafita em pressões superiores a 80 kbar e temperaturas acima de 1500°C (Fig. 3H.7). Pequenas quantidades de cromo e ferro são adicionadas à grafita. Os metais fundidos aparentemente dissolvem a grafita e, quando esfriam, depositam cristais de diamante, que são menos solúveis do que a grafita no metal fundido. Outro método, mais comum, usado para produzir diamantes sintéticos é a decomposição térmica do metano. Nesta técnica, os átomos de carbono depositam-se em uma superfície fria como grafita e diamante. Entretanto, como os átomos de hidrogênio produzidos na decomposição reagem mais rapidamente com a grafita para formar hidrocarbonetos voláteis, obtém-se mais diamante do que grafita.

A grafita, o componente mais importante da "mina" dos lápis, é um sólido negro, lustroso e condutor elétrico, que vaporiza em 3.700°C. Ele é formado por folhas planas de átomos de carbono hibridados sp² ligados por covalência em hexágonos, lembrando as telas de arame de cercas de galinheiro (Fig. 3H.8). Existem, também, ligações fracas entre as folhas. Os elétrons se espalham na rede π deslocalizada que se estende ao longo do plano. Esta deslocalização explica o fato de o grafite ser um sólido preto, lustroso e condutor de eletricidade. Na verdade, a grafita é muito usada como condutor elétrico na indústria e como eletrodo em células eletroquímicas e baterias. Os elétrons podem se mover nas folhas de grafita, mas com mais dificuldade de uma folha para outra. Logo, a grafita conduz melhor a eletricidade na direção paralela às folhas do que na direção perpendicular.

A grafita é um material moderadamente duro, mas as formas disponíveis no mercado contêm diversas impurezas, como o nitrogênio e o oxigênio do ar, que ficam presas entre as folhas do material. Estas impurezas enfraquecem as ligações entre as folhas e permitem que elas deslizem umas sobre as outras com facilidade. Logo, a grafita impura é lisa, e é usada como lubrificante seco. Nos lápis, a grafita é misturada com argila. A marca deixada no papel por um lápis é formada por camadas de grafita espalhadas na superfície.

PONTO PARA PENSAR

Por que a grafita não é adequada como lubrificante espacial?

Cada folha de hexágonos de átomos de carbono da grafita é chamada de folha de *grafeno*. O grafeno, uma única folha de grafita, é um novo material excepcionalmente promissor na indústria eletrônica. Folhas de grafeno podem ser preparadas em um estado muito puro e depois empilhadas com moléculas de água que agem como uma espécie de cola entre elas. O resultado é um material muito forte e flexível, mas muito fino e por vezes quase transparente, como o papel, que conduz eletricidade, mas é mais resistente do que o diamante. A absorção de moléculas de gás muda suas propriedades elétricas, o que torna o grafeno um bom detector para gases.

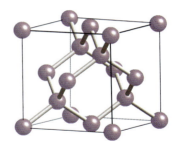

FIGURA 3H.6 Estrutura do diamante. Cada esfera representa a localização do centro de um átomo de carbono. Cada átomo forma uma ligação covalente hibridada sp³ com cada um de seus quatro vizinhos.

FIGURA INTERATIVA 3H.6

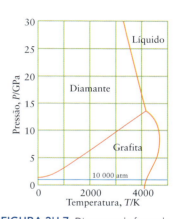

FIGURA 3H.7 Diagrama de fases do carbono mostrando a região de estabilidade das fases.

O Prêmio Nobel de Física de 2010 foi concedido a Andre Geim e Konstantin Novoselov por suas pesquisas com o grafeno.

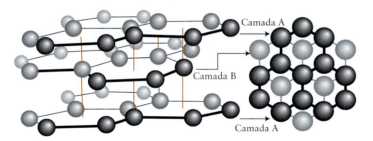

FIGURA 3H.8 A grafita é formada por camadas de anéis hexagonais de átomos de carbono hibridados sp². A grafita é escorregadia devido à facilidade que suas camadas têm de deslizar umas sobre as outras quando existem átomos de impurezas entre seus planos.

FIGURA INTERATIVA 3H.8

> **Teste 3H.1A** Suponha que você sombreou um quadrado de lado 1,0 cm com um lápis que deixa uma camada de grafita de 315 nm de espessura. Estime (a) o número de átomos de carbono que você depositou e (b) o número de mols.
>
> [***Resposta:*** (a) $4,1 \times 10^{18}$ átomos; (b) 7,7 µmol]
>
> **Teste 3H.1B** Suponha que você traçou uma linha de 10 cm de comprimento e 0,5 cm de largura com um lápis que deixa uma camada de grafita de 710 nm de espessura. Estime (a) o número de átomos de carbono que você depositou e (b) o número de mols.

Muitos materiais **cerâmicos** são óxidos inorgânicos não cristalinos com uma superfície reticular produzida por tratamento térmico de um pó. Estes materiais incluem muitos silicatos minerais, como o quartzo (o dióxido de silício, de fórmula empírica SiO_2), e supercondutores em alta temperatura (ver o Interlúdio no final do Foco 3). Os materiais cerâmicos são muito resistentes e estáveis, porque suas ligações iônicas têm forte caráter covalente e precisam ser rompidas para que o cristal sofra alguma deformação. O resultado é que os materiais cerâmicos expostos a tensão tendem a se despedaçar em vez de ceder.

Os sólidos reticulares normalmente são duros e rígidos por conta das ligações covalentes que os unem. Esses materiais têm pontos de fusão e de ebulição elevados.

3H.4 Os sólidos metálicos

Um sólido metálico é composto por cátions unidos mediante sua interação com o mar de seus elétrons móveis (reveja a Fig. 1F.11). O metal prata, por exemplo, é formado por íons Ag^+ mantidos juntos por elétrons que se espalham pelo sólido, com um elétron para cada cátion. O brilho característico dos metais é devido à mobilidade dos elétrons que formam o "mar". Quando uma onda de luz incidente atinge a superfície do metal, o campo elétrico da radiação empurra os elétrons móveis para a frente e para trás. Os elétrons que oscilam irradiam luz e vemos isso como brilho – essencialmente uma reemissão da luz incidente (Fig. 3H.9). Os elétrons oscilam de acordo com a luz incidente, logo, geram luz da mesma frequência. Em outras palavras, a luz vermelha refletida em uma superfície metálica é vermelha e a luz azul é refletida como luz azul. É por isso que a imagem em um espelho – uma camada fina de metal sobre vidro – mostra um retrato fiel do objeto refletido.

A mobilidade dos elétrons também explica a **maleabilidade** dos metais, a capacidade de adquirir diferentes formas sob pressão, e sua **ductilidade**, a capacidade de se transformar em fios. Como os cátions estão cercados por um "mar" de elétrons, as ligações metálicas têm

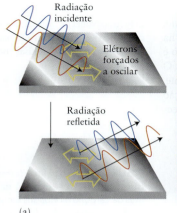
(a)

(b)

FIGURA 3H.9 (a) Quando luz de uma determinada cor atinge a superfície de um metal, os elétrons da superfície oscilam de acordo. Este movimento de oscilação dá origem a uma onda eletromagnética que percebemos como a reflexão da fonte. (b) Cada um desses espelhos solares no Sandia National Laboratories, na Califórnia, Estados Unidos, está posicionado no melhor ângulo de reflexão da radiação solar que então é dirigida a um coletor que usa a energia incidente para gerar eletricidade. *(Parte (b): Sandia National Laboratories/NREL, National Renewable Energy Laboratory.)*

3H.4 Os sólidos metálicos **207**

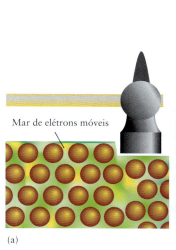

(a) Mar de elétrons móveis

(b)

FIGURA 3H.10 (a) Quando os cátions de um metal são deslocados por uma martelada, os elétrons móveis conseguem responder imediatamente e seguir os cátions até suas novas posições, o que torna o metal maleável. (b) Esta peça de chumbo foi achatada por um martelo, porém, os cristais cor de laranja do composto iônico óxido de chumbo(II) se quebraram. *(Part (b) ©1985 Chip Clark–Fundamental Photographs.)*

FIGURA INTERATIVA 3H.10

muito pouco caráter direcional. O resultado é que um cátion pode ser empurrado além dos vizinhos, em qualquer direção, sem muito esforço. Uma batida de martelo pode deslocar um grande número de cátions. O "mar" de elétrons imediatamente se ajusta, logo, os átomos movem-se com relativa facilidade para suas novas posições (Fig. 3H.10).

Como a interação entre os íons e os elétrons é a mesma em todas as direções, um bom modelo para o arranjo dos cátions é considerá-los esferas rígidas empilhadas. Um modelo de ligação que explica as estruturas e propriedades de muitos metais é a **estrutura de empacotamento compacto**, na qual esferas representando os cátions estão muito próximas. A distância entre elas é mínima, como você vê em uma pilha de laranjas em um supermercado (Fig. 3H.11).

A Figura 3H.12 mostra esferas idênticas unidas em empacotamento compacto. Na primeira camada (A), cada esfera fica no centro de um hexágono formado por outras esferas. As esferas da segunda camada (superior) (B) encontram-se nas depressões da primeira camada (Fig. 3H.13). A terceira camada de esferas se forma nas depressões da segunda camada, e assim por diante.

A terceira camada de esferas pode ser adicionada de duas maneiras. Há dois tipos de depressão entre as esferas verdes da segunda camada, como vemos na Fig. 3H.13: um tipo está sobre as esferas da primeira camada, e o outro, sobre as depressões dela. Se as esferas na terceira camada estiverem nas depressões diretamente acima das esferas da primeira camada (Fig. 3H.14), a terceira camada duplica a camada A, a camada seguinte duplica a camada B, e assim sucessivamente. Esse processo resulta em um padrão ABABAB... de camadas, chamado de **estrutura hexagonal de empacotamento compacto** (hcp). O padrão hexagonal do arranjo de átomos pode ser visto na Fig. 3H.15. Observe que cada esfera tem três vizinhos mais próximos no plano inferior, seis no mesmo plano e três no plano superior, totalizando 12. Descreve-se esse arranjo dizendo que o **número de coordenação** do sólido, isto é, o número de vizinhos mais próximos de cada átomo, é 12. É impossível empacotar esferas

FIGURA 3H.11 As pilhas em arranjo compacto de maçãs, laranjas e outros produtos em um mercado ilustram como os átomos se empilham nos metais para formar cristais simples com faces planas. *(© Craig Lovell/Eagle Visions Photography/Alamy.)*

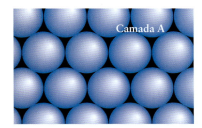

FIGURA 3H.12 Uma estrutura em empacotamento compacto pode ser construída em etapas. A primeira camada (A) é colocada com perda mínima de espaço.

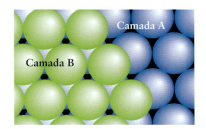

FIGURA 3H.13 A segunda camada (B) fica nos buracos – as depressões – entre as esferas da primeira camada. Cada esfera toca seis outras em sua camada e mais três na camada vizinha inferior e três na camada superior.

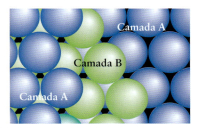

FIGURA 3H.14 Quando a terceira camada de esferas fica diretamente acima das esferas da primeira camada, surge uma estrutura ABABAB...

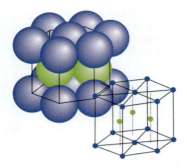

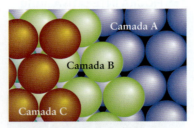

FIGURA 3H.16 Em um esquema alternativo ao da Fig. 3H.14, as esferas da terceira camada podem ficar acima das depressões da segunda camada, que estão acima das depressões da primeira camada, resultando em um arranjo de camadas ABCABC...

O teorema de Pitágoras estabelece que o quadrado da hipotenusa de um triângulo retângulo é igual à soma dos quadrados dos catetos. Em outras palavras, se a hipotenusa é c e os catetos são a e b, então $a^2 + b^2 = c^2$. Neste cálculo, $a = b$.

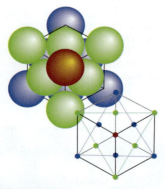

FIGURA 3H.17 Um fragmento da estrutura formada como descrito na Fig. 3H.16. Este fragmento mostra a origem dos nomes "empacotamento cúbico compacto" ou "cúbico de face centrada" para este arranjo. As camadas A, B e C podem ser vistas segundo as diagonais das faces do cubo e são indicadas pelas cores diferentes dos átomos.

FIGURA 3H.15 Um fragmento da estrutura formada como descrito na Fig. 3H.14 mostra a simetria hexagonal do arranjo – e a origem do nome "empacotamento hexagonal compacto".

idênticas com número de coordenação superior a 12. O magnésio e o zinco são exemplos de metais que cristalizam nesse arranjo.

No segundo arranjo, as esferas da terceira camada ficam nas depressões da segunda camada, que está nas depressões da primeira (Fig. 3H.16). Se a terceira camada for chamada de C, a estrutura resultante tem um padrão ABCABC... de camadas, gerando uma **estrutura cúbica de empacotamento compacto** (ccp, Fig. 3H.17), porque os átomos formam cubos quando vistos de um certo ângulo em relação às camadas. Uma estrutura ccp pode ser vista como um minicubo que se repete em todas as direções. O número de coordenação também é 12: cada esfera tem três vizinhos mais próximos na camada inferior, seis na mesma camada e três na camada superior. O alumínio, o cobre, a prata e o ouro são exemplos de metais que cristalizam nesse arranjo.

Mesmo em uma estrutura de empacotamento compacto, as esferas rígidas não preenchem todo o espaço no cristal. As lacunas entre os átomos são denominadas "buracos". Para determinar o espaço ocupado, você precisa calcular a fração do volume total ocupado pelas esferas de um cristal.

Como isso é feito?

Para calcular a fração do espaço ocupado em uma estrutura de empacotamento compacto, examinemos uma estrutura ccp. A primeira etapa é ver como as esferas que representam os átomos formam os cubos. A Figura 3H.18 mostra oito esferas nos cantos dos cubos. Somente um oitavo dessas esferas faz parte do cubo, logo, as oito esferas dos vértices contribuem, em conjunto, com $8 \times \frac{1}{8} = 1$ esfera do cubo. Metade de uma esfera em cada uma das seis faces faz parte do cubo e, por essa razão, as esferas em cada face contribuem com $6 \times \frac{1}{2} = 3$ esferas, perfazendo quatro esferas em todo o cubo. O comprimento da diagonal da face do cubo mostrado na Fig. 3H.18 é $4r$, em que r é o raio atômico. Cada um dos dois átomos do vértice contribui com r e o átomo do centro da face contribui com $2r$. De acordo com o teorema de Pitágoras, o comprimento do lado do cubo, a, está relacionado com a diagonal do lado segundo a expressão $a^2 + a^2 = (4r)^2$, ou $2a^2 = 16r^2$ e, portanto, $a = 8^{1/2}r$. Assim, o volume do cubo é $a^3 = 8^{3/2}r^3$. O volume de cada esfera é $\frac{4}{3}\pi r^3$ e, desta forma, o volume total das esferas que contribuem com o volume do cubo é $4 \times \frac{4}{3}\pi r^3 = \frac{16}{3}\pi r^3$. A razão deste volume ocupado para o volume total do cubo é:

$$\frac{\text{Volume total das esferas}}{\text{Volume total do cubo}} = \frac{(16/3)\pi r^3}{8^{3/2}r^3} = \frac{16\pi}{3 \times 8^{3/2}} = 0{,}74\ldots$$

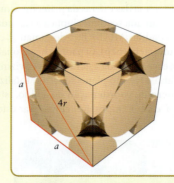

FIGURA 3H.18 Relação entre as dimensões de uma célula unitária cúbica de face centrada e o raio das esferas, r. As esferas estão em contato ao longo da diagonal da face.

O cálculo mostra que 74% do espaço do cristal é ocupado por átomos e 26% é tido como vazio. Como a estrutura hcp tem o mesmo número de coordenação, 12, sabemos que ela possui empacotamento igualmente denso e deve ter a mesma fração de espaço ocupado.

Se uma depressão entre três átomos for diretamente coberta por outro átomo, obtém-se um **buraco tetraédrico**, formado por quatro átomos nos vértices de um tetraedro regular (Fig. 3H.19). Existem dois buracos tetraédricos por átomo em um retículo de empacotamento compacto. Quando uma depressão em uma camada coincide com uma depressão na

FIGURA 3H.19 Localização dos buracos (a) tetraédricos e (b) octaédricos. Note que, como os dois tipos de buraco são definidos por duas camadas compactas vizinhas, eles são igualmente abundantes nas estruturas hcp e ccp.

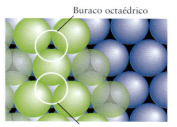

camada adjacente, obtém-se um **buraco octaédrico**, formado por seis átomos nos vértices de um octaedro regular, como se vê na Figura 3H.19. Existe um buraco octaédrico para cada átomo em um retículo. Note que, como os buracos são formados por duas camadas adjacentes e como as camadas de empacotamento compacto vizinhas são idênticas em hcp e ccp, o número de buracos é o mesmo em ambas as estruturas. Os buracos na estrutura de empacotamento compacto de um metal podem ser preenchidos com átomos menores. Este processo é usado na produção de ligas (Tópico 3I).

Que estrutura de empacotamento compacto – se alguma – um metal adota depende de qual tem a menor energia, o que, por sua vez, depende de detalhes da estrutura eletrônica. Na verdade, na seção a seguir você vai ver que alguns elementos atingem um estado de menor energia ao adotarem um arranjo completamente diferente.

> *Muitos metais têm estruturas de empacotamento compacto, com os átomos empilhados em um arranjo hexagonal ou cúbico. Os átomos em empacotamento compacto têm número de coordenação 12. As estruturas de empacotamento compacto têm um buraco octaédrico e dois buracos tetraédricos por átomo.*

3H.5 As células unitárias

Uma estrutura reticular pode ser representada por uma pequena região do cristal que se repete. A pequena unidade ilustrada na Fig. 3H.17 é um exemplo de **célula unitária**, a menor unidade que, quando empilhada repetidamente sem lacunas nem rotações, pode reproduzir o cristal inteiro (Fig. 3H.20).

Uma célula unitária de estrutura cúbica de empacotamento compacto como a da Fig. 3H.20 tem um átomo em cada vértice e um no centro de cada face da célula. Por esta razão, ela também é chamada de **estrutura cúbica de face centrada** (fcc). Em uma **estrutura cúbica de corpo centrado** (bcc), um átomo isolado fica no centro de um cubo formado por outros oito átomos (Fig. 3H.21). Essa estrutura não é de empacotamento compacto, e metais que têm estrutura cúbica de corpo centrado podem, com frequência, ser forçados, sob pressão, a uma forma compacta. Ferro, sódio e potássio são exemplos de metais que cristalizam em retículos bcc. Uma **estrutura cúbica primitiva** tem um átomo em cada vértice de um cubo. As esferas representando os átomos estão em contato ao longo das arestas (Fig. 3H.22). Essa estrutura só é conhecida para um elemento, o polônio: as forças covalentes são tão fortes nesse metaloide que superam a tendência ao empacotamento compacto característico das ligações de metais. As células unitárias são desenhadas representando cada átomo por um ponto, que marca a localização do centro do átomo (Fig. 3H.23).

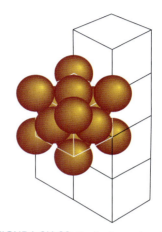

FIGURA 3H.20 O cristal completo é construído a partir de um único tipo de célula unitária pelo empilhamento sem interrupção das células.

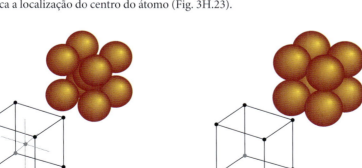

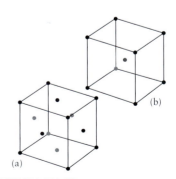

FIGURA 3H.21 Estrutura cúbica de corpo centrado (bcc). O empacotamento desta estrutura não é tão compacto como o da cúbica de face centrada e o da hexagonal de empacotamento compacto. Ela é menos comum entre os metais do que as estruturas de empacotamento compacto. Algumas estruturas iônicas baseiam-se neste modelo.

FIGURA 3H.22 A célula unitária cúbica primitiva tem um átomo em cada vértice. Ela é raramente encontrada nos metais.

FIGURA 3H.23 Células unitárias das estruturas (a) ccp (ou fcc) e (b) bcc, nas quais a localização dos centros das esferas é dada por pontos.

FIGURA 3H.24 Os 14 retículos de Bravais. P significa primitiva; I, corpo centrado; F, faces centradas; C, com um ponto reticular em duas faces opostas; e R, romboédrico (um romboedro é um paralelepípedo oblíquo de lados iguais).

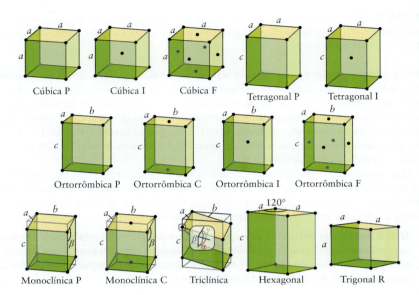

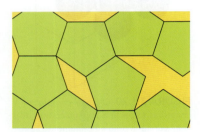

FIGURA 3H.25 Uma superfície plana não pode ser coberta por pentágonos regulares sem deixar vazios. O mesmo é válido para os heptágonos regulares.

Todas as estruturas cristalinas podem ser expressas em termos de apenas 14 padrões básicos de células unitárias, chamadas de **retículos de Bravais** (Fig. 3H.24). Formas pentagonais regulares estão ausentes nos retículos de Bravais: os pentágonos regulares (com lados de mesmo comprimento e todos os ângulos idênticos) não podem cobrir o espaço por completo, sem lacunas (Fig. 3H.25). Pela mesma razão, a forma do heptágono regular (sete lados) e as formas poligonais superiores também não podem ser empilhadas para cobrir todo o espaço e, portanto, não ocorrem nos retículos de Bravais.

O número de átomos em uma célula unitária é contado observando como eles são compartilhados por células vizinhas:

- Um átomo no centro de uma célula pertence apenas a esta célula e conta como um átomo.
- Um átomo na face é compartilhado por duas células e conta como meio átomo.
- Um átomo no vértice é compartilhado por oito células e conta como um oitavo de átomo.

Como vimos, no caso de uma estrutura fcc, os oito átomos dos vértices contribuem com $8 \times 1/8 = 1$ átomo para a célula. Os seis átomos no centro das faces contribuem com $6 \times 1/2 = 3$ átomos (Fig. 3H.26). O número total de átomos de uma célula unitária fcc é, portanto, $1 + 3 = 4$, e a massa da célula unitária é quatro vezes a massa de um átomo. Para uma célula unitária bcc (como na Fig. 3H.23b), o átomo central está totalmente no interior da célula. Portanto, o átomo central conta como 1 átomo e cada um dos oito átomos nos vértices conta como 1/8, dando $1 + (8 \times 1/8) = 2$, no total.

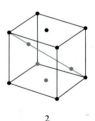

2

Teste 3H.2A Quantos átomos existem em uma célula cúbica primitiva (veja a Figura 3H.22)?

[*Resposta*: 1]

Teste 3H.2B Quantos átomos existem na estrutura formada por células unitárias iguais à mostrada em (**2**), que tem um átomo em cada vértice, dois em faces opostas e dois dentro da célula, na diagonal?

A melhor maneira de determinar o tipo de célula formada por um metal é a difração de raios X, que gera um padrão de difração característico para cada tipo de célula unitária (*Técnica*

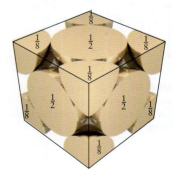

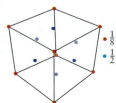

FIGURA 3H.26 Cálculo do número de átomos na célula cúbica de faces centradas.

Principal 3 no hotsite deste livro). Entretanto, um procedimento mais simples que pode ser usado para distinguir entre estruturas de empacotamento compacto e outras estruturas é medir a densidade do metal. As possíveis densidades das células unitárias são calculadas e comparadas com os resultados experimentais de modo a explicar a densidade observada. Como a densidade é uma propriedade intensiva (*Fundamentos* A), isto é, não depende do tamanho da amostra, ela é a mesma para a célula unitária e para o corpo do sólido. Os arranjos hexagonal e cúbico de empacotamento compacto não podem ser distinguidos dessa maneira, porque eles têm o mesmo número de coordenação e, portanto, as mesmas densidades (para o mesmo elemento).

EXEMPLO 3H.1 Como deduzir a estrutura de um metal a partir de sua densidade

Uma das razões por trás do alto valor comercial do cobre é sua grande maleabilidade, que está relacionada a sua estrutura. Suponha que lhe pediram que examinasse como diferentes tipos de tratamento térmico afetam a estrutura cristalina do cobre. Uma das maneiras de detectar uma mudança de estrutura é medir a densidade. Após tratamento térmico, a densidade do cobre é 8,93 g·cm^{-3}. O metal tem estrutura (a) cúbica de corpo centrado ou (b) de empacotamento compacto? O raio atômico do cobre é 128 pm.

PLANEJE Calculamos a densidade do metal imaginando inicialmente que a estrutura é bcc e depois que ela é ccp (fcc). A estrutura que tiver a densidade calculada mais próxima da experimental tem mais probabilidade de ser a verdadeira estrutura. A massa da célula unitária é a soma das massas dos átomos que ela contém. A massa de cada átomo é igual à massa molar do elemento dividida pela constante de Avogadro. O volume de uma célula unitária cúbica é o do cubo que tem o comprimento de um de seus lados. Esse comprimento é obtido a partir do raio do átomo do metal, do teorema de Pitágoras e da geometria da célula.

RESOLVA (a) Para calcular a densidade de uma célula unitária bcc, primeiro encontre o comprimento do lado do cubo, a. O comprimento da diagonal de uma face da célula é f e o comprimento da diagonal do corpo da célula é b. Então, a partir da Fig. 3H.27b e do teorema de Pitágoras, $a^2 + f^2 = b^2 = (4r)^2$. O teorema de Pitágoras também indica que $f^2 = 2a^2$. Logo,

$$a^2 + f^2 = a^2 + 2a^2 = 3a^2$$

Segue-se que $3a^2 = (4r)^2$ e, portanto, $a = 4r/3^{1/2}$. Cada célula unitária contém uma esfera em cada um dos oito vértices e uma esfera no centro para um total de $8 \times 1/8 + 1 = 2$ esferas. Assim, a massa total de uma célula unitária cúbica de corpo centrado é $2M/N_A$ e, portanto,

De $d = m/a^3$, $m = 2M/N_A$ e $a = 4r/3^{1/2}$,

$$d = \frac{\overbrace{2M/N_A}^{\text{massa}}}{\underbrace{(4r/3^{1/2})^3}_{\text{volume}}} = \frac{3^{3/2} \times 2M}{N_A(4r)^3} = \frac{3^{3/2}M}{32 N_A r^3}$$

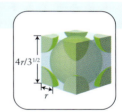

O raio de 128 pm corresponde a $1{,}28 \times 10^{-8}$ cm e a massa molar do cobre (obtida na Tabela Periódica do início do livro) é 63,55 g·mol^{-1}. Portanto, a densidade prevista é

De $d = 3^{3/2}M/(32 N_A r^3)$,

$$d = \frac{3^{3/2} \times (63{,}55 \text{ g·mol}^{-1})}{32 \times (6{,}022 \times 10^{23} \text{ mol}^{-1}) \times (1{,}28 \times 10^{-8} \text{ cm})^3} = 8{,}17 \text{ g·cm}^{-3}$$

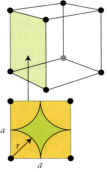
(a) Cúbica primitiva

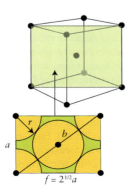
(b) Cúbica de corpo centrado
$f = 2^{1/2}a$

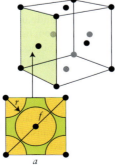
(c) Cúbica de face centrada

FIGURA 3H.27 Geometrias de três células unitárias cúbicas, mostrando a relação entre as dimensões de cada célula e o raio de uma esfera, r, que representa o átomo ou íon. O lado de uma célula é a, a diagonal do corpo da célula é b e a diagonal da face é f.

(b) O comprimento, *a*, do lado de uma célula unitária formada por esferas de raio *r* é $a = 8^{1/2}r$ (Seção 3H.4). O volume da célula unitária é a^3 (Fig. 3H.27c). Como existem quatro átomos na célula, a massa, *m*, de uma célula unitária é quatro vezes a massa de um átomo (M/N_A). A densidade, *d*, é portanto

De $d = m/a^3$, $m = 4M/N_A$ e $a = 8^{1/2}r$,

$$d = \frac{\overbrace{4M/N_A}^{\text{massa}}}{\underbrace{(8^{1/2}r)^3}_{\text{volume}}} = \frac{4M}{8^{3/2}N_A r^3}$$

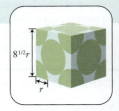

De $d = 4M/(8^{3/2}N_A r^3)$,

$$d = \frac{4 \times (63{,}55 \text{ g·mol}^{-1})}{8^{3/2} \times (6{,}022 \times 10^{23} \text{ mol}^{-1}) \times (1{,}28 \times 10^{-8} \text{ cm})^3} = 8{,}90 \text{ g·cm}^{-3}$$

AVALIE O valor para a estrutura de corpo centrado, 8,17 g·cm⁻³, está mais distante de 8,93 g·cm⁻³, o valor experimental, do que o de uma estrutura de empacotamento compacto, 8,90 g·cm⁻³. Esta diferença sugere que o cobre tem uma estrutura de empacotamento compacto. Na verdade, a difração de raios X mostra que o cobre tem estrutura cúbica de empacotamento compacto em condições normais.

Teste 3H.3A O raio atômico da prata é 144 pm e sua densidade, 10,5 g·cm⁻³. A estrutura é de empacotamento compacto ou cúbica de corpo centrado?

[***Resposta:*** Empacotamento compacto]

Teste 3H.3B O raio atômico do ferro é 124 pm e sua densidade, 7,87 g·cm⁻³. A densidade é consistente com a estrutura de empacotamento compacto ou com a estrutura cúbica de corpo centrado?

Exercícios relacionados 3H.13 e 3H.14

Todas as estruturas cristalinas são derivadas dos 14 retículos de Bravais. Os átomos de uma célula unitária são contados determinando a fração de cada átomo que está dentro da célula. O tipo de célula unitária adotado por um metal pode ser identificado pela medida da densidade do sólido.

3H.6 Os sólidos iônicos

As estruturas dos sólidos iônicos se baseiam nos mesmos tipos de arranjos de esferas, como nos elementos metálicos, mas são mais complexas devido à necessidade de levar em conta a presença de íons de cargas opostas e tamanhos distintos. Por exemplo, você pode criar um modelo da estrutura do cloreto de sódio empilhando esferas com carga positiva e raio de 102 pm, que representam os íons Na⁺, e esferas com carga negativa e raio de 181 pm, que representam os íons Cl⁻, de maneira a obter a menor energia possível. Como o cristal é eletricamente neutro, cada célula unitária deve refletir a estequiometria do composto e ser, também, eletricamente neutra.

Um ponto de partida útil é começar com uma das estruturas de empacotamento compacto. Como, em geral, os ânions são maiores do que os cátions que os acompanham, é possível imaginar os ânions formando uma versão ligeiramente expandida de uma estrutura de empacotamento compacto, com os cátions menores ocupando alguns dos buracos aumentados da célula expandida. Um buraco tetraédrico ligeiramente aumentado é relativamente pequeno e só pode acomodar cátions pequenos. Os buracos octaédricos são maiores e podem acomodar cátions maiores.

A **estrutura de sal-gema** é uma estrutura iônica comum, cujo nome deve-se à forma mineral do cloreto de sódio. Nela, os íons Cl⁻ ficam nos vértices e nos centros das faces de um cubo, formando um cubo de face centrada (Fig. 3H.28). Esse arranjo é semelhante a um arranjo ccp expandido: a expansão mantém os ânions fora do contato uns com os outros e reduz a repulsão, abrindo buracos suficientemente grandes para acomodar os íons Na⁺. Esses íons ocupam os buracos octaédricos entre os íons Cl⁻. Como existe um buraco octaédrico para

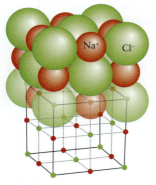

FIGURA 3H.28 Arranjo dos íons na estrutura de sal-gema. Acima, está a célula unitária mostrando o empacotamento dos íons e, embaixo, a representação da mesma estrutura por esferas que identificam os centros dos íons.

FIGURA INTERATIVA 3H.28

3H.6 Os sólidos iônicos

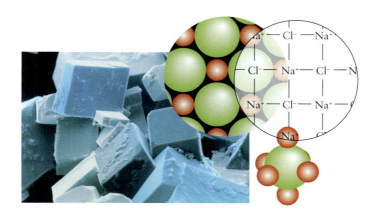

FIGURA 3H.29 Bilhões de células unitárias são empilhadas para criar as faces lisas do cristal de cloreto de sódio vistas nesta micrografia. A primeira expansão mostra algumas células unitárias de um lado do cristal. A segunda identifica os íons. A terceira (à direita, embaixo) mostra a coordenação de um ânion com os seis cátions vizinhos.

cada cátion no arranjo de empacotamento compacto, todos os buracos octaédricos estão ocupados. Se você examinar a estrutura com atenção, perceberá que cada ânion é cercado por seis cátions e que cada cátion é cercado por seis ânions. O modelo se repete continuamente e cada íon é cercado por seis outros íons de carga oposta (Fig. 3H.29). O cristal do cloreto de sódio é um arranjo tridimensional de um número muito grande desses pequenos cubos.

Em um sólido iônico, o "número de coordenação" significa o número de íons de carga *oposta* na vizinhança imediata de determinado íon. Na estrutura de sal-gema, os números de coordenação dos cátions e dos ânions são ambos 6, e a estrutura, no geral, é descrita como tendo *coordenação-(6,6)*. Nessa notação, o primeiro número é o número de coordenação do cátion, e o segundo, o do ânion. A estrutura de sal-gema é encontrada em muitos outros minerais com íons de carga igual, como KBr, RbI, CaO e AgCl. Ela é muito comum sempre que os cátions e ânions têm raios muito diferentes, caso em que os cátions menores podem ocupar os buracos octaédricos de um arranjo de ânions cúbico de face centrada. A **razão entre os raios**, ρ (rô), que é definida como

$$\text{Razão entre os raios} = \frac{\text{raio do menor íon}}{\text{raio do maior íon}} \quad \text{ou} \quad \rho = \frac{r_{\text{menor}}}{r_{\text{maior}}} \quad (1)$$

é uma indicação do tipo de estrutura que podemos esperar. Embora existam muitas exceções, uma estrutura de sal-gema é possível quando a razão entre os raios está no intervalo 0,4 a 0,7. Por exemplo, o raio do íon Mg^{2+} é 72 pm e o do íon O^{2-} é 140. pm. Portanto, para MgO,

$$\rho = \frac{\overbrace{72 \text{ pm}}^{\text{raio de } Mg^{2+}}}{\underbrace{140. \text{ pm}}_{\text{raio de } O^{2-}}} = 0,51$$

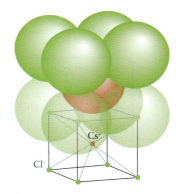

FIGURA 3H.30 Estrutura do cloreto de césio: acima, a célula unitária; abaixo, a localização do centro dos íons.

Esta razão é coerente com a estrutura de sal-gema e é, aliás, observada nos cristais de MgO.

Quando os raios dos cátions e dos ânions são semelhantes e $\rho > 0{,}7$, um número maior de ânions pode se ajustar em redor de cada cátion. Os íons podem, então, adotar a **estrutura do cloreto de césio**, da qual o cloreto de césio, CsCl, é o modelo típico (Fig. 3H.30). O raio do íon Cs^+ é 167 pm e o do íon Cl^- é 181 pm, o que dá a razão entre os raios 0,923, isto é, os dois íons têm quase o mesmo tamanho. Nessa estrutura, os ânions formam um arranjo cúbico primitivo expandido, com um íon Cl^- nos oito vértices de cada célula unitária cúbica. Existe um grande buraco "cúbico" no centro da célula e o íon Cs^+ se encaixa nele. De modo análogo, cada íon Cl^- está no centro de uma célula unitária cúbica, a qual tem oito íons Cs^+ nos vértices (Fig. 3H.31). O número de coordenação de cada tipo de íon é 8 e a estrutura, como um todo, tem *coordenação-(8,8)*. A estrutura do cloreto de césio é muito menos comum do que a estrutura de sal-gema, mas ela também é encontrada no CsBr, no CsI, no TlCl e no TlBr.

Quando a razão entre os raios de um composto iônico é inferior a cerca de 0,4, correspondendo a cátions significativamente menores do que os ânions, os buracos tetraédricos podem ser preenchidos. Um exemplo desse tipo de estrutura é a **estrutura blenda de zinco** (também chamada de *estrutura esfalerita*), denominada a partir de uma das formas do mineral ZnS (Fig. 3H.32). Essa estrutura baseia-se em um retículo cúbico de empacotamento compacto expandido para os volumosos ânions S^{2-}, com os pequenos cátions Zn^{2+} ocupando metade

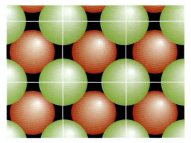

FIGURA 3H.31 A repetição das células unitárias do cloreto de césio recria o cristal inteiro. Esta vista é de um lado do cristal e mostra várias células unitárias juntas.

FIGURA INTERATIVA 3H.31

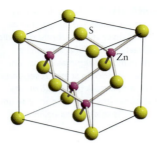

FIGURA 3H.32 Estrutura blenda de zinco (esfalerita). Os quatro íons zinco (em vermelho) formam um tetraedro dentro da célula unitária cúbica composta de íons sulfeto (em amarelo). Os íons zinco ocupam metade dos buracos tetraédricos entre os íons sulfeto. Cada íon zinco está rodeado por quatro íons sulfeto e cada íon sulfeto está rodeado por quatro íons zinco.

dos buracos tetraédricos. Cada íon Zn^{2+} está cercado por quatro íons S^{2-}, e cada íon S^{2-}, por quatro íons Zn^{2+}; portanto, a estrutura blenda de zinco tem *coordenação-(4,4)*.

> **Teste 3H.4A** Prediga (a) a provável estrutura e (b) o tipo de coordenação do cloreto de amônio sólido. Suponha que o íon amônio pode ser considerado uma esfera de raio 151 pm.
>
> [***Resposta:*** (a) (a) estrutura do cloreto de césio; (b) coordenação-(8,8)]
>
> **Teste 3H.4B** Prediga (a) a provável estrutura e (b) o tipo de coordenação do sulfeto de cálcio sólido.

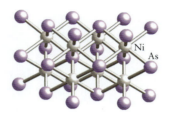

FIGURA 3H.33 Estrutura do arseneto de níquel, NiAs. Estruturas atípicas, como esta, são frequentemente encontradas quando o caráter covalente da ligação é importante e os íons têm de ocupar posições específicas uns em relação aos outros, para otimizar as ligações.

O modelo básico de um sólido iônico, como coleção de esferas rígidas de determinados raios empilhadas segundo um arranjo que tem a menor energia total, pode cair por terra se as ligações não forem totalmente iônicas. Nesses casos, o modelo precisa ser adaptado para incluir outros arranjos. Quando a ligação tem um forte caráter covalente, algumas orientações são favorecidas em detrimento de outras e os íons se posicionarão em locais específicos em torno uns dos outros. Um exemplo é o arseneto de níquel, NiAs. Neste sólido, os pequenos cátions Ni^{3+} polarizam os volumosos ânions As^{3-} (como vimos no Tópico 2D). O empacotamento dos íons é bem diferente do modelo de empacotamento de esferas puramente iônico (Fig. 3H.33). Conhecida a estrutura de um composto iônico, sua densidade pode ser estimada de modo semelhante ao que usamos para metais.

EXEMPLO 3H.2 Como estimar a densidade de um sólido iônico

O uso do cloreto de césio está sendo estudado em tratamentos alternativos para o câncer. O efeito medicinal do composto é atribuído ao tamanho considerável do seu cátion. Estime a densidade do cloreto de césio a partir de sua estrutura cristalina.

ANTECIPE As densidades dos compostos iônicos são, em geral, da ordem de alguns gramas por centímetro cúbico, logo, espere uma densidade semelhante.

PLANEJE A densidade do corpo do sólido é a mesma da célula unitária. O volume da célula unitária do cloreto de césio é o cubo de um de seus lados, que pode ser obtido pelo teorema de Pitágoras. A massa da célula unitária é obtida contando o número total de íons de cada tipo e usando a massa de cada íon (sua massa molar dividida pela constante de Avogadro. A massa molar de um íon é praticamente igual à massa do elemento original). A densidade é obtida dividindo a massa pelo volume. Suponha que os cátions e ânions toquem as diagonais (como no cloreto de césio) ou as arestas (como no sal-gema).

RESOLVA

O raio do íon Cs^+ é 167 pm e o do íon Cl^- é 181 pm. Portanto, o comprimento da diagonal da célula unitária é $b = r(Cl^-) + 2r(Cs^+) + r(Cl^-)$, logo

$$b = \underbrace{181}_{r(Cl^-)} + 2\underbrace{(167)}_{r(Cs^+)} + \underbrace{181}_{r(Cl^-)} \text{ pm} = 696 \text{ pm}$$

ou $6{,}96 \times 10^{-8}$ cm (Fig. 3H.27b)

O comprimento da aresta, a, está relacionado a b por $a = b/3^{1/2}$ (lembre-se do Exemplo 3H.1).

O volume da célula unitária é, portanto, $a^3 = (b/3^{1/2})^3$.

Cada célula unitária de corpo centrado contém um íon Cs^+ (de massa molar 132,91 g·mol^{-1}) e um íon Cl^- (de massa molar 35,45 g·mol^{-1}). A massa total é a soma dessas duas massas dividida pela constante de Avogadro, N_A.

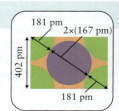

Tópico 3H Exercícios **215**

De $d = M/N_A(b/3^{1/2})^3$,

$$d = \frac{(132,91 + 35,45) \text{ g·mol}^{-1}}{(6,022 \times 10^{23} \text{ mol}^{-1}) \times (6,96 \times 10^{-8} \text{ cm}/3^{1/2})^3} = 4,31 \text{ g·cm}^{-3}$$

AVALIE O valor calculado está dentro da faixa esperada de compostos iônicos, mas o valor experimental é 3,99 g·cm^{-3}. Esta discrepância provavelmente se deve à hipótese de os átomos se comportarem como esferas rígidas.

Teste 3H.5A Estime a densidade do cloreto de sódio a partir de sua estrutura cristalina.

[**Resposta:** 2,14 g·cm^{-3}, experimental: 2,17 g·cm^{-3}]

Teste 3H.5B Estime a densidade do iodeto de césio a partir de sua estrutura cristalina.

Exercícios relacionados 3H.31 e 3H.32

Os íons se agrupam na estrutura cristalina que corresponde à mais baixa energia. A estrutura adotada depende da razão entre os raios do cátion e do ânion. O caráter covalente de uma ligação iônica restringe a direção das ligações.

O que você aprendeu com este tópico?

Você aprendeu que os sólidos são classificados em moleculares, reticulares, metálicos e iônicos, e que as estruturas cristalinas podem ser descritas em termos de suas células unitárias. Você viu que uma maneira importante de representar estruturas cristalinas baseia-se no uso de esferas rígidas empacotadas segundo arranjos específicos que dependem dos tamanhos relativos e das cargas dessas esferas.

Os conhecimentos que você deve dominar incluem a capacidade de:

- ☐ **1.** Resumir as propriedades e as estruturas de sólidos moleculares, reticulares, metálicos e iônicos (Seções 3H.1–3H.4).
- ☐ **2.** Determinar a fração do volume ocupado em um dado retículo cristalino (Seção 3H.4).
- ☐ **3.** Dar o número de coordenação de um átomo ou íon em um dado retículo cristalino (Seção 3H.4).
- ☐ **4.** Determinar o número de átomos ou íons em uma dada célula unitária (Teste 3H.2).
- ☐ **5.** Deduzir a estrutura cristalina de um metal a partir de sua densidade (Exemplo 3H.1).
- ☐ **6.** Descrever a estrutura e estimar a densidade de um sólido iônico (Exemplo 3H.2).
- ☐ **7.** Deduzir a estrutura de um sólido iônico a partir da razão entre os raios dos íons (Seção 3H.6)

Tópico 3H Exercícios

3H.1 A glicose ($C_6H_{12}O_6$) e a benzofenona ($C_6H_5COC_6H_5$) são exemplos de compostos que formam sólidos moleculares. As estruturas da glicose e da benzofenona são dadas a seguir. (a) Que tipos de forças mantêm essas moléculas no sólido molecular? (b) Qual dos dois sólidos tem o maior ponto de fusão?

Glicose

Benzofenona

3H.2 O cloro-metano (CH_3Cl) e o ácido acético (CH_3COOH) formam sólidos moleculares. (a) Que tipos de forças mantêm essas moléculas no sólido molecular? (b) Qual dos dois líquidos tem o ponto de congelamento mais alto?

3H.3 Classifique cada um dos seguintes sólidos como iônico, reticular, metálico ou molecular: (a) quartzo, SiO_2; (b) pedra calcárea, $CaCO_3$; (c) gelo seco, CO_2; (d) sacarose, $C_{12}H_{22}O_{11}$; (e) polietileno, um polímero cujas moléculas são formadas por cadeias de milhares de unidades [—CH_2CH_2—] que se repetem.

3H.4 Classifique cada um dos seguintes sólidos como iônico, reticular, metálico ou molecular: (a) pirita de ferro (ouro dos tolos), FeS_2; (b) octano (um dos compostos da gasolina), C_8H_{18}; (c) nitreto de boro cúbico (um composto com estrutura semelhante à do diamante, com átomos de boro e nitrogênio que se alternam), BN; (d) sulfato de cálcio (gipsita), $CaSO_4$; (e) a superfície cromada de uma motocicleta.

Tópico 3H Os sólidos

3H.5 Três substâncias desconhecidas foram testadas para classificação. A tabela a seguir mostra o resultado dos testes. Use a Tabela 3H.1 para classificar as substâncias A, B e C como sólidos metálicos, iônicos, reticulares ou moleculares.

Substância	Aparência	Ponto de ebulição, °C	Condutividade elétrica	Solubilidade em água
A	dura, branca	800	somente quando dissolvida em água	solúvel
B	lustrosa, maleável	1500	alta	insolúvel
C	mole, amarela	113	nenhuma	insolúvel

3H.6 Três substâncias desconhecidas foram testadas para classificação. A tabela a seguir mostra o resultado dos testes. Use a Tabela 3H.1 para classificar as substâncias X, Y e Z como sólidos metálicos, iônicos, reticulares ou moleculares.

Substância	Aparência	Ponto de ebulição, °C	Condutividade elétrica	Solubilidade em água
X	dura, branca	146	nenhuma	solúvel
Y	muito dura, incolor	1600	nenhuma	insolúvel
Z	dura, laranja	398	somente quando dissolvida em água	solúvel

3H.7 O ferro cristaliza em uma estrutura bcc. O raio atômico do ferro é 124 pm. Determine (a) o número de átomos por célula unitária, (b) o número de coordenação do retículo, (c) o comprimento da aresta da célula unitária.

3H.8 O metaloide polônio cristaliza em uma estrutura cúbica primitiva, com um átomo em cada vértice de uma célula unitária cúbica. O raio atômico do polônio é 167 pm. Esquematize a célula unitária e determine (a) o número de átomos por célula unitária, (b) o número de coordenação de um átomo de polônio, (c) o comprimento da aresta da célula unitária.

3H.9 Calcule a densidade de cada um dos seguintes metais a partir das informações dadas: (a) alumínio (estrutura fcc, raio atômico 143 pm); (b) potássio (estrutura bcc, raio atômico 227 pm).

3H.10 Calcule a densidade de cada um dos seguintes metais a partir das informações dadas: (a) níquel (estrutura fcc, raio atômico 125 pm); (b) rubídio (estrutura bcc, raio atômico 248 pm).

3H.11 Calcule o raio atômico de cada um dos seguintes elementos a partir das informações dadas: (a) platina, estrutura fcc, densidade 21,45 g·cm^{-3}; (b) tântalo, estrutura bcc, densidade 16,65 g·cm^{-3}.

3H.12 Calcule o raio atômico de cada um dos seguintes elementos a partir das informações dadas: (a) prata, estrutura fcc, densidade 10,50 g·cm^{-3}; (b) cromo, estrutura bcc, densidade 7,19 g·cm^{-3}.

3H.13 A densidade do ródio é 12,42 g·cm^{-3} e seu raio atômico é 134 pm. O metal é de empacotamento compacto ou cúbico de corpo centrado?

3H.14 A densidade do molibdênio é 10,22 g·cm^{-3} e seu raio atômico é 136 pm. O metal é de empacotamento compacto ou cúbico de corpo centrado?

3H.15 Uma forma de silício tem densidade 2,33 g·cm^{-3} e cristaliza em um retículo cúbico cuja aresta da célula unitária tem 543 pm de comprimento. (a) Qual é a massa de cada célula unitária? (b) Quantos átomos de silício uma célula unitária contém?

3H.16 O criptônio cristaliza em uma célula unitária cúbica de face centrada cuja aresta tem 559 pm de comprimento. (a) Qual é a densidade do criptônio sólido? (b) Qual é o raio atômico de um átomo de criptônio? (c) Qual é o volume de um átomo de criptônio? (d) Qual é a percentagem de buracos em uma célula unitária, se cada átomo é tratado como uma esfera rígida?

3H.17 Que percentagem do volume é ocupada por cilindros de comprimento l e raio r em empacotamento compacto?

3H.18 Calcule o raio da cavidade formada por três discos circulares de raio r que estão em um arranjo planar de empacotamento compacto. Compare sua resposta com resultados experimentais usando três discos compactos (CDs) e medindo o raio da cavidade que eles formam.

3H.19 Compare a hibridação e a estrutura do carbono na grafita e no diamante. Como essas estruturas explicam as propriedades físicas dos dois alótropos?

3H.20 A grafita comum, dita "hexagonal", tem uma estrutura que repete a alternação ABAB… das camadas. A "grafita romboédrica" segue a repetição ABCABC… com a camada C deslocada em relação às outras duas. Esquematize a estrutura da grafita romboédrica.

3H.21 Folhas de grafeno com a espessura de um átomo foram primeiro preparadas no laboratório de Andre Geim e Kostya Novoselov na Universidade de Manchester. Os cientistas grudaram pequenos pedaços de grafita em fita adesiva e depois puxaram as camadas, separando-as com outro pedaço de fita até que uma só camada restasse. Suponha que você repita este processo com um pedaço de fita de 2,0 cm de comprimento até que reste uma camada que cobre completamente 1,0 cm da fita. Estime (a) o número de átomos de carbono que permanece na fita e (b) a quantidade em mols.

3H.22 Uma camada de grafeno com a espessura de 12 átomos foi depositada sobre uma pastilha circular de silício de 1,2 cm de diâmetro. Estime (a) o número de átomos de carbono depositado e (b) a quantidade em mols.

3H.23 O arseneto de índio cristaliza na estrutura de blenda de zinco (esfalerita) (Fig. 3H.32). (a) Quais são os números de coordenação dos íons índio e arseneto? (b) Qual é a fórmula do arseneto de índio?

3H.24 Dependendo da temperatura, o cloreto de rubídio pode existir com a estrutura de sal-gema (Fig. 3H.25) ou do cloreto de césio (Fig. 3H.30). (a) Quais são os números de coordenação dos íons rubídio e cloreto em cada estrutura? (b) Em que estrutura o íon rubídio ocupa o "buraco" maior?

3H.25 Calcule o número de cátions, ânions e fórmulas unitárias por célula unitária nos seguintes sólidos: (a) a célula unitária do cloreto de césio da Fig. 3H.30, (b) a célula unitária do rutilo (TiO$_2$), mostrada na figura a seguir. Quais são os números de coordenação dos íons no rutilo?

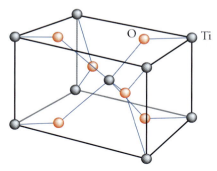

3H.26 Calcule o número de cátions, ânions e fórmulas unitárias por célula unitária nos seguintes sólidos: (a) a célula unitária de sal-gema da Figura 3H.28, (b) a célula unitária da fluorita (CaF$_2$), mostrada na figura a seguir. Quais são os números de coordenação dos íons na fluorita?

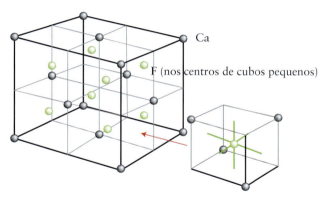

3H.27 Um óxido de rênio cristaliza em uma célula unitária cúbica que tem um cátion de rênio em cada vértice e um íon óxido no centro de cada aresta do cristal. (a) Determine os números de coordenação dos dois íons. (b) Escreva a fórmula do óxido.

3H.28 Quando um óxido de urânio cristaliza, os cátions de urânio formam um arranjo cúbico de empacotamento compacto expandido, com um íon óxido em cada buraco tetraédrico. (a) Determine os números de coordenação dos dois íons. (b) Escreva a fórmula do óxido.

3H.29 Use a razão entre os raios para predizer o número de coordenação do cátion em (a) RbF; (b) MgO; (c) NaBr. (Veja a Fig. 1F.6 para obter os valores dos raios.)

3H.30 Use a razão entre os raios para predizer o número de coordenação do cátion em (a) CsF; (b) NaI; (c) CaS. (Veja a Fig. 1F.6 para obter os valores dos raios.)

3H.31 Estime a densidade de cada um dos seguintes sólidos a partir dos raios atômicos dos íons dados na Fig. 1F.6: (a) óxido de cálcio (estrutura de sal-gema, Fig. 3H.28), (b) brometo de césio (estrutura de cloreto de césio, Fig. 3H.30).

3H.32 Calcule a densidade dos seguintes sólidos: (a) óxido de magnésio (estrutura de sal-gema, Fig. 3H.28), sabendo que a distância entre os centros dos íons Mg^{2+} e O^{2-} é 212 pm; (b) sulfeto de cálcio (estrutura de cloreto de césio, Figura 3H.30), sabendo que a distância entre os centros dos íons Ca^{2+} e S^{2-} é 284 pm.

3H.33 A grafita forma camadas extensas de duas dimensões (veja a Fig. 3H.8). (a) Desenhe a menor célula unitária retangular possível para uma camada de grafita. (b) Quantos átomos de carbono estão em sua célula unitária? (c) Qual é o número de coordenação do carbono em uma única camada de grafita?

3H.34 O íon amônio pode ser representado por uma esfera de raio 151 pm. Use a razão entre os raios para predizer o tipo de estrutura reticular encontrada em (a) NH$_4$F, (b) NH$_4$I.

3H.35 Se o comprimento da aresta de uma célula unitária fcc de RbI é 732,6 pm, qual seria o comprimento de uma aresta de um cristal único de RbI que contém 1,00 mol de RbI?

3H.36 O comprimento da aresta de uma célula unitária fcc de NaCl é 562,8 pm. (a) Quantas células unitárias estão presentes em um cristal único de NaCl (sal de cozinha), que é um cubo de arestas de 1,00 mm de comprimento? (b) Que quantidade (em mols) de NaCl está presente neste cristal?

Tópico 3I   Os materiais inorgânicos

3I.1 As ligas
3I.2 Os silicatos
3I.3 O carbonato de cálcio
3I.4 O cimento e o concreto

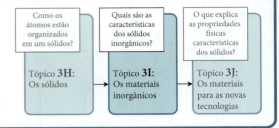

Por que você precisa estudar este assunto? Para selecionar o melhor material para determinada função ou projetar novos materiais, você precisa conhecer as propriedades de diversos agregados de átomos ou moléculas.

Que conhecimentos você precisa dominar? Este tópico requer conhecimentos sobre os tipos de ligações químicas (Tópicos 2A e 2B) e a descrição das estruturas dos sólidos (Tópico 3H).

Os materiais usados na tecnologia, na medicina e na construção são classificados grosseiramente como "duros" ou "moles". A **matéria dura** consegue resistir a forças intensas sem deformação e a **matéria mole** reage mais prontamente à aplicação de uma força. De modo geral, a matéria dura é inorgânica e a mole é tipicamente orgânica.

3I.1 As ligas

As **ligas** são criadas misturando dois ou mais metais fundidos e permitindo que esfriem. A Tabela 3I.1 lista algumas ligas comuns. Suas propriedades dependem de sua composição, de sua estrutura cristalina, e do tamanho e da textura dos grãos que as formam. Em uma **liga homogênea**, os átomos dos elementos usados se distribuem uniformemente, como ocorre em compostos. São exemplos o latão, o bronze e as ligas usadas em cunhagem. Uma **liga heterogênea** é formada por misturas de fases cristalinas com composições diferentes (Fig. 3I.1). São exemplos a solda estanho-chumbo e o amálgama de mercúrio-prata que era usado pelos dentistas. Diferentemente dos metais puros, que têm pontos de fusão distintos, as ligas normalmente fundem e solidificam ao longo de um intervalo de temperaturas.

Uma liga na qual os átomos de um metal substituem os de outro é denominada **liga substitucional** (Fig. 3I.2). Os raios atômicos dos elementos que podem formar ligas substitucionais não diferem em mais de 15% (Fig. 3I.3). Um exemplo é a liga de cobre e zinco usada em moedas de "cobre". Como o tamanho dos átomos de zinco é muito semelhante ao dos átomos de cobre (seus raios são 133 pm e 128 pm, respectivamente), os átomos de zinco podem substituir alguns átomos de cobre no cristal. Em função das pequenas diferenças de tamanho e estrutura eletrônica, os átomos menos abundantes em uma liga substitucional distorcem a forma do retículo dos átomos mais abundantes do metal hospedeiro, dificultando o fluxo de elétrons e o espalhamento do movimento térmico. Portanto, uma mistura substitucional tem condutividade térmica e elétrica mais baixa do que o elemento puro. Como o retículo está distorcido, o deslizamento de planos de átomos é mais difícil de um

FIGURA 3I.1 Esta microfotografia mostra algumas das fases separadas em uma liga heterogênea que consiste em 80% de bismuto e 20% de estanho. As regiões claras têm alta concentração de bismuto, e as escuras, alta concentração de estanho. Porém, cada região é homogênea. (*M. Charles e A. Cockburn/University of Cambridge.*)

TABELA 3I.1	Composição de ligas típicas
Liga	Composição em percentagem de massa
Latão	até 40% de zinco em cobre
Bronze	outro metal que não zinco ou níquel em cobre (bronze para fundição: 10% de Sn e 5% de Pb)
Cuproníquel	níquel em cobre (cuproníquel de cunhagem: 25% de Ni)
Peltre	6% de antimônio e 1,5% de cobre em estanho
Solda	estanho e chumbo
Aço inoxidável	acima de 12% de cromo em ferro

* Para mais informações detalhadas sobre aços, veja a Tabela 9B.2.

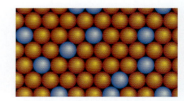

FIGURA 3I.2 Em uma liga substitucional, as posições de alguns dos átomos de um metal são ocupadas por átomos de outro metal. Os dois elementos devem ter raios atômicos semelhantes.

FIGURA 3I.3 Raios metálicos relativos dos metais da primeira fila do bloco d (em picômetros).

plano em relação ao outro. Consequentemente, uma liga substitucional é mais forte e mais dura do que o metal puro.

Teste 3I.1A Estime a densidade relativa do bronze (em comparação ao cobre puro) em que 20,00% dos átomos de cobre foram substituídos por átomos de zinco sem distorção da estrutura cristalina.

[***Resposta:*** 1,006]

Teste 3I.1B Estime a densidade relativa do bronze (em comparação ao cobre puro) em que 50,00% dos átomos de cobre foram substituídos por átomos de zinco sem distorção da estrutura cristalina.

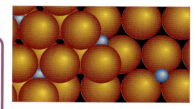

FIGURA 3I.4 Em uma liga intersticial, os átomos de um metal ocupam os buracos entre os átomos do outro metal. Os raios atômicos dos dois elementos têm de ser significativamente diferentes.

O aço (Tópico 9B) é uma liga homogênea baseada no ferro que contém até 2% em massa de carbono. Os átomos de carbono (77 pm) são muito menores do que os átomos de ferro (124 pm) e não podem, portanto, substituí-los no retículo cristalino. Eles são tão pequenos que podem se acomodar nos **interstícios**, ou buracos, do retículo do ferro. O material resultante é denominado **liga intersticial** (Fig. 3I.4). Para dois elementos formarem uma liga intersticial, o raio atômico do elemento que é o soluto deve ser inferior a 60% do raio atômico do elemento hospedeiro. Os átomos intersticiais interferem na condutividade elétrica e no movimento dos átomos que formam o retículo. Esse movimento restrito torna a liga mais dura e mais forte do que o metal hospedeiro puro.

No aço, o carbono é tão importante e tão usado que é considerado um "metal honorário", ainda que seja, na verdade, um não metal.

Uma das ligas mais antigas é o bronze. A fusão do cobre ocorre em uma temperatura muito elevada (1083°C), logo, é muito difícil de trabalhar em fornos de carvão. O estanho funde em temperatura baixa (232°C), logo, não pode ser usado na fabricação de panelas. Ambos os metais são muito macios e, portanto, não fazem boas ferramentas. O bronze, porém, funde em uma temperatura intermediária, entre os pontos de fusão do cobre e do estanho e, quanto maior for a proporção do cobre, maior é a temperatura de fusão. Além disso, o bronze é muito mais resistente do que o cobre e o estanho e mais resistente à corrosão do que os dois metais puros.

O bronze é uma liga substitucional homogênea de cobre e zinco que possui boa resistência à corrosão. A percentagem de zinco no latão varia, mas em geral fica em torno de 30%. O estanho, o arsênio e o antimônio podem ser adicionados ao bronze para melhorar a resistência à corrosão, ao passo que o ferro aumenta a dureza.

O bismuto e o cádmio formam uma liga heterogênea. Quando uma mistura fundida de bismuto e cádmio solidifica, o sólido torna-se uma mistura de pequenos cristais de bismuto puro e de cádmio puro. Quando uma mistura fundida, rica em bismuto, esfria, o bismuto se deposita e a composição do líquido restante se modifica, ficando mais rica em cádmio. Quando uma mistura fundida, rica em cádmio, esfria, o cádmio se deposita e a composição do líquido restante fica rica em bismuto. Devido às composições que mudam, a liga funde e solidifica em uma faixa de temperaturas. Contudo, existe uma composição na qual toda a amostra congela e funde em uma única temperatura fixa, que é inferior ao ponto de fusão dos metais puros (Fig. 3I.5). Uma mistura que se comporta desse jeito é chamada de **eutético** (das palavras gregas para "facilmente fundido").

Teste 3I.2A Suponha que a ilustração da Fig. 3I.5 corresponde a uma mistura de chumbo (metal A) e estanho (metal B). Estime a composição percentual em massa do eutético.

[***Resposta:*** 51% de Pb, 0,49% de Sn]

Teste 3I.2B Suponha, agora, que a ilustração da Fig. 3I.5 corresponde a uma mistura de prata (metal A) e níquel (metal B). Estime a composição percentual em massa do eutético.

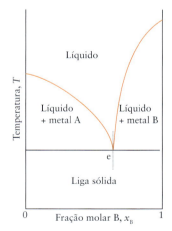

FIGURA 3I.5 Este gráfico de composição *versus* temperatura mostra como o ponto de fusão de uma liga heterogênea varia com a temperatura. A linha vertical que passa por e está na composição do eutético do sistema. Note que ele funde na temperatura mais baixa possível para a liga.

As ligas de metais tendem a ser mais resistentes e ter menor condutividade elétrica do que o metal puro. Nas ligas substitucionais, os átomos do metal soluto substituem alguns átomos de um metal de raio atômico semelhante. Nas ligas intersticiais, os átomos do elemento soluto entram nos interstícios do retículo formado por átomos do metal que tem o maior raio atômico.

FIGURA 3I.6 Três formas comuns de sílica (SiO_2): (a) quartzo, (b) quartzita, (c) cristobalita. As partes negras da amostra de cristobalita são obsidiana, uma rocha vulcânica que contém sílica. A areia é formada principalmente por pequenos pedaços de quartzo impuro. *(Field Museum of Natural History, Chicago/Getty Images.)*

3I.2 Os silicatos

A *sílica*, SiO_2, é um sólido reticular rígido (Tópico 3H). Ela é insolúvel em água e ocorre naturalmente como *quartzo* e como areia, que é formada por pequenos fragmentos de quartzo e normalmente é colorida de marrom-dourado por impurezas de óxido de ferro (Figura 3I.6). Minerais baseados em sílica e silicatos, como o arenito e o granito, são usados quando um material de construção resistente, durável e que não sofre corrosão é necessário.

A sílica deve sua dureza a sua estrutura em rede de ligações covalentes. Na sílica pura, cada átomo de Si está no centro de um tetraedro de átomos de O, e cada átomo de O dos vértices é compartilhado por dois átomos de Si (**1**). Assim, cada tetraedro contribui com um átomo de Si e 4 × ½ = 2 átomos de O para o sólido, que tem fórmula empírica SiO_2. A estrutura do quartzo é complicada. Ela é construída a partir de cadeias helicoidais de unidades SiO_4 enroladas umas sobre as outras, dando uma composição líquida de SiO_2 quando o compartilhamento de átomos de O entre as unidades é considerado. Sob aquecimento, em torno de 1.500°C, a estrutura muda para outro arranjo, o do mineral *cristobalita* (Fig. 3I.7). Essa estrutura é mais fácil de descrever: os átomos de Si se arranjam como os átomos de carbono no diamante, mas, na cristobalita, um átomo de O fica entre cada par de átomos de Si vizinhos.

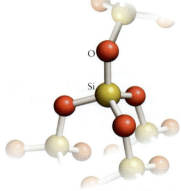

1 Uma unidade de SiO_4

PONTO PARA PENSAR
Por que o CO_2 e o SiO_2 têm propriedades tão diferentes, apesar de serem vizinhos no mesmo grupo da Tabela Periódica?

Existem muitos tipos de silicatos, que têm arranjos variados dos oxoânions tetraédricos de silício. A ligação Si—O tem considerável caráter covalente. As diferenças de propriedades entre os vários silicatos relacionam-se ao número de cargas negativas de cada tetraedro, ao número de átomos de O dos vértices compartilhados com outros tetraedros e à maneira como as cadeias e folhas de tetraedros se unem. Muitos vidros são principalmente misturas de silicatos e compostos iônicos (ver o Interlúdio ao final deste Foco). O quartzo é muito útil em espectroscopia porque ele é transparente às radiações ultravioleta e visível.

Os silicatos mais simples, os *ortossilicatos*, são construídos com íons SiO_4^{4-}. Eles não são muito comuns, mas incluem o mineral *zircão*, $ZrSiO_4$, que é usado como substituto para o diamante em bijuterias. Os *piroxênios* formam cadeias de unidades SiO_4, com dois átomos de O dos vértices sendo compartilhados por unidades vizinhas (Fig. 3I.8); a unidade repetida é o íon metassilicato, SiO_3^{2-}. A neutralidade elétrica é fornecida por cátions regularmente espaçados ao longo da cadeia. Os piroxênios incluem o mineral precioso *jade*, $NaAl(SiO_3)_2$.

As cadeias de unidades silicato podem ligar-se para formar estruturas em escada que incluem a *tremolita*, $Ca_2Mg_5(Si_4O_{11})_2(OH)_2$. A tremolita é um dos minerais fibrosos conhecidos como *amianto*, que podem suportar extremo calor (Fig. 3I.9). Sua qualidade de fibras reflete o modo como as escadas de unidades SiO_4 se acomodam, mas podem ser facilmente separadas. Devido a sua alta resistência ao fogo, as fibras de asbesto já foram muito usadas como isolantes térmicos em edifícios. Entretanto, essas fibras podem alojar-se nos tecidos dos pulmões, formando cicatrizes de tecido fibroso em torno deles, dando origem à asbestose e aumentando a susceptibilidade ao câncer de pulmão. Em alguns minerais, os tetraedros de SiO_4 ligam-se entre si para formar folhas. Um exemplo é o *talco*, um silicato de magnésio hidratado, $Mg_3(Si_2O_5)_2(OH)_2$. O talco é leve e escorregadio porque as folhas de silicato conseguem deslizar umas sobre as outras.

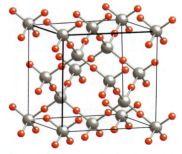

FIGURA 3I.7 A estrutura da cristobalita é semelhante à do diamante, exceto que um átomo de O (vermelho) fica entre cada dois átomos de Si (cinza). Mostramos o arranjo em torno de cada átomo de Si na estrutura 1.

Ocorrem estruturas mais complexas (e mais comuns) quando alguns dos íons de silício(IV) dos silicatos são substituídos por íons de alumínio(III) para formar os *aluminossilicatos*. A carga positiva que falta é fornecida por cátions suplementares. Esses cátions são responsáveis pelas diferenças nas propriedades entre o silicato talco e o aluminossilicato *mica*. Uma forma de mica é o mineral *flogopita*, $KMg_3(Si_3AlO_{10})(OH)_2$. Nesse mineral, as folhas de tetraedros são unidas por íons K^+. Embora clive facilmente em camadas transparentes quando as folhas são separadas, a mica não é escorregadia como o talco (Fig. 31.10). Como as folhas de mica são mais resistentes ao calor do que o vidro, elas são usadas como janelas em fornalhas.

Os *feldspatos* são aluminossilicatos nos quais ocorre a substituição de mais da metade do silício(IV) por alumínio(III). Um feldspato típico tem fórmula $KAlSi_3O_8$. Eles são os silicatos mais abundantes na Terra e são o componente principal do *granito*, uma mistura comprimida de mica, quartzo e feldspato que é um dos materiais de construção mais apreciados e atraentes (Fig. 31.11).

As estruturas dos silicatos baseiam-se em unidades tetraédricas SiO_4 com diferentes cargas negativas e números diferentes de átomos de O compartilhados.

31.3 O carbonato de cálcio

Os compostos iônicos de cálcio são frequentemente utilizados como materiais estruturais em organismos, em edifícios e na engenharia civil, devido à rigidez de suas estruturas. Essa rigidez vem da força com que o cátion Ca^{2+}, pequeno e de alta carga, interage com seus vizinhos. Como o íon carbonato também tem carga dois, o carbonato de cálcio, $CaCO_3$ tem uma energia de rede relativamente alta (Tópico 2A). É por isso que um dos materiais de construção mais antigos foi o calcário, uma forma impura de carbonato de cálcio, que toma sua cor amarelada de impurezas como os íons Fe^{2+}. Em sua forma comprimida e dura, temos o *mármore* e, em sua forma menos compacta, temos o *giz*.

As duas formas mais comuns de carbonato de cálcio cristalino são a *calcita* e a *aragonita*. Embora a aragonita seja mais dura e densa do que a calcita, ela é menos abundante e menos estável. Além disso, ela se converte em calcita em temperaturas elevadas.

A natureza fez uso intensivo da capacidade do cálcio em formar estruturas rígidas. Ele é encontrado na forma de carbonato de cálcio nas conchas dos moluscos e de fosfato de cálcio nos ossos. Na verdade, grandes depósitos de calcário provêm de conchas e micro-organismos que se acumularam no leito dos oceanos há milhões de anos. As conchas e os ossos são muito mais resistentes do que os sais de cálcio puros porque têm a estrutura de um compósito, com carbonatos ou fosfatos incrustados em uma matriz resistente.

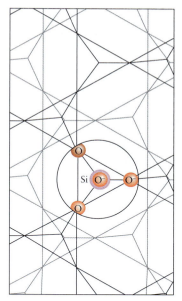

FIGURA 31.8 Unidade estrutural básica dos minerais chamados de piroxênios. Cada tetraedro é uma unidade SiO_4 (como na estrutura **1**) e cada aresta compartilhada inclui um átomo de O compartilhado (vermelho no destaque, em que um átomo de O fica diretamente sobre um átomo de Si). Cada um dos dois átomos de O não compartilhados tem uma carga negativa.

FIGURA 31.9 Os minerais comumente chamados de asbesto (da palavra grega "não inflamável") são fibrosos porque são formados por cadeias longas baseadas em tetraedros de SiO_4 ligados por átomos de oxigênio compartilhados. (©1984 Chip Clark–Fundamental Photographs.)

FIGURA 31.10 O aluminossilicato mica quebra-se em folhas finas e transparentes com alto ponto de fusão. Essas propriedades permitem o seu uso como janelas em fornalhas. (©1989 Chip Clark–Fundamental Photographs.)

FIGURA 3I.11 O mineral granito é uma mistura comprimida de mica, quartzo e feldspato. *(Phillip Hayson/Science Source.)*

A denominação cimento Portland foi uma homenagem de Joseph Aspdin (em 1824) à semelhança do material com a rocha calcária extraída na Ilha de Portland, na Inglaterra.

FIGURA 3I.12 Micrografia de elétrons da superfície de um cimento, que mostra o crescimento de pequenos cristais pela reação de dióxido de carbono com óxido de cálcio e sílica. *(National Institute of Standards and Technology.)*

Teste 3I.3A Qual é a mudança no comprimento de uma aresta de um cubo de 1,0 cm^3 de aragonita (densidade 2,83 g·cm^{-3}) quando ela se converte em calcita (densidade 2,71 g·cm^{-3})?

[**Resposta:** +0,14 mm]

Teste 3I.3B Qual é a mudança no comprimento de uma aresta de um cubo de 1,0 cm^3 de diamante (densidade 3,51 g·cm^{-3}) quando ele se converte em grafita (densidade 2,27 g·cm^{-3})?

Os compostos de cálcio são materiais comuns de construção porque o íon Ca^{2+}, pequeno e rígido, forma estruturas rígidas.

3I.4 O cimento e o concreto

Os tijolos usados na construção civil normalmente são unidos por aglomerantes chamados de *argamassas*. A *argamassa de cimento Portland* é formada por cerca de uma parte de cimento e três partes de areia (principalmente sílica, SiO$_2$). Contendo cimento Portland, cal (hidróxido de cálcio) e areia, a argamassa de cal tem cura rápida. Ela se transforma em uma massa dura quando a cal reage com o dióxido de carbono do ar para formar o carbonato (Fig. 3I.12). O *concreto* também é muito usado na construção de pisos e paredes. Sua formulação inclui um aglomerante (que costuma ser um cimento, em geral o Portland) e um aglomerado (rocha triturada).

O cimento Portland é feito por aquecimento de calcário, argila ou xisto, areia e óxidos como o minério de ferro em um forno. Como se pode ver na Tabela 3I.2, diferentes tipos de cimento Portland foram desenvolvidos em resposta a diferentes necessidades. Os calcários são principalmente aluminossilicatos (Seção 3I.2), compostos por camadas de íons separadas por moléculas de água. Quando são aquecidos com carbonato de cálcio, as moléculas de água são eliminadas. As pelotas duras que se formam, a "escória" do cimento, são uma mistura de óxido de cálcio, silicatos de cálcio e silicatos de alumínio e cálcio. Essas pelotas são moídas com *gipsita*, CaSO$_4$·2H$_2$O, até formar um pó que se transforma em uma massa dura quando misturado com água. A água reage com a mistura produzindo hidratos e hidróxidos. As reações são complexas, mas uma equação representativa é

$$(Al_2O_3)\cdot(CaO)_3(s) + 3\,CaSO_4\cdot 2H_2O(s) + 26\,H_2O(l) \longrightarrow$$
$$(Al_2O_3)\cdot(CaO)_3\cdot(CaSO_4)_3\cdot 32H_2O(s)$$

Como as partículas do cimento Portland são um pó muito fino e bem misturado, os hidratos ligam os sais em um retículo tridimensional intrincado, formando um material duro e resistente quando o cimento seca e outras reações ocorrem, como:

$$6\,(SiO_2)\cdot(CaO)_3(s) + 18\,H_2O(l) \longrightarrow (SiO_2)_6\cdot(CaO)_5\cdot 5H_2O(s) + 13\,Ca(OH)_2(s)$$

TABELA 3I.2	Composição das pelotas de cimentos Portland comuns
Tipo de cimento	**Composição típica***
1. Uso geral	50-70% (SiO$_2$)·(CaO)$_3$, 15-30% (SiO$_2$)·(CaO)$_2$, 5-10% (Al$_2$O$_3$)·(CaO)$_3$, 5-15% (4 CaO)·Al$_n$Fe$_{2-n}$O$_3$.
2. Resistência moderada a sulfatos	Resiste ao ataque por sulfatos. Gera calor lentamente e, portanto, seca lentamente. Baixo conteúdo de (Al$_2$O$_3$)·(CaO)$_3$.
3. Grande dureza inicial	Tem mais (SiO$_2$)·(CaO)$_3$ do que o Tipo 1 e é moído mais finamente para secar com mais rapidez.
4. Baixo calor	Usado quando o calor de hidratação deve ser reduzido. Tem cerca da metade da percentagem de (SiO$_2$)·(CaO)$_3$ e (Al$_2$O$_3$)·(CaO)$_3$ e o dobro da abundância de (SiO$_2$)·(CaO)$_3$ do Tipo 1.
5. Grande resistência a sulfatos	Grande resistência ao ataque por sulfatos. Percentagem muito baixa de (Al$_2$O$_3$)·(CaO)$_3$ e alta percentagem de (SiO$_2$)·(CaO)$_2$.

* Quantidades pequenas, variáveis, de outros óxidos estão presentes em todos os cimentos Portland.

Tópico 3I Exercícios **223**

> Teste 3I.4A Qual é a massa de água necessária para completar a reação com 1,0 kg de $Al_2O_3 \cdot (CaO)_3(s)$?
>
> [*Resposta:* 1,7 kg]
>
> Teste 3I.4B Qual é a massa de água necessária para completar a reação com 1,0 kg de $SiO_2 \cdot (CaO)_3(s)$?

O cimento Portland se forma quando uma mistura de calcário, argila e outras substâncias é aquecida em alta temperatura. Ela endurece quando se adiciona água, formando um retículo de hidratos.

O que você aprendeu com este tópico?

Você aprendeu como os princípios da química são aplicados a uma ampla variedade de problemas associados com o desenvolvimento de materiais inorgânicos, incluindo ligas e materiais de construção como silicatos, carbonatos e cimentos.

Os conhecimentos que você deve dominar incluem a capacidade de:

☐ **1.** Distinguir os tipos principais de ligas e explicar como suas propriedades diferem das dos metais puros (Seção 3I.1).

☐ **2.** Distinguir as principais estruturas de silicatos e descrever suas propriedades (Seção 3I.2).

☐ **3.** Explicar por que o carbonato de cálcio é a base de tantos materiais estruturais (Seção 3I.3).

Tópico 3I Exercícios

3I.1 Estime a densidade relativa (em comparação com o alumínio puro) do magnálio, uma liga de magnésio e alumínio em que 30,0% dos átomos de alumínio foram substituídos por átomos de magnésio sem distorção da estrutura cristalina.

3I.2 Estime a densidade relativa (comparada com a do cobre puro) do bronze-alumínio, uma liga com 8,0% de alumínio em massa. Suponha que não exista distorção da estrutura cristalina.

3I.3 Como as propriedades físicas das ligas diferem das propriedades dos metais puros com os quais são produzidas?

3I.4 Qual é a diferença entre ligas homogêneas e heterogêneas? Dê exemplos de cada tipo.

3I.5 Quando superfícies de ferro são expostas à amônia em temperatura elevada, ocorre a "nitrificação" – a incorporação de nitrogênio à rede do ferro. O raio atômico do ferro é 124 pm. (a) A liga é intersticial ou substitucional? Justifique sua resposta. (b) Como você espera que a nitrificação modifique as propriedades do ferro?

3I.6 O silício pode ser dopado com pequenas quantidades de fósforo para criar um semicondutor usado em transistores. (a) A liga é intersticial ou substitucional? Justifique sua resposta. (b) Que diferenças você espera entre as propriedades do material dopado e o silício puro?

3I.7 Calcule o número relativo de átomos de cada elemento que existem nas seguintes ligas: (a) cobre-níquel usado em cunhagem que é 25% de Ni em massa de cobre; (b) um tipo de peltre, que contém aproximadamente 7% de antimônio e 3% de cobre em massa de estanho.

3I.8 Calcule o número relativo de átomos de cada elemento que existem nas seguintes ligas: (a) metal de Rose, uma liga de baixo ponto de fusão usada na soldagem de obras de arte em ferro e normalmente contém 28% de chumbo e 22% de estanho em massa de bismuto; (b) duralumínio AA2024, uma liga que endurece o alumínio para uso na construção de aeronaves que contém 4,4% de cobre, 1,5% de magnésio e 0,6% de magnésio em alumínio.

3I.9 Uma célula unitária da estrutura da calcita é mostrada em http://webmineral.com. Com base nela, identifique (a) o sistema cristalino e (b) o número de fórmulas unitárias presentes na célula unitária.

3I.10 Consulte http://webmineral.com e examine as células unitárias da calcita e da dolomita. (a) Que aspectos as duas estruturas têm em comum? (b) No que diferem as duas estruturas? (c) Onde estão localizados os íons magnésio e cálcio na dolomita?

3I.11 A pirita de ferro (FeS_2) é conhecida como o ouro dos tolos porque se parece com o metal ouro. Entretanto, ela pode ser facilmente reconhecida pela diferença nas densidades. A densidade do ouro é 19,28 $g \cdot cm^{-3}$ e a do ouro dos tolos é 5,01 $g \cdot cm^{-3}$. Que volume de ouro dos tolos teria a mesma massa de uma peça de ouro de 4,0 cm^3?

3I.12 A mica, com uma densidade igual a 1,5 $g \cdot cm^3$, pode ser expandida até se tornar vermiculita, que é usada como um corretivo de solos de baixa densidade. A vermiculita usada em solos tem densidade igual a 0,10 $g \cdot cm^3$. Estime o volume de vermiculita obtido pela expansão de 52,0 cm^3 de mica.

3I.13 Escreva uma estrutura de Lewis para o ânion ortossilicato, SiO_4^{4-}, e deduza as cargas formais e os números de oxidação dos átomos. Use o modelo VSEPR para descobrir a forma do íon.

3I.14 Use o modelo VSEPR para estimar o ângulo de ligação Si—O—Si na sílica.

3I.15 Descreva as estruturas de um silicato em que o tetraedro de silicato partilha (a) um átomo de O; (b) dois átomos de O.

3I.16 Qual é a fórmula empírica de um silicato de potássio no qual o tetraedro de silicato compartilha (a) dois átomos de O e forma uma cadeia e (b) três átomos de O e forma uma folha? Em cada caso, existe apenas uma carga negativa em cada átomo de O não compartilhado.

Tópico 3J Os materiais para as novas tecnologias

3J.1 A condução eletrônica nos sólidos
3J.2 Os semicondutores
3J.3 Os supercondutores
3J.4 Os materiais luminescentes
3J.5 Os materiais magnéticos
3J.6 Os nanomateriais
3J.7 Os nanotubos

Por que você precisa estudar este assunto? A tecnologia moderna depende fortemente das propriedades elétricas, óticas e magnéticas da matéria. Por essa razão, o conhecimento sobre a origem dessas propriedades é essencial para o desenvolvimento de novos materiais.

Que conhecimentos você precisa dominar? Este tópico se baseia nas propriedades de uma partícula em uma caixa (Tópico 1C) e estende a teoria do orbital molecular (Tópico 2G) aos sólidos.

A química está na base da infraestrutura material do mundo moderno. Ela permite produzir as substâncias utilizadas na miniaturização dos materiais eletrônicos de chips de computador, cada um dos quais podendo conter bilhões de componentes. O estudo da química também possibilita desenvolver materiais que geram luz e são usados para exibir informações de todos os tipos em dispositivos compactos e eficientes no consumo de energia. Além disso, a química permite a produção de materiais magnéticos usados para armazenar informações de forma compacta e prontamente disponível. Em uma escala maior, a química produz materiais capazes de conduzir eletricidade sem resistência, que representam um passo promissor – embora ainda não tenha sido dado – na economia de enormes quantias associadas ao custo da transmissão de eletricidade e aos impactos ambientais de sua geração.

3J.1 A condução eletrônica nos sólidos

Uma **corrente elétrica** é o fluxo de uma carga elétrica. Na **condução eletrônica**, a carga é levada pelos elétrons. A condução eletrônica é o mecanismo de condução nos metais e na grafita. Na **condução iônica**, a carga é levada por íons. Um **eletrólito sólido** é um condutor iônico. A condução iônica é o mecanismo de condução eletrônica em um sal fundido ou uma solução de eletrólito. Como os íons são muito volumosos para viajar facilmente pela maior parte dos sólidos, o fluxo de carga é, quase sempre, resultado da condução eletrônica. Entretanto, existem eletrólitos sólidos que permitem que os íons se movam por sua rede e, por isso, são materiais importantes usados em baterias recarregáveis. Um isolante é uma substância que tem uma resistência muito alta e não conduz eletricidade.

Os sólidos são classificados de acordo com sua resistência elétrica e o modo como ela varia com a temperatura (Fig. 3J.1):

Um **condutor metálico** é um condutor eletrônico com uma resistência que *cresce* quando a temperatura aumenta.
Um **semicondutor** é um condutor eletrônico com uma resistência que *diminui* quando a temperatura aumenta.
Um **supercondutor** é um condutor eletrônico que conduz eletricidade com resistência igual a zero, geralmente em temperaturas muito baixas.

Na maior parte dos casos, um condutor metálico tem resistência muito menor do que um semicondutor, mas é a dependência da resistência em relação à temperatura que diferencia os dois tipos de condutores, não a magnitude da condutividade.

A teoria dos orbitais moleculares explica as propriedades elétricas dos condutores eletrônicos, dos semicondutores e dos isolantes tratando-os como uma enorme molécula e supondo que seus elétrons de valência ocupam orbitais deslocalizados que se espalham pelo sólido. Quando N orbitais atômicos se combinam em uma molécula, eles formam N orbitais moleculares (Tópico 2G). O mesmo ocorre com um **sólido**, só que agora N é muito grande (cerca de 10^{23} para 10 g de cobre, por exemplo). Em vez dos poucos orbitais moleculares muito separados, típicos de moléculas pequenas, os inúmeros orbitais moleculares de um sólido estão tão próximos em energia que eles formam uma banda quase contínua (Fig. 3J.2). Como um guia para o tipo de separação de níveis vizinhos de energia que devemos esperar, a separação

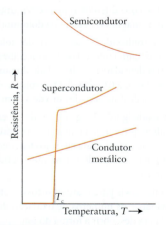

FIGURA 3J.1 A resistência de um condutor metálico aumenta com a temperatura. A de um semicondutor diminui com a temperatura. Um supercondutor é uma substância que tem resistência zero abaixo de uma dada temperatura (T_c). Um isolante funciona como um semicondutor com uma resistência muito alta.

de níveis de energia vizinhos de uma partícula de massa m em uma caixa unidimensional de comprimento L (Tópico 1C) é

$$\overbrace{E_{n+1}}^{(n+1)^2 h^2/8mL^2} - \overbrace{E_n}^{n^2 h^2/8mL^2} = (2n+1)\frac{h^2}{8mL^2}$$

Para um elétron ($m = m_e$) em uma caixa de comprimento 1,0 cm, $h^2/8mL^2 = 7{,}0 \times 10^{-42}$ J; logo, mesmo quando n é muito grande, a separação ainda é muito pequena. Observe que se dois elétrons ocupam cada nível, o número quântico do nível mais alto preenchido é $n = \frac{1}{2}N$.

> **Teste 3J.1A** Estime o valor de n para o nível de energia mais alto preenchido em uma linha unidimensional de átomos de sódio de comprimento 1,0 cm. *Sugestão:* Lembre-se do princípio da exclusão de Pauli e tome o raio de um átomo de Na como 154 pm.
>
> [***Resposta:*** $n \approx 1{,}6 \times 10^7$]
>
> **Teste 3J.1B** Estime o valor de n para o nível de energia mais alto preenchido em uma linha unidimensional de átomos de cálcio de comprimento 1,0 cm. *Sugestão:* Tome o raio de um átomo de Ca como 197 pm.

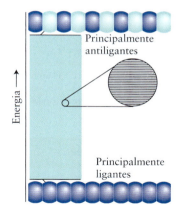

FIGURA 3J.2 Uma linha de átomos dá origem a uma banda quase contínua de energias de orbitais moleculares. No limite inferior da banda, os orbitais moleculares são completamente ligantes e, no limite superior, eles são completamente antiligantes. O detalhe circular mostra que, embora a banda de energias permitidas pareça contínua, ela é, na verdade, composta por níveis discretos de pequeno espaçamento.

Vejamos, agora, o tratamento via orbitais moleculares. Por exemplo, no sódio, cada átomo contribui com um orbital de valência (o orbital 3s, neste caso) e um elétron de valência. Se existem N átomos na amostra, então, os N orbitais 3s se juntam para formar uma banda de N orbitais moleculares, dos quais metade é essencialmente ligante e metade é essencialmente antiligante. Dizemos "essencialmente" porque, em geral, e como vimos no caso do benzeno (Tópico 2G), um orbital molecular é ligante quando entre determinados vizinhos e antiligante quando entre outros, dependendo de onde estão os nodos internucleares. Somente o orbital molecular de energia mais baixa que não tem nodos internucleares é totalmente ligante entre todos os átomos vizinhos. Os N elétrons dos N átomos ocupam os orbitais de acordo com o princípio da construção. Como dois elétrons podem ocupar cada orbital, os N elétrons ocupam os $\frac{1}{2}N$ orbitais ligantes inferiores.

Uma banda vazia ou incompleta de orbitais moleculares é conhecida como **banda de condução**. Como os orbitais vizinhos dos sólidos ficam tão próximos em energia, muito pouca energia adicional é necessária para excitar os elétrons dos orbitais preenchidos superiores para os orbitais vazios da banda de condução. Com isso, os elétrons podem mover-se livremente pelo sólido e, assim, transportar corrente elétrica. A resistência do metal aumenta com a temperatura porque, quando aquecido, os átomos vibram mais vigorosamente e impedem a migração de elétrons.

> **PONTO PARA PENSAR**
>
> Você acha que uma única linha de átomos de cálcio que usam apenas os orbitais 4s para formar bandas pode atuar como condutor metálico?

Em um isolante, os elétrons de valência preenchem os orbitais moleculares disponíveis para dar uma banda chamada **banda de valência**. Existe uma **separação de bandas** substancial, uma faixa de energias na qual não existem orbitais, antes que a banda de condução, composta por orbitais vazios, comece (Fig. 3J.3). Os elétrons da banda de valência podem ser excitados até a banda de condução somente se uma grande quantidade de energia for usada. Como a banda de valência está cheia e a banda de condução está separada pela grande diferença de energia, os elétrons não são móveis e o sólido é um isolante.

A ligação nos sólidos pode ser descrita em termos de bandas de orbitais moleculares. Nos metais, as bandas de condução são formadas por orbitais não completamente preenchidos que permitem o fluxo de elétrons. Nos isolantes, as bandas de valência estão completas e a grande separação de bandas impede a passagem dos elétrons para os orbitais vazios.

FIGURA 3J.3 Em um sólido tipicamente isolante, uma banda de valência completa está separada da banda de condução vazia por uma diferença de energia substancial. Note a quebra na escala vertical.

3J.2 Os semicondutores

Os semicondutores revolucionaram a indústria eletrônica porque dispositivos semicondutores muito pequenos podem ser usados para controlar o fluxo da corrente elétrica. Em um

226 Tópico 3J Os materiais para as novas tecnologias

FIGURA 3J.4 Em um semicondutor do tipo *n*, os elétrons adicionais fornecidos pelos átomos dopantes, ricos em elétrons, entram na banda de condução (formando a banda em verde na parte inferior da banda de condução) onde podem agir como transportadores de corrente.

FIGURA 3J.5 Em um semicondutor do tipo p, os átomos dopantes, pobres em elétrons, removem com eficiência alguns elétrons da banda de valência e os "buracos" formados (a banda em azul no alto da banda de valência) tornam móveis os elétrons remanescentes e permitem a condução de eletricidade pela banda de valência.

semicondutor intrínseco, uma banda de condução vazia e uma banda de valência completa têm energias próximas. Em temperaturas comuns, embora a maior parte dos elétrons esteja na banda de valência, alguns ocupam a banda de condução adjacente e são móveis. À medida que aumenta a temperatura do sólido, aumenta também o número de elétrons excitados da banda de valência para a banda de condução. Por isso, a resistência de um semicondutor diminui com o aumento da temperatura. Em linguagem técnica, todos os isolantes são, na verdade, semicondutores intrínsecos, mas a separação de bandas em um isolante é tão grande que sua condutividade elétrica permanece muito baixa nas temperaturas normais.

A capacidade de um semicondutor de transportar corrente elétrica também pode ser ampliada pela adição de elétrons à banda de condução ou pela remoção de elétrons da banda de valência. Essa modificação é feita quimicamente pela **dopagem** do sólido, isto é, pela inclusão na estrutura de pequenas quantidades de impurezas, formando o que se conhece como **semicondutor extrínseco**. Um exemplo é a adição de uma quantidade muito pequena de um elemento do grupo 15, como o arsênio, ao silício de alta pureza. O arsênio aumenta o número de elétrons no sólido: cada átomo de Si (Grupo 14) tem quatro elétrons de valência e cada átomo de As (Grupo 15) tem cinco. Os elétrons adicionais ocupam a banda de condução do silício, normalmente vazia, permitindo que o sólido conduza corrente elétrica (Fig. 3J.4). Esse tipo de material é chamado de **semicondutor do tipo n** porque ele contém excesso de elétrons de carga *n*egativa. Quando o silício (Grupo 14) é dopado com índio (Grupo 13) no lugar do arsênio, o sólido tem menos elétrons de valência do que o silício puro e a banda de valência não está completamente preenchida (Fig. 3J.5). Dizemos que a banda de valência, neste caso, contém "buracos". Como a banda de valência não está completa, ela funciona como uma banda de condução, permitindo o fluxo da corrente elétrica. Esse tipo de semicondutor é chamado de **semicondutor do tipo p**, porque a ausência de elétrons, com carga negativa, equivale à presença de "buracos" com carga *p*ositiva.

Dispositivos eletrônicos de estado sólido, como diodos, transistores e circuitos integrados, contêm **junções p-n**, nas quais um semicondutor do tipo p está em contato com um semicondutor do tipo n (Fig. 3J.6). A estrutura de uma junção p-n permite que a corrente flua em uma só direção. Quando o eletrodo que está ligado ao semicondutor do tipo p tem carga negativa, os buracos do semicondutor do tipo p são atraídos a ele, os elétrons do semicondutor tipo n são atraídos para o outro eletrodo (positivo) e a corrente não flui. Quando a polaridade é invertida, com o eletrodo negativo ligado ao semicondutor do tipo n, os elétrons fluem desse semicondutor através do semicondutor do tipo p para o eletrodo positivo.

Teste 3J.2A Que tipo de semicondutor é o germânio dopado com arsênio?

[***Resposta:*** tipo n]

Teste 3J.2B Que tipo de semicondutor é o antimônio dopado com estanho?

Nos semicondutores, os níveis vazios estão próximos em energia dos níveis completos.

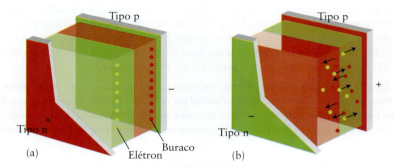

FIGURA 3J.6 A estrutura de uma junção p-n permite o fluxo da corrente elétrica somente em uma direção. (a) Na direção inversa, o eletrodo negativo está acoplado ao semicondutor do tipo p. Não há fluxo de corrente. (b) Na direção direta, os eletrodos estão invertidos para permitir a regeneração dos transportadores de carga.

FIGURA 3J.7 Os supercondutores têm a capacidade de levitar veículos que dispõem de ímãs no lugar das rodas. A foto mostra um trem experimental, com fricção nula, no Japão, construído para usar supercondutores metálicos resfriados a hélio. (*Andy Crump/Science Source.*)

3J.3 Os supercondutores

A supercondutividade pode ocorrer quando uma substância é resfriada abaixo da temperatura de transição característica (T_c). Os supercondutores têm enorme potencial tecnológico, ao menos em princípio, já que podem reduzir, de forma considerável, as perdas na transmissão de energia. Além disso, como conseguem aprisionar campos magnéticos e fazer levitar objetos, os supercondutores também têm aplicações em potencial no desenvolvimento de meios de transporte energeticamente eficientes (Fig. 3J.7).

A supercondutividade convencional vem da capacidade dos elétrons de formar um par aproveitando as vibrações da rede cristalina. Os pares de elétrons, que são chamados de **pares de Cooper**, em homenagem ao cientista que primeiro propôs o mecanismo, podem se mover quase livremente pelo cristal, do mesmo modo que uma carroça puxada por vários bois é menos afetada por obstáculos do que quando apenas um boi a puxa. Um par de Cooper se forma quando a presença de um elétron distorce os cátions da rede que estão em torno e a região distorcida atrai um segundo elétron para sua vizinhança (Fig. 3J.8). Os dois elétrons são atraídos fracamente por esse mecanismo, e o par – e a supercondutividade resultante – sobrevive apenas se a temperatura é tão baixa que o par não é separado pelas vibrações da rede. A supercondutividade foi observada pela primeira vez em 1911 no mercúrio, para o qual $T_c = 4$ K. Com o passar dos anos, muitos outros supercondutores metálicos foram identificados, alguns deles com temperaturas de transição de até 23 K. Esses supercondutores de baixa temperatura, entretanto, precisam ser esfriados com hélio líquido, que é muito caro.

Em 1986, uma temperatura recorde de transição de 35 K foi observada, não para um metal, mas para um material cerâmico, um óxido de cobre e lantânio dopado com bário, o qual é um condutor metálico na temperatura normal. Então, no início de 1987, um novo T_c recorde de 93 K foi estabelecido com um óxido de cobre-bário-ítrio e uma série de compostos relacionados. Em 1988, mais duas séries de óxidos de bismuto-estrôncio-cálcio-cobre e tálio-bário-cálcio-cobre mostraram temperaturas de transição de 110 K e 125 K, respectivamente. Em 2015, o maior valor de T_c atingido foi 138 K a 1 atm. Essas temperaturas podem ser atingidas ao esfriar os materiais com nitrogênio líquido, que é muito mais barato do que o hélio líquido. Quase todos estes **supercondutores de altas temperaturas** (SCAT) são óxidos cerâmicos rígidos, mas quebradiços, formados por folhas de átomos de cobre e de oxigênio empilhadas entre camadas de cátions ou uma combinação de cátions e íons óxido, e são obtidas por dopagem de seus respectivos materiais isolantes de origem (Fig. 3J.9). Devido à estrutura em camadas, suas propriedades elétricas e magnéticas são fortemente anisotrópicas (veja o Tópico 3G). A corrente elétrica flui facilmente ao longo dos planos das camadas de cobre-oxigênio, mas dificilmente na direção perpendicular.

Um desafio muito grande no uso de SCAT para a transmissão de eletricidade é a dificuldade de fabricação de fios elétricos a partir de material cerâmico quebradiço. Uma solução adotada foi depositar o material supercondutor na superfície de um fio ou fita de um metal, como prata. O metal geralmente é preparado com uma superfície texturizada que ajuda a alinhar os grãos de cristal na direção desejada (Fig. 3J.10).

Os supercondutores conduzem eletricidade sem resistência em temperaturas baixas. Alguns metais e materiais cerâmicos comportam-se como supercondutores.

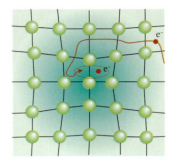

FIGURA 3J.8 Formação de um par de Cooper. Um elétron distorce a rede cristalina e a energia de um segundo elétron se reduz quando ele entra na mesma região. Estas interações elétron-rede ligam os dois elétrons em um par.

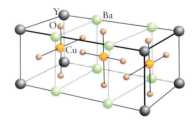

FIGURA 3J.9 Estrutura de um "supercondutor 123", um material cerâmico de fórmula variável $YBa_2Cu_3O_{6,5-7,0}$. Os números 1, 2 e 3 referem-se ao número subscrito dos três primeiros elementos da fórmula.

FIGURA 3J.10 Vinte e cinco quilogramas deste fio supercondutor experimental conseguem transportar a mesma quantidade de corrente que 1.800 kg do cabo mais grosso, mostrado à esquerda. (*Foto cortesia de American Superconductor/AMSC.*)

3J.4 Os materiais luminescentes

Incandescência é a luz emitida por um corpo aquecido, como o filamento de uma lâmpada ou as partículas de fuligem aquecidas da chama de uma vela. **Luminescência** é a emissão de luz por um processo diferente da incandescência. Por exemplo, quando o peróxido de hidrogênio reage com cloro, o O_2 formado pela oxidação de H_2O_2 é produzido em estados energeticamente excitados e emite luz quando volta ao estado fundamental. Esse processo é um exemplo de **quimioluminescência**, a emissão de luz por produtos que se formam em estados energeticamente excitados em uma reação química (Fig. 3J.11). Os bastões de luz usados para a iluminação de emergência brilham com a luz de um processo quimioluminescente. A *bioluminescência* é uma forma de quimioluminescência produzida por organismos vivos. Por exemplo, a enzima luciferase catalisa a oxidação da luciferina em vaga-lumes e algumas bactérias, produzindo oxiluciferina em um estado excitado.

A fluorescência e a fosforescência são a emissão de luz por moléculas excitadas por radiação de alta frequência, como a luz visível emitida quando uma substância é iluminada com radiação ultravioleta. A **fluorescência** dura apenas alguns nanossegundos depois que cessa a iluminação. Na **fosforescência**, a iluminação persiste, às vezes por segundos ou muito mais, como no caso do elemento fósforo, do qual o fenômeno recebe o seu nome (Tópico 8G). A diferença crucial no mecanismo é que a fluorescência retém a orientação do spin do elétron excitado, enquanto na fosforescência o elétron torna-se desemparelhado e leva algum tempo até que o spin se inverta novamente.

Os materiais fluorescentes são muito importantes na indústria eletrônica em que tubos finos de luz fluorescente do tamanho de um lápis são usados para fornecer a luz de fundo para os dispositivos LCD em computadores portáteis e televisores de tela plana. A radiação ultravioleta gerada no tubo excita o material fluorescente que recobre a superfície interior do tubo e ilumina a tela. Como os materiais fluorescentes podem ser ativados por radioatividade, eles também são usados em detectores de cintilação para medir a radiação (veja o Quadro 10B.2).

Os tubos de raios catódicos muito usados no passado na produção de televisores e monitores de computador e as telas de plasma que (ao lado dos monitores de cristal líquido) os substituíram utilizam **fósforos**, materiais fluorescentes que brilham quando excitados pelo impacto de elétrons ou radiação ultravioleta.

Em um **diodo emissor de luz**, também conhecido pela sigla em inglês LED (*light emitting diode*), um material luminescente gera luz quando uma corrente elétrica é aplicada a uma junção p-n (Fig. 3J.12). O circuito ligado a um LED é disposto de forma que os elétrons da fonte fluem para o interior da banda de condução do lado n e são forçados para a banda de condução do lado p. Assim que os elétrons estão na banda de alta energia do lado p, eles voltam para a banda de menor energia e emitem a diferença de energia como luz. Os compostos usados para produzir luzes de cores diferentes variam, mas usa-se comumente arseneto de alumínio e gálio para LEDs vermelhos, nitreto de gálio e índio para LEDs verdes e seleneto de zinco para LEDs azuis. Quando pequenos LEDs dessas três cores são agrupados em uma tela, pode-se gerar qualquer cor dependendo de quais das três cores são ativadas. LEDs brancos normalmente são formados a partir de LEDs amarelos e azuis misturados em proporções diversas.

Os diodos orgânicos emissores de luz (OLED) usam um filme de polímero orgânico que conduz eletricidade para gerar luz de cores diferentes. Embora os dispositivos LCD, que usam cristais líquidos (Tópico 3G), sejam mais comuns, os monitores LED não exigem iluminação

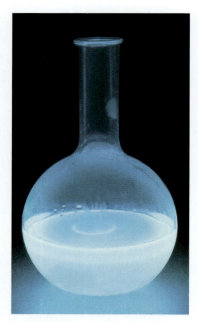

FIGURA 3J.11 A quimioluminescência, a emissão de luz provocada por uma reação química, ocorre quando peróxido de hidrogênio é adicionado a uma solução do composto orgânico perileno. Embora o peróxido de hidrogênio tenha fluorescência própria, a luz deste exemplo é emitida pelo perileno. *(W. H. Freeman. Foto de Ken Karp.)*

FIGURA INTERATIVA 3J.11

O Prêmio Nobel de Física de 2014 foi concedido a Isamu Akasaki, Hiroshi Amano e Shuji Nakamura pelo desenvolvimento do LED azul.

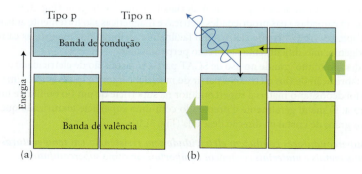

FIGURA 3J.12 Uma junção p-n (a) sem reversão, (b) com reversão, resultando na emissão de luz à medida que os elétrons que entram migram para a banda de condução do semicondutor tipo p e caem nas vacâncias de sua banda de valência.

de fundo e, portanto, podem ser muito mais finos. Os LEDs estão sendo introduzidos em muitas aplicações, porque usam muito menos energia do que as lâmpadas incandescentes e são muito mais duradouros.

> **Teste 3J.3A** Explique como os materiais fluorescentes podem ser usados para detectar a radioatividade.
>
> [*Resposta:* os materiais fluorescentes absorvem energia da radiação e emitem luz.]
>
> **Teste 3J.3B** Explique a diferença entre quimioluminescência e fosforescência.

Os materiais luminescentes liberam energia na forma de luz quando retornam dos estados excitados para estados de menor energia.

3J.5 Os materiais magnéticos

O paramagnetismo é a tendência que uma substância tem de ser atraída por um campo magnético (Quadro 2G.2). A propriedade é uma consequência da presença no átomo ou na molécula de pelo menos um elétron desemparelhado que se alinha com o campo aplicado. Entretanto, como os spins de átomos ou moléculas vizinhos se alinham quase que ao acaso, o paramagnetismo é muito fraco e o alinhamento dos elétrons se perde quando o campo magnético é removido. No caso de alguns metais d, porém, os elétrons desemparelhados de muitos átomos vizinhos podem se alinhar uns aos outros sob a ação de um campo magnético, o que produz o efeito muito mais forte do **ferromagnetismo**. As regiões dos spins alinhados, chamadas de **domínios** (Fig. 3J.13), sobrevivem mesmo depois que o campo magnético foi retirado.

O ferromagnetismo é muito mais forte do que o paramagnetismo, assim, os materiais ferromagnéticos são usados na fabricação de ímãs permanentes e no revestimento de discos rígidos de computador. As cabeças eletromagnéticas de gravação alinham grande número de spins quando o disco passa por elas e o alinhamento dos spins nos domínios permanece por anos. Em um **material antiferromagnético**, spins vizinhos são presos em um arranjo *antiparalelo*, de forma que o momento magnético é cancelado. O manganês é antiferromagnético. Em um **material ferrimagnético**, os spins dos átomos vizinhos são diferentes e, embora eles estejam presos em um arranjo antiparalelo, os dois momentos magnéticos não se cancelam completamente. O ferromagnetismo também ocorre em ligas como alnico e alguns compostos de metais d, como óxidos de ferro e cromo.

Os **ferrofluidos** são líquidos ferromagnéticos formados por suspensões de magnetita finamente pulverizada, Fe_3O_4, em um líquido oleoso (como óleo mineral) contendo um sabão ou detergente. As partículas de óxido de ferro não se depositam, porque elas são atraídas pela extremidade polar das moléculas do detergente, que formam aglomerados compactos (um tipo de *micela*, Tópico 5D) em volta das partículas. As pontas não polares das moléculas de detergente apontam para fora, o que permite que as micelas formem uma suspensão coloidal no óleo. Quando um ímã se aproxima de um fluido de ferro, as partículas que estão no líquido tentam alinhar-se com o campo magnético, mas são mantidas no lugar pelo óleo (Fig. 3J.14). Como resultado, é possível controlar o fluxo e a posição do fluido de ferro pela aplicação de um campo magnético. Uma das aplicações dos fluidos de ferro é no sistema de freio de aparelhos de ginástica. Quanto mais forte for o campo magnético, maior será a resistência ao movimento.

Os materiais magnéticos podem ser paramagnéticos, ferrimagnéticos, ferromagnéticos ou antiferromagnéticos. Nos materiais ferromagnéticos, grandes domínios de elétrons estão aprisionados na mesma orientação.

3J.6 Os nanomateriais

Uma nova área de pesquisa com o potencial, dentre outras coisas, de revolucionar a diagnose e o tratamento médico é a **nanociência**, o estudo das propriedades dos nanomateriais, e a sua aplicação, a **nanotecnologia**, o conjunto de procedimentos usados para manipular matéria nessa escala. Os **nanomateriais** são materiais com partículas cujo tamanho está

(a)

(b)

FIGURA 3J.13 Os materiais ferromagnéticos incluem o ferro, o cobalto e o óxido de ferro, o mineral magnetita. Eles são formados por cristais em que os elétrons de muitos átomos giram na mesma direção e dão origem a um forte campo magnético. (a) Antes da magnetização, quando os spins estão alinhados ao acaso; (b) após a magnetização. As setas representam os spins dos elétrons.

FIGURA 3J.14 Quando um ímã é retirado deste fluido de ferro viscoso, as partículas de Fe_3O_4 se alinham com o campo magnético. Devido às fortes atrações que existem entre as partículas e as moléculas de detergente que estão no óleo, o líquido é atraído pelo ímã junto com as partículas. *(S. Odenbach, ZARM, University of Bremen, Alemanha.)*

Nano é derivado da palavra grega para anão.

FIGURA 3J.15 As cores diferentes destas suspensões de pontos quânticos de CdSe indicam os tamanhos diferentes dos pontos quânticos que elas contêm. Quanto maior é o comprimento de onda da cor emitida, maior é o diâmetro do ponto quântico. *(SPL/Science Source.)*

na faixa de 1 a 100 nm. Eles são maiores do que as moléculas individuais, mas são muito pequenos para ter as propriedades do material em escala macroscópica. A nanotecnologia promete novos materiais, como biossensores que acompanhem e mesmo corrijam processos corporais, computadores microscópicos, ossos artificiais e materiais leves, porém extraordinariamente fortes.

Em um bloco de metal, a separação de níveis de energia vizinhos é infinitesimal. Contudo, a separação é significativa em um aglomerado de átomos com dimensões da ordem de 100 nm. Um aglomerado de átomos em um meio pode agir como uma armadilha para elétrons, e, em uma boa aproximação, podemos tratar o aglomerado como um poço de potencial. As propriedades dos elétrons aprisionados em poços de potencial servem para estimar os níveis de energia permitidos. A diferença entre o poço tridimensional tratado no Tópico 1C (com os níveis de energia $E_n = n^2h^2/8m_eL^2$) e o presente caso é que o poço é tridimensional e tipicamente esférico. Um poço esférico é mais difícil de tratar matematicamente do que um poço retangular, mas os resultados têm algumas semelhanças. Por exemplo, os níveis de energia esfericamente simétricos ($l = 0$, correspondendo ao orbital s de um átomo de hidrogênio) de um elétron em uma cavidade esférica de raio r são dados por

$$E_n = \frac{n^2h^2}{8m_er^2} \tag{1}$$

Como vimos, n é o nível quântico, h é a constante de Planck e m_e é a massa do elétron. Existem soluções semelhantes para os orbitais p, d, etc. (correspondendo a $l = 1, 2,...$) que têm um padrão complexo. Os quatro primeiros níveis são

$E/(h^2/8m_er^2)$	1	2,046	3,366	4
l	0	1	2	0

O que esta equação revela? A Equação 1 mostra que, quando o raio da parede diminui, a separação dos níveis de energia aumenta (como $1/r^2$); logo, o comprimento de onda da luz (de $\Delta E = h\nu = hc/\lambda$) que provoca excitação diminui. Em outras palavras, quando o tamanho da cavidade muda, a cor do material também muda.

Cristais tridimensionais de materiais semicondutores, como o seleneto de cádmio (CdSe), contendo 10^2 a 10^5 átomos são chamados de **pontos quânticos**. Eles podem ser fabricados em solução ou por deposição de átomos em uma superfície. A variação de cor com o raio do ponto quântico é facilmente observada em suspensões de pontos quânticos de tamanhos diferentes (Fig. 3J.15).

Alguns pontos quânticos emitem luz quando um elétron excitado cai para um nível mais baixo de energia no ponto. Uma aplicação deste fenômeno é o monitoramento de processos que ocorrem em células biológicas. Por exemplo, um ponto quântico de CdSe pode ligar-se à superfície de uma célula, talvez a uma proteína ou outro componente, através de uma molécula orgânica de ligação.

PONTO PARA PENSAR

Atribui-se ao físico Richard Feynman ter previsto a revolução da nanotecnologia em uma conferência intitulada "Há muito lugar embaixo". O que ele quis dizer?

Em nanomateriais, como os pontos quânticos, diferenças entre os níveis de energia podem levar a transições na região visível do espectro.

3J.7 Os nanotubos

Em 1991, os cientistas identificaram uma forma até então desconhecida de carbono, ao selarem duas barras de grafita em um recipiente contendo gás hélio e fazerem passar uma descarga elétrica entre elas. A maior parte de uma barra evaporou, mas algumas estruturas surpreendentes foram identificadas (Fig. 3J.16). Um **nanotubo** pode ser visto como uma folha de grafeno contendo milhões de átomos de carbono enrolados em um cilindro de 1 a 3 nm de diâmetro.

Os nanotubos de carbono conduzem eletricidade devido à estrutura estendida de ligações π deslocalizadas que vão de um extremo do tubo ao outro. A condutividade dos nanotubos depende de como os tubos estão enrolados (Fig. 3J.17). Se os vértices estão alinhados perpendicularmente ao eixo mais longo (a configuração "poltrona"), a condutividade dos nanotubos é tão alta quanto a observada em metais. Se as pontas estão alinhadas ao longo do eixo comprido do tubo (as orientações "ziguezague" e "quirais"), os nanotubos se comportam como condutores metálicos ou semicondutores, dependendo do ângulo da deformação e do diâmetro do tubo. Como os diamantes, os nanotubos de carbono são bons condutores de calor. Sua condutividade elétrica interessante e a alta condutividade térmica fazem dos nanotubos de carbono bons candidatos para o desenvolvimento de circuitos integrados em miniatura.

A resistência à tensão paralela ao eixo de um nanotubo é a mais alta já medida em qualquer material. Como a densidade é muito baixa, a razão força/massa é 40 vezes a do aço. A rigidez dos nanotubos também permite seu uso como pequeníssimos moldes ou formas para outros elementos. Por exemplo, eles podem ser preenchidos com chumbo fundido para a construção de fios de chumbo com o diâmetro de um átomo. Eles também podem servir como pequenos "tubos de ensaio" para manter moléculas isoladas em um lugar, e ser usados como sensores. A grande área superficial dos nanotubos significa que átomos de gás são facilmente adsorvidos na superfície interna dos tubos. Logo, nanotubos retendo moléculas de hidrogênio podem ser usados para armazenar hidrogênio nos veículos movidos com este gás.

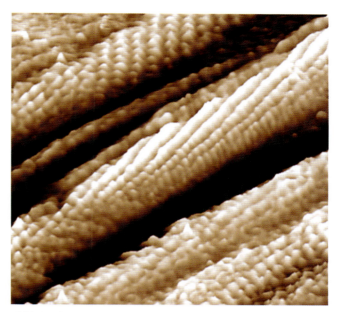

FIGURA 3J.16 Um aglomerado de nanotubos de carbono formando uma "corda". *(Eye of Science/Science Source.)*

Nanotubos são pequenos cilindros de alguns nanômetros de diâmetro formados por folhas de conjuntos de átomos enroladas como a grafita.

O que você aprendeu com este tópico?

Você conheceu a classificação dos materiais de acordo com sua resistência elétrica e aprendeu sobre a condutividade em termos da ocupação de bandas de orbitais moleculares que se espalham na estrutura do sólido. Você viu que os materiais podem emitir luz de várias maneiras e que o magnetismo é resultado da presença de elétrons desemparelhados. Você também aprendeu como um fenômeno quântico influencia as propriedades óticas dos nanomateriais.

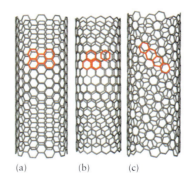

(a)   (b)   (c)

FIGURA 3J.17 Três versões de nanotubos de carbono de uma única parede: (a) poltrona, (b) ziguezague e (c) quiral. A maior parte dos tubos tem as extremidades fechadas por hemisferas de átomos. As propriedades de condução elétrica dependem das estruturas.

Os conhecimentos que você deve dominar incluem a capacidade de:

☐ **1.** Usar a teoria dos orbitais moleculares para explicar as diferenças entre metais, isolantes, semicondutores e supercondutores (Seções 3J.1 a 3J.3).

☐ **2.** Explicar as propriedades dos materiais luminescentes (Seção 3J.4).

☐ **3.** Distinguir os principais tipos de magnetismo (Seção 3J.5).

☐ **4.** Descrever a natureza dos nanomateriais e como eles diferem de outros materiais (Seções 3J.6 e 3J.7).

Tópico 3J Exercícios

3J.1 Como a resistência elétrica de um semicondutor difere daquela de um condutor metálico à medida que aumenta a temperatura?

3J.2 Normalmente, em materiais condutores de eletricidade, a corrente é transportada por elétrons que se movem pelo sólido. Em semicondutores, também é comum falar da corrente sendo transportada pelos "buracos" das bandas de valência. (a) Explique como os buracos se movem pelo material sólido. (b) Se em um dispositivo com semicondutor do tipo p a corrente elétrica se move da esquerda para a direita, em que direção os buracos irão se mover?

Tópico 3J Os materiais para as novas tecnologias

3J.3 Estime o valor do número quântico n do nível ocupado mais alto em uma linha unidimensional de átomos de prata de comprimento igual a 2,4 mm. *Sugestão:* Use 144 pm como o raio de um átomo de Ag.

3J.4 Estime o valor do número quântico n do nível ocupado mais alto em uma linha unidimensional de átomos de cobre de comprimento igual a 1,0 mm. *Sugestão:* Use 128 pm como o raio de um átomo de Cu.

3J.5 Se pequenas quantidades de um dos elementos In, P, Sb ou Ga estão presentes como impurezas no germânio, qual deles transformará o elemento em (a) um semicondutor do tipo p; (b) um semicondutor do tipo n?

3J.6 Se você precisa modificar o arseneto de gálio substituindo uma pequena quantidade de arsênio por um elemento que permita produzir um semicondutor tipo p, que elemento você usaria: Se, P ou Si? Por quê?

3J.7 Explique a diferença entre fluorescência e fosforescência segundo as abordagens (a) observável e (b) mecanística.

3J.8 Na fluorescência, como a frequência da radiação emitida se compara com a frequência da radiação de excitação?

3J.9 Consulte a Internet para identificar o caráter magnético (diamagnético, paramagnético, ferromagnético ou antiferromagnético) do maior número possível de elementos do bloco d na temperatura ambiente.

3J.10 Considere os elementos identificados no Exercício 3J.9. Qual é a característica em comum das configurações eletrônicas dos elementos paramagnéticos?

3J.11 A temperatura Curie, T_C, é a temperatura na qual uma substância se torna ferromagnética. Você acha que o ferromagnetismo ocorre acima ou abaixo da temperatura Curie?

3J.12 Descreva as diferenças observáveis entre o diagmagnetismo, o paramagnetismo, o ferromagnetismo e o antiferromagnetismo, explicando a origem destas propriedades.

3J.13 Uma amostra de pontos quânticos de CaS é preparada misturando-se 4,0 mL de $CaCl_2$(aq) 0,0015 M com 4,0 mL de $(NH_4)_2S$(aq) 0,0015 M. Cada ponto quântico contém uma média de 168 fórmulas unitárias de CaS. Qual é a concentração molar dos pontos quânticos na suspensão final?

3J.14 Uma amostra de pontos quânticos de PbS é preparada misturando-se 7,0 mL de $Pb(NO_3)_2$(aq) 0,0013 M com 7,0 mL de $(NH_4)_2S$(aq) 0,0013 M. Cada ponto quântico contém uma média de 145 fórmulas unitárias de PbS. Qual é a concentração molar dos pontos quânticos na suspensão final?

3J.15 Um elétron confinado em uma nanopartícula pode ser imaginado como uma partícula de massa m_e confinada em uma caixa cúbica de lado L. Os níveis de energia dos elétrons são

$$E = \frac{h^2}{8m_eL^2}(n_x^2 + n_y^2 + n_z^2)$$

Escreva expressões para os três níveis de energia mais baixos. Quais desses níveis são degenerados? Dê, para os níveis degenerados, os números quânticos que correspondem a cada nível.

3J.16 O buckminsterfullereno é uma forma de carbono com moléculas quase esféricas compostas por 60 átomos de carbono (Tópico 8F). O interior de uma molécula de C_{60} tem diâmetro de cerca de 0,7 nm e está sendo estudado como um recipiente para átomos e moléculas. Suponha que o buckmisterfullereno está sendo usado para transportar hidrogênio molecular. A cavidade em uma única molécula pode ser vista como um cubo vazio com lado igual a 0,7 nm. Se uma molécula de hidrogênio é representada por uma massa pontual, de quanta energia uma molécula de hidrogênio no interior de uma molécula de C_{60} precisa para se excitar do nível de energia mais baixo até (a) o segundo nível de energia; (b) o terceiro nível de energia? (Veja o Exercício 3J.15.)

O exemplo e os exercícios a seguir baseiam-se no conteúdo do Foco 3.

FOCO 3 — Exemplo cumulativo online

Algumas das primeiras argamassas eram *cimentos não hidráulicos*, que curam mediante reação com o CO_2, e não com a água. Estes cimentos eram preparados aquecendo-se a calcita, $CaCO_3(s)$, a temperaturas elevadas para liberar o gás CO_2 e formar cal, $CaO(s)$. O sólido resultante é misturado com água para formar uma pasta de cal hidratada, $Ca(OH)_2$, à qual adiciona-se areia ou cinza vulcânica para formar a argamassa de cal. Por exemplo, em Roma, o Coliseu e o Panteão foram construídos usando este tipo de argamassa e estão se mantendo de pé ao longo dos séculos. Imagine que você está investigando métodos antigos de construção e precisa entender a química destes materiais.

(a) Escreva as equações químicas balanceadas para (i) a conversão da calcita em cal, (ii) a reação da cal com água para formar cal hidratada e (iii) a reação da cal hidratada com CO_2 para formar carbonato de cálcio.

(b) A preparação da cal libera dióxido de carbono, um gás de estufa. Se 1,000 t (1 t = 10^3 kg) de $CaCO_3$ é colocada em um forno e aquecida até 850°C, que volume de $CO_2(g)$ é formado em 850°C e 1 atm?

(c) Se o $CO_2(g)$ encontrado no item (b) for esfriado até atingir a temperatura do ambiente de 22°C, que volume ele ocupará?

(d) O óxido de cálcio tem a estrutura cúbica mostrada em (**1**). Cada aresta mede 481,1 pm. Os átomos estão nas arestas, faces e vértices do cubo, cujo átomo central é um oxigênio. Use estas informações e a densidade do $CaCO_3(s)$, 2,711 g·cm^{-3}, para calcular a variação no volume do sólido à medida que CO_2 é liberado de 1,0 t de $CaCO_3$.

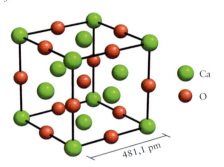

1 Óxido de cálcio, CaO

(e) Com base nos resultados da parte (d), aponte uma razão pela qual edificações construídas com tijolos unidos com argamassa de cal podem desabar durante um incêndio.

 A solução deste exemplo está disponível, em inglês, no hotsite http://apoio.grupoa.com.br/atkins7ed

FOCO 3 — Exercícios

3.1 O desenho abaixo representa uma pequena seção de um balão que contém dois gases. As esferas de cor laranja representam átomos de neônio, e as de cor azul, átomos de argônio. (a) Se a pressão parcial do neônio nesta mistura for 420. Torr, qual será a pressão parcial do argônio? (b) Qual é a pressão total?

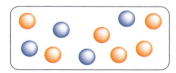

3.2 Os quatro balões abaixo foram preparados com o mesmo volume e temperatura. O Balão I contém átomos de He; o Balão II, moléculas de Cl_2; o Balão III, átomos de Ar; e o Balão IV, moléculas de NH_3. Que balão tem (a) o maior número de átomos; (b) a maior pressão; (c) a maior densidade (massa); (d) a maior raiz quadrada das velocidades médias quadráticas; (e) a maior energia cinética molar?

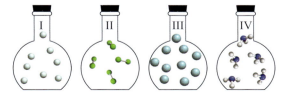

3.3 Por meio de uma série de etapas enzimáticas do processo de fotossíntese, o dióxido de carbono e a água produzem glicose e oxigênio, de acordo com a equação

$$6\,CO_2(g) + 6\,H_2O(l) \longrightarrow C_6H_{12}O_6(s) + 6\,O_2(g)$$

Sabendo que a pressão parcial do dióxido de carbono na troposfera é 0,26 Torr e que a temperatura é 25°C, calcule o volume de ar necessário para produzir 10,0 g de glicose a 1 atm.

3.4 Colegas de quarto enchem dez balões para uma festa, cinco com hidrogênio e cinco com hélio. Após a festa, eles percebem que os balões de hidrogênio perderam um quinto de seu conteúdo devido à difusão através das paredes dos balões. Que fração de hélio os outros balões perderam no mesmo intervalo de tempo?

3.5 Suponha que 200. mL de cloreto de hidrogênio, em 690. Torr e 20. °C, se dissolveram em 100. mL de água. A solução foi titulada até o ponto estequiométrico com 15,7 mL de uma solução de hidróxido de sódio. Qual é a concentração molar da solução de hidróxido de sódio usada na titulação?

3.6 Durante o mergulho, a pressão exercida pela coluna de água sobre o mergulhador pode ser tornar alta o bastante para induzir o rompimento dos pulmões. Por essa razão, os equipamentos de mergulho precisam ser sensíveis à pressão externa e aumentar a pressão do gás usado para a respiração até ela se igualar à pressão externa. Um mergulhador está em trabalho de exploração de um navio naufragado. Ele respira uma mistura de 36% de oxigênio e 64% de nitrogênio em massa. Na profundidade de 33 pés, a pressão sobre o mergulhador é 2,0 bar. Qual é a pressão parcial do oxigênio na mistura gasosa àquela profundidade?

3.7 Um balão de volume 5,00 L foi evacuado e 43,78 g de tetróxido de dinitrogênio, N_2O_4, foram admitidos. Em −196°C (nessa temperatura, este composto é um sólido incolor). A amostra foi aquecida até 25°C e, no processo, N_2O_4 se vaporiza e se dissocia parcialmente para formar o gás NO_2. A pressão cresce lentamente e se estabiliza em 2,96 atm. (a) Escreva a equação química da reação. (b) Se todo o gás no frasco a 25°C fosse N_2O_4, qual seria a pressão? (c) Se todo o gás no frasco fosse NO_2, qual seria a pressão? (d) Quais são as frações molares de N_2O_4 e NO_2 quando a pressão se estabiliza em 2,96 atm?

3.8 Quando 0,40 g de zinco impuro reagiu com excesso de ácido clorídrico, formaram-se 127 mL de gás hidrogênio, que foi coletado sobre água em 10. °C. A pressão externa era 737,7 Torr. (a) Que volume ocuparia o hidrogênio seco sob 1,00 atm e 298 K? (b) Que quantidade (em mols) de H_2 foi coletada? (c) Qual era a pureza percentual do zinco, supondo que todo o zinco presente reagiu completamente com HCl e que as impurezas não reagiram com HCl para produzir hidrogênio? A pressão de vapor da água em 10. °C é 9,21 Torr.

3.9 Suponha que 0,473 g de um gás desconhecido, que ocupa 200. mL em 1,81 atm e 25°C, foi analisado. A composição obtida foi de 0,414 g de nitrogênio e 0,0591 g de hidrogênio. (a) Qual é a fórmula molecular do composto? (b) Desenhe a estrutura de Lewis da molécula. (c) Se 0,35 mmol de NH_3 efunde por uma pequena abertura de uma aparelhagem de vidro em 15,0 min em 200. °C, que quantidade do gás em estudo irá efundir pela mesma abertura em 25,0 min em 200. °C?

3.10 Quando uma amostra de 2,36 g de fósforo foi queimada em cloro, produziram-se 10,5 g de um cloreto de fósforo. Seu vapor levou 1,77 vez mais tempo para efundir do que o mesmo número de mols de CO_2 nas mesmas condições de temperatura e pressão. Qual é a massa molar e a fórmula molecular do cloreto de fósforo?

3.11 Determine a razão entre o número de moléculas de um gás que tem velocidade dez vezes maior do que a raiz quadrada da velocidade média quadrática e o número de moléculas que têm velocidade igual à raiz quadrada da velocidade média quadrática. Esta razão é independente da temperatura? Explique seu raciocínio.

3.12 Você sabe que 2,55 g de um hidrocarboneto gasoso enche um frasco de 3,00 L, em 0,950 atm e 82,0°C. Escreva a fórmula de Lewis do hidrocarboneto.

3.13 Uma amostra sólida finamente pulverizada de um óxido de ósmio (que funde em 40. °C e ferve em 130. °C), cuja massa é 1,509 g, foi colocada em um cilindro dotado de um pistão móvel que pode se expandir contra a pressão atmosférica de 745 Torr. Suponha que a quantidade de ar residual inicialmente presente no cilindro é desprezível. Quando a amostra é aquecida até 200. °C, ocorre vaporização completa e o volume do cilindro se expande até 235 ml. Qual é a massa molar do óxido? Supondo que a fórmula do óxido é OsO_x, qual é o valor de x?

3.14 Como a raiz quadrada da velocidade média quadrática das moléculas de um gás varia com a temperatura? Ilustre esta relação em um gráfico da raiz quadrada da velocidade média quadrática das moléculas de N_2 em função da temperatura de $T = 100$ K até $T = 300$ K.

3.15 O gráfico abaixo mostra a distribuição das velocidades do N_2 em 300, 500 e 1000 K. (a) Identifique a temperatura do gás para cada curva. (b) Qual é a raiz quadrada da velocidade média quadrática das moléculas de N_2 em 227°C?

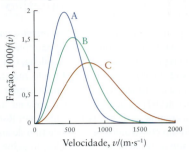

3.16 Uma expressão da raiz quadrada da velocidade média quadrática, v_{rms}, de um gás foi derivada no Tópico 3D. Usando a distribuição de velocidades de Maxwell, pode-se também calcular a velocidade média e a velocidade mais provável (mp) de uma coleção de moléculas. As equações usadas para essas duas quantidades são $v_{média} = (8RT/\pi M)^{1/2}$ e $v_{mp} = (2RT/M)^{1/2}$. Esses valores têm uma relação fixa um com o outro. (a) Coloque essas três quantidades em ordem crescente de magnitude. (b) Mostre que as magnitudes relativas são independentes da massa molar do gás. (c) Use a menor velocidade como referência para estabelecer a ordem de magnitude e determinar a relação entre os valores maiores e menores.

3.17 Um litro de gás cloro, em 1 atm e 298 K reage completamente com 1,00 L de gás nitrogênio e 2,00 L de gás oxigênio na mesma temperatura e pressão. Forma-se um único produto gasoso, que enche um frasco de 2,00 L, em 1,00 atm e 298 K. Use essas informações para determinar as seguintes características do produto: (a) sua fórmula empírica; (b) sua fórmula molecular; (c) a fórmula de Lewis mais favorável com base em argumentos de carga formal (o átomo central é N); (d) a forma da molécula.

3.18 Uma amostra do gás arsano, AsH_3, em um frasco de 500,0 mL, em 300. Torr e 223 K é aquecida até 473 K, temperatura na qual o arsano se decompõe em arsênio sólido e gás hidrogênio. O frasco é, então, esfriado até 273 K e a pressão alcança 485 Torr. Todo o arsano se decompôs? Calcule a percentagem de moléculas de arsano que se decompuseram.

3.19 A equação de van der Waals pode ser rearranjada na seguinte reação cúbica:

$$V^3 + n\left(\frac{RT + bP}{P}\right)V^2 + \left(\frac{n^2a}{P}\right)V - \frac{n^3ab}{P} = 0$$

(a) Use esta equação para calcular o volume ocupado por 0,505 mol de $NH_3(g)$ em 25°C e 95,0 atm. (g) Os parâmetros de van der Waals do NH_3 são $a = 4,225$ bar·L^2·atm·mol^{-1} e $b = 3,71$ L·mol^{-1}. (b) Que forças predominam nesta temperatura e pressão: as atrativas ou as repulsivas?

3.20 Neblina poluída por fotoquímica forma-se, em parte, pela ação da luz sobre o dióxido de nitrogênio. O comprimento de onda da radiação absorvida pelo NO_2 nesta reação é 197 nm.

$$NO_2 \xrightarrow{h\nu} NO + O$$

(a) Desenhe a estrutura de Lewis do NO_2 e esquematize seus orbitais moleculares π. (b) Quando 1,56 mJ de energia é absorvido por 3,0 L de ar em 20. °C e 0,91 atm, todas as moléculas de NO_2 desta amostra

Foco 3 Exercícios **235**

se dissociam pela reação mostrada. Suponha que cada fóton absorvido leva à dissociação (em NO e O) de uma molécula de NO_2. Qual é a proporção, em partes por milhão, de moléculas de NO_2 nesta amostra? Imagine que a amostra tem comportamento ideal.

3.21 A reação de dimetil-hidrazina sólida, $(CH_3)_2N_2H_2$, e tetróxido de dinitrogênio liquefeito, N_2O_4, foi investigada para uso como combustível de foguetes. A reação produz os gases dióxido de carbono (CO_2), nitrogênio (N_2) e vapor de água (H_2O), que são ejetados nos gases de exaustão. Em um experimento controlado, dimetil-hidrazina sólida reagiu com excesso de tetróxido de dinitrogênio e os gases foram coletados em um balão fechado até atingir a pressão de 2,50 atm e a temperatura de 400,0 K. (a) Quais são as pressões parciais de CO_2, N_2 e H_2O? (b) Quando o CO_2 é removido por reação química, quais são as pressões parciais dos gases remanescentes?

3.22 No balonismo, o ar no interior de um balão, denominado envelope, é aquecido até sua densidade assumir um valor menor do que o da atmosfera circundante. Isso permite que o envelope e o cesto ascendam. Uma equipe está preparando o seu balão para um voo em um dia seco a 16°C. O envelope tem o volume de 3.125 m^3 quando inflado e, excluindo-se a massa do ar, a massa total do envelope e do cesto carregado com combustível, queimador, passageiros e sanduíches é 586 kg. (a) Qual seria a massa de ar no envelope a 16°C? (b) A que temperatura o ar no envelope precisa ser aquecido para erguer o cesto e sua carga? (c) Qual é a massa do ar no interior do envelope naquela temperatura? Suponha que o volume do cesto carregado seja desprezível e que a massa molar do ar é 28,97 $g \cdot mol^{-1}$.

3.23 Os *airbags* de automóveis contêm cristais de azida de sódio, NaN_3, que, durante uma colisão, decompõem-se rapidamente para dar gás nitrogênio e o metal sódio. O gás nitrogênio liberado no processo infla instantaneamente o *airbag*. Suponha que o gás nitrogênio liberado se comporte como um gás ideal e que o volume dos sólidos produzidos seja mínimo (e que possa ser ignorado). (a) Calcule a massa (em gramas) de azida de sódio necessária para gerar gás nitrogênio suficiente para encher um *airbag* de 57,0 L, em 1,37 atm e 25°C. (b) Qual é a raiz quadrada da velocidade média quadrática das moléculas do gás N_2 formadas?

3.24 Quando moléculas surfactantes de cadeia longa com uma "cabeça" polar e uma "cauda" apolar são colocadas na água, formam-se *micelas*, nas quais as caudas não polares se agregam e as cabeças polares apontam para fora, na direção do solvente. As *micelas inversas* são semelhantes, mas nelas os grupos apolares apontam para fora. Como as micelas inversas podem ser produzidas?

3.25 Desenhe a estrutura de Lewis de (a) NI_3 e (b) BI_3, dê nome às formas moleculares e diga se elas podem participar de interações dipolo-dipolo.

3.26 Desenhe a estrutura de Lewis de (a) PF_3 e (b) PF_5, dê nome às formas moleculares e diga se elas podem participar de interações dipolo-dipolo.

3.27 (a) Calcule as áreas superficiais dos isômeros 2,2-dimetil-propano e pentano. Imagine que o 2,2-dimetil-propano é esférico, com raio 254 pm, e que o pentano é, aproximadamente, um prisma retangular de dimensões 295 pm $\times$ 692 pm $\times$ 766 pm. (b) Qual dos dois tem a maior área superficial? Qual dos dois, na sua opinião, tem o ponto de ebulição mais alto?

3.28 (a) Calcule a razão das energias potenciais da interação íon-íon de Li^+ e de K^+ com o mesmo ânion. (b) Repita o cálculo para a razão das energias potenciais da interação íon-dipolo dos íons Li^+ e K^+ com uma molécula de água. (c) O que esses números sugerem sobre a importância relativa da hidratação dos sais de lítio em comparação com a dos sais de potássio?

3.29 Todos os gases nobres, exceto o hélio, cristalizam com estruturas ccp em temperaturas muito baixas. Encontre uma equação que relacione o raio atômico e a densidade de um sólido ccp de uma dada massa molar e aplique-a para deduzir os raios atômicos dos gases nobres, dadas as seguintes densidades (em $g \cdot cm^{-3}$): Ne, 1,20; Ar, 1,40; Kr, 2,16; Xe, 2,83; Rn, 4,4 (estimada).

3.30 Todos os metais alcalinos cristalizam em estruturas bcc. (a) Encontre uma equação geral que relacione o raio do metal e a densidade de um sólido bcc de um elemento em termos de sua massa molar e use-a para deduzir os raios atômicos dos elementos, dadas as seguintes densidades (em $g \cdot cm^{-3}$): Li, 0,53; Na, 0,97; K, 0,86; Rb, 1,53; Cs, 1,87. (b) Encontre o fator de conversão de uma densidade bcc a uma densidade de empacotamento cúbico compacto do mesmo elemento (ccp). (c) Calcule a densidade dos metais alcalinos se eles fossem ccp. (d) Algum deles flutuaria na água?

3.31 Metais com estruturas bcc, como o tungstênio, não estão em empacotamento compacto. Portanto, suas densidades seriam maiores se eles mudassem para uma estrutura ccp (sob pressão, por exemplo). Qual seria a densidade do tungstênio se sua estrutura fosse ccp em vez de bcc? A densidade experimental é 19,3 $g \cdot cm^{-3}$.

3.32 Um óxido de nióbio tem uma célula unitária com íons óxido no meio de cada aresta e íons nióbio no centro de cada face. Qual é a fórmula empírica desse óxido?

3.33 Alguns óxidos de metais formam compostos não "estequiométricos", nos quais a relação entre os números de átomos que fazem parte do composto não pode ser expressa em números inteiros pequenos. Na estrutura cristalina de um composto não estequiométrico, alguns dos pontos do retículo, que deveriam ser ocupados por átomos, estão vazios. Os metais de transição formam compostos não estequiométricos mais facilmente devido aos estados de oxidação diferentes que eles podem ter. Por exemplo, o óxido de titânio, com fórmula $TiO_{1,18}$, é conhecido. (a) Calcule o estado de oxidação médio do titânio nesse composto. (b) Se o composto tiver íons Ti^{2+} e Ti^{3+}, que fração de íons de titânio estará em cada estado de oxidação?

3.34 O dióxido de urânio, UO_2, pode ser oxidado a um composto não estequiométrico UO_{2+x}, em que $0 < x < 0,25$. (Veja o Exercício 3.33 para uma descrição de compostos não estequiométricos.) (a) Qual é o estado de oxidação médio do urânio em um composto de composição $UO_{2,17}$? (b) Se imaginarmos que o urânio existe unicamente nos estados de oxidação +4 ou +5, qual é a fração de íons de urânio em cada um desses estados?

3.35 Verifique se as seguintes afirmações estão certas ou erradas. (a) Se existe um átomo no vértice de uma célula unitária, deve haver o mesmo tipo de átomo em todos os vértices da célula unitária. (b) Uma célula unitária deve ser definida de modo que existam átomos nos vértices. (c) Se uma face da célula unitária tem um átomo no centro, então a face oposta também deve ter um átomo no centro. (d) Se uma face da célula unitária tem um átomo no centro, todas as faces da célula unitária devem ter átomos no centro.

3.36 Verifique se as seguintes afirmações estão certas ou erradas. (a) Como o cloreto de césio tem íons cloreto nos vértices da célula unitária e um íon césio no centro da célula, ele é classificado como tendo uma célula unitária de corpo centrado. (b) A densidade da célula unitária deve ser a mesma do corpo do material. (c) Quando raios X passam através de um cristal simples do composto, o feixe de raios X sofre difração, porque interage com os elétrons dos átomos do cristal. (d) Os ângulos de uma célula unitária devem ser todos iguais a 90°.

3.37 Desenhe células unitárias para os arranjos bidimensionais mostrados aqui que geram, ao serem repetidas, o retículo bidimensional completo.

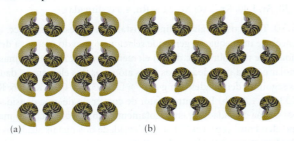

3.38 Desenhe células unitárias para os arranjos bidimensionais mostrados aqui que geram, ao serem repetidas, o retículo bidimensional completo.

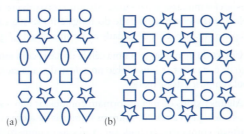

3.39 O buckminsterfullereno é um alótropo do carbono no qual os átomos de carbono formam moléculas quase esféricas com 60 átomos cada uma (Tópico 8F). No composto puro, as esferas se empacotam em um arranjo cúbico de face centrada. (a) O comprimento da aresta da célula cúbica de face centrada do buckminsterfullereno é 142 pm. Use esta informação para calcular o raio da esfera rígida que representa o buckminsterfullereno. (b) O composto K_3C_{60} é um supercondutor em temperaturas baixas. Neste composto, os íons K^+ ficam em buracos no retículo cúbico de face centrada do C_{60}^{3-}. Considerando o raio do íon K^+ e supondo que o raio do íon C_{60}^{3-} é o mesmo da molécula C_{60}, avalie em que tipo de buraco os íons K^+ estão (tetraédrico, octaédrico ou ambos) e indique que percentagem dos buracos está ocupada.

3.40 Os gases reais e os vapores apresentam desvios em relação ao comportamento ideal devidos às interações intermoleculares. Lembre-se de que a equação de van der Waals é uma equação de estado dos gases reais, expressa em termos de dois parâmetros, a e b. (a) Para cada um dos seguintes pares de gases, marque a substância que tem o maior parâmetro a de van der Waals: (i) He e Ne; (ii) Ne e O_2; (iii) CO_2 e H_2; (iv) H_2CO e CH_4; (v) C_6H_6 e $CH_3(CH_2)_{10}CH_3$. (b) Para cada um dos seguintes pares de gases, marque a substância que tem o maior parâmetro b de van der Waals: (i) F_2 e Br_2; (ii) Ne e F_2; (iii) CH_4 e $CH_3CH_2CH_3$; (iv) N_2 e Kr; (v) CO_2 e SO_2.

3.41 Um mineral comum tem uma célula unitária cúbica, na qual os cátions do metal M ocupam os vértices e os centros das faces. Dentro da célula unitária, existem ânions A que ocupam todos os buracos tetraédricos criados pelos cátions. Qual é a fórmula química do composto M_mA_a?

3.42 Buracos intersticiais octaédricos e tetraédricos formam-se quando ocorrem vacâncias deixadas por ânions que se agregam em um arranjo ccp. (a) Que buracos podem acomodar os íons maiores? (b) Qual é a razão entre o tamanho do maior cátion de metal que pode ocupar um buraco octaédrico e o do maior que pode ocupar um buraco tetraédrico, mantendo a natureza de empacotamento compacto do retículo de ânions? (c) Se metade dos buracos tetraédricos for ocupada, qual será a fórmula química do composto M_xA_y, em que M representa os cátions e A os ânions?

3.43 A capacidade calorífica molar é o calor necessário para elevar a temperatura em 1 °C por mol de moléculas ou fórmulas unitárias da substância. Quanto maior for a variedade de movimentos (como as vibrações) que os átomos puderem executar na estrutura reticular, maior será a capacidade calorífica. Em 1819, os cientistas Pierre Dulong e Thérèse Petit afirmaram (em linguagem moderna) que a capacidade calorífica molar de um sólido cristalino por átomo é igual para todos os cristais. (a) Verifique se esta afirmação é válida para metais, preparando uma tabela de capacidades caloríficas para o Cu, Fe, Pb e Zn (veja o Apêndice 2A). (b) Verifique se esta afirmação é válida para cristais iônicos preparando uma tabela de capacidades caloríficas por mol de átomos no composto para o CuO, FeS, $PbBr_2$ e ZnO. (c) Calcule a capacidade calorífica por mol de átomos para o $CuSO_4$ e o $PbSO_4$. Os átomos em um íon poliatômico atuam de forma independente, ou o íon todo se comporta como uma partícula no retículo? Use os resultados obtidos para explicar sua conclusão.

3.44 A lei de Dulong e Petit (Exercício 3.43) é válida para sólidos reticulares ou moleculares? (a) Para verificar a aplicabilidade para sólidos reticulares, compare as capacidades caloríficas da grafita, do diamante e do SiO_2 (veja o Apêndice 2A). Use os seus resultados para determinar se os átomos em um sólido reticular se comportam de forma independente como os átomos em um cristal iônico. Justifique sua conclusão. (b) Para verificar os sólidos moleculares, compare as capacidades caloríficas molares do ácido benzoico, da ureia e da glicina (veja o Apêndice 2A). Use os seus resultados para determinar se os átomos em moléculas vibram de forma totalmente independente ou se eles se movem como uma molécula, dentro de certos limites. Use os dados obtidos para justificar sua conclusão.

3.45 (a) Se um elemento puro cristaliza com um retículo cúbico primitivo, que percentagem da célula unitária será buraco vazio? (b) Como isso se compara com a percentagem de buracos vazios da célula unitária fcc?

3.46 Muitos compostos iônicos se empacotam com os ânions formando um retículo de empacotamento compacto no qual os cátions do metal estão em buracos ou sítios intersticiais entre os ânions. Esses retículos, entretanto, não necessariamente estão tão compactados como o nome "empacotamento compacto" indica. O raio de um íon F^- é aproximadamente igual a 133 pm. Os comprimentos das arestas das células unitárias cúbicas de LiF, NaF, KF, RbF e CsF, todos empacotados em uma estrutura tipo sal-gema, são 568 pm, 652 pm, 754 pm, 796 pm e 850 pm, respectivamente. Quais desses retículos, se houver algum, pode ser visto como baseado em arranjos de empacotamento compacto de íons F^-? Justifique suas conclusões.

3.47 Devido às fortes ligações hidrogênio, o fluoreto de hidrogênio no estado vapor existe na forma de cadeias curtas e anéis.

Desenhe a estrutura de Lewis de uma cadeia (HF)₃ e indique os ângulos de ligação aproximados.

3.48 Calcule a energia potencial de Coulomb em um ponto situado à distância r de um dipolo formado pelas cargas Q e $-Q$, separadas pela distância l no arranjo do diagrama. Use o fato de que $l \ll r$ para expandir a expressão $1/(1 + x)$ em $1 - x + ...$ e identificar a magnitude do momento de dipolo como $\mu = Ql$. Mostre que a energia potencial é proporcional a $1/r^2$ (veja a Equação 1 no Tópico 3F e a Tabela 3F.1).

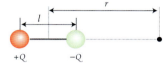

3.49 Um dos processos naturais mais destrutivos é a corrosão do ferro na presença de oxigênio, formando a ferrugem que, para simplificar, consideramos ser óxido de ferro(III). Se um cubo de ferro de lado 1,5 cm reage com 15,5 L de oxigênio a 1,00 atm e 25°C, qual é a massa máxima de óxido de ferro(III) que pode se formar? O metal ferro tem estrutura bcc e o raio atômico do ferro é 124 pm. A reação ocorre em 298 K e 1,00 atm.

3.50 Que massa de carbono é necessária para completar a conversão de 14,0 kg de SiO₂ em SiC?

3.51 Alguns metais do bloco d, como titânio, vanádio, zircônio, nióbio, háfnio e tântalo, reagem com o nitrogênio em temperaturas elevadas para formar nitretos com fórmula geral MN (na qual M é o metal). Os compostos formados são muito duros, têm altos pontos de fusão e condutividades elétrica e térmica elevadas. Neles, os átomos estão arranjados como no NaCl (Tópico 3H). (a) Você classificaria estes compostos como ligas, sais, sólidos moleculares ou sólidos reticulares? Justifique sua resposta. (b) Quais são as evidências do caráter covalente das ligações destes compostos? (c) Use suas configurações eletrônicas para explicar por que os metais nos Grupos 11 e 12 não formam esses tipos de nitreto.

3.52 As condutividades elétrica e térmica dos elementos dos Grupos 11 e 12, bem como as do manganês, foram medidas (ver a tabela abaixo). Use os dados para responder às seguintes perguntas: (a) A condutividade elétrica de um metal está relacionada com a capacidade de os elétrons se moverem livremente no interior do retículo. É possível dizer o mesmo sobre a condutividade térmica? Justifique sua resposta elaborando um gráfico da condutividade térmica em função da condutividade elétrica. (b) Explique por que as condutividades térmica e elétrica dos metais do Grupo 11 são altas, enquanto as dos metais do Grupo 12 são baixas. (c) Explique por que as condutividades elétricas e térmicas do manganês são tão baixas.

Elemento	Condutividade elétrica (MS·m⁻¹) em 273 K	Condutividade térmica (10⁻⁸ W·K⁻¹·m⁻¹) em 300 K
Mn	0,694	7,82
Cu	60,7	401
Ag	63,0	429
Au	45,2	317
Zn	0,169	116
Cd	1,47	96,8
Hg	1,06	8,34

3.53 A célula unitária de um supercondutor de alta temperatura é mostrada abaixo. Qual é a sua fórmula?

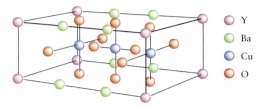

3.54 A célula unitária do mineral perovskita, que tem estrutura semelhante a alguns supercondutores de cerâmica, é mostrada abaixo. Qual é a sua fórmula?

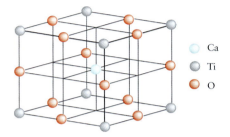

3.55 O carbeto de silício sólido reage com hidróxido de sódio fundido e gás oxigênio em temperaturas elevadas para formar Na₂SiO₃ sólido e os gases água e dióxido de carbono. Escreva uma equação balanceada para a reação.

3.56 O carbeto de alumínio é considerado um carbeto covalente. Ele reage, porém, com água, como fazem os carbetos iônicos, para produzir hidróxido de alumínio sólido e o gás metano, CH₄. Escreva uma equação química para a reação.

3.57 Abaixo estão dois gráficos de absorção. Um foi obtido de uma solução de um corante orgânico e o outro de uma suspensão de um ponto quântico. Qual é qual? Explique seu raciocínio.

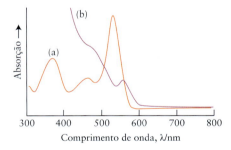

3.58 Qual é a massa total (a) dos elétrons e (b) dos prótons (nucleares) de um bloco de cerâmica de BaTiO₃ com massa 4,72 kg?

3.59 O óxido de zinco é um semicondutor. Sua condutividade aumenta quando ele é aquecido no vácuo e diminui quando é aquecido em oxigênio. Explique essas observações.

Os nove exercícios a seguir abordam o conteúdo do Interlúdio que segue o Foco 3.

3.60 Desenhe uma representação química simples para mostrar como a remoção da água ajuda a transformar os aluminossilicatos em cerâmicas rígidas.

3.61 Qual é o número de oxidação (a) do fósforo em Li₇P₃S₁₁, que se forma em alguns eletrólitos cerâmicos; (b) do titânio em BaTiO₃?

238 **Foco 3** Exercícios

3.62 Supondo que o número de oxidação do alumínio é +3 em ambos os compostos, qual é o número de oxidação do silício (a) na argila, $Al_2Si_2O_5(OH)_4$; (b) na mica, $KMg_3(Si_3AlO_{10})(OH)_2$?

3.63 Selecione as propriedades físicas que diferem entre as fases vítrea e cristalina de uma substância e explique suas escolhas: (a) a capacidade de trincar ao longo de um plano; (b) a rigidez; (c) um ponto de fusão bem definido; (d) a transparência.

3.64 Selecione o tipo de substância (metal ou cerâmica) que tem o maior valor de cada propriedade e explique suas escolhas: (a) ductilidade; (b) fragilidade; (c) resistência à oxidação; (d) coeficiente de expansão térmica (grau de expansão ao aquecimento).

3.65 Qual é o número de oxidação do silício no ânion que se forma quando é utilizado HF para corroer vidro?

3.66 Um procedimento típico de gravação de vidros envolve a cobertura da superfície do vidro com uma máscara (uma camada protetora). Depois, a máscara é removida das áreas que devem ser gravadas e uma pasta preparada com fluoreto e ácido sulfúrico é aplicada na superfície. Usando fontes de referência padrão, determine a fórmula química da fluorita e descreva as reações químicas que ocorrem na gravação do vidro.

3.67 Por que não é aconselhável armazenar fluoretos metálicos em garrafas de vidro?

3.68 Soluções de bases fortes armazenadas em garrafas de vidro reagem lentamente com o recipiente. Escreva a equação balanceada de quatro reações possíveis entre OH^- e SiO_2.

FOCO 3 Exercícios cumulativos

3.69 A pirita de ferro, FeS_2, é a forma mais comum do enxofre no carvão. Na combustão do carvão, o oxigênio reage com a pirita de ferro para produzir óxido de ferro(III) e dióxido de enxofre, que é uma fonte importante de poluição do ar e contribui muito para as chuvas ácidas.

(a) Escreva a equação balanceada da queima de FeS_2 no ar para dar óxido de ferro(III) e dióxido de enxofre.

(b) Calcule a massa de Fe_2O_3 produzida na reação de 75,0 L de oxigênio a 2,33 atm e 150. °C com excesso de pirita de ferro.

(c) Se o dióxido de enxofre gerado em (b) for dissolvido para formar 5,00 L de solução em água, qual é a concentração molar da solução do ácido sulfuroso resultante, H_2SO_3?

(d) Que massa de SO_2 é produzida na queima de 1,00 tonelada ($1\ t = 10^3$ kg) de carvão rico em enxofre se o conteúdo de pirita é 5% em massa?

(e) Qual é o volume do gás SO_2 gerado em (d) em 1,00 atm e 25°C?

(f) Um modo de remover o SO_2 dos gases de exaustão é usar a reação $CaO(s) + SO_2(g) \rightarrow CaSO_3(s)$. Em um teste desse procedimento, uma mistura de dióxido de enxofre e nitrogênio gasosos foi preparada em 25°C em um balão de volume 500. mL em 1,09 atm. A mistura foi passada sobre óxido de cálcio em pó, a quente, que remove o dióxido de enxofre, e transferida para um balão de volume 150. mL, sob pressão de 1,09 atm em 50. °C. (i) Qual era a pressão parcial do SO_2 na mistura inicial? (ii) Que massa de SO_2 estava presente na mistura inicial?

(g) Os parâmetros de van der Waals do SO_2 são $a = 6,865\ L^2 \cdot atm \cdot mol^{-1}$ e $b = 0,0568\ L \cdot mol^{-1}$. Calcule a pressão do gás SO_2 confinado em um balão de 1,00 L em 27°C, usando a lei dos gases ideais e a equação de van der Waals, de 0,100 mol a 0,500 mol de SO_2 em incrementos de 0,100 mol.

(h) Calcule o desvio percentual entre o valor ideal e o valor de van der Waals em cada ponto da parte (g).

(i) Nas condições da parte (g), que termo tem o maior efeito sobre a pressão do SO_2: as atrações intermoleculares ou as repulsões?

(j) Se considerarmos como ideais todos os gases em que a pressão observada difere por menos de 5% do valor ideal, em que ponto o SO_2 torna-se um gás "real"?

3.70 O nitrato de etilamônio, $CH_3CH_2NH_3NO_3$, foi o primeiro líquido iônico a ser descoberto. Seu ponto de fusão de 12°C foi divulgado em 1914 e, desde então, tem sido usado como um solvente não poluente para reações orgânicas, além de facilitar o enovelamento de proteínas.

(a) Desenhe a estrutura de Lewis dos íons do nitrato de etilamônio e indique a carga formal de cada átomo (no cátion, os átomos de carbono estão ligados ao átomo de N em uma cadeia: C—C—N).

(b) Sugira um esquema de hibridação para cada átomo de C e de N.

(c) O nitrato de etilamônio não pode ser usado em determinadas reações porque pode oxidar alguns compostos. Que íon é, provavelmente, o agente oxidante: o cátion ou o ânion? Explique sua resposta.

(d) O nitrato de etilamônio pode ser preparado pela reação do gás etilamina, $CH_3CH_2NH_2$, com o ácido nítrico em água. Escreva a equação química da reação. De que tipo de reação se trata?

(e) Em um experimento, 2,00 L de etilamina em 0,960 atm e 23,2°C foram borbulhados em 250,0 mL de 0,240 M de $HNO_3(aq)$ com produção de 4,10 g de nitrato de etilamônio. Qual é o rendimento teórico da reação e qual foi o rendimento percentual obtido?

(f) Sugira como as forças que mantêm os íons do nitrato de etilamônio juntos no estado sólido diferem das forças que agem em sais como cloreto de sódio ou brometo de sódio.

(g) Sais de baixo ponto de fusão em que o cátion é inorgânico e o ânion é orgânico já foram preparados. Explique a tendência dos pontos de fusão nas seguintes séries: acetato de sódio ($NaCH_3CO_2$), 324°C; propanoato de sódio ($NaCH_3CH_2CO_2$), 285°C; butanoato de sódio ($NaCH_3CH_2CH_2CO_2$), 76°C e pentanoato de sódio ($NaCH_3CH_2CH_2CH_2CO_2$), 64°C.

INTERLÚDIO   As cerâmicas e os vidros

Muitos materiais utilizados nas tecnologias mais avançadas são baseados em materiais característicos de uma das mais antigas tecnologias: a areia e a argila. O *caulim* contém principalmente *caolinita*, um aluminossilicato cuja composição é $Al_2Si_2O_5(OH)_4$, que pode ser obtido em uma forma razoavelmente livre das impurezas de ferro que dão cor marrom a certas argilas; logo, ele é branco. Outras argilas, entretanto, contêm os óxidos de ferro que dão a cor laranja das telhas de terracota e dos potes de flores.

A aparência de um floco de argila reflete sua estrutura interna, que lembra uma pilha desarrumada de papéis (Fig. 1). Folhas de unidades tetraédricas de silicato (Tópico 3I) ou unidades octaédricas de óxidos de alumínio ou magnésio são separadas por camadas de moléculas de água que ligam as camadas de flocos. Cada floco de argila é rodeado por uma camada dupla de íons que separam os flocos por repulsão das cargas de mesmo nome que estão em flocos diferentes. A repulsão permite que os flocos deslizem uns sobre os outros e confere flexibilidade em resposta à pressão. Como resultado, as argilas são facilmente moldadas.

FIG. 1 As camadas de partículas de argila podem ser vistas nesta micrografia. Como as superfícies dessas camadas têm cargas idênticas, elas se repelem e se deslocam umas em relação às outras, tornando a argila mole e maleável. (© The Natural History Museum/Alamy.)

Quando a argila é cozida em um forno, ela forma os *materiais cerâmicos* duros e resistentes empregados na fabricação de tijolos, telhas e potes. À medida que a água é expelida durante a queima da argila, formam-se fortes ligações químicas entre os flocos. Grandes quantidades de caulim (usado para fabricar cerâmicas como porcelanas e louças) são aplicadas no revestimento de papéis para conferir uma superfície lisa e não absorvente. A argila foi a primeira substância transformada em uma **cerâmica**, um material inorgânico que foi endurecido por aquecimento em altas temperaturas. Hoje, uma grande variedade de compostos, frequentemente óxidos, é usada para criar cerâmicas com propriedades definidas. Por exemplo, a porcelana de cinza de osso, a qual é forte o bastante para ser usada na produção de louças finas e leves, é feita de caulim e tem cinza de osso como aglomerante, para conferir resistência ao material.

Um material cerâmico normalmente é muito duro, insolúvel em água e estável à corrosão e a altas temperaturas. Essas características são essenciais para seu valor tecnológico. Embora muitas cerâmicas tendam a ser quebradiças, elas podem ser usadas em altas temperaturas sem enfraquecer e resistem à deformação. As cerâmicas são frequentemente óxidos de elementos que estão no limite entre os metais e os não metais, porém os óxidos de metais d e alguns compostos de boro e silício com carbono e nitrogênio também são materiais cerâmicos. A maioria das cerâmicas são isolantes elétricos, contudo, alguns óxidos de metais d, como o titanato de bário, $BaTiO_3$, e o óxido de zinco, ZnO, são semicondutores. Além disso, alguns dos supercondutores de alta temperatura mais promissores são cerâmicas.

O óxido de alumínio, Al_2O_3, é um óxido cerâmico encontrado em diferentes formas de sólido. Na forma de α-alumina, o óxido é a substância cristalina, muito dura e estável conhecida como *corundum*. O corundum microcristalino impuro é o abrasivo púrpura-preto chamado de *esmeril*. O corundum é responsável por cerca de 80% das cerâmicas avançadas usadas em aplicações de alta tecnologia. Sua dureza, rigidez, condutividade térmica, estabilidade em temperaturas elevadas e capacidade de isolamento elétrico o tornam adequado para muitas aplicações, inclusive como base para as micropastilhas de computadores. O corundum é preparado a partir de Al_2O_3 pulverizado disperso em líquido. Os grânulos que se formam na dispersão são comprimidos em um molde e sinterizados. Formas de cristais simples de óxido de alumínio são conhecidas, e grandes cristais simples de óxido de alumínio chamados de safiras, que derivam sua cor de impurezas de ferro e titânio, são cultivados para aplicações especiais como microscópios acústicos e como janelas resistentes ao calor em mísseis termoguiados.

O desafio apresentado pelo corundum e por muitas outras cerâmicas é encontrar um modo de superar sua fragilidade. Um caminho seguido em algumas cerâmicas de dióxido de silício é o *processo sol-gel*. Nesse processo, um composto orgânico de silício é dissolvido em um solvente, como álcool; depois, água é adicionada para criar ligações cruzadas de hidratos à medida que o composto é polimerizado em uma estrutura de rede. Essas ligações cruzadas formam uma matriz rígida e resistente que tem poucas das pequenas fissuras que podem iniciar a ruptura de cerâmicas frágeis. Se o solvente é removido em alta temperatura e baixa pressão, forma-se um *aerogel*, uma espuma sólida sintética que tem densidade próxima à do ar, mas que é um bom isolante. Os aerogéis também são chamados de "fumaça congelada" devido a suas densidade e transparência baixas. Eles são usados para isolar claraboias e foram utilizadas no isolamento da sonda espacial usada na pesquisa em Marte. Apesar de sua aparência frágil, os aerogéis são muito fortes e conseguem suportar pesos elevados (Fig. 2).

FIG. 2 Um aerogel é uma espuma de cerâmica. Sua baixa densidade e baixa condutividade térmica, combinadas com sua grande dureza, o tornam um material isolante ideal. A fotografia mostra um segmento quase transparente usado como base para um tijolo. (NASA/JPL)

A estabilidade dos materiais cerâmicos em temperaturas elevadas permite seu uso no revestimento de fornos, e despertou o interesse para motores cerâmicos de automóveis, que poderiam, assim, suportar o superaquecimento. Atualmente, um automóvel típico contém cerca de 35 kg de material cerâmico, incluindo velas, sensores de pressão e vibração, cabos de freio, conversores catalíticos e isolantes térmicos e elétricos.

Um **vidro** é um sólido iônico com estrutura amorfa que lembra a de um líquido, geralmente criado pela solidificação tão rápida de um líquido que cristais não conseguem se formar. Os vidros têm estrutura em rede baseada em um óxido de não metal, normalmente a sílica, SiO_2, fundida junto com óxidos de metais que agem como "modificadores de rede", os quais alteram o arranjo das ligações do sólido. O vidro foi usado primeiramente na Antiguidade e cumpre um papel importante no desenvolvimento da arquitetura moderna. Os vidros normalmente se partem em fragmentos quando atingidos com força intensa o bastante, porque seus átomos formam um retículo intrincado e as ligações não ocorrem em arranjos organizados. Contudo, alguns vidros são projetados para serem extraordinariamente duros, flexíveis e resistentes a arranhões para uso em dispositivos de toque como telefones celulares e *tablets* (Fig. 3). Uma variante desse vidro foi desenvolvida com propriedades antimicrobianas. O produto conhecido como *Gorilla Glass* é fortalecido por imersão em um sal de álcali fundido. Neste processo, os íons sódio são substituídos por íons potássio. Quando o vidro esfria, os íons potássio são comprimidos, enrijecendo e fortalecendo o material.

Na fabricação do vidro, a sílica na forma de areia é aquecida até cerca de 1.600°C. Óxidos de metal, de estrutura MO (em que M é um cátion de metal, como Na^+, Pb^{2+} ou Zn^{2+}), são adicionados à sílica. Quando a mistura se funde, muitas ligações Si—O quebram-se e a estrutura ordenada dos cristais é perdida. Quando o material fundido é resfriado, as ligações Si—O formam-se novamente, porém o retículo cristalino não é restaurado, porque alguns átomos de silício ligam-se ao íon O^{2-} dos óxidos de metal para formar grupos —Si—O—M^{n+}, que substituem algumas ligações —Si—O—Si— originalmente presentes na sílica pura. Devido ao caráter fortemente covalente das ligações Si—O, uma ordem de curta distância se mantém no vidro, mas a de longa distância se perde. Os vidros de silicato em geral são transparentes e duráveis, e podem ser moldados como folhas planas, soprados para formar garrafas ou modelados conforme desejado.

Cerca de 90% de todos os vidros fabricados combinam óxidos de sódio e de cálcio com sílica para formar o *vidro de cal-soda*. Esse tipo de vidro, que é usado para janelas e garrafas, contém cerca de 12% de Na_2O, preparado pela ação do calor sobre o carbonato de sódio (a soda), e 12% de CaO (a cal). A redução das proporções de soda e cal e a adição de 16% de B_2O_3 produz um *vidro de borossilicato*, como o Pyrex. Como os vidros de borossilicato não se expandem muito quando aquecidos, eles resistem ao aquecimento e resfriamento rápidos, sendo usados como pratos que vão ao forno e bécheres de laboratório.

PONTO PARA PENSAR

Por que os vidros de borossilicato não expandem muito quando aquecidos?

Como regiões cristalinas não estão presentes no vidro, a luz não é espalhada pelos pequenos cristalitos que tornam opacos alguns minerais, e consegue passar facilmente pelo vidro, como o faz pela água. Em geral, os vidros baseados em silicatos são quebradiços, duros e opticamente transparentes, propriedades que os tornam adequados ao uso como fibras ópticas. As fibras ópticas são feitas puxando uma fibra de pequeno diâmetro de um bastão de vidro aquecido até que amoleça. A fibra é, então, coberta com uma camada de plástico (Fig. 4). As fibras ópticas permitem a transmissão de informações com muito mais rapidez do que os cabos metálicos e são um importante componente das redes de telecomunicação em banda larga.

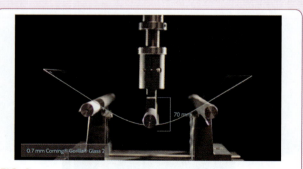

FIG. 3 Teste de flexibilidade de uma lâmina de vidro de 0,7 mm de espessura usada na produção de telas sensíveis ao toque. *(Cortesia de Corning Incorporated.)*

FIG. 4 Fibras de vidro, como a mostrada na figura, são usadas em redes de telecomunicações para transmitir grandes quantidades de dados. *(David R. Frazier/Science Source.)*

A TERMODINÂMICA

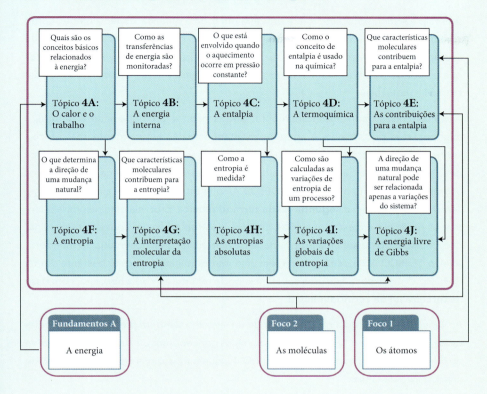

A energia está no coração da química. Nenhuma reação ocorre sem energia. Seu papel nas reações tem inúmeras formas, e praticamente todas as propriedades físicas da matéria podem ser associadas à energia da interação entre e no interior dos átomos e das moléculas. Fenômenos simples como calor e trabalho são manifestações da energia. O estudo das transformações da energia e, de modo específico, de seus papéis na química, é objeto da **termodinâmica**, o tema principal do Foco 4.

O que é a energia? O **TÓPICO 4A** discute esta questão examinando os papéis do trabalho e do calor na variação da quantidade de energia em uma região e estabelece a **primeira lei da termodinâmica**. A termodinâmica distingue o sistema, essencialmente a região de interesse, de sua vizinhança, isto é, o restante do mundo. Com base em observações na vizinhança, a termodinâmica avalia as alterações na "energia interna" do sistema, uma propriedade bem definida. A energia interna é explorada em detalhes no **TÓPICO 4B**, onde se mostra que ela se comporta como as reservas de um banco cujas transações são realizadas em trabalho ou calor. Um aspecto importante é que, embora a termodinâmica não dependa de modelos da estrutura da matéria (isto é, se ela é atômica, entre outras características), este tópico mostra como a compreensão sobre o tema é enriquecida pela busca por explicações relacionadas ao comportamento dos átomos.

Por ser uma ciência exata, a termodinâmica considera todas as variações da energia que acompanham um processo. Uma que poderia ser esquecida é o trabalho feito quando uma reação gera ou consome um gás e tem de reagir à atmosfera. Essa contribuição tão pequena para a variação da energia de um sistema é automaticamente incluída em uma propriedade denominada "entalpia", introduzida no **TÓPICO 4C**.

A entalpia é tão importante que é utilizada em toda a química, especialmente, como veremos no **TÓPICO 4D**, na **termoquímica**, o estudo das transferências de calor que acompanham as reações químicas. O **TÓPICO 4E** apresenta uma visão dos fatores que contribuem para a entalpia de um sistema com base nos processos que envolvem átomos e moléculas.

Algumas coisas ocorrem naturalmente, outras não. A decomposição é natural, a construção exige trabalho. A água flui montanha abaixo naturalmente, mas precisa ser bombeada montanha acima. Quem quer que pense sobre o mundo que o cerca deve se perguntar o que determina a direção *natural* de uma mudança. O que leva os acontecimentos para a frente? O **TÓPICO 4F** mostra que uma única propriedade, a "entropia", junto com a **segunda lei da termodinâmica**, propicia uma resposta quantitativa racional para estas questões. Embora a entropia seja um conceito termodinâmico, no sentido de ser uma propriedade da matéria tal qual observada no mundo visível, o **TÓPICO 4G** mostra que ela tem uma interpretação molecular bastante direta. O **TÓPICO 4H** explica que uma substância pode ter uma entropia absoluta, com base na **terceira lei da termodinâmica**.

As variações de entropia na vizinhança de um sistema também precisam ser consideradas, como mostra o **TÓPICO 4I**. Os químicos conceberam uma maneira inteligente de integrá-las, como explicado no **TÓPICO 4J**, que introduz o importante conceito de energia livre de Gibbs.

Tópico 4A O calor e o trabalho

4A.1 Os sistemas e a vizinhança
4A.2 O trabalho
4A.3 O trabalho de expansão
4A.5 A medida do calor

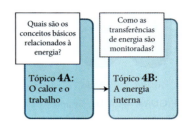

A **termodinâmica** é o estudo das transformações da energia. Dois conceitos fundamentais da termodinâmica são *calor* e *trabalho*. Antigamente, o calor era entendido como um fluido chamado de calórico, que fluía de uma substância quente para outra, mais fria. O engenheiro francês Sadi Carnot (Fig. 4A.1), que ajudou a estabelecer as bases da termodinâmica, acreditava que o trabalho resultava do fluxo de calórico, como a água que gira um moinho de água. Alguns resultados de Carnot ainda sobrevivem, mas hoje se sabe que o calórico é um mito. Cerca de 25 anos depois de Carnot ter proposto suas ideias, no começo do século XIX, o físico inglês James Joule (Fig. 4A.2) mostrou que calor e trabalho são duas formas de transferir energia.

4A.1 Os sistemas e a vizinhança

Para acompanhar as mudanças de energia na termodinâmica, dividimos o mundo, por conveniência, em duas partes. A região de interesse, como um frasco contendo um gás, uma mistura de reação ou uma fibra muscular, é chamada de **sistema** (Fig. 4A.3). Tudo o mais, como o banho-maria em que a mistura de reação está imersa, é chamado de **vizinhança**. A vizinhança inclui a área onde são feitas as observações sobre a energia transferida para o sistema ou retirada do sistema. O sistema e a vizinhança formam o **universo**. Porém, com frequência a única parte do universo que é afetada em um processo é formada pela amostra, pelo frasco que a contém e por um banho-maria. Nestes casos, que incluem a maior parte dos processos deste livro, somente as mudanças na amostra e em sua vizinhança imediata precisam ser monitoradas.

Existem três tipos de sistema (Figura 4A.4):

- Um **sistema aberto** pode trocar matéria e energia com a vizinhança.
- Um **sistema fechado** tem uma quantidade fixa de matéria, mas pode trocar energia com a vizinhança.
- Um **sistema isolado** não pode trocar matéria nem energia.

Por que você precisa estudar este assunto? A termodinâmica explica muitos problemas da química. Seu conceito central é a energia, logo, para entender como a energia de um sistema pode ser alterada, você precisa compreender os conceitos de calor e trabalho.

Que conhecimentos você precisa dominar? Este tópico pressupõe que você esteja familiarizado com os conceitos de força e trabalho (*Fundamentos* A), estequiometria (*Fundamentos* L) e a lei dos gases ideais (Tópico 3B).

FIGURA 4A.1 Nicolas Leonard Sadi Carnot (1796-1832). *(Boyer/Roger Viollet/Getty Images.)*

FIGURA 4A.2 James Prescott Joule (1818–1889). *(© Corbis.)*

FIGURA 4A.3 O sistema é a amostra ou a mistura de reação na qual estamos interessados. Fora do sistema, está a vizinhança. O conjunto sistema e vizinhança é, às vezes, chamado de universo.

FIGURA 4A.4 Um sistema é classificado segundo suas interações com a vizinhança. Um sistema aberto pode trocar matéria e energia com a vizinhança. Um sistema fechado pode trocar energia, mas não matéria. Um sistema isolado não pode trocar matéria nem energia.

São exemplos de sistemas abertos os motores de automóveis e o corpo humano. São exemplos de sistemas fechados as bolsas de gelo usadas no tratamento de lesões de atletas. Um sistema isolado é considerado completamente selado por paredes isolantes térmicas. Uma boa aproximação de um sistema isolado é o café quente dentro de uma garrafa térmica.

Em termodinâmica, o universo é formado por um sistema e sua vizinhança. Um sistema aberto pode trocar matéria e energia com a vizinhança. Um sistema fechado só pode trocar energia. Um sistema isolado não pode trocar nada.

4A.2 O trabalho

A propriedade mais fundamental da termodinâmica é o **trabalho**, isto é, o processo de realizar movimento contra uma força oposta (*Fundamentos* A). Todas as formas de trabalho podem ser consideradas equivalentes ao trabalho efetuado quando um peso é levantado contra a força da gravidade. A reação química em uma bateria realiza trabalho quando empurra uma corrente elétrica em um circuito: a corrente pode ser usada para movimentar um motor elétrico que eleva um peso. O gás em um cilindro – a mistura de gases quentes de um motor de automóvel, por exemplo – realiza trabalho ao empurrar um pistão, que pode estar ligado a uma roldana que eleva um peso.

O trabalho necessário para mover um objeto até uma certa distância, contra uma força que se opõe, é calculado multiplicando a força pela distância:

$$\text{Trabalho} = \text{força} \times \text{distância} \tag{1}$$

Como vimos em *Fundamentos* A, a unidade de trabalho e, portanto, de energia que usamos é o *joule*, J, com $1\text{ J} = 1\text{ kg·m}^2\text{·s}^{-2}$. A Equação 1 é consistente com esta definição, porque a força é medida em newtons ($1\text{ N} = 1\text{ kg·m·s}^{-2}$), logo, a unidade de força × distância é kg·m·s^{-2} × m = kg·m^2·s^{-2} ou J.

Energia é a capacidade de um sistema de executar um trabalho (e, em última análise, levantar um peso). Se um sistema pode executar muito trabalho, dizemos que ele tem muita energia. Um gás quente e comprimido pode realizar mais trabalho do que o mesmo gás quando sofreu expansão e esfriou, logo, ele tem mais energia no começo do processo. Uma mola comprimida consegue realizar mais trabalho do que uma mola distendida, o que significa que a mola comprimida tem mais energia. Quando um sistema executa trabalho na vizinhança, sua capacidade de executar trabalho se reduz e dizemos que sua energia diminuiu. Se o trabalho é realizado *sobre* um sistema, como ao comprimir uma mola, aumentamos sua capacidade de executar trabalho e, portanto, podemos dizer que sua energia aumentou.

O conteúdo total de energia de um sistema é chamado de **energia interna**, U. Não podemos medir o valor absoluto da energia interna de um sistema porque ele inclui as energias de todos os átomos, de seus elétrons e dos componentes dos núcleos. O melhor que podemos fazer é medir as *variações* de energia. Por exemplo, se um sistema realiza um trabalho de 15 J (e nenhuma outra mudança foi feita), ele consumiu uma parte da energia armazenada e dizemos que sua energia interna diminuiu 15 J, e escrevemos $\Delta U = -15$ J. Na termodinâmica, o símbolo ΔX significa uma diferença na propriedade X:

$$\Delta X = X_{\text{final}} - X_{\text{inicial}} \tag{2}$$

Um valor *negativo* de ΔX, como em $\Delta U = -15$ J, indica que o valor de X diminuiu.

Nota de boa prática Exceto em casos especiais, especificaremos sempre o sinal de ΔU (e de outros ΔX), mesmo quando positivo. Assim, se a energia interna aumenta 15 J durante uma mudança, escreveremos $\Delta U = +15$ J, e não $\Delta U = 15$ J.

O símbolo w é usado para representar a energia transferida a um sistema pelo trabalho realizado e, *desde que nenhum outro tipo de transferência de energia esteja ocorrendo*, escrevemos $\Delta U = w$. Se a energia é transferida *para* um sistema como trabalho, a energia interna do sistema aumenta e w é positivo. Se a energia *deixa* o sistema como trabalho, a energia interna do sistema diminui e w é negativo. Por exemplo, se um sistema executa 40 J de trabalho, $w = -40$ J e $\Delta U = -40$ J.

4A.3 O trabalho de expansão

TABELA 4A.1 As variedades de trabalho

Tipo de trabalho	w	Comentário	Unidades*
Expansão	$-P_{ex}\Delta V$	P_{ex} é a pressão externa	Pa
		ΔV é a variação de volume	m^3
Extensão	$f\Delta l$	f é a tensão	N
		Δl é a variação de comprimento	m
Elevação de um peso	$mg\Delta h$	m é a massa	kg
		g é a aceleração da gravidade	$m \cdot s^{-2}$
		Δh é a variação de altura	m
Elétrico	$\mathcal{V}\Delta Q$	$\mathcal{V}$ é o potencial elétrico	V
		ΔQ é a variação na carga	C
	$Q\Delta\mathcal{V}$	Q é a carga	C
		$\Delta\mathcal{V}$ é a diferença de potencial	V
Expansão da superfície	$\gamma\Delta A$	γ é a tensão superficial	$N \cdot m^{-1}$
		ΔA é a variação na área	m^2

* Para o trabalho em joules (J). Observe que $1\ N \cdot m^{-1} = 1\ J$ e que $1\ V \cdot C^{-1} = 1\ J$.

Trabalho é a transferência de energia para um sistema por um processo equivalente ao aumento ou ao abaixamento de um peso. Para o trabalho executado sobre um sistema, w é positivo, e para o trabalho executado pelo sistema, w é negativo. A energia interna de um sistema pode ser alterada pela realização de trabalho: $\Delta U = w$.

4A.3 O trabalho de expansão

Um sistema pode realizar dois tipos de trabalho. O **trabalho de expansão** é o provocado por uma mudança no volume de um sistema. O **trabalho de não expansão** é o que não envolve variação de volume. Uma reação química em uma bateria executa trabalho de não expansão quando provoca um fluxo de corrente elétrica, e seu corpo também executa trabalho de não expansão quando se move. A Tabela 4A.1 lista alguns tipos de trabalho que um sistema pode executar.

O exemplo mais simples de trabalho de expansão é dado por um gás em um cilindro equipado com um pistão. A pressão externa que age na face externa do pistão fornece a força que se opõe à expansão. Primeiro, vamos supor que a pressão externa seja constante, como ocorre quando a atmosfera pressiona o pistão (Fig. 4A.5). O desafio está em descobrir uma expressão para o trabalho realizado quando o sistema se expande por ΔV e a pressão externa é P_{ext}.

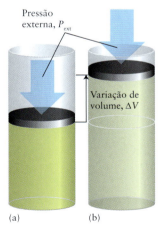

Como isso é feito?

Para encontrar uma expressão para o trabalho, você precisa conhecer a força que se opõe à expansão. Como a pressão é a força dividida pela área na qual ela é aplicada, $P = F/A$ (*Tópico* 3A), que se rearranja a $F = PA$. A força que se opõe à expansão é o produto da pressão que atua no lado externo do pistão, P_{ext}, pela área do pistão, A: $F = P_{ext}A$. O trabalho necessário para levar o pistão a uma distância d é, portanto:

De trabalho = força × distância,

$$\text{Trabalho} = P_{ext}A \times d$$

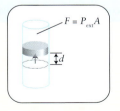

FIGURA 4A.5 Um sistema executa trabalho quando se expande contra uma pressão externa. (a) Um gás em um cilindro com um pistão preso. (b) O pistão é liberado e (desde que a pressão do gás seja superior à pressão externa, P_{ext}) o gás se expande contra a pressão P_{ext}. O trabalho realizado é proporcional à P_{ext} e à variação de volume, ΔV, que o sistema experimenta.

Porém, o produto da área pelo deslocamento é igual à variação do volume (ΔV) da amostra:

De volume = área × altura,

$$A \times d = \Delta V$$

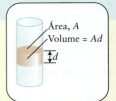

Logo, o trabalho realizado na expansão do gás é $P_{ext}\Delta V$. Neste ponto, você precisa adotar a convenção dos sinais. Quando um sistema se expande, ele perde energia como trabalho ou, em outras palavras, se ΔV é positivo (uma expansão), w é negativo. Portanto,

Da convenção de sinais,

$$w = -P_{ext}\Delta V$$

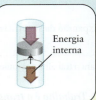

O resultado do cálculo é que o trabalho feito quando o sistema se expande por ΔV contra uma pressão externa constante P_{ext} é

$$w = -P_{ext}\Delta V \tag{3}$$

Esta expressão se aplica a todos os sistemas. Em um gás, o processo é mais fácil de visualizar, mas a expressão também se aplica a líquidos e sólidos. Contudo, a Equação 3 *só é aplicável quando a pressão externa é constante* durante a expansão.

O que esta equação revela? Quando o sistema expande, ΔV é positivo. Portanto, o sinal negativo na Equação 3 diz que a energia interna do sistema diminui quando ele expande. O fator P_{ext} informa que o trabalho realizado é maior para determinada variação de volume quando a pressão externa é alta. O fator ΔV diz que, para uma dada pressão externa, quanto maior for o trabalho realizado, maior será a variação de volume.

Em unidades SI, a pressão externa é expressa em pascals (1 Pa = 1 kg·m^{-1}·s^{-2}, Tópico 3A), e a variação de volume, em metros cúbicos (m^3). As unidades SI de trabalho podem, então, ser obtidas a partir do produto de 1 Pa e 1 m^3.

$$1\ Pa\cdot m^3 = 1\ \overbrace{kg\cdot m^{-1}\cdot s^{-2}}^{Pa} \times m^3 = 1\ \overbrace{kg\cdot m^2\cdot s^{-2}}^{J} = 1\ J$$

Assim, se você realizar cálculos em pascals e metros cúbicos, o trabalho é dado em joules, como você deveria esperar para uma mudança na energia do sistema. Entretanto, muitas vezes é mais conveniente expressar a pressão em atmosferas e o volume em litros. Neste caso, pode ser necessário converter a resposta (em litro-atmosferas) para joules. O fator de conversão é obtido considerando que 1 L = 10^{-3} m^3 e 1 atm = 101 325 Pa exatamente, e, portanto,

$$1\ L\cdot atm = \overbrace{10^{-3} m^3}^{1\ L} \times \overbrace{101\ 325\ Pa}^{1\ atm} = 101{,}325\ \overbrace{Pa\cdot m^3}^{J} = 101{,}325\ J\ (exatamente)$$

Há ainda mais um ponto importante: se a pressão externa é 0 ($P_{ext} = 0$, o vácuo), a Equação 3 afirma que $w = 0$; isto é, *um sistema não realiza trabalho de expansão quando se expande no vácuo*, porque não existem forças que se oponham. Não há trabalho realizado quando se empurra alguma coisa mas não há resistência. A expansão contra a pressão zero é denominada **expansão livre**.

EXEMPLO 4A.1 Cálculo do trabalho quando um gás sofre expansão

No motor a combustão interna de um automóvel, o gás quente e comprimido se expande contra um pistão, fazendo girar o conjunto biela-virabrequim que, por sua vez, impulsiona o veículo. Ao investigar o desempenho de um motor desse tipo, talvez você precise avaliar o trabalho que cada ciclo do pistão realiza. Suponha que o gás se expande em 500. mL (0,500 L) contra uma força oposta devido à transmissão do carro, que é equivalente à pressão de 1,20 atm, e que nenhum calor foi trocado com a vizinhança durante a expansão. (a) Quanto trabalho é realizado durante a expansão? (b) Qual é a variação de energia interna do sistema?

ANTECIPE Como o sistema executa trabalho, espere que w e, portanto, ΔU sejam negativos, o que significa que o sistema perdeu energia.

PLANEJE Use a Equação 3 para calcular o trabalho e depois converta litro-atmosferas em joules.

O que você deve supor? Que a única energia trocada com a vizinhança é o trabalho de expansão.

RESOLVA

(a) De $w = -P_{ext}\Delta V$,

$$w = -(1{,}20 \text{ atm}) \times (0{,}500 \text{ L}) = -0{,}600 \text{ L·atm}$$

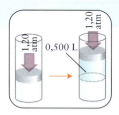

Converta em joules usando 1 L·atm = 101,325 J.

$$w = -(0{,}600 \text{ L·atm}) \times \frac{101{,}325 \text{ J}}{1 \text{ L·atm}} = -60{,}8 \text{ J}$$

(b) Como não há transferência de energia como calor, $w = \Delta U$.

$$\Delta U = -60{,}8 \text{ J}$$

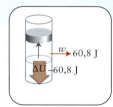

AVALIE O sinal negativo em $w = -60{,}8$ J (conforme antecipado) significa que a energia interna do gás diminuiu 60,8 J durante a expansão e que ele realizou 60,8 kJ de trabalho contra a vizinhança (e que não há outras mudanças).

Teste 4A.1A A água expande-se ao congelar. Quanto trabalho uma amostra de 100. g de água realiza ao congelar em 0°C e estourar um cano de água que exerce a pressão oposta de 1.070 atm? As densidades da água e do gelo, em 0°C, são 1,00 e 0,92 g·cm^{-3}, respectivamente.

[*Resposta:* $w = -0{,}86$ kJ]

Teste 4A.1B Os gases se expandem, nos quatro cilindros de um motor de automóvel, de 0,22 a 2,2 L durante um ciclo de ignição. Imaginando que o virabrequim exerça uma força constante equivalente à pressão de 9,60 atm sobre os gases, qual é o trabalho realizado pelo motor em um ciclo?

Exercícios relacionados 4A3, 4A.4.

Para calcular o trabalho executado por um gás que se expande contra uma pressão externa *que se altera*, você precisa conhecer, exatamente, como a pressão muda durante o processo de expansão.

Primeiro, você precisa entender o termo "reversível". Na linguagem comum, um processo reversível é aquele que pode ocorrer em qualquer direção. Este uso comum é refinado na ciência: na termodinâmica, um **processo reversível** é aquele que pode ser revertido por uma mudança *infinitamente pequena* (uma mudança "infinitesimal") de uma variável. Por exemplo, se a pressão externa é exatamente igual à pressão do gás no sistema, o pistão não se move. Se a pressão externa aumentar uma quantidade infinitesimal, o pistão se move para dentro. Se, porém, a pressão externa diminuir uma quantidade infinitesimal, o pistão se move para fora. A expansão contra uma pressão externa que difere da pressão do sistema por um valor

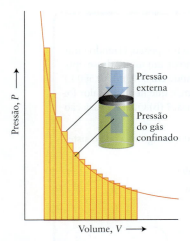

FIGURA 4A.6 Quando um gás se expande reversivelmente, a pressão externa se iguala à pressão do gás em cada estágio da expansão. Esse arranjo (quando as etapas correspondentes ao aumento no volume são infinitesimais) realiza o trabalho máximo.

mensurável é um processo irreversível, no sentido de que uma mudança infinitesimal de pressão externa não inverte a direção do movimento do pistão. Por exemplo, se a pressão do sistema é 2,0 atm em um determinado momento da expansão e a pressão externa é 1,0 atm, então, uma mudança infinitesimal nesta última não converte expansão em compressão. Os processos reversíveis têm importância considerável na termodinâmica porque, como você verá, o trabalho que um sistema pode executar é máximo em um processo reversível.

PONTO PARA PENSAR

Como você poderia garantir que uma bateria elétrica produzisse uma corrente elétrica reversivelmente?

O tipo mais simples de mudança reversível que podemos considerar é a expansão isotérmica (em temperatura constante), reversível, de um gás ideal. A temperatura do gás é mantida constante ao garantir o contato térmico do sistema com um banho de água em temperatura constante durante toda a expansão. Em uma expansão isotérmica, a pressão do gás diminui à medida que ele se expande (lei de Boyle, Tópico 3B), logo, para que a expansão isotérmica seja reversível, a pressão externa deve reduzir-se gradualmente com a variação de volume de modo que, em cada ponto, ela seja igual à pressão do gás (Fig. 4A.6). Para calcular o trabalho, é preciso levar em conta a redução gradual da pressão externa e, em consequência, a força contrária que muda.

Como isso é feito?

Para calcular o trabalho da expansão isotérmica reversível de um gás, considere a expansão como uma série de etapas infinitesimais, cada uma ocorrendo em uma pressão ligeiramente inferior à anterior. O ponto de partida é a Equação 3, escrita para uma variação infinitesimal de volume, dV:

$$dw = -P_{ext}dV$$

A pressão externa é igualada à pressão, P, do gás em cada estágio de uma expansão reversível, logo, $P_{ext} = P$, e

$$dw = -PdV$$

Em cada estágio da expansão, a pressão do gás está relacionada a seu volume pela lei dos gases ideais, $PV = nRT$. Assim, P pode ser substituído por nRT/V,

$$dw = -\overbrace{\frac{nRT}{V}}^{P}dV$$

O trabalho total realizado é a soma (integral) destas contribuições infinitesimais durante as variações de volume entre o valor inicial, V_1, e o valor final, V_2. Isto é, o trabalho é obtido ao integrar dw do volume inicial ao final, com nRT constante (porque a mudança é isotérmica e a quantidade de gás é fixa):

De $w = \int dw$, com nRT constante,

$$w = -nRT\int_{V_1}^{V_2}\frac{dV}{V} = -nRT\ln\frac{V_2}{V_1}$$

A linha final fez uso da integral padrão

$$\int\frac{dx}{x} = \ln x + \text{constante}$$

E, então, $\ln x - \ln y = \ln(x/y)$.

O resultado final do cálculo é que o trabalho de uma expansão isotérmica reversível de um gás ideal de V_1 a V_2 é

$$w = -nRT\ln\frac{V_2}{V_1} \quad (4)$$

em que n é a quantidade de gás (em mols) no sistema e T é a temperatura (absoluta). Um resultado importante do cálculo é que uma integral definida de uma função entre dois limites é

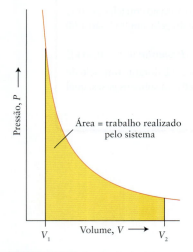

FIGURA 4A.7 A magnitude do trabalho realizado por um gás ideal é igual à área sob a curva do gráfico pressão versus volume (neste caso, para uma expansão isotérmica).

igual à área sob a curva da função, entre os dois limites. Neste caso, a magnitude do trabalho realizado é igual à área sob a curva nRT/V em função de V entre os volumes inicial e final (Fig. 4A.7).

O que esta equação revela? Para um dado volume inicial e final, mais trabalho é feito quando a temperatura é alta do que quando ela é baixa. Para um dado volume e quantidade de moléculas, uma temperatura alta corresponde a uma pressão alta de gás, e a expansão se dá contra uma força oposta maior, logo, deve executar mais trabalho. Mais trabalho de expansão também é executado se o volume final é muito maior do que o volume inicial.

Se a pressão externa aumentasse infinitesimalmente em qualquer momento da expansão, o pistão iria mover-se para dentro e não para fora. Logo, o trabalho executado durante a expansão reversível de um gás é o trabalho de expansão máximo possível. Este ponto geral é muito importante:

O trabalho máximo é realizado em um processo que ocorre de forma reversível.

EXEMPLO 4A.2 Como calcular o trabalho de uma expansão isotérmica

Um engenheiro que estuda motores movidos a pistão precisa esclarecer a diferença entre o trabalho máximo que um sistema pode atingir e o que é obtido quando um gás expande-se contra uma pressão oposta constante. Um pistão confina 0,100 mol de Ar(g) em um volume de 1,00 L em 25°C. Dois experimentos são feitos. (a) O gás expande-se até 2,00 L contra a pressão constante de 1,00 atm. (b) O gás expande-se reversível e isotermicamente até o mesmo volume final. Que processo executa mais trabalho?

ANTECIPE Se os estados inicial e final forem os mesmos, uma mudança reversível sempre executa mais trabalho do que uma mudança irreversível, logo, você deve esperar que no segundo experimento produza-se mais trabalho, correspondendo a um valor de w mais negativo (porque mais energia é perdida pelo sistema).

PLANEJE Para a expansão contra uma pressão externa constante, usamos a Equação 3, e para a expansão reversível, a Equação 4.

O que você deve supor? Que o gás é ideal e está imerso em um banho de água para manter constante a temperatura.

RESOLVA

(a) Caminho irreversível: Da Equação 3, $w = -P_{ext}\Delta V$. Converta em joules,

$$w = -(1{,}00 \text{ atm}) \times (1{,}00 \text{ L}) = -1{,}00 \times 1{,}00 \text{ L·atm} \times \frac{101{,}325 \text{ J}}{1 \text{ L·atm}} = -101 \text{ J}$$

(b) Caminho isotérmico reversível: Da Equação 4, $w = -nRT \ln(V_2/V_1)$,

$$w = -\underbrace{(0{,}100 \text{ mol})}_{n} \times \underbrace{(8{,}3145 \text{ J·K}^{-1}\text{·mol}^{-1})}_{R} \times \underbrace{(298 \text{ K})}_{T} \times \ln\underbrace{\frac{2{,}00 \text{ L}}{1{,}00 \text{ L}}}_{V_2/V_1} = -172 \text{ J}$$

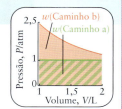

AVALIE O gás realiza mais trabalho no processo reversível, como esperado.

Teste 4A.2A Um cilindro de volume 2,00 L contém 0,100 mol de He(g) e está imerso em um banho de água na temperatura constante de 30°C. Em que processo o sistema realiza mais trabalho: na expansão isotérmica do gás até 2,40 L com pressão externa constante de 1,00 atm ou na expansão reversível e isotérmica até o mesmo volume final?

[***Resposta:*** Na expansão reversível]

Teste 4A.2B Um cilindro de volume 2,00 L contém 1,00 mol de He(g) imerso em um banho de água na temperatura constante de 30°C. Que processo executa mais trabalho sobre a vizinhança: a expansão isotérmica do gás até 4,00 L contra uma pressão externa constante de 1,00 atm ou a expansão reversível e isotérmica até o mesmo volume final?

Exercícios relacionados 4A.5, 4A.6.

Um processo reversível é um processo que pode ser invertido pela mudança infinitesimal de uma variável. O maior trabalho é realizado por um processo que ocorre de forma reversível.

FIGURA 4A.8 A reação termita é tão exotérmica que funde o metal que ela produz e é usada para soldar trilhos de estrada de ferro. Aqui, o metal alumínio reage com óxido de ferro(III), Fe_2O_3, com produção de uma chuva de faíscas de ferro fundido. *(W. H. Freeman. Foto de Ken Karp.)*

FIGURA INTERATIVA 4A.8

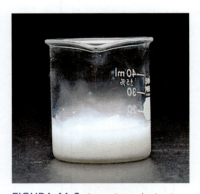

FIGURA 4A.9 A reação endotérmica entre o tiocianato de amônio, NH_4SCN, e o hidróxido de bário octa-hidratado, $Ba(OH)_2 \cdot 8H_2O$, absorve uma grande quantidade de calor e pode provocar o congelamento do vapor de água na parte externa do bécher. *(W. H. Freeman. Foto de Ken Karp.)*

FIGURA INTERATIVA 4A.9

"Adiabático" vem do grego e significa "que não atravessa".

4A.4 O calor

A energia interna de um sistema, isto é, sua capacidade de realizar trabalho, também pode ser alterada pela troca de energia com a vizinhança na forma de calor. Por exemplo, um gás em temperatura alta pode esfriar e, como resultado, ser capaz de fazer menos trabalho. "Calor" é um termo comum, mas que, em termodinâmica, adquire um significado específico. Em termodinâmica, **calor** é a energia transferida em consequência de uma diferença de temperatura. A energia na forma de calor flui de uma região de temperatura alta para uma região de temperatura baixa. Portanto, se um sistema (cujas paredes não são isolantes térmicos) está mais frio do que a vizinhança, a energia flui da vizinhança para o sistema.

A energia transferida para um sistema é representada por q. Quando a energia interna de um sistema se altera por transferência de energia na forma de calor (sem que outro processo ocorra, inclusive expansão ou contração), $\Delta U = q$. Se energia entra em um sistema como calor, a energia interna do sistema aumenta e q é positivo. Se energia deixa o sistema como calor, a energia interna do sistema diminui e q é negativo. Assim, se 10 J entram no sistema como calor, escreva $q = +10$ J e (desde que nenhum trabalho seja feito no sistema ou pelo sistema) $\Delta U = +10$ J. Do mesmo modo, se 10 J deixam o sistema, escreva $q = -10$ J e (se nenhum outro processo ocorre) $\Delta U = -10$ J.

Como esses exemplos mostram, a energia transferida na forma de calor é medida, como qualquer forma de energia, em joules, J. Entretanto, uma unidade de energia que ainda é muito usada em bioquímica e campos correlatos é a *caloria* (cal). Na definição original, 1 cal correspondia à energia necessária para elevar de 1°C a temperatura de 1 g de água. A definição moderna é

$$1 \text{ cal} = 4,184 \text{ J (exatamente)}$$

Esta relação exata define a caloria em termos do joule, a unidade fundamental. A **caloria nutricional**, Cal, corresponde a 1 quilocaloria (kcal). Logo, é importante verificar que unidades estão sendo usadas quando se trata do conteúdo de energia de alimentos.

PONTO PARA PENSAR

Como a transferência de calor entre objetos frios e quentes ocorre em nível atômico?

Um processo que libera calor para a vizinhança é chamado de **processo exotérmico**. As reações mais comuns – e todas as combustões, como as usadas nos meios de transporte e no aquecimento – são exotérmicas (Fig. 4A.8). As reações que absorvem calor da vizinhança são menos comuns. Um processo que absorve calor é chamado de **processo endotérmico** (Fig. 4A.9). Certos processos físicos comuns são endotérmicos. Um exemplo é a vaporização, que é endotérmica porque é necessário fornecer calor para afastar as moléculas de um líquido umas das outras. A dissolução de nitrato de amônio em água também é endotérmica. Aliás, esse é o processo empregado nas ataduras frias usadas em ferimentos de atletas.

Calor é a transferência de energia que ocorre em consequência de uma diferença de temperatura. Quando energia é transferida na forma de calor e nenhum outro processo ocorre, $\Delta U = q$. Quando energia entra em um sistema na forma de calor, q é positivo; e quando energia sai de um sistema na forma de calor, q é negativo.

4A.5 A medida do calor

Existem dois tipos de limites entre um sistema e sua vizinhança:

- Uma parede **adiabática** não permite a transferência de energia como calor, mesmo que exista uma diferença de temperatura entre o sistema e a vizinhança.
- Uma parede **diatérmica** permite a transferência de energia como calor entre o sistema e a vizinhança.

As paredes adiabáticas são isoladas termicamente. As paredes de uma garrafa térmica são uma boa aproximação porque o vácuo entre elas não permite a condução de energia por moléculas entre as paredes, e as superfícies cobertas de prata impedem a transferência de energia por radiação. Um sistema com paredes adiabáticas não é necessariamente um sistema isolado: as paredes podem ser flexíveis e a energia pode ser transferida do ou para o sistema na forma de trabalho de expansão. No caso de um recipiente diatérmico, contanto que o sistema não perca energia na forma de trabalho, o influxo de energia pelas suas paredes normalmente aumenta a temperatura do sistema. Logo, o acompanhamento da mudança de temperatura é um modo de medir o calor transferido e, portanto, de estimar a mudança da energia interna.

Para converter uma mudança de temperatura em energia transferida como calor, você precisa conhecer a **capacidade calorífica**, C, isto é, a razão entre o calor fornecido e o aumento de temperatura que ele provoca:

$$\text{Capacidade calorífica} = \frac{\text{calor fornecido}}{\text{elevação de temperatura produzida}}, \text{ isto é, } C = \frac{q}{\Delta T} \quad \textbf{(5a)}$$

Uma grande capacidade calorífica significa que uma dada quantidade de calor produz um pequeno aumento de temperatura (de $\Delta T = q/C$). Uma pequena capacidade calorífica significa que mesmo uma pequena quantidade de energia transferida na forma de calor produz um grande aumento de temperatura. Se a capacidade calorífica de um sistema é conhecida, a mudança de temperatura observada, ΔT, do sistema pode ser usada para calcular quanto calor foi fornecido, usando a Equação 5a na forma

$$q = C\Delta T \quad \textbf{(5b)}$$

Observe que a energia fornecida como calor é diretamente proporcional à variação da temperatura; C é uma constante de proporcionalidade.

A transferência de energia como calor ocorre de forma reversível (no sentido termodinâmico) se as temperaturas do sistema e de sua vizinhança são idênticas. Com um aumento infinitesimal da temperatura da vizinhança, energia entraria no sistema; com uma redução de mesma magnitude, energia sairia do sistema para a vizinhança. Quando as temperaturas são idênticas, a energia flui como calor em ambas as direções na mesma velocidade. Nessa situação, o sistema e a vizinhança estão em **equilíbrio térmico**. Um ponto muito importante é que equilíbrio não significa "estacionado". O equilíbrio é *dinâmico*, uma vez que os processos moleculares continuam ocorrendo, mas em velocidades iguais. A grande importância de um equilíbrio ser dinâmico está no fato de ele reagir às alterações na vizinhança. Todos os equilíbrios na química são dinâmicos por serem vivos, com capacidade de reação (Foco 5).

> **PONTO PARA PENSAR**
> Qual é a capacidade calorífica da água no seu ponto de ebulição?

A capacidade calorífica é uma propriedade extensiva: quanto maior for a amostra, mais calor é necessário para aumentar sua temperatura e, portanto, maior será sua capacidade calorífica (Fig. 4A.10). É comum, portanto, registrar

- A **capacidade calorífica específica** (frequentemente chamada de "calor específico"), C_s, que é a capacidade calorífica dividida pela massa da amostra ($C_s = C/m$).
- A **capacidade calorífica molar**, C_m, que é a capacidade calorífica dividida pela quantidade (em mols) da amostra ($C_m = C/n$).

Por exemplo, a capacidade calorífica específica da água líquida é $4{,}18 \text{ J} \cdot (°C)^{-1} \cdot g^{-1}$, ou $4{,}18 \text{ J} \cdot K^{-1} \cdot g^{-1}$, e sua capacidade calorífica molar é $75 \text{ J} \cdot K^{-1} \cdot mol^{-1}$. A Tabela 4A.2 lista as capacidades caloríficas específicas e molares de algumas substâncias comuns.

A capacidade calorífica de uma substância é calculada a partir de sua massa e sua capacidade calorífica específica usando a expressão $C = m \times C_s$. Se você conhece a massa de uma substância, sua capacidade calorífica específica e o aumento de temperatura que ocorre em um processo, a energia dada à substância na forma de calor é

$$q = C\Delta T = mC_s\Delta T \quad \textbf{(6a)}$$

Uma expressão semelhante, $C = n \times C_m$ é usada se você conhece a capacidade calorífica molar da substância. Nesse caso, você escreve

$$q = nC_m\Delta T \quad \textbf{(6b)}$$

Essas expressões podem ser rearranjadas para o cálculo da capacidade calorífica específica ou molar a partir do aumento de temperatura provocado por uma dada quantidade de calor. Note que a capacidade calorífica específica de uma solução diluída normalmente é igualada à do solvente puro (comumente água).

Observe o uso da palavra "normalmente". Não há variação de temperatura quando a transferência ocorre nos pontos de ebulição ou de congelamento de um líquido.

A capacidade calorífica da maior parte das substâncias varia com a temperatura. Contudo, quando a variação de temperatura é pequena, ela pode ser ignorada.

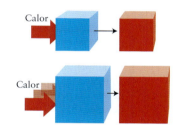

FIGURA 4A.10 A capacidade calorífica de um objeto determina a mudança de temperatura produzida pela transferência de uma dada quantidade de calor. Como a capacidade calorífica é uma propriedade extensiva, um objeto grande (parte inferior da ilustração) tem capacidade calorífica maior do que um objeto pequeno (parte superior) feito com o mesmo material.

TABELA 4A.2 Capacidades caloríficas específicas e molares de materiais comuns*

Material	Capacidade calorífica específica, $C_s/(J \cdot (°C)^{-1} \cdot g^{-1})$	Capacidade calorífica molar $C_m/(J \cdot K^{-1} \cdot mol^{-1})$
ar	1,01	—
benzeno	1,05	136
bronze	0,37	—
cobre	0,38	33
etanol	2,42	111
vidro (Pyrex)	0,78	—
granito	0,80	—
mármore	0,84	—
polietileno	2,3	—
aço inoxidável	0,51	—
água: sólida	2,03	37
líquida	4,184	75
vapor	2,01	34

* Outros dados estão disponíveis nos Apêndices 2A e 2D. Os dados apresentados pressupõem pressão constante. As capacidades caloríficas específicas usam, comumente, unidades em graus Celsius, e as capacidades caloríficas molares usam kelvins. Todos os valores, exceto o do gelo, são em 25°C.

PONTO PARA PENSAR

A capacidade calorífica do chumbo é muito superior à do diamante na temperatura normal. Você consegue achar uma razão para isso?

EXEMPLO 4A.3 Cálculo do calor necessário para aumentar a temperatura

Os alimentos desidratados consumidos em acampamentos são reconstituídos com água quente. A energia usada para aquecer a água normalmente é fornecida por um combustível (em um fogão de campo, por exemplo). Quanta energia é necessária para aquecer a água? Calcule o calor necessário para aumentar de 20.°C até 100.°C a temperatura de (a) 100. g de água, (b) 2,00 mol de $H_2O(l)$?

ANTECIPE Como a massa molar da água está próxima de 18 g·mol⁻¹, 100 g de água é maior do que 2,00 mols de H_2O, logo, você deve esperar que mais calor seja necessário em (a) do que em (b).

PLANEJE O calor necessário é dado pela Equação 6. No item (a), use a capacidade calorífica específica, e em (b), use a capacidade calorífica molar. Em ambos os casos, $\Delta T = +80.$ K. Observe que a capacidade calorífica expressa em $J \cdot (°C)^{-1} \cdot g^{-1}$ é numericamente igual à expressa em $J \cdot K^{-1} \cdot g^{-1}$.

O que você deve supor? Suponha que não se perde energia para o recipiente ou para a vizinhança durante o aquecimento e que a água tem temperatura homogênea, isto é, a temperatura em toda a amostra é a mesma.

RESOLVA

(a) De $q = mC_s\Delta T$,

$$q = (100.\text{ g}) \times (4{,}18\text{ J}\cdot\text{K}^{-1}\cdot\text{g}^{-1}) \times (80.\text{ K}) = +33\text{ kJ}$$

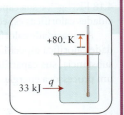

(b) De $q = nC_m\Delta T$,

$$q = (2{,}00\text{ mol}) \times (75\text{ J}\cdot\text{K}^{-1}\cdot\text{mol}^{-1}) \times (80.\text{ K}) = +12\text{ kJ}$$

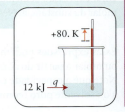

AVALIE Como antecipamos, mais calor é necessário para (a) do que para (b).

Teste 4A.3A O perclorato de potássio, KClO$_4$, é usado como oxidante em fogos de artifício. Calcule o calor necessário para aumentar a temperatura de 10,0 g de KClO$_4$ de 25°C até a temperatura de ignição (900. °C). A capacidade calorífica do KClO$_4$ é 0,8111 J·K^{-1}·g^{-1}.

[**Resposta:** 7,10 kJ]

Teste 4A.3B Calcule o calor necessário para aumentar a temperatura de 3,00 mols de CH$_3$CH$_2$OH(l), etanol, em 15°C a partir da temperatura normal (veja a Tabela 4A.2).

Exercícios relacionados 4A7, 4A.8.

A transferência de energia na forma de calor é medida com um **calorímetro**, um dispositivo no qual a energia transferida é monitorada pela variação de temperatura produzida por um processo em seu interior. Um calorímetro pode ser simplesmente um vaso isolado termicamente e imerso em um banho de água, equipado com um termômetro (Fig. 4A.11). Uma versão mais sofisticada é o *calorímetro de bomba* (Fig. 4A.12). A reação ocorre dentro de um vaso selado de um metal resistente e de volume constante (a bomba), que fica imerso em água, e o aumento de temperatura do conjunto é monitorado. A capacidade calorífica é medida inicialmente fornecendo uma quantidade de calor conhecida e registrando o aumento de temperatura observado. Esse processo é chamado de "calibração" do calorímetro.

É importante lembrar que a perda de calor em uma reação é ganha pelo calorímetro; isto é, $-q = q_{cal}$ (então, se $q = -15$ kJ, $q_{cal} = +15$ kJ). O calor absorvido pelo calorímetro é encontrado usando a fórmula $q_{cal} = C_{cal}\Delta T$, em que C_{cal} é a capacidade calorífica do calorímetro (às vezes chamada de "constante do calorímetro"). A combinação destes dois resultados permite relacionar a perda (ou o ganho) de calor em uma reação com a variação da temperatura do calorímetro:

$$q = -C_{cal}\Delta T$$

Observe que, se ΔT é positivo, indicando que a temperatura do calorímetro subiu, então q é negativo, mostrando que a energia foi liberada na forma de calor pela reação.

A origem da palavra "calibrar" é interessante. O verbo deriva do substantivo "calibre", o tamanho de um projétil de armas de fogo, que vem do árabe, *qalib*, um molde para projéteis.

EXEMPLO 4A.4 Determinação da variação de energia interna de uma reação

Reações de neutralização ocorrem quando ácidos e bases são misturados e podem ser muito exotérmicas. Suponha que você está investigando como o calor liberado em várias reações de neutralização está relacionado às estruturas de certos ácidos. Um calorímetro de volume constante foi calibrado com uma reação que libera 1,78 kJ de calor em 0,100 L de uma solução colocada no calorímetro ($q = -1,78$ kJ), resultando em um aumento de temperatura de 3,65°C. Em um experimento posterior, 50,0 mL de uma solução 0,200 M de HCl(aq) e 50,0 mL de uma solução 0,200 M de NaOH(aq) foram misturados no mesmo calorímetro e a temperatura subiu 1,26°C (isto é, $\Delta T = +1,26$ K). Qual é a variação da energia interna da reação de neutralização?

ANTECIPE O aumento de temperatura no experimento é de cerca de um terço do aumento obtido na calibração, logo, você pode suspeitar que o calor liberado na reação seja de cerca de um terço de 1,78 kJ, ou 0,6 kJ aproximadamente.

PLANEJE O cálculo tem duas etapas. Na primeira, calibre o calorímetro calculando sua capacidade calorífica a partir das informações da primeira reação, $C_{cal} = q_{cal}/\Delta T$, em que $q_{cal} = -q$. Depois, use o valor da capacidade calorífica para achar a variação de energia da reação de neutralização. Nessa etapa, use $q = -C_{cal}\Delta T$, porém, agora, ΔT é a variação de temperatura observada durante a reação. Note que o calorímetro contém o mesmo volume de líquido nos dois casos para que a variação da temperatura seja decorrente apenas da diferença na reação que ocorre. Por fim, observe que $\Delta U = q$.

O que você deve supor? Como as soluções diluídas têm capacidade calorífica aproximadamente igual à da água, considere que a capacidade calorífica do calorímetro durante a reação é igual à da calibração. Além disso, suponha que o volume se mantém constante durante a mistura, isto é, o volume final é 0,100 L.

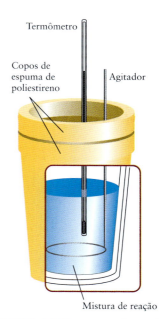

FIGURA 4A.11 A energia absorvida ou liberada na forma de calor em uma reação em pressão constante pode ser medida neste calorímetro simples. O copo externo de poliestireno age como uma camada extra de isolamento para garantir que não entre ou saia calor do copo interno.

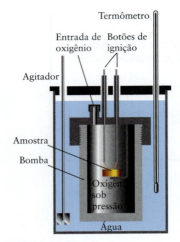

FIGURA 4A.12 Um calorímetro de bomba é usado para medir a transferência de calor em volume constante. A amostra no recipiente central rígido, chamado de bomba, é acesa eletricamente com um arame detonador. Quando a combustão começa, a liberação de energia como calor se transfere pelas paredes da bomba até a água. O calor liberado é proporcional à variação de temperatura do conjunto como um todo.

RESOLVA

Calibração: De $-q = q_{cal}$ e $C_{cal} = q_{cal}/\Delta T$,

$$q_{cal} = -q = -(-1{,}78 \text{ kJ}) = +1{,}78 \text{ kJ}$$

$$C_{cal} = \frac{1{,}78 \text{ kJ}}{3{,}65 \text{ °C}} = \frac{1{,}78}{3{,}65} \text{ kJ} \cdot \overbrace{(\text{°C})^{-1}}^{K^{-1}} = 0{,}487\ldots \text{ kJ} \cdot \text{K}^{-1}$$

Esta etapa é baseada no fato de que a escala Celsius tem o mesmo tamanho da escala Kelvin. Dito de outro modo, "por °C" é o mesmo que "por K".

Aplicação: De $q = -C_{cal}\Delta T$ e $\Delta U = q$,

$$q = -(0{,}487\ldots \text{ kJ} \cdot \text{K}^{-1}) \times (1{,}26 \text{ K}) = -0{,}614 \text{ kJ}$$
$$\Delta U = -0{,}614 \text{ kJ}$$

AVALIE Como a temperatura sobe, o processo é exotérmico, a energia deixa o sistema na forma de calor e $\Delta U = -0{,}614$ kJ, de acordo com o esperado.

Teste 4A.4A Um pouco de carbonato de cálcio foi colocado no mesmo calorímetro descrito no exemplo anterior, e 0,100 L de ácido clorídrico diluído foi adicionado. A temperatura do calorímetro subiu 3,57°C. Qual é o valor de ΔU para a reação dessas quantidades de ácido clorídrico e carbonato de cálcio?

[*Resposta:* $-1{,}74$ kJ]

Teste 4A.4B Um calorímetro foi calibrado pela mistura de duas soluções em água. O volume de cada uma era 0,100 L. O calor liberado pela reação foi 4,16 kJ e a temperatura do calorímetro subiu 3,24°C. Calcule a capacidade calorífica desse calorímetro se ele contiver 0,200 L de água.

Exercícios relacionados 4A13, 4A.14.

PONTO PARA PENSAR

Por que uma panela quente em um forno aceso queima a sua mão rapidamente, mas o ar no interior do forno, não?

A capacidade calorífica de um objeto é a razão entre o calor fornecido e o aumento de temperatura observado. A transferência de calor é medida com um calorímetro calibrado.

O que você aprendeu com este tópico?

Você viu que os sistemas podem ser de três tipos (aberto, fechado e isolado) e que as paredes podem ser adiabáticas ou diatérmicas. Você constatou que a energia pode ser transferida de ou para um sistema na forma de trabalho ou calor e também observou a convenção de sinais de w e q. Você sabe como relacionar o trabalho executado quando um sistema se expande (ou contrai) à mudança de volume, e como o trabalho é máximo se a mudança é reversível. Você também aprendeu a medir a transferência de energia na forma de calor acompanhando a variação de temperatura e usando a capacidade calorífica de uma substância.

Os conhecimentos que você deve dominar incluem a capacidade de:

☐ **1.** Calcular o trabalho executado por um gás devido à expansão contra uma pressão constante (Exemplo 4A.1).

Tópico 4A   Exercícios   **255**

- ☐ **2.** Calcular o trabalho realizado por um gás ideal que se expande reversível e isotermicamente (Exemplo 4A.2).

- ☐ **3.** Usar a capacidade calorífica de uma substância a fim de calcular o calor necessário para aumentar de um dado valor a temperatura (Exemplo 4A.3).

- ☐ **4.** Determinar a variação na energia interna de um sistema que acompanha uma reação química (Exemplo 4A.4).

- ☐ **5.** Explicar os termos "reversível" e "equilíbrio dinâmico" usados na termodinâmica (Seções 4A.3 e 4A.5).

Tópico 4A Exercícios

4A.1 Identifique os seguintes sistemas como abertos, fechados ou isolados: (a) café em uma garrafa térmica de ótima qualidade; (b) líquido refrigerante na serpentina de uma geladeira; (c) um calorímetro de bomba no qual benzeno é queimado; (d) gasolina queimando em um motor de automóvel; (e) mercúrio em um termômetro; (f) uma planta viva.

4A.2 (a) Descreva três maneiras de aumentar a energia interna de um sistema aberto. (b) Quais desses métodos você poderia usar para aumentar a energia interna de um sistema fechado? (c) Quais desses métodos, se for o caso, você poderia usar para aumentar a energia interna de um sistema isolado?

4A.3 O ar de uma bomba de bicicleta é comprimido quando se empurra o pistão. O diâmetro interno da bomba é 3,0 cm e o pistão foi empurrado por 20. cm sob uma pressão de 2,00 atm. (a) Quanto trabalho foi feito na compressão? (b) O trabalho é positivo ou negativo em relação ao ar da bomba? (c) Qual é a variação de energia interna do sistema?

4A.4 Cada um dos quatro cilindros de um novo tipo de motor tem deslocamento de 3,60 L. (O volume de cada cilindro se expande 3,60 L cada vez que o combustível entra em ignição.) (a) Se cada pistão dos quatro cilindros é movido com uma pressão de 1,80 kbar e ocorre ignição nos cilindros a cada segundo, quanto trabalho o motor é capaz de executar em 1,00 minuto? (b) O trabalho é positivo ou negativo em relação ao motor e seus componentes? (c) Qual é a variação de energia interna do sistema?

4A.5 Um pistão confina 0,200 mol de Ne(g) em um volume de 1,20 L em 25°C. Dois experimentos são feitos. (a) O gás expande-se até 2,40 L contra a pressão constante de 1,00 atm. (b) O gás expande-se reversível e isotermicamente até o mesmo volume final. Que processo executa mais trabalho?

4A.6 Um pistão confina 0,250 mol de He(g) em um volume de 1,50 L em 25°C. Dois experimentos são feitos. (a) O gás expande-se até 2,50 L contra a pressão constante de 2,00 atm. (b) O gás expande-se reversível e isotermicamente até o mesmo volume final. Que processo executa mais trabalho?

4A.7 (a) Calcule o calor que deve ser fornecido a uma chaleira de cobre de massa 400,0 g, que contém 300,0 g de água, para aumentar sua temperatura de 20,0°C até o ponto de ebulição da água, 100,0°C. (b) Que percentagem do calor foi usada para aumentar a temperatura da água? (Veja a Tabela 4A.2.)

4A.8 (a) Calcule o calor que deve ser fornecido a uma chaleira de aço inoxidável de massa 400,0 g, que contém 300,0 g de água, para aumentar sua temperatura de 20,0°C até o ponto de ebulição da água, 100,0°C. (b) Que percentagem do calor foi usada para aumentar a temperatura da água? (c) Compare estas respostas com as do Exercício 4A.7. (Veja a Tabela 4A.2.)

4A.9 Uma peça de cobre de massa 20,0 g, em 100,0°C, foi colocada em um recipiente isolado de capacidade calorífica desprezível, que continha 50,7 g de água em 22,0°C. Calcule a temperatura final da água. Suponha que não houve perda de energia para a vizinhança.

4A.10 Uma peça de metal de massa 18,0 g, em 100,0°C, foi colocada em um calorímetro que continha 50,2 g de água em 22,0°C. A temperatura final da mistura é 24,8°C. Qual é a capacidade calorífica específica do metal? Suponha que não houve perda de energia para a vizinhança.

4A.11 Um calorímetro foi calibrado com um aquecedor elétrico, que forneceu 22,5 kJ de energia e aumentou a temperatura desse calorímetro e da água do banho de 22,45°C para 23,97°C. Qual é a capacidade calorífica do calorímetro?

4A.12 O calor liberado na combustão do ácido benzoico, C_6H_5COOH, que é muito usado para calibrar calorímetros, é -3.228 kJ·mol^{-1}. Quando 1,685 g de ácido benzoico foi queimado em um calorímetro, a temperatura aumentou 2,821°C. Qual é a capacidade calorífica do calorímetro?

4A.13 Um calorímetro de volume constante foi calibrado com uma reação que libera 3,50 kJ de calor em 0,200 L de uma solução colocada no calorímetro ($q = -3,50$ kJ), resultando em um aumento de temperatura de 7,32°C. Em um experimento posterior, 100,0 mL de uma solução 0,200 M de HBr(aq) e 100,0 mL de uma solução 0,200 M de KOH(aq) foram misturados no mesmo calorímetro e a temperatura subiu 2,49°C. Qual é a variação da energia interna da mistura da reação devido à reação de neutralização?

4A.14 Um calorímetro de volume constante foi calibrado com uma reação que libera 0,90 kJ de calor em 0,60 L de uma solução colocada no calorímetro ($q = -0,90$ kJ), resultando em um aumento de temperatura de 2,85°C. Em um experimento posterior, 30,0 mL de uma solução 0,20 M de $HClO_2$(aq) e 30,0 mL de uma solução 0,20 M de NaOH(aq) foram misturados no mesmo calorímetro e a temperatura subiu 1,31°C. Qual é a variação da energia interna da mistura da reação devido à reação de neutralização?

Tópico 4B A energia interna

4B.1 A primeira lei
4B.2 As funções de estado
4B.3 Uma discussão molecular

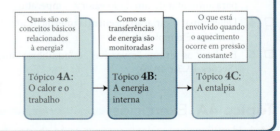

Por que você precisa estudar este assunto? A energia interna está na base da primeira lei da termodinâmica e em uma boa parte da aplicação desta disciplina na química.

Que conhecimentos você precisa dominar? Este tópico pressupõe que você conheça a discussão sobre trabalho e calor do Tópico 4A e o modo como eles contribuem com as variações na energia interna de um sistema. Você também precisa saber como expressar a energia cinética de um corpo em movimento (*Fundamentos* A).

No Tópico 4A, as transferências de energia como trabalho ou calor foram consideradas em separado, e você viu que ambas são uma maneira de alterar a energia interna de um sistema. Entretanto, em muitos processos, a energia interna de um sistema muda em consequência de ambos, o trabalho e o calor. Por exemplo, quando uma centelha acende a mistura de vapor de gasolina e ar no motor de um automóvel em movimento, o vapor queima e se expande, transferindo energia para a vizinhança na forma de calor e de trabalho.

4B.1 A primeira lei

No Tópico 4A, ficou estabelecido que quando um sistema realiza apenas trabalho, w, a variação da energia interna (a energia total do sistema) é $\Delta U = w$, e que quando um sistema troca energia apenas na forma de calor, q, então $\Delta U = q$. Em geral, a variação de energia interna de um sistema fechado é o resultado dos dois tipos de transferência. Assim, podemos escrever

$$\Delta U = q + w \tag{1}$$

Essa expressão resume o fato experimental de que o calor e o trabalho são formas de transferência de energia e, portanto, de variação da energia interna de um sistema. Um aspecto essencial é que *o trabalho e o calor são equivalentes* no sentido de serem modos de transferência de energia. Se q e w têm o mesmo valor numérico (+15 kJ, por exemplo), não há diferença na variação da energia interna que eles acarretam. Um sistema é como um banco de energia, cujas reservas são medidas como energia interna, e os depósitos e as retiradas ocorrem como calor ou trabalho.

Teste 4B.1A Um determinado motor de automóvel realiza 520. kJ de trabalho e perde 220. kJ de energia na forma de calor. Qual é a variação da energia interna do motor, se ele é tratado como um sistema?

[*Resposta:* −740. kJ]

Teste 4B.1B Um sistema foi aquecido usando 300. J de calor, mas sua energia interna caiu 150. J (logo, $\Delta U = -150.$ J). Calcule w. O sistema realizou trabalho ou foi o contrário?

É um fato experimental – um fato baseado em milhares de experimentos – que não podemos usar um sistema para realizar trabalho, isolá-lo por algum tempo e, ao voltar a ele, encontrar sua energia interna no valor original e pronto para realizar a mesma quantidade de trabalho novamente. Apesar do grande esforço gasto para construir uma "máquina do movimento perpétuo", um mecanismo que seria uma exceção a esta regra porque produziria trabalho sem usar combustível, ninguém conseguiu alcançar esse objetivo. Dito de outro modo, a Eq. 1 é uma declaração *completa* de como variações da energia interna de um sistema fechado de composição constante podem ser obtidas: a única forma de mudar a energia interna de um sistema fechado é transferir energia para ele na forma de calor ou trabalho. Se o sistema está isolado, nem isso é possível, e a energia interna não pode mudar. Esta conclusão é denominada **primeira lei da termodinâmica**. Ela diz que:

A energia interna de um sistema isolado é constante.

A primeira lei está intimamente relacionada à conservação de energia (*Fundamentos* A), mas vai além. O conceito de calor não se aplica às partículas isoladas tratadas na mecânica clássica.

Trabalho e calor são modos equivalentes de um sistema trocar energia. A primeira lei da termodinâmica afirma que a energia interna de um sistema isolado é constante.

4B.2 As funções de estado

De acordo com a primeira lei, se um sistema isolado tem uma dada energia interna em um dado momento e se for examinado novamente algum tempo depois, a energia interna será a mesma, independentemente do tempo que passou. Mesmo que o sistema passe por uma série de mudanças, a energia interna se manterá invariável quando ele retornar a seu estado inicial. Resumimos essas declarações dizendo que a energia interna é uma **função de estado**, uma propriedade cujo valor depende somente do estado atual do sistema e não da maneira como o estado foi atingido. A pressão, o volume, a temperatura e a densidade de um sistema também são funções de estado.

A importância das funções de estado na termodinâmica é que, *como elas só dependem do estado atual do sistema, qualquer alteração de valor é independente do modo como a mudança foi feita*. Uma função de estado é como a altitude em uma montanha (Fig. 4B.1). Podemos escolher vários caminhos diferentes entre dois pontos da montanha, mas a mudança de altitude entre os dois pontos será sempre a mesma, independentemente do caminho. Da mesma forma, se você aumentar a temperatura de 100 g de água, originalmente em 25°C, até 60°C, a energia interna variará de uma certa quantidade. Se, todavia, você aquecer a mesma massa de água de 25°C até a temperatura de fervura, deixando vaporizar toda a água, condensar o vapor e resfriar o condensado até 60°C, a variação total da energia interna é exatamente a mesma do processo anterior.

O trabalho realizado por um sistema *não* é uma função de estado. Ele depende de como a mudança foi produzida. Por exemplo, você poderia deixar um gás, em 25°C, expandir-se em temperatura constante (colocando-o em contato com um banho de água) até 100 cm³ de duas maneiras. No primeiro experimento, o gás poderia empurrar um pistão e realizar uma certa quantidade de trabalho contra uma força externa. No segundo, o gás poderia empurrar um pistão no vácuo e não realizar trabalho, porque não existe uma força oposta (Fig. 4B.2). A mudança de estado é a mesma em cada caso, mas o trabalho realizado pelo sistema é diferente: no primeiro caso, *w* é diferente de zero; no segundo caso, *w* = 0. De fato, até a linguagem cotidiana sugere que o trabalho não é uma função de estado, porque nunca falamos de um sistema possuindo uma certa quantidade de "trabalho".

Da mesma forma, o calor não é uma função de estado. A energia transferida a um sistema como calor depende de como a mudança é produzida. Suponhamos, por exemplo, que você deseja aquecer 100 g de água de 25°C até 30°C. Uma possibilidade seria fornecer energia na forma de calor, usando um aquecedor elétrico. O calor necessário pode ser calculado a partir da capacidade calorífica específica da água: $q = \{4{,}18 \text{ J}\cdot(°C)^{-1}\cdot g^{-1}\} \times (100 \text{ g}) \times (5°C) = +2$ kJ. Outra opção seria agitar a água vigorosamente com pás até que 2 kJ de trabalho fossem realizados. Neste último caso, toda a energia requerida seria transferida como trabalho e não como calor. Assim, no primeiro caso, $q = +2$ kJ; e, no segundo caso, $q = 0$. O estado final do

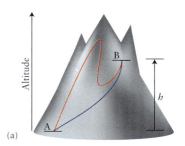

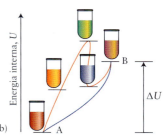

FIGURA 4B.1 (a) A altitude de uma localidade, em uma montanha, é como uma propriedade termodinâmica de estado: não importa que caminho você escolha entre dois pontos, A e B, a mudança de altitude é a mesma. (b) A energia interna é uma propriedade de estado: se um sistema varia do estado A ao estado B (como no esquema acima), a mudança de energia livre é a mesma, qualquer que seja o caminho – a sequência de mudanças físicas ou químicas – entre os dois estados.

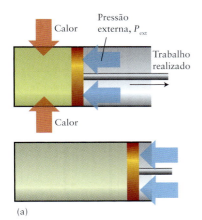

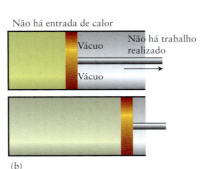

FIGURA 4B.2 Dois caminhos diferentes entre os mesmos estados inicial e final. (a) O gás realiza trabalho na expansão isotérmica contra uma pressão aplicada que se opõe. Como flui energia na forma de calor para o sistema a fim de compensar a energia perdida como trabalho, a temperatura permanece constante. (b) O gás não realiza trabalho quando se expande isotermicamente no vácuo. Como a energia interna é uma função de estado, a variação de energia interna é a mesma nos dois processos: $\Delta U = 0$ para a expansão isotérmica de um gás ideal por qualquer caminho. A troca de trabalho e calor, entretanto, é diferente em cada caso.

sistema, porém, é o mesmo nos dois casos. Como o calor não é uma função de estado, não deveríamos falar de um sistema possuindo uma certa quantidade de "calor" (mas, na linguagem corriqueira, muitas vezes fazemos isso: a ciência normalmente aperfeiçoa a linguagem).

Como a energia interna é uma função de estado, *qualquer caminho conveniente* entre os estados inicial e final de um sistema pode ser escolhido, e é possível calcular ΔU para aquele caminho. O resultado terá o mesmo valor de ΔU que teria o caminho real entre os dois estados, mesmo que este último seja tão complicado que não permita o cálculo direto de ΔU. Em alguns casos, seus conhecimentos intuitivos sobre o comportamento das moléculas vão ajudá-lo a identificar a variação de energia interna de um processo sem ter de calculá-la. Por exemplo, quando um gás ideal se expande isotermicamente, suas moléculas continuam a se mover na mesma velocidade média. Como não existem forças entre as moléculas, sua energia potencial total também permanece a mesma, ainda que a separação média tenha aumentado. Como a energia cinética total e a energia potencial total não mudam, a energia interna do gás também não muda. Isto é,

$\Delta U = 0$ para a expansão (ou compressão) isotérmica de um gás ideal.

Portanto, quando o volume de uma amostra de um gás ideal muda, por *qualquer* caminho entre dois estados, desde que a temperatura dos estados inicial e final seja a mesma, sabemos imediatamente que $\Delta U = 0$.

EXEMPLO 4B.1 Cálculo do trabalho, do calor e da variação de energia interna durante a expansão de um gás ideal

Os engenheiros encarregados do projeto de novos motores a pistão e turbinas precisam compreender como o trabalho e o calor estão envolvidos em diversos ciclos de compressão e expansão. Suponha que 1,00 mol de moléculas de um gás ideal, a 292 K e 3,00 atm, se expanda contra uma pressão externa constante de 0,20 atm de 8,00 L a 20,00 L por dois caminhos diferentes. (a) O caminho A é uma expansão isotérmica reversível. (b) O caminho B, uma alternativa hipotética ao caminho A, tem duas partes. Na etapa 1, o gás esfria em volume constante até que a pressão atinja 1,20 atm. Na etapa 2, ele é aquecido e se expande contra uma pressão constante igual a 1,20 atm até que o volume atinja 20,00 L e $T = 292$ K. Determine o trabalho realizado, o calor transferido e a mudança de energia interna (w, q e ΔU) para os dois caminhos.

ANTECIPE Você deve esperar que o valor de w seja menos negativo (menos energia perdida como trabalho) no caminho irreversível e, portanto, que q seja menos positivo porque menos energia transferida como calor é necessária para manter a temperatura.

PLANEJE É uma boa ideia começar fazendo um diagrama de cada processo (Fig. 4B.3). (a) Para uma expansão isotérmica reversível, usamos a Eq. 4 dada no Tópico 4A ($w = -nRT \ln(V_2/V_1)$) para calcular w. (b) Na etapa 1, o volume não muda, logo, não há trabalho realizado ($w = 0$). A etapa 2 é um processo sob pressão constante, logo, usamos a Equação 3 apresentada no Tópico 4A ($w = -P_{ext}\Delta V$) para calcular w. Como a energia interna é uma função de estado e os estados inicial e final são os mesmos em ambos os processos, ΔU é o mesmo em ambos os caminhos, A e B. Como $\Delta U = 0$ na expansão isotérmica de um gás ideal, nos dois casos pode-se determinar q para o caminho total a partir de $\Delta U = q + w$, com $\Delta U = 0$. Use 1 L·atm = 101,325 J (Tópico 4A) para converter litro-atmosferas em joules.

RESOLVA

(a) De $w = -nRT \ln(V_2/V_1)$,

$$w = -(1{,}00 \text{ mol}) \times (8{,}3145 \text{ J·K}^{-1}\text{·mol}^{-1}) \times (292 \text{ K}) \times \ln\frac{20{,}00 \text{ L}}{8{,}0 \text{ L}}$$
$$= -2{,}22 \times 10^3 \text{ J} = -2{,}22 \text{ kJ}$$

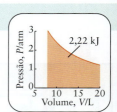

De $\Delta U = q + w = 0$,

$$q = -w = +2{,}22 \text{ kJ}$$

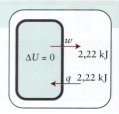

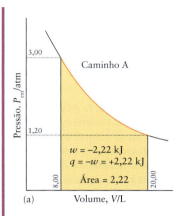
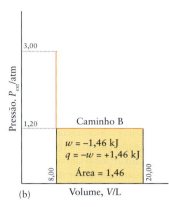

FIGURA 4B.3 (a) No caminho reversível, o trabalho realizado no Exemplo 4B.1 é −2,22 kJ (negativo, porque o gás está realizando o trabalho). Como a variação de energia interna é zero, calor flui para o sistema a fim de manter constantes a temperatura e a energia interna. Portanto, $q = +2,22$ kJ. (b) No caminho irreversível, o trabalho realizado também é igual ao inverso da área sob a curva e, para esse caminho, ele é relativamente pequeno ($w = -1,46$ kJ). O calor que flui para o sistema, levando em conta a saída de calor na etapa de resfriamento e a entrada de calor na expansão, é $q = +1,46$ kJ.

(b) *Etapa 1* Esfriamento em volume constante, $\Delta V = 0$; nenhum trabalho é realizado.

$$w = 0$$

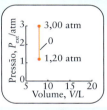

Etapa 2 Aquecimento e expansão. De $w = -P_{ext}\Delta V$,

$$w = -(1,20 \text{ atm}) \times (20,00 - 8,00)\text{L} = -14,4 \text{ L·atm}$$

Converta atmosfera-litros em joules.

$$w = -(14,4 \text{ L·atm}) \times \left(\frac{101,325 \text{ J}}{1 \text{ L·atm}}\right) = -1,46 \times 10^3 \text{ J} = -1,46 \text{ kJ}$$

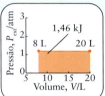

Calcule o trabalho total para o caminho B.

$$w = 0 + (-1,46 \text{ kJ}) = -1,46 \text{ kJ}$$

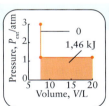

De $\Delta U = q + w = 0$,

$$q = -w = +1,46 \text{ kJ}$$

Em resumo,

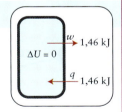

	q	w	ΔU
Para o caminho reversível:	+2,22 kJ	−2,22 kJ	0
Para o caminho irreversível:	+1,46 kJ	−1,46 kJ	0

AVALIE Como esperado, menos trabalho foi feito pelo caminho irreversível e menos energia tem de entrar no sistema para manter sua temperatura.

Teste 4B.2A Suponha que 2,00 mols de CO_2, a 2,00 atm e 300. K, são comprimidos isotérmica e reversivelmente até a metade do volume original, antes de serem usados para carbonatar a água. Calcule w, q e ΔU. Trate o CO_2 como um gás ideal.

[***Resposta:*** $w = +3,46$ kJ, $q = -3,46$ kJ, $\Delta U = 0$]

Teste 4B.2B Suponha que 1,00 kJ de energia é transferido na forma de calor ao oxigênio em um cilindro dotado de um pistão. A pressão externa é 2,00 atm. O oxigênio se expande de 1,00 L a 3,00 L contra essa pressão constante. Calcule w e ΔU do processo completo. Trate o O_2 como um gás ideal.

Exercícios relacionados 4B13, 4B.14.

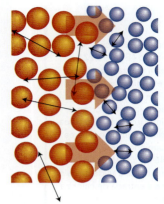

FIGURA 4B.4 Na escala atômica, a transferência de energia na forma de calor pode ser representada como um processo no qual os movimentos térmicos vigorosos dos átomos do sistema empurram os átomos que se movem menos vigorosamente e transferem a eles uma parte de sua energia. As setas de duas pontas representam os movimentos dos átomos, e as setas rosadas maiores representam a direção geral da transferência de calor.

Uma função de estado depende somente do estado em que se encontra o sistema. A mudança na função de estado entre dois estados é independente do caminho entre eles. A energia interna é uma função de estado. O trabalho e o calor não são.

4B.3 Uma discussão molecular

Embora o calor e o trabalho sejam equivalentes no sentido de que a variação da energia interna de um sistema é independente do caminho empregado, existe uma diferença entre eles em nível molecular. Essa diferença está relacionada à ordem no movimento dos átomos na vizinhança do sistema. Quando energia é transferida na forma de trabalho, o sistema movimenta as moléculas da vizinhança em uma direção definida (pense nos átomos de um peso sendo erguido se movendo simultaneamente para cima). Durante a transferência de energia na forma de calor, as moléculas da vizinhança movem-se caoticamente (pense nos átomos de um objeto quente empurrando os átomos da vizinhança para movimentos randômicos mais vigorosos, Fig. 4B.4). Isto é:

- O trabalho utiliza o movimento organizado dos átomos na vizinhança.
- O calor utiliza o movimento desorganizado dos átomos na vizinhança.

Nota de boa prática Tenha cuidado em não confundir os termos "calor" e "energia térmica". Calor é energia em movimento devido à diferença de temperatura. A energia térmica, ou melhor, a energia do movimento térmico, é a energia associada ao movimento caótico de moléculas em temperaturas acima do zero absoluto.

A energia interna é a energia armazenada em um sistema na forma de energia cinética e energia potencial. Ela inclui toda a energia de interação das partículas fundamentais que formam os átomos e a energia acumulada como movimento. As moléculas de um gás podem se mover de várias maneiras e cada modo de movimento contribui para a energia (Fig. 4B.5):

- A **energia translacional** é a energia de um átomo ou molécula decorrente do seu movimento no espaço.
- A **energia rotacional** é a energia decorrente do movimento rotacional de uma molécula (esta energia também é cinética; átomos individuais não têm rotação).
- A **energia vibracional** é a energia armazenada por uma molécula na forma de oscilação de seus átomos uns em relação aos outros; ela é a soma das contribuições cinética e potencial.

A maior parte das moléculas não está vibracionalmente excitada na temperatura normal e, por isso, este último modo pode ser ignorado por enquanto. A energia cinética é a energia devida ao movimento (*Fundamentos* A). Quanto maior for a velocidade de translação e de rotação de uma molécula, maior será sua energia cinética. Quando a temperatura de um gás é aumentada, tanto pela realização de trabalho sobre um gás em um recipiente adiabático quanto pelo aumento de sua temperatura, a velocidade média de translação e de rotação das moléculas aumenta. Este aumento corresponde a um aumento da energia cinética total das moléculas e, portanto, a um aumento da energia interna do gás. Desde que não ocorra uma reação química, *um sistema em temperatura alta tem sempre energia interna maior do que o mesmo sistema em uma temperatura mais baixa*. Estas observações são expressas quantitativamente usando o **teorema da equipartição**:

O valor médio de cada contribuição quadrática para a energia de uma molécula em uma amostra na temperatura T é igual a $\frac{1}{2}kT$.

Uma "contribuição quadrática" para a energia é uma expressão que depende do quadrado da velocidade ou de um deslocamento, como em $\frac{1}{2}mv^2$ para o caso da energia cinética translacional. Nessa expressão, k é a constante de Boltzmann, uma constante fundamental cujo valor é $1{,}381 \times 10^{-23}$ J·K^{-1}. A constante de Boltzmann relaciona-se com a constante dos gases (8,314 J·K^{-1}·mol^{-1}) por $R = N_A k$, em que N_A é a constante de Avogadro. O termo "equipartição" significa que a energia disponível é compartilhada (particionada) igualmente entre os

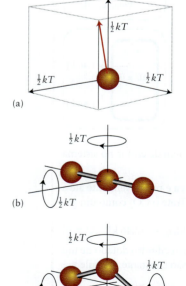

FIGURA 4B.5 Modos translacionais e rotacionais de átomos e moléculas, e respectivas energias médias de cada modo, na temperatura *T*. (a) Um átomo ou molécula pode experimentar movimentos de translação em três dimensões. (b) Uma molécula linear também pode girar em torno de dois eixos perpendiculares à linha dos átomos. (c) Uma molécula não linear pode rodar em torno de três eixos perpendiculares.

modos disponíveis. Por exemplo, a energia destinada à energia cinética translacional tem uma única direção. A energia cinética translacional é a soma dos movimentos nos eixos x, y e z. Cada movimento contribui com $\frac{1}{2}kT$ para a energia interna de uma molécula. Portanto, a energia média translacional de uma molécula em uma amostra na temperatura T é $3 \times \frac{1}{2}kT$. A contribuição para a energia interna molar (a energia por mol de moléculas, U_m) é, portanto,

$$U_m(\text{translação}) = \tfrac{3}{2}\overbrace{N_A k}^{R}T = \tfrac{3}{2}RT$$

e é 3,72 kJ·mol^{-1} em 25 °C. Uma molécula linear, como o dióxido de carbono, pode rodar em torno dos dois eixos perpendiculares à linha que une os átomos e tem, portanto, dois modos de movimento de rotação. Sua energia rotacional média é, portanto, $2 \times \frac{1}{2}kT = kT$, e a contribuição para a energia interna molar é N_A vezes esse valor:

$$U_m(\text{rotação, linear}) = \overbrace{N_A k}^{R}T = RT$$

ou 2,48 kJ·mol^{-1} em 25°C. Uma molécula não linear pode rodar em torno de três eixos perpendiculares entre si. Portanto, a contribuição rotacional para a energia interna molar é

$$U_m(\text{rotação, não linear}) = \tfrac{3}{2}N_A kT = \tfrac{3}{2}RT$$

Estas contribuições são resumidas na Fig. 4B.5.

Teste 4B.3A Estime a contribuição do movimento para a energia interna molar do vapor de água em 25°C.

[**Resposta:** 7,44 kJ·mol^{-1}]

Teste 4B.3B Estime a contribuição do movimento para a energia interna molar do vapor de benzeno em 100°C.

O teorema da equipartição facilita estimar a variação da energia interna quando a temperatura de uma amostra de um gás ideal monoatômico muda. Logo, como a contribuição para a energia interna molar de um gás ideal monoatômico (como o argônio) que se origina no movimento é $3/2\ RT$, você pode concluir que, se o gás é aquecido por ΔT, então a variação na sua energia interna molar, ΔU_m, é $\Delta U_m = \frac{3}{2}R\Delta T$. Assim, por exemplo, se o gás for aquecido de 20.°C até 100.°C (e $\Delta T = +80.$ K), então sua energia interna molar aumentará $\frac{3}{2} \times (8{,}3145\ \text{J·K}^{-1}\text{·mol}^{-1}) \times (80.\ \text{K}) = 1{,}0\ \text{kJ mol}^{-1}$.

O calor usa o movimento molecular desordenado na vizinhança; o trabalho usa o movimento ordenado. O teorema da equipartição pode ser usado para estimar as contribuições translacional e rotacional para a energia interna de um gás ideal. A contribuição vibracional para a energia é insignificante nas temperaturas comuns.

O que você aprendeu com este tópico?

Você aprendeu que a primeira lei da termodinâmica diz que a energia interna de um sistema isolado é constante. Você conheceu o conceito de função de estado, que permite calcular a variação da energia interna selecionando uma rota conveniente entre os estados inicial e final. Além disso, você agora entende a diferença entre calor e trabalho em nível molecular e pode usar o teorema da equipartição para estimar as contribuições para a energia interna.

Os conhecimentos que você deve dominar incluem a capacidade de:

- ☐ **1.** Enunciar e explicar as implicações da primeira lei da termodinâmica (Seções 4B.1 e 4B.2).
- ☐ **2.** Reconhecer quais funções de um sistema são funções de estado (Seção 4B.2).
- ☐ **3.** Calcular as variações de energia interna devido ao calor e ao trabalho (Teste 4B.1).
- ☐ **4.** Calcular as variações de energia interna por caminhos diferentes (Exemplo 4B.1).
- ☐ **5.** Usar o teorema da equipartição a fim de estimar as contribuições para a energia interna de um gás (Teste 4B.3).

Tópico 4B Exercícios

4B.1 Uma amostra de gás em um cilindro consome 524 kJ de energia na forma de calor. Ao mesmo tempo, um pistão comprime o gás e realiza 340 kJ de trabalho. Qual é a variação de energia interna do gás durante o processo?

4B.2 Uma amostra de gás em um sistema com pistão se expande, realizando 171 kJ de trabalho sobre a vizinhança ao mesmo tempo que 242 kJ de energia são fornecidas ao gás na forma de calor. (a) Qual é a variação de energia interna do gás durante o processo? (b) A pressão do gás será maior ou menor no término do processo?

4B.3 A energia interna de um sistema aumentou 982 J quando ele absorveu 492 J de calor. (a) O trabalho foi realizado contra ou a favor do sistema? (b) Quanto trabalho foi realizado?

4B.4 (a) Calcule o valor de w realizado para um sistema que absorve 164 kJ de calor em um processo para o qual a variação da energia interna é +152 kJ. (b) O trabalho foi realizado contra ou a favor do sistema durante o processo?

4B.5 Um gás ideal em um cilindro foi colocado em um aquecedor e ganhou 5,50 kJ de energia na forma de calor. Se o volume do cilindro aumentou de 345 mL para 1.846 mL contra uma pressão atmosférica de 750. Torr durante o processo, qual é a variação de energia interna do gás no cilindro?

4B.6 Um aquecedor elétrico de 100. W (1 W = 1 J·s^{-1}) opera por 20,0 min para aquecer um gás ideal em um cilindro. Ao mesmo tempo, o gás se expande de 1,00 L até 6,00 L contra uma pressão atmosférica constante de 0,876 atm. Qual é a variação de energia interna do gás?

4B.7 Em uma câmara de combustão, a variação de energia interna total produzida pela queima de um combustível é -2.573 kJ. O sistema de resfriamento que circunda a câmara absorve 947 kJ na forma de calor. Quanto trabalho pode ser realizado pelo combustível da câmara?

4B.8 Um animal de laboratório se exercita em um moinho ligado a um peso de massa igual a 275 g por uma roldana. O trabalho executado pelo animal elevou o peso até 1,01 m. Ao mesmo tempo, o animal perdeu 7,8 J de energia na forma de calor. (a) Não levando em conta outras perdas e tratando o animal como um sistema fechado, qual foi a variação de energia interna do animal? (b) Qual seria a variação se o experimento fosse realizado em uma estação especial com gravidade zero e não na Terra?

4B.9 Em um processo adiabático, não ocorre transferência de energia na forma de calor. Diga se cada uma das declarações seguintes sobre um processo adiabático em um sistema fechado é sempre verdadeira, sempre falsa, ou verdadeira sob certas condições (especifique-as): (a) $\Delta U = 0$; (b) $q = 0$; (c) $q < 0$; (d) $\Delta U = q$; (e) $\Delta U = w$.

4B.10 Diga se cada uma das declarações seguintes sobre um processo em um sistema fechado em volume constante é sempre verdadeira, sempre falsa, ou verdadeira sob certas condições (especifique-as): (a) $\Delta U = 0$; (b) $w = 0$; (c) $w < 0$; (d) $\Delta U = q$; (e) $\Delta U = w$.

4B.11 Os desenhos a seguir mostram uma visão molecular de um sistema que varia em temperatura constante. Diga, em cada caso, se calor é absorvido ou liberado pelo sistema e se trabalho de expansão é executado no sistema ou pelo sistema. Determine os sinais de q e w no processo.

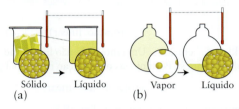

(a) Sólido → Líquido   (b) Vapor → Líquido

4B.12 Os desenhos a seguir mostram uma visão molecular de um sistema que varia. Diga, em cada caso, se calor é absorvido ou liberado pelo sistema e se trabalho de expansão é executado no sistema ou pelo sistema. Determine os sinais de q e w no processo.

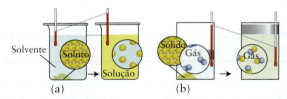

(a)   (b)

4B.13 Calcule o trabalho em cada um dos seguintes processos, começando com uma amostra de gás em um sistema com pistão com $T = 305$ K, $P = 1,79$ atm e $V = 4,29$ L: (a) expansão irreversível contra a pressão externa constante de 1,00 atm até o volume final de 6,52 L; (b) expansão reversível isotérmica até o volume final de 6,52 L.

4B.14 Uma amostra de gás em um cilindro de 3,42 L em 298 K e 2,57 atm expande-se até 7,39 L por dois caminhos diferentes. O caminho A é uma expansão reversível isotérmica. O caminho B envolve duas etapas. Na primeira, o gás é resfriado em volume constante até 1,19 atm. Na segunda, o gás é aquecido e se expande contra uma pressão externa constante de 1,19 atm até o volume final de 7,39 L. Calcule o trabalho realizado nos dois processos.

4B.15 Estime a contribuição do movimento para a energia interna molar do vapor de $CH_4(g)$ em 25°C. Ignore as vibrações.

4B.16 Estime a contribuição do movimento para a energia interna molar do vapor de $N_2(g)$ em 25°C. Ignore as vibrações.

Tópico 4C A entalpia

4C.1 As transferências de calor sob pressão constante
4C.2 As capacidades caloríficas dos gases em volume e pressão constantes
4C.3 A origem molecular da capacidade calorífica dos gases
4C.4 A entalpia das transformações físicas
4C.5 As curvas de aquecimento

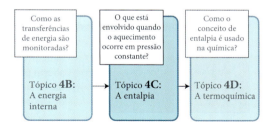

Se o sistema tem paredes rígidas, seu volume permanece constante mesmo quando ocorrem outras mudanças, logo, nenhum trabalho de expansão é executado. Se você também sabe que nenhum trabalho de não expansão é realizado (um trabalho elétrico, por exemplo), então a variação na energia interna do sistema é igual à energia fornecida a ele como calor ($\Delta U = q_V$, em que V indica um processo em volume constante). Em química, entretanto, a maior parte das reações químicas ocorre em recipientes abertos para a atmosfera e, portanto, em pressão constante de cerca de 1 atm. Esses sistemas podem se expandir ou contrair livremente. Se um gás se forma, ele trabalha contra a atmosfera para ocupar espaço. Embora nenhum pistão esteja envolvido, trabalho é realizado. Nesse sentido, uma função de estado que medisse as variações de energia em pressão constante considerando automaticamente as perdas de energia como trabalho de expansão durante a transferência de calor seria muito útil.

Por que você precisa estudar este assunto? A entalpia é usada em toda a química sempre que se discutem mudanças em pressão constante e é a base da termoquímica.

Que conhecimentos você precisa dominar? Este tópico pressupõe que você esteja familiarizado com os conceitos de energia interna e capacidade calorífica (Tópicos 4A e 4B) e com o teorema da equipartição (Tópico 4B).

4C.1 As transferências de calor sob pressão constante

A função de estado que permite medir as perdas de energia na forma de trabalho de expansão durante a transferência de calor em pressão constante (e o ganho de energia se o processo é uma compressão) é chamada de **entalpia**, H. A entalpia é definida como

$$H = U + PV \tag{1}$$

em que U, P e V são a energia interna, a pressão e o volume do sistema. A entalpia é uma função de estado porque, a exemplo de U (da primeira lei), P e V são funções de estado, assim, $H = U + PV$ também tem de ser uma função de estado. É possível mostrar que uma consequência dessa definição é que *a variação da entalpia de um sistema é igual ao calor liberado ou absorvido em pressão constante*.

Como isso é feito?

Imagine um sistema em pressão constante, no qual a variação de energia interna é ΔU e a do volume é ΔV. Da definição de entalpia na Eq. 1, temos que a variação de entalpia é

$$\text{Em pressão constante: } \Delta H = \Delta U + P\Delta V \tag{2}$$

Agora, escreva $\Delta U = q + w$, em que q é a energia fornecida ao sistema na forma de calor e w é a energia fornecida na forma de trabalho:

$$\Delta H = q + w + P\Delta V$$

Agora, suponha que o sistema não consiga realizar trabalho, a não ser de expansão. Neste caso, a Eq. 3 do Tópico 4A é usada para calcular o trabalho ($w = -P_{ext}\Delta V$) e, portanto

$$\Delta H = q - P_{ext}\Delta V + P\Delta V$$

Por fim, como o sistema está aberto para a atmosfera ou em um recipiente que permite a mudança de volume, a pressão é igual à pressão externa, isto é, $P_{ext} = P$, e os últimos dois termos se cancelam para dar $\Delta H = q$.

264 Tópico 4C A entalpia

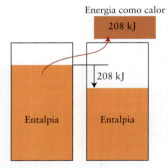

FIGURA 4C.1 A entalpia de um sistema é como a medida da altura da água de um reservatório. Quando uma reação exotérmica libera 208 kJ de calor sob pressão constante, o "reservatório" diminui em 208 kJ e $\Delta H = -208$ kJ.

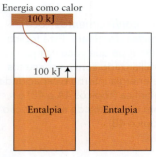

FIGURA 4C.2 Se uma reação endotérmica absorve 100 kJ de calor sob pressão constante, a altura do "reservatório" de entalpia aumenta em 100 kJ e $\Delta H = +100$ kJ.

Você viu que, para um sistema que só consegue realizar trabalho de expansão contra uma pressão constante,

Em pressão constante e sem trabalho de não expansão: $\Delta H = q$ (3)

Muitas vezes esta equação é escrita como $\Delta H = q_P$, onde o subscrito representa pressão constante. Isso significa que, como as reações químicas geralmente ocorrem em pressão constante em reatores abertos para a atmosfera, o calor que elas fornecem ou utilizam pode ser igualado à variação de entalpia do sistema. Logo, se uma reação é estudada em um calorímetro aberto para a atmosfera, o aumento de temperatura observado pode ser usado como medida da variação de entalpia que acompanha a reação. Se, por exemplo, uma reação libera 1,25 kJ de calor nesse tipo de calorímetro, então $\Delta H = q_P = -1,25$ kJ.

Quando energia é transferida na forma de calor a um sistema em pressão constante, a entalpia do sistema *aumenta* dessa mesma quantidade. Quando energia deixa um sistema em pressão constante na forma de calor, a entalpia do sistema *diminui* dessa mesma quantidade. Por exemplo, a formação de iodeto de zinco a partir de seus elementos, $Zn(s) + I_2(s) \rightarrow ZnI_2(s)$, é uma reação exotérmica que (em pressão constante) libera 208 kJ de calor para a vizinhança por mol de ZnI_2 formado. Portanto, $\Delta H = -208$ kJ, porque a entalpia da mistura de reação diminuiu em 208 kJ nessa reação (Fig. 4C.1). Como um processo endotérmico absorve calor, então, quando nitrato de amônio se dissolve em água, a entalpia do sistema aumenta (Fig. 4C.2). Isto é, em pressão constante:

Reações exotérmicas: $\Delta H < 0$
Reações endotérmicas: $\Delta H > 0$

> **Teste 4C.1A** Em uma reação exotérmica sob pressão constante, 50. kJ de calor deixam o sistema na forma de calor e 20. kJ de energia deixam o sistema como trabalho de expansão. Quais são os valores de (a) ΔH e (b) ΔU desse processo?
>
> [***Resposta:*** (a) $-50.$ kJ; (b) $-70.$ kJ]
>
> **Teste 4C.1B** Em uma reação endotérmica sob pressão constante, 30. kJ de energia entraram no sistema na forma de calor. Os produtos ocuparam menos volume do que os reagentes e 40. kJ de energia entraram no sistema na forma de trabalho executado pela atmosfera exterior sobre ele. Quais são os valores de (a) ΔH e (b) ΔU desse processo?

A entalpia é uma função de estado. A variação de entalpia é igual ao calor fornecido ao sistema em pressão constante. Para um processo endotérmico, $\Delta H > 0$; para um processo exotérmico, $\Delta H < 0$.

4C.2 As capacidades caloríficas dos gases em volume e pressão constantes

Como mostrado no Tópico 4A, a capacidade calorífica C é a constante de proporcionalidade entre o calor fornecido a um sistema e o aumento de temperatura produzido ($q = C\Delta T$). Entretanto, o aumento de temperatura e, portanto, a capacidade calorífica dependem das condições de aquecimento, porque, em pressão constante, parte do calor é usada para realizar o trabalho de expansão e para elevar a temperatura do sistema. A definição de capacidade calorífica tem de ser mais precisa.

Desde que não seja realizado trabalho de não expansão e que nenhuma outra mudança ocorra, o calor transferido em volume constante pode ser identificado com a variação da energia interna, $\Delta U = q$. Esta igualdade pode ser combinada com $C = q/\Delta T$ para dar a **capacidade calorífica em volume constante**, C_V, como

$$C_V = \frac{\Delta U}{\Delta T} \quad (4a)$$

Do mesmo modo, como o calor transferido sob pressão constante pode ser identificado com a variação de entalpia, ΔH, é possível definir a **capacidade calorífica em pressão constante**, C_P, como

$$C_P = \frac{\Delta H}{\Delta T} \quad (4b)$$

4C.3 A origem molecular da capacidade calorífica dos gases · **265**

As capacidades caloríficas molares correspondentes são essas quantidades divididas pela quantidade de substância e são representadas por $C_{V,\mathrm{m}}$ e $C_{P,\mathrm{m}}$.

PONTO PARA PENSAR

Que grandeza você acredita ser maior para uma dada substância: $C_{V,\mathrm{m}}$ ou $C_{P,\mathrm{m}}$?

As capacidades caloríficas em volume constante e em pressão constante de um sólido têm valores comparáveis. O mesmo ocorre com os líquidos, mas não com os gases. A diferença reflete o fato de que os gases se expandem muito mais do que os sólidos e líquidos quando aquecidos, assim, um gás perde mais energia quando aquecido sob pressão constante do que um sólido ou um líquido. É possível obter uma relação quantitativa simples entre C_V e C_P para um gás ideal.

Como isso é feito?

Para um gás ideal, o termo PV da equação $H = U + PV$ pode ser substituído por nRT, então, $H = U + nRT$. Quando uma amostra de um gás ideal é aquecida, a entalpia, a energia interna e a temperatura mudam, e

$$\Delta H = \Delta U + nR\Delta T$$

A capacidade calorífica em pressão constante pode ser expressa como

$$C_P = \frac{\Delta H}{\Delta T} = \frac{\Delta U + nR\Delta T}{\Delta T} = \frac{\Delta U}{\Delta T} + nR = C_V + nR$$

Para obter a relação entre as duas capacidades caloríficas molares, basta dividir esta expressão por n.

O cálculo mostra que as duas capacidades caloríficas molares de um gás ideal estão relacionadas pela expressão

$$C_{P,\mathrm{m}} = C_{V,\mathrm{m}} + R \tag{5}$$

Como exemplo, a capacidade calorífica molar em volume constante do argônio é $12,8\ \mathrm{J\cdot K^{-1}\cdot mol^{-1}}$, logo, o valor molar correspondente em pressão constante é $12,8 + 8,3\ \mathrm{J\cdot K^{-1}\cdot mol^{-1}} = 21,1\ \mathrm{J\cdot K^{-1}\cdot mol^{-1}}$, uma diferença de 65%. A capacidade calorífica em pressão constante é maior do que em volume constante porque em pressão constante nem todo o calor fornecido é usado para aumentar a temperatura: parte volta à vizinhança como trabalho de expansão e $C = q/\Delta T$ é maior (porque ΔT é menor) do que em volume constante (quando toda a energia é usada para aumentar a temperatura do sistema).

A capacidade calorífica molar de um gás ideal em pressão constante é maior do que em volume constante. A Eq. 5 relaciona as duas quantidades.

4C.3 A origem molecular da capacidade calorífica dos gases

A relação entre as capacidades caloríficas e as propriedades moleculares é explorada usando o teorema da equipartição (Tópico 4B). O teorema diz que a energia interna molar de um gás monoatômico ideal na temperatura T é $U_\mathrm{m} = \frac{3}{2}RT$ e que a variação na energia interna molar quando a temperatura se altera em ΔT é $\Delta U_\mathrm{m} = \frac{3}{2}R\Delta T$. O resultado é que a capacidade calorífica molar em volume constante é

$$\text{Para um gás monoatômico: } C_{V,\mathrm{m}} = \frac{\Delta U_\mathrm{m}}{\Delta T} = \frac{\frac{3}{2}R\Delta T}{\Delta T} = \frac{3}{2}R$$

ou cerca de $12,5\ \mathrm{J\cdot K\cdot mol^{-1}}$, em concordância com o valor experimental. Segundo a Eq. 5 ($C_{P,\mathrm{m}} = C_{V,\mathrm{m}} + R$), a capacidade calorífica molar de um gás ideal em pressão constante é

$$\text{Para um gás monoatômico: } C_{P,\mathrm{m}} = \frac{3}{2}R + R = \frac{5}{2}R$$

Observe que C_P e C_V de um gás monoatômico ideal não dependem da temperatura e da pressão.

266 Tópico 4C A entalpia

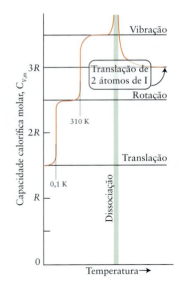

FIGURA 4C.3 Variação da capacidade calorífica molar do vapor de iodo em volume constante. O movimento de translação de moléculas gasosas contribui com a capacidade calorífica, mesmo em temperaturas muito baixas. Quando a temperatura aumenta acima de 0,05 K, a rotação contribui significativamente, mas as vibrações da molécula só contribuem em temperaturas mais altas (acima de 310 K; para outras moléculas, a temperatura é muito mais alta). Quando as moléculas se dissociam, a capacidade calorífica se torna muito grande durante a dissociação, para, então, diminuir até um valor característico de 2 mols de átomos de I, que só têm movimento de translação.

As capacidades caloríficas molares dos gases formados por moléculas (ao contrário dos átomos) são maiores do que as dos gases monoatômicos, porque as moléculas podem armazenar energia como energia cinética de rotação e energia cinética de translação. O movimento de rotação das moléculas lineares contribui com outro RT para a energia interna molar (Tópico 4B). Para determinada variação na temperatura,

$$\text{Para uma molécula linear: } C_{V,m} = \frac{\Delta U_m}{\Delta T} = \frac{\frac{3}{2}R\Delta T + R\Delta T}{\Delta T} = \frac{5}{2}R$$

Para moléculas não lineares, a contribuição devido à rotação é $\frac{3}{2}R\Delta T$, para dar um total (rotacional + translacional) de $3RT$. Em resumo, para gases ideais:

	Átomos	Moléculas lineares	Moléculas não lineares
$C_{V,m}$	$\frac{3}{2}R$	$\frac{5}{2}R$	$3R$
$C_{P,m}$	$\frac{5}{2}R$	$\frac{7}{2}R$	$4R$

(Em cada caso, $C_{P,m}$ foi calculado a partir de $C_{P,m} = C_{V,m} + R$). Observe que a capacidade calorífica molar aumenta com a complexidade molecular. A capacidade calorífica de moléculas não lineares é maior do que a de moléculas lineares, porque as moléculas não lineares podem rodar em torno de três eixos, em vez de dois.

O gráfico da Fig. 4C.3 mostra como $C_{V,m}$ do vapor de iodo, $I_2(g)$, varia com a temperatura. Em temperaturas muito baixas, $C_{V,m} = \frac{3}{2}R$ porque as moléculas se movem sem rotação, mas aumenta para $5/2\,R$ quando a molécula passa a rodar. Em temperaturas mais elevadas, as vibrações moleculares começam a absorver energia e a capacidade calorífica aumenta até $7/2\,R$. Em 298 K, o valor experimental é equivalente a $3,4R$.

EXEMPLO 4C.1 Cálculo das variações de entalpia durante o aquecimento de um gás ideal

Os balões tripulados surgiram no século XVIII, despertando muito interesse nas propriedades dos gases. Calcule a temperatura final e a variação de entalpia quando 500. J de energia são transferidos na forma de calor para 0,900 mol de O_2, em 298 K e 1,00 atm, em (a) volume constante; (b) pressão constante. Trate o gás como ideal.

ANTECIPE Você deve esperar que, como resultado do aquecimento, a temperatura aumente mais em volume constante do que em pressão constante porque, neste último caso, uma parte da energia é usada para realizar trabalho de expansão. Isso sugere que a elevação da entalpia pode ser maior em volume do que em pressão constante.

PLANEJE O oxigênio é uma molécula linear e suas capacidades caloríficas podem ser estimadas a partir do teorema da equipartição. Depois, use $q = C\Delta T$, com $C = nC_{V,m}$ ou $nC_{P,m}$ para as variações em volume e pressão constantes, respectivamente, para encontrar mudanças de temperatura. A variação da entalpia em pressão constante é igual ao calor fornecido. Em volume constante, encontre a variação de entalpia calculando ΔU e convertendo o resultado em ΔH usando $\Delta H = \Delta U + nR\Delta T$.

O que você deve supor? Que o oxigênio se comporta como um gás ideal e que não há contribuição vibracional para a capacidade calorífica.

RESOLVA

De $C_{V,m} = \frac{5}{2}R$ e $C_{P,m} = C_{V,m} + R$,

$$C_{V,m} = \frac{5}{2}(8,3145 \text{ J·K}^{-1}\text{·mol}^{-1}) = 20,79 \text{ J·K}^{-1}\text{·mol}^{-1}$$

$$C_{P,m} = \frac{7}{2}(8,3145 \text{ J·K}^{-1}\text{·mol}^{-1}) = 29,10 \text{ J·K}^{-1}\text{·mol}^{-1}$$

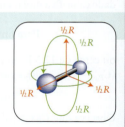

(a) De $\Delta T = q/nC_{P,m}$,

$$\Delta T = \frac{500.\,J}{(0,900\text{ mol}) \times (29,10\text{ J·K}^{-1}\text{·mol}^{-1})} = +19,1\text{ K}$$

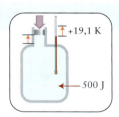

Encontre a temperatura final

$$T = 298 + 19,1\text{ K} = 317\text{ K, ou } 44°C$$

De $\Delta H = q_P$,

$$\Delta H = +500.\,J$$

(b) Para encontrar ΔH no aquecimento em volume constante, encontre a temperatura final atingida em volume constante:

De $\Delta T = q/nC_{V,m}$,

$$\Delta T = \frac{500.\,J}{(0,900\text{ mol}) \times (20,79\text{ J·K}^{-1}\text{·mol}^{-1})} = +26,7\text{ K}$$

A temperatura final é

$$T = 298 + 26,7\text{ K} = 325\text{ K, ou } 52°C$$

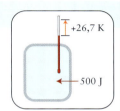

Quando 500. J são transferidos em volume constante,

$$\Delta U = q = +500.\,J$$

Agora converta a variação em uma variação de entalpia usando $\Delta H = \Delta U + nR\Delta T$:

$$\Delta H = 500.\,J + (0,900\text{ mol}) \times (8,3145\text{ J·K}^{-1}\text{·mol}^{-1}) \times (26,7\text{ K}) = +700.\,J$$

AVALIE O aumento na temperatura e a variação de entalpia são menores em pressão constante do que em volume constante, como antecipamos.

Teste 4C.2A Calcule a temperatura final e a variação de entalpia quando 500. J de energia são transferidos na forma de calor para 0,900 mol de Ne(g) em 298 K e 1,00 atm, em (a) pressão constante, (b) volume constante. Trate o gás como ideal.

[*Resposta:* (a) 343 K, 500. J; (b) 343 K, 837 J]

Teste 4C.2B Calcule a temperatura final e a variação de energia interna quando 1,20 kJ de energia é transferido na forma de calor para 1,00 mol de H₂(g) em 298 K e 1,00 atm, (a) em volume constante; (b) em pressão constante. Trate o gás como ideal.

Exercícios relacionados 4C3, 4C.4.

A rotação requer energia e leva a capacidades caloríficas mais altas no caso de moléculas complexas. O teorema da equipartição pode ser usado para estimar as capacidades caloríficas molares das moléculas na fase gás.

4C.4 A entalpia das transformações físicas

As moléculas de um sólido ou de um líquido ficam juntas devido às atrações intermoleculares. Mudanças de fase em que as atrações entre moléculas são reduzidas, como a fusão ou a

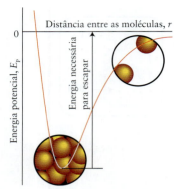

FIGURA 4C.4 A energia potencial das moléculas diminui à medida que elas se aproximam umas das outras e, então, cresce novamente quando entram em contato. A distância intermolecular média em um líquido é dada pela posição do mínimo de energia. Para escapar de um líquido, a energia de uma molécula precisa sair do fundo do poço e chegar até a energia da parte horizontal da curva, à direita.

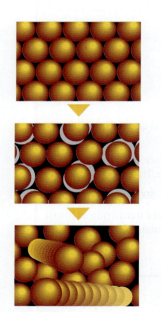

FIGURA 4C.5 A fusão é um processo endotérmico. As moléculas de uma amostra sólida vibram em posições ordenadas (acima) mas, à medida que ganham energia, começam a se chocar com as vizinhas (no centro). Por fim, a amostra sólida se torna um líquido com moléculas móveis e desordenadas (abaixo).

TABELA 4C.1	Entalpias padrão de mudanças físicas*				
Substância	Fórmula	Ponto de fusão, T_f/K	$\Delta H_{fus}°$/ (kJ·mol^{-1})	Ponto de ebulição, T_b/K	$\Delta H_{vap}°$/ (kJ·mol^{-1})
acetona	CH$_3$COCH$_3$	177,8	5,72	329,4	29,1
amônia	NH$_3$	195,4	5,65	239,7	23,4
argônio	Ar	83,8	1,2	87,3	6,5
benzeno	C$_6$H$_6$	278,6	10,59	353,2	30,8
etanol	C$_2$H$_5$OH	158,7	4,60	351,5	43,5
hélio	He	3,5	0,021	4,22	0,084
mercúrio	Hg	234,3	2,292	629,7	59,3
metano	CH$_4$	90,7	0,94	111,7	8,2
metanol	CH$_3$OH	175,2	3,16	337,8	35,3
água	H$_2$O	273,2	6,01	373,2	40,7 (44,0 em 25°C)

* Os valores correspondem à temperatura da mudança de fase. O sinal sobrescrito ° significa que a mudança ocorre sob 1 bar e que a substância é pura (isto é, são os valores dos estados padrão. Veja o Tópico 4D).

vaporização, requerem energia e são, portanto, endotérmicas. Mudanças de fase que aumentam o contato entre as moléculas, como a condensação ou a solidificação, são exotérmicas porque energia é liberada quando as moléculas se aproximam e podem interagir mais entre si. Quando as transições de fase ocorrem, como é mais comum, em pressão constante, a transferência de calor que acompanha a mudança de fase é igual à variação de entalpia da substância.

Em uma dada temperatura, a fase vapor de uma substância tem mais energia e, portanto, maior entalpia do que a fase líquido. A diferença de entalpia molar entre os estados líquido e vapor de uma substância é chamada de **entalpia de vaporização**, ΔH_{vap}:

$$\Delta H_{vap} = \Delta H_m(\text{vapor}) - \Delta H_m(\text{líquido}) \qquad (6)$$

A entalpia de vaporização da maior parte das substâncias muda pouco com a temperatura. No caso da água no ponto de ebulição, 100°C, $\Delta H_{vap} = 40{,}7$ kJ·mol^{-1} e, em 25°C, $\Delta H_{vap} = 44{,}0$ kJ·mol^{-1}. Este último valor significa que, para vaporizar 1,00 mol de H$_2$O(l), que corresponde a 18,02 g de água, em 25°C e pressão constante, devemos fornecer 44,0 kJ de energia na forma de calor.

Teste 4C.3A Uma amostra de benzeno, C$_6$H$_6$, foi aquecida até 80°C, seu ponto de ebulição normal. O aquecimento continuou até que mais 15,4 kJ fossem fornecidos. Como resultado, 39,1 g de benzeno, em ebulição, foram vaporizados. Qual é a entalpia de vaporização do benzeno no ponto de ebulição?

[***Resposta:*** 30,8 kJ·mol^{-1}]

Teste 4C.3B Uma amostra de etanol, C$_2$H$_5$OH, de 23 g foi aquecida até o ponto de ebulição. Foram necessários 22 kJ para vaporizar todo o etanol. Qual é a entalpia de vaporização do etanol no ponto de ebulição?

A Tabela 4C.1 lista as entalpias de vaporização de várias substâncias. Todas as entalpias de vaporização são positivas, por isso, por convenção, não é necessário escrever o sinal. Observe que compostos com interações intermoleculares fortes, como ligações hidrogênio, tendem a ter as mais altas entalpias de vaporização. Isso é fácil de explicar, porque a entalpia de vaporização mede a energia necessária para separar moléculas que sofrem atrações relativamente fortes no estado líquido e levá-las a um estado livre no vapor. Gráficos da energia potencial resultante das forças intermoleculares, como o da Fig. 4C.4, mostram a relação entre a entalpia da substância no estado líquido, em que as interações moleculares são fortes, e a profundidade do poço da curva. A entalpia do estado vapor, em que as interações moleculares são quase insignificantes, corresponde à parte horizontal da curva, à direita. Uma substância com entalpia molar de vaporização alta tem um poço de potencial intramolecular profundo, o que indica fortes atrações intermoleculares.

FIGURA 4C.6 A variação de entalpia de um processo inverso tem o mesmo valor e o sinal oposto ao da variação de entalpia do processo direto na mesma temperatura.

A variação de entalpia molar que acompanha o derretimento (em linguagem química, a fusão) é chamada de **entalpia de fusão**, ΔH_{fus}, da substância:

$$\Delta H_{fus} = H_m(\text{líquido}) - H_m(\text{sólido}) \qquad (7)$$

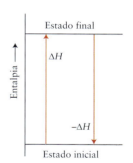

A fusão, com uma única exceção conhecida (hélio), é endotérmica, logo, todas as entalpias de fusão (com a exceção mencionada) são positivas e não é preciso escrever o sinal positivo (veja a Tabela 4C.1). A entalpia de fusão da água em 0°C é 6,0 kJ·mol^{-1}; isto é, para fundir 1,0 mol de H$_2$O(s) (18 g de gelo), em 0°C, é necessário fornecer 6,0 kJ de calor. Vaporizar a mesma quantidade de água requer muito mais energia (acima de 40 kJ). Na fusão, as moléculas podem se mover mais facilmente, mas permanecem próximas e, portanto, as interações entre elas são quase tão fortes como as do sólido (Fig. 4C.5).

A **entalpia de solidificação** é a variação de entalpia molar quando um líquido se transforma em sólido. Como a entalpia é uma função de estado, a entalpia de solidificação de uma amostra de água deve ser a mesma depois de congelada e fundida como estava antes. Portanto, a entalpia de solidificação de uma substância é o negativo da entalpia de fusão. Para a água, em 0°C, a entalpia de solidificação é $-6,0$ kJ·mol^{-1}, porque 6,0 kJ de calor são *liberados* quando 1 mol de H$_2$O(l) se solidifica. Em geral, para obter a variação de entalpia para o inverso de qualquer processo, utilize o valor negativo da variação de entalpia para o processo direto:

$$\Delta H_{\text{processo inverso}} = -\Delta H_{\text{processo direto}} \qquad (8)$$

Esta relação é mostrada na Fig. 4C.6.

A **sublimação** é a conversão direta de um sólido em vapor. A geada desaparece em uma manhã seca e fria, à medida que o gelo sublima diretamente até vapor de água. O dióxido de carbono sólido também sublima e, por isso, é chamado de gelo seco. A cada inverno, em Marte, ocorrem depósitos de dióxido de carbono na forma de gelo polar, que sublima quando o fraco verão chega (Fig. 4C.7).

FIGURA 4C.7 As camadas de gelo polar de Marte aumentam e diminuem de acordo com as estações. Elas são feitas de dióxido de carbono sólido e se formam pela conversão direta do gás ao sólido. Elas desaparecem por sublimação. Embora um pouco de gelo também ocorra nas camadas polares, a temperatura em Marte nunca é suficientemente alta para derretê-lo. Em Marte, o gelo é apenas outra rocha. *(NASA/JPL-Caltech/MSSS.)*

A **entalpia de sublimação**, ΔH_{sub}, é a variação de entalpia molar que ocorre quando o sólido sublima:

$$\Delta H_{sub} = H_m(\text{vapor}) - H_m(\text{sólido}) \qquad (9)$$

Como a entalpia é uma função de estado, a entalpia de sublimação de uma substância é a mesma, tanto se a transição ocorre em uma etapa (diretamente de sólido a gás) quanto em duas etapas (primeiro de sólido a líquido, depois de líquido a gás). A entalpia de sublimação de uma substância deve ser igual, portanto, à soma das entalpias de fusão e de vaporização medidas na mesma temperatura (Fig. 4C.8):

$$\Delta H_{sub} = \Delta H_{fus} + \Delta H_{vap} \qquad (10)$$

Teste 4C.4A A entalpia de fusão do metal sódio é 2,6 kJ·mol^{-1} em 25°C e a entalpia de sublimação do sódio sólido é 101 kJ·mol^{-1}. Qual é a entalpia de vaporização do sódio em 25°C?

[***Resposta:*** 98 kJ·mol^{-1}]

Teste 4C.4B A entalpia de vaporização do metanol é 38 kJ·mol^{-1} em 25°C e a entalpia de fusão é 3 kJ·mol^{-1} na mesma temperatura. Qual é a entalpia de sublimação do metanol nesta temperatura?

A variação de entalpia de uma reação inversa é o negativo da variação de entalpia da reação direta. As variações de entalpia podem ser somadas para obter a entalpia de um processo mais geral.

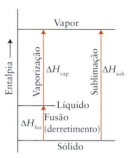

FIGURA 4C.8 Como a entalpia é uma propriedade de estado, a entalpia de sublimação pode ser expressa como a soma das entalpias de fusão e de vaporização na mesma temperatura.

4C.5 As curvas de aquecimento

As entalpias de fusão e de vaporização afetam a aparência das *curvas de aquecimento* de uma substância. Uma **curva de aquecimento** é o gráfico que mostra a variação da temperatura de uma amostra que foi aquecida em velocidade constante e pressão constante, e, portanto, em velocidade constante de aumento de entalpia (Quadro 4C.1).

Quadro 4C.1 COMO SABEMOS... A FORMA DE UMA CURVA DE AQUECIMENTO?

Duas técnicas relacionadas são usadas para construir uma curva de aquecimento. Na *análise térmica diferencial* (DTA), massas iguais de uma amostra e de um material de referência que não sofre mudanças de fase, como Al_2O_3 (que funde em temperatura muito alta), são inseridas em dois poços de amostra, em um grande bloco de aço que absorve o calor (veja a primeira ilustração). Como a massa do bloco de aço é muito grande, é possível aquecer a amostra e a referência na mesma velocidade, muito lentamente e com precisão, e acompanhar o processo. Termopares são colocados em cada poço e no próprio bloco para monitorar as variações de temperatura. O bloco é, então, aquecido gradualmente e as temperaturas da amostra e da referência são comparadas. Um sinal elétrico é gerado se a temperatura da amostra deixa de aumentar mas a da referência continua a crescer. Tal evento sinaliza um processo endotérmico na amostra, bem como uma mudança de fase. O resultado de uma análise DTA é um *termograma*, que mostra as temperaturas das mudanças de fase como picos de absorção de calor nas temperaturas de transição de fase.

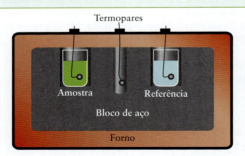

Na análise térmica diferencial, uma amostra e o material de referência são aquecidos na mesma velocidade no mesmo recipiente metálico. As variações da capacidade calorífica da amostra são medidas registrando as diferenças de temperatura entre a amostra e o material de referência.

Na *calorimetria diferencial de varredura* (DSC), são obtidos resultados muito precisos e as capacidades caloríficas podem ser medidas. O equipamento é semelhante ao da análise por DTA, com a diferença básica de que a amostra e a referência estão em absorvedores de calor que são aquecidos separadamente (veja a segunda ilustração, a seguir). As duas amostras são mantidas na mesma temperatura por aquecimento diferencial. Mesmo pequenas diferenças de temperatura entre a referência e a amostra acionam um dispositivo que aumenta ou diminui a quantidade de energia enviada para a amostra a fim de manter a temperatura constante. Se a capacidade calorífica da amostra é maior do que a capacidade calorífica da referência, deve-se

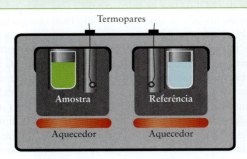

Em um calorímetro diferencial de varredura, uma amostra e um material de referência são aquecidos separadamente, mas em blocos de metal idênticos que absorvem o calor. As temperaturas da amostra e do material de referência são equalizadas variando a energia fornecida aos dois aquecedores. O resultado é a diferença de energia fornecida em função do calor adicionado.

fornecer energia mais rapidamente para a célula da amostra. Se uma transição de fase ocorre na amostra, muita energia deve ser transferida para a amostra até que a transição de fase se complete e a temperatura comece a aumentar novamente.

O resultado obtido no calorímetro diferencial de varredura é uma medida da energia (a velocidade de fornecimento de energia) transferida para a amostra. O termograma na terceira ilustração mostra um pico que evidencia uma mudança de fase. O termograma não se parece muito com uma curva de aquecimento, mas contém todas as informações necessárias e é facilmente transformado na forma mais familiar.

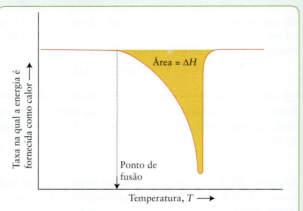

Termograma obtido em um calorímetro diferencial de varredura. A parte descendente na curva indica uma mudança de fase endotérmica na amostra (neste exemplo, a fusão) e a temperatura na qual esta queda começa a ocorrer marca o ponto de fusão.

4C.5 As curvas de aquecimento

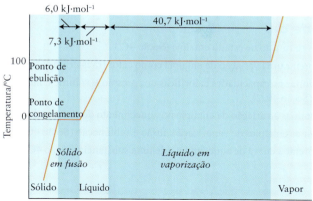

FIGURA 4C.9 Curva de aquecimento da água. A temperatura de um sólido aumenta quando se fornece calor. No ponto de fusão, a temperatura permanece constante e todo o calor é usado para fundir a amostra. Quando foi fornecido calor suficiente para derreter todo o sólido, a temperatura começa a aumentar novamente. A curva de aquecimento do líquido não é tão inclinada como a do sólido porque o líquido tem a capacidade calorífica maior.

Vejamos o que acontece quando uma amostra de gelo muito frio é aquecida. Como mostra a Fig. 4C.9, no início sua temperatura sobe constantemente. Embora as moléculas continuem juntas em uma massa sólida, elas oscilam cada vez mais vigorosamente em torno de suas posições médias. Entretanto, ao atingir a temperatura de fusão, as moléculas têm energia suficiente para se moverem umas em relação às outras. Nessa temperatura, toda a energia adicionada é usada para vencer as forças atrativas entre as moléculas. Por isso, embora o aquecimento continue, a temperatura permanece constante no ponto de fusão até que todo o gelo tenha derretido. Somente então a temperatura recomeça a aumentar continuamente até atingir o ponto de ebulição. No ponto de ebulição, o aumento de temperatura cessa novamente. Agora, as moléculas de água têm energia suficiente para escapar para o estado de vapor, e todo o calor fornecido é usado para formar o vapor. Depois que toda a amostra evapora e o aquecimento continua, a temperatura do vapor aumenta de novo.

A maior parte das substâncias puras tem curvas de aquecimento semelhantes à mostrada na Figura 4C.9. Contudo, se o aumento da temperatura for rápido, a ebulição pode não começar antes de alguns graus acima do ponto de ebulição. Assim que a ebulição começar, a temperatura cai ao patamar do ponto de ebulição. Este fenômeno é denominado *superaquecimento*. Da mesma forma, quando uma amostra é esfriada com rapidez, a temperatura pode cair abaixo do ponto de congelamento um pouco antes de o congelamento iniciar, em um processo chamado de *superesfriamento*.

Quanto maior for a inclinação de uma curva de aquecimento, menor é a capacidade calorífica. A curva de aquecimento da água, por exemplo, mostra que as curvas de aquecimento das fases sólido e vapor têm inclinações maiores do que a da fase líquido. Isso significa que o líquido tem capacidade calorífica maior do que o sólido ou o gás. A alta capacidade calorífica da água líquida provém principalmente da rede de ligações hidrogênio que sobrevive no líquido. As moléculas mantêm-se juntas graças a essas ligações hidrogênio, e as vibrações dessas ligações relativamente fracas podem absorver energia mais facilmente do que as ligações químicas mais rígidas entre os átomos.

A temperatura de uma amostra se mantém constante nos pontos de fusão e de ebulição, ainda que calor esteja sendo fornecido. A inclinação de uma curva de aquecimento para uma fase com capacidade calorífica baixa é maior do que a inclinação para uma fase com capacidade calorífica alta.

O que você aprendeu com este tópico?

Você aprendeu que, em um sistema em pressão constante, é mais conveniente se concentrar nas variações de entalpia, que incluem o trabalho de expansão. As variações de entalpia são iguais ao calor liberado ou absorvido sob pressão constante. Você viu como relacionar as variações de entalpia de processos diretos e inversos. Além disso, aprendeu como as variações de entalpia em processos físicos são expressas e agora consegue explicar os valores relativos desta propriedade.

Tópico 4C A entalpia

Os conhecimentos que você deve dominar incluem a capacidade de:

☐ **1.** Definir a função de estado entalpia (Seção 4C.1).
☐ **2.** Interpretar uma variação de entalpia como calor transferido sob pressão constante.
☐ **3.** Relacionar as capacidades caloríficas em pressão e volume constantes para um gás ideal (Seção 4C.2).
☐ **4.** Determinar a variação de entalpia no aquecimento de um gás ideal (Exemplo 4C.1).
☐ **5.** Definir as entalpias de vaporização, fusão e sublimação (Seção 4C.4).
☐ **6.** Interpretar a curva de aquecimento de uma substância (Seção 4C.5).

Tópico 4C Exercícios

4C.1 Que composto gasoso tem maior capacidade calorífica molar: NO ou NO_2? Por quê?

4C.2 Explique por que as capacidades caloríficas do metano e do etano diferem dos valores esperados para um gás monoatômico ideal e, também, uma da outra. Os valores de $C_{P,m}$ são 35,31 $J \cdot K^{-1} \cdot mol^{-1}$ para CH_4 e 52,63 $J \cdot K^{-1} \cdot mol^{-1}$ para C_2H_6.

4C.3 Calcule a temperatura final e a variação de entalpia quando 765 J de energia são transferidos na forma de calor para 0,820 mol de Kr(g) em 298 K e 1,00 atm (a) em temperatura constante; (b) em volume constante. Trate o gás como ideal.

4C.4 Calcule a temperatura final e a variação de entalpia quando 1,15 J de energia é transferido na forma de calor para 0,640 mol de Ne(g) em 298 K e 1,00 atm (a) em temperatura constante; (b) em volume constante. Trate o gás como ideal.

4C.5 Para cada um dos seguintes átomos e moléculas, avalie a contribuição de cada tipo de movimento molecular para a capacidade calorífica, $C_{V,m}$: (a) HCN; (b) C_2H_6; (c) Ar; (d) HBr. Ignore as vibrações.

4C.6 Para cada uma das seguintes moléculas, avalie a contribuição dos movimentos moleculares para a capacidade calorífica, $C_{V,m}$: (a) NO; (b) NH_3; (c) HClO; (d) SO_2. Ignore as vibrações.

4C.7 (a) Em seu ponto de ebulição, a vaporização de 0,579 mol de CH_4(l) requer 4,76 kJ de calor. Qual é a entalpia de vaporização do metano? (b) Um aquecedor elétrico foi imerso em um frasco de etanol, C_2H_5OH, em ebulição e 22,45 g de etanol foram vaporizados quando 21,2 kJ de energia foram fornecidos. Qual é a entalpia de vaporização do etanol?

4C.8 (a) Quando 25,23 g de metanol, CH_3OH, congelaram, 4,01 kJ de calor foram liberados. Qual é a entalpia de fusão do metanol? (b) Uma amostra de benzeno foi vaporizada à pressão reduzida, em 25°C. Quando se forneceram 37,5 kJ de calor, ocorreu a vaporização de 95 g de benzeno líquido. Qual é a entalpia de vaporização do benzeno em 25°C?

4C.9 (a) Calcule o calor que deve ser fornecido a uma chaleira de cobre de massa 500,0 g, que contém 400,0 g de água, para aumentar sua temperatura de 22,0°C até o ponto de ebulição da água, 100,0°C. (b) Que percentagem do calor foi usada para aumentar a temperatura da água? (Veja a Tabela 4A.2.)

4C.10 (a) Calcule o calor que deve ser fornecido a um recipiente de 500 g de aço inox, que contém 400,0 g de água, para elevar sua temperatura de 22,0°C até o ponto de ebulição da água, 100,0°C. (b) Que percentagem do calor foi usada para aumentar a temperatura da água? (c) Compare estas respostas com as do Exercício 4C.9. (Veja a Tabela 4A.2.)

4C.11 Quanto calor é necessário para converter 80,0 g de gelo, que está em 0,0°C, em água em 20°C (veja as Tabelas 4A.2 e 4C.1)?

4C.12 Se começamos com 276 g de água a 25.°C, quanto calor é preciso adicionar para converter todo o líquido em vapor, em 100.°C (veja as Tabelas 4A.2 e 4C.1)?

4C.13 Coloca-se um cubo de gelo de 50,0 g em 0°C em um copo que contém 400,0 g de água em 45,0°C. Qual é a temperatura final do sistema (veja as Tabelas 4A.2 e 4C.1)? Suponha que não há perda de calor para a vizinhança.

4C.14 Quando 25,0 g de um metal em 90°C são colocados em 50,0 g de água em 25°C, a temperatura da água sobe até 29,8°C. Qual é a capacidade calorífica específica do metal (veja a Tabela 4A.2)?

4C.15 Os dados seguintes foram obtidos para um novo composto usado em cosméticos: $\Delta H_{fus} = 10,0$ kJ·mol^{-1}, $\Delta H_{vap} = 20,0$ kJ·mol^{-1}; capacidades caloríficas: 30 J·mol^{-1} para o sólido; 60 J·mol^{-1} para o líquido e 30 J·mol^{-1} para o gás. Qual das curvas de aquecimento se aplica aos dados do composto?

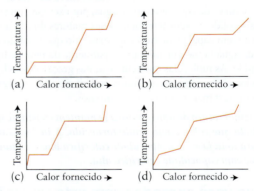

4C.16 Use as seguintes informações para construir uma curva de aquecimento para o bromo de $-7,2$ até 70,0°C. A capacidade calorífica molar do bromo líquido é 75,69 J·K^{-1}·mol^{-1} e a do bromo vapor é 36,02 J·K^{-1}·mol^{-1}. A entalpia de vaporização do bromo líquido é 30,91 kJ·mol^{-1}. O bromo funde em $-7,2$°C e entra em ebulição em 58,78°C.

Tópico 4D A termoquímica

4D.1 A entalpia de reação
4D.2 A relação entre ΔH e ΔU
4D.3 As entalpias padrão de reação
4D.4 A combinação das entalpias de reação: a lei de Hess
4D.5 As entalpias padrão de formação
4D.6 A variação da entalpia com a temperatura

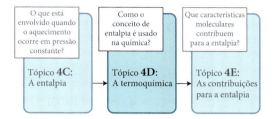

Os mesmos princípios usados para discutir as variações de entalpia em processos físicos (Tópico 4C) são válidos para as transformações químicas. As entalpias das reações químicas são importantes em muitas áreas da química, como a seleção de materiais para bons combustíveis, o projeto de instalações químicas e o estudo dos processos bioquímicos. Em muitos casos, é importante conhecer a capacidade de uma reação de produzir calor (como na queima de um combustível). A **termoquímica** é o estudo da demanda de calor das reações químicas.

Por que você precisa estudar este assunto? A termoquímica é uma das principais aplicações da termodinâmica na química, pois possibilita discutir a geração e a demanda de calor das reações.

Que conhecimentos você precisa dominar? Você precisa entender os conceitos de entalpia como função de estado e de capacidade calorífica em pressão constante (Tópico 4C). Além disso, você deve saber como um calorímetro é usado para medir o calor gerado em uma reação (Tópico 4A).

4D.1 A entalpia de reação

Qualquer reação química é acompanhada por transferência de energia, comumente na forma de calor. A reação completa com o oxigênio, por exemplo, é chamada de **combustão**, como na combustão do metano, $CH_4(g) + 2\,O_2(g) \rightarrow CO_2(g) + 2\,H_2O(l)$, o componente principal do gás natural. A calorimetria mostra que a queima de 1,00 mol de $CH_4(g)$ produz 890. kJ de calor em 298 K e 1 bar. Esse valor é expresso da seguinte forma:

$$CH_4(g) + 2\,O_2(g) \longrightarrow CO_2(g) + 2\,H_2O(l) \qquad \Delta H = -890.\text{ kJ} \qquad (A)$$

Essa expressão completa é uma **equação termoquímica** e consiste em uma equação química associada à expressão da **entalpia de reação**, isto é, a variação de entalpia do processo correspondente. Os coeficientes estequiométricos indicam o número de mols de cada reagente que dá a variação de entalpia registrada. No caso apresentado, a variação de entalpia é a que resulta da reação completa de 1 mol de $CH_4(g)$ e 2 mols de $O_2(g)$. Se a mesma reação for escrita com todos os coeficientes multiplicados por 2, então a variação de entalpia seria duas vezes maior, porque a equação representaria a combustão do dobro da quantidade de metano:

$$2\,CH_4(g) + 4\,O_2(g) \longrightarrow 2\,CO_2(g) + 4\,H_2O(l) \qquad \Delta H = -1780.\text{ kJ}$$

Observe que, embora a queima ocorra em temperaturas elevadas, o valor de ΔH dado aqui é determinado pela diferença de entalpia entre produtos e reagentes, medida em 298 K.

A primeira lei da termodinâmica diz que, como a entalpia é uma função de estado, a variação de entalpia do processo inverso (uma reação química, por exemplo) é o negativo da variação de entalpia do processo direto. Para a reação inversa:

$$CO_2(g) + 2\,H_2O(l) \longrightarrow CH_4(g) + 2\,O_2(g) \qquad \Delta H = +890.\text{ kJ}$$

EXEMPLO 4D.1 Determinação da entalpia de reação a partir de dados experimentais

Uma das maneiras de aumentar a octanagem da gasolina consiste na adição de benzeno. Quando 0,113 g de benzeno, C_6H_6, queima em excesso de oxigênio em um calorímetro de pressão constante calibrado cuja capacidade calorífica é 551 J·(°C)$^{-1}$, a temperatura do calorímetro aumenta 8,60°C. Escreva a equação termoquímica para a reação $2\,C_6H_6(l) + 15\,O_2(g) \rightarrow 12\,CO_2(g) + 6\,H_2O(l)$.

ANTECIPE Como a temperatura aumenta, a reação é exotérmica e, portanto, você deve esperar que ΔH seja negativo. Todas as reações de combustão são exotérmicas.

PLANEJE O calor liberado na reação em pressão constante é calculado a partir da mudança de temperatura, que é multiplicada pela capacidade calorífica do calorímetro. Use a massa molar de uma espécie (benzeno) para converter o calor liberado na entalpia da reação que corresponde à equação termoquímica ao anotar a quantidade de C₆H₆ que reage no experimento (usando $n = m/M$, onde m é a massa de benzeno e M é sua massa molar) e ao ajustar o calor liberado para 2 mols de C₆H₆. A massa molar do benzeno é 78,12 g·mol⁻¹.

O que você deve supor? Suponha que todo o calor liberado na reação é absorvido pelo calorímetro, sem perdas para a vizinhança.

RESOLVA

Determine o calor transferido para o calorímetro usando $q_{cal} = C_{cal}\Delta T$.

$$q_{cal} = [551\ J\cdot(°C)^{-1}] \times (8,60\ °C) = 551\ J \times 8,60 = +4,74\ldots\ kJ$$

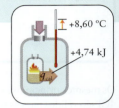

Calcule a quantidade de C₆H₆ que reage usando $n = m/M$.

$$n = \frac{0,113\ g}{78,12\ g\cdot mol^{-1}} = \frac{0,113}{78,12}\ mol = 1,45\ldots \times 10^{-3}\ mol$$

Calcule ΔH para 2 mols de C₆H₆ multiplicando o calor gerado $q = -q_{cal}$ por (2 mol)/(1,45... × 10⁻³ mol). A variação na entalpia é negativa porque a reação é exotérmica.

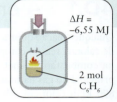

$$\Delta H = \underbrace{\frac{2\ mol}{1,45\ldots \times 10^{-3}\ldots\ mol}}_{\text{ajuste para 2 mols}} \times \overbrace{(-4,74\ldots\ kJ)}^{q} = -6,55 \times 10^{6}\ J = -6,55\ MJ$$

Portanto, a equação química é:

$$2\ C_6H_6(l) + 15\ O_2(g) \longrightarrow 12\ CO_2(g) + 6\ H_2O(l) \qquad \Delta H = -6,55\ MJ$$

AVALIE Como esperado, a entalpia é negativa, indicando uma reação exotérmica.

Teste 4D.1A Quando 0,231 g de fósforo reage com cloro para formar tricloreto de fósforo, PCl₃, em um calorímetro de capacidade calorífica 216 J·(°C)⁻¹, sob pressão constante, a temperatura do calorímetro sobe 11,06°C. Escreva a equação termoquímica da reação.

[***Resposta:*** 2 P(s) + 3 Cl₂(g) → 2 PCl₃(l), $\Delta H = -641\ kJ$]

Teste 4D.1B Quando 0,338 g de pentano, C₅H₁₂, queima em excesso de oxigênio para formar dióxido de carbono e água líquida no mesmo calorímetro usado no Teste 4D.1A, a temperatura aumenta 76,7°C. Escreva a equação termoquímica da reação.

Exercícios relacionados 4D3, 4D.4

Uma equação termoquímica é a representação de uma equação química e da entalpia de reação correspondente, a variação de entalpia das quantidades estequiométricas das substâncias na equação química.

4D.2 A relação entre ΔH e ΔU

Um calorímetro de pressão constante e um calorímetro de bomba medem variações de funções de estado diferentes: em volume constante, a transferência de calor é interpretada como ΔU e, em pressão constante, como ΔH (Tópico 4C). Pode vir a ser necessário converter o valor medido de ΔU em ΔH. Por exemplo, é fácil medir o calor liberado pela combustão da glicose em um calorímetro de bomba, que tem volume constante, mas para usar essa informação no cálculo de variações de energia no metabolismo, que ocorre em pressão constante, é necessário usar a entalpia de reação.

4D.2 A relação entre ΔH e ΔU   **275**

No caso de reações em que gases não são produzidos nem consumidos, a diferença entre ΔH e ΔU é desprezível e podemos considerar ΔH ≈ ΔU. Entretanto, se um gás é formado na reação, muito trabalho é realizado para dar lugar aos produtos gasosos, de modo que a diferença pode ser significativa. Uma vez mais, se os gases se comportam idealmente, a lei dos gases ideais pode ser usada para relacionar os valores de ΔH e ΔU.

Como isso é feito?

Comece com a definição $H = U + PV$. Suponha que a quantidade de moléculas reagentes do gás ideal seja n_1(g). Como para um gás ideal $PV = nRT$, a entalpia inicial é

$$H_1 = U_1 + PV_1 = U_1 + n_1(g)RT$$

Depois que a reação se completou, a quantidade de moléculas de gás ideal produzidas é n_2(g). A entalpia é, portanto

$$H_2 = U_2 + PV_2 = U_2 + n_2(g)RT$$

A diferença é

$$\underbrace{H_2 - H_1}_{\Delta H} = \underbrace{U_2 - U_1}_{\Delta U} + \underbrace{\{n_2(g) - n_1(g)\}}_{\Delta n_{gás}} RT$$

E, portanto,

$$\Delta H = \Delta U + \Delta n_{gás} RT$$

Você viu que

$$\Delta H = \Delta U + \Delta n_{gás} RT \quad (1)$$

em que $\Delta n_{gás} = n_2(g) - n_1(g)$ é a variação da quantidade de moléculas de gás na reação (positiva para a formação de gás, negativa para o consumo de gás). Observe que ΔH é menos negativo (mais positivo) do que ΔU nas reações exotérmicas que geram gases. Em outras palavras, menos energia pode ser obtida na forma de calor sob pressão constante do que em volume constante, porque o sistema tem de usar energia para expandir o volume e acomodar os gases produzidos. No caso das reações em que não há mudança na quantidade de gás, as duas quantidades são aproximadamente iguais.

EXEMPLO 4D.2 Relação entre a variação de entalpia e a variação de energia interna de uma reação química

A glicose é o principal açúcar em sua corrente sanguínea, fornecendo energia ao organismo. Por essa razão, os especialistas em nutrição precisam investigar as variações de entalpia que acompanham suas reações. Um calorímetro de volume constante foi usado para medir o calor gerado pela combustão de 1,000 mol de moléculas de glicose na reação $C_6H_{12}O_6(s) + 6\,O_2(g) \rightarrow 6\,CO_2(g) + 6\,H_2O(g)$, e encontraram 2559 kJ em 298 K, ou seja, $\Delta U = -2559$ kJ. Qual é a variação de entalpia da mesma reação?

ANTECIPE Como há formação de gás (de 6 mols para 12 mols), você deve esperar que ΔH seja menos negativo do que ΔU.

O que você deve supor? Que os gases são ideais.

RESOLVA

De $\Delta n_{gás} = n_2(g) - n_1(g)$,

$$\Delta n_{gás} = (12 - 6)\,\text{mol} = +6\,\text{mol}$$

De $\Delta H = \Delta U + \Delta n_{gás} RT$,

$$\Delta H = -2559\,\text{kJ} + [(6\,\text{mol}) \times (8{,}3145 \times 10^{-3}\,\text{kJ·K}^{-1}\text{·mol}^{-1}) \times (298\,\text{K})]$$
$$= -2559\,\text{kJ} + 14{,}9\,\text{kJ} = -2544\,\text{kJ}$$

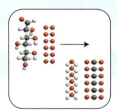

AVALIE Como antecipado, a entalpia de reação é menos negativa do que a energia interna da reação.

Teste 4D.2A A equação termoquímica da combustão do ciclo-hexano, C_6H_{12}, é $C_6H_{12}(l) + 9\ O_2(g) \rightarrow 6\ CO_2(g) + 6\ H_2O(l)$, $\Delta H = -3920$ kJ em 298 K. Qual é a variação de energia interna da combustão de 1,00 mol de $C_6H_{12}(l)$, em 298 K?

[**Resposta:** $-3{,}91 \times 10^3$ kJ]

Teste 4D.2B A reação $4\ Al(s) + 3\ O_2(g) \rightarrow 2\ Al_2O_3(s)$ foi estudada como parte de uma pesquisa para usar alumínio em pó como combustível de foguetes (Fig. 4D.1). Determinou-se que 1,000 mol de Al produziu 3.378 kJ de calor sob condições de pressão constante, em 1000. °C. Qual é a variação de energia interna da combustão de 1,000 mol de Al, em 1000. °C?

Exercícios relacionados 4D.7, 4D.8

FIGURA 4D.1 Um técnico inspeciona o combustível sólido de um foguete auxiliar feito de alumínio em pó misturado com um agente oxidante em uma matriz de polímero. *(George Shelton/NASA.)*

A entalpia de reação é menos negativa (mais positiva) do que a energia interna de reação nas reações que geram gases. Nas reações em que a quantidade de gás não varia, as duas quantidades são praticamente iguais.

4D.3 As entalpias padrão de reação

Como o calor liberado ou absorvido em uma reação depende dos estados físicos dos reagentes e produtos, é necessário especificar o estado de cada substância. Por exemplo, ao descrever a combustão do eteno, podemos escrever duas equações termoquímicas diferentes para dois conjuntos diferentes de produtos:

$$C_2H_4(g) + 3\ O_2(g) \longrightarrow 2\ CO_2(g) + 2\ H_2O(g) \qquad \Delta H = -1323\text{ kJ} \qquad \textbf{(B)}$$
$$C_2H_4(g) + 3\ O_2(g) \longrightarrow 2\ CO_2(g) + 2\ H_2O(l) \qquad \Delta H = -1411\text{ kJ} \qquad \textbf{(C)}$$

Na primeira reação, a água é produzida como vapor, e na segunda, como líquido. O calor produzido é diferente nos dois casos. A Tabela 4C.1 mostra que a entalpia do vapor de água é 44 kJ·mol^{-1} maior do que a da água líquida, em 25°C. Como resultado, um excesso de 88 kJ (para 2 mols de H_2O) permanece armazenado no sistema se vapor de água é formado (Fig. 4D.2). Se 2 mols de $H_2O(g)$ subsequentemente condensam, o excesso de 88 kJ é liberado na forma de calor.

A entalpia de reação depende também das condições (como a pressão). A menos que seja especificado de outra forma, todas as tabelas deste livro fornecem dados para reações nas quais os reagentes e produtos estão no **estado padrão**, isto é, na sua forma pura, em exatamente 1 bar. O estado padrão da água líquida é o da água pura sob 1 bar. O estado padrão do gelo é gelo puro sob 1 bar. Um soluto está em seu estado padrão quando sua concentração é 1 mol·L^{-1}. O valor padrão de uma propriedade X (isto é, o valor de X para o estado padrão da substância) é representado por X°.

A **entalpia padrão de reação**, $\Delta H°$, é a entalpia de reação quando os reagentes, em seus estados padrão, transformam-se em produtos, também em seus estados padrão. Por exemplo, na reação C, acima, o valor $\Delta H° = -1411$ kJ significa que o calor liberado é 1411 kJ quando 1 mol de $C_2H_4(g)$, como eteno gasoso puro em 1 bar, reage com o gás oxigênio puro em 1 bar, para dar o gás dióxido de carbono puro e a água líquida pura, ambos em 1 bar (Fig. 4D.3). As entalpias de reação não variam muito com a pressão, então os valores padrão são também uma boa indicação da variação de entalpia em pressões próximas de 1 bar, como 1 atm.

Você encontrará algumas tabelas que mostram dados em 1 atm, o padrão anterior. Como a pequena mudança da pressão padrão é quase sempre desprezível na maior parte dos valores numéricos, é razoável usar os dados compilados para 1 atm, em vez de 1 bar.

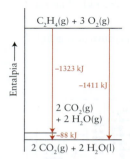

FIGURA 4D.2 Variação de entalpia para as reações nas quais 1 mol de $C_2H_4(g)$ queima para formar dióxido de carbono e água nos estados gasoso (esquerda) ou líquido (direita). A diferença de entalpia é 88 kJ, a entalpia de vaporização de 2 mols de $H_2O(l)$.

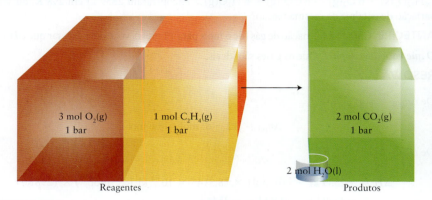

FIGURA 4D.3 A entalpia padrão de reação é a diferença de entalpia entre os produtos puros e os reagentes puros, todos sob 1 bar, na temperatura especificada (que é comumente, mas não necessariamente, 298 K). Este esquema é o da combustão do gás eteno ao gás dióxido de carbono e ao líquido água. Observe que as variações da quantidade de gás dominam a variação no volume durante a reação.

A maior parte dos dados termodinâmicos é registrada para 25°C (mais precisamente, para 298,15 K). A temperatura não faz parte da definição dos estados padrão. Um estado padrão pode ser definido em qualquer temperatura; 298,15 K é somente a temperatura mais comumente usada nas tabelas de dados. Todas as entalpias de reação usadas neste texto referem-se a 298,15 K, a menos que outra temperatura seja indicada.

Um tipo especial de reação que desempenha um papel importante na termodinâmica, assim como no mundo real, é a combustão. Conhecer o calor que pode ser obtido com a queima de um combustível é importante na avaliação de fontes de energia (Quadro 4D.1). A **entalpia padrão de combustão**, $\Delta H_c°$, é a variação da entalpia por mol de uma substância queimada em uma reação de combustão em condições padrão (Tabela 4D.1 e Apêndice 2A). Os produtos da combustão de um composto orgânico são o dióxido de carbono gasoso e a água no estado líquido. O nitrogênio presente é liberado como N_2, a menos que outros produtos sejam especificados – como o $NO(g)$ e o $NO_2(g)$. Na prática, é preciso considerar a massa de combustível que um veículo precisa transportar ou o volume que ela ocupa. Para considerar a carga associada à massa do combustível, é comum usar a **entalpia específica**, a entalpia padrão de combustão de uma amostra do combustível dividida pela massa da amostra. Quando o volume ocupado por um combustível é importante, o parâmetro usado é a **densidade de entalpia**, isto é, a entalpia de combustão da amostra dividida por seu volume.

Quadro 4D.1 O QUE ISSO TEM A VER COM... O MEIO AMBIENTE?

OS COMBUSTÍVEIS ALTERNATIVOS

Nosso complexo estilo de vida moderno só se tornou possível pela descoberta e pelo refinamento dos combustíveis fósseis, que são o resultado da decomposição da matéria orgânica enterrada há milhões de anos. O gás natural que aquece nossas casas, a gasolina que abastece nossos automóveis e o carvão que fornece grande parte da energia elétrica são combustíveis fósseis. Vastas reservas de petróleo – a fonte de combustíveis hidrocarbonetos líquidos, como a gasolina – e de carvão existem em várias regiões do mundo. Entretanto, embora imensas, essas reservas são limitadas e não são renováveis. Mesmo assim, estamos consumindo estas reservas rapidamente. Precisamos desenvolver combustíveis *renováveis*, que são repostos anualmente pelo Sol.

Métodos alternativos e autossustentáveis de geração de energia, como as energias hidrelétrica, eólica, geotérmica e solar, e combustíveis alternativos estão sendo estudados para reduzir a demanda sobre os combustíveis fósseis. Quatro dos mais promissores combustíveis alternativos são o hidrogênio, o etanol, o metano e o biodiesel. O hidrogênio é extraído da água dos oceanos por eletrólise ou produzido mediante a reforma de hidrocarbonetos, como nesta série de reações:

$$CH_4(g) + H_2O(g) \longrightarrow CO(g) + 3\,H_2(g)$$
$$CO(g) + H_2O(g) \longrightarrow CO_2(g) + H_2(g)$$

A principal parcela da produção industrial de hidrogênio depende dos hidrocarbonetos do petróleo o do carvão, mas estes não são renováveis. O etanol é um combustível renovável obtido pela fermentação da *biomassa*, o nome dado a materiais vegetais que podem ser queimados ou que podem reagir para produzir combustíveis. Já o metano é um combustível renovável gerado pela digestão por bactérias de resíduos de fontes como o esgoto e a agricultura. O uso de hidrogênio como combustível é discutido no Tópico 8B. Veremos, aqui, o etanol, o metano e o biodiesel.

O etanol, CH_3CH_2OH, é produzido a partir da fermentação biológica do amido de grãos, principalmente o milho nos Estados Unidos. Ele é usado como aditivo da gasolina ou como "E85", que é uma mistura contendo 85% de etanol e 15% de gasolina

Estes tanques em uma estação de tratamento de água são usados para gerar uma mistura de metano e dióxido de carbono pela digestão anaeróbica de esgoto. O metano produzido fornece uma boa parte da energia necessária para manter a estação em funcionamento. (© *Maximilian/Prisma/agefotostock*.)

por volume. Atualmente, representa cerca de 10% do volume da gasolina usada nos Estados Unidos, o que reduz a poluição e o uso do petróleo. A Lei de Independência e Segurança de Energia, de 2007, exige que, até 2022, o uso anual de combustíveis renováveis aumente para 36 bilhões de galões ($1,4 \times 10^{11}$ L, cerca de 23% do volume total anual de combustíveis líquidos usados nos Estados Unidos). Em 2013, 13 bilhões de galões ($5,0 \times 10^{10}$ L) de etanol foram produzidos nos Estados Unidos. A produção mundial alcançou 23 bilhões de galões ($8,9 \times 10^{10}$ L) no mesmo ano.

O átomo de oxigênio da molécula de etanol reduz as emissões de monóxido de carbono e hidrocarbonetos, ajudando a assegurar a combustão completa. Entretanto, como o etanol já é parcialmente oxigenado, ele fornece menos energia por litro. A quilometragem atual de um automóvel que usa E85 é 15% inferior à de um que usa gasolina pura. Um "bushel" de milho (cerca de 30 L) produz aproximadamente 10 L de etanol. Um problema do etanol como combustível é que os açúcares e os amidos fermentados para produzi-los são geralmente caros. Entretanto, a celulose de palha e os talos de milho descartados como refugo, após a colheita dos grãos, estão agora atraindo a atenção.

A celulose é o material estrutural das plantas (veja o Tópico 11E). Ela é formada por açúcares mais simples, como também acontece com o amido, mas a bactéria que fermenta o amido não consegue digerir a celulose. Estão sendo realizadas pesquisas com enzimas capazes de quebrar as moléculas de celulose em açúcares que possam ser digeridos. Este processo aumentaria muito a quantidade de biomassa disponível para a produção de combustíveis, porque a palha, a madeira, a grama e praticamente todos os materiais vegetais poderiam ser usados para produzir combustíveis. Também resolveria parcialmente o problema da produção de combustível competir com a produção de alimentos.

O metano, CH_4, é encontrado em reservas sob o solo como o componente principal do gás natural. Ele também é obtido a partir de materiais biológicos, mas a "digestão" dos biomateriais é anaeróbica, ou seja, ela ocorre na ausência de oxigênio. Atualmente, muitas plantas de tratamentos de esgotos têm digestores anaeróbicos que produzem o metano utilizado para operar as plantas. Para gerar metano por digestão anaeróbica em larga escala, outros materiais, como os açúcares obtidos pela quebra enzimática da biomassa, teriam de ser usados. Por ser um gás, o metano é menos útil do que o etanol como combustível para o transporte. Entretanto, ele pode ser usado em todo o lugar em que o gás natural é usado.

Biodiesel é o termo usado para descrever o combustível obtido de fontes renováveis, biológicas, como óleos vegetais e algas. Mesmo óleos usados, como os descartados de restaurantes, podem ser filtrados e processados como biodiesel. Os motores movidos a biodiesel são mais eficientes do que os motores a gasolina, porque o combustível tem densidade de energia (entalpia de combustão por litro) maior. O problema com o biodiesel é que ele é mais viscoso do que o diesel tradicional e pode solidificar em temperaturas baixas.

Estes combustíveis alternativos produzem dióxido de carbono quando queimados e, portanto, contribuem para o efeito estufa e o aquecimento global (Quadro 8B.1). Contudo, eles podem ser renovados anualmente, desde que o Sol brilhe para que as plantas se desenvolvam adequadamente.

Exercícios relacionados 4.26–4.28, 4.33, 4.35 e 4.63

Este fotobiorreator é usado para investigar o cultivo de um novo tipo de alga, da qual é possível extrair combustíveis líquidos. As algas são eficientes produtoras de óleos. Dependendo do número de tanques usados, essas algas são capazes de produzir mais combustível por área do que outras espécies, como o milho. *(Patrick Corkery/NREL.)*

Leitura complementar Alternative Fuels & Advanced Vehicles Data Center, http://www.afdc.energy.gov/ (U.S. Department of Energy, accessed 2015). A Student's Guide to Alternative Fuel Vehicles, http://www.energyquest.ca.gov/transportation (California Energy Commission, accessed 2015). National Renewable Energy Laboratory Biomass Research, http://www.nrel.gov/biomass (accessed 2015). Renewable and Alternative Energy Fuels, http://www.eia.doe.gov/renewable (U.S. Energy Information Administration, accessed 2015).

TABELA 4D.1 Entalpias padrão de combustão em 25°C*

Substância	Fórmula	$\Delta H_c°$/ (kJ·mol^{-1})	Entalpia específica (kJ·g^{-1})	Densidade de entalpia (kJ·L^{-1})
benzeno	$C_6H_6(l)$	−3268	41,8	$3{,}7 \times 10^4$
carbono	C(s, grafita)	−394	32,8	$7{,}4 \times 10^4$
etanol	$C_2H_5OH(l)$	−1368	29,7	$2{,}3 \times 10^4$
etino (acetileno)	$C_2H_2(g)$	−1300.	49,9	53
glicose	$C_6H_{12}O_6(s)$	−2808	15,59	$2{,}4 \times 10^4$
hidrogênio	$H_2(g)$	−286	142	12
metano	$CH_4(g)$	−890.	55	36
octano	$C_8H_{18}(l)$	−5471	48	$3{,}4 \times 10^4$
propano	$C_3H_8(g)$	−2220.	50,35	91
ureia	$CO(NH_2)_2(s)$	−632	10,52	$1{,}4 \times 10^4$

* Na combustão, o carbono converte-se em dióxido de carbono, o hidrogênio em água líquida, e o nitrogênio em gás nitrogênio. Mais dados são encontrados no Apêndice 2A.
† Em 1 atm.

Conhecida a entalpia da reação, a variação da entalpia e, portanto, o calor liberado ou necessário em pressão constante (da equação $\Delta H° = q_P$, Tópico 4C) pode ser calculado para qualquer quantidade, massa ou volume de reagentes consumidos ou produtos formados em condições padrão, mesmo que a reação não possa ser realizada na prática. É preciso fazer um cálculo estequiométrico nos moldes do apresentado em *Fundamentos* L, mas considerando o calor como se fosse um reagente ou um produto. Assim, em vez de usar uma relação estequiométrica como 1 mol de $CH_4(g) \simeq 1$ mol de $CO_2(g)$ para calcular a quantidade de um produto na Reação A, use 1 mol de $CH_4(g) \simeq 890.$ kJ para calcular o calor gerado em condições padrão.

EXEMPLO 4D.3 Cálculo do calor liberado por um combustível

O butano é um combustível líquido volátil usado em fogões de acampamento. Você está planejando um acampamento e precisa saber quanto butano deve ser levado. Qual é a quantidade de butano necessária para ferver 1 L de água? Calcule a massa de butano necessária para obter, por combustão, 350. kJ de calor, energia suficiente para aquecer 1 L de água a partir de 17°C até a temperatura de ebulição no nível do mar (ignorando as perdas de calor). A equação termoquímica é

$$2\,C_4H_{10}(g) + 13\,O_2(g) \longrightarrow 8\,CO_2(g) + 10\,H_2O(l) \quad \Delta H° = -5756 \text{ kJ}$$

ANTECIPE Por experiência, você poderia suspeitar que alguns gramas de combustível serão suficientes.

PLANEJE A primeira etapa é converter a quantidade de calor necessária em mols de moléculas de combustível usando a equação termoquímica. Depois, use a massa molar do combustível para converter mols de moléculas de combustível em gramas.

O que você deve supor? Que não há perda de calor para a vizinhança e que todo o calor gerado pela reação é usado para ferver a água. Claro que, na prática, uma boa parte do calor é perdido para a vizinhança devido à ineficiência na transferência de energia do gás em combustão para a água.

RESOLVA

Encontre a relação entre a variação de entalpia e a quantidade de moléculas de combustível a partir da equação termoquímica.

$$5756 \text{ kJ} \simeq 2 \text{ mols de } C_4H_{10}$$

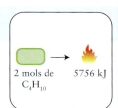

Converta o calor liberado necessário em mols de moléculas de combustível.

$$n(C_4H_{10}) = (350.\text{ kJ}) \times \frac{2 \text{ mols de } C_4H_{10}}{5756 \text{ kJ}}$$
$$= \frac{350. \times 2}{5756} \text{ mol } C_4H_{10} = 0{,}122\ldots \text{ mol } C_4H_{10}$$

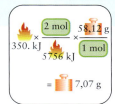

Use $m = nM$ e a massa molar do butano, 58,12 g·mol^{-1}, para obter a massa do reagente.

$$m(C_4H_{10}) = (0{,}122\ldots \text{ mol } C_4H_{10}) \times (58{,}12)\text{g·mol}^{-1}$$
$$= 7{,}07 \text{ g } C_4H_{10}$$

AVALIE A massa necessária, pouco mais de 7 g, é coerente com a nossa expectativa de que poucos gramas seriam necessários.

Teste 4D.3A A equação termoquímica da combustão do propano é

$$C_3H_8(g) + 5\,O_2(g) \longrightarrow 3\,CO_2(g) + 4\,H_2O(l) \quad \Delta H° = -2220.\text{ kJ}$$

Que massa de propano deve ser queimada para fornecer 350. kJ de calor? Seria melhor carregar propano ou butano?

[*Resposta:* 6,95 g. Sim, o propano seria um pouco mais leve.]

Teste 4D.3B Etanol, na forma de gel, é outro combustível muito usado em acampamentos. Que massa de etanol deve ser queimada para fornecer 350. kJ de calor?

$$C_2H_5OH(l) + 3\,O_2(g) \longrightarrow 2\,CO_2(g) + 3\,H_2O(l) \quad \Delta H° = -1368 \text{ kJ}$$

Exercícios relacionados 4D.11, 4D.12

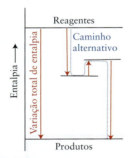

FIGURA 4D.4 Se a reação total pode ser separada em um conjunto de etapas, então a entalpia da reação total é a soma das entalpias de reação de cada etapa. Nenhuma das etapas é necessariamente uma reação que ocorra de fato em laboratório.

As entalpias padrão de reação indicam reações nas quais os reagentes e produtos estão em seus estados padrão, a forma pura em 1 bar. Elas são normalmente registradas para a temperatura de 298,15 K. O calor absorvido ou liberado por uma reação pode ser tratado como um reagente ou um produto em um cálculo estequiométrico.

4D.4 Combinação das entalpias de reação: lei de Hess

A entalpia é uma função de estado, logo, o valor de ΔH é independente do caminho entre os estados inicial e final. Esta abordagem é ilustrada no Tópico 4C, onde vimos que a variação de entalpia de um processo físico (sublimação) é expressa como a soma das variações de entalpia de uma série de duas etapas (fusão e vaporização). A mesma regra aplica-se a reações químicas e, nesse contexto, ela é conhecida como **lei de Hess**:

> A entalpia total da reação é a soma das entalpias de reação das etapas em que a reação pode ser dividida.

A lei de Hess aplica-se mesmo que as reações intermediárias ou a reação total não possam ser realizadas na prática. Isto é, elas podem ser "hipotéticas". Conhecidas as equações balanceadas de cada etapa e sabendo que a soma dessas equações é igual à equação da reação de interesse, a entalpia de reação pode ser calculada a partir de qualquer sequência conveniente de reações (Fig. 4D.4).

Como exemplo da lei de Hess, considere a oxidação do carbono, na forma de grafita, representado por C(gr), a dióxido de carbono:

$$C(gr) + O_2(g) \longrightarrow CO_2(g) \qquad (D)$$

Pode-se imaginar que essa reação aconteça em duas etapas. A primeira é a oxidação do carbono a monóxido de carbono:

$$C(gr) + \tfrac{1}{2}O_2(g) \longrightarrow CO(g) \qquad \Delta H = -110{,}5 \text{ kJ} \qquad (E)$$

A segunda etapa é a oxidação do monóxido de carbono a dióxido de carbono:

$$CO(g) + \tfrac{1}{2}O_2(g) \longrightarrow CO_2(g) \qquad \Delta H = -283{,}0 \text{ kJ} \qquad (F)$$

Esse processo em duas etapas é um exemplo de uma **sequência de reações**, uma série de reações em que os produtos de uma reação são os reagentes de outra reação. A equação da reação total, o resultado final da sequência, é a soma das equações das etapas intermediárias:

$$
\begin{aligned}
C(gr) + \tfrac{1}{2}O_2(g) &\longrightarrow CO(g) & \Delta H &= -110{,}5 \text{ kJ} & (E)\\
\underline{CO(g) + \tfrac{1}{2}O_2(g) \longrightarrow CO_2(g)} & & \underline{\Delta H} &\underline{= -283{,}0 \text{ kJ}} & (F)\\
C(gr) + O_2(g) &\longrightarrow CO_2(g) & \Delta H &= -393{,}5 \text{ kJ} & (D) = (E) + (F)
\end{aligned}
$$

O mesmo procedimento é usado no cálculo das entalpias de reações que não podem ser medidas diretamente em laboratório. O procedimento está descrito na Caixa de Ferramentas 4D.1.

Caixa de ferramentas 4D.1 COMO USAR A LEI DE HESS

BASE CONCEITUAL

Como a entalpia é uma função de estado, a variação de entalpia de um sistema depende somente dos estados inicial e final. Portanto, a reação pode ser conduzida em uma etapa ou visualizada em várias etapas. A entalpia da reação é a mesma nos dois casos.

PROCEDIMENTO

Para usar a lei de Hess, precisamos de uma sequência de reações que, adicionadas, resultem na equação de interesse. Diferentes estratégias podem ser adotadas. A estratégia mostrada aqui é válida em muitos casos.

Etapa 1 Selecione um dos reagentes da reação total e escreva uma equação química em que ele também apareça como reagente.

Etapa 2 Selecione um dos produtos da reação total e escreva uma equação química em que ele também apareça como produto.

Adicione essa equação à escrita na etapa 1 e cancele as espécies que aparecem em ambos os lados da equação.

Etapa 3 Cancele as espécies não desejadas na soma obtida na etapa 2 adicionando uma equação que tenha a mesma substância ou substâncias no lado oposto da seta.

Etapa 4 Após completar a sequência, combine as entalpias padrão de reação.

Em cada etapa, talvez seja necessário inverter a equação ou multiplicá-la por um fator. Lembre que, se uma reação química é revertida, o sinal da entalpia de reação muda. Se os coeficientes estequiométricos precisam ser multiplicados por um fator, a entalpia de reação deve ser multiplicada pelo mesmo fator.

Este procedimento está ilustrado no Exemplo 4D.4

4D.4 Combinação das entalpias de reação: lei de Hess · **281**

EXEMPLO 4D.4 Uso da lei de Hess

O propano, C_3H_8, é um gás usado como combustível em churrasqueiras ao ar livre e em alguns veículos. A variação da entalpia da síntese do propano a partir de seus elementos em seus estados padrão é difícil de medir de forma direta, mas se você está interessado em avaliar as propriedades termodinâmicas das reações do composto, é necessário conhecer o valor. Calcule a entalpia padrão da reação $3\ C(gr) + 4\ H_2(g) \rightarrow C_3H_8(g)$ com base nos seguintes dados experimentais:

(a) $C_3H_8(g) + 5\ O_2(g) \longrightarrow 3\ CO_2(g) + 4\ H_2O(l)$ $\qquad \Delta H° = -2220.\ kJ$
(b) $C(gr) + O_2(g) \longrightarrow CO_2(g)$ $\qquad \Delta H° = -394\ kJ$
(c) $H_2(g) + \frac{1}{2}O_2(g) \longrightarrow H_2O(l)$ $\qquad \Delta H° = -286\ kJ$

PLANEJE Use o procedimento da Caixa de Ferramentas 4D.1 para combinar as equações químicas de modo a obter a equação desejada.

RESOLVA

Etapa 1 Para um reagente, escolha o carbono (grafita, representada por gr) e encontre uma equação na qual ele aparece como reagente. Selecione (b) e multiplique por 3, porque este é o coeficiente estequiométrico da equação desejada.

$$3\ C(gr) + 3\ O_2(g) \longrightarrow 3\ CO_2(g) \qquad \Delta H° = 3 \times (-394\ kJ) = -1182\ kJ$$

Etapa 2 Para um produto, selecione o propano e encontre uma equação na qual ele aparece. Como o propano é um produto na equação de interesse, a equação (a) precisa ser revertida e o sinal de sua entalpia de reação deve ser mudado.

$$3\ CO_2(g) + 4\ H_2O_2(l) \longrightarrow C_3H_8(g) + 5\ O_2(g) \qquad \Delta H° = +2220.\ kJ$$

Adicione as duas equações precedentes e suas entalpias.

$$3\ C(gr) + 3\ O_2(g) + 3\ CO_2(g) + 4\ H_2O(l) \longrightarrow C_3H_8(g) + 5\ O_2(g) + 3\ CO_2(g)$$
$$\Delta H° = (-1182 + 2200)\ kJ = +1038\ kJ$$

Simplifique a equação, cancelando as espécies que aparecem em ambos os lados.

$$3\ C(gr) + 4\ H_2O(l) \longrightarrow C_3H_8(g) + 2\ O_2(g) \qquad \Delta H° = +1038\ kJ$$

Etapa 3 Para cancelar o reagente H_2O e o produto O_2, não desejados, multiplique a equação (c) por 4.

$$4\ H_2(g) + 2\ O_2(g) \longrightarrow 4\ H_2O(l) \qquad \Delta H° = 4 \times (-286\ kJ) = -1144\ kJ$$

Adicione as equações nas etapas 2 e 3 e combine as entalpias de reação.

$$3\ C(gr) + 4\ H_2(g) + 4\ H_2O(l) + 2\ O_2(g) \longrightarrow C_3H_8(g) + 2\ O_2(g) + 4\ H_2O(l)$$
$$\Delta H° = 1038 + (-1144)\ kJ = -106\ kJ$$

Etapa 4 Simplifique a equação.

$$3\ C(gr) + 4\ H_2(g) \longrightarrow C_3H_8(g) \qquad \Delta H° = -106\ kJ$$

Teste 4D.4A A gasolina, que contém octano, pode queimar até monóxido de carbono se o fornecimento de ar for reduzido. Calcule a entalpia padrão de reação da combustão incompleta, no ar, de octano líquido até o gás monóxido de carbono e água líquida, a partir das entalpias padrão de reação da combustão do octano e do monóxido de carbono:

$$2\ C_8H_{18}(l) + 25\ O_2(g) \longrightarrow 16\ CO_2(g) + 18\ H_2O(l) \qquad \Delta H° = -10\ 942\ kJ$$
$$2\ CO(g) + O_2(g) \longrightarrow 2\ CO_2(g) \qquad \Delta H° = -566,0\ kJ$$

$$[\textbf{\textit{Resposta:}}\ 2\ C_8H_{18}(l) + 17\ O_2(g) \rightarrow 16\ CO(g) + 18\ H_2O(l),$$
$$\Delta H° = -6414\ kJ]$$

Teste 4D.4B O metanol é um combustível líquido de queima limpa, que está sendo considerado como um substituto da gasolina. Suponha que ele possa ser produzido na reação controlada de oxigênio do ar com metano. Determine a entalpia padrão de reação da formação de 1 mol de CH_3OH a partir de metano e oxigênio, dadas as seguintes informações:

$$CH_4(g) + H_2O(g) \longrightarrow CO(g) + 3\ H_2(g) \qquad \Delta H° = +206,10\ kJ$$
$$2\ H_2(g) + CO(g) \longrightarrow CH_3OH(l) \qquad \Delta H° = -128,33\ kJ$$
$$2\ H_2(g) + O_2(g) \longrightarrow 2\ H_2O(g) \qquad \Delta H° = -483,64\ kJ$$

Exercícios relacionados 4D.13 a 4D.20

282 Tópico 4D A termoquímica

De acordo com a lei de Hess, as equações termoquímicas das etapas de uma sequência de reações podem ser combinadas para dar a equação termoquímica da reação total.

4D.5 As entalpias padrão de formação

Existem milhões de reações possíveis, e seria impraticável listar cada uma com sua entalpia padrão de reação. Os químicos, porém, inventaram uma alternativa engenhosa. Inicialmente, eles registram a "entalpia padrão de formação" das substâncias. Depois, combinam essas quantidades para obter a entalpia da reação desejada.

A **entalpia padrão de formação**, ΔH_f°, de uma substância é a entalpia padrão da reação por mol de fórmula unitária da formação de uma substância a partir de seus elementos na sua *forma mais estável*, como na reação de formação do etanol:

$$2\,C(gr)\;+\;3\,H_2(g)\;+\;\tfrac{1}{2}\,O_2(g)\;\longrightarrow\;C_2H_5OH(l)\qquad \Delta H^\circ = -277{,}69\;kJ$$

em que C(gr) significa grafita, a forma mais estável do carbono na temperatura normal. A equação química que corresponde à entalpia padrão de formação de uma substância tem um só produto com o coeficiente estequiométrico igual a 1 (o que implica a formação de 1 mol de substância). Algumas vezes, como aqui, coeficientes fracionários são necessários para os reagentes. Como as entalpias padrão de formação são expressas em quilojoules por mol da substância de interesse, neste caso $\Delta H_f^\circ(C_2H_5OH, l) = -277{,}69\;kJ{\cdot}mol^{-1}$. Observe também como a variação da entalpia é informada, de maneira que uma espécie e seu estado (líquido, neste caso) sejam representadas na forma correta.

Nota de boa prática Fique sempre alerta para a diferença entre uma quantidade por mol de moléculas e a mesma quantidade *para* ou *de* um mol de moléculas. As entalpias padrão de formação são expressas por mol de moléculas, como em $-277{,}69\;kJ.mol^{-1}$; a entalpia padrão de formação de 1 mol de $C_2H_5OH(l)$ é $-277{,}69\;kJ$. Esta observação pode parecer trivial, mas vai ajudá-lo a manter as unidades corretas.

A partir da definição anterior, temos que a entalpia padrão de formação de um elemento na sua forma mais estável é zero. Por exemplo, a entalpia padrão de formação de C(gr) é zero porque C(gr) → C(gr) é uma "reação vazia" (isto é, nada muda). Neste caso, $\Delta H_f^\circ(C, gr) = 0$. A entalpia de formação de um elemento em uma forma que não é a mais estável, entretanto, é diferente de zero. Por exemplo, a conversão do carbono da grafita (a forma mais estável) em diamante é endotérmica:

$$C(gr)\;\longrightarrow\;C(diamante)\qquad \Delta H^\circ = +1{,}9\;kJ$$

A entalpia padrão de formação do diamante é, portanto, registrada como $\Delta H_f^\circ(C, diamante) = +1{,}9\;kJ{\cdot}mol^{-1}$. Valores selecionados de outras substâncias estão na Tabela 4D.2 e no Apêndice 2A.

> O fósforo é uma exceção: usa-se o fósforo branco porque ele é obtido muito mais facilmente na forma pura do que os outros alótropos, mais estáveis.

TABELA 4D.2 Entalpias padrão de formação em 25°C*

Substância	Fórmula	$\Delta H_f^\circ/$ $(kJ{\cdot}mol^{-1})$	Substância	Fórmula	$\Delta H_f^\circ/$ $(kJ{\cdot}mol^{-1})$
Compostos inorgânicos			**Compostos orgânicos**		
Amônia	$NH_3(g)$	$-46{,}11$	benzeno	$C_6H_6(l)$	$+49{,}0$
Dióxido de carbono	$CO_2(g)$	$-393{,}51$	etanol	$C_2H_5OH(l)$	$-277{,}69$
Monóxido de carbono	$CO(g)$	$-110{,}53$	etino (acetileno)	$C_2H_2(g)$	$+226{,}73$
Tetróxido de dinitrogênio	$N_2O_4(g)$	$+9{,}16$			
Cloreto de hidrogênio	$HCl(g)$	$-92{,}31$	glicose	$C_6H_{12}O_6(s)$	-1268
Fluoreto de hidrogênio	$HF(g)$	$-271{,}1$	metano	$CH_4(g)$	$-74{,}81$
Dióxido de nitrogênio	$NO_2(g)$	$+33{,}18$			
Óxido nítrico	$NO(g)$	$+90{,}25$			
Cloreto de sódio	$NaCl(s)$	$-411{,}15$			
Água	$H_2O(l)$	$-285{,}83$			
	$H_2O(g)$	$-241{,}82$			

* Uma lista maior está no Apêndice 2A.

4D.5 As entalpias padrão de formação

Para saber como combinar entalpias padrão de formação a fim de obter uma entalpia padrão de reação, imagine que, para executar a reação, os reagentes são antes convertidos nos elementos em suas formas mais estáveis e, depois, os produtos são formados a partir desses elementos. A entalpia padrão de reação da primeira etapa é o valor negativo das entalpias padrão de formação de todos os reagentes (os reagentes estão sendo "decompostos" em seus elementos constituintes), em função da quantidade presente:

"Decomposição" dos reagentes: $\Delta H° = - \overbrace{\sum n\Delta H_f°(\text{reagentes})}^{\text{soma dos reagentes}}$

Nesta expressão, os valores de n são os coeficientes estequiométricos da equação química e o símbolo Σ (sigma) significa "gerar a soma das seguintes quantidades". A entalpia padrão da segunda etapa é a soma das entalpias padrão de formação de todos os produtos, também em função da quantidade presente:

Formação dos produtos: $\Delta H° = \overbrace{\sum n\Delta H_f°(\text{produtos})}^{\text{soma dos produtos}}$

A soma dos dois totais (considerando o sinal inverso dos reagentes) é a entalpia padrão da reação global (Fig. 4D.5):

$$\Delta H° = \sum n\Delta H_f°(\text{produtos}) - \sum n\Delta H_f°(\text{reagentes}) \qquad (2)$$

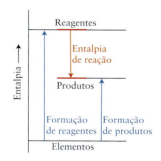

FIGURA 4D.5 A entalpia de reação pode ser obtida com base nas entalpias padrão de formação, imaginando a formação dos reagentes e dos produtos a partir de seus elementos. Logo, a entalpia de reação é a diferença entre as entalpias padrão de formação dos produtos e dos reagentes.

EXEMPLO 4D.5 Uso das entalpias padrão de formação para calcular uma entalpia padrão de reação

Os amino-ácidos são os tijolos de construção das moléculas de proteínas, que são moléculas com longas cadeias. Eles são oxidados, no organismo, a ureia, dióxido de carbono e água líquida. Essa reação é uma fonte de calor para o corpo? Use as informações do Apêndice 2A para estimar a entalpia padrão de reação da oxidação do amino-ácido mais simples, a glicina (NH_2CH_2COOH), um sólido, em ureia, outro sólido (H_2NCONH_2), dióxido de carbono, um gás, e água, um líquido:

$$2\ NH_2CH_2COOH(s) + 3\ O_2(g) \longrightarrow H_2NCONH_2(s) + 3\ CO_2(g) + 3\ H_2O(l)$$

ANTECIPE Você deve esperar um valor fortemente negativo, porque todas as combustões são exotérmicas e esta oxidação é como uma combustão incompleta.

PLANEJE Primeiro, some as entalpias de formação dos produtos, multiplicando cada valor pelo número de mols apropriado obtido da equação balanceada. Lembre-se de que a entalpia padrão de formação de um elemento em sua forma mais estável é zero. Em seguida, calcule do mesmo modo a entalpia padrão total de formação dos reagentes e use a Equação 2 para calcular a entalpia padrão de reação.

RESOLVA

Calcule a entalpia padrão de combustão dos produtos usando as informações do Apêndice 2A.

$$\Delta H_f°(H_2NCONH_2, s) = -333{,}51\ \text{kJ·mol}^{-1}$$
$$\Delta H_f°(CO_2, g) = -393{,}51\ \text{kJ·mol}^{-1}$$
$$\Delta H_f°(H_2O, l) = -285{,}83\ \text{kJ·mol}^{-1}$$

$\sum n\Delta H_f°(\text{produtos}) = \overbrace{(1\ \text{mol})}^{H_2NCONH_2} \times (-333{,}51\ \text{kJ·mol}^{-1}) + \overbrace{(3\ \text{mol})}^{CO_2} \times (-393{,}51\ \text{kJ·mol}^{-1})$
$+ \overbrace{(3\ \text{mol})}^{H_2O} \times (-285{,}83\ \text{kJ·mol}^{-1}) = -2371{,}53\ \text{kJ}$

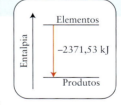

Calcule a entalpia de formação total dos reagentes.

$$\Delta H_f°(NH_2CH_2COOH, s) = -532{,}9\ \text{kJ·mol}^{-1}$$
$$\Delta H_f°(O_2, g) = 0$$

$\sum n\Delta H_f°(\text{reagentes}) = \overbrace{(2\ \text{mol})}^{NH_2CH_2COOH} \times (-532{,}9\ \text{kJ·mol}^{-1}) + \overbrace{(3\ \text{mol})}^{O_2} \times (0)$
$= \{2(-532{,}9) + 0\} = -1065{,}8\ \text{kJ}$

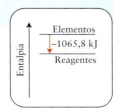

De $\Delta H° = \sum n\Delta H_f°(\text{produtos}) - \sum n\Delta H_f°(\text{reagentes})$,

$$\Delta H° = -2371,53 - (-1065,8) \text{ kJ} = -1305,7 \text{ kJ}$$

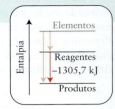

AVALIE A reação termoquímica é, portanto

$$2 \text{ NH}_2\text{CH}_2\text{COOH(s)} + 3 \text{ O}_2(g) \longrightarrow \text{H}_2\text{NCONH}_2(s) + 3 \text{ CO}_2(g) + 3 \text{ H}_2\text{O(l)} \quad \Delta H° = -1305,7 \text{ kJ}$$

Conforme previsto, a reação química é fortemente exotérmica. Como as reações no corpo ocorrem em água, o valor obtido não é igual à variação de entalpia que ocorre no organismo. Porém, os dois valores são semelhantes. A oxidação da glicina, portanto, é uma fonte potencial de energia no organismo.

Nota de boa prática As entalpias de formação são expressas em quilojoules por mol, e as entalpias de reação em quilojoules para a reação como está escrita. Note que os coeficientes estequiométricos são interpretados em termos do número de mols e que um coeficiente que não está explicitado (igual a 1) é incluído como 1 mol no cálculo.

Teste 4D.5A Calcule a entalpia padrão de combustão da glicose usando as informações da Tabela 4D.2 e do Apêndice 2A.

[***Resposta:*** $-2808 \text{ kJ·mol}^{-1}$]

Teste 4D.5B Você teve uma inspiração: talvez os diamantes possam ser um ótimo combustível! Calcule a entalpia padrão de combustão do diamante usando as informações do Apêndice 2A.

Exercícios relacionados 4D21, 4D.22 e 4D.24

As entalpias padrão de formação são comumente determinadas a partir de dados de combustão, com o auxílio da Equação 2, como mostra o exemplo a seguir.

EXEMPLO 4D.6 Uso da entalpia de combustão para calcular a entalpia de formação

As informações da Tabela 4D.2 e do Apêndice 2A precisam ser determinadas com base em dados experimentais, mas como não é possível realizar algumas reações diretamente, os químicos que preparam esses tipos de tabelas usam as entalpias de combustão. Use as informações da Tabela 4D.2 e a entalpia de combustão do gás propano para calcular a entalpia de formação do propano, um gás que é muito usado como gás liquefeito (para o propano, $\Delta H_c° = -2220. \text{ kJ·mol}^{-1}$).

ANTECIPE A entalpia de formação do metano está na Tabela 4D.2, $-74,81 \text{ kJ·mol}^{-1}$. Como o propano contém mais átomos de carbono e hidrogênio do que o metano, você deveria antecipar que a entalpia de formação é mais negativa do que $-74,81 \text{ kJ·mol}^{-1}$.

PLANEJE Use a Equação 2 e o procedimento descrito no Exemplo 4D.5, porém resolva as equações para a entalpia padrão de formação do propano.

RESOLVA

Escreva a equação termoquímica da combustão de 1 mol de $\text{C}_3\text{H}_8(g)$.

$$\text{C}_3\text{H}_8(g) + 5 \text{ O}_2(g) \longrightarrow 3 \text{ CO}_2(g) + 4 \text{ H}_2\text{O(l)} \quad \Delta H° = -2220. \text{ kJ}$$

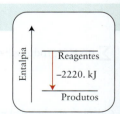

Calcule a entalpia total de formação dos produtos.

$$\Delta H_f°(\text{CO}_2, g) = -393,51 \text{ kJ·mol}^{-1}$$
$$\Delta H_f°(\text{HO}_2, l) = -285,83 \text{ kJ·mol}^{-1}$$

$$\sum n\Delta H_f°(\text{produtos}) = \underbrace{(3 \text{ mol})}_{\text{CO}_2} \times (-393,51 \text{ kJ·mol}^{-1}) + \underbrace{(4 \text{ mol})}_{\text{H}_2\text{O}} \times (-285,83 \text{ kJ·mol}^{-1})$$
$$= -2323,85 \text{ kJ}$$

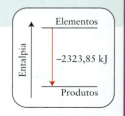

Calcule a entalpia total de formação dos reagentes.

$$\Delta H_f^\circ(O_2, g) = 0$$

$$\sum n\Delta H_f^\circ(\text{reagentes}) = \overbrace{(1\text{ mol})}^{C_3H_8} \times \{\Delta H_f^\circ(C_3H_8, g)\} + \overbrace{(5\text{ mol})}^{O_2} \times (0)$$

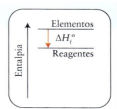

De $\Delta H_r^\circ = \sum n\Delta H_f^\circ(\text{produtos}) - \sum n\Delta H_f^\circ(\text{reagentes})$,

$$-2220.\text{ kJ} = -2323{,}85\text{ kJ} - (1\text{ mol})\,\Delta H_f^\circ(C_3H_8, g)$$

Resolva $\Delta H_f^\circ(C_3H_8, g)$.

$$\Delta H_f^\circ(C_3H_8, g) = \frac{-2323{,}85\text{ kJ} - (-2220.)\text{ kJ}}{1\text{ mol}} = -104\text{ kJ·mol}^{-1}$$

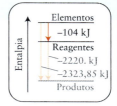

AVALIE A entalpia de formação do propano é mais negativa do que a do metano, como previsto.

Teste 4D.6A Calcule a entalpia padrão de formação do etino, o combustível usado nos maçaricos de solda de oxiacetileno, a partir das informações da Tabela 4D.2 e sabendo que ΔH_c° do etino é $-1300.$ kJ·mol^{-1}.

[***Resposta:*** $+227$ kJ.mol^{-1}]

Teste 4D.6B Calcule a entalpia padrão de formação da ureia, $CO(NH_2)_2$, um subproduto do metabolismo das proteínas, a partir das informações da Tabela 4D.2 e sabendo que ΔH_c° da ureia é -632 kJ.mol^{-1}.

Exercícios relacionados 4D.23, 4.13(a).

As entalpias padrão de formação podem ser combinadas para dar a entalpia padrão de qualquer reação.

4D.6 A variação da entalpia com a temperatura

Em alguns casos, você conhece a entalpia de reação de uma temperatura mas precisa do valor para outra temperatura. Por exemplo, a temperatura do corpo humano é cerca de 37°C, mas os dados do Apêndice 2A referem-se a 25°C. Será que um aumento de 12°C faz muita diferença para a entalpia de reação de um processo metabólico?

As entalpias dos reagentes e produtos aumentam com a temperatura. Se a entalpia total dos reagentes aumenta mais do que a dos produtos quando a temperatura se eleva, então a entalpia de reação de uma reação exotérmica fica mais negativa (Fig. 4D.6). Por outro lado, se a entalpia dos produtos aumenta mais do que a dos reagentes quando a temperatura se eleva, então a entalpia de reação fica menos negativa. O aumento de entalpia de uma substância quando a temperatura cresce depende de sua capacidade calorífica sob pressão constante (Eq. 4b, Tópico 4C, $C_P = \Delta H/\Delta T$), e é fácil deduzir a **lei de Kirchhoff** (veja o Exercício 4D.29):

$$\Delta H^\circ(T_2) = \Delta H^\circ(T_1) + (T_2 - T_1) \times \Delta C_P \quad (3)$$

em que ΔC_P é a diferença entre as capacidades caloríficas em pressão constante dos produtos e reagentes:

$$\Delta C_P = \sum nC_{P,m}(\text{produtos}) - \sum nC_{P,m}(\text{reagentes}) \quad (4)$$

Os valores individuais são dados no Apêndice 2A. Como a diferença entre $\Delta H^\circ(T_2)$ e $\Delta H^\circ(T_1)$ depende da *diferença* das capacidades caloríficas dos reagentes e produtos – uma diferença que normalmente é pequena – na maior parte dos casos, a entalpia de reação varia muito pouco com a temperatura e, para pequenas diferenças de temperatura, pode ser tratada como constante.

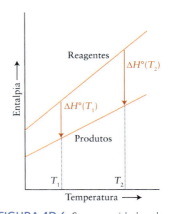

FIGURA 4D.6 Se a capacidade calorífica dos reagentes é maior do que a dos produtos, a entalpia dos reagentes crescerá mais rapidamente com o aumento de temperatura. Se a reação é exotérmica, como neste caso, a entalpia de reação ficará mais negativa.

286 Tópico 4D A termoquímica

EXEMPLO 4D.7 Predição da entalpia de reação em uma temperatura diferente

A entalpia de reação padrão de $N_2(g) + 3\,H_2(g) \rightarrow 2\,NH_3(g)$ é $-92,22\ \text{kJ·mol}^{-1}$, em 298 K. A síntese industrial ocorre em 450. °C. Qual é a entalpia padrão da reação nessa temperatura?

ANTECIPE Existem mais moléculas de reagente do que de produto, logo, você deve esperar que a capacidade calorífica dos produtos seja inferior à dos reagentes e, portanto, que ΔC_P seja negativo. Se assim for, o aumento de temperatura tornará ΔH mais negativo e a reação, em consequência, mais exotérmica.

PLANEJE Calcule a diferença nas capacidades caloríficas dos reagentes e produtos usando a Equação 4 e, então, a Equação 3 para resolver $\Delta H°(T_2)$.

O que você deve supor? Que as capacidades caloríficas dos reagentes e produtos são constantes na faixa de temperatura de interesse.

RESOLVA

Calcule a diferença entre as capacidades caloríficas molares.

$$
\Delta C_P = \overbrace{(2\ \text{mol})C_{P,\text{m}}(NH_3, g)}^{\text{produtos}} - \overbrace{\{(1\ \text{mol})C_{P,\text{m}}(N_2, g) + (3\ \text{mol})C_{P,\text{m}}(H_2, g)\}}^{\text{reagentes}}
$$
$$
= (2\ \text{mol}) \times (35,06\ \text{J·K}^{-1}\text{·mol}^{-1}) - \{(1\ \text{mol}) \times (29,12\ \text{J·K}^{-1}\text{·mol}^{-1})
$$
$$
+ (3\ \text{mol}) \times (28,82\ \text{J·K}^{-1}\text{·mol}^{-1})\}
$$
$$
= -45,46\ \text{J·K}^{-1}
$$

Encontre $T_2 - T_1$.

$$
T_2 - T_1 = (450 + 273\ \text{K}) - 298\ \text{K} = 425\ \text{K}
$$

Calcule a variação de entalpia na temperatura final a partir de $\Delta H°(T_2) = \Delta H°(T_2) + (T_2 - T_1) \times \Delta C_P$.

$$
\Delta H°(450°C) = -92,22\ \text{kJ} + (425\ \text{K}) \times (-45,46\ \text{J·K}^{-1})
$$
$$
= -92,22\ \text{kJ} - 1,932 \times 10^4\ \text{J}
$$
$$
= -92,22\ \text{kJ} - 19,32\ \text{kJ} = -111,54\ \text{kJ}
$$

AVALIE As contribuições individuais das variações de entalpia dos reagentes e dos produtos são mostradas na Fig. 4D.7. Como antecipamos, ΔC_P é negativo e a reação é mais exotérmica nas temperaturas mais altas.

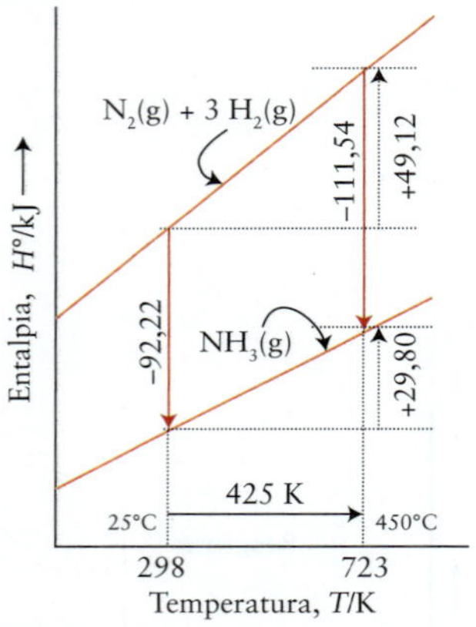

Teste 4D.7A A entalpia da reação $4\,Al(s) + 3\,O_2(g) \rightarrow 2\,Al_2O_3(s)$ é $-3351\ \text{kJ·mol}^{-1}$ em 298 K. Estime o valor em 1000. °C.

[*Resposta:* -3378 kJ]

Teste 4D.7B A entalpia padrão de formação do nitrato de amônio é $-365,56\ \text{kJ·mol}^{-1}$, em 298,15 K. Estime seu valor em 250. °C.

Exercícios relacionados 4D.25 a 4D.28

FIGURA 4D.7 Representação das contribuições individuais para a variação da entalpia padrão de reação do Exemplo 4D.7.

A variação da entalpia padrão de reação com a temperatura é dada pela lei de Kirchhoff, Eq. 3, em função da diferença das capacidades caloríficas molares em pressão constante entre os produtos e os reagentes.

O que você aprendeu com este tópico?

Você aprendeu a distinguir entalpia e energia interna, a registrar as variações na entalpia na forma de uma equação termoquímica e a especificar o estado padrão de uma substância. Você agora sabe calcular o calor gerado com base na estequiometria de uma reação e a usar a lei de Hess para combinar as entalpias padrão de reação. Você também aprendeu a definir entalpia padrão de formação e a usar a propriedade para calcular a entalpia padrão de qualquer reação, além de predizer como o seu valor é afetado por uma mudança de temperatura.

Tópico 4D Exercícios   **287**

Os conhecimentos que você deve dominar incluem a capacidade de:

☐ **1.** Escrever e usar uma equação termoquímica (Seção 4D.1).

☐ **2.** Usar dados experimentais para escrever uma equação termoquímica (Exemplo 4D.1).

☐ **3.** Converter ΔH em ΔU para uma reação (Exemplo 4D.2).

☐ **4.** Definir o estado padrão de uma substância.

☐ **5.** Calcular o calor gerado por uma reação com base em sua estequiometria (Exemplo 4D.3).

☐ **6.** Calcular a entalpia de reação total a partir das entalpias das reações em uma sequência de reações usando a lei de Hess (Caixa de Ferramentas 4D.1 e Exemplo 4D.4).

☐ **7.** Usar as entalpias padrão de formação para calcular a entalpia padrão de uma reação e vice-versa (Exemplos 4D.5 e 4D.6)

☐ **8.** Usar a lei de Kirchhoff para calcular a variação da entalpia com a temperatura (Exemplo 4D.7).

Tópico 4D Exercícios

4D.1 O dissulfeto de carbono pode ser preparado a partir do coque (uma forma impura de carbono) e do enxofre elementar:

$$4\,C(s) + S_8(s) \longrightarrow 4\,CS_2(l) \qquad \Delta H° = +358,8\,kJ$$

(a) Qual é o calor absorvido na reação de 1,25 mol de S_8 em pressão constante? (b) Calcule o calor absorvido na reação de 197 g de carbono com excesso de enxofre. (c) Se o calor absorvido na reação foi 415 kJ, quanto CS_2 foi produzido?

4D.2 Calcule o calor gerado por uma mistura de 8,4 L de dióxido de enxofre em 1,00 atm e 273 K e 10,0 g de oxigênio na reação

$$2\,SO_2(g) + O_2(g) \longrightarrow 2SO_3(g) \qquad \Delta H° = -198\,kJ$$

4D.3 A reação de 1,40 g de monóxido de carbono com excesso de vapor d'água para produzir os gases dióxido de carbono e hidrogênio em um calorímetro de bomba eleva a temperatura do calorímetro de 22,113°C até 22,799°C. A capacidade calorífica total do calorímetro é $3,00\,kJ\cdot(°C)^{-1}$. (a) Escreva a equação balanceada da reação. (b) Calcule a variação de energia interna, ΔU, para a reação de 1,00 mol de CO(g).

4D.4 A energia interna de combustão do ácido benzoico é conhecida $(-3251\,kJ\cdot mol^{-1})$. Quando um calorímetro de bomba foi calibrado pela queima de 0,825 g de ácido benzoico em oxigênio, a temperatura aumentou 1,94°C. Uma amostra do açúcar D-ribose $(C_5H_{10}O_5)$ pesando 0,727 g foi, então, queimada no mesmo calorímetro na presença de excesso de oxigênio para formar CO_2 e H_2O. A temperatura do calorímetro subiu de 21,81°C para 22,72°C. (a) Escreva a equação balanceada da reação. (b) Calcule a variação de energia interna, ΔU, para a reação de 1,00 mol de moléculas de ribose.

4D.5 Em uma reação, em pressão constante, $\Delta H = -15\,kJ$, e 22 kJ de trabalho de expansão foram realizados pelo sistema por compressão até um volume menor. Qual é o valor de ΔU no processo?

4D.6 Em uma reação, em pressão constante, $\Delta U = -68\,kJ$, e 25 kJ de trabalho de expansão foram realizados pelo sistema por compressão até um volume menor. Qual é o valor de ΔH no processo?

4D.7 O difluoreto de oxigênio é um gás incolor, muito venenoso, que reage rápida e exotermicamente com o vapor d'água para produzir O_2 e HF:

$$OF_2(g) + H_2O(g) \longrightarrow O_2(g) + 2\,HF(g) \qquad \Delta H = -318\,kJ$$

Qual é a variação de energia interna na reação de 1,00 mol de OF_2?

4D.8 O etanol é um componente renovável e de queima limpa da gasolina:

$$2\,C_2H_5OH(l) + 6\,O_2(g) \longrightarrow 4\,CO_2(g) + 6\,H_2O(l)$$
$$\Delta H = -1368\,kJ$$

Qual é a variação da energia interna da reação de 1,00 mol de $C_2H_5OH(l)$?

4D.9 A entalpia de formação do trinitro-tolueno (TNT) é $-67\,kJ\cdot mol^{-1}$, e a densidade, $1,65\,g\cdot cm^{-3}$. Em princípio, ele poderia ser usado como combustível de foguetes, com os gases formados na decomposição saindo para dar o impulso necessário. Na prática, é claro, ele seria extremamente perigoso como combustível, porque é sensível ao choque. Explore seu potencial como combustível de foguete, calculando a densidade de entalpia (a entalpia liberada por litro) na reação

$$4\,C_7H_5N_3O_6(s) + 21\,O_2(g) \longrightarrow 28\,CO_2(g) + 10\,H_2O(g) + 6\,N_2(g)$$

4D.10 A mistura de um gás natural está sendo queimada em uma usina de energia elétrica na velocidade de 7,6 mols por minuto. (a) Se o combustível contém 9,3 mols de CH_4, 3,1 mols de C_2H_6, 0,40 mol de C_3H_8 e 0,20 mol de C_4H_{10}, que massa de $CO_2(g)$ está sendo produzida por minuto? (b) Quanto calor está sendo liberado por minuto?

4D.11 A oxidação de nitrogênio no exaustor quente de motores de jatos e de automóveis ocorre pela reação

$$N_2(g) + O_2(g) \longrightarrow 2\,NO(g) \qquad \Delta H° = +180,6\,kJ$$

(a) Qual é o calor absorvido na formação de 1,55 mol de NO? (b) Qual é o calor absorvido na oxidação de 5,45 L de nitrogênio em 1,00 atm e 273 K? (c) Quando a oxidação de N_2 a NO foi completada em um calorímetro de bomba, o calor absorvido medido foi igual a 492 J. Que massa de gás nitrogênio foi oxidada?

4D.12 A combustão de octano é expressa pela equação termoquímica

$$C_8H_{18}(l) + \tfrac{25}{2}O_2(g) \longrightarrow 8\,CO_2(g) + 9\,H_2O(l) \quad \Delta H° = -5471\,kJ$$

Tópico 4D A termoquímica

(a) Estime a massa de octano que deveria ser queimada para produzir calor suficiente para aquecer o ar de uma sala de 12 pés × 12 pés × 8 pés de 40. °F até 78°F, em um dia frio de inverno. Use a composição normal do ar para determinar sua densidade e considere a pressão igual a 1,00 atm. (b) Qual é o calor gerado na combustão de 1,0 galão (3,785 L) de gasolina (imagine que ela é composta exclusivamente de octano)? A densidade do octano é 0,70 g·mL^{-1}.

4D.13 O metal bário é produzido pela reação do metal alumínio com óxido de bário. Com base nas entalpias padrão de reação,

$$2\,Ba(s) + O_2(g) \longrightarrow 2\,BaO(s) \qquad \Delta H° = -1107\,kJ$$
$$2\,Al(s) + \tfrac{3}{2}O_2(g) \longrightarrow Al_2O_3(s) \qquad \Delta H° = -1676\,kJ$$

calcule a entalpia de reação da produção de bário metálico na reação

$$3\,BaO(s) + 2\,Al(s) \xrightarrow{\Delta} Al_2O_3(s) + 3\,Ba(s)$$

4D.14 Na fabricação de ácido nítrico pela oxidação da amônia, o primeiro produto é óxido nítrico, que depois é oxidado a dióxido de nitrogênio. Com base nas entalpias padrão de reação,

$$N_2(g) + O_2(g) \longrightarrow 2\,NO(g) \qquad \Delta H° = +180,5\,kJ$$
$$N_2(g) + 2\,O_2(g) \longrightarrow 2\,NO_2(g) \qquad \Delta H° = +66,4\,kJ$$

calcule a entalpia padrão de reação da oxidação do óxido nítrico a dióxido de nitrogênio:

$$2\,NO(g) + O_2(g) \longrightarrow 2\,NO_2(g)$$

4D.15 Determine a entalpia da reação de hidrogenação do etino a etano, $C_2H_2(g) + 2\,H_2(g) \to C_2H_6(g)$, a partir dos seguintes dados: $\Delta H_c°(C_2H_2, g) = -1300.\,kJ·mol^{-1}$, $\Delta H_c°(C_2H_6, g) = -1560.\,kJ·mol^{-1}$, $\Delta H_c°(H_2, g) = -286\,kJ·mol^{-1}$.

4D.16 Determine a entalpia da reação de combustão parcial do metano a monóxido de carbono, $2\,CH_4(g) + 3\,O_2(g) \to 2\,CO(g) + 4\,H_2O(l)$, a partir de $\Delta H_c°(CH_4, g) = -890.\,kJ·mol^{-1}$ e $\Delta H_c°(CO, g) = -283,0\,kJ·mol^{-1}$.

4D.17 Use as entalpias padrão de formação do Apêndice 2A e calcule a entalpia padrão da reação do ácido nítrico puro com hidrazina:

$$4\,HNO_3(l) + 5\,N_2H_4(l) \longrightarrow 7\,N_2(g) + 12\,H_2O(l)$$

4D.18 Use os dados do Apêndice 2A para calcular a entalpia padrão da reação do carbonato de magnésio com o ácido clorídrico:

$$MgCO_3(s) + 2\,HCl(aq) \longrightarrow MgCl_2(aq) + H_2O(l) + CO_2(g)$$

4D.19 Calcule a entalpia de reação da síntese do gás brometo de hidrogênio, $H_2(g) + Br_2(l) \to 2\,HBr(g)$, a partir das seguintes informações:

$$NH_3(g) + HBr(g) \longrightarrow NH_4Br(s) \qquad \Delta H° = -188,32\,kJ$$
$$N_2(g) + 3\,H_2(g) \longrightarrow 2\,NH_3(g) \qquad \Delta H° = -92,22\,kJ$$
$$N_2(g) + 4\,H_2(g) + Br_2(l) \longrightarrow 2\,NH_4Br(s) \qquad \Delta H° = -541,66\,kJ$$

4D.20 Calcule a entalpia de reação da formação do brometo de alumínio anidro, $2\,Al(s) + 3\,Br_2(l) \to 2\,AlBr_3(s)$, a partir das seguintes informações:

$$2\,Al(s) + 6\,HBr(aq) \longrightarrow 2\,AlBr_3(aq) + 3\,H_2(g) \qquad \Delta H° = -1061\,kJ$$
$$HBr(g) \longrightarrow HBr(aq) \qquad \Delta H° = -81,15\,kJ$$
$$H_2(g) + Br_2(l) \longrightarrow 2\,HBr(g) \qquad \Delta H° = -72,80\,kJ$$
$$AlBr_3(s) \longrightarrow AlBr_3(aq) \qquad \Delta H° = -368\,kJ$$

4D.21 Use as entalpias padrão de formação do Apêndice 2A para calcular a entalpia padrão de reação de cada um dos seguintes processos:
(a) o estágio final na produção de ácido nítrico:

$$3\,NO_2(g) + H_2O(l) \longrightarrow 2\,HNO_3(aq) + NO(g)$$

(b) a obtenção industrial do trifluoreto de boro:

$$B_2O_3(s) + 3\,CaF_2(s) \longrightarrow 2\,BF_3(g) + 3\,CaO(s)$$

(c) a formação de um sulfeto pela ação do sulfeto de hidrogênio em uma solução de base em água:

$$H_2S(aq) + 2\,KOH(aq) \longrightarrow K_2S(aq) + 2\,H_2O(l)$$

4D.22 Use as entalpias padrão de formação do Apêndice 2A para calcular a entalpia padrão de reação de cada um dos seguintes processos:
(a) a remoção do sulfeto de hidrogênio do gás natural:

$$2\,H_2S(g) + SO_2(g) \longrightarrow 3\,S(s) + 2\,H_2O(l)$$

(b) a oxidação da amônia:

$$4\,NH_3(g) + 5\,O_2(g) \longrightarrow 4\,NO(g) + 6\,H_2O(g)$$

(c) a formação do ácido fosforoso:

$$P_4O_6(s) + 6\,H_2O(l) \longrightarrow 4\,H_3PO_3(aq)$$

4D.23 Calcule a entalpia padrão de formação do pentóxido de dinitrogênio a partir dos seguintes dados:

$$2\,NO(g) + O_2(g) \longrightarrow 2\,NO_2(g) \qquad \Delta H° = -114,1\,kJ$$
$$4\,NO_2(g) + O_2(g) \longrightarrow 2\,N_2O_5(g) \qquad \Delta H° = -110,2\,kJ$$

e da entalpia padrão de formação do óxido nítrico, NO (veja o Apêndice 2A).

4D.24 Uma reação importante que ocorre na atmosfera é $NO_2(g) \to NO(g) + O(g)$, que é provocada pela luz do Sol. Que energia deve ser fornecida pelo Sol para que ela ocorra? Calcule a entalpia padrão da reação a partir das seguintes informações:

$$O_2(g) \longrightarrow 2\,O(g) \qquad \Delta H° = +498,4\,kJ$$
$$NO(g) + O_3(g) \longrightarrow NO_2(g) + O_2(g) \qquad \Delta H° = -200.\,kJ$$

e de outros dados do Apêndice 2A.

4D.25 A entalpia de combustão de 1,00 mol de $CH_4(g)$ em dióxido de carbono e vapor d'água é $-802\,kJ$ em 298 K. Calcule a entalpia desta combustão na temperatura da chama emitida por um bico de Bunsen, 1.200 K.

4D.26 O amino-ácido glutamina (Gln) é produzido pelo organismo humano em uma reação do amino-ácido glutamato (Glu) com o íon amônio catalisada por uma enzima:

$$C_5H_8NO_4(aq) + NH_4^+(aq) \longrightarrow C_5H_{10}N_2O_3(aq) + H_2O(l)$$
$$\Delta H° = +21,8\,kJ \text{ em 298 K}$$

Calcule a entalpia desta reação em 80,0°C usando os dados no Apêndice 2A e sabendo que: $C_{P,m}(Gln, aq) = 187,0\,J·K^{-1}·mol^{-1}$, $C_{P,m}(Glu, aq) = 177,0\,J·K^{-1}·mol^{-1}$, $C_{P,m}(NH_4^+, aq) = 79,9\,J·K^{-1}·mol^{-1}$.

4D.27 (a) Use os dados do Apêndice 2A e calcule a entalpia de vaporização do benzeno (C_6H_6) em 298,2 K. A entalpia padrão de formação do benzeno gasoso é $+82,93\,kJ·mol^{-1}$. (b) Sabendo que $C_{P,m} = 136,1\,J·mol^{-1}K^{-1}$ para o benzeno líquido e $C_{P,m} = 81,67\,J·mol^{-1}K^{-1}$ para o benzeno gasoso, calcule a entalpia

Tópico 4D Exercícios **289**

de vaporização do benzeno em seu ponto de ebulição (353,2 K). (c) Compare o valor obtido na parte (b) com o encontrado na Tabela 4C.1. Qual é a fonte da diferença entre os dois números?

4D.28 (a) Use os dados do Apêndice 2A e calcule a entalpia necessária para vaporizar 1 mol de $CH_3OH(l)$, em 298,2 K. (b) Sabendo que a capacidade calorífica molar, $C_{P,m}$, do metanol líquido é 81,6 $J \cdot K^{-1} \cdot mol^{-1}$ e a do metanol gasoso é 43,89 $J \cdot K^{-1} \cdot mol^{-1}$, calcule a entalpia de vaporização do metanol no seu ponto de ebulição (64,7°C). (c) Compare o valor obtido na parte (b) com o encontrado na Tabela 4C.1. Qual é a fonte da diferença entre esses valores?

4D.29 Derive a lei de Kirchhoff para uma reação da forma $A + 2 B \rightarrow 3 C + D$, levando em conta a variação de entalpia molar de cada substância quando a temperatura aumenta de T_1 até T_2.

4D.30 Use as capacidades caloríficas molares em volume constante dadas no Tópico 4C para gases (como múltiplos de R) para calcular a variação de entalpia de reação de $N_2(g) + 3 H_2(g) \rightarrow 2 NH_3(g)$ quando a temperatura aumenta de 300. K até 500. K. Ignore as contribuições vibracionais para a capacidade calorífica. Na temperatura mais elevada, a reação é mais exotérmica ou menos exotérmica?

Tópico 4E As contribuições para a entalpia

4E.1 A formação de íons
4E.2 O ciclo de Born–Haber
4E.3 As entalpias de ligação

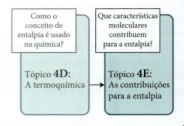

Por que você precisa estudar este assunto? Os seus conhecimentos sobre termodinâmica serão enriquecidos quando você estudar as relações entre as propriedades termodinâmicas (como a entalpia de reação) e as características atômicas e moleculares.

Que conhecimentos você precisa dominar? Você precisa compreender o conceito de entalpia como função de estado (Tópico 4C). Este tópico se baseia na discussão sobre ionização e ganho de elétrons (Tópico 1F) e energia de ligação (Tópico 2D).

As energias nas figuras do Tópico 1F podem ser vistas como variações na energia interna em $T = 0$, e se referem à variação da energia quando apenas o estado fundamental é ocupado inicialmente. Com $T > 0$, as populações se espalham entre os estados disponíveis, e a variação na energia interna considera essa condição. Na prática, a diferença numérica entre os dois parâmetros é pequena, porque praticamente toda a população está no estado fundamental em temperaturas normais.

Um aspecto da ciência que você encontrará com frequência é que uma compreensão mais profunda da matéria vem da percepção de como as propriedades físicas resultam do comportamento individual de átomos e moléculas. A termodinâmica trata das propriedades da matéria vista a olho nu, mas os seus conhecimentos sobre elas aumentam consideravelmente quando você entender a origem destas propriedades em termos atômicos.

4E.1 A formação de íons

O Tópico 1F apresenta os conceitos de energia de ionização, I, e afinidade eletrônica, E_{ae}. Estas duas propriedades, bastante relacionadas, são usadas na termodinâmica. A **entalpia de ionização**, ΔH_{ion}, é a variação da entalpia padrão por mol de átomos por conta da perda de um elétron. Para o elemento X:

$$\text{Ionização: } X(g) \longrightarrow X^+(g) + e^-(g), \quad \Delta H_{ion}$$

A **entalpia do ganho de elétrons**, ΔH_{ge}, é a quantidade análoga para o ganho de elétrons.

$$\text{Ganho de elétrons: } X(g) + e^-(g) \longrightarrow X^-(g), \quad \Delta H_{ge}$$

Observe que a entalpia do ganho de elétrons e a afinidade eletrônica (como definida no Tópico 1F) têm sinais opostos. Logo, a entalpia do ganho de elétrons é negativa se o ganho de elétrons libera energia (como em qualquer processo exotérmico).

As entalpias de ionização e de ganho de elétrons são numericamente muito semelhantes (exceto pelos sinais opostos entre E_{ae} e ΔH_{ge}) às variações correspondentes na energia – elas diferem em alguns quilojoules por mol – e, ao menos que seja necessária alta precisão, normalmente podemos usar os valores de energia listados nas Figs. 1F.8 e 1F.12, e no Apêndice 2. As tendências dos valores acompanham as da energia de ionização e da afinidade eletrônica, como mostrado no Tópico 1F. Logo, os átomos dos elementos alcalinos têm entalpias de ionização baixas (positivas), ao passo que os átomos dos halogênios têm valores fortemente negativos de entalpia de ganho de elétrons.

As entalpias de ionização e de ganho de elétrons são as versões termodinâmicas da energia de ionização e da afinidade eletrônica.

4E.2 O ciclo de Born–Haber

Para um determinado sólido, a diferença de entalpia molar entre o sólido e um gás de íons muito separados é chamada de **entalpia de rede** do sólido, ΔH_R:

$$\Delta H_R = H_m(\text{íons, g}) - H_m(\text{sólido}) \tag{1}$$

A entalpia de rede pode ser identificada com o calor necessário para vaporizar o sólido em um gás de íons muito espaçados sob pressão constante. Quanto maior for a entalpia de rede, mais calor é necessário. A discussão no Tópico 2A referiu-se à *energia* de rede. A *entalpia* de rede difere da energia de rede por alguns quilojoules por mol e pode ser interpretada de modo semelhante.

O Tópico 2A mostrou que as variações de energia que acompanham a formação de um sólido podem ser estimadas com base em um modelo – o "modelo iônico" – no qual a principal contribuição para a energia era a interação de Coulomb entre os íons. Contudo, um modelo só

TABELA 4E.1	Entalpias de rede em 25°C (kJ·mol⁻¹)						
Halogenetos							
LiF	1046	LiCl	861	LiBr	818	LiI	759
NaF	929	NaCl	787	NaBr	751	NaI	700.
KF	826	KCl	717	KBr	689	KI	645
AgF	971	AgCl	916	AgBr	903	AgI	887
BeCl$_2$	3017	MgCl$_2$	2524	CaCl$_2$	2260.	SrCl$_2$	2153
		MgF$_2$	2961	CaBr$_2$	1984		
Óxidos							
MgO	3850.	CaO	3461	SrO	3283	BaO	3114
Sulfetos							
MgS	3406	CaS	3119	SrS	2974	BaS	2832

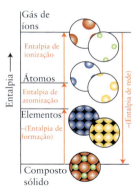

FIGURA 4E.1 Em um ciclo de Born-Haber, selecionamos uma sequência de etapas que começa e termina no mesmo ponto (o composto sólido, por exemplo). A entalpia de rede é a variação de entalpia do inverso da etapa em que o sólido se forma a partir de um gás de íons. A soma das variações de entalpia no ciclo completo é igual a zero porque a entalpia é uma função de estado.

gera estimativas e pode estar errado: é importante ser capaz de medir a entalpia de rede, não apenas estimá-la. Se as energias medidas e calculadas forem semelhantes, poderemos concluir que o modelo iônico é confiável para uma determinada substância. Se as duas energias forem muito diferentes, o modelo iônico daquela substância deve ser melhorado ou, até mesmo, descartado.

A entalpia de rede de um sólido normalmente não pode ser medida de modo direto. Porém, como a entalpia é uma função de estado, ela pode ser obtida indiretamente pela combinação de medidas. O procedimento usa um **ciclo de Born-Haber**, um caminho fechado de etapas, uma das quais é a formação da rede de um sólido a partir de um gás de íons. No ciclo, os elementos são separados em átomos que são ionizados. O gás de íons gerado forma o sólido iônico. Por fim, os elementos são formados novamente a partir do sólido iônico (Figura 4E.1). Só a entalpia da rede, o negativo da entalpia da formação do sólido iônico a partir do gás de íons, é desconhecida. A soma das variações de entalpia no ciclo de Born-Haber completo é zero, porque a entalpia do sistema deve ser a mesma no início e no fim do ciclo. A Tabela 4E.1 lista algumas entalpias de rede determinadas dessa maneira.

EXEMPLO 4E.1 Uso de um ciclo de Born-Haber para calcular a entalpia de rede

O cloreto de potássio é um descongelante seguro para uso em ambientes com animais de estimação. Na investigação de usos como este, é importante entender as propriedades termodinâmicas dos materiais que você está usando. Imagine um ciclo de Born-Haber e use-o para calcular a entalpia de rede do cloreto de potássio.

ANTECIPE As entalpias de rede em geral têm valores da ordem de 1.000 kJ·mol⁻¹, logo, você deve esperar um resultado semelhante para o KCl.

PLANEJE Encontre a variação de entalpia de cada etapa, começando com os elementos puros: atomize-os para formar um gás de átomos (etapas a e b), ionize os átomos para formar um gás de íons (etapas c e d), permita que se forme um sólido iônico (o valor negativo da entalpia de rede, $-\Delta H_R$) e então converta o sólido em seus elementos puros outra vez (etapa e). As etapas c e d exigem as entalpias de ionização para a formação de cátions e as entalpias do ganho de elétrons para a formação de ânions. Se os cálculos não requerem muita precisão, use as energias de ionização e as afinidades eletrônicas (preste atenção ao sinal delas!). Determine a entalpia de rede, ΔH_R, considerando que a soma das variações de entalpia para o ciclo completo é zero.

RESOLVA
Os passos a seguir estão ilustrados na Fig. 4E.2.

(a) Encontre $\Delta H_f(K, g)$ no Apêndice 2A.

$$K(s) \longrightarrow K(g) \qquad +89 \text{ kJ·mol}^{-1}$$

(b) Encontre $\Delta H_f(Cl, g)$ no Apêndice 2A.

$$\tfrac{1}{2} Cl_2(g) \longrightarrow Cl(g) \qquad +122 \text{ kJ·mol}^{-1}$$

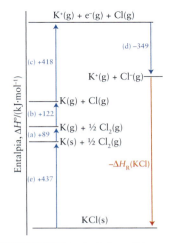

FIGURA 4E.2 Ciclo de Born-Haber usado para determinar a entalpia de rede do cloreto de potássio (Exemplo 4E.1). As variações de entalpia estão em quilojoules por mol.

(c) Encontre a energia de ionização do K no Apêndice 2D.

$$K(g) \longrightarrow K^+(g) + e^-(g) \qquad +418 \text{ kJ·mol}^{-1}$$

(d) Escreva a entalpia do ganho de um elétron do Cl como o negativo da afinidade eletrônica (Apêndice 2D).

$$Cl(g) + e^-(g) \longrightarrow Cl^-(g) \qquad -349 \text{ kJ·mol}^{-1}$$

(e) Use o Apêndice 2A para escrever $-\Delta H_f(KCl)$.

$$KCl(s) \longrightarrow K(s) + \tfrac{1}{2}Cl_2(g) \qquad -(-437 \text{ kJ·mol}^{-1})$$

Monte o ciclo com a soma zero.

$$\{\overbrace{89 + 122}^{(a+b)} + \overbrace{418 - 349}^{(c+d)} - \Delta H_L - \overbrace{(-437)}^{(e)}\} \text{ kJ·mol}^{-1} = 0$$

Resolva, para ΔH_R, a entalpia da reação $KCl(s) \rightarrow K^+(g) + Cl^-(g)$.

$$\Delta H_R = (89 + 122 + 418 - 349 + 437) \text{ kJ·mol}^{-1} = +717 \text{ kJ·mol}^{-1}$$

AVALIE A entalpia de rede do cloreto de potássio é 717 kJ·mol^{-1}, de acordo com a ordem de magnitude esperada.

Teste 4E.1A Calcule a entalpia de rede do cloreto de cálcio, $CaCl_2$, usando os dados dos Apêndices 2A e 2D.

[**Resposta:** 2259 kJ·mol^{-1}]

Teste 4E.1B Calcule a entalpia de rede do brometo de magnésio, $MgBr_2$, usando os dados dos Apêndices 2A e 2D.

Exercícios relacionados 4E.1 a 4E.3

A energia de interação entre os íons em um sólido é dada pela entalpia de rede, que pode ser determinada com um ciclo de Born-Haber.

4E.3 As entalpias de ligação

A energia de uma ligação química é medida pela **entalpia de ligação**, ΔH_B, a diferença entre as entalpias padrão molares de uma molécula X—Y (por exemplo, H_3C—OH) e de seus fragmentos X e Y (como ·CH_3 e ·OH) na fase gás:

$$\Delta H_B(X{-}Y) = \{H_m°(X, g) + H_m°(Y, g)\} - H_m°(X{-}Y, g) \qquad (2)$$

Enquanto a entalpia de rede é igual ao calor necessário (sob pressão constante) para separar um mol de uma substância iônica em seus íons na fase gás, a entalpia de ligação é igual ao calor necessário para quebrar um tipo específico de ligação sob pressão constante. Por exemplo, a entalpia de ligação de H_2 é obtida da equação termoquímica

$$H_2(g) \longrightarrow 2 H(g) \qquad \Delta H° = +436 \text{ kJ}$$

e é $\Delta H_B(H{-}H) = 436$ kJ·mol^{-1}. Todas as entalpias de ligação são positivas, porque é necessário fornecer calor para quebrar uma ligação. Em outras palavras:

A quebra de uma ligação é sempre endotérmica e a formação de uma ligação é sempre exotérmica.

A Tabela 4E.2 lista as entalpias de ligação de algumas moléculas diatômicas.

Uma energia de dissociação de ligação (Tópico 2D) é a *energia* necessária para quebrar a ligação em $T = 0$ e uma entalpia de ligação é a variação de *entalpia padrão* na temperatura de interesse (tipicamente 298 K). As duas quantidades diferem de alguns quilojoules por mol. A menos que seja necessária alta precisão, é possível usar a energia de ligação no lugar da entalpia de ligação e vice-versa. Como os valores numéricos são muito parecidos, a tendência da entalpia de ligação reflete a tendência da energia de ligação.

Em uma molécula poliatômica, todos os átomos da molécula exercem atração – por meio de suas eletronegatividades (Tópico 2D) – sobre todos os elétrons da molécula (Fig. 4E.3).

TABELA 4E.2	Entalpias de ligação de moléculas diatômicas
Molécula	$\Delta H_B/(\text{kJ·mol}^{-1})$
H_2	436
N_2	944
O_2	496
CO	1074
F_2	158
Cl_2	242
Br_2	193
I_2	151
HF	565
HCl	431
HBr	366
HI	299

4E.3 As entalpias de ligação

TABELA 4E.3	Entalpias de ligação médias		
Ligação	$\Delta H_B/(kJ \cdot mol^{-1})$	Ligação	$\Delta H_B/(kJ \cdot mol^{-1})$
C—H	412	C—I	238
C—C	348	N—H	388
C═C	612	N—N	163
C⋯C*	518	N═N	409
C≡C	837	N—O	210.
C—O	360	N═O	630.
C═O	743	N—F	270.
C—N	305	N—Cl	200.
C—F	484	O—H	463
C—Cl	338	O—O	157
C—Br	276		

*No benzeno

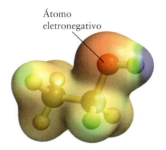

FIGURA 4E.3 Diagrama de potencial eletrostático do etanol, C_2H_5OH. Um átomo eletronegativo (aqui, o átomo de O) consegue atrair elétrons das regiões mais distantes da molécula e, assim, influenciar as energias das ligações mesmo entre átomos aos quais não está diretamente ligado.

Como resultado, a energia de ligação em um determinado par de átomos varia pouco de um composto a outro. Por exemplo, a entalpia de ligação de uma ligação O—H na água, HO—H ($492 \, kJ \cdot mol^{-1}$), é diferente da mesma ligação no metanol, CH_3O—H ($437 \, kJ \cdot mol^{-1}$). Entretanto, essas variações de entalpia de ligação não são muito grandes, de modo que a entalpia de ligação média, que também é representada por ΔH_B, serve como guia para a energia de uma ligação de qualquer molécula que contém a ligação (Tabela 4E.3).

As entalpias de reação podem ser estimadas usando as entalpias médias de ligação para determinar a energia total necessária para quebrar as ligações dos reagentes e formar as ligações dos produtos. Na prática, só as ligações que sofrem alterações são levadas em conta. Como as entalpias de ligação referem-se às substâncias na fase gás, todas elas devem ser gases ou ser convertidas à fase gás.

O procedimento moderno para estimar a entalpia de reação é baseado em softwares comerciais que calculam as entalpias de formação dos reagentes e produtos, e, então, obtêm a diferença entre os valores.

EXEMPLO 4E.2 Uso das entalpias de ligação médias para estimar a entalpia de uma reação

As entalpias de ligação médias podem ser usadas para estimar a entalpia de reação quando dados precisos não estão disponíveis. Estime a entalpia de reação entre o bromo líquido e o gás propeno para formar 1,2-dibromo-propano líquido. A entalpia de vaporização do Br_2 é $29,96 \, kJ \cdot mol^{-1}$ e a do $CH_3CHBrCH_2Br$ é $35,61 \, kJ \cdot mol^{-1}$. A reação é:

$$Br_2(l) + CH_3CH═CH_2(g) \longrightarrow CH_3CHBrCH_2Br(l)$$

ANTECIPE Duas ligações precisam ser rompidas nos reagentes (Br—Br e C═C) e três ligações são formadas no produto (C—C e duas C—Br). Como o número de ligações que se formam é maior do que o número de ligações que se quebram, você deveria esperar que a reação seja exotérmica. É preciso energia para vaporizar o bromo, mas ela pode ser compensada pela energia liberada na condensação do produto. Contudo, a ligação C═C tem entalpia elevada e, portanto, você verá que a reação é apenas ligeiramente exotérmica.

PLANEJE Determine as ligações que são quebradas e as que são formadas. Use as entalpias de ligação médias da Tabela 4E.3 para estimar a variação de entalpia quando as ligações quebram-se nos reagentes e novas ligações formam-se nos produtos. Para moléculas diatômicas, use as informações da Tabela 4E.2 que se referem à molécula de interesse. Então, adicione a variação de entalpia necessária para quebrar as ligações dos reagentes (um valor positivo) e a variação de entalpia de formação dos produtos (um valor negativo). Por fim, como as entalpias de ligação são para substâncias gasosas, inclua as entalpias de vaporização apropriadas.

O que você deve supor? Que as entalpias de ligação médias da tabela são aproximadamente iguais às entalpias de ligação reais dos reagentes e produtos.

RESOLVA

Reagentes: quebre 1 mol de ligações C═C em $CH_3CH═CH_2$ (valor médio: $612 \, kJ \cdot mol^{-1}$) e 1 mol de ligações Br—Br no Br_2 ($193 \, kJ \cdot mol^{-1}$).

$$\Delta H° = \underbrace{612 \, kJ}_{C═C} + \underbrace{193 \, kJ}_{Br—Br} = +805 \, kJ$$

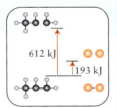

Produtos: forme 1 mol de ligações C—C (valor médio 348 kJ·mol⁻¹) e 2 mols de ligações C—Br (276 kJ·mol⁻¹). A variação da entalpia quando as ligações dos produtos se formam é o negativo desta soma.

$$\Delta H° = -\{\overbrace{348 \text{ kJ}}^{C-C} + (2 \times \overbrace{276 \text{ kJ}}^{C-Br})\} = -900. \text{ kJ}$$

A variação de entalpia total é a soma dos valores das variações de entalpia:

$$\Delta H° = 805 + (-900.) \text{ kJ} = -95 \text{ kJ}$$

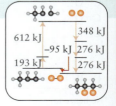

O bromo precisa ser vaporizado e, portanto, a entalpia de vaporização de 1 mol de Br₂(l) deve ser adicionada a este resultado. A condensação de um produto libera calor e, por essa razão, a entalpia de vaporização de 1 mol de C₃H₆Br₂(l) precisa ser subtraída.

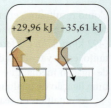

$$\Delta H° = -95 \text{ kJ} + \overbrace{29{,}96 \text{ kJ}}^{\Delta H_{vap}(Br_2)} - \overbrace{35{,}61 \text{ kJ}}^{\Delta H_{vap}(C_3H_6Br_2)} = -101 \text{ kJ}$$

A equação termoquímica é

$$\text{Br}_2(l) + \text{CH}_3\text{CH}=\text{CH}_2(g) \longrightarrow \text{CH}_3\text{CHBrCH}_2\text{Br}(l) \quad \Delta H° = -101 \text{ kJ}$$

AVALIE A reação é exotérmica, como suspeitado. Mesmo que o número de ligações formadas seja maior do que o de ligações rompidas, como a entalpia da ligação C=C é alta, a entalpia da reação total é baixa.

Teste 4E.2A Use as entalpias de ligação para estimar a entalpia padrão da reação

$$\text{CCl}_3\text{CHCl}_2(g) + 2\text{ HF}(g) \longrightarrow \text{CCl}_3\text{CHF}_2(g) + 2\text{ HCl}(g)$$

[*Resposta:* −24 kJ·mol⁻¹]

Teste 4E.2B Use as entalpias de ligação para estimar a entalpia padrão da reação de 1,00 mol de CH₄(gás) com F₂(gás) para formar CH₂F₂(gás) e HF(gás).

Exercícios relacionados 4E.5 a 4E.7

Nota de boa prática O uso de entalpias médias de ligação requer cuidado porque as entalpias de ligação experimentais podem ser consideravelmente diferentes.

A entalpia de ligação média é a média da variação de entalpia que acompanha a dissociação de um determinado tipo de ligação.

O que você aprendeu com este tópico?

Você viu como relacionar a variação da entalpia às variações observadas em nível molecular, como a ionização, o ganho de elétrons e a dissociação da ligação. Você também aprendeu a usar o ciclo de Born-Haber para estimar o valor da entalpia de rede a partir de outros dados.

Os conhecimentos que você deve dominar incluem a capacidade de:

☐ **1.** Definir e usar a entalpia de ionização e a entalpia do ganho de elétrons (Seção 4E.1).

☐ **2.** Calcular a entalpia de rede usando o ciclo de Born-Haber (Exemplo 4E.1).

☐ **3.** Usar as entalpias médias de ligação para estimar a entalpia padrão de uma reação (Exemplo 4E.2).

Tópico 4E Exercícios

4E.1 Use as informações da Figura 1F.12, os Apêndices 2A e 2D e os seguintes dados para calcular a entalpia de rede de Na_2O: $\Delta H_f°(Na_2O) = -409$ kJ·mol^{-1}; $\Delta H_f°(O, g) = +249$ kJ·mol^{-1}.

4E.2 Use as informações da Figura 1F.12, os Apêndices 2A e 2D e os seguintes dados para calcular a entalpia de rede de $AlBr_3$: $\Delta H_f°(Al, g) = +326$ kJ·mol^{-1}.

4E.3 Complete a seguinte tabela (todos os valores estão em quilojoules por mol).

Composto, MX	$\Delta H_f°$, M(g)	ΔH_{ion}, M	$\Delta H_f°$, X(g)	ΔH_{ge}, X	ΔH_R, MX	$\Delta H_f°$, MX(s)
(a) NaCl	108	494	122	−349	787	?
(b) KBr	89	418	97	−325	?	−394
(c) RbF	?	402	79	−328	774	−558

4E.4 Supondo que a entalpia de rede do $NaCl_2$ seja igual à do $MgCl_2$, use argumentos sobre entalpia baseados nos Apêndices 2A, 2D e na Figura 1F.12 para explicar por que o $NaCl_2$ é um composto improvável.

4E.5 Use as entalpias de ligação das Tabelas 4E.2 e 4E.3 para estimar a entalpia de reação de

(a) $3 C_2H_2(g) \rightarrow C_6H_6(g)$
(b) $CH_4(g) + 4 Cl_2(g) \rightarrow CCl_4(g) + 4 HCl(g)$
(c) $CH_4(g) + CCl_4(g) \rightarrow CHCl_3(g) + CH_3Cl(g)$

4E.6 Use os dados fornecidos nas Tabelas 4E.2 e 4E.3 para estimar a entalpia de reação de

(a) $HCl(g) + F_2(g) \rightarrow HF(g) + ClF(g)$, sabendo que
$\Delta H_B(Cl-F) = -256$ kJ·mol^{-1}
(b) $C_2H_4(g) + HCl(g) \rightarrow CH_3CH_2Cl(g)$
(c) $C_2H_4(g) + H_2(g) \rightarrow CH_3CH_3(g)$

4E.7 Use os dados fornecidos nas Tabelas 4E.2 e 4E.3 para estimar a entalpia de reação de

(a) $N_2(g) + 3 F_2(g) \rightarrow 2 NF_3(g)$
(b) $CH_3CHCH_2(g) + H_2O(g) \rightarrow CH_3CH(OH)CH_3(g)$
(c) $CH_4(g) + Cl_2(g) \rightarrow CH_3Cl(g) + HCl(g)$

4E.8 A entalpia de ligação de NO é 632 kJ·mol^{-1} e a de cada ligação N—O em NO_2 é 469 kJ·mol^{-1}. Use as estruturas de Lewis e as entalpias de ligação médias dadas na Tabela 4E.3 para explicar (a) a diferença nas entalpias de ligação das duas moléculas; (b) o fato de as entalpias de ligação das duas ligações, em NO_2, serem iguais.

4E.9 O benzeno é mais estável e menos reativo do que o esperado pelas estruturas de Kekulé. Use as entalpias de ligação médias da Tabela 4E.3 para calcular o abaixamento de energia por mol decorrente da ressonância entre as estruturas de Kekulé do benzeno.

4E.10 Decida se a substituição de uma ligação dupla carbono-carbono por duas ligações simples é energeticamente favorável: use as Tabelas 4E.2 e 4E.3 para calcular a entalpia de reação de conversão do eteno, C_2H_4, em etano, C_2H_6. A reação é $H_2C{=}CH_2(g) + H_2(g) \rightarrow CH_3{-}CH_3(g)$.

Tópico 4F A entropia

4F.1 A mudança espontânea
4F.2 A entropia e a desordem
4F.3 A entropia e o volume
4F.4 A entropia e a temperatura
4F.5 A entropia e o estado físico

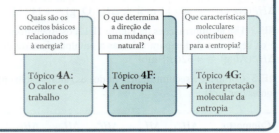

Por que você precisa estudar este assunto? A segunda lei da termodinâmica introduz o conceito de entropia, a chave para compreender por que certas reações químicas têm a tendência natural de ocorrer e outras não.

Que conhecimentos você precisa dominar? A discussão se baseia nos conceitos relacionados à primeira lei da termodinâmica, sobretudo a entalpia (Tópico 4C), o trabalho de expansão de um gás ideal (Tópico 4A) e a capacidade calorífica (Tópico 4A). Você também precisa conhecer o significado de mudança reversível (Tópico 4A).

A primeira lei da termodinâmica diz que, se uma reação ocorre, a energia total do universo (o sistema e sua vizinhança) permanece inalterada. A primeira lei não trata, porém, das questões que estão por trás do "se". Por que algumas reações têm tendência a ocorrer e outras não? Por que algo acontece? Para responder a essas perguntas essenciais sobre o mundo, é preciso recorrer a uma segunda lei.

4F.1 A mudança espontânea

Uma **mudança espontânea** é uma mudança que tende a ocorrer sem a necessidade de indução externa. Um exemplo simples é o resfriamento de um bloco de metal quente até alcançar a temperatura da vizinhança (Fig. 4F.1). A mudança inversa, um bloco de metal que, espontaneamente, esquenta mais do que a vizinhança, nunca foi observada. A expansão de um gás no vácuo também é espontânea (Fig. 4F.2): um gás não tende a se contrair espontaneamente em uma parte do recipiente.

Uma mudança espontânea não precisa ser necessariamente rápida. O melaço tem tendência espontânea a escorrer quando a lata é inclinada, mas, em temperaturas baixas, o fluxo pode ser muito lento. O hidrogênio e o oxigênio têm tendência a reagir para formar água – a reação é espontânea no sentido termodinâmico –, mas a mistura dos dois gases pode ser estocada por séculos, desde que não seja ativada por uma faísca. Os diamantes têm a tendência natural de se transformarem em grafita, mas permanecem inalterados por incontáveis anos – na escala humana, os diamantes são, na prática, eternos. Um processo *espontâneo* tem a tendência natural de ocorrer. Isso não necessariamente acontece em uma velocidade significativa. Sempre que estivermos investigando a termodinâmica das mudanças, devemos nos lembrar de que estamos explorando apenas a *tendência* de um processo ocorrer. Se essa tendência ocorre na prática, depende da velocidade. As velocidades estão fora do domínio da termodinâmica e serão examinadas no Foco 7.

As mudanças podem ser induzidas em uma direção "não natural". Por exemplo, podemos forçar a passagem de corrente elétrica através de um bloco metálico para aquecê-lo até uma temperatura superior à da vizinhança. Um gás pode ser forçado a ocupar um volume menor quando se empurra um pistão. Porém, para produzir uma mudança não espontânea, é preciso conceber uma maneira de forçar o acontecimento, influenciando de fora o sistema. Em resumo, *uma mudança não espontânea só pode ser efetuada quando se exerce trabalho contra o sistema.*

> *Um processo é espontâneo se ele tem a tendência de ocorrer sem estar sendo induzido por uma influência externa. Mudanças espontâneas não são necessariamente rápidas.*

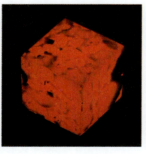

Espontâneo ↓   ↑ Não espontâneo

4F.2 A entropia e a desordem

Quais são as tendências comuns a todas as mudanças espontâneas? Considere dois cenários. No primeiro, o resfriamento de um bloco de metal quente ocorre porque a energia dos átomos que vibram vigorosamente tende a se espalhar pela vizinhança (o ar e o aparelho que

FIGURA 4F.1 Um bloco metálico superaquecido (acima) esfria espontaneamente até a temperatura da vizinhança, o ar no entorno (abaixo). O processo inverso, no qual um bloco que está na temperatura da vizinhança se aquece espontaneamente, não ocorre. *(W. H. Freeman. Fotos de Ken Karp.)*

envolvem o bloco). Os átomos do metal movem-se vigorosamente e colidem com os átomos e as moléculas mais lentos, transferindo para eles parte de sua energia durante as colisões. A mudança inversa é muito improvável porque exigiria que a energia migrasse do ambiente mais frio para se concentrar em um pequeno bloco de metal aquecido. Um processo como esse exigiria que os átomos que se movem menos vigorosamente na vizinhança colidissem com os átomos que se movem mais vigorosamente do metal e os fizessem mover-se ainda mais vigorosamente. As moléculas de um gás movem-se aleatoriamente e espalham-se por todo o recipiente. É muito improvável que o movimento aleatório leve todas elas, ao mesmo tempo, para um canto do recipiente. O padrão que começa a emergir é que *a energia e a matéria tendem a ficar mais desordenadas.*

Na linguagem da termodinâmica, essa ideia simples é expressa como **entropia**, S, uma medida da desordem. *Entropia baixa significa pouca desordem e entropia alta significa muita desordem.* Portanto, o padrão pode ser expresso como a **segunda lei da termodinâmica**:

A entropia de um sistema isolado aumenta durante uma mudança espontânea.

Assim, o resfriamento do metal quente é acompanhado pelo aumento da entropia quando a energia se espalha pela vizinhança. O "sistema isolado", neste caso, é o bloco e sua vizinhança imediata. Do mesmo modo, a expansão de um gás é acompanhada pelo aumento de entropia quando as moléculas se espalham pelo vaso. A direção natural do sistema e sua vizinhança (que juntos formam o "universo") é ir da ordem para a desordem, do organizado para o aleatório, da menor para a maior entropia.

Se a temperatura for constante, a *variação* de entropia de um sistema pode ser calculada pela seguinte expressão:

$$\Delta S = \frac{q_{\text{rev}}}{T} \qquad (1)$$

em que ΔS é a variação da entropia do sistema, q é a energia transferida na forma de calor e T é a temperatura (absoluta) na qual ocorre a transferência. O subscrito "rev" em q significa que a energia tem de ser transferida reversivelmente, no sentido descrito no Tópico 4A. Em uma transferência reversível de energia na forma de calor, as temperaturas da vizinhança e do sistema são infinitesimalmente diferentes e ambas precisam ser constantes. Quando o calor é medido em joules e a temperatura em kelvins, a mudança de entropia (e a própria entropia) é medida em joules por kelvins ($J \cdot K^{-1}$).

O que esta equação revela? Se muita energia é transferida na forma de calor (q_{rev} grande), ocorre grande aumento da desordem no sistema e você pode esperar um grande aumento correspondente na entropia. Para uma dada transferência de energia, você deve esperar um maior aumento da desordem quando a temperatura é baixa do que quando ela é alta. A energia introduzida altera mais as moléculas de um sistema frio (com pouco movimento térmico) mais claramente do que as de um sistema mais quente em que as moléculas já estão em um movimento vigoroso. (Pense em como um espirro em uma biblioteca silenciosa atrairá mais atenção do que um espirro em uma rua barulhenta, que provavelmente passará despercebido.)

Espontâneo   Não espontâneo

FIGURA 4F.2 Um gás preenche um recipiente espontaneamente. Um cilindro de gás que contém o gás marrom dióxido de nitrogênio (na peça de vidro superior da aparelhagem, na parte superior da ilustração) está ligado a um frasco sob vácuo. Quando a válvula abre, o gás preenche espontaneamente os dois recipientes (parte inferior da ilustração). O processo inverso, no qual o gás que já ocupa os dois recipientes recua espontaneamente para o recipiente superior, não ocorre. *(W. H. Freeman. Fotos de Ken Karp.)*

EXEMPLO 4F.1 Cálculo da variação de entropia quando um sistema é aquecido

O sapo-boi é um animal de sangue frio, o que significa que libera no ambiente o excesso de calor gerado pelo metabolismo. Um sapo-boi sedentário está sendo estudado no aquário de um laboratório mantido na temperatura constante de 25°C. O animal transferiu 100. J de energia de forma reversível à água em 25°C. Qual é a variação de entropia da água?

ANTECIPE Como a água está absorvendo energia na forma de calor, você deve esperar que sua entropia aumente.

PLANEJE Use a Equação 1 para calcular a mudança de entropia.

O que você deve supor? Que o aquário é suficientemente grande para que sua temperatura fique praticamente constante enquanto calor está sendo transferido: a Equação 1 só se aplica em temperatura constante.

RESOLVA

Converta a temperatura em kelvins:

$$T = (273{,}15 + 25) \text{ K} = 298 \text{ K}$$

De $\Delta S = q_{rev}/T$,

$$\Delta S = \frac{100.\,J}{298\,K} = +0{,}336\,J \cdot K^{-1}$$

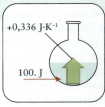

AVALIE Como previsto, a entropia da água aumenta como resultado do fluxo de calor em sua direção.

Nota de boa prática Note o sinal + da resposta: sempre explicite o sinal quando ocorrer variação de uma quantidade, mesmo se positiva.

Teste 4F.1A Calcule a variação de entropia de um grande bloco de gelo quando 50 J de energia na forma de calor são removidos dele reversivelmente em uma geladeira em 0°C.

[**Resposta:** $-0{,}18\,J \cdot K^{-1}$]

Teste 4F.1B Calcule a variação de entropia de um grande recipiente que contém cobre fundido quando 50 J de energia na forma de calor são retirados reversivelmente em 1.100°C.

Exercícios relacionados 4F.3, 4F.4

Uma característica muito importante da entropia, que não é imediatamente óbvia na Equação 1, mas pode ser provada usando a termodinâmica, é que *a entropia é uma função de estado*. Esta propriedade é consistente com o fato de a entropia ser uma medida da desordem, porque o estado da ordem de um sistema depende somente do momento atual e independe de como esse estado foi atingido.

Como a entropia é uma função de estado, a variação de entropia de um sistema não depende do caminho entre os estados inicial e final. Isso significa que, para calcular a variação de entropia entre dois estados ligados por um caminho *irreversível*, um caminho *reversível* deve ser descoberto entre os mesmos dois estados e, então, usar a Equação 1. Suponha, por exemplo, que um gás ideal sofra uma expansão livre (irreversível) em temperatura constante. Para calcular a variação de entropia, imagine que o mesmo gás realiza uma expansão isotérmica reversível entre os mesmos volumes inicial e final, calcule o calor absorvido no processo e use a Equação 1. Como a entropia é uma função de estado, a variação de entropia calculada por este caminho reversível é igual à calculada para a expansão livre entre os mesmos dois estados.

A entropia é uma medida da desordem. De acordo com a segunda lei da termodinâmica, a entropia de um sistema isolado aumenta em qualquer processo espontâneo. A entropia é uma função de estado.

4F.3 A entropia e o volume

A entropia cresce quando uma determinada quantidade de matéria se expande até um volume maior ou se mistura com outra substância. Esses processos espalham as moléculas da substância por um volume maior e aumentam a **desordem de posição**, isto é, a desordem associada às posições relativas das moléculas. A variação da entropia que acompanha a expansão isotérmica de um gás ideal ilustra este aspecto. Ela é calculada utilizando os conceitos da primeira lei da termodinâmica.

Como isso é feito?

Para entender como a entropia de um gás ideal depende de seu volume durante uma expansão (ou compressão) isotérmica, T deve ser constante para que a Equação 1 possa ser usada. Como $\Delta U = q + w$ e $\Delta U = 0$ para a expansão isotérmica de um gás ideal (Tópico 4B), $q = -w$. Isso significa que a energia que o sistema perde no trabalho de expansão é substituída pela entrada de energia na forma de calor, assim, a energia interna permanece constante. A mesma relação se aplica se a transformação é feita reversivelmente; $q_{rev} = -w_{rev}$. Portanto, para obter q_{rev}, basta calcular o trabalho realizado quando um gás ideal se expande reversível e isotermicamente e mudar o sinal. Para calcular esse trabalho, use a Equação 4 apresentada no Tópico 4A ($w_{rev} = -RT\ln(V_2/V_1)$). Decorre que

4F.3 A entropia e o volume

FIGURA 4F.3 Mudança de entropia quando uma amostra de um gás ideal se expande em temperatura constante. Aqui, $\Delta S/nR$ é representado em função da razão de volumes final e inicial. A entropia aumenta logaritmicamente com o volume.

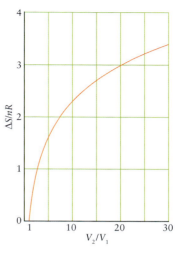

$$\Delta S = \frac{q_{rev}}{T} = \frac{-w_{rev}}{T} = \overbrace{\frac{nRT \ln(V_2/V_1)}{T}}^{-w_{rev}} = nR \ln \frac{V_2}{V_1}$$

O cálculo mostra que a variação de entropia de um gás ideal, quando ele se expande isotermicamente de um volume V_1 até um volume V_2, é

$$\Delta S = nR \ln \frac{V_2}{V_1} \qquad (2)$$

em que n é a quantidade de moléculas de gás (em mols) e R é a constante dos gases (em joules por kelvin por mol). Como esperado, quando o volume final é maior do que o volume inicial ($V_2 > V_1$), a variação de entropia é positiva e corresponde a um aumento de entropia (Fig. 4F.3).

Embora a mudança de entropia tenha sido calculada para um caminho reversível (a entropia é uma função de estado), a Equação 2 é também a variação de entropia de um gás que se expande *irreversivelmente* entre os mesmos dois estados em temperatura constante. Porém, não pressuponha que não exista diferença entre os processos reversível e irreversível: no momento, estamos levando em conta apenas a variação de entropia do sistema. As mudanças na vizinhança não foram consideradas (veja o Tópico 4I).

EXEMPLO 4F.2 Cálculo da variação de entropia na expansão isotérmica de um gás ideal

Os meteorologistas precisam entender como as propriedades termodinâmicas do ar são afetadas por diferentes condições. Eles poderiam começar pelo nitrogênio, o principal componente do ar. Qual é a variação de entropia do gás quando 1,00 mol de $N_2(g)$ se expande isotermicamente de 22,0 até 44,0 L?

ANTECIPE Como o volume maior permite que as moléculas ocupem um número maior de posições, esperamos que a entropia aumente.

PLANEJE Use a Equação 2 para calcular a variação de entropia de uma expansão isotérmica com os volumes inicial e final conhecidos.

O que você deve supor? Que o nitrogênio se comporta como um gás ideal.

RESOLVA

De $\Delta S = nR \ln(V_2/V_1)$,

$$\Delta S = (1{,}00 \text{ mol}) \times (8{,}3145 \text{ J·K}^{-1}\text{·mol}^{-1}) \times \ln \frac{44{,}0 \text{ L}}{22{,}0 \text{ L}}$$

$$= +5{,}76 \text{ J·K}^{-1}$$

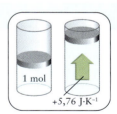

AVALIE Como era esperado, a entropia aumenta quando o volume disponível para a expansão do gás aumenta.

Nota de boa prática Observe que a variação de entropia *para* ou *de* 1 mol de uma substância é registrada de modo diferente da entropia *por* mol: as unidades da primeira são joules por kelvins ($J \cdot K^{-1}$) e as da segunda, joules por kelvins por mols ($J \cdot K^{-1} \cdot \text{mol}^{-1}$).

Teste 4F.2A Calcule a variação de entropia molar quando um gás ideal é comprimido isotermicamente até um terço de seu volume inicial.

[***Resposta:*** $-9{,}13 \text{ J·K}^{-1}\text{·mol}^{-1}$]

Teste 4F.2B Calcule a variação de entropia molar quando o dióxido de carbono se expande isotermicamente até 10 vezes o seu volume inicial (trate o dióxido de carbono como um gás ideal).

Exercícios relacionados 4F.5, 4F.6.

A variação de entropia que acompanha a compressão ou a expansão isotérmica de um gás ideal pode ser expressa em termos das pressões inicial e final. Para fazer isso, a lei do gás ideal – mais especificamente, a lei de Boyle – é usada para expressar a razão entre os volumes na Equação 2 em termos das pressões inicial e final. Como a pressão é inversamente proporcional ao volume (lei de Boyle), em temperatura constante, $V_2/V_1 = P_1/P_2$. Portanto,

$$\Delta S = nR \ln \frac{P_1}{P_2} \tag{3}$$

Teste 4F.3A Calcule a variação de entropia quando a pressão de 1,50 mol de Ne(g) diminui isotermicamente de 20,00 até 5,00 bar. Considere ideal o comportamento do gás.

[**Resposta:** $+17,3$ J·K^{-1}]

Teste 4F.3B Calcule a variação de entropia quando a pressão de 70,9 g de gás cloro aumenta isotermicamente de 3,00 até 24,00 kPa. Considere ideal o comportamento do gás.

4F.4 A entropia e a temperatura

A desordem de um sistema aumenta quando ele é aquecido porque o fornecimento de energia aumenta o movimento térmico das moléculas. O aquecimento aumenta a **desordem térmica**, a desordem proveniente dos movimentos térmicos das moléculas. A Equação 1 pode ser adaptada para calcular a variação na entropia quando a temperatura de um sistema muda.

Como isso é feito?

Para calcular a variação de entalpia em um sistema devida a uma mudança de temperatura, é preciso reconhecer que a Equação 1 só pode ser aplicada quando a temperatura permanece constante durante o fluxo de calor para o sistema. Exceto em casos especiais, isso só pode ocorrer em transferências infinitesimais de calor, logo, o aquecimento precisa ser dividido em um número infinito de passos infinitesimais, cada um deles ocorrendo em temperatura constante, porém ligeiramente diferente, e, então, adicionar todas essas mudanças infinitesimais.

Para uma transferência reversível infinitesimal dq_{rev} na temperatura T, o aumento na entropia também é infinitesimal. Em vez de usar a Equação 1, escreva

$$dS = \frac{dq_{rev}}{T}$$

A energia fornecida na forma de calor está relacionada ao aumento de temperatura, dT, pela capacidade calorífica, C, do sistema:

$$dq_{rev} = C dT$$

(Esta equação é a forma infinitesimal da Equação 5b do Tópico 4A, $q = C\Delta T$, que também se aplica a mudanças reversíveis.) A combinação das duas equações dá

$$dS = \frac{C dT}{T}$$

Agora suponha que a temperatura da amostra aumenta de T_1 para T_2. A variação total da entropia é a soma (a integral) de todas as variações infinitesimais:

$$\Delta S = \int_{T_1}^{T_2} \frac{C dT}{T}$$

Se a capacidade calorífica não depende da temperatura na faixa de interesse, C pode ser colocado fora da integral e obtemos

$$\Delta S = C \int_{T_1}^{T_2} \frac{dT}{T} = C \ln \frac{T_2}{T_1}$$

A integral foi avaliada usando

$$\int \frac{dx}{x} = \ln x + \text{constante}$$

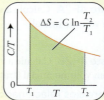

FIGURA 4F.4 Mudança de entropia quando um sistema com capacidade calorífica constante (C) é aquecido na faixa de interesse. Aqui, ΔS/C é representado em função da razão entre as temperaturas final e inicial. A entropia aumenta logaritmicamente com a temperatura.

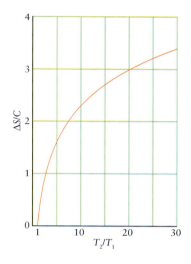

Uma consequência importante do cálculo diferencial e integral (como mostrado no Tópico 4A) é que a integral definida de uma função entre dois limites é igual à área sob a curva da função entre os dois limites. Neste caso, uma variação na entropia quando a substância é aquecida é igual à área sob a curva C/T em função de T entre as temperaturas final e inicial.

O cálculo mostrou que, se a capacidade calorífica pode ser tratada como constante na faixa de temperatura de interesse, a variação de entropia que ocorre durante o aquecimento de um sistema de T_1 até T_2 é dada por

$$\Delta S = C \ln \frac{T_2}{T_1} \quad (4)$$

em que C é a capacidade calorífica do sistema (C_V se o volume é constante e C_P se a pressão é constante). A dependência da variação da entropia em função da razão entre as temperaturas final e inicial é mostrada na Fig. 4F.4.

O que esta equação revela? Se T_2 é maior do que T_1, então, $T_2/T_1 > 1$, o logaritmo da razão é positivo e, portanto, ΔS também é positivo, o que corresponde ao aumento esperado de entropia quando a temperatura aumenta. Quanto maior for a capacidade calorífica da substância, maior será o aumento de entropia para uma dada mudança de temperatura.

EXEMPLO 4F.3 Cálculo da variação de entropia provocada por um aumento de temperatura

Em seu trabalho como engenheiro de uma usina de energia, talvez seja necessário estudar os efeitos do aquecimento no ar de uma turbina. Em alguns casos, você pode usar o gás nitrogênio como modelo para o ar. A temperatura de uma amostra de gás nitrogênio de volume 20,0 L em 5,00 kPa aumenta de 20°C até 400°C em volume constante. Qual é a variação de entropia do nitrogênio? A capacidade calorífica molar do nitrogênio em volume constante, $C_{V,m}$, é 20,81 J·K^{-1}·mol^{-1}.

ANTECIPE Como a desordem térmica aumenta quando a temperatura de um sistema sobe, você deve esperar uma mudança positiva na entropia.

PLANEJE Para usar a Equação 4, primeiro converta a temperatura em kelvins e calcule a quantidade (em mols) das moléculas do gás usando a lei dos gases ideais na forma $n = PV/RT$. Como os dados estão em litros e quilopascals, use R nessas unidades. Então use a Equação 4, com a capacidade calorífica em volume constante, $C_V = nC_{V,m}$. Como sempre, evite erros de arredondamento fazendo os cálculos numéricos somente no último momento possível.

O que você deve supor? Que o nitrogênio é um gás ideal (para o cálculo de n) e que C_V é constante na faixa de temperaturas utilizadas.

RESOLVA

Converta as temperaturas para kelvins.

$$T_1 = 20. + 273{,}15 \text{ K} = 293 \text{ K}$$
$$T_2 = 400. + 273{,}15 \text{ K} = 673 \text{ K}$$

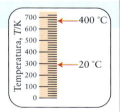

Encontre a quantidade de N_2 a partir de $PV = nRT$ na forma $n = P_1V_1/RT_1$.

$$n = \frac{(5{,}00 \text{ kPa}) \times (20{,}0 \text{ L})}{(8{,}3145 \text{ L·kPa·K}^{-1}\text{·mol}^{-1}) \times (293 \text{ K})}$$
$$= \frac{5{,}00 \times 20{,}0}{8{,}3145 \times 293} \text{ mol} = 0{,}0410\ldots \text{ mol}$$

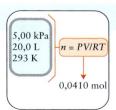

Calcule a variação de entropia a partir de $\Delta S = C \ln (T_2/T_1)$ com $C = nC_{V,m}$.

$$\Delta S = 0{,}0410\ldots \text{ mol} \times (20{,}81 \text{ J·K}^{-1}\text{·mol}^{-1}) \times \ln\frac{673 \text{ K}}{293 \text{ K}}$$

$$= +0{,}710 \text{ J·K}^{-1}$$

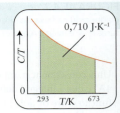

AVALIE A mudança é positiva (um aumento), como esperado.

Teste 4F.4A A temperatura de 1,00 mol de He(g) aumenta de 25°C até 300°C em volume constante. Qual é a variação de entropia do hélio? Considere o hélio um gás ideal e use a relação $C_{V,m} = \frac{3}{2}R$ demonstrada no Tópico 4C.

[**Resposta:** $+8{,}5 \text{ J·K}^{-1}$]

Teste 4F.4B A temperatura de 5,5 g de aço inoxidável aumenta de 20. °C até 100. °C. Qual é a variação de entropia do aço inoxidável? A capacidade calorífica específica do aço inoxidável é 0,51 J·(°C)$^{-1}$·g^{-1}.

Exercícios relacionados 4F.7, 4F.8.

A estratégia de identificar um percurso reversível entre os estados inicial e final pode ser aplicada a qualquer mudança, até nos casos em que uma ou mais variáveis se alteram.

EXEMPLO 4F.4 Cálculo da variação de entropia quando a temperatura e o volume mudam

Uma das etapas da produção de ferro em um alto forno é a injeção de ar comprimido e oxigênio no minério de ferro fundido. Para que esse processo seja otimizado, os engenheiros precisam compreender os aspectos termodinâmicos de cada etapa – inclusive as variações na entropia do oxigênio. Em um experimento, 1,00 mol de O_2(g) foi comprimido rapidamente (e irreversivelmente) de 5,00 L até 1,00 L por um pistão e, no processo, sua temperatura aumentou de 20,0°C para 25,2°C. Qual é a variação de entropia do gás?

ANTECIPE A entropia diminui quando o gás é comprimido, mas aumenta quando a temperatura sobe. Como a variação de temperatura é pequena, você deve esperar que a entropia diminua, mas faça o cálculo para comprovar.

PLANEJE Como a entropia é uma função de estado, calcule a variação de entropia escolhendo um caminho reversível que atinja o mesmo estado final. Nesse caso, duas variáveis sofreram mudança, logo, considere as duas etapas hipotéticas a seguir:

Etapa 1 Compressão isotérmica reversível na temperatura inicial do volume inicial ao volume final (use a Equação 2).

Etapa 2 Aumento da temperatura do gás no volume final constante até a temperatura final (e use C_V na Equação 4).

O que você deve supor? Que o oxigênio é um gás ideal e que C_V é constante na faixa de temperaturas utilizadas.

RESOLVA

Etapa 1 Da Equação 2, $\Delta S = nR \ln (V_2/V_1)$,

$$\Delta S = (1{,}00 \text{ mol}) \times (8{,}3145 \text{ J·K}^{-1}\text{·mol}^{-1}) \times \ln\frac{1{,}00 \text{ L}}{5{,}00 \text{ L}}$$

$$= -13{,}4 \text{ J·K}^{-1}$$

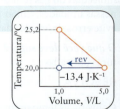

Etapa 2 De $\Delta S = C_V \ln (T_2/T_1)$ com $C_V = nC_{V,m}$,

$$\Delta S = (1{,}00 \text{ mol}) \times (20{,}79 \text{ J·K}^{-1}\text{·mol}^{-1}) \times \ln\frac{298{,}4 \text{ K}}{293{,}2 \text{ K}}$$

$$= +0{,}36 \text{ J·K}^{-1}$$

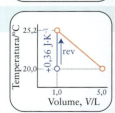

Adicione as variações de entropia das duas etapas, $\Delta S = \Delta S(\text{etapa 1}) + \Delta S(\text{etapa 2})$.

$$\Delta S = (-13{,}4 + 0{,}36) \text{ J·K}^{-1} = -13{,}0 \text{ J·K}^{-1}$$

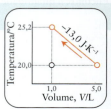

AVALIE Como esperado, a diminuição de entropia devido à compressão (cinco vezes) é muito maior do que aquela devido à pequena variação de temperatura.

Teste 4F.5A Calcule a variação de entropia quando o volume de 2,00 mols de Ar(g) diminui de 10,00 L para 5,00 L enquanto a temperatura cai de 300 K até 100 K. Considere o comportamento ideal.

$$[\textbf{\textit{Resposta:}}\ -38,9\ \text{J·K}^{-1}]$$

Teste 4F.5B Calcule a variação de entropia quando a pressão de 23,5 g do gás oxigênio sobe de 2,00 kPa até 8,00 kPa e a temperatura sobe de 240 K até 360 K. Considere ideal o comportamento do gás.

Exercícios relacionados 4F.11, 4F.12

A entropia de um sistema aumenta quando a temperatura aumenta e quando o volume aumenta.

4F.5 A entropia e o estado físico

Quando um sólido funde, a desordem entre suas moléculas aumenta e elas formam um líquido. Portanto, você deve esperar que a entropia aumente. Do mesmo modo, você deve esperar um aumento maior da entropia quando o líquido vaporiza e suas moléculas, em movimento altamente caótico, passam a ocupar um volume muito maior. Para usar a Equação 1 no cálculo da variação de entropia de uma substância que sofre transição de uma fase para outra em sua temperatura de transição, você precisa observar três aspectos:

1. Na temperatura de transição (como o ponto de ebulição, no caso da vaporização), a temperatura da substância permanece constante à medida que o calor é fornecido.

Toda energia fornecida é usada para realizar a transição de fase, como na conversão de líquido em vapor, e não para aumentar a temperatura. O T no denominador da Equação 1 é, portanto, constante e pode ser igualado à temperatura de transição (em kelvins). A temperatura na qual um sólido funde na pressão de 1 atm é o seu **ponto normal de fusão**. A temperatura na qual um líquido ferve na pressão de 1 atm é seu **ponto normal de ebulição**. Quando a pressão é 1 bar, estas temperaturas de transição são denominadas **ponto padrão de fusão**, T_f (em que f significa fusão), e **ponto padrão de ebulição** (T_e). Na prática, a diferença entre os valores normais e padrão é muito pequena.

2. Na temperatura de transição de fase, a transferência de calor é reversível.

Se a pressão externa permanecer fixa (em 1 atm, por exemplo), o aumento infinitesimal da temperatura da vizinhança leva à vaporização completa, e a diminuição da temperatura, à condensação completa.

3. Como a transição ocorre em pressão constante (por exemplo, 1 atm), o calor fornecido é igual à variação de entalpia da substância (Tópico 4C).

Decorre que q_rev pode ser substituído pelo ΔH da transferência de fase na expressão da variação de entropia.

A **entropia de vaporização**, ΔS_vap, é a variação de entropia por mol de moléculas quando uma substância passa de líquido a vapor. O calor por mol necessário para vaporizar o líquido em pressão constante é a entalpia de vaporização (ΔH_vap, Tópico 4C). Fazendo $q_\text{rev} = \Delta H$ na Eq. 1, tem-se que

$$\text{Na temperatura de ebulição: } \Delta S_\text{vap} = \frac{\Delta H_\text{vap}}{T_\text{b}} \tag{5}$$

em que ΔH_vap é a entalpia de vaporização no *ponto de ebulição*. A **entropia padrão de vaporização**, ΔS_vap, é obtida quando o líquido e o vapor estão em seus estados padrão (ambos são puros e estão em 1 bar) e a temperatura de ebulição é válida para 1 bar (não 1 atm). Mais uma vez, é importante lembrar que este valor é a variação da entropia molar *na temperatura de ebulição* e pode ser muito diferente do valor observado em outra temperatura. Todas as entropias padrão de vaporização são positivas e, portanto, são registradas normalmente sem o sinal positivo.

Tópico 4F A entropia

TABELA 4F.1	Entropia padrão de vaporização no ponto de ebulição normal*	
Líquido	T_b/K	$\Delta S_{vap}°/(J·K^{-1}·mol^{-1})$
acetona	329,4	88,3
amônia	239,7	97,6
argônio	87,3	74
benzeno	353,2	87,2
etanol	351,5	124
hélio	4,22	20,
mercúrio	629,7	94,2
metano	111,7	73
metanol	337,8	105
água	373,2	109

* O ponto de ebulição normal é a temperatura de ebulição em 1 atm.

O que esta equação revela? Se uma substância tem forças intermoleculares muito intensas, muita energia é necessária para vaporizá-la e o valor de ΔS_{vap} é elevado. No entanto, forças intermoleculares intensas também elevam a temperatura de ebulição, que está no denominador. Logo, estes efeitos podem se anular e a entropia de vaporização talvez seja semelhante para muitas substâncias.

Teste 4F.6A Calcule a entropia padrão de vaporização do argônio no ponto de ebulição (veja a Tabela 4C.1).

[***Resposta:*** 74 J·K^{-1}·mol^{-1}]

Teste 4F.6B Calcule a entropia padrão de vaporização da água no ponto de ebulição (veja a Tabela 4C.1).

A Tabela 4F.1 lista as entropias padrão de vaporização de alguns líquidos em seus pontos de ebulição. Esses e outros dados mostram uma tendência clara: muitos valores estão razoavelmente próximos de 85 J·K^{-1}·mol^{-1}. Essa observação é chamada de **regra de Trouton**. A explicação da regra de Trouton é que ocorre aproximadamente o mesmo aumento de desordem quando qualquer líquido se converte em vapor e, por isso, pode-se esperar que a variação de entropia seja parecida. Se um líquido não obedece à regra de Trouton, é provável que seja porque suas moléculas têm um arranjo mais ordenado no líquido do que o esperado, o que aumenta mais a desordem no vapor e, portanto, observa-se uma maior entropia de vaporização. As moléculas de um líquido têm ordem relativamente maior quando existem interações intermoleculares fortes. Líquidos como a água, em que podem ocorrer ligações hidrogênio, têm entropias de vaporização maiores do que 85 J·K^{-1}·mol^{-1}.

PONTO PARA PENSAR

Os átomos de mercúrio não participam de ligações de hidrogênio. Então por que a entropia de vaporização do mercúrio é tão alta?

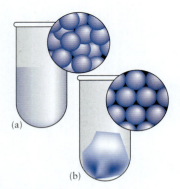

FIGURA 4F.5 Representação do arranjo das moléculas de (a) um líquido e (b) um sólido. Quando o líquido congela, as moléculas ficam em um arranjo ordenado e, portanto, diminui a desordem do sistema (a entropia cai). A entropia aumenta novamente quando o sólido funde.

Teste 4F.7A Use a regra de Trouton para estimar a entalpia de vaporização do bromo líquido, que ferve em 59°C.

[***Resposta:*** 28 kJ·mol^{-1} (experimentalmente, 29,45 kJ·mol^{-1})]

Teste 4F.7B Use a regra de Trouton para estimar a entalpia de vaporização do dietil-éter, C$_4$H$_{10}$O, que ferve em 34,5°C.

Um aumento menor de entropia ocorre quando os sólidos fundem, porque um líquido é apenas ligeiramente mais desordenado do que um sólido (Fig. 4F.5). Aplicando o mesmo argumento usado para a vaporização na entropia padrão de fusão de uma substância em seu ponto de fusão (ou de congelamento),

$$\text{Na temperatura de fusão: } \Delta S_{\text{fus}}° = \frac{\Delta H_{\text{fus}}°}{T_{\text{f}}} \quad (6)$$

Aqui, $\Delta H_{\text{fus}}°$ é a entalpia padrão de fusão no ponto de fusão e T_{f} é o ponto de fusão. Quase todas as entropias padrão de fusão são positivas (com uma única exceção: o hélio-3 sólido) e, portanto, são registradas normalmente sem o sinal positivo.

> **Teste 4F.8A** Calcule a entropia padrão de fusão do mercúrio no ponto de fusão (veja a Tabela 4C.1).
>
> [**Resposta:** 9,782 J·K^{-1}·mol^{-1}]
>
> **Teste 4F.8B** Calcule a entropia padrão de fusão do benzeno no ponto de fusão (veja a Tabela 4C.1).

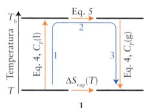

As Equações 5 e 6 mostram a variação de entropia *na temperatura de transição*. Para encontrar a entropia de transição em outra temperatura, o cálculo precisa ser dividido em três etapas (**1**). Por exemplo, para encontrar a entropia de vaporização da água a 25°C e 1 bar:

1. Aqueça o líquido de 25°C até o seu ponto de ebulição, 100°C.
2. Deixe que vaporize.
3. Deixe o vapor resfriar até 25°C.

Como a entropia é uma função de estado, as variações de entropia de cada etapa podem ser somadas para obter a entropia de vaporização em 25°C.

EXEMPLO 4F.5 O cálculo da entropia de vaporização em temperaturas diferentes do ponto de ebulição

Suponha que você estivesse investigando a correlação entre forças intermoleculares e o modo como as moléculas se unem umas às outras em um líquido. Você percebeu que pode obter informações importantes comparando as entropias de vaporização de diversos líquidos. Calcule a entropia de vaporização da acetona em 296 K e com pressão externa de 1 bar. A capacidade calorífica molar da acetona líquida é 127 J·K^{-1}·mol^{-1}, o seu ponto de ebulição é 329,4 K e sua entalpia de vaporização é 29,1 kJ·mol^{-1}.

PLANEJE

Etapa 1 Use a Eq. 4 para calcular a variação de entropia que acompanha o aquecimento da acetona de uma temperatura "inicial" de 296 K até a temperatura "final" de 329,4 K. A capacidade calorífica da acetona líquida é aproximadamente constante neste intervalo.

Etapa 2 Use a Eq. 5 para calcular a entropia de vaporização ou consulte a Tabela 4F.1.

Etapa 3 Use a Eq. 4 para calcular a variação de entropia que acompanha o esfriamento do vapor de acetona da nova temperatura "inicial" de 329,4 K para sua nova temperatura "final" de 296 K (o valor é negativo). A capacidade calorífica do vapor de acetona pode ser estimada com base no teorema da equipartição (Tópico 4B) como $C_{P,\text{m}} = 4R$.

Etapa 4 Some as três variações de entropia para obter $\Delta S_{\text{vap}}°(296 \text{ K})$.

O que você deve supor? Que o vapor de acetona é um gás ideal e que apenas as translações e as rotações contribuem para a capacidade calorífica na fase gás.

RESOLVA

Etapa 1 Aqueça a acetona líquida sob pressão constante. De $\Delta S = C_P \ln(T_2/T_1)$.

$$\Delta S = (127 \text{ J·K}^{-1}\text{·mol}^{-1}) \ln \frac{329,4 \text{ K}}{296 \text{ K}} = +13,5 \text{ J·K}^{-1}\text{·mol}^{-1}$$

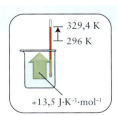

Etapa 2 Vaporize a acetona em seu ponto de ebulição. Com base na Tabela 4F.1 ou na Equação 5,

$$\Delta S_{vap}° = \frac{29\,100\ \text{J·mol}^{-1}}{329,4} = +88,3\ \text{J·K}^{-1}\text{·mol}^{-1}$$

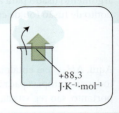

Etapa 3 Esfrie o vapor de acetona. De $\Delta S = C_P \ln(T_2/T_1)$ e $C_{P,m} = 4R$,

$$\Delta S = \overbrace{(33,26\ \text{J·K}^{-1}\text{·mol}^{-1})}^{4R} \ln\frac{296\ \text{K}}{329,4\ \text{K}} = -3,54\ \text{J·K}^{-1}\text{·mol}^{-1}$$

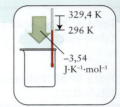

Etapa 4 Some as entropias calculadas nas etapas anteriores.

$$\Delta S_{vap}°(296\ \text{K}) = (13,5 + 88,3 - 3,54)\ \text{J·K}^{-1}\text{·mol}^{-1}$$
$$= +98,3\ \text{J·K}^{-1}\text{·mol}^{-1}$$

Teste 4F.9A Calcule a entropia padrão de vaporização do etanol, C_2H_5OH, em 285,0 K, sabendo que a capacidade calorífica molar do vapor de etanol em pressão constante é 78,3 J·K^{-1}·mol^{-1} neste intervalo (Tabelas 4A.2 e 4C.1).

[***Resposta:*** 140. J·K^{-1}·mol^{-1}]

Teste 4F.9B Calcule a entropia padrão de vaporização do benzeno, C_6H_6, em 276,0 K, sabendo que a capacidade calorífica molar do vapor de benzeno em pressão constante é 82,4 J·K^{-1}·mol^{-1} neste intervalo (Tabelas 4A.2 e 4C.1).

Exercícios relacionados 4F.17, 4F.18.

A entropia de uma substância aumenta quando ela funde e quando ela vaporiza.

O que você aprendeu com este tópico?

Você agora sabe o que significa "espontâneo" na termodinâmica. Você aprendeu que a entropia é uma medida do grau de desordem de um sistema isolado e que ela aumenta em qualquer processo espontâneo. Você também aprendeu que a entropia de uma substância aumenta com o volume ou a temperatura e quando ela funde ou vaporiza.

Os conhecimentos que você deve dominar incluem a capacidade de:

☐ **1.** Calcular a variação de entropia em uma transferência reversível de calor (Exemplo 4F.1).

☐ **2.** Determinar a variação de entropia da expansão ou compressão isotérmica de um gás ideal (Exemplos 4F.2 e 4F.4).

☐ **3.** Calcular a variação de entropia quando a temperatura de uma substância varia (Exemplos 4F.3 e 4F.4).

☐ **4.** Calcular a entropia padrão de uma mudança de fase na temperatura de transição e em outro valor de temperatura (Exemplo 4F.5).

Tópico 4F Exercícios

4F.1 O corpo humano gera calor com a velocidade de cerca de 100. W (1 W = 1 J·s^{-1}). (a) Em que velocidade seu corpo gera entropia para a vizinhança que está em 20.°C? (b) Quanto de entropia você gera por dia? (c) A entropia gerada seria maior ou menor se você estivesse em uma sala que está em 30.°C? Explique sua resposta.

4F.2 O aquecedor de um aquário consome 362 W (1 W = 1 J·s^{-1}). (a) Qual é a velocidade de geração de entropia quando o aquecedor é instalado em um aquário volumoso mantido em 27°C? (b) Quanta entropia é gerada em um dia? (c) A entropia gerada seria maior ou menor se o aquário fosse mantido em 22°C? Explique sua resposta.

Tópico 4F Exercícios **307**

4F.3 (a) Calcule a variação de entropia de um bloco de cobre, em 25°C que absorve 65 J de energia de um aquecedor. (b) Se o bloco de cobre estiver em 100°C e absorver 65 J de energia do aquecedor, qual será a variação de entropia? (c) Explique qualquer diferença na variação de entropia.

4F.4 (a) Calcule a variação de entropia de 255 g de água em 0,0°C quando absorve 326 J de energia de um aquecedor. (b) Se 1,0 L de água está em 99°C, qual é sua variação de entropia? (c) Explique qualquer diferença na variação de entropia.

4F.5 Calcule a variação de entropia associada com a expansão isotérmica reversível de 5,25 mols de átomos de um gás ideal de 24,252 L até 34,058 L.

4F.6 Calcule a variação de entropia associada com a compressão isotérmica de 0,720 mol de átomos de um gás ideal de 24,32 L até 3,90 L.

4F.7 Supondo que a capacidade calorífica de um gás ideal não depende da temperatura, calcule a variação de entropia associada ao aumento reversível de temperatura de 1,00 mol de um gás monoatômico ideal de 37,6°C até 157,9°C, (a) em pressão constante e (b) em volume constante.

4F.8 Supondo que a capacidade calorífica de um gás ideal não depende da temperatura, calcule a variação de entropia associada à redução reversível de temperatura de 4,10 mols de átomos de um gás ideal de 225,71°C até $-12,50$°C (a) em pressão constante e (b) em volume constante.

4F.9 Calcule a variação de entropia quando a pressão de 1,50 mol de Ne(g) diminui isotermicamente de 15,0 atm até 0,500 atm. Considere ideal o comportamento do gás.

4F.10 Calcule a variação de entropia quando a pressão de 70,9 g de gás metano aumenta isotermicamente de 7,00 kPa até 350,0 kPa. Considere ideal o comportamento do gás.

4F.11 Durante o teste de um motor de combustão interna, 3,00 L de gás nitrogênio em 18,5°C foram comprimidos rapidamente (e irreversivelmente) até 0,500 L por um pistão. No processo, a temperatura do gás aumentou para 28,1°C. Considere ideal o comportamento do gás. Qual é a variação de entropia do gás?

4F.12 Calcule a variação de entropia quando a pressão de 5,75 g de gás hélio é reduzida de 320,0 kPa até 40,0 kPa e a temperatura cai de 423 K até 273 K. Considere comportamento ideal.

4F.13 Use os dados da Tabela 4C.1 ou do Apêndice 2A para calcular a variação de entropia (a) do congelamento de 1,00 mol de $H_2O(l)$, em 0°C; (b) da vaporização de 50,0 g de etanol, C_2H_5OH, em 351,5 K.

4F.14 Use os dados da Tabela 4C.1 para calcular a variação de entropia (a) da vaporização de 2,40 mols de $H_2O(l)$ em 100°C e 1 atm; (b) do congelamento de 4,50 g de etanol, C_2H_5OH, em 158,7 K.

4F.15 (a) Use a regra de Trouton para estimar o ponto de ebulição do dimetil-éter, CH_3OCH_3, sabendo que $\Delta H_{vap}^{o} = 21,51$ kJ·mol^{-1}. (b) Use as fontes de referência disponíveis em sua biblioteca ou na Internet para encontrar o ponto de ebulição verdadeiro do dimetil-éter e compare esse valor com o obtido usando a regra de Trouton. Explique as diferenças.

4F.16 (a) Use a regra de Trouton para estimar o ponto de ebulição da metilamina, CH_3NH_2, sabendo que $\Delta H_{vap}^{o} = 25,60$ kJ·mol^{-1}. (b) Use as fontes de referência disponíveis em sua biblioteca ou na Internet para encontrar o ponto de ebulição verdadeiro da metilamina e compare esse valor com o obtido usando a regra de Trouton. Explique as diferenças.

4F.17 Calcule a entropia padrão de vaporização da água, em 85°C, sabendo que sua entropia de vaporização em 100°C é 109,0 J·K^{-1}·mol^{-1} e que as capacidades caloríficas molares em pressão constante da água líquida e do vapor de água são 75,3 J·K^{-1}·mol^{-1} e 33,6 J·K^{-1}·mol^{-1}, respectivamente, nessa faixa.

4F.18 Calcule a entropia padrão de vaporização da amônia em 210,0 K, sabendo que as capacidades caloríficas molares em pressão constante da amônia líquida e do vapor de amônia são 80,8 J·K^{-1}·mol^{-1} e 35,1 J·K^{-1}·mol^{-1}, respectivamente, nessa faixa (veja a Tabela 4C.1).

Tópico 4G A interpretação molecular da entropia

4G.1 A fórmula de Boltzmann
4G.2 A equivalência entre as entropias estatística e termodinâmica

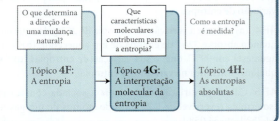

Por que você precisa estudar este assunto? Um aspecto importante a ser desenvolvido em seus estudos de química é a capacidade de relacionar as propriedades termodinâmicas da matéria com as propriedades das moléculas que a formam.

Que conhecimentos você precisa dominar? Você precisa dominar a definição termodinâmica de entropia (Tópico 4F) e as propriedades quantomecânicas de uma partícula em uma caixa (Tópico 1C).

No Tópico 4D, a entropia foi apresentada como uma medida da desordem molecular. Mas o que isso quer dizer? Existe uma maneira mais precisa de expressar este conceito? Em 1877, o físico austríaco Ludwig Boltzmann (Fig. 4G.1) propôs uma definição alternativa para a entropia, que aprofundou a compreensão científica sobre o significado da entropia em nível molecular. Além disso, a fórmula desenvolvida por Boltzmann permite calcular a entropia propriamente dita em vez de meramente deduzir a variação do seu valor (como diz a definição termodinâmica da entropia, $\Delta S = q_{rev}/T$).

4G.1 A fórmula de Boltzmann

A **fórmula de Boltzmann** para a entropia é

$$S = k \ln W \qquad (1)$$

em que k é a **constante de Boltzmann**, $k = 1{,}381 \times 10^{-23}$ J·K^{-1}. Esta constante também apareceu no Tópico 4B em relação ao teorema da equipartição, onde foi enfatizado que ela se relaciona com a constante dos gases segundo a expressão $R = kN_A$. A quantidade W é o *número de arranjos que os átomos ou moléculas de uma amostra podem assumir com a mesma energia total*. Cada arranjo das moléculas da amostra é um estado diferente, chamado de **microestado**. Logo, W é igual ao número de microestados diferentes que correspondem à mesma energia. Um microestado normalmente dura apenas um instante. Assim, quando medimos as propriedades do sistema estamos medindo uma média de todos os microestados que o sistema ocupou durante a medida. A entropia calculada a partir da fórmula de Boltzmann é chamada de **entropia estatística**.

Para entender a Eq. 1, imagine que temos um número muito grande de cópias do sistema que estamos estudando e que cada cópia tem a mesma energia total. Embora todas as cópias tenham a mesma energia, a distribuição das moléculas nos níveis de energia disponíveis é diferente. Agora imagine que todas as cópias estão em uma caixa e que você as seleciona uma a uma, aleatoriamente. Se só existe uma maneira de obter a entropia (por exemplo, todas as moléculas estão exatamente no mesmo nível de energia), então $W = 1$. Neste caso, cada cópia selecionada tem a mesma distribuição de moléculas e estará no mesmo microestado. Este sistema tem entropia zero ($\ln 1 = 0$) e desordem zero, porque cada vez que fizermos uma seleção encontraremos o sistema naquele microestado. Podemos ter absoluta certeza de que o sistema estará sempre naquele microestado. Entretanto, se existe mais de um modo de arranjar as moléculas da amostra para obter a mesma energia, então nem todas as cópias que você retira da caixa serão iguais. Por exemplo, se uma determinada energia pode ser alcançada em 1.000 microestados diferentes ($W = 1.000$), então só existe 1 possibilidade em 1.000 de retirar da caixa um *determinado* microestado. Como a desordem do sistema é maior para este estado do que para o estado em que $W = 1$, a entropia desse estado é maior do que zero.

FIGURA 4G.1 Ludwig Boltzmann (1844-1906). (© bilwissedition Ltd. & Co. KG/Alamy.)

O conjunto de réplicas hipotéticas de um sistema que corresponde às mesmas condições é chamado de *ensemble*.

EXEMPLO 4G.1 O cálculo da entropia estatística

Às vezes os cientistas se surpreendem com as propriedades aparentemente anômalas dos materiais que estudam. Quando estas anomalias são consideradas, elas podem revelar informações importantes sobre a estrutura da matéria. Calcule a entropia de um pequeno sólido formado por quatro moléculas diatômicas de um composto binário como o monóxido de carbono, CO, em $T = 0$, quando (a) as quatro moléculas formam um cristal perfeitamente ordenado em que todas as

4G.1 A fórmula de Boltzmann

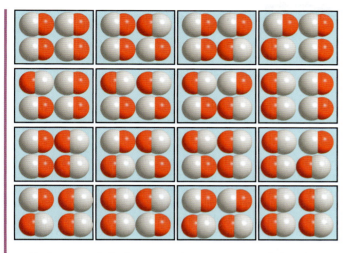

FIGURA 4G.2 Pequena amostra de monóxido de carbono sólido formada por quatro moléculas. Cada caixa representa uma configuração distinta das quatro moléculas. Quando só existe uma maneira de arranjar as moléculas, em que todas elas apontam para a mesma direção (parte superior da figura, à esquerda), a entropia do sólido é zero. Quando todas as 16 maneiras de arranjar as moléculas de CO são acessíveis, a entropia do sólido é superior a zero.

moléculas estão alinhadas com os átomos C à esquerda (no alto, à esquerda, na Fig. 4G.2) e (b) as quatro moléculas estão em orientações aleatórias (mas paralelas, como em qualquer uma das imagens da Figura 4G.2).

ANTECIPE Você deve esperar que, em $T = 0$, a entropia da amostra em (a) seja zero, visto que não há desordem nem de posição nem de energia porque todas as moléculas estão no estado de menor energia possível. Como a amostra em (b) tem desordem maior, você deveria esperar que sua entropia tenha um valor maior.

PLANEJE Para encontrar o número de microestados de um sistema, primeiro determine o número de orientações, O, que cada molécula pode adotar e que têm a mesma energia. Como cada molécula pode adotar O orientações, o número de microestados O é multiplicado por N vezes, $O \times O \times O...$, onde N é o número total de moléculas no sistema. O número de microestados em um sistema deste tipo é, portanto, $W = O^N$. Depois, use o valor de W na fórmula de Boltzmann (Equação 1) para calcular a entropia da amostra.

RESOLVA (a) Como só existe um modo de arranjar as moléculas em um cristal perfeito, $W = 1$.

De $S = k \ln W$ e $W = 1$,

$$S = k \ln 1 = 0$$

Neste caso, todos os arranjos são idênticos, e você pode ter certeza de que qualquer seleção resultará no mesmo microestado.

(b) Como cada uma das quatro moléculas pode ter duas orientações, o número total de arranjos possíveis é 2 para cada uma, tomados quatro vezes (isto é, $O = 2$ e $N = 4$):

$$W = 2 \times 2 \times 2 \times 2 = 2^4$$

ou 16 arranjos diferentes, todos com a mesma energia total. Agora, a probabilidade é de 1 em 16 de selecionar um determinado microestado do ensemble e, portanto, temos menos certeza sobre o estado real do sistema. Portanto, a entropia deste pequeno sólido é

De $S = k \ln W$ e $W = 2^4$,

$$S = k \ln 2^4 = (1{,}381 \times 10^{-23} \text{ J·K}^{-1}) \times \ln 16$$
$$= 3{,}828 \times 10^{-23} \text{ J·K}^{-1}$$

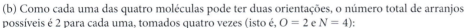

AVALIE Como esperado, a entropia do sólido desordenado é maior do que a do sólido perfeitamente ordenado.

Teste 4G.1A Calcule a entropia de uma amostra de um sólido em que as moléculas podem assumir uma de três orientações com a mesma energia em $T = 0$. Suponha que a amostra tenha 30 moléculas.

[**Resposta:** $4{,}5 \times 10^{-22}$ J·K^{-1}]

Teste 4G.1B Calcule a entropia de uma amostra de um sólido no qual se supõe que uma molécula de benzeno substituída, C_6H_5F, pode assumir uma de seis orientações com a mesma energia em $T = 0$. Suponha que a amostra tenha 1,0 mol de moléculas.

Exercícios relacionados 4G.1, 4G.2

Para uma amostra de tamanho mais realista do que a do Exemplo 4G.1, por exemplo, uma que contém 1,00 mol de CO, que corresponde a $6,02 \times 10^{23}$ moléculas de CO, cada uma das quais podendo ser orientada em uma de duas maneiras, existem $2^{6,02 \times 10^{23}}$ (um número astronomicamente grande) microestados diferentes e a probabilidade de selecionar um determinado microestado em uma escolha aleatória é de somente 1 em $2^{6,02 \times 10^{23}}$. A entropia em $T = 0$ é

$$\ln x^a = a \ln x$$

$$S = k \ln 2^{6,02 \times 10^{23}} \stackrel{?}{=} k \times (6,02 \times 10^{23}) \times \ln 2$$
$$= (1,381 \times 10^{-23} \text{ J·K}^{-1}) \times (6,02 \times 10^{23}) \times \ln 2$$
$$= 5,76 \text{ J·K}^{-1}$$

Quando a entropia de 1,00 mol de CO(s) é medida em temperaturas próximas de $T = 0$ (usando a técnica apresentada no Tópico 4G), o valor encontrado é 4,6 J·K^{-1}. Esse valor – que é chamado de **entropia residual** da amostra, isto é, a entropia de uma amostra em $T = 0$, originada da desordem molecular que sobrevive àquela temperatura – está muito próximo de 5,76 J·K^{-1}, o que sugere que no cristal as moléculas estão em um arranjo quase aleatório. A razão para isso é que o momento de dipolo elétrico de uma molécula de CO é muito pequeno e a diferença de energia também é pequena, não importando se as moléculas se ordenam cabeça-cauda, cabeça-cabeça ou cauda-cauda e, portanto, as moléculas se arranjam em qualquer direção. No caso de HCl sólido, a medida experimental dá $S \approx 0$, em temperaturas próximas de $T = 0$. Este valor indica que os momentos de dipolo das moléculas de HCl, maiores do que no caso anterior, levam as moléculas a um arranjo ordenado. Elas ficam sempre no arranjo cabeça-cauda e não há desordem de posição em $T = 0$.

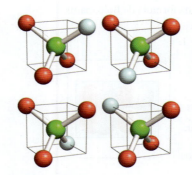

FIGURA 4G.3 Quatro orientações possíveis de uma molécula tetraédrica de FClO$_3$ em um sólido.

EXEMPLO 4G.2 Uso da fórmula de Boltzmann para interpretar a entropia residual

A entropia de uma substância muitas vezes é fonte de informações sobre sua estrutura, inclusive o modo como suas moléculas estão arranjadas em um sólido. A entropia de 1,00 mol de FClO$_3$(s) em $T = 0$ é 10,1 J·K^{-1}. Sugira uma interpretação.

ANTECIPE A observação de que a entropia é diferente de zero em $T = 0$ sugere que as moléculas estão em posições desordenadas naquela temperatura.

PLANEJE É preciso determinar, a partir da forma da molécula (que pode ser obtida usando a teoria VSEPR, Tópico 2E), quantas orientações, W, têm a mesma probabilidade de serem adotadas em um cristal. Pode-se, então, usar a fórmula de Boltzmann para ver se o número de orientações leva ao valor observado de S.

RESOLVA A molécula de FClO$_3$(s) é tetraédrica, e – desde que a energia das orientações seja aproximadamente a mesma – pode adotar quatro orientações no sólido, com o átomo de F em posições diferentes (Figura 4G.3). O número total de arranjos das moléculas em um cristal que tem N moléculas com $O = 4$ é, portanto:

$$W = (4 \times 4 \times 4 \times \cdots \times 4)_{N \text{ vezes}} = 4^N$$

A entropia é

De $S = k \ln W$, $W = 4^N$, $N = 6,02 \times 10^{23}$, e $\ln x^a = a \ln x$

$$S = k \ln 4^{6,02 \times 10^{23}}$$
$$= (1,381 \times 10^{-23} \text{ J·K}^{-1}) \times (6,02 \times 10^{23}) \times \ln 4$$
$$= 11,5 \text{ J·K}^{-1}$$

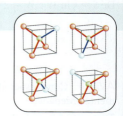

AVALIE Este valor é razoavelmente próximo do valor experimental de 10,1 J·K^{-1}, o que sugere que, em $T = 0$, as moléculas estão em arranjo quase aleatório em qualquer uma das quatro orientações possíveis.

Teste 4G.2A Explique o resultado experimental de que, em $T = 0$, a entropia de 1 mol de N$_2$O(s) é 6 J·K^{-1}.

[**Resposta:** No cristal, as orientações NNO e ONN são igualmente prováveis.]

> **Teste 4G.2B** Apresente uma justificativa para a entropia do gelo ser diferente de zero em $T = 0$. Considere o modo como a estrutura do gelo é afetada pelas ligações de hidrogênio.
> **Exercícios relacionados** 4G.7, 4G.8

A constante de Boltzmann relaciona a entropia de uma substância ao número de arranjos de moléculas que resultam na mesma energia. A entropia residual é devida à desordem na posição dessas moléculas em $T = 0$, quando uma molécula pode ter mais de uma orientação.

4G.2 A equivalência entre as entropias estatística e termodinâmica

A definição termodinâmica da entropia no Tópico 4F ($\Delta S = q_{rev}/T$) e a fórmula de Boltzmann da entropia estatística ($S = k \ln W$) parecem muito diferentes. Além disso, a primeira é baseada na observação do comportamento da matéria, ao passo que a segunda se origina da análise estatística do comportamento das moléculas. Para provar a consistência dessas definições, é preciso demonstrar que as variações na entropia previstas por essas fórmulas são, na verdade, idênticas. No processo de desenvolvimento dessas ideias, você aprofundará os seus conhecimentos sobre o sentido de "desordem".

Uma das abordagens usadas consiste em mostrar que a fórmula de Boltzmann prevê a mesma dependência da entropia em relação ao volume observada para um gás ideal, obtida a partir da definição termodinâmica (Equação 2 no Tópico 4F, $\Delta S = nR \ln(V_2/V_1)$).

Um gás ideal é formado por um grande número de moléculas que ocupam os níveis de energia característicos da partícula em uma caixa (Tópico 1C). Para simplificar, considere uma caixa unidimensional (Fig. 4G.4a), mas as mesmas considerações se aplicam a um recipiente tridimensional com qualquer forma. Em $T = 0$ (não mostrado), somente o nível mais baixo de energia está ocupado, logo, $W = 1$ e a entropia é zero. Não há "desordem", porque o estado que cada molécula ocupa é conhecido.

Em qualquer temperatura acima de $T = 0$, as moléculas ocupam muitos níveis de energia, como mostrado na Fig. 4G.4. Como as moléculas agora podem ser encontradas em um grande número de microestados, $W > 1$. Portanto, a entropia (que é proporcional a $\ln W$) é maior do que zero. A desordem aumentou e, consequentemente, você não tem certeza do estado que uma determinada molécula ocupa. Por exemplo, em um sistema muito pequeno com apenas duas moléculas, A e B, em $T = 0$, você pode ter certeza de que as duas moléculas ocupam o nível mais baixo de energia. Entretanto, se em uma temperatura mais elevada um segundo estado está disponível, você não sabe se é a molécula A que ocupa o nível mais elevado enquanto a molécula B permanece no nível fundamental, ou vice-versa.

Quando o comprimento da caixa aumenta em temperatura constante (com $T > 0$), mais níveis de energia tornam-se acessíveis às moléculas, porque eles se aproximam. (Fig. 4G.4b). Segundo a discussão no Tópico 1C, a distância entre os níveis de energia é proporcional a $1/\text{comprimento}^2$. Como as moléculas se distribuem, agora, em um número maior de níveis, você tem menos segurança sobre o nível de energia que uma determinada molécula ocupa. Em outras palavras, o valor de W aumenta à medida que o tamanho da caixa aumenta e, pela fórmula de Boltzmann, o mesmo acontece com a entropia. O argumento se aplica também a uma caixa tridimensional: se o volume da caixa aumenta, o número de estados acessíveis também aumenta. Esta relação pode ser usada para demonstrar que a expressão termodinâmica de ΔS pode ser deduzida da Equação 1.

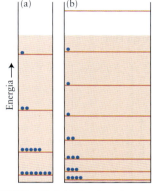

FIGURA 4G.4 (a) Os níveis de energia de uma partícula em uma caixa a $T > 0$. (b) Os níveis de energia tornam-se mais próximos à medida que o comprimento da caixa aumenta. Como resultado, o número de níveis acessíveis às partículas na caixa em uma dada temperatura aumenta e a entropia do sistema cresce. As bandas coloridas mostram o intervalo dos níveis termicamente acessíveis. A mudança de (a) para (b) é um modelo da expansão isotérmica de um gás ideal. A energia total das partículas é a mesma nos dois casos: somente a distribuição dos níveis de energia muda.

Como isso é feito?

Para deduzir $\Delta S = nR \ln(V_2/V_1)$ a partir da fórmula de Boltzmann, comece por supor que o número de microestados disponíveis para uma única molécula é proporcional ao volume disponível a ela e escreva $W = \text{constante} \times V$. Para N moléculas, o número de microestados é proporcional à enésima potência do volume:

$$W = \overbrace{(\text{constante} \times V) \times (\text{constante} \times V) \cdots}^{N\text{ fatores}}{}_{N \text{ vezes}} = (\text{constante} \times V)^N$$

312 Tópico 4G A interpretação molecular da entropia

TABELA 4G.1 Entropia padrão molar da água em várias temperaturas

Fase	Temperatura (°C)	$S_m°/$ $(J·K^{-1}·mol^{-1})$
Sólido	−273 (0 K)	3,4
	0	43,2
Líquido	0	65,2
	20	69,6
	50	75,3
	100	86,8
Vapor	100	196,9
	200	204,1

* A "entropia padrão molar" é a entropia molar da substância pura (neste caso, a água) em 1 bar.

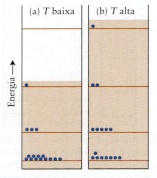

FIGURA 4G.5 Mais níveis de energia tornam-se acessíveis em uma caixa de comprimento fixo à medida que a temperatura aumenta. A mudança de (a) para (b) é um modelo do efeito do aquecimento de um gás ideal em volume constante. As bandas coloridas mostram o intervalo dos níveis termicamente acessíveis. A energia média das moléculas também aumenta com o aumento da temperatura, isto é, a energia interna e a entropia aumentam com a temperatura.

Portanto, a variação da entropia estatística, $S = k \ln W$, quando uma amostra se expande isotermicamente do volume V_1 até o volume V_2, é

$$\Delta S = k \ln (\text{constante} \times V_2)^N - k \ln (\text{constante} \times V_1)^N$$

$\overset{\ln x^a = a \ln x}{=} Nk \ln(\text{constante} \times V_2) - Nk \ln(\text{constante} \times V_1)$

$\overset{\ln x - \ln y = \ln(x/y)}{=} Nk \ln \dfrac{\text{constante} \times V_2}{\text{constante} \times V_1} \overset{\text{cancele}}{=} Nk \ln \dfrac{V_2}{V_1}$

Esta expressão é idêntica à expressão termodinâmica porque $N = nN_A$ (em que N_A é a constante de Avogadro) e $N_A k = R$, a constante dos gases; portanto,

$$\Delta S = \overbrace{N}^{nN_A} k \ln \dfrac{V_2}{V_1} = n\overbrace{N_A k}^{R} \ln \dfrac{V_2}{V_1} = nR \ln \dfrac{V_2}{V_1}$$

No caso da expansão isotérmica de um gás ideal, pelo menos, as duas definições fornecem resultados idênticos. Da mesma forma, a fórmula de Boltzmann prevê o aumento da entropia de uma substância quando a temperatura aumenta (Tabela 4G.1). O modelo da partícula em uma caixa para um gás pode ser usado, mas o raciocínio também se aplica a líquidos e sólidos, mesmo que os níveis de energia sejam muito mais complicados. Em baixas temperaturas, as moléculas do gás ocupam somente alguns poucos níveis de energia, logo, W é pequeno e a entropia é baixa. Quando a temperatura aumenta, as moléculas têm acesso a um número maior de níveis de energia (Fig. 4G.5), ou seja, W cresce e a entropia também aumenta.

As propriedades mais gerais das entropias termodinâmica e estatística também são iguais.

1. Ambas são funções de estado.

Como o número de microestados disponíveis para o sistema depende somente do estado atual e não de sua história, W depende somente do estado atual do sistema e, portanto, o mesmo acontece com a entropia.

2. Ambas são propriedades extensivas.

Quando o número de moléculas dobra, o número de microestados aumenta de W para W^2 e a entropia muda de $k \ln W$ para $k \ln W^2$, ou $2k \ln W$. Portanto, a entropia estatística, como a entropia termodinâmica, é uma propriedade extensiva.

3. Ambas aumentam em uma mudança espontânea.

Em qualquer mudança irreversível, a desordem total do sistema e de sua vizinhança aumenta, o que significa que o número de microestados também aumenta. Se W aumenta, o mesmo acontece com $\ln W$ e com a entropia estatística.

4. Ambas aumentam com a temperatura.

Quando a temperatura do sistema aumenta, um número maior de microestados fica acessível e a entropia estatística também aumenta.

> *As equações usadas para calcular as variações de entropia estatística e de entropia termodinâmica levam ao mesmo resultado.*

O que você aprendeu com este tópico?

Você aprendeu que existe uma conexão entre a entropia e a distribuição de moléculas ao longo dos níveis de energia disponíveis em um sistema e que esta relação é expressa pela fórmula de Boltzmann. Você viu que essa fórmula descreve a dependência da entropia de um gás ideal em relação ao volume, explicando o aumento da entropia com a temperatura. Você também descobriu que a entropia estatística tem as mesmas propriedades da entropia termodinâmica. Além disso, agora você sabe que a entropia de um cristal perfeito é zero em $T = 0$ e está mais familiarizado com o termo "entropia residual".

Os conhecimentos que você deve dominar incluem a capacidade de:

☐ **1.** Usar a fórmula de Boltzmann para calcular e interpretar a entropia de um gás ideal (Exemplo 4G.1).

☐ **2.** Predizer o valor da entropia residual de substâncias simples (Exemplo 4G.2).

Tópico 4G Exercícios

4G.1 Os nanocientistas encontraram maneiras de criar e utilizar estruturas contendo apenas algumas moléculas. Contudo, orientar as moléculas segundo determinada maneira para formar tais estruturas pode ser difícil. Calcule a entropia de uma nanoestrutura sólida composta por 64 moléculas na qual elas (a) estão alinhadas na mesma direção e (b) estão em uma de quatro orientações com a mesma energia.

4G.2 Como no Exercício 4G.1, calcule a entropia de uma nanoestrutura sólida composta por 16 moléculas na qual elas (a) estão alinhadas na mesma direção e (b) estão em uma de três orientações com a mesma energia.

4G.3 Qual dos monocristais você esperaria que tivesse a maior entropia molar em $T = 0$: BF_3 ou COF_2? Por quê?

4G.4 Com base nas estruturas previstas para cada uma das seguintes moléculas, determine qual delas deveria ter entropia residual na forma de cristal em $T = 0$: (a) CO_2; (b) NO; (c) N_2O; (d) Cl_2.

4G.5 Imaginando a desordem estatística, você esperaria que um cristal da molécula octaédrica cis-MX_2H_4 tivesse entropia residual igual, maior ou menor do que o isômero trans? Explique sua conclusão.

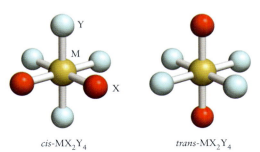

cis-MX_2Y_4 trans-MX_2Y_4

4G.6 Existem três benzenos substituídos diferentes com a fórmula $C_6H_4F_2$. (a) Desenhe as estruturas dos três compostos. (b) Suponha que os anéis de benzeno têm empacotamento semelhante nas três redes cristalinas. Se as posições dos átomos H e F estão estatisticamente desordenadas no estado sólido, que isômero terá a *menor* entropia molar residual?

4G.7 Se SO_2F_2, que é tetraédrico, adotar um arranjo desordenado no cristal, qual será sua entropia molar residual?

4G.8 Que entropia molar residual você esperaria para PH_2F (pirâmide trigonal) se ele adotasse um arranjo desordenado no cristal?

4G.9 Suponha que você tenha criado dois pequenos sistemas contendo três átomos cada e que cada átomo pode aceitar energia em quanta da mesma magnitude. (a) Quantos arranjos diferentes existem de dois quanta de energia distribuídos pelos três átomos em um desses sistemas? (b) Você agora junta os dois sistemas. Quantos arranjos diferentes existem se os dois quanta de energia forem distribuídos pelos seis átomos? (c) Em que direção os quanta de energia fluem a partir do arranjo inicial?

4G.10 Suponha que você tenha criado dois pequenos sistemas contendo quatro átomos cada e que cada átomo pode aceitar energia em quanta da mesma magnitude. (a) Quantos arranjos diferentes existem de dois quanta de energia distribuídos pelos quatro átomos em um desses sistemas? (b) Você agora junta os dois sistemas. Quantos arranjos diferentes existem se os dois quanta de energia forem distribuídos pelos oito átomos? (c) Que estado está mais desordenado: o da parte (a) ou o da parte (b)?

Tópico 4H As entropias absolutas

4H.1 As entropias padrão molares
4H.2 As entropias padrão de reação

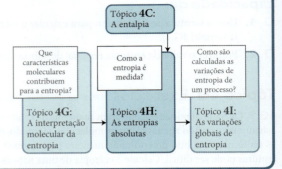

Por que você precisa estudar este assunto? Uma das principais aplicações da termodinâmica é determinar se uma reação é espontânea. Para saber isso, é essencial conhecer as contribuições dos reagentes e dos produtos para a entropia do sistema.

Que conhecimentos você precisa dominar? Você precisa saber como usar a definição termodinâmica de entropia para descobrir como ela depende da temperatura (Tópico 4F). Este tópico também retoma a interpretação molecular de entropia (Tópico 4G).

A entropia é uma medida da desordem e é possível imaginar um estado perfeitamente ordenado da matéria, sem desordem posicional e, em $T = 0$, sem desordem térmica. Este estado representa um zero natural de entropia, isto é, um estado de ordem perfeita, portanto, é possível estabelecer uma escala absoluta de entropia. Esta ideia é resumida pela **terceira lei da termodinâmica**:

> A entropia de todos os cristais perfeitos se aproxima de zero quando a temperatura absoluta se aproxima de zero.

Isto é, $S \to 0$ quando $T \to 0$. O "cristal perfeito" do enunciado da terceira lei refere-se a uma substância na qual todos os átomos estão em um arranjo perfeitamente ordenado, logo, não ocorre desordem posicional. A parte $T \to 0$ do enunciado significa que, na ausência de movimento térmico, a desordem térmica também cessa quando a temperatura se aproxima de zero. Quando a temperatura de uma substância sobe acima de zero, mais orientações tornam-se disponíveis para as moléculas e a desordem térmica aumenta. Logo, a entropia de uma substância é maior do que zero acima de $T = 0$.

4H.1 As entropias padrão molares

Para medir a entropia absoluta de uma substância, você precisa combinar a definição termodinâmica, Equação 1 do Tópico 4F ($\Delta S = q_{rev}/T$), com a terceira lei da termodinâmica. Como a terceira lei implica que $S(0) = 0$,

$$S(T) = S(0) + \Delta S(\text{aquecimento de 0 a } T) = \Delta S(\text{aquecimento de 0 a } T)$$

A variação da entropia durante o aquecimento é calculada usando a capacidade calorífica e a temperatura, como você viu no Tópico 4F. Se a capacidade calorífica é constante no intervalo de temperatura, então $\Delta S = nR \ln(T_2/T_1)$. Contudo, a capacidade calorífica não é constante em todo o intervalo até $T = 0$ e, por isso, uma abordagem mais geral precisa ser concebida.

Como isso é feito?

Para levar em consideração a possibilidade de que a capacidade calorífica varie com a temperatura, você precisa usar a expressão obtida no Tópico 4F:

$$\Delta S(\text{aquecendo de } T_1 \text{ a } T_2) = \int_{T_1}^{T_2} \frac{C \mathrm{d}T}{T}$$

Primeiro, defina $T_1 = 0$ e $T_2 = T$ (o intervalo de temperatura em questão) como os limites da integral. O aquecimento ocorre, em geral, em pressão constante e, então, substitua C por C_P. A expressão obtida é

$$\Delta S(\text{aquecendo de 0 a } T) = \int_0^T \frac{C_P \mathrm{d}T}{T}$$

Logo, usando a terceira lei e definindo $S(0) = 0$,

$$S(T) = \int_0^T \frac{C_P dT}{T}$$

Como vimos no Tópico 4A, a integral de uma função – neste caso, a integral de C_P/T – é a área sob a curva da função entre os dois limites. Portanto, para medir a entropia de uma substância, a capacidade calorífica (em geral, a capacidade calorífica em pressão constante) precisa ser medida em todas as temperaturas, de $T = 0$ até a temperatura de interesse. A entropia da substância é, então, obtida fazendo um gráfico de C_P/T em função de T e medindo a área sob a curva (Fig. 4H.1).

Observe que C_P está desenhado como se aproximando de zero quando $T \to 0$. Isto é um fenômeno geral explicado pela mecânica quântica. Em temperaturas baixas, a energia disponível é tão pequena que transições para estados de energia mais alta não são estimuladas. A amostra não consegue usar a energia e sua "capacidade de usar calor" é zero. Esta propriedade da matéria é uma das razões pelas quais o zero absoluto de temperatura nunca foi alcançado (Quadro 4H.1).

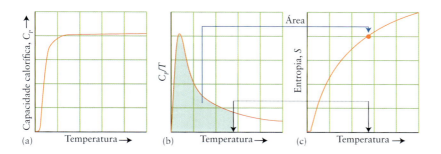

FIGURA 4H.1 Determinação experimental da entropia. (a) A capacidade calorífica (em pressão constante, neste exemplo) de uma substância é determinada na faixa de temperaturas, de próximo do zero absoluto até a temperatura de interesse. (b) A área sob a curva de C_P/T em função de T é determinada até a temperatura de interesse. (c) Esta área é a entropia da substância naquela temperatura.

Quadro 4H.1 FRONTEIRAS DA QUÍMICA: À PROCURA DO ZERO ABSOLUTO

A possibilidade de alcançar o zero absoluto ($T = 0$) intriga os cientistas há muito tempo. No zero absoluto, seria possível estudar as propriedades dos materiais em seu estado de energia mais baixo. Por exemplo, em temperaturas muito baixas, um padrão de interferência de feixes de laser pode ser usado para criar um "retículo óptico", um conjunto de paredes de energia potencial dispostas simetricamente no qual átomos seriam aprisionados para formar cristais perfeitos. Estas configurações serviriam para criar pequenos dispositivos para computadores em nanoescala.

A terceira lei da termodinâmica diz que é impossível atingir o zero absoluto em um processo termodinâmico cíclico com um número finito de etapas (a versão da terceira lei citada neste livro em termos da entropia é baseada nessa observação). Entretanto, pode ser possível, ainda, atingir o zero absoluto por meio de um processo não cíclico, e temperaturas extremamente baixas foram alcançadas recentemente por vários métodos.

Um método de tentar atingir $T = 0$ é alternar a magnetização isotérmica com a desmagnetização adiabática. Este método utiliza a vantagem do fato de que, em um campo magnético, os elétrons com spins para baixo (↓) têm energia ligeiramente inferior aos elétrons com spins para cima (↑). Se os spins para cima puderem ser convertidos em spins para baixo, a amostra terá energia total menor e, portanto, temperatura menor. Se todos os spins para cima fossem convertidos em spins para baixo, a temperatura atingiria o zero absoluto.

Uma amostra fria e paramagnética que não está em um campo magnético tem números idênticos de spins para baixo e para cima porque os dois estados de spin têm a mesma energia (veja o Quadro 2G.1). Isso é verdadeiro, independentemente da temperatura. Assim, a primeira etapa é esfriar a amostra por meios convencionais (pondo-a, por exemplo, em contato com hélio líquido, $T_b = 4{,}2$ K). Depois, usa-se o campo magnético. Os spins para baixo têm agora energia mais baixa do que os spins para cima e, portanto, são um pouco mais numerosos. Chame este estado de A. A amostra que está neste estado tem uma entropia característica, que reflete o número ligeiramente superior de spins para baixo e a temperatura da amostra. Se houvesse um número maior de spins para baixo, a temperatura da amostra seria mais baixa. A tarefa é, portanto, inverter alguns spins para "virá-los" para baixo. Duas etapas são realizadas nesta conversão (elas estão resumidas na primeira figura).

Na primeira etapa, o campo é aumentado. Como resultado, as energias dos dois estados divergem e as populações se ajustam convertendo alguns spins para cima em spins para baixo. Este ajuste de populações ocorre enquanto a amostra está em contato com o meio e sua temperatura não se altera: é a *etapa de magnetização isotérmica*. A entropia cai nessa etapa porque, embora a temperatura permaneça a mesma, os spins ficaram mais ordenados. Chame este estado de B.

Na segunda etapa, o contato térmico com a vizinhança é interrompido, logo, qualquer nova alteração será adiabática, isto é,

316 Tópico 4H As entropias absolutas

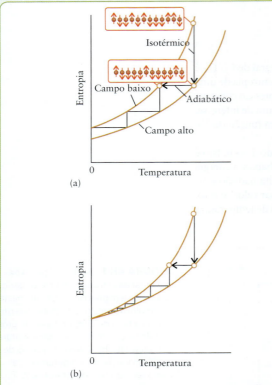

(a) O esfriamento da amostra por desmagnetização adiabática segue as etapas descritas. As setas no detalhe representam o emparelhamento dos spins dos elétrons na amostra. As setas no gráfico indicam a direção da amostra. Primeiro, a entropia diminui quando um campo magnético é aplicado em temperatura constante. A seguir, quando a amostra é desmagnetizada em um ambiente adiabático, sua temperatura diminui para manter a entropia constante. Se as duas curvas não coincidem, o zero absoluto pode ser atingido. (b) Entretanto, as curvas coincidem antes de o zero absoluto ser atingido.

não envolve transferência de energia na forma de calor entre o sistema e a vizinhança. Em qualquer processo adiabático reversível, a entropia não se altera (porque $\Delta S = q_{rev}/T$ e $q_{rev} = 0$). Sob tais condições adiabáticas, o campo magnético é reduzido até o valor em que estava no estado A. Apesar da redução do campo magnético, a entropia é a mesma do estado B, em que um campo magnético intenso estava presente. A entropia mais baixa corresponde a uma temperatura mais baixa do que a inicial: a amostra esfriou. As duas etapas são repetidas até que a temperatura caia o máximo possível. Entretanto, como as duas curvas da ilustração convergem em $T = 0$, este processo cíclico não permite que se alcance o zero absoluto. Procedimentos sofisticados como este permitiram obter temperaturas tão baixas quanto 100 pK (1×10^{-10} K).

Um refinamento do processo é usar spins nucleares em vez dos spins dos elétrons. Como os momentos magnéticos nucleares são muito mais fracos do que os momentos magnéticos dos elétrons, eles não interagem tão fortemente com a vizinhança e são isolados com mais eficácia. Temperaturas extremamente baixas podem ser alcançadas com o uso de spins nucleares por meio da técnica chamada de *desmagnetização nuclear adiabática*.

Há outras metodologias para atingir temperaturas muito baixas. Como a velocidade média dos átomos em um gás é proporcional à raiz quadrada da temperatura, o esfriamento é possível desacelerando os átomos até velocidades extremamente baixas. Em um desses experimentos, um grupo de 10 milhões de átomos de rubídio foi desacelerado ao alinhar um feixe de radiação infravermelha na contracorrente de um feixe de átomos de rubídio. O impacto dos fótons de infravermelho quase parou o movimento dos átomos. Os átomos foram então aprisionados em um campo magnético e resfriados ainda mais quando se permitiu que os átomos de maior energia escapassem.

Em temperaturas extremamente baixas, os átomos parecem perder sua identidade como indivíduos e passam a formar, por meios quantomecânicos, um "condensado", uma nova forma de matéria em que os átomos se fundem para formar uma partícula única, maior, que se comporta como um único átomo. A segunda figura é uma visualização do condensado.

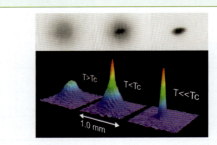

A sequência de imagens no alto mostra como uma nuvem de átomos condensa à medida que a temperatura cai (da esquerda para a direita). As imagens inferiores mostram os gráficos de contorno de temperatura da nuvem atômica nas três temperaturas. (CAL/NASA.)

COMO VOCÊ PODE CONTRIBUIR?
Os métodos para levar objetos volumosos até temperaturas muito baixas têm de ser ainda mais refinados. Além disso, existem muitas questões sem resposta sobre o zero absoluto que merecem solução. Por exemplo, muitas substâncias tornam-se supercondutoras em temperaturas muito baixas. O que aconteceria com a condutividade no zero absoluto? A Agência Espacial dos Estados Unidos, a NASA, está construindo um laboratório de átomos frios na Estação Espacial Internacional para investigar os gases ultrafrios em temperaturas inferiores às alcançadas na superfície da Terra, com a vantagem da ausência de gravidade. O laboratório certamente abrirá caminho para novos campos de pesquisa.

Exercícios relacionados 4.53 a 4.56

Leitura complementar P. Atkins, "The third law: The unattainability of zero," *Four Laws That Drive the Universe*, pp. 101–121, Oxford University Press, 2007. M. Lewenstein & A. Sanpera, "Probing quantum magnetism with cold atoms," Science, vol.319, Jan. 18, 2008, pp. 292–293. Nova, "Absolute zero," http://www.pbs.org/wgbh/nova/zero. NASA Jet Propulsion Laboratory, "Cold Atom Laboratory: The coolest spot in the universe," http://coldatomlab.jpl.nasa.gov/.

4H.1 As entropias padrão molares

TABELA 4H.1 Entropias padrão molares em 25°C (J·K^{-1}·mol^{-1})*

Gases	$S_m°$/(J·K^{-1}·mol^{-1})	Líquidos	$S_m°$/(J·K^{-1}·mol^{-1})	Sólidos	$S_m°$/(J·K^{-1}·mol^{-1})
Amônia, NH$_3$	192,4	Água, H$_2$O	69,9	Óxido de cálcio, CaO	39,8
Dióxido de carbono, CO$_2$	213,7	Benzeno, C$_6$H$_6$	173,3	Carbonato de cálcio, CaCO$_3$†	92,9
Hidrogênio, H$_2$	130,7	Etanol, C$_2$H$_5$OH	160,7	Chumbo, Pb	64,8
Nitrogênio, N$_2$	191,6			Diamante, C	2,4
Oxigênio, O$_2$	205,1			Grafita, C	5,7

* Outros dados estão no Apêndice 2A.
† Calcita

Você viu que

$$S(T) = \text{área sob a curva no gráfico de } C_P/T \text{ em função de } T \text{ de 0 até a temperatura de interesse} \quad (1)$$

Se uma transição de fase ocorre entre $T = 0$ e a temperatura de interesse, a entropia de transição correspondente precisa ser adicionada usando a Equação 6 do Tópico 4F ($\Delta S = \Delta S_{fus}/T_f$), com contribuições semelhantes de outras transições (Fig. 4H.2). Por exemplo, para medir a entropia da água líquida em 25°C e 1 bar, é necessário medir a capacidade calorífica do gelo de $T = 0$ até $T = 273,15$ K, determinar a entropia de fusão naquela temperatura (usando a entalpia de fusão) e, então, medir a capacidade calorífica da água líquida de $T = 273,15$ K até 298,15 K. A Tabela 4H.1 fornece valores selecionados da **entropia padrão molar**, $S_m°$, a entropia molar de uma substância pura, em 1 bar, neste caso em 298,15 K.

A interpretação molecular da entropia explica por que algumas substâncias têm entropias molares elevadas enquanto outras têm entropias molares baixas. Comparemos, por exemplo, a entropia molar do diamante, 2,4 J·K^{-1}·mol^{-1}, com a do chumbo, 64,8 J·K^{-1}·mol^{-1}, muito maior. A baixa entropia do diamante é esperada de um sólido com ligações rígidas. Na temperatura normal, os átomos não são capazes de se agitar tanto quanto os átomos de chumbo. Além disso, os átomos de chumbo são muito mais pesados do que os átomos de carbono e têm mais níveis vibracionais de energia termicamente acessíveis.

A diferença em entropia molar entre dois gases (compare H$_2$ e N$_2$, na Tabela 4H.1, por exemplo) pode ser entendida em termos do modelo da partícula em uma caixa, levando em conta que os níveis de energia estão mais próximos quando a massa das moléculas é maior (Fig. 4H.3). Você também pode ver que espécies maiores e mais complexas têm entropias molares maiores do que as menores e mais simples (compare CaCO$_3$ com CaO ou C$_2$H$_5$OH com H$_2$O). Os líquidos têm entropias molares maiores do que os sólidos, porque a grande liberdade de movimento das moléculas de um líquido leva a um estado menos ordenado da matéria. As entropias molares dos gases, nos quais as moléculas ocupam volumes muito maiores e têm movimentos quase completamente desordenados, são substancialmente maiores do que as dos líquidos correspondentes.

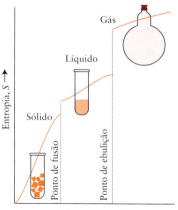

FIGURA 4H.2 A entropia de um sólido aumenta com o aumento da temperatura. A entropia cresce rapidamente quando o sólido se funde para formar um líquido mais desordenado e, então, gradualmente aumenta, de novo, até o ponto de ebulição. Um segundo salto, maior, na entropia ocorre quando o líquido se vaporiza. As formas das curvas dependem da variação da capacidade calorífica com a temperatura.

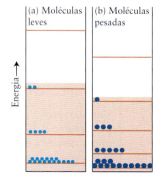

FIGURA 4H.3 Os níveis de energia da partícula em uma caixa são mais espaçados para (a) moléculas leves do que para (b) moléculas pesadas. Como resultado, o número de níveis termicamente acessíveis (área colorida) é maior, na mesma temperatura, para as moléculas pesadas do que para as moléculas leves e a entropia da substância que tem moléculas pesadas é correspondentemente maior.

Teste 4H.1A Que substância, em cada par, tem a maior entropia molar: (a) 1 mol de CO$_2$(g) em 25°C e 1 bar, ou 1 mol de CO$_2$(g) em 25°C e 3 bar; (b) 1 mol de He(g) em 25°C, ou 1 mol de He(g) em 100°C no mesmo recipiente; (c) Br$_2$(l) ou Br$_2$(g) na mesma temperatura? Explique suas conclusões.

[***Resposta:*** (a) CO$_2$(g) em 1 bar, porque a desordem aumenta com o volume; (b) He(g) em 100°C, porque a desordem aumenta com a temperatura; (c) Br$_2$(g), porque o estado vapor tem menos ordem do que o estado líquido.]

Teste 4H.1B Use as informações da Tabela 4H.1 ou do Apêndice 2A para determinar qual é a forma alotrópica mais ordenada e encontre o sinal de ΔS de cada transição: (a) estanho branco transforma-se em estanho cinza em 25°C; (b) diamante transforma-se em grafita em 25°C.

318 Tópico 4H As entropias absolutas

As entropias padrão molares aumentam quando a complexidade de uma substância aumenta. As entropias padrão molares dos gases são maiores do que as de sólidos e líquidos comparáveis na mesma temperatura.

4H.2 As entropias padrão de reação

A entropia de um sistema varia quando ocorre uma reação química. Em alguns casos, podemos predizer o sinal da variação de entropia de um sistema sem recorrer ao cálculo. Por exemplo, o aumento da quantidade de gás, geralmente, leva a uma variação positiva de entropia. Em contrapartida, o consumo de gás normalmente resulta em variação negativa. Reações que produzem um grande número de moléculas pequenas e a dissolução de uma substância levam, em geral, a entropias positivas. Entretanto, as variações da entropia de muitas reações são muito equilibradas. Nesses casos, é preciso usar dados numéricos para calcular o sinal da variação da entropia do sistema. Naturalmente, dados numéricos devem sempre ser usados no cálculo dos valores reais.

Para calcular a variação de entropia que acompanha uma reação, você precisa conhecer as entropias molares de todas as substâncias que dela participam. Com isso você conseguirá calcular a diferença entre as entropias dos produtos e dos reagentes. Mais especificamente, a **entropia padrão de reação**, ΔS°, é a diferença entre as entropias padrão molares dos produtos e dos reagentes, levando em conta os coeficientes estequiométricos: Por exemplo, a variação da entropia para a reação $O_2(g) + 2\,H_2(g) \rightarrow 2\,H_2O(g)$ é

$$\Delta S^\circ = (2\text{ mol}) \times S_m^\circ(H_2O, g) - \{(1\text{ mol}) \times S_m^\circ(O_2, g) + (2\text{ mol}) \times S_m^\circ(H_2, g)\}$$

Em geral:

$$\Delta S^\circ = \sum n S_m^\circ(\text{produtos}) - \sum n S_m^\circ(\text{reagentes}) \tag{2}$$

O primeiro termo da soma, à direita, é a entropia padrão molar dos produtos e o segundo, a dos reagentes. Em cada caso, a entropia padrão molar de uma substância é multiplicada por sua quantidade (em mols) tal qual dada pelo coeficiente estequiométrico na equação química. As entropias padrão molares de alguns elementos e compostos em 25°C são dadas no Apêndice 2A.

EXEMPLO 4H.1 Cálculo da entropia padrão de reação

Uma das reações mais importantes na indústria é a conversão de nitrogênio em amônia. Como a eficiência dessa reação é parte essencial da economia de muitos países, os engenheiros químicos precisam entender suas propriedades termodinâmicas. Calcule a entropia padrão da reação $N_2(g) + 3\,H_2(g) \rightarrow 2\,NH_3(g)$ em 25°C.

ANTECIPE Você deve esperar que a entropia diminua porque a quantidade de moléculas de gás diminui.

PLANEJE Use a equação química para escrever uma expressão para ΔS°, como vimos na Equação 2, e, então, substitua os valores da Tabela 4H.1 ou do Apêndice 2A.

RESOLVA

Com base na equação química, escreva

$$\Delta S^\circ = \overbrace{(2\text{ mol}) \times S_m^\circ(NH_3, g)}^{\text{produto}} - \overbrace{\{(1\text{ mol}) \times S_m^\circ(N_2, g) + (3\text{ mol}) \times S_m^\circ(H_2, g)\}}^{\text{reagentes}}$$

$$= (2\text{ mol}) \times (192{,}4\text{ J}\cdot K^{-1}\cdot mol^{-1})$$
$$-\{(1\text{ mol}) \times (191{,}6\text{ J}\cdot K^{-1}\cdot mol^{-1}) + (3\text{ mol}) \times (130{,}7\text{ J}\cdot K^{-1}\cdot mol^{-1})\}$$
$$= 2(192{,}4\text{ J}\cdot K^{-1}) - \{(191{,}6\text{ J}\cdot K^{-1}) + 3(130{,}7\text{ J}\cdot K^{-1})\}$$
$$= -198{,}9\text{ J}\cdot K^{-1}$$

AVALIE Como o valor de ΔS° é negativo, o produto tem menos ordem do que os reagentes – em parte, porque ocupa um volume menor – exatamente como esperado.

Nota de boa prática Evite o erro de igualar a zero as entropias dos elementos, como você faria para ΔH_f°: as entropias a serem usadas são as entropias absolutas para a temperatura de interesse e só são zero em $T = 0$.

Teste 4H.2A Use os dados do Apêndice 2A para calcular a entropia padrão de reação de $N_2O_4(g) \rightarrow 2\ NO_2(g)$ em 25°C.

[**Resposta:** +175,83 J·K^{-1}]

Teste 4H.2B Use os dados do Apêndice 2A para calcular a entropia padrão de reação de $C_2H_4(g) + H_2(g) \rightarrow C_2H_6(g)$ em 25°C.

Exercícios relacionados 4H.11, 4H.12.

A entropia padrão de reação é a diferença entre a entropia padrão molar dos produtos e a dos reagentes, corrigidas pelas quantidades de cada espécie que participa da reação. Quando um gás está envolvido, ela é positiva (aumento de entropia) se houver produção de gás na reação e negativa (diminuição de entropia) se houver consumo de gás.

O que você aprendeu com este tópico?

Você conheceu a terceira lei da termodinâmica e viu como empregá-la para determinar as entropias absolutas de substâncias. Você também aprendeu a usar estes valores para calcular a variação na entropia de um sistema quando uma reação ocorre.

Os conhecimentos que você deve dominar incluem a capacidade de:

☐ **1.** Usar a capacidade calorífica para determinar a entropia padrão molar de uma substância (Seção 4H.1).

☐ **2.** Calcular a entropia padrão de reação a partir das entropias padrão molares (Exemplo 4H.1).

Tópico 4H Exercícios

Os exercícios assinalados com $\int_{dx}^{C}$ **exigem cálculos.**

4H.1 Que substância, em cada par, tem a maior entropia molar, em 298 K: (a) HBr(g) ou HF(g); (b) NH$_3$(g) ou Ne(g); (c) I$_2$(s) ou I$_2$(l); (d) 1,0 mol de Ar(g) em 1,00 atm ou 1,0 mol de Ar(g) em 2,00 atm?

4H.2 Que substância, em cada par, tem a maior entropia molar? (Suponha que a temperatura seja 298 K, exceto quando especificado.) (a) O$_2$(g) ou O$_3$(g); (b) CH$_2$Br$_2$(g) ou CH$_4$(g); (c) CaI$_2$(s) ou CaI$_2$(aq); (d) O$_2$(g) em 278 K e 1,00 atm ou O$_2$(g) em 278 K e 2,00 atm?

4H.3 Liste as seguintes substâncias na ordem crescente de entropia molar em 298 K e 1 bar: H$_2$O(l), H$_2$O(g), H$_2$O(s), C(s, diamante). Explique seu raciocínio.

4H.4 Liste as seguintes substâncias na ordem crescente de entropia molar em 298 K e 1 bar: NH$_3$(g), HF(g), H$_2$O(s), NH$_2$OH(g). Explique seu raciocínio.

4H.5 Que substância, em cada um dos seguintes pares, você esperaria que tivesse a maior entropia padrão molar em 298 K e 1 bar? Explique seu raciocínio. (a) Iodo ou bromo; (b) os dois líquidos, ciclo-pentano e 1-penteno (veja as estruturas); (c) eteno (também conhecido como etileno) ou uma massa equivalente de polietileno, uma substância formada pela polimerização do etileno?

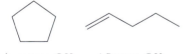

Ciclo-pentano, C$_5$H$_{10}$ 1-Penteno, C$_5$H$_{10}$

4H.6 Descubra qual dos hidrocarbonetos abaixo tem a entropia padrão molar mais alta em 25°C. Explique seu raciocínio.

(a) Ciclo-butano, C$_4$H$_8$ (a) Ciclo-hexano, C$_6$H$_{12}$

4H.7 Sem realizar cálculos, diga se a entropia do sistema aumenta ou diminui durante cada um dos seguintes processos: (a) Cl$_2$(g) + H$_2$O(l) $\rightarrow$ HCl(aq) + HClO(aq); (b) Cu$_3$(PO$_4$)$_2$(s) $\rightarrow$ 3 Cu^{2+}(aq) + 2 PO$_4^{3-}$; (c) SO$_2$(g) + Br$_2$(g) + 2 H$_2$O(l) $\rightarrow$ H$_2$SO$_4$(aq) + 2 HBr(aq).

4H.8 Sem realizar cálculos, diga se a entropia do sistema aumenta ou diminui durante cada um dos seguintes processos: (a) sublimação do gelo seco, CO$_2$ $\rightarrow$ CO$_2$(g); (b) a formação do ácido sulfuroso a partir do dióxido de enxofre na atmosfera, SO$_2$(g) + H$_2$O(l) $\rightarrow$ H$_2$SO$_3$(aq); (c) a fusão do gelo quando sal é espalhado nas calçadas em um dia de inverno. Explique seu raciocínio.

4H.9 O recipiente A está cheio com 1,0 mol de átomos de um gás ideal monoatômico. O recipiente B tem 1,0 mol de átomos ligados como moléculas diatômicas que não são vibracionalmente ativas. O recipiente C tem 1,0 mol de átomos ligados como moléculas diatômicas vibracionalmente ativas. Todos os recipientes estão, inicialmente, na temperatura T_1 e a temperatura aumenta até T_2. Coloque os recipientes na ordem crescente de variação de entropia. Explique seu raciocínio.

Tópico 4H As entropias absolutas

4H.10 Um vaso fechado de volume 2,5 L contém uma mistura de neônio e flúor. A pressão total é 3,32 atm em 0,0°C. Quando a temperatura da mistura aumenta até 15°C, a entropia da mistura aumenta 0,345 J·K^{-1} Qual é a quantidade (em mols) de cada substância (Ne e F$_2$) na mistura?

4H.11 Use os dados da Tabela 4H.1 ou do Apêndice 2A para calcular a entropia padrão de reação para cada uma das reações dadas em 25°C. Para cada reação, interprete o sinal e a magnitude da entropia de reação. (a) A formação de 1,00 mol de H$_2$O(l) a partir dos elementos em seus estados mais estáveis em 298 K e 1 bar. (b) A oxidação de 1,00 mol de CO(g) em dióxido de carbono. (c) A decomposição de 1,00 mol de calcita, CaCO$_3$(s), em dióxido de carbono gasoso e óxido de cálcio sólido. (d) A decomposição do clorato de potássio: 4 KClO$_3$(s) $\rightarrow$ 3 KClO$_4$(s) + KCl(s).

4H.12 Use os dados da Tabela 4H.1 ou do Apêndice 2A para calcular a variação de entropia padrão para cada uma das reações dadas em 25°C. Para cada reação, interprete o sinal e a magnitude da entropia de reação. (a) A preparação do magnésio metálico na reação

da termita: 4 Al(s) + 3 MnO$_2$(s) $\rightarrow$ 3 Mn(s) + 2 Al$_2$O$_3$(s). (b) A reação usada na propulsão de foguetes: 7 H$_2$O$_2$(l) + N$_2$H$_4$(l) $\rightarrow$ 2 HNO$_3$(aq) + 8 H$_2$O(l). (c) A purificação do silício: SiO$_2$(s) + 2 C(s) $\rightarrow$ Si(s) + 2 CO(g). (d) A preparação do óxido nítrico: 4 NH$_3$(g) + 5 O$_2$(g) $\xrightarrow{1000°C,\ Pt}$ 4 NO(g) + 6 H$_2$O(g).

4H.13 A dependência da capacidade calorífica de uma substância em relação à temperatura normalmente é escrita na forma $C_{P,m} = a + bT + c/T^2$, em que a, b e c são constantes. Obtenha uma expressão para a variação de entropia quando a substância é aquecida de T_1 a T_2. Calcule a variação para o caso da grafita, para a qual $a = 16,86$ J·K^{-1}·mol^{-1}, $b = 4,77$ mJ·K^{-2}·mol^{-1} e $c = -8,54 \times 10^5$ J·K·mol^{-1}, aquecida de 298 K até 400 K. Qual é o erro percentual quando se considera que a capacidade calorífica é constante e igual a seu valor médio nesta faixa?

4H.14 Em temperaturas baixas, as capacidades caloríficas de sólidos não metálicos são proporcionais a T^3. Mostre que, perto de $T = 0$, a entropia de uma substância é igual a um terço da capacidade calorífica na mesma temperatura.

Tópico 4I   As variações globais de entropia

- **4I.1** A vizinhança
- **4I.2** A variação da entropia total
- **4I.3** O equilíbrio

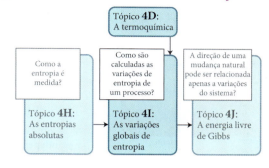

Por que você precisa estudar este assunto? Para predizer se um processo é espontâneo, você precisa ser capaz de avaliar a variação total da entropia do sistema e de sua vizinhança. Essa capacidade está na base da aplicação da termodinâmica às reações químicas.

Que conhecimentos você precisa dominar? Este tópico se baseia na definição termodinâmica de variação de entropia (Tópico 4F) e usa as expressões do trabalho da expansão isotérmica reversível de um gás ideal (Tópico 4A) e a entropia de reação (Tópico 4H).

Alguns processos parecem desafiar a segunda lei. Por exemplo, a água transforma-se em gelo em baixas temperaturas e as compressas frias para ferimentos de atletas ficam geladas, mesmo em dias quentes, quando o nitrato de amônio que elas contêm se dissolve na água, no interior da compressa. A própria vida parece ir contra a segunda lei. Cada célula de um organismo vivo é extraordinariamente organizada. Milhares de compostos diferentes, cada um com uma função específica a realizar, movem-se na coreografia intrincadamente organizada que é a vida. Como as moléculas em nossos corpos puderam formar essas estruturas complexas, altamente organizadas, a partir de lodo, lama ou gás? Nossa existência parece, à primeira vista, contradizer a segunda lei da termodinâmica.

O dilema resolve-se quando se percebe que a segunda lei refere-se somente aos sistemas *isolados*. Para interpretar a segunda lei corretamente, qualquer sistema precisa ser tratado como parte de um sistema isolado mais amplo, que inclui a vizinhança do sistema de interesse. Somente se a variação de entropia *total*, a soma das variações do sistema e da vizinhança, for positiva é que o processo é espontâneo. A tarefa é, portanto, saber como calcular a variação de entropia da vizinhança e, então, combiná-la com a variação de entropia do sistema.

4I.1   A vizinhança

O sistema em si e sua vizinhança constituem o "sistema isolado" ao qual a segunda lei se refere (Fig. 4I.1). Só quando a variação de entropia *total*,

$$\underbrace{\Delta S_{\text{tot}}}_{\text{variação total da entropia}} = \underbrace{\Delta S}_{\text{variação da entropia do sistema}} + \underbrace{\Delta S_{\text{viz}}}_{\text{variação da entropia da vizinhança}} \quad (1)$$

for positiva, o processo será espontâneo. Como é costume, as propriedades do sistema são escritas sem subscritos, logo, ΔS é a variação de entropia do sistema e ΔS_{viz} é a variação de entropia da vizinhança. Um ponto crucial é que um processo no qual ΔS é negativo pode passar a ser espontâneo desde que a entropia da vizinhança aumente de tal maneira que ΔS_{tot} torne-se positiva.

Um exemplo do papel da vizinhança na determinação da direção espontânea de um processo é o congelamento da água. As informações dadas na Tabela 4G.1 mostram que, em 0°C, a entropia molar da água líquida é 22,0 J·K^{-1}·mol^{-1} superior à do gelo na mesma temperatura. Assim, quando a água congela, em 0°C, sua entropia *diminui* 22,0 J·K^{-1}·mol^{-1}. As variações da entropia nas transições de fase não mudam muito com a temperatura. Portanto, pode-se esperar, logo abaixo de 0°C, quase a mesma diminuição. Contudo, você sabe da experiência diária que a água congela espontaneamente abaixo de 0°C. É claro que a vizinhança desempenha um papel decisivo: se sua entropia aumentar mais de 22,0 J·K^{-1}·mol^{-1} quando a água congela, então a variação de entropia total será positiva.

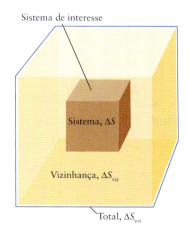

FIGURA 4I.1 O sistema global isolado, que serve de modelo para os eventos que ocorrem no mundo, é formado por um sistema menor e sua vizinhança imediata. Os únicos eventos que podem ocorrer espontaneamente no sistema global isolado são os que correspondem a um aumento de entropia do sistema menor e de sua vizinhança imediata.

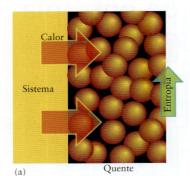

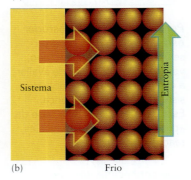

FIGURA 4I.2 (a) Quando uma determinada quantidade de calor flui em uma vizinhança aquecida, ela produz muito pouco caos adicional e o aumento de entropia é pequeno. (b) Quando a vizinhança está fria, porém, a mesma quantidade de calor faz uma diferença considerável no grau de desordem e a variação de entropia da vizinhança é correspondentemente grande.

É fácil predizer o sinal da variação da entropia da vizinhança: basta observar se a reação é exotérmica ou endotérmica. Se o processo é exotérmico, calor é liberado para a vizinhança e sua entropia aumenta ($\Delta S_{viz} > 0$). Se o processo é endotérmico, calor deixa a vizinhança e sua entropia diminui ($\Delta S_{viz} < 0$). Para calcular o valor numérico da mudança, a Equação 1 do Tópico 4F (($\Delta S = q_{rev}/T$) é usada após os seguintes pontos terem sido observados:

- Como a vizinhança é sempre considerada grande, sua temperatura permanece constante, independentemente de quanta energia é transferida dela, ou para ela, na forma de calor, logo, é sempre possível usar a expressão na forma $\Delta S_{viz} = q_{viz, rev}/T$.
- O calor que deixa o sistema entra na vizinhança, $q_{viz} = -q$ (logo, se $q = -10$ kJ, significando que 10 kJ deixaram o sistema, $q_{viz} = +10$ kJ, significando que 10 kJ entraram na vizinhança).
- Para um sistema mantido em pressão constante, o calor que deixa o sistema pode ser igualado à variação de entalpia do sistema e, portanto, $q = \Delta H$ e $q_{viz} = -\Delta H$.
- Como a vizinhança é grande, qualquer transferência de calor para ela é tão pequena, de sua perspectiva, que pode ser vista como ocorrendo reversivelmente e, portanto, $q_{viz, rev} = -\Delta H$.

Disso resulta que

$$\Delta S_{viz} = -\frac{\Delta H}{T} \quad \text{em pressão e temperatura constantes} \tag{2}$$

Note que, para uma determinada variação de entalpia do sistema (isto é, uma determinada liberação de calor), a entropia da vizinhança aumenta mais se a temperatura for baixa do que se for alta (Fig. 4I.2). A explicação é a analogia com o "espirro na rua" mencionado no Tópico 4F. Como ΔH é independente do caminho, a Eq. 2 pode ser usada se o processo é reversível ou irreversível.

EXEMPLO 4I.1 Cálculo da variação de entropia da vizinhança

Uma das competências de um cientista é ser capaz de verificar matematicamente o que é entendido com base em conceitos. Por exemplo, o aumento da entropia da vizinhança explica o fato de que um líquido congela quando a temperatura cai abaixo de determinado valor? Calcule a variação na entropia da vizinhança por mol de Hg quando o mercúrio congela a $-49°C$; use $\Delta H_{fus} = 2{,}292$ kJ·mol^{-1} em $-49°C$.

ANTECIPE O ponto de congelamento normal do mercúrio é $-38°C$. Logo, você deve imaginar que ele congele em uma temperatura inferior a este valor. Uma contribuição a este congelamento espontâneo é a liberação de energia como calor para a vizinhança, o que aumenta sua entropia (Fig. 4I.3).

PLANEJE Para calcular a variação de entropia da vizinhança quando o mercúrio congela, escrevemos $\Delta H_{cong} = -\Delta H_{fus}$ e convertemos a temperatura em kelvins. A variação na entropia do sistema, o mercúrio, é $-9{,}782$ J·K^{-1}.

O que você deve supor? Que a temperatura da vizinhança permanece constante.

RESOLVA

$$\Delta H_{cong} = -\Delta H_{fus} = -2{,}292 \text{ kJ·mol}^{-1}$$
$$T = (-49 + 273) \text{ K} = 224 \text{ K}$$

Logo, de $\Delta H_{viz} = -\Delta H/T$,

$$\Delta S_{viz} = -\frac{(-2{,}292 \times 10^3 \text{ J·mol}^{-1})}{224 \text{ K}}$$
$$= +10{,}2 \text{ J·K}^{-1}\text{·mol}^{-1}$$

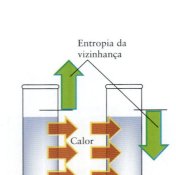

FIGURA 4I.3 (a) Em um processo exotérmico, o calor escapa para a vizinhança e aumenta sua entropia. (b) Em um processo endotérmico, a entropia da vizinhança diminui. As setas vermelhas representam a transferência de calor entre o sistema e a vizinhança, e as setas verdes indicam a variação de entropia da vizinhança.

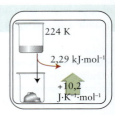

AVALIE Note que o aumento de entropia da vizinhança é positivo e, como esperado, maior do que a diminuição da entropia do sistema, $-9{,}782$ J·K^{-1} (o valor em -49°C é semelhante ao valor em 0°C), logo, a variação total é positiva e o congelamento do mercúrio é espontâneo em -49°C.

Teste 4I.1A Calcule a variação de entropia da vizinhança quando 1,00 mol de H$_2$O(l) vaporiza em 90°C e 1 bar. Considere a entalpia de vaporização da água como 40,7 kJ·mol^{-1}.

[***Resposta:*** -112 J·K^{-1}]

Teste 4I.1B Calcule a variação de entropia da vizinhança quando 2,00 mols de NH$_3$(g) se formam a partir dos elementos em 298 K.

Exercícios relacionados 4I.3, 4I.4

A variação de entropia da vizinhança em um processo que ocorre em pressão e temperatura constantes é igual a $-\Delta H/T$, *em que* ΔH *é a variação de entropia do sistema na temperatura T.*

4I.2 A variação da entropia total

Como salientado, *para usar a entropia na avaliação da direção da mudança espontânea, você precisa considerar as variações de entropia do sistema e da vizinhança*:

- Se ΔS_{tot} é positivo (aumento), o processo é espontâneo.
- Se ΔS_{tot} é negativo (diminuição), o processo inverso é espontâneo.
- Se, $\Delta S_{tot} = 0$, o processo não tende à direção alguma.

EXEMPLO 4I.2 Cálculo da variação de entropia total de uma reação

O brilho branco muito claro observado na queima de fogos de artifício é resultado da combustão do magnésio no ar em temperatura alta. No sentido termodinâmico, essa combustão é espontânea em temperaturas comuns? Você pode responder a esta pergunta calculando a variação da entropia total. Verifique se a combustão do magnésio, 2 Mg(s) + O$_2$(g) → 2 MgO(s), é espontânea, em 25°C em condições padrão, sabendo que $\Delta S° = -217$ J·K^{-1} e $\Delta H° = -1{,}202$ kJ.

ANTECIPE Você pode predizer, com segurança, que as todas as reações de combustão são espontâneas em temperaturas normais.

PLANEJE Encontre a variação de entropia da vizinhança usando a Eq. 2 e calcule a variação de entropia total usando a Eq. 1.

RESOLVA

Determine a variação de entropia do sistema (dada, neste caso).

$$\Delta S° = -217 \text{ J·K}^{-1}$$

Determine a variação de entropia da vizinhança a partir de $\Delta S_{viz}° = -\Delta H°/T$.

$$\Delta S_{viz}° = -\frac{\overbrace{-1{,}202 \times 10^6 \text{ J}}^{-1202 \text{ kJ}}}{298 \text{ K}}$$
$$= +4{,}03 \times 10^3 \text{ J·K}^{-1}$$

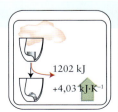

Determine a variação de entropia total a partir de $\Delta S_{viz}° = \Delta S° + \Delta S_{viz}$

$$\Delta S_{tot}° = \overbrace{-217 \text{ J·K}^{-1}}^{\text{sistema}} + \overbrace{(4{,}03 \times 10^3 \text{ J·K}^{-1})}^{\text{vizinhança}}$$
$$= +3{,}81 \times 10^3 \text{ J·K}^{-1}$$

+3,81 kJ·K⁻¹

AVALIE Como $\Delta S_{tot}°$ é positivo, a reação é espontânea nas condições padrão mesmo com a entropia do sistema diminuindo.

Teste 4I.2A Será que a formação do fluoreto de hidrogênio a partir de seus elementos na forma mais estável é espontânea, em 25°C? Para a reação $H_2(g) + F_2(g) \rightarrow 2 HF(g)$, $\Delta H° = -542{,}2$ kJ e $\Delta S° = +14{,}1$ J·K⁻¹.

[***Resposta:*** $\Delta S_{viz} = +1819$ J·K⁻¹; portanto, $\Delta S° = 1833$ J·K⁻¹; espontânea]

Teste 4I.2B Será que a formação do benzeno a partir de seus elementos na forma mais estável é espontânea, em 25°C? Para a reação $6 C(s, \text{grafita}) + 3 H_2(g) \rightarrow C_6H_6(l)$, $\Delta H° = +441{,}0$ kJ e $\Delta S° = -253{,}18$ J·K⁻¹

Exercícios relacionados 4I.5 a 4I.8

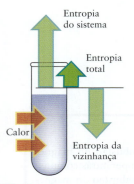

FIGURA 4I.4 Uma reação endotérmica só é espontânea quando a entropia do sistema cresce o suficiente para superar a diminuição de entropia da vizinhança.

As reações endotérmicas espontâneas foram um quebra-cabeça para os químicos do século XIX, que acreditavam que as reações só podiam ocorrer na direção do decréscimo de energia do sistema. Para eles, era como se os reagentes das reações endotérmicas fossem levados espontaneamente a energias maiores, como um peso que repentinamente saltasse do piso para cima de uma mesa. Entretanto, o critério para a espontaneidade é *o aumento da entropia total*, não o decréscimo da energia do sistema. Em uma reação endotérmica, a entropia da vizinhança decresce à medida que o calor flui da vizinhança para o sistema. Todavia, ainda poderá haver um aumento total de entropia se a desordem do sistema aumentar o suficiente. As reações endotérmicas devem ser acompanhadas por um aumento da desordem do sistema se elas forem espontâneas (Fig. 4I.4). As reações endotérmicas espontâneas são comandadas pelo aumento dominante da desordem do sistema.

Ao examinar a variação total de energia, é possível chegar a algumas conclusões importantes sobre os processos em curso no universo. Por exemplo, o trabalho máximo de expansão é atingido quando a expansão ocorre reversivelmente, igualando a pressão externa à pressão do sistema em cada momento (Tópico 4A). Essa relação é sempre verdadeira: *um processo produz o máximo de trabalho se ele ocorre reversivelmente*. Em outras palavras, w_{rev} é mais negativo (mais energia deixa o sistema na forma de trabalho) do que w_{irrev}. Entretanto, como a energia interna é uma função de estado, ΔU é igual para qualquer caminho entre os mesmos dois estados. Logo, como $\Delta U = q + w$, tem-se que q_{rev}, o calor absorvido no caminho reversível, deve ser mais positivo do que q_{irrev}, o calor absorvido em qualquer outro caminho, porque só então as somas de q e w serão iguais. Se q_{rev} na definição de entropia $\Delta S = q_{rev}/T$ é substituído por q_{irrev}, cujo valor é inferior, então $\Delta S > q_{irrev}/T$. De modo geral, a **desigualdade de Clausius** é

$$\Delta S \geq \frac{q}{T} \qquad (3)$$

Mais especificamente, a igualdade é válida para um processo reversível. Para um sistema completamente isolado, como o da Figura 4I.1, $q = 0$ para qualquer processo que ocorra dentro dele. Portanto, conclui-se que

$\Delta S \geq 0$ para qualquer processo em um sistema isolado

Isto é, *a entropia não diminui em um sistema isolado*. Este é outro enunciado da segunda lei da termodinâmica. Ele diz que, como resultado de todos os processos que ocorrem à nossa volta, a entropia do universo cresce continuamente.

Vamos agora considerar um sistema isolado, formado pelo sistema que nos interessa e sua vizinhança (novamente, como o da Fig. 4I.1). Para qualquer mudança espontânea nesse sistema isolado, $\Delta S_{tot} > 0$. Se $\Delta S_{tot} < 0$ para um processo hipotético, então você pode concluir que o inverso daquele processo é espontâneo.

Como a entropia é uma função de estado, o valor de ΔS, a variação de entropia do sistema, é o mesmo, independentemente de o processo ser reversível ou irreversível. Contudo,

TABELA 4I.1 Critérios para a espontaneidade

ΔS	ΔS$_{viz}$	ΔS$_{tot}$	Caráter
+	+	+	Espontâneo
−	−	−	Não espontâneo, o processo inverso é espontâneo
+	−		Espontâneo se ΔS domina
−	+		Espontâneo se ΔS$_{viz}$ domina

os dois caminhos têm valores diferentes de ΔS$_{tot}$. Por exemplo, a expansão isotérmica de um gás ideal sempre resulta na variação de entropia do sistema dada pela Equação 2, Tópico 4F ($\Delta S = nR \ln(V_2/V_1)$). Entretanto, a variação de entropia da vizinhança é diferente para os caminhos reversível e irreversível, porque a vizinhança fica em estados diferentes em cada caso (Fig. 4I.5). A Tabela 4I.1 lista as características dos processos reversíveis e irreversíveis.

EXEMPLO 4I.3 Cálculo da variação total de entropia para a expansão de um gás ideal

Os engenheiros que estudam os motores a combustão interna instalados nos automóveis buscam maneiras de aumentar a eficiência destas máquinas e precisam entender como a entropia das misturas gasosas varia em função das diferentes condições a que podem ser expostas. Calcule ΔS, ΔS$_{viz}$ e ΔS$_{tot}$ para (a) a expansão isotérmica reversível e (b) a expansão isotérmica livre de 1,00 mol de moléculas de um gás ideal de 8,00 L até 20,00 L, em 292 K. Explique as diferenças encontradas nos dois caminhos.

ANTECIPE (a) Você deveria esperar um aumento positivo da entropia do gás que se expande, mas como a expansão é reversível, a variação de entropia total é zero. (b) Para uma expansão irreversível, devemos esperar uma variação de entropia total positiva.

PLANEJE Como a entropia é uma função de estado, a variação de entropia do sistema é a mesma, seja qual for o caminho entre os dois estados. Logo, como vimos, podemos usar a Equação 2 dada no Tópico 4F ($\Delta S = nR \ln(V_2/V_1)$) para calcular ΔS nas partes (a) e (b). Para a entropia da vizinhança, é preciso encontrar o calor transferido para a vizinhança. Nos dois casos, use o fato de que $\Delta U = 0$ para a expansão isotérmica de um gás ideal e combine essa condição com $\Delta U = w + q$ para concluir que $q = -w$. Podemos, então, usar a Equação 4 do Tópico 4A ($w = -nRT \ln(V_2/V_1)$) para calcular o trabalho realizado na expansão isotérmica reversível de um gás ideal e a Equação 1 deste Tópico para encontrar a variação total de entropia.

RESOLVA

(a) Para o percurso reversível:

De $\Delta S = nR \ln(V_2/V_1)$,

$$\Delta S = (1{,}00 \text{ mol}) \times (8{,}3145 \text{ J·K}^{-1}\text{·mol}^{-1}) \times \ln \frac{20{,}0 \text{ L}}{8{,}00 \text{ L}}$$
$$= +7{,}6 \text{ J·K}^{-1}$$

A variação de entropia do gás é positiva, como esperado. Como $\Delta U = 0$, $q = -w$. Portanto, como o calor que flui *para* a vizinhança é igual ao calor que flui *para fora* do sistema,

De $q_{viz} = -q$, $q = -w$ e $w = -nRT \ln(V_2/V_1)$,

$$q_{viz} = -nRT \ln \frac{V_2}{V_1}$$

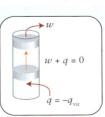

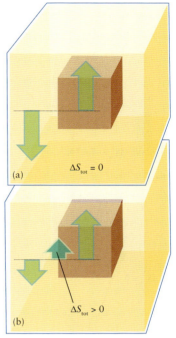

FIGURA 4I.5 (a) Quando um processo é reversível – isto é, quando o sistema está em equilíbrio com sua vizinhança – a variação de entropia da vizinhança é o negativo da variação de entropia do sistema e a mudança total é zero. (b) Em um processo irreversível entre os mesmos dois estados do sistema, o estado final da vizinhança é diferente do estado final da parte (a) e a variação do sistema não é cancelada pela variação de entropia da vizinhança. No total, ocorre aumento de entropia.

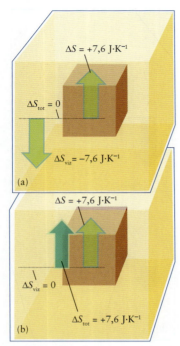

FIGURA 4I.6 Variações de entropia e energia interna quando um gás ideal sofre uma mudança (a) reversível e (b) irreversível entre os mesmos dois estados, como descrito no Exemplo 4I.3.

De $\Delta S_{viz} = q_{viz}/T$,

$$\Delta S_{viz} = -\frac{nRT}{T}\ln\frac{V_2}{V_1} = -nR\ln\frac{V_2}{V_1} = -\Delta S = -7,6\ \text{J·K}^{-1}$$

De $\Delta S_{tot} = \Delta S + \Delta S_{viz}$,

$$\Delta S_{tot} = 7,6\ \text{J·K}^{-1} - 7,6\ \text{J·K}^{-1} = 0$$

(b) Para o processo irreversível:

Nenhum trabalho é feito para a expansão livre (Tópico 4A), logo, $w = 0$. Como $\Delta U = 0$, resulta que $q = 0$ e, portanto,

$$q_{viz} = 0$$

De $\Delta S_{viz} = q_{viz}/T$,

$$\Delta S_{viz} = 0$$

ΔS é o mesmo do percurso reversível, em $+7,6\ \text{J·K}^{-1}$. A variação total de entropia é, portanto,

$$\Delta S_{tot} = +7,6\ \text{J·K}^{-1}$$

AVALIE Como esperado, para o processo reversível, $\Delta S_{tot} = 0$ e, para o processo irreversível, $\Delta S_{tot} > 0$. As variações da entropia total dos dois percursos diferem porque a entropia da vizinhança é maior no percurso irreversível do que no reversível. Os resultados são mostrados na Fig. 4I.6.

Teste 4I.3A Determine ΔS, ΔS_{viz} e ΔS_{tot} (a) da expansão isotérmica reversível e (b) da expansão livre isotérmica de 1,00 mol de moléculas de um gás ideal de 10,00 atm e 0,200 L para 1,00 atm e 2,00 L em 298 K.

[*Resposta:* (a) $\Delta S = +19,1\ \text{J·K}^{-1}$; $\Delta S_{viz} = -19,1\ \text{J·K}^{-1}$; $\Delta S_{tot} = 0$;
(b) $\Delta S = +19,1\ \text{J·K}^{-1}$; $\Delta S_{viz} = 0$; $\Delta S_{tot} = +19,1\ \text{J·K}^{-1}$]

Teste 4I.3B Determine ΔS, ΔS_{viz} e ΔS_{tot} da compressão isotérmica reversível de 2,00 mols de moléculas de um gás ideal de 1,00 atm e 4,00 L para 20,00 atm e 0,200 L em 298 K.

Exercícios relacionados 4I.9, 4I.10

Um processo é espontâneo se ele é acompanhado pelo aumento de entropia total do sistema e da vizinhança.

4I.3 O equilíbrio

Embora esta seção faça uma breve introdução ao equilíbrio, os princípios aqui apresentados são de enorme importância, porque a tendência das reações de ir na direção do equilíbrio é a base da maior parte da química. Estes conceitos são mais desenvolvidos no Foco 5.

Um sistema em **equilíbrio** não tende a mudar em direção alguma (direta ou inversa). Ele permanecerá nesse estado até ser perturbado por mudanças de condições, como o aumento de temperatura, a diminuição do volume ou a adição de mais reagentes. O estado de equilíbrio importante em química é o **equilíbrio dinâmico**, no qual os processos diretos e inversos continuam a ocorrer, porém sua velocidade é a mesma. Por exemplo, quando um bloco de metal está na mesma temperatura que sua vizinhança, ele está em equilíbrio térmico com ela (Tópico 4A). Como vimos no Tópico 4A, a energia continua a fluir em ambas as direções, mas não há uma transferência *líquida* (Fig. 4I.7). Quando um gás confinado em um cilindro por um pistão tem pressão igual à de sua vizinhança, o sistema está em **equilíbrio mecânico** com a vizinhança e o gás não tende a se expandir ou a contrair. A pressão interna empurra o pistão para fora, mas a pressão externa empurra o pistão para dentro, exatamente da mesma maneira, e não há mudança líquida de posição.

Quando um sólido, como o gelo, está em contato com sua forma líquida, como a água, em certas condições de temperatura e pressão (0°C e 1 atm, no caso da água), os dois estados da matéria estão em equilíbrio dinâmico e não há tendência de uma forma da matéria mudar para a outra. Quando a água sólida e a líquida estão em equilíbrio, moléculas de água deixam continuamente o gelo, sólido, para formar água, líquida, e moléculas de água deixam continuamente o líquido para formar gelo. Porém, não há mudança discernível, porque os dois processos ocorrem na mesma velocidade e se balanceiam.

Quando uma reação química atinge uma certa composição, ela parece deter-se. A mistura de substâncias em **equilíbrio químico** não tende a formar mais produtos nem a voltar aos reagentes. Em equilíbrio, os reagentes continuam a formar produtos, mas os produtos se decompõem em reagentes com velocidade exatamente igual e não há mudança discernível de composição.

A característica comum de qualquer tipo de equilíbrio dinâmico é a continuação dos processos no nível microscópico sem que haja tendência discernível do sistema de mudar na direção direta ou inversa. Isso significa que nem o processo direto nem o inverso são espontâneos. Em linguagem termodinâmica,

$$\text{No equilíbrio: } \Delta S_{tot} = 0 \quad (4)$$

A entropia total varia com a composição de uma mistura de reação e, observando a composição em que $\Delta S_{tot} = 0$, podemos predizer a composição de equilíbrio da reação. Nesta composição, a reação não apresenta tendência de formar produtos nem de se decompor em reagentes.

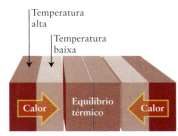

FIGURA 4I.7 A energia flui, na forma de calor, da temperatura alta (vermelho-escuro) para a temperatura baixa (vermelho-claro) em uma interface condutora de calor. Um sistema está em equilíbrio térmico com a vizinhança quando as temperaturas em ambos os lados da interface são iguais (centro). Como os sistemas estão em contato, a energia continua a fluir na forma de calor, porém, na mesma velocidade nas duas direções.

Teste 4I.4A Confirme que a água líquida e a água vapor estão em equilíbrio quando a temperatura é 100°C e a pressão é 1 atm. Os dados estão disponíveis nas Tabelas 4C.1 e 4G.1.

[***Resposta:*** $\Delta S_{tot} = 0$ a 100. °C]

Teste 4I.4B Confirme que o benzeno líquido e o benzeno vapor estão em equilíbrio no ponto normal de ebulição do benzeno, 80,1°C, e 1 atm de pressão. A entalpia de vaporização no ponto de ebulição é 30,8 kJ·mol^{-1} e a entropia de vaporização é 87,2 J·K^{-1}·mol^{-1}.

O critério geral para o equilíbrio em termodinâmica é $\Delta S_{tot} = 0$.

O que você aprendeu com este tópico?

Você aprendeu que é essencial levar em conta as variações no sistema e na vizinhança ao utilizar a entropia para descobrir se um processo é espontâneo. Além disso, você viu como calcular a variação da entropia na vizinhança com base na variação da entropia do sistema (com pressão constante). Você também viu que as reações endotérmicas são espontâneas, desde que a variação da entropia do sistema seja grande. Por fim, você teve uma ideia de como os equilíbrios são discutidos na química.

Os conhecimentos que você deve dominar incluem a capacidade de:

☐ **1.** Estimar a variação de entropia da vizinhança devido à transferência de calor, em pressão e temperatura constantes (Exemplo 4I.1).

☐ **2.** Calcular a variação de entropia total de um processo (Exemplos 4I.2 e 4I.3).

☐ **3.** Definir a desigualdade de Clausius e utilizá-la para resumir o conteúdo da segunda lei da termodinâmica em termos matemáticos (Seção 4I.2).

Tópico 4I Exercícios

4I.1 Qual é a variação total de entropia em um processo no qual 40,0 kJ de energia são transferidos como calor de um reservatório grande em 800. K para um em 200. K?

4I.2 Qual é a variação total de entropia em um processo no qual 25,0 kJ de energia são transferidos como calor de um reservatório grande em 700. K para um em 320. K?

4I.3 A entropia padrão de vaporização do benzeno é aproximadamente 85 J·K^{-1}·mol^{-1} no seu ponto de ebulição. (a) Estime a entalpia padrão de vaporização do benzeno em seu ponto de ebulição, 80. °C. (b) Qual é a variação na entropia padrão da vizinhança quando 10. g de benzeno, C_6H_6, vaporizam no seu ponto de ebulição?

4I.4 A entropia padrão de vaporização da acetona é aproximadamente 85 J·K^{-1}·mol^{-1} no seu ponto de ebulição. (a) Estime a entalpia padrão de vaporização da acetona em seu ponto de ebulição, 56,2°C. (b) Qual é a variação na entropia padrão da vizinhança quando 10. g de acetona, CH_3COCH_3, condensam em seu ponto de ebulição?

4I.5 Suponha que 50,0 g de água em 20,0°C são misturados com 65,0 g de água em 50,0°C, sob pressão atmosférica constante, em um recipiente termicamente isolado. Calcule ΔS e ΔS_{tot} desse processo.

4I.6 Suponha que 320,0 g de etanol em 18°C são misturados com 120,0 g de etanol em 56,0°C, sob pressão atmosférica constante, em um recipiente termicamente isolado. Calcule ΔS e ΔS_{tot} desse processo.

4I.7 Use as informações da Tabela 4C.1 para calcular a variação de entropia da vizinhança e do sistema (a) na vaporização de 1,00 mol de $CH_4(l)$ no ponto normal de ebulição, (b) na fusão de 1,00 mol de $C_2H_5OH(s)$ no ponto normal de fusão, (c) no congelamento de 1,00 mol de $C_2H_5OH(l)$ no ponto normal de congelamento.

4I.8 Use as informações da Tabela 4C.1 para calcular a variação de entropia da vizinhança e do sistema (a) na fusão de 1,00 mol de $NH_3(s)$ no ponto normal de fusão, (b) no congelamento de 1,00 mol de $CH_3OH(l)$ no ponto normal de congelamento, (c) na vaporização de 1,00 mol de $H_2O(l)$ no ponto normal de ebulição.

4I.9 Uma amostra de um gás ideal, inicialmente em 323 K, ocupa 1,67 L, em 4,95 atm. O gás se expande até 7,33 L, seguindo dois caminhos diferentes: (a) expansão isotérmica reversível e (b) expansão livre isotérmica irreversível. Calcule ΔS_{tot}, ΔS e ΔS_{viz} em cada caminho.

4I.10 Uma amostra de um gás ideal, inicialmente em 412 K, ocupa 12,62 L, em 0,6789 atm. O gás se expande até 19,44 L, seguindo dois caminhos diferentes: (a) expansão isotérmica reversível e (b) expansão livre isotérmica irreversível. Calcule ΔS_{tot}, ΔS e ΔS_{viz} em cada caminho.

4I.11 A figura a seguir mostra uma visualização molecular de um sistema que sofre uma mudança espontânea. Explique a espontaneidade do processo em termos das variações de entropia do sistema e da vizinhança. Os termômetros mostram a temperatura do sistema.

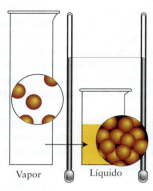

Vapor   Líquido

4I.12 A figura a seguir mostra uma visualização molecular de um sistema que sofre uma mudança espontânea. Explique a espontaneidade do processo em termos das variações de entropia do sistema e da vizinhança. Os termômetros mostram a temperatura do sistema.

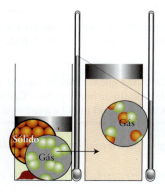

Tópico 4J A energia livre de Gibbs

4J.1 Um olhar sobre o sistema
4J.2 A energia livre de Gibbs de reação
4J.3 A energia livre de Gibbs e o trabalho de não expansão
4J.4 O efeito da temperatura

Um dos problemas com o uso da segunda lei da termodinâmica para verificar se uma reação é espontânea é que, para avaliar a variação de entropia total, a variação de entropia do sistema e a variação de entropia da vizinhança precisam ser calculadas e somadas. Grande parte desse trabalho poderia ser evitada se uma única propriedade reunisse os cálculos de entropia do sistema e da vizinhança. Mas é possível simplificar empregando a energia livre de Gibbs, uma função de estado nova que é, provavelmente, a propriedade mais usada e mais útil nas aplicações da termodinâmica em química. Ela tem este nome em homenagem ao físico norte-americano do século XIX Josiah Willard Gibbs (Fig. 4J.1), responsável pela transformação da termodinâmica de uma mera teoria abstrata em um tema de grande relevância.

Por que você precisa estudar este assunto? A energia livre de Gibbs é usada em toda a química no estudo dos equilíbrios e na eletroquímica.

Que conhecimentos você precisa dominar? Você precisa conhecer as definições de entalpia (Tópico 4C) e entropia (Tópico 4F) e saber como a direção de uma mudança espontânea é indicada pelo aumento da entropia total (Tópico 4I). Você também precisa dominar a primeira lei da termodinâmica (Tópico 4B).

4J.1 Um olhar sobre o sistema

A variação total de entropia, ΔS_{tot}, é a soma das variações no sistema, ΔS, e sua vizinhança, ΔS_{viz}, com $\Delta S_{tot} = \Delta S + \Delta S_{viz}$. Em um processo em temperatura e pressão constantes, a variação de entropia da vizinhança é dada pela Equação 2 do Tópico 4I ($\Delta S_{viz} = -\Delta H/T$). Portanto,

$$\Delta S_{tot} = \Delta S + \overbrace{\Delta S_{viz}}^{-\Delta H/T} = \Delta S - \frac{\Delta H}{T} \quad \text{em temperatura e pressão constantes} \quad (1)$$

Essa equação permite calcular a variação total de entropia usando informações somente do sistema. A limitação é que a equação só é válida em pressão e temperatura constantes.

A próxima etapa é introduzir a **energia livre de Gibbs**, G, definida como

$$G = H - TS \quad (2)$$

Essa quantidade, comumente conhecida como *energia livre* e, mais formalmente, como *energia livre de Gibbs*, é definida somente em termos de funções de estado, logo, G é uma função de estado. Em um processo que ocorre em temperatura constante, a variação de energia livre é

$$\Delta G = \Delta H - T\Delta S \quad \text{em temperatura constante} \quad (3)$$

Comparando essa expressão rearranjada como

$$\frac{\Delta G}{T} = \frac{\Delta H}{T} - \Delta S$$

com a Equação 1, em que existe a restrição adicional da pressão constante, vemos que $\Delta G/T = -\Delta S_{tot}$ e que, portanto,

$$\Delta G = -T\Delta S_{tot} \quad \text{em temperatura e pressão constantes} \quad (4)$$

O sinal negativo dessa equação significa que, em pressão e temperatura constantes, um aumento na entropia total corresponde a uma diminuição da energia livre de Gibbs. Portanto (Fig. 4J.2),

> Em temperatura e pressão constantes, a direção da mudança espontânea é a direção da diminuição da energia livre de Gibbs.

FIGURA 4J.1 Josiah Willard Gibbs (1839-1903). *(The New York Public Library/Art Resource, NY.)*

Tópico 4J A energia livre de Gibbs

FIGURA 4J.2 Em pressão e temperatura constantes, a direção da mudança espontânea é a diminuição da energia livre. O eixo horizontal representa a evolução da reação ou do processo. O estado de equilíbrio de um sistema corresponde ao ponto mais baixo na curva.

A grande importância da introdução da energia livre de Gibbs é que, *se a pressão e a temperatura permanecem constantes, é possível predizer se um processo é espontâneo somente em termos das propriedades termodinâmicas do sistema.*

A Equação 3 resume os fatores que determinam a direção da mudança espontânea em temperatura e pressão constantes: para uma variação espontânea, procuramos valores de ΔH, ΔS e T que levam a um valor negativo de ΔG (Tabela 4J.1). Uma condição que pode levar a um ΔG negativo é um grande valor negativo de ΔH, como em uma reação de combustão. Um grande valor negativo de ΔH corresponde a um grande aumento de entropia da vizinhança. Entretanto, um valor negativo de ΔG pode ocorrer mesmo se ΔH for positivo (uma reação endotérmica), quando $T\Delta S$ é grande e positivo. Neste caso, a força condutora da reação, a origem da espontaneidade, é o aumento de entropia do sistema.

> **Teste 4J.1A** Será que um processo não espontâneo com ΔS negativo pode tornar-se espontâneo se a temperatura for aumentada (considerando que ΔH e ΔS independem da temperatura)?
>
> [***Resposta:*** Não]
>
> **Teste 4J.1B** Será que um processo não espontâneo com ΔS positivo pode tornar-se espontâneo se a temperatura for aumentada (considerando que ΔH e ΔS independem da temperatura)?

TABELA 4J.1 Fatores que favorecem a espontaneidade

ΔH	ΔS	Espontâneo?
−	+	sim, $\Delta G < 0$
−	−	sim, se $|T\Delta S| < |\Delta H|$, $\Delta G < 0$
+	+	sim, se $T\Delta S > \Delta H$, $\Delta G < 0$
+	−	não, $\Delta G > 0$

O Tópico 4I mostrou que o critério do equilíbrio é $\Delta S_{tot} = 0$. Da Equação 4, resulta que, para um processo em temperatura e pressão constantes, a condição do equilíbrio é

$$\Delta G = 0 \text{ em temperatura e pressão constantes} \qquad (5)$$

Se $\Delta G = 0$ para o processo, então fica claro que o sistema está em equilíbrio. Por exemplo, quando gelo e água estão em equilíbrio em uma determinada temperatura e pressão, sabemos que a energia livre de Gibbs de 1 mol de $H_2O(l)$ deve ser igual à energia livre de Gibbs de 1 mol de $H_2O(s)$. Em outras palavras, a energia livre de Gibbs por mol de água em cada fase é a mesma.

EXEMPLO 4J.1 Determinar se um processo é espontâneo

Uma maneira adequada de se familiarizar com processos termodinâmicos consiste em começar com um sistema e considerar como várias mudanças podem afetá-lo. Calcule a variação de energia livre molar, ΔG_m, do processo $H_2O(s) \rightarrow H_2O(l)$ em 1 atm e (a) 10°C, (b) 0°C. Verifique, para cada temperatura, se a fusão é espontânea em pressão constante. Trate ΔH_{fus} e ΔS_{fus} como independentes da temperatura.

ANTECIPE Como o sólido e o líquido estão em equilíbrio no ponto de fusão, espera-se que $\Delta G = 0$ em 0°C. Acima desta temperatura, a fusão do sólido é favorecida, logo, espera-se que ΔG seja negativo em 10. °C.

PLANEJE Encontre a entalpia de fusão da água na Tabela 4C.1 (os valores dados são para 1 atm e a temperatura de transição). A entropia de fusão da água pode ser determinada a partir dos valores dados na Tabela 4G.1 Use a Eq. 3 para calcular a variação de energia livre de Gibbs.

O que você deve supor? Que ΔH_{fus} e ΔS_{fus} são constantes na faixa de temperatura de interesse.

RESOLVA A entalpia de fusão é 6,01 kJ·mol^{-1} e, da Tabela 4G.1, a entropia de fusão é $S_m°(l) - S_m°(s) = (65,2 - 43,2)$ J·K^{-1}·mol^{-1} = 22,0 J·K^{-1}·mol^{-1}. Esses valores são quase independentes da temperatura na faixa considerada.

(a) Em 10. °C

Converta a temperatura em kelvins:

$$T = (273,15 + 10.) \text{ K} = 283 \text{ K}$$

De $\Delta G_m = \Delta H_m - T\Delta S_m$,

$$\Delta G_m = \overbrace{6{,}0 \text{ kJ·mol}^{-1}}^{\Delta H_m} - (283 \text{ K}) \times \overbrace{(22{,}0 \text{ J·K}^{-1}\text{·mol}^{-1})}^{\Delta S_m}$$

$$= 6{,}0 \text{ kJ·mol}^{-1} - 6{,}23 \times \overbrace{10^3}^{1 \text{ kJ}} \text{ J·mol}^{-1}$$

$$= 6{,}0 \text{ kJ·mol}^{-1} - 6{,}23 \text{ kJ·mol}^{-1}$$

$$= -0{,}22 \text{ kJ·mol}^{-1}$$

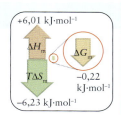

Nota de boa prática Não se esqueça de converter o valor da entropia para quilojoules antes de subtrair $T\Delta S$ de ΔH.

(b) Em 0 °C

Converta a temperatura em kelvins:

$$T = (273{,}15 + 0.) \text{ K} = 273 \text{ K}$$

De $\Delta G_m = \Delta H_m - T\Delta S_m$,

$$\Delta G_m = 6{,}01 \text{ kJ·mol}^{-1} - (273 \text{ K}) \times (22{,}0 \text{ J·K}^{-1}\text{·mol}^{-1})$$

$$= 6{,}01 \text{ kJ·mol}^{-1} - 6{,}01 \text{ kJ·mol}^{-1} = 0$$

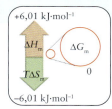

AVALIE Como esperado, como a variação de energia livre de Gibbs molar é negativa em 10. °C, a fusão é espontânea naquela temperatura, mas em 0°C o gelo e a água estão em equilíbrio.

Teste 4J.2A Calcule a variação de energia livre de Gibbs molar do processo $H_2O(l) \rightarrow H_2O(g)$ em 1 atm e (a) 95°C, (b) 105°C. A entalpia de vaporização é 40,7 kJ·mol^{-1} e a entropia de vaporização é +109,1 J·K^{-1}·mol^{-1}. Indique, em cada caso, se a vaporização é espontânea ou não.

[**Resposta:** (a) +0,6 kJ·mol^{-1}, não espontânea; (b) −0,5 kJ·mol^{-1}, espontânea]

Teste 4J.2B Calcule a variação de energia livre de Gibbs molar do processo $Hg(l) \rightarrow Hg(g)$ em 1 atm e (a) 350. °C, (b) 370. °C. A entalpia de vaporização é 59,3 kJ·mol^{-1} e a entropia de vaporização nessas temperaturas é 94,2 J·K^{-1}·mol^{-1}. Indique, em cada caso, se a vaporização é espontânea ou não.

Exercícios relacionados 4J.3, 4J.4

A energia livre de Gibbs de uma substância diminui (isto é, se torna menos positiva ou mais negativa) quando a temperatura aumenta em pressão constante. Esta conclusão é uma consequência da definição $G = H - TS$ e do fato de que a entropia de uma substância pura é sempre positiva. Quando T aumenta, TS também aumenta e uma quantidade maior é subtraída de H. Outra importante conclusão é que a energia livre de Gibbs diminui mais rapidamente com a temperatura na fase gás de uma substância do que na fase líquido. O mesmo acontece com a energia livre de Gibbs do líquido, que diminui mais rapidamente do que a energia livre de Gibbs do sólido (Figura 4J.3).

Agora você tem condições de entender a origem termodinâmica das transições de fase. Em temperaturas baixas, a energia livre molar do sólido é a mais baixa, logo, existe a tendência para que o líquido congele e reduza sua energia livre. Acima de uma determinada temperatura, a energia livre do líquido torna-se menor do que a do sólido e a substância tem a tendência espontânea de fundir. Em temperaturas ainda mais altas, a energia livre molar da fase gás fica abaixo da linha do líquido e a substância tende espontaneamente a vaporizar.

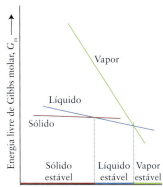

FIGURA 4J.3 Variação da energia livre (molar) com a temperatura para três fases de uma substância em uma dada pressão. A fase mais estável é a que tem a energia livre molar mais baixa. Observe que, quando a temperatura aumenta, a fase sólido, a fase líquido e a fase vapor tornam-se, sucessivamente, a fase mais estável.

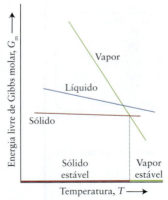

FIGURA 4J.4 No caso de certas substâncias e em certas pressões, a energia livre molar da fase líquido pode não ficar, em algum momento, abaixo das outras duas fases. Nestes casos, o líquido nunca é a fase estável e, em pressão constante, o sólido sublima quando a temperatura aumenta até o ponto de interseção das linhas do sólido e do vapor.

A temperatura de cada mudança de fase corresponde ao ponto de interseção das linhas das duas fases, como mostrado na Fig. 4J.3.

As posições relativas das três linhas da Fig. 4J.3 são diferentes para cada substância. Uma possibilidade – que depende da energia das interações intermoleculares nas fases condensadas – é o líquido ficar na posição mostrada na Fig. 4J.4. Neste caso, o estado líquido nunca é a linha mais baixa, em qualquer temperatura. Quando a temperatura sobe acima do ponto de interseção das linhas do sólido e do gás, a transição direta do sólido ao vapor, chamada de sublimação, torna-se espontânea. Este é o tipo de gráfico esperado para uma substância como o dióxido de carbono, que sublima na pressão atmosférica.

A variação de energia livre de Gibbs de um processo é uma medida da variação da entropia total de um sistema e sua vizinhança quando a temperatura e a pressão são constantes. Os processos espontâneos, em temperatura e pressão constantes, são acompanhados pela diminuição da energia livre de Gibbs.

4J.2 A energia livre de Gibbs de reação

A diminuição da energia livre como um indicador de mudança espontânea e $\Delta G = 0$ como critério de equilíbrio aplicam-se a qualquer tipo de processo, desde que ele ocorra em pressão e temperatura constantes.

A função termodinâmica usada como critério de espontaneidade para uma reação química é a **energia livre de Gibbs de reação**, ΔG (comumente chamada de "energia livre de reação"). Esta quantidade é definida como a diferença entre as energias livres de Gibbs molares, G_m, de produtos e reagentes.

$$\Delta G = \sum n G_m(\text{produtos}) - \sum n G_m(\text{reagentes}) \quad (6)$$

onde a energia livre de Gibbs molar de cada substância é multiplicada pela quantidade (em mols) que aparece na equação química. Por exemplo, para a formação da amônia, $N_2(g) + 3 H_2(g) \rightarrow 2 NH_3(g)$,

$$\Delta G = \{(2 \text{ mol}) \times G_m(NH_3)\} - \{(1 \text{ mol}) \times G_m(N_2) + (3 \text{ mol}) \times G_m(H_2)\}$$

A energia livre de Gibbs molar de uma substância em uma mistura depende de que moléculas ela tem como vizinhos, logo, as energias livres de Gibbs molares de NH_3, N_2 e H_2 mudam quando a reação prossegue. No início da reação, por exemplo, uma molécula de NH_3 tem como vizinhos principalmente moléculas de N_2 e H_2, mas, em um estágio avançado da reação, a maior parte dos vizinhos é de moléculas de NH_3. Como as energias livres de Gibbs mudam quando a reação prossegue, a energia livre de Gibbs da reação também muda. Se $\Delta G < 0$ em uma determinada composição, então a reação direta é espontânea. Se $\Delta G > 0$ em uma determinada composição, então a reação inversa (a decomposição da amônia em nosso exemplo) é espontânea.

A **energia livre de Gibbs padrão de reação**, $\Delta G°$, é definida da mesma forma que a energia livre de Gibbs da reação, mas em termos das *energias livres de Gibbs molares padrão* dos reagentes e produtos.

$$\Delta G° = \sum n G_m°(\text{produtos}) - \sum n G_m°(\text{reagentes}) \quad (7)$$

Em outras palavras, a energia livre de Gibbs padrão de reação é a diferença de energia livre de Gibbs entre os produtos nos seus estados padrão e os reagentes nos seus estados padrão (na temperatura especificada). Como o estado *padrão* de uma substância é sua forma *pura* em 1 bar, a energia livre de Gibbs *padrão* de reação é a diferença de energia livre de Gibbs entre os produtos *puros* e os reagentes *puros*: é uma quantidade fixa para uma dada reação e não varia quando a reação prossegue. Lembre-se desses dois pontos importantes:

- $\Delta G°$ é fixo para uma dada reação e temperatura e, por isso, não varia durante a reação.
- ΔG só depende da composição da mistura de reação; logo, varia – e pode até trocar de sinal – quando a reação prossegue.

As Equações 6 e 7 não são muito úteis na prática porque só as *variações* das energias livres de Gibbs das substâncias são conhecidas, não os seus valores absolutos. Entretanto, a mesma técnica usada para encontrar a entalpia padrão de reação no Tópico 4D pode ser empregada, em que uma entalpia padrão de formação, $\Delta H_f°$, é atribuída a cada componente.

Os estados padrão são definidos no Tópico 4D: um estado padrão é a substância pura a 1 bar e na temperatura especificada. O estado padrão de um soluto é 1 bar na concentração de 1 mol·L^{-1}.

De modo análogo, a **energia livre de Gibbs padrão de formação**, ΔG_f° (a "energia livre padrão de formação"), de uma substância é *a energia livre de Gibbs padrão de reação por mol de formação de um composto a partir de seus elementos na forma mais estável* (Tabela 4J.2). Por exemplo, a energia livre padrão de formação do gás iodeto de hidrogênio, em 25°C, é $\Delta G_f^\circ(\text{HI, g}) = +1{,}70 \text{ kJ·mol}^{-1}$. Ela é a energia livre de Gibbs por mol de HI da reação $\frac{1}{2}\text{H}_2(\text{g}) + \frac{1}{2}\text{I}_2(\text{s}) \rightarrow \text{HI}(\text{g})$. Assim, pela definição, as energias livres de Gibbs padrão de formação dos elementos na sua forma mais estável são iguais a zero; por exemplo, $\Delta G_f^\circ(\text{I}_2, \text{s}) = 0$ para a reação "vazia" $\text{I}_2(\text{s}) \rightarrow \text{I}_2(\text{s})$, porque não há diferença na conversão de reagentes em produtos.

As energias livres padrão de formação podem ser determinadas de várias maneiras. A maneira mais simples e direta é combinar os dados de entalpia e entropia de tabelas, como as Tabelas 4D.2 e 4H.1. A Tabela 4J.3 lista alguns valores de várias substâncias comuns. Uma lista mais ampla se encontra no Apêndice 2A.

TABELA 4J.2 Exemplos das formas mais estáveis dos elementos

Elemento	Forma mais estável em 25°C e 1 bar
$\text{H}_2, \text{O}_2, \text{Cl}_2, \text{Xe}$	Gás
Br_2, Hg	Líquido
C	Grafita
Na, Fe, I_2	Sólido

TABELA 4J.3 Energias livres padrão de formação em 25°C*

Gases	$\Delta G_f^\circ/(\text{kJ·mol}^{-1})$	Líquidos	$\Delta G_f^\circ/(\text{kJ·mol}^{-1})$	Sólidos	$\Delta G_f^\circ/(\text{kJ·mol}^{-1})$
NH_3	−16,45	Benzeno, C_6H_6	+124,3	CaCO_3[†]	−1128,8
CO_2	−394,4	Etanol, $\text{C}_2\text{H}_5\text{OH}$	−174,8	AgCl	−109,8
NO_2	+51,3	H_2O	−237,1		
H_2O	−228,6				

* Outros dados estão no Apêndice 2A.
† Calcita.

EXEMPLO 4J.2 Determinação da energia livre de Gibbs padrão de formação usando dados de entalpia e entropia

O iodeto de hidrogênio é um composto reativo usado na produção de metanfetamina. Ele pode ser produzido pela reação direta dos elementos. Calcule a energia livre de Gibbs padrão de formação de HI(g) em 25°C usando sua entropia molar padrão e sua entalpia padrão de formação.

PLANEJE Escreva a equação química da formação do HI(g) e calcule a energia livre de Gibbs padrão de reação usando $\Delta G^\circ = \Delta H^\circ - T\Delta S^\circ$. É melhor escrever a equação dando o coeficiente estequiométrico 1 para o composto de interesse, porque então ΔG° pode ser identificado como ΔG_f°. A entalpia padrão de formação pode ser obtida no Apêndice 2A. A entropia padrão de reação é obtida como no Exemplo 4H.1, usando os dados da Tabela 4H.1 ou do Apêndice 2A.

RESOLVA A equação química é $\frac{1}{2}\text{H}_2(\text{g}) + \frac{1}{2}\text{I}_2(\text{s}) \rightarrow \text{HI}(\text{g})$

Dos dados no Apêndice 2A,

$$\Delta H^\circ = (1 \text{ mol}) \times \Delta H_f^\circ(\text{HI, g}) = +26{,}48 \text{ kJ}$$

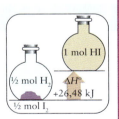

Da Equação 2 do Tópico 4H,

$$\Delta S^\circ = S_m^\circ(\text{HI, g}) - \left\{\frac{1}{2}S_m^\circ(\text{H}_2, \text{g}) + \frac{1}{2}S_m^\circ(\text{I}_2, \text{s})\right\}$$
$$= \{(1 \text{ mol}) \times (206{,}6 \text{ J·K}^{-1}\text{·mol}^{-1})\}$$
$$\quad - \left\{\left(\frac{1}{2} \text{ mol}\right) \times (130{,}7 \text{ J·K}^{-1}\text{·mol}^{-1}) + \left(\frac{1}{2} \text{ mol}\right) \times (116{,}1 \text{ J·K}^{-1}\text{·mol}^{-1})\right\}$$
$$= \left\{206{,}6 - \left(\frac{1}{2} \times 130{,}7 + \frac{1}{2} \times 116{,}1\right)\right\} \text{J·K}^{-1}$$
$$= +83{,}2 \text{ J·K}^{-1} = +0{,}0832 \text{ kJ·K}^{-1}$$

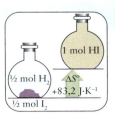

De $\Delta G° = \Delta H° - T\Delta S°$,

$$\Delta G° = (1 \text{ mol}) \times (26{,}48 \text{ kJ·K}^{-1}) - (298 \text{ K}) \times (0{,}0832 \text{ kJ·K}^{-1})$$
$$= +1{,}69 \text{ kJ}$$

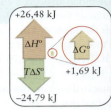

AVALIE A energia livre de Gibbs padrão de formação de HI(g) é, portanto, $+1{,}69$ kJ·mol^{-1}, em boa concordância com o valor $+1{,}70$ kJ·mol^{-1} citado no texto. Observe que, como esse valor é positivo, a formação de HI puro em 1 bar e 25°C a partir de seus elementos não é espontânea.

Teste 4J.3A Calcule a energia livre de Gibbs padrão de formação de NH_3(g) em 25°C usando a entalpia de formação e as entropias molares das espécies envolvidas em sua formação.

[**Resposta:** $-16{,}5$ kJ·mol^{-1}]

Teste 4J.3B Calcule a energia livre de Gibbs padrão de formação de C_3H_6(g), ciclo-propano, em 25°C.

Exercícios relacionados 4J.5 a 4J.8

A energia livre de Gibbs padrão de formação de um composto, em uma dada temperatura, é uma medida de sua estabilidade em relação a seus elementos em condições padrão. Os dados do Apêndice 2A são para 298,15 K, a temperatura convencional para o registro de dados termodinâmicos. Se $\Delta G_f° < 0$ em uma certa temperatura, o composto tem energia livre menor do que seus elementos puros e os elementos tendem espontaneamente a formar o composto nesta temperatura (Fig. 4J.5). Dizemos que o composto é "mais estável" nas condições padrão do que seus elementos. Se $\Delta G_f° > 0$, a energia livre do composto é maior do que a de seus elementos e o composto tende espontaneamente a se decompor nos elementos puros. Neste caso, dizemos que os elementos são "mais estáveis" do que o composto puro. Por exemplo, a energia livre padrão de formação do benzeno é $+124$ kJ·mol^{-1}, em 25°C, e o benzeno é instável em relação a seus elementos em condições padrão em 25°C. Logo:

As velocidades de reação são discutidas no Foco 7.

A palavra "lábil" (ver texto) vem do latim para "passível de escorregar".

- Um composto **termodinamicamente estável** é um composto cuja energia livre de Gibbs padrão de formação é negativa (a água é um exemplo).
- Um composto **termodinamicamente instável** é um composto cuja energia livre de Gibbs padrão de formação é positiva (o benzeno é um exemplo).

A tendência de decomposição pode não ser observada na prática porque a decomposição pode ser muito lenta. Na verdade, o benzeno pode ser guardado por um tempo infinito sem que ocorra decomposição. Substâncias termodinamicamente instáveis, mas que sobrevivem por longos períodos, são chamadas de **não lábeis** ou, até mesmo, de **inertes**. Por exemplo, o benzeno é termodinamicamente instável, mas é não lábil. Substâncias que se decompõem ou reagem rapidamente são chamadas de **lábeis**. A maior parte dos radicais é lábil. É importante perceber a diferença entre estabilidade e labilidade:

- *Estável* e *instável* são termos que se referem à tendência termodinâmica de uma substância em se decompor em seus elementos.
- *Lábil, não lábil* e *inerte* são termos que se referem à velocidade na qual essa tendência é concretizada.

Teste 4J.4A Será que a glicose é estável em relação a seus elementos em 25°C e em condições padrão?

[**Resposta:** Sim; para a glicose, $\Delta G_f° = -910$ kJ·mol^{-1}, um valor negativo.]

Teste 4J.4B Será que a metilamina, CH_3NH_2, é estável em relação a seus elementos em 25°C e em condições padrão?

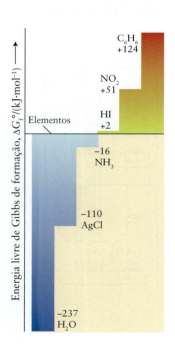

FIGURA 4J.5 A energia livre de Gibbs padrão de formação de um composto é definida como a energia livre de Gibbs padrão de reação por mol do composto quando ele é formado a partir de seus elementos. Ela representa a "altitude termodinâmica" em relação aos elementos, que estão ao "nível do mar". Os valores numéricos estão em quilojoules por mol.

Assim como as entalpias padrão de formação podem ser combinadas para obter entalpias padrão de reação, é possível combinar energias livres de Gibbs padrão de formação para obter energias livres de Gibbs padrão de reação:

$$\Delta G° = \sum n\Delta G_f°(\text{produtos}) - \sum n\Delta G_f°(\text{reagentes}) \quad (8)$$

em que, como de hábito, n são os coeficientes estequiométricos das equações químicas.

> **EXEMPLO 4J.3** Cálculo da energia livre de Gibbs padrão de uma reação
>
> A amônia tem estabilidade por tempo indefinido no ar. Um agrônomo estuda a estabilidade da amônia no solo e precisa saber se o composto se mantém estável porque sua oxidação não é espontânea ou porque ela é espontânea, mas muito lenta. Calcule a energia livre de Gibbs padrão da reação 4 NH$_3$(g) + 5 O$_2$(g) → 4 NO(g) + 6 H$_2$O(g) e avalie se ela é espontânea nas condições padrão em 25°C.
>
> **PLANEJE** Obtenha as energias livres de Gibbs de formação no Apêndice 2A e use a Equação 8 para calcular a energia livre de Gibbs da reação.
>
> **RESOLVA**
>
> Do Apêndice 2A e da Equação 8,
>
> $$\Delta G° = \{(4\text{ mol}) \times \Delta G_f°(\text{NO, g}) + (6\text{ mol}) \times \Delta G_f°(\text{H}_2\text{O, g})\}$$
> $$\quad - \{(4\text{ mol}) \times \Delta G_f°(\text{NH}_3\text{, g}) + (5\text{ mol}) \times \Delta G_f°(\text{O}_2\text{, g})\}$$
> $$= \{4(86{,}55) + 6(-228{,}57)\} - \{4(-16{,}45) + 0\}\text{ kJ}$$
> $$= -959{,}42\text{ kJ}$$
>
>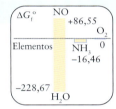
>
> **AVALIE** Como a energia livre de Gibbs padrão é negativa, você pode concluir que a combustão da amônia é espontânea em 25°C em condições padrão. Esta reação espontânea é simplesmente muito lenta em condições normais.
>
> **Teste 4J.5A** Calcule a energia livre de Gibbs padrão de reação de 2 CO(g) + O$_2$(g) → 2 CO$_2$(g) a partir das energias livres de Gibbs de formação em 25°C.
>
> [*Resposta*: $\Delta G° = -514{,}38$ kJ]
>
> **Teste 4J.5B** Calcule a energia livre de Gibbs padrão de reação de 6 CO$_2$(g) + 6 H$_2$O(l) → C$_6$H$_{12}$O$_6$(s, glicose) + 6 O$_2$(g) a partir das energias livres de Gibbs de formação em 25°C.
>
> Exercícios relacionados 4J.11, 4J.12

A energia livre de Gibbs padrão de formação de uma substância é a energia livre de Gibbs padrão de reação por mol do composto quando ele é formado a partir de seus elementos na forma mais estável. O sinal de $\Delta G_f°$ nos diz se um composto é estável ou instável em relação a seus elementos. As energias livres de Gibbs padrão de formação são usadas no cálculo das energias livres de Gibbs padrão de reação por meio da Equação 8.

4J.3 A energia livre de Gibbs e o trabalho de não expansão

A variação de energia livre de Gibbs que acompanha um processo permite predizer o trabalho máximo de não expansão que um processo pode realizar em temperatura e pressão constantes. Em outras palavras, a energia livre de Gibbs é uma medida da energia que está *livre* para realizar o trabalho de não expansão (daí seu nome, "energia livre"). Como vimos no Tópico 4A, o trabalho de não expansão, w_e, é qualquer tipo de trabalho que não seja devido à expansão contra uma pressão e inclui o trabalho elétrico e o trabalho mecânico (como o alongamento de uma mola ou o carregamento de um peso ladeira acima). O trabalho de não expansão também inclui o trabalho de atividade muscular, o trabalho envolvido na ligação dos aminoácidos para formar as moléculas de proteínas e o trabalho de enviar sinais nervosos através dos neurônios. Assim, o conhecimento das variações na energia livre é fundamental para a compreensão da **bioenergética**, o desenvolvimento e a utilização da energia nas células vivas.

O desafio consiste em obter uma relação quantitativa entre a energia livre e o trabalho de não expansão máximo que um sistema consegue realizar.

O subscrito "e" em w_e significa extra.

336 Tópico 4J A energia livre de Gibbs

Como isso é feito?

Para derivar a relação entre a energia livre e o trabalho de não expansão máximo, comece com a Eq. 3 referente a uma mudança infinitesimal (representada por d) em G em temperatura constante:

$$dG = dH - TdS \text{ em temperatura constante}$$

A seguir, use a Equação 1 do Tópico 4C ($H = U + PV$) para expressar a variação infinitesimal de entalpia em pressão constante em termos da variação de energia interna e do volume:

$$dH = dU - PdV \text{ em pressão constante}$$

Substitua esta expressão na anterior:

$$dG = dU + PdV - TdS \text{ em temperatura e pressão constantes}$$

Agora, use a Eq. 1 do Tópico 4B para uma variação infinitesimal da energia interna ($dU = dw + dq$) e obtenha

$$dG = dw + dq + PdV - TdS \text{ em temperatura e pressão constantes}$$

Para que um processo realize o máximo de trabalho, ele precisa ocorrer de forma reversível. Para uma mudança reversível, esta equação assume a forma:

$$dG = dw_{rev} + dq_{rev} + PdV - TdS \text{ em temperatura e pressão constantes}$$

Agora, use a versão infinitesimal da Equação 1 do Tópico 4F ($dS = dq_{rev}/T$) para substituir dq_{rev} por TdS e cancelar os dois termos TdS:

$$dG = dw_{rev} + TdS + PdV - TdS$$
$$= dw_{rev} + PdV \text{ em temperatura e pressão constantes}$$

Neste ponto, observe que o sistema pode realizar trabalho tanto de expansão como de não expansão:

$$dw_{rev} = dw_{rev,e} + dw_{rev, \text{ expansão}}$$

O trabalho de expansão reversível (obtido quando as pressões externa e interna são iguais) é dado pela versão infinitesimal da Equação 3 do Tópico 4A ($w_{expansão} = -P_{ex}\Delta V$, que se torna $dw_{expansão} = -P_{ex}dV$) e igualando a pressão externa à pressão do gás no sistema em cada estágio da expansão:

$$dw_{rev, \text{ expansão}} = -PdV$$

Então,

$$dw_{rev} = dw_{rev,e} - PdV$$

Substituindo a última linha da expressão de dG ($dG = dw_{rev} + PdV$) por essa expressão, os termos PdV se cancelam e temos:

$$dG = dw_{rev,e} + PdV - PdV$$

e

$$dG = dw_{rev,e} \text{ em temperatura e pressão constantes}$$

Como $dw_{rev,e}$ é a quantidade *máxima* de trabalho de não expansão que o sistema pode realizar (porque foi atingido reversivelmente), obtém-se

$$dG = dw_{e,max} \text{ em temperatura e pressão constantes}$$

Para uma variação mensurável da energia livre de Gibbs, a equação se torna

$$\Delta G = w_{e, max} \text{ em temperatura e pressão constantes} \tag{9}$$

Essa importante relação diz que, se a variação de energia livre de um processo que acontece em temperatura e pressão constantes é conhecida, então você imediatamente sabe quanto trabalho de não expansão ele pode realizar.

A Equação 9 também é importante na prática, porque permite considerar as relações energéticas dos processos biológicos de forma quantitativa. Por exemplo, a energia livre de Gibbs padrão da oxidação da glicose, $C_6H_{12}O_6(s) + 6\ O_2(g) \rightarrow 6\ CO_2(g) + 6\ H_2O(l)$, é -2879 kJ. Portanto, em 1 bar, o trabalho máximo de não expansão que se pode obter de 1,000 mol de $C_6H_{12}O_6(s)$, isto é, 180,0 g de glicose, é 2879 kJ. Como cerca de 17 kJ de trabalho precisam ser realizados para formar um mol de ligações peptídicas (uma ligação entre amino-ácidos) em uma proteína, a oxidação de 180 g de glicose pode ser usada para formar cerca de (2879 kJ)/(17 kJ) = 170 mols dessas ligações. Em outras palavras, a oxidação de uma molécula de glicose é necessária para formar cerca de 170 ligações peptídicas. Na prática, a biossíntese ocorre indiretamente, há perdas de energia, e somente 10 ligações peptídicas se formam. Uma proteína típica tem várias centenas de ligações peptídicas, então, muitas moléculas de glicose precisam ser sacrificadas para construir uma molécula de proteína.

A variação de energia livre de Gibbs de um processo é igual ao trabalho máximo de não expansão que o sistema pode realizar em temperatura e pressão constantes.

4J.4 O efeito da temperatura

As entalpias dos reagentes e produtos dependem da temperatura, mas a *diferença* entre as variações de entalpia varia pouco com a temperatura (este tema foi tratado no Tópico 4D). O mesmo vale para a entropia. Como resultado, os valores de $\Delta H°$ e $\Delta S°$ não variam muito com a temperatura. Entretanto, $\Delta G°$ depende da temperatura (lembre-se de T em $\Delta G° = \Delta H° - T\Delta S°$) e pode mudar de sinal quando a temperatura se altera. Temos de considerar quatro casos (veja a Fig. 4J.6):

1. No caso de uma reação exotérmica ($\Delta H° < 0$) com uma entropia de reação negativa ($\Delta S° < 0$), $-T\Delta S°$ contribui como termo positivo para $\Delta G°$. Em temperaturas elevadas, $-T\Delta S°$ prevalece sobre $\Delta H°$, e $\Delta G°$ é positiva (e a reação *inversa*, a decomposição dos produtos puros, é espontânea). Em temperaturas baixas, $\Delta H°$ prevalece sobre $-T\Delta S°$ e, por isso, $\Delta G°$ é negativa (e a formação de produtos é espontânea) (Fig. 4J.6a). A temperatura na qual $\Delta G°$ muda de sinal é $T = \Delta H°/\Delta S°$.

2. No caso de uma reação endotérmica ($\Delta H° > 0$) com uma entropia de reação positiva ($\Delta S° > 0$), o inverso é verdadeiro (Fig. 4J.6b). Neste caso, $\Delta G°$ é positiva em temperaturas baixas, mas pode tornar-se negativa quando a temperatura cresce e $T\Delta S°$ supera $\Delta H°$. A formação de produtos a partir dos reagentes puros torna-se espontânea quando a temperatura é suficientemente alta. Na reação exotérmica, a temperatura na qual $\Delta G°$ muda de sinal é $T = \Delta H°/\Delta S°$.

3. Para uma reação endotérmica ($\Delta H° > 0$) com uma entropia de reação negativa ($\Delta S° < 0$), $\Delta G° > 0$ em todas as temperaturas, e a reação direta não é espontânea qualquer que seja a temperatura porque as entropias do sistema e da vizinhança diminuem durante o processo (Fig. 4J.6c).

4. Para uma reação exotérmica ($\Delta H° < 0$) com uma entropia de reação positiva ($\Delta S° > 0$), $\Delta G° < 0$ e a formação de produtos a partir dos reagentes puros é espontânea em qualquer temperatura porque as entropias do sistema e da vizinhança aumentam durante o processo (Fig. 4J.6d).

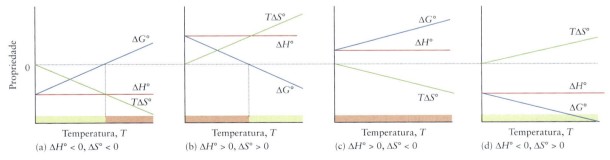

FIGURA 4J.6 Efeito do aumento da temperatura sobre a espontaneidade de uma reação, em condições padrão. Em cada caso, "espontâneo" significa $\Delta G° < 0$ e "não espontâneo" significa $\Delta G° > 0$. (a) Uma reação exotérmica com entropia de reação negativa se torna espontânea *abaixo* da temperatura representada pela linha vertical pontilhada. (b) Uma reação endotérmica com entropia de reação positiva se torna espontânea *acima* da temperatura representada pela linha vertical pontilhada. (c) Uma reação endotérmica com entropia de reação negativa é não espontânea em qualquer temperatura. (d) Uma reação exotérmica com entropia de reação positiva é espontânea em todas as temperaturas.

EXEMPLO 4J.4 Como identificar a temperatura na qual uma reação endotérmica torna-se espontânea

A produção de aço a partir do minério de ferro é endotérmica. Para reduzir a quantidade de calor que deve ser fornecida, os engenheiros precisam descobrir a menor temperatura em que as reações são espontâneas. Estime a temperatura em que é termodinamicamente possível para o carbono reduzir óxido de ferro(III) a ferro, em condições padrão, pela reação endotérmica 2 $Fe_2O_3(s)$ + 3 C(s) → 4 Fe(s) + 3 CO_2(g).

ANTECIPE Como um gás é produzido, $\Delta S° > 0$. Como $\Delta H° > 0$ (como vimos), você deve esperar que a reação seja espontânea em temperaturas elevadas.

PLANEJE Em temperaturas baixas, $\Delta G° = \Delta H° - T\Delta S°$ e $\Delta H°$ é positiva (a reação é endotérmica). Se a temperatura aumenta, chegará a um ponto em que $T = \Delta H°/\Delta S°$, no qual $\Delta G° = 0$. Acima desta temperatura, ela é negativa. Use dados do Apêndice 2A.

O que você deve supor? Que $\Delta H°$ e $\Delta S°$ são constantes ao longo do intervalo de temperatura considerado.

RESOLVA

Da Eq. 2 do Tópico 4D,

$$\Delta H° = (3\ mol) \times \Delta H_f°(CO_2, g) - (2\ mol) \times \Delta H_f°(Fe_2O_3, s)$$
$$= 3(-393{,}5) - 2(-824{,}2)\ kJ = +467{,}9\ kJ$$

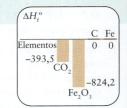

Da Eq. 2 do Tópico 4H,

$$\Delta S° = \{(4\ mol) \times S_m°(Fe, s) + (3\ mol) \times S_m°(CO_2, g)\}$$
$$- \{(2\ mol) \times S_m°(Fe_2O_3, s) + (3\ mol) \times S_m°(C, s)\}$$
$$= \{4(27{,}3) + 3(213{,}7)\} - \{2(87{,}4) + 3(5{,}7)\}\ J \cdot K^{-1} = +558{,}4\ J \cdot K^{-1}$$

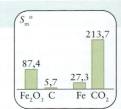

De $T = \Delta H°/\Delta S°$,

$$T = \frac{\overbrace{4{,}679 \times 10^5\ J}^{467{,}9\ kJ}}{558{,}4\ J \cdot K^{-1}} = 838\ K$$

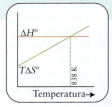

AVALIE Como esperado, como a reação é endotérmica, a temperatura mínima em que a redução ocorre, em 1 bar, é alta, cerca de 565°C.

Teste 4J.6A Qual é a temperatura mínima em que a magnetita, Fe_3O_4, pode ser reduzida até ferro usando carbono (para produzir CO_2)?

[*Resposta:* 943 K]

Teste 4J.6B Estime a temperatura em que o carbonato de magnésio pode se decompor em óxido de magnésio e dióxido de carbono.

Exercícios relacionados 4J.17, 4J.18

A energia livre de Gibbs cresce com a temperatura em reações em que $\Delta S°$ é negativo e decresce com a temperatura em reações em que $\Delta S°$ é positivo.

O que você aprendeu com este tópico?

Você viu que a variação de energia livre de Gibbs de um processo é uma medida da variação da entropia total de um sistema e sua vizinhança, quando a temperatura e a pressão são constantes. Os processos espontâneos, em temperatura e pressão constantes, são acompanhados

Tópico 4J   Exercícios   **339**

pela diminuição da energia livre de Gibbs. Você aprendeu que variação de energia livre de um processo é a medida do trabalho máximo de não expansão que o sistema pode realizar em temperatura e pressão constantes.

Os conhecimentos que você deve dominar incluem a capacidade de:

☐ **1.** Usar a variação de energia livre de Gibbs para determinar a espontaneidade de um processo em uma dada temperatura (Exemplo 4J.1).

☐ **2.** Calcular a energia livre de Gibbs padrão de formação a partir de dados de entalpia e entropia (Exemplo 4J.2).

☐ **3.** Calcular a energia livre de Gibbs padrão de reação a partir das energias livres de Gibbs padrão de formação (Exemplo 4J.3).

☐ **4.** Predizer a temperatura mínima em que um processo endotérmico pode ocorrer espontaneamente (Exemplo 4J.4).

Tópico 4J Exercícios

4J.1 Por que tantas reações exotérmicas são espontâneas?

4J.2 Explique como uma reação endotérmica pode ser espontânea.

4J.3 Calcule a variação de energia livre de Gibbs molar do processo $NH_3(l) \rightarrow NH_3(g)$ em 1 atm e (a) $-15{,}0°C$; (b) $-45.°C$ (veja as Tabelas 4C.1 e 4F.1). Indique, em cada caso, se a vaporização é espontânea ou não.

4J.4 Calcule a variação de energia livre de Gibbs molar do processo $CH_4(l) \rightarrow CH_4(g)$ em 1 atm e (a) $-140{,}0°C$; (b) $-180.°C$ (veja as Tabelas 4C.1 e 4F.1). Indique, em cada caso, se a vaporização é espontânea ou não.

4J.5 Escreva uma equação química balanceada para a reação de formação de (a) $NH_3(g)$; (b) $H_2O(g)$; (c) $CO(g)$; (d) $NO_2(g)$. Para cada reação, determine $\Delta H°$, $\Delta S°$ e $\Delta G°$ a partir dos dados do Apêndice 2A.

4J.6 Escreva uma equação química balanceada para a reação de formação de (a) $HCl(g)$; (b) $C_6H_6(l)$; (c) $CuSO_4·5H_2O(s)$; (d) $CaCO_3(s,$ calcita$)$. Para cada reação, determine $\Delta H°$, $\Delta S°$ e $\Delta G°$ a partir dos dados do Apêndice 2A.

4J.7 Calcule a entropia padrão de reação, a entalpia e a energia livre de Gibbs de cada uma das seguintes reações. Use os dados do Apêndice 2A:

(a) a decomposição do peróxido de hidrogênio:

$$2\,H_2O_2(l) \longrightarrow 2\,H_2O(l) + O_2(g)$$

(b) a preparação de ácido fluorídrico a partir de flúor e água:

$$2\,F_2(g) + 2\,H_2O(l) \longrightarrow 4\,HF(aq) + O_2(g)$$

4J.8 Calcule a entropia padrão de reação, a entalpia e a energia livre de Gibbs de cada uma das seguintes reações. Use os dados do Apêndice 2A:

(a) a produção de "gás de síntese", um combustível industrial de baixa qualidade:

$$CH_4(g) + H_2O(g) \longrightarrow CO(g) + 3\,H_2(g)$$

(b) a decomposição térmica do nitrato de amônio:

$$NH_4NO_3(s) \longrightarrow N_2O(g) + 2\,H_2O(g)$$

4J.9 Calcule a entalpia padrão de reação, a variação de entropia e a variação de energia livre de Gibbs em 298 K de cada uma das seguintes reações, usando o Apêndice 2A. Confirme, em cada caso, se o valor obtido a partir das energias livres de Gibbs de formação são iguais aos obtidos usando a relação $\Delta G° = \Delta H° - T\Delta S°$:

(a) a oxidação de magnetita a hematita: $2\,Fe_3O_4(s) + O_2(g) \rightarrow 3\,Fe_2O_3(s)$

(b) a dissolução de CaF_2 em água: $CaF_2(s) \rightarrow CaF_2(aq)$

(c) a dimerização de NO_2: $2\,NO_2(g) \rightarrow N_2O_4(g)$

4J.10 Calcule a entalpia padrão de reação, a variação de entropia e a variação de energia livre de Gibbs em 298 K de cada uma das seguintes reações, usando dados do Apêndice 2A. Confirme, em cada caso, se o valor obtido a partir das energias livres de Gibbs de formação são iguais aos obtidos usando a relação $\Delta G° = \Delta H° - T\Delta S°$. Qual dos reagentes precedentes você esperaria que fosse mais eficiente na remoção de água de uma substância? Explique seu raciocínio.

(a) a hidratação do sulfato de cobre: $CuSO_4(s) + 5\,H_2O(l) \rightarrow CuSO_4·5\,H_2O(s)$

(b) a reação do óxido de fósforo(V) com água: $P_4O_{10}(s) + 6\,H_2O(l) \rightarrow 4\,H_3PO_4(aq)$

(c) a reação do $HNO_3(l)$ com água para formar ácido nítrico aquoso: $HNO_3(l) \rightarrow HNO_3(aq)$

4J.11 Use as energias livres de Gibbs padrão de formação do Apêndice 2A para calcular o $\Delta G°$ de cada uma das seguintes reações em 25°C. Comente sobre a espontaneidade de cada reação em condições padrão em 25°C.

(a) $2\,SO_2(g) + O_2(g) \rightarrow 2\,SO_3(g)$

(b) $CaCO_3(s,$ calcita$) \rightarrow CaO(s) + CO_2(g)$

(c) $2\,C_8H_{18}(l) + 25\,O_2(g) \rightarrow 16\,CO_2(g) + 18\,H_2O(l)$

4J.12 Use as energias livres de Gibbs padrão de formação do Apêndice 2A para calcular o $\Delta G°$ de cada uma das seguintes reações em 25°C. Comente sobre a espontaneidade de cada reação em condições padrão em 25°C.

(a) $NH_4Cl(s) \rightarrow NH_3(g) + HCl(g)$

(b) $H_2(g) + D_2O(l) \rightarrow D_2(g) + H_2O(l)$

(c) $N_2(g) + NO_2(g) \rightarrow NO(g) + N_2O(g)$

(d) $2\,CH_3OH(g) + 3\,O_2(g) \rightarrow 2\,CO_2(g) + 4\,H_2O(l)$

4J.13 Determine quais dos seguintes compostos são estáveis em relação à decomposição em seus elementos em condições padrão em 25°C (veja o Apêndice 2A): (a) $PCl_5(g)$; (b) $HCN(g)$; (c) $NO(g)$; (d) $SO_2(g)$.

340 **Tópico 4J** A energia livre de Gibbs

4J.14 Determine quais dos seguintes compostos são estáveis em relação à decomposição em seus elementos em condições padrão em 25°C (veja o Apêndice 2A): (a) $C_3H_6(g)$, ciclo-propano; (b) CaO(s); (c) $N_2O(g)$; (d) $HN_3(g)$.

4J.15 Quais dos seguintes compostos tornam-se menos estáveis em relação aos elementos quando a temperatura aumenta: (a) $PCl_5(g)$; (b) HCN(g); (c) NO(g); (d) $SO_2(g)$?

4J.16 Quais dos seguintes compostos tornam-se menos estáveis em relação aos elementos quando a temperatura aumenta: (a) $C_3H_6(g)$, ciclo-propano; (b) CaO(s); (c) $N_2O(g)$; (d) $HN_3(g)$?

4J.17 Suponha que $\Delta H°$ e $\Delta S°$ são independentes da temperatura e use os dados disponíveis no Apêndice 2A para calcular $\Delta G°$ para cada uma das seguintes reações, em 80°C. Em que intervalo de temperatura cada reação se tornará espontânea em condições padrão?

(a) $B_2O_3(s) + 6\ HF(g) \longrightarrow 2\ BF_3(g) + 3\ H_2O(l)$
(b) $CaC_2(s) + 2\ HCl(aq) \longrightarrow CaCl_2(aq) + C_2H_2(g)$
(c) $C(s, grafita) \longrightarrow C(s, diamante)$

4J.18 Suponha que $\Delta H°$ e $\Delta S°$ são independentes da temperatura e use os dados disponíveis no Apêndice 2A para calcular $\Delta G°$ para cada uma das seguintes reações, em 250°C. Em que intervalo de temperatura cada reação se tornará espontânea em condições padrão?

(a) $2\ NO(g) + O_2(g) \longrightarrow 2\ NO_2(g)$
(b) $CaO(s) + H_2O(l) \longrightarrow Ca(OH)_2(s)$
(c) $CaC_2(s) + 2\ H_2O(l) \longrightarrow Ca(OH)_2(aq) + C_2H_2(g)$

O exemplo e os exercícios a seguir baseiam-se no conteúdo do Foco 4.

FOCO 4 — Exemplo cumulativo online

Uma das primeiras experiências com transformações químicas em uma sala de aula é a reação do bicarbonato de sódio (NaHCO$_3$) com vinagre (CH$_3$COOH(aq)) para formar dióxido de carbono, água e acetato de sódio (NaCH$_3$CO$_2$). Você precisa examinar a termodinâmica desta reação, com a qual você se divertiu quando era criança. Uma solução de bicarbonato de sódio é preparada dissolvendo 15,9 g de NaHCO$_3$ em 50. mL de água. A ela, você adicionou 200. mL de vinagre, que é 0,833 M de CH$_3$COOH(aq). A reação é executada em um recipiente aberto em uma sala em 22,1°C e 1 atm.

(a) Use os dados do Apêndice 2A para escrever a equação termodinâmica.

(b) Calcule as seguintes propriedades da reação: $\Delta H°$, $\Delta U°$, $\Delta S°$ e $\Delta G°$.

(c) Qual é o volume de CO$_2$(g) produzido?

(d) Calcule os valores de w e q e as variações de energia interna e de entalpia (ΔU_{expt} e ΔH_{expt}) no experimento.

 A solução deste exemplo está disponível, em inglês, no hotsite http://apoio.grupoa.com.br/atkins7ed

FOCO 4 — Exercícios

Os exercícios assinalados com $\int_{dx}^{C}$ exigem cálculo.

4.1 Qual é o calor necessário para converter um bloco de gelo de massa 42,30 g, em −5,042°C em vapor d'água em 150,35°C?

4.2 Uma peça de aço inoxidável de massa 121,3 g, aquecida até 482°C, foi rapidamente imersa em 37,55 g de gelo, em −23°C, em um frasco isolado que foi imediatamente selado. (a) Se não houver perda de energia para a vizinhança, qual será a temperatura final do sistema? (b) Que fases de água estarão presentes e em que quantidades, quando o sistema atingir a temperatura final?

4.3 A capacidade calorífica do iodo líquido é 80,7 J·K^{-1}·mol^{-1} e a entalpia de vaporização do iodo é 41,96 kJ·mol^{-1} no ponto de ebulição (184,3°C). Use esses dados e as informações do Apêndice 2A para calcular a entalpia de fusão do iodo em 25°C.

4.4 Uma banheira comum pode conter 100. galões de água. (a) Calcule a massa de gás natural que precisaria ser queimada para elevar a temperatura da água de uma banheira desse tamanho de 65°F até 108°F. Suponha que o gás natural é metano puro, CH$_4$. (b) A que volume de gás, em 25°C e 1,00 atm de pressão, essa massa corresponde? Use a Tabela 4D.1.

4.5 Em 1750, Joseph Black fez um experimento que levou à descoberta das entalpias de fusão. Ele colocou duas amostras de 150. g de água em 0,00°C (uma amostra sólida e a outra líquida) em uma sala mantida na temperatura constante de 5,00°C. Em seguida, ele observou o tempo necessário para que cada amostra chegasse à temperatura final. O líquido chegou a 5,00°C após 30,0 min. O gelo, porém, levou 10,5 h para atingir 5,00°C. Ele concluiu que a diferença de tempo necessária para chegar à mesma temperatura final correspondia à diferença de calor necessária para aumentar as temperaturas das amostras. Use os dados de Black para calcular a entalpia de fusão do gelo em quilojoules por mol. Use a capacidade calorífica conhecida da água líquida.

4.6 (a) Calcule o trabalho associado à expansão isotérmica e reversível de 1,000 mol de um gás ideal de 7,00 L até 15,50 L, em 25,0°C. (b) Calcule o trabalho associado com a expansão adiabática irreversível da amostra de gás descrita na parte (a) contra uma pressão atmosférica constante de 760. Torr. (c) Como se compara a temperatura do gás na parte (b) com a temperatura do gás na parte (a) após a expansão?

4.7 (a) Calcule o trabalho que deve ser feito contra a atmosfera para a expansão dos produtos gasosos da combustão de 1,00 mol de hexano, C$_6$H$_6$(l), em 25°C e 1 bar. (b) Use os dados encontrados no Apêndice 2A para calcular a entalpia padrão da reação. (c) Calcule a variação da energia interna, $\Delta U°$, do sistema.

4.8 Um sistema sofre um processo em duas etapas. Na etapa 1, ele absorve 60. J de calor em volume constante. Na etapa 2, ele cede 12 J de calor, em 1,00 atm, e volta à energia interna original. Determine a variação de volume do sistema durante a segunda etapa e identifique-a como uma expansão ou uma compressão.

4.9 A contribuição dos modos vibracionais de alta temperatura para a capacidade calorífica molar de um sólido em volume constante é R para cada modo de vibração. Portanto, para um sólido monoatômico, a capacidade calorífica molar em volume constante é aproximadamente $3R$. (a) A capacidade calorífica específica de um determinado sólido monoatômico é 0,392 J·K^{-1}·g^{-1}. O cloreto deste elemento (XCl$_2$) contém 52,7% de cloro em massa. Identifique o elemento. (b) Esse elemento cristaliza em uma célula unitária cúbica de face centrada e seu raio atômico é 128 pm. Qual é a densidade desse sólido?

4.10 Estime a capacidade calorífica molar (em volume constante) do gás dióxido de enxofre. Além dos movimentos translacional e rotacional, existe movimento vibracional. A contribuição de cada grau de liberdade vibracional para a capacidade calorífica molar é R. A temperatura necessária para que os modos vibracionais fiquem acessíveis é aproximadamente $\theta = h\nu_{vib}/k$, em que k é a constante de Boltzmann. Os modos vibracionais têm frequências 35 THz, 41 THz e 16 THz (1 THz = 1×10^{12} Hz). (a) Qual é o limite de alta temperatura da capacidade calorífica molar em volume constante? (b) Qual é a capacidade calorífica molar em volume constante, em 1000. K? (c) Qual é a capacidade calorífica molar em volume constante na temperatura normal?

4.11 Considere a hidrogenação do benzeno a ciclo-hexano, que ocorre por adição em etapas de dois átomos H por etapa:

(1) $C_6H_6(l) + H_2(g) \longrightarrow C_6H_8(l)$ $\Delta H° = ?$
(2) $C_6H_8(l) + H_2(g) \longrightarrow C_6H_{10}(l)$ $\Delta H° = ?$
(3) $C_6H_{10}(l) + H_2(g) \longrightarrow C_6H_{12}(l)$ $\Delta H° = ?$

(a) Desenhe as estruturas de Lewis dos produtos da hidrogenação do benzeno. Se a ressonância é possível, mostre somente uma estrutura ressonante. (b) Use entalpias de ligação para estimar as variações de entalpia de cada etapa e da hidrogenação total. Ignore a deslocalização dos elétrons nesse cálculo e o fato de que as substâncias são líquidas. (c) Use os dados do Apêndice 2A para calcular a entalpia da hidrogenação completa do benzeno a ciclo-hexano. (d) Compare o valor obtido na parte (c) com o obtido na parte (b). Explique as diferenças.

4.12 Desenhe a estrutura de Lewis da molécula hipotética N_6, formada por um anel de seis átomos de nitrogênio. Use entalpias de ligação para calcular a entalpia da reação de decomposição de N_6 a $N_2(g)$. N_6 é uma molécula estável?

4.13 Robert Curl, Richard Smalley e Harold Kroto receberam o Prêmio Nobel de Química, em 1996, pela descoberta da molécula C_{60}, que tem a forma de uma bola de futebol. Essa molécula foi a primeira de uma nova série de alótropos moleculares do carbono. A entalpia de combustão de C_{60} é -25.937 $kJ·mol^{-1}$ e a entalpia de sublimação é $+233$ $kJ·mol^{-1}$. Existem 90 ligações em C_{60}, das quais 60 são simples e 30 são duplas. Como o benzeno, C_{60} tem um conjunto de ligações múltiplas para as quais pode-se escrever estruturas de ressonância. (a) Determine a entalpia de formação de C_{60} a partir da entalpia de combustão. (b) Calcule a entalpia de formação esperada para C_{60} a partir das entalpias de ligação, considerando as ligações duplas e simples como isoladas. (c) C_{60} é mais ou menos estável do que o previsto pelo modelo de ligações isoladas? (d) Quantifique a resposta da parte (c), dividindo por 60 a diferença entre a entalpia de formação, calculada a partir dos dados de combustão, e a obtida pelo cálculo da entalpia de ligação, para obter o valor por carbono. (e) Como o número obtido em (d) se compara com a energia de estabilização por ressonância por carbono do benzeno (a energia de estabilização por ressonância do benzeno é aproximadamente 150 $kJ·mol^{-1}$)? (f) Por que esses números devem ser diferentes? A entalpia de atomização de $C(gr)$ é $+717$ $kJ·mol^{-1}$.

4.14 Na combustão do enxofre, o produto da oxidação de enxofre normalmente é SO_2, mas SO_3 também pode se formar em condições específicas. Quando uma amostra de 0,6192 g de enxofre foi queimada com oxigênio ultrapuro em um calorímetro de bomba de capacidade calorífica 5,270 $kJ·(°C)^{-1}$, a temperatura aumentou 1,140°C. Supondo que todo o enxofre foi consumido na reação, qual foi a relação entre o dióxido de enxofre e o trióxido de enxofre produzido?

4.15 O ácido clorídrico oxida o metal zinco em uma reação que produz gás hidrogênio e íons cloreto. Uma peça do metal de massa igual a 8,5 g foi colocada em um aparelho que contém 800. mL de 0,500 M de HCl (aq). Se a temperatura inicial da solução de ácido clorídrico é 25°C, qual é a temperatura final da solução? Suponha que a densidade e a capacidade calorífica molar da solução de ácido clorídrico são iguais às da água e que todo o calor é usado para aumentar a temperatura da solução.

4.16 Use os conhecimentos adquiridos sobre forças intermoleculares para colocar os seguintes compostos em ordem crescente de entalpia de vaporização: CH_4, H_2O, N_2, $NaCl$, C_6H_6 e H_2. Explique sua resposta.

4.17 Um técnico conduz a reação 2 $SO_2(g) + O_2(g) \rightarrow 2$ $SO_3(g)$ em 25°C e 1,00 atm em um cilindro dotado de um pistão em pressão constante. No início, estão no cilindro 0,030 mol de SO_2 e 0,030 mol de O_2. O técnico adiciona, então, um catalisador para iniciar a reação. (a) Calcule o volume do cilindro que contém os gases antes do começo da reação. (b) Qual é o reagente limitante? (c) Suponha que a reação se completa e que a temperatura e a pressão permanecem constantes. Qual é o volume final do cilindro (inclua o reagente que está em excesso, se houver)? (d) Qual é o trabalho executado? Ele é feito contra ou a favor do sistema? (e) Qual é a entalpia trocada? Ela sai ou entra no sistema? (f) Leve em conta as respostas das partes (d) e (e) para calcular a variação de energia interna da reação.

4.18 Vimos, no Tópico 4A, como calcular o trabalho de expansão isotérmica reversível de um gás perfeito. Suponha, agora, que a expansão reversível não é isotérmica e que a temperatura diminui durante a expansão. (a) Derive uma expressão para o trabalho quando $T = T_{inicial} - c(V - V_{inicial})$, em que c é uma constante positiva. (b) O trabalho é, neste caso, maior ou menor do que o da expansão isotérmica? Explique sua conclusão.

4.19 Calcule a energia cinética molar (em joules por mol) do $Kr(g)$ em (a) 55,85°C e (b) 54,85°C. (c) A diferença entre as respostas dos itens (a) e (b) é a energia necessária para elevar a temperatura de 1 mol de $Kr(g)$ em 1,00°C. Qual é o valor da capacidade calorífica molar do $Kr(g)$?

4.20 Calcule a energia cinética molar (em joules por mol) de uma amostra de $Ne(g)$ a (a) 25,00°C e (b) 26,00°C. (c) A diferença entre as respostas dos itens (a) e (b) é a energia necessária para elevar a temperatura de 1 mol de $Ne(g)$ em 1,00°C. Qual é o valor da capacidade calorífica molar do $Ne(g)$?

4.21 De acordo com as teorias atuais da evolução biológica, os amino-ácidos e os ácidos nucleicos foram produzidos a partir de reações de ocorrência aleatória, que envolviam compostos que, imagina-se, estavam presentes na atmosfera primitiva da Terra. Essas moléculas simples agruparam-se, posteriormente, em moléculas cada vez mais complexas, como DNA e RNA. Esse processo é consistente com a segunda lei da termodinâmica? Explique sua resposta.

4.22 A energia interna padrão de formação, $\Delta U_f°$, corresponde à entalpia padrão de formação, mas é medida em volume constante. Com base nos dados no Apêndice A, determine $\Delta U_f°$ para (a) $H_2O(g)$; (b) $H_2O(l)$. Explique quaisquer diferenças entre estes valores e $\Delta H_f°$ para as duas fases da água.

4.23 A radiação em um forno de micro-ondas é absorvida pela água da comida que se quer aquecer. Quantos fótons de comprimento de onda 4,50 mm são necessários para aquecer 350. g de água de 25,0°C até 100,0°C? Suponha que toda a energia é usada no aumento de temperatura.

4.24 Duas amostras, uma de 1 mol de $N_2(g)$ e a outra de 1 mol de $CH_4(g)$, estão em balões idênticos, mas separados, cuja temperatura é igual a 500. K. Cada uma delas ganha 1200. J de calor em volume constante. A temperatura final das duas amostras será a mesma? Se não, qual delas chegará à temperatura mais alta? Justifique seu raciocínio.

4.25 Em média, uma pessoa queima 15. $kJ·min^{-1}$ jogando tênis. Calcule o tempo necessário para um tenista queimar a energia fornecida por uma porção de 2 onças de queijo, cuja entalpia de combustão específica é 17,0 $kJ·g^{-1}$.

4.26 O "gás de síntese" é uma mistura de monóxido de carbono, hidrogênio, metano e alguns gases incombustíveis que é produzida no refino do petróleo. Um certo gás de síntese contém, por volume, 40,0% de monóxido de carbono, 25,0% de gás hidrogênio e 10,0% de gases incombustíveis. A diferença é metano. Que volume desse

Foco 4 Exercícios **343**

gás deve ser queimado para elevar em 5°C a temperatura de 5,5 L de água? Suponha que o gás está sob 1,0 atm e 298 K e que os três gases são completamente oxidados na reação de combustão.

4.27 Motores a vapor movidos a carvão usam o calor da queima do carvão para aquecer a água. Suponha que um carvão de densidade 1,5 g·cm^{-3} é carbono puro (ele é de fato muito mais complicado, mas esta é uma primeira aproximação razoável). A combustão do carbono é descrita pela equação

$$C(s) + O_2(g) \longrightarrow CO_2(g) \qquad \Delta H° = -394 \text{ kJ}$$

(a) Calcule o calor produzido quando um pedaço de carvão de 7,0 cm $\times$ 6,0 cm $\times$ 5,0 cm é queimado. (b) Estime a massa de água que pode ser aquecida de 25°C até 100. °C na queima desse pedaço de carvão.

4.28 Um estudante vai à escola diariamente de bicicleta, um percurso de 10. milhas nos dois sentidos, que leva 30. minutos, em cada direção. O estudante utiliza 420 kJ·h^{-1} no esforço de pedalar. A mesma distância necessitaria 0,40 galão de gasolina em um automóvel. Suponha que o estudante vai à escola 150 dias por ano e que a entalpia de combustão da gasolina é igual à entalpia de combustão do octano, cuja densidade é 0,702 g·cm^{-3} (3,785 L = 1,000 galão). Qual é a energia gasta, em um ano, nessa jornada (a) pela bicicleta e (b) pelo automóvel?

4.29 O petróleo bruto com frequência é contaminado pelo gás sulfeto de hidrogênio, que é venenoso. O processo Claus para a extração de enxofre do petróleo tem duas etapas:

$$2 H_2S(g) + 3 O_2(g) \longrightarrow 2 SO_2(g) + 2 H_2O(l)$$
$$2 H_2S(g) + SO_2(g) \longrightarrow 3 S(s) + 2 H_2O(l)$$

Escreva uma equação termoquímica para a reação total que não contém SO_2. (b) Que variação de entalpia seria associada com a produção de 60,0 kg de enxofre? (c) O reator teria de ser esfriado ou aquecido para manter a temperatura constante?

4.30 Uma reação que está sendo estudada para gerar oxigênio a partir de dióxido de carbono em voos espaciais longos tem as duas etapas seguintes

$$CO_2(g) + 2 H_2(g) \longrightarrow C(s) + 2 H_2O(l)$$
$$2 H_2O(l) \longrightarrow 2 H_2(g) + O_2(g)$$

(a) Escreva uma equação termoquímica para a reação total. (b) Que variação de entalpia seria associada com a produção de 32,0 L de oxigênio a 0,82 atm e 300 K? (c) O reator teria de ser esfriado ou aquecido para manter a temperatura constante?

4.31 O gás de água é um combustível barato de baixo grau calorífico obtido do carvão. (a) A produção do gás de água é um processo exotérmico ou endotérmico? A reação é

$$C(s) + H_2O(g) \longrightarrow CO(g) + H_2(g)$$

(b) Calcule a variação de entalpia da produção de 200. L de hidrogênio, em 500. Torr e 65°C, que ocorre nessa reação.

4.32 A companhia de cereais ABC está desenvolvendo um novo tipo de cereal matinal, para competir com um produto rival, que eles chamam de Marca X. Pediram-lhe que comparasse o conteúdo de energia dos dois cereais para ver se o novo produto da ABC tem menos calorias. Você, então, queimou amostras de 1,00 g dos cereais com oxigênio em um calorímetro de capacidade calorífica 600. J·(°C)$^{-1}$. Quando a amostra de cereal da Marca X queimou, a temperatura aumentou de 300,2 K até 309,0 K. Quando a amostra do cereal da ABC queimou, a temperatura subiu de 299,0 K até 307,5 K. (a) Qual foi a produção de calor de cada

amostra? (b) Uma porção de cereal contém, normalmente, 30,0 g. Como você rotularia os pacotes dos dois cereais, para indicar o valor calórico por porção de 30,0 g em joules? E em Calorias nutricionais (quilocalorias)?

4.33 Um automóvel experimental usa hidrogênio como combustível. No começo de uma corrida de teste, o tanque rígido de 30,0 L admitiu 16,0 atm de hidrogênio em 298 K. No fim da corrida, a temperatura do tanque era ainda 298 K, porém a pressão caiu para 4,0 atm. (a) Quantos mols de H_2 foram queimados durante a corrida? (b) Quanto calor, em quilojoules, foi liberado pela combustão daquela quantidade de hidrogênio?

4.34 Em climas quentes e secos, uma alternativa barata para o ar-condicionado é a refrigeração evaporativa. O aparelho usa água para molhar continuamente uma almofada porosa através da qual um ventilador empurra o ar quente. O ar esfria conforme a água evapora. Use as informações das Tabelas 4.2A e 4C.1 para determinar quanta água deve evaporar para esfriar de 20.°C o ar em uma sala de dimensões 4,0 m $\times$ 5,0 m $\times$ 3,0 m. Considere a entalpia de vaporização da água igual à entalpia de vaporização em 25°C.

4.35 Uma etapa na produção de hidrogênio como combustível é a reação do metano com o vapor de água:

$$CH_4(g) + H_2O(g) \xrightarrow{\text{Ni}} CO_2(g) + 3 H_2(g) \qquad \Delta H = -318 \text{ kJ}$$

Qual é a variação de energia interna na produção de 1,00 mol de H_2?

4.36 (a) Antes de verificar os números, para qual das seguintes substâncias você esperaria a maior entropia padrão molar, $CH_3COOH(l)$ ou $CH_3COOH(aq)$? Tendo feito a previsão, examine os dados no Apêndice 2A e explique seus resultados.

4.37 Em que condições, se houver, o sinal de cada uma das seguintes quantidades é um critério para assegurar a espontaneidade de uma reação? (a) $\Delta G°$; (b) $\Delta H°$; (c) $\Delta S°$; (d) ΔS_{tot}.

4.38 Três amostras líquidas, de massas conhecidas, são aquecidas até o ponto de ebulição com um aquecedor de 500. W. Após alcançar o ponto de ebulição, o aquecimento continuou por 4,0 min e parte de cada amostra vaporizou. Após 4,0 min, as amostras foram resfriadas e as massas remanescentes dos líquidos determinadas. O processo foi realizado em pressão constante. Use os dados a seguir para (a) calcular ΔS_{vap} e ΔH_{vap} de cada amostra. Imagine que todo o calor do aquecedor passa para a amostra. (b) O que os valores de ΔS_{vap} sugerem sobre o grau relativo de ordem dos líquidos?

Líquido	Temperatura de ebulição/°C	Massa inicial/g	Massa final/g
C_2H_5OH	78,3	400,15	271,15
C_4H_{10}	0,0	398,05	74,95
CH_3OH	64,5	395,15	294,25

4.39 As entalpias de fusão e os pontos de fusão dos seguintes elementos são: Pb, 5,10 kJ·mol^{-1}, 327°C; Hg, 2,29 kJ·mol^{-1}, -39°C; Na, 2,64 kJ·mol^{-1}, 98°C. Levando em conta esses dados, determine se uma relação semelhante à regra de Trouton para a entropia de fusão de elementos metálicos pode ser obtida.

4.40 Determine se o dióxido de titânio pode ser reduzido pelo carbono em 1000. K nas seguintes reações:

(a) $TiO_2(s) + 2 C(s) \longrightarrow Ti(s) + 2 CO(g)$
(b) $TiO_2(s) + C(s) \longrightarrow Ti(s) + CO_2(g)$

sabendo que, a 1000. K, $\Delta G_f° = -200.$ kJ·mol^{-1}, $\Delta G_f° = -396$ kJ·mol^{-1} e $\Delta G_f°$ (TiO_2, s) $= -762$ kJ·mol^{-1}.

344 **Foco 4** Exercícios

4.41 Qual é o óxido de ferro termodinamicamente mais estável no ar: $Fe_3O_4(s)$ ou $Fe_2O_3(s)$? Justifique sua escolha.

4.42 (a) Calcule o trabalho que deve ser realizado, em 298,15 K e 1,00 bar, contra a atmosfera para a produção de $CO_2(g)$ e $H_2O(g)$ na combustão de 0,825 mol de $C_6H_6(l)$. (b) Calcule a variação de entropia do sistema devido à expansão dos gases produzidos.

4.43 O hidrogênio queima em uma atmosfera de gás bromo para dar o gás brometo de hidrogênio. (a) Qual é a energia livre de Gibbs padrão da reação $H_2(g) + Br_2(g) \rightarrow 2 HBr(g)$ em 298 K? (b) Se 120. mL do gás H_2 em STP se combinam com uma quantidade estequiométrica de bromo e o brometo de hidrogênio resultante dissolve-se para formar 150. mL de uma solução em água, qual é a concentração molar do ácido bromídrico resultante?

4.44 O hidrogênio reage com o gás nitrogênio para formar amônia. (a) Qual é a energia livre de Gibbs padrão da reação $3 H_2(g) + N_2(g) \rightarrow 2 NH_3(g)$ em 298 K? (b) Se 50,1 L de gás H_2 em 1 bar e 298 K são adicionados a 15,6 L de N_2, também em 1 bar e 298 K, e a amônia resultante dissolve-se para formar 2,00 L de uma solução em água, que quantidade de amônia pode se formar? (c) Qual é a concentração molar da solução de amônia em água?

4.45 O nitrato de potássio dissolve facilmente em água e sua entalpia de solução é $+34,9 \text{ kJ·mol}^{-1}$. (a) A entalpia de solução favorece ou não o processo de dissolução? (b) A variação de entropia do sistema é positiva ou negativa quando o sal dissolve? (c) A variação de entropia do sistema é, principalmente, o resultado de mudanças de desordem posicional ou de desordem térmica? (d) A variação de entropia da vizinhança é, principalmente, o resultado de mudanças de desordem posicional ou de desordem térmica? (e) O que é responsável pela dissolução de KNO_3?

4.46 Explique por que cada uma das seguintes declarações é falsa: (a) Reações cujas energias livres de Gibbs de reação são negativas ocorrem espontânea e rapidamente. (b) Todas as amostras de um elemento puro, independentemente de seu estado físico, têm energia livre de Gibbs de formação igual a zero. (c) Uma reação exotérmica que produz mais mols de gás do que consome tem energia livre de Gibbs padrão de reação positiva.

4.47 Um antisséptico comum usado para cortes e arranhões é uma solução de peróxido de hidrogênio em 3% em água. O oxigênio que borbulha da solução de peróxido de hidrogênio quando ele se decompõe pelas enzimas do sangue, em oxigênio e água, ajuda a limpar a ferida. Dois possíveis métodos de síntese industrial do peróxido de hidrogênio são: (i) $H_2(g) + O_2(g) \rightarrow H_2O_2(l)$, que usa um metal como o paládio ou o composto orgânico quinona como catalisador e (ii) $2 H_2O(l) + O_2(g) \rightarrow 2 H_2O_2(l)$. (a) Em 298 K e 1 atm, que método libera mais energia por mol de O_2? (b) Que método tem a energia livre de Gibbs padrão mais negativa? (c) Depois de ser usado em casa, ele pode facilmente ser regenerado a partir de oxigênio e água?

4.48 O ácido acético, $CH_3COOH(l)$, pode ser produzido a partir (a) da reação de metanol com monóxido de carbono; (b) da oxidação do etanol; (c) da reação do dióxido de carbono com metano. Escreva equações balanceadas para cada um desses processos. Faça uma análise termodinâmica das três possibilidades e decida qual você esperaria que fosse mais fácil de realizar.

4.49 Alguns valores de $S_m°$, no Apêndice 2A, são números negativos. O que essas espécies têm em comum e por que a entropia deveria ser negativa?

4.50 Três alquenos isômeros têm fórmula C_4H_8 (veja a tabela seguinte). (a) Desenhe a estrutura de Lewis de cada composto. (b) Calcule $\Delta G°$, $\Delta H°$ e $\Delta S°$ das reações de interconversão entre cada par de compostos. (c) Qual é o isômero mais estável? (d) Coloque os isômeros em ordem decrescente de $S_m°$.

Composto	$\Delta H_f°/(\text{kJ·mol}^{-1})$	$\Delta G_f°/(\text{kJ·mol}^{-1})$
2-metil-propeno	−16,90	+58,07
cis-2-buteno	−6,99	+65,86
trans-2-buteno	−11,17	+62,97

4.51 (a) Use os dados do Apêndice 2A para calcular a energia livre de Gibbs padrão da vaporização da água, em 25,0°C, 100,0°C e 150,0°C. (b) Qual deveria ser o valor em 100,0°C? (c) Por que existe essa discrepância?

4.52 Desenvolva o argumento de que, para qualquer líquido na pressão atmosférica (isto é, um líquido que ferve acima da temperatura normal quando a pressão externa é 1 atm), o valor numérico de ΔH_{vap} em joules por mol é maior do que o valor numérico de ΔS_{vap} em joules por kelvin por mol. (Explique e justifique cada etapa e cada hipótese.)

4.53 A entropia molar dos spins dos elétrons em um campo magnético B é

$$S_m = R\left\{\frac{\Delta E/kT}{e^{\Delta E/kT} - 1} - \ln(1 - e^{-\Delta E/kT})\right\}$$

em que $\Delta E = 2\mu_B B$ é a diferença de energia entre os dois estados de spin em um campo magnético e μ_B é o magneton de Bohr, igual a $9,274 \times 10^{-24} \text{ J·T}^{-1}$. Faça um gráfico desta função em relação à temperatura para os seguintes valores de B: 0,1 T, 1 T, 10 T e 100 T (veja o Quadro 4H.1). Note que a unidade de indução magnética, o tesla, T, em que $1 \text{ T} = 1 \text{ kg·s}^{-2}\text{·A}^{-1}$, se cancela.

4.54 As populações p dos estados de spin para cima e para baixo em um campo magnético B são dadas por

$$p_{\text{para baixo}} = \frac{1}{1 + e^{-\Delta E/kT}} \quad e \quad p_{\text{para cima}} = \frac{e^{-\Delta E/kT}}{1 + e^{-\Delta E/kT}}$$

em que $\Delta E = 2\mu_B B$ é a diferença de energia entre os dois estados de spin (veja o Exercício 4.53). Lance em gráfico estas duas populações em função da temperatura para $B = 1$ T (veja o Quadro 4H.1.)

4.55 Sem fazer cálculos, encontre a temperatura que corresponde a populações iguais de estados de spin para cima e para baixo (veja o Exercício 4.54).

4.56 Suponha que fosse possível que houvesse duas vezes mais elétrons com os spins para cima do que para baixo em um campo magnético. Sem fazer cálculos, prediga o sinal da temperatura na amostra (veja o Exercício 4.54).

4.57 É útil entender os gráficos de funções termodinâmicas em termos do comportamento das moléculas. Analise o gráfico da dependência da energia livre de Gibbs padrão molar em relação à temperatura das três fases de uma substância que está na Fig. 4J.3. (a) Explique, em termos do comportamento das moléculas, por que a energia livre de Gibbs de cada fase diminui com a temperatura. (b) Explique, em termos do comportamento das moléculas, por que a energia livre de Gibbs da fase vapor diminui mais rapidamente com a temperatura do que as da fase líquido ou sólido.

4.58 Como as funções de estado dependem apenas do estado atual do sistema, quando um sistema sofre uma série de processos que o levam de volta ao estado original, fecha-se um ciclo termodinâmico e as funções de estado voltam a seu valor original. As funções que dependem de cada etapa, porém, podem ter se alterado. (a) Verifique que não há diferença na função de estado S, para um processo no qual 1,00 mol de moléculas de nitrogênio em um cilindro de 3,00 L em 302 K passa pelas três etapas seguintes: (i) esfriamento em volume constante até $T = 75,6$ K; (ii) aquecimento em pressão constante até $T = 302$ K, (iii) compressão em temperatura constante até $V = 3,00$ L. Calcule ΔU e ΔS para o ciclo total. (b) Quais são os valores de q e w para o ciclo completo? (c) Quais são ΔS_{viz} e ΔS_{total} para o ciclo? Se algum valor for diferente de zero, explique como isso pode acontecer se a entropia é uma função de estado. (d) O processo é espontâneo, não espontâneo ou está em equilíbrio?

4.59 Uma técnica usada para superar as condições termodinâmicas desfavoráveis de uma reação é "acoplar" a reação a outro processo termodinamicamente favorável. Por exemplo, a desidrogenação do ciclo-hexano para formar o benzeno e o gás hidrogênio não é espontânea. Mostre que, quando outra molécula, como o eteno, está presente para atuar como aceitador de hidrogênio (isto é, o eteno reage com o hidrogênio produzido para formar etano), o processo é espontâneo.

4.60 Suponha que uma fonte quente em 400°C libera 200. J de energia, que passa por uma turbina que converte parte dela em trabalho e libera o restante na forma de calor em um poço frio em 20.°C. Qual é a quantidade máxima de calor que pode ser produzida por esse motor se ele deve, no total, operar espontaneamente?

FOCO 4 Exercícios cumulativos

4.63 Combustíveis à base de petróleo contribuem para as mudanças climáticas, e combustíveis alternativos estão sendo muito procurados (veja o Quadro 4D.1). Três compostos que poderiam ser produzidos biologicamente e usados como combustíveis são metano, CH_4, produzido pela digestão anaeróbica de esgotos, dimetil-éter, H_3C—O—CH_3, um gás produzido a partir de metanol, e etanol, CH_3CH_2OH, um líquido obtido na fermentação de açúcares.

(a) Desenhe a estrutura de Lewis de cada composto.

(b) Use entalpias de ligação (e, para o etanol, sua entalpia de vaporização) para calcular a entalpia de combustão de cada combustível, supondo que eles queimem para produzir gás CO_2 e vapor de água. Explique as diferenças.

(c) Use os valores das entalpias de combustão de compostos orgânicos do Apêndice 2A para comparar metano e etanol com octano, um constituinte importante da gasolina, como combustíveis calculando a entalpia específica (o calor produzido por grama) de cada combustível. Com base nessa informação, qual deles você escolheria como combustível?

(d) Que volume de gás metano em 10,00 atm e 298 K você precisaria queimar em pressão constante para produzir a mesma quantidade de calor obtida de 10,00 L de octano (a densidade do octano é 0,70 $g \cdot mL^{-1}$)?

(e) Um problema dos combustíveis que contêm carbono é que eles produzem dióxido de carbono quando queimam, logo, uma preocupação que poderia determinar a escolha do combustível é o calor

Qual é a eficiência do motor, com o trabalho realizado dividido pelo calor fornecido, expressa em percentagem? Como a eficiência poderia ser aumentada?

4.61 Um cientista propôs as duas reações seguintes para produzir etanol, um combustível líquido:

$$C_2H_4(g) + H_2O(g) \longrightarrow CH_3CH_2OH(l) \qquad \textbf{(A)}$$
$$C_2H_6(g) + H_2O(g) \longrightarrow CH_3CH_2OH(l) + H_2(g) \qquad \textbf{(B)}$$

A reação B será preferida se for espontânea, porque $C_2H_6(g)$ é um insumo mais barato do que $C_2H_4(g)$. Suponha condições de estado padrão e determine se as reações são termodinamicamente espontâneas.

4.62 Os combustíveis de foguetes seriam inúteis se sua oxidação não fosse espontânea. Embora os foguetes operem em condições muito diferentes das condições padrão, uma estimativa inicial do potencial de um combustível de foguete pode determinar se sua oxidação nas temperaturas elevadas que um foguete atinge é espontânea. Um químico que explorava combustíveis para uso potencial no espaço imaginou usar cloreto de alumínio vaporizado em uma reação para a qual a equação resumida é

$$AlCl_3(g) + O_2(g) \longrightarrow Al_2O_3(s) + ClO(g)$$

Balanceie esta equação. Em seguida, use os dados apresentados (que são para 2000 K) para decidir se o combustível é promissor e merece mais estudo: ΔG_f° ($AlCl_3$, g) $= -467$ $kJ \cdot mol^{-1}$, ΔG_f° (Al_2O_3, s) $= -1034$ $kJ \cdot mol^{-1}$, ΔG_f° (ClO, g) $= +75$ $kJ \cdot mol^{-1}$.

por mol de CO_2 produzido. Calcule esta quantidade para metano, etanol e octano. Que processo produz mais dióxido de carbono na atmosfera por quilojoule gerado?

4.64 As bolsas de ar (*air bags*) dos veículos protegem os passageiros com uma reação química que gera gás rapidamente. A reação tem de ser espontânea e explosivamente rápida. Uma reação comumente usada é a decomposição da azida de sódio, NaN_3, a gás nitrogênio e ao metal sódio.

(a) Escreva a equação química balanceada da reação usando o menor número possível de coeficientes inteiros.

(b) Estipule o sinal da variação de entropia desta reação sem fazer cálculos. Explique seu raciocínio.

(c) Determine o número de oxidação do nitrogênio no íon azida e no gás nitrogênio. O nitrogênio é oxidado ou reduzido na reação?

(d) Use os dados do Apêndice 2A e o fato de que, para a azida de sódio, $S_m^\circ = 96,9$ $J \cdot K^{-1} \cdot mol^{-1}$ para calcular ΔS° em 298 K para a decomposição da azida de sódio.

(e) Use seu resultado da parte (d) e o fato de que, para a azida de sódio, $\Delta H_f^\circ = +21,7$ $kJ \cdot mol^{-1}$, para calcular ΔH° e ΔG° em 298 K para a decomposição da azida de sódio.

(f) A reação é espontânea em 298 K e pressão constante de 1 bar?

(g) A reação pode ficar não espontânea (na pressão constante de 1 bar) se a temperatura se alterar? Se for o caso, a temperatura deve subir ou descer?

INTERLÚDIO   A energia livre e a vida

A existência de seres vivos pode parecer à primeira vista uma contradição da segunda lei da termodinâmica. Cada célula de um ser vivo é extraordinariamente organizada. Milhares de compostos diferentes, cada um com uma função específica, movem-se na coreografia intrincada a que chamamos vida. Somos exemplos de sistemas com entropia muito baixa (no sentido de nossos organismos serem muito organizados). Considerando a vizinhança, é possível explicar como as moléculas de nossos organismos formam estruturas altamente organizadas e complexas, e não uma massa de gosma, lama ou gás, por exemplo.

Muitas reações biológicas, como a construção de uma proteína ou de uma molécula de DNA, são acompanhadas pela diminuição da entropia do sistema e, portanto, devem ser forçadas por uma fonte externa de energia. Essa energia vem da luz do sol e dos alimentos que armazenaram energia solar (Fig. 1). Quando o alimento é metabolizado, a reação exotérmica resultante gera muita entropia na vizinhança e, se a reação é acoplada com uma reação bioquímica que não é espontânea, a variação de entropia *total* pode ser positiva e o processo *total*, espontâneo. Em outras palavras, *uma reação que produz muita entropia pode empurrar uma reação endotérmica para adiante*. Em termos da energia livre de Gibbs, um processo bioquímico pode ser levado para energias livres de Gibbs crescentes por outra reação que leva a energias livres decrescentes. Permanecer vivo é muito parecido com o efeito de um peso menor amarrado a um peso maior por uma corda que passa por uma roldana (Fig. 2). O peso menor não conseguiria subir sozinho. Entretanto, como ele está ligado ao peso maior que cai do outro lado da roldana, ele pode subir.

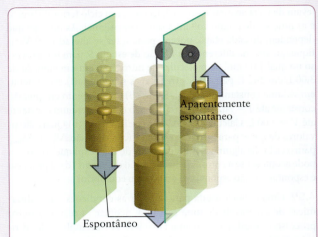

FIG. 2 Um processo natural pode ser representado como a queda de um peso (à esquerda). Um peso que sobe espontaneamente é encarado como um processo não usual até que se verifique que ele faz parte de um processo total natural (à direita). A queda natural do peso mais pesado provoca uma subida aparentemente "não natural" do peso menor.

FIG. 1 Evidência da conversão de dióxido de carbono e água em açúcares, um processo promovido pela luz, é encontrada na liberação de bolhas de oxigênio por plantas aquáticas como *Microsorum pteropus*, a samambaia de Java. (*Leroy Laverman.*)

A hidrólise de adenosina-trifosfato, ATP (**1**), até adenosina-difosfato, ADP (**2**), é a reação mais usada pelos organismos biológicos para se acoplar e forçar reações não espontâneas. O valor de $\Delta G°$ da hidrólise de 1 mol de ATP é cerca de −30 kJ. Para transformar ADP em ATP, processo que envolve uma variação de energia livre de +30 kJ, uma molécula de ADP e um grupo fosfato precisam se ligar, e isso é feito pelo acoplamento com outra reação em que a energia livre é mais negativa do que −30 kJ. Essa é uma das razões por que temos de comer. Quando nossos alimentos contêm glicose, consumimos um combustível. Se queimarmos a glicose em um recipiente aberto, o único trabalho realizado é o de empurrar a atmosfera, com liberação de muito calor. Entretanto, em nosso corpo, a "combustão" é uma versão altamente controlada e complexa da queima. Nessa reação controlada, o trabalho de não expansão que o processo pode realizar chega a 2.500 kJ por mol de moléculas de glicose, o suficiente para "recarregar" cerca de 80 mols de moléculas de ADP.

Quando os organismos vivos morrem, eles não ingerem mais a luz do sol de segunda mão armazenada nas moléculas de carboidratos, proteínas e gorduras. Então, a direção natural da mudança torna-se dominante e suas intrincadas moléculas começam a se decompor. Os organismos vivos estão em constante batalha para gerar entropia suficiente em sua vizinhança para seguir construindo e mantendo seu interior complexo. Assim que encerram a batalha, os organismos param de gerar entropia externa e seus corpos decaem, transformando-se naqueles fluidos e gases que, em vida, jamais se tornariam.

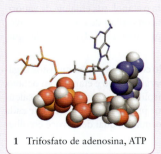

1 Trifosfato de adenosina, ATP

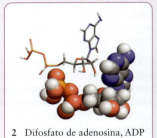

2 Difosfato de adenosina, ADP

O EQUILÍBRIO

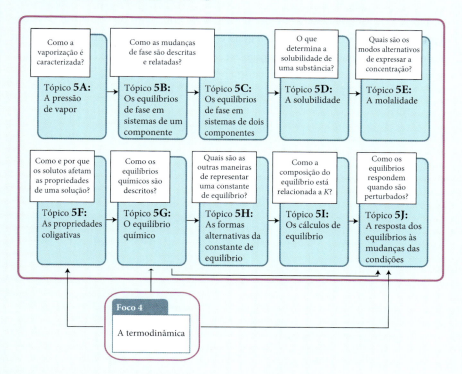

Um dos aspectos mais importantes da química é a tendência das reações químicas de atingir o equilíbrio. O equilíbrio observado na química é dinâmico, o que significa que os processos direto e inverso avançam, mas na mesma velocidade. Dito de outro modo, os equilíbrios são estados dinâmicos e suscetíveis, não inertes ou exauridos.

Os equilíbrios discutidos neste foco são tanto físicos (entre diferentes estados físicos) como químicos (como nas reações químicas). O **TÓPICO 5A** introduz um tipo elementar de equilíbrio físico, entre um líquido e seu vapor. O **TÓPICO 5B** desenvolve essa discussão apresentando os diagramas de fase, que sumariam as condições em que cada uma das fases de uma substância é mais estável e os equilíbrios entre elas. Como as condições do equilíbrio podem ser explicadas de diferentes maneiras, as perspectivas cinética e termodinâmica da discussão são apresentadas em textos dispostos lado a lado. O **TÓPICO 5C** considera os equilíbrios físicos em misturas de dois componentes e introduz a Lei de Raoult, além de detalhes práticos sobre a destilação. Os aspectos termodinâmicos dos equilíbrios de solubilidade são tratados no **TÓPICO 5D**.

O **TÓPICO 5E** apresenta a "molalidade" e discute a relação desta propriedade com a molaridade e outras medidas de concentração. O **TÓPICO 5F** aborda as "propriedades coligativas", que são afetadas pela quantidade de soluto e não pela identidade dele, como a osmose, por exemplo.

O **TÓPICO 5G** investiga os equilíbrios químicos, apresenta o conceito de "constante de equilíbrio" e mostra sua origem, segundo as perspectivas cinética e termodinâmica. A constante de equilíbrio pode ser expressa de muitas maneiras, conforme descrito no **TÓPICO 5H**. A importância crucial da constante de equilíbrio na descrição da composição de misturas de reação no equilíbrio é demonstrada no **TÓPICO 5I**.

Por fim, o **TÓPICO 5J** descreve a dependência da constante de equilíbrio das condições (também das perspectivas cinética e termodinâmica) e mostra como ela é a chave do controle das reações e da otimização de seus rendimentos.

Tópico 5A A pressão de vapor

5A.1 A origem da pressão de vapor
5A.2 A volatilidade e as forças intermoleculares
5A.3 A variação da pressão de vapor com a temperatura
5A.4 A ebulição

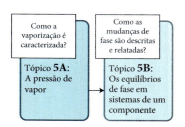

Uma substância pode existir em diferentes *fases*, isto é, diferentes formas físicas. As fases de uma substância incluem as formas sólido, líquido e gás. Elas também incluem as diferentes formas de sólido, como as fases diamante e grafita do carbono. Em apenas um caso – o do hélio – existem duas formas líquido da mesma substância. A conversão de uma substância de uma fase em outra, como a fusão do gelo, a vaporização da água ou a conversão da grafita em diamante, é chamada de **transição de fase**.

5A.1 A origem da pressão de vapor

Um experimento simples mostra que, em um recipiente fechado, as fases líquido e vapor entram em equilíbrio. Primeiro, você vai precisar de um barômetro de mercúrio. O mercúrio dentro do tubo cai até uma altura proporcional à pressão atmosférica externa, ficando em torno de 76 cm no nível do mar. O espaço acima do mercúrio é quase um vácuo (os traços de vapor de mercúrio presente são desprezíveis). Agora, injete uma pequena gota de água ao espaço acima do mercúrio. A água adicionada evapora imediatamente e enche o espaço com vapor de água. Esse vapor exerce pressão e empurra a superfície do mercúrio alguns milímetros para baixo. A pressão exercida pelo vapor – medida pela mudança da altura do mercúrio – depende da quantidade de água adicionada. Suponha, porém, que foi adicionada água suficiente para que reste uma pequena quantidade de líquido na superfície do mercúrio. Nessa situação, a pressão de vapor permanece constante, independentemente da quantidade de água líquida presente (Fig. 5A.1). Você pode concluir que, *em uma temperatura fixa, o vapor exerce uma pressão característica que não depende da quantidade de água líquida presente*. Por exemplo, em 20°C, o mercúrio cai 18 mm, logo, a pressão exercida pelo vapor é 18 Torr. A pressão do vapor de água é a mesma se estiver presente 0,1 mL ou 1 mL de água líquida. Essa pressão característica é a *pressão de vapor* do líquido na temperatura do experimento (Tabela 5A.1).

Líquidos cuja pressão de vapor é alta nas temperaturas comuns são chamados de **voláteis**. O metanol (pressão de vapor 98 Torr, em 20°C) é volátil, o mercúrio (1,4 mTorr), não. Os sólidos também exercem pressão de vapor, mas sua pressão de vapor é, normalmente, muito mais baixa do que a dos líquidos, porque as moléculas do sólido se atraem mais fortemente do que as do líquido. Por exemplo, mesmo em 1000 K a pressão de vapor do ferro é apenas 7×10^{-17} Torr, um valor muito baixo para sustentar uma coluna de mercúrio de um átomo de altura! Contudo, alguns sólidos irritantes como o mentol e o iodo, por exemplo, sofrem sublimação (são convertidos diretamente em vapor) e podem ser detectados pelo odor. A pressão de vapor do iodo é 0,305 Torr em 25°C.

Por que você precisa estudar este assunto? O processo de vaporização é um dos mais importantes no estudo das transições de fase, porque fornece informações sobre as forças entre as moléculas, além de ter aplicação na separação de substâncias.

Que conhecimentos você precisa dominar? As explicações neste tópico seguem duas linhas. A abordagem adotada depende da programação didática. Na abordagem cinética, você precisará estar familiarizado com o conceito de processo ativado (Tópico 7D). Já na abordagem termodinâmica, você precisará saber como a energia livre de Gibbs é usada para descrever o equilíbrio (Tópico 4J). Você também precisará estar familiarizado com as forças intermoleculares (Tópico 3F).

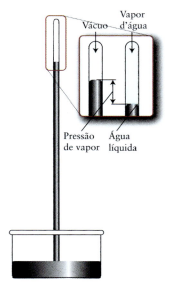

FIGURA 5A.1 O aparelho é um barômetro de mercúrio. O detalhe mostra, à esquerda, o vácuo acima da coluna de mercúrio e, à direita, o efeito da adição de uma pequena quantidade de água. No equilíbrio, um pouco da água evaporou e a pressão de vapor exercida pela água diminuiu a altura da coluna de mercúrio. A pressão de vapor é a mesma, independentemente da quantidade de água líquida presente na coluna.

TABELA 5A.1	Valores de pressão de vapor em 25°C
Substância	Pressão de vapor P/Torr
benzeno	94,6
etanol	58,9
mercúrio	0,0017
metanol	122,7
tolueno	29,1
água*	23,8

*Para os valores em outras temperaturas, consulte a Tabela 5A.2.

FIGURA 5A.2 Quando um líquido e seu vapor estão em equilíbrio dinâmico dentro de um recipiente fechado, a velocidade com que as moléculas deixam o líquido é igual à velocidade com que elas retornam.

O equilíbrio entre as fases condensada e vapor pode ser descrito de duas perspectivas, a cinética e a dinâmica.

Como explicar esse fenômeno...

...usando a cinética?

A *interpretação cinética* do equilíbrio é baseada em uma comparação de velocidades opostas, como as taxas de evaporação e de condensação, neste caso. O vapor se forma à medida que as moléculas deixam a superfície do líquido devido à evaporação. Entretanto, quando o número de moléculas na fase vapor aumenta, um número maior delas está disponível para condensar, isto é, chocar-se com a superfície do líquido, aderindo a ela e voltando a fazer parte do líquido. Eventualmente, o número de moléculas que voltam ao líquido em cada segundo se iguala ao número que escapa (Fig. 5A.2). Nessas condições, o vapor condensa com a mesma velocidade com que o líquido vaporiza e o equilíbrio é *dinâmico*, porque os processos direto e inverso continuam ocorrendo, mas em velocidades idênticas. O **equilíbrio dinâmico** entre a água líquida e seu vapor é representado por

$$H_2O(l) \rightleftharpoons H_2O(g)$$

O símbolo $\rightleftharpoons$ significa que as espécies descritas em ambos os lados estão em equilíbrio dinâmico. Levando isso em conta, a **pressão de vapor** de um líquido (ou de um sólido) pode ser definida como a pressão exercida por seu vapor em equilíbrio dinâmico com o líquido (ou o sólido).

...usando a termodinâmica?

Na *interpretação termodinâmica* do equilíbrio, as fases condensada e vapor de uma substância estão em equilíbrio, denotado por

$$H_2O(l) \rightleftharpoons H_2O(g)$$

quando não há variação na energia livre de Gibbs, $\Delta G = 0$ para o processo de mudança de fase. Em resumo, nem o processo direto nem o inverso são espontâneos no equilíbrio. A **pressão de vapor** de um líquido (ou de um sólido) pode ser definida como a pressão exercida por seu vapor em equilíbrio com o líquido (ou o sólido).

A pressão de vapor de uma substância é a pressão exercida pelo vapor que está em equilíbrio dinâmico com a fase condensada. No equilíbrio, a velocidade de vaporização é igual à velocidade de condensação, e nenhum dos dois fenômenos é espontâneo.

5A.2 A volatilidade e as forças intermoleculares

A pressão de vapor é alta quando as moléculas de um líquido são mantidas por forças intermoleculares fracas, ao passo que a pressão de vapor é baixa quando as forças intermoleculares são fortes. Por isso, você deveria esperar que os líquidos formados por moléculas capazes de formar ligações hidrogênio (que são mais fortes do que outras interações intermoleculares) sejam menos voláteis do que outros de massa molecular comparável, porém incapazes de formar ligações hidrogênio.

Pode-se ver claramente o efeito das ligações hidrogênio ao comparar dimetil-éter (**1**) e etanol (**2**), cujas fórmulas moleculares são iguais, C_2H_6O. Como esses compostos têm o mesmo número de elétrons, espera-se que eles tenham interações de London semelhantes e, portanto, pressões de vapor semelhantes. Porém, a molécula de etanol tem um grupo —OH que pode formar ligações hidrogênio com outras moléculas de álcool. As moléculas do éter não podem formar ligações hidrogênio umas com as outras, porque os átomos de hidrogênio estão

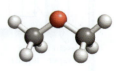

1 Dimetil-éter, C_2H_6O

2 Etanol, C_2H_6O

ligados a átomos de carbono e a ligação C—H não é muito polar. A pressão de vapor do etanol em 295 K é 6,6 kPa, enquanto o valor para o dimetil-éter é 538 kPa. Como resultado dessas diferenças, o etanol é um líquido na temperatura e pressão normais e o dimetil-éter é um gás.

PONTO PARA PENSAR

Por que o mercúrio tem pressão de vapor tão baixa na temperatura normal?

> **Teste 5A.1A** Qual você espera que tenha a pressão de vapor mais alta na temperatura normal, o tetrabromo-metano, CBr_4, ou o tetracloro-metano, CCl_4? Explique.
>
> [**Resposta:** CCl_4, forças de London mais fracas]
>
> **Teste 5A.1B** Qual você espera que tenha a pressão de vapor mais alta em 25°C, CH_3CHO ou $CH_3CH_2CH_3$?

A pressão de vapor de um líquido, em uma determinada temperatura, deve ser baixa se as forças que atuam entre suas moléculas forem fortes.

5A.3 A variação da pressão de vapor com a temperatura

A pressão de vapor de um líquido depende da facilidade que as moléculas do líquido encontram para escapar das forças que as mantêm juntas. Em temperaturas mais elevadas, mais energia está disponível para isso do que em temperaturas mais baixas; logo, a pressão de vapor de um líquido deve aumentar quando a temperatura aumenta. A Tabela 5A.2 mostra a dependência da pressão de vapor da água em relação à temperatura, e a Fig. 5A.3 mostra como a pressão de vapor de alguns líquidos varia com a temperatura.

Tanto os argumentos cinéticos apresentados no Foco 7 *quanto* as relações termodinâmicas discutidas no Foco 4 podem ser usados para encontrar uma expressão para a dependência entre pressão de vapor e temperatura.

TABELA 5A.2 Pressão de vapor da água

Temperatura/°C	Pressão de vapor P/Torr
0	4,58
10	9,21
20	17,54
21	18,65
22	19,83
23	21,07
24	22,38
25	23,76
30	31,83
37*	47,08
40	55,34
60	149,44
80	355,26
100	760,00

*Temperatura do corpo humano.

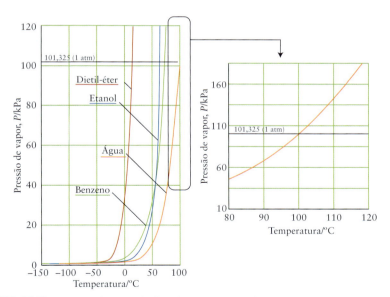

FIGURA 5A.3 A pressão de vapor dos líquidos aumenta rapidamente com a temperatura, como se pode ver nos casos do dietil-éter (vermelho), etanol (azul), benzeno (verde) e água (laranja). O ponto de ebulição normal é a temperatura em que a pressão de vapor é 1 atm (101,325 kPa). Observe que a curva do etanol, que tem entalpia de vaporização maior do que o benzeno, aumenta mais rapidamente do que a do benzeno, como predito pela equação de Clausius-Clapeyron (Eq. 1). O diagrama à direita mostra em detalhe a pressão de vapor da água próximo a seu ponto de ebulição normal.

352 Tópico 5A A pressão de vapor

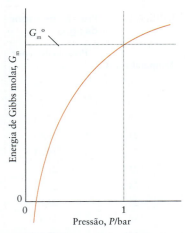

FIGURA 5A.4 Variação da energia livre de Gibbs molar de um gás ideal com a pressão. A energia livre tem o valor padrão quando a pressão do gás é 1 bar. O valor da energia livre de Gibbs tende a menos infinito quando a pressão tende a zero.

Como explicar esse fenômeno...

...usando a cinética?

O processo em que uma molécula escapa de um líquido é ativado como descrito no Tópico 7D em relação com a dependência entre a temperatura e as velocidades de reação. Como essa dependência, a velocidade de escape depende da temperatura absoluta, segundo a equação de Arrhenius:

$$\text{Velocidade de escape} = Ae^{-E_a/RT}$$

em que E_a é a energia (molar) necessária para remover as moléculas do líquido para o vapor e A é uma constante. O erro introduzido fazendo-se $E_a = \Delta H_{vap}°$, a entalpia padrão de vaporização, é muito pequeno.

A velocidade de retorno das moléculas para o líquido é proporcional à velocidade em que elas atingem a sua superfície, que por sua vez é proporcional à pressão, P, do vapor:

$$\text{Velocidade de retorno} = BP$$

em que B é uma constante. No equilíbrio, as velocidades de escape e de retorno são iguais e P é a pressão de vapor. Portanto,

$$BP = Ae^{-\Delta H_{vap}°/RT}$$

Se P_1 é pressão de vapor na temperatura T_1 e P_2 é o valor na temperatura T_2, então

$$\frac{BP_2}{BP_1} = \frac{Ae^{-\Delta H_{vap}°/RT_2}}{Ae^{-\Delta H_{vap}°/RT_1}}$$

Após cancelar os Bs azuis à esquerda e os As azuis à direita,

$$\frac{P_2}{P_1} = \frac{e^{-\Delta H_{vap}°/RT_2}}{e^{-\Delta H_{vap}°/RT_1}}$$

use $e^x/e^y = e^{x-y}$
$$\cong e^{-(\Delta H_{vap}°/R)(1/T_2 - 1/T_1)}$$

Portanto, aplicando-se logaritmos e usando $\ln e^x = x$,

$$\ln \frac{P_2}{P_1} = -\frac{\Delta H_{vap}°}{R}\left(\frac{1}{T_2} - \frac{1}{T_1}\right)$$

...usando a termodinâmica?

Para um gás ideal em pressão P

$$G_m(g, P) = G_m°(g) + RT \ln(P/P°)$$

em que $P°$ é a pressão padrão (1 bar) e $G_m°$ é a energia livre de Gibbs padrão molar do gás (seu valor em 1 bar), Fig. 5A.4. A energia livre de Gibbs de um líquido é quase independente da pressão, logo $G_m(l,P) = G_m°(l)$. A energia livre de Gibbs de vaporização é $\Delta G_{vap} = G_m(g) - G_m(l)$. Portanto, a energia livre de Gibbs de vaporização, quando um líquido vaporiza na pressão P é

$$\Delta G_{vap} = \overbrace{G_m(g, P)}^{G_m°(g) + RT \ln(P/P°)} - \overbrace{G_m(l, P)}^{G_m°(l)}$$
$$= \{G_m°(g) + RT \ln(P/P°)\} - G_m°(l)$$

Portanto,

$$\Delta G_{vap} = \overbrace{G_m°(g) - G_m°(l)}^{\Delta G_{vap}°} + RT \ln(P/P°)$$
$$= \Delta G_{vap}° + RT \ln(P/P°)$$

No equilíbrio, P é a pressão de vapor e $\Delta G_{vap} = 0$, logo

$$0 = \Delta G_{vap}° + RT \ln(P/P°)$$

Segue-se que

$$\ln(P/P°) = -\frac{\Delta G_{vap}°}{RT}$$

Agora escreva $\Delta G_{vap}° = \Delta H_{vap}° - T\Delta S_{vap}°$, que dá

$$\ln(P/P°) = -\frac{\Delta G_{vap}°}{RT} = -\left(\frac{\Delta H_{vap}° - T\Delta S_{vap}°}{RT}\right)$$
$$= -\frac{\Delta H_{vap}°}{RT} + \frac{\Delta S_{vap}°}{R}$$

Segue-se que as pressões de vapor P_1 e P_2 nas temperaturas T_1 e T_2 estão relacionadas pela expressão

$$\ln\left(\frac{P_2}{P°}\right) - \ln\left(\frac{P_1}{P°}\right) = \overbrace{\left(-\frac{\Delta H_{vap}°}{RT_2} + \frac{\Delta S_{vap}°}{R}\right)}^{\ln(P_2/P°)}$$
$$- \overbrace{\left(-\frac{\Delta H_{vap}°}{RT_1} + \frac{\Delta S_{vap}°}{R}\right)}^{\ln(P_1/P°)}$$
$$= -\frac{\Delta H_{vap}°}{R}\left(\frac{1}{T_2} - \frac{1}{T_1}\right)$$

(Os termos em azul se cancelam.) Por fim, use a relação $\ln x - \ln y = (\ln(x/y)$ para escrever o lado esquerdo desta expressão como $\ln (P_2/P°) - \ln(P_1/P°) = \ln (P_2/P_1)$ para obter

$$\ln \frac{P_2}{P_1} = -\frac{\Delta H_{vap}°}{R}\left(\frac{1}{T_2} - \frac{1}{T_1}\right)$$

O resultado desse cálculo, independentemente do caminho, é a **equação de Clausius--Clapeyron** para a pressão de vapor de um líquido em duas temperaturas diferentes:

$$\ln \frac{P_2}{P_1} = -\frac{\Delta H_{vap}°}{R}\left(\frac{1}{T_2} - \frac{1}{T_1}\right) \quad (1)$$

O que esta equação revela? Quando $T_2 > T_1$, o termo entre parênteses é negativo. Logo, como existe um sinal negativo no membro direito e a entalpia de vaporização é positiva, este lado é positivo. Isso significa que $\ln(P_2/P_1)$ também é positivo, e que P_2 é maior do que P_1. Em outras palavras, a equação diz que a pressão de vapor aumenta quando a temperatura aumenta. Como $\Delta H_{vap}°$ ocorre no numerador, o aumento é maior para substâncias com alta entalpia de vaporização (interações intermoleculares fortes).

Uma forma mais simples da Eq. 1, normalmente usada para calcular a dependência da pressão de vapor com a temperatura, é obtida escrevendo-se $\ln(P_2/P_1) = \ln P_2 - \ln P_1$, e descartando o subscrito 2, quando ela se torna

$$\ln P = \ln P_1 + \overbrace{\frac{\Delta H_{vap}°}{RT_1}}^{A} - \overbrace{\frac{\Delta H_{vap}°}{RT}}^{B/T}$$

Esta expressão tem a forma

$$\ln P = A - \frac{B}{T}$$

em que A e B são constantes que dependem da identidade da substância. Por isso, para determinada substância, um gráfico de $\ln P$ em função de $1/T$ deve ser uma linha reta com inclinação dada por $B = \Delta H_{vap}°/R$ (Fig. 5A.5).

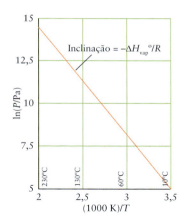

FIGURA 5A.5 O gráfico do logaritmo da pressão de vapor (ln P) em função do inverso da temperatura (1/T) é uma linha reta com inclinação negativa proporcional à entalpia de vaporização da fase líquido.

EXEMPLO 5A.1 Estimativa da pressão de vapor de um líquido conhecendo-se seu valor em outra temperatura

O tetracloro-metano, CCl_4, que agora sabemos ser cancerígeno, era usado como solvente para lavagem a seco. Ele é um líquido volátil ainda usado na produção de fluidos refrigerantes. A entalpia de vaporização do CCl_4 é 33,05 kJ·mol^{-1} e sua pressão de vapor em 57,8°C é 405 Torr. Qual é a pressão de vapor do tetracloro-metano em 25,0°C?

ANTECIPE A pressão de vapor aumenta com a temperatura, logo você deve esperar que a pressão de vapor CCl_4 em 25,0°C seja menor do que em 57,8°C. Portanto, devemos esperar uma pressão de vapor inferior a 405 Torr.

PLANEJE Insira as temperaturas (em kelvins) e a entalpia de vaporização (em joules por mol) na equação de Clausius--Clapeyron para encontrar a razão entre as pressões de vapor. Substitua, a seguir, a pressão de vapor conhecida para encontrar a pressão desejada. Observe que a pressão de vapor P_1 corresponde à temperatura T_1.

O que você deve supor? Que $\Delta H_{vap}°$ e $\Delta S_{vap}°$ são constantes na faixa de temperaturas de interesse e que o vapor se comporta como um gás ideal (para que a equação de Clausius-Clapeyron possa ser aplicada).

RESOLVA Note que $\Delta H_{vap}° = 33{,}05$ kJ·mol^{-1} corresponde a $3{,}305 \times 10^4$ J·mol^{-1}.

Converta as temperaturas em kelvins.

$$T_1 = 57{,}8 + 273{,}15 \text{ K} = 331{,}0 \text{ K}$$
$$T_2 = 25{,}0 + 273{,}15 \text{ K} = 298{,}2 \text{ K}$$

Usando a Equação 1, $\ln(P_2/P_1) = (\Delta H_{vap}°/R)(1/T_1 - 1/T_2)$,

$$\ln \frac{P_2}{P_1} = \frac{3{,}305 \times 10^4 \text{ J·mol}^{-1}}{8{,}3145 \text{ J·K}^{-1}\text{·mol}^{-1}}\left(\frac{1}{331{,}0 \text{ K}} - \frac{1}{298{,}2 \text{ K}}\right)$$

$$= \frac{3{,}305 \times 10^4}{8{,}3145}\left(\frac{1}{331{,}0} - \frac{1}{298{,}2}\right) = -1{,}33\ldots$$

Resolva para P_2 (a pressão correspondente à temperatura T_2) tomando a exponencial (e^x) de ambos os lados e usando P_1 = 405 Torr.

$$P_2 = \underbrace{(405 \text{ Torr})}_{P_1} \times e^{-1,33\ldots}$$
$$= 107 \text{ Torr}$$

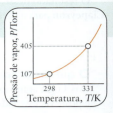

AVALIE Como esperado, a pressão de vapor em 25,0°C, 107 Torr, é menor do que em 57,8°C (405 Torr).

Nota de boa prática As funções exponenciais são muito sensíveis a erros de arredondamento, portanto é importante efetuar todos os cálculos em uma etapa. Um erro comum é esquecer de expressar a entalpia de vaporização em joules (não em quilojoules) por mol. Acompanhar as unidades ajudará a evitar esse erro.

Teste 5A.2A A pressão de vapor da água em 25°C é 23,76 Torr, e sua entalpia padrão de vaporização naquela temperatura é 44,0 kJ·mol^{-1}. Estime a pressão de vapor da água em 35°C.

[*Resposta:* 42 Torr]

Teste 5A.2B A pressão de vapor do benzeno em 25°C é 94,6 Torr, e sua entalpia padrão de vaporização naquela temperatura é 30,8 kJ·mol^{-1}. Estime a pressão de vapor do benzeno em 35°C.

Exercícios relacionados 5A.5 e 5A.6

A pressão de vapor de um líquido aumenta com o aumento da temperatura. A equação de Clausius-Clapeyron estabelece a dependência quantitativa da pressão de vapor com a temperatura.

5A.4 A ebulição

Observe o que acontece quando um líquido é aquecido em um recipiente aberto à atmosfera – água aquecida em uma chaleira, por exemplo. Quando a temperatura alcança o ponto em que a pressão de vapor é igual à pressão atmosférica (por exemplo, quando a água é aquecida em 100°C e a pressão externa é 1 atm), ocorre vaporização *em todo* o líquido, não só na superfície, e o líquido ferve. Nessa temperatura, o vapor formado pode afastar a atmosfera e criar espaço para si mesmo. Assim, bolhas de vapor formam-se no líquido e sobem rapidamente até a superfície. O **ponto de ebulição normal**, T_b, de um líquido é a temperatura na qual um líquido ferve quando a pressão atmosférica é 1 atm. Para encontrar o ponto de ebulição dos compostos na Fig. 5A.3, trace uma linha horizontal em P = 1 atm (101,325 kPa) e observe a temperatura na qual a linha intercepta as curvas.

> **PONTO PARA PENSAR**
> Um líquido pode ferver em um vaso rígido selado?

A ebulição acontece em uma temperatura superior ao ponto de ebulição normal quando a pressão é superior a 1 atm, como ocorre em uma panela de pressão. Uma temperatura mais alta é necessária para elevar a pressão de vapor do líquido até a pressão do interior da panela. A ebulição acontece em uma temperatura mais baixa quando a pressão é inferior a 1 atm, porque a pressão de vapor alcança a pressão externa em uma temperatura mais baixa. No alto do Monte Everest – onde a pressão é aproximadamente 253 Torr –, a água ferve em 70°C.

Quanto menor for a pressão de vapor, maior será o ponto de ebulição. Assim, um ponto de ebulição normal alto é um sinal da ação de forças intermoleculares fortes.

EXEMPLO 5A.2 Estimativa do ponto de ebulição de um líquido

O etanol é produzido para uso como combustível a partir do milho e de resíduos agrícolas. Nesse cenário, os engenheiros de uma usina de etanol precisam conhecer seu ponto de ebulição em diferentes temperaturas. A pressão de vapor do etanol em 34,9°C é 13,3 kPa. Use os dados da Tabela 4C.1 para estimar o ponto de ebulição normal do etanol em 2,00 atm.

ANTECIPE A Tabela 4C.1 mostra que o ponto de ebulição normal do etanol é 351,5 K (78,4°C). No entanto, em pressões elevadas, as moléculas do etanol precisam atingir temperaturas mais altas para escaparem do líquido e entrarem em ebulição. Por esse motivo, você deve esperar que o ponto de ebulição que está calculando seja superior a 351,5 K.

PLANEJE Use a equação de Clausius-Clapeyron para achar a temperatura em que a pressão de vapor atinge 2,00 atm (203 kPa).

O que você deve supor? Que $\Delta H_{vap}°$ e $\Delta S_{vap}°$ são constantes na faixa de temperaturas de interesse, que o ponto de ebulição em 1 bar é aproximadamente igual a 1 atm e que o vapor se comporta como um gás ideal (para que a equação de Clausius-Clapeyron possa ser aplicada).

RESOLVA Da Tabela 4C.1, $\Delta H_{vap}° = 43,5 \text{ kJ·mol}^{-1} = 4,35 \times 10^4 \text{ J·mol}^{-1}$.

Converta a temperatura em kelvins e faça-a igual a T_2.

$$T_2 = 34,9 + 273,15 \text{ K} = 308,0 \text{ K}$$

Rearranje a equação de Clausius-Clapeyron na forma $1/T_1 = 1/T_2 + (R/\Delta H_{vap}°) \ln(P_2/P_1)$ e insira os valores das pressões fornecidos, $P_1 = 203$ kPa e $P_2 = 13,3$ kPa.

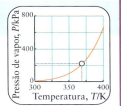

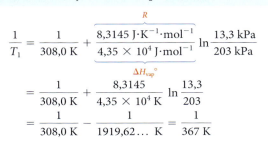

$$= \frac{1}{308,0 \text{ K}} + \frac{8,3145}{4,35 \times 10^4 \text{ K}} \ln \frac{13,3}{203}$$

$$= \frac{1}{308,0 \text{ K}} - \frac{1}{1919,62\dots \text{ K}} = \frac{1}{367 \text{ K}}$$

Inverta os dois membros da equação, obtendo T_1.

$$T_1 = 367 \text{ K}$$

AVALIE O ponto de ebulição calculado é 94°C (maior do que o ponto de ebulição normal, 78,4°C, conforme antecipado).

Teste 5A.3A A pressão de vapor da acetona, C_3H_6O, em 7,7°C é 13,3 kPa e a entalpia de vaporização é 29,1 kJ·mol^{-1}. Estime o ponto de ebulição normal da acetona.

[***Resposta:*** 62,3°C (valor real: 56,2°C)]

Teste 5A.3B A pressão de vapor do metanol, CH_3OH, em 49,9°C é 400. Torr e sua entalpia de vaporização, 35,3 kJ·mol^{-1}. Estime o ponto de ebulição normal do metanol.

Exercícios relacionados 5A.7 e 5A.8

A ebulição ocorre quando a pressão de vapor de um líquido é igual à pressão externa (atmosférica). Forças intermoleculares intensas normalmente causam pontos de ebulição normais elevados.

O que você aprendeu com este tópico?

O conceito de pressão de vapor foi introduzido e você aprendeu que quanto maiores forem as forças intermoleculares, menor será a pressão de vapor de uma substância. Você aprendeu a avaliar o efeito da temperatura na pressão de vapor e a interpretar os pontos de ebulição.

Os conhecimentos que você deve dominar incluem a capacidade de:

- **1.** Explicar o significado de equilíbrio dinâmico (Seção 5A.1).
- **2.** Usar a equação de Clausius-Clapeyron para estimar a pressão de vapor de um líquido (Exemplo 5A.1).
- **3.** Estimar o ponto de ebulição de um líquido a partir de sua pressão de vapor (Exemplo 5A.2).

Tópico 5A Exercícios

5A.1 Qual você espera que tenha a pressão de vapor mais alta na temperatura normal, a amônia, NH_3, ou a fosfina, PH_3? Por quê?

5A.2 Qual você espera que tenha a pressão de vapor mais alta na temperatura normal, o octano, C_8H_{18}, ou o butano, C_4H_{10}? Por quê?

5A.3 Use a curva de pressão de vapor da Fig. 5A.3 para estimar a temperatura de ebulição da água quando a pressão atmosférica é (a) 60. kPa; (b) 160. kPa.

5A.4 Use a curva de pressão de vapor da Fig. 5A.3 para estimar a temperatura de ebulição da água quando a pressão atmosférica é (a) 50. kPa; (b) 80. kPa.

5A.5 Use os dados da Tabela 4C.1 para calcular a pressão de vapor do metanol em 25,0°C.

5A.6 Use os dados da Tabela 4C.1 para calcular a pressão de vapor do mercúrio em 275 K.

5A.7 A pressão de vapor do tricloreto de boro em $-28°C$ é 17,0 kPa e sua entalpia de vaporização é 23,77 kJ·mol^{-1}. Qual é o ponto de ebulição do tricloreto de boro?

5A.8 A pressão de vapor do dimetil-éter em $-58°C$ é 18,1 kPa e sua entalpia de vaporização é 21,51 kJ·mol^{-1}. Qual é o ponto de ebulição do dimetil-éter?

5A.9 A arsina, AsH_3, é um composto muito tóxico usado na indústria eletrônica para a produção de semicondutores. Sua pressão de vapor é 35 Torr em $-111,95°C$ e 253 Torr em $-83,6°C$. Use esses dados para calcular (a) a entalpia padrão de vaporização, (b) a entropia padrão de vaporização, (c) a energia livre de Gibbs padrão de vaporização, (d) o ponto de ebulição normal da arsina.

5A.10 A pressão de vapor do dióxido de cloro, ClO_2, é 155 Torr em $-22,75°C$, e 485 Torr em $0,00°C$. Calcule (a) a entalpia padrão de vaporização, (b) a entropia padrão de vaporização, (c) a energia livre de Gibbs padrão de vaporização, (d) o ponto de ebulição do ClO_2.

5A.11 O ponto de ebulição normal do iodo-metano, CH_3I, é 42,43°C e sua pressão de vapor, em 0,00°C, é 140. Torr. Calcule (a) a entalpia padrão de vaporização do iodo-metano; (b) a entropia padrão de vaporização do iodo-metano; (c) a pressão de vapor do iodo-metano em 25,0°C.

5A.12 O ponto de ebulição normal do acetato de etila, $CH_3COOC_2H_5$, usado para remover esmalte de unha, é 77,1°C, e sua pressão de vapor em 16,2°C é 10,0 kPa. Calcule (a) a entalpia padrão de vaporização do acetato de etila, (b) sua entropia padrão de vaporização, (c) sua pressão de vapor em 30,0°C.

Tópico 5B — Os equilíbrios de fase em sistemas de um componente

5B.1 Os diagramas de fase de um componente
5B.2 As propriedades críticas

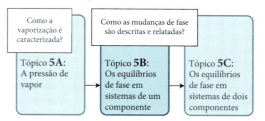

Por que você precisa estudar este assunto? Os diagramas de fase são muito convenientes e bastante usados para monitorar a fase mais estável de uma substância sob diferentes condições de temperatura e pressão.

Que conhecimentos você precisa dominar? Você precisa conhecer a pressão de vapor, como os equilíbrios são expressos em termos da energia livre de Gibbs e a natureza dinâmica do equilíbrio (Tópico 5A).

A vaporização é um tipo importante de transição de fase (Tópico 5A), o congelamento é outro. Um líquido solidifica quando a energia das moléculas é tão baixa que elas não são capazes de afastar-se muito de suas vizinhas. No sólido, as moléculas vibram em torno de suas posições médias, mas raramente se movem de um ponto a outro. A **temperatura de congelamento**, a temperatura em que as fases sólido e líquido estão em equilíbrio dinâmico, varia ligeiramente quando a pressão é alterada. O **ponto de congelamento normal**, T_f, de um líquido é a temperatura na qual ele congela, em 1 atm. Na prática, um líquido às vezes só congela quando a temperatura está alguns graus abaixo do ponto de congelamento, especialmente se o esfriamento é rápido. Um líquido que sobrevive abaixo de seu ponto de congelamento é chamado de super-resfriado. A **fusão** é o processo oposto ao congelamento, quando um sólido se transforma em líquido. O **ponto normal de fusão** de um sólido é igual ao ponto normal de congelamento do líquido. Ele também é representado por T_f.

Para a maior parte das substâncias, a densidade da fase sólido é maior do que a da fase líquido, porque as moléculas têm empacotamento mais compacto na fase sólido. A pressão aplicada ajuda a manter as moléculas juntas, logo uma temperatura mais alta deve ser alcançada antes que elas possam separar-se. Em consequência, a maior parte dos sólidos funde em temperaturas mais elevadas quando sob pressões altas. Entretanto, exceto em pressões extremamente altas, o efeito da pressão no ponto de congelamento normalmente é muito pequeno. O ferro, por exemplo, funde em 1.800 K em 1 atm, e o ponto de fusão é somente alguns graus mais alto quando a pressão é mil vezes maior. No centro da Terra, porém, a pressão é suficientemente alta para que o ferro seja sólido apesar das temperaturas elevadas. Por isso, acredita-se que o centro da Terra seja sólido.

No ponto de fusão do gelo, o volume molar da água líquida é inferior ao do gelo. Como resultado, o gelo funde-se a uma temperatura ligeiramente mais baixa sob alta pressão, e o ponto de fusão da água diminui com o aumento da pressão. Esse comportamento anômalo é devido às ligações hidrogênio do gelo, que provocam uma estrutura muito aberta (Fig. 5B.1). Quando o gelo derrete, muitas dessas ligações hidrogênio se rompem e isso permite que as moléculas de água se aproximem.

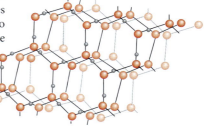

FIGURA 5B.1 A estrutura do gelo. Observe que as ligações hidrogênio, que são mais fortes quando o átomo de hidrogênio está diretamente entre os dois átomos de oxigênio, mantém as moléculas de água separadas em um arranjo hexagonal.

> *Os pontos de congelamento dos líquidos aumentam, em geral, com a pressão. As ligações hidrogênio da água a tornam anômala: seu ponto de congelamento diminui com a pressão.*

5B.1 Os diagramas de fase de um componente

Como conseguimos monitorar as condições nas quais as diferentes fases de uma substância são estáveis? Como avaliamos o efeito da pressão na mudança de fase? Um **diagrama de fases** é um gráfico que mostra as fases mais estáveis em pressões e temperaturas diferentes. Os diagramas de fase são muito usados para representar os estados da matéria e são muito úteis quando a amostra é uma mistura e suas propriedades dependem da composição dela (as misturas são discutidas no Tópico 5C).

358 Tópico 5B Os equilíbrios de fase em sistemas de um componente

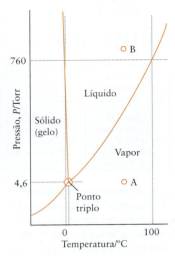

FIGURA 5B.2 Diagrama de fases da água (fora de escala). As linhas em laranja definem os limites das regiões de pressão e temperatura, nas quais cada fase é a mais estável. Note que o ponto de congelamento decresce com o aumento da pressão. O ponto triplo é o ponto em que as três linhas limite se encontram. As letras A e B se referem ao Exemplo 5B.1.

A Fig. 5B.2 mostra o diagrama de fases da água e a Fig. 5B.3 mostra o do dióxido de carbono. Esses gráficos são exemplos de diagramas de fases de uma única substância e, por isso, são chamados de diagramas de fases de um componente. Qualquer ponto da região marcada "sólido" (mais especificamente "gelo", no caso da água) corresponde a condições nas quais a fase sólido da substância é a mais estável. O mesmo acontece nas regiões marcadas "líquido" e "vapor" (ou "gás"), que indicam as condições em que a fase líquido e a fase vapor são as mais estáveis. Por exemplo, o diagrama de fases do dióxido de carbono mostra que uma amostra da substância, em 10°C e 2 atm, é um gás, mas se a pressão aumentar, em temperatura constante, até 10 atm, o dióxido de carbono se transformará em um líquido. O enxofre tem duas fases sólido (Fig. 5B.4), rômbico e monoclínico, correspondendo aos dois modos de empacotamento das moléculas de S_8 em forma de coroa. O sólido formado quando o enxofre cristaliza varia em função da temperatura e da pressão. Muitas substâncias têm várias fases sólido. A água forma pelo menos dez tipos de gelo diferentes, dependendo de como as moléculas de H_2O se acomodam, porém só um deles é estável nas pressões ordinárias (Fig. 5B.5).

As linhas que separam as regiões dos diagramas de fases são chamadas de **limites de fase**. Cada ponto da linha que limita duas regiões representa a temperatura e a pressão específicas nas quais duas fases vizinhas coexistem em equilíbrio dinâmico. Se uma das fases é um vapor, a pressão que corresponde a este equilíbrio é a pressão de vapor da substância. Portanto, o limite das fases líquido-vapor mostra como a pressão de vapor do líquido varia com a temperatura. Por exemplo, o ponto em 80°C e 0,47 atm no diagrama de fases da água está na linha que limita as fases líquido e vapor (Fig. 5B.6), logo, sabemos que a pressão de vapor da água líquida em 80°C é 0,47 atm. Da mesma forma, a linha que limita as fases sólido-vapor mostra como a pressão de vapor do sólido varia com a temperatura.

O limite sólido-líquido, a linha quase vertical nas Figuras 5B.2 e 5B.3, mostra as pressões e as temperaturas em que a água sólida e a água líquida coexistem em equilíbrio. Em outras palavras, ele mostra como o ponto de fusão do sólido (ou, de modo equivalente, o ponto de congelamento do líquido) varia com a pressão. A inclinação das linhas mostra que mesmo grandes mudanças de pressão resultam em variações muito pequenas do ponto de fusão. A inclinação do limite sólido-líquido depende das densidades do sólido e do líquido. Uma inclinação negativa, como no diagrama de fases da água, indica que o sólido funde a uma temperatura inferior à medida que a pressão aumenta. A explicação física é que as moléculas conseguem reagir ao aumento de pressão compactando-se no líquido, como discutido na introdução deste tópico. Como a Fig. 5B.2 deixa claro, se a pressão sobre o gelo aumenta, ele acaba se liquefazendo. Se a inclinação é positiva, como no caso do dióxido de carbono (Fig. 5B.3), o aumento da pressão eleva a temperatura antes de o sólido sofrer fusão. Nesse

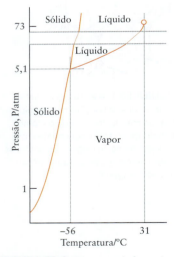

FIGURA 5B.3 Diagrama de fases do dióxido de carbono (fora de escala). O líquido só pode existir em pressões acima de 5,1 atm. Note a inclinação da linha limite entre as fases sólido e líquido, que mostra que o ponto de congelamento sobe quando a pressão aumenta. Essa característica indica que o líquido é menos denso do que o sólido.

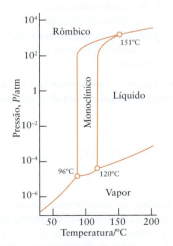

FIGURA 5B.4 Diagrama de fases do enxofre. Note que existem duas fases sólido e três pontos triplos. A escala de pressão, logarítmica, cobre uma vasta faixa de valores.

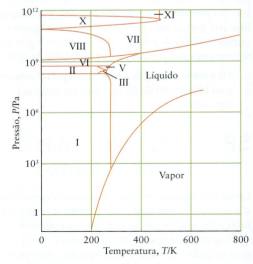

FIGURA 5B.5 Diagrama de fases da água na escala logarítmica para a pressão, para mostrar as diferentes fases sólido na região de alta pressão.

caso, as moléculas se compactam a exemplo do que ocorre em um sólido. Se a pressão aumenta sobre o dióxido de carbono líquido, ele solidifica. Esse comportamento pode ser resumido como:

- Se o líquido é mais denso do que o sólido (como na água), então o ponto de fusão cai à medida que a pressão sobe.
- Se o sólido é mais denso do que o líquido (como na maioria dos materiais), então o ponto de fusão sobe com a pressão.

Teste 5B.1A Um determinado metal funde em 1.650 K em 1 atm, e em 1.700 K em 100 atm. Descubra se a fase mais densa deste metal é o sólido ou o líquido. Explique sua conclusão.

[*Resposta:* O sólido, porque o limite das fases sólido-líquido se inclina para a direita, mostrando que o sólido é a fase estável em pressões mais altas.]

Teste 5B.1B Use o diagrama de fases do enxofre (Fig. 5B.4) para descobrir que fase é mais densa, o enxofre líquido ou o enxofre monoclínico. Explique sua conclusão.

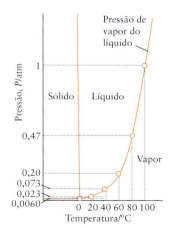

FIGURA 5B.6 A linha limite líquido-vapor é um gráfico da pressão de vapor do líquido (neste caso, a água) em função da temperatura. O líquido e seu vapor estão em equilíbrio em cada ponto da curva. Em cada ponto da linha limite sólido-líquido (cuja inclinação está levemente exagerada), o sólido e o líquido estão em equilíbrio.

Um **ponto triplo** é um ponto em que três limites de fase se encontram em um diagrama de fase. No caso da água, o ponto triplo das fases sólido, líquido e vapor está em 4,6 Torr e 0,01°C (veja a Fig. 5B.2). No ponto triplo, as três fases (gelo, líquido e vapor) coexistem em equilíbrio dinâmico. O sólido está em equilíbrio com o líquido, o líquido com o vapor e o vapor com o sólido. A localização do ponto triplo de uma substância é uma propriedade característica da substância e não pode ser mudada alterando-se as condições. O ponto triplo da água é usado para definir a unidade kelvin. Por definição, existem exatamente 273,16 kelvins entre o zero absoluto e o ponto triplo da água. Como o ponto de congelamento normal da água encontra-se 0,01 K abaixo do ponto triplo, 0°C (mais rigorosamente 0,00°C) corresponde a 273,15 K.

A Figura 5B.4 mostra que o enxofre pode existir em qualquer uma de quatro fases: dois sólidos (enxofre rômbico e monoclínico), um líquido e um vapor. Existem três pontos triplos no diagrama, em que podem coexistir em equilíbrio as várias combinações dessas fases como o sólido rômbico, o sólido monoclínico e o vapor em 96°C, o sólido monoclínico, o líquido e o vapor em 120°C, e em 151°C e pressões muito mais elevadas, o sólido monoclínico, o sólido rômbico e o líquido. A existência simultânea de quatro fases, em um sistema de um componente (enxofre rômbico, enxofre monoclínico, enxofre líquido e vapor de enxofre, todos em equilíbrio), porém, nunca foi observada, e a termodinâmica pode ser usada para provar que um "ponto quádruplo" não pode existir.

Os diagramas de fases são úteis para explicar as mudanças que ocorrem quando reduzimos a pressão em um líquido. Imagine que você tem uma amostra de água em um cilindro equipado com um pistão, em pressão baixa. Suponha que a temperatura seja mantida em 50°C e que pesos sejam colocados sobre o pistão, como forma de exercer uma pressão de 1,0 atm (Fig. 5B.7). O cilindro contém apenas água líquida. O pistão pressiona a superfície do líquido (Fig. 5B.7a). Agora, você reduz a pressão gradualmente removendo parte do peso (Fig. 5B.7b). A princípio, nada parece acontecer. A pressão alta mantém todas as moléculas de água no estado líquido e o volume do líquido muda muito pouco com a pressão. Entretanto, quando a retirada dos pesos levar a pressão até 0,12 atm (93 Torr, a pressão de vapor da água em 50°C), começa a aparecer vapor (Fig. 5B.7c). Neste momento, a amostra está no limite das fases vapor e líquido no diagrama de fases. A pressão permanece constante

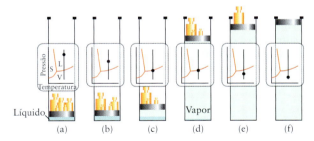

FIGURA 5B.7 Mudanças que um líquido sofre quando a pressão diminui em temperatura constante. O ponto sobre a linha vertical do diagrama de fases traça o caminho tomado pelo sistema, descrito no texto. A região azul do recipiente é o líquido e a região azul-claro é o vapor.

enquanto o líquido e o vapor estão presentes em equilíbrio e a temperatura permanece constante. Agora, você pode puxar o pistão para cima até uma posição arbitrária (Fig. 5B.7d). Nessa situação, uma parte da água evapora para manter a pressão em 0,12 atm. Quando você puxa o pistão o suficiente, a fase líquida desaparece (Fig. 5B.7e) e você pode, agora, mudar livremente a pressão sem mudar a temperatura (Fig. 5B.7f).

EXEMPLO 5B.1 Como interpretar um diagrama de fases

Os diagramas de fase são muito usados na geologia e na metalurgia para avaliar as mudanças sofridas por substâncias quando as condições são alteradas. Até mesmo o diagrama de fases de uma substância simples e comum pode revelar informações importantes. Use o diagrama de fases da Fig. 5B.2 para descrever os estados físicos e as mudanças de fase da água quando a pressão aumenta de 5 Torr até 800 Torr em 70°C.

ANTECIPE Como a pressão sobe, podemos esperar que o vapor condense.

PLANEJE Localize os pontos do diagrama de fases que correspondem às condições inicial e final. A região em que cada ponto está mostra a fase estável da amostra naquelas condições. Se um ponto está em uma das curvas, ambas as fases estão em equilíbrio.

RESOLVA

Com base no diagrama de fases da água, dado na Fig. 5B.2

Embora o diagrama de fases da Fig. 5B.2 não esteja em escala, os pontos podem ser localizados de forma aproximada. O ponto A é o ponto de partida, e está em 5 Torr e 70°C, logo, está na região do vapor. O aumento da pressão leva o vapor até a linha limite líquido-vapor e, nesse ponto, o líquido começa a se formar. Nessa pressão, o líquido e o vapor estão em equilíbrio, e a pressão permanece constante até que todo o vapor condense. Depois, a pressão aumenta até 800 Torr, no ponto B, na região do líquido.

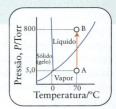

AVALIE Como esperado, o vapor condensa.

Teste 5B.2A A Fig. 5B.3 mostra o diagrama de fases do dióxido de carbono. Descreva os estados físicos e as mudanças de fase do dióxido de carbono quando ele é aquecido em 2 atm de −155°C até 25°C.

[*Resposta:* O CO_2 sólido é aquecido até que começa a sublimar no limite sólido-vapor. A temperatura permanece constante até que todo o CO_2 tenha vaporizado. O vapor é, então, aquecido até 25°C.]

Teste 5B.2B Descreva o que acontece quando o dióxido de carbono líquido de um recipiente, em 60 atm e 25°C, é liberado em uma sala, em 1 atm e na mesma temperatura.

Exercícios relacionados 5B.1 a 5B.4

Um diagrama de fases resume as regiões de pressão e temperatura em que cada fase de uma substância é a mais estável. As linhas que limitam as fases mostram as condições nas quais duas fases podem coexistir em equilíbrio dinâmico. Três fases coexistem em equilíbrio em um ponto triplo.

5B.2 As propriedades críticas

Uma característica do diagrama da Fig. 5B.8 é que a linha líquido-vapor termina no ponto C. Para ver o que acontece naquele ponto, imagine que um tubo contenha água líquida e vapor de água em 25°C e 24 Torr (a pressão de vapor da água em 25°C). As duas fases estão em equilíbrio e o sistema está no ponto A, na curva líquido-vapor. Agora aumente a temperatura, o que move o sistema da esquerda para a direita sobre a linha limite das fases. Em 100°C, a pressão de vapor é 760 Torr, e em 200°C, ela chega a 11,7 kTorr (15,4 atm, ponto B). O líquido e o vapor ainda estão em equilíbrio dinâmico, mas agora o vapor é mais denso porque está sob pressão muito alta.

FIGURA 5B.8 Uma versão do diagrama de fases da água com mais detalhes na região próxima do ponto crítico. As pressões são dadas em atmosferas, exceto para o ponto A.

Quando a temperatura subir até 374°C (ponto C), a pressão de vapor alcançará 218 atm – o recipiente tem de ser muito resistente! A densidade do vapor agora é muito grande, igual à do líquido restante. Nesse ponto, a superfície de separação entre o líquido e o vapor desaparece, e uma única fase uniforme preenche o recipiente. Como uma substância que enche completamente o recipiente que ocupa é, por definição, um gás, temos de concluir que esta fase única uniforme é um gás, a despeito de sua alta densidade. Desde que a temperatura permaneça em 374°C ou acima, verifica-se que, mesmo que a pressão aumente por compressão da amostra, não se observa a superfície característica da separação das fases. Isto é, 374°C é a **temperatura crítica**, T_c, da água, a temperatura acima da qual o vapor não pode condensar em líquido, independentemente da pressão aplicada. Considerações semelhantes se aplicam a outras substâncias (Tabela 5B.1). A temperatura crítica do dióxido de carbono, por exemplo, é 31°C (Fig. 5B.9). A pressão de vapor que corresponde ao fim da linha limite das fases é chamada de **pressão crítica**, P_c, da substância. A pressão crítica da água é 218 atm e a do dióxido de carbono é 73 atm. A temperatura crítica e a pressão crítica definem o **ponto crítico** de uma substância.

Um gás só pode ser liquefeito pela aplicação de pressão se ele estiver abaixo da temperatura crítica (Fig. 5B.10). Assim, por exemplo, o dióxido de carbono só pode ser liquefeito pelo aumento da pressão se sua temperatura for inferior a 31°C. De acordo com a Tabela 5B.1, a temperatura crítica do oxigênio é −118°C, logo, ele não pode existir na fase líquida na temperatura normal qualquer que seja a pressão.

Nota de boa prática Em termos formais, um "vapor" é a fase gás de uma substância abaixo de sua temperatura crítica que, portanto, pode ser condensado em um líquido mediante a aplicação de pressão. Um "gás" é uma substância que está acima de sua temperatura crítica e não pode ser liquefeito apenas aplicando-se pressão.

O fluido denso que existe acima da temperatura e pressão críticas é chamado de **fluido supercrítico**. Ele pode ser tão denso que, embora seja formalmente um gás, tem a densidade de uma fase líquida e pode agir como solvente de líquidos e sólidos. Existe um interesse crescente nos fluidos supercríticos como solventes para reações químicas, um aspecto importante da "química verde". O uso do dióxido de carbono supercrítico, por exemplo, evita a contaminação por solventes potencialmente perigosos e permite a extração rápida em função da alta mobilidade das moléculas no fluido. Por exemplo, como o dióxido de carbono supercrítico pode dissolver compostos orgânicos, ele é usado para remover cafeína de grãos de café, para separar fármacos de fluidos biológicos para posterior análise e para extrair perfumes de flores e produtos fitoquímicos de ervas. Hidrocarbonetos supercríticos são usados para extrair compostos úteis de carvão e cinzas, e vários fluidos supercríticos estão sendo investigados para uso na extração de óleo de areias ricas em óleo.

TABELA 5B.1 Temperaturas e pressões críticas de substâncias selecionadas

Substância	Temperatura crítica/°C	Pressão crítica P_c/atm
He	−268 (5,2 K)	2,3
Ne	−229	27
Ar	−123	48
Kr	−64	54
Xe	17	58
H_2	−240	13
O_2	−118	50
H_2O	374	218
N_2	−147	34
NH_3	132	111
CO_2	31	73
CH_4	−83	46
C_6H_6	289	49

FIGURA 5B.9 (a) Em temperaturas baixas, as fases líquido e vapor do dióxido de carbono em um recipiente isolado e de volume constante são distintas. (b) Quando a temperatura aumenta, uma quantidade maior do líquido vaporiza. A densidade do líquido diminui e a do vapor aumenta. Próximo da temperatura crítica, T_c, as fases têm aproximadamente a mesma densidade. (c) Em temperaturas iguais e acima da temperatura crítica, uma única fase, o fluido supercrítico, preenche o recipiente. Nestas imagens, uma quantidade pequena de um composto de ródio foi adicionada para tornar as fases mais distintas. *(Cortesia do Professor Walter Leitner, RWTH Aachen University, e do Dr. Nils Theyssen, Max-Planck-Institut für Kohlenforschung, Mülheim/Ruhr, Germany.)*

FIGURA 5B.10 Um vapor pode ser liquefeito quando a pressão aplicada está abaixo de sua temperatura crítica. Entretanto, acima da temperatura crítica (linha vertical pontilhada), o aumento de pressão não leva o vapor até a região líquida. Acima de sua temperatura crítica e sob pressão elevada, a substância se torna um fluido supercrítico.

Teste 5B.3A Identifique tendências nos dados da Tabela 5B.1 que indiquem o efeito do aumento das forças de London na temperatura crítica.

[*Resposta:* Os gases nobres têm temperaturas críticas mais altas quando os números atômicos aumentam; logo, a temperatura crítica aumenta com o aumento das forças de London.]

Teste 5B.3B Identifique tendências nos dados na Tabela 5B.1 que indiquem o efeito das ligações hidrogênio sobre a temperatura crítica.

A fase gás de uma substância só pode ser convertida em líquido pela aplicação apenas de pressão se ela estiver abaixo da temperatura crítica.

O que você aprendeu com este tópico?

Você aprendeu que um diagrama de fases descreve as regiões de estabilidade de cada fase. Aprendeu também que os limites de fase mostram como as temperaturas de transição variam com a pressão. Além disso, você se familiarizou com os conceitos de ponto triplo e ponto crítico e agora pode distinguir entre um gás e um vapor.

Os conhecimentos que você deve dominar incluem a capacidade de:

☐ 1. Interpretar um diagrama de fases de um componente (Exemplo 5B.1).

☐ 2. Explicar o significado de ponto triplo e de ponto crítico (Seção 5B.2).

Tópico 5B Exercícios

5B.1 Use a Figura 5B.2 para predizer o estado de uma amostra de água nas seguintes condições: (a) 1 atm, 200°C; (b) 100. atm, 50,0°C; (c) 3 Torr, 10,0°C.

5B.2 Use a Figura 5B.3 para predizer o estado de uma amostra de CO_2 nas seguintes condições: (a) 6 atm, −80°C; (b) 1 atm, −56°C; (c) 80. atm, 25°C; (d) 5,1 atm, −56°C.

5B.3 O diagrama de fases do hélio é mostrado abaixo. (a) Qual é a temperatura máxima na qual o superfluido hélio-II pode existir? (b) Qual é a pressão mínima na qual o hélio sólido pode existir? (c) Qual é o ponto de ebulição normal do hélio-I? (d) O hélio sólido pode sublimar?

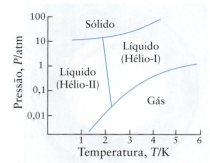

5B.4 O diagrama de fases do carbono, mostrado abaixo, indica as condições extremas necessárias para formar diamante a partir da grafita. (a) Em 2000 K, qual é a pressão mínima necessária para a grafita se converter em diamante? (b) Qual é a temperatura mínima na qual o carbono líquido existe em pressões abaixo de 10.000 atm? (c) Quais são a temperatura e a pressão do ponto triplo diamante-líquido-grafita? (d) Os diamantes são estáveis em condições normais? Se não, por que as pessoas podem usá-los sem ter que comprimi-los ou aquecê-los?

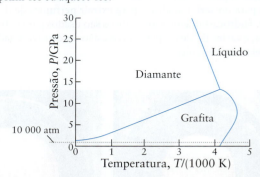

5B.5 Use o diagrama de fases do hélio do Exercício 5B.3 para (a) descrever as fases em equilíbrio em cada um dos dois pontos triplos do hélio, (b) decidir que fase líquido é mais densa, hélio-I ou hélio-II.

5B.6 Use o diagrama de fases do carbono do Exercício 5B.4 para (a) descrever as transições de fase que o carbono experimentaria se fosse comprimido, em temperatura constante de 2000 K, de 100 atm até 1×10^6 atm, (b) classificar o diamante, a grafita e as fases líquido do carbono na ordem crescente de densidade.

5B.7 Use o diagrama de fases do dióxido de carbono (Fig. 5B.3) para predizer o que aconteceria a uma amostra gasosa de dióxido de carbono, em $-50°C$ e 1 atm, se sua pressão subisse, de repente, até 73 atm, em temperatura constante. Qual seria o estado físico final do dióxido de carbono?

5B.8 Uma substância nova, desenvolvida em laboratório, tem as seguintes propriedades: ponto de fusão normal, 83,7°C; ponto de ebulição normal, 177°C; ponto triplo, 200. Torr e 38,6°C. (a) Esboce o diagrama de fases aproximado e identifique as fases sólido, líquido e gás, e as linhas limite das fases sólido-líquido, líquido-gás e sólido-gás. (b) Esboce uma curva de resfriamento aproximada para uma amostra, em pressão constante, começando em 500. Torr e 25°C e terminando em 200°C.

Tópico 5C — Os equilíbrios de fase em sistemas de dois componentes

5C.1 A pressão de vapor das misturas
5C.2 As misturas binárias líquidas
5C.3 A destilação
5C.4 Os azeótropos

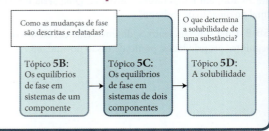

Por que você precisa estudar este assunto? Muitos sistemas na química e no dia a dia são formados por dois componentes, e os químicos precisam saber como as propriedades dessa mistura dependem das condições e como separar misturas em seus componentes.

Que conhecimentos você precisa dominar? Este tópico se baseia na discussão sobre a pressão de vapor do Tópico 5A. Ele também usa o conceito de fração molar (introduzido no Tópico 3C) como medida da composição.

O petróleo bruto é uma mistura de muitos compostos, que precisam ser separados nos componentes de combustíveis e em substâncias usadas como matéria-prima na indústria química. Como as diferentes pressões de vapor dos componentes são usadas para separá-los, é essencial saber como a pressão de vapor total de uma mistura depende de sua composição.

5C.1 A pressão de vapor das misturas

O cientista francês François-Marie Raoult, que passou grande parte da vida medindo pressões de vapor de solutos e misturas, descobriu que *a pressão de vapor de um líquido é proporcional a sua fração molar*. Essa declaração, chamada de **lei de Raoult**, normalmente é escrita como

$$P_A = x_A P_A^* \qquad (1)$$

em que P_A é a pressão de vapor do líquido A, x_A é sua fração molar (Tópico 3C) e P_A^* é a pressão de vapor do solvente líquido puro (Fig. 5C.1). A Equação 1 também se aplica a misturas de líquidos voláteis (por exemplo, o benzeno e o metil-benzeno, Fig. 5C.2). Neste caso, A é o benzeno.

O que esta equação revela A pressão de vapor do líquido é diretamente proporcional à fração molar de suas moléculas na solução. Por exemplo, se somente 9 em cada 10 moléculas de uma solução são moléculas de A, então a pressão de vapor do solvente é

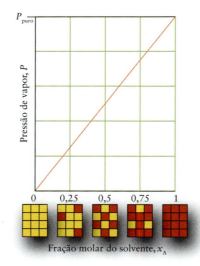

FIGURA 5C.1 Segundo a lei de Raoult, a pressão de vapor de um solvente em uma solução deve ser proporcional à fração molar das moléculas de solvente. O eixo horizontal mostra a fração molar das moléculas do solvente (A, quadrados vermelhos) no soluto puro e em três soluções diferentes, e do solvente puro, representados abaixo do gráfico. A pressão de vapor da substância A pura é dada por P_{puro}. O soluto dessa solução (quadrados amarelos) não é volátil, logo não contribui para a pressão de vapor.

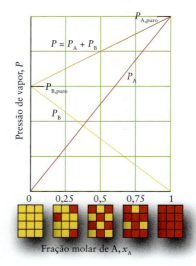

FIGURA 5C.2 A pressão de vapor total de uma mistura na qual os dois componentes obedecem à lei de Raoult é a soma das duas pressões de vapor parciais (lei de Dalton). Os pequenos retângulos abaixo do gráfico representam a fração molar de A (quadrados vermelhos).

só nove décimos da pressão de vapor de A puro na temperatura de interesse. Como em uma mistura $x_A < 1$, um soluto sempre reduz a pressão de vapor do solvente (Fig. 5C.3), desde que a lei de Raoult seja obedecida.

EXEMPLO 5C.1 Como usar a lei de Raoult

Imagine que você é um engenheiro químico que trabalha em uma unidade de produção de refrigerantes. Você recebeu a tarefa de determinar se uma solução específica tem pressão de vapor muito diferente da pressão de vapor da água pura. Calcule a pressão de vapor de água, em 20°C, em uma solução preparada pela dissolução de 10,00 g do não eletrólito sacarose, $C_{12}H_{22}O_{11}$, em 100,0 g de água.

ANTECIPE Espere uma pressão de vapor mais baixa na presença do soluto. Entretanto, a pressão de vapor não diminui muito com a adição de um soluto, logo você deve esperar uma pressão de vapor ligeiramente menor do que a da água pura, cujo valor é 17,54 Torr em 20°C, como mostra a Tabela 5A.2.

PLANEJE Calcule a fração molar do solvente (água) na solução e aplique a lei de Raoult. Para usar a lei de Raoult, você precisa saber qual é a pressão de vapor do solvente puro na temperatura especificada (Tabelas 5A.1 ou 5A.2).

RESOLVA

Encontre a quantidade (em mols) de cada espécie a partir das massas molares do soluto e do solvente e $n = m/M$:

$$\text{Quantidade de } C_{12}H_{22}O_{11} = \frac{10,00 \text{ g}}{342,3 \text{ g·mol}^{-1}} = \frac{10,00}{342,3} \text{ mol} = 0,02921... \text{ mol}$$

$$\text{Quantidade de } H_2O = \frac{100,0 \text{ g}}{18,02 \text{ g·mol}^{-1}} = \frac{100,0}{18,02} \text{ mol} = 5,549... \text{ mol}$$

Calcule a fração molar do solvente usando $x_{\text{solvente}} = n_{\text{solvente}}/(n_{\text{soluto}} + n_{\text{solvente}})$:

$$x_{\text{água}} = \frac{5,549... \text{ mol}}{(0,02921... \text{ mol}) + (5,549... \text{ mol})} = 0,995...$$

Calcule a pressão de vapor usando $P_{\text{solvente}} = x_{\text{solvente}} P_{\text{solvente}}^*$ e a pressão de vapor do solvente puro (Tabela 5A.2):

$$P_{\text{água}} = 0,995... \times 17,54 \text{ Torr}$$
$$= 17,45 \text{ Torr}$$

AVALIE Como esperado, a pressão de vapor é ligeiramente menor do que a da água pura.

Teste 5C.1A Calcule a pressão de vapor da água, em 90°C, em uma solução preparada pela dissolução de 5,00 g de glicose ($C_6H_{12}O_6$) em 100. g de água. A pressão de vapor da água pura, em 90°C, é 524 Torr.

[***Resposta:*** 521 Torr]

Teste 5C.1B Calcule a pressão de vapor do etanol em quilopascals (kPa), em 19°C, para uma solução preparada pela dissolução de 2,00 g de cinamaldeído, C_9H_8O, em 50,0 g de etanol, C_2H_5OH. A pressão de vapor do etanol puro nessa temperatura é 5,3 kPa.

Exercícios relacionados 5C.3 e 5C.4

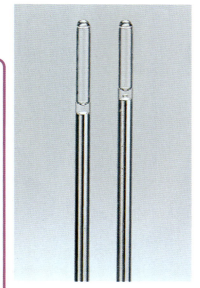

FIGURA 5C.3 A pressão de vapor de um solvente é abaixada por um soluto não volátil. O tubo do barômetro da esquerda tem um volume pequeno de água pura que flutua no mercúrio. O da direita tem um volume pequeno de uma solução 10 M em NaCl(aq) e uma pressão de vapor mais baixa. Note que a coluna da direita está menos comprimida pelo vapor no espaço acima do mercúrio do que a da esquerda, mostrando que a pressão de vapor é mais baixa quando o soluto está presente. (W. H. Freeman. Foto de Ken Karp.)

A redução da pressão de vapor de um solvente acarretada pela presença de um soluto pode ser explicada da perspectiva cinética (em termos das velocidades) ou da perspectiva termodinâmica.

Como explicar esse fenômeno...

...usando a cinética?

A presença de moléculas de um soluto não volátil bloqueia o escape de moléculas do solvente volátil da superfície da solução, o que reduz sua velocidade de escape. As moléculas do solvente no estado vapor retornam para a superfície com uma velocidade que depende da pressão de vapor, e podem se unir à superfície do líquido no ponto em que tocam nela, seja em uma molécula do soluto, seja em uma do solvente (porque todas as interações intermoleculares são idênticas em uma solução ideal). O equilíbrio é atingido quando a velocidade de retorno é igual à velocidade de escape, que agora é menor. O resultado é uma pressão de vapor inferior à do solvente puro.

... usando a termodinâmica?

No equilíbrio e na ausência de solutos, a energia livre de Gibbs molar do vapor é igual à do solvente líquido puro (Tópico 5A). Um soluto aumenta a desordem e, portanto, a entropia da fase líquida. Como a entropia da fase líquida é aumentada pelo soluto, mas a entalpia permanece inalterada, ocorre, no todo, diminuição da energia livre de Gibbs molar do solvente. Como a energia livre do solvente diminuiu, para que as duas fases permaneçam em equilíbrio a energia livre do vapor tem de diminuir também. Como a energia livre de Gibbs de um gás depende da pressão, segue-se que a pressão de vapor também deve diminuir.

Uma mistura líquida hipotética de dois componentes voláteis que obedecem à lei de Raoult em todas as concentrações é chamada de **solução ideal** (Fig. 5C.2). Em uma solução ideal, as interações entre os dois tipos de moléculas são iguais às interações entre cada tipo de molécula no estado puro. Isto é, as interações A–A, B–B e A–B são iguais em uma solução ideal. Consequentemente, os dois tipos de moléculas se misturam facilmente entre si. Como as interações são iguais em uma solução ideal, não há liberação de energia na forma de calor quando os componentes se misturam. Em linguagem termodinâmica, a "entalpia de solução" é zero. As moléculas de solutos que formam soluções quase ideais são, frequentemente, muito semelhantes, em composição e estrutura, às moléculas de solvente. Por exemplo, o tolueno (metil-benzeno), $C_6H_5CH_3$, forma soluções quase ideais com o benzeno (C_6H_6). As soluções reais não obedecem à lei de Raoult em todas as concentrações, contudo, quanto menor a concentração de um componente, mais a solução real se aproxima do comportamento ideal. Como na lei dos gases ideais (Tópico 3B), a lei de Raoult é um exemplo de uma lei limite, que, neste caso, torna-se crescentemente válida quando a concentração de um componente se aproxima de zero. Uma solução que não obedece à lei de Raoult em um intervalo de composições é chamada de **solução real**. As soluções reais se aproximam do comportamento ideal em concentrações abaixo de 0,1 mol·L^{-1}. A menos que se afirme o contrário, todas as misturas discutidas neste tópico são ideais.

O *solvente* em uma solução de eletrólito (como o sal em água) obedece à lei de Raoult, desde que a concentração do soluto seja muito baixa, abaixo de 0,01 mol·L^{-1}, na maior parte das vezes. A diferença maior no caso das soluções de eletrólitos decorre das interações entre íons, que ocorrem em distâncias maiores e, portanto, têm efeito mais pronunciado.

PONTO PARA PENSAR

As leis resumem muito bem a experiência, mas porque as *leis limite* são úteis?

A pressão de vapor de um líquido diminui com a presença de um soluto. Em uma solução ideal de líquidos voláteis, a pressão de vapor de cada componente é proporcional a sua fração molar. Em uma solução de um soluto não volátil, a pressão de vapor do solvente é proporcional a sua fração molar.

5C.2 As misturas binárias líquidas

Uma mistura binária líquida é uma solução de dois líquidos. Como os dois líquidos são voláteis, ambos podem contribuir para a pressão de vapor da solução. Assim como os diagramas de fase de um componente (Tópico 5B), os diagramas de fase de misturas binárias indicam a fase mais estável, contudo, além da pressão e da temperatura, existe mais uma variável, a composição. Para simplificar, consideraremos apenas pares de líquidos miscíveis em todas as proporções e que a pressão seja constante em 1 atm. Isso faz com que a temperatura e a composição sejam

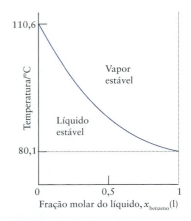

FIGURA 5C.4 Diagrama de temperatura-composição da mistura benzeno-tolueno. A linha mostra a variação do ponto de ebulição da mistura em função da composição.

as variáveis usadas no diagrama de fases (Fig. 5C.4). Somente duas fases serão consideradas: líquido e vapor. Como a pressão está fixa em 1 atm, o limite entre elas no diagrama é um gráfico do ponto de ebulição em função da composição. A área sobre a curva mostra as temperaturas nas quais o vapor é estável para dada composição da mistura líquida e a área sob a curva mostra as temperaturas e as composições nas quais o líquido é a fase mais estável.

O diagrama de fases pode ser adaptado para fornecer mais informações. Imagine uma mistura binária ideal de dois líquidos voláteis, A e B. Um exemplo seria A como benzeno, C_6H_6, e B como tolueno (metil-benzeno, $C_6H_5CH_3$), porque esses dois compostos têm estruturas moleculares semelhantes e formam soluções quase ideais. Como a mistura pode ser tratada como ideal, cada componente tem a pressão de vapor dada pela lei de Raoult:

$$P_A = x_A(l)P_A^* \qquad P_B = x_B(l)P_B^*$$

Nessas equações, $x_A(l)$ é a fração molar de A na mistura líquida e P_A^* é a pressão de vapor de A puro. Semelhantemente, $x_B(l)$ é a fração molar de B no líquido e P_B^* é a pressão de vapor de B puro (ambas as pressões de vapor dependem da temperatura). De acordo com a lei de Dalton (Tópico 3C), a pressão de vapor total, P, é a soma destas duas pressões parciais:

$$P = P_A + P_B = x_A(l)P_A^* + x_B(l)P_B^*$$

Portanto, a pressão de vapor de uma mistura ideal de dois líquidos voláteis está entre os valores de pressão parcial dos dois componentes puros. A pressão de vapor total (a linha superior na Fig. 5C.2) pode ser predita se forem conhecidas as pressões de vapor individuais na temperatura dada e as frações molares da mistura. Da mesma forma, o ponto de ebulição de uma mistura com determinada composição pode ser predito considerando-se a temperatura necessária para que a pressão de vapor total seja 1 atm.

EXEMPLO 5C.2 Predição da pressão de vapor de uma mistura de dois líquidos

Imagine que você esteja projetando uma unidade química industrial e precise conhecer as pressões nos reatores e na rede de tubulação. Em alguns casos, essa tarefa requer o conhecimento das pressões de vapor dos líquidos utilizados nas operações. Qual é a pressão de vapor de cada componente em 25°C e a pressão de vapor total de uma mistura de benzeno e tolueno na qual um terço das moléculas é de benzeno (logo, $x_{benzeno}(l) = 1/3$ e $x_{tolueno}(l) = 2/3$)? As pressões de vapor do benzeno e do tolueno, em 25°C, são 94,6 e 29,1 Torr, respectivamente.

ANTECIPE A pressão de vapor da mistura estará entre os valores dos dois líquidos puros, mais próxima do componente mais abundante, neste caso o tolueno. Logo, você deve esperar um valor entre 29 e 95 Torr, mais próximo de 29 Torr.

PLANEJE Use a lei de Raoult para calcular a pressão de vapor de cada componente e, depois, a lei de Dalton para calcular a pressão de vapor total.

O que você deve supor? Que a mistura líquida e seu vapor são ideais.

RESOLVA

Use a lei de Raoult na forma $P_A = x_A(l)P_A^*$ e $P_B = x_B(l)P_A^*$.

$$P_{benzeno} = \tfrac{1}{3}(94,6 \text{ Torr}) = 31,5 \text{ Torr}$$
$$P_{tolueno} = \tfrac{2}{3}(29,1 \text{ Torr}) = 19,4 \text{ Torr}$$

Da lei de Dalton, $P = P_A + P_B$,

$$P_{total} = 31,5 + 19,4 \text{ Torr} = 50,9 \text{ Torr}$$

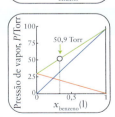

AVALIE Como esperado, a pressão de vapor da mistura fica mais perto da do tolueno do que do benzeno.

Teste 5C.2A Qual é a pressão de vapor total, em 25°C, de uma mistura de 3,00 mols de C_6H_6(benzeno) e 2,00 mols de $C_6H_5CH_3$(tolueno)?

[*Resposta:* 68,4 Torr]

Teste 5C.2B Qual é a pressão de vapor total, em 25°C, de uma mistura de massas iguais de benzeno e tolueno?

Exercícios relacionados 5C.9 e 5C.10

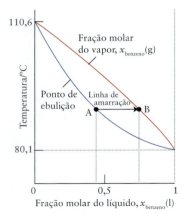

FIGURA 5C.5 Diagrama mais detalhado da temperatura-composição da mistura benzeno-tolueno. A linha azul, mais baixa, mostra como o ponto de ebulição da mistura varia com a composição. Linhas de amarração, horizontais, ligadas à curva superior, vermelha, mostram a composição do vapor em equilíbrio com o líquido em cada ponto de ebulição. Assim, o ponto B mostra a composição do vapor de uma mistura que ferve no ponto A.

Agora considere a composição do vapor. Ele provavelmente é mais rico no componente mais volátil (o componente com a maior pressão de vapor) do que o líquido. O benzeno, por exemplo, é mais volátil do que o tolueno, logo o vapor em equilíbrio com a mistura líquida será mais rico em benzeno do que o líquido (Fig. 5C.5). Se a composição do vapor pode ser expressa em termos da composição do líquido, então essa expectativa pode ser confirmada.

Como isso é feito?

Primeiro observe que a definição de pressão parcial ($P_A = x_A P$, para o componente A) e a lei de Dalton ($P = P_A + P_B$) nos permitem descrever a composição do vapor de uma mistura de líquidos, A e B, em termos das pressões parciais dos componentes:

$$x_A(g) = \frac{P_A}{P} = \frac{P_A}{P_A + P_B}$$

e igualmente para $x_B(g)$. A seguir, expresse a pressão de vapor de A e B em termos da composição do líquido usando a lei de Raoult:

$$x_A(g) = \frac{x_A(l)P_A^*}{x_A(l)P_A^* + x_B(l)P_B^*} \overset{x_B = 1 - x_A}{\cong} \frac{x_A(l)P_A^*}{x_A(l)P_A^* + (1 - x_A(l))P_B^*}$$

Essa expressão relaciona a composição do vapor (em termos da fração molar de A no vapor) de uma mistura binária com composição do líquido (em termos da fração molar de A no líquido).

EXEMPLO 5C.3 Predição da composição do vapor em equilíbrio com uma mistura líquida binária

Você agora é um engenheiro químico que projeta instalações para separar hidrocarbonetos obtidos do petróleo bruto. Você precisa acompanhar a composição das misturas usadas nas operações, tanto dos vapores como dos líquidos. Encontre a fração molar do benzeno em 25°C no vapor de uma solução de benzeno em tolueno no qual um terço das moléculas do líquido é de benzeno. Veja o Exemplo 5C.2 para os dados.

ANTECIPE Como o benzeno é mais volátil do que o tolueno, você deve esperar que o vapor seja mais rico em benzeno do que o líquido.

RESOLVA

De $x_A(g) = x_A(l)P_A^*/\{x_A(l)P_A^* + (1 - x_A(l))P_B^*\}$,

$$x_{\text{benzeno}}(g) = \frac{\frac{1}{3} \times 94{,}6 \text{ Torr}}{\frac{1}{3} \times (94{,}6 \text{ Torr}) + \underbrace{(1 - \frac{1}{3})}_{x_{\text{tolueno}}(l)} \times (29{,}1 \text{ Torr})}$$

$$= 0{,}619$$

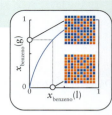

AVALIE Como esperado, o vapor é mais rico em benzeno do que o líquido. Na verdade, a fração molar do benzeno no vapor é quase o dobro da fração molar no líquido, como se vê na Fig. 5C.5.

Teste 5C.3A (a) Determine a pressão de vapor, em 25°C, de uma solução de tolueno em benzeno na qual a fração molar de benzeno é 0,900. (b) Calcule as frações molares do benzeno e do tolueno no vapor.

[**Resposta:** (a) 88,0 Torr; (b) 0,967 e 0,033]

Teste 5C.3B (a) Determine a pressão de vapor, em 25°C, de uma solução de benzeno em tolueno na qual a fração molar de benzeno é 0,500. (b) Calcule as frações molares do benzeno e do tolueno no vapor.

Exercícios relacionados 5C.11 e 5C.12

FIGURA 5C.6 Algumas das etapas que representam a destilação fracionada de uma mistura de dois líquidos voláteis (benzeno e tolueno). A mistura original ferve em A e seu vapor tem composição B. Depois da condensação, o líquido resultante ferve em C e o vapor tem composição D, e assim por diante.

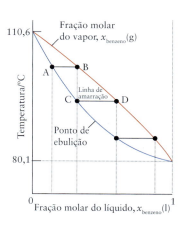

5C.3 A destilação

A linha superior na Figura 5C.5 mostra a composição do vapor em equilíbrio com a mistura líquida no ponto de ebulição. Ela foi elaborada utilizando-se o mesmo tipo de cálculo empregado no Exemplo 5C.2, mas com um número diferente de temperaturas. Para encontrar a composição do vapor em equilíbrio com o líquido em ebulição basta seguir a **linha de amarração**, isto é, a linha horizontal no ponto de ebulição, e ver onde ela intercepta a curva superior. Assim, se uma mistura líquida com a composição dada pela linha vertical que passa por A na Figura 5C.5 ($x_{benzeno}(l) = 0,45$) for aquecida na pressão constante de 1 atm, a mistura ferve na temperatura que corresponde ao ponto A. Nessa temperatura, a composição do vapor em equilíbrio com o líquido é dada pelo ponto B ($x_{benzeno}(g) = 0,73$).

Quando uma mistura de moléculas de benzeno e de tolueno com $x_{benzeno}(l) = 0,20$ começa a ferver (ponto A, Fig. 5C.6), a composição inicial do vapor formado é dada pelo ponto B ($x_{benzeno}(g) = 0,45$). Se o vapor esfria e condensa, a primeira gota de vapor condensado, o **destilado**, terá a mesma composição do vapor e, portanto, será mais rica em benzeno do que a mistura original. O líquido que permanece no recipiente será mais rico em tolueno porque parte do benzeno deixou a mistura. A separação não é muito boa, porque o vapor ainda é rico em tolueno. Entretanto, se aquela gota de destilado for reaquecida, o líquido condensado ferverá na temperatura representada pelo ponto C, e o vapor acima da solução que está fervendo terá a composição D ($x_{benzeno}(g) = 0,73$), como indicado pela linha de amarração. Note que o destilado desta segunda etapa da destilação é mais rico em benzeno do que o destilado da primeira etapa. Se essas etapas de ebulição, condensação e nova ebulição continuarem, vamos obter uma pequena quantidade de benzeno quase puro.

O processo chamado de **destilação fracionada** usa o método de redestilação contínua para separar misturas de líquidos que têm pontos de ebulição próximos, como benzeno e tolueno. A mistura é aquecida e o vapor passa por uma coluna empacotada com material que tem área superficial alta, como contas de vidro (Fig. 5C.7). O vapor começa a condensar nas esferas próximas do fundo da coluna. Porém, conforme o aquecimento continua, o vapor condensa e vaporiza mais e mais, à medida que sobe na coluna. O líquido retorna à mistura que ferve. O vapor fica progressivamente mais rico no componente cujo ponto de ebulição é menor, à medida que sobe pela coluna e chega ao condensador. O destilado final é benzeno quase puro, o mais volátil dos componentes, e o líquido no recipiente é tolueno quase puro.

Se a amostra original for constituída por vários líquidos voláteis, os componentes aparecerão no destilado, sucessivamente, em uma série de **frações**, ou amostras de destilado, que fervem em determinados intervalos de temperatura. Colunas de fracionamento gigantescas são usadas na indústria para separar misturas complexas, como o petróleo bruto (Fig. 5C.8). As frações voláteis são usadas na forma de gás natural (ferve abaixo de 0°C), gasolina (ferve na faixa de 30°C a 200°C) e querosene (de 180°C a 325°C). As frações menos voláteis são usadas como óleo diesel (acima de 275°C). O resíduo que permanece depois da destilação é usado na forma de asfalto em rodovias.

O vapor de uma mistura ideal de dois líquidos voláteis é mais rico no componente mais volátil. Os líquidos voláteis podem ser separados por destilação fracionada.

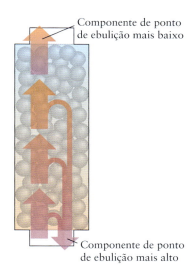

FIGURA 5C.7 Ilustração esquemática do processo de destilação fracionada. A temperatura da coluna diminui de acordo com a altura. A condensação e a fervura ilustradas na Figura 5C.6 ocorrem em posições cada vez mais altas na coluna. O componente menos volátil volta ao frasco que está embaixo da coluna de fracionamento, e o componente mais volátil escapa pelo topo, condensa e é coletado.

5C.4 Os azeótropos

A maior parte das misturas de líquidos não é ideal, logo suas pressões de vapor não seguem a lei de Raoult (Fig. 5C.9). Nesses casos, as curvas de temperatura-composição são determinadas experimentalmente pela análise da composição do vapor.

FIGURA 5C.8 A altura desta coluna de fracionamento em uma refinaria de petróleo ajuda a obter uma boa separação dos componentes do petróleo. (© Pablo Paul/Alamy.)

O nome "azeótropo" vem das palavras gregas que significam "fervendo sem mudança".

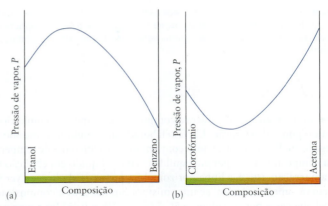

FIGURA 5C.9 Ilustração da variação da pressão de vapor de uma mistura de (a) etanol e benzeno, e (b) acetona e clorofórmio. Note que a mistura na parte (a) mostra uma pressão de vapor máxima, isto é, um desvio positivo da lei de Raoult. A mistura na parte (b) mostra um mínimo, isto é, um desvio negativo da lei de Raoult.

A direção do desvio da lei de Raoult pode ser correlacionada com a **entalpia de mistura**, ΔH_{mis}, a diferença de entalpia molar entre a mistura e os componentes puros. A entalpia de mistura do etanol com o benzeno é positiva – o processo de mistura é endotérmico porque as interações entre as moléculas de etanol e benzeno são menos favoráveis do que a interação entre as moléculas dos líquidos puros –, e essa mistura tem pressão de vapor maior do que o predito pela lei de Raoult (um "desvio positivo"). A entalpia da mistura da acetona com o clorofórmio é negativa – o processo de mistura é exotérmico porque as interações entre as moléculas de acetona e clorofórmio são mais favoráveis do que as interações na acetona e clorofórmio puros –, e essa mistura tem pressão de vapor menor do que o previsto pela lei de Raoult (um "desvio negativo").

Alguns desvios da lei de Raoult podem dificultar a separação completa de líquidos por destilação. O diagrama de temperatura-composição de misturas de etanol e benzeno é mostrado na Fig. 5C.10. O ponto mais baixo na curva do ponto de ebulição indica a existência de um **azeótropo de ponto de ebulição mínimo**. Seus componentes não podem ser separados por destilação: em uma destilação fracionada, a mistura com a composição do azeótropo ferve primeiro, não o líquido puro mais volátil. O comportamento oposto é encontrado na mistura de acetona com clorofórmio (Fig. 5C.11). Esse **azeótropo de ponto de ebulição máximo** ferve em temperatura mais alta do que qualquer constituinte e é a última fração a ser coletada, não o líquido puro menos volátil.

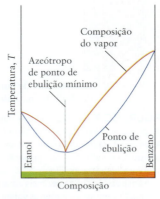

FIGURA 5C.10 Diagrama temperatura-composição de um azeótropo de ponto de ebulição mínimo (como etanol e benzeno). Quando essa mistura é separada por destilação fracionada, a mistura azeotrópica (mais volátil) é obtida como o destilado.

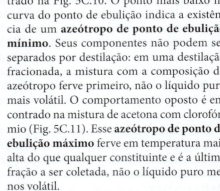

FIGURA 5C.11 Diagrama temperatura-composição de um azeótropo de ponto de ebulição máximo (como acetona e clorofórmio). Quando essa mistura é separada por destilação fracionada, a mistura azeotrópica (menos volátil) fica no frasco.

As misturas binárias em que as forças intermoleculares são mais fracas na solução do que nos componentes puros têm desvios positivos da lei de Raoult. As soluções em que as forças intermoleculares são mais fortes na solução do que nos componentes puros têm desvios negativos da lei de Raoult.

O que você aprendeu com este tópico?

Você aprendeu como e por que a presença de solutos não voláteis reduz a pressão de vapor. Você viu como expressar a pressão de vapor de um líquido em uma mistura usando a lei de Raoult e como a pressão total de vapor de uma mistura varia com a composição. Este tópico apresentou o conceito de solução ideal. Além disso, você viu como o ponto de ebulição de uma mistura de líquidos voláteis varia com a composição, e conheceu o processo de destilação fracionada. Com base no conceito de azeótropo, você viu como sua formação afeta o processo de destilação.

Os conhecimentos que você deve dominar incluem a capacidade de:

☐ **1.** Calcular a pressão de vapor de um solvente em uma solução usando a lei de Raoult (Exemplo 5C.1).

☐ **2.** Calcular a pressão de vapor e a composição do vapor de uma solução de dois líquidos (Exemplos 5C.2 e 5C.3).

☐ **3.** Interpretar um diagrama de fases de dois componentes e discutir a destilação fracionada, Seções 5C.2 e 5C.3).

☐ **4.** Explicar a existência e as consequências da formação de azeótropos (Seção 5C.4).

Tópico 5C Exercícios

5C.1 Dois bécheres, um contendo uma solução 0,010 M de NaCl(aq) e o outro contendo água pura, são colocados em uma campânula e selados. Os bécheres ficam guardados até que o vapor de água entre em equilíbrio com os líquidos. O nível do líquido nos dois bécheres é o mesmo no início do experimento, como se vê abaixo. Ajuste o nível de líquido nos bécheres após o equilíbrio ser atingido. Explique seu raciocínio.

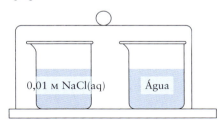

5C.2 Dois bécheres, um contendo uma solução 0,010 M de NaCl(aq) e o outro contendo uma solução 0,010 M de AlCl$_3$(aq), são colocados em uma campânula e selados. Os bécheres ficam guardados até que o vapor de água entre em equilíbrio com os líquidos. O nível do líquido nos dois bécheres é o mesmo no início do experimento, como se vê abaixo. Ajuste o nível de líquido nos bécheres após o equilíbrio ser atingido. Explique seu raciocínio.

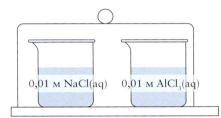

5C.3 Calcule a pressão de vapor do solvente em cada uma das seguintes soluções. Use a Tabela 5A.2 para encontrar a pressão de vapor da água em (a) uma solução em água em 100°C em que a fração molar de sacarose é 0,100; (b) uma solução em água em 100°C em que a concentração de sacarose é 0,100 mol·L^{-1}.

5C.4 Qual é a pressão de vapor do solvente em cada das seguintes soluções: (a) a fração molar de glicose é 0,0316 em uma solução em água em 40°C; (b) uma solução em água em 23°C é 0,0240 M em ureia, CO(NH$_2$)$_2$, um não eletrólito? Use os dados da Tabela 5A.2 para obter a pressão de vapor da água em várias temperaturas.

5C.5 O benzeno, C$_6$H$_6$, tem pressão de vapor igual a 94,6 Torr em 25°C. Um composto não volátil foi adicionado a 0,300 mol de C$_6$H$_6$(l) em 25°C e a pressão de vapor do benzeno na solução caiu até 75,0 Torr. Que quantidade de mols de moléculas do soluto foi colocada no benzeno?

5C.6 O benzeno, C$_6$H$_6$, tem pressão de vapor igual a 100,0 Torr em 26°C. Um composto não volátil foi colocado em 0,400 mol de C$_6$H$_6$(l) em 26°C e a pressão de vapor do benzeno na solução caiu até 68,0 Torr. Que quantidade de mols de moléculas do soluto foi colocada no benzeno?

5C.7 Quando 8,05 g de um composto X, desconhecido, foram dissolvidos em 100. g de benzeno, a pressão de vapor do benzeno caiu de 100,0 Torr para 94,8 Torr em 26°C. Quais são (a) a fração molar e (b) a massa molar de X?

5C.8 O ponto de ebulição normal do etanol é 78,4°C. Quando 9,15 g de um não eletrólito solúvel dissolvem em 100. g de etanol, a pressão de vapor da solução naquela temperatura é igual a 7,40 × 10^2 Torr. (a) Quais são as frações molares de etanol e de soluto? (b) Qual é a massa molar do soluto?

372 Tópico 5C Os equilíbrios de fase em sistemas de dois componentes

5C.9 O benzeno, C_6H_6, e o tolueno, $C_6H_5CH_3$, formam uma solução ideal. A pressão de vapor do benzeno é 94,6 Torr e a do tolueno, 29,1 Torr em 25°C. Qual é a pressão de vapor de cada componente em 25°C e a pressão de vapor total de uma mistura de 1,00 mol de benzeno e 0,400 mol de tolueno em 25°C?

5C.10 O hexano (C_6H_{14}) e o ciclo-hexano (C_6H_{12}) formam uma solução ideal. A pressão de vapor do hexano é 151 Torr e a do ciclo-hexano, 98 Torr em 25,0°C. Qual é a pressão de vapor de cada componente, em 25°C, e a pressão de vapor total de uma mistura de 0,400 mol de hexano e 0,200 mol de ciclo-hexano em 25°C?

5C.11 O benzeno, C_6H_6, e o tolueno, $C_6H_5CH_3$, formam uma solução ideal. A pressão de vapor do benzeno é 94,6 Torr e a do tolueno, 29,1 Torr em 25°C. Calcule a pressão de vapor de cada uma das seguintes soluções e a fração molar de cada substância na fase vapor que está acima das soluções em 25°C: (a) 1,50 mol de C_6H_6 misturado com 0,50 mol de $C_6H_5CH_3$; (b) 15,0 g de benzeno misturados com 64,3 g de tolueno.

5C.12 O hexano (C_6H_{14}) e o ciclo-hexano (C_6H_{12}) formam uma solução ideal. A pressão de vapor do hexano é 151 Torr e a do ciclo-hexano, 98 Torr em 25,0°C. Calcule a pressão de vapor de cada uma das seguintes soluções e a fração molar de cada substância na fase vapor que está acima das soluções: (a) 0,25 mol de C_6H_{14} misturado com 0,65 mol de C_6H_{12}; (b) 10,0 g de hexano misturados com 10,0 g de ciclo-hexano.

5C.13 A pressão de vapor do 1,1-dicloro-etano, CH_3CHCl_2, é 228 Torr em 25°C. Na mesma temperatura, a pressão de vapor do 1,1-dicloro-tetrafluoro-etano, CF_3CCl_2F, é 79 Torr. Que massa de 1,1-dicloro-etano deve ser misturada com 100,0 g de 1,1-dicloro-tetrafluoro-etano para dar uma solução cuja pressão de vapor seja igual a 157 Torr em 25°C? Considere o comportamento ideal.

5C.14 A pressão de vapor da butanona, $CH_3CH_2COCH_3$, é 100 Torr em 25°C. Na mesma temperatura, a pressão de vapor da propanona, CH_3COCH_3, é 222 Torr. Que massa de propanona deve ser misturada com 350,0 g de butanona para dar uma solução cuja pressão de vapor seja 135 Torr? Considere o comportamento ideal.

5C.15 De qual das seguintes misturas você esperaria um desvio positivo, um desvio negativo ou nenhum desvio (isto é, que formasse uma solução ideal) da lei de Raoult? Explique sua conclusão. (a) metanol, CH_3OH, e etanol, CH_3CH_2OH; (b) HF e H_2O; (c) hexano, C_6H_{14}, e H_2O.

5C.16 De qual das seguintes misturas você esperaria um desvio positivo, um desvio negativo ou nenhum desvio (isto é, que formasse uma solução ideal) da lei de Raoult? Explique sua conclusão. (a) HBr e H_2O; (b) ácido fórmico, HCOOH, e benzeno; (c) ciclo-pentano, C_5H_{10}, e ciclo-hexano, C_6H_{12}.

Tópico 5D A solubilidade

5D.1 Os limites da solubilidade
5D.2 A regra "igual dissolve igual"
5D.3 A pressão e a solubilidade dos gases
5D.4 A temperatura e a solubilidade
5D.5 A termodinâmica da dissolução
5D.6 Os coloides

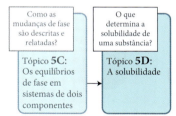

As maiores soluções encontradas na Terra são os oceanos, que representam $1,4 \times 10^{21}$ kg da água superficial da Terra. Essa massa corresponde a aproximadamente 2×10^8 t ($1\text{ t} = 10^3$ kg) de água por cada habitante, mais do que suficiente para suprir toda a água necessária a um mundo sedento. Entretanto, a água do mar pode ser fatal, por causa das altas concentrações de sais dissolvidos, em particular, íons Na$^+$ e Cl$^-$ (Tabela 5D.1). Os métodos de remoção de sais dissolvidos poderiam ser usados para produzir água potável, mas a natureza das soluções precisa ser compreendida para que esta operação seja realizada com eficiência. Muitas reações químicas também ocorrem em solução, o que mostra a importância de compreender por que algumas substâncias se dissolvem, mas outras não.

Por que você precisa estudar este assunto? Compreender os fatores que afetam a solubilidade de uma substância é essencial na escolha dos solventes adequados para um processo e na avaliação de seus impactos ambientais.

Que conhecimentos você precisa dominar? Este tópico usa o conceito de entalpia de rede (Tópico 4E) e os papéis da entalpia e da entropia na determinação do valor da energia livre de Gibbs (Tópico 4J).

5D.1 Os limites da solubilidade

Como introdução a este tópico, imagine o que ocorre quando um cristal de glicose, $C_6H_{12}O_6$, é jogado na água. Quando os átomos de água se aproximam da superfície do cristal, ligações hidrogênio começam a se formar entre as moléculas de água e as de glicose. Como resultado, as moléculas de glicose da superfície são puxadas para a solução por moléculas de água, mas são simultaneamente atraídas para o cristal por outras moléculas de glicose. Quando as interações com as moléculas de água forem comparáveis às interações com outras moléculas de glicose, essas últimas se soltam do cristal e passam para o solvente, onde ficam cercadas por moléculas de água. Um processo semelhante acontece quando um sólido iônico se dissolve. As moléculas de água polares hidratam os íons (envolvem os íons formando uma "camada de solvente" bastante estável) e os retiram do retículo cristalino (Fig. 5D.1). Remexer ou agitar acelera o processo, porque coloca mais moléculas de água livres na superfície do sólido e retira os íons hidratados das proximidades do sólido.

Se uma quantidade pequena – digamos, 2 g – de glicose é adicionada a 100 mL de água, na temperatura normal, toda a glicose dissolve. Porém, se forem adicionados 200 g, parte da glicose permanece sem dissolver (Fig. 5D.2). Dizemos que uma solução está **saturada** quando o solvente dissolve todo o soluto possível e ainda resta uma parte do soluto, que não dissolveu. A concentração de soluto sólido na solução saturada alcançou o maior valor possível e mais nenhum soluto pode se dissolver. A **solubilidade molar**, s, de uma substância é a concentração molar de uma solução saturada. Em outras palavras, a solubilidade molar de uma substância é o limite de sua capacidade de se dissolver em uma dada quantidade de solvente.

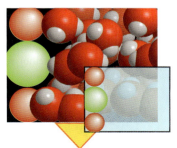
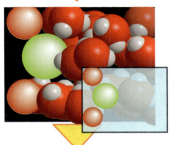
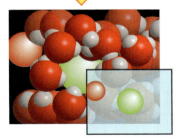

TABELA 5D.1	Principais íons encontrados na água do mar	
Elemento	Forma principal	Concentração $c/(\text{g·L}^{-1})$
Cl	Cl$^-$	19,0
Na	Na$^+$	10,5
Mg	Mg^{2+}	1,35
S	SO$_4^{2-}$	0,89
Ca	Ca^{2+}	0,40
K	K$^+$	0,38
Br	Br$^-$	0,065
C	HCO$_3^-$, H$_2$CO$_3$, CO$_2$	0,028

FIGURA 5D.1 Eventos que acontecem na interface de um soluto iônico sólido e um solvente (água). A figura mostra apenas a camada superficial dos íons. Quando os íons da superfície do sólido se hidratam, eles se movem para o interior da solução. Os destaques à direita mostram só os íons.

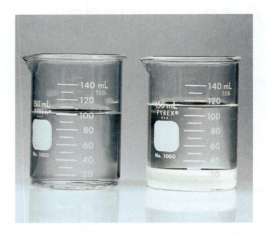

FIGURA 5D.2 Quando uma pequena quantidade de glicose é agitada em 100 ml de água, toda a glicose dissolve (à esquerda). Entretanto, quando uma grande quantidade é adicionada, parte dela não se dissolvem e a solução fica saturada de glicose (à direita). *(W. H. Freeman. Foto de Ken Karp.)*

Em uma solução saturada, qualquer soluto sólido presente continua a dissolver, mas a velocidade com a qual ele dissolve é exatamente igual à velocidade com que ele volta ao sólido, e a concentração permanece no valor de equilíbrio (Fig. 5D.3). Em uma solução saturada, o soluto dissolvido e o soluto não dissolvido estão em equilíbrio dinâmico, conforme o conceito definido no Tópico 5A.

A solubilidade molar de uma substância é a concentração molar de uma solução saturada. Uma solução saturada é aquela na qual o soluto dissolvido e o soluto não dissolvido estão em equilíbrio dinâmico, e nenhuma quantidade adicional de soluto consegue se dissolver nela.

5D.2 A regra "igual dissolve igual"

A compreensão do jogo de forças que age quando ocorre a dissolução de um soluto ajuda a responder a algumas questões práticas. Suponha, por exemplo, que um óleo sujou um pano. Como você vai selecionar um bom solvente para o óleo? Um bom guia é a regra "*igual dissolve igual*". Isto é, um líquido formado por moléculas polares (um "líquido polar") como a água, geralmente, é o melhor solvente para compostos iônicos e polares. Reciprocamente, um líquido composto por moléculas apolares (um "líquido apolar") como o hexano e o tetracloro-eteno, $Cl_2C=CCl_2$, é um solvente mais indicado para compostos apolares como os hidrocarbonetos oleosos, mantidos juntos por forças de London.

A regra "igual dissolve igual" pode ser explicada examinando as forças de atração entre as moléculas do soluto e do solvente. Para que uma substância dissolva em um solvente líquido, as atrações soluto-soluto são substituídas por atrações soluto-solvente, e pode-se esperar dissolução se as novas interações forem semelhantes às interações originais (Fig. 5D.4). Por exemplo, quando as forças coesivas principais em um soluto são ligações hidrogênio, ele dissolve mais

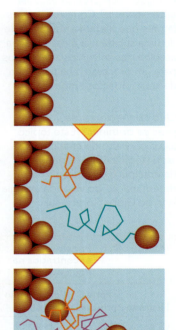

FIGURA 5D.3 O soluto, em uma solução saturada, está em equilíbrio dinâmico com o soluto não dissolvido. Se você pudesse seguir a trajetória das partículas do soluto (as esferas laranja), elas seriam encontradas, às vezes, na solução e, às vezes, de volta ao sólido. As linhas coloridas representam os caminhos de partículas do soluto. As moléculas do solvente não aparecem.

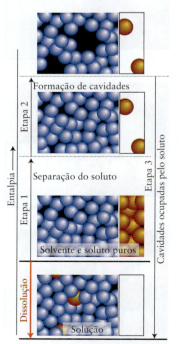

FIGURA 5D.4 Representação das mudanças de interações moleculares e de energia associadas à formação de uma solução diluída. Na etapa 1, as moléculas do soluto se distanciam umas das outras. Na etapa 2, algumas das moléculas de solvente se afastam e criam cavidades. Na etapa 3, as moléculas de soluto ocupam as cavidades do solvente, um processo que libera energia. A variação total de energia do processo é a soma das variações de energia, mostradas pela seta vermelha. No processo real de dissolução, essas etapas não ocorrem independentemente.

provavelmente em um solvente com ligações hidrogênio do que em outros solventes. As moléculas só podem passar para a solução se puderem substituir as ligações hidrogênio soluto-soluto por ligações hidrogênio soluto-solvente. A glicose, por exemplo, tem grupos —OH capazes de formação de ligações hidrogênio e dissolve rapidamente em água, mas não em hexano (Fig. 5D.5).

Se as forças coesivas principais entre as moléculas de soluto são forças de London, então o melhor solvente, provavelmente, será aquele capaz de substituir essas forças. Por exemplo, um bom solvente para substâncias não polares é o líquido não polar dissulfeto de carbono, CS_2. Ele é um solvente muito melhor para enxofre do que a água, porque o enxofre é um sólido molecular de fórmula S_8 mantido por forças de London (Fig. 5D.6). As moléculas de enxofre não podem penetrar na estrutura da água, que tem ligações hidrogênio fortes, porque elas não podem substituir essas ligações por interações de energia semelhante.

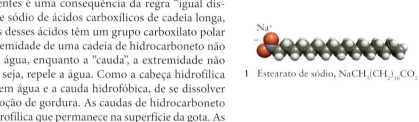

FIGURA 5D.5 A glicose ($C_6H_{12}O_6$) forma ligações de hidrogênio com a água (linhas verdes pontilhadas).

A ação de limpeza dos sabões e detergentes é uma consequência da regra "igual dissolve igual". Os sabões comuns são os sais de sódio de ácidos carboxílicos de cadeia longa, incluindo o estearato de sódio (**1**). Os ânions desses ácidos têm um grupo carboxilato polar (—CO_2^-), que chamamos de *cabeça*, na extremidade de uma cadeia de hidrocarboneto não polar. A cabeça é **hidrofílica**, isto é, atrai a água, enquanto a "cauda", a extremidade não polar do hidrocarboneto, é **hidrofóbica**, ou seja, repele a água. Como a cabeça hidrofílica dos ânions tem a tendência de se dissolver em água e a cauda hidrofóbica, de se dissolver em gordura, o sabão é muito efetivo na remoção de gordura. As caudas de hidrocarboneto penetram na gota de gordura até a cabeça hidrofílica que permanece na superfície da gota. As moléculas de sabão se aglomeram, formando uma **micela**, que é solúvel em água e remove a gordura (Fig. 5D.7).

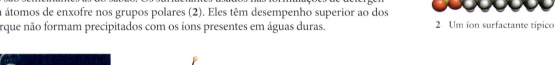

1 Estearato de sódio, $NaCH_3(CH_2)_{16}CO_2$

Os sabões são feitos por aquecimento de hidróxido de sódio com óleo de coco, óleo de oliva ou gorduras animais que contêm *ésteres* de glicerol e ácidos graxos (veja o Tópico 11D). O hidróxido de sódio ataca o éster e forma o sabão, o estearato de sódio solúvel. Nas gorduras animais, o ácido esteárico forma o sabão estearato de sódio. Os sabões, entretanto, formam uma nata em água dura (água que contém íons Ca^{2+} e Mg^{2+}). A nata é um precipitado impuro de estearatos de cálcio e de magnésio, quase insolúveis.

Muitos dos detergentes atualmente vendidos no comércio contêm abrandadores de água, como o carbonato de sódio e enzimas. O seu componente mais importante é um **surfactante**, ou *agente ativo na superfície*. As moléculas de surfactante são compostos orgânicos cuja estrutura e ação são semelhantes às do sabão. Os surfactantes usados nas formulações de detergentes contêm átomos de enxofre nos grupos polares (**2**). Eles têm desempenho superior ao dos sabões, porque não formam precipitados com os íons presentes em águas duras.

2 Um íon surfactante típico

FIGURA 5D.6 O enxofre, que é um sólido com moléculas não polares, não dissolve em água (à esquerda), mas dissolve em dissulfeto de carbono (à direita), com o qual as moléculas S_8 têm interações de London favoráveis. (*©1989 Chip Clark–Fundamental Photographs.*)

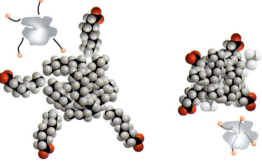

FIGURA 5D.7 À esquerda, as caudas de hidrocarboneto de um sabão ou surfactante começam a dissolver em gordura. (Representação esquemática das moléculas, com a graxa representada por uma gota cinzenta e as cabeças polares das moléculas do surfactante, em vermelho, como se pode ver abaixo dos modelos de volume cheio.) As cabeças, que atraem a água, permanecem na superfície, onde podem interagir favoravelmente com a água (à direita). Quando o número de moléculas do surfactante que dissolvem na gordura aumenta, a gota inteira, chamada de micela, dissolve em água e é arrastada (lavada).

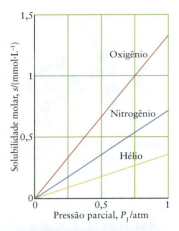

FIGURA 5D.8 Variação da solubilidade molar dos gases oxigênio, nitrogênio e hélio com a pressão parcial. Note que a solubilidade de cada gás dobra quando a pressão parcial dobra.

Um guia geral para a conveniência de um solvente é a regra "igual dissolve igual". Sabões e detergentes contêm moléculas de surfactante que têm uma região hidrofóbica e uma região hidrofílica.

5D.3 A pressão e a solubilidade dos gases

Quase todos os organismos aquáticos dependem do oxigênio dissolvido para a respiração. Ainda que as moléculas de oxigênio não sejam polares, pequenas quantidades do gás dissolvem em água. A quantidade de oxigênio dissolvido depende da pressão sobre a superfície do líquido. A pressão de um gás é o resultado de choques das moléculas. Quando um gás está presente em um recipiente com um líquido, suas moléculas penetram o líquido como meteoritos que mergulham no oceano. Como o número de impactos aumenta com a pressão do gás, a solubilidade do gás – a concentração molar do gás dissolvido em equilíbrio dinâmico com o gás livre – aumenta com o aumento da pressão. Se o gás sobre o líquido é uma mistura (como, por exemplo, o ar), então a solubilidade de cada componente depende de sua pressão parcial (Fig. 5D.8).

As linhas retas na Figura 5D.8 mostram que *a solubilidade de um gás é diretamente proporcional a sua pressão parcial, P*. Essa observação foi feita primeiramente, em 1801, pelo químico inglês William Henry e é agora conhecida como a **lei de Henry**. Ela normalmente é escrita como

$$s = k_H P \qquad (1)$$

A constante k_H, que é chamada de **constante de Henry**, depende do gás, do solvente e da temperatura (Tabela 5D.2).

TABELA 5D.2	Constantes de Henry para gases em água em 20°C
Gás	$k_H/(\text{mol}\cdot\text{L}^{-1}\cdot\text{atm}^{-1})$
Ar	$7{,}9 \times 10^{-4}$
Argônio	$1{,}5 \times 10^{-3}$
Dióxido de carbono	$2{,}3 \times 10^{-2}$
Hélio	$3{,}7 \times 10^{-4}$
Hidrogênio	$8{,}5 \times 10^{-4}$
Neônio	$5{,}0 \times 10^{-4}$
Nitrogênio	$7{,}0 \times 10^{-4}$
Oxigênio	$1{,}3 \times 10^{-3}$

EXEMPLO 5D.1 Estimativa da solubilidade de um gás em um líquido

Imagine que você é um cientista ambiental e precisa conhecer os limites teóricos da quantidade de oxigênio que se dissolve em água. Essa informação é importante no monitoramento da capacidade de corpos hídricos naturais de abrigar vida. Mostre que a concentração de oxigênio na água de um lago é normalmente adequada para sustentar a vida aquática, que requer concentrações de O_2 da ordem de 0,13 mmol·L^{-1}. A pressão parcial de oxigênio é 0,21 atm ao nível do mar.

ANTECIPE Você sabe que a vida aquática é viável em circunstâncias normais, logo, podemos esperar encontrar a concentração necessária.

PLANEJE Use a Equação 1 para calcular a concentração molar do oxigênio.

RESOLVA

De $s = k_H P$,

$$s = (1{,}3 \times 10^{-3}\,\text{mol}\cdot\text{L}^{-1}\cdot\text{atm}^{-1}) \times (0{,}21\,\text{atm})$$
$$= 2{,}7 \times 10^{-4}\,\text{mol}\cdot\text{L}^{-1}$$

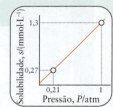

AVALIE A concentração molar de O_2 é 0,27 mmol·L^{-1}, mais do que suficiente para sustentar a vida.

Teste 5D.1A Na altitude em que se encontra o Bear Lake, no Rocky Mountain National Park, nos Estados Unidos (2900 m), a pressão parcial do oxigênio é 0,14 atm. Qual é a solubilidade molar do oxigênio no Bear Lake em 20°C?

[*Resposta*: 0,18 mmol·L^{-1}]

Teste 5D.1B Use as informações da Tabela 5D.2 para calcular o número de mols de CO_2 que dissolverão em água para formar 900. mL de solução, em 20°C, se a pressão parcial de CO_2 é 1,00 atm.

Exercícios relacionados 5D.5 e 5D.6

A solubilidade de um gás é proporcional a sua pressão parcial, porque um aumento de pressão corresponde a um aumento na velocidade com a qual as moléculas de gás se chocam com a superfície do solvente.

5D.4 A temperatura e a solubilidade

A maior parte das substâncias dissolve mais depressa em temperaturas elevadas do que em temperaturas baixas. Porém, isso não significa necessariamente que elas sejam mais solúveis – isto é, que atinjam uma concentração mais alta de soluto – em temperaturas mais altas. Em alguns casos, a solubilidade é mais baixa em temperaturas mais elevadas. É importante distinguir o efeito da temperatura na *velocidade* de um processo de seu efeito no resultado final.

A maior parte dos gases fica menos solúvel quando a temperatura aumenta. A baixa solubilidade de gases em água morna é responsável pelas pequenas bolhas que aparecem quando um copo com água gelada é colocado em uma sala quente. As bolhas são provocadas pelo gás que estava dissolvido quando a água estava gelada e que sai da solução quando a temperatura aumenta. Ao contrário, a maior parte dos sólidos iônicos e moleculares é mais solúvel em água quente do que em água fria (Fig. 5D.9). Essa característica é usada no laboratório para dissolver uma substância e fazer crescer cristais, deixando uma solução saturada esfriar lentamente. Porém, alguns sólidos que contêm íons muito hidratados, como o carbonato de lítio, são menos solúveis em temperaturas altas do que em temperaturas baixas. Um pequeno número de compostos tem comportamento misto. Por exemplo, a solubilidade do sulfato de sódio deca-hidratado aumenta até 32°C, mas decresce quando a temperatura ultrapassa esse valor.

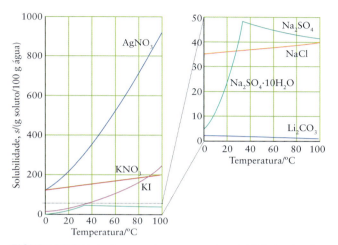

FIGURA 5D.9 Variação, com a temperatura, das solubilidades de seis substâncias em água. O gráfico à direita foi expandido vericalmente para mostrar mais claramente a solubilidade de quatro compostos iônicos.

A velocidade de dissolução, mas não necessariamente a solubilidade, de uma substância aumenta com a temperatura. A solubilidade da maior parte dos gases é menor em temperaturas mais altas. Os sólidos têm comportamento mais variado.

5D.5 A termodinâmica da dissolução

A variação da entalpia molar quando uma substância dissolve é chamada de **entalpia de solução**, ΔH_{sol}. A variação de entalpia pode ser medida calorimetricamente a partir do calor liberado ou absorvido quando a substância dissolve em pressão constante. Entretanto, como as partículas de soluto interagem umas com as outras e com o solvente, para isolar as interações soluto-solvente, é necessário se concentrar na **entalpia de solução limite**, isto é, a variação de entalpia que acompanha a formação de uma solução muito diluída em que as interações soluto-soluto podem ser desprezadas (Tabela 5D.3). Os dados mostram que alguns sólidos, como o cloreto de lítio, dissolvem exotermicamente, ou seja, com liberação de calor. Outros, como o nitrato de amônio, dissolvem endotermicamente (absorvem calor).

TABELA 5D.3 Entalpias de solução limite, $\Delta H_{sol}/(kJ \cdot mol^{-1})$, em 25°C*

Cátion	fluoreto	cloreto	brometo	iodeto	hidróxido	carbonato	sulfato	nitrato
lítio	+4,9	−37,0	−48,8	−63,3	−23,6	−18,2	−2,7	−29,8
sódio	+1,9	+3,9	−0,6	−7,5	−44,5	−26,7	+20,4	−2,4
potássio	−17,7	+17,2	+19,9	+20,3	−57,1	−30,9	+34,9	−23,8
amônio	−1,2	+14,8	+16,0	+13,7	—	—	+25,7	+6,6
prata	−22,5	+65,5	+84,4	+112,2	—	+41,8	+22,6	+17,8
magnésio	−12,6	−160,0	−185,6	−213,2	+2,3	−25,3	−90,9	−91,2
cálcio	+11,5	−81,3	−103,1	−119,7	−16,7	−13,1	−19,2	−18,0
alumínio	−27	−329	−368	−385	—	—	—	−350

*A entalpia limite de solução do iodeto de prata, por exemplo, é encontrada onde a linha "prata" cruza a coluna "iodeto" e é 112,2 kJ·mol^{-1}.

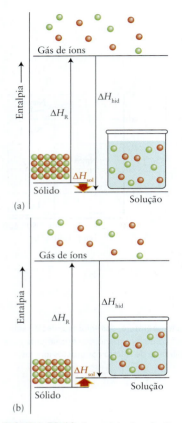

FIGURA 5D.10 A entalpia de solução, ΔH_{sol}, é a soma da variação de entalpia necessária para separar as moléculas ou íons do soluto, a entalpia de rede, ΔH_R (etapa 1 da Figura 5D.4), e a entalpia que acompanha a hidratação, ΔH_{hid} (etapas 2 e 3 da Figura 5D.4). O resultado é um equilíbrio finamente balanceado: (a) em alguns casos, ele é exotérmico; (b) em outros, é endotérmico. No caso de solutos gasosos, a entalpia de rede é zero porque as moléculas já estão muito separadas.

Para entender os valores da Tabela 5D.3, pense na dissolução como um processo hipotético em duas etapas (Fig. 5D.10). Na primeira etapa, a formação de uma solução de um sal em água, imagine que os íons se separam do sólido para formar um gás de íons. A variação de entalpia que acompanha esta etapa altamente endotérmica é a entalpia de rede ou entalpia reticular, ΔH_R, do sólido (Tópico 2A e Tabela 4E.1). A entalpia de rede do cloreto de sódio (787 kJ·mol^{-1}), por exemplo, é a variação de entalpia molar do processo NaCl(s) → Na$^+$(g) + Cl$^-$(g). O Tópico 2A mostrou que compostos formados por íons pequenos com muita carga (como Mg^{2+} e O^{2-}) ligam-se fortemente e que muita energia é necessária para quebrar a rede. Esses compostos têm entalpias de rede altas. Compostos formados por íons grandes com carga baixa, como o iodeto de potássio, têm forças atrativas fracas e, correspondentemente, entalpias de rede baixas.

Na segunda etapa hipotética, imagine que os íons gasosos mergulham na água e formam a solução final. A entalpia molar desta etapa é chamada de **entalpia de hidratação**, ΔH_{hid}, do composto (Tabela 5D.4). As entalpias de hidratação são negativas e comparáveis em valor às entalpias de rede dos compostos. No caso do cloreto de sódio, por exemplo, a entalpia de hidratação, isto é, a variação de entalpia molar do processo Na$^+$(g) + Cl$^-$(g) → Na$^+$(aq) + Cl$^-$(aq) é −784 kJ·mol^{-1}. Essa energia é suficiente para que 1 g de NaCl (como um gás de Na$^+$ e Cl$^-$) eleve a temperatura de 100 mL de água em cerca de 50°C. A hidratação dos compostos iônicos é sempre exotérmica, por causa da formação de interações atrativas íon-dipolo entre as moléculas de água e os íons. Ela também é exotérmica para moléculas que podem formar ligações hidrogênio com a água, como a sacarose, a glicose, a acetona e o etanol.

Agora, reúna as duas etapas do processo de dissolução e calcule a mudança de energia total: $\Delta H_{sol} = \Delta H_R + \Delta H_{hid}$. Quando os valores são incluídos, a entalpia limite de solução do cloreto de sódio, isto é, a variação de entalpia do processo NaCl(s) → Na$^+$(aq) + Cl$^-$(aq) é

$$\Delta H_{sol} = \underbrace{787 \text{ kJ·mol}^{-1}}_{\text{entalpia de rede}} - \underbrace{784 \text{ kJ·mol}^{-1}}_{\text{entalpia de hidratação}} = \underbrace{+3 \text{ kJ·mol}^{-1}}_{\text{entalpia de solução}}$$

Como a entalpia de solução é positiva, existe um influxo líquido de energia, na forma de calor, quando o sólido dissolve. A dissolução do cloreto de sódio é, portanto, endotérmica, mas só até o limite de 3 kJ·mol^{-1}. Como este exemplo mostra, a mudança total de entalpia depende de um equilíbrio muito delicado entre a entalpia de rede e a entalpia de hidratação.

PONTO PARA PENSAR

Por que o cloreto de sódio dissolve espontaneamente em água, apesar de a dissolução ser endotérmica?

Carga alta e raio iônico pequeno contribuem para as entalpias de hidratação elevadas. Porém, as mesmas características também contribuem para as entalpias de rede altas. É, então, muito difícil fazer predições seguras sobre a solubilidade com base na carga e no raio do íon. O melhor que pode ser feito é usar essas características para racionalizar o que é

TABELA 5D.4 Entalpias de hidratação, ΔH_{hid}, em 25°C, de alguns halogenetos, em quilojoules por mol*

	Ânion			
Cátion	F$^-$	Cl$^-$	Br$^-$	I$^-$
H$^+$	−1613	−1470	−1439	−1426
Li$^+$	−1041	−898	−867	−854
Na$^+$	−927	−784	−753	−740
K$^+$	−844	−701	−670	−657
Ag$^+$	−993	−850	−819	−806
Ca^{2+}	—	−2337	—	—

*A entalpia de hidratação do NaCl, ΔH_{hid}, por exemplo, é o valor encontrado no ponto em que a linha Na$^+$ cruza a coluna Cl$^-$. O valor resultante, −784 kJ·mol^{-1}, do processo Na$^+$(g) + Cl$^-$(g) → Na$^+$(aq) + Cl$^-$(aq) só se aplica quando a solução está muito diluída.

observado. Com essa limitação em mente, você pode começar a entender o comportamento de algumas substâncias comuns e as propriedades de alguns minerais. Os nitratos, por exemplo, têm ânions grandes com carga um e, consequentemente, baixas entalpias de rede. As entalpias de hidratação, entretanto, são bastante grandes, porque a água pode formar ligações hidrogênio com os ânions nitrato. Como resultado, eles raramente são achados em depósitos minerais porque são solúveis na água do solo, e a água que escorre pelo terreno carrega as substâncias solúveis. Os íons carbonato têm aproximadamente o mesmo tamanho dos íons nitrato, mas carga dois. Como resultado, eles têm, comumente, entalpias de rede maiores do que os nitratos e é muito mais difícil retirá-los de sólidos como a pedra calcária (carbonato de cálcio). Os hidrogenocarbonatos (íons bicarbonato, HCO_3^-) têm carga um e são mais solúveis do que os carbonatos.

A diferença de solubilidade entre os carbonatos e os hidrogenocarbonatos é responsável pelo comportamento da "água dura", isto é, da água que contém sais de cálcio e magnésio dissolvidos. A água dura é originada da água da chuva que dissolve dióxido de carbono do ar e forma uma solução muito diluída de ácido carbônico:

$$CO_2(g) + H_2O(l) \longrightarrow H_2CO_3(aq)$$

Quando a água escorre pelo solo e o penetra, o ácido carbônico reage com o carbonato de cálcio da pedra calcária ou giz e forma o hidrogenocarbonato, mais solúvel:

$$CaCO_3(s) + H_2CO_3(aq) \longrightarrow Ca^{2+}(aq) + 2\,HCO_3^-(aq)$$

Essas duas reações se invertem quando a água que contém $Ca(HCO_3)_2$ é aquecida em uma chaleira ou caldeira:

$$Ca^{2+}(aq) + 2\,HCO_3^-(aq) \longrightarrow CaCO_3(s) + H_2O(l) + CO_2(g)$$

O dióxido de carbono é liberado, e o carbonato de cálcio forma um depósito duro chamado de *escama*.

Entalpias de solução negativas indicam que energia é liberada, na forma de calor, quando uma substância dissolve. Entretanto, para decidir se a dissolução é espontânea, em temperatura e pressão constantes, é necessário analisar a variação de energia livre, $\Delta G = \Delta H - T\Delta S$. Em outras palavras, as variações de entropia do sistema precisam ser levadas em conta, não somente a entalpia.

A desordem usualmente aumenta quando um sólido ordenado se dissolve (Fig. 5D.11). Portanto, na maior parte dos casos é possível imaginar que a entropia do sistema aumente na formação de uma solução. Como $T\Delta S$ é positivo, o aumento de desordem dá uma contribuição negativa para ΔG. Se ΔH também é negativo, você pode ter certeza de que ΔG é negativo. Pode-se esperar, então, que a maior parte das substâncias com entalpias de solução negativas seja solúvel.

Em alguns casos, a entropia do sistema diminui no processo de dissolução porque as moléculas de solvente formam estruturas semelhantes a gaiolas em torno do soluto. Como resultado, ΔS é negativo e o termo $-T\Delta S$ dá uma contribuição positiva para ΔG. Mesmo se ΔH for negativo, ΔG pode ser positivo. Em outras palavras, mesmo se energia é liberada para a vizinhança, o consequente aumento de entropia pode não ser suficiente para superar a diminuição de entropia do sistema, que é formado pelo soluto e pelo solvente. Neste caso, a substância não dissolve. Por essa razão, alguns hidrocarbonetos, como o heptano, são insolúveis em água, embora tenham entalpias de solução ligeiramente negativas.

Se ΔH é positivo, $\Delta G = \Delta H - T\Delta S$ só pode ser negativo se ΔS for positivo e maior do que ΔH. Uma substância com entalpia de solução fortemente positiva é provavelmente insolúvel, porque a entropia da vizinhança diminui tanto que a dissolução corresponde a uma diminuição total da desordem.

Entender as contribuições para a energia livre de Gibbs da dissolução ajuda a explicar a dependência da solubilidade com a temperatura. A energia livre de Gibbs só fica mais negativa e mais favorável à dissolução, quando a temperatura aumenta, se ΔS for positivo. Para muitas substâncias iônicas, a dissolução resulta no aumento da entropia do sistema, e essas substâncias são mais solúveis em temperaturas mais elevadas (Fig. 5D.9). Entretanto, quando um gás dissolve em um líquido, suas moléculas ocupam muito menos espaço, e ocorre uma redução considerável da entropia do sistema. Neste caso, $-T\Delta S$ é positivo. Consequentemente, o aumento da temperatura faz ΔG aumentar, e a dissolução é menos favorável.

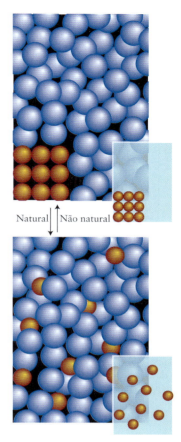

FIGURA 5D.11 A dissolução de um sólido é um processo natural, geralmente acompanhado pelo aumento da desordem. Entretanto, para verificarmos se a dissolução é espontânea, a variação da entropia da vizinhança tem de ser também considerada. As expansões mostram as partículas de soluto, apenas.

Lembre-se de que ΔG é uma medida da variação de entropia total: em temperatura e pressão constantes, ΔS é a variação de entropia do sistema e $-\Delta H/T$ é a variação de entropia da vizinhança (Tópico 4J).

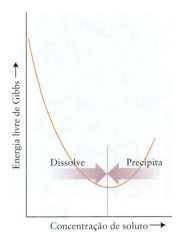

FIGURA 5D.12 Em concentrações baixas de soluto, a dissolução é acompanhada pela diminuição da energia livre de Gibbs do sistema, logo, ela é espontânea. Em concentrações elevadas, a dissolução é acompanhada pelo aumento da energia livre de Gibbs, logo, o processo inverso, a precipitação, é espontâneo. A concentração de uma solução saturada corresponde ao estado de energia livre de Gibbs mais baixo na temperatura do experimento.

Como o ΔG da dissolução de um soluto depende da concentração do soluto, mesmo se ΔG for negativo em concentrações baixas, ele pode tornar-se positivo em concentrações altas (Fig. 5D.12). Um soluto dissolve espontaneamente somente até $\Delta G = 0$. Neste ponto, o soluto dissolvido está em equilíbrio com o soluto que não dissolveu – a solução está saturada.

As entalpias de solução em soluções diluídas podem ser expressas como a soma da entalpia de rede e da entalpia de hidratação do composto. A dissolução depende do balanço entre a variação de entropia da solução e a variação de entropia da vizinhança.

5D.6 Os coloides

Um **coloide** é uma dispersão de partículas pequenas (de 1 mm a 1 μm de diâmetro) em um solvente. As partículas coloidais são muito maiores do que a maior parte das moléculas, mas são muito pequenas para serem vistas nos microscópios ópticos. Como resultado, as propriedades dos coloides estão entre as das soluções e as das misturas heterogêneas. As partículas pequenas dão ao coloide um aspecto homogêneo, mas são grandes o suficiente para espalhar a luz. O espalhamento de luz explica por que o leite é branco e não transparente, e por que a luz das lanternas e os feixes de laser são mais visíveis nos nevoeiros, na fumaça e nas nuvens do que em ar claro e seco (Fig. 5D.13). Muitos alimentos são coloides, como também o são as partículas de poeira, a fumaça e os fluidos de células vivas.

Os coloides são classificados de acordo com as fases de seus componentes (Tabela 5D.5). O coloide formado por uma suspensão de sólidos em um líquido é chamada de **sol** e o coloide formado por uma suspensão de um líquido em outro, de **emulsão**. Por exemplo, a água enlameada é um sol com pequenas partículas de barro dispersas em água. Já a maionese é uma emulsão formada por pequenas gotas de água suspensas em óleo vegetal. A **espuma** é uma suspensão de um gás em um líquido ou em um sólido. Espuma de borracha, isopor, espuma de sabão e aerogéis (espuma de cerâmica isolante com densidades quase iguais à do ar – veja o Interlúdio do Foco 3) são espumas. As zeólitas (Tópico 7E) são um tipo de espuma sólida na qual as aberturas do sólido têm diâmetros comparáveis aos de moléculas.

Uma **emulsão sólida** é uma suspensão de um sólido ou líquido em outro sólido. As opalas, por exemplo, são emulsões sólidas formadas quando sílica parcialmente hidratada enche os interstícios entre as microesferas em empacotamento apertado de agregados de sílica. As gelatinas de sobremesa são um tipo de emulsão chamado de **gel**, que é macio, mas mantém sua forma. As emulsões fotográficas são géis que contêm partículas sólidas coloidais de materiais sensíveis à luz, como o brometo de prata.

Os coloides em água podem ser classificados como hidrofílicos ou hidrofóbicos, dependendo da força das interações entre a substância em suspensão e a água. Suspensões de gordura em água (como o leite) e água em gordura (como a maionese e as loções hidratantes) são coloides hidrofóbicos porque as moléculas de gordura têm pouca atração pelas moléculas de água. Os géis e mingaus são exemplos de coloides hidrofílicos. As macromoléculas de proteínas nas gelatinas e de amido nos mingaus têm muitos grupos hidrofílicos que atraem água. As moléculas gigantes de proteínas das gelatinas se estendem em água quente, e seus

FIGURA 5D.13 Os feixes de laser são invisíveis. Entretanto, eles podem ser vistos quando passam por ambientes enfumaçados ou nublados, porque a luz se espalha devido às partículas suspensas no ar. *(© graeme hall snaps/Alamy.)*

TABELA 5D.5	Classificação dos coloides*		
Fase dispersa	**Meio de dispersão**	**Nome técnico**	**Exemplos**
sólido	gás	aerossol	fumaça
líquido	gás	aerossol	spray para cabelo, névoa, nevoeiro
sólido	líquido	sol ou gel	tinta de impressão, tinta de pintar
líquido	líquido	emulsão	leite, maionese
gás	líquido	espuma	espuma antifogo
sólido	sólido	dispersão sólida	vidro de rubi (Au em vidro), algumas ligas
líquido	sólido	emulsão sólida	sulfato betuminoso, sorvetes
gás	sólido	espuma sólida	espuma isolante

*Baseado em R. J. Hunter, Foundations of Colloid Science, Vol. 1 (Oxford: Oxford University Press, 1987).

numerosos grupos polares formam ligações hidrogênio com a água. Quando a mistura esfria, as cadeias de proteína se enrolam novamente, porém, agora, elas se enroscam para formar uma rede tridimensional que acomoda muitas moléculas de água, bem como moléculas de açúcar, corantes e condimentos. O resultado é um gel, uma rede aberta de cadeias proteicas que mantém a água em uma estrutura sólida flexível.

Muitos precipitados, como o $Fe(OH)_3$, formam inicialmente suspensões coloidais. As pequenas partículas não precipitam devido ao **movimento browniano**, o movimento que as partículas adquirem ao serem continuamente bombardeadas por moléculas de solvente. O sol é ainda estabilizado pela adsorção de íons na superfície das partículas. Os íons atraem uma camada de moléculas de água que impede que as partículas se aglutinem.

Os **materiais biomiméticos** são copiados de materiais naturais. Géis de polímeros flexíveis copiados de membranas e tecidos naturais são materiais biomiméticos com propriedades notáveis. Surfactantes chamados de *fosfolipídeos* são encontrados em gorduras e formam as membranas das células vivas. Estas moléculas são cristais líquidos semelhantes a moléculas de sabão. As membranas celulares são camadas duplas de moléculas de fosfolipídeos que se alinham, com as caudas de hidrocarboneto apontando para o interior da membrana e as cabeças polares apontando para a superfície (Fig. 5D.14). Esta estrutura separa o conteúdo das células do fluido intercelular.

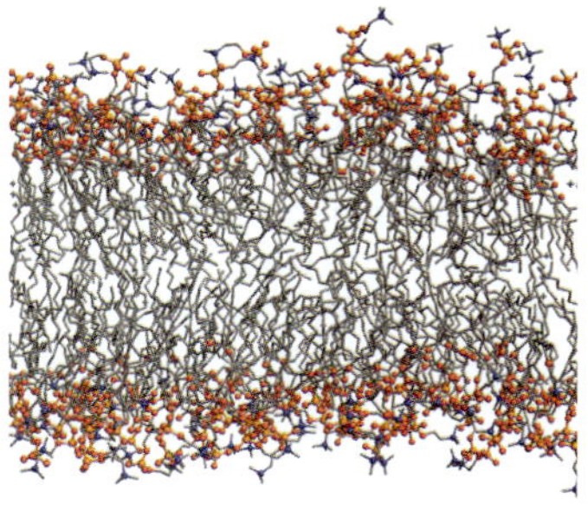

Os coloides são suspensões de partículas geralmente muito pequenas para serem vistas em um microscópio, mas suficientemente grandes para espalhar a luz.

FIGURA 5D.14 Seção da parede de um lipossomo, um pequeno saco no interior de uma membrana formada por uma bicamada de moléculas de fosfolipídeos. *(Dados fornecidos por Biocomputing Group, Universidade de Calgary.)*

FIGURA INTERATIVA 5D.14

O que você aprendeu com este tópico?

Você aprendeu que as substâncias provavelmente serão mais solúveis em solventes com forças intermoleculares semelhantes e que a solubilidade depende do balanço das variações de entropia no sistema e na vizinhança. Você se familiarizou com a lei de Henry e o efeito da temperatura nas solubilidades dos gases. Você conheceu o papel das entalpias de rede e de hidratação para descobrir se uma dissolução é exotérmica ou endotérmica e conseguiu compreender o papel da entropia no processo. Você também conheceu a natureza das suspensões coloidais e das membranas celulares.

Os conhecimentos que você deve dominar incluem a capacidade de:

☐ **1.** Definir a solubilidade (Seção 5D.1).
☐ **2.** Predizer solubilidades relativas a partir da polaridade das moléculas (Seção 5D.2).
☐ **3.** Usar a lei de Henry para calcular a solubilidade de um gás (Exemplo 5D.3).
☐ **4.** Interpretar as entalpias de solução em termos de entalpias de rede e entalpias de hidratação (Seção 5D.5).
☐ **5.** Discutir os aspectos termodinâmicos da dissolução em termos das contribuições da entalpia e da entropia (Seção 5D.5).
☐ **6.** Identificar coloides e explicar suas propriedades (Seção 5D.6).

Tópico 5D Exercícios

5D.1 Qual seria o melhor solvente, água ou benzeno, para cada uma das seguintes substâncias: (a) KCl; (b) CCl_4; (c) CH_3COOH?

5D.2 Qual seria o melhor solvente, água ou tetracloreto de carbono, para cada uma das seguintes substâncias: (a) NH_3; (b) HNO_3; (c) N_2?

5D.3 Os grupos seguintes são encontrados em algumas moléculas orgânicas. Quais são hidrofílicos e quais são hidrofóbicos: (a) —NH_2; (b) —CH_3; (c) —Br; (d) —COOH?

5D.4 Os grupos seguintes são encontrados em algumas moléculas orgânicas. Quais são hidrofílicos e quais são hidrofóbicos: (a) —OH; (b) —CH_2CH_3; (c) —$CONH_2$; (d) —Cl?

5D.5 Diga qual é a solubilidade molar em água de (a) O_2 em 50. kPa; (b) CO_2 em 500. Torr; (c) CO_2 em 0,10 atm. A temperatura é sempre 20°C e as pressões são as pressões parciais dos gases. Use as informações da Tabela 5D.2.

5D.6 Calcule a solubilidade em água (em miligramas por litro) de (a) ar em 0,80 atm; (b) He em 0,80 atm; (c) He em 36 kPa. A temperatura é sempre 20°C e as pressões são as pressões parciais dos gases. Use as informações da Tabela 5D.2.

5D.7 A concentração mínima em massa de oxigênio necessária para a vida dos peixes é 4 mg·L^{-1}. (a) Suponha que a densidade da água de um lago seja 1,00 g·mL^{-1} e expresse essa concentração

382 Tópico 5D A solubilidade

em partes por milhão (que é equivalente a miligramas de O_2 por quilograma de água, $mg \cdot kg^{-1}$. (b) Qual é a pressão parcial mínima de O_2 que forneceria a concentração mínima em massa de oxigênio na água para permitir a vida dos peixes em 20°C? (c) Que pressão atmosférica mínima corresponde a esta pressão parcial, supondo que o oxigênio é responsável por 21% da pressão atmosférica, aproximadamente? Veja a Tabela 5D.2.

5D.8 O volume de sangue no corpo de um mergulhador de mar profundo é aproximadamente 6,00 L. As células sanguíneas compõem aproximadamente 55% do volume do sangue. Os restantes 45% formam a solução em água conhecida como plasma. Qual é o volume máximo de nitrogênio, medido sob 1,00 atm e 37°C, que poderia se dissolver no plasma do sangue do mergulhador na profundidade de 93 m, onde a pressão é 10,0 atm? (Este é o volume que poderia sair de repente da solução, causando a condição dolorosa e perigosa chamada de embolia, se o mergulhador subisse muito depressa.) Suponha que a constante de Henry do nitrogênio, em 37°C (temperatura do corpo), é $5,8 \times 10^{-4}$ $mol \cdot L^{-1} \cdot atm^{-1}$.

5D.9 O gás dióxido de carbono dissolvido em uma amostra de água em um recipiente parcialmente cheio e lacrado entrou em equilíbrio com sua pressão parcial no ar que está acima da solução. Explique o que acontece à solubilidade do CO_2 se (a) a pressão parcial do gás CO_2 dobra por adição de mais CO_2; (b) a pressão total do gás sobre o líquido dobra por adição de nitrogênio.

5D.10 Explique o que aconteceria à solubilidade do CO_2 no Exercício 5D.9 se (a) a pressão parcial de $CO_2(g)$ fosse aumentada por compressão do gás até um terço do volume original; (b) a temperatura fosse aumentada.

5D.11 Um refrigerante foi fabricado por dissolução de CO_2 em 3,60 atm em uma solução que contém flavorizantes e a solução foi selada em latas de alumínio em 20°C. Que quantidade (em mols) de CO_2 está em uma lata de 420. mL do refrigerante? Em 20°C, a constante da lei de Henry para o CO_2 é $2,3 \times 10^{-2}$ $mol \cdot L^{-1} \cdot atm^{-1}$.

5D.12 Um refrigerante foi fabricado por dissolução de CO_2 em 4,00 atm em uma solução que contém flavorizantes e a solução foi selada em latas de alumínio em 20°C. Que quantidade (em mols) de CO_2 está em uma lata de 360. mL do refrigerante? Em 20°C, a constante da lei de Henry para o CO_2 é $2,3 \times 10^{-2}$ $mol \cdot L^{-1} \cdot atm^{-1}$.

5D.13 O sulfato de lítio dissolve exotermicamente em água. (a) A entalpia de solução de Li_2SO_4 é positiva ou negativa? (b) Escreva a equação química do processo de dissolução. (c) Qual é maior, no caso do sulfato de lítio, a entalpia de rede ou a entalpia de hidratação?

5D.14 A entalpia de solução do nitrato de amônio em água é positiva. (a) O NH_4NO_3 se dissolve endotermicamente ou exotermicamente? (b) Escreva a equação química do processo de dissolução. (c) Qual é maior, no caso do NH_4NO_3, a entalpia de rede ou a entalpia de hidratação?

5D.15 Calcule o calor liberado ou absorvido quando 10,0 g de (a) NaCl; (b) NaI; (c) $AlCl_3$; (d) NH_4NO_3 dissolvem em 100. g de água. Suponha que as entalpias de solução da Tabela 5D.3 são aplicáveis e que a capacidade calorífica específica da solução é 4,18 $J \cdot K^{-1} \cdot g^{-1}$.

5D.16 Determine a mudança de temperatura quando 4,00 g de (a) KCl; (b) $MgBr_2$; (c) KNO_3; (d) NaOH dissolvem em 100. g de água. Suponha que a capacidade calorífica específica da solução é 4,18 $J \cdot K^{-1} \cdot g^{-1}$ e que as entalpias de solução da Tabela 5D.3 são aplicáveis.

5D.17 Diga quais são as diferenças entre uma espuma e um sol. Dê pelo menos um exemplo de cada um.

5D.18 Diga quais são as diferenças entre uma emulsão e um gel. Dê pelo menos um exemplo de cada um.

5D.19 Algumas suspensões coloidais parecem ser soluções, à primeira vista. Que procedimento simples e rápido você poderia usar para distinguir coloides e soluções?

5D.20 Os mingaus contêm grandes moléculas de amido que fazem a mistura engrossar por um mecanismo semelhante ao da gelatina. Qual é a melhor descrição para o mecanismo de endurecimento dos mingaus? Explique sua escolha. (a) As moléculas de amido dos mingaus são insolúveis em água e precipitam quando misturadas com água. (b) Os fios das moléculas de amido se ligam uns aos outros por ligações covalentes. (c) As moléculas de amido formam ligações hidrogênio com as moléculas de água e encapsulam a água em uma rede. (d) As moléculas de água hidratam as moléculas de amido do pudim, e o calor de hidratação decompõe as moléculas de amido.

Tópico 5E A molalidade

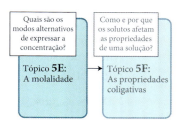

Três medidas de concentração são úteis no estudo das soluções. Para um soluto J:

- A concentração molar, normalmente chamada de molaridade, representada por c_J ou [J].
- A fração molar, denotada por x_J.
- A molalidade, denotada por b_J.

Além disso, especialmente nas ciências ambientais, a concentração das substâncias muitas vezes é expressa em partes por milhão (ppm) ou partes por bilhão (ppb). Por exemplo, se existem 25 moléculas de um agente poluente em uma solução em água composta por milhões de moléculas, a propriedade seria expressa como 25 ppm. Quando a concentração é expressa em partes por milhão, é importante indicar as unidades usadas no cálculo. A concentração expressa em partes por milhão por volume (microlitros de soluto por litro) frequentemente é representada por ppmv ou ppm (v/v). Quando a concentração é expressa em partes por milhão em massa (miligramas por quilogramas ou microgramas por grama), ela é representada por ppm (m/m).

A concentração molar (molaridade) foi apresentada em *Fundamentos* G: ela é a quantidade de moléculas de soluto (em mols) dividida pelo volume da solução (em litros):

$$c = \frac{n_{soluto}}{V_{solução}} \quad (1)$$

Muitas vezes ela é expressa em mols por litro (mol·L^{-1}). É conveniente definir o seu "padrão" como $c° = 1$ mol·L^{-1}.

A fração molar e a molalidade são importantes porque se referem a números relativos de moléculas de soluto e de solvente. A fração molar foi apresentada no Tópico 4C, no qual foi definida como sendo a razão entre a quantidade (em mols) de uma espécie e a quantidade de todas as espécies presentes em uma mistura:

$$x_J = \frac{n_J}{n} \quad n = n_A + n_B + \ldots \quad (2)$$

A **molalidade**, b_J, de um soluto é o principal tema deste tópico e é definida como a quantidade de soluto (em mols) de uma solução dividida pela massa do solvente (em quilogramas):

$$b = \frac{n_{soluto}}{m_{solvente}} \quad (3)$$

Nota de boa prática O *símbolo* IUPAC para a molalidade é *m* ou *b*. Preferimos este último porque evita confusão com o *m* de massa (como na Eq. 3). As unidades de molalidade são dadas em mols de soluto por quilograma de solvente (mol·kg^{-1}). Essas unidades são geralmente (mas não oficialmente) representadas por m (por exemplo, uma solução 1 m em NiSO$_4$(aq)). Lê-se "molal". Como o contexto é diferente, não há confusão possível.

Como acontece com a fração molar, mas não com a molaridade, a molalidade independe da temperatura. Observe a ênfase no *solvente* na definição de molalidade, e na *solução* na definição de molaridade. Portanto, para preparar uma solução 1 m em NiSO$_4$(aq), dissolva 1 mol de NiSO$_4$ em 1 kg de água (Fig. 5E.1). Para preparar uma solução 1 м em NiSO$_4$(aq), dissolva 1 mol de NiSO$_4$ em água suficiente para 1 L de solução.

PONTO PARA PENSAR

Por que a molaridade não é independente da temperatura?

Por que você precisa estudar este assunto? Às vezes é necessário enfatizar os números relativos de moléculas de soluto e de solvente em solução: a molalidade é uma forma de representar esses números.

Que conhecimentos você precisa dominar? Você precisa conhecer as definições de concentração molar (molaridade, *Fundamentos* G) e de fração molar (Tópico 3C).

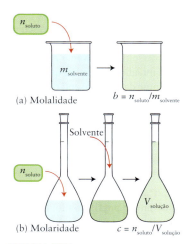

FIGURA 5E.1 (a) Para preparar uma solução de determinada molalidade, a quantidade necessária de soluto, n_{soluto}, é adicionada a uma quantidade conhecida de um solvente, $m_{solvente}$. Com isso, $b = n_{soluto}/m_{solvente}$. (b) Para preparar uma solução de determinada molaridade, a quantidade necessária de soluto, n_{soluto}, é dissolvida em uma pequena quantidade de solvente. Depois, o solvente é adicionado até o volume da solução ser igual a $V_{solução}$. Portanto, $c = n_{soluto}/V_{solução}$.

EXEMPLO 5E.1 Cálculo da molalidade de um soluto

Suponha que você seja um pesquisador na área de alimentos estudando o papel de diversos açúcares na obesidade, tentando identificar aquele que, embora seja doce, tenha baixo teor calórico. Qual é a molalidade do açúcar fructose ($C_6H_{12}O_6$, 180,15 g·mol^{-1}) em uma solução preparada pela dissolução de 90,5 g de fructose em 250. g de água?

PLANEJE Converta a massa de fructose em mols de $C_6H_{12}O_6$, expresse a massa de água em quilogramas e divida a quantidade de soluto pela massa de solvente.

RESOLVA

De $b = n_{soluto}/m_{solvente}$ e $n_{soluto} = m_{soluto}/M_{soluto}$, logo, $b = (m_{soluto}/M_{soluto})/m_{solvente}$,

$$b(C_6H_{12}O_6) = \frac{\overbrace{(90{,}5\text{ g})}^{m_{soluto}}/\overbrace{(180{,}15\text{ g·mol}^{-1})}^{M_{soluto}}}{\underbrace{0{,}250\text{ kg}}_{m_{solvente}}} = 2{,}01\text{ mol·kg}^{-1}$$

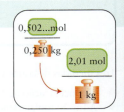

Você pode expressar essa molalidade como 2,01 m $C_6H_{12}O_6$(aq).

Teste 5E.1A Calcule a molalidade em $ZnCl_2$ em uma solução preparada por dissolução de 4,11 g de $ZnCl_2$ em 150. g de água.

[**Resposta:** 0,201 mol·kg^{-1}]

Teste 5E.1B Calcule a molalidade em $KClO_3$ em uma solução preparada pela dissolução de 7,36 g de $KClO_3$ em 200. g de água.

Exercícios relacionados 5E.1 e 5E.2

Caixa de ferramentas 5E.1 COMO USAR A MOLALIDADE

BASE CONCEITUAL

A molalidade de um soluto é a concentração de soluto em mols por quilograma de solvente. Seu valor independe da temperatura e é diretamente proporcional ao número relativo de moléculas de soluto e solvente na solução. Para converter molaridade em molalidade, lembre que a primeira é definida em termos do volume da solução; então, você precisa converter o volume total em massa de solvente presente.

PROCEDIMENTO

Ao trabalhar com molalidade, lembre-se de sua definição: $b = n_{soluto}/m_{solvente}$. As expressões obtidas aqui estão resumidas na Tabela 5E.1.

1. Cálculo da massa do soluto em uma dada massa de solvente a partir da molalidade

Etapa 1 Calcule a quantidade de moléculas de soluto, n_{soluto}, presente em uma dada massa de solvente, $m_{solvente}$, convertendo a massa do solvente de gramas para quilogramas, se necessário, e rearranjando a equação que define a molalidade (Equação 3) para

$$n_{soluto} = b \times m_{solvente}$$

Etapa 2 Use a massa molar do soluto, M_{soluto}, para encontrar a massa do soluto a partir da sua quantidade:

$$m_{soluto} = n_{soluto} M_{soluto} = b m_{solvente} M_{soluto}$$

Uma observação sobre unidades: a molalidade normalmente é dada em mols por quilograma (mol·kg^{-1}). Com $m_{solvente}$ dado em quilogramas e M_{soluto} em gramas por mol (g·mol^{-1}), m_{soluto} é obtido em gramas: (mol·kg^{-1}) × kg × (g·mol^{-1}) = g.

2. Cálculo da molalidade a partir da fração molar

Etapa 1 Suponha uma solução composta por um total de n moléculas. Se a fração molar do soluto é x_{soluto}, a quantidade de moléculas de soluto é

$$n_{soluto} = x_{soluto} \times n$$

Etapa 2 Se só existe um soluto, a fração molar das moléculas de solvente é $1 - x_{soluto}$. A quantidade de moléculas do solvente é $n_{solvente} = (1 - x_{soluto})n$. Converta essa quantidade em massa usando a massa molar do solvente, $M_{solvente}$

$$m_{solvente} = n_{solvente} M_{solvente} = \{(1 - x_{soluto})n\} M_{solvente}$$

Etapa 3 Da Equação 3,

$$b = \frac{x_{soluto} n}{(1 - x_{soluto}) n M_{solvente}} = \frac{x_{soluto}}{(1 - x_{soluto}) M_{solvente}}$$

Uma observação sobre unidades: a fração molar x_{soluto} é adimensional. Portanto, b tem a mesma unidade de $1/M_{solvente}$. Expresse $M_{solvente}$ em quilogramas por mol (kg·mol^{-1}) dividindo o seu valor usual (em gramas por mol) por kg/g = 10^3 (logo, uma massa molar de 55 g·mol^{-1} se torna 0,055 kg·mol^{-1}). Então, a molalidade b é obtida em mols por quilograma (mol·kg^{-1}).

Essa expressão pode ser rearranjada para dar a fração molar em termos da molalidade:

$$x_{soluto} = \frac{b M_{solvente}}{1 + b M_{solvente}}$$

Uma observação sobre unidades: $M_{solvente}$ é dado em quilogramas por mol (kg·mol^{-1}) e a molalidade b é dada em mols por quilograma (mol·kg^{-1}), logo o produto $bM_{solvente}$ é adimensional: (mol·kg^{-1}) × (kg·mol^{-1}) = 1. Portanto, x_{soluto} também é adimensional.

O Exemplo 5E.2 mostra como usar este procedimento.

3. Cálculo da molalidade a partir da molaridade

A conversão é mais complexa porque a molalidade é definida em termos da massa de *solvente*, mas a molaridade é definida em termos do volume de *solução*. Para fazer a conversão, precisamos conhecer a densidade da solução.

Etapa 1 Calcule a massa total de um volume de solução $V_{solução}$ a partir da densidade, d, da solução (não o solvente), observando que a densidade é $d = m_{solução}/V_{solução}$

$$m_{solução} = d \times V_{solução}$$

Etapa 2 Use a definição de molaridade, c, para obter a quantidade de soluto em $V_{solução}$:

$$n_{soluto} = c \times V_{solução}$$

Use a massa molar do soluto para converter esta quantidade na massa de soluto presente:

$$m_{soluto} = n_{soluto}M_{soluto} = c \times V_{solução} \times M_{soluto}$$

Etapa 3 Subtraia a massa de soluto (etapa 2) da massa total (etapa 1) para encontrar a massa do solvente na solução,

$$m_{solvente} = m_{solução} - m_{soluto} = dV_{solução} - cV_{solução} M_{soluto}$$
$$= (d - cM_{soluto})V_{solução}$$

Etapa 4 A molalidade, da Equação 3 ($b = n_{soluto}/m_{solvente}$), é, então

$$b = \frac{cV_{solução}}{(d - cM_{soluto})V_{solução}} = \frac{c}{d - cM_{soluto}}$$

Uma observação sobre unidades: como a molaridade, c, é expressa em mols por litro (mol·L^{-1}) e o volume da solução é dado em litros (L), $cV_{solução}$ é obtido em mols: (mol·L^{-1}) × L = mol. Como a massa molar é dada em quilogramas por mol (kg·mol^{-1}), o produto cM_{soluto} no denominador é obtido em quilogramas por litro (mol·L^{-1}) × (kg·mol^{-1}) = kg·L^{-1}. A densidade d normalmente é expressa em gramas por centímetro cúbico ou em gramas por mililitro (g·mL^{-1}), o que equivale, numericamente, a quilogramas por litro (já que 1 g·mL^{-1} = 1 kg·L^{-1}). O termo $d - cM_{soluto}$ é, portanto, expresso em quilogramas por litro (kg·L^{-1}) e a unidade do produto é o quilograma: (kg·L^{-1}) × L = kg. Com isso, fica claro que o valor de b é dado em mols por quilograma (o numerador $cV_{solução}$ é dado em mols e o denominador é dado em quilogramas, gerando mol·kg^{-1}).

A última equação pode ser rearranjada para dar a molalidade em termos da molalidade:

$$c = \frac{bd}{1 + bM_{soluto}}$$

Uma observação sobre unidades: como a molalidade é dada em mols por quilograma (mol·kg^{-1}) e o produto bd é obtido em mols por litro: (mol·kg^{-1}) × (kg·L^{-1}) = mol·L^{-1}. A massa molar é dada em quilogramas por mol (kg·mol^{-1}), bM_{soluto} no denominador é adimensional e, portanto: (mol·kg^{-1}) × (kg·mol^{-1}) = 1. Logo, c tem a mesma unidade de bd, isto é, mols por litro (mol·L^{-1}).

O Exemplo 5E.3 ilustra este procedimento.

TABELA 5E.1 **Relações entre fração molar, molaridade e molalidade***

Conversão	Expressão
Quantidade de soluto presente com base na molalidade	$n_{soluto} = bm_{solvente}$
Massa do soluto presente com base na molalidade	$m_{soluto} = bm_{solvente}M_{soluto}$
Molalidade com base na fração molar	$b = \dfrac{x_{soluto}}{(1 - x_{soluto})M_{solvente}}$
Fração molar com base na molalidade	$x_{soluto} = \dfrac{bM_{solvente}}{1 + bM_{solvente}}$
Molalidade com base na molaridade	$b = \dfrac{c}{d - cM_{soluto}}$
Molaridade com base na molalidade	$c = \dfrac{bd}{1 + bM_{soluto}}$

Símbolos e unidades
n: quantidade (mol); m: massa (kg).
b: molalidade (mol·kg^{-1}); c: molaridade (concentração molar, mol·L^{-1}); x: fração molar (adimensional).
d: densidade de massa da solução (g·mL^{-1} = g·cm^{-3} = kg·L^{-1}); M: massa molar (kg·mol^{-1}).

EXEMPLO 5E.2   Cálculo da molalidade a partir da fração molar

Um colega está conduzindo um experimento para descobrir as frações molares dos componentes de uma solução. Você quer usar a mesma solução, mas tem em mente um experimento em que é preciso conhecer a molalidade do soluto. Qual é a molalidade do benzeno, C_6H_6, dissolvido em tolueno, $C_6H_5CH_3$, em uma solução em que a fração molar do benzeno é 0,150?

PLANEJE Use o procedimento 2 da **Caixa de Ferramentas 5E.1**, com atenção especial às unidades.

RESOLVA A massa molar de 92,13 g·mol^{-1} é equivalente a 0,092 13 kg·mol^{-1}.

De $b = x_{soluto}/(1 - x_{soluto})M_{solvente}$, em que $M_{solvente}$ é dado em quilogramas por mol,

$$b = \frac{0{,}150}{(1 - 0{,}150) \times 0{,}092\ 13\ \text{kg·mol}^{-1}} = 1{,}92\ \text{mol·kg}^{-1}$$

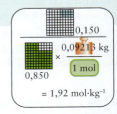

Teste 5E.2A Calcule a molalidade do tolueno dissolvido em benzeno, em uma solução em que a fração molar do tolueno é 0,150. A massa molar do benzeno é 78,11 g·mol^{-1}.

[*Resposta*: 2,26 mol·kg^{-1}]

Teste 5E.2B Calcule a molalidade do metanol em uma solução em água, sabendo que a fração molar do metanol é 0,250.

Exercícios relacionados 5E.3 e 5E.4

EXEMPLO 5E.3   Converter molaridade em molalidade

Você preparou uma solução de molaridade conhecida, mas percebeu que na verdade precisa da molalidade. Encontre a molalidade da sacarose, $C_{12}H_{22}O_{11}$, em uma solução 1,06 M de $C_{12}H_{22}O_{11}$(aq), cuja densidade é 1,140 g·mL^{-1}.

ANTECIPE A massa de 1 L de uma solução em água está próxima de 1 kg, logo o valor numérico da molalidade deve estar próximo do valor numérico da molaridade, mas com unidades diferentes, é claro.

PLANEJE Use o procedimento 3 da Caixa de Ferramentas 5E.1, com atenção especial às unidades.

RESOLVA Observe que a massa molar 342,3 g·mol^{-1} é equivalente a 0,3423 kg·mol^{-1} e a densidade 1,140 g·mL^{-1} é equivalente a 1,140 kg·L^{-1}.

De $b = c/(d - cM_{soluto})$

$$b = \frac{1{,}06\ \text{mol·L}^{-1}}{1{,}140\ \text{kg·L}^{-1} - \underbrace{1{,}06\ \text{mol·L}^{-1} \times 0{,}3423\ \text{kg·mol}^{-1}}_{0{,}3628...\ \text{kg·L}^{-1}}}$$

$$= \frac{1{,}06\ \text{mol·L}^{-1}}{0{,}7771...\ \text{kg·L}^{-1}} = 1{,}36\ \text{mol·kg}^{-1}$$

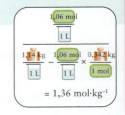

AVALIE Como esperado, o valor numérico da molalidade da sacarose, 1,36 (em mol·kg^{-1}), está perto do valor numérico da molaridade, 1,06 (em mol·L^{-1}).

Teste 5E.3A O ácido de bateria é 4,27 M em H_2SO_4(aq) e tem densidade 1,25 g·cm^{-3}. Qual é a molalidade do ácido sulfúrico, H_2SO_4, na solução?

[*Resposta*: 5,14 m H_2SO_4(aq)]

Teste 5E.3B A densidade de uma solução 1,83 M de NaCl(aq) é 1,07 g·cm^{-3}. Qual é a molalidade do NaCl em solução?

Exercícios relacionados 5E.7 e 5E.8

A molalidade de um soluto em uma solução é a quantidade (em mols) de soluto dividida pela massa do solvente usado para preparar a solução.

Tópico 5E Exercícios **387**

O que você aprendeu com este tópico?

Você aprendeu a usar a molalidade como medida da concentração quando é necessário enfatizar o número relativo de moléculas de soluto e de solvente e viu como converter essa propriedade em fração molar.

Os conhecimentos que você deve dominar incluem a capacidade de:

☐ **1.** Calcular a molalidade de um soluto (Exemplo 5E.1).

☐ **2.** Converter a molalidade em molaridade e fração molar, e vice-versa (Caixa de Ferramentas 5E.1 e Exemplos 5E.2 e 5E.3).

Tópico 5E Exercícios

5E.1 Calcule (a) a molalidade do cloreto de sódio em uma solução preparada por dissolução de 25,0 g de $NaCl$ em 500,0 g de água; (b) a massa (em gramas) de $NaOH$ que deve ser misturada com 345 g de água para preparar uma solução 0,18 m em $NaOH(aq)$; (c) a molalidade da ureia, $CO(NH_2)_2$, em uma solução preparada por dissolução de 0,978 g de ureia em 285 mL de água.

5E.2 Calcule (a) a molalidade de KOH em uma solução preparada por dissolução de 3,12 g de KOH em 67,0 g de água; (b) a massa (em gramas) de etilenoglicol, $HOC_2H_4OH(aq)$, que deve ser adicionada a 0,74 kg de água para preparar uma solução 0,28 m em $HOC_2H_4OH(aq)$; (c) a molalidade de uma solução de HCl em água, 3,68% em massa.

5E.3 Qual é a molalidade do etileno-glicol, $C_2H_6O_2$, em solução em água usada como descongelante, sabendo-se que a fração molar do composto é 0,250?

5E.4 Qual é a molalidade da acetona, C_3H_6O, em uma solução em água na qual a fração molar do composto é 0,112?

5E.5 A densidade de uma solução de K_3PO_4 em água, 5,00% em massa, é 1,043 $g \cdot cm^{-3}$. Determine (a) a molalidade; (b) a molaridade do fosfato de potássio na solução.

5E.6 Calcule (a) a molalidade de 13,63 g de sacarose, $C_{12}H_{22}O_{11}$, dissolvida em 612 mL de água; (b) a molalidade de $CsCl$ em uma solução 10,00% em massa, em água; (c) a molalidade de acetona em uma solução em água em que a fração molar da acetona é 0,197.

5E.7 A densidade de 14,8 m $NH_3(aq)$ é 0,901 $g \cdot cm^{-3}$. Qual é a molalidade de NH_3 na solução?

5E.8 A densidade de 11,7 m $HClO_4(aq)$ é 1,67 $g \cdot cm^{-3}$. Qual é a molalidade de $HClO_4$ na solução?

5E.9 Calcule (a) a molalidade dos íons cloreto em uma solução de cloreto de magnésio em água, na qual x_{MgCl_2} é 0,0120; (b) a molalidade de 6,75 g de hidróxido de sódio dissolvido em 325 g de água; (c) a molalidade de uma solução 15,00 m de $HCl(aq)$ cuja densidade é 1,0745 $g \cdot cm^{-3}$.

5E.10 Calcule (a) a molalidade dos íons cloreto em uma solução de cloreto de ferro(III) em água, na qual x_{FeCl_3} é 0,0312; (b) a molalidade dos íons hidróxido em uma solução preparada por dissolução de 3,24 g de hidróxido de bário em 258 g de água; (c) a molalidade de uma solução 12,00 m de $NH_3(aq)$ cuja densidade é 0,9519 $g \cdot cm^{-3}$.

5E.11 (a) Calcule a massa de $CaCl_2 \cdot 6H_2O$ necessária para preparar uma solução 0,125 m de $CaCl_2(aq)$ usando 500. g de água. (b) Que massa de $NiSO_4 \cdot 6H_2O$ deve ser dissolvida em 500. g de água para produzir uma solução 0,22 m de $NiSO_4(aq)$?

5E.12 Uma solução 10,0% em massa de $H_2SO_4(aq)$ tem densidade 1,07 $g \cdot cm^{-3}$. (a) Que volume (em mililitros) de solução contém 8,37 g de H_2SO_4? (b) Qual é a molalidade do H_2SO_4 na solução? (c) Que massa (em gramas) de H_2SO_4 está contida em 250. mL da solução?

Tópico 5F As propriedades coligativas

5F.1 A elevação do ponto de ebulição e o abaixamento do ponto de congelamento
5F.2 A osmose

Por que você precisa estudar este assunto? O efeito de um soluto em um solvente é uma etapa importante na formulação da descrição termodinâmica de equilíbrios físicos e químicos. Além disso, na prática, ele introduz a osmose, uma propriedade importante dos pontos de vista biológico, tecnológico e analítico.

Que conhecimentos você precisa dominar? Este tópico se baseia na interpretação da entropia como medida da desordem (Tópico 4F) e na descrição dos equilíbrios em termos da energia livre de Gibbs. Ele usa os conceitos de molalidade (Tópico 5E) e de molaridade (*Fundamentos* G).

O termo coligativo significa "dependente da coleção".

Quando os químicos começaram a estudar quantitativamente as propriedades das soluções, eles descobriram que algumas delas dependem somente das quantidades relativas de soluto e solvente. Elas são independentes da identidade química do soluto. As propriedades desse tipo são chamadas de **propriedades coligativas**. As três propriedades coligativas que estudaremos neste tópico são o aumento do ponto de ebulição, a redução do ponto de congelamento e a osmose. As três envolvem o equilíbrio entre duas fases de um solvente ou (no caso da osmose) entre duas soluções de diferentes concentrações.

5F.1 A elevação do ponto de ebulição e o abaixamento do ponto de congelamento

A Figura 5F.1 mostra como as energias livres de Gibbs molares das fases líquido e vapor de um solvente puro variam com a temperatura. O gráfico representa a equação $G_m = H_m - TS_m$, tratando H_m e S_m como constantes.

- Em temperaturas baixas, $G_m \approx H_m$, logo a linha que representa G_m do vapor fica bem acima da linha do líquido porque a entalpia molar de um vapor é consideravelmente maior do que a de um líquido.
- A inclinação da linha é $-S_m$. Como a entropia molar do vapor é muito maior do que a do líquido, a inclinação da linha do vapor cai mais rapidamente do que a do líquido.

A presença de um soluto na fase líquida do solvente aumenta a entropia do soluto e, portanto (devido novamente a $G_m = H_m - TS_m$), abaixa a energia livre de Gibbs. Como mostra a Fig. 5F.1, as linhas que representam as energias livres da solução líquida e do vapor cruzam-se em uma temperatura mais alta do que no caso do solvente puro. O resultado é que o ponto de ebulição é maior na presença do soluto. Este aumento é chamado de **elevação do ponto de ebulição** e normalmente é muito pequeno, tendo pouca importância prática. Uma solução de sacarose 0,1 M em água, por exemplo, ferve em 100,05°C.

A Figura 5F.2 mostra a variação com a temperatura das energias livres de Gibbs molares padrão das fases líquido e sólido de um solvente puro. A explicação da aparência das linhas é semelhante à do líquido e seu vapor, mas as diferenças e inclinações são menos pronunciadas:

- Em temperaturas baixas, $G_m \approx H_m$, logo a linha que representa G_m do líquido fica acima da do sólido (porém não muito, porque as entalpias não são tão diferentes como entre um líquido e um vapor).

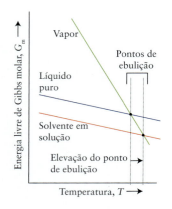

FIGURA 5F.1 A energia livre de Gibbs molar de um líquido e de seu vapor decrescem com o aumento da temperatura, mas a do vapor decresce mais rapidamente. O vapor é a fase mais estável em temperaturas mais altas do que o ponto de interseção das duas linhas (o ponto de ebulição). Quando um soluto não volátil está presente, a energia livre molar do solvente é abaixada (um efeito da entropia), mas a do vapor permanece inalterada. O ponto de interseção das duas linhas move-se para uma temperatura ligeiramente mais alta.

5F.1 A elevação do ponto de ebulição e o abaixamento do ponto de congelamento

TABELA 5F.1 As constantes de ponto de ebulição e de ponto de congelamento

	Ponto de congelamento/°C	k_f/ (K·kg·mol^{-1})	Ponto de ebulição/°C	k_b/ (K·kg·mol^{-1})
acetona	−95,35	2,40	56,2	1,71
benzeno	5,5	5,12	80,1	2,53
cânfora	179,8	39,7	204	5,61
tetracloreto de carbono	−23	29,8	76,5	4,95
ciclo-hexano	6,5	20,1	80,7	2,79
naftalena	80,5	6,94	217,7	5,80
fenol	43	7,27	182	3,04
água	0	1,86	100,0	0,51

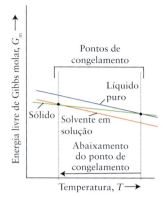

FIGURA 5F.2 A energia livre de Gibbs molar de um sólido e de sua fase líquida diminuem quando a temperatura cresce, mas a do líquido diminui um pouco mais rapidamente. O vapor é a fase mais estável em temperaturas mais altas do que o ponto de interseção das duas linhas. Quando um soluto está presente, a energia livre molar do solvente é abaixada (um efeito da entropia), mas a do vapor permanece inalterada. O ponto de interseção das linhas move-se para uma temperatura mais baixa.

- Como a entropia molar do líquido é maior do que a do sólido, a linha do líquido é mais inclinada do que a do sólido (porém não muito, porque as entropias das duas fases são semelhantes).

Como mostra a ilustração, as linhas que representam as energias livres de Gibbs molares das fases líquido e sólido do solvente cruzam-se em uma temperatura mais baixa do que no solvente puro e, assim, o ponto de congelamento é mais baixo na presença do soluto. O abaixamento do **ponto de congelamento**, isto é, a diminuição do ponto de congelamento do solvente causada pelo soluto é mais significativa do que a elevação do ponto de ebulição. Por exemplo, a água do mar congela 1°C abaixo da água pura, aproximadamente. As pessoas que vivem em regiões em que o inverno é frio utilizam o abaixamento do ponto de congelamento quando espalham sal nas rodovias e calçadas para fundir o gelo. O sal abaixa o ponto de congelamento da água ao formar uma solução salina. No laboratório, os químicos usam esse efeito para avaliar o grau de pureza de um composto sólido: se o composto estiver impuro, seu ponto de fusão é mais baixo do que o valor registrado na literatura.

O abaixamento do ponto de congelamento de uma solução ideal é proporcional à molalidade, b, do soluto. Para uma solução de um não eletrólito,

$$\text{Abaixamento do ponto de congelamento: } \Delta T_f = k_f \times b \quad (1a)$$

A constante k_f é chamada de **constante do ponto de congelamento** do solvente. Ela é diferente para cada solvente e deve ser determinada experimentalmente (Tabela 5F.1). O efeito é muito pequeno; por exemplo, para uma solução 0,1 m em $C_{12}H_{22}O_{11}(aq)$ (sacarose),

Abaixamento do ponto de congelamento = (1,86 K·kg·mol^{-1}) (0,1 mol·kg^{-1}) = 0,2 K

Como 0,2 K é o *abaixamento* do ponto de congelamento, a água na solução congela em −0,2°C.

Diz-se comumente que o anticongelante colocado nos motores de veículos é um exemplo de abaixamento do ponto de congelamento. Ele é, mas não se trata de um efeito coligativo porque as concentrações são muito elevadas. As moléculas de etileno-glicol ($HOCH_2CH_2OH$, o composto ativo comum) se colocam entre as moléculas de água e evitam a formação de gelo.

Teste 5F.1A Use os dados da Tabela 5F.1 para determinar em que temperatura congela uma solução 0,20 mol·kg^{-1} do analgésico codeína, $C_{18}H_{21}NO_3$, em benzeno.

[*Resposta:* 4,5°C]

Teste 5F.1B Use os dados da Tabela 5F.1 para determinar em que temperatura congela uma solução 0,050 mol·kg^{-1} do inseticida malation, $C_{10}H_{19}O_6PS_2$, em cânfora.

Em uma solução de eletrólito, cada fórmula unitária contribui com dois ou mais íons. O cloreto de sódio, por exemplo, dissolve para dar íons Na$^+$ e Cl$^-$, e ambos contribuem para o abaixamento do ponto de congelamento. Em soluções muito diluídas, os cátions e ânions contribuem quase independentemente, logo a molalidade total do soluto é duas vezes a molalidade em termos das fórmulas unitárias de NaCl. Em vez da Equação 1a,

$$\text{Abaixamento do ponto de congelamento: } \Delta T_f = ik_f \times b \quad (1b)$$

Aqui, i, o **fator i de van't Hoff**, é determinado experimentalmente. Em soluções muito diluídas (inferiores a cerca de 10^{-3} mol·L^{-1}), em que todos os íons são independentes, $i = 2$ para sais do tipo MX, como NaCl, e $i = 3$ para sais do tipo MX$_2$, como CaCl$_2$, e assim por diante. Para soluções diluídas de não eletrólitos, $i = 1$. O fator i é tão irregular, porém, que é melhor limitar os tratamentos quantitativos do abaixamento de ponto de congelamento às soluções de não eletrólitos. Até mesmo essas soluções devem ser diluídas o suficiente para terem comportamento aproximadamente ideal.

O fator *i* pode ser usado na determinação do grau de ionização de uma substância em solução. Por exemplo, em solução diluída, HCl tem um fator *i* igual a 1 em tolueno e 2 em água. Esses valores sugerem que HCl retém a forma molecular no tolueno, mas está totalmente desprotonado em água (a desprotonação, isto é, a perda de um próton de um ácido, foi descrita em *Fundamentos* J e mais amplamente no Tópico 6A). A força de um ácido fraco em água (a extensão em que é desprotonado) pode ser estimada dessa maneira. Em uma solução de um ácido fraco em água que está 5% desprotonado (5% das moléculas de ácido perderam seus prótons), cada molécula desprotonada produz dois íons e $i = 0{,}95 + (0{,}05 \times 2) = 1{,}05$.

A **crioscopia** é a determinação da massa molar de um soluto pela medida do abaixamento do ponto de congelamento que ele provoca quando está dissolvido em um solvente. A cânfora é frequentemente usada como solvente para compostos orgânicos porque tem constante de ponto de congelamento grande e, assim, os solutos provocam um significativo abaixamento do ponto de congelamento. Esse procedimento, porém, raramente é usado nos laboratórios modernos, porque técnicas como a espectrometria de massas dão resultados mais confiáveis. O procedimento está descrito na Caixa de Ferramentas 5F.1, no final da próxima seção.

> **Teste 5F.2A** Que quantidade (em mols) de íons está presente em uma solução diluída contendo 0,010 mols de Na_2SO_4, supondo que a dissociação (separação dos íons) seja completa? Estime o fator *i*.
>
> [*Resposta:* 0,030 mols (0,020 mols de íons Na^+ e 0,010 mols de íons SO_4^{2-}); $i = 3$]
>
> **Teste 5F.2B** Que quantidade (em mols) de íons está presente em uma solução diluída contendo 0,025 mols de $CoCl_3$, supondo que a dissociação seja completa? Estime o fator *i*.

A presença de um soluto abaixa o ponto de congelamento de um solvente. Se o soluto não é volátil, o ponto de ebulição aumenta. O abaixamento do ponto de congelamento pode ser usado para calcular a massa molar do soluto. Se o soluto for um eletrólito, a extensão de sua dissociação ou (para um ácido) a desprotonação também deve ser levada em conta.

5F.2 A osmose

A **osmose** é o fluxo de solvente através de uma membrana para uma solução mais concentrada. O fenômeno pode ser demonstrado em laboratório separando-se uma solução e o solvente puro com uma **membrana semipermeável**, uma membrana que só permite a passagem de certos tipos de moléculas ou íons (Fig. 5F.3). O acetato de celulose, por exemplo, permite a passagem de moléculas de água, mas não a de moléculas de soluto ou íons com camadas de moléculas de água de hidratação volumosas. Inicialmente, as alturas da solução e do solvente puro, mostradas na ilustração, são as mesmas. Porém, o nível da solução que está dentro do

O nome osmose vem do termo grego para "empurrar".

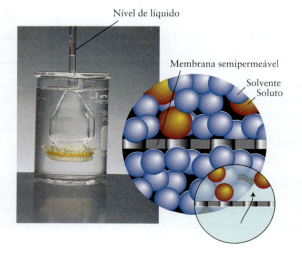

FIGURA 5F.3 Uma experiência para ilustrar a osmose. Inicialmente, o tubo continha uma solução de sacarose e o bécher, água pura; a altura inicial dos dois líquidos era a mesma. Na etapa mostrada aqui, a água passou para a solução, através da membrana, por osmose, e o nível de solução no tubo subiu acima do nível da água pura. A expansão maior mostra as moléculas do solvente puro (abaixo da membrana) que tendem a se juntar às moléculas da solução (acima da membrana), porque a presença das moléculas de soluto aumenta a desordem. A expansão menor mostra só as moléculas do soluto. A seta mostra a direção do fluxo líquido de moléculas do solvente. *(W. H. Freeman. Fotografia de Ken Karp.)*

 (a)  (b)  (c)

FIGURA 5F.4 (a) As hemácias precisam estar em uma solução contendo a concentração correta de soluto para que funcionem com eficiência. (b) Quando a solução está muito diluída, a quantidade de água transferida para essas células é muito grande, e elas se rompem. (c) Quando a solução está muito concentrada, a água flui para fora, fazendo com que encolham. (© CMSP/Custom Medical Stock Photo–Todos os direitos reservados.)

tubo começa a subir com a passagem de solvente puro pela membrana para a solução. No equilíbrio, a pressão exercida pela coluna de solução é suficientemente grande para que o fluxo de moléculas através da membrana seja o mesmo nas duas direções, tornando zero o fluxo total. A pressão necessária para deter o fluxo de solvente é chamada de **pressão osmótica**, Π (a letra grega maiúscula pi). Quanto maior for a pressão osmótica, maior será a altura da solução necessária para reduzir o fluxo a zero. Quando o fluxo líquido for zero, as soluções são chamadas de **isotônicas** (têm a mesma pressão osmótica).

A vida depende da osmose. As paredes das células biológicas agem como membranas semipermeáveis que permitem a passagem de água, de moléculas pequenas e de íons hidratados (Fig. 5F.4). Elas bloqueiam, porém, a passagem de enzimas e proteínas que foram sintetizadas dentro da célula. A diferença das concentrações de soluto dentro e fora de uma célula dá origem a uma pressão osmótica, e a água passa para a solução mais concentrada no interior da célula, levando moléculas pequenas de nutrientes. Esse influxo de água também mantém a célula túrgida (inchada). Quando a provisão de água é cortada, a turgidez se perde e a célula fica desidratada. Em uma planta, essa desidratação se manifesta como murchidão. A carne salgada é preservada do ataque bacteriano pela osmose. Neste caso, a solução concentrada de sal desidrata – e mata – as bactérias, fazendo a água fluir para fora delas. A pressão osmótica é um fator importante nos projetos de sistemas de administração de fármacos que funcionam automaticamente segundo as necessidades do organismo (Quadro 5F.1).

A pressão exercida por uma coluna vertical de líquido é proporcional a sua altura: veja a Eq. 2 no Tópico 3A ($P = gdh$).

Quadro 5F.1 FRONTEIRAS DA QUÍMICA: LIBERAÇÃO DE FÁRMACOS

O fornecimento de fármacos para aliviar as fortes dores causadas por doenças e males crônicos ou para administrar benefícios como a terapia de reposição hormonal é difícil porque os fármacos ingeridos perdem boa parte de sua potência nas condições agressivas características do sistema digestivo. Além disso, eles se distribuem por todo o organismo em vez de se concentrar onde é desejado, e os efeitos colaterais podem ser significativos. Recentemente, porém, foram desenvolvidas técnicas de liberação de fármacos de forma gradual, no local exato do corpo em que eles devem atuar e, até mesmo, no momento exato em que eles são necessários.

Os *adesivos transdérmicos* são aplicados à pele. O fármaco é misturado ao adesivo, o que faz com que fique em contato com a pele. Outro tipo de adesivo é baseado na incorporação do fármaco em um reservatório contendo um gel ou uma solução separado da pele por uma membrana permeável que controla a velocidade de administração. A pele absorve muitos compostos químicos prontamente e pode fazer o mesmo com fármacos como nitro-glicerina (para doenças cardíacas), derivados de morfina (para dores muito fortes e constantes), estrogênio (para terapia de reposição hormonal) ou nicotina (para diminuir os sintomas que ocorrem quando alguém para de fumar).

Os *implantes* permitem a administração de fármacos por períodos mais longos em uma velocidade controlada dentro do organismo. Implantes subcutâneos (sob a pele) são usados para a ministração de doses apropriadas de medicamentos psicoativos, fármacos de controle de natalidade, remédios contra a dor e outros, de administração frequente. Os implantes duram até um mês e podem ser facilmente substituídos ou renovados. Quando a localização do ponto de liberação do fármaco é crítica, os implantes podem ser colocados mais profundamente no corpo. Eles podem, por exemplo, ser colocados no cérebro ou na coluna vertebral para aliviar dores ou proteger neurônios de processos degenerativos. O implante é colocado no interior de um cilindro de espuma porosa pelo qual o fármaco é liberado. Alguns implantes contêm células vivas de animais, que foram alteradas para produzir hormônios naturais ou fármacos contra as dores, que são liberados assim que produzidos. Em outros tipos de implantes, as membranas liberam gradualmente os fármacos.

Sistemas de liberação controlada de fármacos imitam a natureza. Os fosfolipídeos como os encontrados nas membranas celulares (Tópico 5C) se organizam espontaneamente em estruturas

Este implante contém células vivas de marmota e foi colocado na coluna vertebral de um paciente por 17 semanas. Após a remoção, as células estavam ainda vivas e liberavam o hormônio necessário para manter o paciente saudável. (*Patrick Aebischer*)

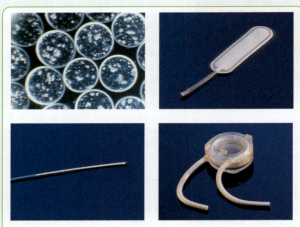

Exemplos de implantes usados para inserir células vivas no organismo. As células produzem continuamente enzimas, hormônios ou fármacos contra a dor necessários para o organismo. Com frequência, coloca-se um fio, fino e longo, de plástico no implante para permitir sua fácil recuperação. *(Foto superior à esquerda: Patrick Aebischer. Foto superior à direita e fila inferior: Sam Ogden Photography.)*

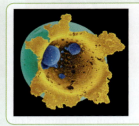

Imagem obtida por microscopia eletrônica de uma cápsula medicamentosa no momento em que se rompe, revelando as microcápsulas em seu interior. A imagem foi colorida digitalmente. *(David McCarthy/Science Source.)*

de cristal-líquido em água (veja o Tópico 3G). Nessas estruturas, folhas formadas por fileiras de moléculas se alinham. As folhas podem ser forçadas a formar *lipossomas*. Os lipossomas são estruturas semelhantes às micelas, porém com uma camada dupla de moléculas, com as cabeças polares formando a superfície, muito semelhante a uma célula viva. Quando um fármaco está presente na solução em água onde os lipossomas estão sendo formados, parte da droga é encapsulada pelo lipossoma. Os lipossomas podem ser, então, injetados no corpo, onde eles se prendem apenas a alguns tipos de células – células cancerosas, por exemplo. Uma dose menor, em comparação com a medicina oral ou intravenosa, é suficiente, e os efeitos colaterais são bastante reduzidos.

A nanotecnologia (Tópico 3J) levou a versões muito eficientes de lipossomas. Pequenas esferas ocas de diâmetros nanométricos contêm cápsulas de medicamentos ainda menores. As esferas são feitas de sílica e cobertas com nanopartículas de ouro e, quando impregnadas com anticorpos, se ligam a células tumorais. As esferas são sensíveis à luz de comprimentos de onda específicos e, quando luz é aplicada, elas se aquecem e destroem o tumor ou explodem, liberando os fármacos encapsulados diretamente no tumor.

Os *géis inteligentes* (veja o Quadro 8F.1) estão sendo desenvolvidos para a liberação de fármacos em situações nas quais a dosagem deve ser modificada de acordo com as condições do organismo. Por exemplo, a quantidade de insulina que uma pessoa que não é diabética necessita é liberada pelo corpo de acordo com o nível de açúcar no sangue. Porém, uma pessoa diabética tem de tomar insulina em momentos específicos do dia e sempre na mesma quantidade. Se o nível de açúcar no sangue já estiver baixo, uma reação de hipoglicemia e, possivelmente, coma poderá acontecer. Um sistema de liberação de insulina que responde aos níveis de açúcar do sangue está sendo estudado. O sistema utiliza um gel inteligente que contém moléculas de insulina. Ele incorpora, em sua estrutura, moléculas de ácido fenil-borônico, às quais a glicose (o açúcar do sangue) adere. Se o nível de glicose está alto, mais e mais moléculas de glicose grudam no gel e o fazem inchar. Quando o nível de glicose aumenta acima de uma determinada concentração, o gel incha tanto que fica poroso e libera a insulina no sangue.

COMO VOCÊ PODE CONTRIBUIR?

São necessárias pesquisas básicas e aplicadas para o desenvolvimento de sistemas de liberação de fármacos que sejam eficazes. A pesquisa fundamental dos processos de autoagregação de moléculas pode vir a permitir, no futuro, soluções mais inovadoras. A pesquisa aplicada pode produzir benefícios mais imediatos. Por exemplo, o sistema ótimo de liberação de fármacos poderia ser desenhado para cada fármaco específico. Proteções para implantes ou nanosferas não tóxicas de natureza semelhante aos tecidos do corpo precisam ser desenvolvidas. Tanto o tempo em que um sistema de liberação de fármacos pode permanecer ativo dentro do corpo como a estabilidade do sistema têm de ser aumentados.

Exercícios relacionados 5.31 e 5.32

Leitura complementar O. C. Farokhzad and R. Langer, "Impact of nanotechnology on drug delivery," *Nano*, vol. 3, 2009, pp. 16–20. C. M. Henry, "Special delivery," *Chemical and Engineering News*, September 18, 2000, pp. 49–64. M. J. Lysaght and P. Aebischer, "Encapsulated cells as therapy," *Scientific American*, April 1999, pp. 76–82. S. Morrissey, "Nanotech meets medicine," *Chemical and Engineering News*, May 16, 2005, p. 30.

Talvez você se pergunte por que a constante dos gases aparece na descrição de uma propriedade que não tem relação com os gases. Na verdade, ela é a constante de Boltzmann, uma constante mais fundamental e amplamente utilizada, mas não aparente: $R = N_A k$ (Tópico 4G).

A origem termodinâmica da osmose é que o solvente tende a fluir através de uma membrana até a energia livre de Gibbs do solvente ficar igual nos dois lados. Um soluto reduz a energia livre de Gibbs molar da solução, que fica abaixo da energia livre molar do solvente puro (aumentando a entropia), e o solvente, assim, tem tendência a passar para a solução (Fig. 5F.5).

O mesmo van't Hoff responsável pelo fator i mostrou que a pressão osmótica de uma solução de não eletrólito está relacionada com a molaridade, c, do soluto na solução:

$$\Pi = iRTc \tag{3}$$

em que i é o fator i, R é a constante dos gases e T é a temperatura. Essa expressão é agora conhecida como **equação de van't Hoff**. Note que a pressão osmótica depende somente da temperatura e da concentração molar total do soluto. Ela não depende das identidades do

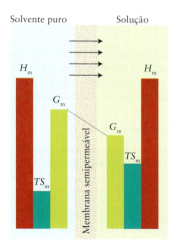

FIGURA 5F.5 À esquerda da membrana semipermeável está o solvente puro com a entalpia molar, a entropia e a energia livre de Gibbs características. À direita, está a solução. A energia livre de Gibbs molar do solvente é mais baixa na solução (um efeito de entropia), logo existe a tendência espontânea de o solvente fluir para a solução.

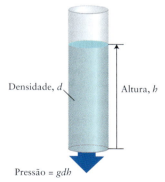

FIGURA 5F.6 A pressão na base de uma coluna de fluido é igual ao produto da aceleração da queda livre, g, a densidade do líquido, d, e a altura da coluna, h.

soluto e do solvente. Entretanto, em uma aparelhagem como a da Figura 5F.3, a altura da coluna de solvente depende do solvente, porque ela depende de sua densidade (Fig. 5F.6).

A equação de van't Hoff é usada para determinar a massa molar do soluto a partir de medidas da pressão osmótica. Esta técnica, chamada de **osmometria**, é usada como explicado na **Caixa de Ferramentas 5F.1**. A osmometria é muito sensível, até mesmo em baixas concentrações, e é comumente usada na determinação de massas molares muito grandes, como as de polímeros e proteínas.

Teste 5F.3A Qual é a pressão osmótica de uma solução 0,0100 M de KCl(aq) em 298 K? (Suponha que $i = 2$.)

[***Resposta:*** 0,489 atm]

Teste 5F.3B Qual é a pressão osmótica de uma solução 0,120 M de sacarose em 298 K?

Caixa de ferramentas 5F.1 O USO DAS PROPRIEDADES COLIGATIVAS PARA DETERMINAR A MASSA MOLAR

BASE CONCEITUAL

O abaixamento do ponto de congelamento e a geração de pressão osmótica dependem da concentração total de partículas de soluto. Portanto, o uso das propriedades coligativas para determinar a quantidade de soluto presente, sabendo sua massa, permite obter a massa molar do soluto.

PROCEDIMENTO

1. Crioscopia

Etapa 1 Converta o abaixamento observado no ponto de congelamento, ΔT_f, em molalidade do soluto, b (Tópico 5E), escrevendo a Equação 1b na forma

$$b = \frac{\Delta T_f}{ik_f}$$

Obtenha a constante do ponto de congelamento na Tabela 5F.1

Etapa 2 Calcule a quantidade de soluto, n_{soluto} (em mols), na amostra multiplicando a molalidade pela massa de solvente, $m_{solvente}$ (em quilogramas):

$$n_{soluto} = b \times m_{solvente}$$

Etapa 3 Determine a massa molar do soluto dividindo a massa do soluto, m_{soluto} (em gramas), pela quantidade em mols obtida (etapa 2).

$$M_{soluto} = \frac{m_{soluto}}{n_{soluto}}$$

O Exemplo 5F.1 ilustra este procedimento.

2. Osmometria

Etapa 1 Converta a pressão osmótica observada em concentração molar do soluto (c) escrevendo a Equação 3 na forma

$$c = \frac{\Pi}{iRT}$$

Em alguns casos, pode ser necessário calcular a pressão osmótica a partir da altura, h, da solução (em um aparelho como o da Fig. 5F.3) usando $\Pi = gdh$, em que d é a densidade da solução e g é a aceleração da queda livre (veja na contracapa final do livro).

Etapa 2 Como a concentração molar é definida como $c = n_{soluto}/V$, em que n_{soluto} é a quantidade de soluto (em mols) e V é o volume da solução (em litros), calcule a quantidade de soluto a partir de

$$n_{soluto} = cV$$

Etapa 3 Determine a massa molar do soluto dividindo a massa do soluto, m_{soluto} (em gramas), pela quantidade (etapa 2), como no procedimento da crioscopia.

O Exemplo 5F.2 ilustra este procedimento.

EXEMPLO 5F.1 Determinação da massa molar por crioscopia

Em laboratórios modernos, instrumentos sofisticados são usados para determinar a massa molar. Contudo, se você não tem acesso a tais instrumentos, é possível calcular a massa molar usando equipamentos simples de laboratório, como um termômetro e uma balança, por exemplo. A adição de 0,24 g de enxofre a 100. g de tetracloreto de carbono abaixa o ponto de congelamento do solvente em 0,28°C. O enxofre ocorre em sua forma molecular. Quais são a massa molar e a fórmula molecular das moléculas de enxofre?

ANTECIPE Você provavelmente já sabe que o enxofre forma moléculas de S_8 de estrutura coroa.

PLANEJE Siga o procedimento descrito na Caixa de Ferramentas 5F.1 para a crioscopia. O enxofre não é um eletrólito, logo $i = 1$. Como você conhece a massa molar das moléculas, divida o valor pela massa molar dos átomos de enxofre (encontrada na lista de elementos químicos, na contracapa do livro).

RESOLVA

Etapa 1 Converta o abaixamento observado no ponto de congelamento, ΔT_f, em molalidade do soluto, b, usando $b = \Delta T_f / i k_f$ com $i = 1$.

$$b = \frac{0{,}28 \text{ K}}{29{,}8 \text{ K·kg·mol}^{-1}} = \frac{0{,}28}{29{,}8} \text{ mol·kg}^{-1} = 0{,}0093\ldots \text{ mol·kg}^{-1}$$

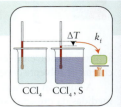

Etapa 2 Calcule a quantidade de soluto, n_{soluto} (em mols), na amostra multiplicando a molalidade pela massa de solvente, $m_{solvente}$ (em quilogramas), $n_{soluto} = b m_{solvente}$:

$$n(S_x) = (0{,}100 \text{ kg}) \times 0{,}0093\ldots \text{ mol·kg}^{-1} = 0{,}000\,93\ldots \text{ mol}$$

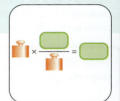

Etapa 3 Determine a massa molar do soluto dividindo a massa do soluto, m_{soluto} (em gramas), pela quantidade em mols obtida (etapa 2), $M_{soluto} = m_{soluto}/n_{soluto}$:

$$M(S_x) = \frac{0{,}24 \text{ g}}{0{,}000\,93\ldots \text{ mol}} = 2{,}5\ldots \times 10^2 \text{ g·mol}^{-1}$$

Use a massa molar do enxofre atômico (32,06 g·mol^{-1}) para determinar x na fórmula molecular S_x.

$$x = \frac{2{,}5\ldots \times 10^2 \text{ g·mol}^{-1}}{32{,}06 \text{ g·mol}^{-1}} = 8{,}0$$

AVALIE O enxofre elementar é mesmo formado por moléculas S_8.

Teste 5F.4A Quando 250. mg de eugenol, o composto responsável pelo odor do óleo de cravo-da-índia, foram acrescentados a 100. g de cânfora, o ponto de congelamento desta última abaixou 0,62°C. Calcule a massa molar do eugenol.

[***Resposta:*** $1{,}6 \times 10^2$ g·mol^{-1} (real: 164,2 g·mol^{-1})]

Teste 5F.4B Quando 200. mg de linalool, um composto perfumado extraído do óleo de canela do Ceilão, foram adicionados a 100. g de cânfora, o ponto de congelamento desta última abaixou 0,51°C. Qual é a massa molar do linalool?

Exercícios relacionados 5E.1 e 5E.2

EXEMPLO 5F.2 O uso da osmometria para determinar a massa molar

A osmometria é muito usada na indústria de polímeros, porque é muito sensível na determinação das imensas massas molares das moléculas de polímeros. Imagine que você é um químico que estuda polímeros e concebeu um novo processo de produção de polietileno. É necessário conhecer a massa molar de seu novo material. A pressão osmótica devido a 2,20 g de polietileno (PE) dissolvido no benzeno necessário para produzir 100,0 mL de solução foi $1,10 \times 10^{-2}$ atm em 25°C. Calcule a massa molar média do polímero. Ele não é um eletrólito. A resposta será uma massa molar média, já que as moléculas de um polímero têm tamanhos diferentes.

ANTECIPE Como muitos átomos formam as moléculas de polímero, você pode esperar uma massa molar elevada.

PLANEJE Use o procedimento recomendado para a osmometria na Caixa de Ferramentas 5E.1. Como o polietileno não é um eletrólito, $i = 1$. Use R nas unidades adequadas, neste caso, litros e atmosferas.

RESOLVA

Etapa 1 Converta a pressão osmótica observada em concentração molar do soluto c escrevendo a Equação 3 na forma $c = \Pi/iRT$, com $i = 1$.

$$c = \frac{1,10 \times 10^{-2} \text{ atm}}{(0,0821 \text{ L·atm·K}^{-1}\text{·mol}^{-1}) \times (298 \text{ K})}$$

$$= \frac{1,10 \times 10^{-2}}{0,0821 \times 298} \text{ mol·L}^{-1} = 4,50\ldots \times 10^{-4} \text{ mol·L}^{-1}$$

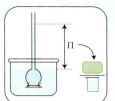

Etapa 2 Calcule a quantidade de moléculas na solução a partir de $n_{soluto} = c_{soluto}V$.

$$n(\text{PE}) = (4,50\ldots \times 10^{-4} \text{ mol·L}^{-1}) \times (0,100 \text{ L})$$
$$= 4,50\ldots \times 10^{-5} \text{ mol}$$

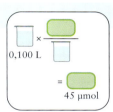

Etapa 3 Determine a massa molar do soluto dividindo a massa do soluto, m_{soluto} (em gramas), pela quantidade (etapa 2), $M_{soluto} = m_{soluto}/n_{soluto}$:

$$M(\text{PE}) = \frac{2,20 \text{ g}}{4,50\ldots \times 10^{-5} \text{ mol}} = 4,89 \times 10^{4} \text{ g·mol}^{-1}$$

AVALIE Essa massa molar é expressa como 48,9 kg·mol^{-1}. Como esperado, a massa molar é muito grande.

Teste 5F.5A A pressão osmótica de 3,0 g de poliestireno dissolvido no benzeno necessário para produzir 150. mL de solução foi 1,21 kPa em 25°C. Calcule a massa molar média da amostra de poliestireno.

[***Resposta:*** 41 kg·mol^{-1}]

Teste 5F.5B A pressão osmótica de 1,50 g de poli(metacrilato de metila) dissolvido no metil-benzeno necessário para produzir 175 mL de solução foi 2,11 kPa em 20°C. Calcule a massa molar média da amostra de poli(metacrilato de metila).

Exercícios relacionados 5E.11 a 5E.14

Na **osmose reversa**, uma pressão maior do que a pressão osmótica é aplicada no lado da solução da membrana semipermeável. A aplicação de pressão aumenta a velocidade com que as moléculas de solvente deixam a solução e, assim, inverte o fluxo de solvente, forçando as moléculas do solvente a fluírem da solução para o solvente puro. A osmose reversa é usada para remover sais da água do mar e produzir água potável e para a irrigação. A água é quase literalmente empurrada para fora da solução salgada através da membrana. O desafio tecnológico é fabricar novas membranas que sejam fortes o bastante para resistir a pressões altas e que não entupam facilmente. As indústrias usam membranas de acetato de celulose em pressões de até 70 atm.

396 Tópico 5F As propriedades coligativas

PONTO PARA PENSAR

A osmose reversa usa muita energia. Por quê?

Osmose é o fluxo de solvente através de uma membrana semipermeável para uma solução. A pressão osmótica é proporcional à concentração molar do soluto na solução. A osmometria é usada para determinar a massa molar de polímeros e macromoléculas naturais. A osmose reversa é usada na purificação de água.

O que você aprendeu com este tópico?

Você conheceu o conceito de propriedades coligativas, entre as quais a osmose, usada para determinar a massa molar de compostos com moléculas grandes, e viu que a presença de um soluto não volátil abaixa o ponto de congelamento de um solvente, gerando pressão osmótica. Com esses conhecimentos, você consegue explicar essas propriedades em linguagem termodinâmica, especialmente considerando o efeito do soluto na entropia da solução.

Os conhecimentos que você deve dominar incluem a capacidade de:

☐ **1.** Determinar a massa molar por crioscopia (Caixa de Ferramentas 5F.1 e Exemplo 5F.1).

☐ **2.** Usar a osmometria para determinar a massa molar de um soluto (Caixa de Ferramentas 5F.1 e Exemplo 5F.2).

Tópico 5F Exercícios

5F.1 Uma solução que contém 1,14 g de uma substância molecular dissolvida em 100. g de cânfora congela em 176,9°C. Qual é a massa molar da substância?

5F.2 Quando 1,78 g de um soluto apolar dissolveu em 60,0 g de fenol, o ponto de congelamento deste último abaixou 1,362°C. Calcule a massa molar do soluto

5F.3 Uma solução 1,00% em NaCl(aq), em massa, tem ponto de congelamento igual a −0,593°C. (a) Estime o fator i de van't Hoff a partir dos dados. (b) Determine a molalidade total de todas as espécies de soluto. (c) Calcule a percentagem de dissociação do NaCl nessa solução. (A molalidade calculada a partir do abaixamento do ponto de congelamento é a soma das molalidades dos pares de íons não dissociados, dos íons Na^+ e dos íons Cl^-.)

5F.4 Uma solução 1,00% em $MgSO_4$(aq) em massa tem ponto de congelamento igual a −0,192°C. (a) Estime o fator i de van't Hoff a partir dos dados. (b) Determine a molalidade total de todas as espécies de soluto. (c) Calcule a percentagem de dissociação do $MgSO_4$ nessa solução.

5F.5 Dois compostos moleculares desconhecidos estão sendo estudados. Uma solução que contém 5,00 g do composto A em 100. g de água congelou em uma temperatura inferior ao ponto de congelamento de uma solução que contém 5,00 g do composto B em 100. g de água. Qual dos dois compostos tem a maior massa molar? Explique como você chegou à sua resposta.

5F.6 Dois compostos moleculares desconhecidos estão sendo estudados. O composto C é molecular e o composto D se ioniza completamente em soluções em água diluídas. Uma solução que contém 0,30 g do composto C em 100. g de água congelou na mesma temperatura em que congelou uma solução que contém 0,30 g do composto D em 100. g de água. Qual dos dois compostos tem a massa molar maior? Explique como você chegou à sua resposta.

5F.7 Determine o ponto de congelamento de uma solução em água de 0,10 mol·kg^{-1} de um eletrólito fraco que está 7,5% dissociado em dois íons.

5F.8 Uma solução 0,124 m em CCl_3COOH(aq) tem ponto de congelamento igual a −0,423°C. Qual é a percentagem de desprotonação do ácido?

5F.9 Qual é a pressão osmótica, em 20°C, de (a) 0,010 M de $C_{12}H_{22}O_{11}$(aq); (b) 1,0 M de HCl(aq); (c) 0,010 M de $CaCl_2$(aq)? Suponha dissociação completa do $CaCl_2$.

5F.10 Qual das seguintes soluções tem a pressão osmótica mais alta, em 50°C: (a) 0,10 M de KCl(aq); (b) 0,60 M de $CO(NH_2)_2$(aq); (c) 0,30 M de K_2SO_4(aq)? Justifique sua resposta calculando a pressão osmótica de cada solução.

5F.11 Uma amostra de 0,40 g de um polipeptídeo dissolvida em 1,0 L de uma solução em água, em 27°C, tem pressão osmótica 3,74 Torr. Qual é a massa molar do polipeptídeo?

5F.12 Uma solução preparada pela adição de 0,50 g de um polímero a 0,200 L de tolueno (metil-benzeno, um solvente comum) tem pressão osmótica igual a 0,582 Torr em 20°C. Qual é a massa molar do polímero?

5F.13 Uma amostra de 0,20 g de um polímero dissolvida em 0,100 L de tolueno tem pressão osmótica 6,3 Torr em 20°C. Qual é a massa molar do polímero?

5F.14 A catalase, uma enzima do fígado, é solúvel em água. A pressão osmótica de 10,0 mL de uma solução que contém 0,166 g de catalase é 1,2 Torr em 20°C. Qual é a massa molar da catalase?

5F.15 Calcule a pressão osmótica, em 20°C, de cada uma das seguintes soluções. Suponha dissociação completa dos solutos iônicos. (a) 0,050 M de $C_{12}H_{22}O_{11}$(aq); (b) 0,0010 M de NaCl(aq); (c) uma solução saturada de AgCN em água de solubilidade 23 μg/100. g de água.

5F.16 Calcule a pressão osmótica, em 20°C, de cada uma das seguintes soluções. Suponha dissociação completa dos solutos iônicos. (a) $4,5 \times 10^{-3}$ M de $C_6H_{12}O_6$(aq); (b) $3,0 \times 10^{-3}$ M de $CaCl_2$(aq); (c) 0,025 M de K_2SO_4(aq).

Tópico 5G O equilíbrio químico

5G.1 A reversibilidade das reações
5G.2 O equilíbrio e a lei da ação das massas
5G.3 A origem das constantes de equilíbrio
5G.4 A descrição termodinâmica do equilíbrio

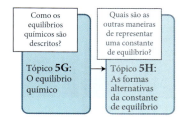

Como os equilíbrios físicos (Tópico 5A), todos os equilíbrios químicos são dinâmicos. Dizer que o equilíbrio químico é "dinâmico" significa dizer que, quando uma reação atingiu o equilíbrio, as reações direta e inversa continuam a ocorrer, mas os reagentes e os produtos estão sendo consumidos e recuperados com a mesma velocidade. O resultado é que a composição da mistura de reação permanece constante. Do ponto de vista termodinâmico, no equilíbrio não existe a tendência de formar mais reagentes ou mais produtos.

5G.1 A reversibilidade das reações

Algumas reações, como a reação explosiva entre o hidrogênio e o oxigênio, parecem se completar, mas outras aparentemente param em um estágio inicial. Por exemplo, considere a reação que ocorre quando nitrogênio e hidrogênio são aquecidos sob pressão na presença de uma pequena quantidade de ferro:

$$N_2(g) + 3\,H_2(g) \xrightarrow{Fe} 2\,NH_3(g) \quad \textbf{(A)}$$

No início, a reação produz amônia rapidamente, mas depois parece parar (Fig. 5G.1). Como o gráfico mostra, mesmo que você espere um longo tempo, não mais ocorrerá formação de produto. O que realmente acontece quando a formação da amônia *parece* parar é que a velocidade da reação inversa,

$$2\,NH_3(g) \xrightarrow{Fe} N_2(g) + 3\,H_2(g) \quad \textbf{(B)}$$

aumenta à medida que mais amônia se forma. A reação atinge o equilíbrio quando a amônia se decompõe na mesma velocidade em que é formada. O estado de equilíbrio dinâmico é

Por que você precisa estudar este assunto? O equilíbrio químico está no centro da química, porque todas reações químicas tendem ao equilíbrio.

Que conhecimentos você precisa dominar? Existem dois caminhos alternativos para entender este tópico. Da perspectiva cinética, você precisa conhecer as leis das velocidades e os mecanismos de reação (Foco 7). Da perspectiva termodinâmica, você precisa entender o conceito de energia livre de Gibbs de reação (Tópico 4J) e conhecer a dependência desta propriedade da pressão (Tópico 5A). As derivações matemáticas dependem do uso de logaritmos (Apêndice 1D).

O metal atua como um catalisador destas reações, isto é, como uma substância que ajuda a reação a ocorrer mais rapidamente (Tópico 7E).

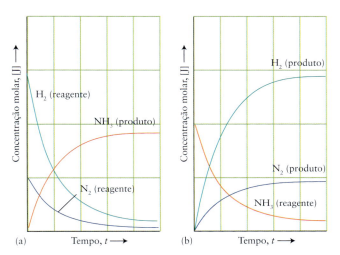

FIGURA 5G.1 (a) Na síntese da amônia, as concentrações molares de N_2 e de H_2 decrescem e a de NH_3 aumenta com o tempo, até que finalmente elas atingem valores correspondentes a uma mistura na qual os três estão presentes e não ocorrem outras mudanças aparentes. (b) Se o experimento for repetido com amônia pura, ela se decompõe até atingir a composição de uma mistura de amônia, nitrogênio e hidrogênio. (Os dois gráficos correspondem a experimentos feitos em duas temperaturas diferentes; logo, eles correspondem a duas composições diferentes no equilíbrio.)

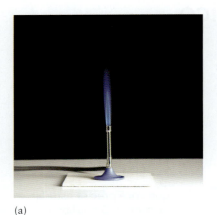

(a)   (b)

FIGURA 5G.2 (a) O metano queima no ar com uma chama estável, mas, como matéria está sendo adicionada e removida, a reação não está em equilíbrio. (b) Esta amostra de glicose no ar não muda de composição, porém, não está ainda em equilíbrio com seus produtos de combustão. A reação é muito lenta na temperatura normal. (c) O dióxido de nitrogênio (um gás marrom) e o tetróxido de dinitrogênio (um sólido incolor volátil) estão em equilíbrio neste recipiente. Observe que a adição de gelo altera a temperatura (direita) e a composição se ajusta a um novo valor. ((a) SPL/Science Source; (b) W. H. Freeman. Foto de Ken Karp; (c) Leroy Laverman.)

(c)

LAB_VIDEO – FIGURA 5G.2

expresso, como na discussão sobre equilíbrios físicos (Tópico 5A), substituindo a seta da equação pelos "arpões" que indicam o equilíbrio:

$$N_2(g) + 3 H_2(g) \rightleftharpoons 2 NH_3(g) \quad \quad \textbf{(C)}$$

Todos os equilíbrios químicos são equilíbrios dinâmicos. Os equilíbrios dinâmicos são equilíbrios ativos, no sentido de reagirem a mudanças de temperatura e pressão e à adição ou remoção de uma quantidade de reagente, por menor que seja. Uma reação que não está ocorrendo (como a mistura de hidrogênio e oxigênio na temperatura e pressão normais) tem uma composição que não responde a pequenas mudanças das condições e, portanto, não está em equilíbrio.

PONTO PARA PENSAR

Você pode pensar em um experimento que mostre que um equilíbrio químico é dinâmico? Pense, talvez, em usar isótopos radioativos.

As características dos equilíbrios dinâmicos podem ser usadas para descobrir se um sistema está em equilíbrio. Embora os três sistemas mostrados na Fig. 5G.2 pareçam estáveis, um exame mais detalhado mostra que:

- Quando o metano, CH_4, queima com uma chama constante para formar o gás dióxido de carbono e água (Fig. 5G.2a), a reação de combustão não está em equilíbrio porque a composição não é constante (reagentes continuam a ser adicionados e os produtos se espalham para fora da chama, sem reagir para formar metano e oxigênio novamente).
- A amostra de glicose não muda (Fig. 5G.2b), mesmo se a deixarmos exposta à atmosfera por um longo tempo. Porém, a glicose não está em equilíbrio com os produtos de sua combustão (dióxido de carbono e água). Ela sobrevive no ar porque a velocidade da combustão é extremamente lenta na temperatura normal.
- A reação em fase gás (Fig. 5G.2c), porém, está em equilíbrio porque outros experimentos mostram que NO_2 forma N_2O_4 sem cessar e que N_2O_4 se decompõe em NO_2 na mesma velocidade.

As reações químicas atingem um estado de equilíbrio dinâmico no qual a velocidade das reações direta e inversa é a mesma e não há mudança de composição.

5G.2 O equilíbrio e a lei da ação das massas

Em 1864, os noruegueses Cato Guldberg (um matemático) e Peter Waage (um químico) descobriram a relação matemática que sumaria a composição de uma mistura de reação em equilíbrio. Como um exemplo do trabalho deles, acompanhe, na Tabela 5G.1, os dados da reação entre SO_2 e O_2:

$$2 SO_2(g) + O_2(g) \rightleftharpoons 2 SO_3(g) \tag{D}$$

Em cada um desses cinco experimentos, cinco misturas de três gases com composições iniciais diferentes foram preparadas e atingiram o equilíbrio em 1000. K. A composição das misturas no equilíbrio e a pressão total, P, foram determinadas. Inicialmente, os dados pareciam não fazer sentido. Guldberg e Waage, entretanto, notaram uma relação extraordinária. Eles descobriram (usando a notação atual) que o valor da quantidade

$$K = \frac{(P_{SO_3}/P^\circ)^2}{(P_{SO_2}/P^\circ)^2(P_{O_2}/P^\circ)}$$

era aproximadamente o mesmo em todos os experimentos, independentemente das composições iniciais. Aqui, P_J é a pressão parcial do gás J no equilíbrio e $P^\circ = 1$ bar é a pressão padrão. Observe que K não tem unidades, porque as unidades de P_J são canceladas pelas unidades de P° em todos os termos. Deste ponto em diante, essa expressão será escrita de forma mais simples, como

$$K = \frac{(P_{SO_3})^2}{(P_{SO_2})^2 P_{O_2}}$$

em que P_J é tomado como o valor numérico da pressão parcial de J em bars.

Dentro do erro experimental, Guldberg e Waage obtiveram o mesmo valor de K no equilíbrio para todas as composições iniciais da mistura de reação. Esse importante resultado mostra que K é característico da composição da mistura de reação no equilíbrio, em uma dada temperatura. K é a **constante de equilíbrio** da reação. A **lei de ação das massas** resume esse resultado.

Para a reação

$$a\,A(g) + b\,B(g) \rightleftharpoons c\,C(g) + d\,D(g) \tag{E}$$

entre gases ideais, a constante

$$K = \frac{(P_C)^c(P_D)^d}{(P_A)^a(P_B)^b} \tag{1}$$

é característica da reação (em uma dada temperatura), em que P_J representa os valores numéricos das pressões parciais (em bars) no equilíbrio. Observe que os produtos aparecem no numerador e os reagentes, no denominador. Além disso, cada valor de pressão parcial é elevado a uma potência igual ao coeficiente estequiométrico da equação química.

TABELA 5G.1 Dados de equilíbrio e a constante de equilíbrio da reação $2 SO_2(g) + O_2(g) \rightleftharpoons 2 SO_3(g)$ em 1000. K

P_{SO_2}/bar	P_{O_2}/bar	P_{SO_3}/bar	K^*
0,660	0,390	0,0840	0,0415
0,0380	0,220	0,00360	0,0409
0,110	0,110	0,00750	0,0423
0,950	0,880	0,180	0,0408
1,44	1,98	0,410	0,0409

*Média: 0,0413

EXEMPLO 5G.1 Escrevendo a expressão da constante de equilíbrio

A produção anual de amônia é da ordem de 1,3 Gt (1 Gt = 10^9 t), o que a coloca entre os 10 produtos químicos mais fabricados no mundo. Você está estudando a síntese da amônia e precisa trabalhar com a constante de equilíbrio da reação. Escreva a constante de equilíbrio da reação de síntese da amônia, reação C.

PLANEJE Escreva a constante de equilíbrio com a pressão parcial do produto no numerador, elevada à potência igual a seu coeficiente na equação balanceada. Faça o mesmo para os reagentes, mas coloque suas pressões parciais no denominador.

RESOLVA

De $K = (P_C)^c(P_D)^d/(P_A)^a(P_B)^b$,

$$K = \frac{(P_{NH_3})^2}{P_{N_2}(P_{H_2})^3}$$

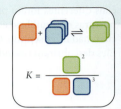

Cada P_J dessa expressão deve ser interpretado como $P_J/P°$ (isto é, o valor numérico da pressão em bars).

Teste 5G.1A Escreva a expressão da constante de equilíbrio da reação $4\,NH_3(g) + 5\,O_2(g) \rightleftharpoons 4\,NO(g) + 6\,H_2O(g)$.

[**Resposta:** $K = (P_{NO})^4(P_{H_2O})^6/(P_{NH_3})^4(P_{O_2})^5$]

Teste 5G.1B Escreva a expressão da constante de equilíbrio para $2\,H_2S(g) + 3\,O_2(g) \rightleftharpoons 2\,SO_2(g) + 2\,H_2O(g)$.

Exercícios relacionados 5G.3 e 5G.4

Uma medida diferente de concentração é usada para escrever as expressões das constantes de equilíbrio de reações que envolvem espécies que não são gases. Assim, para uma substância J que forma uma solução ideal, a pressão parcial na expressão de K é substituída pela molaridade [J] relativa à molaridade-padrão $c° = 1\,mol \cdot L^{-1}$. Embora K devesse ser escrito em termos da razão sem dimensões [J]/$c°$, é comum escrever K em termos somente de [J] e interpretar cada [J] como a concentração sem as unidades "$mol \cdot L^{-1}$". Os líquidos puros ou os sólidos não devem aparecer em K. Assim, ainda que $CaCO_3(s)$ e $CaO(s)$ participem do equilíbrio

$$CaCO_3(s) \rightleftharpoons CaO(s) + CO_2(g) \qquad \text{(F)}$$

eles não aparecem na expressão da constante de equilíbrio, que é $K = P_{CO_2}/P°$ (ou, mais simplesmente, $K = P_{CO_2}$).

Essas regras empíricas podem ser resumidas pela introdução do conceito de **atividade**, a_J, de uma substância J:

> Neste texto, as atividades podem ser consideradas simplesmente como quantidades empíricas introduzidas para facilitar a escrita da expressão de K. Em trabalhos mais elaborados, as atividades são usadas para levar em consideração desvios do comportamento ideal.

Substância	Atividade	Forma simplificada
gás ideal	$a_J = P_J/P°$	$a_J = P_J$
soluto em uma solução diluída	$a_J = [J]/c°$	$a_J = [J]$
sólido ou líquido puros	$a_J = 1$	$a_J = 1$

Note que todas as atividades são números puros e, portanto, não têm unidades. Quando usamos a forma simplificada da constante de equilíbrio, a atividade é o valor numérico da pressão em bars ou o valor numérico da concentração molar em mols por litro.

O uso de atividades facilita escrever uma expressão geral para a constante de equilíbrio de qualquer reação:

> Na Equação 2a, o subscrito "r" em n_r indica que os valores de n_r são coeficientes estequiométricos adimensionais (veja a Seção 5G.4).

$$K = \left\{ \frac{(\text{atividades dos produtos})^{n_r}}{(\text{atividades dos reagentes})^{n_r}} \right\}_{\text{equilíbrio}} \qquad (2a)$$

5G.2 O equilíbrio e a lei da ação das massas   **401**

Mais especificamente, para uma versão generalizada da reação E, sem identificar as fases:

$$a\,A + b\,B \rightleftharpoons c\,C + d\,D \qquad K = \frac{(a_C)^c (a_D)^d}{(a_A)^a (a_B)^b} \qquad \textbf{(2b)}$$

Como as atividades são adimensionais, K também é.

Nota de boa prática Em alguns casos, você encontrará uma constante de equilíbrio escrita como K_P para lembrá-lo de que ela está expressa em termos de pressões parciais. O subscrito P, entretanto, é desnecessário porque, por definição, as constantes de equilíbrio de reações em fase gás são expressas em termos de pressões parciais.

Os equilíbrios químicos em que todos os reagentes e produtos estão na mesma fase são chamados de **equilíbrios homogêneos**. Os equilíbrios C, D e E são homogêneos. Os equilíbrios em sistemas com mais de uma fase são chamados de **equilíbrios heterogêneos**. O equilíbrio F é heterogêneo. O mesmo acontece com o equilíbrio entre vapor de água e água líquida em um sistema fechado,

$$H_2O(l) \rightleftharpoons H_2O(g) \qquad \textbf{(G)}$$

Nessa "reação", existe uma fase gás e uma fase líquido. O equilíbrio entre um sólido e sua solução saturada é, também, heterogêneo:

$$Ca(OH)_2(s) \rightleftharpoons Ca^{2+}(aq) + 2\,OH^-(aq) \qquad \textbf{(H)}$$

As constantes de equilíbrio das reações heterogêneas são também dadas pela expressão geral da Equação 2. Porém, lembre que a atividade dos sólidos ou dos líquidos puros é 1. Por exemplo, para a reação H,

$$K = \frac{a_{Ca^{2+}}(a_{OH^-})^2}{\underbrace{a_{Ca(OH)_2}}_{\text{1 para um sólido puro}}} = [Ca^{2+}][OH^-]^2$$

Lembre que cada [J] na expressão de K representa a concentração molar de J em mols por litro sem as unidades.

É importante observar que o hidróxido de cálcio tem de estar presente para que o equilíbrio se estabeleça, mas ele não aparece na expressão da constante de equilíbrio.

Teste 5G.2A Escreva a expressão da constante de equilíbrio da reação usada na purificação do níquel, $Ni(s) + 4\,CO(g) \rightleftharpoons Ni(CO)_4(g)$.

[**Resposta:** $K = P_{Ni(CO)_4}/(P_{CO})^4$]

Teste 5G.2B Escreva a constante de equilíbrio K para $P_4(s) + 5\,O_2(g) \rightleftharpoons P_4O_{10}(s)$.

Algumas reações em solução envolvem o solvente como reagente ou produto. Quando a solução é muito diluída, a variação de concentração do solvente em virtude da reação é insignificante. Nesses casos, o solvente é tratado como uma substância pura e ignorado ao escrever K. Em outras palavras,

$$\text{Para um solvente quase puro: } a_{\text{solvente}} = 1$$

Um último ponto a considerar é que, quando uma reação envolve compostos iônicos completamente dissociados em solução, a constante de equilíbrio deve ser escrita para a equação iônica simplificada, usando a atividade de cada tipo de íon. As concentrações dos íons espectadores se cancelam e não aparecem na expressão do equilíbrio.

Teste 5G.3A Escreva a expressão da constante de equilíbrio da reação $2\,AgNO_3(aq) + 2\,NaOH(aq) \rightleftharpoons Ag_2O(s) + 2\,NaNO_3(aq) + H_2O(l)$. Lembre-se de usar a equação iônica simplificada.

[**Resposta:** $K = 1/[Ag^+]^2[OH^-]^2$]

Teste 5G.3B Escreva a expressão da constante de equilíbrio da reação $Zn(s) + 2\,HCl(aq) \rightleftharpoons ZnCl_2(aq) + H_2(g)$.

---

402 Tópico 5G O equilíbrio químico

TABELA 5G.2 Constantes de equilíbrio para diversas reações

Reação	T/K^*	K	$K_c^\dagger$
$H_2(g) + Cl_2(g) \rightleftharpoons 2\ HCl(g)$	300	$4{,}0 \times 10^{31}$	$4{,}0 \times 10^{31}$
	500	$4{,}0 \times 10^{18}$	$4{,}0 \times 10^{18}$
	1000	$5{,}1 \times 10^{8}$	$5{,}1 \times 10^{8}$
$H_2(g) + Br_2(g) \rightleftharpoons 2\ HBr(g)$	300	$1{,}9 \times 10^{17}$	$1{,}9 \times 10^{17}$
	500	$1{,}3 \times 10^{10}$	$1{,}3 \times 10^{10}$
	1000	$3{,}8 \times 10^{4}$	$3{,}8 \times 10^{4}$
$H_2(g) + I_2(g) \rightleftharpoons 2\ HI(g)$	298	794	794
	500	160	160
	700	54	54
$2\ BrCl(g) \rightleftharpoons Br_2(g) + Cl_2(g)$	300	377	377
	500	32	32
	1000	5	5
$2\ HD(g) \rightleftharpoons H_2(g) + D_2(g)$	100	0,52	0,52
	500	0,28	0,28
	1000	0,26	0,26
$F_2(g) \rightleftharpoons 2\ F(g)$	500	$3{,}0 \times 10^{-11}$	$7{,}3 \times 10^{-13}$
	1000	$1{,}0 \times 10^{-2}$	$1{,}2 \times 10^{-4}$
	1200	0,27	$2{,}7 \times 10^{-3}$
$Cl_2(g) \rightleftharpoons 2\ Cl(g)$	1000	$1{,}0 \times 10^{-5}$	$1{,}2 \times 10^{-7}$
	1200	$1{,}7 \times 10^{-3}$	$1{,}7 \times 10^{-5}$
$Br_2(g) \rightleftharpoons 2\ Br(g)$	1000	$3{,}4 \times 10^{-5}$	$4{,}1 \times 10^{-7}$
	1200	$1{,}7 \times 10^{-3}$	$1{,}7 \times 10^{-5}$
$I_2(g) \rightleftharpoons 2\ I(g)$	800	$2{,}1 \times 10^{-3}$	$3{,}1 \times 10^{-5}$
	1000	0,26	$3{,}1 \times 10^{-3}$
	1200	6,8	$6{,}8 \times 10^{-2}$
$N_2(g) + 3\ H_2(g) \rightleftharpoons 2\ NH_3(g)$	298	$6{,}8 \times 10^{5}$	$4{,}2 \times 10^{8}$
	400	41	$4{,}5 \times 10^{4}$
	500	$3{,}6 \times 10^{-2}$	62
$2\ SO_2(g) + O_2(g) \rightleftharpoons 2\ SO_3(g)$	298	$4{,}0 \times 10^{24}$	$9{,}9 \times 10^{25}$
	500	$2{,}5 \times 10^{10}$	$1{,}0 \times 10^{12}$
	700	$3{,}0 \times 10^{4}$	$1{,}7 \times 10^{6}$
$N_2O_4(g) \rightleftharpoons 2\ NO_2(g)$	298	0,15	$6{,}1 \times 10^{23}$
	400	47,9	1,44
	500	$1{,}7 \times 10^{3}$	41

*Três algarismos significativos.
†K_c é a constante de equilíbrio em termos das concentrações molares dos gases (Tópico 5H).

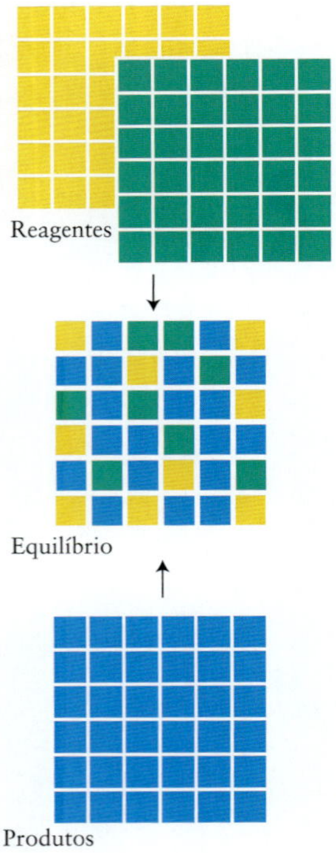

Cada reação tem sua constante de equilíbrio característica, com um valor que só pode ser alterado pela variação da temperatura (Tabela 5G.2). O resultado empírico extraordinário, que será explicado nas próximas duas seções, é que, *independentemente da composição inicial de uma mistura de reação, a composição tende a se ajustar até que as atividades levem ao valor característico de K daquela reação, naquela temperatura* (Fig. 5G.3).

A composição de uma mistura de reação no equilíbrio é descrita pela constante de equilíbrio, que é igual às atividades dos produtos (elevadas a potências iguais aos coeficientes estequiométricos da equação química balanceada da reação) divididas pelas atividades dos reagentes (elevadas a potências iguais a seus coeficientes estequiométricos).

FIGURA 5G.3 Independentemente de a reação iniciar com os reagentes puros ou com os produtos puros, a mistura de reação sempre tenderá para uma mistura de reagentes e produtos cuja composição é definida pela constante de equilíbrio da reação na temperatura do experimento.

5G.3 A origem das constantes de equilíbrio

Por que as constantes de equilíbrio têm a forma que têm? Existem duas abordagem para responder a essa pergunta, uma cinética, outra termodinâmica.

Como explicar esse fenômeno...

...usando a cinética?

O fato de uma reação atingir o equilíbrio quando as velocidades direta e inversa das reações são iguais sugere que a forma da constante de equilíbrio está relacionada às constantes de velocidade desses processos. Um caso simples para confirmar essa abordagem inclui uma reação na forma A + B $\rightleftharpoons$ P, a qual é de segunda ordem na direção direta e de primeira ordem na direção inversa:

A + B $\longrightarrow$ P   Velocidade = $k_r[A][B]$
P $\longrightarrow$ A + B   Velocidade = $k_r'[P]$

onde k_r e k_r' são as constantes de velocidade das reações direta e inversa (Tópico 7A). As velocidades são iguais quando $k_r[A][B] = k_r'[P]$, que pode ser rearranjada como

$$\frac{[P]}{[A][B]} = \frac{k_r}{k_r'}$$

A razão das constantes de velocidade também é uma constante, e a forma da razão das concentrações no lado esquerdo tem a mesma forma indicada pela lei da ação das massas. Isto é, a constante de equilíbrio está relacionada com as duas constantes de velocidade pela expressão

$$K = \frac{k_r}{k_r'}$$

e sua forma (como uma razão de concentrações) garante que as reações direta e inversa ocorram na mesma velocidade.

Um dos problemas com essa abordagem é que, como mostrado no Tópico 7A, exceto em casos especiais, uma lei de velocidades não pode ser escrita simplesmente examinando-se a forma da equação química da reação. Contrastando com o dito acima, a expressão da constante de equilíbrio pode ser escrita dessa maneira. Para resolver esse paradoxo, é preciso pensar sobre o mecanismo da reação. Então, desde que cada etapa esteja em equilíbrio e as equações químicas elementares de todas as etapas se somem para formar a equação da reação global, a expressão da constante de equilíbrio *pode* ser escrita a partir da equação global. Os detalhes são mostrados no Tópico 7C.

...usando a termodinâmica?

A explicação termodinâmica para a forma das constantes de equilíbrio é baseada na energia livre de Gibbs (Tópico 4J) e no critério de equilíbrio, que diz que, em temperatura e pressão constantes, $\Delta G = 0$ (Figura 5G.4). A discussão que segue na Seção 5G.4 é baseada na seguinte relação entre composição e energia livre de Gibbs molar:

$$G_m(J) = G_m°(J) + RT \ln a_J$$

em que a_J é a atividade de J na mistura, em qualquer estágio da reação. Essa discussão estabelece que a "energia de Gibbs da reação", a diferença entre as energias livres molares dos produtos e dos reagentes em qualquer estágio da reação é

$$\Delta G_r = \Delta G_r° + RT \ln Q$$

com o **quociente de reação**, Q, definido como

$$Q = \frac{(a_C)^c (a_D)^d}{(a_A)^a (a_B)^b}$$

No equilíbrio, $\Delta G_r = 0$, e os valores das atividades são os do equilíbrio. Logo,

$$0 = \Delta G_r° + RT \ln Q_{equilíbrio}$$

No entanto, o valor de $Q_{equilíbrio}$ é a constante de equilíbrio, K, da reação. Isto é, na abordagem termodinâmica, K tem a forma que garante que a energia livre de Gibbs da reação é zero e que a composição não tem a tendência de mudar, em uma direção ou outra.

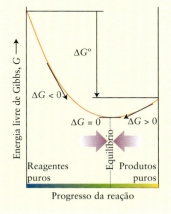

O subscrito "r" em ΔG_r indica que a convenção "molar" está sendo usada e que as unidades de ΔG_r são quilojoules por mol (kJ·mol^{-1}, veja a próxima seção).

FIGURA 5G.4 Variação da energia livre de Gibbs de uma mistura de reação com a composição. A mistura de reação tem a tendência espontânea de mudar na direção da menor energia livre de Gibbs. Observe que ΔG é a inclinação da linha em cada composição e que $\Delta G°$ é a diferença entre as energias livres padrão molares dos reagentes puros e dos produtos puros.

5G.4 A descrição termodinâmica do equilíbrio

A explicação termodinâmica da forma das constantes de equilíbrio é uma aplicação muito importante da termodinâmica. A explicação é baseada na energia livre de Gibbs (Tópico 4J)

404 Tópico 5G O equilíbrio químico

e no critério de equilíbrio, que diz que, com temperatura e pressão constantes, $\Delta G = 0$ (Fig. 5G.4). O valor de ΔG em um determinado ponto da reação é a diferença entre a energia livre de Gibbs molar dos produtos e dos reagentes *nas pressões parciais ou concentrações que eles têm naquele ponto*, ponderadas pelos coeficientes estequiométricos interpretados como a quantidade em mols:

$$\Delta G = \sum nG_\mathrm{m}(\text{produtos}) - \sum nG_\mathrm{m}(\text{reagentes}) \qquad \text{Unidades: quilojoules} \qquad \textbf{(3a)}$$

(Essa é a Equação 6 do Tópico 4J.) Em alguns casos, é útil interpretar o n que aparece na equação como número puro (não quantidades em mols). Para indicar que estamos usando esta convenção "molar" ("molar" porque as unidades de ΔG passam a ser quilojoules por mol), o subscrito r é adicionado a ΔG e n (r para reação), e escrevemos

$$\Delta G_\mathrm{r} = \sum n_\mathrm{r}G_\mathrm{m}(\text{produtos}) - \sum n_\mathrm{r}G_\mathrm{m}(\text{reagentes}) \qquad \text{Unidades: quilojoules por mol} \qquad \textbf{(3b)}$$

Por exemplo, se $n = 2$ mol para uma substância, então $n_\mathrm{r} = 2$. O uso dessa convenção é explicado abaixo, na seção "Como isso é feito?"

As energias livres de Gibbs molares G_m dos reagentes e produtos mudam durante o curso da reação porque, quando somente os reagentes estão presentes, cada molécula é cercada por moléculas de reagentes, mas, quando os produtos se formam, o ambiente de cada molécula também é alterado. Como todos os valores de G_m mudam, ΔG varia com o andamento da reação. Vimos no Tópico 5A que a energia livre de Gibbs molar de um gás ideal, J, está relacionada à pressão parcial, P_J, por

$$G_\mathrm{m}(\mathrm{J}) = G_\mathrm{m}°(\mathrm{J}) + RT\ln\frac{P_\mathrm{J}}{P°} \qquad \textbf{(4a)}$$

Argumentos termodinâmicos (que não serão reproduzidos aqui) mostram que uma expressão semelhante se aplica a solutos e substâncias puras. Em cada caso, podemos escrever a energia livre de Gibbs molar de uma substância J como

$$G_\mathrm{m}(\mathrm{J}) = G_\mathrm{m}°(\mathrm{J}) + RT\ln a_\mathrm{J} \qquad \textbf{(4b)}$$

em que a atividade é definida na Seção 5G.2. O valor de ΔG em qualquer ponto da reação pode ser expresso a partir da composição da mistura de reação naquele ponto.

─────────── **Como isso é feito?** ───────────

Para manter a consistência dimensional, use a convenção "molar" neste cálculo. Para encontrar a expressão de ΔG_r da reação $a\,\mathrm{A} + b\,\mathrm{B} \rightleftharpoons c\,\mathrm{C} + d\,\mathrm{D}$, insira a Equação 4b para cada substância na Equação 3b:

$$\Delta G_\mathrm{r} = \overbrace{\{cG_\mathrm{m}(\mathrm{C}) + dG_\mathrm{m}(\mathrm{D})\}}^{\text{produtos}} - \overbrace{\{aG_\mathrm{m}(\mathrm{A}) + bG_\mathrm{m}(\mathrm{B})\}}^{\text{reagentes}}$$

$$= \{c[G_\mathrm{m}°(\mathrm{C}) + RT\ln a_\mathrm{C}] + d[G_\mathrm{m}°(\mathrm{D}) + RT\ln a_\mathrm{D}]\}$$
$$- \{a[G_\mathrm{m}°(\mathrm{A}) + RT\ln a_\mathrm{A}] + b[G_\mathrm{m}°(\mathrm{B}) + RT\ln a_\mathrm{B}]\}$$

$$= \overbrace{\{cG_\mathrm{m}°(\mathrm{C}) + dG_\mathrm{m}°(\mathrm{D})\} - \{aG_\mathrm{m}°(\mathrm{A}) + bG_\mathrm{m}°(\mathrm{B})\}}^{\Delta G_\mathrm{r}°}$$
$$+ RT\{(c\ln a_\mathrm{C} + d\ln a_\mathrm{D}) - (a\ln a_\mathrm{A} + b\ln a_\mathrm{B})\}$$

Conforme indicado, a combinação dos quatro primeiros termos na equação final é a energia livre de Gibbs da reação, $\Delta G_\mathrm{r}°$:

$$\Delta G_\mathrm{r}° = \{cG_\mathrm{m}°(\mathrm{C}) + dG_\mathrm{m}°(\mathrm{D})\} - \{aG_\mathrm{m}°(\mathrm{A}) + bG_\mathrm{m}°(\mathrm{B})\}$$

Logo,

$$\Delta G_\mathrm{r} = \Delta G_\mathrm{r}° + RT\{(c\ln a_\mathrm{C} + d\ln a_\mathrm{D}) - (a\ln a_\mathrm{A} + b\ln a_\mathrm{B})\}$$

Arrume os quatro termos logarítmicos:

$$(c\ln a_\mathrm{C} + d\ln a_\mathrm{D}) - (a\ln a_\mathrm{A} + b\ln a_\mathrm{B})$$

$$\overset{y\ln x = \ln x^y}{=} (\ln a_\mathrm{C}{}^c + \ln a_\mathrm{D}{}^d) - (\ln a_\mathrm{A}{}^a + \ln a_\mathrm{B}{}^b)$$

$$\overset{\ln x + \ln y = \ln xy}{=} \ln a_\mathrm{C}{}^c a_\mathrm{D}{}^d - \ln a_\mathrm{A}{}^a a_\mathrm{B}{}^b$$

$$\overset{\ln x - \ln y = \ln(x/y)}{=} \ln \frac{(a_\mathrm{C})^c (a_\mathrm{D})^d}{(a_\mathrm{A})^a (a_\mathrm{B})^b}$$

5G.4 A descrição termodinâmica do equilíbrio 405

Faça as alterações finais necessárias para obter

$$\Delta G_r = \Delta G_r° + RT \ln \frac{(a_C)^c(a_D)^d}{(a_A)^a(a_B)^b}$$

Nota de boa prática Observe que, ao usar a convenção "molar", as unidades se acordam: RT é uma energia molar (em joules por mol), assim como os termos referentes às duas energias livres de Gibbs. Você deve usar sempre a convenção molar quando o termo RT aparece em uma equação sem ser multiplicado por uma quantidade em mols.

A expressão derivada acima pode ser escrita como

$$\Delta G_r = \Delta G_r° + RT \ln Q \tag{5}$$

com o **quociente de reação**, Q, definido como

$$Q = \frac{(a_C)^c(a_D)^d}{(a_A)^a(a_B)^b} \tag{6}$$

As Equações 5 e 6 mostram que a energia livre de Gibbs da reação varia com as atividades (pressões parciais de gases ou molaridades de solutos) dos reagentes e produtos. A expressão de Q tem a mesma forma da expressão de K, mas as atividades referem-se a *qualquer* estágio da reação.

EXEMPLO 5G.2   Cálculo da variação na energia livre de Gibbs a partir do quociente de reação

A oxidação do SO_2 em SO_3 é uma das reações envolvidas na formação da chuva ácida. Você precisa avaliar a direção espontânea da reação em uma mistura específica desses gases. Para isso, vai precisar calcular o quociente de reação nessas condições. A energia livre de Gibbs padrão da reação $2 SO_2(g) + O_2(g) \rightarrow 2 SO_3(g)$ é $\Delta G_r° = -141,74$ kJ·mol^{-1} em 25,00°C. (a) Qual é a energia livre de Gibbs de reação quando a pressão parcial de cada gás for 100. bar? (b) Qual é a direção espontânea da reação nessas condições?

PLANEJE   Calcule o quociente da reação e substitua-o, bem como a energia livre de Gibbs padrão de reação, na Equação 5. Se $\Delta G_r < 0$, a reação direta é espontânea na composição e temperatura dadas. Se $\Delta G_r > 0$, a reação inversa é espontânea na composição e temperatura dadas. Se $\Delta G_r = 0$, não há tendência para reagir em direção alguma, e a reação está em equilíbrio. Em 298,15 K, $RT = 2,479$ kJ·mol^{-1}.

RESOLVA

(a) De $Q = (a_{SO_3})^2/(a_{SO_2})^2(a_{O_2}) = (P_{SO_3})^2/(P_{SO_2})^2(P_{O_2})$,

$$Q = \frac{(100.)^2}{(100.)^2 \times (100.)} = 1,00 \times 10^{-2}$$

De $\Delta G_r = \Delta G_r° + RT \ln Q$,

$$\Delta G_r = \overbrace{-141,74 \text{ kJ·mol}^{-1}}^{\Delta G_r°} + \overbrace{(2,479 \text{ kJ·mol}^{-1})}^{RT} \ln \overbrace{(1,00 \times 10^{-2})}^{Q}$$
$$= -153,16 \text{ kJ·mol}^{-1}$$

(b) Como a energia livre de Gibbs de reação é negativa, a formação dos produtos é espontânea nesta composição e temperatura.

Teste 5G.4A   A energia livre de Gibbs padrão da reação $H_2(g) + I_2(g) \rightarrow 2 HI(g)$ é $\Delta G_r° = -21,1$ kJ·mol^{-1} em 500. K (em que $RT = 4,16$ kJ·mol^{-1}). Qual é o valor de ΔG_r em 500. K, quando as pressões parciais dos gases são $P_{H_2} = 1,5$ bar, $P_{I_2} = 0,88$ bar e $P_{HI} = 0,065$ bar? Qual é a direção espontânea da reação?

[***Resposta:*** -45 kJ·mol^{-1}; na direção dos produtos]

Teste 5G.4B   A energia livre de Gibbs padrão da reação $N_2O_4(g) \rightarrow 2 NO_2(g)$ é $\Delta G_r° = +4,73$ kJ·mol^{-1} em 298 K. Qual é o valor de ΔG_r quando as pressões parciais dos gases são $P_{N_2O_4} = 0,80$ bar e $P_{N_2O_2} = 2,10$ bar? Qual é a direção espontânea da reação?

Exercícios relacionados   5G.13 a 5G.16

Você chegou agora ao ponto mais importante deste capítulo. No equilíbrio, as atividades (pressões parciais ou molaridades) de todas as substâncias que participam da reação estão em seu valor de equilíbrio. Neste ponto, a expressão de Q (em que as atividades estão em seu valor de equilíbrio) torna-se igual à constante de equilíbrio, K, da reação. No equilíbrio, $Q = K$. A termodinâmica explicou a estranha forma de K: ela é uma consequência direta da Equação 4b, que mostra como a energia livre de Gibbs de uma substância depende de sua composição e que K é simplesmente o valor de Q quando todas as espécies estão em seus valores de equilíbrio.

Podemos dar, agora, mais um passo importante. Você sabe que, no equilíbrio, $\Delta G_r = 0$, e acabou de ver que, no equilíbrio, $Q = K$. Segue, da Equação 5, que, no equilíbrio,

$$0 = \Delta G_r^\circ + RT \ln K$$

e, portanto, que

$$\Delta G_r^\circ = -RT \ln K \qquad (7)$$

Essa equação fundamentalmente importante liga as quantidades termodinâmicas – que estão disponíveis em tabelas de dados termodinâmicos – e a composição de um sistema em equilíbrio. Observe que:

- Se ΔG_r° é negativo, $\ln K$ deve ser positivo e, portanto, $K > 1$; os produtos são favorecidos no equilíbrio.
- Se ΔG_r° é positivo, $\ln K$ deve ser negativo e, portanto, $K < 1$; os reagentes são favorecidos no equilíbrio.

Nota de boa prática Sempre escreva a Eq. 7 com o símbolo do estado padrão. Observe, também, que para que as unidades estejam corretas em ambos os lados (joule por mol), como especificado pela presença de RT sem estar multiplicado pela quantidade em mols, a convenção "molar" para a energia livre de Gibbs é usada.

PONTO PARA PENSAR

Um catalisador dá um percurso de energia reduzida entre reagentes e produtos. A adição de um catalisador a uma reação altera a constante de equilíbrio?

EXEMPLO 5G.3 Predição de K a partir da energia livre de Gibbs padrão de reação

O iodeto de hidrogênio, HI, é usado como reagente na química orgânica para transformar álcoois primários em iodetos de alquila. Suponha que você seja um químico usando o HI e precise entender o comportamento do composto no equilíbrio para maximizar o rendimento dos produtos de um processo. A energia livre de Gibbs padrão de $\frac{1}{2}H_2(g) + \frac{1}{2}I_2(s) \rightarrow HI(g)$, em 25,00°C, é $+1{,}70$ kJ·mol^{-1}. Calcule a constante de equilíbrio dessa reação.

ANTECIPE Como a energia livre de Gibbs padrão é positiva, você deve esperar que a constante de equilíbrio seja inferior a 1.

PLANEJE Use a Equação 7 com a temperatura em kelvins.

RESOLVA

De $\Delta G_r^\circ = -RT \ln K$ na forma $\ln K = -\Delta G_r^\circ / RT$, convertendo primeiro as unidades de ΔG_r° para joules por mol e a temperatura para kelvins,

$$\ln K = -\frac{1{,}70 \times 10^3 \text{ J·mol}^{-1}}{(8{,}3145 \text{ J·K}^{-1}\text{·mol}^{-1}) \times (298{,}15 \text{ K})}$$

$$= -\frac{1{,}70 \times 10^3}{8{,}3145 \times 298{,}15} = -0{,}685\ldots$$

Tomando o logaritmo inverso ($e^{\ln x} = x$),

$$K = e^{-0{,}685\ldots} = 0{,}50$$

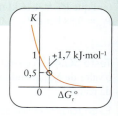

5G.4 A descrição termodinâmica do equilíbrio **407**

AVALIE Como esperado, a constante de equilíbrio é inferior a 1.

Nota de boa prática Como as funções exponenciais (antilogaritmos naturais inversos, e^x) são muito sensíveis ao valor de x, execute toda a parte aritmética em uma só etapa para evitar erros de arredondamento.

Teste 5G.5A Use os dados termodinâmicos do Apêndice 2A para calcular K a partir de $\Delta G_r°$ para $N_2O_4(g) \rightarrow 2\,NO_2(g)$ em 298 K.

[***Resposta:*** $K = 0{,}15$]

Teste 5G.5B Use os dados termodinâmicos do Apêndice 2A para calcular K a partir de $\Delta G_r°$ para $2\,NO(g) + O_2(g) \rightarrow 2\,NO_2(g)$ em 298 K.

Exercícios relacionados 5G.21, 5G.22

Agora você tem os elementos necessários para perceber por que algumas reações têm constantes de equilíbrio muito altas e, outras, muito baixas. Segue-se de $\Delta G_r° = \Delta H_r° - T\Delta S_r°$ e $\Delta G_r° = -RT \ln K$ que $\ln K = -\Delta G_r°/RT$ na forma que

$$\ln K = -\frac{\Delta G_r°}{RT} = -\frac{\Delta H_r°}{RT} + \frac{\Delta S_r°}{R}$$

Quando tomamos os logaritmos inversos de ambos os lados e usamos $e^{x+y} = e^x e^y$, essa relação assume a forma

$$K = e^{-\Delta H_r°/RT + \Delta S_r°/R} = e^{-\Delta H_r°/RT}\,e^{\Delta S_r°/R} \tag{8}$$

Você pode ver agora que K pode ser pequeno se $\Delta H_r°$ é positivo (porque e^{-x} é pequeno se x é positivo). Uma reação endotérmica provavelmente terá $K < 1$ e não formará uma grande quantidade de produto. Somente se $\Delta S_r°$ for grande e positivo, de forma que o fator $e^{\Delta S_r°/R}$ seja grande, podemos esperar $K > 1$ para uma reação endotérmica. Inversamente, se uma reação é fortemente exotérmica, $\Delta H_r°$ é grande e negativo. Portanto, você pode esperar que $K > 1$ e que os produtos sejam favorecidos. Em outras palavras, você pode esperar que as reações fortemente exotérmicas se completem.

> *O quociente de reação, Q, tem a mesma forma de K, a constante de equilíbrio, exceto que Q usa as atividades obtidas em um ponto arbitrário da reação. A constante de equilíbrio está relacionada com a energia livre de Gibbs padrão de reação por $\Delta G_r° = -RT \ln K$.*

O que você aprendeu com este tópico?

Você aprendeu que as reações tendem a progredir até atingirem uma composição correspondente ao valor mínimo da energia livre de Gibbs. Do ponto de vista cinético, você viu que uma constante de equilíbrio representa a condição para todas as etapas de um mecanismo de reação estarem no equilíbrio. Do ponto de vista termodinâmico, você aprendeu que a constante de equilíbrio é o valor do quociente de reação quando a composição corresponde ao equilíbrio. Você também conheceu o termo "atividade" como forma sucinta de escrever quocientes de reação e constantes de equilíbrio.

Os conhecimentos que você deve dominar incluem a capacidade de:

☐ **1.** Distinguir equilíbrios homogêneos e heterogêneos, e escrever constantes de equilíbrio para os dois tipos de reação a partir de uma equação balanceada (Exemplo 5G.1).

☐ **2.** Relacionar a energia livre de Gibbs de reação à composição da mistura de reação (Exemplo 5G.2).

☐ **3.** Calcular uma constante de equilíbrio a partir da energia livre de Gibbs padrão (Exemplo 5G.3).

Tópico 5G Exercícios

5G.1 Verifique se as seguintes afirmações estão certas ou erradas. Se estiverem erradas, explique por quê.
(a) Uma reação para quando atinge o equilíbrio.
(b) Uma reação em equilíbrio não é afetada pelo aumento da concentração de produtos.
(c) Se a reação começa com maior pressão dos reagentes, a constante de equilíbrio será maior.
(d) Se a reação começa com concentrações maiores de reagentes, as concentrações de equilíbrio dos produtos serão maiores.

5G.2 Verifique se as seguintes afirmações estão certas ou erradas. Se estiverem erradas, explique por quê.
(a) Em uma reação de equilíbrio, a reação inversa só começa quando todos os reagentes tiverem sido convertidos em produtos.
(b) As concentrações de equilíbrio serão as mesmas se começarmos uma reação com os reagentes puros ou com os produtos puros.
(c) As velocidades das reações direta e inversa são iguais no equilíbrio.
(d) Se a energia livre de Gibbs é maior do que a energia livre de Gibbs padrão de reação, a reação avança até o equilíbrio.

5G.3 Escreva a expressão de K para cada uma das reações:
(a) $2\,C_2H_4(g) + O_2(g) + 4\,HCl(g) \rightleftharpoons 2\,C_2H_4Cl_2(g) + 2\,H_2O(g)$
(b) $4\,NH_3(g) + 6\,NO(g) \rightleftharpoons 7\,N_2(g) + 6\,H_2O(g)$

5G.4 Escreva a expressão de K para cada uma das reações:
(a) $Br_2(g) + 3\,F_2(g) \rightleftharpoons 2\,BrF_3(g)$
(b) $4\,NH_3(g) + 3\,O_2(g) \rightleftharpoons 2\,N_2(g) + 6\,H_2O(g)$

5G.5 Os balões abaixo mostram a dissociação da molécula diatômica X_2 com o tempo. (a) Que balão mostra o momento em que a reação atingiu o equilíbrio? (b) Que percentagem de moléculas de X_2 decompôs no equilíbrio? (c) Considerando a pressão inicial de X_2 igual a 0,10 bar, calcule o valor de K da decomposição.

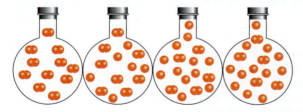

5G.6 O balão abaixo contém átomos de A (vermelhos) e de B (amarelos). Eles reagem como $2\,A(g) + B(g) \rightarrow A_2B(g)$, $K = 0,25$. Faça um desenho do balão incluindo seus conteúdos depois que ele atingiu o equilíbrio.

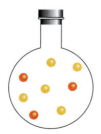

5G.7 Balanceie as seguintes equações usando os menores coeficientes inteiros e depois escreva a expressão do equilíbrio K de cada uma das reações:
(a) $CH_4(g) + O_2(g) \rightleftharpoons CO_2(g) + H_2O(g)$
(b) $I_2(g) + F_2(g) \rightleftharpoons IF_5(g)$
(c) $NO_2(g) + F_2(g) \rightleftharpoons FNO_2(g)$

5G.8 Balanceie as seguintes equações usando os menores coeficientes inteiros e depois escreva a expressão do equilíbrio K de cada uma das reações:
(a) $CH_4(g) + Cl_2(g) \rightleftharpoons CH_2Cl_2(g) + HCl(g)$
(b) $NH_3(g) + ClF_3(g) \rightleftharpoons HF(g) + N_2(g) + Cl_2(g)$
(c) $N_2(g) + O_2(g) \rightleftharpoons N_2O_5(g)$

5G.9 Coloca-se uma amostra de 0,10 mol de ozônio puro, O_3, em um recipiente fechado de 1,0 L e deixa-se que a reação $2\,O_3(g) \rightarrow 3\,O_3(g)$ atinja o equilíbrio. Depois, uma amostra de 0,50 mol de O_3 puro é colocada em um segundo recipiente de 1,0 L, na mesma temperatura, e deixa-se que atinja o equilíbrio. Sem fazer qualquer cálculo, identifique as quantidades abaixo que serão diferentes nos dois recipientes no equilíbrio. Quais serão iguais? (a) Quantidade de O_2; (b) pressão parcial de O_2; (c) a razão P_{O_2}/P_{O_3}; (d) a razão $(P_{O_2})^3/(P_{O_3})^2$; (e) a razão $(P_{O_3})^2/(P_{O_2})^3$. Explique suas respostas.

5G.10 Uma amostra de 0,10 mol de $H_2(g)$ e uma de 0,10 mol de $Br_2(g)$ são colocadas em um recipiente fechado de 2,0 L. Deixa-se que a reação $H_2(g) + Br_2(g) \rightarrow 2\,HBr(g)$ atinja o equilíbrio. Então, uma amostra de 0,20 mol de HBr é colocada em um segundo recipiente fechado de 2,0 L, na mesma temperatura, e deixa-se que atinja o equilíbrio com H_2 e Br_2. Quais das quantidades abaixo serão diferentes nos dois recipientes? Quais serão iguais? (a) A quantidade de Br_2; (b) pressão parcial de H_2; (c) a razão $P_{HBr}/P_{H_2}P_{Br_2}$; (d) a razão P_{HBr}/P_{Br_2}; (e) a razão $(P_{HBr})^2/P_{H_2}P_{Br_2}$; (f) a pressão total no recipiente. Explique suas respostas.

5G.11 Escreva o quociente de reação Q para
(a) $2\,BCl_3(g) + 2\,Hg(l) \rightarrow B_2Cl_4(s) + Hg_2Cl_2(s)$
(b) $P_4S_{10}(s) + 16\,H_2O(l) \rightarrow 4\,H_3PO_4(aq) + 10\,H_2S(aq)$
(c) $Br_2(g) + 3\,F_2(g) \rightarrow 2\,BrF_3(g)$

5G.12 Escreva o quociente de reação Q para
(a) $NCl_3(g) + 3\,H_2O(l) \rightarrow NH_3(g) + 3\,HClO(aq)$
(b) $P_4(s) + 3\,KOH(aq) + 3\,H_2O(l) \rightarrow PH_3(aq) + 3\,KH_2PO_2(aq)$
(c) $CO_3^{2-}(aq) + 2\,H_3O^+(aq) \rightarrow CO_2(g) + 3\,H_2O(l)$

5G.13 (a) Calcule a energia livre de Gibbs da reação $I_2(g) \rightarrow 2\,I(g)$, em 1.200. K ($K = 6,8$), quando as pressões parciais de I_2 e I forem 0,13 bar e 0,98 bar, respectivamente. (b) Diga se essa mistura de reação favorece a formação de reagentes, de produtos ou se está no equilíbrio.

5G.14 Calcule a energia livre de Gibbs da reação $PCl_3(g) + Cl_2(g) \rightarrow PCl_5(g)$ em 230°C, quando as pressões parciais de PCl_3, Cl_2 e PCl_5 forem 0,35 bar, 0,45 bar e 1,02 bar, respectivamente. Qual é a direção espontânea da mudança, sabendo que $K = 49$ em 230°C?

Tópico 5G Exercícios **409**

5G.15 (a) Calcule a energia livre de Gibbs da reação $N_2(g) + 3 H_2(g) \rightarrow 2 NH_3(g)$ quando as pressões parciais de N_2, H_2 e NH_3 forem 4,2 bar, 1,8 bar e 21 bar, respectivamente, na temperatura de 400. K. Para essa reação, $K = 41$ em 400. K. (b) Diga se essa mistura de reação favorece a formação de reagentes, de produtos ou se está no equilíbrio.

5G.16 (a) Calcule a energia livre de Gibbs da reação $H_2(g) + I_2(g) \rightarrow 2 HI(g)$ em 700. K, quando as concentrações de H_2, I_2 e HI forem 0,35 bar, 0,18 bar e 2,85 bar, respectivamente. Para esta reação, $K = 54$ em 700. K. (b) Diga se essa mistura de reação favorece a formação de reagentes, de produtos ou se está no equilíbrio.

5G.17 Esquematize (como na Figura 5G.1) o progresso da reação no Exercício 5G.13.

5G.18 Esquematize (como na Figura 5G.1) o progresso da reação no Exercício 5G.13 se as pressões parciais iniciais do I_2 e do I forem 0,75 bar e 0,12 bar, respectivamente.

5G.19 Calcule a energia livre de Gibbs de cada uma das reações:

(a) $I_2(g) \rightleftharpoons 2 I(g)$, $K = 6,8$ em 1200. K
(b) $Ag_2CrO_4(s) \rightleftharpoons 2 Ag^+(aq) + CrO_4^{2-}(aq)$,
$$K = 1,1 \times 10^{-12} \text{ em } 298 \text{ K}$$

5G.20 Calcule a energia livre de Gibbs de cada uma das reações:

(a) $H_2(g) + I_2(g) \rightleftharpoons 2 HI(g)$, $K = 54$ em 700. K
(b) $CCl_3COOH(aq) + H_2O(l) \rightleftharpoons$
$$CCl_3CO_2^-(aq) + H_3O^+(aq), \quad K = 0,30 \text{ em } 298 \text{ K}$$

5G.21 Calcule a constante de equilíbrio, em 25°C, de cada uma das seguintes reações a partir dos dados do Apêndice 2A:
(a) a combustão do hidrogênio:
$$2 H_2(g) + O_2(g) \rightleftharpoons 2 H_2O(g)$$

(b) a oxidação do monóxido de carbono:
$$2 CO(g) + O_2(g) \rightleftharpoons 2 CO_2(g)$$

(c) a decomposição do carbonato de cálcio:
$$CaCO_3(s) \rightleftharpoons CaO(s) + CO_2(g)$$

5G.22 Calcule a constante de equilíbrio, em 25°C, de cada uma das seguintes reações a partir dos dados do Apêndice 2A:
(a) a síntese do tricloro-metano (clorofórmio) a partir do gás natural (metano). $\Delta G_f^\circ (CH_3Cl, g) = 48,5 \text{ kJ·mol}^{-1}$.
$$CH_4(g) + Cl_2(g) \rightleftharpoons CH_3Cl(g) + HCl(g)$$

(b) a hidrogenação de acetileno a etano:
$$C_2H_2(g) + 2 H_2(g) \rightleftharpoons C_2H_6(g)$$

(c) a etapa final da produção industrial de ácido nítrico:
$$3 NO_2(g) + H_2O(l) \rightleftharpoons 2 HNO_3(aq) + NO(g)$$

(d) a reação entre hidrazina e oxigênio em um foguete:
$$N_2H_4(l) + O_2(g) \rightleftharpoons N_2(g) + 2 H_2O(l)$$

Tópico 5H — As formas alternativas da constante de equilíbrio

5H.1 Os múltiplos da equação química
5H.2 As equações compostas
5H.3 As concentrações molares dos gases

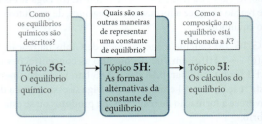

Por que você precisa estudar este assunto? Uma reação química pode ser expressa por diferentes equações químicas, e as constantes de equilíbrio variam da mesma forma. A constante de equilíbrio de uma reação em fase gás é expressa em termos das pressões parciais. Contudo, em alguns casos, é necessário conhecer as concentrações dos gases.

Que conhecimentos você precisa dominar? Você precisa saber como escrever a expressão de uma constante de equilíbrio em termos das atividades (Tópico 5G) e usar a lei dos gases ideais (Tópico 3B) para relacionar a pressão parcial à concentração molar.

O equilíbrio dinâmico atingido na síntese da amônia pode ser expresso de diversas maneiras, como $N_2(g) + 3 H_2(g) \rightleftharpoons 2 NH_3(g)$ ou $2 NH_3(g) \rightleftharpoons N_2(g) + 3 H_2(g)$, e cada versão gera um valor diferente de K. Talvez exista uma boa razão para escolher uma versão e não a outra e, então, é necessário converter um valor tabulado para uma versão em um valor para a versão necessária. Outra questão emerge quando são usadas concentrações molares dos gases, porque o procedimento termodinâmico para expressar uma constante de equilíbrio especifica que K é escrita em termos da pressão parcial de qualquer gás que ocorra na reação, mas considerações de caráter prático muitas vezes significam que a concentração molar do gás é necessária. Como, então, a constante de equilíbrio é expressa e relacionada com a versão termodinâmica?

5H.1 Os múltiplos da equação química

As potências a que são elevadas as atividades na expressão das constantes de equilíbrio devem ser iguais aos coeficientes estequiométricos da equação química, normalmente escritos com os menores coeficientes estequiométricos inteiros. Portanto, se os coeficientes estequiométricos de uma equação química forem multiplicados por um fator, então a constante de equilíbrio deve refletir essa mudança. Por exemplo, em 500 K,

$$H_2(g) + I_2(g) \rightleftharpoons 2 HI(g) \qquad K_1 = \frac{(P_{HI})^2}{P_{H_2} P_{I_2}} = 160$$

Se a equação química for multiplicada por 2, a constante de equilíbrio torna-se

$$2 H_2(g) + 2 I_2(g) \rightleftharpoons 4 HI(g) \qquad K_2 = \frac{(P_{HI})^4}{(P_{H_2})^2 (P_{I_2})^2} = K_1^2 = 160^2 = 2{,}96 \times 10^4$$

- De modo geral, se uma equação química é multiplicada por um fator N, K é elevado à N^a potência.

Agora, suponha que a equação original da reação seja invertida:

$$2 HI(g) \rightleftharpoons H_2(g) + I_2(g)$$

Essa equação ainda descreve o mesmo equilíbrio, mas escrevemos sua constante de equilíbrio como

$$K_3 = \frac{P_{H_2} P_{I_2}}{(P_{HI})^2} = \frac{1}{K_1} = \frac{1}{160} = 0{,}0063$$

- De modo geral, a constante de um equilíbrio escrito em uma direção é o inverso ($1/K$) da constante do equilíbrio da equação escrita na direção oposta.

Essas relações estão resumidas na Tabela 5H.1.

> **Nota de boa prática** Como esses exemplos mostram, é importante especificar a equação química a que a constante de equilíbrio se refere.

A expressão de uma constante de equilíbrio precisa refletir a maneira na qual a equação química é escrita, como mostra a Tabela 5H.1.

TABELA 5H.1 Relações entre as constantes de equilíbrio*

Equação química	Constante de equilíbrio
$a A + b B \rightleftharpoons c C + d D$	K_1
$c C + d D \rightleftharpoons a A + b B$	$K_2 = 1/K_1 = K_1^{-1}$
$N(a A + b B \rightleftharpoons c C + d D)$	$K_3 = K_1^N$

*Para uma reação que pode ser expressa como a soma de outras reações, as constantes de equilíbrio são iguais ao produto das constantes de equilíbrio das reações participantes. Assim, para $A \rightleftharpoons B$ (K_1) e $B \rightleftharpoons C$ (K_2), então, para $A \rightleftharpoons C$, $K = K_1 K_2$.

5H.2 As equações compostas

Em alguns casos, uma equação química pode ser expressa como a soma de duas ou mais equações químicas. Por exemplo, considere as três reações em fase gás:

$$2\,P(g) + 3\,Cl_2(g) \rightleftharpoons 2\,PCl_3(g) \qquad K_1 = \frac{(P_{PCl_3})^2}{(P_P)^2(P_{Cl_2})^3}$$

$$PCl_3(g) + Cl_2(g) \rightleftharpoons PCl_5(g) \qquad K_2 = \frac{P_{PCl_5}}{P_{PCl_3}P_{Cl_2}}$$

$$2\,P(g) + 5\,Cl_2(g) \rightleftharpoons 2\,PCl_5(g) \qquad K_3 = \frac{(P_{PCl_5})^2}{(P_P)^2(P_{Cl_2})^5}$$

A terceira reação é a soma das duas primeiras reações (a segunda foi multiplicada pelo fator 2):

$$2\,P(g) + 3\,Cl_2(g) \rightleftharpoons 2\,PCl_3(g)$$
$$\underline{2\,PCl_3(g) + 2\,Cl_2(g) \rightleftharpoons 2\,PCl_5(g)}$$
$$2\,P(g) + 5\,Cl_2(g) \rightleftharpoons 2\,PCl_5(g)$$

e a constante de equilíbrio, K_3, da reação global pode ser escrita como o produto das constantes de equilíbrio das duas reações que, somadas, dão a reação global.

$$K_3 = \frac{(P_{PCl_5})^2}{(P_P)^2(P_{Cl_2})^5} = \overbrace{\frac{(P_{PCl_3})^2}{(P_P)^2(P_{Cl_2})^3}}^{K_1} \times \overbrace{\frac{(P_{PCl_5})^2}{(P_{PCl_3})^2(P_{Cl_2})^2}}^{K_2^2} = K_1 K_2^2$$

> Lembre-se de que, ao combinar equações químicas, as espécies que aparecem como reagentes e como produtos se cancelam.

Teste 5H.1A Em 500. K, K para $H_2(g) + D_2(g) \rightleftharpoons 2\,HD(g)$ é 3,6. Qual é o valor de K para $4\,HD(g) \rightleftharpoons 2\,H_2(g) + 2\,D_2(g)$?

[**Resposta:** 0,077]

Teste 5H.1B Em determinada temperatura, K da reação $F_2(g) \rightleftharpoons 2\,F(g)$ é $7,3 \times 10^{-13}$. Qual é o valor de K de $\frac{1}{2}\,F_2(g) \rightleftharpoons F(g)$?

A constante de equilíbrio da reação total é o produto da constante de equilíbrio das reações parciais.

5H.3 As concentrações molares dos gases

Como mostrado no Tópico 5G, a constante de equilíbrio é definida em termos das atividades, e estas são interpretadas em termos das pressões parciais dos gases ou das concentrações molares dos solutos:

$$a\,A + b\,B \rightleftharpoons c\,C + d\,D \qquad K = \frac{(a_C)^c(a_D)^d}{(a_A)^a(a_B)^b} \qquad (1)$$

Os gases *sempre* aparecem em K como os valores numéricos de suas pressões parciais em bar, e os solutos em uma fase condensada sempre aparecem como os valores numéricos de suas concentrações molares em litros. No entanto, muitas vezes os equilíbrios gás-fase precisam ser discutidos em termos de concentrações molares, não pressões parciais, especialmente em áreas da química como a cinética e a química atmosférica. Portanto, a constante de equilíbrio K_c é expressa como

$$K_c = \frac{[C]^c[D]^d}{[A]^a[B]^b} \qquad (2)$$

com cada concentração molar elevada a uma potência igual ao coeficiente estequiométrico da espécie correspondente na equação química. Para deixar a notação clara, como no Tópico

5G, $[J]/c°$ é substituído por $[J]$, que representa o valor numérico da concentração molar do gás J. Por exemplo para o equilíbrio na síntese da amônia,

$$N_2(g) + 3\,H_2(g) \rightleftharpoons 2\,NH_3(g) \qquad K_c = \frac{[NH_3]^2}{[N_2][H_2]^3} \qquad (3)$$

Você pode escolher K ou K_c para expressar a constante de equilíbrio de uma reação. Contudo, é importante lembrar que os cálculos de uma constante de equilíbrio a partir de dados termodinâmicos (como as energias livres de formação de Gibbs, por exemplo) dão K, não K_c. Em alguns casos, você precisa conhecer K_c após ter calculado K a partir de dados termodinâmicos e, por isso, precisa também saber converter as duas constantes uma na outra.

Como isso é feito?

A estratégia geral usada para encontrar a relação entre K e K_c é substituir as pressões parciais que aparecem em K pelas concentrações molares e, desse modo, obter K_c. Para este cálculo, as atividades são escritas como $P_J/P°$ e $[J]/c°$ para acompanhar as unidades, mantendo $P° = 1$ bar e $c° = 1$ mol·L^{-1}.

O ponto de partida é supor que os gases sejam ideais e então escrever a forma completa da Equação 1:

$$K = \frac{(P_C/P°)^c (P_D/P°)^d}{(P_A/P°)^a (P_B/P°)^b}$$

A concentração molar de cada gás é $[J] = n_J/V$. Para um gás ideal, a lei dos gases ideais, $P_J V = n_J RT$, pode ser rearranjada para mostrar as concentrações de forma explícita:

$$P_J = \frac{n_J RT}{V} = RT \times \overbrace{\left(\frac{n_J}{V}\right)}^{[J]} = RT[J]$$

Quando essa expressão é substituída para cada gás na expressão de K, ela se torna

$$K = \frac{(RT[C]/P°)^c (RT[D]/P°)^d}{(RT[A]/P°)^a (RT[B]/P°)^b} = \left(\frac{RT}{P°}\right)^{(c+d)-(a+b)} \frac{[C]^c[D]^d}{[A]^a[B]^b}$$

Neste ponto, observe que K_c, Eq. 2, na forma completa pode ser escrita como (com $c°$ mostrado):

$$K_c = \frac{([C]/c°)^c ([D]/c°)^d}{([A]/c°)^a ([B]/c°)^b} = \frac{(c°)^{a+b}[C]^c[D]^d}{(c°)^{c+d}[A]^a[B]^b} = (c°)^{(a+b)-(c+d)} \frac{[C]^c[D]^d}{[A]^a[B]^b}$$

e, portanto,

$$\frac{[C]^c[D]^d}{[A]^a[B]^b} = K_c(c°)^{(c+d)-(a+b)}$$

Quando essa expressão é inserida na expressão de K, o resultado é

$$K = \left(\frac{RT}{P°}\right)^{(c+d)-(a+b)} \times K_c(c°)^{(c+d)-(a+b)}$$

$$= \left(\frac{c°RT}{P°}\right)^{(c+d)-(a+b)} K_c$$

Uma boa maneira de lembrar a forma geral da expressão que acabamos de derivar e outras semelhantes é escrevê-la como

$$K = \left(\frac{c°RT}{P°}\right)^{\Delta n_r} K_c \qquad (4a)$$

em que Δn_r é a variação (adimensional) dos coeficientes estequiométricos para as espécies na fase gás na reação química, calculada usando $\Delta n_r = n_{r,\text{produtos}} - n_{r,\text{reagentes}}$ (logo, $\Delta n_r = 2 - (1 + 3) = -2$ para a reação da síntese da amônia na Equação 3 e $\Delta n_r = 1$ para $H_2O(l) \rightleftharpoons H_2O(g)$. Se nenhum gás participa da reação ou os números de moléculas de gás são idênticos nos dois lados da equação química, então $\Delta n_r = 0$ e $K = K_c$. A mesma

5H.3 As concentrações molares dos gases   **413**

relação acontece entre Q e Q_c, o quociente da reação em termos de concentrações. A Equação 4 normalmente é expressa de forma mais simples como

$$K = (RT)^{\Delta n_r} K_c \qquad\qquad \textbf{(4b)}$$

mas a versão completa deixa claras as unidades e deveria ser usada nos cálculos. A Tabela 5G.2 lista alguns valores de K_c.

EXEMPLO 5H.1   Conversão entre K e K_c

Suponha que você seja um cientista que está estudando as reações de SO_2 e de O_2. Se você deseja usar as concentrações molares dos gases, deve antes converter a constante de equilíbrio K em K_c. Em 400°C, a constante de equilíbrio K de $2\,SO_2(g) + O_2(g) \rightleftharpoons 2\,SO_3(g)$ é $3{,}1 \times 10^4$. Qual é o valor de K_c nessa temperatura?

PLANEJE Como $P° = 1$ bar e $c° = 1\ mol\cdot L^{-1}$, é razoável usar R expresso em bars e litros, $R = 8{,}3145 \times 10^{-2}$ $L\cdot bar\cdot K^{-1}\cdot mol^{-1}$, e lembrar que

$$\frac{P°}{Rc°} = \frac{1\ bar}{(8{,}3145 \times 10^{-2}\,L\cdot bar\cdot K^{-1}mol^{-1}) \times (1\ mol\cdot L^{-1})} = 12{,}03\ K$$

Então, a Eq. 4a pode ser escrita como

$$K = \left(\frac{T}{12{,}03\ K}\right)^{\Delta n_r} K_c$$

Para usar essa equação, identifique o valor de Δn_r na reação, converta a temperatura para a escala Kelvin e rearranje-a para resolver para K_c.

O que você deve supor? Que os gases são ideais.

RESOLVA

Da equação química e das condições de reação,

$$\Delta n_r = 2 - (2 + 1) = -1 \text{ e } T = 400. + 273{,}15\ K = 673\ K$$

De $K = (T/12{,}03\ K)^{\Delta n_r}K_c$ na forma $K_c = (T/12{,}03\ K)^{-\Delta n_r}K$,

$$K_c = \left(\frac{673\ K}{12{,}03\ K}\right)^{\overset{1}{\overbrace{-(-1)}}} \times (3{,}1 \times 10^4) = 1{,}7 \times 10^6$$

Teste 5H.2A A constante de equilíbrio da síntese da amônia $K = $ é 41 em 127°C. Qual é o valor de K_c nessa temperatura?

$$[\textit{Resposta: } \Delta n_r = -2, \text{logo } K_c = 4{,}5 \times 10^4]$$

Teste 5H.2B Em 127°C, a constante de equilíbrio de $N_2O_4(g) \rightleftharpoons 2\,NO_2(g)$ é $K = 47{,}9$. Qual é o valor de K_c nessa temperatura?

Exercícios relacionados 5H.5 e 5H.6

No caso de cálculos termodinâmicos, os equilíbrios em fase gás são expressos em termos de K. No caso de cálculos práticos, porém, eles podem ser expressos em termos de concentrações molares usando-se a Eq. 4.

O que você aprendeu com este tópico?

Você aprendeu a relacionar a expressão da constante de equilíbrio com a maneira com que a equação química é escrita. Você também aprendeu a converter uma constante de equilíbrio de uma reação em fase gás em uma expressão em termos das concentrações molares.

Os conhecimentos que você deve dominar incluem a capacidade de:

☐ **1.** Calcular o efeito da inversão de uma reação sobre K, multiplicando-a por um fator ou combinando-a com outra equação (Tabela 5H.1).

☐ **2.** Converter K em K_c e vice-versa (Exemplo 5H.1).

414 Tópico 5H As formas alternativas da constante de equilíbrio

Tópico 5H Exercícios

5H.1 Para a reação $N_2(g) + 3 H_2(g) \rightleftharpoons 2 NH_3(g)$ em 400. K, $K = 41$. Encontre o valor de K para as seguintes reações na mesma temperatura:

(a) $2 NH_3(g) \rightleftharpoons N_2(g) + 3 H_2(g)$
(b) $\frac{1}{2} N_2(g) + \frac{3}{2} H_2(g) \rightleftharpoons NH_3(g)$
(c) $2 N_2(g) + 6 H_2(g) \rightleftharpoons 4 NH_3(g)$

5H.2 A constante de equilíbrio da reação $2 NO(g) + O_2(g) \rightleftharpoons 2 NO_2(g)$ é $K = 2,5 \times 10^{10}$ em 500. K. Encontre o valor de K das seguintes reações na mesma temperatura:

$\frac{1}{2} NO(g) + \frac{1}{4} O_2(g) \rightleftharpoons \frac{1}{2} NO_2(g)$
$4 NO_2(g) \rightleftharpoons 4 NO(g) + 2 O_2(g)$
$6 NO(g) + 3 O_2(g) \rightleftharpoons 6 NO_2(g)$

5H.3 Use as informações da Tabela 5G.2 para determinar o valor de K em 300 K da reação $2 BrCl(g) + H_2(g) \rightleftharpoons Br_2(g) + 2 HCl(g)$.

5H.4 Use as informações da Tabela 5G.2 para determinar o valor de K em 500 K da reação $2 NH_3(g) + 3 I_2(g) \rightleftharpoons N_2(g) + 6 HI(g)$.

5H.5 Determine K_c para cada um dos seguintes equilíbrios, conhecido o valor de K:

(a) $2 NOCl(g) \rightleftharpoons 2 NO(g) + Cl_2(g)$, $K = 1,8 \times 10^{-2}$ em 500 K
(b) $CaCO_3(s) \rightleftharpoons CaO(s) + CO_2(g)$, $K = 167$ em 1073 K

5H.6 Determine K_c para cada um dos seguintes equilíbrios, conhecido o valor de K:

(a) $2 SO_2(g) + O_2(g) \rightleftharpoons 2 SO_3(g)$, $K = 3,4$ em 1000. K
(b) $NH_4HS(s) \rightleftharpoons NH_3(g) + H_2S(g)$, $K = 9,4 \times 10^{-2}$ em 24 °C

Tópico 5I   Os cálculos de equilíbrio

5I.1 O progresso da reação
5I.2 A direção da reação
5I.3 Os cálculos com as constantes de equilíbrio

Quais são as outras maneiras de registrar uma constante de equilíbrio?

Como a constante de equilíbrio está relacionada a K?

Tópico **5H**: As formas alternativas da constante de equilíbrio

Tópico **5I**: Os cálculos de equilíbrio

A constante de equilíbrio sumaria a composição de uma mistura de reação que atingiu o equilíbrio. Ela pode ser usada para predizer as pressões parciais de cada espécie no equilíbrio ou avaliar as concentrações de reagentes e produtos, conhecendo-se as condições iniciais. Existem dois estágios nesta discussão. O primeiro consiste em entender a importância qualitativa da magnitude da constante de equilíbrio. O segundo é o uso quantitativo da constante para avaliar as concentrações ou as pressões parciais na mistura no equilíbrio.

Por que você precisa estudar este assunto? O conhecimento da constante de equilíbrio de uma reação permite predizer a composição da mistura de reação no equilíbrio. Esta capacidade é útil em toda a química, especialmente no estudo de ácidos e bases e outras reações em solução.

5I.1   O progresso da reação

Como no Tópico 5G, a importância da constante de equilíbrio pode ser entendida das perspectivas cinética e termodinâmica.

════════ **Como explicar isso...** ════════

...usando a cinética?

- K é grande quando a constante da velocidade do processo direto é maior do que a constante de velocidade do processo inverso, isto é, $K \gg 1$ quando $k_r \gg k_r'$.
- K é pequena quando a constante da velocidade do processo inverso é maior do que a constante de velocidade do processo direto, isto é, $K \ll 1$ quando $k_r \ll k_r'$.

... usando a termodinâmica?

- K é grande quando ΔG_r° de uma reação for muito negativa.
- K é pequena quando ΔG_r° de uma reação for muito positiva.

Que conhecimentos você precisa dominar? Você precisa saber como escrever a constante de equilíbrio de uma reação (Tópicos 5G e 5H) e como a constante de equilíbrio está relacionada com a energia livre de reação de Gibbs (Tópico 5G). Os cálculos usam a estequiometria de reação (*Fundamentos* L).

Quando K é grande, a reação quase se completa antes de atingir o equilíbrio, e a mistura de reação no equilíbrio é formada quase que exclusivamente pelos produtos. Quando K é pequena, o equilíbrio é atingido logo após o início da reação. Por exemplo, considere a reação

$$H_2(g) + Cl_2(g) \rightleftharpoons 2\,HCl(g) \qquad K = \frac{(P_{HCl})^2}{P_{H_2}P_{Cl_2}}$$

Experimentos mostraram que $K = 4,0 \times 10^{18}$ em 500. K. Tamanho valor de K indica que, quando o sistema atinge o equilíbrio, a maior parte dos reagentes foi convertida em HCl. Na verdade, a reação praticamente se completa. Agora, imagine o equilíbrio

$$N_2(g) + O_2(g) \rightleftharpoons 2\,NO(g) \qquad K = \frac{(P_{NO})^2}{P_{N_2}P_{O_2}}$$

Experiências mostram que $K = 3,4 \times 10^{-21}$ em 800. K. O valor muito pequeno de K nos diz que o sistema atinge o equilíbrio quando uma quantidade muito pequena do produto se formou. Os reagentes N_2 e O_2 permanecem como as espécies dominantes no sistema, mesmo no equilíbrio.

Como as constantes de equilíbrio devem ser elevadas a uma potência quando uma reação química é multiplicada por um fator e, portanto, variam em magnitude segundo o modo como a equação é escrita (Tópico 5H), as regras aqui apresentadas são apenas um guia geral.

Estes comentários sobre equações químicas escritas com os menores valores inteiros para os coeficientes estequiométricos podem ser resumidos da seguinte maneira (Fig. 5I.1):

- Valores grandes de K (maiores do que aproximadamente 10^3): o equilíbrio favorece os produtos.
- Valores intermediários de K (no intervalo aproximado de 10^{-3} a 10^3): o equilíbrio não favorece os reagentes nem os produtos.
- Valores pequenos de K (inferiores a aproximadamente 10^{-3}): o equilíbrio favorece os reagentes.

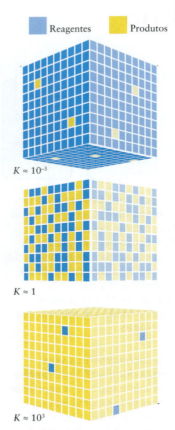

FIGURA 5I.1 O tamanho da constante de equilíbrio indica se os reagentes ou os produtos são favorecidos no equilíbrio. Neste diagrama, os cubos azuis e amarelos representam os reagentes e os produtos, respectivamente. Observe que os reagentes são favorecidos quando K é pequena (no alto), os produtos são favorecidos quando K é grande (embaixo), e os reagentes e produtos estão em quantidades iguais quando $K = 1$.

EXEMPLO 5I.1 Cálculo da composição de equilíbrio

O cloreto de hidrogênio, HCl, pode ser produzido em escala industrial fazendo H_2 reagir com Cl_2 em uma fornalha com revestimento interno de grafita. Suponha que você seja um engenheiro químico que estuda essa reação. Você precisa conhecer a composição esperada no equilíbrio para poder controlar a reação. Em uma mistura em equilíbrio contendo HCl, Cl_2 e H_2, a pressão parcial de H_2 é 4,2 mPa e a de Cl_2 é 8,3 mPa. Qual é a pressão parcial do HCl em 500. K em bar, sabendo-se que $K = 4,0 \times 10^{18}$ para $H_2(g) + Cl_2(g) \rightleftharpoons 2\,HCl(g)$?

ANTECIPE Como a constante de equilíbrio é grande, você deve esperar uma grande pressão parcial de equilíbrio para o produto HCl.

PLANEJE No equilíbrio, as pressões parciais dos reagentes e dos produtos (em bar) satisfazem a expressão para K. Portanto, rearranje a expressão para encontrar a concentração desconhecida e substitua os dados.

RESOLVA Primeiro converta as pressões parciais para bar usando 1 bar = 10^5 Pa: $P_{H_2} = 4,2 \times 10^{-8}$ bar, $P_{Cl_2} = 8,3 \times 10^{-8}$ bar. Escreva a expressão da constante de equilíbrio da equação química que foi dada.

De $K = (P_{HCl})^2/P_{H_2}P_{Cl_2}$,

$$P_{HCl} = (K P_{H_2} P_{Cl_2})^{1/2} = \{(4,0 \times 10^{18})(4,2 \times 10^{-8})(8,3 \times 10^{-8})\}^{1/2} = 1,2 \times 10^2$$

Com as unidades arranjadas, a pressão parcial é $1,2 \times 10^2$ bar, ou 0,12 kbar.

AVALIE Como esperado, no equilíbrio, a pressão parcial do produto no sistema, 120 bar, é muito grande, em comparação com a pequena pressão parcial dos reagentes.

Teste 5I.1A Suponha que as pressões parciais de H_2 e Cl_2 no equilíbrio sejam iguais a 1,0 μPa. Qual é a pressão parcial do HCl em 500. K em bar, sabendo-se que $K = 4,0 \times 10^{18}$?

[**Resposta:** $P_{HCl} = 20.$ mbar]

Teste 5I.1B Suponha que as pressões parciais no equilíbrio de N_2 e O_2 na reação $N_2(g) + O_2(g) \rightleftharpoons 2\,NO(g)$, em 800. K sejam, ambas, 52 kPa. Qual é a pressão parcial no equilíbrio (em pascals) de NO se $K = 3,4 \times 10^{-21}$ em 800. K?

Exercícios relacionados 5I.1 a 5I.6

Se K é grande, os produtos são favorecidos no equilíbrio (o equilíbrio "tende à direita"); se K é pequeno, os reagentes são favorecidos (o equilíbrio "tende à esquerda").

5I.2 A direção da reação

Agora, suponha que o sistema estudado não esteja em equilíbrio. Por exemplo, você tem as concentrações de reagentes e produtos em algum estágio arbitrário de uma reação, mas precisa saber se ela gerará mais produtos ou mais reagentes enquanto avança para o equilíbrio:

- Se $Q < K$, as concentrações ou pressões parciais dos produtos estão muito baixas em relação às dos reagentes para a reação estar no equilíbrio. Assim, a reação tem a tendência de se processar na direção dos produtos.
- Se $Q = K$, a reação está na composição de equilíbrio e não tem tendência de mudar em nenhuma direção.
- Se $Q > K$, a reação inversa é espontânea, e os produtos tendem a se decompor nos reagentes.

Este padrão está resumido na Figura 5I.2 e pode ser interpretado com as perspectivas cinética e termodinâmica:

=== Como explicar isso... ===

...usando a cinética?

Um exemplo considera a reação simplificada A $\rightleftharpoons$ B.

- Se $k_r[A] > k_r'[B]$, a velocidade da reação direta é maior do que a da reação inversa, e a mistura avança na direção dos produtos.
- Se $k_r[A] = k_r'[B]$, a velocidade da reação direta é igual à da reação inversa, e a mistura não tende para direção alguma.
- Se $k_r[A] < k_r'[B]$, a velocidade da reação inversa é maior do que a da reação direta, e a mistura avança na direção dos reagentes.

... usando a termodinâmica?

Um gráfico da energia livre de Gibbs de uma mistura de reação em função de sua composição variável (Fig. 5I.3) revela que a reação tende a avançar para a composição do ponto mais baixo da curva, porque essa é a direção da diminuição da energia livre de Gibbs. A composição do ponto mais baixo da curva – o ponto de energia livre de Gibbs mínima – corresponde à do equilíbrio. Para um sistema em equilíbrio, qualquer mudança leva a uma mistura de reação com uma energia livre de Gibbs maior; logo, nem a reação direta nem a inversa seriam espontâneas. Quando o mínimo de energia livre de Gibbs está muito próximo dos produtos, o equilíbrio favorece fortemente os produtos, e a reação "se completa" (Fig. 5I.3a). Quando o mínimo de energia livre de Gibbs está muito próximo dos reagentes, o equilíbrio favorece fortemente os reagentes e a reação "não caminha" (Fig. 5I.3b).

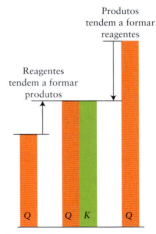

FIGURA 5I.2 Os tamanhos relativos do quociente de reação, Q, e da constante de equilíbrio, K, indicam a direção para a qual a reação tende a mudar. As flechas mostram que, quando $Q < K$, os reagentes formam produtos (à esquerda) e, quando $Q > K$, os produtos formam reagentes (à direita). Não existe tendência a mudanças quando o quociente é igual à constante de equilíbrio.

FIGURA INTERATIVA 5I.2

Nota de boa prática Observe que o critério de espontaneidade é ΔG, não $\Delta G°$. Se uma reação é espontânea ou não, depende do estágio que ela atinge. Por essa razão, é melhor dizer que $K > 1$ para uma reação com $\Delta G_r°$ negativa, não que ela é espontânea. Entretanto, no caso de reações com constantes de equilíbrio muito grandes, é pouco provável que a mistura de reagentes preparada no laboratório corresponda a $Q > K$, e é habitual referir-se a essas reações como "espontâneas".

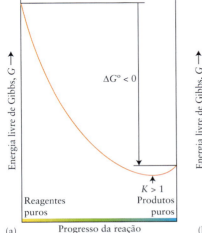
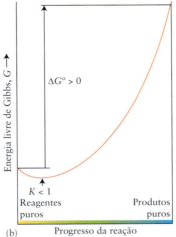

FIGURA 5I.3 (a) A reação que tem potencial para se completar ($K > 1$) é aquela em que o mínimo da curva de energia livre de Gibbs (a posição de equilíbrio) está próximo dos produtos puros. (b) A reação que tem pouca tendência a formar produtos ($K < 1$) é aquela em que o mínimo da curva de energia livre de Gibbs está próximo dos reagentes puros.

EXEMPLO 5I.2 Como predizer a direção de uma reação

Suponha que você seja um engenheiro químico que trabalha em uma unidade que produz iodeto de hidrogênio e está investigando a eficiência do processo de produção do composto. Se você conhece o valor de K, poderá predizer a direção da reação em determinada composição. Uma mistura de hidrogênio e iodo, ambos em 55 KPa, e iodeto de hidrogênio, em 78 kPa foi introduzida em um recipiente aquecido até 783 K. Nessa temperatura, $K = 46$ para $H_2(g) + I_2(g) \rightleftharpoons 2\ HI(g)$. Diga se HI tem tendência a se formar ou a se decompor em $H_2(g)$ e $I_2(g)$.

PLANEJE Calcule Q e compare com K. Se $Q > K$, os produtos se decompõem em reagentes até que suas concentrações correspondam a K. O contrário é verdadeiro se $Q < K$. Nesse caso, mais produtos se formam.

RESOLVA Substitua os dados, levando em conta que 1 kPa é equivalente a 0,01 bar, no quociente de reação.

De $Q = (P_{HI})^2/P_{H_2}P_{I_2}$,

$$Q = \frac{(0,78)^2}{0,55 \times 0,55} = 2,0$$

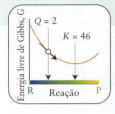

Como $Q < K$, conclui-se que a reação tenderá a formar mais produtos e consumir os reagentes.

Teste 5I.2A Uma mistura de H_2, N_2 e NH_3 com pressões parciais 22 kPa, 44 kPa e 18 kPa, respectivamente, foi preparada e aquecida até 500. K. Nessa temperatura, $K = 3,6 \times 10^{-2}$ para a reação C. Verifique se a amônia tende a se formar ou a se decompor.

[*Resposta:* $Q = 6,9 > K$; tende a se decompor]

Teste 5I.2B Para a reação $N_2O_4(g) \rightleftharpoons 2\ NO_2(g)$, em 298 K, $K = 0,15$. Uma mistura de N_2O_4 e NO_2 com pressões parciais iniciais de 2,4 e 1,2 bar, respectivamente, foi preparada em 298 K. Que compostos terão tendência a aumentar sua pressão parcial?

Exercícios relacionados 5I.7 a 5I.12

A reação apresenta tendência a formar produtos se Q < K e a formar reagentes se Q > K.

5I.3 Os cálculos com as constantes de equilíbrio

A constante de equilíbrio de uma reação contém informações sobre a composição de equilíbrio em uma determinada temperatura. Entretanto, em muitos casos, só a composição inicial da mistura de reação é conhecida, e você precisa predizer a composição em equilíbrio. Se você conhece o valor de K, é possível prever a composição no equilíbrio com base na estequiometria de reação. O procedimento mais fácil é elaborar uma **tabela de equilíbrio**, isto é, uma tabela que mostra a composição inicial, as mudanças necessárias para atingir o equilíbrio em termos de uma quantidade desconhecida x e a composição final do equilíbrio. O procedimento está sumariado na **Caixa de Ferramentas 5I.1** e é ilustrado nos exemplos que seguem.

Caixa de ferramentas 5I.1 COMO ELABORAR E USAR UMA TABELA DE EQUILÍBRIO

BASE CONCEITUAL

A composição de uma mistura de reação tende a ajustar-se até que as concentrações molares ou as pressões parciais dos gases garantam que $Q = K$. Uma mudança na quantidade de um componente altera os demais segundo a estequiometria da reação.

PROCEDIMENTO

Etapa 1 Escreva a expressão do equilíbrio para a equação química balanceada. A seguir, elabore uma tabela de equilíbrio como mostramos aqui, com as colunas rotuladas pelas espécies que participam da reação. Se K_c é dada para uma reação com gases (Tópico 5H), proceda da mesma maneira, mas use as concentrações molares para todas as espécies.

A primeira linha mostra como o sistema da reação foi preparado antes de a reação começar. Como sempre, use as unidades em concentração molar (em mols por litro) e pressão parcial (em bar). Omita os sólidos e líquidos puros, porque não aparecem na expressão do equilíbrio.

5I.3 Os cálculos com as constantes de equilíbrio 419

	Espécie 1	Espécie 2	Espécie 3	...
composição inicial				...
mudança na composição				...
composição no equilíbrio				...

Etapa 2 Na segunda linha, escreva as mudanças na composição necessárias para que a reação atinja o equilíbrio.

Quando as mudanças não forem conhecidas, escreva uma delas como x ou um múltiplo de x e use a estequiometria da equação balanceada para expressar as outras mudanças em função desse x.

Etapa 3 Na terceira linha, escreva as composições do equilíbrio em termos de x somando a mudança na composição (da etapa 2) ao valor inicial para cada substância (da etapa 1).

Embora a mudança de composição possa ser positiva (aumento) ou negativa (diminuição), o valor de equilíbrio de cada concentração ou pressão parcial deve ser sempre positivo.

Etapa 4 Use a constante de equilíbrio para determinar o valor de x, a variação desconhecida da concentração molar ou da pressão parcial, e encontre os valores de equilíbrio para todas as espécies.

Nota de boa prática Um bom hábito é verificar a resposta, por meio da substituição da composição de equilíbrio na expressão de K.

Uma técnica de aproximação pode simplificar muito os cálculos quando a mudança de composição (x) for menor do que cerca de 5% do valor inicial. Para usá-la, suponha que x é desprezível quando adicionado ou subtraído de um número. Assim, todas as expressões da forma $A + x$ ou $A - 2x$ podem ser substituídas por A. Quando x aparece sozinho (quando não é adicionado ou subtraído de outro número), ele não se altera. Logo, uma expressão como $(0,1 - 2x)^2 x$ simplifica-se para $(0,1)^2 x$, desde que $2x \ll 0,1$ (especificamente, se $2x < 0,005$). É importante verificar, no final dos cálculos, se o valor calculado de x é realmente inferior a cerca de 5% dos valores iniciais. Se isso não ocorrer, então a equação deve ser resolvida sem a aproximação.

Nota de boa prática Como métodos computacionais e calculadoras que resolvem equações se tornaram muito populares, a técnica da aproximação é praticamente desnecessária, exceto no desenvolvimento de equações ou nos casos em que recursos digitais não estejam disponíveis.

O procedimento da aproximação é ilustrado no Exemplo 5I.3.

Em alguns casos, a equação completa para x é uma equação do segundo grau da forma

$$ax^2 + bx + c = 0$$

Quando o procedimento de aproximação não pode ser aplicado, use as soluções exatas dessa equação:

$$x = \frac{-b \pm \sqrt{b^2 - 4ac}}{2a}$$

Você terá de descobrir qual das duas soluções dadas por essa expressão é válida (a que tem sinal positivo ou a que tem sinal negativo antes da raiz quadrada) verificando que solução é quimicamente possível.

O Exemplo 5I.4 ilustra esse procedimento.

Em algumas reações, a equação x, em termos de K, pode ser um polinômio de ordem superior. Se não é possível usar aproximações, use um programa de computador para encontrar as raízes da equação.

EXEMPLO 5I.3 Cálculo da composição de equilíbrio por aproximação

O óxido de dinitrogênio, N_2O, coloquialmente denominado "gás do riso", foi usado pela primeira vez como anestésico odontológico em 1844. Suponha que você seja um químico que tenta preparar N_2O a partir de N_2 e O_2. Talvez você precise conhecer a composição no equilíbrio. Você planeja transferir uma mistura de 0,482 mols de N_2 e 0,933 mols de O_2 para um balão de reação de volume 10,0 L com formação de N_2O em 800. K, temperatura em que $K = 3,2 \times 10^{-28}$ para a reação $2\,N_2(g) + O_2(g) \rightleftharpoons 2\,N_2O(g)$. Calcule as pressões parciais dos gases na mistura em equilíbrio.

ANTECIPE Como a constante de equilíbrio é muito pequena, você deve esperar que o equilíbrio seja atingido com formação de uma quantidade muito pequena de produto.

PLANEJE Use o procedimento dado na Caixa de Ferramentas 5I.1. Como os dados são fornecidos em litros e as pressões devem ser dadas em bar, use o valor de R indicado para essas unidades (isto é, L·bar·K^{-1}·mol^{-1}).

O que você deve supor? Que todos os gases são ideais e, como o valor de K é muito baixo, que a quantidade do produto formado é tão pequena que a mudança da pressão parcial dos reagentes é desprezível.

RESOLVA

Primeiro, encontre as pressões parciais dos reagentes. De $P_J = n_J RT/V$,

$$P_{N_2} = \frac{(0{,}482\text{ mol}) \times (8{,}3145 \times 10^{-2}\text{ L·bar·K}^{-1}\text{mol}^{-1}) \times (800.\text{ K})}{10{,}0\text{ L}}$$

$$= 3{,}21\text{ bar}$$

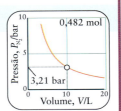

De $P_J = n_J RT/V$,

$$P_{O_2} = \frac{(0{,}933 \text{ mol}) \times (8{,}3145 \times 10^{-2} \text{ L·bar·K}^{-1}\text{mol}^{-1}) \times (800.\text{ K})}{10{,}0 \text{ L}}$$

$$= 6{,}21 \text{ bar}$$

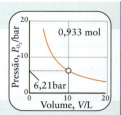

Etapa 1 Escreva a expressão da constante de equilíbrio e elabore uma tabela de equilíbrio. Preencha a primeira fila da tabela com as pressões parciais dos reagentes.

$$2\,N_2(g) + O_2(g) \rightleftharpoons 2\,N_2O(g) \qquad K = \frac{(P_{N_2O})^2}{(P_{N_2})^2(P_{O_2})}$$

	N₂	O₂	N₂O
pressão inicial	3,21	6,21	0
variação na pressão			
pressão no equilíbrio			

Etapa 2 Escreva as variações na composição necessárias para atingir o equilíbrio e preencha a segunda linha da tabela. A estequiometria da reação implica que, se a pressão parcial de O₂ cai por um valor x, então a pressão parcial de N₂ cai $2x$ e a de N₂O aumenta $2x$.

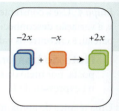

	N₂	O₂	N₂O
pressão inicial	3,21	6,21	0
variação na pressão	$-2x$	$-x$	$+2x$
pressão no equilíbrio			

Etapa 3 Some os valores nas duas primeiras linhas e escreva as composições do equilíbrio em função de x.

	N₂	O₂	N₂O
pressão inicial	3,21	6,21	0
variação na pressão	$-2x$	$-x$	$+x$
pressão no equilíbrio	$3{,}21 - 2x$	$6{,}21 - x$	$+2x$

Etapa 4 Insira os valores da terceira linha da tabela na expressão de K. Faça a aproximação $x \ll 3{,}21$ e $6{,}21$, e resolva a expressão do equilíbrio para x.

$$K = \frac{(2x)^2}{(3{,}21 - 2x)^2(6{,}21 - x)} \approx \frac{(2x)^2}{(3{,}21)^2(6{,}21)}$$

$$x \approx \left\{ \frac{(3{,}21)^2 \times (6{,}21) \times (3{,}2 \times 10^{-28})}{4} \right\}^{1/2} = 7{,}2 \times 10^{-14}$$

O valor de $2x$ é muito pequeno quando comparado com 3,21 (muito menor do que 5%), e nossa aproximação é válida. Você conclui que, no equilíbrio,

De $P_{N_2} = 3{,}21 - 2x$ bar,

$$P_{N_2} = 3{,}21 \text{ bar}$$

De $P_{O_2} = 6{,}21 - x$ bar,

$$P_{O_2} = 6{,}21 \text{ bar}$$

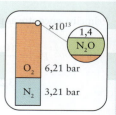

De $P_{N_2O} = 2x$ bar,

$$P_{N_2O} = 1{,}4 \times 10^{-13} \text{ bar}$$

AVALIE Como esperado, a quantidade de produto formada é muito pequena, e as pressões iniciais dos reagentes permaneceram praticamente inalteradas. Quando substituídos na expressão completa da constante de equilíbrio, esses valores levam a $K = 3{,}1 \times 10^{-28}$, em boa aproximação com o valor experimental.

Teste 5I.3A As pressões parciais iniciais de nitrogênio e hidrogênio em um vaso rígido selado são 0,010 e 0,020 bar, respectivamente. A mistura é aquecida até uma temperatura em que $K = 0{,}11$ para $N_2(g) + 3\,H_2(g) \rightleftharpoons 2\,NH_3(g)$. Quais são as pressões parciais de cada substância na mistura de reação no equilíbrio?

[***Resposta:*** N_2, 0,010 bar; H_2, 0,020 bar; NH_3, $9{,}4 \times 10^{-5}$ bar]

Teste 5I.3B O gás cloreto de hidrogênio foi introduzido em um balão que continha iodo sólido até que a pressão parcial atingisse 0,012 bar Na temperatura do experimento, $K = 3{,}5 \times 10^{-32}$ para $2\,HCl(g) + I_2(s) \rightleftharpoons 2\,HI(g) + Cl_2(g)$. Suponha que um pouco de I_2 permanece no equilíbrio. Quais são as pressões parciais de cada gás na mistura de reação no equilíbrio?

Exercícios relacionados 5I.15, 5I.17, 5I.29 e 5I.30

EXEMPLO 5I.4 Cálculo da composição no equilíbrio com o uso de uma equação do segundo grau

O pentacloreto de fósforo, PCl_5, é usado para converter álcoois (como o CH_3CH_2OH) em cloretos de alquila (como o CH_3CH_2Cl). Imagine que você é um químico industrial e precisa preparar determinada quantidade de PCl_5 usando a reação entre PCl_3 e Cl_2. Entretanto, em temperaturas elevadas o PCl_5 se decompõe nos materiais iniciais, indicando que é importante estimar a composição da mistura de reação no equilíbrio. Suponha que você coloca 3,12 g de PCl_5 em um recipiente de 500. mL e que a amostra atingiu o equilíbrio com os produtos de decomposição PCl_3 e Cl_2 em 250°C, com $K = 78{,}3$, para a reação $PCl_5(g) \rightleftharpoons PCl_3(g) + Cl_2(g)$. Encontre a composição da mistura no equilíbrio.

ANTECIPE Como a constante de equilíbrio não é muito grande nem muito pequena, você pode esperar que as pressões parciais dos reagentes e dos produtos sejam da mesma ordem de grandeza no equilíbrio.

PLANEJE Use o procedimento geral da Caixa de Ferramentas 5I.1. Como os dados são fornecidos em litros e as pressões devem ser dadas em bar, use o valor de R indicado para essas unidades (isto é, $L \cdot bar \cdot K^{-1} \cdot mol^{-1}$).

RESOLVA Primeiro, calcule a pressão parcial inicial do PCl_5 (as pressões parciais iniciais do PCl_3 e do Cl_2 são iguais a zero):

De $n_J = m_J/M_J$, a quantidade de PCl_5 adicionada é

$$n_{PCl_5} = \frac{3{,}12 \text{ g}}{208{,}24 \text{ g}\cdot\text{mol}^{-1}} = \frac{3{,}12}{208{,}24} \text{ mol} = 0{,}0150\ldots \text{ mol}$$

De $P_J = n_J RT/V$, a pressão parcial inicial de PCl_5 é, portanto,

$$P_{PCl_5} = (0{,}0150\ldots \text{ mol}) \times \frac{(8{,}3145 \times 10^{-2}\,L\cdot bar\cdot K^{-1}\cdot mol^{-1}) \times (523\,K)}{0{,}500\,L}$$

$$= 1{,}30 \text{ bar}$$

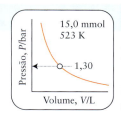

Etapa 1 Escreva a expressão da constante de equilíbrio e elabore uma tabela de equilíbrio. Preencha a primeira fila da tabela com as pressões parciais dos reagentes.

$$PCl_5(g) \rightleftharpoons PCl_3(g) + Cl_2(g) \qquad K = \frac{P_{PCl_3} P_{Cl_2}}{P_{PCl_5}}$$

	PCl₅	**PCl₃**	**Cl₂**
pressão inicial	1,30	0	0
variação na pressão			
pressão no equilíbrio			

Etapa 2 Escreva as variações na composição necessárias ao equilíbrio e preencha a segunda linha da tabela do equilíbrio. A estequiometria da reação implica que, se a pressão parcial do PCl_5 cair por um valor x, então a pressão parcial de PCl_3 e a de Cl_2 aumenta x.

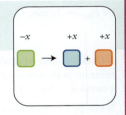

	PCl_5	PCl_3	Cl_2
pressão inicial	1,30	0	0
variação na pressão	$-x$	$+x$	$+x$
pressão no equilíbrio			

Etapa 3 Some os valores nas duas primeiras linhas e escreva os valores do equilíbrio.

	PCl_5	PCl_3	Cl_2
pressão inicial	1,30	0	0
variação na pressão	$-x$	$+x$	$+x$
pressão no equilíbrio	$1,30 - x$	$+x$	$+x$

Etapa 4 Insira os valores do equilíbrio na expressão do equilíbrio.

$$K = \frac{x^2}{1,30 - x}$$

Rearranje a equação:

$$x^2 + Kx - 1,30K = 0$$

Insira o valor de K:

$$x^2 + 78,3x - 102 = 0$$

Resolva para x usando a fórmula quadrática

$$x = \{-b \pm (b^2 - 4ac)^{1/2}\}/2a$$
$$= \frac{-78,3 \pm \{(78,3)^2 - 4 \times (-102)\}^{1/2}}{2}$$
$$= -79,6 \text{ ou } 1,28$$

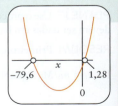

Como as pressões parciais têm de ser positivas e como x é a pressão parcial de PCl_3, selecione 1,28 como a solução. Logo, no equilíbrio,

De $P_{PCl_5} = 1,30 - x$ bar, $P_{PCl_5} = 1,30 - 1,28$ bar $= 0,02$ bar
De $P_{PCl_3} = x$ bar, $P_{PCl_3} = 1,28$ bar
De $P_{Cl_2} = x$ bar, $P_{Cl_2} = 1,28$ bar

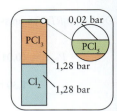

AVALIE Como esperado, as concentrações de equilíbrio dos reagentes e dos produtos têm valores da mesma ordem de grandeza. A Figura 5I.4 mostra como a reação se aproxima do equilíbrio. Insira esses valores na expressão do equilíbrio e obtenha $K = 82$, em boa concordância com o valor calculado.

Teste 5I.4A O monocloreto de bromo, BrCl, decompõe-se em bromo e cloro e atinge o equilíbrio $2\,BrCl(g) \rightleftharpoons Br_2(g) + Cl_2(g)$, com $K = 32$ em 500. K. Se, inicialmente, BrCl puro está presente na concentração 3,30 mbar, qual é sua pressão parcial na mistura em equilíbrio?

[***Resposta:*** 0,3 mbar]

Teste 5I.4B Cloro e flúor reagem em 2500. K para produzir ClF e atingem o equilíbrio $Cl_2(g) + F_2(g) \rightleftharpoons 2\,ClF(g)$ com $K = 20$. Se uma mistura de gases com $P_{Cl_2} = 0,200$ bar, $P_{F_2} = 0,100$ bar e $P_{ClF} = 0,100$ bar entra em equilíbrio em 2500. K, qual é a pressão parcial do ClF na mistura em equilíbrio?

Exercícios relacionados 5I.19, 5I.20, 5I.25 e 5I.26

FIGURA 5I.4 Aproximação do equilíbrio da composição da mistura de reação quando PCl₅ se decompõe em um recipiente fechado. Note que as curvas de Cl₂ e PCl₃ estão superpostas porque aumentam do mesmo modo.

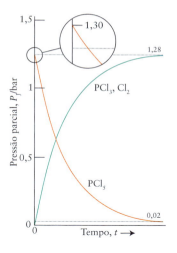

Para calcular a composição de uma reação em equilíbrio, organize uma tabela de equilíbrio em termos de mudanças nas pressões parciais ou nas concentrações de reagentes e produtos, expresse a constante de equilíbrio conforme essas mudanças e resolva a equação resultante.

O que você aprendeu com este tópico?

Você agora consegue predizer a direção de uma reação comparando o valor do quociente de reação, Q, com a constante de equilíbrio, K. Você também aprendeu a determinar as concentrações individuais ou as pressões parciais a partir das condições iniciais usando a constante de equilíbrio e elaborando uma tabela de equilíbrio.

Os conhecimentos que você deve dominar incluem a capacidade de:

☐ **1.** Calcular uma concentração no equilíbrio a partir de uma composição no equilíbrio (Exemplo 5I.1).

☐ **2.** Predizer a direção de uma reação, conhecendo-se a composição da mistura de reação e o valor de K (Exemplo 5I.2).

☐ **3.** Usar uma tabela de equilíbrio para calcular equilíbrios (Caixa de Ferramentas 5I.1 e Exemplos 5I.3 e 5I.4).

☐ **4.** Fazer aproximações apropriadas e avaliar sua aplicabilidade (Caixa de Ferramentas 5I.1 e Exemplo 5I.3).

Tópico 5I Exercícios

5I.1 Em 500. K, a constante de equilíbrio da reação Cl₂(g) + Br₂(g) ⇌ 2 BrCl(g) é $K_c = 0{,}031$. Se a composição de equilíbrio é 0,495 mol·L⁻¹ de Cl₂ e 0,145 mol·L⁻¹ de BrCl, qual é a concentração molar de Br₂ no equilíbrio?

5I.2 A constante de equilíbrio da reação PCl₃(g) + Cl₂(g) ⇌ PCl₅(g) é $K = 3{,}5 \times 10^4$ em 760°C. No equilíbrio, a pressão parcial de PCl₅ era $2{,}4 \times 10^2$ bar e a do PCl₃ era 8,32 bar. Qual era a pressão parcial de Cl₂ no equilíbrio?

5I.3 Em uma mistura de H₂, I₂ e HI em equilíbrio na fase gás, em 500. K, $[HI] = 2{,}21 \times 10^{-3}$ mol·L⁻¹ e $[I_2] = 1{,}46 \times 10^{-3}$ mol·L⁻¹. Use o valor da constante de equilíbrio na Tabela 5G.2 e calcule a concentração molar no equilíbrio de H₂.

5I.4 Em uma mistura de H₂, Cl₂ e HCl em equilíbrio na fase gás, em 1.000. K, $[HCl] = 0{,}352$ mmol·L⁻¹ e $[Cl_2] = 7{,}21$ mmol·L⁻¹. Use as informações da Tabela 5G.2 para calcular a concentração de H₂.

5I.5 Em uma mistura de PCl₅, PCl₃ e Cl₂ em equilíbrio na fase gás, em 500. K, $P_{PCl_5} = 1{,}18$ bar, $P_{Cl_2} = 5{,}43$ bar. Qual é a pressão parcial de PCl₃, sabendo que $K = 25$ para a reação PCl₅(g) ⇌ PCl₃(g) + Cl₂(g)?

5I.6 Em uma mistura de SbCl₅, SbCl₃ e Cl₂ em equilíbrio na fase gás, em 500. K, $P_{SbCl_5} = 0{,}072$ bar e $P_{SbCl_3} = 5{,}02$ mbar. Calcule a pressão parcial de Cl₂ no equilíbrio, sabendo que $K = 3{,}5 \times 10^{-4}$ para a reação SbCl₅(g) ⇌ SbCl₃(g) + Cl₂(g).

5I.7 Se $Q = 1{,}0$ para a reação N₂(g) + O₂(g) → 2 NO(g) em 25°C, ela tenderá a formar produtos, a formar reagentes ou estará em equilíbrio?

5I.8 Se $Q = 1{,}0 \times 10^{32}$ para a reação C(s) + O₂(g) → CO₂(g) em 25°C, ela tenderá a formar produtos, a formar reagentes ou estará em equilíbrio?

5I.9 Para a reação H₂(g) + I₂(g) ⇌ 2 HI(g), $K = 160$ em 500. K. Uma análise da mistura de reação em 500. K mostrou que ela tinha a composição $P_{H_2} = 0{,}20$ bar, $P_{I_2} = 0{,}10$ bar e $P_{HI} = 0{,}10$ bar. (a) Calcule o quociente de reação. (b) A reação está em equilíbrio? (c) Se não, existe tendência de formar mais reagentes ou mais produtos?

5I.10 A análise de uma mistura de reação mostrou que sua composição é 0,520 mol·L⁻¹ de N₂, 0,485 mol·L⁻¹ de H₂ e 0,102 mol·L⁻¹ de NH₃ em 800. K, quando $K_c = 0{,}278$ para N₂(g) + 3 H₂(g) ⇌ 2 NH₃(g). (a) Calcule o quociente de reação Q_c. (b) A reação está em equilíbrio? (c) Se não, existe tendência de formar mais reagentes ou mais produtos?

5I.11 Um balão de reação de volume 0,500 L em 700. K contém 1,20 mmol de SO₂(g), 0,50 mmol de O₂(g) e 0,10 mmol de SO₃(g). Em 700. K, $K_c = 1{,}7 \times 10^6$ para o equilíbrio 2 SO₂(g) + O₂(g) ⇌ 2 SO₃(g). (a) Calcule o quociente de reação Q_c. (b) A tendência será de formar mais SO₃(g)?

5I.12 Sabendo que $K_c = 62$ para a reação N₂(g) + 3 H₂(g) ⇌ 2 NH₃(g) em 500. K, calcule se a quantidade de amônia formada aumenta quando uma mistura contendo 1,25 mmol·L⁻¹ de N₂, 4,58 mmol·L⁻¹ de H₂ e 0,875 mmol·L⁻¹ de NH₃ está presente em um recipiente em 500. K.

424 **Tópico 5I** Os cálculos de equilíbrio

5I.13 (a) Em um experimento, 2,0 mmol de $Cl_2(g)$ foram selados em um balão de reação de 2,0 L aquecido até 1000. K para estudar a dissociação em átomos de Cl. Use as informações da Tabela 5G.2 para calcular a composição da mistura no equilíbrio. (b) Se 2,0 mmols de F_2 fossem colocados dentro do recipiente, em vez do cloro, qual seria a composição de equilíbrio em 1000. K? (c) Use os resultados de (a) e (b) para determinar qual é o mais estável em relação a seus átomos, Cl_2 ou F_2, em 1000. K.

5I.14 (a) Em um experimento, 5,0 mmols de $Cl_2(g)$ foram selados em um balão de 2,0 L e aquecidos até 1.200. K até que o equilíbrio de dissociação foi atingido para um estudo de sua dissociação em átomos de Cl. Qual é a composição da mistura no equilíbrio? Use as informações da Tabela 5G.2. (b) Se 5,0 mols de Br_2 fossem colocados dentro do recipiente, em vez do cloro, qual seria a composição de equilíbrio em 1.200. K? (c) Use os resultados de (a) e (b) para determinar qual é o mais estável em relação a seus átomos, Cl_2 ou Br_2, em 1.200. K.

5I.15 NH_4SH sólido e 0,400 mol de $NH_3(g)$ foram colocados em um balão de 2,0 L em 24°C e entraram em equilíbrio, determinado pela reação $NH_4HS(s) \rightleftharpoons NH_3(g) + H_2S(g)$, para a qual $K_c = 1,6 \times 10^{-4}$. Quais são as concentrações de NH_3 e H_2S no equilíbrio?

5I.16 (a) Quando $NaHCO_3$ sólido foi colocado em um recipiente rígido de volume igual a 2,50 L e aquecido até 160.°C, o equilíbrio $2 NaHCO_3(s) \rightleftharpoons Na_2CO_3(s) + CO_2(g) + H_2O(g)$ foi atingido. No equilíbrio, parte do material de partida permanece, e a pressão *total* no recipiente é 7,68 bar. Qual é o valor de K? (b) A reação é repetida, mas desta vez o recipiente contém inicialmente não apenas o sólido reagente como também CO_2, com pressão parcial de 1,00 bar. Quais são as concentrações de equilíbrio de CO_2 e H_2O no novo experimento?

5I.17 A constante de equilíbrio K_c da reação $N_2(g) + O_2(g) \rightleftharpoons 2 NO(g)$, em 1.200°C, é $1,00 \times 10^{-5}$. Calcule a concentração molar de NO, N_2 e O_2 em um balão de 1,00 L que inicialmente continha 0,114 mol de N_2 e 0,114 mol de O_2.

5I.18 A constante de equilíbrio K_c da reação $N_2(g) + O_2(g) \rightleftharpoons 2 NO(g)$, em 1.200°C, é $1,00 \times 10^{-5}$. Calcule a concentração molar de NO, N_2 e O_2 em um balão de 10,00 L que inicialmente continha 0,312 mol de N_2 e 0,407 mol de O_2.

5I.19 Uma mistura de reação de 0,400 mol de H_2 e 1,60 mol de I_2 foi colocada em um reator de 3,00 L e aquecida. No equilíbrio, 60,0% do gás hidrogênio reagiu. Qual é o valor da constante de equilíbrio, K, da reação $H_2(g) + I_2(g) \rightleftharpoons 2 HI(g)$ nessa temperatura?

5I.20 Uma mistura de reação de 0,20 mol de N_2 e 0,20 mol de H_2 foi colocada em um reator de 25,0 L e aquecida. No equilíbrio, 5,0% do gás nitrogênio reagiu. Qual é o valor da constante de equilíbrio, K_c, da reação $N_2(g) + 3 H_2(g) \rightleftharpoons 2 NH_3(g)$ nessa temperatura?

5I.21 A constante de equilíbrio K_c da reação $2 CO(g) + O_2(g) \rightleftharpoons 2 CO_2(g)$ é 0,66, em 2000°C. Se 0,28 g de CO e 0,032 g de $O_2(g)$ são colocados em um recipiente de 2,0 L e aquecidos até 2000°C, qual será a composição de equilíbrio do sistema? (Você pode usar um programa gráfico ou uma calculadora para resolver a equação cúbica.)

5I.22 No processo de Haber de síntese da amônia, $K = 0,036$ para $N_2(g) + 3 H_2(g) \rightleftharpoons 2 NH_3(g)$, em 500. K. Se um reator de 2,0 L é preenchido com N_2 sob 1,42 bar e H_2 sob 2,87 bar, quais serão as pressões parciais da mistura no equilíbrio?

5I.23 Uma mistura de reação formada por 2,00 mols de CO e 3,00 mols de H_2 é colocada em um reator de 10,0 L e aquecida até 1.200. K. No equilíbrio, 0,478 mol de CH_4 estavam presente no sistema. Determine o valor de K_c para a reação $CO(g) + 3 H_2(g) \rightleftharpoons CH_4(g) + H_2O(g)$ em 1.200. K.

5I.24 Uma mistura formada por 1,000 mol de $H_2O(g)$ e 1,000 mol de $CO(g)$ é colocada em um reator de 10,00 L em 800. K. No equilíbrio, 0,665 mol de $CO_2(g)$ estão presentes em consequência da reação $CO(g) + H_2O(g) \rightleftharpoons CO_2(g) + H_2(g)$. Quais são (a) as concentrações de equilíbrio de todas as substâncias e (b) qual é o valor de K_c em 800. K?

5I.25 Uma mistura de reação contendo 0,100 mol de SO_2, 0,200 mol de NO_2, 0,100 mol de NO e 0,150 mol de SO_3 foi preparada em um reator de 5,00 L. A reação $SO_2(g) + NO_2(g) \rightleftharpoons NO(g) + SO_3(g)$ atinge o equilíbrio em 460°C, quando $K_c = 85,0$. Qual é a concentração de cada substância no equilíbrio?

5I.26 Em um experimento, 0,100 mol de H_2S é colocado em um reator de 10,0 L e aquecido até 1.132°C. No equilíbrio, 0,0285 mol de H_2 estão presentes. Calcule o valor de K_c para a reação $2 H_2S(g) \rightleftharpoons 2 H_2(g) + S_2(g)$ em 1.132°C.

5I.27 A constante de equilíbrio K_c da reação $PCl_3(g) + Cl_2(g) \rightleftharpoons PCl_5(g)$ é 0,56 em 250°C. Após análise, determinou-se que 1,50 mol de PCl_5, 3,00 mols de PCl_3 e 0,500 mol de Cl_2 estavam presentes em um balão de 0,500 L em 250°C. (a) A reação está em equilíbrio? (b) Se não, em que direção ela tende a se processar? (c) Qual é a composição do sistema no equilíbrio?

5I.28 Suponha que 0,724 mol de PCl_5 são colocados em um reator de 0,500 L. Qual é a concentração de cada substância quando a reação $PCl_5(g) \rightleftharpoons PCl_3(g) + Cl_2(g)$ atinge o equilíbrio em 250°C (quando $K_c = 1,80$)?

5I.29 Em 25°C, $K = 3,2 \times 10^{-34}$ para a reação $2 HCl(g) \rightleftharpoons H_2(g) + Cl_2(g)$. Se um balão de 1,0 L é preenchido com HCl sob 0,22 bar, quais são as pressões parciais de HCl, H_2 e Cl_2 no equilíbrio?

5I.30 Se 4,00 L de $HCl(g)$, sob 1,00 bar e 273 K, e 26,0 g de $I_2(s)$ são transferidos para um balão de 12,00 L e aquecidos até 25°C, qual será a concentração de HCl, HI e Cl_2 no equilíbrio? $K_c = 1,6 \times 10^{-34}$, em 25 °C, para $2 HCl(g) + I_2(s) \rightleftharpoons 2 HI(g) + Cl_2(g)$.

5I.31 Um reator de 3,00 L é preenchido com 0,342 mol de $CO(g)$, 0,215 mol de $H_2(g)$ e 0,125 mol de $CH_3OH(g)$. O equilíbrio é atingido na presença de um catalisador de óxido de zinco-cromo (III). Em 300°C, $K_c = 1,1 \times 10^{-2}$ para a reação $CO(g) + 2 H_2(g) \rightleftharpoons CH_3OH(g)$. (a) A concentração molar de CH_3OH aumenta, diminui ou permanece inalterada, à medida que a reação se aproxima do equilíbrio? (b) Qual é a composição da mistura no equilíbrio? (Talvez seja preciso elaborar um gráfico ou usar um programa para resolver a equação cúbica).

5I.32 Para a reação $2 NH_3(g) \rightleftharpoons N_2(g) + 3 H_2(g)$, $K_c = 0,395$ em 350°C. Uma amostra de 25,6 g de NH_3 é colocada em um reator

Tópico 5I Exercícios **425**

de 5,00 L e aquecida até 350°C. Quais são as concentrações de NH_3, N_2 e H_2 no equilíbrio?

5I.33 Uma amostra de 25,0 g de carbamato de amônio, $NH_4(NH_2CO_2)$, foi colocada em um frasco de 0,250 L sob vácuo, em 25°C. No equilíbrio, o frasco continha 17,4 mg de CO_2. Qual é o valor de K_c para a decomposição do carbamato de amônio em amônia e dióxido de carbono? A reação é

$$NH_4(NH_2CO_2)(s) \rightleftharpoons 2NH_3(g) + CO_2(g)$$

5I.34 Monóxido de carbono e vapor de água, ambos em 200. Torr, foram introduzidos em um recipiente de 0,250 L. Quando a mistura atingiu o equilíbrio, em 700°C, a pressão parcial de $CO_2(g)$ era 88 Torr. Calcule o valor de K para o equilíbrio

$$CO(g) + H_2O(g) \rightleftharpoons CO_2(g) + H_2(g)$$

5I.35 Considere a reação $2\,NO(g) \rightleftharpoons N_2(g) + O_2(g)$. Se a pressão parcial de $NO(g)$ é 1,0 bar e p é a pressão parcial de $N_2(g)$ no equilíbrio em bar, qual é a relação de equilíbrio correta? (a) $K = p^2/(1,0 - p)$; (b) $K = p^2$; (c) $K = p^2/(1,0 - 2p)^2$; (d) $K = 4p^3/(1,0 - 2p)^2$; (e) $K = 2p/(1,0 - p)^2$.

5I.36 Considere a reação $2\,NO_2(g) \rightleftharpoons 2\,NO(g) + O_2(g)$. Se a concentração molar de $NO_2(g)$ é 0,030 mol·L^{-1} e c é a concentração molar de $O_2(g)$ no equilíbrio em mols por litro, qual das expressões abaixo é a relação de equilíbrio correta? (a) $K_c = c^3$; (b) $K_c = 2c^2/(0,030 - 2c)^2$; (c) $K_c = 4c^3/(0,030 - 2c)^2$; (d) $K_c = c^2/(0,030 - c)$; (e) $K_c = 2c/(0,030 - c)^2$.

Tópico 5J A resposta dos equilíbrios às mudanças das condições

5J.1 A adição e a remoção de reagentes
5J.2 A compressão de uma mistura de reação
5J.3 A temperatura e o equilíbrio

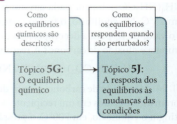

Por que você precisa estudar este assunto? Para projetar um processo industrial ou laboratorial eficiente, você precisa conhecer as condições que afetam a composição de uma mistura de reação no equilíbrio.

Que conhecimentos você precisa dominar? Este tópico se baseia nos cálculos de equilíbrio descritos no Tópico 5I. Se você usar argumentos cinéticos, precisará das informações sobre a equação de Arrhenius dadas no Tópico 7D. Na abordagem termodinâmica, você vai precisar da relação entre as constantes de equilíbrio e as energias livres de Gibbs padrão, discutidas no Tópico 5G.

No início do século XX, a expectativa da eclosão da Primeira Guerra Mundial gerou uma desesperada busca por compostos de nitrogênio. Eventualmente, o químico alemão Fritz Haber (Fig. 5J.1), em colaboração com o engenheiro químico de mesma nacionalidade Carl Bosch (Fig. 5J.2), encontrou uma forma econômica de utilizar o nitrogênio do ar. Haber aqueceu nitrogênio e hidrogênio sob pressão na presença de ferro:

$$N_2(g) + 3\,H_2(g) \xrightleftharpoons{Fe} 2\,NH_3(g) \qquad (A)$$

O metal atua como um catalisador, uma substância que ajuda a reação a ocorrer mais rapidamente (Tópico 7E).

A reação avança até o equilíbrio, normalmente com uma concentração muito baixa de amônia. Haber buscava maneiras de aumentar a quantidade de produto formada valendo-se do fato de que, como os equilíbrios químicos são dinâmicos, eles respondem a mudanças nas condições da reação.

5J.1 A adição e a remoção de reagentes

É possível predizer como a composição de uma reação em equilíbrio tende a mudar quando as condições se alteram usando o princípio identificado pelo químico francês Henri Le Chatelier (Fig. 5J.3):

Princípio de Le Chatelier: Quando uma perturbação é aplicada em um sistema em equilíbrio dinâmico, ele tende a se ajustar para reduzir ao mínimo o efeito da perturbação.

Esse princípio empírico (baseado em observações), no entanto, não é mais do que uma regra prática. Ele não dá uma explicação formal nem permite predições *quantitativas*. Entretanto, com o desenvolvimento do tópico, você entenderá as explicações cinéticas e termodinâmicas subjacentes e as conclusões *quantitativas* poderosas que podem ser deduzidas.

FIGURA 5J.1 Fritz Haber (1868-1934). *(ullstein bild/The Granger Collection, NYC.)*

FIGURA 5J.2 Carl Bosch (1874–1940). *(© DIZ Muenchen GmbH, Sueddeutsche Zeitung Photo/Alamy.)*

FIGURA 5J.3 Henri Le Chatelier (1850–1936). *(Academie des Sciences, Paris, France/Archives Charmet/Bridgeman Images.)*

FIGURA 5J.4 Estes gráficos mostram as variações de composição que podem ser esperadas quando excesso de hidrogênio e, depois, amônia, são adicionados a uma mistura de nitrogênio, hidrogênio e amônia em equilíbrio. Observe que a adição de hidrogênio resulta na formação de amônia, enquanto a adição de amônia leva à decomposição de um pouco da amônia adicionada. Em ambos os casos, a mistura ajusta-se a uma composição que está de acordo com a constante de equilíbrio da reação.

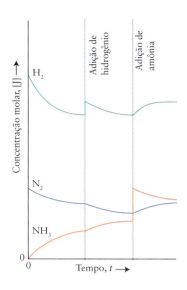

Imaginemos que a reação de síntese da amônia, reação A, atingiu o equilíbrio. Agora suponha que uma quantidade adicional de gás hidrogênio é bombeada para o sistema. De acordo com o princípio de Le Chatelier, a reação tenderá a reduzir ao mínimo o efeito do aumento no número de moléculas de hidrogênio através da reação do hidrogênio com o nitrogênio. Como resultado, forma-se mais amônia. Se, em vez de hidrogênio, tivéssemos adicionado amônia, a reação tenderia a formar reagentes devido à amônia adicionada (Fig. 5J.4).

PONTO PARA PENSAR

Suponha que um dos produtos de uma reação que está em equilíbrio seja um sólido puro. Como o equilíbrio será afetado se um pouco do sólido for removido? E se todo o sólido for removido?

A resposta de um sistema em equilíbrio após a adição ou remoção de uma substância pode ser explicada considerando-se as magnitudes relativas de Q e K. Quando são adicionados reagentes ou produtos, apenas Q varia, enquanto K, uma característica da reação, mantém-se constante. No equilíbrio, $Q = K$ e, portanto, o valor de Q é afetado. Ele sempre tenderá a ser igual a K porque esta direção da mudança corresponde a uma redução na energia livre de Gibbs (Fig. 5J.5):

- Quando reagentes são adicionados à mistura no equilíbrio, as concentrações dos reagentes no denominador de Q aumentam e, por isso, Q fica menor do que K, temporariamente. Como $Q < K$, a mistura de reação responde formando produtos e consumindo reagentes até $Q = K$ outra vez. Isto é, quando reagentes são adicionados a um sistema em equilíbrio, ele reage convertendo reagentes em produtos.
- Quando produtos são adicionados à mistura em equilíbrio, Q fica temporariamente maior do que K, porque os produtos aparecem no numerador. Agora, como $Q > K$, a mistura de reação responde formando reagentes à custa dos produtos, até $Q = K$ outra vez. Isto é, quando produtos são adicionados ao sistema no equilíbrio, ele reage convertendo produtos em reagentes.

EXEMPLO 5J.1 Como predizer o efeito da adição ou remoção de reagentes e produtos

O óxido nítrico, NO, é um intermediário na produção do ácido nítrico. Ele é produzido comercialmente mediante a oxidação controlada da amônia. Suponha que você precise aumentar a quantidade de NO produzida diariamente no equilíbrio $4\,NH_3(g) + 5\,O_2(g) \rightleftharpoons 4\,NO(g) + 6\,H_2O(g)$. Avalie o efeito sobre cada concentração em equilíbrio de (a) remoção de NO, (b) adição de NH$_3$, (c) adição de H$_2$O.

ANTECIPE Como a remoção de um produto ou a adição de um reagente provoca uma mudança na direção da formação de produto, você deve esperar que (a) e (b) se desloquem no sentido dos produtos enquanto (c) se desloca no sentido dos reagentes.

PLANEJE Considere como cada alteração afetará o valor de Q e que mudança é necessária para restabelecer o equilíbrio.

RESOLVA

Para esta reação

$$4\,NH_3(g) + 5\,O_2(g) \rightleftharpoons 4\,NO(g) + 6\,H_2O(g) \qquad Q = \frac{(P_{NO})^4 (P_{H_2O})^6}{(P_{NH_3})^4 (P_{O_2})^5}$$

(a) A remoção de NO (um produto) da mistura em equilíbrio reduz Q abaixo de K, logo a reação se ajusta enquanto uma quantidade adicional de produtos é formada à custa dos reagentes.
(b) Quando NH$_3$ é adicionado ao sistema em equilíbrio, Q cai abaixo de K, e, novamente, o equilíbrio se ajusta e produtos são formados à custa dos reagentes.
(c) A adição de H$_2$O eleva Q acima de K, com formação de reagentes à custa dos produtos.

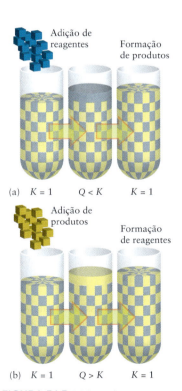

FIGURA 5J.5 (a) Quando um reagente (em azul) é adicionado a uma reação em equilíbrio, $Q < K$ e haverá tendência a formar produtos. (b) Quando um produto (em amarelo) é adicionado, $Q > K$ e haverá tendência a formar reagentes. Para essa reação, usamos $K = 1$ para o equilíbrio azul $\rightleftharpoons$ amarelo.

FIGURA INTERATIVA – 5J.5

AVALIE Como antecipado, a reação tende a se deslocar para os produtos em (a) e em (b), e na direção dos reagentes em (c).

Teste 5J.1A Considere o equilíbrio $SO_3(g) + NO(g) \rightleftharpoons SO_2(g) + NO_2(g)$. Avalie o efeito sobre o equilíbrio de (a) adição de NO, (b) adição de NO_2, (c) remoção de SO_2.

[***Resposta:*** O equilíbrio tende a se deslocar na direção dos (a) produtos; (b) reagentes; (c) produtos.]

Teste 5J.1B Considere o equilíbrio $CO(g) + 2H_2(g) \rightleftharpoons CH_3OH(g)$. Avalie o efeito sobre o equilíbrio de (a) adição de H_2; (b) remoção de CH_3OH; (c) remoção de CO.

Exercícios relacionados 5J.1 a 5J.4

O princípio de Le Chatelier sugere um bom caminho para assegurar que a reação continue gerando uma dada substância: basta remover os produtos assim que eles se formam. Na procura do equilíbrio, a reação avança na direção que gera mais produtos. Por essa razão, os processos industriais raramente atingem o equilíbrio. Na síntese comercial da amônia, por exemplo, a amônia é removida continuamente fazendo-se circular a mistura em equilíbrio por uma unidade de refrigeração na qual somente a amônia condensa. Portanto, o nitrogênio e o hidrogênio continuam a reagir para formar uma quantidade adicional de produto.

EXEMPLO 5J.2 Cálculo da composição no equilíbrio após a adição de um reagente

Suponha que você está projetando uma unidade de produção de compostos de fósforo para outras indústrias e precisa explorar as propriedades da reação $PCl_5(g) \rightleftharpoons PCl_3(g) + Cl_2(g)$ no equilíbrio. A reação atingiu o equilíbrio em 250°C (as pressões parciais dos componentes no equilíbrio são $P_{PCl_5} = 0{,}02$ bar, $P_{PCl_3} = 1{,}28$ bar, $P_{Cl_2} = 1{,}28$ bar e $K = 78{,}3$). Você adiciona 0,0100 mol de $Cl_2(g)$ à mistura em equilíbrio no recipiente (de volume 500. mL). Então, o sistema entra em equilíbrio novamente. Use essas informações para calcular a nova composição da mistura do equilíbrio.

ANTECIPE Como houve adição de produto, espera-se que a resposta da reação seja a produção de mais reagentes à custa dos produtos.

PLANEJE O procedimento geral é semelhante ao descrito na Caixa de Ferramentas 5I.1, exceto pelo fato de que a reação talvez não avance na direção dos produtos. Escreva a expressão da constante de equilíbrio e monte uma tabela de equilíbrio. Use, neste caso, as pressões parciais imediatamente após a adição do reagente, porém antes que a reação tenha respondido.

RESOLVA A adição de 0,0100 mol de $Cl_2(g)$ ao balão corresponde a um aumento de pressão parcial do cloro.

De $P_J = n_J RT/V$,

$$P_{Cl_2} = \frac{(0{,}0100 \text{ mol}) \times (8{,}3145 \times 10^{-2} \text{ L·bar·K}^{-1}\text{mol}^{-1}) \times (523 \text{ K})}{0{,}500 \text{ L}}$$
$$= 0{,}870 \text{ bar}$$

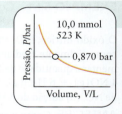

A pressão parcial total de cloro imediatamente após a adição do gás cloro é, portanto, $1{,}28 + 0{,}870$ bar $= 2{,}15$ bar. Elabore a seguinte tabela com todas as pressões parciais em bar. Observe a diminuição das pressões parciais dos produtos e o aumento da pressão parcial do reagente. A reação é

$$PCl_5(g) \rightleftharpoons PCl_3(g) + Cl_2(g) \qquad K = \frac{P_{PCl_3} P_{Cl_2}}{P_{PCl_5}}$$

	PCl_5	PCl_3	Cl_2
Etapa 1 pressão parcial inicial	0,02	1,28	2,15
Etapa 2 variação na pressão parcial	$+x$	$-x$	$-x$
Etapa 3 pressão parcial no equilíbrio	$0{,}02 + x$	$1{,}28 - x$	$2{,}15 - x$

Então, da expressão de K:

$$K = \frac{(1{,}28 - x) \times (2{,}15 - x)}{0{,}02 + x} = \frac{2{,}75 - 3{,}43x + x^2}{0{,}02 + x}$$

Rearranje a equação com $K = 78{,}3$:

$$78{,}3 = \frac{2{,}75 - 3{,}43x + x^2}{0{,}02 + x}$$

$$78{,}3 \times (0{,}02 + x) = 2{,}75 - 3{,}43x + x^2$$

$$1{,}57 + 78{,}3x = 2{,}75 - 3{,}43x + x^2$$

$$x^2 - 81{,}7x + 1{,}18 = 0$$

Encontre os valores de x,

Resolva, usando a fórmula quadrática (ou um programa de computador).

$$x = 81{,}7\ldots \text{ e } 0{,}0144\ldots$$

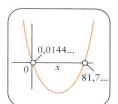

Selecione $x = 0{,}0144\ldots$ (porque as pressões parciais precisam ser positivas). No equilíbrio,

De $P_{PCl_5} = 0{,}02 + x$ bar, $\quad P_{PCl_5} = 0{,}02 + 0{,}01$ bar $= 0{,}03$ bar
De $P_{PCl_3} = 1{,}28 - x$ bar, $\quad P_{PCl_3} = 1{,}28 - 0{,}01$ bar $= 1{,}27$ bar
De $P_{Cl_2} = 2{,}15 - x$ bar, $\quad P_{Cl_2} = 2{,}15 - 0{,}01$ bar $= 2{,}14$ bar

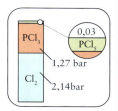

AVALIE Como antecipado, a pressão parcial do reagente aumentou e as pressões parciais dos produtos diminuíram em relação aos valores iniciais (Fig. 5J.6).

Teste 5J.2A Suponha que a mistura em equilíbrio do Exemplo 5I.3 seja perturbada pela adição de 3,00 mol de $N_2(g)$ e que o sistema restabeleça o equilíbrio. Use essas informações e os dados do Exemplo 5I.3 para calcular a nova composição de equilíbrio.

[*Resposta:* 23,2 bar N_2; 6,21 bar O_2; $1{,}0 \times 10^{-12}$ bar N_2O]

Teste 5J.2B Os gases nitrogênio, hidrogênio e amônia atingiram o equilíbrio em um balão de 1,00 L em 298 K. As pressões parciais de equilíbrio são 0,080 atm, 0,050 atm e 2,60 atm para o nitrogênio, o hidrogênio e a amônia, respectivamente. Para a reação A, $K = 6{,}8 \times 10^5$. Calcule as novas pressões parciais em equilíbrio se metade do NH_3 for removida do recipiente e o equilíbrio for restabelecido.

Exercícios relacionados 5J.7 e 5J.8

Quando a composição de equilíbrio é perturbada pela adição ou remoção de um reagente ou produto, a reação tende a ocorrer na direção que faz com que o valor de Q torne-se novamente igual a K.

5J.2 A compressão de uma mistura de reação

Um equilíbrio em fase gás responde à compressão – a redução de volume – do recipiente da reação. De acordo com o princípio de Le Chatelier, a composição tende a mudar para reduzir ao mínimo o efeito do aumento da pressão. Por exemplo, na dissociação de I_2 para formar átomos de I, $I_2(g) \rightleftharpoons 2\,I(g)$, 1 mol de moléculas do reagente na fase gás produz 2 mols de produto na fase gás. A reação direta aumenta o número de partículas do recipiente e também a pressão total do sistema, e a reação inversa diminui a pressão. Logo, quando a mistura é comprimida, a composição de equilíbrio tende a se deslocar na direção do reagente, I_2, porque isso reduz ao mínimo o efeito do aumento da pressão (Fig. 5J.7). A expansão provoca a resposta contrária, isto é, favorece a dissociação de I_2 em átomos livres. Na formação da amônia, reação A, 2 mols de moléculas de gás são produzidos a partir de 4 mols de moléculas de gás. Haber compreendeu que, para aumentar o rendimento da amônia, seria preciso conduzir a síntese com gases fortemente comprimidos. O processo industrial utiliza pressões de 250 atm ou mais (Fig. 5J.8).

FIGURA 5J.6 Resposta da mistura em equilíbrio ilustrada na Fig. 5I.4 à adição de cloro. As curvas de Cl_2 e PCl_3 se sobrepõem até a adição do excesso de Cl_2.

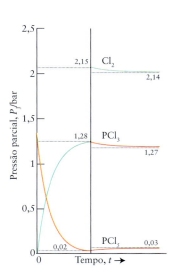

FIGURA 5J.7 O princípio de Le Chatelier prediz que, quando uma reação em equilíbrio é comprimida, o número de moléculas em fase gás tende a diminuir. O diagrama ilustra o efeito da compressão sobre o equilíbrio de dissociação de uma molécula diatômica. Observe o aumento da concentração relativa das moléculas diatômicas quando o sistema é comprimido e a diminuição quando o sistema se expande.

FIGURA 5J.8 Um dos reatores de alta pressão usados na síntese catalítica da amônia. O reator deve ser capaz de resistir a pressões superiores a 250 atm. (ZD GONG/EPA/Newscom)

EXEMPLO 5J.3 Como predizer o efeito da compressão sobre o equilíbrio

O tetróxido de nitrogênio, N_2O_4, é um combustível espacial preparado a partir da dimerização do dióxido de nitrogênio, NO_2. Imagine que você é um engenheiro químico e produz N_2O_4. Para isso, você precisa saber se deve usar valores altos ou baixos de pressão na síntese. Diga qual é o efeito da compressão sobre a composição, no equilíbrio, das misturas de reação em que os equilíbrios (a) $2\ NO_2(g) \rightleftharpoons N_2O_4(g)$ e (b) $N_2(g) + O_2(g) \rightleftharpoons 2\ NO(g)$ foram estabelecidos.

PLANEJE A reação ocorrerá na direção que reduzir o aumento na pressão, lembrando que um número menor de moléculas de um gás reduz a sua pressão. Portanto, compare o número de moléculas de gás que reagem com o número de moléculas de gás produzidas.

RESOLVA (a) Na reação direta, duas moléculas de NO_2 se combinam para formar uma molécula de N_2O_4. Logo, a compressão favorece a formação de N_2O_4. (b) Como nenhuma das direções corresponde à redução do número de moléculas em fase gás, a compressão da mistura não afetará a composição da mistura no equilíbrio. (Na prática, haverá um pequeno efeito devido à não idealidade dos gases.)

Teste 5J.3A Diga qual é o efeito da compressão sobre a composição de equilíbrio da reação $CH_4(g) + H_2O(g) \rightleftharpoons CO(g) + 3\ H_2(g)$.

[**Resposta:** Os reagentes são favorecidos.]

Teste 5J.3B Diga qual é o efeito da compressão sobre a composição de equilíbrio da reação $CO_2(g) + H_2O(l) \rightleftharpoons H_2CO_3(aq)$.

Exercícios relacionados 5J.9 e 5J.10

O efeito da compressão sobre uma mistura em equilíbrio pode ser explicado mostrando que a compressão de um sistema altera os valores de pressão parcial na expressão de K, ainda que K não se altere.

Como isso é feito?

Suponha que você queira descobrir o efeito da compressão sobre o equilíbrio $2\ NO_2(g) \rightleftharpoons N_2O_4(g)$. Escreva a constante de equilíbrio na forma completa (para termos cuidado com as unidades) como:

$$K = \frac{P_{N_2O_4}/P°}{(P_{NO_2}/P°)^2}$$

A seguir, como o foco deve ser o volume do sistema, considere que a compressão expressa K em termos do volume escrevendo $P_J = n_J RT/V$ para cada substância.

$$K = \frac{n_{N_2O_4}RT/VP°}{(n_{NO_2}RT/VP°)^2} = \frac{n_{N_2O_4}}{(n_{NO_2})^2} \times \frac{P°}{RT} \times V$$

Como $P°/RT$ é constante, para que essa expressão permaneça constante quando o volume (V) do sistema diminui, a razão $n_{N_2O_4}/(n_{NO_2})^2$ deve aumentar. Isto é, a quantidade de NO_2 deve diminuir e a quantidade de N_2O_4 deve aumentar. Portanto, quando o volume do sistema diminui, o equilíbrio muda na direção do menor número total de moléculas na fase gás. Quando o sistema se expande, uma quantidade adicional de NO_2 seria produzida, e o equilíbrio se deslocaria na direção de um número total maior de moléculas do gás.

Suponha que a pressão interna total no vaso de reação fosse aumentada bombeando argônio ou outro gás inerte, em volume constante. Como os gases que reagem continuariam ocupando o mesmo volume, suas concentrações molares e suas pressões parciais permaneceriam inalteradas, apesar da presença de um gás inerte. Nesse caso, portanto, ainda que os gases possam ser considerados ideais, a composição de equilíbrio não é afetada, embora a pressão total tenha aumentado.

A compressão de uma mistura de reação em equilíbrio tende a deslocar a reação na direção que reduz o número de moléculas em fase gás. O aumento da pressão pela introdução de um gás inerte não afeta a composição em equilíbrio.

5J.3 A temperatura e o equilíbrio

A constante de equilíbrio de uma reação depende da temperatura. Duas observações experimentais resumem esta dependência. Sabe-se que, para reações exotérmicas (que liberam calor), quando a temperatura é aumentada a composição da mistura em equilíbrio é deslocada em favor dos reagentes (*K* diminui) e que o oposto ocorre em reações endotérmicas (que absorvem calor, *K* aumenta).

O princípio de Le Chatelier está de acordo com essas observações. Como a composição favorece os reagentes em uma reação exotérmica, a quantidade de calor liberada é menor, o que pode ser visto como fator que contrabalança o aumento da temperatura. Da mesma forma, como a composição se desloca para os produtos em uma reação endotérmica, a quantidade de calor absorvido é maior, o que ajuda a compensar o aumento da temperatura.

Um exemplo é a decomposição dos carbonatos. Uma reação como $CaCO_3(s) \rightarrow CaO(s) + CO_2(g)$ é fortemente endotérmica, e a pressão parcial de dióxido de carbono só é apreciável no equilíbrio se a temperatura for alta. Por exemplo, em 800°C, a pressão parcial é 0,22 atm no equilíbrio. Se o aquecimento ocorre em um recipiente aberto, essa pressão parcial nunca é atingida, porque o equilíbrio nunca é atingido. O gás se dispersa e o carbonato de cálcio decompõe-se completamente, deixando um resíduo sólido de CaO. Entretanto, se o ambiente já for rico em dióxido de carbono, com a pressão parcial acima de 0,22 atm, então não ocorre decomposição: para cada molécula de CO_2 que se forma, outra é reconvertida a carbonato. Esse processo dinâmico é, provavelmente, o que acontece na superfície de Vênus (Fig. 5J.9), onde a pressão parcial do dióxido de carbono fica em torno de 87 atm. Essa alta pressão levou à especulação de que a superfície do planeta é rica em carbonatos, apesar da alta temperatura (em torno de 500°C).

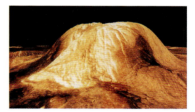

FIGURA 5J.9 Uma imagem da superfície de Vênus, produzida por radar. Embora as rochas estejam em alta temperatura, a pressão parcial do dióxido de carbono na atmosfera é tão grande que os carbonatos podem ser abundantes. *(NASA/JPL)*

EXEMPLO 5J.4 Como predizer o efeito da temperatura sobre um equilíbrio

Uma das etapas da produção de ácido sulfúrico é a formação de trióxido de enxofre pela reação de SO_2 com O_2 na presença do catalisador óxido de vanádio(V). Suponha que você precise aumentar a composição do trióxido de enxofre no equilíbrio. Avalie como se comporta a composição de equilíbrio na síntese do trióxido de enxofre quando a temperatura aumenta.

ANTECIPE As reações de combustão são todas exotérmicas, logo você deve esperar que o equilíbrio desta reação se desloque no sentido dos reagentes quando a temperatura aumenta.

PLANEJE Verifique se a reação é exotérmica. Para encontrar a entalpia padrão da reação, use as entalpias padrão de formação dadas no Apêndice 2A.

RESOLVA

A equação química é

$$2\,SO_2(g) + O_2(g) \underset{}{\overset{V_2O_5}{\rightleftharpoons}} 2\,SO_3(g)$$

A entalpia padrão de reação no sentido direto é

$$\Delta H° = (2\,mol) \times \Delta H_f°(SO_3, g) - \{(2\,mol) \times \Delta H_f°(SO_2, g) + (1\,mol) \times \overbrace{\Delta H_f°(O_2, g)}^{\Delta H_f° = 0}\}$$
$$= 2(-395{,}75\,kJ) - 2(-296{,}83\,kJ) = -197{,}78\,kJ$$

AVALIE Como a formação de SO_3 é exotérmica, o aumento da temperatura da mistura no equilíbrio favorece a decomposição de SO_3 em SO_2 e O_2. Em consequência, as pressões do SO_2 e do O_2 vão aumentar e a do SO_3 vai diminuir, como antecipamos.

Teste 5J.4A Avalie o efeito do aumento da temperatura sobre a composição de equilíbrio da reação $N_2O_4(g) \rightleftharpoons 2\,NO_2(g)$. Veja os dados no Apêndice 2A.

[*Resposta:* A pressão de NO_2 vai aumentar.]

Teste 5J.4B Avalie o efeito da diminuição da temperatura sobre a composição de equilíbrio da reação $2\,CO(g) + O_2(g) \rightleftharpoons 2\,CO_2(g)$. Veja os dados no Apêndice 2A.

Exercícios relacionados 5J.11 e 5J.12

O efeito da temperatura na composição de equilíbrio é uma consequência da dependência da constante de equilíbrio com a temperatura. Como nos outros aspectos do equilíbrio, essa dependência pode ser avaliada das perspectivas cinética e termodinâmica.

Como explicar isso...

...usando a cinética?

As constantes de velocidade direta e inversa na Equação 3 do Tópico 7C ($K = k_r/k_r'$) dependem da temperatura, de acordo com a equação de Arrhenius. De $K = k_r/k_r'$ e das equações de Arrhenius para as duas constantes de velocidade

$$K = \frac{Ae^{-E_a/RT}}{A'e^{-E_a'/RT}} \stackrel{e^x/e^y = e^{x-y}}{=} \frac{A}{A'}e^{-(E_a - E_a')/RT}$$

A diferença entre as energias de ativação direta e inversa podem ser identificadas com base na entalpia de reação (Fig. 5J.10), logo

$$K = \text{constante} \times e^{-\Delta H_r^\circ/RT}$$

Portanto,

$$\ln K \stackrel{\ln xy = \ln x + \ln y,\ \ln e^x = x}{=} \ln(\text{constante}) - \frac{\Delta H_r^\circ}{RT}$$

Para as duas temperaturas T_1 e T_2, quando as constantes de equilíbrio são K_1 e K_2 e qualquer dependência da entalpia de reação em relação à temperatura é ignorada, temos que:

$$\ln K_1 - \ln K_2 = \left\{\ln(\text{constante}) - \frac{\Delta H_r^\circ}{RT_1}\right\}$$
$$- \left\{\ln(\text{constante}) - \frac{\Delta H_r^\circ}{RT_2}\right\}$$

$$\ln K_1 - \ln K_2 = -\frac{\Delta H_r^\circ}{R}\left\{\frac{1}{T_1} - \frac{1}{T_2}\right\}$$

...usando a termodinâmica?

As relações entre as constantes de equilíbrio K_1 e K_2 e as energias livres de Gibbs padrão de reação em duas temperaturas T_1 e T_2 são

$$\Delta G_{r,1}^\circ = -RT_1 \ln K_1$$
$$\Delta G_{r,2}^\circ = -RT_2 \ln K_2$$

As duas expressões podem ser rearranjadas para dar

$$\ln K_1 = -\frac{\Delta G_{r,1}^\circ}{RT_1} \quad \ln K_2 = -\frac{\Delta G_{r,2}^\circ}{RT_2}$$

Subtraindo a segunda da primeira, temos

$$\ln K_1 - \ln K_2 = -\frac{1}{R}\left\{\frac{\Delta G_{r,1}^\circ}{T_1} - \frac{\Delta G_{r,2}^\circ}{T_2}\right\}$$

Neste ponto, introduzimos a definição de ΔG_r° em termos de ΔH_r° e ΔS_r°:

$$\Delta G_{r,1}^\circ = \Delta H_{r,1}^\circ - T_1 \Delta S_{r,1}^\circ$$
$$\Delta G_{r,2}^\circ = \Delta H_{r,2}^\circ - T_2 \Delta S_{r,2}^\circ$$

que dá

$$\ln K_1 - \ln K_2 = -\frac{1}{R} \times$$

$$\left\{\overbrace{\frac{\Delta H_{r,1}^\circ - T_1\Delta S_{r,1}^\circ}{T_1}}^{\Delta G_{r,1}^\circ} - \overbrace{\frac{\Delta H_{r,2}^\circ - T_2\Delta S_{r,2}^\circ}{T_2}}^{\Delta G_{r,2}^\circ}\right\}$$

$$= -\frac{1}{R}\left\{\frac{\Delta H_{r,1}^\circ}{T_1} - \frac{\Delta H_{r,2}^\circ}{T_2} - \Delta S_{r,1}^\circ + \Delta S_{r,2}^\circ\right\}$$

É razoável considerar ΔH_r° e ΔS_r° aproximadamente independentes da temperatura na faixa de interesse. Quando essa aproximação é feita, as entropias de reação se cancelam, e temos

$$\ln K_1 - \ln K_2 = -\frac{\Delta H_r^\circ}{R}\left\{\frac{1}{T_1} - \frac{1}{T_2}\right\}$$

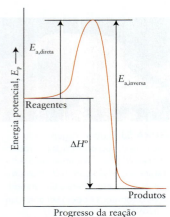

FIGURA 5J.10 A diferença entre as energias de ativação direta e inversa é a diferença entre as energias (molares) entre os produtos e os reagentes. Em boa aproximação, essa diferença é igual à entalpia padrão de reação.

A expressão que acabamos de derivar é uma versão quantitativa do princípio de Le Chatelier para o efeito da temperatura. Normalmente ela é rearranjada na **equação de van't Hoff** multiplicando-a por -1 e usando $\ln a - \ln b = \ln(a/b)$:

$$\ln \frac{K_2}{K_1} = \frac{\Delta H_r^\circ}{R}\left\{\frac{1}{T_1} - \frac{1}{T_2}\right\} \quad (1)$$

Nesta expressão, K_1 é a constante de equilíbrio quando a temperatura é T_1, e K_2 é a constante de equilíbrio quando a temperatura é T_2.

Esta equação é algumas vezes chamada de *isócora de van't Hoff*, para distingui-la da equação da pressão osmótica de van't Hoff (Tópico 5F). Uma *isócora* é o gráfico da equação de um processo em volume constante.

O que esta equação revela Se a reação é endotérmica, então ΔH_r° é positivo. Se $T_2 > T_1$, então $1/T_2 < 1/T_1$ e o termo entre parênteses também é positivo. Portanto, $\ln(K_2/K_1)$ é positivo, ou seja, $K_2/K_1 > 1$ e, portanto, $K_2 > K_1$. Em outras palavras, o aumento de temperatura favorece a formação de produtos se a reação for endotérmica. O efeito oposto ocorre para uma reação exotérmica, porque ΔH_r° é negativo. Portanto, a equação de van't Hoff explica o princípio de Le Chatelier para o efeito da temperatura no equilíbrio.

EXEMPLO 5J.5 Como calcular o valor da constante de equilíbrio em diferentes temperaturas

A maior parte das reações avança mais rapidamente em temperaturas altas, situação em que muitos processos industriais são conduzidos. Contudo, para reações exotérmicas o aumento da temperatura reduz a constante de equilíbrio e, logo, o rendimento da reação. Suponha que você esteja investigando como elevar o rendimento da síntese da amônia e precise avaliar o efeito do aumento da temperatura no processo. A constante de equilíbrio, K, da síntese da amônia (reação A) é $6,8 \times 10^5$ em 298 K. Avalie seu valor em 400. K.

ANTECIPE A síntese da amônia é exotérmica, logo você deve esperar que a constante de equilíbrio seja menor na temperatura mais elevada.

PLANEJE Para usar a equação de van't Hoff, você precisa ter a entalpia padrão de reação, que pode ser calculada a partir da entalpia padrão de formação encontrada no Apêndice 2A. A Equação 1 exige que utilizemos a convenção "molar".

O que você deve supor? Que os gases são ideais e que a entalpia de reação é constante na faixa de temperaturas de interesse.

RESOLVA A entalpia padrão de reação no sentido direto em A é

$$\Delta H_r^\circ = 2\Delta H_f^\circ(NH_3, g) = 2(-46,11 \text{ kJ}\cdot\text{mol}^{-1})$$
$$= -92,22 \text{ kJ}\cdot\text{mol}^{-1} = -9,222 \times 10^4 \text{ J}\cdot\text{mol}^{-1}$$

De $\ln(K_2/K_1) = (\Delta H_r^\circ/R)\{(1/T_1) - (1/T_2)\}$,

$$\ln \frac{K_2}{K_1} = \frac{-9,222 \times 10^4 \text{ J}\cdot\text{mol}^{-1}}{8,3145 \text{ J}\cdot\text{K}^{-1}\cdot\text{mol}^{-1}} \times \left(\frac{1}{298\text{K}} - \frac{1}{400.\text{K}}\right) = -9,49\ldots$$

Aplique os antilogaritmos (e^x):

$$K_2 = K_1 e^{-9,49\ldots} = (6,8 \times 10^5) \times e^{-9,49\ldots} = 51$$

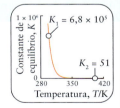

AVALIE A constante de equilíbrio em 400. K é menor, como esperado, e está próxima do valor experimental 41 na Tabela 5G.2. Ela não é igual porque ΔH_r° pode se alterar na faixa de temperaturas utilizada. Essa conclusão mostra por que Haber precisou usar um catalisador para acelerar a reação em vez de elevar a temperatura: um aumento de temperatura renderia uma quantidade menor de amônia no equilíbrio.

Teste 5J.5A A constante de equilíbrio K de $2\,SO_3(g) \rightleftharpoons 2\,SO_2(g) + O_2(g)$ é $2,5 \times 10^{-25}$ em 298 K. Prediga seu valor em 500. K.

[***Resposta:*** $2,5 \times 10^{-11}$]

Teste 5J.5B A constante de equilíbrio K de $PCl_5(g) \rightleftharpoons PCl_3(g) + Cl_2(g)$ é 78,3 em 523 K. Avalie seu valor em 800. K.

Exercícios relacionados 5J.15 e 5J.16

434 Tópico 5J A resposta dos equilíbrios às mudanças das condições

Uma precaução: quando se usa a equação de van't Hoff para reações na fase gás, a constante de equilíbrio deve ser K, não K_c. Se você precisa de um novo valor de K_c para uma reação em fase gás, você precisa converter K_c em K na temperatura inicial (usando a Equação 4b do Tópico 5H, $K = (RT)^{\Delta n_r} K_c$). Depois, use a equação de van't Hoff para calcular o valor de K na nova temperatura e, finalmente, converta K em K_c usando o novo valor de K_c, na nova temperatura.

O aumento da temperatura de uma reação exotérmica reduz o valor de K. O aumento da temperatura de uma reação endotérmica eleva o valor de K. A equação de van't Hoff expressa esse efeito de forma quantitativa.

O que você aprendeu com este tópico?

Você aprendeu que, devido ao fato de as reações no equilíbrio serem dinâmicas, elas respondem às variações nas condições da reação, como ocorre quando você adiciona reagentes ou produtos e altera a temperatura. Você aprendeu a usar o princípio de Le Chatelier para predizer o efeito de uma mudança nas condições e a fazer avaliações quantitativas sobre o efeito da temperatura usando a equação de van't Hoff.

Os conhecimentos que você deve dominar incluem a capacidade de:

☐ **1.** Usar o princípio de Le Chatelier para predizer como a composição de equilíbrio de uma mistura de reação é afetada pela adição ou remoção de reagentes (Exemplos 5J.1 e 5J.2), pela compressão ou expansão da mistura (Exemplo 5J.3) ou pela mudança de temperatura (Exemplo 5J.4).

☐ **2.** Calcular o valor de K em dada temperatura a partir de seu valor em outra (Exemplo 5J.5).

Tópico 5J Exercícios

5J.1 Considere o equilíbrio $CO(g) + H_2O(g) \rightleftharpoons CO_2(g) + H_2(g)$. (a) Se a pressão parcial do CO_2 é aumentada, o que acontece com a pressão parcial do H_2? (b) Se a pressão parcial do CO é reduzida, o que acontece com a pressão parcial do CO_2? (c) Se a concentração do CO é aumentada, o que acontece com a concentração do H_2? (d) Se a concentração da H_2O é diminuída, o que acontece com a constante de equilíbrio da reação?

5J.2 Considere o equilíbrio $CH_4(g) + 4 I_2(s) \rightleftharpoons CI_4(g) + 4 HI(g)$. (a) Se a pressão parcial do CH_4 é aumentada, o que acontece com a pressão parcial do CI_4? (b) Se a pressão parcial do CI_4 é reduzida, o que acontece com a pressão parcial do I_2? (d) Se a concentração de HI é aumentada, o que acontece com a constante de equilíbrio da reação? (d) Se a concentração de I_2 é aumentada, o que acontece com a concentração do CI_4?

5J.3 A mistura de quatro gases, NH_3, O_2, NO e H_2O, colocada em um reator atinge o equilíbrio na reação $4 NH_3(g) + 5 O_2(g) \rightleftharpoons 4 NO(g) + 6 H_2O(g)$. Certas mudanças (veja a tabela seguinte) são, então, feitas na mistura. Examine cada mudança separadamente e explique o efeito (aumento, diminuição ou nenhum) que elas provocam nos valores originais de equilíbrio da quantidade da segunda coluna (ou K, se for o caso). A temperatura e o volume se mantêm constantes.

Mudança	Quantidade
(a) Adição de NO	Quantidade de H_2O
(b) Adição de NO	Quantidade de O_2
(c) Remoção de H_2O	Quantidade de NO
(d) Remoção de O_2	Quantidade de NH_3
(e) Adição de NH_3	K
(f) Remoção de NO	Quantidade de NH_3
(g) Adição de NH_3	Quantidade de O_2

5J.4 As substâncias HCl, I_2, HI e Cl_2 são misturadas em um reator e atingem o equilíbrio na reação $2 HCl(g) + I_2(s) \rightleftharpoons 2 HI(g) + Cl_2(g)$. Certas mudanças (especificadas na primeira coluna da tabela seguinte) são, então, feitas na mistura. Examine cada mudança separadamente e explique o efeito (aumento, diminuição ou nenhum) que elas provocam nos valores originais de equilíbrio da quantidade da segunda coluna (ou K, se for o caso). A temperatura e o volume se mantêm constantes.

Mudança	Quantidade
(a) Adição de HCl	Quantidade de HI
(b) Adição de I_2	Quantidade de Cl_2
(c) Remoção de HI	Quantidade de Cl_2
(d) Remoção de Cl_2	Quantidade de HCl
(e) Adição de HCl	K
(f) Remoção de HCl	Quantidade de I_2
(g) Adição de I_2	K

5J.5 Determine se os reagentes ou os produtos são favorecidos pelo aumento da pressão total (resultado da compressão) em cada um dos seguintes equilíbrios. Se nenhuma mudança ocorre, explique por quê.

(a) $2 O_3(g) \rightleftharpoons 3 O_2(g)$

(b) $H_2O(g) + C(s) \rightleftharpoons H_2(g) + CO(g)$

(c) $4 NH_3(g) + 5 O_2(g) \rightleftharpoons 4 NO(g) + 6 H_2O(g)$

(d) $2 HD(g) \rightleftharpoons H_2(g) + D_2(g)$

(e) $Cl_2(g) \rightleftharpoons 2 Cl(g)$

Tópico 5J Exercícios **435**

5J.6 Determine o que acontece com a concentração da substância indicada quando a pressão total de cada um dos seguintes equilíbrios aumenta (por compressão):

(a) $NO_2(g)$ em $2 Pb(NO_3)_2(s) \rightleftharpoons 2 PbO(s) + 4 NO_2(g) + O_2(g)$
(b) $NO(g)$ em $3 NO_2(g) + H_2O(l) \rightleftharpoons 2 HNO_3(aq) + NO(g)$
(c) $HI(g)$ em $2 HCl(g) + I_2(s) \rightleftharpoons 2 HI(g) + Cl_2(g)$
(d) $SO_2(g)$ em $2 SO_2(g) + O_2(g) \rightleftharpoons 2 SO_3(g)$
(e) $NO_2(g)$ em $NO(g) + O_2(g) \rightleftharpoons 2 NO_2(g)$

5J.7 Um reator para a produção de amônia pelo processo de Haber entra em equilíbrio quando $P_{N_2} = 3{,}11$ bar, $P_{H_2} = 1{,}64$ e $P_{NH_3} = 23{,}72$ bar. Se a pressão parcial de N_2 aumenta 1,57 bar, qual será a pressão parcial de cada gás quando o equilíbrio for restabelecido?

5J.8 Em um laboratório que estuda a extração do metal ferro de um minério, a seguinte reação ocorreu em 1.270 K em um reator de volume 10,0 L: $FeO(s) + CO(g) \rightleftharpoons Fe(s) + CO_2(g)$. No equilíbrio, a pressão parcial de CO era 4,24 bar e a do CO_2, 1,71 bar. A pressão do CO_2 foi reduzida até 0,43 bar pela reação parcial com NaOH e o sistema atingiu novamente o equilíbrio. Qual era a pressão parcial de cada gás quando o novo equilíbrio se estabeleceu?

5J.9 Considere o equilíbrio $3 NH_3(g) + 5 O_2(g) \rightleftharpoons 4 NO(g) + 6 H_2O(g)$. (a) O que acontece com a pressão parcial de NH_3 se a pressão parcial do NO é aumentada? (b) A pressão parcial do O_2 diminui quando a pressão parcial do NH_3 diminui?

5J.10 Considere o equilíbrio $2 SO_2(g) + O_2(g) \rightleftharpoons 2 SO_3(g)$. (a) O que acontece com a pressão parcial de SO_3 se a pressão parcial do SO_2 é reduzida? (b) Se a pressão parcial do SO_2 é aumentada, o que acontece com a pressão parcial do O_2?

5J.11 Para cada um dos seguintes equilíbrios, avalie se haverá deslocamento na direção dos reagentes ou dos produtos quando a temperatura aumenta.

(a) $N_2O_4(g) \rightleftharpoons 2 NO_2(g)$, $\Delta H° = +57$ kJ
(b) $X_2(g) \rightleftharpoons 2 X(g)$, em que X é um halogênio
(c) $Ni(s) + 4 CO(g) \rightleftharpoons Ni(CO)_4(g)$, $\Delta H° = -161$ kJ
(d) $CO_2(g) + 2 NH_3(g) \rightleftharpoons$
$$CO(NH_2)_2(s) + H_2O(g), \Delta H° = -90 kJ$$

5J.12 Para cada um dos seguintes equilíbrios, avalie se haverá deslocamento na direção dos reagentes ou dos produtos quando a temperatura aumenta.

(a) $CH_4(g) + H_2O(g) \rightleftharpoons CO(g) + 3 H_2(g)$, $\Delta H° = +206$ kJ
(b) $CO(g) + H_2O(g) \rightleftharpoons CO_2(g) + H_2(g)$, $\Delta H° = -41$ kJ
(c) $2 SO_2(g) + O_2(g) \rightleftharpoons 2 SO_3(g)$, $\Delta H° = -198$ kJ

5J.13 Uma mistura gasosa de 2,23 mmols de N_2 e 6,69 mmols de H_2 foi colocada em um reator de 500. mL e aquecida até 600. K, atingindo o equilíbrio. Ocorrerá a formação de mais amônia se a mistura em equilíbrio for aquecida até 700. K? Para $N_2(g) + 3 H_2(g) \rightleftharpoons 2 NH_3(g)$, $K = 1{,}7 \times 10^{-3}$ em 600. K e $7{,}8 \times 10^{-5}$ em 700. K.

5J.14 Uma mistura gasosa de 1,1 mmol de SO_2 e 2,2 mmols de O_2 foi colocada em um reator de 250 mL e aquecida até 500. K, atingindo o equilíbrio. Ocorrerá a formação de mais trióxido de enxofre se a mistura em equilíbrio for resfriada até 298 K? Para a reação $2 SO_2(g) + O_2(g) \rightleftharpoons 2 SO_3(g)$, $K = 2{,}5 \times 10^{10}$ em 500. K e $4{,}0 \times 10^{24}$ em 298 K.

5J.15 Calcule a constante de equilíbrio em 25°C e 150°C de cada uma das seguintes reações a partir dos dados do Apêndice 2A:

(a) $NH_4Cl(s) \rightleftharpoons NH_3(g) + HCl(g)$
(b) $H_2(g) + D_2O(l) \rightleftharpoons D_2(g) + H_2O(l)$

5J.16 Calcule a constante de equilíbrio em 25°C e 100°C de cada uma das seguintes reações a partir dos dados do Apêndice 2A:

(a) $2 CuO(s) \rightleftharpoons 2 Cu(s) + O_2(g)$
(b) $C_2H_4(g) + H_2(g) \rightleftharpoons C_2H_6(g)$

5J.17 Combine a equação de K_c em termos de K com a equação de van't Hoff para obter o análogo da equação de van't Hoff para K_c.

5J.18 A vaporização de um líquido pode ser tratada como um caso especial de equilíbrio. Como a pressão de vapor de um líquido varia com a temperatura? *Sugestão:* Obtenha uma versão da equação de van't Hoff que se aplique à pressão de vapor escrevendo primeiro a constante de equilíbrio K para a vaporização.

O exemplo e os exercícios a seguir baseiam-se no conteúdo do Foco 5.

FOCO 5 — Exemplo cumulativo online

O etanol (CH$_3$CH$_2$OH) é adicionado à gasolina para melhorar a combustão e reduzir a poluição atmosférica. Ele é produzido em escala industrial mediante a hidratação do eteno (C$_2$H$_4$) em temperaturas e pressões elevadas. Imagine que você é um engenheiro químico e precisa explorar a termodinâmica e as propriedades da reação C$_2$H$_4$(g) + H$_2$O(g) $\rightleftharpoons$ CH$_3$CH$_2$OH(g) no equilíbrio.

(a) Com base nos dados no Apêndice 2A, escreva a equação termodinâmica para a síntese industrial do etanol.

(b) Use os dados no Apêndice 2A para (i) determinar $\Delta G°$ para este sistema em 25°C e (ii) encontrar a constante de equilíbrio em 300°C. (iii) O aumento na temperatura favoreceria os reagentes ou os produtos?

(c) Um reator é carregado com C$_2$H$_4$(g) e H$_2$O(g) em 60 bar e 40 bar, respectivamente. Determine as pressões no equilíbrio de C$_2$H$_4$(g), H$_2$O(g) e CH$_3$CH$_2$OH(g) em 300°C.

(d) A mistura no equilíbrio no item (c) é esfriada e a água e o etanol condensam. O excesso de eteno é liberado na atmosfera. (i) Qual é a pressão de vapor na mistura líquida resultante em 25°C? (ii) Qual é a fração molar do etanol no vapor em equilíbrio com a mistura condensada em 25°C?

 A solução deste exemplo está disponível, em inglês, no hotsite http://apoio.grupoa.com.br/atkins7ed

FOCO 5 — Exercícios

5.1 As moléculas de água se orientam do mesmo modo ou de modo diferente em torno dos cátions e ânions quando o cloreto de sódio dissolve? Explique sua resposta.

5.2 Quando o cloreto de sódio dissolve em água, basta uma molécula de água para remover um íon cloreto do cristal ou é necessário mais de uma? Explique sua resposta.

5.3 Complete as seguintes afirmativas sobre o efeito das forças intermoleculares nas propriedades físicas de uma substância. (a) Quanto maior for o ponto de ebulição de um líquido, (maiores, menores) serão suas forças intermoleculares. (b) As substâncias com forças intermoleculares elevadas têm pressões de vapor (menores, maiores) na temperatura ambiente. (c) As substâncias com forças intermoleculares altas normalmente têm valores (altos, baixos) de tensão superficial. (d) Quanto maior for a pressão de vapor de um líquido em uma dada temperatura, (maiores, menores) serão suas forças intermoleculares. (e) Como o nitrogênio, N$_2$, tem forças intermoleculares (altas, baixas), sua temperatura crítica é (alta, baixa). (f) As substâncias com valores altos de pressão de vapor na temperatura ambiente têm pontos de ebulição (altos, baixos). (g) Como a água tem ponto de ebulição alto, suas forças intermoleculares são (altas, baixas) e, por essa razão, sua entalpia de vaporização é (alta, baixa).

5.4 O peróxido de hidrogênio, H$_2$O$_2$, é um líquido viscoso cuja pressão de vapor é mais baixa do que a da água. Seu ponto de ebulição é 152°C. Explique as diferenças entre essas propriedades e as da água.

5.5 Explique o efeito que um aumento na temperatura tem sobre cada uma das seguintes propriedades: (a) viscosidade; (b) tensão superficial; (c) pressão de vapor; (d) velocidade de evaporação.

5.6 Explique como a pressão de vapor de um líquido é afetada por cada uma das seguintes mudanças de condições: (a) aumento da temperatura; (b) aumento da área superficial do líquido; (c) aumento do volume acima do líquido; (d) adição de ar ao volume acima do líquido.

5.7 Você tem dois béqueres: um está cheio de tetracloro-metano e o outro, de água. Você também tem dois compostos, butano (CH$_3$CH$_2$CH$_2$CH$_3$) e cloreto de cálcio. (a) Em que líquido o butano dissolverá? Faça um esquema do soluto na solução. (b) Em que solvente o cloreto de cálcio dissolverá? Faça um esquema do soluto na solução.

5.8 Use o diagrama de fases do composto X, abaixo, para responder estas questões: (a) X é um sólido, um líquido ou um gás na temperatura normal? (b) Qual é o ponto de ebulição normal de X? Qual é a pressão de vapor de X em −50°C? Qual é a pressão de vapor do sólido X em −100°C?

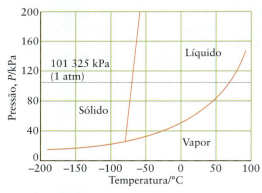

5.9 Durante a determinação da massa molar usando o abaixamento do ponto de congelamento, é possível cometer os seguintes erros (dentre outros). Em cada caso, avalie se o erro faria obter uma massa molar maior ou menor do que o valor real. (a) Havia poeira na balança, o que fez a massa do soluto parecer maior do que de fato é. (b) A água foi medida em volume, pressupondo que sua densidade fosse 1,00 g·cm^{-3}, mas a água estava mais quente e, portanto, menos densa do que o considerado. (c) O termômetro não foi calibrado com precisão e, por essa razão, o ponto de congelamento real é 0,5°C superior ao registrado. (d) A solução não foi agitada o suficiente, e o soluto não dissolveu totalmente.

5.10 O ponto de congelamento do benzeno é 5,53°C. Suponha que 10,0 g de um composto orgânico usado como um componente de bolas de naftalina se dissolve em 80,0 g de benzeno. O ponto de congelamento da solução é 1,20°C. (a) Qual é a massa molar aproximada do composto orgânico? (b) A análise elementar daquela substância indicou que a fórmula empírica é C_3H_2Cl. Qual é sua fórmula molecular? (c) Use as massas atômicas da Tabela Periódica para calcular uma massa molar mais precisa para o composto.

5.11 A altura da coluna de líquido que pode ser mantida por uma determinada pressão é inversamente proporcional a sua densidade. Uma solução de 0,010 g de uma proteína em 10. mL de água em 20°C tem a elevação de 5,22 cm no aparelho da Figura 5F.3. Suponha que a densidade da solução é 0,998 g·cm^{-3} e a densidade do mercúrio, 13,6 g·cm^{-3}. (a) Qual é a massa molar da proteína? (b) Qual é o ponto de congelamento da solução? (c) Que propriedade coligativa é melhor para medir a massa molar dessas moléculas grandes? Justifique sua resposta.

5.12 Uma solução 0,060 M em $C_6H_{12}O_6$(aq) (glicose) é separada de uma solução 0,040 M em $CO(NH_2)_2$(aq) (ureia) por uma membrana semipermeável em 25°C. Para ambos os compostos, $i = 1$. (a) Que solução tem a maior pressão osmótica? (b) Que solução se torna mais diluída com a passagem das moléculas de H_2O pela membrana? (c) A qual solução deve ser aplicada uma pressão externa para manter um fluxo de moléculas de H_2O em equilíbrio pela membrana? (d) Que pressão externa (em atm) deve ser aplicada no item (c)?

5.13 (a) Derive, a partir dos dados do Apêndice 2A, uma forma numérica da equação de Clausius-Clapeyron para o metanol. (b) Use essa equação para construir um gráfico entre as quantidades apropriadas que forneça uma linha reta entre a pressão de vapor e a temperatura. (c) Estime a pressão de vapor do metanol em 0,0°C. (d) Estime o ponto de ebulição normal do metanol.

5.14 (a) Derive, a partir dos dados do Apêndice 2A e da Tabela 4C.1, uma forma numérica da equação de Clausius-Clapeyron para o benzeno. (b) Use essa equação para construir um gráfico entre as quantidades apropriadas que forneça uma linha reta entre a pressão de vapor e a temperatura. (c) Estime o ponto de ebulição do benzeno quando a pressão externa for 0,655 atm. (d) Calcule S_m° para o gás benzeno.

5.15 As propriedades coligativas podem dar informações sobre as propriedades das soluções e também sobre as propriedades dos solutos. O ácido acético, CH_3COOH, por exemplo, comporta-se diferentemente em dois solventes distintos. (a) O ponto de congelamento de uma solução 5,00%, em massa, de ácido acético em água é $-1,72°C$. (b) Qual é a massa molar do soluto? Explique uma eventual discrepância entre a massa molar experimental e a massa molar esperada. (b) O abaixamento do ponto de congelamento associado com uma solução 5,00%, em massa, de ácido acético em benzeno é 2,32°C. Qual é a massa molar experimental do soluto em benzeno? O que você pode concluir sobre a natureza do ácido acético no benzeno?

5.16 É prática padrão em laboratórios químicos destilar substâncias de ponto de ebulição alto sob pressão reduzida. O ácido tricloro-acético tem entalpia padrão de vaporização igual a 57,814 kJ·mol^{-1} e entropia padrão de vaporização igual a 124 J·K^{-1}·mol^{-1}. Use essas informações para determinar a pressão necessária para destilar o ácido tricloro-acético em 100.°C.

5.17 A dependência da pressão de vapor do cloreto-difluoreto de fosforila ($OPClF_2$) foi medida em função da temperatura:

| Temperatura, T/K | 190. | 228 | 250. | 273 |
| Pressão de vapor, P/Torr | 3,2 | 68 | 240. | 672 |

Faça um gráfico de P contra $1/T$ (isso pode ser feito com a ajuda de um computador ou uma calculadora gráfica que possa ajustar os dados por mínimos quadrados). (b) Use o gráfico (ou uma equação linear derivada dele) da parte (a) para determinar a entalpia padrão de vaporização do $OPClF_2$; (c) para determinar a entropia padrão de vaporização do $OPClF_2$; e (d) o ponto de ebulição normal do $OPClF_2$. (e) Se a pressão de uma amostra de $OPClF_2$ for reduzida até 15 Torr, em que temperatura essa amostra ferverá?

5.18 Use fontes da literatura para encontrar a pressão e as temperaturas críticas do metano, da metilamina (CH_3NH_2), da amônia e do tetrafluoro-metano. Discuta a conveniência de usar cada um desses solventes na extração supercrítica, na temperatura normal, dentro de uma autoclave que pode resistir a pressões de até 100. atm.

5.19 Use fontes da literatura para encontrar as temperaturas críticas dos hidrocarbonetos gasosos metano, etano, propano e butano. Explique as tendências observadas.

5.20 Imagine uma aparelhagem em que A e B são dois balões de 1 L ligados por uma torneira C. O volume interno da torneira é desprezível. Inicialmente, A e B são evacuados, a torneira C é fechada e 1,50 g de dietil-éter, $C_2H_5OC_2H_5$, é admitido no balão A. A pressão de vapor do dietil-éter é 57 Torr em $-45°C$, 185 Torr em 0°C, 534 Torr em 25°C, e desprezível abaixo de $-86°C$. (a) Se a torneira permanece fechada e o balão entra em equilíbrio em $-45°C$, qual será a pressão do dietil-éter no balão A? (b) Se a temperatura aumenta até 25°C, qual será a pressão do dietil-éter no balão? (c) Se a temperatura do aparelho volta a $-45°C$ e a torneira C é aberta, qual será a pressão do dietil-éter no aparelho? (d) Se o balão A é mantido em $-45°C$ e o balão B é resfriado com nitrogênio líquido (ponto de ebulição, $-196°C$) com a torneira aberta, que mudanças ocorrerão no aparelho? Considere o comportamento ideal.

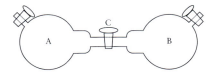

5.21 O aparelho do Exercício 5.20 foi evacuado novamente. Então, 35,0 g de clorofórmio, $CHCl_3$, foram admitidos no balão A e 35,0 g de acetona, CH_3COCH_3, no balão B. O sistema entra em equilíbrio em 25°C, com a torneira fechada. As pressões de vapor do clorofórmio e da acetona, em 25°C, são 195 Torr e 222 Torr, respectivamente. (a) Qual é a pressão em cada balão no equilíbrio? (b) A torneira é aberta. Qual será a composição final das fases gás e líquido em cada balão quando o equilíbrio for atingido? Considere o comportamento ideal. (c) Soluções de acetona e clorofórmio têm desvios negativos da lei de Raoult. Como esse comportamento afetaria as respostas dadas na parte (b)?

5.22 O pentano é um líquido cuja pressão de vapor é 512 Torr em 25°C. Na mesma temperatura, a pressão de vapor do hexano é só 151 Torr. Que composição deve ter a fase líquida de uma mistura para que a composição da fase vapor tenha as mesmas quantidades de pentano e hexano?

5.23 Usando os recursos digitais como uma planilha, por exemplo, elabore um gráfico ln P em função de $1/T$ usando as mesmas coordenadas para $\Delta H_{vap} = 15, 20., 25$ e $30.$ kJ·mol^{-1} para a equação em $P = \Delta H_{vap}/RT$. A pressão de vapor de um líquido é mais sensível a variações de temperatura quando ΔH_{vap} é pequeno ou quando ΔH_{vap} é grande? Explique sua conclusão.

5.24 A análise por combustão da L-carnitina, um composto orgânico que, acredita-se, aumenta a força muscular, indicou 52,16% de C, 9,38% de H, 8,69% de N e 29,78% de O. A pressão osmótica de 100,0 mL de uma solução contendo 0,322 g de L-carnitina em metanol é 0,501 atm em 32°C. Imaginando que a L-carnitina não desprotona em metanol, determine (a) a massa molar da L-carnitina; (b) a fórmula molecular da L-carnitina.

5.25 Medicamentos intravenosos são administrados frequentemente em glicose, 5,0% em massa, $C_6H_{12}O_6$(aq). Qual é a pressão osmótica dessas soluções em 37°C (temperatura do corpo)? Suponha que a densidade da solução é 1,0 g·mL^{-1}.

5.26 Quando o ácido sulfúrico é adicionado à água, a energia liberada é tanta, que a solução pode entrar em ebulição. Você acha que esta solução se desvia da lei de Raoult? Em caso afirmativo, de que tipo? Explique seu raciocínio.

5.27 A umidade relativa em uma temperatura particular é definida como

$$\text{Umidade relativa} = \frac{\text{pressão parcial da água}}{\text{pressão de vapor da água}} \times 100\%$$

A pressão de vapor da água em várias temperaturas é dada na Tabela 5A.2. (a) Qual é a umidade relativa, em 30°C, quando a pressão parcial de água é 25,0 Torr? (b) Explique o que seria observado se a temperatura do ar caísse até 25°C.

5.28 Interprete o verso abaixo, extraído do poema "A Balada do Velho Marinheiro", de Samuel T. Coleridge.

Água, água, só água em redor,
E tábuas todas a desaparecer;
Água, água, só água em redor,
E gota alguma se presta a beber.

5.29 Uma solução salina de dextrose em água muito usada pelos médicos para repor fluidos corporais contém 1,75 g·L^{-1} de NaCl e 40,0 g·L^{-1} de dextrose ($C_6H_{12}O_6$). (a) Qual é a molaridade de todos os solutos desta solução? (b) Qual é a pressão osmótica da solução em 25°C? Suponha a dissociação total do NaCl.

5.30 Quando 0,10 g de insulina dissolve em 0,200 L de água, a pressão osmótica é 2,30 Torr em 20°C. Qual é a massa molar da insulina?

5.31 Uma solução do açúcar manitol ($C_6H_{12}O_6$) em água, na concentração de 180 mg·mL^{-1}, é usada comumente na medicina veterinária como um diurético osmótico que ajuda a remover água de células vivas por osmose. (a) Qual é a molaridade do manitol na solução? (b) Qual é a pressão osmótica da solução em 25°C?

5.32 O sangue humano tem pressão osmótica, relativa à água, aproximadamente igual a 7,7 atm na temperatura do corpo (37°C). Soluções intravenosas de glicose ($C_6H_{12}O_6$) são frequentemente administradas em hospitais. Se um técnico deve misturar 500. mL de uma solução de glicose para um paciente, que massa de glicose deve ser usada?

5.33 A dissociação de uma molécula diatômica, $X_2(g) \rightleftharpoons 2\,X(g)$, ocorre em 500 K. A Figura 1 mostra o estado de dissociação no equilíbrio e a Figura 2, o estado de equilíbrio após uma mudança. Quais das seguintes mudanças produziram a alteração verificada? (a) Aumento da temperatura. (b) Adição de átomos de X. (c) Redução do volume. (d) Adição de um catalisador. Explique sua seleção.

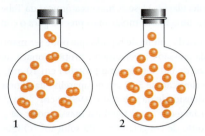

5.34 Em 25°C, $K = 47,9$ para $N_2O_4(g) \rightleftharpoons 2\,NO_2(g)$. (a) Se 0,180 mol de N_2O_4 e 0,0020 mol de NO_2 forem colocados em um recipiente de 20,0 L e a reação atingir o equilíbrio, quais são as concentrações de equilíbrio de N_2O_4 e NO_2? (b) Uma quantidade adicional igual a 0,0020 mol de NO_2 foi adicionada à mistura em equilíbrio. Como essa mudança afetará a concentração de N_2O_4? (c) Justifique sua conclusão calculando as novas concentrações de NO_2 e N_2O_4.

5.35 O gráfico abaixo mostra a variação das pressões parciais de reagentes e produtos com o tempo na decomposição do composto A em B e C. Os três compostos são gases. Use o gráfico para fazer o seguinte: (a) Escrever uma equação química balanceada para a reação. (b) Calcular a constante de equilíbrio da reação.

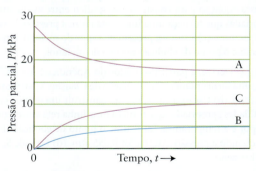

5.36 O gráfico seguinte mostra um sistema formado pelos compostos A e B em um recipiente rígido, de volume constante. O sistema estava inicialmente no equilíbrio, quando ocorreu uma mudança. (a) Descreva a mudança que ocorreu e como ela afetou o sistema. (b) Escreva a equação química da reação que ocorreu. (c) Calcule o valor de K_c da reação.

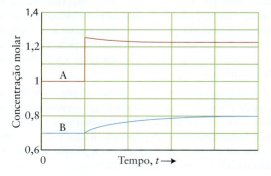

5.37 Em 500°C, $K_c = 0,061$ para $N_2(g) + 3\ H_2(g) \rightleftharpoons 2\ NH_3(g)$. Se a análise mostra que a composição da mistura de reação em 500°C é 3,00 mol·L^{-1} em N_2, 2,00 mol·L^{-1} em H_2 e 0,500 mol·L^{-1} em NH_3, a reação está em equilíbrio? Se não, em que direção a reação tende a se deslocar para atingir o equilíbrio?

5.38 Em 2.500. K, a constante de equilíbrio da reação $Cl_2(g) + F_2(g) \rightleftharpoons 2\ ClF(g)$ é $K_c = 20$. A análise de uma mistura em um reator, em 2500. K, revelou a presença de 0,18 mol·L^{-1} de Cl_2, 0,31 mol·L^{-1} de F_2 e 0,92 mol·L^{-1} de ClF. Será que ClF tende a se formar ou a se decompor quando a reação avança para o equilíbrio?

5.39 Em um experimento, 0,020 mol de NO_2 foi colocado em um balão de 1,00 L, e a reação $2\ NO_2(g) \rightleftharpoons N_2O_4(g)$ atingiu o equilíbrio em 298 K. (a) Use as informações da Tabela 5E.2 para calcular as concentrações de equilíbrio dos dois gases. (b) O volume do balão foi reduzido à metade do volume original. Calcule as novas concentrações de equilíbrio dos gases.

5.40 Em um experimento, 0,100 mol de SO_3 foi colocado em um recipiente de 2,00 L, e a reação $2\ SO_2(g) + O_2(g) \rightleftharpoons 2\ SO_3(g)$ atingiu o equilíbrio em 700 K. (a) Use as informações da Tabela 5G.2 para calcular as concentrações de equilíbrio dos dois gases. (b) O volume do recipiente foi aumentado para 6,00 L. Calcule as novas concentrações de equilíbrio dos gases.

5.41 Seja α a fração molar das moléculas de PCl_5 que foi decomposta em PCl_3 e Cl_2 na reação $PCl_5(g) \rightleftharpoons PCl_3(g) + Cl_2(g)$ em um recipiente de volume constante. A quantidade de PCl_5 no equilíbrio é $n(1 - \alpha)$, em que n é a quantidade inicialmente presente. Derive uma equação para K em termos de α e da pressão total P e resolva para α em termos de P. Calcule a fração decomposta em 556 K, em que $K = 4,96$ e a pressão total é (a) 0,50 bar; (b) 1,00 bar.

5.42 Os compostos metil-propeno, *cis*-2-buteno e *trans*-2-buteno são isômeros de fórmula C_4H_8 com $\Delta G_f° = +58,07, +65,86$ e $+62,97$ kJ·mol^{-1}, respectivamente. Na presença de um catalisador adequado, os três compostos podem se interconverter e formar uma mistura gasosa em equilíbrio. Qual será a percentagem de cada isômero no equilíbrio em 25°C?

5.43 (a) Qual é a energia livre de Gibbs padrão da reação $CO(g) + H_2O(g) \rightarrow CO_2(g) + H_2(g)$ quando $K = 1,00$? (b) Use os dados do Apêndice 2A para estimar a temperatura em que $K = 1,00$. (c) Nessa temperatura, um cilindro é enchido com $CO(g)$ em 10,00 bar, $H_2O(g)$ em 10,00 bar, $H_2(g)$ em 5,00 bar e $CO_2(g)$ em 5,00 bar. Qual será a pressão parcial desses gases quando o sistema estiver em equilíbrio? (d) Se o cilindro tivesse sido cheio com $CO(g)$ em 6,00 bar, $H_2O(g)$ em 4,00 bar, $H_2(g)$ em 5,00 bar e $CO_2(g)$ em 10,00 bar, quais seriam as pressões parciais no equilíbrio?

5.44 Examine o equilíbrio $A(g) \rightleftharpoons 2\ B(g) + 3\ C(g)$ em 25°C. Quando A é colocado em um cilindro, sob 10,0 atm, e o sistema entra em equilíbrio, a pressão final é 20,04 atm. Qual é o $\Delta G_r°$ da reação?

5.45 (a) Use os dados da Tabela 5G.2 e calcule as energias livres de Gibbs de formação dos átomos de halogênio $X(g)$ em 1000. K. (b) Mostre que esses dados se correlacionam com a energia das ligações X—X lançando em gráfico a energia livre de Gibbs de formação contra as energias de dissociação das ligações e números atômicos. Explique as tendências que encontrar.

5.46 O gás fosfina, PH_3, decompõe-se segundo a reação $2\ PH_3(g) \rightarrow 2\ P(s) + 3\ H_2(g)$. Em um experimento, fosfina pura foi colocada em um balão de 1,00 L, rígido e selado, em 0,64 bar e 298 K. Quando o equilíbrio foi alcançado, a pressão total no balão era 0,93 bar. (a) Calcule as pressões parciais de H_2 e PH_3. (b) Calcule a massa (em gramas) de P produzida no equilíbrio. (c) Calcule K para esta reação.

5.47 (a) Calcule K, em 25°C, para a reação $Br_2(g) \rightleftharpoons 2\ Br(g)$ a partir dos dados termodinâmicos do Apêndice 2A. (b) Qual é a pressão de vapor do bromo líquido? (c) Qual é a pressão de vapor de $Br(g)$ acima do líquido em uma garrafa de bromo em 25°C? (d) Um estudante deseja adicionar 0,0100 mol de Br_2 a uma reação e fará isso enchendo um frasco sob vácuo com vapor de Br_2 de um reservatório que contém somente bromo líquido em equilíbrio com seu vapor. O frasco será selado e, então, transferido para o recipiente da reação. Que volume o frasco do estudante deve ter para que ele possa transferir 0,010 mol de $Br_2(g)$ em 25°C?

5.48 Um reator está cheio de $Cl_2(g)$ em 1,00 bar e $Br_2(g)$ em 1,00 bar, que reagem em 1000. K para formar $BrCl(g)$, de acordo com a equação $Br_2(g) + Cl_2(g) \rightleftharpoons 2\ BrCl(g)$, $K = 0,2$. Construa um gráfico da energia livre de Gibbs em função da pressão parcial de BrCl quando a reação se aproxima do equilíbrio.

5.49 A reação $N_2O_4 \rightarrow 2\ NO_2$ atinge o equilíbrio em uma solução de clorofórmio em 25°C. As concentrações no equilíbrio são 0,405 mol·L^{-1} em N_2O_4 e 2,13 mol·L^{-1} em NO_2. (a) Calcule K para essa reação. (b) Uma quantidade extra de 1,00 mol de NO_2 é adicionada a 1,00 L da mistura e deixa-se que o sistema atinja o equilíbrio novamente, na mesma temperatura. Use o princípio de Le Chatelier para predizer a direção da mudança (aumento, diminuição ou nenhuma mudança) para N_2O_4, NO_2 e K após a adição de NO_2. (c) Calcule as concentrações finais de equilíbrio após a adição de NO_2 e confirme se suas predições na parte (b) foram válidas. Se elas não estiverem de acordo, reveja seus procedimentos e repita-os, se necessário.

5.50 Use os dados da Tabela 5G.2 e gráficos padrão de computador para determinar a entalpia e a entropia da reação $N_2O_4(g) \rightarrow 2\ NO_2(g)$ e estimar a entalpia da ligação N—N em N_2O_4. Como esse valor se compara com a entalpia média da ligação N—N que está na Tabela 4E.3?

5.51 Diga qual é a pressão de vapor da água pesada, D_2O, e da água normal, em 25°C, usando os dados do Apêndice 2A. Como esses valores se comparam? Use seu conhecimento das forças intermoleculares e os efeitos quânticos adequados, como a energia no ponto zero das vibrações intermoleculares, para explicar as diferenças observadas.

5.52 O ciclo-hexano (C) e o metil-ciclo-pentano (M) são isômeros de fórmula molecular C_6H_{12}. A constante de equilíbrio do rearranjo $C \rightleftharpoons M$ em solução é 0,140 em 25°C. (a) Preparou-se uma solução com 0,0200 mol·L^{-1} de ciclo-hexano e 0,100 mol·L^{-1} de metil-ciclo-pentano. O sistema está em equilíbrio? Se não está, ele tende a formar mais reagentes ou mais produtos? (b) Quais são as concentrações de ciclo-hexano e metil-ciclo-pentano no equilíbrio? (c) Se a temperatura aumentar para 50°C, a concentração do ciclo-hexano passa a ser 0,100 mol·L^{-1} quando o equilíbrio for restabelecido. Calcule a nova constante de equilíbrio. (d) A reação é exotérmica ou endotérmica em 25°C? Explique sua conclusão.

5.53 Elabore um gráfico de 250 K até 350 K das reações com energia livre de Gibbs padrão entre $+11$ kJ·mol^{-1} e $+15$ kJ·mol^{-1}, em

440 **Foco 5** Exercícios

incrementos de 1 kJ·mol^{-1}. Use as energias livres em joules. Que constante de equilíbrio é mais sensível a variações de temperatura?

5.54 (a) Use um programa de planilhas ou um programa gráfico e dados a 1.000. K e 1.200. K da Tabela 5G.2 para lançar em gráfico a expressão da dependência da temperatura em relação a ln K dada pela dissociação dos halogênios diatômicos em seus átomos, $X_2(g) \rightleftharpoons 2\ X(g)$. (b) Use os gráficos para determinar as entalpias e entropias de dissociação. (c) Use esses dados para calcular as entropias molares dos átomos de halogênio na fase gás, $X(g)$.

5.55 Uma reação usada na produção de combustíveis gasosos a partir do carvão, que é composto principalmente de carbono, é $C(s) + H_2O(g) \rightleftharpoons CO(g) + H_2(g)$. (a) Calcule K em 900 K, sabendo que as energias livres de Gibbs padrão de $CO(g)$ e $H_2O(g)$ em 900 K são $-191,28$ kJ·mol^{-1} e $-198,08$ kJ·mol^{-1}, respectivamente. (b) Uma amostra de 5,20 kg de grafita e 125 g de água foi colocada em um recipiente de 10 L e aquecida em 900 K. Quais são as concentrações de equilíbrio?

5.56 O volume do recipiente usado na reação descrita no Exercício 5.55 foi comprimido até 5,00 L e o equilíbrio foi restabelecido. (a) Sem fazer quaisquer cálculos, avalie se a concentração do H_2 no equilíbrio aumenta ou diminui e explique seu raciocínio. (b) Calcule as novas concentrações no equilíbrio e avalie os resultados. (c) Para levar ao máximo a produção de H_2, a reação deve ser realizada em pressão baixa ou alta? Em temperaturas mais baixas ou mais altas? Justifique suas respostas.

5.57 Os dois poluentes do ar, SO_3 e NO, podem reagir na atmosfera como na reação $SO_3(g) + NO(g) \rightarrow SO_2(g) + NO_2(g)$. (a) Diga qual é o efeito das seguintes alterações na quantidade de NO_2 quando a reação entra em equilíbrio em um bulbo de aço inoxidável com entradas para a admissão de compostos químicos: (i) a quantidade de NO aumenta; (ii) SO_2 é removido por condensação; (iii) a pressão é triplicada pela admissão de hélio. (b) Sabendo que $K = 6,0 \times 10^3$, em uma dada temperatura, calcule a quantidade (em mols) de NO que deve ser adicionada a um balão de 1,00 L que contém 0,245 mol de $SO_3(g)$ para formar 0,240 mol de $SO_2(g)$ no equilíbrio.

5.58 A distribuição de íons Na$^+$ em uma membrana biológica típica é 10. mmol·L^{-1} dentro da célula e 140 mmol·L^{-1} fora da célula. No equilíbrio, as concentrações seriam iguais, mas em uma célula viva os íons não estão no equilíbrio. Qual é a diferença de energia livre de Gibbs dos íons Na$^+$ na membrana em 37°C (temperatura normal do corpo)? A diferença de concentração é mantida por acoplamento a reações que têm pelo menos essa diferença de energia livre de Gibbs.

5.59 O *processo de Claus*, que é usado para remover enxofre do petróleo, na forma de dióxido de enxofre, baseia-se na reação $SO_2(g) \rightleftharpoons 3\ S(s) + 2\ H_2O(g)$. (a) Use dados do Apêndice 2A para determinar a constante de equilíbrio dessa reação em 25°C. (b) Certas mudanças (veja a tabela seguinte) são feitas nesta mistura. Examine cada mudança separadamente e explique o efeito (aumento, diminuição ou nenhum) que elas provocam nos valores originais de equilíbrio da quantidade da segunda coluna (ou K, se for o caso). A temperatura e o volume são constantes, exceto quando especificado.

Mudança	Quantidade
(a) Adição de S	Quantidade de H_2O
(b) Adição de H_2S	Quantidade de SO_2
(c) Remoção de H_2O	Quantidade de SO_2
(d) Remoção de SO_2	Quantidade de S
(e) Adição de SO_2	K
(f) Redução do volume	Quantidade de SO_2
(g) Aumento da temperatura	Quantidade de SO_2

5.60 Para gerar o material inicial para um polímero usado em garrafas de água, remove-se hidrogênio do etano produzido a partir do gás natural para obter eteno na reação catalisada $C_2H_6(g) \rightarrow H_2(g) + C_2H_4(g)$. Use as informações do Apêndice 2A para calcular a constante de equilíbrio da reação em 298 K. (a) Se a reação começa com a adição do catalisador a um balão contendo C_2H_6 em 40.0 bar, qual será a pressão parcial de C_2H_4 no equilíbrio? (b) Identifique três procedimentos que o fabricante pode utilizar para aumentar o rendimento do produto.

5.61 A reação total da fotossíntese é $6\ CO_2(g) + 6\ H_2O(l) \rightarrow C_6H_{12}O_6(aq) + 6\ O_2(g)$, e $\Delta H° = +2.802$ kJ. Suponha que a reação esteja no equilíbrio. Diga que consequência cada uma das seguintes mudanças teria sobre a composição de equilíbrio: tendência de mudança na direção dos reagentes, tendência de mudança na direção dos produtos ou não ter consequência alguma. (a) Aumento da pressão parcial de O_2. (b) Compressão do sistema. (c) Aumento da quantidade de CO_2. (d) Aumento da temperatura. (e) Remoção parcial de $C_6H_{12}O_6$. (f) Adição de água. (g) Redução da pressão parcial de CO_2.

5.62 O trifosfato de adenosina (ATP) é um composto que fornece energia para reações químicas do organismo ao se hidrolisar. Para a hidrólise do ATP em 37°C (temperatura normal do corpo), $\Delta H_r° = -20.$ kJ·mol^{-1} e $\Delta S_r° = +34$ J·K^{-1}·mol^{-1}. Considerando essas quantidades independentes da temperatura, calcule a temperatura na qual a constante de equilíbrio da hidrólise do ATP é maior do que 1.

FOCO 5 Exercícios cumulativos

5.63 As reações entre gases na atmosfera não estão em equilíbrio, mas para conhecê-las em profundidade, precisamos estudar suas velocidades e seu comportamento sob condições de equilíbrio.

(a) A reação $2\ O_3(g) \rightleftharpoons 3\ O_2(g)$ resume o esgotamento do ozônio da estratosfera. Use os dados do Apêndice 2A para determinar a energia livre de Gibbs padrão e a entropia padrão da reação.

(b) Qual é a constante de equilíbrio da reação da parte (a) em 25°C? Qual é a importância de sua resposta para o problema do esgotamento do ozônio?

(c) Uma reação que destrói o ozônio na estratosfera é $O_3(g) + O(g) \rightleftharpoons 2\ O_2(g)$. Calcule o valor da constante de equilíbrio dessa reação em 25°C, sabendo que nessa temperatura a reação é catalisada (acelerada) por moléculas de NO_2 em um processo em duas etapas:

$$NO_2(g) + O(g) \rightleftharpoons NO(g) + O_2(g) \quad K = 7 \times 10^{103}$$

$$NO(g) + O_3(g) \rightleftharpoons NO_2(g) + O_2(g) \quad K = 5,8 \times 10^{-34}$$

(d) Use sua resposta da parte (c) para encontrar a energia livre de Gibbs padrão da formação de átomos de O.

(e) A dependência da constante de equilíbrio com a temperatura da reação $N_2(g) + O_2(g) \rightleftharpoons 2\,NO(g)$, que dá uma contribuição importante para a concentração de óxidos de nitrogênio na atmosfera, pode ser expressa como $\ln K = 2,5 - (21.700\ K)/T$. Qual é a entalpia padrão da reação direta em 298 K? Essa reação avançará mais nas temperaturas muito baixas da estratosfera ou nas temperaturas elevadas de um motor de combustão interna?

(f) Uma mistura equimolar de N_2 e O_2 foi aquecida em uma determinada temperatura até que a reação da parte (e) atingiu o equilíbrio. A mistura de reação no equilíbrio contém um número igual de mols de reagentes e produtos. Em que temperatura a reação ocorreu?

(g) Uma mistura equimolar de N_2 e O_2 na pressão total de 4,00 bar entrou em equilíbrio conforme a reação da parte (e) em 1.200 K. Qual será a pressão parcial de cada reagente e produto no equilíbrio?

5.64 As bebidas energéticas fornecem água ao corpo na forma de uma solução isotônica (que tem a mesma pressão osmótica do que o sangue humano). Essas bebidas contêm eletrólitos como NaCl e KCl, bem como açúcar e flavorizantes. Um dos flavorizantes mais utilizados nas bebidas energéticas é o ácido cítrico (**1**).

1 Ácido cítrico

(a) Dê a hibridação de cada átomo de C do ácido cítrico.

(b) O ácido cítrico pode formar ligações hidrogênio?

(c) Avalie, a partir da consideração das forças intermoleculares, se o ácido cítrico é um gás, um líquido ou um sólido em 25°C e se ele é solúvel em água.

(d) Uma *solução salina normal* é uma solução isotônica (Tópico 5F) que contém 0,9% de NaCl por massa em água. Supondo a dissociação completa do NaCl, qual é a concentração molar total de todos os solutos em uma solução isotônica? Suponha que a densidade da solução é 1,00 g·cm^{-3}.

(e) Se você decidir fazer 500,0 mL de uma bebida energética com 1,0 g de NaCl e glicose, que massa de glicose você precisaria adicionar à solução de NaCl em água para que a solução seja isotônica (veja a parte d)? Suponha que a densidade da solução é 1,00 g·cm^{-3}.

(f) Um paramédico que trata machucados em uma área remota tem 300,0 mL de uma solução 1,00% por massa de ácido bórico, $B(OH)_3$, que tem de se tornar isotônica (suponha que a densidade seja 1,00 g·cm^{-3}). Que massa de NaCl deve ser adicionada? Suponha que o NaCl está completamente dissociado na solução e que o volume total não muda quando ele é adicionado. Leve em conta que o ácido bórico está 0,007% desprotonado.

INTERLÚDIO   A homeostase

Como um ser vivo não é um sistema fechado, o equilíbrio em sistemas vivos só pode ser atingido por reações muito rápidas, como as que ocorrem entre ácidos e bases. Em geral, entretanto, o organismo humano mantém certas propriedades aproximadamente constantes, como a temperatura e os níveis de certas substâncias no sangue. O organismo mantém esse meio benéfico a partir do processo da **homeostase**, isto é, a manutenção de condições internas constantes. A homeostase não é um equilíbrio verdadeiro, pois ocorrem pequenas variações acima e abaixo do ponto desejável. Entretanto, os organismos vivos respondem a mudanças de condições como um sistema em equilíbrio químico e são, portanto, governados pelo princípio de Le Chatelier.

Um processo biológico homeostático importante que envolve os equilíbrios químicos é o transporte de oxigênio. A maior parte do oxigênio do sangue é transportada pela hemoglobina (Hb). Quando o sangue flui pelos tecidos dos pulmões, cerca de 98% das moléculas de hemoglobina se ligam a moléculas de oxigênio. Uma pequena quantidade de oxigênio dissolve-se no plasma sanguíneo (a solução em que as células de sangue ficam em suspensão). Entretanto, quando o sangue penetra nos pequenos vasos sanguíneos dos tecidos musculares, chamados capilares, muito longe dos pulmões, as moléculas de hemoglobina ficam cercadas de tecidos que não têm oxigênio, e o nível do gás dissolvido no plasma sanguíneo cai. O equilíbrio $Hb(aq) + O_2(aq) \rightleftharpoons HbO_2(aq)$ é deslocado na direção dos reagentes à medida que algumas das moléculas de hemoglobina liberam suas moléculas de oxigênio para restabelecer a composição de equilíbrio.

A Figura 1 mostra como a acumulação de O_2 na hemoglobina e na mioglobina (Mb), a proteína de armazenamento de oxigênio, varia conforme a pressão parcial do oxigênio. A forma da curva de saturação de Hb mostra que Hb pode acumular O_2 mais efetivamente no pulmão do que Mb e liberá-lo mais facilmente do que Mb em diferentes regiões do organismo. Nos pulmões, em que $P_{O_2} \approx 105$ Torr, 98% das moléculas ligam-se a O_2, um estado de quase completa saturação. No tecido muscular em repouso, a concentração de O_2 corresponde a uma pressão parcial de cerca de 40 Torr, na qual 75% das moléculas de Hb estão saturadas com oxigênio. Nessa condição, uma quantidade suficiente de oxigênio está disponível caso, repentinamente, haja atividade muscular. Se a pressão parcial local cair a 20 Torr, a fração de

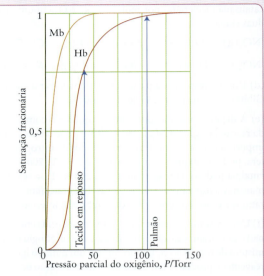

FIG. 1 Variação da extensão da saturação da mioglobina (Mb) e da hemoglobina (Hb) com a pressão parcial do oxigênio. As diferentes formas das curvas explicam as várias funções biológicas das duas proteínas.

moléculas de Hb saturadas cairá a cerca de 10%. Note que a parte mais inclinada da curva cai na faixa de pressões parciais de oxigênio de tecidos típicos. A mioglobina, por outro lado, começa a liberar O_2 somente quando P_{O_2} cai abaixo de 20 Torr; logo, ela age como uma reserva a ser utilizada somente quando o oxigênio da Hb estiver esgotado.

Sobrecarregar os mecanismos de balanço dos organismos pode levar a falhas na manutenção da homeostase. O resultado pode ser uma doença rápida, às vezes fatal. Os montanhistas encontram condições de baixo oxigênio em altas altitudes e, se eles escalam a montanha muito rapidamente, os pulmões podem não conseguir liberar oxigênio suficiente para manter a homeostase. Por essa razão, os alpinistas passam algum tempo em acampamentos a grande altitude antes de prosseguir na subida, para que seus organismos se ajustem e produzam mais moléculas de hemoglobina.

AS REAÇÕES

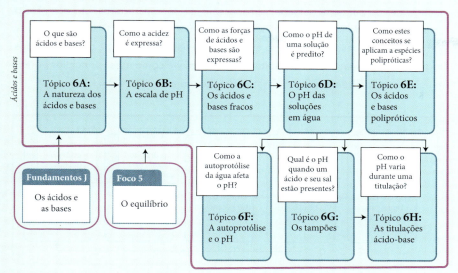

Um dos tipos mais importantes de reação ocorre entre ácidos e bases. O **TÓPICO 6A** explora essas reações e apresenta a visão moderna de que a reação entre ácidos e bases é essencialmente a transferência de um próton (o núcleo de um átomo de hidrogênio) de uma espécie química para outra. Um dos aspectos principais de uma solução de um ácido ou uma base em água é, portanto, a concentração de prótons. Essa concentração é expressa como o pH da solução, como explicado no **TÓPICO 6B**.

O **TÓPICO 6C** explica que existe um equilíbrio dinâmico entre as formas protonada e desprotonada da maior parte dos ácidos e bases e o **TÓPICO 6D** explica como calcular o pH de uma solução na presença desse equilíbrio. Uma das complicações é que alguns ácidos podem doar mais de um próton. Os "ácidos polipróticos" são descritos no **TÓPICO 6E**. Outra dificuldade diz respeito ao fato de a água atuar como um ácido fraco e como uma base fraca. Essa propriedade é importante quando a concentração do ácido ou da base adicionados é muito baixa. O **TÓPICO 6F** descreve como levar isso em consideração.

Um objetivo muito importante da química é estabilizar as soluções contra as variações do pH. O **TÓPICO 6G** explica como essas "soluções tampão" funcionam. Outro aspecto das reações de ácidos e bases é o seu papel na "titulação", uma técnica analítica muito comum. O **TÓPICO 6H** explica como o pH varia durante uma titulação e detalha a escolha do indicador correto para monitorar o processo.

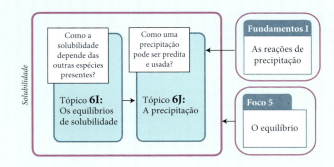

Quando certos pares de soluções de sais solúveis são misturados, um dos produtos formados pode ser insolúvel. Estas "reações de precipitação" são descritas no **TÓPICO 6I**, com base no equilíbrio entre os materiais dissolvidos e não dissolvidos. Predizer como as reações de precipitação vão ocorrer e como esses princípios podem ser usados na análise de soluções misturadas é o tema do **TÓPICO 6J**.

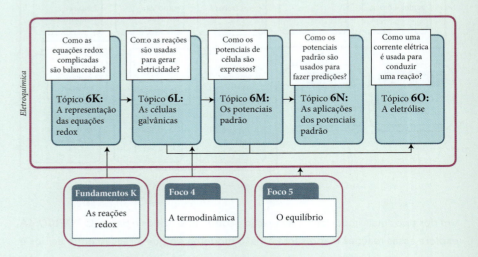

As "reações redox" envolvem a redução de uma espécie e a oxidação de outra, e resultam da transferência de elétrons. O **TÓPICO 6K** descreve um procedimento geral para balancear equações redox e apresenta o conceito de "meia-reação". Um dos principais aspectos das reações redox é a possibilidade de separar espacialmente as etapas de oxidação (perda de elétrons) e redução (ganho de elétrons). O **TÓPICO 6L** mostra como essa separação é alcançada em uma "célula galvânica" e usada para gerar correntes elétricas. Como explicado no **TÓPICO 6M**, a reação em cada eletrodo de uma célula galvânica contribui com a diferença de potencial total gerada pela célula. O **TÓPICO 6N** explica como estes potenciais de eletrodo são usados para predizer as constantes de equilíbrio e determinar as concentrações de espécies dissolvidas, estendendo a discussão até o importante conceito de corrosão e sua prevenção.

Uma célula galvânica usa uma reação química para gerar uma corrente elétrica. O oposto é obtido em uma "célula eletrolítica", na qual a aplicação de uma corrente força uma reação não espontânea. O **TÓPICO 6O** explica os princípios da eletrólise.

Tópico 6A A natureza dos ácidos e bases

6A.1 Os ácidos e bases de Brønsted–Lowry
6A.2 Os ácidos e bases de Lewis
6A.3 Os óxidos ácidos, básicos e anfotéricos
6A.4 A troca de prótons entre moléculas de água

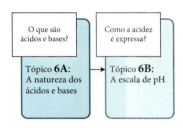

Por que você precisa estudar este assunto? Os ácidos e as bases têm importância central na química e desempenham um papel essencial em todas as suas aplicações, inclusive na biologia, na indústria e no meio ambiente.

Quando os químicos percebem que as reações de muitas substâncias têm características comuns, eles tentam definir uma classe de substâncias que caracterize esse padrão. Quando uma substância pertence a essa classe, eles imediatamente inferem muito de seu comportamento. Classificações desse tipo abrem a porta para a compreensão, reduzindo a necessidade de memorizar propriedades de cada substância encontrada. As reações das substâncias chamadas de "ácidos" e "bases" são uma excelente ilustração dessa abordagem. O comportamento dessas reações foi inicialmente identificado nos estudos de soluções de ácidos e bases em água que levaram às definições de Arrhenius de ácidos e bases (*Fundamentos* J). Entretanto, como reações semelhantes ocorrem em soluções não aquosas e mesmo na ausência de um solvente, os químicos perceberam que as definições originais deveriam ser substituídas por definições mais gerais.

Que conhecimentos você precisa dominar? Você precisa estar familiarizado com os conceitos de ácido e base apresentados em *Fundamentos* J e ser capaz de escrever e interpretar a constante de equilíbrio de uma reação (Tópico 5G). Você precisa conhecer o conceito de ligação covalente coordenada (Tópico 2C).

6A.1 Os ácidos e bases de Brønsted-Lowry

Em 1923, o químico dinamarquês Johannes Brønsted propôs que

Um **ácido** é um doador de prótons.

Uma **base** é um aceitador de prótons.

O termo *próton* nessas definições refere-se ao íon hidrogênio, H^+. Um ácido é uma espécie que contém um **átomo de hidrogênio ácido**, isto é, um átomo de hidrogênio que pode ser transferido na forma do núcleo, o próton, a outra espécie, que age como base. As mesmas definições foram propostas independentemente pelo químico inglês Thomas Lowry, e a teoria nelas baseada é chamada de **teoria de Brønsted-Lowry** de ácidos e bases. Um doador de prótons é conhecido como **ácido de Brønsted** e um aceitador de prótons, como **base de Brønsted**. Sempre que nos referirmos, aqui, a um "ácido" ou uma "base", neste Foco, queremos dizer ácido de Brønsted ou base de Brønsted.

Uma substância só pode agir como um ácido na presença de uma base que possa aceitar os prótons ácidos. Um ácido não cede, simplesmente, seu hidrogênio ácido; o próton é *transferido* para a base. Na fase gás, a molécula de HCl permanece intacta. Quando, entretanto, a água dissolve o cloreto de hidrogênio, cada molécula de HCl transfere imediatamente um íon H^+ para uma molécula de H_2O vizinha, que, aqui, age como base (Fig. 6A.1).

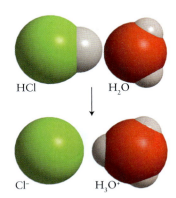

$$\overbrace{HCl(aq)}^{\text{ácido}} + \overbrace{H_2O(l)}^{\text{base}} \longrightarrow H_3O^+(aq) + Cl^-(aq)$$

Esse processo é uma **reação de transferência de próton**, uma reação em que um próton se transfere de uma molécula para outra. Dizemos que a molécula de HCl fica **desprotonada**. Como no equilíbrio praticamente todas as moléculas de HCl doam seus prótons para a água, o HCl é classificado como um ácido forte. Nesse caso, a reação de transferência de elétrons avança até se completar. O íon H_3O^+ é chamado de *íon hidrônio*. Ele é fortemente hidratado em solução, e existem algumas evidências de que a espécie é mais bem representada por $H_9O_4^+$ (ou mesmo conjuntos [clusters] maiores com moléculas de água ligadas a um próton). Um íon hidrogênio em água é algumas vezes representado por $H^+(aq)$, mas você precisa lembrar sempre que H^+ livre não existe em água e que H_3O^+ é uma representação melhor porque indica que uma base de Brønsted (H_2O) aceitou um próton.

FIGURA 6A.1 Quando uma molécula de HCl dissolve-se em água, forma-se inicialmente uma ligação hidrogênio entre o átomo de H do HCl (o ácido) e o átomo de O de uma molécula de H_2O vizinha (a base). A imagem inferior mostra o resultado: o núcleo do átomo de hidrogênio é arrancado da molécula de HCl e passa a fazer parte de um íon hidrônio.

FIGURA INTERATIVA 6A.1

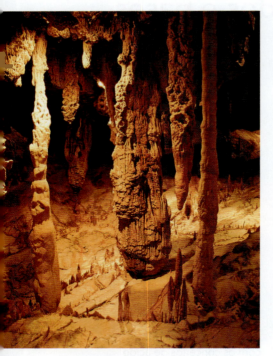

FIGURA 6A.2 As estalactites pendem do teto das cavernas, e as estalagmites crescem no chão. Ambas são formadas por carbonato de cálcio a partir de íons hidrogenocarbonato solúveis transportados pelas águas do solo. *(Reinhard Dirscherl/WaterFrame/Getty Images.)*

Uma ligação covalente coordenada é uma ligação em que ambos os elétrons de ligação vêm do mesmo átomo (Tópico 2C).

Outro exemplo de ácido é o cianeto de hidrogênio, HCN, que pode transferir seu próton para a água ao formar a solução conhecida como ácido cianídrico, HCN(aq). Entretanto, somente uma pequena fração das moléculas de HCN doa seus prótons e, portanto, como vimos em *Fundamentos* J, o HCN é classificado como um ácido fraco em água. A reação de transferência de um próton é escrita como um equilíbrio:

$$HCN(aq) + H_2O(l) \rightleftharpoons H_3O^+(aq) + CN^-(aq)$$

Como todos os equilíbrios químicos, esse é dinâmico, e deveríamos pensar que os prótons trocam incessantemente de posição entre as moléculas de HCN e de H_2O, fornecendo uma concentração baixa, porém constante, de íons CN^- e H_3O^+. A reação de transferência de próton de um ácido forte, como HCl, para a água também é dinâmica, mas o equilíbrio está tão próximo da formação dos produtos, que é representado somente pela reação direta, com uma seta simples.

Em *Fundamentos* J, um ácido de Arrhenius foi definido como um composto que produz íons hidrônio em água e uma base de Arrhenius, como um composto que produz íons hidróxido em água. A definição de Brønsted é mais geral porque inclui a possibilidade de que um íon seja um ácido (uma opção não permitida pela definição de Arrhenius). Por exemplo, um íon hidrogenocarbonato, HCO_3^-, uma das espécies presentes em águas naturais, pode agir como um doador de prótons e doar um próton para uma molécula de H_2O (Fig. 6A.2):

$$HCO_3^-(aq) + H_2O(l) \rightleftharpoons H_3O^+(aq) + CO_3^{2-}(aq)$$

A distinção entre ácidos fortes e fracos pode ser sumariada como:

Ácido forte: quase todas as moléculas estão desprotonadas em solução.

Ácido fraco: somente uma pequena fração das moléculas ou dos íons está desprotonada em solução.

A força de um ácido depende do solvente, e um ácido que é forte em água pode ser fraco em outro solvente e vice-versa (Tópico 6C). Como, porém, praticamente todas as reações em organismos vivos e muitas reações de laboratório ocorrem em água, a menos que seja especificado o contrário, o solvente citado aqui é a água.

Uma base de Brønsted tem um par de elétrons livres a que o próton pode se ligar. Por exemplo, o íon óxido, O^{2-}, é uma base de Brønsted. Na dissolução de CaO em água, o forte campo elétrico do pequeno íon O^{2-}, com muita carga, retira um próton de uma molécula de H_2O vizinha (Fig. 6A.3). Nesse processo, uma ligação covalente coordenada se forma entre o próton e um par isolado de elétrons do íon óxido. Ao aceitar o próton, o íon óxido fica **protonado**. Cada íon óxido presente aceita um próton da água e, portanto, O^{2-} é um exemplo de uma base forte em água, uma espécie totalmente protonada. A seguinte reação ocorre quase completamente:

$$O^{2-}(aq) + H_2O(l) \longrightarrow 2\,OH^-(aq)$$

Outro exemplo de base de Brønsted é a amônia. Quando uma molécula de NH_3 está em água, o par de elétrons do átomo de N aceita um próton da molécula de H_2O:

$$NH_3(aq) + H_2O(l) \rightleftharpoons NH_4^+(aq) + OH^-(aq)$$

Como a molécula de NH_3 é eletricamente neutra, ela tem um poder de retirar elétrons muito menor do que o do íon óxido. Como resultado, somente uma pequena porção das moléculas de NH_3 converte-se em íons NH_4^+ (Fig. 6A.4). A amônia é, portanto, um exemplo de base fraca. Todas as aminas, derivados orgânicos da amônia, como a metilamina, CH_3NH_2, são bases fracas em água. Como o equilíbrio de transferência de prótons em uma solução de amônia em água é dinâmico, os prótons são incessantemente trocados entre as moléculas de NH_3 e H_2O com uma pequena concentração constante de íons NH_4^+ e OH^-. A transferência de próton para a base forte O^{2-} também é dinâmica, mas como o equilíbrio está fortemente deslocado na direção dos produtos, como no caso do ácido forte, ele é representado pela reação direta, com uma única seta.

A distinção entre bases fortes e fracas pode ser sumariada como:

Base forte: quase todas as moléculas ou íons estão desprotonados em solução.

Base fraca: somente uma pequena fração das moléculas ou íons está desprotonada em solução.

Como no caso dos ácidos, a força da base depende do solvente: uma base forte em água pode ser fraca em outro solvente e vice-versa. As bases fortes mais comuns em água estão listadas na Tabela J.1, de *Fundamentos* J.

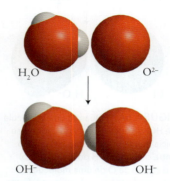

FIGURA 6A.3 Quando um íon óxido está em água, ele exerce uma atração tão forte sobre o núcleo do átomo de hidrogênio de uma molécula de água vizinha que o íon hidrogênio é extraído da molécula como próton. Como resultado, o íon óxido forma dois íons hidróxido.

Nota de boa prática Os óxidos e hidróxidos dos metais alcalinos e alcalino-terrosos não são bases de Brønsted: os *íons* óxido e hidróxido que os formam é que são as bases (os cátions são íons espectadores). Contudo, por conveniência os químicos normalmente se referem a esses compostos como bases.

O produto formado a partir da molécula de um ácido quando ela transfere um próton para a água também pode aceitar um próton dela e, com isso, ser classificado como base. Por exemplo, o íon CN^-, produzido quando HCN perde um próton, pode aceitar um próton de uma molécula vizinha de H_2O para formar HCN novamente. Assim, de acordo com a definição de Brønsted, CN^- é uma base. Ela é chamada de "base conjugada" do ácido HCN. Em geral, a **base conjugada** de um ácido é a espécie produzida quando ele doa um próton:

$$\text{Ácido} \xrightarrow{\text{doa } H^+} \text{base conjugada}$$

Como HCN é o ácido que se forma quando um próton se transfere para um íon cianeto, ele é o "ácido conjugado" da base CN^-. Em geral, o **ácido conjugado** é a espécie produzida quando uma base aceita um próton:

$$\text{Base} \xrightarrow{\text{aceita } H^+} \text{ácido conjugado}$$

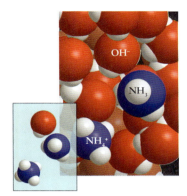

FIGURA 6A.4 Nesta representação molecular da estrutura de uma solução de amônia em água em equilíbrio, as moléculas de NH_3 continuam presentes porque nem todas elas foram protonadas pela transferência de íons hidrogênio da água. Em uma solução típica, somente cerca de 1 em cada 100 moléculas de NH_3 está protonada. O detalhe acima mostra apenas as espécies de soluto.

FIGURA INTERATIVA 6A.4

EXEMPLO 6A.1 Escrevendo as fórmulas de ácidos e bases conjugados

Suponha que você precise predizer os produtos de uma reação entre um ácido e uma base. Para isso, você precisa saber escrever as fórmulas da base conjugada e do ácido conjugado formados. Escreva as fórmulas de (a) a base conjugada de HCO_3^- e (b) o ácido conjugado de O^{2-}.

PLANEJE Remova um próton (um íon H^+) para formar a base conjugada e adicione um próton para formar o ácido conjugado.

RESOLVA

A fórmula da base conjugada de um ácido tem um íon H^+ a menos do que o ácido. A fórmula do ácido conjugado de uma base tem um íon H^+ a mais do que a base.

(a) A base conjugada de HCO_3^- é CO_3^{2-}.
(b) O ácido conjugado de O^{2-} é OH^-.

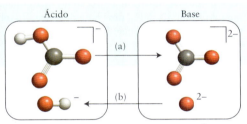

Teste 6A.1A Qual é (a) o ácido conjugado de OH^-; (b) a base conjugada de HPO_4^{2-}?

[*Resposta:* (a) H_2O; (b) PO_4^{3-}]

Teste 6A.1B Qual é (a) o ácido conjugado de H_2O; (b) a base conjugada de NH_3?

Exercícios relacionados 6A.1–6A.6

As definições de Brønsted de ácidos e bases também se aplicam a espécies em outros solventes que não a água e mesmo à fase gás, em que não há solvente. Por exemplo, quando ácido acético puro é adicionado a amônia líquida, ocorre transferência de prótons e o seguinte equilíbrio é atingido:

$$CH_3COOH(am) + NH_3(l) \rightleftharpoons CH_3CO_2^-(am) + NH_4^+(am)$$

(O símbolo "am" indica que a espécie está dissolvida em amônia líquida.) Um exemplo de transferência de próton em fase gás é a reação entre os gases cloreto de hidrogênio e amônia. Eles produzem um pó fino de cloreto de amônio, que é frequentemente encontrado cobrindo superfícies em laboratórios de química (Fig. 6A.5):

$$HCl(g) + NH_3(g) \longrightarrow NH_4Cl(s)$$

Um ácido de Brønsted é um doador de prótons e uma base de Brønsted é um aceitador de prótons. A base conjugada de um ácido é a base formada quando o ácido doou o próton. O ácido conjugado de uma base é o ácido que se formou quando a base aceitou o próton. Um ácido forte está completamente desprotonado em solução; um ácido fraco está parcialmente desprotonado em solução. Uma base forte está completamente protonada em solução; uma base fraca está parcialmente protonada em solução.

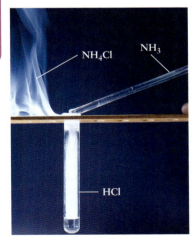

FIGURA 6A.5 O pó branco é cloreto de amônio formado na reação entre o gás amônia e o gás cloreto de hidrogênio que escapa de uma solução concentrada de ácido clorídrico. (*Andrew Lambert Photography/Science Source.*)

6A.2 Os ácidos e bases de Lewis

A teoria de Brønsted-Lowry tem o foco na transferência de prótons de uma espécie para outra. Entretanto, os conceitos de ácido e base são mais amplos do que a simples transferência de prótons. Muitas outras substâncias podem ser classificadas como ácidos ou bases pela definição desenvolvida por G. N. Lewis:

> Um **ácido de Lewis** é um aceitador de par de elétrons.
>
> Uma **base de Lewis** é um doador de par de elétrons.

Quando uma base de Lewis doa um par de elétrons a um ácido de Lewis, as duas espécies partilham um par de elétrons a partir de uma ligação covalente coordenada. Um próton (H^+) é um aceitador de par de elétrons. Portanto, ele é um ácido de Lewis, porque ele pode unir-se a ("aceitar") um par de elétrons isolados de uma base de Lewis. Em outras palavras, um ácido de Brønsted é o *fornecedor* de um ácido de Lewis particular, o próton.

A teoria de Lewis é mais geral do que a teoria de Brønsted-Lowry. Por exemplo, átomos e íons de metais podem agir como ácidos de Lewis, como na formação de $Ni(CO)_4$ a partir de átomos de níquel (o ácido de Lewis) e monóxido de carbono (a base de Lewis), mas eles não são ácidos de Brønsted. Contudo, toda base de Brønsted é um tipo especial de base de Lewis, uma substância que pode utilizar um par de elétrons isolado para formar uma ligação covalente com um próton. Por exemplo, o íon óxido é uma base de Lewis. Ele forma uma ligação covalente coordenada com o próton, um ácido de Lewis, fornecendo o par de elétrons da ligação:

As setas curvas mostram a direção do fluxo imaginário de elétrons. De modo semelhante, quando a amônia, NH_3, uma base de Lewis, dissolve em água, algumas das moléculas aceitam prótons das moléculas de água:

Um ponto importante é que as entidades consideradas ácidos e bases são diferentes dependendo da teoria. Na teoria de Lewis, o próton é um ácido; na teoria de Brønsted, a espécie que *fornece* o próton é o ácido. Em ambas as teorias, a espécie que aceita um próton é uma base; na teoria de Arrhenius, o composto que *fornece* o aceitador de prótons é a base (Fig. 6A.6).

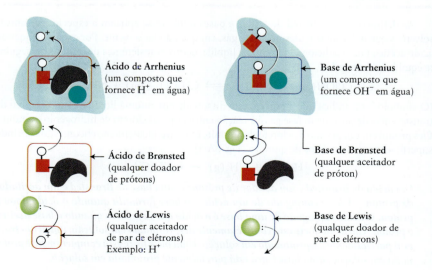

FIGURA 6A.6 A coluna da esquerda ilustra a ação dos ácidos (as espécies no interior dos retângulos formados pelas linhas vermelhas) nas definições de Arrhenius, Brønsted e Lewis. A coluna da direita mostra a ação das bases correspondentes (as espécies nos retângulos formados pelas linhas azuis). Em cada caso, os retângulos arredondados incluem o ácido ou a base, e os círculos brancos pequenos representam os átomos de hidrogênio). O disco verde escuro é um íon acompanhante. A definição de Arrhenius inclui os íons acompanhantes, enquanto que a definição de Brønsted pode ser aplicada a um composto ou, como aqui, a um íon. Note que somente a definição de Arrhenius exige a presença de água (o fundo azul).

Muitos óxidos de não metais são ácidos de Lewis que reagem com água para dar ácidos de Brønsted. Um exemplo é a reação de CO_2 com água:

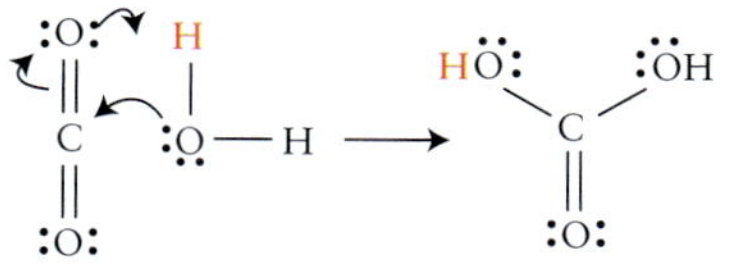

Nesta reação, o átomo de C de CO_2, o ácido de Lewis, aceita um par de elétrons do átomo de O de uma molécula de água, a base de Lewis, e um próton migra de um átomo de oxigênio de H_2O para um átomo de oxigênio de CO_2. O produto, a molécula de H_2CO_3, é um ácido de Brønsted.

Teste 6A.2A Identifique (a) os ácidos e as bases de Brønsted nos reagentes e produtos do equilíbrio de transferência de prótons $HNO_2(aq) + HPO_4^{2-}(aq) \rightleftharpoons NO_2^-(aq) + H_2PO_4^-(aq)$. (b) Que espécies (não necessariamente explícitas) são ácidos de Lewis e que espécies são bases de Lewis?

[*Resposta:* (a) Ácidos de Brønsted, HNO_2, $H_2PO_4^-$; bases de Brønsted, HPO_4^{2-} e NO_2^-; (b) Ácido de Lewis, H^+; base de Lewis, HPO_4^{2-} e NO_2^-]

Teste 6A.2B Identifique (a) os ácidos e as bases de Brønsted nos reagentes e produtos do equilíbrio de transferência de prótons $HCO_3^-(aq) + NH_4^+(aq) \rightleftharpoons H_2CO_3(aq) + NH_3(aq)$. (b) Que espécies (não necessariamente explícitas) são ácidos de Lewis e que espécies são bases de Lewis?

Como a transferência de prótons tem um papel muito especial na química, as definições dadas por Brønsted são essenciais no estudo da maior parte dos tópicos deste foco. Contudo, as definições de Lewis desempenham um papel importante na química de íons dos metais do grupo d (Tópicos 9C e 9D).

Um ácido de Lewis é um aceitador de par de elétrons. Uma base de Lewis é um doador de par de elétrons. Um próton atua como um ácido de Lewis que se liga a um par isolado de elétrons fornecido por uma base de Lewis.

6A.3 Os óxidos ácidos, básicos e anfotéricos

Um **óxido ácido** é um óxido que reage com água para formar uma solução de um ácido de Brønsted. Um exemplo é o CO_2, que forma H_2CO_3. Os óxidos ácidos são compostos *moleculares*, como o CO_2, que atuam como ácidos de Lewis. O dióxido de carbono, por exemplo, reage com o OH^- presente nas soluções de hidróxido de sódio em água:

$$2\,NaOH(aq) + CO_2(g) \longrightarrow Na_2CO_3(aq) + H_2O(l)$$

Você pode ter uma ideia da complexidade subjacente desta reação aparentemente simples observando que ela envolve o ataque do OH^-, que age como base de Lewis, ao CO_2 e a transferência de próton para outro íon OH^- que age como base de Brønsted (embora estes processos estejam sendo mostrados juntos aqui, eles não ocorrem em uma etapa):

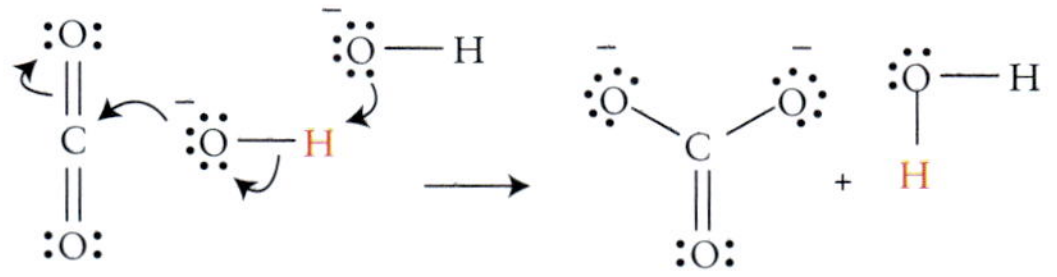

A crosta branca que aparece, às vezes, nas pastilhas de hidróxido de sódio é uma mistura de carbonato de sódio formado dessa maneira e de hidrogenocarbonato de sódio formado em uma reação semelhante:

$$NaOH(aq) + CO_2(g) \longrightarrow NaHCO_3(aq)$$

Um **óxido básico** é um óxido que aceita prótons da água para formar uma solução de íons hidróxido, como na reação:

$$CaO(s) + H_2O(l) \longrightarrow Ca(OH)_2(aq)$$

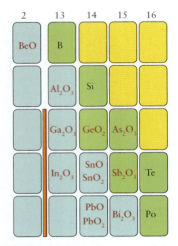

FIGURA 6A.7 Os elementos da linha diagonal dos metaloides e próximos a ela normalmente formam óxidos anfotéricos (indicados pelas letras vermelhas).

Em uma fórmula química, os colchetes indicam que a espécie é um íon complexo, como o [Al(OH)$_4$]$^-$ (ver o Tópico 9C). Não os confunda com a notação de concentração molar.

O radical "anfi" é derivado do grego, significando "ambos".

Os óxidos básicos são compostos *iônicos* que reagem com ácidos para dar um sal e água. Por exemplo, o óxido de magnésio, um óxido básico, reage com ácido clorídrico:

$$MgO(s) + 2\,HCl(aq) \longrightarrow MgCl_2(aq) + H_2O(l)$$

Nesta reação, a base O^{2-} aceita dois prótons dos íons hidrônio da solução de ácido clorídrico.

Os metais formam, em geral, óxidos básicos e os não metais formam óxidos ácidos, mas o que acontece com os elementos que ficam na fronteira diagonal entre os metais e os não metais? Nessa região, do berílio ao polônio, o caráter de metal funde-se com o caráter de não metal, e os óxidos desses elementos têm caráter ácido e caráter básico (Fig. 6A.7). Substâncias que reagem com ácidos e com bases são chamadas de **anfóteras**, da palavra grega para "ambos". O óxido de alumínio, Al$_2$O$_3$, por exemplo, é anfótero. Ele reage com ácidos:

$$Al_2O_3(s) + 6\,HCl(aq) \longrightarrow 2\,AlCl_3(aq) + 3\,H_2O(l)$$

e com bases

$$2\,NaOH(aq) + Al_2O_3(s) + 3\,H_2O(l) \longrightarrow 2\,Na[Al(OH)_4](aq)$$

O produto da segunda reação é o aluminato de sódio, que contém o íon aluminato, Al(OH)$_4^-$. A Fig. 6A.7 mostra outros elementos do grupo principal que formam óxidos anfotéricos. O caráter ácido, anfotérico ou básico dos óxidos dos metais do bloco d depende de seu estado de oxidação (Fig. 6A.8, veja também o Tópico 9A).

> *Os metais formam óxidos básicos e os não metais formam óxidos ácidos. Os elementos da linha diagonal, do berílio ao polônio, e vários metais do bloco d formam óxidos anfóteros.*

6A.4 A troca de prótons entre moléculas de água

Uma importante consequência das definições de Brønsted de ácidos e bases é que a mesma substância pode funcionar como ácido e como base. Por exemplo, você viu que uma molécula de água aceita um próton de uma molécula de ácido (como HCl ou HCN) para formar um íon H$_3$O$^+$. Logo, a água é uma base. Entretanto, uma molécula de água pode doar um próton a uma base (como O^{2-} ou NH$_3$) e tornar-se um íon OH$^-$. Assim, a água é, também, um ácido. Portanto, a água é **anfiprótica**, isto é, ela pode agir como doadora e como aceitadora de prótons.

> **Nota de boa prática** Atente para a distinção entre *anfotérico* e *anfiprótico*. O metal alumínio é anfotérico (reage com ácidos e com bases), mas não tem átomos de hidrogênio para doar como prótons, logo não é anfiprótico.

A transferência de prótons entre moléculas de água ocorre até mesmo em água pura, com uma molécula agindo como doador de prótons e outra como aceitador de prótons:

$$\underbrace{H_2O(l)}_{\text{base}} + \underbrace{H_2O(l)}_{\text{ácido}} \rightleftharpoons H_3O^+(aq) + OH^-(aq) \qquad (A)$$

Mais detalhadamente, a reação direta, mostrada com as setas curvas que ilustram como os elétrons migram e o íon hidrogênio transferido sinalizado em vermelho, é

A reação é muito rápida em ambas as direções, e o equilíbrio está sempre presente na água e em suas soluções. Em cada copo de água, prótons dos átomos de hidrogênio migram

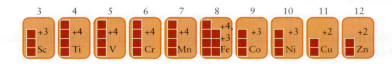

FIGURA 6A.8 Certos elementos do bloco d formam óxidos anfotéricos, em alguns casos nos estados de oxidação intermediários (como mostramos aqui para o Período 4). Cada pilha de quadrados vermelhos representa um estado de oxidação.

incessantemente de uma molécula para outra. Esse tipo de reação, em que uma molécula transfere um próton para outra molécula idêntica, é chamado de **autoprotólise** (Fig. 6A.9).

A constante de equilíbrio da reação A é

$$K = \frac{a_{H_3O^+} a_{OH^-}}{(a_{H_2O})^2}$$

Em soluções diluídas em água (as únicas que abordamos neste Foco), o solvente está quase puro, logo sua atividade pode ser considerada como igual a 1. A expressão resultante é chamada de **constante de autoprotólise** da água e é escrita como K_w:

$$K_w = a_{H_3O^+} a_{OH^-} \quad \textbf{(1a)}$$

Como vimos no Tópico 5G, a atividade de um soluto J em uma solução diluída é aproximadamente igual à concentração molar relativa à concentração molar padrão, [J]/$c°$, com $c° = 1$ mol·L^{-1}, logo uma forma prática dessa expressão é:

$$K_w = [H_3O^+][OH^-] \quad \textbf{(1b)}$$

em que, como no Foco 5, a expressão é simplificada pela substituição de [J]/$c°$ por [J], interpretando-a como o valor da concentração molar em mols por litro, sem as unidades.

Em água pura, em 25°C, as concentrações molares de H_3O^+ e OH^- são iguais (o líquido é eletricamente neutro) e têm o valor experimental $1,0 \times 10^{-7}$ mol·L^{-1}. Portanto, em 25°C (a única temperatura usada aqui, a menos que seja afirmado o contrário),

$$K_w = (1,0 \times 10^{-7}) \times (1,0 \times 10^{-7}) = 1,0 \times 10^{-14}$$

As concentrações de H_3O^+ e OH^- são muito pequenas em água pura, o que explica por que a água pura é tão má condutora de eletricidade. Para imaginar o grau extremamente baixo da autoprotólise, suponha que cada letra deste livro é uma molécula de água. Você teria de procurar em mais de 50 exemplares para encontrar uma molécula de água ionizada.

PONTO PARA PENSAR

A reação de autoprotólise é endotérmica. Você espera que K_w aumente ou diminua com a temperatura crescente?

É importante lembrar que K_w não é fundamentalmente diferente das constantes de equilíbrio estudadas no Foco 5. *Como K_w é uma constante de equilíbrio, o produto das concentrações dos íons H_3O^+ e OH^- é sempre igual a K_w.* Quando a concentração de íons H_3O^+ é aumentada com a adição de ácido, a concentração de íons OH^- decresce imediatamente, para manter o valor de K_w. Alternativamente, quando a concentração de íons OH^- é aumentada com a adição de base, a concentração de íons H_3O^+ diminui. O equilíbrio de autoprotólise interliga as concentrações de H_3O^+ e OH^- como uma gangorra; quando uma sobe, a outra desce (Fig. 6A.10).

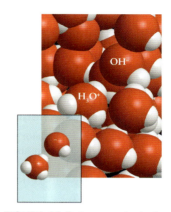

FIGURA 6A.9 Como resultado da autoprotólise, a água pura contém, além das moléculas de água, íons hidrônio e íons hidróxido. A concentração dos íons que resultam da autoprotólise é de cerca de 10^{-7} mol·L^{-1}, logo somente 1 molécula em 200 milhões está ionizada. O destaque mostra somente os íons.

FIGURA INTERATIVA 6A.9

K_w também é conhecida como *constante de autoionização* da água e, às vezes, como *constante de produção de íons*.

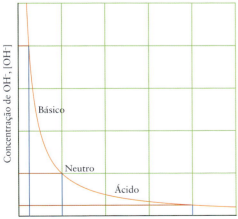

FIGURA 6A.10 O produto das concentrações dos íons hidrônio e hidróxido em água é constante. Se a concentração de um tipo de íon cresce, a do outro decresce, para manter constante o produto das concentrações.

FIGURA INTERATIVA 6A.10

EXEMPLO 6A.2 Cálculo da concentração de íons em uma solução de um hidróxido de metal

O hidróxido de bário é uma base usada na titulação de alguns ácidos. Para usar o composto, você precisa conhecer a concentração real do íon hidróxido em solução. Quais são as concentrações de íons H_3O^+ e OH^- em uma solução 0,0030 M de $Ba(OH)_2$(aq) em 25°C?

ANTECIPE Como o composto contém íons OH^-, eles estarão presentes em concentração muito elevada, mas deve haver uma pequena concentração de íons H_3O^+ para manter o valor de K_w.

PLANEJE A maior parte dos hidróxidos dos Grupos 1 e 2 podem ser considerados como totalmente dissociados em solução. Decida, usando a fórmula química, quantos íons OH^- são fornecidos por cada fórmula unitária e calcule a concentração desses íons na solução. Para encontrar a concentração de íons H_3O^+, use a constante de autoprotólise da água, $K_w = [H_3O^+][OH^-]$.

RESOLVA

Decida se o composto está totalmente dissociado em solução.

Como o bário é um metal alcalino-terroso, o $Ba(OH)_2$ dissocia quase completamente em água para dar íons Ba^{2+} e OH^-.

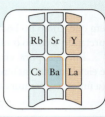

Encontre a razão molar entre o íon hidróxido e o hidróxido de bário.

$$Ba(OH)_2(s) \longrightarrow Ba^{2+}(aq) + 2\,OH^-(aq); \quad 1\text{ mol } Ba(OH)_2 \mathrel{\hat=} 2\text{ mol } OH^-$$

Calcule a concentração de íons hidróxido a partir da concentração de soluto (complete com as unidades).

$$[OH^-] = 2 \times 0{,}0030 \text{ mol·L}^{-1} = 0{,}0060 \text{ mol·L}^{-1}$$

Use K_w na forma $[H_3O^+] = K_w/[OH^-]$ para encontrar a concentração de íons H_3O^+.

$$[H_3O^+] = \frac{K_w}{[OH^-]} = \frac{1{,}0 \times 10^{-14}}{0{,}0060} = 1{,}7 \times 10^{-12}$$

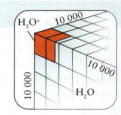

AVALIE A concentração de íons H_3O^+ é 1,7 pmol·L^{-1} (1 pmol = 10^{-12} mol), que é muito pequena, como esperado, mas não é zero.

Teste 6A.3A Estime as molaridades de (a) H_3O^+ e de (b) OH^-, em 25°C, em uma solução $6{,}0 \times 10^{-5}$ M de HI (aq).

[*Resposta:* (a) 60. μmol·L^{-1}; (b) 0,17 nmol·L^{-1}]

Teste 6A.3B Estime as molaridades de (a) H_3O^+ e de (b) OH^-, em 25°C, em uma solução $2{,}2 \times 10^{-3}$ M de NaOH(aq).

Exercícios relacionados 6A.19, 6A.20, 6A.23 e 6A.24

Nas soluções em água, as concentrações dos íons H_3O^+ e OH^- estão relacionadas pelo equilíbrio de autoprotólise. Se uma concentração aumenta, a outra diminui para manter o valor de K_w.

O que você aprendeu com este tópico?

Você aprendeu duas definições de ácido e bases: a definição dada por Lewis é mais genérica, enquanto a definição dada por Brønsted-Lowry é mais útil para soluções em água. Os ácidos e bases fortes são quase totalmente desprotonados ou protonados, respectivamente, ao passo que os ácidos e bases fracos não são. Você viu como os ácidos e as bases formam pares conjugados e encontrou os conceitos de autoprotólise e anfoteria. Você viu que, na água, as concentrações de íons hidrônio e hidróxido sempre satisfazem à constante de protólise.

Os conhecimentos que você deve dominar incluem a capacidade de:

☐ **1.** Identificar os pares conjugados ácido-base (Exemplo 6A.1).

☐ **2.** Reconhecer as reações ácido-base de Lewis (Seção 6A.2).

☐ **3.** Usar a constante de autoprotólise da água, K_w, para relacionar as concentrações dos íons H_3O^+ e OH^- em soluções de ácidos e bases em água (Exemplo 6A.2).

Tópico 6A Exercícios

6A.1 Escreva as fórmulas dos ácidos conjugados de (a) CH_3NH_2, metilamina; (b) NH_2NH_2, hidrazina; (c) HCO_3^-, e das bases conjugadas de (d) HCO_3^-; (e) C_6H_5OH, fenol; (f) CH_3COOH.

6A.2 Escreva as fórmulas dos ácidos conjugados de (a) $C_2O_4^{2-}$, o íon oxalato; (b) $C_6H_5NH_2$ (anilina); (c) NH_2OH, hidroxilamina; e das bases conjugadas de (d) H_2O_2, peróxido de hidrogênio; (e) HNO_2; (f) $HCrO_4^-$.

6A.3 Escreva a equação do equilíbrio de transferência de prótons dos seguintes ácidos em água e identifique os pares ácido-base conjugados: (a) H_2SO_4; (b) $C_6H_5NH_3^+$, íon anilínio; (c) $H_2PO_4^-$; (d) HCOOH, ácido fórmico; (e) $NH_2NH_3^+$, íon hidrazínio.

6A.4 Escreva a equação do equilíbrio de transferência de prótons das seguintes bases em água e identifique os pares ácido-base conjugados: (a) CN^-; (b) NH_2NH_2, hidrazina; (c) CO_3^{2-}; (d) HPO_4^{2-}; (e) $CO(NH_2)_2$, ureia.

6A.5 Identifique (a) o ácido e a base de Brønsted e (b) a base e o ácido conjugados formados na seguinte reação:

$$HNO_3(aq) + HPO_4^{2-}(aq) \longrightarrow NO_3^-(aq) + H_2PO_4^-(aq)$$

6A.6 Identifique (a) o ácido e a base de Brønsted na seguinte reação e (b) a base e o ácido conjugados formados:

$$HSO_3^-(aq) + CH_3NH_3^+(aq) \longrightarrow H_2SO_3(aq) + CH_3NH_2(aq)$$

6A.7 Abaixo, estão os modelos moleculares de dois oxoácidos. Escreva o nome de cada ácido e desenhe o modelo de sua base conjugada (vermelho = O, branco = H, verde = Cl, azul = N).

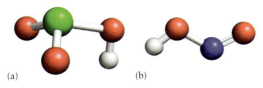

(a)   (b)

6A.8 Abaixo, estão os modelos moleculares de dois oxoácidos. Escreva o nome de cada ácido e desenhe o modelo de sua base conjugada (vermelho = O, branco = H, verde = Cl, azul = N).

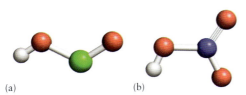

(a)   (b)

6A.9 Quais das seguintes reações podem ser classificadas como reações entre ácidos e bases de Brønsted? Naquelas que podem ser classificadas desta maneira, identifique o ácido e a base. (*Sugestão*: Pode ser útil escrever as equações iônicas simplificadas.)

(a) $NH_4I(aq) + H_2O(l) \rightarrow NH_3(aq) + H_3O^+(aq) + I^-(aq)$
(b) $NH_4I(s) \xrightarrow{\Delta} NH_3(g) + HI(g)$
(c) $CH_3COOH(aq) + NH_3(aq) \rightarrow CH_3CONH_2(aq) + H_2O(l)$
(d) $NH_4I(am) + KNH_2(am) \rightarrow KI(am) + 2\,NH_3(l)$, em que "am" indica que o solvente é amônia líquida.

6A.10 Quais das seguintes reações podem ser classificadas como reações entre ácidos e bases de Brønsted? Naquelas que podem ser classificadas desta maneira, identifique o ácido e a base. (*Sugestão*: Pode ser útil escrever as equações iônicas simplificadas.)

(a) $KOH(aq) + CH_3I(aq) \rightarrow CH_3OH(aq) + KI(aq)$
(b) $AgNO_3(aq) + HCl(aq) \rightarrow AgCl(s) + HNO_3(aq)$
(c) $2\,NaHCO_3(am) + 2\,NH_3(l) \rightarrow Na_2CO_3(s) + (NH_4)_2CO_3(am)$, em que "am" indica que o solvente é amônia líquida.
(d) $H_2S(aq) + Na_2S(s) \rightarrow 2\,NaHS(aq)$

6A.11 Escreva os dois equilíbrios de transferência de prótons que demonstram o caráter anfiprótico de (a) HCO_3^-; (b) HPO_4^{2-}. Identifique, em cada caso, os pares ácido-base conjugados.

6A.12 Escreva os dois equilíbrios de transferência de prótons que demonstram o caráter anfiprótico de (a) $H_2PO_3^-$; (b) NH_3. Identifique, em cada caso, os pares ácido-base conjugados.

6A.13 Desenhe a estrutura de Lewis ou o símbolo de cada uma das seguintes espécies e identifique-as como ácido ou base de Lewis: (a) NH_3; (b) BF_3; (c) Ag^+; (d) F^-; (e) H^-.

6A.14 Desenhe a estrutura de Lewis ou o símbolo de cada uma das seguintes espécies e identifique-as como ácido ou base de Lewis: (a) SO_2; (b) I^-; (c) CH_3S^- (o átomo de C é o átomo central); (d) NH_2^-; (e) NO_2.

6A.15 Escreva a estrutura de Lewis de cada reagente, identifique o ácido e a base de Lewis e escreva a estrutura de Lewis do produto (um complexo) para as seguintes reações entre ácidos e bases de Lewis:

$$PF_5 + F^- \longrightarrow$$
$$Cl^- + SO_2 \longrightarrow$$

6A.16 Escreva a estrutura de Lewis de cada reagente, identifique o ácido e a base de Lewis e escreva a estrutura de Lewis do produto (um complexo) para as seguintes reações entre ácidos e bases de Lewis:

$$F^- + BrF_3 \longrightarrow$$
$$FeCl_3 + Cl^- \longrightarrow$$

6A.17 Diga se os óxidos dados são ácidos, básicos ou anfotéricos: (a) BaO; (b) SO_3; (c) As_2O_3; (d) Bi_2O_3.

6A.18 Diga se os seguintes óxidos são ácidos, básicos ou anfotéricos: (a) SO_2; (b) CaO; (c) P_4O_{10}; (d) TeO_2.

454 Tópico 6A A natureza dos ácidos e bases

6A.19 Calcule a concentração molar de OH^- em soluções com as seguintes concentrações de H_3O^+: (a) 0,020 mol·L^{-1}; (b) 1,0 $\times$ 10^{-5} mol·L^{-1}; (c) 3,1 mol·L^{-1}.

6A.20 Calcule a concentração molar de H_3O^+ em soluções com as seguintes concentrações de OH^-: (a) 0,0021 mol·L^{-1}; (b) 3,4 $\times$ 10^{-3} mol·L^{-1}; (c) 7,60 mmol·L^{-1}

6A.21 O valor de K_w da água na temperatura do corpo (37°C) é 2,1 $\times$ 10^{-14}. (a) Qual é a concentração molar dos íons H_3O^+ em 37°C? (b) Qual é a concentração molar dos íons OH^- em água neutra em 37°C?

6A.22 A concentração de íons H_3O^+ no ponto de congelamento da água é 3,9 $\times$ 10^{-8} mol·L^{-1}. Calcule K_w em 0°C.

6A.23 Calcule a concentração molar de $Ba(OH)_2$ e as concentrações molares de Ba^{2+}, OH^- e H_3O^+ em 0,100 L de uma solução em água que contém 0,43 g de $Ba(OH)_2$.

6A.24 Calcule a concentração molar de $KNH_2(aq)$ e as concentrações molares de K^+, NH_2^-, OH^- e H_3O^+ em 0,450 L de uma solução em água que contém 0,40 g de KNH_2.

Tópico 6B A escala de pH

6B.1 A interpretação do pH
6B.2 O pOH de soluções

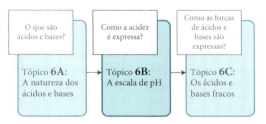

Por que você precisa estudar este assunto? A escala de pH da concentração do íon hidrônio é usada nas diversas áreas da química, biologia, medicina e indústria, e é essencial conhecer sua definição e importância.

Que conhecimentos você precisa dominar? Você precisa compreender os conceitos de ácido e base apresentados no Tópico 6A e as propriedades dos logaritmos (Apêndice 1D). Você também precisa estar familiarizado com a importância da constante de protólise (Tópico 6A).

A escala de pH foi introduzida pelo químico dinamarquês Søren Sørensen em 1909, em seu trabalho de controle de qualidade da fabricação de cervejas. O valor negativo do logaritmo é usado para permitir que a maior parte dos valores de pH sejam números positivos.

Uma dificuldade em descrever quantitativamente as concentrações de ácidos e bases é que a concentração de íons H_3O^+ pode variar em muitas ordens de grandeza: em algumas soluções, pode ser maior do que $1\ mol\cdot L^{-1}$ e, em outras, menor do que $10^{-14}\ mol\cdot L^{-1}$. Os químicos evitam a dificuldade de lidar com essa faixa extensa de valores indicando a concentração do íon hidrônio em termos do **pH** da solução, isto é, o logaritmo negativo (na base 10) da atividade do íon hidrônio:

$$pH = -\log a_{H_3O^+} \qquad (1a)$$

em que (para soluções suficientemente diluídas para serem tratadas como ideais) $a_{H_3O^+} = [H_3O^+]/c°$. Como no Tópico 5G, a expressão é simplificada fazendo $[H_3O^+]$ igual à concentração de H_3O^+ em mols por litro e retirando as unidades e escrevendo

$$pH = -\log [H_3O^+] \qquad (1b)$$

Assim, o pH da água pura, em que a concentração dos íons H_3O^+ é $1{,}0 \times 10^{-7}\ mol\cdot L^{-1}$, em 25°C, é

$$pH = -\log(1{,}0 \times 10^{-7}) = 7{,}00$$

PONTO PARA PENSAR

Você espera que o pH da água pura aumente ou diminua com o aumento da temperatura?

Nota de boa prática Note que o número de dígitos que segue a vírgula do valor numérico de pH é igual ao número de algarismos significativos da concentração molar correspondente, porque os dígitos que precedem a vírgula correspondem simplesmente à potência 10 dos dados (como em $\log 10^5 = 5$).

6B.1 A interpretação do pH

O sinal negativo na definição do pH significa que, quanto maior for a concentração molar de H_3O^+, menor será o pH. Por exemplo, se a concentração do H_3O^+ for $1 \times 10^{-7}\ mol\cdot L^{-1}$, o pH será 7,0, mas se ela aumentar para $1 \times 10^{-6}\ mol\cdot L^{-1}$, o pH cairá para 6,0. Como mostra o exemplo, uma mudança de uma unidade de pH significa que a concentração dos íons H_3O^+ varia 10 vezes. É importante lembrar que (em 25°C):

- O pH de uma solução básica é maior do que 7.
- O pH de uma solução neutra, como a água pura, é 7.
- O pH de uma solução ácida é menor do que 7.

A maior parte das soluções usadas em química está na faixa de pH entre 0 e 14, mas valores fora dessa faixa são possíveis.

PONTO PARA PENSAR

Um pH pode ser negativo? Se sim, o que isso significaria?

EXEMPLO 6B.1 Cálculo do pH a partir de uma concentração

Você trabalha no laboratório de um hospital, monitorando a recuperação de pacientes sob cuidado intensivo. O pH do sangue desses pacientes precisa ser monitorado e controlado com atenção, porque qualquer desvio em relação aos níveis normais pode ser fatal. Qual é o pH de (a) o sangue humano, no qual a concentração dos íons H_3O^+ é igual a $4,0 \times 10^{-8}$ mol·L^{-1}; (b) uma solução 0,020 M de HCl(aq); (c) uma solução 0,040 M de KOH(aq)?

ANTECIPE A concentração de íons H_3O^+ no sangue é mais baixa do que em água pura, logo você deve esperar pH > 7; em HCl(aq), um ácido, devemos esperar pH < 7, e em KOH(aq), uma base, devemos esperar pH > 7.

PLANEJE O pH é calculado pela Eq. 1b. Para ácidos fortes, a concentração dos íons H_3O^+ é igual à concentração molar do ácido. Para bases fortes, encontre, primeiro, a concentração dos íons OH$^-$, depois converta a concentração para $[H_3O^+]$ usando $[H_3O^+][OH^-] = K_w$, na forma $[H_3O^+] = K_w/[OH^-]$.

O que você deve supor? Que os ácidos fortes (neste caso, o HCl) estão totalmente desprotonados em solução e que os compostos iônicos (o KOH) estão totalmente dissociados.

RESOLVA

(a) De pH = $-\log [H_3O^+]$,

$$\text{pH} = -\log(4,0 \times 10^{-8}) = 7,40$$

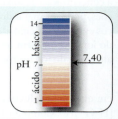

(b) Como o HCl é um ácido forte, ele está completamente desprotonado em água.

$$[H_3O^+] = [HCl] = 0,020 \text{ mol·L}^{-1}$$

De pH = $-\log [H_3O^+]$,

$$\text{pH} = -\log 0,020 = 1,70$$

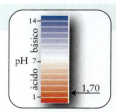

(c) Como supusemos que o KOH se dissocia completamente em solução, cada fórmula fornece um íon OH$^-$,

$$[OH^-] = [KOH] = 0,040 \text{ mol·L}^{-1}$$

Encontre $[H_3O^+]$ de $[H_3O^+][OH^-] = K_w$ na forma $[H_3O^+] = K_w/[OH^-]$.

$$[H_3O^+] = \frac{K_w}{[OH^-]} = \frac{1,0 \times 10^{-14}}{0,040} = 2,5\ldots \times 10^{-13}$$

De pH = $-\log [H_3O^+]$,

$$\text{pH} = -\log(2,5\ldots \times 10^{-13}) = 12,60$$

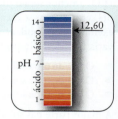

AVALIE Os valores de pH calculados concordam com o esperado.

Teste 6B.1A Calcule o pH de (a) amônia para a limpeza doméstica, em que a concentração de OH$^-$ é cerca de 3×10^{-3} mol·L^{-1}; (b) uma solução $6,0 \times 10^{-5}$ M de HClO$_4$(aq).

[*Resposta:* (a) 11,5; (b) 4,22]

Teste 6B.1B Calcule o pH de uma solução 0,077 M de NaOH(aq).

Exercícios relacionados 6B.3 e 6B.4

O pH aproximado de uma solução em água pode ser estimado com rapidez com um *papel indicador universal*, que muda de cor em diferentes valores de pH. Medidas mais precisas são feitas com um "medidor de pH" (Fig. 6B.1). Este instrumento é um voltímetro ligado a dois eletrodos que mergulham na solução. A diferença de potencial elétrico nos eletrodos é proporcional ao pH (como será explicado no Tópico 6L). Logo, como a escala do medidor está calibrada, o pH pode ser lido diretamente.

Para converter o pH em concentração de íons H_3O^+, inverta o sinal do pH e tome o antilogaritmo.

$$[H_3O^+] = 10^{-pH} \text{ mol·L}^{-1} \quad (2)$$

Em muitos medidores de pH, ambos os eletrodos são integrados em uma unidade. Esses eletrodos são denominados *eletrodos de combinação*.

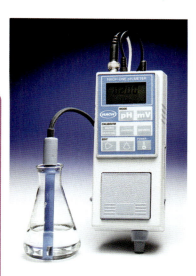

EXEMPLO 6B.2 Cálculo da concentração de íons hidrônio a partir do pH

Em alguns casos, o pH precisa ser convertido na concentração do íon hidrônio. A maneira mais simples de fazer esta conversão para encontrar a concentração do íon hidrônio consiste em usar um potenciômetro para medir o pH e então calcular a concentração do íon a partir do valor medido. Qual é a concentração molar de íons hidrônio em uma solução cujo pH é 4,83?

ANTECIPE Como o pH é inferior a 7, o pH da água pura em 25°C, a solução deve ser ácida, e devemos esperar que a concentração de íons H_3O^+ seja superior a 10^{-7} mol·L^{-1}.

PLANEJE Para calcular o valor preciso da Equação 2, inverta o sinal do pH e tome o antilogaritmo.

RESOLVA

De $[H_3O^+] = 10^{-pH}$ mol·L^{-1},

$$[H_3O^+] = 10^{-4,83} \text{ mol·L}^{-1} = 1,5 \times 10^{-5} \text{ mol·L}^{-1}$$

AVALIE Como esperado, a concentração de íons H_3O^+ é superior à da água pura, por um fator de mais de 100.

Teste 6B.2A O pH dos fluidos estomacais é cerca de 1,7. Qual é a concentração dos íons H_3O^+ no estômago?

[***Resposta:*** 2×10^{-2} mol·L^{-1}]

Teste 6B.2B O pH dos fluidos pancreáticos, que ajudam na digestão da comida depois que ela deixou o estômago, é cerca de 8,2. Qual é a concentração aproximada dos íons H_3O^+ nos fluidos pancreáticos?

Exercícios relacionados 6B.7 e 6B.8

FIGURA 6B.1 Um medidor de pH é um voltímetro usado para medir o pH eletroquimicamente. *(Charles D. Winters/Science Source.)*

A Figura 6B.2 mostra os resultados de medidas de pH em uma seleção de líquidos e bebidas. O suco fresco de limão tem pH 2,2, que corresponde à concentração de íons H_3O^+ igual a 6 mmol·L^{-1} (1 mmol = 10^{-3} mol). A chuva natural (não poluída), cuja acidez é decorrente principalmente do dióxido de carbono dissolvido, tem pH em torno de 5,7. Nos Estados Unidos, a Agência de Proteção Ambiental (EPA) define o rejeito em água como "corrosivo" se o pH for inferior a 2,0 (muito ácido) ou superior a 11,5 (muito básico).

A escala de pH é usada para indicar a concentração molar dos íons H_3O^+: $pH = -\log [H_3O^+]$. Um pH > 7 indica que a solução é básica e um pH < 7 indica que ela é ácida. Uma solução neutra tem pH = 7.

6B.2 O pOH de soluções

Muitas expressões quantitativas que envolvem ácidos e bases são extremamente simplificadas quando usamos logaritmos. A quantidade pX é uma generalização de pH:

$$pX = -\log X \quad (3)$$

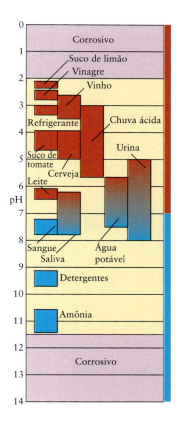

FIGURA 6B.2 Valores típicos de pH de soluções comuns em água. As regiões em lilás indicam o pH de líquidos considerados corrosivos.

Por exemplo, **pOH** é definido como

$$pOH = -\log a_{OH^-} \tag{4a}$$

que, pela mesma razão do pH, é simplificada como

$$pOH = -\log [OH^-] \tag{4b}$$

O pOH é conveniente para expressar as concentrações dos íons OH^- em solução. Por exemplo, na água pura, em que a concentração dos íons OH^- é $1,0 \times 10^{-7}$ mol·L^{-1}, o pOH é 7,00. Do mesmo modo, entendemos para pK_w, que

$$pK_w = -\log K_w = -\log(1,0 \times 10^{-14}) = 14,00 \text{ (em 25°C)}$$

Os valores de pH e pOH de uma solução aquosa estão relacionados. Para encontrar a relação, comece com a expressão da constante de autoprotólise da água, $K_w = [H_3O^+][OH^-]$. Tome os logaritmos dos dois lados:

$$\log([H_3O^+][OH^-]) = \log K_w$$

Agora use $\log ab = \log a + \log b$ para obter

$$\log [H_3O^+] + \log [OH^-] = \log K_w$$

A multiplicação dos dois lados da equação por -1 dá

$$-\log [H_3O^+] + (-\log [OH^-]) = -\log K_w$$

que é o mesmo que

$$pH + pOH = pK_w \tag{5a}$$

Como pK_w = 14,00 em 25°C, nesta temperatura

$$pH + pOH = 14,00 \tag{5b}$$

A Equação 5 mostra que o pH e o pOH de uma solução têm valores complementares: se um aumenta, o outro diminui, para que a soma permaneça constante (Fig. 6B.3).

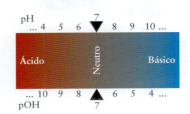

FIGURA 6B.3 Os números no topo do retângulo são valores de pH de várias soluções em água em 25°C. Os valores na parte inferior são os valores de pOH das mesmas soluções. Note que a soma dos valores de pH e pOH é sempre 14. A maior parte dos valores de pH fica no intervalo de 1 a 14, mas os valores de pH e pOH podem ficar fora desse intervalo e até mesmo serem negativos.

> **Teste 6B.3A** Em 25°C, o pH dos fluidos estomacais é cerca de 1,7. Qual é o pOH desses fluidos?
>
> [*Resposta:* 12,3]
>
> **Teste 6B.3B** Em 25°C, o pOH de uma solução de detergente de cozinha é 9,4. Qual é o pH da solução?

O pH e o pOH de uma solução relacionam-se pela expressão pH + pOH = pK_w.

O que você aprendeu com este tópico?

Você aprendeu que a escala de pH é conveniente para expressar o amplo intervalo de concentrações do íon hidrônio em soluções aquosas. Você viu que, em uma solução em água, o pH e o pOH têm uma relação complementar: se um aumenta, o outro diminui.

Os conhecimentos que você deve dominar incluem a capacidade de:

☐ **1.** Determinar o pH de uma solução com base em uma concentração conhecida de um ácido ou uma base (Exemplo 6B.1).

☐ **2.** Encontrar a concentração molar dos íons hidrônio a partir de um valor conhecido de pH (Exemplo 6B.2).

☐ **3.** Interconverter os valores de pH e pOH de soluções em água (Seção 6B.2).

Tópico 6B Exercícios

6B.1 A concentração de HCl no ácido clorídrico foi reduzida a 12% de seu valor inicial por diluição. Qual é a diferença de pH entre as duas soluções?

6B.2 A concentração de $Ca(OH)_2$ em uma solução em água foi reduzida a 5,2% de seu valor inicial por diluição. Qual é a diferença de pH entre as duas soluções?

6B.3 Um técnico de laboratório descuidado quer preparar 200,0 mL de uma solução 0,025 M de HCl(aq), mas usa um balão volumétrico de 250,0 mL por engano. (a) Qual seria o pH da solução desejada? (b) Qual foi o pH da solução efetivamente preparada?

6B.4 Um técnico de laboratório descuidado prepara 300,0 mL de uma solução 0,0175 M de KOH(aq) e pipeta 25,0 mL da solução em um bécher. O bécher fica em um ambiente aquecido por dois dias antes do uso e, nesse tempo, parte da água evapora e o volume se reduz a 18,0 mL. (a) Qual seria o pH da solução inicialmente preparada? (b) Qual é o pH da solução após a evaporação?

6B.5 Calcule o pH e o pOH de cada uma das seguintes soluções de ácido ou base forte em água: (a) 0,0146 M de HNO_3(aq); (b) 0,11 M de HCl(aq); (c) 0,0092 M de $Ba(OH)_2$(aq); (d) 2,00 mL de uma solução 0,175 M de KOH(aq) após dissolução até 500 mL; (e) 13,6 mg de NaOH dissolvidos em 0,350 L de solução; (f) 75,0 mL de $3,5 \times 10^{-4}$ M de HBr(aq) depois de dissolução até 0,500 L.

6B.6 Calcule o pH e o pOH de cada uma das seguintes soluções de ácido ou base forte em água: (a) 0,0356 M de HI(aq); (b) 0,0725 M de HCl(aq); (c) $3,46 \times 10^{-3}$ M de $Ba(OH)_2$(aq); (d) 10,9 mg de KOH dissolvidos em 10,0 mL de solução; (e) 10,0 mL de uma solução 5,00 M de NaOH(aq) após dissolução até 2,50 L; (f) 5,0 mL de $3,5 \times 10^{-4}$ M de $HClO_4$(aq) depois de dissolução até 25,0 mL.

6B.7 O pH de várias soluções foi medido em um laboratório de pesquisas de uma empresa de alimentos. Converta os seguintes valores de pH para a concentração molar de íons H_3O^+: (a) 3,3 (o pH do suco de laranja azedo); (b) 6,7 (o pH de uma amostra de saliva); (c) 4,4 (o pH da cerveja); (d) 5,3 (o pH de uma amostra de café).

6B.8 O pH de várias soluções foi medido no laboratório de um hospital. Converta cada um dos seguintes valores de pH para concentração molar de íons H_3O^+: (a) 4,8 (o pH de uma amostra de urina); (b) 0,7 (o pH de uma amostra de suco gástrico); (c) 7,4 (o pH do sangue); (d) 8,1 (o pH das secreções pancreáticas exócrinas).

6B.9 (a) Complete a tabela abaixo. (b) Ordene as quatro soluções em ordem crescente de acidez.

	$[H_3O^+]$	$[OH^-]$	pH	pOH
(i)	1,50 mol·L^{-1}			
(ii)		1,50 mol·L^{-1}		
(iii)			0,75	
(iv)				0,75

6B.10 (a) Complete a tabela abaixo. (b) Ordene as quatro soluções em ordem crescente de acidez.

	$[H_3O^+]$	$[OH^-]$	pH	pOH
(i)	0,50 mol·L^{-1}			
(ii)		0,50 mol·L^{-1}		
(iii)			$-0,10$	
(iv)				$-0,10$

6B.11 Um estudante colocou Na_2O sólido em um balão volumétrico de 200,0 mL que foi então enchido com água, resultando em 200,0 mL de uma solução de NaOH. Então, 5,0 mL desta solução foram transferidos para outro balão volumétrico e diluídos até 500,0 mL. O pH da solução diluída é 13,25 (a) Qual é a concentração molar de íon hidróxido (i) na solução diluída? (ii) E na solução original? (b) Que massa da Na_2O foi colocada no primeiro balão?

6B.12 Um estudante colocou K_2O sólido em um balão volumétrico de 500,0 mL que foi então enchido com água, resultando em 500,0 mL de uma solução de KOH. 10,0 mL desta solução foram, então, transferidos para outro balão volumétrico e diluídos até 300,0 mL. O pH da solução diluída é 14,12. (a) Qual é a concentração molar de íon hidróxido (i) na solução diluída? (ii) E na solução original? (b) Que massa da K_2O foi colocada no primeiro balão?

Tópico 6C   Os ácidos e bases fracos

6C.1 As constantes de acidez e basicidade
6C.2 A gangorra da conjugação
6C.3 A estrutura molecular e a acidez
6C.4 A acidez dos oxoácidos e ácidos carboxílicos

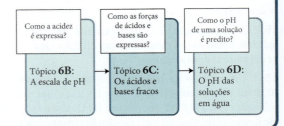

Por que você precisa estudar este assunto? Como os ácidos e bases fracos são reagentes comuns, você precisa saber como identificá-los e, para aperfeiçoar sua compreensão sobre o assunto, compreender também suas forças relativas.

Que conhecimentos você precisa dominar? Você precisa estar familiarizado com os conceitos de ácidos e bases fortes (Tópico 6A) e pH (Tópico 6B), e ser capaz de trabalhar com as expressões do equilíbrio (Tópico 5G) e do equilíbrio da autoprotólise da água (Tópico 6A). Este tópico se baseia no efeito da eletronegatividade na polaridade e na energia de ligação (Tópico 2D).

O suco de limão, que contém ácido cítrico, muitas vezes é adicionado a pratos à base de peixes para eliminar o odor de algumas dessas aminas. Ele atua formando um sal menos volátil.

Soluções de ácidos diferentes com a mesma concentração podem não ter o mesmo pH. Por exemplo, o pH de uma solução 0,10 M de $CH_3COOH(aq)$ é próximo de 3, mas o pH de uma solução 0,10 M de HCl(aq) é próximo de 1. Isto é, a concentração de H_3O^+ na solução 0,10 M de $CH_3COOH(aq)$ é *menor* do que na solução 0,10 M de HCl(aq). Do mesmo modo, a concentração de OH^- é menor em uma solução 0,10 M de $NH_3(aq)$ do que em uma solução 0,10 M de NaOH(aq). A explicação é que, em água, CH_3COOH não está completamente desprotonado e NH_3 não está completamente protonado. Portanto, o ácido acético e a amônia são, respectivamente, um ácido fraco e uma base fraca. A desprotonação incompleta de CH_3COOH explica por que soluções de HCl e CH_3COOH com a mesma concentração reagem com metais em velocidades diferentes (Fig. 6C.1).

A maior parte dos ácidos e bases que existem na natureza é fraca. Por exemplo, a acidez natural das águas dos rios é decorrente da presença do ácido carbônico (H_2CO_3, vindo do CO_2 dissolvido), íons hidrogenofosfato, HPO_4^{2-}, e di-hidrogenofosfato, $H_2PO_4^-$ (da degradação dos fertilizantes), ou ácidos carboxílicos provenientes da degradação de tecidos de plantas. De modo semelhante, a maior parte das bases de ocorrência natural são fracas. Elas vêm, com frequência, da decomposição na ausência de ar de compostos que contêm nitrogênio. Por exemplo, o odor de peixe morto é devido a aminas, que são bases fracas.

6C.1 As constantes de acidez e basicidade

Quando você pensa na composição molecular de uma solução de um ácido fraco em água, imagina uma solução que contenha

- moléculas ou íons ácidos,
- baixas concentrações de íons H_3O^+ e da base conjugada do ácido formados por transferência de prótons para as moléculas de água, e
- uma concentração extremamente pequena de íons OH^-, que mantém o equilíbrio de autoprotólise.

Todas essas espécies estão em um equilíbrio dinâmico incessante. Do mesmo modo, no caso de uma solução de base fraca, imaginamos

FIGURA 6C.1 Massas iguais do metal magnésio foram adicionadas a soluções de HCl, um ácido forte (à esquerda), e de CH_3COOH, um ácido fraco (à direita). Embora os ácidos tenham a mesma concentração, a velocidade da evolução de hidrogênio, que depende da concentração dos íons hidrônio, é muito maior no ácido forte. (W. H. Freeman. Fotografias: Ken Karp.)

FIGURA 6C.2 Em uma solução de um ácido fraco, somente alguns átomos de hidrogênio ácido estão presentes como íons hidrônio (as esferas vermelhas), e a solução contém uma alta proporção de moléculas de ácido originais (HA, esferas cinzas). As esferas verdes representam a base conjugada do ácido e as esferas azuis, as moléculas de água. O detalhe à esquerda da imagem mostra apenas as espécies de soluto.

FIGURA INTERATIVA 6C.2

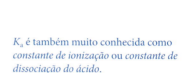

- as moléculas ou íons básicos,
- pequenas concentrações de íons OH^- e do ácido conjugado da base,
- uma concentração extremamente pequena de íons H_3O^+, que mantém o equilíbrio de autoprotólise.

Um indicador da força de um ácido ou uma base é a magnitude da constante de equilíbrio da transferência de prótons para ou do solvente. Por exemplo, para o ácido acético em água,

$$CH_3COOH(aq) + H_2O(l) \rightleftharpoons H_3O^+(aq) + CH_3CO_2^-(aq) \qquad (A)$$

a constante de equilíbrio é

$$K = \frac{a_{H_3O^+} a_{CH_3CO_2^-}}{a_{CH_3COOH} a_{H_2O}}$$

Como as únicas soluções que estamos examinando são diluídas e a água é quase pura, a atividade de H_2O pode ser considerada igual a 1. A expressão resultante é chamada de **constante de acidez**, K_a. A aproximação de substituir as atividades das espécies de soluto pelos valores numéricos das concentrações molares permite expressar a constante de acidez do ácido acético como

$$K_a = \frac{\overbrace{a_{H_3O^+} a_{CH_3CO_2^-}}^{[H_3O^+][CH_3CO_2^-]}}{\underbrace{a_{CH_3COOH} a_{H_2O}}_{[CH_3COOH] \quad 1}} = \frac{[H_3O^+][CH_3CO_2^-]}{[CH_3COOH]}$$

K_a é também muito conhecida como *constante de ionização* ou *constante de dissociação do ácido*.

O valor experimental de K_a para o ácido acético, em 25°C, é $1,8 \times 10^{-5}$. Esse valor pequeno indica que só uma pequena parte das moléculas de CH_3COOH doa seus prótons quando dissolvida em água. Cerca de 99 em cada 100 moléculas de $CH_3COOH(aq)$ permanecem intactas em 1 M de $CH_3COOH(aq)$, mas o valor real depende da concentração do ácido (Tópico 6D). Esse valor é típico dos ácidos fracos em água (Fig. 6C.2). Em geral, a constante de acidez de um ácido HA é

$$HA(aq) + H_2O(l) \rightleftharpoons H_3O^+(aq) + A^-(aq) \qquad K_a = \frac{[H_3O^+][A^-]}{[HA]} \qquad (1)$$

A Tabela 6C.1 lista as constantes de acidez de alguns ácidos fracos em água.

TABELA 6C.1	Constantes de acidez em 25°C*				
Ácido	K_a	pK_a	**Ácido**	K_a	pK_a
ácido tricloro-acético, CCl_3COOH	$3,0 \times 10^{-1}$	0,52	ácido fórmico, $HCOOH$	$1,8 \times 10^{-4}$	3,75
ácido benzenossulfônico, $C_6H_5SO_3H$	$2,0 \times 10^{-1}$	0,70	ácido benzoico, C_6H_5COOH	$6,5 \times 10^{-5}$	4,19
ácido iódico, HIO_3	$1,7 \times 10^{-1}$	0,77	ácido acético, CH_3COOH	$1,8 \times 10^{-5}$	4,75
ácido sulfuroso, H_2SO_3	$1,5 \times 10^{-2}$	1,81	ácido carbônico, H_2CO_3	$4,3 \times 10^{-7}$	6,37
ácido cloroso, $HClO_2$	$1,0 \times 10^{-2}$	2,00	ácido hipocloroso, $HClO$	$3,0 \times 10^{-8}$	7,53
ácido fosfórico, H_3PO_4	$7,6 \times 10^{-3}$	2,12	ácido hipobromoso, $HBrO$	$2,0 \times 10^{-9}$	8,69
ácido cloro-acético, $CH_2ClCOOH$	$1,4 \times 10^{-3}$	2,85	ácido bórico, $B(OH)_3$†	$7,2 \times 10^{-10}$	9,14
ácido láctico, $CH_3CH(OH)COOH$	$8,4 \times 10^{-4}$	3,08	ácido cianídrico, HCN	$4,9 \times 10^{-10}$	9,31
ácido nitroso, HNO_2	$4,3 \times 10^{-4}$	3,37	fenol, C_6H_5OH	$1,3 \times 10^{-10}$	9,89
ácido fluorídrico, HF	$3,5 \times 10^{-4}$	3,45	ácido hipoiodoso, HIO	$2,3 \times 10^{-11}$	10,64

*Os valores de K_a listados aqui foram calculados a partir de valores de pK_a com mais algarismos significativos do que os mostrados, de forma a reduzir os erros de arredondamento. Os valores dos ácidos polipróticos – que podem doar mais de um próton – referem-se à primeira desprotonação.
†O equilíbrio de transferência de prótons é $B(OH)_3(aq) + 2 H_2O(l) \rightleftharpoons H_3O^+(aq) + B(OH)_4^-(aq)$

TABELA 6C.2 Constantes de basicidade em 25°C*

Base	K_b	pK_b	Base	K_b	pK_b
ureia, $CO(NH_2)_2$	$1,3 \times 10^{-14}$	13,90	amônia, NH_3	$1,8 \times 10^{-5}$	4,75
anilina, $C_6H_5NH_2$	$4,3 \times 10^{-10}$	9,37	trimetilamina, $(CH_3)_3N$	$6,5 \times 10^{-5}$	4,19
piridina, C_5H_5N	$1,8 \times 10^{-9}$	8,75	metilamina, CH_3NH_2	$3,6 \times 10^{-4}$	3,44
hidroxilamina, NH_2OH	$1,1 \times 10^{-8}$	7,97	dimetilamina, $(CH_3)_2NH$	$5,4 \times 10^{-4}$	3,27
nicotina, $C_{10}H_{14}N_2$	$1,0 \times 10^{-6}$	5,98	etilamina, $C_2H_5NH_2$	$6,5 \times 10^{-4}$	3,19
morfina, $C_{17}H_{19}O_3N$	$1,6 \times 10^{-6}$	5,79	trietilamina, $(C_2H_5)_3N$	$1,0 \times 10^{-3}$	2,99
hidrazina, NH_2NH_2	$1,7 \times 10^{-6}$	5,77			

*Os valores de K_b listados aqui foram calculados a partir de valores de pK_b com mais algarismos significativos do que os aqui mostrados, de modo a reduzir erros de arredondamento.

Para a transferência de prótons de uma base como a amônia em água, o equilíbrio é

$$NH_3(aq) + H_2O(l) \rightleftharpoons NH_4^+(aq) + OH^-(aq) \qquad (B)$$

e a constante de equilíbrio é

$$K = \frac{a_{NH_4^+} a_{OH^-}}{a_{NH_3} a_{H_2O}}$$

Em soluções diluídas, a água é quase pura, e sua atividade pode ser considerada como igual a 1. Com essa aproximação, obtemos a **constante de basicidade**, K_b. Se por outra aproximação as atividades das espécies do soluto forem substituídas pelos valores numéricos das concentrações molares, a constante de basicidade da amônia pode ser expressa como

$$K_b = \frac{\overbrace{a_{NH_4^+} a_{OH^-}}^{[NH_4^+][OH^-]}}{\underbrace{a_{NH_3} a_{H_2O}}_{[NH_3] \quad 1}} = \frac{[NH_4^+][OH^-]}{[NH_3]}$$

K_b também é denominada constante de ionização da base.

O valor experimental de K_b da amônia em água em 25°C é $1,8 \times 10^{-5}$. Esse valor pequeno indica que só uma pequena fração das moléculas de NH_3 está presente como NH_4^+. Os cálculos do equilíbrio deste tipo descritos no Tópico 6D mostram que apenas 1 em cada 100 moléculas está protonada em uma solução típica (Fig. 6C.3).

Em geral, a constante de basicidade de uma base B em água é

$$B(aq) + H_2O(l) \rightleftharpoons HB^+(aq) + OH^-(aq) \qquad K_b = \frac{[HB^+][OH^-]}{[B]} \qquad (2)$$

O valor de K_b nos diz o quanto a reação avançou para a direita. Quanto menor for o valor de K_b, menor é a capacidade da base de aceitar um próton. A Tabela 6C.2 lista as constantes de basicidade de algumas bases fracas em água.

As constantes de acidez e de basicidade são comumente registradas na forma de seus logaritmos negativos. Por definição,

$$pK_a = -\log K_a \qquad pK_b = -\log K_b \qquad (3)$$

Quando pensar sobre a força dos ácidos e bases, você deve lembrar que:

- Quanto mais fraco for o ácido, menor é o valor de K_a e maior é o valor de pK_a.

Por exemplo, o pK_a do ácido tricloro-acético é 0,5 e o do ácido acético, um ácido muito mais fraco, está próximo de 5. O mesmo se aplica às bases:

- Quando mais fraca for a base, menor é o valor de K_b e maior é o valor de pK_b.

Os valores de pK_a e pK_b estão incluídos nas Tabelas 6C.1 e 6C.2.

A capacidade de doação de prótons de um ácido é medida por sua constante de acidez. A capacidade de aceitação de prótons de uma base é medida por sua constante de basicidade. Quanto menores forem as constantes, menores as respectivas capacidades. Quanto maior for o valor de pK, mais fraco será o ácido ou a base.

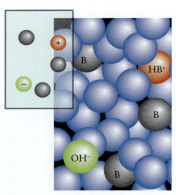

FIGURA 6C.3 Em uma solução de uma base fraca, somente uma pequena proporção de moléculas da base (B, representadas aqui pelas esferas cinzas) aceita prótons das moléculas de água (as esferas azuis) para formar íons HB^+ (as esferas vermelhas) e íons OH^- (as esferas verdes). O detalhe acima mostra apenas as espécies de soluto.

FIGURA INTERATIVA 6C.3

6C.2 A gangorra da conjugação

O ácido clorídrico é classificado como um ácido forte, porque está quase totalmente desprotonado em água. Como resultado, sua base conjugada, Cl⁻, deve ser uma aceitadora de prótons extremamente fraca (mais fraca do que a água, na verdade). Reciprocamente, o ácido acético é um ácido fraco. Sua base conjugada, o íon acetato, $CH_3CO_2^-$, deve ser um aceitador de prótons relativamente bom que forma facilmente moléculas de CH_3COOH em água. Note igualmente que, como a metilamina, CH_3NH_2, é uma base mais forte do que a amônia (veja a Tabela 6C.2), o ácido conjugado da metilamina – o íon metilamônio, $CH_3NH_3^+$ – deve ser um doador de prótons mais fraco (em consequência, um ácido mais fraco) do que NH_4^+. Em geral:

- quanto mais forte for o ácido, mais fraca será sua base conjugada;
- quanto mais forte for a base, mais fraco será seu ácido conjugado.

Para expressar as forças relativas de um ácido e sua base conjugada (um "par ácido-base conjugados"), examinaremos o caso especial do equilíbrio de transferência de prótons da amônia, a reação B, para a qual a constante de basicidade é $K_b = [NH_4^+][OH^-]/[NH_3]$. O equilíbrio de transferência de prótons do ácido conjugado da amônia, NH_4^+, em água é:

$$NH_4^+(aq) + H_2O(l) \rightleftharpoons H_3O^+(aq) + NH_3(aq) \qquad K_a = \frac{[H_3O^+][NH_3]}{[NH_4^+]}$$

A multiplicação das duas constantes de equilíbrio do par ácido-base conjugado, K_a para NH_4^+ e K_b para NH_3, dá

$$\overbrace{\frac{[H_3O^+][NH_3]}{[NH_4^+]}}^{K_a} \times \overbrace{\frac{[NH_4^+][OH^-]}{[NH_3]}}^{K_b} = [H_3O^+][OH^-]$$

O produto à direita é a constante de autoprotólise K_w (Tópico 6A), logo

$$K_a \times K_b = K_w \qquad (4a)$$

A Equação 4a pode ser expressa de outra maneira, tomando os logaritmos nos dois lados da equação:

$$\overset{\log xy = \log x + \log y}{\log(K_a \times K_b) = \log K_a + \log K_b} = \log K_w$$

A multiplicação de todos os termos da equação por −1 dá

$$\overbrace{-\log K_a}^{pK_a} + \overbrace{(-\log K_b)}^{pK_b} = \overbrace{-\log K_w}^{pK_w}$$

e, portanto,

$$pK_a + pK_b = pK_w \qquad (4b)$$

com $pK_w = 14{,}00$ em 25°C. Essa expressão se aplica a qualquer par ácido-base conjugado, com K_a sendo a constante de acidez do ácido e K_b, a constante de basicidade de sua base conjugada.

> **Teste 6C.1A** Escreva a fórmula química do ácido conjugado da base piridina, C_5H_5N, e calcule seu pK_a usando o valor de pK_b da piridina.
>
> [***Resposta:*** $C_5H_5NH^+$, 5,25]
>
> **Teste 6C.1B** Escreva a fórmula química da base conjugada do ácido HIO_3 e calcule seu pK_b usando o valor de pK_a do HIO_3.

A Equação 4, em qualquer de suas formas, confirma a relação de "gangorra" entre as forças dos ácidos e as de suas bases conjugadas. Como K_w tem um valor constante em determinada temperatura, a Equação 4a diz que, se um ácido tem K_a alto, a base conjugada deve ter K_b baixo. Do mesmo modo, se uma base tem K_b alto, então seu ácido conjugado tem K_a baixo. A Equação 4b nos diz que se o pK_a de um ácido é alto, então, o pK_b de sua base conjugada é baixo e vice-versa. Essa relação recíproca está resumida na Fig. 6C.4 e na Tabela 6C.3. Por exemplo, como o pK_b da amônia em água é 4,75, o pK_a de NH_4^+ é

$$pK_a = pK_w - pK_b = 14{,}00 - 4{,}75 = 9{,}25$$

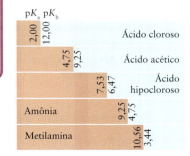

FIGURA 6C.4 A soma do pK_a de um ácido (rosa) e do pK_b de sua base conjugada (azul) é constante e igual a pK_w, que é 14,00, em 25°C.

TABELA 6C.3 Pares ácido-base conjugados na ordem da força

pK_a	Nome do ácido	Fórmula do ácido	Fórmula da base	Nome da base	pK_b
	Ácido forte			*Base muito fraca*	
	ácido iodídrico	HI	I$^-$	íon iodeto	
	ácido perclórico	HClO$_4$	ClO$_4^-$	íon perclorato	
	ácido bromídrico	HBr	Br$^-$	íon brometo	
	ácido clorídrico	HCl	Cl$^-$	íon cloreto	
	ácido sulfúrico	H$_2$SO$_4$	HSO$_4^-$	íon hidrogenossulfato	
	ácido clórico	HClO$_3$	ClO$_3^-$	íon clorato	
	ácido nítrico	HNO$_3$	NO$_3^-$	íon nitrato	
	íon hidrônio	H$_3$O$^+$	H$_2$O	*água*	
1,92	ácido hidrogenossulfúrico	HSO$_4^-$	SO$_4^{2-}$	íon sulfato	12,08
3,37	ácido nitroso	HNO$_2$	NO$_2^-$	íon nitrito	10,63
3,45	ácido fluorídrico	HF	F$^-$	íon fluoreto	10,55
4,75	ácido acético	CH$_3$COOH	CH$_3$CO$_2^-$	íon acetato	9,25
6,37	ácido carbônico	H$_2$CO$_3$	HCO$_3^-$	íon hidrogenocarbonato	7,63
6,89	ácido hidrossulfúrico	H$_2$S	HS$^-$	íon hidrogenossulfeto	7,11
9,25	íon amônio	NH$_4^+$	NH$_3$	amônia	4,75
9,31	ácido cianídrico	HCN	CN$^-$	íon cianeto	4,69
10,25	íon hidrogenocarbonato	HCO$_3^-$	CO$_3^{2-}$	íon carbonato	3,75
10,56	íon metilamônio	CH$_3$NH$_3^+$	CH$_3$NH$_2$	metilamina	3,44
	água	H$_2$O	OH$^-$	*íon hidróxido*	
	amônia	NH$_3$	NH$_2^-$	íon amida	
	hidrogênio	H$_2$	H$^-$	íon hidreto	
	metano	CH$_4$	CH$_3^-$	íon metila	
	íon hidróxido	OH$^-$	O^{2-}	íon óxido	
	Ácido muito fraco			*Base forte*	

O ácido sulfúrico é um caso especial, porque a perda de seu primeiro hidrogênio ácido deixa um ácido fraco, o íon HSO$_4^-$.

Esse valor mostra que NH$_4^+$ é um ácido mais fraco do que o ácido bórico (pK_a = 9,14), porém mais forte do que o ácido cianídrico (HCN, pK_a = 9,31).

Embora a transferência de próton em uma solução de um ácido muito forte seja também um equilíbrio, a capacidade de doar prótons do ácido, HA, é tão mais forte do que a de H$_3$O$^+$, que a transferência de prótons para a água é praticamente total. Como resultado, é possível dizer que a solução contém somente íons H$_3$O$^+$ e íons A$^-$. Quase não existem moléculas de HA na solução. Em outras palavras, a única espécie ácida presente em uma solução de um ácido forte em água, além das moléculas de H$_2$O, é o íon H$_3$O$^+$. Como todos os ácidos fortes comportam-se como se fossem soluções do ácido H$_3$O$^+$, dizemos que os ácidos fortes estão **nivelados** à força do ácido H$_3$O$^+$ em água.

EXEMPLO 6C.1 Decidindo qual de duas espécies é o ácido ou base mais forte

Suponha que você esteja conduzindo uma pesquisa sobre a relação entre a força de ácidos e bases e suas estruturas moleculares. Talvez seja preciso começar com uma comparação de compostos com constantes de acidez e basicidade conhecidas. Decida que composto dos seguintes pares é o ácido ou a base mais forte em água: (a) ácido: HF ou HIO$_3$; (b) base: NO$_2^-$ ou CN$^-$.

PLANEJE Você precisa comparar o K_a de cada ácido fraco. Para os ânions, identifique o ácido fraco conjugado e compare os valores de K_a.

RESOLVA

Compare os valores relevantes de K_a e K_b (ou pK_a e pK_b) nas Tabelas 6C.1 e 6C.2.

(a) Como K_a (HIO$_3$) > K_a (HF) ou pK_a(HIO$_3$) < pK_a(HF), segue-se que HIO$_3$ é um ácido mais forte do que HF.

(b) Como K_a (HNO$_2$) > K_a (HCN) ou pK_a (HNO$_2$) < pK_a (HCN), segue-se que HCN é um ácido mais forte do que HNO$_2$. Como o ácido mais fraco tem a base conjugada mais forte, CN$^-$ é a base mais forte.

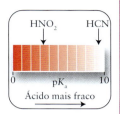

Teste 6C.2A Use as Tabelas 6C.1 e 6C.2 para decidir que espécie de cada um dos seguintes pares é o ácido ou a base mais forte: (a) ácido: HF ou HIO; (b) base: C$_6$H$_5$CO$_2^-$ ou CH$_2$ClCO$_2^-$; (c) base: C$_6$H$_5$NH$_2$ ou (CH$_3$)$_3$N; (d) ácido: C$_6$H$_5$NH$_3^+$ ou (CH$_3$)$_3$NH$^+$.

[*Resposta:* Ácidos mais fortes: (a) HF; (d) C$_6$H$_5$NH$_3^+$. Bases mais fortes: (b) C$_6$H$_5$CO$_2^-$ (c) (CH$_3$)$_3$N.]

Teste 6C.2B Use as Tabelas 6C.1 e 6C.2 para decidir que espécie de cada um dos seguintes pares é o ácido ou a base mais forte: (a) base: C$_5$H$_5$N ou NH$_2$NH$_2$; (b) ácido: C$_5$H$_5$NH$^+$ ou NH$_2$NH$_3^+$; (c) ácido: HIO$_3$ ou HClO$_2$; (d) base: ClO$_2^-$ ou HSO$_3^-$.

Exercícios relacionados 6C.7–6C.14, 6C.17, 6C.18

Quanto mais forte for um ácido, mais fraca será sua base conjugada; quanto mais forte for a base, mais fraco será o seu ácido conjugado.

6C.3 A estrutura molecular e a acidez

Os químicos comumente interpretam as tendências das propriedades dos compostos em termos da estrutura de suas moléculas. Entretanto, as forças relativas dos ácidos e bases são difíceis de predizer com base na estrutura molecular, por duas razões. Primeiro, K_a e K_b são constantes de equilíbrio e, portanto, estão relacionadas à energia livre de Gibbs (Tópico 4J, $\Delta G = \Delta H - T\Delta S$) da reação de transferência de prótons (pela Eq. 7 do Tópico 5G, $\Delta G_r° = -RT \ln K$). Seus valores, portanto, dependem de considerações de entropia e de entalpia. Segundo, o solvente desempenha um papel importante nas reações de transferência de prótons, logo talvez não seja possível relacionar a acidez somente à estrutura molecular do ácido. Entretanto, embora valores absolutos sejam difíceis de predizer, as tendências em séries de compostos com estruturas semelhantes e no mesmo solvente (normalmente água) podem ser estimadas. Como a acidez em água depende da quebra da ligação H—A e da formação de uma ligação H$_2$O—H$^+$, você pode suspeitar que um fator determinante da acidez é a facilidade com que essas ligações são quebradas e formadas.

Esta é uma boa oportunidade para você desenvolver uma teoria.

Embora as energias de ionização e as afinidades eletrônicas sejam variações de energia, não de entalpia, elas diferem muito pouco e, na verdade, estas pequenas diferenças se cancelam.

> **PONTO PARA PENSAR**
>
> Você acha que a entropia do sistema aumenta ou diminui quando uma molécula de ácido perde o próton em água?

Primeiro considere os ácidos *binários*, ácidos formados por hidrogênio e outro elemento, como HCl e H$_2$S (em geral, HA). Como a entalpia do processo não depende do caminho, podemos quebrar a variação de entalpia para a transferência de um próton de HA para H$_2$O em solução na seguinte sequência hipotética (Fig. 6C.5):

Etapa	Reação	Variação da entalpia
Remoção de HA da solução:	HA(aq) → HA(g)	$-\Delta H_{solv}$(HA)
Dissociação de HA:	HA(g) → H(g) + A(g)	ΔH_B(H—A)
Ionização de H:	H(g) → H$^+$(g) + e$^-$(g)	I(H)
Ligação do elétron a A:	A(g) + e$^-$(g) → A$^-$(g)	$-E_{ea}$(A)
Hidratação de H$^+$:	H$^+$(g) + H$_2$O(l) → H$_3$O$^+$(aq)	ΔH_{hid}(H$^+$)
Hidratação de A$^-$:	A$^-$(g) → A$^-$(aq)	ΔH_{hid}(A$^-$)

A variação de entalpia para o processo total HA(aq) + H$_2$O(l) → H$_3$O$^+$(aq) + A$^-$(aq) é, portanto, a soma dessas contribuições:

$$\Delta H = -\Delta H_{solv}(HA) + \Delta H_B(H{-}A) + I(H) - E_{ea}(A) + \Delta H_{hid}(H^+) + \Delta H_{hid}(A^-)$$

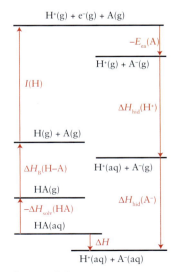

FIGURA 6C.5 Ciclo termodinâmico para a análise das contribuições para a acidez de ácidos binários em água.

466 **Tópico 6C** Os ácidos e bases fraccs

TABELA 6C.4	Contribuições para a entalpia da transferência de prótons de ácidos binários*						
Ácido	$\Delta H_{solv}(HA)$	$\Delta H_B(H\!-\!A)$	$I(H)$	$E_{ea}(A)$	$\Delta H_{hid}(H^+)$	$\Delta H_{hid}(A^-)$	ΔH
NH_3	-34	453	1312	71	-1103	-500	$+125$
H_2O	-41	492	1312	178	-1103	-520	$+44$
HF	-49	565	1312	328	-1103	-510	-15
HCl	$?-35$	431	1312	349	-1103	-367	-41
HBr	$?-35$	366	1312	325	-1103	-336	-51
HI	$?-35$	299	1312	295	-1103	-291	-43

*(Todos os valores estão em kJ·mol^{-1}). Os valores em cinza claro são contribuições constantes para todos os ácidos. As cores são explicadas no texto. Os valores precedidos de "?" são estimativas. Observe que NH_3 atua como ácido (doador de prótons) neste contexto.

A Tabela 6C.4 lista os valores de cada uma dessas contribuições e o valor total de ΔH para alguns ácidos binários, inclusive H_2O (o valor da sua remoção da solução, $-\Delta H_{solv}$, que corresponde à vaporização). A tarefa consiste em identificar as contribuições que explicam as tendências na acidez. Lembre que qualquer discrepância entre o que vamos identificar e o que podemos observar deve ser atribuída à desconsideração da entropia. Com isso em mente, parta do ponto de vista de que quando a entalpia da transferência de próton (o valor de ΔH da tabela) torna-se mais negativa (a transferência de próton fica mais exotérmica), a acidez de HA aumenta.

Primeiro, considere as tendências no Período 2 (representadas por NH_3, H_2O e HF atuando como ácidos). A acidez aumenta na ordem $NH_3 < H_2O <$ HF, e você percebe, na Tabela 6C.4 (última coluna nas três linhas superiores) que ΔH segue essa tendência, ficando progressivamente mais negativo. A contribuição dominante para essa tendência parece ser a afinidade eletrônica (ver os números em azul na tabela). Uma das maneiras de entender o papel da afinidade eletrônica se baseia no fato de que ela está associada a valores elevados de eletronegatividade que, por sua vez, controla a polaridade da ligação (Tópico 2D):

- Uma afinidade eletrônica elevada de A sugere eletronegatividade alta e, portanto, uma ligação H—A fortemente polar, $^{\delta+}H\!-\!A^{\delta-}$.
- Quanto maior for a carga parcial positiva no H, mais forte será a ligação hidrogênio em $H_2O\cdots H\!-\!A$.
- Quanto mais forte a ligação hidrogênio, mais prontamente HA transfere o seu próton para H_2O.

Isto é:

- *Quanto maior for a afinidade eletrônica (e, portanto, a eletronegatividade) de A, mais forte será o ácido.*

Por exemplo, a diferença de eletronegatividade é 0,8 na ligação N—H e 1,8 em F—H (veja a Figura 2D.2). Logo, a ligação F—H é marcadamente mais polar do que a ligação N—H. Esse fato é coerente com a observação de que HF é um ácido em água, o que não acontece com NH_3.

Vejamos, agora, a acidez relativa dos ácidos binários do mesmo grupo. No Grupo 17, a acidez está na ordem HF < HCl < HBr < HI. Os valores de ΔH (as quatro linhas inferiores na Tabela 6C.4) praticamente seguem a mesma tendência. O iodeto de hidrogênio é a exceção. A diferença pode ser explicada também considerando-se as variações na entropia, mas elas são difíceis de avaliar. A contribuição dominante para a acidez relativa dos ácidos em um grupo parece ser a tendência das entalpias de ligação, as quais diminuem em um grupo (veja os números em vermelho na tabela). As entalpias de hidratação de A^- também mudam muito, mas a hidratação fica menos exotérmica quando descemos no grupo, logo a tendência das entalpias de ligação deve dominar esse efeito também.

A acidez dos ácidos binários em um período se correlaciona com as afinidades eletrônicas; a acidez descendo um grupo se correlaciona com a energia da ligação.

6C.4 A acidez dos oxoácidos e ácidos carboxílicos

O efeito da estrutura na acidez é ilustrado pelos oxoácidos. A alta polaridade da ligação O—H é uma das razões pelas quais o próton de um grupo —OH em uma molécula de oxoácido é ácido. Este fator é ilustrado pelo ácido fosforoso, H_3PO_3, que tem a estrutura $(HO)_2PHO$ (1). Ele pode doar os prótons dos dois grupos —OH, mas não o hidrogênio que está ligado diretamente ao átomo de fósforo. A diferença de comportamento pode ser atribuída à eletronegatividade muito mais baixa do fósforo (2,2) comparada à do oxigênio (3,4).

1 Ácido fosfórico, H_3PO_3

Considere uma família de oxoácidos na qual o número de átomos de O é constante, como nos ácidos hipo-halogenosos HClO, HBrO e HIO (com estruturas A—O—H). Observando a Tabela 6C.5, vemos que

- *quanto maior for a eletronegatividade do halogênio, mais forte será o oxoácido.*

Uma explicação parcial dessa tendência é que os elétrons são ligeiramente deslocados da ligação O—H quando a eletronegatividade de A aumenta. À medida que esses elétrons de ligação são atraídos na direção do átomo central, a ligação O—H fica mais polar e (como na discussão sobre os ácidos binários) a molécula torna-se um ácido mais forte. A alta eletronegatividade de A também enfraquece a base conjugada, porque torna os elétrons do O em A—O⁻ menos acessíveis ao ataque de um próton.

Agora, considere uma família de oxoácidos em que o número de átomos de oxigênio varia, como nos oxoácidos de cloro, HClO, $HClO_2$, $HClO_3$ e $HClO_4$ (com estruturas na forma O_nA—O—H), ou nos oxoácidos de enxofre, H_2SO_3 e H_2SO_4 (com estruturas na forma O_nA—$(O-H)_2$). Quando você examinar a Tabela 6C.6, perceberá que

- *quanto maior for o número de átomos de oxigênio ligados ao átomo central, mais forte será o ácido.*

Outra maneira de expressar essa tendência consiste em observar que, como o número de oxidação de A aumenta com o número de átomos de O,

- *quanto maior for o número de oxidação do átomo central, mais forte será o ácido.*

Essa conclusão é essencial para compreender a tendência, porque quanto maior o número de oxidação de A, maior é seu poder de retirar elétrons e mais fraca será a ligação O—H.

TABELA 6C.5 Correlação entre a acidez e a eletronegatividade

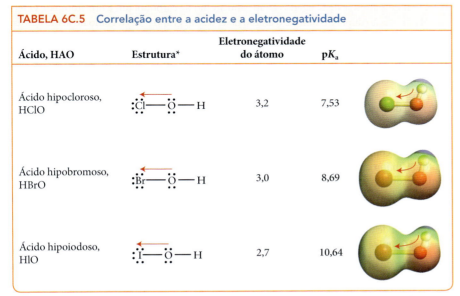

*As setas vermelhas indicam a direção do deslocamento da densidade dos elétrons afastando-se da ligação O—H.

TABELA 6C.6 Correlação entre a acidez e o número de oxidação

Ácido	Estrutura*	Número de oxidação do átomo de Cl	pK_a
Ácido hipocloroso, HClO	Cl—O—H	+1	7,53
Ácido cloroso, HClO$_2$	O=Cl—O—H	+3	2,00
Ácido clórico, HClO$_3$	O=Cl(=O)—O—H	+5	forte
Ácido perclórico, HClO$_4$	O=Cl(=O)(=O)—O—H	+7	forte

*As setas em vermelho indicam a direção do deslocamento da densidade de elétrons a partir da ligação O—H. As estruturas de Lewis mostradas são as que têm as cargas formais mais favoráveis, porém é pouco provável que as ordens de ligação sejam tão elevadas como estas estruturas sugerem.

O efeito do número de átomos de O na força dos ácidos orgânicos é semelhante. Por exemplo, os álcoois são compostos orgânicos nos quais um grupo —OH está ligado a um átomo de carbono (*Fundamentos* D), como no etanol (**2**). Os ácidos carboxílicos, por outro lado, têm dois átomos de O ligados ao mesmo átomo de carbono: um é um átomo de O terminal em ligação dupla e o outro é o átomo de O de um grupo —OH, como no ácido acético (**3**). Embora os ácidos carboxílicos sejam ácidos fracos, eles são ácidos muito mais fortes do que os álcoois, em parte como resultado do poder de retirar elétrons do segundo átomo de O. Na verdade, os álcoois têm um poder de doação de prótons tão pequeno que normalmente eles não são considerados oxoácidos.

A força dos ácidos carboxílicos também aumenta em relação à de um álcool pela deslocalização da base conjugada. O segundo átomo de oxigênio do grupo carboxila, —COOH, fornece um átomo eletronegativo adicional pelo qual a carga negativa da base conjugada pode se espalhar. Essa deslocalização do elétron estabiliza o ânion carboxilato, —CO$_2^-$ (**4**). Além disso, como a carga está espalhada por vários átomos, ela é menos efetiva em atrair um próton. Um íon carboxilato é, portanto, uma base muito mais fraca do que a base conjugada de um álcool (por exemplo, o íon etóxido, CH$_3$CH$_2$O$^-$).

Nota de boa prática A fórmula de um ácido carboxílico é escrita como RCOOH porque os dois átomos de O são diferentes (um deles participa de um grupo —OH). A fórmula de um íon carboxilato, porém, é escrita como RCO$_2^-$ porque os dois átomos de O são equivalentes.

A força dos ácidos carboxílicos também varia de acordo com a capacidade total de atrair elétrons dos átomos ligados ao grupo carboxila. Como o cloro é mais eletronegativo do que o hidrogênio (3,2 e 2,2, respectivamente), o grupo —CCl$_3$ no ácido tricloro-acético atrai mais os elétrons do que o grupo —CH$_3$ ligado ao —COOH no ácido acético. Portanto, espera-se que CCl$_3$COOH seja um ácido mais forte do que CH$_3$COOH. Em concordância com essa predição, o pK_a do ácido acético é 4,75 e o do ácido tricloro-acético é 0,52.

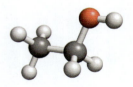

2 Etanol, CH$_3$CH$_2$OH

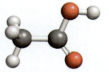

3 Ácido acético, CH$_3$COOH

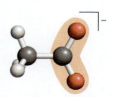

4 Íon acetato, CH$_3$CO$_2^-$

6C.4 A acidez dos oxoácidos e ácidos carboxílicos   **469**

EXEMPLO 6C.2 Predição da força relativa a partir da estrutura molecular

Imagine que você trabalhe em um laboratório de pesquisas e que esteja preparando vários compostos. Você precisa escolher um ácido na base de sua acidez. Você tem os elementos necessários para essa escolha se souber apenas as fórmulas dos compostos? Prediga, a partir de suas estruturas, que ácido nos seguintes pares é o mais forte: (a) H_2S e H_2Se; (b) H_2SO_4 e H_2SO_3; (c) H_2SO_4 e H_3PO_4.

PLANEJE Veja a Tabela 6C.7 e identifique as tendências relevantes.

RESOLVA

(a) O enxofre e o selênio estão no mesmo grupo, e espera-se que a ligação H—Se seja mais fraca do que a ligação H—S.

Então, espera-se que H_2Se seja o ácido mais forte.

(b) H_2SO_4 tem um número maior de átomos de O ligados ao átomo de S e o número de oxidação do enxofre é $+6$, enquanto, em H_2SO_3, o enxofre tem número de oxidação $+4$.

Então, espera-se que o H_2SO_4 seja o ácido mais forte.

(c) Ambos têm quatro átomos de O ligados ao átomo central; mas a eletronegatividade do enxofre é maior do que a do fósforo.

Então, espera-se que o H_2SO_4 seja o ácido mais forte.

Teste 6C.3A Nos seguintes pares, indique qual deve ser o ácido mais forte: (a) H_2S e HCl; (b) HNO_2 e HNO_3; (c) H_2SO_3 e $HClO_3$.

[**Resposta:** (a) HCl; (b) HNO_3; (c) $HClO_3$]

Teste 6C.3B Liste os seguintes ácidos carboxílicos na ordem crescente de acidez: $CHCl_2COOH$, CH_3COOH e $CH_2ClCOOH$.

Exercícios relacionados 6C.19-6C.20

TABELA 6C.7 **Correlação entre estrutura molecular e força do ácido***

Tipo de ácido	Tendência	
binário	Quanto mais polar é a ligação H—A, mais forte é o ácido.	
	Este efeito é dominante para ácidos do mesmo período.	
	Quanto mais fraca é a ligação H—A, mais forte é o ácido.	
	Este efeito é dominante para ácidos do mesmo grupo.	
oxoácido	Quanto maior é o numero de átomos de O ligados ao átomo central (maior é o numero de oxidação do átomo central), mais forte é o ácido.	
	Para o mesmo número de átomos de O ligados ao átomo central, quanto maior é a eletronegatividade do átomo central, mais forte é o ácido.	
carboxílico	Quanto maior é a eletronegatividade dos grupos ligados ao grupo carboxila, mais forte é o ácido.	

*Em cada diagrama, as setas indicam a direção crescente da acidez.

Quanto maior for o número de átomos de oxigênio e maior a eletronegatividade dos átomos da molécula, mais forte será o ácido. A Tabela 6C.7 resume essas tendências.

470 **Tópico 6C** Os ácidos e bases fracos

O que você aprendeu com este tópico?

Você aprendeu que as constantes de acidez e de basicidade representam quantitativamente a força de um ácido ou de uma base. Você viu que, à medida que aumenta a acidez de um ácido, a basicidade de sua base conjugada diminui. Além disso, você viu que, em uma série de compostos com estrutura molecular semelhante, o aumento do poder de atrair elétrons de grupos ligados a um —H ou —OH eleva a acidez.

Os conhecimentos que você deve dominar incluem a capacidade de:

- ☐ **1.** Calcular pK_b a partir de pK_a e vice-versa (Teste 6C.1).
- ☐ **2.** Usar os valores de K_a e K_b para identificar as forças relativas de ácidos e bases (Exemplo 6C.1).
- ☐ **3.** Predizer as tendências na força de um ácido com base em sua estrutura molecular (Exemplo 6C.2).

Tópico 6C Exercícios

6C.1 Escreva (a) a equação química da transferência de prótons no equilíbrio em água e a expressão de K_a correspondente e (b) a equação química a da transferência de prótons no equilíbrio da base conjugada e a expressão correspondente de K_b para cada um dos seguintes ácidos fracos: (i) $HClO_2$; (ii) HCN; (iii) C_6H_5OH.

6C.2 Escreva (a) a equação química da transferência de prótons no equilíbrio em água e a expressão de K_b correspondente e (b) a equação química a da transferência de prótons no equilíbrio do ácido conjugado e a expressão correspondente de K_a para cada um dos seguintes ácidos fracos: (i) $(CH_3)_2NH$, dimetilamina; (ii) $C_{14}H_{10}N_2$, nicotina; (iii) $C_6H_5NH_2$, anilina.

6C.3 Dê os valores de K_a dos seguintes ácidos: (i) ácido fosfórico, H_3PO_4, $pK_a = 2,12$; (ii) ácido fosforoso, H_3PO_3, $pK_a = 2,00$; (iii) ácido selenoso, H_2SeO_3, $pK_a = 2,46$; (iv) íon hidrogenosselenato, $HSeO_4^-$, $pK_a = 1,92$. (b) Liste os ácidos em ordem crescente de força.

6C.4 Dê os valores de pK_b das seguintes bases: (i) amônia, NH_3, $K_b = 1,8 \times 10^{-5}$; (ii) amônia deuterada, ND_3, $K_b = 1,1 \times 10^{-5}$; (iii) hidrazina, NH_2NH_2, $K_b = 1,7 \times 10^{-6}$; (iv) hidroxilamina, NH_2OH, $K_b = 1,1 \times 10^{-8}$. (b) Liste as bases em ordem crescente de força.

6C.5 Escreva a fórmula química da base conjugada do ácido fórmico, $HCOOH$, e calcule o valor de pK_b a partir de pK_a do composto (veja a Tabela 6C.1).

6C.6 Escreva a fórmula química da base conjugada da trietilamina, $(C_2H_5)_3N$, e calcule o valor de pK_a a partir de pK_b do composto (veja a Tabela 6C.2).

6C.7 Use os dados das Tabelas 6C.1 e 6C.2 para organizar os seguintes ácidos em ordem crescente de força: HNO_2, $HClO_2$, $^+NH_3OH$, $(CH_3)_2NH_2^+$.

6C.8 Use os dados das Tabelas 6C.1 e 6C.2 para organizar os seguintes ácidos em ordem crescente de força: $HCOOH$, $(CH_3)_3NH^+$, $N_2H_5^+$, HF.

6C.9 Use os dados das Tabelas 6C.1 e 6C.2 para organizar as seguintes bases em ordem crescente de força: F^-, NH_3, $CH_3CO_2^-$, C_5H_5N (piridina).

6C.10 Use os dados das Tabelas 6C.1 e 6C.2 para organizar as seguintes bases em ordem crescente de força: $C_{10}H_{14}N_2$ (nicotina), ClO^-, $(CH_3)_3N$, HSO_3^-.

6C.11 Os valores de K_a do fenol e do 2,4,6-tricloro-fenol são $1,3 \times 10^{-10}$ e $1,0 \times 10^{-6}$, respectivamente. Qual é o ácido mais forte? Explique a diferença de acidez.

Fenol   2,4,6-Tricloro-fenol

6C.12 O valor de pK_b da anilina é 9,37 e o da 4-cloro-anilina é 9,85. Qual é a base mais forte? Explique a diferença de acidez.

Anilina   4-Cloro-anilina

6C.13 Organize as seguintes bases em ordem crescente de força, usando os valores de pK_a dos ácidos conjugados que estão entre parênteses: (a) amônia (9,26); (b) metilamina (10,56); (c) etilamina (10,81); (d) anilina (4,63) (veja o Exercício 6C.12). Existe uma tendência simples na basicidade?

Tópico 6C Exercícios **471**

6C.14 Organize as seguintes bases em ordem crescente de força usando os valores de pK_a dos ácidos conjugados que estão entre parênteses: (a) anilina (4,63) (veja o Exercício 6C.12); (b) 2-hidróxi-anilina (4,72); (c) 3-hidróxi-anilina (4,17); (d) 4-hidróxi-anilina (5,47). Existe uma tendência simples na basicidade?

2-Hidróxi-anilina   3-Hidróxi-anilina   4-Hidróxi-anilina

6C.15 O pK_a de HIO(aq) (ácido hipoiodoso) é 10,64 e o de HIO_3(aq) (ácido iódico) é 0,77. Explique a diferença de acidez.

6C.16 O pK_a de HClO(aq) (ácido hipocloroso) é 7,53 e o de HBrO(aq) (ácido hipobromoso) é 8,69. Explique a diferença de acidez.

6C.17 Qual é a base mais forte, o íon hipobromito, BrO^-, ou a morfina, $C_{17}H_{19}O_3N$? Justifique sua resposta.

6C.18 Qual é o ácido mais forte, o ácido cianídrico, HCN, ou o íon amônio, NH_4^-? Justifique sua resposta.

6C.19 Determine qual dos ácidos em cada par é o mais forte e explique sua escolha: (a) HF ou HCl; (b) HClO ou $HClO_2$; (c) $HBrO_2$ ou $HClO_2$; (d) $HClO_4$ ou H_3PO_4; (e) HNO_3 ou HNO_2; (f) H_2CO_3 ou H_2GeO_3.

6C.20 Determine qual dos ácidos em cada par é o mais forte e explique sua escolha: (a) H_3AsO_4 ou H_3PO_4; (b) $HBrO_3$ ou HBrO; (c) H_3PO_4 ou H_3PO_3; (d) H_2Te ou H_2Se; (e) H_2S ou HCl; (f) HClO ou HIO.

6C.21 Sugira uma explicação para a diferença de força entre (a) ácido acético e ácido tricloro-acético; (b) ácido acético e ácido fórmico.

6C.22 Sugira uma explicação para a diferença de força entre (a) amônia e metilamina; (b) hidrazina e hidroxilamina.

Tópico 6D O pH das soluções em água

6D.1 As soluções de ácidos fracos
6D.2 As soluções de bases fracas
6D.3 O pH de soluções de sais

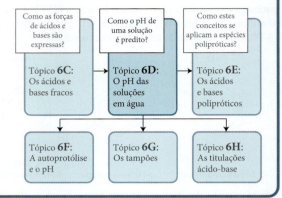

Por que você precisa estudar este assunto? A variação do pH com a concentração de ácidos e bases é essencial para entendermos os procedimentos analíticos na química e nas ciências ambientais. Muitos processos biológicos também dependem do pH das soluções.

Que conhecimentos você precisa dominar? Você precisa estar familiarizado com os conceitos de ácido fraco e de base fraca (Tópico 6A), pH (Tópico 6B), e saber expressar suas forças em termos das constantes de acidez e de basicidade (Tópico 6C), usando as constantes de equilíbrio para predizer as composições no equilíbrio (Tópico 5I). As propriedades dos íons de metais em solução se baseiam nos conceitos de ácidos e bases de Lewis (Tópico 6A).

A transferência de prótons é um processo muito rápido: assim que um ácido ou uma base entra em solução na água, um equilíbrio dinâmico é estabelecido. Portanto, a composição da solução e a concentração dos íons hidrônio expressa como pH podem ser calculadas usando-se as técnicas explicadas nos Tópicos 5I e 6B.

6D.1 As soluções de ácidos fracos

A **concentração inicial** (ou *concentração formal*) de um ácido é a concentração em que ele foi preparado, como se as moléculas ácidas não tivessem doado prótons. No caso de um ácido forte, HA, a concentração molar dos íons H_3O^+ em solução é igual à concentração inicial do ácido forte, porque quase todas as moléculas do ácido estão desprotonadas. Entretanto, para encontrar a concentração dos íons H_3O^+ nas soluções de um ácido fraco HA, o equilíbrio

$$HA(aq) + H_2O(l) \rightleftharpoons H_3O^+(aq) + A^-(aq) \quad \textbf{(A)}$$

entre o ácido HA, sua base conjugada A^- e a água, com $K_a = [H_3O^+][A^-]/[HA]$, tem de ser levado em conta. O pH será um pouco mais alto (isto é, a concentração de H_3O^+ será menor) do que seria para um ácido forte na mesma concentração inicial. Para calcular o pH de uma solução de um ácido fraco, você pode usar uma tabela de equilíbrio como a apresentada no Tópico 5I, como explicado na **Caixa de Ferramentas 6D.1**. O cálculo resumido na Caixa de Ferramentas também permite predizer a **percentagem de desprotonação**, isto é, a percentagem de moléculas HA que estão desprotonadas em solução:

$$\text{Percentagem de desprotonação} = \frac{\text{concentração de } A^-}{\text{concentração inicial de HA}} \times 100\% \quad \textbf{(1a)}$$

A igualdade $[H_3O^+] = [A^-]$, que vem da relação estequiométrica 1 mol $A^- \simeq$ 1 mol H_3O^+ para a reação de desprotonação indica que

$$\text{Percentagem de desprotonação} = \frac{[H_3O^+]}{[HA]_{\text{inicial}}} \times 100\% \quad \textbf{(1b)}$$

Uma percentagem pequena de moléculas desprotonadas indica que o ácido HA é muito fraco.

PONTO PARA PENSAR

Como a magnitude da desprotonação de um ácido fraco pode ser afetada por sua concentração?

6D.1 As soluções de ácidos fracos · **473**

Caixa de ferramentas 6D.1 COMO CALCULAR O pH DE UMA SOLUÇÃO DE UM ÁCIDO FRACO

BASE CONCEITUAL

Como o equilíbrio de transferência de prótons se estabelece assim que o ácido fraco se dissolve em água, as concentrações do ácido, do íon hidrônio e da base conjugada do ácido devem sempre satisfazer à constante de acidez do ácido. Essas quantidades podem ser calculadas construindo uma tabela de equilíbrio como a da Caixa de Ferramentas 5I.1.

PROCEDIMENTO

Etapa 1 Escreva a equação química e a expressão de K_a do equilíbrio de transferência de prótons. Construa uma tabela com colunas denominadas ácido (HA), H_3O^+ e base conjugada do ácido (A^-). Na primeira linha, coloque as concentrações iniciais de cada espécie. Nesta etapa, imagine que não houve desprotonação das moléculas do ácido.

Registre na segunda linha as mudanças de concentração necessárias para que a reação atinja o equilíbrio. Suponha que a concentração do ácido diminuiu x mol·L^{-1} em consequência da desprotonação. A estequiometria da reação determina as demais mudanças em termos de x. Na terceira linha, registre as concentrações de equilíbrio para cada substância adicionando a mudança de concentração (linha 2) aos valores iniciais de cada substância (linha 1).

	Ácido, HA	H_3O^+	Base conjugada, A^-
concentração inicial	$[HA]_{inicial}$	0	0
mudanças de concentração	$-x$	$+x$	$+x$
concentração de equilíbrio	$[HA]_{inicial} - x$	x	x

Embora uma mudança de concentração possa ser positiva (acréscimo) ou negativa (decréscimo), o valor da concentração deve ser sempre positivo.

Etapa 2 Substitua as concentrações de equilíbrio na expressão de K_a.

Etapa 3 Resolva para o valor de x, que dá $[H_3O^+]$ (da linha 3).

O cálculo de x pode ser frequentemente simplificado, como vimos na Caixa de Ferramentas 5I.1, desprezando-se as mudanças inferiores a 5% da molaridade inicial do ácido. Uma maneira simples de predizer se a aproximação pode ser usada consiste em comparar os valores de K_a e a concentração inicial do ácido fraco. Se o valor numérico de $[HA]_{inicial}$ for ao menos duas ordens de magnitude maior do que o valor de K_a (mais de 10^2 vezes maior), então a aproximação provavelmente será válida. Entretanto, no final do cálculo, é preciso verificar se x é consistente com a aproximação, calculando a percentagem do ácido desprotonado. Se essa percentagem for superior a 5%, então a expressão exata para K_a deverá ser resolvida para x. O cálculo exato envolve, com frequência, a resolução de equações de segundo grau. Se o pH for maior do que 6 (mas inferior a 7), o ácido está tão diluído ou é tão fraco que a autoprotólise da água contribuirá significativamente para o pH. Nesses casos, é preciso usar os procedimentos descritos no Tópico 6F, que levam em conta a autoprotólise da água. A contribuição da autoprotólise da água em uma solução ácida só poderá ser ignorada quando a concentração calculada de H_3O^+ for substancialmente (cerca de 10 vezes) maior do que 10^{-7} mol·L^{-1}, o que corresponde a um pH de 6 ou menos.

Etapa 4 Calcule o pH a partir de pH $= -\log[H_3O^+]$.

Embora o pH deva ser calculado com o número de algarismos significativos apropriados aos dados iniciais, as respostas são, em geral, consideravelmente menos confiáveis do que isso. Uma das razões desta baixa precisão é que as interações entre os íons em solução não estão sendo consideradas.

Este procedimento está ilustrado nos Exemplos 6D.1 e 6D.2.

EXEMPLO 6D.1 Cálculo do pH e da percentagem de desprotonação de um ácido fraco

O ácido acético é um ácido fraco comum em laboratórios e mesmo em nossas casas. Porém, qual é a verdadeira extensão da desprotonação de suas moléculas? Calcule o pH e a percentagem de desprotonação das moléculas de CH_3COOH em uma solução 0,080 M de CH_3COOH em água, sabendo que o K_a do ácido acético é $1,8 \times 10^{-5}$.

ANTECIPE Como a solução é ácida, podemos esperar pH < 7. Como o ácido é fraco, você deve esperar uma pequena percentagem de desprotonação.

PLANEJE Seguindo o procedimento dado na Caixa de Ferramentas 6D.1, escreva o equilíbrio de transferência de prótons e elabore a tabela de concentrações em mols por litro.

O que você deve supor? Você pode fazer duas suposições, mas elas precisam ser confirmadas ao final do cálculo. (1) A desprotonação é tão pequena que a concentração de equilíbrio é aproximadamente igual à concentração inicial. (2) A autoprotólise da água não contribui significativamente para o pH.

RESOLVA

Etapa 1 O equilíbrio da transferência de prótons e a tabela correspondente são:

$$CH_3COOH(aq) + H_2O(l) \rightleftharpoons H_3O^+(aq) + CH_3CO_2^-(aq) \qquad K_a = \frac{[H_3O^+][CH_3CO_2^-]}{[CH_3COOH]}$$

	CH_3COOH	H_3O^+	$CH_3CO_2^-$
concentração inicial	0,080	0	0
mudanças de concentração	$-x$	$+x$	$+x$
concentração de equilíbrio	$0,080 - x$	x	x

Etapa 2 Insira as concentrações do equilíbrio na expressão de K_a.

$$K_a = 1,8 \times 10^{-5} = \frac{x \times x}{0,080 - x}$$

Agora suponha que $x \ll 0,080$ e substitua $0,080 - x$ por $0,080$.

$$1,8 \times 10^{-5} \approx \frac{x^2}{0,080}$$

Etapa 3 Resolva para x:

$$x \approx \sqrt{0,080 \times (1,8 \times 10^{-5})} = \pm 1,2 \times 10^{-3}$$

Selecione a raiz positiva porque x também é uma concentração (igual a $[H_3O^+]$ na linha 3 da tabela do equilíbrio).

Etapa 4 De $x = [H_3O^+]$ e pH = $-\log[H_3O^+]$;

$$pH \approx -\log(1,2 \times 10^{-3}) = 2,92$$

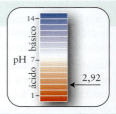

Da Eq. 1b, Percentagem de desprotonação = $([H_3O^+]/[HA]_{inicial}) \times 100\%$, com $[HA]_{inicial}$

$$\text{Percentagem de desprotonação} = \frac{1,2 \times 10^{-3}}{0,080} \times 100\% = 1,5\%$$

AVALIE Como antecipado, o pH é inferior a 7 e a percentagem de desprotonação é pequena. A área vermelha na rede representa a percentagem de moléculas de ácido que estão desprotonadas. Como x é menor do que 5% de 0,080, a aproximação $x \ll 0.080$ é válida. A hipótese de podermos ignorar a autoprotólise da água também é válida, porque pH < 6.

Teste 6D.1A Calcule o pH e a percentagem de desprotonação de uma solução 0,50 M de ácido láctico em água. Procure K_a na Tabela 6C.1. Verifique se todas as aproximações são válidas.

[*Resposta:* 1,69; 4,1%]

Teste 6D.1B Calcule o pH e a percentagem de desprotonação de uma solução 0,22 M de ácido cloro-acético em água. Certifique-se de verificar se todas as aproximações são válidas.

Exercícios relacionados 6D.1 e 6D.2

EXEMPLO 6D.2 Cálculo da constante K_a de um ácido fraco a partir do pH

Embora muitas tabelas mostrem os valores de pK_a de ácidos fracos, talvez você precise conhecer o valor da constante para um ácido desconhecido ou em uma temperatura diferente das consideradas. Nesses casos, você pode adotar um procedimento como o dado abaixo para calcular K_a e pK_a. O pH de uma solução em água 0,010 M de um ácido carboxílico é 2,95. Quais são os valores de K_a e pK_a?

ANTECIPE Todos ácidos carboxílicos são fracos, e podemos esperar $K_a \ll 1$.

PLANEJE Calcule a concentração de íons hidrônio a partir do pH e, então, calcule o valor de K_a a partir da concentração inicial do ácido e da concentração do íon hidrônio.

O que você deve supor? Como no Exemplo 6D.1, como pH < 6, suponha que a autoprotólise da água não contribui de forma significativa para o pH.

RESOLVA O equilíbrio é

$$HA(aq) + H_2O(l) \rightleftharpoons H_3O^+(aq) + A^-(aq) \qquad K_a = \frac{[H_3O^+][A^-]}{[HA]}$$

6D.2 As soluções de bases fracas   **475**

De $[H_3O^+] = 10^{-pH}$,

$$[H_3O^+] = 10^{-2,95} \text{ mol·L}^{-1} = 0,0011... \text{ mol·L}^{-1}$$

Formule as relações estequiométricas entre as concentrações de equilíbrio.

$$[H_3O^+] = [A^-] \quad [HA] = [HA]_{inicial} - [H_3O^+]$$

Use K_a na forma $K_a = [H_3O^+]^2/([HA]_{inicial} - [H_3O^+])$ e substitua os dados.

$$K_a = \frac{(0,0011...)^2}{0,010 - 0,0011...} = 1,4... \times 10^{-4}$$

De $pK_a = -\log K_a$,

$$pK_a = -\log 1,4... \times 10^{-4} = 3,85$$

AVALIE Como esperado, $K_a \ll 1$. (Neste caso, o ácido é o ácido mandélico, $C_6H_5CH(OH)COOH$, um antisséptico.)

Teste 6D.2A O pH de uma solução 0,20 M de ácido crotônico, C_3H_5COOH, em água, que é usado em pesquisa médica e na fabricação de vitamina A sintética, é 2,69. Qual é a constante de acidez K_a e o pK_a do ácido crotônico?

[***Resposta:*** $2,1 \times 10^{-5}$, 4,68]

Teste 6D.2B O pH de uma solução 0,50 M, em água, do ácido homogentísico, um intermediário metabólico, é 2,35. Qual é o K_a e o pK_a do ácido homogentísico, $C_7H_5(OH)_2COOH$?

Exercícios relacionados 6D.3 e 6D.4

Para calcular o pH e a percentagem de desprotonação de uma solução de ácido fraco, construa uma tabela de equilíbrio e determine a concentração de H_3O^+ usando a constante de acidez.

6D.2   As soluções de bases fracas

Como nos ácidos fracos, quando uma base fraca, B, dissolve-se em água, o equilíbrio da transferência de prótons é estabelecido muito rapidamente:

$$B(aq) + H_2O(aq) \rightleftharpoons HB^+(aq) + OH^-(aq) \qquad \text{(B)}$$

com $K_b = [HB^+][OH^-]/[B]$. Muitas vezes, é importante conhecer a **percentagem de protonação**, isto é, a percentagem de moléculas de base que foram protonadas:

$$\text{Percentagem de protonação} = \frac{\text{concentração de HB}^+}{\text{concentação inicial de B}} \times 100\%$$

$$= \frac{[HB^+]}{[B]_{inicial}} \times 100\% \qquad \text{(2)}$$

Aqui, $[B]_{inicial}$ é a concentração molar inicial (ou formal) da base, isto é, sua concentração imaginando-se que não ocorreu protonação. O procedimento para determinar o pH de uma solução de uma base fraca e sua porcentagem de desprotonação é análogo ao usado para ácidos fracos e é explicado na **Caixa de Ferramentas 6D.2**.

Caixa de ferramentas 6D.2 COMO CALCULAR O pH DE UMA SOLUÇÃO DE BASE FRACA

BASE CONCEITUAL

O equilíbrio de transferência de prótons se estabelece assim que a base fraca se dissolve em água, logo pode-se calcular a concentração do íon hidróxido a partir da concentração inicial da base e do valor da constante de basicidade. Como os íons hidróxido estão em equilíbrio com os íons hidrônio, pOH e pK_w podem ser usados para calcular o pH.

PROCEDIMENTO

Etapa 1 Escreva a equação química e K_b do equilíbrio de transferência de prótons. Construa uma tabela com colunas denominadas base (B), ácido conjugado da base (HB^+) e OH^-. Na primeira linha, coloque as concentrações iniciais de cada espécie. Nesta etapa, suponha que não houve protonação das moléculas da base.

476 **Tópico 6D** O pH das soluções em água

Escreva as mudanças na concentração necessárias para a protonação de B atingir o equilíbrio. Suponha que a concentração da base diminuiu x mol·L^{-1} em consequência da protonação. A estequiometria da reação determina as demais mudanças em termos de x. Escreva as concentrações de equilíbrio para cada substância adicionando a mudança de concentração (linha 2) aos valores iniciais de cada substância (linha 1).

	B	**HB$^+$**	**OH$^-$**
concentração inicial	$[B]_{inicial}$	0	0
mudanças de concentração	$-x$	$+x$	$+x$
concentração de equilíbrio	$[B]_{inicial} - x$	x	x

Embora a mudança de concentração possa ser positiva (acréscimo) ou negativa (decréscimo), o valor da concentração deve ser sempre positivo.

Etapa 2 Substitua as concentrações de equilíbrio na expressão de K_b.

Etapa 3 Use o valor de K_b para calcular o valor de x.

O cálculo de x pode ser frequentemente simplificado, como vimos na Caixa de Ferramentas 6D.1. Neste caso, a aproximação pode ser usada quando o valor numérico de $[B]_{inicial}$ for ao menos 10^2 vezes superior a K_b. Se o pH for inferior a 8 (mas superior a 7), a base está tão diluída ou é tão fraca que a autoprotólise da água contribuirá significativamente para o pH. Nesses casos, é preciso usar os procedimentos descritos no Tópico 6F.

Etapa 4 Determine o pOH da solução a partir de pOH $= -\log [OH^-] = -\log x$.

Etapa 5 Calcule o pH a partir de pOH usando a Equação 5 dada no Tópico 6B, pH $+$ pOH $= pK_w$ (use $pK_w = 14{,}00$ em 25°C).

Este procedimento está ilustrado no Exemplo 6D.3.

Como na Caixa de Ferramentas 6D.1, embora o pH seja calculado até o número de casas decimais apropriadas para os dados, as respostas são frequentemente menos confiáveis do que isso.

EXEMPLO 6D.3 Cálculo do pH e da percentagem de protonação de uma base fraca

A metilamina, CH_3NH_2, é uma base fraca usada na síntese de alguns fármacos. Imagine que você esteja preparando uma solução de metilamina para uma síntese e precisa conhecer seu pH para evitar reações paralelas prejudiciais. Calcule o pH e a percentagem de protonação de uma solução 0,20 M de metilamina, CH_3NH_2, em água. A constante K_b de CH_3NH_2 é $3{,}6 \times 10^{-4}$.

ANTECIPE Como a metilamina é uma base fraca (como todas as aminas), devemos esperar pH > 7 e uma percentagem pequena de protonação.

PLANEJE Siga o procedimento da Caixa de Ferramentas 6D.2.

O que você deve supor? Como no Exemplo 6D.1, você pode fazer duas suposições, mas elas precisam ser confirmadas ao final do cálculo. (1) A base é tão fraca, que seu equilíbrio é aproximadamente igual à concentração inicial. (2) A autoprotólise da água não contribui significativamente para o pH.

RESOLVA

Etapa 1 Escreva o equilíbrio da transferência de prótons e a tabela de equilíbrio correspondente, com todas as concentrações em mols por litro:

$$H_2O(l) + CH_3NH_2(aq) \rightleftharpoons CH_3NH_3^+(aq) + OH^-(aq) \qquad K_b = \frac{[CH_3NH_3^+][OH^-]}{[CH_3NH_2]}$$

	CH$_3$NH$_2$	**CH$_3$NH$_3^+$**	**OH$^-$**
concentração inicial	0,20	0	0
mudanças de concentração	$-x$	$+x$	$+x$
concentração de equilíbrio	$0{,}20 - x$	x	x

Etapa 2 Insira as concentrações de equilíbrio na expressão de K_b.

$$K_b = \frac{x \times x}{0{,}20 - x}$$

Como x é provavelmente pequeno, $x \ll 0{,}20$, substitua $0{,}20 - x$ por $0{,}20$.

$$K_b \approx \frac{x^2}{0{,}20}$$

Etapa 3 Use o valor de $K_b = 3{,}6 \times 10^{-4}$ para calcular o valor de x.

$$x \approx \sqrt{0{,}20 \times (3{,}6 \times 10^{-4})} = \pm 8{,}5 \times 10^{-3}$$

Extraia a raiz positiva porque x também aparece na tabela de equilíbrio como concentração (na linha 3).

Etapa 4 Determine o pOH da solução. De pOH $= -\log [OH^-]$, com $[OH^-] = x$,

$$pOH \approx -\log(8{,}5 \times 10^{-3}) = 2{,}07$$

Etapa 5 Calcule o pH usando pH = pK_w − pOH,

$$\text{pH} \approx 14,00 - 2,07 = 11,93$$

Da Equação 2, com [HB$^+$] = x e [B]$_{\text{inicial}}$ = 0,20,

$$\text{Percentagem de protonação} = \frac{8,5 \times 10^{-3}}{0,20} \times 100\% = 4,2\%$$

AVALIE Como previsto, o pH é superior a 7 e a percentagem de protonação, 4,2%, é pequena. Como $x = 8,5 \times 10^{-3}$, a hipótese de que $x \ll 0,20$ é válida. Como o pH é maior do que 8, a hipótese de que o equilíbrio domina o pH e a autoprotólise pode ser ignorada também é válida.

Teste 6D.3A Estime o pH e a percentagem de base protonada em uma solução 0,15 M de NH$_2$OH(aq), hidroxilamina em água.

[***Resposta:*** 9,61; 0,027%]

Teste 6D.3B Estime o pH e a percentagem de base protonada em uma solução 0,012 M de C$_{10}$H$_{14}$N$_2$(aq), nicotina.

Exercícios relacionados 6D.5 e 6D.6

Para calcular o pH de uma solução de base fraca, construa a tabela de equilíbrio e calcule o pOH a partir do valor de K_b. Converta pOH em pH usando a relação pH + pOH = 14,00.

6D.3 O pH de soluções de sais

Um sal é produzido pela neutralização de uma base por um ácido (*Fundamentos J*). Contudo, se o pH de uma solução de um sal é medido, nem sempre ele tem valor "neutro" (pH = 7). Por exemplo, se uma solução 0,3 M de NaOH(aq) for neutralizada com uma solução 0,3 M de CH$_3$COOH(aq), a solução de acetato de sódio resultante terá pH = 9,0. Como isso pode ocorrer? A teoria de Brønsted-Lowry dá uma explicação. De acordo com essa teoria, um íon pode ser um ácido ou uma base. O íon acetato, por exemplo, é uma base e o íon amônio é um ácido. O pH de uma solução de um sal depende da acidez e da basicidade relativas de seus íons.

A Tabela 6D.1 lista alguns cátions que são ácidos em água. Eles caem em quatro categorias gerais:

- Todos os cátions que são ácidos conjugados de bases fracas produzem soluções ácidas.

Os ácidos conjugados de bases fracas, como NH$_4^+$, agem como doadores de prótons, logo espera-se que eles formem soluções ácidas.

- Cátions de metais, com carga elevada e volume pequeno que podem agir como ácidos de Lewis em água, como, por exemplo, Al^{3+} e Fe^{3+}, produzem soluções ácidas, mesmo que os cátions não tenham íons hidrogênio para doar (Fig. 6D.1).

Os prótons vêm das moléculas de água que hidratam esses cátions de metais em solução (Fig. 6D.2). As moléculas de água agem como bases de Lewis e compartilham elétrons com o cátion de metal em ligações covalentes coordenadas (Tópico 2C). Essa perda parcial de elétrons enfraquece as ligações O—H e permite que um ou mais prótons sejam eliminados das moléculas de água. Cátions pequenos e com carga elevada exercem maior atração sobre os elétrons, enfraquecendo ao máximo as ligações O—H, formando as soluções mais ácidas.

FIGURA 6D.1 Estas quatro soluções mostram que os cátions hidratados podem ser significativamente ácidos. Os tubos contêm, da esquerda para a direita, água pura, uma solução 0,1 M de Al$_2$(SO$_4$)$_3$(aq), uma solução 0,1 M de Ti$_2$(SO$_4$)$_3$(aq) e uma solução 0,1 M de CH$_3$COOH(aq). Os quatro tubos contêm algumas gotas de um indicador universal, que muda do verde, em soluções neutras, para amarelo até vermelho, com o aumento da acidez. Os números superpostos indicam o pH de cada solução. (*W. H. Freeman. Fotografia: Ken Karp.*)

Os íons de metais também têm prótons em seus núcleos, é claro, mas eles estão ligados por forças nucleares intensas e não são perdidos em um processo químico.

Tópico 6D O pH das soluções em água

FIGURA 6D.2 Em água, cátions de metais (aqui, qualquer íon 3+, como o Al^{3+}) são hidratados por moléculas de água que atuam como ácidos de Brønsted. Embora, para maior clareza, somente quatro moléculas de água sejam mostradas, os cátions de metal têm normalmente seis moléculas de H_2O ligadas a eles. A acidez do íon se origina da transferência de um íon hidrogênio de uma das moléculas de água para uma molécula em solução.

TABELA 6D.1 Caráter ácido e valores de K_a de cátions comuns em água*

Caráter	Exemplos	K_a	pK_a
Ácido			
ácidos conjugados de bases fracas	íon anilínio, $C_6H_5NH_3^+$	$2,3 \times 10^{-5}$	4,64
	íon piridínio, $C_5H_5NH^+$	$5,6 \times 10^{-6}$	5,24
	íon amônio, NH_4^+	$5,6 \times 10^{-10}$	9,25
	íon metilamônio, $CH_3NH_3^+$	$2,8 \times 10^{-11}$	10,56
cátions de metais, pequenos com carga elevada	Fe^{3+} como $Fe(H_2O)_6^{3+}$	$3,5 \times 10^{-3}$	2,46
	Cr^{3+} como $Cr(H_2O)_6^{3+}$	$1,3 \times 10^{-4}$	3,89
	Al^{3+} como $Al(H_2O)_6^{3+}$	$1,4 \times 10^{-5}$	4,85
	Cu^{2+} como $Cu(H_2O)_6^{2+}$	$3,2 \times 10^{-8}$	7,49
	Ni^{2+} como $Ni(H_2O)_6^{2+}$	$9,3 \times 10^{-10}$	9,03
	Fe^{2+} como $Fe(H_2O)_6^{2+}$	8×10^{-11}	10,1
Neutro			
cátions dos Grupos 1 e 2 cátions de metais com carga +1	Li^+, Na^+, K^+, Mg^{2+}, Ca^{2+} Ag^+		
Básico	nenhum		

*Como na Tabela 6C.1, os valores experimentais de pK_a têm mais algarismos significativos do que os dados aqui, e os valores de K_a foram calculados a partir desses dados de melhor qualidade.

- Os cátions dos metais dos Grupos 1 e 2 e os de carga +1 de outros grupos são ácidos de Lewis tão fracos que os íons hidratados não agem como ácidos de Brønsted.

Esses cátions de metal são muito grandes e têm carga muito baixa para ter um efeito polarizante apreciável sobre as moléculas de água de hidratação que os rodeiam, logo as moléculas de água não perdem facilmente seus prótons. Esses cátions são, às vezes, chamados de "cátions neutros", porque eles têm efeito muito pequeno sobre o pH.

- Nenhum cátion é básico.

Os cátions não aceitam um próton facilmente porque a carga positiva do cátion repele a carga positiva dos prótons que se aproximam.

A Tabela 6D.2 resume as propriedades de ânions comuns em solução.

- Pouquíssimos ânions que têm hidrogênio produzem soluções ácidas.

É difícil para um próton, com sua carga positiva, deixar um ânion, com sua carga negativa. Os poucos ânions que atuam como ácidos fracos incluem $H_2PO_4^-$ e HSO_4^-.

- Todos os ânions que são bases conjugadas de ácidos fracos produzem soluções básicas.

Por exemplo, o ácido fórmico, HCOOH, o ácido do veneno das formigas, é um ácido fraco, logo o íon formato age como uma base em água:

$$H_2O(l) + HCO_2^-(aq) \rightleftharpoons HCOOH(aq) + OH^-(aq)$$

Os íons formato e os outros íons listados na última coluna da Tabela 6D.2 agem como bases em água.

TABELA 6D.2 Caráter ácido e valores de K_a de cátions comuns em água

Caráter	Exemplos
Ácidos	
muito poucos	HSO_4^-, $H_2PO_4^-$
Neutros	
bases conjugadas de ácidos fortes	Cl^-, Br^-, I^-, NO_3^-, ClO_4^-
Básicos	
bases conjugadas de ácidos fracos	F^-, O^{2-}, OH^-, S^{2-}, HS^-, CN^-, CO_3^{2-}, PO_4^{3-}, NO_2^-, $CH_3CO_2^-$, outros íons carboxilato

6D.3 O pH de soluções de sais   **479**

- Os ânions de ácidos fortes – que incluem Cl^-, Br^-, I^-, NO_3^- e ClO_4^- – são bases tão fracas que não têm efeito significativo sobre o pH de uma solução.

Esses ânions são considerados "neutros" em água.

Para determinar se uma solução de um sal é ácida, básica ou neutra, deve-se levar em conta o cátion e o ânion. Primeiramente, examine o ânion para ver se ele é a base conjugada de um ácido fraco. Se o ânion não é ácido ou básico, então examine o cátion para ver se ele é um íon de metal com caráter ácido ou se é o ácido conjugado de uma base fraca. Se um íon é um ácido e o outro é uma base, como em NH_4F, então o pH é afetado pelas reações dos dois íons com a água, e ambos os equilíbrios devem ser levados em conta (Tópico 6F).

Teste 6D.4A Use as Tabelas 6D.1 e 6D.2 para decidir se as soluções dos sais (a) $Ba(NO_2)_2$; (b) $CrCl_3$; (c) NH_4NO_3 são ácidas, neutras ou básicas.

[*Resposta:* (a) Básica; (b) ácida; (c) ácida]

Teste 6D.4B Decida se as soluções em água dos sais (a) Na_2CO_3; (b) $AlCl_3$; (c) KNO_3 são ácidas, neutras ou básicas.

Para calcular o pH de uma solução de sal, use o procedimento das tabelas de equilíbrio, descrito nas Caixas de ferramentas 6D.1 e 6D.2 – de acordo com a teoria de Brønsted, um cátion ácido é simplesmente outro ácido fraco e um ânion básico é outra base fraca. Contudo, muitas vezes K_a ou K_b do íon ácido ou básico precisam ser calculados previamente. Os Exemplos 6D.4 e 6D.5 ilustram o procedimento.

EXEMPLO 6D.4   Cálculo do pH de uma solução de um sal com um cátion ácido

Você trabalha no setor de emergência de um hospital, onde um paciente com gripe desenvolveu alquilose metabólica, uma condição caracterizada por valores muito elevados de pH do sangue. Você pode administrar cloreto de amônio, que é usado para reduzir o pH do sangue de pacientes com alquilose, mas precisa saber seu pH. Calcule o pH de uma solução 0,15 M de $NH_4Cl(aq)$ em 25°C.

ANTECIPE Como NH_4^+ é um ácido fraco e Cl^- é neutro, devemos esperar pH < 7.

PLANEJE Trate a solução como a de um ácido fraco e use a tabela de equilíbrio descrita no procedimento da Caixa de Ferramentas 6D.1 para calcular a composição e o pH. Primeiro, escreva a equação química de transferência de prótons para a água e a expressão de K_a. Obtenha o valor de K_a a partir de K_b da base conjugada usando a Equação 4a no Tópico 6C, ($K_a = K_w/K_b$). A concentração inicial do cátion ácido é igual à concentração do cátion que o sal produziria se retivesse todos os seus prótons ácidos.

O que você deve supor? Suponha que (1) a percentagem de desprotonação é tão fraca que a concentração de NH_4^+ é insignificante e (2) a autoprotonação da água não contribui significativamente para o pH. Confirme essas hipóteses ao final do cálculo.

RESOLVA

Etapa 1 O equilíbrio para o ácido NH_4^+ é

$$NH_4^+(aq) + H_2O(l) \rightleftharpoons H_3O^+(aq) + NH_3(aq) \qquad K_a = \frac{[H_3O^+][NH_3]}{[NH_4^+]}$$

Da Tabela 6C.2, $K_b = 1,8 \times 10^{-5}$ para NH_3. Agora, construa a seguinte tabela de equilíbrio, com todas as concentrações em mols por litro:

	NH_4^+	H_3O^+	NH_3
concentração inicial	0,15	0	0
mudanças de concentração	$-x$	$+x$	$+x$
concentração de equilíbrio	$0,15 - x$	x	x

De $K_a = K_w/K_b$,

$$K_a = \frac{1,0 \times 10^{-14}}{1,8 \times 10^{-5}} = 5,5\ldots \times 10^{-10}$$

Etapa 2 Insira as concentrações de equilíbrio na expressão de K_a e suponha que $x \ll 0,15$:

$$K_a = \frac{x \times x}{0,15 - x} \approx \frac{x^2}{0,15}$$

Etapa 3 Faça $K_a = 5{,}5\ldots \times 10^{-10}$ e resolva para x:

$$x \approx \sqrt{0{,}15 \times (5{,}5\ldots \times 10^{-10})} = \pm 9{,}1\ldots \times 10^{-6}$$

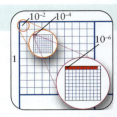

Como $x = [\text{H}_3\text{O}^+]$, que é uma concentração, selecione a raiz positiva.

Etapa 4 De $\text{pH} = -\log[\text{H}_3\text{O}^+]$ com $[\text{H}_3\text{O}^+] = x$,

$$\text{pH} \approx -\log(9{,}1\ldots \times 10^{-6}) = 5{,}04$$

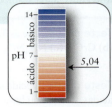

AVALIE Conforme previsto, o pH é menor do que 7. A aproximação de que x é menor do que 5% de 0,15 é válida (por uma larga margem). A concentração de H_3O^+ (9,1 μmol·L^{-1}) é muito maior do que a gerada pela autoprotólise da água (0,10 × μmol·L^{-1}) e, por isso, desprezar sua contribuição é válido (por pouco).

Teste 6D.5A Estime o pH de uma solução 0,10 M de $\text{CH}_3\text{NH}_3\text{Cl}(\text{aq})$, cloreto de metilamônio em água. O cátion é CH_3NH_3^+.

[*Resposta:* 5.78]

Teste 6D.5B Estime o pH de uma solução 0,10 M de $\text{NH}_4\text{NO}_3(\text{aq})$.

Exercícios relacionados 6D.15, 6D.16, 6D.19 e 6D.20

EXEMPLO 6D.5 Cálculo do pH de uma solução de um sal com um ânion básico

O acetato de cálcio, $\text{Ca}(\text{CH}_3\text{CO}_2)_2(\text{aq})$, é usado para tratar pacientes com uma doença renal que eleva os níveis dos íons fosfato no sangue. O cálcio se liga aos fosfatos para que estes possam ser excretados. Se você está usando um acetado de cálcio com essa finalidade, é importante conhecer o pH da solução para evitar complicações no tratamento. Calcule o pH de uma solução 0,15 M de $\text{Ca}(\text{CH}_3\text{CO}_2)_2(\text{aq})$ em 25°C.

ANTECIPE O íon CH_3CO_2^- é a base conjugada de um ácido fraco, logo a solução será básica, e você deveria esperar pH > 7.

PLANEJE Use o procedimento da Caixa de Ferramentas 6D.2, tomando a concentração inicial da base a partir da do sal adicionado. Calcule a constante K_b do ânion básico a partir da constante K_a do ácido conjugado. Converta pOH em pH usando a Equação 5 do Tópico 6B (pH + pOH = 14,00.)

O que você deve supor? Como no Exemplo 6D.2, você pode partir de duas hipóteses: (1) como a protonação da base fraca é muito pequena, a concentração dos íons acetato é aproximadamente igual à concentração inicial; (2) a autoprotólise da água não afeta o pH de forma significativa. Certifique-se de que essas hipóteses sejam confirmadas pelos cálculos.

RESOLVA
Etapa 1 O equilíbrio da transferência de prótons da base CH_3CO_2^- é

$$\text{H}_2\text{O}(l) + \text{CH}_3\text{CO}_2^-(\text{aq}) \rightleftharpoons \text{CH}_3\text{COOH}(\text{aq}) + \text{OH}^-(\text{aq}) \qquad K_b = \frac{[\text{CH}_3\text{COOH}][\text{OH}^-]}{[\text{CH}_3\text{CO}_2^-]}$$

A concentração inicial de CH_3CO_2^- é $2 \times 0{,}15$ mol·L^{-1} = 0,30 mol·L^{-1}, porque cada fórmula unitária do sal fornece dois íons CH_3CO_2^-. A Tabela 6C.1 dá a constante K_a de CH_3COOH como $1{,}8 \times 10^{-5}$. Primeiro, construa a tabela de equilíbrio:

	CH_3CO_2^-	CH_3COOH	OH^-
concentração inicial	0,30	0	0
mudanças de concentração	$-x$	$+x$	$+x$
concentração de equilíbrio	$0{,}30 - x$	x	x

Encontre K_b do íon CH_3CO_2^- usando $K_b = K_w/K_a$.

$$K_b = \frac{1{,}0 \times 10^{-14}}{1{,}8 \times 10^{-5}} = 5{,}5\ldots \times 10^{-10}$$

Etapa 2 Insira as concentrações de equilíbrio na expressão de K_b e suponha que $x \ll 0{,}30$:

$$K_b = \frac{x \times x}{0{,}30 - x} \approx \frac{x^2}{0{,}30}$$

Etapa 3 Faça $K_b = 5{,}5\ldots \times 10^{-10}$ e resolva para x

$$x \approx \sqrt{0{,}30 \times (5{,}5\ldots \times 10^{-10})} = \pm 1{,}29\ldots \times 10^{-5}$$

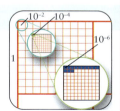

Como $x = [\mathrm{OH}^-]$ também é uma concentração, escolha a raiz positiva.

Etapa 4 De $\mathrm{pOH} = -\log[\mathrm{OH}^-]$ com $[\mathrm{OH}^-] = x$,

$$\mathrm{pOH} \approx -\log(1{,}29\ldots \times 10^{-5}) = 4{,}89$$

Etapa 5 De $\mathrm{pH} = \mathrm{p}K_w - \mathrm{pOH}$,

$$\mathrm{pH} \approx 14{,}00 - 4{,}89 = 9{,}11$$

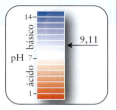

AVALIE Como esperado, o pH é maior do que 7. Como $x = 1{,}29 \times 10^{-5}$, a hipótese de que $x \ll 0{,}30$ é válida. Como o pH está fora da "zona de perigo" entre 7 e 8 para uma base em água, você pode desprezar a contribuição da autoprotólise da água.

Teste 6D.6A Estime o pH de uma solução 0,10 M de $\mathrm{KC_6H_5CO_2(aq)}$, benzoato de potássio; veja a Tabela 6C.1 para os dados.

[***Resposta:*** 8,59]

Teste 6D.6B Estime o pH de uma solução 0,020 M de KF(aq). Consulte a Tabela 6C.1 para os dados.

Exercícios relacionados 6D.17 e 6D.18

Os sais que contêm ácidos conjugados de bases fracas produzem soluções ácidas em água. O mesmo fazem os sais que contêm cátions de metal pequenos e com carga elevada. Os sais que contêm bases conjugadas de ácidos fracos produzem soluções básicas em água.

O que você aprendeu com este tópico?

Você aprendeu que o pH de uma solução em água pode ser calculado com base em uma concentração conhecida de ácido ou base e as constantes de acidez ou basicidade. Você também viu como determinar a constante de equilíbrio medindo o pH de uma solução de concentração conhecida de um ácido ou uma base. Além disso, você aprendeu como o pH de soluções salinas depende do caráter ácido ou básico dos íons em solução e como calcular o pH conhecendo a concentração inicial de um ácido, uma base ou um sal.

Os conhecimentos que você deve dominar incluem a capacidade de:

☐ **1.** Calcular o pH de soluções de ácidos e bases fracos e determinar a porcentagem de desprotonação e protonação, respectivamente (Exemplos 6D.1 e 6D.3).

☐ **2.** Usar um valor medido de pH em uma solução de concentração conhecida para determinar a constante de acidez (Exemplo 6D.2).

☐ **3.** Predizer se uma solução salina é ácida, básica ou neutra (Teste 6D.4A).

☐ **4.** Calcular o pH de soluções salinas com íons ácidos ou básicos (Exemplos 6D.4 e 6D.5).

Tópico 6D Exercícios

Consulte as Tabelas 6C.1 e 6C.2 para os valores de K_a e K_b. A temperatura em todos os exercícios é 25°C.

6D.1 Calcule os valores de pH, pOH e a percentagem de desprotonação das seguintes soluções em água: (a) 0,20 M de $CH_3COOH(aq)$; (b) 0,20 M de $CCl_3COOH(aq)$; (c) 0,20 M de $HCOOH(aq)$. (d) Explique as diferenças de pH levando em conta a estrutura molecular.

6D.2 Os músculos produzem ácido láctico durante o exercício. Calcule o pH, o pOH e a percentagem de desprotonação das seguintes soluções de ácido láctico, $CH_3CH(OH)COOH$, em água: (a) 0,11 M; (b) $3,7 \times 10^{-3}$ M; (c) $8,2 \times 10^{-5}$ M.

6D.3 (a) O valor medido do pH de uma solução 0,10 M de $HClO_2(aq)$ é 1,2. Quais são os valores de K_a e pK_a do ácido cloroso? (b) O pH medido de uma solução 0,10 M de propilamina, $C_3H_7NH_2$, em água é 11,86. Quais são os valores de K_b e pK_b da propilamina?

6D.4 (a) O pH medido de uma solução 0,015 M de $HNO_2(aq)$ é 2,63. Quais são os valores de K_a e pK_a do ácido nitroso? (b) O pH medido de uma solução 0,10 M de $C_4H_9NH_2(aq)$, butilamina, é 12,04. Quais são os valores de K_b e pK_b da butilamina?

6D.5 Calcule o pH, o pOH e a percentagem de protonação do soluto nas seguintes soluções em água: (a) 0,057 M de $NH_3(aq)$; (b) 0,162 M de $NH_2OH(aq)$; (c) 0,35 M de $(CH_3)_3N(aq)$; (d) 0,0073 M de codeína, sabendo que o pK_a de seu ácido conjugado é 8,21.

6D.6 Calcule o pH, o pOH e a percentagem de protonação do soluto nas seguintes soluções em água: (a) 0,082 M de $C_5H_5N(aq)$, piridina; (b) 0,0103 M de $C_{10}H_{14}N_2(aq)$, nicotina; (c) 0,060 M de quinina, sabendo que o pK_a de seu ácido conjugado é 8,52; (d) 0,045 M de estricnina, sabendo que o K_a de seu ácido conjugado é $5,49 \times 10^{-9}$.

6D.7 Encontre as concentrações iniciais dos ácidos ou bases fracos em cada uma das seguintes soluções em água: (a) uma solução de HClO de pH = 4,60; (b) uma solução de hidrazina, NH_2NH_2, de pH = 10,20.

6D.8 Encontre as concentrações iniciais dos ácidos ou bases fracos em cada uma das seguintes soluções em água: (a) uma solução de HClO de pH = 5,4; (b) uma solução de piridina, C_5H_5N, de pH = 8,8.

6D.9 A percentagem de desprotonação do ácido benzoico em uma solução 0,110 M é 2,4%. Quais são o pH da solução e o K_a do ácido benzoico?

6D.10 Uma solução 35,0% em massa de metilamina (CH_3NH_2) em água tem densidade igual a 0,85 g·cm^{-3}. (a) Desenhe as estruturas de Lewis da molécula de metilamina e de seu ácido conjugado. (b) Se 80,0 mL dessa solução forem diluídos até 300,0 mL, qual é o pH da solução final?

6D.11 Decida se as soluções dos seguintes sais em água têm pH igual, maior ou menor do que 7. Se pH > 7 ou pH < 7, escreva uma equação química que justifique sua resposta. (a) NH_4Br; (b) Na_2CO_3; (c) KF; (d) KBr; (e) $AlCl_3$; (f) $Cu(NO_3)_2$.

6D.12 Decida se as soluções dos seguintes sais em água têm pH igual, maior ou menor do que 7. Se pH > 7 ou pH < 7, escreva uma equação química que justifique sua resposta. (a) $K_2C_2O_4$ (oxalato de potássio); (b) $Ca(NO_3)_2$; (c) CH_3NH_3Cl (cloridrato de metilamina); (d) K_3PO_4; (e) $FeCl_3$; (f) C_5H_5NHCl (cloreto de piridínio).

6D.13 Coloque as seguintes soluções na ordem crescente de pH: (a) $1,0 \times 10^{-5}$ M de HCl(aq); (b) 0,20 M de CH_3NH_3 (aq); (c) 0,20 M de $CH_3COOH(aq)$; (d) 0,20 M de $C_6H_5NH_2(aq)$. Justifique sua escolha.

6D.14 Coloque as seguintes soluções na ordem crescente de pH: (a) $1,0 \times 10^{-5}$ M de NaOH(aq); (b) 0,20 M de $NaNO_2(aq)$; (c) 0,20 M de $NH_3(aq)$; (d) 0,20 M de NaCN(aq). Justifique sua escolha.

6D.15 (a) Estime o pH de uma solução (a) 0,19 M de $NH_4Cl(aq)$; (b) 0,055 M de $AlCl_3(aq)$.

6D.16 (a) Estime o pH de uma solução (a) 0,15 M de $CH_3NH_3Cl(aq)$; (b) 0,063 M de $FeCl_3(aq)$.

6D.17 (a) Estime o pH de uma solução (a) 0,63 M de $NaCH_3CO_2(aq)$; (b) 0,65 M de KCN(aq).

6D.18 (a) Estime o pH de uma solução (a) 0,015 M de $Na_2SO_3(aq)$; (b) 0,086 M de NaF(aq).

6D.19 Uma amostra de 15,5 g de CH_3NH_3Cl foi dissolvida em água para preparar 450 mL de solução. Qual é o pH da solução?

6D.20 Uma amostra de 7,8 g de $C_6H_5NH_3Cl$ foi dissolvida em água para preparar 350 mL de solução. Determine a percentagem de desprotonação do cátion.

6D.21 Durante a análise de um ácido desconhecido, HA, uma solução 0,010 M do sal de sódio do ácido tem pH igual a 10,35. Use a Tabela 6C.1 para identificar o ácido.

6D.22 Durante a análise de uma base desconhecida, B, uma solução 0,10 M do sal nitrato da base tem pH igual a 3,13. Use a Tabela 6C.2 para identificar a base.

Tópico 6E Os ácidos e bases polipróticos

6E.1 O pH de uma solução de ácido poliprótico
6E.2 As soluções de sais de ácidos polipróticos
6E.3 As concentrações de solutos
6E.4 A composição e o pH

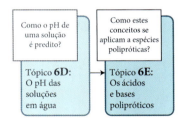

Um **ácido poliprótico** é um composto que pode doar mais de um próton. Muitos ácidos comuns são polipróticos, dentre eles o ácido sulfúrico, H_2SO_4, e o ácido carbônico, H_2CO_3, que podem doar dois prótons, e o ácido fosfórico, H_3PO_4, que pode doar três prótons. Os ácidos polipróticos têm papel importante em sistemas biológicos, já que muitas enzimas podem ser consideradas como ácidos polipróticos que desempenham suas funções vitais doando um próton após o outro. Uma **base poliprótica** é uma espécie que pode aceitar mais de um próton. Exemplos incluem os ânions CO_3^{2-} e SO_3^{2-}, que podem aceitar dois prótons, e o ânion PO_4^{3-}, que pode aceitar três prótons.

PONTO PARA PENSAR

As desprotonações sucessivas de um ácido poliprótico resultarão em ácidos mais fortes ou em ácidos mais fracos?

6E.1 O pH de uma solução de ácido poliprótico

O ácido carbônico é um componente natural importante do ambiente que se forma toda vez que o dióxido de carbono se dissolve na água. Na verdade, os oceanos garantem um dos mecanismos críticos para a manutenção da concentração constante do dióxido de carbono na atmosfera. O ácido carbônico participa de dois equilíbrios sucessivos de transferência de prótons:

$$H_2CO_3(aq) + H_2O(l) \rightleftharpoons H_3O^+(aq) + HCO_3^-(aq) \qquad K_{a1} = 4,3 \times 10^{-7}$$

$$HCO_3^-(aq) + H_2O(l) \rightleftharpoons H_3O^+(aq) + CO_3^{2-}(aq) \qquad K_{a2} = 5,6 \times 10^{-11}$$

A base conjugada de H_2CO_3 no primeiro equilíbrio, o íon HCO_3^-, age como um ácido no segundo equilíbrio. Esse íon, por sua vez, produz sua própria base conjugada, CO_3^{2-}.

Os prótons são doados sucessivamente pelos ácidos polipróticos, e a constante de acidez decresce significativamente, em geral por um fator de cerca de 10^3 ou mais, em cada perda de próton: $K_{a1} \gg K_{a2} \gg K_{a3} \ldots$ (Tabela 6E.1). Essa diminuição está ligada à atração entre cargas opostas: é mais difícil para um íon de carga negativa (como HCO_3^-) perder um próton, que tem carga positiva, do que para a molécula neutra original (H_2CO_3). O ácido sulfúrico, por exemplo, é um ácido forte, mas sua base conjugada, HSO_4^-, é um ácido fraco.

TABELA 6E.1 Constantes de acidez de ácidos polipróticos em 25°C

Ácido	K_{a1}	pK_{a1}	K_{a2}	pK_{a2}	K_{a3}	pK_{a3}
ácido sulfúrico, H_2SO_4	forte		$1,2 \times 10^{-2}$	1,92		
ácido oxálico, $(COOH)_2$	$5,9 \times 10^{-2}$	1,23	$6,5 \times 10^{-5}$	4,19		
ácido sulfuroso, H_2SO_3	$1,5 \times 10^{-2}$	1,81	$1,2 \times 10^{-7}$	6,91		
ácido fosforoso, H_3PO_3	$1,0 \times 10^{-2}$	2,00	$2,6 \times 10^{-7}$	6,59		
ácido fosfórico, H_3PO_4	$7,6 \times 10^{-3}$	2,12	$6,2 \times 10^{-8}$	7,21	$2,1 \times 10^{-13}$	12,68
ácido tartárico, $C_2H_4O_2(COOH)_2$	$6,0 \times 10^{-4}$	3,22	$1,5 \times 10^{-5}$	4,82		
ácido carbônico, H_2CO_3	$4,3 \times 10^{-7}$	6,37	$5,6 \times 10^{-11}$	10,25		
ácido sulfídrico, H_2S	$1,3 \times 10^{-7}$	6,89	$7,1 \times 10^{-15}$	14,15		

Por que você precisa estudar este assunto? Muitos ácidos de importância biológica e ambiental são capazes de doar mais de um próton. No trabalho com esses sistemas, você precisa saber como calcular o pH e avaliar a concentração de todos os íons em solução.

Que conhecimentos você precisa dominar? Você precisa estar familiarizado com as propriedades dos ácidos e bases fracos (Tópico 6C) e com os cálculos de equilíbrio a eles associados (Tópico 6D).

484 **Tópico 6E** Os ácidos e bases polipróticos

O ácido sulfúrico é o único ácido poliprótico comum para o qual a primeira desprotonação pode ser considerada completa. A segunda desprotonação aumenta ligeiramente a concentração de H_3O^+, logo o pH é ligeiramente menor do que o devido somente à primeira desprotonação. Por exemplo, em uma solução 0,010 M de $H_2SO_4(aq)$, a primeira desprotonação é completa:

$$H_2SO_4(aq) + H_2O(l) \longrightarrow H_3O^+(aq) + HSO_4^-(aq)$$

e faz com que a concentração de H_3O^+ seja igual à concentração original do ácido, $0,010 \text{ mol·L}^{-1}$, que corresponde a pH = 2,0. Entretanto, a base conjugada, HSO_4^-, é anfiprótica e contribui com prótons para a solução. Portanto, o segundo equilíbrio de transferência de prótons tem de ser levado em consideração:

$$HSO_4^-(aq) + H_2O(l) \rightleftharpoons H_3O^+(aq) + SO_4^{2-}(aq) \qquad K_{a2} = 0,012$$

O valor da concentração do íon hidrônio é obtido de

$$\overbrace{K_{a2}}^{0,012} = \frac{[H_3O^+][SO_4^{2-}]}{\underbrace{[HSO_4^-]}_{0,010-x}} = \frac{(0,010 + x) \times x}{0,010 - x}$$

Então, resolver usando a fórmula quadrática leva a $x = 4,3 \times 10^{-3}$, $[H_3O^+] = (0,010 + x)$ $\text{mol·L}^{-1} = 0,014 \text{ mol·L}^{-1}$ e pH = 1,9, que é ligeiramente menor do que o pH = 2,0 calculado na base da primeira desprotonação apenas.

Teste 6E.1A Estime o pH de uma solução 0,050 M de $H_2SO_4(aq)$.

[*Resposta:* 1,23]

Teste 6E.1B Estime o pH de uma solução 0,10 M de $H_2SO_4(aq)$.

À exceção do ácido sulfúrico (e alguns outros casos raros), para calcular o pH de um ácido poliprótico use K_{a1} e só leve em conta a primeira desprotonação. Em outras palavras, trate o ácido como se fosse um ácido monoprótico fraco (veja a Caixa de Ferramentas 6D.1). As desprotonações subsequentes ocorrem, mas, desde que K_{a2} seja inferior a $K_{a1}/1.000$, não afetam significativamente o pH e podem ser ignoradas.

> Se os valores de K_{a1} e K_{a2} de um ácido poliprótico forem muito próximos, os cálculos são mais complicados porque os dois equilíbrios têm de ser considerados.

Estime o pH de um ácido poliprótico para o qual todas as desprotonações são fracas usando somente o primeiro equilíbrio de desprotonação e considere insignificantes as demais desprotonações. Uma exceção é o ácido sulfúrico, o único ácido poliprótico comum que é um ácido forte em sua primeira desprotonação.

6E.2 As soluções de sais de ácidos polipróticos

A base conjugada de um ácido poliprótico é anfiprótica (Tópico 6A): ela pode agir como um ácido ou como uma base porque pode doar seu átomo de hidrogênio ácido ou aceitar um próton e voltar ao ácido original. Por exemplo, um íon hidrogenossulfeto, HS^-, em água, age como um ácido ou como uma base:

> São exceções HSO_4^-, que é uma base muito fraca, e HPO_3^{2-}, que não atua como ácido porque o próton não é ácido (Tópico 6C).

$$HS^-(aq) + H_2O(l) \rightleftharpoons H_3O^+(aq) + S^{2-}(aq) \quad K_{a2} = 7,1 \times 10^{-15}; \text{p}K_{a2} = 14,15$$

$$HS^-(aq) + H_2O(l) \rightleftharpoons H_2S(aq) + OH^-(aq) \quad K_{b1} = K_w/K_{a1} = 7,7 \times 10^{-8}; \text{p}K_{b1} = 7,11$$

Como HS^- é anfiprótico, não é imediatamente aparente se uma solução de NaHS em água é ácida ou básica. Entretanto, podemos usar os valores de $\text{p}K_a$ e $\text{p}K_b$ do íon HS^- para concluir que:

- O $\text{p}K_{a2}$ de H_2S (o $\text{p}K_a$ de HS^-) é grande (14,52), o que implica que HS^- é um ácido muito fraco; por isso, sua base conjugada, S^{2-}, é razoavelmente forte e o seu caráter básico provavelmente dominará. Como resultado, pH > 7.

- O $\text{p}K_{a1}$ de H_2S tem um valor intermediário (6,89), o que sugere que $\text{p}K_{b1}$ do HS^- também tem um valor intermediário (7,11), indicando que esse íon é uma base razoavelmente fraca; logo pH > 7, novamente.

Esse raciocínio sugere que o pH será alto se $\text{p}K_{a1}$ e $\text{p}K_{a2}$ forem relativamente altos. Na verdade, se algumas hipóteses razoáveis forem feitas, então, em geral,

$$\text{pH} = \tfrac{1}{2}(\text{p}K_{a1} + \text{p}K_{a2}) \tag{1}$$

em que, para um ânion de fórmula HA⁻ (como HS⁻), K_{a1} é a primeira constante de acidez do ácido original H₂A (H₂S, neste exemplo) e K_{a2} é a segunda constante de acidez do H₂A, que é a constante de acidez do HA⁻ em si. Essa fórmula é confiável se $S \gg K_w/K_{a2}$ e $S \gg K_{a1}$ (como para outros sais), em que S é a concentração inicial do sal (isto é, a concentração analítica ou formal). Se esses critérios não forem atendidos, uma expressão muito mais complexa precisa ser usada. A obtenção desta expressão e da versão simplificada está disponível no hotsite do livro (http://apoio.grupoa.com.br/atkins7ed) em Recursos especiais.

EXEMPLO 6E.1 Estimativa do pH de uma solução de um sal anfiprótico

Muitos sais são usados no preparo de soluções com valores específicos de pH. Suponha que você precisa preparar uma solução salina com pH de aproximadamente 4,5 e pode usar di-hidrogeno-fosfato de sódio, NaH₂PO₄, e citrato de sódio, Na₂HC₆H₅O₇. Que sal você deve usar? Estime o pH de (a) uma solução 0,20 M de NaH₂PO₄(aq); (b) uma solução 0,20 M de Na₂HC₆H₅O₇(aq). Para o ácido cítrico, $pK_{a2} = 5{,}95$ e $pK_{a3} = 6{,}39$.

ANTECIPE Os dois sais têm ânions ácidos e, portanto, você deve esperar que o pH seja menor do que 7 e maior do que o valor do pH de uma solução 0,20 M de um ácido forte, que é 0,7.

PLANEJE Certifique-se de que $S \gg K_w/K_{a2}$ e $S \gg K_{a1}$; se essas condições forem atendidas, você poderá usar a Equação 1. Você precisa dos valores de pK_a dos ácidos apropriados. Para uma espécie diprótica H₂A⁻ (como o H₂PO₄⁻), você precisa considerar os valores de pK_a de H₃A (o pK_{a1} de H₃A) e H₂A²⁻ (o pK_{a2} de H₃A). Para uma espécie monoprótica HA (como HC₆H₅O₇²⁻), você precisa dos valores de pK_a de H₂A⁻ (o pK_{a2} de H₃A) e HA²⁻ (o pK_{a3} de H₃A). Use a Equação 1 na forma pH = ½($pK_{a2} + pK_{a3}$).

RESOLVA

(a) Para H₂PO₄⁻, você precisa dos valores de pK_a do H₃PO₄ (pK_{a1} de H₃PO₄) e de H₂PO₄⁻ (pK_{a2} de H₃PO₄); $K_{a1} = 7{,}6 \times 10^{-3}$ e $K_{a2} = 6{,}2 \times 10^{-8}$, então $pK_{a1} = 2{,}12$ e $pK_{a2} = 7{,}21$. Logo, para a solução de H₂PO₄⁻:

Verifique se $S \gg K_w/K_{a2}$ e $S \gg K_{a1}$.

$$S = 0{,}20, \quad \frac{K_w}{K_{a2}} = \frac{1{,}0 \times 10^{-14}}{6{,}2 \times 10^{-8}} = 1{,}6 \times 10^{-7}, \quad \text{logo } S \gg K_w/K_{a2}$$

$$S = 0{,}20, \quad K_{a1} = 7{,}6 \times 10^{-3}, \quad \text{logo } S \gg K_{a1}$$

Portanto, o uso da Equação 1 é válido.

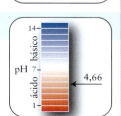

De pH = ½($pK_{a1} + pK_{a2}$),

$$\text{pH} = \tfrac{1}{2}(2{,}12 + 7{,}21) = 4{,}66$$

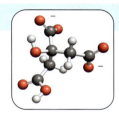

(b) Para HC₆H₅O₇²⁻, você precisa dos valores de pK_a de H₂C₆H₅O₇⁻ (pK_{a2} do ácido cítrico, H₃C₆H₅O₇) e HC₆H₅O₇²⁻ (pK_{a3} do ácido cítrico), $pK_{a2} = 5{,}95$ e $pK_{a3} = 6{,}39$. Portanto, para a solução de HC₆H₅O₇²⁻:

Certifique-se de que $S \gg K_w/K_{a3}$ e $S \gg K_{a2}$.

$$S = 0{,}20, \quad \frac{K_w}{K_{a3}} = \frac{1{,}0 \times 10^{-14}}{4{,}1 \times 10^{-7}} = 2{,}4 \times 10^{-8}, \quad \text{logo } S \gg K_w/K_{a3}$$

$$S = 0{,}20, \quad K_{a2} = 1{,}1 \times 10^{-6}, \quad \text{logo } S \gg K_{a2}$$

Portanto, o uso da Equação 1 é válido.

De pH = ½($pK_{a2} + pK_{a3}$),

$$\text{pH} = \tfrac{1}{2}(5{,}95 + 6{,}39) = 6{,}17$$

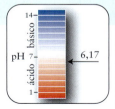

486 Tópico 6E Os ácidos e bases polipróticos

> **AVALIE** Como esperado, os valores de pH são ligeiramente inferiores a 7. A solução de NaH_2PO_4 tem pH mais próximo ao valor desejado de 4,5 e seria a melhor escolha.
>
> **Teste 6E.2A** Estime o pH de uma solução 0,10 M de $NaHCO_3(aq)$.
>
> [*Resposta:* 8,31]
>
> **Teste 6E.2B** Estime o pH de uma solução 0,50 M de $KH_2PO_4(aq)$.
>
> **Exercícios relacionados** 6E.5 e 6E.6

Suponha que você precise calcular o pH de uma solução em água do sal de um ácido poliprótico totalmente desprotonado. O ânion pode ser tratado como a base conjugada de um ácido monoprótico fraco, desde que K_{b2} seja menor do que $K_{b1}/1000$. Protonações sucessivas ocorrem, mas em extensão tão pequena que o impacto no pH pode ser desprezado. Um exemplo é uma solução de sulfeto de sódio, na qual íons sulfeto, S^{2-}, estão presentes. Outro exemplo é uma solução de fosfato de potássio, que contém íons PO_4^{3-}. Em soluções desse tipo, os ânions agem como bases, isto é, eles aceitam prótons da água. Para essas soluções, é preciso usar a técnica de cálculo do pH de um ânion básico ilustrada no Exemplo 6D.5. Para encontrar o valor de K_b para usar no cálculo, use o K_a da desprotonação que produz o íon estudado. Para S^{2-}, use o $K_{b2} = K_w/K_{a2}$ de H_2S, e para PO_4^{3-}, o $K_{b3} = K_w/K_{a3}$ de H_3PO_4.

O pH da solução de um sal anfiprótico em água é igual à média dos pK_a do sal e de seu ácido conjugado. O pH de uma solução de um sal da base conjugada final de um ácido poliprótico é obtido a partir da reação do ânion com a água.

6E.3 As concentrações de solutos

Os químicos ambientais, que estudam a poluição causada por fertilizantes arrastados pela água em plantações, ou os mineralogistas, que estudam a formação de rochas sedimentares pela percolação dos lençóis freáticos a partir de formações rochosas, precisam conhecer, além do pH, as concentrações de cada um dos íons presentes na solução. Por exemplo, eles podem precisar conhecer a concentração dos íons sulfito em uma solução de ácido sulfuroso ou as concentrações de íons fosfato e hidrogenofosfato em uma solução de ácido fosfórico. Os cálculos descritos na Caixa de Ferramentas 6D.1 nos fornecem o pH – a concentração de íons hidrogênio –, mas não nos dão as concentrações de todos os solutos em solução, que podem incluir H_3PO_4, $H_2PO_4^-$, HPO_4^{2-} e PO_4^{3-}. Para calculá-las, é preciso levar em conta todos os equilíbrios simultâneos de transferência de prótons na solução.

Para simplificar os cálculos, comece por julgar a concentração relativa de cada espécie em solução, identificando termos que possam ser desprezados. Neste caso, use a regra geral de que as concentrações das espécies presentes em grande quantidade não são significativamente afetadas pelas concentrações das espécies presentes em pequena quantidade, especialmente se as diferenças forem grandes. Contudo, todas as hipóteses devem ser avaliadas e confirmadas nos término dos cálculos.

Caixa de ferramentas 6E.1 COMO CALCULAR AS CONCENTRAÇÕES DE TODAS AS ESPÉCIES DE UMA SOLUÇÃO DE UM ÁCIDO POLIPRÓTICO

BASE CONCEITUAL

Suponha que o ácido poliprótico, um ácido fraco para todas as suas desprotonações, é a espécie de soluto presente em maior quantidade. Suponha que somente a primeira desprotonação contribui significativamente para $[H_3O^+]$ e que a autoprotólise da água não contribui significativamente para $[H_3O^+]$ ou para $[OH^-]$.

PROCEDIMENTO PARA UM ÁCIDO DIPRÓTICO

Etapa 1 A partir do equilíbrio de desprotonação do ácido (H_2A), determine as concentrações da base conjugada $[HA^-]$ e de H_3O^+, como ilustrado no Exemplo 6D.1

Etapa 2 Encontre a concentração de A^{2-} a partir do segundo equilíbrio de desprotonação (o de HA^-) pela substituição das concentrações de H_3O^+ e HA^- da etapa 1 na expressão de K_{a2}.

Etapa 3 Encontre a concentração de OH^- dividindo K_w pela concentração de H_3O^+.

PROCEDIMENTO PARA UM ÁCIDO TRIPRÓTICO

Etapa 1 A partir do equilíbrio de desprotonação do ácido (H_3A), determine as concentrações da base conjugada (H_2A^-) e H_3O^+.

Etapa 2 Encontre a concentração de HA^{2-} a partir do segundo equilíbrio de desprotonação (o de H_2A^-) pela substituição das concentrações de H_3O^+ e H_2A^- da etapa 1 na expressão de K_{a2}.

Etapa 3 Encontre a concentração de A^{3-}, a partir do equilíbrio de desprotonação de HA^{2-} pela substituição das concentrações de H_3O^+ e HA^{2-} da etapa 2 na expressão de K_{a3}. A concentração de H_3O^+ é a mesma nos três cálculos, porque somente a primeira desprotonação contribui significativamente para esse valor.

Etapa 4 Encontre a concentração de OH^- dividindo K_w pela concentração de H_3O^+.

Este procedimento está ilustrado no Exemplo 6E.2

EXEMPLO 6E.2 Cálculo das concentrações de todas as espécies de uma solução de um ácido poliprótico

Imagine que você é um químico ambiental que estuda um riacho local e precisa conhecer as quantidades de todas as formas de fosfato na água. Você começa preparando algumas soluções de ácido fosfórico para usar como padrão. Calcule as concentrações de todos os solutos em uma solução 0,10 M de $H_3PO_4(aq)$.

ANTECIPE Como desprotonações sucessivas resultam em ácidos cada vez mais fracos, você deve esperar que as concentrações fiquem na ordem $H_3PO_4 > H_2PO_4^- > HPO_4^{2-} > PO_4^{3-}$, com muito pouco da espécie completamente desprotonada. Como a solução é ácida, você deve esperar também que a concentração de OH^- seja muito pequena.

PLANEJE Siga o procedimento de um ácido triprótico dado na **Caixa de Ferramentas 6E.1**.

O que você deve supor? Que somente a primeira desprotonação afeta o pH e que a autoprotólise da água não altera significativamente o pH.

RESOLVA

Etapa 1 O primeiro equilíbrio de transferência de prótons é

$$H_3PO_4(aq) + H_2O(l) \rightleftharpoons H_3O^+(aq) + H_2PO_4^-(aq)$$

e a primeira constante de acidez, obtida na Tabela 6E.1, é $7,6 \times 10^{-3}$. A tabela de equilíbrio, com as concentrações em mols por litro, é

	H_3PO_4	H_3O^+	$H_2PO_4^-$
concentração inicial	0,10	0	0
mudanças de concentração	$-x$	$+x$	$+x$
concentração de equilíbrio	$0,10 - x$	x	x

De $K_{a1} = [H_3O^+][H_2A^-]/[H_3A]$, considerando que $x \ll 0,10$, decida se é válido aproximar a expressão.

$$K_{a1} = \frac{x \times x}{0,10 - x} \approx \frac{x^2}{0,10}$$

com $K_{a1} = 7,6 \times 10^{-3}$ dá como resultado $x \approx 0,028$, que é 28% de 0,10, muito grande para a aproximação.

Como o valor de x é muito maior do que 5% de 0,10, a equação do segundo grau, $K_{a1} = x^2/(0,10 - x)$, precisa ser usada, com $K_{a1} = 7,6 \times 10^{-3}$. Rearranje a equação.

$$x^2 + K_{a1}x - 0,10\,K_{a1} = 0$$

e insira o valor de K_{a1}:

$$\overbrace{1x^2}^{a} + \overbrace{(7,6 \times 10^{-3})x}^{b} \overbrace{-7,6 \times 10^{-4}}^{c} = 0$$

Resolva para x com a fórmula quadrática $x = \{-b \pm \sqrt{b^2 - 4ac}\}/2a$:

$$x = \frac{-(7,6 \times 10^{-3}) \pm \sqrt{(7,6 \times 10^{-3})^2 - 4(1)(-7,6 \times 10^{-4})}}{2(1)}$$

$$x = 2,4 \times 10^{-2} \text{ ou } -3,2 \times 10^{-2}$$

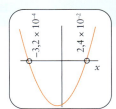

Rejeite a raiz negativa porque $x = [H_3O^+]$ também é uma concentração.

$$[H_3O^+] = 2,4 \times 10^{-2} \text{ mol·L}^{-1}$$

De $[H_2PO_4^-] = [H_3O^+]$,

$$[H_2PO_4^-] = 2{,}4 \times 10^{-2} \text{ mol·L}^{-1}$$

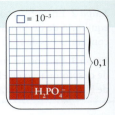

Da tabela de equilíbrio, encontramos:

$$[H_3PO_4] \approx 0{,}10 - 0{,}024 \text{ mol·L}^{-1} = 0{,}08 \text{ mol·L}^{-1}$$

(0,076 foi arredondado para 0,08)

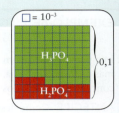

As ilustrações mostram a composição percentual das espécies em solução: azul para $H_2PO_4^-$, verde para H_3PO_4 e (embaixo) amarelo para HPO_4^{2-}.

Etapa 2 Use, agora, $K_{a2} = 6{,}2 \times 10^{-8}$ para encontrar a concentração de HPO_4^{2-}. Como $K_{a2} \ll K_{a1}$, podemos seguramente considerar que a concentração de H_3O^+ calculada na etapa 1 não muda na segunda desprotonação. O equilíbrio da transferência de prótons é

$$H_2PO_4^-(aq) + H_2O(l) \rightleftharpoons H_3O^+(aq) + HPO_4^{2-}(aq)$$

Construa a tabela de equilíbrio com as concentrações em mols por litro, usando os resultados da etapa 1 para as concentrações de H_3O^+ e $H_2PO_4^-$.

	$H_2PO_4^-$	H_3O^+	HPO_4^{2-}
concentração inicial (da etapa 1)	$2{,}4 \times 10^{-2}$	$2{,}4 \times 10^{-2}$	0
mudanças de concentração	$-x$	$+x$	$+x$
concentração de equilíbrio	$2{,}4 \times 10^{-2} - x$	$2{,}4 \times 10^{-2} + x$	x

De $K_{a2} = [H_3O^+][HA^{2-}]/[H_2A^-]$, supondo que $x \ll 2{,}4 \times 10^{-2}$,

$$K_{a2} = \frac{\overbrace{(2{,}4 \times 10^{-2} + x)}^{[HPO_4^{2-}]} \times \overbrace{x}^{\{H_3O^+\}}}{\underbrace{2{,}4 \times 10^{-2} - x}_{[H_2PO_4^-]}} \approx \frac{2{,}4 \times 10^{-2} \times x}{2{,}4 \times 10^{-2}}$$

e portanto $x \approx K_{a2}$ com $K_{a2} = 6{,}2 \times 10^{-8}$.

Verifique se $x \ll 2{,}4 \times 10^{-2}$.

$$6{,}2 \times 10^{-8} \ll 2{,}4 \times 10^{-2}$$

Portanto, a hipótese é válida.

Da última linha da tabela de equilíbrio

$$[HPO_4^{2-}] = x = 6{,}2 \times 10^{-8} \text{ mol·L}^{-1}$$
$$[H_2PO_4^-] = 2{,}4 \times 10^{-2} - x \approx 2{,}4 \times 10^{-2} \text{ mol·L}^{-1}$$
$$[H_3O^+] = 2{,}4 \times 10^{-2} + x \approx 2{,}4 \times 10^{-2} \text{ mol·L}^{-1}$$

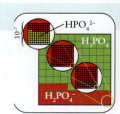

Etapa 3 A perda do último próton de HPO_4^{2-} produz o íon fosfato, PO_4^{3-}:

$$HPO_4^{2-}(aq) + H_2O(l) \rightleftharpoons H_3O^+(aq) + PO_4^{3-}(aq)$$

A constante de equilíbrio é $K_{a3} = 2{,}1 \times 10^{-13}$, um valor muito pequeno. Suponha que a concentração de H_3O^+ calculada na etapa 1 e a concentração de HPO_4^{2-} calculada na etapa 2 não são afetadas pela desprotonação adicional. A tabela de equilíbrio é

	HPO_4^{2-}	H_3O^+	PO_4^{3-}
concentração inicial (da etapa 2)	$6,2 \times 10^{-8}$	$2,4 \times 10^{-2}$	0
mudança de concentração	$-x$	$+x$	$+x$
concentração de equilíbrio	$6,2 \times 10^{-8} - x$	$2,4 \times 10^{-2} + x$	x

De $K_{a3} = [H_3O^+][A^{3-}]/[HA^{2-}]$. Como K_{a3} é muito pequeno, suponha que $x \ll 6,2 \times 10^{-8}$ e simplifique a equação.

$$K_{a3} = \frac{(2,4 \times 10^{-2} + x) \times x}{6,2 \times 10^{-8} - x} \approx \frac{2,4 \times 10^{-2} \times x}{6,2 \times 10^{-8}}$$

Resolva para x.

$$x \approx \frac{(6,2 \times 10^{-8})K_{a3}}{2,4 \times 10^{-2}} = \frac{(6,2 \times 10^{-8}) \times (2,1 \times 10^{-13})}{2,4 \times 10^{-2}}$$
$$= 5,4 \times 10^{-19}$$

De $[PO_4^{3-}] = x$,

$$[PO_4^{3-}] \approx 5,4 \times 10^{-19} \text{ mol·L}^{-1}$$

Etapa 4 De $[OH^-] = K_w/[H_3O^+]$,

$$[OH^-] = \frac{1,0 \times 10^{-14}}{2,4 \times 10^{-2}} = 4,2 \times 10^{-13}$$

Neste ponto, as concentrações de todos os solutos em uma solução 0,10 m de $H_3PO_4(aq)$ podem ser resumidas colocando-as em ordem decrescente de concentração:

Espécies	H_3PO_4	H_3O^+	$H_2PO_4^-$	HPO_4^{2-}	OH^-	PO_4^{3-}
Concentração/(mol·L⁻¹)	0,08	$2,4 \times 10^{-2}$	$2,4 \times 10^{-2}$	$6,2 \times 10^{-8}$	$4,2 \times 10^{-13}$	$5,4 \times 10^{-19}$

AVALIE A segunda desprotonação avança muito pouco. O íon HPO_4^{2-} é muito pouco desprotonado, muito pouco para ser mostrado em um diagrama, e a hipótese de que a concentração de H_3O^+ não é afetada pela terceira desprotonação é justificada.

Teste 6E.3A Calcule as concentrações de todos os solutos de uma solução 0,20 m de $H_2S(aq)$.

[*Resposta:* Com as concentrações em mol·L⁻¹: H_2S, 0,20; HS^-, $1,6 \times 10^{-4}$; H_3O^+, $1,6 \times 10^{-4}$; OH^-, $6,2 \times 10^{-11}$; S^{2-}, $7,1 \times 10^{-15}$]

Teste 6E.3B A glicina protonada ($^+NH_3CH_2COOH$) é um ácido diprótico com $K_{a1} = 4,5 \times 10^{-3}$ e $K_{a2} = 1,7 \times 10^{-10}$. Calcule as concentrações de todos os solutos em uma solução 0,50 m de $NH_3CH_2COOHCl(aq)$.

Exercícios relacionados 6E.9 a 6E.12

As concentrações de todas as espécies de uma solução de um ácido poliprótico podem ser calculadas imaginando-se que as espécies presentes em pequenas quantidades não afetam as concentrações das espécies presentes em grandes quantidades.

6E.4 A composição e o pH

Em alguns casos, é necessário saber como as concentrações dos íons de uma solução de um ácido poliprótico variam de acordo com o pH. Essa informação é particularmente importante no estudo das águas naturais, como as de rios e lagos (Quadro 6E.1). Por exemplo, se você estivesse examinando o ácido carbônico na água da chuva, deveria esperar que, em pH baixo (em que íons hidrônio são abundantes), a espécie totalmente protonada (H_2CO_3) predomine. Já em pH alto, podemos esperar que a espécie completamente desprotonada (CO_3^{2-}) predomine e que, em pH intermediário, a espécie intermediária (HCO_3^-, neste caso) predomine (Fig. 6E.1). Essas expectativas podem ser confirmadas quantitativamente.

FIGURA 6E.1 A variação da composição fracionária das espécies do ácido carbônico em função do pH. Observe que as espécies totalmente protonadas predominam em pH baixo e que as mais desprotonadas predominam em pH alto.

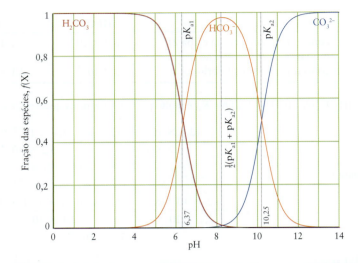

Quadro 6E.1 O QUE ISSO TEM A VER COM… O MEIO AMBIENTE?

A CHUVA ÁCIDA E O POÇO GENÉTICO

O impacto humano no ambiente afeta muitas áreas da nossa vida e o futuro de nosso planeta. Um exemplo é o efeito da chuva ácida sobre a *biodiversidade*, a diversidade das coisas vivas. Nos campos que se estendem pelas áreas centrais da América do Norte e da Ásia, evoluíram plantas nativas capazes de sobreviver em solo seco e pobre em nitrogênio. Ao estudar as plantas desses campos, os cientistas esperam criar plantas comestíveis que servirão como fonte de alimentos em tempos de seca. Entretanto, a chuva ácida está colocando essas plantas em perigo de extinção.

A chuva ácida é um fenômeno regional. As áreas de cores diferentes do mapa abaixo indicam valores de pH medianos das chuvas. Uma análise detalhada mostra que o pH da chuva decresce na direção do vento (geralmente, a leste) a partir de áreas altamente povoadas. O baixo pH das áreas densamente povoadas e industrializadas é causado pela acidez do dióxido de enxofre, SO_2, e dos óxidos de nitrogênio, NO e NO_2.

A chuva que não foi afetada pela atividade humana contém principalmente ácidos fracos e tem pH 5,7. O ácido mais importante presente é o ácido carbônico, H_2CO_3, formado quando o dióxido de carbono da atmosfera dissolve na água. Os principais poluentes da chuva ácida são ácidos fortes que provêm das atividades humanas. O nitrogênio e o oxigênio da atmosfera podem reagir para formar NO, mas a reação endotérmica só é espontânea em temperaturas elevadas, como nos motores de combustão interna dos automóveis e centrais elétricas:

$$N_2(g) + O_2(g) \rightleftharpoons 2\,NO(g)$$

O óxido nítrico, NO, não é muito solúvel em água, mas pode ser oxidado no ar para formar dióxido de nitrogênio:

$$2\,NO(g) + O_2(g) \longrightarrow 2\,NO_2(g)$$

O NO_2 reage com a água, formando ácido nítrico e óxido nítrico:

$$3\,NO_2(g) + 3\,H_2O(l) \longrightarrow 2\,H_3O^+(aq) + 2\,NO_3^-(aq) + NO(g)$$

Os conversores catalíticos, agora usados nos automóveis, podem reduzir o NO ao inofensivo N_2. Eles são obrigatórios em muitas partes do mundo para todos os carros e caminhões novos (Tópico 7E).

O dióxido de enxofre é produzido como subproduto da queima de combustíveis fósseis. Ele pode se combinar diretamente com a água para formar ácido sulfuroso, um ácido fraco:

$$SO_2(g) + H_2O(l) \longrightarrow H_2SO_3(aq)$$

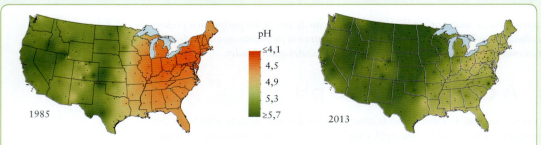

A precipitação na América do Norte fica gradualmente mais ácida do oeste para o leste, especialmente nas áreas industrializadas do nordeste dos Estados Unidos. Essa chuva ácida pode ser resultante da liberação de óxidos de nitrogênio e enxofre na atmosfera. As cores e os números (veja a chave) indicam o pH medido em laboratórios de campo em 1985 e 2013. A legislação que exige a redução da quantidade de óxidos de enxofre e de nitrogênio nas emissões de indústrias e automóveis reduziram em muito o impacto da chuva ácida. Mapas adicionais estão disponíveis no site do National Atmospheric Deposition Program/National Trends Network, http://nadp.sws.uiuc.edu/NTN/maps.aspx.

A grama do oeste, gama, é uma planta dos campos que produz sementes ricas em proteínas. Ela é objeto de pesquisa em agricultura sustentável porque produz sementes em abundância e é uma planta perene, resistente à seca. *(Will & Deni McIntyre/Science Source.)*

Alternativamente, na presença de matéria particulada e aerossóis, o dióxido de enxofre pode reagir com o oxigênio da atmosfera para formar trióxido de enxofre, que, por sua vez, forma, em água, o ácido sulfúrico, um ácido forte:

$$2\,SO_2(g) + O_2(g) \longrightarrow 2\,SO_3(g)$$
$$SO_3(g) + 2\,H_2O(l) \longrightarrow H_3O^+(aq) + HSO_4^-(aq)$$

A chuva ácida afeta as plantas ao mudar as condições do solo. Por exemplo, o ácido nítrico deposita nitratos, que fertilizam a terra. Os nitratos possibilitam o crescimento de ervas daninhas como *Elytrigia repens* ou *Elymus repens*, chamada de grama-francesa, que substituem as espécies valiosas dos campos. Se essas espécies se extinguirem, seu material genético não estará mais disponível para a pesquisa em agricultura.

A pesquisa sobre a poluição do ar é complexa. Florestas e campos cobrem vastas áreas, e a interferência dos poluentes regionais é tão sutil que podem se passar anos para que todo o estresse ambiental seja entendido. Entretanto, os controles já estabelecidos estão começando a reduzir a acidez da chuva na América do Norte e na Europa. Contudo, os biólogos descobriram que isso não é suficiente no caso de ambientes mais sensíveis. Controles mais rígidos podem ser necessários para manter nossa qualidade de vida sem a perda de nossa preciosa herança de plantas nativas.

Exercício relacionado 6.83

Leitura complementar Environment Canada, "Acid rain" under "Pollution Issues," http://www.ec.gc.ca/air/. D. Malakoff, "Taking the sting out of acid rain," *Science*, vol. 330, November 12, 2010, pp. 910–911. U.S. Environmental Protection Agency, "Acid rain," http://www.epa.gov/acidrain. U.S. Geological Service, "Acid rain, atmospheric deposition, and precipitation chemistry," http://bqs.usgs.gov/acidrain.

Como isso é feito?

Para mostrar como as concentrações das espécies presentes em uma solução variam de acordo com o pH, use, como exemplo, o sistema do ácido carbônico. Considere o seguinte equilíbrio de transferência de prótons:

$$H_2CO_3(aq) + H_2O(l) \rightleftharpoons H_3O^+(aq) + HCO_3^-(aq) \qquad K_{a1} = \frac{[H_3O^+][HCO_3^-]}{[H_2CO_3]}$$

$$HCO_3^-(aq) + H_2O(l) \rightleftharpoons H_3O^+(aq) + CO_3^{2-}(aq) \qquad K_{a2} = \frac{[H_3O^+][CO_3^{2-}]}{[HCO_3^-]}$$

Expresse a composição da solução em termos da fração, $f(X)$, de cada espécie X presente, em que X pode ser H_2CO_3, HCO_3^- ou CO_3^{2-} e

$$f(X) = \frac{[X]}{[H_2CO_3] + [HCO_3^-] + [CO_3^{2-}]}$$

Será útil expressar $f(X)$ em termos da razão entre cada espécie e a espécie intermediária HCO_3^-. Por isso, divida o numerador e o denominador por $[HCO_3^-]$ para obter

$$f(X) = \frac{[X]/[HCO_3^-]}{[H_2CO_3]/[HCO_3^-] + 1 + [CO_3^{2-}]/[HCO_3^-]}$$

As três razões de concentrações podem ser escritas em termos da concentração do íon hidrônio. Para isso, simplesmente rearranje a expressão para a primeira e a segunda constante de acidez:

$$\frac{[H_2CO_3]}{[HCO_3^-]} = \frac{[H_3O^+]}{K_{a1}} \qquad \frac{[CO_3^{2-}]}{[HCO_3^-]} = \frac{K_{a2}}{[H_3O^+]}$$

substituindo na expressão de $f(X)$ e rearranjando para obter:

$$f(H_2CO_3) = \frac{[H_3O^+]^2}{[H_3O^+]^2 + [H_3O^+]K_{a1} + K_{a1}K_{a2}}$$

$$f(HCO_3^-) = \frac{[H_3O^+]K_{a1}}{[H_3O^+]^2 + [H_3O^+]K_{a1} + K_{a1}K_{a2}}$$

$$f(CO_3^{2-}) = \frac{K_{a1}K_{a2}}{[H_3O^+]^2 + [H_3O^+]K_{a1} + K_{a1}K_{a2}}$$

FIGURA 6E.2 A variação da composição fracionária das espécies do ácido fosfórico em função do pH. Como na Fig. 6E.1, quanto mais totalmente protonada a espécie, menor o pH na qual ela é predominante.

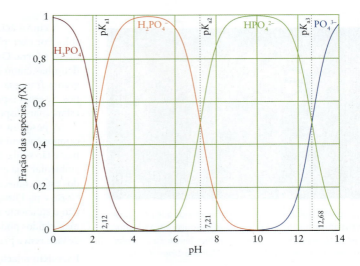

A expressão obtida fornece as frações, f, das espécies em uma solução de ácido carbônico. Elas podem ser generalizadas para qualquer ácido diprótico H_2A:

$$f(H_2A) = \frac{[H_3O^+]^2}{H} \quad f(HA^-) = \frac{[H_3O^+]K_{a1}}{H} \quad f(A^{2-}) = \frac{K_{a1}K_{a2}}{H} \quad (2a)$$

em que

$$H = [H_3O^+]^2 + [H_3O^+]K_{a1} + K_{a1}K_{a2} \quad (2b)$$

O que estas equações dizem a você? Em pH elevado, a concentração de íons hidrônio é muito baixa e, portanto, os numeradores em $f(H_2A)$ e $f(HA^-)$ são muito pequenos, logo essas espécies estão em abundância muito baixa, como esperado. Quando o pH é baixo, a concentração de íons hidrônio é alta e, portanto, o numerador em $f(H_2A)$ é grande e essa espécie predomina.

A forma das curvas previstas pela Equação 2 são mostradas para H_2CO_3 na Fig. 6E.1. Você pode perceber que $f(HCO_3^-) \approx 1$ em pH intermediário. O valor máximo de $f(HCO_3^-)$ ocorre em

$$pH = \tfrac{1}{2}(pK_{a1} + pK_{a2}) \quad (3)$$

A Equação 3 é idêntica à Equação 1, mas isso é apenas uma coincidência: os procedimentos para obtê-las são diferentes e as condições de validade da Equação 1 não se aplicam à Equação 3.

Observe que a forma totalmente protonada (H_2CO_3) predomina quando $pH < pK_{a1}$ e a forma totalmente desprotonada (CO_3^{2-}), quando $pH > pK_{a2}$. Cálculos semelhantes podem ser feitos para sais de ácidos tripróticos em água (Fig. 6E.2).

> **PONTO PARA PENSAR**
>
> As expressões da Equação 2 têm simetria. Você pode identificá-la e usá-la para escrever as expressões correspondentes para um ácido triprótico?

A fração de espécies desprotonadas aumenta quando o pH aumenta, como resumido nas Figuras 6E.1 e 6E.2.

O que você aprendeu com este tópico?

Você aprendeu que os ácidos polipróticos podem doar mais de um próton e que desprotonações sucessivas têm, de modo geral, constantes de acidez muito menores. Você viu que, em pH baixo, a forma totalmente protonada de um ácido fraco domina, enquanto que em pH alto a forma totalmente desprotonada é a mais abundante.

Tópico 6E Exercícios **493**

Os conhecimentos que você deve dominar incluem a capacidade de:

☐ **1.** Calcular o pH de soluções de ácidos dipróticos (Seção 6E.1).

☐ **2.** Estimar o pH de uma solução de sal anfiprótico (Exemplo 6E.1).

☐ **3.** Calcular a concentração de todos os íons em uma solução de um ácido poliprótico (Exemplo 6E.2).

☐ **4.** Usar os diagramas de composição fracionada para determinar a forma dominante de um sistema de ácidos polipróticos em dado pH (Seção 6E.4).

Tópico 6E Exercícios

Consulte a Tabela 6E.1 para os valores de K_a. A temperatura em todos os exercícios é 25°C.

6E.1 Calcule o pH de uma solução 0,15 M de $H_2SO_4(aq)$ em 25°C.

6E.2 Calcule o pH de uma solução 0,010 M de $H_2SeO_4(aq)$, sabendo que K_{a1} é muito grande e $K_{a2} = 1,2 \times 10^{-2}$.

6E.3 Calcule o pH das seguintes soluções de ácidos dipróticos em 25°C. Ignore a segunda desprotonação somente quando a aproximação for justificada: (a) 0,010 M de $H_2CO_3(aq)$; (b) 0,10 M de $(COOH)_2(aq)$; (c) 0,20 M de $H_2S(aq)$.

6E.4 Calcule o pH das seguintes soluções de ácidos dipróticos em 25°C. Ignore a segunda desprotonação somente quando a aproximação for justificada: (a) 0,10 M de $H_2S(aq)$; (b) 0,15 M de $H_2C_4H_4O_6(aq)$, ácido tartárico; (c) $1,1 \times 10^{-3}$ M de $H_2TeO_4(aq)$, ácido telúrico, para o qual $K_{a1} = 2,1 \times 10^{-8}$ e $K_{a2} = 6,5 \times 10^{-12}$.

6E.5 Estime o pH de uma solução (a) 0,15 M de $NaHSO_3(aq)$; (b) 0,050 M de $NaHSO_3(aq)$.

6E.6 Estime o pH de uma solução (a) 0,0153 M de $NaHCO_3(aq)$; (b) 0,110 M de $KHCO_3(aq)$.

6E.7 O ácido cítrico, que é extraído de frutas cítricas e do abacaxi, sofre três desprotonações sucessivas com valores de pK_a de 3,14, 5,95 e 6,39. Estime o pH de (a) uma solução 0,15 M de um sal monossódico em água; (b) uma solução 0,075 M de um sal dissódico em água.

6E.8 Como o ácido sulfúrico, um certo ácido diprótico, H_2A, é um ácido forte em sua primeira desprotonação e um ácido fraco em sua segunda desprotonação. Uma solução 0,015 M de $H_2A(aq)$ tem pH igual a 1,72. Qual é o valor de K_{a2} deste ácido?

6E.9 Calcule as concentrações de H_2CO_3, HCO_3^-, CO_3^{2-}, H_3O^+ e OH^- presentes em uma solução 0,0456 M de $H_2CO_3(aq)$.

6E.10 Calcule as concentrações de H_2SO_3, HSO_3^-, SO_3^{2-}, H_3O^+ e OH^- presentes em uma solução 0,125 M de $H_2SO_3(aq)$.

6E.11 Calcule as concentrações de H_2CO_3, HCO_3^-, CO_3^{2-}, H_3O^+ e OH^- presentes em uma solução 0,0456 M de $Na_2CO_3(aq)$.

6E.12 Calcule as concentrações de H_2SO_3, HSO_3^-, SO_3^{2-}, H_3O^+ e OH^- presentes em uma solução 0,170 M de $Na_2SO_3(aq)$.

6E.13 Um grande volume de uma solução 0,150 M de $H_2SO_3(aq)$ foi tratado com uma base forte para ajustar o pH até 5,50. Suponha que a adição da base, um sólido, não afeta significativamente o volume da solução. Estime as concentrações molares de H_2SO_3, HSO_3^-, e SO_3^{2-} presentes na solução final.

6E.14 Um grande volume de uma solução 0,250 M de $H_2S(aq)$ foi tratado com uma base forte para ajustar o pH até 9,35. Suponha que a adição da base, um sólido, não afeta significativamente o volume da solução. Estime as concentrações molares de H_2S, HS^- e S^{2-} presentes na solução final.

6E.15 Calcule o pH das seguintes soluções de ácidos dipróticos em 25°C. Ignore a segunda desprotonação somente quando a aproximação for justificada. (a) $1,0 \times 10^{-4}$ M de $H_3BO_3(aq)$, o ácido bórico atua como um ácido monoprótico; (b) 0,015 M de $H_3PO_4(aq)$; (c) 0,10 M de $H_2SO_3(aq)$.

6E.16 Calcule as molaridades de $(COOH)_2$, $HOOCCO_2^-$, $(CO_2)_2^{2-}$, H_3O^+ e OH^- em uma solução 0,12 M de $(COOH)_2(aq)$ em uma solução de ácido oxálico.

6E.17 Calcule as concentrações de todas as espécies de fosfato em uma solução de $H_3PO_4(aq)$ de pH = 2,25, se a concentração total das quatro formas de fosfato dissolvido for 15 mmol·L^{-1}.

6E.18 O acetato de amônio é preparado pela reação de quantidades iguais de hidróxido de amônio e ácido acético. Calcule a concentração de todas as espécies de soluto presentes em uma solução 0,100 M de $NH_4CH_3CO_2(aq)$.

Tópico 6F A autoprotólise e o pH

6F.1 As soluções muito diluídas de ácidos e bases fortes
6F.2 As soluções muito diluídas de ácidos fracos

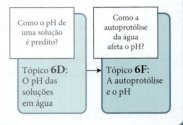

Por que você precisa estudar este assunto? Em soluções muito diluídas de ácidos e bases, a autoprotólise pode contribuir de forma significativa para o pH. Para fazer cálculos confiáveis, você precisa reconhecer quando a autoprotólise é significativa e saber como levá-la em conta.

Que conhecimentos você precisa dominar? Você precisa estar familiarizado com o conceito de autoprotólise (Tópico 6B) e os cálculos de equilíbrio de ácidos e bases fracos (Tópico 6D).

Se um íon tiver carga dupla, sua concentração será multiplicada por 2 na equação do balanço de cargas e por 3 se a carga for tripla. A equação do balanço de cargas de uma solução de $CaCl_2$ em água seria $[Cl^-] = 2[Ca^{2+}]$.

Suponha que você tivesse de estimar o pH de uma solução 1×10^{-8} M de HCl(aq). Se você usasse as técnicas do Exemplo 6B.1 para calcular o pH a partir da concentração do ácido inicial, encontraria um pH igual a 8. Esse valor, entretanto, é absurdo, porque ele está além da neutralidade, do lado básico, ainda que HCl seja um ácido! O erro origina-se no fato de que existem duas fontes de íons hidrônio, mas só uma foi considerada. Em concentrações muito baixas de ácido, o fornecimento de íons hidrônio pela autoprotólise da água é comparável ao proveniente da concentração muito baixa de HCl, e ambos devem ser levados em conta.

6F.1 As soluções muito diluídas de ácidos e bases fortes

A contribuição da autoprotólise para o pH precisa ser considerada quando a concentração de ácido ou base forte for inferior a 10^{-6} mol·L^{-1}. Como exemplo, examinemos uma solução de HCl, um ácido forte. Além da água, as espécies presentes são H_3O^+, OH^- e Cl^-. Existem três concentrações desconhecidas. Para encontrá-las, são necessárias três equações.

Uma equação leva em consideração o **balanço de cargas**, isto é, a necessidade de que a solução seja eletricamente neutra. Em outras palavras, as cargas totais de cátions e ânions devem ser iguais. Como só existe um tipo de cátion, H_3O^+, a concentração de íons H_3O^+ deve ser igual à soma das concentrações dos ânions Cl^- e OH^-. A relação do balanço de cargas $[H_3O^+] = [Cl^-] + [OH^-]$ indica que

$$[OH^-] = [H_3O^+] - [Cl^-]$$

A segunda equação leva em conta o **balanço material**, o fato de que todo o soluto adicionado deve ser levado em conta, ainda que ele esteja presente na forma de íons. Como o HCl é um ácido fraco, a concentração de íons Cl^- é igual à concentração do HCl adicionado inicialmente (todas as moléculas de HCl estão desprotonadas). Se o valor numérico desta concentração inicial for representado como $[HCl]_{inicial}$, a relação do balanço material será

$$[Cl^-] = [HCl]_{inicial}$$

Quando essa relação é inserida na expressão do balanço de cargas, o resultado é

$$[OH^-] = [H_3O^+] - [HCl]_{inicial}$$

A terceira equação usa a constante de autoprotólise, K_w para relacionar a concentração de íons OH^- à dos íons H_3O^+

$$K_w = [H_3O^+][OH^-]$$

Agora insira a expressão que representa $[OH^-]$ nesta expressão:

$$K_w = [H_3O^+]\overbrace{([H_3O^+] - [HCl]_{inicial})}^{[OH^-]}$$
$$= [H_3O^+]^2 - [HCl]_{inicial}[H_3O^+]$$

e rearranjando essa expressão em uma equação de segundo grau:

$$[H_3O^+]^2 - [HCl]_{inicial}[H_3O^+] - K_w = 0 \quad (1)$$

Como mostra o Exemplo 6F.1, a fórmula da solução da equação de segundo grau (Caixa de Ferramentas 5I.1: para $ax^2 + bx + c = 0, x = \{-b \pm \sqrt{b^2 - 4ac}\}/2a$) com $x = [H_3O^+]$ pode ser usada para resolvê-la e obter a concentração de íons hidrônio.

Vejamos, agora, uma solução muito diluída de uma base forte, como NaOH. Além da água, as espécies em solução são Na^+, OH^- e H_3O^+. Como para o HCl, três equações que relacionam as concentrações desses íons podem ser escritas usando o balanço de cargas, o balanço material e a constante de autoprotólise. Como os cátions presentes são os íons hidrônio e os íons sódio, a relação de balanço de carga é

$$[OH^-] = [H_3O^+] + [Na^+]$$

Como o NaOH está completamente dissociado em solução, a concentração dos íons sódio é igual à concentração dos íons de NaOH, $[NaOH]_{inicial}$. Portanto, a relação do balanço de material é $[Na^+] = [NaOH]_{inicial}$. Tem-se, portanto, que

$$[OH^-] = [H_3O^+] + [NaOH]_{inicial}$$

A constante de autoprotólise torna-se

$$K_w = [H_3O^+]\overbrace{([H_3O^+] + [NaOH]_{inicial})}^{[OH^-]}$$

Após um pequeno rearranjo, essa equação também se torna uma equação de segundo grau para $[H_3O^+]$:

$$[H_3O^+]^2 + [NaOH]_{inicial}[H_3O^+] - K_w = 0 \qquad (2)$$

que pode ser resolvida usando a fórmula quadrática.

EXEMPLO 6F.1 Estimativa do pH de uma solução muito diluída de ácido forte

Quando os químicos usam compostos como catalisadores, às vezes as concentrações necessárias são muito baixas. Suponha que você esteja usando $8,0 \times 10^{-8}$ M de HCl(aq) como catalisador para uma reação orgânica e um potenciômetro para medir a acidez. Que pH você deve esperar?

ANTECIPE Embora esteja muito diluído, é um ácido, e você deve esperar um pH ligeiramente inferior a 7.

PLANEJE Faça $[HCl]_{inicial} = 8,0 \times 10^{-8}$ mol·L^{-1} e $[H_3O^+] = x$, substitua os valores na Equação 1 e resolva para x.

RESOLVA

De $[H_3O^+]^2 - [HCl]_{inicial}[H_3O^+] - K_w = 0$, com $x = [H_3O^+]$,

$$(1)\overbrace{x^2}^{a} \overbrace{-(8,0 \times 10^{-8})x}^{b} \overbrace{-(1,0 \times 10^{-14})}^{c} = 0$$

Da equação de segundo grau, $x = \{-b \pm \sqrt{b^2 - 4ac}\}/2a$,

$$x = \frac{-(-8,0 \times 10^{-8}) \pm \sqrt{(8,0 \times 10^{-8})^2 - 4(1)(-1,0 \times 10^{-14})}}{2(1)}$$

$$= 1,5 \times 10^{-7} \text{ ou } -6,8 \times 10^{-8}$$

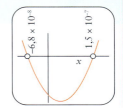

Rejeite a raiz negativa porque x é uma concentração e use $pH = -\log x$.

$$pH = -\log(1,5 \times 10^{-7}) = 6,82$$

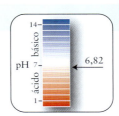

AVALIE Como esperado, o pH é ligeiramente inferior a 7.

Teste 6F.1A Qual é o pH de uma solução $1,0 \times 10^{-7}$ M de HNO_3(aq)?

[*Resposta:* 6,79]

Teste 6F.1B Qual é o pH de uma solução $2,0 \times 10^{-7}$ M de NaOH(aq)?

Exercícios relacionados 6F.1 a 6F.4

Tópico 6F A autoprotólise e o pH

Em soluções muito diluídas de ácidos e bases fortes, o pH é significativamente afetado pela autoprotólise da água. O pH é determinado pela resolução de três equações simultâneas: a equação do balanço de cargas, a equação do balanço material e a expressão de K_w.

6F.2 As soluções muito diluídas de ácidos fracos

A autoprotólise também contribui para o pH de soluções muito diluídas de ácidos fracos. Alguns ácidos, como o ácido hipoiodoso, HIO, são tão fracos e tão pouco desprotonados que, para determinar o pH dessas soluções, a autoprotólise da água tem de ser sempre levada em conta.

─── Como isso é feito? ───

O cálculo do pH de soluções muito diluídas de um ácido fraco, HA, é semelhante ao dos ácidos fortes. Ele se baseia no fato de que, além da água, existem quatro espécies em solução, ou seja, HA, A^-, H_3O^+ e OH^-. Como existem quatro desconhecidos, precisamos de quatro equações para encontrar suas concentrações. Duas delas são a constante de autoprotólise da água e a constante de acidez do ácido HA:

$$K_w = [H_3O^+][OH^-] \qquad K_a = \frac{[H_3O^+][A^-]}{[HA]}$$

O balanço de cargas indica que:

$$[H_3O^+] = [OH^-] + [A^-]$$

O balanço material dá a quarta equação: a concentração total de grupos "A" (o ácido e a base conjugada que ele forma; por exemplo, os íons F^- se o ácido adicionado for o HF) precisa ser igual à concentração inicial do ácido:

$$[HA]_{inicial} = [HA] + [A^-]$$

Para encontrar uma expressão para a concentração de íons hidrônio em termos da concentração inicial do ácido, rearranje a relação do balanço de cargas para expressar a concentração de A^- em termos de $[H_3O^+]$:

$$[A^-] = [H_3O^+] - [OH^-]$$

Então, expresse $[OH^-]$ em termos da concentração de íons hidrônio usando a equação da autoprotólise:

$$[A^-] = [H_3O^+] - \frac{K_w}{[H_3O^+]}$$

Quando essa expressão de $[A^-]$ é inserida na equação do balanço de material na forma $[HA] = [HA]_{inicial} - [A^-]$, a equação se torna

$$[HA] = [HA]_{inicial} - \overbrace{\left([H_3O^+] - \frac{K_w}{[H_3O^+]}\right)}^{[A^-]}$$

Agora insira essas expressões de $[HA]$ e $[A^-]$ em K_a e obtenha

$$K_a = \frac{[H_3O^+]\left([H_3O^+] - \dfrac{K_w}{[H_3O^+]}\right)}{[HA]_{inicial} - [H_3O^+] + \dfrac{K_w}{[H_3O^+]}}$$

> Lembre-se de que $[H_3O^+]$ é, na realidade, $[H_3O^+]/c°$.

A expressão obtida pode parecer complexa, mas as condições experimentais muitas vezes permitem que ela seja simplificada. Por exemplo, em muitas soluções de ácidos fracos, a concentração de íons hidrônio é $[H_3O^+] > 10^{-6}$ (isto é, pH < 6). Nessas condições, $K_w/[H_3O^+] < 10^{-8}$, e esse termo pode ser ignorado no numerador e no denominador. Logo

$$K_a = \frac{[H_3O^+]^2}{[HA]_{inicial} - [H_3O^+]}$$

que pode ser rearranjada em uma equação de segundo grau para [H₃O⁺]:

$$[H_3O^+]^2 + K_a[H_3O^+] - K_a[HA]_{inicial} = 0 \quad (3a)$$

Entretanto, quando o ácido é tão diluído ou tão fraco que $[H_3O^+] \leq 10^{-6}$ (isto é, quando o pH fica entre 6 e 7), temos de resolver a expressão completa para $[H_3O^+]$ rearranjada a

$$[H_3O^+]^3 + K_a[H_3O^+]^2 - (K_w + K_a[HA]_{inicial})[H_3O^+] - K_aK_w = 0 \quad (3b)$$

Para resolver esta equação cúbica em $[H_3O^+]$, o melhor é usar uma calculadora gráfica ou um software matemático.

Para ver a ligação com a Equação 3a, faça $K_w = 0$ e cancele o fator comum $[H_3O^+]$.

EXEMPLO 6F.2 Estimativa do pH de uma solução diluída de um ácido fraco em água quando a autoprotólise da água precisa ser considerada

O vinho é uma mistura complexa de mais de mil compostos, muitos dos quais estão presentes em concentrações muito baixas. Muitos flavorizantes são derivados do fenol, C_6H_5OH, um ácido fraco. Se você fosse um enólogo que estuda a química do vinho, iria precisar saber como compostos diluídos como o fenol afetam a acidez do vinho. Use a Equação 3b para estimar o pH de uma solução $1{,}0 \times 10^{-4}$ M de fenol em água.

ANTECIPE O fenol é um ácido fraco, logo você deve esperar pH < 7. Como a solução está muito diluída, o pH será ligeiramente menor do que 7.

PLANEJE Como a Equação 3b é complicada, encontre primeiro os valores numéricos do terceiro termo, $K_w + K_a[HA]_{inicial}$, e do quarto, K_aK_w. Para simplificar, use $x = [H_3O^+]$.

RESOLVA
Com $x = [H_3O^+]$, a Eq. 3b assume a forma

$$x^3 + K_a x^2 - (K_w + K_a[HA]_{inicial})x - K_aK_w = 0$$

Encontre o K_a do fenol na Tabela 6C.1.

$$K_a = 1{,}3 \times 10^{-10}$$

pK_a = 9,89

Avalie $K_w + K_a[HA]_{inicial}$.

$$K_w + K_a[HA]_{inicial} = 1{,}0 \times 10^{-14} + (1{,}3 \times 10^{-10}) \times (1{,}0 \times 10^{-4})$$
$$= 2{,}3 \times 10^{-14}$$

Avalie K_aK_w.

$$K_aK_w = (1{,}3 \times 10^{-10}) \times (1{,}0 \times 10^{-14}) = 1{,}3 \times 10^{-24}$$

Substitua os valores na Equação 3b com $[H_3O^+] = x$,

$$x^3 + (1{,}3 \times 10^{-10})x^2 - (2{,}3 \times 10^{-14})x - (1{,}3 \times 10^{-24}) = 0$$

Para simplificar os coeficientes (uma medida meramente visual), escreva $x = X \times 10^{-7}$ e divida a equação resultante por 10^{-21}.

$$X^3 + 0{,}0013X^2 - 2{,}3X - 0{,}0013 = 0$$

Encontre a raiz positiva.

A única raiz positiva é $X = 1{,}516\ldots$; logo, $x = 1{,}516\ldots \times 10^{-7}$.

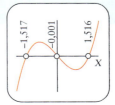

De pH = $-\log[H_3O^+]$ e $[H_3O^+] = x$,

$$pH = -\log(1{,}516\ldots \times 10^{-7}) = 6{,}82$$

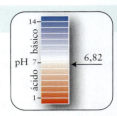

AVALIE Como esperado, o pH é ligeiramente inferior a 7.

Teste 6F.2A Use a Equação 3b e as informações da Tabela 6C.1 para estimar o pH de uma solução $2{,}0 \times 10^{-4}$ M de HCN(aq).

[*Resposta:* 6,48]

Teste 6F.2B Use a Equação 3b e as informações da Tabela 6C.1 para estimar o pH de uma solução $1{,}0 \times 10^{-2}$ M de HIO(aq).

Exercícios relacionados 6F.7 a 6F.10

Em soluções de ácidos fracos em água, a autoprotólise da água deve ser levada em conta se a concentração de íons hidrônio for menor do que 10^{-6} mol·L^{-1}. As expressões de K_a e K_w são combinadas com as equações do balanço de cargas e do balanço material para o cálculo do pH.

O que você aprendeu com este tópico?

Você aprendeu que, em soluções muito diluídas de ácidos ou bases, a reação de autoprotólise da água contribui de forma significativa para a concentração do íon hidrônio. Você também viu que, para ácidos muito fracos, a contribuição da autoprotólise precisa ser levada em conta mesmo quando a solução ácida não é diluída. Você aprendeu a usar as expressões dos balanços de carga e de material e as expressões de equilíbrio relevantes em cada caso para calcular as concentrações do íon hidrônio quando a contribuição da autoprotólise for significativa.

Os conhecimentos que você deve dominar incluem a capacidade de:

☐ **1.** Calcular o pH de soluções muito diluídas de ácidos fortes (Exemplo 6F.1).

☐ **2.** Estimar o pH de soluções de ácidos fracos quando a autoprotólise da água precisa ser levada em conta (Exemplo 6F.2).

Tópico 6F Exercícios

6F.1 Calcule o pH de uma solução $6{,}55 \times 10^{-7}$ M de HClO$_4$(aq).

6F.2 Calcule o pH de uma solução $6{,}50 \times 10^{-8}$ M de HBr(aq).

6F.3 Calcule o pH de uma solução $9{,}78 \times 10^{-8}$ M de KOH(aq).

6F.4 Calcule o pH de uma solução $8{,}23 \times 10^{-7}$ M de NaNH$_2$(aq).

6F.5 Não é possível desprezar a autoprotólise da água quando 6 < pH < 8. Qual é a menor concentração de ácido acético em água que não exige que você leve em conta a autoprotólise da água no cálculo do pH da solução com a aproximação de ±0,1?

6F.6 Não é possível desprezar a autoprotólise da água quando 6 < pH < 8. A partir de que concentração é necessário levar em conta a autoprotólise da água no cálculo do pH de uma solução de ácido cloro-acético em água, ClCH$_2$COOH, com a aproximação de ±0,1? Explique a eventual diferença entre este valor e o do Exercício 6F.5.

Nos Exercícios 6F.7 a 6F.10, use uma calculadora gráfica ou um software adequado.

6F.7 O critério 6 < pH < 8 é um guia adequado para quando a autoprotólise pode ser ignorada, ou ele deveria ser alterado para 5 < pH < 8? No Exemplo 6D.4, o pH de 0,15 M de NH$_4$Cl(aq) era 5,04. Contudo, a contribuição da autoprotólise da água para o pH foi ignorada. Repita o cálculo do pH da solução, agora considerando a autoprotólise da água.

6F.8 O critério 6 < pH < 8 é adequado para quando a autoprotólise pode ser ignorada ou ele deveria ser alterado para 6 < pH < 9,5? No Exemplo 6D.5, o pH de 0,15 M de Ca(CH$_3$CO$_2$)$_2$(aq) era 9,11. Contudo, a contribuição da autoprotólise da água para o pH foi ignorada. Repita o cálculo do pH da solução, agora considerando a autoprotólise da água.

6F.9 (a) Calcule o pH de soluções $8{,}50 \times 10^{-5}$ M e $7{,}37 \times 10^{-6}$ M de HCN(aq). Despreze o efeito da autoprotólise da água. (b) Repita os cálculos, levando em conta a autoprotólise da água.

6F.10 (a) Calcule o pH de soluções $1{,}89 \times 10^{-5}$ M e $9{,}64 \times 10^{-7}$ M de HClO(aq). Despreze o efeito da autoprotólise da água. (b) Repita os cálculos, levando em conta a autoprotólise da água.

Tópico 6G Os tampões

6G.1 A ação dos tampões
6G.2 O planejamento de tampões
6G.3 A capacidade tamponante

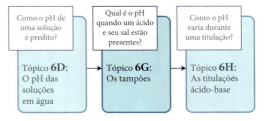

O controle do pH é crucial para a capacidade de sobrevivência dos organismos – inclusive a nossa – porque até mesmo pequenas variações de pH podem provocar mudanças na forma das enzimas e perda de função. As informações deste tópico também são usadas na indústria para controlar o pH das misturas de reação e monitorar águas naturais. Na medicina e na biologia, essas informações são usadas para controlar as condições de culturas e células biológicas e manter o pH adequado do sangue. Na agricultura, elas são usadas para manter o solo no pH ótimo para o crescimento das culturas. Em laboratório, elas são úteis para interpretar a variação de pH de uma solução durante uma titulação.

Por que você precisa estudar este assunto? As soluções tampão são essenciais para o controle do pH de soluções em água usadas na indústria e dos fluidos de organismos vivos.

Que conhecimentos você precisa dominar? Você precisa estar familiarizado com os conceitos de ácidos e bases conjugados (Tópico 6C) e os cálculos de equilíbrio envolvendo ácidos e bases fracos (Tópico 6D).

6G.1 A ação dos tampões

Os cálculos no Tópico 6D mostram como estimar o pH de uma solução de um ácido ou de uma base fracos. Contudo, suponha que um sal desse ácido ou dessa base também esteja presente. Como o sal afeta o pH da solução? O principal ponto deste tópico é que, segundo a teoria de Brønsted-Lowry, os íons gerados por um sal também podem ser ácidos ou bases, afetando o pH.

Para ilustrar a situação, suponha que você tenha uma solução diluída de ácido clorídrico e adicione uma concentração apreciável de cloreto de sódio, que contém a base conjugada do HCl, o íon Cl$^-$. Como o HCl é um ácido forte, sua base conjugada é um receptor de prótons muito fraco e sua presença não afeta o pH consideravelmente. O pH de uma solução 0,10 M de HCl(aq) é 1,0, mesmo após a adição de 0,10 mol de NaCl a um litro da solução.

Suponha, agora, que a solução seja de ácido acético e que adicionemos uma certa quantidade de acetato de sódio. Como o CH$_3$CO$_2^-$, base conjugada do CH$_3$COOH, é uma base fraca em água, sua presença eleva o pH da solução. De modo análogo, suponha que o cloreto de amônio seja adicionado a uma solução de amônia. O íon NH$_4^+$ é um ácido fraco em água e, consequentemente, sua presença fará diminuir o pH da solução. Você verá que essas "soluções mistas", nas quais um ácido fraco ou uma base fraca e um de seus sais estão presentes, permitem estabilizar o pH de soluções em água como o plasma sanguíneo, a água do mar e as misturas de reação.

Um **tampão** é o tipo de solução mista em que o pH tende a permanecer o mesmo após a adição de pequenas quantidades de ácidos ou bases fortes. O tampão é uma solução, em água, de um ácido fraco e sua base conjugada na forma de sal ou uma solução, em água, de uma base fraca e seu ácido conjugado na forma de sal. Exemplos são uma solução de ácido acético e acetato de sódio e uma solução de amônia e cloreto de amônio. Os tampões são usados na calibração de medidores de pH, na cultura de bactérias e no controle do pH de soluções nas quais ocorrem reações químicas. Eles também são administrados, na forma intravenosa, a pacientes hospitalares. Nosso plasma sanguíneo é tamponado em pH = 7,4. O oceano é tamponado em pH = 8,4, aproximadamente, por um processo tamponante complexo, que depende da presença de hidrogenocarbonatos e silicatos.

Quando uma gota de ácido forte é adicionada à água, o pH muda significativamente. Quando a mesma quantidade, porém, é adicionada a um tampão, o pH praticamente não muda. Para entender melhor, examine o equilíbrio dinâmico entre um ácido fraco e

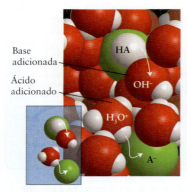

FIGURA 6G.1 Uma solução atua como um tampão se contiver um ácido fraco, HA, que doa prótons quando uma base forte é adicionada, e a base conjugada, A⁻, que aceita prótons após a adição de um ácido forte. No detalhe, para maior clareza, a água é representada pelo fundo azul.

sua base conjugada em solução em água que contém quantidades semelhantes de um ácido (CH₃COOH) e seu sal (NaCH₃CO₂):

$$CH_3COOH(aq) + H_2O(l) \rightleftharpoons H_3O^+(aq) + CH_3CO_2^-(aq)$$

Quando algumas gotas de um ácido são adicionadas a esta solução, os íons H₃O⁺ recém-chegados transferem prótons para os íons CH₃CO₂⁻ para formar moléculas de CH₃COOH e H₂O (Fig. 6G.1). Como os íons H₃O⁺ adicionados são removidos pelos íons CH₃CO₂⁻, o pH se mantém quase inalterado, mesmo quando o ácido adicionado é forte. Na verdade, os íons acetato agem como um "ralo" para os prótons. Se, ao contrário, uma pequena quantidade de base for adicionada, os íons OH⁻ da base removem os prótons das moléculas de CH₃COOH para produzir íons CH₃CO₂⁻ e moléculas de H₂O. Neste caso, as moléculas de ácido acético agem como fontes de prótons. Como os íons OH⁻ foram removidos pelas moléculas de CH₃COOH, a concentração de íons OH⁻ permanece praticamente inalterada. Consequentemente, a concentração de H₃O⁺ (e o pH) também se mantém quase constante, mesmo se a base for forte.

Efeito semelhante ocorre em uma solução tampão contendo quantidades semelhantes de uma base (NH₃) e seu sal (NH₄Cl):

$$NH_3(aq) + H_2O(l) \rightleftharpoons NH_4^+(aq) + OH^-(aq)$$

Quando algumas gotas de uma solução de base forte são adicionadas, os íons OH⁻ recém-chegados removem prótons dos íons NH₄⁺ para produzir moléculas de NH₃ e H₂O. Se algumas gotas de ácido forte são adicionadas, os prótons que chegam ligam-se às moléculas de NH₃ para formar íons NH₄⁺ e, consequentemente, são removidos da solução. Nos dois casos, o pH se mantém praticamente constante, mesmo se o ácido e a base forem fortes.

> **PONTO PARA PENSAR**
>
> Uma solução de glicina, ⁻O₂CCH₂NH₃⁺, que contém grupos ácido e base, em água, funciona como um tampão?

Um tampão é uma mistura de um par conjugado ácido fraco-base fraca que estabiliza o pH de uma solução, fornecendo uma fonte de prótons e um "ralo" para prótons.

6G.2 O planejamento de tampões

Suponha que você precise preparar um tampão com um determinado pH. Seria o caso, se você estivesse, por exemplo, cultivando bactérias e precisasse manter um pH preciso e constante para sustentar seu metabolismo. Para escolher o sistema de tampão mais apropriado, você precisa conhecer o valor do pH no qual um determinado tampão estabiliza a solução. Uma mistura de ácido fraco e seu sal age como um tampão em pH < 7 (o lado ácido da neutralidade) e é conhecido como **tampão ácido**. Uma mistura de base fraca e seu sal age como um tampão em pH > 7 (o lado básico da neutralidade) e é conhecido como **tampão básico** (ou "tampão alcalino"). Para encontrar o valor preciso do pH em que uma solução mista de composição conhecida age como um tampão, você precisa calcular o equilíbrio, de modo semelhante ao que fizemos no Tópico 6D, como no exemplo seguinte. A Tabela 6G.1 resume os detalhes das composições de tampões ácidos e básicos.

TABELA 6G.1 A composição dos tampões

	Composição	Cálculo do pH a partir de...	Exemplos	pK_a
Tampões ácidos (para pH < 7)				
ácido (HA)	base conjugada (A⁻) como o sal MA	pK_a(HA)	CH₃COOH/CH₃CO₂⁻	4,75
			HNO₂/NO₂⁻	3,37
			HClO₂/ClO₂⁻	2,00
Tampões básicos (para pH > 7)				
base (B)	ácido conjugado (HB⁺) como o sal HBX	pK_a(HB⁺) usando pK_a(HB⁺) + pK_b(B) = pK_w	NH₄⁺/NH₃	9,25
			(CH₃)₃NH⁺/(CH₃)₃N	9,81
			H₂PO₄⁻/HPO₄²⁻	7,21

EXEMPLO 6G.1 Cálculo do pH de uma solução tampão

Você trabalha em um laboratório de microbiologia e cultiva bactérias que exigem um meio ácido. Sua tarefa é preparar um tampão que mantenha a cultura no pH apropriado. Você prepara uma solução tampão que é 0,040 M de NaCH$_3$CO$_2$(aq) e 0,080 M de CH$_3$COOH(aq) em 25°C. Qual é o pH da solução?

ANTECIPE Se o ácido fraco estivesse sozinho, você poderia esperar um pH < 7. Como algumas bases conjugadas também foram adicionadas, você deve esperar um pequeno aumento do pH (que provavelmente estará em torno de 2,92, como mostrado no Exemplo 6D.1) mas ainda sendo inferior a pH 7.

PLANEJE Inicialmente, identifique o ácido fraco e sua base conjugada. Depois, escreva a equação de equilíbrio de transferência de prótons entre eles e rearranje a expressão de K_a para obter [H$_3$O$^+$]. Por fim, calcule o pH.

O que você deve supor? Que a extensão da protonação dos íons acetato e desprotonação das moléculas de ácido acético é tão pequena que as concentrações de ambas as espécies são praticamente iguais a seus valores iniciais (formais).

RESOLVA O ácido é CH$_3$COOH e a base conjugada é CH$_3$CO$_2^-$. O equilíbrio que deve ser considerado é

$$\text{CH}_3\text{COOH(aq)} + \text{H}_2\text{O(l)} \rightleftharpoons \text{H}_3\text{O}^+\text{(aq)} + \text{CH}_3\text{CO}_2^-\text{(aq)} \qquad K_a = \frac{[\text{H}_3\text{O}^+][\text{CH}_3\text{CO}_2^-]}{[\text{CH}_3\text{COOH}]}$$

Da Tabela 6C.1, pK_a = 4,75 e K_a = 1,8 × 10^{-5}.

Encontre a concentração de equilíbrio dos íons H$_3$O$^+$ usando a expressão de K_a rearranjada como

$$[\text{H}_3\text{O}^+] = K_a \times \frac{[\text{CH}_3\text{COOH}]}{[\text{CH}_3\text{CO}_2^-]}$$

Faça as molaridades de equilíbrio do ácido e da base iguais às molaridades iniciais (formais).

$$[\text{H}_3\text{O}^+] \approx (1,8 \times 10^{-5}) \times \frac{0,080}{0,040} = 3,6\ldots \times 10^{-5}$$

De pH = −log [H$_3$O$^+$],

$$\text{pH} \approx -\log(3,6\ldots \times 10^{-5}) = 4,44$$

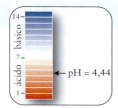

AVALIE Como esperado, a solução é menos ácida do que seria se só o ácido estivesse presente (pH = 2,92) e age como um tampão ácido em pH ≈ 4.

Teste 6G.1A Calcule o pH de uma solução tampão que é 0,15 M em HNO$_2$(aq) e 0,20 M em NaNO$_2$(aq).

[*Resposta:* 3,49]

Teste 6G.1B Calcule o pH de uma solução tampão que é 0,040 M em NH$_4$Cl(aq) e 0,030 M em NH$_3$(aq).

Exercícios relacionados 6G.7 a 6G.10

O interesse em usar um tampão é estabilizar uma solução contra mudanças de pH quando uma base forte ou um ácido forte são adicionados. O próximo exemplo mostra como calcular o efeito da adição de ácido ou base sobre o pH de um tampão ácido.

EXEMPLO 6G.2 Cálculo da mudança de pH de uma solução tampão

Embora você use o tampão que preparou no Exemplo 6G.1, existe a preocupação sobre o risco de a adição de hidróxido de sódio ao tampão afetar o pH, o que poderia danificar os equipamentos do laboratório. Suponha que 1,2 g de hidróxido de sódio (0,030 mol de NaOH) foi dissolvido em 500. mL da solução tampão descrita no Exemplo 6G.1. Calcule o pH da solução resultante e a mudança de pH.

ANTECIPE Como a solução tampão contém um ácido fraco que reagirá com uma base forte, você deve esperar uma pequena alteração do pH da solução inicial, de 4,44.

PLANEJE Resolva este problema em duas etapas. Inicialmente calcule as concentrações do ácido e da base conjugada, lembrando que os íons OH$^-$ adicionados à solução tampão reagem com um pouco do ácido do tampão, diminuindo a quantidade de ácido e aumentando a quantidade de base conjugada. Depois, rearranje a expressão de K_a para obter o pH da solução, como fizemos no Exemplo 6G.1.

O que você deve supor? Que as concentrações de equilíbrio do ácido e de sua base conjugada são praticamente iguais às concentrações iniciais (formais) após a neutralização, que é completa. Suponha que o volume da solução não se alterou.

RESOLVA O equilíbrio de transferência de prótons é

$$CH_3COOH(aq) + H_2O(l) \rightleftharpoons H_3O^+(aq) + CH_3CO_2^-(aq) \qquad K_a = \frac{[H_3O^+][CH_3CO_2^-]}{[CH_3COOH]}$$

Use os dados do Exemplo 6G.1, incluindo $K_a = 1{,}8 \times 10^{-5}$. O OH^- do NaOH adicionado reage com CH_3COOH de acordo com

$$CH_3COOH(aq) + OH^-(aq) \longrightarrow CH_3CO_2^-(aq) + H_2O(l)$$

Etapa 1 Obtenha a nova concentração de ácido.

Encontre a quantidade inicial de CH_3COOH na solução a partir de $n_J = V[J]$.

$$n(CH_3COOH)_{inicial} = 0{,}500 \text{ L} \times 0{,}080 \text{ mol·L}^{-1}$$
$$= 0{,}040 \text{ mol}$$

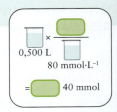

Calcule a quantidade de CH_3COOH que reage usando 1 mol de $CH_3COOH \simeq 1$ mol de OH^-.

$$n(CH_3COOH)_{reage} = 0{,}030 \text{ mol } OH^- \times \frac{1 \text{ mol } CH_3COOH}{1 \text{ mol } OH^-}$$
$$= 0{,}030 \text{ mol } CH_3COOH$$

Calcule a quantidade de CH_3COOH que permanece a partir de $n_{final} = n_{inicial} - n_{reage}$.

$$n(CH_3COOH)_{final} = 0{,}040 - 0{,}030 \text{ mol} = 0{,}010 \text{ mol}$$

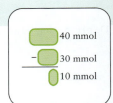

De $[J] = n_J/V$,

$$[CH_3COOH] = \frac{0{,}010 \text{ mol}}{0{,}500 \text{ L}} = 0{,}020 \text{ mol·L}^{-1}$$

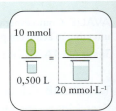

Etapa 2 Encontre a nova concentração da base conjugada.

Encontre a quantidade inicial de $CH_3CO_2^-$ na solução a partir de $n_J = V[J]$.

$$n(CH_3CO_2^-)_{inicial} = 0{,}500 \text{ L} \times 0{,}040 \text{ mol·L}^{-1}$$
$$= 0{,}020 \text{ mol}$$

Adicione o aumento da quantidade de $CH_3CO_2^-$ devido à reação.

$$n(CH_3CO_2^-)_{final} = 0{,}020 + 0{,}030 \text{ mol} = 0{,}050 \text{ mol}$$

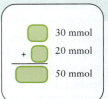

De [J] = n_J/V,

$$[CH_3CO_2^-] = \frac{0{,}050 \text{ mol}}{0{,}500 \text{ L}} = 0{,}10 \text{ mol·L}^{-1}$$

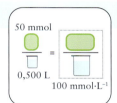

Etapa 3 Calcule o pH.

Calcule [H_3O^+] a partir de [H_3O^+] = K_a[CH_3COOH]/[$CH_3CO_2^-$] fazendo as concentrações do ácido e da base iguais a seus valores iniciais logo após a neutralização.

$$[H_3O^+] \approx (1{,}8 \times 10^{-5}) \times \frac{0{,}020}{0{,}10} = 3{,}6 \times 10^{-6}$$

De pH = $-\log$ [H_3O^+],

$$\text{pH} \approx -\log(3{,}6 \times 10^{-6}) = 5{,}44$$

A mudança no pH é 5,44 − 4,44 = 1,00.

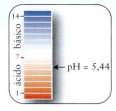

AVALIE Como esperado, o pH da solução muda muito pouco, de cerca de 4,4 para cerca de 5,4.

Teste 6G.2A Suponha que 0,0200 mols de NaOH(s) foram dissolvidos em 300. mL da solução tampão do Exemplo 6G.1. Calcule o pH da solução resultante e a mudança de pH.

[***Resposta:*** 5,65, um aumento de 1,21]

Teste 6G.2B Suponha que 0,0100 mols de HCl(g) foram dissolvidos em 500. mL da solução tampão do Exemplo 6G.1. Calcule o pH da solução resultante e a mudança de pH.

Exercícios relacionados 6G.11 e 6G.12

Os tampões são frequentemente preparados com concentrações iguais de ácido e de base conjugada, porque existe um fornecimento adequado de espécies "fonte" e "ralo" que podem estabilizar o pH contra mudanças nas duas direções. O pH dessas soluções **equimolares**, isto é, soluções com concentrações molares de soluto idênticas, é fácil de predizer. Considere o equilíbrio

$$HA(aq) + H_2O(l) \rightleftharpoons H_3O^+(aq) + A^-(aq) \qquad K_a = \frac{[H_3O^+][A^-]}{[HA]} \qquad \textbf{(A)}$$

Os valores de [HA] e [A^-] que aparecem em K_a são as concentrações de equilíbrio do ácido e da base em solução, não as concentrações iniciais. Entretanto, um ácido fraco, HA, perde uma pequena fração de seus prótons, logo [HA] não é muito diferente da concentração usada para preparar o tampão, [HA]$_{inicial}$. Do mesmo modo, somente uma pequena fração dos ânions básicos, A^-, aceita prótons, logo [A^-] é pouco diferente da concentração usada para preparar o tampão, [A^-]$_{inicial}$. Como as duas concentrações iniciais são iguais,

$$K_a \approx \frac{[H_3O^+][A^-]_{inicial}}{[HA]_{inicial}} \stackrel{\text{Cancelar os termos em azul}}{=} [H_3O^+]$$

Segue-se, quando se toma o logaritmo negativo dos dois lados, que [HA]$_{inicial}$ = [A^-]$_{inicial}$,

$$\text{pH} = \text{p}K_a \qquad (1)$$

Esse resultado muito simples torna fácil a escolha inicial de um tampão. Basta selecionar um ácido cujo pK_a seja igual ao pH desejado e preparar uma solução equimolar com sua base conjugada.

As misturas nas quais o sal e o ácido (ou a base) não têm a mesma concentração – como as consideradas nos Exemplos 6G.1 e 6G.2 – são também tampões, mas elas podem ser menos eficientes do que aquelas em que as molaridades são aproximadamente iguais. A Tabela 6G.1 lista alguns tampões típicos.

504 Tópico 6G Os tampões

> **Teste 6G.3A** Qual dos sistemas tamponantes listados na Tabela 6G.1 seria uma boa escolha para preparar um tampão com pH próximo de 5?
>
> [**Resposta:** $CH_3COOH/CH_3CO_2^-$]
>
> **Teste 6G.3B** Qual dos sistemas tamponantes listados na Tabela 6G.1 seria uma boa escolha para preparar um tampão com pH próximo de 10?

O pH no qual uma mistura atua como tampão ácido pode ser reduzido adicionando-se mais ácido fraco. O mesmo efeito é obtido adicionando-se um ácido forte para converter parte da base conjugada do ácido fraco. Para elevar o pH no qual uma solução atua como tampão ácido, a concentração da base conjugada deste ácido pode ser elevada adicionando-se mais sal (o que introduz mais base A^-). Alternativamente, um pouco de base forte poderia ser usado para converter um pouco do ácido no sal.

Em muitas situações, é conveniente fazer uma estimativa rápida do pH do tampão empregando uma forma da expressão de K_a que dá o pH diretamente para qualquer composição da mistura. Para o equilíbrio da reação A, rearranje a expressão para K_a, obtendo

$$[H_3O^+] = K_a \times \frac{[HA]}{[A^-]}$$

a partir da qual temos, tomando os logaritmos negativos de ambos os lados, que

$$\overbrace{-\log[H_3O^+]}^{pH} = \overbrace{-\log K_a}^{pK_a} - \log\frac{[HA]}{[A^-]}$$

Então, de $\log x = -\log(1/x)$,

$$pH = pK_a - \log\frac{[HA]}{[A^-]} = pK_a + \log\frac{[A^-]}{[HA]}$$

Como vimos, [HA] pode ser considerado igual a $[HA]_{inicial}$ (que escreveremos como $[ácido]_{inicial}$) e $[A^-]$ por $[A^-]_{inicial}$ (que escreveremos como $[base]_{inicial}$); o resultado é a **equação de Henderson-Hasselbalch**:

$$pH \approx pK_a + \log\frac{[base]_{inicial}}{[ácido]_{inicial}} \tag{2}$$

Para um tampão ácido acético/acetato, a expressão toma a forma

$$pH \approx pK_a(CH_3COOH) + \log\frac{[CH_3CO_2^-]_{inicial}}{[CH_3COOH]_{inicial}}$$

A Equação 2 também pode ser usada para um tampão básico, com pK_a igual ao do ácido conjugado da base. Por exemplo, no caso de um tampão de amônia, o pK_a de NH_4^+ seria usado, identificando "base" com NH_3 e "ácido" com NH_4^+. Se somente pK_b for conhecido, pK_a será calculado usando a Equação 5b do Tópico 6C ($pK_a + pK_b = pK_w$). Portanto, para o tampão amônia/amônio, escreva

$$pH \approx pK_a(NH_4^+) + \log\frac{[NH_3]_{inicial}}{[NH_4^+]_{inicial}}$$

Na prática, a equação de Henderson-Hasselbalch é usada para estimativas rápidas do pH de uma solução mista a ser usada como tampão e, depois, o pH é ajustado ao valor preciso desejado por adição de mais ácido ou base e monitoramento da solução com um medidor de pH.

EXEMPLO 6G.3 Seleção da composição de uma solução tampão com um dado pH

Os íons carbonato e o hidrogeno-carbonato (bicarbonato) atuam como tampões em uma variedade de sistemas naturais. Você está investigando o papel desses íons na percolação de águas subterrâneas através de um lençol de calcário em um sistema de cavernas recém-descoberto e precisa entender como o pH da água é controlado. Calcule a razão entre as concentrações molares dos íons CO_3^{2-} e HCO_3^- necessária para obter um tampão em pH = 9,50. O pK_{a2} de H_2CO_3 é 10,25.

ANTECIPE Como o pH desejado é menor do que o pK_{a2} do H_2CO_3, é necessário que o logaritmo na equação de Henderson–Hasselbalch seja negativo. Isso acontecerá se a razão $[base]_{inicial}/[ácido]_{inicial}$ for inferior a 1.

PLANEJE Rearranje a equação de Henderson–Hasselbalch para resolver para a razão entre o ácido fraco e sua base conjugada.

O que você deve supor? Como de hábito, suponha que as atividades sejam aproximadamente iguais às concentrações molares. Você também deve supor que as concentrações de equilíbrio do ácido e de sua base conjugada sejam aproximadamente iguais aos valores iniciais.

RESOLVA No equilíbrio $HCO_3^-(aq) + H_2O(l) \rightleftharpoons H_3O^+(aq) + CO_3^{2-}(aq)$, o ácido é HCO_3^- e a base conjugada é CO_3^{2-}. Ignore qualquer quantidade de H_2CO_3 formada (veja o Tópico 6E).

De $pH \approx pK_a + \log([base]_{inicial}/[ácido]_{inicial})$,

$$\log \frac{[base]_{inicial}}{[ácido]_{inicial}} \approx pH - pK_a$$

Use a concentração inicial de CO_3^{2-} para a base e a de HCO_3^- para o ácido e substitua os valores de pH e pK_a.

$$\log \frac{[CO_3^{2-}]_{inicial}}{[HCO_3^-]_{inicial}} \approx 9{,}50 - 10{,}25 = -0{,}75$$

Agora use $x = 10^{\log x}$:

$$\frac{[CO_3^{2-}]_{inicial}}{[HCO_3^-]_{inicial}} \approx 10^{-0{,}75} = 0{,}18$$

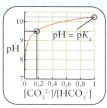

AVALIE A solução age como um tampão com pH próximo a 9,50 se for preparada pela mistura dos solutos na razão 0,18 mol de CO_3^{2-} para 1,0 mol de HCO_3^-. Como esperado, a razão das concentrações é inferior a 1.

Teste 6G.4A Calcule a razão entre as concentrações molares de íons acetato e de ácido acético necessária para tamponar uma solução em pH = 5,25. O pK_a de CH_3COOH é 4,75.

[*Resposta:* 3,16]

Teste 6G.4B Calcule a razão entre as concentrações molares dos íons benzoato e ácido benzoico (C_6H_5COOH) necessária para tamponar uma solução em pH = 3,50. O pK_a de C_6H_5COOH é 4,19.

Exercícios relacionados 6G.15 e 6G.16

O pH de uma solução tampão é próximo do pK_a do ácido fraco quando o ácido e a base têm concentrações semelhantes.

6G.3 A capacidade tamponante

Assim como uma esponja só pode absorver uma certa quantidade de água, um tampão também só pode tamponar uma certa quantidade de prótons. As "fontes" e os "ralos" de prótons se esgotam quando quantidades muito grandes de ácidos ou bases fortes são adicionadas à solução. A **capacidade tamponante** é a quantidade máxima de ácido ou de base que pode ser adicionada sem que o tampão perca sua capacidade de resistir à mudança do pH. Um tampão com grande capacidade pode manter a ação tamponante na presença de uma quantidade maior de ácido forte ou de base forte do que um tampão com pequena capacidade. O tampão se exaure quando a maior parte da base fraca é convertida em ácido ou quando a maior parte do ácido fraco é convertida em base. Um tampão mais concentrado tem maior capacidade do que o mesmo tampão mais diluído.

A capacidade do tampão também depende das concentrações relativas do ácido fraco e da base fraca. De um modo geral, o que se verifica experimentalmente é que o tampão tem alta capacidade de estabilização contra a adição de um ácido quando a quantidade de base fraca presente é, pelo menos, cerca de 10% da quantidade de ácido. Se isso não acontece, a base é rapidamente consumida quando um ácido forte é adicionado. De forma semelhante, o tampão tem alta capacidade de estabilização contra a adição de base quando a quantidade

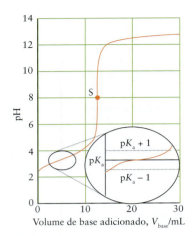

FIGURA 6G.2 Este gráfico mostra como varia o pH de um ácido fraco quando uma base forte é adicionada. Quando o ácido e a base conjugada estão presentes em concentrações semelhantes, a curva mostra que o pH muda muito pouco à medida que mais base forte ou ácido forte são adicionados. Como se vê na ampliação, o pH está entre pK_a ± 1 para uma grande faixa de concentrações. S marca o ponto estequiométrico (*Fundamentos* L).

de ácido presente é, pelo menos, cerca de 10% da quantidade de base. Se isso não acontece, o ácido é rapidamente consumido quando uma base forte é adicionada.

Essas percentagens podem ser usadas para expressar a faixa ótima de ação do tampão em termos do pH da solução. A equação de Henderson-Hasselbalch mostra que, quando o ácido é 10 vezes mais abundante do que a base ([ácido] = 10[base]), o pH da solução é

$$\mathrm{pH} = \mathrm{p}K_a + \log\frac{[\text{base}]}{10[\text{base}]} = \mathrm{p}K_a + \log\overbrace{\frac{1}{10}}^{-1} = \mathrm{p}K_a - 1 \qquad (3a)$$

Da mesma maneira, quando a base é 10 vezes mais abundante do que o ácido ([base] = 10 [ácido]), o pH é

$$\mathrm{pH} = \mathrm{p}K_a + \log\frac{10[\text{ácido}]}{[\text{ácido}]} = \mathrm{p}K_a + \overbrace{\log 10}^{+1} = \mathrm{p}K_a + 1 \qquad (3b)$$

Logo, a faixa de concentração determinada experimentalmente corresponde a uma faixa de pH igual a ± 1. Isto é, o tampão age mais efetivamente dentro de uma faixa de ± 1 unidade de pK_a (Fig. 6G.2). Por exemplo, como o pK_a de $H_2PO_4^-$ é 7,21, um tampão KH_2PO_4/K_2HPO_4 deve ser mais eficaz entre pH = 6,2 e pH = 8,2.

A composição do plasma sanguíneo, no qual a concentração de íons HCO_3^- é cerca de 20 vezes maior do que a de H_2CO_3, parece estar fora da faixa ótima de ação de tamponamento. Entretanto, os metabólitos principais das células vivas são ácidos carboxílicos, como o ácido láctico. O plasma, com sua concentração relativamente alta de HCO_3^-, pode absorver quantidade significativa de íons hidrogênio desses ácidos carboxílicos. A alta proporção de HCO_3^- também ajuda a suportar distúrbios que levam ao aumento da acidez, como doenças e choques devido a queimaduras (Quadro 6G.1).

Quadro 6G.1 O QUE ISSO TEM A VER COM... PERMANECER VIVO?

OS TAMPÕES FISIOLÓGICOS*

Os sistemas tamponantes são tão essenciais para a existência dos organismos vivos que a ameaça mais imediata à sobrevivência quando uma pessoa sofre queimaduras graves é a mudança do pH do sangue. Os processos metabólicos normalmente mantêm o pH do sangue humano dentro de um pequeno intervalo (7,35–7,45). Para controlar o pH do sangue, o corpo usa principalmente o sistema iônico ácido carbônico/hidrogenocarbonato (bicarbonato). A razão normal entre HCO_3^- e H_2CO_3 no sangue é 20:1, com a maior parte do ácido carbônico na forma de CO_2 dissolvido. Quando a concentração de HCO_3^- aumenta muito em relação à de H_2CO_3, o pH do sangue sobe. Se o pH sobe acima da faixa normal, a condição é chamada de *alcalose*. Inversamente, o pH do sangue decresce quando a razão decresce. Quando o pH do sangue está abaixo da faixa normal, a condição é chamada de *acidose*. Como essas condições são muito perigosas e podem resultar em morte em questão de minutos, é crucial determinar a causa do desequilíbrio do pH e tratá-la rapidamente.

O corpo mantém o pH do sangue por meio de dois mecanismos principais: a respiração e a excreção. A concentração de ácido carbônico é controlada pela respiração: à medida que você exala, o CO_2 é retirado do sistema e, com isso, o H_2CO_3 também é eliminado. A diminuição da concentração de ácidos aumenta o pH do sangue. Respirando mais rápida e profundamente, aumentamos a quantidade de CO_2 exalado e, assim, a concentração de ácido carbônico no sangue decresce e o pH do sangue aumenta. A concentração do íon hidrogenocarbonato é controlada pela taxa de excreção na urina.

A *acidose respiratória* ocorre quando a respiração é reduzida devido a doenças como asma, pneumonia e enfisema ou por conta da inalação de fumaça, o que aumenta a concentração de CO_2 no sangue. A acidose respiratória geralmente é tratada com um ventilador mecânico para facilitar a respiração da vítima. A exalação melhorada aumenta a eliminação de CO_2 e aumenta o pH do sangue. Em muitos casos de asma, o uso de produtos químicos também pode facilitar a respiração abrindo as passagens comprimidas dos brônquios.

A *acidose metabólica* é causada pela liberação excessiva de ácido láctico e outros produtos ácidos do metabolismo na corrente sanguínea. Esses ácidos entram na corrente sanguínea e reagem com o íon hidrogenocarbonato para produzir H_2CO_3, mudando, assim, a razão entre HCO_3^- e H_2CO_3 para um valor menor. Exercícios pesados, diabetes e jejuns podem produzir acidose metabólica. A reação normal do corpo é aumentar a taxa de respiração para eliminar um pouco do CO_2. Assim, você ofega intensamente quando corre morro acima.

A acidose metabólica também pode ocorrer quando uma pessoa com queimaduras graves. O plasma sanguíneo vaza do sistema circulatório para a área afetada, produzindo edema (inchaço) e reduzindo o volume de sangue. Se a área queimada for grande, a perda de sangue pode ser suficiente para reduzir o seu fluxo e o fornecimento de oxigênio para todos os tecidos do corpo. A falta de oxigênio, por sua vez, leva os tecidos a produzirem uma quantidade excessiva de ácido láctico, causando

---
*Este quadro inclui contribuições de B. A. Pruitt, M.D., e A. D. Mason, M.D., U. S. Army Institute of Surgical Research.

acidose metabólica. Para minimizar a redução do pH, a pessoa machucada respira mais fortemente para eliminar o excesso de CO_2. Entretanto, se o volume de sangue cair abaixo dos níveis que o corpo pode compensar, ocorrerá um ciclo vicioso no qual o fluxo de sangue decresce ainda mais, a pressão do sangue cai, a eliminação de CO_2 diminui e a acidose se torna mais grave. Diz-se que as pessoas nesse estado estão em choque. Elas morrerão se não forem tratadas imediatamente.

Os perigos do choque são evitados ou tratados por infusão intravenosa de grandes volumes de uma solução contendo sal que é isotônica com o sangue (tem a mesma pressão osmótica do sangue, Tópico 5F), geralmente a solução conhecida como *solução de Ringer lactada*. O líquido adicionado aumenta o volume e o fluxo de sangue, o que melhora a distribuição do oxigênio. A razão $[HCO_3^-]/[H_2CO_3]$, então, aumenta em direção à normalidade, permitindo, assim, que a pessoa gravemente machucada sobreviva. Em muitos casos, uma das primeiras providências de um paramédico é administrar fluidos intravenosos.

A *alcalose respiratória* é o aumento do pH associado à respiração excessiva. A hiperventilação, que pode ser proveniente de ansiedade ou de febre alta, é uma causa comum. O corpo pode controlar o pH do sangue em um indivíduo hiperventilado provocando desmaios, que resultam em uma respiração mais lenta. Uma intervenção que pode evitar o desmaio é fazer a pessoa hiperventilada respirar dentro de um saco de papel, o que permite que uma grande parte do CO_2 expirado seja inspirado de volta.

A *alcalose metabólica* é o aumento do pH resultante de doença ou de ingestão química. Vomitar repetidamente ou usar diuréticos em excesso pode causar alcalose metabólica. Mais uma vez, o corpo compensa, desta vez pela redução da taxa de respiração.

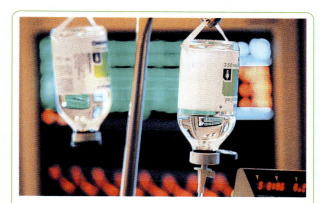

Pacientes que sofreram ferimentos traumáticos devem receber imediatamente uma solução intravenosa, para combater os sintomas de choque e ajudar a manter o pH do sangue. *(Ben Edwards/The Image Bank/Getty Images.)*

Exercícios relacionados 6.39 e 6.40

Leitura complementar J. C. Charles and R. L. Heilman, "Metabolic acidosis," *Hospital Physician*, March 2005, pp. 37–42. J. Squires, "Artificial blood," *Science*, vol. 295, Feb. 8, 2002, pp. 1002–1005. C. G. Morris and J. Low, "Metabolic acidosis in the critically ill: Part 2. Causes and treatment," *Anaesthesia*, vol. 63, 2008, pp. 396–411.

A capacidade de um tampão é determinada por sua concentração e pH. Um tampão mais concentrado pode reagir com mais ácido ou base adicionados do que um menos concentrado. Uma solução tampão é, geralmente, mais efetiva na faixa de $pK_a \pm 1$.

O que você aprendeu com este tópico?

Você aprendeu que soluções contendo ácidos fracos e suas bases conjugadas resistem a mudanças no pH quando uma quantidade adicional de ácido ou base é adicionada. Você viu que uma solução tem potencial tamponante ótimo quando o ácido e a base conjugada têm a mesma concentração. Além disso, você aprendeu que soluções tampão com concentrações elevadas podem absorver uma quantidade de ácido ou base superior à de soluções semelhantes de menor concentração.

Os conhecimentos que você deve dominar incluem a capacidade de:

☐ **1.** Calcular o pH de uma solução tampão (Exemplo 6G.1).

☐ **2.** Calcular a mudança de pH de uma solução tampão quando se adiciona um ácido ou uma base (Exemplo 6G.2).

☐ **3.** Especificar a composição de uma solução tampão com o pH desejado (Exemplo 6G.3).

☐ **4.** Selecionar um tampão apropriado para o pH desejado que resista com eficiência às mudanças de pH (Seções 6G.2 e 6G.3).

Tópico 6G Exercícios

Consulte as Tabelas 6C.1, 6C.2 e 6E.1 para os valores de K_a e K_b. A temperatura em todos os exercícios é 25°C.

6G.1 Explique o que ocorre (a) com a concentração dos íons H_3O^+ de uma solução de ácido acético quando se adiciona acetato de sódio sólido; (b) com a percentagem de desprotonação do ácido benzoico em uma solução do ácido quando se adiciona ácido clorídrico; (c) com o pH da solução quando se adiciona cloreto de amônio sólido a uma solução de amônia em água.

508 Tópico 6G Os tampões

6G.2 Explique o que acontece (a) com o pH de uma solução de ácido fosfórico após a adição de di-hidrogenofosfato de sódio sólido; (b) com a percentagem de desprotonação de HCN em uma solução de ácido cianídrico após a adição de ácido bromídrico; (c) com a concentração de íons H_3O^+ após a adição de cloreto de piridínio a uma solução da base piridina em água.

6G.3 Uma solução de concentrações molares iguais de ácido glicérico e glicerato de sódio tem pH = 3,52. (a) Quais são os valores de pK_a e K_a do ácido glicérico? (b) Qual seria o pH se a concentração do ácido fosse duas vezes a do sal?

6G.4 Uma solução com concentrações iguais de sacarina, um adoçante, e seu sal de sódio tem pH = 3,08. (a) Quais são os valores de K_a e pK_a da sacarina? (b) Qual seria o pH se a concentração do ácido fosse duas vezes a do sal?

6G.5 Qual é a concentração de íons hidrônio em (a) uma solução 0,075 M de HCN(aq) e 0,060 M de NaCN(aq); (b) uma solução 0,20 M de NH_2NH_2(aq) e 0,30 M de NaCl(aq); (c) uma solução 0,015 M de HCN(aq) e 0,030 M de NaCN(aq); (d) uma solução 0,125 M de NH_2NH_2(aq) e 0,125 M de NH_2NH_3Br(aq)?

6G.6 Qual é a concentração de íons hidrônio em (a) uma solução 0,12 M de HBrO(aq) e 0,160 M de NaBrO(aq); (b) uma solução 0,250 M de CH_3NH_2(aq) e 0,150 M de CH_3NH_3Cl(aq); (c) uma solução 0,160 M de HBrO(aq) e 0,320 M de NaBrO(aq); (d) uma solução 0,250 M de CH_3NH_2(aq) e 0,250 M de NaBr(aq)?

6G.7 Determine o pH e o pOH de (a) uma solução 0,50 M de $NaHSO_4$(aq) e 0,25 M Na_2SO_4(aq); (b) uma solução 0,50 M de $NaHSO_4$(aq) e 0,10 M de Na_2SO_4(aq); (c) uma solução 0,50 M $NaHSO_4$(aq) e 0,50 M Na_2SO_4(aq).

6G.8 Determine o pH e o pOH de (a) uma solução 0,23 M de Na_2HPO_4(aq) e 0,18 M de Na_3PO_4(aq); (b) uma solução 0,45 M de Na_2HPO_4(aq) e 0,62 M de Na_3PO_4(aq); (c) uma solução 0,16 M de Na_2HPO_4(aq) e 0,16 M de Na_3PO_4(aq).

6G.9 Calcule o pH da solução que resulta da mistura de (a) 30,0 mL de uma solução 0,050 M de HCN(aq) com 70,0 mL de uma solução 0,030 M de NaCN(aq); (b) 40,0 mL de uma solução 0,030 M de HCN(aq) com 60,0 mL de uma solução 0,050 M de NaCN(aq); (c) 25,0 mL de uma solução 0,105 M de HCN(aq) com 25,0 mL de 0,105 M de NaCN(aq).

6G.10 Calcule o pH da solução que resulta da mistura de (a) 0,100 L de uma solução 0,050 M de $(CH_3)_2NH$(aq) com 0,280 L de uma solução 0,040 M de $(CH_3)_2NH_2Cl$(aq); (b) 45,0 mL de uma solução 0,015 M de $(CH_3)_2NH$(aq) com 86,0 mL de uma solução 0,200 M de $(CH_3)_2NH_2Cl$(aq); (c) 100,0 mL de uma solução 0,080 M de $(CH_3)_2NH$(aq) com 40,0 mL de uma solução 0,075 M de $(CH_3)_2NH_2Cl$(aq).

6G.11 Uma solução tampão de volume 100,0 mL é 0,100 M em CH_3COOH(aq) e 0,100 M em $NaCH_3CO_2$(aq). (a) Quais são o pH e a mudança de pH resultantes da adição de 10,0 mL de uma solução 0,950 de NaOH(aq) à solução tampão? (b) Quais são o pH e a mudança de pH resultantes da adição de 20,0 mL de uma solução 0,100 M de HNO_3(aq) à solução tampão original?

6G.12 Uma solução tampão de volume 100,0 mL é 0,140 M em Na_2HPO_4(aq) e 0,120 M em KH_2PO_4(aq). (a) Quais são o pH e a mudança de pH resultantes da adição de 75,0 mL de uma solução 0,0100 M de NaOH(aq) à solução tampão original? (b) Quais são o pH e a mudança de pH resultantes da adição de 10,0 mL de uma solução 0,50 M de HNO_3(aq) à solução tampão original?

6G.13 O pH de uma solução 0,40 M de HF(aq) é 1,93. Calcule a mudança de pH quando 0,356 g de fluoreto de sódio são adicionados a 50,0 mL da solução. Ignore a mudança de volume.

6G.14 O pH de uma solução 0,50 M de HBrO(aq) é 4,50. Calcule a mudança de pH quando 5,10 g de hipobromito de sódio são adicionados a 100. mL da solução. Ignore a mudança de volume.

6G.15 O hipoclorito de sódio, NaClO, é o ingrediente ativo de muitos alvejantes. Calcule a razão das concentrações de ClO^- e HClO em uma solução de alvejante cujo pH foi ajustado para 6,50 com um ácido forte ou uma base forte.

6G.16 A aspirina (ácido acetil-salicílico, $K_a = 3,2 \times 10^{-4}$) é um produto da reação do ácido salicílico com anidrido acético. Calcule a razão das concentrações entre o íon acetil-salicilato e o ácido acetil-salicílico em uma solução cujo pH foi ajustado para 4,13 com um ácido forte ou uma base forte.

6G.17 Diga em que região de pH cada um dos tampões a seguir será efetivo, supondo concentrações molares iguais do ácido e de sua base conjugada: (a) lactato de sódio e ácido láctico; (b) benzoato de sódio e ácido benzoico; (c) hidrogenofosfato de potássio e fosfato de potássio; (d) hidrogenofosfato de potássio e di-hidrogenofosfato de potássio; (e) hidroxilamina e cloreto de hidroxilamônio.

6G.18 Diga em que região de pH cada um dos tampões, a seguir, serão efetivos, supondo concentrações molares iguais do ácido e de sua base conjugada: (a) nitrito de sódio e ácido nitroso; (b) formato de sódio e ácido fórmico; (c) carbonato de sódio e hidrogenocarbonato de sódio; (d) amônia e cloreto de amônio; (e) piridina e cloreto de piridínio.

6G.19 Proponha um sistema conjugado ácido-base que seja um tampão efetivo em um pH próximo de (a) 2; (b) 7; (c) 3; (d) 12.

6G.20 Proponha um sistema conjugado ácido-base que seja um tampão efetivo em um pH próximo de (a) 4; (b) 9; (c) 5; (d) 11.

6G.21 (a) Qual deve ser a razão das concentrações molares dos íons CO_3^{2-} e HCO_3^- em uma solução tampão com pH 11,0? (b) Que massa de K_2CO_3 deve ser adicionada a 1,00 L de uma solução 0,100 M de $KHCO_3$(aq) para preparar uma solução tampão com pH 11,0? (c) Que massa de $KHCO_3$ deve ser adicionada a 1,00 L de uma solução 0,100 M de K_2CO_3(aq) para preparar uma solução tampão com pH 11,0? (d) Que volume de uma solução 0,200 M em K_2CO_3(aq) precisa ser adicionado a 100. mL de 0,100 M de $KHCO_3$(aq) para preparar uma solução tampão com pH 11,0?

6G.22 (a) Qual deve ser a razão das concentrações molares dos íons PO_4^{3-} e HPO_4^{2-} em uma solução tampão com pH 12,0? (b) Que massa de K_3PO_4 deve ser adicionada a 1,00 L de uma solução 0,100 M de K_2HPO_4(aq) para preparar uma solução tampão com pH 12,0? (c) Que massa de K_2HPO_4 deve ser adicionada a 1,00 L de uma solução 0,100 M de K_3PO_4(aq) para preparar uma solução tampão com pH 12,0? (d) Que volume de uma solução 0,150 M em K_3PO_4(aq) precisa ser adicionado a 50,0 mL de 0,100 M de K_2HPO_4(aq) para preparar uma solução tampão com pH 12,0?

Tópico 6H   As titulações ácido-base

6H.1 As titulações ácido forte-base forte
6H.2 As titulações ácido forte-base fraca e ácido fraco-base forte
6H.3 Os indicadores ácido-base
6H.4 As titulações de ácidos polipróticos

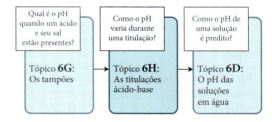

A **titulação** é uma técnica analítica que envolve a adição de uma solução, chamada de **titulante**, colocada em uma bureta, a uma solução que contém a amostra, chamada de **analito**. Por exemplo, se um químico ambiental estivesse estudando o escoamento de resíduos de uma mina e precisasse conhecer a concentração de ácido na água, uma amostra do efluente da mina seria o analito e uma solução básica de concentração conhecida seria o titulante. No **ponto estequiométrico** de uma titulação ácido-base, a quantidade de OH^- (ou H_3O^+) adicionada como titulante é igual à quantidade de H_3O^+ (ou OH^-) inicialmente presente no analito. As técnicas descritas neste tópico são usadas para identificar o papel das diferentes espécies na determinação do pH da solução de analito em qualquer estágio de uma titulação e selecionar o indicador apropriado para uma titulação.

6H.1   As titulações ácido forte-base forte

Quando um ácido forte é adicionado a uma base forte, ocorre uma reação de neutralização para a qual a equação iônica simplificada é

$$H_3O^+(aq) + OH^-(aq) \longrightarrow 2\,H_2O(l)$$

Contudo, para garantir a estequiometria correta no trabalho com titulações, é melhor usar a equação química completa. Por exemplo, se o ácido clorídrico for usado para neutralizar $Ca(OH)_2$, temos de levar em conta que a fórmula unitária do $Ca(OH)_2$ corresponde a dois íons OH^-:

$$2\,HCl(aq) + Ca(OH)_2(aq) \longrightarrow CaCl_2(aq) + 2\,H_2O(l)$$

Uma **curva de pH** é um gráfico do pH da solução do analito em função do volume do titulante adicionado durante a titulação. A forma da curva de pH na Fig. 6H.1 é típica de titulações em que um ácido forte é adicionado a uma base forte. Inicialmente, o pH cai lentamente. Então, próximo ao ponto estequiométrico ocorre um decréscimo repentino do pH, passando pelo valor 7. Neste ponto, um indicador muda de cor ou um titulador automático responde eletronicamente à rápida mudança de pH. As titulações em geral terminam neste ponto. Entretanto, se a titulação prosseguir, o pH cai lentamente na direção do valor do pH do ácido, à medida que a diluição decorrente da solução original do analito se torna cada vez menos importante. O procedimento para encontrar os valores de pH em qualquer estágio é descrito na **Caixa de Ferramentas 6H.1**.

A Figura 6H.2 mostra a curva de pH de uma titulação em que o analito é um ácido forte e o titulante é uma base forte. Essa curva é a imagem no espelho da curva da titulação de uma base forte com um ácido forte.

Por que você precisa estudar este assunto? A capacidade de calcular o pH durante as titulações ácido-base e o conhecimento do uso de indicadores permite interpretar os resultados deste procedimento laboratorial muito utilizado.

Que conhecimentos você precisa dominar? Você precisa saber como calcular o pH de soluções de ácidos e bases fortes (Tópico 6B), ácidos e bases fracos (Tópico 6D) e tampões (Tópico 6G). Você também precisa estar familiarizado com o conteúdo do Tópico 6E, os equilíbrios da transferência de prótons em ácidos polipróticos, para estudar a Seção 6H.4. Além disso, as linhas gerais do procedimento da titulação, descritas em *Fundamentos* L, precisam ser conhecidas.

O termo antigo "ponto de equivalência" ainda é muito utilizado para se referir ao ponto estequiométrico.

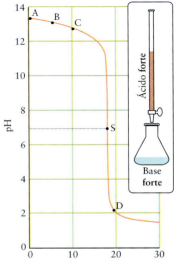

FIGURA 6H.1 Variação do pH durante a titulação de uma base forte, 25,00 mL de uma solução 0,250 M de NaOH(aq), com um ácido forte, em concentração 0,340 M de HCl(aq). O ponto estequiométrico (S) ocorre em pH = 7. Os demais pontos da curva de pH são explicados no Exemplo 6H.1.

Caixa de ferramentas 6H.1 COMO CALCULAR O PH DURANTE A TITULAÇÃO DE UM ÁCIDO FRACO OU UMA BASE FRACA

BASE CONCEITUAL
Durante a titulação de um ácido forte com uma base forte, o pH é governado pelas espécies mais importantes em solução naquele ponto.

PROCEDIMENTO
Primeiramente, use a estequiometria da reação para obter a quantidade de ácido ou de base em excesso no ponto de interesse.

Etapa 1 Calcule a quantidade de íons H_3O^+ (se o analito é um ácido forte) ou íons OH^- (se o analito é uma base forte) na solução original do analito usando $n_J = V[J]$, em que J é H_3O^+ ou OH^-.

Etapa 2 Calcule a quantidade de íons OH^- (se o titulante é uma base forte) ou íons H_3O^+ (se o titulante é um ácido forte) no volume de titulante adicionado usando $n_J = V[J]$, em que J é OH^- ou H_3O^+.

Etapa 3 Para encontrar a quantidade de analito restante após a reação, escreva a equação química da neutralização e use a estequiometria da reação para encontrar a quantidade dos íons H_3O^+ (ou íons OH^- se o analito é uma base forte) que reagiu com o titulante adicionado. Depois, subtraia a quantidade de H_3O^+ ou íons OH^- que reagiu da quantidade inicial de íons H_3O^+ ou OH^-.

Depois, determine a concentração.

Etapa 4 Divida a quantidade remanescente de íons H_3O^+ (ou OH^-) pelo volume total das soluções combinadas, $V = V_{analito} + V_{titulante}$, para encontrar, a partir de $[J] = n_J/V$, a concentração molar dos íons H_3O^+ (ou OH^-) que não reagiram na solução.

Por fim, calcule o pH.

Etapa 5 Se o ácido estiver em excesso, use $pH = -\log [H_3O^+]$. Se a base estiver em excesso, encontre o pOH e converta-o em pH usando a relação $pH + pOH = pK_w$.

Este procedimento está ilustrado no Exemplo 6H.1.

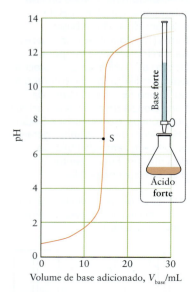

FIGURA 6H.2 Variação do pH durante uma titulação típica de um ácido forte (o analito) com uma base (o titulante). O ponto estequiométrico (S) ocorre em pH = 7.

EXEMPLO 6H.1 Cálculo de pontos da curva de pH de uma titulação ácido forte-base forte

Você precisa avaliar a precisão de um medidor de pH usado para titulações e, assim, calcular o valor esperado do pH em vários pontos durante uma titulação. O analito é 25,00 mL de uma solução 0,250 M em NaOH(aq) e o titulante é 0,340 M de HCl(aq). Calcule (a) o pH da solução original de analito e (b) o novo pH após a adição de 5,00 mL do ácido titulante.

ANTECIPE Após a adição de um pequeno volume do ácido titulante, você deve esperar que o valor do pH inicial diminua.

PLANEJE Para a parte (a), determine o pOH da solução e converta-o para pH. Para a parte (b), siga o procedimento da Caixa de Ferramentas 6H.1.

O que você deve supor? Que existe tanto ácido ou base que a autoprotólise da água não contribui de forma significativa para o pH.

RESOLVA (a) Inicialmente, o pOH do analito é $pOH = -\log 0{,}250 = 0{,}602$, logo o pH da solução é $pH = 14{,}00 - 0{,}602 = 13{,}40$. Esse é o ponto A na Fig. 6H.1
(b) Siga o procedimento da Caixa de Ferramentas 6H.1.

Etapa 1 Calcule a quantidade de íons OH^- na solução original do analito usando $n_J = V[J]$, onde J é OH^-.

$$n(OH^-) = (25{,}00 \times 10^{-3} \text{ L}) \times (0{,}250 \text{ mol} \cdot L^{-1})$$
$$= 6{,}25 \times 10^{-3} \text{ mol}$$
$$= 6{,}25 \text{ mmol}$$

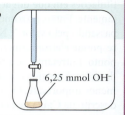

Etapa 2 Calcule a quantidade de íons H_3O^+ no volume de titulante adicionado usando $n_J = V[J]$, em que J é H_3O^+.

$$n(H_3O^+) = (5{,}00 \times 10^{-3} \text{ L}) \times (0{,}340 \text{ mol} \cdot L^{-1})$$
$$= 1{,}70 \times 10^{-3} \text{ mol} = 1{,}70 \text{ mmol}$$

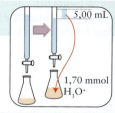

Etapa 3 Escreva a equação balanceada da neutralização.

$$HCl(aq) + NaOH(aq) \longrightarrow NaCl(aq) + H_2O(l)$$

Use a estequiometria de reação, 1 mol NaOH ≏ 1 mol HCl na forma 1 mol OH⁻ ≏ 1 mol H₃O⁺ para encontrar a quantidade de íons OH⁻ que reagiu com o titulante adicionado:

$$n(\text{OH}^-) = 1{,}70 \text{ mmol H}_3\text{O}^+ \times \frac{1 \text{ mol OH}^-}{1 \text{ mol H}_3\text{O}^+} = 1{,}70 \text{ mmol OH}^-$$

Para encontrar a quantidade de íons OH⁻ que permanece na solução do analito, subtraia a quantidade de íons OH⁻ que reagiu a partir da quantidade inicialmente presente.

$$n(\text{OH}^-)_{\text{final}} = 6{,}25 - 1{,}70 \text{ mmol}$$
$$= 4{,}55 \text{ mmol}$$

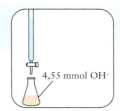

4,55 mmol OH⁻

Etapa 4 Use a quantidade remanescente de íons OH⁻ e o volume total das soluções combinadas, $V = V_{\text{analito}} + V_{\text{titulante}}$, para encontrar a concentração molar dos íons OH⁻ na solução a partir de $[\text{J}] = n_{\text{J}}/V$.

$$[\text{OH}^-] = \frac{4{,}55 \times 10^{-3} \text{ mol}}{(25{,}00 + 5{,}00) \times 10^{-3} \text{ L}} = 0{,}151\ldots \text{ mol} \cdot \text{L}^{-1}$$

Etapa 5 Como a base está em excesso, encontre o pOH e converta-o em pH usando a relação $\text{pH} = \text{p}K_w - \text{pOH}$

$$\text{pOH} = -\log(0{,}151\ldots) = 0{,}82$$
$$\text{pH} = 14{,}00 - 0{,}82 = 13{,}18$$

Este é o ponto B na Figura 6H.1.

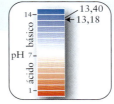

AVALIE Note que, como esperado, o pH diminuiu, porém muito pouco. Essa pequena mudança é coerente com a pequena inclinação da curva de pH no começo da titulação.

Teste 6H.1A Qual é o pH de uma solução resultante da adição de mais 5,00 mL de HCl(aq) ao analito?

[*Resposta:* 12,91, ponto C]

Teste 6H.1B Qual é o pH da solução resultante da adição de outros 2,00 mL de HCl(aq) ao analito?

Exercícios relacionados 6H.3 a 6H.6

Em muitos casos, o pH muda abruptamente próximo ao ponto estequiométrico em uma titulação ácido-base. Suponha que o ponto estequiométrico da titulação descrita no Exemplo 6H.1 foi atingido e, então, mais 1,00 mL de HCl(aq) foi adicionado. Para encontrar o valor numérico da mudança de pH, execute as etapas da Caixa de Ferramentas 6H.1, como no Exemplo 6H.1, exceto que agora o ácido está em excesso. Você encontrará que, após a adição, o pH caiu para 2,1 (ponto D na Figura 6H.1). Este ponto está bem abaixo do pH (igual a 7) do ponto estequiométrico, embora somente 1 mL de excesso de ácido tenha sido adicionado.

Na titulação de um ácido forte com uma base forte ou de uma base forte com um ácido forte, o pH muda lentamente no início, depois muda rapidamente, passando por pH = 7 no ponto estequiométrico e, então, muda lentamente de novo.

6H.2 As titulações ácido forte-base fraca e ácido fraco-base forte

Em muitas titulações, uma solução – o analito ou o titulante – contém um ácido ou uma base fraca e a outra contém uma base ou um ácido forte. Por exemplo, se você quisesse conhecer a concentração do ácido fórmico, o ácido fraco encontrado no veneno da formiga (**1**), poderia titulá-lo com hidróxido de sódio, uma base forte. Por outro lado, para conhecer a concentração da amônia, uma base fraca, em uma amostra de solo, você poderia titulá-la com ácido clorídrico, um ácido forte. As Figuras 6H.3 e 6H.4 mostram as diferentes curvas de pH encontradas experimentalmente para esses dois tipos de titulação. Observe que o ponto

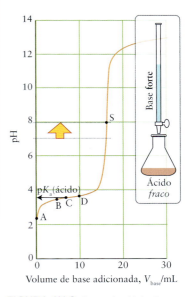

FIGURA 6H.3 Curva de pH da titulação de um ácido fraco com uma base forte: 25,00 mL de uma solução 0,100 M de HCOOH(aq) com uma solução 0,150 M de NaOH(aq). O ponto estequiométrico (S) ocorre em pH > 7 porque o ânion HCO₂⁻ é uma base. No ponto C, pH = pKₐ. Os demais pontos da curva são explicados na Seção 6H.2 e no Exemplo 6H.3.

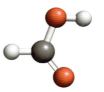

1 Ácido fórmico, HCOOH

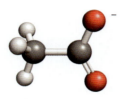

2 Íon acetato, $CH_3CO_2^-$

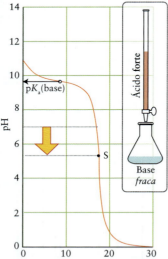

FIGURA 6H.4 Curva típica de pH da titulação de uma base fraca com um ácido forte. O ponto estequiométrico (S) ocorre em pH < 7 porque o sal formado na reação de neutralização tem um cátion ácido. O pH após a adição de metade do volume de ácido necessário para atingir o ponto estequiométrico S é igual ao pK_a do ácido conjugado da base.

estequiométrico não ocorre em pH = 7. Além disso, embora o pH mude com rapidez considerável próximo ao ponto estequiométrico, ele não o faz tão abruptamente, como no caso das titulações ácido forte-base forte. Os ácidos fracos não são normalmente titulados com bases fracas porque o ponto estequiométrico é muito difícil de localizar.

O pH do ponto estequiométrico depende do tipo de sal formado na reação de neutralização. Na titulação de ácido acético, CH_3OOH, com hidróxido de sódio, a seguinte reação ocorre:

$$CH_3OOH(aq) + NaOH(aq) \longrightarrow NaCH_3CO_2(aq) + H_2O(l)$$

No ponto estequiométrico, a solução consiste em acetato de sódio, $NaCH_3CO_2$, e água. Como os íons Na^+ praticamente não afetam o pH e o íon acetato, $CH_3CO_2^-$ (**2**), é uma base fraca, a solução é básica e o pH > 7. O oposto ocorre com o ponto estequiométrico da titulação de qualquer ácido fraco com uma base forte. No ponto estequiométrico da titulação da amônia em água com ácido clorídrico, o soluto é cloreto de amônio. Como os íons Cl^- não afetam consideravelmente o pH e NH_4^+ é um ácido, espera-se pH < 7. O mesmo ocorre com o ponto estequiométrico da titulação de qualquer base fraca com um ácido forte.

EXEMPLO 6H.2 Estimativa do pH do ponto estequiométrico da titulação de um ácido fraco com uma base forte

O veneno das formigas contém ácido fórmico (HCOOH; "formica" é o termo em latim para formiga). Suponha que você trabalha em uma empresa farmacêutica desenvolvendo um antídoto de ação rápida e precisa estimar o pH no ponto estequiométrico da titulação do ácido fórmico. Estime o pH do ponto estequiométrico da titulação de 25,00 mL de uma solução 0,100 M de HCOOH(aq) com uma solução 0,150 M de NaOH(aq).

ANTECIPE O íon formato produzido nesta titulação é uma base e, portanto, você deve esperar pH > 7.

PLANEJE Para calcular o pH no ponto estequiométrico, siga os procedimentos dados nos Exemplos 6D.4 ou 6D.5. Observe que a quantidade de sal no ponto estequiométrico é igual à quantidade de titulante adicionada e que o volume é o volume total das soluções de analito e titulante. O K_b de uma base fraca está relacionado ao K_a de seu ácido conjugado por $K_a \times K_b = K_w$; K_a está listado na Tabela 6C.1.

O que você deve supor? Que a autoprotólise da água não tem efeito significativo no pH e que, como o íon formato é uma base muito fraca, as variações de sua concentração são insignificantes quando ele é protonado pela água.

RESOLVA O sal presente no ponto estequiométrico é o formato de sódio, que fornece os íons formato básicos. Da Tabela 6C.1, $K_a = 1,8 \times 10^{-4}$ para o ácido fórmico e, portanto, com base na Equação 4 do Tópico 6C, $K_b = K_w/K_a = 5,6 \times 10^{-11}$.

Encontre a quantidade inicial de HCOOH na solução do analito a partir de $n_J = V[J]$.

$$n(HCOOH) = (2,500 \times 10^{-2} \text{ L}) \times (0,100 \text{ mol·L}^{-1})$$
$$= 2,50 \times 10^{-3} \text{ mol} = 2,50 \text{ mmol}$$

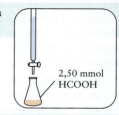

Encontre a quantidade de OH^- necessária para reagir com o HCOOH usando a estequiometria da reação, 1 mol de $OH^- \mathrel{\hat{=}} 1$ mol de HCOOH.

$$n(OH^-) = (2,50 \times 10^{-3} \text{ mol HCOOH}) \times \frac{1 \text{ mol OH}^-}{1 \text{ mol HCOOH}}$$
$$= 2,50 \times 10^{-3} \text{ mol OH}^- = 2,50 \text{ mmol OH}^-$$

A quantidade de HCO_2^- na solução no ponto estequiométrico é igual à quantidade de OH^- adicionada.

$$n(HCO_2^-) = 2,50 \text{ mmol}$$

Encontre o volume do titulante que contém essa quantidade de OH⁻ a partir de $V = n_J/[J]$.

$$V_{adicionado} = \frac{2{,}5 \times 10^{-3} \text{ mol}}{0{,}150 \text{ mol·L}^{-1}}$$
$$= 1{,}67 \times 10^{-2} \text{ L} = 16{,}7 \text{ mL}$$

Encontre o volume total da solução no ponto estequiométrico a partir de $V_{final} = V_{inicial} + V_{adicionado}$.

$$V_{final} = 25{,}00 + 16{,}7 \text{ mL} = 41{,}7 \text{ mL}$$

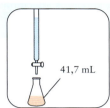

Encontre a concentração de íons HCO_2^- no ponto estequiométrico a partir de $[J] = n_J/V_{final}$.

$$[HCO_2^-] = \frac{2{,}50 \times 10^{-3} \text{ mol}}{4{,}17 \times 10^{-2} \text{ L}} = 0{,}0600 \text{ mol·L}^{-1}$$

O pH da solução agora pode ser calculado como mostrado na Caixa de Ferramentas 6D.2.

Etapa 1 O equilíbrio a considerar é

$$HCO_2^-(aq) + H_2O(l) \rightleftharpoons HCOOH(aq) + OH^-(aq) \qquad K_b = \frac{[HCOOH][OH^-]}{[HCO_2^-]}$$

A tabela de equilíbrio, com todas as concentrações em mols por litro, é

	HCO_2^-	HCOOH	OH⁻
concentração inicial	0,0600	0	0
mudança de concentração	$-x$	$+x$	$+x$
concentração de equilíbrio	$0{,}0600 - x$	x	x

Etapa 2 De $K_b = [HCOOH][OH^-]/[HCO_2^-]$,

$$K_b = \frac{x \times x}{0{,}0600 - x}$$

Se $x \ll 0{,}06$, a forma simplificada dessa expressão é:

$$K_b \approx \frac{x^2}{0{,}0600}$$

com $K_b = 5{,}6 \times 10^{-11}$.

Etapa 3 A solução é:

$$x \approx (0{,}0600 \times K_b)^{1/2} = (0{,}0600 \times 5{,}6 \times 10^{-11})^{1/2} = 1{,}8 \times 10^{-6}$$

Portanto, a concentração de OH⁻ é 1,8 μmol·L⁻¹, que é cerca de 18 vezes maior do que a concentração dos íons OH⁻ da autoprotólise da água (0,10 μmol·L⁻¹), logo é razoável ignorar a autoprotólise. Como $x \ll 0{,}0600$, a hipótese de que a concentração inicial do íon formato permanece inalterada também é razoável.

Etapa 4 Agora escreva

$$pOH = -\log(1{,}8 \times 10^{-6}) = 5{,}74$$

Etapa 5 De $pH = pK_w - pOH$,

$$pH = 14{,}00 - 5{,}74 = 8{,}26 \text{ ou cerca de } 8{,}3$$

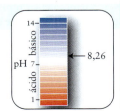

AVALIE No ponto estequiométrico, pH > 7, como esperado.

Teste 6H.2A Calcule o pH no ponto estequiométrico da titulação de 25,00 mL de uma solução 0,010 M de HClO(aq) com uma solução 0,020 M de KOH(aq). Procure K_a na Tabela 6C.1.

[***Resposta:*** 9,67]

Teste 6H.2B Calcule o pH no ponto estequiométrico da titulação de 25,00 mL de uma solução 0,020 M de NH_3(aq) com uma solução 0,015 M de HCl(aq). (Para NH_4^+, $K_a = 5,6 \times 10^{-10}$.)

Exercícios relacionados 6H.9 e 6H.10

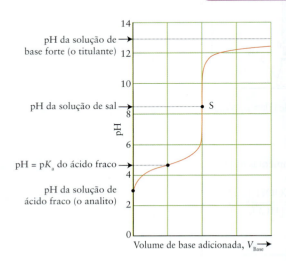

FIGURA 6H.5 O pK_a de um ácido pode ser determinado por titulação de um ácido fraco com uma base forte e localização do pH da solução depois da adição da metade do volume da base necessário para atingir o ponto estequiométrico S. O pH neste ponto é igual ao pK_a do ácido.

Agora, considere a forma geral da curva de pH. A mudança lenta no pH em torno da metade do percurso para o ponto estequiométrico indica que a solução age como um tampão nessa região (Tópico 6G). Na metade do percurso da titulação, $[HA] = [A^-]$ e, como mostrado no Tópico 6G, neste ponto pH = pK_a. A menor inclinação da curva próxima a pH = pK_a ilustra a capacidade de uma solução tampão de estabilizar o pH. Além disso, agora você consegue ver como determinar o pK_a: elabore a curva de pH, durante uma titulação, identifique o pH na metade do percurso até o ponto estequiométrico e registre o pK_a como sendo igual ao pH desse ponto (Fig. 6H.5). Para obter o pK_b de uma base fraca, determine o pK_a de seu ácido conjugado da mesma maneira, mas encontre o pK_b usando $pK_b = pK_w − pK_a$. Os valores encontrados nas Tabelas 6C.1 e 6C.2 foram obtidos desse modo.

Além do ponto estequiométrico da titulação de um ácido fraco com uma base forte, o pH depende somente da concentração da base forte, que está em excesso. Observe que o pH muito além do ponto estequiométrico se aproxima de um valor constante, como mostra a Fig. 6H.5. Por exemplo, suponha que você adicionou vários litros de uma base forte de uma enorme bureta. A quantidade de sal produzido na reação de neutralização seria insignificante em relação à concentração da base em excesso. O pH seria o do titulante praticamente puro (a solução original da base).

Você já viu como estimar o pH do analito inicial, em que só o ácido fraco ou a base fraca está presente (ponto A na Figura 6H.3, por exemplo), bem como o pH do ponto estequiométrico (ponto S). Entre esses dois pontos estão pontos que correspondem a uma solução mista contendo um pouco de ácido fraco (ou base) e um pouco de sal. As técnicas descritas na **Caixa de Ferramentas 6H.2** e no Exemplo 6H.3 podem ser usadas para explicar a forma da curva.

Caixa de ferramentas 6H.2 COMO CALCULAR O pH DURANTE A TITULAÇÃO DE UM ÁCIDO FRACO OU UMA BASE FRACA

BASE CONCEITUAL

O pH é governado pela espécie de soluto mais abundante na solução. Com a adição de uma base forte a uma solução de um ácido fraco, forma-se um sal da base conjugada do ácido fraco. Esse sal afeta o pH e deve ser levado em conta. A Tabela 6H.1 mostra as regiões encontradas durante uma titulação e o equilíbrio principal a levar em conta em cada região.

PROCEDIMENTO

O procedimento é semelhante ao da Caixa de Ferramentas 6H.1, exceto por uma etapa adicional, necessária para calcular o pH do equilíbrio de transferência de próton. Primeiramente, use a estequiometria da reação para obter a quantidade de ácido ou de base em excesso. Comece por escrever a equação química da reação e depois:

Etapa 1 Calcule a quantidade de ácido fraco ou base fraca na solução original do analito. Use $n_J = V_{analito}[J]$.

Etapa 2 Calcule a quantidade de íons OH^- (ou H_3O^+ se o titulante é um ácido) no volume de titulante adicionado. Use $n_J = V_{titulante}[J]$.

Etapa 3 Use a estequiometria da reação para calcular as seguintes quantidades:
- Titulação de ácido fraco com uma base forte: a quantidade de base conjugada formada na reação de neutralização e a quantidade de ácido fraco que permanece.
- Titulação de base fraca com um ácido forte: a quantidade de ácido conjugado formado na reação de neutralização e a quantidade de base fraca que permanece.

Calcule as concentrações.

Etapa 4 Encontre as concentrações molares "iniciais" do ácido conjugado e da base em solução após a neutralização, mas antes de qualquer equilíbrio de transferência de prótons com a água ser considerado. Use $[J] = n_J/V$, em que V é o volume total da solução, $V = V_{analito} + V_{titulante}$.

Calcule o pH.

Etapa 5 Use a expressão de K_a ou K_b para encontrar a concentração de H_3O^+ em um ácido fraco ou a concentração de OH^- em uma base fraca. Alternativamente, se as concentrações de ácido ou base conjugados calculadas na etapa 4 são grandes em relação à concentração de íons hidrônio, use-as na equação de Henderson-Hasselbalch, Equação 2, Tópico 6G, $pH \approx pK_a + \log([base]_{inicial}/[ácido]_{inicial})$ para determinar o pH. Em cada caso, se o pH for menor do que 6 ou maior do que 8, suponha que a autoprotólise da água não afeta significativamente o pH. Se necessário, converta K_a em K_b usando $K_a \times K_b = K_w$.

Este procedimento está ilustrado no Exemplo 6H.3.

TABELA 6H.1 Equilíbrios de titulação de ácidos fracos e bases fracas

Ponto na titulação	Espécies principais	Equilíbrio de transferência de próton	Caixa de Ferramentas relacionada
1 Ácido fraco HA titulado com base forte			
inicial	HA	$HA(aq) + H_2O(l) \rightleftharpoons H_3O^+(aq) + A^-(aq)$	6D.1
região tampão	HA, A$^-$	$HA(aq) + H_2O(l) \rightleftharpoons H_3O^+(aq) + A^-(aq)$	6H.2
ponto estequiométrico	A$^-$	$A^-(aq) + H_2O(l) \rightleftharpoons HA(aq) + OH^-(aq)$	6D.2
No ponto estequiométrico, a solução é de um sal com um ânion básico			
2 Base fraca, B, titulada com ácido forte			
inicial	B	$B(aq) + H_2O(l) \rightleftharpoons HB^+(aq) + OH^-(aq)$	6D.2
região tampão	B, HB$^+$	$B(aq) + H_2O(l) \rightleftharpoons HB^+(aq) + OH^-(aq)$	6H.2
ponto estequiométrico	HB$^+$	$HB^+(aq) + H_2O(l) \rightleftharpoons H_3O^+(aq) + B(aq)$	6D.1
No ponto estequiométrico, a solução é de um sal com um ânion ácido			

EXEMPLO 6H.3 Cálculo do pH antes do ponto estequiométrico na titulação de um ácido fraco com uma base forte

Como parte de seu programa de pesquisas sobre o ácido fórmico, você precisa titular uma solução do composto com uma solução de hidróxido de sódio e quer saber o que esperar. Calcule o pH de (a) uma solução 0,100 M de HCOOH(aq) e (b) uma solução obtida pela adição de 5,00 mL de uma solução 0,150 M de NaOH(aq) a 25,00 mL do ácido. Use $K_a = 1,8 \times 10^{-4}$ para HCOOH.

ANTECIPE Quando uma base forte é adicionada, parte do ácido fraco é neutralizada, logo você deve esperar que o pH aumente da parte (a) até a parte (b).

PLANEJE Para a parte (a), use o procedimento da Caixa de Ferramentas 6D.1. Para a parte (b), use o procedimento da Caixa de Ferramentas 6H.2.

O que você deve supor? Que a autoprotólise da água não contribui significativamente para o pH e que o ácido fórmico, que é um ácido fraco, está ligeiramente desprotonado.

RESOLVA

(a) O equilíbrio de transferência de prótons é $HCOOH(aq) + H_2O(l) \rightleftharpoons H_3O^+(aq) + HCO_2^-(aq)$. De $[H_3O^+] \approx (K_a[HA]_{inicial})^{1/2}$ e $pH = -\log[H_3O^+]$,

$$pH = -\log(1,8 \times 10^{-4} \times 0,100)^{1/2} = 2,37$$

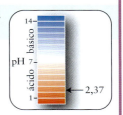

(b) A reação de neutralização é $HCOOH(aq) + OH^-(aq) \rightarrow HCO_2^-(aq) + H_2O(l)$.

Etapa 1 Calcule a quantidade de ácido fraco ou base fraca na solução original do analito. Use $n_J = V_{analito}[J]$.

$$n(HCOOH) = (2,500 \times 10^{-2} \text{ L}) \times (0,100 \text{ mol·L}^{-1})$$
$$= 2,50 \times 10^{-3} \text{ mol} = 2,50 \text{ mmol}$$

Etapa 2 Calcule a quantidade de íons OH⁻ no volume de titulante adicionado. Use $n_J = V_{titulante}[J]$.

$$n(OH^-) = (5{,}00 \times 10^{-3} \text{ L}) \times (0{,}150 \text{ mol·L}^{-1})$$
$$= 7{,}50 \times 10^{-4} \text{ mol} = 0{,}750 \text{ mmol}$$

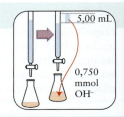

Etapa 3 Use a estequiometria de reação, 1 mol OH⁻ ≏ 1 mol HCO₂⁻, para calcular a quantidade de base conjugada, HCO₂⁻, formada na reação de neutralização e a quantidade de ácido fraco, HCOOH, restante.

0,750 mmol OH⁻ produz 0,750 mmol HCO₂⁻, restando 2,50 − 0,750 mmol = 1,75 mmol HCOOH

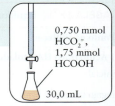

Etapa 4 Encontre as concentrações molares "iniciais" do ácido conjugado e da base em solução após a neutralização, mas antes de qualquer reação com a água ser considerada. Use $[J] = n_J/V$, em que V é o volume total da solução, $V = V_{analito} + V_{titulante}$.

$$[HCOOH]_{inicial} = \frac{1{,}75 \times 10^{-3} \text{ mol}}{(25{,}00 + 5{,}00) \times 10^{-3} \text{ L}} = 0{,}0583 \text{ mol·L}^{-1}$$

$$[HCO_2^-]_{inicial} = \frac{7{,}50 \times 10^{-4} \text{ mol}}{(25{,}00 + 5{,}00) \times 10^{-3} \text{ L}} = 0{,}00250 \text{ mol·L}^{-1}$$

Etapa 5 Determine o pH. O equilíbrio da transferência de prótons para o HCOOH na água é

$$HCOOH(aq) + H_2O(l) \rightleftharpoons H_3O^+(aq) + HCO_2^-(aq)$$

Como as concentrações de ácido ou base conjugados calculadas na etapa 4 são grandes em relação à concentração de íons hidrônio, use-as na equação de Henderson-Hasselbalch para determinar o pH. Segundo a Tabela 6C.1, o pK_a do ácido fórmico é 3,75.

De $pH \approx pK_a + \log([HCO_2^-]_{inicial}/[HCOOH]_{inicial})$,

$$pH \approx 3{,}75 + \log\frac{0{,}0250}{0{,}0583} = 3{,}38$$

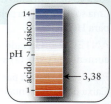

AVALIE Esse pH corresponde a $[H_3O^+] = 4{,}2 \times 10^{-4}$ mol·L⁻¹, o ponto B da Figura 6H.3, e, como se esperava, a contribuição da autoprotólise é desprezível. Como previsto, o pH da solução mista (3,38) é maior do que o do ácido original (2,37).

Teste 6H.3A Calcule o pH da solução após a adição de mais 5,00 mL de uma solução 0,150 M de NaOH(aq).

[*Resposta*: 3,93, ponto D na Fig. 6H.3]

Teste 6H.3B Calcule o pH da solução após a adição de outros 5,00 mL da solução 0,150 M de NaOH(aq).

Exercícios relacionados 6H.11 a 6H.14, 6H.17, 6H.18

A Figura 6H.5 resume as mudanças no pH da solução durante a titulação de um ácido fraco com uma base forte. Na metade do percurso até o ponto estequiométrico, o pH é igual ao pK_a do ácido. O pH é maior do que 7 no ponto estequiométrico da titulação de um ácido fraco com uma base forte. O pH é menor do que 7 no ponto estequiométrico da titulação de uma base fraca com um ácido forte.

6H.3 Os indicadores ácido-base

Um método simples, confiável e rápido de determinar o pH de uma solução e de acompanhar uma titulação é usar um medidor de pH, que utiliza um eletrodo especial para medir a concentração de H_3O^+ (Tópico 6N). Um titulador automático utiliza um potenciômetro integrado para monitorar o pH de uma solução analítica continuamente (Fig. 6H.6). O ponto estequiométrico é detectado com base na mudança rápida característica do pH. Outra técnica comum (mas hoje amplamente substituída por tituladores automáticos em laboratórios comerciais e de pesquisa) é detectar o ponto estequiométrico usando um indicador. Um **indicador ácido-base** é um corante, solúvel em água, cuja cor depende do pH. A mudança rápida de pH que ocorre no ponto estequiométrico de uma titulação é, assim, sinalizada pela mudança quase instantânea da cor do corante.

Um indicador ácido-base muda de cor com o pH porque ele é um ácido fraco que tem uma cor na forma de ácido (HIn, em que In significa indicador) e outra na forma de base conjugada (In$^-$). A mudança de cor acontece porque o próton muda a estrutura da molécula de HIn e faz a absorção da luz ser diferente na forma HIn e na forma In$^-$. Quando a concentração de HIn é muito maior do que a de In$^-$, a solução tem a cor da forma ácida do indicador. Quando a concentração de In$^-$ é muito maior do que a de HIn, a solução tem a cor da forma básica do indicador.

Como é um ácido fraco, o indicador participa de um equilíbrio de transferência de próton:

$$\text{HIn(aq)} + \text{H}_2\text{O(l)} \rightleftharpoons \text{H}_3\text{O}^+(\text{aq}) + \text{In}^-(\text{aq}) \qquad K_{\text{In}} = \frac{[\text{H}_3\text{O}^+][\text{In}^-]}{[\text{HIn}]}$$

O **ponto final** de um indicador é o ponto em que as concentrações de suas formas ácida e básica são iguais: [HIn] = [In$^-$] e, portanto, [H$_3$O$^+$]$_{\text{ponto final}}$ = K_{In}. Isto é, a mudança de cor ocorre quando

$$\text{pH} = pK_{\text{In}} \qquad (1)$$

A cor começa a mudar perceptivelmente em torno de 1 unidade de pH antes do pK_{In} e se completa efetivamente em torno de 1 unidade de pH após o pK_{In}. A Tabela 6H.2 dá os valores de pK_{In} de alguns indicadores comuns.

Um indicador comum é a fenolftaleína (Fig. 6H.7). A forma de ácido dessa molécula orgânica (**3**) é incolor e a forma de base conjugada (**4**) é cor-de-rosa. A estrutura da forma básica da fenolftaleína permite que os elétrons se deslocalizem pelos três anéis semelhantes ao benzeno, e o aumento de deslocalização é, em parte, a causa da mudança de cor. O pK_{In} da fenolftaleína é 9,4; logo, o ponto final acontece em uma solução fracamente básica. O tornassol, outro indicador bem-conhecido, tem $pK_{\text{In}} = 6{,}5$. Ele é vermelho em pH < 5 e azul em pH > 8.

Existem muitos indicadores na natureza. Por exemplo, o mesmo composto é responsável pela cor vermelha das papoulas e azul das centáureas azuis: o pH da seiva é diferente nas duas plantas. A cor das hortênsias também depende da acidez da seiva e pode ser controlada modificando-se a acidez do solo (Fig. 6H.8).

O *ponto final* é uma propriedade do indicador. O *ponto estequiométrico* é uma propriedade da reação química que ocorre durante a titulação. É importante selecionar um indicador

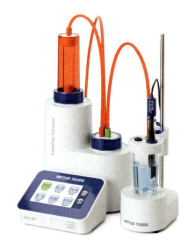

FIGURA 6H.6 Titulador automático comercial. O ponto estequiométrico da titulação é detectado pela mudança rápida de pH que ocorre em sua vizinhança. O pH é monitorado eletronicamente. *(Cortesia de Mettler Toledo.)*

FIGURA 6H.7 O ponto estequiométrico de uma titulação ácido-base pode ser detectado pela mudança de cor de um indicador. Aqui, vemos as cores de soluções que contêm algumas gotas de fenolftaleína em (da esquerda para a direita) pH 7,0; 8,5; 9,4 (seu ponto final); 9,8 e 13,0. No ponto final, as concentrações das formas ácido conjugado e base do indicador são iguais. *(©1991 Chip Clark–Fundamental Photographs.)*

TABELA 6H.2	Mudanças de cor dos indicadores*			
Indicador	**pK_{In}**	**Faixa de pH da mudança de cor**	**Cor da forma ácida**	**Cor da forma básica**
azul de timol	1,7	1,2 para 2,8	vermelho	amarelo
alaranjado de metila	3,4	3,2 para 4,4	vermelho	amarelo
azul de bromofenol	3,9	3,0 para 4,6	amarelo	azul
verde de bromocresol	4,7	3,8 para 5,4	amarelo	azul
vermelho de metila	5,0	4,8 para 6,0	vermelho	amarelo
tornassol	6,5	5,0 para 8,0	vermelho	azul
azul de bromotimol	7,1	6,0 para 7,6	amarelo	azul
vermelho de fenol	7,9	6,6 para 8,0	amarelo	vermelho
azul de timol	8,9	8,0 para 9,6	amarelo	azul
fenolftaleína	9,4	8,2 para 10,0	incolor	cor-de-rosa
amarelo de alizarina R	11,2	10,1 para 12,0	amarelo	vermelho
alizarina	11,7	11,0 para 12,4	vermelho	violeta

*As cores das formas ácidas e básicas são apenas uma representação simbólica das cores verdadeiras.

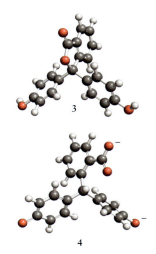

FIGURA 6H.8 A cor destas hortênsias depende da acidez do solo no qual elas se desenvolvem. O solo ácido produz flores azuis, o solo alcalino produz flores cor-de-rosa. (© *Darrell Gulin/Corbis*.)

LAB_VIDEO – FIGURA 6H.8

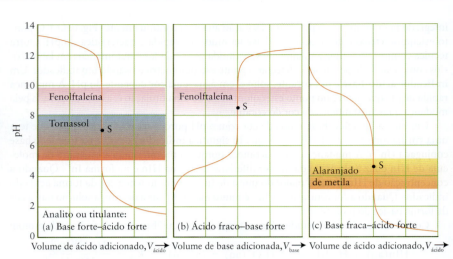

FIGURA 6H.9 Idealmente, um indicador deveria ter uma mudança de cor abrupta próximo do ponto estequiométrico da titulação, pH = 7 em uma titulação ácido forte-base forte. Entretanto, a mudança no pH é tão abrupta que fenolftaleína pode ser usada. A fenolftaleína também pode ser usada para detectar o ponto estequiométrico de uma titulação ácido fraco-base forte, mas o alaranjado de metila não pode. Porém, a mudança de cor do alaranjado de metila pode ser usada para uma titulação base fraca-ácido forte. A fenolftaleína não pode, porque a mudança de cor ocorre bastante longe do ponto estequiométrico.

FIGURA INTERATIVA 6H.9

com um ponto final próximo do ponto estequiométrico da titulação de interesse (Fig. 6H.9). Na prática, o pK_{In} do indicador deve estar no intervalo de cerca de ±1 unidade de pH do ponto estequiométrico da titulação:

$$p K_{In} \approx pH \text{ (no ponto estequiométrico)} \pm 1$$

A fenolftaleína pode ser usada em titulações com um ponto estequiométrico próximo a pH = 9, como a titulação de um ácido fraco com uma base forte. O alaranjado de metila muda de cor entre pH = 3,2 e pH = 4,4 e pode ser usado na titulação de uma base fraca com um ácido forte. Idealmente, indicadores para titulações de ácido forte e base forte devem ter pontos finais próximos a pH 7. Entretanto, em titulações de ácido forte e base forte, o pH muda rapidamente em várias unidades de pH próximo ao ponto estequiométrico e até mesmo a fenolftaleína pode ser usada. A Tabela 6H.2 inclui as faixas de pH em que vários indicadores podem ser usados.

Os indicadores ácido-base são ácidos fracos que mudam de cor próximo a pH = pK_{In}.
O indicador escolhido deve ter seu ponto final próximo do ponto estequiométrico da titulação.

6H.4 As titulações de ácidos polipróticos

Como muitos sistemas biológicos usam ácidos polipróticos e seus ânions para controlar o pH, temos de nos familiarizar com as curvas de pH das titulações polipróticas e de ser capazes de determinar o pH durante essas titulações. A titulação de um ácido poliprótico é muito semelhante à de um ácido monoprótico, exceto que existem tantos pontos estequiométricos quanto o número de átomos de hidrogênio ácidos. Portanto, é essencial ter em mente as principais espécies em solução em cada etapa, como descrito no Tópico 6E e resumido nas Figuras 6E.1 e 6E.2.

Suponha que você esteja titulando o sal dicloreto do amino-ácido histidina (**5**), $C_6H_{11}N_3O_2Cl_2$(aq), com uma solução de NaOH. O íon $C_6H_{11}N_3O_2^{2+}$ atua como ácido triprótico, que pode ser representado por H_3A^{2+}. A curva do pH calculado, que é equivalente à curva elaborada com dados experimentais, é mostrada na Fig. 6H.10. Note que existem três pontos estequiométricos (S_1, S_2 e S_3) e três regiões tampão (B_1, B_2 e B_3). Em cálculos de pH desses sistemas, suponha que, à medida que solução do hidróxido é adicionada, a princípio

5 Histidina

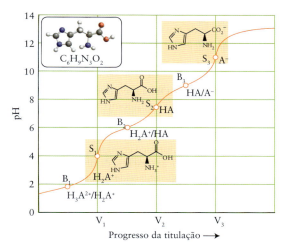
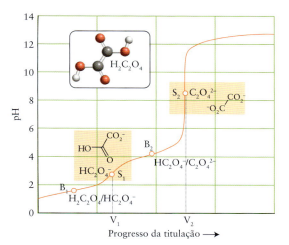

FIGURA 6H.10 Variação do pH da solução do analito durante a titulação de um ácido triprótico (histidina). As principais espécies presentes na solução nos primeiros dois pontos estequiométricos (S₁, S₂ e S₃) e nos pontos em que metade do titulante necessário para atingir um ponto estequiométrico foi adicionada (B₁, B₂ e B₃) são mostrados. Os pontos V₁, V₂ e V₃ correspondem aos volumes de base necessários para atingir os três pontos estequiométricos. Os pontos A a F são explicados no texto.

FIGURA 6H.11 Variação do pH da solução do analito durante a titulação de um ácido diprótico (ácido oxálico) e principais espécies presentes na solução nos dois pontos estequiométricos (S₁ e S₂) e nos pontos em que metade do titulante necessário para atingir um ponto estequiométrico foi adicionado (B₁ e B₂). Os pontos V₁ e V₂ correspondem aos volumes de base necessários para atingir os dois pontos estequiométricos.

o NaOH reage completamente com o ácido para formar a base conjugada diprótica H₂A⁺ (neste caso, C₆H₁₀N₃O₂⁺):

$$H_3A^{2+}(aq) + OH^-(aq) \longrightarrow H_2A^+(aq) + H_2O(l) \qquad \textbf{(A)}$$

No ponto B₁, o sistema está na primeira região-tampão e a meio caminho do primeiro ponto estequiométrico; logo, pH = pK_{a1}. O pH na primeira região-tampão é determinado pelo equilíbrio de transferência de prótons entre os íons H₃A²⁺ e os íons H₂A⁺ produzidos na titulação.

Quando todos os íons H₃A²⁺ tiverem perdido seus primeiros prótons ácidos, o sistema estará em S₁ e as espécies principais em solução serão H₂A⁺, íons Cl⁻ e íons Na⁺. O ponto S₁ é o primeiro ponto estequiométrico e, para atingi-lo, precisamos fornecer 1 mol de NaOH para cada mol de H₃A²⁺.

Mais base adicionada reage com o íon H₂A⁺ para formar sua base conjugada, HA (neste caso, C₆H₉N₃O₂):

$$H_2A^+(aq) + OH^-(aq) \longrightarrow HA(aq) + H_2O(l) \qquad \textbf{(B)}$$

No ponto B₂, o sistema está na segunda região-tampão e a meio caminho do segundo ponto estequiométrico, logo pH = pK_{a2}. A adição de mais base leva a titulação ao segundo ponto estequiométrico, S₂. As espécies principais em solução são as moléculas de HA, os íons Cl⁻ e os íons Na⁺. Para atingir o segundo ponto estequiométrico, um segundo mol de NaOH é necessário para cada mol de H₃A²⁺ originalmente presente. Ao todo, 2 mols de NaOH foram adicionados para cada mol de íons H₃A²⁺.

A quantidade adicional de base reage com o HA para remover o último próton ácido e produzir A⁻ (isto é, C₆H₈N₃O₂⁻):

$$HA(aq) + OH^-(aq) \longrightarrow A^-(aq) + H_2O(l) \qquad \textbf{(C)}$$

No ponto B₃, o sistema está na terceira região-tampão e a meio caminho do terceiro ponto estequiométrico, logo pH = pK_{a3}. Quando essa reação estiver completa, as principais espécies em solução serão os íons A⁻, Cl⁻ e Na⁺. Para atingir este ponto estequiométrico (S₃ no gráfico), outro mol de OH⁻ precisa ser adicionado para cada mol de H₂A²⁺ inicialmente presente no sal. Neste ponto, 3 mols de OH⁻ foram adicionados para cada mol de H₃A²⁺ inicialmente presente.

A Figura 6H.11 mostra a curva de pH de um ácido diprótico, como o ácido oxálico, H₂C₂O₄. Existem dois pontos estequiométricos (S₁ e S₂) e duas regiões-tampão (B₁ e B₂). As espécies mais importantes na solução em cada ponto estão indicadas. Note que é preciso usar duas vezes mais base para atingir o segundo ponto estequiométrico do que para atingir o primeiro.

520   Tópico 6H As titulações ácido-base

> **Teste 6H.4A** Que volume de uma solução 0,010 M de NaOH(aq) é necessário para atingir (a) o primeiro e ponto estequiométrico e (b) o segundo ponto estequiométrico na titulação de 25,00 mL de uma solução 0,010 M de H_2SO_3(aq)?
>
> [***Resposta:*** (a) 25 mL; (b) 50. mL]
>
> **Teste 6H.4B** Que volume de uma solução 0,020 M de NaOH(aq) é necessário para atingir (a) o primeiro ponto estequiométrico e (b) o segundo ponto estequiométrico na titulação de 30,00 mL de uma solução 0,010 M de H_3PO_4(aq)?

O pH de qualquer ponto na titulação de um ácido poliprótico com uma base forte pode ser predito usando a estequiometria da reação para identificar o estágio da titulação atingido. As principais espécies de soluto presentes naquele ponto são então identificadas juntamente ao equilíbrio de transferência de prótons que determina o pH.

> **Teste 6H.5A** Uma amostra de 25,0 mL de uma solução 0,200 M de H_3PO_4(aq) foi titulada com uma solução 0,100 M de NaOH(aq). Identifique as espécies principais em solução após a adição dos seguintes volumes da solução de NaOH: (a) 70,0 mL; (b) 100,0 mL.
>
> [***Resposta:*** (a) Entre o primeiro e o segundo pontos estequiométricos, Na^+ da base, $H_2PO_4^-$ e HPO_4^{2-}; (b) no segundo ponto estequiométrico, Na^+ e HPO_4^{2-}·]
>
> **Teste 6H.5B** Uma amostra de 20,0 mL de uma solução 0,100 M de H_2S(aq) foi titulada com uma solução 0,300 M de NaOH(aq). Identifique as espécies principais em solução após a adição dos seguintes volumes da solução de NaOH: (a) 5,0 mL; (b) 13,4 mL.

A titulação de um ácido poliprótico tem um ponto estequiométrico correspondente à remoção de cada átomo de hidrogênio ácido. O pH de uma solução de ácido poliprótico que está sendo titulada é estimado examinando-se as espécies principais em solução e o equilíbrio de transferência de prótons que determina o pH.

O que você aprendeu com este tópico?

Você aprendeu a aplicar os cálculos apresentados no Tópico 6B para predizer o pH em uma curva de titulação de um ácido forte-base forte. Você também viu como usar os cálculos detalhados nos Tópicos 6C e 6D para predizer o pH em cada estágio de titulações ácido forte--base fraca e base fraca-ácido forte. Além disso, agora você sabe como escolher um indicador apropriado para titulações ácido-base. Você aprendeu a predizer o pH durante a titulação de ácidos polipróticos.

Os conhecimentos que você deve dominar incluem a capacidade de:

- ☐ **1.** Calcular o pH durante uma titulação ácido forte-base forte (Caixa de Ferramentas 6H.1 e Exemplo 6H.1).
- ☐ **2.** Estimar o pH no ponto estequiométrico em uma titulação base forte-ácido fraco (Exemplo 6H.2).
- ☐ **3.** Calcular o pH durante a titulação de um ácido fraco ou base fraca (Caixa de Ferramentas 6H.2 e Exemplo 6H.3).
- ☐ **4.** Selecionar um indicador apropriado para uma determinada titulação (Seção 6H.3).
- ☐ **5.** Descrever as mudanças no pH durante a titulação de um ácido poliprótico com uma base forte (Seção 6H.4).

Tópico 6H Exercícios

Consulte as Tabelas 6C.1, 6C.2 e 6E.1 para os valores de K_a e K_b. A temperatura em todos os exercícios é 25°C.

6H.1 (a) Esboce a curva de titulação de 5,00 mL de uma solução 0,010 M de NaOH(aq) com uma solução 0,0050 M de HCl(aq). Marque, na curva, os pH inicial e final, e o pH do ponto estequiométrico. Que volume do titulante foi adicionado (b) no ponto estequiométrico; (c) no ponto a meio caminho da titulação?

6H.2 (a) Esboce a curva de pH da titulação de 5,00 mL de uma solução 0,010 M de HCl(aq) com uma solução 0,010 M de $Ca(OH)_2$(aq). Marque, na curva, os pH inicial e final, e o pH do

Tópico 6H Exercícios **521**

ponto estequiométrico. Que volume do titulante foi adicionado (b) no ponto estequiométrico; (c) no ponto a meio caminho da titulação?

6H.3 Calcule o volume de uma solução 0,150 M de HCl(aq) necessário para neutralizar (a) a metade e (b) todos os íons hidróxido de 25,0 mL de uma solução 0,110 M de NaOH(aq). (c) Qual é a concentração molar dos íons Na^+ no ponto estequiométrico? (d) Calcule o pH da solução após a adição de 20,0 mL de uma solução 0,150 M de HCl(aq) a 25,0 mL de uma solução 0,110 M de NaOH(aq).

6H.4 Calcule o volume de uma solução 0,120 M de HCl(aq) necessário para neutralizar (a) a metade e (b) todos os íons hidróxido de 25,0 mL de uma solução 0,412 M de KOH(aq). (c) Qual é a concentração molar dos íons Cl^- no ponto estequiométrico? (d) Calcule o pH da solução após a adição de 30,0 mL de uma solução 0,120 M de HCl(aq) a 15,0 mL de uma solução 0,310 M de KOH(aq).

6H.5 Calcule o pH em cada etapa da titulação em que há adição de uma solução 0,150 M de HCl(aq) a 25,0 mL de uma solução 0,110 M de NaOH(aq): (a) inicialmente; (b) após a adição de 5,0 mL de ácido; (c) após a adição de mais 5,0 mL; (d) no ponto estequiométrico; (e) após a adição de 5,0 mL de ácido além do ponto estequiométrico; (f) após a adição de 10,0 mL de ácido além do ponto estequiométrico.

6H.6 Calcule o pH em cada etapa da titulação em que há adição de uma solução 0,116 M de HCl(aq) a 25,0 mL de uma solução 0,215 M de KOH(aq): (a) inicialmente; (b) após a adição de 5,0 mL de ácido; (c) após a adição de mais 5,0 mL; (d) no ponto estequiométrico; (e) após a adição de 5,0 mL de ácido além do ponto estequiométrico; (f) após a adição de 10,0 mL de ácido além do ponto estequiométrico.

6H.7 Suponha que 1,436 g de hidróxido de sódio impuro foi dissolvido em 300. mL de água e que 25,00 mL desta solução foram titulados até o ponto estequiométrico com 34,20 mL de uma solução 0,0695 M de HCl(aq). Qual é a percentagem de pureza da amostra original?

6H.8 Suponha que 1,773 g de hidróxido de bário impuro foi dissolvido em água até completar 200 mL de solução e que 25,0 mL desta solução foram titulados até o ponto estequiométrico com 13,1 mL de uma solução 0,0810 M de HCl(aq). Qual é a percentagem de pureza da amostra original?

6H.9 O ácido benzoico, C_6H_5COOH, é usado como conservante em alimentos e cosméticos porque é considerado relativamente seguro. Suponha que você esteja estudando o ácido benzoico e precise predizer o pH de uma solução do composto em uma titulação. Estime o pH do ponto estequiométrico da titulação de 25,00 mL de uma solução 0,120 M de C_6H_5COOH(aq) com uma solução 0,0230 M de NaOH(aq).

6H.10 A morfina, $C_{17}H_{19}O_3N$, é um analgésico potente. Suponha que você esteja estudando a morfina e precise predizer o pH de uma solução de morfina durante a titulação. Estime o pH do ponto estequiométrico da titulação de 30,00 mL de uma solução 0,0172 M de $C_{17}H_{19}O_3N$(aq) com 0,0160 M HCl(aq).

6H.11 Suponha que 4,25 g de um ácido monoprótico fraco desconhecido, HA, foram dissolvidos em água. A titulação desta solução com uma solução 0,350 M de NaOH(aq) exigiu 52,0 mL para atingir o ponto estequiométrico. Após a adição de 26,0 mL, o pH da solução era 3,82.(a) Qual é a massa molar do ácido?(b) Qual é o pK_a do ácido?

6H.12 Suponha que 0,483 g de um ácido monoprótico fraco desconhecido, HA, foram dissolvidos em água. A titulação desta solução com uma solução 0,250 M de NaOH(aq) exigiu 42,0 mL para atingir o ponto estequiométrico. Após a adição de 21,0 mL, o pH da solução era 3,75. (a) Qual é a massa molar do ácido? (b) Qual é o pK_a do ácido? Identifique o ácido na Tabela 6C.1.

6H.13 Suponha que 25,0 mL de CH_3COOH(aq) 0,10 M são titulados com NaOH(aq) 0,10 M. (a) Qual é o pH inicial da solução CH_3COOH(aq) 0,10 M? (b) Qual é o pH após a adição de 10,0 mL de NaOH(aq) 0,10 M? (c) Que volume de NaOH(aq) 0,10 M é necessário até a metade do percurso ao ponto estequiométrico? (d) Calcule o pH na metade do processo. (e) Que volume de NaOH(aq) 0,10 M é necessário para atingir o ponto estequiométrico? (f) Calcule o pH no ponto estequiométrico.

6H.14 Suponha que 30,0 mL de C_6H_5COOH(aq) 0,12 M são titulados com KOH(aq) 0,20 M. (a) Qual é o pH inicial da solução C_6H_5COOH(aq) 0,20 M? (b) Qual é o pH após a adição de 5,0 mL de KOH(aq) 0,20 M? (c) Que volume de KOH(aq) 0,20 M é necessário até a metade do percurso ao ponto estequiométrico? (d) Calcule o pH na metade do processo. (e) Que volume de KOH(aq) 0,20 M é necessário até o ponto estequiométrico? (f) Calcule o pH no ponto estequiométrico.

6H.15 Em que ponto da titulação de uma base fraca com um ácido fraco a solução atinge o máximo de capacidade tamponante?

6H.16 Por que os indicadores não são usados para identificar o ponto no qual uma solução tem capacidade tamponante máxima?

6H.17 Suponha que 15,0 mL de NH_3(aq) 0,15 M são titulados com HCl(aq) 0,10 M. (a) Qual é o pH inicial da solução NH_3(aq) 0,15 M? (b) Qual é o pH após a adição de 15,0 mL de HCl(aq) 0,10 M? (c) Que volume de HCl(aq) 0,10 M é necessário até a metade do percurso até o ponto estequiométrico? (d) Calcule o pH na metade do processo. (e) Que volume de HCl(aq) 0,10 M é necessário até o ponto estequiométrico? (f) Calcule o pH no ponto estequiométrico. (g) Use a Tabela 6H.2 para selecionar um indicador para a titulação.

6H.18 Suponha que 50,0 mL de CH_3NH_2(aq) 0,25 M são titulados com HCl(aq) 0,35 M. (a) Qual é o pH inicial da solução CH_3NH_2(aq) 0,25 M? (b) Qual é o pH após a adição de 15,0 mL de HCl(aq) 0,35 M? (c) Que volume de HCl(aq) 0,35 M é necessário até metade do percurso até o ponto estequiométrico? (d) Calcule o pH na metade do processo. (e) Que volume de HCl(aq) 0,35 M é necessário até o ponto estequiométrico? (f) Calcule o pH no ponto estequiométrico. (g) Use a Tabela 6H.2 para selecionar um indicador para a titulação.

6H.19 O gráfico na próxima página mostra uma curva de titulação da neutralização de 25 mL de uma solução de um ácido monoprótico com uma base forte. Responda às seguintes questões sobre a reação e explique o seu raciocínio em cada caso. (a) O ácido é forte ou fraco? (b) Qual é a concentração inicial de íons hidrônio do ácido? (c) Qual é o K_a do ácido? (d) Qual é a concentração inicial do ácido? (e) Qual é a concentração da base no titulante? (f) Use a Tabela 6H.2 para selecionar um indicador para a titulação.

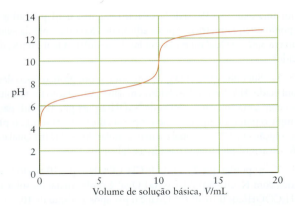

6H.20 Abaixo está a curva de titulação da neutralização de 25 mL de uma solução de uma base com um ácido monoprótico forte. Responda às seguintes questões sobre a reação e explique o seu raciocínio em cada caso. (a) A base é forte ou fraca? (b) Qual é a concentração inicial de íons hidróxido da base? (c) Qual é o K_b da base? (d) Qual é a concentração inicial da base? (e) Qual é a concentração do ácido no titulante? (f) Use a Tabela 6H.2 para selecionar um indicador para a titulação.

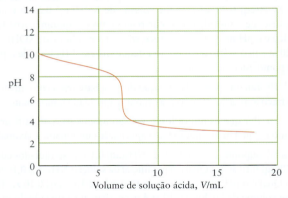

6H.21 Quais dos seguintes indicadores (veja a Tabela 6H.2) você poderia usar na titulação de uma solução 0,20 M de $CH_3COOH(aq)$ com uma solução 0,20 M de NaOH(aq): (a) alaranjado de metila, (b) tornassol, (c) azul de timol, (d) fenolftaleína? Explique suas escolhas.

6H.22 Quais dos seguintes indicadores (veja a Tabela 6H.2) você poderia usar na titulação de uma solução 0,20 M de $NH_3(aq)$ com uma solução 0,20 M de HCl(aq): (a) verde de bromocresol, (b) vermelho de metila, (c) vermelho de fenol, (d) azul de timol? Explique suas escolhas.

6H.23 Use a Tabela 6H.2 para sugerir indicadores apropriados para as titulações descritas nos Exercícios 6H.9 e 6H.14.

6H.24 Use a Tabela 6H.2 para sugerir indicadores apropriados para as titulações descritas nos Exercícios 6H.10 e 6H.12.

6H.25 Que volume de uma solução 0,275 M de KOH(aq) deve ser adicionado a 75,0 mL de uma solução 0,137 M de $H_3AsO_4(aq)$ para atingir (a) o primeiro ponto estequiométrico; (b) o segundo ponto estequiométrico; (c) o terceiro ponto estequiométrico?

6H.26 Que volume de uma solução 0,102 M de NaOH(aq) deve ser adicionado a 50,0 mL de uma solução 0,0510 M de $H_2SO_3(aq)$ para atingir (a) o primeiro ponto estequiométrico; (b) o segundo ponto estequiométrico?

6H.27 Que volume de uma solução 0,255 M de $HNO_3(aq)$ deve ser adicionado a 35,5 mL de uma solução 0,158 M de $Na_2HPO_3(aq)$ para atingir (a) o primeiro ponto estequiométrico; (b) o segundo ponto estequiométrico?

6H.28 Que volume de uma solução 0,650 M de HCl(aq) deve ser adicionado a 64,2 mL de uma solução 0,188 M de $Na_3PO_4(aq)$ para atingir (a) o primeiro ponto estequiométrico; (b) o segundo ponto estequiométrico; (c) o terceiro ponto estequiométrico?

6H.29 (a) Esquematize a curva da titulação de 5,00 mL de uma solução 0,010 M de $H_2S_2O_3(aq)$ com uma solução 0,010 M de KOH(aq), identificando os pontos inicial e final, os pontos estequiométricos e cada um dos pontos médios. (b) Que volume de solução de KOH foi adicionado em cada ponto estequiométrico? (c) Determine o pH em cada ponto estequiométrico. Para $H_2S_2O_3$, $pK_{a1} = 0,6$ e $pK_{a2} = 1,74$.

6H.30 (a) Esquematize a curva da titulação de 5,00 mL de uma solução 0,010 M de $H_3AsO_4(aq)$ com uma solução 0,010 M de KOH(aq), identificando os pontos inicial e final, os pontos estequiométricos e cada um dos pontos médios. (b) Que volume de solução de KOH foi adicionado em cada ponto estequiométrico? (c) Determine o pH em cada ponto estequiométrico. Para $H_3AsO_4(aq)$, $pK_{a1} = 2,25$ e $pK_{a2} = 6,77$.

6H.31 Suponha que 0,122 g ácido fosforoso, H_3PO_3, são dissolvidos em água e que o volume total da solução é 50,0 mL. (a) Estime o pH da solução. (b) Estime o pH da solução resultante da adição de 5,00 mL de NaOH(aq) 0,175 M à solução de ácido fosforoso. (c) Estime o pH da solução após a adição de outros 5,00 mL de NaOH(aq) 0,175 M à solução do item (b).

6H.32 Suponha que 0,242 g de ácido oxálico, $(COOH)_2$, são dissolvidos em 50,0 mL de água. (a) Estime o pH da solução. (b) Estime o pH da solução resultante da adição de 15,0 mL de NaOH(aq) 0,150 M à solução de ácido oxálico. (c) Estime o pH da solução após a adição de outros 5,00 mL de NaOH(aq) à solução do item (b).

6H.33 Estime o pH da solução que se forma quando cada uma das seguintes soluções são adicionadas a 50,0 mL de uma solução 0,275 M de $Na_2HPO_4(aq)$: (a) 50,0 mL de uma solução 0,275 M de HCl(aq); (b) 75,0 mL de uma solução 0,275 M de HCl(aq); (c) 25,0 mL de uma solução 0,275 M de HCl(aq).

6H.34 Estime o pH da solução que se forma quando 75,0 mL de uma solução 0,0995 M de $Na_2CO_3(aq)$ são misturados com (a) 25,0 mL de uma solução 0,130 M de $HNO_3(aq)$; (b) 65,0 mL de uma solução 0,130 M de $HNO_3(aq)$.

Tópico 6I   Os equilíbrios de solubilidade

6I.1 O produto de solubilidade
6I.2 O efeito do íon comum
6I.3 A formação de íons complexos

Em uma solução saturada, o soluto dissolvido está em equilíbrio com o soluto não dissolvido. Sua composição pode, portanto, ser tratada como um exemplo de equilíbrio químico. Os íons adaptam suas concentrações para manter os valores de todas as constantes de equilíbrio relevantes. Neste tópico, todos os solutos são considerados iônicos e completamente dissociados em solução.

6I.1 O produto de solubilidade

A constante do equilíbrio entre um sólido e seus íons em solução é chamada de **produto de solubilidade**, K_{ps}. Ele é expresso em termos das atividades dos íons. Por exemplo, o produto de solubilidade do sulfato de bismuto, Bi_2S_3, é definido como

$$Bi_2S_3(s) \rightleftharpoons 2\,Bi^{3+}(aq) + 3\,S^{2-}(aq) \qquad K_{ps} = (a_{Bi^{3+}})^2 (a_{S^{2-}})^3$$

O Bi_2S_3 sólido não aparece na expressão de K_{ps} porque ele é um sólido puro e sua atividade é 1 (Tópico 5G). Como as concentrações dos íons em uma solução de um sal pouco solúvel são pequenas, as atividades podem ser substituídas pelos valores das concentrações molares:

$$K_{ps} = [Bi^{3+}]^2 [S^{2-}]^3$$

Entretanto, como interações íon-íon são fortes, o produto de solubilidade expresso dessa maneira é normalmente útil apenas para sais pouco solúveis. Outra complicação é que a dissociação de íons raramente é completa quando um sal dissolve. Uma solução saturada de PbI_2, por exemplo, contém concentrações apreciáveis de agregados de íons $Pb^{2+}I^-$ e $Pb^{2+}(I^-)_2$. Os agregados de íons normalmente se formam quando um ou dois íons têm carga maior do que ±1. Na melhor das hipóteses, os cálculos neste tópico são apenas estimativas.

Uma das maneiras mais simples de determinar K_{ps} é medir a **solubilidade molar** do composto, isto é, a concentração molar do composto em uma solução saturada; porém, existem métodos mais avançados e mais exatos. A Tabela 6I.1 fornece alguns valores experimentais. Nos cálculos seguintes, s é usado para simbolizar o valor numérico da solubilidade molar expressa em mols por litro. Assim, se a solubilidade molar de um composto for 65 μmol·L^{-1} (isto é, $6{,}5 \times 10^{-5}$ mol·L^{-1}), escrevemos $s = 6{,}5 \times 10^{-5}$.

Por que você precisa estudar este assunto? Os equilíbrios de solubilidade são a base para compreender a análise química. Muitos sais são pouco solúveis e os químicos precisam saber como representar e controlar a solubilidade desses compostos para entender seus papéis no meio ambiente e em procedimentos de laboratório.

Que conhecimentos você precisa dominar? Você precisa estar familiarizado com os cálculos de equilíbrio (Tópico 5I) e com o modo como os sistemas em equilíbrio respondem às variações de condições (Tópico 5J).

K_{ps} é também chamado de constante do produto de solubilidade ou, simplesmente, constante de solubilidade.

Os métodos eletroquímicos de determinação dos produtos de solubilidade são discutidos no Tópico 6L.

EXEMPLO 6I.1   Determinação do produto de solubilidade

Imagine que você é um químico inorgânico que trabalha com compostos de prata. Uma de suas tarefas consiste em elaborar uma tabela com os valores do produto de solubilidade dos compostos do metal com base em uma lista de solubilidades molares. A solubilidade molar do cromato de prata, Ag_2CrO_4, é 65 μmol·L^{-1}, em 25°C (logo, $s = 6{,}5 \times 10^{-5}$). Estime o valor de K_{ps} do cromato de prata em 25°C.

ANTECIPE Como a solubilidade molar é pequena, você deve esperar um número pequeno para K_{ps}.

PLANEJE É preciso escrever, primeiro, a equação química do equilíbrio e a expressão do produto de solubilidade. Calcule a concentração molar de cada íon formado pelo sal com base na solubilidade molar e nas relações estequiométricas entre as espécies.

O que você deve supor? Que o sal dissocia completamente em água e que o ânion não é protonado pela água.

524 **Tópico 6I** Os equilíbrios de solubilidade

TABELA 6I.1   Produtos de solubilidade em 25°C

Composto	Fórmula	K_{ps}	Composto	Fórmula	K_{ps}
hidróxido de alumínio	$Al(OH)_3$	$1,0 \times 10^{-33}$	fluoreto de chumbo(II)	PbF_2	$3,7 \times 10^{-8}$
sulfeto de antimônio	Sb_2S_3	$1,7 \times 10^{-93}$	iodato de chumbo(II)	$Pb(IO_3)_2$	$2,6 \times 10^{-13}$
carbonato de bário	$BaCO_3$	$8,1 \times 10^{-9}$	iodeto de chumbo(II)	PbI_2	$1,4 \times 10^{-8}$
fluoreto de bário	BaF_2	$1,7 \times 10^{-6}$	sulfato de chumbo(II)	$PbSO_4$	$1,6 \times 10^{-8}$
sulfato de bário	$BaSO_4$	$1,1 \times 10^{-10}$	sulfeto de chumbo(II)	PbS	$8,8 \times 10^{-29}$
sulfeto de bismuto	Bi_2S_3	$1,0 \times 10^{-97}$	fosfato de amônio e magnésio	$MgNH_4PO_4$	$2,5 \times 10^{-13}$
carbonato de cálcio	$CaCO_3$	$8,7 \times 10^{-9}$	carbonato de magnésio	$MgCO_3$	$1,0 \times 10^{-5}$
fluoreto de cálcio	CaF_2	$4,0 \times 10^{-11}$	fluoreto de magnésio	MgF_2	$6,4 \times 10^{-9}$
hidróxido de cálcio	$Ca(OH)_2$	$5,5 \times 10^{-6}$	hidróxido de magnésio	$Mg(OH)_2$	$1,1 \times 10^{-11}$
sulfato de cálcio	$CaSO_4$	$2,4 \times 10^{-5}$	cloreto de mercúrio(I)	Hg_2Cl_2	$2,6 \times 10^{-18}$
iodato de cromo(III)	$Cr(IO_3)_3$	$5,0 \times 10^{-6}$	iodeto de mercúrio(I)	Hg_2I_2	$1,2 \times 10^{-28}$
brometo de cobre(I)	$CuBr$	$4,2 \times 10^{-8}$	sulfeto de mercúrio(II), preto	HgS	$1,6 \times 10^{-52}$
cloreto de cobre(I)	$CuCl$	$1,0 \times 10^{-6}$	sulfeto de mercúrio(II), vermelho	HgS	$1,4 \times 10^{-53}$
iodeto de cobre(I)	CuI	$5,1 \times 10^{-12}$	hidróxido de níquel(II)	$Ni(OH)_2$	$6,5 \times 10^{-18}$
sulfeto de cobre(I)	Cu_2S	$2,0 \times 10^{-47}$	brometo de prata	$AgBr$	$7,7 \times 10^{-13}$
iodato de cobre(II)	$Cu(IO_3)_2$	$1,4 \times 10^{-7}$	carbonato de prata	Ag_2CO_3	$6,2 \times 10^{-12}$
oxalato de cobre(II)	CuC_2O_4	$2,9 \times 10^{-8}$	cloreto de prata	$AgCl$	$1,6 \times 10^{-10}$
sulfeto de cobre(II)	CuS	$1,3 \times 10^{-36}$	hidróxido de prata	$AgOH$	$1,5 \times 10^{-8}$
hidróxido de ferro(II)	$Fe(OH)_2$	$1,6 \times 10^{-14}$	iodeto de prata	AgI	8×10^{-17}
sulfeto de ferro(II)	FeS	$6,3 \times 10^{-18}$	sulfeto de prata	Ag_2S	$6,3 \times 10^{-51}$
hidróxido de ferro(III)	$Fe(OH)_3$	$2,0 \times 10^{-39}$	hidróxido de zinco	$Zn(OH)_2$	$2,0 \times 10^{-17}$
brometo de chumbo(II)	$PbBr_2$	$7,9 \times 10^{-5}$	sulfeto de zinco	ZnS	$1,6 \times 10^{-24}$
cloreto de chumbo(II)	$PbCl_2$	$1,6 \times 10^{-5}$			

RESOLVA

Escreva a equação química do equilíbrio de solubilidade.

$$Ag_2CrO_4(s) \rightleftharpoons 2\,Ag^+(aq) + CrO_4^{2-}(aq)$$

Escreva a expressão do produto de solubilidade:

$$K_{ps} = [Ag^+]^2\,[CrO_4^{2-}]$$

De $2\,mol\,Ag^+ \simeq 1\,mol\,Ag_2CrO_4$

$$[Ag^+] = 2s$$

De $1\,mol\,CrO_4^{2-} \simeq 1\,mol\,Ag_2CrO_4$

$$[CrO_4^{2-}] = s$$

De $K_{ps} = [Ag^+]^2\,[CrO_4^{2-}] = (2s)^2(s) = 4s^3$ e $s = 6,5 \times 10^{-5}$,

$$K_{ps} = 4 \times \overset{s}{\overbrace{(6,5 \times 10^{-5})}}{}^3 = 1,1 \times 10^{-12}$$

AVALIE Como esperado, K_{ps} é muito pequeno.

Teste 6I.1A A solubilidade molar do iodato de chumbo(II), $Pb(IO_3)_2$, em 25°C é 40 $\mu mol \cdot L^{-1}$. Qual é o valor de K_{ps} do iodato de chumbo(II)?

[***Resposta:*** $2,6 \times 10^{-13}$]

Teste 6I.1B A solubilidade molar do brometo de prata, $AgBr$, em 25°C é 0,88 $\mu mol \cdot L^{-1}$. Qual é o valor de K_{ps} do brometo de prata?

Exercícios relacionados 6I.1–6I.4

6I.2 O efeito do íon comum **525**

EXEMPLO 6I.2 Estimativa da solubilidade molar a partir do produto de solubilidade

Embora as solubilidades molares sejam importantes em muitos casos, talvez você encontre alguma dificuldade para obter os dados apropriados. Contudo, as constantes de solubilidade são facilmente encontradas e podem ser convertidas em solubilidades molares. De acordo com a Tabela 6I.1, $K_{ps} = 5,0 \times 10^{-6}$ para o iodato de cromo(III) em água em 25°C. Estime a solubilidade molar do composto em 25°C.

PLANEJE Escreva a expressão do produto de solubilidade em função da solubilidade molar, levando em conta as relações estequiométricas dadas pela equação química do equilíbrio, e resolva para a solubilidade molar.

O que você deve supor? Que o sal dissocia completamente em água e que o ânion não é protonado pela água.

RESOLVA

Escreva a equação química do equilíbrio de solubilidade.

$$Cr(IO_3)_3(s) \rightleftharpoons Cr^{3+}(aq) + 3\,IO_3^-(aq)$$

Escreva a expressão do produto de solubilidade.

$$K_{ps} = [Cr^{3+}]\,[IO_3^-]^3$$

De 1 mol $Cr^{3+} \simeq$ 1 mol $Cr(IO_3)_3$,

$$[Cr^{3+}] = s$$

De 3 mol $IO_3^- \simeq$ 1 mol $Cr(IO_3)_3$,

$$[IO_3^-] = 3s$$

Escreva a expressão de K_{ps} em termos de s.

$$K_{ps} = [Cr^{3+}]\,[IO_3^-]^3 = s \times (3s)^3 = 27s^4$$

De $s = (K_{ps}/27)^{1/4}$,

$$s = \{(5,0 \times 10^{-6})/27\}^{1/4} = 0,021$$

A solubilidade molar do $Cr(IO_3)_3$ é, portanto, 0,021 mol·L^{-1}.

Teste 6I.2A O produto de solubilidade do sulfato de prata, Ag_2SO_4, é $1,4 \times 10^{-5}$. Estime a solubilidade molar do sal.

[***Resposta:*** 15 mmol·L^{-1}]

Teste 6I.2B O produto de solubilidade do fluoreto de chumbo(II), PbF_2, é $3,7 \times 10^{-8}$. Estime a solubilidade molar do sal.

Exercícios relacionados 6I.5 e 6I.6

O produto de solubilidade é a constante do equilíbrio entre um sal dissolvido e seus íons em uma solução saturada.

Um modo rápido de obter a raiz quártica é obter a raiz quadrada duas vezes em sucessão.

6I.2 O efeito do íon comum

A solubilidade de um sal pouco solúvel é reduzida pela adição de outro sal solúvel que tenha um íon em comum com o sal, como a adição de uma solução de um cloreto solúvel a uma solução saturada de cloreto de prata (Fig. 6I.1). A diminuição da solubilidade é chamada de **efeito do íon comum**. Qualitativamente, o efeito pode ser entendido com base no princípio de Le Chatelier (Tópico 5J). O sal pouco solúvel responde aos íons adicionados saindo da solução, isto é, a solubilidade diminui.

Podemos entender quantitativamente o efeito do íon comum determinando como a mudança de concentração de um dos íons afeta o produto de solubilidade. Considere uma solução saturada de cloreto de prata em água:

$$AgCl(s) \rightleftharpoons Ag^+(aq) + Cl^-(aq) \qquad K_{ps} = [Ag^+][Cl^-]$$

Experimentalmente, $K_{ps} = 1,6 \times 10^{-10}$, em 25°C, e a solubilidade molar do AgCl em água é 13 μmol·L^{-1}. Quando cloreto de sódio é adicionado à solução, a concentração de íons Cl^-

526 Tópico 6I Os equilíbrios de solubilidade

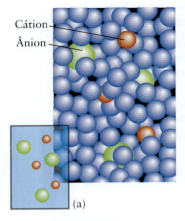

Cátion
Ânion

(a)

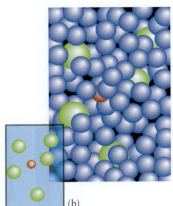

(b)

FIGURA 6I.1 Se a concentração de um dos íons de um sal ligeiramente solúvel aumenta, a concentração do outro decresce, para manter um valor constante de K_{ps}. (a) Os cátions (em cor-de-rosa) e os ânions (em verde) em solução. (b) Quando mais ânions são adicionados (juntamente aos íons espectadores, que não são mostrados), a concentração de cátions decresce. A solubilidade do composto original é reduzida pela presença de um íon comum. No detalhe, o fundo azul representa o solvente (água).

aumenta. Para que a constante de equilíbrio mantenha o seu valor, a concentração de íons Ag^+ deve decrescer. Como existe, agora, menos Ag^+ em solução, a solubilidade de AgCl é menor em uma solução de NaCl do que em água pura. Um efeito semelhante ocorre quando dois sais que têm um íon em comum são misturados (Fig. 6I.2).

É difícil predizer o efeito do íon comum com precisão e confiabilidade. Como os íons interagem fortemente uns com os outros, cálculos simples de equilíbrio raramente são válidos: as atividades dos íons diferem consideravelmente de suas concentrações molares. Contudo, como mostra o Exemplo 6I.3, estimativas podem ser feitas.

PONTO PARA PENSAR

A adição de outro sal, *sem* um íon comum, afeta a solubilidade de um sal ligeiramente solúvel?

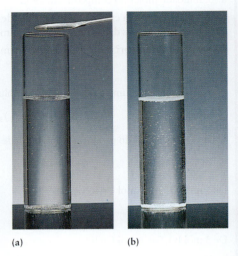

(a)   (b)

FIGURA 6I.2 (a) Solução saturada de acetato de zinco em água. (b) Quando íons acetato são adicionados, na forma de um cristal de acetato de sódio na espátula mostrada na parte (a), a solubilidade do acetato de zinco é reduzida significativamente e mais acetato de zinco precipita. (W. H. Freeman. Foto por Ken Karp.)

EXEMPLO 6I.3 Estimativa do efeito de um íon comum sobre a solubilidade

Você sabe que o cloreto de prata não é muito solúvel em água, mas o que você sabe sobre a solubilidade do composto na água do mar? Você precisa investigar a solubilidade do cloreto de prata em soluções de cloreto de sódio de diversas concentrações. Estime a solubilidade do cloreto de prata em uma solução $1,0 \times 10^{-4}$ M de NaCl(aq) em 25°C.

ANTECIPE Um íon comum, Cl^-, está presente e, portanto, você deve esperar que a solubilidade do AgCl em uma solução de NaCl(aq) seja inferior à solubilidade em água pura.

PLANEJE Escreva a equação do produto de solubilidade e resolva para a concentração dos íons prata.

O que você deve supor? Que a concentração de íons cloreto do AgCl é insignificante em comparação com a dos íons cloreto da solução de cloreto de sódio.

RESOLVA Para uma dada concentração de íons Cl^-, a concentração de íons Ag^+ deve satisfazer a K_{ps}.

De $K_{ps} = [Ag^+][Cl^-]$,

$$[Ag^+] = \frac{K_{ps}}{[Cl^-]}$$

Segue-se que o cloreto de prata dissolve em uma solução $1,0 \times 10^{-4}$ M de NaCl(aq), em que $[Cl^-] = 1,0 \times 10^{-4}$ mol·L^{-1}, até que a concentração de íons Ag^+ seja:

$$[Ag^+] = \frac{1,6 \times 10^{-10}}{1,0 \times 10^{-4}} = 1,6 \times 10^{-6}$$

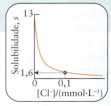

AVALIE A concentração dos íons Ag^+ e, por sua vez, a solubilidade das fórmulas unitárias de AgCl, é 1,6 μmol·L^{-1}, que é 10 vezes menor do que a solubilidade do AgCl em água pura, como esperado.

61.3 A formação de íons complexos **527**

Teste 6I.3A Qual é a solubilidade molar aproximada do carbonato de cálcio em uma solução 0,20 M de $CaCl_2(aq)$?

[***Resposta:*** 44 nmol·L^{-1}]

Teste 6I.3B Qual é a solubilidade molar aproximada do brometo de prata em uma solução 0,10 M de $CaBr_2(aq)$?

Exercícios relacionados 6I.7 a 6I.10

O efeito do íon comum é a redução da solubilidade de um sal pouco solúvel por adição de um sal solúvel que tenha um íon em comum.

6I.3 A formação de íons complexos

A solubilidade de um sal pode aumentar se for possível "ocultar" íons em solução porque então o processo de dissolução continua, na tentativa de alcançar o equilíbrio. Um íon pode ser ocultado com base no fato de que muitos cátions de metais são ácidos de Lewis (Tópico 6A). Quando um ácido e uma base de Lewis reagem, eles formam uma ligação covalente coordenada (Tópico 2C), e o produto é chamado de **complexo de coordenação**. Um exemplo é a formação de $Ag(NH_3)_2^+$, que ocorre quando uma solução de amônia (uma base de Lewis) em água é adicionada a uma solução que contém íons prata. A formação de complexo remove efetivamente parte dos íons Ag^+ da solução. Como resultado, para manter o valor de K_{ps}, mais cloreto de prata se dissolve.

TABELA 6I.2	Constantes de formação de complexos em água em 25°C	
Equilíbrio		K_f
$Ag^+(aq) + 2\,CN^-(aq) \rightleftharpoons Ag(CN)_2^-(aq)$		$5,6 \times 10^8$
$Ag^+(aq) + 2\,NH_3(aq) \rightleftharpoons Ag(NH_3)_2^+(aq)$		$1,6 \times 10^7$
$Au^+(aq) + 2\,CN^-(aq) \rightleftharpoons Au(CN)_2^-(aq)$		$2,0 \times 10^{38}$
$Cu^{2+}(aq) + 4\,NH_3(aq) \rightleftharpoons Cu(NH_3)_4^{2+}(aq)$		$1,2 \times 10^{13}$
$Hg^{2+}(aq) + 4\,Cl^-(aq) \rightleftharpoons HgCl_4^{2-}(aq)$		$1,2 \times 10^5$
$Fe^{2+}(aq) + 6\,CN^-(aq) \rightleftharpoons Fe(CN)_6^{4-}(aq)$		$7,7 \times 10^{36}$
$Ni^{2+}(aq) + 6\,NH_3(aq) \rightleftharpoons Ni(NH_3)_6^{2+}(aq)$		$5,6 \times 10^8$

Para tratar quantitativamente o efeito da formação de complexos, observe que os dois processos estão em equilíbrio:

$$AgCl(s) \rightleftharpoons Ag^+(aq) + Cl^-(aq) \qquad K_{ps} = [Ag^+][Cl^-] \qquad \textbf{(A)}$$

$$Ag^+(aq) + 2\,NH_3(aq) \rightleftharpoons Ag(NH_3)_2^+(aq) \qquad K_f = \frac{[Ag(NH_3)_2^+]}{[Ag^+][NH_3]^2} \qquad \textbf{(B)}$$

e que a soma desses dois equilíbrios é o equilíbrio de solubilidade na presença da formação de íons complexos. A reação resultante e sua constante de equilíbrio são:

$$AgCl(s) + 2\,NH_3(aq) \rightleftharpoons Ag(NH_3)_2^+(aq) + Cl^-(aq) \qquad K = K_{ps} \times K_f \qquad \textbf{(C)}$$

A constante de equilíbrio da formação do íon complexo é chamada de **constante de formação**, K_f (Tabela 6I.2).

EXEMPLO 6I.4 Cálculo da solubilidade molar quando há formação de complexo

As soluções de prata usadas na revelação de filmes de celulose ficaram obsoletas na fotografia amadora, mas ainda são usadas em uma variedade de contextos médicos e técnicos. Você trabalha no melhoramento de uma emulsão particularmente sensível e precisa investigar a solubilidade do cloreto de prata em diversos meios. Calcule a solubilidade do cloreto de prata em uma solução 0,10 M de $NH_3(aq)$?

ANTECIPE Como os íons prata formam um complexo com amônia, você deve esperar que a solubilidade do cloreto de prata seja maior na solução de amônia do que em água.

O que você deve supor? Que a reação de amônia com água não afeta significativamente este equilíbrio.

PLANEJE Como o equilíbrio de solubilidade, a reação C, é a soma das equações dos equilíbrios de solubilidade e de formação do complexo, a constante de equilíbrio da dissolução do AgCl em amônia em água é o produto das constantes de equilíbrio das reações A e B (Tópico 5H). Construa uma tabela de equilíbrio e resolva para as concentrações, no equilíbrio, dos íons em solução.

RESOLVA O equilíbrio a considerar e a tabela de equilíbrio correspondente (com todas as concentrações em mols por litro) são

$$AgCl(s) + 2\,NH_3(aq) \rightleftharpoons Ag(NH_3)_2^+(aq) + Cl^-(aq) \qquad K = K_{ps} \times K_f = \frac{[Ag(NH_3)_2^+][Cl^-]}{[NH_3]^2}$$

	NH$_3$	Ag(NH$_3$)$_2^+$	Cl$^-$
concentração inicial	0,10	0	0
mudança de concentração	$-2x$	$+x$	$+x$
concentração de equilíbrio	$0{,}10 - 2x$	x	x

Agora, determine o valor de K e use a informação da tabela.

De $K = K_{ps} \times K_f$,

$$K = (1{,}6 \times 10^{-10}) \times (1{,}6 \times 10^7) = 2{,}6 \times 10^{-3}$$

De $K = [\text{Ag(NH}_3)_2^+][\text{Cl}^-]/[\text{NH}_3]^2$

$$K = \frac{x \times x}{(0{,}10 - 2x)^2} = \left(\frac{x}{0{,}10 - 2x}\right)^2$$

Tire a raiz quadrada dos dois lados.

$$\frac{x}{0{,}10 - 2x} = K^{1/2}$$

Resolva para x.

$$x = (0{,}10 - 2x)K^{1/2}$$
$$(1 + 2K^{1/2})x = 0{,}10 K^{1/2}$$
$$x = \frac{0{,}10 K^{1/2}}{1 + 2K^{1/2}} = \frac{0{,}10 \times (2{,}6 \times 10^{-3})^{1/2}}{1 + 2(2{,}6 \times 10^{-3})^{1/2}}$$
$$= 4{,}6 \times 10^{-3}$$

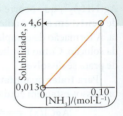

AVALIE Da linha 3 na tabela de equilíbrio, $x = [\text{Ag(NH}_3)_2^+] = 4{,}6 \times 10^{-3}$. Logo, a solubilidade molar do cloreto de prata em uma solução 0,10 M de NH$_3$(aq) é 4,6 mmol·L^{-1}, mais de 100 vezes a solubilidade molar do cloreto de prata em água pura (13 μmol·L^{-1}).

Teste 6I.4A Use os dados das Tabelas 6I.1 e 6I.2 para calcular a solubilidade molar do brometo de prata em uma solução 1,0 M de NH$_3$(aq).

[*Resposta*: 3,5 mmol·L^{-1}]

Teste 6I.4B Use os dados das Tabelas 6I.1 e 6I.2 para calcular a solubilidade molar do sulfeto de cobre(II) em uma solução 1,2 M de NH$_3$(aq).

Exercícios relacionados 6I.11 e 6I.12

A solubilidade de um sal aumenta se ele puder formar um íon complexo com outras espécies em solução.

O que você aprendeu com este tópico?

Você aprendeu a usar os conceitos de equilíbrio para estimar as solubilidades de sais pouco solúveis. Em termos específicos, você viu como a adição de um íon comum pode induzir a precipitação de outro íon e, com base nas constantes do produto de solubilidade, a predizer a espécie que precipitará em uma solução mista.

Os conhecimentos que você deve dominar incluem a capacidade de:

☐ **1.** Calcular o valor de K_{ps} para um sal pouco solúvel com base em sua solubilidade molar (Exemplo 6I.1).

☐ **2.** Determinar a solubilidade molar de um sal com base em sua constante de solubilidade (Exemplo 6I.2).

☐ **3.** Estimar a solubilidade de um sal na presença de um íon comum (Exemplo 6I.3).

☐ **4.** Calcular a solubilidade molar de um íon quando ocorre formação de complexo (Exemplo 6I.4).

Tópico 6I Exercícios

Os produtos de solubilidade são dados na Tabela 6I.1. A menos que seja dito em contrário, ignore as reações de transferência de prótons. Considere 25°C em todos os exercícios.

6I.1 Determine o K_{ps} dos seguintes compostos pouco solúveis, conhecidas as suas solubilidades molares: (a) AgBr, $8{,}8 \times 10^{-7}$ mol·L^{-1}; (b) PbCrO$_4$, $1{,}3 \times 10^{-7}$ mol·L^{-1}; (c) Ba(OH)$_2$, 0,11 mol·L^{-1}; (d) MgF$_2$, $1{,}2 \times 10^{-3}$ mol·L^{-1}.

6I.2 Determine o K_{ps} das seguintes substâncias pouco solúveis, conhecidas as suas solubilidades molares: (a) AgI, $9{,}1 \times 10^{-9}$ mol·L^{-1}; (b) Ca(OH)$_2$, 0,011 mol·L^{-1}; (c) Ag$_3$PO$_4$, $2{,}7 \times 10^{-6}$ mol·L^{-1}; (d) Hg$_2$Cl$_2$, $5{,}2 \times 10^{-7}$ mol·L^{-1}.

6I.3 A concentração do íon CrO$_4^{2-}$ em uma solução saturada de Tl$_2$CrO$_4$ é $6{,}3 \times 10^{-5}$ mol·L^{-1}. Qual é o K_{ps} do Tl$_2$CrO$_4$?

6I.4 A solubilidade molar do sulfito de prata, Ag$_2$SO$_3$, é $1{,}55 \times 10^{-5}$ mol·L^{-1}. Qual é o K_{ps} do sulfito de prata?

6I.5 Calcule a solubilidade molar de (a) BiI$_3$ ($K_{ps} = 7{,}71 \times 10^{-19}$); (b) CuCl; (c) CaCO$_3$, em água.

6I.6 Determine a solubilidade molar de (a) PbBr$_2$; (b) Ag$_2$CO$_3$; (c) Fe(OH)$_2$, em água.

6I.7 Calcule a solubilidade molar de cada uma destas substâncias, na respectiva solução: (a) cloreto de prata em uma solução 0,20 M de NaCl(aq); (b) cloreto de mercúrio(I) em uma solução 0,150 M de NaCl(aq); (c) cloreto de chumbo(II) em uma solução 0,025 M de CaCl$_2$(aq); (d) hidróxido de ferro(II) em uma solução $2{,}5 \times 10^{-3}$ M de FeCl$_2$(aq).

6I.8 Calcule a solubilidade molar de cada uma destas substâncias na respectiva solução: (a) iodeto de prata em uma solução 0,020 M de NaI(aq); (b) carbonato de cálcio em uma solução $2{,}3 \times 10^{-4}$ M de Na$_2$CO$_3$(aq); (c) fluoreto de chumbo(II) em uma solução 0,21 M de NaF(aq); (d) hidróxido de níquel(II) em uma solução 0,450 M de NiSO$_4$(aq).

6I.9 Calcule a solubilidade molar de cada substância pouco solúvel nas respectivas soluções: hidróxido de alumínio em (a) pH = 7,0; (b) pH = 4,5; hidróxido de zinco em (c) pH = 7,0; (d) pH = 6,0.

6I.10 Calcule a solubilidade molar de cada substância pouco solúvel nas respectivas soluções: hidróxido de ferro(III) em (a) pH = 11,0; (b) pH = 3,0; hidróxido de ferro(II) em (c) pH = 8,0; (d) pH = 6,0.

6I.11 Calcule a solubilidade do brometo de prata em uma solução 0,10 M de KCN(aq).

6I.12 Os precipitados de cloreto de prata se dissolvem em solução de amônia devido à formação de íons Ag(NH$_3$)$_2^+$. Qual é a solubilidade do cloreto de prata em uma solução 1,0 M de NH$_3$(aq)?

Tópico 6J A precipitação

6J.1 A predição da precipitação
6J.2 A precipitação seletiva
6J.3 A dissolução de precipitados
6J.4 A análise qualitativa

Por que você precisa estudar este assunto? A capacidade de predizer quando um precipitado se formará permite identificar as condições que favorecem ou atrapalham a precipitação e fornece a base de uma das maiores aplicações da química: a identificação das substâncias que participam de uma mistura.

Que conhecimentos você precisa dominar? Você precisa estar familiarizado com os equilíbrios de solubilidade (Tópico 6I) e com os cálculos de equilíbrio (Tópico 5I), além de conhecer o modo como os sistemas em equilíbrio respondem às variações de condições (Tópico 5J).

A precipitação, a formação de um sólido (normalmente um pó fino) quando duas soluções de sais solúveis são misturadas, é o resultado de uma reação na qual um produto é insolúvel. Este tipo de reação pode ser usado para preparar compostos iônicos e tem aplicações importantes, como no tratamento de água para consumo, na extração de minerais da água do mar, na formação e na perda de ossos e dentes e no ciclo global do carbono.

6J.1 A predição da precipitação

Como você pode predizer se haverá formação de um precipitado quando mistura duas soluções? Se as concentrações dos íons nas soluções forem conhecidas, o resultado pode ser previsto comparando-se os valores de Q, o quociente de reação, e K, a constante de equilíbrio, como vimos no Tópico 5G. Nesse caso, a constante de equilíbrio é o produto de solubilidade, K_{ps}, e o quociente da reação é denominado Q_{ps}. Quando as concentrações dos íons são altas, Q_{ps} é maior do que K_{ps}, e ocorre precipitação. O valor de Q_{ps} se ajusta até se igualar a K_{ps} (Fig. 6J.1).

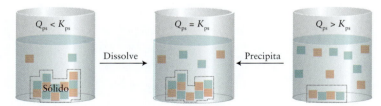

FIGURA 6J.1 As grandezas relativas do quociente de solubilidade, Q_{ps}, e a constante do produto de solubilidade, K_{ps}, são usadas para decidir se um sal irá dissolver (à esquerda) ou precipitar (à direita). Quando as concentrações dos íons em solução são baixas (à esquerda), Q_{ps} é menor do que K_{ps}; quando as concentrações são elevadas (à direita), Q_{ps} é maior do que K_{ps}.

EXEMPLO 6J.1 Predição da formação de precipitado quando duas soluções são misturadas

Você é um químico analítico e está desenvolvendo um procedimento para a precipitação do chumbo de uma solução de nitrato de chumbo. Você sabe que o iodeto de chumbo(II) é insolúvel e por isso decide usar o iodeto de potássio em solução. O chumbo vai precipitar nas soluções disponíveis? O iodeto de chumbo(II) vai precipitar se você misturar volumes iguais de $Pb(NO_3)_2$(aq) 0,2 M e KI(aq) em 25°C?

ANTECIPE Como as concentrações de íons Pb^{2+} e I^- são altas e o produto de solubilidade do PbI_2 é pequeno, você deve esperar precipitação.

PLANEJE Calcule, inicialmente, os novos valores das concentrações molares de íons na solução misturada, antes da ocorrência de reação. Então compare o valor do quociente de reação, Q_{ps}, com K_{ps} para o PbI_2. Lembre que o volume final da solução é o volume total da mistura e, portanto, as concentrações molares que devem ser usadas na expressão de Q_{ps} precisam ser ajustadas.

O que você deve supor? Que o iodeto de chumbo(II) está totalmente dissociado (no sentido de que seus íons estão separados) em solução em água e que as atividades podem ser substituídas pelas concentrações molares.

RESOLVA A Tabela 6I.1 mostra que $K_{ps} = 1,4 \times 10^{-8}$ para PbI_2 em 25°C.

Escreva a equação química e sua constante de equilíbrio:

$$PbI_2(s) \rightleftharpoons Pb^{2+}(aq) + 2\,I^-(aq) \qquad K_{ps} = [Pb^{2+}][I^-]^2$$

Calcule as novas concentrações molares dos íons, lembrando que o volume ocupado pelos íons dobrou.

$$Pb^{2+}(aq): \tfrac{1}{2}(0,2\ mol \cdot L^{-1}) = 0,1\ mol \cdot L^{-1}$$
$$I^-(aq): \tfrac{1}{2}(0,2\ mol \cdot L^{-1}) = 0,1\ mol \cdot L^{-1}$$

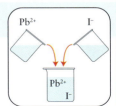

Calcule $Q_{ps} = [Pb^{2+}][I^-]^2$ e compare o valor com o de K_{ps}:

$$Q_{ps} = 0,1 \times (0,1)^2 = 1 \times 10^{-3}$$

$$\underbrace{1 \times 10^{-3}}_{Q_{ps}} \gg \underbrace{1,4 \times 10^{-8}}_{K_{ps}}$$

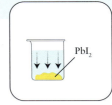

AVALIE O valor de Q_{ps} é consideravelmente maior do que K_{ps}, logo, como previsto, ocorrerá precipitação (Fig. 6J.2).

Teste 6J.1A Haverá formação de um precipitado de cloreto de prata quando 200 mL de uma solução $1,0 \times 10^{-4}$ M de $AgNO_3(aq)$ e 900. mL de uma solução $1,0 \times 10^{-6}$ M de $KCl(aq)$ forem misturados? Considere a dissociação completa.

[**Resposta:** Não ($Q_{ps} = 1,5 \times 10^{-11}$; $Q_{ps} < K_{ps}$)]

Teste 6J.1B Haverá formação de um precipitado de fluoreto de bário quando 100. mL de uma solução $1,0 \times 10^{-3}$ M de $Ba(NO_3)_2(aq)$ e 200 mL de uma solução $1,0 \times 10^{-3}$ M de $KF(aq)$ forem misturados? Ignore a possível protonação do F^-.

Exercícios relacionados 6J.1 a 6J.6

Um sal precipita se Q_{ps} for maior do que K_{ps}.

6J.2 A precipitação seletiva

Às vezes, é possível separar cátions diferentes em uma solução de uma mistura de íons pela adição de um sal solúvel que contém um ânion com o qual eles formam sais com solubilidades muito diferentes. Por exemplo, a água do mar é uma mistura de muitos íons diferentes. É possível precipitar o íon magnésio da água do mar pela adição de íons hidróxido. Entretanto, outros cátions também estão presentes. A concentração de cada um deles e as solubilidades relativas de seus hidróxidos determinam que cátion precipitará primeiro quando uma certa quantidade de hidróxido for adicionada. A separação de dois componentes é mais eficiente quando o Q_{ps} de uma espécie excede o K_{ps}, mas o Q_{ps} da segunda espécie é significativamente menor do que seu K_{ps}. O Exemplo 6J.2 ilustra uma estratégia para predizer a ordem de precipitação.

EXEMPLO 6J.2 Como predizer a ordem de precipitação

Você tem uma amostra de água do mar coletada no Havaí, onde a atividade vulcânica é intensa. Como parte de um estudo oceanográfico, você analisará esta amostra de água para descobrir se sua composição é muito diferente da de uma amostra colhida na mesma região, mas em alto mar. A amostra de água do mar contém, entre outros solutos, as seguintes concentrações de cátions solúveis: $0,050\ mol \cdot L^{-1}$ de $Mg^{2+}(aq)$ e $0,010\ mol \cdot L^{-1}$ de $Ca^{2+}(aq)$. (a) Use as informações da Tabela 6I.1 para determinar a ordem em que cada íon precipita com a adição progressiva de NaOH sólido. Dê a concentração molar de OH^- quando a precipitação de cada um deles começar. Suponha que não há mudança de volume com a adição de NaOH e que a temperatura é 25°C. (b) Se o primeiro composto a precipitar for $X(OH)_2$, calcule a concentração de íons X^{2+} que permanecem em solução quando o segundo íon precipita.

FIGURA 6J.2 A adição de algumas gotas de solução de nitrato de chumbo(II) a uma solução de iodeto de potássio provoca a precipitação imediata de iodeto de chumbo(II), amarelo. (©1989 Chip Clark–Fundamental Photographs.)

LAB_VIDEO – FIGURA 6J.2

ANTECIPE Em (a), como K_{ps} para (Mg(OH)$_2$) é muito menor do que K_{ps} para (Ca(OH)$_2$) e as fórmulas são semelhantes, você deve esperar que Mg(OH)$_2$ irá precipitar primeiro. Em (b), como uma grande parte do íon X^{2+} precipitou na forma de X(OH)$_2$ e não está mais em solução, você deve esperar que sua concentração seja muito baixa quando o segundo íon precipitar.

PLANEJE (a) Use o efeito do íon comum para calcular o valor de [OH$^-$] necessário para a precipitação de cada sal escrevendo a expressão de K_{ps} para cada sal e, então, substituindo os dados fornecidos. (b) Calcule a concentração restante do primeiro cátion a precipitar substituindo o valor de [OH$^-$] na expressão de K_{ps} para aquele hidróxido.

RESOLVA (a) Escreva a equação química e K_{ps} para a dissolução de Ca(OH)$_2$.

$$Ca(OH)_2(s) \rightleftharpoons Ca^{2+}(aq) + 2\,OH^-(aq) \qquad K_{ps} = [Ca^{2+}][OH^-]^2$$

Da Tabela 6I.1, $K_{ps} = 5{,}5 \times 10^{-6}$. Então:

Encontre [OH$^-$] a partir de $K_{ps} = [Ca^{2+}][OH^-]^2$ na forma [OH$^-$] = $(K_{ps}/[Ca^{2+}])^{1/2}$.

$$[OH^-] = \left(\frac{5{,}5 \times 10^{-6}}{0{,}010}\right)^{1/2} = 0{,}023$$

correspondendo a 23 mmol·L^{-1}.

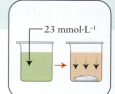

Escreva a equação química e K_{ps} para o equilíbrio de solubilidade de Mg(OH)$_2$.

$$Mg(OH)_2(s) \rightleftharpoons Mg^{2+}(aq) + 2\,OH^-(aq) \qquad K_{ps} = [Mg^{2+}][OH^-]^2$$

Da Tabela 6I.1, $K_{ps} = 1{,}1 \times 10^{-11}$.

Encontre [OH$^-$] a partir de $K_{ps} = [Mg^{2+}][OH^-]^2$ na forma [OH$^-$] = $(K_{ps}/[Mg^{2+}])^{1/2}$.

$$[OH^-] = \left(\frac{1{,}1 \times 10^{-11}}{0{,}050}\right)^{1/2} = 1{,}5 \times 10^{-5}$$

correspondendo a 15 µmol·L^{-1}.

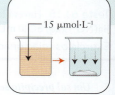

AVALIE Conforme predito, os hidróxidos precipitam na ordem Mg(OH)$_2$, com 15 µmol·L^{-1} de OH$^-$(aq) e, depois, Ca(OH)$_2$, com 23 mmol·L^{-1} de OH$^-$(aq).

(b) Encontre a concentração de íons magnésio quando [OH$^-$] = 0,023 mol·L^{-1}.

Determine [Mg^{2+}] a partir de $K_{ps} = [Mg^{2+}][OH^-]^2$ na forma [Mg^{2+}] = $K_{ps}/[OH^-]^2$.

$$[Mg^{2+}] = \frac{1{,}1 \times 10^{-11}}{(0{,}023)^2} = 2{,}1 \times 10^{-8}$$

correspondendo a 21 nmol·L^{-1}.

AVALIE A concentração de íons magnésio que permanece em solução quando Ca(OH)$_2$ começa a precipitar é muito pequena.

Teste 6J.2A O carbonato de cálcio é adicionado a uma solução contendo 0,030 mol·L^{-1} Mg^{2+}(aq) e 0,0010 mol·L^{-1} Ca^{2+}(aq). (a) Use as informações da Tabela 6I.1 para determinar a ordem em que cada íon precipita com a adição progressiva de K$_2$CO$_3$ sólido. Dê a concentração de CO$_3^{2-}$ quando a precipitação de cada um deles começar. (b) Calcule a concentração do primeiro íon a precipitar que permanece em solução quando o segundo precipita.

[***Resposta:*** (a) CaCO$_3$ precipita primeiro, em 8,7 µmol·L^{-1} de CO$_3^{2-}$, depois MgCO$_3$, em 0,33 mmol·L^{-1} de CO$_3^{2-}$; (b) 26 µmol·L^{-1} Ca^{2+}]

Teste 6J.2B Íons cloreto são adicionados a uma solução contendo 0,020 mol·L^{-1} Pb(NO$_3$)$_2$(aq) e 0,0010 mol·L^{-1} AgNO$_3$(aq). (a) Use as informações da Tabela 6I.1 para determinar a ordem em que cada cátion precipita com a adição progressiva de íons cloreto. Dê a concentração de Cl$^-$ quando a precipitação de cada um deles começar. (b) Calcule a concentração do primeiro íon a precipitar que permanece em solução quando o segundo precipita.

Exercícios relacionados 6J.7, 6J.8, 6J.11, 6J.12

Uma mistura de íons em solução pode ser separada por adição de um ânion de carga oposta, com o qual eles formam sais de solubilidades muito diferentes.

6J.3 A dissolução de precipitados

Quando um precipitado se forma durante a análise qualitativa dos íons de uma solução, pode ser necessário redissolvê-lo para identificar o cátion ou o ânion. Várias estratégias podem ser usadas.

Uma estratégia é remover um dos íons do equilíbrio de solubilidade para que o precipitado continue a dissolver ao buscar inutilmente o equilíbrio. Suponha, por exemplo, que um hidróxido sólido, como o hidróxido de ferro(III), esteja em equilíbrio com seus íons em solução:

$$Fe(OH)_3(s) \rightleftharpoons Fe^{3+}(aq) + 3\,OH^-(aq)$$

Para dissolver uma quantidade adicional do sólido, é possível adicionar ácido. Os íons H_3O^+ fornecidos pelo ácido removem os íons OH^- convertendo-os em água e mais $Fe(OH)_3$ dissolve.

PONTO PARA PENSAR

Os íons prata podem ser dissolvidos a partir de Ag_2O sólido, adicionando-se HNO_3, mas não HCl. Por que o HCl não pode ser usado?

Muitos precipitados de carbonatos, sulfitos e sulfetos podem ser dissolvidos por adição de ácido, porque os ânions reagem com o ácido para formar um gás que borbulha para fora da solução. Por exemplo, em uma solução saturada de carbonato de zinco, $ZnCO_3$ sólido está em equilíbrio com seus íons:

$$ZnCO_3(s) \rightleftharpoons Zn^{2+}(aq) + CO_3^{2-}(aq)$$

Os íons CO_3^{2-} reagem com ácido para formar CO_2:

$$CO_3^{2-}(aq) + 2\,HNO_3(aq) \rightleftharpoons CO_2(g) + H_2O(l) + 2\,NO_3^-(aq)$$

A dissolução de carbonatos por ácido é um resultado indesejado da chuva ácida, que já danificou muitos monumentos históricos de mármore e de pedra calcária – o mármore e a pedra calcária são formas de carbonato de cálcio (Fig. 6J.3).

Outro procedimento para remover um íon de uma solução é mudar sua identidade alterando seu estado de oxidação. Os íons de metal em precipitados muito insolúveis de sulfetos de metais pesados podem ser dissolvidos pela oxidação do íon sulfeto a enxofre elementar. Por exemplo, o sulfeto de cobre(II), CuS, participa do equilíbrio

$$CuS(s) \rightleftharpoons Cu^{2+}(aq) + S^{2-}(aq)$$

A adição de ácido nítrico, porém, oxida os íons sulfeto a enxofre elementar:

$$3\,S^{2-}(aq) + 8\,HNO_3(aq) \rightleftharpoons 3\,S(s) + 2\,NO(g) + 4\,H_2O(l) + 6\,NO_3^-(aq)$$

Essa oxidação complicada remove os íons sulfeto do equilíbrio e os íons Cu^{2+} se dissolvem na forma de $Cu(NO_3)_2$.

Alguns precipitados dissolvem quando a temperatura é alterada, porque a constante de solubilidade depende da temperatura. Essa estratégia é usada para purificar precipitados em um processo chamado de *recristalização*. A mistura é aquecida para dissolver o sólido e filtrada para remover impurezas insolúveis. Quando a temperatura cai, o sólido precipita novamente e é removido da solução por uma segunda filtração. Como discutido na Seção 6I.3, a formação de íons complexos também pode ser usada para dissolver íons de metais.

A solubilidade de um sólido pode ser aumentada pela remoção de um de seus íons da solução. Pode-se usar um ácido para dissolver hidróxidos, sulfetos, sulfitos ou carbonatos precipitados. Alguns sólidos podem ser dissolvidos por alteração da temperatura ou formação de um íon complexo.

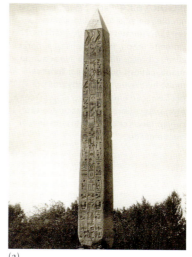
(a)

(b)

FIGURA 6J.3 O estado das inscrições em baixo relevo da Agulha de Cleópatra piorou muito devido à ação de chuva ácida: (a) após 3.500 anos no deserto no Egito, (b) após mais 100 anos no Central Park, na cidade de Nova York, nos Estados Unidos. *(Foto (a) ©SSPL/The Image Works; (b) Dr. Marli Miller/Getty Images.)*

6J.4 A análise qualitativa

A formação de complexos, a precipitação seletiva e o controle do pH de uma solução desempenham um papel importante na análise qualitativa de misturas (*Fundamentos* I). Existem muitos esquemas diferentes de análise, mas eles seguem os mesmos princípios gerais. A discussão a seguir ilustra um procedimento simples para a identificação de cinco cátions em laboratório.

FIGURA 6J.4 Parte de um esquema simples de análise qualitativa usado para separar determinados cátions. Na primeira etapa, três cátions se separam como cloretos insolúveis. Na segunda etapa, cátions que formam sulfetos muito insolúveis são removidos por precipitação em pH baixo e, na terceira etapa, os cátions remanescentes são precipitados como sulfetos em um pH mais elevado.

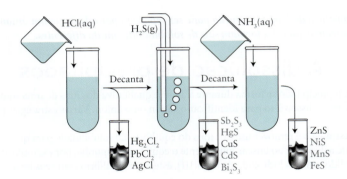

Imagine uma solução contendo os íons chumbo(II), mercúrio(I), prata, cobre(II) e zinco. O método está esquematizado na Fig. 6J.4, que inclui outros íons, e ilustrado na Fig. 6J.5. Os cloretos são geralmente solúveis, logo a adição de ácido clorídrico à mistura de sais só provoca a precipitação de alguns cloretos (veja a Tabela 6I.1). O cloreto de prata e o cloreto de mercúrio(I) têm K_{ps} tão pequeno que mesmo em baixas concentrações de íons Cl⁻ os cloretos precipitam. O cloreto de chumbo(II), que é pouco solúvel, precipita também se a concentração do íon cloreto for suficientemente alta. Os íons hidrônio fornecidos pelo ácido não desempenham papel algum nesta etapa. Eles só acompanham os íons cloreto. Neste ponto, o precipitado pode ser separado da solução com o auxílio de uma centrífuga para compactar o sólido e a posterior decantação da solução. A solução contém, agora, os íons cobre(II) e zinco, e o sólido contém $PbCl_2$, Hg_2Cl_2 e AgCl.

Como $PbCl_2$ é ligeiramente solúvel, a lavagem do precipitado com água quente dissolve o cloreto de chumbo(II). A solução pode ser separada do precipitado. A adição de cromato de sódio à solução fará com que o chumbo(II) precipite na forma de cromato de chumbo(II):

$$Pb^{2+}(aq) + CrO_4^{2-}(aq) \longrightarrow PbCrO_4(s)$$

Neste ponto, os cloretos de prata(I) e de mercúrio(I) permanecem precipitados. Para separar os íons Ag⁺ e Hg_2^{2+}, adiciona-se uma solução de amônia em água à mistura sólida. O precipitado de prata se dissolve com formação do complexo solúvel $Ag(NH_3)_2^+$:

$$Ag^+(aq) + 2\,NH_3(aq) \longrightarrow Ag(NH_3)_2^+(aq)$$

e o mercúrio(I) reage com amônia para formar um sólido acinzentado que contém íons mercúrio(II) precipitados na forma de $HgNH_2Cl(s)$, branco, e o metal mercúrio, preto (Fig. 6J.6):

$$Hg_2Cl_2(s) + 2\,NH_3(aq) \longrightarrow Hg(l) + HgNH_2Cl(s) + NH_4^+(aq) + Cl^-(aq)$$

Agora, o Hg_2^{2+} precipitou todo o Ag⁺ presente em solução na forma de íon complexo. A solução é separada do sólido, e a presença de íons prata em solução pode ser verificada por adição de ácido nítrico. O ácido retira a amônia do complexo na forma de NH_4^+, permitindo que o cloreto de prata precipite:

$$Ag(NH_3)_2^+(aq) + Cl^-(aq) + 2\,H_3O^+(aq) \longrightarrow AgCl(s) + 2\,NH_4^+(aq) + 2\,H_2O(l)$$

FIGURA 6J.5 As etapas da análise de cátions por precipitação seletiva. (a) A solução original contém os íons Pb^{2+}, Hg_2^{2+}, Ag⁺, Cu^{2+} e Zn^{2+} (à esquerda). A adição de HCl precipita AgCl, Hg_2Cl_2 e $PbCl_2$, que podem ser removidos por decantação ou filtração (à direita), como se vê na Fig. 6J.6. (b) Adição de H_2S à solução remanescente, na primeira etapa (à esquerda), precipita CuS, que pode ser removido (à direita). (c) Fazendo a solução da segunda etapa (à esquerda) tornar-se básica por adição de amônia, o ZnS precipita (à direita) (*W. H. Freeman. Fotos: Ken Karp.*)

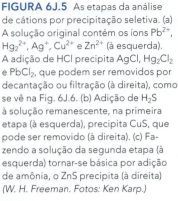

LAB_VIDEO – FIGURA 6J.5

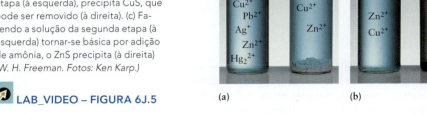

(a) (b) (c)

FIGURA 6J.6 Quando amônia é adicionada a um precipitado de cloreto de prata, ele se dissolve. Contudo, quando amônia é adicionada a um precipitado de cloreto de mercúrio(I), formam-se o metal mercúrio e íons mercúrio(II) em uma reação redox, e a massa resultante adquire a cor cinza. Da esquerda para a direita: cloreto de sódio em água, cloreto de prata em solução de amônia em água, cloreto de mercúrio(I) em água e cloreto de mercúrio(I) em solução de amônia em água. *(W. H. Freeman. Foto: Ken Karp.)*

Sulfetos com solubilidades e produtos de solubilidade muito diferentes podem ser precipitados seletivamente pela adição de íons S^{2-} à solução obtida pela remoção dos cloretos na primeira etapa (veja a Fig. 6J.4). Alguns sulfetos de metal (como CuS, HgS e Sb_2S_3) têm produtos de solubilidade muito pequenos e precipitam na presença de traços de íons S^{2-} na solução. Concentrações de S^{2-} adequadas podem ser obtidas pela adição de sulfeto de hidrogênio, H_2S, a uma solução acidificada. A maior concentração de íon hidrônio desloca o equilíbrio

$$H_2S(aq) + 2\,H_2O(l) \rightleftharpoons 2\,H_3O^+(aq) + S^{2-}(aq)$$

para a esquerda e garante que quase todo o H_2S esteja na forma totalmente protonada e que pouco S^{2-} esteja presente. Contudo, essa pequena quantidade resultará na precipitação de sólidos muito insolúveis na presença dos cátions apropriados.

Para confirmar a presença de íons Zn^{2+} na solução que permanece após as duas primeiras etapas, adiciona-se H_2S seguido por amônia. A base remove o íon hidrônio do equilíbrio do H_2S e o desloca no sentido dos íons S^{2-}. A maior concentração de íons S^{2-} aumenta os valores de Q_{ps} de qualquer sulfeto metálico remanescente, levando-o para valores superiores a K_{ps} e provocando a precipitação.

A análise qualitativa envolve a separação e a identificação de íons por precipitação seletiva, formação de complexos e controle de pH.

O que você aprendeu com este tópico?

Você viu como usar as constantes do produto de solubilidade para estimar se um precipitado de um sal se formará e predizer a ordem de precipitação de uma solução mista. Você também aprendeu a usar os conceitos de equilíbrio na análise qualitativa.

Os conhecimentos que você deve dominar incluem a capacidade de:

☐ **1.** Predizer a formação de precipitado quando duas soluções são misturadas (Exemplo 6J.1).

☐ **2.** Predizer a ordem de precipitação quando um íon comum é adicionado à solução que contém vários tipos de íons (Exemplo 6J.2).

☐ **3.** Explicar como usar as diferenças de solubilidade para identificar os cátions em uma mistura de sais (Seção 6J.4).

Tópico 6J Exercícios

Os produtos de solubilidade são dados na Tabela 6I.1. A temperatura em todos os exercícios é 25°C.

6J.1 Qual é a concentração de íons Ag^+ (em mols por litro) necessária para a formação de um precipitado em uma solução $1,0 \times 10^{-5}$ M de NaCl(aq)? (b) Que massa (em microgramas) de $AgNO_3$ sólido precisa ser adicionada para o início da precipitação em 100. mL da solução da parte (a)?

6J.2 Pode-se usar íons iodeto para precipitar o íon chumbo(II) de uma solução 0,010 M de $Pb(NO_3)_2$(aq). (a) Que concentração (mínima) de íon iodeto é necessária para iniciar a precipitação de PbI_2? (b) Que massa (em gramas) de KI deve ser adicionada a 25,0 mL de uma solução de $Pb(NO_3)_2$(aq) para a formação de PbI_2?

6J.3 Determine o pH necessário para iniciar a precipitação de $Ni(OH)_2$ de (a) uma solução 0,060 M de $NiSO_4$(aq); (b) uma solução 0,030 M de $NiSO_4$(aq).

6J.4 Decida se um precipitado será formado quando as seguintes soluções forem misturadas: (a) 5,0 mL de uma solução 0,10 M de K_2CO_3(aq) e 1,00 L de uma solução 0,010 M de $AgNO_3$(aq);

536 Tópico 6J A precipitação

(b) 3,3 mL de uma solução 1,0 M de HCl(aq), 4,9 mL de uma solução 0,0030 M de $AgNO_3$(aq) e água suficiente para diluir a solução até 50,0 mL. Para os efeitos de cálculo, ignore qualquer reação dos ânions com a água.

6J.5 Suponha que existam 20 gotas de tamanho médio em 1,0 mL de uma solução em água. Ocorrerá formação de precipitado quando 1 gota de uma solução 0,010 M de NaCl(aq) for adicionada a 10,0 mL de (a) uma solução 0,0040 M de $AgNO_3$(aq); (b) uma solução 0,0040 M de $Pb(NO_3)_2$(aq)?

6J.6 Suponha 20 gotas por mililitro. Ocorrerá formação de um precipitado se (a) 7 gotas de uma solução 0,0029 M de K_2CO_3(aq) forem adicionadas a 25,0 mL de uma solução 0,0018 M de $CaCl_2$(aq); (b) 10 gotas de uma solução 0,010 M de Na_2CO_3 forem adicionadas a 10,0 mL de uma solução 0,0040 M de $AgNO_3$(aq)? Para os efeitos de cálculo, ignore qualquer reação dos ânions com a água.

6J.7 As concentrações de íons magnésio, cálcio e níquel(II) em uma solução, em água, são iguais a 0,0010 $mol \cdot L^{-1}$. (a) Em que ordem eles precipitam quando KOH sólido é adicionado? (b) Determine o pH em que cada sal precipita.

6J.8 Suponha que os hidróxidos MOH e M'$(OH)_2$ têm $K_{ps} = 1,0 \times 10^{-12}$ e que, inicialmente, os dois cátions estão presentes acompanhados por íons nitreto em uma solução na concentração 0,0010 $mol \cdot L^{-1}$. Que hidróxido precipitará primeiro e em que pH, quando NaOH sólido for adicionado?

6J.9 Desejamos separar os íons magnésio e os íons bário por precipitação seletiva. Que ânion, o fluoreto ou o carbonato, seria a melhor escolha para a precipitação? Por quê?

6J.10 Você precisa separar os íons bário e os íons cálcio por precipitação seletiva. Que ânion, o fluoreto ou o carbonato, seria a melhor escolha para a precipitação? Por quê?

6J.11 No processo de separação de íons Pb^{2+} de íons Cu^{2+}, na forma de iodatos pouco solúveis, qual é a concentração de Pb^{2+} quando Cu^{2+} começa a precipitar quando se adiciona iodato de sódio a uma solução de concentração inicial 0,0010 M de $Pb(NO_3)_2$(aq) e 0,0010 M de $Cu(NO_3)_2$ (aq)?

6J.12 Um químico pretende separar íons bário de íons chumbo utilizando íons sulfato como o agente precipitante. (a) Que concentrações do íon sulfato são necessárias para a precipitação de $BaSO_4$ e $PbSO_4$ de uma solução que contém 0,010 M de Ba^{2+}(aq) e 0,010 M de Pb^{2+}(aq)? (b) Qual é a concentração de íons bário quando o sulfato de chumbo(II) começa a precipitar?

6J.13 Considere os dois equilíbrios

$$CaF_2(s) \rightleftharpoons Ca^{2}(aq) + 2\,F^-(aq) \qquad K_{ps} = 4,0 \times 10^{-11}$$
$$F^-(aq) + H_2O(l) \rightleftharpoons HF(aq) + OH^-(aq)$$
$$K_b = 2,9 \times 10^{-11}$$

(a) Escreva a equação química do equilíbrio total e calcule a constante de equilíbrio correspondente. (b) Determine a solubilidade de CaF_2 em (i) pH = 7,0; (ii) pH = 3,0.

6J.14 Considere os dois equilíbrios

$$BaF_2(s) \rightleftharpoons Ba^{2+}(aq) + 2\,F^-(aq) \qquad K_{ps} = 1,7 \times 10^{-6}$$
$$F^-(aq) + H_2O(l) \rightleftharpoons HF(aq) + OH^-(aq)$$
$$K_b = 2,9 \times 10^{-11}$$

(a) Escreva a equação química do equilíbrio total e calcule a constante de equilíbrio correspondente. (b) Determine a solubilidade de BaF_2 em (i) pH = 7,0; (ii) pH = 5,0.

6J.15 Você encontrou uma garrafa que contém um halogeneto de prata puro, que pode ser AgCl ou AgI. Desenvolva um teste químico simples que permita distinguir que composto estava na garrafa.

6J.16 Quais dentre as seguintes substâncias, se houver alguma, se dissolverá em uma solução 1,00 M de HNO_3(aq): (a) de Bi_2S_3(s); (b) de FeS(s)? Justifique sua resposta por meio de um cálculo apropriado.

6J.17 Acredita-se que uma amostra de liga metálica contenha prata, bismuto e níquel. Explique como determinar qualitativamente a presença dos três metais.

6J.18 Zinco(II) forma facilmente o íon complexo $Zn(OH)_4^{2-}$. Explique como usar esse fato para distinguir uma solução de $ZnCl_2$ de uma solução de $MgCl_2$.

Tópico 6K A representação das reações redox

6K.1 As meias-reações
6K.2 O balanceamento de reações redox

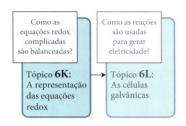

Por que você precisa estudar este assunto? As reações redox representam uma importante classe de reações, especialmente nas químicas analítica, sintética e biológica. Como primeiro passo para entender e usar as reações redox, você precisa ser capaz de expressá-las como "meias-reações" e balancear suas equações químicas, que muitas vezes são complexas.

Que conhecimentos você precisa dominar? Você precisa conhecer os conceitos básicos das reações redox e dos números de oxidação (*Fundamentos* K).

Uma classe importante de reações químicas inclui as mudanças nos estados de oxidação dos reagentes. Como explicado em *Fundamentos* K, a oxidação é a perda de um ou mais elétrons de um reagente, enquanto a redução é o ganho de um ou mais elétrons. O processo total de perda e ganho de elétrons constitui uma "reação redox". As reações redox explicam uma ampla variedade de transformações químicas, como a combustão de materiais orgânicos e a extração de metais de minérios.

Uma característica distingue as reações redox das reações de transferência de prótons características de ácidos e bases (Tópico 6A). Os elétrons estão tão intimamente envolvidos na ligação que, quando migram entre espécies, muitas vezes arrastam átomos – ou mesmo grupos destes – consigo. O resultado é que as equações químicas das reações redox normalmente são complicadas, pois em muitos casos envolvem mudanças nos arranjos entre átomos e na transferência de elétrons.

6K.1 As meias-reações

Uma **meia-reação** é a parte de oxidação ou de redução de uma reação redox considerada separadamente. Uma meia-reação de oxidação mostra a remoção de elétrons de uma espécie que está sendo oxidada. Por exemplo, para mostrar apenas a oxidação do zinco na reação do metal com íons prata,

$$Zn(s) + 2\,Ag^+(aq) \longrightarrow Zn^{2+}(aq) + 2\,Ag(s)$$

escreva:

$$Zn(s) \longrightarrow Zn^{2+}(s) + 2\,e^-$$

É muito importante entender que uma meia-reação de oxidação é meramente uma maneira conceitual de representar uma oxidação: os elétrons nunca estão realmente livres. Na equação de uma meia-reação de oxidação, os elétrons perdidos sempre aparecem do lado direito da seta. Seu estado não é dado porque eles estão em trânsito e não têm um estado físico definido. As espécies reduzida e oxidada, juntas, formam um **par redox**. Nesse exemplo, o par redox é Zn^{2+} e Zn e é representado por Zn^{2+}/Zn. Um par redox tem sempre a forma Ox/Red, em que Ox é a forma oxidada da espécie e Red é a forma reduzida.

Nota de boa prática Faça a distinção entre uma meia-reação e uma ionização real em que o elétron foi removido e para a qual escreveríamos, por exemplo, $Na(g) \rightarrow Na^+(g) + e^-(g)$, com o estado do elétron especificado.

Vejamos agora a redução. Para descrever a adição de elétrons a uma espécie, as meias-reações correspondentes são escritas para o ganho de elétrons. Por exemplo, para mostrar a redução de íons Ag^+ ao metal Ag, escrevemos

$$Ag^+(aq) + e^- \longrightarrow Ag(s)$$

Essa meia-reação também é conceitual: os elétrons nunca estão realmente livres e seus estados não são especificados. Na equação de uma meia-reação de redução, os elétrons ganhos sempre aparecem à esquerda da seta. Nesse exemplo, o par redox é Ag^+/Ag.

As meias-reações de redução sempre ocorrem em combinação. Uma oxidação não pode avançar sem a redução correspondente.

As meias-reações expressam as duas contribuições (oxidação e redução) de uma reação redox completa.

6K.2 O balanceamento de reações redox

Nas reações redox, é convenção usar H^+ em lugar de H_3O^+ porque simplifica as equações, sendo que a transferência de prótons não é o ponto central neste contexto.

O balanceamento das equações químicas das reações redox por simples inspeção pode ser um verdadeiro desafio em alguns casos, especialmente para reações que ocorrem em água, que pode estar envolvida na reação, nas quais H_2O e H^+ (em soluções ácidas) ou OH^- (em soluções básicas) precisam ser incluídos. Nesses casos, é mais fácil simplificar a equação separando-a nas meias-reações de oxidação e de redução, balancear separadamente as meias-reações e, então, somá-las para obter a equação balanceada da reação total. Ao adicionar as equações das meias-reações, é necessário igualar o número de elétrons liberados na oxidação e o de elétrons usados na redução, porque elétrons não são criados nem perdidos nas reações químicas. O procedimento está descrito na **Caixa de Ferramentas 6K.1** e ilustrado nos Exemplos 6K.1 e 6K.2.

Caixa de ferramentas 6K.1 COMO BALANCEAR EQUAÇÕES REDOX COMPLICADAS

BASE CONCEITUAL

Ao balancear as equações redox, expresse separadamente o ganho de elétrons (redução) e a perda de elétrons (oxidação) em meias-reações, balanceie os átomos e as cargas em cada uma delas e depois combine-as. Na etapa final, o número de elétrons liberados na oxidação precisa ser igual ao número de elétrons usados na redução.

PROCEDIMENTO

Em geral, balanceie primeiro as meias-reações separadamente e, depois, combine-as.

Etapa 1 Identifique as espécies que sofrem oxidação e as que sofrem redução verificando as mudanças dos números de oxidação.

Etapa 2 Escreva as duas equações simplificadas (não balanceadas) das meias-reações de oxidação e redução.

Etapa 3 Balanceie todos os elementos nas duas meias-reações, exceto O e H.

Etapa 4 (a) Em solução ácida, balanceie O usando H_2O e, depois, balanceie H usando H^+.

(b) Em solução básica, balanceie O usando H_2O e balanceie, depois, H adicionando H_2O do lado de cada meia-reação em que H é necessário e adicionando OH^- do lado oposto. Quando ...OH^- ... → ...H_2O... é adicionado a uma meia-reação, um átomo de H está sendo efetivamente adicionado do lado direito. Quando ...H_2O ... → ... OH^- ... é adicionado, um átomo de H está sendo efetivamente adicionado do lado esquerdo. Note que, em uma solução básica, uma molécula de H_2O (junto a um íon OH^- no outro lado da seta) é adicionada para cada átomo de H adicionado. Se necessário, cancele espécies iguais (normalmente, H_2O) nos lados opostos da seta.

Etapa 5 Balanceie as cargas elétricas adicionando elétrons do lado esquerdo nas reduções e do lado direito nas oxidações. Certifique-se de que o número de elétrons perdidos ou ganhos em cada meia-reação é igual à variação do número de oxidação do elemento que foi oxidado ou reduzido em cada meia-reação.

Etapa 6 Se necessário, multiplique todas as espécies, em uma ou em ambas as meias-reações, pelo fator necessário para igualar o número de elétrons nas duas meias-reações e, então, some-as, incluindo os estados físicos. Em alguns casos, é possível simplificar as meias-reações antes de combiná-las cancelando espécies que aparecem em ambos os lados da seta.

Etapa 7 Simplifique a equação cancelando as espécies que aparecem em ambos os lados da seta e verifique nos dois lados se os átomos e as cargas estão balanceados.

Os Exemplos 6K.1 e 6K.2 ilustram esse procedimento.

EXEMPLO 6K.1 Balanceamento de uma equação redox em solução ácida

Os íons permanganato são poderosos agentes oxidantes uados no tratamento de água para remover metais, como o ferro, e compostos químicos que têm mau odor, como o H_2S. Se você usa soluções de permanganato, precisará conhecer as concentrações exatas. A titulação com ácido oxálico é comumente usada para determinar a concentração de soluções de MnO_4^-. Portanto, você precisará conhecer a equação redox balanceada. Os íons permanganato, MnO_4^-, oxidam o ácido oxálico, $H_2C_2O_4$, em solução ácida, em água. A equação simplificada (incluindo os estados) para a reação é

$$MnO_4^-(aq) + H_2C_2O_4(aq) \longrightarrow Mn^{2+}(aq) + CO_2(g)$$

Escreva a equação iônica global balanceada para essa reação.

PLANEJE Para balancear essa equação, use o procedimento descrito para as soluções ácidas na Caixa de Ferramentas 6K.1.

RESOLVA

Meia-reação de redução

Etapa 1 Identifique as espécies que estão sendo reduzidas.

O número de oxidação do Mn diminui de +7 para +2, logo o íon MnO_4^- se reduz.

$$\overset{+7}{Mn}O_4^- \longrightarrow \overset{+2}{Mn}^{2+}$$

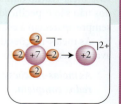

Etapa 2 Escreva a equação simplificada da redução.

$$MnO_4^- \longrightarrow Mn^{2+}$$

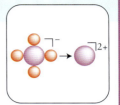

Etapa 3 Balanceie todos os elementos, exceto H e O.

$$MnO_4^- \longrightarrow Mn^{2+}$$

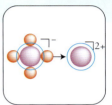

Etapa 4 Balanceie os átomos de O adicionando H_2O à direita.

$$MnO_4^- \longrightarrow Mn^{2+} + 4\,H_2O$$

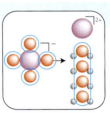

Balanceie os átomos de H adicionando H^+ à esquerda

$$MnO_4^- + 8\,H^+ \longrightarrow Mn^{2+} + 4\,H_2O$$

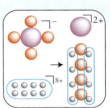

Etapa 5 Balanceie as cargas adicionando elétrons.

A carga líquida à esquerda é +7 e à direita, +2; cinco elétrons são necessários à esquerda para reduzir a carga de +7 a +2.

$$\underbrace{MnO_4^- + 8\,H^+ + 5\,e^-}_{\text{carga líquida} = +2} \longrightarrow \underbrace{Mn^{2+} + 4\,H_2O}_{\text{carga líquida} = +2}$$

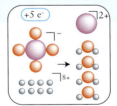

Observe que o número de elétrons transferidos (5) corresponde à variação do número de oxidação do Mn (de +7 para +2).

Meia-reação de oxidação

Etapa 1 Identifique as espécies que estão sendo oxidadas.

O número de oxidação do carbono aumenta de +3 para +4, logo o ácido oxálico se oxida.

$$\overset{+3}{C_2}H_2O_4 \longrightarrow \overset{+4}{C}O_2$$

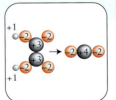

Etapa 2 Escreva a equação simplificada da oxidação.

$$H_2C_2O_4 \longrightarrow CO_2$$

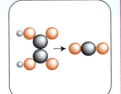

Etapa 3 Balanceie todos os elementos, exceto H e O.

$$H_2C_2O_4 \longrightarrow 2\ CO_2$$

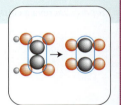

Etapa 4 Balanceie os átomos de O adicionando H_2O (nenhuma é necessária).

$$H_2C_2O_4 \longrightarrow 2\ CO_2$$

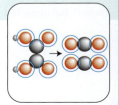

Balanceie os átomos de H adicionando H^+ à direita

$$H_2C_2O_4 \longrightarrow 2\ CO_2 + 2\ H^+$$

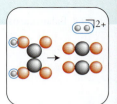

Etapa 5 Balanceie as cargas adicionando elétrons.

A carga líquida à esquerda é 0 e à direita, +2; dois elétrons são necessários à direita para reduzir a carga de +2 a 0.

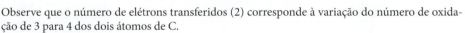

$$H_2C_2O_4 \longrightarrow 2\ CO_2 + 2\ H^+ + 2\ e^-$$

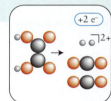

Observe que o número de elétrons transferidos (2) corresponde à variação do número de oxidação de 3 para 4 dos dois átomos de C.
Agora, junte as duas equações.

Etapa 6 Primeiramente, iguale os números de elétrons em cada meia-reação.

Como cinco elétrons foram ganhos em uma das meias-reações, mas dois foram perdidos na outra, multiplique a meia-reação de redução por 2 e a meia-reação de oxidação por 5.

$$2\ MnO_4^- + 16\ H^+ + 10\ e^- \longrightarrow 2\ Mn^{2+} + 8\ H_2O$$
$$5\ H_2C_2O_4 \longrightarrow 10\ CO_2 + 10\ H^+ + 10\ e^-$$

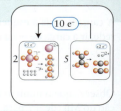

Adicione as equações e cancele os 10 elétrons em cada lado da seta.

$$2\ MnO_4^- + 5\ H_2C_2O_4 + 16\ H^+ \longrightarrow 2\ Mn^{2+} + 8\ H_2O + 10\ CO_2 + 10\ H^+$$

Cancele 10 íons H^+ à esquerda e à direita e inclua os estados físicos.

$$2\ MnO_4^-(aq) + 5\ H_2C_2O_4(aq) + 6\ H^+(aq) \longrightarrow 2\ Mn^{2+}(aq) + 8\ H_2O(l) + 10\ CO_2(g)$$

Observe que todos elementos e cargas estão balanceados.

Teste 6K.1A O cobre reage com ácido nítrico diluído para formar nitrato de cobre(II) e o gás óxido nítrico, NO. Escreva a equação iônica simplificada da reação.

[*Resposta:* $3\ Cu(s) + 2\ NO_3^-(aq) + 8\ H^+(aq) \rightarrow 3\ Cu^{2+}(aq) + 2\ NO(g) + 4\ H_2O(l)$]

Teste 6K.1B Uma solução de permanganato de potássio em meio ácido reage com ácido sulfuroso, $H_2SO_3(aq)$, para formar ácido sulfúrico e íons manganês(II). Escreva a equação iônica simplificada da reação. Em solução em água, em meio ácido, H_2SO_3 está na forma de moléculas eletricamente neutras e o ácido sulfúrico está na forma de íons HSO_4^-.

Exercícios relacionados 6K.1 a 6K.4, 6K.7

EXEMPLO 6K.2 Balanceamento de uma equação redox em solução básica

Você trabalha em um laboratório de análises e precisa usar a solução de permanganato que preparou no Exemplo 6K.1 para determinar a concentração dos íons brometo em uma amostra de águas subterrâneas enviadas por uma agência reguladora ambiental. Os produtos da reação entre íons brometo e permanganato, MnO_4^-, em água em meio básico, são óxido de manganês(IV) sólido, MnO_2, e íons bromato, BrO_3^-. Balanceie a equação química da reação.

PLANEJE Use o procedimento da Caixa de Ferramentas 6K.1 para soluções em meio básico.

Meia-reação de redução

Etapa 1 Identifique as espécies que estão sendo reduzidas.

O número de oxidação do Mn diminui de +7, em MnO_4^-, para +4, em MnO_2; logo, o Mn do íon MnO_4^- se reduz.

$$\overset{+7}{Mn}O_4^- \longrightarrow \overset{+4}{Mn}O_2$$

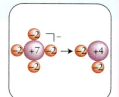

Etapa 2 Escreva a equação simplificada da redução.

$$MnO_4^- \longrightarrow MnO_2$$

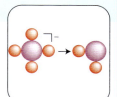

Etapa 3 Os átomos de Mn estão balanceados.

$$MnO_4^- \longrightarrow MnO_2$$

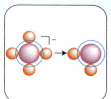

Etapa 4 Balanceie os átomos de O adicionando H_2O.

$$MnO_4^- \longrightarrow MnO_2 + 2\,H_2O$$

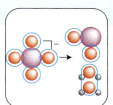

Quatro átomos de H são necessários do lado esquerdo. Balanceie os átomos de H adicionando quatro moléculas de H_2O no lado esquerdo e quatro íons OH^- no lado direito.

$$MnO_4^- + 4\,H_2O \longrightarrow MnO_2 + 2\,H_2O + 4\,OH^-$$
↑___4 átomos de H na esquerda___↑

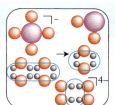

Cancele as espécies idênticas dos lados opostos da seta (neste caso, $2\,H_2O$).

$$MnO_4^- + 2\,H_2O \longrightarrow MnO_2 + 4\,OH^-$$

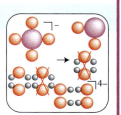

Etapa 5 Balanceie as cargas adicionando elétrons.

A carga total à esquerda é −1 e à direita, −4. São necessários 3 elétrons à esquerda para ajustar as cargas de 1 a −4.

$$\underbrace{MnO_4^- + 2\,H_2O + 3\,e^-}_{\text{carga líquida}\,=\,-4} \longrightarrow \underbrace{MnO_2 + 4\,OH^-}_{\text{carga líquida}\,=\,-4}$$

Observe que o número de elétrons transferidos (3) corresponde à variação do número de oxidação do Mn de 7 para 4.

Meia-reação de oxidação

Etapa 1 Identifique as espécies que estão sendo oxidadas.

O número de oxidação do bromo aumenta de −1 em Br^- para +5 em BrO_3^-, logo Br^- se oxida.

$$\overset{-1}{Br^-} \longrightarrow \overset{+5}{BrO_3^-}$$

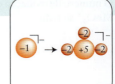

Etapa 2 Escreva a equação simplificada da oxidação.

$$Br^- \longrightarrow BrO_3^-$$

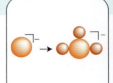

Etapa 3 Os átomos de Br estão balanceados.

$$Br^- \longrightarrow BrO_3^-$$

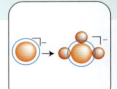

Etapa 4 Balanceie os átomos de O adicionando H_2O à esquerda.

$$Br^- + 3\,H_2O \longrightarrow BrO_3^-$$

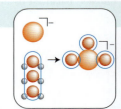

São necessários seis átomos de H à direita. Balanceie os átomos de H adicionando seis moléculas de H_2O no lado direito e 6 íons OH^- no lado esquerdo.

$$Br^- + 3\,H_2O + 6\,OH^- \longrightarrow BrO_3^- + 6\,H_2O$$
↑_____ ao todo, 6 átomos _____↑
de H na direita

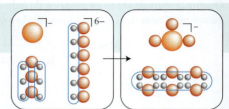

Cancele as espécies iguais dos lados opostos da seta (neste caso, 3 H_2O).

$$Br^- + 6\,OH^- \longrightarrow BrO_3^- + 3\,H_2O$$

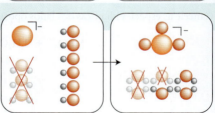

Etapa 5 Balanceie as cargas adicionando elétrons.

A carga total à esquerda é −7 e à direita, −1. São necessários 6 elétrons à direita para reduzir a carga líquida de −1 para −7.

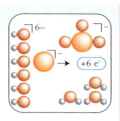

$$\underbrace{Br^- + 6\,OH^-}_{\text{carga líquida} = -7} \longrightarrow \underbrace{BrO_3^- + 3\,H_2O + 6\,e^-}_{\text{carga líquida} = -7}$$

Observe que o número de elétrons transferidos (6) corresponde à variação do número de oxidação do Br (de −1 para +5).

Agora, junte as duas equações.

Etapa 6 Iguale os números de elétrons em cada meia-reação.

Como seis elétrons são perdidos e três são ganhos nas meias-reações, a meia-reação de redução precisa ser multiplicada por 2 para que os números de elétrons se igualem:

$$2\,MnO_4^- + 4\,H_2O + 6\,e^- \longrightarrow 2\,MnO_2 + 8\,OH^-$$

O número de oxidação permanece inalterado.

$$Br^- + 6\,OH^- \longrightarrow BrO_3^- + 3\,H_2O + 6\,e^-$$

Adicione as duas equações e cancele os elétrons.

$$2\,MnO_4^- + Br^- + 6\,OH^- + 4\,H_2O \longrightarrow 2\,MnO_2 + BrO_3^- + 8\,OH^- + 3\,H_2O$$

Etapa 7 Cancele 3 H$_2$O e 6 OH$^-$ em cada lado e adicione os estados físicos.

$$2\,MnO_4^-(aq) + Br^-(aq) + H_2O(l) \longrightarrow 2\,MnO_2(s) + BrO_3^-(aq) + 2\,OH^-(aq)$$

Teste 6K.2A Uma solução de íons hipoclorito, em meio alcalino, reage com hidróxido de cromo(III) sólido para dar íons cromato e íons cloreto, em água. Escreva a equação iônica simplificada da reação.

[*Resposta:* 2 Cr(OH)$_3$(s) + 4 OH$^-$(aq) + 3 ClO$^-$(aq) → 2 CrO$_4^{2-}$(aq) + 5 H$_2$O(l) + 3 Cl$^-$(aq)]

Teste 6K.2B Quando íons iodeto reagem com íons iodato em solução básica, em água, formam-se íons triiodeto, I$_3^-$. Escreva a equação iônica simplificada da reação. (Note que o mesmo produto é obtido nas duas meias-reações.)

Exercícios relacionados 6K.5, 6K.6, 6K.8

A equação química de uma meia-reação de redução é adicionada à de uma meia-reação de oxidação para dar a equação química balanceada da reação redox total.

O que você aprendeu com este tópico?

Você aprendeu a reconhecer e escrever meias-reações de reações redox. Você também conheceu um procedimento para balancear equações redox em soluções aquosas básicas.

Os conhecimentos que você deve dominar incluem a capacidade de:

☐ **1.** Expressar oxidações e reduções como meias-reações.

☐ **2.** Balancear uma equação redox em uma solução ácida (Caixa de Ferramentas 6K.1 e Exemplo 6K.1).

☐ **3.** Balancear uma equação redox em uma solução básica (Caixa de Ferramentas 6K.1 e Exemplo 6K.2).

Tópico 6K Exercícios

6K.1 A seguinte reação redox é usada, em meio ácido, no "bafômetro" para determinar o nível de álcool no sangue:

H$^+$(aq) + Cr$_2$O$_7^{2-}$(aq) + C$_2$H$_5$OH(aq) ⟶
   Cr^{3+}(aq) + C$_2$H$_4$O(aq) + H$_2$O(l)

(a) Identifique os elementos que mudam de estado de oxidação e indique os números de oxidação inicial e final desses elementos. (b) Escreva e balanceie a meia-reação de oxidação. (c) Escreva e balanceie a meia-reação de redução. (d) Combine as meias-reações para obter a equação redox balanceada.

544 Tópico 6K representação das reações redox

6K.2 A seguinte reação redox é usada para preparar o ácido ortotelúrico:

$$Te(s) + ClO_3^-(aq) + H_2O(l) \longrightarrow H_6TeO_6(aq) + Cl_2(g)$$

(a) Identifique os elementos que mudam de estado de oxidação e indique os números de oxidação inicial e final desses elementos. (b) Escreva e balanceie a meia-reação de oxidação. (c) Escreva e balanceie a meia-reação de redução. (d) Combine as meias-reações para obter a equação redox balanceada.

6K.3 Balanceie as seguintes equações simplificadas, usando as meias-reações de oxidação e redução. Todas as reações ocorrem em solução ácida. Identifique o agente oxidante e o agente redutor em cada reação.
(a) Reação do íon tiossulfato com o gás cloro:

$$Cl_2(g) + S_2O_3^{2-}(aq) \longrightarrow Cl^-(aq) + SO_4^{2-}(aq)$$

(b) Ação do íon permanganato sobre ácido sulfuroso:

$$MnO_4^-(aq) + H_2SO_3(aq) \longrightarrow Mn^{2+}(aq) + HSO_4^-(aq)$$

(c) Reação do ácido sulfídrico com cloro:

$$H_2S(aq) + Cl_2(g) \longrightarrow S(s) + Cl^-(aq)$$

(d) Reação do cloro em água:

$$Cl_2(g) \longrightarrow HClO(aq) + Cl_2(g)$$

6K.4 Balanceie as seguintes equações simplificadas, usando as meias-reações de oxidação e redução. Todas as reações ocorrem em solução ácida. Identifique o agente oxidante e o agente redutor em cada reação.
(a) Reação do íon selenito com o íon clorato:

$$SeO_3^{2-}(aq) + ClO_3^-(aq) \longrightarrow SeO_4^{2-}(aq) + Cl_2(g)$$

(b) Formação de propanona (acetona) usado no removedor de esmaltes de unhas a partir de álcool isopropílico (álcool de farmácia) pela ação do íon dicromato:

$$C_3H_7OH(aq) + Cr_2O_7^{2-}(aq) \longrightarrow Cr^{3+}(aq) + C_3H_6O(aq)$$

(c) Reação de ouro com ácido selênico:

$$Au(s) + SeO_4^{2-}(aq) \longrightarrow Au^{3+}(aq) + SeO_3^{2-}(aq)$$

(d) Preparação de estibina a partir do ácido antimônico:

$$H_3SbO_4(aq) + Zn(s) \longrightarrow SbH_3(aq) + Zn^{2+}(aq)$$

6K.5 Balanceie as seguintes equações simplificadas, usando as meias-reações de oxidação e redução. Todas as reações ocorrem em solução básica. Identifique o agente oxidante e o agente redutor em cada reação.
(a) Ação do ozônio sobre íons brometo:

$$O_3(aq) + Br^-(aq) \longrightarrow O_2(g) + BrO_3^-(aq)$$

(b) Reação do bromo com ele mesmo (desproporcionação) em água:

$$Br_2(l) \longrightarrow BrO_3^-(aq) + Br^-(aq)$$

(c) Formação dos íons cromato a partir de íons cromo(III):

$$Cr^{3+}(aq) + MnO_2(s) \longrightarrow Mn^{2+}(aq) + CrO_4^{2-}(aq)$$

(d) Formação da fosfina, PH_3, um gás venenoso com odor de peixe em decomposição:

$$P_4(s) \longrightarrow H_2PO_2^-(aq) + PH_3(aq)$$

6K.6 Balanceie as seguintes equações simplificadas, usando as meias-reações de oxidação e redução. Todas as reações ocorrem em solução básica. Identifique o agente oxidante e o agente redutor em cada reação.
(a) Produção de íons clorito a partir de heptóxido de dicloro em reação com solução de peróxido de hidrogênio:

$$Cl_2O_7(g) + H_2O_2(aq) \longrightarrow ClO_2^-(aq) + O_2(g)$$

(b) Ação de íons permanganato sobre íons sulfeto:

$$MnO_4^-(aq) + S^{2-}(aq) \longrightarrow S(s) + MnO_2(s)$$

(c) Reação da hidrazina com íons clorato:

$$N_2H_4(g) + ClO_3^-(aq) \longrightarrow NO(g) + Cl^-(aq)$$

(d) Reação dos íons plumbato com íons hipoclorito:

$$Pb(OH)_4^{2-}(aq) + ClO^-(aq) \longrightarrow PbO_2(s) + Cl^-(aq)$$

6K.7 O composto P_4S_3 é oxidado por íons nitrato em solução ácida para dar ácido fosfórico, íons sulfato e óxido nítrico, NO. Escreva a equação balanceada de cada meia-reação e a equação da reação total.

6K.8 O hidrogenofosfito de ferro(II), $FeHPO_3$, é oxidado por íons hipoclorito em solução básica. Os produtos são íon cloreto, íon fosfato e hidróxido de ferro(III). Escreva a equação balanceada de cada meia-reação e a equação da reação total.

Tópico 6L As células galvânicas

6L.1 A estrutura das células galvânicas
6L.2 Potencial de célula e energia livre de Gibbs de reação
6L.3 A notação das células

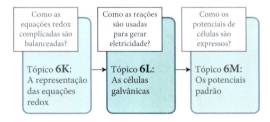

A natureza da eletricidade era desconhecida até a segunda metade do século XVIII, quando o cientista italiano Luigi Galvani descobriu que ao tocar os músculos de animais mortos, principalmente sapos, com cilindros com cargas elétricas, eles reagiam. Ele acreditava que a eletricidade provinha dos músculos. No fim daquele século, porém, outro cientista italiano, Alessandro Volta, sugeriu que a eletricidade era gerada devido à condição de os músculos estarem entre dois metais diferentes quando tocados pelos cilindros. Ele provou que a eletricidade provinha dos metais construindo uma torre de discos de diferentes metais alternados, separados por folhas de papel embebidas com uma solução de cloreto de sódio (Fig. 6L.1). Esta aparelhagem, a "pilha voltaica", foi o primeiro dispositivo de armazenamento de eletricidade, uma bateria simples.

6L.1 A estrutura das células galvânicas

Uma **célula eletroquímica** é um dispositivo em que uma corrente elétrica – o fluxo de elétrons através de um circuito – é produzida por uma reação química espontânea ou é usada para forçar a ocorrência de uma reação não espontânea. Uma **célula galvânica** é uma célula eletroquímica em que uma reação química espontânea é usada para gerar uma corrente elétrica. Tecnicamente, uma **bateria** é uma coleção de células galvânicas unidas em série para que a voltagem produzida – sua capacidade de forçar uma corrente elétrica através de um circuito – seja a soma das voltagens de cada célula.

Para ver como uma reação espontânea pode ser usada para gerar uma corrente elétrica, uma camada do metal cobre começa a se depositar entre o metal zinco e os íons cobre(II):

$$Zn(s) + Cu^{2+}(aq) \longrightarrow Zn^{2+}(aq) + Cu(s) \quad (A)$$

Quando um pedaço do metal zinco é colocado em uma solução de sulfato de cobre(II) em água, uma camada do metal começa a se depositar sobre a superfície do zinco (veja a Fig. K.5, *Fundamentos* K). Se a reação pudesse ser observada em nível atômico, você veria que elétrons se transferem dos átomos de Zn para os íons Cu^{2+} que estão próximos na solução. Esses elétrons reduzem os íons Cu^{2+} a átomos de Cu, que permanecem na superfície do zinco ou formam um depósito sólido finamente dividido no bécher. O pedaço de zinco desaparece lentamente, e a solução perde sua cor azul à medida que seus átomos doam elétrons e formam íons Zn^{2+} incolores que passam para a solução, substituindo os íons Cu^{2+} azuis.

Suponha, porém, que os reagentes estejam separados, mas que exista um caminho que permite que os elétrons passem do metal zinco para os íons cobre(II). Os elétrons podem, agora, passar da espécie que se oxida para a espécie que se reduz. Uma célula galvânica faz uso desse efeito. Ela é formada por dois **eletrodos**, ou condutores metálicos, que fazem o contato elétrico (mas estão separados por) um **eletrólito**, um meio condutor iônico dentro da célula. Em um condutor iônico, uma corrente elétrica é carregada pelo movimento dos íons. O eletrólito em geral é uma solução de um composto iônico em água. A oxidação ocorre em um eletrodo, onde a espécie que está sendo oxidada cede elétrons para o condutor metálico que então fluem para o circuito externo. A redução acontece no outro eletrodo, onde

Por que você precisa estudar este assunto? A eletroquímica é uma parte essencial da tecnologia moderna, incluindo a geração de energia para dispositivos móveis e veículos. Ela também está na base das técnicas e procedimentos analíticos de medida de propriedades termodinâmicas.

Que conhecimentos você precisa dominar? Você precisa estar familiarizado com as reações redox (*Fundamentos* K) e o balanceamento de suas equações (Tópico 6K). A principal ligação entre a eletroquímica e a termodinâmica é a energia livre de Gibbs e sua relação com o trabalho máximo de não expansão que uma reação consegue realizar (Tópico 4J).

As células galvânicas são também conhecidas como *células voltaicas*.

O termo formal para "voltagem" é "diferença de potencial", que é medida em volts: $1\ V = 1\ J \cdot C^{-1}$ (veja a Seção 6L.2).

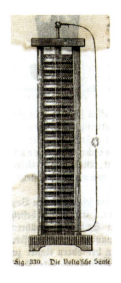

FIGURA 6L.1 Volta usou uma pilha de discos alternados de prata e de zinco separados por papel encharcado com uma solução de sal para produzir a primeira corrente elétrica sustentada. (© Bettmann/CORBIS.)

O termo "eletrólito" foi usado em *Fundamentos* I para se referir ao soluto. Na discussão das células eletrolíticas, o termo é comumente associado ao meio condutor iônico, que pode ser líquido ou sólido.

FIGURA 6L.2 Em uma célula eletroquímica, uma reação ocorre em duas regiões separadas. A oxidação acontece em um dos eletrodos (o anodo), e os elétrons liberados passam por um circuito externo até o outro eletrodo, o catodo, onde eles provocam a redução. O circuito se completa com íons que transportam a carga elétrica através da solução.

FIGURA INTERATIVA 6L.2

A busca por fontes de energia confiáveis é constante e hoje se volta à energia para dispositivos móveis.

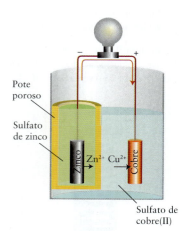

FIGURA 6L.3 A célula de Daniell é formada por eletrodos de cobre e zinco imersos em soluções de sulfato de cobre(II) e de zinco, respectivamente. As duas soluções entram em contato por meio de uma barreira porosa que permite a passagem dos íons e completa o circuito elétrico.

a espécie que está sendo reduzida coleta elétrons do condutor metálico ligado ao circuito externo (Fig. 6L.2). A reação química total pode ser vista como um fluxo de elétrons que são empurrados para um eletrodo devido ao processo de oxidação e são puxados do outro eletrodo devido à redução. Esse processo provoca um fluxo de elétrons no circuito externo que une os dois eletrodos, e essa corrente pode ser usada para realizar trabalho elétrico.

O eletrodo em que a oxidação ocorre é chamado de **anodo**. O eletrodo em que ocorre a redução é chamado de **catodo**. Os elétrons são liberados pela meia-reação de oxidação no anodo, passam pelo circuito externo e reentram na célula no catodo, no qual eles são usados na meia-reação de redução. Uma célula galvânica comercial tem o catodo marcado com o sinal + e o anodo com o sinal −. Pense no sinal + como indicando o eletrodo em que os elétrons entram e se "adicionam" à célula e o sinal − como representando o eletrodo em que os elétrons saem da célula.

A *célula de Daniell* é um exemplo antigo de célula galvânica que usa a oxidação do cobre pelos íons zinco, como na reação A. Ela foi inventada pelo químico britânico John Daniell em 1836, quando o avanço da telegrafia criou a necessidade urgente de uma fonte de corrente elétrica barata, confiável e estável. Daniell montou o arranjo mostrado na Fig. 6L.3, no qual os dois reagentes estão separados: o metal zinco fica imerso em uma solução de sulfato de zinco e o eletrodo de cobre, em uma solução de sulfato de cobre. Para que os elétrons passem dos átomos de Zn para os íons Cu^{2+} e permitam que a reação espontânea ocorra, eles têm de passar por um fio que serve de circuito externo e depois pelo eletrodo de Cu até a solução de cobre(II). Os íons Cu^{2+} convertem-se em átomos de Cu no catodo por meio da meia-reação de redução $Cu^{2+}(aq) + 2\,e^- \rightarrow Cu(s)$. Ao mesmo tempo, os átomos de Zn se convertem em íons Zn^{2+} no anodo a partir da meia-reação de oxidação $Zn(s) \rightarrow Zn^{2+}(aq) + 2\,e^-$. À medida que os íons Cu^{2+} se reduzem, a solução no catodo adquire carga negativa, e a solução no anodo começa a desenvolver carga positiva quando os íons Zn^{2+} entram na solução. Para evitar esse processo, que faria cessar rapidamente o fluxo de elétrons, as duas soluções ficam em contato por meio de uma parede porosa: os íons fornecidos pelo eletrólito movimentam-se entre os dois compartimentos e completam o circuito elétrico.

Os eletrodos da célula de Daniell são feitos com os metais envolvidos na reação. Entretanto, nem todas as reações de eletrodo envolvem diretamente um sólido condutor. Por exemplo, para usar a redução $2\,H^+(aq) + 2\,e^- \rightarrow H_2(g)$ em um eletrodo, é necessário usar um condutor metálico quimicamente inerte, como um metal não reativo ou a grafita, para fornecer ou remover os elétrons do compartimento do eletrodo. A platina é costumeiramente usada para o eletrodo, e o gás hidrogênio é borbulhado sobre o metal imerso em uma solução que contém íons hidrogênio. Este arranjo é conhecido como *eletrodo de hidrogênio*. O compartimento com o metal condutor e a solução de eletrólito é comumente chamado de "o eletrodo" ou, mais formalmente, de **meia-célula**.

Em uma célula galvânica, uma reação química espontânea retira elétrons da célula através do catodo, o sítio de redução, e os libera no anodo, o sítio de oxidação.

6L.2 Potencial de célula e energia livre de Gibbs de reação

Uma reação com muito poder de empurrar e puxar elétrons gera um alto potencial de célula (coloquialmente, uma "voltagem alta"). Uma reação com pequeno poder de empurrar e puxar elétrons só gera um pequeno potencial (uma "voltagem baixa"). Uma bateria descarregada é uma célula em que a reação atingiu o equilíbrio, perdeu o poder de mover elétrons e tem potencial igual a zero. A unidade SI de carga elétrica é o **coulomb**. Um coulomb é a carga liberada por uma corrente de um ampère (1 A) fluindo durante um segundo: $1\,C = 1\,A \cdot s$. A unidade SI de potencial é o **volt** (V). Um volt é definido de forma que uma carga igual a um coulomb (1 C) atravessando uma diferença de potencial igual a um volt (1 V) libere um joule (1 J) de energia: $1\,C \cdot V = 1$.

Para expressar a capacidade de uma célula de gerar uma diferença de potencial quantitativamente, é interessante lembrar de dois fatores. O primeiro é que o potencial elétrico é análogo ao potencial gravitacional. O trabalho máximo que um peso que cai pode realizar é igual a sua massa vezes a diferença de potencial gravitacional. Do mesmo modo, o trabalho

6L.2 Potencial de célula e energia livre de Gibbs de reação **547**

máximo que um elétron pode realizar é igual a sua carga vezes a diferença de potencial elétrico que ele experimenta. Portanto, o trabalho que pode ser realizado por um elétron enquanto migra entre eletrodos permite estimar a diferença de potencial entre eles. O segundo é que o trabalho elétrico é um tipo de trabalho de não expansão, porque ele envolve a movimentação de elétrons sem variação do volume do sistema. Como vimos no Tópico 4J, em temperatura e pressão constantes, o trabalho máximo de não expansão que um sistema pode executar é igual à energia livre de Gibbs. Logo, isso permitiria relacionar a diferença de potencial causada por uma reação (uma propriedade elétrica) à energia livre de Gibbs (uma propriedade termodinâmica).

─────── **Como isso é feito?** ───────

A variação de energia livre de Gibbs é o trabalho máximo de não expansão que uma reação pode realizar em pressão e temperatura constantes (Tópico 4J):

$$\Delta G = w_{e,\text{máx}}$$

O trabalho realizado quando uma quantidade n de elétrons (em mols) atravessa uma diferença de potencial $\Delta\mathcal{V}$ é sua carga total vezes a diferença de potencial (Tabela 4A.1). A carga de um elétron é $-e$. A carga por mol de elétrons é $-eN_A$, em que N_A é a constante de Avogadro. Logo, a carga total é $-neN_A$ e o trabalho realizado é

$$w_e = \text{carga total} \times \text{diferença de potencial} = (-neN_A) \times \Delta\mathcal{V}$$

(O subscrito "máx" em w_e será restaurado assim que as condições para medir $\Delta\mathcal{V}$ forem especificadas mais precisamente.) Essa expressão normalmente é escrita em termos da **constante de Faraday**, F, a magnitude da carga por mol de elétrons (o produto da carga elementar e pela constante de Avogadro N_A):

$$F = eN_A = (1{,}602\,176\ldots \times 10^{-19}\,\text{C}) \times \{6{,}022\,141\ldots \times 10^{23}\,(\text{mol e}^-)^{-1}\}$$
$$= 9{,}648\,533\ldots \times 10^4\,\text{C}\cdot(\text{mol e}^-)^{-1}$$

A constante de Faraday é normalmente abreviada como $F = 9{,}6485 \times 10^4\,\text{C}\cdot\text{mol}^{-1}$ (ou $96{,}485\,\text{kC}\cdot\text{mol}^{-1}$).

Logo

$$w_e = -nF\Delta\mathcal{V}$$

em que n é a quantidade de elétrons sendo transferidos. Agora, restaure o subscrito "máx". Desde que a célula opere reversivelmente (como explicado no Tópico 4A, em um processo reversível a força que age sobre o sistema é balanceada por uma força igual e contrária), ela produz uma diferença de potencial $\Delta\mathcal{V}_{\text{rev}}$ e a quantidade de trabalho máximo, $w_{e,\text{máx}}$. Neste caso, portanto, w_e pode ser igualado a $w_{e,\text{máx}}$ e, logo, com ΔG.

Então,

$$\Delta G = -nF\Delta\mathcal{V}_{\text{rev}}$$

O **potencial da célula**, $E_{\text{célula}}$, é a diferença de potencial associada com uma célula galvânica em operação reversível. Ao identificar $E_{\text{célula}}$ com $\Delta\mathcal{V}_{\text{rev}}$ na expressão obtida acima, você obtém:

$$\Delta G = -nFE_{\text{célula}} \qquad (1a)$$

Uma célula opera no modo reversível quando seu poder de empurrar elétrons de uma célula é balanceado por uma fonte externa de potencial. Na prática, isso significa usar um voltímetro com resistência suficientemente alta para que a diferença de potencial seja medida sem retirar corrente. Uma célula de trabalho, isto é, uma célula que produz, de fato, corrente, como a bateria de um gravador de discos compactos, produzirá um potencial menor do que o previsto por essa expressão.

A Equação 1a relaciona as informações termodinâmicas dadas nos Focos 4 e 5 às informações eletroquímicas desenvolvidas neste foco. As unidades de ΔG são joules (ou quilojoules), com um valor que depende de $E_{\text{célula}}$ também da quantidade n (em mols) dos elétrons transferidos na reação. Assim, na reação A, $n = 2$ mols. Como na discussão da relação entre a energia livre de Gibbs e as constantes de equilíbrio (Tópico 5F), você precisará

O potencial de célula ainda é muito conhecido como *força eletromotriz*, *fem*, da célula, mas, na verdade, ele não é uma força. Por isso, o termo está se tornando obsoleto.

usar, às vezes, essa relação em sua forma "molar", com n interpretado como um número puro (logo, para a reação A, $n_r = 2$).

$$\Delta G_r = -n_r FE_{célula} \quad \text{(1b)}$$

O subscrito "r" indica que a convenção molar está sendo usada (Tópico 5G).

Neste caso, as unidades de ΔG_r são joules (ou quilojoules) por mol.

As duas formas da Eq. 1 mostram como a diferença de potencial produzida em uma célula galvânica reversível, $E_{célula}$, é um critério experimental de espontaneidade da reação que ocorre em seu interior. Se a diferença de potencial for positiva, a energia livre de Gibbs na composição da célula naquele momento (como dada pela concentração de reagentes e produtos no eletrólito) será negativa, e a reação da célula terá uma tendência espontânea de formar produtos. Se a diferença de potencial for negativa, a reação inversa da célula será espontânea, e a reação da célula terá a tendência espontânea de formar reagentes.

EXEMPLO 6L.1 Cálculo da energia livre de Gibbs de uma reação

Suponha que você esteja participando de uma competição de engenharia na qual fontes de energia comerciais são proibidas. Você decide usar uma célula de Daniell para fornecer energia a um carro elétrico. Você precisa conhecer o potencial da célula correspondente às concentrações dos reagentes que pretende usar. A diferença de potencial gerada por uma célula de Daniell na qual são usadas soluções 1,00 mol·L^{-1} em íons zinco e 0,01 mol·L^{-1} em íons cobre é +1,04 V. Qual é a energia livre de Gibbs de reação nessas condições?

ANTECIPE Como a célula gera corrente elétrica, a reação é espontânea nas condições do experimento. Portanto, você deve esperar que a energia livre de Gibbs seja negativa.

PLANEJE Use a Eq. 1 para determinar a energia livre de Gibbs da reação A a partir do potencial de célula. Identifique o valor de n a partir da equação balanceada (reação A). Em casos mais complicados, talvez você precise consultar as duas meias-reações da célula.

Assim, na reação A, $n = 2$ mols. Logo, de $\Delta G = -nFE_{célula}$,

$$\Delta G = -(2 \text{ mol}) \times (9{,}6485 \times 10^4 \text{ C·mol}^{-1}) \times (1{,}04 \text{ V})$$

$$= -2{,}01 \times 10^5 \underbrace{\text{C·V}}_{J} = -201 \text{ kJ}$$

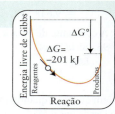

AVALIE Como a energia livre de Gibbs da reação A, nessas condições, é -201 kJ, a reação é espontânea na direção direta *para essa composição da célula*, conforme antecipado.

Teste 6L.1A A reação que ocorre em uma célula nicad (níquel-cádmio) é Cd(s) + 2 Ni(OH)$_3$(s) → Cd(OH)$_2$(s) + 2 Ni(OH)$_2$(s), e o potencial de célula completamente carregada é +1,25 V. Qual é a energia livre de Gibbs da reação?

[*Resposta:* -241 kJ]

Teste 6L.1B A reação que ocorre em uma célula de bateria de prata, usada em algumas câmeras e relógios de pulso, é Ag$_2$O(s) + Zn(s) → 2 Ag(s) + ZnO(s), e o potencial da célula quando nova é 1,6 V. Qual é a energia livre da reação?

Exercícios relacionados 6L.1 e 6L.2

O **potencial de célula padrão**, $E_{célula}°$, é definido pela expressão

$$\Delta G° = -nFE_{célula}° \quad \text{(2)}$$

em que $\Delta G°$, a energia livre de Gibbs da reação (Tópico 4J), é definida como a diferença entre as energias molares de Gibbs dos produtos e dos reagentes em seus estados padrão. Conforme explicado naquele tópico, as condições padrão são:

- todos os gases em 1 bar
- todos os solutos participantes em 1 mol·L^{-1}
- todos os líquidos e sólidos são puros

Mais precisamente, todos os solutos devem ter atividade igual a um, não concentração molar igual a um. As atividades diferem apreciavelmente das molaridades em soluções de eletrólitos porque os íons interagem a distâncias maiores. Entretanto, essa complicação não é considerada neste ponto. Em alguns casos, é possível construir uma célula que gera o seu potencial padrão. Uma célula de Daniell na qual a meia-célula do cobre é composta por 1 M de CuSO$_4$(aq) e um eletrodo de cobre puro e a meia-célula de zinco é composta por 1 M de ZnSO$_4$(aq) e um eletrodo de zinco puro gera o seu potencial padrão. Contudo, na maioria dos casos, a célula não pode ser construída com os reagentes e produtos separados tão claramente e, de modo geral, é melhor considerar $E_{célula}°$ como o valor de ΔG expresso como diferença de potencial em volts a partir da Eq. 2 na forma $E_{célula}° = -\Delta G°/nF$.

É importante entender a diferença entre $\Delta G°$ e ΔG (e, portanto, entre $E°_{célula}$ e $E_{célula}$). A primeira é a diferença entre as energias livres de Gibbs (adequadamente ponderadas usando-se os coeficientes estequiométricos) dos produtos e dos reagentes *em seus estados padrão*. A segunda é a diferença (também ponderada do modo correto) entre as energias livres de Gibbs dos produtos e dos reagentes em um estágio intermediário da reação, quando estão cercados de moléculas que refletem a composição da mistura naquele momento. Logo, enquanto $\Delta G°$ tem valor fixo, característico da reação, ΔG varia com o avanço dela. De modo análogo, $E_{célula}°$ tem valor fixo característico de uma reação, ao passo que $E_{célula}$ varia com seu avanço.

Quando uma equação química de uma reação é multiplicada por um fator, ΔG (e $\Delta G°$) aumentam de acordo com esse fator, mas $E_{célula}$ (e $E_{célula}°$) permanecem inalterados. Para entender por que é assim, observe que, quando todos os coeficientes estequiométricos são multiplicados por 2, o valor de ΔG dobra. Entretanto, ao multiplicar todos os coeficientes por 2, também dobramos o valor de n, logo $E_{célula} = -\Delta G/nF$ permanece constante. Em outras palavras, embora a energia livre de Gibbs da reação (e seu valor padrão) mude quando a equação química é multiplicada por um fator, $E_{célula}$ (e $E_{célula}°$) não se altera:

	$\Delta G°$	$E_{célula}°$
Zn(s) + Cu^{2+}(aq) $\longrightarrow$ Zn^{2+}(aq) + Cu(s)	−212 kJ	+1,10 V
2 Zn(s) + 2 Cu^{2+}(aq) $\longrightarrow$ 2 Zn^{2+}(aq) + 2 Cu(s)	−424 kJ	+1,10 V

Uma consequência prática dessa conclusão é que o potencial de célula é independente do tamanho da célula. Para obter um potencial superior ao previsto pela Equação 1, você precisa construir uma bateria ligando as células em série. O potencial é, então, a soma dos potenciais das células isoladas (veja o Interlúdio do Foco 6 para alguns exemplos).

O potencial de célula e a energia livre de Gibbs de reação estão relacionados pela Equação 1 ($\Delta G = -nFE_{célula}$) e seus valores padrão pela Equação 2 ($\Delta G° = -nFE_{célula}°$). A magnitude do potencial de célula não depende de como a equação química é escrita.

6L.3 A notação das células

Os químicos usam uma notação especial para especificar a estrutura dos compartimentos dos eletrodos de células galvânicas. Os dois eletrodos na célula de Daniell, por exemplo, são descritos como Zn(s)|Zn^{2+}(aq) e Cu^{2+}(aq)|Cu(s). Cada linha vertical representa uma interface entre as fases, neste caso, entre o metal sólido e os íons em solução na ordem reagente|produto.

Descrevemos simbolicamente a estrutura de uma célula com o auxílio de um **diagrama de célula**, a partir das convenções da IUPAC, usadas por cientistas de todo o mundo. O diagrama da célula de Daniell, por exemplo, é

$$Zn(s)|Zn^{2+}(aq)|Cu^{2+}(aq)|Cu(s)$$

Na célula de Daniell, as soluções de sulfato de zinco e de sulfato de cobre(II) se encontram dentro da barreira porosa para completar o circuito. Entretanto, quando íons diferentes se misturam, eles podem afetar o potencial da célula. Para impedir a mistura das soluções, os químicos usam uma "ponte salina" para unir os dois compartimentos de eletrodo e completar o circuito elétrico. Uma **ponte salina** típica é um gel, colocado em um tubo em U invertido, que contém uma solução salina concentrada em água (Fig. 6L.4). A ponte permite o fluxo de íons e completa o circuito elétrico, mas os íons são escolhidos de forma a não afetar a reação da célula (usa-se frequentemente KCl). Em um diagrama de célula, a ponte salina é indicada por duas barras verticais (||), e o arranjo da Fig. 6L.4 é escrito como

$$Zn(s)|Zn^{2+}(aq)||Cu^{2+}(aq)|Cu(s)$$

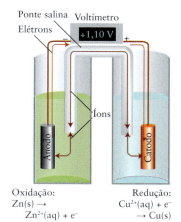

FIGURA 6L.4 Em uma célula galvânica, os elétrons produzidos por oxidação no anodo (−) atravessam o circuito externo e reentram na célula pelo catodo (+), onde provocam redução. O circuito se completa dentro da célula pela migração dos íons através da ponte salina. Quando o potencial de célula é medido, não existe fluxo de corrente. O voltímetro mede a tendência dos elétrons em fluir de um eletrodo para o outro.

550 Tópico 6L As células galvânicas

Quando é importante enfatizar o arranjo espacial de um eletrodo, a ordem pode indicar este arranjo, como em Cl⁻(aq)|Cl₂(g)|Pt(s).

PONTO PARA PENSAR
Existem sais que você, definitivamente, não usaria em uma ponte salina?

No diagrama da célula, qualquer componente metálico inerte de um eletrodo é escrito como o componente mais externo daquele eletrodo. Por exemplo, um eletrodo de hidrogênio construído com platina é descrito como H⁺(aq)|H₂(g)|Pt(s) quando ele está à direita e como Pt(s)|H₂(g)|H⁺(aq) quando está à esquerda. Um eletrodo formado por um fio de platina mergulhado em uma solução contendo íons ferro(II) e ferro(III) é descrito como Fe³⁺(aq), Fe²⁺(aq)|Pt(s) ou Pt(s)| Fe²⁺(aq), Fe³⁺(aq). Nesse caso, as espécies oxidada e reduzida estão na mesma fase e usa-se uma vírgula, e não uma linha, para separá-las. Pares de íons em solução são normalmente escritos na ordem Ox,Red.

> **Teste 6L.2A** Escreva o diagrama de uma célula que tem um eletrodo de hidrogênio à esquerda e um eletrodo de ferro(III)/ferro(II) à direita. Os dois compartimentos de eletrodo estão ligados por uma ponte salina, e platina é usada como condutor em cada eletrodo.
>
> [***Resposta:*** Pt(s)|H₂(g)|H⁺(aq)||Fe³⁺(aq),Fe²⁺(aq)|Pt(s)]
>
> **Teste 6L.2B** Escreva o diagrama de uma célula que tem um eletrodo formado por um fio de manganês mergulhado em uma solução de íons manganês(II) à esquerda, uma ponte salina e um eletrodo cobre(II)/cobre(I) com um fio de platina à direita.

Antigamente, os potenciais de célula eram medidos com um aparelho chamado potenciômetro, mas os equipamentos eletrônicos são mais confiáveis e fáceis de interpretar.

O potencial de célula é medido com um voltímetro eletrônico (Fig. 6L.5). O catodo (o sítio de redução) é determinando identificando-se qual é o terminal positivo da célula. Se o catodo for o eletrodo à direita no diagrama da célula, então, por convenção, o potencial de célula será registrado como positivo, como em

$$\underset{\text{Anodo}(-)}{\text{Zn(s)}|\text{Zn}^{2+}\text{(aq)}} \overset{\text{elétrons, e}^-}{||} \underset{\text{Catodo}(+)}{\text{Cu}^{2+}\text{(aq)}|\text{Cu(s)}} \qquad E_{\text{célula}} = +1 \text{ V, para determinada composição}$$

Neste caso, pode-se imaginar que os elétrons tendem a atravessar o circuito da esquerda da célula, como escrita (o anodo), para a direita (o catodo). Contudo, se o catodo for o eletrodo à esquerda no diagrama da célula, então o potencial de célula será registrado como negativo, como em

$$\underset{\text{Catodo}(+)}{\text{Cu(s)}|\text{Cu}^{2+}\text{(aq)}} \overset{\text{elétrons, e}^-}{||} \underset{\text{Anodo}(-)}{\text{Zn}^{2+}\text{(aq)}|\text{Zn(s)}} \qquad E_{\text{célula}} = -1 \text{ V para determinada composição}$$

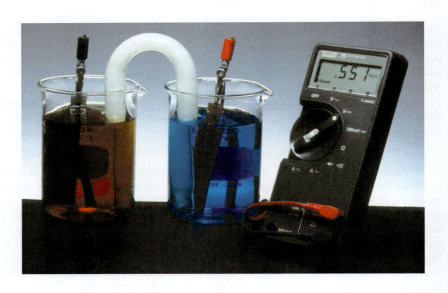

FIGURA 6L.5 O potencial de célula é medido com um voltímetro eletrônico, um aparelho construído para usar uma quantidade de corrente desprezível, o que faz com que a composição da célula não se altere durante a medida. O visor mostra um valor positivo quando o terminal + do medidor está ligado ao catodo da célula galvânica, que também é um terminal +. A ponte salina completa o circuito elétrico dentro da célula. (W. H. Freeman. Foto: Ken Karp.)

LAB_VIDEO – FIGURA 6L.5

6L.3 A notação das células **551**

Em resumo, o sinal do potencial de célula registrado de acordo com o diagrama da célula é igual ao do eletrodo que está à direita no diagrama:

- Um potencial de célula positivo indica que o eletrodo à direita no diagrama é o catodo (o sítio de redução, onde os elétrons entram, "são adicionados", na célula).
- Um potencial de célula negativo indica que o eletrodo à direita no diagrama da célula é o anodo (o sítio de oxidação, de onde os elétrons deixam a célula).

Um determinado diagrama de célula corresponde a uma forma específica da reação da célula correspondente. *Somente para escrever a reação da célula que corresponde a um determinado diagrama de célula*, o eletrodo que está à direita no diagrama é tomado como sendo o sítio de redução (o catodo) e que o eletrodo que está à esquerda, o sítio de oxidação (o anodo). As duas meias-reações são então escritas como uma redução e uma oxidação, respectivamente. Assim, para uma célula escrita como

$$Zn(s)|Zn^{2+}(aq)\|Cu^{2+}(aq)|Cu(s)$$

e em dada composição

Esquerda (E)	**Direita (D)**
$Zn(s) \longrightarrow Zn^{2+}(aq) + 2\,e^{-}$	$Cu^{2+}(aq) + 2\,e^{-} \longrightarrow Cu(s)$
(oxidação)	(redução)

Total (E + D): $Zn(s) + Cu^{2+}(aq) \longrightarrow Zn^{2+}(aq) + Cu(s)$ $\qquad E_{\text{célula}} = +1V$

Como $E_{\text{célula}} > 0$ e, portanto, $\Delta G < 0$ para essa reação, a reação da célula, como escrita, é espontânea quando os eletrólitos têm aquela composição particular. Contudo, se o diagrama da célula for escrito como

$$Cu(s)|Cu^{2+}(aq)\|Zn^{2+}(aq)|Zn(s)$$

e a composição é idêntica à anterior,

Esquerda (E)	**Direita (D)**
$Cu^{2+}(aq) + 2\,e^{-} \longrightarrow Cu(s)$	$Zn(s) \longrightarrow Zn^{2+}(aq) + 2\,e^{-}$
(oxidação)	(redução)

Total (E + D): $Cu(s) + Zn^{2+}(aq) \longrightarrow Cu^{2+}(aq) + Zn(s)$ $\qquad E_{\text{célula}} = -1V$

Como $E_{\text{célula}} < 0$ e, portanto, $\Delta G > 0$, o inverso da reação da célula, como escrita, é espontâneo nessas condições.

O procedimento geral para escrever a equação química da reação que corresponde a um determinado diagrama de célula está descrito na **Caixa de Ferramentas 6L.1.**

Caixa de ferramentas 6L.1 COMO ESCREVER A REAÇÃO DA CÉLULA QUE CORRESPONDE A UM DIAGRAMA DE CÉLULA

BASE CONCEITUAL

Um diagrama de célula corresponde a uma reação de célula específica, na qual o eletrodo que está à direita é considerado o sítio de redução e o eletrodo que está à esquerda, o sítio de oxidação. O sinal do potencial de célula indica se a reação resultante é espontânea na direção escrita ($E_{\text{célula}} > 0$) ou se a reação inversa é espontânea ($E_{\text{célula}} < 0$).

PROCEDIMENTO

Etapa 1 Escreva a meia-reação do eletrodo à direita do diagrama da célula como uma meia-reação de redução (lembre que o lado direito é o lado da redução).

Etapa 2 Escreva a meia-reação do eletrodo à esquerda do diagrama da célula como uma oxidação.

Etapa 3 Multiplique uma das equações, ou ambas, pelo fator necessário para igualar o número de elétrons em cada meia-reação e, então, adicione as duas equações.

Se o potencial de célula for positivo, a reação é espontânea no sentido escrito. Se for negativo, a reação inversa é espontânea.

Este procedimento está ilustrado no Exemplo 6L.2.

EXEMPLO 6L.2 Escrever uma reação de célula

A concentração do mercúrio, um metal pesado tóxico e poluente, em uma solução em água depende, em parte, das propriedades redox de seus compostos. Imagine que você está estudando as propriedades do mercúrio. Talvez você precise construir uma célula eletroquímica e escrever a equação química da reação associada. Escreva a reação da célula Pt(s)|H$_2$(g)|HCl(aq)|Hg$_2$Cl$_2$(s)|Hg(l).

PLANEJE Siga o protocolo descrito na Caixa de Ferramentas 6L.1
RESOLVA

Etapa 1 Escreva a equação da redução no eletrodo à direita.

$$Hg_2Cl_2(s) + 2\,e^- \longrightarrow 2\,Hg(l) + 2\,Cl^-(aq)$$

Etapa 2 Escreva a equação da oxidação no eletrodo à esquerda.

$$\tfrac{1}{2} H_2(g) \longrightarrow H^+(aq) + e^-$$

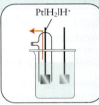

Etapa 3 Para igualar o número de elétrons, multiplique a meia-reação de oxidação por 2.

$$H_2(g) \longrightarrow 2\,H^+(aq) + 2\,e^-$$

Adicione as duas meias-reações.

$$Hg_2Cl_2(s) + H_2(g) \longrightarrow 2\,Hg(l) + 2\,Cl^-(aq) + 2\,H^+(aq)$$

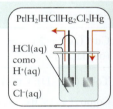

Se as concentrações da célula, como foram escritas, levarem a um potencial de célula positivo (isto é, o eletrodo mercúrio/cloreto de mercúrio(I) positivo), então mercúrio(I) está sendo reduzido, e a reação como foi escrita é espontânea. Se as concentrações levarem a um potencial de célula negativo (isto é, o eletrodo de hidrogênio é positivo), então o inverso da reação escrita é espontâneo.

Teste 6L.3A (a) Escreva a equação química da reação que corresponde à célula Pt(s)|H$_2$(g)|H$^+$(aq)||Co^{3+}(aq). (b) Sabendo que o potencial de célula é positivo, será que a reação da célula é espontânea tal como está escrita?

[***Resposta:*** (a) H$_2$(g) + 2 Co^{3+}(aq) → 2 H$^+$(aq) + 2 Co^{2+}(aq); (b) sim]

Teste 6L.3B (a) Escreva a equação química da reação que corresponde à célula Hg(l)|Hg$_2$Cl$_2$(s)|HCl(aq)||Hg$_2$(NO$_3$)$_2$(aq)|Hg(l). (b) Sabendo que o potencial de célula é positivo, será que a reação da célula é espontânea tal como está escrita?

Exercícios relacionados 6L.3 a 6L.8

Um ponto importante precisa ser esclarecido, embora possa parecer surpreendente: a reação da célula não precisa ser uma reação redox. A única condição necessária é que a reação possa ser escrita como uma combinação de meias-reações de redução que ocorrem nos dois eletrodos. Por exemplo, a reação de célula para Pt|H$_2$(g, P_E)|HCl(aq)|H$_2$(g, P_D)|Pt é simplesmente H$_2$(g, P_E) → H$_2$(g, P_D), a qual corresponde à expansão espontânea do gás (desde que $P_E > P_D$). A meia-reação de redução em cada eletrodo é 2 H$^+$(aq) + 2 e$^-$ → H$_2$(g). A reação de célula pode também ser uma reação de precipitação. Por exemplo, a reação de célula Ag(s)|AgCl(s)||Ag$^+$(aq)|Ag(s) é:

D: Ag$^+$(aq) + e$^-$ → Ag(s)
E: Ag(s) + Cl$^-$(aq) → AgCl(s) + e$^-$
D+E: Ag$^+$(aq) + Cl$^-$(aq) → AgCl(s)

e corresponde à precipitação do cloreto de prata.

Tópico 6L Exercícios **553**

Descreve-se um eletrodo representando-se as interfaces entre as fases por uma linha vertical. Um diagrama de célula mostra o arranjo físico das espécies e interfaces, com a ponte salina sendo indicada por uma linha dupla vertical. O sinal do potencial de célula é igual ao do eletrodo que está à direita no diagrama de célula. O sinal positivo do potencial de célula indica que a reação, como está escrita, é espontânea nas condições dadas.

O que você aprendeu com este tópico?

Você aprendeu como as células galvânicas são construídas e a relacionar o potencial de célula à energia livre de Gibbs de uma reação. Você também viu que a energia livre de Gibbs padrão de uma reação pode ser expressa como diferença de potencial (em volts), e aprendeu a representar células galvânicas simbolicamente, como um diagrama de célula.

Os conhecimentos que você deve dominar incluem a capacidade de:

☐ **1.** Calcular a variação na energia livre de Gibbs de uma reação usando o potencial de célula (Exemplo 6L.1).

☐ **2.** Expressar a energia livre de Gibbs padrão de uma reação como diferença de potencial.

☐ **3.** Representar uma célula galvânica usando um diagrama.

☐ **4.** Escrever a reação associada a um diagrama de célula (Caixa de Ferramentas 6L.1 e Exemplo 6L.2).

Tópico 6L Exercícios

6L.1 Calcule a energia livre de Gibbs padrão de reação das seguintes reações de células:
(a) $2\,Ce^{4+}(aq) + 3\,I^-(aq) \rightarrow 2\,Ce^{3+}(aq) + I_3^-(aq)$,
$E_{célula}^\circ = +1{,}08\,V$
(b) $6\,Fe^{3+}(aq) + 2\,Cr^{3+}(aq) + 7\,H_2O(l) \rightarrow$
$6\,Fe^{2+}(aq) + Cr_2O_7^{2-}(aq) + 14\,H^+(aq)$, $E_{célula}^\circ = -1{,}29\,V$

6L.2 Calcule a energia livre de Gibbs padrão de reação das seguintes reações de células:
(a) $3\,Cr^{3+}(aq) + Bi(s) \rightarrow 3\,Cr^{2+}(aq) + Bi^{3+}(aq)$,
$E_{célula}^\circ = -0{,}61\,V$
(b) $Mg(s) + 2\,H_2O(l) \rightarrow Mg^{2+}(aq) + H_2(g) + 2\,OH^-(aq)$,
$E_{célula}^\circ = +2{,}36\,V$

6L.3 Escreva as meias-reações e a equação balanceada das reações de célula de cada uma das seguintes células galvânicas:

(a) $Ni(s)|Ni^{2+}(aq)\|Ag^+(aq)|Ag(s)$
(b) $C(gr)|H_2(g)|H^+(aq)\|Cl^-(aq)|Cl_2(g)|Pt(s)$
(c) $Cu(s)|Cu^{2+}(aq)\|Ce^{4+}(aq),Ce^{3+}(aq)|Pt(s)$
(d) $Pt(s)|O_2(g)|H^+(aq)\|OH^-(aq)|O_2(g)|Pt(s)$
(e) $Pt(s)|Sn^{4+}(aq),Sn^{2}(aq)\|Cl^-(aq)|Hg_2Cl_2(s)|Hg(l)$

6L.4 Escreva as meias-reações e a equação balanceada das reações de célula de cada uma das seguintes células galvânicas:

(a) $Zn(s)|Zn^{2+}(aq)\|Au^{3+}(aq)|Au(s)$
(b) $Fe(s)|Fe^{2+}(aq)\|Fe^{3+}(aq)|Fe(s)$
(c) $Hg(l)|Hg_2Cl_2(s)|Cl^-(aq)\|Cl^-(aq)|CuCl(s)|Cu(s)$
(d) $Ag(s)|AgBr(s)|Br^-(aq)\|Cl^-(aq)|AgCl(s)|Ag(s)$
(e) $Pb(s)|Pb^{2+}(aq)\|MnO_4^-(aq),Mn^{2+}(aq),H^+(aq)|Pt(s)$

6L.5 Escreva as meias-reações, a equação balanceada das reações de célula e o diagrama de célula das seguintes reações simplificadas:

(a) $Ni^{2+}(aq) + Zn(s) \rightarrow Ni(s) + Zn^{2+}(aq)$
(b) $Ce^{4+}(aq) + I^-(aq) \rightarrow I_2(s) + Ce^{3+}(aq)$
(c) $Cl_2(g) + H_2(g) \rightarrow HCl(aq)$
(d) $Au^+(aq) \rightarrow Au(s) + Au^{3+}(aq)$

6L.6 Escreva as meias-reações, a equação balanceada das reações de célula e o diagrama de célula das seguintes reações simplificadas:

(a) $Mn(s) + Ti^{2+}(aq) \rightarrow Mn^{2+}(aq) + Ti(s)$
(b) $Fe^{3+}(aq) + H_2(g) \rightarrow Fe^{2+}(aq) + H^+(aq)$
(c) $Cu^+(aq) \rightarrow Cu(s) + Cu^{2+}(aq)$
(d) $MnO_4^-(aq) + H^+(aq) + Cl^-(aq) \rightarrow$
$\quad Cl_2(g) + Mn^{2+}(aq) + H_2O(l)$

6L.7 Escreva as meias-reações e projete uma célula galvânica (escreva o diagrama de célula) para estudar cada uma das seguintes reações:
(a) $AgBr(s) \rightleftharpoons Ag^+(aq) + Br^-(aq)$, um equilíbrio de solubilidade
(b) $H^+(aq) + OH^-(aq) \rightarrow H_2O(l)$, reação de neutralização de Brønsted
(c) $Cd(s) + 2\,Ni(OH)_3(s) \rightarrow Cd(OH)_2(s) + 2\,Ni(OH)_2(s)$, reação da célula níquel-cádmio

6L.8 Escreva as meias-reações e projete uma célula galvânica (escreva o diagrama da célula) para estudar cada uma das seguintes reações:
(a) $Pb(NO_3)_2(aq) + K_2SO_4(aq) \rightarrow PbSO_4(s) + 2\,KNO_3(aq)$, uma reação de precipitação
(b) $OH^-(aq, concentrado) \rightarrow OH^-(aq, diluído)$
(c) $Na(s) + S(s) \rightarrow Na^+(l) + S^{2-}(l)$, a reação em uma célula de sódio-enxofre com um eletrólito fundido

6L.9 (a) Escreva as meias-reações balanceadas da reação redox entre uma solução acidificada de permanganato de potássio e cloreto de ferro(II). (b) Escreva a equação balanceada da reação da célula e projete uma célula galvânica para estudar a reação (escreva o diagrama de célula).

6L.10 (a) Escreva as meias-reações balanceadas da reação redox entre o perclorato de sódio e o nitrato de mercúrio(I) em uma solução ácida. (b) Escreva a equação balanceada da reação da célula e projete uma célula galvânica para estudar a reação (escreva o diagrama de célula).

Tópico 6M Os potenciais padrão

6M.1 A definição do potencial padrão
6M.2 A série eletroquímica

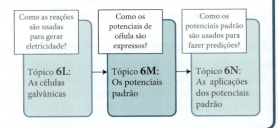

Por que você precisa estudar este assunto? Como o número de reações redox possíveis é praticamente ilimitado, você precisa ser capaz de usar os potenciais padrão de meia-célula para encontrar os potenciais das reações de interesse. Esses potenciais também são uma medida da capacidade relativa de um par de oxidar ou reduzir outro e, portanto, são úteis na escolha de reagentes.

Que conhecimentos você precisa dominar? Você precisa estar familiarizado com as reações redox (*Fundamentos* K) e o balanceamento de equações redox (Tópico 6K). Você também precisa conhecer a relação entre potencial de célula e energia livre de Gibbs da reação (Tópico 6L).

No estudo das células eletroquímicas, o termo "eletrodo" normalmente se refere à meia-célula completa cujo eletrodo, o condutor metálico, é um componente e no qual o potencial é medido.

O potencial padrão também é chamado de *potencial padrão de eletrodo*. Como eles são sempre escritos para as meias-reações de redução, algumas vezes são chamados de *potenciais padrão de redução*.

Milhares de células galvânicas podem ser concebidas e estudadas. Cada célula contém dois eletrodos e, em lugar de listar o potencial de cada uma, é mais eficiente considerar a contribuição de cada meia-célula para o potencial.

6M.1 A definição do potencial padrão

Em condições padrão (isto é, todos os solutos estão presentes em 1 mol·L^{-1} e todos os gases em 1 bar), podemos imaginar que cada meia-célula tem uma contribuição característica para o potencial da célula, chamada de **potencial padrão**, $E°$, do eletrodo ou par redox correspondente. O potencial padrão mede o poder de puxar elétrons de uma reação que ocorre no eletrodo. Em uma célula galvânica, os eletrodos puxam em direções opostas; o poder total da célula de puxar elétrons, o potencial padrão de célula, $E_{célula}°$, é a diferença entre os potenciais padrão dos dois eletrodos (Fig. 6M.1). Essa diferença é sempre escrita como

$$E_{célula}° = E° \text{ (eletrodo à direita do diagrama de célula)} \\ - E° \text{ (eletrodo à esquerda do diagrama de célula)} \quad (1a)$$

ou, abreviadamente,

$$E_{célula}° = E_D° - E_E° \quad (1b)$$

Se $E_{célula}° > 0$, a reação da célula correspondente é espontânea nas condições padrão (isto é, se, como explicado no Tópico 5G, $K > 1$ para a reação) e o eletrodo da direita do diagrama da célula serve como catodo. Por exemplo, no caso da célula

Fe(s)|Fe^{2+}(aq)||Ag$^+$(aq)|Ag(s)

correspondendo a   2 Ag$^+$(aq) + Fe(s) ⟶ 2 Ag(s) + Fe^{2+}(aq)

escreva

$$E_{célula}° = \overbrace{E°(Ag^+/Ag)}^{E_D°} - \overbrace{E°(Fe^{2+}/Fe)}^{E_E°}$$

e encontre (conforme explicado mais tarde), $E_{célula}° = +1,24$ V em 25°C. Como $E_{célula}° > 0$, a reação da célula tem $K > 1$, os produtos predominam no equilíbrio, e o metal ferro (no par Fe^{2+}/Fe) pode reduzir íons prata. Se você tivesse escrito a célula na ordem inversa,

Ag(s)|Ag$^+$(aq)||Fe^{2+}(aq)|Fe(s)

correspondendo a   2 Ag(s) + Fe^{2+}(aq) ⟶ Ag$^+$(aq) + Fe(s)

você teria escrito

$$E_{célula}° = \overbrace{E°(Fe^{2+}/Fe)}^{E_D°} - \overbrace{E°(Ag^+/Ag)}^{E_E°}$$

FIGURA 6M.1 O potencial de célula pode ser entendido como a diferença entre os potenciais produzidos pelas reações que ocorrem nos dois eletrodos.

e teria encontrado $E_{célula}° = -1,24$ V. Para a equação química escrita dessa maneira, $K < 1$ e os reagentes predominam no equilíbrio. A conclusão, porém, seria a mesma: o ferro tem tendência a reduzir a prata.

Nota de boa prática Embora frequentemente se afirme que $E_{célula}° > 0$ significa uma reação espontânea, isso só é verdade quando os reagentes e produtos estão no estado padrão. Em outras composições, a reação inversa pode ser espontânea. É muito melhor olhar $E_{célula}° > 0$ como significando que $K > 1$ para a reação, e $E_{célula}° < 0$ como significando que $K < 1$, porque a constante de equilíbrio é uma característica fixa da reação. A reação direta será espontânea ou não dependendo dos tamanhos relativos de Q e K, como explicado no Tópico 5G.

Um problema com a compilação de uma lista de potenciais padrão é que só o potencial total da célula pode ser medido, a contribuição de cada meia-célula não. Um voltímetro colocado entre os dois eletrodos de uma célula galvânica mede a diferença entre os potenciais, e não o valor de cada um deles. Para obter os valores numéricos dos potenciais padrão, o potencial padrão de um eletrodo em particular, o eletrodo de hidrogênio, é definido como sendo igual a zero em todas as temperaturas:

$$2\,H^+(g) + 2\,e^- \longrightarrow H_2(g) \qquad E° = 0$$

Em notação do par redox, onde o par denota a reação que ocorre no condutor metálico, $E°(H^+/H_2) = 0$ em todas temperaturas. O eletrodo de hidrogênio em seu estado padrão, com o gás hidrogênio em 1 bar e a concentração de íons hidrogênio igual a 1 mol·L^{-1} (estritamente, atividade unitária), é chamado de **eletrodo padrão de hidrogênio** (EPH). O eletrodo padrão de hidrogênio é, então, usado para definir o potencial padrão de qualquer outro eletrodo:

O potencial padrão de um par é o potencial padrão de uma célula (inclusive o sinal) na qual o par forma o eletrodo à direita do diagrama de célula e o eletrodo de hidrogênio forma o eletrodo à esquerda do diagrama de célula.

Por exemplo, para a célula

$$Pt(s)|H_2(g)|H^+(aq)\|Cu^{2+}(aq)|Cu(s)$$

a magnitude do potencial de célula padrão é 0,34 V, e o eletrodo de cobre atua como catodo. Logo, $E_{célula}° = +0,34$ V. Como a contribuição do eletrodo de hidrogênio para o potencial padrão da célula é zero, o potencial de célula é atribuído totalmente ao eletrodo de cobre, e podemos escrever

$$Cu^{2+}(aq) + 2\,e^- \longrightarrow Cu(s) \qquad E°(Cu^{2+}/Cu) = +0,34\,V$$

O potencial padrão de um eletrodo é uma medida da tendência de a meia-reação associada ocorrer em relação à redução de íons H^+. Por exemplo, como a reação de célula

$$Cu^{2+}(aq) + H_2(g) \longrightarrow Cu(s) + 2\,H^+(aq)$$

tem $K > 1$ (porque $E_{célula}° > 0$), a capacidade de oxidação de Cu^{2+}(aq), representada pela meia-reação $Cu^{2+}(aq) + 2\,e^- \to Cu(s)$, é maior do que a capacidade de oxidação de H^+(aq), representada pela meia-reação $2\,H^+(aq) + 2\,e^- \to H_2(g)$. Consequentemente, os íons Cu^{2+} podem ser reduzidos ao metal cobre pelo gás hidrogênio (no sentido em que $K > 1$ para a reação).

De modo geral, quanto mais positivo for o potencial padrão, mais forte será o poder de oxidação do oxidante do par redox e mais forte será sua tendência de sofrer redução (Fig. 6M.2).

Agora, considere a célula

$$Pt(s)|H_2(g)|H^+(aq)\|Zn^{2+}(aq)|Zn(s)$$

e a reação da célula correspondente

$$Zn^{2+}(aq) + H_2(g) \longrightarrow Zn(s) + 2\,H^+(aq)$$

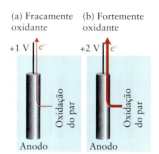

FIGURA 6M.2 (a) Um par redox em um eletrodo com pequeno potencial positivo tem pouco poder de ser reduzido; logo, tem um pequeno poder de puxar elétrons (é um fraco aceitador de elétrons) em relação aos íons hidrogênio e, portanto, é um agente oxidante fraco. (b) Um par com grande potencial positivo tem muito poder de puxar elétrons (é um forte aceitador de elétrons) e é um agente oxidante forte.

A magnitude do potencial de célula padrão é 0,76 V, mas, neste caso, o eletrodo de hidrogênio (à esquerda) é o catodo, portanto o potencial de célula padrão é registrado como −0,76 V. Como todo o potencial é atribuído ao eletrodo de zinco, escreva

$$Zn^{2+}(aq) + 2\,e^- \longrightarrow Zn(s) \qquad E°(Zn^{2+}/Zn) = -0{,}76\text{ V}$$

O potencial padrão negativo significa que o eletrodo Zn^{2+}/Zn é o anodo em uma célula em que o outro eletrodo é H^+/H_2 e, portanto, que o inverso da reação da célula, especificamente,

$$Zn(s) + 2\,H^+(aq) \longrightarrow Zn^{2+}(aq) + H_2(g)$$

tem $E°_{\text{célula}} > 0$ e, logo, $K > 1$. Podemos concluir que a capacidade de redução de Zn(s) na meia-reação $Zn(s) \to Zn^{2+}(aq) + 2\,e^-$ é maior do que a capacidade de redução de $H_2(g)$ na meia-reação $H_2(g) \to 2\,H^+(aq) + 2\,e^-$. Consequentemente, o metal zinco pode reduzir íons H^+ em solução ácida a gás hidrogênio nas condições padrão.

De modo geral, quanto mais negativo for o potencial, mais fortemente redutor será o par redox (Fig. 6M.3).

A Tabela 6M.1 lista vários potenciais padrão medidos em 25°C (a única temperatura que usaremos). Uma lista maior pode ser encontrada no Apêndice 2B. Os potenciais padrão variam de forma complicada na Tabela Periódica (Fig. 6M.4). Entretanto, os mais negativos – as espécies com maior poder redutor – são normalmente encontrados do lado esquerdo da Tabela Periódica e os mais positivos – as espécies com maior poder oxidante – são encontrados na direção do canto direito superior.

> **Teste 6M.1A** Que metal é o agente redutor mais forte em água, em condições padrão, chumbo ou alumínio? (a) Avalie o potencial padrão da célula apropriada; (b) escreva a equação iônica simplificada da reação espontânea; (c) responda à pergunta formulada.
>
> [**Resposta**: (a) +1,53 V; (b) $3\,Pb^{2+}(aq) + 2\,Al(s) \to 3\,Pb(s) + 2\,Al^{3+}(aq)$; (c) Al]
>
> **Teste 6M.1B** Que metal é o agente oxidante mais forte em água, em condições padrão, Cu^{2+} ou Ag^+? (a) Avalie o potencial padrão da célula apropriada; (b) escreva a equação iônica simplificada da reação espontânea; (c) responda à pergunta formulada.

Um método muito usado para gerar pequenas quantidades de $H_2(g)$ em laboratórios de ensino consiste em adicionar Zn(s) a soluções de HCl em água.

No Apêndice 2B, os potenciais padrão estão listados pelo valor numérico em ordem alfabética, para facilitar a consulta.

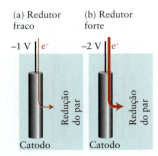

FIGURA 6M.3 (a) Um par redox com pequeno potencial negativo tem pouca tendência a ser oxidado, logo tem um poder pequeno de empurrar elétrons (é um fraco doador de elétrons) em relação aos íons hidrogênio e, portanto, é um agente redutor fraco. (b) Um par redox com um grande potencial negativo tem muito poder de empurrar elétrons (é um forte doador de elétrons) e é um agente redutor forte.

FIGURA INTERATIVA 6M.3

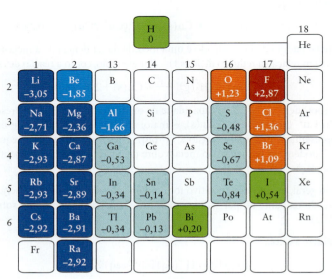

FIGURA 6M.4 Variação dos potenciais padrão nos grupos principais da Tabela Periódica. Observe que os valores mais negativos ocorrem no bloco s e que os mais positivos estão próximos ao flúor.

TABELA 6M.1 Potenciais padrão em 25°C*

Espécies	Meia-reação de redução	E°/V
A forma oxidada é um oxidante mais forte		
F_2/F^-	$F_2(g) + 2\,e^- \longrightarrow 2\,F^-(aq)$	+2,87
Au^+/Au	$Au^+(aq) + e^- \longrightarrow Au(s)$	+1,69
Ce^{4+}/Ce^{3+}	$Ce^{4+}(aq) + e^- \longrightarrow Ce^{3+}(aq)$	+1,61
$MnO_4^-, H^+/Mn^{2+}, H_2O$	$MnO_4^-(aq) + 8\,H^+(aq) + 5\,e^- \longrightarrow Mn^{2+}(aq) + 4\,H_2O\,(l)$	+1,51
Cl_2/Cl^-	$Cl_2(g) + 2\,e^- \longrightarrow 2\,Cl^-(aq)$	+1,36
$Cr_2O_7^{2-}, H^+/Cr^{3+}, H_2O$	$Cr_2O_7^{2-}(aq) + 14\,H^+(aq) + 6\,e^- \longrightarrow 2\,Cr^{3+}(aq) + 7\,H_2O(l)$	+1,33
$O_2, H^+/H_2O$	$O_2(g) + 4\,H^+(aq) + 4\,e^- \longrightarrow 2\,H_2O(l)$	+1,23; +0,82 em pH = 7
Br_2/Br^-	$Br_2(l) + 2\,e^- \longrightarrow 2\,Br^-(aq)$	+1,09
$NO_3^-, H^+/NO, H_2O$	$NO_3^-(aq) + 4\,H^+(aq) + 3\,e^- \longrightarrow NO(g) + 2\,H_2O(l)$	+0,96
Ag^+/Ag	$Ag^+(aq) + e^- \longrightarrow Ag(s)$	+0,80
Fe^{3+}/Fe^{2+}	$Fe^{3+}(aq) + e^- \longrightarrow Fe^{2+}(aq)$	+0,77
I_2/I^-	$I_2(s) + 2\,e^- \longrightarrow 2\,I^-(aq)$	+0,54
$O_2, H_2O/OH^-$	$O_2(g) + 2\,H_2O(l) + 4\,e^- \longrightarrow 4\,OH^-(aq)$	+0,40; +0,82 em pH = 7
Cu^{2+}/Cu	$Cu^{2+}(aq) + 2\,e^- \longrightarrow Cu(s)$	+0,34
$AgCl/Ag, Cl^-$	$AgCl(s) + e^- \longrightarrow Ag(s) + Cl^-(aq)$	+0,22
H^+/H_2	$2\,H^+(aq) + 2\,e^- \longrightarrow H_2(g)$	0, por definição
Fe^{3+}/Fe	$Fe^{3+}(aq) + 3\,e^- \longrightarrow Fe(s)$	−0,04
$O_2, H_2O/HO_2^-, OH^-$	$O_2(g) + H_2O(l) + 2\,e^- \longrightarrow HO_2^-(aq) + OH^-(aq)$	−0,08
Pb^{2+}/Pb	$Pb^{2+}(aq) + 2\,e^- \longrightarrow Pb(s)$	−0,13
Sn^{2+}/Sn	$Sn^{2+}(aq) + 2\,e^- \longrightarrow Sn(s)$	−0,14
Fe^{2+}/Fe	$Fe^{2+}(aq) + 2\,e^- \longrightarrow Fe(s)$	−0,44
Zn^{2+}/Zn	$Zn^{2+}(aq) + 2\,e^- \longrightarrow Zn(s)$	−0,76
$H_2O/H_2, OH^-$	$2\,H_2O(l) + 2\,e^- \longrightarrow H_2(g) + 2\,OH^-(aq)$	−0,83; −0,42 em pH = 7
Al^{3+}/Al	$Al^{3+}(aq) + 3\,e^- \longrightarrow Al(s)$	−1,66
Mg^{2+}/Mg	$Mg^{2+}(aq) + 2\,e^- \longrightarrow Mg(s)$	−2,36
Na^+/Na	$Na^+(aq) + e^- \longrightarrow Na(s)$	−2,71
K^+/K	$K^+(aq) + e^- \longrightarrow K(s)$	−2,93
Li^+/Li	$Li^+(aq) + e^- \longrightarrow Li(s)$	−3,05
A forma reduzida é um redutor mais forte		

*Para uma tabela mais completa, consulte o Apêndice 2B.

EXEMPLO 6M.1 Determinação do potencial padrão de um eletrodo

Você trabalha no laboratório de pesquisa de uma empresa desenvolvendo novas baterias para satélites. Como parte de seu trabalho, você precisa estudar várias combinações de eletrodos de metal. O potencial padrão de um eletrodo Zn^{2+}/Zn é −0,76 V e o potencial padrão da célula $Zn(s)|Zn^{2+}(aq)||Sn^{4+}(aq),Sn^{2+}(aq)|Pt(s)$ é +0,91 V. Qual é o potencial padrão do eletrodo Sn^{4+}/Sn^{2+}?

ANTECIPE Como o potencial da célula é positivo, o eletrodo à direita (estanho) é o catodo, o sítio de redução. Portanto, o par zinco tem maior potencial redutor do que o estanho e o valor mais negativo. Dito de outro modo, você deve esperar que o par estanho seja menos negativo (mais positivo) do que −0,76 V.

PLANEJE Para determinar o potencial padrão de um eletrodo a partir do potencial de uma célula padrão em que o potencial padrão do outro eletrodo é conhecido, use a Equação 1 rearranjada como $E_D° = E_{célula}° + E_E°$.

RESOLVA

De $E_D° = E_{célula}° + E_E°$:

$$E°(Sn^{4+}/Sn^{2+}) = E_{célula}° + E°(Zn^{2+}/Zn)$$
$$= 0{,}91\,V - 0{,}76\,V = +0{,}15\,V$$

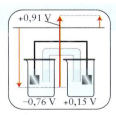

AVALIE Como esperado, o eletrodo Sn^{4+}/Sn^{2+} tem o potencial padrão menos negativo (mais positivo).

Teste 6M.2A O potencial padrão do par Ag^+/Ag é $+0{,}80$ V e o potencial padrão da célula $Pt(s)|I_2(s)|I^-(aq)||Ag^+(aq)|Ag(s)$ é $+0{,}26$ V na mesma temperatura. Qual é o potencial padrão do par I_2/I^-?

[**Resposta:** $+0{,}54$ V]

Teste 6M.2B O potencial padrão do par Fe^{2+}/Fe é $-0{,}44$ V e o potencial padrão da célula $Fe(s)|Fe^{2+}(aq)||Pb^{2+}(aq)|Pb(s)$ é $0{,}31$ V. Qual é o potencial padrão do par Pb^{2+}/Pb?

Exercícios relacionados 6M.1 e 6M.2

Tabelas de dados nem sempre contêm o potencial padrão necessário em um cálculo, mas têm valores muito próximos para o mesmo elemento. Por exemplo, talvez você precise do potencial padrão do par Ce^{4+}/Ce, mas só conhece os valores dos pares Ce^{3+}/Ce e Ce^{4+}/Ce^{3+}. Nesses casos, quando números diferentes de elétrons estão envolvidos na meia-reação (aqui, 4, 3 e 1, respectivamente), os potenciais padrão não podem ser adicionados ou subtraídos diretamente. Em vez disso, os valores de $\Delta G°$ (que são aditivos) precisam ser calculados para cada meia-reação e combinados no valor de $\Delta G°$ para a meia-reação desejada, que é convertido no potencial padrão correspondente usando a Equação 2 dada no Tópico 6L, $\Delta G° = -nFE_{célula}°$. As etapas são:

- Encontre os valores de $E°$ para as meias-reações relacionadas.
- Converta os valores de $E°$ em $\Delta G°$.
- Combine as meias-reações e determine $\Delta G°$ para a reação desejada.
- Converta $\Delta G°$ em $E_{célula}°$ para a reação desejada.

EXEMPLO 6M.2 Cálculo do potencial padrão de um par a partir de dois pares relacionados

Você prossegue em seu trabalho de explorar diferentes combinações de eletrodos na busca por baterias mais eficientes. Você sabe que o par Ce^{4+}/Ce^{3+} foi usado em combinação com Zn^{2+}/Zn para desenvolver novas fontes de energia com valores altos de potencial e boa capacidade de armazenagem. Use a informação do Apêndice 2B para determinar $E°(Ce^{4+}/Ce)$, para o qual a meia-reação de redução é

$$Ce^{4+}(aq) + 4e^- \longrightarrow Ce(s) \quad\quad (A)$$

PLANEJE Use a lista alfabética do Apêndice 2B para achar meias-reações que possam ser combinadas para dar a meia-reação desejada. Combine essas meias-reações e suas energias livres de Gibbs padrão de reação. Use a Equação 1 do Tópico 6L ($\Delta G° = -nFE°$) para obter os potenciais padrão e simplifique as expressões resultantes. Como a constante F é usada na segunda e na terceira etapas (como mostrado no texto), ela é cancelada, e você não precisa inserir o seu valor numérico.

RESOLVA A partir dos dados do Apêndice 2B, podemos escrever

$$Ce^{3+}(aq) + 3e^- \longrightarrow Ce(s) \quad\quad E° = -2{,}48 \text{ V} \quad\quad (B)$$

$$Ce^{4+}(aq) + e^- \longrightarrow Ce^{3+}(aq) \quad\quad E° = +1{,}61 \text{ V} \quad\quad (C)$$

Converta os valores de $E°$ em $\Delta G°$ usando Equação 2 do Tópico 6L, $\Delta G° = -nFE°$

(B) $Ce^{3+}(aq) + 3e^- \longrightarrow Ce(s)$

$\Delta G° = -(3 \text{ mol}) \times F \times (-2{,}48 \text{ V}) = +7{,}44F \text{ V·mol}$

(C) $Ce^{4+}(aq) + e^- \longrightarrow Ce^{3+}(aq)$

$\Delta G° = -(1 \text{ mol}) \times F \times (+1{,}61 \text{ V}) = -1{,}61F \text{ V·mol}$

Quando as reações B e C são adicionadas, o resultado é a reação A.

Adicione as energias livres de Gibbs das reações B e C para obter a energia livre de Gibbs para a reação A.

$$\Delta G° = \underbrace{7{,}44F \text{ V·mol}}_{\Delta G°(B)} + \underbrace{(-1{,}61F \text{ V·mol})}_{\Delta G°(C)} = +5{,}83F \text{ V·mol}$$

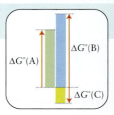

Da Eq. 1 do Tópico 6L na forma, $E° = -\Delta G°/nF$ com $n = 4$ mol:

$$E° = -\frac{5,83F \text{ V·mol}}{(4 \text{ mol}) \times F} = -1,46 \text{ V}$$

Observe que esse valor não é igual à soma dos potenciais das meias-reações B e C ($-0,87$ V).

Teste 6M.3A Use os dados do Apêndice 2B para calcular $E°$ (Au^{3+}/Au^+).

[*Resposta*: $+1,26$ V]

Teste 6M.3B Use os dados do Apêndice 2B para calcular $E°$ (Mn^{3+}/Mn).

Exercícios relacionados 6M.9 e 6M.10

O potencial padrão de um eletrodo é o potencial padrão de uma célula em que o eletrodo está à direita do diagrama de célula e o eletrodo de hidrogênio está à esquerda. Um par com potencial padrão negativo tem a tendência termodinâmica de reduzir íons hidrogênio em solução. Um par que tem potencial padrão positivo tende a ser reduzido pelo gás hidrogênio.

6M.2 A série eletroquímica

Só um par redox com um potencial padrão negativo pode reduzir os íons hidrogênio em condições padrão (isto é, tem $K > 1$ para a redução de íons hidrogênio). Um par com um potencial positivo, como Au^{3+}/Au, não pode reduzir os íons hidrogênio nas condições padrão no sentido de que esta reação teria $K < 1$ e, comumente, $K \ll 1$ para a redução de íons hidrogênio (Fig. 6M.5).

A Tabela 6M.1, vista como uma tabela de forças relativas dos agentes oxidantes e redutores, é chamada de **série eletroquímica**. As espécies que estão à esquerda, em cada equação da Tabela 6M.1, são agentes oxidantes em potencial. Elas podem, porém, ser também reduzidas. As espécies à direita das equações são agentes redutores em potencial. Uma espécie oxidada da lista (à esquerda da equação) tem tendência a oxidar as espécies reduzidas que ficam abaixo dela. Por exemplo, os íons Cu^{2+} oxidam o metal zinco. Uma espécie reduzida (à direita na equação) tem tendência a reduzir uma espécie oxidada que fica acima dela. Por exemplo, o metal zinco reduz os íons H^+ a gás hidrogênio.

Quanto mais alta for a posição de uma substância à esquerda de uma equação na Tabela 6M.1, maior a sua força como oxidante. Por exemplo, F_2 é um agente oxidante forte e Li^+ é um agente oxidante muito fraco. Segue-se, também, que quanto menor for o potencial padrão, maior será a força de redução da espécie reduzida do lado direito de uma meia-reação na Tabela 6M.1. Por exemplo, o metal lítio é o agente redutor mais forte da tabela.

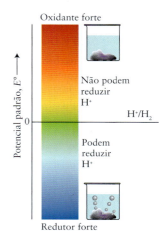

FIGURA 6M.5 Significado do potencial padrão. Somente pares com potenciais padrão negativos (que ficam, portanto, abaixo do hidrogênio na série eletroquímica) podem reduzir os íons hidrogênio nas condições padrão. O poder de redução cresce à medida que o potencial padrão fica mais negativo.

Teste 6M.4A O chumbo pode produzir o metal zinco a partir de uma solução de sulfato de zinco em água nas condições padrão?

[*Resposta*: Não, porque o chumbo está acima do zinco na Tabela 6M.1.]

Teste 6M.4B O gás cloro pode oxidar a água a gás oxigênio em meio básico sob condições padrão?

O poder de oxidação e de redução de um par redox determina sua posição na série eletroquímica. Os agentes oxidantes mais fortes estão na parte superior da série e os agentes redutores mais fortes estão na parte inferior.

O que você aprendeu com este tópico?

Você aprendeu que os potenciais padrão são expressos considerando-se o potencial padrão de um eletrodo de hidrogênio igual a zero. Você também aprendeu a calcular o potencial padrão de célula a partir de tabelas de potenciais padrão e a combinar os valores de potencial padrão para predizer o valor de um par relacionado.

560 **Tópico 6M** Os potenciais padrão

Os conhecimentos que você deve dominar incluem a capacidade de:

☐ **1.** Calcular o potencial de célula padrão usando dois potenciais padrão (Teste 6M.1).

☐ **2.** Calcular o potencial de eletrodo padrão usando um potencial de célula padrão (Exemplo 6M.1)

☐ **3.** Calcular o potencial de célula padrão a partir de pares redox semelhantes (Exemplo 6M.2).

☐ **4.** Usar as tabelas de potencial padrão para avaliar as forças de redução e de oxidação de pares redox.

Tópico 6M Exercícios

6M.1 Um estudante recebeu uma meia-célula padrão, $Cu(s)|Cu^{2+}(aq)$ e outra meia-célula contendo um metal M, desconhecido, imerso em uma solução 1,00 M de $M(NO_3)_2(aq)$ e construiu a célula $M(s)|M^+(aq)||Cu^{2+}(aq)|Cu(s)$. O potencial de célula encontrado foi –0,689 V. Qual é o valor de $E°(M^{2+}/M)$?

6M.2 Um estudante recebeu uma meia-célula padrão $Fe(s)|Fe^{2+}(aq)$ e outra meia-célula contendo um metal M, desconhecido, imerso em uma solução 1,00 M de $MNO_3(aq)$ e construiu a célula $M(s)|M^+(aq)||Fe^{2+}(aq)|Fe(s)$. Em 25°C, $E_{célula} = +1,24$ V. A reação prosseguiu durante a noite e os dois eletrodos foram pesados. O eletrodo de ferro estava mais leve e o eletrodo do metal desconhecido, mais pesado do que no início. Qual é o valor de $E°(M^+/M)$?

6M.3 Estime o potencial padrão de cada uma das seguintes células galvânicas:

(a) $Pt(s)|Cr^{3+}(aq),Cr^{2+}(aq)||Cu^{2+}(aq)|Cu(s)$
(b) $Ag(s)|AgI(s)|I^-(aq)||Cl^-(aq)|AgCl(s)|Ag(s)$
(c) $Hg(l)|Hg_2Cl_2(s)|Cl^-(aq)||Hg_2^{2+}(aq)|Hg(l)$
(d) $C(gr)|Sn^{4+}(aq),Sn^{2+}(aq)||Pb^{4+}(aq),Pb^{2+}(aq)|Pt(s)$

6M.4 Estime o potencial padrão de cada uma das seguintes células galvânicas:

(a) $Pt(s)|Fe^{3+}(aq),Fe^{2+}(aq)||Ag^+(aq)|Ag(s)$
(b) $U(s)|U^{3+}aq||V^{2+}(aq)|V(s)$
(c) $Sn(s)|Sn^{2+}(aq)||Sn^{4+}(aq),Sn^{2+}(aq)|Pt(s)$
(d) $Cu(s)|Cu^{2+}(aq)||Au^+(aq)|Au(s)$

6M.5 Para cada reação espontânea em condições padrão (isto é, $K > 1$), escreva um diagrama de célula, determine o potencial de célula padrão e calcule $\Delta G°$ da reação:

(a) $2\,NO_3^-(aq) + 8\,H^+(aq) + 6\,Hg(l) \rightarrow$
$\qquad 3\,Hg_2^{2+}(aq) + 2\,NO(g) + 4\,H_2O(l)$
(b) $2\,Hg^{2+}(aq) + 2\,Br^-(aq) \rightarrow Hg_2^{2+}(aq) + Br_2(l)$
(c) $Cr_2O_7^{2-}(aq) + 14\,H^+(aq) + 6\,Pu^{3+}(aq) \rightarrow$
$\qquad 6\,Pu^{4+}(aq) + 2\,Cr^{3+}(aq) + 7\,H_2O(l)$

6M.6 Prediga o potencial de célula padrão e calcule a energia livre de Gibbs padrão das células galvânicas cujas reações são:

(a) $3\,Zn(s) + 2\,Br^{3+}(aq) \rightarrow 3\,Zn^{2+}(aq) + 2\,Bi(s)$
(b) $2\,H_2(g) + O_2(g) \rightarrow 2\,H_2O(l)$ em solução ácida
(c) $2\,H_2(g) + O_2(g) \rightarrow 2\,H_2O(l)$ em solução básica
(d) $3\,Au^+(aq) \rightarrow 2\,Au(s) + Au^{3+}(aq)$

6M.7 Arranje os seguintes metais na ordem crescente de força como agentes redutores de espécies dissolvidas em água: (a) Cu, Zn, Cr, Fe; (b) Li, Na, K, Mg; (c) U, V, Ti, Al; (d) Ni, Sn, Au, Ag.

6M.8 Arranje as seguintes espécies em ordem crescente de força como agentes oxidantes de espécies dissolvidas em água: (a) Co^{2+}, Cl_2, Ce^{4+}, In^{3+}; (b) NO_3^-, ClO_4^-, $HBrO$, $Cr_2O_7^{2-}$, todos em solução ácida; (c) O_2, O_3, $HClO$, $HBrO$, todos em solução ácida; (d) O_2, O_3, ClO^-, BrO^-, todos em solução básica.

6M.9 Use os dados no Apêndice 2B para calcular $E°(U^{4+}/U)$.

6M.10 Use os dados no Apêndice 2B para calcular $E°(Ti^{3+}/Ti)$.

6M.11 Suponha que os seguintes pares redox são combinados para formar uma célula galvânica que gere corrente elétrica em condições padrão. Identifique o agente oxidante e o agente redutor, escreva o diagrama da célula e calcule o potencial padrão da célula a partir dos potenciais padrão dos eletrodos: (a) Co^{2+}/Co e Ti^{3+}/Ti^{2+}; (b) La^{3+}/La e U^{3+}/U; (c) H^+/H_2 e Fe^{3+}/Fe^{2+}; (d) $O_3/O_2,OH^-$ e Ag^+/Ag.

6M.12 Suponha que os seguintes pares redox são combinados para formar uma célula galvânica que gere corrente elétrica em condições padrão. Identifique o agente oxidante e o agente redutor, escreva o diagrama da célula e calcule o potencial padrão da célula a partir dos potenciais padrão dos eletrodos: (a) Pt^{2+}/Pt e AgF/Ag, F^-; (b) Cr^{3+}/Cr^{2+} e I_3^-/I^-; (c) H^+/H_2 e Ni^{2+}/Ni; (d) O_3/O_2, OH^- e $O_3,H^+/O_2$.

6M.13 Identifique, na lista a seguir, as reações em que $K > 1$. Identifique, para essas reações, o agente oxidante e calcule o potencial padrão de célula:

(a) $Cl_2(g) + 2\,Br^-(aq) \rightarrow 2\,Cl^-(aq) + Br_2(l)$
(b) $MnO_4^-(aq) + 8\,H^+(aq) + 5\,Ce^{3+}(aq) \rightarrow$
$\qquad 5\,Ce^{4+}(aq) + Mn^{2+}(aq) + 4\,H_2O(l)$
(c) $2\,Pb^{2+}(aq) \rightarrow Pb(s) + Pb^{4+}(aq)$
(d) $2\,NO_3^-(aq) + 4\,H^+(aq) + Zn(s) \rightarrow$
$\qquad Zn^{2+}(aq) + 2\,NO_2(g) + 2\,H_2O(l)$

6M.14 Identifique, na lista a seguir, as reações em que $K > 1$. Escreva, para essas reações, as meias-reações balanceadas de oxidação e de redução. Mostre que $K > 1$ pelo cálculo da energia livre de Gibbs de reação. Use os menores coeficientes inteiros para balancear as equações.

(a) $Mg^{2+}(aq) + Cu(s) \rightarrow ?$
(b) $Al(s) + Pb^{2+}(aq) \rightarrow ?$
(c) $Hg_2^{2+}(aq) + Ce^{3+}(aq) \rightarrow ?$
(d) $Zn(s) + Sn^{2+}(aq) \rightarrow ?$
(e) $O_2(g) + H^+(aq) + Hg(l) \rightarrow ?$

Tópico 6N — As aplicações dos potenciais padrão

6N.1 Os potenciais padrão e as constantes de equilíbrio
6N.2 A equação de Nernst
6N.3 Os eletrodos seletivos para íons
6N.4 A corrosão

Além de fornecer energia para dispositivos móveis, as células galvânicas têm uma grande variedade de aplicações. Por exemplo, na química elas são usadas para determinar as constantes de equilíbrio. Na medicina, são úteis para monitorar a concentração de íons como Na^+, K^+ e Ca^{2+} no sangue.

6N.1 Os potenciais padrão e as constantes de equilíbrio

Uma das aplicações mais úteis dos potenciais padrão é a predição das constantes de equilíbrio a partir de dados eletroquímicos. Conforme discutido no Tópico 5G, a energia livre de Gibbs padrão de reação, ΔG_r° (o "r" significa o uso da convenção molar), relaciona-se à constante de equilíbrio da reação por $\Delta G_r^\circ = -RT \ln K$. No Tópico 6L, vimos que a energia livre de Gibbs padrão de reação relaciona-se ao potencial padrão de uma célula galvânica por $\Delta G_r^\circ = -n_r F E_{célula}^\circ$, em que n_r é um número puro. As duas equações são combinadas para dar

$$n_r F E_{célula}^\circ = RT \ln K \qquad (1a)$$

Essa equação pode ser rearranjada para expressar a constante de equilíbrio a partir do potencial padrão da célula:

$$\ln K = \frac{n_r F E_{célula}^\circ}{RT} \qquad (1b)$$

Nota de boa prática Como a Equação 1 usa a convenção molar (n_r é um número puro) as unidades estão corretas: $FE_{célula}^\circ$ e RT estão em joules por mol, logo a razão $FE_{célula}^\circ/RT$ é um número puro e, com n sendo também um número puro, o lado direito da equação é um número puro (como deve ser, pois trata-se de um logaritmo).

Como a magnitude de K aumenta exponencialmente com $E_{célula}^\circ$,

- uma reação com $E_{célula}^\circ$ muito positivo tem $K \gg 1$
- uma reação com $E_{célula}^\circ$ muito negativo tem $K \ll 1$

PONTO PARA PENSAR

Qual é o valor de K para uma reação em que $E_{célula}^\circ = 0$?

Como $E_{célula}^\circ$ pode ser calculado a partir dos potenciais padrão, também é possível calcular a constante de equilíbrio de qualquer reação que possa ser expressa em termos de duas meias-reações. Esta reação não precisa ser uma reação redox (este ponto é enfatizado no final do Tópico 6L). A **Caixa de Ferramentas 6N.1** resume as etapas envolvidas, e o Exemplo 6N.1 demonstra o uso das etapas.

Por que você precisa estudar este assunto? As medidas dos potenciais de células galvânicas são usadas para determinar as constantes de equilíbrio e as concentrações de íons dissolvidos e para monitorar o pH. Compreender o funcionamento dessas células é importante na busca de métodos para reduzir a corrosão de metais.

Que conhecimentos você precisa dominar? Você precisa conhecer as reações redox (Tópico 6K), as células galvânicas (Tópico 6L), os potenciais padrão (Tópico 6M) e a descrição dos equilíbrios químicos em termos da energia livre de Gibbs (Tópico 5G).

Caixa de ferramentas 6N.1 COMO CALCULAR O pH DE UMA SOLUÇÃO DE UM ÁCIDO FRACO USANDO DADOS ELETROQUÍMICOS

BASE CONCEITUAL

O logaritmo da constante de equilíbrio de uma reação é proporcional ao potencial padrão da célula correspondente. Pode-se esperar que uma reação de célula, cujo potencial é muito positivo, tenha tendência muito forte de ocorrer e, portanto, levar a uma proporção grande de produtos em equilíbrio. Assim, espera-se $K > 1$ quando $E_{célula}° > 0$ (e frequentemente $K \gg 1$). O oposto é verdadeiro para uma reação de célula cujo potencial padrão é negativo.

PROCEDIMENTO

O procedimento de cálculo de uma constante de equilíbrio está descrito a seguir.

Etapa 1 Escreva a equação balanceada da reação de interesse. Encontre as duas meias-reações que, ao serem combinadas, dão aquela equação (Tabela 6M.1 ou Apêndice 2B). Inverta uma das meias-reações e some-as.

Etapa 2 Identifique o valor numérico (sem unidades) de n pela mudança do número de oxidação ou pelo exame das meias-reações (após multiplicação pelos fatores apropriados) e encontre o número de elétrons transferidos na equação balanceada.

Etapa 3 Para obter $E_{célula}°$, subtraia o potencial padrão da meia-reação que foi invertida (para corresponder à oxidação) do potencial padrão do eletrodo inalterado (que corresponde à redução). Na notação das células, $E_{célula}° = E_D° - E_E°$.

Etapa 4 Use a relação $\ln K = nFE_{célula}°/RT$ para calcular o valor de K (em que n_r é um número puro).

Em 25,00°C (298,15 K), $RT/F = 0,025\ 693$ V. Logo, nessa temperatura,

$$\ln K = \frac{n_r E_{célula}°}{0,025\ 693\ V}$$

Este procedimento está ilustrado no Exemplo 6N.1.

EXEMPLO 6N.1 Cálculo da constante de equilíbrio de uma reação

Para reações nas quais a constante de equilíbrio é muito grande ou muito pequena, talvez seja difícil medir a concentração de todas as espécies em solução para determinar K. Um método alternativo consiste em medir o potencial da célula para uma reação e então usar a Eq. 1b para obter a constante de equilíbrio. Calcule a constante de equilíbrio da reação AgCl(s) → Ag⁺(aq) + Cl⁻(aq) em 25°C. A constante de equilíbrio dessa reação é o produto de solubilidade, $K_{ps} = [Ag^+][Cl^-]$, do cloreto de prata (Tópico 6I).

ANTECIPE Como o cloreto de prata é praticamente insolúvel, você deve esperar que o produto de solubilidade seja muito pequeno (e, portanto, que $E_{célula}°$ seja negativo).

PLANEJE Siga o procedimento da Caixa de Ferramentas 6N.1

RESOLVA

Etapa 1 Encontre as duas meias-reações necessárias para a reação de célula acima e seus potenciais padrão.

D: AgCl(s) + e⁻ ⟶ Ag(s) + Cl⁻(aq) $E° = +0,22$ V
E: Ag⁺(aq) + e⁻ ⟶ Ag(s) $E° = +0,80$ V

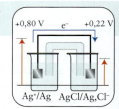

Inverta a segunda meia-reação.

Oxidação: Ag(s) ⟶ Ag⁺(aq) + e⁻

Adicione essa equação à meia-reação de redução e cancele as espécies que aparecem nos dois lados da equação (em azul).

AgCl(s) + Ag(s) + e⁻ ⟶ Ag⁺(aq) + Ag(s) + Cl⁻(aq) + e⁻
torna-se: AgCl(s) ⟶ Ag⁺(aq) + Cl⁻(aq)

Etapa 2 Examine as meias-reações e anote o coeficiente estequiométrico do número de elétrons transferidos.

$$n_r = 1$$

Etapa 3 Encontre $E_{célula}°$ de $E_{célula}° = E_D° - E_E°$.

$$E_{célula}° = 0,22\ V - 0,80\ V = -0,58\ V$$

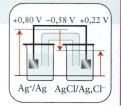

6N.2 A equação de Nernst **563**

A partir de $\ln K = n_r F E_{célula}°/RT = n_r E_{célula}°/(RT/F)$, sendo K identificado com K_{ps} e $RT/F = 0,025\ 693$ V em 298 K,

$$\ln K_{ps} = \frac{(1) \times (-0,58\ \text{V})}{\underbrace{0,025\ 693\ \text{V}}_{RT/F}} = -\frac{0,58}{0,025\ 693} = -22,5\ldots$$

Tome o antilogaritmo (e^x) de K_{ps}.

$$K_{ps} = e^{-22,5\ldots} = 1,6 \times 10^{-10}$$

AVALIE O valor de K_{ps} é muito pequeno, como esperado, e é igual ao da Tabela 6I.1. Muitos dos produtos de solubilidade listados em tabelas foram determinados a partir de medidas de potencial e de cálculos como este apresentado aqui.

Teste 6N.1A Use o Apêndice 2B para calcular o produto de solubilidade do cloreto de mercúrio(I), Hg_2Cl_2.

[**Resposta:** $2,6 \times 10^{-18}$]

Teste 6N.1B Use as tabelas do Apêndice 2B para calcular o produto de solubilidade do hidróxido de cádmio, $Cd(OH)_2$.

Exercícios relacionados 6N.1, 6N.2, 6N.11 e 6N.12

A constante de equilíbrio de uma reação pode ser calculada a partir dos potenciais padrão pela combinação de equações das meias-reações para dar a reação de célula de interesse e determinar o potencial padrão de célula correspondente.

6N.2 A equação de Nernst

À medida que uma reação prossegue em direção ao equilíbrio, as concentrações dos reagentes e produtos se alteram e ΔG se aproxima de zero. Portanto, quando os reagentes são consumidos em uma célula eletroquímica de trabalho, o potencial de célula também decresce até chegar a zero. Uma bateria descarregada é uma bateria em que a reação da célula atingiu o equilíbrio. No equilíbrio, uma célula gera diferença de potencial zero entre os eletrodos, e a reação não pode mais executar trabalho. Para entender quantitativamente esse comportamento, é preciso saber como o potencial de célula varia conforme a concentração das espécies na célula.

Como isso é feito?

Para descobrir como o potencial de célula depende da concentração, lembre que o Tópico 5G apresentou uma expressão para a relação entre a energia livre de Gibbs de reação e a composição:

$$\Delta G_r = \Delta G_r° + RT \ln Q$$

em que Q é o quociente de reação para a reação de célula (Equação 5, Tópico 5G). Como $\Delta G_r = -n_r F E_{célula}$ e $\Delta G_r° = -n_r F E_{célula}°$, conclui-se que

$$-n_r F E_{célula} = -n_r F E_{célula}° + RT \ln Q$$

Agora, divida todos os termos por $-n_r F$ para obter uma expressão para $E_{célula}$ em termos de Q, dada abaixo.

A equação da dependência do potencial de célula com a concentração, que acabamos de derivar,

$$E_{célula} = E_{célula}° - \frac{RT}{n_r F} \ln Q \tag{2a}$$

(em que n_r é um número puro) é chamada de **equação de Nernst**, em homenagem ao eletroquímico alemão Walther Nernst, que a obteve pela primeira vez. Em 298,15 K, $RT/F = 0,025693$ V, logo nessa temperatura a equação de Nernst toma a forma

$$E_{célula} = E_{célula}° - \frac{0,025\ 693\ \text{V}}{n_r} \ln Q \tag{2b}$$

É conveniente, às vezes, usar essa equação com logaritmos comuns. Para isso, usamos a relação $\ln x = \ln 10 \times \log x = 2,303 \log x$. Em 298,15 K,

$$E_{célula} = E_{célula}° - \frac{RT \ln 10}{n_r F} \log Q = E_{célula}° - \frac{0,059\ 160\ \text{V}}{n_r} \log Q \tag{2c}$$

A equação de Nernst é muito utilizada para estimar os potenciais de célula em condições diferentes do padrão. Ela é também usada em biologia para estimar a diferença de potencial entre membranas de células biológicas, como as dos neurônios.

PONTO PARA PENSAR

Em que casos os logaritmos comuns são úteis na equação de Nernst?

EXEMPLO 6N.2 Uso da equação de Nernst para predizer um potencial de célula

Como no Exemplo 6L.1, você decide usar uma célula de Daniell para fornecer energia a um carro elétrico. Contudo, você descobre que não possui soluções padrão à mão. Você tem apenas duas soluções diluídas e precisa saber se elas são apropriadas para gerar energia para o carro. Calcule o potencial de célula, em 25°C, de uma célula de Daniell na qual a concentração de íons Zn^{2+} é 0,10 mol·L^{-1} e a de íons Cu^{2+} é 0,0010 mol·L^{-1}.

PLANEJE Escreva primeiro a equação balanceada da reação da célula e a expressão correspondente de Q e anote o valor de n_r. Determine, então, $E_{célula}°$ a partir dos potenciais padrão da Tabela 6M.1 ou do Apêndice 2B. Determine o valor de Q nas condições dadas. Calcule o potencial de célula substituindo os valores na equação de Nernst, Equação 2b.

RESOLVA A célula de Daniell e as reações de célula correspondentes são

$$Zn(s)|Zn^{2+}(aq)\|Cu^{2+}(aq)|Cu(s) \qquad Cu^{2+}(aq) + Zn(s) \longrightarrow Zn^{2+}(aq) + Cu(s)$$

O quociente de reação é

$$Q = \frac{a_{Zn^{2+}}}{a_{Cu^{2+}}} \approx \frac{[Zn^{2+}]}{[Cu^{2+}]} = \frac{0,10}{0,0010}$$

Anote o valor de n_r na equação balanceada.

$$n_r = 2$$

Determine o valor de $E_{célula}° = E_D° - E_E°$.

$$E_{célula}° = 0,34 - (-0,76)\,V = +1,10\,V$$

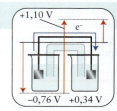

De $E_{célula} = E_{célula}° - (RT/n_rF)\ln Q$,

$$E_{célula} = 1,10\,V - \frac{0,025\,693\,V}{2}\ln\frac{0,10}{0,0010}$$
$$= 1,10\,V - 0,059\,V = +1,04\,V$$

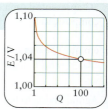

Teste 6N.2A Calcule o potencial de célula de $Zn(s)|Zn^{2+}(aq,\,1,50\,mol·L^{-1})\|Fe^{2+}(aq,\,0,10\,mol·L^{-1})|Fe(s)$.

[**Resposta:** +0,29 V]

Teste 6N.2B Calcule o potencial da célula $Ag(s)|Ag^+(aq,\,0,0010\,mol·L^{-1})\|Ag^+(aq,\,0,010\,mol·L^{-1})|Ag(s)$.

Exercícios relacionados 6N.3 e 6N.4

Outra aplicação importante da equação de Nernst é a medida da concentração. Em uma **célula de concentração**, as duas meias-células são idênticas, a não ser pela concentração, que é diferente. Em células como essas, não há tendência à mudança quando as duas concentrações são iguais (como acontece quando elas estão no estado padrão), logo $E_{célula}° = 0$. Portanto, em 25°C, o potencial que corresponde à reação de célula é relacionado a Q por $E_{célula} = -(0,025693\,V/n_r) \times \ln Q$. Por exemplo, uma célula de concentração com dois eletrodos Ag^+/Ag é

$$Ag(s)|Ag^+(aq,\,L)\|Ag^+(aq,\,R)|Ag(s) \qquad Ag^+(aq,\,R) \longrightarrow Ag^+(aq,\,L)$$

A reação da célula tem $n_r = 1$ e $Q = [Ag^+]_E/[Ag^+]_D$. Se a concentração de Ag^+ no eletrodo direito é 1 mol·L^{-1}, Q é igual a $[Ag^+]_E$ e a equação de Nernst é

$$E_{célula} = (0,025693\,V)\ln[Ag^+]_E$$

Portanto, ao medir $E_{célula}$, a concentração de Ag^+ no compartimento do eletrodo da esquerda pode ser determinada. Se a concentração de íons Ag^+ no eletrodo à esquerda for menor do que no eletrodo à direita, então $E_{célula} > 0$ para a célula como foi escrita, e o eletrodo à direita será o catodo.

EXEMPLO 6N.3 Uso da equação de Nernst para determinar uma concentração

A medida de concentrações iônicas usando eletrodos tem uma ampla faixa de aplicações. Suponha que você precise remover íons prata de um banho de galvanização exaurido. Para testar a eficiência de seu processo, você decide construir uma célula eletroquímica para medir as concentrações de Ag^+. Cada compartimento de eletrodo de uma célula galvânica contém um eletrodo de prata e 10,0 mL de uma solução 0,10 M de $AgNO_3(aq)$. Os compartimentos estão ligados por uma ponte salina. Você, agora, adiciona 10 mL de uma solução 0,10 M de $NaCl(aq)$ ao compartimento à esquerda. Quase toda a prata precipita como cloreto de prata, mas um pouco permanece em solução formando uma solução saturada de AgCl. O potencial de célula medido foi $E_{célula} = +0{,}42$ V. Qual é a concentração de Ag^+ na solução saturada?

ANTECIPE Como o cloreto de prata é muito pouco solúvel, você deve esperar uma concentração muito baixa.

PLANEJE Use a equação de Nernst, Equação 2, para encontrar a concentração de Ag^+ no compartimento em que ocorreu precipitação. O potencial de célula padrão é 0 (no estado padrão, as meias-células são idênticas). Em 25,00°C, $RT/F = 0{,}025693$ V.

RESOLVA A célula e a reação de célula correspondente são

$$Ag(s)|Ag^+(aq, L)\|Ag^+(aq, R)|Ag(s) \qquad Ag^+(aq, R) \longrightarrow Ag^+(aq, L)$$

em que $[Ag^+(aq)]_E$ é a concentração desconhecida e $[Ag^+(aq)]_D = 0{,}10$ mol·L^{-1}.

Estabeleça o quociente de reação, Q.

$$Q = \frac{[Ag^+]_E}{[Ag^+]_D} = \frac{[Ag^+]_E}{0{,}10}$$

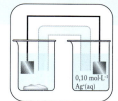

Anote o valor de n_r na equação balanceada.

$$n_r = 1$$

De $E_{célula} = E_{célula}° - (RT/n_rF) \ln Q$ rearranjado a $\ln Q = -E_{célula}/(RT/n_rF)$,

$$\ln Q = \frac{-0{,}42 \text{ V}}{0{,}025\,693 \text{ V}} = -16{,}3\ldots$$

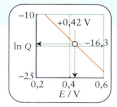

De $Q = e^{\ln Q}$,

$$Q = e^{-16{,}3\ldots}$$

De $[Ag^+]_E = Q[Ag^+]_D$,

$$[Ag^+]_E = e^{-16{,}3\ldots} \times 0{,}10 = 7{,}9 \times 10^{-9}$$

AVALIE A concentração de íons Ag^+ na solução saturada é 7,9 nmol·L^{-1}; como esperado, um valor muito baixo.

Teste 6N.3A Calcule a concentração molar de Y^{3+} em uma solução saturada de YF_3 usando uma célula construída com dois eletrodos de ítrio. O eletrólito em um dos compartimentos é uma solução 1,0 M de $Y(NO_3)_3(aq)$. No outro compartimento, você colocou uma solução saturada de YF_3. O potencial de célula medido foi +0,34 V, em 298 K.

[***Resposta:*** $5{,}7 \times 10^{-18}$ mol·L^{-1}]

Teste 6N.3B Calcule o potencial de uma célula construída com dois eletrodos de prata. O eletrólito em um dos compartimentos é uma solução 1,0 M de $AgNO_3$ (aq). No outro compartimento, você adicionou NaOH a uma solução de $AgNO_3$ até pH = 12,5 em 298 K.

Exercícios relacionados 6N.15 e 6N.16

566 Tópico 6N As aplicações dos potenciais padrão

A variação do potencial de célula com a composição é expressa pela equação de Nernst, Eq. 2.

6N.3 Os eletrodos seletivos para íons

Uma aplicação importante da equação de Nernst é a medida do pH (e, a partir do pH, a medida das constantes de acidez, Tópico 6C). O pH de uma solução pode ser medido eletroquimicamente com um aparelho chamado de **medidor de pH**. O instrumento usa uma célula com um eletrodo sensível à concentração de H_3O^+. O outro eletrodo tem potencial fixo e serve de referência. Um eletrodo sensível à concentração de um íon em particular é chamado de **eletrodo seletivo para íons**.

Uma combinação que pode ser utilizada para medir o pH é o eletrodo de hidrogênio ligado por uma ponte salina a um eletrodo de calomelano. A meia-reação de redução do eletrodo de calomelano é

Calomelano é o nome comum dado ao cloreto de mercúrio(I), Hg_2Cl_2. Note que o composto contém o cátion diatômico Hg_2^{2+}.

$$Hg_2Cl_2(s) + 2\,e^- \longrightarrow 2\,Hg(l) + 2\,Cl^-(aq) \qquad E° = +0{,}27\text{ V}$$

A reação total da célula é

$$Hg_2Cl_2(s) + H_2(g) \longrightarrow 2\,H^+(aq) + 2\,Hg(l) + 2\,Cl^-(aq) \qquad Q = \frac{[H^+]^2[Cl^-]^2}{P_{H_2}}$$

Quando a pressão do gás hidrogênio é 1 bar, podemos escrever o quociente da reação como $Q = [H^+]^2[Cl^-]^2$. Para encontrar a concentração de íons hidrogênio, escrevemos a equação de Nernst:

$$E_{\text{célula}} = E_{\text{célula}}° - \frac{RT}{2F}\ln([H^+]^2[Cl^-]^2)$$

Então, aplique $\ln(ab) = \ln a + \ln b$,

$$E_{\text{célula}} = E_{\text{célula}}° - \frac{RT}{2F}\ln[Cl^-]^2 - \frac{RT}{2F}\ln[H^+]^2$$

Agora use $\ln a^2 = 2\ln a$ para obter

$$E_{\text{célula}} = \overbrace{E_{\text{célula}}° - \frac{RT}{F}\ln[Cl^-]}^{E_{\text{célula}}'} - \frac{RT}{F}\ln[H^+]$$

A concentração de Cl^- de um eletrodo de calomelano é fixada, no momento da fabricação, pela saturação da solução com KCl, de forma a tornar $[Cl^-]$ constante. Como indicado, os dois primeiros termos à direita podem ser combinados em uma única constante, $E_{\text{célula}}' = E_{\text{célula}}° - (RT/F)\ln[Cl^-]$:

$$E_{\text{célula}} = E_{\text{célula}}' - \frac{RT}{F}\ln[H^+]$$

Por fim, como $\ln x = \ln 10 \times \log x$, e $(RT/F)\ln 10 = (0{,}025693\text{ V}) \times 2{,}303 = 0{,}0592\text{ V}$ em 25°C,

$$E_{\text{célula}} = E_{\text{célula}}' - \frac{RT}{F}\ln 10 \times \overbrace{\log[H^+]}^{-\text{pH}}$$
$$= E_{\text{célula}}' + (0{,}0592\text{ V}) \times \text{pH}$$

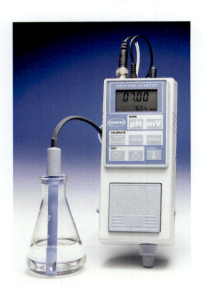

FIGURA 6N.1 Usa-se um eletrodo de vidro em uma manga plástica (à esquerda) para medir o pH. *(Charles D. Winters/Science Source.)*

Portanto, ao medir o potencial de célula, $E_{\text{célula}}$, o pH pode ser determinado. O valor de $E_{\text{célula}}'$ é estabelecido pela calibração da célula, isto é, pela medida de $E_{\text{célula}}$ em uma solução de pH conhecido.

O **eletrodo de vidro**, um bulbo de vidro fino contendo um eletrólito, é muito mais fácil de usar do que o eletrodo de hidrogênio. Seu potencial varia linearmente com o pH da solução que está na parte externa do bulbo de vidro (Fig. 6N.1). Com frequência, existe um eletrodo de referência embutido na sonda que estabelece o contato com a solução de teste através de uma ponte salina em miniatura. Um medidor de pH, portanto, geralmente contém uma sonda, chamada de "eletrodo de combinação", que forma uma célula eletroquímica completa ao ser mergulhada em uma solução. Hoje, o eletrodo de referência mais comumente usado em potenciômetros é o eletrodo Ag/AgCl saturado,

Observe que o potencial de célula para esta meia-reação em condições padrão é +0,22 V.

$$Ag(s)|AgCl(s)|Cl^-(aq, \text{sat. KCl})\| \qquad E_{\text{sat}} = +0{,}197\text{ V}$$

FIGURA 6N.2 Pregos de ferro guardados em água livre de oxigênio (à esquerda) não enferrujam, porque o poder de oxidação da água, por si só, é muito fraco. Na presença de oxigênio (por dissolução do ar na água, à direita), a oxidação é termodinamicamente espontânea, e a ferrugem logo se forma. *(W. H. Freeman. Foto de Ken Karp.)*

O medidor é calibrado com uma solução tampão de pH conhecido e o potencial medido é automaticamente transformado no pH da solução, que pode ser, então, lido em um visor.

Os eletrodos disponíveis no comércio, usados nos medidores de pX, são sensíveis a outros íons, como Na^+, Ca^{2+}, NH_4^+, CN^- e S^{2-}. Eles são usados para monitorar a concentração de íons no sangue, em processos industriais e no controle da poluição.

O pH de uma solução e as concentrações de íons podem ser medidos com o auxílio de um eletrodo que responde seletivamente somente a um tipo de íon.

6N.4 A corrosão

As células eletroquímicas têm papel importante na purificação e na preservação de metais. As reações redox são muito usadas pela indústria química para extrair os metais de seus minérios. Entretanto, as reações redox também corroem os materiais que a indústria produz. O que as reações redox conseguem produzir, elas podem destruir.

A **corrosão** é a oxidação indesejada de um metal. O principal responsável pela corrosão é a água. Uma meia-reação importante é

$$2\,H_2O(l) + 2\,e^- \longrightarrow H_2(g) + 2\,OH^-(aq) \qquad E° = -0{,}83\,V$$

Esse potencial padrão é para a concentração 1 mol·L^{-1} de OH^-, que corresponde a pH = 14, isto é, uma solução fortemente básica. Porém, com a equação de Nernst, em pH = 7, o potencial desse par é $E = -0{,}42\,V$. Qualquer metal com potencial padrão mais negativo do que $-0{,}42\,V$ pode reduzir a água, em pH = 7. Em outras palavras, neste pH, qualquer metal com tais características pode ser oxidado pela água. Como $E° = -0{,}44\,V$ para $Fe^{2+}(aq) + 2\,e^- \to Fe(s)$, a tendência do ferro de ser oxidado pela água, em pH = 7, é pequena. Por essa razão, o ferro pode ser usado em encanamentos de sistemas de abastecimento de água e pode ser guardado em água livre de oxigênio sem enferrujar (Fig. 6N.2).

A corrosão do ferro no meio ambiente ocorre quando ele está exposto ao ar úmido, isto é, na presença de oxigênio e água. A meia-reação

$$O_2(g) + 4\,H^+(aq) + 4\,e^- \longrightarrow 2\,H_2O(l) \qquad E° = +1{,}23\,V$$

tem, então, de ser levada em conta. O potencial dessa meia-reação, em pH = 7 e $P_{O_2} = 0{,}2$ bar, é +0,81 V, muito acima do valor do ferro. Nessas condições, o ferro pode reduzir o oxigênio dissolvido em água em pH = 7. Em outras palavras, oxigênio e água, juntos, podem oxidar o metal ferro a íons ferro(II). Eles podem, subsequentemente, oxidar o ferro(II) a ferro(III), porque $E° = +0{,}77\,V$ para $Fe^{3+}(aq) + e^-\;Fe^{2+}(aq)$.

Uma gota de água na superfície do ferro pode agir como o eletrólito da corrosão em uma pequena célula eletroquímica (Fig. 6N.3). Nas bordas da gota, o oxigênio dissolvido oxida o ferro. O processo é

$$2\,Fe(s) \longrightarrow 2\,Fe^{2+}(aq) + 4\,e^-$$

$$\underline{O_2(g) + 4\,H^+(aq) + 4\,e^- \longrightarrow 2\,H_2O(l)}$$

$$\text{Total: } 2\,Fe(s) + O_2(g) + 4\,H^+(aq) \longrightarrow 2\,Fe^{2+}(aq) + 2\,H_2O(l) \qquad \textbf{(A)}$$

Os elétrons retirados do metal pela oxidação podem ser substituídos por elétrons de outra parte do metal condutor – em particular, pelo ferro que está coberto pela região pobre em oxigênio do centro da gota. Os átomos de ferro que estão nessa posição perdem seus elétrons para formar íons Fe^{2+} e dissolvem na água vizinha. Esse processo leva à formação de minúsculos buracos na superfície. Os íons Fe^{2+} são, depois, oxidados a Fe^{3+} pelo oxigênio dissolvido:

$$2\,Fe^{2+}(aq) \longrightarrow 2\,Fe^{3+}(aq) + 2\,e^-$$

$$\underline{\tfrac{1}{2}O_2(g) + 2\,H^+(aq) + 2\,e^- \longrightarrow 2\,H_2O(l)}$$

$$\text{Total: } 2\,Fe^{2+}(aq) + \tfrac{1}{2}O_2(g) + 2\,H^+(aq) \longrightarrow 2\,Fe^{3+}(aq) + H_2O(l) \qquad \textbf{(B)}$$

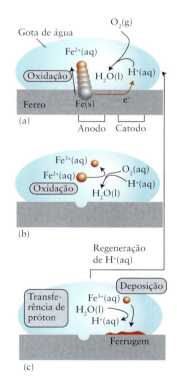

FIGURA 6N.3 Mecanismo de formação de ferrugem em uma gota de água. (a) A oxidação do ferro acontece em um ponto fora de contato com o oxigênio do ar. A superfície do metal age como o anodo de uma célula galvânica minúscula, com o metal que está fora da gota servindo de catodo. (b) Subsequente oxidação do Fe^{2+} a Fe^{3+}. (c) Prótons são removidos da água quando os íons óxido se combinam com o Fe^{3+} e se depositam como ferrugem na superfície. Esses prótons são reciclados.

FIGURA 6N.4 As vigas de aço são galvanizadas por imersão em um banho de zinco fundido. *(the palms/Shutterstock.)*

Esses íons Fe^{3+} precipitam como óxido de ferro(III) hidratado, $Fe_2O_3 \cdot H_2O$, a substância marrom insolúvel conhecida como ferrugem. A provável origem dos íons óxido é a desprotonação das moléculas da água, quando formam o sólido hidratado por precipitação com íons Fe^{3+} produzidos na reação B. O resultado é

$$4\,H_2O(l) + 2\,Fe^{3+}(aq) \longrightarrow 6\,H^+(aq) + Fe_2O_3 \cdot H_2O(s) \qquad (C)$$

Esta etapa fornece os íons $H^+(aq)$ necessários à reação A logo, os íons hidrogênio funcionam como catalisadores. A remoção dos íons Fe^{3+} da solução impele a reação no sentido direto. O processo total é a soma das reações A, B e C:

$$2\,Fe(s) + \tfrac{3}{2}\,O_2(g) + H_2O(l) \longrightarrow Fe_2O_3 \cdot H_2O(s)$$

A água conduz melhor a eletricidade na presença de íons dissolvidos, e a formação da ferrugem se acelera. Essa é uma das razões pela qual a maresia das cidades costeiras e o sal grosso usado em países frios para degelar estradas é tão danoso aos metais expostos.

Como a corrosão é eletroquímica, o conhecimento das reações redox pode servir para combatê-la. A forma mais simples de impedir a corrosão é pintar a superfície do metal, para protegê-la da exposição ao ar e à água. Um método mais eficaz é **galvanizar** o metal, isto é, cobri-lo com um filme compacto de zinco (Fig. 6N.4). O zinco fica abaixo do ferro na série eletroquímica; assim, se um arranhão expuser o metal que está sob o zinco, este último, um redutor mais forte, libera seus elétrons para o ferro. Em consequência, o zinco, e não o ferro, se oxida. O zinco sobrevive à exposição ao ar e à água na superfície coberta porque, como o alumínio, ele é **passivado** pelo óxido protetor. Em geral, o óxido de qualquer metal que ocupa mais espaço do que o metal que ele substitui age como um **óxido protetor**, um óxido que impede que a oxidação do metal prossiga. O zinco e o cromo formam óxidos protetores de baixa densidade que protegem o ferro da oxidação. O alumínio é passivado por uma fina camada de alumina, Al_2O_3, a qual se forma quando o metal é exposto ao ambiente. O *alumínio anodizado* conta com uma espessa camada de óxido de alumínio formada pela via eletroquímica (Tópico 6O) e muitas vezes é tingido em uma variedade de cores (Figura 6N.5).

Não é possível galvanizar grandes estruturas de metal – como navios, encanamentos subterrâneos, tanques de armazenamento de gasolina e pontes –, mas pode-se usar a **proteção catódica**, isto é, a proteção eletroquímica de um objeto metálico mediante a conexão com um metal mais fortemente redutor. Por exemplo, um bloco de um metal mais fortemente redutor do que o ferro, como o zinco ou o magnésio, pode ser enterrado no solo úmido e ligado ao encanamento subterrâneo que se deseja proteger (Fig. 6N.6). O bloco de magnésio se oxida preferencialmente e fornece elétrons ao ferro para a redução do oxigênio. O bloco de metal, que é chamado de **anodo de sacrifício**, protege o encanamento de ferro, e é muito barato substituí-lo. Por razões semelhantes, os automóveis têm, geralmente, sistemas de aterramento negativo como parte de seus circuitos elétricos, isto é, o corpo do

FIGURA 6N.5 O alumínio é protegido contra a oxidação pela eletrodeposição da alumina, Al_2O_3, na superfície. A alumina pode ser tingida em uma variedade de cores. *(©1993 Paul Silverman–Fundamental Photographs.)*

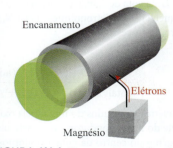

FIGURA 6N.6 Na proteção catódica de um encanamento subterrâneo ou outra construção metálica importante, o artefato é ligado a um certo número de blocos enterrados de um metal, como magnésio ou zinco. Os anodos de sacrifício (os blocos de magnésio, nessa ilustração) fornecem elétrons para o encanamento (o catodo da célula), que assim é preservado da oxidação.

carro é ligado ao anodo da bateria. O decaimento do anodo na bateria é o sacrifício que preserva o veículo.

 Um modo comum de proteger o corpo de aço dos automóveis e caminhões é a **eletrodeposição catiônica** de coberturas. Nesse processo, um depósito inicial de material resistente à corrosão é colocado no corpo do automóvel, que serve de catodo para o processo. Por muitos anos, usou-se óxido de chumbo(IV) como proteção contra a corrosão. Entretanto, o chumbo é tóxico, e preocupações ambientais estimularam a pesquisa de metais alternativos para a eletrodeposição catiônica. Descobriu-se que o óxido de ítrio também é resistente à corrosão e, na verdade, é duas vezes mais eficiente do que o chumbo. Além disso, o ítrio não é tóxico e seu óxido é uma cerâmica. Assim, o óxido é insolúvel em água e não pode se espalhar pelo ambiente poluindo a água.

Teste 6N.4A Qual dos seguintes procedimentos ajuda a evitar a corrosão de uma haste de ferro: (a) diminuição da concentração de oxigênio na água; (b) pintura da haste?

[*Resposta:* ambos]

Teste 6N.4B Qual dos seguintes elementos pode agir como anodo de sacrifício para o ferro: (a) cobre; (b) alumínio; (c) estanho?

A corrosão do ferro é acelerada pela presença de oxigênio, umidade e sal. A corrosão pode ser inibida pelo revestimento da superfície com pintura ou zinco, ou pelo uso da proteção catódica.

O que você aprendeu com este tópico?

Você viu que células galvânicas podem ser usadas para medir as concentrações de íons em solução e determinar as constantes de equilíbrio. Você também viu, com a equação de Nernst, como o potencial de célula varia com a composição desta, expressa pelo quociente de reação, Q. Você conheceu o processo da oxidação indesejada de metais, a corrosão, e aprendeu maneiras de combatê-la.

Os conhecimentos que você deve dominar incluem a capacidade de:

☐ **1.** Determinar uma constante de equilíbrio a partir de um potencial de célula medido e tabelas com valores de potencial padrão (Caixa de Ferramentas 6N.1 e Exemplo 6N.1).

☐ **2.** Predizer um potencial de célula em condições não saturadas usando a equação de Nernst (Exemplo 6N.2).

☐ **3.** Usar a equação de Nernst e um potencial de célula medido para determinar a concentração de um íon em solução (Exemplo 6N.3).

☐ **4.** Explicar o processo de corrosão e descrever os meios de inibi-lo (Seção 6N.4).

Tópico 6N Exercícios

Considere a temperatura de 25°C (298 K), a não ser que outra temperatura seja especificada.

6N.1 Determine as constantes de equilíbrio das seguintes reações:

(a) $Mn(s) + Ti^{2+}(aq) \rightleftharpoons Mn^{2+}(aq) + Ti(s)$
(b) $In^{3+}(aq) + U^{3+}(aq) \rightleftharpoons In^{2+}(aq) + U^{4+}(aq)$

6N.2 Determine as constantes de equilíbrio das seguintes reações:

(a) $2\,Fe^{3+}(aq) + H_2(g) \rightleftharpoons 2\,Fe^{2+}(aq) + 2\,H^+(aq)$
(b) $2\,Cr(s) + O_2(g) + 2\,H_2O(l) \rightleftharpoons 2\,Cr^{2+}(aq) + 4\,OH^-(aq)$

6N.3 Determine o potencial das seguintes células:

(a) $Pt(s)|H_2(g, 1,0\ bar)|HCl(aq, 0,075\ mol·L^{-1})\|HCl(aq, 1,0\ mol·L^{-1})|H_2(g, 1,0\ bar)|Pt(s)$
(b) $Zn(s)|Zn^{2+}(aq, 0,37\ mol·L^{-1})\|Ni^{2+}(aq, 0,059\ mol·L^{-1})|Ni(s)$
(c) $Pt(s)|Cl_2(g, 250\ Torr)|HCl(aq, 1,0\ mol·L^{-1})\|HCl(aq, 0,85\ mol·L^{-1})|H_2(g, 125\ Torr)|Pt(s)$
(d) $Sn(s)|Sn^{2+}(aq, 0,277\ mol·L^{-1})\|Sn^{4+}(aq, 0,867\ mol·L^{-1}), Sn^{2+}(aq, 0,55\ mol·L^{-1})|Pt(s)$

6N.4 Determine o potencial das seguintes células:

(a) $Cr(s)|Cr^{3+}(aq, 0,37\ mol·L^{-1})\|Pb^{2+}(aq, 9,5 \times 10^{-3}\ mol·L^{-1})|Pb(s)$
(b) $Pt(s)|H_2(g, 2,0\ bar)|H^+(pH = 3,5)\|Cl^-(aq, 0,75\ mol·L^{-1})|Hg_2Cl_2(s)|Hg(l)$
(c) $C(gr)|Sn^{4+}(aq, 0,059\ mol·L^{-1}), Sn^{2+}(aq, 0,059\ mol·L^{-1})\|$
(d) $Fe^{3+}(aq, 0,15\ mol·L^{-1}), Fe^{2+}(aq, 0,15\ mol·L^{-1})|Pt(s)$
(e) $Ag(s)|AgI(s)|I^-(aq, 0,025\ mol·L^{-1})\|Cl^-(aq, 0,67\ mol·L^{-1})|AgCl(s)|Ag(s)$

570 **Tópico 6N** As aplicações dos potenciais padrão

6N.5 Determine a quantidade desconhecida nas seguintes células:

(a) $Pt(s)|H_2(g, 1,0\ bar)|H^+(pH = ?)||Cl^-(aq, 1,0\ mol \cdot L^{-1})|$
$Hg_2Cl_2(s)|Hg(l)$, $E_{célula} = +0,33\ V$.
(b) $C(gr)|Cl_2(g, 1,0\ bar)|Cl^-(aq, ?)||MnO_4^-(aq, 0,010\ mol \cdot L^{-1})$,
$H^+(pH = 4,0),Mn^{2+}(aq, 0,10\ mol \cdot L^{-1})|Pt(s)$, $E_{célula} = -0,30\ V$.

6N.6 Determine a quantidade desconhecida nas seguintes células:

(a) $Pt(s)|H_2(g, 1,0\ bar)|H^+(pH=?)||Cl^-(aq,1,0\ mol \cdot L^{-1})|AgCl(s)$
$|Ag(s)$, $E_{célula} = +0,47\ V$.
(b) $Pb(s)|Pb^{2+}(aq, ?)||Ni^{2+}(aq, 0,20\ mol \cdot L^{-1})|Ni(s)$, $E_{célula} = +0,045\ V$.

6N.7 Calcule $E_{célula}$ para cada uma das seguintes células de concentração:

(a) $Cu(s)|Cu^{2+}(aq, 0,0010\ mol \cdot L^{-1})||Cu^{2+}(aq, 0,010\ mol \cdot L^{-1})|Cu(s)$
(b) $Pt(s)|H_2(g, 1\ bar)|H^+(aq, pH = 4,0)||H^+(aq, pH = 3,0)|$
$H_2(g, 1\ bar)|Pt(s)$

6N.8 Calcule a concentração desconhecida do íon em cada uma das seguintes células:

(a) $Pb(s)|Pb^{2+}(aq, ?)||Pb^{2+}(aq, 0,10\ mol \cdot L^{-1})|Pb(s)$, $E_{célula} = +0,083\ V$.
(b) $Pt(s)|Fe^{3+}(aq, 0,10\ mol \cdot L^{-1}), Fe^{2+}(aq, 1,0\ mol \cdot L^{-1})||$
$Fe^{3+}(aq, ?), Fe^{2+}(aq, 0,0010\ mol \cdot L^{-1})|Pt(s)$, $E_{célula} = +0,14\ V$.

6N.9 Um eletrodo de estanho em uma solução 0,015 M de $Sn(NO_3)_2(aq)$ está ligado a um eletrodo de hidrogênio em que a pressão de H_2 é 1,0 bar. Se o potencial de célula for 0,061 V, em 25°C, qual será o pH do eletrólito no eletrodo de hidrogênio?

6N.10 Um eletrodo de chumbo em uma solução 0,020 M de $Pb(NO_3)_2(aq)$ está ligado a um eletrodo de hidrogênio em que a pressão de H_2 é 1,0 bar. Se o potencial de célula for 0,078 V, em 25°C, qual será o pH do eletrólito no eletrodo de hidrogênio?

6N.11 (a) Use os dados do Apêndice 2B para calcular o produto de solubilidade de Hg_2Cl_2. (b) Compare esse número com o valor listado na Tabela 6I.1 e comente a diferença.

6N.12 (a) O potencial padrão de redução de Ag_2CrO_4 a $Ag(s)$ e íons cromato é +0,446 V. Escreva a meia-reação balanceada da redução do cromato de prata. (b) Use os dados da parte (a) e do Apêndice 2B para calcular o produto de solubilidade do $Ag_2CrO_4(s)$.

6N.13 Calcule o quociente de reação, Q, da reação de célula, dado o valor do potencial de célula medido. Balanceie as equações químicas usando os coeficientes de menor número inteiro.

(a) $Pt(s)|Sn^{4+}(aq),Sn^{2+}(aq)||Pb^{4+}(aq),Pb^{2+}(aq)|C(gr)$,
$E_{célula} = +1,33\ V$.
(b) $Pt(s)|O_2(g)|H^+(aq)||Cr_2O_7^{2-}(aq),H^+(aq),Cr^{3+}(aq)|Pt(s)$,
$E_{célula} = +0,10\ V$.

6N.14 Calcule o quociente de reação, Q, da reação de célula, dado o valor do potencial de célula medido. Balanceie as equações químicas usando os coeficientes de menor número inteiro.

(a) $Ag(s)|Ag^+(aq)||ClO_4^-(aq),H^+(aq),ClO_3^-(aq)|Pt(s)$,
$E_{célula} = +0,40\ V$.
(b) $C(gr)|Cl_2(g)|Cl^-(aq)||Au^{3+}(aq)|Au(s)$, $E_{célula} = 0,00\ V$.

6N.15 Calcule o potencial de uma célula construída com dois eletrodos de níquel. O eletrólito em um dos compartimentos é uma solução 1,0 M de $Ni(NO_3)_2(aq)$. No outro compartimento, NaOH foi adicionado a uma solução de $Ni(NO_3)_2$ até pH = 11,0 em 298 K. Veja a Tabela 6I.1

6N.16 Uma célula foi construída com dois eletrodos de chumbo. O eletrólito em um dos compartimentos é uma solução 1,0 M de $Pb(NO_3)_2(aq)$. No outro compartimento, NaI foi adicionado a uma solução de $Pb(NO_3)_2$ até formar um precipitado amarelo e a concentração dos íons I^- atingir 0,050 mol.L^{-1}. O potencial desta célula é +0,155 V em 298 K. (a) Calcule a concentração dos íons Pb^+ no segundo compartimento. (b) Calcule o produto de solubilidade do PbI_2.

6N.17 Seja a célula $Ag(s)|Ag^+(aq, 5,0\ mmol \cdot L^{-1})||Ag^+(aq, 0,15\ mol \cdot L^{-1})|Ag(s)$. Ela pode fornecer trabalho? Se for o caso, qual é o trabalho máximo que ela pode fornecer (por mol de Ag)?

6N.18 Seja a célula $Ag(s)|Ag^+(aq, 3,6\ mol \cdot L^{-1})||Pb^{2+}(aq, 0,25\ mol \cdot L^{-1})|Pb(s)$. (a) Ela pode fornecer trabalho? Se for o caso, qual é o trabalho máximo que ela pode fornecer (por mol de Pb)? (b) Qual é o valor de ΔH para a reação da célula (use as entalpias padrão de formação) e o valor de ΔS?

6N.19 Suponha que o eletrodo de referência da Tabela 6M.1 seja o eletrodo padrão de calomelano, Hg_2Cl_2/Hg, $Cl^-([Cl^-] = 1,00\ mol \cdot L^{-1})$, com $E°$ definido como zero. Neste sistema, qual será o valor do potencial de (a) o eletrodo padrão de hidrogênio, (b) o par redox Cu^{2+}/Cu padrão?

6N.20 Examine novamente a questão proposta no Exercício 6N.19 imaginando, porém, que um eletrodo de calomelano saturado (a solução é saturada com KCl em substituição a $[Cl^-] = 1,00\ mol \cdot L^{-1}$) substitui o eletrodo padrão de calomelano. Como essa mudança afetaria as respostas do Exercício 6N.19? A solubilidade do cloreto de potássio é 35 g.$(100\ mL\ de\ H_2O)^{-1}$.

6N.21 (a) Qual é a fórmula química aproximada da ferrugem? (b) Qual é o agente oxidante na formação da ferrugem? (c) Como a presença de sal acelera o processo de corrosão?

6N.22 (a) Qual é a solução de eletrólito na formação da ferrugem? (b) Como são protegidos os objetos de aço (ferro) pela galvanização e pelos anodos de sacrifício? (c) Sugira dois metais que podem ser usados no lugar do zinco para a galvanização do ferro.

6N.23 (a) Sugira dois metais que possam ser usados para a proteção catódica de uma tubulação de titânio. (b) Que fatores, além da posição relativa na série eletroquímica, devem ser considerados na prática? (c) Algumas vezes as tubulações de cobre em residências são ligadas a canos de ferro. Qual é o possível efeito do cobre sobre os canos de ferro?

6N.24 (a) O alumínio pode ser usado na proteção catódica de um tanque de aço de armazenamento subterrâneo? (b) Qual dos metais, zinco, prata, cobre ou magnésio, não pode ser usado como anodo de sacrifício em uma tubulação de ferro enterrada? Explique sua resposta. (c) Qual é a solução de eletrólito usada na proteção catódica de uma tubulação subterrânea, por um anodo de sacrifício?

Tópico 6O A eletrólise

6O.1 As células eletrolíticas
6O.2 Os produtos da eletrólise
6O.3 As aplicações da eletrólise

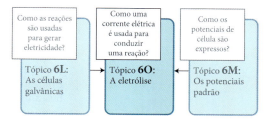

As reações redox que têm energia livre de Gibbs de reação positiva não são espontâneas, mas a corrente elétrica pode ser usada para direcioná-la no sentido direto. Por exemplo, o flúor não pode ser isolado mediante reações químicas comuns. Ele não foi isolado até 1886, quando o químico francês Henri Moissan encontrou um procedimento para formar o flúor ao passar uma corrente elétrica por uma mistura anidra fundida de fluoreto de potássio e fluoreto de hidrogênio. Ainda hoje, o flúor é preparado comercialmente por esse processo.

6O.1 As células eletrolíticas

A **célula eletrolítica** é a célula eletroquímica na qual ocorre a eletrólise. O arranjo dos componentes das células eletrolíticas é diferente do arranjo da célula galvânica. Em geral, os dois eletrodos ficam no mesmo compartimento, só existe um tipo de eletrólito e as concentrações e pressões estão longe das condições padrão. Como em toda célula eletroquímica, os íons presentes transportam a corrente pelo eletrólito. Por exemplo, quando o metal cobre é refinado eletroliticamente, o anodo é cobre impuro, o catodo é cobre puro e o eletrólito é $CuSO_4$. Quando íons Cu^{2+} migram para o catodo, eles são reduzidos e se depositam na forma de átomos de cobre. Outros íons Cu^{2+} são produzidos por oxidação do metal cobre no anodo.

PONTO PARA PENSAR

Que impurezas dos metais não podem ser removidas do cobre durante o refino por eletrólise?

A Figura 6O.1 mostra o esquema de uma célula eletrolítica usada comercialmente na produção do metal magnésio a partir do cloreto de magnésio fundido (o *processo Dow*). Como em uma célula galvânica, a oxidação ocorre no anodo e a redução ocorre no catodo. Os elétrons completam o circuito deslocando-se por um cabo externo. Do anodo para o catodo, os cátions movem-se através do eletrólito na direção do catodo e, os ânions, na direção do anodo. Diferentemente de uma célula galvânica, entretanto, na qual a corrente é gerada de forma espontânea, em uma célula eletrolítica ela precisa ser fornecida por uma fonte de energia elétrica externa para que a reação ocorra. O resultado é forçar a oxidação em um eletrodo e a redução no outro. As seguintes meias-reações ocorrem no processo Dow:

Reação no anodo: $2\ Cl^-(fund) \longrightarrow Cl_2(g) + 2\ e^-$

Reação no catodo: $Mg^{2+}(fund) + 2\ e^- \longrightarrow Mg(l)$

em que "fund" representa o sal fundido que atua como eletrólito. Uma bateria recarregável funciona como célula galvânica quando está realizando trabalho e como célula eletrolítica quando está sendo recarregada.

Para forçar uma reação em um sentido não espontâneo, a fonte externa deve gerar uma diferença de potencial maior do que a diferença de potencial que seria produzida pela reação inversa. Por exemplo, como

$2\ H_2(g) + O_2(g) \longrightarrow 2\ H_2O(l)$ $E_{célula} = +1,23$ V em pH = 7, espontânea

para atingir a reação reversa não espontânea,

$2\ H_2O(l) \longrightarrow 2\ H_2(g) + O_2(g)$ $E_{célula} = -1,23$ V em pH = 7, não espontânea

Por que você precisa estudar este assunto? A eletrólise é usada para produzir metais a partir de seus sais e para remover contaminantes de metais. Em estudos quantitativos com a eletrólise, os químicos precisam conhecer a corrente e o tempo necessários para produzir uma determinada quantidade de metal.

Que conhecimentos você precisa dominar? Você precisa estar familiarizado com os potenciais de célula (Tópicos 6L e 6M) e com as relações estequiométricas (*Fundamentos* L).

O anodo (o sítio de oxidação) de uma célula eletrolítica é marcado com +. O catodo (o sítio de redução) é marcado com −, o oposto de uma célula galvânica. O sinal + significa que o eletrodo está empurrando elétrons para longe da espécie que está sendo oxidada.

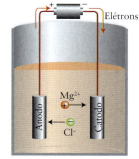

Oxidação:
$2\ Cl^-(aq) \rightarrow$
$Cl_2(g) + 2\ e^-$

Redução:
$Mg^{2+}(fund) + 2\ e^-$
$\rightarrow Mg(s)$

FIGURA 6O.1 Diagrama esquemático da célula eletrolítica usada no processo Dow para a obtenção do magnésio. O eletrólito é cloreto de magnésio fundido. Os íons cloreto se oxidam a gás cloro no anodo e os íons magnésio se reduzem ao metal magnésio no catodo.

em condições padrão (exceto pela concentração de H^+, que é 10^{-7} mol·L^{-1} em água pura em 298 K) no mínimo 1,23 V precisa ser disponibilizado pela fonte externa para superar o "poder de empurrar", natural da reação, na direção oposta. Na prática, a diferença de potencial aplicada tem de ser significativamente superior à do potencial de célula, para inverter a reação espontânea e obter uma velocidade significativa de formação de produto. A diferença de potencial adicional, que varia de acordo com o tipo de eletrodo, é chamada de **sobrepotencial**. No caso dos eletrodos de platina, o sobrepotencial necessário para a produção de hidrogênio e oxigênio a partir da água é cerca de 0,6 V. Logo, é preciso empregar cerca de 1,8 V (0,6 V + 1,23 V) na eletrólise da água se os eletrodos usados forem de platina. O hidrogênio é uma fonte de energia limpa, e muitas pesquisas contemporâneas em células eletroquímicas buscam reduzir o sobrepotencial e, assim, aumentar a eficiência de processos eletrolíticos como a produção de hidrogênio.

Durante a eletrólise em solução, é preciso considerar a possibilidade de outras espécies presentes poderem ser oxidadas ou reduzidas pela corrente elétrica. Suponha, por exemplo, que você precise usar a eletrólise da água para produzir hidrogênio e oxigênio. Para reverter a meia-reação

$$O_2(g) + 4\,H^+(aq) + 4\,e^- \longrightarrow 2\,H_2O(l) \qquad E = +0,82\ \text{V em pH} = 7$$

e provocar a oxidação da água, precisamos de uma diferença de potencial aplicada igual a pelo menos 0,82 V.

A água pura não transmite corrente porque sua concentração de íons (H_3O^+ e OH^-) é muito baixa. Portanto, é necessário adicionar solutos iônicos cujos íons sejam menos facilmente oxidados ou reduzidos do que a água. Suponha que o sal adicionado seja cloreto de sódio. Será que os íons Cl^- presentes em concentração igual a 1 mol·L^{-1} na água serão oxidados, e não a água? A Tabela 6M.1 mostra que o potencial padrão da redução do cloro é $+1,36$ V:

$$Cl_2(g) + 2\,e^- \longrightarrow 2\,Cl^-(aq) \qquad E^\circ = +1,36\ \text{V}$$

Para inverter essa reação e oxidar os íons cloreto, você teria de fornecer pelo menos 1,36 V. Como somente 0,82 V são necessários para forçar a oxidação da água e 1,36 V, para forçar a oxidação de Cl^-, o oxigênio deveria ser o produto no catodo. Entretanto, o sobrepotencial de produção de oxigênio pode ser muito alto e, na prática, também ocorre produção de cloro. No cátodo, a meia-reação

$$2\,H^+(aq) + 2\,e^- \longrightarrow H_2(g) \qquad E = +0,41\ \text{V em pH} = 7$$

é necessária. O hidrogênio, e não o metal sódio, será produzido no catodo, porque o potencial necessário para reduzir os íons sódio é significantemente superior ($+2,71$ V).

EXEMPLO 6O.1 Predição da espécie produzida em um eletrodo

O iodo é um elemento essencial para o funcionamento correto da glândula tireoide. A água do mar contém iodeto em níveis de traço, e você investiga a eletrólise de soluções de iodeto como meio de purificar o elemento. Você precisa saber se o iodeto ou a água são oxidados com potenciais baixos. Suponha que uma solução de I^-, 1 mol·L^{-1} em água, em pH = 7, sofra eletrólise. Qual será a espécie produzida no anodo, O_2 ou I_2?

PLANEJE Decida que oxidação exige o menor potencial. Se o sobrepotencial for semelhante, esse será o par redox preferencialmente oxidado.

RESOLVA

Encontre o potencial padrão do $I_2(s)$ usando a Tabela 6M.1 ou o Apêndice 2B.

$$I_2(s) + 2\,e^- \longrightarrow 2\,I^-(aq) \qquad E^\circ = +0,54\ \text{V}$$

O potencial padrão (em pH = 7) do $O_2(g)$ é dado na Tabela 6M.1 ou no Apêndice 2B.

$$O_2(g) + 4\,H^+(aq) + 4\,e^- \longrightarrow 2\,H_2O(l) \qquad E = +0,82\ \text{V em pH} = 7$$

Esses potenciais deixam claro que ao menos 0,54 V é necessário para oxidar o I^- e 0,82 V para oxidar a água, nas condições padrão (pH = 7).

Portanto, se os sobrepotenciais forem semelhantes, espera-se que os íons I^- sejam oxidados, de preferência à água.

Teste 60.1A Estime os produtos resultantes da eletrólise de uma solução 1 M de AgNO₃(aq).

[***Resposta:*** Catodo, Ag; anodo, O₂]

Teste 60.1B Estime os produtos resultantes da eletrólise de uma solução 1 M de NaBr(aq).

Exercícios relacionados 60.3 e 60.4

O potencial fornecido a uma célula eletrolítica deve ser no mínimo igual ao potencial da reação a ser invertida. Se existe na solução mais de uma espécie que pode ser reduzida, as espécies com os maiores potenciais de redução são, preferencialmente, reduzidas. O mesmo princípio é aplicado à oxidação.

60.2 Os produtos da eletrólise

O cálculo da quantidade de produto formado em uma eletrólise baseia-se nas observações feitas por Michael Faraday (Fig. 60.2) e resumidas – em linguagem mais moderna do que a que ele usou – como:

Lei de Faraday da eletrólise: A quantidade do produto formado ou do reagente consumido por uma corrente elétrica é estequiometricamente equivalente à quantidade de elétrons fornecidos.

O cobre, por exemplo, é refinado eletroliticamente usando-se uma forma do metal impuro, conhecida como cobre vesiculado, como o anodo de uma célula eletrolítica (Fig. 60.3). A corrente fornecida força a oxidação do cobre vesiculado a íons cobre(II), Cu^{2+}, que são reduzidos no catodo ao metal puro na reação $Cu^{2+}(aq) + 2\,e^- \rightarrow Cu(s)$. Para calcular a quantidade de Cu produzida por determinada quantidade de elétrons, escreva a razão molar dessa meia-reação, 2 mols de $e^- \simeq 1$ mol de Cu e, então, converta a quantidade de elétrons em quantidade de átomos de Cu. Por exemplo, se 4,0 mol e^- tivessem sido fornecidos:

FIGURA 60.2 Michael Faraday (1791–1867). *(© Hi-Story/Alamy.)*

$$\text{Quantidade de Cu(mol)} = (4{,}0 \text{ mol } e^-) \times \frac{1 \text{ mol Cu}}{2 \text{ mol } e^-} = 2{,}0 \text{ mol Cu}$$

Teste 60.2A Que quantidade (em mols) de Al(s) pode ser produzida a partir de Al_2O_3 se 4,5 mols de e^- forem fornecidos?

[***Resposta:*** 1,5 mol de Al]

Teste 60.2B Que quantidade (em mols) de Cr(s) pode ser produzida a partir de CrO_3 se 12,0 mols de e^- forem fornecidos?

Neste contexto, Q é a carga fornecida: não confunda com o quociente de reação Q!

A quantidade de eletricidade, Q, que passa pela célula eletrolítica é medida em coulombs. Ela é determinada pela medida da corrente, I, e do tempo, t, em que a corrente flui, e é calculada por

$$\text{Carga fornecida (C)} = \text{corrente (A)} \times \text{tempo (s)} \quad \text{ou} \quad Q = It \tag{1}$$

Por exemplo, como 1 A·s = 1 C, se 2,00 A passam durante 125 s, a carga fornecida à célula é

$$Q = (2{,}00 \text{ A}) = (125 \text{ s}) = 250. \text{ A·s} = 250. \text{ C}$$

Para determinar a quantidade de elétrons fornecida por uma determinada carga, usamos a constante de Faraday, F, a quantidade de carga por mol de elétrons, como fator de conversão

FIGURA 60.3 Representação esquemática do processo eletrolítico de refino do cobre. O anodo é cobre impuro. Os íons Cu^{2+} produzidos por oxidação no anodo migram para o catodo, onde são reduzidos ao metal cobre puro. Um arranjo semelhante é usado para folhear objetos.

Oxidação: Cu(s) → Cu^{2+}(aq) + 2 e^-

Redução: Cu^{2+}(aq) + 2 e^- → Cu(s)

LAB_VIDEO – FIGURA 60.3

(Tópico 6L). Como a carga fornecida é $Q = nF$, em que n é o número de mols de elétrons, segue-se que

$$n = \frac{Q}{F} = \frac{It}{F} \qquad (2)$$

Assim, se a corrente e o tempo de aplicação são conhecidos, é possível determinar a quantidade de elétrons fornecidos. A razão molar da reação do eletrodo pode então ser usada para converter a quantidade de elétrons fornecida em quantidade de produto (ver **1**).

Caixa de ferramentas 6O.1 COMO PREDIZER O RESULTADO DA ELETRÓLISE

BASE CONCEITUAL

O número necessário de elétrons para reduzir determinada quantidade de uma espécie está relacionado aos coeficientes estequiométricos da meia-reação de redução. O mesmo é verdadeiro para a oxidação. Portanto, é possível estabelecer uma relação estequiométrica entre as espécies reduzidas ou oxidadas e a quantidade de elétrons fornecida. A quantidade de elétrons necessária é determinada pela corrente e o tempo de fluxo da corrente.

PROCEDIMENTO

Para determinar a quantidade de produto que pode ser obtida:

Etapa 1 Identifique a relação estequiométrica entre os elétrons e as espécies de interesse, escolhendo a meia-reação pertinente.

Etapa 2 Calcule a quantidade (em mols) de elétrons fornecida, a partir da Equação 2, $n = It/F$. Use a relação estequiométrica da etapa 1 para converter n na quantidade de substância. Se necessário, use a massa molar para converter em massa (ou o volume molar para converter em volume).

Este procedimento está ilustrado no Exemplo 6O.2.

Para determinar o tempo necessário para a produção de uma dada quantidade de produto:

Etapa 1 Identifique a relação estequiométrica entre os elétrons e as espécies de interesse, escolhendo a meia-reação pertinente.

Etapa 2 Se necessário, use a massa molar para converter massa em quantidade (em mols). Use a relação estequiométrica da etapa 1 para converter a quantidade de substância na quantidade de elétrons que passaram, n (em mols).

Etapa 3 Substitua n, a corrente e a constante de Faraday na Equação 2 rearranjada a $t = Fn/I$ e resolva para o tempo.

Este procedimento está ilustrado no Exemplo 6O.3.

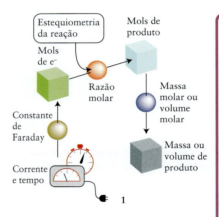

1

EXEMPLO 6O.2 Cálculo da quantidade de produto formado na eletrólise

Uma das principais aplicações da eletricidade é na produção de alumínio por eletrólise a partir de seu óxido dissolvido em criolita fundida. Em seu trabalho como engenheiro, você precisa predizer a quantidade de alumínio que pode ser produzida nesse processo. Encontre a massa de alumínio que pode ser produzida em 1,00 dia em uma célula eletrolítica que opera continuamente com $1,00 \times 10^5$ A. A criolita não reage.

ANTECIPE Neste processo industrial, com uma corrente muito forte agindo por um longo tempo, você deve esperar a formação de muitos quilogramas de alumínio.

PLANEJE Use o primeiro procedimento da **Caixa de Ferramentas 6O.1.**

RESOLVA

Etapa 1 Escreva a meia-reação da redução e encontre a quantidade de elétrons necessária para reduzir 1 mol de íons Al^{3+} à forma metálica do Al.

$$Al^{3+}(fund) + 3\,e^- \longrightarrow Al(l) \qquad 3\text{ mol }e^- \mathrel{\widehat{=}} 1\text{ mol Al}$$

Etapa 2 De $m = nM$ e $n = It/F$, usando $M(Al) = 26,98$ g·mol^{-1}, 3600 s = 1 h, 24 h = 1 d, e lembrando a relação estequiométrica entre Al e os elétrons:

$$m(Al) = n(e^-) \times \frac{1\text{ mol Al}}{3\text{ mol }e^-} \times \frac{26,98\text{ g Al}}{1\text{ mol Al}}$$

$$= \frac{\overbrace{(1,00 \times 10^5\text{ C·s}^{-1})}^{I} \times \overbrace{(24,0 \times 3600\text{ s})}^{t}}{\underbrace{9,65 \times 10^4\text{ C·(mol }e^-)^{-1}}_{F}} \times \frac{1\text{ mol Al}}{3\text{ mol }e^-} \times \frac{26,98\text{ g Al}}{1\text{ mol Al}}$$

$$= 8,05 \times 10^5\text{ g Al}$$

AVALIE Como esperado, uma grande quantidade de alumínio (805 kg) foi produzida. O fato de a produção de 1 mol de Al exigir 3 mols de e^- explica o altíssimo consumo de eletricidade, característico das fábricas de alumínio.

Teste 60.3A Determine a massa (em gramas) de metal magnésio que pode ser obtida a partir de cloreto de magnésio fundido, usando uma corrente de 7,30 A por 2,11 h. Que volume de gás cloro, em 25°C e 1 atm, será produzido no anodo?

[*Resposta:* 6,98 g; 7,03 L]

Teste 60.3B Que massa de metal cromo pode ser obtida a partir de uma solução 1 M de CrO_3 em ácido sulfúrico diluído, usando-se uma corrente de 6,20 A por 6,00 h?

Exercícios relacionados 60.5 e 60.6

EXEMPLO 60.3 Cálculo do tempo necessário para produzir uma determinada massa de produto

Você trabalha em uma unidade de produção de cobre para a fabricação de circuitos elétricos. O metal é obtido por eletrólise de soluções ácidas de $CuSO_4(aq)$. Um cliente fez um pedido de uma pequena quantidade de cobre de alta pureza e você precisa informá-lo acerca do tempo necessário para a entrega. Quantas horas são necessárias para depositar 25,00 g de metal cobre a partir de uma solução 1,00 M de $CuSO_4(aq)$ usando uma corrente de 3,0 A?

PLANEJE Use o segundo procedimento da Caixa de Ferramentas 60.1.

RESOLVA

Etapa 1 Encontre a relação estequiométrica entre os elétrons e a espécie de interesse, a partir da meia-reação da eletrólise.

$$Cu^{2+}(aq) + 2\,e^- \longrightarrow Cu(s) \qquad 2\text{ mol }e^- \mathrel{\hat=} 1\text{ mol Cu}$$

Etapa 2 Para encontrar a quantidade de elétrons $n(e^-)$ necessária para a eletrólise converta a massa de Cu na quantidade de Cu e esta em mols de e^- (as quantidades são usadas em mols):

$$n(e^-) = (25{,}00 \text{ g Cu}) \times \frac{1 \text{ mol Cu}}{63{,}54 \text{ g Cu}} \times \frac{2 \text{ mol }e^-}{1 \text{ mol Cu}} = \frac{25{,}00 \times 2}{63{,}54} \text{ mol }e^-$$
$$= 0{,}786\ldots \text{ mol }e^-$$

Etapa 3 Use $t = Fn/I$ e converta segundos em horas.

$$t = \frac{9{,}6485 \times 10^4 \text{ C} \cdot (\text{mol }e^-)^{-1}}{3{,}00 \text{ C} \cdot s^{-1}} \times 0{,}786\ldots \text{ mol }e^- \times \frac{1 \text{ h}}{3600 \text{ s}} = 7{,}0 \text{ h}$$

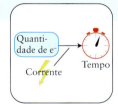

Teste 60.4A Determine o tempo, em horas, necessário para depositar 7,00 g de metal magnésio a partir de cloreto de magnésio fundido, usando uma corrente de 7,30 A.

[*Resposta:* 2,12 h]

Teste 60.4B Quantas horas são necessárias para depositar 12,00 g de metal cromo a partir de uma solução 1 M de CrO_3 em ácido sulfúrico diluído, usando uma corrente de 6,20 A?

Exercícios relacionados 60.7 e 60.8

A quantidade de produto em uma reação de eletrólise é calculada pela estequiometria da meia-reação, pela corrente e pelo tempo que ela flui.

576 Tópico 6O A eletrólise

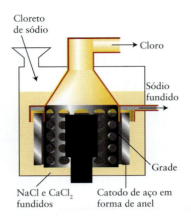

FIGURA 6O.4 No processo de Downs, o cloreto de sódio fundido é eletrolisado com um anodo de grafita (no qual os íons Cl⁻ são oxidados a cloro) e um catodo de aço (no qual os íons Na⁺ são reduzidos a sódio). O sódio e o cloro estão separados pelos recipientes que rodeiam os eletrodos. Cloreto de cálcio é adicionado para diminuir o ponto de fusão do cloreto de sódio até uma temperatura economicamente mais interessante.

FIGURA 6O.5 O depósito de cromo, além do efeito decorativo, dá proteção eletroquímica ao aço dessa motocicleta. Grandes quantidades de eletricidade são necessárias para a cromagem, porque seis elétrons são necessários para produzir cada átomo de cromo. (© tbkmedia.de/Alamy.)

6O.3 As aplicações da eletrólise

O refino do cobre e a extração eletrolítica de alumínio, magnésio e flúor já foram descritos. Outra aplicação importante da eletrólise é a produção do metal sódio pelo processo de Downs, a eletrólise do sal-gema fundido (Fig. 6O.4):

$$\text{Reação no catodo: } 2\,\text{Na}^+(\text{fund}) + 2\,e^- \longrightarrow 2\,\text{Na}(l)$$

$$\text{Reação no anodo: } 2\,\text{Cl}^-(\text{fund}) \longrightarrow \text{Cl}_2(g) + 2\,e^-$$

O cloreto de sódio é abundante na forma de sal-gema, mas o sólido não conduz eletricidade porque os íons estão presos em suas posições. Os eletrodos da célula são feitos de um material inerte como o carbono; a célula é projetada para armazenar, sem contato, o sódio e o cloro produzidos na eletrólise e, também, para que não haja contato com o ar. Em uma modificação do processo de Downs, o eletrólito é uma solução de cloreto de sódio em água (veja o Tópico 8C). Os produtos desse processo cloro-álcali são cloro e hidróxido de sódio em água.

> **PONTO PARA PENSAR**
>
> No processo de Downs, adiciona-se CaCl₂ ao NaCl para reduzir seu ponto de fusão. Por que, então, não se forma o metal cálcio no catodo?

A **eletrodeposição** é a deposição eletrolítica de um filme fino de metal sobre um objeto (Fig. 6O.5). O objeto a ser recoberto (metal ou plástico coberto por grafita) é o catodo, e o eletrólito é uma solução, em água, de um sal do metal a ser depositado. O metal é depositado no catodo pela redução dos íons da solução de eletrólito. Esses cátions são fornecidos pelo sal adicionado ou pela oxidação do anodo, feito do metal de deposição.

A eletrólise é usada industrialmente para extrair metais de seus sais, para preparar o cloro, o flúor e o hidróxido de sódio e para refinar o cobre. Ela é também usada na eletrodeposição.

O que você aprendeu com este tópico?

Você aprendeu que as reações redox não espontâneas podem ser induzidas aplicando-se uma corrente em uma célula eletrolítica e que a diferença de potencial necessária precisa ser maior do que o potencial de célula que seria gerado pela reação inversa. Você também viu que a lei de Faraday, na forma da Equação 2, pode ser usada para relacionar a quantidade de produto formada ao tempo de eletrólise e à corrente aplicada.

Os conhecimentos que você deve dominar incluem a capacidade de:

☐ **1.** Predizer os produtos da eletrólise (Exemplo 6O.1).

Tópico 6O Exercícios

☐ **2.** Calcular a quantidade de produto formada durante uma eletrólise (Caixa de Ferramentas 6O.1 e Exemplo 6O.2).

☐ **3.** Determinar o tempo necessário para formar determinada quantidade de produto por eletrólise (Caixa de Ferramentas 6O.1 e Exemplo 6O.3).

Tópico 6O Exercícios

Para os exercícios deste tópico, baseie suas respostas nos potenciais listados na Tabela 6M.1 ou no Apêndice 2B, exceto a redução e oxidação da água em pH = 7:

$$2\,H_2O(l) + 2\,e^- \longrightarrow H_2(g) + 2\,OH^-(aq),$$
$$E = -0{,}42\ \text{V em pH} = 7$$

$$O_2(g) + 4\,H^+(aq) + 4\,e^- \longrightarrow 2\,H_2O(l),$$
$$E = +0{,}82\ \text{V em pH} = 7$$

Ignore outros fatores, como o sobrepotencial.

6O.1 Uma solução 1 M de $NiSO_4(aq)$ sofreu eletrólise com eletrodos inertes. Escreva (a) a reação do catodo; (b) a reação do anodo. (c) Imaginando nenhum sobrepotencial nos eletrodos, qual é o potencial mínimo que deve ser fornecido à célula para que se inicie a eletrólise?

6O.2 Uma solução 1 M de KBr(aq) sofreu eletrólise com eletrodos inertes. Escreva (a) a reação do catodo; (b) a reação do anodo. (c) Imaginando nenhum sobrepotencial nos eletrodos, qual é o potencial mínimo que deve ser fornecido à célula para que se inicie a eletrólise?

6O.3 Soluções de (a) Mn^{2+}; (b) Al^{3+}; (c) Ni^{2+}; (d) Au^{3+}, em concentrações $1{,}0\ \text{mol·L}^{-1}$ em água, são eletrolisadas em pH = 7. Para cada solução, qual é a espécie reduzida no catodo, o íon do metal ou a água?

6O.4 O anodo de uma célula eletrolítica foi construído com (a) Cr; (b) Pt; (c) Cu; (d) Ni. Para cada caso, determine se a oxidação do eletrodo ou da água ocorrerá no anodo quando o eletrólito for uma solução 1,0 M dos íons dos metais oxidados, em pH = 7.

6O.5 Uma carga total de 4,5 kC passa através de uma célula eletrolítica. Determine a quantidade de substância produzida em cada caso: (a) a massa (em gramas) do metal bismuto a partir de uma solução de nitrato de bismuto; (b) o volume de gás hidrogênio (em litros, em 273 K e 1,00 atm) a partir de uma solução em ácido sulfúrico; (c) a massa de cobalto (em gramas) a partir de uma solução de cloreto de cobalto(III).

6O.6 Uma carga total de 67,2 kC passa através de uma célula eletrolítica. Determine a quantidade de substância produzida em cada caso: (a) a massa (em gramas) do metal prata a partir de uma solução de nitrato de prata; (b) o volume de gás cloro (em litros, em 273 K e 1,00 atm) a partir de uma solução de salmoura (solução concentrada de cloreto de sódio); (c) a massa de cobre (em gramas) a partir de uma solução de cloreto de cobre(II).

6O.7 (a) Quanto tempo é necessário para depositar, por galvanização, 1,50 g de prata a partir de uma solução de nitrato de prata, usando uma corrente de 13,6 mA? (b) Quando a mesma corrente é usada pelo mesmo tempo, qual é a massa de cobre depositada a partir de uma solução de sulfato de cobre(II)?

6O.8 Qual é a corrente requerida para depositar, por galvanização, 6,66 μg de ouro em 30,0 min a partir de uma solução de cloreto de ouro(III) em água? (b) Quanto tempo é necessário para depositar 6,66 μg de cromo a partir de uma solução de dicromato de potássio, se a corrente é 100 mA?

6O.9 (a) Qual é a corrente necessária para produzir 8,2 g de metal cromo a partir de óxido de cromo(VI) em 24 h? (b) Qual é a corrente necessária para produzir 8,2 g de metal sódio, a partir de cloreto de sódio fundido, no mesmo período?

6O.10 (a) Quando uma corrente de 324 mA é usada por 15,0 h, qual é o volume de gás flúor (em litros, em 298 K e 1,0 atm) que pode ser produzido a partir de uma mistura fundida de fluoretos de potássio e de hidrogênio? (b) Usando a mesma corrente e o mesmo tempo, quantos litros de gás oxigênio serão produzidos, em 298 K e 1,0 atm, por eletrólise da água?

6O.11 Quando uma solução de cloreto de rutênio foi eletrolisada por 500 s com uma corrente igual a 120 mA, foram depositados 31,0 mg de rutênio. Qual é o número de oxidação do rutênio no cloreto de rutênio?

6O.12 Uma amostra de 4,9 g de manganês foi produzida, a partir de uma solução de nitrato de manganês em água, quando uma corrente de 350 mA foi aplicada por 13,7 h. Qual é o número de oxidação do manganês no nitrato de manganês?

6O.13 Cobre de 200,0 mL de uma solução de sulfato de cobre(II) é depositado no catodo de uma célula eletrolítica. (a) Íons hidrônio são gerados em um dos eletrodos. Ele é o anodo ou o catodo? (b) Quantos mols de H_3O^+ são gerados se a corrente fornecida de 0,120 A foi aplicada durante 30,0 h? (c) Se o pH da solução era, no início, igual a 7,0, qual será o pH da solução após a eletrólise? Suponha que o volume da solução não variou.

6O.14 Thomas Edison enfrentou o problema de medir a eletricidade que cada um dos seus clientes usava. Sua primeira solução foi usar um "coulômetro" de zinco, uma célula eletrolítica em que a quantidade de eletricidade é determinada pela medida da massa de zinco depositada. Somente uma parte da corrente usada pelo cliente passava pelo coulômetro. (a) Que massa de zinco seria depositada em um mês (de 31 dias) se 1,0 mA de corrente passasse pela célula continuamente? (b) Uma solução alternativa para esse problema é coletar o hidrogênio produzido por eletrólise e medir seu volume. Que volume seria armazenado em 298 K e 1,00 bar, nas mesmas condições? (c) Que método seria mais prático?

6O.15 Suponha que 2,69 g de um sal de prata (AgX) foram dissolvidos em 550 mL de água. Foi necessário usar uma corrente de 3,5 A durante 395,0 s para depositar toda a prata. (a) Qual é a percentagem em massa de prata no sal? (b) Qual é a fórmula do sal?

6O.16 Três células eletrolíticas que contêm soluções de $CuNO_3$, $Sn(NO_3)_2$ e $Fe(NO_3)_3$, respectivamente, foram ligadas em série. Uma corrente de 3,5 A passou pelas células até que 6,10 g de cobre fossem depositados na primeira célula. (a) Que massas de estanho e ferro foram depositadas? (b) Por quanto tempo a corrente foi aplicada?

O exemplo e os exercícios a seguir baseiam-se no conteúdo do Foco 6.

FOCO 6 — Exemplo cumulativo online

Você é um geólogo que estuda a erosão dos minerais e o impacto do fenômeno no pH de águas naturais. Em seu trabalho, você examina as propriedades dos fluoretos, especificamente o fluoreto de cálcio, CaF_2. Como o fluoreto é uma base fraca, você constrói uma célula eletroquímica para determinar a concentração de espécies dissolvidas em uma solução saturada de CaF_2. Essa solução é colocada no compartimento esquerdo de uma célula galvânica, junto a um eletrodo de platina. No outro compartimento, você insere outro eletrodo de platina e uma solução de HCl(aq) 0,10 M. Os dois compartimentos são ligados por uma ponte salina e o potencial de célula medido é $E_{célula} = +0,365$ V em 25°C. Observe que, durante a medida, a corrente que flui é muito pequena por conta da diferença de concentração de H_3O^+ nos compartimentos direito e esquerdo. Nenhuma outra reação eletroquímica ocorre.

Determine a concentração molar de todas as espécies de solutos na solução de CaF_2. Da Tabela 6C.1, $K_a = 3,5 \times 10^{-4}$ para o HF, e, da Tabela 6I.1, $K_{ps} = 4,0 \times 10^{-11}$ para o CaF_2. A célula e a reação correspondente são

$$Pt(s)|H^+(aq, L)\|H^+(aq, R)|Pt(s)$$
$$H^+(aq, R) \longrightarrow H^+(aq, L)$$

 A solução deste exemplo está disponível, em inglês, no hotsite http://apoio.grupoa.com.br/atkins7ed

FOCO 6 — Exercícios

Os valores de K_a e K_b de ácidos e bases fracos podem ser encontrados nas Tabelas 6C.1 e 6C.2.

6.1 As imagens abaixo representam os solutos nas soluções de três ácidos (as moléculas de água não aparecem, os átomos de hidrogênio e os íons hidrônio são representados por pequenas esferas cinzentas e as bases conjugadas são as esferas coloridas maiores). (a) Qual é o ácido mais forte? (b) Que ácido tem a base conjugada mais forte? (c) Que ácido tem o pK_a maior? Explique suas respostas.

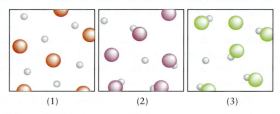

6.2 As imagens abaixo representam os solutos nas soluções de três sais (as moléculas de água não aparecem, os átomos de hidrogênio e os íons são representados por pequenas esferas cinzentas, os íons hidroxila por esferas vermelhas e cinzentas, os cátions por esferas cor-de-rosa e os ânions por esferas verdes). (a) Que sal tem um cátion que é o ácido conjugado de uma base fraca? (b) Que sal tem o ânion que é a base conjugada de um ácido fraco? (c) Que sal tem um ânion que é a base conjugada de um ácido forte? Explique suas respostas.

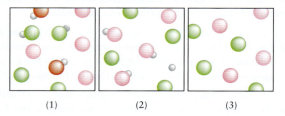

6.3 Estime a entalpia de desprotonação do ácido fórmico, em 25°C, sabendo que K_a é $1,765 \times 10^{-4}$, em 20°C, e $1,768 \times 10^{-4}$, em 30°C.

6.4 Quantos íons hidrônio estão presentes em 100. mL de água pura em 25°C, em dado momento?

6.5 O peróxido de hidrogênio, H_2O_2, reage com o trióxido de enxofre para formar o ácido peroxomonossulfúrico, H_2SO_5, em uma reação ácido-base de Lewis. (a) Escreva a equação química da reação. (b) Desenhe as estruturas de Lewis dos reagentes e dos produtos (no produto, um grupo —OH no ácido sulfúrico é substituído por um grupo —OOH). (c) Identifique o ácido de Lewis e a base de Lewis.

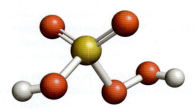

6.6 O monóxido de dinitrogênio, N_2O, reage com água para formar o ácido hiponitroso, $H_2N_2O_2$(aq), em uma reação ácido-base de Lewis. (a) Escreva a equação química da reação. (b) Desenhe as estruturas de Lewis de N_2O e de $H_2N_2O_2$ (os átomos estão ligados na ordem HONNOH). (c) Identifique o ácido de Lewis e a base de Lewis.

6.7 A análise por combustão de 1,200 g de um sal de sódio anidro deu 0,942 g de CO_2, 0,0964 g de H_2O e 0,264 g de Na. A massa molar do sal é 112,02 g·mol^{-1}. (a) Qual é a fórmula química do sal? (b) O sal contém grupos carboxilato (—CO_2^-) e os átomos de carbono estão ligados uns aos outros. Desenhe a estrutura de Lewis de cada ânion. (c) 1,50 g deste sal de sódio foram dissolvidos em água e diluídos até 50,0 mL. Identifique a substância dissolvida. Ela é um ácido, uma base ou é anfiprótica? Calcule o pH da solução.

6.8 Muitas reações químicas que ocorrem em água têm reações análogas em amônia líquida (ponto de ebulição normal, −33°C). (a) Escreva a equação química da reação. (b) Escreva as fórmulas das espécies ácida e básica que resultam da autoprotólise da amônia líquida. (c) A constante de autoprotólise, K_{am}, da amônia líquida é

1×10^{-33} em 35°C. Qual é o valor de pK_{am} nesta temperatura? (d) Qual é a molaridade do íon NH_4^+ na amônia neutra? (e) Avalie pNH_4 e pNH_2, que são análogos de pH e pOH, na amônia líquida, em -35°C. (f) Determine a relação entre pNH_4, pNH_2 e pK_{am}.

6.9 O ácido acético é usado como solvente em algumas reações de ácidos e bases. (a) O ácido nitroso e o ácido carbônico são ácidos fracos em água. Algum deles é um ácido forte em ácido acético? Explique sua resposta. (b) A amônia funcionará como base forte ou fraca em ácido acético? Explique sua resposta.

6.10 Decida, com base nas informações da Tabela 6C.3, se o ácido carbônico dissolvido em amônia líquida é um ácido forte ou um ácido fraco. Explique sua resposta.

6.11 Escreva a constante de equilíbrio e calcule o valor de K em 298 K para a reação $HNO_2(aq) + NH_3(aq) \rightleftharpoons NH_4^+(aq) + NO_2^-(aq)$ usando os dados das Tabelas 6C.1 e 6C.2.

6.12 Escreva a constante de equilíbrio e calcule o valor de K em 298 K para a reação $HIO_3(aq) + NH_2NH_2(aq) \rightleftharpoons NH_2NH_3^+(aq) + IO_3^-(aq)$ usando os dados das Tabelas 6C.1 e 6C.2.

6.13 Desenhe a estrutura de Lewis do ácido bórico, $B(OH)_3$. (a) A ressonância é importante para sua descrição? (b) O equilíbrio de transferência de prótons do ácido bórico é dado como nota de rodapé da Tabela 6C.1. Em que reação o ácido bórico funciona como um ácido de Lewis, uma base de Lewis ou nenhum deles? Justifique sua resposta usando as estruturas de Lewis do ácido bórico e de sua base conjugada.

6.14 O Tópico 6C discute as relações entre a estrutura molecular e a acidez. As mesmas ideias se aplicam às bases. (a) Explique a basicidade relativa das bases de Brønsted OH^-, NH_2^- e CH_3^- (veja a Tabela 6C.3). (b) Explique por que NH_3 é uma base fraca em água, mas PH_3 forma soluções essencialmente neutras. (c) Se você estivesse colocando em ordem as espécies em (a) e (b) como bases de Lewis, sua ordem seria igual ou diferente? Explique seu raciocínio.

6.15 Use os dados termodinâmicos do Apêndice 2A para calcular a constante de acidez de $HF(aq)$.

6.16 A estrutura abaixo mostra um íon de um metal-d hidratado. Desenhe a estrutura da base conjugada deste complexo.

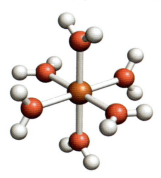

6.17 A constante de autoprotólise K_{ap} da água pesada, D_2O, em 25°C, é $1,35 \times 10^{-15}$. (a) Escreva a equação química da autoprotólise (mais precisamente, a autodeuterólise, porque um dêuteron está sendo transferido) de D_2O. (b) Avalie o pK_{ap} de D_2O, em 25°C. (c) Calcule as molaridades de D_3O^+ e OD^- na água pesada neutra em 25°C. (d) Avalie o pD e o pOD da água pesada neutra em 25°C. (e) Encontre a relação entre pD, pOD e pK_{ap}.

6.18 O pK_{ap} da água pesada, D_2O (análoga à autoprotólise, mas envolvendo a transferência de um dêuteron), em 30.°C, é 13,83. Suponha que o $\Delta H_r°$ dessa reação seja independente da temperatura e use as informações do Exercício 6.17 para calcular o $\Delta S_r°$ da reação de autodeuterólise. Interprete o sinal. Sugira uma razão para que a constante de autodeuterólise da água pesada seja diferente da constante de autoprotólise da água comum.

6.19 As moléculas de hemoglobina (Hb) do sangue transportam moléculas de O_2 dos pulmões, onde a concentração de oxigênio é alta, para tecidos em que ela é baixa (veja o Interlúdio no fim do Foco 5). Nos tecidos, o equilíbrio $H_3O^+(aq) + HbO_2^-(aq) \rightleftharpoons HHb(aq) + H_2O(l) + O_2(aq)$ libera oxigênio. Quando os músculos trabalham muito, eles produzem ácido láctico como subproduto. (a) Que efeito o ácido láctico tem sobre a concentração de HbO_2^-? (b) Quando a hemoglobina volta aos pulmões, onde a concentração de oxigênio é alta, como se altera a concentração de HbO_2^-?

6.20 Será que a pressão osmótica de uma solução 0,10 M de $H_2SO_4(aq)$ é a mesma, é menor ou é maior do que a de uma solução 0,10 M de $HCl(aq)$? Calcule a pressão osmótica de cada solução para justificar sua resposta.

6.21 As duas fitas do ácido nucleico DNA são mantidas juntas por ligações hidrogênio entre quatro bases orgânicas. A estrutura de uma dessas bases, timina, é mostrada abaixo. (a) Quantos prótons esta base pode aceitar? (b) Desenhe a estrutura de cada ácido conjugado que pode se formar. (c) Marque com um asterisco as estruturas que podem ter comportamento anfiprótico em água.

Timina

6.22 As duas fitas do ácido nucleico DNA são mantidas juntas por ligações hidrogênio entre quatro bases orgânicas. A estrutura de uma dessas bases, citosina, é mostrada abaixo. (a) Quantos prótons esta base pode aceitar? (b) Desenhe a estrutura de cada ácido conjugado que pode se formar. (c) Marque com um asterisco as estruturas que podem ter comportamento anfiprótico em água.

Citosina

6.23 Deseja-se preparar uma solução tampão que contenha quantidades iguais de ácido acético e acetato de sódio. Que concentração do tampão deve ser usada para impedir que o pH se altere mais do que 0,20 unidades de pH após a adição de 1,00 mL de uma solução 6,00 M de $HCl(aq)$ a 100,0 mL da solução tampão?

580 **Foco 6** Exercícios

6.24 Você precisa de 0,150 L de uma solução tampão com pH = 3,00. Na prateleira existe uma garrafa de solução tampão de ácido tricloro-acético/tricloro-acetato de sódio com pH = 2,95. O rótulo também diz [tricloro-acetato] = 0,200 mol·L^{-1}. Que massa de que substância (ácido tricloro-acético ou tricloro-acetato de sódio) você deveria adicionar a 0,150 L da solução tampão disponível para obter o pH desejado?

6.25 O ácido malônico, $HOOCCH_2COOH$, um ácido diprótico com pK_{a1} = 2,8 e pK_{a2} = 5,7, foi titulado com KOH(aq). (a) Qual é o pH quando $[HOOCCH_2COOH] = [HOOCCH_2CO_2^-]$? (b) Qual é o pH quando $[HOOCCH_2CO_2^-] = [^-O_2CCH_2CO_2^-]$? (c) Qual é a espécie predominante em pH = 4,2?

6.26 Uma espécie que pode aceitar dois prótons é classificada como uma dibase. A molécula dibásica 1,2-etanodiamina, $H_2NC_2H_4NH_2$, com pK_{b1} = 3,19 e pK_{b2} = 6,44, foi titulada com HCl(aq). (a) Qual é o pH quando $[H_2NC_2H_4NH_2] = [H_2NC_2H_4NH_3^+]$? (b) Qual é o pH quando $[H_2NC_2H_4NH_3^+] = [^+H_3NC_2H_4NH_3^+]$? (c) Qual é a espécie predominante em pH = 4,8?

6.27 Uma solução tampão é preparada misturando-se 55,0 mL de uma solução 0,15 M de HNO_3(aq) a 45,0 mL de uma solução 0,65 M de $NaC_6H_5CO_2$(aq). Determine a solubilidade do PbF_2 nesta solução tampão.

6.28 Uma amostra de 25,0 mL de uma solução 0,150 M de Na_2CO_3 foi titulada com uma solução 0,100 M de HCl(aq). Qual é o pH da solução em cada ponto estequiométrico da titulação?

6.29 Em uma "titulação por precipitação", a concentração de um íon é medida quando ele começa a formar um precipitado. A concentração de CO_3^{2-} em uma amostra de 25,0 mL foi determinada por titulação com uma solução 0,110 M de $AgNO_3$(aq). Antes do ponto estequiométrico, os íons Ag^+ reagem imediatamente com os íons CO_3^{2-}, mas depois do ponto estequiométrico a concentração de íons Ag^+ cresce rapidamente. (a) O ponto estequiométrico é atingido após a adição de 36,2 mL da solução de $AgNO_3$(aq). Qual é a concentração de íons CO_3^{2-} na amostra? (b) A concentração de íons Ag é acompanhada por um eletrodo especial que mede pAg (isto é, $-\log[Ag^+]$). Esquematize o gráfico de pAg contra o volume da solução de $AgNO_3$(aq) e determine o valor de pAg no ponto estequiométrico.

6.30 Que volume (em litros) de uma solução saturada de sulfeto de mercúrio(II), HgS, contém, em média, um íon de mercúrio(II), Hg^{2+}?

6.31 Dois amigos vão a um restaurante com bufê livre, comem demais e sentem azia na sequência. Os dois voltam para casa e procuram um remédio. Um amigo toma dois comprimidos, cada um contendo 750 mg de $CaCO_3$, o outro toma três colheres de chá de leite de magnésia, que contém 400 mg de MgO por colher. Qual é o pH dos estômagos de cada um dos amigos após a medicação, supondo-se que o volume de ácido no estômago seja 100. mL e a concentração de HCl, 0,10 mol·L^{-1}?

6J.32 Considere os equilíbrios

$$ZnS(s) \rightleftharpoons Zn^{2+}(aq) + S^{2-}(aq)$$
$$S^{2-}(aq) + H_2O(l) \rightleftharpoons HS^-(aq) + OH^-(aq)$$
$$HS^-(aq) + H_2O(l) \rightleftharpoons H_2S(aq) + OH^-(aq)$$

(a) Escreva a equação química do equilíbrio completo e determine a constante de equilíbrio correspondente. (b) Determine a solubilidade de ZnS em uma solução saturada de H_2S, 0,1 M de H_2S(aq),

ajustada a pH = 7,0. (c) Determine a solubilidade de ZnS em uma solução saturada de H_2S, 0,1 M de H_2S(aq), ajustada a pH = 10,0.

6.33 Use os dados disponíveis nas tabelas e apêndices para calcular a energia livre de Gibbs padrão de formação de PbF_2(s).

6.34 O iodeto de prata é muito insolúvel em água. Um método comum de aumentar sua solubilidade é aumentar a temperatura da solução que contém o sólido. Estime a solubilidade de AgI em 85°C.

6.35 Uma solução tampão de volume 300,0 mL é formada por uma solução 0,200 M de CH_3COOH(aq) e 0,300 M de $NaCH_3CO_2$(aq). (a) Qual é o pH inicial desta solução? (b) Que massa de NaOH teria de ser dissolvida nesta solução para levar o pH a 6,0?

6.36 Uma solução tampão de volume 250,0 mL é formada por uma solução 0,300 M de NH_3(aq) and 0,400 M de NH_4Cl(aq). (a) Qual é o pH inicial desta solução? (c) Que volume de gás HCl a 2,00 atm e 25°C teria de ser dissolvido nessa solução para que seu pH seja 8,0?

6.37 A novocaína, que é utilizada pelos dentistas como anestésico local, é uma base fraca com pK_b = 5,05. O pH do sangue é tamponado em 7,4. Qual é a razão entre as concentrações da novocaína e de seu ácido conjugado no fluxo sanguíneo?

6.38 Para simular as condições do sangue, é preciso usar um sistema com tampão fosfato de pH = 7,40. Que massa de Na_2HPO_4 deve ser adicionada a 0,500 L de uma solução 0,10 M de NaH_2PO_4(aq) para preparar o tampão?

6.39 A solução tampão mais importante do sangue é formada principalmente por íons hidrogenocarbonato (HCO_3^-) e H_3O^+ em equilíbrio com água e CO_2:

$$H_3O^+(aq) + HCO_3^-(aq) \rightleftharpoons 2\,H_2O(l) + CO_2(aq)$$
$$K = 7,9 \times 10^{-7}$$

Essa reação supõe que todo o H_2CO_3 produzido se decompõe completamente em CO_2 e H_2O. Suponha que 1,0 L de sangue foi removido do corpo e levado a pH = 6,1. (a) Se a concentração de HCO_3^- for 5,5 μmol·L^{-1}, calcule a quantidade (em mols) de CO_2 presente na solução neste pH. (b) Calcule a mudança de pH quando 0,65 μmol de H_3O^+ forem adicionados a esta amostra de sangue neste pH (isto é, pH = 6,1). Veja o Quadro 6G.1

6.40 O pH do sangue é mantido por um sistema tampão muito sensível que inclui principalmente o íon hidrogenocarbonato (HCO_3^-) e H_3O^+ em equilíbrio com água e CO_2:

$$H_3O^+(aq) + HCO_3^-(aq) \rightleftharpoons 2\,H_2O(l) + CO_2(g)$$

Durante exercícios físicos, CO_2 é produzido muito rapidamente no tecido muscular. (a) Como os exercícios afetam o pH do sangue? (b) A hiperventilação (respiração rápida e profunda) pode ocorrer durante um esforço intenso. Como a hiperventilação afeta o pH do sangue? (c) O tratamento inicial normal para a hiperventilação é fazer o paciente respirar em um saco de papel. Explique brevemente por que esse tratamento funciona e que efeito o tratamento com o saco de papel tem sobre o pH do sangue. Veja o Quadro 6G.1

6.41 A fluoretação da água potável resulta em uma concentração do íon fluoreto de aproximadamente 5×10^{-5} mol·L^{-1}. Suponha que você use um filtro para água que acrescenta cálcio a ela. O CaF_2 precipitará na água em que a concentração de íons Ca^{2+} é 2×10^{-4} mol·L^{-1}?

Foco 6 Exercícios **581**

6.42 Preparou-se uma solução por dissolução de 1 mol de $Cu(NO_3)_2$, $Ni(NO_3)_2$ e $AgNO_3$ em 1 L de água. Use somente os dados do Apêndice 2B para identificar os metais (se houver algum) que quando adicionados a amostras desta solução, (a) não afetarão os íons Ni^{2+}, mas farão com que Cu e Ag se depositem, (b) deixarão os íons Ni^{2+} e Cu^{2+} em solução, mas forçarão a precipitação da prata, (c) deixarão os três íons de metal em solução, (d) deixarão Ni^{2+} e Ag^+ em solução, mas farão com que Cu precipite.

6.43 Indique para cada uma das seguintes declarações se ela se aplica a $E_{célula}°$, a $E_{célula}$, a ambos ou a nenhum. (a) Diminui quando a reação da célula avança. (b) Se altera com a temperatura. (c) Dobra quando os coeficientes da equação dobram. (d) Pode ser calculada a partir de K. (e) É uma medida do quão longe está a reação do equilíbrio. Justifique suas respostas.

6.44 Diga como o poder de oxidação de cada um dos agentes oxidantes seguintes seria afetado pelo aumento do pH (mais forte, mais fraco ou sem alteração): (a) Br_2; (b) MnO_4^-; (c) NO_3^-; (d) ClO_4^-; (e) Cu^{2+}. Justifique suas respostas.

6.45 Volta descobriu que quando usava metais diferentes em sua "pilha", algumas combinações eram mais fortes do que outras. A partir dessas observações, ele construiu uma série eletroquímica. Como Volta teria classificado os seguintes metais, se ele pusesse o metal mais fortemente redutor primeiro: Fe, Ag, Au, Zn, Cu, Ni, Co, Al?

6.46 Arranje os seguintes metais na ordem crescente de poder redutor: U, V, Ti, Ni, Sn, Cr, Rb.

6.47 Uma célula galvânica tem a seguinte reação de célula: $M(s) + 2 Zn^{2+}(aq) \rightarrow 2 Zn(s) + M^{4+}(aq)$. O potencial padrão da célula é +0,16 V. Qual é o potencial padrão do par redox M^{4+}/M?

6.48 Use os dados do Apêndice 2B para calcular o potencial padrão da meia-reação $Ti^{4+}(aq) + 4 e^- \rightarrow Ti(s)$.

6.49 O K_{ps} de $Cu(IO_3)_2$ é $1,4 \times 10^{-7}$. Use esse valor e os dados do Apêndice 2B para calcular o $E°$ da meia-reação $Cu(IO_3)_2(s) + 2 e^- \rightarrow Cu(s) + 2 IO_3^-(aq)$.

6.50 O K_{ps} de $Ni(OH)_2$ é $6,5 \times 10^{-18}$. Use esse valor e os dados do Apêndice 2B para calcular o $E°$ da meia-reação $Ni(OH)_2(s) + 2 e^- \rightarrow Ni(s) + 2 OH^-(aq)$.

6.51 Uma célula galvânica só funciona quando o circuito elétrico está completo. No circuito externo, a corrente é transportada pelo fluxo de elétrons pelo fio de metal. Explique como a corrente é transportada na célula em si.

6.52 Um manual técnico contém tabelas de quantidades termodinâmicas de reações comuns. Se você quiser saber se uma determinada reação de célula tem um potencial padrão positivo, quais das seguintes propriedades dariam a você essa informação diretamente (por inspeção)? Quais não dariam? Explique sua resposta. (a) $\Delta G°$; (b) $\Delta H°$; (c) $\Delta S°$; (d) $\Delta U°$; (e) K.

6.53 (a) Se você fosse construir uma célula de concentração em que uma meia-célula contivesse uma solução 1,0 M de $CrCl_3$ e a outra, uma solução 0,0010 M de $CrCl_3$ e em que ambos os eletrodos fossem de cromo, em que eletrodo ocorreria a redução espontânea? Como cada uma das seguintes alterações afetaria o potencial de célula? Justifique suas respostas. (b) Adição de 100 mL de água ao compartimento do anodo. (c) Adição de 100 mL de uma solução 1,0 M de NaOH(aq) ao compartimento do catodo ($Cr(OH)_3$ é

insolúvel). (c) Aumento da massa do eletrodo de cromo no compartimento do anodo.

6.54 O amálgama dentário, uma solução sólida de prata e estanho em mercúrio, era usado para preencher cavidades de dentes. Duas das meias-reações que podem acontecer no material são

$$3 Hg_2^{2+}(aq) + 4 Ag(s) + 6 e^- \longrightarrow 2 Ag_2Hg_3(s) \quad E° = +0,85 \text{ V}$$

$$Sn^{2+}(aq) + 3 Ag(s) + 2 e^- \longrightarrow Ag_3Sn(s) \quad E° = -0,05 \text{ V}$$

Indique uma razão pela qual alguém pode sentir dor ao morder acidentalmente papel de alumínio tendo um dente com obturação de prata. Escreva uma equação química balanceada para justificar sua resposta.

6.55 Suponha que 25,0 mL de uma solução que contém íons Ag^+ em concentração desconhecida foram titulados com uma solução 0,015 M de KI(aq) em 25°C. Um eletrodo de prata foi mergulhado nesta solução e seu potencial foi medido em relação a um eletrodo padrão de hidrogênio. Um total de 16,7 mL de KI(aq) foi necessário para atingir o ponto estequiométrico, no potencial 0,325 V. (a) Qual é a concentração molar de Ag^+ na solução? (b) Determine o K_{ps} de AgI usando os dados eletroquímicos.

6.56 Suponha que 35,0 mL de uma solução 0,012 M de $Cu^+(aq)$ foram titulados com uma solução 0,010 M de KBr(aq) em 25°C. Um eletrodo de cobre foi mergulhado nessa solução e seu potencial foi medido em relação a um eletrodo padrão de hidrogênio. Que volume da solução de KBr deve ser adicionado para atingir o ponto estequiométrico? Qual será o potencial nesse ponto? $K_{ps}(CuBr) = 5,2 \times 10^{-9}$.

6.57 Use os dados do Apêndice 2B e o valor do potencial da semirreação $F_2(g) + 2 H^+(aq) + 2 e^- \rightarrow 2 HF(aq)$, $E° = +3,03$ V, para calcular o valor de K_a de HF.

6.58 Os seguintes itens foram retirados de um almoxarifado para a construção de uma célula galvânica: dois béqueres de 250 mL e uma ponte salina, um voltímetro com fios e pinças, 200 mL de uma solução 0,0080 M de $CrCl_3$(aq), 200 mL de uma solução 0,12 M de $CuSO_4$(aq), um pedaço de fio de cobre e um pedaço de metal cromado. (a) Descreva a construção da célula galvânica. (b) Escreva as meias-reações de redução. (c) Escreva a reação total da célula. (d) Escreva o diagrama de célula da célula galvânica. (e) Qual é potencial esperado para a célula?

6.59 (a) Leve em conta a dependência entre a energia livre de Gibbs da reação e o potencial e a temperatura, e derive uma equação para a dependência de $E_{célula}°$ da temperatura. (b) Use sua equação para predizer o potencial padrão da formação da água a partir de hidrogênio e oxigênio em uma célula a combustível em 80°C. Suponha que $\Delta H°$ e $\Delta S°$ não dependam da temperatura.

6.60 (a) Qual é o potencial de célula padrão ($E_{célula}°$) da reação abaixo em 298 K? (b) Qual é o potencial de célula padrão da reação em 335 K? (c) Qual é o potencial de célula padrão da reação quando em 335 K $[Zn^{2+}] = 2,0 \times 10^{-4}$ mol·L^{-1} e $[Pb^{2+}] = 1,0$ mol·L^{-1}? (Veja o Exercício 6.59.)

$$Pb^{2+}(aq) + Zn(s) \longrightarrow Zn^{2+}(aq) + Pb(s)$$

6.61 Em um neurônio (uma célula nervosa), a concentração de íons K^+ dentro da célula é cerca de 20 a 30 vezes a concentração externa. Qual diferença de potencial entre o interior e o exterior da célula você esperaria medir se a diferença ocorresse somente devido ao desbalanço dos íons potássio?

6.62 (a) O potencial de célula Zn(s)|Zn²⁺(aq, ?)||Pb²⁺(aq, 0,10 mol·L⁻¹)|Pb(s) é +0,661 V. (a) Qual é a molaridade dos íons Zn^{2+}? (b) Escreva uma equação que dê a concentração dos íons Zn^{2+} em função do potencial, imaginando constantes os demais parâmetros da célula.

6.63 Quando um medidor de pH foi calibrado com uma solução tampão ácido bórico-borato com pH 9,40, o potencial de célula atingiu +0,060 V. Quando o tampão foi substituído por uma solução de concentração desconhecida de íons hidrônio, o potencial de célula foi +0,22 V. Qual é o pH da solução?

6.64 Qual é o potencial padrão da redução de oxigênio a água em (a) uma solução ácida? (b) Uma solução básica? (c) Será que MnO_4^- é mais estável em uma solução aerada (uma solução saturada com gás oxigênio em 1 atm) ácida ou em uma solução aerada básica? Explique sua conclusão.

6.65 Que faixa (em volts) um voltímetro deve ter para medir o pH na faixa 1 a 14 em 25°C se a voltagem é zero quando pH = 7?

6.66 A variação de entropia de uma reação de célula pode ser determinada a partir da variação do potencial de célula com a temperatura. (a) Mostre que $\Delta S° = nF(E_{célula,2}° - E_{célula,1}°)/(T_2 - T_1)$. Suponha que $\Delta S°$ e $\Delta H°$ são constantes na faixa de temperaturas de interesse. (b) Calcule $\Delta S°$ e $\Delta H°$ da reação de célula $Hg_2Cl_2(s) + H_2(g) \rightarrow 2\ Hg(l) + 2\ H^+(aq) + 2\ Cl^-(aq)$, sabendo que $E° = +0,2699$ V, em 293 K, e +0,2669, em 303 K.

6.67 Uma célula de concentração de prata foi construída com o eletrólito em ambos os eletrodos, sendo inicialmente igual a 0,10 M de $AgNO_3$(aq) em 25°C. O eletrólito em um dos eletrodos foi diluído cinco vezes por um fator de 10 e o potencial foi medido a cada vez. (a) Faça um gráfico do potencial desta célula em função de $\ln[Ag^+]_{anodo}$. (b) Calcule o valor da inclinação da linha. A que termo da equação de Nernst esse valor corresponde? O valor que você determinou a partir do gráfico é coerente com os valores que você determinaria a partir dos valores daquele termo? Se não for coerente, calcule seu erro percentual. (c) Qual é o valor do intercepto? A que termo da equação de Nernst esse valor corresponde?

6.68 Examine a eletrodeposição do cátion +1 de um metal a partir de uma solução de concentração desconhecida, de acordo com a meia-reação $M^+(aq) + e^- \rightarrow M(s)$, com potencial padrão $E°$. Quando a semicélula é ligada a uma semicélula de oxidação apropriada e a corrente passa, o cátion M^+ começa a se depositar no potencial E_1. A que valor (E_2) deve ser ajustado o potencial aplicado, relativamente a E_1, se 99,99% do metal deve ser removido da solução?

6.69 Use os dados termodinâmicos do Apêndice 2A para calcular a constante de acidez de HClO(aq).

6.70 Os valores absolutos dos potenciais padrão dos metais M e X foram determinados como

(1) $M^+(aq) + e^- \longrightarrow M(s)$ $|E°| = 0,25$ V

(2) $X^{2+}(aq) + 2\ e^- \longrightarrow X(s)$ $|E°| = 0,65$ V

Quando os dois eletrodos são ligados, a corrente flui de M para X no circuito externo. Quando o eletrodo que corresponde à meia-reação 1 é ligado ao eletrodo padrão de hidrogênio (EPH), a corrente flui de M para EPH. (a) Quais são os sinais de $E°$ das duas meias-reações? (b) Qual é o potencial-padrão da célula construída com esses dois eletrodos?

6.71 Uma solução de Na_2SO_4 em água sofreu eletrólise por 30 min; 25 mL de oxigênio foram coletados no anodo sobre água em 22°C e pressão total de 722 Torr. Determine a corrente que foi usada para produzir o gás. Consulte a Tabela 5A.2 para obter a pressão de vapor da água.

Veja o Interlúdio no final do Foco 6 para resolver os Exercícios 6.72 a 6.79.

6.72 Uma célula fotoeletroquímica é uma célula eletroquímica que usa luz para provocar uma reação química. Os eletrodos de silício de uma célula fotoeletroquímica reagem com água:

$$SiO_2(s) + 4\ H^+(aq) + 4\ e^- \longrightarrow Si(s) + 2\ H_2O(l)$$
$$E° = -0,84\ V$$

Calcule o potencial padrão da célula da reação entre silício e água em uma célula que também produz hidrogênio a partir da água e escreva a equação balanceada da reação da célula.

6.73 A "célula a combustível de alumínio-ar" é usada como bateria de reserva em lugares afastados. Nessa célula, o alumínio reage com o oxigênio do ar em meio básico. (a) Escreva as meias-reações de oxidação e redução dessa célula. (b) Calcule o potencial padrão da célula.

6.74 Qual é (a) o eletrólito e (b) o agente oxidante durante a descarga de uma bateria de chumbo-ácido? (c) Escreva a reação que ocorre no catodo durante a recarga de uma bateria de chumbo-ácido.

6.75 (a) Escreva a reação de célula da bateria de chumbo-ácido. (b) Explique como cada uma das seguintes variáveis mudam durante a descarga de uma bateria de chumbo-ácido: pH, quantidade de PbO_2, quantidade total de chumbo na bateria.

6.76 (a) Por que grades de chumbo-antimônio são usadas como eletrodo nas baterias chumbo-ácido em vez de placas lisas? (b) Qual é o agente redutor da bateria chumbo-ácido? (c) O potencial de célula chumbo-ácido é cerca de 2 V. Como, então, a bateria do carro pode produzir 12 V para o seu sistema elétrico?

6.77 Qual é (a) o eletrólito, (b) o agente oxidante da célula de mercúrio mostrada abaixo? (c) Escreva a reação total de uma célula de mercúrio.

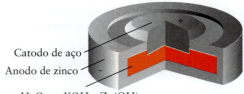

Catodo de aço
Anodo de zinco
HgO em KOH e $Zn(OH)_2$

6.78 Uma célula a combustível em que o hidrogênio reage com nitrogênio em vez de oxigênio foi proposta. (a) Escreva a equação química da reação em água, que produz amônia. (b) Qual é a energia livre máxima de que a célula pode dispor quando o consumo de nitrogênio é 28,0 kg? (c) Essa célula a combustível é termodinamicamente factível?

6.79 O organismo humano funciona como uma célula a combustível que usa oxigênio do ar para oxidar a glicose:

$$C_6H_{12}O_6(aq) + 6\ O_6(g) \longrightarrow CO_2(g) + 6\ H_2O(l)$$

Durante a atividade normal, uma pessoa usa o equivalente a cerca de 10 MJ de energia por dia. Imagine que esse valor represente ΔG e estime a corrente média que passa pelo corpo em um dia, supondo que toda a energia que utilizamos provenha da redução de O_2 na reação de oxidação da glicose.

Foco 6 Exercícios **583**

FOCO 6 Exercícios cumulativos

6.80 Sais solúveis não tóxicos como $Fe_2(SO_4)_3$ são frequentemente usados durante a purificação da água para remover contaminantes sólidos tóxicos, porque eles formam hidróxidos gelatinosos que encapsulam os contaminantes e permitem sua remoção da água por filtração.

(a) Calcule a solubilidade molar de $Fe(OH)_3$ em água em 25°C.

(b) Qual é a concentração de íons hidróxido em uma solução saturada de $Fe(OH)_3$? Calcule o pH da solução.

(c) Discuta se seu resultado na parte (b) é razoável para uma solução de hidróxido básico. Explique as hipóteses que você usou em seus cálculos e avalie sua validade.

(d) Uma equação simplificada da reação de íons Fe^{3+} com água é $Fe^{3+}(aq) + 6 H_2O(l) \rightleftharpoons Fe(OH)_3(s) + 3 H_3O^+(aq)$. Use os dados da Tabela 6I.1 e K_w para calcular a constante de equilíbrio desta reação.

(e) Se 10,0 g de $Fe_2(SO_4)_3$ forem dissolvidos em água suficiente para 1,00 L de solução e o pH da solução subir até 8,00 por adição de NaOH, que massa de $Fe(OH)_3$ sólido se formará?

(f) Para testar a capacidade de $Fe_2(SO_4)_3$ remover íons cloreto da água, uma solução padronizada contendo 24,72 g de NaCl em 1,000 L foi preparada. Uma amostra de 25,00 mL da solução de NaCl foi combinada com a mistura descrita na parte (e) e agitada. O $Fe(OH)_3$ precipitado contendo íons cloreto encapsulados foi removido por filtração e dissolvido em ácido. Uma solução de $AgNO_3$ em água foi, então, adicionada à solução resultante e o AgCl sólido formado foi filtrado e seco. A massa de AgCl encontrada foi igual a 0,604 g. Que percentagem de íons cloreto da amostra de 25,00 mL foi removida da solução?

6.81 Muitas reações biológicas importantes envolvem transferência de elétrons. Como o pH dos fluidos corporais está próximo de 7, o "potencial biológico padrão" de um eletrodo, $E^\star$, é medido em pH = 7.

(a) Calcule o potencial biológico padrão para (i) a redução de íons hidrogênio a gás hidrogênio; (ii) a redução de íons nitrato ao gás NO.

(b) Calcule o potencial biológico padrão, $E^\star$, para a redução da biomolécula NAD^+ a NADH em água. A meia-reação de redução em condições termodinâmicas padrão é $NAD^+(aq) + H^+(aq) + 2 e^- \rightarrow NADH(aq)$, com $E° = -0,099$ V.

(c) O íon piruvato, $CH_3C(=O)CO_2^-$, forma-se durante o metabolismo da glicose no sangue. O íon tem uma cadeia com três átomos de carbono. O átomo de carbono central está em ligação dupla com um oxigênio, e um dos átomos de carbono do extremo da cadeia liga-se a dois átomos de oxigênio para formar um grupo carboxilato. Desenhe a estrutura de Lewis do íon piruvato e estabeleça o esquema de hibridação de cada átomo de carbono.

(d) O íon lactato tem estrutura semelhante à do íon piruvato, exceto que agora o átomo de carbono central liga-se a um grupo —OH: $CH_3CH(OH)CO_2^-$. Desenhe a estrutura de Lewis do íon piruvato e estabeleça o esquema de hibridação do átomo de carbono central.

(e) Durante exercícios físicos, o íon piruvato converte-se a íon lactato no corpo por acoplamento à meia-reação do NADH dada na parte (b). No caso da meia-reação piruvato $+ 2 H^+ + 2 e^- \rightarrow$ lactato, $E^\star = -0,190$ V. Escreva a reação de célula da reação espontânea que ocorre entre esses dois pares biológicos e calcule $E^\star$ e $E°$ para a reação total.

(f) Calcule a energia livre de Gibbs de reação padrão da reação da parte (e).

(g) Calcule a constante de equilíbrio, em 25°C, da reação total da parte (e).

INTERLÚDIO   As células práticas

Uma importante aplicação das células galvânicas é seu uso nas fontes portáteis de energia a que chamamos de "baterias". Uma bateria ideal deve ser barata, portátil e de uso seguro, e não deve agredir o ambiente. Ela deve também manter uma diferença de potencial estável ao longo do tempo (Tabela 1). A massa e o volume de uma bateria são parâmetros importantes. O eletrólito de uma bateria deve usar a menor quantidade de água possível, para reduzir a possibilidade de vazamento do eletrólito e para reduzir a massa. Grande parte da pesquisa em baterias trata do aumento da energia específica, isto é, a energia livre de reação por quilograma (geralmente expresso como quilowatt-horas por quilograma, $kW \cdot h \cdot kg^{-1}$)*.

Uma **célula primária** é uma célula galvânica no interior da qual os reagentes são selados no momento da fabricação. Ela não pode ser recarregada. Quando ela se esgota, é descartada. A *célula seca* é a célula primária usada nas aplicações mais comuns, como controles remotos e lanternas (Fig. 1). O invólucro cilíndrico de zinco familiar serve como anodo. No centro está o catodo, um cilindro de carbono. O interior do invólucro é coberto com um papel que serve de barreira porosa. O eletrodo é uma pasta úmida de cloreto de amônio, óxido de manganês(IV), grânulos finos de carbono e uma carga inerte, geralmente amido. A amônia produzida a partir dos íons amônio forma o íon complexo $Zn(NH_3)_4^{2+}$ com os íons Zn^{2+} e impede seu acúmulo e a consequente redução do potencial enquanto a célula é descarregada.

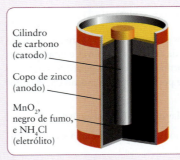

FIG. 1 Célula seca comercial. A célula seca também é chamada de célula de Leclanché, para homenagear o engenheiro francês Georges Leclanché, que a inventou em 1886. O eletrólito é uma pasta umedecida.

Duas células primárias que fornecem um potencial mais estável e duradouro do que a célula seca são as células alcalina e de prata. A *célula alcalina* é semelhante a uma célula seca, porém usa um eletrólito alcalino, com o qual o eletrodo de zinco reage mais lentamente quando a bateria não está em uso. Em consequência, as células alcalinas têm vida mais longa do que as células secas. Elas são usadas em detectores de fumaça e dispositivos de proteção de força. O catodo da *célula de prata* é feito de Ag_2O sólido e Ag. O potencial relativamente alto das células de prata, com seus reagentes e produtos sólidos, é muito estável durante longos períodos de tempo, e as células podem ter volume muito pequeno. Essas características a fizeram ser muito requisitada para implantes médicos como marca-passos e implantes auditivos e para câmeras.

TABELA 1	Reações de baterias comerciais[†]	
Células primárias		
seca	$Zn(s)\|ZnCl_2(aq), NH_4Cl(aq)\|MnO(OH)(s)\|MnO_2(s)\|$grafita, Anodo: $Zn(s) \longrightarrow Zn^{2+}(aq) + 2\,e^-$ seguida de $Zn^{2+}(aq) + 4\,NH_3(aq) \longrightarrow [Zn(NH_3)_4]^{2+}(aq)$ Catodo: $MnO_2(s) + H_2O(l) + e^- \longrightarrow MnO(OH)(s) + OH^-(aq)$ seguida de $NH_4^+(aq) + OH^-(aq) \longrightarrow H_2O(l) + NH_3(aq)$	1,5 V
alcalina	$Zn(s)\|ZnO(s)\|OH^-(aq)\|Mn(OH)_2(s)\|MnO_2(s)\|$grafita, Anodo: $Zn(s) + 2\,OH^-(aq) \longrightarrow ZnO(s) + H_2O(l) + 2\,e^-$ Catodo: $MnO_2(s) + 2\,H_2O(l) + 2\,e^- \longrightarrow Mn(OH)_2(s) + 2\,OH^-(aq)$	1,5 V
prata	$Zn(s)\|ZnO(s)\|KOH(aq)\|Ag_2O(s)\|Ag(s)\|$aço, Anodo: $Zn(s) + 2\,OH^-(aq) \longrightarrow ZnO(s) + H_2O(l) + 2\,e^-$ Catodo: $Ag_2O(s) + H_2O(l) + 2\,e^- \longrightarrow 2\,Ag(s) + 2\,OH^-(aq)$	1,6 V
Células secundárias		
chumbo-ácido	$Pb(s)\|PbSO_4(s)\|H^+(aq), HSO_4^-(aq)\|PbO_2(s)\|PbSO_4(s)\|Pb(s)$, Anodo: $Pb(s) + HSO_4^-(aq) \longrightarrow PbSO_4(s) + H^+(aq) + 2\,e^-$ Catodo: $PbO_2(s) + 3\,H^-(aq) + HSO_4^-(aq) + 2\,e^- \longrightarrow PbSO_4(s) + 2\,H_2O(l)$	2 V
nicad	$Cd(s)\|Cd(OH)_2(s)\|KOH(aq)\|Ni(OH)_3(s)\|Ni(OH)_2(s)\|Ni(s)$, Anodo: $Cd(s) + 2\,OH^-(aq) \longrightarrow Cd(OH)_2(s) + 2\,e^-$ Catodo: $2\,Ni(OH)_3(s) + 2\,e^- \longrightarrow 2\,Ni(OH)_2(s) + 2\,OH^-(aq)$	1,25 V
NiMh	$M(s)\|MH(s)\|KOH(aq)\|NiOOH(s)\|Ni(OH)_2(s)\|Ni(s)$, Anodo: $MH(s)^{††} + OH^-(aq) \longrightarrow M(s) + H_2O(l) + e^-$ Catodo: $NiOOH(s) + H_2O(l) + e^- \longrightarrow Ni(OH)_2(s) + OH^-$	1,2 V
sódio-enxofre	$Na(l)\|Na^+($eletrólito cerâmico$), S^{2-}($eletrólito cerâmico$)\|S_8(l)$, Anodo: $2\,Na(l) \longrightarrow 2\,Na^+($eletrólito$) + 2\,e^-$ Catodo: $S_8(l) + 16\,e^- \longrightarrow 8\,S^{2-}($eletrólito$)$	2,2 V

[†]A notação das células é descrita no Tópico 6L.
[††]O metal em uma bateria de níquel-hidreto de metal é, em geral, uma liga complexa de vários metais, como Cr, Ni, Co, V, Ti, Fe e Zr.

*1 $kW \cdot h = (10^3\ J \cdot s^{-1}) \times (3600\ s) = 3,6 \times 10^6\ J = 3,6\ MJ$ exatos.

INTERLÚDIO   As células práticas

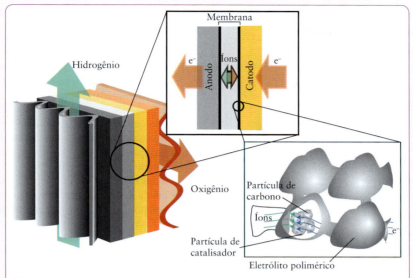

FIG. 2 Uma membrana trocadora de prótons é usada nas células a combustível de hidrogênio e de metanol. A membrana permite a passagem de prótons, mas não de elétrons: os prótons atravessam a membrana porosa e entram no catodo, onde se combinam com o oxigênio para formar água, enquanto os elétrons passam por um circuito externo. Várias camadas de células são combinadas para gerar a potência desejada.

Uma **célula a combustível** é como uma célula primária, pois gera eletricidade diretamente de uma reação química, como em uma bateria, mas usa reagentes que são fornecidos continuamente. Francis Bacon, um cientista e engenheiro britânico, desenvolveu uma ideia proposta por Sir William Grove em 1839 para produzir uma célula combustível que podia gerar 5 kW. Uma célula a combustível que opera com hidrogênio e oxigênio foi instalada no ônibus espacial (Fig. 2). Uma das vantagens é que o único produto da reação da célula, a água, pode ser utilizado para o suporte da vida.

Em uma versão simplificada de célula a combustível, um combustível como o gás hidrogênio passa sobre um eletrodo de platina, o gás oxigênio passa por outro eletrodo semelhante e o eletrólito é uma solução de hidróxido de potássio em água. Uma membrana porosa separa os compartimentos dos dois eletrodos. Muitas variedades de células a combustível são possíveis e, em algumas, o eletrólito é uma membrana sólida de polímero ou uma cerâmica. Três das mais promissoras células a combustível são a célula a combustível alcalina, a célula a combustível de ácido fosfórico e a célula a combustível de metanol.

A célula de hidrogênio-oxigênio usada no ônibus espacial é chamada de célula a combustível alcalina, porque seu eletrólito é alcalino:

Anodo: $2\,H_2(g) + 4\,OH^-(aq) \rightarrow 4\,H_2O(l) + 4\,e^-$
Eletrólito: $KOH(aq)$
Catodo: $O_2(g) + 4\,e^- + 2\,H_2O(l) \rightarrow 4\,OH^-(aq)$

Embora o custo impeça seu uso em muitas aplicações, as células a combustível alcalinas são as mais usadas na indústria aeroespacial.

Um eletrólito ácido pode também ser usado, como na célula a combustível de ácido fosfórico:

Anodo: $2\,H_2(g) \rightarrow 4\,H^+(aq) + 4\,e^-$
Eletrólito: $H_3PO_4(aq)$
Catodo: $O_2(g) + 4\,H^+(aq) + 4\,e^- \rightarrow 2\,H_2O(l)$

Essa célula a combustível parece promissora para sistemas combinados de calor e potência (CHP, na sigla em inglês). Nesses sistemas, a perda de calor é usada para aquecer prédios ou realizar trabalho. A eficiência em um sistema CHP pode chegar a 80%.

Embora o gás hidrogênio seja um combustível interessante, ele tem desvantagens em aplicações móveis, pois é difícil de armazenar e de manuseio perigoso. Uma possibilidade para células a combustível portáteis é armazenar o hidrogênio em nanotubos de carbono, silício e compostos como WS_2 ou TiO_2. As moléculas de hidrogênio são facilmente absorvidas na superfície desses materiais, e os nanotubos têm área superficial muito grande. As fibras de carbono trançadas são capazes de armazenar enormes quantidades de hidrogênio e fornecem densidade de energia duas vezes igual à da gasolina. Outra opção é o uso de compostos organometálicos ou hidretos inorgânicos, como o hidreto de alumínio e sódio, $NaAlH_4$, dopado com titânio. Apesar das dificuldades inerentes ao armazenamento do hidrogênio, muitas cidades desenvolveram células a combustível para uso no trânsito em larga escala (Fig. 3). Um combustível interessante é o metanol, que é fácil de manipular e é rico em átomos de hidrogênio:

Anodo: $CH_3OH(l) + 6\,OH^-(aq) \rightarrow 5\,H_2O(l) + CO_2(g) + 6\,e^-$
Eletrólito: materiais poliméricos
Catodo: $O_2(g) + 4\,e^- + 2\,H_2O(l) \rightarrow 4\,OH^-(aq)$

O desenvolvimento de células a combustível de metanol eficientes para uso geral é o foco atual das pesquisas sobre a tecnologia das células a combustível.

Uma possibilidade muito interessante é a tecnologia da célula a biocombustível. Uma célula a biocombustível é semelhante a uma célula a combustível convencional, mas o catalisador de platina é substituído por enzimas ou mesmo organismos completos. A eletricidade é extraída com moléculas orgânicas capazes de permitir a transferência de elétrons. Uma aplicação seria seu uso como fonte de eletricidade para implantes médicos, como marca-passos, talvez até usando a glicose do sangue como combustível.

FIG. 3 Em Reykjavik, Islândia, este ônibus é movido a células a combustível de hidrogênio com uma membrana trocadora de prótons. Sua operação não polui porque o único produto da combustão é água. (*Martin Bond/Science Source.*)

As **células secundárias** são células galvânicas que têm de ser carregadas antes do uso. Esse tipo de célula é normalmente recarregável. As baterias usadas em microcomputadores e automóveis são células secundárias. No processo de carga, uma fonte de eletricidade inverte a reação de célula espontânea e cria uma mistura de reagentes que não está em equilíbrio. Após a carga, a célula pode produzir eletricidade novamente.

A *célula de chumbo-ácido* de uma bateria de automóvel é uma célula secundária formada por várias grades que agem como eletrodos (Fig. 4). Ela tem energia específica baixa, mas, como a área superficial total das grades é grande, a bateria pode gerar altas correntes durante os períodos curtos necessários para dar partida no motor. Os eletrodos são inicialmente formados por uma liga dura de chumbo-antimônio coberta com uma pasta de sulfato de chumbo(II). O eletrólito é ácido sulfúrico diluído. Durante a carga inicial, o sulfato de chumbo(II) reduz-se parcialmente a chumbo em um dos eletrodos. Esse eletrodo agirá como anodo durante a descarga. Simultaneamente, durante a carga, parte do sulfato de chumbo(II) se oxida a óxido de chumbo(IV) no eletrodo que irá agir como catodo durante a descarga. A célula de chumbo-ácido, cujo potencial é 2 V, é usada em uma série de seis células que agem como fonte de potência de 12 V, capaz de dar partida no motor da maior parte dos veículos.

Veículos híbridos usam a célula de níquel-hidreto de metal (NiMH) para suplementar a energia obtida pela queima de gasolina. Nesse tipo de bateria, hidrogênio é guardado na forma do hidreto de um metal, usando uma liga heterogênea de vários metais, comumente incluindo titânio, vanádio, cromo e níquel. As vantagens incluem massa pequena, alta densidade de energia (a energia que pode gerar dividida por seu volume), tempo de vida longo na prateleira, alta capacidade de carregamento de corrente, carregamento rápido e boa capacidade (tempo longo entre carregamentos). Como os materiais não são tóxicos, o descarte das baterias não representa problema ambiental significativo.

A célula de *lítio-íon* é usada em computadores portáteis e muitos dispositivos para reproduzir música porque ela pode ser recarregada muitas vezes. O eletrólito desse tipo de bateria é feito de óxido de polipropileno ou óxido de polietileno, misturado com sais de lítio fundidos que depois são deixados para esfriar. Os materiais resultantes têm consistência de borracha e são bons condutores de íons Li^+. A baixa densidade de massa do lítio dá à célula a máxima densidade de energia disponível, e o potencial de eletrodo muito negativo do lítio pode atingir 4 V.

A célula de *sódio-enxofre* é uma das baterias mais surpreendentes (Fig. 5). Ela tem reagentes líquidos (sódio e enxofre) e um eletrodo sólido (uma cerâmica porosa de óxido de alumínio). A célula tem de operar em temperaturas da ordem de 320°C e é muito perigosa em caso de quebra. Como o sódio tem densidade baixa, essas células têm energia específica muito alta. Sua aplicação mais comum é em veículos elétricos. Quando o veículo está operando, o calor gerado pela bateria é suficiente para manter a temperatura.

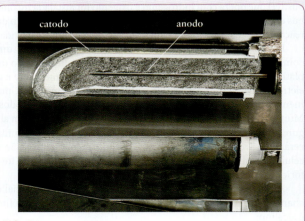

FIG. 5 Bateria de sódio-enxofre usada em veículos elétricos. (*Takeshi Takahara/Science Source.*)

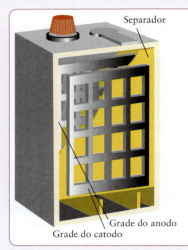

FIG. 4 Uma bateria chumbo-ácido comum é composta por seis células em série e produz aproximadamente 12 V.

Exercícios relacionados 6.72 a 6.79

Leitura complementar Breakthrough Technologies Institute, "The Online Fuel Cell Information Center," http://www.fuelcells.org/. S. Ritter, "Sunny forecast for fuel cells," Chemical and Engineering News, vol. 86, August 4, 2008, p. 7. D. Castelvecchi, "Is your phone out of juice? Biological fuel cell turns drinks into power," Science News, vol. 171, March 31, 2007, p. 197. S. M. Kwan and K. L. Yeung, "Zeolite micro fuel cell," Chemical Communications, 2008, p. 3631.

A CINÉTICA

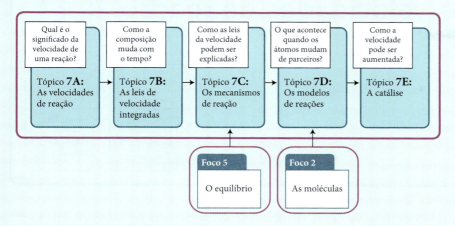

FOCO 7

A termodinâmica (Foco 4) é usada para predizer a direção espontânea de uma alteração química e estimar a extensão da reação no equilíbrio, porém ela nada informa sobre a velocidade da reação na direção do equilíbrio. Vimos que algumas reações termodinamicamente espontâneas – como a decomposição de benzeno em carbono e hidrogênio – parecem não ocorrer, enquanto outras – como as reações de transferência de próton – atingem o equilíbrio muito rapidamente. Este foco examina os detalhes da progressão das reações, o que determina suas velocidades e como controlá-las. Esses aspectos das reações químicas constituem o campo da "cinética química".

O **TÓPICO 7A** introduz o conceito de velocidade de reação e como ela pode ser expressa em termos das concentrações dos reagentes (e, às vezes, dos produtos) envolvidos em uma reação. A existência dessas expressões, conhecidas como "leis de velocidade", permite classificar as reações segundo seus comportamentos cinéticos. Uma lei de velocidade é expressa como "constante de velocidade", um parâmetro que caracteriza a velocidade de uma reação. O **TÓPICO 7B** descreve os métodos pelos quais as constantes de velocidade são determinadas experimentalmente e mostra como essas informações são usadas para predizer como as concentrações de reagentes e produtos variam com o tempo.

As leis de velocidade são importantes porque fornecem indícios sobre como as reações ocorrem em nível molecular. Por exemplo, como mostra o **TÓPICO 7C**, as leis de velocidade estabelecem critérios para julgar se um "mecanismo de reação", isto é, uma sequência de etapas, é aplicável para uma dada reação. Da mesma forma, o **TÓPICO 7D** mostra como a determinação do valor da constante de velocidade e como ela varia com a temperatura podem ser úteis na construção de modelos que esclareçam os detalhes dos eventos de uma reação quando as ligações químicas se rompem e os átomos trocam de parceiros. Esses detalhes ajudam a compreender, no **TÓPICO 7E**, o funcionamento dos "catalisadores" e como os seus análogos biológicos, as enzimas, atuam nos organismos.

Tópico 7A As velocidades de reação

7A.1 Concentração e velocidade de reação
7A.2 A velocidade instantânea de reação
7A.3 Leis de velocidade e ordem de reação

Por que você precisa estudar este assunto? Você precisa saber como descrever as velocidades de reações químicas para poder predizer com que rapidez os produtos são formados ou os reagentes são consumidos.

Que conhecimentos você precisa dominar? Você precisa conhecer as unidades de concentração (*Fundamentos* G) e a lei dos gases ideais (Tópico 3B).

Informalmente, uma reação é considerada rápida quando os produtos são formados quase instantaneamente, como acontece em uma reação de precipitação ou em uma explosão (Fig. 7A.1). Uma reação é lenta se os produtos levam um tempo longo para se formar, como acontece na corrosão ou na decomposição de materiais orgânicos (Fig. 7A.2). Nos dois casos, é importante ser capaz de expressar e medir a velocidade de uma reação quantitativamente e detectar os padrões segundo os quais ela depende das condições. Uma vez definidos, esses parâmetros podem ser usados para descobrir detalhes sobre como as reações ocorrem em nível atômico e como seus rendimentos podem ser modificados.

7A.1 Concentração e velocidade de reação

Na vida diária, a velocidade é definida como a mudança do valor de uma propriedade dividida pelo tempo que ela leva para ocorrer. Por exemplo, a velocidade de um automóvel, isto é, a velocidade da mudança de posição, é definida como a distância percorrida dividida pelo tempo gasto. A *velocidade média* em determinado estágio do percurso é obtida dividindo-se o percurso percorrido em um intervalo de tempo pela duração deste intervalo. A *velocidade instantânea* é obtida lendo-se o velocímetro em determinado ponto do percurso. Na química, as velocidades são expressas de modo semelhante. A **velocidade de reação**, como a velocidade média de um carro, é definida como a variação da concentração de um dos reagentes ou produtos em determinado ponto da reação dividida pelo tempo que a mudança leva para ocorrer. Como a velocidade pode mudar com o tempo, a **velocidade média da reação** em um determinado intervalo é definida como a variação da concentração molar de um reagente R, $\Delta[R] = [R]_{t_2} - [R]_{t_1}$, dividida pelo intervalo de tempo $\Delta t = t_2 - t_1$:

$$\text{Velocidade média do consumo de R} = -\frac{\Delta[R]}{\Delta t} \quad (1a)$$

FIGURA 7A.1 As reações acontecem em velocidades muito diferentes. Algumas dessas reações, como a explosão ocorrida em uma exibição militar na Rússia, são muito rápidas. Os gases são produzidos muito rapidamente e formam a onda de choque da explosão. (*Sergei Butorin/Shutterstock.*)

FIGURA 7A.2 Algumas reações são muito lentas, como na acumulação gradual dos produtos da corrosão na proa do Titanic, no leito frio do Oceano Atlântico. (*Emary Kristof/National Geographic Creative.*)

Como os reagentes são consumidos em uma reação, a concentração molar de R decresce com o tempo e Δ[R] é negativo. O sinal negativo da Eq. 1a torna a velocidade positiva, que é a convenção normal da cinética química. Porém, se a concentração de um produto P é monitorada, a velocidade média é expressa como

$$\text{Velocidade média da formação de P} = \frac{\Delta[P]}{\Delta t} \quad (1b)$$

Nesta expressão, Δ[P] é a variação da concentração molar de P no intervalo Δt: uma quantidade positiva, porque o produto se acumula com o tempo.

Nota de boa prática Diferentemente da discussão e da formulação das constantes de equilíbrio, em cinética química os colchetes representam a concentração molar, com as unidades mol·L^{-1} subentendidas.

EXEMPLO 7A.1 Cálculo da velocidade média de uma reação

Suponha que você precise de HI de alta pureza. Você poderia preparar a solução fazendo o hidrogênio e o iodo reagirem diretamente segundo a reação H$_2$(g) + I$_2$(g) → 2 HI(g), se ela for suficientemente rápida. Nesse caso, é importante fazer um experimento para investigar a velocidade de reação e determinar se a preparação de HI segundo esse processo é rápida o bastante. No intervalo de 100. s, a concentração de HI aumentou de 3,50 mmol·L^{-1} para 4,00 mmol·L^{-1}. Qual foi a velocidade média desta reação?

PLANEJE Substitua os dados na Equação 1b.

RESOLVA

De Velocidade de formação de P = Δ[P]/Δt,

$$\text{Velocidade média de formação de HI} = \frac{(4,00 - 3,50)(\text{mmol HI})\cdot L^{-1}}{100.s}$$
$$= 5,0 \times 10^{-3}(\text{mmol HI})\cdot L^{-1}\cdot s^{-1}$$
$$= 5,0 \ (\mu\text{mol HI})\cdot L^{-1}\cdot s^{-1}$$

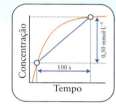

No gráfico, a inclinação da reta (linha azul) dá a velocidade média.

Nota de boa prática Para garantir a clareza, é melhor usar múltiplos de unidades que minimizem as potências de 10 explícitas. Neste caso, como 10^{-3} mmol = 1 μmol, a boa prática é dar o resultado como 5,0 μmol HI)·L^{-1}·s^{-1}.

Teste 7A.1A Quando a reação H$_2$(g) + I$_2$(g) → 2 HI(g) foi conduzida em temperatura elevada, a concentração de HI aumentou de 4,20 mmol·L^{-1} para 6,00 mmol·L^{-1} em 200. s. Qual é a velocidade média da reação?

[***Resposta:*** 9,00 (μmol HI)·L^{-1}·s^{-1}]

Teste 7A.1B A hemoglobina (Hb) transporta oxigênio em nosso organismo na forma de um complexo: Hb(aq) + O$_2$(aq) → HbO$_2$(aq). Em uma solução de hemoglobina exposta ao oxigênio, a concentração de hemoglobina caiu de 1,2 nmol·L^{-1} (1 nmol = 10^{-9} mol) para 0,80 nmol·L^{-1} em 0,10 μs. Qual foi a velocidade média com que a hemoglobina reagiu com oxigênio naquela solução, em milimols por litro por microssegundo?

Exercícios relacionados 7A.3 e 7A.4

No Exemplo 7A.1, usamos micromols por litro por segundo (μmol·L^{-1}·s^{-1}) para registrar a velocidade de reação, mas outras unidades de tempo (minutos ou horas) são comumente encontradas no caso de reações mais lentas. Note também que, quando registrar velocidades de reação, você precisará ter cuidado e especificar a que espécie tal velocidade se refere, porque as espécies são produzidas ou consumidas em velocidades relacionadas à estequiometria da reação. Por exemplo, na reação dada no Exemplo 7A.1, duas moléculas de HI são produzidas a partir de uma molécula de H$_2$ e, por isso, a velocidade de consumo do H$_2$ é metade da velocidade de formação do HI; portanto,

$$\frac{\Delta[H_2]}{\Delta t} = -\frac{1}{2}\frac{\Delta[HI]}{\Delta t}$$

Para evitar as ambiguidades associadas com as várias maneiras de registrar uma velocidade de reação, a velocidade média única de uma reação pode ser expressa sem especificar a espécie. A **velocidade média única** da reação $a\text{A} + b\text{B} \rightarrow c\text{C} + d\text{D}$ é qualquer uma das quatro quantidades iguais seguintes:

$$\text{Velocidade média única} = -\frac{1}{a}\frac{\Delta[\text{A}]}{\Delta t} = -\frac{1}{b}\frac{\Delta[\text{B}]}{\Delta t} = \frac{1}{c}\frac{\Delta[\text{C}]}{\Delta t} = \frac{1}{d}\frac{\Delta[\text{D}]}{\Delta t} \quad (2)$$

A divisão pelos coeficientes estequiométricos leva em conta as relações estequiométricas entre reagentes e produtos. Não é necessário especificar as espécies quando se usa a velocidade média única, porque o valor da velocidade é o mesmo para todas as espécies. Entretanto, note que a velocidade média única depende dos coeficientes usados na equação balanceada, e a equação química tem de ser especificada quando se registra uma velocidade única.

PONTO PARA PENSAR
Como a velocidade única de uma reação muda se os coeficientes da equação química forem dobrados?

Teste 7A.2A A velocidade média da reação $N_2(g) + 3\,H_2(g) \rightarrow 2\,NH_3(g)$, durante um certo tempo, é registrada como 1,15 (mmol NH_3)·L^{-1}·h^{-1}. (a) Qual é a velocidade média, no mesmo período de tempo, em termos do desaparecimento de H_2? (b) Qual é a velocidade média única?

[*Resposta:* (a) 1,72 (mmol H_2)·L^{-1}·h^{-1}; (b) 0,575 mmol·L^{-1}·h^{-1}]

Teste 7A.2B Considere a reação do Exemplo 7A.1. Qual é (a) a velocidade média de consumo de H_2 na mesma reação e (b) a velocidade média única, ambas no mesmo período de tempo?

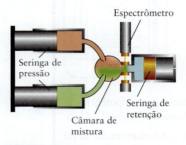

FIGURA 7A.3 Em um experimento de fluxo interrompido, os êmbolos à esquerda empurram as soluções de reagentes para a câmara de reação, e a seringa de retenção interrompe o fluxo. O progresso da reação é acompanhado espectroscopicamente em função do tempo.

A técnica experimental usada para medir uma velocidade de reação depende da rapidez da reação. Técnicas especiais são usadas quando a reação é muito rápida e se completa em poucos segundos. Dois aspectos são considerados essenciais no estudo das reações rápidas. O primeiro é começar a reação em um momento muito preciso. O segundo é determinar a concentração em tempos muito precisos após o início da reação. Reações que se iniciam pela mistura dos reagentes podem ser estudadas com a **técnica de fluxo interrompido**, em que as soluções dos reagentes são forçadas rapidamente para o interior de uma câmara de mistura e em milissegundos a formação de produtos é monitorada (Fig. 7A.3). Esse procedimento é comumente utilizado para estudar reações de importância biológica, como o enovelamento de proteínas e reações enzimáticas.

Algumas reações podem se iniciar com um pulso de luz. Como os lasers podem produzir pulsos curtos de duração muito precisa, eles são muito usados para estudar as velocidades dessas reações. A **espectrometria** – a determinação das concentrações pela medida da absorção de luz (veja a *Técnica Principal* 2, no hotsite deste livro) – pode responder muito rapidamente a mudanças de concentrações e é usada, com frequência, em associação com um pulso de laser, para estudar reações muito rápidas. Por exemplo, suponha que estivéssemos estudando o efeito de um clorofluorocarboneto na concentração de ozônio, um gás azul. Você poderia usar um espectrômetro para monitorar a luz absorvida pelo ozônio e calcular a concentração molar das moléculas de O_3 a partir da intensidade da absorção. Com o uso de lasers pulsados, os químicos podem estudar reações que se completam em menos de um picossegundo (1 ps = 10^{-12} s). Técnicas recentemente desenvolvidas permitem o estudo de processos que se completam após alguns femtossegundos (1 fs = 10^{-15} s, Quadro 7A.1), e os químicos hoje estudam processos que ocorrem em um attossegundo (1 as = 10^{-18} s). Nesta escala de tempo, os átomos quase não se movem e são surpreendidos no ato de reagir.

A velocidade média de uma reação é a variação da concentração de uma espécie dividida pelo tempo que leva para que a mudança ocorra. A velocidade média única é a velocidade média dividida pelos coeficientes estequiométricos das espécies monitoradas. Técnicas espectroscópicas são muito usadas para estudar as velocidades de reação, particularmente em reações rápidas.

Quadro 7A.1 COMO SABEMOS... O QUE ACONTECE COM OS ÁTOMOS DURANTE UMA REAÇÃO?

Os eventos que ocorrem com os átomos em uma reação química estão na escala de tempo de 1 femtossegundo (1 fs = 10^{-15} s). Este é o tempo que leva para uma ligação se esticar ou dobrar e, talvez, quebrar. Se você pudesse seguir os átomos nessa escala de tempo, poderia registrar em filme as mudanças que ocorrem nas moléculas que estão reagindo. O campo da *femtoquímica*, o estudo de processos muito rápidos, está ajudando os cientistas a realizar esse sonho. Os raios laser podem emitir pulsos de radiação eletromagnética muito intensos e muito curtos, e podem ser usados para estudar processos em escalas de tempo muito pequenas. Avanços recentes permitiram aprimorar a escala temporal das observações na região do atossegundo (1 at = 10^{-18} s), quando até o movimento dos elétrons é detectável.

Até agora, no entanto, essa técnica só foi aplicada em reações muito simples. Por exemplo, é possível observar o par iônico Na^+I^- ao se decompor na fase gás em dois átomos separados, Na e I. No início, o íon sódio e o íon iodeto estão ligados pela atração de Coulomb das cargas opostas. O par é, então, atingido por um pulso de um femtossegundo de radiação de um laser. Esse pulso excita um elétron do íon I^- para o íon Na^+, criando, assim, uma molécula NaI na qual os átomos estão em ligação covalente. A molécula tem muita energia, e a distância de ligação varia com a oscilação dos átomos. Nesse momento, um segundo pulso de um femtossegundo atinge a molécula. A radiação do segundo pulso tem uma frequência que só pode ser absorvida pela molécula quando os átomos estiverem em uma determinada distância um do outro. Se o pulso é absorvido, sabemos que os átomos da molécula em vibração têm aquela separação internuclear determinada.

A ilustração mostra um resultado típico. A absorção atinge um máximo sempre que a distância da ligação Na—I volta ao valor no qual o segundo pulso está sintonizado. Os picos

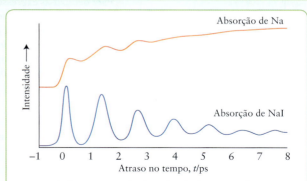

Espectro de femtossegundo da molécula de NaI, em fase gás, que se dissocia em seus átomos. Um pico é observado no espectro inferior (azul) sempre que a distância da ligação do NaI atinge um determinado valor. A curva superior (laranja) mostra a formação dos átomos de Na à medida que escapam da molécula de NaI.

mostram que o átomo de sódio se afasta do átomo de iodo (correspondendo aos mínimos da curva), apenas para ser capturado (nos máximos) novamente. A separação dos máximos é de cerca de 1,3 ps, logo o átomo de Na leva esse tempo para se afastar e ser recapturado pelo átomo de I. A intensidade dos picos decresce progressivamente, mostrando que alguns átomos de Na escapam de seus companheiros, os átomos de I, em cada vibração. São necessários aproximadamente 10 movimentos para fora até que um átomo de Na escape com certeza. Quando o experimento é feito usando brometo de sódio, o átomo de sódio escapa após aproximadamente uma oscilação, mostrando que um átomo de Na pode escapar mais facilmente de um átomo de Br do que de um átomo de I.

7A.2 A velocidade instantânea de reação

Assim como ocorre com a velocidade de um carro, em muitos casos é importante conhecer a velocidade instantânea de reação, não a média ao longo de determinado intervalo. A maior parte das reações desacelera à medida que os reagentes são consumidos. Para determinar a velocidade da reação em um determinado instante no decurso de uma reação, duas medidas de concentração muito próximas no tempo são necessárias. Quando dois pontos na curva são aproximados sucessivamente, a linha que os une se aproxima da tangente da curva, isto é, uma linha reta que toca a curva e indica a inclinação da curva nesse ponto. A inclinação da tangente da curva da concentração vs. tempo nesse momento é a velocidade naquele instante (Fig. 7A.4). A inclinação da tangente, que varia durante a evolução da reação, é chamada de **velocidade instantânea** da reação no ponto de interesse (Fig. 7A.5).

Deste ponto em diante, quando falarmos de uma velocidade de reação, estaremos nos referindo sempre à velocidade instantânea. As definições das Equações 1 e 2 podem ser facilmente adaptadas para se referirem à velocidade instantânea de uma reação.

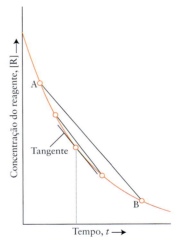

FIGURA 7A.4 A velocidade de reação é a variação de concentração de um reagente (ou produto) dividida pelo intervalo de tempo em que a variação ocorre (a inclinação da linha AB, por exemplo). A velocidade instantânea é a inclinação da tangente da curva no momento de interesse.

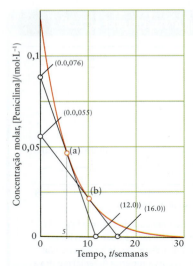

FIGURA 7A.5 Determinação da velocidade, em dois momentos diferentes de deterioração de penicilina que está sendo estocada. Note que a velocidade (a inclinação da curva) após 5 semanas (a) é maior do que a velocidade após 10 semanas, quando menos penicilina está presente (b).

Como isso é feito?

Para deduzir as expressões da velocidade instantânea de uma reação, é preciso fazer com que Δt seja muito pequeno para que t e $t + \Delta t$ estejam muito próximos. A concentração de um reagente ou um produto é determinada nestes tempos e encontra-se a velocidade média usando a Equação 1. Depois, diminui-se o intervalo e repete-se o cálculo. Imagine a continuação deste processo até que o intervalo Δt seja infinitamente pequeno (designado como dt) e a mudança de concentração molar do reagente R se torne infinitesimal (designada como d[R]). Então, a velocidade instantânea é calculada:

$$\text{Taxa de consumo de R} = -\frac{d[R]}{dt}$$

Para um produto P, escreva

$$\text{Taxa de formação de P} = \frac{d[P]}{dt}$$

Os "coeficientes diferenciais", os termos d[R]/dt e d[P]/dt, são as expressões matemáticas da inclinação da tangente traçada em uma curva no momento de interesse. Do mesmo modo, a velocidade instantânea de uma reação é definida como na Equação 2, porém com coeficientes diferenciais em lugar de $\Delta[R]/\Delta t$ e $\Delta[P]/\Delta t$:

$$\text{Velocidade de reação} = -\frac{1}{a}\frac{d[A]}{dt} = -\frac{1}{b}\frac{d[B]}{dt} = \frac{1}{c}\frac{d[C]}{dt} = \frac{1}{d}\frac{d[D]}{dt}$$

Como é difícil traçar a olho nu uma tangente com exatidão, é melhor usar um computador para analisar os gráficos de concentração *versus* tempo. Um método muito melhor – que encontraremos na Seção 7B – é registrar as velocidades usando um procedimento que, embora baseado nessas definições, evita completamente o uso de tangentes.

A velocidade instantânea de uma reação é a inclinação da tangente traçada no gráfico de concentração versus tempo no momento de interesse. Na maior parte das reações, a velocidade decresce à medida que a reação progride.

7A.3 Leis de velocidade e ordem de reação

As tendências das velocidades de reações são comumente identificadas pelo exame da **velocidade inicial da reação**, a velocidade instantânea no início da reação (Fig. 7A.6). A vantagem de usar a velocidade inicial é que a presença de produtos durante a reação pode afetar a velocidade; assim, a interpretação dos resultados pode ficar muito complicada.

Para entender como as velocidades iniciais são medidas, suponha, por exemplo, que diferentes quantidades de pentóxido de dinitrogênio, N_2O_5, sólido, são medidas em diferentes balões de mesmo volume, colocados em um banho de água, em 65°C, para vaporizar todo o sólido e, então, a espectrometria é usada para monitorar as concentrações de N_2O_5 em cada frasco à medida que se decompõe:

$$2\,N_2O_5(g) \longrightarrow 4\,NO_2(g) + O_2(g) \quad \textbf{(A)}$$

Cada frasco tem uma concentração inicial diferente de N_2O_5. A velocidade inicial da reação em cada balão pode ser determinada colocando em gráfico a concentração em função do tempo para cada balão e traçando a tangente de cada curva em $t = 0$ (as linhas pretas da Fig. 7A.6). Valores maiores de velocidades iniciais de decomposição do vapor – tangentes mais inclinadas – são encontrados nos balões em que as concentrações iniciais de N_2O_5 são maiores. Esse padrão nos dados pode ser identificado colocando-se em gráfico as velocidades iniciais contra a concentração e examinando o tipo de curva encontrado. Nesse caso, a curva da velocidade inicial contra a concentração inicial de N_2O_5 é uma linha reta, o que indica que a velocidade inicial é proporcional à concentração inicial (Fig. 7A.7):

$$\text{Velocidade inicial de consumo de } N_2O_5 \propto [N_2O_5]_{\text{inicial}}$$

Se introduzirmos uma constante k_r, podemos escrever essa proporcionalidade como uma igualdade:

$$\text{Velocidade inicial de consumo de } N_2O_5 = k_r \times [N_2O_5]_{\text{inicial}}$$

A constante k_r é chamada de **constante de velocidade** da reação e é característica da reação (diferentes reações têm diferentes constantes de velocidade) e da temperatura na qual a

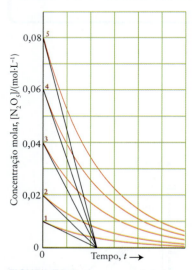

FIGURA 7A.6 As curvas em laranja mostram como a concentração de N_2O_5 varia com o tempo para cinco concentrações iniciais diferentes. A velocidade inicial do consumo de N_2O_5 pode ser obtida traçando-se a tangente (a linha preta) de cada curva no começo da reação.

FIGURA 7A.7 Este gráfico foi obtido usando-se as cinco velocidades iniciais da Figura 7A.6 em função da concentração inicial de N₂O₅. A velocidade inicial é diretamente proporcional à concentração inicial. Este gráfico também mostra como o valor da constante de velocidade k_r pode ser determinado calculando-se a inclinação da linha reta usando dois pontos.

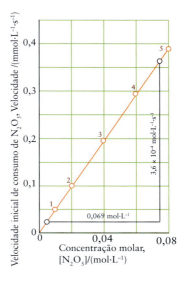

reação ocorre. O valor experimental de k_r nesta reação em 65°C, isto é, a inclinação da reta da Figura 7A.7, é $5{,}2 \times 10^{-3}\ \text{s}^{-1}$.

A velocidade inicial é diretamente proporcional à concentração inicial. Se a velocidade da reação em um dos balões for monitorada à medida que a reação avança, veremos que, quando a concentração de N₂O₅ cai, a velocidade também cai. Mais especificamente, a velocidade em qualquer instante é proporcional à concentração do N₂O₅ que resta no balão naquele instante, com a mesma constante de proporcionalidade, k_r. Segue-se que, em *qualquer* estágio da reação,

$$\text{Taxa de consumo de N}_2\text{O}_5 = k_r[\text{N}_2\text{O}_5]$$

em que [N₂O₅] é a concentração molar de N₂O₅ em dado instante. Essa equação é um exemplo de **lei de velocidade**, a expressão da velocidade instantânea de reação em termos da concentração de um reagente em qualquer momento. Cada reação tem suas próprias lei e constante de velocidade, k_r (Tabela 7A.1). As leis de velocidade incluem as concentrações de produtos e de reagentes.

Outras reações têm leis de velocidade que podem depender da concentração dos reagentes de modo diferente. Medidas semelhantes para a reação

$$2\ \text{NO}_2(g) \longrightarrow 2\ \text{NO}(g) + \text{O}_2(g) \qquad \textbf{(B)}$$

não dão uma reta quando a velocidade é lançada em um gráfico *versus* a concentração de NO₂ (Fig. 7A.8a). No entanto, o gráfico da velocidade em função do *quadrado* da concentração de NO₂ será uma linha reta (Fig. 7A.8b). Esse resultado mostra que a velocidade é proporcional ao quadrado da concentração e que, portanto, a velocidade em cada estágio da reação pode ser escrita como

$$\text{Velocidade de consumo de NO}_2 = k_r[\text{NO}_2]^2$$

A partir da inclinação da reta da Fig. 7A.8b, $k_r = 0{,}54\ \text{L·mol}^{-1}\text{·s}^{-1}$ em 300.°C.

TABELA 7A.1 Leis de velocidade e constantes de velocidade

Reação	Lei de velocidade*	Temperatura, $T/K^\dagger$	Constante de velocidade
Fase gás			
H₂ + I₂ ⟶ 2 HI	$k_r[\text{H}_2][\text{I}_2]$	500	$4{,}3 \times 10^{-7}\ \text{L·mol}^{-1}\text{·s}^{-1}$
		600	$4{,}4 \times 10^{-4}$
		700	$6{,}3 \times 10^{-2}$
		800	$2{,}6$
2 HI ⟶ H₂ + I₂	$k_r[\text{HI}]^2$	500	$6{,}4 \times 10^{-9}\ \text{L·mol}^{-1}\text{·s}^{-1}$
		600	$9{,}7 \times 10^{-6}$
		700	$1{,}8 \times 10^{-3}$
		800	$9{,}7 \times 10^{-2}$
2 N₂O₅ ⟶ 4 NO₂ + O₂	$k_r[\text{N}_2\text{O}_5]$	298	$3{,}7 \times 10^{-5}\ \text{s}^{-1}$
		318	$5{,}1 \times 10^{-4}$
		328	$1{,}7 \times 10^{-3}$
		338	$5{,}2 \times 10^{-3}$
2 N₂O ⟶ 2 N₂ + O₂	$k_r[\text{N}_2\text{O}]$	1000	$0{,}76\ \text{s}^{-1}$
		1050	$3{,}4$
2 NO₂ ⟶ 2 NO + O₂	$k_r[\text{NO}_2]^2$	573	$0{,}54\ \text{L·mol}^{-1}\text{·s}^{-1}$
C₂H₆ ⟶ 2 CH₃	$k_r[\text{C}_2\text{H}_6]$	973	$5{,}5 \times 10^{-4}\ \text{s}^{-1}$
ciclo-propano ⟶ propeno	$k_r[\text{ciclo-propano}]$	773	$6{,}7 \times 10^{-4}\ \text{s}^{-1}$
Solução em água			
H₃O⁺ + OH⁻ ⟶ 2 H₂O	$k_r[\text{H}_3\text{O}^+][\text{OH}^-]$	298	$1{,}5 \times 10^{11}\ \text{L·mol}^{-1}\text{·s}^{-1}$
CH₃Br + OH⁻ ⟶ CH₃OH + Br⁻	$k_r[\text{CH}_3\text{Br}][\text{OH}^-]$	298	$2{,}8 \times 10^{-4}\ \text{L·mol}^{-1}\text{·s}^{-1}$
C₁₂H₂₂O₁₁ + H₂O ⟶ 2 C₆H₁₂O₆	$k_r[\text{C}_{12}\text{H}_{22}\text{O}_{11}][\text{H}^+]$	298	$1{,}8 \times 10^{-4}\ \text{L·mol}^{-1}\text{·s}^{-1}$

*Para a velocidade instantânea única. †Três algarismos significativos.

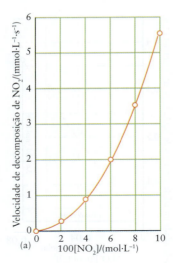

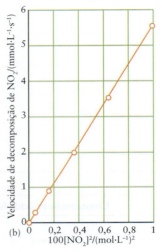

As reações de ordem zero têm este nome porque Velocidade = $k_r \times$ (concentração)^0 = k_r, uma constante, independentemente de concentração.

FIGURA 7A.8 (a) Quando as velocidades iniciais de desaparecimento de NO$_2$ são lançadas em gráfico contra sua concentração, não se obtém uma reta. (b) No entanto, obtém-se uma reta quando as velocidades são lançadas em gráfico contra o quadrado da concentração, o que indica que a velocidade é diretamente proporcional ao quadrado da concentração.

As leis de velocidade das reações de decomposição de N$_2$O$_5$ e NO$_2$ são diferentes, mas ambas têm a forma

$$\text{Velocidade} = \text{constante} \times [\text{concentração}]^a \quad (3)$$

com $a = 1$ para a reação do N$_2$O$_5$ e $a = 2$ para a reação do NO$_2$. A decomposição do N$_2$O$_5$ é um exemplo de uma **reação de primeira ordem**, porque sua velocidade é proporcional à *primeira* potência da concentração (isto é, $a = 1$). A decomposição do NO$_2$ é um exemplo de uma **reação de segunda ordem**, porque sua velocidade é proporcional à *segunda* potência da concentração (isto é, $a = 2$). Se dobrarmos a concentração de um reagente em uma reação de primeira ordem, a velocidade da reação dobra. Se dobrarmos a concentração de reagente em qualquer reação de segunda ordem, aumentamos a velocidade da reação por um fator de $2^2 = 4$.

A maior parte das reações estudadas no Foco 7 é de primeira ou de segunda ordem em cada reagente, mas algumas reações têm ordens diferentes (valores diferentes de a na Equação 3). A amônia, por exemplo, decompõe-se em nitrogênio e hidrogênio em um fio de platina quente:

$$2\,\text{NH}_3(g) \longrightarrow \text{N}_2(g) + 3\,\text{H}_2(g) \quad (C)$$

Os experimentos mostram que a decomposição ocorre com velocidade constante até toda a amônia ter desaparecido (Fig. 7A.9). A lei de velocidade é, portanto,

$$\text{Velocidade de consumo de NH}_3 = k_r$$

Isto é, a velocidade não depende da concentração da amônia, desde que um pouco dela esteja presente. Essa decomposição é um exemplo de **reação de ordem zero**, uma reação em que a velocidade (enquanto houver reagente) não depende da concentração.

As leis de velocidade das três ordens de reação mais comuns são

Ordem em A	Lei de velocidade
0	Velocidade = k_r
1	Velocidade = $k_r[A]$
2	Velocidade = $k_r[A]^2$

A menos que seja dito o contrário, a "velocidade" em cada expressão é a velocidade instantânea e [A] é a concentração do reagente no momento considerado. Um ponto muito importante é:

A lei de velocidade de uma reação é determinada experimentalmente e não pode, em geral, ser obtida a partir da equação química da reação.

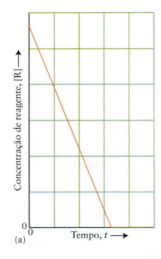
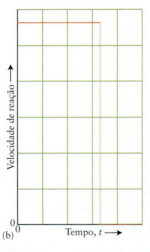

FIGURA 7A.9 (a) A concentração do reagente em uma reação de ordem zero cai em velocidade constante até que o reagente se esgote. (b) A velocidade de uma reação de ordem zero independe da concentração do reagente e permanece constante até que todo o reagente tenha sido consumido, quando então cai abruptamente até zero.

7A.3 Leis de velocidade e ordem de reação 595

Por exemplo, a decomposição de N_2O_5, reação A, e a decomposição de NO_2, reação B, têm o coeficiente estequiométrico igual a 2 para reagente, mas uma é de primeira ordem e a outra, de segunda ordem.

Muitas reações têm leis de velocidade que dependem das concentrações de mais de um reagente. Um exemplo é a reação redox entre íons persulfato e iodeto:

$$S_2O_8^{2-}(aq) + 3\,I^-(aq) \longrightarrow 2\,SO_4^{2-}(aq) + I_3^-(aq) \qquad \textbf{(D)}$$

A lei de velocidade dessa reação é

$$\text{Velocidade de consumo de } S_2O_8^{2-} = k_r[S_2O_8^{2-}][I^-]$$

A reação é chamada de reação de primeira ordem com respeito a $S_2O_8^{2-}$ (ou "em" $S_2O_8^{2-}$) e de primeira ordem em I^-. Dobrando a concentração do íon $S_2O_8^{2-}$ ou a concentração do íon I^-, a velocidade da reação dobra. Dobrando ambas as concentrações, a velocidade de reação quadruplica. A ordem *total* dessa reação é a soma das duas ordens, ou 2. Em geral, se

$$\text{Velocidade} = k_r[A]^a[B]^b\ldots \qquad \textbf{(4)}$$

então a **ordem total** é a soma dos expoentes $a + b + \ldots$.

As unidades de k_r dependem da ordem total da reação e garantem que $k_r \times (\text{concentração})^a$ tenha as mesmas unidades da velocidade, concentração/tempo. Assim, quando a concentração está expressa em mols por litro e a velocidade, em $mol \cdot L^{-1} \cdot s^{-1}$, as unidades de k_r são:

Ordem total:	1	2	3
Unidades de k_r:	s^{-1}	$L \cdot mol^{-1} \cdot s^{-1}$	$L^2 \cdot mol^{-2} \cdot s^{-1}$

e assim sucessivamente. Se as concentrações dos reagentes são expressas como pressões parciais em quilopascals e a velocidade em $kPa \cdot s^{-1}$, as unidades de k_r são:

Ordem total:	1	2	3
Unidades de k_r:	s^{-1}	$kPa^{-1} \cdot s^{-1}$	$kPa^{-2} \cdot s^{-1}$

> Para um gás ideal, $PV = nRT$ indica que $n/V = P/RT$, de modo que n/V seja proporcional à pressão. Como n/V é concentração (em $mol \cdot L^{-1}$), a concentração é proporcional à pressão e, portanto, esta pode ser usada como medida da concentração.

PONTO PARA PENSAR

Quais seriam as unidades de k_r de uma ordem total de $\frac{3}{2}$ se as concentrações fossem expressas em gramas por mililitro, $g \cdot mL^{-1}$?

Teste 7A.3A Ao dobrarmos a concentração de NO, a velocidade da reação $2\,NO(g) + O_2(g) \rightarrow 2\,NO_2(g)$ aumenta 4 vezes. Ao dobrarmos as concentrações de NO e de O_2, a velocidade aumenta 8 vezes. Quais são (a) a ordem de reação em relação aos reagentes, (b) a ordem total da reação e (c) as unidades de k_r se a velocidade for expressa em mols por litro por segundo?

[***Resposta:*** (a) Segunda ordem em NO, primeira ordem em O_2; (b) terceira ordem no total; (c) $L^2 \cdot mol^{-2} \cdot s^{-1}$]

Teste 7A.3B Quando a concentração de 2-bromo-2-metil-propano, C_4H_9Br, dobra, a velocidade da reação $C_4H_9Br(aq) + OH^-(aq) \rightarrow C_4H_9OH(aq) + Br^-(aq)$ aumenta 2 vezes. Quando as concentrações de C_4H_9Br e OH^- dobram, o aumento da velocidade é o mesmo, isto é, um fator de 2. Quais são (a) a ordem de reação em relação aos reagentes, (b) a ordem total da reação e (c) as unidades de k_r se a velocidade for expressa em mols por litro por segundo?

As leis de velocidade das reações são expressões empíricas estabelecidas experimentalmente, e não devemos nos surpreender se elas não forem números positivos inteiros. Por exemplo, as ordens podem ser números negativos, como em $(\text{concentração})^{-1}$, que corresponde à ordem –1. Como $[A]^{-1} = 1/[A]$, uma ordem negativa significa que a concentração aparece no denominador da lei de velocidade. O aumento da concentração desta espécie, normalmente um produto, desacelera a reação, porque ela participa da reação inversa. Um exemplo é a decomposição do ozônio, O_3, na estratosfera:

$$2\,O_3(g) \longrightarrow 3\,O_2(g) \qquad \textbf{(E)}$$

A lei de velocidade dessa reação, determinada experimentalmente, é

$$\text{Velocidade} = k_r\frac{[O_3]^2}{[O_2]} = k_r[O_3]^2[O_2]^{-1}$$

> Note que uma lei de velocidade pode depender das concentrações dos produtos e dos reagentes.

Esta lei diz que a reação é mais lenta nas regiões da alta atmosfera em que as moléculas de O_2 são abundantes do que nas regiões em que elas são mais escassas. O Tópico 7C mostra como esta lei de velocidade é uma pista importante para o modo como a reação ocorre.

Algumas reações podem ter ordens fracionárias. Por exemplo, a oxidação do dióxido de enxofre a trióxido de enxofre na presença de platina,

$$2\ SO_2(g) + O_2(g) \xrightarrow{Pt} 2\ SO_3(g)$$

tem a seguinte lei de velocidade

$$\text{Velocidade} = k_r \frac{[SO_2]}{[SO_3]^{1/2}} = k_r [SO_2][SO_3]^{-1/2}$$

e uma ordem total igual a $1 - \frac{1}{2} = \frac{1}{2}$. A presença de $[SO_3]$ no denominador significa que a reação sofre desaceleração quando a concentração de produto aumenta. Mais uma vez, a lei de velocidade dá uma pista sobre como a reação ocorre.

Todas as reações consideradas neste tópico são homogêneas e, para reações de ordem zero, a velocidade depende da concentração de um ou mais reagentes. Para aumentar a velocidade, a concentração de um reagente pode ser aumentada. Do mesmo modo, a velocidade de uma reação heterogênea pode aumentar se a área superficial de um reagente também aumentar (Fig. 7A.10).

FIGURA 7A.10 Panelas de ferro e frigideiras podem ser aquecidas em uma chama sem pegar fogo. Entretanto, o pó de ferro finamente dividido se oxida rapidamente no ar para formar Fe_2O_3, porque o pó tem área superficial muito maior para a reação. (*W. H. Freeman. Foto: Ken Karp.*)

EXEMPLO 7A.2 Determinação das ordens de reação e das leis de velocidade a partir de dados experimentais

Em seu trabalho com a química inorgânica ou a físico-química, você talvez precise estudar a velocidade da reação do íon bromato com o íon bromito. Suponha que você conduza quatro experimentos para descobrir como a velocidade inicial de consumo de íons BrO_3^- na reação varia quando as concentrações dos reagentes variam na reação

$$BrO_3^-(aq) + 5\ Br^-(aq) + 6\ H_3O^+(aq) \longrightarrow 3\ Br_2(aq) + 9\ H_2O(l)$$

(a) Use os dados experimentais da tabela a seguir para determinar a ordem da reação para cada reagente e a ordem total. (b) Escreva a lei de velocidade da reação e determine o valor de k_r.

Experimento	Concentração inicial, [J]/(mol·L⁻¹)			Velocidade inicial/ ((mmol BrO_3^-)·L⁻¹·s⁻¹)
	BrO_3^-	Br^-	H_3O^+	
1	0,10	0,10	0,10	1,2
2	0,20	0,10	0,10	2,4
3	0,10	0,30	0,10	3,5
4	0,20	0,10	0,15	5,5

PLANEJE Suponha que a concentração de uma substância A aumente e nenhuma outra concentração mude. A lei de velocidade geral, velocidade = $k_r[A]^a[B]^b$, diz que, se a concentração de A aumenta por um fator de f, a velocidade aumenta pelo fator f^a. Para isolar o efeito de cada substância, compare os experimentos que diferem na concentração de uma substância de cada vez.

RESOLVA

(a) *Ordem em BrO_3^-:* Compare os experimentos 1 e 2.

Nos experimentos 1 e 2, a concentração de BrO_3^- é dobrada ($f = 2$), mas as outras concentrações são mantidas constantes. Como a velocidade também dobra, $f^a = (2)^a = 2$. Portanto, $a = 1$ e a reação é de primeira ordem em BrO_3^-.

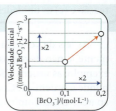

Ordem em Br^-: Compare os experimentos 1 e 3.

Nos experimentos 1 e 3, quando as demais concentrações não mudam mas a concentração de Br^- triplica ($f = 3{,}0$), a velocidade muda por um fator de $3{,}5/1{,}2 = 2{,}9$. Levando em conta o erro experimental, $f^b = (3{,}0)^b = 3$ e, portanto, $b = 1$ e a reação é de primeira ordem em Br^-.

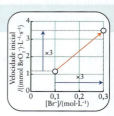

Ordem em H_3O^+: Compare os experimentos 2 e 4.

Quando a concentração de íons hidrônio aumenta entre os experimentos 2 e 4 por um fator de 1,5 ($f = 1,5$), a velocidade aumenta por um fator de 5,5/2,4 = 2,3 com as demais concentrações constantes. Portanto, $f^c = (1,5)^c = 2,3$. Para resolver esta relação $1,5^c = 2,3$ (e, em geral, $f^c = x$), tome os logaritmos de ambos os lados.

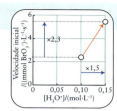

De $f^c = x$, $\ln f^c = c \ln f = \ln x$, e, portanto, $c = (\ln x)/(\ln f)$,

$$c = \frac{\ln 2,3}{\ln 1,5} = 2,0$$

A reação é de segunda ordem em H_3O^+. O resultado pode ser confirmado notando que $(1,5)^2 = 2,3$. A ordem total é $1 + 1 + 2 = 4$.

(b) A lei da velocidade é

$$\text{Velocidade de consumo de } BrO_3^- = k_r[BrO_3^-][Br^-][H_3O^+]^2$$

Encontre k_r substituindo os valores obtidos para um dos experimentos na lei de velocidade e calculando k_r. Por exemplo, no experimento 4, observe que a velocidade de reação é $5,5 \text{ mmol·L}^{-1}\cdot\text{s}^{-1} = 5,5 \times 10^{-3} \text{ mol·L}^{-1}\cdot\text{s}^{-1}$; substitua as concentrações na lei de velocidade e resolva para k_r.

De $k_r = (\text{Velocidade de consumo de } BrO_3^-)/[BrO_3^-][Br^-][H_3O^+]^2$,

$$k_r = \frac{5,5 \times 10^{-3} \text{ mol·L}^{-1}\cdot\text{s}^{-1}}{(0,20 \text{ mol·L}^{-1}) \times (0,10 \text{ mol·L}^{-1}) \times (0,15 \text{ mol·L}^{-1})^2} = 12 \text{ L}^3\cdot\text{mol}^{-3}\cdot\text{s}^{-1}$$

AVALIE O valor médio calculado de k_r, usando os quatro experimentos, é $12 \text{ L}^3\cdot\text{mol}^{-3}\cdot\text{s}^{-1}$.

Teste 7A.4A A reação $2 \text{ NO(g)} + O_2(g) \rightarrow 2 \text{ NO}_2(g)$ ocorre quando a exaustão dos automóveis libera NO na atmosfera. Escreva a lei de velocidade do consumo de NO e determine o valor de k_r, sabendo que:

Experimento	Concentração inicial, [J]/(mol·L⁻¹) NO	O₂	Velocidade inicial/ ((mmol NO)·L⁻¹·s⁻¹)
1	0,012	0,020	0,102
2	0,024	0,020	0,408
3	0,024	0,040	0,816

[***Resposta:*** Velocidade de consumo de NO $= k_r[NO]^2[O_2]$; usando o experimento 1, $k_r = 3,5 \times 10^4 \text{ L}^2\cdot\text{mol}^{-2}\cdot\text{s}^{-1}$.]

Teste 7A.4B O cloreto de carbonila, $COCl_2$ (fosgênio), é um gás altamente tóxico usado na síntese de muitos compostos orgânicos. Escreva a lei de velocidade e determine o valor de k_r da reação usada para produzir o cloreto de carbonila, $CO(g) + Cl_2(g) \rightarrow COCl_2(g)$, em uma determinada temperatura:

Experimento	Concentração inicial, [J]/(mol·L⁻¹) CO	Cl₂	Velocidade inicial/ ((mmol COCl₂)·L⁻¹·s⁻¹)
1	0,12	0,20	0,121
2	0,24	0,20	0,241
3	0,24	0,40	0,682

Sugestão: Uma das ordens é fracionária.

Exercícios relacionados 7A.13 a 7A.18

A ordem de uma reação é a potência à qual a concentração da espécie está elevada na equação da velocidade. A ordem total é a soma das ordens das espécies.

598 Tópico 7A As velocidades de reação

O que você aprendeu com este tópico?

Você aprendeu a definir a velocidade de reação da formação de produtos ou o consumo de reagentes. Você também viu como definir uma velocidade única para determinada reação. Com base em dados experimentais, você viu como as velocidades de reação são determinadas e como são usadas para escrever a lei de velocidade de uma reação.

Os conhecimentos que você deve dominar incluem a capacidade de:

☐ **1.** Escrever a velocidade de reação única para uma reação química (Seção 7A.1).

☐ **2.** Calcular a velocidade de reação média usando dados experimentais (Exemplo 7A.1).

☐ **3.** Usar dados experimentais para determinar as ordens de reação e escrever a lei da velocidade de uma reação (Exemplo 7A.2).

Tópico 7A Exercícios

Todas as velocidades são velocidades únicas de reação, a menos que o texto afirme diferente. A Tabela 7A.1 lista constantes de velocidade.

7A.1 Complete as afirmações seguintes, relativas à produção de amônia pelo processo de Haber, cuja reação total é $N_2(g) + 3 H_2(g) \rightarrow 2 NH_3(g)$. (a) A velocidade de desaparecimento de N_2 é _____ vezes a velocidade de desaparecimento de H_2. (b) A velocidade de formação de NH_3 é _____ vezes a velocidade de desaparecimento de H_2. (c) A velocidade de formação de NH_3 é _____ vezes a velocidade de desaparecimento de N_2.

7A.2 Complete as afirmações seguintes para a reação $6 Li(s) + N_2(g) \rightarrow 2 Li_3N(s)$. (a) A velocidade de desaparecimento de N_2 é _____ vezes a velocidade de formação de Li_3N. (b) A velocidade de formação de Li_3N é _____ vezes a velocidade de desaparecimento de Li. (c) A velocidade de desaparecimento de N_2 é _____ vezes a velocidade de consumo de Li.

7A.3 O eteno é um componente do gás natural cuja combustão é conhecida em detalhe. Em determinadas temperatura e pressão, a velocidade única de reação da combustão $C_2H_4(g) + 3 O_2(g) \rightarrow 2 CO_2(g) + 2 H_2O(g)$ é 0,44 mol·L^{-1}·s^{-1}. (a) A que velocidade o oxigênio reage? (b) Qual é a velocidade de formação da água?

7A.4 A "reação do relógio de iodeto" é um exemplo comum na química. Como parte do experimento, o íon I_3^- é gerado na reação $S_2O_8^{2-}(aq) + 3 I^-(aq) \rightarrow 2 SO_4^{2-}(aq) + I_3^-(aq)$. Em um experimento, a velocidade única de reação foi 4,5 μmol·L^{-1}·s^{-1}. (a) Qual é a velocidade de reação do íon iodeto? (b) Qual era a velocidade de formação dos íons sulfato?

7A.5 A decomposição do gás iodeto de hidrogênio, $2 HI(g) \rightarrow H_2(g) + I_2(g)$, dá, em 700. K, os seguintes resultados.

Tempo, t/s	0.	1000.	2000.	3000.	4000.	5000.
[HI]/(mmol·L^{-1})	10,0	4,4	2,8	2,1	1,6	1,3

(a) Use programas de computação gráfica padronizados para lançar em gráfico a concentração de HI em função do tempo. (b) Estime a velocidade de decomposição de HI em cada instante. (c) Lance no mesmo gráfico as concentrações de H_2 e I_2 em função do tempo.

7A.6 A decomposição do gás pentóxido de nitrogênio, $2 N_2O_5(g) \rightarrow 4 NO_2(g) + O_2(g)$, dá, em 298 K, os resultados mostrados adiante. (a) Use programas de computação gráfica padronizados

para lançar em gráfico a concentração de N_2O_5 em função do tempo. (b) Estime a velocidade de decomposição de N_2O_5 em cada instante. (c) Lance no mesmo gráfico as concentrações de NO_2 e O_2 em função do tempo.

Tempo, t/s	0.	1,11	2,22	3,33	4,44
[N_2O_5]/(mmol·L^{-1})	2,15	1,88	1,64	1,43	1,25

7A.7 Escreva as unidades das constantes de velocidade quando as concentrações estão em mols por litro e o tempo em segundos para (a) reações de ordem zero; (b) reações de primeira ordem; (c) reações de segunda ordem.

7A.8 As leis de velocidade das reações em fase gás também podem ser expressas em termos das pressões parciais, por exemplo, como Velocidade = $k_r P_J$, para uma reação de primeira ordem em um gás J. Quais são as unidades das constantes de velocidade quando as pressões parciais são expressas em Torr e o tempo é expresso em segundos para (a) reações de ordem zero; (b) reações de primeira ordem; (c) reações de segunda ordem?

7A.9 A reação de decomposição do pentóxido de dinitrogênio, N_2O_5, é de primeira ordem. Qual é a velocidade inicial da decomposição de N_2O_5, quando 3,45 g de N_2O_5 são colocados em um balão de 0,750 L, aquecido em 65°C? Nesta reação, $k_r = 5,2 \times 10^{-3}$ s^{-1} na lei de velocidade (velocidade de decomposição de N_2O_5).

7A.10 A reação de dissociação do etano, C_2H_6, em radicais metila em 700°C é de primeira ordem. Se 820. mg de etano são colocados em um balão de 2,00 L e aquecido em 700°C, qual é a velocidade inicial de decomposição, se $k_r = 5,5 \times 10^{-4}$ s^{-1} na lei de velocidade (para a velocidade de dissociação de C_2H_6)?

7A.11 Quando 0,52 g de H_2 e 0,19 g de I_2 são colocados em um balão de reação de 750. mL e aquecidos em 700. K, eles reagem por um processo de segunda ordem (primeira ordem em cada reagente) em que $k_r = 0,063$ L·mol^{-1}·s^{-1} na lei de velocidade (para a velocidade de formação de HI). (a) Qual é a velocidade inicial de reação? (b) Qual será o fator de aumento da velocidade de reação se a concentração de H_2 na mistura for dobrada?

7A.12 Quando 510. mg de NO_2 foram colocados em um balão de 180. mL e aquecidos em 300°C, ocorreu decomposição por um processo de segunda ordem. Na lei de velocidade da decomposição do NO_2, $k_r = 0,54$ L·mol^{-1}·s^{-1}. (a) Qual é a velocidade inicial de

Tópico 7A Exercícios 599

reação? (b) Como a velocidade da reação mudaria (e por que fator) se a massa de NO_2 no balão aumentasse para 820. mg?

7A.13 Na reação $CH_3Br(aq) + OH^-(aq) \rightarrow CH_3OH(aq) + Br^-(aq)$, quando a concentração de OH^- dobra, a velocidade dobra. Quando só a concentração de CH_3Br aumenta por um fator de 1,2, a velocidade aumenta por um fator de 1,2. Escreva a lei de velocidade da reação.

7A.14 Na reação $4\,Fe^{2+}(aq) + O_2(g) + 4\,H_3O^+(aq) \rightarrow 4\,Fe^{3+}(aq) + 6\,H_2O(l)$, quando a concentração de Fe^{2+} dobra, a velocidade aumenta por um fator de 8. Quando as concentrações de Fe^{2+} e O_2 aumentam por um fator de 2, a velocidade aumenta por um fator de 16. Quando a concentração dos três reagentes dobra, a velocidade aumenta por um fator de 32. Qual é a lei de velocidade da reação?

7A.15 Os seguintes dados de velocidade foram obtidos para a reação $2\,A(g) + 2\,B(g) + C(g) \rightarrow 3\,G(g) + 4\,F(g)$:

	Concentração inicial, $[J]_{inicial}/(mmol \cdot L^{-1})$			Velocidade inicial/
Experimento	A	B	C	$((mmol\ G) \cdot L^{-1} \cdot s^{-1})$
1	10.	100.	700.	2,0
2	20.	100.	300.	4,0
3	20.	200.	200.	16
4	10.	100.	400.	2,0
5	4,62	0,177	12,4	?

(a) Qual é a ordem de cada reagente e a ordem total da reação? (b) Escreva a lei de velocidade da reação. (c) Determine o valor da constante de velocidade da reação. (c) Prediga a velocidade inicial do experimento 5.

7A.16 Os seguintes dados cinéticos foram obtidos para a reação $A(g) + 2\,B(g) \rightarrow$ produto.

	Concentração inicial, $[J]_{inicial}/(mmol \cdot L^{-1})$		Velocidade inicial/
Experimento	A	B	$(mmol \cdot L^{-1} \cdot s^{-1})$
1	0,60	0,30	12,6
2	0,20	0,30	1,4
3	0,60	0,10	4,2
4	0,17	0,25	?

(a) Qual é a ordem de cada reagente e a ordem total da reação? (b) Escreva a lei de velocidade da reação. (c) Determine, a partir dos dados, o valor da constante de velocidade. (d) Use os dados para predizer a velocidade de reação do experimento 4.

7A.17 Os seguintes dados foram obtidos para a reação $A + B + C \rightarrow$ produtos:

	Concentração inicial, $[J]_{inicial}/(mmol \cdot L^{-1})$			Velocidade inicial/
Experimento	A	B	C	$((mmol) \cdot L^{-1} \cdot s^{-1})$
1	1,25	1,25	1,25	8,7
2	2,5	1,25	1,25	17,4
3	1,25	3,02	1,25	50,8
4	1,25	3,02	3,75	457
5	3,01	1,00	1,15	?

(a) Escreva a lei de velocidade da reação. (b) Qual é a ordem da reação? (c) Determine o valor da constante de velocidade da reação. (d) Use os dados para predizer a velocidade de reação do experimento 5.

7A.18 Os seguintes dados cinéticos foram obtidos para a reação $3\,A(g) + B(g) \rightarrow$ produto.

	Concentração inicial, $[J]_{inicial}/(mmol \cdot L^{-1})$		Velocidade inicial/
Experimento	A	B	$(mol \cdot L^{-1} \cdot s^{-1})$
1	1,72	2,44	0,68
2	3,44	2,44	5,44
3	1,72	0,10	$2,8 \times 10^{-2}$
4	2,91	1,33	?

(a) Qual é a ordem de cada reagente e a ordem total da reação? (b) Escreva a lei de velocidade da reação. (c) Determine, a partir dos dados, o valor da constante de velocidade. (d) Use os dados para predizer a velocidade de reação do experimento 4.

Tópico 7B As leis de velocidade integradas

7B.1 As leis de velocidade integradas de primeira ordem
7B.2 A meia-vida de reações de primeira ordem
7B.3 As leis de velocidade integradas de segunda ordem

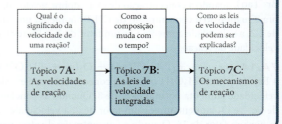

Por que você precisa estudar este assunto? A lei da velocidade de reação pode ser usada para predizer como as concentrações de reagentes ou produtos variam com o tempo. Ela também permite determinar a constante de velocidade da reação.

Que conhecimentos você precisa dominar? Você precisa estar familiarizado com os conceitos de lei de velocidade e ordem de reação (Tópico 7A). As técnicas matemáticas usadas neste tópico são revisadas nos Apêndices 1E e 1F.

Em muitos casos, é útil saber como a concentração de um reagente ou produto varia com o tempo. Por exemplo, quanto tempo leva para um poluente se decompor? Que quantidade do combustível alternativo metanol pode ser produzida em uma hora a partir do carvão? Quanto de penicilina sobrará em uma formulação após 6 meses? Essas questões podem ser respondidas com o auxílio de fórmulas derivadas das leis de velocidade das reações medidas experimentalmente. Uma **lei de velocidade integrada** dá a concentração de reagentes ou produtos em qualquer instante após o início da reação. Encontrar a lei de velocidade integrada a partir da lei de velocidade é muito semelhante a calcular a distância que um carro viajou, conhecendo a velocidade em cada momento do percurso.

A lei de velocidade integrada de uma reação de ordem zero é muito fácil de obter. Como a velocidade é constante (em k_r), a diferença das concentrações de um reagente entre o valor inicial, $[A]_0$, e o instante de interesse é proporcional ao tempo da reação, e

$$[A]_0 - [A] = k_r t \quad \text{ou} \quad [A] = [A]_0 - k_r t$$

A Figura 7A.9a mostra que o gráfico de concentração contra o tempo é uma linha reta de inclinação $-k_r$. A reação termina quando $t = [A]_0/k_r$, porque nesse ponto todo o reagente foi consumido ($[A] = 0$).

7B.1 As leis de velocidade integradas de primeira ordem

O objetivo desta seção é encontrar a lei de velocidade integrada para uma reação de primeira ordem na forma de uma expressão para a concentração de um reagente A no instante t, sabendo que a concentração molar inicial de A é $[A]_0$.

Como isso é feito?

Para determinar a concentração de um reagente A em uma reação de primeira ordem em qualquer instante após o começo da reação, escreva a lei de velocidade para o consumo de A, na forma

$$\text{Velocidade de consumo de A} = -\frac{d[A]}{dt} = k_r[A]$$

Como a velocidade instantânea é a derivada da concentração em relação ao tempo, as técnicas do cálculo integral podem ser usadas para encontrar a variação de $[A]$ em função do tempo. Primeiro, divida ambos os lados por $[A]$ e multiplique por $-dt$:

$$\frac{d[A]}{[A]} = -k_r dt$$

Em seguida, integre ambos os lados entre os limites $t = 0$ (quando $[A] = [A]_0$) e o instante de interesse, t (quando $[A] = [A]_t$):

$$\int_{[A]_0}^{[A]_t} \frac{d[A]}{[A]} = -k_r \overbrace{\int_0^t dt}^{t} = -k_r t$$

Para calcular a integral à esquerda, use a expressão padrão

$$\int \frac{dx}{x} = \ln x + \text{constante}$$

e obtenha

$$\int_{[A]_0}^{[A]_t} \frac{d[A]}{[A]} = (\ln [A]_t + \text{constante}) - (\ln [A]_0 + \text{constante})$$

$$\stackrel{\text{cancele as constantes}}{=} \ln [A]_t - \ln [A]_0 \stackrel{\ln a - \ln b = \ln(a/b)}{=} \ln \frac{[A]_t}{[A]_0}$$

Portanto,

$$\ln \frac{[A]_t}{[A]_0} = -k_r t$$

Agora tome os antilogaritmos (naturais) de ambos os lados e obtenha $[A]_t/[A]_0 = e^{-k_r t}$, e, portanto,

$$[A]_t = [A]_0 e^{-k_r t}$$

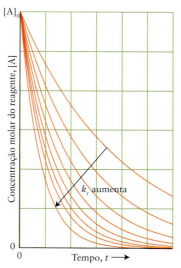

FIGURA 7B.1 A dependência da concentração de um reagente em função do tempo em uma reação de primeira ordem tem decaimento exponencial, como vemos aqui. Quanto maior for a constante de velocidade, mais rápido é o decaimento a partir da mesma concentração inicial.

As duas equações obtidas,

$$\ln \frac{[A]_t}{[A]_0} = -k_r t \quad \text{(1a)}$$

$$[A]_t = [A]_0 e^{-k_r t} \quad \text{(1b)}$$

são duas formas da lei de velocidade integrada de uma reação de primeira ordem. A Fig. 7B.1 mostra a variação da concentração com o tempo prevista pela Equação 1b. Esse comportamento é chamado de **decaimento exponencial**, porque a concentração de A é uma função exponencial do tempo. A variação de concentração é inicialmente rápida e torna-se mais lenta à medida que o reagente é consumido.

EXEMPLO 7B.1 Cálculo da concentração a partir da lei de velocidade integrada de primeira ordem

Nas nuvens estratosféricas polares, o nitrogênio pode ser encontrado na forma de N_2O_5, que participa do ciclo do ozônio que protege a vida na Terra. Contudo, o N_2O_5 se decompõe com o tempo. Se você estivesse estudando o papel da atmosfera na mudança climática, talvez fosse preciso saber quanto N_2O_5 sobrevive após determinado período. Que concentração de N_2O_5 permanece 10,0 min (600. s) após o início da decomposição em 65°C na reação $2\,N_2O_5(g) \rightarrow 4\,NO_2(g) + O_2(g)$, sabendo que a concentração inicial era 0,040 mol·L^{-1}? Veja a Tabela 7A.1 para a lei de velocidade.

ANTECIPE Como o reagente se decompõe com o tempo, você deve esperar uma concentração inferior ao valor inicial, mas, para saber o quanto, deve efetuar o cálculo.

PLANEJE Primeiro identifique a ordem da reação. Se a reação for de primeira ordem no reagente especificado, use a forma exponencial da lei de velocidade de primeira ordem (Equação 1b) para encontrar a nova concentração do reagente.

RESOLVA

A reação e sua lei de velocidade, obtida na Tabela 7A.1, são

$$2\,N_2O_5(g) \longrightarrow 4\,NO_2(g) + O_2(g)$$
Velocidade de decomposição de $N_2O_5 = k_r[N_2O_5]$

com $k_r = 5{,}2 \times 10^{-3}$ s^{-1}. Portanto, a reação é de primeira ordem em N_2O_5 e a Equação 1b pode ser usada.

De $[A]_t = [A]_0 e^{-k_r t}$,

$$[N_2O_5]_t = (0{,}040\ \text{mol·L}^{-1}) \times e^{-(5{,}2 \times 10^{-3}\,\text{s}^{-1}) \times (600.\ \text{s})} = 0{,}0018\ \text{mol·L}^{-1}$$

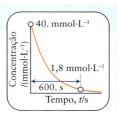

AVALIE Você pode concluir que, após 600. s, a concentração de N_2O_5 terá caído do valor inicial 0,040 mol·L^{-1} para 0,0018 mol·L^{-1} (1,8 mmol·L^{-1}).

Teste 7B.1A A lei de velocidade para a decomposição $2\,N_2O(g) \rightarrow 2\,N_2(g) + O_2(g)$ é Velocidade de decomposição de $N_2O = k_r[N_2O]$. Calcule a concentração de N_2O que permanece após 100. ms, em 780°C, sabendo que a concentração inicial de N_2O era 0,20 mol·L^{-1} e $k_r = 3{,}4\ s^{-1}$.

[***Resposta:*** 0,14 mol·L^{-1}]

Teste 7B.1B Calcule a concentração de ciclo-propano, C_3H_6 (**1**), que permanece na isomerização de primeira ordem ao isômero propeno (**2**): $C_3H_6(g) \rightarrow CH_3\!\!-\!\!CH\!\!=\!\!CH_2(g)$ após 200. s, em 773 K, sabendo que a concentração inicial de C_3H_6 era 0,100 mol·L^{-1} e $k_r = 6{,}7 \times 10^{-4}\ s^{-1}$. A lei de velocidade é Velocidade de decomposição de $C_3H_6 = k_r[C_3H_6]$.

Exercícios relacionados 7B.1 e 7B.2

No Tópico 7A, mencionamos que há uma maneira melhor de determinar as constantes de velocidade do que tentar traçar tangentes às curvas: é esta.

Uma aplicação importante da lei de velocidade integrada é a confirmação de que uma reação é efetivamente de primeira ordem e a obtenção da constante de velocidade sem precisar traçar tangentes a curvas. A Equação 1a pode se escrita na forma da equação de uma reta (veja o Apêndice 1E):

$$\underbrace{\ln[A]_t}_{y} = \underbrace{\ln[A]_0}_{\text{intercepto}} \underbrace{-k_r}_{\text{inclinação}} t \qquad (2)$$

Portanto, para um processo de primeira ordem, um gráfico de $\ln[A]_t$ em função de t deve ser uma reta de inclinação $-k_r$ e intercepto (em $t = 0$) igual a $\ln[A]_0$.

1 Ciclo-propano, C_3H_6

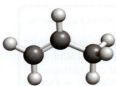

2 Propeno, C_3H_6

EXEMPLO 7B.2 A medida da constante de velocidade

Muitos compostos orgânicos podem sofrer isomerização (isto é, transformarem-se em outros compostos com a mesma fórmula molecular) quando aquecidos. Imagine que você é um químico orgânico que estuda o ciclo-propano. Você descobre que, quando o ciclo-propano, com fórmula C_3H_6, **1**) é aquecido em 500.°C (773 K), ele se converte em um isômero, o propeno (**2**). Você obteve os dados abaixo que mostram as concentrações de ciclo-propano medidas em uma série de tempos após o início da reação. Confirme que a reação é de primeira ordem em C_3H_6 e calcule a constante de velocidade.

Tempo, t/min	0	5	10.	15
$[C_3H_6]_t$/(mol·L^{-1})	$1{,}50 \times 10^{-3}$	$1{,}24 \times 10^{-3}$	$1{,}00 \times 10^{-3}$	$0{,}83 \times 10^{-3}$

PLANEJE Lance o logaritmo natural da concentração do reagente em um gráfico em função de t. Se o gráfico for uma linha reta, a reação é de primeira ordem e a inclinação do gráfico é $-k_r$. Se o gráfico não for linear, então a reação não é de primeira ordem no reagente considerado. Use um programa de planilhas ou uma calculadora com recursos gráficos para elaborar o gráfico e determine a inclinação da curva.

RESOLVA

Para lançar em gráfico, comece por montar a seguinte tabela:

Tempo, t/min	0	5	10.	15
$\ln[C_3H_6]_t$	$-6{,}50$	$-6{,}69$	$-6{,}91$	$-7{,}09$

Lance os dados.

Os pontos estão no gráfico da Fig. 7B.2. O gráfico é uma reta e confirma que a reação é de primeira ordem em ciclo-propano. Quando os pontos A e B do gráfico são usados, a inclinação da reta é

$$\text{Inclinação} = \frac{(-7{,}02) - (-6{,}56)}{(13{,}3 - 1{,}7)\ \text{min}} = -0{,}040\ \text{min}^{-1}$$

Portanto, como $k_r = -$inclinação, $k_r = 0{,}040\ \text{min}^{-1}$.

AVALIE O valor calculado é equivalente a $k_r = 6{,}7 \times 10^{-4}\ s^{-1}$, o valor encontrado na Tabela 7A.1.

Nota de boa prática Inclua sempre as unidades apropriadas de k_r.

7B.2 A meia-vida de reações de primeira ordem

A derivação mostrou que, para a lei da velocidade, Velocidade de consumo de A = $k_r[A]$,

$$t_{1/2} = \frac{\ln 2}{k_r} \quad (3)$$

Como antecipamos, quanto maior for o valor da constante de velocidade k_r, menor será a meia-vida da reação (Fig. 7B.3). Note que a meia-vida de uma reação de primeira ordem só depende da constante de velocidade, e não da concentração. Portanto, ela tem o mesmo valor em todos os estágios da reação: qualquer que seja a concentração do reagente em um dado momento, o mesmo tempo ($t_{1/2}$) é necessário para que aquela concentração caia à metade.

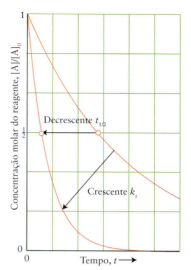

FIGURA 7B.3 Variação da concentração do reagente em duas reações de primeira ordem colocadas no mesmo gráfico. Quando a constante de velocidade de primeira ordem for grande, a meia-vida de um reagente será curta, porque o decaimento exponencial da concentração do reagente é mais rápido.

EXEMPLO 7B.4 Uso da meia-vida para calcular a quantidade de reagente restante

Em 1989, um adolescente em Ohio foi envenenado com vapor de mercúrio derramado. O nível de mercúrio determinado em sua urina, que é proporcional à concentração no organismo, foi de 1,54 mg·L^{-1}. Suponha que você trabalhe em um laboratório de toxicologia. Você precisa saber, com base em um exame de urina, a quantidade de mercúrio que uma pessoa ingeriu e usa este caso como padrão. O mercúrio(II) é eliminado do organismo por um processo de primeira ordem e tem meia-vida de 6 dias (6 d). Qual seria a concentração de mercúrio(II) na urina do paciente, em miligramas por litro, após 30 dias (30 d), se medidas terapêuticas não fossem tomadas?

ANTECIPE Trinta dias são 5 meias-vidas, logo você deve esperar que a maior parte do mercúrio já tenha sido eliminada.

PLANEJE O nível de mercúrio(II) na urina pode ser predito a partir da lei de velocidade integrada de primeira ordem, Equação 1b. Para usar essa equação, você precisa obter a constante de velocidade. Comece, portanto, por calcular a constante de velocidade a partir da meia-vida (Equação 3) e substitua o resultado na Equação 1b.

RESOLVA

De $t_{1/2} = (\ln 2)/k_r$ na forma $k_r = (\ln 2)/t_{1/2}$,

$$k_r = \frac{\ln 2}{6,0 \text{ d}} = \frac{\ln 2}{6,0} \text{d}^{-1} = 0,115\ldots \text{d}^{-1}$$

De $[A]_t = [A]_0 e^{-k_r t}$

$$[A]_t = (1,54 \text{ mg·L}^{-1})e^{-(0,115\ldots \text{ d}^{-1}) \times (30. \text{ d})} = 0,048 \text{ mg·L}^{-1}$$

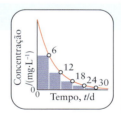

AVALIE A concentração de mercúrio(II) na urina é, portanto, 0,048 mg·L^{-1}. Como esperado, é um valor muito pequeno.

Nota de boa prática Como as funções exponenciais (e^x) são muito sensíveis ao valor de x, evite o arredondamento de erros e deixe os cálculos numéricos para a etapa final.

Teste 7B.4A Em 1972, trigo contaminado com metil-mercúrio foi liberado para consumo humano no Iraque, resultando em 459 mortes. A meia-vida do metil-mercúrio no organismo é de 70. d. Quantos dias são necessários para que a quantidade de metil-mercúrio caia a 10.% do valor inicial após a ingestão?

[*Resposta:* 230 d]

Teste 7B.4B Descobriu-se que o solo, nas proximidades da instalação de processamento nuclear em Rocky Flats, no Colorado, Estados Unidos, estava contaminado com plutônio-239, radioativo, cuja meia-vida é 24 ka (2,4 × 10^4 anos). A terra foi colocada em tambores para armazenamento. Quantos anos serão necessários para que a radioatividade caia a 20.% do seu valor inicial?

Exercícios relacionados 7B.15 e 7B.16

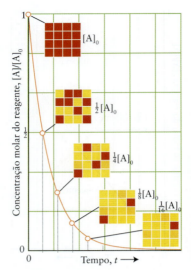

FIGURA 7B.4 No caso das reações de primeira ordem, a meia-vida é a mesma, seja qual for a concentração no início do período considerado. Assim, uma meia-vida é necessária para a concentração cair à metade da concentração inicial, duas meias-vidas para ela cair a um quarto da concentração inicial, três meias-vidas para ela cair a um oitavo e assim por diante. As caixas representam a composição da mistura de reação no final de cada meia-vida. Os quadrados em vermelho representam o reagente A e os quadrados em amarelo representam o produto.

A concentração do reagente não aparece na Equação 3: em uma reação de primeira ordem, a meia-vida independe da concentração inicial do reagente. Segue-se que a concentração de A pode ser usada como a concentração "inicial" em qualquer momento da reação: se, em um determinado instante, a concentração de A for [A], então após o tempo $t_{1/2}$, a concentração terá caído a $\frac{1}{2}[A]$; após outro intervalo $t_{1/2}$, terá caído a $\frac{1}{4}[A]$ e assim por diante (Fig. 7B.4). Em geral, em qualquer estágio da reação, a concentração que permanece após n meias-vidas é $(\frac{1}{2})^n[A]$. No Exemplo 7B.4, por exemplo, como 30 dias correspondem a 5 meias-vidas, após aquele intervalo, $[A]_t = (\frac{1}{2})^5[A]_0$ ou $[A]_0/32$, que equivale a 3%, o mesmo resultado obtido no exemplo.

> **Teste 7B.5A** Calcule (a) o número de meias-vidas e (b) o tempo necessário para que a concentração de N_2O caia a 1/8 do seu valor inicial em uma decomposição de primeira ordem em 1.000. K. Consulte a Tabela 7A.1 para a constante de velocidade.
>
> [**Resposta:** (a) 3 meias-vidas; (b) 2,7 s]
>
> **Teste 7B.5B** Calcule (a) o número de meias-vidas e (b) o tempo necessário para que a concentração de C_2H_6 caia a 1/16 do seu valor inicial, quando ele se dissocia em radicais CH_3 em 973 K. Consulte a Tabela 7A.1 para a constante de velocidade.

A meia-vida de uma reação de primeira ordem é característica da reação e não depende da concentração inicial. Ela é inversamente proporcional à constante de velocidade da reação.

7B.3 As leis de velocidade integradas de segunda ordem

Como nas reações de primeira ordem, é importante saber predizer como a concentração de um reagente ou produto varia com o tempo em reações de segunda ordem. Para fazer essas predições, você precisa obter a forma integrada da lei de velocidade

$$\text{Velocidade de consumo de A} = k_r[A]^2$$

Como isso é feito?

Para obter a lei de velocidade integrada de uma reação de segunda ordem, verificamos que a lei de velocidade é uma equação diferencial e a escrevemos como

$$-\frac{d[A]}{dt} = k_r[A]^2$$

Após divisão por $[A]^2$ e multiplicação por $-dt$, a equação torna-se

$$\frac{d[A]}{[A]^2} = -k_r dt$$

Para integrar essa equação, use os mesmos limites usados no caso da primeira ordem:

$$\int_{[A]_0}^{[A]_t} \frac{d[A]}{[A]^2} = -k_r \overbrace{\int_0^t dt}^{t} = -kt$$

Desta vez, você precisa da integral

$$\int \frac{dx}{x^2} = -\frac{1}{x} + \text{constante}$$

para escrever a integral à esquerda como

$$\int_{[A]_0}^{[A]_t} \frac{d[A]}{[A]^2} = \left(-\frac{1}{[A]_t} + \text{constante}\right) - \left(-\frac{1}{[A]_0} + \text{constante}\right)$$

$$= \frac{1}{[A]_0} - \frac{1}{[A]_t}$$

7B.3 As leis de velocidade integradas de segunda ordem

Portanto

$$\frac{1}{[A]_t} - \frac{1}{[A]_0} = k_r t$$

que pode ser rearranjada como

$$[A]_t = \frac{[A]_0}{1 + k_r t [A]_0}$$

As duas equações obtidas são

$$\frac{1}{[A]_t} - \frac{1}{[A]_0} = k_r t \tag{4a}$$

$$[A]_t = \frac{[A]_0}{1 + k_r t [A]_0} \tag{4b}$$

A Fig. 7B.5 mostra o gráfico da Equação 4b. Ela mostra que a concentração do reagente decresce rapidamente no princípio e, depois, muda mais lentamente do que uma reação de primeira ordem com a mesma velocidade inicial. Essa desaceleração das reações de segunda ordem tem consequências ambientais importantes. Como muitos poluentes desaparecem por reações de segunda ordem, eles permanecem em concentrações baixas no ambiente por longos períodos. A Equação 4a pode ser escrita na forma da equação de uma linha reta (y = intercepto + inclinação x):

$$\underbrace{\frac{1}{[A]_t}}_{y} = \underbrace{\frac{1}{[A]_0}}_{\text{intercepto}} + \underbrace{k_r}_{\text{inclinação}} \underbrace{t}_{x} \tag{4c}$$

Portanto, para determinar se uma reação é de segunda ordem em um reagente, lance em gráfico o inverso da concentração em função do tempo para ver se o resultado é uma linha reta. Se for reta, então a reação é de segunda ordem e a inclinação da reta é igual a k_r (Fig. 7B.6).

A meia-vida de um reagente em uma reação de segunda ordem é obtida fazendo-se $t = t_{1/2}$ e $[A]_t = \frac{1}{2}[A]_0$ na Eq. 4 e então resolvendo para $t_{1/2}$. A expressão resultante,

$$t_{1/2} = \frac{1}{k_r [A]_0}$$

mostra que a meia-vida de um reagente em uma reação de segunda ordem é inversamente proporcional à concentração do reagente. A meia-vida aumenta com o avanço da reação e a redução da concentração dos reagentes. Devido a essa variação, a meia-vida não é muito útil para descrever reações com cinética de segunda ordem.

Como você viu, para as velocidades de primeira e de segunda ordens, cada lei de velocidade integrada pode ser arranjada em uma equação que, quando em gráfico, aparece como uma linha reta, e a constante de velocidade pode ser obtida da inclinação da reta. A Tabela 7B.1 resume as relações a serem usadas.

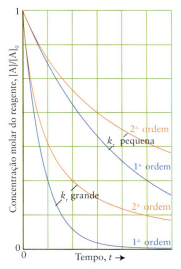

FIGURA 7B.5 Dependência da concentração de um reagente em relação ao tempo durante uma reação de segunda ordem. Quanto maior for a constante de velocidade, k_r, maior é a dependência da velocidade da concentração do reagente. As linhas inferiores em azul são as curvas para as reações de primeira ordem com as mesmas velocidades iniciais das reações de segunda ordem. Note como as concentrações das reações de segunda ordem caem muito menos rapidamente em tempos maiores do que as reações de primeira ordem.

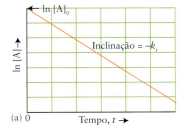 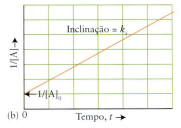

FIGURA 7B.6 Gráficos que permitem a determinação da ordem de reação. (a) Se um gráfico de ln [A] contra o tempo é uma linha reta, a reação é de primeira ordem em, [A]. (b) Se um gráfico de 1/[A] contra o tempo é uma linha reta, a reação é de segunda ordem em, [A].

608   Tópico 7B   As leis de velocidade integradas

TABELA 7B.1   Lei de velocidade integradas, gráficos das leis de velocidade e meias-vidas

	Ordem da reação		
	0	**1**	**2**
Lei de velocidade	Velocidade $= k_r$	Velocidade $= k_r[A]$	Velocidade $= k_r[A]^2$
Lei de velocidade integrada	$[A]_t = -k_r t + [A]_0$	$[A]_t = [A]_0 e^{-k_r t}$	$[A]_t = \dfrac{[A]_0}{1 + k_r t [A]_0}$ $\dfrac{1}{[A]_t} = \dfrac{1}{[A]_0} + k_r t$
Gráfico para determinar a ordem			
Inclinação da reta	$-k_r$	$-k_r$	k_r
Meia-vida	$t_{1/2} = \dfrac{[A]_0}{2k_r}$ (não usado)	$t_{1/2} = \dfrac{\ln 2}{k_r} \approx \dfrac{0{,}693}{k_r}$	$t_{1/2} = \dfrac{1}{k_r[A]_0}$ (não usado)

Uma reação de segunda ordem mantém concentrações baixas de reagente em tempos longos de reação. A meia-vida de uma reação de segunda ordem é inversamente proporcional à concentração do reagente.

O que você aprendeu com este tópico?

Você aprendeu que a forma integrada da lei de velocidade gera uma expressão que permite predizer como as concentrações de reagentes e produtos variam com o tempo. Você também viu como dados experimentais podem ser tratados para se obter retas cujas inclinações são proporcionais à constante de velocidade, k_r. Com relação às reações de primeira ordem, você aprendeu que a meia-vida depende da constante de velocidade da reação, não da concentração do reagente.

Os conhecimentos que você deve dominar incluem a capacidade de:

☐ **1.** Predizer a concentração de um reagente ou produto em determinado instante após o início da reação (Exemplo 7B.1).

☐ **2.** Elaborar gráficos usando dados experimentais para determinar a constante de velocidade de uma reação (Exemplo 7B.2).

☐ **3.** Predizer quanto tempo é necessário para que a concentração de um reagente ou de um produto atinja determinado valor (Exemplo 7B.3).

☐ **4.** Usar a meia-vida de uma reação para predizer a quantidade de reagente restante após determinado tempo (Exemplo 7B.4).

☐ **5.** Elaborar gráficos usando dados experimentais para determinar a constante de velocidade de uma reação de segunda ordem (Seção 7B.3).

Tópico 7B Exercícios

Os exercícios assinalados com $\int_{dx}^{C}$ exigem cálculo diferencial e integral.
Todas as velocidades são velocidades únicas de reação, a menos que o texto afirme diferentemente.

7B.1 Os bloqueadores beta são fármacos usados no controle da hipertensão. É importante que os médicos saibam em quanto tempo um bloqueador beta é eliminado do organismo. Um certo bloqueador beta é eliminado em um processo de primeira ordem com constante de velocidade igual a $7,6 \times 10^{-3}$ min^{-1} na temperatura normal do corpo (37°C). Um paciente recebeu 20. mg do fármaco. Que massa do fármaco permanece no organismo 5,0 h após a administração?

7B.2 Na fermentação da cerveja, o etanal, que tem o cheiro de maçã verde, é um intermediário na formação do etanol. O etanal se decompõe na seguinte reação de primeira ordem $CH_3CHO(g) \rightarrow CH_4(g) + CO(g)$. Em uma temperatura elevada, a constante de velocidade de decomposição é $1,5 \times 10^{-3}$ s^{-1}. Que concentração de etanal, cuja concentração inicial era 0,100 mol·L^{-1}, permanece 40,0 min após o começo da decomposição nessa temperatura?

7B.3 Determine a constante de velocidade das seguintes reações de primeira ordem, expressas como a velocidade de perda de A: (a) A $\rightarrow$ B, sabendo que a concentração de A decresce à metade do valor inicial em 1.000. s. (b) A $\rightarrow$ B, sabendo que a concentração de A decresce de 0,67 mol·L^{-1} até 0,53 mol·L^{-1} em 25 s. (c) 2 A $\rightarrow$ B + C, sabendo que $[A]_0 = 0,153$ mol·L^{-1} e que após 115 s a concentração de B cresce até 0,034 mol·L^{-1}.

7B.4 Determine a constante de velocidade das seguintes reações de primeira ordem: (a) A $\rightarrow$ B + C, sabendo que a concentração de A decresce a um quarto do valor inicial em 125 min. (b) 2 A $\rightarrow$ D + E, sabendo que a concentração $[A]_0 = 0,0421$ mol·L^{-1} e que após 63 s a concentração de D aumenta para 0,00132 mol·L^{-1}. (c) 3 A $\rightarrow$ F + G, sabendo que $[A]_0 = 0,080$ mol·L^{-1} e que após 11,4 min a concentração de F cresce para 0,015 mol·L^{-1}. Escreva, para cada caso, a lei de velocidade da perda de A.

7B.5 A reação de decomposição do pentóxido de dinitrogênio, N_2O_5, é de primeira ordem com constante de velocidade igual a $3,7 \times 10^{-5}$ s^{-1} em 298 K. (a) Qual é a meia-vida (em horas) da decomposição de N_2O_5 em 298 K? (b) Se $[N_2O_5]_0 = 0,0567$ mol·L^{-1}, qual será a concentração de N_2O_5 após 3,5 h? (c) Quanto tempo (em minutos) passará até que a concentração de N_2O_5 caia de 0,0567 mol·L^{-1} para 0,0135 mol·L^{-1}?

7B.6 A reação de decomposição do pentóxido de dinitrogênio, N_2O_5, é de primeira ordem com constante de velocidade igual a 0,15 s^{-1} em 353 K. (a) Qual é a meia-vida (em segundos) da decomposição de N_2O_5 em 353 K? (b) Se $[N_2O_5]_0 = 0,0567$ mol·L^{-1}, qual será a concentração de N_2O_5 após 2,0 s? (c) Quanto tempo (em minutos) passará até que a concentração de N_2O_5 caia de 0,0567 mol·L^{-1} para 0,0135 mol·L^{-1}?

7B.7 A meia-vida da decomposição de primeira ordem de A é 355 s. Qual é o tempo necessário para que a concentração de A caia até (a) um oitavo da concentração inicial; (b) um quarto da concentração inicial; (c) 15% da concentração inicial; (d) um nono da concentração inicial?

7B.8 A constante de velocidade de primeira ordem da fotodissociação de A é $1,24 \times 10^{-3}$ min^{-1}. Calcule o tempo necessário para que a concentração de A caia até (a) 25% do valor inicial; (b) um sexto do valor inicial.

7B.9 Na reação de primeira ordem A $\rightarrow$ 3 B + C, quando $[A]_0 = 0,015$ mol·L^{-1}, a concentração de B cresce até 0,018 mol·L^{-1} em 3,0 min. (a) Qual é a constante de velocidade da reação expressa em termos da velocidade de desaparecimento de A? (b) Quanto tempo a mais será necessário para que a concentração de B cresça até 0,030 mol·L^{-1}?

7B.10 O ácido pirúvico é um intermediário na fermentação de grãos. Durante a fermentação, a enzima piruvato decarboxilase faz o piruvato eliminar dióxido de carbono. Em um experimento, 200 mL de uma solução de piruvato em água com a concentração inicial de 3,23 mmol·L^{-1} foram selados em um balão rígido de 500 mL em 293 K. Como a concentração da enzima permaneceu constante, a reação foi de primeira ordem no íon piruvato. A eliminação de CO_2 na reação foi seguida pela medida da pressão parcial do gás CO_2. A pressão do gás subiu de zero a 100. Pa em 522 s. Qual é a constante de velocidade da reação de pseudoprimeira ordem?

7B.11 Os dados a seguir foram obtidos para a reação 2 HI(g) $\rightarrow$ $H_2(g) + I_2(g)$ em 580 K. (a) Use programas de computação gráfica para lançar os dados em gráfico apropriado e determinar a ordem da reação. (b) Determine, a partir do gráfico, a constante de velocidade para (i) a lei de velocidade da perda de HI e (ii) a lei de velocidade única.

Tempo, t/s	0	1000.	2000.	3000.	4000.
$[HI]/(mol \cdot L^{-1})$	1,0	0,11	0,061	0,041	0,031

7B.12 Os dados a seguir foram obtidos para a reação $H_2(g) + I_2(g) \rightarrow$ 2 HI(g) em 780 K. (a) Use programas de computação gráfica para lançar os dados em gráfico apropriado e determinar a ordem da reação. (b) Determine, a partir do gráfico, a constante de velocidade do desaparecimento de I_2.

Tempo, t/s	0	1,0	2,0	3,0	4,0
$[I_2]/(mmol \cdot L^{-1})$	1,00	0,43	0,27	0,20	0,16

7B.13 A meia-vida da reação de segunda ordem de uma substância A é 50,5 s quando $[A]_0 = 0,84$ mol·L^{-1}. Calcule o tempo necessário para que a concentração de A caia até (a) um dezesseis avos; (b) um quarto; (c) um quinto do valor original.

7B.14 Determine a constante de velocidade das seguintes reações de segunda ordem: (a) 2 A $\rightarrow$ B + 2 C, sabendo que a concentração de A decresce de 2,50 mmol·L^{-1} até 1,25 mmol·L^{-1} em 100 s. (b) A $\rightarrow$ C + 2 D, sabendo que $[A]_0 = 0,300$ mol·L^{-1} e que a concentração de C aumenta até 0,010 mol·L^{-1} em 200. s. Expresse os resultados em termos da lei de velocidade da perda de A.

7B.15 A decomposição do cloreto de sulfurila, SO_2Cl_2, segue uma cinética de primeira ordem, e $k_r = 2,81 \times 10^{-3}$ min^{-1} em uma determinada temperatura. (a) Determine a meia-vida da reação. (b) Determine o tempo necessário para que a concentração de SO_2Cl_2 caia até 10% de sua concentração inicial. (c) Se 14,0 g de SO_2Cl_2 foram selados em um reator de 2.500. L e aquecidos na temperatura acima, que massa restará após 1,5 h?

610 **Tópico 7B** As leis de velocidade integradas

7B.16 O etano, C_2H_6, forma radicais $\cdot CH_3$, em 700.°C, em uma reação de primeira ordem, para a qual $k_r = 1,98\ h^{-1}$. (a) Qual é a meia-vida da reação? (b) Calcule o tempo necessário para que a quantidade de etano caia de $2,26 \times 10^{-3}$ mol até $1,45 \times 10^{-4}$ mol em um reator de 500. mL em 700.°C. (c) Quanto restará de uma amostra de 5,44 mg de etano em um reator de 500. mL, em 700.°C, após 42 min?

7B.17 Determine o tempo necessário para que ocorram as seguintes reações de segunda ordem: (a) $2\ A \rightarrow B + C$, sabendo que a concentração de A decresce de 0,10 mol·L^{-1} até 0,080 mol·L^{-1} e que $k_r = 0,015$ L·mol^{-1}·min^{-1} para a lei de velocidade expressa em termos da perda de A; (b) $A \rightarrow 2\ B + C$, sabendo que $[A]_0 = 0,15$ mol·L^{-1} para que a concentração de B aumente até 0,19 mol·L^{-1}, sabendo que $k_r = 0,0035$ L·mol^{-1}·min^{-1} na lei de velocidade para a perda de A.

7B.18 A constante de velocidade de segunda ordem da decomposição de NO_2 (em NO e O_2), em 573 K, é 0,54 L·mol^{-1}·s^{-1}. Calcule o tempo necessário para que a concentração inicial de 0,20 mol·L^{-1}

de NO_2 caia até (a) a metade; (b) um dezesseis avos; (c) um nono de seu valor inicial.

$\int_{dx}^{C}$ **7B.19** Suponha que uma reação tenha a forma $a\ A \rightarrow$ produtos e a velocidade da reação seja escrita como Velocidade = $k_r[A]$. Derive a expressão da concentração de A no instante t e a expressão da meia-vida de A em termos de a e k_r.

$\int_{dx}^{C}$ **7B.20** Suponha que uma reação tenha a forma $a\ A \rightarrow$ produtos e a velocidade da reação seja escrita como Velocidade = $k_r[A]^2$. Derive a expressão da concentração de A no instante t em termos de a e k_r.

$\int_{dx}^{C}$ **7B.21** Derive uma expressão para a meia-vida de um reagente A que decai em uma reação de terceira ordem, cuja constante de velocidade é igual a k_r.

$\int_{dx}^{C}$ **7B.22** Derive uma expressão para a meia-vida de um reagente A que decai em uma reação de ordem n (em que $n > 1$), cuja constante de velocidade é igual a k_r.

Tópico 7C Os mecanismos de reação

7C.1 As reações elementares
7C.2 As leis de velocidade das reações elementares
7C.3 A combinação das leis de velocidade das reações elementares
7C.4 As velocidades e o equilíbrio
7C.5 As reações em cadeia

Como a composição muda com o tempo? → Como as leis de velocidade podem ser explicadas? → O que acontece quando os átomos mudam de parceiros?

Tópico 7B: As leis de velocidade integradas → Tópico 7C: Os mecanismos de reação → Tópico 7D: Os modelos de reações

Saber como uma reação ocorre em nível molecular responde a muitas questões importantes. Por exemplo, o que controla a velocidade de formação da hélice dupla do DNA a partir das fitas individuais? Quais são os eventos moleculares que ocorrem na conversão de ozônio em oxigênio ou transformam a mistura de combustível e ar em dióxido de carbono e água quando ela sofre ignição em um motor? Neste tópico, você verá como usar a lei de velocidade empírica (determinada em laboratório) de uma reação para ter acesso a esses eventos.

Por que você precisa estudar este assunto? O mecanismo de uma reação pode dar informações sobre o modo como ela ocorre e indicar as condições necessárias para otimizar um processo. Os químicos procuram maneiras de aumentar as velocidades das reações químicas ou reduzir produtos indesejados.

Que conhecimentos você precisa dominar? Você precisa estar familiarizado com o conceito de lei de velocidade (Tópico 7A) e das constantes de equilíbrio das reações (Tópico 5G).

7C.1 As reações elementares

Exceto pelas reações mais simples, as reações são, de modo geral, o resultado de várias, ou, como em muitos casos, muitas etapas denominadas **reações elementares**. Cada reação elementar descreve um evento distinto no avanço de uma reação, com frequência a colisão de partículas. Para entenderem como uma reação se desenvolve, os químicos propõem um **mecanismo de reação**, isto é, uma sequência de reações elementares que descreve as modificações que eles acreditam que estejam ocorrendo à medida que os reagentes se transformam em produtos.

Embora vários mecanismos possam ser propostos para uma reação, medidas da velocidade podem ser usadas para eliminar alguns deles. Por exemplo, é possível imaginar que a decomposição do ozônio, $2 O_3(g) \rightarrow 3 O_2(g)$, ocorra de duas maneiras diferentes:

Mecanismo em uma etapa: duas moléculas de O_3 colidem e rearranjam-se para formar três moléculas de O_2 (Fig. 7C.1):

$$O_3 + O_3 \longrightarrow O_2 + O_2 + O_2$$

Mecanismo em duas etapas: Em uma primeira etapa, uma molécula de O_3 é energizada pela radiação solar e se dissocia em um átomo de O e uma molécula de O_2. Na segunda etapa, o átomo O ataca outra molécula de O_3 para produzir mais duas moléculas de O_2 (Fig. 7C.2).

Etapa 1 $O_3 \xrightarrow{h\nu} O_2 + O$
Etapa 2 $O + O_3 \longrightarrow O_2 + O_2$

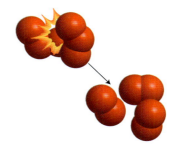

FIGURA 7C.1 Representação de um mecanismo em uma etapa da decomposição do ozônio na atmosfera. Essa reação ocorre em uma única colisão bimolecular.

O átomo de O do segundo mecanismo é um **intermediário de reação**, uma espécie que desempenha uma função na reação, mas que não aparece na equação química da reação total. Ela é produzida em uma etapa e consumida em uma etapa posterior. As duas equações das reações elementares são adicionadas para dar a reação total da reação. Isso é válido para qualquer mecanismo proposto: a soma das reações elementares precisa ser igual à equação química da reação total.

> **Nota de boa prática** As equações químicas das reações elementares são escritas sem os símbolos de estado. Elas são diferentes da equação química total, que resume o comportamento do todo, porque elas mostram como átomos e moléculas *isolados* tomam parte na reação. Coeficientes estequiométricos não são usados para reações elementares. Em vez disso, para enfatizar que um processo específico envolvendo moléculas isoladas está sendo descrito, a fórmula de uma espécie aparece o número necessário de vezes, como $O_2 + O_2 + O_2$, não $3 O_2$.

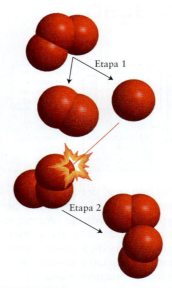

FIGURA 7C.2 Mecanismo alternativo em duas etapas da decomposição do ozônio. Na primeira etapa, uma molécula de ozônio energizada expulsa um átomo de oxigênio. Na segunda etapa, o átomo de oxigênio ataca outra molécula de ozônio.

Reações elementares são classificadas de acordo com sua **molecularidade**, o número de moléculas de reagentes, átomos ou íons que tomam parte em uma determinada reação. A equação da primeira etapa proposta no mecanismo em duas etapas da decomposição do ozônio ($O_3 \rightarrow O_2 + O$) é um exemplo de **reação unimolecular**, porque apenas uma molécula de reagente está envolvida. Neste caso, uma molécula de ozônio adquire energia da luz do sol e vibra tão intensamente que se quebra. Na segunda etapa do mecanismo em duas etapas, o átomo de O produzido pela dissociação de O_3 ataca outra molécula de O_3 ($O + O_3 \rightarrow O_2 + O_2$). Essa reação elementar é um exemplo de **reação bimolecular**, porque duas espécies se encontram e reagem. A molecularidade de uma reação unimolecular é 1 e a de uma reação bimolecular é 2.

Qualquer reação direta que pode ocorrer é acompanhada, pelo menos em princípio, pela reação inversa correspondente. Assim, a decomposição unimolecular de O_3 na etapa 1 do mecanismo em duas etapas é acompanhada pela reação de formação

$$O_2 + O \longrightarrow O_3$$

O inverso da reação da etapa 1 é bimolecular. Do mesmo modo, o ataque bimolecular de O a O_3 na etapa 2 é acompanhado pela reação inversa

$$O_2 + O_2 \longrightarrow O + O_3$$

Essas duas últimas equações se somam para dar o inverso da equação total, $3\,O_2(g) \rightarrow 2\,O_3(g)$. As reações direta e inversa fornecem, em conjunto, um mecanismo para alcançar o equilíbrio dinâmico entre reagentes e produtos no processo total.

O inverso da reação elementar do mecanismo em uma etapa é

$$O_2 + O_2 + O_2 \longrightarrow O_3 + O_3$$

Essa etapa é um exemplo de **reação trimolecular**, uma reação elementar que requer a colisão simultânea de três moléculas. As reações trimoleculares são muito pouco comuns, porque é muito pouco provável que ocorra a colisão simultânea de três moléculas em condições normais.

> **Teste 7C.1A** Qual é a molecularidade de cada reação elementar: (a) $C_2N_2 \rightarrow CN + CN$; (b) $NO_2 + NO_2 \rightarrow NO + NO_3$?
>
> [*Resposta:* (a) Unimolecular; (b) bimolecular]
>
> **Teste 7C.1B** Qual é a molecularidade de (a) $C_2H_5Br + OH^- \rightarrow C_2H_5OH + Br^-$; (b) $Br_2 \rightarrow Br + Br$?

Muitas reações ocorrem a partir de uma série de reações elementares. A molecularidade de uma reação elementar indica quantas partículas de reagentes estão envolvidas nessa etapa.

7C.2 As leis de velocidade das reações elementares

Para verificar se um mecanismo proposto concorda com os dados experimentais, é necessário construir a lei de velocidade total imposta pelo mecanismo e verificar se ela é coerente com a lei de velocidade determinada experimentalmente. No entanto, é importante perceber que, embora as leis de velocidade calculada e experimental possam ser as mesmas, o mecanismo proposto pode estar incorreto, porque outros mecanismos também podem levar à mesma lei de velocidade. As informações cinéticas podem somente apoiar um mecanismo proposto. Elas não podem, nunca, provar que um mecanismo é correto. A aceitação de um mecanismo sugerido assemelha-se mais ao processo de prova em uma corte de justiça ideal, com evidências sendo organizadas para gerar uma imagem convincente e consistente, do que ao de uma prova matemática.

Para construir uma lei de velocidade total de um mecanismo, a lei de velocidade de cada reação elementar é identificada e combinada. Como uma reação elementar mostra como aquela etapa da reação ocorre, podemos escrever sua lei de velocidade (mas *não* a lei de velocidade da reação total) a partir de sua equação química, com cada potência da concentração ($[A]$, $[A]^2$, etc.) na equação da velocidade sendo igual ao número de partículas de um dado tipo que participam da etapa. Por exemplo, em uma reação elementar unimolecular, o reagente simplesmente se quebra em pedaços. Logo, a velocidade é proporcional ao número

TABELA 7C.1 Leis de velocidade de reações elementares

Molecularidade	Reação elementar		Lei de velocidade
1	$A \longrightarrow$	produtos	velocidade $= k_r[A]$
2	$A + B \longrightarrow$	produtos	velocidade $= k_r[A][B]$
	$A + A \longrightarrow$	produtos	velocidade $= k_r[A]^2$
3	$A + B + C \longrightarrow$	produtos	velocidade $= k_r[A][B][C]$
	$A + A + B \longrightarrow$	produtos	velocidade $= k_r[A]^2[B]$
	$A + A + A \longrightarrow$	produtos	velocidade $= k_r[A]^3$

*Quando for necessário distinguir as etapas em um mecanismo, substitua k_r por k_1, k_2, etc.

de moléculas do reagente. Em uma reação elementar bimolecular, a velocidade depende da frequência das colisões entre duas moléculas. Logo, ela é proporcional ao quadrado da concentração (este ponto é elaborado no Tópico 7D). Isto é, uma reação unimolecular tem uma lei de velocidade de primeira ordem, ao passo que uma reação bimolecular tem uma lei de velocidade de segunda ordem, como mostrado na Tabela 7C.1.

Para ver como isso funciona na prática, considere as leis de velocidade das etapas de um mecanismo proposto para a oxidação, na fase gás, de NO a NO_2. A lei de velocidade total foi determinada experimentalmente:

$$2\,NO(g) + O_2(g) \longrightarrow 2\,NO_2(g) \qquad \text{Velocidade de formação de } NO_2 = k_r[NO]^2[O_2]$$

O seguinte mecanismo foi proposto para a reação:

Etapa 1 Uma dimerização bimolecular rápida e sua reação inversa:

Direta: $NO + NO \rightarrow N_2O_2$ Velocidade de formação de $N_2O_2 = k_1[NO]^2$
Inversa: $N_2O_2 \rightarrow NO + NO$ Velocidade de consumo de $N_2O_2 = k_1'[N_2O_2]$

Etapa 2 Uma reação bimolecular lenta, na qual uma molécula de O_2 colide com o dímero e sua reação inversa:

Direta: $O_2 + N_2O_2 \rightarrow NO_2 + NO_2$ Velocidade de consumo de $N_2O_2 = k_2[N_2O_2][O_2]$
Inversa: $NO_2 + NO_2 \rightarrow O_2 + N_2O_2$ Velocidade de formação de $N_2O_2 = k_2'[NO_2]^2$

Como pode ser observado, a soma das duas reações diretas é a reação total e a soma das duas reações inversas é a reação inversa da total.

> **Nota de boa prática** Use k_r (ou k_1, k_2, ...) para uma reação direta e k_r' (ou k_1', k_2', ...) para a reação inversa associada.

A lei de velocidade de uma reação unimolecular elementar é de primeira ordem, e a de uma reação elementar bimolecular é de segunda ordem.

7C.3 A combinação das leis de velocidade das reações elementares

Para avaliar se o mecanismo proposto para a oxidação do NO em NO_2 em fase gás é viável, a lei de velocidade total com base nas leis de velocidade das reações elementares precisa ser elaborada e comparada com os valores experimentais. Nessa etapa, normalmente é necessário introduzir uma ou mais hipóteses sobre as velocidades relativas das reações elementares. Essas hipóteses baseiam-se em informações experimentais complementares. Por exemplo, experimentos mostraram que a velocidade da reação $NO_2 + NO_2 \rightarrow O_2 + N_2O_2$ é tão baixa, que sua contribuição para a lei de velocidade total pode ser ignorada.

A primeira etapa consiste em identificar as reações elementares resultantes da formação ou do consumo do produto total (NO_2) e escrever a equação para sua velocidade líquida de formação. A **velocidade líquida de formação** de uma espécie é a soma das velocidades de todas as reações elementares em sua formação menos as velocidades das reações elementares que regem o consumo da espécie. Neste caso, o NO_2 é formado na reação direta na etapa 2; a reação inversa é tão lenta, que pode ser ignorada. Portanto,

$$\text{Velocidade de formação de } NO_2 = 2k_2[N_2O_2][O_2]$$

614 Tópico 7C Os mecanismos de reação

O fator 2 aparece na lei de velocidade porque se formam duas moléculas de NO_2 para cada molécula de N_2O_2 consumida. Essa expressão ainda não é uma lei de velocidade aceitável para a reação total porque inclui a concentração de um intermediário, N_2O_2, e intermediários não aparecem na lei de velocidade total de uma reação.

De acordo com o mecanismo, N_2O_2 forma-se na reação direta da etapa 1 e é removido na reação inversa e na reação direta na etapa 2. Portanto, a velocidade de formação líquida é

$$\text{Velocidade de formação líquida do } N_2O_2 = \overbrace{k_1[NO]^2}^{\text{Etapa 1}} - \overbrace{k_1'[N_2O_2]}^{\text{Etapa 1, inversa}} - \overbrace{k_2[N_2O_2][O_2]}^{\text{Etapa 2}}$$

Na sequência, é preciso considerar o **estado estacionário** e fazer a hipótese de que as concentrações dos intermediários sejam baixas e não variem significativamente quando a reação avança. A justificativa para essa aproximação é que o intermediário é tão reativo que é consumido assim que formado. Como a concentração do intermediário é constante, sua velocidade de formação é zero, e a equação precedente torna-se

$$k_1[NO]^2 - k_1'[N_2O_2] - k_2[N_2O_2][O_2] = 0$$

Essa reação pode ser rearranjada para dar a concentração de N_2O_2:

$$[N_2O_2] = \frac{k_1[NO]^2}{k_1' + k_2[O_2]}$$

que pode ser inserida na lei da velocidade:

$$\text{Velocidade de formação de } NO_2 = 2k_2[N_2O_2][O_2] = \frac{2k_1k_2[NO]^2[O_2]}{k_1' + k_2[O_2]} \tag{1}$$

Essa lei de velocidade total é a mesma obtida experimentalmente (Velocidade de formação do $NO_2 = k_r[NO]^2[O_2]$). Foi enfatizado que um modelo só é plausível se suas predições estão de acordo com os resultados experimentais. Assim, deveríamos descartar o mecanismo proposto? Antes de fazer isso, é sempre sábio decidir se, sob determinadas condições, as previsões concordam com os resultados experimentais. Neste caso, a velocidade da reação direta na etapa 2 é muito lenta em relação à reação inversa da etapa 1 – de modo que $k_1'[N_2O_2] \gg k_2[N_2O_2][O_2]$, o que implica que $k_1' \gg k_2[O_2]$ quando $[N_2O_2]$ é cancelado em cada lado da desigualdade. O termo $k_2[O_2]$ no denominador da Equação 1 pode ser ignorado, o que a simplifica na forma

$$\text{Velocidade de formação de } NO_2 = \frac{2k_1k_2}{k_1'}[NO]^2[O_2] \tag{2a}$$

que concorda com a lei de velocidade determinada experimentalmente se fizermos

$$k_r = \frac{2k_1k_2}{k_1'} \tag{2b}$$

Com essas suposições sobre as velocidades relativas das etapas elementares, o mecanismo proposto é consistente com o experimento. Uma verificação complementar consiste na determinação dos valores experimentais de k_1, k_2 e k_1' (se for possível) e verificação de que a combinação deles é consistente com o valor experimental de k_r.

EXEMPLO 7C.1 Estabelecimento da lei de velocidade total a partir de um mecanismo proposto

A decomposição do ozônio na estratosfera é uma questão preocupante, porque o ozônio estratosférico protege a vida na Terra. Imagine que você está estudando o mecanismo de decomposição do ozônio. A seguinte lei de velocidade foi proposta para a decomposição do ozônio discutida no começo deste tópico,

$$2\,O_3(g) \longrightarrow 3\,O_2(g) \qquad \text{Velocidade de decomposição de } O_3 = k_r \frac{[O_3]^2}{[O_2]}$$

O seguinte mecanismo foi proposto:

Etapa 1 $O_3 \rightleftharpoons O_2 + O$

Etapa 2 $O + O_3 \rightleftharpoons O_2 + O_2$

As medidas das velocidades das reações elementares diretas mostram que a etapa mais lenta é a segunda etapa, o ataque de O a O_3. A reação inversa, $O_2 + O_2 \rightarrow O + O_3$, é tão lenta que pode ser ignorada. Deduza a lei de velocidade decorrente desse mecanismo e confirme se ela concorda com a lei observada.

7C.3 A combinação das leis de velocidade das reações elementares **615**

Nota de boa prática Tenha cuidado em distinguir o sinal $\rightleftarrows$ (setas opostas emparelhadas), que significa que as reações direta e inversa podem ocorrer, do sinal $\rightleftharpoons$ (meias setas opostas emparelhadas), que representa um equilíbrio.

PLANEJE Escreva as leis de velocidade das reações elementares e combine-as para obter a lei de velocidade total. Se necessário, use a aproximação do estado estacionário para qualquer intermediário.

RESOLVA As leis de velocidade das reações elementares são

Etapa 1 Direta: $O_3 \longrightarrow O_2 + O$ Velocidade de consumo de $O_3 = k_1[O_3]$ (rápido)

Inversa: $O_2 + O \longrightarrow O_3$ Velocidade de formação de $O_3 = k_1'[O_2][O]$ (rápido)

Etapa 2 Direta: $O + O_3 \longrightarrow O_2 + O_2$ Velocidade de consumo de $O_3 = k_2[O][O_3]$ (lenta)

Inversa: $O_2 + O_2 \longrightarrow O + O_3$ Velocidade de formação de $O_3 = k_2'[O_2]^2$ (muito lenta, pode ser desprezada)

Escreva a lei de velocidade de decomposição de O_3:

$$\text{Velocidade líquida de decomposição de } O_3 = k_1[O_3] - k_1'[O_2][O] + k_2[O][O_3]$$

Como o O é um intermediário, sua concentração precisa ser excluída dessa expressão. Portanto, escreva a velocidade efetiva de formação de átomos de O e use a aproximação do estado estacionário para definir essa velocidade como igual a zero.

$$\text{Velocidade de formação de } O = k_1[O_3] - k_1'[O_2][O] - k_2[O][O_3] = 0$$

Essa equação se rearranja como

$$[O] = \frac{k_1[O_3]}{k_1'[O_2] + k_2[O_3]}$$

Ao substituir essa expressão na lei de velocidade da decomposição do ozônio, tem-se

$$\text{Velocidade líquida de decomposição de } O_3 = k_1[O_3] - \overbrace{\frac{k_1 k_1'[O_2][O_3]}{k_1'[O_2] + k_2[O_3]}}^{k_1'[O_2][O]} + \overbrace{\frac{k_1 k_2[O_3]^2}{k_1'[O_2] + k_2[O_3]}}^{k_2[O][O_3]}$$

Multiplique o primeiro termo por $(k_1'[O_2] + k_2[O_3])/(k_1'[O_2] + k_2[O_3])$

$$= \frac{k_1 k_1'[O_2][O_3] + k_1 k_2[O_3]^2}{k_1'[O_2] + k_2[O_3]} - \frac{k_1 k_1'[O_2][O_3]}{k_1'[O_2] + k_2[O_3]} + \frac{k_1 k_2[O_3]^2}{k_1'[O_2] + k_2[O_3]}$$

$$= \frac{k_1 k_1'[O_2][O_3] + k_1 k_2[O_3]^2 - k_1 k_1'[O_2][O_3] + k_1 k_2[O_3]^2}{k_1'[O_2] + k_2[O_3]}$$

Cancelando-se os termos em azul, temos

$$\text{Velocidade líquida de decomposição de } O_3 = \frac{2k_1 k_2[O_3]^2}{k_1'[O_2] + k_2[O_3]}$$

Como a etapa 2 é lenta, $k_2[O][O_3] \ll k_1'[O_2][O]$, ou, de modo equivalente, cancelando-se [O], $k_2[O_3] \ll k_1'[O_2]$, a expressão pode ser simplificada como

$$\text{Velocidade líquida de decomposição de } O_3 = \frac{2k_1 k_2[O_3]^2}{k_1'[O_2]} = k_r \frac{[O_3]^2}{[O_2]} \quad \text{com } k_r = \frac{2k_1 k_2}{k_1'}$$

AVALIE Essa equação tem exatamente a mesma forma da lei de velocidade observada. Como o mecanismo está de acordo com a equação balanceada e com a lei de velocidade experimental, pode-se considerá-lo plausível.

Teste 7C.2A Considere o seguinte mecanismo de formação de uma hélice dupla de DNA a partir das fitas A e B:

$$A + B \rightleftarrows \text{hélice instável (rápida, } k_1 \text{ e } k_1' \text{ têm valores elevados)}$$
$$\text{Hélice instável} \longrightarrow \text{dupla hélice estável (lenta, } k_2 \text{ é muito baixo)}$$

Deduza a equação de velocidade da formação da hélice dupla estável e expresse a constante de velocidade da equação total em termos das constantes de velocidade de cada etapa.

[***Resposta:*** Velocidade $= k_r[A][B]$, $k_r = k_1 k_2/k_1'$]

Teste 7C.2B O mecanismo em duas etapas proposto para uma reação é $H_2A + B \rightarrow HB^+ + HA^-$ e sua reação inversa, ambas rápidas, seguidas por $HA^- + B \rightarrow HB^+ + A^{2-}$, que é lenta. Encontre a lei de velocidade, considerando HA^- como o intermediário e escreva a equação para a reação total.

Exercícios relacionados 7C.5 a 7C.8

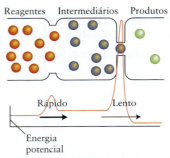

FIGURA 7C.3 A etapa determinante da velocidade de uma reação é uma reação elementar que governa a velocidade com que os produtos são formados em uma sequência de reações elementares. O gargalo que representa a etapa determinante da velocidade na figura é como uma barca que não pode dar conta do tráfego intenso de uma rodovia. O perfil da reação, superposto, mostra as energias necessárias em cada etapa. A etapa que requer mais energia é a mais lenta (veja o Tópico 7D).

Em alguns casos, existe uma maneira mais rápida de combinar as leis de velocidade das etapas elementares de um mecanismo. Talvez a velocidade com que o intermediário forma um produto seja muito baixa em relação às velocidades de formação e decomposição na direção dos reagentes. Se esse for o caso, você pode supor que os reagentes e o intermediário atingem suas concentrações de equilíbrio muito rapidamente e que o consumo lento do intermediário tem um efeito insignificante sobre estas concentrações. Isto é, os reagentes e o intermediário estabelecem um **pré-equilíbrio**, no qual o intermediário é formado e mantido em uma reação de formação rápida e sua reação inversa. Por exemplo, se a primeira etapa da oxidação de NO inclui a condição de pré-equilíbrio, então as concentrações dos reagentes e do intermediário estão relacionadas por uma constante de equilíbrio expressa em termos das concentrações, K_c:

$$NO + NO \rightleftharpoons N_2O_2 \qquad K_c = \frac{[N_2O_2]}{[NO]^2}$$

Esse equilíbrio significa que $[N_2O_2] = K_c[NO]^2$. A velocidade de formação do NO_2 (descrita no começo da Seção 7C.3) é, portanto,

$$\text{Velocidade de formação de } NO_2 = 2k_2[N_2O_2][O_2] = 2k_2K_c[NO]^2[O_2]$$

Nota de boa prática Como vimos no Tópico 5G, as constantes de equilíbrio são adimensionais. Para observar a consistência dimensional, a expressão do equilíbrio deve ser escrita formalmente como $K_c = ([N_2O_2]/c°)/([NO]/c°)^2$, com $c° = 1$ mol·L^{-1}. Então, $[N_2O_2] = K_c[NO]^2/c°$ e a velocidade de formação do NO_2 se torna $2k_2[N_2O_2][O_2] = (2k_2K_c/c°)[NO]^2[O_2]$. A velocidade de formação do NO_2 tem as unidades mol·L^{-1}·s^{-1}. Aqui, $c°$ foi omitido por uma questão de clareza.

Como anteriormente, o mecanismo leva a uma lei de velocidade total de terceira ordem, de acordo com o experimento, com $k_r = k_2K_c$. Embora esse procedimento seja muito mais simples do que o do estado estacionário, ele é menos flexível: é mais difícil de ser aplicado em mecanismos mais complexos, e não é fácil estabelecer as condições em que a aproximação é válida.

A etapa elementar mais lenta de uma sequência de reações que controla a velocidade total de formação de produtos – a reação entre O_2 e N_2O_2 da etapa 2 – é chamada de **etapa determinante da velocidade da reação** (Fig. 7C.3). Uma etapa determinante da velocidade é como uma barca lenta no trajeto entre duas cidades. A velocidade com a qual o tráfego chega a seu destino é controlada pela velocidade com a qual os veículos são transportados na água, porque essa parte da viagem é muito mais lenta do que as demais. As etapas que seguem a etapa determinante da velocidade ocorrem assim que o intermediário se forma e têm efeito desprezível sobre a velocidade total. Portanto, elas podem ser ignoradas quando se escreve a lei de velocidade total do mecanismo. Em algumas reações, podem existir várias vias para a formação dos produtos (Tópico 7E). Neste caso, o caminho com a menor demanda de energia governa a velocidade total da reação (Fig. 7C.4).

Nos casos simples, a etapa determinante da velocidade pode ser identificada considerando-se a lei de velocidade obtida em laboratório. Por exemplo, a reação

$$(CH_3)_3CBr(sol) + OH^-(sol) \longrightarrow (CH_3)_3COH(sol) + Br^-(sol)$$

ocorre em um solvente orgânico ("sol") com a lei de velocidade Velocidade de formação de produtos = $k_r[(CH_3)_3CBr]$. Um possível mecanismo de duas etapas para a reação é

$$(CH_3)_3CBr \longrightarrow (CH_3)_3C^+ + Br^-$$
$$(CH_3)_3C^+ + OH^- \longrightarrow (CH_3)_3COH$$

FIGURA 7C.4 (a) Se a etapa determinante da velocidade (EDV) é a segunda etapa, a lei de velocidade para aquela etapa determina a lei de velocidade da reação total. A curva laranja mostra o perfil de "reação" deste mecanismo com muita energia sendo necessária na etapa lenta. A lei de velocidade derivada deste mecanismo leva em conta as etapas que precedem a EDV (b) Se a etapa determinante da velocidade é a primeira etapa, a lei de velocidade desta etapa deve ser igual à lei de velocidade total da reação. As etapas posteriores não afetam a lei de velocidade. (c) Se dois caminhos para o produto são possíveis, a mais rápida (neste caso, a inferior) determina a velocidade da reação; no mecanismo do caminho superior, a etapa lenta (a linha mais fina) não é uma EDV.

Nesse mecanismo, a lei de velocidade da primeira etapa é Velocidade = $k_r[(CH_3)_3CBr]$, idêntica à lei de velocidade experimental. Como a reação é de ordem zero em OH^-, a concentração do íon hidróxido não afeta a velocidade, e podemos supor que a primeira etapa no mecanismo é a etapa lenta. Assim que $(CH_3)_3C^+$ se forma, é imediatamente convertido em álcool.

Uma lei de velocidade é, com frequência, derivada de um mecanismo proposto, impondo-se a aproximação do estado estacionário. Para ser plausível, um mecanismo deve estar de acordo com a lei de velocidade experimental e a equação química da reação total.

7C.4 As velocidades e o equilíbrio

No equilíbrio, as velocidades das reações totais diretas e inversas e as velocidades de cada par de reações individuais diretas e inversas em determinada etapa do mecanismo são idênticas. Como as velocidades são funções de constantes de velocidade e de concentrações, é possível encontrar uma relação entre as constantes de velocidade das reações elementares e as constantes de equilíbrio da reação total.

Como isso é feito?

Para deduzir a relação entre as constantes de velocidade e as constantes de equilíbrio, devemos lembrar que a constante de equilíbrio de uma reação química em solução que tem a forma $A + B \rightleftharpoons C + D$ é

$$K = \frac{[C][D]}{[A][B]}$$

Suponha que os experimentos mostraram que as reações direta e inversa são reações elementares de segunda ordem. Neste caso, as leis da velocidade são

$A + B \longrightarrow C + D$ Velocidade = $k_r[A][B]$
$C + D \longrightarrow A + B$ Velocidade = $k_r'[C][D]$

No equilíbrio, as duas velocidades são iguais. Portanto

$$k_r[A][B] = k_r'[C][D]$$

Logo, no equilíbrio,

$$\frac{[C][D]}{[A][B]} = \frac{k_r}{k_r'}$$

A comparação dessa expressão com a expressão da constante de equilíbrio mostra que

$$K = \frac{k_r}{k_r'}$$

Se a reação envolve espécies na fase gás e a lei de velocidade está expressa em termos de concentrações molares, então use K_c em vez de K.

O cálculo mostra que, para uma reação $A + B \rightleftharpoons C + D$ que avança em uma única etapa bimolecular em cada direção, a constante de equilíbrio da reação direta está relacionada às constantes de equilíbrio das reações elementares direta e inversa pela expressão

$$K = \frac{k_r}{k_r'} \quad (3)$$

Esta conclusão fornece outra maneira de decidir (sem levar em conta a energia livre de Gibbs da reação), quando esperar uma constante de equilíbrio grande: $K \gg 1$ (e os produtos são favorecidos) quando a constante k_r da reação direta é muito maior do que a constante k_r' da direção inversa. Nesse caso, a reação direta rápida produz grande concentração de produtos antes de atingir o equilíbrio (Fig. 7C.5). Por outro lado, $K \ll 1$ (e os reagentes são favorecidos) quando k_r é muito menor do que k_r'. Agora, a reação inversa consome os produtos rapidamente e sua concentração é muito baixa.

A Equação 3 é válida quando a reação ocorre em uma única etapa em cada direção. Se uma reação tem um mecanismo complexo no qual as reações elementares diretas têm

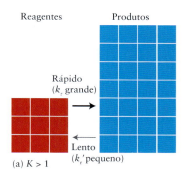

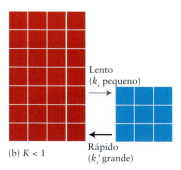

FIGURA 7C.5 A constante de equilíbrio de uma reação é igual à razão das constantes de velocidade das reações direta e inversa. (a) Quando a constante de velocidade direta (k_r) é grande, em comparação com a constante de velocidade inversa, a velocidade direta se iguala à inversa quando a reação já está quase completa, e a concentração de reagentes é baixa. (b) Por outro lado, se a constante de velocidade inversa (k_r') é maior do que a constante de velocidade direta, então as velocidades direta e inversa são iguais no começo da reação, e a concentração de produtos é baixa.

constantes de velocidade $k_1, k_2,...$ e as reações elementares inversas têm constantes de velocidade $k_1', k_2',...$, então um argumento semelhante ao da reação de etapa única permite concluir que a constante de equilíbrio total está relacionada às constantes de velocidade como:

$$K = \frac{k_1}{k_1'} \times \frac{k_2}{k_2'} \times \cdots \quad (4)$$

A constante de equilíbrio de uma reação elementar é igual à razão entre as constantes de velocidade direta e inversa da reação ou, no caso das reações em muitas etapas, à razão entre o produto das constantes de velocidade diretas e o produto das constantes de velocidade inversas.

7C.5 As reações em cadeia

Algumas reações, como as que ocorrem em explosões ou em processos de polimerização de plásticos, são "reações em cadeia". Em uma **reação em cadeia**, um intermediário muito reativo reage para produzir outro intermediário muito reativo que, por sua vez, reage para produzir outro e assim por diante (Fig. 7C.6). Em muitos casos, o intermediário de reação – que nesse contexto é chamado de **propagador da cadeia** – é um radical (uma espécie com um elétron desemparelhado, Tópico 2C), e a reação é chamada de "reação em cadeia via radicais". Em uma **reação em cadeia via radicais**, um radical reage com uma molécula para produzir outro radical, que, por sua vez, ataca outra molécula e assim por diante.

A formação de HBr na reação

$$H_2(g) + Br_2(g) \longrightarrow 2\,HBr(g)$$

ocorre em uma reação em cadeia. Os propagadores de cadeia são átomos de hidrogênio (H·) e de bromo (Br·). A primeira etapa de qualquer reação em cadeia é a **iniciação**, a formação dos propagadores de cadeia a partir de um reagente. Calor (representado por Δ) ou luz (representado por $h\nu$) são frequentemente usados para gerar os propagadores de cadeia:

$$Br_2 \xrightarrow{\Delta\ \text{ou}\ h\nu} Br\cdot + Br\cdot$$

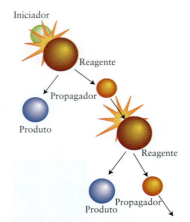

FIGURA 7C.6 Em uma reação em cadeia, o produto de uma etapa é o reagente, muito reativo, da etapa seguinte, que, por sua vez, produz espécies reativas que podem participar de etapas subsequentes da reação.

Uma vez formados os propagadores, a cadeia se propaga, isto é, um propagador reage com uma molécula do reagente para produzir outro propagador. As reações elementares para a **propagação** em cadeia são

$$Br\cdot + H_2 \longrightarrow HBr + H\cdot$$
$$H\cdot + Br_2 \longrightarrow HBr + Br\cdot$$

Os propagadores de cadeia – nesse caso, radicais – produzidos nessas reações podem atacar outras moléculas de reagentes (moléculas de H_2 e de Br_2), permitindo, assim, que a cadeia continue. A reação elementar que termina a cadeia, um processo chamado de **terminação**, ocorre quando dois propagadores se combinam para formar produtos. Dois exemplos de reações de terminação são

$$Br\cdot + Br\cdot \longrightarrow Br_2$$
$$H\cdot + Br\cdot \longrightarrow HBr$$

É possível esperar reações explosivas quando ocorre **ramificação de cadeia**, isto é, quando mais de um propagador de cadeia se forma na etapa de propagação. O estalo característico que ocorre quando uma mistura de hidrogênio e oxigênio é incendiada é consequência da ramificação de cadeia. Os dois gases se combinam em uma reação em cadeia via radicais na qual a etapa de iniciação pode ser a formação de átomos de hidrogênio:

$$\text{Iniciação:}\ H_2 \xrightarrow{\Delta} H\cdot + H\cdot$$

Após o início da reação, formam-se dois novos radicais pelo ataque de um átomo de hidrogênio a uma molécula de oxigênio:

$$\text{Ramificação:}\ H\cdot + O_2 \longrightarrow HO\cdot + \cdot O\cdot$$

Dois radicais também são produzidos quando o átomo de oxigênio ataca uma molécula de hidrogênio:

$$\text{Ramificação:}\ \cdot O\cdot + H_2 \longrightarrow HO\cdot + H\cdot$$

FIGURA 7C.7 Esta frente de chama foi capturada durante a combustão rápida – quase uma explosão em miniatura –, que ocorre dentro de um motor de combustão interna cada vez que uma vela de ignição incendeia a mistura de combustível e ar. *(W. H. Freeman. Foto: Ken Karp.)*

Tópico 7C Exercícios **619**

Como resultado desses processos de ramificação, a cadeia produz um grande número de radicais que podem participar de muitas outras etapas de ramificação. A velocidade da reação cresce rapidamente e uma explosão, típica de muitas reações de combustão, pode ocorrer (Fig. 7C.7).

As reações em cadeia se iniciam com a formação de um intermediário reativo que propaga a cadeia e terminam quando dois radicais se combinam. As reações em cadeia nas quais ocorre ramificação podem ser explosivamente rápidas.

O que você aprendeu com este tópico?

Você aprendeu que as reações químicas ocorrem em uma série de uma ou mais etapas elementares que, juntas, participam da proposta de um mecanismo de reação. Você viu que, para confirmar a aplicabilidade de um mecanismo proposto, você precisa escrever a lei de velocidade total das etapas elementares e confirmar que ela é consistente com a lei de velocidade determinada experimentalmente. Você também viu que a constante de equilíbrio é igual à razão entre a constante da reação direta e a constante da reação inversa. Além disso, você aprendeu que algumas reações produzem intermediários altamente reativos, que reagem para formar outros intermediários reativos em reações em cadeia.

Os conhecimentos que você deve dominar incluem a capacidade de:

☐ **1.** Identificar a molecularidade das reações elementares em um mecanismo proposto (Seção 7C.1).

☐ **2.** Deduzir a lei de velocidade total com base em uma série de reações elementares em um mecanismo proposto (Exemplo 7C.1).

☐ **3.** Descrever e usar as aproximações do estado estacionário e do pré-equilíbrio (Seção 7C.3).

☐ **4.** Identificar a etapa definidora da velocidade de uma reação (Seção 7C.3).

☐ **5.** Mostrar como a constante de equilíbrio se relaciona com as constantes de velocidade direta e inversa das reações elementares que contribuem para a reação total (Seção 7C.4).

☐ **6.** Identificar as etapas de iniciação, propagação e terminação de um mecanismo de reação em cadeia via radicais (Seção 7C.5).

Tópico 7C Exercícios

Os exercícios assinalados com $\int_{dx}^{C}$ exigem cálculo diferencial e integral.

Todas as velocidades são velocidades únicas de reação, a menos que o texto afirme diferentemente.

7C.1 Cada uma das etapas seguintes é uma reação elementar. Escreva sua lei de velocidade e indique sua molecularidade. (a) $NO + NO \rightarrow N_2O_2$; (b) $Cl_2 \rightarrow Cl + Cl$.

7C.2 Cada uma das etapas seguintes é uma reação elementar. Escreva sua lei de velocidade e indique sua molecularidade. (a) $OH + NO_2 + N_2 \rightarrow HNO_3 + N_2$ (o N_2 participa da colisão, mas não sofre alterações químicas); (b) $ClO^- + H_2O \rightarrow HClO + OH^-$.

7C.3 Escreva a reação total que corresponde ao seguinte mecanismo proposto e identifique os intermediários de reação:

Etapa 1 $AC + B \longrightarrow AB + C$
Etapa 2 $AC + AB \longrightarrow A_2B + C$

7C.4 Escreva a reação total que corresponde ao seguinte mecanismo proposto e identifique os intermediários de reação:

Etapa 1 $C_4H_9Br \longrightarrow C_4H_9^+ + Br^-$
Etapa 2 $C_4H_9^+ + H_2O \longrightarrow C_4H_9OH_2^+$
Etapa 3 $C_4H_9OH_2^+ + H_2O \longrightarrow C_4H_9OH + H_3O^+$

7C.5 O seguinte mecanismo foi proposto para a reação em fase gás entre o HBr e o NO_2:

Etapa 1 $HBr + NO_2 \longrightarrow HBrO + NO$ (lenta)
Etapa 2 $HBr + HBrO \longrightarrow H_2O + Br_2$ (rápida)

(a) Escreva a reação total. (b) Escreva a lei de velocidade de cada etapa e indique sua molecularidade. (c) Qual é o intermediário da reação?

7C.6 O seguinte mecanismo foi proposto para uma reação:

Etapa 1 $A_2 \longrightarrow A + A$
Etapa 2 $A + A + B \longrightarrow A_2B$
Etapa 3 $A_2B + C \longrightarrow A_2 + BC$

(a) Escreva a reação total. (b) Escreva a lei de velocidade de cada etapa e indique sua molecularidade. (c) Qual é o intermediário da reação? (d) Um catalisador é uma substância que acelera a

620 Tópico 7C Os mecanismos de reação

velocidade de uma reação e é regenerada no processo. Qual é o catalisador nesta reação?

7C.7 O seguinte mecanismo foi proposto para a reação entre o óxido nítrico e o bromo:

Etapa 1 $NO + Br_2 \longrightarrow NOBr_2$ (lenta)
Etapa 2 $NOBr_2 + NO \longrightarrow NOBr + NOBr$ (rápida)

Escreva a lei de velocidade da formação de NOBr correspondente a esse mecanismo.

7C.8 O mecanismo proposto para a oxidação do íon iodeto pelo íon hipoclorito em água é:

Etapa 1 $ClO^- + H_2O \rightleftharpoons HClO + OH^-$ e sua reação inversa (ambas rápidas, equilíbrio)
Etapa 2 $I^- + HClO \longrightarrow HIO + Cl^-$ (lenta)
Etapa 3 $HIO + OH^- \longrightarrow IO^- + H_2O$ (rápida)

Escreva a lei de velocidade de formação de HIO correspondente a esse mecanismo.

7C.9 Foram propostos três mecanismos para a reação $NO_2(g) + CO(g) \rightarrow CO_2(g) + NO(g)$:

(I) **Etapa 1** $NO_2 + CO \longrightarrow CO_2 + NO$
(II) **Etapa 1** $NO_2 + NO_2 \longrightarrow NO + NO_3$ (lenta)
    Etapa 2 $NO_3 + CO \longrightarrow NO_2 + CO_2$ (rápida)
(III) **Etapa 1** $NO_2 + NO_2 \rightleftharpoons NO + NO_3$ e sua reação inversa (ambas rápidas, equilíbrio)
    Etapa 2 $NO_3 + CO \longrightarrow NO_2 + CO_2$ (lenta)

Que mecanismo concorda com a seguinte lei de velocidade: Velocidade $= k_r[NO_2]^2$? Explique seu raciocínio.

7C.10 Quando a velocidade da reação $2\,NO(g) + O_2(g) \rightarrow 2\,NO_2(g)$ foi estudada, descobriu-se que a velocidade dobrava quando a concentração de O_2 dobrava, mas ela quadruplicava quando a concentração de NO dobrava. Qual dos seguintes mecanismos está de acordo com essas observações? Explique seu raciocínio.

(I) **Etapa 1** $NO + O_2 \rightleftharpoons NO_3$ e sua reação inversa (ambas rápidas, equilíbrio)
    Etapa 2 $NO + NO_3 \longrightarrow NO_2 + NO_2$ (lenta)
(II) **Etapa 1** $NO + NO \longrightarrow N_2O_2$ (lenta)
    Etapa 2 $O_2 + N_2O_2 \longrightarrow N_2O_4$ (rápida)
    Etapa 3 $N_2O_4 \longrightarrow NO_2 + NO_2$ (rápida)

7C.11 Indique quais das seguintes afirmações são verdadeiras ou falsas. Se uma afirmação for falsa, explique por quê. (a) Em uma reação cuja constante de equilíbrio é muito grande, a constante de velocidade da reação direta é muito maior do que a constante de velocidade da reação inversa. (b) No equilíbrio, as constantes de velocidade das reações direta e inversa são iguais. (c) O aumento da concentração de um reagente aumenta a velocidade de uma reação porque aumenta a constante de velocidade da reação direta.

7C.12 Indique quais das seguintes afirmações são verdadeiras ou falsas. Se uma afirmação for falsa, explique por quê. (a) A constante de equilíbrio de uma reação é igual à constante de velocidade da reação direta dividida pela constante de velocidade da reação inversa. (b) Em uma reação que é uma série de etapas de equilíbrio, a constante de equilíbrio total é igual ao produto de todas as constantes de velocidade das reações diretas dividido pelo produto de todas as constantes de velocidade das reações inversas. (c) O aumento da concentração de um produto aumenta a velocidade da reação inversa e, por isso, a velocidade da reação direta também tem de aumentar.

7C.13 Examine a reação $A \rightleftharpoons B$, que é de primeira ordem nas duas direções, com constantes de velocidade k_r e k_r'. Inicialmente, só A está presente. Mostre que as concentrações se aproximam do equilíbrio com uma velocidade que depende de k_r e de k_r'.

7C.14 Repita o Exercício 7C.13 para a mesma reação, porém considere o equilíbrio de segunda ordem nas duas direções.

Tópico 7D Os modelos de reações

7D.1 O efeito da temperatura
7D.2 A teoria das colisões
7D.3 A teoria do estado de transição

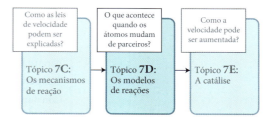

As leis de velocidade e as constantes de velocidade permitem a compreensão dos processos moleculares das mudanças químicas. Embora um mecanismo de reação possa ser estabelecido experimentalmente (Tópico 7C), algumas questões sobre as razões pelas quais as constantes de velocidade das etapas individuais têm os valores que têm e por que variam com a temperatura precisam ser respondidas.

7D.1 O efeito da temperatura

As velocidades das reações químicas dependem da temperatura. A observação *qualitativa* é que muitas reações acontecem mais rapidamente quando a temperatura aumenta (Fig. 7D.1). Um aumento de 10°C na temperatura normal dobra, em geral, a velocidade de reação de espécies orgânicas em solução. É por isso que os alimentos precisam ser cozidos. O aquecimento acelera os processos que levam à ruptura das membranas celulares e à decomposição das proteínas. Por outro lado, os alimentos são refrigerados para retardar as reações químicas naturais que levam à sua decomposição.

A mudança da constante de velocidade em função da temperatura resume a variação da velocidade de reação com a temperatura. Se a constante de velocidade aumenta com a temperatura, então a reação avança mais rapidamente para determinada quantidade de reagentes. No final do século XIX, o químico sueco Svante Arrhenius investigou o efeito quantitativo da temperatura nas velocidades de reações e descobriu que o gráfico do logaritmo da constante de velocidade ($\ln k_r$) contra o inverso da temperatura absoluta ($1/T$) é uma linha reta. Em outras palavras, ele mostrou que

$$\ln k_r = \text{intercepto} + \text{inclinação} \times \frac{1}{T}$$

O intercepto é designado como $\ln A$ e, por razões que ficarão claras, a inclinação é designada como $-E_a/R$, em que R é a constante dos gases. Com essa notação, a **equação de Arrhenius**, uma equação empírica, é

$$\ln k_r = \ln A - \frac{E_a}{RT} \tag{1a}$$

Uma forma alternativa dessa expressão, obtida tomando-se os antilogaritmos de ambos os lados, é

$$k_r = A e^{-E_a/RT} \tag{1b}$$

As duas constantes, A e E_a, são conhecidas como **parâmetros de Arrhenius** da reação e são determinadas experimentalmente. A é chamado de **fator pré-exponencial**, e E_a é a **energia de ativação**. A e E_a são praticamente independentes da temperatura, mas dependem da reação que está sendo estudada. A equação de Arrhenius é aplicável a reações de qualquer ordem.

FIGURA 7D.1 As velocidades das reações quase sempre aumentam com a temperatura. O bécher à esquerda contém magnésio em água fria e o à direita contém magnésio em água quente. Um indicador foi adicionado para mostrar a formação de uma solução alcalina quando o magnésio reage. *(W. H. Freeman. Foto de Ken Karp.)*

Por que você precisa estudar este assunto? Os químicos usam informações sobre a variação das constantes de velocidade em função da temperatura para elaborar modelos de eventos atômicos. Os modelos de reações podem gerar informações importantes sobre a natureza da dependência da temperatura não apenas das constantes de velocidade de reação, como também das constantes de equilíbrio.

Que conhecimentos você precisa dominar? Você precisa estar familiarizado com a teoria cinética molecular dos gases (Tópico 3D), as leis de velocidade (Tópico 7A) e a relação entre as constantes de velocidade e as constantes de equilíbrio (Tópico 7C).

O uso da constante dos gases não significa que a equação de Arrhenius só se aplica aos gases. Ela se aplica também a uma grande variedade de reações em solução.

As unidades do fator pré-exponencial são as mesmas da constante de velocidade. Logo, os termos logarítmicos da Equação 1a são adimensionais, porque a expressão pode ser rearranjada na forma $\ln(k_r/A) = -E_a/RT$ e as unidades se cancelam.

622 **Tópico 7D** Os modelos de reações

EXEMPLO 7D.1 Medida de uma energia de ativação

Uma reação muito importante na química orgânica é a dos halogenetos orgânicos com o íon hidróxido para formar álcoois. Você está interessado no impacto da temperatura na velocidade deste tipo de reação e decide determinar os parâmetros de Arrhenius de uma delas. A constante de velocidade da reação de segunda ordem entre bromo-etano e íons hidróxido em água, $C_2H_5Br(aq) + OH^-(aq) \rightarrow C_2H_5OH(aq) + Br^-(aq)$, foi medida em várias temperaturas, com os seguintes resultados:

Temperatura/°C	25	30.	35	40.	45	50.
Constante de velocidade, $k_r/(L \cdot mol^{-1} \cdot s^{-1})$	$8,8 \times 10^{-5}$	$1,6 \times 10^{-4}$	$2,8 \times 10^{-4}$	$5,0 \times 10^{-4}$	$8,5 \times 10^{-4}$	$1,4 \times 10^{-3}$

Determine a energia de ativação da reação.

ANTECIPE As energias de ativação de reações orgânicas geralmente estão entre 10 e 100 $kJ \cdot mol^{-1}$, logo, você deve esperar um valor nessa faixa.

PLANEJE As energias de ativação são determinadas a partir da equação de Arrhenius (Equação 1). Lance em gráfico $\ln k_r$ versus $1/T$, com T em kelvins. Como a inclinação é igual a $-E_a/R$, para encontrar a energia de ativação, multiplique a inclinação da reta por $-R$ com $R = 8,3145 \, J \cdot K^{-1} \cdot mol^{-1}$. Um papel milimetrado ou um programa gerador de gráficos ou uma calculadora gráfica são muito úteis para esse tipo de cálculo.

RESOLVA A tabela usada para desenhar o gráfico é

Temperatura/°C	Temperatura, T/K	$1/(T/K)$	Constante de velocidade, $k_r/(L \cdot mol^{-1} \cdot s^{-1})$	$\ln k_r$
25	298	$3,35 \times 10^{-3}$	$8,8 \times 10^{-5}$	$-9,34$
30.	303	$3,30 \times 10^{-3}$	$1,6 \times 10^{-4}$	$-8,74$
35	308	$3,25 \times 10^{-3}$	$2,8 \times 10^{-4}$	$-8,18$
40.	313	$3,19 \times 10^{-3}$	$5,0 \times 10^{-4}$	$-7,60$
45	318	$3,14 \times 10^{-3}$	$8,5 \times 10^{-4}$	$-7,07$
50.	323	$3,10 \times 10^{-3}$	$1,4 \times 10^{-3}$	$-6,57$

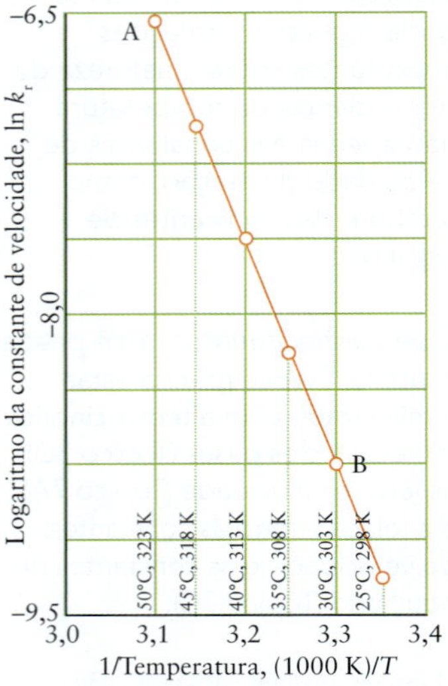

Calcule a inclinação dos dados lançados na Fig. 7D.2 usando dois pontos no gráfico. Uma ferramenta de regressão linear também pode ser útil.

$$\text{Inclinação} = -1,1 \times 10^4 \, K$$

Como a inclinação é igual a $-E_a/R$, de $E_a = -R \times$ inclinação,

$$E_a = -(8,3145 \, J \cdot K^{-1} \cdot mol^{-1}) \times (-1,1 \times 10^4 \, K)$$
$$= 8,9 \times 10^4 \, J \cdot mol^{-1}$$

AVALIE O valor calculado corresponde a 89 $kJ \cdot mol^{-1}$, que está dentro da margem esperada.

Teste 7D.1A A constante de velocidade da reação de segunda ordem em fase gás $HO(g) + H_2(g) \rightarrow H_2O(g) + H(g)$ varia com a temperatura como:

Temperatura/°C	100.	200.	300.	400.
Constante de velocidade, $k/(L \cdot mol^{-1} \cdot s^{-1})$	$1,1 \times 10^{-9}$	$1,8 \times 10^{-8}$	$1,2 \times 10^{-7}$	$4,4 \times 10^{-7}$

Determine a energia de ativação.

[**Resposta:** 42 $kJ \cdot mol^{-1}$]

Teste 7D.1B A velocidade de uma reação aumentou de 3,00 $mol \cdot L^{-1} \cdot s^{-1}$ para 4,35 $mol \cdot L^{-1} \cdot s^{-1}$ quando a temperatura foi elevada de 18°C para 30.°C. Qual é a energia de ativação da reação?

Exercícios relacionados 7D.3 e 7D.4

FIGURA 7D.2 Um gráfico de Arrhenius é um gráfico de $\ln k_r$ contra $1/T$. Se, como aqui, for uma linha reta, diz-se que a reação tem comportamento de Arrhenius na faixa de temperatura estudada. Este gráfico foi construído com os dados do Exemplo 7D.1.

Dizemos que as reações que dão uma linha reta em um gráfico de $\ln k_r$ contra $1/T$ têm **comportamento de Arrhenius**. Uma grande variedade de reações tem comportamento de Arrhenius. Por exemplo, os vaga-lumes piscam mais rapidamente em noites mais quentes do

TABELA 7D.1 Parâmetros de Arrhenius

Reação	A	$E_a/(kJ \cdot mol^{-1})$
Primeira ordem, fase gás		
ciclo-propano $\longrightarrow$ propeno	$1{,}6 \times 10^{15}$ s^{-1}	272
$CH_3NC \longrightarrow CH_3CN$	$4{,}0 \times 10^{13}$ s^{-1}	160
$C_2H_6 \longrightarrow 2\,CH_3$	$2{,}5 \times 10^{17}$ s^{-1}	384
$N_2O \longrightarrow N_2 + O$	$8{,}0 \times 10^{11}$ s^{-1}	250
$2\,N_2O_5 \longrightarrow 4\,NO_2 + O_2$	$4{,}0 \times 10^{13}$ s^{-1}	103
Segunda ordem, fase gás		
$O + N_2 \longrightarrow NO + N$	1×10^{11} L$\cdot$mol$^{-1}\cdot$s^{-1}	315
$OH + H_2 \longrightarrow H_2O + H$	8×10^{10} L$\cdot$mol$^{-1}\cdot$s^{-1}	42
$2\,CH_3 \longrightarrow C_2H_6$	2×10^{10} L$\cdot$mol$^{-1}\cdot$s^{-1}	0
Segunda ordem, solução em água		
$C_2H_5Br + OH^- \longrightarrow C_2H_5OH + Br^-$	$4{,}3 \times 10^{11}$ L$\cdot$mol$^{-1}\cdot$s^{-1}	90
$CO_2 + OH^- \longrightarrow HCO_3^-$	$1{,}5 \times 10^{10}$ L$\cdot$mol$^{-1}\cdot$s^{-1}	38
$C_{12}H_{22}O_{11} + H_2O \longrightarrow 2\,C_6H_{12}O_6$	$1{,}5 \times 10^{15}$ L$\cdot$mol$^{-1}\cdot$s^{-1}	108

que em noites mais frias, e a velocidade dos pulsos é do tipo Arrhenius em uma faixa estreita de temperaturas. Essa observação sugere que as reações bioquímicas responsáveis pelos pulsos de luz têm constantes de velocidade que aumentam com a temperatura de acordo com a Equação 1. Alguns parâmetros de Arrhenius estão listados na Tabela 7D.1.

Como a inclinação do gráfico de Arrhenius é proporcional a E_a, segue-se que, *quanto maior for a energia de ativação, E_a, maior será a variação da constante de velocidade com a temperatura*. As reações que têm energias de ativação baixas (ao redor de 10 kJ$\cdot$mol^{-1}, com gráficos de Arrhenius não muito inclinados) têm velocidades que crescem muito pouco com a temperatura. As reações que têm energias de ativação altas (acima de 60 kJ$\cdot$mol^{-1}, aproximadamente, com gráficos de Arrhenius muito inclinados) têm velocidades que dependem fortemente da temperatura (Fig. 7D.3).

A equação de Arrhenius é usada na predição do valor de uma constante de velocidade em uma temperatura a partir de seu valor em outra temperatura.

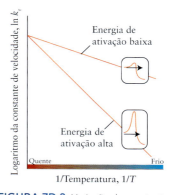

FIGURA 7D.3 Variação da constante de velocidade com a temperatura de duas reações que têm energias de ativação diferentes. Quanto maior for a energia de ativação, mais fortemente a constante de velocidade dependerá da temperatura. Os detalhes mostram as barreiras de ativação das duas reações.

=== **Como isso é feito?** ===

As equações de Arrhenius nas duas temperaturas, T_1 e T_2, quando as constantes de velocidade da reação têm os valores k_{r1} e k_{r2}, respectivamente, são

$$\text{Na temperatura } T_1: \ln k_{r1} = \ln A - \frac{E_a}{RT_1}$$

$$\text{Na temperatura } T_2: \ln k_{r2} = \ln A - \frac{E_a}{RT_2}$$

Elimine $\ln A$ subtraindo a primeira equação da segunda:

$$\overbrace{\ln k_{r2} - \ln k_{r1}}^{\ln(k_{r2}/k_{r1})} = -\frac{E_a}{RT_2} + \frac{E_a}{RT_1}$$

A expressão obtida pode ser rearranjada como

$$\ln \frac{k_{r2}}{k_{r1}} = \frac{E_a}{R}\left(\frac{1}{T_1} - \frac{1}{T_2}\right) \qquad (2)$$

Essa expressão tem a seguinte interpretação:

- Quando $T_2 > T_1$, o lado direito é positivo, logo $\ln(k_{r2}/k_{r1})$ é positivo, isto é, $k_{r2} > k_{r1}$. Isso significa que a constante de velocidade cresce com a temperatura.
- Para valores fixos de T_1 e T_2, $\ln(k_{r2}/k_{r1})$ é grande quando E_a for grande. Logo, o aumento da constante de velocidade é grande quando a ativação for grande.

EXEMPLO 7D.2 Uso da energia de ativação para predizer uma constante de velocidade

A hidrólise da sacarose é uma parte do processo digestivo. Suponha que você queira investigar a dependência da velocidade da temperatura de nosso corpo e precise calcular a constante de velocidade da hidrólise da sacarose em 35,0°C, sabendo que $k_r = 1{,}0$ mL·mol^{-1}·s^{-1} em 37°C (temperatura normal do corpo) e que a energia de ativação da reação é 108 kJ·mol^{-1}. Qual é a constante de velocidade da hidrólise da sacarose em 35°C.

ANTECIPE Você deve esperar uma velocidade de reação menor em temperatura mais baixa.

PLANEJE Use a Equação 2 com $T_1 = 310{,}0$ K e $T_2 = 308{,}0$ K e expresse R em quilojoules por kelvins por mols (para cancelar as unidades de E_a).

RESOLVA

De $\ln(k_{r2}/k_{r1}) = (E_a/R)(1/T_1 - 1/T_2)$,

$$\ln \frac{k_{r2}}{k_{r1}} = \frac{108 \text{ kJ·mol}^{-1}}{8{,}3145 \times 10^{-3} \text{ kJ·K}^{-1}\text{·mol}^{-1}} \times \left(\frac{1}{310{,}0 \text{ K}} - \frac{1}{308{,}0 \text{ K}}\right)$$
$$= -0{,}27\ldots$$

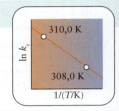

De $x = e^{\ln x}$,

$$\frac{k_{r2}}{k_{r1}} = e^{-0{,}27\ldots}$$

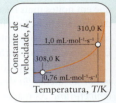

Por fim, como $k_{r1} = 1{,}0$ mL·mol^{-1}·s^{-1},

$$k_{r2} = (1{,}0 \text{ mL·mol}^{-1}\text{·s}^{-1}) \times e^{-0{,}27\ldots} = 0{,}76 \text{ mL·mol}^{-1}\text{·s}^{-1} \text{ em 35 °C}$$

AVALIE Como esperado, a constante de velocidade na temperatura mais baixa é menor. A alta energia de ativação da reação significa que sua velocidade é muito sensível à temperatura.

Teste 7D.2A A constante de velocidade da reação de segunda ordem entre CH$_3$CH$_2$Br e OH$^-$, em água, é 0,28 mL·mol^{-1}·s^{-1} em 35,0°C. Qual é o valor da constante em 50,0°C? Consulte a Tabela 7D.1 para os dados.

[*Resposta:* 1,4 mL·mol^{-1}·s^{-1}]

Teste 7D.2B A constante de velocidade da isomerização de primeira ordem de ciclo-propano, C$_3$H$_6$, a propeno, CH$_3$CH=CH$_2$, é $6{,}7 \times 10^{-4}$ s^{-1} em 500.°C. Qual é seu valor em 300.°C? Consulte a Tabela 7D.1 para os dados.

Exercícios relacionados 7D.5 e 7D.6

Usa-se um gráfico de Arrhenius de ln k_r versus 1/T para determinar os parâmetros de Arrhenius de uma reação. Uma energia de ativação grande significa que a constante de velocidade é muito sensível a mudanças de temperatura.

7D.2 A teoria das colisões

Qualquer modelo de como as reações ocorrem em nível molecular tem de levar em conta a dependência das constantes de velocidade em relação à temperatura, como expresso na equação de Arrhenius. Ele deve, ainda, mostrar o significado dos parâmetros de Arrhenius A e E_a. Como as reações em fase gás são conceitualmente mais simples do que as reações em solução, elas serão consideradas inicialmente.

Em primeiro lugar, imagine que uma reação só pode ocorrer se os reagentes se encontram. O encontro de duas moléculas em um gás é uma "colisão", e o modelo obtido com base nessas considerações é chamado de **teoria das colisões**. Nesse modelo, as moléculas se comportam como bolas de bilhar defeituosas: quando elas colidem em velocidades baixas, elas ricocheteiam, mas podem se despedaçar quando o impacto tem energia muito alta. De modo análogo, se duas moléculas colidem com energia cinética abaixo de um certo valor, elas simplesmente ricocheteiam. Se elas se encontram com energia superior a esse valor, ligações químicas podem se quebrar e novas ligações podem se formar (Fig. 7D.4). A energia cinética mínima necessária para a reação é denominada E_{min}.

Para estabelecer uma teoria quantitativa baseada nessa representação qualitativa, é preciso saber a frequência com que as moléculas colidem e a fração das colisões que têm pelo menos a energia E_{min} necessária para que a reação ocorra. A **frequência de colisão** (o número de colisões por segundo) entre as moléculas A e B em um gás, na temperatura T, pode ser calculada com o uso do modelo cinético de um gás (Tópico 3D):

$$\text{Frequência de colisões} = \sigma \bar{v}_{rel} N_A^2 [A][B] \quad (3)$$

em que N_A é a constante de Avogadro e σ (sigma) é a **seção transversal de colisão**, a área que uma molécula mostra como alvo durante a colisão. Quanto maior for a seção transversal de colisão, maior é a frequência de colisões, porque as moléculas maiores são alvos mais fáceis do que moléculas pequenas. A quantidade $\bar{v}_{rel}$ é a **velocidade média relativa**, isto é, a velocidade média com que as moléculas se aproximam em um gás. A velocidade média relativa é calculada multiplicando-se cada velocidade possível pela fração de moléculas que tem aquela velocidade e adicionando todos os produtos. Quando a temperatura é T e as massas moleculares são M_A e M_B, essa velocidade média relativa é

$$\bar{v}_{rel} = \left(\frac{8RT}{\pi M}\right)^{1/2} \qquad M = \frac{M_A M_B}{M_A + M_B} \quad (4)$$

A frequência de colisão é maior quanto maiores forem as velocidades relativas das moléculas e, portanto, quanto maior for a temperatura.

Embora a velocidade média das moléculas cresça com o aumento da temperatura e, em consequência, a frequência de colisão também cresça, a Equação 4 mostra que a velocidade média relativa cresce somente com a raiz quadrada da temperatura. Essa dependência é muito pequena para explicar o que é observado. Se você usasse a Equação 4 para predizer a dependência das velocidades de reação com a temperatura, concluiria que um aumento de temperatura de 10°C, próximo da temperatura normal (de 273 K para 283 K), só aumentaria a frequência de colisão por um fator de 1,02, embora os experimentos mostrem que muitas velocidades de reação dobram nesse intervalo. Outro fator deve estar afetando a velocidade.

Esse fator é a fração das moléculas que colidem com energia cinética igual ou maior do que uma certa energia mínima, E_{min}, porque só essas colisões de maior energia podem levar à reação. Como a energia cinética é proporcional ao quadrado da velocidade, essa fração pode ser obtida pelo uso da distribuição de velocidades de Maxwell (Tópico 3D). A Figura 7D.5 mostra o tipo de resultado que devemos esperar. Como a área sombreada sob a curva azul indica, muito poucas moléculas têm, em uma determinada reação em temperaturas baixas, energia cinética suficiente para reagir. Em temperaturas mais elevadas, a fração de moléculas que podem reagir é muito maior, como se pode ver pela área sombreada sob a curva vermelha. Essa fração precisa ser incorporada ao modelo.

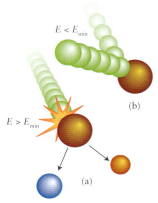

FIGURA 7D.4 (a) Na teoria das colisões de reações químicas, uma reação só pode ocorrer quando duas moléculas colidem com energia cinética, no mínimo, igual a um valor, E_{min}, (que adiante identificaremos com a energia de ativação). (b) Caso contrário, elas tornam a se separar.

─── **Como isso é feito?** ───

Para determinar como a fração das moléculas que colidem com energia igual a pelo menos ε_{min} afeta a velocidade da reação, é preciso lembrar que, na temperatura T, a fração de colisões com, no mínimo, energia ε_{min} é igual a $e^{-\varepsilon_{min}/kT}$, em que k é a constante de Boltzmann. Esse fator é normalmente expresso em termos da energia molar $E_{min} = N_A \varepsilon_{min}$ e a constante dos gases $R = N_A k$, $e^{-E_{min}/RT}$. Esse resultado provém de uma expressão conhecida como a distribuição de Boltzmann, que não será derivada aqui. A velocidade da reação é o produto desse fator pela frequência de colisão:

Velocidade de reação = frequência de colisões × fração com energia suficiente

$$= \underbrace{\sigma \bar{v}_{rel} N_A^2 [A][B]}_{\text{frequência de colisões}} \times \underbrace{e^{-E_{min}/RT}}_{\text{fração com energia} \geq E_{min}}$$

A lei de velocidade de uma reação que depende de colisões entre A e B é Velocidade = $k_r[A][B]$, em que k_r é a constante de velocidade. Portanto, a expressão da constante de velocidade é

$$k_r = \frac{\text{velocidade de reação}}{[A][B]} = \frac{\sigma \bar{v}_{rel} N_A^2 [A][B] \times e^{-E_{min}/RT}}{[A][B]} = \sigma \bar{v}_{rel} N_A^2 e^{-E_{min}/RT}$$

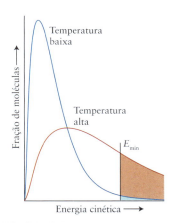

FIGURA 7D.5 A fração de moléculas que colide com a energia cinética igual a, no mínimo, um certo valor, E_{min} (que adiante mostraremos ser a energia de ativação, E_a), é dada pelas áreas sombreadas sob cada curva. Note que a fração aumenta rapidamente quando a temperatura aumenta.

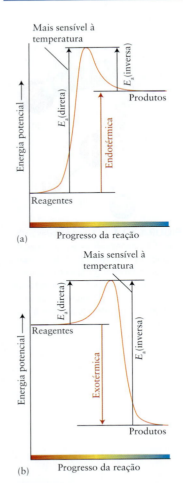

FIGURA 7D.6 (a) A energia de ativação de uma reação endotérmica é maior na direção direta do que na inversa, de modo que a velocidade da reação direta é mais sensível à temperatura e o equilíbrio se desloca para os produtos quando a temperatura aumenta. (b) O oposto é verdadeiro para uma reação exotérmica, e a reação inversa é mais sensível à temperatura. Neste caso, o equilíbrio se desloca na direção dos reagentes, quando a temperatura aumenta.

O cálculo mostra que, de acordo com a teoria das colisões, a constante de velocidade é

$$k_r = \sigma \bar{v}_{rel} N_A^2 e^{-E_{min}/RT} \quad (5)$$

A variação exponencial de k_r com a temperatura é muito mais forte do que a fraca dependência da frequência de colisão. Comparando a Equação 5 com a Equação 1b, podemos identificar o termo $\sigma \bar{v}_{rel} N_A^2$ como o fator pré-exponencial, A, e E_{min} como a energia de ativação, E_a. Isto é:

- O fator pré-exponencial, A, é uma medida da velocidade com que as moléculas colidem.
- A energia de ativação, E_a, é a energia cinética (molar) mínima necessária para que uma colisão leve à reação.

Agora está claro por que certas reações termodinamicamente espontâneas não ocorrem em uma velocidade mensurável: suas energias de ativação são tão altas que muito poucas colisões levam à reação. Embora as moléculas estejam colidindo umas com as outras bilhões de vezes por segundo, uma mistura de oxigênio e hidrogênio pode sobreviver por anos. A energia de ativação para a produção de radicais é muito alta, e nenhum radical se forma até que uma centelha ou chama entre em contato com a mistura.

A dependência da constante de velocidade da temperatura, sua sensibilidade à energia de ativação e o fato de que a constante de equilíbrio é igual à razão entre as constantes de velocidade das reações direta e inversa (Eq. 3, Tópico 7C, $K_c = k_r/k_r'$) nos dão uma explicação cinética da variação da constante de equilíbrio com a temperatura. Para ver o que está envolvido, um **perfil de reação**, usado para representar as mudanças de energia que ocorrem durante uma reação, é elaborado (Fig. 7D.6). Então, com o diagrama e lembrando que uma energia de ativação alta indica alta sensibilidade da constante de velocidade com a variação de temperatura, as seguintes conclusões são obtidas:

- Se a reação é endotérmica na direção direta, a energia de ativação é maior na direção direta do que na direção inversa.

A energia de ativação maior implica que a constante de velocidade da reação direta depende mais fortemente da temperatura do que a constante de velocidade da reação inversa. Portanto, quando a temperatura aumenta, a constante de velocidade da reação direta aumenta mais do que a da reação inversa. Como resultado, $K_c = k_r/k_r'$ aumenta, e os produtos são favorecidos.

- Se a reação é exotérmica na direção direta, a energia de ativação é menor na direção direta do que na direção inversa.

Neste caso, a energia de ativação menor implica que a constante de velocidade da reação direta depende menos fortemente da temperatura do que a constante de velocidade da reação inversa. Portanto, quando a temperatura aumenta, $K_c = k_r/k_r'$ diminui, e a formação dos produtos é desfavorecida. Ambas as conclusões estão de acordo com o princípio de Le Chatelier (Tópico 5J).

Sempre que um modelo é desenvolvido, ele deve ser avaliado com base na consistência com resultados experimentais. No caso presente, experimentos cuidadosos mostraram que o modelo de colisões não é completo porque a constante de velocidade experimental é normalmente menor do que a predita pela teoria das colisões. O modelo pode ser melhorado levando em conta que a *orientação* relativa das moléculas que colidem também pode ser importante. Por exemplo, experimentos do tipo descrito no Quadro 7D.1 mostraram que, na reação de átomos de cloro com moléculas HI na fase gás, HI + Cl → HCl + I, o átomo de Cl só reage com a molécula de HI quando se aproxima em uma direção favorável (Fig. 7D.7). A dependência na direção relativa é chamada de **exigência estérica** da reação. Ela é normalmente levada em conta introduzindo-se um fator empírico, P, chamado de **fator estérico**, e alterando a Eq. 5 para

$$k_r = \overbrace{P}^{\text{exigência estérica}} \times \overbrace{\sigma \bar{v}_{rel} N_A^2}^{\text{fator de colisão}} \times \overbrace{e^{-E_{min}/RT}}^{\text{exigência de energia}} \quad (6)$$

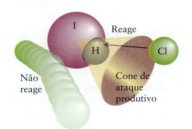

FIGURA 7D.7 Se uma reação ocorre ou não quando duas espécies colidem na fase gás, depende da orientação relativa. Na reação entre um átomo de Cl e uma molécula de HI, por exemplo, só as colisões em que o átomo de Cl se aproxima da molécula de HI em uma direção que está dentro do cone aqui indicado levam à reação, mesmo que a energia das colisões em outras direções exceda a energia de ativação.

Quadro 7D.1 COMO SABEMOS... O QUE OCORRE DURANTE UMA COLISÃO MOLECULAR?

Quando as moléculas colidem com energia suficiente, as ligações existentes se quebram e novas ligações se formam. Existe algum modo de descobrir *experimentalmente* o que está acontecendo durante o clímax da reação?

Os feixes moleculares geram as informações necessárias. Um feixe molecular é um conjunto de moléculas que se move na mesma direção com a mesma velocidade. Um feixe pode ser dirigido para uma amostra gasosa ou para o caminho de um segundo feixe formado pelas moléculas de um segundo reagente. As moléculas podem reagir quando os feixes colidem e os produtos da colisão são detectados. Os experimentalistas examinam as direções em que os produtos emergem da colisão. Eles também usam técnicas espectroscópicas para determinar as excitações vibracional e rotacional dos produtos formados na colisão dos feixes.

Repetindo o experimento com moléculas em velocidades diferentes e estados de excitação vibracional e rotacional também diferentes, os químicos podem aprender mais sobre o processo de colisão. Por exemplo, descobriu-se que, na reação entre um átomo de Cl e uma molécula de HI, a melhor direção de ataque é dentro de um cone com meio ângulo de 30° envolvendo o átomo de H (Fig. 7D.7).

Em uma colisão "grudenta", as moléculas dos reagentes orbitam umas ao redor das outras por uma revolução ou mais. Como resultado, os produtos emergem em direções aleatórias, porque a memória da direção de aproximação não é retida. No entanto, uma rotação leva tempo – cerca de 1 ps. Quando a reação termina antes disso, as moléculas dos produtos emergem em uma determinada direção que depende da direção da colisão. Na colisão entre K e I_2, por exemplo, a maior parte dos produtos é expulsa na direção frontal. Essa observação está de acordo com o "mecanismo de arpão" que foi proposto para esta reação. Nesse mecanismo, um elétron salta do átomo de K para a molécula de I_2, enquanto elas ainda estão bastante distantes, resultando em um íon K^+ e um íon I_2^-. O íon K^+ extrai um dos átomos de I como um íon I^-. O elétron atua com um arpão: a atração eletrostática é a linha amarrada a ele. O I_2 é a baleia. Como o "arpoamento" crucial ocorre a uma grande distância e não há verdadeiramente colisão, os produtos são atirados aproximadamente na mesma direção em que os reagentes estavam viajando.

A reação entre um átomo de K e uma molécula de CH_3I ocorre por um mecanismo diferente. Uma colisão só leva à reação quando os dois reagentes se aproximam muito um do outro. Nesse mecanismo, o átomo de K efetivamente bate em uma "parede" e o produto KI sai na direção oposta.

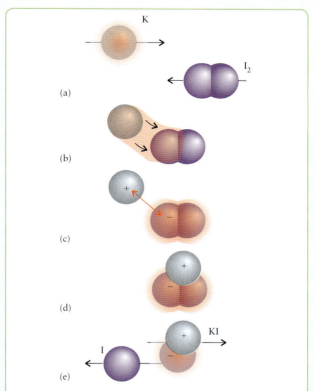

No mecanismo de arpão da reação entre potássio e iodo para formar iodeto de potássio, quando um átomo de K se aproxima da molécula de I_2 (a), um elétron passa do átomo de K para a molécula de I_2 (b). A diferença de carga agora mantém juntos os dois íons (c e d) até que um íon I^- se separa e sai com o íon de K^+ (e).

A Tabela 7D.2 lista alguns valores de *P*. Eles são todos inferiores a 1 porque a exigência estérica reduz a probabilidade de reação. No caso de colisões entre espécies complexas, a exigência estérica pode ser severa, e *P* é muito pequeno. Nesses casos, a velocidade de reação é consideravelmente menor do que a frequência com que as colisões de alta energia ocorrem.

TABELA 7D.2 Fator estérico, *P*

Reação	*P*
$NOCl + NOCl \longrightarrow NO + NO + Cl_2$	0,16
$NO_2 + NO_2 \longrightarrow NO + NO + O_2$	$5,0 \times 10^{-2}$
$ClO + ClO \longrightarrow Cl_2 + O_2$	$2,5 \times 10^{-3}$
$H_2 + C_2H_4 \longrightarrow C_2H_6$	$1,7 \times 10^{-6}$

PONTO PARA PENSAR

Por que o mecanismo de arpão, descrito no Quadro 7D.1, poderia levar a um valor de *P* superior a 1?

De acordo com a teoria das colisões das reações em fase gás, uma reação só ocorre se as moléculas dos reagentes colidem com uma energia cinética no mínimo igual à energia de ativação e se elas o fazem com a orientação correta.

7D.3 A teoria do estado de transição

Embora a teoria das colisões se aplique às reações em fase gás, alguns de seus conceitos podem ser ampliados para explicar por que a equação de Arrhenius também se aplica a reações em solução. Em solução, as moléculas não correm velozmente pelo espaço e colidem, mas se movem juntamente com as moléculas de solvente e permanecem nas vizinhanças umas das outras por períodos relativamente longos. A teoria mais geral que explica esse comportamento (e as reações em fase gás), é chamada de **teoria do estado de transição**. Essa teoria aperfeiçoa a teoria das colisões ao sugerir um modo de calcular a constante de velocidade mesmo quando as exigências estéricas são significativas.

Na teoria do estado de transição, duas moléculas se aproximam e se deformam quando chegam muito perto uma da outra. Na fase gás, o encontro e a deformação equivalem à "colisão" da teoria das colisões. Em solução, a aproximação é uma trajetória em zigue-zague entre moléculas de solvente, e a deformação pode não ocorrer até que as duas moléculas de reagentes tenham se encontrado e recebido um "chute" particularmente vigoroso das moléculas do solvente que estão ao redor (Fig. 7D.8). Nos dois casos, a colisão ou o "chute" não desfazem as moléculas imediatamente. Em vez disso, o encontro leva à formação de um **complexo ativado**, um arranjo das duas moléculas que pode prosseguir na direção dos produtos ou se separar para restabelecer os reagentes não modificados.

No complexo ativado, as ligações originais se esticaram e enfraqueceram, e as novas ligações só estão parcialmente formadas. Por exemplo, na reação de transferência de próton entre o ácido fraco HCN e a água, o complexo ativado pode ser representado como uma molécula de HCN, com o átomo de hidrogênio envolvido no processo de formação de uma ligação hidrogênio com o átomo de oxigênio de uma molécula de água e colocado a meio caminho entre as duas moléculas. Nesse ponto, o átomo de hidrogênio poderia voltar a formar HCN ou transformar-se em H_3O^+.

Na teoria do estado de transição, a energia de ativação é uma medida da energia do complexo ativado em relação à dos reagentes. O perfil de reação da Fig. 7D.9 mostra como a energia potencial total varia à medida que os reagentes se aproximam, encontram-se, formam o complexo ativado e prosseguem na direção dos produtos. Um perfil de reação mostra a energia potencial dos reagentes e produtos, com a energia total dependendo de sua posição relativa,

A teoria do estado de transição também é conhecida como *teoria do complexo ativado* (TCA).

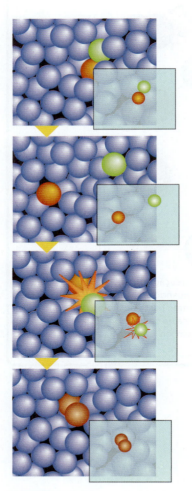

FIGURA 7D.8 Esta sequência de imagens mostra as moléculas dos reagentes em solução durante seu encontro. Elas podem se separar ou adquirir energia suficiente pelos impactos com moléculas de solvente para formar, eventualmente, um complexo ativado, que pode prosseguir e formar produtos.

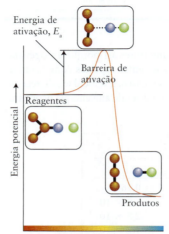

FIGURA 7D.9 Perfil de reação de uma reação exotérmica. Na teoria do estado de transição de velocidades de reações, supõe-se que a energia potencial (a energia acarretada pela posição) aumenta quando as moléculas de reagentes se aproximam e atinge o máximo quando elas formam o complexo ativado. Ela então decresce à medida que os átomos se rearranjam no padrão de ligações característico dos produtos, que então se separam. Somente as moléculas que têm energia suficiente podem atravessar a barreira e reagir para formar produtos.

não de sua velocidade. Considere o que acontece quando os reagentes se aproximam com uma determinada energia cinética. Quando eles se aproximam, perdem energia cinética e sobem o lado esquerdo da barreira (em outras palavras, suas energias potenciais aumentam devido à repulsão resultante da aproximação e da distorção de suas ligações). Se os reagentes têm energia cinética inferior a E_a, eles não atingem o topo da barreira de potencial e "rolam" de volta pelo lado esquerdo, separando-se. Se eles têm energia cinética no mínimo igual a E_a, podem formar o complexo ativado, passar o topo da barreira, um arranjo específico de átomos conhecidos como **estado de transição**, e "rolar" pelo outro lado, onde se separam como produtos.

Uma **superfície de energia potencial** pode ajudar a visualizar as mudanças de energia que ocorrem durante uma reação em função da posição dos átomos. Neste gráfico tridimensional, o eixo z é uma medida da energia potencial total dos reagentes e produtos, e os eixos x e y representam distâncias interatômicas. Por exemplo, o gráfico da Fig. 7D.10 mostra as mudanças de energia potencial que ocorrem durante o ataque de um átomo de bromo a uma molécula de hidrogênio e o processo inverso, o ataque de um átomo de hidrogênio a uma molécula de HBr:

$$H_2 + Br\cdot \rightleftarrows HBr + H\cdot$$

As regiões de baixa energia que correspondem aos reagentes ou aos produtos estão separadas por uma barreira na qual há uma trajetória de energia potencial mínima que a energia cinética das moléculas que se aproximam deve ultrapassar. A trajetória real do encontro depende da energia total das partículas, mas é possível ter uma noção do processo da reação examinando apenas as mudanças de energia potencial. Suponha, por exemplo, que a ligação H—H mantém o mesmo comprimento à medida que o átomo de Br se aproxima. Isso levaria o sistema ao ponto A, um estado de energia potencial muito alta. Na verdade, em temperaturas normais, as espécies que colidem podem não ter energia cinética suficiente para atingir este ponto. A trajetória com a menor energia potencial é aquela que sobe do chão do vale, através do "ponto de sela" (uma região com formato de sela) até o topo da passagem e desce até o chão do vale do outro lado. Somente o caminho de menor energia está disponível, mas para segui-lo a ligação H—H deve aumentar à medida que a nova ligação H—Br começa a se formar.

Como na teoria das colisões, a velocidade da reação depende da frequência com que os reagentes podem formar o complexo ativado e entrar no estado de transição no topo da barreira. A expressão resultante para a constante de velocidade é muito semelhante à da Equação 3, de modo que essa teoria mais geral também explica a forma da equação de Arrhenius e a dependência observada da velocidade de reação com a temperatura.

> *Na teoria do estado de transição, uma reação só ocorre se duas moléculas adquirem energia suficiente, talvez do solvente ao redor, para formar um complexo ativado e atravessar o estado de transição no topo de uma barreira de energia.*

O que você aprendeu com este tópico?

Você aprendeu que a variação das velocidades de reação com a temperatura é descrita empiricamente pela equação de Arrhenius. Você viu que os modelos de reações em fase gás baseados na teoria das colisões podem ser usados para deduzir a variação das velocidades de reação com a temperatura. Além disso, a introdução de um fator estérico empírico pode tornar esses modelos úteis para predizer as constantes de velocidade. Você também viu que a teoria do estado de transição pode estender os conceitos da teoria das colisões e explicar a variação das reações com a temperatura que ocorre em solução e a variação das constantes de equilíbrio com a temperatura.

Os conhecimentos que você deve dominar incluem a capacidade de:

☐ **1.** Determinar a energia de ativação a partir da relação experimental entre a temperatura e as constantes de velocidade de reação (Exemplo 7D.1).

☐ **2.** Predizer a constante de velocidade de uma reação em uma nova temperatura se a energia de ativação e a constante de velocidade em outra temperatura forem conhecidas (Exemplo 7D.2).

☐ **3.** Discutir os parâmetros de Arrhenius, A e E_a, em termos dos modelos de reação (Seções 7D.2 e 7D.3).

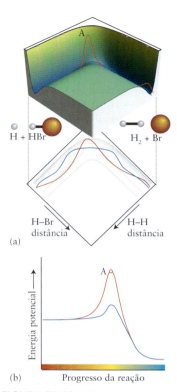

FIGURA 7D.10 (a) Contornos da superfície de energia potencial da reação entre um átomo de hidrogênio e uma molécula de bromo (à direita). A trajetória de menor energia potencial (em azul) sobe um vale, atravessa o passo (o ponto máximo em forma de sela) e desce pelo outro vale até os produtos (à esquerda). A trajetória mostrada em vermelho levaria os átomos a energias potenciais muito altas. (b) Os perfis de reação da trajetória de máxima energia (vermelho) e mínima energia (azul).

Tópico 7D Exercícios

7D.1 A constante de velocidade da reação de primeira ordem $2\ N_2O(g) \rightarrow 2\ N_2(g) + O_2(g)$ é $0,76\ s^{-1}$ em $1.000.$ K e $0,87\ s^{-1}$, em $1.030.$ K. Calcule a energia de ativação da reação.

7D.2 A constante de velocidade da reação de segunda ordem $2\ HI(g) \rightarrow H_2(g) + I_2(g)$ é $2,4 \times 10^{-6}\ L \cdot mol^{-1} \cdot s^{-1}$ em 575 K e $6,0 \times 10^{-5}\ L \cdot mol^{-1} \cdot s^{-1}$ em 630. K. Calcule a energia de ativação da reação.

7D.3 (a) Use programas de computação gráfica padronizados para fazer o gráfico de Arrhenius apropriado aos dados aqui apresentados da conversão de ciclo-propano em propeno e para calcular a energia de ativação da reação. (b) Qual é o valor da constante de velocidade em 600°C?

T/K	750.	800.	850.	900.
k_r/s^{-1}	$1,8 \times 10^{-4}$	$2,7 \times 10^{-3}$	$3,0 \times 10^{-2}$	$0,26$

7D.4 (a) Use programas de computação gráfica padronizados para fazer o gráfico de Arrhenius apropriado aos dados aqui apresentados da decomposição de iodo-etano em eteno e iodeto de hidrogênio, $C_2H_5I(g) \rightarrow C_2H_4(g) + HI(g)$, e para determinar a energia de ativação da reação. (b) Qual é o valor da constante de velocidade em 400°C?

T/K	660	680	720	760
k_r/s^{-1}	$7,2 \times 10^{-4}$	$2,2 \times 10^{-3}$	$1,7 \times 10^{-2}$	$0,11$

7D.5 A constante de velocidade da reação entre CO_2 e OH^- em água para dar o íon HCO_3^- é $1,5 \times 10^{10}\ L \cdot mol^{-1} \cdot s^{-1}$ em 25°C. Determine a constante de velocidade na temperatura do sangue (37°C), sabendo que a energia de ativação da reação é $38\ kJ \cdot mol^{-1}$.

7D.6 O etano, C_2H_6, se dissocia em radicais metila, em 700.°C, com constante de velocidade $k_r = 5,5 \times 10^{-4}\ s^{-1}$. Determine a constante de velocidade em 870.°C, sabendo que a energia de ativação da reação é $384\ kJ \cdot mol^{-1}$.

7D.7 Na reação reversível, em uma etapa, $A + A \rightleftharpoons B + C$, a constante de velocidade da reação direta de formação de B é 265 $L \cdot mol^{-1} \cdot min^{-1}$, e a constante da velocidade da reação inversa é 392 $L \cdot mol^{-1} \cdot min^{-1}$. A energia de ativação da reação direta é $39,7\ kJ \cdot mol^{-1}$ e a da reação inversa é $25,4\ kJ \cdot mol^{-1}$. (a) Qual é a constante de equilíbrio da reação? (b) A reação é exotérmica ou endotérmica? (c) Qual será o efeito do aumento da temperatura nas constantes de velocidade e na constante de equilíbrio?

7D.8 Na reação reversível, em uma etapa, $A + B \rightleftharpoons C + D$, a constante de velocidade da reação direta é $52,4\ L \cdot mol^{-1} \cdot h^{-1}$ e a da reação inversa é $32,1\ L \cdot mol^{-1} \cdot h^{-1}$. A energia de ativação da reação direta é $35,2\ kJ \cdot mol^{-1}$ e a da reação inversa é $44,0\ kJ \cdot mol^{-1}$. (a) Qual é a constante de equilíbrio da reação? (b) A reação é exotérmica ou endotérmica? (c) Qual será o efeito do aumento da temperatura nas constantes de velocidade e na constante de equilíbrio?

Tópico 7E A catálise

7E.1 Como os catalisadores atuam
7E.2 Os catalisadores industriais
7E.3 Os catalisadores vivos: as enzimas

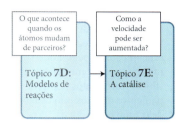

As velocidades de muitas reações aumentam se a concentração de reagentes ou a temperatura aumentam (Tópicos 7A e 7D). Outra forma de aumentar a velocidade de uma reação é utilizando um **catalisador**, uma substância que aumenta a velocidade sem ser consumida na reação (Fig. 7E.1). O nome vem das palavras gregas que significam "decompondo-se ao se aproximar". Em muitos casos, apenas uma pequena quantidade de catalisador é necessária, porque ele não é consumido e age muitas e muitas vezes. É por isso que pequenas quantidades de clorofluorocarbonetos podem ter um efeito tão devastador na camada de ozônio da estratosfera – eles se decompõem em radicais que catalisam a destruição do ozônio (Quadro 7E.1).

7E.1 Como os catalisadores atuam

Um catalisador acelera uma reação fornecendo um caminho alternativo – um mecanismo de reação diferente – entre reagentes e produtos. Esse novo caminho tem energia de ativação mais baixa do que o caminho original (Fig. 7E.2). Na mesma temperatura, uma fração maior de moléculas de reagente pode cruzar a barreira mais baixa da trajetória catalisada e se converter em produtos do que ocorreria na ausência do catalisador. Embora a reação ocorra mais rapidamente, o catalisador não afeta a composição de equilíbrio. Ambas as reações, direta e inversa, são aceleradas no caminho catalisado, o que deixa a constante de equilíbrio inalterada.

Um **catalisador homogêneo** é um catalisador que está na mesma fase dos reagentes. Se os reagentes são gases, o catalisador homogêneo é também um gás. Se os reagentes são líquidos, o catalisador homogêneo se dissolve na solução. Bromo dissolvido é um catalisador homogêneo da decomposição de peróxido de hidrogênio em água:

$$2\ H_2O_2(aq) \xrightarrow{Br_2} 2\ H_2O(l) + O_2(g)$$

Por que você precisa estudar este assunto? Praticamente toda a indústria química depende da existência e do desenvolvimento dos catalisadores. Sem eles, seria difícil ou mesmo impossível produzir em grande escala os fertilizantes usados na produção de alimentos e os polímeros empregados na fabricação de inúmeros objetos.

Que conhecimentos você precisa dominar? Você precisa estar familiarizado com as leis de velocidade (Tópico 7A), os mecanismos de reação (Tópico 7C) e o conceito de energia de ativação (Tópico 7D).

Os caracteres chineses para "catalisador", que se traduzem como "casamenteiro", capturam o sentido muito bem.

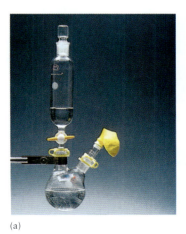
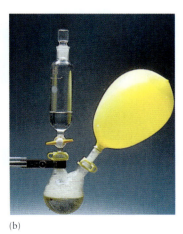

FIGURA 7E.1 Uma pequena quantidade de catalisador – neste caso, iodeto de potássio em água – pode acelerar a decomposição de peróxido de hidrogênio em água e oxigênio. (a) Enchimento lento do balão na ausência de catalisador. (b) Enchimento rápido na presença de catalisador. *(W. H. Freeman. Fotos: Ken Karp.)*

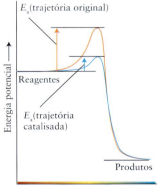

FIGURA 7E.2 O catalisador permite uma nova trajetória de reação com energia de ativação mais baixa, o que faz com que mais moléculas de reagente cruzem a barreira e formem produtos. A reação reversa também é acelerada e, por isso, a composição do equilíbrio não é afetada.

Quadro 7E.1 O QUE ISSO TEM A VER COM... O MEIO AMBIENTE?

PROTEÇÃO DA CAMADA DE OZÔNIO

A cada ano, nosso planeta é bombardeado com energia do Sol suficiente para destruir toda a vida. Apenas o ozônio da estratosfera nos protege desse ataque violento. No entanto, o ozônio está ameaçado pelo modo de vida moderno. Os produtos químicos usados como refrigerantes e propelentes, como os cloro-fluoro-carbonetos (CFCs) e os óxidos de nitrogênio dos escapamentos de jatos, são os responsáveis por buracos na camada de ozônio protetora da Terra. Como eles agem como catalisadores, até mesmo pequenas quantidades desses reagentes podem causar grandes alterações na vasta extensão da estratosfera.

O ozônio se forma na estratosfera em duas etapas. Primeiramente, moléculas de oxigênio ou outro composto contendo oxigênio são quebrados pela luz do Sol, um processo chamado de *fotodissociação*:

$$O_2 \xrightarrow{\text{luz solar, } \lambda < 340 \text{ nm}} O + O$$

Então, os átomos de oxigênio, que são radicais reativos com dois elétrons desemparelhados, reagem com as moléculas de O_2, mais abundantes, para formar o ozônio. As moléculas de ozônio formam-se em um estado com energia tão alta que seus movimentos vibracionais as quebrariam rapidamente, a não ser que outra molécula, em geral O_2 ou N_2, colida primeiro com elas. A outra molécula, M, retira parte da energia:

$$O + O_2 \longrightarrow O_3^*$$
$$O_3^* + M \longrightarrow O_3 + M$$

em que * representa um estado de alta energia. A reação total, a soma dessas duas reações elementares (após multiplicá-las por 2) e da reação apresentada antes, é $3 O_2 \rightarrow 2 O_3$. Parte do ozônio é decomposta pela radiação ultravioleta:

$$O_3 \xrightarrow{\text{UV, } \lambda < 340 \text{ nm}} O + O_2$$

O átomo de oxigênio produzido nessa etapa pode reagir com moléculas de oxigênio para produzir mais ozônio, de modo que

Variação sazonal na área média do buraco de ozônio na Antártida em 2014.

normalmente a concentração de ozônio na estratosfera permanece constante, com variações sazonais. Como a decomposição de ozônio absorve radiação ultravioleta, ela ajuda a proteger a Terra de danos produzidos pela radiação.

Advertências sobre a possibilidade de reagentes *antropogênicos* (produzidos pelo homem) ameaçarem o ozônio da estratosfera começaram a aparecer em 1970 e 1971, quando Paul Crutzen concluiu experimentalmente que moléculas de NO e NO_2 catalisam a destruição do ozônio. Os óxidos de nitrogênio são produzidos naturalmente na atmosfera pelos relâmpagos e pela combustão em motores de automóveis e aviões. Contudo, apenas o N_2O é inerte o suficiente para alcançar a estratosfera, onde é convertido em NO_2.

Mario Molina e Sherwood Rowland, em 1974, aproveitaram o trabalho de Crutzen e outros dados para construir um modelo da estratosfera que explicava como os cloro-fluoro-carbonetos também poderiam ameaçar a camada de ozônio.* Em 1985,

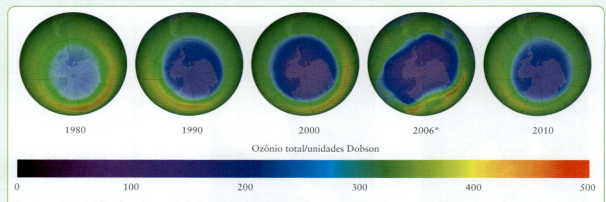

Concentrações médias de ozônio no Polo Sul para o mês de setembro entre 1980 e 2010. A concentração normal de ozônio em latitudes temperadas é cerca de 350 DU (verde). (1 dobson, 1 DU, corresponde à camada de ozônio que teria 10 μm de espessura em 0°C e 1 atm, logo, 350 DU corresponde a uma camada com 3,50 mm de espessura. O maior buraco na camada de ozônio foi registrado em 24 de setembro de 2006 (para outros mapas, visite http://ozonewatch.gsfc.nasa.gov/) (NASA).

---

*Crutzen, Molina e Rowland receberam o Prêmio Nobel de 1995 em Química "por seu trabalho em química atmosférica, particularmente referentes à formação e decomposição do ozônio".

7E.1 Como os catalisadores atuam · 633

verificou-se que os níveis de ozônio sobre a Antártida estavam de fato caindo continuamente e haviam chegado a um mínimo jamais observado. No ano 2000, o buraco atingiu o Chile. Essas perdas, agora se sabe, têm amplitude global, e tem sido postulado que elas podem estar contribuindo para o aquecimento global do hemisfério sul.

Susan Solomon e James Anderson mostraram, então, que os CFCs produzem átomos de cloro e óxido de cloro nas condições da camada de ozônio e identificaram os CFCs emanados de objetos do dia a dia, como aerossóis para cabelo, refrigeradores e condicionadores de ar, como os responsáveis primários pela destruição do ozônio estratosférico. As moléculas de CFC são suficientemente inertes para resistir ao ataque dos radicais hidroxila, ·OH, na troposfera e (como o N_2O) chegam até a estratosfera, onde são expostas à radiação ultravioleta do Sol. Elas se dissociam facilmente sob essa radiação e formam átomos de cloro que destroem o ozônio por vários mecanismos, um dos quais é

$$Cl\cdot + O_3 \longrightarrow ClO\cdot + O_2$$
$$ClO\cdot + \cdot O\cdot \longrightarrow Cl\cdot + O_2$$

Os átomos de O são produzidos quando o ozônio se decompõe pela luz ultravioleta, como vimos. Note que a reação efetiva, $O_3 + O \rightarrow O_2 + O_2$, não envolve cloro. Os átomos de cloro agem como catalisadores que se regeneram continuamente, isto é, mesmo uma pequena quantidade pode causar um grande dano.

A grande maioria das nações assinou o Protocolo de Montreal de 1987 e as adições de 1992, que exigiram que os CFC mais perigosos fossem proibidos a partir de 1996. A concentração de ozônio na estratosfera é medida pelo espectrômetro de mapeamento total de ozônio (TOMS) da NASA. Os dados de TOMS mostram que os níveis dos compostos que decompõem o ozônio estão diminuindo gradualmente. Acredita-se que, se o Protocolo de Montreal continuar a ser observado e não acontecerem erupções vulcânicas significativas (que liberam poeira que acelera a destruição do ozônio), os níveis de ozônio da estratosfera podem voltar aos níveis protetores.

Exercícios relacionados 7.29 a 7.31

Leitura complementar C. Baird and M. Cann, "Stratospheric chemistry: the ozone layer" and "The ozone holes," *Environmental Chemistry*, 5th ed. (New York: W. H. Freeman and Company, 2012). F. S. Rowland, "Stratospheric ozone depletion," *Philosophical Transactions of the Royal Society B*, vol. 361, 2006, pp. 769–790. J. Shanklin, "Reflections on the ozone hole," *Nature*, vol. 465, 2010, pp. 34–35. NASA, "Ozone Hole Watch," http://ozonewatch.gsfc.nasa.gov/.

Na ausência de bromo ou de outro catalisador, uma solução de peróxido de hidrogênio pode ser armazenada por um longo tempo em temperatura normal. No entanto, bolhas de oxigênio formam-se rapidamente assim que uma gota de bromo é adicionada. Acredita-se que o papel do bromo nessa reação é a redução a Br^- em uma primeira etapa, seguida por oxidação a Br_2 em uma segunda etapa. As equações totais para cada etapa (não as reações elementares, as quais são numerosas em cada caso e não serão detalhadas aqui) são

$$Br_2(aq) + H_2O_2(aq) \longrightarrow 2\,Br^-(aq) + 2\,H^+(aq) + O_2(g)$$
$$2\,Br^-(aq) + H_2O_2(aq) + 2\,H^+(aq) \longrightarrow Br_2(aq) + 2\,H_2O(l)$$

Quando as duas equações são somadas, tanto o catalisador, Br_2, quanto o intermediário, Br^-, se cancelam, e a equação total é $2\,H_2O_2(aq) \rightarrow 2\,H_2O(l) + O_2(g)$. Assim, embora as moléculas de Br_2 tenham participado da reação, elas não são consumidas e podem atuar repetidas vezes.

Apesar do catalisador não aparecer na equação balanceada de uma reação, a concentração do catalisador homogêneo pode aparecer na lei de velocidade. Por exemplo, a reação entre íons triiodeto e íons azida é muito lenta, a não ser que um catalisador como o dissulfeto de carbono esteja presente:

$$I_3^-(aq) + 2\,N_3^-(aq) \xrightarrow{CS_2} 3\,I^-(aq) + 3\,N_2(g)$$

A etapa determinante da velocidade desta reação é a primeira, na qual um intermediário reativo é formado:

$$CS_2 + N_3^- \longrightarrow S_2CN_3^- \qquad \text{(baixa)}$$

O intermediário reage rapidamente com os íons triiodeto em uma série de reações elementares rápidas, que podem ser resumidas como

$$2\,S_2CN_3^- + I_3^- \longrightarrow 2\,CS_2 + 3\,N_2 + 3\,I^-$$

A lei de velocidade derivada desse mecanismo é igual à lei de velocidade experimental:

$$\text{Velocidade de consumo de } I_3^- = k_r[CS_2][N_3^-]$$

Note que a lei de velocidade é de primeira ordem no catalisador, dissulfeto de carbono, mas de ordem zero no íon triiodeto.

Um **catalisador heterogêneo** é um catalisador que está em uma fase diferente da dos reagentes. Os catalisadores heterogêneos mais comuns são sólidos finamente divididos ou porosos, usados em reações em fase gás ou líquido. Eles são finamente divididos ou porosos para que tenham a grande área superficial necessária para as reações elementares que

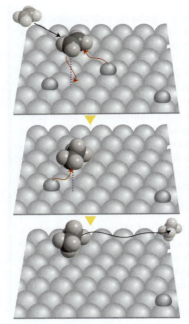

FIGURA 7E.3 Reação entre o eteno, $CH_2=CH_2$, e o hidrogênio em uma superfície de metal catalítica que absorveu moléculas de hidrogênio, que dissociam e se fixam à superfície como átomos de hidrogênio. Nesta sequência de imagens, vemos a molécula de eteno se aproximando da superfície do metal. A seguir, a molécula de eteno também se fixa à superfície, encontra um átomo de hidrogênio e forma uma ligação. Nesse momento, o radical $\cdot CH_2CH_3$ permanece preso à superfície por um dos átomos de carbono. Por fim, o radical e outro átomo de hidrogênio se encontram e forma-se etano, que escapa da superfície.

permitem o caminho catalisado. Um exemplo é o catalisador ferro usado no processo de Haber para a amônia, outro é o níquel finamente dividido, usado na hidrogenação do eteno:

$$H_2C=CH_2(g) + H_2(g) \xrightarrow{Ni} H_3C-CH_3(g)$$

O reagente é adsorvido na superfície do catalisador. Quando uma molécula de reagente se liga à superfície do catalisador, suas ligações são enfraquecidas e a reação pode ocorrer mais rapidamente, porque as ligações são quebradas mais facilmente (Fig. 7E.3).

EXEMPLO 7E.1 Determinação do efeito de um catalisador na velocidade de reação

Você trabalha para um fabricante de produtos de limpeza e estuda o uso do peróxido de hidrogênio, H_2O_2, como agente da remoção de manchas na formulação de um sabão em pó. Contudo, a água potável na região em que o teste será conduzido contém um óxido de ferro, e você precisa saber se ele interfere na ação do peróxido de hidrogênio. A energia de ativação da decomposição do peróxido de hidrogênio é 75,3 kJ·mol^{-1}. Na presença de um catalisador óxido de ferro, a energia de ativação da decomposição foi 32,8 kJ·mol^{-1}. Em quanto aumenta a velocidade de decomposição em 25°C na presença do catalisador se os outros parâmetros do processo se mantêm inalterados?

ANTECIPE Como a energia de ativação da reação catalisada é muito menor, você deve esperar um grande aumento na velocidade de decomposição.

PLANEJE Como a constante de velocidade está relacionada à energia de ativação segundo a Equação 1b do Tópico 7D ($k_r = Ae^{-E_a/RT}$), escreva uma expressão para a razão entre as constantes de velocidade nas duas temperaturas k_{r2}/k_{r1} e resolva a expressão para k_{r2} em termos de k_{r1}.

O que você deve supor? Que os fatores pré-exponenciais da decomposição com e sem catalisador são idênticos.

RESOLVA

Com base na razão das constantes de velocidade dada pela Equação 1b do Tópico 7D, $k_r = Ae^{-E_a/RT}$

$$\frac{k_{r2}}{k_{r1}} = \frac{Ae^{-E_{a2}/RT}}{Ae^{-E_{a1}/RT}} \stackrel{e^x/e^y=e^{x-y}}{=} e^{-(E_{a2}-E_{a1})/RT}$$

Logo, com

$$\frac{E_{a2}-E_{a1}}{RT} = \frac{(32,8-75,3)\times 10^3\,\text{J·mol}^{-1}}{(8,3145\,\text{J·K}^{-1}\text{·mol}^{-1})\times(298\,\text{K})} = -17,15\ldots$$

A razão das constantes de velocidade é

$$\frac{k_{r2}}{k_{r1}} = e^{-(-17,15\ldots)} = e^{17,15\ldots} = 2,8\times 10^7$$

Agora expresse k_{r2} em termos de k_{r1}

$$k_{r2} = 2,8\times 10^7\, k_{r1}$$

AVALIE Na presença do catalisador, a constante de velocidade da decomposição do peróxido de hidrogênio é muito maior, por um fator de aproximadamente 30 milhões, conforme antecipado.

Teste 7E.1A A velocidade de uma reação aumenta por um fator de 1000. na presença de um catalisador em 25°C. A energia de ativação do percurso original é 98 kJ·mol^{-1}. Qual é a energia de ativação da nova trajetória, sendo os demais fatores iguais? Na prática, a nova trajetória tem também um fator pré-exponencial diferente.

[*Resposta:* 81 kJ·mol^{-1}]

Teste 7E.1B A velocidade de uma reação aumenta por um fator de 500. na presença de um catalisador em 37°C. A energia de ativação do caminho original é 106 kJ·mol^{-1}. Qual é a energia de ativação da nova trajetória, sendo os demais fatores iguais? Na prática, a nova trajetória tem também um fator pré-exponencial diferente.

Exercícios relacionados 7E.3 e 7E.4

Os catalisadores participam das reações, mas não são consumidos. Eles permitem um caminho de reação com energia de ativação mais baixa. Os catalisadores são classificados como homogêneos e heterogêneos.

7E.2 Os catalisadores industriais

Os conversores catalíticos de automóveis usam catalisadores para garantir a combustão rápida e completa do combustível que não foi queimado nos cilindros (Fig. 7E.4). A mistura de gases que sai de um motor inclui não apenas o dióxido de carbono e a água, como também monóxido de carbono, hidrocarbonetos não queimados e óxidos de nitrogênio designados coletivamente como NO_x. A poluição do ar decresce se os compostos de carbono forem oxidados a dióxido de carbono e os NO_x reduzidos, por outro catalisador, a nitrogênio. O desafio é encontrar um catalisador – ou uma mistura de catalisadores – que acelere as reações de oxidação e redução e seja ativo quando o carro for ligado e o motor estiver frio.

Os **catalisadores microporosos** são catalisadores heterogêneos que, devido à grande área superficial e especificidade, são usados em conversores catalíticos e muitas outras aplicações especializadas. As **zeólitas**, por exemplo, são aluminossilicatos microporosos (Tópico 3I) com estruturas tridimensionais que contêm canais hexagonais ligados por túneis (Fig. 7E.5). Nesses conversores, eles retêm os óxidos de nitrogênio e os reduzem a nitrogênio, um gás inerte. Catalisadores com uma formulação diferente absorvem os hidrocarbonetos incompletamente queimados e os oxidam a dióxido de carbono. A natureza fechada dos sítios ativos das zeólitas lhes dá uma vantagem sobre outros catalisadores, porque os intermediários permanecem no interior dos canais até que os produtos se formem. Além disso, os canais só permitem o crescimento dos produtos até certo ponto. Uma aplicação bem-sucedida das zeólitas é o catalisador ZSM-5, usado na conversão de metanol em gasolina. Os poros da zeólita são grandes o suficiente para produzir hidrocarbonetos de cerca de oito átomos de carbono, e as cadeias não crescem muito.

Os catalisadores podem ser **envenenados** ou inativados. Uma causa comum de envenenamento é a adsorção de uma molécula tão fortemente ao catalisador que ela sela a superfície desse catalisador para reações posteriores. Alguns metais pesados, especialmente o chumbo, são venenos muito potentes para catalisadores heterogêneos, o que explica por que gasolina isenta de chumbo tem de ser usada em motores equipados com conversores catalíticos.

Catalisadores microporosos são catalisadores heterogêneos como, por exemplo, as zeólitas que têm grande área superficial.

7E.3 Os catalisadores vivos: enzimas

As células vivas contêm milhares de tipos diferentes de catalisadores, cada um dos quais é necessário à vida. Muitos desses catalisadores são proteínas chamadas de *enzimas*, moléculas muito grandes que têm um sítio ativo semelhante a uma cavidade onde a reação acontece (Fig. 7E.6). O **substrato**, a molécula sobre a qual a enzima age, encaixa-se na cavidade como uma chave se encaixa em uma fechadura (Fig. 7E.7). No entanto, ao contrário de uma fechadura comum, a molécula de proteína se distorce ligeiramente quando a molécula de substrato se aproxima, e sua capacidade em realizar a distorção correta também determina se a "chave" irá servir. Esse refinamento do modelo original chave-fechadura é conhecido como **mecanismo de ajuste induzido** da ação enzimática.

Uma vez no sítio ativo, o substrato reage. O produto é liberado para uso na etapa seguinte, que é controlada por outra enzima, e a molécula da enzima original fica livre para receber a próxima molécula de substrato. Um exemplo de enzima é a amilase, que existe na boca humana. A amilase da saliva ajuda a transformar o amido dos alimentos em glicose, que é mais facilmente digerida. Se você mastigar um biscoito por tempo suficiente, poderá notar que o sabor adocicado aumenta progressivamente.

A cinética das reações enzimáticas foi estudada pela primeira vez pelos químicos Leonor Michaelis e Maud Menten no início do século XX. Eles descobriram que, quando a concentração do substrato é baixa, a velocidade de uma reação catalisada por uma enzima aumenta com a concentração do substrato, como no gráfico da Figura 7E.8 No entanto, quando a concentração do substrato é alta, a velocidade da reação depende apenas da concentração

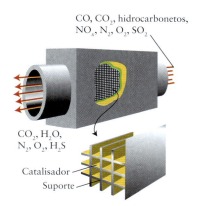

FIGURA 7E.4 O conversor catalítico de um automóvel é feito com uma mistura de catalisadores ligados a um suporte cerâmico do tipo colmeia.

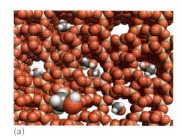

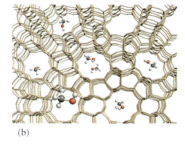

FIGURA 7E.5 (a) Estrutura da zeólita ZSM-5, um catalisador. Os reagentes propagam-se pelos canais, que são suficientemente estreitos para reter os intermediários em posições favoráveis à reação. (b) Nesta representação, apenas as ligações da zeólita são mostradas, para fins de clareza.

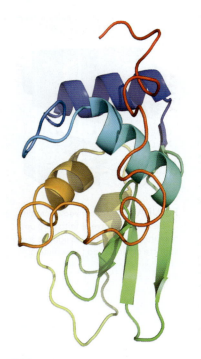

FIGURA 7E.6 A molécula de lisozima é uma molécula de enzima típica. A lisozima ocorre em vários lugares no organismo, incluindo as lágrimas e o muco nasal. Uma de suas funções é atacar as paredes celulares de bactérias e destruí-las. Esta representação em "fitas" mostra somente o arranjo geral dos átomos, para enfatizar a forma total da molécula. As fitas são feitas de amino-ácidos ligados uns aos outros (Tópico 11E).

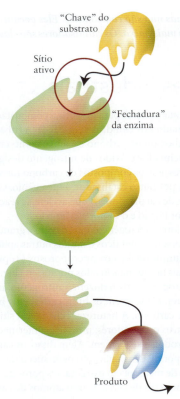

FIGURA 7E.7 No modelo de ação enzimática conhecido como chave-fechadura, o substrato correto é reconhecido por sua capacidade de se ajustar ao sítio ativo como uma chave se ajusta a uma fechadura. Em um refinamento desse modelo, a enzima muda ligeiramente sua forma quando a chave entra.

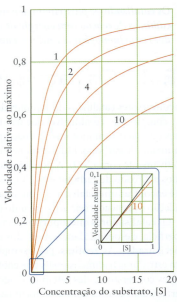

FIGURA 7E.8 Gráfico da velocidade de uma reação catalisada por enzima (relativa a seu valor máximo, $k_2[E]_0$, quando S está em concentração muito alta) em função da concentração do substrato para vários valores de K_M. Em concentrações baixas de substrato, a velocidade é diretamente proporcional à concentração de substrato (como indicado pela linha preta para $K_M = 10$). Em concentrações altas de substrato, a velocidade torna-se constante em $k_2[E]_0$, quando as moléculas de enzima ficam "saturadas" pelo substrato. As unidades de [S] são as mesmas de K_M.

da enzima. No **mecanismo de Michaelis-Menten** da reação enzimática, a enzima E se liga irreversivelmente ao substrato S, formando o complexo ligado ES:

$$E + S \rightleftarrows ES \quad \text{direta: segunda ordem} \quad \text{Velocidade} = k_1[E][S]$$
$$\text{inversa: primeira ordem} \quad \text{Velocidade} = k_1'[ES]$$

O complexo se decompõe com uma cinética de primeira ordem, liberando a enzima para agir novamente:

$$ES \longrightarrow E + \text{produto} \quad \text{direta: primeira ordem} \quad \text{Velocidade} = k_2[ES]$$

Quando a lei de velocidade total é determinada (veja o Exercício 7.14), encontra-se

$$\text{Velocidade de formação de produto} = \frac{k_2[E]_0[S]}{K_M + [S]} \quad (1a)$$

em que $[E]_0$ é a concentração total de enzima (ligada e não ligada) e a **constante de Michaelis**, K_M, é

$$K_M = \frac{k_1' + k_2}{k_1} \quad (1b)$$

Quando a Eq. 1a é colocada em gráfico em função da concentração de substrato, a curva obtida é exatamente igual à observada experimentalmente.

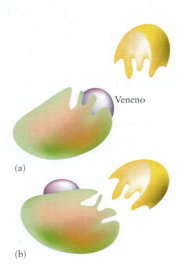

FIGURA 7E.9 (a) Um veneno de enzima (representado pela esfera roxa) pode agir ligando-se tão fortemente ao sítio ativo que o bloqueia, deixando, desse modo, a enzima fora de ação. (b) Alternativamente, a molécula de veneno pode se ligar a outro local, distorcendo a molécula da enzima e seu sítio ativo de tal modo que o substrato não pode mais se ajustar à enzima.

Uma forma de envenenamento biológico reproduz o efeito do chumbo em um conversor catalítico. A atividade das enzimas é destruída se um substrato estranho se liga muito fortemente ao sítio de reação, porque o sítio é bloqueado e deixa de estar disponível para o substrato (Fig. 7E.9). Como resultado, a cadeia de reações bioquímicas da célula para e a célula morre. Os gases de nervos atuam bloqueando as reações controladas por enzimas que permitem a transmissão de impulsos nervosos pelos nervos. O arsênio, o favorito dos envenenadores da ficção, age de modo semelhante. Após ingestão de As(V), na forma de íons arsenato (AsO_4^{3-}), ocorre redução a As(III), que se liga a enzimas e inibe suas ações. Contudo, nem toda intoxicação por enzimas é prejudicial. As enzimas da família das ciclo-oxigenases são responsáveis pela produção de prostaglandinas e tromboxanos, que são precursores de processos inflamatórios. Em pacientes com artrite crônica, essas enzimas são extremamente reativas, o que causa inflamações dolorosas nas articulações. A aspirina, (ácido acetil-salicílico, **1**), reduz a inflamação reagindo irreversivelmente com as ciclo-oxigenases, interrompendo a atividade catalítica.

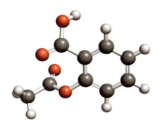

1 ácido acetil-salicílico

As enzimas são catalisadores biológicos cuja função é modificar moléculas de substrato e promover reações.

O que você aprendeu com este tópico?

Você aprendeu que os catalisadores podem aumentar as velocidades de reação ao fornecerem um caminho de menor energia de ativação para formar produtos. Você viu que, embora os catalisadores não apareçam na equação balanceada de uma reação, eles aparecem na lei de velocidade. Você também aprendeu como as enzimas atuam como catalisadores, fornecendo sítios ativos para substratos.

Os conhecimentos que você deve dominar incluem a capacidade de:

☐ **1.** Discutir como um catalisador aumenta a velocidade de uma reação (Seção 7E.1).

☐ **2.** Calcular o aumento na constante de velocidade quando as energias de ativação na presença e na ausência de um catalisador são conhecidas (Exemplo 7E.1).

☐ **3.** Diferenciar um catalisador homogêneo de um catalisador heterogêneo (Seções 7E.1 e 7E.2).

☐ **4.** Explicar o que é a inativação catalítica (Seções 7E.2 e 7E.3).

☐ **5.** Descrever o mecanismo de ajuste induzido da ação enzimática (Seção 7E.3).

Tópico 7E Exercícios

7E.1 Como um catalisador afeta (a) a velocidade da reação inversa; (b) o ΔH_r° da reação?

7E.2 Como um catalisador homogêneo afeta (a) a lei de velocidade; (b) a constante de equilíbrio?

7E.3 A presença de um catalisador permite um caminho de reação no qual a energia de ativação de uma certa reação é reduzida de 125 kJ·mol^{-1} para 75 kJ·mol^{-1}. (a) Que fator de aumento tem a velocidade da reação, em 298 K, sendo iguais os demais fatores? (b) Que fator de aumento teria a velocidade da reação, se ela fosse conduzida em 350. K, sendo iguais os demais fatores?

7E.4 A presença de um catalisador permite um caminho de reação no qual a energia de ativação de uma certa reação é reduzida de 75 kJ·mol^{-1} para 52 kJ·mol^{-1}. (a) Que fator de aumento tem a velocidade da reação, em 200. K, sendo iguais os demais fatores? (b) Que fator de aumento teria a velocidade da reação, se ela fosse conduzida em 300. K, sendo iguais os demais fatores?

7E.5 A hidrólise em meio básico de uma nitrila orgânica, um composto que tem um grupo —C≡N, segue o mecanismo proposto abaixo. Escreva uma equação completa e balanceada para a reação total, liste os intermediários e identifique o catalisador da reação.

Etapa 1 R—C≡N + OH$^-$ ⟶ R—C(=N$^-$)—OH

Etapa 2 R—C(=N$^-$)—OH + H$_2$O ⟶ R—C(=NH)—OH + OH$^-$

Etapa 3 R—C(=NH)—OH ⟶ R—C(=O)—NH$_2$

638　Tópico 7E　A catálise

7E.6 Examine o seguinte mecanismo da hidrólise do acetato de etila. Escreva uma equação completa e balanceada para a reação total, liste os intermediários e identifique o catalisador da reação.

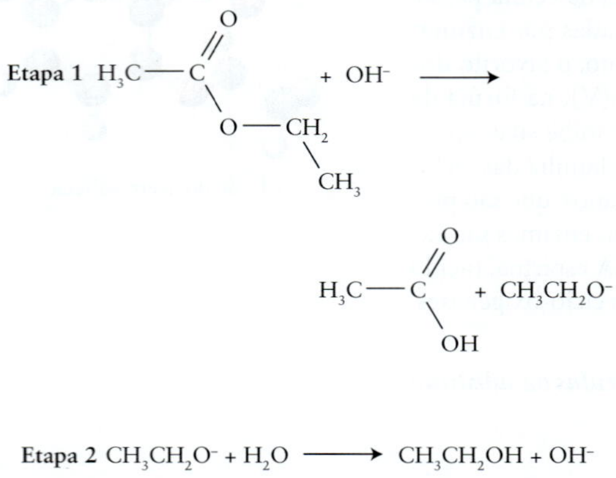

Etapa 1　$H_3C-C(=O)-O-CH_2-CH_3 + OH^- \longrightarrow$

$H_3C-C(=O)-OH + CH_3CH_2O^-$

Etapa 2　$CH_3CH_2O^- + H_2O \longrightarrow CH_3CH_2OH + OH^-$

7E.7 Indique quais das seguintes declarações sobre a catálise são verdadeiras. Se uma afirmação for falsa, explique por quê. (a) Em um processo de equilíbrio, o catalisador aumenta a velocidade da reação direta e deixa inalterada a velocidade da reação inversa. (b) O catalisador não é consumido durante a reação. (c) A trajetória da reação é a mesma na presença ou na ausência do catalisador, mas as constantes de velocidade das reações direta e inversa diminuem.

(d) Um catalisador deve ser cuidadosamente escolhido de modo a mudar o equilíbrio na direção dos produtos.

7E.8 Indique quais das seguintes declarações sobre a catálise são verdadeiras. Se uma afirmação for falsa, explique por quê. (a) Um catalisador heterogêneo funciona porque liga uma ou mais de uma das moléculas que sofrem reação na superfície do catalisador. (b) As enzimas são proteínas que ocorrem na natureza e servem de catalisadores em sistemas biológicos. (c) A constante de equilíbrio de uma reação é maior na presença de um catalisador. (d) Um catalisador muda a trajetória de uma reação de modo a torná-la mais exotérmica.

7E.9 A equação de velocidade de Michaelis-Menten das reações enzimáticas geralmente é escrita como a velocidade de formação do produto (Equação 1a). Essa equação mostra que 1/Velocidade (em que velocidade refere-se à formação do produto) depende linearmente da concentração do substrato [S]. Essa relação permite a determinação de K_M. Derive a equação e esquematize 1/Velocidade contra 1/[S]. Rotule os eixos, o intercepto de y e a inclinação da reta com suas funções correspondentes de K_M e [S].

7E.10 A constante de Michaelis-Menten (K_M) é uma medida da estabilidade do complexo enzima-substrato. Uma grande constante de Michaelis-Menten indica um complexo enzima-substrato estável ou instável? Explique seu raciocínio.

O exemplo e os exercícios a seguir baseiam-se no conteúdo do Foco 7.

FOCO 7 Exemplo cumulativo online

Você trabalha em uma unidade de tratamento de água e precisa medir a concentração do íon ferro(II) no estoque de água. O ferro(II) reage com a 1,10-fenantrolina (fen, **1**) para formar a ferroína ($Fe(fen)_3^{2+}$), um complexo de ferro vermelho escuro, que é usada para determinar sua concentração por espectrofotometria. Contudo, em soluções ácidas, o complexo se decompõe segundo a reação total:

1 1,10-Fenantrolina

$Fe(fen)_3^{2+}(aq) + 3\,H_3O^+(aq) \longrightarrow$
$\quad\quad\quad\quad Fe^{2+}(aq) + 3\,Hfen^+(aq) + 3\,H_2O(l)$

Para saber a rapidez com que a concentração do complexo varia com a temperatura, você precisa primeiro determinar a energia de ativação da reação.

(a) Os dados na tabela abaixo foram coletados em 40°C. Use estes dados para determinar a ordem de reação com relação a $Fe(fen)_3^{2+}$ e H_3O^+. (b) Identifique a lei de velocidade da reação e determine o valor de k_r em 40°C.

Experimento	$[Fe(fen)_3^{2+}]/$ $(mol \cdot L^{-1})$	$[H_3O^+]/$ $(mol \cdot L^{-1})$	Velocidade inicial/ $(mol \cdot L^{-1} \cdot s^{-1})$
1	$7,5 \times 10^{-3}$	0,5	$9,0 \times 10^{-6}$
2	$7,5 \times 10^{-3}$	0,05	$9,0 \times 10^{-6}$
3	$3,75 \times 10^{-2}$	0,05	$4,5 \times 10^{-5}$

(c) Use a constante de velocidade da parte (b) e os dados na tabela abaixo para determinar a energia de ativação desta reação.
(d) Quanto tempo seria necessário para que a concentração de $Fe(fen)_3^{2+}$ diminua pela metade a 25°C.

Temperatura/°C	50	60	70
Constante de velocidade, k_r/s^{-1}	$5,4 \times 10^{-3}$	$2,2 \times 10^{-2}$	$8,5 \times 10^{-2}$

A solução deste exemplo está disponível, em inglês, no hotsite http://apoio.grupoa.com.br/atkins7ed

FOCO 7 Exercícios

Os exercícios assinalados com exigem cálculo diferencial e integral.

Todas as velocidades são velocidades únicas de reação, a menos que o texto afirme diferentemente.

7.1 Em algumas reações, dois ou mais produtos diferentes podem ser formados. Se o produto formado pela reação mais rápida predomina, diz-se que a reação está sob "controle cinético". Se o produto predominante for o mais estável termodinamicamente, diz-se que a reação está sob "controle termodinâmico". Na reação do HBr com o intermediário reativo $CH_3CH=CHCH_2^+$, em temperatura baixa, o produto predominante é $CH_3CHBrCH=CH_2$, mas, em temperatura mais alta, o produto predominante é $CH_3CH=CHCH_2Br$. (a) Que produto se forma pelo caminho que tem a energia de ativação mais alta? (b) O controle cinético predomina em temperatura mais baixa ou em temperatura mais alta? Explique suas respostas.

7.2 Um composto orgânico A pode se decompor por dois caminhos cineticamente controlados para dar os produtos B ou C (veja o Exercício 7.1). A energia de ativação da formação de B é maior do que a da formação de C. A razão [B]/[C] aumenta ou diminui quando a temperatura aumenta? Explique sua resposta.

7.3 A constante de equilíbrio da ligação de segunda ordem de um substrato ao sítio ativo de uma enzima é 326 em 310 K. Na mesma temperatura, a constante de velocidade da ligação de segunda ordem é $7,4 \times 10^7$ $L \cdot mol^{-1} \cdot s^{-1}$. Qual é constante de velocidade da perda do substrato que não reagiu com o centro ativo (o inverso da reação de ligação)?

7.4 Os compostos A e B se decompõem em reações de segunda ordem. Em 398 K, a constante de velocidade de decomposição de A é $3,6 \times 10^{-5}$ s^{-1}. Recipientes separados de A e de B foram preparados com concentrações iniciais de 0,120 $(mol\ de\ A) \cdot L^{-1}$ e 0,240 $(mol\ de\ B) \cdot L^{-1}$. Após 5,0 h, a concentração de A era igual a três vezes a concentração de B. (a) Qual era a concentração de A após aquele tempo? (b) Qual é a constante de velocidade da decomposição de B em 398 K?

7.5 Os dados da decomposição de primeira ordem do composto X, um gás, estão representados nas figuras abaixo. As esferas verdes representam o composto. Os produtos da decomposição não estão representados. Os tempos de reação estão abaixo de cada balão. (a) Determine a meia-vida da reação. (b) Desenhe o aspecto das moléculas do balão após 8 segundos.

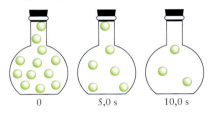

7.6 Determine a molecularidade das seguintes reações elementares:
(a) ○ + ●—● ⟶ ○—● + ●
(b) ○—○ ⟶ ○ + ○
(c) ○ + ○ + ● ⟶ ● + ○—○

7.7 As seguintes leis de velocidade foram derivadas de uma reação elementar. Escreva, para cada caso, a equação química da reação, determine sua molecularidade e desenhe uma estrutura proposta para o complexo ativado:
(a) Velocidade = $k_r[CH_3CHO]$ (Os produtos são CH_3 e CHO.)
(b) Velocidade = $k_r[I]^2[Ar]$ (Os produtos são I_2 e Ar. O papel do Ar é remover energia durante a formação do produto.)
(c) Velocidade = $k_r[O_2][NO]$ (Os produtos são NO_2 e O.)

7.8 O seguinte mecanismo foi proposto para a formação de hidrazina, $N_2(g) + 2 H_2(g) \rightarrow N_2H_4(g)$:
Etapa 1 $N_2 + H_2 \longrightarrow N_2H_2$
Etapa 2 $H_2 + N_2H_2 \longrightarrow N_2H_4$
A lei de velocidade da reação é Velocidade = $k_r[N_2][H_2]^2$. Qual é a etapa lenta? Mostre como chegou a esse resultado.

7.9 A hidrólise da sacarose ($C_{12}H_{22}O_{11}$) produz frutose e glicose: $C_{12}H_{22}O_{11}(aq) + H_2O(l) \rightarrow C_6H_{12}O_6(\text{glicose, aq}) + C_6H_{12}O_6$ (frutose, aq). Dois mecanismos foram propostos para essa reação.
(i) **Etapa 1** $C_{12}H_{22}O_{11} \longrightarrow C_6H_{12}O_6 + C_6H_{10}O_5$ (lenta)
Etapa 2 $C_6H_{10}O_5 + H_2O \longrightarrow C_6H_{12}O_6$ (rápida)
(ii) $C_{12}H_{22}O_{11} + H_2O \longrightarrow C_6H_{12}O_6 + C_6H_{12}O_6$ (lenta)
Sob que condições é possível usar dados cinéticos para distinguir esses dois mecanismos?

7.10 Alguns compostos orgânicos contendo o grupo C=O podem reagir entre si em um processo conhecido como *condensação de aldol*. O mecanismo dessa reação é dado abaixo. Escreva a reação total, identifique os intermediários e determine o papel do íon hidrogênio.

7.11 A lei de velocidade da reação 2 NO(g) + 2 H_2(g) → N_2(g) + 2 H_2O(g) é Velocidade = $k_r[NO]^2[H_2]$ e o mecanismo proposto é
Etapa 1 $NO + NO \longrightarrow N_2O_2$
Etapa 2 $N_2O_2 + H_2 \longrightarrow N_2O + H_2O$
Etapa 3 $N_2O + H_2 \longrightarrow N_2 + H_2O$
(a) Que etapa do mecanismo provavelmente determina a velocidade? Explique sua resposta. (b) Esquematize um perfil de reação para a reação total, que é exotérmica. Indique no gráfico as energias de ativação de cada etapa e a entalpia total da reação.

7.12 (a) Use programas de computação gráfica padronizados para calcular a energia de ativação da hidrólise ácida da sacarose a glicose e fructose (veja o Exercício 7.9) a partir de um gráfico de Arrhenius elaborado com os dados abaixo. (b) Calcule a constante de velocidade em 37°C (temperatura do organismo humano). (c) Use os dados do Apêndice 2A para calcular a variação de entalpia dessa reação, imaginando que as entalpias de solvatação dos açúcares são desprezíveis. Esquematize um perfil de energia para o processo total.

Temperatura/°C	24	28	32	36	40
k_r/s^{-1}	$4,8 \times 10^{-3}$	$7,8 \times 10^{-3}$	13×10^{-3}	$20. \times 10^{-3}$	32×10^{-3}

7.13 A decomposição de A tem a lei de velocidade Velocidade = $k_r[A]^a$. Mostre que para esta reação a razão $t_{1/2}/t_{3/4}$, em que $t_{1/2}$ é a meia-vida e $t_{3/4}$ é o tempo necessário para que a concentração de A caia a ¾ da concentração inicial, pode ser escrita em termos somente de a e pode, portanto, ser usada para uma avaliação preliminar da ordem de reação em A.

7.14 (a) Use o mecanismo abaixo e derive a Equação 1a, Tópico 7E, que Michaelis e Menten propuseram como representação da velocidade de formação de produtos em uma reação catalisada enzimaticamente. (b) Mostre que a velocidade é independente da concentração do substrato em altas concentrações do substrato.

$$E + S \rightleftharpoons ES \quad k_1, k_1'$$
$$ES \longrightarrow E + P \quad k_2$$

em que E é a enzima livre, S é o substrato, ES é o complexo enzima-substrato e P é o produto. Observe que a concentração da enzima livre no estado estacionário é igual à concentração inicial da enzima menos a quantidade de enzima presente no complexo enzima-substrato: $[E] = [E]_0 - [ES]$.

7.15 Para a conversão catalisada por enzima de certo substrato, $K_M = 0,038$ mol·L^{-1} em 25°C. Quando a concentração do substrato é 0,156 mol·L^{-1}, a velocidade da reação é 1,21 mmol·L^{-1}·s^{-1}. O máximo da velocidade da reação de conversão é atingido em altas concentrações do substrato (veja o Exercício 7.14). Calcule a velocidade máxima desta reação catalisada por enzima.

7.16 Um gás composto por moléculas de diâmetro 0,50 nm participa de uma reação, em 300. K e 1,0 atm, com outro gás (presente em grande excesso), formado por moléculas com mais ou menos o mesmo tamanho e massa, para formar um produto em fase gás em 300. K. A energia de ativação da reação é 25 kJ·mol^{-1}. Use a teoria da colisão para calcular a razão entre as velocidades de reação em 320. K e em 300. K.

7.17 Consulte a ilustração abaixo para a reação A → D. (a) Quantas etapas tem essa reação? (b) Qual é a etapa que controla a velocidade? (c) Qual é a etapa mais rápida? (d) Quantos intermediários se formam na reação? (e) Um catalisador que só ativa a terceira etapa foi adicionado. Que efeito, se algum, o catalisador tem sobre a velocidade total da reação?

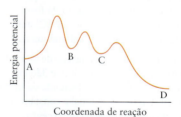

7.18 O seguinte perfil de reação esquemático descreve a reação A → D. (a) A reação total é exotérmica ou endotérmica? Explique sua resposta. (b) Quantos intermediários existem? Identifique-os. (c) Identifique os complexos ativados e os intermediários de reação. (d) Qual é a etapa determinante da velocidade da reação? Explique sua resposta. (e) Qual é a etapa mais rápida? Explique sua resposta.

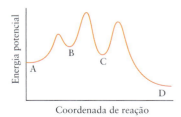

7.19 A meia-vida de uma substância que participa da reação de terceira ordem A → produtos é inversamente proporcional ao quadrado da concentração inicial de A. Como essa meia-vida pode ser usada para predizer o tempo necessário para que a concentração caia até (a) a metade; (b) um quarto; (c) um dezesseis avos do valor inicial?

7.20 Suponha que um poluente entre no ambiente com uma velocidade constante R, e que, uma vez lá, sua concentração caia por meio de uma reação de primeira ordem. Derive uma expressão para (a) a concentração do poluente no equilíbrio em função de R e (b) a meia-vida da espécie poluente quando $R = 0$.

7.21 Quais dos seguintes gráficos serão lineares? (a) [A] contra o tempo em uma reação de primeira ordem em A. (b) [A] contra o tempo em uma reação de ordem zero em A. (c) ln[A] contra o tempo em uma reação de segunda ordem em A. (d) 1/[A] contra o tempo em uma reação de segunda ordem em A. (e) k_r contra a temperatura. (f) Velocidade inicial contra [A] em uma reação de primeira ordem em [A]. (g) Meia-vida contra [A] em uma reação de ordem zero em [A]. (h) Meia-vida contra [A] em uma reação de segunda ordem em A.

7.22 As aproximações do pré-equilíbrio e do estado estacionário são duas aproximações diferentes para derivar uma lei de velocidade a partir de um mecanismo proposto. Determine a lei de velocidade usando (a) a aproximação do pré-equilíbrio e (b) a aproximação do estado estacionário. (c) Sob que condições os dois métodos dão a mesma resposta? (d) Como será a lei de velocidade em altas concentrações de Br^-?

$CH_3OH + H^+ \rightleftharpoons CH_3OH_2^+$ (equilíbrio rápido)
$CH_3OH_2^+ + Br^- \longrightarrow CH_3Br + H_2O$ (lenta)

7.23 (a) Qual é a reação total para o mecanismo abaixo? (b) Escreva a lei de velocidade decorrente desse mecanismo. (c) Será que a velocidade da reação dependerá do pH da solução? (d) Como ficaria a lei de velocidade se as reações fossem conduzidas em um solvente orgânico?

$ClO^- + H_2O \rightleftharpoons HClO + OH^-$ (equilíbrio rápido)
$HClO + I^- \longrightarrow HIO + Cl^-$ (muito lenta)
$HIO + OH^- \rightleftharpoons IO^- + H_2O$ (equilíbrio rápido)

7.24 As reações de segunda ordem da Tabela 7D.1 têm grandes variações de energia de ativação. Em um complexo ativado, as ligações dos reagentes aumentam enquanto as ligações do produto se formam. Determine que ligações têm de aumentar para formar o complexo ativado em cada reação e use entalpias de ligação (Tópicos 2D e 4E) para explicar as diferenças de energia de ativação.

7.25 A visão depende da proteína rodopsina, que absorve a luz na retina do olho em uma reação que converte uma forma da proteína, a metarrodopsina I, em outra, a metarrodopsina II. A meia-vida desta reação no olho de bovinos é 600 μs em 37°C e 1 s em 0°C, enquanto nos olhos dos sapos o mesmo processo tem uma meia-vida que varia por um fator de apenas 6 na mesma faixa de temperatura. Sugira uma explicação e avalie as vantagens dessa diferença com relação à sobrevivência dos sapos.

7.26 O leite cru azeda em aproximadamente 4 h, em 28°C, mas leva cerca de 48 h para que o mesmo aconteça em um refrigerador, em 5°C. Qual é a energia de ativação do azedamento do leite?

7.27 Na preparação de um cachorro de 15 kg para uma cirurgia, 150 mg do anestésico fenobarbitol foram administrados por via intravenosa. A reação de metabolização (decomposição no organismo) do anestésico é de primeira ordem em fenobarbitol e tem meia-vida de 4,5 h. Após 2 horas, o anestésico começa a perder o efeito. O procedimento cirúrgico, porém, exigiu mais tempo do que o programado. Que massa de fenobarbitol deve ser reinjetada para restabelecer o nível original do anestésico no cachorro?

7.28 Os modelos de crescimento populacional são análogos às equações de velocidades de reação química. No modelo desenvolvido por Malthus em 1798, a velocidade de mudança da população da Terra, N, é dN/dt = nascimentos − mortes. O número de nascimentos e de mortes é proporcional à população, com constantes de proporcionalidade b e d. Derive a lei de velocidade integrada para a mudança de população. Quão bem ela representa os dados aproximados da população da Terra com o tempo, abaixo?

Ano	1750	1825	1922	1960	1974	1987	2000
$N/10^9$	0,5	1	2	3	4	5	6

7.29 O mecanismo seguinte foi proposto para explicar a contribuição dos clorofluorocarbonetos na destruição da camada de ozônio:

Etapa 1 $O_3 + Cl \longrightarrow ClO + O_2$
Etapa 2 $ClO + O \longrightarrow Cl + O_2$

(a) Qual é o intermediário de reação e qual é o catalisador? (b) Identifique os radicais do mecanismo. (c) Identifique as etapas de iniciação, propagação e terminação. (d) Escreva uma etapa de terminação da cadeia para a reação. (Veja o Quadro 7E.1.)

7.30 A contribuição para a destruição da camada de ozônio atribuída a aviões em grande altura segue o seguinte mecanismo proposto:

Etapa 1 $O_3 + NO \longrightarrow NO_2 + O_2$
Etapa 2 $NO_2 + O \longrightarrow NO + O_2$

(a) Escreva a reação total. (b) Escreva a lei de velocidade de cada etapa e indique sua molecularidade. (c) Qual é o intermediário da reação? (d) Um catalisador é uma substância que acelera a velocidade de uma reação e é regenerada no processo. Qual é o catalisador nesta reação? (Veja o Quadro 7E.1.)

7.31 A constante de velocidade da reação $O(g) + N_2(g) \rightarrow NO(g) + N(g)$, que ocorre na estratosfera, é $9,7 \times 10^{10}$ L·mol^{-1}·s^{-1} em 800.°C. A energia de ativação da reação é 315 kJ·mol^{-1}. Qual é o valor da constante em 700.°C? (Veja o Quadro 7E.1.)

FOCO 7 — Exercício cumulativo

7.32 O ciano-metano, comumente conhecido como acetonitrila, CH_3CN, é um líquido tóxico, volátil, usado como solvente na purificação de esteroides e na extração de ácidos graxos de óleos de peixe. A acetonitrila pode ser sintetizada a partir de metil-isonitrila pela reação $CH_3NC(g) \rightarrow CH_3CN(g)$.

(a) Desenhe as estruturas de Lewis da metil-isonitrila e do ciano-metano; estabeleça um esquema de hibridação para cada átomo de C e determine se as moléculas são polares ou apolares.

(b) Estime o ΔH^o da reação de isomerização usando entalpias médias de ligação da Tabela 4E.3 Que isômero tem a menor entalpia de formação?

(c) A reação de isomerização segue uma cinética de primeira ordem, Velocidade $= k_r[CH_3NC]$, na presença de argônio. A energia de ativação da reação é 161 $kJ \cdot mol^{-1}$ e a constante de velocidade é $6,6 \times 10^{-4}\ s^{-1}$ em 500. K. Calcule a lei de velocidade em 300. K e o tempo (em segundos) necessário para que a concentração de CH_3NC decresça até 75% do valor inicial em 300. K.

(d) Desenhe um perfil de reação para a reação de isomerização.

(e) Calcule a temperatura na qual a concentração de CH_3NC cairá a 75% do valor inicial em 1,0 h.

(f) Para que serve o excesso de argônio?

(g) Em baixas concentrações de Ar, a velocidade não é mais de primeira ordem em $[CH_3NC]$. Sugira uma explicação.

OS ELEMENTOS DO GRUPO PRINCIPAL

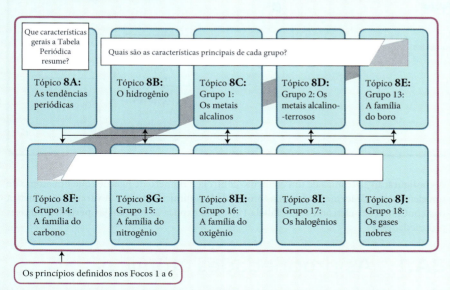

Os materiais utilizados hoje na medicina, no transporte e nas comunicações sequer eram imaginados há 100 anos. Para conceber e desenvolver esses materiais, os cientistas e engenheiros precisam conhecer detalhadamente os elementos e compostos que eles formam. O Foco 8 discute as propriedades e aplicações mais importantes dos elementos do grupo principal e seus compostos, com base em suas posições na Tabela Periódica. A química dos elementos e seus compostos está no cerne da química, em que os princípios químicos são aplicados às estruturas dos compostos e às reações de que participam.

Para preparar essa jornada pela Tabela Periódica e conhecer a extraordinária variedade de propriedades dos elementos, suas "personalidades" químicas, o **TÓPICO 8A** analisa as tendências das propriedades discutidas nos Focos 1 e 2 que formam a base dos princípios da química. O **TÓPICO 8B** descreve o hidrogênio, um elemento químico especial, enquanto os **TÓPICOS 8C** a **8J** resumem as principais tendências mostradas na Tabela Periódica pelos outros elementos dos grupos principais.

A primeira página de cada tópico deste foco é diferente das dos tópicos anteriores. Como a finalidade de cada um é semelhante, as perguntas de abertura "Por que você precisa estudar este assunto?" e "Que conhecimentos você precisa dominar?" foram omitidas, exceto no Tópico 8A. Todo o conteúdo apresentado é importante, porque as tendências na Tabela Periódica muitas vezes são essenciais para a escolha de materiais para fins específicos ou para saber que reações esperar de uma substância. Da mesma forma, não há um resumo, pois ele simplesmente reproduziria o material tratado em cada tópico.

Tópico 8A As tendências periódicas

8A.1 As propriedades atômicas
8A.2 As tendências nas ligações
8A.3 As tendências exibidas pelos hidretos e óxidos

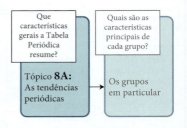

Por que você precisa estudar este assunto? As tendências das propriedades periódicas mostram como os elementos estão relacionados uns aos outros e sugerem as propriedades que um elemento e seus compostos provavelmente têm.

Que conhecimentos você precisa dominar? Este tópico baseia-se nas propriedades periódicas (Tópicos 1E e 1F) e nas ligações químicas (Tópicos 2A a 2D).

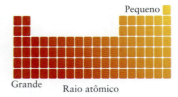

FIGURA 8A.1 A tendência geral do raio atômico é decrescer da esquerda para a direita ao longo do período e crescer de cima para baixo no grupo. Esse diagrama e os das Figs. 8A.2 a 8A.4 são representações muito esquemáticas dessas tendências, com a densidade da cor vermelha representando o valor da propriedade. Quanto mais densa a cor, maior o valor.

FIGURA 8A.2 A tendência geral da energia de ionização é crescer da esquerda para a direita ao longo de um período e decrescer de cima para baixo em um grupo.

A configuração eletrônica de um elemento controla o número de ligações que um átomo de um elemento pode formar e afeta suas propriedades químicas e físicas. A variação sistemática das configurações eletrônicas na Tabela Periódica explica as tendências periódicas dessas propriedades.

8A.1 As propriedades atômicas

Cinco propriedades atômicas são as principais responsáveis pelas propriedades características dos elementos: o raio atômico, a energia de ionização, a afinidade eletrônica, a eletronegatividade e a polarizabilidade. Todas elas relacionam-se à interação de partículas com carga tal como descrito pela lei de Coulomb (Tópico 1E) e, portanto, às tendências da carga nuclear efetiva sofrida pelos elétrons de valência e a sua distância do núcleo.

Os elétrons de valência de um átomo sofrem o efeito da carga nuclear efetiva quando o número atômico aumenta no período, da esquerda para a direita (Tópico 1E e Fig. 1F.3). A atração entre um elétron de valência e o núcleo diminui fortemente quando os elétrons entram em uma nova camada que está mais afastada do núcleo e circunda um caroço rico em elétrons. Os elétrons de valência dos elementos que estão acima e à direita da Tabela Periódica, perto do flúor, são os menos protegidos da carga nuclear, ao passo que os elétrons dos elementos no canto inferior esquerdo, próximo do césio, são os mais protegidos (Tópico 1E). Como resultado:

- Os raios atômicos em geral decrescem da esquerda para a direita em um período e crescem de cima para baixo em um grupo (Fig. 8A.1, veja também as Figs. 1F.4 e 1F.5).

Como a carga efetiva do núcleo que afeta os elétrons de valência aumenta no período, os elétrons são mais atraídos pelo núcleo, diminuindo os raios atômicos. De cima para baixo em um grupo, os elétrons de valência se afastam cada vez mais do núcleo, porque passam a ocupar as camadas com números quânticos principais maiores, o que aumenta o raio atômico. Os raios iônicos seguem uma tendência periódica semelhante (veja a Fig. 1F.6).

- As primeiras energias de ionização crescem normalmente da esquerda para a direita em um período e decrescem de cima para baixo em um grupo (Fig. 8A.2, veja também as Figs. 1F.8 e 1F.9).

A carga nuclear efetiva cresce ao longo de um período e retém os elétrons mais fortemente e, portanto, aumenta a energia de ionização. A diminuição da energia de ionização de cima para baixo em um grupo mostra que é mais fácil remover os elétrons de valência de camadas que estão mais afastadas do núcleo e, portanto, estão protegidas pelo número maior de elétrons do caroço.

- As maiores afinidades eletrônicas são encontradas no alto, à direita, da Tabela Periódica (veja a Fig. 1F.12. As tendências são mal definidas e não podem ser descritas de maneira simples).

A afinidade eletrônica de um elemento é uma medida da energia liberada na formação de um ânion a partir de um átomo neutro. Os gases nobres à parte, os elementos próximos do flúor têm as mais altas afinidades eletrônicas; logo, eles existem como ânions nos compostos que formam com metais. O aumento da carga nuclear efetiva em um período explica as tendências da afinidade eletrônica: mais energia é liberada quando os elétrons se ligam a átomos com alta carga nuclear efetiva.

- As eletronegatividades em geral crescem da esquerda para a direita ao longo de um período e decrescem de cima para baixo em um grupo (Fig. 8A.3; veja também a Fig. 2.D2).

Quanto maior for a carga nuclear efetiva e mais próximos os elétrons estiverem do núcleo, mais forte será a atração pelos elétrons de uma ligação. A eletronegatividade de um elemento – uma medida da tendência de um átomo de atrair elétrons para si em um composto – é um guia útil na predição do tipo de ligação que o elemento provavelmente formará. Quando a diferença de eletronegatividade de dois elementos é grande, seus átomos tendem a formar ligações iônicas entre si. Quando a diferença é pequena, as ligações têm alto caráter covalente.

- A polarizabilidade geralmente decresce da esquerda para a direita num período e cresce de cima para baixo em um grupo (Fig. 8A.4).

A polarizabilidade mede a facilidade com que uma nuvem eletrônica pode ser distorcida por cargas das espécies vizinhas e é maior nos átomos mais pesados e mais ricos em elétrons de um grupo e para íons com carga negativa, que também são ricos em elétrons. Por outro lado, o alto *poder polarizante* – a capacidade de distorcer a nuvem eletrônica de um átomo ou íon vizinho – é comumente associado a tamanhos pequenos e alta carga positiva. Uma ligação entre um átomo ou íon muito polarizável (como o iodo ou o íon iodeto) e um átomo ou íon de grande poder polarizante (como o berílio) tem, provavelmente, ligações com forte caráter covalente.

PONTO PARA PENSAR
Você consegue identificar algumas das propriedades físicas associadas com o caráter iônico e o caráter covalente?

FIGURA 8A.3 A tendência geral da eletronegatividade é crescer da esquerda para a direita ao longo de um período e decrescer de cima para baixo em um grupo.

FIGURA 8A.4 A tendência da polarizabilidade é decrescer da esquerda para a direita ao longo do período e aumentar de cima para baixo em um grupo.

> **Teste 8A.1A** Quais dentre os elementos carbono, alumínio e germânio têm átomos com a maior polarizabilidade?
>
> [*Resposta:* Germânio]
>
> **Teste 8A.1B** Quais dentre os elementos oxigênio, gálio e telúrio têm átomos com a maior afinidade eletrônica?

Os raios atômicos e as polarizabilidades diminuem da esquerda para a direita em um período e aumentam para baixo em um grupo. As energias de ionização aumentam em um período e diminuem descendo um grupo. As afinidades eletrônicas e as eletronegatividades assumem os valores mais altos próximo ao flúor.

8A.2 As tendências nas ligações

O número de ligações que um elemento pode formar (sua "valência") e seu tipos estão relacionados a sua posição na Tabela Periódica. Geralmente é possível predizer a valência de um elemento do Período 2 a partir do número de elétrons da camada de valência e a regra do octeto. Por exemplo, o carbono, com quatro elétrons de valência, forma, em geral, quatro ligações. O oxigênio, com seis elétrons de valência e precisando de mais dois para completar o octeto, forma tipicamente duas ligações.

Devido ao pequeno tamanho, o elemento da cabeça do grupo, isto é, o elemento mais leve do grupo, tem, frequentemente, características que o distinguem de seus **congêneres**, os demais elementos do grupo. Por exemplo, os elementos do Período 3 e períodos seguintes têm acesso a orbitais d vazios e podem usá-los para expandir suas camadas de valência. Os elementos da parte de baixo à esquerda do bloco p também têm valência variável e podem formar compostos nos quais têm um número de oxidação com 2 unidades a menos do que o número de seu grupo sugere (Tópico 1F). Portanto, os três pontos importantes a guardar sobre as tendências nas ligações são:

- Os elementos do Período 2 normalmente seguem a regra do octeto.
- Os elementos do Período 3 podem expandir suas camadas de valência.

• Os elementos dos Períodos 5 e 6 do bloco p têm valências variáveis (o efeito do par inerte).

O raio de um átomo ajuda a determinar quantos átomos podem se ligar a ele. Uma das razões pelas quais os átomos pequenos geralmente têm valências baixas, que também explica o caráter distinto dos elementos do Período 3, comparados a seus congêneres, é que poucos átomos podem se acomodar ao seu redor. O nitrogênio, por exemplo, nunca forma penta-halogenetos, mas o fósforo forma (Tópico 2C). Com poucas exceções, somente os elementos do Período 2 formam ligações múltiplas entre si e com outros elementos do mesmo período, porque somente eles são suficientemente pequenos para que seus orbitais p tenham recobrimento π suficiente (Fig. 8A.5)

A valência e o estado de oxidação estão diretamente relacionados à configuração eletrônica da camada de valência de um grupo.

8A.3 As tendências exibidas pelos hidretos e óxidos

As tendências periódicas das propriedades químicas dos elementos do grupo principal ficam aparentes quando os compostos binários que eles formam com elementos específicos são comparados. Todos os elementos do grupo principal, com exceção dos gases nobres e possivelmente o índio e o tálio, formam compostos binários com o hidrogênio. Assim, a comparação entre os hidretos permite verificar as tendências periódicas.

As fórmulas dos **hidretos** dos elementos do grupo principal relacionam-se diretamente com o número do grupo e mostram as valências típicas dos elementos (Fig. 8A.6):

Grupo	14	15	16	17
Elemento	C	N	O	F
Hidreto	CH_4	NH_3	H_2O	HF
Valência	4	3	2	1

A natureza de um hidreto binário relaciona-se com as características do elemento ligado ao hidrogênio (Fig. 8A.7). A maior parte dos elementos dos Grupos 1 e 2 forma compostos iônicos com o hidrogênio, nos quais este último está na forma de íon hidreto, H^-. Esses compostos iônicos são chamados de **hidretos salinos** (ou "hidretos do tipo sal"). Eles são formados por todos os membros do bloco s, com exceção do berílio, e são fabricados pelo aquecimento do metal em atmosfera de hidrogênio:

$$2\ K(s) + H_2(g) \longrightarrow 2\ KH(s)$$

Os hidretos salinos são brancos, sólidos de alto ponto de fusão com estruturas cristalinas semelhantes às dos halogenetos correspondentes. Os hidretos dos metais alcalinos, por exemplo, têm a estrutura do sal-gema (Fig. 3H.28).

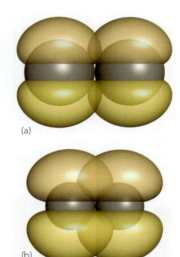

FIGURA 8A.5 (a) Os orbitais p do Período 3 e dos elementos mais pesados são mantidos separados pelos caroços dos átomos (em cinza) e têm pouca superposição uns com os outros. (b) Em contraste, os átomos dos elementos do Período 2 são pequenos, e seus orbitais p podem se superpor efetivamente uns com os outros e com os elementos dos períodos posteriores.

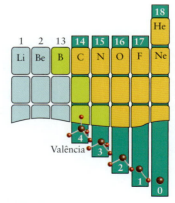

FIGURA 8A.6 As fórmulas químicas dos hidretos dos elementos do grupo principal mostram as valências típicas de cada grupo.

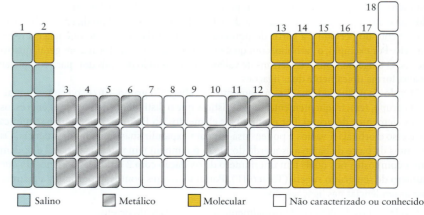

FIGURA 8A.7 Diferentes classes dos compostos binários de hidrogênio e sua distribuição na Tabela Periódica.

8A.3 As tendências exibidas pelos hidretos e óxidos

Os **hidretos de metais** são pretos e pulverulentos. São sólidos condutores de eletricidade, formados pelo aquecimento em hidrogênio de alguns dos metais do bloco d (Fig. 8A.8):

$$2\,\text{Cu(s)} + \text{H}_2\text{(g)} \longrightarrow 2\,\text{CuH(s)}$$

Como os hidretos metálicos liberam hidrogênio (na forma do gás H_2) ao serem aquecidos ou tratados com ácido, eles estão sendo testados para o armazenamento e transporte de hidrogênio.

Os não metais formam **hidretos moleculares** covalentes, formados por moléculas discretas. Esses compostos são voláteis e muitos são ácidos de Brønsted. Alguns deles são gases; por exemplo, a amônia, os halogenetos de hidrogênio (HF, HCl, HBr, HI) e os hidrocarbonetos leves, como o metano e o etano. Os hidretos moleculares líquidos incluem a água e muitos hidrocarbonetos, como o octano e o benzeno.

Grosso modo (isto é, há exceções) a tendência dos hidretos a lembrar é

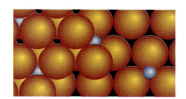

FIGURA 8A.8 Em um hidreto de metal, os átomos pequenos de hidrogênio (as esferas pequenas) ocupam buracos – chamados de interstícios – entre os átomos maiores de metal (as esferas grandes).

	bloco s	bloco d	bloco p
Tipo	salino	metálico	molecular

Todos os elementos do grupo principal, exceto os gases nobres, reagem com o oxigênio. Como os hidretos, os óxidos revelam tendências periódicas nas propriedades químicas dos elementos. A tendência no tipo de ligação vai dos óxidos iônicos solúveis, à esquerda da Tabela Periódica, aos óxidos insolúveis e de alto ponto de fusão à esquerda do bloco p, e aos óxidos moleculares de baixo ponto de fusão e, muitas vezes, gasosos, à direita. Os elementos de metais com baixas energias de ionização formam, comumente, óxidos iônicos. Os elementos com energias de ionização intermediárias, como o berílio, o boro, o alumínio e os metaloides, formam óxidos *anfotéricos* (reagem com ácidos e com bases) que não reagem com a água, mas dissolvem-se em soluções ácidas e em soluções básicas.

O xenônio forma um óxido, porém por uma via indireta.

Muitos óxidos de não metais são compostos gases, como CO_2, NO e SO_3. A maior parte pode agir como ácidos de Lewis, porque os átomos de oxigênio, eletronegativos, retiram elétrons do átomo central, habilitando-o a agir como aceitador de um par de elétrons (Tópico 6A). Óxidos de não metais que reagem com água formam soluções ácidas e, por isso, são chamados de **anidridos de ácidos**. Os ácidos comuns de laboratório, HNO_3 e H_2SO_4, por exemplo, derivam-se dos anidridos N_2O_5 e SO_3, respectivamente. Mesmo óxidos que não reagem com água podem ser considerados *formalmente* anidridos de ácidos. Um **anidrido formal** de um ácido é a molécula obtida pela retirada dos elementos da água (H, H e O) da fórmula molecular do ácido. O monóxido de carbono, por exemplo, é o anidrido formal do ácido fórmico, HCOOH, embora CO não reaja com água fria para formar o ácido.

A tendência geral dos óxidos a lembrar é:

	bloco s	bloco d	bloco p
Tipo	iônico	iônico	covalente
Caráter ácido-base	básico	básico a anfotérico	anfotérico a ácido

Teste 8A.2A Um elemento ("E") do Período 4 forma um hidreto molecular de fórmula HE. Identifique o elemento.

[*Resposta:* Bromo]

Teste 8A.2B Um elemento ("E") do Período 3 forma um óxido anfotérico de fórmula E_2O_3. Identifique o elemento.

Os hidretos binários são classificados como salinos, metálicos ou moleculares. Os óxidos de metais tendem a ser iônicos e formar soluções básicas em água. Os óxidos de não metais são moleculares e muitos são os anidridos de ácidos.

O que você aprendeu com este tópico?

Você viu que as propriedades dos elementos estão relacionadas a suas posições na Tabela Periódica e que as tendências nas propriedades de um elemento e os tipos de ligações químicas que formam podem ser preditos com base em sua posição. Os hidretos e óxidos dos elementos do grupo principal podem ser usados para ilustrar a periodicidade de propriedades químicas.

648 Tópico 8A As tendências periódicas

Os conhecimentos que você deve dominar incluem a capacidade de:

☐ **1.** Predizer e explicar as tendências das propriedades dos elementos do grupo principal e das fórmulas de seus óxidos e hidretos.

☐ **2.** identificar o tipo de hidreto que um elemento pode formar.

☐ **3.** Explicar as diferenças nas propriedades dos óxidos de metais e não metais.

☐ **4.** Identificar os anidridos ácidos e escrever as fórmulas de seus ácidos correspondentes.

Tópico 8A Exercícios

Estes exercícios também servem para revisar os princípios estudados nos Tópicos 1E, 1F e 2D.

8A.1 Diga qual é o átomo mais volumoso em cada um dos seguintes pares: (a) flúor, nitrogênio; (b) potássio, cálcio; (c) gálio, arsênio; (d) cloro, iodo.

8A.2 Diga qual é o átomo mais volumoso em cada um dos seguintes pares: (a) telúrio, estanho; (b) silício, chumbo; (c) cálcio, rubídio; (d) germânio, oxigênio.

8A.3 Diga qual é o elemento mais eletronegativo em cada um dos seguintes pares: (a) enxofre, fósforo; (b) selênio, telúrio; (c) sódio, césio; (d) silício, oxigênio.

8A.4 Diga qual é o elemento mais eletronegativo em cada um dos seguintes pares: (a) cálcio, bário; (b) gálio, arsênio; (c) telúrio, enxofre; (d) estanho, germânio.

8A.5 Organize os seguintes elementos na ordem crescente da primeira energia de ionização: oxigênio, telúrio, selênio.

8A.6 Organize os seguintes elementos na ordem crescente da primeira energia de ionização: boro, tálio, gálio.

8A.7 (a) Que elemento tem a maior afinidade eletrônica: bromo ou cloro? (b) Explique sua resposta.

8A.8 (a) Que elemento tem a maior afinidade eletrônica: bromo ou selênio? (b) Explique sua resposta.

8A.9 (a) Qual das seguintes espécies tem a maior polarizabilidade: íons cloreto, átomos de bromo, íons brometo? (b) Explique sua resposta.

8A.10 (a) Qual das seguintes espécies tem a maior polarizabilidade: íons sódio, átomos de magnésio, íons alumínio? (b) Explique sua resposta.

8A.11 Que distância de ligação é maior: (a) a distância Li–Cl no cloreto de lítio ou a distância K–Cl no cloreto de potássio; (b) a distância K–O no óxido de potássio ou a distância Ca–O no óxido de cálcio?

8A.12 Qual das seguintes ligações é a mais longa: (a) a ligação Br—O em BrO^- ou em BrO_2^-; (b) a ligação C—H no CH_4 ou a ligação Si—H no SiH_4?

8A.13 Escreva a equação química balanceada da reação entre o potássio e o hidrogênio.

8A.14 Escreva a equação química balanceada da reação entre o cálcio e o hidrogênio.

8A.15 Classifique cada um dos seguintes compostos como hidreto salino, molecular ou metálico: (a) LiH; (b) NH_3; (c) HBr; (d) UH_3.

8A.16 Classifique cada um dos seguintes compostos como hidreto salino, molecular ou metálico: (a) B_2H_6; (b) SiH_4; (c) CaH_2; (d) $PdH_x, x < 1$.

8A.17 Diga, no caso dos seguintes óxidos, se o composto é ácido, básico ou anfotérico: (a) NO_2; (b) Al_2O_3; (c) $B(OH)_3$; (d) MgO.

8A.18 Diga, no caso dos seguintes óxidos, se o composto é ácido, básico ou anfotérico: (a) CuO; (b) P_2O_3; (c) ClO_2; (d) GeO_2.

8A.19 Dê a fórmula do anidrido formal de cada ácido: (a) H_2CO_3; (b) $B(OH)_3$.

8A.20 Dê a fórmula do ácido que corresponde a cada um dos seguintes anidridos formais: (a) N_2O_5; (b) P_4O_{10}; (c) SeO_3.

Tópico 8B   O hidrogênio

8B.1 O elemento
8B.2 Os compostos de hidrogênio

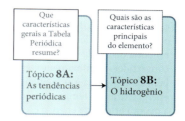

O hidrogênio é considerado por muitos como o combustível do futuro, porque é abundante (em compostos) na Terra e sua combustão é limpa. Ele ocupa um lugar único na Tabela Periódica. Embora o hidrogênio tenha a mesma configuração dos elétrons de valência dos elementos do Grupo 1, ns^1, e forme íons +1, ele tem pouquíssima semelhança com os metais alcalinos. O hidrogênio é um não metal que se assemelha aos halogênios: ele só precisa de um elétron para completar sua configuração de elétrons de valência, pode formar íons −1 e existe como uma molécula diatômica, H_2. Entretanto, as propriedades químicas do hidrogênio são muito diferentes das propriedades dos halogênios. Como ele não pode ser claramente identificado com nenhum grupo de elementos, neste livro ele não é associado a grupo algum.

Tenha em mente que muitas tabelas periódicas incluem o hidrogênio no Grupo 1 ou (com menos frequência) nos Grupos 1 e 17.

8B.1 O elemento

O hidrogênio é o elemento mais abundante no universo, com cerca de 89% de todos os átomos. Os átomos de hidrogênio formaram-se nos primeiros segundos após o Big Bang, o evento que marcou o início do universo. Entretanto, existe muito pouco hidrogênio livre na Terra, porque as moléculas de H_2 são muito leves e movem-se com velocidades médias tão altas que tendem a escapar da gravidade de nosso planeta. A Figura 8B.1 resume as abundâncias dos elementos em três grupos: o universo como um todo, a crosta terrestre e o corpo humano.

PONTO PARA PENSAR

Quais são alguns dos fatores que explicam as diferentes abundâncias nestas fontes?

A maior parte do hidrogênio da Terra está na forma de água, nos oceanos ou presa no interior de minerais e argilas. Hidrogênio é também encontrado juntamente aos hidrocarbonetos que formam os **combustíveis fósseis**: carvão, petróleo e gás natural. É preciso energia para liberar hidrogênio desses compostos, e um dos desafios para desenvolver seu potencial como combustível é produzir o gás usando menos energia do que a que pode ser liberada em sua queima.

Como a água é o único produto da combustão, o hidrogênio queima sem poluir o ar e sem contribuir significativamente para o efeito estufa (Quadro 8B.1). O petróleo, o carvão e o gás natural estão se tornando cada vez mais raros, mas existe água suficiente nos oceanos para gerar todo o hidrogênio combustível que seria necessário. O hidrogênio é extraído da água por eletrólise, mas esse processo exige eletricidade gerada em outro local. Os químicos estão buscando, atualmente, meios de usar a energia solar para obter a **reação de decomposição da água**, a decomposição fotoquímica da água em seus elementos:

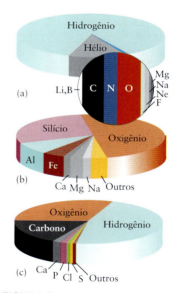

FIGURA 8B.1 Estes gráficos mostram as abundâncias relativas dos principais elementos (a) no universo (as "abundâncias cósmicas"), (b) na crosta terrestre e (c) no corpo humano.

Decomposição da água: $2\ H_2O(l) \xrightarrow{luz} 2\ H_2(g) + O_2(g)$ $\Delta G° = +474$ kJ

Teste 8B.1A Suponha que você conduzisse a reação de dissociação da água no sentido direto em uma hidroelétrica. Que massa de água deveria passar pelas turbinas após uma queda de 10 m para gerar energia o suficiente para produzir 1,0 mol de H_2? *Sugestão*: Use mgh para calcular a energia gerada por uma massa m que cai uma distância h.

[***Resposta:*** 2,4 t]

Teste 8B.1B (a) Que quantidade (em mols) de fótons ultravioleta é necessária para produzir 1 mol H_2 na mesma reação? Considere $\lambda = 250$ nm. (b) Se uma fonte gera $1,0 \times 10^{14}$ fótons em 1 s, por quanto tempo a água teria de ser irradiada?

Muitos veículos já operam na base de baterias a hidrogênio (veja o Interlúdio do Foco 6), e postos de abastecimento desse gás foram abertos em muitas cidades.

Quadro 8B.1 O QUE ISSO TEM A VER COM... O MEIO AMBIENTE?

O EFEITO ESTUFA

O Sol atua como um corpo negro (Tópico 1B), emitindo radiação com um pico de intensidade em 500 nm, na região visível do espectro. Cerca de 55% da radiação solar que incide na Terra é refletida ou usada em processos naturais. Os restantes 45% são convertidos em movimento térmico (calor). Como a Terra também se comporta à semelhança de um corpo negro, ela emite energia. Como a temperatura da Terra é menor do que a do Sol, a maior parte desta energia escapa como radiação infravermelha com comprimento de onda entre 4 e 50 μm.

O *efeito estufa* é a retenção dessa radiação infravermelha por certos gases da atmosfera. O resultado é o aquecimento da Terra, como se o planeta inteiro estivesse cercado por uma enorme estufa[*]. O oxigênio e o nitrogênio que, juntos, formam aproximadamente 99% da atmosfera, não absorvem radiação infravermelha. Porém, o vapor de água e o CO_2 absorvem. Ainda que esses gases representem apenas cerca de 1% da atmosfera, eles retêm radiação suficiente para aumentar em cerca de 33°C a temperatura da Terra. Sem esse efeito estufa natural, a temperatura média da superfície da Terra seria bem inferior ao ponto de congelamento da água.

outros gases de estufa está subindo. Do ano 1000, ou antes disso, até cerca de 1750, a concentração de CO_2 na atmosfera permaneceu razoavelmente constante em cerca de 280 ± 10 partes por milhão por volume (ppmv). Desde então, a concentração de CO_2 aumentou, alcançando 400 ppmv em 2014 (veja o gráfico à esquerda). A concentração de metano, CH_4, mais do que dobrou durante este tempo e está agora em seu nível mais elevado em 160.000 anos. Estudos de bolsas de ar presas no gelo da Antártida mostraram que mudanças da concentração do dióxido de carbono e do metano da atmosfera, nos últimos 160.000 anos, correlacionam-se bem com mudanças da temperatura da superfície do globo. O aumento das concentrações de dióxido de carbono e metano é, portanto, causa de preocupação.

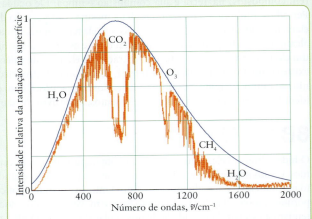

A intensidade da radiação infravermelha em vários números de onda que seria perdida pela Terra na ausência de gases estufa é mostrada pela curva contínua. A linha com padrão recortado é a intensidade da radiação emitida de fato.

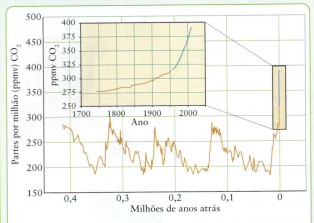

Concentração do dióxido de carbono na atmosfera nos últimos 400 mil anos. As linhas laranja representam as concentrações de CO_2, que são determinadas por análise de testemunhos de gelo coletados na Antártida. As linhas azuis mostram as concentrações de CO_2 na atmosfera medidas no observatório Mauna Loa, no Havaí.

Os gases de estufa mais importantes são o vapor de água, o dióxido de carbono, o metano, o óxido de dinitrogênio (óxido nitroso), o ozônio e certos cloro-fluoro-carbonetos. A água é o mais importante deles. Ela absorve fortemente próximo de 6,3 μm e em comprimentos de onda superiores a 12 μm, como se pode ver na ilustração. O dióxido de carbono da atmosfera absorve cerca da metade da radiação infravermelha de comprimento de onda de 14 a 16 mm.

Acredita-se que a concentração do vapor de água na atmosfera permanece constante, mas que a concentração de alguns

De onde vem o CO_2 adicional? As atividades humanas são as principais responsáveis. Uma parte é gerada pelo aquecimento e decomposição de $CaCO_3$ na fabricação do cimento (veja o Tópico 3I). Grandes quantidades de CO_2 são também liberadas para a atmosfera devido ao desmatamento, que envolve a queima de grandes áreas de vegetação. Entretanto, a maior parte vem da queima de combustíveis fósseis, que começou a ser praticada em grande escala após 1850 e aumentou cerca de 100% entre 1970 e 2014. O metano adicional vem principalmente da indústria de petróleo e da agricultura.

Até o ano 2000, a temperatura da superfície da Terra aumentou cerca de 0,2°C por década (veja o terceiro gráfico). Embora a temperatura esteja subindo a um ritmo menor, se as presentes tendências de crescimento da população e do uso de energia continuarem, lá pela metade do século XXI a concentração de CO_2 na atmosfera atingirá o dobro do valor anterior à Revolução Industrial.

Quais seriam as prováveis consequências da duplicação da concentração de CO_2? O Painel Intergovernamental sobre Mudanças Climáticas (IPCC, na sigla em inglês) estimou, em 2014, que em torno de 2100 a Terra sofrerá um aquecimento de 3,7 a 4,8°C, com um aumento de cerca de 0,5 m a 0,9 m no nível do

---

[*]O mecanismo de aquecimento em uma estufa é diferente. O vidro não só inibe a perda da radiação infravermelha como mantém o ar quente no interior da estufa.

mar. Um aumento de 4,8°C não parece muito. Porém, a temperatura durante a última era glacial estava apenas 6°C abaixo dos valores atuais. Além disso, a *velocidade* de aquecimento será provavelmente mais alta do que em qualquer momento dos últimos 10.000 anos. Mudanças rápidas do clima podem ter efeitos destrutivos em muitos ecossistemas da Terra.

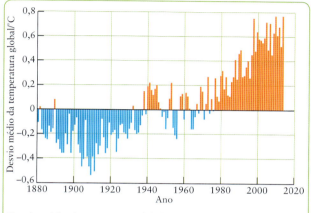

Desvio médio da temperatura global entre 1880 e 2014 em relação ao desvio médio da temperatura global no século XIX. Para mais informações, consulte http://www.ncdc.noaa.gov/cag/timeseries/global.

Projeções computadorizadas da concentração de CO_2 atmosférico para os próximos 200 anos predizem um forte aumento de concentração. Somente metade do CO_2 liberado pelos humanos é absorvida pelos sistemas naturais da Terra. A outra metade aumenta a concentração de CO_2 atmosférico em cerca de 1,5 ppmv por ano. Duas conclusões podem ser tiradas desses fatos. Primeiramente, mesmo se as emissões de CO_2 fossem reduzidas aos níveis de 1990 e mantidas constantes, a concentração de CO_2 na atmosfera continuaria a crescer cerca de 1,5 ppmv por ano no próximo século. Em segundo lugar, para manter o CO_2 na concentração atual de 400 ppmv, teríamos de reduzir o consumo de combustível fóssil a 50% imediatamente.

Alternativas aos combustíveis fósseis, como o hidrogênio, são exploradas no Quadro 4D.1. O carvão, que é essencialmente carbono, pode ser convertido em combustíveis com uma proporção menor de carbono. Sua conversão em metano, por exemplo, reduziria as emissões de CO_2 por unidade de energia. Também poderíamos colaborar com a natureza, acelerando a absorção de carbono pelos processos naturais do ciclo do carbono. Uma solução proposta é bombear o CO_2 produzido para o fundo do oceano, onde ele se dissolveria para formar ácido carbônico e íons bicarbonato. O dióxido de carbono também pode ser removido dos gases de exaustão das usinas de força passando-os por uma suspensão de silicato de cálcio em água para produzir produtos sólidos inofensivos:

$$2\ CO_2(g) + H_2O(l) + CaSiO_3(s) \longrightarrow$$
$$SiO_2(s) + Ca(HCO_3)_2(s)$$

Exercícios relacionados 8.25 a 8.27

Leitura complementar P. Cox & C. Jones, "Climate change: Illuminating the modern dance of climate and CO_2," *Science*, vol. 321, 2008, pp. 1642–1644. Intergovernmental Panel on Climate Change, *Climate Change 2014: Mitigation of Climate Change*, IPCC, 2014, http://mitigation2014.org/report. S. K. Ritter, S. Solomon, G.-K. Plattner, R. Knutti, & P. Friedlingstein, "Irreversible climate change due to carbon dioxide emissions," *Proceedings of the National Academy of Sciences*, vol. 106, 2009, pp. 1704–1709.

A maior parte do hidrogênio comercial é obtida, hoje, como um subproduto do refino do petróleo, em uma sequência de duas reações catalisadas. A primeira é a **reação de reforma catalítica**, na qual um hidrocarboneto e vapor são convertidos em monóxido de carbono e hidrogênio sobre um catalisador de níquel:

$$\text{Reação de reforma: } CH_4(g) + H_2O(g) \xrightarrow{Ni} CO(g) + 3\ H_2(g)$$

A mistura de produtos, chamada de **gás de síntese**, é o ponto de partida da produção de muitos outros compostos, inclusive metanol. A reação de reforma é seguida pela **reação de deslocamento**, em que o monóxido de carbono do gás de síntese reage com água:

$$\text{Reação de deslocamento: } CO(g) + H_2O(g) \xrightarrow{Fe/Cu} CO_2(g) + H_2(g)$$

O hidrogênio é preparado no laboratório em pequenas quantidades, pela redução dos íons hidrogênio de um ácido forte (como o ácido clorídrico) por metais com potencial padrão negativo, como o zinco:

$$Zn(s) + 2\ H^+(aq) \longrightarrow Zn^{2+}(aq) + H_2(g)$$

O hidrogênio é um gás insípido, incolor e inodoro (Tabela 8B.1). Como as moléculas de H_2 são pequenas e não polares, elas só podem interagir por forças de London muito fracas. Em consequência, o hidrogênio só se condensa a líquido quando resfriado em temperaturas muito baixas (20 K em 1 atm). Uma propriedade muito curiosa do hidrogênio líquido é sua densidade muito baixa (0,070 g·cm^{-3}), menos de um décimo da densidade da água (Fig. 8B.2). Essa densidade baixa torna o hidrogênio um combustível muito leve. O gás hidrogênio tem a entalpia específica mais alta de todos os combustíveis conhecidos (a maior entalpia de combustão por grama) e, por isso, o hidrogênio foi usado juntamente ao oxigênio líquido como combustível dos motores principais do ônibus espacial.

FIGURA 8B.2 Os dois cilindros graduados contêm a mesma massa de líquido. O cilindro à esquerda contém 10 mL de água e o da direita, hidrogênio líquido em −253°C, que tem um décimo da densidade da água e, consequentemente, um volume de cerca de 100 mL. (W. H. Freeman. Foto: Ken Karp.)

TABELA 8B.1 Propriedades físicas do hidrogênio

Configuração de valência: $1s^1$
*Forma normal: gás incolor e inodoro

Z	Nome	Símbolo	Massa molar (g·mol⁻¹)	Abundância (%)	Ponto de fusão (°C)	Ponto de ebulição (°C)	Densidade† (g·L⁻¹)
1	hidrogênio	H	1,008	99,98	−259 (14 K)	−253 (20 K)	0,089
1	deutério	^{2}H ou D	2,014	0,02	−254 (19 K)	−249 (24 K)	0,18
1	trítio	^{3}H ou T	3,016	radioativo	−252 (21 K)	−248 (25 K)	0,27

*Forma normal significa a aparência e o estado do elemento em 25°C e 1 atm.
†Em 25°C e 1 atm.

A cada ano, cerca da metade dos 0,3 Mt (3×10^8 kg) de hidrogênio usados na indústria é convertida em amônia pelo processo de Haber (Tópico 5J). A partir das reações da amônia, o hidrogênio encontra seu caminho para numerosos compostos de nitrogênio importantes, como a hidrazina e a amida de sódio (Tópico 8G).

O hidrogênio é produzido como subproduto do refino de combustíveis fósseis e pela eletrólise da água. Ele tem baixa densidade e forças intermoleculares fracas.

8B.2 Os compostos de hidrogênio

O hidrogênio é incomum porque pode formar um cátion (H⁺), de forma semelhante aos metais alcalinos, e um ânion (H⁻), de forma semelhante aos halogênios. Além disso, sua eletronegatividade intermediária (2,2) permite que ele forme ligações covalentes com todos os não metais e metaloides. Como o hidrogênio forma compostos com tantos elementos (Tabela 8B.2, veja também o Tópico 8A), a maior parte dos compostos de hidrogênio é discutida nas seções que tratam de outros elementos.

O íon hidreto, H⁻, é volumoso, com raio de 154 pm (**1**), intermediário entre os íons fluoreto e cloreto. Devido ao raio grande desse íon de dois elétrons, a única carga positiva do núcleo tem pouco controle sobre esses elétrons, o que torna o íon altamente polarizável e contribuindo com o caráter covalente de suas ligações a cátions. Os dois elétrons no íon H⁻ são facilmente perdidos. Por essa razão, os hidretos iônicos são agentes redutores muito fortes, com $E°(H_2/H^-) = -2,25$ V. Esse valor é semelhante ao potencial padrão do par Na⁺/Na ($E° = -2,71$ V), e, como o metal sódio, os íons hidreto reduzem a água ao entrar em contato com ela:

$$NaH(s) + H_2O(l) \longrightarrow NaOH(aq) + H_2(g)$$

Como essa reação produz hidrogênio, os hidretos salinos são fontes transportáveis de hidrogênio combustível em potencial.

Em compostos com ligações N—H, O—H e F—H, nas quais o hidrogênio está ligado a um átomo muito eletronegativo, o átomo de H pode participar de *ligação hidrogênio* (Tópico 3F). Uma ligação hidrogênio tem cerca de 5% da energia de uma ligação covalente entre os mesmos tipos de átomos. Por exemplo, a entalpia da ligação O—H é 463 kJ·mol⁻¹, mas a

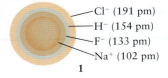

Cl⁻ (191 pm)
H⁻ (154 pm)
F⁻ (133 pm)
Na⁺ (102 pm)

1

TABELA 8B.2 Propriedades químicas do hidrogênio

Reagente	Reação com o hidrogênio
Metais do grupo 1 (M)	$2\,M(s) + H_2(g) \longrightarrow 2\,MH(s)$
Metais do grupo 2 (M, não Be ou Mg)	$M(s) + H_2(g) \longrightarrow MH_2(s)$
Alguns metais do grupo d (M)	$2\,M(s) + x\,H_2(g) \longrightarrow 2\,MH_x(s)$
Oxigênio	$O_2(g) + 2\,H_2(g) \longrightarrow 2\,H_2O(l)$
Nitrogênio	$N_2(g) + 3\,H_2(g) \longrightarrow 2\,NH_3(g)$
Halogênio (X₂)	$X_2(g, l, s) + H_2(g) \longrightarrow 2\,HX(g)$

entalpia da ligação hidrogênio O—H···O é cerca de 20 kJ·mol^{-1}. Existem vários modelos da ligação hidrogênio. O mais simples é como uma interação coulombiana entre a carga parcial positiva de um átomo de hidrogênio e a carga parcial negativa do outro átomo, como em O—H$^{\delta+}$···$^{\delta-}$O.

PONTO PARA PENSAR

O deutério, ^{2}H, difere de ^{1}H somente pela massa do núcleo. Pense como essa diferença afeta suas propriedades e as de seus compostos.

Teste 8B.2A Cite algumas propriedades do hidrogênio que impedem sua classificação como elemento do Grupo 17.

   [*Resposta:* O hidrogênio não tem elétrons p e sua afinidade eletrônica é muito baixa.]

Teste 8B.2B Cite algumas propriedades do hidrogênio que impedem sua classificação como elemento do Grupo 1.

O íon hidreto tem um raio grande e é muito polarizável. Os hidretos são poderosos agentes redutores. O hidrogênio pode formar ligações hidrogênio com os pares de elétrons isolados de elementos muito eletronegativos.

Tópico 8B Exercícios

8B.1 Existe algum suporte químico para o ponto de vista de que o hidrogênio pode ser considerado um membro do Grupo 1? Apresente evidências que apoiem esse ponto de vista.

8B.2 Existe algum suporte químico para o ponto de vista de que o hidrogênio pode ser considerado um membro do Grupo 17? Apresente evidências que apoiem esse ponto de vista.

8B.3 Escreva a equação química balanceada de (a) a hidrogenação do etino (acetileno, C_2H_2) a eteno (C_2H_4) pelo hidrogênio (dê o número de oxidação dos átomos de carbono do reagente e do produto); (b) a reação de deslocamento; (c) a reação do hidreto de bário com água.

8B.4 Escreva a equação química balanceada de (a) a reação entre o hidreto de sódio e a água; (b) a formação do gás de síntese; (c) a hidrogenação do eteno, $H_2C\!=\!CH_2$, e dê o número de oxidação dos átomos de carbono no reagente e no produto; (d) a reação do magnésio com o ácido clorídrico.

8B.5 Identifique os produtos e escreva a equação balanceada da reação do hidrogênio com (a) cloro; (b) sódio; (c) fósforo; (d) cobre.

8B.6 Identifique os produtos e escreva a equação balanceada da reação do hidrogênio com (a) nitrogênio; (b) flúor; (c) césio; (d) íons cobre(II).

8B.7 A entalpia de dissociação das ligações hidrogênio, ΔH_{LigH}, é uma medida de sua força. Explique as tendências observadas nos dados das seguintes substâncias puras, medidos em fase gás:

Substância	NH_3	H_2O	HF
$\Delta H_{\mathrm{LigH}}/(\mathrm{kJ \cdot mol^{-1}})$	17	25	29

8B.8 O ácido metanoico (ácido fórmico), HCOOH, forma dímeros na fase gás. Proponha uma explicação para esse comportamento.

Tópico 8C Grupo 1: Os metais alcalinos

8C.1 Os elementos do Grupo 1
8C.2 Os compostos de lítio, sódio e potássio

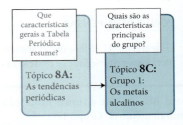

Os membros do Grupo 1 são chamados de *metais alcalinos*. As propriedades químicas desses elementos são únicas e muito semelhantes. Não obstante, existem diferenças, e a sutileza de algumas dessas diferenças é a base da propriedade mais sutil da matéria: a consciência. O seu pensamento, que se baseia na transmissão de sinais pelos neurônios, é produzido pela ação combinada de íons sódio e potássio e sua migração cuidadosamente regulada a partir de membranas. Dessa forma, até para aprender sobre o sódio e o potássio, você precisa usá-los em seu cérebro.

A configuração dos elétrons de valência dos metais alcalinos é ns^1, em que n é o número do período. Suas propriedades físicas e químicas são dominadas pela facilidade com que o elétron de valência pode ser removido (Tabela 8C.1).

8C.1 Os elementos do Grupo 1

Todos os elementos do Grupo 1 são metais moles de cor cinza-prateada (Fig. 8C.1). Lítio, sódio e potássio são os únicos metais menos densos do que a água. Como foi explicado no Tópico 3H, em um metal sólido os cátions são ligados por um "mar" de elétrons. Como sua camada de valência só tem um elétron, a ligação nos metais é fraca, levando a pontos de fusão e de ebulição e densidades baixos. Essas propriedades diminuem de cima para baixo no grupo (Fig. 8C.2). O césio, que funde em 28°C, é líquido em um dia quente. O lítio é o metal alcalino mais duro, mas mesmo assim é mais mole do que o chumbo. O frâncio é um elemento raro, muito radioativo, sobre o qual se conhece muito pouco.

Dentre todos os metais, os metais alcalinos são os mais violentamente reativos e os mais difíceis de extrair. Eles são oxidados muito facilmente para serem encontrados no estado livre na natureza e não podem ser extraídos de seus compostos por agentes redutores comuns. Os metais puros são obtidos pela eletrólise de seus sais fundidos, como no processo eletrolítico de Downs (Tópico 6O) ou, no caso do potássio, pela exposição de cloreto de potássio fundido ao vapor de sódio:

$$KCl(l) + Na(g) \xrightarrow{750\,°C} NaCl(s) + K(g)$$

TABELA 8C.1 Elementos do Grupo 1

Nome comum: metais alcalinos
Configuração de valência: ns^1
Forma normal*: metais moles, cinza-prateados

Z	Nome	Símbolo	Massa molar (g·mol^{-1})	Ponto de fusão (°C)	Ponto de ebulição (°C)	Densidade (g·cm^{-3})
3	lítio	Li	6,94	181	1347	0,53
11	sódio	Na	22,99	98	883	0,97
19	potássio	K	39,10	64	774	0,86
37	rubídio	Rb	85,47	39	688	1,53
55	césio	Cs	132,91	28	678	1,87
87	frâncio	Fr	(223)	27	677	—

Forma normal significa o estado e a aparência do elemento em 25°C e 1 atm.

(a) (b) (c) (d)

FIGURA 8C.1 Metais alcalinos do Grupo 1: (a) lítio; (b) sódio; (c) potássio; (d) rubídio e césio. O frâncio nunca foi isolado em quantidades visíveis. Os primeiros três elementos foram cortados imediatamente antes das fotografias, e você pode ver a corrosão rápida quando expostos à umidade do ar. O rubídio e o césio são ainda mais reativos e devem ser armazenados (e fotografados) em recipientes selados, sem ar. (*W. H. Freeman*. Fotos: *Ken Karp*.)

Embora a constante de equilíbrio dessa reação não seja particularmente favorável, a reação ocorre para a direita, porque o potássio é mais volátil do que o sódio: o vapor de potássio é retirado pelo calor e condensado em um coletor resfriado.

O metal lítio tinha poucas aplicações até a II Guerra Mundial, quando as armas termonucleares foram desenvolvidas (Tópico 10C). Essa aplicação teve um efeito sobre a massa molar do lítio. Como só o lítio-6 pode ser usado nessas armas, a proporção de lítio-7 e, em consequência, a massa molar do lítio disponível no comércio aumentaram. Uma aplicação crescente é o uso nas baterias recarregáveis de íon lítio. Como o lítio tem o potencial padrão mais negativo de todos os elementos, ele pode produzir um alto potencial quando usado em células galvânicas. Além disso, como tem densidade muito pequena, as baterias de íon lítio são leves.

As energias da primeira ionização dos metais alcalinos são baixas e, assim, eles existem em seus compostos como cátions de carga unitária, como o Na$^+$. Em consequência, muitos de seus compostos são iônicos. Os potenciais padrão dos metais alcalinos são negativos. Entretanto, $E°(M^+/M)$ não varia de forma tão uniforme como o potencial de ionização, porque a energia de rede do sólido e a energia de hidratação dos íons têm papel importante na determinação de $E°(M^+/M)$. Efeitos de entropia também contribuem.

Como os potenciais padrão são tão fortemente negativos, os metais alcalinos são agentes redutores fortes que reagem com a água:

$$2\,Na(s) + 2\,H_2O(l) \longrightarrow 2\,NaOH(aq) + H_2(g)$$

O vigor dessa reação cresce uniformemente de cima para baixo no grupo (Fig. 8C.3). A reação da água com o potássio é suficientemente vigorosa para inflamar o hidrogênio produzido e é perigosamente explosiva no caso do rubídio e do césio. O rubídio e o césio são mais densos do que a água, logo afundam e reagem abaixo da superfície. O gás hidrogênio que se forma rapidamente forma uma onda de choque que pode quebrar o bécher. O lítio é o menos ativo dos metais do Grupo 1 na reação com a água, principalmente devido à maior energia de ligação de seus átomos, mas o lítio fundido é um dos metais mais ativos conhecidos.

Os metais alcalinos também perdem os elétrons de valência quando dissolvidos em amônia líquida, mas o resultado é diferente. Em vez de reduzir a amônia, os elétrons ocupam cavidades formadas por grupos de moléculas de NH$_3$ e dão *soluções metal-amônia*, cor de

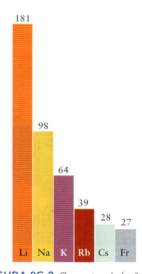

FIGURA 8C.2 Os pontos de fusão dos metais alcalinos decrescem de cima para baixo no grupo. Os valores numéricos mostrados aqui são graus Celsius.

(a) (b) (c)

FIGURA 8C.3 Os metais alcalinos reagem com água para produzir o gás hidrogênio e uma solução de hidróxido do metal alcalino. (a) O lítio reage lentamente. (b) O sódio reage tão vigorosamente que o calor liberado funde o metal que ainda não reagiu e inflama o hidrogênio formado. (c) O potássio reage ainda mais vigorosamente. (©1994 *Richard Megna–Fundamental Photographs*.)

FIGURA 8C.4 O azul observado neste balão com amônia líquida forma-se quando pequenos pedaços de sódio se dissolvem. (©1994 Richard Megna–Fundamental Photographs.)

tinta azul (Figura 8C.4). Essas soluções de elétrons solvatados (e cátions do metal) são muitas vezes usadas para reduzir compostos orgânicos. Quando a concentração do metal aumenta, a cor azul dá lugar a um bronze metálico e as soluções começam a conduzir eletricidade como metais líquidos.

PONTO PARA PENSAR

Suponha que você agite uma destas soluções de bronze. Você acha que a condutividade elétrica delas será alterada?

Todos os metais alcalinos reagem diretamente com quase todos os não metais, exceto os gases nobres. Entretanto, somente o lítio reage com o nitrogênio, que ele reduz a íon nitreto (N^{3-}):

$$6\,Li(s) + N_2(g) \longrightarrow 2\,Li_3N(s)$$

O principal produto da reação dos metais alcalinos com o oxigênio varia sistematicamente de cima para baixo no grupo (Fig. 8C.5). O lítio forma principalmente o óxido, Li_2O. O sódio forma predominantemente um peróxido amarelo pálido, Na_2O_2, que contém o íon peróxido, O_2^{2-}. O potássio forma principalmente o superóxido, KO_2, que contém o íon superóxido, O_2^{-}.

Teste 8C.1A Escreva a reação química entre o lítio e o oxigênio.

[***Resposta:*** $4\,Li(s) + O_2(g) \rightarrow 2\,Li_2O(s)$]

Teste 8C.1B Escreva a reação química entre o potássio e o oxigênio.

FIGURA 8C.5 Embora os metais alcalinos formem uma mistura de produtos ao reagir com o oxigênio, o lítio dá principalmente o óxido (à esquerda), o sódio, o peróxido amarelo muito pálido (no centro) e o potássio, o superóxido amarelo (à direita). (*W. H. Freeman. Foto: Ken Karp.*)

Os metais alcalinos são normalmente encontrados como cátions de carga unitária. Eles reagem com água com vigor crescente de cima para baixo no grupo.

8C.2 Os compostos de lítio, sódio e potássio

O lítio é típico de um elemento que é cabeça de seu grupo, no sentido de que ele é significativamente diferente de seus congêneres. As diferenças vêm, em parte, do pequeno tamanho do cátion Li^+, que lhe dá um forte poder polarizante e, consequentemente, a tendência a formar ligações com caráter covalente significativo. Outra consequência do pequeno tamanho do íon Li^+ é a forte interação íon-dipolo, que faz com que muitos sais de lítio formem hidratos nos quais as moléculas de H_2O estão agrupadas em torno do íon Li^+.

Compostos de lítio são usados em cerâmicas, em lubrificantes e na medicina. Pequenas doses diárias de carbonato de lítio são um tratamento eficaz da desordem bipolar (maníaco-depressiva), mas sua ação não é completamente compreendida. Os sabões de lítio – os sais de lítio de ácidos carboxílicos de cadeia longa – são usados como espessantes em graxas lubrificantes para aplicações em altas temperaturas porque têm pontos de fusão mais altos do que os sabões mais convencionais de sódio e potássio.

PONTO PARA PENSAR

Por que os sabões de lítio têm pontos de fusão mais altos do que os sabões de sódio?

Dois fatores que tornam importantes os compostos de sódio são seu baixo preço e sua alta solubilidade em água. O cloreto de sódio é facilmente minerado como halita (sal-gema), um depósito de cloreto de sódio resultante da evaporação de antigos oceanos. Ele pode ser, também, obtido a partir da evaporação da salmoura (água salgada) retirada dos oceanos e

FIGURA 8C.6 Um tanque de evaporação. A cor azul deve-se a um corante adicionado à salmoura para aumentar a absorção de calor e a velocidade de evaporação. (*Pete McBride/National Geographic Creative.*)

lagos salgados atuais (Fig. 8C.6). O cloreto de sódio é usado em grandes quantidades na produção eletrolítica do cloro e do hidróxido de sódio a partir da salmoura.

O hidróxido de sódio, NaOH, é um sólido branco, gorduroso, mole e corrosivo vendido comercialmente na forma de "soda cáustica". É um insumo químico importante, porque é uma matéria-prima barata para a produção de outros sais de sódio. A quantidade de eletricidade usada na eletrólise da salmoura na produção de NaOH no *processo cloro-álcali* só é inferior à usada na extração do alumínio de seus minerais. O processo produz cloro e hidrogênio, além do hidróxido de sódio (Fig. 8C.7). A equação iônica simplificada da reação é

$$2\,Cl^-(aq) + 2\,H_2O(l) \xrightarrow{\text{eletrólise}} Cl_2(g) + 2\,OH^-(aq) + H_2(g)$$

O hidrogenocarbonato de sódio, NaHCO$_3$ (bicarbonato de sódio), é comumente chamado de *bicarbonato de soda* ou *soda de padeiro*. O crescimento da massa crua de pães produzido pela ação do bicarbonato de sódio depende da reação entre um ácido fraco, HA, e os íons hidrogenocarbonato:

$$HCO_3^-(aq) + HA(aq) \longrightarrow A^-(aq) + H_2O(l) + CO_2(g)$$

O desprendimento do gás faz crescer a massa crua. Os ácidos fracos são fornecidos pela receita, geralmente sob a forma de ácido láctico do soro do leite ou da manteiga, de ácido cítrico do suco de limão ou de ácido acético do vinagre. O *fermento em pó* contém um ácido fraco sólido (que é, em muitos casos, uma mistura de fosfato de monocálcio e sulfato de alumínio e sódio), além de bicarbonato. O dióxido de carbono é liberado pela adição de água.

O carbonato de sódio deca-hidratado, Na$_2$CO$_3 \cdot$10H$_2$O, já foi muito usado como *soda de limpeza*. Ele ainda é, às vezes, adicionado à água para precipitar os íons Mg^{2+} e Ca^{2+} como carbonato

$$Ca^{2+}(aq) + CO_3^{2-}(aq) \longrightarrow CaCO_3(s)$$

e para fornecer um meio alcalino que ajuda a remover graxa de tecidos e louças. O carbonato de sódio anidro, ou *cinza de soda*, é usado em grandes quantidades na indústria do vidro como fonte de óxido de sódio, no qual ele se decompõe quando aquecido (ver Interlúdio no Foco 3).

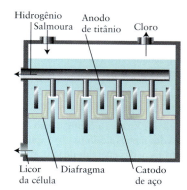

FIGURA 8C.7 Uma célula de diafragma para a produção eletrolítica de hidróxido de sódio a partir de salmoura (solução de cloreto de sódio em água), representada pela cor azul. O diafragma impede que o cloro produzido nos anodos de titânio se misture com o hidrogênio e o hidróxido de sódio formados nos catodos de aço. O líquido (licor da célula) é retirado, e a água evapora parcialmente. O cloreto de sódio não convertido cristaliza, deixando o hidróxido de sódio no licor da célula.

PONTO PARA PENSAR

Por que o carbonato de cálcio é muito menos solúvel do que o carbonato de sódio?

Os compostos de potássio são muito semelhantes aos compostos de sódio. As principais fontes minerais de potássio são a *carnalita*, KCl·MgCl$_2$·6H$_2$O, e a *silvita*, KCl, que é adicionada diretamente a alguns fertilizantes como fonte de potássio essencial. Os compostos de potássio são geralmente mais caros do que os compostos de sódio correspondentes, mas em muitas aplicações suas vantagens superam o preço. O nitrato de potássio, KNO$_3$, libera oxigênio quando aquecido, na reação

$$2\,KNO_3(s) \xrightarrow{\Delta} 2\,KNO_2(s) + O_2(g)$$

e é usado para facilitar a ignição dos fósforos. Ele é menos higroscópico (absorve água) do que o composto de sódio correspondente, porque o cátion K$^+$ é maior e menos fortemente hidratado pelas moléculas de H$_2$O.

Teste 8C.2A Use a Tabela 6M.1 para determinar a diferença de potencial mínima que deve ser aplicada em condições padrão para efetuar o processo cloro-álcali.

[*Resposta:* 2,2 V]

Teste 8C.2B Como o KO$_2$, o superóxido de césio, CsO$_2$, pode ser usado para remover o CO$_2$ exalado e gerar oxigênio a partir da água. Explique por que o uso de KO$_2$ é preferido para esse propósito nas espaçonaves.

O lítio lembra o magnésio e seus compostos têm caráter covalente. Os compostos de sódio são solúveis em água e são abundantes e baratos. Os compostos de potássio geralmente são menos higroscópicos do que os compostos de sódio.

Tópico 8C Exercícios

8C.1 Explique por que o lítio difere de seus congêneres em suas propriedades físicas e químicas. Dê dois exemplos para apoiar sua explicação.

8C.2 Explique por que os íons K^+ se movem mais rapidamente na água, em comparação com os íons Li^+?

8C.3 (a) Escreva a configuração dos elétrons de valência dos átomos dos metais alcalinos. (b) Explique, em termos da configuração eletrônica, das energias de ionização e da hidratação de seus íons, por que os metais alcalinos são agentes redutores fortes.

8C.4 Explique por que LiI e CsF são altamente solúveis em água, mas o LiF e o CsI têm solubilidade baixa.

8C.5 Escreva a equação química da reação entre (a) sódio e oxigênio; (b) lítio e nitrogênio; (c) sódio e água; (d) superóxido de potássio e água.

8C.6 Escreva a equação química da reação entre (a) césio e oxigênio (o césio reage com o oxigênio de forma semelhante ao potássio); (b) óxido de sódio e água; (c) lítio e ácido clorídrico; (d) césio e iodo.

Tópico 8D Grupo 2: Os metais alcalino-terrosos

8D.1 Os elementos do Grupo 2
8D.2 Os compostos de berílio, magnésio e cálcio

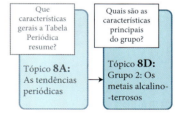

Os metais do Grupo 2 incluem o magnésio, que é essencial à vida porque é encontrado em todas as moléculas de clorofila, e o cálcio, que está presente nos ossos e no concreto usado em edificações. O cálcio, o estrôncio e o bário são chamados de *metais alcalino-terrosos*, porque suas "terras" – o nome antigo dos óxidos – são básicas (alcalinas). O nome metais alcalino-terrosos é frequentemente estendido aos demais membros do Grupo 2 (Tabela 8D.1). A configuração dos elétrons de valência dos átomos dos elementos do Grupo 2 é ns^2. A segunda energia de ionização é baixa o suficiente para ser recuperada da entalpia de rede dos compostos que formam (Fig. 8D.1). Por isso, os elementos do Grupo 2 ocorrem com número de oxidação +2, na forma do cátion M^{2+}, em todos os seus compostos.

8D.1 Os elementos do Grupo 2

Os metais do Grupo 2 têm muitas características em comum com os do Grupo 1, mas há diferenças importantes. Todos os elementos do Grupo 2 são muito reativos para ocorrerem livres na natureza (Fig. 8D.2). Eles são, geralmente, encontrados como cátions de carga dupla em compostos. O elemento berílio ocorre principalmente como o minério *berilo*, $3BeO \cdot Al_2O_3 \cdot 6SiO_2$, algumas vezes em cristais tão grandes que pesam algumas toneladas. A pedra preciosa *esmeralda* é uma forma de berilo. A cor verde característica ocorre devido a íons Cr^{3+} presentes como impureza (Fig. 8D.3). O magnésio ocorre na água do mar e no mineral *dolomita*, $CaCO_3 \cdot MgCO_3$. O cálcio também ocorre como $CaCO_3$ no *calcário*, na *calcita* e no *giz* (Tópico 3I).

(a) Berílio O elemento berílio, Be, é obtido pela redução eletrolítica do cloreto de berílio fundido. A baixa densidade do elemento torna-o útil na construção de componentes de mísseis e satélites. O berílio é também usado em janelas de tubos de raios X. Como os átomos de Be têm poucos elétrons, as placas finas desse metal são transparentes aos raios X. O berílio é adicionado em pequenas quantidades ao cobre: estas ligas berílio-cobre, que conduzem

TABELA 8D.1 Os elementos do Grupo 2

Nome comum: metais alcalino-terrosos (Ca, Sr, Ba)
Configuração de valência: ns^2
Forma normal*: metais moles e cinza-prateados

Z	Nome	Símbolo	Massa molar (g·mol⁻¹)	Ponto de fusão (°C)	Ponto de ebulição (°C)	Densidade (g·cm⁻³)
4	berílio	Be	9,01	1285	2470	1,85
12	magnésio	Mg	24,31	650	1100	1,74
20	cálcio	Ca	40,08	840	1490	1,53
38	estrôncio	Sr	87,62	770	1380	2,58
56	bário	Ba	137,33	710	1640	3,59
88	rádio	Ra	(226)	700	1500	5,00

*Forma normal significa o estado e a aparência do elemento em 25°C e 1 atm.

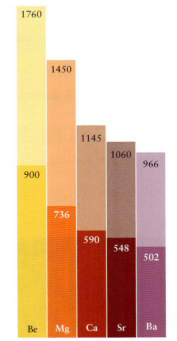

FIGURA 8D.1 Primeira (linha da frente) e segunda (linha de trás) energias de ionização (em quilojoules por mol) dos elementos do Grupo 2. Embora a segunda energia de ionização seja maior do que a primeira, ela não é muito grande, e os dois elétrons de valência são perdidos por cada átomo em todos os compostos desses elementos.

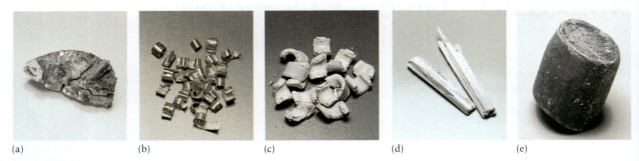

FIGURA 8D.2 Elementos do Grupo 2: (a) berílio, (b) magnésio, (c) cálcio, (d) estrôncio, (e) bário. Os quatro elementos centrais (do magnésio ao bário) foram descobertos por Humphry Davy no mesmo ano (1808). Os demais foram descobertos mais tarde: o berílio, em 1828 (por Friedrich Wöhler), e o rádio (que não aparece aqui), em 1898 (por Pierre e Marie Curie). (*W. H. Freeman. Fotos: Ken Karp.*)

FIGURA 8D.3 Uma esmeralda é um cristal de berílio com alguns íons Cr^{3+}, responsáveis pela cor verde. (*M. Claye/Science Source.*)

eletricidade, são usadas na produção de ferramentas antifagulha e na indústria eletrônica, em pequenas peças não magnéticas que resistem às deformações e à corrosão.

(b) Magnésio O metal magnésio, Mg, é produzido pela redução química ou eletrolítica de seus compostos. Na redução química, o óxido de magnésio é primeiramente obtido pela decomposição da dolomita. Em seguida, o ferro-silício, uma liga de ferro e silício, é usado para reduzir o óxido de magnésio na temperatura de 1.200°C. Nessa temperatura, o magnésio produzido é imediatamente vaporizado e retirado. O método eletrolítico usa a água do mar como matéria-prima: o hidróxido de magnésio é precipitado com cal extinta, $Ca(OH)_2$, filtrado e tratado com ácido clorídrico para produzir o cloreto de magnésio. O sal seco é fundido e sofre eletrólise.

O magnésio é um metal de cor prata esbranquiçada, que é protegido da oxidação pelo ar por um filme de óxido branco, que lhe dá uma cor acinzentada. Sua densidade é cerca de dois terços a do alumínio e o metal puro é muito mole. Entretanto, suas ligas têm grande resistência e são aplicadas onde leveza e resistência são necessárias – em aviões, por exemplo. O uso das ligas de magnésio em automóveis quintuplicou entre 1989 e 1995, quando os fabricantes decidiram reduzir o peso dos veículos. Contudo, não espere vir a dirigir um carro de magnésio tão cedo: o magnésio é mais caro do que o aço e mais difícil de ser trabalhado.

O magnésio queima vigorosamente no ar, com uma chama branca brilhante, em parte porque ele reage com o nitrogênio e o dióxido de carbono do ar, bem como com o oxigênio. Como a reação é acelerada quando o magnésio inflamado é borrifado com água ou exposto ao dióxido de carbono, nem os extintores de água, nem os de CO_2 podem ser usados no fogo de magnésio. Eles somente aumentariam as chamas!

(c) Cálcio, estrôncio e bário Os verdadeiros metais alcalino-terrosos – o cálcio (Ca), o estrôncio (Sr) e o bário (Ba) – são obtidos por eletrólise ou por redução com alumínio, em uma variante do processo termita (veja a Fig. 4A.8):

$$3\,BaO(s) + 2\,Al(s) \xrightarrow{\Delta} 2\,Al_2O_3(s) + 3\,Ba(s)$$

Como no Grupo 1, as reações dos metais do Grupo 2 com oxigênio e água tornam-se mais vigorosas de cima para baixo no grupo. O berílio, o magnésio, o cálcio e o estrôncio são parcialmente protegidos no ar por um filme superficial de óxido.

Todos os elementos do Grupo 2, com exceção do berílio, reagem com a água. Por exemplo,

$$Ca(s) + 2\,H_2O(l) \longrightarrow Ca^{2+}(aq) + 2\,OH^-(aq) + H_2(g)$$

O berílio não reage com a água, nem mesmo quando muito quente: seu filme de óxido protetor resiste, mesmo em temperaturas elevadas. O magnésio reage com água quente (veja a Fig. 7D.1) e o cálcio reage com água fria (Fig. 8D.4).

Os metais alcalino-terrosos podem ser identificados na chama de compostos pelas cores que produzem. O cálcio queima com cor laranja avermelhada, o estrôncio com cor carmim e o bário com cor verde amarelada. Os fogos de artifício são frequentemente feitos com seus

FIGURA 8D.4 O cálcio reage suavemente com água fria para produzir hidrogênio e hidróxido de cálcio, $Ca(OH)_2$. (*Andrew Lambert Photography/Science Source.*)

sais (normalmente os nitratos e cloratos, porque esses ânions fornecem mais oxigênio) juntamente a magnésio em pó.

> **Teste 8D.1A** Escreva a equação química da reação que ocorreria se você tentasse apagar um fogo de magnésio com água. Você perceberá por que a ideia é muito ruim.
>
> [**Resposta:** Mg(s) + 2 H$_2$O(l) → Mg^{2+}(aq) + 2 OH$^-$(aq) + H$_2$(g)]
>
> **Teste 8D.1B** Escreva a equação química da reação do bário com oxigênio.

O berílio tem um certo caráter de não metal, mas os outros elementos do Grupo 2 são metais típicos. O vigor da reação com a água e o oxigênio cresce de cima para baixo no grupo.

8D.2 Os compostos de berílio, magnésio e cálcio

Excetuando-se a tendência para o caráter de ametal do berílio, todos os elementos do Grupo 2 têm as características químicas de metais, como a formação de óxidos básicos e hidróxidos.

(a) Berílio O berílio lembra seu vizinho diagonal, o alumínio, em suas propriedades químicas. É o de menor caráter de metal no grupo, e muitos de seus compostos têm propriedades comumente atribuídas às ligações covalentes. O berílio é anfotérico e reage com ácidos e com bases. Como o alumínio, o berílio reage com água na presença de hidróxido de sódio. Neste caso, forma-se o *íon berilato*, Be(OH)$_4^{2-}$, e hidrogênio:

$$Be(s) + 2 OH^-(aq) + 2 H_2O(l) \longrightarrow Be(OH)_4^{2-}(aq) + H_2(g)$$

Os compostos de berílio são muito tóxicos e devem ser manuseados com grande cuidado. Suas propriedades são dominadas pelo alto caráter polarizante dos íons Be^{2+} e seu volume pequeno. O forte poder polarizante resulta em compostos moderadamente covalentes, e o volume pequeno limita a quatro o número de grupos que podem se ligar ao íon. Essas duas características combinadas são responsáveis pela predominância de unidades tetraédricas, BeX$_4$ (**1**), como no íon berilato. Uma unidade tetraédrica também é encontrada no cloreto (**2**) e no hidreto sólidos. Pensava-se que o hidreto de berílio fosse formado por cadeias de grupos BeH$_2$, mas sabemos hoje que ele tem uma estrutura de rede (Fig. 8D.5). O cloreto é formado pela ação do cloro sobre o óxido na presença de carbono:

$$BeO(s) + C(s) + Cl_2(g) \xrightarrow{600-800°C} BeCl_2(g) + CO(g)$$

Os átomos de Be em BeCl$_2$ agem como ácidos de Lewis e aceitam pares de elétrons dos átomos de Cl dos grupos BeCl$_2$ vizinhos, formando, nos sólidos, uma cadeia de unidades tetraédricas BeCl$_4$.

(b) Magnésio O magnésio tem propriedades de metal mais pronunciadas do que as do berílio. Seus compostos são acentuadamente iônicos, com algum caráter covalente. O óxido de magnésio, MgO, forma-se quando o magnésio queima no ar, mas o produto é contaminado com nitreto de magnésio. Para preparar o óxido puro, é necessário aquecer o hidróxido ou o carbonato. O óxido de magnésio dissolve-se muito pouco na água. Uma de suas propriedades mais marcantes é que ele é *refratário* (capaz de resistir a altas temperaturas), porque funde em 2.800°C. Essa grande estabilidade pode ser atribuída ao pequeno raio dos íons Mg^{2+} e O^{2-}, e, portanto, à forte interação eletrostática entre eles. O óxido tem duas outras características úteis: ele é bom condutor de calor e é mau condutor de eletricidade. Essas três propriedades recomendam seu uso como isolante em aquecedores elétricos.

O hidróxido de magnésio, Mg(OH)$_2$, é uma base. Ele não é muito solúvel em água, mas forma uma suspensão coloidal branca, uma névoa de pequenas partículas dispersas em um líquido (Tópico 5G), conhecida como *leite de magnésia*, que é usada como antiácido estomacal. Como essa base não é muito solúvel, ela não é absorvida no estômago e age por longo tempo sobre os ácidos presentes. Os hidróxidos têm sobre os hidrogenocarbonatos (que também são usados como antiácidos) a vantagem de que não levam à formação de dióxido

1 Unidade BeX$_4$

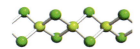

2 Cloreto de berílio, BeCl$_2$

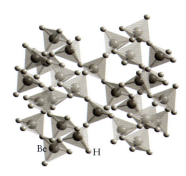

FIGURA 8D.5 Estrutura de rede do hidreto de berílio, baseada nas unidades tetraédricas BeX$_4$.

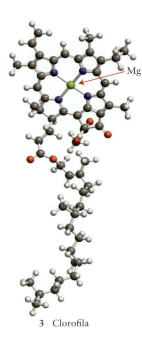

3 Clorofila

de carbono e sua consequência inconveniente, o arroto. O leite de magnésia deve ser usado em pequenas quantidades, porque o produto da neutralização no estômago é o cloreto de magnésio, que age como purgativo. O sulfato de magnésio, ou *sais de Epsom*, MgSO$_4$·7H$_2$O, é também um purgativo comum. Como os íons com carga dupla se hidratam, eles passam a inibir a absorção de água do intestino. O resultado do aumento do fluxo de água no intestino dispara o mecanismo que resulta na defecação.

Pode-se considerar a clorofila o composto de magnésio mais importante. Esse composto orgânico verde é formado por moléculas grandes que absorvem a luz do Sol e canalizam essa energia para a fotossíntese. Uma função do íon Mg^{2+}, que se localiza exatamente abaixo do plano do anel formado por átomos de nitrogênio e carbono (**3**), é, aparentemente, manter a rigidez do anel. Essa rigidez ajuda a assegurar que a energia capturada do fóton incidente não se perca como calor antes de ser usada na reação química. O magnésio também tem um papel importante na geração de energia nas células vivas. Ele está, por exemplo, envolvido na contração muscular.

(c) Cálcio O composto mais comum de cálcio é o carbonato de cálcio, CaCO$_3$, que ocorre naturalmente em várias formas, como o giz e o calcário (Tópico 3I).

O carbonato de cálcio decompõe-se em óxido de cálcio, CaO, ou *cal viva*, quando aquecido:

$$CaCO_3(s) \xrightarrow{\Delta} CaO(s) + CO_2(g)$$

A cal viva é produzida em enormes quantidades em todo o mundo. Cerca de 40% são usados na metalurgia. Na produção do ferro (Tópico 9B), ela é usada como uma base de Lewis. O íon O^{2-} reage com a sílica, SiO$_2$, e impurezas do mineral para formar a *escória* líquida:

$$CaO(s) + SiO_2 \xrightarrow{\Delta} CaSiO_3(l)$$

O óxido de cálcio é chamado de cal viva porque reage exotérmica e rapidamente com a água:

$$CaO(s) + H_2O(l) \longrightarrow Ca^{2+}(aq) + 2\,OH^-(aq)$$

O produto, hidróxido de cálcio, é comumente conhecido como *cal apagada*, porque, como hidróxido de cálcio, a sede da cal pela água foi satisfeita (apagada). A cal apagada é a forma na qual a cal é normalmente vendida, porque a cal viva pode incendiar a madeira e o papel úmidos. Os barcos de madeira que eram utilizados para transportar a cal viva muitas vezes pegavam fogo com o calor da reação, quando a água invadia os seus compartimentos. A cal apagada é usada como uma base barata na indústria e, também, para ajustar o pH dos solos na agricultura. Talvez surpreendentemente, ela é usada também para *remover* íons Ca^{2+} da água dura que contém Ca(HCO$_3$)$_2$. O seu papel é converter HCO$_3^-$ em CO$_3^{2-}$ pelo fornecimento de íons OH$^-$:

$$HCO_3^-(aq) + OH^-(aq) \longrightarrow CO_3^{2-}(aq) + H_2O(l)$$

O aumento da concentração de íons CO$_3^{2-}$ promove a precipitação dos íons Ca^{2+} pela reação

$$Ca^{2+}(aq) + CO_3^{2-}(aq) \longrightarrow CaCO_3(s)$$

Essa reação remove os íons cálcio, Ca^{2+}, que estavam inicialmente presentes e os que foram adicionados como cal. No processo, a concentração dos íons Ca^{2+} reduz-se.

PONTO PARA PENSAR

Por que o hidrogenocarbonato de cálcio (bicarbonato) é mais solúvel do que o carbonato de cálcio?

Os dentes são mais densos do que os ossos e são protegidos por uma cobertura dura de esmalte. O esmalte dos dentes é a *hidroxi-apatita*, Ca$_5$(PO$_4$)$_3$OH. Os dentes começam a se estragar quando os ácidos atacam o esmalte:

$$Ca_5(PO_4)_3OH(s) + 4\,H_3O^+(aq) \longrightarrow 5\,Ca^{2+}(aq) + 3\,HPO_4^{2-}(aq) + 5\,H_2O(l)$$

Os agentes principais do decaimento dos dentes são os ácidos carboxílicos produzidos quando as bactérias agem sobre os restos de comida. Uma cobertura mais resistente é formada quando os íons OH$^-$ da apatita são substituídos por íons F$^-$. O mineral resultante é chamado de *fluoroapatita*:

$$Ca_5(PO_4)_3OH(s) + F^-(aq) \longrightarrow Ca_5(PO_4)_3F(s) + OH^-(aq)$$

Tópico 8D   Exercícios   **663**

A adição de íons fluoreto na água potável (na forma de NaF) está agora disseminada, e o resultado foi um decréscimo expressivo das cáries. As pastas de dentes fluoradas, que contêm fluoreto de estanho(II) ou monofluorofosfato de sódio (MFP, Na_2FPO_3), são também recomendadas para fortalecer o esmalte dos dentes.

> **Teste 8D.2A** Explique por que os compostos de berílio têm características covalentes.
>
> [***Resposta:*** O pequeno volume e a grande carga do íon berílio fazem com que ele seja muito polarizante.]
>
> **Teste 8D.2B** A reação entre CaO e SiO_2 é uma reação redox ou uma reação ácido-base de Lewis? Se for redox, identifique o agente oxidante e o agente redutor. Se for uma reação ácido-base de Lewis, identifique o ácido e a base.

Os compostos de berílio têm pronunciado caráter covalente, e suas unidades estruturais são normalmente tetraédricas. O pequeno volume do cátion magnésio resulta em óxidos termicamente estáveis, com pouca solubilidade em água. Os compostos de cálcio são materiais estruturais comuns, porque o íon cálcio, Ca^{2+}, é pequeno e tem carga elevada, o que leva a estruturas rígidas.

Tópico 8D Exercícios

8D.1 Escreva a equação da reação entre o magnésio e a água quente.

8D.2 Escreva a equação da reação entre o metal estrôncio e o gás hidrogênio.

8D.3 CaO e BaO são, às vezes, usados como agentes secantes de solventes orgânicos, como a piridina, C_5H_5N. O agente secante e o produto da reação de secagem são insolúveis em solventes orgânicos. (a) Escreva a equação química balanceada que corresponde à reação da secagem do solvente. (b) Determine, no caso do CaO, a energia livre de Gibbs padrão da reação de secagem.

8D.4 Alumínio e berílio têm uma relação diagonal. Compare as equações químicas da reação do alumínio com hidróxido de sódio em água e a reação do berílio com hidróxido de sódio em água.

8D.5 Determine os produtos de cada uma das seguintes reações e balanceie as equações:

(a) $Mg(OH)_2 + HCl(aq) \rightarrow$
(b) $Ca(s) + H_2O(l) \rightarrow$
(c) $BaCO_3(s) \xrightarrow{\Delta}$

8D.6 Determine os produtos de cada uma das seguintes reações e balanceie as equações:

(a) $Mg(s) + Br_2(l) \rightarrow$
(b) $BaO(s) + Al(s) \rightarrow$
(c) $CaO(s) + SiO_2(s) \rightarrow$

8D.7 (a) Escreva as estruturas de Lewis do $BeCl_2$. (b) Diga qual é o ângulo esperado para a ligação Cl—Be—Cl. (c) Que orbitais híbridos são usados na ligação no $BeCl_2$? (d) Por que o $MgCl_2$ não tem a mesma estrutura?

8D.8 O $BeCl_2$ existe, na fase gás, como um dímero que forma pontes cloro-átomo como as do dímero do $AlCl_3$. Desenhe a estrutura de Lewis do dímero do $BeCl_2$ e diga quais são as cargas formais dos átomos.

Tópico 8E Grupo 13: A família do boro

8E.1 Os elementos do Grupo 13
8E.2 Os óxidos, halogenetos e nitretos do Grupo 13
8E.3 Os boranos, boro-hidretos e boretos

O Grupo 13 é o primeiro grupo do bloco p. Aqui, perto do centro da Tabela Periódica, os elementos têm propriedades incomuns, porque nem o ganho, nem a perda de elétrons são vantajosos do ponto de vista energético. Os membros do Grupo 13 têm configuração eletrônica ns^2np^1 (Tabela 8E.1) e, portanto, o seu número de oxidação máximo é +3. O número de oxidação de B e Al é +3 na maior parte de seus compostos. Entretanto, os elementos mais pesados do grupo são mais propensos a reter os elétrons s (efeito do par inerte, Tópico 1F); logo, o número de oxidação +1 passa a ser cada vez mais importante de cima para baixo no grupo. Os compostos de tálio(I) são tão comuns como os compostos de tálio(III).

8E.1 Os elementos do Grupo 13

Este tópico se concentra nos dois membros mais importantes do grupo, o boro e o alumínio.

(a) Boro O boro, B, forma, talvez, as mais extraordinárias estruturas de todos os elementos. Ele tem energia de ionização relativamente alta e é um metaloide que forma ligações covalentes, como o seu vizinho diagonal, o silício. Entretanto, como só tem três elétrons na camada de valência e um raio atômico pequeno, ele forma compostos com octetos incompletos (Tópico 2C) ou que são deficientes de elétrons. Essas propriedades incomuns de ligação levam a algumas propriedades notáveis, que o tornaram um elemento essencial na tecnologia moderna, em particular na nanotecnologia.

O boro é minerado como *bórax* e *quernita*, $Na_2B_4O_7 \cdot xH_2O$, com x = 10 e 4, respectivamente. Grandes depósitos de minérios de antigas fontes de água quente são encontrados em regiões vulcânicas, como o Deserto de Mojave, na Califórnia, Estados Unidos. No processo de extração, o minério é convertido por ácidos em óxido de boro e, então, reduzido com magnésio até uma forma de boro impura, marrom e amorfa:

$$B_2O_3(s) + 3\,Mg(s) \xrightarrow{\Delta} 2\,B(s) + 3\,MgO(s)$$

Um produto mais puro é obtido pela redução de um composto volátil de boro, como o BCl_3 ou BBr_3, com hidrogênio sobre um filamento de tântalo aquecido:

$$2\,BBr_3(g) + 3\,H_2(g) \xrightarrow{\Delta,\,Ta} 2\,B(s) + 6\,HBr(g)$$

Talvez aqui esteja uma oportunidade para outro jovem químico, como Hall, transformar o processo de produção do boro, como Hall fez com o do alumínio (descrito mais adiante neste tópico).

TABELA 8E.1 Os elementos do Grupo 13

Configuração de valência: ns^2np^1

Z	Nome	Símbolo	Massa molar (g·mol⁻¹)	Ponto de fusão (°C)	Ponto de ebulição (°C)	Densidade (g·cm⁻³)	Forma normal*
5	boro	B	10,81	2300	3931	2,47	metaloide pulverulento marrom
13	alumínio	Al	26,98	660	2467	2,70	metal prata-esbranquiçado
31	gálio	Ga	69,72	30	2403	5,91	metal prateado
49	índio	In	114,82	156	2080	7,29	metal prata-esbranquiçado
81	tálio	Tl	204,38	304	1457	11,87	metal mole

Forma normal significa o estado e a aparência do elemento em 25°C e 1 atm.

Devido ao alto custo, a produção de boro ainda é pequena, apesar de esse elemento possuir propriedades interessantes de dureza e baixa densidade.

O boro elementar existe em várias formas alotrópicas, nas quais cada átomo procura encontrar maneiras de compartilhar oito elétrons, apesar de serem muito pequenos e poderem contribuir com apenas três elétrons. É mais comumente encontrado como um sólido não metálico de cor cinza escuro, de alto ponto de fusão, ou como um pó marrom escuro com estrutura icosaédrica (20 faces) baseada em conjuntos de 12 átomos (**1**). Devido às redes tridimensionais formadas por essas ligações, o boro é muito duro e pouco reativo. Quando fibras de boro são incorporadas a plásticos, o resultado é um material muito resistente, mais duro do que o aço e mais leve do que o alumínio. Esse material é usado em aeronaves, mísseis e armaduras pessoais (Tópico 11E).

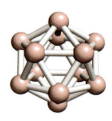

1 B_{12}

(b) Alumínio O alumínio, Al, é o elemento metálico mais abundante na crosta da Terra e o terceiro elemento mais abundante, depois do oxigênio e do silício (veja a Fig. 8B.1). Entretanto, o conteúdo de alumínio na maior parte dos minérios é baixo e a fonte comercial de alumínio, a *bauxita*, é um óxido hidratado impuro, $Al_2O_3 \cdot xH_2O$, em que x pode variar de 1 a 3. O minério bauxita, que é vermelho por causa dos óxidos de ferro que contém (Fig. 8E.1), é processado para a obtenção da alumina, Al_2O_3, no *processo Bayer*. Nesse processo, o minério é primeiramente tratado com hidróxido de sódio em água, que dissolve a alumina, anfotérica, como íon aluminato, $Al(OH)_4^-$. A passagem de dióxido de carbono pela solução remove os íons OH^- na forma de HCO_3^-, provocando a decomposição parcial dos íons aluminato e a precipitação de hidróxido de alumínio. O hidróxido de alumínio é removido e desidratado ao óxido por aquecimento em 1.200°C.

A obtenção do metal alumínio a partir do óxido foi um desafio para os primeiros cientistas e engenheiros. Ao ser isolado, o alumínio era um metal raro e caro. Durante o século XIX, simbolizava a tecnologia moderna, e o Monumento a Washington recebeu uma caríssima ponta de alumínio. A raridade e o alto preço foram transformados pela eletroquímica. O metal alumínio agora é obtido em larga escala pelo *processo Hall*. Em 1886, Charles Hall descobriu que ao misturar o mineral criolita, Na_3AlF_6, com alumina, ele obtinha uma mistura que fundia em uma temperatura muito mais econômica, 950°C, em vez dos 2.050°C da alumina pura. A mistura fundida sofre eletrólise em células que usam anodos de grafita (ou carvão) e vasilhas forradas de aço carbono como catodo (Fig. 8E.2). As meias-reações da célula são:

Reação no catodo: Al^{3+} (fundido) + 3 e$^-$ ⟶ Al(l)
Reação no anodo: 2 O^{2-} (fundido) + C(s, gr) ⟶ CO_2(g) + 4 e$^-$
Reação total: 4 Al^{3+} (fundido) + 6 O^{2-} (fundido) + 3 C(s, gr) ⟶ 4 Al(l) + 3 CO_2(g)

Observe que o eletrodo de carbono é consumido na reação. A relação estequiométrica informa que uma corrente de 1 A deve fluir por 80 h para produzir 1 mol de Al (27 g de alumínio, quantidade suficiente para duas latinhas de refrigerante). Esse consumo extremamente alto de energia pode ser muito reduzido pela reciclagem, que requer menos de 5% da eletricidade necessária para extrair o alumínio da bauxita. Embora uma lata típica de bebida só contenha 14 g de alumínio, a energia que estamos desperdiçando ao descartar uma lata de alumínio é equivalente à queima de uma quantidade de gasolina que encheria metade da lata.

O alumínio tem baixa densidade. Ele é um metal resistente e um excelente condutor elétrico. Embora seja forte redutor, e portanto se oxide facilmente, o alumínio é resistente à corrosão, porque sua superfície é apassivada no ar pela formação de um filme de óxido estável (Tópico 6N). A espessura da camada de óxido pode ser aumentada, fazendo o alumínio servir de anodo em uma célula eletrolítica. O resultado é chamado de *alumínio anodizado*.

A baixa densidade do alumínio, a alta disponibilidade e a resistência à corrosão o tornam ideal na construção e na indústria aeroespacial. O alumínio é um metal mole e, assim, é normalmente transformado em uma liga com o cobre e o silício para aumentar a resistência. A leveza e a boa condutividade elétrica levaram a seu uso em linhas de alta tensão e seu potencial de eletrodo negativo ao uso em células a combustível. É possível que algum dia, talvez, seu automóvel não só seja feito de alumínio, mas seja movido por ele também.

O alumínio é anfotérico e reage com ácidos não oxidantes (como o ácido clorídrico) para formar íons alumínio,

$$2\ Al(s) + 6\ H^+(aq) \longrightarrow 2\ Al^{3+}(aq) + 3\ H_2(g)$$

e com uma solução em água aquecida de um álcali para formar íons aluminato,

$$2\ Al(s) + 2\ OH^-(aq) + 6\ H_2O(l) \longrightarrow 2\ Al(OH)_4^-(aq) + 3\ H_2(g)$$

FIGURA 8E.1 Os óxidos de ferro dão ao minério da bauxita uma coloração avermelhada. (*Michael James/Sience Source.*)

Napoleão reservava seus pratos de alumínio para hóspedes especiais: os demais tinham de se contentar com pratos de ouro.

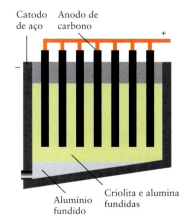

FIGURA 8E.2 No processo de Hall, o óxido de alumínio é dissolvido em criolita fundida e a mistura sofre eletrólise em uma célula com anodos de carbono e um catodo de aço. O alumínio fundido flui para o exterior pelo fundo da célula.

Um ácido oxidante é um oxoácido no qual o ânion é um agente oxidante; HNO₃ e HClO₃ são exemplos.

O gálio, que é um subproduto do processo Bayer, tem importantes aplicações na indústria eletrônica. É um agente comum de dopagem de semicondutores e alguns de seus compostos, como o GaAs, são usados em diodos emissores para converter eletricidade em luz. O tálio, na parte de baixo do Grupo 13, é um metal pesado venenoso e perigoso.

O boro é um metaloide duro, com propriedades de ametal pronunciadas. O alumínio é um elemento de caráter metálico, reativo, leve, resistente, anfotérico, com uma superfície que se apassiva quando exposta ao ar.

8E.2 Os óxidos, halogenetos e nitretos do Grupo 13

O boro, um metaloide com propriedades acentuadamente de não metal, forma óxidos ácidos. O alumínio, seu vizinho de caráter metálico, forma óxidos anfotéricos (como seu vizinho diagonal do Grupo 2, o berílio).

(a) Boro O ácido bórico, B(OH)₃, é um sólido tóxico que funde em 171°C. Como o átomo de boro em B(OH)₃ tem o octeto incompleto, ele pode agir como um ácido de Lewis e formar uma ligação ao aceitar um par isolado de elétrons de uma molécula de H₂O que age como base de Lewis:

$$(OH)_3B + :OH_2 \longrightarrow (OH)_3BOH_2$$

O composto formado é o ácido *mono*prótico fraco chamado de ácido bórico:

$$(OH)_3BOH_2(aq) + H_2O(l) \rightleftharpoons H_3O^+(aq) + B(OH)_4^-(aq) \qquad pK_a = 9{,}14$$

O principal uso do ácido bórico é como ponto de partida para a síntese do anidrido, o óxido de boro, B₂O₃. Como ele funde (em 450°C) em um líquido que dissolve muitos óxidos de metais, o óxido de boro (frequentemente, na forma do ácido) é usado como um *fundente*, um líquido que limpa os metais que estão sendo unidos ou soldados. O óxido de boro é também usado na fabricação de fibra de vidro e vidros de borossilicato, um vidro que sofre expansão térmica muito baixa, como o Pyrex (veja o Interlúdio no final do Foco 3).

PONTO PARA PENSAR
Por que o vidro de borossilicato expande menos do que outros vidros quando é aquecido?

Os halogenetos de boro são catalisadores industriais formados pela reação direta dos elementos em temperaturas elevadas ou a partir do óxido de boro. O mais importante é o trifluoreto de boro, BF₃, que é produzido pela reação entre o óxido de boro, o fluoreto de cálcio e o ácido sulfúrico:

$$B_2O_3(s) + 3\,CaF_2(s) + 3\,H_2SO_4(l) \xrightarrow{\Delta} 2\,BF_3(g) + 3\,CaSO_4(s) + 3\,H_2O(l)$$

O tricloreto de boro, BCl₃, que também é muito usado como catalisador, é produzido comercialmente pela ação do gás cloro sobre o óxido na presença de carbono:

$$B_2O_3(s) + 3\,C(s) + 3\,Cl_2(g) \xrightarrow{500°C} 2\,BCl_3(g) + 3\,CO(g)$$

O átomo de B tem o octeto incompleto em todos os tri-halogenetos. Os compostos são moléculas trigonais planas com um orbital 2p vazio perpendicular ao plano da molécula. O orbital vazio permite que as moléculas funcionem como ácidos de Lewis, o que explica a ação catalítica do BF₃ e do BCl₃.

O aquecimento do óxido de boro, B₂O₃, em 900°C em amônia produz o nitreto de boro, BN, um pó leve e que se espalha facilmente:

$$B_2O_3(s) + 2\,NH_3(g) \xrightarrow{\Delta} 2\,BN(s) + 3\,H_2O(g)$$

Sua estrutura lembra a da grafita, mas os planos de hexágonos de carbono são substituídos por planos de hexágonos alternados de átomos de B e N no nitreto de boro (Fig. 8E.3).

Embora seja isoeletrônico com a grafita, o nitreto de boro é branco e sua condutividade elétrica é muito menor do que a da grafita, porque os elétrons estão localizados nos átomos de nitrogênio. Em alta pressão, o nitreto de boro converte-se em uma forma cristalina muito dura e semelhante ao diamante chamada de Borazon (o termo é nome de marca comercial).

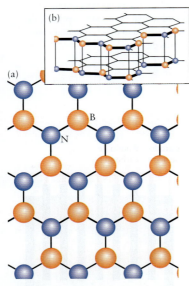

FIGURA 8E.3 (a) A estrutura hexagonal do nitreto de boro, BN, lembra a da grafita, composta por planos de hexágonos de átomos de B e N em alternância (em lugar dos átomos de C), mas, como mostrado para duas camadas adjacentes na parte (b), os planos estão empilhados de forma diferente, na qual cada átomo de B está diretamente sobre um átomo de N e vice-versa (compare com a Fig. 3H.8).

FIGURA 8E.4 Algumas das formas impuras da α-alumina, muito apreciadas como pedras preciosas. (a) O rubi é alumina com Cr³⁺ substituindo alguns íons Al³⁺. (b) A safira é a alumina com impurezas de Fe³⁺ e Ti⁴⁺. (c) O topázio é alumina com impurezas de Fe³⁺. (*Parte (a) Jacana/Science Source; parte (b) ©Boltin Picture Library/Bridgeman Images; parte (c) Roberto de Gugliemo/Science Source.*)

(a)

(b)

Pesquisas recentes permitiram sintetizar nanotubos de nitreto de boro semelhantes aos formados por carbono. Elas também revelaram que os nanotubos de nitreto de boro são semicondutores (Tópico 3J).

(b) Alumínio O óxido de alumínio, Al_2O_3, é muito conhecido pelo nome *alumina*. Ele existe em uma grande variedade de estruturas cristalinas, muitas das quais são importantes materiais cerâmicos (veja o Interlúdio no Foco 3). Algumas formas impuras de alumina são belas, raras e de alto preço (Fig. 8E.4). Uma forma menos densa e mais reativa desse óxido é a γ-alumina, que absorve água e é usada como fase estacionária em cromatografia.

A γ-alumina é produzida pelo aquecimento do hidróxido de alumínio. É moderadamente reativa e é anfotérica, dissolvendo-se facilmente em bases para produzir o íon aluminato e em ácidos para produzir o íon Al^{3+} hidratado:

$$Al_2O_3(s) + 2\,OH^-(aq) + 3\,H_2O(l) \longrightarrow 2\,Al(OH)_4^-(aq)$$
$$Al_2O_3(s) + 6\,H_3O^+(aq) + 3\,H_2O(l) \longrightarrow 2\,Al(H_2O)_6^{3+}(aq)$$

Um dos mais importantes sais de alumínio, preparado pela ação de um ácido sobre a alumina, é o sulfato de alumínio, $Al_2(SO_4)_3$:

$$Al_2O_3(s) + 3\,H_2SO_4(aq) \longrightarrow Al_2(SO_4)_3(aq) + 3\,H_2O(l)$$

(c)

O sulfato de alumínio é chamado de *alúmen do fabricante de papel* e é usado na indústria de papel para coagular as fibras de celulose em uma superfície dura e não absorvente. Os verdadeiros alúmens (dos quais o alumínio recebeu o nome) são sulfatos mistos de fórmula $M^+M'^{3+}(SO_4)_2 \cdot 12H_2O$. Eles incluem o alúmen de potássio, $KAl(SO_4)_2 \cdot 12H_2O$ (que é usado na água e no tratamento de esgoto) e o alúmen de amônio, $NH_4Al(SO_4)_2 \cdot 12H_2O$ (que é usado para fazer pepinos em conserva e como um ácido de Brønsted nos fermentos de padeiro).

O aluminato de sódio, $NaAl(OH)_4$, é usado juntamente ao sulfato de alumínio na purificação da água. Quando misturado com os íons aluminato, o cátion ácido Al^{3+} hidratado do sulfato de alumínio produz hidróxido de alumínio.

$$Al^{3+}(aq) + 3\,Al(OH)_4^-(aq) \longrightarrow 4\,Al(OH)_3(s)$$

O hidróxido de alumínio forma-se como uma rede gelatinosa e fofa que captura as impurezas quando precipita. O precipitado pode ser removido por filtração (Fig. 8E.5).

O cloreto de alumínio, $AlCl_3$, um catalisador industrial importante, é formado pela ação do gás cloro sobre alumínio ou sobre alumina, na presença de carbono:

$$2\,Al(s) + 3\,Cl_2(g) \longrightarrow 2\,AlCl_3(s)$$
$$Al_2O_3(s) + 3\,C(s) + 3\,Cl_2(g) \longrightarrow 2\,AlCl_3(s) + 3\,CO(g)$$

O cloreto de alumínio é um sólido iônico no qual cada íon Al^{3+} é rodeado por seis íons Cl^-. Ele, porém, sublima em 192°C, formando um vapor de moléculas de Al_2Cl_6 (**2**). Nessas moléculas, o átomo de alumínio de cada fragmento $AlCl_3$ age como um ácido de Lewis e aceita um par de elétrons de um átomo de cloro do outro fragmento $AlCl_3$, que, por sua vez, age como uma base de Lewis.

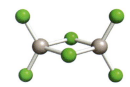

2 Dímero do cloreto de alumínio, Al_2Cl_6

FIGURA 8E.5 O hidróxido de alumínio, $Al(OH)_3$, forma-se como um precipitado fofo e branco. A forma fofa do sólido captura impurezas e é usada na purificação da água. (*W. H. Freeman. Foto: Ken Karp.*)

> **Teste 8E.1A** Explique como o íon Al^{3+} forma soluções ácidas.
>
> [**Resposta:** Na água, o íon Al^{3+} forma $Al(H_2O)_6^{3+}$. O íon Al^{3+}, com muita carga, polariza as moléculas de água, fazendo com que uma delas doe um próton.]
>
> **Teste 8E.1B** O composto $B(OH)_3$ não cede prótons em água. Por que, então, ele é chamado de ácido bórico?

O óxido de boro é um anidrido ácido. O alumínio tem algum caráter de não metal e seu óxido é anfotérico. Os halogenetos de boro e de alumínio têm octetos incompletos e agem como ácidos de Lewis. O nitreto de boro tem estruturas semelhantes às formadas pelo carbono.

8E.3 Os boranos, boro-hidretos e boretos

O boro forma uma série notável de compostos binários com o hidrogênio – os *boranos*. Esses compostos incluem o diborano, B_2H_6, e compostos mais complexos, como o decaborano, $B_{10}H_{14}$. As versões aniônicas desses compostos, os *boro-hidretos*, são também conhecidas; a mais importante é o BH_4^- na forma de boro-hidreto de sódio, $NaBH_4$.

O boro-hidreto de sódio é um agente redutor muito útil. Em pH = 14 (condições extremamente alcalinas), o potencial da meia-reação

$$H_2BO_3^-(aq) + 5\,H_2O(l) + 8\,e^- \longrightarrow BH_4^-(aq) + 8\,OH^-(aq)$$

é −1,24 V. Como esse potencial está bem abaixo do par Ni^{2+}/Ni (−0,23 V), o íon boro-hidreto pode reduzir os íons Ni^{2+} ao metal níquel. Essa redução é a base da "deposição química" do níquel. A vantagem dessa deposição sobre a deposição eletrolítica é que a peça a ser recoberta não precisa ser um condutor elétrico.

PONTO PARA PENSAR
Você possui algum objeto que passou por este tipo de deposição eletrolítica?

Os boranos formam uma série muito grande de compostos binários de boro e hidrogênio, até certo ponto análogos aos hidrocarbonetos. O ponto de partida da produção dos boranos é a reação (em um solvente orgânico) de boro-hidreto de sódio com trifluoreto de boro:

$$4\,BF_3 + 3\,BH_4^- \longrightarrow 3\,BF_4^- + 2\,B_2H_6$$

O produto B_2H_6 é o diborano (**3**), um gás incolor que se incendeia no ar. Em contato com a água, ele reduz imediatamente o hidrogênio da água:

$$B_2H_6(g) + 6\,H_2O(l) \longrightarrow 2\,B(OH)_3(aq) + 6\,H_2(g)$$

Quando o diborano é aquecido em temperaturas elevadas, ele se decompõe em hidrogênio e boro puro:

$$B_2H_6(g) \xrightarrow{\Delta} 2\,B(s) + 3\,H_2(g)$$

Essa sequência de reações é um caminho útil para a obtenção do elemento puro, porém formam-se boranos mais complexos quando o aquecimento é menos drástico. Quando o diborano é aquecido em 100°C, por exemplo, forma-se o decaborano, $B_{10}H_{14}$, um sólido que funde em 100°C. O decaborano é estável no ar, é oxidado muito lentamente pela água e é um exemplo da regra geral de que os boranos de massa molecular mais alta são menos inflamáveis do que os boranos de baixa massa molar.

Os boranos são compostos deficientes de elétrons (Tópico 2G). Não podemos escrever estruturas de Lewis válidas para eles porque poucos elétrons estão disponíveis. Por exemplo, existem 8 átomos no diborano. Logo, são necessárias pelo menos 7 ligações, porém só existem 12 elétrons, de forma que só é possível ter 6 pares de elétrons de ligação. A teoria dos orbitais moleculares resolve essa dificuldade: os seis pares de elétrons são considerados deslocalizados em toda a molécula e sua capacidade de ligação é compartilhada por vários átomos. No diborano, por exemplo, um único par de elétrons está deslocalizado pela unidade

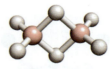

3 Diborano, B_2H_6

4 Ligação de três centros

Tópico 8E Exercícios **669**

B—H—B. Ele liga os três átomos com ordem de ligação igual a $\frac{1}{2}$ para cada ligação B—H da ponte. A molécula tem duas dessas **ligações de três centros** (4) formando pontes.

PONTO PARA PENSAR

Por que as ligações de três centros são características do boro, e não de outros elementos?

Hoje são conhecidos vários boretos de metais e não metais. Suas fórmulas normalmente não estão relacionadas a sua localização na Tabela Periódica e incluem AlB_2, CaB_6, $B_{13}C_2$, $B_{12}S_2$, Ti_3B_4, TiB e TiB_2. Em alguns boretos de metais, os átomos de boro são encontrados nos centros de grupos dos átomos dos metais. Em muitos casos, os átomos de boro formam estruturas grandes, como cadeias em zigue-zague, cadeias ramificadas ou redes de anéis hexagonais de átomos de boro, como no MgB_2, que é um supercondutor abaixo de 39 K (Tópico 3J). A dureza e a estabilidade térmica associadas a suas estruturas reticulares explicam por que alguns boretos são usados na produção de narizes de foguetes e pás de turbinas.

Teste 8E.2A Compare as reações de formação de BF_3 e BCl_3. Qual delas é uma reação redox?

[**Resposta:** A formação de BCl_3]

Teste 8E.2B Qual é o número de oxidação do boro em (a) $NaBH_4$; (b) $H_2BO_3^-$?

Os boranos formam uma grande série de compostos de boro e hidrogênio que são deficientes de elétrons e muito reativos. Os boro-hidretos são agentes redutores muito úteis. Os átomos de boro formam estruturas estendidas nos boretos.

Tópico 8E Exercícios

8E.1 Escreva a equação balanceada da preparação industrial do alumínio a partir de seu óxido.

8E.2 Escreva a equação balanceada da preparação industrial do boro impuro.

8E.3 Complete e balanceie as seguintes equações:

(a) $B_2O_3(s) + Mg(l) \rightarrow$
(b) $Al(s) + Cl_2(g) \rightarrow$
(c) $Al(s) + O_2(g) \rightarrow$

8E.4 Complete e balanceie as seguintes equações:

(a) $Al_2O_3(s) + OH^-(aq) \rightarrow$
(b) $Al_2O_3(s) + H_3O^+(aq) + H_2O(l) \rightarrow$
(c) $B(s) + NH_3(g) \rightarrow$

8E.5 Sugira uma estrutura de Lewis para B_4H_{10} e diga quais são as cargas formais dos átomos. *Sugestão*: Existem quatro pontes B—H—B.

8E.6 Pode-se obter a molécula diatômica BF pela reação entre BF_3 e B, em temperatura alta e pressão baixa. (a) Determine a configuração eletrônica da molécula em termos dos orbitais moleculares ocupados e calcule a ordem da ligação. (b) CO é isoeletrônico com BF. Qual é a diferença entre os orbitais moleculares das duas moléculas?

8E.7 Muitos compostos de gálio têm estruturas semelhantes às dos compostos de alumínio e boro correspondentes. Desenhe a estrutura de Lewis e descreva a forma do $GaBr_4^-$.

8E.8 Muitos compostos de gálio têm estruturas semelhantes às dos compostos de alumínio e boro correspondentes. Desenhe a estrutura de Lewis e descreva a forma do Ga_2Cl_6.

Tópico 8F   Grupo 14: A família do carbono

8F.1 Os elementos do Grupo 14
8F.2 Os óxidos de carbono e de silício
8F.3 Outros compostos importantes do Grupo 14

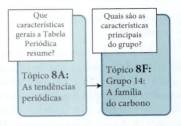

O carbono é o centro da vida e da inteligência natural. O silício e o germânio são o centro da tecnologia eletrônica e da inteligência artificial (Fig. 8F.1). As propriedades excepcionais dos elementos do Grupo 14 tornam possíveis ambos os tipos de inteligência. O carbono, que encabeça o grupo, forma tantos compostos que tem o seu próprio ramo da química, a química orgânica (Foco 11).

A configuração dos elétrons de valência é ns^2np^2 para todos os membros do Grupo 14. Os quatro elétrons dos elementos leves estão quase igualmente disponíveis para formar ligações, e o carbono e o silício caracterizam-se pela sua capacidade de formar quatro ligações covalentes. Contudo, como no Grupo 13, os elementos mais pesados têm o efeito do par isolado (Tópico 1F) e, por essa razão, o número de oxidação mais comum do chumbo é +2.

FIGURA 8F.1 Os elementos do Grupo 14. Atrás, da esquerda para a direita: silício, estanho. Na frente: carbono (grafita), germânio, chumbo. (©1984 Chip Clark–Fundamental Photographs.)

8F.1   Os elementos do Grupo 14

Os elementos do Grupo 14 têm caráter crescente de metal de cima para baixo no grupo (Tabela 8F.1). O carbono tem propriedades não metálicas definidas e os óxidos de carbono e silício são ácidos. O germânio é um metaloide típico, porque ele tem propriedades de metal ou de não metal, de acordo com o outro elemento presente no composto. O estanho e, ainda mais, o chumbo têm propriedades de metal bem definidas. Entretanto, embora o estanho seja classificado como metal, ele não está longe dos metaloides na Tabela Periódica e, por isso, tem algumas propriedades anfotéricas. Por exemplo, o estanho reage com o ácido clorídrico concentrado, a quente, e com base, também a quente:

$$Sn(s) + 2\,H_3O^+(aq) \longrightarrow Sn^{2+}(aq) + H_2(g) + 2\,H_2O(l)$$
$$Sn(s) + 2\,OH^-(aq) + 2\,H_2O(l) \longrightarrow Sn(OH)_4^{2-}(aq) + H_2(g)$$

(a) Carbono Como o carbono é o cabeça do grupo, espera-se que ele seja diferente dos demais elementos. Algumas das diferenças entre o carbono e o silício vêm do menor raio do carbono, o que explica a ampla ocorrência de ligações duplas C=C e C=O, em relação à

TABELA 8F.1   Os elementos do Grupo 14

Configuração de valência: ns^2np^2

Z	Nome	Símbolo	Massa molar (g·mol⁻¹)	Ponto de fusão (°C)	Ponto de ebulição (°C)	Densidade (g·cm⁻³)	Forma normal*
6	carbono	C	12,01	3370s†	—	1,9–2,3	não metal preto (grafita)
						3,2–3,5	não metal transparente (diamante)
							metaloide laranja (fulerita)
14	silício	Si	28,09	1410	2620	2,33	metaloide cinza
32	germânio	Ge	72,61	937	2830	5,32	metaloide branco-acinzentado
50	estanho	Sn	118,71	232	2720	7,29	metal branco lustroso
82	chumbo	Pb	207,2	328	1760	11,34	metal branco azulado lustroso

Forma normal significa o estado e a aparência do elemento em 25°C e 1 atm.
†O símbolo s significa que o elemento sublima.

raridade das ligações duplas Si=Si e Si=O. Os átomos de silício são muito grandes para a superposição lateral eficiente dos orbitais p necessária para a formação de ligações π, exceto em configurações especiais, nas quais outros grupos de átomos mantêm unidos os dois átomos de Si ou protegem a ligação dupla frágil contra ataques, impedindo a aproximação de reagentes, como no tetramesitil-disileno (**1**). O dióxido de carbono, que é formado por moléculas discretas O=C=O, é um gás que respiramos. O dióxido de silício (sílica), formado por uma rede de grupos —O—Si—O—, é um mineral sobre o qual podemos ficar de pé.

Os compostos de silício também podem agir como ácidos de Lewis, já os compostos de carbono normalmente não podem. Como o átomo de silício é maior do que o de carbono e pode expandir sua camada de valência usando os orbitais d, ele pode acomodar um par isolado de uma base de Lewis atacante. O átomo de carbono é menor e não tem orbitais d disponíveis e, por isso, não pode, em geral, agir como ácido de Lewis. Uma exceção a esse comportamento ocorre quando o átomo de carbono forma ligações múltiplas, porque a ligação π pode dar origem a uma ligação σ, como na ligação entre o CO_2 com H_2O (Tópico 6A).

O carbono sólido existe como grafita, diamante e outros alótropos, como os fulerenos, que têm estruturas relacionadas com as da grafita. Dessas formas alotrópicas, a grafita é a forma termodinamicamente mais estável sob condições normais. As camadas únicas de átomos de carbono organizadas como uma colmeia que formam a grafita são chamadas de *grafeno* (**2**) e despertam muito interesse devido a suas propriedades elétricas, ópticas e mecânicas. Apesar de existir na forma de monocamadas muito finas, o grafeno apresenta alta opacidade, tem condutividade térmica maior do que o diamante e é um dos materiais mais resistentes conhecidos hoje. O grafeno e suas variantes químicas têm aplicações em potencial não apenas na nanociência (no desenvolvimento de circuitos elétricos miniaturizados, por exemplo), como também na (quase) frívola destilação da vodca em temperatura ambiente. Além disso, o composto tem ação antibacteriana e pode ser usado na produção de células solares.

O *coque* é uma forma impura de carbono obtida do resíduo sólido que permanece após a destilação extensiva do carvão. Como é barato, ele é muito usado na indústria siderúrgica (Tópico 9B). A *fuligem* e o *negro de fumo* contêm cristais muito pequenos de grafita. O *negro de fumo*, que é produzido pelo aquecimento de hidrocarbonetos gasosos até cerca de 1.000°C na ausência de ar, é usado para reforçar a borracha, em pigmentos e em tintas de impressão, como a desta página. O *carbono ativo*, também conhecido como "*carvão ativado*", é formado por grânulos de carbono microcristalino. Ele é produzido pelo aquecimento do lixo orgânico na ausência de ar e, então, processado para aumentar a porosidade. A grande área específica de sua superfície (cerca de 2.000 $m^2 \cdot g^{-1}$, logo, 1 g tem duas vezes a área de uma quadra de tênis e adjacências) de carbono poroso indicam-no para a remoção de impurezas orgânicas de líquidos e de gases por adsorção. Ele é usado em purificadores de ar, máscaras contra gases e filtros de água de aquários. O carbono ativado é usado em larga escala nas estações de purificação de água para remover compostos orgânicos da água potável.

No diamante, cada átomo de carbono tem hibridação sp^3 e liga-se na forma de um tetraedro a seus quatro vizinhos com todos os elétrons em ligações C—C σ (veja a Fig. 3H.6). Já a grafita é formada por camadas planas de átomos de carbono, em hibridação sp^2 e arranjo hexagonal (veja a Fig. 3H.8 e a descrição da grafita, Tópico 3H). A grafita encontrada na natureza é o resultado de mudanças que ocorreram em antigos depósitos de matéria orgânica. A grafita pura é produzida na indústria pela passagem de corrente elétrica elevada por cilindros de coque.

Os químicos ficaram muito surpresos quando moléculas de carbono com a forma de bolas de futebol foram identificadas em 1985, particularmente porque elas podem até mesmo ser mais abundantes do que a grafita e o diamante! A molécula C_{60} (**3**) é chamada de buckminsterfullereno, em homenagem ao arquiteto norte-americano R. Buckminster Fuller, com cujos domos geodésicos elas se parecem. No intervalo de dois anos, os cientistas tiveram sucesso em cristalizá-las: as amostras sólidas são chamadas de *fuleritas* (Fig. 8F.2). A descoberta dessa molécula e outras com estruturas semelhantes, como C_{70}, abriu a perspectiva de um novo campo da química. Por exemplo, o interior da molécula C_{60} é suficientemente grande para abrigar um átomo de outro elemento, e os químicos agora estão muito ocupados em preparar uma nova Tabela Periódica desses átomos "empacotados".

FIGURA 8F.2 Cristais de fulerita, nos quais as moléculas de buckminsterfullereno são empacotadas em uma estrutura compacta. (*Reproduzido com permissão de Takeyama, Y. et al, "Ionic liquid-mediated epitaxy of high-quality C60 crystallites in a vacuum" CrystEngComm, 2012, 14, 4939–4945. Permissão concedida mediante o Copyright Clearance Center, Inc.*)

1 Tetramesitil-dissileno

2 Grafeno

O Prêmio Nobel de Física de 2010 foi dado a Andre Geim e Konstantin Novoselov da Universidade de Manchester, Inglaterra, "pelas importantes pesquisas com o material bidimensional grafeno".

3 Buckminsterfullereno, C_{60}

Os *fulerenos* são membros de uma família de moléculas que lembram (e incluem) os buckminsterfullerenos. Eles se formam em chamas com muita fumaça e nas gigantes vermelhas (estrelas com baixa temperatura superficial e grandes diâmetros), de forma que o universo deve conter enorme quantidade deles. A grafita e o diamante são redes sólidas insolúveis em todos os solventes, exceto em alguns metais líquidos. Os fulerenos, entretanto, que são moleculares, podem ser dissolvidos em solventes apropriados (como o benzeno). O buckminsterfullereno forma uma solução marrom avermelhada. Por enquanto, a fulerita tem pouco uso, mas alguns derivados de fulerenos têm grande potencial. Por exemplo, o K_3C_{60} é um supercondutor abaixo de 18 K, e outros derivados de fulerenos parecem ser ativos contra o câncer e doenças como a AIDS.

Os *nanotubos de carbono* são estruturas formadas por tubos concêntricos com paredes semelhantes a lâminas de grafeno enroladas em cilindros. Essas minúsculas estruturas formam fibras fortes e condutoras que têm grande área superficial. Em consequência, elas têm propriedades pouco usuais muito promissoras e tornaram-se uma área importante de pesquisa em nanotecnologia. O Tópico 3J descreve algumas das aplicações de nanomateriais produzidos quando carbono e silício são forçados a adotar certas configurações desejadas, e o Quadro 8F.1 descreve materiais que são obtidos quando moléculas de carbono e silício se organizam em determinadas estruturas.

(b) Silício O metaloide silício, Si, é o segundo elemento mais abundante na crosta terrestre. Ocorre em grande quantidade nas rochas na forma de *silicatos*, compostos que contêm o íon silicato, SiO_3^{2-}, e como sílica, SiO_2, na areia (Tópico 3I). O silício puro é obtido da *quartzita*, uma forma granular do quartzo, pela redução com carbono de alta pureza em um forno de arco elétrico:

$$SiO_2(s) + 2\,C(s) \xrightarrow{\Delta} Si(s) + 2\,CO(g)$$

O produto cru é exposto ao cloro para formar o tetracloreto de silício, que é então destilado e reduzido com hidrogênio até uma forma mais pura do elemento:

$$SiCl_4(l) + 2\,H_2(g) \longrightarrow Si(s) + 4\,HCl(g)$$

O silício é usado em semicondutores, após passar por um processo de purificação. Em uma modalidade de purificação, um cristal de grandes proporções é desenvolvido retirando-se uma barra sólida do elemento lentamente de dentro da massa fundida. O silício é então purificado mediante um processo denominado **refino por zona**, no qual uma zona fundida e quente é deslocada de uma ponta da barra até a outra, coletando impurezas no trajeto (Figura 8F.3). O resultado é o silício "ultrapuro", que tem menos de um átomo contaminante por bilhão de átomos de Si. Uma técnica alternativa é a decomposição do silano, SiH_4, mediante aplicação de descarga elétrica. O método produz uma forma amorfa de silício com elevado teor de hidrogênio. A *sílica amorfa* é usada em dispositivos fotovoltaicos, que produzem eletricidade a partir da luz do sol.

(c) Germânio, estanho e chumbo O germânio é recuperado da poeira das chaminés das indústrias de processamento de minerais de zinco (nos quais ocorre como impureza). Ele é usado principalmente na indústria de semicondutores para criar circuitos integrados muito rápidos.

O estanho, Sn, e o chumbo, Pb, são obtidos muito facilmente de seus minerais e são conhecidos desde a antiguidade. O estanho ocorre principalmente na forma do mineral *cassiterita*, SnO_2, e é obtido pela redução com carbono em 1.200°C:

$$SnO_2(s) + C(s) \xrightarrow{1200°C} Sn(l) + CO_2(g)$$

O principal minério de chumbo é a *galena*, PbS. Ela é aquecida ao ar para conversão em PbO. Posteriormente, faz-se a redução do óxido com monóxido de carbono:

$$2\,PbS(s) + 3\,O_2(g) \xrightarrow{\Delta} 2\,PbO(s) + 2\,SO_2(g)$$
$$PbO(s) + CO(g) \longrightarrow Pb(s) + CO_2(g)$$

O estanho é caro e não muito forte, mas é resistente à corrosão. Seu uso principal é como revestimento por deposição, que é responsável por cerca de 40% do seu consumo. Ele também é usado em ligas, como bronze e peltre (Tópico 3I).

A durabilidade (a inércia química) e a maleabilidade do chumbo o tornam útil na indústria da construção. A inércia do chumbo sob condições normais pode ser atribuída à apassivação de sua superfície por óxidos, cloretos e sulfatos (Tópico 6N). Outra propriedade importante do chumbo é sua alta densidade, que o torna útil como bloqueador de radiação. Isso ocorre porque

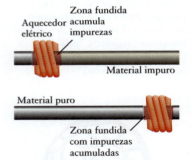

FIGURA 8F.3 Na técnica de refinamento por zona, uma zona fundida é deslocada repetidamente de uma ponta a outra de uma amostra sólida. As impurezas se acumulam na zona e movem-se pelo sólido com o aquecedor, deixando uma substância pura para trás.

Quadro 8F.1 FRONTEIRAS DA QUÍMICA: MATERIAIS AUTOARRUMADOS

Um dos objetivos dos cientistas que trabalham com nanomateriais é fazer as moléculas se organizarem nos arranjos em nanoescala desejados. Muitos processos biológicos operam em nanoescala. As proteínas, por exemplo, se enrolam em uma forma que otimiza sua função (Tópico 11E), as membranas celulares formam-se espontaneamente quando certas moléculas chamadas de lipídeos encontram água (Tópico 5D) e as moléculas de DNA de nossos genes se reproduzem a cada vez que uma célula se divide. Embora a expressão tenha muitas definições, o significado mais comum de *autoarrumação de moléculas* é a formação espontânea de estruturas organizadas a partir de unidades separadas.

A autoarrumação pode ser estática ou dinâmica. Na *autoarrumação estática*, a estrutura formada é estável e o processo não se inverte facilmente. Dois exemplos são o enrolamento das cadeias de polipeptídeos para formar a molécula de proteína e a formação da hélice dupla do DNA. A *autoarrumação dinâmica* envolve interações que dissipam energia e podem ser facilmente invertidas. Dois exemplos são as reações químicas oscilantes e a convecção. Em escala macroscópica, o movimento coordenado de um cardume de peixes ou um bando de aves migratórias são considerados exemplos de autoarrumação dinâmica. A área mais promissora da autoarrumação, entretanto, está na região intermediária entre o molecular e o macroscópico, na qual pode vir a ser possível desenhar nanossensores e nanomáquinas capazes de realizar determinadas tarefas. O desenho de materiais que podem se autoarrumar é uma estratégia que poderá resultar, muito em breve, em materiais capazes de responder a estímulos e agir de modo aparentemente inteligente.

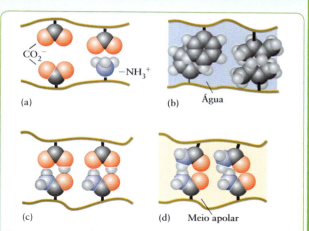

Esses quatro tipos de força são responsáveis pelo comportamento adaptativo dos géis inteligentes. As diferentes forças entram em ação quando o arranjo das cadeias dos polímeros que compõem o gel é perturbado. (a) Regiões iônicas, com carga, podem atrair ou repelir umas às outras. (b) Regiões hidrofóbicas, apolares, excluem a água. (c) Ligações hidrogênio podem se formar entre duas cadeias. (d) Interações dipolo-dipolo podem atrair ou repelir cadeias.

Na reação de Belousov-Zhabotinskii, belos desenhos regulares formam-se espontaneamente quando as concentrações de reagentes e produtos oscilam devido a reações em competição. (*Ted Kinsman/Science Source*.)

Você talvez venha a usar um material autoarrumado se alguma vez for patinar. Alguns tipos de patins contêm um "gel inteligente", que é líquido na temperatura normal, mas se organiza em um gel firme e emborrachado na temperatura do corpo. O gel enche o espaço entre a sola da bota de patins e os lados e, após a colocação da bota, ele se ajusta à forma exata do pé. Um gel como esse é geralmente feito por uma suspensão em água de moléculas orgânicas com cadeias longas contendo regiões diferentes, algumas das quais exercem forças intermoleculares fortes e outras exercem forças intermoleculares fracas. A temperatura determina como as cadeias se enrolam. Em temperaturas baixas, as regiões sujeitas a forças intermoleculares fortes se dirigem para dentro e as moléculas permanecem em solução. Entretanto, em temperaturas mais elevadas, essas regiões viram-se para fora e atraem outras cadeias para formar uma rede flexível, porém firme.

Os géis macios se expandem e se contraem quando sua estrutura muda em resposta a sinais elétricos, e estão sendo estudados para uso em pernas artificiais que poderiam funcionar como se fossem pernas vivas. Um material em estudo para uso como músculo artificial contém uma mistura de polímeros, óleo de silicone (um polímero com um esqueleto —(—O—Si—O—Si—)$_n$— e cadeias laterais de hidrocarbonetos) e sais. Quando expostas a um campo elétrico, as moléculas do gel mole se rearranjam e o material se contrai e endurece. Se sofrer um choque, o material endurecido pode quebrar mas, ao amolecer, o gel se forma novamente. A transição entre gel e sólido é, portanto, reversível.

Outro desenvolvimento recente foi a criação, por autoarrumação, de moléculas que atuam como pequenos motores quando iluminadas ou energizadas pela oxidação catalítica da glicose. Estes motores em miniatura podem até mesmo rodar em uma direção específica, não apenas aleatoriamente no sentido do relógio ou ao contrário. Outra novidade são os motores moleculares, os quais podem ser acionados no sentido inverso com a adição de uma base (para remover um próton essencial).

COMO VOCÊ PODE CONTRIBUIR?

As propriedades dos materiais autoarrumados têm de ser estudadas e classificadas. Por exemplo, como as moléculas reconhecem umas às outras em uma mistura? Além disso, estratégias para promover a autoarrumação têm de ser elaboradas. Conjuntos simples em duas dimensões já foram criados, e essas técnicas têm de ser expandidas para as três dimensões. As aplicações estão começando a aparecer em nanotecnologia e nos campos da microeletrônica e da robótica, e também em medicina, em que conjuntos de biossensores mostraram alta seletividade para toxinas e certos bioagentes.

Exercício relacionado 8.29

Leitura complementar R. Dagani, "Intelligent gels," *Chemical and Engineering News*, June 9, 1997, pp. 26–27. J. S. Moore and M. L. Kraft, "Synchronized self-assembly," *Science*, vol. 320, May 2, 2008, pp. 620–621. G. Whitesides and B. Grzybowski, "Selfassembly at all scales," *Science*, vol. 295, March 29, 2002, pp. 2418–2421. "Innovative imaging technique clarifies molecular self-assembly," May 5, 2014, http://phys.org/news/2014-05-imaging-technique-molecular-self-assembly.html.

ele tem um grande número de elétrons que absorvem radiação de alta energia. O chumbo já foi muito usado em gasolina aditivada (na forma de tetraetil-chumbo, $Pb(CH_2CH_3)_4$); contudo o chumbo é um metal pesado tóxico, e o consumo para aquele fim foi proibido devido a preocupações com o crescimento da quantidade de chumbo no ambiente. Hoje, o chumbo é usado, principalmente, em eletrodos de baterias recarregáveis (veja o Interlúdio no Foco 6).

O caráter metálico cresce significativamente de cima para baixo no Grupo 14. O carbono é o único membro do Grupo 14 que normalmente forma ligações múltiplas com ele mesmo. Já os átomos de silício em ligações simples podem agir como ácidos de Lewis, porque os átomos de silício podem expandir sua camada de valência. O carbono tem uma importante série de alótropos: o diamante, a grafita e os fulerenos.

8F.2 Os óxidos de carbono e de silício

Os óxidos de carbono e os de silício são muito importantes na indústria como pontos de partida de um grande número de materiais, como o cimento. Contudo, estes óxidos têm propriedades muito diferentes: enquanto os óxidos de carbono são gases, os de silício são sólidos.

PONTO PARA PENSAR

O que explica a diferença de propriedades dos óxidos de carbono e de silício?

(a) Carbono O dióxido de carbono, CO_2, é formado quando a matéria orgânica queima na presença de excesso de ar e durante a respiração dos animais. Existe a preocupação generalizada e justificável com o acréscimo de dióxido de carbono na atmosfera, devido à queima de combustíveis fósseis, que pode estar contribuindo para o aquecimento global (Quadro 8B.1).

O dióxido de carbono é o anidrido ácido do ácido carbônico, H_2CO_3, que se forma por dissolução do gás em água. Entretanto, nem todas as moléculas dissolvidas reagem para formar o ácido, e uma solução de dióxido de carbono em água é uma mistura em equilíbrio de CO_2, H_2CO_3, HCO_3^- e uma quantidade muito pequena de CO_3^{2-}. As bebidas carbonatadas são feitas usando-se pressões parciais elevadas de CO_2 para produzir altas concentrações de dióxido de carbono em água. Quando a pressão parcial de CO_2 é reduzida pela remoção da tampa ou do selo da garrafa, o equilíbrio $H_2CO_3(aq) \rightleftharpoons CO_2(g) + H_2O(l)$ desloca-se de H_2CO_3 para CO_2 e o líquido entra em efervescência.

Produz-se monóxido de carbono, CO, quando o carbono ou um composto orgânico queima em um ambiente com pouco ar, como acontece em cigarros, motores de automóveis mal regulados e fogo alimentado com carvão vegetal. Ele é produzido comercialmente como gás de síntese pela reação de reforma (Tópico 8B). O monóxido de carbono é o anidrido formal do ácido fórmico, HCOOH, e o gás pode ser produzido no laboratório pela desidratação do ácido fórmico com ácido sulfúrico concentrado a quente:

$$HCOOH(l) \xrightarrow{150°C,\ H_2SO_4} CO(g) + H_2O(l)$$

Embora o inverso dessa reação não possa ser obtido diretamente, o monóxido de carbono reage com íons hidróxido em álcali quente para produzir os íons formato:

$$CO(g) + OH^-(aq) \longrightarrow HCO_2^-(aq)$$

O monóxido de carbono é um gás incolor, inodoro, inflamável, quase insolúvel e muito tóxico, que condensa em um líquido incolor a $-90°C$. Ele não é muito reativo, em grande parte porque sua entalpia de ligação (1.074 kJ·mol^{-1}) é maior do que a de qualquer outra molécula. Entretanto, ele é uma base de Lewis, e o par de elétrons isolado do átomo de carbono forma ligações covalentes com os átomos do bloco d e com íons. O monóxido de carbono é também um ácido de Lewis porque seu orbital π antiligante vazio pode aceitar densidade eletrônica de um metal (Fig. 8F.4). Esse caráter dual torna o monóxido de carbono muito útil na formação de complexos e numerosas carbonilas de metais são conhecidas (Tópico 9B). A formação de complexos é também responsável pela toxicidade do monóxido de carbono: ele se liga mais fortemente à hemoglobina do que o oxigênio e impede que ela aceite oxigênio do ar nos pulmões. Como resultado, a vítima sufoca (Quadro 9C.1).

Como pode ser oxidado, o monóxido de carbono é um redutor. Ele é usado na produção de um certo número de metais, como o chumbo e o ferro (Tópico 9B).

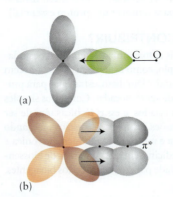

FIGURA 8F.4 O monóxido de carbono pode se ligar a um átomo de metal do bloco d de duas maneiras: (a) usando o par isolado do átomo de C para formar uma ligação σ e (b) usando o orbital π antiligante vazio para aceitar os elétrons doados pelo orbital d do átomo do metal.

(b) Silício A *sílica*, SiO_2, é uma rede sólida e dura, insolúvel em água. Ela ocorre naturalmente como quartzo e como areia, que é formada por pequenos fragmentos de quartzo e é normalmente colorida de marrom dourado pelas impurezas de óxido de ferro. Algumas pedras preciosas e semipreciosas são formadas por sílica impura (Fig. 8F.5). O *sílex* é a sílica colorida de preto por impurezas de carbono. A estrutura e o uso de alguns dos silicatos estão descritos no Tópico 3I.

O *ácido metassilícico*, H_2SiO_3, e o *ácido ortossilícico*, H_4SiO_4, são ácidos fracos. Contudo, quando uma solução de ortossilicato de sódio é acidificada, um precipitado gelatinoso de sílica é formado, não o H_4SiO_4.

$$4\ H_3O^+(aq) + SiO_4^{4-}(aq) + x\ H_2O(l) \longrightarrow SiO_2(s){\cdot}xH_2O(gel) + 6\ H_2O(l)$$

Após lavagem, secagem e moagem, esta *sílica gel* apresenta uma área superficial muito alta (cerca de 700 $m^2{\cdot}g^{-1}$) e é usada como agente secante, suporte para catalisadores, recheio de colunas de cromatografia e isolante térmico. Pacotes de sílica gel são colocados nas embalagens de produtos eletrônicos sensíveis à umidade.

FIGURA 8F.5 Formas impuras de sílica usadas como pedras semipreciosas: ametista (à esquerda), em que a cor se deve às impurezas de Fe^{3+}, ágata (centro) e ônix (à direita). (*W. H. Freeman. Fotos: Ken Karp.*)

> **Teste 8F.1A** Qual é (a) o número de oxidação e (b) a carga formal do carbono no CO (use a estrutura de Lewis :C≡O:)?
>
> [*Resposta:* (a) $+2$; (b) -1]
>
> **Teste 8F.1B** Qual é o tipo da reação do monóxido de carbono com o íon hidróxido?

O carbono tem dois importantes óxidos: o dióxido de carbono e o monóxido de carbono. O primeiro é o anidrido ácido do ácido carbônico, o ácido gerador dos hidrogenocarbonatos e dos carbonatos. A sílica é um material reticulado duro. Os ácidos silícicos são ácidos fracos.

8F.3 Outros compostos importantes do Grupo 14

O carbono é o único elemento do Grupo 14 que forma ânions monoatômicos e poliatômicos. Existem três classes de carbetos: os carbetos salinos (carbetos com propriedades de sais), os carbetos covalentes e os carbetos intersticiais.

Os *carbetos salinos* formam-se mais comumente com os metais do Grupo 1 e 2, alumínio e alguns outros metais. Os metais do bloco s formam carbetos salinos quando seus óxidos são aquecidos com carbono. Os ânions presentes nos carbetos salinos são C_2^{2-} ou C^{4-}. Todos os carbetos C^{4-}, que são chamados de *metanetos*, produzem metano e o correspondente hidróxido em água:

$$Al_4C_3(s) + 12\ H_2O(l) \longrightarrow 4\ Al(OH)_3(s) + 3\ CH_4(g)$$

Essa reação mostra que o íon metaneto é uma base de Brønsted muito forte. A espécie C_2^{2-} é o *íon acetileto*, e os carbetos que o contêm são chamados de *acetiletos*. O íon acetileto é, também, uma base de Brønsted forte, e os acetiletos reagem com água para produzir etino (acetileno, o ácido conjugado do íon acetileto) e o hidróxido correspondente. O carbeto de cálcio, CaC_2, é o carbeto salino mais comum. Ele já foi usado nas lanternas dos mineiros, nas quais caía água de um reservatório sobre pedaços de carbeto de cálcio. O acetileno produzido era queimado para produzir luz.

Os *carbetos covalentes* incluem o carbeto de silício, SiC, o qual é vendido como carborundum:

$$SiO_2(s) + 3\ C(s) \xrightarrow{2000°C} SiC(s) + 2\ CO(g)$$

O carbeto de silício puro é incolor, mas impurezas de ferro conferem normalmente uma cor próxima do preto aos cristais. O carborundum é um excelente abrasivo, porque é muito duro, tem estrutura semelhante à do diamante e se parte em pedaços pontiagudos (Fig. 8F.6).

Os carbetos intersticiais são formados pela reação direta de um metal do bloco d com o carbono acima de 2.000°C. Como no aço, os átomos de C unem os átomos de metal em uma estrutura rígida, resultando em substâncias muito duras com pontos de ebulição acima de

FIGURA 8F.6 Cristais de carborundum com arestas afiadas que conferem propriedades abrasivas. (*Chip Clark/Fundamental Photographs, NYC.*)

676 Tópico 8F Grupo 14: A família do carbono

Hoje, quando os seus efeitos ambientais foram reconhecidos, o uso dos cloro-fluoro-carbonetos foi muito reduzido (veja o Quadro 7E.1).

3.000°C em muitos casos. O carbeto de tungstênio, WC, é usado nas superfícies cortantes de brocas.

Todos os elementos do Grupo 14 formam tetracloretos moleculares líquidos. O menos estável é o $PbCl_4$, que decompõe a $PbCl_2$, sólido, ao ser aquecido em 50°C, aproximadamente. O tetracloreto de carbono, CCl_4, (tetracloro-metano), foi muito usado como solvente industrial. Agora, entretanto, que seu caráter carcinogênico é conhecido, ele é usado principalmente como matéria-prima para a fabricação dos clorofluorcarbonetos. O tetracloreto de carbono é formado pela ação do cloro sobre o metano:

$$CH_4(g) + 4\,Cl_2(g) \xrightarrow{\Delta} CCl_4(g, l \text{ quando resfriado}) + 4\,HCl(g)$$

O silício reage diretamente com o cloro para formar o tetracloreto de silício, $SiCl_4$. Esse composto difere muito do CCl_4 porque ele reage fortemente com a água como ácido de Lewis e aceita o par isolado de elétrons de H_2O:

$$SiCl_4(l) + 2\,H_2O(l) \longrightarrow SiO_2(s) + 4\,HCl(aq)$$

Como o carbono liga-se facilmente a ele mesmo, existem muitos hidrocarbonetos (Foco 11). O silício forma um número muito menor de compostos com o hidrogênio, os *silanos*. O mais simples deles é o silano, SiH_4, o análogo do metano.

Como ele absorve água rapidamente, o silano é usado como sequestrante da água e em adesivos para promover a colagem em ambientes úmidos. O silano é muito mais reativo do que o metano e se inflama em contato com o ar. Entretanto, ele resiste à água pura, formando SiO_2 na presença de traços de base:

$$SiH_4(g) + 2\,H_2O(l) \xrightarrow{OH^-} SiO_2(s) + 4\,H_2(g)$$

PONTO PARA PENSAR

Será que a vida extraterrestre baseada no silício é possível?

Teste 8F.2A Os íons carbetos, C_2^{2-} e C^{4-}, reagem como bases com a água. Determine que íon carbeto é a base mais forte. Explique sua resposta.

[***Resposta:*** O íon C^{4-}, porque tem a carga negativa maior.]

Teste 8F.2B Explique por que SiH_4 reage com água que contém íons OH^- e isso não acontece com CH_4.

O carbono forma carbetos iônicos com os metais dos Grupos 1 e 2. Os carbetos covalentes e intersticiais são muito duros. Os compostos de silício são mais reativos do que os compostos de carbono e agem como ácidos de Lewis.

Tópico 8F Exercícios

8F.1 Descreva as fontes de silício e escreva as equações balanceadas das três etapas da preparação industrial do silício.

8F.2 Explique por que o tamanho dos átomos de silício não permite que o silício tenha uma estrutura análoga à da grafita.

8F.3 Identifique o número de oxidação do germânio nos seguintes compostos e íons: (a) GeO_4^{4-}; (b) $K_4Ge_4Te_{10}$; (c) Ca_3GeO_5.

8F.4 Identifique o número de oxidação do estanho nos seguintes compostos e íons: (a) $Sn(OH)_6^{2-}$; (b) $SnHPO_3$; (c) $NaSn_2F_5$.

8F.5 Balanceie as seguintes equações simplificadas e classifique-as como ácido-base ou redox:

(a) $MgC_2(s) + H_2O(l) \rightarrow C_2H_2(g) + Mg(OH)_2(s)$

(b) $Pb(NO)_2(s) \xrightarrow{\Delta} PbO(s) + NO_2(g) + O_2(g)$

8F.6 Balanceie as seguintes equações simplificadas e classifique-as como ácido-base ou redox:

(a) $CH_4(g) + S_8(s) \rightarrow CS_2(l) + H_2S(g)$

(b) $Sn(s) + KOH(aq) + H_2O(l) \rightarrow K_2Sn(OH)_6(aq) + H_2(g)$

8F.7 Determine os valores de $\Delta H_r°$, $\Delta S_r°$ e $\Delta G_r°$ da produção de silício de alta pureza pela reação $SiO_2(s) + 2\,C\,(s, grafita) \rightarrow Si(s) + 2\,CO(g)$, em 25°C, e estime a temperatura na qual a constante de equilíbrio torna-se inferior a 1.

8F.8 Determine os valores de $\Delta H_r°$, $\Delta S_r°$ e $\Delta G_r°$ da reação $2\,CO(g) + O_2(g) \rightarrow 2\,CO_2(g)$, em 25°C, e estime a temperatura na qual a constante de equilíbrio torna-se inferior a 1.

Tópico 8G Grupo 15: A família do nitrogênio

8G.1 Os elementos do Grupo 15
8G.2 Os compostos de hidrogênio e os halogênios
8G.3 Os óxidos e oxoácidos de nitrogênio
8G.4 Os óxidos e oxoácidos de fósforo

Que características gerais a Tabela Periódica resume? → Tópico **8A:** As tendências periódicas → Quais são as características principais do grupo? → Tópico **8G:** Grupo 15: A família do nitrogênio

Os átomos dos elementos do Grupo 15 têm a configuração dos elétrons de valência ns^2np^3 (Tabela 8G.1). As propriedades químicas e físicas dos elementos variam bruscamente nesse grupo, do gás nitrogênio, quase inerte, passando pelo fósforo, um não metal mole, que é tão reativo em contato com o ar que entra em ignição, até os importantes materiais semicondutores arsênio e antimônio, e o bismuto, com caráter forte de metal (Fig. 8G.1). Os estados de oxidação dos elementos do Grupo 15 variam de −3 a +5, mas somente o nitrogênio e o fósforo utilizam todos os estados de oxidação possíveis.

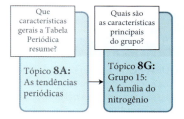

FIGURA 8G.1 Elementos do Grupo 15. Atrás, da esquerda para a direita: nitrogênio líquido, fósforo vermelho e arsênio. À frente, da esquerda para a direita: antimônio e bismuto. (©1984 Chip Clark–Fundamental Photographs.)

8G.1 Os elementos do Grupo 15

O caráter metálico dos elementos do Grupo 15 aumenta de cima para baixo no grupo, mas o único elemento que é considerado metal é o bismuto, no fim do grupo.

(a) Nitrogênio O nitrogênio é raro na crosta terrestre, mas o elemento nitrogênio é o principal componente de nossa atmosfera (76% em massa). O gás nitrogênio puro é obtido pela destilação fracionada do ar líquido. O ar é resfriado abaixo de −196°C pela repetida expansão e compressão em um refrigerador, como o descrito no Tópico 3E. A mistura líquida é então aquecida e o nitrogênio (p.e. −196°C) evapora. O gás nitrogênio produzido industrialmente é usado principalmente como matéria-prima para a síntese da amônia e o líquido é usado como fluido refrigerante.

Lavoisier nomeou o elemento *azoto*, que significa "sem vida". Ironicamente, sabemos agora que não existiria vida, como a conhecemos, sem o nitrogênio.

As plantas precisam de nitrogênio para crescer. Entretanto, elas não podem usar diretamente o N_2 devido à energia da ligação N≡N (944 kJ·mol^{-1}), que torna o nitrogênio quase tão inerte como os gases nobres. Para poder ser usado pelos organismos, o nitrogênio deve primeiro ser "fixado", isto é, combinado com outros elementos para formar compostos mais úteis. Uma vez fixado, o nitrogênio pode ser convertido em outros compostos, usados como medicamentos, fertilizantes, explosivos e plásticos. Os relâmpagos convertem parte do nitrogênio em óxidos, que a chuva arrasta para o interior do solo. Algumas bactérias também fixam o nitrogênio nos nódulos das raízes do trevo, feijão, ervilha, alfalfa e outros legumes (Fig. 8G.2). Um campo de pesquisa intensamente ativo é a procura de catalisadores que

TABELA 8G.1 Os elementos do Grupo 15

Configuração de valência: ns^2np^3

Z	Nome	Símbolo	Massa molar (g·mol^{-1})	Ponto de fusão (°C)	Ponto de ebulição (°C)	Densidade (g·cm^{-3})	Forma normal*
7	nitrogênio	N	14,01	−210	−196	1,04†	gás incolor
15	fósforo	P	30,97	44	280	1,82	não metal branco ou vermelho
33	arsênio	As	74,92	613s‡	—	5,78	metaloide cinza
51	antimônio	Sb	121,76	631	1750	6,69	metaloide branco-azulado lustroso
83	bismuto	Bi	208,98	271	1650	8,90	metal branco-rosado

Forma normal significa a aparência e o estado do elemento em 25°C e 1 atm.
†Para o líquido no ponto de ebulição.
‡O símbolo s significa que o elemento sublima.

678 Tópico 8G Grupo 15: A família do nitrogênio

FIGURA 8G.2 As bactérias que habitam os nódulos das raízes da planta da ervilha são responsáveis pela fixação do nitrogênio atmosférico, disponibilizando-o para a planta. (Hugh Spencer/Science Source.)

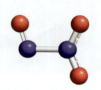

1 Trióxido de dinitrogênio, N_2O_3

O termo fósforo significa "portador da luz".

2 Óxido de fósforo(III), P_4O_6

3 Fósforo, P_4

FIGURA 8G.3 Os minerais (da esquerda para a direita) ouro-pigmento, As_2S_3, estibinita, Sb_2S_3, e realgar, As_4S_4, são minérios usados como fonte dos elementos do Grupo 15. (©1984 Chip Clark–Fundamental Photographs.)

possam imitar as bactérias e fixar o nitrogênio na temperatura normal. Atualmente, a síntese de Haber da amônia é o principal caminho industrial de fixação do nitrogênio, mas ela exige temperaturas e pressões muito elevadas, que são caras (Tópico 5J).

O nitrogênio tem algumas propriedades diferentes das dos outros membros da família. Devido a sua alta eletronegatividade ($\chi = 3,0$, aproximadamente igual à do cloro), o nitrogênio é o único elemento do Grupo 15 que forma hidretos capazes de formar ligações hidrogênio. Como seus átomos são pequenos, o nitrogênio pode formar ligações múltiplas com outros átomos do Período 2 usando seus orbitais p.

O nitrogênio é encontrado com uma grande variedade de números de oxidação: são conhecidos compostos para cada número de oxidação inteiro, de -3 (em NH_3) a $+5$ (no ácido nítrico e nitratos). Ele também utiliza números de oxidação fracionários, como, $-\frac{1}{3}$ no íon azida, N_3^-.

(b) Fósforo O raio atômico do fósforo é cerca de 50% maior do que o do nitrogênio. Logo, dois átomos de fósforo são muito grandes para se aproximarem o suficiente para que seus orbitais 3p se sobreponham para formar ligações π. Dessa forma, enquanto o nitrogênio pode formar estruturas com ligações múltiplas, como em N_2O_3 (**1**), o fósforo forma outras ligações simples, como em P_4O_6 (**2**). O tamanho dos átomos e a disponibilidade dos orbitais 3d permitem que o fósforo possa formar até seis ligações (como em PCl_6^-), enquanto o nitrogênio só pode formar quatro (Tópico 2C).

O fósforo é obtido das *apatitas*, formas minerais do fosfato de cálcio, $Ca_3(PO_4)_2$. As rochas são aquecidas em um forno elétrico com carbono e areia:

$$2\,Ca_3(PO_4)_2(s) + 6\,SiO_2(s) + 10\,C(s) \xrightarrow{\Delta} P_4(g) + 6\,CaSiO_3(l) + 10\,CO(g)$$

O vapor de fósforo condensa na forma de *fósforo branco*, um composto molecular sólido, macio, branco e tóxico, formado por moléculas tetraédricas, P_4 (**3**). Esse alótropo é muito reativo, em parte devido à tensão associada aos ângulos de 60° entre as ligações. Seu manuseio é muito perigoso, porque ele se inflama em contato com o ar e pode causar graves queimaduras. O fósforo branco é normalmente armazenado sob água. Ele se transforma em *fósforo vermelho* quando aquecido na ausência de ar. O fósforo vermelho é menos reativo do que o alótropo branco, mas ele pode se inflamar por atrito e, por isso, é usado nas superfícies ativas das caixas de fósforos. O atrito criado pelo ato de esfregar um palito na superfície inflama o fósforo que, por sua vez, acende o material muito inflamável colocado na cabeça do palito. Imagina-se que o fósforo vermelho seja formado por cadeias de tetraedros P_4 ligados uns aos outros.

PONTO PARA PENSAR

Qual é a origem molecular do atrito?

O vapor desprendido pelo fósforo branco no ar úmido brilha com uma luz verde amarelada. Os óxidos produzidos pela reação do fósforo com o oxigênio no ar formam-se em estados eletronicamente excitados, e a luz é emitida quando os elétrons retornam ao estado fundamental, um processo chamado de quimioluminescência (Tópico 3J).

(c) Arsênio, antimônio e bismuto O arsênio, As, e o antimônio, Sb, são metaloides. Eles são conhecidos no estado puro desde a antiguidade, porque são facilmente reduzidos a partir de seus minérios (Fig. 8G.3). No estado elementar, eles são usados principalmente nas ligas de chumbo empregadas como eletrodos de baterias e na indústria de semicondutores. O arseneto de gálio é usado em lasers, incluindo os usados em leitores de CDs.

O bismuto metálico, Bi, com seus átomos grandes e fracamente ligados, tem baixo ponto de fusão e é usado em ligas que servem como detetores de incêndio em sistemas borrifadores: a liga funde quando se inicia um incêndio e o calor ativa o sistema de borrifadores. Assim como o gelo, o bismuto sólido é menos denso do que o líquido. Como resultado, o bismuto fundido não se contrai quando se solidifica em moldes e, por isso, ele também é usado para fazer soldas de baixa temperatura.

O nitrogênio é pouco reativo como elemento, em boa parte por causa da ligação tripla forte. O fósforo branco é muito reativo. As diferenças entre as propriedades dos não metais nitrogênio e fósforo podem ser atribuídas ao maior raio atômico do fósforo e à disponibilidade de orbitais d na camada de valência. O caráter de metal aumenta de cima para baixo no grupo.

8G.2 Os compostos de hidrogênio e os halogênios

Os compostos formados por elementos do Grupo 15 com o hidrogênio e os halogênios têm amplas e importantes aplicações: a amônia, por exemplo, tem relevância crucial na agricultura. As diferenças entre os compostos de nitrogênio e de fósforo também ilustram a importância do raio atômico de um elemento no controle dos tipos de compostos que ele forma.

(a) Nitrogênio Certamente, o mais importante composto de hidrogênio dos elementos do Grupo 15 é a amônia, NH_3, que é preparada em grandes quantidades (mais de 140 Mt mundialmente em 2015) pelo processo de Haber (Tópico 5I). Pequenas quantidades de amônia ocorrem naturalmente na atmosfera, como resultado da decomposição bacteriana de matéria orgânica na ausência de ar. Esse tipo de decomposição geralmente ocorre em lagos e leitos de rios, em pântanos e em baias de gado.

A amônia é um gás pungente, tóxico, que condensa para formar um líquido incolor em −33°C. O líquido se assemelha à água em suas propriedades físicas, inclusive na capacidade de atuar como solvente de uma grande série de substâncias. Como o momento de dipolo da molécula de NH_3 (1,47 D) é inferior ao da molécula de H_2O (1,85 D), sais com forte característica iônica, como KCl, não se dissolvem em amônia. Sais com ânions polarizáveis tendem a ser mais solúveis em amônia do que sais com caráter iônico mais forte. Por exemplo, os iodetos são mais solúveis em amônia do que os cloretos. A autoprotólise é muito menos importante na amônia do que na água:

$$2\,NH_3(am) \rightleftharpoons NH_4^+(am) + NH_2^-(am) \quad K_{am} = [NH_4^+][NH_2^-] = 1 \times 10^{-33} \text{ em } -35°C$$

Bases muito fortes que seriam completamente protonadas em água, como o ânion ciclo-pentadieno, $C_5H_5^-$, comportam-se como bases muito fracas em amônia.

A amônia é muito solúvel em água porque as moléculas de NH_3 podem formar ligações hidrogênio com as moléculas de H_2O. A amônia é uma base de Brønsted fraca em água. Ela é também uma base de Lewis razoavelmente forte, particularmente em relação aos elementos do bloco d. Por exemplo, ela reage com íons Cu^{2+}(aq) para formar um complexo azul-escuro (Fig. 8G.4):

$$Cu^{2+}(aq) + 4\,NH_3(aq) \longrightarrow Cu(NH_3)_4^{2+}(aq)$$

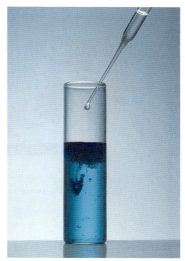

FIGURA 8G.4 Na adição de amônia em água a uma solução de sulfato de cobre(II), forma-se primeiramente um precipitado azul-claro de $Cu(OH)_2$ (a região nebulosa do alto, que parece escura porque está iluminada por trás). O precipitado desaparece quando um excesso de amônia é adicionado, e forma-se o complexo azul-escuro $Cu(NH_3)_4^{2+}$, por uma reação ácido-base de Lewis. (*W. H. Freeman. Foto: Ken Karp.*)

Os sais de amônio se decompõem quando aquecidos:

$$(NH_4)_2CO_3(s) \xrightarrow{\Delta} 2\,NH_3(g) + CO_2(g) + H_2O(g)$$

O característico mau-cheiro da decomposição do carbonato de amônio fez dele um "sal de odor desagradável" efetivo, um estimulante usado para fazer as pessoas desmaiadas recuperarem os sentidos.

O cátion amônio de um sal de amônio pode ser oxidado por um ânion de caráter oxidante, como um nitrato. Os produtos dependem da temperatura da reação:

$$NH_4NO_3(s) \xrightarrow{250°C} N_2O(g) + 2\,H_2O(g)$$

$$2\,NH_4NO_3(s) \xrightarrow{>300°C} 2\,N_2(g) + O_2(g) + 4\,H_2O(g)$$

A violência explosiva da segunda reação é a razão do uso do nitrato de amônio como um dos componentes da dinamite. O nitrato de amônio tem alto teor de nitrogênio (33,5% em massa) e é muito solúvel em água. Essas características fazem dele um fertilizante importante, seu uso principal.

A hidrazina, NH_2NH_2, é um líquido oleoso e incolor. Ela é preparada pela oxidação suave da amônia com solução de hipoclorito em meio alcalino:

$$2\,NH_3(aq) + ClO^-(aq) \xrightarrow{\text{álcali em água}} N_2H_4(aq) + Cl^-(aq) + H_2O(l)$$

Suas propriedades físicas são muito semelhantes às da água. Por exemplo, seu ponto de fusão é 1,5°C e, seu ponto de ebulição, 113°C. Entretanto, suas propriedades químicas são muito diferentes. Ela é um explosivo perigoso e é normalmente armazenada e usada em soluções em água.

O nitrogênio tem número de oxidação +3 nos halogenetos de nitrogênio. O trifluoreto de nitrogênio, NF_3, é o halogeneto mais estável. Ele não reage com água. Entretanto, NCl_3 reage com água para formar amônia e ácido hipocloroso. O triiodeto de nitrogênio, NI_3,

A pungência do odor do cloreto de amônio aquecido era conhecida, na antiguidade, pelos amonianos, os seguidores do deus egípcio Amon.

Como muitas reações discutidas neste livro, o aquecimento do nitrato de amônio é muito perigoso. Não tente fazê-lo.

FIGURA 8G.5 O triiodeto de nitrogênio se decompõe explosivamente ao mais leve toque. (*Charles D. Winters/Science Source.*)

FIGURA 8G.6 Esta amostra de nitreto de magnésio formou-se na queima de magnésio em atmosfera de nitrogênio. Na queima no ar, o magnésio produz o óxido e o nitreto. (©1986 Chip Clark–Fundamental Photographs.)

que só é conhecido em combinação com amônia, na forma de um "amoniato" NI$_3$·NH$_3$ (o análogo de um hidrato), é tão instável que se decompõe explosivamente com um leve toque. Na verdade, ele pode iniciar o processo explosivo se for tocado com uma pena (Fig. 8G.5).

Os nitretos são sólidos que contêm o íon nitreto, N^{3-}. Os nitretos só são estáveis em combinação com cátions pequenos, como o lítio e o magnésio. O nitreto de boro, BN, é um material cerâmico importante que foi discutido no Tópico 8F. O nitreto de magnésio, Mg$_3$N$_2$, forma-se juntamente ao óxido na queima de magnésio no ar (Fig. 8G.6):

$$3\,Mg(s) + N_2(g) \xrightarrow{\Delta} Mg_3N_2(s)$$

O nitreto de magnésio, como todos os nitretos, dissolve-se em água para produzir amônia e o hidróxido correspondente:

$$Mg_3N_2(s) + 6\,H_2O(l) \longrightarrow 3\,Mg(OH)_2(s) + 2\,NH_3(g)$$

Nessa reação, o íon nitreto atua como uma base forte, aceitando prótons da água para formar amônia.

O íon azida é um ânion poliatômico de nitrogênio muito reativo, N$_3^-$. Seu sal mais comum, a azida de sódio, NaN$_3$, é preparado a partir de óxido de dinitrogênio e amida de sódio fundida:

$$N_2O(g) + 2\,NaNH_2(l) \xrightarrow{175°C} NaN_3(s) + NaOH(l) + NH_3(g)$$

A azida de sódio, como muitos sais de azida, é sensível a choques. Ela é usada em bolsas de ar de automóveis, onde se decompõe em sódio elementar e nitrogênio ao detonar:

$$2\,NaN_3(s) \longrightarrow 2\,Na(s) + 3\,N_2(g)$$

O íon azida é uma base fraca e aceita um próton para formar o ácido conjugado, o ácido hidrazoico, HN$_3$. O ácido hidrazoico é um ácido fraco, de força semelhante à do ácido acético.

(b) Fósforo Os compostos de hidrogênio de outros membros do Grupo 15 são muito menos estáveis do que a amônia e decrescem em estabilidade de cima para baixo no grupo. A fosfina, PH$_3$, é um gás tóxico cujo cheiro lembra o do alho, e explode em chamas no ar se estiver ligeiramente impuro. Ele é muito menos solúvel do que a amônia em água, porque PH$_3$ não forma ligações hidrogênio com a água. As soluções de fosfina em água são neutras, pois a eletronegatividade do fósforo é tão baixa que o par de elétrons livres do PH$_3$ distribui-se igualmente sobre os átomos de hidrogênio e o átomo de fósforo. Em consequência, a molécula tem fraca tendência a aceitar um próton (pK_b = 27,4). Como PH$_3$ é o ácido conjugado muito fraco da base de Brønsted forte P^{3-}, é possível formar fosfina pela protonação dos íons fosfeto com um ácido de Brønsted. Até mesmo a água é um doador suficientemente forte de prótons:

$$2\,P^{3-}(s) + 6\,H_2O(l) \longrightarrow 2\,PH_3(g) + 6\,OH^-(aq)$$

O tricloreto de fósforo, PCl$_3$, e o pentacloreto de fósforo, PCl$_5$, são os dois halogenetos de fósforo mais importantes. O primeiro é preparado pela cloração direta do fósforo. O tricloreto de fósforo, que é líquido, é o intermediário mais importante da produção de pesticidas, aditivos de petróleo e retardadores de combustão. O pentacloreto de fósforo, que é sólido, é feito pela reação do tricloreto de fósforo com excesso de cloro (veja a Fig. 2C.1).

Uma reação típica dos halogenetos de não metais é sua reação com água para dar oxoácidos, sem mudança do número de oxidação:

$$PCl_3(l) + 3\,H_2O(l) \longrightarrow H_3PO_3(s) + 3\,HCl(g)$$

Esse é um exemplo de uma **reação de hidrólise**, uma reação com água em que novas ligações do elemento oxigênio são formadas. Outro exemplo é a reação violenta e perigosa do PCl$_5$ (estado de oxidação +5) com água para produzir ácido fosfórico, H$_3$PO$_4$ (estado de oxidação do fósforo também +5):

$$PCl_5(s) + 4\,H_2O(l) \longrightarrow H_3PO_4(l) + 5\,HCl(g)$$

Uma característica interessante do pentacloreto de fósforo é que ele é um sólido iônico de cátions tetraédricos PCl$_4^+$ e ânions octaédricos PCl$_6^-$, mas ao se vaporizar transforma-se em um gás de moléculas de PCl$_5$ com forma de bipirâmide trigonal (Tópico 2C). O pentabrometo de fósforo também é molecular no vapor e iônico no sólido, mas no sólido os ânions são íons Br$^-$, presumivelmente devido à dificuldade de acomodar seis átomos de Br volumosos em redor de um átomo de P.

PONTO PARA PENSAR

O tamanho importa. Você consegue encontrar outras maneiras pelas quais o tamanho de um átomo influencia as propriedades físicas e químicas de um elemento?

Teste 8G.1A Proponha uma explicação para o fato de que os tri-halogenetos de nitrogênio ficam menos estáveis quando a massa molar do halogênio aumenta.

[**Resposta:** O átomo de N é pequeno; quando a massa molar do halogênio aumenta, menos deles podem se acomodar facilmente em volta do átomo de N.]

Teste 8G.1B (a) Escreva a estrutura de Lewis do íon azida e dê cargas formais aos átomos. (b) Você poderá escrever várias estruturas de Lewis. Qual delas provavelmente dará a maior contribuição à ressonância? (c) Determine a forma do íon e sua polaridade.

Os compostos importantes do nitrogênio com o hidrogênio são a amônia, a hidrazina e o ácido hidrazoico, o ácido conjugado das azidas, altamente sensíveis a choques. A fosfina forma soluções neutras em água. A hidrólise dos halogenetos de fósforo produz oxoácidos sem alteração do número de oxidação.

8G.3 Os óxidos e oxoácidos de nitrogênio

O nitrogênio forma óxidos com números de oxidação, que variam de $+1$ a $+5$. Todos os óxidos de nitrogênio são ácidos e alguns deles são os anidridos ácidos dos oxoácidos de nitrogênio (Tabela 8G.2). Na química atmosférica, em que os óxidos desempenham dois importantes papéis contraditórios ao manter e poluir a atmosfera, são conhecidos coletivamente como NO_x (leia "nox").

O óxido de dinitrogênio, N_2O (número de oxidação $+1$), é comumente chamado de óxido nitroso. Ele é obtido pelo aquecimento cuidadoso do nitrato de amônio:

$$NH_4NO_3(s) \xrightarrow{250°C} N_2O(g) + 2\,H_2O(g)$$

Como ele é insípido, não é reativo nem tóxico em pequenas quantidades e se dissolve facilmente em gorduras, N_2O é algumas vezes usado como agente espumante e propelente do creme batido.

O monóxido de nitrogênio, NO (número de oxidação $+2$), é comumente chamado de óxido nítrico. É um gás incolor preparado industrialmente pela oxidação catalítica da amônia:

$$4\,NH_3(g) + 5\,O_2(g) \xrightarrow{1000°C,\ Pt} 4\,NO(g) + 6\,H_2O(g)$$

No laboratório, o monóxido de nitrogênio pode ser preparado pela redução de um nitrito com um agente redutor moderado como o I^-:

$$2\,NO_2^-(aq) + 2\,I^-(aq) + 4\,H^+(aq) \longrightarrow 2\,NO(g) + I_2(aq) + 2\,H_2O(l)$$

PONTO PARA PENSAR

Por que um agente redutor forte não pode ser usado?

TABELA 8G.2 Óxidos e oxoácidos de nitrogênio

Número de oxidação	Fórmula do óxido	Nome do óxido	Fórmula do oxoácido	Nome do oxoácido
5	N_2O_5	Pentóxido de dinitrogênio	HNO_3	Ácido nítrico
4	$NO_2{}^*$	Dióxido de nitrogênio	—	
	N_2O_4	Tetróxido de dinitrogênio	—	
3	N_2O_3	Trióxido de dinitrogênio	HNO_2	Ácido nitroso
2	NO	Monóxido de nitrogênio, óxido nítrico	—	
1	N_2O	Monóxido de dinitrogênio, óxido nitroso	$H_2N_2O_2$	Ácido hiponitroso

$^*2\,NO_2 \rightleftharpoons N_2O_4.$

FIGURA 8G.7 O trióxido de dinitrogênio, N_2O_3, condensa em um líquido azul-escuro que congela em −100°C e forma um sólido azul-pálido, como se pode observar aqui. Com o tempo, ele se torna verde, devido à decomposição parcial em dióxido de nitrogênio, um gás marrom amarelado. (*Leroy Laverman.*)

O monóxido de nitrogênio é rapidamente oxidado a dióxido de nitrogênio quando exposto ao ar, uma reação que contribui para a chuva ácida (Quadro 6E.1):

$$2\,NO(g) + O_2(g) \longrightarrow 2\,NO_2(g)$$

O monóxido de nitrogênio tem papéis perigosos e benéficos em nossa vida. A conversão de nitrogênio atmosférico em NO nos motores aquecidos de aviões e automóveis é um processo que contribui para o problema da chuva ácida e formação de neblina úmida (*smog*), bem como para a destruição da camada de ozônio (Quadro 7E.1). Porém, pequenas quantidades de monóxido de nitrogênio ocorrem naturalmente em nosso corpo, onde agem como neurotransmissores, ajudam a dilatar os vasos sanguíneos e participam de outros processos fisiológicos, como a resposta imunológica. Ele é um neurotransmissor sensível porque é muito móvel, devido a seu tamanho pequeno, mas é rapidamente eliminado porque é um radical.

O dióxido de nitrogênio, NO_2 (número de oxidação +4), é um gás marrom, sufocante e tóxico, que contribui para a cor e o odor da neblina úmida. A molécula tem um número ímpar de elétrons e existe, no estado gás, em equilíbrio com seu dímero, incolor, N_2O_4. Somente o dímero existe no sólido e, portanto, o gás marrom condensa a um sólido incolor. Ao dissolver na água, o NO sofre desproporcionação em ácido nítrico (número de oxidação +5) e óxido de nitrogênio (número de oxidação +2):

$$3\,NO_2(g) + H_2O(l) \longrightarrow 2\,HNO_3(aq) + NO(g)$$

O dióxido de nitrogênio da atmosfera também sofre essa reação e contribui para a formação da chuva ácida. Ela também dá partida a uma complexa sequência de reações fotoquímicas formadoras da neblina úmida.

O gás azul trióxido de dinitrogênio, N_2O_3 (Fig. 8G.7, **1**), no qual o número de oxidação é +3, é o anidrido do ácido nitroso, HNO_2, e forma esse ácido quando se dissolve em água:

$$N_2O_3(g) + H_2O(l) \longrightarrow 2\,HNO_2(aq)$$

O ácido nitroso, o ácido original dos nitritos, não foi isolado na forma pura, mas é muito usado em solução em água. Os nitritos são produzidos pela redução de nitratos com um metal a quente:

$$KNO_3(s) + Pb(s) \xrightarrow{350°C} KNO_2(s) + PbO(s)$$

Os nitritos, em sua maior parte, são solúveis em água e moderadamente tóxicos. Apesar de sua toxicidade, os nitritos são usados no processamento de carnes, porque retardam o crescimento de bactérias. Durante o processo de cura, estes compostos reagem com ácido e geram óxido nítrico, formando um complexo rosa de nitrosila com a hemoglobina, que inibe a oxidação do sangue (uma reação que torna a carne mais escura). Os complexos NO-mioglobina são responsáveis pela cor rosa de presuntos, linguiças e outras carnes defumadas.

O ácido nítrico, HNO_3 (número de oxidação +5) é muito usado na produção de fertilizantes e explosivos. Ele é fabricado em três etapas pelo *processo de Ostwald*:

Etapa 1 Oxidação de amônia:

$$4\,\overset{-3}{N}H_3(g) + 5\,O_2(g) \xrightarrow{350°C,\,5\,atm,\,Pt/Rh} 4\,\overset{+2}{N}O(g) + 6\,H_2O(g)$$

Etapa 2 Oxidação do óxido de nitrogênio:

$$2\,\overset{+2}{N}O(g) + O_2(g) \longrightarrow 2\,\overset{+4}{N}O_2(g)$$

Etapa 3 Desproporcionação em água:

$$3\,\overset{+4}{N}O_2(g) + H_2O(l) \longrightarrow 2\,H\overset{+5}{N}O_3(aq) + \overset{+2}{N}O(g)$$

O ácido nítrico, um líquido incolor que ferve em 83°C, é normalmente usado em solução em água. O ácido nítrico concentrado é, frequentemente, amarelo-pálido, como resultado da decomposição parcial do ácido em NO_2. Como o nitrogênio tem o número de oxidação mais elevado (+5) no HNO_3, o ácido nítrico é um agente oxidante, além de ácido.

O nitrogênio forma óxidos em cada um dos números de oxidação inteiros, de +1 até +5. As propriedades dos óxidos e oxoácidos podem ser explicadas em termos do número de oxidação do nitrogênio no composto.

8G.4 Os óxidos e oxoácidos de fósforo

Os oxoácidos e oxoânions de fósforo estão entre os produtos químicos mais fabricados. A produção do fertilizante fosfato consome dois terços de todo ácido sulfúrico produzido nos Estados Unidos.

As estruturas dos óxidos de fósforo baseiam-se na unidade tetraédrica PO_4, que é semelhante à unidade estrutural dos óxidos do seu vizinho, o silício (Tópico 3I). O fósforo branco queima em um ambiente com pouco ar para formar o óxido de fósforo(III), P_4O_6 (**2**):

$$P_4(s, \text{branco}) + 3\,O_2(g) \longrightarrow P_4O_6(s)$$

4 Ácido fosforoso, H_3PO_3

As moléculas são tetraédricas, como em P_4, mas um átomo de O fica entre cada par de átomos de P. O óxido de fósforo(III) é o anidrido do ácido fosforoso, H_3PO_3 (**4**), e converte-se em ácido pela ação de água fria:

$$P_4O_6(s) + 6\,H_2O(l) \longrightarrow 4\,H_3PO_3(aq)$$

Embora a fórmula sugira que ele seja um ácido triprótico, H_3PO_3 é, na verdade, um ácido diprótico, porque um dos átomos de H liga-se diretamente ao átomo de P e a ligação P—H não é polar (Tópico 6C).

5 Óxido de fósforo(V), P_4O_{10}

Quando o fósforo queima em um ambiente com excesso de ar, ele forma o óxido de fósforo(V), P_4O_{10} (**5**). Esse sólido branco reage tão vigorosamente com a água que é muito usado no laboratório como um agente secante. O óxido de fósforo(V) é o anidrido do ácido fosfórico, H_3PO_4 (**6**), o ácido que dá origem aos fosfatos:

$$P_4O_{10}(s) + 6\,H_2O(l) \longrightarrow 4\,H_3PO_4(aq)$$

6 Ácido fosfórico, H_3PO_4

O ácido fosfórico é usado principalmente na produção de fertilizantes, como aditivo de alimentos para aumentar a acidez e em detergentes. Muitos refrigerantes devem o seu sabor ácido à presença de pequenas quantidades de ácido fosfórico. O ácido fosfórico puro, H_3PO_4, é um sólido incolor com ponto de fusão 42°C, mas, no laboratório, ele é normalmente um xarope, porque absorve muita água. O ácido fosfórico geralmente é adquirido como H_3PO_4 a 85%. Sua alta viscosidade pode ser explicada pela grande quantidade de ligações hidrogênio que forma. Embora o fósforo tenha número de oxidação alto (+5), o ácido só mostra um apreciável poder oxidante em temperaturas superiores a 350°C; logo, ele pode ser usado em situações em que o ácido nítrico e o ácido sulfúrico seriam muito oxidantes.

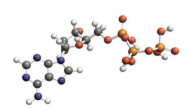

7 Adenosina-trifosfato, ATP

O ácido fosfórico dá origem aos fosfatos, que são de grande importância comercial. Minérios de fosfato são extraídos em grandes quantidades na Flórida, Estados Unidos, e no Marrocos. Depois de triturado, o minério é tratado com ácido sulfúrico, para dar uma mistura de sulfatos e fosfatos chamada de *superfosfato*, um fertilizante muito importante:

$$Ca_3(PO_4)_2(s) + 2\,H_2SO_4(l) \longrightarrow 2\,CaSO_4(s) + Ca(H_2PO_4)_2(s)$$

Quando o ácido fosfórico é aquecido, ele sofre uma **reação de condensação**, uma reação em que duas moléculas se combinam com eliminação simultânea de uma molécula pequena, normalmente água:

$$\text{HO}-\underset{\underset{\text{OH}}{|}}{\overset{\overset{\text{O}}{\|}}{\text{P}}}-\text{O}-[\text{H} \quad \text{HO}]-\underset{\underset{\text{O}}{|}}{\overset{\overset{\text{O}}{\|}}{\text{P}}}-\text{OH} \longrightarrow \text{HO}-\underset{\underset{\text{OH}}{|}}{\overset{\overset{\text{O}}{\|}}{\text{P}}}-\text{O}-\underset{\underset{\text{O}}{|}}{\overset{\overset{\text{O}}{\|}}{\text{P}}}-\text{OH} + H_2O$$

O produto, $H_4P_2O_7$, é o ácido pirofosfórico. O aquecimento posterior leva a produtos mais complexos com cadeias e anéis de grupos PO_4. Esses produtos são chamados de ácidos polifosfóricos. Os ácidos polifosfóricos estão longe de ter interesse somente acadêmico: eles permitem nossas ações e pensamentos. O polifosfato mais importante é o adenosina-trifosfato, ATP (**7**), que é encontrado em todas as células vivas. O segmento trifosfato dessa molécula é uma cadeia de três grupos fosfato, que são convertidos em difosfato de adenosina, ADP, no organismo:

684 **Tópico 8G** Grupo 15: A família do nitrogênio

$$\text{~~~O}-\overset{\overset{\displaystyle O}{\|}}{\underset{\underset{\displaystyle O^-}{|}}{P}}-O-\overset{\overset{\displaystyle O}{\|}}{\underset{\underset{\displaystyle O^-}{|}}{P}}-O-\overset{\overset{\displaystyle O}{\|}}{\underset{\underset{\displaystyle O^-}{|}}{P}}-O^- \;+\; H_2O \;\longrightarrow$$

$$\text{~~~O}-\overset{\overset{\displaystyle O}{\|}}{\underset{\underset{\displaystyle O^-}{|}}{P}}-O-\overset{\overset{\displaystyle O}{\|}}{\underset{\underset{\displaystyle O^-}{|}}{P}}-O^- \;+\; H_2PO_4^-(aq)$$

(em que a linha ondulada indica o restante da molécula). A quebra da ligação O—H em água e da ligação relativamente fraca O—P do ATP consome energia, porém mais energia é liberada quando a novas ligações O—H e O—P formam-se no produto ($\Delta G° = -30$ kJ·mol^{-1}, em pH = 7). Essa energia é usada em processos endotérmicos nas células.

Teste 8G.2A Como (a) a acidez de um oxoácido de nitrogênio e (b) sua força como agente oxidante mudam quando o número de oxidação de N aumenta de +1 a +5?

[***Resposta:*** (a) aumenta; (b) aumenta]

Teste 8G.2B Qual é a molaridade do ácido fosfórico em H_3PO_4(aq) em 85% (por massa), com a densidade 1,7 g·mL^{-1}?

Os óxidos de fósforo têm estruturas baseadas na unidade tetraédrica PO_4; P_4O_6 e P_4O_{10} são os anidridos dos ácidos fosforoso e fosfórico, respectivamente. Os polifosfatos são estruturas estendidas usadas (como ATP) pelas células vivas para armazenar e transferir energia.

Tópico 8G Exercícios

8G.1 Nos compostos que forma, o nitrogênio pode ser encontrado com números de oxidação na faixa -3 a $+5$. Dê um exemplo de composto ou íon de nitrogênio para cada um dos números de oxidação inteiros possíveis.

8G.2 Dê o número de oxidação do fósforo em (a) fósforo branco; (b) fósforo vermelho; (c) Ca_5P_8; (d) PH_4I; (e) íon dihidrogenofosfato, $H_2PO_4^-$; (f) P_5H_5; (g) P_2O_5.

8G.3 A ureia, $CO(NH_2)_2$, reage com água para formar carbonato de amônio. Escreva a equação química e calcule a massa de carbonato de amônio que pode ser obtida a partir de 4,0 kg de ureia.

8G.4 (a) O ácido nitroso reage com hidrazina em solução ácida para formar o ácido hidrazoico, HN_3. Escreva a equação química e determine a massa de ácido hidrazoico que pode ser produzida a partir de 15,0 g de hidrazina. (b) Sugira um método para preparar a azida de sódio, NaN_3. (c) A produção do ácido hidrazoico é o resultado da oxidação ou da redução da hidrazina?

8G.5 A azida de chumbo, $Pb(N_3)_2$, é usada como detonador. (a) Que volume de nitrogênio em condições normais (1 atm, 0°C) 1,5 g de azida de chumbo produz quando se decompõe no metal

chumbo e no gás nitrogênio? (b) 1,5 g de azida de mercúrio(II), $Hg(N_3)_2$, que é também usada como detonador, produziria um volume maior ou menor de gás, sabendo que os produtos da decomposição são o metal mercúrio e o gás nitrogênio? (c) As azidas de metal são, em geral, explosivos potentes. Por quê?

8G.6 A azida de sódio é usada para inflar os balões de gás de segurança em automóveis. Que massa de azida de sódio sólida é necessária para formar 65,0 L de N_2(g) em 1,2 atm e 25°C?

8G.7 Os anidridos ácidos de nitrogênio comuns são N_2O, N_2O_3 e N_2O_5. Escreva as fórmulas dos ácidos correspondentes e as equações químicas da formação dos ácidos pela reação (em um caso, hipotética) dos anidridos com água.

8G.8 Os anidridos ácidos de fósforo comuns são P_4O_6 e P_4O_{10}. Escreva as fórmulas dos ácidos correspondentes e as equações químicas da formação dos ácidos pela reação dos anidridos com água.

8G.9 O ponto de ebulição normal do NH_3 é -33°C e o do NF_3, que tem massa molar maior, é -129°C. Explique a diferença.

8G.10 Explique por que NH_3 é uma base de Brønsted fraca em água e o NF_3 não.

Tópico 8H Grupo 16: A família do oxigênio

8H.1 Os elementos do Grupo 16
8H.2 Os compostos de hidrogênio
8H.3 Os óxidos e oxoácidos de enxofre

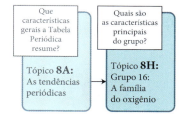

À medida que nos deslocamos para a direita na Tabela Periódica, os elementos tornam-se cada vez mais não metálicos. No Grupo 16, até mesmo o polônio, na base do grupo, caracteriza-se melhor como um metaloide (Tabela 8H.1). Aqui, próximo à extrema direita da Tabela Periódica, a configuração dos elétrons está muito próxima da camada fechada dos gases nobres, e a carga nuclear efetiva é alta. Como resultado, quando os elementos do Grupo 16 formam compostos com outros não metais, eles partilham elétrons para formar ligações covalentes. A configuração eletrônica de valência dos átomos de todos os elementos no grupo é ns^2np^4, de modo que eles precisam somente de mais dois elétrons para completar a camada de valência.

8H.1 Os elementos do Grupo 16

Os membros do Grupo 16 são chamados de **calcogênios**, dos termos gregos para "cobre" e "fonte", mas também têm o nome genérico de "geradores de minérios", já que são comumente encontrados em combinação com metais em minérios. As eletronegatividades decrescem de cima para baixo no grupo (Fig. 8H.1) e os raios iônicos e atômicos aumentam (Fig. 8H.2).

(a) Oxigênio O oxigênio é o elemento mais abundante da crosta terrestre; e o elemento livre representa 23% da massa da atmosfera. O oxigênio é muito mais reativo do que o nitrogênio, o outro componente principal da atmosfera. A combustão de todos os organismos vivos em oxigênio é termodinamicamente espontânea. Entretanto, as pessoas não pegam fogo nas temperaturas normais porque a combustão tem alta energia de ativação.

O oxigênio normalmente ocorre como um gás incolor, insípido e inodoro, formado por moléculas de O_2. O gás condensa em um líquido azul pálido em $-183°C$ (Fig. 8H.3). Embora o O_2 tenha um número par de elétrons, dois deles não estão emparelhados, o que torna a molécula paramagnética. Em outras palavras, ela se comporta como um pequeno ímã e é atraída pelos campos magnéticos (Tópico 3G).

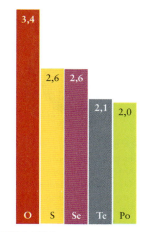

FIGURA 8H.1 As eletronegatividades dos elementos do Grupo 16 decrescem de cima para baixo no grupo.

TABELA 8H.1 Os elementos do Grupo 16

Nome comum: calcogênios
Configuração de valência: ns^2np^4

Z	Nome	Símbolo	Massa molar (g·mol^{-1})	Ponto de fusão (°C)	Ponto de ebulição (°C)	Densidade (g·cm^{-3})	Forma normal*
8	oxigênio	O	16,00	−218	−183	1,14†	gás incolor paramagnético (O_2)
				−192	−112	1,35†	gás azul (ozônio, O_3)
16	enxofre	S	32,06	115	445	2,09	não metal sólido amarelo (S_8)
34	selênio	Se	78,96	220	685	4,79	não metal sólido cinzento
52	telúrio	Te	127,60	450	990	6,25	metaloide branco-prateado
84	polônio‡	Po	(209)	254	960	9,40	metaloide cinzento

*Forma normal significa a aparência e o estado do elemento em 25°C e 1 atm.
†Para o líquido no ponto de ebulição.
‡Radioativo.

686 Tópico 8H Grupo 16: A família do oxigênio

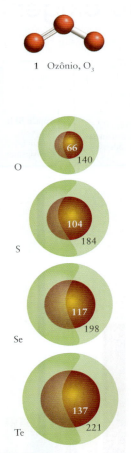

1 Ozônio, O₃

FIGURA 8H.2 Os raios atômicos e os raios iônicos dos elementos do Grupo 16 aumentam de cima para baixo no grupo. Os valores são dados em picômetros, e o ânion (em verde) é substancialmente maior do que o átomo neutro original (marrom).

Mais de 20 Mt (1 Mt = 10^9 kg) de oxigênio líquido são produzidas a cada ano, só nos Estados Unidos (cerca de 80 kg por habitante), por destilação fracionada do ar líquido. O maior consumidor de oxigênio é a indústria siderúrgica, que utiliza aproximadamente 1 t de oxigênio para produzir 1 t de aço. Na siderurgia, o oxigênio é soprado para dentro do ferro derretido para oxidar as eventuais impurezas, particularmente o carbono (Tópico 9B). O oxigênio elementar também é usado em soldagem (para criar uma chama muito quente nos maçaricos de oxiacetileno) e em medicina. Os médicos administram o oxigênio para aliviar o esforço sobre o coração e os pulmões, e como um estimulante.

O ozônio, O_3 (**1**), é um alótropo do oxigênio que se forma na estratosfera sob o efeito da radiação solar nas moléculas de O_2. Sua abundância total na atmosfera é equivalente a uma camada que, em temperatura e pressão normais, cobriria a superfície da Terra com uma espessura de apenas 3 mm, porém, sua presença na estratosfera é essencial para a manutenção da vida na Terra (Quadro 7E.1). O ozônio pode ser fabricado no laboratório pela passagem de uma descarga elétrica pelo oxigênio. É um gás azul que condensa em −112°C para formar um líquido azul que parece tinta e é explosivo (Fig. 8H.4). Seu cheiro pungente pode ser detectado, com frequência, nas proximidades de equipamentos elétricos e após a queda de relâmpagos. O ozônio está também presente na neblina úmida, em que ele é produzido pela reação de moléculas de oxigênio com átomos de oxigênio:

$$O + O_2 \longrightarrow O_3$$

Os átomos de oxigênio são produzidos pela decomposição fotoquímica de NO_2, um produto de emissão dos motores de automóveis:

$$NO_2 \xrightarrow{\text{radiação UV}} NO + O$$

(b) Enxofre As diferenças entre o oxigênio e o enxofre (S) são semelhantes às que ocorrem entre o nitrogênio e o fósforo, e por razões semelhantes: o raio atômico do enxofre é 58% maior do que o do oxigênio. Além disso, o enxofre tem a eletronegatividade e a primeira energia de ionização mais baixas. As ligações de enxofre com hidrogênio são muito menos polares do que as ligações entre oxigênio e hidrogênio. Consequentemente, as ligações S—H formam ligações hidrogênio muito fracas. Como resultado, H_2S é um gás, enquanto H_2O é um líquido, apesar de ter um número de elétrons menor e, portanto, forças de London mais fracas. O enxofre também tem pouca tendência a formar ligações múltiplas, tendendo a formar ligações simples adicionais com até seis outros átomos usando seus orbitais d (ou, talvez, simplesmente, seu tamanho maior).

O enxofre tem uma impressionante capacidade de **encadear-se**, isto é, de formar cadeias de átomos. A capacidade do oxigênio de formar cadeias é muito limitada, com H_2O_2, O_3 e os ânions O_2^-, O_2^{2-} e O_3^- e outros peróxidos sendo os únicos exemplos. Essa capacidade é muito mais pronunciada no enxofre. Ela leva, por exemplo, à formação de anéis de S_8, a seus

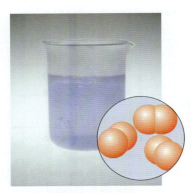

FIGURA 8H.3 O oxigênio líquido é azul pálido (o gás é incolor). A expansão mostra que o gás é formado por moléculas diatômicas chamadas formalmente de dioxigênio. (©1984 Chip Clark–Fundamental Photographs.)

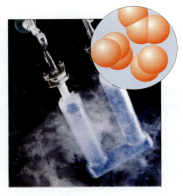

FIGURA 8H.4 O ozônio é um gás azul que condensa para formar um líquido azul-escuro muito instável. A expansão mostra que o gás é formado por moléculas triatômicas. (Ross Chapple.)

FIGURA 8H.5 O enxofre plástico se forma quando o enxofre fundido é rapidamente esfriado em água. (©1992 Richard Megna–Fundamental Photographs.)

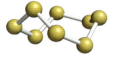

FIGURA 8H.6 Coleção de minérios de sulfeto. Da esquerda para a direita: galena, PbS; cinábrio, HgS; pirita, FeS$_2$; esfalerita, ZnS. A pirita tem cor brilhante dourada e costuma ser confundida com ouro. Por essa razão, é também conhecida como ouro dos tolos. O ouro e o ouro dos tolos são facilmente distinguidos pelas densidades. (©1985 Chip Clark–Fundamental Photographs.)

fragmentos e aos longos fios de "enxofre plástico" que se formam quando o enxofre é aquecido até 200°C e resfriado rapidamente (Fig. 8H.5). As ligações —S—S— entre diferentes partes das cadeias de amino-ácidos em proteínas são outro exemplo de encadeamento. Essas "ligações dissulfeto" contribuem para a manutenção da estrutura das proteínas, incluindo a queratina de nosso cabelo. Portanto, o enxofre ajuda a manter você vivo e, talvez, com os cabelos encaracolados (Tópico 11E).

O enxofre está amplamente distribuído em minérios de sulfetos, que incluem a *galena*, PbS; o *cinábrio*, HgS; a *pirita*, FeS$_2$; e a *esfalerita*, ZnS (Fig. 8H.6). Como esses minérios são muito comuns, o enxofre é um subproduto da extração de vários metais, especialmente o cobre. O enxofre é também encontrado em depósitos do elemento nativo (chamado de *pedra de enxofre*) formados pela ação de bactérias sobre H$_2$S. O baixo ponto de fusão do enxofre (115°C) é aproveitado no **processo de Frasch**, no qual vapor de água superaquecida é usado para fundir o enxofre sólido e retirá-lo da pedra onde está preso. A emulsão resultante é bombeada com ar comprimido até a superfície. O enxofre é, também, comumente encontrado no petróleo, e sua extração química pelo uso de catalisadores heterogêneos, particularmente zeólitas, é barata e segura (Tópico 7E). Um método usado para remover o enxofre na forma de H$_2$S do petróleo e do gás natural é o **processo de Claus**, no qual parte do H$_2$S é primeiro oxidada a dióxido de enxofre:

$$2\ H_2S(g)\ +\ 3\ O_2(g)\ \longrightarrow\ 2\ SO_2(g)\ +\ 2\ H_2O(l)$$

O SO$_2$ é, então, usado para oxidar o restante do sulfeto de hidrogênio:

$$2\ H_2S(g)\ +\ SO_2(g)\ \xrightarrow{300°C,\ Al_2O_3}\ 3\ S(s)\ +\ 2\ H_2O(l)$$

O enxofre tem importância industrial muito grande. O enxofre elementar é um sólido amarelo, insípido, quase inodoro, insolúvel, que tem caráter de não metal (Tópico 11E).

Ele é um sólido molecular formado por anéis em forma de coroa, S$_8$ (**2**). As duas formas cristalinas comuns do enxofre são o enxofre monoclínico e o enxofre rômbico (Fig. 5B.4). A forma mais estável nas condições normais é o enxofre rômbico, que forma belos cristais amarelos (Fig. 8H.7). Em baixas temperaturas, o vapor de enxofre é formado principalmente de moléculas de S$_8$. Em temperaturas acima de 720°C, o vapor adquire a tonalidade azul das moléculas de S$_2$ que se formam (Fig. 8H.8). Como o O$_2$, essas últimas são paramagnéticas.

2 Enxofre, S$_8$

(a)

(b)

FIGURA 8H.7 Uma das duas formas mais comuns de enxofre é a forma rômbica em blocos (a). Ela difere das agulhas do enxofre monoclínico (b) no empilhamento dos anéis de S$_8$. (*Parte (a) Chip Clark/Fundamental Photographs, NYC. Parte (b) sciencephotos/Alamy.*)

FIGURA 8H.8 O vapor de enxofre quente queima no vulcão Kawah Ijen, emitindo a luz azul típica de moléculas de S$_2$ excitadas eletronicamente. (© Olivier Grunewald.)

FIGURA 8H.9 Dois elementos do Grupo 16: selênio, um não metal, à esquerda, e telúrio, um metaloide, à direita. (*Chip Clark/Fundamental Photographs, NYC.*)

> **PONTO PARA PENSAR**
>
> Por que o enxofre é um sólido e o oxigênio é um gás?

(c) Selênio, telúrio e polônio O selênio, Se, e o telúrio, Te, são encontrados nos minérios de sulfeto e podem ser recuperados dos sedimentos formados no anodo durante o refinamento eletrolítico do cobre (Tópico 9B). Ambos os elementos têm vários alótropos, o mais estável deles sendo formado por longas cadeias de átomos em ziguezague. Embora esses alótropos se pareçam com metais branco-prateados, eles são maus condutores elétricos (Fig. 8H.9). A condutividade do selênio aumenta por exposição à luz, e por isso, ele é usado em células solares, aparelhos fotoelétricos e máquinas fotocopiadoras. O selênio também existe na forma de um sólido vermelho escuro, formado por moléculas de Se_8.

O polônio, Po, é um metaloide radioativo de baixo ponto de fusão. Ele é uma fonte útil de partículas α (núcleos de hélio-4, descritos com mais detalhes no Tópico 8J) e é usado em aparelhos que inibem o aumento da eletricidade estática em fábricas de têxteis. As partículas α reduzem a estática por neutralização das cargas negativas que tendem a se acumular durante o movimento rápido do tecido.

> *O caráter de metal aumenta de cima para baixo no Grupo 16, à medida que a eletronegatividade decresce. O oxigênio e o enxofre ocorrem naturalmente no estado elementar. O enxofre forma cadeias e anéis com ele mesmo, o que não ocorre com o oxigênio.*

8H.2 Os compostos de hidrogênio

O hidrogênio reage com todos os elementos do Grupo 16 e, certamente, o composto mais importante que forma é a água, H_2O. Acredita-se que a maior parte do hidrogênio na Terra seja oriunda dos cometas, que podem ser descritos como grandes bolas de neve suja. Outra fonte de água são as rochas. A água aprisionada em hidratos minerais é liberada quando eles fundem no interior da Terra e são expelidos pelos vulcões.

(a) Oxigênio A purificação da água gera água potável, o que possibilitou o crescimento das cidades. A água corrente para uso da população passa, normalmente, por vários estágios de purificação (Fig. 8H.10). A água natural é aerada por borbulhamento de ar para a remoção de gases dissolvidos de odor forte, como o H_2S, para oxidar alguns compostos orgânicos até CO_2 e para adicionar oxigênio. A adição de cal apagada, $Ca(OH)_2$, reduz a acidez, precipita Mg^{2+}, Fe^{3+}, Cu^{2+} e outros íons de metais na forma de hidróxidos e amolece a água dura (Tópicos 5D e 8D). Após a adição da cal, a água é bombeada para um reservatório primário para a deposição dos sólidos. Como o precipitado tende a formar um "coloide" (um pó muito fino que permanece suspenso na água, Tópico 5D), adiciona-se $Fe_2(SO_4)_3$ ou alúmen (mais especificamente $Al_2(SO_4)_3 \cdot 18H_2O$) para coagular e flocular o precipitado para que ele possa ser filtrado. A **coagulação** envolve a agregação de pequenas partículas para formar partículas maiores. A **floculação** é a agregação de partículas para formar um gel poroso. O dióxido de carbono é, com frequência, adicionado para aumentar a acidez da água, o que promove a precipitação do alumínio como $Al(OH)_3$, que pode ser removido por filtração (Tópico 8E).

À medida que o precipitado se deposita lentamente no reservatório secundário, ele adsorve o $CaCO_3$ que permaneceu em suspensão, bactérias e outras partículas, sujeira e algas. Os precipitados dos reservatórios primário e secundário são combinados em uma lagoa de

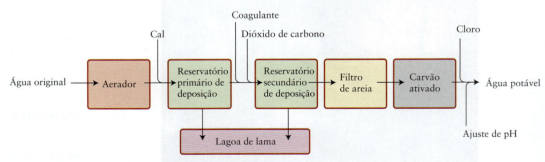

FIGURA 8H.10 Etapas típicas da purificação da água potável.

lama para remoção posterior. A água limpa passa, então, através de um filtro de areia para remover as partículas suspensas remanescentes.

O pH da água é medido novamente e corrigido para tornar o meio ligeiramente básico. Isso reduz a corrosão dos canos. Nesse estágio, costuma-se adicionar um desinfetante, geralmente cloro. Nos Estados Unidos, o nível de cloro exigido deve ser superior a 1 g de Cl_2 por 1.000 kg (1 ppm em massa) de água no ponto de consumo. Na água, o cloro forma o ácido hipocloroso, que é muito tóxico para as bactérias:

$$Cl_2(g) + 2\,H_2O(l) \longrightarrow H_3O^+(aq) + Cl^-(aq) + HClO(aq)$$

Dependendo da origem e da condição original da água, outras etapas de purificação, como a osmose reversa, podem ser necessárias (Tópico 5F).

Como a água é um solvente comum, ela é vista como um meio passivo em que as reações químicas ocorrem. Entretanto, a água é um composto reativo; um extraterrestre criado em um ambiente sem água poderia considerá-la agressivamente corrosiva e ficar surpreso com o fato de podermos sobreviver. Por exemplo, a água é um agente oxidante:

$$2\,H_2O(l) + 2\,e^- \longrightarrow 2\,OH^-(aq) + H_2(g) \qquad E = -0{,}42\text{ V em pH} = 7$$

Um exemplo é sua reação com metais alcalinos, como em:

$$2\,Na(s) + 2\,H_2O(l) \longrightarrow 2\,NaOH(aq) + H_2(g)$$

Entretanto, a menos que o outro reagente seja um agente redutor forte, a água só atua como um agente oxidante em temperaturas elevadas, como na reação de reforma (Tópico 8B).

A água é um agente redutor muito suave:

$$4\,H^+(aq) + O_2(g) + 4\,e^- \longrightarrow 2\,H_2O(l) \qquad E = +0{,}82\text{ V em pH} = 7$$

Entretanto, poucas substâncias além do flúor são agentes oxidantes suficientemente fortes para aceitar os elétrons liberados nesta meia-reação.

A água é também uma base de Lewis, porque uma molécula de H_2O pode doar um de seus pares de elétrons livres para um ácido de Lewis e formar complexos como $Fe(H_2O)_6^{3+}$. Sua capacidade de atuar como uma base de Lewis é também a origem da capacidade da água de hidrolisar substâncias, como o pentacloreto de fósforo (Tópico 8G).

O peróxido de hidrogênio, H_2O_2 (3), é um líquido azul pálido, apreciavelmente mais denso do que a água (1,44 g·mL^{-1} em 25°C), mas semelhante em outras propriedades físicas. Seu ponto de fusão é $-0{,}4°C$ e seu ponto de ebulição é 152°C. Quimicamente, contudo, o peróxido de hidrogênio e a água são muito diferentes. A presença de um segundo átomo de oxigênio faz do H_2O_2 um ácido muito fraco (pK_{a1} = 11,75). O peróxido de hidrogênio é um agente oxidante mais forte do que a água. Por exemplo, H_2O_2 oxida Fe^{2+} e Mn^{2+} em soluções ácidas ou básicas. Ele pode também atuar como um agente redutor na presença de agentes oxidantes mais poderosos, como os íons permanganato e o cloro (geralmente em meio básico).

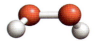

3 Peróxido de hidrogênio, H_2O_2

O peróxido de hidrogênio é normalmente vendido para uso industrial na forma de uma solução 30% em massa em água. Quando usado como clareador de cabelo (uma solução a 6%), ele atua oxidando os pigmentos do cabelo. Soluções a 3% em H_2O_2 em água são usadas como um antisséptico moderado. O contato com o sangue catalisa a desproporcionação em água e gás oxigênio, que limpa o ferimento:

$$2\,H_2O_2(aq) \longrightarrow 2\,H_2O(l) + O_2(g)$$

Como oxida efluentes desagradáveis sem produzir subprodutos perigosos, o H_2O_2 está sendo cada vez mais usado como um agente de controle da poluição.

Teste 8H.1A Determine, a partir das estruturas de Lewis das seguintes moléculas, quais delas são paramagnéticas e explique seu raciocínio: (a) N_2O_3; (b) NO; (c) N_2O.

[***Resposta:*** (b) NO é paramagnético, porque tem um elétron desemparelhado.]

Teste 8H.1B Escreva as meias-reações e a reação completa da oxidação da água por F_2. Determine o potencial padrão e o $\Delta G°$ da reação total.

(b) Enxofre Exceto a água, todos os compostos binários do Grupo 16 que incluem hidrogênio (os compostos H_2E, em que E é um elemento do Grupo 16) são gases tóxicos, com odores desagradáveis. Eles são tóxicos insidiosos porque paralisam o nervo olfativo e, após breve

FIGURA 8H.11 As pedras azuis neste antigo ornamento egípcio são lápis-lazúli. Essa pedra semipreciosa é um aluminossilicato colorido por impurezas de S_2^- e S_3^-. A cor azul se deve ao S_3^- e a leve tonalidade verde, ao S_2^-. *(Museu Nacional Egípcio, Cairo, Egito/The Bridgeman Art Library.)*

exposição, não são mais percebidos pela vítima. Ovos podres cheiram a sulfeto de hidrogênio, H_2S, porque as proteínas do ovo contêm enxofre e emitem o gás ao se decompor. Outro sinal da formação de sulfetos em ovos é a coloração esverdeada pálida devido ao FeS algumas vezes vistas em ovos cozidos, entre a clara do ovo e a gema. O gás sulfeto de hidrogênio, H_2S, forma-se também pela protonação do íon sulfeto, uma base de Brønsted, em uma reação como:

$$FeS(s) + 2\,HCl(aq) \longrightarrow FeCl_2(aq) + H_2S(g)$$

ou pela reação direta dos elementos em 600°C.

O sulfeto de hidrogênio dissolve em água, gerando uma solução de ácido sulfídrico, um ácido diprótico fraco que dá origem aos hidrogenossulfetos (que contêm o íon HS^-) e aos sulfetos (que contêm o íon S^{2-}).

O análogo de enxofre do peróxido de hidrogênio também existe e é um exemplo de um *polissulfano*, um composto molecular que forma cadeias $HS-S_n-SH$, em que n pode ter valores de 0 a 6. Os íons polissulfeto obtidos dos polissulfanos incluem dois íons encontrados na pedra semipreciosa lápis-lazúli (Fig. 8H.11).

A água pode agir como uma base de Lewis, um agente oxidante e um agente redutor fraco. O peróxido de hidrogênio é um agente oxidante mais forte do que a água. O sulfeto de hidrogênio é um ácido fraco. Os polissulfanos aproveitam a capacidade do enxofre de formar cadeias.

8H.3 Os óxidos e oxoácidos de enxofre

O enxofre forma diversos óxidos que, na química atmosférica, são conhecidos coletivamente como SO_x (leia-se "sox"). Os mais importantes óxidos e oxoácidos de enxofre são o dióxido e o trióxido, os anidridos dos ácidos sulfuroso e sulfúrico, respectivamente. O enxofre queima ao ar para formar o dióxido de enxofre, SO_2 (**4**), um gás incolor, sufocante e tóxico. Aproximadamente 70 Mt de dióxido de enxofre são produzidas na natureza anualmente pela decomposição da vegetação e emissões vulcânicas. Além disso, aproximadamente 100 Mt de sulfeto de hidrogênio natural são oxidadas ao dióxido pelo oxigênio atmosférico a cada ano:

$$2\,H_2S(g) + 3\,O_2(g) \longrightarrow 2\,SO_2(g) + 2\,H_2O(g)$$

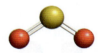

4 Dióxido de enxofre, SO_2

A indústria e o transporte contribuem com outras 150 Mt do dióxido, das quais aproximadamente 70% vêm da combustão do petróleo e do carvão – sobretudo em usinas de eletricidade. Como muitos outros países, os Estados Unidos e o Canadá aumentaram suas restrições à emissão de óxidos de enxofre, e as emissões de SO_2 na atmosfera da América do Norte caíram cerca de 54% entre 1980 e 2007. Regulamentos mais restritivos que entraram em vigor no começo do século XXI devem levar a uma redução adicional de 50% (Quadro 6E.1).

O dióxido de enxofre é o anidrido do ácido sulfuroso, H_2SO_3, o ácido que dá origem aos hidrogenossulfitos (ou bissulfitos) e aos sulfitos:

$$SO_2(g) + H_2O(l) \longrightarrow H_2SO_3(aq)$$

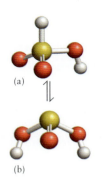

5 Ácido sulfuroso, H_2SO_3

O ácido sulfuroso é uma mistura de duas moléculas (**5a** e **5b**) em equilíbrio; em (a), ele se assemelha ao ácido fosforoso, com um dos átomos de H ligado diretamente ao átomo de S. Essas moléculas estão também em equilíbrio com moléculas de SO_2, cada uma das quais está cercada por uma gaiola de moléculas de água. A evidência para esse equilíbrio é que se obtém cristais de composição $SO_2 \cdot xH_2O$, com x aproximadamente igual a 7, quando a solução é resfriada. Substâncias como essa, em que uma molécula se localiza em uma gaiola formada por outras moléculas, são chamadas de **clatratos**. O metano, o dióxido de carbono e os gases nobres também formam clatratos com a água.

O dióxido de enxofre é facilmente liquefeito sob pressão e pode, portanto, ser usado como gás de refrigeração. Ele é também usado na preservação de frutas secas e como branqueador de tecidos e farinhas, mas sua utilização mais importante é a produção de ácido sulfúrico.

O número de oxidação do enxofre no dióxido de enxofre e nos sulfitos é +4, um valor intermediário na faixa normal do enxofre, entre -2 e $+6$. Por isso, esses compostos podem agir como agentes oxidantes ou redutores. Certamente, a reação mais importante do dióxido de enxofre é a oxidação lenta a trióxido de enxofre, SO_3 (**6**), em que o enxofre tem o número de oxidação +6:

$$2\,SO_2(g) + O_2(g) \longrightarrow 2\,SO_3(g)$$

6 Trióxido de enxofre, SO_3

Em temperaturas normais, o trióxido de enxofre é um líquido volátil (de ponto de ebulição 45°C), composto por moléculas de SO₃ trigonais planares. No sólido e, em parte, no líquido, essas moléculas formam trímeros (união de três moléculas) de composição S₃O₉ (7), bem como conjuntos maiores.

O ácido sulfúrico, H₂SO₄, é produzido comercialmente no processo de contato, em que o enxofre é primeiramente queimado em oxigênio e o SO₂ produzido é oxidado a SO₃ na presença do catalisador V₂O₅:

$$S(s) + O_2(g) \xrightarrow{1000°C} SO_2(g)$$

$$2\,SO_2(g) + O_2(g) \xrightarrow{500°C,\,V_2O_5} 2\,SO_3(g)$$

7 Trímero do trióxido de enxofre, S₃O₉

Como o trióxido de enxofre forma um vapor ácido corrosivo com o vapor de água, ele é absorvido, normalmente, em ácido sulfúrico concentrado a 98% para dar o líquido oleoso, denso, chamado *oleum*:

$$SO_3(g) + H_2SO_4(l) \longrightarrow H_2S_2O_7(l)$$

O oleum é, então, convertido em ácido por reação com a água:

$$H_2S_2O_7(l) + H_2O(l) \longrightarrow 2\,H_2SO_4(l)$$

O ácido sulfúrico é o produto químico inorgânico de maior produção mundial. Somente nos Estados Unidos, sua produção anual é superior a 30 Mt. O baixo custo do ácido sulfúrico tornou comum seu uso na indústria, particularmente na produção de fertilizantes (Tópico 8G).

O ácido sulfúrico é um líquido oleoso, incolor e corrosivo, que ferve (e se decompõe) em 300°C, aproximadamente. Ele tem três importantes propriedades químicas: é um ácido de Brønsted forte, é um agente desidratante e é um agente oxidante (Fig. 8H.12). O ácido sulfúrico é um ácido forte, no sentido de que sua primeira desprotonação é quase completa em concentrações normais em água. Entretanto, sua base conjugada HSO_4^- é um ácido fraco, com $pK_a = 1{,}92$ (Tópico 6E). O ácido sulfúrico forma ligações hidrogênio fortes com a água. A energia liberada quando essas ligações se formam fazem a mistura ferver violentamente. O ácido sulfúrico deve ser sempre diluído lentamente e com muito cuidado, adicionando o ácido sobre a água, e não o inverso, para evitar borrifar o ácido concentrado.

A poderosa capacidade desidratante do ácido sulfúrico pode ser vista quando um pouco do ácido concentrado é derramado sobre sacarose, C₁₂H₂₂O₁₁. Uma massa espumosa, preta, de carbono forma-se como resultado da extração de H₂O (Fig. 8H.13):

$$C_{12}H_{22}O_{11}(s) \longrightarrow 12\,C(s) + 11\,H_2O(l)$$

A espuma é causada pelos gases CO e CO₂ que se formam em reações secundárias.

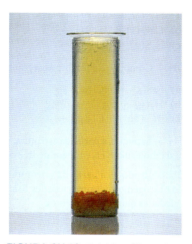

FIGURA 8H.12 O ácido sulfúrico é um oxidante. Quando ácido concentrado é gotejado sobre brometo de sódio sólido, NaBr, os íons brometo se oxidam a bromo e colorem a solução de marrom-avermelhado. (*W. H. Freeman. Foto: Ken Karp.*)

Teste 8H.2A Qual é o número de oxidação do enxofre em (a) o íon ditionato, $S_2O_6^{2-}$; (b) o íon tiossulfato, $S_2O_3^{2-}$?

[*Resposta:* (a) +5; (b) +2]

Teste 8H.2B Qual é o número de oxidação do enxofre em (a) S₂Cl₂; (b) oleum, H₂S₂O₇?

O dióxido de enxofre é o anidrido do ácido sulfuroso e o trióxido de enxofre é o anidrido do ácido sulfúrico. O ácido sulfúrico é um ácido forte, um agente desidratante e um agente oxidante.

(a)

(b)

(c)

FIGURA 8H.13 O ácido sulfúrico é um agente desidratante. Quando o ácido sulfúrico concentrado é despejado sobre sacarose (a), um carboidrato, ela se desidrata (b) e forma uma massa espumosa preta de carbono (c). (*Chip Clark/Fundamental Photographs, NYC.*)

Tópico 8H Exercícios

8H.1 Escreva equações para (a) a queima do lítio em oxigênio; (b) a reação do metal sódio com água; (c) a reação do gás flúor com água; (d) a oxidação de água no anodo de uma célula eletrolítica.

8H.2 Escreva equações para a reação de (a) óxido de sódio com água; (b) peróxido de sódio com água; (c) dióxido de enxofre com água; (d) dióxido de enxofre com oxigênio na presença do catalisador pentóxido de vanádio.

8H.3 Complete e equilibre as seguintes equações simplificadas:

(a) $H_2S(aq) + O_2(g) \rightarrow$
(b) $CaO(s) + H_2O(l) \rightarrow$
(c) $H_2S(g) + SO_2(g) \rightarrow$

8H.4 Complete e equilibre as seguintes equações simplificadas:

(a) $FeS(s) + HCl(aq) \rightarrow$
(b) $H_2(g) + S_8(s) \rightarrow$
(c) $Br^-(aq) + Cl_2(g) \rightarrow$

8H.5 Explique, a partir da estrutura, por que o momento de dipolo da molécula NH_3 é menor do que o da molécula H_2O.

8H.6 Explique, a partir da estrutura, porque a água e o peróxido de hidrogênio têm propriedades físicas semelhantes, porém propriedades químicas diferentes.

8H.7 (a) Escreva a estrutura de Lewis do H_2O_2 e prediga o ângulo aproximado da ligação H—O—O. (b) Quais dos seguintes íons seriam oxidados por peróxido de hidrogênio em meio ácido: (i) Cu^+; (ii) Mn^{2+}; (iii) Ag^+; (iv) F^-?

8H.8 (a) Escreva a estrutura de Lewis do oleum, $(HO)_2OSOSO(OH)_2$, preparado pelo tratamento do ácido sulfúrico com SO_3. (b) Determine as cargas formais dos átomos de enxofre e oxigênio. (c) Qual é o número de oxidação do enxofre nesse composto?

8H.9 Se 2,00 g de peróxido de sódio forem dissolvidos para formar 200. mL de uma solução em água, qual será o pH da solução? Para H_2O_2, $K_{a1} = 1,8 \times 10^{-12}$ e K_{a2} é desprezível.

8H.10 Qual é o pH de uma solução 0,010 M de $NaSH(aq)$?

8H.11 Descreva a tendência da acidez dos compostos binários de hidrogênio dos elementos do Grupo 16 e explique-a em termos da energia da ligação.

8H.12 Quando sulfeto de chumbo(II) é tratado com peróxido de hidrogênio, os produtos possíveis são sulfato de chumbo(II) ou óxido de chumbo(IV) e dióxido de enxofre. (a) Escreva as equações balanceadas das duas reações. (b) Use os dados disponíveis no Apêndice 2A para determinar qual é a reação mais provável.

Tópico 8I   Grupo 17: Os halogênios

8I.1 Os elementos do Grupo 17
8I.2 Os compostos dos halogênios

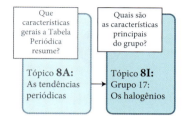

As propriedades químicas especiais dos halogênios (Tabela 8I.1), os membros do Grupo 17, podem ser explicadas pelas configurações eletrônicas de valência, ns^2np^5, que só precisam de mais um elétron para alcançar a configuração de camada fechada. Para completar o octeto de elétrons de valência no estado de elemento, todos os halogênios usam dois átomos para formar moléculas diatômicas, como F_2 e I_2. Com exceção do flúor, os halogênios podem também perder elétrons de valência, e seus números de oxidação variam entre -1 e $+7$.

8I.1 Os elementos do Grupo 17

Os halogênios formam uma família que apresenta variações suaves das propriedades físicas, o que é esperado quando as forças de London são as forças intermoleculares dominantes. Como a eletronegatividade diminui de cima para baixo no grupo (Fig. 8I.1) e os raios atômico e iônico aumentam moderadamente no mesmo sentido (Fig. 8I.2), as propriedades químicas mostram também variações suaves, com a exceção de algumas propriedades do flúor.

(a) Flúor O primeiro elemento do grupo, o flúor, F, é o halogênio mais abundante na crosta terrestre. Ele ocorre em muitos minerais, incluindo a *fluorita* (*fluospar*), CaF_2; a *criolita*, Na_3AlF_6; e as *fluorapatitas*, $Ca_5(PO_4)_3F$. Como o flúor é o elemento mais oxidante ($E° = +2,87$ V), ele não pode ser obtido a partir de seus compostos pela oxidação por outro elemento. O flúor é produzido por eletrólise de uma mistura anidra fundida de fluoreto de potássio e fluoreto de hidrogênio, em 75°C, aproximadamente, com um anodo de carbono.

O flúor é um gás muito reativo, quase incolor, formado por moléculas de F_2. A maior parte do flúor produzido pela indústria é usada para fazer o sólido volátil UF_6, usado no processamento do combustível nuclear (Tópico 10C). Boa parte do restante é usada na produção de SF_6 para equipamentos elétricos.

O flúor tem algumas peculiaridades em razão da sua alta eletronegatividade, de seu volume pequeno e da falta de orbitais d disponíveis. É o elemento mais eletronegativo e tem número de oxidação -1 em todos os seus compostos. A alta eletronegatividade e o volume

FIGURA 8I.1 A eletronegatividade dos halogênios decresce lentamente de cima para baixo no grupo.

TABELA 8I.1 Elementos do Grupo 17

Nome comum: halogênios
Configuração de valência: ns^2np^5

Z	Nome	Símbolo	Massa molar (g·mol⁻¹)	Ponto de fusão (°C)	Ponto de ebulição (°C)	Densidade (g·cm⁻³)	Forma normal*
9	flúor	F	19,00	−220	−188	1,51†	gás quase incolor
17	cloro	Cl	35,45	−101	−34	1,66†	gás amarelo-esverdeado
35	bromo	Br	79,90	27	59	3,12	líquido vermelho-marrom
53	iodo	I	126,90	114	184	4,95	não metal sólido púrpura-escuro
85	astatínio‡	At	(210)	300	350	—	não metal sólido

Forma normal significa a aparência e o estado do elemento em 25°C e 1 atm.
†Para o líquido no ponto de ebulição.
‡Radioativo.

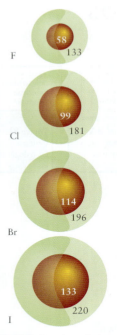

FIGURA 8I.2 Os raios atômicos e iônicos dos halogênios aumentam lentamente de cima para baixo no grupo à medida que os elétrons vão ocupando as camadas mais externas dos átomos. Os valores são fornecidos em picômetros. Os raios iônicos (representados pelas esferas verdes) são sempre maiores do que os raios atômicos.

pequeno permitem que ele oxide outros elementos até seus estados de oxidação mais altos. O volume pequeno ajuda, porque permite que vários átomos de F se empacotem ao redor do átomo central, como em IF_7.

Como o íon fluoreto é muito pequeno, as entalpias de rede de seus compostos iônicos tendem a ser altas (veja a Tabela 4E.1). Como resultado, os fluoretos são menos solúveis do que os demais halogenetos. Essa diferença de solubilidade é uma das razões pelas quais os oceanos são salgados com cloretos e não com fluoretos, muito embora o flúor seja mais abundante do que o cloro na crosta terrestre. Os cloretos são mais facilmente dissolvidos e lixiviados para o mar. Existem algumas exceções nessa tendência das solubilidades, inclusive o AgF, que é solúvel. Os demais halogenetos de prata são insolúveis. A exceção ocorre porque o caráter covalente dos halogenetos de prata aumenta de AgCl a AgI, porque o ânion torna-se maior e mais polarizável. O fluoreto de prata, que contém o íon fluoreto, pequeno e muito pouco polarizável, é muito solúvel em água, porque ele é predominantemente iônico.

(b) Cloro O elemento cloro, Cl, é um dos produtos químicos produzidos em maiores quantidades. Ele é obtido do cloreto de sódio por eletrólise do sal fundido ou da salmoura (reveja os Tópicos 6O e 8C). É um gás amarelo-esverdeado pálido, formado por moléculas de Cl_2, que condensa em $-34°C$. Ele reage diretamente com quase todos os elementos (exceções notáveis são o carbono, o nitrogênio, o oxigênio e os gases nobres). É um agente oxidante forte e oxida metais até altos estados de oxidação. Por exemplo, quando o cloro reage com o ferro, forma-se o cloreto de ferro(III) anidro, e não o cloreto de ferro(II) (Fig. 8I.3):

$$2\,Fe(s)\;+\;3\,Cl_2(g)\;\longrightarrow\;2\,FeCl_3(s)$$

O cloro é usado em vários processos industriais, inclusive na fabricação de plásticos, solventes e pesticidas. É também usado como alvejante nas indústrias têxtil e de papel e como desinfetante no tratamento da água (Tópico 8H).

(c) Bromo O elemento bromo, Br, é um líquido corrosivo fumegante, marrom-avermelhado, formado por moléculas de Br_2, que tem odor penetrante. Ele é produzido a partir de poços de salmoura pela oxidação de íons Br^- com cloro elementar (veja a Figura K.2 em *Fundamentos*):

$$2\,Br^-(aq)\;+\;Cl_2(g)\;\longrightarrow\;Br_2(l)\;+\;2\,Cl^-(aq)$$

Borbulha-se ar na solução para vaporizar o bromo e transferi-lo para um aparelho resfriador, onde pode ser coletado.

Brometos orgânicos são incorporados em tecidos como retardadores de incêndio e são usados como pesticidas. Brometos inorgânicos, particularmente o brometo de prata, são usados em emulsões fotográficas.

(d) Iodo O iodo, I, é encontrado como íon iodeto em salmouras e como impureza no salitre do Chile. Ele já foi obtido a partir de plantas marinhas, que contêm altas concentrações do elemento, retirado da água do mar e acumulado: 2.000 kg de plantas marinhas produzem cerca de 1 kg de iodo. A melhor fonte, hoje, é a salmoura dos poços de petróleo. O óleo bruto foi produzido pela decomposição de organismos marinhos que acumularam iodo enquanto vivos.

Como o bromo, o iodo elementar é produzido por oxidação pelo cloro:

$$Cl_2(g)\;+\;2\,I^-(aq)\;\longrightarrow\;I_2(aq)\;+\;2\,Cl^-(aq)$$

O sólido brilhante preto-azulado sublima facilmente e forma um vapor púrpura.

Quando o iodo se dissolve em solventes orgânicos, produz soluções de várias cores. Essas cores são consequência das diferentes interações entre as moléculas de I_2 e o solvente (Fig. 8I.4). O elemento é muito pouco solúvel em água, exceto na presença de íons I^-, com o qual forma o íon triiodeto, I_3^-, marrom e solúvel. O iodo elementar tem pouco uso. Ele se dissolve, porém, em álcool, e é muito útil como antisséptico de ação oxidante moderada. Ele é um elemento traço essencial para os sistemas vivos. A deficiência de iodo em seres humanos provoca o aumento da glândula tireoide no pescoço. Para prevenir essa deficiência, iodetos são adicionados ao sal de cozinha (vendido como "sal iodado").

FIGURA 8I.3 O ferro reage vigorosa e exotermicamente com o cloro para formar o cloreto de ferro(III) anidro. (*Chip Clark/Fundamental Photographs, NYC.*)

> **Teste 8I.1A** (a) Qual é o número de oxidação do Cl em Cl_2O_7? (b) Escreva a equação química de sua reação com água.
>
> [***Resposta:*** (a) +7; (b) $Cl_2O_7(aq) + H_2O(l) \rightarrow 2HClO_4(aq)$]
>
> **Teste 8I.1B** Explique as tendências dos pontos de fusão e ebulição dos halogênios.

FIGURA 8I.4 Soluções de iodo em vários solventes. Da esquerda para a direita, os solventes são tetracloro-metano (tetracloreto de carbono), água e solução de iodeto de potássio, na qual forma-se o íon marrom I_3^-. Na solução da extrema direita, um pouco de amido foi adicionado à solução de I_3^-. A cor azul intensa que resulta levou ao uso do amido como indicador da presença de iodo. (©1990 Chip Clark, Fundamental Photographs.)

Os halogênios mostram variações suaves das propriedades químicas de cima para baixo no grupo. O flúor tem algumas propriedades anômalas, como seu poder oxidante e a baixa solubilidade da maior parte dos fluoretos.

8I.2 Os compostos dos halogênios

Os usos dos compostos de halogênios são muito variados: desde o revestimento antiaderente de material de cozinha contendo um polímero de flúor, conhecido como Teflon, aos compostos organoclorados usados na formulação de pesticidas e o perclorato de amônio, usado como combustível de foguetes.

(a) Inter-halogênios Os halogênios formam compostos entre si. Esses inter-halogênios têm fórmulas XX', XX'_3, XX'_5 e XX'_7, em que X é o mais pesado (e maior) dos dois halogênios. Só algumas das combinações possíveis foram obtidas até hoje (Tabela 8I.2). Os inter-halogênios são todos preparados pela reação direta dos dois halogênios. O produto formado é determinado pelas proporções dos reagentes usados. Por exemplo,

$$Cl_2(g) + 3\ F_2(g) \longrightarrow 2\ ClF_3(g)$$
$$Cl_2(g) + 5\ F_2(g) \longrightarrow 2\ ClF_5(g)$$

Os inter-halogênios têm propriedades físicas intermediárias entre as dos halogênios que os formam. As tendências da química dos inter-halogênios de flúor podem ser relacionadas à diminuição da energia de dissociação das ligações quando o átomo de halogênio central fica mais pesado. Os fluoretos dos halogênios mais pesados são todos muito reativos: o gás trifluoreto de bromo é tão reativo que mesmo o amianto queima em contato com ele.

(b) Halogenetos de hidrogênio Os halogenetos de hidrogênio, HX, podem ser preparados pela reação direta dos elementos:

$$H_2(g) + X_2(g) \longrightarrow 2\ HX(g)$$

O flúor reage explosivamente por uma reação em cadeia via radicais assim que os gases são misturados. A mistura de hidrogênio e cloro explode quando exposta à luz. O bromo e o iodo reagem com o hidrogênio muito mais lentamente. Uma fonte menos perigosa de halogenetos de hidrogênio no laboratório é a ação de um ácido não volátil sobre um halogeneto de metal, como em:

$$CaF_2(s) + 2\ H_2SO_4(aq, conc) \longrightarrow Ca(HSO_4)_2(aq) + 2\ HF(g)$$

Como o Br^- e o I^- são oxidados pelo ácido sulfúrico, usa-se o ácido fosfórico na preparação de HBr e HI:

$$KI(s) + H_3PO_4(aq) \xrightarrow{\Delta} KH_2PO_4(aq) + HI(g)$$

Todos os halogenetos de hidrogênio são gases pungentes e incolores. A exceção é o fluoreto de hidrogênio, que é um líquido em temperaturas inferiores a 20°C. Sua baixa volatilidade é consequência do grande número de ligações hidrogênio. Existem cadeias curtas em ziguezague no vapor, formadas por moléculas unidas por ligações hidrogênio, até $(HF)_5$. Os halogenetos de hidrogênio se dissolvem na água para dar soluções ácidas. O ácido fluorídrico

TABELA 8I.2	Inter-halogênios conhecidos
Inter-halogênio	**Forma normal***
XF_n	
ClF	gás incolor
ClF_3	gás incolor
ClF_5	gás incolor
BrF	gás marrom pálido
BrF_3	líquido amarelo pálido
BrF_5	líquido incolor
IF	instável
IF_3	sólido amarelo
IF_5	líquido incolor
IF_7	gás incolor
XCl_n	
BrCl	sólido marrom avermelhado
ICl	sólido vermelho
I_2Cl_6	sólido amarelo
XBr_n	
IBr	sólido preto

*Forma normal significa a aparência e o estado do elemento em 25°C e 1 atm.

FIGURA 8I.5 Quando (a) uma mistura de ácido fluorídrico e fluoreto de amônio é agitada no interior de um frasco de vidro, a reação com a sílica (b) corrói as superfícies da tampa de vidro e da parede do frasco. (*W. H. Freeman. Fotos: Ken Karp.*)

tem a propriedade única de atacar o vidro e a sílica. Os interiores de lâmpadas elétricas são tornados foscos pelos vapores de uma solução de ácido fluorídrico e fluoreto de amônio (Fig. 8I.5).

PONTO PARA PENSAR

Por que o fluoreto de hidrogênio se dissolve em água como um ácido fraco, enquanto os outros halogenetos de hidrogênio se dissolvem como ácidos fortes?

 O fluoreto de hidrogênio é usado na fabricação de compostos de carbono fluorados, como o Teflon (politetrafluoro-etileno) e o gás refrigerante R134a (CF_3CH_2F). Os hidrocarbonetos substituídos com flúor são, em geral, relativamente inertes quimicamente. Eles resistem à oxidação ao ar, ao ácido nítrico a quente, ao ácido sulfúrico concentrado e a outros agentes oxidantes fortes. Isso permite que o Teflon seja usado no revestimento de reatores químicos e em material de cozinha. Como o R134a não contribui para o aquecimento global ou para a destruição da camada de ozônio na estratosfera e é relativamente inerte e não tóxico, ele é hoje o gás refrigerante recomendado para uso em condicionadores de ar nos Estados Unidos.

(c) Oxoácidos e oxoânions dos halogênios A acidez e o poder oxidante dos oxoácidos de halogênios aumentam com o número de oxidação do halogênio (Tópico 6C). Os ácidos hipo-halogenosos, HXO (número de oxidação do halogênio +1), são preparados pela reação direta do halogênio com água. Por exemplo, o gás cloro sofre desproporcionação em água para dar ácido hipocloroso e ácido clorídrico:

$$\overset{0}{Cl_2}(g) + H_2O(aq) \longrightarrow H\overset{+1}{Cl}O(aq) + H\overset{-1}{Cl}(aq)$$

Os íons hipo-halogenitos, XO^-, formam-se quando um halogênio é adicionado à solução de uma base em água. O hipoclorito de sódio, NaClO, é produzido pela eletrólise da salmoura quando o eletrólito é agitado rapidamente e o gás cloro produzido no anodo reage com o íon hidróxido gerado no catodo. O gás cloro sofre desproporcionação para dar hipoclorito de sódio e íons cloreto:

$$\overset{0}{Cl_2}(g) + 2\,OH^-(aq) \longrightarrow \overset{+1}{Cl}O^-(aq) + \overset{-1}{Cl}^-(aq) + H_2O(aq)$$

Como oxidam compostos orgânicos, os hipocloritos são usados em alvejantes e desinfetantes domésticos. Sua ação como agentes oxidantes vem parcialmente da decomposição do ácido hipocloroso em solução:

$$2\,HClO(aq) \longrightarrow 2\,H^+(aq) + 2\,Cl^-(aq) + O_2(g)$$

O oxigênio borbulha ou ataca material oxidável. O hipoclorito de cálcio é o principal componente dos pós alvejantes e é usado na purificação da água em piscinas domésticas.

Os íons clorato, ClO_3^- (número de oxidação do cloro +5), formam-se quando o cloro reage com um álcali concentrado em água, a quente:

$$3\,Cl_2(g) + 6\,OH^-(aq) \xrightarrow{\Delta} ClO_3^-(aq) + 5\,Cl^-(aq) + 3\,H_2O(l)$$

Eles se decompõem quando aquecidos, principalmente na presença de um catalisador:

$$4\,KClO_3(s) \xrightarrow{\Delta} 3\,KClO_4(s) + KCl(s)$$
$$2\,KClO_3(s) \xrightarrow{\Delta,\,MnO_2} 2\,KCl(s) + 3\,O_2(g)$$

Essa última reação é uma fonte conveniente de oxigênio em laboratório.

Os cloratos são agentes oxidantes úteis. O clorato de potássio é usado como fonte de oxigênio em fogos de artifício e em fósforos de segurança. As cabeças dos palitos contêm uma pasta de clorato de potássio, sulfeto de antimônio, enxofre e pó de vidro para criar atrito quando o fósforo é riscado. Como vimos no Tópico 8G, a faixa ativa da caixa contém fósforo vermelho, que inflama a cabeça do fósforo.

O principal uso do clorato de sódio é como fonte de dióxido de cloro, ClO_2. O cloro, no ClO_2, tem número de oxidação +4. Logo, o clorato deve ser reduzido. O dióxido de enxofre é um agente redutor conveniente para esta reação:

$$2\,NaClO_3(aq) + SO_2(g) + H_2SO_4(aq,\,diluído) \longrightarrow 2\,NaHSO_4(aq) + 2\,ClO_2(g)$$

O dióxido de cloro tem um número ímpar de elétrons e é um gás amarelo paramagnético. Ele é usado para branquear pasta de papel, porque pode oxidar os vários pigmentos do papel sem degradar as fibras de madeira.

Os percloratos, ClO$_4^-$ (número de oxidação +7), são preparados por oxidação eletrolítica de cloratos em água:

$$ClO_3^-(aq) + H_2O(l) \longrightarrow ClO_4^-(aq) + 2\,H^+(aq) + 2\,e^-$$

O ácido perclórico, HClO$_4$, é um líquido incolor e é o mais forte dentre todos os ácidos comuns. Como o cloro tem o número de oxidação mais alto, +7, nesses compostos, eles são agentes oxidantes poderosos. O simples contato entre o ácido perclórico e uma pequena quantidade de material orgânico pode ser suficiente para provocar uma perigosa explosão.

Um exemplo espetacular da capacidade oxidante dos percloratos era seu uso nos foguetes de propulsão, usados nos lançamentos do ônibus espacial. O combustível sólido era feito de pó de alumínio (o combustível), perclorato de amônio (o agente oxidante e também combustível) e óxido de ferro(III) (o catalisador). Esses reagentes eram misturados em um polímero líquido, que se solidificava no interior do casco do foguete. Vários produtos se formam quando a mistura é inflamada. Uma das reações é

$$3\,NH_4ClO_4(s) + 3\,Al(s) \xrightarrow{Fe_2O_3} Al_2O_3(s) + AlCl_3(s) + 6\,H_2O(g) + 3\,NO(g)$$

Os produtos sólidos formavam as nuvens de pó branco emitidas pelos foguetes propulsores durante a decolagem (Fig. 8I.6).

FIGURA 8I.6 A fumaça branca emitida pelo foguete propulsor do ônibus espacial era formada por pó de óxido de alumínio e de cloreto de alumínio. (*NASA/Scott Andrews.*)

Teste 8I.2A Que oxoácido do bromo é (a) o ácido mais forte? (b) O agente oxidante mais forte? Explique suas respostas.

[***Resposta:*** Para (a) e (b), HBrO$_4$, porque tem o maior número de átomos de O.]

Teste 8I.2B Como o pH afeta o poder de oxidação do HClO$_3$?

Os inter-halogênios têm propriedades intermediárias entre as dos halogênios que o formam. Os não metais formam halogenetos covalentes. Os metais normalmente formam halogenetos iônicos. Os oxoácidos de cloro são todos agentes oxidantes. A força oxidante e a acidez dos oxoácidos aumentam com o aumento do número de oxidação dos halogênios.

Tópico 8I Exercícios

8I.1 Identifique o número de oxidação dos átomos de halogênio em (a) ácido hipoiodoso; (b) ClO$_2$; (c) heptóxido de dicloro; (d) NaIO$_3$.

8I.2 Identifique o número de oxidação dos átomos de halogênio em (a) heptafluoreto de iodo; (b) periodato de sódio; (c) ácido hipobromoso; (d) clorito de sódio.

8I.3 Escreva as equações químicas balanceadas (a) da decomposição térmica de clorato de potássio na ausência de catalisador; (b) da reação de bromo com água; (c) da reação entre cloreto de sódio e ácido sulfúrico concentrado. (d) Identifique cada reação como uma reação ácido-base de Brønsted, ácido-base de Lewis ou redox.

8I.4 Escreva as equações químicas balanceadas da reação de cloro com água em (a) uma solução neutra; (b) uma solução básica diluída; (c) uma solução básica concentrada. (d) Mostre que cada uma delas é uma reação de desproporcionação.

8I.5 (a) Arranje os oxoácidos de cloro na ordem crescente de poder oxidante. (b) Sugira uma interpretação da ordem proposta em termos dos números de oxidação.

8I.6 (a) Arranje os ácidos hipo-halogenosos na ordem crescente de poder oxidante. (b) Sugira uma interpretação da ordem proposta em termos das eletronegatividades.

8I.7 Escreva as estruturas de Lewis de Cl$_2$O. Determine a forma da molécula e estime o ângulo de ligação Cl—O—Cl.

8I.8 Escreva a estrutura de Lewis do BrF$_3$. Qual é a hibridação do átomo de bromo na molécula?

8I.9 Sugira razões pelas quais os seguintes inter-halogênios não são estáveis: (a) ICl$_5$; (b) IF$_2$; (c) ClBr$_3$.

8I.10 O cloro ocorre como os oxoânions ClO$^-$, ClO$_2^-$, ClO$_3^-$ e ClO$_4^-$ em muitos almoxarifados de produtos químicos. O flúor, porém, não forma oxoânions estáveis. Explique essa observação.

8I.11 O inter-halogênio IF$_x$ só pode ser feito por vias indiretas. Por exemplo, o gás difluoreto de xenônio pode reagir com o gás iodo para produzir IF$_x$ e o gás xenônio. Em um experimento, o difluoreto de xenônio foi colocado em um reator rígido e a pressão foi aumentada até 3,6 atm. O vapor de iodo foi então introduzido até que a

698 Tópico 8I Grupo 17: Os halogênios

pressão total alcançasse 7,2 atm. A reação prosseguiu em temperatura constante e todo o IF_x formado solidificou. A pressão final no reator, devido ao xenônio e ao gás iodo foi 6,0 atm. (a) Qual é a fórmula do inter-halogênio? (b) Escreva a equação química de sua formação.

8I.12 O inter-halogênio ClF_x tem sido usado como combustível de foguetes. Ele reage com hidrazina para formar os gases fluoreto de hidrogênio, nitrogênio e cloro. Em um estudo dessa reação, o gás ClF_x foi colocado em um reator rígido e a pressão foi aumentada até 1,2 atm. O gás hidrazina foi então introduzido até que a pressão total alcançou 3,0 atm. A reação prosseguiu em temperatura constante até completar-se. A pressão final no reator foi 6,0 atm, incluindo 0,9 atm devido ao excesso de hidrazina. (a) Qual é a fórmula do inter-halogênio? (b) Escreva a equação química de sua reação com hidrazina.

8I.13 Use os dados do Apêndice 2B para determinar se o gás cloro oxida Mn^{2+} para formar o íon permanganato em uma solução ácida.

8I.14 (a) Use os dados do Apêndice 2B para determinar qual é o oxidante mais forte em água, ozônio ou flúor. (b) Sua resposta dependeria de o meio ser ácido ou básico?

8I.15 A concentração de íons F^- pode ser medida pela adição de excesso de uma solução de cloreto de chumbo(II) e a obtenção do peso do precipitado de cloro-fluoreto de chumbo(II) (PbClF). Calcule a concentração molar dos íons F^- em 25,00 mL de uma solução que produz 0,765 g de um precipitado de cloro-fluoreto de chumbo.

8I.16 Suponha que 25,00 mL de uma solução de iodo em água foram titulados com uma solução 0,0250 M de $Na_2S_2O_3(aq)$, usando amido como indicador. A cor azul do complexo iodo-amido desapareceu quando 18,33 mL da solução de tiossulfato foi adicionada. Qual era a concentração molar de I_2 na solução original? A reação de titulação é $I_2(aq) + 2 S_2O_3^{2-}(aq) \rightarrow 2 I^-(aq) + S_4O_6^{2-}(aq)$.

Tópico 8J Grupo 18: Os gases nobres

8J.1 Os elementos do Grupo 18
8J.2 Compostos de gases nobres

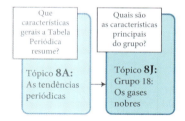

Os elementos no Grupo 18, os gases nobres, recebem esse nome devido a sua reatividade muito baixa (Tabela 8J.1). Experiências com esses gases e, mais tarde, a identificação de suas configurações eletrônicas de camada completa (ns^2np^6) criaram a crença de que esses elementos eram quimicamente inertes. De fato, nenhum composto dos gases nobres era conhecido até 1962. Naquele ano, o químico inglês Neil Bartlett sintetizou o primeiro composto de gás nobre, o hexafluoro-platinato de xenônio, $XePtF_6$. Logo depois, químicos do Laboratório Nacional de Argonne, Estados Unidos, fabricaram o tetrafluoreto de xenônio, XeF_4, a partir de uma mistura de xenônio e flúor em alta temperatura.

8J.1 Os elementos do Grupo 18

Todos os elementos do Grupo 18 encontram-se na atmosfera como gases monoatômicos. Juntos, eles formam aproximadamente 1% de sua massa. O argônio é o terceiro gás mais abundante na atmosfera, depois do nitrogênio e do oxigênio (descontando a quantidade variável de vapor d'água). Os gases nobres, exceto o hélio e o radônio, são obtidos pela destilação fracionada do ar líquido.

(a) Hélio O hélio, o segundo elemento mais abundante no universo, depois do hidrogênio, é raro na Terra porque seus átomos são tão leves que uma grande proporção deles atinge altas velocidades e escapa da atmosfera e, ao contrário do hidrogênio, ele não forma compostos. O hélio é um componente dos gases naturais presos sob formações rochosas (especialmente no Texas, Estados Unidos), nas quais ele se acumulou como resultado da emissão de partículas α por elementos radioativos. Uma partícula α é um núcleo de hélio-4 ($^4He^{2+}$), e o átomo do elemento se forma quando a partícula adquire dois elétrons da vizinhança.

O gás hélio é duas vezes mais denso do que o hidrogênio, nas mesmas condições. Como sua densidade é, ainda, muito baixa e o gás não é inflamável, ele é usado para fazer flutuar os dirigíveis. O hélio também é usado para diluir o oxigênio usado em hospitais e em mergulhos

TABELA 8J.1 Os elementos do Grupo 18

Nome comum: gases nobres
Configuração de valência: ns^2np^6
Forma normal: gás monoatômico incolor

Z	Nome	Símbolo	Massa molar (g·mol^{-1})	Ponto de fusão (°C)	Ponto de ebulição (°C)
2	hélio	He	4,00	—	−269 (4,2 K)
10	neônio	Ne	20,18	−249	−246
18	argônio	Ar	39,95	−189	−186
36	criptônio	Kr	83,80	−157	−153
54	xenônio	Xe	131,29	−112	−108
86	radônio*	Rn	(222)	−71	−62

*Radioativo

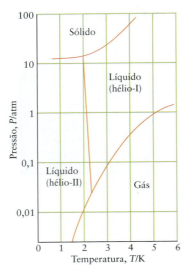

FIGURA 8J.1 O diagrama de fases do hélio-4 mostra as duas fases líquidas do hélio. Hélio-II, a fase líquida de temperatura mais baixa, é um superfluido.

em mar profundo, para pressurizar combustíveis de foguete, como refrigerante e em lasers de hélio-neônio. O elemento tem o mais baixo ponto de ebulição de todas as substâncias (4,2 K) e não se solidifica em nenhuma temperatura, a não ser que seja aplicada pressão para manter juntos seus átomos leves e móveis. Essas propriedades o tornam útil para a **criogenia**, o estudo da matéria em temperaturas muito baixas (Tópico 3J). O hélio é a única substância conhecida que tem mais de uma fase líquida (Fig. 8J.1). Abaixo de 2 K, o hélio-II líquido tem a notável propriedade de **superfluidez**, a capacidade de fluir sem viscosidade.

(b) Neônio, argônio, criptônio e xenônio O neônio, Ne, emite cor laranja-avermelhada quando uma corrente elétrica passa através dele e é usado em letreiros de publicidade e avisos luminosos (Fig. 8J.2). O argônio, Ar, é usado para gerar atmosfera inerte para soldas (para prevenir a oxidação) e como enchimento de alguns tipos de lâmpadas, para resfriar o filamento. O criptônio, Kr, produz uma intensa luz branca ao ser atravessado por uma descarga elétrica e, por isso, é usado na iluminação de pistas de aeroporto. Como o criptônio é produzido por fissão nuclear, sua abundância na atmosfera mede a atividade nuclear global. O xenônio é usado em lâmpadas de halogênio para faróis de automóveis e em tubos de lampejo de máquinas fotográficas de alta velocidade. Ele também está sendo investigado para uso como anestésico.

Os gases nobres são todos encontrados naturalmente como gases monoatômicos não reativos. O hélio tem duas fases líquidas. A fase líquida de temperatura mais baixa apresenta superfluidez.

8J.2 Compostos de gases nobres

As energias de ionização dos gases nobres são muito altas, mas decrescem de cima para baixo no grupo (Fig. 8J.3). A energia de ionização do xenônio é suficientemente baixa para que ele perca elétrons para elementos muito eletronegativos. Não existem compostos de hélio, neônio e argônio, exceto sob condições muito especiais, como na captura de átomos de He e de Ne no interior da estrutura do buckminsterfullereno. O criptônio forma apenas uma molécula neutra estável conhecida, o KrF_2. Em 1988, um composto com uma ligação Kr—N foi descrito, mas ele só é estável abaixo de −50°C. Isso torna o xenônio o gás nobre com a

FIGURA 8J.2 As cores desta iluminação artística fluorescente devem-se às emissões dos átomos de gases nobres. O neônio é responsável pela luz vermelha. Quando ele é misturado com um pouco de argônio, a cor torna-se azul-esverdeada. Obtém-se a cor amarela cobrindo o interior do vidro com fósforo, que emite cor amarela quando excitado. (© *Andrea Heselton/Alamy*.)

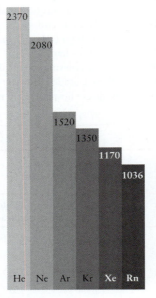

FIGURA 8J.3 As energias de ionização dos gases nobres decrescem regularmente de cima para baixo no grupo. Os valores dados aqui estão em quilojoules por mol.

FIGURA 8J.4 Cristais de tetrafluoreto de xenônio, XeF_4. Esse composto foi preparado pela primeira vez em 1962 pela reação entre xenônio e flúor, sob 6 atm e 400°C. (*Science Source*.)

química mais rica. Ele forma vários compostos com flúor e oxigênio, e compostos com ligações Xe—N e Xe—C, como $(C_6F_5)_2Xe$, têm sido relatados.

O ponto de partida da síntese de compostos de xenônio é a preparação do difluoreto de xenônio, XeF_2, e do tetrafluoreto de xenônio, XeF_4, pelo aquecimento de uma mistura dos elementos até 400°C e 6 atm. Em pressões mais altas, a fluoração prossegue até formação do hexafluoreto de xenônio, XeF_6. Os três fluoretos são sólidos cristalinos (Fig. 8J.4). Na fase gás, todos são compostos moleculares. O hexafluoreto de xenônio sólido, entretanto, é iônico, com uma estrutura complexa de cátions XeF_5^+ ligados por ânions F^-.

Os fluoretos de xenônio são usados como poderosos agentes de fluoração (reagentes que permitem ligar átomos de flúor em outras substâncias). O tetrafluoreto pode até provocar a fluoração do metal platina:

$$Pt(s) + XeF_4(s) \longrightarrow Xe(g) + PtF_4(s)$$

Os fluoretos de xenônio são usados para preparar óxidos e oxoácidos de xenônio e, em uma série de desproporcionações, levar o número de oxidação do xenônio até +8. Primeiramente, o tetrafluoreto de xenônio é hidrolisado a trióxido de xenônio, XeO_3, em uma reação de desproporcionação:

$$6\ XeF_4(s) + 12\ H_2O(l) \longrightarrow 2\ XeO_3(aq) + 4\ Xe(g) + 3\ O_2(g) + 24\ HF(aq)$$

O trióxido de xenônio, XeO_3 (**1**), é o anidrido do ácido xenônico, H_2XeO_4 (**2**). Ele reage com uma solução alcalina para formar um íon hidrogeno-xenonato, $HXeO_4^-$. Esse íon se desproporciona lentamente em xenônio e no íon octaédrico perxenonato, XeO_6^{4-} (**3**), no qual o número de oxidação do xenônio é +8. As soluções de perxenonato em água são amarelas e são agentes oxidantes muito poderosos, como resultado do número alto de oxidação do xenônio. O tratamento do perxenonato de bário com ácido sulfúrico provoca a desidratação ao anidrido do ácido perxenônico, o tetróxido de xenônio, XeO_4 (**4**), que é um gás instável e explosivo.

1 Trióxido de xenônio, XeO_3

2 Ácido xenônico, H_2XeO_4

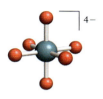

3 Íon perxenonato, XeO_6^{4-}

> **Teste 8J.1A** Justifique o aumento da facilidade de formação de compostos de cima para baixo no Grupo 18.
>
> [**Resposta:** A energia de ionização decresce de cima para baixo no grupo; logo, é mais fácil para os elementos pesados compartilharem seus elétrons.]
>
> **Teste 8J.1B** Determine a forma da molécula $XeOF_4$.

O xenônio é o único gás nobre que forma uma série de compostos com flúor e oxigênio. Os fluoretos de xenônio são poderosos agentes de fluoração, e os óxidos de xenônio são poderosos agentes oxidantes.

4 Tetróxido de xenônio, XeO_4

Tópico 8J Exercícios

8J.1 Quais são as fontes de produção de hélio e argônio?

8J.2 Quais são as fontes de produção de criptônio e xenônio?

8J.3 Determine o número de oxidação dos gases nobres em (a) KrF_2; (b) XeF_6; (c) KrF_4; (d) XeO_4^{2-}.

8J.4 Determine o número de oxidação dos gases nobres em (a) XeO_3; (b) XeO_6^{4-}; (c) XeF_2; (d) $HXeO_4^-$.

8J.5 O tetrafluoreto de xenônio é um agente oxidante poderoso. Em uma solução ácida, ele se reduz a xenônio. Escreva a meia-reação correspondente.

8J.6 Complete e balanceie as seguintes reações:

(a) $XeF_6(s) + H_2O(l) \rightarrow XeO_3(aq) + HF(aq)$
(b) $Pt(s) + XeF_4(s) \rightarrow$
(c) $Kr(g) + F_2(g) \xrightarrow{\text{descarga elétrica}}$

8J.7 Determine a acidez relativa de H_2XeO_4 e H_4XeO_6. Explique suas conclusões.

8J.8 Prediga o poder oxidante relativo de H_2XeO_4 e H_4XeO_6. Explique suas conclusões.

FOCO 8 Exemplo cumulativo online

Você trabalha em um laboratório de pesquisa ambiental e está interessado nos custos energéticos e nas emissões de gases estufa para a produção de matéria-prima industrial, em especial o alumínio. A produção de alumínio a partir de minérios exige 85.600 MJ de energia por tonelada (1 t = 10^3 kg), 70% dos quais são usados na eletrólise de Al_2O_3 dissolvido em criolita. A equação química total é

$$4\ Al^{3+}\ (\text{fundido}) + 6\ O^{2-}\ (\text{fundido}) + 3\ C(s, gr) \longrightarrow 4\ Al(l) + 3\ CO_2(g)$$

(a) Quanto tempo é necessário para produzir 1,0 t de alumínio em um forno operando a 300. kA? (b) A energia livre de Gibbs para realizar a reação de eletrólise no sentido direto em uma célula operacional é 2.390 kJ. Qual é a diferença de potencial mínima para realizar o processo direto em uma dessas células? (c) Suponha que os 85.600 MJ necessários são obtidos pela combustão de carvão. A massa média de CO_2 gerada do carvão (considerado carbono, C) é 0,265 g de CO_2 para cada quilojoule de energia produzida. Qual é a massa de carvão consumida para cada tonelada de alumínio produzido? (d) Que volume de $CO_2(g)$ a 1,0 atm e 20°C é formado por tonelada de alumínio? (e) Em um método alternativo de produção de alumínio, a alumina, Al_2O_3, reage com o carbono em temperaturas elevadas para produzir o carbeto de alumínio, Al_4C_3, e monóxido de carbono. Na reação seguinte, o carbeto de alumínio reage com uma quantidade adicional de alumina para formar o metal alumínio e monóxido de carbono. Balanceie as reações elementares abaixo e indique os números de oxidação de todos os elementos.

$$Al_2O_3(s) + C(s) \longrightarrow Al_4C_3(s) + CO(g)$$
$$Al_4C_3(s) + Al_2O_3(s) \longrightarrow Al(l) + CO(g)$$

 A solução deste exemplo está disponível, em inglês, no hotsite http://apoio.grupoa.com.br/atkins7ed

FOCO 8 Exercícios

8.1 (a) Use programas gráficos para lançar em gráfico o potencial padrão em função do número atômico dos elementos dos Grupos 1 e 2 (use o Apêndice 2B para obter os dados). (b) Que generalizações podem ser deduzidas desse gráfico?

8.2 Use programas gráficos e dados do Apêndice 2B para lançar em gráfico a energia de ionização em função do potencial padrão dos elementos dos Grupos 1 e 2. Que generalizações podem ser deduzidas desse gráfico?

8.3 Indique se as afirmações sobre o Grupo 14 abaixo são verdadeiras. Se forem falsas, explique o que está errado. (a) Apenas dois dos elementos são metais. (b) Os óxidos de todos os elementos são anfóteros. (c) Os orbitais externos s e p têm energias semelhantes de cima para baixo no grupo.

8.4 Indique se as afirmações sobre o Grupo 16 abaixo são verdadeiras. Se forem falsas, explique o que está errado. (a) Quatro elementos são não metais. (b) O H_2SeO_3 é um ácido mais forte do que o H_2SO_3. (c) Os óxidos de todos os elementos são ácidos.

8.5 Descreva as evidências que confirmam a afirmação de que o hidrogênio atua tanto como agente redutor como agente oxidante. Dê as equações químicas que suportam as evidências apresentadas.

8.6 Que justificativa existe para considerar o íon amônio como o análogo de um cátion de metal do Grupo 1? Considere as propriedades como a solubilidade, a carga e o raio. O raio do íon NH_4^+ considerado uma esfera é 151 pm.

8.7 O hidrogênio queima em uma atmosfera de bromo para produzir ácido bromídrico. Se 135 mL de gás H_2, em 273 K e 1,00 atm, combinam-se com uma quantidade estequiométrica de bromo e o ácido bromídrico resultante é dissolvido para formar 225 mL de solução em água, qual é a concentração molar da solução de ácido bromídrico resultante?

8.8 Os hidretos salinos reagem rapidamente com água. Eles também reagem de modo semelhante com a amônia. (a) Escreva uma equação balanceada para a reação de CaH_2 com amônia líquida. (b) Seria melhor classificar essa reação como uma reação redox, ácido-base de Brønsted ou ácido-base de Lewis? Explique sua resposta.

8.9 O íon azida forma muitos compostos iônicos e covalentes semelhantes aos formados pelos halogenetos. (a) Escreva a fórmula de Lewis para o íon azida e determine o ângulo da ligação N—N—N. (b) Compare a acidez do ácido hidrazoico com a dos ácidos halogenídricos e explique as diferenças (para HN_3, $K_a = 1,7 \times 10^{-5}$). (c) Escreva as fórmulas de três azidas iônicas ou covalentes.

8.10 A entalpia padrão de formação de $SiCl_4(g)$ em 298K é $-662,75$ kJ·mol^{-1} e sua entropia molar padrão é $+330,86$ J·K^{-1}·mol^{-1}. Calcule a temperatura na qual a redução do $SiCl_4(g)$ a Si(s) e HCl(g) com gás hidrogênio torna-se espontânea.

8.11 (a) Examine as estruturas do diborano, B_2H_6, e do Al_2Cl_6. Compare as ligações dos dois compostos. No que elas são semelhantes? (b) Quais são as diferenças, se houver alguma, entre os tipos de ligação formadas? (c) Qual é a hibridação do elemento do Grupo 13? (d) Descreva as formas das moléculas e os ângulos de ligação esperados.

8.12 (a) Desenhe a estrutura de Lewis e diga qual é o esquema de hibridação dos átomos da molécula de P_4. (b) Explique por que se acredita que as ligações dessa molécula estão sob tensão.

8.13 Como os elementos, as moléculas têm energias de ionização. (a) Defina a energia de ionização de uma molécula. (b) Determine que composto tem energia de ionização maior: $SiCl_4$ ou SiI_4. Justifique sua resposta.

8.14 Espécies isoeletrônicas têm o mesmo número de elétrons. (a) Divida as seguintes espécies em dois grupos isoeletrônicos: CN^-, N_2, NO_2^+, C_2^{2-}, O_3. (b) Que espécie em cada grupo é provavelmente (i) a base de Lewis mais forte; (ii) o agente redutor mais forte?

8.15 Espécies isoeletrônicas têm o mesmo número de elétrons. (a) Divida as seguintes espécies em dois grupos isoeletrônicos: NH_3, NO, NO_2^+, N_2O, H_3O^+, O_2^+. (b) Que espécie em cada grupo é provavelmente (i) o ácido de Lewis mais forte; (ii) o agente oxidante mais forte?

8.16 O estado fundamental de O_2 tem dois elétrons π^* desemparelhados com spins paralelos. Existem dois estados excitados de baixa energia. O estado A tem os dois elétrons π^* com os spins antiparalelos em orbitais diferentes. O estado B tem os dois elétrons π^* emparelhados no mesmo orbital. (a) As energias dos estados excitados estão 94,72 $kJ \cdot mol^{-1}$ e 157,85 $kJ \cdot mol^{-1}$ acima do estado fundamental. Que estado corresponde a que energia de excitação? (b) Qual é o comprimento de onda da radiação absorvida na transição do estado fundamental ao primeiro estado excitado?

8.17 O ácido tiossulfúrico, $H_2S_2O_3$, tem estrutura semelhante à do ácido sulfúrico, exceto que um átomo de oxigênio terminal foi substituído por um átomo de S. Que diferenças você espera nas propriedades físicas e químicas dos dois ácidos?

8.18 Os tópicos sobre os elementos do grupo principal neste foco foram organizados por grupo. Discuta se seria útil organizar os elementos de acordo com o período e dê exemplos das tendências úteis que poderiam ser reveladas por esse caminho.

8.19 Explique a observação de que a solubilidade em água geralmente aumenta de cloro para iodo em halogenetos iônicos com baixo caráter covalente (como os halogenetos de potássio), mas decresce de cloro para iodo em halogenetos iônicos em que as ligações são significativamente covalentes (como os halogenetos de prata).

8.20 Explique a observação de que os pontos de fusão e ebulição geralmente diminuem de fluoreto para iodeto em halogenetos iônicos, mas aumentam de fluoreto para iodeto em halogenetos moleculares.

8.21 O íon nitrosônio, NO^+, é isoeletrônico com N_2 e tem dois elétrons a menos do que O_2. O íon é estável e pode ser adquirido na forma dos sais hexafluoro-fosfato (PF_6^-) ou tetrafluoro-borato (BF_4^-). (a) Desenhe seu diagrama de orbitais moleculares e compare-o com os de N_2 e O_2. (b) NO^+ é diamagnético. Com essa informação poderíamos dizer qual dos orbitais, σ_{2p} ou π_{2p}, tem energia maior?

8.22 (a) Desenhe o diagrama dos níveis de energia dos orbitais moleculares de O_2. Use o diagrama para determinar a ordem de ligação e as propriedades magnéticas de O_2. (b) Que propriedade molecular do oxigênio é explicada por esse diagrama de orbitais moleculares, mas não pela estrutura de Lewis? (c) Descreva a natureza do orbital molecular ocupado de mais alta energia. Ele é ligante, antiligante ou não ligante? (d) Determine a ordem de ligação e as propriedades magnéticas do íon peróxido e do íon superóxido na base da teoria dos orbitais moleculares.

8.23 Um dos métodos usados para produzir hidrogênio para uso como combustível é baseado na decomposição do metanol segundo a reação $CH_3OH(l) \rightarrow 2\ H_2(g)\ +\ CO(g)$. (a) Qual é a entalpia padrão de reação deste processo? (b) Qual é a entalpia padrão de combustão do hidrogênio produzido por esta reação? (c) Qual é a variação de entalpia da combustão de 1,00 mol de $CH_3OH(l)$? (d) Que processo gera mais calor à pressão constante, a combustão direta do metanol descrita em (c) ou o processo em duas etapas (combinação das partes (a) e (b))?

8.24 Um dos métodos usados para preparar hidrogênio para uso como combustível consiste em um processo de duas etapas com a reação global $CH_3OH(l) + H_2O(l) \rightarrow 3\ H_2(g)\ +\ CO_2(g)$. (a) Qual é a entalpia padrão de reação deste processo? (b) Qual é a entalpia padrão de combustão do hidrogênio produzido por esta reação? (c) Qual é a variação de entalpia da combustão de 1,00 mol de $CH_3OH(l)$? (d) Que processo gera mais calor à pressão constante, a combustão direta do metanol descrita em (c) ou o processo em duas etapas (combinação das partes (a) e (b))?

8.25 Só ocorre absorção de radiação infravermelha se ocorrer mudança do momento de dipolo da molécula durante a vibração. Quais dos seguintes gases encontrados na atmosfera podem absorver energia na região do infravermelho e, portanto, funcionar como gases do efeito estufa: (a) CO; (b) NH_3; (c) CF_4; (d) O_3; (e) Ar? Explique seu raciocínio. Veja o Quadro 8B.1

8.26 O dióxido de carbono absorve energia no infravermelho nos movimentos de deformação angular e linear, que são acompanhados pela mudança do momento de dipolo (originalmente zero). Quais das transições mostradas na Figura 2b da *Técnica Principal* 1, no hotsite deste livro, pode absorver radiação infravermelha? Explique seu raciocínio. Veja o Quadro 8B.1

8.27 O metanol, CH_3OH, é um combustível líquido de queima limpa que está sendo desenvolvido como um substituto da gasolina. Calcule o rendimento teórico, em quilogramas, de CO_2 produzidos na combustão de 1,00 L de metanol (densidade 0,791 $g \cdot cm^{-3}$) e compare-o com os 2,16 kg de CO_2 gerados na combustão de 1,00 L de octano. Qual dos dois combustíveis contribui com mais CO_2 por litro para a atmosfera quando queimado? Que outros fatores você levaria em consideração ao decidir qual dos dois combustíveis usar? Veja o Quadro 8B.1

8.28 A concentração do íon nitrato em uma solução básica pode ser determinada pela seguinte sequência de etapas. Uma amostra de 25,00 mL de água de um poço rural contaminada com $NO_3^-(aq)$ foi tratada em meio básico com excesso do metal zinco, que reduz o íon nitrato a amônia. O gás amônia produzido passou por 50,00 mL de uma solução $2,50 \times 10^{-3}$ M de HCl(aq). O HCl(aq) que não reagiu foi titulado até o ponto estequiométrico com 28,22 mL de uma solução $1,50 \times 10^{-3}$ M de NaOH(aq). (a) Escreva as equações químicas balanceadas das três reações. (b) Qual é a concentração molar do íon nitrato da água do poço?

8.29 (a) Examine as substâncias mostradas nas partes (a), (c) e (d) da segunda ilustração do Quadro 8F.1. (b) Em qual dessas três partes da figura será mais forte a interação? (c) Em qual será mais fraca?

FOCO 8 Exercícios cumulativos

8.30 O gás NO é liberado na estratosfera por motores a jato. Como ele pode contribuir para a destruição do ozônio estratosférico, sua concentração é monitorada de perto. Uma técnica usada é medir a quimioluminescência da reação NO(g) + O$_3$(g) → NO$_2$*(g) + O$_2$(g). O asterisco indica que NO$_2$ é produzido no estado excitado. A molécula de NO$_2$ excitada emite luz vermelha ao retornar ao estado fundamental. Como NO e NO$_2$ podem estar presentes na amostra de ar, parte da amostra é exposta a um agente redutor que converte todo o NO$_2$ a NO. Duas amostras são, então, analisadas, o ar da amostra original não reduzida e o ar da amostra reduzida. A concentração de NO$_2$ no ar é a diferença entre as duas medidas. Em um experimento, duas amostras foram obtidas, uma de uma nuvem e a outra de ar claro. As seguintes medidas foram obtidas 9 km acima do Oceano Pacífico (ppt significa partes por trilhão, 1 parte por 10^{12}, de moléculas):

	Amostra não reduzida	Amostra reduzida
Nuvem	860 ppt	1110 ppt
Ar claro	480 ppt	740 ppt

(a) Determine as concentrações (em ppt) de NO e NO$_2$ em cada amostra de ar.

(b) Em que parte da atmosfera a concentração de NO é maior?

(c) Explique a diferença, levando em conta outras fontes de NO na atmosfera, além dos aviões.

(d) Algumas das moléculas liberadas pelos motores a jato reagem com o radical hidroxila, ·OH. Escreva a estrutura de Lewis do produto mais provável e dê seu nome.

(e) O produto da reação em (d) pode ser mais estável do que NO? Explique seu raciocínio.

(f) Na estratosfera, NO catalisa a conversão de O$_3$ em O$_2$ em uma reação de duas etapas com o intermediário NO$_2$. A equação total da reação é O$_3$(g) + O(g) → 2 O$_2$(g) e a lei de velocidade é Velocidade = k_r[NO][O$_3$]. Escreva um mecanismo em duas etapas aceitável para a reação, indicando qual é a etapa lenta.

(g) Em −30°C, temperatura do ar em que as amostras foram retiradas, a constante de velocidade da reação da parte (f) é 6 × 10^{-15} cm^3·molécula^{-1}·s^{-1}. Se a concentração de ozônio do ar do qual a amostra de NO no ar claro foi obtida era 480 ppt e a pressão total do ar era 220 mbar, em que velocidade o ozônio estava sendo destruído no ar em −30°C?

8.31 As minúsculas estruturas tubulares e esféricas formadas pelos átomos de carbono estão na base da nanotecnologia. O nitreto de boro forma estruturas semelhantes.

(a) Qual é a hibridação dos átomos de carbono nos nanotubos do elemento e dos átomos de boro e de nitrogênio nos nanotubos de nitreto de boro?

(b) Um nanotubo de carbono simples é composto de uma camada semelhante a uma lâmina de grafeno (parecida com uma tela de proteção para janelas) que se dobrou sobre si. Quantos hexágonos precisam ser unidos (os hexágonos são representados pelas ligações coloridas no diagrama abaixo) para formar a circunferência do nanotubo com a configuração "poltrona"? O diâmetro da estrutura é aproximadamente 1,3 nm. O diagrama mostra a orientação dos hexágonos com relação à curvatura do nanotubo mostrado. O comprimento da ligação C—C em nanotubos de carbono é 142 pm.

(c) O buckminsterfullereno, C$_{60}$, pode ser hidrogenado, mas um composto com a fórmula C$_{60}$H$_{60}$ ainda não foi preparado. A forma mais hidrogenada do C$_{60}$ conhecida até hoje é C$_{60}$H$_{36}$. Por que a hidrogenação para neste ponto?

(d) O nitreto de boro forma nanotubos, mas não forma esferas que lembrem a estrutura do buckminsterfullereno. Examine a estrutura do buckminsterfullereno e apresente uma razão pela qual BN não pode formar esferas.

(e) Em sua forma cúbica cristalina, os átomos de nitrogênio de BN formam uma célula unitária cúbica de face centrada na qual metade dos sítios tetraédricos intersticiais é ocupada por átomos de B (se os átomos de B e de N forem substituídos por átomos de C, a estrutura resultante seria a do diamante). Calcule a densidade do BN cúbico se a aresta da célula unitária for 361,5 pm.

(f) A densidade do BN hexagonal é 2,29 g·cm^{-3}. Que forma de BN é favorecida por altas pressões, a hexagonal ou a cúbica?

OS ELEMENTOS DO BLOCO d

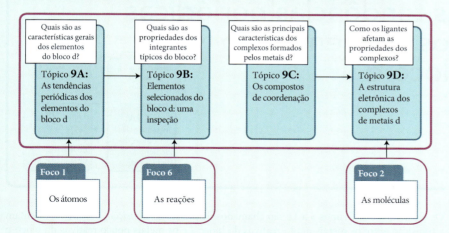

Os elementos do bloco d estão presentes em praticamente todos os aspectos da vida moderna. O ferro e o cobre ajudaram a civilização a sair da Idade da Pedra e até hoje estão entre os metais industriais mais importantes. Outros membros do bloco incluem os metais das novas tecnologias, como o titânio na indústria aeroespacial e o vanádio nos catalisadores da indústria petroquímica. Os metais preciosos – prata, platina e ouro – são apreciados não apenas por sua aparência, raridade e durabilidade, mas também por sua utilidade. Compostos de cobalto, molibdênio e zinco são encontrados nas vitaminas e enzimas essenciais. Alguns compostos tornam a vida mais interessante. As belas cores dos vidros azul-cobalto, os verdes e azuis brilhantes das cerâmicas cozidas e muitos pigmentos que os artistas utilizam vêm de compostos do bloco d.

As tendências nas propriedades dos metais do bloco d são interpretadas em termos de suas posições na Tabela Periódica no **TÓPICO 9A**. Estas tendências são ilustradas no **TÓPICO 9B**, com um exame minucioso de alguns dos elementos mais representativos desse bloco. Um dos principais atributos dos elementos do bloco d é a capacidade de formar uma ampla variedade de complexos com formas e cores características, discutidas no **TÓPICO 9C**. Por fim, o **TÓPICO 9D** explora as origens dessas cores típicas e estabelece o elo entre cor e magnetismo.

Tópico 9A — As tendências periódicas dos elementos do bloco d

9A.1 As tendências das propriedades físicas
9A.2 As tendências das propriedades químicas

Quais são as características gerais dos elementos do bloco d?

Tópico 9A: As tendências periódicas dos elementos do bloco d

Quais são as propriedades dos integrantes típicos do bloco?

Tópico 9B: Elementos selecionados do bloco d: uma inspeção

Por que você precisa estudar este assunto? As propriedades físicas e químicas dos elementos do bloco d dependem de sua posição na Tabela Periódica, conhecimento essencial para entender as semelhanças e diferenças entre estes elementos.

Que conhecimentos você precisa dominar? Este tópico baseia-se em muitos dos princípios apresentados nos focos anteriores, especialmente as configurações eletrônicas (Tópico 1E).

Algumas Tabelas Periódicas designam os elementos La-Yb ou La-Lu como a primeira linha do bloco f. Neste livro, os elementos Ce-Lu são indicados como a primeira linha do bloco f, os lantanoides, termo que significa "semelhante ao lantânio".

Os elementos dos Grupos 3 a 11 são chamados de *metais de transição*, porque representam a transição entre os metais muito reativos do bloco s e os metais pouco reativos do bloco p (Fig. 9A.1). Observe que os metais de transição não incluem todos os metais do bloco d. Os elementos do Grupo 12 (zinco, cádmio e mercúrio) não são normalmente considerados metais de transição. Como seus orbitais d estão completos e, exceto em raras circunstâncias, não participam de ligações, as propriedades dos elementos do Grupo 12 estão mais próximas das dos metais do grupo principal do que das propriedades dos metais de transição. Depois da terceira linha do bloco d no período 6, seguindo o lantânio, os sete orbitais 4f começam a ser ocupados, e os lantanoides (as "terras raras", conhecidas comumente como lantanídeos) retardam o preenchimento do período. Esses elementos, juntamente aos actininoides (comumente chamados de actinídeos), a série análoga do Período 7, são, às vezes, chamados de *metais de transição interna*.

9A.1 As tendências das propriedades físicas

As configurações eletrônicas do estado fundamental dos átomos dos elementos do bloco d diferem principalmente na ocupação dos orbitais $(n-1)d$. De acordo com as regras do princípio da construção (Tópico 1E), esses orbitais são os últimos a serem ocupados. Entretanto, quando isso acontece sua energia passa a ser ligeiramente menor do que a dos orbitais externos ns. Como existem cinco orbitais d em uma dada camada e cada um pode acomodar até dois elétrons, existem 10 elementos em cada linha do bloco d. Como os orbitais de transição $(n-1)d$ dos metais de transição são orbitais internos, as propriedades dos elementos tendem a ser semelhantes.

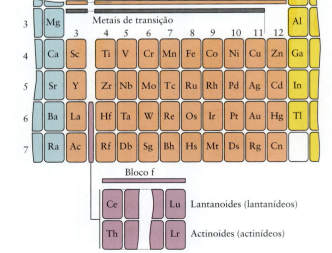

FIGURA 9A.1 Os retângulos de cor laranja identificam os elementos do bloco d da Tabela Periódica. Observe que o bloco f que inclui os metais de transição internos interpõe-se nos Períodos 6 e 7, como indicado pela barra púrpura. Os metais de transição são os elementos dos Grupos 3 a 11.

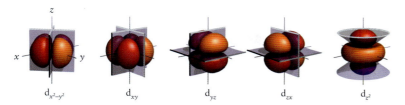

FIGURA 9A.2 Os cinco orbitais d, com seus planos nodais.

Todos os elementos do bloco d são metais. Em sua maior parte, esses "metais d" são bons condutores elétricos. De fato, a prata é o melhor condutor elétrico dentre todos os elementos na temperatura normal. Os metais do bloco d, em sua maior parte, são maleáveis, dúcteis, lustrosos e de cor cinza-prateada. Os pontos de fusão e de ebulição são, geralmente, mais altos do que os dos elementos do grupo principal. Existem poucas exceções notáveis: o cobre é marrom-avermelhado, o ouro é amarelo e o mercúrio tem ponto de fusão tão baixo que é líquido na temperatura normal.

As formas dos orbitais d (Fig. 9A.2, que repete a Fig. 1D.10) afetam as propriedades dos elementos do bloco d de duas maneiras:

- Os lobos de dois orbitais d do mesmo átomo ocupam regiões notadamente diferentes do espaço. Como elas estão relativamente distantes, os elétrons de diferentes orbitais d repelem-se muito pouco.
- A densidade eletrônica nos orbitais d é baixa nas proximidades do núcleo (em parte por conta do momento angular de um elétron d que o impele para longe do núcleo); logo, os elétrons d não são muito eficazes na blindagem da carga nuclear positiva de outros elétrons.

Uma consequência dessas duas características é a tendência que os raios atômicos dos metais do bloco d têm de decrescer gradualmente segundo o período e depois aumentar novamente (Fig. 9A.3). A carga do núcleo e o número de elétrons d crescem da esquerda para a direita em cada linha. Como a repulsão entre os elétrons d é fraca, o aumento inicial da carga do núcleo pode puxá-los para dentro, e os átomos tornam-se menores. Entretanto, mais adiante no bloco, existem tantos elétrons d, que a repulsão elétron-elétron cresce mais rapidamente do que a carga do núcleo e os raios começam a aumentar novamente. Como essas atrações e repulsões são finamente balanceadas, a faixa de variação dos raios atômicos dos metais do bloco d é pequena. De fato, alguns dos átomos de um metal d podem substituir facilmente átomos de outro metal d em uma rede cristalina (Fig. 9A.4). Os metais d podem, assim, formar uma grande variedade de ligas (Tópico 3I).

Os raios atômicos dos metais d da segunda linha (Período 5) são normalmente maiores do que os da primeira linha (Período 4). Entretanto, os raios atômicos dos metais da terceira linha (Período 6) são aproximadamente iguais aos da segunda linha e menores do que o esperado. Esse efeito é devido à **contração dos lantanídeos**, o decréscimo do raio ao longo da primeira linha do bloco f (Fig. 9A.5). Esse decréscimo é devido ao aumento da carga do núcleo ao longo do período, acoplado à pequena capacidade de blindagem dos elétrons f. Quando o bloco d é retomado (no háfnio), o raio atômico caiu de 188 pm, para o lantânio, até 156 pm, para o háfnio.

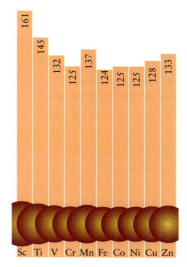

FIGURA 9A.3 Raios atômicos (em picômetros) dos elementos da primeira linha do bloco d.

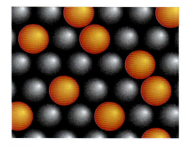

FIGURA 9A.4 Como os raios atômicos dos elementos do bloco d são muito semelhantes, os átomos de um elemento podem substituir os átomos de outro elemento, com pequenas modificações de posição. Em consequência, os metais do bloco d formam uma grande variedade de ligas.

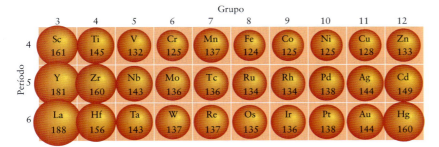

FIGURA 9A.5 Raios atômicos dos elementos do bloco d (em picômetros). Observe a semelhança de todos os valores e, em particular, a proximidade entre a segunda e a terceira coluna como resultado da contração dos lantanídeos.

FIGURA 9A.6 Densidades (em gramas por centímetro cúbico, g·cm^{-3}) dos metais d em 25°C. A contração dos lantanídeos tem efeito pronunciado sobre as densidades dos elementos do Período 6 (linha da frente na ilustração), que estão entre os elementos mais densos.

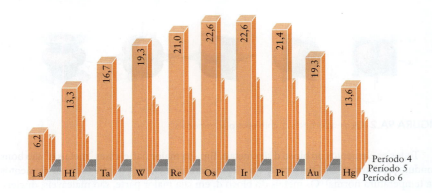

Um efeito tecnologicamente importante da contração dos lantanídeos é a alta densidade dos elementos do Período 6 (Fig. 9A.6). Os raios atômicos desses elementos são comparáveis aos dos elementos do Período 5, mas as massas atômicas são cerca de duas vezes maiores. Assim, mais massa é empacotada no mesmo volume. Um bloco de irídio, por exemplo, contém aproximadamente o mesmo número de átomos de um bloco de ródio de mesmo volume, mas sua densidade é quase duas vezes maior. Na verdade, o irídio é um dos dois elementos mais densos. Seu vizinho, o ósmio, é o outro. Outro efeito da contração é a baixa reatividade – a "nobreza"– do ouro e da platina. Devido à proteção ineficiente propiciada pelos elétrons d, os elétrons de valência do ouro e da platina estão relativamente próximos ao núcleo, isto é, eles estão fortemente retidos, pouco disponíveis para reações químicas.

Os raios atômicos dos metais do bloco d são muito semelhantes, mas tendem a decrescer na série. A contração dos lantanídeos é responsável pelos raios atômicos menores e densidades maiores do que o esperado dos elementos do bloco d no Período 6.

9A.2 As tendências das propriedades químicas

Os elementos do bloco d perdem os elétrons s de valência ao formar compostos. Muitos deles podem perder um número variável de elétrons d e existem em vários estados de oxidação. Os únicos elementos do bloco que não usam seus elétrons d na formação de compostos são os membros do Grupo 12. O zinco e o cádmio só perdem seus elétrons s, e o mercúrio só perde um elétron d muito raramente. A capacidade de existir em diferentes estados de oxidação é responsável por muitas propriedades químicas especiais desses metais de transição e tem papel importante na ação de muitas biomoléculas.

A maior parte dos elementos do bloco d forma compostos com mais de um número de oxidação. A distribuição dos números de oxidação parece complexa, mas alguns padrões se tornam aparentes quando você observa a Fig. 9A.7:

- Os elementos próximos ao centro de cada linha têm pelo menos dois estados de oxidação; o manganês, no centro de sua linha, tem sete estados de oxidação.
- Com exceção do mercúrio, os elementos do final de cada linha do bloco d só ocorrem com um número de oxidação, além do zero.
- Os outros elementos de cada linha são encontrados com ao menos dois números de oxidação positivos.
- Os elementos da segunda e da terceira linha do bloco podem atingir números de oxidação mais altos do que os da primeira linha. Observe que o rutênio e o ósmio são encontrados com todos os números de oxidação possíveis e que mesmo o ouro e o mercúrio, que ficam quase no fim do bloco, podem ser encontrados em três estados de oxidação.

O padrão seguido pelos números de oxidação explica as tendências nas propriedades químicas dos elementos do bloco d. Um elemento com um alto número de oxidação é facilmente reduzido e, portanto, o composto tende a ser um bom agente oxidante. Por exemplo,

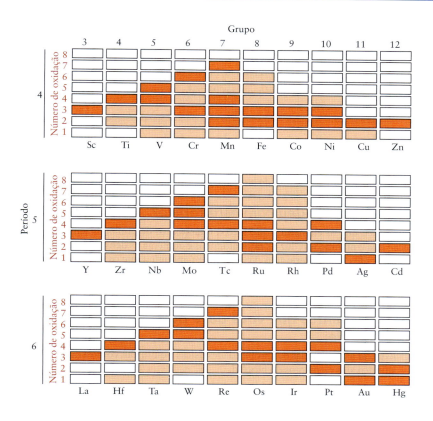

FIGURA 9A.7 Números de oxidação dos elementos do bloco d. Os blocos laranja-escuro marcam os números de oxidação comuns de cada elemento. Os blocos laranja-claro marcam os outros estados conhecidos.

o manganês tem estado de oxidação +7 no íon permanganato, MnO_4^-, e o íon é um bom agente oxidante em solução ácida:

$$MnO_4^-(aq) + 8\,H^+(aq) + 5\,e^- \longrightarrow Mn^{2+}(aq) + 4\,H_2O(l) \qquad E° = +1{,}51\text{ V}$$

Compostos que contêm o elemento em estado de oxidação baixo, como o Cr^{2+}, são geralmente bons agentes redutores:

$$Cr^{3+}(aq) + e^- \longrightarrow Cr^{2+}(s) \qquad E° = -0{,}41\text{ V}$$

O padrão de estados de oxidação correlaciona-se bem com o padrão de comportamento ácido-base dos óxidos dos metais d. Embora a maior parte dos óxidos dos metais do bloco d seja básica, os óxidos de um dado elemento mostram um aumento do caráter ácido com o aumento do número de oxidação, como acontece com os oxoácidos (Tópico 6C). A família dos óxidos de cromo é um bom exemplo:

CrO	+2	básico
Cr_2O_3	+3	anfotérico
CrO_3	+6	ácido

O óxido de cromo(VI), CrO_3, é o anidrido do ácido crômico, H_2CrO_4, o ácido gerador dos cromatos.

Os elementos do lado esquerdo do bloco d lembram os metais do bloco s, porque sua extração dos minerais é mais difícil do que a dos metais do lado direito. De fato, da direita para a esquerda, os elementos são encontrados praticamente na mesma ordem em que começaram a ser usados como metais, com a evolução da civilização. Na extrema direita estão o cobre e o zinco, que foram os responsáveis pela Idade do Bronze. Quando os trabalhadores de metais descobriram como obter temperaturas elevadas, eles puderam reduzir o óxido de ferro e a Idade do Bronze foi sucedida pela Idade do Ferro. Os metais do lado esquerdo do bloco (o titânio, por exemplo) exigem condições tão extremas para sua extração – incluindo o uso de outros metais ativos ou eletrólise, que só se tornaram amplamente disponíveis no século XX, quando essas técnicas foram desenvolvidas em escala comercial.

710   Tópico 9A   As tendências periódicas dos elementos do bloco d

---

Teste 9A.1A   Determine as tendências das energias de ionização dos metais do bloco d.

> [*Resposta:* A energia de ionização cresce da esquerda para a direita na linha e decresce de cima para baixo no grupo.]

Teste 9A.1B   Seis dos metais do bloco d no Período 4 formam íons +1. Determine as tendências dos raios desses íons.

A faixa de números de oxidação de um elemento do bloco d aumenta na direção do centro do bloco. Compostos nos quais os elementos do bloco d têm números de oxidação elevados tendem a ser oxidantes. Aqueles que têm estados de oxidação baixos tendem a ser redutores. O caráter ácido dos óxidos do bloco d cresce com o número de oxidação do elemento.

O que você aprendeu com este tópico?

Você aprendeu que os elementos do bloco d têm átomos de tamanho semelhante e que a contração dos lantanídeos reduz os raios atômicos e aumenta as densidades, comparado aos valores esperados para o Período 6. Você também aprendeu que os elementos do bloco de podem ser encontrados com uma variedade de números de oxidação e que seu potencial oxidante aumenta com o número atômico.

Os conhecimentos que você deve dominar incluem a capacidade de:

- ☐ **1.** Explicar as tendências das propriedades físicas e químicas, como a densidade e o raio atômico, dos elementos do bloco d.
- ☐ **2.** Justificar as tendências nas propriedades químicas, como os números de oxidação e os caráter ácido-base dos óxidos dos metais do bloco d.

Tópico 9A   Exercícios

O Apêndice 2 pode ajudar a resolver estas questões.

9A.1   Que membros do bloco d, os do lado esquerdo ou os do lado direito, tendem a ter potenciais padrão mais fortemente negativos? Explique seu raciocínio.

9A.2   Dê o nome de cinco elementos do bloco d que tenham potencial padrão positivo.

9A.3   Escreva as fórmulas dos oxoânions dos seguintes elementos nos quais estes têm o maior número de oxidação (veja a Figura 9A.7). Em cada caso, a carga do oxoânion é dada entre parênteses. (a) Mn (-1); (b) Mo (-2).

9A.4   Escreva as fórmulas dos oxoânions dos seguintes elementos nos quais estes têm o maior número de oxidação (veja a Figura 9A.7). Em cada caso, a carga do oxoânion é dada entre parênteses. (a) V (-3); (b) Ti (-4).

9A.5   Identifique o elemento que tem o maior primeiro potencial de ionização em cada um dos seguintes pares: (a) ferro e níquel; (b) níquel e cobre; (c) ósmio e platina; (d) níquel e paládio; (e) háfnio e tântalo.

9A.6   Identifique o elemento que tem o maior primeiro potencial de ionização em cada um dos seguintes pares: (a) manganês e cobalto; (b) manganês e rênio; (c) cromo e zinco; (d) cromo e molibdênio; (e) paládio e platina.

9A.7   As energias dos orbitais 3d permanecem praticamente inalteradas nos elementos d no Período 4. Contudo, os orbitais 3d nos átomos de zinco têm energias muito menores. Nos átomos de gálio, estas energias são ainda mais baixas. Explique as diferenças.

9A.8   Nas Tabelas Periódicas mais antigas, o zinco, o cádmio e o mercúrio eram classificados no "Grupo 2B", com os metais alcalino-terrosos incluídos no "Grupo 2A". (a) Qual é a explicação para essa classificação em termos da estrutura eletrônica? (b) Como você explicaria as diferenças de propriedades entre o "Grupo 2B" e o "Grupo 2A"?

9A.9   Explique por que a densidade do mercúrio ($13,55$ g·cm^{-3}) é significativamente maior do que a do cádmio ($8,65$ g·cm^{-3}), mas a densidade do cádmio é só um pouco maior do que a do zinco ($7,14$ g·cm^{-3}).

9A.10   Explique por que a densidade do vanádio ($6,11$ g·cm^{-3}) é significativamente menor do que a do cromo ($7,19$ g·cm^{-3}). O vanádio e o cromo cristalizam em uma rede cúbica de corpo centrado.

9A.11   (a) Descreva a tendência da estabilidade dos estados de oxidação, de cima para baixo em um grupo do bloco d (por exemplo, do cromo ao molibdênio e depois ao tungstênio). (b) Como essa tendência se compara com a tendência das estabilidades dos estados de oxidação observada nos elementos do bloco p, de cima para baixo em um grupo?

9A.12   Que oxoânion, MnO_4^- ou ReO_4^-, espera-se que seja o agente oxidante mais forte? Explique sua escolha.

9A.13   Qual dos elementos, vanádio, cromo ou manganês, forma mais facilmente um óxido com fórmula MO_3? Explique seu raciocínio.

9A.14   Qual dos elementos, escândio, molibdênio ou cobre, forma mais facilmente um cloreto com fórmula MCl_4? Explique seu raciocínio.

Tópico 9B Elementos selecionados do bloco d: uma inspeção

9B.1 Do escândio ao níquel
9B.2 Os Grupos 11 e 12

Embora as propriedades físicas dos elementos do bloco d sejam muito semelhantes (Tópico 9A), suas propriedades químicas são tão diversificadas que é impossível listar todas elas de forma resumida. É possível, entretanto, observar algumas tendências principais das propriedades dos elementos do bloco d a partir da análise das propriedades de alguns elementos representativos, particularmente os da primeira linha do bloco.

9B.1 Do escândio ao níquel

A Tabela 9B.1 resume as propriedades físicas dos metais de transição do Período 4, do escândio ao níquel. Observe as semelhanças de pontos de fusão e ebulição e o gradual aumento das densidades.

(a) Escândio O escândio, Sc, que foi isolado pela primeira vez em 1937, é um metal reativo. Ele reage com a água com o mesmo vigor do cálcio. Ele tem pouco uso e aparentemente não é essencial à vida. O pequeno íon Sc^{3+}, de carga muito alta, é fortemente hidratado em água (como o Al^{3+}) e o íon complexo $[Sc(OH_2)_6]^{3+}$ resultante é um ácido de Brønsted tão forte como o ácido acético.

> **Nota de boa prática** Quando a água é parte de um complexo, sua fórmula é escrita como OH_2 para enfatizar que a água se liga ao metal pelo átomo de O.

(b) Titânio O titânio, Ti, um metal resistente e leve, é usado em aplicações nas quais essas duas propriedades são críticas – a grande diversidade de usos inclui motores a jato, bicicletas e próteses dentárias. Embora o titânio seja relativamente reativo, ao contrário do escândio ele é resistente à corrosão, porque tem uma camada de óxido protetora na superfície. As principais fontes do metal são os minerais *ilmenita*, $FeTiO_3$, e *rutilo*, TiO_2.

A extração do titânio de seus minérios exige agentes redutores fortes. Ele não foi explorado comercialmente até que a demanda da indústria aeroespacial cresceu, na segunda parte do século XX. . O metal é obtido pelo tratamento inicial dos minérios com cloro na presença de coque (carbono impuro obtido por aquecimento do carvão na ausência de ar) para formar

> Quais são as características gerais dos elementos do bloco d?
>
> Quais são as propriedades dos integrantes típicos do bloco?
>
> Tópico **9A:** As tendências periódicas dos elementos do bloco d
>
> Tópico **9B:** Elementos selecionados do bloco d: uma inspeção

Por que você precisa estudar este assunto? Os metais do bloco d são os principais elementos da Tabela Periódica e desempenham um importante papel em todos os ramos da química e da indústria.

Que conhecimentos você precisa dominar? Você deve saber identificar as tendências resumidas no Tópico 9A.

Em geral, a presença de um complexo de metal d é indicada por colchetes.

TABELA 9B.1 Propriedades dos elementos do bloco d do escândio ao níquel

Z	Nome	Símbolo	Configuração dos elétrons de valência	Ponto de fusão (°C)	Ponto de ebulição (°C)	Densidade (g·cm⁻³)
21	escândio	Sc	$3d^1 4s^2$	1540	2800	2,99
22	titânio	Ti	$3d^2 4s^2$	1660	3300	4,55
23	vanádio	V	$3d^3 4s^2$	1920	3400	6,11
24	cromo	Cr	$3d^5 4s^1$	1860	2600	7,19
25	manganês	Mn	$3d^5 4s^2$	1250	2120	7,47
26	ferro	Fe	$3d^6 4s^2$	1540	2760	7,87
27	cobalto	Co	$3d^7 4s^2$	1494	2900	8,80
28	níquel	Ni	$3d^8 4s^2$	1455	2150	8,91

o cloreto de titânio(IV). O cloreto volátil é, então, reduzido pela passagem através de magnésio líquido:

$$TiCl_4(g) + 2\,Mg(l) \xrightarrow{700°C} Ti(s) + 2\,MgCl_2(s)$$

O estado de oxidação mais comum do titânio é +4, no qual o átomo perdeu seus dois elétrons 4s e dois dos elétrons 3d. Seu composto mais importante é o óxido de titânio(IV), TiO_2, universalmente conhecido como dióxido de titânio. Esse óxido é um sólido branco brilhante, estável, que não é tóxico, usado como pigmento branco em tintas e papéis. Ele é usado em células fotovoltaicas para gerar uma corrente elétrica sob radiação solar. O titânio também forma uma série de óxidos conhecidos como titanatos, que são preparados pelo aquecimento de TiO_2 com quantidades estequiométricas de um óxido ou carbonato de um segundo metal.

PONTO PARA PENSAR

Por que o óxido de titânio é um pó branco?

(c) Vanádio O vanádio, V, um metal leve de cor cinza-prateada, é produzido pela redução do óxido ou do cloreto. Por exemplo, o óxido de vanádio(V) é reduzido pelo cálcio:

$$V_2O_5(s) + 5\,Ca(l) \xrightarrow{\Delta} 2\,V(s) + 5\,CaO(s)$$

O vanádio é usado na fabricação de aços resistentes para automóveis e para molas de caminhões. Como não é econômico adicionar o metal puro ao ferro, uma **liga de ferro** do metal, isto é, uma liga do metal com ferro e carbono, que é mais barata, o substitui.

O óxido de vanádio(V), V_2O_5, conhecido comumente como pentóxido de vanádio, é o composto de vanádio mais importante. Esse sólido amarelo-alaranjado é usado como catalisador de oxidação (um catalisador que acelera a oxidação) no processo de contato na produção de ácido sulfúrico (Tópico 8H). O largo espectro de cores dos compostos de vanádio, incluindo o azul do íon vanadila, VO^{2+} (Figura 9B.1), levou ao seu uso nos esmaltes da indústria de cerâmica.

(d) Cromo O nome do cromo, Cr, originado da palavra grega para "cor", foi atribuído devido ao colorido de seus compostos. O cromo é um metal lustroso, brilhante e resistente à corrosão. O metal é obtido a partir do mineral *cromita* ($FeCr_2O_4$) por redução com carbono em um forno de arco elétrico:

$$FeCr_2O_4(s) + 4\,C(s) \xrightarrow{\Delta} Fe(l) + 2\,Cr(l) + 4\,CO(g)$$

Uma fonte menos abundante de cromo é o mineral verde *ocre de cromo*, Cr_2O_3, que é reduzido pelo alumínio no processo termita:

$$Cr_2O_3(s) + 2\,Al(s) \xrightarrow{\Delta} Al_2O_3(s) + 2\,Cr(l)$$

O metal cromo é importante na metalurgia porque é usado na fabricação de aço inoxidável e na cromagem (Tópico 6O). O óxido de cromo(IV), CrO_2, um sólido marrom escuro, é um material ferromagnético estudado devido a seu potencial para uso na eletrônica baseada em spin, a *spintrônica*, na qual as informações são armazenadas segundo a orientação do spin nuclear.

FIGURA 9B.1 Muitos compostos de vanádio formam soluções com coloração viva em água. Eles também são usados nas cerâmicas esmaltadas. As cores azuis da figura são decorrentes do íon vanadila, VO^{2+}. (*W. H. Freeman.* Foto: Ken Karp.)

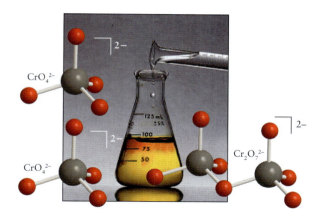

FIGURA 9B.2 O íon cromato, CrO_4^{2-}, é amarelo. Quando ácido é adicionado a uma solução de íons cromato, formam-se íons dicromato, $Cr_2O_7^{2-}$, de cor laranja. (*W. H. Freeman. Foto: Ken Karp.*)

O cromato de sódio, Na_2CrO_4, um sólido amarelo, é o material iniciador da preparação da maior parte dos outros compostos de cromo, inclusive fungicidas, pigmentos e esmalte de cerâmica. O íon torna-se o íon dicromato, $Cr_2O_7^{2-}$, de cor laranja, na presença de ácido (Fig. 9B.2):

$$2\, CrO_4^{2-}(aq) + 2\, H^+(aq) \longrightarrow Cr_2O_7^{2-}(aq) + H_2O(l)$$

No laboratório, as soluções acidificadas de íons dicromato, no qual o estado de oxidação do cromo é +6, são agentes oxidantes úteis:

$$Cr_2O_7^{2-}(aq) + 14\, H^+(aq) + 6\, e^- \longrightarrow 2\, Cr^{3+}(aq) + 7\, H_2O(l) \quad E° = +1{,}33\ V$$

(e) Manganês O manganês, Mn, é um metal cinza, parecido com o ferro. Ele é muito menos resistente à corrosão do que o cromo e cobre-se com uma fina camada marrom de óxido quando exposto ao ar. O metal é raramente usado sozinho, mas é um componente importante de ligas. O enxofre é uma impureza do ferro: ele forma o FeS, reduzindo a resistência deste material. Quando o manganês é adicionado ao ferro como ferro-manganês, ele reage preferencialmente com o enxofre, formando MnS. Tanto o FeS como o MnS se acumulam nas fendas entre os grânulos de aço. Porém, enquanto o FeS funde a temperaturas baixas, promovendo o aumento dessas fendas, o MnS não tem esse comportamento. Ele também aumenta a dureza, a força e a resistência à abrasão. Outra liga muito usada é o *bronze de manganês* (39% em massa de Zn, 1% de Mn, uma pequena quantidade de alumínio e ferro e o restante em cobre), que é muito resistente à corrosão e, por isso, é utilizada nas hélices de navios. O manganês forma também uma liga com o alumínio que aumenta a resistência das latas de bebidas, permitindo o uso de paredes muito mais finas.

Hoje o manganês é obtido usando o processo termita da *pirolusita*, uma forma mineral do dióxido de manganês:

$$3\, MnO_2(s) + 4\, Al(s) \xrightarrow{\Delta} 3\, Mn(l) + 2\, Al_2O_3(s)$$

O manganês fica próximo ao centro de sua linha (no Grupo 7) e ocorre em vários números de oxidação. O estado mais estável tem número de oxidação +2, mas os números +4, +7 e, um pouco menos, +3, são comuns nos compostos de manganês. O composto mais importante é o óxido de manganês(IV), MnO_2, comumente chamado de dióxido de manganês. Esse composto é um sólido marrom-escuro usado em pilhas secas, como descolorante para esconder o matiz verde dos vidros, e como composto de partida na produção de outros compostos de manganês.

O permanganato de potássio é um oxidante forte em solução ácida, usado para oxidar compostos orgânicos e como um desinfetante suave. Sua utilidade não está somente na tendência termodinâmica de oxidar outras espécies, mas também em sua capacidade de agir por diferentes mecanismos. Por isso, ele é capaz de encontrar um caminho com baixa energia de ativação e agir rapidamente.

(f) Ferro O ferro, Fe, o mais usado dos metais d, é o elemento mais abundante em nosso planeta e o segundo mais abundante na crosta terrestre (depois do alumínio). Seus principais minérios são os óxidos *hematita* (Fe_2O_3) e *magnetita* (Fe_3O_4). O sulfeto mineral *pirita*, FeS_2 (veja a Fig. 8H.6), é também muito abundante, mas não é usado na fabricação do aço porque o enxofre é difícil de remover.

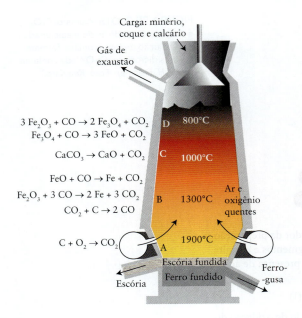

FIGURA 9B.3 A redução do minério de ferro ocorre em um forno que contém uma mistura do minério com coque e calcário. Diferentes reações ocorrem nas diversas zonas (identificadas com as letras A a D) quando ar e oxigênio são admitidos. O minério, um óxido, é reduzido ao metal pelo monóxido de carbono produzido no forno.

Antes do ano 1400 a.C., o ferro era manufaturado sobretudo como ferro fundido, que tem alto teor de carbono, é duro, tem alto ponto de fusão e é quebradiço. O ferro fundido ainda é muito usado na produção de objetos expostos a choques térmicos e mecânicos pouco intensos, como grades ornamentais, blocos de motores e caixas de transmissão. Acredita-se que o aço foi primeiro preparado por aquecimento do ferro em um braseiro, o que resulta em teores reduzidos de carbono comparado ao ferro fundido. Devido à sua dureza e resistência mecânica e à corrosão, ele é a principal forma de uso do ferro hoje.

A produção do aço começa com o minério, geralmente o óxido, Fe_2O_3, que é reduzido em uma série de reações redox e ácido-base de Lewis. Uma mistura de minério de ferro, coque e calcário (carbonato de cálcio) alimenta continuamente o topo de um forno (Fig. 9B.3), com aproximadamente 40 m de altura. Cada quilograma de ferro produzido exige cerca de 1,75 kg de minério, 0,75 kg de coque e 0,25 kg de calcário. Exposto ao calor do forno, o calcário se decompõe em óxido de cálcio (cal) e dióxido de carbono. O óxido de cálcio, que contém a base de Lewis O^{-2}, ajuda a remover as impurezas de óxidos ácidos e anfotéricos do minério:

$$CaO(s) + SiO_2(s) \xrightarrow{\Delta} CaSiO_3(l)$$

$$CaO(s) + Al_2O_3(s) \xrightarrow{\Delta} Ca(AlO_2)_2(l)$$

$$6\,CaO(s) + P_4O_{10}(s) \xrightarrow{\Delta} 2\,Ca_3(PO_4)_2(l)$$

A mistura de produtos, que é conhecida como escória, funde-se na temperatura do forno e flutua no ferro fundido, mais denso. Ela é retirada e usada na fabricação de um material semelhante a rochas, usado na indústria de construção.

O ferro fundido é produzido a partir de uma série de reações em três das quatro zonas principais de temperatura do forno. No fundo, na Zona A, ar pré-aquecido é borbulhado sob pressão no forno. O coque se oxida, aquece o forno até 1.900°C e fornece o carbono na forma de dióxido de carbono. Logo acima, o ferro é reduzido, em etapas, até o metal, que funde e flui da Zona C para a Zona A. Embora o ponto de fusão do ferro puro seja 1.540°C, quando misturado com 4% de carbono ele funde em 1.015°C. Quando o dióxido de carbono se move na direção da Zona B, ele reage com parte do carbono adicionado como coque e produz monóxido de carbono. Essa reação é endotérmica e abaixa a temperatura até 1.300°C. O monóxido de carbono produzido nessa reação sobe para as Zonas C e D, onde ele reduz o minério de ferro em uma série de reações, algumas das quais são mostradas na Fig. 9B.3. O ferro sai como ferro-gusa fundido na parte inferior do forno.

O ferro-gusa produzido em um alto-forno precisa passar por etapas adicionais de processamento para se converter em aço. O primeiro estágio consiste em reduzir o teor de carbono do ferro e remover as impurezas restantes. No *processo básico com oxigênio*, o gás e calcário em pó são forçados através do metal fundido. No segundo estágio, o aço é produzido adicionando-se os metais adequados, normalmente uma *ferroliga* (uma mistura de um metal com ferro, como o ferro-vanádio, uma liga de ferro e vanádio) ao ferro fundido. O aço resultante é uma liga com 2% ou menos de carbono. Quanto maior for o teor de carbono, mais duro e quebradiço será o aço. Aços com baixo teor de carbono (inferior a 0,15%) são tão macios e dúcteis, que são usados para fabricar arames. Porém, um aço com teor elevado de carbono (0,61 a 1,5%) são resistentes o suficiente para serem usados na produção de facas e brocas. Os *aços inoxidáveis* têm alta resistência à corrosão. Eles tem, tipicamente, 15% de cromo em massa (Tabela 9B.2).

O ferro é muito reativo e sofre corrosão quando exposto ao ar úmido. Ele não reage com ácidos oxidantes como o HNO_3, por exemplo, o qual forma um filme protetor de óxido. Porém, ele reage com ácidos mono-oxidantes, liberando hidrogênio e formando sais de ferro(II). A cor desses sais varia de amarelo-pálido a verde-marrom escuro. Os sais de ferro(II) são facilmente oxidados a sais de ferro(III). A oxidação é lenta em meio ácido e rápida em meio básico, em que ocorre precipitação de hidróxido de ferro(III), $Fe(OH)_3$, insolúvel. Embora os íons $[Fe(OH_2)_6]^{3+}$ sejam púrpura-pálido e os íons Fe^{3+} forneçam a cor

TABELA 9B.2	Composição dos diferentes aços	
Elemento misturado ao ferro	Quantidade típica (%)	Efeito
manganês	0,5 a 1,0	aumenta a resistência e a dureza, mas diminui a ductilidade
	13	aumenta a resistência ao uso
níquel	<5	aumenta a resistência ao choque
	>5	aumenta a resistência à corrosão (inoxidável) e a dureza
cromo	variável	aumenta a dureza e a resistência ao uso
	>12	aumenta a resistência à corrosão (inoxidável)
vanádio	variável	aumenta a dureza
tungstênio	<20	aumenta a dureza, especialmente em altas temperaturas

púrpura da ametista, as cores das soluções dos sais de ferro(III) em água são dominadas pela base conjugada do $[Fe(OH_2)_6]^{3+}$, o íon amarelo $[FeOH(OH_2)_5]^{2+}$:

$$[Fe(OH_2)_6]^{3+}(aq) + H_2O(l) \rightleftharpoons H_3O^+(aq) + [FeOH(OH_2)_5]^{2+}(aq)$$

Como outros metais do bloco d, como o níquel, o ferro pode formar compostos com o número de oxidação zero. Por exemplo, quando o ferro é aquecido em atmosfera de monóxido de carbono, ele reage para formar a *pentacarbonila de ferro*, $Fe(CO)_5$, um líquido molecular amarelo que ferve em 103°C.

O corpo de um humano adulto saudável contém cerca de 3 a 4 g de ferro, principalmente na forma de hemoglobina. Como cerca de 1 mg é perdido diariamente (por suor, fezes e cabelo) e as mulheres perdem em torno de 20 mg durante a menstruação, o ferro deve ser ingerido diariamente, para manter o balanço.

PONTO PARA PENSAR

Que alimentos da dieta fornecem ferro ao organismo?

(g) Cobalto Os minérios de cobalto são frequentemente encontrados em associação com o sulfeto de cobre(II). O cobalto é um metal prata-acinzentado usado principalmente em ligas com o ferro. O *aço alnico*, uma liga de ferro, níquel, cobalto e alumínio, é usado na construção de ímãs permanentes, como os usados em alto-falantes. Os aços de cobalto são resistentes o suficiente para serem usados em instrumentos cirúrgicos, brocas e ferramentas de tornos. A cor do vidro de cobalto é decorrente de um pigmento que se forma quando o óxido de cobalto(II) é aquecido com sílica e alumina.

(h) Níquel O elemento níquel, Ni, também é usado em ligas. O níquel é um metal duro, de cor prata-esbranquiçada, usado principalmente na produção de aço inoxidável e em liga com o cobre para produzir os *cuproníqueis*, as ligas usadas em moedas (cuja composição é de cerca de 25% de níquel e 75% de cobre). O níquel também é usado nas baterias de níquel-cádmio (NiCad) e como catalisador, especialmente na adição de hidrogênio a compostos orgânicos, como na hidrogenação de óleos vegetais (Tópico 11B).

O matiz amarelado dos cuproníqueis é removido pela adição de pequenas quantidades de cobalto.

Cerca de 70% do suprimento do mundo ocidental vêm dos minérios de sulfetos de ferro e de níquel trazidos à superfície, quase dois bilhões de anos atrás, pelo impacto de um enorme meteoro em Sudbury, Ontário, no Canadá (Fig. 9B.4). O minério é primeiramente *assado* (aquecido ao ar) para formar o óxido de níquel(II), que é reduzido, por eletrólise até o metal, ou pela reação com o gás hidrogênio na primeira etapa do *processo Mond*:

$$NiO(s) + H_2(g) \xrightarrow{\Delta} Ni(s) + H_2O(g)$$

O níquel impuro é, então, refinado inicialmente pela exposição ao monóxido de carbono, com o qual ele forma a tetracarbonila de níquel, $Ni(CO)_4$:

$$Ni(s) + 4\,CO(g) \longrightarrow Ni(CO)_4(g)$$

A tetracarbonila de níquel é um líquido volátil e venenoso que ferve em 43°C e, por isso, pode ser removido das impurezas. O metal níquel é, então, obtido pelo aquecimento da tetracarbonila de níquel pura até cerca de 200°C, temperatura em que ela se decompõe.

FIGURA 9B.4 A mina de níquel localizada em Sudbury, Ontário, Canadá, fornece a maior parte do metal consumido no Ocidente. (©NHPA/ SuperStock.)

O número de oxidação mais comum do níquel é +2 e a cor verde das soluções dos sais de níquel em água deve-se à presença de íons $[Ni(OH_2)_6]^{2+}$.

> **Teste 9B.1A** Qual óxido, Fe_2O_3 ou Fe_3O_4, é mais ácido em água? Explique seu raciocínio.
>
> [***Resposta:*** Fe_2O_3, porque o Fe tem número de oxidação maior nesse composto.]
>
> **Teste 9B.1B** (a) A reação de formação da tetracarbonila de níquel é uma reação redox ou uma reação ácido-base de Lewis? (b) Se for uma reação ácido-base de Lewis, identifique o ácido e a base. (b) Se for redox, identifique o agente oxidante e o agente redutor.

FIGURA 9B.5 Três minérios de cobre importantes (da esquerda para a direita): calcopirita, $CuFeS_2$; malaquita, $CuCO_3 \cdot Cu(OH)_2$; e calcocita, Cu_2S. (©1984 Chip Clark–Fundamental Photographs.)

Os elementos do Período 4 do bloco d, do titânio ao níquel, são obtidos quimicamente a partir de seus minérios, com a facilidade de redução crescendo da esquerda para a direita da Tabela Periódica. Eles têm muitos usos industriais, particularmente em ligas.

9B.2 Os Grupos 11 e 12

Os elementos próximos do limite do bloco d, à direita, têm orbitais d completos. O Grupo 11 contém os **metais de cunhagem** – cobre, prata e ouro – que têm configuração de elétrons de valência $(n-1)d^{10}ns^1$ (Tabela 8B.3). O Grupo 12 inclui o zinco, o cádmio e o mercúrio, com configuração de elétrons de valência $(n-1)d^{10}ns^2$. A baixa reatividade dos metais de cunhagem é resultante, em parte, do baixo poder de blindagem dos elétrons d e, consequentemente, da forte atração que o núcleo exerce sobre os elétrons mais externos. Esse efeito aumenta no Período 6 pela contração dos lantanídeos, o que ajuda a explicar a inércia do ouro.

FIGURA 9B.6 Nesta refinaria de cobre em escala industrial, o cobre impuro fundido, produzido pela fusão do minério, é colocado em moldes. Na sequência, ele será purificado por eletrólise. (Joel Sartore/ National Geographic Creative.)

(a) Cobre O cobre, Cu, é suficientemente pouco reativo para ser encontrado na forma nativa, porém a maior parte é produzida a partir dos sulfetos, particularmente o mineral *calcopirita*, $CuFeS_2$ (Fig. 9B.5).

Os processos de extração dos metais de seus minérios são classificados genericamente como **pirometalúrgicos**, quando são usadas altas temperaturas (Fig. 9B.6), ou **hidrometalúrgicos**, quando são usadas soluções em água. O cobre é extraído por ambos os métodos.

O cobre impuro obtido nesses processos é refinado eletroquimicamente. Ele é usado como anodo, e o cobre puro se deposita no catodo. Outros metais podem estar presentes no cobre impuro, e os que têm potenciais de eletrodo muito positivos também são reduzidos. Os metais raros – em especial, a platina, a prata e o ouro – obtidos como escória do anodo são vendidos para pagar grande parte da eletricidade usada na eletrólise.

As ligas de cobre, como o latão e o bronze, que são mais duros e resistentes à corrosão do que o cobre, são materiais de construção importantes. O cobre sofre corrosão em contato com a umidade do ar, na presença de oxigênio e dióxido de carbono:

$$2\,Cu(s) + H_2O(l) + O_2(g) + CO_2(g) \xrightarrow{\Delta} Cu_2(OH)_2CO_3(s)$$

O produto verde-pálido, chamado de *carbonato básico de cobre*, é responsável pela pátina verde dos objetos de bronze e cobre (Fig. 9B.7). A pátina adere à superfície, protege o material e lhe dá uma aparência agradável.

FIGURA 9B.7 O cobre sofre corrosão ao ar livre e forma uma camada verde-pálido, muito agradável, de carbonato básico de cobre. Essa pátina, ou incrustação, passiva a superfície, o que ajuda a protegê-la da corrosão mais intensa. (© Boltin Picture Library/Bridgeman Images.)

TABELA 9B.3 Propriedades dos elementos dos Grupos 11 e 12

Z	Nome	Símbolo	Configuração dos elétrons de valência	Ponto de fusão (°C)	Ponto de ebulição (°C)	Densidade (g.cm⁻³)
29	cobre	Cu	$3d^{10}4s^1$	1083	2567	8,93
47	prata	Ag	$4d^{10}5s^1$	962	2212	10,50
79	ouro	Au	$5d^{10}6s^1$	1064	2807	19,28
30	zinco	Zn	$3d^{10}4s^2$	420	907	7,14
48	cádmio	Cd	$4d^{10}5s^2$	321	765	8,65
80	mercúrio	Hg	$5d^{10}6s^2$	–39	357	13,55

Como todos os metais de cunhagem, o cobre forma compostos com número de oxidação +1. Entretanto, em água, os sais de cobre(I) desproporcionam no metal cobre e íons cobre(II). Este último existe em água na forma dos íons $[Cu(OH_2)_6]^{2+}$, de cor azul-pálido.

O cobre é essencial para o metabolismo dos animais. Nos mamíferos, enzimas de cobre são essenciais para nervos e tecidos conjuntivos sadios. Em alguns animais, como o polvo e alguns artrópodes, ele transporta oxigênio pelo sangue, o mesmo papel desempenhado pelo ferro nos mamíferos. Como resultado, o sangue desses animais é verde, e não vermelho.

FIGURA 9B.8 A cor do ouro comercial depende de sua composição. Da esquerda para a direita: ouro de 8 quilates, ouro de 14 quilates, ouro branco, ouro de 18 quilates e ouro de 24 quilates. O ouro branco é formado por 6 partes de Au e 18 partes de Ag, em massa. (*Field Museum of Natural History, Chicago/Getty Images.*)

(b) Prata A prata, Ag, é encontrada na forma do metal, mas a maior parte é obtida como subproduto do refino do cobre e do chumbo, e uma quantidade considerável é reciclada pela indústria fotográfica. A prata tem potencial padrão positivo e, por isso, não reduz $H^+(aq)$ a hidrogênio. A prata reage facilmente com o enxofre e seus compostos para produzir a familiar camada preta que escurece as bandejas e talheres de prata.

Em quase todos os compostos que forma, a prata tem número de oxidação +1, mas Ag(I) não desproporciona em solução aquosa. Com exceção do nitrato de prata e do fluoreto de prata, AgF, além de um número reduzido de outros compostos, os sais de prata são, em geral, muito pouco solúveis em água. O nitrato de prata, $AgNO_3$, o composto mais importante da prata, é o ponto de partida para a fabricação dos halogenetos de prata.

(c) Ouro O ouro, Au, é um metal nobre tão inerte, que ocorre na forma metálica na maior parte dos estoques na natureza. O ouro puro é classificado como "ouro de 24 quilates". Suas ligas com a prata e o cobre, com diferentes graus de dureza e coloração, são classificadas de acordo com a proporção de ouro que contêm (Fig. 9B.8). Por exemplo, o ouro de 10 e 14 quilates contém, respectivamente, 10/24 e 14/24 partes em massa de ouro. O ouro é um metal muito maleável: 1 g de ouro pode ser trabalhado para transformar-se em uma folha que cobre uma área de cerca de 1 m² ou puxado em um fio com mais de 2 km de comprimento.

O ouro é tão nobre que não reage mesmo com agentes oxidantes fortes, como o ácido nítrico. Os dois pares do ouro

$$Au^+(aq) + e^- \longrightarrow Au(s) \quad E° = +1,69 \text{ V}$$
$$Au^{3+}(aq) + 3\,e^- \longrightarrow Au(s) \quad E° = +1,40 \text{ V}$$

ficam acima do par H^+/H_2 e do par $NO_3^-, H^+/NO, H_2O$:

$$NO_3^-(aq) + 4\,H^+(aq) + 3\,e^- \longrightarrow NO(g) + 2\,H_2O(l) \quad E° = +0,96 \text{ V}$$

Entretanto, o ouro reage com a *água régia*, uma mistura de ácido nítrico e clorídrico concentrados, porque forma o íon complexo $[AuCl_4]^-$:

$$Au(s) + 6\,H^+(aq) + 3\,NO_3^-(aq) + 4\,Cl^-(aq) \longrightarrow$$
$$[AuCl_4]^-(aq) + 3\,NO_2(g) + 3\,H_2O(l)$$

Embora a constante de equilíbrio para a formação de Au^{3+} a partir do ouro seja muito desfavorável, a reação ocorre porque os íons Au^{3+} formados são imediatamente capturados pelos íons cloreto e removidos do equilíbrio. Um processo muito usado de refino do metal é a reação de ouro com cianeto de sódio, em uma solução aerada em água, para formar o íon complexo $[Au(CN)_2]^-$:

$$4\,Au(s) + 8\,NaCN(aq) + O_2(aq) + 2\,H_2O(l) \longrightarrow 4\,Na[Au(CN)_2](aq) + 4\,NaOH(aq)$$

(d) Zinco O metal zinco, Zn, é encontrado principalmente na forma de sulfeto, ZnS, na *esfalerita*, com frequência em associação com minérios de chumbo. O metal é extraído por ustulação, após o que é fundido com coque:

$$2\,ZnS(s) + 3\,O_2(g) \xrightarrow{\Delta} 2\,ZnO(s) + 2\,SO_2(g)$$
$$ZnO(s) + C(s) \xrightarrow{\Delta} Zn(l) + CO(g)$$

O principal uso do zinco é a galvanização do ferro (Tópico 6N). Como o cobre, ele é protegido por um filme duro de carbonato básico, $Zn_2(OH)_2CO_3$, formado pelo contato com o ar.

O zinco e o cádmio são metais prateados, reativos e muito semelhantes, mas que diferem muito do mercúrio. O zinco é anfotérico (como seu vizinho de grupo principal, o alumínio). Ele reage com ácidos com formação de íons Zn^{2+} e com bases para formar o íon zincato, $[Zn(OH)_4]^{2-}$:

$$Zn(s) + 2\,OH^-(aq) + 2\,H_2O(l) \longrightarrow [Zn(OH)_4]^{2-}(aq) + H_2(g)$$

718 **Tópico 9B** Elementos selecionados do bloco d: uma inspeção

Vasilhas galvanizadas não devem, portanto, ser usadas para transportar álcalis. O cádmio, que está abaixo no grupo e tem caráter mais metálico, tem um óxido mais básico.

(e) Cádmio Como o zinco, o cádmio, Cd, tem número de oxidação +2 em todos os compostos que forma. Contudo, os efeitos biológicos dos dois metais são muito diferentes. O zinco é um elemento essencial para a saúde humana. Ele ocorre em muitas enzimas e participa da expressão do DNA e do crescimento. O zinco só é tóxico em quantidades muito altas. O cádmio, porém, é um veneno letal que perturba o metabolismo pela substituição de outros metais como o zinco e o cálcio, essenciais ao organismo, tornando os ossos mais frágeis e causando desordens renais e pulmonares.

(f) Mercúrio O mercúrio, Hg, ocorre principalmente como HgS no mineral *cinábrio*, do qual é separado por flotação em espuma e recozimento ao ar:

$$HgS(s) + O_2(g) \xrightarrow{\Delta} Hg(g) + SO_2(g)$$

O metal volátil é separado por destilação e condensação. O mercúrio é o único elemento metálico que é líquido na temperatura normal (o gálio e o césio são líquidos em dias quentes). Ele é líquido em uma grande faixa de temperatura, do ponto de fusão, em –39°C, até o ponto de ebulição, em 357°C, e, por isso, é usado em termômetros, chaves elétricas silenciosas e bombas de alto vácuo.

Como o mercúrio fica acima do hidrogênio na série eletroquímica, ele não é oxidado por íons hidrogênio. Entretanto, ele reage com o ácido nítrico:

$$3\,Hg(l) + 8\,H^+(aq) + 2\,NO_3^-(aq) \longrightarrow 3\,Hg^{2+}(aq) + 2\,NO(g) + 4\,H_2O(l)$$

Em praticamente todos os seus compostos, o mercúrio tem número de oxidação +1 ou +2. Os compostos com número de oxidação +1 são incomuns, porque os cátions de mercúrio(I) são íons diatômicos ligados por covalência, $(Hg—Hg)^{2+}$, escrito como Hg_2^{2+}.

Os compostos de mercúrio, particularmente seus compostos orgânicos, são acentuadamente venenosos. O vapor de mercúrio é, também, um veneno insidioso, porque seu efeito é cumulativo. A exposição frequente a baixos níveis de vapor de mercúrio pode provocar o acúmulo de mercúrio no corpo. Os efeitos incluem deficiências das funções neurológicas, perda de audição e outras doenças.

Teste 9B.2A Use as energias livres de Gibbs padrão de formação para calcular ΔG^o, em 298 K, da reação $CuS(s) + O_2(g) \rightarrow Cu(s) + SO_2(g)$. ($\Delta G_f^o(CuS, s) = -49,0\ kJ\cdot mol^{-1}$.)

[**Resposta:** $\Delta G^o = -251,2\ kJ$]

Teste 9B.2B Calcule $E_{célula}^o$ de uma célula formada pela reação do metal mercúrio com ácido nítrico para produzir mercúrio(I) e o gás NO.

Os metais dos Grupos 11 e 12 são facilmente reduzidos a partir de seus compostos e têm baixa reatividade, como resultado da pouca blindagem da carga nuclear pelos elétrons d. O cobre é extraído de seus minérios pelos processos pirometalúrgico e hidrometalúrgico.

O que você aprendeu com este tópico?

Você conheceu os principais usos dos elementos do bloco d do Período 4 e viu como eles são produzidos comercialmente. Você também conheceu algumas das propriedades físicas e químicas dos elementos do bloco d e viu como e por que elas variam na Tabela Periódica.

Os conhecimentos que você deve dominar incluem a capacidade de:

☐ **1.** Descrever e escrever equações balanceadas das reações principais usadas na produção dos elementos da primeira coluna (Período 4) do bloco d e dos Grupos 11 e 12.

☐ **2.** Descrever os nomes, as propriedades e as reações de alguns dos principais compostos dos elementos da primeira coluna do bloco d.

☐ **3.** Descrever a operação de um alto-forno e explicar como o aço é fabricado.

Tópico 9B Exercícios

9B.1 Determine os produtos de cada uma das seguintes reações e balanceie as equações:

(a) $TiCl_4(s) + Mg(s) \xrightarrow{\Delta}$

(b) $CoCO_3(s) + HNO_3(aq) \longrightarrow$

(c) $V_2O_5(s) + Ca(l) \xrightarrow{\Delta}$

9B.2 Determine os produtos de cada uma das seguintes reações e balanceie as equações:

(a) $FeCr_2O_4(s) + C(s) \xrightarrow{\Delta}$

(b) $CrO_4^{2-}(s) + H_3O^+(aq) \longrightarrow$

(c) $MnO_2(s) + Al(s) \xrightarrow{\Delta}$

9B.3 Dê os nomes sistemáticos e as fórmulas químicas dos principais componentes de (a) rutilo; (b) hematita; (c) pirolusita; (d) cromita.

9B.4 Dê os nomes sistemáticos e as fórmulas químicas dos principais componentes de (a) pirita; (b) calcopirita; (c) carbonato básico de cobre; (d) cinábrio.

9B.5 Qual é o número de oxidação de (a) Ti em $BaTiO_3$; (b) Zn em $Zn_2(OH)_2CO_3$?

9B.6 Qual é o número de oxidação de (a) V em VO^{2+}; (b) Zn em $[Zn(OH)_4]^{2-}$?

9B.7 (a) Que agente redutor é usado na produção de ferro a partir do minério? (b) Escreva as equações químicas da produção de ferro em um alto-forno. (c) Qual é a impureza principal do produto do alto-forno?

9B.8 (a) Qual é o objetivo da adição de calcário no alto-forno? (b) Escreva as equações químicas das reações do calcário no alto-forno.

9B.9 Escreva a equação química que descreve cada um dos seguintes processos: (a) V_2O_5 sólido reage com ácido para formar o íon VO^{2+}; (b) V_2O_5 sólido reage com base para formar o íon VO_4^{3-}.

9B.10 Escreva a equação química que descreve cada um dos seguintes processos: (a) a produção de cromo pela reação termita; (b) a corrosão do metal cobre pelo dióxido de carbono em ar úmido; (c) a purificação do níquel com o uso de monóxido de carbono.

9B.11 Use as configurações eletrônicas para explicar por que o ouro e a prata são menos reativos do que o cobre.

9B.12 Use as configurações eletrônicas para sugerir uma razão por que ferro(III) é facilmente preparado a partir do ferro(II), mas a conversão do níquel(II) e cobalto(II) a níquel(III) e cobalto(III) é muito mais difícil.

9B.13 Use o Apêndice 2B para determinar se uma solução ácida de dicromato de sódio pode oxidar (a) íons brometo a bromo e (b) íons prata(I) a íons prata(II) em condições padrão.

9B.14 Use o Apêndice 2B para determinar se uma solução ácida de permanganato de potássio pode oxidar (a) íons cloreto a cloro e (b) metal mercúrio a íons mercúrio(I) em condições padrão.

9B.15 (a) Explique por que a dissolução de um sal de cromo(III) produz uma solução ácida. (b) Explique por que a adição lenta de íons hidróxido a uma solução que contém íons cromo(III) produz inicialmente um precipitado gelatinoso que a seguir se dissolve com adição de mais íons hidróxido. Escreva as equações químicas que descrevem esses aspectos do comportamento dos íons cromo(III).

9B.16 Algumas das propriedades do manganês diferem marcadamente das de seus vizinhos. Por exemplo, em pressão constante, são necessários 400 kJ (2 as) para atomizar 1,0 mol de Cr(s) e 420 kJ para atomizar 1,0 mol de Fe(s), porém apenas 280 kJ para atomizar 1,0 mol de Mn(s). Proponha uma explicação, usando as configurações eletrônicas dos átomos na fase gás, para a entalpia de atomização mais baixa do manganês.

Tópico 9C   Os compostos de coordenação

9C.1 Os complexos de coordenação
9C.2 As formas dos complexos
9C.3 Os isômeros

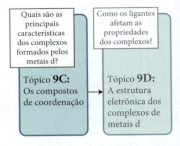

Por que você precisa estudar este assunto? Uma das propriedades mais notáveis dos elementos do bloco d é sua capacidade de formar compostos de coordenação, os quais são muito usados na química, na medicina e na indústria.

Que conhecimentos você precisa dominar? Este tópico usa as configurações eletrônicas dos átomos e íons (Tópicos 1E e 9A) e a classificação das espécies como ácidos e bases de Lewis (Tópico 6A).

A formação dos compostos covalentes de coordenação é descrita nos Tópicos 2C e 6A.

Muitos dos elementos do bloco d formam soluções com cores características em água. Por exemplo, o cloreto de cobre(II) sólido é marrom e o brometo de cobre(II) é preto, mas suas soluções em água são azul-claras. A cor azul se deve aos íons cobre(II) hidratados, $Cu(OH_2)_6^{2+}$, formados quando o sólido se dissolve. Como a fórmula sugere, esses íons hidratados têm composição específica. Eles podem ser entendidos como provenientes de uma reação em que as moléculas de água agem como bases de Lewis (doadores de par de elétrons, Tópico 6A) e o íon Cu^{2+}, como ácido de Lewis (receptor de um par de elétrons). Esse tipo de reação ácido-base é característico de muitos cátions dos elementos do bloco d. Os elementos do grupo principal se comportam de forma semelhante, mas os elementos do bloco d demonstram esta propriedade de um modo muito especial.

O íon hidratado $Cu(OH_2)_6^{2+}$ é um exemplo de **complexo**, isto é, uma espécie formada por um átomo ou íon central de metal ao qual se ligam outros íons ou moléculas por ligações coordenadas. A fórmula química de um íon complexo (mas não de um complexo neutro) normalmente é mostrada entre colchetes. Logo, este íon seria representado por $[Cu(OH_2)_6]^{2+}$. Um **composto de coordenação** é um composto eletricamente neutro em que pelo menos um dos íons presentes é um complexo. Entretanto, os termos *composto de coordenação* (o composto total neutro) e *complexo* (um ou mais de um dos íons ou espécies neutras presentes no composto) são muitas vezes usados um pelo outro. Os compostos de coordenação incluem os complexos nos quais o átomo central de metal é eletricamente neutro, como $Ni(CO)_4$, e os compostos iônicos, como $K_4[Fe(CN)_6]$.

Há grande interesse entre os pesquisadores em estruturas, propriedades e usos dos complexos formados entre os íons de metais d que agem como ácidos de Lewis e uma variedade de bases de Lewis, em parte porque eles participam de muitas reações biológicas. A hemoglobina e a vitamina B_{12}, por exemplo, são complexos – o primeiro, de ferro; o segundo, de cobalto (Quadro 9C.1). Os complexos dos metais d são muitas vezes magnéticos e vivamente coloridos e são usados em química para a análise, na dissolução de íons, na eletrodeposição de metais e na catálise. Eles são também objeto de pesquisas na conversão de energia solar, na fixação do nitrogênio atmosférico e em novos fármacos.

9C.1   Os complexos de coordenação

As bases de Lewis, íons ou moléculas, ligadas ao átomo ou íon central de metal, nos complexos de um metal d, são conhecidas como **ligantes**. Um exemplo de ligante iônico é o íon cianeto. No íon hexacianoferrato(II), $[Fe(CN)_6]^{4-}$, os íons CN^- fornecem os pares de elétrons que formam ligações com o ácido de Lewis Fe^{2+}. No complexo neutro $Ni(CO)_4$, o átomo de Ni age como ácido de Lewis e os ligantes são moléculas de CO, as quais atuam como bases de Lewis.

Cada ligante, em um complexo, tem pelo menos um par de elétrons livres com o qual ele se liga ao íon ou átomo central por covalência coordenada. Dizemos que os ligantes se **coordenam** com o metal ao formarem complexos dessa maneira. Esses ligantes fazem parte da **esfera de coordenação** do íon central. O número de pontos aos quais os ligantes se prendem ao átomo central de metal é chamado de **número de coordenação** do complexo (Figura 9C.1). O número de coordenação é 4 em $Ni(CO)_4$ e 6 em $[Fe(CN)_6]^{4-}$.

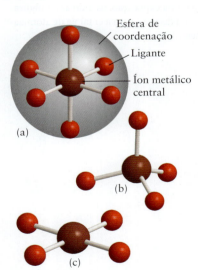

FIGURA 9C.1 (a) Quase todos os complexos hexacoordenados são octaédricos. Os complexos tetracoordenados são (b) tetraédricos ou (c) quadrado-planares.

Quadro 9C.1 O QUE ISSO TEM A VER COM... PERMANECER VIVO?

POR QUE PRECISAMOS INGERIR METAIS d

Algumas das enzimas críticas de nossas células são *metaloproteínas*, isto é, grandes moléculas orgânicas formadas por cadeias de amino-ácidos, que incluem pelo menos um átomo de metal. Os bioquímicos estudam essas metaloproteínas porque elas controlam a vida e nos protegem das doenças. Os complexos de metais do bloco d nas metaloproteínas catalisam reações redox, formam componentes das membranas, músculos, pele e ossos, catalisam as reações ácido-base e controlam o fluxo de energia e do oxigênio.

A hemoglobina e a mioglobina, nas quais um átomo de ferro(II) está no centro do grupo heme, é a mais familiar das metaloproteínas. Elas atuam no mecanismo de transporte e armazenamento do oxigênio em sistemas mamíferos. Os pontos de união do ligante ao átomo de Fe central são os quatro átomos de nitrogênio dos grupos amino no heme planar. Um átomo de nitrogênio no amino-ácido histidina (ver a Tabela 11E.3) atua como quinto ponto de conexão em uma forma piramidal de base quadrada em torno do átomo de Fe. A molécula de oxigênio atua como ligante adicional, ligando-se diretamente no átomo de Fe e produzindo uma pirâmide de base quadrada distorcida (ver a figura abaixo).

O cobalto é um metal d necessário ao organismo para evitar a anemia perniciosa e alguns tipos de doenças mentais. Ele é parte essencial de uma coenzima necessária para a atividade da vitamina B_{12} (também chamada de cobalamina) e dá cor vermelha a essa vitamina. O átomo de cobalto encontra-se em um complexo octaédrico, no qual cinco dos ligantes são átomos de nitrogênio de grupos amina orgânicos. O sexto liga-se por um grupo —CH_2—.

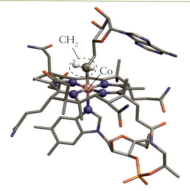

Na cobalamina, vitamina B_{12}, um dos seis ligantes que formam a estrutura octaédrica em torno do íon cobalto é uma molécula orgânica ligada por uma ligação carbono-cobalto. Essa ligação é fraca e quebra-se facilmente.

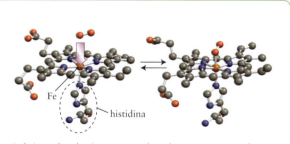

O oxigênio molecular é transportado pelo corpo porque ele se liga aos átomos de ferro(II) do grupo heme das moléculas de hemoglobina; ele também é armazenado no grupo heme da mioglobina. O cátion ferro(II) fica no centro de um complexo quadrado-piramidal, formado pelos átomos de nitrogênio.

QUADRO INTERATIVO 9C.1

A cobalamina é a única biomolécula conhecida que tem ligação metal-carbono. A facilidade com que essa ligação é quebrada e a capacidade do íon cobalto de mudar de um estado de oxidação para outro são responsáveis pela importância da cobalamina como catalisador biológico.

As enzimas de zinco têm papel importante no metabolismo, que inclui a expressão de nossos genes, a digestão da comida, a estocagem de insulina e a construção do colágeno. Na verdade, o zinco tem tantas funções no nosso organismo que tem sido chamado de "hormônio-mestre". Sua concentração em nosso organismo é igual à do ferro.

Outros metais d são também vitais para a saúde. O cromo(III), por exemplo, tem um papel importante na regulação do metabolismo da glicose, enquanto o cobre(I) é um nutriente essencial para as células. Contudo, é importante observar que apenas quantidades-traço dos elementos do grupo d são necessárias na nutrição humana; níveis elevados de qualquer um destes elementos podem ser tóxicos.

Exercício relacionado 9.25

Leitura complementar J. J. R. Fraústo da Silva and R. J. P. Williams, *The Biological Chemistry of the Elements: The Inorganic Chemistry of Life* (Oxford: Oxford University Press, 1991). "Biological inorganic chemistry," Chapter 26 in M. Weller, T. Overton, J. Rourke, and F. Armstrong, Inorganic Chemistry, 7th edition (Oxford: Oxford University Press, 2014). "Metalloproteins," *Nature*, vol. 460, no. 7257, pp. 813–862, 2009; available at http://www.nature.com/nature/supplements/insights/metalloproteins/

Como a água é uma base de Lewis, ela forma complexos com a maior parte dos íons do bloco d em solução. As soluções de íons dos metais d em água são, normalmente, soluções de seus complexos com H_2O: Fe^{2+}(aq), por exemplo, é, na verdade, $[Fe(OH_2)_6]^{2+}$. Muitos complexos são preparados pela mistura de soluções de íons de um metal d em água com a base de Lewis apropriada (Figura 9C.2). Por exemplo,

$$[Fe(OH_2)_6]^{2+}(aq) + 6\,CN^-(aq) \longrightarrow [Fe(CN)_6]^{4-}(aq) + 6\,H_2O(l)$$

FIGURA 9C.2 Quando cianeto de potássio é adicionado a uma solução de sulfato de ferro(II), os íons cianeto substituem os ligantes H₂O do complexo [Fe(OH₂)₆]²⁺ (à esquerda) e produzem um novo complexo, o íon hexacianoferrato(II), [Fe(CN)₆]⁴⁻ (à direita). A cor azul ocorre devido ao composto polimérico chamado de azul da Prússia, que se forma a partir dos íons cianoferrato. (W. H. Freeman. Foto: Ken Karp.)

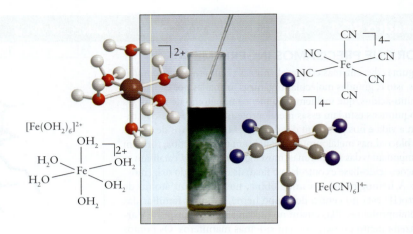

Esse é um exemplo de uma **reação de substituição**, isto é, uma reação em que uma base de Lewis toma o lugar de outra. Aqui, os íons CN⁻ deslocam as moléculas de H₂O da esfera de coordenação do complexo [Fe(OH₂)₆]²⁺. Uma substituição menos completa ocorre quando outros íons, como Cl⁻, são adicionados a uma solução de ferro(II):

$$[Fe(OH_2)_6]^{2+}(aq) + Cl^-(aq) \longrightarrow [FeCl(OH_2)_5]^+(aq) + H_2O(l)$$

Como a cor dos complexos dos metais d depende das identidades dos ligantes e do metal, mudanças expressivas de cor sempre acompanham as reações de substituição (Figura 9C.3). Estas reações muitas vezes ocorrem rapidamente, porque muitos complexos de coordenação são lábeis (têm vida curta). Um complexo lábil em solução aquosa, como o [Cu(OH₂)₆]²⁺(aq), troca ligantes de água rapidamente com as moléculas de água do solvente, quando uma pequena quantidade de um complexo metálico penta-coordenado é formada:

$$[Cu(OH_2)_6]^{2+}(aq) \underset{rápido}{\overset{rápido}{\rightleftharpoons}} [Cu(OH_2)_5]^{2+}(aq) + H_2O(l)$$

O complexo penta-coordenado reage imediatamente com qualquer base de Lewis presente no meio. O equilíbrio da formação do íon complexo de coordenação é descrito pela sua constante de formação, K_f (Tópico 6I). Por exemplo, a formação de [Cu(NH₃)₄]²⁺(aq) pela reação de [Cu(OH₂)₆]²⁺(aq) com NH₃(aq) é

$$\underbrace{[Cu(OH_2)_6]^{2+}(aq)}_{\text{azul-claro}} + 4\,NH_3(aq) \rightleftharpoons \underbrace{[Cu(NH_3)_4]^{2+}(aq)}_{\text{azul escuro}} + 6\,H_2O(l)$$

$$K_f = \frac{[[Cu(NH_3)^4]^{2+}]}{[[Cu(OH_2)_6]^{2+}][NH_3]^4}$$

com $K_f = 1{,}2 \times 10^{13}$ a 25°C. Esse valor elevado indica que a ligação Cu–N em [Cu(NH₃)₄]²⁺ é muito mais forte do que a ligação Cu–O em [Cu(OH₂)₆]²⁺. As constantes de formação de outros complexos de coordenação em solução aquosa são dadas na Tabela 6I.2.

Os nomes dos compostos de coordenação podem ser alarmantemente longos, porque a identidade e número de cada tipo de ligante têm de ser incluídos. Na maior parte dos casos, os químicos evitam o problema usando a fórmula química no lugar do nome. Por exemplo, é muito mais fácil fazer referência a [FeCl(OH₂)₅]⁺ do que ao íon pentaaquacloridoferro(II), seu nome formal. Entretanto, os nomes às vezes são necessários e podem ser construídos e interpretados, pelo menos nos casos simples, com as regras fornecidas na **Caixa de Ferramentas 9C.1**. A Tabela 9C.1 contém os nomes de ligantes comuns e suas abreviações, usados nas fórmulas dos complexos. As regras foram mudadas recentemente, mas como os nomes antigos ainda são muito usados, os dois são fornecidos.

Forma-se um complexo entre um ácido de Lewis (o átomo ou íon de metal) e um certo número de bases de Lewis (os ligantes).

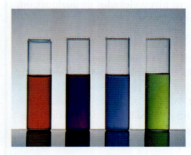

FIGURA 9C.3 Alguns dos compostos muito coloridos que resultam quando os complexos se formam. Da esquerda para a direita: soluções em água de [Fe(SCN)(OH₂)₅]²⁺, [Co(SCN)₄(OH₂)₂]²⁻, [Cu(NH₃)₄(OH₂)₂]²⁺ e [CuBr₄]²⁻. (W. H. Freeman. Foto: Ken Karp.)

9C.1 Os complexos de coordenação 723

Caixa de ferramentas 9C.1 COMO DAR NOME AOS COMPLEXOS DE METAIS d E AOS COMPOSTOS DE COORDENAÇÃO

BASE CONCEITUAL

Os complexos dos metais d são identificados pelos nomes e números dos ligantes individuais. Como alguns nomes podem ser muito longos, interpretar os nomes dos compostos de coordenação é como comer um bolo grande: coma-o aos poucos, não tente engoli-lo de uma só vez. As regras usadas aqui estão de acordo com as últimas (2005) recomendações da IUPAC. Outras informações sobre a nomenclatura de complexos estão disponíveis em http://old.iupac.org/publications/books/series-titles/nomenclature.html (o "Livro Vermelho").

PROCEDIMENTO

As regras a seguir são suficientes para os complexos mais comuns. Regras mais elaboradas são necessárias se o complexo contiver mais de um átomo de metal. Algumas regras aplicam-se aos nomes dos complexos (formalmente, a "entidade de coordenação") e outras às fórmulas químicas.

A. Como escrever a fórmula

1. Escreva o símbolo químico do elemento do átomo central (normalmente um átomo de metal), depois os símbolos dos ligantes e, por último, acrescente os colchetes, somando a carga total.
2. Escreva os símbolos químicos dos ligantes em ordem alfabética. Quando ligantes diferentes contiverem o mesmo elemento, os que são representados por uma única letra (por exemplo, O) têm precedência sobre os representados por duas ou mais letras (por exemplo, OH). Se um ponto particular precisa ser enfatizado, a ordem pode variar. Água, como ligante, deve ser escrita OH_2 para deixar claro que o átomo de O liga-se ao átomo de metal.

    Exemplos: $[FeCl(OH_2)_5]^+$ $[Fe(NH_3)_5(OH_2)]^{3+}$

3. Para evitar ambiguidades, o átomo que se liga pode ser sublinhado.

    Exemplos: $[Fe(\underline{N}CS)(OH_2)_5]^{2+}$ $[Fe(NC\underline{S})(OH_2)_5]^{2+}$

B. Como nomear o complexo

1. Nomeie primeiro os ligantes e depois o átomo ou íon de metal. O número de oxidação do íon central de metal é representado por algarismos romanos.
2. Os ligantes neutros, como $H_2NCH_2CH_2NH_2$ (etilenodiamina), guardam o nome da molécula, exceto no caso de H_2O (aqua), NH_3 (amina), CO (carbonil) e NO (nitrosil).
3. Os ligantes aniônicos terminam em –o. Os ânions terminados em –eto (como cloreto) mudam a terminação. Os terminados em ato e ito conservam as terminações:

    -ide ⟶ -ido   -ate ⟶ -ato   -ite ⟶ -ito

Exemplos: clorido, sulfato e nitrito

4. Usam-se prefixos gregos para indicar o número de cada tipo de ligantes existentes no íon complexo:

2	3	4	5	6	...
di-	tri-	tetra-	penta-	hexa-	...

    Se o ligante já contiver prefixo grego (como em etilenodiamina) ou se ele for polidentado (capaz de ligar-se em mais de um sítio de ligação), então os seguintes prefixos são usados:

2	3	4	...
bis-	tris-	tetrakis-	...

5. Os ligantes recebem nome em ordem alfabética, ignorando-se os prefixos gregos.

    $[FeCl(OH_2)_5]^+$ íon pentaaquacloridoferro(II)
    $[Cr(Cl)_2(NH_3)_4]^+$ íon tetraaminodicloridocromo(III)

(Observe que, em alguns casos, a ordem dos ligantes no nome não é a mesma na fórmula.)

6. Se existe ambiguidade na posição em que o átomo está ligado ao metal, adiciona-se o símbolo κE ao nome entre parênteses. E representa o átomo de ligação (e κ é kappa):

    $[Fe(\underline{N}CS)(OH_2)_5]^{2+}$ tiocianato(κN)pentaaqua(III)ferro
    $[Fe(NC\underline{S})(OH_2)_5]^{2+}$ tiocianato(κS)pentaaqua(III)ferro

7. Se o complexo tiver carga negativa total (um complexo aniônico), o sufixo –ato é adicionado à raiz do nome do metal. Se o símbolo do metal se origina do latim (como listado no Apêndice 2D), então a raiz latina é usada. Por exemplo, o símbolo do ferro é Fe, do latim *ferrum*. Assim, um complexo de ferro aniônico termina com –ferrato seguido pelo número de oxidação do metal em algarismos romanos:

    $[Fe(CN)_6]^{4-}$ íon hexacianetoferrato(II)
    $[Ni(CN)_4]^{2-}$ íon tetracianetoniquelato(II)

8. O nome dos compostos de coordenação (diferentemente dos cátions e ânions complexos) é construído como o dos compostos comuns, com o ânion (possivelmente complexo) mencionado antes do cátion (possivelmente complexo):

    $NH_4[PtCl_3(NH_3)]$
              aminatricloridoplatinato(II) de amônio
    $[Cr(NH_3)_4(OH)_2]Br$
              brometo de tetraaminadi-hidroxidocromo(III)

Este procedimento está ilustrado no Exemplo 9C.1.

TABELA 9C.1 Ligantes comuns

Fórmula*	Nome
Ligantes neutros	
OH₂	aqua
NH₃	amina
NO	nitrosil
CO	carbonil
NH₂CH₂CH₂NH₂	etilenodiamina (en)†
NH₂CH₂CH₂NHCH₂CH₂NH₂	dietilenotriamina (dien)‡
Ligantes aniônicos	
F⁻	fluorido
Cl⁻	clorido
Br⁻	bromido
I⁻	iodido
OH⁻	hidróxido
O²⁻	óxido
C̲N⁻	cianeto-κC
CN̲⁻	isocianeto, cianeto-κN
N̲CS⁻	isotiocianato, tiocianato-κN
NCS̲⁻	tiocianato-κS
NO₂⁻ como ON̲O⁻	nitrito-κO
NO₂ como N̲O₂⁻	nitro, nitrito-κN
CO₃²⁻ como OCO₂²⁻	carbonato-κO
C₂O₄²⁻ como ⁻O₂CCO₂⁻	oxalato (ox)†
[estrutura do EDTA]	etilenodiaminotetraacetato (edta)§
SO₄²⁻ como OSO₃²⁻	sulfato

*Os átomos que se ligam ao átomo de metal estão sublinhados nos casos ambíguos.
†Bidentado (liga-se a dois sítios).
‡Tridentado (liga-se a três sítios).
§Hexadentado (liga-se a seis sítios).

EXEMPLO 9C.1 Dar nomes aos complexos e compostos de coordenação

Você trabalha no almoxarifado de uma universidade e um professor solicita dois reagentes inorgânicos. Você precisa se certificar de que entregará os materiais pedidos, por isso deve comparar as fórmulas e os nomes informados no pedido com as informações dadas nos rótulos dos frascos. (a) Dê um nome ao composto de coordenação [Co(NH₃)₃(OH₂)₃]₂(SO₄)₃. (b) Escreva a fórmula do dicloridobis(oxalato)platinato(IV) de sódio.

PLANEJE Aplique as regras da Caixa de Ferramentas 9C.1.

RESOLVA

(a) Existem três íons SO₄²⁻ para cada dois íons complexos.

A carga do cátion complexo deve ser +3: [Co(NH₃)₃(OH₂)₃]³⁺.

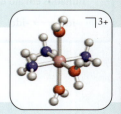

Todos os ligantes são neutros.

O cobalto está na forma de cobalto(III).

Existem três moléculas de NH₃ (amina) e três moléculas de H₂O (aqua). Amina precede aqua.

O nome do cátion é triaminatriaquacobalto(III), e o nome do composto é sulfato de triaminatriaquacobalto(III).

(b) Dois ligantes Cl⁻ e dois íons C₂O₄²⁻ ligados a Pt⁴⁺.

A carga do complexo é −2.

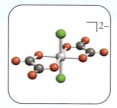

Segundo a Tabela 9C.1, o símbolo de oxalato é ox; Cl precede ox, o uso de "bis" indica a presença de dois ligantes oxalato; bis é usado em vez de "di" porque oxalato é polidentado (neste caso, bidentado, com dois pontos de ligação).

O ânion complexo é [PtCl₂(ox)₂]²⁻.
O composto é Na₂[PtCl₂(ox)₂].

Teste 9C.1A (a) Dê o nome do composto [Fe(OH)(OH₂)₅]Cl₂. (b) Escreva a fórmula do diaquabis(oxalato)cromato(II) de potássio.

[***Resposta:*** (a) cloreto de pentaaqua-hidroxidoferro(III); (b) K₂[Cr(OH₂)₂(ox)₂]]

Teste 9C.1B (a) Dê o nome do composto [CoBr(NH₃)₅]SO₄. (b) Escreva a fórmula do brometo de tetraaminadiaquacromo(III).

Exercícios relacionados 9C.1 a 9C.4

1 Um complexo octaédrico

2 Um complexo tetraédrico

3 Um complexo quadrado-planar

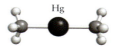

4 Dimetil-mercúrio(0)

5 Ferroceno, Fe(C₅H₅)₂

9C.2   As formas dos complexos

A riqueza da química de coordenação é aumentada pela variedade de formas que seus complexos podem adotar. Os complexos mais comuns têm número de coordenação 6. Quase todas essas espécies têm seus ligantes nos vértices de um octaedro regular, com o íon metálico no centro, e são chamadas de **complexos octaédricos** (**1**). Um exemplo de complexo octaédrico é o íon hexacianetoferrato(II), [Fe(CN)₆]⁴⁻.

Os próximos complexos mais comuns têm número de coordenação 4. Existem duas formas típicas com esse número de coordenação. Em um **complexo tetraédrico**, os quatro ligantes localizam-se nos vértices de um tetraedro regular, como no íon tetracloridocobalto(II), [CoCl₄]²⁻ (**2**). Um arranjo alternativo, mais frequente no caso de átomos e íons com configuração eletrônica d⁸, como Pt²⁺ e Au³⁺, tem os ligantes nos vértices de um quadrado, originando os **complexos quadrado-planares** (**3**).

Muitas outras formas são possíveis para os complexos. As mais simples são as lineares, com número de coordenação 2. Um exemplo é o dimetil-mercúrio(0), [Hg(CH₃)₂] (**4**), que é um composto tóxico formado pela ação de bactérias em soluções de íons Hg²⁺ em água. Números de coordenação superiores a 12 são encontrados para os membros do bloco f, mas são raros para os do bloco d. Um tipo interessante de composto do bloco d é o ferroceno, (diciclo-pentadienil)-ferro(0), [Fe(C₅H₅)₂] (**5**). O ferroceno é muito propriamente chamado de "composto sanduíche", com os dois ligantes ciclopentadienila sendo o "pão" e o átomo de metal o "recheio". O nome formal dos compostos sanduíche é **metaloceno**.

São também conhecidos complexos de molibdênio e tungstênio com oito ligantes. Esses complexos têm a forma de antiprismas (**6**) e de dodecaedros (**7**). Entretanto, complexos com mais de seis ligantes são raros.

Alguns ligantes são **polidentados** ("muitos dentes") e podem ocupar simultaneamente mais de um sítio de ligação. Em cada lado da molécula de dois dentes (isto é, *bidentada*) de etilenodiamina, NH₂CH₂CH₂NH₂ (**8**), existe um átomo de nitrogênio com um par isolado de elétrons. Esse ligante é amplamente utilizado na química de coordenação e é abreviado como en, como, por exemplo, no tris(etilenodiamina)cobalto(III), [Co(en)₃]³⁺ (**9**). O átomo de metal

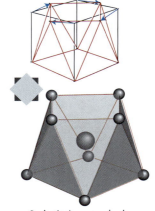

6 Antiprisma quadrado

726 Tópico 9C Os compostos de coordenação

7 Complexo dodecaédrico

8 Etilenodiamina, NH$_2$CH$_2$CH$_2$NH$_2$

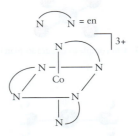

9 [Co(en)$_3$]$^{3+}$

A isomeria é muito importante na química orgânica (Tópico 11A).

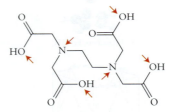

10 Ácido etilenodiaminatetracético

11 Um complexo de EDTA

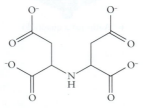

12 Íon iminodissuccinato

em [Co(en)$_3$]$^{3+}$ fica no centro dos três ligantes, como se estivesse preso pelas garras das três moléculas. Esse é um exemplo de um **quelato** (a palavra grega para "garra"), isto é, um complexo que contém um ou mais ligantes, que formam um anel de átomos que inclui o átomo central de metal. Existem poucos ligantes hexadentados, mas um exemplo comum é o íon etilenodiaminatetraacetato, edta (o ácido totalmente protonado está em (**10**) e as setas em vermelho indicam os pontos de ligação). Esse ligante forma complexos com muitos íons de metais, inclusive com Pb^{2+} (**11**) e, por isso, é usado como antídoto para envenenamento por chumbo.

Os ligantes quelantes são bastante comuns na natureza. Musgos e líquens secretam ligantes quelantes para capturar íons de metais essenciais das rochas sobre as quais eles crescem. A formação de quelatos também é a base da estratégia do corpo na produção da febre quando infectado por uma bactéria. A temperatura alta mata a bactéria pela diminuição de sua capacidade de sintetizar um determinado ligante que é quelante de ferro.

A produção de alguns quelatos libera produtos químicos tóxicos, como cianetos, no ambiente. Entretanto, novos tipos de quelatos que **sequestram** metais do bloco d, ligando-se a eles e removendo-os de solução, podem solucionar alguns dos problemas ambientais mais difíceis. Por exemplo, o agente quelante iminodissuccinato de sódio, que contém o íon hexadentado iminodissuccinato (**12**), pode retirar íons de águas residuárias e serve como aditivo não tóxico de detergentes. Ele se degrada rapidamente a produtos não tóxicos no ambiente. Outros quelatos ambientalmente aceitáveis aceleram a ação do peróxido de hidrogênio, e a combinação deles está substituindo os alvejantes à base de cloro na produção de papel, diminuindo fortemente a liberação de poluentes tóxicos no ambiente.

Os complexos com número de coordenação 6 normalmente são octaédricos. Os complexos de número de coordenação 4 podem ser tetraédricos ou quadrado-planares. Os ligantes polidentados formam quelatos.

9C.3 Os isômeros

Muitos complexos e compostos de coordenação existem como **isômeros**, isto é, compostos que contêm o mesmo número dos mesmos átomos, mas em arranjos diferentes. Por exemplo, os íons mostrados em (**13a**) e (**13b**) diferem somente na posição dos ligantes Cl$^-$, mas eles são espécies diferentes, porque têm propriedades físicas e químicas diferentes. A isomeria não tem só interesse acadêmico. Por exemplo, só um dos isômeros de algumas drogas anticâncer baseadas em complexos de platina é ativo. O complexo tem de ter a forma adequada para interagir com as moléculas de DNA.

A Figura 9C.4 resume os tipos de isomeria. As duas maiores classes de isômeros são os **isômeros estruturais**, no qual os átomos estão ligados a vizinhos diferentes, e os

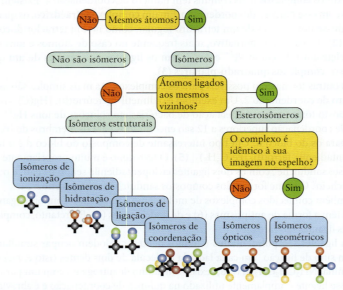

FIGURA 9C.4 Vários tipos de isomeria em compostos de coordenação.

estereoisômeros, nos quais os átomos estão ligados aos mesmos vizinhos, porém em diferentes arranjos no espaço. Os isômeros estruturais dos compostos de coordenação podem ser subdivididos em isômeros de ionização, de hidratação, de ligação e de coordenação.

Os **isômeros de ionização** diferem pela troca de um ligante por um ânion ou molécula neutra fora da esfera de coordenação. Por exemplo, [CoBr(NH$_3$)$_5$]SO$_4$ e [Co(NH$_3$)$_5$SO$_4$]Br são isômeros de ionização, porque o íon Br$^-$ é um ligante do cobalto no primeiro, porém é um ânion acompanhante no segundo. Os dois compostos podem ser distinguidos por suas propriedades químicas diferentes, porque o íon ligado não está disponível para reações. Assim, a adição de um sal de bário leva à precipitação de sulfato de bário de uma solução de [CoBr(NH$_3$)$_5$]SO$_4$, mas não de uma solução de [Co(NH$_3$)$_5$SO$_4$]Br.

Os **isômeros de hidratação** diferem pela troca entre uma molécula de H$_2$O e um outro ligante da esfera de coordenação (Figura 9C.5). Por exemplo, o cloreto de cromo(III) hexa-hidratado, CrCl$_3$·6H$_2$O, sólido, pode ser um de três compostos [Cr(OH$_2$)$_6$]Cl$_3$, [CrCl(OH$_2$)$_5$]Cl$_2$·H$_2$O e [CrCl$_2$(OH$_2$)$_4$]Cl·2H$_2$O. Os isômeros podem, com frequência, ser distinguidos pela estequiometria de reações em que ocorre troca entre o íon e água. Por exemplo, 2 mols de AgCl podem precipitar de 1 mol de [CrCl(OH$_2$)$_5$]Cl$_2$·H$_2$O, porém só 1 mol de AgCl pode ser produzido a partir de 1 mol de [CrCl$_2$(OH$_2$)$_4$]Cl·2H$_2$O.

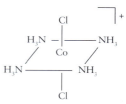

(a) *trans*-[CoCl$_2$(NH$_3$)$_4$]$^+$

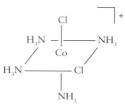

(b) *cis*-[CoCl$_2$(NH$_3$)$_4$]$^+$

13

> **Teste 9C.2A** Quando excesso de nitrato de prata é adicionado a 0,0010 mol de CrCl$_3$·6H$_2$O em água, forma-se 0,0010 mol de AgCl. Qual é o isômero presente?
>
> [***Resposta:*** [CrCl$_2$(OH$_2$)$_4$]Cl·2H$_2$O]
>
> **Teste 9C.2B** Quando excesso de nitrato de prata é adicionado a 0,0010 mol de CrCl$_3$·6H$_2$O em água, forma-se 0,0030 mol de AgCl. Qual é o isômero presente?

Os **isômeros de ligação** diferem na identidade do átomo usado por um dado ligante para ligar-se ao íon do metal (Figura 9C.6). Os ligantes comuns que apresentam isomeria de ligação são SCN$^-$ *versus* NCS$^-$, NO$_2^-$ *versus* ONO$^-$ e CN$^-$ *versus* NC$^-$, em que o átomo que faz a coordenação é escrito em primeiro lugar em cada par. Por exemplo, NO$_2^-$ pode formar [CoCl(NH$_3$)$_4$(NO$_2$)]$^+$ e [CoCl(NH$_3$)$_4$(ONO)]$^+$. No sistema de nomenclatura atual, o átomo com o qual o ligante se coordena é sublinhado, e esses complexos seriam representados como [CoCl(NH$_3$)$_4$(NO$_2$)]$^+$ e [CoCl(NH$_3$)$_4$(NO$_2$)]$^+$, respectivamente. O nome usado para especificar o ligante é diferente em cada caso. Por exemplo, nitro (nome moderno: nitrito-κ*N* significa que a ligação é feita pelo átomo de N; e nitrito (nome moderno: nitrito-κ*O*, que a ligação é feita pelo átomo de O. A Tabela 9C.1 mostra os nomes usados para esses ligantes, também chamados de **ligantes ambidentados**, que podem se ligar por átomos de elementos diferentes.

Os **isômeros de coordenação** diferem pela troca de um ou mais ligantes entre cátions e ânions complexos (Figura 9C.7). Por exemplo, [Cr(NH$_3$)$_6$][Fe(CN)$_6$] e [Fe(NH$_3$)$_6$][Cr(CN)$_6$] são isômeros de coordenação.

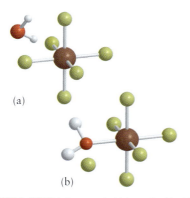

FIGURA 9C.5 Isômeros de hidratação. Em (a), a molécula de água faz parte do solvente vizinho. Em (b), a molécula de água faz parte da esfera de coordenação, e um ligante (esfera verde) passa a fazer parte da solução.

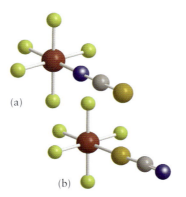

FIGURA 9C.6 Isômeros de ligação. Em (a), o ligante (aqui, NCS$^-$) está ligado pelo átomo de N. Em (b), ele está ligado pelo átomo de S.

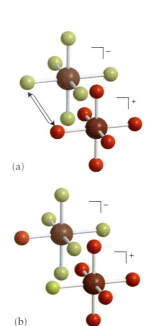

FIGURA 9C.7 Os compostos das partes (a) e (b) são isômeros de coordenação. Nesses compostos, um ligante foi trocado entre os complexos catiônico e aniônico.

728 Tópico 9C Os compostos de coordenação

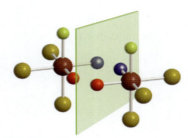

(a) *cis*-PtCl$_2$(NH$_3$)$_2$

(b) *trans*-PtCl$_2$(NH$_3$)$_2$

14

> **Teste 9C.3A** Identifique o tipo de isômeros representados pelos seguintes pares: (a) [Cu(NH$_3$)$_4$][PtCl$_4$] e [Pt(NH$_3$)$_4$][CuCl$_4$]; (b) [Cr(NH$_3$)$_4$(OH)$_2$]Br e [CrBr(NH$_3$)$_4$(OH)]OH.
>
> [***Resposta:*** (a) Coordenação; (b) ionização]
>
> **Teste 9C.3B** Identifique o tipo de isômeros representados pelos seguintes pares: (a) [Co(NCS)(NH$_3$)$_5$]Cl$_2$ e [Co(NCS)(NH$_3$)$_5$]Cl$_2$; (b) [CrCl(OH$_2$)$_5$]Cl$_2$·H$_2$O e [CrCl$_2$(OH$_2$)$_4$]Cl·2H$_2$O.

Embora eles sejam construídos com o mesmo número e tipo de átomos, os *isômeros estruturais* têm fórmulas químicas diferentes, porque as fórmulas mostram como os átomos estão agrupados dentro e fora da esfera de coordenação. Os *estereoisômeros*, por outro lado, têm a mesma fórmula química, porque seus átomos têm o mesmo padrão nas esferas de coordenação, mas diferem pelo arranjo dos ligantes no espaço. Existem dois tipos de estereoisomeria, a geométrica e a óptica.

Nos **isômeros geométricos**, os átomos estão ligados aos mesmos vizinhos, mas têm orientação espacial diferente, como em (**13a**) e (**13b**): o isômero com os ligantes Cl$^-$ em lados opostos do átomo central é chamado de *isômero trans* e o isômero com os ligantes no mesmo lado é chamado de *isômero cis*. Pode ocorrer isomeria geométrica nos complexos quadrado-planares e octaédricos, mas não nos complexos tetraédricos, porque nestes qualquer par de vértices é equivalente a qualquer outro par. As propriedades químicas e fisiológicas dos isômeros geométricos podem ser muito diferentes. Por exemplo, *cis*-[PtCl$_2$(NH$_3$)$_2$] (**14a**) é usado na quimioterapia do câncer, mas o *trans*-[PtCl$_2$(NH$_3$)$_2$] (**14b**) é terapeuticamente inativo. Os **isômeros ópticos** são imagens no espelho um do outro e não são superponíveis (Figura 9C.8). A isomeria óptica e a isomeria geométrica podem ocorrer simultaneamente nos complexos octaédricos; como em [CoCl$_2$(en)$_2$]$^+$: o isômero trans (**15a**) é verde e as duas alternativas de isômero cis (**15b**) e (**15c**), que são isômeros ópticos um do outro, são violetas. Também podem ocorrer isômeros ópticos quando quatro grupos diferentes formam um complexo tetraédrico, mas não quando eles formam um complexo quadrado-planar.

FIGURA 9C.8 Isômeros ópticos. Os dois complexos são a imagem um do outro no espelho. Não importa como os complexos girem, eles não se superpõem.

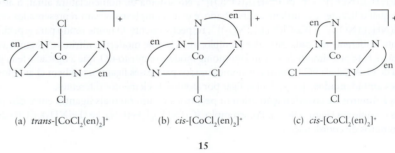

(a) *trans*-[CoCl$_2$(en)$_2$]$^+$ (b) *cis*-[CoCl$_2$(en)$_2$]$^+$ (c) *cis*-[CoCl$_2$(en)$_2$]$^+$

15

Um complexo **quiral** não é idêntico à sua imagem no espelho, e sua imagem no espelho não pode ser sobreposta a ele. Assim, todos os isômeros ópticos são quirais. Dizemos, então, que os isômeros cis de [CoCl$_2$(en)$_2$]$^+$ são quirais e que um complexo quiral e sua imagem no espelho formam um par de **enantiômeros**. O isômero trans se superpõe à sua imagem no espelho. Complexos com essa propriedade são chamados de **aquirais**. Os enantiômeros diferem em uma propriedade física: as moléculas quirais exibem **atividade óptica**, a propriedade de girar o plano de polarização da luz (Quadro 9C.2). Na luz comum, o movimento das ondas se faz em direções aleatórias em torno de sua direção de propagação. Na luz plano-polarizada, as ondas permanecem em um único plano (Figura 9C.9). A luz plano-polarizada pode ser produzida pela passagem da luz comum através de um filtro especial, como o material

O nome enantiômero vem da palavra grega para "ambas as partes".

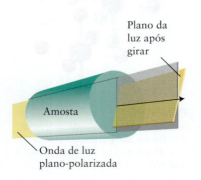

FIGURA 9C.9 A luz plano-polarizada é formada pela radiação em que o movimento das ondas ocorre em um único plano (como representado pelo plano à esquerda). Quando luz desse tipo atravessa uma solução que contém uma substância opticamente ativa, o plano de polarização gira de um ângulo característico que depende da concentração do soluto e do passo óptico através da amostra (à direita).

Quadro 9C.2 COMO SABEMOS... QUE UM COMPLEXO É OPTICAMENTE ATIVO?

O campo elétrico da luz polarizada oscila em um único plano. Ele pode ser preparado fazendo-se passar luz comum, não polarizada, por um polarizador, o qual contém um material que permite que a luz passe somente se o campo elétrico estiver alinhado em determinada direção.

Uma substância opticamente ativa, como os compostos quirais, gira o plano de polarização de um feixe de luz por um ângulo que depende da substância, de sua concentração e do comprimento da célula da amostra. A luz polarizada passa através de uma célula de amostra com cerca de 10 cm de passo óptico. Para detectar a quiralidade, uma solução do complexo quiral de concentração conhecida é colocada na célula. Quando a luz emerge no outro lado da célula, o ângulo do plano de polarização girou em relação ao ângulo original. Para determinar o ângulo, faz-se passar a luz através de um analisador que contém outro filtro polarizador. O filtro é girado até que a intensidade da luz que passa pelo polarizador, pela amostra e pelo analisador atinja sua intensidade máxima. O ângulo do plano de polarização corresponde a essa posição de máximo. Se a amostra não é opticamente ativa, o analisador dá a intensidade máxima no ângulo 0°. A amostra é opticamente ativa se o ângulo de rotação é diferente de 0°. O valor real depende da identidade do complexo, de sua concentração, do comprimento de onda da luz e do passo óptico da célula de amostra.

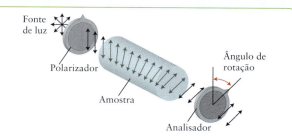

Um polarímetro determina a atividade óptica de uma substância ao medir o ângulo de rotação do plano da luz plano-polarizada provocado pela amostra.

A determinação do ângulo de rotação é chamada de *polarimetria*. Em alguns casos, ela pode ajudar o químico a seguir uma reação. Por exemplo, se uma reação destrói a quiralidade de um complexo, então o ângulo de rotação óptica diminui com o tempo, enquanto a concentração do complexo cai.

---

usado nas lentes polarizadas dos óculos de sol. Um dos enantiômeros de um complexo quiral gira o plano de polarização no sentido horário, e sua imagem no espelho gira o plano pelo mesmo ângulo, porém no sentido contrário. Os complexos aquirais não são opticamente ativos: eles não giram o plano de polarização da luz polarizada.

Alguns complexos são sintetizados em laboratório na forma de **misturas racêmicas**, isto é, misturas de enantiômeros em proporções iguais. Como os enantiômeros giram o plano de polarização da luz em sentidos opostos, as misturas racêmicas não são opticamente ativas.

EXEMPLO 9C.2 Identificação da isomeria óptica

Fármacos novos precisam ser enantiomericamente puros para uso na medicina humana. Imagine que você trabalha para uma grande empresa de biotecnologia e precisa ser capaz de reconhecer sítios quirais em moléculas complexas. Quais dentre os seguintes complexos são quirais e formam pares de enantiômeros?

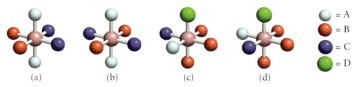

PLANEJE Desenhe a imagem de cada um dos complexos no espelho e gire mentalmente o complexo original. Decida se a rotação faz a molécula original coincidir com a imagem no espelho. Se não, o complexo é quiral. Determine que complexos formam pares de enantiômeros encontrando os pares formados por complexos que não são imagens sobrepostas no espelho um do outro. Se for difícil imaginar a estrutura tridimensional, construa modelos simples de papel dos complexos.

RESOLVA A imagem de cada complexo no espelho está à direita de cada par.

(a) Se girarmos a imagem no espelho em torno do eixo A–A, obteremos uma estrutura idêntica à do complexo original, logo sobreposta a ele.

Não é quiral

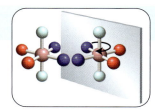

(b) A imagem no espelho se superpõe ao original com a rotação em torno de A–A.

Não é quiral

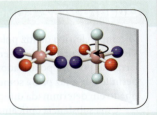

(c) Nenhuma rotação é capaz de fazer o complexo coincidir com sua imagem no espelho.

Quiral

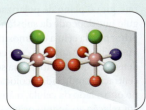

(d) Nenhuma rotação é capaz de fazer o complexo coincidir com sua imagem no espelho.

Quiral

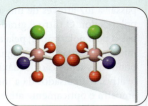

Quando a imagem no espelho de (c) gira 180° em torno do eixo vertical B–D, ela é igual ao complexo (d).

(c) e (d) formam um par de enantiômeros.

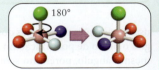

Teste 9C.4A Repita o Exemplo 9C.2 para os seguintes complexos:

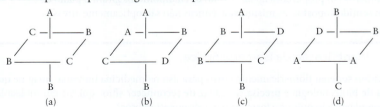

[**Resposta:** (a) Não é quiral; (c) quiral; (b, d) quiral e par de enantiômeros]

Teste 9C.4B Repita o Exemplo 9C.2 para os seguintes complexos:

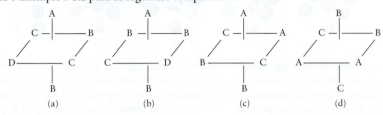

Exercícios relacionados 9C.17 e 9C.18

As variedades de isomeria estão resumidas na Figura 9C.4. Os isômeros ópticos giram o plano da luz em sentidos opostos.

O que você aprendeu com este tópico?

Você aprendeu a nomear os compostos de coordenação formados por metais do grupo d e viu como a organização tridimensional de ligantes em torno de um átomo metálico central resulta em isômeros estruturais e estereoisômeros.

Os conhecimentos que você deve dominar incluem a capacidade de:

☐ **1.** Dar o nome e escrever as fórmulas dos complexos de metais d (Caixa de Ferramentas 9C.1 e Exemplo 9C.1).

☐ **2.** Identificar os pares de ionização, as ligações, os hidratos, a coordenação, os isômeros geométricos e ópticos (Testes 9C.2 e 9C.3 e Exemplo 9C.2).

Tópico 9C Exercícios

9C.1 Nomeie os seguintes íons complexos e determine o número de oxidação do metal: (a) $[Fe(CN)_6]^{4-}$; (b) $[Co(NH_3)_6]^{3+}$; (c) $[Co(CN)_5(OH_2)]^{2-}$; (d) $[Co(NH_3)_5(SO_4)]^+$.

9C.2 Nomeie os seguintes íons complexos e determine o número de oxidação do metal: (a) $[CrCl_3(NH_3)_2(OH_2)]^+$; (b) $[Rh(en)_3]^{3+}$; (c) $[Fe(Br)_4(ox)]^{3-}$; (d) $[Ni(OH)(OH_2)_5]^{2+}$.

9C.3 Use as informações da Tabela 9C.1 para escrever as fórmulas de cada um dos seguintes complexos de coordenação:
(a) hexacianetocromato(III) de potássio
(b) cloreto de pentaaminassulfatocobalto(III)
(c) brometo de tetraaminadiaquacobalto(III)
(d) bisoxalato(diaqua)ferrato(III) de sódio

9C.4 Use as informações da Tabela 9C.1 para escrever as fórmulas de cada um dos seguintes complexos de coordenação:
(a) hidróxido de triaminadiaquabrometocobalto(II)
(b) brometo de diclrotetobisetilenodiaminacobalto(III)
(c) triaminotricloretoniquelato(II) de sódio
(d) tris(oxalato)ferrato(III) de bário
(e) iodeto de diaquadricloretoplanino(IV)

9C.5 Quais dos seguintes ligantes podem ser polidentados? Se o ligante puder ser polidentado, dê o número máximo de posições que podem ser usadas simultaneamente na ligação com um único metal central: (a) $HN(CH_2CH_2NH_2)_2$; (b) CO_3^{2-}; (c) H_2O; (d) oxalato.

9C.6 Quais dos seguintes ligantes podem ser polidentados? Se o ligante puder ser polidentado, dê o número máximo de posições do ligante que podem ser usadas simultaneamente na ligação com um único metal central: (a) íon cloreto; (b) íon cianeto; (c) íon etilenodiaminatetraacetato; (d) $N(CH_2CH_2NH_2)_3$.

9C.7 Quais dos seguintes isômeros do diaminobenzeno podem formar complexos quelantes? Explique seu raciocínio.

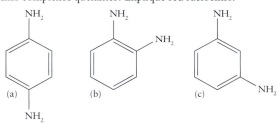

9C.8 Quais dos seguintes ligantes você espera que formem complexos quelantes? Explique seu raciocínio.

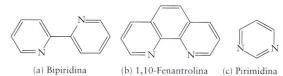

(a) Bipiridina (b) 1,10-Fenantrolina (c) Pirimidina

9C.9 Com a ajuda da Tabela 9C.1, determine o número de coordenação do íon de metal dos seguintes complexos: (a) $[NiCl_4]^{2-}$; (b) $[Ag(NH_3)_2]^+$; (c) $[PtCl_2(en)_2]^{2+}$; (d) $[Cr(edta)]^-$.

9C.10 Com a ajuda da Tabela 9C.1, determine o número de coordenação do íon de metal dos seguintes complexos: (a) $PtBr_2(NH_3)_2$; (b) $[Ni(en)_2I_2]^+$; (c) $[Co(ox)_3]^{3-}$; (d) $[Mn(CO)_5]^-$.

9C.11 Determine o tipo de isomeria estrutural que existe nos seguintes pares de compostos:
(a) $[Co(NH_3)_5(\underline{N}O_2)]Br_2$ e $[Co(NH_3)_5(\underline{O}NO)]Br_2$
(b) $[Pt(NH_3)_4(SO_4)](OH)_2$ e $[Pt(NH_3)_4(OH)_2]SO_4$
(c) $[CoCl(NC\underline{S})(NH_3)_4]Cl$ e $[CoCl(\underline{N}CS)(NH_3)_4]Cl$
(d) $[CrCl(NH_3)_5]Br$ e $[CrBr(NH_3)_5]Cl$

9C.12 Determine o tipo de isomeria estrutural que existe nos seguintes pares de compostos ou íons:
(a) $[Pt(OH_2)_4][PtCl_6]$ e $[PtCl_2(OH_2)_4][PtCl_4]$
(b) $[Cr(en)_3][Co(ox)_3]$ e $[Co(en)_3][Cr(ox)_3]$
(c) $[Fe(C\underline{N})(OH)_5]^{3-}$ e $[Fe(\underline{C}N)(OH)_5]^{3-}$
(d) $[CoBr_2(NH_3)_4]Br \cdot H_2O$ e $[CoBr(NH_3)_4(OH_2)]Br_2$

9C.13 Quais dos seguintes compostos de coordenação podem ter isômeros cis e trans? Se a isomeria existe, desenhe as duas estruturas e dê o nome dos compostos: (a) $[CoCl_2(NH_3)_4]Cl \cdot H_2O$; (b) $[CoCl(NH_3)_5]Br$; (c) $[PtCl_2(NH_3)_2]$, um complexo quadrado-planar.

9C.14 Quais dos seguintes compostos de coordenação podem ter isômeros cis e trans? Se a isomeria existe, desenhe as duas estruturas e dê o nome dos compostos: (a) $[Fe(OH)_2(OH_2)_4]^+$; (b) $[RuBr_2(NH_3)_4]^{2+}$; (c) $[Co(NH_3)_3(OH_2)_3]^{3+}$.

9C.15 Quantos isômeros são possíveis para $[Cr(NH_3)_5(NO_2)]Cl_2$? Considere todos os tipos de isomeria e desenhe todos os isômeros.

9C.16 Quantos isômeros são possíveis para [CoCl(NCS)(OH₂)₄]Cl·H₂O? Considere todos os tipos de isomeria e desenhe todos os isômeros.

9C.17 Algum dos seguintes complexos é quiral? Se ambos forem quirais, eles formam um par enantiomérico?

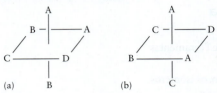

(a)   (b)

9C.18 Algum dos seguintes complexos é quiral? Se ambos forem quirais, eles formam um par enantiomérico?

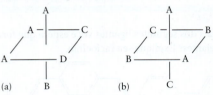

(a)   (b)

9C.19 A etilenodiamina (en) forma um complexo quelado com o Co³⁺, [Co(en)₃]³⁺. Este composto tem isômeros? Em caso afirmativo, de que tipo?

9C.20 Uma das estruturas do complexo octaédrico FeCl₂(NH₃)₃SCN é mostrada abaixo. Desenhe todos os isômeros possíveis deste complexo.

Tópico 9D A estrutura eletrônica dos complexos de metais de d

9D.1 A teoria do campo cristalino
9D.2 A série espectroquímica
9D.3 As cores dos complexos
9D.4 As propriedades magnéticas dos complexos
9D.5 A teoria do campo ligante

Quais são as principais características dos complexos formados por metais d? → Tópico **9C**: Os compostos de coordenação

Como os ligantes afetam as propriedades dos complexos? → Tópico **9D**: A estrutura eletrônica dos complexos de metais d

A *teoria do campo cristalino* foi desenvolvida para explicar a cor dos sólidos, particularmente o rubi, que deve sua cor aos íons Cr^{3+}, e depois foi adaptada para outros complexos. A teoria do campo cristalino é simples de aplicar e permite fazer uso de estimativas. Entretanto, ela não explica todas as propriedades dos complexos. Uma abordagem mais sofisticada, a *teoria do campo ligante*, baseia-se na teoria dos orbitais moleculares e dá explicações mais detalhadas.

9D.1 A teoria do campo cristalino

A teoria do **campo cristalino** usa uma visão muito simplificada do ambiente do átomo de metal (ou íon) central: ela supõe que cada ligante pode ser representado por uma carga pontual negativa. Essas cargas negativas representariam os pares de elétrons isolados dos ligantes, dirigidos para o átomo central de metal (Figura 9D.1). Como o átomo metálico no centro de um complexo normalmente é um íon com carga positiva, as cargas negativas representando os ligantes são atraídas por ele. Entretanto, em muitos casos, ainda existem elétrons d no íon de metal central, e as cargas pontuais que representam os ligantes interagem de maneiras diferentes com cada elétron, dependendo da orientação e da forma do orbital d que ele ocupa. A teoria do campo cristalino esclarece como essas diferenças explicam as propriedades ópticas e magnéticas do complexo.

Como um exemplo, considere um complexo d^1 octaédrico, contendo um íon Ti^{3+}. Em um íon Ti^{3+} livre, os cinco orbitais 3d têm a mesma energia, e o elétron d pode ocupar qualquer um deles. Entretanto, quando um íon Ti^{3+} dissolve em água, seis moléculas de H_2O o cercam e formam um complexo $[Ti(OH_2)_6]^{3+}$. As seis cargas pontuais que representam os ligantes ficam em lados opostos do íon de metal central ao longo dos eixos x, y e z. A Figura 9D.2 mostra que três desses orbitais (d_{xy}, d_{yz} e d_{zx}) têm seus lobos dirigidos para uma direção entre as cargas. Esses três orbitais d são chamados de **orbitais t_{2g}** na teoria do campo cristalino. Os outros dois orbitais (d_{z^2} e $d_{x^2-y^2}$), têm lobos que apontam diretamente para as cargas pontuais e são chamados de **orbitais e_g**. Como as cargas pontuais que representam os ligantes repelem os elétrons dos orbitais d, a energia do elétron d aumenta quando o complexo se

Por que você precisa estudar este assunto? Duas das propriedades mais notáveis dos complexos formados por elementos do bloco d são a ampla variedade de cores e o magnetismo. Os dois atributos e a relação que existe entre eles são explicados por duas teorias sobre a estrutura eletrônica destes compostos.

Que conhecimentos você precisa dominar? Este tópico requer o conhecimento sobre as configurações eletrônicas de átomos e íons (Tópicos 1E e 2A). A teoria dos orbitais moleculares (Tópico 2G) desempenha papel importante no final da seção.

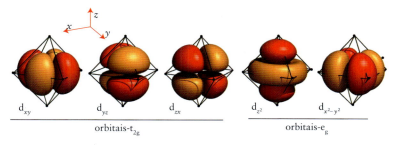

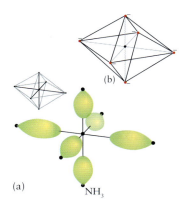

FIGURA 9D.2 Em um complexo octaédrico com um átomo ou íon central de metal d, um orbital d_{xy} se dirige para um ponto entre dois ligantes, e um elétron que o ocupa tem energia relativamente baixa. O mesmo abaixamento de energia ocorre para os orbitais d_{yz} e d_{zx}. Um orbital d_{z^2} se dirige para dois ligantes e um elétron que o ocupa tem energia relativamente alta. O mesmo aumento de energia ocorre para um elétron $d_{x^2-y^2}$.

FIGURA INTERATIVA 9D.2

FIGURA 9D.1 Na teoria do campo cristalino dos complexos, os pares isolados de elétrons (a) que servem de sítios de bases de Lewis nos ligantes são tratados (b) como cargas pontuais negativas.

As denominações t_{2g} e e_g são derivadas da teoria de grupos, a teoria matemática da simetria. A letra g indica que o orbital, não muda de sinal quando você parte de qualquer ponto, passa pelo núcleo e termina no ponto correspondente do outro lado do núcleo.

A teoria do campo ligante também é chamada de "desdobramento do campo cristalino".

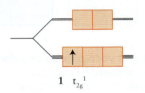

1 t_{2g}^{1}

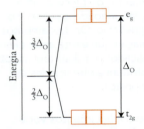

FIGURA 9D.3 Níveis de energia dos orbitais d em um complexo octaédrico com um desdobramento do campo ligante Δ_O. A linha horizontal à esquerda representa a energia média dos orbitais d no momento da formação do complexo. As linhas à direita mostram a modificação das energias devido à interação diferente com os ligantes. Cada orbital, representado por uma caixa, pode acomodar dois elétrons.

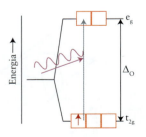

FIGURA 9D.4 Quando um complexo é exposto à luz de frequência adequada, um elétron pode ser excitado para um orbital de energia mais alta, e um fóton de luz é absorvido.

O subscrito "g" não é usado para identificar os orbitais em um complexo tetraédrico porque não há centro de simetria (que também é chamado de "centro de inversão").

forma, mas aumenta mais se ele ocupar um orbital e_g do que se ocupar um orbital t_{2g}. Normalmente a diferença de energia dos elétrons nos orbitais t_{2g} e e_g só explica cerca de 10% da energia total de interação entre o íon central e seus ligantes, mas é o fator mais importante na determinação das propriedades ópticas e magnéticas do complexo.

A separação das energias entre os dois conjuntos de orbitais é chamada de **desdobramento do campo ligante**, Δ_O (O indica octaedro). Os três orbitais t_{2g} têm energia $\frac{2}{5}\Delta_O$ vezes abaixo da energia média dos orbitais d no complexo, e os dois orbitais e_g têm energia $\frac{3}{5}\Delta_O$ vezes acima da média (Figura 9D.3). Como os orbitais t_{2g} têm a energia menor, no estado fundamental do complexo $[Ti(OH_2)_6]^{3+}$ o elétron ocupa um deles, de preferência a um dos orbitais e_g, e, então, a configuração de menor energia do elétron no complexo é t_{2g}^{1}. Essa configuração do estado fundamental está representada no diagrama de caixas em (**1**).

O único elétron d do complexo octaédrico $[Ti(OH_2)_6]^{3+}$ pode ser excitado do orbital t_{2g} para um dos orbitais e_g se absorver um fóton de energia Δ_O (Figura 9D.4). Quanto maior for o desdobramento, mais curto o comprimento de onda da radiação eletromagnética absorvida pelo complexo. Portanto, o comprimento da radiação eletromagnética absorvida por um complexo pode ser usado para determinar o desdobramento do campo ligante.

EXEMPLO 9D.1 Determinação do desdobramento do campo ligante

Você é um cientista que investiga os complexos de titânio para uso no revestimento fotoativo de janelas autolimpantes. Estas películas conseguem oxidar materiais orgânicos (isto é, a sujeira) com base na exposição à luz, mantendo uma superfície limpa. A energia do estado estacionário precisa ser alta para ser útil nessa aplicação, e você deve calcular a energia do estado excitado de um desses materiais potencialmente úteis. O complexo $[Ti(OH_2)_6]^{3+}$ absorve luz de comprimento de onda 510. nm. Qual é o desdobramento do campo ligante do complexo em quilojoule por mol ($kJ \cdot mol^{-1}$)?

PLANEJE Como a energia do fóton é $h\nu$, em que h é a constante de Planck e ν (ni) é a frequência da radiação, ele pode ser absorvido se $h\nu = \Delta_O$. O comprimento de onda, λ (lambda), da luz está relacionado com a frequência pela Equação 1 do Tópico 1A ($\lambda = c/\nu$, onde c é a velocidade da luz). Assim, o comprimento de onda da luz absorvida e o desdobramento do campo ligante estão relacionados por $\Delta_O = hc/\lambda$. Para descrever o desdobramento do campo ligante como energia molar multiplique essa expressão pela constante de Avogadro: $\Delta_O = N_A hc/\lambda$.

RESOLVA Como o comprimento de onda absorvido é 510. nm (correspondente a $5{,}10 \times 10^{-7}$ m), segue-se que o desdobramento do campo ligante é

De $\Delta_O = N_A hc/\lambda$,

$$\Delta_O = \frac{\overbrace{6{,}022 \times 10^{23}\ mol^{-1}}^{N_A} \times \overbrace{6{,}626 \times 10^{-34}\ J \cdot s}^{h} \times \overbrace{2{,}998 \times 10^{8}\ m \cdot s^{-1}}^{c}}{\underbrace{5{,}10 \times 10^{-7}\ m}_{\lambda}}$$

$$= 2{,}35 \times 10^{5}\ J \cdot mol^{-1} = 235\ kJ \cdot mol^{-1}$$

Teste 9D.1A O complexo $[Fe(OH_2)_6]^{3+}$ absorve luz de comprimento de onda 700. nm. Qual é o valor (em quilojoules por mol) do desdobramento do campo ligante?

[*Resposta:* 171 $kJ \cdot mol^{-1}$]

Teste 9D.1B O complexo $[Fe(CN)_6]^{4-}$ absorve luz de comprimento de onda 305 nm. Qual é o valor (em quilojoules por mol) do desdobramento do campo ligante?

Exercícios relacionados 9D.5 e 9D.6

As energias relativas dos orbitais d são diferentes em complexos de formas diferentes. Por exemplo, em um complexo tetraédrico, os três orbitais t_2 apontam mais diretamente para os ligantes do que os orbitais e. Em consequência, em um complexo tetraédrico, os orbitais t_2 têm energia maior do que os orbitais e (Figura 9D.5). O desdobramento do campo ligante, Δ_T (em que T indica tetraédrico), é geralmente menor do que nos complexos octaédricos, em parte porque existem menos ligantes a se repelir.

FIGURA 9D.5 Níveis de energia dos orbitais d em um complexo tetraédrico com o desdobramento de campo ligante Δ_T. Cada caixa (isto é, orbital) pode acomodar dois elétrons.

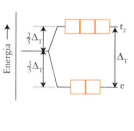

PONTO PARA PENSAR

Em que grupos você acha que os orbitais d estão desdobrados em um complexo quadrado-planar?

Nos complexos octaédricos, os orbitais e_g (d_{z^2} e $d_{x^2-y^2}$) têm energia maior do que os orbitais t_{2g} (d_{xy}, d_{yz} e d_{zx}). O oposto é verdadeiro para os complexos tetraédricos, nos quais o desdobramento do campo ligante é menor.

9D.2 A série espectroquímica

Os diferentes ligantes afetam os orbitais d de um determinado átomo ou íon de metal em graus diferentes e, assim, produzem diferentes desdobramentos do campo ligante. Por exemplo, o desdobramento do campo ligante é muito maior no $[Fe(CN)_6]^{4-}$ do que no $[Fe(OH_2)_6]^{2+}$. As energias relativas dos desdobramentos produzidos por um determinado ligante são aproximadamente as mesmas, independentemente da identidade do metal d do complexo. Os ligantes podem ser arranjados em uma **série espectroquímica**, de acordo com as grandezas relativas dos desdobramentos de campo ligante que produzem (Figura 9D.6). Os ligantes que aparecem abaixo da linha horizontal da Figura 9D.6 provocam um desdobramento pequeno do campo ligante e, por isso, são chamados de **ligantes de campo fraco**. Os que estão acima da linha horizontal produzem um desdobramento maior do campo ligante e são chamados de **ligantes de campo forte**. O íon CN^- é, portanto, conhecido como um ligante de campo forte, enquanto a molécula H_2O é descrita como um ligante de campo fraco.

O conhecimento das energias relativas dos ligantes permite explicar a cor e o magnetismo de um íon complexo. Em um átomo isolado de metal, os cinco orbitais d têm a mesma energia. Os elétrons devem, portanto, ocupar cada orbital separadamente (regra de Hund, Tópico 1E) até que os cinco elétrons estejam acomodados. Quando, porém, um átomo é parte de um complexo, a diferença de energia entre os orbitais t_{2g} e e_g afeta a ordem de preenchimento dos orbitais. A substituição de um ligante por outro nos dá um controle químico sobre a cor, porque os ligantes controlam a diferença de energia entre os orbitais t_{2g} e e_g. A substituição de ligantes de campo fraco por ligantes de campo forte (ou vice-versa) age como uma chave química para ligar e desligar o paramagnetismo, porque o valor do desdobramento do campo ligante determina os orbitais d que estão ocupados e, portanto, esclarece o número de elétrons emparelhados.

Considere, primeiramente, o átomo ou íon de metal do centro de um complexo octaédrico. As energias dos orbitais d são desdobradas pelos ligantes, como se pode ver na Figura 9D.3. Os três orbitais t_{2g} têm a mesma energia e ficam abaixo dos dois orbitais e_g. O único elétron de um complexo d^1 ocupa um dos orbitais t_{2g}, e a configuração do estado fundamental é t_{2g}^1 (veja **1**). Os dois elétrons de um complexo d^2 ocupam orbitais t_{2g} separados e dão origem à configuração t_{2g}^2 (**2**). Do mesmo modo, um complexo d^3 deve ter a configuração de estado fundamental t_{2g}^3 (**3**). De acordo com a regra de Hund, esses elétrons devem ter spins paralelos, porque esse arranjo corresponde à energia mais baixa.

Um complexo octaédrico d^4 apresenta um problema. O quarto elétron pode entrar em um orbital t_{2g}, resultando na configuração t_{2g}^4. Entretanto, para isso, ele deveria entrar em um orbital que já está semipreenchido e enfrentaria a forte repulsão do elétron já instalado (**4**). Para evitar essa repulsão, ele poderia ocupar um orbital e_g vazio, dando a configuração $t_{2g}^3 e_g^1$ (**5**), mas agora enfrentaria a forte repulsão dos ligantes. A configuração de menor energia dentre essas duas depende dos ligantes presentes. Se Δ_O é grande (como no caso dos ligantes de campo forte), a diferença de energia entre os orbitais t_{2g} e e_g é grande, e a configuração t_{2g}^4 terá energia menor do que a configuração $t_{2g}^3 e_g^1$. Se Δ_O é pequeno (como no caso dos ligantes de campo fraco), $t_{2g}^3 e_g^1$ será a configuração de menor energia e será adotada pelo complexo.

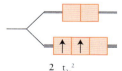

2 t_{2g}^2

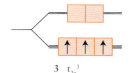

3 t_{2g}^3

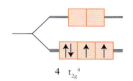

4 t_{2g}^4

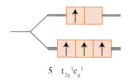

5 $t_{2g}^3 e_g^1$

Ligantes de campo forte

CN^-, CO

NO_2^-

en

NH_3

───────────

H_2O

ox

OH^-

F^-

SCN^-, Cl^-

Br^-

I^-

Ligantes de campo fraco

FIGURA 9D.6 Série espectroquímica. Os ligantes de campo forte dão origem a grandes desdobramentos entre os orbitais t_{2g} e os orbitais e_g, enquanto os ligantes de campo fraco dão origem somente a pequenos desdobramentos. A linha horizontal marca a fronteira aproximada entre as duas classes de ligantes. A intensidade crescente de cor representa o aumento da força do campo ligante.

Nota de boa prática Note que uma configuração com um único elétron em um orbital é escrita com um sobrescrito 1, como em $t_{2g}^3 e_g^1$, não $t_{2g}^3 e_g$.

EXEMPLO 9D.2 Determinação da configuração eletrônica de um complexo

Imagine que você trabalha em um laboratório de síntese de complexos de Mn e Fe. Você criou um novo ligante e precisa saber como ligantes de campo forte ou fraco afetam as propriedades de seu novo complexo. Determine a configuração eletrônica de um complexo octaédrico d^5 com (a) ligantes de campo forte e (b) ligantes de campo fraco, dando, em cada caso, o número de elétrons desemparelhados.

ANTECIPE (a) No caso dos ligantes de campo forte, os níveis de energia estão muito separados; por isso, você deve esperar que os elétrons se emparelhem nos orbitais de energia mais baixa, resultando em menos elétrons desemparelhados. (b) No caso dos ligantes de campo fraco, os níveis de energia estão mais próximos, logo você deve esperar que os elétrons ocupem todos os orbitais vazios, resultando no número máximo de elétrons desemparelhados.

PLANEJE Adicione elétrons aos orbitais de acordo com o princípio da construção, para obter a configuração de menor energia.

RESOLVA

(a) Como Δ_O é grande, todos os cinco elétrons entram em orbitais t_{2g} e quatro elétrons devem se emparelhar.

t_{2g}^5; 1 elétron desemparelhado

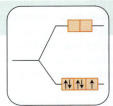

(b) Como Δ_O é pequeno, os cinco elétrons ocupam todos os cinco orbitais sem emparelhamento.

$t_{2g}^3 e_g^2$; 5 elétrons desemparelhados

AVALIE Como esperado, o número de elétrons desemparelhados é maior para ligantes de campo fraco do que para ligantes de campo forte.

Teste 9D.2A Determine as configurações eletrônicas e o número de elétrons desemparelhados de um complexo octaédrico d^6 com (a) ligantes de campo forte e (b) ligantes de campo fraco.

[**Resposta:** (a) t_{2g}^6, 0; (b) $t_{2g}^4 e_g^2$, 4]

Teste 9D.2B Prediga as configurações eletrônicas e o número de elétrons desemparelhados de um complexo octaédrico d^7 com (a) ligantes de campo forte e (b) ligantes de campo fraco.

Exercícios relacionados 9D.7 e 9D.8

A Tabela 9D.1 lista as configurações dos complexos octaédricos de d^1 até d^{10}, incluindo as configurações alternativas para os complexos octaédricos de d^4 a d^7. Um complexo d^N com o número máximo de elétrons desemparelhados é chamado de **complexo de spin alto**. Esperam-se complexos de spin alto para os ligantes de campo fraco porque os elétrons podem ocupar facilmente os orbitais t_{2g} e e_g, e, assim, o maior número de elétrons pode ter spins paralelos. Um complexo d^N com o número mínimo de elétrons desemparelhados é chamado de **complexo de spin baixo**. Os ligantes de campo forte induzem à formação de complexo de spin baixo, porque a energia necessária para atingir os orbitais e_g é alta e, por isso, os elétrons entram nos orbitais t_{2g} até completá-los totalmente, ainda que tenham de emparelhar seus spins. A série espectroquímica permite concluir que:

- Se os ligantes forem de campo forte, espere um complexo de spin baixo.
- Se os ligantes forem de campo fraco, espere um complexo de spin alto.

Os complexos tetraédricos são quase sempre de spin alto. Como os desdobramentos do campo ligante são menores para complexos tetraédricos em relação aos octaédricos, ainda que os ligantes sejam classificados como ligantes de campo forte para complexos octaédricos, o desdobramento é tão pequeno no complexo tetraédrico correspondente que os orbitais t_2 são energeticamente acessíveis.

TABELA 9D.1 Configuração eletrônica dos complexos d^N

Número de elétrons d, d^N	Configuração		
	Complexos octaédricos		Complexos tetraédricos
d^1		t_{2g}^1	e^1
d^2		t_{2g}^2	e^2
d^3		t_{2g}^3	$e^2 t_2^1$
	Spin baixo	Spin alto	
d^4	t_{2g}^4	$t_{2g}^3 e_g^1$	$e^2 t_2^2$
d^5	t_{2g}^5	$t_{2g}^3 e_g^2$	$e^2 t_2^3$
d^6	t_{2g}^6	$t_{2g}^4 e_g^2$	$e^3 t_2^3$
d^7	$t_{2g}^6 e_g^1$	$t_{2g}^5 e_g^2$	$e^4 t_2^3$
d^8		$t_{2g}^6 e_g^2$	$e^4 t_2^4$
d^9		$t_{2g}^6 e_g^3$	$e^4 t_2^5$
d^{10}		$t_{2g}^6 e_g^4$	$e^4 t_2^6$

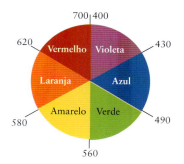

FIGURA 9D.7 Em uma roda das cores, a cor da luz absorvida é a oposta da cor percebida. Por exemplo, um complexo que absorve luz laranja parece azul ao olho.

As configurações eletrônicas dos átomos ou íons de metal do bloco d em complexos são obtidas pela aplicação do princípio da construção aos orbitais d, levando em conta a energia do desdobramento do campo ligante. A série espectroquímica resume as energias relativas dos desdobramentos do campo ligante.

9D.3 As cores dos complexos

A luz branca é uma mistura de todos os comprimentos de onda da radiação eletromagnética entre cerca de 400 nm (violeta) e cerca de 700 nm (vermelho). Quando alguns desses comprimentos de onda são removidos do feixe de luz branca que passa através de uma amostra, a luz que passa não é mais branca. Por exemplo, se a luz vermelha é retirada da luz branca por absorção, a luz que resta é de cor verde. Se a luz verde é removida, a luz que aparece é vermelha. O vermelho e o verde são chamados de **cores complementares** uma da outra – cada uma é a cor que permanece depois que a outra é removida (Figura 9D.7).

A roda de cores mostrada na ilustração pode ser usada para sugerir a faixa de comprimento de onda na qual um complexo tem absorção significativa (não necessariamente absorção máxima). Se uma substância parece azul (como no caso da solução de sulfato de cobre(II), por exemplo), é porque ela está absorvendo a luz laranja (580–620 nm). Igualmente, com base no comprimento de onda (e, portanto na cor) da luz absorvida pela substância, é possível predizer a cor da substância pela cor complementar na roda das cores. Como o [Ti(OH$_2$)$_6$]$^{3+}$ absorve luz em 510 nm, que é a luz amarelo-esverdeada, o complexo aparece violeta (Figura 9D.8).

FIGURA 9D.8 Como [Ti(OH$_2$)$_6$]$^{3+}$ absorve a luz amarelo-esverdeada (de comprimentos de onda próximos a 510 nm), ele parece violeta sob a luz branca. (©1994 Richard Megna–Fundamental Photographs.)

PONTO PARA PENSAR

Que cor tem um complexo que absorve as luzes violeta e azul?

Como os ligantes de campo fraco levam a pequenos desdobramentos, os complexos que eles formam absorvem radiação de baixa energia e alto comprimento de onda. As radiações de alto comprimento de onda correspondem à luz vermelha e, por isso, esses complexos têm cores próximas do verde. Como os ligantes de campo forte levam a grandes desdobramentos, os complexos que eles formam absorvem radiação de alta energia e baixo comprimento de onda que corresponde ao violeta, no final do espectro visível. Espera-se que esses complexos tenham cores próximas do laranja e do amarelo (Figura 9D.9).

As cores descritas têm origem nas **transições d-d**, nas quais um elétron é excitado de um orbital d para outro orbital d. Outro tipo de origem das cores em complexos formados por metais do grupo d é **transição de transferência de carga**, na qual um elétron é excitado do ligante para o átomo de metal ou vice-versa. As transições de transferência de carga são, com frequência, muito intensas e a causa mais comum das cores dos complexos de metais d, como na transição responsável pela cor púrpura intensa dos íons permanganato, MnO$_4^-$ (Figura 9D.10).

FIGURA 9D.9 Efeito da cor no complexo após a inserção de ligantes com forças de campo ligante nos complexos octaédricos de níquel(II) em solução aquosa (da esquerda para a direita): [Ni(OH$_2$)$_6^{2+}$], [Ni(NH$_3$)$_6^{2+}$] e [Ni(en)$_3^{2+}$]). (©1994 Richard Megna–Fundamental Photographs.)

A absorbância também é chamada de "densidade óptica". O nome antigo do coeficiente de absorção molar é "coeficiente de extinção".

A absorção da luz visível por complexos formados pelos metais do grupo d pode ser usada para medir suas concentrações, usando-se um espectrômetro (ver a *Técnica Principal 2* no hotsite deste livro http://apoio.grupoa.com.br/atkins7ed).

Em determinado comprimento de onda, a **absorbância**, A, de uma solução é definida como o logaritmo comum (base 10) da razão entre a intensidade da luz incidente, I_0, e a intensidade da luz transmitida através da amostra, I (Figura 9D.11):

$$A = \log\left(\frac{I_0}{I}\right) \quad (1)$$

A solução é transferida para um tubo retangular transparente, chamado de "cubeta". A absorbância é proporcional ao caminho óptico da luz na solução, L, e à concentração molar do complexo, c (isto é, $A \propto Lc$). O coeficiente de proporcionalidade é expresso por ε (a letra grega épsilon) e é chamado de **coeficiente de absorção molar**:

$$A = \varepsilon L c \quad (2)$$

Essa relação normalmente é escrita em termos das intensidades, inserindo-se a definição de A e extraindo-se os antilogaritmos (10^x, neste caso) de ambos os lados, como

$$I = I_0 10^{-\varepsilon L c} \quad (3)$$

Essa forma da relação é denominada **Lei de Beer**. Ela mostra que a intensidade transmitida cai rapidamente com o caminho óptico: se este for duplicado, tem-se uma redução de 100 vezes na intensidade transmitida. O coeficiente de absorção molar é característico do composto e o comprimento de onda é típico da luz incidente.

FIGURA 9D.10 Em uma transição de transferência de carga do ligante para o metal, um elétron energeticamente excitado migra do ligante para o íon de metal central. Esse tipo de transição é responsável pela cor púrpura intensa do íon permanganato, MnO_4^-. (*Richard Megna/Fundamental Photographs.*)

FIGURA 9D.11 A absorbância de uma amostra com caminho óptico igual a L é $A = \log(I_0/I)$, onde I_0 e I são as intensidades das luzes incidente e transmitida, respectivamente.

EXEMPLO 9D.3 Determinação da constante de formação de um complexo de metais do grupo d

Você está analisando amostras de água de um córrego e precisa utilizar o vermelho intenso do $Fe(SCN)^{2+}$ para medir a concentração de Fe^{3+}. Você precisa conhecer a constante de formação (Tópico 6I) deste complexo para determinar a concentração de Fe^{3+}.

$$Fe^{3+}(aq) + SCN^-(aq) \longrightarrow Fe(SCN)^{2+}(aq) \qquad K_f = \frac{[Fe(SCN)^{2+}]}{[Fe^{3+}][SCN^-]}$$

O coeficiente de absorção molar, ε, do $Fe(SCN)^{2+}$ a 457 nm é $4{,}8 \times 10^3$ L·mol^{-1}·cm^{-1}. Uma solução é preparada com concentrações iniciais iguais a 0,30 e 0,20 mmol·L^{-1} em Fe^{3+} e SCN^-, respectivamente. A solução vermelha resultante tem absorbância de 0,0474 em 457 nm em uma cubeta com 1,00 cm de caminho óptico. Determine a constante de formação, K_f, do $Fe(SCN)^{2+}$.

PLANEJE Construa uma tabela de equilíbrio como descrita na Caixa de Ferramentas 5H.1 e use a lei de Beer para encontrar a concentração de $Fe(SCN)^{2+}$ no equilíbrio. Resolva para as concentrações de equilíbrio do Fe^{3+} e do SCN^- e insira na expressão do equilíbrio para determinar K_f.

RESOLVA

Primeiro, elabore uma tabela de equilíbrio com todas as concentrações dadas em milimols por litro.

	Fe^{3+}	SCN^-	$Fe(SCN)^{2+}$
Concentração inicial	0,30	0,20	0
Mudança na concentração	$-x$	$-x$	$+x$
Concentração no equilíbrio	$0{,}30 - x$	$0{,}20 - x$	x

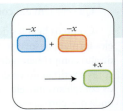

Determine a concentração do equilíbrio do $Fe(SCN)^{2+}$ usando a Equação 2 na forma $c = A/L\varepsilon$.

$$c = \frac{0{,}0474}{(1{,}00 \text{ cm}) \times (4{,}8 \times 10^3 \text{ mol}^{-1}\cdot\text{L}\cdot\text{cm}^{-1})}$$

$$= 9{,}87\ldots \times 10^{-6} \text{ mol}\cdot\text{L}^{-1} = 0{,}009\,87\ldots \text{ mmol}\cdot\text{L}^{-1}$$

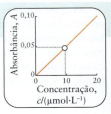

Este valor, com base na tabela de equilíbrio, é também o valor de x (da terceira coluna, fileira inferior).

A partir da fileira inferior da tabela de equilíbrio, tem-se que

$$[Fe^{3+}] = 0,30 - 0,009\,87\ldots \text{ mmol·L}^{-1} = 0,29 \text{ mmol·L}^{-1}$$
$$= 2,9 \times 10^{-4} \text{ mol·L}^{-1}$$
$$[SCN^-] = 0,20 - 0,009\,87\ldots \text{ mmol·L}^{-1} = 0,19 \text{ mmol·L}^{-1}$$
$$= 1,9 \times 10^{-4} \text{ mol·L}^-$$
$$[Fe(SCN)^{2+}] = 0,009\,87\ldots \text{ mmol·L}^{-1} = 9,87\ldots \times 10^{-6} \text{ mol·L}^{-1}$$

Insira os valores numéricos das concentrações de equilíbrio na expressão do equilíbrio e avalie K_f.

$$K_f = \frac{9,87\ldots \times 10^{-6}}{(2,9 \times 10^{-4}) \times (1,9 \times 10^{-4})} = 180$$

Teste 9D.3A As concentrações das soluções do íon permanganato, que é púrpura, são frequentemente determinadas pela via espectrofotométrica. Se uma célula com caminho óptico igual a 1,00 cm contendo uma solução de KMnO$_4$ tem absorbância igual a 0,398 a 535 nm, calcule a concentração de MnO$_4^-$ sabendo que o coeficiente de absorção molar a 525 nm é 2.455 L·mol^{-1}·cm^{-1}.

[***Resposta:*** $[MnO_4^-] = 0,162$ mmol·L^{-1}]

Teste 9D.3B Calcule o coeficiente de absorção molar da oxihemoglobina humana se uma solução 4,15 µmol·L^{-1} colocada em uma cubeta com caminho óptico igual a 1,00 cm tem absorbância igual a 0,531 a 415 nm.

Exercícios relacionados 9D.11 e 9D.12

Segundo a Equação 2, um gráfico de absorbância *vs.* concentração molar do complexo é uma linha reta com inclinação εL. Portanto, ε pode ser determinado para o comprimento de onda usado. Conhecendo-se ε, a absorbância medida de uma solução pode ser usada para determinar a concentração de uma espécie em uma amostra. Esta técnica, denominada **espectrofotometria**, é amplamente usada na química analítica.

> *Nos complexos, as transições entre os orbitais d ou entre os ligantes e o átomo de metal dão origem à cor; os comprimentos de onda podem ser correlacionados com a magnitude do desdobramento do campo ligante. A absorbância de um composto em solução é proporcional à sua concentração molar. A lei de Beer pode ser usada para se determinar a concentração de solutos.*

9D.4 As propriedades magnéticas dos complexos

Uma substância com elétrons desemparelhados é paramagnética e é atraída por um campo magnético (Quadro 2G.2). Uma substância sem elétrons desemparelhados é diamagnética e é empurrada para fora do campo magnético. Muitos complexos de metais d têm elétrons d desemparelhados e, portanto, são paramagnéticos. Como um complexo d^N com spin alto tem mais elétrons desemparelhados do que um complexo d^N com spin baixo, um complexo de spin alto é mais fortemente paramagnético do que um complexo com spin baixo com o mesmo número de elétrons d. Para ser de spin alto ou baixo, um complexo depende dos ligantes presentes. Os ligantes de campo forte d^4 a d^7 criam uma grande diferença de energia e, por isso, tendem a ter spin lento, sendo portanto ligeiramente paramagnéticos ou diamagnéticos (Figura 9D.12). Os complexos de d^4 a d^7 de ligantes de campo fraco têm uma diferença de energia muito pequena entre os orbitais t$_{2g}$ e e$_g$; por essa razão, normalmente têm spin alto e são fortemente paramagnéticos.

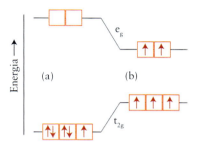

FIGURA 9D.12 (a) Um ligante de campo forte provavelmente dará origem a um complexo de spin baixo (neste caso, a configuração é a do Fe^{3+}). (b) A substituição por ligantes de campo fraco provavelmente dará origem a um complexo de spin alto.

> *As propriedades magnéticas de um complexo dependem da grandeza do desdobramento do campo ligante. Ligantes de campo forte tendem a formar complexos de spin baixo e fracamente paramagnéticos, e ligantes de campo fraco tendem a formar complexos de spin alto e fortemente paramagnéticos.*

EXEMPLO 9D.4 Determinação das propriedades magnéticas de um complexo

Você é um engenheiro que estuda materiais para a produção de discos rígidos de computadores e precisa avaliar as propriedades magnéticas dos complexos de ferro que investiga. Compare as propriedades magnéticas do $[Fe(OH_2)_6]^{2+}$ com as do $[Fe(CN)_6]^{4-}$.

ANTECIPE Como H_2O é um ligante de campo fraco, você deve esperar o número máximo de elétrons desemparelhados, logo o complexo deve ter spin alto e ser paramagnético. O íon CN^- é de campo forte, logo seus complexos devem ter spin baixo (e possivelmente são diamagnéticos).

PLANEJE Para predizer as propriedades magnéticas de um complexo, você precisa saber o número de elétrons do átomo ou íon central e a posição dos ligantes na série espectroquímica. Com base na série espectroquímica, descubra se os ligantes são de campo forte ou de campo fraco. Determine, então, se os complexos são de spin alto ou baixo.

RESOLVA

(a) Determine o número de elétrons d.

O íon Fe^{2+} é um íon d^6.

Classifique a força do ligante.

H_2O é um ligante de campo fraco.

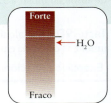

Para um ligante de campo fraco, prediga uma configuração de spin alto $t_{2g}^4 e_g^2$.

$[Fe(OH_2)_6]^{2+}$ terá quatro elétrons desemparelhados, portanto é paramagnético.

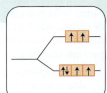

Classifique a força do ligante

CN^- é um ligante de campo forte.

Conforme observado acima, o Fe^{2+} é um íon d^6. Para um ligante de campo forte, prediga uma configuração de spin baixo t_{2g}^6.

$[Fe(CN)_6]^{4-}$ não terá elétrons desemparelhados, portanto é diamagnético.

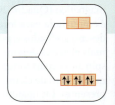

AVALIE Como esperado, o complexo aqua é paramagnético, e o complexo cianeto, diamagnético.

Teste 9D.4A Que mudança podemos esperar no campo magnético quando os ligantes NO_2^- de um complexo octaédrico são substituídos por ligantes Cl^- se o complexo é (a) d^6 ou (b) d^3?

[***Resposta:*** (a) O complexo torna-se paramagnético; (b) não há mudança nas propriedades magnéticas.]

Teste 9D.4B Compare as propriedades magnéticas do $[Ni(en)_3]^{2+}$ com as do $[Ni(OH_2)_6]^{2+}$.

Exercícios relacionados 9D.13, 9D.14, 9D.21 e 9D.22

9D.5 A teoria do campo ligante

A teoria do campo cristalino baseia-se em um modelo de ligação muito simples. Por exemplo, os ligantes não são cargas pontuais. Eles são moléculas ou íons. A teoria deixa, também, muitas perguntas sem resposta. Por que, por exemplo, uma molécula eletricamente neutra como o CO é um ligante de campo forte, mas um íon com carga negativa como o Cl^- é um ligante de campo fraco?

Para melhorar o modelo das ligações nos complexos, os químicos retomaram a teoria geral de ligação – a teoria dos orbitais moleculares (Tópico 2G). A **teoria do campo ligante** descreve as ligações nos complexos em termos de orbitais moleculares construídos com os orbitais d do átomo de metal e os orbitais dos ligantes. Ao contrário da teoria do campo cristalino, que utiliza cargas pontuais para modelar o complexo, a teoria do campo ligante utiliza, mais realisticamente, ligações covalentes entre os ligantes e o átomo ou íon central de metal. De modo geral, a descrição da teoria do campo cristalino pode ser usada na teoria do campo ligante. A grande diferença está na origem do desdobramento do campo ligante.

Para descrever a estrutura eletrônica de um complexo, os orbitais moleculares são construídos a partir dos orbitais atômicos disponíveis no complexo, exatamente como se ele fosse uma molécula. Por exemplo, imagine um complexo octaédrico de um metal d do Período 4, como o ferro, o cobalto ou o cobre. Todos os orbitais 4s, 4p e 3d do íon central de metal precisam ser considerados, porque esses orbitais têm energias semelhantes. Para simplificar a discussão, considere somente um orbital de cada um dos ligantes. Por exemplo, para um ligante Cl^-, use o orbital 3p do Cl dirigido para o metal; para um ligante NH_3, use o orbital sp^3 do par isolado do nitrogênio. Os seis orbitais ligantes do complexo octaédrico são representados pelos lobos em forma de lágrima da Figura 9D.13 Os orbitais têm simetria cilíndrica em relação ao eixo metal-ligante e, assim, estão preparados para formar orbitais σ.

Existem nove orbitais no átomo de metal e seis nos ligantes, somando 15 ao todo. Com isso, é possível construir 15 orbitais moleculares. Como veremos a seguir, seis são ligantes, seis são antiligantes e três são não ligantes. As energias desses orbitais estão na Figura 9D.14, juntamente aos nomes que lhes são comumente atribuídos. Observe na Figura 9D.14 que os orbitais t_{2g} do metal não têm companheiros nos ligantes: não há orbitais ligantes que combinem com eles. Assim, esses três orbitais são os orbitais não ligantes no complexo, e os orbitais e_g são antiligantes.

Sabemos que o princípio da construção é usado para descobrir a configuração do estado estacionário, como na discussão sobre as moléculas diatômicas (Tópico 2G). Primeiro, conte os elétrons disponíveis. Em um complexo d^N, existem N elétrons fornecidos pelo metal, e cada orbital ligante (uma base de Lewis) contribui com dois elétrons. Assim, 12 elétrons são fornecidos pelos ligantes, dando $12 + N$ elétrons no total. Os primeiros 12 elétrons preenchem os seis orbitais ligantes. Isso deixa N elétrons para serem acomodados nos orbitais não ligantes e antiligantes. Nesse ponto, é necessário observar que os próximos orbitais disponíveis (os que foram colocados dentro da moldura vermelha superior da Figura 9D.14) seguem exatamente no mesmo padrão que vimos na teoria do campo cristalino. A única diferença é que, na teoria do campo ligante, os orbitais t_{2g} são considerados orbitais não ligantes e os orbitais e_g são antiligantes entre o metal e os ligantes. Isto é,

- O desdobramento do campo ligante pode ser reconhecido como a energia de separação entre os orbitais não ligantes e antiligantes construídos a partir dos orbitais d.

Os quatro orbitais restantes são antiligantes de alta energia, ordinariamente inacessíveis aos elétrons.

A partir desse ponto, a análise é a mesma usada na teoria do campo cristalino. A ordem de preenchimento desses dois conjuntos de orbitais segue exatamente o mesmo raciocínio de antes e, da mesma forma, a discussão das propriedades ópticas e magnéticas. Se o desdobramento do campo ligante for grande, os orbitais t_{2g} serão ocupados primeiramente, e espera-se um complexo de spin baixo. Se o desdobramento do campo ligante for pequeno, os orbitais e_g serão ocupados antes do emparelhamento nos orbitais t_{2g}, e espera-se um complexo de spin alto.

Embora a teoria do campo ligante coloque a discussão dos orbitais moleculares em uma base mais firme, ela ainda não explicou todas as peculiaridades da teoria do campo cristalino. Em particular, por que CO é um ligante de campo forte? Por que Cl^- é um ligante de campo fraco, a despeito da carga negativa?

Este modelo pode ser refinado de maneira a acomodar estes pontos considerando-se os efeitos dos outros orbitais ligantes. Os orbitais moleculares foram construídos considerando-se apenas os orbitais ligantes que apontam diretamente para o átomo central e formaram combinações σ ligantes e antiligantes. Os ligantes têm, também, orbitais perpendiculares ao

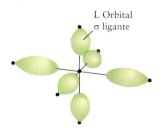

FIGURA 9D.13 Os objetos em forma de lágrima são representações dos orbitais atômicos ligantes usados para construir os orbitais moleculares na teoria do campo ligante. Eles podem representar orbitais s ou p dos ligantes, ou híbridos dos dois.

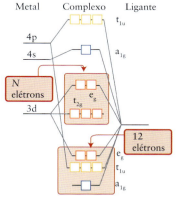

FIGURA 9D.14 Diagrama de níveis de energia dos orbitais moleculares de um complexo octaédrico. Os 12 elétrons fornecidos pelos ligantes preenchem os seis orbitais de menor energia, que são todos orbitais ligantes. Os N elétrons d fornecidos pelo átomo ou íon de metal são acomodados nos orbitais dentro da moldura mais alta. O desdobramento do campo ligante é a energia de separação entre os orbitais não ligantes (t_{2g}) e antiligantes (e_g) da caixa.

742 Tópico 9D A estrutura eletrônica dos complexos de metais de d

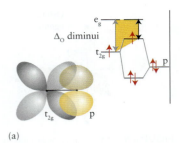

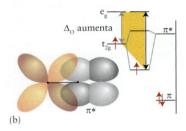

FIGURA 9D.15 Efeito da ligação sobre o desdobramento do campo ligante. (a) Neste caso, o orbital p ocupado do ligante tem energia próxima à dos orbitais t_{2g} do metal e eles se sobrepõem para formar combinações ligante e antiligante. O desdobramento do campo ligante se reduz. (b) Neste caso, o orbital antiligante π^* vazio tem energia próxima à dos orbitais t_{2g} do metal e eles se sobrepõem para formar combinações ligante e antiligante. Neste caso, o desdobramento do campo ligante aumenta.

eixo da ligação metal-ligante, os quais podem contribuir para a formação de orbitais π ligantes e antiligantes. Como se vê na Figura 9D.15, um orbital p do ligante perpendicular ao eixo de ligação metal-ligante pode se sobrepor a um dos orbitais t_{2g} para produzir dois novos orbitais moleculares, um ligante e um antiligante. A combinação ligante resultante tem energia menor do que a dos orbitais t_{2g} originais. A combinação antiligante tem energia mais alta.

Se o ligante é Cl^-, o orbital 3p do Cl que foi usado para construir o orbital π metal-ligante está completo. Ele fornece, então, dois elétrons, que ocupam a combinação ligante da ligação metal-ligante, como na Figura 9D.15a, por exemplo. Os N elétrons d fornecidos pelo metal devem ocupar o orbital π metal-ligante *antiligante*. Como esse orbital molecular tem energia maior do que a dos orbitais t_{2g} a partir dos quais ele se formou, o desdobramento do campo ligante é diminuído pela ligação π. Por que Cl^- é um ligante de campo fraco, a despeito da carga negativa?

Vamos, agora, supor que o ligante seja CO. O orbital que se sobrepõe aos orbitais t_{2g} do metal, nesse caso, tanto pode ser o orbital π completo como o orbital antiligante π^* vazio da molécula de CO. Acontece que este último orbital está mais próximo em energia dos orbitais do metal e, assim, tem papel dominante na formação da ligação com o metal, como na Figura 9D.15b. Não existem elétrons do ligante para acomodar, porque seu orbital π^* está vazio. Os N elétrons d entram, então, na combinação *ligante* da ligação metal-ligante. Como esse orbital molecular tem energia menor do que os orbitais t_{2g} originais, o desdobramento do campo ligante aumenta com a formação da ligação π, e CO é um ligante de campo forte, apesar de ser eletricamente neutro.

> *De acordo com a teoria do campo ligante, o desdobramento do campo ligante é a energia da separação entre os orbitais moleculares não ligantes e antiligantes, construídos principalmente a partir dos orbitais d. Quando a ligação π é possível, o desdobramento do campo ligante diminui se o ligante fornece elétrons π e aumenta se o ligante não fornece elétrons π.*

O que você aprendeu com este tópico?

Você viu como a teoria do campo cristalino e a teoria mais sofisticada do campo ligante podem ser usadas para explicar as configurações eletrônicas e as propriedades óticas e magnéticas de complexos formados por metais do grupo d. Você aprendeu que ligantes de campo forte geram complexos de spin baixo e que ligantes de campo fraco geram complexos de spin alto. Você também viu como determinar a constante de formação de um complexo formado por um metal do grupo d.

Os conhecimentos que você deve dominar incluem a capacidade de:

☐ **1.** Calcular o desdobramento do campo ligante a partir do comprimento de onda da luz absorvida por um complexo (Exemplo 9D.1).

☐ **2.** Usar a série espectroquímica para predizer o efeito de um ligante na cor, na configuração eletrônica e nas propriedades magnéticas de um complexo de metal d (Exemplos 9D.2 e 9D.4).

☐ **3.** Determinar a constante de formação de um complexo de metal do grupo d (Exemplo 9D.3).

☐ **4.** Descrever as ligações dos complexos de metal d em termos da teoria do campo ligante e explicar a classificação dos ligantes como de campo forte ou campo fraco (Seção 9D.5).

Tópico 9D Exercícios

9D.1 Determine o número de elétrons de valência (inclusive os elétrons d) de cada um dos seguintes íons de metal: (a) Ti^{2+}; (b) Tc^{2+}; (c) Ir^+; (d) Ag^+; (e) Y^{3+}; (f) Zn^{2+}.

9D.2 Determine o número de elétrons de valência (inclusive os elétrons d) de cada um dos seguintes íons de metal: (a) Co^{2+}; (b) Mo^{4+}; (c) Ru^{4+}; (d) Pt^{2+}; (e) Os^{3+}; (f) V^{3+}.

9D.3 Desenhe um diagrama de níveis de energia de orbitais (como os das Figuras 9D.3 e 9d.5) mostrando a configuração dos elétrons d sobre o íon de metal nos seguintes complexos: (a) $[Co(NH_3)_6]^{3+}$; (b) $[NiCl_4]^{2-}$ (tetraédrico); (c) $[Fe(OH_2)_6]^{3+}$; (d) $[Fe(CN)_6]^{3-}$. Determine o número de elétrons desemparelhados de cada complexo.

9D.4 Desenhe um diagrama de níveis de energia de orbitais (como os das Figuras 9D.3 e 9d.5) mostrando a configuração dos elétrons d sobre o íon de metal nos seguintes complexos: (a) $[Zn(OH_2)_6]^{2+}$; (b) $[CoCl_4]^{2-}$ (tetraédrico); (c) $[Co(CN)_6]^{3-}$; (d) $[CoF_6]^{3-}$. Determine o número de elétrons desemparelhados de cada complexo.

9D.5 As soluções do íon $[V(OH_2)_6]^{3+}$ são verdes e absorvem a luz com comprimento de onda igual a 560 nm. Qual é o desdobramento do campo ligante do complexo em quilojoule por mol ($kJ \cdot mol^{-1}$)?

Tópico 9D Exercícios **743**

9D.6 As soluções do íon $[V(OH_2)_6]^{2+}$ são lilases e absorvem a luz com comprimento de onda igual a 806 nm. Qual é o desdobramento do campo ligante do complexo em quilojoule por mol ($kJ \cdot mol^{-1}$)?

9D.7 Os complexos (a) $[Co(en)_3]^{3+}$ e (b) $[Mn(CN)_6]^{3-}$ têm configuração eletrônica de spin baixo. Determine as configurações eletrônicas e o número de elétrons desemparelhados, se existirem, de cada complexo.

9D.8 Os complexos (a) $[RhF_6]^{3-}$ e (b) $[Ni(ox)_3]^{4-}$ têm configuração eletrônica de spin alto. Determine as configurações eletrônicas e o número de elétrons desemparelhados, se existirem, de cada complexo.

9D.9 Explique a diferença entre um ligante de campo fraco e um ligante de campo forte. Que medidas experimentais podem ser usadas para classificá-los?

9D.10 Descreva as mudanças que podem ocorrer nas propriedades dos compostos quando ligantes de campo fraco são substituídos por ligantes de campo forte.

9D.11 A concentração total de $[CoCl(en)_2SCN]^+$ *cis* e *trans* em uma solução pode ser estudada a 540 nm, onde ambos os isômeros têm $\varepsilon = 175$ $L \cdot mol^{-1} \cdot cm^{-1}$. Em um experimento, a absorbância de uma solução dos isômeros em uma cubeta com tamanho de caminho óptico igual a 1,00 cm foi 0,262 a 540 nm. Qual era a concentração total de $[CoCl(en)_2SCN]^+$ em solução?

9D.12 O teor de ferro presente no plasma sanguíneo pode ser medido reduzindo o elemento a Fe^{2+} e induzindo sua reação com a ferrozina, para formar $[Fe(ferrozina)_3]^{4-}$, um complexo púrpura com absorbância máxima de 562 nm. O coeficiente de absorção molar, ε, do complexo a 562 nm é $2,79 \times 10^4$ $L \cdot mol^{-1} \cdot cm^{-1}$. Uma solução do íon complexo tem absorbância de 0,703 em 562 nm em uma cubeta com caminho óptico igual a 2,00. Determine a concentração molar de $[Fe(ferrozina)_3]^{4-}$ na solução.

9D.13 Quando o íon paramagnético $[Fe(CN)_6]^{3-}$ é reduzido a $[Fe(CN)_6]^{4-}$, o íon torna-se diamagnético. Entretanto, quando o íon paramagnético $[FeCl_4]^-$ é reduzido a $[FeCl_4]^{2-}$, o íon permanece paramagnético. Explique essas observações.

9D.14 Quando o íon paramagnético $[Co(CN)_6]^{4-}$ é oxidado a $[Co(CN)_6]^{3-}$, o íon torna-se diamagnético. Entretanto, quando o íon paramagnético $[Co(ox)_3]^{4-}$ é oxidado a $[Co(ox)_3]^{3-}$, o íon permanece paramagnético. Explique essas observações.

9D.15 Dos dois complexos, (a) $[CoF_6]^{3-}$ e (b) $[Co(en)_3]^{3+}$, um é amarelo e o outro é azul. Identifique o complexo pela cor e explique sua escolha.

9D.16 Quais dos complexos, $[Cu(OH_2)_6]^{2+}$ ou $[Cu(Br)_6]^{4-}$, absorve em comprimento de onda maior?

9D.17 O $[Ni(NH_3)_6]^{2+}$ tem um desdobramento de campo ligante de 209 $kJ \cdot mol^{-1}$ e forma uma solução púrpura. Qual é o comprimento de onda e a cor da luz absorvida?

9D.18 O $[TiCl_6]^{3-}$ tem um desdobramento de campo ligante de 160. $kJ \cdot mol^{-1}$ e forma uma solução de cor laranja. Qual é o comprimento de onda e a cor da luz absorvida?

9D.19 O complexo $[Co(CN)_6]^{3-}$ é amarelo-pálido. (a) Quantos elétrons desemparelhados existem no complexo? (b) Se moléculas de NH_3 substituírem os íons cianeto como ligantes, o comprimento de onda da radiação absorvida será maior ou menor?

9D.20 Em uma solução em água, o solvente compete efetivamente com os íons brometo pela coordenação com os íons Cu^{2+}. O íon hexaaquacobre(II) é a espécie predominante em solução. Entretanto, na presença de grande quantidade de íons brometo, a solução torna-se violeta-escuro. Essa cor violeta é devido à presença de íons tetrabromocuprato(II), que são tetraédricos. Esse processo é reversível e, assim, a solução torna-se novamente azul ao ser diluída com água. (a) Escreva as fórmulas dos dois complexos do íon cobre(II) que se formam. (b) A mudança de cor de azul para violeta por diluição era esperada? Explique seu raciocínio.

9D.21 Aponte uma razão pela qual os íons $Zn^{2+}(aq)$ são incolores. Você esperaria que os compostos de zinco fossem paramagnéticos? Explique sua resposta.

9D.22 Sugira uma razão pela qual os compostos de cobre(II) normalmente são coloridos e os compostos de cobre(I) são incolores. Que números de oxidação dão compostos paramagnéticos?

9D.23 (a) Estime o desdobramento do campo ligante para (i) $[CrCl_6]^{3-}$ ($\lambda_{máx} = 740.$ nm), (ii) $[Cr(NH_3)_6]^{3+}$ ($\lambda_{máx} = 460.$ nm) e (iii) $[Cr(OH_2)_6]^{3+}$ ($\lambda_{máx} = 575$ nm), em que $\lambda_{máx}$ é o comprimento de onda da luz mais intensamente absorvida. (b) Arranje os ligantes em ordem crescente de força de campo ligante.

9D.24 (a) Estime o desdobramento do campo ligante para (i) $[CoF_6]^{3-}$ ($\lambda_{máx} = 700.$ nm), (ii) $[Co(NH_3)_6]^{3+}$ ($\lambda_{máx} = 435$ nm) e (iii) $[Co(OH_2)_6]^{3+}$ ($\lambda_{máx} = 540.$ nm), em que $\lambda_{máx}$ é o comprimento de onda da luz mais intensamente absorvida. (b) Arranje os ligantes em ordem crescente de força de campo ligante.

9D.25 Que orbitais d são usados para formar as ligações σ entre os íons de metal octaédricos e os ligantes?

9D.26 Que orbitais d são usados para formar as ligações π entre os íons de metal octaédricos e os ligantes?

9D.27 Os ligantes que podem interagir com um metal central com formação de ligações π são comumente chamados de *ácidos* π e *bases* π. A definição de ácidos π e bases π é semelhante à usada para a acidez de Lewis. Um ácido π é um ligante que pode aceitar elétrons usando orbitais do tipo π e uma base π doa elétrons usando orbitais do tipo π. (a) Com base nessas definições, classifique os seguintes ligantes como ácidos π ou bases π, ou nenhum deles: (i) CN^-; (ii) Cl^-; (iii) H_2O; (iv) en. (b) Coloque-os em ordem crescente de desdobramento do campo ligante.

9D.28 (a) Classifique os seguintes ligantes como ácidos π ou bases π, ou nenhum deles (veja o Exercício 9D.27): (i) NH_3; (ii) ox; (iii) F^-; (iv) CO. (b) Coloque-os em ordem crescente de desdobramento do campo ligante.

9D.29 A melhor descrição dos orbitais t_{2g} no $[Co(OH_2)_6]^{3+}$ é (a) ligante; (b) antiligante; ou (c) não ligante? Explique como você chegou a essa conclusão.

9D.30 A melhor descrição dos orbitais t_{2g} no $[Fe(CN)_6]^{3-}$ é (a) ligante; (b) antiligante; ou (c) não ligante? Explique como você chegou a essa conclusão.

9D.31 A melhor descrição dos orbitais e_g no $[Fe(OH_2)_6]^{3+}$ é (a) ligante; (b) antiligante; ou (c) não ligante? Explique como você chegou a essa conclusão.

9D.32 A melhor descrição dos orbitais t_{2g} no $[CoF_6]^{3-}$ é (a) ligante; (b) antiligante; ou (c) não ligante? Explique como você chegou a essa conclusão.

9D.33 Usando os conceitos da teoria do campo ligante, explique por que a água é um ligante de campo mais fraco do que a amônia.

9D.34 Use os conceitos da teoria do campo ligante para explicar por que a etilenodiamina é um ligante de campo mais fraco do que CO.

O exemplo e os exercícios a seguir baseiam-se no conteúdo do Foco 9.

FOCO 9 Exemplo cumulativo online

Você é um químico inorgânico interessado no impacto de diversos ligantes nas propriedades dos complexos de metais de transição. Para explorar as variações de forma sistemática, você preparou uma série de complexos octaedricamente coordenados de cobalto(III) na forma $[Co(NH_3)_5X]^{n+}$, onde X = Cl^-, NH_3, H_2O, NO_2^- e $\underline{N}O_2^-$. As soluções aquosas de cada composto foram preparadas, e o comprimento de onda de absorbância máxima, $\lambda_{máx}$, é dado abaixo.

Complexo	$\lambda_{máx}$/nm
$[CoCl(NH_3)_5]^{2+}$	530
$[Co(NH_3)_6]^{3+}$	475
$[Co(NH_3)_5OH_2]^{3+}$	495
$[Co(NH_3)_5\underline{O}NO]^{2+}$	485
$[Co(NH_3)_5\underline{N}O_2]^{2+}$	460

(a) Dê o nome do íon $[Co(NH_3)_5\underline{N}O_2]^{2+}$. (b) Calcule a energia de desdobramento do campo ligante de $[Co(NH_3)_5OH_2]^{2+}$. (c) Determine a cor de uma solução aquosa de $[Co(NH_3)_5\underline{O}NO]^{2+}$. (d) Com base nas informações dadas, coloque os ligantes (Cl^-, NH_3, H_2O, $\underline{N}O_2^-$ e $\underline{O}NO_2^-$) em ordem crescente de desdobramento do campo ligante. (e) Elabore o diagrama de desdobramento do campo cristalino de $[Co(NH_3)_6]^{3+}$ e indique se o complexo tem spin alto ou baixo e se é diamagnético ou paramagnético. (f) Que íons neste estudo podem ter impacto significativo no pH de uma solução aquosa?

 A solução deste exemplo está disponível, em inglês, no hotsite http://apoio.grupoa.com.br/atkins7ed

FOCO 9 Exercícios

9.1 O composto $Cr(OH)_3$ é muito pouco solúvel em água e, por isso, é necessário usar métodos eletroquímicos para determinar K_{ps}. Sabendo que a redução de $Cr(OH)_3(s)$ a $Cr(s)$ e íon hidróxido tem potencial padrão de redução igual a $-1,34$ V, calcule o produto de solubilidade de $Cr(OH)_3$.

9.2 O íon complexo $[Ni(NH_3)_6]^{2+}$ forma-se em uma solução 0,16 mol·L^{-1} de NH_3(aq) e 0,015 mol·L^{-1} de Ni^{2+}(aq). Se a constante de formação de $[Ni(NH_3)_6]^{2+}$ é $1,0 \times 10^9$, quais são as concentrações de equilíbrio?

9.3 (a) Desenhe todos os isômeros possíveis do complexo quadrado-planar $PtBrCl(NH_3)_2$ e nomeie cada isômero. (b) Como a existência desses isômeros pode ser usada para mostrar que o complexo é quadrado-planar e não tetraédrico?

9.4 Desenhe as estruturas dos isômeros de $CrBrClI(NH_3)_3$. Quais dos isômeros são quirais?

9.5 Sugira um teste químico para distinguir entre (a) $[Ni(SO_4)(en)_2]Cl_2$ e $[NiCl_2(en)_2]SO_4$; (b) $[NiI_2(en)_2]Cl_2$ e $[NiCl_2(en)_2]I_2$.

9.6 Complexos bipirâmide-trigonais em que o íon metálico é rodeado por cinco ligantes são mais raros do que os complexos octaédricos ou tetraédricos, mas muitos são conhecidos. Os compostos bipirâmide-trigonais de fórmula MX_3Y_2 têm isomeria? Caso positivo, que tipos de isomeria são possíveis?

9.7 (a) Desenhe os diagramas de nível de energia de orbital de $[MnCl_6]^{4-}$ e $[Mn(CN)_6]^{4-}$. (b) Quantos elétrons desemparelhados existem no complexo? (c) Que complexo absorve os comprimentos de onda mais longos da radiação eletromagnética incidente? Explique seu raciocínio.

9.8 (a) Que tipo de ligantes são, em geral, ligantes ácidos π (veja o Exercício 9D.27), os de campo forte ou os de campo fraco? (b) Que tipo de ligantes são, em geral, ligantes básicos π, os de campo forte ou os de campo fraco?

9.9 A estrutura trigonal prismática da ilustração já foi proposta para o complexo $[CoCl_2(NH_3)_4]$. Use o fato de que dois isômeros do complexo são conhecidos para descartar a estrutura prismática.

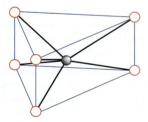

9.10 Uma estrutura planar hexagonal já foi proposta para o complexo $CrCl_3(NH_3)_3$. Use o fato de que dois isômeros do complexo são conhecidos para descartar a estrutura planar hexagonal.

9.11 Antes de as estruturas dos complexos octaédricos terem sido determinadas, foram usados muitos meios para explicar o fato de os íons de metais d poderem se ligar a um número maior de ligantes do que o esperado pelas suas cargas. Por exemplo, Co^{3+} pode ligar-se a seis ligantes, não somente a três. Uma teoria antiga tentava explicar esse comportamento postulando que somente três ligantes se uniriam ao íon de metal de carga +3, e os demais se ligariam a esses ligantes, formando cadeias de ligantes. Assim, o composto $[Co(NH_3)_6]Cl_3$, que agora sabemos ter estrutura octaédrica, poderia ser descrito como $Co(NH_3-NH_3-Cl)_3$. Mostre como a teoria das cadeias não é consistente com pelo menos duas propriedades dos compostos de coordenação.

Foco 9 Exercícios **745**

9.12 Quantos anéis de quelatos existem em (a) $[Ru(ox)_3]^{3-}$; (b) $[Fe(trien)]^{3+}$ (trien é trietilenotetraamina);(c) $[Cu(dien)_2]^{2+}$?

H_2N ⸺ trien ⸺ NH ⸺ NH ⸺ NH_2

H_2N ⸺ dien ⸺ NH ⸺ NH_2

9.13 Sugira que forma teria o diagrama de energia de orbitais de um complexo quadrado-planar com os ligantes no plano xy e discuta como aplicar o princípio da construção. *Sugestão:* O orbital d_{z^2} tem maior densidade eletrônica no plano xy do que os orbitais d_{zx} e d_{yz}, mas menor do que o orbital d_{xy}.

9.14 Os complexos de níquel(II) com ligantes de campo fraco, como o íon brometo, são octaédricos, mas os complexos de níquel(II) com ligantes de campo forte são quadrado-planares. Explique esses resultados. (Veja o Exercício 9.13.)

9.15 Em uma enzima que contém níquel, vários grupos de átomos da enzima formam um complexo com o metal, que está no estado de oxidação +2 e não tem elétrons desemparelhados. Qual é a geometria mais provável do complexo de Ni^{2+}: (a) octaedro; (b) tetraedro; (c) quadrado-planar (veja o Exercício 9.13)? Justifique sua resposta desenhando um diagrama de níveis de energia para o íon.

9.16 Existe correlação entre a energia do campo ligante dos íons halogeneto F^-, Cl^-, Br^- e I^- e a eletronegatividade dos halogênios? Caso positivo, essa correlação pode ser explicada pela teoria do campo ligante? Justifique sua resposta.

9.17 Um sal sólido rosa tem a fórmula $CoCl_3 \cdot 5NH_3 \cdot H_2O$. Quando $AgNO_3$ é adicionado a uma solução rosa que contém 0,0010 mol do sal, 0,43 g de AgCl precipita. O aquecimento do sal produz um sólido púrpura de fórmula $CoCl_3 \cdot 5NH_3$. (a) Escreva a fórmula correta e o nome do sal rosa. (b) Quando $AgNO_3$ é adicionado a uma solução que contém 0,0010 mol de $CoCl_3 \cdot 5NH_3$, 0,29 g de um sal púrpura de AgCl precipita. Qual é a fórmula correta e o nome do sal púrpura?

9.18 Dois químicos prepararam um complexo e determinaram sua fórmula, que escreveram como $[CrCl_3NH_3] \cdot 2H_2O$. Entretanto, quando eles dissolveram 2,11 g do composto em água e adicionaram excesso de nitrato de prata, ocorreu a precipitação de 2,87 g de AgCl. Eles perceberam que a fórmula estava incorreta. Escreva a fórmula correta do composto e desenhe sua estrutura, incluindo todos os possíveis isômeros.

9.19 Os modelos moleculares do complexo de irídio $IrCl(CO)$ $[P(C_6H_5)_3]_2$ (ChemSpider ID 21106488) podem ser encontrados na internet. (a) Examine a estrutura tridimensional e determine a geometria de coordenação do átomo de irídio. (b) Qual é o número de oxidação do átomo de irídio? (c) O composto tem isômeros? Em caso afirmativo, desenhe-os. Identifique os isômeros óticos.

9.20 A *cis*-platina é uma droga utilizada contra o câncer. (a) Qual é a fórmula e o nome sistemático do composto *cis*-platina? (b) Desenhe todos os isômeros possíveis do composto. Marque os isômeros opticamente ativos. (c) Qual é a geometria de coordenação do átomo de platina?

9.21 A concentração de íons Fe^{2+} em uma solução ácida pode ser determinada por uma titulação redox com $KMnO_4$ ou $K_2Cr_2O_7$. Os produtos de redução dessas reações são Mn^{2+} e Cr^{3+}, e, nos dois casos, o ferro é oxidado a Fe^{3+}. Em uma titulação de uma solução ácida de Fe^{2+}, 25,20 mL de uma solução 0,0210 M de $K_2Cr_2O_7(aq)$ foram necessários para completar a reação. Se a titulação tivesse sido feita com uma solução 0,0420 M de $KMnO_4(aq)$, que volume da solução de permanganato teria sido necessário para completar a reação?

9.22 A teoria do campo ligante prevê que tipos diferentes de íons de metais podem formar complexos mais estáveis com certos tipos de ligantes. Baseado no seu entendimento da teoria do campo ligante, determine os tipos de ligantes (de campo forte ou de campo fraco) que formariam os complexos mais estáveis com os primeiros metais de transição em seus estados de oxidação mais altos. Da mesma forma, determine os tipos de ligantes que formariam os complexos mais estáveis com os últimos metais do bloco d (aqueles colocados à direita no bloco) em seus menores estados de oxidação. Explique o raciocínio usado em suas escolhas.

9.23 Um grupo de químicos analisou um sal mineral verde encontrado no verniz de um pote antigo. Quando eles aqueceram o mineral, ele formou um gás incolor que passou a uma cor branca-leitosa. Quando eles dissolveram o mineral em ácido sulfúrico, formou-se o mesmo gás incolor e uma solução azul. Sugira uma fórmula possível para o composto e justifique sua conclusão.

9.24 Um químico analítico analisou um sal mineral amarelo encontrado no estúdio de um artista da Renascença. Quando ácido clorídrico foi adicionado, o mineral dissolveu e formou-se uma solução cor laranja. O sal original dissolveu em água para formar uma solução amarela. A adição de cloreto de bário a essa solução levou à precipitação de um sólido amarelo. O sólido foi filtrado e a água do filtrado foi eliminada por evaporação. O cloreto incolor resultante foi submetido a um teste de chama. Ele deu cor amarela brilhante à chama. Sugira uma fórmula possível para o composto e justifique sua conclusão.

9.25 Vanádio é usado na fabricação do aço porque forma V_4C_3, que aumenta a resistência do aço e diminui a fadiga. Ele se forma no aço pela adição de V_2O_5 ao minério de ferro enquanto ele está sendo reduzido pelo carbono durante o processo do refino. (a) Qual é o provável estado de oxidação do vanádio no V_4C_3? (b) Escreva a equação balanceada da reação de V_2O_5 com carbono para formar V_4C_3 e CO_2.

FOCO 9 Exercício cumulativo

9.26 A hemoglobina contém um grupo heme por subunidade. O grupo heme é um complexo de Fe^{2+} que coordena com os quatro átomos de N de um ligante porfirina, em arranjo quadrado-planar, e com um átomo de N de um resíduo histidina (veja a Tabela 11E.3) da subunidade. A molécula de hemoglobina transporta O_2 pelo corpo usando uma ligação entre O_2 e o íon Fe^{2+} no centro do grupo heme.

O íon Fe^{2+} de um grupo heme tem coordenação octaédrica com uma posição desocupada à qual pode se ligar um átomo de oxigênio. (Ver o Quadro 9C.1.)
(a) Desenhe a estrutura do grupo heme com o sexto sítio não coordenado.

(b) O heme, sem o oxigênio, é um complexo de spin alto do íon Fe^{2+}. Quando a molécula de oxigênio se liga ao íon Fe^{2+} como sexto ligante, o complexo resultante tem spin baixo. Prediga o número de elétrons desemparelhados em (i) o complexo sem oxigênio; (ii) o complexo com oxigênio.

(c) Outros compostos podem se ligar ao átomo de ferro, deslocando o oxigênio. Identifique quais das seguintes espécies não podem se ligar a um grupo heme e explique seu raciocínio: CO; Cl^-; BF_3; NO_2^-.

(d) A hemoglobina na forma oxigenada (HbO_2) e não oxigenada (Hb) ajuda a manter o pH do sangue em um nível ótimo.

A hemoglobina tem vários hidrogênios ácidos, mas a desprotonação mais importante é a primeira. Em 25°C, para a forma não oxigenada, $HbH(aq) + H_2O(l) \rightleftharpoons Hb^-(aq) + H_3O^+(aq)$ e $pK_{a1} = 6,62$. Para a forma oxigenada, $HbO_2H(aq) + H_2O(l) \rightleftharpoons HbO_2^-(aq) + H_3O^+$ e $pK_{a1} = 8,18$. Calcule a percentagem de cada forma da hemoglobina que é desprotonada no pH do sangue, 7,4.

(e) Use sua resposta da parte (d) para determinar como a oxigenação da hemoglobina afeta o pH do sangue. Em outras palavras, o pH aumenta, diminui ou permanece o mesmo quando mais moléculas de hemoglobina se oxigenam? Explique seu raciocínio.

A QUÍMICA NUCLEAR

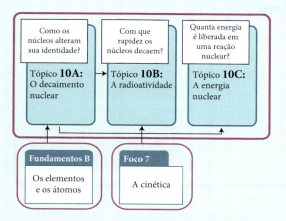

Na maior parte da química, o núcleo é um passageiro inerte, que transporta os elétrons responsáveis pelas mudanças químicas e físicas. Contudo, o núcleo tem uma estrutura interna e pode sofrer mudanças. As forças que unem os núcleons são tão intensas, que as mudanças sofridas pelo núcleo podem liberar grandes quantidades de energia. Os químicos exploram essas mudanças e estão profundamente envolvidos nas consequências de usá-las na geração de energia elétrica.

O **TÓPICO 10A** descreve os tipos de radiação emitidos quando os núcleons ajustam suas posições relativas no interior dos núcleos ou quando estes emitem partículas. No passado, essa radiação foi um grande quebra-cabeças, mas gerou muitas informações sobre a composição dos núcleos e é muito usada na medicina e na geração de energia. O **TÓPICO 10B** explica como a intensidade da radiação emitida é expressa, como ela varia com o tempo e como essas informações são utilizadas. O **TÓPICO 10C** prossegue no tema, avaliando a energia aprisionada nos núcleos e liberada quando estes sofrem fissão e fusão. Ele termina com uma discussão sobre como essa energia é aproveitada e como os químicos resolvem os problemas ambientais associados a seu uso.

Tópico 10A   O decaimento nuclear

10A.1 As evidências do decaimento nuclear espontâneo
10A.2 As reações nucleares
10A.3 O padrão da estabilidade nuclear
10A.4 A previsão do tipo de decaimento nuclear
10A.5 A nucleossíntese

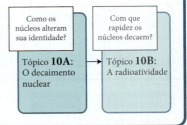

Por que você precisa estudar este assunto? Muitos problemas associados com a energia nuclear podem ser resolvidos com a química, e você precisa saber como os núcleos mudam para contribuir para as soluções.

Que conhecimentos você precisa dominar? Este tópico baseia-se na descrição do núcleo atômico e das partículas subatômicas, dada em *Fundamentos* B.

Os núcleos atômicos são partículas extraordinárias. Eles contêm todos os prótons do átomo, comprimidos em um pequeno volume, apesar de suas cargas positivas (Fig. 10A.1). A maior parte dos núcleos sobrevive indefinidamente apesar das imensas forças repulsivas que existem entre os prótons, porque os nêutrons contribuem para a "força intensa" que une os núcleons (os prótons e os nêutrons). Em alguns núcleos, no entanto, as forças de repulsão exercidas pelos prótons uns sobre os outros superam essa força intensa. Ocorre, então, a ejeção de fragmentos dos núcleos, um processo chamado de "decaimento".

10A.1 As evidências do decaimento nuclear espontâneo

Em 1896, o cientista francês Henri Becquerel guardou uma amostra de óxido de urânio em uma gaveta que continha algumas placas fotográficas (Fig. 10A.2). Ele ficou surpreso ao ver que o composto de urânio havia escurecido as placas, apesar de elas terem sido cobertas com um material opaco. Becquerel percebeu que o composto de urânio deveria estar emitindo algum tipo de radiação. Marie Sklodowska Curie (Fig. 10A.3), uma jovem estudante polonesa que preparava seu doutorado, mostrou que a radiação, que ela chamou de **radioatividade**, era emitida pelo urânio, independentemente do composto em que ele estava. Ela concluiu que os átomos de urânio eram a fonte da radiação. Juntamente com seu marido, Pierre, ela continuou a trabalhar e mostrou que o tório, o rádio e o polônio também eram radioativos.

A origem da radioatividade foi inicialmente um mistério, porque a existência dos núcleos atômicos era desconhecida até então. Porém, em 1898, Ernest Rutherford deu o primeiro passo para a descoberta de sua origem, quando identificou três diferentes tipos de radioatividade ao observar o efeito de campos elétricos sobre as emissões radioativas (Fig. 10A.4). Rutherford chamou esses três tipos de radiação de alfa (α), beta (β) e gama (γ).

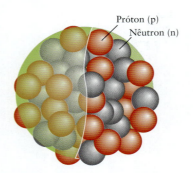

FIGURA 10A.1 Um núcleo pode ser representado como uma coleção de prótons fortemente ligados (em vermelho) e nêutrons (em cinza). O diâmetro de um núcleo é de cerca de 10 fm (1 fm = 10^{-15} m).

O trabalho de Marie Curie com a radioatividade lhe valeu dois Prêmios Nobel, um dividido com seu esposo, o físico francês Pierre Curie, e Becquerel.

FIGURA 10A.2 Henri Becquerel descobriu a radioatividade quando observou que uma placa fotográfica não exposta, guardada nas proximidades de uma amostra de óxido de urânio, tinha escurecido. Esta fotografia mostra uma das placas originais anotada com seu registro do fato. *(Granger, NYC)*

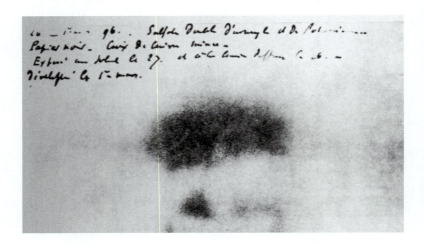

FIGURA 10A.3 Marie Sklodowska Curie (1867 –1934). *(Granger, NYC)*

FIGURA 10A.4 Efeitos de um campo elétrico sobre a radiação nuclear. A direção do desvio identifica os raios α como tendo carga positiva, os raios β como tendo carga negativa e os raios γ como não tendo carga.

FIGURA 10A.5 Uma partícula α tem duas cargas positivas e número de massa igual a 4. Ela é formada por dois prótons e dois nêutrons, o mesmo que o núcleo de um átomo de hélio-4.

Quando Rutherford fez passar a radiação entre dois eletrodos com carga elétrica, ele observou que um dos tipos de radiação era atraído para o eletrodo com carga negativa. Ele propôs que aquele tipo de radiação envolvia partículas com carga positiva, que chamou de **partículas α**. Assim que ele identificou o núcleo atômico (em 1908, *Fundamentos* B), Rutherford percebeu que a partícula α deveria ser o núcleo do hélio, He^{2+}. Uma partícula α é representada por $_2^4\alpha$, ou, simplesmente, α. Você pode imaginá-la como sendo formada por dois prótons e dois nêutrons fortemente ligados (Fig. 10A.5).

Rutherford mostrou que um segundo tipo de radiação era atraído pelo eletrodo com carga positiva e propôs que aquele tipo de radiação era formado por um feixe de partículas com carga negativa. A partir da medida da carga e da massa dessas partículas, ele mostrou que elas eram elétrons. Os elétrons de alta velocidade emitidos pelos núcleos foram chamados de **partículas β** e representados por β^-. Como a partícula β não tem prótons ou nêutrons, seu número de massa é zero e ela pode ser escrita como $_{-1}^{0}e$.

Nota de boa prática Um elétron emitido ou capturado por um núcleo não tem um número atômico; logo, sua carga (−1) é escrita como um subscrito precedendo o símbolo. Adiante você verá que isso é muito conveniente.

O terceiro tipo comum de radiação que Rutherford identificou, a **radiação γ**, não era afetada pelo campo elétrico. Como a luz, os raios γ são uma forma de radiação eletromagnética, mas de frequência muito mais alta – maior do que 10^{20} Hz, correspondendo a comprimentos de onda inferiores a cerca de 1 pm. Eles podem ser considerados como um feixe de fótons de energia muito alta, com cada fóton sendo emitido por um núcleo que descarrega o excesso de energia. A frequência, ν, dos raios γ está relacionada com a energia descartada pelo núcleo, ΔE, e é dada pela relação $\nu = \Delta E/h$ (Tópico 1A). A frequência é muito alta porque a diferença de energia entre os estados nucleares excitado e fundamental é muito grande. As radiações α e β são frequentemente acompanhadas pela radiação γ. O novo núcleo pode ser formado com seus núcleons em um arranjo de alta energia e um fóton de raios γ é emitido quando os núcleons decaem para um estado de energia mais baixa (Fig. 10A.6).

É importante distinguir entre a emissão β (elétrons emitidos pelo núcleo) e a ionização (elétrons removidos da camada de valência).

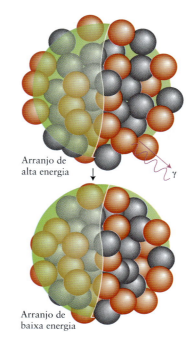

Arranjo de alta energia

Arranjo de baixa energia

FIGURA 10A.6 Depois que o núcleo decai, os núcleons que permanecem no núcleo podem estar em um estado de alta energia, como se pode ver no arranjo expandido da parte superior da ilustração. Quando os núcleons se ajustam em um arranjo de energia mais baixa (abaixo), o excesso de energia é liberado como um fóton de raios γ.

TABELA 10A.1 Radiação nuclear

Tipo	Grau de penetração	Velocidade[†]	Partícula[‡]	Número de massa	Carga	Exemplo
α	não penetrante, mas causa danos	10% de c	núcleo de hélio-4, $_2^4He^{2+}$, $_2^4\alpha$, α	4	+2	$_{88}^{226}Ra \longrightarrow _{86}^{222}Rn + \alpha$ (Figura 10A.7)
β	moderadamente penetrante	<90% de c	elétron, $_{-1}^0e$, β^-, β, e^-	0	−1	$_1^3H \longrightarrow _2^3He + _{-1}^0e$ (Figura 10A.8)
captura de elétrons[§]	—	—	elétron, $_{-1}^0e$, e^-	0	−1	$_{22}^{44}Ti + _{-1}^0e \longrightarrow _{21}^{44}Sc$ (Figura 10A.9)
γ	muito penetrante; frequentemente acompanha outra radiação	c	fóton, γ	0	0	$_{27}^{60}Co^* \longrightarrow _{27}^{60}Co + \gamma$[‖] (Figura 10A.6)
β^+	moderadamente penetrante	<90% de c	pósitron, $_{+1}^0e$, β^+	0	+1	$_{11}^{22}Na \longrightarrow _{10}^{22}Ne + _{+1}^0e$ (Figura 10A.10)
p	penetração moderada ou baixa	10% de c	próton, $_1^1H^+$, $_1^1p$, p	1	+1	$_{27}^{53}Co \longrightarrow _{26}^{52}Fe + _1^1p$
n	muito penetrante	<10% de c	nêutron, $_0^1n$, n	1	0	$_{53}^{137}I \longrightarrow _{53}^{136}I + _0^1n$

[†] c é a velocidade da luz.
[‡] Vários símbolos alternativos são usados para as partículas. Frequentemente é suficiente usar o mais simples (o da direita).
[§] A captura de um elétron não envolve radiação nuclear e foi incluída para completar o conjunto.
[‖] Um estado energeticamente excitado de um núcleo é, em geral, representado por um asterisco (*).

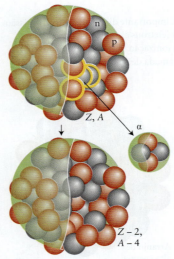

FIGURA 10A.7 Quando um núcleo ejeta uma partícula α, o número atômico do átomo diminui 2 unidades e o número de massa diminui 4 unidades. Os núcleons ejetados do núcleo que está acima estão indicados pela linha dourada.

O termo "nuclídeo" inicialmente denotava o núcleo de um átomo, mas hoje representa o átomo por inteiro.

Depois do trabalho de Rutherford, os cientistas identificaram outros tipos de radiação nuclear. Algumas são originadas por partículas que se movem rapidamente, como nêutrons ou prótons. Outras são **antipartículas**, partículas com massa igual à de uma partícula subatômica, mas com carga oposta. Por exemplo, o **pósitron** tem a mesma massa do elétron, mas tem carga positiva. Ele é representado por β^+ ou $_{+1}^0e$. Quando uma antipartícula encontra a partícula correspondente, ambas são neutralizadas e completamente convertidas em energia. Em **captura de elétron**, um elétron em um orbital atômico é capturado pelo núcleo e um próton é convertido em um nêutron. A Tabela 10A.1 resume as propriedades das partículas comumente encontradas na radiação nuclear.

PONTO PARA PENSAR

Como você escreveria o símbolo de um antipróton? Que nome você daria a ele?

Os tipos mais comuns de radiação emitidos pelos núcleos radioativos são as partículas α (núcleos de átomos de hélio), as partículas β (elétrons rápidos ejetados pelos núcleos) e raios γ (radiação eletromagnética de alta energia).

10A.2 As reações nucleares

As descobertas de Becquerel, Curie e Rutherford e o posterior desenvolvimento do modelo nuclear do átomo, feito por Rutherford, mostraram que a radioatividade é produzida pelo **decaimento nuclear**, a decomposição parcial de um núcleo. A mudança de composição de um núcleo é chamada de **reação nuclear**. Um átomo com determinado número atômico (Z, o número de prótons em seu núcleo) e número de massa (A, o número total de núcleons) é chamado de **nuclídeo**. Assim, ^1H, ^2H e ^{16}O são três nuclídeos diferentes. Os dois primeiros são isótopos de um mesmo elemento. Os núcleos que modificam suas estruturas espontaneamente e emitem radiação são chamados de **radioativos**. Frequentemente, o resultado é um nuclídeo diferente.

As reações nucleares diferem das reações químicas em alguns aspectos importantes. Em primeiro lugar, isótopos diferentes de um mesmo elemento sofrem essencialmente as mesmas reações químicas, mas seus núcleos sofrem reações nucleares muito diferentes. Em segundo lugar, quando as partículas α ou β são emitidas pelo núcleo, forma-se um núcleo com número diferente de prótons. O produto, que é chamado de **núcleo filho** (Fig. 10A.7 e Fig. 10A.8), é, portanto, o núcleo de um átomo de um elemento diferente. Por exemplo, quando um núcleo de sódio-24 emite uma partícula β, forma-se um núcleo de magnésio-24.

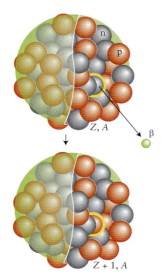 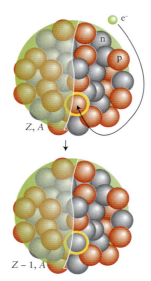 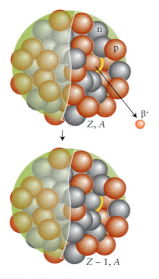

FIGURA 10A.8 Quando um núcleo ejeta uma partícula β, o número atômico aumenta uma unidade e o número de massa permanece o mesmo. O nêutron que consideramos como a origem do elétron está indicado pela linha dourada no núcleo que está acima no diagrama.

FIGURA 10A.9 Na captura de um elétron, um núcleo captura um elétron da vizinhança. O efeito é a conversão de um próton (marcado em dourado, no alto) em um nêutron (marcado em dourado, na parte inferior). Como resultado, o número atômico diminui uma unidade, mas o número de massa permanece o mesmo.

FIGURA 10A.10 Na emissão de pósitrons (β⁺), o núcleo ejeta um pósitron. O efeito é a conversão de um próton em um nêutron. Como resultado, o número atômico diminui uma unidade, mas o número de massa permanece o mesmo.

Neste caso, ocorreu uma **transmutação nuclear**, isto é, a conversão de um elemento em outro. Outra diferença importante entre as reações nucleares e as reações químicas é que as variações de energia são muito maiores para as reações nucleares do que para as reações químicas. Por exemplo, a combustão de 1,0 g de metano produz cerca de 52 kJ de energia na forma de calor. Em contrapartida, uma reação nuclear de 1,0 g de urânio-235 produz cerca de $8,2 \times 10^7$ kJ de energia, mais de um milhão de vezes superior.

Para determinar a identidade de um núcleo filho, você precisa observar como o número atômico e o número de massa se modificam quando o núcleo pai emite uma partícula. Por exemplo, quando um núcleo de rádio-226, com $Z = 88$, sofre um decaimento α, ele emite uma partícula α, que tem carga nuclear +2 e número de massa 4. Como o número de massa total e a carga total se conservam em uma reação nuclear, o fragmento remanescente deve ser um núcleo com número atômico 86 (radônio) e número de massa 222; logo, o núcleo filho é o radônio-222:

$$^{226}_{88}\text{Ra} \longrightarrow {}^{222}_{86}\text{Rn} + {}^{4}_{2}\alpha$$

A expressão dessas mudanças é denominada **equação nuclear**. Os exemplos seguintes mostram como usar as equações nucleares para identificar os núcleos filhos.

EXEMPLO 10A.1 Predição do resultado da captura de um elétron e emissão de pósitron

Quando nuclídeos radioativos são usados na medicina e na indústria, é importante conhecer o nuclídeo filho, uma vez que este também pode ser radioativo. Suponha que você trabalhe em um laboratório de pesquisa em medicina nuclear e estude o cálcio-41 e o oxigênio-15. Que nuclídeo é produzido quando (a) cálcio-41 captura um elétron; (b) oxigênio-15 emite um pósitron?

ANTECIPE (a) Na captura de um elétron, um próton se transforma em um nêutron e, apesar de não haver mudança de número de massa, o número atômico se reduz de uma unidade (Fig. 10A.9). (b) Um pósitron tem massa pequena, igual à do elétron, porém tem carga positiva. A emissão de pósitron pode ser considerada como a carga positiva emitida quando um próton se converte em um nêutron. Como resultado, o número atômico decresce de uma unidade, mas não há mudança do número de massa (Fig. 10A.10).

Tópico 10A O decaimento nuclear

PLANEJE Escreva a equação nuclear de cada reação, representando o nuclídeo filho pela letra E, com número atômico Z e número de massa A. Encontre então os valores de A e Z sabendo que o número de massa e o número atômico se conservam em uma reação nuclear.

RESOLVA

(a) Escreva a equação nuclear da reação.

$$^{41}_{20}\text{Ca} + ^{0}_{-1}e \longrightarrow ^{A}_{Z}E$$

Expresse a conservação da massa e da carga.

$$41 + 0 = A \quad \text{ou} \quad A = 41, \text{não se alterou}$$
$$20 - 1 = Z \quad \text{ou} \quad Z = 19$$

Identifique o elemento.

$$Z = 19 \text{ corresponde a K}$$

Escreva a equação nuclear.

$$^{41}_{20}\text{Ca} + ^{0}_{-1}e \longrightarrow ^{41}_{19}\text{K}$$

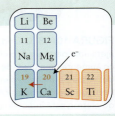

(b) Escreva a equação da reação nuclear.

$$^{15}_{8}\text{O} \longrightarrow ^{A}_{Z}E + ^{0}_{+1}e$$

Expresse a conservação da massa e da carga.

$$15 = A + 0 \quad \text{ou} \quad A = 15, \text{não se alterou}$$
$$8 = Z - 1 \quad \text{ou} \quad Z = 7$$

Identifique o elemento.

$$Z = 7 \text{ corresponde a N}$$

Escreva a equação nuclear.

$$^{15}_{8}\text{O} \longrightarrow ^{15}_{7}\text{N} + ^{0}_{+1}e$$

AVALIE Como esperado, na captura de um elétron e na emissão de um pósitron um próton converte-se em um nêutron, logo ocorre uma diminuição do número atômico sem alteração da massa.

Teste 10A.1A Identifique o nuclídeo produzido e escreva a equação nuclear de (a) a captura de um elétron pelo berílio-7 e (b) a emissão de pósitron pelo sódio-22.

[**Resposta:** (a) $^{7}_{4}\text{Be} + ^{0}_{-1}e \rightarrow ^{7}_{3}\text{Li}$; (b) $^{22}_{11}\text{Na} \rightarrow ^{22}_{10}\text{Ne} + ^{0}_{+1}e$]

Teste 10A.1B Identifique o nuclídeo produzido e escreva a equação nuclear de (a) a captura de um elétron pelo ferro-55 e (b) a emissão de pósitron pelo carbono-11.

Exercícios relacionados 10A.5 a 10A.8

As reações nucleares podem levar à formação de diferentes elementos. A transmutação de um núcleo pode ser predita com base nos números atômicos e nos números de massa da equação nuclear do processo.

10A.3 O padrão da estabilidade nuclear

Os núcleos de alguns elementos são estáveis, mas outros decaem assim que formados. Seria útil saber se a estabilidade e a instabilidade seguem algum padrão, porque sua existência permitiria avaliar os caminhos de decaimento nuclear. Uma pista é que os elementos de número atômico par são sempre mais abundantes do que os elementos vizinhos de números atômicos ímpares. Essa diferença é mostrada na Fig. 10A.11, que mostra um gráfico da abundância cósmica dos elementos contra o número atômico. A mesma variação ocorre na Terra. Dos oito elementos existentes com 1%, ou mais, da massa da Terra, somente um, o alumínio, tem número atômico ímpar.

Os núcleos com número par de prótons e nêutrons são mais estáveis do que os que têm alguma outra combinação. Os núcleos menos estáveis são os que têm números ímpares de prótons e nêutrons (Fig. 10A.12). Os núcleos têm maior probabilidade de serem estáveis quando são formados por certos números de qualquer tipo de núcleons. Esses números, 2, 8, 20, 50, 82, 114, 126 e 184, são chamados de **números mágicos**. Por exemplo, existem 10 isótopos estáveis de estanho ($Z = 50$), o máximo que um elemento atinge; porém, seu vizinho, o antimônio ($Z = 51$), tem somente dois isótopos estáveis. A partícula α é um núcleo "duplamente mágico", com dois prótons e dois nêutrons. Esse padrão de estabilidade nuclear é semelhante ao padrão da estabilidade dos elétrons dos átomos: os átomos dos gases nobres têm 2, 10, 18, 36, 54 e 86 elétrons em torno de seus núcleos.

A Fig. 10A.13 mostra um gráfico do número de massa contra o número atômico dos nuclídeos conhecidos. Os núcleos estáveis são encontrados em uma **banda de estabilidade** cercados por um **mar de instabilidade**, a região de nuclídeos instáveis que decaem com emissão de radiação. Para números atômicos até cerca de 20, os nuclídeos estáveis têm número de prótons e de nêutrons aproximadamente igual, logo A está próximo de $2Z$. No caso de números atômicos maiores, todos os nuclídeos comuns – tanto os estáveis como os instáveis – têm mais nêutrons do que prótons; logo $A > 2Z$.

O aumento da razão de nêutrons para prótons, com o aumento do número atômico, pode ser explicado considerando-se o papel dos nêutrons em ajudar a superar a repulsão

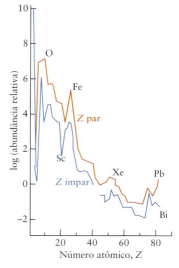

FIGURA 10A.11 Variação da abundância nuclear cósmica com número atômico. Observe que os elementos de número atômico par (linha vermelha) são mais abundantes do que os elementos vizinhos com número atômico ímpar (linha azul).

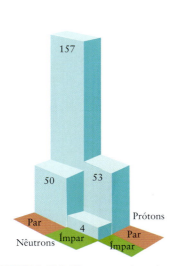

FIGURA 10A.12 Número de nuclídeos estáveis com número de prótons e nêutrons pares ou ímpares. Com exceção do hidrogênio, os nuclídeos estáveis têm chances muito maiores de terem números pares de prótons e nêutrons. Somente quatro nuclídeos estáveis têm números ímpares de prótons e nêutrons.

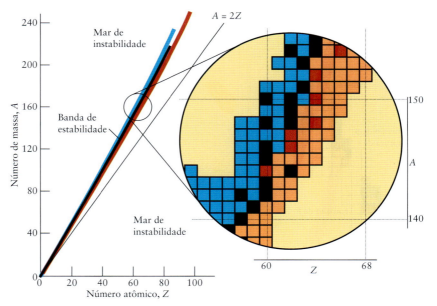

FIGURA 10A.13 Dependência da estabilidade nuclear do número atômico e do número de massa. Os nuclídeos ao longo da faixa preta (banda de estabilidade) são, em geral, estáveis. Os nuclídeos situados na região azul provavelmente emitirão uma partícula β, e os situados na região vermelha provavelmente emitirão uma partícula α. Os núcleos situados na região laranja provavelmente emitirão pósitrons ou capturarão um elétron. A linha reta indica a posição que os nuclídeos ocupariam se o número de nêutrons fosse igual ao número de prótons ($A = 2Z$). O destaque mostra uma vista ampliada do diagrama na região $Z = 60$.

↔ Repele eletricamente
↔ Atrai *via* força intensa

FIGURA 10A.14 Os prótons de um núcleo se repelem eletricamente, mas a força intensa que age entre todos os núcleons os mantém juntos.

entre os prótons. A força intensa que mantém os prótons e nêutrons juntos em um núcleo é poderosa o suficiente para superar a repulsão entre os prótons, mas ela só pode agir em distâncias muito pequenas – aproximadamente o diâmetro de um núcleo (Fig. 10A.14). Como os nêutrons não têm carga, eles podem contribuir para a força intensa, mas não aumentam a repulsão eletrostática. Muitos nêutrons são necessários para superar a repulsão mútua dos prótons em um núcleo de número atômico elevado. Essa é a razão de a faixa de estabilidade ser uma curva ascendente.

Os núcleos que têm números pares de prótons e de nêutrons são os mais estáveis.

10A.4 A predição do tipo de decaimento nuclear

A Figura 10A.13 pode ser usada para predizer o tipo mais provável de desintegração de um nuclídeo. Os núcleos que estão acima da faixa de estabilidade são ricos em nêutrons. Os **núcleos ricos em nêutrons** têm elevada proporção de nêutrons e tendem a decair para que a razão n/p final fique mais próxima da encontrada na banda de estabilidade. Por exemplo, um núcleo de $^{14}_{6}C$ pode alcançar um estado de maior estabilidade por emissão de uma partícula β, que reduz a razão n/p porque um nêutron se converte em um próton (Fig. 10A.15):

$$^{14}_{6}C \longrightarrow \,^{14}_{7}N + \,^{0}_{-1}e$$

Os **núcleos ricos em prótons** têm baixa proporção de nêutrons e estão abaixo da banda de estabilidade. Esses isótopos tendem a decair de maneira a reduzir o número atômico. Por exemplo, o $^{29}_{15}P$, rico em prótons, decai por emissão de um pósitron, que converte um próton em um nêutron e aumenta a razão n/p final:

$$^{29}_{15}P \longrightarrow \,^{29}_{14}S + \,^{0}_{+1}e$$

Como mostrado no Exemplo 10A.1, a captura de um elétron e a emissão de prótons também diminuem o número de prótons de nuclídeos ricos em prótons.

Muito poucos nuclídeos com Z < 60 emitem partículas α. Todos os núcleos com Z > 82 são instáveis e decaem principalmente por emissão de partículas α. Eles devem eliminar prótons para reduzir o número atômico e, geralmente, também perdem nêutrons. Esses núcleos decaem em uma série de etapas e dão origem a uma **série radioativa**, isto é, uma sequência característica de nuclídeos (Fig. 10A.16). Primeiro, uma partícula α é ejetada, depois outra

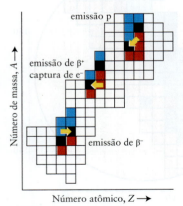

FIGURA 10A.15 Três maneiras diferentes de atingir a banda de estabilidade (em preto). Os núcleos ricos em nêutrons (região azul) tendem a converter nêutrons em prótons por emissão β. Os núcleos ricos em prótons (em vermelho) tendem a atingir a estabilidade (preto) por emissão de pósitron, captura de um elétron ou emissão de um próton.

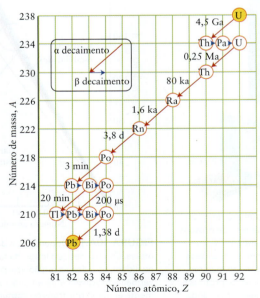

FIGURA 10A.16 Série de decaimento do urânio-238. Os tempos são as meias-vidas dos nuclídeos (veja o Tópico 10B). A unidade a é a abreviação SI para ano.

partícula α ou uma partícula β, até que se forme um núcleo estável. O nuclídeo final é normalmente um isótopo do chumbo (o elemento com o número atômico mágico 82). Por exemplo, a série do urânio-238 termina no chumbo-206; a série do urânio-235, no chumbo-207; e a série do tório-232, no chumbo-208.

O bismuto ($Z = 83$) era considerado um isótopo estável, mas em 2005 descobriu-se que ele também decaía, porém muito lentamente.

> **Teste 10A.2A** Quais dentre os seguintes processos – (a) captura de um elétron, (b) emissão de próton, (c) emissão β^-, (d) emissão β^+– um núcleo de Gd deve sofrer para chegar à estabilidade? Utilize as Figuras 10A.13 e 10A.15.
>
> [*Resposta:* a, b, d]
>
> **Teste 10A.2B** Quais dentre o conjunto de processos listados no Teste 10A.2A um núcleo de $^{148}_{58}$C deve sofrer para alcançar a estabilidade?

O padrão de estabilidade nuclear pode ser usado para predizer o modo de decaimento radioativo. Os núcleos ricos em nêutrons tendem a reduzir o número de nêutrons, e os núcleos ricos em prótons tendem a reduzir o número de prótons. Em geral, somente os nuclídeos pesados emitem partículas α.

10A.5 A nucleossíntese

A **nucleossíntese** é o processo de formação de elementos. O hidrogênio e o hélio foram produzidos no Big Bang. Todos os demais elementos descendem desses dois, seja como resultado de reações nucleares nas estrelas ou no espaço. Alguns elementos só existem em traços na Terra. Embora esses elementos tenham sido fabricados nas estrelas, seu tempo de vida muito curto impediu que eles sobrevivessem o suficiente para que pudessem contribuir para a formação de nosso planeta. Entretanto, nuclídeos muito instáveis para serem encontrados na Terra podem ser produzidos artificialmente, e os cientistas já acrescentaram cerca de 2.700 diferentes nuclídeos aos aproximadamente 270 nuclídeos naturais.

Para superar as barreiras de energia para a síntese nuclear, as partículas devem colidir vigorosamente umas com as outras (Fig. 10A.17), como fazem nas estrelas. Portanto, para fabricar os elementos, é necessário simular as condições encontradas no interior das estrelas. Se um próton, uma partícula α ou outro núcleo com carga positiva se deslocam em velocidade suficientemente alta, eles têm energia cinética suficiente para superar a repulsão eletrostática do núcleo. A partícula incidente penetra no núcleo, onde é capturada pela força intensa. A alta velocidade necessária pode ser adquirida em um acelerador de partículas.

A transmutação de elementos, isto é, a conversão de um elemento em outro, em especial chumbo em ouro, foi o sonho dos alquimistas e uma das raízes da química moderna. Porém, os alquimistas só tinham acesso a técnicas químicas, que são ineficazes porque as variações de energia envolvidas são muito pequenas para forçar a entrada de núcleons nos núcleos. A transmutação hoje foi reconhecida na natureza e realizada em laboratório, porém com o uso de métodos jamais sonhados pelos alquimistas. Rutherford obteve a primeira transmutação nuclear artificial em 1919. Ele bombardeou núcleos de nitrogênio-14 com partículas α em alta velocidade. Os produtos da transmutação foram oxigênio-17 e um próton:

$$^{14}_{7}N + ^{4}_{2}\alpha \longrightarrow ^{17}_{8}O + ^{1}_{1}p$$

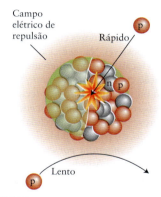

FIGURA 10A.17 Quando uma partícula com carga positiva se aproxima de um núcleo, ela é fortemente repelida. Entretanto, uma partícula com velocidade muito alta pode penetrar o núcleo antes que a repulsão a afaste, podendo ocorrer uma reação nuclear.

Um grande número de nuclídeos já foi sintetizado na Terra. Por exemplo, o tecnécio (como tecnécio-97) foi preparado pela primeira vez em nosso planeta em 1937, pela reação entre núcleos de molibdênio e deutério:

$$^{97}_{42}Mo + ^{2}_{1}H \longrightarrow ^{97}_{43}Tc + 2\,^{1}_{0}n$$

Esses processos de transmutação normalmente são escritos como

$$^{97}_{42}Mo(d, 2n)^{97}_{43}Tc$$

onde d denota um deutério, $^2H^+$. A forma geral de representação é:

Produto-alvo (partícula incidente, partícula ejetada) produto com o número de cada partícula incluído. O tecnécio é, agora, moderadamente abundante, porque ele se acumula nos produtos de decaimento das usinas de energia nuclear. Outro isótopo, o tecnécio-99, tem aplicações farmacêuticas, particularmente na obtenção de imagens de ossos (Quadro 10A.1).

Quadro 10A.1 O QUE ISSO TEM A VER COM... PERMANECER VIVO?

A MEDICINA NUCLEAR

A química nuclear transformou os diagnósticos médicos, o tratamento e a pesquisa. Os traçadores radioativos são usados para medir a função dos órgãos. O sódio-24, por exemplo, é usado para monitorar o fluxo sanguíneo, enquanto o estrôncio-87 é usado para estudar o crescimento dos ossos. Porém, o impacto mais importante dos radioisótopos no diagnóstico foi no campo da obtenção de imagens. O tecnécio-99m (m representa "metaestável", um estado de vida razoavelmente longa) é o nuclídeo radioativo mais utilizado na medicina, especialmente para obter imagens de ossos. Esse isótopo é muito ativo e emite raios γ que atravessam rapidamente o corpo. Os raios γ causam muito menos dano que as partículas α, e o isótopo tem vida tão curta que os riscos para o paciente são mínimos.

O cobalto-60 é usado na técnica conhecida como *navalha gama*, uma técnica, aliás, que não emprega o bisturi, mas é capaz de destruir tumores em locais como o cérebro, em que a cirurgia é impossível. Na técnica da navalha gama, cerca de 200 raios γ são focalizados por diferentes ângulos em um tumor de localização conhecida. Cada raio γ tem baixa amplitude e causa pouco ou nenhum dano nos tecidos que atravessa. Na interseção desses 200 raios, porém, a energia é suficientemente alta e poderosa para destruir as células do tumor. O processo é indolor e rápido, e o paciente pode ficar acordado durante o tratamento.

A *tomografia por emissão de pósitrons* (PET) utiliza um emissor de pósitrons, como, por exemplo, o flúor-18, para obter imagens de tecidos humanos com um grau de detalhes que não é possível com raios X. Ela tem sido muito usada para estudar as funções cerebrais (veja as ilustrações) e em diagnósticos médicos. Por exemplo, quando o hormônio estrogênio é marcado com flúor-18 e injetado em um paciente com câncer, o composto marcado com flúor é preferencialmente absorvido pelo tumor. Os pósitrons emitidos pelos átomos de flúor são rapidamente aniquilados quando encontram elétrons. Os raios γ resultantes são detectados por um sistema de varredura que se move vagarosamente sobre a parte do corpo que contém o tumor. O crescimento do tumor pode ser rápida e precisamente estimado com essa técnica. Um equipamento para imagens PET precisa estar próximo a um cíclotron, para que os emissores de pósitrons possam ser rapidamente incorporados aos compostos desejados assim que são criados.

Vários tipos de terapia do câncer utilizam radiação para destruir células malignas. A *terapia por captura de nêutrons pelo boro* é diferente pelo fato de que o boro-10, o isótopo injetado, não é radioativo. Entretanto, quando o boro-10 é bombardeado com nêutrons, emite partículas α com alto poder destrutivo. Na terapia por captura de nêutrons pelo boro, o boro-10 é incorporado a um composto que é absorvido preferencialmente pelos tumores. O paciente é, então, exposto a breves períodos de bombardeamento por nêutrons. Assim que o bombardeamento cessa, o boro-10 para de gerar partículas α.

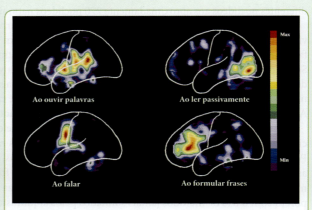

Estas quatro imagens PET mostram como o fluxo sanguíneo em diferentes partes do cérebro é afetado pelas várias atividades. Neste caso, um isótopo de oxigênio que é absorvido pela hemoglobina no sangue é usado como fonte de pósitrons. (*M.E. Raichle, Mallinckrodt Institute of Radiology, Washington University School of Medicine.*)

Este paciente está prestes a ser submetido a uma varredura de PET da função cerebral. (*Marcus E. Raichle e Washington University School of Medicine.*)

Exercícios relacionados 10.15 a 10.19

Leitura complementar P. Barry, "Unintended consequences of cancer therapies," *Science News*, vol. 171, p. 334, May 26, 2007. V. Marx, "Molecular imaging," *Chemical and Engineering News*, vol. 83(30), 2005, pp. 25–34. G. Miller, "Neuroscience: A better view of brain disorders," *Science*, vol. 313, September 8, 2006, pp. 1376–1379.

10A.5 A nucleossíntese

PONTO PARA PENSAR

Por que não é prático transmutar chumbo em ouro?

É mais fácil para um nêutron se aproximar de um núcleo alvo do que para um próton. Como o nêutron não tem carga, ele não é repelido pela carga do núcleo e não é necessário acelerá-lo a velocidades muito altas. Um exemplo de **transmutação induzida por nêutron** é a formação do cobalto-60, que é utilizado no tratamento do câncer. O processo em três etapas começa com o ferro-58. A primeira etapa é a produção de ferro-59:

$$^{58}_{26}\text{Fe} + ^{1}_{0}\text{n} \longrightarrow ^{59}_{26}\text{Fe}$$

A segunda etapa é o decaimento β do ferro-59 a cobalto-59:

$$^{59}_{26}\text{Fe} \longrightarrow ^{59}_{27}\text{Co} + ^{0}_{-1}\text{e}$$

Na etapa final, o cobalto-59 absorve outro nêutron do feixe incidente e se converte em cobalto-60:

$$^{59}_{27}\text{Co} + ^{1}_{0}\text{n} \longrightarrow ^{60}_{27}\text{Co}$$

A reação total é:

$$^{58}_{26}\text{Fe} + 2\,^{1}_{0}\text{n} \longrightarrow ^{60}_{27}\text{Co} + ^{0}_{-1}\text{e} \quad \text{ou} \quad ^{58}_{26}\text{Fe}(2\text{n}, \beta^-)^{60}_{27}\text{Co}$$

> **Teste 10A.3A** Complete as seguintes reações nucleares: (a) ? $+ ^{4}_{2}\alpha \to ^{243}_{96}\text{Cm} + ^{1}_{0}\text{n}$; (b) $^{242}_{96}\text{Cm} + ^{4}_{2}\alpha \to ^{245}_{98}\text{Cf} +$?
>
> [**Resposta:** (a) $^{240}_{94}\text{Pu}$; (b) $^{1}_{0}\text{n}$]
>
> **Teste 10A.3B** Complete as seguintes reações nucleares: (a) $^{250}_{98}\text{Cf} + ? \to ^{257}_{103}\text{Lr} + 4\,^{1}_{0}\text{n}$; (b) ? $+ ^{12}_{6}\text{C} \to ^{254}_{102}\text{No} + 4\,^{1}_{0}\text{n}$.

Os **elementos transurânio** são os elementos que seguem o urânio na Tabela Periódica. Os elementos do rutherfórdio (Rf, $Z = 104$) ao meitnério (Mt, $Z = 109$) foram formalmente nomeados em 1997. Os **elementos transmeitnério**, os elementos além do meitnério (inclusive os nuclídeos hipotéticos que ainda não foram feitos), são nomeados sistematicamente ao menos até terem sido identificados e que se chegue a um acordo internacional sobre um nome permanente. A nomenclatura sistemática usa os prefixos da Tabela 10A.2 que identificam os números atômicos, com a terminação –io. Assim, o elemento $Z = 110$ ficou conhecido como ununilio até receber o nome darmstádio (Ds), em 2003.

Novos elementos e isótopos de elementos conhecidos são produzidos por nucleossíntese. As forças elétricas repulsivas das partículas com cargas de mesmo nome são superadas quando partículas colidem em alta velocidade.

TABELA 10A.2 Notação para a nomenclatura sistemática de elementos*

Dígito	Prefixo	Abreviação
0	nil	n
1	un	u
2	bi	b
3	tri	t
4	quad	q
5	pent	p
6	hex	h
7	sep	s
8	oct	o
9	en	e

*Por exemplo, o elemento 123 seria chamado de unibítrio, Ubt.

O que você aprendeu com este tópico?

Você aprendeu sobre as propriedades dos diferentes tipos de decaimento radioativo e as estabilidades relativas dos núcleos e viu como escrever equações nucleares.

Os conhecimentos que você deve dominar incluem a capacidade de:

- ☐ **1.** Escrever, completar e balancear as equações nucleares (Exemplo 10A.1).
- ☐ **2.** Distinguir as radiações α, β e γ por sua resposta a um campo elétrico (Seção 10A.1).
- ☐ **3.** Usar a banda de estabilidade para predizer os tipos de decaimento mais prováveis de um determinado núcleo radioativo (Teste 10A.2).
- ☐ **4.** Escrever as reações nucleares para os processos de transformação nuclear (Seção 10A.5).

Tópico 10A Exercícios

10A.1 Quando os núcleons se rearranjam nos seguintes núcleos filhos, a energia varia na quantidade dada e um raio γ é emitido. Determine a frequência e o comprimento de onda do raio γ em cada caso: (a) níquel-60 em um estado excitado, 1,33 MeV; (b) arsênio-80, 1,64 MeV; (c) ferro-59, 1,10 MeV. (1 MeV = $1{,}602 \times 10^{-13}$ J)

10A.2 Quando os núcleons se rearranjam nos seguintes núcleos filhos, a energia varia na quantidade dada e é emitido um raio γ. Determine a frequência e o comprimento de onda do raio γ emitido no decaimento dos seguintes nuclídeos: (a) ferro-53, 3,04 MeV; (b) vanádio-52, 1,43 MeV; (c) escândio-44, 0,27 MeV. (1 MeV = $1{,}602 \times 10^{-13}$ J)

10A.3 *Isótonos* são nuclídeos que têm o mesmo número de nêutrons. Que isótopos do argônio e do cálcio são isótonos do potássio-40?

10A.4 Que isótopos do kriptônio e do selênio são isótonos (veja o Exercício 10A.3) do bromo-80?

10A.5 Escreva a equação nuclear balanceada de cada um dos decaimentos seguintes: (a) decaimento β do boro-12; (b) decaimento α do bismuto-214; (c) decaimento β do tecnécio-98; (d) decaimento α do rádio-226.

10A.6 Escreva a equação nuclear balanceada de cada um dos decaimentos seguintes: (a) decaimento α do frâncio-221; (b) decaimento α do radônio-212; (c) decaimento β do actínio-228; (d) captura de um elétron pelo protactínio-230.

10A.7 Escreva a equação nuclear balanceada de cada um dos decaimentos seguintes: (a) emissão de pósitron pelo índio-109; (b) decaimento de pósitron do magnésio-23; (c) captura de um elétron pelo chumbo-202; (d) captura de um elétron pelo arsênio-76.

10A.8 Escreva a equação nuclear balanceada de cada um dos decaimentos seguintes: (a) decaimento β^+ do germânio-66; (b) captura de um elétron pelo irídio-190; (c) decaimento β^+ do iodo-124; (d) captura de um elétron pelo nióbio-92.

10A.9 Diga que partícula foi emitida e escreva a equação nuclear balanceada de cada uma das seguintes transformações nucleares: (a) sódio-24 a magnésio-24; (b) ^{128}Sn a ^{128}Sb; (c) lantânio-140 a bário-140; (d) ^{228}Th a ^{224}Ra.

10A.10 Diga que partícula foi emitida e escreva a equação nuclear balanceada de cada uma das seguintes transformações nucleares: (a) gadolínio-148 a samário-144; (b) flúor-17 a oxigênio-17; (c) prata-112 a cádmio-112; (d) plutônio-238 a urânio-234.

10A.11 Complete as seguintes equações de reações nucleares:

(a) ^{11}B + ? $\rightarrow$ 2 n + ^{13}N
(b) ? + D $\rightarrow$ n + ^{36}Ar
(c) ^{96}Mo + D $\rightarrow$? + ^{97}Tc
(d) ^{45}Sc + n $\rightarrow$ α + ?

10A.12 Complete as seguintes equações de reações nucleares:

(a) ^{12}O $\rightarrow$ 2 p + ?
(b) ^{17}C $\rightarrow$? + n + β^-
(c) ^{148}Ba $\rightarrow$ ^{147}La + ? + n
(d) ^{18}Ne $\rightarrow$ β^+ + ?

10A.13 Os seguintes nucleotídeos estão fora da banda de estabilidade. Diga o tipo de decaimento preferencial de cada um deles, decaimento β, decaimento β^+ ou decaimento α e identifique o núcleo filho: (a) cobre-68; (b) cádmio-103.

10A.14 Os seguintes nuclídeos estão fora da banda de estabilidade. Diga o tipo de decaimento preferencial de cada um deles, decaimento β, decaimento β^+ ou decaimento α, e identifique o núcleo filho: (a) cobre-60; (b) xenônio-140.

10A.15 Identifique os nuclídeos filhos em cada etapa do decaimento radioativo do urânio-235 se a série de emissões de partículas for α, β, α, α, β, α, α, α, β, β, α. Escreva a reação nuclear balanceada de cada etapa.

10A.16 O netúnio-237 sofre a seguinte sequência de decaimentos radioativos: α, β, α, β, α, α, α, β, α, β. Escreva a reação nuclear balanceada de cada etapa.

10A.17 Complete as seguintes equações de reações nucleares:

(a) $^{14}_{7}$N + ? $\rightarrow$ $^{17}_{8}$O + $^{1}_{1}$p
(b) ? + $^{1}_{0}$n $\rightarrow$ $^{249}_{97}$Bk + $^{0}_{-1}$e
(c) $^{243}_{95}$Am + $^{1}_{0}$n $\rightarrow$ $^{244}_{96}$Cm + ? + γ
(d) $^{13}_{6}$C + $^{1}_{0}$n $\rightarrow$? + γ

10A.18 Complete as seguintes equações de reações nucleares:

(a) ? + $^{1}_{1}$p $\rightarrow$ $^{21}_{11}$Na + γ
(b) $^{1}_{1}$H + $^{1}_{1}$p $\rightarrow$ $^{2}_{1}$H + ?
(c) $^{15}_{7}$N + $^{1}_{1}$p $\rightarrow$ $^{12}_{6}$C + ?
(d) $^{20}_{10}$Ne + ? $\rightarrow$ $^{24}_{12}$Mg + γ

10A.19 Complete as seguintes equações de transmutações nucleares:

(a) $^{20}_{10}$Ne + $^{4}_{2}\alpha$ $\rightarrow$? + $^{16}_{8}$O
(b) $^{20}_{10}$Ne + $^{20}_{10}$Ne $\rightarrow$? + $^{16}_{8}$O + γ
(c) $^{44}_{20}$Ca + ? $\rightarrow$ γ + $^{48}_{22}$Ti
(d) $^{27}_{13}$Al + $^{2}_{1}$H $\rightarrow$? + $^{28}_{13}$Al

10A.20 Complete as seguintes equações de transmutações nucleares:

(a) ? + γ $\rightarrow$ $^{0}_{-1}$e + $^{20}_{10}$Ne
(b) $^{44}_{22}$Ti + $^{0}_{-1}$e $\rightarrow$ $^{0}_{1}$e + ?
(c) $^{241}_{95}$Am + ? $\rightarrow$ 4 $^{1}_{0}$n + $^{248}_{100}$Fm
(d) ? + $^{1}_{0}$n $\rightarrow$ $^{0}_{-1}$e + $^{244}_{96}$Cm

10A.21 Uma explicação para a existência de elementos mais pesados do que o ferro é o processo rápido de captura de nêutrons (processo r). No processo r de ocorrência proposta nas supernovas, muitos nêutrons de alta velocidade colidem com um núcleo de ferro. Alguns desses nêutrons são capturados, resultando em um núcleo muito instável que, eventualmente, decai. Em cada etapa de decaimento, um nêutron se converte em um próton. Escreva a equação nuclear total da absorção de seis nêutrons por um núcleo de ferro-56 e o subsequente decaimento a seis prótons.

10A.22 Tem-se afirmado que o neônio presente em meteoritos foi gerado por reações nucleares. Uma dessas reações ocorre quando um átomo de silício-28 é bombardeado por prótons de raios cósmicos. Quando um desses prótons de alta energia é absorvido, forma-se um isótopo do neônio, três prótons, um nêutron e uma

Tópico 10A Exercícios **759**

partícula α. Identifique o isótopo do neônio que se forma e escreva a equação nuclear do processo.

10A.23 Escreva uma equação nuclear para cada um dos seguintes processos: (a) oxigênio-l7 produzido pelo bombardeamento de nitrogênio-14 com partículas α; (b) amerício-241 produzido pelo bombardeamento do plutônio-239 com nêutrons.

10A.24 Escreva uma equação nuclear para cada uma das seguintes transformações: (a) ^{257}Rf produzido pelo bombardeamento de califórnio-245 com núcleos de carbono-12; (b) a primeira síntese de ^{266}Mt pelo bombardeamento de bismuto-209 com núcleos de ferro-58. Sabendo que o primeiro decaimento do meitnério é uma emissão α, qual é o núcleo filho?

10A.25 Qual seria o nome sistemático e o símbolo atômico de: (a) o elemento 126; (b) o elemento 136; (c) o elemento 200?

10A.26 Qual seria o nome sistemático e o símbolo atômico de: (a) o elemento 118; (b) o elemento 127; (c) o elemento 202?

Tópico 10B A radioatividade

10B.1 Os efeitos biológicos da radiação
10B.2 A medida da velocidade de decaimento nuclear
10B.3 Os usos dos radioisótopos

Por que você precisa estudar este assunto? No trabalho com materiais com núcleos radioativos, é essencial entender os modos e a velocidade de decaimento. A velocidade de decaimento é a base do método usado para determinar a idade de objetos antigos.

Que conhecimentos você precisa dominar? Você precisa conhecer as origens da classificação dos núcleos (Tópico 10A) e a cinética do decaimento de primeira ordem (Tópico 7B).

A radiação nuclear é algumas vezes chamada de **radiação ionizante**, porque sua energia é suficiente para ejetar elétrons dos átomos. Os hospitais usam a radiação nuclear para destruir tecidos indesejáveis, como as células cancerosas (veja o Quadro 10A.1). Porém, os mesmos efeitos poderosos que facilitam o diagnóstico e a cura de doenças podem também provocar danos em tecidos sadios. O dano depende da intensidade da fonte, do tipo de radiação e do tempo de exposição. Os três tipos principais de radiação nuclear têm capacidade diferente de penetrar a matéria (Tabela 10B.1).

10B.1 Os efeitos biológicos da radiação

As partículas α, pesadas e com carga elevada, interagem tão fortemente com a matéria que sua velocidade se reduz, elas capturam elétrons da matéria circundante e se transformam em volumosos átomos de hélio antes de viajar para muito longe. Elas só penetram a primeira camada da pele e podem ser freadas por vidro, pela roupa e até mesmo por uma folha de papel. A camada superficial da pele morta absorve a maior parte da radiação α, e nela os danos são pequenos. Entretanto, as partículas α podem ser extremamente perigosas se inaladas ou ingeridas. A energia do impacto pode arrancar átomos de moléculas, o que pode levar a sérias doenças e causar a morte. Por exemplo, o plutônio, considerado um dos mais tóxicos materiais radioativos, é um emissor de partículas α e pode ser manuseado com segurança com proteção mínima. Ele, porém, é facilmente oxidado a Pu^{4+}, que tem propriedades químicas semelhantes às do Fe^{3+}. Como resultado, o plutônio pode substituir o ferro no organismo e ser absorvido pelos ossos, dentro dos quais destrói a capacidade do organismo de produzir as células vermelhas do sangue. Os resultados são doenças da radiação, câncer e morte.

A radiação β vem em seguida em poder de penetração. Esses elétrons rápidos podem penetrar até 1 cm no corpo antes que as interações eletrostáticas com os elétrons e o núcleo das moléculas interrompam seu curso.

A radiação γ é a mais penetrante de todas. Os fótons de raios γ de alta energia podem atravessar edifícios e corpos, além de causar danos pela ionização das moléculas que estão em sua trajetória. As moléculas de proteínas e DNA danificadas dessa maneira perdem sua função, e o resultado inclui doenças da radiação e câncer. Fontes intensas de raios γ devem ser blindadas com tijolos de chumbo ou por uma camada espessa de concreto, para absorver essa radiação penetrante.

A **dose absorvida** de radiação é a energia depositada em uma amostra (em particular, o corpo humano) exposta à radiação. A unidade SI da dose absorvida é o **gray**, Gy, que corresponde a um depósito de energia igual a 1 J·kg^{-1}. A primeira unidade utilizada era a **dose de radiação absorvida** (rad), a quantidade de radiação que deposita 10^{-2} J de energia por

TABELA 10B.1 Proteção necessária contra as radiações α, β e γ

Radiação	Poder relativo de penetração	Proteção necessária
α	1	papel, pele
β	100	3 mm de alumínio
γ	10 000	concreto, chumbo

10B.2 A medida da velocidade de decaimento nuclear — 761

quilograma de tecido; logo, 1 rad $= 10^{-2}$ Gy. A dose de 1 rad corresponde a uma pessoa com 65 quilogramas de peso absorvendo um total de 0,65 J, que não é uma energia muito grande: é suficiente para ferver 0,2 mg de água. Entretanto, a energia de uma partícula de radiação nuclear é altamente localizada, como o impacto de uma bala subatômica. Como resultado, as partículas incidentes podem quebrar ligações químicas quando colidem com moléculas em sua trajetória.

A extensão do dano causado pela radiação em tecidos vivos depende do tipo de radiação e do tipo de tecido. Portanto, a **eficiência biológica relativa**, Q, deve ser considerada quando avaliamos o dano causado por uma determinada dose de cada tipo de radiação. Para as radiações β e γ, Q vale arbitrariamente 1, mas para a radiação α, Q fica próximo de 20. A dose de 1 Gy de radiação γ causa aproximadamente o mesmo dano que 1 Gy de radiação β, mas 1 Gy de partículas α é cerca de 20 vezes mais destruidor (mesmo ela sendo a menos penetrante). Os números precisos dependem da dose total, da velocidade com que a dose se acumula e do tipo de tecido, mas esses valores são típicos.

A **dose equivalente** é a dose real modificada para levar em conta os diferentes poderes de dano dos vários tipos de radiação, em combinação com vários tipos de tecido. Ela é obtida pela multiplicação da dose real (em grays) pelo valor de Q do tipo de radiação. O resultado é expresso na unidade SI chamada **sievert** (Sv):

$$\text{Dose equivalente (Sv)} = Q \times \text{dose absorvida (Gy)} \qquad (1)$$

No sistema antigo (não SI), a unidade de dose equivalente é o **roentgen equivalent homem** (rem), que é definido da mesma forma que o sievert, porém com a dose absorvida em rad. Assim, 1 rem $= 10^{-2}$ Sv.

Uma dose de 0,3 Gy (30 rad) de radiação γ corresponde à dose equivalente de 0,3 Sv (30 rem), suficiente para causar a redução do número de células brancas do sangue (as células que combatem as infecções), mas 0,3 Gy de radiação α correspondem a 6 Sv (600 rem), suficientes para matar se ingerida ou inalada. A média anual típica de dose equivalente que você recebe de fontes naturais, chamada de **radiação de fundo**, é cerca de 2 mSv·a^{-1} (em que a é a abreviação SI para ano), mas esse número varia, dependendo de seu estilo de vida e do lugar onde vive. Cerca de 20% da radiação de fundo provêm de seu próprio corpo. Cerca de 30% vêm dos raios cósmicos (uma mistura de raios γ e partículas subatômicas de alta energia provenientes do espaço) que continuamente bombardeiam a Terra e 40% vêm do radônio do solo. Os 10% remanescentes provêm principalmente de diagnósticos médicos (por exemplo, uma única fotografia de raios X de tórax fornece, em geral, uma dose equivalente a 0,07 mSv). As emissões provenientes de usinas nucleares e outras instalações nucleares contribuem com cerca de 0,1% nos países em que elas são muito utilizadas.

A exposição humana na presença de radiação é medida pela dose absorvida e pela dose equivalente. Esta última leva em conta os efeitos dos diferentes tipos de radiação sobre os tecidos.

A principal fonte de radioatividade no corpo humano é o potássio-40. Aproximadamente 35.000 núcleos de potássio-40 se desintegraram em seu corpo enquanto você lia este texto curto.

10B.2 A medida da velocidade de decaimento nuclear

Os **contadores Geiger** usam a ionização de um gás, normalmente o argônio, quando exposto à radiação nuclear. Os **contadores de cintilação** medem a radiação contando a centelha gerada quando a radiação incide sobre uma substância específica, chamada de fosforescente. Ambos são usados para medir a velocidade com a qual um núcleo radioativo decai (Quadro 10B.1). Cada estalo de um contador Geiger, ou centelha do fósforo de um contador de cintilação, indica que uma desintegração nuclear foi detectada. A **atividade** de uma amostra é o número de desintegrações nucleares que ocorrem em um determinado intervalo de tempo dividido pela extensão do intervalo. A unidade SI de atividade é o **becquerel** (Bq): 1 Bq é igual a uma desintegração nuclear por segundo. Outra unidade de radioatividade de uso comum (não é SI) é o curie (Ci). Ela é igual a $3,7 \times 10^{10}$ desintegrações nucleares por segundo, a radioatividade emitida por 1 g de rádio-226. Como o curie é uma unidade muito grande, as atividades são geralmente expressas em milicuries (mCi) ou microcuries (μCi). A Tabela 10B.2 resume essas unidades.

A equação do decaimento de um núcleo (núcleo pai → núcleo filho + radiação) tem exatamente a mesma forma da reação elementar unimolecular (Tópico 7B), com um núcleo

Quadro 10B.1 COMO SABEMOS... O QUANTO UM MATERIAL É RADIOATIVO?

A capacidade que a radiação nuclear tem de ejetar elétrons dos átomos e dos íons pode ser usada para medir sua intensidade. Becquerel foi o primeiro a medir a intensidade da radiação. Ele determinou em que grau a radiação escurecia um filme fotográfico. O escurecimento é o resultado dos mesmos processos redox que ocorrem na fotografia comum, como:

$$Ag^+ + Br^- \xrightarrow{h\nu} Ag + Br$$

exceto que a oxidação inicial dos íons do brometo é causada pela radiação nuclear, e não pela luz. A técnica de Becquerel ainda é usada nos filmes *dosimétricos*, contidos nos dispositivos que monitoram a exposição dos trabalhadores à radiação.

Os dosímetros termoluminescentes contêm um material como fluoreto de lítio. A radiação incidente ioniza os íons fluoreto, arrancando seus elétrons. Os elétrons migram para longe dos átomos de flúor, mas ficam presos no cristal. Quando o cristal é aquecido, os elétrons voltam para os átomos de flúor e liberam a diferença de energia na forma de luz. A dose de radiação recebida é determinada pela intensidade da luz. Os dosímetros podem ser usados por um período de tempo que varia de um dia a diversas semanas, porque os elétrons excitados se acumulam com a exposição continuada, permitindo, assim, que seja calculada a dose em longos períodos. O aquecimento do dosímetro durante a leitura libera a energia armazenada e, por isso, os dosímetros termoluminescentes são reutilizáveis.

Um *contador Geiger* monitora a radiação pela detecção da ionização de um gás em baixa pressão, como mostrado na ilustração. A radiação ioniza os átomos do gás dentro de um cilindro e permite um fluxo rápido de corrente entre os eletrodos. O sinal elétrico resultante pode ser registrado diretamente ou convertido em um estalo audível. A frequência dos estalos indica a intensidade da radiação. Uma limitação dos contadores Geiger é que eles não respondem bem aos raios γ. Somente cerca de 1% de fótons dos raios γ são detectados, enquanto que todas as partículas β incidentes sobre o contador são detectadas. Como a eficiência de um contador Geiger depende do tamanho do tubo,

(a) Um contador Geiger com um pedaço de minério de urânio. (b) O detector de um contador Geiger contém um gás (frequentemente argônio e um pouco de vapor de etanol, ou neônio e um pouco de vapor de bromo) em um cilindro com uma alta diferença de potencial (500 a 1.200 V) entre um fio central e as paredes. Quando a radiação ioniza os átomos, os íons permitem que a corrente flua momentaneamente, produzindo um estalo característico. (Foto ©1989 Chip Clark–Fundamental Photographs.)

um contador usado para monitorar várias atividades geralmente possui dois tubos de tamanhos diferentes.

Um *contador de cintilação* aproveita o fato de que os fósforos – substâncias fosforescentes, como o iodeto de sódio e o sulfato de zinco – produzem uma centelha de luz – uma cintilação – quando expostos à radiação. O contador contém também um tubo fotomultiplicador, que converte luz em um sinal elétrico. A intensidade da radiação é determinada pela intensidade do sinal elétrico.

---

instável tomando o lugar de uma molécula de reagente. Esse tipo de decaimento é o esperado para um processo que não depende de fatores externos, somente da instabilidade intrínseca do núcleo. A velocidade de decaimento nuclear depende somente da identidade do isótopo, não de sua forma química ou da temperatura.

TABELA 10B.2 Unidades de radiação*

Propriedade	Nome da unidade	Símbolo	Definição
atividade	becquerel	Bq	1 desintegração por segundo
	curie	Ci	$3,7 \times 10^{10}$ desintegrações por segundo
dose absorvida	gray	Gy	$1 \, J \cdot kg^{-1}$
	dose de radiação absorvida	rad	$10^{-2} \, J \cdot kg^{-1}$
dose equivalente	sievert	Sv	$Q \times$ dose absorvida[†]
	roentgen equivalent homem	rem	$Q \times$ dose absorvida[†]

*As unidades antigas estão em vermelho.
[†]Q é a eficiência biológica relativa da radiação. Normalmente, $Q \approx 1 \, Sv \cdot Gy^{-1}$ para a radiação γ, a radiação β e a maior parte das outras radiações, mas $Q \approx 20 \, Sv \cdot Gy^{-1}$ para a radiação α e para nêutrons rápidos. Um fator adicional de 5 (isto é, 5Q) é usado, em certas circunstâncias, para os ossos.

10B.2 A medida da velocidade de decaimento nuclear

Assim como uma reação química unimolecular, a lei da velocidade de decaimento nuclear é de primeira ordem. Isto é, a relação entre a velocidade de decaimento e o número N de núcleos radioativos presentes é dada pela **lei do decaimento radioativo**:

$$\text{Atividade} = \text{velocidade de decaimento} = k \times N \tag{2}$$

Nesse contexto, k é chamado de **constante de decaimento**. A lei nos diz que a atividade de uma amostra radioativa é proporcional ao número de átomos da amostra. Como vimos no Tópico 7B, uma lei de velocidade de primeira ordem implica um decaimento exponencial. Em consequência, o número, N, de núcleos restantes após um certo tempo, t, é dado por

$$N = N_0 e^{-kt} \tag{3}$$

em que N_0 é o número de núcleos radioativos inicialmente presentes (em $t = 0$). A Fig. 10B.1 mostra um gráfico dessa expressão.

O decaimento radioativo é normalmente discutido em termos de **meia-vida**, $t_{1/2}$, isto é, o tempo necessário para que se desintegre a metade do número inicial dos núcleos. Como no Tópico 7B, $t_{1/2}$ pode ser relacionado a k (o análogo da constante de velocidade de primeira ordem, k_r) fazendo $N = \frac{1}{2}N_0$ e $t = t_{1/2}$ na Equação 3:

$$t_{1/2} = \frac{\ln 2}{k} \tag{4}$$

Essa equação mostra que quanto maior for o valor de k, mais curta será a meia-vida do nuclídeo. Os nuclídeos com tempos de meia-vida curtos são menos estáveis do que os nuclídeos com tempos de meia-vida longos. Eles decaem mais em um dado período de tempo e são mais "quentes" (mais intensamente radioativos) do que os nuclídeos com tempos de meia-vida longos.

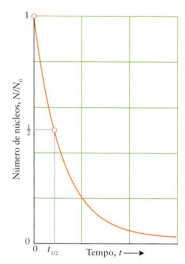

FIGURA 10B.1 O decaimento exponencial do número de núcleos radioativos que existem em uma amostra implica que a atividade dessa amostra também decai exponencialmente com o tempo. A curva é caracterizada pela meia-vida, $t_{1/2}$.

PONTO PARA PENSAR

Pode haver vantagens em reatores nucleares produzirem muito lixo radioativo?

EXEMPLO 10B.1 Uso da lei do decaimento radioativo

Uma das razões pelas quais as armas termonucleares têm de sofrer manutenção regular é que o trício nelas contido sofre decaimento nuclear. Suponha que você esteja monitorando o decaimento do trítio. Que massa da amostra de trítio inicial com massa 1,00 g permanecerá após 5,0 a (1 a = 1 ano)? A constante de decaimento do trício é 0,0564 a^{-1}.

ANTECIPE A meia-vida do trítio (Tabela 10B.3) é 12,3 anos. Portanto, você deve esperar que mais da metade da amostra permaneça após apenas 5 anos.

PLANEJE A massa total do isótopo em uma amostra é proporcional ao número de núcleos daquele isótopo na amostra. Portanto, a dependência da massa de um isótopo radioativo com o tempo segue a lei do decaimento radioativo como o número de nuclídeos da amostra. Isto é, como $m \propto N$, você pode escrever, no lugar da Equação 3, a expressão $m = m_0 e^{-kt}$, em que m é a massa total do isótopo radioativo no tempo t e a massa inicial é m_0.

RESOLVA

De $m = m_0 e^{-kt}$,

$$m = (1{,}00 \text{ g}) \times e^{-(0{,}0564 \text{ a}^{-1}) \times (5{,}0 \text{ a})} = 0{,}75 \text{ g}$$

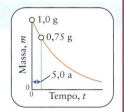

AVALIE Como esperado, mais da metade da amostra, 0,75 g, permanece após 5,0 anos.

Teste 10B.1A A constante de decaimento do férmio-254 é 210 s^{-1}. Que massa do isótopo restará, se uma amostra com massa 1,00 μg for guardada por 10. ms?

[**Resposta:** 0,12 mg]

Teste 10B.1B A constante de decaimento do nuclídeo netúnio-237 é $3{,}3 \times 10^{-7}$ a^{-1}. Que massa do isótopo estará presente se uma amostra com massa 5,0 μg sobrevive por 1,0 Ma (1,0 milhão de anos)?

Exercícios relacionados 10B.5 e 10B.6

TABELA 10B.3 Meia-vida dos isótopos radioativos*

Nuclídeo	Meia-vida, $t_{1/2}$
trítio	12,3 a
carbono-14	5,73 ka
carbono-15	2,4 s
potássio-40	1,26 Ga
cobalto-60	5,26 a
estrôncio-90	28,1 a
iodo-131	8,05 d
césio-137	30,17 a
rádio-226	1,60 ka
urânio-235	0,71 Ga
urânio-238	4,5 Ga
férmio-244	3,3 ms

*d = dia; a = ano.

As meias-vidas de nuclídeos radioativos variam em um intervalo muito amplo (Tabela 10B.3). Considere o estrôncio-90, cuja meia-vida é 28,1 a. Esse nuclídeo ocorre na **precipitação radioativa**, a poeira fina que se deposita das nuvens após a explosão de uma bomba nuclear, e pode ocorrer também na liberação acidental de materiais radioativos no ar. Como ele é quimicamente muito semelhante ao cálcio, o estrôncio acompanha esse elemento no ambiente e se incorpora aos ossos de animais. Uma vez lá, ele continua a emitir radiação por muitos anos. Aproximadamente 10 meias-vidas (para o estrôncio-90, 281 a) devem se passar antes que a atividade de uma amostra caia até 1/1.000 de seu valor inicial. O iodo-131 é um radioisótopo que foi liberado no incêndio acidental da usina nuclear de Chernobyl, em 1986, e na explosão do reator de Fukushima, no Japão, logo após o tsunami que atingiu o país em 2011. Sua meia-vida é de apenas 8,05 d, mas ele se acumula na glândula tireoide. Comprimidos de iodo foram distribuídos aos moradores das regiões afetadas pelo desastre para que suas glândulas tireoides se saturassem com o elemento, reduzindo portanto a quantidade de iodo radioativo absorvida. Apesar dessas precauções, diversos casos de câncer da tireoide foram ligadas à exposição de iodo-131 proveniente do acidente nuclear. O plutônio-239 tem meia-vida igual a 24 ka (24.000 anos). Isso significa que são necessárias instalações próprias para o armazenamento dos resíduos de plutônio por longos períodos e que a terra contaminada com plutônio não poderá ser habitada novamente por milhares de anos sem enormes gastos com reparação.

A constante de meia-vida de um nuclídeo é usada, na prática, na determinação da idade de artefatos arqueológicos. Na **datação isotópica**, mede-se a atividade dos isótopos radioativos que eles contêm. Os isótopos radioativos usados para a datação incluem o urânio-238, o potássio-40 e o trício (^3H). Entretanto, o exemplo mais importante é a **datação por carbono radioativo**, que utiliza o decaimento β do carbono-14, cuja meia-vida é 5.730 a.

O carbono-12 é o principal isótopo do carbono, mas existe uma proporção pequena de carbono-14 em todos os seres vivos. Seus núcleos são produzidos quando os núcleos de nitrogênio da atmosfera são bombardeados pelos nêutrons formados nas colisões de raios cósmicos com outros núcleos:

$$^{14}_{7}N + ^{1}_{0}n \longrightarrow ^{14}_{6}C + ^{1}_{1}p$$

Os átomos de carbono-14 são produzidos na atmosfera em velocidade aproximadamente constante, e a proporção entre o carbono-14 e o carbono-12 na atmosfera é aproximadamente constante com o tempo. Os átomos de carbono-14 são incorporados aos organismos vivos como $^{14}CO_2$ por meio da fotossíntese e da digestão. Eles deixam os organismos vivos pelos processos normais de excreção e respiração e também por decaimento a uma velocidade determinada. Como resultado, todos os organismos vivos têm uma razão fixa (de cerca de 1 para 10^{12}) entre os átomos de carbono-14 e os átomos de carbono-12, e 1,0 g de carbono natural tem a atividade de 15 desintegrações por minuto.

Quando o organismo morre, não ocorre mais troca do carbono com a vizinhança. Entretanto, os núcleos de carbono-14 que estão no organismo morto continuam a desintegrar-se com uma meia-vida constante; logo, a relação entre carbono-14 e carbono-12 decresce. A razão observada em uma amostra de tecido morto pode, portanto, ser usada para estimar o tempo decorrido desde a morte.

Na técnica desenvolvida por Willard Libby, em Chicago, no final dos anos 40, a proporção de carbono-14 é determinada pelo monitoramento da radiação β proveniente do CO_2 obtido pela combustão da amostra. Na versão moderna da técnica, que só requer alguns poucos miligramas de amostra, os átomos de carbono são convertidos em íons C⁻ pelo bombardeamento da amostra com átomos de césio. Os íons C⁻ são acelerados por campos elétricos e os isótopos do carbono são separados e contados em um espectrômetro de massas (Fig. 10B.2).

Os testes nucleares aumentam a quantidade de carbono-14 no ar, e as sensíveis técnicas de datação por carbono radioativo levam em conta esse aumento.

FIGURA 10B.2 Na versão moderna da técnica de datação através do carbono-14, usa-se um espectrômetro de massas para determinar a proporção entre o número de núcleos de carbono-14 e o número de núcleos de carbono-12 existentes em uma amostra. *(Enrico Sacchetti/Science Source).*

EXEMPLO 10B.2 Interpretação da datação com carbono-14

Imagine que você trabalhe em um laboratório de datação por carbono e esteja examinando um fragmento de madeira encontrado em um sítio arqueológico no Arizona, Estados Unidos. Você descobriu que uma amostra de carbono de massa 1,00 g da madeira produziu $7{,}90 \times 10^3$ desintegrações do carbono-14 em um período de 20,0 horas. No mesmo período, 1,00 g de carbono de uma fonte recente que você está usando produziu $1{,}84 \times 10^4$ desintegrações. Calcule a idade da amostra arqueológica. A meia-vida do ^{14}C é 5,73 ka.

ANTECIPE Como a meia-vida do ^{14}C é 5,73 ka e a atividade da amostra caiu a menos da metade da amostra moderna, você deve esperar que ela seja mais antiga do que 5.730 anos.

PLANEJE Rearranje, inicialmente, a Equação 3 para obter uma expressão para o tempo e, depois, expresse k em termos de $t_{1/2}$ usando a Equação 4. A atividade do carbono-14 pode ser usada para representar a atividade *original* da amostra antiga. Pode-se, portanto, fazer N/N_0 igual à razão do número de desintegrações das amostras antiga e recente.

RESOLVA

De $N = N_0 e^{-kt}$,

$$t = \frac{1}{k} \ln\left(\frac{N}{N_0}\right)$$

De $t_{1/2} = (\ln 2)/k$,

$$t = -\frac{t_{1/2}}{\ln 2} \ln\left(\frac{N}{N_0}\right)$$

Substitua os dados.

$$t = -\frac{5{,}73 \text{ ka}}{\ln 2} \times \ln\left(\frac{7900}{18\,400}\right) = 6{,}99 \text{ ka}$$

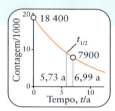

AVALIE Como esperado, a idade da amostra é superior a 5.730 anos. Pode-se concluir que aproximadamente 7.000 anos se passaram desde que o pedaço de madeira fez parte de uma árvore viva.

Teste 10B.2A Uma amostra de carbono de massa 250. mg, extraída da madeira de uma tumba, em Israel, produziu 2.480 desintegrações do carbono-14 em 20. h. Estime o tempo decorrido desde a morte do indivíduo, considerando a mesma atividade de uma amostra recente, como no Exemplo 10B.2

[*Resposta:* 5,1 ka]

Teste 10B.2B Uma amostra de carbono de massa 1,00 g, obtida dos pergaminhos encontrados na região do Mar Morto, no Oriente Médio, produziu $1{,}4 \times 10^4$ desintegrações do carbono-14 em 20. h. Estime o tempo aproximado decorrido desde que as peles dos pergaminhos foram removidas das ovelhas, considerando que a atividade era igual à de uma amostra recente, como no Exemplo 10B.2.

Exercícios relacionados 10B.7 a 10B.10

A lei de decaimento radioativo mostra que o número de núcleos radioativos decai exponencialmente com o tempo, com meia-vida característica. Isótopos radioativos são usados para determinar as idades de objetos.

10B.3 Os usos dos radioisótopos

Os **radioisótopos** são isótopos radioativos. Eles são usados na cura de doenças (como descrito no Quadro 10A.1) e, também, na preservação de alimentos, no acompanhamento dos mecanismos das reações e como combustível de naves espaciais.

Os **traçadores** radioativos são isótopos usados para acompanhar mudanças e determinar posições. Por exemplo, uma amostra de açúcar pode ser **marcada** com carbono-14, isto é, alguns dos átomos de carbono-12 das moléculas do açúcar são substituídos por átomos de carbono-14, que podem ser detectados por contadores de radiação. Dessa forma, as alterações

766 Tópico 10B A radioatividade

que um número muito pequeno de moléculas do açúcar, que não podem ser detectadas por outros meios, sofrem no organismo podem ser monitoradas. Os químicos e bioquímicos usam traçadores para estudar o mecanismo das reações. Por exemplo, se água contendo oxigênio-18 é usada na fotossíntese, o oxigênio produzido contém oxigênio-18 (vermelho):

$$6\ CO_2(g)\ +\ 6\ H_2O(l)\ \longrightarrow\ C_6H_{12}O_6(s,\ glicose)\ +\ 3\ O_2(g)\ +\ 3\ O_2(g)$$

Esse resultado mostra que o oxigênio produzido na fotossíntese vem das moléculas de água, e não das moléculas de dióxido de carbono.

Os radioisótopos têm aplicações comerciais importantes. Por exemplo, o amerício-241 é usado em detectores de fumaça. Seu papel é ionizar todas as partículas da fumaça, o que permite a passagem de corrente que aciona o alarme. A exposição à radiação é usada também na esterilização de alimentos e na inibição da germinação de batatas. Os isótopos radioativos que liberam muita energia na forma de calor são usados para fornecer energia em regiões de difícil acesso, onde o abastecimento com geradores não seria possível. Naves espaciais não tripuladas, como a *Voyager 2*, que já saiu do sistema solar, são abastecidas por isótopos com meias-vidas longas como o plutônio.

PONTO PARA PENSAR

Por que algumas pessoas se opõem à irradiação de alimentos?

Os isótopos também são usados na determinação das características do ambiente. Assim como o carbono-14 é utilizado para datar materiais orgânicos, os geólogos podem determinar a idade de rochas muito antigas usando materiais com meias-vidas mais longas. O urânio-238 ($t_{1/2} = 4,5$ Ga, 1 Ga $= 10^9$ anos) e o potássio-40 ($t_{1/2} = 1,26$ Ga) são usados para datar rochas. O potássio-40 se desintegra por captura de um elétron para formar argônio-40. A rocha é colocada sob vácuo e esmagada, e um espectrômetro de massas mede a quantidade de gás argônio liberada. Essa técnica foi usada para determinar a idade de rochas da superfície da lua: elas tinham entre 3,5 e 4,0 bilhões de anos, mais ou menos a mesma idade das rochas da Terra.

Os radioisótopos são usados como fontes de energia de longa duração e desempenham importante papel no estudo do meio ambiente e do monitoramento de movimentos. Eles são usados na biologia como traçadores em caminhos do metabolismo, na química para acompanhar mecanismos de reação e na geologia para determinar a idade das rochas.

O que você aprendeu com este tópico?

Você aprendeu que o decaimento radioativo segue a cinética de primeira ordem e por isso tem meia-vida constante e característica de cada isótopo.

Os conhecimentos que você deve dominar incluem a capacidade de:

☐ **1.** Descrever o poder de penetração relativo dos três tipos principais de radiação (Seção 10B.1).

☐ **2.** Estimar a quantidade de amostra radioativa restante após um certo período de tempo, levando em conta a constante de decaimento ou meia-vida da amostra (Exemplo 10B.1).

☐ **3.** Usar a meia-vida de um isótopo para determinar a idade de um objeto (Exemplo 10B.2).

Tópico 10B Exercícios

Os exercícios assinalados com $\int_{dx}^{C}$ exigem cálculo diferencial e integral.

Lembre-se de que o símbolo SI para 1 ano é 1 a e que ele aceita os prefixos numéricos habituais, como em 1 ka $= 10^3$ a e 1 Ga $= 10^9$ a.

10B.1 Determine a constante de decaimento de (a) trício, $t_{1/2} = 12,3$ a; (b) lítio-8, $t_{1/2} = 0,84$ s; (c) nitrogênio-13, $t_{1/2} = 10,0$ min.

10B.2 Determine a meia-vida de (a) potássio-40, $k = 5,3 \times 10^{-10}$ a^{-1}; (b) cobalto-60, $k = 0,132$ a^{-1}; (c) nobélio-255, $k = 3,85 \times 10^{-3}$ s^{-1}.

10B.3 A atividade de uma amostra de radioisótopo era 2.150 desintegrações por minuto. Após 6,0 h, a atividade caiu para 1.324 desintegrações por minuto. Qual é a meia-vida do radioisótopo?

Tópico 10B Exercícios **767**

10B.4 Uma amostra de cobalto-60 puro tem atividade igual a 1 μCi. (a) Quantos átomos de cobalto-60 estão presentes na amostra? (b) Qual é a massa, em gramas, da amostra?

10B.5 (a) Qual é a percentagem remanescente de uma amostra de carbono-14 após 3,00 ka? (b) Determine a percentagem remanescente de uma amostra de trício após 12,0 a.

10B.6 (a) Qual é a percentagem remanescente de uma amostra de estrôncio-90 após 8,5 a? (b) Determine a percentagem remanescente de uma amostra de iodo-131 após 6,0 d.

10B.7 O potássio-40, que se presume existir desde a formação da Terra, é usado para a datação de minerais. Se existem três quintos do potássio-40 original em uma rocha, quantos anos tem a rocha?

10B.8 Um pedaço de madeira encontrado em uma escavação arqueológica tem atividade de carbono-14 igual a 62% da atividade do carbono-14 recente. Quantos anos tem o pedaço de madeira?

1B.09 Uma amostra de 250. mg de carbono de uma vestimenta encontrada na escavação de uma tumba antiga na Núbia, sofre $1,5 \times 10^3$ desintegrações em 10,0 horas. Se 1,00 g de uma amostra recente de carbono mostra 921 desintegrações por hora, quantos anos tem a vestimenta?

10B.10 Uma amostra recente de 1,00 g de carbono mostra 921 desintegrações por hora. Se 1,00 g de uma amostra de carvão encontrada na escavação arqueológica de uma caverna de pedra calcária na Eslovênia mostra $5,50 \times 10^3$ desintegrações em 24,0 h, qual é a idade da amostra de carvão?

10B.11 A desoxiglicose marcada com flúor-18 é comumente utilizada em varreduras de PET para a localização de tumores. O flúor-18 tem a meia-vida de 109 min. Quanto tempo leva para que o nível do flúor-18 no corpo caia a 10% do valor inicial?

10B.12 Tecnécio-99m (m significa uma espécie "metaestável", ou moderadamente estável) é gerado em reatores nucleares e enviado a hospitais para uso na obtenção de imagens médicas. O radioisótopo tem meia-vida de 6,01 h. Se uma amostra de 165 mg de tecnécio-99m é transferida de um reator nuclear para um hospital que está 125 km afastado em um caminhão que viaja com velocidade média de 50,0 $km \cdot h^{-1}$, que massa de tecnécio-99m chega ao hospital?

10B.13 Uma amostra de 1,40 g que contém cobalto radioativo foi mantida por 2,50 a, após o que se descobriu que ela continha 0,266 g de ^{60}Co. A meia-vida do ^{60}Co é 5,27 a. Que percentagem em massa da amostra original era ^{60}Co?

10B.14 Uma amostra radioativa contém $3,25 \times 10^{18}$ átomos de um nuclídeo que decai com a velocidade de $3,4 \times 10^{13}$ desintegrações a cada 15 minutos. (a) Que percentagem de nuclídeo terá decaído após 150 d? (b) Quantos átomos do nuclídeo permanecerão na amostra? (c) Qual é a meia-vida do nuclídeo?

$\int_{dx}^{C}$ **10B.15** Um isótopo radioativo X, com meia-vida de 27,4 d, decai a outro isótopo radioativo, Y, com meia-vida de 18,7 d. Este último decai a um isótopo estável, Z. Estabeleça e resolva as leis de velocidade das quantidades dos dois nuclídeos em função do tempo e lance seus resultados em um gráfico.

$\int_{dx}^{C}$ **10B.16** Suponha que o nuclídeo Y do Exercício 10B.15 seja necessário para pesquisa médica e que 2,00 g do nuclídeo X foram fornecidos no tempo $t = 0$. Em que momento Y será o mais abundante na amostra?

10B.17 Um químico está estudando o mecanismo da seguinte reação de hidrólise de um éster orgânico, o acetato de metila: $CH_3COOCH_3 + H_2O \rightarrow CH_3COOH + CH_3OH$. O químico precisa saber se o átomo de O presente no metanol produzido vem do acetato de metila inicial ou da água adicionada. Proponha um experimento que use isótopos e permita determinar a origem do átomo de oxigênio.

10B.18 O volume de plasma sanguíneo de um paciente de cardiologia foi medido por injeção de 5,0 mL de uma solução em água albumina do soro sanguíneo humano marcada com ^{125}I ($t_{1/2} = 59,4$ d). A atividade da amostra era 5,1 μCi. Após 20. min, sangue do paciente foi retirado e centrifugado para obter o plasma. A atividade de 10,0 mL de plasma foi 11 nCi. Qual era o volume do plasma do sangue do paciente?

10B.19 As medidas dos níveis de trítio em soluções em água podem ser usadas para determinar sua idade. A atividade do trítio em uma garrafa de vinho era 8,3% da atividade de uma amostra de suco de uva fresco, feito com frutas da mesma região em que o vinho foi engarrafado. Qual é a idade do vinho?

10B.20 Uma solução nutriente contendo enxofre-35, que tem meia-vida de 88 d, está sendo usada para estudar as reações químicas nas quais o enxofre é usado por bactérias. A amostra tem atividade igual a 10,0 Ci. Que massa de enxofre-35 está presente na solução nutriente? A massa molar do enxofre-35 é 35,0 $g \cdot mol^{-1}$.

Tópico 10C A energia nuclear

10C.1 A conversão massa-energia
10C.2 A extração da energia nuclear
10C.3 A química da energia nuclear

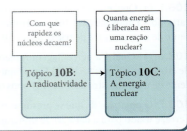

Por que você precisa estudar este assunto? Um dos problemas mais urgentes de hoje é a geração de energia elétrica. A energia nuclear é uma fonte, mas traz consigo problemas que os químicos precisam ajudar a resolver.

Que conhecimentos você precisa dominar? Você precisa conhecer os vários modelos do decaimento nuclear (Tópico 10A).

Quando os núcleos decaem, os núcleons adotam novas configurações, de energia menor. O problema tecnológico diante da energia nuclear diz respeito ao aproveitamento dessa diferença de energia e seu uso na geração de energia elétrica. O problema associado é que o material que permanece após o combustível ter se esgotado é altamente radioativo e precisa ser isolado do meio ambiente. Os dois problemas podem ser abordados com a química.

10C.1 A conversão massa-energia

A energia liberada quando um núcleo radioativo decai pode ser calculada comparando-se as massas dos reagentes e dos produtos nucleares. A teoria da relatividade de Einstein diz que a massa de um objeto é uma medida de seu conteúdo de energia. Quanto maior for a massa de um objeto, maior será sua energia. Mais especificamente, a energia total, E, e a massa, m, relacionam-se pela famosa equação de Einstein.

$$E = mc^2 \qquad (1)$$

em que c é a velocidade da luz ($3,00 \times 10^8$ m·s^{-1}). Essa relação mostra que a perda de energia é sempre acompanhada de perda de massa.

A perda de massa que sempre acompanha a perda de energia é normalmente muito pequena para ser detectada. Mesmo nas reações químicas fortemente exotérmicas, como uma que libera 10^3 kJ de energia, a diferença entre as massas dos produtos e reagentes é somente 10^{-8} g. Em uma reação nuclear, em que as trocas de energia são muito grandes, a perda de massa é mensurável, e podemos calcular a energia liberada a partir da variação observada na massa.

Um núcleo pode ser visto como o resultado da união de núcleons (prótons e nêutrons). A **energia de ligação nuclear**, E_{lig}, é a energia *liberada* nesse processo. Todas as energias de ligação são positivas, isto é, o núcleo tem energia mais baixa do que a dos núcleons que o formam. Quanto maior for a energia de ligação, menor será a energia do núcleo.

A equação de Einstein pode ser usada para calcular a energia de ligação nuclear a partir da diferença de massa, Δm, entre o núcleo e os núcleons separados. Por exemplo, o ferro-56 tem 26 prótons, cada um com massa m_p, e 30 nêutrons, cada um com massa m_n. A diferença de massa entre o núcleo e os núcleons separados é

$$\Delta m = m(\text{núcleo}) - \sum m(\text{núcleons}) = m(^{56}_{26}\text{Fe núcleo}) - (26m_p + 30m_n)$$

As massas dos núcleos isolados não são obtidas com facilidade, e em muitos casos são substituídas pelas massas dos nuclídeos. Essa massa inclui a massa total de todos os Z elétrons em um átomo com número atômico Z, mas pode ser cancelada substituindo-se os Z prótons por Z átomos de hidrogênio, com seus Z elétrons. Existe uma pequena discrepância no valor da energia de ligação calculada desta maneira, porque as contribuições das energias dos elétrons no átomo são ligeiramente diferentes, comparadas com as dos átomos de hidrogênio. Porém, esta contribuição é tão pequena que pode ser ignorada (exceto em cálculos mais detalhados). Logo, neste exemplo,

$$\Delta m = m(^{56}_{26}\text{Fe átomo}) - (26m_H + 30m_n)$$

em que m_H é a massa do átomo de hidrogênio. A energia de ligação é calculada a partir da diferença de massa:

$$E_{lig} = -\Delta m \times c^2 \qquad (2)$$

Um nuclídeo é um átomo de número atômico e massa atômica definidos, incluindo os elétrons (Tópico 10A).

O sinal negativo está presente porque uma perda de massa ($\Delta m < 0$) corresponde a uma energia de ligação positiva. As energias de ligação são apresentadas em elétron-volts (eV) ou, mais especificamente, milhões de elétron-volts (1 MeV = 10^6 eV):

$$1 \text{ eV} = 1{,}602\ 18 \times 10^{-19} \text{ J}$$

Como as massas dos nuclídeos são muito pequenas, elas são normalmente dadas como múltiplos da constante de massa atômica: $m_u = 1{,}660\ 54 \times 10^{-27}$ kg. A constante de massa atômica é definida como exatamente 1/12 da massa de um átomo de carbono-12.

EXEMPLO 10C.1 Cálculo da energia de ligação nuclear

Você é um cientista trabalhando no desenvolvimento de reações de fusão nuclear e precisa saber quanta energia é armazenada em um núcleo na forma de energia de ligação. Calcule a energia de ligação nuclear do hélio-4, em elétron-volts, dadas as seguintes massas: ^{4}He, $4{,}0026m_u$; ^{1}H, $1{,}0078m_u$; n, $1{,}0087m_u$, em que m_u é a constante da massa atômica ($1{,}660\ 54 \times 10^{-27}$ kg).

ANTECIPE Como as reações nucleares podem liberar quantidades muito grandes de energia, você deve esperar um valor alto para a energia de ligação.

PLANEJE Comece por escrever a equação nuclear da formação do nuclídeo a partir de átomos de hidrogênio e nêutrons depois calcule a diferença de massas entre os produtos e os reagentes (os átomos de H são usados no lugar dos prótons para explicar a massa dos elétrons no átomo de He), e converta o resultado a quilogramas. Por fim, use a relação de Einstein para calcular a energia correspondente a essa perda de massa e converta as unidades a elétron-volts.

RESOLVA

Escreva a equação nuclear.

$$2\ ^1\text{H} + 2\ ^1\text{n} \longrightarrow\ ^4\text{He}$$

Calcule a variação de massa.

$$\Delta m = m(^4\text{He}) - (2m_\text{H} + 2m_\text{n})$$
$$= 4{,}0026m_u - \{2(1{,}0078) + 2(1{,}0087)\}m_u$$
$$= -0{,}0304 m_u$$

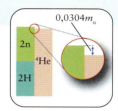

Converta em quilogramas.

$$\Delta m = -0{,}0304 \times 1{,}6605 \times 10^{-27} \text{ kg} = -5{,}04\ldots \times 10^{-29} \text{ kg}$$

Calcule a energia de ligação a partir de $E_\text{lig} = -\Delta m \times c^2$,

$$E_\text{lig} = -(-5{,}04\ldots \times 10^{-29} \text{ kg}) \times (3{,}00 \times 10^8 \text{ m·s}^{-1})^2$$
$$= 4{,}54\ldots \times 10^{-12} \text{ kg·m}^2\text{·s}^{-2} = 4{,}54\ldots \times 10^{-12} \text{ J}$$

Converta a energia de ligação em milhões de elétron-volts:

$$E_\text{lig} = 4{,}54\ldots \times 10^{-12} \text{ J} \times \frac{1 \text{ eV}}{1{,}602 \times 10^{-19} \text{ J}} \times \frac{1 \text{ MeV}}{10^6 \text{ eV}} = 28{,}4 \text{ MeV}$$

AVALIE O valor da energia de ligação mostra que 4,54 pJ (1 pJ = 10^{-12} J) ou 28,4 MeV são liberados quando um núcleo de ^{4}He se forma a partir de seus núcleons. Embora pareça pequena, na escala atômica é muito grande. A energia de ligação total de 1 mol de átomos de He é $2{,}73 \times 10^{12}$ J, ou 2,73 TJ.

Teste 10C.1A Calcule a energia de ligação, em elétron-volts, de um núcleo de carbono-12.

[***Resposta:*** 92,3 MeV]

Teste 10C.1B Calcule a energia de ligação molar, em elétron-volts, dos núcleos de urânio-235. A massa de um átomo de urânio-235 é $235{,}0439m_u$.

Exercícios relacionados 10C.3 e 10C.4

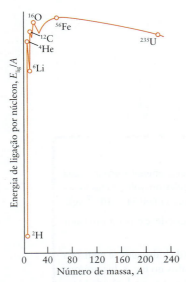

FIGURA 10C.1 Variação da energia de ligação nuclear por núcleon. O máximo de energia nuclear por núcleon ocorre perto do ferro e do níquel. Seus núcleos têm as energias mais baixas porque são ligados mais fortemente.

Observe que os nêutrons não se cancelam, ainda que apareçam em ambos os lados da equação. Como as equações das reações químicas elementares, as equações nucleares mostram o processo específico.

A Figura 10C.1 mostra a energia de ligação por núcleon, E_{lig}/A, dos elementos. O gráfico mostra que os núcleons estão mais fortemente ligados nos elementos próximos do ferro e do níquel. Essa energia de ligação elevada é uma das razões pelas quais o ferro e o níquel são tão abundantes em meteoritos e em planetas rochosos como a Terra. Os núcleos dos átomos leves ficam mais estáveis quando se "fundem" e os núcleos pesados liberam mais energia quando sofrem "fissão" e se dividem em núcleos mais leves.

As energias de ligação nucleares são determinadas pela aplicação da fórmula de Einstein à diferença de massa entre o núcleo e seus componentes. O ferro e o níquel têm a energia de ligação mais alta por núcleon.

10C.2 A extração da energia nuclear

Na **fissão** nuclear, um núcleo volumoso quebra-se em fragmentos. Na **fusão** nuclear, um núcleo maior é formado a partir de núcleos pequenos. Em 1938, Lise Meitner, Otto Hahn e Fritz Strassman perceberam que, ao bombardear átomos pesados, como o urânio, com nêutrons, eles podiam "quebrar" o átomo em fragmentos menores em reações de fissão e liberar quantidades muito grandes de energia. A energia liberada pode ser estimada usando a equação de Einstein. Dito de outro modo, a variação de energia nos processos de fissão ou fusão está relacionada com a diferença das energias de ligação dos núcleos no estado inicial e final e, portanto, a suas massas.

EXEMPLO 10C.2 Cálculo da energia liberada durante a fissão

Suponha que você integre uma equipe de cientistas que está trabalhando em uma usina nuclear. Você precisa predizer quanta energia pode ser obtida a partir de algumas reações de fissão conhecidas. Quando os núcleos de urânio-235 são bombardeados com nêutrons, eles podem quebrar-se de várias maneiras, como esferas de vidro que se partem em fragmentos de tamanhos diferentes. Em um dos processos, o urânio-235 forma bário-142 e criptônio-92:

$$^{235}_{92}U + ^{1}_{0}n \longrightarrow ^{142}_{56}Ba + ^{92}_{36}Kr + 2\,^{1}_{0}n$$

Calcule a energia liberada (em joules) quando 1,0 g de urânio-235 sofre essa reação de fissão. As massas das partículas são: $^{235}_{92}U$, $235{,}04 m_u$; $^{142}_{56}Ba$, $141{,}92 m_u$; $^{92}_{36}Kr$, $91{,}92 m_u$; n, $1{,}0087 m_u$.

ANTECIPE Os processos de fissão são usados para a produção de energia e, portanto, você deve esperar a liberação de grande quantidade de energia.

PLANEJE Se você conhece a perda de massa, Δm, poderá calcular a energia liberada por um núcleo de urânio usando a equação de Einstein na forma $\Delta E = \Delta m \times c^2$. Portanto, calcule a massa total das partículas em cada lado da equação, obtenha a diferença e substitua-a nessa relação. A seguir, determine o número de núcleos da amostra a partir de $N = m(\text{amostra})/m(\text{átomos})$ e, por fim, multiplique a energia liberada na fissão de um núcleo por esse número para encontrar a energia liberada pela amostra.

RESOLVA

Calcule a massa dos produtos.

$$\begin{aligned} m(\text{produtos}) &= m(\text{Ba}) + m(\text{Kr}) + 2m_n \\ &= \{141{,}92 + 91{,}92 + 2(1{,}0087)\}m_u \\ &= 235{,}86 m_u \end{aligned}$$

Calcule a massa total dos reagentes.

$$\begin{aligned} m(\text{reagentes}) &= m(U) + m(n) \\ &= 235{,}04 m_u + 1{,}0087 m_u = 236{,}05 m_u \end{aligned}$$

Calcule a variação de massa.

$$\Delta m = 235{,}86 m_u - 236{,}05 m_u = -0{,}19 m_u$$

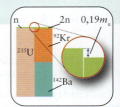

Expresse essa variação em quilogramas.

$$\Delta m = -0{,}19 \times 1{,}6605 \times 10^{-27}\,\text{kg} = -3{,}1\ldots \times 10^{-28}\,\text{kg}$$

Calcule a variação de energia para a fissão de um núcleo a partir de $\Delta E = \Delta m \times c^2$.

$$\Delta E = (-3{,}1\ldots \times 10^{-28}\,\text{kg}) \times (3{,}00 \times 10^{8}\,\text{m·s}^{-1})^2$$
$$= (-3{,}1 \times 10^{-28}) \times (3{,}00 \times 10^{8})^2\,\text{J} = -2{,}8\ldots \times 10^{-11}\,\text{J}$$

Encontre o número de átomos, N, da amostra a partir de $N = m(\text{amostra})/m(\text{átomos})$.

$$N = \frac{1{,}0 \times 10^{-3}\,\text{kg}}{235{,}04 m_u} = \frac{1{,}0 \times 10^{-3}\,\text{kg}}{235{,}04 \times (1{,}6605 \times 10^{-27}\,\text{kg})} = 2{,}56\ldots \times 10^{21}$$

Calcule a variação total de energia a partir de $\Delta E(\text{total}) = N\Delta E$.

$$\Delta E(\text{total}) = (2{,}56\ldots \times 10^{21}) \times (-2{,}8\ldots \times 10^{-11}\,\text{J}) = -7{,}3 \times 10^{10}\,\text{J ou 73 GJ}$$

AVALIE Como esperado, a energia liberada é grande: 73 GJ é 1,3 milhão de vezes mais energia do que seria produzida pela queima de 1,0 g de metano, o componente principal do gás natural.

Teste 10C.2A Outra maneira de obter a fissão do urânio-235 é

$$^{235}_{92}\text{U} + ^{1}_{0}\text{n} \longrightarrow ^{135}_{52}\text{Te} + ^{100}_{40}\text{Zr} + ^{1}_{0}\text{n}$$

Calcule a variação de energia quando 1,0 g de urânio-235 sofre fissão por esse processo. As massas necessárias são $^{235}_{92}\text{U}$, $235{,}04 m_u$; n, $1{,}0087 m_u$; $^{135}_{52}\text{Te}$, $134{,}92 m_u$; $^{100}_{40}\text{Zr}$, $99{,}92 m_u$.

[***Resposta:*** 77 GJ]

Teste 10C.2B Outra maneira de obter a fissão do urânio-235 é

$$^{235}_{92}\text{U} + ^{1}_{0}\text{n} \longrightarrow ^{138}_{56}\text{Ba} + ^{86}_{36}\text{Kr} + 12\,^{1}_{0}\text{n}$$

Calcule a variação de energia quando 1,0 g de urânio-235 sofre fissão por esse processo. As massas adicionais necessárias são $^{138}_{56}\text{Ba}$, $137{,}91 m_u$; $^{86}_{36}\text{Kr}$, $85{,}91 m_u$.

Exercícios relacionados 10C.5, 10C.6, 10C.9, 10C.10

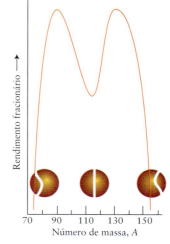

FIGURA 10C.2 Rendimento da fissão do urânio-235. Observe que, na maior parte, os produtos de fissão estão nas regiões próximas de $A = 90$ e 130, e que relativamente poucos nuclídeos que correspondem à fissão simétrica (A próximo de 117) se formam.

A **fissão nuclear espontânea** ocorre quando as oscilações naturais de núcleos pesados fazem com que eles se quebrem em dois núcleos de massa semelhante. Um exemplo é a desintegração do amerício-244 em iodo e molibdênio:

$$^{244}_{95}\text{Am} \longrightarrow ^{134}_{53}\text{I} + ^{107}_{42}\text{Mo} + 3\,^{1}_{0}\text{n}$$

A fissão não ocorre sempre da mesma forma. Por exemplo, mais de 200 isótopos de 35 elementos diferentes foram identificados entre os produtos de fissão do urânio-235, a maior parte dos quais com números de massa próximos de 90 ou 130 (Fig. 10C.2).

A **fissão nuclear induzida** é a fissão causada pelo bombardeamento de núcleos pesados com nêutrons (Fig. 10C.3). O núcleo quebra-se em dois fragmentos quando atingido por um projétil. Os núcleos que podem sofrer fissão induzida são chamados de **fissionáveis**. Para a maior parte dos núcleos, a fissão só ocorre se os nêutrons que colidem viajam com rapidez suficiente para atingir os núcleos e quebrá-los pelo impacto. O urânio-238 sofre fissão por esse mecanismo. Os **núcleos físseis**, por outro lado, são os núcleos que podem se quebrar, mesmo com nêutrons lentos. Eles incluem o urânio-235, o urânio-233 e o plutônio-239, que são os combustíveis de usinas nucleares.

Após a indução da fissão nuclear, as reações continuam a ocorrer mesmo se o suprimento de nêutrons for interrompido, desde que a fissão produza mais nêutrons. Essa fissão autossustentada ocorre nos átomos de urânio-235, que sofre numerosos processos de fissão, inclusive

$$^{235}_{92}\text{U} + ^{1}_{0}\text{n} \longrightarrow ^{141}_{56}\text{Ba} + ^{92}_{36}\text{Kr} + 3\,^{1}_{0}\text{n}$$

Se os três nêutrons produzidos se chocam com três outros núcleos físseis, após o ciclo seguinte de fissão, existirão nove nêutrons que podem induzir a fissão em mais nove núcleos. Os nêutrons são propagadores de uma reação em cadeia ramificada.

Os nêutrons produzidos em reações em cadeia movem-se em alta velocidade, e a maior parte escapa para a vizinhança sem colidir com outros núcleos fissionáveis. Entretanto, se

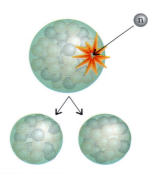

FIGURA 10C.3 Na fissão nuclear induzida, o impacto de um nêutron incidente provoca a divisão do núcleo.

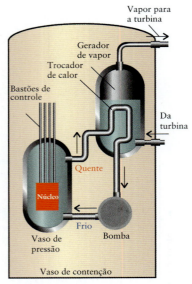

FIGURA 10C.4 Diagrama esquemático de um tipo de reator nuclear no qual a água age como moderador da reação nuclear. Neste reator de água pressurizada (PWR), o resfriamento é feito com água sob pressão. As reações de fissão produzem calor, que ferve a água no gerador de vapor. O vapor resultante gira as turbinas, que geram eletricidade.

um número de núcleos de urânio suficientemente grande estiver presente na amostra, muitos nêutrons podem ser capturados para sustentar a reação em cadeia. Nesse caso, existe uma **massa crítica**, isto é, uma massa de material fissionável acima da qual poucos nêutrons escapam da amostra, e a reação de fissão em cadeia se sustenta. Se uma amostra é supercrítica, isto é, a massa está acima do valor crítico, a reação é, além de autossustentada, difícil de controlar e pode tornar-se explosiva. A massa crítica para uma esfera sólida de plutônio puro com densidade normal é de aproximadamente 15 kg, uma esfera do tamanho de um pequeno melão.

A fissão explosiva não pode ocorrer em um reator nuclear, porque o combustível não é denso o suficiente. Em vez disso, os reatores sustentam uma reação em cadeia muito mais lenta e controlada, através do uso eficiente de uma fonte limitada de nêutrons e da diminuição de sua velocidade. O combustível é moldado em longos bastões e introduzido em um **moderador**, uma substância que diminui a velocidade dos nêutrons quando eles passam entre os bastões de combustível. Os nêutrons mais lentos têm probabilidade maior de colidir com um núcleo (Fig. 10C.4). O primeiro moderador usado foi a grafita. A água pesada, D_2O, também é um moderador efetivo de nêutrons, mas os reatores de água leve (LWRs), que são os mais comuns nos Estados Unidos, usam a água comum como moderador.

Se a velocidade da reação em cadeia exceder um determinado nível, o reator também se aquecerá e começará a fundir. Os bastões de controle – feitos de elementos que absorvem nêutrons, como o boro ou o cádmio, e que são inseridos entre os bastões de combustível – ajudam a controlar o número de nêutrons disponíveis e a velocidade da reação nuclear.

Embora os reatores de fissão não gerem poluição química, eles produzem resíduos radioativos muito perigosos. Entretanto, outro tipo de reação nuclear que está sendo estudado para a geração de energia é a **fusão nuclear**, que é essencialmente livre de resíduos radioativos de vida longa e cujo combustível é abundante e facilmente extraído da água do mar. A reação é a fusão dos núcleos de hidrogênio para formar núcleos de hélio.

Como a energia de ligação nuclear aumenta dos elementos leves (como o hidrogênio) para os mais pesados, ela é liberada quando os núcleos se fundem. A forte repulsão elétrica entre prótons dificulta que eles se aproximem o suficiente para que ocorra a fusão, mas os núcleos dos isótopos mais pesados do hidrogênio fundem-se mais facilmente porque os nêutrons adicionais contribuem para a força intensa. Para conseguir a elevada energia cinética necessária para uma colisão bem-sucedida, os reatores de fusão têm de operar em temperaturas acima de 10^8 K. Um dos métodos usados na liberação controlada da energia nuclear envolve o aquecimento de um **plasma**, ou gás ionizado, pela passagem de uma corrente elétrica.

A energia nuclear pode ser obtida mediante um arranjo para que a reação nuclear em cadeia ocorra com uma massa crítica de material físsil. A fusão nuclear utiliza a energia liberada pela fusão de núcleos leves para formar núcleos mais pesados.

10C.3 A química da energia nuclear

A química é usada na preparação do urânio, na recuperação de importantes produtos de fissão e na remoção segura ou na utilização dos resíduos nucleares. A principal fonte mineral do urânio é a *pechblenda*, UO_2 (Figura 10C.5). Nos Estados Unidos, ela é extraída sobretudo de minas no Novo México e em Wyoming. O urânio obtido pela redução do minério é **enriquecido**, isto é, a abundância de determinado isótopo é aumentada (no caso, a do urânio-235). A abundância natural do urânio-235 é aproximadamente 0,7%. Para uso em um reator nuclear, essa fração deve ser aumentada para aproximadamente 3%. Para uso em armas nucleares, o enriquecimento precisa ser muito maior.

O procedimento de enriquecimento utiliza a pequena diferença de massa entre os hexafluoretos de urânio-235 e de urânio-238 para separá-los. O primeiro procedimento a ser desenvolvido é a transformação do urânio em hexafluoreto de urânio, UF_6, que pode ser vaporizado facilmente. A diferença entre as velocidades de efusão dos dois fluoretos isotópicos é usada então para separá-los. Segundo a lei de efusão de Graham (velocidade de efusão $\propto 1/(\text{massa molar})^{1/2}$; Tópico 3D), as velocidades de efusão do $^{235}UF_6$ (massa molar, 349,0 g·mol^{-1}) e $^{238}UF_6$ (massa molar, 352,1 g·mol^{-1}) devem estar na razão

$$\frac{\text{Velocidade de efusão de }^{235}UF_6}{\text{Velocidade de efusão de }^{238}UF_6} = \sqrt{\frac{352,1}{349,0}} = 1,004$$

FIGURA 10C.5 A pechblenda é um minério comum de urânio. É uma variedade de uraninita, UO_2. (*Chip Clark/Fundamental Photographs, NYC.*)

FIGURA 10C.6 Recipientes com altos níveis de resíduos, inclusive césio-137 e estrôncio-90, brilham sob uma camada protetora de água. Se os recipientes não estivessem protegidos, a radiação que eles emitiriam seria forte o bastante para provocar a morte em cerca de 4 s. O brilho azul é devido à radiação Cherenkov, emitida quando partículas carregadas viajam mais rápido do que a velocidade da luz em um meio (a água, neste caso). (*Earl Roberge/Science Source.*)

Esta relação é tão próxima de 1, que o vapor deve efundir repetidamente através de barreiras porosas formadas por telas com grande número de pequenos orifícios. Na prática, isso tem de ocorrer milhares de vezes.

Como o processo de efusão é tecnicamente complexo e utiliza grande quantidade de energia, os cientistas e os engenheiros continuam a pesquisar procedimentos alternativos de enriquecimento. Um deles utiliza centrífugas em que as amostras de vapor de hexafluoreto de urânio giram em velocidades muito altas. A rotação faz com que as moléculas de $^{238}UF_6$, mais pesadas, sejam jogadas para fora e possam ser coletadas na forma de um sólido nas peças externas do rotor, deixando uma proporção mais elevada de $^{235}UF_6$ no material próximo do eixo do rotor, de onde ele pode ser removido.

Depois do uso, o combustível nuclear ainda é radioativo. Ele é formado por uma mistura de urânio e produtos de fissão. Os resíduos do reator nuclear podem ser processados e certa quantidade reutilizada, mas a percentagem processada depende do preço do urânio. Quando o preço é baixo, como era no fim dos anos 90, a maior parte dos resíduos nucleares é armazenada para processamento posterior.

O processamento dos resíduos nucleares é complexo. O urânio-235 remanescente deve ser recuperado, o plutônio produzido deve ser extraído e os produtos de fissão, de pouca utilidade, mas ainda radioativos, devem ser armazenados com segurança (Fig. 10C.6). Os produtos de fissão muito radioativos (HRF) dos bastões de combustível nuclear utilizados devem ser armazenados até que seu nível de radioatividade deixe de ser perigoso (cerca de 10 meias-vidas). Geralmente, eles são enterrados, mas mesmo o enterro de resíduos radioativos não está livre de problemas. Os cilindros de metal usados no armazenamento podem sofrer corrosão e liberar resíduos radioativos líquidos que podem atingir fontes de água potável (Fig. 10C.7). É possível reduzir o vazamento pela incorporação dos produtos de HRF em um vidro – um sólido formado por uma rede complexa de átomos de silício e de oxigênio – em um processo denominado *vitrificação*. Os produtos de fissão são, geralmente, óxidos do tipo que formam um dos componentes do vidro – eles formam retículos; isto é, ajudam a formar uma rede relativamente desordenada de Si—O, em vez de induzir a cristalização em uma rede ordenada de átomos. A cristalização é perigosa porque as regiões cristalinas facilmente se rompem e poderiam deixar o material radioativo incorporado exposto à umidade. A água poderia dissolvê-los e carregá-los para fora da área de armazenamento. Uma alternativa é incorporar os resíduos radioativos em materiais cerâmicos duros (ver Interlúdio no final do Foco 3). Um exemplo é Synroc, um material cerâmico à base de titanatos que pode incorporar os resíduos radioativos em sua rede cristalina.

FIGURA 10C.7 Este tambor com resíduos radioativos, de 35 anos de idade, sofreu corrosão, e o material radioativo vazou para o solo. O tambor estava armazenado em um dos depósitos de resíduos nucleares do laboratório de manufatura e pesquisa nucleares do Departamento Americano de Energia, em Hanford, Washington, Estados Unidos. Diversos depósitos desse laboratório foram seriamente contaminados e tiveram de ser limpos e reconfigurados para maior estabilidade no armazenamento. (*U.S. Department of Energy.*)

> *O urânio é extraído por uma série de reações que levam ao hexafluoreto de urânio. Os isótopos são então separados por vários procedimentos. Alguns resíduos radioativos são atualmente convertidos em vidros ou materiais cerâmicos para serem armazenados no subsolo.*

O que você aprendeu com este tópico?

Você aprendeu que a energia aprisionada em um núcleo é expressa como a energia de ligação nuclear e pode ser calculada com base na diferença entre as massas do núcleo e de seus núcleons. Você também viu como a energia pode ser liberada e aprendeu um pouco sobre as contribuições dos químicos na solução dos problemas associados ao armazenamento de resíduos nucleares.

Os conhecimentos que você deve dominar incluem a capacidade de:

☐ **1.** Calcular a energia de ligação nuclear com base nas informações sobre massa (Exemplo 10C.1).

☐ **2.** Calcular a energia liberada durante uma reação nuclear (Exemplo 10C.2).

Tópico 10C Exercícios

10C.1 O Sol emite energia radiante na velocidade de $3,9 \times 10^{26}$ J·s^{-1}. Qual é a velocidade de perda de massa do Sol (em quilogramas por segundo)?

10C.2 (a) Na reação de fusão 6 D → 2 ^{4}He + 2 ^{1}H + 2 n, 3×10^8 kJ de energia são liberados por uma certa massa de deutério, D (D representa ^{2}H). Qual é a perda de massa na reação (em gramas)? (b) Qual foi a massa de deutério convertida? A massa molar do deutério é 2,014 g·mol^{-1}.

10C.3 Calcule a energia de ligação por núcleon (J.núcleon^{-1}) para (a) ^{62}Ni, $61,928346m_u$; (b) ^{239}Pu, $239,0522m_u$; (c) ^{2}H, $2,0141\ m_u$; (d) ^{3}H, $3,01605m_u$. (e) Qual é o nuclídeo mais estável?

10C.4 Calcule a energia de ligação por núcleon (J.núcleon^{-1}) para (a) ^{98}Mo, $97,9055m_u$; (b) ^{151}Eu, $150,9196m_u$; (c) ^{56}Fe, $55,9349m_u$; (d) ^{232}Th, $232,0382m_u$. (e) Qual é o nuclídeo mais estável?

10C.5 Calcule a energia liberada por grama de material inicial na reação de fusão representada por cada uma das seguintes equações.

(a) D + D → ^{3}He + n (D, $2,0141m_u$; ^{3}He, $3,0160m_u$)
(b) ^{3}He + D → ^{4}He + ^{1}H (^{1}H, $1,0078m_u$; ^{4}He, $4,0026m_u$)
(c) ^{7}Li + ^{1}H → 2 ^{4}He (^{7}Li, $7,0160m_u$)
(d) D + T → ^{4}He + n (T, $3,0160m_u$); D representa ^{2}H e T representa ^{3}H.

10C.6 Calcule a energia liberada por grama de material inicial na reação nuclear representada por cada uma das seguintes equações:

(a) ^{7}Li + ^{1}H → n + ^{7}Be (^{1}H, $0,0078m_u$; ^{7}Li, $7,0160m_u$; ^{7}Be, $7,0169m_u$)
(b) ^{59}Co + D → ^{1}H + ^{60}Co (^{59}Co, $58,9332m_u$; ^{60}Co, $59,9529m_u$; D, $2,0141m_u$)
(c) ^{40}K + β → ^{40}Ar (^{40}K, $39,9640m_u$; ^{40}Ar, $39,9624m_u$; β, $0,0005m_u$)
(d) ^{10}B + n → ^{4}He + ^{7}Li (^{10}B, $10,0129m_u$; ^{4}He, $4,0026m_u$)

10C.7 O sódio-24 ($23,99096m_u$) decai a magnésio-24 ($23,98504m_u$). (a) Escreva uma equação nuclear para o decaimento. (b) Determine a variação de energia que acompanha o decaimento. (c) Calcule a variação de energia de ligação por núcleon.

10C.8 Qual é a energia emitida em cada decaimento α de plutônio-234? (^{234}Pu, $234,0433m_u$; ^{230}U, $230,0339m_u$). (b) A meia-vida do plutônio-234 é 8,8 h. Qual é o calor liberado no decaimento α de 1,00 µg de uma amostra de plutônio-234 em um período de 24 h?

10C.9 Uma das reações de fissão que ocorrem em reatores nucleares é

$$^{235}_{92}\text{U} + {}^1_0\text{n} \longrightarrow {}^{139}_{56}\text{Ba} + {}^{94}_{36}\text{Kr} + 3\,{}^1_0\text{n}$$

(a) Calcule a energia liberada (em joules) quando 5,0 g de urânio-235 sofrem essa reação de fissão. As massas dos isótopos são $^{235}_{92}$U, $235,04\ m_u$; $^{139}_{56}$Ba, $138,91\ m_u$; $^{94}_{36}$Kr, $93,93\ m_u$; n, $1,0087\ m_u$. (b) Calcule a massa total de carvão necessária para liberar a mesma quantidade de energia. Suponha que o carvão seja formado apenas por grafita.

10C.10 Uma das reações de fissão que ocorrem em reatores nucleares é

$$^{235}_{92}\text{U} + {}^1_0\text{n} \longrightarrow {}^{140}_{54}\text{Xe} + {}^{92}_{38}\text{Sr} + 4\,{}^1_0\text{n}$$

(a) Calcule a energia liberada (em joules) quando 5,0 g de urânio-235 sofrem essa reação de fissão. As massas dos isótopos são $^{235}_{92}$U, $235,04\ m_u$; $^{140}_{54}$Xe, $139,92\ m_u$; $^{92}_{38}$Sr, $91,91\ m_u$; n, $1,0087\ m_u$. (b) Calcule a massa total de carvão necessária para liberar a mesma quantidade de energia. Suponha que o carvão seja formado apenas por grafita.

O exemplo e os exercícios a seguir baseiam-se no conteúdo do Foco 10.

FOCO 10 — Exemplo cumulativo online

A terapia-alvo com partículas alfa (TAT) é um novo método de tratamento do câncer. O procedimento inclui a administração de um fármaco contendo um nuclídeo que emite partículas alfa associado com uma molécula bioativa que é absorvida preferencialmente por tecidos tumorais. Como as partículas α são altamente prejudiciais aos tecidos moles, mas não penetram profundamente, o dano celular ocorre apenas no material localizado na região. Imagine que você esteja desenvolvendo novos fármacos para uso neste tipo de tratamento, avaliando as chances de usar o astatina-211 como fonte de partículas α, e precisa entender as características do decaimento envolvido. (a) Prediga a identidade do nuclídeo filho formado quando o ^{211}At sofre decaimento α e escreva a reação nuclear balanceada. (b) A energia liberada quando um núcleo de ^{211}At decai é 5,97 MeV. Determine a massa do nuclídeo filho, sabendo que a massa do ^{211}At é 210,9875m_u e que a do ^{4}He é 4,0026m_u. (c) A meia-vida do ^{211}At é 7,2 horas. Quanto tempo um paciente precisa esperar até que 95% de um medicamento contendo ^{211}At sofra decaimento nuclear?

 A solução deste exemplo está disponível, em inglês, no hotsite http://apoio.grupoa.com.br/atkins7ed

FOCO 10 — Exercícios

Lembre-se de que o símbolo SI para 1 ano é 1a e que ele aceita os prefixos numéricos habituais, como em 1 ka = 10^3 a e 1 Ga = 10^9 a.

10.1 Diga se as seguintes declarações são verdadeiras ou falsas. Se uma afirmação for falsa, explique por quê. (a) A dose equivalente é inferior à dose real de radiação porque ela leva em conta os diferentes efeitos dos diversos tipos de radiação. (b) A exposição a 1×10^8 Bq de radiação seria muito mais perigosa do que a exposição a 10 Ci de radiação. (c) O decaimento radioativo segue uma cinética de primeira ordem.

10.2 Diga se as seguintes declarações são verdadeiras ou falsas. Se uma afirmação for falsa, explique por quê. (a) Os núcleos físseis podem sofrer fissão quando são atingidos por nêutrons lentos, ao passo que os nêutrons rápidos são necessários para dividir núcleos físseis. (b) Para que a fusão ocorra, as partículas em colisão precisam ter alta energia cinética. (c) Quanto maior a energia de ligação por núcleon, mais estável será o núcleo.

10.3 (a) Quantos núcleos de radônio-222 ($t_{1/2}$ = 3,82 d) decaem por minuto para produzir uma atividade de 4,0 pCi? (b) Um banheiro no porão de uma casa mede 2,0 m $\times$ 3,0 m $\times$ 2,5 m. Se a atividade do radônio-222 no local é de 4,0 pCi·L^{-1}, quantos núcleos decaem durante um banho de 5,0 minutos?

10.4 O trício sofre decaimento β e a partícula β emitida tem energia de 0,0186 MeV (1 MeV = $1,602 \times 10^{-13}$ J). Se uma amostra de 1,0 g de tecido absorve 10% dos produtos de decaimento de 1,0 mg de trício, que dose equivalente o tecido absorve?

10.5 Descobriu-se que 2,0 μmol de ^{222}Rn ($t_{1/2}$ = 3,82 d) entraram em um porão fechado cujo volume era 2 $\times$ 10^3 m^3. (a) Qual é a atividade inicial do radônio em picocuries por litro (pCi·L^{-1})? (b) Quantos átomos de ^{222}Rn permanecerão após um dia (24 horas)? (c) Quanto tempo levará para o radônio se decompor a um nível inferior ao recomendado pela Agência de Proteção Ambiental, que é de 4 pCi·L^{-1}?

10.6 Uma amostra radioativa contém ^{32}P (meia-vida, 14,28 d), ^{33}S (meia-vida, 87,2 d) e ^{59}Fe (meia-vida, 44,6 d). Após 90 dias, uma amostra cuja massa original era 8,00 g contém 0,0254 g de ^{32}P, 1,466 g de ^{33}S e 0,744 de ^{59}Fe. Qual era a composição percentual (em massa) da amostra original?

10.7 O urânio-238 decai por uma série de emissões α e β até o chumbo-206, com meia-vida total para o processo de 4,5 Ga. Qual é a idade de um minério que contém urânio na razão ^{238}U/^{206}Pb de (a) 1,00, (b) 1,25?

10.8 Foi descoberto um planeta em que a vida baseia-se no silício, e não no carbono. Entretanto, um impacto de meteoro destruiu a maior parte da vida no planeta. Para determinar quando ocorreu o impacto, a atividade do silício-32, que tem meia-vida de $1,6 \times 10^2$ a, foi medida em amostras retiradas de fósseis de formas de vida mortas na tragédia e em formas de vida atuais. A atividade de amostras dos fósseis foi 0,015% da atividade das formas de vida atuais. Quando o meteoro atingiu o planeta?

10.9 O tecnécio-99m é produzido por uma sequência de reações em que o molibdênio-98 é bombardeado com nêutrons para formar o molibdênio-99, que, por sua vez, sofre decaimento β ao tecnécio-99m. (a) Escreva as equações nucleares balanceadas da sequência. (b) Compare a razão nêutron a próton do produto filho final com a do tecnécio-99m. Qual delas está mais próxima da banda de estabilidade?

10.10 O actínio-225 decai pela emissão sucessiva de três partículas α. (a) Escreva as equações nucleares dos três processos. (b) Compare a razão nêutron a próton do produto filho final com a do actínio-225. Qual delas está mais próxima da banda de estabilidade?

10.11 Que volume de hélio, em 1 atm e 298 K, será obtido se 2,5 g de ^{222}Rn forem armazenados por quinze dias em um tonel capaz de se expandir para manter a pressão constante? (^{222}Rn decai a ^{218}Po com meia-vida de 3,824 d.)

10.12 Querem instalar uma usina nuclear em seu município e você recebeu a incumbência de preparar uma recomendação de como processar e guardar os produtos altamente radioativos da fissão. Em sua recomendação, discuta os benefícios e problemas de pelo menos três maneiras de guardar o lixo radioativo.

776 **Foco 10** Exercícios

10.13 A radioatividade de uma amostra de $Na_2{}^{14}CO_3$ foi medida registrando-se o tempo necessário para que a contagem de radiação atingisse 8.000. Cinco tempos foram registrados: 21,25; 23,46; 20,97; 22,54 e 23,01 min. A radiação de fundo foi medida notando-se o tempo necessário para atingir 500. Três tempos foram registrados: 5,26; 5,12 e 4,95 min. Qual é o nível médio de radioatividade da amostra de $Na_2{}^{14}CO_3$, corrigido para a radiação de fundo em (a) desintegrações por minuto; (b) microcuries?

10.14 (a) Use um programa padrão de gráficos para lançar em gráfico a fração de ^{14}C remanescente em uma amostra arqueológica de 40,0 ka de idade. Para facilitar, use intervalos de 1.000 a. (b) Faça o gráfico do logaritmo natural da fração do ^{14}C remanescente em função do tempo. (c) Após que período de tempo menos de 1% do ^{14}C original permanecerá na amostra?

10.15 Os radiofármacos cumprem uma de duas funções: (1) Eles podem ser usados para *detectar* ou *obter* uma imagem de problemas biológicos, como tumores, por exemplo, e (2) podem ser usados para *tratar* doenças. Que tipo de radiação (α, β ou γ) seria mais apropriado para (a) detecção e (b) terapia? Justifique sua escolha. (c) Use fontes apropriadas da literatura para encontrar pelo menos dois radionuclídeos que já foram usados na obtenção de imagens de tecidos do organismo. (d) Quais são as meias-vidas desses radionuclídeos?

10.16 Íons radioativos de metais com meias-vidas muito curtas estão sendo intensamente estudados como fármacos. A estratégia é formar um complexo entre um ligante bem escolhido e um íon de metal que se agregue seletivamente a um tecido particular do organismo. Que propriedades do ligante são importantes para o desenho de radiofármacos como agentes terapêuticos?

10.17 O sódio-24 é usado no monitoramento da circulação sanguínea. (a) Se uma amostra de 2,0 mg de sódio-24 tem atividade de 17,3 Ci, qual é sua constante de decaimento e sua meia-vida? (b) Que massa da amostra de sódio-24 permanece após 2,0 d? A massa de um átomo de sódio-24 é $24m_u$.

10.18 Um pósitron tem a mesma massa do elétron, mas carga de sinal contrário. Quando um pósitron emitido em uma varredura PET encontra um elétron, ocorre o aniquilamento no corpo, com produção de energia eletromagnética, e a matéria desaparece. Que energia (em joules) é produzida no encontro? Veja o Quadro 10A.1

10.19 Os núcleos que emitem pósitrons estão acima ou abaixo da banda de estabilidade? Quais dos seguintes isótopos seriam apropriados para varreduras PET? Explique seu raciocínio e escreva a equação do decaimento: (a) ^{18}O; (b) ^{13}N; (c) ^{11}C; (d) ^{20}F; (e) ^{15}O. Veja o Quadro 10A.1

10.20 A meia-vida biológica de um radioisótopo é o tempo necessário para que o corpo excrete metade do radioisótopo. A meia-vida efetiva é o tempo necessário para que a quantidade de radioisótopo no corpo seja reduzida à metade da quantidade original, pelo decaimento e pela excreção. Enxofre-35 ($t_{1/2} = 87,4$ d) é usado em pesquisa do câncer. A meia-vida do enxofre-35 no organismo é 90 d. Qual é a meia-vida efetiva do enxofre-35?

10.21 O bário-140 ($t_{1/2} = 12,8$ d) liberado no incêndio da planta nuclear de Chernobyl foi encontrado em alguns produtos agrícolas da região. A meia-vida biológica do bário-140 no corpo humano é 65 d. Qual é a meia-vida efetiva (veja o Exercício 10.20) do bário-140?

FOCO 10   Exercício cumulativo

10.22 Uma pessoa com anemia perniciosa não tem o "fator intrínseco", um composto necessário para a absorção da vitamina B_{12} e seu armazenamento no fígado. A diagnose é confirmada pelo teste de Schilling. No teste, o paciente recebe uma pequena dose de vitamina B_{12} marcada com ^{57}Co ou ^{58}Co, seguida por uma dose maciça de vitamina B_{12} não marcada, que libera a vitamina B_{12} armazenada. Se o paciente tiver o fator intrínseco, uma amostra de urina tomada 24 horas após a aplicação do teste conterá de 12 a 13% da vitamina B_{12} marcados. Se o fator intrínseco estiver ausente, menos de 6% serão excretados. O paciente recebe, então, o fator intrínseco e o teste é repetido para comparação. Em um caso de administração do teste de Schilling, o paciente recebeu uma cápsula contendo 0,5 μCi de $^{58}CoB_{12}$, seguida de 1,0 mg de B_{12} não marcada. 1.200 mL de urina foram coletados nas 24 horas seguintes. Uma amostra de 3,0 mL de urina deu 83 cpm (contagens por minuto), e 3,0 mL de uma amostra padrão contendo 0,4 nCi por mL deram 910 cpm. O teste foi repetido uma semana depois com a administração de 30 mg do fator intrínseco, e 3,0 mL da urina do segundo teste deram 120 cpm. A meia-vida do ^{58}Co é 72 dias.

(a) Calcule a percentagem de ^{58}Co excretada com e sem o fator intrínseco. Suponha que o primeiro teste não contaminou o segundo teste.

(b) Qual seria a atividade do $^{58}CoB_{12}$ se fosse guardado por 7 dias?

(c) Se a meia-vida biológica do B_{12} é 180 dias, qual é a meia-vida efetiva do $^{58}CoB_{12}$ no corpo? Veja o Exercício 10.20.

(d) Use a meia-vida efetiva do $^{58}CoB_{12}$ para determinar que fração das contagens do segundo teste seria em decorrência da dose dada no primeiro teste.

(e) O radioisótopo ^{58}Co decai a outro radioisótopo, o ^{59}Fe. A massa total de ferro no paciente era 2,5 g. Se todo o ^{59}Fe produzido no primeiro teste fosse incorporado à hemoglobina, que percentagem do total de ferro seria ^{59}Fe no dia seguinte ao primeiro teste? Ignore o decaimento do ^{59}Fe.

A QUÍMICA ORGÂNICA

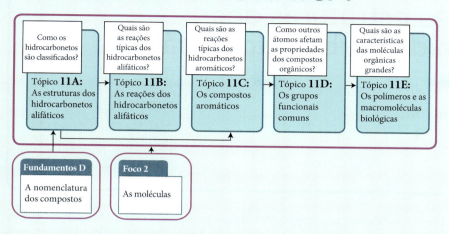

O carbono é a base de muitos materiais essenciais à tecnologia moderna e até mesmo à vida. Entender os compostos de carbono e suas reações é, portanto, importante para nossos avanços tecnológicos e médicos, mas também para nossa sobrevivência. O carbono forma uma enorme variedade de compostos tão diferentes que um campo inteiro da química, a química orgânica, é dedicado a seu estudo. Se os átomos de carbono são tão versáteis é porque eles podem se ligar para formar cadeias e anéis de variedade quase infinita. Isso permite que o carbono forme as milhares de biomoléculas complicadas que contribuem para a estrutura e função de todos os organismos da Terra.

Os três primeiros tópicos tratam dos "hidrocarbonetos", compostos formados somente por carbono e hidrogênio. O **TÓPICO 11A** aborda as estruturas dos compostos alifáticos, o **TÓPICO 11B** discute suas reações e o **TÓPICO 11C** descreve a estrutura e as reações do segundo grupo de compostos, os compostos "aromáticos".

Os dois últimos tópicos apresentam os compostos orgânicos que contêm outros átomos, além do carbono e do hidrogênio. O **TÓPICO 11D** apresenta as estruturas e as propriedades de alguns dos grupos mais comuns desses átomos e discute os mecanismos característicos pelos quais eles alteram os hidrocarbonetos. Um dos principais papéis desses grupos de átomos é propiciar maneiras de unir moléculas em longas cadeias. O **TÓPICO 11E** examina como essas moléculas podem ser usadas para criar os polímeros, que são tão característicos do mundo moderno. Como em muitas outras situações, a natureza precedeu as explorações dos químicos. A última parte deste tópico mostra o papel dos compostos orgânicos na natureza: como eles sustentam nossos corpos, nos alimentam e participam da reprodução das espécies.

Tópico 11A As estruturas dos hidrocarbonetos alifáticos

11A.1 Os tipos de hidrocarbonetos alifáticos
11A.2 Os isômeros
11A.3 As propriedades físicas dos alcanos e alquenos

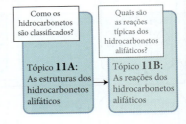

Por que você precisa estudar este assunto? Toda a vida na Terra é baseada nos compostos de carbono. O mesmo ocorre com os combustíveis, a comida e as roupas. Eles são essenciais na indústria petroquímica e são usados para fabricar materiais poliméricos e compósitos resistentes, que tornam possível a comunicação e o transporte modernos.

Que conhecimentos você precisa dominar? Este tópico utiliza a introdução às fórmulas orgânicas e à nomenclatura apresentada nos *Fundamentos* C e D, a estrutura das moléculas (Foco 2), as forças intermoleculares (Tópico 3F), as entalpias de reação (Tópico 4D), os mecanismos de reação (Tópico 7C) e o conceito de isômeros (Tópico 9C).

Um hidrocarboneto é um composto de carbono e hidrogênio. Existem dois tipos principais de hidrocarbonetos: os alifáticos e os aromáticos. Os **hidrocarbonetos alifáticos** não têm anéis aromáticos como o benzeno. Os **hidrocarbonetos aromáticos** têm pelo menos um. O composto (**1**) é alifático e o composto (**2**) é aromático. As moléculas mais complexas têm uma "região aromática", que inclui anéis semelhantes ao benzeno, e uma "região alifática", que contém cadeias de átomos de carbono. Os hidrocarbonetos alifáticos podem ser considerados o "esqueleto" de muitos compostos orgânicos, não apenas dos hidrocarbonetos propriamente ditos.

1 Pentano, C_5H_{12}

2 Etil-benzeno, $C_6H_5CH_2CH_3$

11A.1 Os tipos de hidrocarbonetos alifáticos

Os hidrocarbonetos alifáticos são divididos em duas classes amplas, segundo o tipo de ligação entre seus átomos de carbono. Um **hidrocarboneto saturado** é um hidrocarboneto alifático sem ligações múltiplas carbono-carbono. Um **hidrocarboneto insaturado** tem uma ou mais ligações carbono-carbono duplas ou triplas. É possível adicionar outros hidrogênios aos compostos que têm ligações múltiplas, porém os compostos que só têm ligações simples são considerados como "saturados" com hidrogênios. O composto (**3**) é saturado. Os compostos (**4**) e (**5**) são insaturados.

Como muitas moléculas orgânicas são complicadas, os químicos desenvolveram uma maneira simples de representar suas estruturas. Em geral, é suficiente dar a **fórmula estrutural condensada**, que mostra como os átomos estão agrupados (veja *Fundamentos* C). Por exemplo, $CH_3CH_2CH_2CH_3$ é a fórmula estrutural condensada do butano e $CH_3CH(CH_3)CH_3$ é a fórmula do metil-propano. Os parênteses em torno de um grupo CH_3 indicam que ele está ligado ao átomo de carbono que está à esquerda (ou, se a fórmula começa com um grupo entre parênteses, à direita). Quando vários grupos de átomos se repetem, eles podem ser agrupados. Assim, o butano pode ser escrito como $CH_3(CH_2)_2CH_3$ e o metil-propano, como $(CH_3)_3CH$.

Uma representação mais simples de um hidrocarboneto é uma "estrutura em linhas" (apresentada em *Fundamentos* C), na qual uma cadeia de átomos de carbono é mostrada

3 Hexano, C_6H_{14}

4 2-Hexeno, C_6H_{12}

5 3-Hexeno, C_6H_{12}

6 Metil-butano, $(CH_3)_2CHCH_2CH_3$

7 Isopreno, $CH_2=C(CH_3)CH=CH_2$

8 Propino, $CH_3C\equiv CH$

como uma linha em zigue-zague. O extremo de cada linha curta no zigue-zague representa um átomo de carbono. Como o carbono quase sempre tem valência 4 nos compostos orgânicos, não é necessário mostrar as ligações C—H: apenas complete mentalmente a fórmula com o número correto de átomos de hidrogênio, como vemos no metil-butano (**6**), no isopreno (**7**) e no propino (**8**). Um anel benzeno normalmente é representado por um hexágono de ligações simples e duplas alternadas ou como um círculo no interior de um hexágono (Tópico 2B). Em ambos os casos, somente um átomo de H está ligado a cada átomo de C.

> **Teste 11A.1A** Desenhe (a) a estrutura em linhas da aspirina (**9a**) e (b) a fórmula estrutural de $CH_3(CH_2)_2C(CH_3)_2CH_2C(CH_3)_3$.
>
> [**Resposta:** (a) (**9b**); (b) (**10**)]
>
> (a)   (b)
>
> **9** Ácido acetil-salicílico (aspirina)   **10**
>
> **Teste 11A.1B** Escreva (a) a fórmula estrutural da carvona (**11a**) e (b) a fórmula estrutural condensada de (**11b**).
>
> **11a** Carvona   **11b**

Os hidrocarbonetos saturados são chamados de **alcanos**. Cada átomo de carbono em um alcano tem quatro ligações simples em um arranjo tetraédrico, com hibridação sp³ (Tópico 2F). O alcano mais simples é o metano, CH_4 (**12**). É possível conceber as fórmulas dos demais alcanos como derivadas de CH_4 pela inserção de grupos CH_2 entre pares de átomos. Embora habitualmente as fórmulas dos alcanos sejam desenhadas como estruturas planas com ângulos de 90°, como em (**11b**), eles são, na verdade, estruturas tridimensionais com as ligações em arranjos tetraédricos em cada átomo de carbono. Além disso, como as ligações C—C são ligações simples, as diferentes partes de uma molécula de alcano podem girar umas em relação às outras. Nos líquidos e gases, as cadeias de alcanos estão em movimento constante e, com frequência, se enrolam como uma bola (**13**) ou se esticam em zigue-zague (**14**).

Para nomear um alcano em que os átomos de carbono formam só uma cadeia, adicionamos um prefixo que representa o número de átomos de carbono ao sufixo –*ano* (Tabela 11A.1).

12 Metano, CH_4

13 Decano, $C_{10}H_{22}$

14 Decano, $C_{10}H_{22}$

15 Ciclo-propano, C_3H_6

16 Ciclo-hexano, C_6H_{12}

Tópico 11A As estruturas dos hidrocarbonetos alifáticos

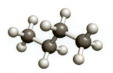

17 Butano, C_4H_{10}

18 Metil-propano, C_4H_{10}

O termo isômero vem da expressão grega "partes iguais", sugerindo que os isômeros são construídos pelos mesmos conjuntos de partes.

19 Eteno, C_2H_4

TABELA 11A.1 A nomenclatura dos alcanos*

Número de átomos de carbono	Fórmula	Nome do alcano	Nome do grupo alquila	Fórmula
1	CH_4	metano	metil(a)	CH_3-
2	CH_3CH_3	etano	etil(a)	CH_3CH_2-
3	$CH_3CH_2CH_3$	propano	propil(a)	$CH_3CH_2CH_2-$
4	$CH_3(CH_2)_2CH_3$	butano	butil(a)	$CH_3(CH_2)_2CH_2-$
5	$CH_3(CH_2)_3CH_3$	pentano	pentil(a)	$CH_3(CH_2)_3CH_2-$
6	$CH_3(CH_2)_4CH_3$	hexano	hexil(a)	$CH_3(CH_2)_4CH_2-$
7	$CH_3(CH_2)_5CH_3$	heptano	heptil(a)	$CH_3(CH_2)_5CH_2-$
8	$CH_3(CH_2)_6CH_3$	octano	octil(a)	$CH_3(CH_2)_6CH_2-$
9	$CH_3(CH_2)_7CH_3$	nonano	nonil(a)	$CH_3(CH_2)_7CH_2-$
10	$CH_3(CH_2)_8CH_3$	decano	decil(a)	$CH_3(CH_2)_8CH_2-$
11	$CH_3(CH_2)_9CH_3$	undecano	undecil(a)	$CH_3(CH_2)_9CH_2-$
12	$CH_3(CH_2)_{10}CH_3$	dodecano	dodecil(a)	$CH_3(CH_2)_{10}CH_2-$

*Prefixos gregos são utilizados para os alcanos e grupos alquila com cadeias com mais de 11 átomos de carbono.

Por exemplo, CH_3-CH_3 (na forma simplificada, CH_3CH_3) é o etano e $CH_3-CH_2-CH_3$ (isto é, $CH_3CH_2CH_3$) é o propano. O ciclo-propano, C_3H_6 (**15**) e o ciclo-hexano, C_6H_{12} (**16**) são **ciclo-alcanos**, ou seja, alcanos que incluem anéis de átomos de carbono.

Outra razão para a variedade de compostos que o carbono pode formar é que os mesmos átomos podem ligar-se em arranjos diferentes. Logo, quatro átomos de carbono podem se ligar em cadeia e formar o butano (**17**) ou adotar uma forma em Y para formar o metil-propano (**18**). Compostos diferentes com a mesma fórmula molecular são chamados de **isômeros** (Tópico 9C). Assim, o butano e o metil-propano são isômeros que têm a mesma fórmula molecular, C_4H_{10}.

PONTO PARA PENSAR

Quantos termos científicos com o prefixo iso você conhece?

O hidrocarboneto insaturado mais simples com uma ligação dupla é o eteno, C_2H_4 ou $H_2C=CH_2$, comumente chamado de etileno (**19**). O eteno é o **alqueno** mais simples de uma série de compostos com fórmulas derivadas de $H_2C=CH_2$ pela inserção de grupos CH_2. O próximo membro da família é o propeno, $H-CH_2-CH=CH_2$ (ou, simplesmente, $CH_3CH=CH_2$). O nome de um alqueno deriva-se do nome do alcano correspondente, exceto que termina em –*eno*. A posição da ligação dupla é dada pela numeração dos átomos de

---

Caixa de ferramentas 11A.1 COMO NOMEAR OS HIDROCARBONETOS ALIFÁTICOS

BASE CONCEITUAL

Como os tipos de ligação carbono-carbono da molécula tendem a dominar suas propriedades, um hidrocarboneto alifático é primeiramente classificado como um alcano, um alqueno ou um alquino. Depois, a cadeia mais longa de átomos de carbono é usada como a "raiz" do nome. Outros grupos de hidrocarbonetos ligados à cadeia mais longa são nomeados como cadeias laterais.

PROCEDIMENTO

As regras seguintes de nomenclatura de hidrocarbonetos foram adotadas pela União Internacional de Química Pura e Aplicada (IUPAC). Para mais informações sobre a nomenclatura dos hidrocarbonetos, veja a *Seção A* no "Blue Book" da IUPAC (http://www.acdlabs.com/iupac/nomenclature).

Alcanos

Etapa 1 (a) Conte os átomos de carbono na cadeia mais longa.

Os nomes dos primeiros 12 alcanos de cadeia linear estão na Tabela 11A.1. Todos os nomes terminam em –*ano*.

Etapa 2 Identifique e conte os substituintes.

Nomeie uma cadeia lateral mudando a terminação –*ano* por –*il(a)* (como nas duas últimas colunas da Tabela 11A.1).

Exemplo: CH_3CH_2- é o grupo etila (etil, quando prefixo).

Os nomes dos hidrocarbonetos de cadeia ramificada e derivados de hidrocarbonetos são baseados no nome da cadeia contínua *mais longa* da molécula (que pode não ser mostrada como uma linha horizontal).

Exemplo: $H_3C-CH-CH_3$
                    $|$
            CH_2-CH_3 é o metil-butano.

Um hidrocarboneto cíclico (anel) é designado pelo prefixo *ciclo*-.

11A.1 Os tipos de hidrocarbonetos alifáticos

Exemplo:

H₂C—CH₂ com CH₂ no topo é o ciclo-propano.

Etapa 3 Numere os átomos de carbono do esqueleto a partir da extremidade que gera os menores números de localização aos substituintes.

Para indicar a posição de uma ramificação ou um substituinte, os átomos de carbono da cadeia mais longa são numerados consecutivamente de uma extremidade a outra, começando na extremidade que dá os menores números aos substituintes.

Exemplos:

CH₃CH₂CH₂CHCH₂CH₃
          |
       CH₂CH₃
    3-Etil-hexano

CH₃C(CH₃)₂CH₂CH₃
2,2-Dimetil-butano

Etapa 4 Indique quantos substituintes de cada tipo existem na molécula usando prefixos apropriados.

Os prefixos numéricos *di-*, *tri-*, *tetra-*, *penta-*, *hexa-*, etc., indicam quantos substituintes de cada tipo existem na molécula. Números separados por hifens especificam a que átomo de carbono os grupos estão ligados.

Exemplos:

2,2,3-Trimetil-butano

1-Etil-2-metil-ciclo-pentano

Etapa 5 Liste os substituintes na ordem alfabética (sem levar em conta os prefixos gregos) e ligue-os ao nome da raiz. Quando estiver numerando os substituintes em posições equivalentes, o que estiver em primeiro lugar recebe o número menor, como no 1-etil-2-metil-ciclo-pentano (não 2-etil-1-metil-ciclo-propano).

Os nomes dos substituintes que não são grupos alquila serão discutidos em mais detalhes no Tópico 11D (veja a Caixa de Ferramentas 11D.1).

O Exemplo 11A.1 mostra como dar nomes aos alcanos.

Alquenos e Alquinos

As ligações duplas dos hidrocarbonetos são indicadas pela mudança do sufixo *–ano* por *–eno* e as ligações triplas, pela mudança por *–ino*. A posição da ligação múltipla é dada pelo número do primeiro (menor número) átomo de carbono envolvido na ligação múltipla. Se mais de uma ligação múltipla de mesmo tipo estiver presente, o seu número é indicado por um prefixo grego. Após, siga as regras da nomenclatura dos alcanos, substituindo as Etapas 2 e 3 por:

Etapa 2 Identifique e conte os substituintes e as ligações duplas.

Etapa 3 Numere os átomos de carbono do esqueleto a partir da extremidade que gera o menor número de localização para a ligação múltipla.

Exemplos:

H₃C—CH₂—C≡CH
1-Pentino

H₃C—CH₂—CH=CH—CH₃
2-Penteno

H₂C=CH—CH₂—CH=CH₂
1,4-Pentadieno

Ao numerar átomos da cadeia, os números menores são dados preferencialmente (a) aos grupos funcionais nomeados por sufixos (veja a Caixa de Ferramentas 11D.1), (b) às ligações duplas, (c) às ligações triplas e (d) aos grupos nomeados por prefixos.

O Exemplo 11A.2 mostra como dar nomes aos alquenos.

carbono da cadeia e é indicada no nome pelo menor dos dois números atribuídos à ligação dupla. Assim, CH₃CH₂CH=CH₂ é o 1-buteno e CH₃CH=CHCH₃ é o 2-buteno (**Caixa de Ferramentas 11A.1**). O termo alqueno também inclui hidrocarbonetos com mais de uma ligação dupla, como em CH₂=CH—CH=CH₂, o 1,3-butadieno.

Os **alquinos** são hidrocarbonetos que têm pelo menos uma ligação tripla. O mais simples deles é o etino, (HC≡CH), que é comumente chamado de acetileno (**20**). Os alquinos são nomeados como os alquenos, porém o sufixo passa a ser *–ino*.

20 Etino, C₂H₂

EXEMPLO 11A.1 Nomear os alcanos e os ciclo-alcanos

Com frequência você encontrará rótulos de medicamentos e outras informações expressos na terminologia da IUPAC, e a interpretação desses termos é parte de seu treinamento científico. (a) Nomeie o composto (**21**) e (b) escreva a fórmula estrutural do 2-etil-1,1-dimetil-ciclo-hexano.

PLANEJE Use os procedimentos da Caixa de Ferramentas 11A.1 Para a parte (b), interprete o nome identificando a raiz do nome e ligando os substituintes a suas localizações específicas.

21

782 Tópico 11A As estruturas dos hidrocarbonetos alifáticos

> **RESOLVA**
>
> (a) Conte os átomos de carbono na cadeia mais longa.
>
> A cadeia mais longa de átomos de carbono (em vermelho) de (**21**) tem cinco átomos de carbono. A molécula é um pentano substituído.
>
>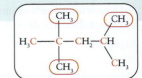
>
> Identifique e conte os substituintes.
>
> Existem três grupos metila (CH$_3$—) ligados à cadeia mais longa. A molécula é um trimetil-pentano.
>
>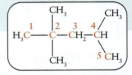
>
> Numere os átomos de carbono do esqueleto a partir da extremidade que gera os menores números de localização para os substituintes.
>
> 2,2,4-trimetil-pentano
>
> (b) Desenhe inicialmente a cadeia mais longa de átomos de carbono.
>
> "Ciclo-hexano" indica que a molécula tem um anel de seis átomos de carbono.
>
>
>
> Numere os átomos de carbono e adicione os substituintes de acordo com os números dados no nome.
>
> Adicione dois grupos metila a um dos átomos de carbono, que recebe o número 1. Adicione, depois, um grupo etila ao carbono 2.
>
> Adicione os átomos de hidrogênio necessários para completar a valência quatro dos átomos de carbono.
>
>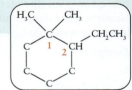
>
> **Teste 11A.2A** (a) Nomeie o composto (**22**) e (b) escreva a fórmula estrutural do 5-etil-2,2-dimetil-octano.
>
> [*Resposta:* (a) 3-etil-4-metil-hexano; (b) (**23**)]
>
> **Teste 11A.2B** (a) Nomeie o composto (CH$_3$)$_2$CHCH$_2$CH(CH$_2$CH$_3$)$_2$ e (b) escreva a fórmula estrutural do 3,3,5-trietil-heptano.
>
> **Exercícios relacionados** 11A.3 a 11A.8

Os hidrocarbonetos saturados só têm ligações simples. Os hidrocarbonetos insaturados têm pelo menos uma ligação múltipla. Os alcanos são hidrocarbonetos saturados. Os alquenos e alquinos são hidrocarbonetos insaturados: os primeiros têm ligações duplas carbono-carbono e os últimos têm ligações triplas.

EXEMPLO 11A.2 Nomeando alquenos

Aprender química orgânica é muito semelhante (ao menos em parte) a aprender um idioma e ser capaz de interpretar as palavras (os nomes dos compostos) que você encontra. (a) Nomeie o alqueno $CH_3CH_2CH=CH_2$ e (b) escreva a fórmula estrutural condensada do 5-metil-1,3-hexadieno.

PLANEJE (a) Use os procedimentos da Caixa de Ferramentas 11A.1. (b) Interprete o nome identificando a fórmula estrutural condensada e a localização das ligações duplas e dos substituintes.

RESOLVA

(a) *Etapa 1* Conte os átomos de carbono na cadeia mais longa.

A cadeia mais longa (em vermelho) tem quatro carbonos, indicando o prefixo but-.

Etapa 2 Identifique e conte os substituintes e as ligações duplas.

Não há substituintes, mas há uma ligação dupla e, por isso, o sufixo é -eno.

Etapa 3 Numere os átomos de carbono do esqueleto a partir da extremidade que gera os menores números de localização para as ligações duplas.

$CH_3CH_2CH=CH_2$ é o 1-buteno (e não o 3-buteno).

(b) O 5-metil-1,3-hexadieno tem duas ligações duplas em C1 e C3 e um grupo metila no quinto átomo de carbono: $CH_2=CHCH=CHCH(CH_3)CH_3$.

Teste 11A.3A (a) Nomeie o alqueno $(CH_3)_2CHCH=CH_2$ e (b) escreva a fórmula estrutural condensada do 2-metil-propeno.

[***Resposta:*** (a) 3-metil-1-buteno; (b) $CH_2=C(CH_3)_2$]

Teste 11A.3B (a) Nomeie o alqueno $(CH_3CH_2)_2CHCH=CHCH_3$ e (b) escreva a fórmula estrutural do ciclo-propeno.

Exercícios relacionados 11A.9 a 11A.14

Mesmos átomos, vizinhos diferentes,

Isômeros estruturais

Mesmos átomos, mesmos vizinhos; diferentes arranjos no espaço.

Isômeros geométricos

Mesmos átomos, mesmos vizinhos; imagens no espelho não superponíveis

Isômeros ópticos

FIGURA 11A.1 Resumo dos vários tipos de isomeria encontrados em compostos orgânicos.

11A.2 Os isômeros

A Figura 11A.1 resume os tipos de isomeria encontrados nos compostos orgânicos. As moléculas dos **isômeros estruturais** são feitas dos mesmos átomos, porém o arranjo é diferente, isto é, as moléculas têm **conectividade** diferente. Em outras palavras, um grupo —CH_2— pode ser inserido na molécula C_3H_8 de duas maneiras para dar dois compostos diferentes de fórmula C_4H_{10}, um é o butano (**24**), o outro é o metil-propano (**25**). Embora o grupo —CH_2— possa ser inserido em outros lugares, as moléculas resultantes podem sempre ser transformadas por rotação em um desses dois isômeros. Os dois compostos são gases, porém o butano condensa em −1°C e o metil-propano, em −12°C.

Duas moléculas que diferem apenas pela rotação de uma ou mais ligações podem parecer diferentes no papel, mas não são isômeros, e sim conformações diferentes da mesma molécula. O Exemplo 11A.3 mostra como reconhecer que as moléculas são isômeros diferentes ou **conformações** diferentes da mesma molécula.

Nos **estereoisômeros**, as moléculas têm a mesma conectividade, mas os átomos têm arranjos diferentes no espaço. Uma das classes de estereoisômeros é a dos **isômeros geométricos**, nos quais os átomos têm arranjos diferentes em cada lado de uma ligação dupla ou acima e abaixo do anel de um ciclo-alcano (Fig. 11A.2). Os isômeros geométricos de moléculas orgânicas são distinguidos pelos prefixos *cis*- e *trans*-. Podemos ver, por exemplo, na parte superior da ilustração, que existem dois 2-butenos diferentes: no isômero cis, os dois grupos metila estão no mesmo lado da ligação dupla; no isômero trans, os grupos metila estão em

24 Butano, C_4H_{10}

25 Metil-propano, C_4H_{10}

784   Tópico 11A   As estruturas dos hidrocarbonetos alifáticos

---

EXEMPLO 11A.3   Escrever as fórmulas de isômeros estruturais

Suponha que você tenha sintetizado um composto novo. Ainda que a análise da combustão dê a mesma fórmula empírica do composto que você pretendia preparar, você pode ter sintetizado um isômero do composto projetado. Portanto, é importante ser capaz de identificar todos os isômeros possíveis. Desenhe as fórmulas estruturais bidimensionais de todos os isômeros dos alcanos de fórmula C_5H_{12}.

PLANEJE Os isômeros não podem ser transformados um no outro pela rotação da estrutura, inteira ou parcialmente. Uma maneira de escrever os isômeros é inserir grupos $-CH_2-$ em partes diferentes das duas moléculas C_4H_8 já descritas (**24** e **25**) e descartar as fórmulas que se repetem. É sempre mais fácil distinguir os isômeros com o uso de modelos moleculares que permitem a rotação das ligações simples.

RESOLVA

A partir do butano, você pode formar

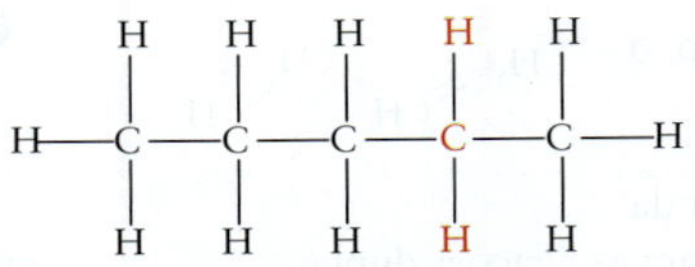

(a) 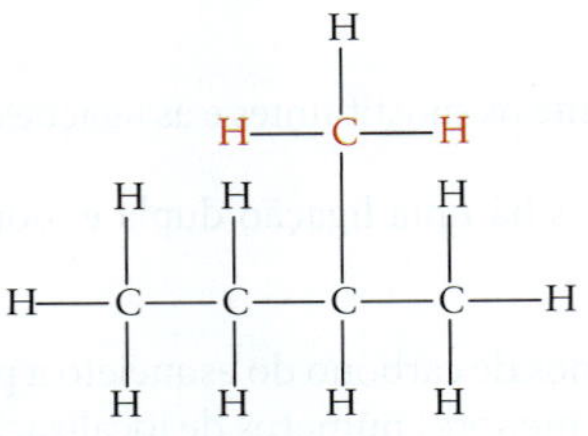   (b)

A partir do metil-propano, você pode formar

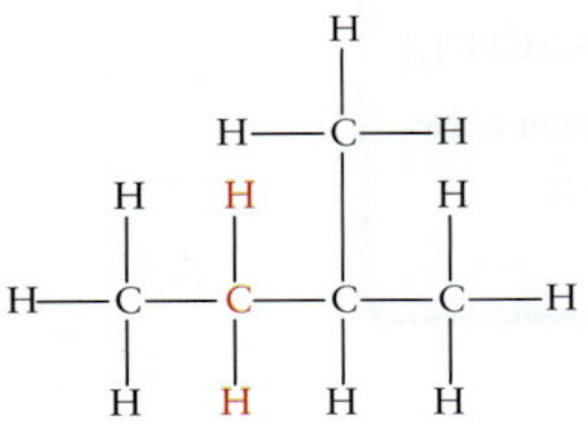

(c) 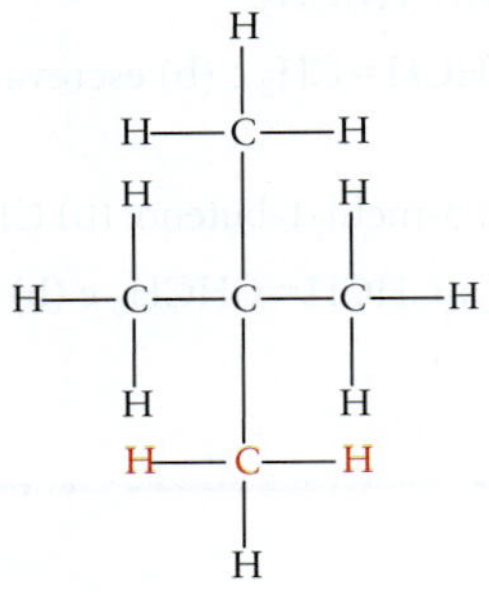   (d) 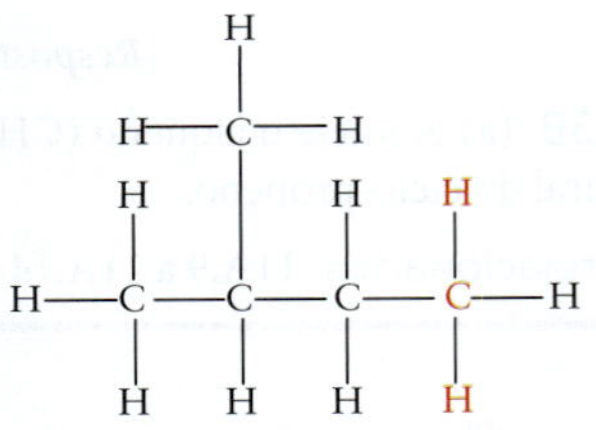   (e)

As moléculas (b) e (c) são idênticas. Os átomos da molécula (e) estão ligados no mesmo arranjo que (b) e (c), ainda que o desenho pareça diferente no papel, logo (b), (c) e (e) são idênticos. Existem, portanto, somente três isômeros com a fórmula C_5H_{12}: (a) $CH_3(CH_2)_3CH_3$, (b) $CH_3CH_2CH(CH_3)_2$ e (d) $C(CH_3)_4$.

Teste 11A.4A Escreva a fórmula estrutural condensada dos cinco isômeros dos alcanos de fórmula molecular C_6H_{14}.

[*Resposta:* $CH_3(CH_2)_4CH_3$; $CH_3(CH_2)_2CH(CH_3)_2$; $CH_3CH_2CH(CH_3)CH_2CH_3$; $CH_3CH_2C(CH_3)_3$; $(CH_3)_2CHCH(CH_3)_2$]

Teste 11A.4B Átomos de halogênio podem substituir os átomos de hidrogênio dos hidrocarbonetos. Escreva a fórmula estrutural condensada dos quatro isômeros de fórmula molecular C_4H_9Br.

Exercícios relacionados 11A.21, 11A.22

---

lados opostos da ligação dupla. Os isômeros geométricos têm a mesma fórmula molecular e a mesma fórmula estrutural, mas têm propriedades diferentes.

Teste 11A.5A Identifique (**26a**) e (**26b**) como cis ou trans.

[*Resposta:* (**26a**) é o *trans*-2-penteno e (**26b**) é o *cis*-2-penteno]

Teste 11A.5B Identifique (**27a**) e (**27b**) como cis ou trans.

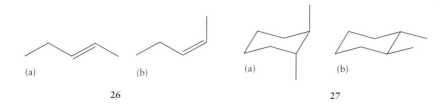

26 27 28 3-Metil-pentano, C_6H_{14}

Outro tipo de estereoisomeria é a isomeria óptica. Duas substâncias são **isômeros ópticos** quando suas moléculas não são imagens no espelho superponíveis. Para entender essa definição, observe o 3-metil-hexano, $CH_3CH_2CH(CH_3)CH_2CH_2CH_3$, e sua imagem no espelho (Fig. 11A.3). Não importa como você torça ou rode as duas moléculas, não é possível superpor a molécula original à sua imagem no espelho. É como tentar superpor a mão direita e a mão esquerda. Uma **molécula quiral**, como o 3-metil-hexano, é uma molécula que não é idêntica à sua imagem no espelho. Uma molécula quiral e sua imagem no espelho formam um par de **enantiômeros**, isto é, isômeros que são imagem um do outro no espelho. Apesar de terem a mesma composição, os dois enantiômeros são dois compostos diferentes. Nos compostos orgânicos, ocorre isomeria óptica sempre que quatro grupos diferentes estão ligados a um átomo de carbono, que é, então, chamado de "átomo de carbono quiral". O alcano 3-metil-pentano (**28**) não tem um carbono quiral. Ele é um exemplo de **molécula aquiral**, uma molécula que pode ser superposta à sua imagem no espelho, exatamente como você pode superpor um cubo e sua imagem no espelho.

Os enantiômeros têm propriedades químicas idênticas, exceto quando reagem com outros compostos quirais. Como muitas substâncias bioquímicas são quirais, uma consequência dessa diferença de reatividade é que os enantiômeros têm odores e atividades farmacológicas diferentes. Para ser eficaz, a molécula tem e se ajustar em uma cavidade, ou nicho, que tem uma certa forma, em receptores de odor no nariz ou em uma enzima. Só um dos membros do par de enantiômeros é capaz de se ajustar. Por exemplo, a R-carvona (**29a**) é um dos principais aromatizantes presentes nas sementes de alcaravia, enquanto sua imagem no espelho, a S-carvona (**29b**), é um dos constituintes do óleo de hortelã-verde. O átomo de carbono quiral é marcado com um asterisco (*) em cada estrutura. A estrutura em linhas da carvona (**11a**) é igual para os dois isômeros: somente uma representação tridimensional é capaz de distingui-los.

Os enantiômeros diferem em uma propriedade física: as moléculas quirais exibem atividade óptica, a propriedade de girar o plano de polarização da luz (Tópico 9C). Se uma molécula quiral gira o plano de polarização no sentido horário, então a molécula que é sua imagem no espelho gira pelo mesmo ângulo o plano de polarização no sentido anti-horário.

Com frequência, os compostos orgânicos sintetizados em laboratório são "misturas racêmicas", isto é, misturas de enantiômeros em proporções iguais (Tópico 9C). As reações em células vivas, porém, comumente conduzem a apenas um dos enantiômeros. É uma característica notável da natureza que todos os amino-ácidos naturais dos animais tenham a mesma quiralidade.

O termo "quiral" é derivado da palavra para "mão" em grego. "Enantiômero" é formado pelas palavras gregas para "ambas as partes."

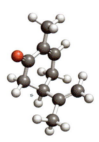

29a R-Carvona

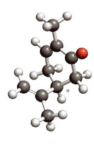

29b S-Carvona

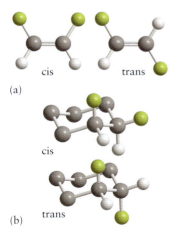

FIGURA 11A.2 Dois pares de isômeros geométricos. A isomeria é relacionada na parte (a) às posições de dois grupos em relação a uma ligação dupla e na parte (b) à posição dos dois grupos, acima e abaixo de um anel. Observe que os vizinhos de cada átomo em cada par de isômeros são os mesmos, porém o arranjo dos átomos no espaço é diferente. (O composto da parte (a) é o 2-buteno quando a esfera verde é CH_3 e a esfera branca é H.)

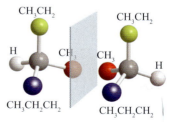

FIGURA 11A.3 A molécula do 3-metil-hexano, à direita, é a imagem no espelho da molécula que está à esquerda. Cada grupo é representado por uma esfera. A molécula à esquerda não pode ser superposta à da direita, portanto essas duas moléculas são isômeros ópticos e enantiômeros uma da outra.

EXEMPLO 11A.4 Decidir se um composto é quiral

Muitos fármacos são altamente específicos, no sentido de só serem ativos se tiverem a quiralidade correta. Em alguns casos, um composto com a quiralidade errada pode ser fatal. Por isso, é extremamente importante ser capaz de distinguir as moléculas de diferentes quiralidades. Um bromo-alcano forma-se a partir de um alcano quando um átomo de bromo substitui um átomo de hidrogênio. Decida se os bromo-alcanos (a) $CH_3CH_2CHBrCH_3$ e (b) $CH_3CHBrCH_3$ são quirais.

PLANEJE Identifique os átomos de carbono como quirais se eles estiverem ligados a quatro grupos diferentes.

RESOLVA

Desenhe os compostos. Marque como quirais (*) os átomos de carbono que estão ligados a quatro grupos diferentes.

(a) O átomo de carbono marcado com * está ligado a quatro grupos diferentes, logo é quiral e não se superpõe à sua imagem no espelho. A molécula é quiral.

(b) Não há átomos quirais. A molécula é superponível à sua imagem no espelho. A molécula é aquiral. O retângulo azul é um plano de simetria. Cada metade da molécula é a imagem refletida no espelho da outra metade.

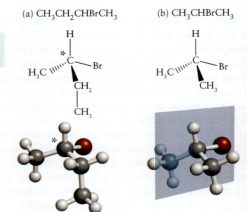

Nota de boa prática Ligações em forma de cunha plenas ou tracejadas são usadas comumente em estruturas orgânicas para dar a impressão de três dimensões. A cunha tracejada entra na página e a cunha plena sai da página. As linhas finas permanecem no plano paralelo ao plano do papel.

Teste 11A.6A A molécula de um cloro-fluor-carboneto contém átomos de cloro e flúor. Qual dos seguintes cloro-fluoro-carbonetos é quiral: (a) CH_3CF_2Cl; (b) CH_3CHFCl; (c) CH_2FCl?

[*Resposta:* (b)]

Teste 11A.6B Em um álcool, um grupo —OH liga-se a um átomo de carbono. Quais dos seguintes álcoois são quirais: (a) $CH_3CH_2CH_2CH_2OH$; (b) $CH_3CH(OH)CH_3$; (c) $CH_3CH(OH)CH_2CH_3$?

Exercícios relacionados 11A.27 e 11A.28

Os isômeros estruturais têm a mesma fórmula molecular, mas seus átomos estão ligados a vizinhos diferentes. Os isômeros geométricos têm as mesmas fórmulas moleculares e estruturais, mas arranjos diferentes no espaço. Moléculas com quatro grupos diferentes ligados a um átomo de carbono são quirais. Elas são isômeros ópticos.

11A.3 As propriedades físicas dos alcanos e alquenos

As eletronegatividades do carbono e do hidrogênio (2,55 e 2,20, respectivamente) são tão próximas e a rotação das ligações é tão livre que as moléculas de hidrocarbonetos podem ser consideradas como não polares. As interações dominantes entre as moléculas de alcanos são, portanto, forças de London (Tópico 3F). Como a energia dessas interações aumenta com o número de elétrons da molécula, os alcanos do petróleo, sua maior fonte, ficam menos voláteis com o aumento da massa molar e, portanto, podem ser separados por destilação fracionada (Fig. 11A.4). Os membros mais leves da série, do metano ao butano, são gases na temperatura normal. O pentano é um líquido volátil e os hidrocarbonetos do hexano até o undecano ($C_{11}H_{24}$) são líquidos moderadamente voláteis, que estão presentes na gasolina, como veremos em mais detalhes no Foco 11. Todos os alcanos são insolúveis em água. Como suas densidades são inferiores à da água, eles flutuam na superfície. Mesmo uma quantidade pequena de óleo no mar forma uma camada orgânica na superfície do oceano que se espalha por uma área muito grande.

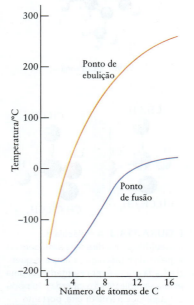

FIGURA 11A.4 Pontos de fusão e de ebulição dos alcanos não ramificados de CH_4 a $C_{16}H_{34}$.

FIGURA 11A.5 A ligação π (representada pelas nuvens eletrônicas amarelas) em uma molécula de alqueno torna a molécula resistente à torção da ligação dupla. Em consequência, os seis átomos (os dois átomos de C que formam a ligação e os quatro átomos a eles ligados) estão no mesmo plano.

FIGURA INTERATIVA 11A.5

PONTO PARA PENSAR
Como você poderia estimar a área que ocuparia 1 L de gasolina que se espalhou sobre a água?

Uma ligação dupla é formada por uma ligação σ e uma ligação π (Tópico 2F). Os átomos de carbono da ligação dupla têm hibridação sp² e usam os três orbitais híbridos para formar três ligações σ. Os orbitais p não hibridados dos dois átomos de carbono se superpõem e formam uma ligação π. O grupo C=C e os quatro átomos a ele ligados estão no mesmo plano e ficam presos nesse arranjo pela resistência à torção da ligação π (Fig. 11A.5). Como as moléculas de alqueno não podem se enrolar em uma bola tão compacta como os alcanos ou girar para atingir posições mais favoráveis, elas não se empacotam tão bem como os alcanos e, em consequência, os alquenos têm pontos de fusão mais baixos do que os alcanos de massa molar semelhante.

O Tópico 2F descreve a origem da resistência à rotação da ligação C=C.

As ligações duplas carbono-carbono dos alquenos são mais reativas do que as ligações simples e dão aos alquenos suas propriedades características (Tópico 11B).

A energia das forças de London entre as moléculas dos alcanos aumenta com o aumento da massa molar. Os alquenos têm uma ligação dupla formada por uma ligação σ e uma ligação π.

O que você aprendeu com este tópico?

Você viu que os hidrocarbonetos alifáticos são classificados como alcanos, alquenos e alquinos. Você aprendeu a nomear os hidrocarbonetos e identificar os diferentes tipos de isômeros, incluindo os isômeros geométricos e ópticos. Além disso, você descobriu como suas estruturas afetam suas propriedades físicas.

Os conhecimentos que você deve dominar incluem a capacidade de:

☐ **1.** Distinguir alcanos, alquenos e alquinos pelas diferenças nas ligações e na estrutura.
☐ **2.** Nomear os hidrocarbonetos simples (Caixa de Ferramentas 11A.1 e Exemplos 11A.1 e 11A.2).
☐ **3.** Identificar duas moléculas, dadas as suas fórmulas estruturais, como isômeros estruturais, geométricos ou ópticos (Seção 11A.2).
☐ **4.** Escrever as fórmulas de moléculas isômeras (Exemplo 11A.3).
☐ **5.** Identificar se um composto é quiral (Exemplo 11A.4).
☐ **6.** Descrever as tendências gerais das propriedades físicas dos alcanos (Seção 11A.3).

Tópico 11A Exercícios

11A.1 Desenhe as estruturas em linhas das seguintes moléculas e identifique-as como alcano, alqueno ou alquino:
(a) CH₃CCCH₃; (b) CH₃CH₂CH₂CH₃; (c) CH₂CHCH₂CH₃;
(d) CH₃CHCHCH₂CCCH₃; (e) CH₂CHCH₂CHCH₂.

11A.2 Dê as fórmulas moleculares e identifique as seguintes moléculas como alcano, alqueno ou alquino:

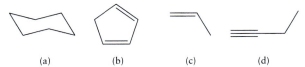

(a) (b) (c) (d)

11A.3 Nomeie cada um dos seguintes alcanos não ramificados: (a) C_3H_8; (b) C_4H_{10}; (c) C_7H_{16}; (d) $C_{10}H_{22}$.

11A.4 Nomeie cada um dos seguintes alcanos não ramificados: (a) C_9H_{20}; (b) C_6H_{14}; (c) $C_{11}H_{24}$; (d) $C_{12}H_{26}$.

11A.5 Nomeie os seguintes substituintes: (a) CH_3—; (b) $CH_3(CH_2)_3CH_2$—; (c) $CH_3CH_2CH_2$—; (d) $CH_3CH_2CH_2CH_2CH_2CH_2$—.

11A.6 Nomeie os seguintes substituintes: (a) $CH_3(CH_2)_7CH_2$—; (b) $CH_3CH_2CH_2CH_2CH_2$—; (c) CH_3CH_2—; (d) $CH_3CH_2CH_2CH_2CH_2CH_2CH_2$—.

11A.7 Dê os nomes sistemáticos de: (a) $CH_3CH_2CH_3$; (b) CH_3CH_3; (c) $CH_3(CH_2)_3CH_3$; (d) $(CH_3)_2CHCH(CH_3)_2$.

11A.8 Dê os nomes sistemáticos de:
(a) $CH_3CH_2CH(CH_3)CH_2CH_3$;
(b) $CH_3CH(CH_2CH_3)CH(CH_3)_2$;
(c) $(CH_3)_3C(CH_2)_3CH(CH_3)_2$; (d) $(CH_3)_3CC(CH_3)_3$.

11A.9 Dê os nomes sistemáticos de: (a) $CH_3CH=CHCH(CH_3)_2$; (b) $CH_3CH_2CH(CH_3)C(CH_3)_3$.

11A.10 Dê os nomes sistemáticos de:
(a) $CH_2=CHCH_2CH(C_6H_5)(CH_2)_4CH_3$;
(b) $(CH_3)_2CHCH(CH_3)CHClC\equiv CCH_3$.

11A.11 Escreva a fórmula estrutural abreviada (condensada) de: (a) 3-metil-1-penteno; (b) 4-etil-3,3-dimetil-heptano; (c) 5,5-dimetil-1-hexino; (d) 3-etil-2,4-dimetil-pentano.

11A.12 Escreva a fórmula estrutural abreviada (condensada) de: (a) 4-etil-2,2-dimetil-hexano; (b) 3-etil-4-metil-1-penteno; (c) cis-4-etil-3-hepteno; (d) trans-4-metil-2-hexeno.

11A.13 Escreva a fórmula estrutural de: (a) 4,4-dimetil-nonano, (b) 4-propil-5,5-dietil-1-decino, (c) 2,2,4-trimetil-pentano, (d) trans-3-hexeno.

11A.14 Escreva a fórmula estrutural de: (a) 4-etil-2,3,6-trimetil-octano, (b) cis-4-etil-2-hexeno, (c) 1-etil-2,3-dimetil-ciclo-pentano, (d) 5-etil-1-hepteno.

11A.15 Desenhe estruturas em palito para representar as seguintes moléculas: (a) nonano, $CH_3(CH_2)_7CH_3$, (b) ciclo-propano, C_3H_6, (c) ciclo-hexeno, C_6H_{10}.

11A.16 Desenhe estruturas em palito para representar as seguintes espécies:
(a) 2,2,3,3-tetrametil-hexano, $CH_3C(CH_3)_2C(CH_3)_2CH_2CH_2CH_3$, (b) o cátion tritila, $(C_6H_5)_3C^+$, (c) butadieno, $CH_2CHCHCH_2$.

11A.17 Identifique o tipo e o número de ligações no átomo de carbono número 2 em (a) pentano, (b) 2-penteno; (c) 2-pentino.

11A.18 Determine a geometria e a hibridação dos orbitais usados na ligação do átomo de carbono número 2 em (a) pentano, (b) 2-penteno, (c) 2-pentino.

11A.19 Dê as estruturas do cis-1,2-dicloro-propeno e do trans-1,2-dicloro-propeno. Qual dessas moléculas é polar?

11A.20 Escreva a estrutura do 1,3-pentadieno. Use diagramas de ligação de valência e orbitais moleculares para descrever a ligação do esqueleto σ e os orbitais π, respectivamente.

11A.21 Escreva as fórmulas moleculares e nomeie (a) pelo menos 10 alquenos de fórmula C_6H_{12}; (b) pelo menos 10 ciclo-alquenos de fórmula C_6H_{12}.

11A.22 Escreva as fórmulas estruturais e nomeie todos os isômeros (incluindo isômeros geométricos) dos alquenos de fórmula (a) C_4H_8; (b) C_5H_{10}.

11A.23 Identifique cada um dos pares seguintes como isômeros estruturais, isômeros geométricos ou não isômeros: (a) butano e ciclo-butano, (b) ciclo-pentano e penteno,

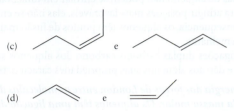

11A.24 Identifique cada um dos pares seguintes como isômeros estruturais, isômeros geométricos ou não isômeros: (a) 1-cloro-hexano e cloro-ciclo-hexano;

11A.25 O hidrocarboneto ramificado C_4H_{10} reage com cloro sob a ação da luz para dar dois isômeros estruturais ramificados de fórmula C_4H_9Cl. Escreva as fórmulas estruturais (a) do hidrocarboneto; (b) dos produtos isômeros.

11A.26 O hidrocarboneto ramificado C_6H_{14} reage com cloro sob a ação da luz para dar somente dois isômeros estruturais de fórmula $C_6H_{13}Cl$. Escreva as fórmulas estruturais: (a) do hidrocarboneto; (b) dos dois produtos isômeros.

11A.27 Indique quais dentre as seguintes moléculas existem como isômeros ópticos e identifique os carbonos quirais: (a) $CH_3CHBrCH_2CH_3$, (b) $CH_3CH_2CHCl_2$, (c) 1-bromo-2-cloro-propano, (d) 1,2 dicloro-pentano.

11A.28 Indique quais dentre as seguintes moléculas existem como isômeros ópticos e identifique os carbonos quirais: (a) $CH_3CHBrCH_2Br$, (b) $CH_3CH_2CHClCH_2CH_3$, (c) 2-bromo-2-metil-propano, (d) 1,2-dimetil-pentano.

Tópico 11B As reações dos hidrocarbonetos alifáticos

11B.1 As reações de substituição em alcanos
11B.2 A síntese de alquenos e alquinos
11B.3 A adição eletrofílica

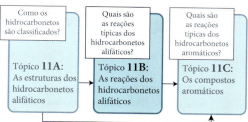

As propriedades químicas dos hidrocarbonetos podem ser entendidas em termos dos mecanismos de suas reações, os detalhes das etapas que convertem um composto em outro. Conhecer os mecanismos das reações dos hidrocarbonetos é essencial no desenvolvimento da síntese de novos compostos. As reações dos alcanos diferem muito das dos alquenos e alquinos.

Por que você precisa estudar este assunto? As reações de hidrocarbonetos alifáticos têm papel importante no refino de combustíveis e na síntese de novos compostos.

11B.1 As reações de substituição em alcanos

Os alcanos já foram chamados de *parafinas*, termo latino para "pouca afinidade". Como esse nome sugere, eles não são muito reativos. Uma razão para sua resistência ao ataque químico é a termodinâmica. As ligações C—C e C—H são fortes (suas entalpias médias de ligação são 348 kJ·mol^{-1} e 412 kJ·mol^{-1}, respectivamente), logo há pouca vantagem energética em substituí-las por outras ligações. As exceções mais notáveis são as ligações C=O (743 kJ·mol^{-1}), C—O (360 kJ·mol^{-1}) e C—F (484 kJ·mol^{-1}). Os alcanos são comumente usados como combustíveis, porque sua combustão a dióxido de carbono e água é muito exotérmica (Tópico 4D):

$$CH_4(g) + 2\,O_2(g) \longrightarrow CO_2(g) + 2\,H_2O(g) \qquad \Delta H° = -890 \text{ kJ}$$

Nessa reação, as fortes ligações carbono-hidrogênio são substituídas pelas ligações O—H, ainda mais fortes (463 kJ·mol^{-1}), e a ligação oxigênio-oxigênio (496 kJ·mol^{-1}) é substituída por duas ligações C=O muito fortes. O excesso de energia é liberado como calor.

Os alcanos são usados como matéria-prima na síntese de muitos outros compostos mais reativos. A partir dos alcanos, obtidos do refino do petróleo, os químicos orgânicos introduzem grupos reativos de átomos nas moléculas, um processo chamado de **funcionalização**. A funcionalização dos alcanos pode ser conseguida por uma **reação de substituição**, uma reação na qual um átomo ou grupo de átomos substitui outro átomo ou grupo de átomos (hidrogênio, neste caso) da molécula original (Fig. 11B.1). Um exemplo de substituição é a reação entre metano e cloro. Uma mistura desses dois gases permanece estável indefinidamente no escuro, mas, ao serem expostos à radiação ultravioleta ou ao serem aquecidos acima de 300°C, os gases reagem explosivamente:

Que conhecimentos você precisa dominar? Este tópico se baseia na descrição dos compostos alifáticos dada no Tópico 11A, no conceito de entalpia de ligação (Tópico 4E) e na noção de mecanismo de reação (Tópico 7C).

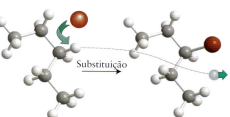

$$CH_4(g) + Cl_2(g) \xrightarrow{\text{luz ou calor}} CH_3Cl(g) + HCl(g)$$

A reação ocorre mediante um mecanismo em cadeia via radicais (Tópico 7C). O cloro-metano, CH$_3$Cl, é apenas um dos produtos. Formam-se, também, dicloro-metano (CH$_2$Cl$_2$), tricloro-metano (CHCl$_3$) e tetracloro-metano (CCl$_4$), especialmente em concentrações altas de cloro.

FIGURA 11B.1 Em uma reação de substituição em um alcano, um átomo ou grupo de átomos que se aproxima (representado pela esfera vermelha) substitui um átomo de hidrogênio da molécula de alcano.

A substituição em alcanos ocorre por um mecanismo em cadeia via radicais.

11B.2 A síntese de alquenos e alquinos

A maior parte dos alquenos usados na indústria é produzida durante o refino do petróleo. Uma das primeiras etapas é uma reação que usa um catalisador para converter um pouco dos alcanos mais abundantes em alquenos mais reativos:

$$CH_3CH_3(g) \xrightarrow{Cr_2O_3} CH_2{=}CH_2(g) + H_2(g)$$

FIGURA 11B.2 Em uma reação de eliminação, dois átomos (as esferas vermelha e dourada) ligados a átomos de carbono vizinhos são removidos da molécula, deixando uma ligação dupla entre os dois átomos de carbono.

FIGURA INTERATIVA 11B.2

FIGURA 11B.3 Em uma reação de adição, os átomos fornecidos por uma molécula que chega (as esferas vermelha e dourada) formam ligações com os átomos de carbono originalmente em ligação múltipla.

FIGURA INTERATIVA 11B.3

Esse é um exemplo de **reação de eliminação**, uma reação na qual dois grupos ou dois átomos em carbonos vizinhos são removidos de uma molécula e deixam uma ligação múltipla (Fig. 11B.2).

Outra maneira comumente usada no laboratório para produzir alquenos é a **desidro-halogenação** de halogeno-alcanos, isto é, a remoção de um átomo de hidrogênio e um de halogênio de átomos de carbono vizinhos:

$$CH_3CH_2CHBrCH_3 + CH_3CH_2O^- \xrightarrow{\text{Etanol em 70°C}} CH_3CH=CHCH_3 + CH_3CH_2OH + Br^-$$

Os estados dos reagentes e produtos não são normalmente dados para as reações orgânicas porque a reação pode ocorrer na superfície de um catalisador ou pode ocorrer em um solvente diferente da água, como neste caso. Essa reação, outro exemplo de uma reação de eliminação, é feita em etanol a quente, com etóxido de sódio, CH_3CH_2ONa (o composto iônico $CH_3CH_2O^-Na^+$), como reagente. Um pouco de $CH_3CH_2CH=CH_2$ também se forma na reação.

As ligações duplas nos alquenos podem ser geradas por reações de eliminação.

11B.3 A adição eletrofílica

Embora a ligação dupla seja mais forte do que a ligação simples, a ligação π-carbono-carbono é mais fraca do que a ligação σ. O entrosamento lateral responsável pela formação da ligação π é menos eficiente do que o entrosamento responsável pela formação da ligação σ, e a densidade eletrônica aumentada não está diretamente entre os dois núcleos (Tópico 2F). A consequência desta relativa fraqueza é a reação química mais característica de um alqueno, a **reação de adição**, na qual átomos fornecidos pelo reagente formam ligações σ com os dois átomos da ligação dupla (Fig. 11B.3). No processo, perde-se uma ligação π, mas a ligação σ carbono-carbono permanece. Um exemplo é a **halogenação**, isto é, a adição de dois átomos de halogênio a uma ligação dupla, como na formação do 1,2-dicloro-etano:

$$CH_2=CH_2 + Cl_2 \longrightarrow CH_2Cl-CH_2Cl$$

A adição do cloreto de hidrogênio para dar o cloro-etano é um exemplo de uma reação de **hidro-halogenação**:

$$CH_2=CH_2 + HCl \longrightarrow CH_3-CH_2Cl$$

A densidade eletrônica elevada na região da ligação dupla torna os alquenos suscetíveis às reações de adição (Fig. 11B.4). Como os elétrons têm carga negativa, essa região corresponde a um acúmulo de carga negativa que pode atrair um reagente com carga positiva. Um reagente que é atraído para uma região de alta densidade eletrônica é chamado de **eletrófilo**. O mecanismo de adição aos alquenos é o ataque eletrofílico nos átomos de carbono da ligação dupla. Um eletrófilo pode ser uma espécie com carga positiva ou pode ser uma espécie com carga parcial positiva ou que adquire carga parcial positiva no decorrer da reação.

Um exemplo é a bromação do eteno. Quando o eteno (ou qualquer outro alqueno) borbulha em uma solução de bromo, a solução perde a cor à medida que o bromo reage para

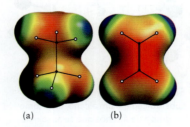

(a)   (b)

FIGURA 11B.4 (a) Diagrama de potencial eletrostático de uma molécula de etano: as regiões em azul mostram onde a carga positiva do núcleo supera a carga negativa dos elétrons, e as regiões em vermelho mostram onde acontece o contrário. (b) A distribuição eletrônica de uma molécula de eteno mostra a região de carga negativa associada com o acúmulo de elétrons na região da ligação dupla.

FIGURA INTERATIVA 11B.4

formar dibromo-etano (essa reação está ilustrada na Fig. 2B.1). As moléculas de bromo são polarizáveis, e quando uma molécula de Br$_2$ se aproxima da região de alta densidade eletrônica da ligação dupla de um alqueno, uma carga parcial positiva é induzida no átomo de Br mais próximo da ligação dupla (Fig. 11B.5). Essa separação de carga significa que a molécula de Br$_2$ pode agir como um eletrófilo. À medida que ela se aproxima para o ataque, o átomo de Br parcialmente positivo se torna cada vez mais parecido com Br$^+$ e seu parceiro, com Br$^-$. A ligação entre os dois átomos se quebra e o íon Br$^+$ forma uma ponte entre os dois átomos de carbono do alqueno, dando um "íon bromônio" cíclico:

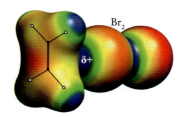

FIGURA 11B.5 À medida que uma molécula de bromo se aproxima da ligação dupla de um alqueno, o átomo mais próximo da molécula de eteno adquire carga parcial positiva. A computação que produziu esta imagem foi levada até o ponto em que a molécula de bromo está tão próxima da ligação dupla que uma ligação carbono-bromo começa a se formar.

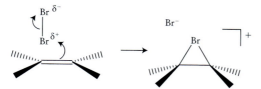

Quase imediatamente, um íon Br$^-$ ataca, atraído pela carga positiva do íon bromônio. Ele se liga a um dos átomos de carbono, e o átomo de bromo já presente forma a outra ligação, dando o 1,2-dibromo-etano:

Setas curvas, como as mostradas aqui, são frequentemente usadas para ilustrar os mecanismos das reações orgânicas. Elas mostram a direção na qual os pares de elétrons se movem ao formar novas ligações.

Pode-se usar um catalisador sólido para promover a adição de hidrogênio à ligação dupla carbono-carbono, uma reação de **hidrogenação**:

$$H_2(g) + \cdots C=C \cdots \xrightarrow{catalisador} \cdots CH-CH \cdots$$

Essa reação é usada na indústria de alimentos para converter óleos vegetais em gorduras sólidas (Fig. 11B.6) e aumentar a consistência da manteiga de amendoim na temperatura ambiente. As moléculas de óleo e de gordura sólida têm cadeias longas de hidrocarboneto, mas os óleos têm mais ligações duplas. Como as ligações duplas resistem à deformação, as moléculas de óleo não se empacotam muito bem, e o resultado é um líquido. Quando as ligações duplas são substituídas por ligações simples, as cadeias ficam muito mais flexíveis, as moléculas se empacotam melhor e formam um sólido.

Os alquinos sofrem reações de adição e podem ser convertidos em alquenos ou alcanos, dependendo das condições e dos coeficientes estequiométricos dos reagentes.

Nos rótulos de alimentos, os ingredientes que sofreram esta reação são designados pelos termos "hidrogenado" ou "parcialmente hidrogenado".

Teste 11B.1A Escreva a fórmula estrutural condensada do produto da adição de hidrogênio ao 2-buteno: CH$_3$CH=CHCH$_3$ + H$_2$ → produto.

[**Resposta:** CH$_3$CH$_2$CH$_2$CH$_3$]

Teste 11B.1B Escreva a fórmula estrutural condensada do composto formado na adição de cloreto de hidrogênio ao 2-buteno.

FIGURA 11B.6 Quando um óleo viscoso (acima) é hidrogenado, ele se converte em um sólido – uma gordura (abaixo). O hidrogênio se adiciona às ligações duplas carbono-carbono, convertendo-as em ligações simples. As moléculas mais flexíveis produzidas podem se empacotar melhor e formam um sólido. (*W. H. Freeman. Foto: Ken Karp.*)

O mecanismo de adição aos alquenos é o ataque eletrofílico.

O que você aprendeu com este tópico?

Você viu que os alcanos não são muito reativos, mas que as ligações duplas nos alquenos e alquinos são sítios de reações de adição.

Os conhecimentos que você deve dominar incluem a capacidade de:

☐ **1.** Distinguir os alcanos de alquenos e alquinos com base nas diferenças de reatividade.

☐ **2.** Predizer os produtos de reações de eliminação, adição e substituição (Seções 11B.2 e 11B.3).

792 Tópico 11B As reações dos hidrocarbonetos alifáticos

Tópico 11B Exercícios

11B.1 Use os dados do Apêndice 2A para escrever as reações balanceadas e calcular o calor liberado quando (a) 1,00 mol e (b) 1,00 g de cada um dos seguintes compostos queima em excesso de oxigênio: propano, butano e pentano. Existe alguma tendência na quantidade de calor liberado por mol de composto ou por grama de composto? Se existe, qual é?

11B.2 Escreva a equação química balanceada da fluoração completa do metano a tetrafluoro-metano. Use entalpias de ligação (Tabelas 4E.2 e 4E.3) para estimar a entalpia dessa reação. A reação correspondente com cloro é muito menos exotérmica. A que essa diferença pode ser atribuída?

11B.3 Quantos produtos diferentes com dois átomos de carbono são possíveis na reação entre cloro e etano? Algum desses produtos tem isomeria óptica?

11B.4 Quantos produtos diferentes com um anel de três átomos de carbono são possíveis na reação entre cloro e ciclo-propano? Algum deles existe na forma de estereoisômeros?

11B.5 Dois isômeros estruturais podem ser obtidos quando o brometo de hidrogênio reage com o 2-penteno. (a) Escreva suas fórmulas estruturais. (b) Qual é o nome dado a esse tipo de reação?

11B.6 (a) Escreva a equação balanceada da produção do 2,3-di-cloro-hexano a partir do 2-hexino. (b) Qual é o nome dado a esse tipo de reação?

11B.7 (a) Escreva a equação balanceada da reação do bromo-ci-clo-hexano com o etóxido de sódio em etanol. (b) Dê as fórmulas estruturais do reagente e do produto. (c) Qual é o nome dado a esse tipo de reação?

11B.8 Desenhe as estruturas em linhas dos possíveis produtos da reação do etóxido de sódio com (a) 1-bromo-butano; (b) 2-bromo--butano.

11B.9 Use as entalpias de ligação (Tabelas 4E.2 e 4E.3) para estimar as entalpias da reação de halogenação do eteno pelo cloro, pelo bromo e pelo iodo. Qual é a tendência desses números, caso exista alguma?

11B.10 Use as entalpias de ligação (Tabelas 4E.2 e 4E.3) para estimar as entalpias de reação de hidro-halogenação do eteno por HX, em que X = Cl, Br, I. Qual é a tendência desses números, caso exista alguma?

Tópico 11C Os compostos aromáticos

11C.1 A nomenclatura
11C.2 A substituição eletrofílica

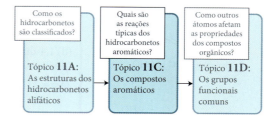

Os compostos aromáticos são importantes na indústria como solventes e blocos de construção de polímeros. Na biologia, eles participam de alguns amino ácidos como componentes e contribuem com a estrutura do DNA. Os nomes refletem os odores distintos que muitos deles possuem. Todos eles contêm um anel aromático, em geral o anel de seis átomos do benzeno (Tópico 2B). Uma fonte abundante de hidrocarbonetos aromáticos é o carvão, uma mistura muito complexa de compostos, muitos dos quais são sistemas muito grandes que contêm anéis aromáticos (Interlúdio no final do Foco 11).

Por que você precisa estudar este assunto? Os compostos aromáticos têm papel central na química orgânica, e você precisará se familiarizar com sua nomenclatura e reações típicas.

Que conhecimentos você precisa dominar? Este tópico se baseia na introdução aos hidrocarbonetos orgânicos no Tópico 11A e na estrutura das moléculas (Foco 2).

11C.1 A nomenclatura

Os compostos aromáticos são formalmente chamados de **arenos**. O composto principal é o benzeno, C_6H_6 (**1**). Quando o anel de benzeno é nomeado como um substituinte, ele é chamado de grupo *fenila*, como no 2-fenil-butano, $CH_3CH(C_6H_5)CH_2CH_3$. Os hidrocarbonetos aromáticos são, em geral, chamados de grupos *arila*. Os arenos também incluem análogos do benzeno com anéis condensados (dois ou mais anéis fundidos, com uma ligação compartilhada por dois anéis), como o naftaleno, $C_{10}H_8$ (**2**), e o antraceno, $C_{14}H_{10}$ (**3**), obtidos na destilação do carvão.

1 Benzeno, C_6H_6 2 Naftaleno, $C_{10}H_8$ 3 Antraceno, $C_{14}H_{10}$

Em um sistema de nomenclatura mais antigo, porém ainda muito usado, quando existe um substituinte na posição 1 de um anel benzeno, as posições 2, 3 e 4 são identificadas pelos prefixos *orto-* (abreviado como *o-*), *meta-* (*m-*) e *para-* (*p-*), respectivamente. Assim, (**4**) é o orto-dinitro-benzeno. Na nomenclatura sistemática, a localização dos substituintes é feita pela numeração dos átomos de carbono de 1 a 6, selecionando-se a direção que dá aos substituintes os menores números. Nesse sistema, (**4**) é o 1,2-dinitro-benzeno (—NO_2 é o grupo nitro). Contudo, (**5**) é o 2,4,6-trinitro-fenol, porque o composto C_6H_5OH é o fenol, e o átomo ligado ao grupo —OH recebe o número 1.

4 1,2-Dinitro-benzeno

5 2,4,6-Trinitro-fenol

EXEMPLO 11C.1 Dar nome a um composto aromático

Muitos dos compostos encontrados em produtos comerciais são listados segundo seus nomes formais, e é essencial ser capaz de interpretar essa nomenclatura com base nas estruturas dessas substâncias. Muitos desses compostos são aromáticos ou têm substituintes aromáticos. Nomeie (a) o composto (**6**) e os três dimetil-benzenos (xilenos), nos quais o segundo grupo metila está no átomo de carbono (b) 2, (c) 3 e (d) 4.

PLANEJE Nomeie os compostos contando os átomos do anel na direção que dá os menores números aos substituintes.

6

794 Tópico 11C Os compostos aromáticos

7 Benzaldeído, C₆H₅CHO

8 Cinamaldeído

RESOLVA
(a) 1-etil-3-metil-benzeno
(b) 1,2-dimetil-benzeno (*o*-xileno)
(c) 1,3-dimetil-benzeno (*m*-xileno)
(d) 1,4-dimetil-benzeno (*p*-xileno)

Teste 11C.1A Nomeie o composto (**7**).

[*Resposta*: 1-Etil-3-propil-benzeno]

Teste 11C.1B Nomeie o composto (**8**).

Exercícios relacionados 11C.1–11C.4

Os compostos aromáticos são nomeados dando aos substituintes do anel aromático os menores números. Quando o anel de benzeno é um substituinte, ele é chamado de grupo fenila.

11C.2 A substituição eletrofílica

Os arenos são insaturados mas, ao contrário dos alquenos, não são muito reativos, apesar das ligações duplas. Enquanto os alquenos comumente participam de reações de adição, os arenos sofrem, predominantemente, reações de *substituição*, com as ligações π do anel permanecendo intactas. Como exemplo, o bromo se adiciona imediatamente à ligação dupla de um alqueno, mas só reage com benzeno na presença de um catalisador – normalmente, o brometo de ferro(III) – e não afeta as ligações do anel. Em vez disso, um dos átomos de bromo substitui um átomo de hidrogênio para dar o bromo-benzeno, C₆H₅Br:

$$C_6H_6 + Br_2 \xrightarrow{FeBr_3} C_6H_5Br + HBr$$

O mecanismo da substituição em um anel benzeno, rico de elétrons, é a **substituição eletrofílica**, o ataque eletrofílico em um átomo por outro átomo ou grupo de átomos. O fato de ocorrer substituição, e não adição, pode ser atribuído à estabilidade dos elétrons π deslocalizados do anel. A deslocalização dá aos elétrons uma energia tão baixa – em outras palavras, os elétrons estão ligados tão fortemente –, que eles não estão disponíveis para formar novas ligações σ (Tópicos 2B e 2G).

A bromação do benzeno ilustra a diferença entre a adição eletrofílica a alquenos e a substituição eletrofílica em arenos. Em primeiro lugar, para se obter a bromação do benzeno é necessário usar um catalisador, como o brometo de ferro(III), que age como ácido de Lewis, ligando-se à molécula de bromo (uma base de Lewis) e fazendo com que o átomo de bromo mais externo adquira carga parcial positiva pronunciada:

$$:Br-Br: + FeBr_3 \longrightarrow {}^{\delta+}:Br-BrFeBr_3{}^{\delta-}$$

(Para simplificar, apenas um par isolado é mostrado em cada átomo de bromo.) O átomo de bromo mais externo do complexo está agora em condições de agir como um eletrófilo forte (Fig. 11C.1).

A substituição eletrofílica começa, como a adição eletrofílica, pelo ataque em uma região de alta densidade de elétrons para formar um intermediário com carga positiva:

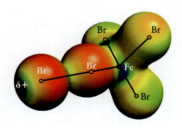

FIGURA 11C.1 O catalisador FeBr₃ age formando um complexo com a molécula de bromo. Como o átomo de ferro retira elétrons, o átomo de bromo que não se liga diretamente ao ferro adquire carga parcial positiva (a região azul, à esquerda). Essa carga parcial aumenta a capacidade da molécula de bromo de atuar como um eletrófilo.

Entretanto, como os elétrons π deslocalizados formam um arranjo muito estável, o átomo de hidrogênio mostrado pode ser retirado do anel por um átomo de bromo do complexo FeBr₄⁻. Desse modo, a deslocalização é restabelecida, e os produtos são C₆H₅Br e HBr:

11C.2 A substituição eletrofílica

[diagrama do mecanismo de bromação mostrando o intermediário catiônico perdendo H para Br—FeBr₃, formando bromobenzeno + HBr + FeBr₃]

O brometo de ferro(III) é liberado nessa etapa e fica livre para ativar outra molécula de bromo.

Um dos exemplos mais minuciosamente estudados de substituição eletrofílica é a nitração do benzeno. Uma mistura de ácido nítrico e ácido sulfúrico concentrado converte lentamente o benzeno em nitro-benzeno. O agente de nitração efetivo é o eletrófilo NO_2^+ (o íon nitrônio, ONO^+), um íon triatômico linear:

$$HNO_3 + H_2SO_4 \longrightarrow NO_2^+ + HSO_4^- + H_2O$$

O mecanismo aceito para a reação é:

[mecanismo: benzeno + NO₂⁺ → intermediário catiônico → nitrobenzeno + H⁺]

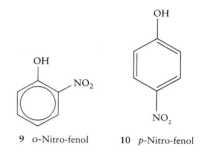

9 o-Nitro-fenol   10 p-Nitro-fenol

Na segunda etapa, o íon hidrogênio é arrancado do anel pelo íon HSO_4^-, que age como uma base de Brønsted. Como na reação de bromação, o restabelecimento da deslocalização dos elétrons π favorece a retirada do íon hidrogênio.

Certos grupos ligados a um anel aromático podem doar elétrons aos orbitais moleculares deslocalizados. Cada um destes substituintes doadores de elétrons tem um átomo eletronegativo com pelo menos um par isolado de elétrons ligado diretamente ao anel aromático. Exemplos incluem —NH₂ e —OH. A substituição eletrofílica do benzeno é muito mais rápida quando um substituinte doador de elétrons está ligado ao anel. A nitração do fenol, C_6H_5OH, acontece tão rapidamente que não requer um catalisador. Além disso, quando os produtos são analisados, observa-se que os únicos produtos são o 2-nitro-fenol (*orto*-nitro-fenol, **9**) e o 4-nitro-fenol (*para*-nitro-fenol, **10**).

Por que a posição meta- é tão pouco adequada para a substituição e por que o fenol reage tão mais rapidamente do que o benzeno? Um eletrófilo é atraído para as regiões de alta densidade de elétrons. Portanto, para explicar a reação rápida do fenol, a densidade eletrônica deve ser maior no anel quando o substituinte doador de elétrons —OH estiver presente. Para explicar a predominância dos produtos orto- e para-, a densidade eletrônica deve ser relativamente alta nas posições orto- e para-. Os cálculos de orbitais moleculares, como aqueles descritos na *Técnica Principal* 5 no hotsite deste livro, mostram que existe maior concentração de elétrons no anel do fenol do que no anel do benzeno, especialmente nas posições orto- e para-, em grande parte porque o átomo O tem pares isolados de elétrons que podem participar da ligação π com os átomos de carbono (Fig. 11C.2).

Muito antes de suas teorias serem apoiadas por cálculos computacionais, os químicos orgânicos encontraram um modo de usar estruturas de ressonância para explicar a distribuição de produtos na substituição eletrofílica. Assim, a estrutura de Lewis do fenol é vista como um híbrido de ressonância das seguintes estruturas:

[quatro estruturas de ressonância do fenol com setas curvas mostrando o deslocamento dos pares de elétrons]

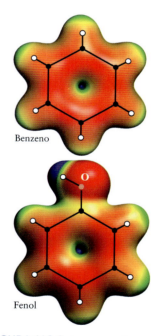

FIGURA 11C.2 A presença de um grupo —OH no fenol altera a distribuição dos elétrons do anel de benzeno. As regiões em azul são as partes da molécula com carga positiva relativamente alta e as regiões em verde, amarelo e vermelho mostram regiões progressivamente mais negativas. Observe que as regiões em amarelo, ricas em elétrons, se espalham mais pelos átomos de carbono e hidrogênio no fenol do que no benzeno; logo, esses átomos são mais suscetíveis ao ataque eletrofílico. Uma análise mais detalhada mostra que os átomos de carbono orto e para têm o maior acúmulo de carga negativa.

As setas curvas mostram como uma estrutura de ressonância se relaciona com as outras. Note que a carga formal negativa está localizada nas posições orto- e para-, exatamente nas posições em que a reação ocorre mais rapidamente. Outros grupos orto- e para-diretores incluem —NH₂, —Cl e —Br. Todos eles têm em comum um átomo com um par isolado de elétrons no átomo vizinho ao anel e todos eles aceleram a reação.

Tópico 11C Os compostos aromáticos

PONTO PARA PENSAR

Você pode sugerir uma explicação que envolva orbitais moleculares para este efeito?

Você viu como um grupo —OH pode acelerar a reação. Será que existem substituintes que retardam a substituição eletrofílica do benzeno? Uma maneira de reduzir a densidade eletrônica no anel de benzeno e torná-lo menos atraente para os eletrófilos é substituir um átomo de hidrogênio por um átomo ou grupo muito eletronegativo, capaz de retirar parte da densidade eletrônica do anel do benzeno. Outra maneira é usar um substituinte que remove elétrons por ressonância. Uma série de substituintes que inclui o grupo carboxila (—COOH) age das duas maneiras. Por exemplo, a nitração do ácido benzoico, C_6H_5COOH, é muito mais lenta do que a nitração do benzeno. Além disso, a maior parte do produto é o composto nitrado em meta:

Os átomos de O, eletronegativos, do grupo ácido carboxílico retiram elétrons de todo o anel, reduzindo, consequentemente, a densidade eletrônica média. Além disso, a ressonância remove parcialmente elétrons das posições orto- e para-. Para ficar no que interessa, somente os pares de elétrons envolvidos na ressonância estão indicados:

Como resultado dos dois efeitos, a velocidade da reação diminui, especialmente nas posições orto- e para-, e a posição meta- passa a ser a posição mais provável de ataque. Outros substituintes meta-diretores que retiram elétrons são —NO_2, —CF_3 e —C≡N. Observe que nenhum desses substituintes tem um par de elétrons isolado no átomo vizinho ao anel.

> *Os anéis aromáticos são muito menos reativos do que seu caráter de ligação dupla sugere. Eles preferem sofrer substituição e não adição. A substituição eletrofílica do benzeno com substituintes doadores de elétrons é acelerada e ocorre preferencialmente nas posições orto- e para-. A substituição eletrofílica do benzeno com substituintes que retiram elétrons é retardada e ocorre principalmente nas posições meta-.*

O que você aprendeu com este tópico?

Você aprendeu que os hidrocarbonetos aromáticos contêm um anel aromático semelhante ao benzeno que melhora a estabilidade do composto e resiste à adição. Você viu que uma das reações típicas de compostos aromáticos é a substituição eletrofílica, com a preservação do anel aromático.

Os conhecimentos que você deve dominar incluem a capacidade de:

☐ **1.** Nomear os compostos aromáticos (Exemplo 11C.1).

☐ **2.** Predizer os produtos das reações de substituição eletrofílica (Seção 11C.2).

☐ **3.** Explicar por que grupos orto- e para-diretores aceleram a substituição eletrofílica no anel de benzeno e identificar esses grupos (Seção 11C.2).

Tópico 11C Exercícios

11C.1 Nomeie os seguintes compostos:

11C.2 Nomeie os seguintes compostos:

11C.3 Desenhe as fórmulas estruturais de (a) metil-benzeno, mais conhecido como tolueno; (b) *p*-cloro-tolueno; (c) 1,3-dimetil-benzeno; (d) 4-cloro-metil-benzeno.

11C.4 Escreva as fórmulas estruturais de (a) *p*-xileno (1-4-dimetil-benzeno); (b) 1,2-dibromo-benzeno; (c) 3-fenil-propeno; (d) 2-etil-1,4-dimetil-benzeno.

11C.5 (a) Desenhe as estruturas de todos os dicloro-metil-benzenos isômeros. (b) Nomeie cada um deles e indique quais são polares e quais são não polares.

11C.6 (a) Desenhe as estruturas de todos os diamino-dicloro-benzenos isômeros. (b) Nomeie cada um deles e indique quais são polares e quais são não polares.

11C.7 Desenhe as estruturas de ressonância do ciano-benzeno (C_6H_5CN) que mostram como ele funciona como substituinte meta-diretor.

11C.8 Pode-se preparar bromo-nitro-benzenos por nitração do bromo-benzeno ou por bromação do nitro-benzeno. Essas reações darão o mesmo produto (ou distribuição de produtos)? Se não, como os produtos vão diferir?

11C.9 Quantos compostos diferentes podem ser produzidos quando o naftaleno, $C_{10}H_8$ (2), sofre substituição aromática eletrofílica por um único eletrófilo (designado por E)? Desenhe estruturas em linhas para representá-los.

11C.10 A estrutura do benzaldeído, o principal flavorizante do óleo de amêndoa, é

Você espera que o grupo funcional aldeído (CHO) aja como grupo meta-diretor ou orto-, para-diretor? Explique sua conclusão.

11C.11 Dê as fórmulas moleculares das estruturas em linhas e identifique-as como alcano, alqueno, alquino ou hidrocarboneto aromático:

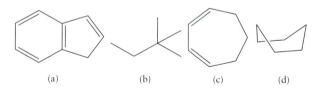

(a)   (b)   (c)   (d)

11C.12 Dê as fórmulas moleculares das estruturas em linhas e identifique-as como alcano, alqueno, alquino ou hidrocarboneto aromático:

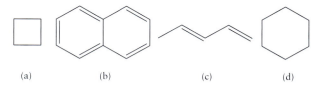

(a)   (b)   (c)   (d)

11C.13 Dê as fórmulas moleculares das estruturas em linhas e identifique-as como alcano, alqueno, alquino ou hidrocarboneto aromático:

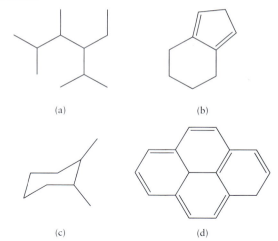

(a)   (b)   (c)   (d)

11C.14 Dê as fórmulas moleculares das estruturas em linhas e identifique-as como alcano, alqueno, alquino ou hidrocarboneto aromático:

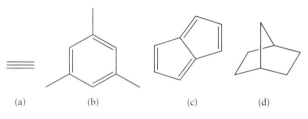

(a)   (b)   (c)   (d)

Tópico 11D Os grupos funcionais comuns

11D.1 Os halogeno-alcanos
11D.2 Os álcoois
11D.3 Os éteres
11D.4 Os fenóis
11D.5 Os aldeídos e as cetonas
11D.6 Os ácidos carboxílicos
11D.7 Os ésteres
11D.8 As aminas, os amino-ácidos e as amidas

Por que você precisa estudar este assunto? A grande diversidade de moléculas orgânicas encontradas nos sistemas vivos resulta da presença de grupos de átomos com funções características. Quando você estiver familiarizado com as propriedades desses grupos, começará a ser capaz de predizer as propriedades de outras moléculas orgânicas, até mesmo as gigantescas biomoléculas e os materiais poliméricos sintéticos.

Que conhecimentos você precisa dominar? Este capítulo se baseia nos Tópicos 11A a 11C e requer a mesma preparação, além dos conceitos de ácido-base e de reações redox (*Fundamentos* J e K). Ele também usa os conceitos de polaridade molecular (Tópico 2E) e solubilidade (Tópico 5D).

Quais são as reações típicas dos hidrocarbonetos aromáticos?
Tópico **11C**: Os compostos aromáticos

Como outros átomos afetam as propriedades dos compostos orgânicos?
Tópico **11D**: Os grupos funcionais comuns

Quais são as características das moléculas orgânicas maiores?
Tópico **11E**: Os polímeros e as macromoléculas biológicas

A imensa variedade de compostos orgânicos pode assustar à primeira vista. Felizmente, os compostos orgânicos podem ser entendidos em termos de um número relativamente pequeno de **grupos funcionais**, que são grupos de átomos com propriedades características. Enquanto os hidrocarbonetos são formados por carbono e hidrogênio, os grupos funcionais podem incluir átomos de outros elementos.

Os grupos funcionais ligam-se à cadeia de carbonos de uma molécula ou participam dela. Alguns exemplos são o átomo de cloro no cloro-etano, CH_3CH_2Cl, e o grupo —OH no etanol, CH_3CH_2OH. Ligações múltiplas carbono-carbono, como a ligação dupla carbono-carbono no 2-buteno, $CH_3CH=CHCH_3$, são frequentemente consideradas como grupos funcionais. A Tabela 11D.1 lista alguns dos grupos funcionais mais comuns. As ligações carbono-carbono duplas e triplas foram vistas nos Tópicos 11A e 11B.

11D.1 Os halogeno-alcanos

Os **halogeno-alcanos** (também chamados de halogenetos de alquila) são derivados de alcanos em que pelo menos um átomo de hidrogênio foi substituído por um átomo de halogênio. Embora tenham aplicações importantes, muitos halogeno-alcanos são altamente tóxicos e uma ameaça ao ambiente. O halogeno-alcano 1,2-dicloro-1-fluoro-etano, $CHClFCH_2Cl$, é um exemplo de um cloro-fluoro-carboneto (CFC), um dos compostos considerados responsáveis pela diminuição da camada de ozônio (veja o Quadro 7E.1). Muitos pesticidas são compostos aromáticos com vários átomos de halogênio.

As ligações carbono-halogênio são polares (**1**). O carbono ao qual se liga o halogênio é parcialmente positivo, o que o torna suscetível a reações de **substituição nucleofílica**, nas quais um nucleófilo substitui o átomo de halogênio. Um **nucleófilo** é um reagente que ataca centros de carga positiva em uma molécula. Dois exemplos são o íon hidróxido, OH^-, e a molécula de água, H_2O. Em ambos os casos, um par isolado de elétrons no átomo de oxigênio é atraído por regiões de carga parcial positiva. A água age como nucleófilo nas "reações de hidrólise", isto é, nas reações em que uma ligação carbono-elemento é substituída por uma ligação carbono-oxigênio. Por exemplo, o bromo-metano sofre hidrólise em água para dar metanol e íons brometo:

$$CH_3Br + OH^- \longrightarrow CH_3OH + Br^-$$

Os halogeno-alcanos são derivados de alcanos em que pelo menos um átomo de hidrogênio foi substituído por um átomo de halogênio. Eles sofrem reações de substituição nucleofílica.

1 Cloro-metano, CH_3Cl

TABELA 11D.1 Grupos funcionais comuns

Grupo	Classe de compostos	Grupo	Classe de compostos
—X	halogeneto (X = F, Cl, Br ou I)	—COOH	ácido carboxílico
—OH	álcool, fenol	—COOR	éster
—O—	éter	—N<	amina
—CHO	aldeído	—CO—N<	amida
—CO—	cetona		

11D.2 Os álcoois

O **grupo hidroxila** é um grupo —OH que se liga por covalência a um átomo de carbono. Um **álcool** é um composto orgânico que contém um grupo hidroxila que não está diretamente ligado a um anel de benzeno ou a um grupo >C=O. Um dos compostos orgânicos mais conhecidos é o etanol, CH_3CH_2OH, também chamado de *álcool etílico* ou *álcool de cereais*. Os álcoois podem perder o próton da hidroxila em certos solventes (Fig. 11D.1), mas suas bases conjugadas são tão fortes que eles não são ácidos em água.

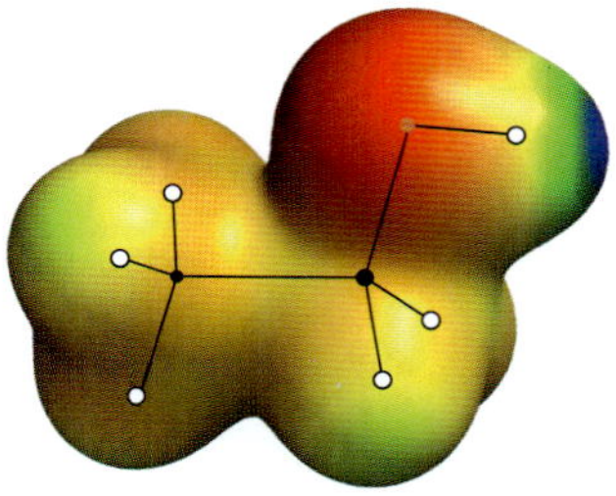

Existem três métodos de nomear os álcoois:

- Adicione o sufixo *–ol* à raiz do hidrocarboneto principal, como em metanol e etanol. Quando a localização do grupo —OH tem de ser especificada (para evitar ambiguidade), escreve-se o número do átomo de carbono ao qual ele está ligado, como em 1-propanol, $CH_3CH_2CH_2OH$, e 2-propanol, $CH_3CH(OH)CH_3$.
- Nomeie o hidrocarboneto principal como um grupo e adicione a palavra álcool. Como em álcool metílico, CH_3OH, e álcool etílico, CH_3CH_2OH.
- Nomeie o grupo —OH como um substituinte. Neste caso, usa-se o prefixo *hidróxi*, como em 2-hidróxi-butano para $CH_3CH(OH)CH_2CH_3$.

Neste livro, usaremos normalmente o primeiro método.

Os álcoois são divididos em três classes, de acordo com o número de grupos orgânicos ligados ao átomo de carbono que contém o grupo —OH:

FIGURA 11D.1 Distribuição da carga em uma molécula de etanol. A cor vermelha representa a região de carga parcial negativa em volta do átomo de oxigênio e a cor azul, as regiões de carga parcial positiva. Como a molécula é polar e forma ligações hidrogênio, ela é muito solúvel em água.

Tipo de álcool	Estrutura	Exemplo
primário	RCH_2–OH	etanol CH_3CH_2OH 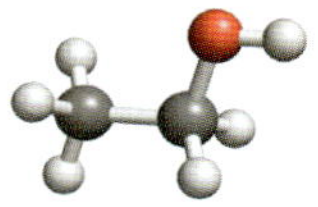
secundário	R_2CH–OH	2-butanol $CH_3CH(OH)CH_2CH_3$ 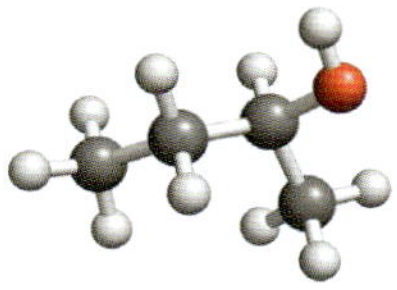
terciário	R_3C–OH	2-metil-2-propanol $(CH_3)_3COH$ 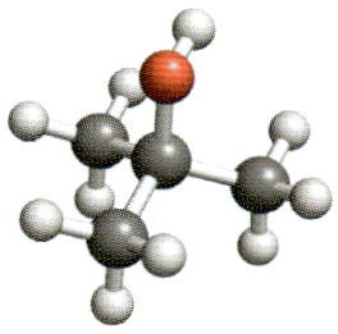

O 2-propanol também é conhecido pelo seu nome comum, álcool isopropílico.

Os nomes comuns do 2-metil-2-propanol são butanol terciário e álcool butílico terciário (comumente abreviados para *ter*-butanol e álcool *ter*-butílico, ou ainda *t*-butanol e álcool *t*-butílico).

Cada R representa um grupo orgânico, como metila ou etila. Eles não precisam ser iguais.

O metanol é, em geral, preparado industrialmente a partir do gás de síntese (Tópico 8B):

$$CO(g) + 2\,H_2(g) \xrightarrow{\text{catalisador, 250°C, 50–100 atm}} CH_3OH(g)$$

O etanol é produzido em grande quantidade em todo o mundo pela fermentação de carboidratos. Ele é também preparado pela hidratação do eteno em uma reação de adição:

$$CH_2=CH_2(g) + H_2O(g) \xrightarrow{\text{catalisador, 300°C}} CH_3CH_2OH(g)$$

A síntese dos álcoois em laboratório é feita pela substituição nucleofílica de halogeno-alcanos, como em

$$CH_3CHClCH_3 + OH^- \longrightarrow CH_3CH(OH)CH_3 + Cl^-$$

O etilenoglicol, ou 1,2-etanodiol, $HO(CH_2)_2OH$ (**2**) é um exemplo de **diol**, um composto com dois grupos hidroxila. O etilenoglicol é um dos componentes dos anticongelantes e é usado, também, na fabricação de fibras sintéticas.

Os álcoois têm pressão de vapor muito inferior à dos hidrocarbonetos, mesmo quando têm massas molares muito semelhantes. Por essa razão, os álcoois com massa molar baixa são líquidos. Por exemplo, o etanol é líquido na temperatura ambiente, mas o butano, que tem

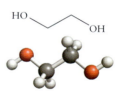

2 1,2-Etanodiol, $HO(CH_2)_2OH$

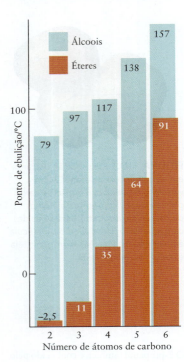

FIGURA 11D.2 Os pontos de ebulição dos éteres são inferiores aos dos álcoois isômeros, porque ocorre ligação hidrogênio nos álcoois, mas não nos éteres. As moléculas aqui representadas não são ramificadas

massa molecular maior, é um gás. A volatilidade relativamente baixa dos álcoois é uma manifestação da força das ligações hidrogênio. A capacidade de formação de ligações hidrogênio também explica a solubilidade em água dos álcoois de massas moleculares baixas.

As fórmulas dos álcoois são derivadas da água pela substituição de um dos átomos de hidrogênio por um grupo orgânico. Como a água, os álcoois formam ligações hidrogênio intermoleculares.

11D.3 Os éteres

Um **éter** é um composto orgânico de fórmula R—O—R, em que R é um grupo alquila (os dois grupos R não precisam ser iguais). Você pode pensar em um éter como uma molécula HOH em que ambos os átomos de H foram substituídos por grupos alquila:

H—O—H   CH₃CH₂—O—H   CH₃CH₂—O—CH₂CH₃
Água   Etanol (um álcool)   Dietil-éter (um éter)

Os éteres são mais voláteis do que os álcoois de mesma massa molecular, porque eles não formam ligações hidrogênio uns com os outros (Fig. 11D.2). Eles podem formar ligações hidrogênio com moléculas de água, mas são menos solúveis em água do que os álcoois porque só podem aceitar prótons, não doá-los. Portanto, eles não podem formar com a água o mesmo número de ligações hidrogênio que os álcoois. Como os éteres não são muito reativos e têm baixa polaridade molecular, eles são solventes úteis de outros compostos orgânicos. No entanto, os éteres são perigosamente inflamáveis. O dietil-éter se inflama facilmente e deve ser usado com muito cuidado.

Os éteres não são muito reativos. Eles são mais voláteis do que os álcoois com massas moleculares semelhantes porque suas moléculas não podem formar ligações hidrogênio umas com as outras.

11D.4 Os fenóis

Em um **fenol**, o grupo hidroxila liga-se diretamente a um anel aromático. O composto principal da série (parente), fenol, C₆H₅OH (**3**), é um sólido molecular branco e cristalino. Muitos fenóis substituídos ocorrem na natureza, alguns sendo responsáveis pelas fragrâncias de plantas. Eles são, com frequência, componentes dos *óleos essenciais*, óleos obtidos por destilação de flores ou folhas. O timol (**4**), por exemplo, é o ingrediente ativo do orégano e o eugenol (**5**) é o principal responsável pelo odor e o sabor do óleo de cravo.

Os fenóis diferem dos álcoois por serem ácidos fracos. Como vimos na ressonância do fenol (Tópico 11C), a ressonância do ânion

deslocaliza a carga negativa da base conjugada do fenol e estabiliza o ânion. Como resultado, o ânion C₆H₅O⁻ é uma base conjugada mais fraca do que as bases dos álcoois, como o CH₃CH₂O⁻ do etanol, o *íon etóxido*. Consequentemente, o fenol, C₆H₅OH, é um ácido mais forte do que o etanol, CH₃CH₂OH, e os fenóis, que são insolúveis em água, dissolvem-se em soluções básicas. Entretanto, até mesmo um grupo —CH₂— pode isolar o átomo de O do anel benzeno, e o fenil-metanol, C₆H₅CH₂OH (álcool benzílico, **7**), é um álcool, não um fenol.

Os fenóis são ácidos fracos como resultado da deslocalização e estabilização da base conjugada.

11D.5 Os aldeídos e as cetonas

O **grupo carbonila**, ⟩C=O, ocorre em duas famílias de compostos intimamente relacionadas:

- Os **aldeídos** são compostos de fórmula
$$\begin{array}{c}R\\ \diagdown\\ C=O\\ \diagup\\ H\end{array}$$

- As **cetonas** são compostos de fórmula
$$\begin{array}{c}R\\ \diagdown\\ C=O\\ \diagup\\ R\end{array}$$

Em um aldeído, o grupo carbonila está sempre na extremidade da cadeia de carbonos, mas nas cetonas está em qualquer outra posição. Os grupos R podem ser alifáticos ou aromáticos, e os dois grupos R de uma cetona não precisam ser iguais. Nas formas estruturais condensadas, o grupo carbonila de uma cetona é escrito —CO—, como em CH₃COCH₃, propanona (acetona), um solvente comum de laboratório. O grupo carbonila dos aldeídos é normalmente escrito —CHO, como em HCHO (formaldeído), o aldeído mais simples. O *formol* (formalina), o líquido usado para preservar espécimes biológicos, é uma solução de formaldeído em água. A fumaça da madeira contém formaldeído, e o efeito destrutivo do formaldeído em bactérias é uma razão pela qual defumar a comida ajuda a conservá-la.

Os nomes sistemáticos dos aldeídos são obtidos pela substituição da terminação –*o* de um alcano por –*al*, como em metanal, para HCHO (formaldeído), e etanal, para CH₃CHO (acetaldeído). Note que o átomo de carbono do grupo carbonila é incluído na contagem dos átomos de carbono quando se determina o alcano precursor formal do aldeído. As cetonas recebem o sufixo –*ona*, como em propanona, CH₃COCH₃ (acetona). Para evitar ambiguidades, um número é usado para designar o átomo de carbono que está ligado ao oxigênio. Assim, CH₃CH₂CH₂COCH₃ é a 2-pentanona e CH₃CH₂COCH₂CH₃ é a 3-pentanona.

Os aldeídos ocorrem naturalmente em óleos essenciais e contribuem para os sabores das frutas e os odores das plantas. O benzaldeído, C₆H₅CHO (**7**), contribui para o aroma característico de cerejas e amêndoas. O cinamaldeído (**8**) é encontrado na canela e os extratos de baunilha contêm a vanilina (**9**), que ocorre no óleo de baunilha. As cetonas também podem ser perfumadas. Por exemplo, a carvona (estrutura **11a** no Tópico 11A) é o óleo essencial da hortelã.

A produção em escala industrial do formaldeído é baseada na oxidação catalítica do metanol:

$$2\ CH_3OH(g) + O_2(g) \xrightarrow{600°C,\ Ag} 2\ HCHO(g) + 2\ H_2O(g)$$

A oxidação posterior do produto a ácido carboxílico (Seção 11D.6) é evitada pelo uso de um oxidante suave. Existe menor risco de oxidação posterior no caso das cetonas do que no caso dos aldeídos, porque uma ligação C—C teria de se quebrar para que um ácido carboxílico se formasse.

A oxidação de álcoois secundários com dicromato produz cetonas em bom rendimento, com pouca oxidação adicional. Por exemplo, CH₃CH₂CH(OH)CH₃ pode ser oxidado a CH₃CH₂COCH₃. A diferença entre a facilidade de oxidação dos aldeídos e das cetonas é usada para distingui-los. Os aldeídos reduzem íons prata para formar um espelho de prata – uma cobertura de prata em tubos de ensaio – com o *reagente de Tollens*, uma solução de íons Ag⁺ em amônia e água (Figura 11D.3):

- Aldeídos: CH₃CH₂CHO + Ag⁺ (o teste de Tollens) dá CH₃CH₂COOH e Ag(s)
- Cetonas: CH₃COCH₃ + Ag⁺ (o reagente de Tollens) não reage

Os aldeídos e as cetonas podem ser preparados pela oxidação de álcoois. Os aldeídos podem ser oxidados mais facilmente do que as cetonas.

6 Álcool benzílico, fenil-metanol, C₆H₅CH₂OH

7 Benzaldeído, C₆H₅CHO

8 Cinamaldeído

9 Vanilina

FIGURA 11D.3 Um aldeído (à esquerda) produz um espelho de prata com o reagente de Tollens, o que não acontece com as cetonas (à direita), porque estas são oxidadas com mais dificuldade do que os aldeídos. (*W. H. Freeman. Foto: Ken Karp.*)

FIGURA INTERATIVA 11D.3

11D.6 Os ácidos carboxílicos

O **grupo carboxila**, —C(=O)OH , normalmente abreviado —COOH, é o grupo funcional dos **ácidos carboxílicos**, que são ácidos fracos de fórmula R—COOH. A força dos ácidos está relacionada a suas estruturas, como vimos no Tópico 6C. O ácido carboxílico mais simples é o ácido fórmico, HCOOH, o ácido venenoso das formigas. Outro ácido carboxílico comum é o ácido acético, CH_3COOH, o ácido do vinagre. Ele se forma quando o etanol do vinho é oxidado pelo ar:

$$CH_3CH_2OH \xrightarrow{O_2} H_3C-C(=O)OH + H_2O$$

Os ácidos carboxílicos são nomeados sistematicamente pela substituição do –o final do hidrocarboneto principal pelo sufixo –*oico*, com a palavra *ácido* precedendo o nome. O átomo de carbono do grupo carboxila é incluído na contagem dos átomos para determinar o hidrocarboneto principal. Assim, o ácido fórmico é formalmente o ácido metanoico e o ácido acético é o ácido etanoico.

Os ácidos carboxílicos podem ser preparados pela oxidação dos álcoois primários e aldeídos com oxidantes fortes, como o permanganato de potássio em água em meio ácido. Em alguns processos de importância industrial, um grupo alquila pode ser oxidado diretamente a um grupo carboxila.

Os ácidos carboxílicos contêm o grupo carboxila.

11D.7 Os ésteres

O produto da reação entre um ácido carboxílico e um álcool é chamado de **éster** (**10**). O ácido acético e o etanol, por exemplo, reagem quando aquecidos em cerca de 100°C na presença de um ácido forte. Os produtos dessa **esterificação** são acetato de etila e água:

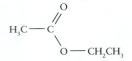

10 Acetato de etila, $CH_3COOC_2H_5$

O nome "éster" vem da redução dos termos alemães *Essig* (vinagre) e *Aether* (éter). Na época em que o termo foi cunhado, sabia-se muito pouco sobre a química orgânica!

Muitos ésteres têm odores agradáveis e contribuem para os sabores das frutas. Por exemplo, o acetato de benzila, $CH_3COOCH_2C_6H_5$, é um componente ativo do óleo de jasmim. Outros ésteres de ocorrência natural incluem gorduras e óleos. Por exemplo, a gordura animal triestearina (**11**), que é um componente da gordura de boi, é um éster formado pelo glicerol e o ácido esteárico.

11 Triestearina, $C_{57}H_{110}O_6$

A formação de ésteres é um exemplo de **reação de condensação**, em que duas moléculas se combinam para formar outra maior, com eliminação de uma molécula pequena

(Fig. 11D.4). A reação é catalisada por uma pequena quantidade de um ácido forte, como o ácido sulfúrico, por exemplo. Na esterificação de um ácido carboxílico por um álcool, a molécula eliminada é H₂O.

 As reações de condensação dão uma solução para um problema que ocorre na hidrogenação parcial de óleos (Tópico 11B). Durante a hidrogenação, as ligações duplas remanescentes isomerizam da forma natural cis à forma trans. Essas gorduras, que são chamadas de "gorduras trans", podem contribuir para problemas de saúde, como a arteriosclerose. A *transesterificação* é uma técnica em que enzimas são usadas para promover a troca de cadeias longas de ácidos carboxílicos de uma posição de um álcool para outra em um *ácido graxo*, um composto com um grupo ácido carboxílico no final de uma cadeia longa de hidrocarboneto. A gordura resultante tem o ponto de fusão mais elevado desejado, mas também é insaturada e não tem ligações trans. O novo processo também reduz a necessidade de esfriar a água e não utiliza solventes tóxicos ou inflamáveis.

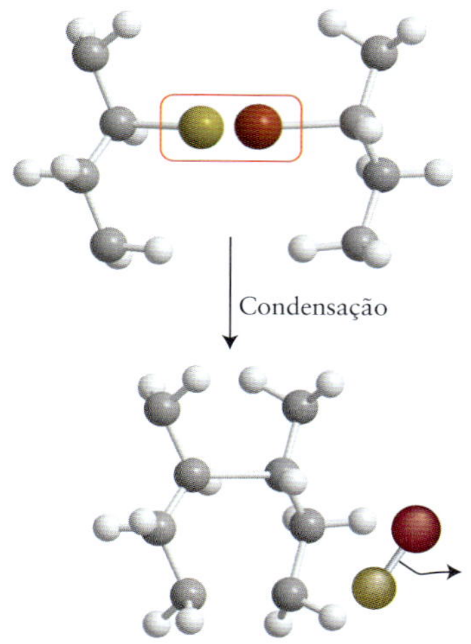

> Teste 11D.1A (a) Escreva a fórmula estrutural condensada e o nome do éster formado na reação entre o ácido propanoico, CH₃CH₂COOH, e o metanol, CH₃OH. (b) Escreva as fórmulas estruturais condensadas do ácido e do álcool que reagem para formar o etanoato de pentila, CH₃COOC₅H₁₁, que contribui para o sabor das bananas.
>
> [*Resposta:* (a) CH₃CH₂COOCH₃; (b) CH₃COOH e CH₃(CH₂)₃CH₂OH]
>
> Teste 11D.1B (a) Escreva a fórmula estrutural condensada do éster formado na reação entre o ácido fórmico, HCOOH, e o etanol, CH₃CH₂OH. (b) Escreva as fórmulas estruturais condensadas do ácido e do álcool que reagem para formar o butanoato de metila, CH₃(CH₂)₂COOCH₃, que contribui para o sabor das maçãs.

FIGURA 11D.4 Em uma reação de condensação, duas moléculas se ligam, como resultado da eliminação de dois átomos ou grupos (as esferas vermelhas e amarelas) na forma de uma molécula pequena.

Os álcoois reagem com ácidos carboxílicos para formar ésteres.

11D.8 As aminas, os amino-ácidos e as amidas

Uma **amina** é um composto cuja fórmula deriva formalmente de NH₃ pela substituição de átomos de H por grupos orgânicos, que podem ser alifáticos ou aromáticos. As aminas são classificadas como primárias, secundárias ou terciárias, de acordo com o número de grupos R ligados ao átomo de nitrogênio:

Tipo de amina	Estrutura	Exemplo
primária 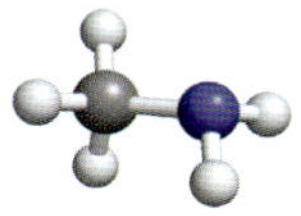	RNH₂	metilamina CH₃NH₂
secundária	R₂NH	dimetilamina (CH₃)₂NH
terciária	R₃N	trimetilamina (CH₃)₃N

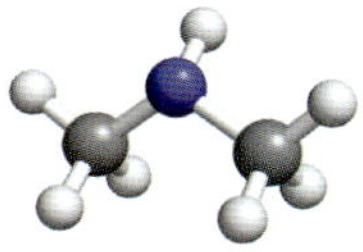

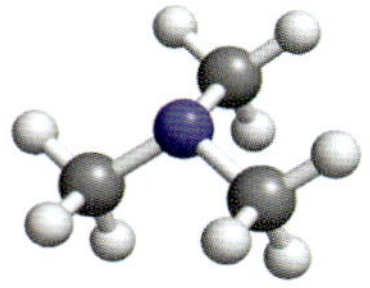

Cada R representa um grupo orgânico, como metila ou etila, que não precisam ser iguais. Nos três casos, o átomo de nitrogênio tem hibridação sp³, com um par isolado de elétrons e três ligações σ. Um *íon quaternário de amônio* é um íon tetraédrico de fórmula R₄N⁺, em que os grupos R podem ser todos diferentes (e incluir até três átomos de H). Por exemplo, o íon

FIGURA 11D.5 A variação da composição fracionária de uma solução de um amino-ácido típico em função do pH (aqui, o amino-ácido é a alanina, R = CH₃). As linhas verticais tracejadas são marcadas com os valores de pK para os três equilíbrios de transferência de prótons envolvidos (para $^+$H₃NCHRCOOH, $^+$H₃NCHRCO₂$^-$ e H₂NCHRCOOH, da esquerda para a direita). Observe que a concentração da forma molecular é extremamente baixa em todos os valores de pH e teve de ser multiplicada por um fator de 10^8 para tornar-se visível no gráfico. Os amino-ácidos estão presentes quase que exclusivamente na forma iônica em água.

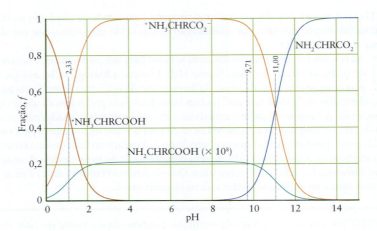

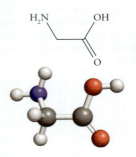

12 Glicina, NH₂CH₂COOH

Zwitter é a palavra em alemão para híbrido ou hermafrodita, uma mistura de macho e fêmea.

tetrametilamônio, (CH₃)₄N⁺, e o íon trimetilamônio, (CH₃)₃NH⁺, são íons quaternários de amônio. O **grupo amino**, o grupo funcional principal das aminas, é —NH₂.

As aminas estão muito espalhadas na natureza. Muitas delas têm odor pungente e muitas vezes desagradável. Como as proteínas são polímeros orgânicos que contêm nitrogênio, ocorrem aminas nos restos da decomposição da matéria viva que, juntamente a compostos de enxofre, são responsáveis pelo odor da carne podre. Os nomes comuns de duas diaminas – putrescina, NH₂(CH₂)₄NH₂, e cadaverina, NH₂(CH₂)₅NH₂ – falam por si mesmos. Como a amônia, as aminas são bases fracas (Tópico 6C), mas os íons quaternários de amônio com pelo menos um átomo de H ligado ao átomo N são, em geral, ácidos.

Um **amino-ácido** é um ácido carboxílico que contém um grupo amino e um grupo carboxila. O exemplo mais simples é a glicina, NH₂CH₂COOH (**12**). Observe que um amino-ácido tem um grupo básico (—NH₂) e um grupo ácido (—COOH) na mesma molécula. Em soluções em água, em pH próximo a 7, os amino-ácidos estão na forma de um íon duplo (**zwitteríon**), como $^+$H₃NCH₂CO₂$^-$, no qual o grupo amino está protonado e o grupo carboxila, desprotonado. Os amino-ácidos podem adotar quatro formas possíveis, que diferem na extensão da protonação dos dois grupos funcionais. Em soluções muito ácidas, a alanina existe como $^+$H₃NCH(CH₃)COOH, mas a adição de base remove inicialmente o próton do átomo de N, deixando NH₂CH(CH₃)COOH (principalmente na forma de íon duplo) e, depois, elimina o próton do ácido carboxílico para formar NH₂CH(CH₃)CO₂$^-$. A concentração dessas espécies pode ser calculada pelos mesmos métodos usados para os ácidos polipróticos no Tópico 6E. A Figura 11D.5 mostra como as concentrações das espécies da alanina em solução variam com o pH. Observe que a forma molecular da alanina quase não existe em nenhum pH. Sua concentração teve de ser multiplicada por um fator de 100 milhões para que ficasse visível no gráfico.

Os amino-ácidos mais importantes são os α-amino-ácidos, em que o grupo —NH₂ liga-se ao átomo de carbono vizinho ao grupo carboxila, como na glicina. Como os álcoois, as aminas condensam com ácidos carboxílicos:

$$H_3C-C(=O)-OH + H-NH-CH_2CH_3 \longrightarrow H_3C-C(=O)-NH-CH_2CH_3 + H_2O$$

O produto é uma **amida**. Quando o reagente é uma amina primária, RNH₂, o produto é uma molécula de fórmula R—(CO)—NHR. Muitas amidas têm ligações N—H que podem tomar parte em ligações hidrogênio, de modo que as forças intermoleculares entre suas moléculas são fortes.

O mecanismo da formação da amida esclarece as propriedades dos ácidos carboxílicos e aminas. À primeira vista, poderíamos esperar que a amina agisse como uma base e aceitasse um próton do ácido carboxílico. De fato, isso acontece, e forma-se um sal quaternário de amônio quando os reagentes são misturados na ausência de solvente. Por exemplo,

$$CH_3COH + CH_3NH_2 \longrightarrow CH_3CO_2^- + CH_3NH_3^+$$

11D.8 As aminas, os amino-ácidos e as amidas　**805**

No entanto, com aquecimento até cerca de 200°C, ocorre uma reação termodinamicamente mais favorável. A transferência do próton é revertida, e a amina age como nucleófilo, atacando o átomo de carbono do grupo carboxila em uma reação de condensação:

> **Teste 11D.2A** Prediga qual dos dois, um éster ou uma amina primária de mesma massa molecular, tem o maior ponto de ebulição e explique por quê.
>
> [**Resposta:** A amina, que pode formar ligações hidrogênio com o grupo —NH$_2$. O éster não pode formar ligações hidrogênio quando puro.]
>
> **Teste 11D.2B** Quais são os esquemas de hibridação dos átomos de C e de N na formamida, HCONH$_2$?

Caixa de ferramentas 11D.1 COMO NOMEAR COMPOSTOS SIMPLES COM GRUPOS FUNCIONAIS

BASE CONCEITUAL

Em geral, os nomes dos compostos que contêm grupos funcionais seguem as mesmas convenções e o sistema de numeração usados para os nomes dos hidrocarbonetos (Caixa de Ferramentas 11A.1), com a terminação do nome alterada para indicar o grupo funcional. A intenção, aqui como lá, é ser sucinto sem ser ambíguo.

PROCEDIMENTO

O grupo funcional tem prioridade na numeração das cadeias sobre substituintes derivados de hidrocarbonetos.

Os álcoois

Para formar o nome sistemático, identifique o hidrocarboneto principal e substitua o final –o por –ol. A localização do grupo hidroxila é dada pela numeração dos átomos de carbono do esqueleto, começando pela extremidade da cadeia que der o número menor para o carbono ligado ao grupo —OH. Quando —OH é nomeado como substituinte, ele é chamado de *hidróxi*. Por exemplo, CH$_3$CH(OH)CH$_2$CH$_2$CH$_3$ é o 2-pentanol ou hidróxi-pentano.

Os aldeídos e as cetonas

No caso dos aldeídos, identifique o hidrocarboneto principal. Inclua o C do —CHO na contagem dos átomos de carbono. Mude o final –o do hidrocarboneto para –al. O grupo —CHO só pode estar na extremidade da cadeia de carbonos e tem prioridade de numeração sobre outros grupos. No caso das cetonas,

mude o final –o do hidrocarboneto principal para –ona e numere a cadeia de modo a dar ao grupo carbonila o menor número possível. Assim, CH$_3$CH$_2$CH$_2$COCH$_3$ é a 2-pentanona.

Os ácidos carboxílicos

Mude a terminação –o do hidrocarboneto principal para –oico e adicione a palavra ácido antes do nome. Para identificar o hidrocarboneto principal, inclua o átomo de carbono do grupo —COOH na contagem dos átomos da cadeia principal. Assim, CH$_3$CH$_2$CH$_2$COOH é o ácido butanoico.

Os ésteres

Mude o –anol do álcool para –ila e o –oico do ácido para –oato. Assim, CH$_3$COOCH$_3$ (formado pelo met*anol* e o ácido etan*oico*) é etan*oato* de met*ila*.

As aminas

As aminas são nomeadas sistematicamente especificando-se os grupos ligados ao átomo de nitrogênio em ordem alfabética, seguidos pelo sufixo –*amina*. As aminas com dois grupos amino são chamadas de *diaminas*. O grupo —NH$_2$ é chamado –*amino* quando ele é um substituinte. Assim, (CH$_3$CH$_2$)$_2$NCH$_3$ é a trietilamina e CH$_3$CH(NH$_2$)CH$_3$ é o 2-amino-propano.

Os halogenetos

Nomeie o átomo de halogênio como um substituinte, como em 2-cloro-butano, CH$_3$CHClCH$_2$CH$_3$.

Estas regras estão ilustradas no Exemplo 11D.1.

EXEMPLO 11D.1 Nomear compostos com grupos funcionais

Você trabalha em um laboratório de pesquisa farmacêutica e precisa de reagentes para uma reação. No almoxarifado, os compostos estão organizados em ordem alfabética e, por isso, você precisa determinar seus nomes com base nas fórmulas estruturais dadas nos procedimentos de síntese que você está avaliando. Nomeie os compostos (a) CH$_3$CH(CH$_3$)CH(OH)CH$_3$, (b) CH$_3$CHClCH$_2$COCH$_3$ e (c) (CH$_3$CH$_2$)$_2$NCH$_2$CH$_2$CH$_3$.

PLANEJE Siga os procedimentos da **Caixa de Ferramentas 11D.1**.

806 **Tópico 11D** Os grupos funcionais comuns

RESOLVA

(a) Conte o número de átomos de carbono na cadeia mais longa e mude a terminação do nome daquela cadeia para –*ol*:

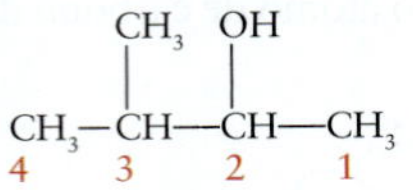

O álcool é o 3-metil-2-butanol.

(b) O composto é uma cetona e um halogeno-alcano. Numere a cadeia de hidrocarboneto na direção que gera o grupo cetona com o menor número. A cadeia tem cinco carbonos, o grupo cetona está no segundo carbono a partir de uma das extremidades e o átomo de cloro está no quarto carbono:

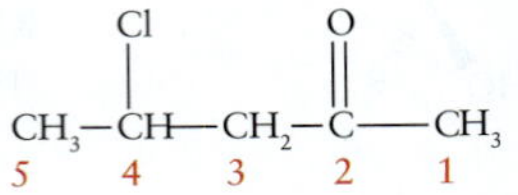

O composto é a 4-cloro-2-pentanona.

(c) O composto $(CH_3CH_2)_2NCH_2CH_2CH_3$ tem dois grupos etila e um grupo propila ligados a um átomo de nitrogênio. Dê aos grupos etila o prefixo *di-* para indicar que existem dois deles e liste os grupos em ordem alfabética.

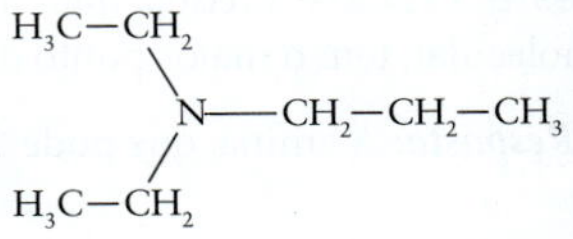

O composto é a dietil-propilamina.

Teste 11D.3A Nomeie (a) $CH_3CH(CH_2CH_2OH)CH_3$; (b) $CH_3CH(CHO)CH_2CH_3$; (c) $(C_6H_5)_3N$.

[*Resposta:* (a) 3-metil-1-butanol; (b) 2-metil-butanal; (c) trifenilamina]

Teste 11D.3B Nomeie (a) $CH_3CH_2CH(OH)CH_2CH_3$; (b) $CH_3CH_2COCH_2CH_3$; (c) $CH_3CH_2NHCH_3$.

Exercícios relacionados 11D.5, 11D.6, 11D.11 e 11D.12

As aminas são derivadas formalmente da amônia pela substituição de átomos de hidrogênio por grupos orgânicos. As amidas resultam da condensação de aminas com ácidos carboxílicos. As aminas e as amidas participam de ligações hidrogênio.

O que você aprendeu com este tópico?

Você viu que o estudo da química orgânica fica mais simples quando se reconhece que existe um número pequeno de grupos funcionais que exibem propriedades características nos compostos em que ocorrem. Você conheceu diversos grupos funcionais e viu como nomear os compostos que os contêm.

Os conhecimentos que você deve dominar incluem a capacidade de:

☐ **1.** Reconhecer as funções halogeno-alcano, álcool, éter, fenol, aldeído, cetona, ácido carboxílico, amina, amida ou éster, dada uma estrutura molecular.

☐ **2.** Determinar os produtos de oxidação de aldeídos e cetonas (Seção 11D.5).

☐ **3.** Escrever a fórmula estrutural de um éster ou de uma amida formada na reação de condensação de um ácido carboxílico com um álcool ou uma amina (Seções 11D.7 e 11D.8).

☐ **4.** Avaliar a influência das ligações hidrogênio nas propriedades físicas dos compostos orgânicos (Teste 11D.2)

☐ **5.** Nomear grupos funcionais simples (Caixa de Ferramentas 11D.1 e Exemplo 11D.1).

Tópico 11D Exercícios

11D.1 Escreva a fórmula geral de cada um dos seguintes tipos de compostos. Use R para representar um grupo orgânico: (a) amina; (b) álcool; (c) ácido carboxílico; (d) aldeído.

11D.2 Escreva as fórmulas gerais de cada um dos seguintes tipos de compostos. Use R para representar um grupo orgânico: (a) éter; (b) cetona; (c) éster; (d) amida.

11D.3 Identifique cada tipo de composto: (a) R—O—R; (b) R—CO—R; (c) R—NH₂; (d) R—COOR.

11D.4 Identifique cada tipo de composto: (a) R—CHO; (b) R—COOH; (c) R—CONHR; (d) R—OH.

11D.5 Nomeie os seguintes compostos: (a) $CH_3CHClCH_3$; (b) $CH_3CH_2C(CH_3)ClCH_2CHClCH_3$; (c) CH_3CI_3; (d) CH_2Cl_2.

Tópico 11D Exercícios **807**

11D.6 Nomeie os seguintes compostos: (a) $CH_3CCl_2CH_3$; (b) $CH_2CHCH_2CH_2Br$; (c) $CH_3CCCH_2CH(OH)CH_3$; (d) $CH_3OCH_2CH_2CH_2CH_3$.

11D.7 Escreva as fórmulas dos seguintes compostos e diga se são álcoois primários, secundários, terciários ou fenóis: (a) 1-cloro-2--hidróxi-benzeno; (b) 2-metil-3-pentanol; (c) 2,4-dimetil-1-hexanol; (d) 2-metil-2-butanol.

11D.8 Escreva as fórmulas dos seguintes compostos e diga se são álcoois primários, secundários, terciários ou fenóis: (a) 1-hexanol; (b) 1-fenil-1-etanol; (c) 2,4-dimetilfenol; (d) 3-etil-2,2-dimetil-3--pentanol.

11D.9 Escreva a fórmula de (a) metil-propil éter; (b) etil-butil éter; (c) dipropil éter.

11D.10 Escreva a fórmula de (a) metil-(ciclo-propil) éter; (b) dibutil éter; (c) etil-pentil éter.

11D.11 Nomeie os compostos:
(a) $CH_3CH_2CH_2OCH_2CH_2CH_3$; (b) $C_6H_5OCH_3$;
(c) $CH_3CH_2CH_2OCH_2CH_2CH_2CH_3$.

11D.12 Nomeie os compostos: (a) $CH_3(CH_2)_3CH_2OCH_3$; (b) $CH_3CH_2OCH_2CH_2CH_3$; (c) $CH_3CH_2CH_2OCH_2CH_3$.

11D.13 Identifique os compostos como aldeídos ou cetonas e dê seus nomes sistemáticos: (a) CH_3CHO; (b) CH_3COCH_3; (c) $(CH_3CH_2)_2CO$.

11D.14 Identifique os compostos como aldeídos ou cetonas e dê seus nomes sistemáticos: (a) $CH_3CH_2CH(CH_3)CHO$;
(b)

(c) $(CH_3CH_2)_2CHCH_2COCH_2CH_3$

11D.15 Escreva as fórmulas estruturais de: (a) butanal; (b) 3-hexanona; (c) 2-heptanona.

11D.16 Escreva as fórmulas estruturais de: (a) 2-etil-2-metil-pentanal; (b) 3,5-di-hidróxi-4-octanona; (c) 4,5-dimetil-3-hexanona.

11D.17 Dê os nomes sistemáticos de: (a) CH_3COOH;
(b) $CH_3CH_2CH_2COOH$; (c) $CH_2(NH_2)COOH$.

11D.18 Dê os nomes sistemáticos de:
(a) $CH_3CH(CH_3)CH_2COOH$; (b) CH_2ClCH_2COOH;
(c) $CH_3(CH_2)_7COOH$.

11D.19 Dê as estruturas de: (a) ácido benzoico, C_6H_5COOH; (b) ácido 2-cloro-3-metil-pentanoico; (c) ácido hexanoico; (d) ácido propenoico.

11D.20 Dê as estruturas de: (a) ácido 2-metil-propanoico; (b) ácido 2,2-dicloro-butanoico; (c) ácido 2,2,2-trifluoro-etanoico; (d) ácido 4,4-dimetil-pentanoico.

11D.21 Dê os nomes sistemáticos das seguintes aminas:
(a) CH_3NH_2; (b) $(CH_3CH_2)_2NH$; (c) o-$CH_3C_6H_4NH_2$.

11D.22 Dê os nomes sistemáticos das seguintes aminas:
(a) $CH_3CH_2CH_2NH_2$; (b) $(CH_3CH_2)_4N^+$; (c) p-$ClC_6H_4NH_2$.

11D.23 Escreva as fórmulas estruturais das seguintes aminas: (a) o-metil-fenilamina; (b) trietilamina; (c) íon tetrametilamônio.

11D.24 Escreva as fórmulas estruturais das seguintes aminas: (a) metil-propilamina; (b) dimetilamina; (c) m-metil-fenilamina.

11D.25 Quais das seguintes moléculas ou íons podem funcionar como nucleófilo em uma reação de substituição nucleofílica? (a) NH_3; (b) CO_2; (c) Br^-; (d) SiH_4?

11D.26 Quais das seguintes moléculas ou íons podem funcionar como nucleófilo em uma reação de substituição nucleofílica? (a) OH^-; (b) NH_4^+; (c) NH_2^-; H_2O?

11D.27 Sugira um álcool que poderia ser usado na preparação dos seguintes compostos e indique como a reação seria feita: (a) etanal; (b) 2-octanona; (c) 5-metil-octanal.

11D.28 Sugira um álcool que poderia ser usado na preparação dos seguintes compostos e indique como a reação seria feita: (a) propanal; (b) 2-pentanona; (c) 5-etil-3-nonanona.

11D.29 Dê a estrutura do produto principal formado nas seguintes reações de condensação: (a) ácido butanoico com 2-propanol; (b) ácido etanoico com 1-pentanol; (c) ácido hexanoico com etil--metilamina; (d) ácido etanoico com propilamina.

11D.30 Dê a estrutura do produto principal formado nas seguintes reações de condensação: (a) ácido propanoico com 2-metil-propanol; (b) ácido etanoico com ciclo-hexanol; (c) ácido butanoico com dimetilamina; (d) ácido 2-metil-pentanoico com etilamina.

11D.31 Classifique cada uma das seguintes reações como uma reação de adição, uma reação de substituição nucleofílica, uma reação de substituição eletrofílica ou uma reação de condensação: (a) a reação de 1-buteno com cloro na ausência de luz; (b) a polimerização do amino-ácido glicina; (c) a hidrogenação de 1-butino; (d) a polimerização do estireno, $CH_2CHC_6H_5$; (e) a reação de metilamina com ácido butanoico. (Veja o Tópico 11E.)

11D.32 Classifique cada uma das seguintes reações como uma reação de adição, uma reação de substituição nucleofílica, uma reação de substituição eletrofílica ou uma reação de condensação: (a) a reação do ácido tereftálico com 1,2-etanodiol; (b) a reação de 3-cloro-hexano com hidróxido de sódio concentrado; (c) a reação de água com 2-iodo-2-metil-propano; (d) a reação de ácido propanoico com etanol; (d) a reação de tolueno com bromo na presença de $FeBr_3$.

11D.33 Você recebeu amostras de propanal, 2-propanona e ácido etanoico. Descreva como você usaria testes químicos, incluindo indicadores ácido-base, para distinguir os três compostos.

11D.34 Você recebeu amostras de 1-propanol, pentano e ácido etanoico. Descreva como você usaria testes químicos, como a solubilidade em água e indicadores ácido-base, para distinguir os três compostos.

11D.35 Coloque os seguintes ácidos na ordem de acidez: $ClCH_2COOH$, Cl_3CCOOH, CH_3COOH e CH_3CH_2COOH. Justifique sua resposta.

11D.36 Coloque metilamina, dimetilamina e dietilamina na ordem crescente de basicidade. Explique sua resposta. Use critérios de estrutura molecular.

Tópico 11E — Os polímeros e as macromoléculas biológicas

11E.1 A polimerização por adição
11E.2 A polimerização por condensação
11E.3 Os copolímeros e materiais compósitos
11E.4 As propriedades físicas dos polímeros
11E.5 As proteínas
11E.6 Os carboidratos
11E.7 Os ácidos nucleicos

Por que você precisa estudar este assunto? O desenvolvimento de materiais poliméricos mudou a sociedade. O conhecimento de suas estruturas e propriedades permitirá que você entenda o papel desses compostos no mundo atual. Além disso, os organismos biológicos funcionam usando moléculas análogas, e a biologia não pode ser entendida em nível molecular sem o conhecimento de suas estruturas e reações.

Que conhecimentos você precisa dominar? Este tópico se baseia na introdução aos grupos funcionais no Tópico 11D, nas forças intermoleculares (Tópico 3F), nos mecanismos de reação (Tópico 7C) e nos isômeros (Tópico 11A).

Como outros átomos afetam as propriedades dos compostos orgânicos?

Tópico **11D**: Os grupos funcionais comuns

Quais são as características das moléculas orgânicas grandes?

Tópico **11E**: Os polímeros e as macromoléculas biológicas

As cadeias de átomos de carbono dos compostos orgânicos podem chegar a ter comprimentos muito grandes formando **macromoléculas**, moléculas que contêm centenas e, às vezes, milhares de átomos. Os **polímeros**, como o propileno e o politetrafluoro-etileno (comercializado como Teflon), são compostos macromoleculares formados por cadeias ou redes de pequenas unidades repetidas. Embora os polímeros possam ser grandes e complexos, suas propriedades podem ser entendidas quando os grupos funcionais que contêm são conhecidos.

Os polímeros são feitos por dois tipos principais de reações, *as reações de adição e as reações de condensação*. O tipo de reação que ocorre depende dos grupos funcionais existentes nos materiais de partida. Muitos desses materiais vêm do petróleo, mas alguns polímeros são feitos a partir de produtos agrícolas como o milho e a soja. As macromoléculas biológicas incluem as proteínas que atuam como enzimas ou contribuem com as estruturas dos organismos. Elas também incluem os carboidratos e moléculas como o DNA e o RNA, que controlam a herança genética.

11E.1 A polimerização por adição

Os alquenos podem reagir entre si para formar longas cadeias, em um processo chamado **polimerização por adição**. Por exemplo, uma molécula de eteno pode ligar-se a outra molécula de eteno, outra molécula de eteno pode juntar-se à nova molécula e assim por diante, formando uma longa cadeia de hidrocarboneto. O alqueno original, neste caso o eteno, é chamado de **monômero**. Cada monômero torna-se uma **unidade repetitiva**, isto é, a estrutura que se repete muitas vezes para produzir a cadeia do polímero. O produto, uma cadeia de unidades repetitivas ligadas por covalência, é o polímero. O polímero de adição mais simples é o polietileno, $-(CH_2CH_2)_n-$, feito pela polimerização do eteno e formado por longas cadeias de unidades repetitivas $-CH_2CH_2-$.

A indústria de plásticos desenvolveu polímeros a partir de muitos monômeros de fórmula $CHX=CH_2$, em que X é um átomo (como o Cl no cloreto de vinila, $CHCl=CH_2$) ou um grupo de átomos (como o CH_3 no propeno). Esses etenos substituídos dão polímeros de fórmula $-(CHXCH_2)_n-$ e incluem o cloreto de polivinila (PVC), $-(CHClCH_2)_n-$ e o polipropileno, $-(CH(CH_3)CH_2)_n-$ (Tabela 11E.1). Eles diferem em aparência, rigidez, transparência e resistência às intempéries.

Um procedimento muito usado em sínteses é a **polimerização via radicais**, a polimerização por uma reação em cadeia via radicais (Tópico 7C). Em um procedimento típico, um monômero (como o eteno) é comprimido até aproximadamente 1.000 atm e aquecido até 100°C na presença de uma pequena quantidade de um peróxido orgânico (um composto de fórmula R—O—O—R, em que R é um grupo orgânico). A reação é iniciada pela dissociação da ligação O—O para dar dois radicais:

$$R-O-O-R \longrightarrow R-O\cdot + \cdot O-R$$

Uma vez iniciada, a reação em cadeia se propaga quando os radicais atacam moléculas do monômero $CHX=CH_2$ (em que X = H no eteno) e formam um novo radical, muito reativo:

11E.1 A polimerização por adição

TABELA 11E.1 Polímeros de adição comuns

Nome dos monômeros	Fórmula	Fórmula do polímero	Nome comum
eteno*	$CH_2{=}CH_2$	$-(CH_2-CH_2)_n-$	polietileno
cloreto de vinila	$CHCl{=}CH_2$	$-(CHCl-CH_2)_n-$	cloreto de polivinila
estireno	$CH(C_6H_5){=}CH_2$	$-(CH(C_6H_5)-CH_2)_n-$	poliestireno
acrilonitrila	$CH(CN){=}CH_2$	$-(CH(CN)-CH_2)_n-$	Orlon, Acrilan
propeno*	$CH(CH_3){=}CH_2$	$-(CH(CH_3)-CH_2)_n-$	polipropileno
metacrilato de metila	$CH_3OOCC(CH_3){=}CH_2$	$\left(-\underset{\underset{\underset{OCH_3}{\|}}{\underset{\|}{C=O}}}{\overset{CH_3}{\underset{\|}{C}}}-CH_2-\right)_n$	Plexiglas, Lucita
tetrafluoro-eteno*	$CF_2{=}CF_2$	$-(CF_2-CF_2)_n-$	Teflon, PTFE†

*O sufixo –eno é substituído por –ileno nos nomes comuns desses compostos, daí os nomes dos polímeros correspondentes.
†PTFE, poli(tetrafluoro-etileno).

Esse radical ataca outra molécula do monômero, e o crescimento da cadeia começa:

$$R-O-CH_2-\underset{X}{\overset{H}{C}}\cdot + H_2C{=}\underset{X}{\overset{H}{C}} \longrightarrow R-O-CH_2-\underset{X}{\overset{H}{C}}-CH_2-\underset{X}{\overset{H}{C}}\cdot$$

A reação continua até que todas as moléculas do monômero sejam utilizadas ou até que ela termine com os pares de cadeias se ligando para formar espécies não radicalares. O produto consiste em macromoléculas com muitas unidades repetidas. Por exemplo, o polietileno é formado por longas cadeias de fórmula $-(CH_2CH_2)_n-$, em que n pode chegar a muitos milhares. Muitos polímeros de adição têm também um certo número de ramificações, geradas quando novas cadeias surgem em pontos intermediários ao longo do "esqueleto" da estrutura.

Polímeros fortes e resistentes têm cadeias que se empacotam muito bem. Um problema com as primeiras tentativas de fabricar polipropileno era que as orientações dos grupos H e CH_3 em cada átomo de C eram aleatórias, o que impedia o empacotamento adequado das cadeias. O material resultante era amorfo, pegajoso e praticamente inútil. Hoje, no entanto, a estereoquímica das cadeias pode ser controlada com o uso de um **catalisador Ziegler-Natta**, que é um catalisador formado pelos compostos tetracloreto de titânio, $TiCl_4$, e trietilalumínio, $(CH_3CH_2)_3Al$. Um polímero no qual cada unidade ou par de unidades repetitivas tem a mesma orientação relativa é descrito como **estereorregular**; a estereorregularidade se dá pela maneira como as cadeias crescem no catalisador (Figura 11E.1). As cadeias de polímeros estereorregulares produzidas pelos catalisadores Ziegler-Natta empacotam-se bem e formam materiais altamente cristalinos e densos (Figura 11E.2).

A borracha é um polímero de isopreno (**1**). A borracha natural é obtida a partir da casca da seringueira na forma de um líquido branco leitoso, chamado de *látex* (Figura 11E.3), e consiste em uma suspensão de partículas de borracha em água. A borracha em si é um sólido branco e macio que se torna ainda mais macio quando aquecido. É usada para apagar escritos a lápis e já foi utilizada como sola de sapato.

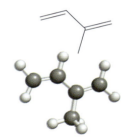

1 Isopreno

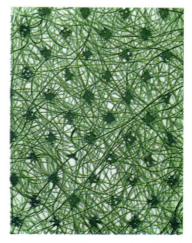

FIGURA 11E.2 O tapete de polipropileno é resistente devido à regularidade da estrutura das cadeias que o formam. As manchas escuras são regiões nas quais as fibras se uniram. (*SPL/Science Source.*)

FIGURA 11E.1 (a) Polímero em que os substituintes se localizam aleatoriamente nos lados da cadeia. (b) Polímero estereorregular produzido com catalisadores Ziegler-Natta. Neste caso, todos os substituintes estão do mesmo lado da cadeia.

O termo "guta-percha" vem do malaio para "seiva de sapotizeiro", sapotizeiro sendo a árvore da qual ela é extraída.

FIGURA 11E.3 Coleta de látex de uma seringueira na Malásia, um dos principais produtores. (© *Imagestate Media Partners Limited–Impact Photos/Alamy.*)

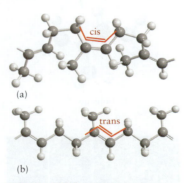

FIGURA 11E.4 (a) Na borracha natural, as unidades de isopreno polimerizam e dão um produto sempre cis. (b) O material mais duro, guta-percha, é o polímero sempre trans.

FIGURA 11E.5 As fibras sintéticas são feitas pela extrusão do polímero líquido através de pequenos furos, em uma versão industrial da roca de aranha. (*Cortesia de Sunline Co., Ltd.*)

Durante muito tempo, os químicos foram incapazes de sintetizar a borracha, mesmo sabendo que ela era um polímero do isopreno. As enzimas da seringueira produzem um polímero estereorregular no qual todas as ligações entre monômeros estão em arranjo cis (Fig. 11E.4). A polimerização via radicais, no entanto, produz uma mistura aleatória de ligações cis e trans, e um produto grudento e inútil. O polímero estereorregular foi obtido pelo uso de um catalisador Ziegler-Natta, e um *cis*-poliisopreno quase puro e com propriedades de borracha pode ser atualmente produzido. O *trans*-poliisopreno, com todas as ligações trans, é o material duro e de ocorrência natural conhecido como guta-percha, que era colocado antigamente dentro das bolas de golfe e ainda é usado para preencher canais em dentes.

Os alquenos sofrem polimerização por adição. Quando se usa um catalisador Ziegler-Natta, o polímero obtido é estereorregular e tem densidade relativamente alta.

11E.2 A polimerização por condensação

Nos **polímeros por condensação**, os monômeros ligam-se por reações de condensação, como as usadas para formar ésteres ou amidas. Os polímeros formados pela ligação de monômeros que têm grupos ácidos carboxílicos com os que têm grupos álcool são chamados de **poliésteres**. Os polímeros desse tipo são muito usados na fabricação de fibras artificiais. Um poliéster típico é o Dacron ou Terylene, um polímero produzido pela esterificação do ácido tereftálico com etilenoglicol (1,2-etanodiol, $HOCH_2CH_2OH$). Seu nome técnico é poli(tereftalato de etileno). A primeira condensação é

Uma nova molécula de etilenoglicol pode ligar-se ao grupo carboxila, à esquerda do produto, e outra molécula de ácido tereftálico, ao grupo hidroxila, à direita. Como resultado, o polímero cresce em ambas as extremidades e torna-se

Na polimerização de alquenos via radicais, as cadeias laterais podem crescer em muitos pontos da cadeia principal. Na polimerização por condensação, porém, o crescimento só pode ocorrer nos grupos funcionais das extremidades, de modo que a ramificação da cadeia é muito menos provável. Como resultado, as moléculas de poliéster dão boas fibras, porque as cadeias não ramificadas podem ser acomodadas lado a lado, por estiramento do produto aquecido e passagem por um furo fino (Fig. 11E.5). As fibras produzidas dessa maneira podem ser torcidas e transformadas em fios (Fig. 11E.6). Os poliésteres também podem ser

FIGURA 11E.6 Micrografia eletrônica de varredura do poliéster Dacron e fibras de algodão em um tecido misto para camisas. Compare os cilindros lisos de poliéster (em cor laranja) com a superfície irregular do algodão (em verde). O poliéster liso resiste ao amassamento, e as fibras irregulares de algodão produzem uma textura mais confortável e absorvente. (*Andrew Syred/Science Photo Library/Science Source.*)

moldados e usados em implantes cirúrgicos, como corações artificiais, ou transformados em filmes finos para embalagens e fita adesiva.

A polimerização por condensação de aminas com ácidos carboxílicos leva às **poliamidas**, substâncias mais comumente conhecidas como *náilons*. Uma poliamida comum é o náilon-66, que é um polímero de 1,6-diamino-hexano, $H_2N(CH_2)_6NH_2$, e ácido adípico, $HOOC(CH_2)_4COOH$. O 66 do nome corresponde ao número de átomos de carbono dos dois monômeros.

Para que ocorra polimerização por condensação, é necessário que existam dois grupos funcionais em cada monômero e que se misturem quantidades estequiométricas dos reagentes. Os reagentes da produção de poliamidas formam inicialmente o "sal de náilon" por transferência de próton:

$$HOOC(CH_2)_4COOH + H_2N(CH_2)_6NH_2 \longrightarrow {}^-O_2C(CH_2)_4CO_2^- + {}^+H_3N(CH_2)_6NH_3^+$$

Nesse ponto, o excesso de ácido ou de amina pode ser removido. O aquecimento do sal de náilon inicia a condensação, como ocorre na preparação das amidas simples. A primeira etapa é

[estrutura química da primeira etapa da condensação + H₂O]

A amida cresce em ambas as extremidades por condensações sucessivas (Fig. 11E.7), e o produto final é:

[estrutura química do produto final da poliamida com índice n]

As cadeias longas de poliamida (náilon) podem ser transformadas em fios (como os poliésteres) ou moldadas. As ligações hidrogênio N–H $\cdots$ O=C que ocorrem entre cadeias vizinhas são, em grande parte, responsáveis pela resistência das fibras de náilon (Fig. 11E.8).

FIGURA 11E.7 Uma fibra de náilon muito grosseira pode ser feita pela dissolução do sal de uma amina em água e dissolução do ácido em uma camada de hexano, que flutua na água. O polímero se forma na interface das duas camadas, e um fio longo pode ser puxado lentamente. (©1986 *Chip Clark–Fundamental Photographs*.)

FIGURA INTERATIVA 11E.7

EXEMPLO 11E.1 Identificação das fórmulas de polímeros e monômeros

Reconhecer as unidades monoméricas nos polímeros é importante para entender como eles são preparados. Suponha que você esteja estudando as propriedades de vários materiais poliméricos e precise relacionar suas propriedades aos blocos de construção usados nas reações de síntese. Escreva as fórmulas de (a) os monômeros de Kevlar, uma fibra resistente usada para fazer roupas à prova de balas:

[estrutura química do Kevlar com índice n]

e (b) as duas unidades repetitivas do polímero formado pela adição de peróxidos a $CH_3CH_2CH=CH_2$ em temperatura e pressão elevadas.

PLANEJE (a) Examine o esqueleto do polímero, isto é, a cadeia longa à qual os demais grupos se ligam. Se os átomos são todos átomos de carbono, então o composto é um polímero de adição. Se grupos éster ocorrem no esqueleto, então o polímero é um poliéster e os monômeros serão um ácido e um álcool. Se o esqueleto contém grupos amida, então o polímero é uma poliamida e os monômeros serão um ácido e uma amina. (b) Se o monômero é um alqueno ou um alquino, então os monômeros adicionam-se uns aos outros. A ligação π será

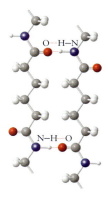

FIGURA 11E.8 A resistência das fibras de náilon é uma indicação da energia das ligações hidrogênio entre as cadeias vizinhas de poliamida (em linhas tracejadas em vermelho).

FIGURA INTERATIVA 11E.8

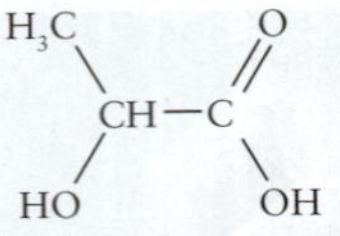

Tópico 11E Os polímeros e as macromoléculas biológicas

2 Ácido láctico, $CH_3CH(OH)COOH$

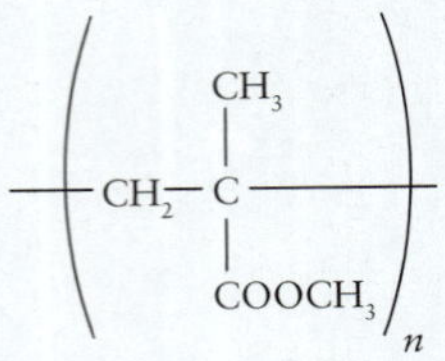

3 Poli(metacrilato de metila)

(a) Polímero simples

(b) Copolímero alternado

(c) Copolímero em bloco

(d) Copolímero graftizado

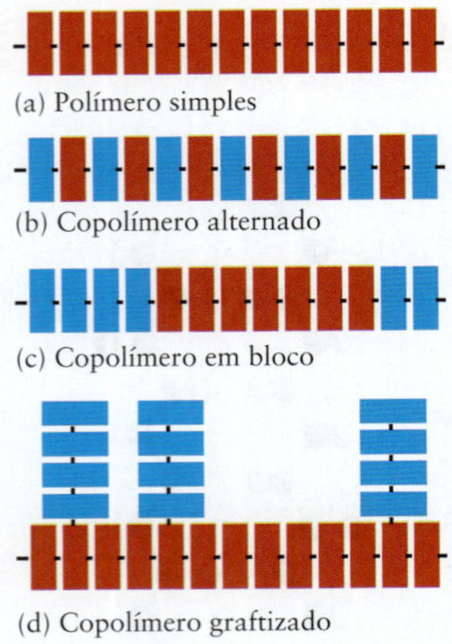

FIGURA 11E.9 Classificação de copolímeros. (a) Polímero simples, formado por um único monômero, representado pelos retângulos vermelhos. (b) Copolímero alternado, formado por dois monômeros, representados pelos retângulos vermelhos e cor azuis. (c) Copolímero em bloco. (d) Copolímero graftizado.

substituída por novas ligações σ entre os monômeros. Se os monômeros consistem em um ácido e um álcool ou uma amina, então forma-se um polímero de condensação, com perda de uma molécula de água.

RESOLVA

(a) Grupos amida ocorrem no esqueleto; portanto, o polímero é uma poliamida. Os grupos amida estão em direções opostas, logo existem dois monômeros diferentes, um com dois grupos ácido e um com dois grupos amina. Separe os grupos amida e adicione uma molécula de água por ligação amida:

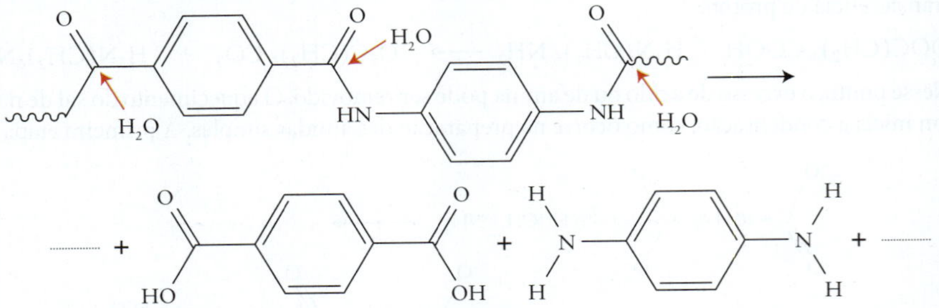

(b) O monômero é um alqueno, logo ele forma um polímero de adição. Substitua a ligação π por duas ligações σ, uma para cada monômero adjacente:

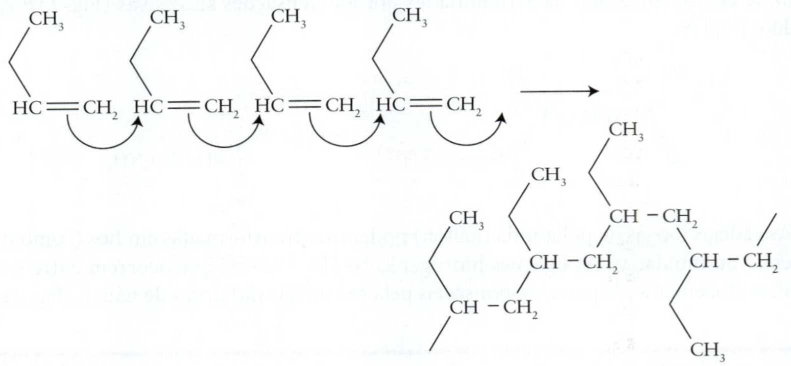

Teste 11E.1A (a) Escreva a fórmula do monômero do polímero comercializado como Teflon, $—(CF_2CF_2)_n—$. (b) O polímero do ácido láctico (**2**) é um polímero biodegradável feito de recursos naturais renováveis. Ele é usado em suturas cirúrgicas que dissolvem no organismo. Escreva a fórmula de uma unidade repetitiva desse polímero.

[***Resposta:*** (a) $CF_2{=}CF_2$; (b) $(OCH(CH_3)CO)_n$]

Teste 11E.1B Escreva a fórmula de (a) o monômero do poli(metacrilato de metila), usado em lentes de contato (**3**); (b) duas unidades repetitivas de polialanina, o polímero do amino-ácido alanina, $CH_3CH(NH_2)COOH$.

Exercícios relacionados 11E.1 a 11E.4

Os polímeros de condensação normalmente são produzidos por condensação de um ácido carboxílico com um álcool para formar um poliéster ou com uma amina para formar uma poliamida.

11E.3 Os copolímeros e materiais compósitos

Os **copolímeros** são polímeros formados por mais de um tipo de unidade repetitiva (Fig. 11E.9). Um exemplo é o náilon-66, no qual as unidades repetitivas são o 1,6-diamino-hexano,

H$_2$N(CH$_2$)$_6$NH$_2$, e o ácido adípico, HOOC(CH$_2$)$_4$COOH. Eles formam um **copolímero alternado**, no qual os monômeros ácido e amina se alternam.

Em um **copolímero em bloco**, um longo segmento, no qual a unidade repetitiva é um dos monômeros, é seguido por um segmento que só contém o outro monômero. Um exemplo é o copolímero em bloco formado pelo estireno e o butadieno. O poliestireno puro é um material transparente e quebradiço, isto é, que se parte facilmente. O polibutadieno é uma borracha sintética muito resistente, porém mole. Um dos copolímeros em bloco dos dois monômeros é o *poliestireno de alto impacto*, um material durável e resistente, e um plástico transparente. Uma formulação diferente dos dois polímeros produz a *borracha estireno-butadieno* (SBR), que é usada principalmente em pneus de automóveis e calçados para corrida, e, também, nas gomas de mascar.

Em um **copolímero aleatório**, monômeros diferentes ligam-se sem nenhuma ordem em particular. Um **copolímero graftizado** é formado por cadeias longas de um monômero com cadeias laterais formadas pelo outro monômero. Por exemplo, o polímero usado para fazer lentes de contato rígidas é um hidrocarboneto apolar que repele água. O polímero usado para fazer lentes de contato moles é um copolímero graftizado com cadeias de monômeros apolares e cadeias laterais de um monômero que absorve a água. As cadeias laterais absorvem tanta água que 50% do volume da lente de contato é água, o que torna as lentes flexíveis, macias e mais confortáveis do que as lentes de contato rígidas.

Um **material compósito** consiste em duas ou mais substâncias combinadas em um material homogêneo, sem perderem suas características individuais. As conchas do mar são formadas por compósitos naturais que devem sua resistência a uma matriz orgânica rígida e sua dureza aos cristais de carbonato de cálcio incorporados na matriz (Fig. 11E.10). Alguns compósitos leves, como o compósito de grafita usado em raquetes de tênis nos quais as fibras do material estão incorporadas em uma matriz polimérica, podem ter uma razão resistência densidade três vezes maior do que a do aço (Fig. 11E.11). Um material compósito contendo flocos cerâmicos em um polímero ácido poliláctico é usado como solda rápida para ossos fraturados. O material é injetado em forma de pasta no osso fraturado, onde ele solidifica na temperatura do corpo, formando uma estrutura que atua como tecido ósseo e promove a solda, com a formação de novas células ósseas na região adjacente.

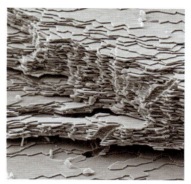

FIGURA 11E.10 Fotomicrografia da seção transversal da camada de madrepérola que reveste a concha de um molusco. O material compósito que compõe a madrepérola consiste em cristais planos de carbonato de cálcio incorporados em uma matriz orgânica dura, mas flexível e resistente a rachaduras. (*Eye of Science/Science Source.*)

> **Teste 11E.2A** Use a Figura 11E.9 para identificar o tipo de copolímero formado pelos monômeros A e B: —AAAABBBBB—.
>
> [***Resposta:*** Copolímero em bloco]
>
> **Teste 11E.2B** Identifique o tipo de copolímero formado pelos monômeros A e B —ABABABAB—.

Os copolímeros e compósitos combinam as vantagens de mais de um material componente.

11E.4 As propriedades físicas dos polímeros

Um polímero pode ser projetado para ter as propriedades necessárias para uma aplicação. O primeiro aspecto a considerar é o comprimento da cadeia. Como as moléculas dos polímeros sintéticos têm comprimentos diferentes, eles não têm massas moleculares definidas. Você pode falar apenas da massa molecular *média* e do comprimento *médio* da cadeia de um polímero. Os polímeros também não têm pontos de fusão definidos. Eles amolecem gradualmente à medida que a temperatura aumenta. A viscosidade de um polímero, isto é, sua capacidade de fluir quando fundido (Tópico 3G), depende do comprimento da cadeia. Quanto mais longas são as cadeias, mais emaranhadas elas estão, e o fluxo torna-se mais lento.

A resistência mecânica de um polímero aumenta quando as interações entre as cadeias aumentam. Portanto, quanto maiores forem as cadeias, maior será a resistência mecânica de um polímero. Quanto mais fortes forem as forças intermoleculares para cadeias de mesmo tamanho, mais forte será a resistência mecânica. A natureza dos grupos funcionais ligados ou que compõem uma parte do esqueleto do polímero afeta a intensidade das forças

FIGURA 11E.11 A carroceria deste carro elétrico é construída com materiais compósitos mais resistentes do que o aço, mas muito mais leves, o que aumenta o desempenho. (© *Drive Images/Alamy.*)

FIGURA 11E.12 As duas amostras de polietileno, um polímero do hidrocarboneto eteno, do tubo de ensaio foram produzidas por processos diferentes. A que flutua (baixa densidade) foi produzida por polimerização sob alta pressão, e as cadeias contêm muitas ramificações. A que está no fundo (alta densidade) foi produzida com um catalisador especial que permite o empacotamento uniforme com um mínimo de ramificações. Como a expansão mostra, o último tem maior densidade porque as cadeias do polímero se empacotam melhor. (*W. H. Freeman. Foto: Ken Karp.*)

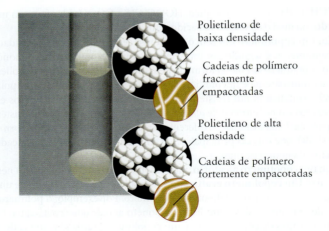

intermoleculares e contribui para a resistência mecânica. Por exemplo, o náilon é uma poliamidas e seus grupos —NH— e —CO— podem participar de ligações hidrogênio e, em consequência, o náilon é um polímero resistente. Ele também é *higroscópico* (absorve água), porque as moléculas de água são atraídas pelos grupos polares do polímero. Em contraste, o polietileno é um hidrocarboneto que só contém ligações C—C e C—H, que são hidrofóbicas. Em consequência, enquanto o polietileno repele a água, a água pode penetrar os tecidos de náilon porque as moléculas de H_2O podem migrar quando formam e quebram ligações hidrogênio com as moléculas do polímero.

Os arranjos de empacotamento das cadeias que aumentam o contato intermolecular resultam em maior resistência, bem como maior densidade. Cadeias longas sem ramificações podem se alinhar umas às outras, como espaguete cru, e formar regiões cristalinas que aumentam as interações e resultam em materiais fortes e densos. Cadeias poliméricas ramificadas não podem se acomodar tão bem e formam materiais mais fracos e menos densos (Fig. 11E.12). Uma armadura flexível e leve foi desenvolvida usando conjuntos de fibras de polietileno longas, alinhadas na mesma direção e muito próximas, e sujeitas a forças intermoleculares muito fortes. Essa armadura é cerca de 15 vezes mais resistente do que o aço, mas é tão pouco densa que flutua em água. Ela é macia e flexível, logo é de uso confortável (Fig. 11E.13).

A **elasticidade** de um polímero é sua capacidade de voltar à forma original após ser esticado. A borracha natural tem cadeias longas com baixa elasticidade e é facilmente amolecida por aquecimento. No entanto, a "vulcanização" da borracha aumenta sua elasticidade. Na vulcanização, a borracha é aquecida com enxofre. Os átomos de enxofre formam ligações cruzadas entre as cadeias de poliisopreno e produzem uma rede tridimensional de átomos (FIG. 11E.14). Como as cadeias estão ligadas, a borracha vulcanizada não amolece tanto quanto a borracha natural quando a temperatura aumenta. Ela é também muito mais resistente à deformação quando esticada, porque as ligações cruzadas puxam-na de volta. Materiais poliméricos que voltam à forma original após o estiramento são chamados

FIGURA 11E.13 (a) A armadura de polietileno de alta densidade protege os policiais sem restringir seus movimentos porque é leve e flexível. (b) As fibras Kevlar têm resistência à tração e podem ser tecidas em feixes para uso na produção de coletes que protegem contra tiros. (*Fotos: (a) Tom Vickers/Splash/Newscom; (b) Sinclair Stammers/Science Source.*)

FIGURA 11E.14 Os cilindros cinzentos no detalhe representam moléculas de borracha, e os fios de contas amarelas representam as ligações dissulfeto (–S–S–) introduzidas quando a borracha é vulcanizada, isto é, aquecida com enxofre. Essas ligações cruzadas aumentam a durabilidade da borracha e tornam-na mais útil do que a borracha natural. Os pneus de automóveis são feitos com borracha vulcanizada e alguns aditivos que incluem carvão. (© *Adam Korzeniewski/Alamy.*)

FIGURA INTERATIVA 11E.14

11E.4 As propriedades físicas dos polímeros

TABELA 11E.2 Códigos de reciclagem

Código de reciclagem	Polímero		Código de reciclagem	Polímero
1	♳ PETE		5	♷ PP	polipropileno
1		poli (tereftalato de etileno)	5		
2	♴ HDPE	polietileno de alta densidade	6	♸ PS	poliestireno
3	♵ PVC	poli (cloreto de vinila)	7	♹ OUTRO	outro
4	♶ LDPE	polietileno de baixa densidade			

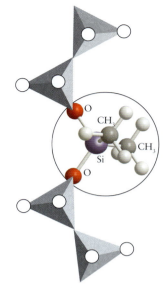

FIGURA 11E.15 Uma estrutura típica de silicone. Os grupos hidrocarbonetos dão à substância a capacidade de repelir a água. Note a semelhança desta estrutura com os piroxenos, puramente inorgânicos, da Figura 3I.8.

de **elastômeros**. No entanto, quando o número de ligações cruzadas aumenta muito, forma-se uma rede rígida que resiste ao estiramento. Por exemplo, altas concentrações de enxofre levam a um grande número de ligações cruzadas e ao material duro chamado *ebonite*, que é usado na fabricação de canetas-tinteiro e bolas de boliche.

Os plásticos podem ser distinguidos por sua reação ao calor. Um **polímero termoplástico** pode ser amolecido novamente após ter sido moldado. Um **polímero termorrígido** adquire uma forma permanente no molde e não amolece sob aquecimento. Muitos materiais termoplásticos são feitos por polimerização por adição e podem ser reciclados por fusão e reprocessamento. Exemplos são o polietileno e o tereftalato de polietileno (Tabela 11E.2). Plásticos termorrígidos são usados quando a resistência ao calor é importante. Por exemplo, a borracha vulcanizada de pneus e a espuma de ureia-formaldeído usada na produção de compensados são plásticos termorrígidos.

Os *silicones* são materiais poliméricos sintéticos baseados no silício e não no carbono. Eles são formados por longas cadeias —O—Si—O—Si— com as duas posições restantes dos átomos de Si ligadas a grupos orgânicos, como o grupo metila, —CH_3 (Fig. 11E.15). Os silicones são usados para impermeabilizar tecidos porque os átomos de oxigênio ligam-se ao tecido, deixando os grupos metila, hidrofóbicos (repelem água), para fora da superfície do tecido. Os silicones são materiais flexíveis que têm aplicações variadas em medicina, como implantes e liberação de fármacos no organismo. Eles são também usados nas indústrias aeroespacial e eletrônica como adesivos e isolantes resistentes ao calor.

Como são compostos moleculares, os polímeros normalmente não conduzem eletricidade. Entretanto, os polímeros que têm ligações duplas alternadas na cadeia podem ser usados para conduzir eletricidade (Quadro 11E.1).

Quadro 11E.1 FRONTEIRAS DA QUÍMICA: POLÍMEROS CONDUTORES*

Um dia, se você quiser acessar seu correio eletrônico em uma localidade remota, poderá desenrolar uma folha de plástico com um pequeno microprocessador embutido. Quando você o ativar, suas mensagens aparecerão e você poderá responder tocando e escrevendo na tela com uma caneta especial ou falando com ela. O notável material desse computador fino e flexível já existe: uma de suas formas foi descoberta por acidente no início dos anos 70, quando um químico que estava polimerizando o etino (acetileno) adicionou mil vezes mais catalisador do que a quantidade correta.

Em vez de uma borracha sintética, ele obteve um filme fino e flexível, que se parecia com uma folha cor-de-rosa de metal (veja a fotografia) e – como um metal – conduzia eletricidade.*

Os metais conduzem eletricidade porque seus elétrons de valência se movem facilmente de um átomo para outro. Os sólidos covalentes normalmente não conduzem eletricidade porque seus elétrons de valência estão fixos nas ligações entre átomos e não têm liberdade de movimento. As exceções, como a grafita e os nanotubos, têm ligações π deslocalizadas em anéis

Tópico 11E Os polímeros e as macromoléculas biológicas

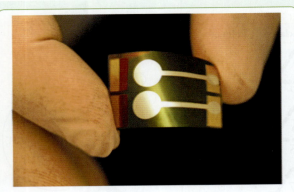

Esta célula fotovoltaica orgânica usa um polímero orgânico condutor e flexível que converte energia solar em eletricidade. (*Patrick Landmann/Science Source.*)

aromáticos ligados entre si por onde os elétrons podem se mover livremente, porque existem orbitais vazios próximos em energia dos orbitais ocupados (Tópicos 3H e 3J). No entanto, uma desvantagem é que a grafita comercial é frágil e quebradiça.

Os polímeros condutores são uma alternativa interessante. Eles não enferrujam e têm densidades baixas. Podem ser moldados ou transformados em conchas, fibras ou finas folhas plásticas e ainda podem funcionar como condutores metálicos. Eles podem ser levados a brilhar com quase qualquer cor e mudar a condutividade quando as condições variam. Imagine caixas de alimentos rotuladas com etiquetas de polímeros que mudam a condutividade se as caixas forem deixadas muito tempo sem refrigeração.

Todos os polímeros condutores têm uma característica comum: uma cadeia longa de átomos de carbono com hibridação sp^2, muitas vezes com átomos de nitrogênio ou enxofre incluídos nas cadeias. O poliacetileno, o primeiro polímero condutor, é também o mais simples, sendo formado por milhares de unidades —(CH=CH)—:

As ligações simples e duplas se alternam, ou seja, cada átomo de C tem um orbital p não hibridado que pode se superpor a um orbital p em cada lado. Esse arranjo permite que os elétrons se deslocalizem por toda a cadeia, como uma versão unidimensional da grafita.

Um polímero condutor, o polipirrol,

é usado em janelas "inteligentes", que escurecem de um amarelo esverdeado transparente para um azul-negro, quase opaco, sob a luz solar direta. As fibras de polipirrol são também tecidas em panos para camuflagem contra radares porque absorvem micro-ondas. Como ele não reflete as micro-ondas de volta para a fonte, o tecido aparece no radar como uma porção de espaço vazio.

A polianilina, que tem a estrutura

está sendo usada em cabos coaxiais flexíveis, em baterias recarregáveis, chatas, que parecem botões, e filmes laminados e enrolados que poderiam ser usados como computadores flexíveis ou telas de televisão. Filmes finos de poli-*p*-fenileno-vinileno, PPV,

emitem luz quando expostos a um campo elétrico, um processo chamado *eletroluminescência*. Variando a composição do polímero, os cientistas conseguiram fazê-lo emitir em uma vasta variedade de cores. Esses diodos multicolores emissores de luz (LED) podem ser tão brilhantes quanto os diodos fluorescentes.

COMO VOCÊ PODE CONTRIBUIR?

Transístores e outros componentes eletrônicos feitos de plástico podem ser miniaturizados em um grau fantástico, levantando a possibilidade de microprocessadores e computadores em nanoescala, que poderiam sobreviver a condições extremamente corrosivas, como ocorre no corpo ou nos locais de pesquisas marinhas. Como os polímeros condutores também podem ser projetados para mudar de forma de acordo com o nível da corrente elétrica, eles poderiam servir como músculos artificiais, biossensores e sondas neurais. Para que esses objetivos possam ser alcançados, as características desses polímeros precisam ser conhecidas e suas respostas a várias condições têm de ser estudadas.

Exercícios relacionados 11.49 e 11.50

Leitura complementar S. Günes, H. Neugebauer, and N. S. Sariciftci, "Conjugated polymer-based organic solar cells," *Chemical Reviews*, vol. 107, pp. 1324–1338, 2007. D. W. Hatchett and M. Josowicz, "Composites of intrinsically conducting polymers as sensing nanomaterials," *Chemical Reviews*, vol. 108, pp. 746–769, 2008. T. A. Skotheim and J. R. Reynolds, *Handbook of Conducting Polymers*, 3rd ed., CRC Press, 2007. Scholz, F., ed., *Conducting Polymers: A New Era in Electrochemistry*, Springer, 2008. Informações sobre o Prêmio Nobel de 2000 em http://nobelprize.org/nobel_prizes/chemistry/laureates/2000/adv.html.

*O prêmio Nobel de Química de 2000 foi atribuído a A.J. Heeger, A.G. MacDiarmid e H. Shirakawa por sua descoberta dos polímeros condutores.

Os polímeros fundem-se em uma faixa de temperaturas. Os polímeros formados por cadeias longas tendem a ter alta viscosidade. A resistência dos polímeros aumenta com o aumento do comprimento das cadeias e das regiões de cristalização. Os polímeros termoplásticos são recicláveis.

11E.5 As proteínas

Em um certo nível, a vida pode ser considerada uma reação química extremamente complexa que acontece em recipientes de formas estranhas. Muitos compostos orgânicos encontrados nos organismos são polímeros, incluindo a celulose da madeira, as fibras naturais, como o algodão e a seda, as proteínas e os carboidratos de nossa comida e os ácidos nucleicos em nossos genes.

As moléculas de proteínas são copolímeros de condensação que utilizam como monômeros até 20 amino-ácidos de ocorrência natural, que diferem apenas nas cadeias laterais (Tabela 11E.3). Nossos corpos podem sintetizar 11 dos amino-ácidos em quantidades suficientes para nossas necessidades. Contudo, nem todas as proteínas necessárias à vida podem ser produzidas e os outros nove precisam estar presentes na dieta. Elas são chamadas de **amino-ácidos essenciais**.

Uma molécula formada pela condensação de dois ou mais amino-ácidos é chamada de **peptídeo**. Um exemplo é a combinação de glicina e alanina, representada por Gly-Ala:

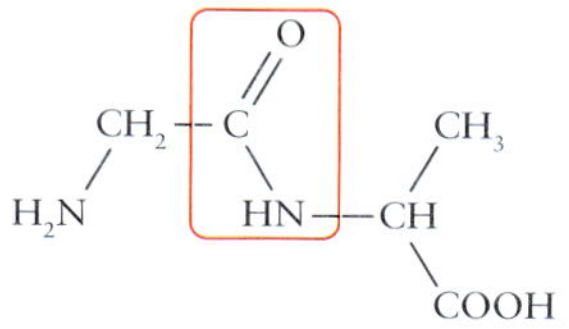

A ligação —CO—NH— destacada no quadrado vermelho é chamada de **ligação peptídica**, e cada amino-ácido de um peptídeo é chamado de **resíduo**. Uma proteína típica é uma cadeia polipeptídica de mais de cem resíduos unidos por ligações peptídicas e arranjados em uma ordem característica. Quando o número de amino-ácidos do peptídeo for pequeno, a molécula será chamada de **oligopeptídeo**. O adoçante artificial aspartame é um tipo de oligopeptídeo chamado de **dipeptídeo**, porque só tem dois resíduos.

TABELA 11E.3 Os amino-ácidos naturais, R—CH(NH$_2$)COOH

R	Nome	Abreviação	R	Nome	Abreviação
—H	glicina	Gly		arginina	Arg
—CH$_3$	alanina	Ala	—CH$_2$(CH$_2$)$_2$NH—C(NH$_2$)=NH		
—CH$_2$(fenil)	fenil-alanina*	Phe		histidina*	His
—CH(CH$_3$)$_2$	valina*	Val	—CH$_2$(imidazol)		
—CH$_2$CH(CH$_3$)$_2$	leucina*	Leu			
—CH(CH$_3$)CH$_2$CH$_3$	isoleucina*	Ile		triptofano*	Trp
—CH$_2$OH	serina	Ser	—CH$_2$(indol)		
—CH(OH)CH$_3$	treonina*	Thr			
—CH$_2$(fenol)	tirosina	Tyr			
—CH$_2$COOH	ácido aspártico	Asp	—CH$_2$CONH$_2$	asparagina	Asn
—CH$_2$CH$_2$COOH	ácido glutâmico	Glu	—CH$_2$CH$_2$CONH$_2$	glutamina	Gln
—CH$_2$SH	cisteína	Cys		prolina†	Pro
—CH$_2$CH$_2$SCH$_3$	metionina*	Met	(pirrolidina)		
—CH$_2$(CH$_2$)$_3$NH$_2$	lisina*	Lys			

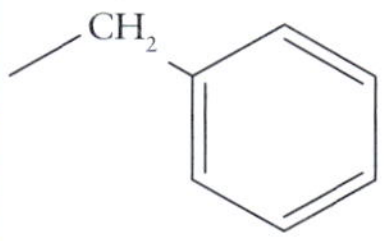

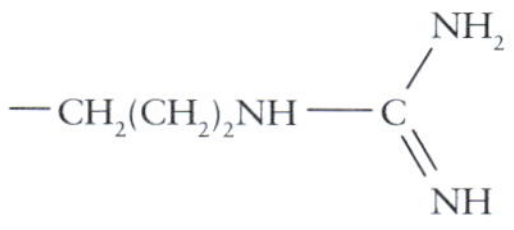

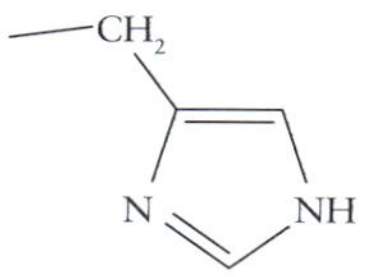

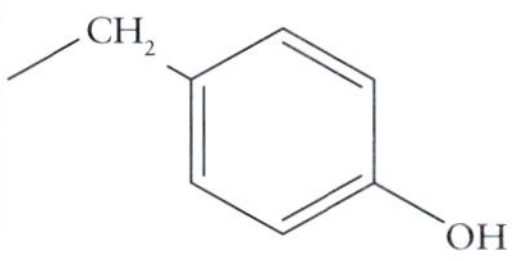

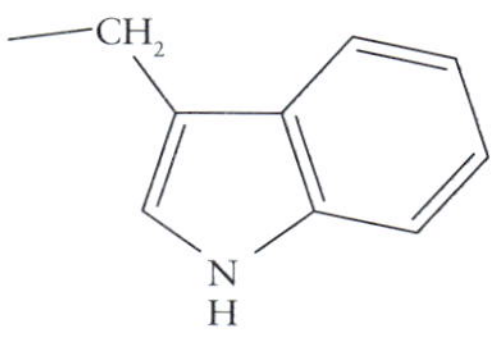

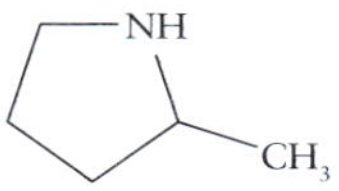

*Amino-ácidos essenciais para os humanos.
†O amino-ácido completo é mostrado.

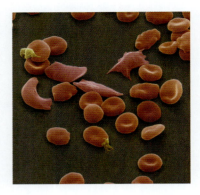

FIGURA 11E.16 Células vermelhas do sangue em formato de foice se formam quando um só amino-ácido (ácido glutâmico) de uma cadeia de polipeptídeo é substituído por outro amino-ácido (valina). Essas células têm menor capacidade de carregar oxigênio do que as células normais. (*Eye of Science/Science Source*.)

A **estrutura primária** de uma proteína é a sequência de resíduos da cadeia peptídica. O aspartame é produzido a partir do metil-éster da fenil-alanina (PME) e ácido aspártico (Asp) e, por isso, sua estrutura primária é [PME-Asp]. Três fragmentos da hemoglobina humana são:

Leu-Ser-Pro-Ala-Lys-Thr-Asn-Val-Lys-…
…-Val-Lys-Gly-Trp-Ala-Ala-…
…-Ser-Thr-Val-Leu-Thr-Ser-Lys-Ser-Lys-Try-Arg

A determinação da estrutura primária das proteínas é uma tarefa analítica muito complicada, do ponto de vista analítico, mas, graças a procedimentos automatizados, muitas dessas estruturas são agora conhecidas. Qualquer modificação da estrutura primária de uma proteína – a substituição de um resíduo de amino-ácido por outro – pode levar a uma disfunção que chamamos de doença congênita. Mesmo um único amino-ácido errado na cadeia pode perturbar a função normal da molécula (Fig. 11E.16).

A **estrutura secundária** de uma molécula de proteína é a forma adotada pela cadeia do polipeptídeo – em particular, como ela se enrola ou forma folhas. A ordem dos amino-ácidos na cadeia controla a estrutura secundária, pois suas forças intermoleculares mantêm juntas as cadeias em pontos específicos. A estrutura secundária mais comum em proteínas de animais é a **hélice α**, uma conformação helicoidal da cadeia polipeptídica fixada por ligações hidrogênio entre resíduos (Fig. 11E.17). Uma estrutura secundária alternativa é a **folha β**, que é característica da proteína conhecida como seda. Na seda, as moléculas de proteína ficam lado a lado para formar folhas quase planas. As moléculas de muitas outras proteínas incluem regiões de hélices α e folhas β alternadas (Fig. 11E.18).

A **estrutura terciária** de uma proteína é a forma na qual sua estrutura secundária está dobrada, como resultado de interações entre resíduos. A forma globular das cadeias da hemoglobina é um exemplo. Um tipo importante de ligação, responsável, em parte, pela estrutura terciária, é a **ligação dissulfeto**, —S—S—, entre resíduos que contêm enxofre. Outras ligações se formam em consequência de outros tipos de forças moleculares. Na maior parte dos casos, uma dada proteína se dobrará sempre em uma conformação precisa, determinada pela localização dos grupos hidrofóbicos e hidrofílicos da cadeia (Fig. 11E.19). Às vezes,

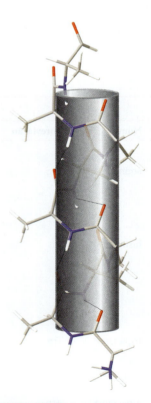

FIGURA 11E.17 Representação parcial de uma hélice α, uma das estruturas secundárias adotadas pelas cadeias de polipeptídeos. O cilindro engloba o "esqueleto" da cadeia de polipeptídeo e os grupos laterais se projetam para fora. As linhas finas representam as ligações hidrogênio que mantêm a cadeia em posição.

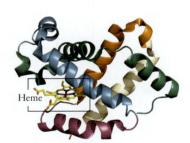

FIGURA 11E.18 Uma das quatro cadeias de polipeptídeo que formam a molécula da hemoglobina humana. A cadeia contém regiões alternadas de hélices α e folhas β. As regiões das hélices α são representadas por hélices coloridas. As moléculas de oxigênio que inalamos ligam-se ao átomo de ferro no centro do heme e são carregadas pela corrente sanguínea.

FIGURA INTERATIVA 11E.18

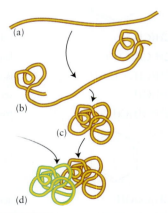

FIGURA 11E.19 Essas estruturas mostram como uma proteína forma primeiro as hélices α e as folhas β e, depois, as hélices e folhas se enrolam para tomar a forma da proteína. Por fim, se a proteína tem estrutura quaternária, as subunidades da proteína se alinham. (a) Polipeptídeo recém-formado; (b) intermediário; (c) subunidade; (d) proteína madura (dimérica, neste caso).

FIGURA 11E.20 A molécula da amilose, um dos componentes do amido, é um polissacarídeo, um polímero de glicose. Ela é formada por unidades de glicose ligadas para dar uma estrutura como esta, porém com um grau de ramificação moderado.

FIGURA INTERATIVA 11E.20

FIGURA 11E.21 A molécula da amilopectina, outro componente do amido. Ela tem uma estrutura mais ramificada do que a amilose, como destaca o detalhe.

4 D-Glicose, $C_6H_{12}O_6$

5 Fructose, $C_6H_{12}O_6$

porém, as proteínas não se dobram corretamente. Quando isso acontece no organismo, a disfunção pode levar a doenças como o Mal de Alzheimer. Nesta doença, os depósitos de proteínas que não se dobraram corretamente e não podem mais cumprir sua função inibem a atividade do cérebro. As chamadas "doenças dos príons", como sua variante, a doença de Creutzfeld-Jakob ("doença da vaca louca"), também são decorrentes do dobramento incorreto. Se os cientistas puderem resolver o problema da dobra incorreta e descobrir como corrigir isso, então doenças hoje consideradas irreversíveis poderão ser curadas.

As proteínas podem ter também uma **estrutura quaternária**, na qual unidades polipeptídicas vizinhas se ajustam em um arranjo específico. A molécula de hemoglobina, por exemplo, tem uma estrutura quaternária formada por quatro unidades de polipeptídeo, uma das quais é mostrada na Figura 11E.18.

A perda da estrutura das proteínas é chamada de **desnaturação**. A mudança estrutural pode ser a perda da estrutura quaternária, terciária ou secundária. Ela pode ser, também, uma degradação da estrutura primária por rompimento das ligações peptídicas. Até mesmo o aquecimento suave pode causar a desnaturação irreversível. Quando você cozinha um ovo, a proteína chamada albumina sofre desnaturação e transforma-se em uma massa branca. A ondulação permanente do cabelo, que é formado, principalmente, por longas hélices α da proteína queratina, é o resultado de uma desnaturação parcial e da construção de novas ligações para conferir uma mudança estética.

As proteínas são polímeros feitos de unidades de amino-ácidos. A estrutura primária de um polipeptídeo é a sequência de resíduos de amino-ácidos. A estrutura secundária é a formação de hélices e folhas. A estrutura terciária é a dobra em uma unidade compacta. A estrutura quaternária é o empacotamento de unidades de proteína para formar superestruturas.

11E.6 Os carboidratos

Os **carboidratos** são assim chamados porque muitos deles têm a fórmula empírica CH_2O, que sugere um hidrato de carbono. Eles incluem os amidos, a celulose e os açúcares, como a glicose, $C_6H_{12}O_6$ (**4**), que contém um grupo aldeído, e a fructose (açúcar de frutas), um isômero estrutural da glicose, que é uma cetona (**5**). Os carboidratos têm muitos grupos —OH e podem ser considerados álcoois. A presença desses grupos —OH permite que eles formem numerosas ligações hidrogênio uns com os outros e com a água.

Os **polissacarídeos** são polímeros da glicose. Eles incluem o amido, que pode ser digerido, e a celulose, que não pode. O amido tem dois componentes, a amilose e a amilopectina. A amilose, que corresponde a aproximadamente 20 a 25% da maior parte dos amidos, é uma grande cadeia de glicose, com alguns milhares de unidades (Fig. 11E.20). A amilopectina também é formada por cadeias de glicose (Fig. 11E.21), mas as cadeias são ligadas formando uma estrutura em rede e as moléculas são muito maiores. Cada molécula tem cerca de um milhão de unidades de glicose.

A *celulose* é o material estrutural das plantas. Ela é um polímero que utiliza o mesmo monômero (glicose) que o amido, mas as ligações das unidades são diferentes e as cadeias de celulose formam cordões chatos, como fitas (Fig. 11E.22). Ligações hidrogênio entre essas fitas formam uma estrutura rígida que não podemos digerir (enquanto os cupins podem). A celulose é a substância orgânica mais abundante no mundo e bilhões de toneladas são produzidas

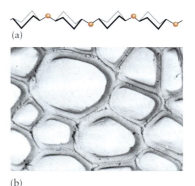

FIGURA 11E.22 (a) A celulose é outro polissacarídeo construído com unidades de glicose. As unidades de glicose da celulose ligam-se de modo a formar fitas longas que podem produzir um material fibroso através de ligações hidrogênio. (b) Esses tubos longos de celulose formam o material estrutural de árvores como o choupo. (*Foto com permissão do Institute of Paper Science and Technology.*)

FIGURA INTERATIVA 11E.22

820 Tópico 11E Os polímeros e as macromoléculas biológicas

FIGURA 11E.23 A molécula do DNA é muito grande, mesmo nas bactérias. Nesta micrografia, a molécula de DNA vazou pela parede celular danificada de uma bactéria. (*Science Source*)

anualmente por fotossíntese. Na pesquisa de combustíveis alternativos, utilizam-se enzimas para quebrar a celulose de resíduos de biomassa, transformando-a em glicose, que é então fermentada para produzir etanol para uso como combustível (veja o Quadro 4D.1).

Os carboidratos incluem os açúcares, os amidos e a celulose. A glicose é um álcool e um aldeído que polimeriza para formar o amido e a celulose.

11E.7 Os ácidos nucleicos

O núcleo de cada célula viva contém pelo menos uma molécula de ácido desoxirribonucleico (DNA) para controlar a produção de proteínas e carregar a informação genética de uma geração de células para a próxima. As moléculas do DNA humano são imensas. Se uma delas pudesse ser extraída, sem dano, de um núcleo de célula e fosse desenrolada de sua forma natural muito enovelada, ela chegaria a aproximadamente 2 m de comprimento (Fig. 11E.23). A molécula do ácido ribonucleico (RNA) tem estrutura muito semelhante à do DNA. Uma de suas funções é carregar as informações armazenadas pelo DNA até uma região da célula onde elas são usadas na síntese de proteínas.

O DNA é um polímero formado por unidades repetitivas derivadas do açúcar ribose (**6**). No caso do DNA, a molécula de ribose não tem o átomo de oxigênio do carbono 2, o segundo átomo de carbono em sentido horário a partir do oxigênio de éter do anel de cinco átomos. Assim, a unidade repetitiva – o monômero – é chamada de desoxirribose (**7**).

O átomo de carbono 1 do anel de desoxirribose está ligado por covalência a uma amina (portanto, uma base), que pode ser a adenina, A (**8**); a guanina, G (**9**); a citosina, C (**10**); ou a timina, T (**11**). No RNA, a uracila, U (**12**), substitui a timina. A base liga-se ao átomo de carbono 1 da desoxirribose pelo nitrogênio do grupo —NH— (em vermelho). O composto assim formado é chamado de **nucleosídeo**. Todos os nucleosídeos têm estrutura semelhante (**13**). O objeto em forma de lente representa a amina.

Os monômeros de DNA são completados por um grupo fosfato, —O—PO$_3^{2-}$, ligado por covalência ao átomo de carbono 5 da unidade ribose. O composto resultante é chamado de **nucleotídeo** (**14**). Como existem quatro monômeros nucleosídeos possíveis (um para cada base), existem quatro nucleotídeos possíveis em cada tipo de ácido nucleico.

As moléculas de DNA e RNA são **polinucleotídeos**, isto é, espécies poliméricas construídas com unidades de nucleotídeos. A polimerização ocorre quando o grupo fosfato de um nucleotídeo (que é a base conjugada de um ácido fosfórico orgânico) condensa com o grupo —OH do átomo de carbono 3 de outro nucleotídeo, formando uma ligação éster e liberando uma molécula de água. À medida que a condensação continua, a cadeia cresce e obtém-se uma estrutura como a da Fig. 11E.24, um composto conhecido como **ácido nucleico**. A molécula de DNA é uma hélice dupla na qual duas longas fitas de ácido nucleico se enrolam uma na outra.

A capacidade de replicação do DNA é uma consequência da estrutura de hélice dupla. Existe uma correspondência precisa entre as bases de cada fita. A adenina de uma fita sempre forma duas ligações hidrogênio com a timina de outra, e a guanina de uma fita sempre forma três ligações hidrogênio com a citosina da outra. Assim, ao longo da hélice, os pares de bases são sempre AT e GC (Fig. 11E.25). Outras combinações não seriam tão estáveis. Durante

6 Ribose, C$_5$H$_{10}$O$_5$

7 Desoxirribose, C$_5$H$_{10}$O$_4$

8 Adenina

9 Guanina

10 Citosina

11 Timina

12 Uracila

FIGURA 11E.24 A condensação de nucleotídeos leva à formação de um ácido nucleico, um polinucleotídeo.

13 Um nucleosídeo

14 Um nucleotídeo

a replicação do DNA, as ligações hidrogênio, que são relativamente fracas em comparação com as ligações covalentes das fitas, são quebradas por uma enzima que mantém intactas as fitas. Os nucleotídeos do fluido celular atacam as fitas nos lugares apropriados para formar as hélices duplas de duas novas moléculas de DNA.

Além da replicação – a produção de cópias para a reprodução e a divisão celular – o DNA governa a produção de proteínas ao servir como molde durante a síntese de moléculas de RNA. Essas novas moléculas, com U em lugar de T, são chamadas de moléculas mensageiras, porque transportam a informação genética para fora do núcleo da célula até a região em que ocorre a síntese das proteínas. Desse modo, as reações químicas de grupos funcionais e, em sentido mais amplo, os princípios da química, dão vida à matéria.

Os ácidos nucleicos são copolímeros de quatro nucleotídeos unidos por ligações éster de fosfato. A sequência dos nucleotídeos armazena toda a informação genética.

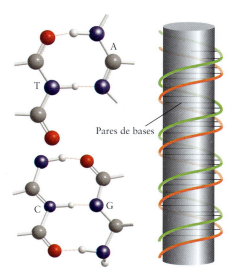

FIGURA 11E.25 As bases da hélice dupla do DNA ajustam-se em virtude das ligações hidrogênio que formam, como se vê à esquerda. Uma vez formados, os pares AT e GC são praticamente idênticos em tamanho e forma. Como resultado, as voltas da hélice, à direita, são regulares e consistentes.

822 **Tópico 11E** Os polímeros e as macromoléculas biológicas

O que você aprendeu com este tópico?

Você conheceu algumas das reações usadas para produzir polímeros como os plásticos e viu como as reações de grupos funcionais explicam as estruturas de polímeros com importância biológica, como as proteínas e o DNA.

Os conhecimentos que você deve dominar incluem a capacidade de:

☐ **1.** Determinar o tipo de polímero que um determinado monômero pode formar e identificar monômeros, conhecida a unidade repetitiva de um polímero (Exemplo 11E.1).

☐ **2.** Distinguir os vários tipos de copolímeros (Teste 11E.2).

☐ **3.** Explicar como as propriedades físicas dos polímeros estão relacionadas a suas estruturas (Seção 11E.4).

☐ **4.** Descrever a composição das proteínas e distinguir suas estruturas primária, secundária, terciária e quaternária (Seção 11E.5).

☐ **5.** Descrever a composição dos carboidratos (Seção 11E.6).

☐ **6.** Descrever as estruturas e funções dos ácidos nucleicos (Seção 11E.7).

Tópico 11E Exercícios

11E.1 Esquematize três unidades repetidas do polímero formado por (a) $CH_2\!\!=\!\!C(CH_3)_2$; (b) $CH_2\!\!=\!\!CHCN$; (c) isopreno,

$$\underset{H}{\overset{H_2C}{\diagdown}}\!\!=\!\!\underset{CH_3}{\overset{CH_2}{\diagup}}$$

11E.2 Esquematize três unidades repetidas do polímero formado por (a) 1,1-dicloro-eteno; (b) 1-fenil-2-metil-eteno; (c) $CH_3CH\!\!=\!\!CH_2CF_3$.

11E.3 Uma poliamida tem a unidade repetitiva $-\!(COC_6H_{12}CO\text{-}NHC_6H_4NH)_n\!-$. Identifique os monômeros da poliamida.

11E.4 Um poliéster tem a unidade repetitiva $-\!(OCH_2C_6H_4COO\text{-}CH_2C_6H_4CO)_n\!-$. Identifique os monômeros do poliéster.

11E.5 Escreva as fórmulas estruturais dos monômeros dos seguintes polímeros, para os quais é dada a unidade repetitiva: (a) poli(cloreto de vinila) (PVC), $-\!(CHClCH_2)_n\!-$; (b) Kel-F, $-\!(CFClCF_2)_n\!-$.

11E.6 Escreva as fórmulas estruturais dos monômeros dos seguintes polímeros, para os quais é dada a unidade repetitiva: (a) um polímero usado para fazer tapetes, $-\!(OC(CH_3)_2\!-\!CO)_n\!-$; (b) $-\!(CH(CH_3)CH_2)_n\!-$; (c) um polipeptídeo, $-\!(NHCH_2CO)_n\!-$.

11E.7 Escreva a fórmula estrutural de duas unidades do polímero formado a partir de (a) a reação de ácido oxálico (ácido etanodioico), $HOOCCOOH$, com 1,4-diamino-butano, $H_2N\text{-}CH_2CH_2CH_2CH_2NH_2$; (b) a polimerização do amino-ácido alanina (ácido 2-amino-propanoico).

11E.8 Escreva a fórmula estrutural de duas unidades do polímero formado a partir de (a) reação do ácido tereftálico com 1,2-diamino-etano, $H_2NCH_2CH_2NH_2$; (b) polimerização de ácido 4-hidróxi-benzoico.

Ácido tereftálico   Ácido 4-hidróxi-benzoico

11E.9 Identifique o tipo de copolímero formado pelos monômeros A e B:—BBBBAA—.

11E.10 Identifique o tipo de copolímero formado pelos monômeros A e B: —AABABBAA—.

11E.11 Por que os polímeros não têm massa molar definida? Como o fato de os polímeros terem massa molecular média afeta seus pontos de fusão?

11E.12 Coloque os seguintes polímeros na ordem crescente de valor como fibras: poliésteres, poliamidas, polialquenos. Explique seu raciocínio.

11E.13 O polímero ácido poliláctico (veja a estrutura (**2**) era usado em substituição ao teraftalato de poli-etileno (PETE, veja a Seção 11E.2) nas embalagens de alguns alimentos. Contudo, o ácido poliláctico é mais rígido do que o PETE e por isso as embalagens fazem aquele ruído característico durante o manuseio. O problema foi resolvido usando-se um adesivo especial entre as camadas das embalagens. Compare as estruturas do ácido poliláctico e PETE e sugira uma razão pela qual as cadeias do ácido poliláctico são mais rígidas do que as do PETE.

11E.14 A poliacrilamida é usada no revestimento de pisos de madeira. Ela é produzida pela polimerização por adição do monômero $H_2C\!\!=\!\!CHCONH_2$. (a) Desenhe três unidades repetidas da poliacrilamida. (b) Como as cadeias laterais da poliacrilamida contribuem com a rigidez e resistência do material?

11E.15 Como a massa molecular média afeta as seguintes características dos polímeros: (a) ponto de amolecimento; (b) viscosidade; (c) resistência?

Tópico 11E Exercícios **823**

11E.16 Como a polaridade das cadeias laterais afeta as seguintes características dos polímeros: (a) ponto de amolecimento; (b) viscosidade; (c) resistência?

11E.17 Descreva como a linearidade da cadeia do polímero afeta sua resistência.

11E.18 Descreva como as ligações cruzadas afetam a elasticidade e a rigidez de um polímero.

11E.19 (a) Dê a estrutura da ligação peptídica dos amino-ácidos nas proteínas. (b) Identifique o grupo funcional formado. (c) Identifique o tipo de polímero formado (de adição ou de condensação).

11E.20 (a) Dê a estrutura da ligação entre unidades de glicose que cria a amilose. (b) Identifique o grupo funcional formado. (c) Identifique o tipo de polímero formado (de adição ou de condensação).

11E.21 Especifique os amino-ácidos da Tabela 11E.3 que contêm substituintes capazes de formar ligações hidrogênio. Essa interação contribui para as estruturas terciárias das proteínas.

11E.22 Especifique os amino-ácidos da Tabela 11E.3 que contêm substituintes não polares. Esses grupos podem contribuir para a estrutura terciária de uma proteína, evitando o contato com a água.

11E.23 Dê a estrutura do peptídeo formado pela reação do grupo ácido da tirosina com o grupo amino da glicina.

11E.24 Dê a estrutura linear do peptídeo formado pela reação do grupo ácido do ácido aspártico com o grupo amino da fenil-alanina. *Nota*: A cadeia ácida lateral do ácido aspártico não está envolvida nesta reação. O peptídeo resultante está relacionado com o adoçante artificial aspartame.

11E.25 Identifique (a) os grupos funcionais e (b) os átomos de carbono quirais da molécula de manose dada abaixo.

11E.26 Identifique (a) os grupos funcionais e (b) os átomos de carbono quirais da molécula de histidina dada abaixo.

11E.27 Escreva a sequência de ácidos nucleicos complementares que formariam um par com as seguintes sequências de DNA: (a) CATGAGTTA; (b) TGAATTGCA.

11E.28 Escreva a sequência de ácidos nucleicos complementares que formariam um par com as seguintes sequências de DNA: (a) ATTAGATCAT; (b) GACTAGGATCT.

O exemplo e os exercícios a seguir baseiam-se no conteúdo do Foco 11.

FOCO 11 — Exemplo cumulativo online

Nos mamíferos, o metabolismo gera subprodutos nocivos, como o peróxido de hidrogênio, os íons superóxido e radicais contendo oxigênio, designados pelo termo genérico "espécies reativas de oxigênio". A glutationa (GSH) é um tripeptídeo importante, pois atua como potente antioxidante. O grupo tiol (—SH) atua como alvo dos agentes oxidantes, perdendo um átomo de hidrogênio e formando uma ligação dissulfeto (—S—S—) com outra molécula de GSH. Você está investigando maneiras de proteção contra o estresse oxidativo (Quadro 2C.1) e precisa saber mais sobre a química desse composto essencial.

(a) Desenhe a fórmula estrutural da glutationa a partir de sua estrutura linear (**1**).

(b) Identifique os três amino-ácidos dos quais a glutationa é obtida. (*Sugestão*: Uma ligação peptídica é formada com a cadeia lateral de um amino-ácido.)

(c) Identifique os átomos de carbono quiral na estrutura da GSH. Quantos pares enantioméricos são possíveis?

(d) Os valores de pK_a da glutationa são $pK_{a1} = 2,12$ e $pK_{a2} = 3,59$ para a desprotonação sucessiva dos dois grupos COOH, $pK_{a3} = 8,75$ para o grupo NH_2 e $pK_{a4} = 9,65$ para o grupo SH. Determine a forma predominante de GSH no pH fisiológico, 7,4.

1 Glutationa (GSH)

A solução deste exemplo está disponível, em inglês, no hotsite http://apoio.grupoa.com.br/atkins7ed

FOCO 11 — Exercícios

11.1 Por que os alcanos ramificados têm pontos de fusão e pontos de ebulição inferiores aos dos alcanos não ramificados com o mesmo número de átomos de carbono?

11.2 Arranje os compostos seguintes na ordem de ponto de ebulição crescente: $CH_3CH_2CH_2CH_2CH_3$, $CH_3CH_2CH(CH_3)_2$, $C(CH_3)_4$. Explique seu raciocínio.

11.3 Classifique cada uma das reações seguintes como adição ou substituição e escreva a equação química: (a) cloro reage com metano quando exposto à luz; (b) bromo reage com eteno na ausência de luz.

11.4 Classifique cada uma das reações seguintes como adição ou substituição e escreva a equação química: (a) hidrogênio reage com 2-penteno na presença de um catalisador de níquel; (b) cloreto de hidrogênio reage com propeno.

11.5 A desidro-halogenação de halogeno-alcanos para produzir alquenos é sempre feita em um solvente não aquoso, em geral etanol. Aponte duas razões para que água não possa ser usada como solvente dessa reação.

11.6 Veja a animação do mecanismo de adição a alquenos associada com a Figura 11B.3 no hotsite deste livro. (a) Na adição de HCl a propeno, forma-se um intermediário. Ele é positivo ou negativo? Como a carga é eliminada? (b) Escreva um mecanismo em duas etapas para a reação.

11.7 Dê o nome sistemático dos compostos seguintes. Caso isômeros geométricos sejam possíveis, escreva o nome de cada um deles: (a) $CH_2=C(CH_3)_2$; (b) $CH_3CH=C(CH_3)CH_2CH_3$; (c) $HC\equiv CCH_2CH_2CH_2CH_3$; (d) $CH_3CH_2C\equiv CCH_2CH_3$; (e) $CH_3CH_2CH_2C\equiv CCH_3$.

11.8 Dê o nome sistemático dos compostos seguintes. Caso isômeros geométricos sejam possíveis, escreva o nome de cada um deles: (a) $CH_3CH_2CH=CHCH_3$; (b) $CH_3C(CH_3)=CHCH_3$; (c) $(CH_3)_2C=CHCH_2CH_3$; (d) $HC\equiv CCH_2CH(CH_2CH_2CH_3)CH_3$; (e) $CH_3CH_2C\equiv CCH(CH_3)CH_2CH_3$.

11.9 A estrutura da decalina é mostrada abaixo. (a) Examine sua estrutura e determina a fórmula química. (b) Que composto aromático produziria a decalina por hidrogenação completa? (c) Existem isômeros da decalina? Caso existam, escreva as estruturas de Lewis apropriadas.

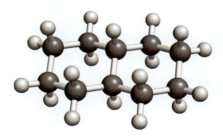

11.10 Nomes assistemáticos de compostos orgânicos podem ainda ser encontrados na literatura química e nos catálogos de

produtos químicos, portanto é importante ter familiaridade com esses nomes e com as regras da IUPAC. (a) Dê os nomes sistemáticos de (i) isobutano e (ii) isopentano. (c) Formule uma regra para o uso do prefixo *iso-* e prediga a estrutura do iso-hexano.

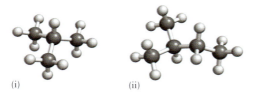

(i)   (ii)

11.11 Um carbocátion é um íon orgânico com carga positiva. O primeiro carbocátion estável, o cátion pentametil-ciclo-pentadienila, foi descoberto em 2002 (*Angewandte Chemie International Edition*, vol. 41, p. 1429). Sua carga é +1. (a) Desenhe a estrutura molecular deste íon e identifique o átomo de carbono que tem a maior carga positiva. (b) Quantas estruturas de ressonância são possíveis? (c) Quantos elétrons π estão presentes no íon?

11.12 Os químicos que sintetizaram o cátion pentametil-ciclo-pentadienila (veja o Exercício 11.11) descobriram que os seus elétrons π-estão em uma ligação dupla e em um orbital π-que está deslocalizado nos três outros átomos de carbono. (a) Desenhe a estrutura do íon que ilustra esta ligação. (b) A que átomo de carbono você atribuiria a carga positiva?

11.13 Os seguintes nomes de moléculas orgânicas estão incorretos. Desenhe as estruturas e escreva os nomes sistemáticos corretos de (a) 4-metil-3-propil-heptano; (b) 4,6-dimetil-octano; (c) 2,2-dimetil-4-propil-hexano; (d) 2,2-dimetil-3-etil-hexano.

11.14 Os átomos de hidrogênio de alcanos são substituídos por tratamento com halogênios. A bromação de quais dos seguintes compostos daria produtos monossubstituídos quirais: (a) etano; (b) propano; (c) butano; (d) pentano? Inclua em sua resposta os nomes dos compostos quirais que seriam formados.

11.15 Um hidrocarboneto de fórmula C_3H_6 reage com bromo apenas na ausência de luz, produzindo C_3H_5Br. Qual é o nome do hidrocarboneto?

11.16 Um hidrocarboneto contém 90% em massa de carbono e 10% em massa de hidrogênio e tem massa molar 40 g·mol^{-1}. Ele descora a água de bromo, e 1,46 g do hidrocarboneto reage com 1,60 L de hidrogênio (nas CNTP) na presença de um catalisador de níquel. Escreva a fórmula molecular do hidrocarboneto e as fórmulas estruturais de dois isômeros possíveis.

11.17 O composto 1-bromo-4-nitro-benzeno (*p*-bromo-nitro-benzeno) pode ser bromado. Qual é o produto principal esperado e por quê? Desenhe as estruturas de Lewis apropriadas para justificar a sua resposta.

11.18 Considere a nitração do composto.

Se a reação pode ser controlada de modo que um grupo NO_2 substitua um átomo de H da molécula, em que posição você esperaria encontrar o grupo nitro no produto?

11.19 (a) Desenhe a estrutura do 3,4,6-trimetil-1-hepteno. (b) Identifique os átomos de carbono quirais na estrutura com as estrelas. (c) Esta molécula tem isômeros cis e trans?

11.20 O trinitro-tolueno, TNT, é um explosivo bem-conhecido. (a) Use sua estrutura para determinar o nome sistemático do TNT. (b) O TNT é fabricado pela nitração do tolueno (metil-benzeno) com uma mistura de ácidos nítrico e sulfúrico concentrados. Explique por que esse isômero trissubstituído é o que se forma durante a nitração.

11.21 Polienos conjugados são hidrocarbonetos com ligações simples e duplas alternadas. Eles são comumente usados como corantes porque absorvem na faixa do visível. Duas dessas moléculas têm as fórmulas C_6H_8 e C_8H_{10}. Qual das duas tem o máximo de absorção em comprimento de onda maior? Justifique sua resposta. Veja a *Técnica Principal* 2 no hotsite deste livro.

11.22 (a) Quantos litros de hidrogênio, sob 1,00 atm e 298 K, são necessários para hidrogenar completamente (i) 1,00 mol de ciclo-hexeno, C_6H_{10}; (ii) 1,00 mol de benzeno, C_6H_6? (b) Estime a entalpia de reação de cada hidrogenação a partir das entalpias médias de ligação das Tabelas 4E.2 e 4E.3. (c) As estruturas de Kekulé sugerem que a entalpia de hidrogenação do benzeno é igual a três vezes a do ciclo-hexeno. Seus cálculos confirmam essa afirmação? Explique as diferenças.

11.23 Escreva a fórmula dos compostos representados pelas seguintes estruturas em linha:

(a) Guanina   (b) D-glicose   (c) Alanina

11.24 Escreva a fórmula dos compostos representados pelas seguintes estruturas em linha:

(a) Cisteína   (b) Adenina

(c) Eugenol

826 **Foco 11** Exercícios

11.25 Identifique todos os grupos funcionais dos seguintes compostos:
(a) vanilina, o composto responsável pelo sabor da baunilha,

(b) carvona, o composto responsável pelo sabor da hortelã,

(c) cafeína, o estimulante do café, chá e refrigerantes de cola,

11.26 Identifique todos os grupos funcionais dos seguintes compostos:
(a) zingerona, o componente odorífero e picante do gengibre,

(b) Tylenol (acetominofeno), um analgésico.

(c) procaína, um anestésico local,

11.27 Identifique os átomos de carbono quirais dos seguintes compostos:
(a) cânfora, usada em unguentos refrescantes,

(b) testosterona, um hormônio sexual masculino,

11.28 Identifique os átomos de carbono quirais dos seguintes compostos:
(a) mentol, que dá o sabor de hortelã-pimenta,

(b) estradiol, um hormônio sexual feminino,

11.29 Identifique a hibridação de cada átomo de carbono e de nitrogênio na guanina (veja o Exercício 11.23a).

11.30 Identifique a hibridação de cada átomo de carbono e de nitrogênio na cafeína (veja o Exercício 11.25c).

11.31 As estruturas das moléculas abaixo podem ser encontradas no hotsite deste livro. Dê a estrutura de cada uma delas e identifique os átomos de carbono quirais: (a) cocaína, um narcótico e anestésico local; (b) aflatoxina B2, uma toxina e um carcinogênico de ocorrência natural em amendoins, como subproduto do crescimento de fungos do gênero Aspergillus.

11.32 As estruturas das moléculas abaixo podem ser encontradas no hotsite deste livro. Dê a estrutura de linhas de cada uma delas e identifique os átomos de carbono quirais: (a) cefalosporina C, tóxica para estafilococos resistentes à penicilina; (b) tromboxana A2 ($C_{20}H_{32}O_5$), uma substância que promove a coagulação do sangue.

11.33 (a) Escreva as fórmulas estruturais do dietil-éter e do 1-butanol (note que eles são isômeros). (b) O ponto de ebulição do 1-butanol é 117°C, superior ao do éter dietílico (35°C), mas a solubilidade de ambos os compostos em água é, aproximadamente, 8 g por 100 mL. Justifique essas observações.

11.34 Examine as seguintes moléculas orgânicas, que têm aproximadamente a mesma massa molar, mas grupos funcionais diferentes: $CH_3CH_2CH_2CH_2CH_2CH_3$, $CH_3CH_2CH_2CH_2CHCH_2$, $CH_3CH_2CH_2CH_2CH_2OH$, $CH_3CH_2CH_2CH_2CHO$, $CH_3CH_2CH_2COOH$, $CH_3CH_2COOCH_3$, $CH_3CH_2COCH_2CH_3$, $CH_3CH_2CH_2CH_2OCH_3$. (a) Dê uma estrutura de Lewis para cada molécula, nomeie-a e classifique-a por grupo funcional. (b) Quais das moléculas são isômeros? Alguma é quiral? Se sim, quais? (c) Liste os tipos de forças intermoleculares relevantes em cada molécula. (d) Use suas respostas das partes (a) e (b) para predizer os pontos de ebulição relativos, na ordem crescente

11.35 Escreva a fórmula estrutural do produto de (a) a reação do glicerol (1,2,3-tri-hidróxi-propano) com o ácido esteárico, $CH_3(CH_2)_{16}COOH$, que leva a uma gordura saturada; (b) a oxidação do álcool 4-hidróxi-benzílico por dicromato de sódio em um solvente orgânico e ácido.

11.36 Escreva as fórmulas estruturais condensadas dos produtos principais das reações que ocorrem quando: (a) o etilenoglicol, 1,2-etanodiol, é aquecido com o ácido esteárico, $CH_3(CH_2)_{16}COOH$; (b) o etanol é aquecido com o ácido oxálico, $HOOCCOOH$; (c) o 1-butanol é aquecido com o ácido propanoico.

11.37 Um fragmento de proteína foi analisado. Encontrou-se a sequência Glu-Leu-Asp. Desenhe a estrutura de Lewis desse segmento, assinalando as ligações peptídicas.

11.38 Os valores de pK_a do fenol, *o*-nitro-fenol, *m*-nitro-fenol e *p*-nitro-fenol são 9,89; 7,17; 8,28 e 7,15, respectivamente. Explique a origem das diferenças de pK_a.

11.39 As resinas acrílicas são materiais poliméricos usados para fabricar roupas quentes, porém leves. A pressão osmótica de uma solução preparada pela dissolução de 47,7 g de uma resina acrílica em água suficiente para 500. mL de uma solução em água é 0,325 atm em 25°C. (a) Qual é a massa molar média do polímero? (b) Quantos monômeros compõem uma molécula "média"? A unidade repetida dessa resina acrílica é —$CH_2CH(CN)$—. (c) Qual seria a pressão de vapor da solução se a pressão de vapor da água pura em 25°C é 0,0313 atm? (Considere a densidade da solução como sendo igual a 1,00 g·cm^{-3}.) (d) Que técnica (osmometria ou abaixamento da pressão de vapor) você preferiria para a determinação de massas molares tão altas como as das resinas acrílicas? Por quê?

11.40 A massa molar média de uma amostra de polipropileno foi determinada medindo-se a pressão osmótica de 500. mL de uma solução contendo 3,16 g de polipropileno em benzeno. Observou-se a pressão de 0,0112 atm em 25°C. (a) Qual é a massa molar média do polímero? (b) Quantas unidades propeno com fórmula —$[CH(CH_3)CH_2]$— foram necessárias para formar, na média, cada cadeia? (c) Se a amostra só contivesse cadeias lineares e o comprimento das ligações carbono-carbono no polímero fosse igual a seu valor médio, qual seria o comprimento médio das ligações?

11.41 (a) Explique as diferenças entre as estruturas primária, secundária, terciária e quaternária de uma proteína. (b) Identifique as forças que agem para manter cada estrutura em posição como sendo ligações covalentes ou forças intermoleculares.

11.42 Os halogeno-alcanos podem reagir com íons hidróxido para sofrer o deslocamento nucleofílico do íon halogeneto e formar um álcool. Uma complicação dessas reações é a competição com reações de eliminação. (a) Determine os produtos possíveis da reação de 2-bromo-pentano com hidróxido de sódio. (b) O que pode ser feito para favorecer a reação de substituição em relação à eliminação, ou vice-versa?

11.43 A forma protonada da glicina ($^+H_3NCH_2COOH$) tem K_{a1} = 4,47 $\times$ 10^{-3} e K_{a2} = 1,66 $\times$ 10^{-10}. (a) Escreva as equações químicas do equilíbrio de transferência de próton. (b) Qual é a forma predominante da glicina em solução em pH = 2, pH = 5 e pH = 12 (Tópico 6E)?

11.44 No grupo amida, a rotação da ligação C–N é restrita, logo os átomos de C, N e O daquele grupo estão normalmente no mesmo plano. Esta rigidez é parcialmente responsável pela estrutura secundária das proteínas. O amino-ácido glicina pode formar um dipeptídeo com dois monômeros glicina. (a) Desenhe a estrutura de Lewis do dipeptídeo. (b) Explique como estruturas de ressonância podem explicar a rotação restrita e desenhe uma segunda forma de ressonância para o dipeptídeo.

11.45 Explique o processo de polimerização por condensação. Qual é a diferença entre o polímero obtido da reação do ácido benzeno-1,2-dicarboxílico com o etilenoglicol e o Dacron?

11.46 A massa molecular média de um par de nucleotídeos em ligação hidrogênio é 625 g·mol^{-1}. Cada par sucessivo ocupa a distância de 340 pm na cadeia. Se o comprimento total de uma fita da molécula de DNA é 0,299 m, qual é a massa molar da molécula?

11.47 Tochas de propano podem ser usadas em pequenos consertos domésticos, mas os soldadores têm de usar acetileno (etino). (a) Escreva equações químicas para a combustão do propano e do etino. (b) Calcule a entalpia de combustão de cada gás por grama e por mol. (c) Use os dados da parte (b) para explicar por que os soldadores não usam tochas de propano.

11.48 Os polifosfazenos, que são usados como polímeros termorresistentes na indústria aeroespacial e como plataforma flexível para a regeneração de ossos, são polímeros inorgânicos com a unidade repetida (—PR_2═N—)$_n$, em que R representa cadeias laterais como −CH_3, por exemplo. Que diferenças em propriedades você esperaria entre o polifosfazeno com cadeias laterais metila e o polímero de silicone correspondente (veja a Fig. 11E.15)? Explique seu raciocínio.

11.49 O monômero do polímero condutor polianilina é o composto anilina (amino-benzeno). (a) Dê a fórmula estrutural do monômero anilina. (b) Qual é a hibridação do átomo de N em (i) anilina; (ii) polianilina? (c) Indique a localização dos pares de elétrons isolados da polianilina, se houver algum. (d) Será que os átomos de N ajudam a transportar a corrente? Explique seu raciocínio. Veja o Quadro 11E.1

11.50 As fibras do polímero condutor polipirrol formam um tecido de camuflagem contra os radares. Como ele absorve micro-ondas, sem refleti-las até a fonte, o tecido parece um trecho de espaço vazio quando examinado com o radar. (a) Qual é a hibridação dos átomos de N do polipirrol? (b) Explique por que o polipirrol absorve

828 Foco 11 Exercícios

radiação de micro-ondas, o que não acontece com moléculas orgânicas pequenas. Veja o Quadro 11E.1 para a estrutura do polipirrol.

11.51 Os feromônios são comumente chamados de compostos da atração sexual, embora eles também tenham funções de sinalização mais complexas. A estrutura de um feromônio da abelha rainha é *trans*-$CH_3CO(CH_2)_5CH\!=\!CHCOOH$. (a) Escreva a fórmula estrutural do feromônio. (b) Identifique e nomeie os grupos funcionais da molécula.

Os próximos seis exercícios baseiam-se no Interlúdio ao final do Foco 11.

11.52 Por que os hidrocarbonetos que têm entre um e quatro átomos de carbono não são apropriados para uso como gasolina?

11.53 Quais são os principais problemas associados ao uso de carvão como combustível?

11.54 O propeno e o butano podem ser combinados pelo processo chamado de alquilação para formar um hidrocarboneto de cadeia linear usado na gasolina. Escreva uma equação química para a reação.

FOCO 11 Exercícios cumulativos

11.58 Um composto gasoso usado para fazer goma de mascar e pneus de automóvel foi analisado para a determinação de suas propriedades e sua toxidez.

(a) Quando 0,108 g do composto foi submetido à análise por combustão, 0,352 g de CO_2 e 0,109 g de H_2O foram produzidos. Qual é a fórmula empírica do composto?

(b) A massa molar do composto é 54,09 g·mol^{-1}. Qual é fórmula molecular do composto?

(c) Desenhe as fórmulas estruturais de pelo menos seis isômeros estruturais possíveis do composto.

(d) Quando o composto é exposto ao gás hidrogênio sobre um catalisador, a massa molar do produto de hidrogenação é 58,12 g·mol^{-1}. Qual dos isômeros da parte (c) essa informação ajuda a eliminar?

(e) O composto encheu um balão de 2,45 L em 25°C e 1,0 atm. Brometo de hidrogênio foi bombeado para o balão até que a pressão total atingisse 5,0 atm. A reação se completou porque o único produto era removido assim que formado. Após o término da reação, o excesso de HBr no balão era de 2,0 atm. Qual é a fórmula molecular do produto?

(f) O produto de (e) tem três isômeros estruturais, dois dos quais são isômeros ópticos. Desenhe as fórmulas estruturais do composto original e de todos os isômeros formados. Identifique cada carbono quiral com um asterisco.

(g) Aplique um esquema de hibridação em cada um dos átomos de C do composto original.

(h) Escreva o nome do composto original.

11.59 A redução de resíduos é um objetivo importante do movimento da química verde. Em muitas reações químicas da indústria, nem todos os átomos necessários para a reação aparecem no produto. Alguns entram nos subprodutos e são desperdiçados. A "economia de átomos" é o uso do menor número possível de átomos para chegar ao produto final e é calculada como uma percentagem, usando economia de átomos =

11.55 O composto $C_{18}H_{38}$ é um componente do óleo combustível que pode ser convertido em dois compostos a serem usados como gasolina. Os compostos têm fórmula C_nH_{2n+2} e C_nH_{2n}, com o mesmo valor de n em ambos. Os compostos têm uma cadeia linear de átomos de carbono, sem ramificações. Desenhe as fórmulas estruturais possíveis para os dois compostos e nomeie-os.

11.56 A *aromatização* é um processo usado para melhorar a qualidade da gasolina, convertendo hidrocarbonetos alifáticos em aromáticos. (a) Quando o heptano é convertido em tolueno, um subproduto é formado. Esse subproduto é um combustível com valor comercial ou um poluente? (b) Escreva a equação química balanceada para a conversão do heptano em tolueno.

11.57 A isomerização é um processo usado para melhorar a qualidade da gasolina, convertendo hidrocarbonetos de cadeia linear em hidrocarbonetos de cadeia ramificada. Se o octano é isomerizado em um pentano ramificado, várias estruturas de isomeria são possíveis. (a) Desenhe as estruturas destes isômeros. (b) Um destes isômeros tem um átomo de carbono quiral. Identifique este átomo com um asterisco.

(massa do produto desejado obtida)/(massa de todos os reagentes consumidos) $\times$ 100%.

(a) Suponha a seguinte síntese de $CH_3CH\!=\!CHCH_3$:

$$CH_3CH_2CHBrCH_3 + CH_3CH_2O^- \xrightarrow{\text{etanol}}$$
$$CH_3CH\!=\!CHCH_3 + CH_3CH_2OH + Br^-$$

Identifique o tipo de reação (substituição, eliminação, adição).

(b) Nomeie os reagentes e produtos orgânicos.

(c) O íon $CH_3CH_2O^-$ funciona como nucleófilo, eletrófilo ou ambos?

(d) Calcule a economia de átomos, supondo 100% de rendimento.

(e) Uma síntese alternativa de $CH_3CH\!=\!CHCH_3$ é

$$CH_3CH_2CHBrCH_3 + CH_3O^- \xrightarrow{\text{metanol}}$$
$$CH_3CH\!=\!CHCH_3 + CH_3OH + Br^-$$

Calcule a economia de átomos dessa reação, supondo 100% de rendimento.

(f) Outra síntese alternativa de $CH_3CH\!=\!CHCH_3$ é

$$CH_3CH_2CHBrCH_3 + CH_3S^- \xrightarrow{\text{metanotiol}}$$
$$CH_3CH\!=\!CHCH_3 + CH_3SH + Br^-$$

Calcule a economia de átomos dessa reação, supondo 100% de rendimento.

(g) Qual das três reações produz a menor massa de resíduos? Qual produz a maior?

(h) Suponha que você tenha feito as três sínteses, começando com 50,0 g de $CH_3CH_2CHBrCH_3$ e com o segundo reagente sempre em excesso. Seus rendimentos de $CH_3CH\!=\!CHCH_3$ nas três reações são (a) 16,2 g; (b) 15,4 g; (c) 13,1 g. Calcule o rendimento percentual e a economia de átomos experimental das reações.

(i) Que reação você recomendaria ao fabricante? Explique seu raciocínio.

INTERLÚDIO Tecnologia: os combustíveis

As fontes principais de hidrocarbonetos são os combustíveis fósseis, o petróleo e o carvão. Os hidrocarbonetos alifáticos são obtidos principalmente do petróleo, uma mistura de hidrocarbonetos alifáticos e aromáticos e de compostos orgânicos de enxofre e nitrogênio (Fig. 1). O carvão é a outra fonte importante de hidrocarbonetos aromáticos.

FIG. 1 Como as reservas de combustíveis fósseis são limitadas, eles devem ser extraídos onde são encontrados. Esta plataforma é usada para extrair petróleo do fundo do oceano. O gás natural que o acompanha não pode ser transportado facilmente e é queimado. (*Doug Menuez/Photodisc/Media Bakery.*)

A gasolina

Os hidrocarbonetos do petróleo são separados por destilação fracionada (veja a tabela).* O *querosene*, um combustível usado em motores a jato e a diesel, contém um certo número de alcanos cujas fórmulas estão na faixa C_{10} a C_{16}. Os óleos lubrificantes são misturas na faixa C_{17} a C_{22}. Os membros mais pesados da série incluem as *graxas de parafina* e o *asfalto*. Entretanto, o principal uso do petróleo é a produção de gasolina, e a fração correspondente (hidrocarbonetos de C_5 a C_{11}) é muito pequena para atender à demanda. Além disso, os hidrocarbonetos lineares dão uma gasolina de baixa qualidade. Isso torna necessário refinar o petróleo para aumentar a quantidade e a qualidade da gasolina.

A quantidade da gasolina que pode ser obtida do petróleo é aumentada pelo processo conhecido como *craqueamento*, isto é, a quebra das cadeias longas dos hidrocarbonetos maiores, e pela *alquilação*, ou seja, a combinação de moléculas pequenas para formar moléculas maiores. No craqueamento, as frações menos voláteis são aquecidas em temperaturas elevadas na presença de um catalisador, frequentemente uma zeólita modificada (Tópico 7E). Por exemplo, o óleo combustível pode ser convertido em uma mistura de isômeros de octeno e octano:

$$C_{16}H_{34} \xrightarrow{\Delta,\ \text{catalisador}} C_8H_{16} + C_8H_{18}$$

A alquilação também exige um catalisador que permita obter o tamanho desejado da cadeia. O octano, por exemplo, pode ser sintetizado a partir de uma mistura de butano e buteno:

$$C_4H_{10} + C_4H_8 \xrightarrow{\text{catalisador}} C_8H_{18}$$

A qualidade da gasolina, que determina a homogeneidade da queima, é *medida pela octanagem*. Por exemplo, a molécula de octano, $CH_3(CH_2)_6CH_3$, que tem cadeia linear, queima de forma tão irregular que sua octanagem é −19. Já seu isômero, o 2,4,4-trimetil-pentano, comumente chamado de isooctano, tem octanagem 100. A octanagem pode ser melhorada pelo aumento do número de ramificações da molécula e pela introdução de insaturações e anéis. A *isomerização* converte os hidrocarbonetos de cadeia linear em seus isômeros ramificados. Por exemplo:

$$CH_3(CH_2)_6CH_3 \xrightarrow{\text{AlCl}_3} (CH_3)_3CCH_2CH(CH_3)_2$$

Aromatização é a conversão de um alcano em um areno:

$$CH_3(CH_2)_5CH_3 \xrightarrow{\text{AlCl}_3,\ \text{Cr}_2\text{O}_3} CH_3C_6H_5 + 4\,H_2$$

O produto dessa reação, tolueno (metil-benzeno) tem octanagem 120.

A qualidade da gasolina também melhora pela adição de etanol, que tem octanagem 120. O uso do etanol ajuda a diminuir a demanda por petróleo. Ao contrário deste, o etanol é um combustível renovável que pode ser regenerado a cada ano (veja o Quadro 4D.1).

O carvão

Como as reservas de petróleo diminuem em todo o mundo, aumentou o interesse em usar melhor o carvão. A ideia de um automóvel que utilize carvão como combustível é estranha, mas o uso de derivados de carvão para esse fim é uma possibilidade real. Infelizmente, o aumento do uso do carvão tem problemas ambientais. O carvão tem uma razão hidrogênio/carbono muito menor do que o petróleo e é mais difícil de purificar, transportar e trabalhar. Embora o petróleo e o carvão contribuam para o efeito estufa, o uso do carvão é potencialmente mais perigoso. Quando queima, o carvão libera muita poluição na forma de partículas de matéria (principalmente cinzas) e óxidos de enxofre e nitrogênio. Grande parte da pesquisa em carvões tem o objetivo de transformá-lo em combustíveis mais úteis.

O carvão contém muitos anéis aromáticos (Fig. 2) e é o produto final do decaimento da vegetação de pântanos em condições *anaeróbicas* (concentrações muito baixas de oxigênio). O

Os hidrocarbonetos do petróleo

Hidrocarbonetos	Faixa de ebulição (°C)	Fração
C_1 a C_4	−160 a 0	gás natural e propano
C_5 a C_{11}	30 a 200	gasolina
C_{12} a C_{16}	180 a 400	querosene, óleo combustível
C_{17} a C_{22}	350 e acima	lubrificantes
C_{23} a C_{34}	sólidos de baixo ponto de fusão	graxa de parafina
C_{35} e acima	sólidos moles	asfalto

---
*A destilação fracionada é discutida no Tópico 5C.

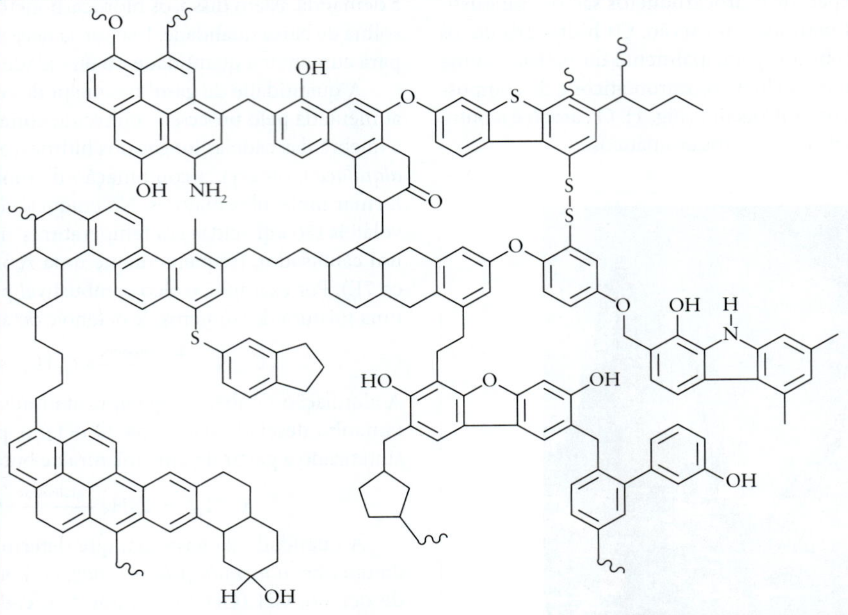

INTERLÚDIO Tecnologia: os combustíveis

FIG. 2 Representação altamente esquemática de uma parte da estrutura do carvão. Quando o carvão é aquecido na ausência de oxigênio, a estrutura se quebra, e uma mistura complexa de produtos – muitos deles aromáticos – é obtida.

oxigênio e o hidrogênio são gradualmente perdidos no processo de *carbonização*. No processo, hidrogênio é liberado e a quantidade de estruturas aromáticas aumenta.

Quando o carvão é destilado destrutivamente – aquecido na ausência de oxigênio para que ocorra decomposição e vaporização –, suas moléculas semelhantes a folhas quebram-se, e os fragmentos incluem hidrocarbonetos aromáticos e seus derivados. O *gás de carvão*, que é produzido primeiro, contém monóxido de carbono, hidrogênio, metano e pequenas quantidades de outros gases. A mistura líquida complexa que resta é o *alcatrão de hulha*.

Um grande número de fármacos, corantes e fertilizantes vêm do alcatrão de hulha. O benzeno é matéria-prima para muitos plásticos, detergentes e pesticidas. Naftaleno é usado para fabricar o índigo sintético (o corante azul das roupas), amônia é usada como fertilizante e o breu, que contém as frações mais pesadas, é usado para impermeabilização e proteção contra a ferrugem. O gás de carvão é o ponto de partida para vários combustíveis alternativos, como metano e hidrogênio, e líquidos, como metanol. Esses combustíveis são muito apreciados porque queimam de forma limpa, produzindo pouca poluição.

SÍMBOLOS, UNIDADES E TÉCNICAS MATEMÁTICAS

APÊNDICE 1

1A OS SÍMBOLOS

As quantidades físicas estão representadas por um símbolo itálico ou grego (como m para massa, não m; Π para pressão osmótica). A Tabela 1 lista a maior parte dos símbolos usados neste livro-texto juntamente a suas unidades (veja também o Apêndice 1B). Os símbolos podem ser modificados por meio de subscritos, como estabelecido na Tabela 2. As constantes fundamentais não foram incluídas nas listas, mas podem ser encontradas ao final do livro. Os símbolos das constantes matemáticas estão expressos em caracteres romanos.

TABELA 1 Símbolos e unidades comuns

Símbolo	Quantidade física	Unidade SI
α (alfa)	polarizabilidade	$C^2 \cdot m^2 \cdot J^{-1}$
γ (gama)	tensão superficial	$N \cdot m^{-1}$
δ (delta)	deslocamento químico	—
ε (épsilon)	energia molecular	J
θ (teta)	colatitude	grau (°), rad
λ (lambda)	comprimento de onda	m
μ (mu)	momento de dipolo	$C \cdot m$
ν (nu)	frequência	Hz
Π (pi)	pressão osmótica	Pa
σ (sigma)	seção transversal	m^2
Φ (fi)	azimute	grau (°), rad
χ (chi)	eletronegatividade	—
ψ (psi)	função de onda	$m^{-n/2}$ (em n dimensões)
a	atividade	—
	parâmetro de van der Waals	$L^2 \cdot bar \cdot mol^{-2}$
	parâmetro de célula unitária	m
A	área	m^2
	número de massa	—
	constante de Madelung	—
b	parâmetro de van der Waals	$L \cdot mol^{-1}$
	molalidade	$mol \cdot kg^{-1}$, "m"
B	segundo coeficiente virial	$L \cdot mol^{-1}$
C	capacidade calorífica	$J \cdot K^{-1}$
	terceiro coeficiente virial	$L^2 \cdot mol^{-2}$
c	concentração molar, molaridade	$mol \cdot L^{-1}$, "m"
d	densidade	$kg \cdot m^{-3}$ ($g \cdot cm^{-3}$)
	comprimento diagonal da célula unitária	m
E	energia	J
	potencial de eletrodo	V, ($J \cdot C^{-1}$)
E_a	energia de ativação	$J \cdot mol^{-1}$ ($kJ \cdot mol^{-1}$)
E_{ae}	afinidade eletrônica	$J \cdot mol^{-1}$ ($kJ \cdot mol^{-1}$)
E_c	energia cinética	J
$E_{célula}$	potencial de célula	V, ($J \cdot C^{-1}$)
E_{lig}	energia de ligação nuclear	J
E_p	energia potencial	J
e	carga elementar	C

(continua)

A2 Apêndice 1 Símbolos, Unidades e Técnicas Matemáticas

TABELA 1 Símbolos e unidades comuns (continuação)

Símbolo	Quantidade física	Unidade SI
F	força	N
G	energia livre de Gibbs	J
H	entalpia	J
h	altura	m
I	energia de ionização	$J \cdot mol^{-1}$ ($kJ \cdot mol^{-1}$)
	corrente elétrica	A ($C \cdot s^{-1}$)
i	fator i	—
$[J]$	molaridade, concentração molar	$mol \cdot L^{-1}$, "M"
k_r	constante de velocidade	(depende da ordem)
k	constante de decaimento	s^{-1}
k_b	constante do ponto de ebulição	$K \cdot kg \cdot mol^{-1}$
k_f	constante do ponto de congelamento	$K \cdot kg \cdot mol^{-1}$
k_H	constante da lei de Henry	$mol \cdot L^{-1} \cdot atm^{-1}$
K	constante de equilíbrio	—
K_a	constante de acidez	—
K_b	constante de basicidade	—
K_c	constante de equilíbrio	—
K_f	constante de formação	—
K_M	constante de Michaelis	$mol \cdot L^{-1}$
K_P	constante de equilíbrio	—
K_{ps}	produto de solubilidade	—
K_w	constante de autoprotólise da água	—
l, L	comprimento	m
m	massa	kg
M	massa molar	$kg \cdot mol^{-1}$ ($g \cdot mol^{-1}$)
N	número de entidades	—
n	quantidade de substância	mol
p	momento linear	$kg \cdot m \cdot s^{-1}$
P	pressão	Pa
P_A	pressão parcial	Pa
q	calor	J
Q	carga elétrica	C
Q	quociente de reação	—
	eficiência biológica relativa	—
r	raio	m
R	função de onda radial	$m^{-3/2}$
S	entropia	$J \cdot K^{-1}$
s	solubilidade molar adimensional	—
t	tempo	s
$t_{1/2}$	meia-vida	s
T	temperatura absoluta*	K
U	energia interna	J
v	velocidade	$m \cdot s^{-1}$
V	volume	m^3, L
$\mathcal{V}$	potencial elétrico	V ($J \cdot C^{-1}$)
w	trabalho	J
x_A	fração molar	—
Y	função de onda angular	—
Z	fator de compressão	—
	número atômico	—

*Neste livro, T significa temperatura absoluta.

TABELA 2 Subscritos dos símbolos

Subscrito	Significado	Exemplo (unidades)
a	ácido	constante de acidez, K_a
b	base	constante de basicidade, K_b
	em ebulição	temperatura de ebulição, T_b (K)
B	ligação	entalpia de ligação, ΔH_B ($kJ \cdot mol^{-1}$)
c	cinética	energia cinética, E_c (J)

(continua)

TABELA 2 Subscritos dos símbolos (*continuação*)

Subscrito	Significado	Exemplo (unidades)
c	constante	constante de equilíbrio, K_c
	combustão	entalpia de combustão, ΔH_c (kJ·mol^{-1})
	crítica	temperatura crítica, T_c (K)
e	trabalho de não expansão (extra)	trabalho elétrico, w_e (J)
f	formação	entalpia de formação, ΔH_f (kJ·mol^{-1})
		constante de formação, K_f
	congelamento	temperatura de congelamento, T_f (K)
fus	fusão	entalpia de fusão, ΔH_{fus} (kJ·mol^{-1})
H	Henry	constante da lei de Henry, k_H
In	indicador	constante do indicador, K_{In}
L	rede	entalpia de rede, ΔH_L (kJ·mol^{-1})
lig	ligação	energia de ligação, E_{lig} (eV)
m	molar	volume molar, $V_m = V/n$ (L·mol^{-1})
M	Michaelis	constante de Michaelis, K_M
mis	mistura	entalpia de mistura, ΔH_{mis} (kJ·mol^{-1})
p	potencial	energia potencial, E_p (J)
P	pressão constante	capacidade calorífica sob pressão constante, C_P (J·K^{-1})
ps	produto de solubilidade	produto de solubilidade, K_{ps}
r	reação	entalpia de reação, ΔH_r (kJ·mol^{-1})
s	específica	capacidade calorífica específica, $C_s = C/m$ (J·K^{-1}·g^{-1})
sol	solução	entalpia de solução, ΔH_{sol} (kJ·mol^{-1})
sub	sublimação	entalpia de sublimação, ΔH_{sub} (kJ·mol^{-1})
tot	total	entropia total, S_{tot} (J·K^{-1})
V	volume constante	capacidade calorífica a volume constante, C_V (J·K^{-1})
vap	vaporização	entalpia de vaporização, ΔH_{vap} (kJ·mol^{-1})
viz	vizinhança	entropia da vizinhança, S_{viz} (J·K^{-1})
w	água	constante de autoprotólise da água, K_w
0	inicial	concentração inicial [A]$_0$
	estado fundamental	função de onda, ψ_0

1B UNIDADES E CONVERSÃO DE UNIDADES

As quantidades físicas são apresentadas como um múltiplo de uma unidade definida:

$$\text{Quantidade física} = \text{valor numérico} \times \text{unidade}$$

Por exemplo, um comprimento deve ser expresso como um múltiplo da unidade de comprimento: 1 metro, ou m; como em $l = 2,0 \times 1\ \text{m} = 2,0$. Todas as unidades são expressas em letras romanas, como m para metro e s para segundo.

As unidades são tratadas como quantidades algébricas que podem ser multiplicadas e divididas. Assim, a equação prescendente pode ser expressa como

$$\text{Quantidade física/unidade} = \text{valor numérico}$$

Por exemplo, para relatar um comprimento de 2,0 m, você pode escrever $l/\text{m} = 2,0$.

O **Sistema Internacional** (**SI**) é a forma elaborada do sistema métrico aceita internacionalmente. Ele define sete **unidades fundamentais** a partir das quais todas as quantidades físicas devem ser expressas:

metro, m O metro, a unidade de comprimento, é a distância percorrida pela luz durante um intervalo de tempo igual a 1/299.792.458 de um segundo.

quilograma, kg O quilograma, a unidade de massa, é a massa de um cilindro padrão mantido em um laboratório na França.

segundo, s O segundo, a unidade de tempo, é igual a 9.192.631.770 períodos de uma determinada transição espectroscópica de um átomo do césio-133.

ampère, A O ampère, a unidade de corrente elétrica, é definido em termos da força exercida entre dois fios paralelos que transportam corrente.

kelvin, K O kelvin, a unidade de temperatura, é igual a 1/273,16 da temperatura absoluta do ponto triplo da água.

mol O mol, a unidade da quantidade química, é a quantidade de substância que contém um número de entidades especificadas igual ao número de átomos que existe em exatamente 12 g de carbono-12.

candela, cd A candela, a unidade de intensidade luminosa, é definida em termos de uma fonte de luz cuidadosamente escolhida. Não usamos a candela neste livro.

Em 2012, houve um acordo internacional para substituir a definição do quilograma em termos do cilindro adotado como protótipo por uma definição mais sutil, em termos de constantes fundamentais. A nova definição foi acordada, mas ainda não foi implementada (2016). As definições do mol e do kelvin também foram acordadas, mas ainda não implementadas. Espera-se que elas possam ser adotadas ao final de 2018.

A4 Apêndice 1 Símbolos, Unidades e Técnicas Matemáticas

TABELA 3 Prefixos SI típicos

Prefixo:	deca-	quilo-	mega-	giga-	tera-	peta-			
Abreviação:	da	k	M	G	T	P			
Fator:	10	10^3	10^6	10^9	10^{12}	10^{15}			
Prefixo:	deci-	centi-	mili-	micro-	nano-	pico-	femto-	atto-	zepto-
Abreviação:	d	c	m	μ (mu)	n	p	f	a	z
Fator:	10^{-1}	10^{-2}	10^{-3}	10^{-6}	10^{-9}	10^{-12}	10^{-15}	10^{-18}	10^{-21}

Qualquer unidade pode ser modificada por um dos prefixos dados na Tabela 3, que implicam multiplicação ou divisão por uma potência de 10 da unidade. Assim, 1 mm = 10^{-3} m e 1 MK = 10^6 K. Note que todos os prefixos estão em letras romanas, não itálicas.

As **unidades derivadas** são combinações das unidades fundamentais. A Tabela 4 lista algumas dessas unidades derivadas. Note que os nomes das unidades derivadas que correspondem a nomes de pessoas começam sempre com letra minúscula, mas a abreviação começa com letra maiúscula (logo, o símbolo de joule é J).

TABELA 4 Unidades derivadas com nomes especiais

Quantidade física	Nome da unidade	Abreviação	Definição
dose absorvida	gray	Gy	$J \cdot kg^{-1}$
dose equivalente	sievert	Sv	$J \cdot kg^{-1}$
carga elétrica	coulomb	C	$A \cdot s$
potencial elétrico	volt	V	$J \cdot C^{-1}$
energia	joule	J	$N \cdot m, kg \cdot m^2 \cdot s^{-2}$
força	newton	N	$kg \cdot m \cdot s^{-2}$
frequência	hertz	Hz	s^{-1}
potência	watt	W	$J \cdot s^{-1}$
pressão	pascal	Pa	$N \cdot m^{-2}, kg \cdot m^{-1} \cdot s^{-2}$
volume	litro	L	dm^3

É frequentemente necessário converter um conjunto de unidades (por exemplo, calorias para energia, polegadas para comprimento) em unidades SI. A Tabela 5 lista algumas das conversões mais comuns.

TABELA 5 Relações entre unidades

Quantidade física	Unidade comum	Abreviatura	Equivalente no SI*
massa	libra	lb	**0,453 592 37** kg
	tonelada	t	**10^3 kg (1 Mg)**
	tonelada (curta, EUA)	ton	907,184 74 kg
	tonelada (longa, Inglaterra)	ton	1016,046 kg
comprimento	polegada	in.	**2,54** cm
	pé	ft	**30,48** cm
volume	quarto	qt	**0,946 3525** L
	galão (EUA)	gal	**3,785 41** L
	quarto imperial	qt	**1,136 5225** L
	galão imperial	gal	**4,546 09** L
tempo	minuto	min	**60** s
	hora	h	**3600** s
energia	caloria (termoquímica)	cal	**4,184** J
	elétron-volt	eV	$1,602\ 177 \times 10^{-19}$ J
	quilowatt-hora	kWh	**$3,6 \times 10^6$** J
	litro-atmosfera	L·atm	**101,325** J
pressão	torr	Torr	133,322 Pa
	atmosfera	atm	**101 325** Pa (**760** Torr)
	bar	bar	**10^5** Pa
	libras/polegada quadrada	psi	6894,76 Pa
potência	cavalo-vapor	hp	**745,7** W
momento dipolo	debye	D	$3,335\ 64 \times 10^{-30}$ C·m

*Os valores em negrito são exatos.

Como explicado em *Fundamentos* A, para converter uma unidade em outra, usamos um **fator de conversão** da forma

$$\text{Fator de conversão} = \frac{\text{unidades necessárias}}{\text{unidades dadas}}$$

Ao usar um fator de conversão, as unidades são tratadas como se fossem quantidades algébricas: elas podem ser multiplicadas ou canceladas da maneira normal.

A conversão de temperaturas é feita de forma ligeiramente diferente. Como o grau Fahrenheit (°F) é menor do que o grau Celsius por um fator de 5/9 (porque existem 180°F entre o ponto de fusão e o ponto de ebulição da água, mas somente 100°C entre os mesmos dois pontos), e porque 0°C coincide com 32°F, use

$$\text{Temperatura (°F)} = \left\{ \tfrac{9}{5} \times \text{temperatura (°C)} \right\} + 32$$

(O número 32 é exato.) Por exemplo, para converter 37°C (a temperatura do corpo) em graus Fahrenheit, escreva

$$\text{Temperatura (°F)} = \left\{ \tfrac{9}{5} \times 37 \right\} + 32 = 99$$

e a temperatura é registrada como 99°F. Uma forma mais elaborada de escrever a mesma relação é

$$\text{Temperatura/°F} = \left\{ \tfrac{9}{5} \times \text{temperatura/°C} \right\} + 32$$

Nessa expressão, as unidades de temperatura são tratadas como números e canceladas quando apropriado. A mesma conversão passa a ser

$$\text{Temperatura/°F} = \left\{ \tfrac{9}{5} \times (37°\text{C})/°\text{C} \right\} + 32$$
$$= \left\{ \tfrac{9}{5} \times 37 \right\} + 32 = 99$$

e a multiplicação por °F da

$$\text{Temperatura} = 99°\text{F}$$

A expressão correspondente para a conversão entre as escalas Celsius e Kelvin é

$$\text{Temperatura/°C} = \text{temperatura/K} - 273,15$$

(O 273,15 é exato.) Note que o tamanho do grau Celsius é igual ao do grau Kelvin. Logo, o valor relatado de uma propriedade uma propriedade como sendo $100\ \text{J·(°C)}^{-1}$ pode ser interpretado como $100\ \text{J·K}^{-1}$.

1C NOTAÇÃO CIENTÍFICA

Na **notação científica**, os números são escritos na forma $A \times 10^a$. Aqui, A é um número decimal com um dígito diferente de zero na frente da vírgula decimal e a é um número inteiro. Por exemplo, 333 é escrito como $3,33 \times 10^2$ na notação científica, porque $10^2 = 10 \times 10 = 100$

$$333 = 3,33 \times 100 = 3,33 \times 10^2$$

Os números entre 0 e 1 são expressos da mesma maneira, porém a potência de 10 é negativa. Eles têm a forma $A = 10^{-a}$, com $10^{-1} = 0,1$, e assim por diante. Logo, 0,0333 na notação decimal é $3,33 \times 10^{-2}$, porque

$$10^{-2} = \frac{1}{10} \times \frac{1}{10} = \frac{1}{100}$$

e, portanto,

$$0,033 = 3,33 \times \frac{1}{100} = 3,33 \times 10^{-2}$$

Em cada caso, o número de zeros após a vírgula decimal é um a menos do que o número (desconsiderando-se o sinal) ao qual 10 é elevado. Por isso, 10^{-5} é escrito como uma vírgula decimal seguida por $5 - 1 = 4$ zeros e depois o algarismo 1:

$$10^{-5} = 10^{-1} \times 10^{-1} \times 10^{-1} \times 10^{-1} \times 10^{-1}$$
$$= 0,000\ 01$$

Observe o espaço que separa grupos de três dígitos, que é usado para facilitar a interpretação dos números. Contudo, se este agrupamento resultar em um único algarismo no fim, ele é colocado junto ao grupo prescendente (assim, 0,1234, não 0,123 4; 0,123 4567, não 0,123 456 7).

Os dígitos de uma medida a ser registrada são chamados de **algarismos significativos**. Existem dois algarismos significativos (escritos 2 as) em $1,2\ \text{cm}^3$ e 3 as em 1,78 g. A seção *Fundamentos* A descreve como encontrar o número de algarismos significativos em uma medida.

Alguns zeros são dígitos medidos legitimamente, mas outros só servem para marcar a posição da vírgula decimal. Zeros que seguem a vírgula decimal, como em 22,0 mL, são significativos porque foram medidos. Assim, 22,0 mL tem três as. O zero "interior" em 80,1 kg é um dígito medido; logo, 80,1 kg tem 3 as. Porém, os dígitos iniciais de 0,0025 g não são significativos, porque eles só indicam a posição da potência de 10, não são números medidos. Podemos observar isso escrevendo a massa como $2,5 \times 10^{-3}$ g, que tem 2 as.

Fazemos distinção entre os resultados de medidas, que sempre são incertas, com os resultados de *contagens*, que são *exatos*. Por exemplo, se dizemos "12 ovos", isso significa que existem exatamente 12 ovos, não alguma coisa entre 11,5 e 12,5.

Ocorre ambiguidade quando números inteiros terminam em zero. Por exemplo, um comprimento igual a 400 m tem 3 as $(4,00 \times 10^2)$, 2 as $(4,0 \times 10^2)$ ou 1 as (4×10^2)? Em casos como este, o uso da notação científica elimina todas as ambiguidades. Se não for conveniente usar a notação científica, usa-se um ponto decimal final para indicar que todos os dígitos à esquerda do ponto decimal são significativos. Assim, 400 m é ambíguo e não se pode dizer que tenha mais do que 1 as, a menos que outras informações sejam dadas. Entretanto, 400. m tem 3 as, sem ambiguidade. O ponto decimal final raramente é usado na vida diária (assim, "o limite de 50 mph para a velocidade" é ambíguo na ciência, mas não na lei), mas o usarmos em todo este livro.

Diferentes regras de arredondamento são necessárias para a adição (e seu inverso, a subtração) e a multiplicação (e seu inverso, a divisão). Em ambas as situações, é preciso arredondar os valores para o número correto de algarismos significativos.

Arredondamento Nos cálculos, arredonde *para cima* se o último dígito for superior a 5 e *para baixo* se for inferior a 5. Quando o número termina em 5, arredonde sempre para o número par mais próximo. Por exemplo, 2,35 é arredondado para 2,4 e 2,65 para 2,6. Em um cálculo com muitas operações, só arredonde na última etapa. Se possível, deixe todos os dígitos na memória da calculadora até aquele momento. Neste livro, valores intermediarios são expressos usando … (como em 22,0/7,0 = 3,142…, por exemplo), para indicar que ainda não foram arredondados.

Adição e subtração Na adição ou subtração, tenha certeza de que o número de casas decimais do resultado é igual ao *menor número de casas decimais* dos dados. Por exemplo, 0,10 g + 0,024 g = 0,12 g.

Multiplicação e divisão Na multiplicação ou divisão, tenha certeza de que o número de algarismos significativos do resultado é igual ao *menor número de algarismos significativos dos dados*. Por exemplo, $(8,62 \text{ g})/(2,0 \text{ cm}^3) = 4,3 \text{ g·cm}^{-3}$.

Inteiros e números exatos Na multiplicação ou divisão por um inteiro ou um número exato, a incerteza do resultado é dada pelo valor medido. Alguns fatores de conversão de unidades são definidos exatamente, ainda que não sejam números inteiros. Por exemplo, 1 in. é definido como *exatamente* 2,54 cm, e o 273,15 da conversão entre temperaturas Celsius e Kelvin é exato, logo, 100,000°C é convertido em 373,150 K.

Logaritmos e exponenciais A mantissa de um logaritmo comum (os dígitos que seguem a vírgula decimal, veja o Apêndice 1D) tem o mesmo número de algarismos significativos que o número original. Assim, log 2,45 = 0,389. Um antilogaritmo comum de um número tem o mesmo número de algarismos significativos que a mantissa do número original. Assim, $10^{0,389} = 2,45$ e $10^{12,389} = 2,45 \times 10^{12}$. Não existe uma regra simples para obter o número correto de algarismos significativos quando são usados logaritmos naturais: um modo é converter os logaritmos naturais em logaritmos comuns e usar as regras já mencionadas.

1D EXPOENTES E LOGARITMOS

Para multiplicar números na notação científica, multiplique as partes decimais dos números e adicione as potências de 10:

$$(A \times 10^a) \times (B \times 10^b) = (A \times B) \times 10^{a+b}$$

Um exemplo é

$$(1,23 \times 10^2) \times (4,56 \times 10^3) = 1,23 \times 4,56 \times 10^{2+3}$$
$$= 5,61 \times 10^5$$

(Estamos supondo que os fatores iniciais aqui e no que segue são medidas com 3 as). Esta regra também se aplica se as potências de 10 forem negativas:

$$(1,23 \times 10^{-2}) \times (4,56 \times 10^{-3}) = 1,23 \times 4,56 \times 10^{-2-3}$$
$$= 5,61 \times 10^{-5}$$

Os resultados desses cálculos são então ajustados para que um dígito preceda a vírgula decimal:

$$(4,56 \times 10^{-3}) \times (7,65 \times 10^6) = 34,88 \times 10^3$$
$$= 3,488 \times 10^4$$

Ao dividir dois números na notação científica, divida as partes decimais dos números e subtraia as potências de 10:

$$\frac{A \times 10^a}{B \times 10^b} = \frac{A}{B} \times 10^{a-b}$$

Um exemplo é

$$\frac{4,31 \times 10^5}{9,87 \times 10^{-8}} = \frac{4,31}{9,87} \times 10^{5-(-8)} = 0,437 \times 10^{13}$$
$$= 4,37 \times 10^{12}$$

Antes de adicionar ou subtrair números na notação científica, é preciso reescrever os números como números decimais multiplicados pela mesma potência de 10:

$$1,00 \times 10^3 + 2,00 \times 10^2 = 1,00 \times 10^3 + 0,200 \times 10^3$$
$$= 1,20 \times 10^3$$

Ao elevar um número na notação científica a uma determinada potência, eleve a parte decimal do número àquela potência e multiplique a potência de 10 pelo valor daquela potência:

$$(A \times 10^a)^b = A^b \times 10^{a \times b}$$

Por exemplo, $2,88 \times 10^4$ elevado à terceira potência é
$$(2,88 \times 10^4)^3 = 2,88^3 \times (10^4)^3 = 2,88^3 \times 10^{3 \times 4}$$
$$= 23,9^3 \times 10^{12} = 2,39 \times 10^{13}$$

Essa regra baseia-se em que

$$(10^4)^3 = 10^4 \times 10^4 \times 10^4 = 10^{4+4+4} = 10^{3 \times 4}$$

O **logaritmo comum** de um número x, escrito como log x, é a potência à qual 10 deve ser elevado para igualar x. Assim, o logaritmo de 100 é 2, escrito como log 100 = 2, porque $10^2 = 100$. O logaritmo de $1,5 \times 10^2$ é 2,18 porque

$$10^{2,18} = 10^{0,18+2} = 10^{0,18} \times 10^2 = 1,5 \times 10^2$$

O número à esquerda da vírgula decimal do logaritmo (o 2 em $\log(1,5 \times 10^2) = 2,18$) é chamado de **característica** do logaritmo: é a potência de 10 no número original (a potência 2 em $1,5 \times 10^2$). A fração decimal (os números à direita da vírgula decimal, o 0,18 do exemplo) é chamada de **mantissa** (da palavra latina para "ajuste ao peso, contrapeso"). Ela é o logaritmo do número decimal escrito com um dígito diferente de zero à esquerda da vírgula decimal (o 1,5 do exemplo).

Distinguir a característica e a mantissa é importante quando temos de decidir quantos algarismos significativos reter em um cálculo que inclui logaritmos (como no cálculo do pH). Como a potência de 10 em um número decimal indica somente a posição da vírgula decimal e não afeta a determinação dos algarismos significativos, a característica de um logaritmo não é incluída na contagem dos algarismos significativos de um logaritmo (veja o Apêndice 1C). O número de algarismos significativos da mantissa é igual ao número de algarismos significativos do número decimal.

O **antilogaritmo comum** de um número x é o número que tem x como logaritmo comum. Na prática, o antilogaritmo comum de x é simplesmente outro nome para 10^x; logo, o antilogaritmo comum de 2 é $10^2 = 100$ e o de 2,18 é

$$10^{2,18} = 10^{0,18+2} = 10^{0,18} \times 10^2 = 1,5 \times 10^2$$

O logaritmo de um número maior do que 1 é positivo e o logaritmo de um número menor do que 1 (porém maior do que 0) é negativo. Para qualquer número x:

$$\text{Se } x > 1, \log x > 0$$
$$\text{Se } x = 1, \log x = 0$$
$$\text{Se } x < 1, \log x < 0$$

Os logaritmos não são definidos para 0 ou para números negativos.

O **logaritmo natural** de um número x, escrito ln x, é a potência à qual o número e = 2,718. . . deve ser elevado para igualar x. Assim, ln 10,0 = 2,303, significando que $e^{2,303} = 10,0$. O valor de e pode parecer uma escolha arbitrária, mas ele ocorre naturalmente em muitas expressões matemáticas e seu uso simplifica muitas fórmulas. Os logaritmos comuns e naturais são relacionados pela expressão

$$\ln x = \ln 10 \times \log x$$

Na prática, uma aproximação conveniente é

$$\ln x \approx 2{,}303 \times \log x$$

O **antilogaritmo natural** de x é normalmente chamado de exponencial de e; isto é, é o valor de e elevado à potência x. Assim, o antilogaritmo natural de 2,303 é $e^{2{,}303} = 10{,}0$.

As seguintes relações entre os logaritmos são úteis. Estão escritas aqui para os logaritmos comuns, mas também se aplicam aos logaritmos naturais.

Relação	Exemplo
$\log 10^x = x$	$\log 10^{-7} = -7$
$\ln e^x = x$	$\ln e^{-kt} = -kt$
$\log x + \log y = \log xy$	$\log [Ag^+] + \log [Cl^-] =$ $\log [Ag^+][Cl^-]$
$\log x - \log y = \log(x/y)$	$\log A_0 - \log A = \log(A_0/A)$
$x \log y = \log y^x$	$2 \log [H^+] = \log([H^+]^2)$
$\log(1/x) = -\log x$	$\log(1/[H^+]) = -\log [H^+]$

Os logaritmos são úteis na resolução de expressões da forma

$$a^x = b$$

para o desconhecido x. (Esse tipo de cálculo pode aparecer no estudo da cinética química quando a ordem do reagente está sendo determinada.) Tomemos os logaritmos de ambos os lados

$$\log a^x = \log b$$

e, usando a relação dada na tabela acima, podemos escrever

$$x \log a = \log b$$

Portanto,

$$x = \frac{\log b}{\log a}$$

1E EQUAÇÕES E GRÁFICOS

Uma **equação do segundo grau** é uma equação da forma

$$ax^2 + bx + c = 0$$

As duas **raízes** da equação (as soluções) são dadas pela expressão

$$x = \frac{-b \pm \sqrt{b^2 - 4ac}}{2a}$$

As raízes da equação também podem ser determinadas graficamente (usando uma calculadora gráfica, por exemplo) verificando quando o gráfico $y(x) = ax^2 + bx + c$ passa por $y = 0$ (Figura 1). Quando uma equação do segundo grau aparece em um cálculo químico, só aceitamos as raízes que dão resultados fisicamente plausíveis. Por exemplo, se x for uma

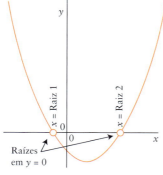

FIGURA 1 O gráfico de uma função da forma $y(x) = ax^2 + bx + c$ passa por $y = 0$ em dois pontos, que são as duas raízes da equação do segundo grau $ax^2 + bx + c = 0$.

concentração, então tem de ser um número positivo, e podemos ignorar a raiz negativa.

Pode acontecer que uma tabela de equilíbrio (com outro calculo) forneça uma equação cúbica:

$$ax^3 + bx^2 + cx + d = 0$$

É tedioso resolver as equações cúbicas exatamente; logo, é melhor usar programas matemáticos ou uma calculadora gráfica e identificar as posições em que o gráfico de $y(x)$ contra x passa por $y = 0$ (Figura 2).

Com frequência, os dados experimentais podem ser analisados de forma

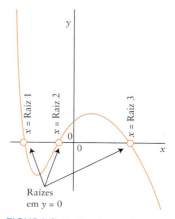

FIGURA 2 Gráfico de uma função da forma $y(x) = ax^3 + bx^2 + cx + d$ que passa por $y = 0$ em três pontos que são as três raízes da equação cúbica $ax^3 + bx^2 + cx + d = 0$.

mais eficaz por meio de um gráfico. Em muitos casos, o melhor procedimento é encontrar uma maneira de lançar o gráfico como uma linha reta. É mais fácil verificar se os dados caem mesmo em uma linha reta, porque pequenos desvios de uma curva são muito mais difíceis de reconhecer. Além disso, é muito fácil calcular a inclinação de uma reta, **extrapolar** (estender) uma linha reta além dos dados e **interpolar** entre pontos (isto é, encontrar um valor entre dois valores medidos).

A fórmula de um gráfico em linha reta de y (o eixo vertical) lançada contra x (o eixo horizontal) é

$$y = mx + b$$

Aqui b é o **intercepto** da linha com o eixo y (Figura 3), isto é, o valor de y quando a linha corta o eixo vertical em $x = 0$. A **inclinação** do gráfico, isto é, seu gradiente, é m. A inclinação pode ser calculada pela escolha de dois pontos, x_1 e x_2, e seus valores correspondentes no eixo y, y_1 e y_2, e pela substituição dos valores na fórmula

$$m = \frac{y_2 - y_1}{x_2 - x_1}$$

Como b é o intercepto e m é a inclinação, a equação da linha reta é equivalente a

$$y = (\text{inclinação} \times x) + \text{intercepto}$$

A recomendação atual é lançar valores adimensionais contra valores adimensionais. Assim, para colocar em gráfico o volume V de um gás (em centímetros cúbicos, cm^3) contra a pressão P (em pascals, Pa), os valores de V/cm^3 são lançados contra P/Pa. O resultado é que a inclinação e o intercepto são números

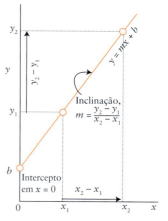

FIGURA 3 Linha reta $y(x) = mx + b$. O intersecto com a linha vertical em $x = 0$ é b e a inclinação é m.

A8 **Apêndice 1** Símbolos, Unidades e Técnicas Matemáticas

puros. Contudo, você também irá encontrar a prática comum de usar como eixos $V(\text{cm}^3)$ e $P(\text{Pa})$.

1F CÁLCULO AVANÇADO

O **cálculo diferencial** é a parte da matemática que trata da inclinação das curvas e das quantidades infinitesimais. A inclinação de uma curva em um dado ponto pode ser calculada considerando a linha reta que liga dois pontos x e $x + \delta x$, em que δx é pequeno. A inclinação desta linha é

$$\text{Inclinação} = \frac{y(x + \delta x) - y(x)}{\delta x}$$

No cálculo diferencial, a inclinação de uma curva é determinada deixando-se que a separação dos pontos fique infinitesimalmente pequena. A **primeira derivada** da função y com respeito a x é, então, definida como

$$\frac{\mathrm{d}y}{\mathrm{d}x} = \lim_{\delta x \to 0} \frac{y(x + \delta x) - y(x)}{\delta x}$$

em que "lim" significa o limite do que se segue – neste caso, o valor da expressão quando δx se aproxima do zero. Por exemplo, se $y(x) = x^2$,

$$\frac{\mathrm{d}y}{\mathrm{d}x} = \lim_{\delta x \to 0} \frac{(x + \delta x)^2 - x^2}{\delta x}$$

$$= \lim_{\delta x \to 0} \frac{x^2 + 2x\delta x + (\delta x)^2 - x^2}{\delta x}$$

$$= \lim_{\delta x \to 0} \frac{2x\delta x + (\delta x)^2}{\delta x} = \lim_{\delta x \to 0} (2x + \delta x) = 2x$$

Portanto, a inclinação do gráfico da função $y = x^2$ em qualquer ponto x é $2x$. O mesmo procedimento pode ser aplicado a outras funções. Na prática, entretanto, usualmente é mais conveniente consultar tabelas de primeiras derivadas que já foram obtidas. Uma seleção de funções comuns e suas primeiras derivadas é dada aqui.

Função, $y(x)$	Derivada, $\mathrm{d}y/\mathrm{d}x$
x^n	nx^{n-1}
$\ln x$	$1/x$
e^{ax}	ae^{ax}
$\mathrm{sen}\ ax$	$a \cos ax$
$\cos ax$	$-a\ \mathrm{sen}\ ax$

O **cálculo integral** permite a determinação da função original, dada sua primeira derivada. Assim, se soubermos que a primeira derivada é $2x$, então o cálculo integral permite deduzir que a função original é $y = x^2 + \text{constante}$. A constante é incluída porque, quando diferenciamos $x^2 + \text{constante}$, obtemos $2x$ para qualquer valor da constante. Formalmente, escrevemos

$$\int (2x)\,\mathrm{d}x = x^2 + \text{constante}$$

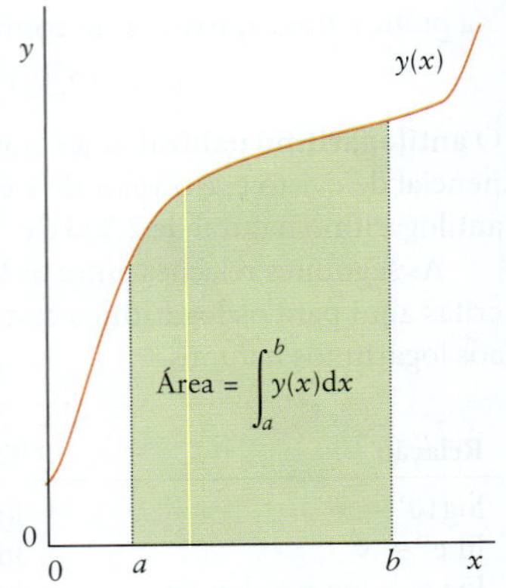

Segue-se que as funções da coluna à esquerda da tabela precedente são as integrais (a menos de uma constante) das funções da coluna à direita. Mais formalmente, elas são as **integrais indefinidas** da função ("indefinida" devido à presença de uma constante desconhecida), em contraste com as integrais "definidas", descritas a seguir. Tabelas de integrais indefinidas podem ser consultadas para exemplos mais complexos, e programas matemáticos ou calculadoras gráficas podem ser usados para avaliá-las.

Uma integral tem outra interpretação importante: a integral de uma função avaliada entre dois pontos a e b, que é escrita como $\int_a^b \ldots$ é a *área* sob a curva da função entre os dois pontos (Figura 4). Por exemplo, a área sob a curva $y(x) = \mathrm{sen}\ x$ entre $x = 0$ e $x = \pi$ é

$$\text{Área} = \int_0^{\pi} \mathrm{sen}\ x\,\mathrm{d}x = \left(\int \mathrm{sen}\ x\,\mathrm{d}x \right)_{\text{em } b} - \left(\int \mathrm{sen}\ x\,\mathrm{d}x \right)_{\text{em } a}$$

$$= \left(-\cos x + \text{constante} \right)_{\text{em } \pi} - \left(-\cos x + \text{constante} \right)_{\text{em } 0}$$

$$= 1 + 1 = 2$$

Uma integral com limites, como neste exemplo, é chamada de **integral definida** (porque a constante desconhecida foi cancelada).

FIGURA 4 A integral definida da função $y(x)$ entre $x = a$ e $x = b$ é igual à área sob a curva, definida pela curva, pelo eixo x e pelas duas linhas verticais que passam em a e b.

DADOS EXPERIMENTAIS

APÊNDICE 2

2A DADOS TERMODINÂMICOS A 25°C

Substâncias inorgânicas

Substância	Massa molar $M/(g \cdot mol^{-1})$	Entalpia de formação $\Delta H_f°/(kJ \cdot mol^{-1})$	Energia livre de Gibbs de formação $\Delta G_f°/(kJ \cdot mol^{-1})$	Capacidade calorífica molar $C_{P,m}/(J \cdot K^{-1} \cdot mol^{-1})$	Energia molar* $S_m°/(J \cdot K^{-1} \cdot mol^{-1})$
Alumínio					
$Al(s)$	26,98	0	0	24,35	28,33
$Al^{3+}(aq)$	26,98	−524,7	−481,2	—	−321,7
$Al(OH)_3(s)$	78,00	−1276	—	—	—
$Al_2O_3(s)$	101,96	−1675,7	−1582,35	79,04	50,92
$AlCl_3(s)$	133,33	−704,2	−628,8	91,84	110,67
$AlBr_3(s)$	266,68	−527,2	—	100,6	180,2
Antimônio					
$Sb(s)$	121,76	0	0	25,23	45,69
$SbH_3(g)$	124,78	+145,11	+147,75	41,05	232,78
$SbCl_3(g)$	228,11	−313,8	−301,2	76,69	337,80
$SbCl_5(g)$	299,01	−394,34	−334,29	121,13	401,94
Arsênio					
$As(s)$, cinzento	74,92	0	0	24,64	35,1
$AsO_4^{3-}(aq)$	138,92	−888,14	−648,41	—	−162,8
$As_2S_3(s)$	246,05	−169,0	−168,6	116,3	163,6
Bário					
$Ba(s)$	137,33	0	0	28,07	62,8
$Ba^{2+}(aq)$	137,33	−537,64	−560,77	—	+9,6
$BaO(s)$	153,33	−553,5	−525,1	47,78	70,42
$BaCO_3(s)$	197,34	−1216,3	−1137,6	85,35	112,1
$BaCO_3(aq)$	197,34	−1214,78	−1088,59	—	−47,3
Boro					
$B(s)$	10,81	0	0	11,09	5,86
$BF_3(g)$	67,81	−1137,0	−1120,3	50,46	254,12
$B_2O_3(s)$	69,62	−1272,8	−1193,7	62,93	53,97
Bromo					
$Br_2(l)$	159,80	0	0	75,69	152,23
$Br_2(g)$	159,80	+30,91	+3,11	36,02	245,46
$Br(g)$	79,90	+111,88	+82,40	20,79	175,02
$Br^-(aq)$	79,90	−121,55	−103,96	—	+82,4
$HBr(g)$	80,91	−36,40	−53,45	29,14	198,70
Cálcio					
$Ca(s)$	40,08	0	0	25,31	41,42
$Ca(g)$	40,08	+178,2	+144,3	20,79	154,88
$Ca^{2+}(aq)$	40,08	−542,83	−553,58	—	−53,1

*As entropias padrão dos íons em solução são determinadas fazendo-se a entropia padrão de H^+ na água igual a 0 e, então, definindo as entropias padrão de todos os demais íons em relação a esse valor. Logo, uma entropia padrão negativa significa que o valor é menor do que o de H^+ em água. Todas as entropias *absolutas* são positivas, e nenhum sinal precisa ser dado. Todas as entropias dos íons são relativas à do H^+ e são listadas aqui com um sinal (+ ou −).

A10 Apêndice 2 Dados experimentais

Substâncias inorgânicas (*continuação*)

Substância	Massa molar $M/(g \cdot mol^{-1})$	Entalpia de formação $\Delta H_f°/(kJ \cdot mol^{-1})$	Energia livre de Gibbs de formação $\Delta G_f°/(kJ \cdot mol^{-1})$	Capacidade calorífica molar $C_{P,m}/(J \cdot K^{-1} \cdot mol^{-1})$	Energia molar* $S_m°/(J \cdot K^{-1} \cdot mol^{-1})$
CaO(s)	56,08	−635,09	−604,03	42,80	39,75
CaC$_2$(s)	64,10	−59,8	−64,9	62,72	69,96
Ca(OH)$_2$(s)	74,10	−986,09	−898,49	87,49	83,39
Ca(OH)$_2$(aq)	74,10	−1002,82	−868,07	—	−74,5
CaF$_2$(s)	78,08	−1219,6	−1167,3	67,03	68,87
CaF$_2$(aq)	78,08	−1208,09	−1111,15	—	−80,8
CaCO$_3$(s), calcita	100,09	−1206,9	−1128,8	81,88	92,9
CaCO$_3$(s), aragonita	100,09	−1207,1	−1127,8	81,25	88,7
CaCO$_3$(aq)	100,09	−1219,97	−1081,39	—	−110,0
CaCl$_2$(s)	110,98	−795,8	−748,1	72,59	104,6
CaCl$_2$(aq)	110,98	−877,1	−816,0	—	59,8
CaSO$_4$(s)	136,14	−1434,11	−1321,79	99,66	106,7
CaSO$_4$(aq)	136,14	−1452,10	−1298,10	—	−33,1
CaBr$_2$(s)	199,88	−682,8	−663,6	72,59	130
Carbono (para compostos orgânicos, veja a tabela a seguir)					
C(s), grafita	12,01	0	0	8,53	5,740
C(s), diamante	12,01	+1,895	+2,900	6,11	2,377
C(g)	12,01	+716,68	+671,26	20,84	158,10
HCN(g)	27,03	+135,1	+124,7	35,86	201,78
HCN(l)	27,03	+108,87	+124,97	70,63	112,84
HCN(aq)	27,03	+107,1	+119,7	—	124,7
CO(g)	28,01	−110,53	−137,17	29,14	197,67
CO$_2$(g)	44,01	−393,51	−394,36	37,11	213,74
CO$_3^{2-}$(aq)	60,01	−677,14	−527,81	—	−56,9
CS$_2$(l)	76,15	+89,70	+65,27	75,7	151,34
CCl$_4$(l)	153,81	−135,44	−65,21	131,75	216,40
Cério					
Ce(s)	140,12	0	0	26,94	72,0
Ce^{3+}(aq)	140,12	−696,2	−672,0	—	−205
Ce^{4+}(aq)	140,12	−537,2	−503,8	—	−301
Chumbo					
Pb(s)	207,2	0	0	26,44	64,81
Pb^{2+}(aq)	207,2	−1,7	−24,43	—	+10,5
PbO$_2$(s)	239,2	−277,4	−217,33	64,64	68,6
PbSO$_4$(s)	303,3	−919,94	−813,14	103,21	148,57
PbBr$_2$(s)	367,0	−278,7	−261,92	80,12	161,5
PbBr$_2$(aq)	367,0	−244,8	−232,34	—	175,3
Cloro					
Cl$_2$(g)	70,90	0	0	33,91	223,07
Cl(g)	35,45	+121,68	+105,68	21,84	165,20
Cl$^-$(aq)	35,45	−167,16	−131,23	—	+56,5
HCl(g)	36,46	−92,31	−95,30	29,12	186,91
HCl(aq)	36,46	−167,16	−131,23	—	56,5
Cobre					
Cu(s)	63,55	0	0	24,44	33,15
Cu$^+$(aq)	63,55	+71,67	+49,98	—	+40,6
Cu^{2+}(aq)	63,55	+64,77	+65,49	—	−99,6
CuO(s)	79,55	−157,3	−129,7	42,30	42,63
Cu$_2$O(s)	143,10	−168,6	−146,0	63,64	93,14
CuSO$_4$(s)	159,61	−771,36	−661,8	100,0	109
CuSO$_4 \cdot 5H_2O$(s)	249,69	−2279,7	−1879,7	280	300,4

2A Dados termodinâmicos a 25°C   **A11**

Substância	Massa molar $M/(\text{g·mol}^{-1})$	Entalpia de formação $\Delta H_f°/(\text{kJ·mol}^{-1})$	Energia livre de Gibbs de formação $\Delta G_f°/(\text{kJ·mol}^{-1})$	Capacidade calorífica molar $C_{P,m}/(\text{J·K}^{-1}\text{·mol}^{-1})$	Energia molar* $S_m°/(\text{J·K}^{-1}\text{·mol}^{-1})$
Deutério					
$D_2(g)$	4,028	0	0	29,20	144,96
$D_2O(g)$	20,028	$-249,20$	$-234,54$	34,27	198,34
$D_2O(l)$	20,028	$-294,60$	$-243,44$	34,27	75,94
Enxofre					
$S(s)$, rômbico	32,06	0	0	22,64	31,80
$S(s)$, monoclínico	32,06	$+0,33$	$+0,1$	23,6	32,6
$S^{2-}(aq)$	32,06	$+33,1$	$+85,8$	—	$-14,6$
$H_2S(g)$	34,08	$-20,63$	$-33,56$	34,23	205,79
$H_2S(aq)$	34,08	$-39,7$	$-27,83$	—	121
$SO_2(g)$	64,06	$-296,83$	$-300,19$	39,87	248,22
$SO_3(g)$	80,06	$-395,72$	$-371,06$	50,67	256,76
$SO_4^{2-}(aq)$	96,06	$-909,27$	$-744,53$	—	$+20,1$
$HSO_4^{-}(aq)$	97,07	$-887,34$	$-755,91$	—	$+131,8$
$H_2SO_4(l)$	98,08	$-813,99$	$-690,00$	138,9	156,90
$SF_6(g)$	146,06	-1209	$-1105,3$	97,28	291,82
Estanho					
$Sn(s)$, branco	118,71	0	0	26,99	51,55
$Sn(s)$, cinza	118,71	$-2,09$	$+0,13$	25,77	44,14
$SnO(s)$	134,71	$-285,8$	$-256,9$	44,31	56,5
$SnO_2(s)$	150,71	$-580,7$	$-519,6$	52,59	52,3
Ferro					
$Fe(s)$	55,84	0	0	25,10	27,28
$Fe^{2+}(aq)$	55,84	$-89,1$	$-78,90$	—	$-137,7$
$Fe^{3+}(aq)$	55,84	$-48,5$	$-4,7$	—	$-315,9$
$FeS(s, \alpha)$	87,90	$-100,0$	$-100,4$	50,54	60,29
$FeS(aq)$	87,90	—	$+6,9$	—	—
$FeS_2(s)$	119,96	$-178,2$	$-166,9$	62,17	52,93
$Fe_2O_3(s)$, hematita	159,68	$-824,2$	$-742,2$	103,85	87,40
$Fe_3O_4(s)$, magnetita	231,52	$-1118,4$	$-1015,4$	143,43	146,4
Flúor					
$F_2(g)$	38,00	0	0	31,30	202,78
$F^{-}(aq)$	19,00	$-332,63$	$-278,79$	—	$-13,8$
$HF(g)$	20,01	$-271,1$	$-273,2$	29,13	173,78
$HF(aq)$	20,01	$-330,08$	$-296,82$	—	88,7
Fósforo					
$P(s)$, branco	30,97	0	0	23,84	41,09
$PH_3(g)$	33,99	$+5,4$	$+13,4$	37,11	210,23
$H_3PO_3(aq)$	81,99	$-964,8$	—	—	—
$H_3PO_4(l)$	97,99	$-1266,9$	—	—	—
$H_3PO_4(aq)$	97,99	$-1288,34$	$-1142,54$	—	158,2
$P_4(g)$	123,88	$+58,91$	$+24,44$	67,15	279,98
$PCl_3(l)$	137,32	$-319,7$	$-272,3$	—	217,18
$PCl_3(g)$	137,32	$-287,0$	$-267,8$	71,84	311,78
$PCl_5(g)$	208,22	$-374,9$	$-305,0$	112,8	364,6
$PCl_5(s)$	208,22	$-443,5$	—	—	—
$P_4O_6(s)$	219,88	-1640	—	—	—
$P_4O_{10}(s)$	283,88	$-2984,0$	$-2697,0$	—	228,86

(continua)

A12 Apêndice 2 Dados experimentais

Substâncias inorgânicas (*continuação*)

Substância	Massa molar $M/(\text{g·mol}^{-1})$	Entalpia de formação $\Delta H_f°/(\text{kJ·mol}^{-1})$	Energia livre de Gibbs de formação $\Delta G_f°/(\text{kJ·mol}^{-1})$	Capacidade calorífica molar $C_{P,m}/(\text{J·K}^{-1}·\text{mol}^{-1})$	Energia molar* $S_m°/(\text{J·K}^{-1}·\text{mol}^{-1})$
Hidrogênio (ver também Deutério)					
$H_2(g)$	2,0158	0	0	28,82	130,68
$H(g)$	1,0079	+217,97	+203,25	20,78	114,71
$H^+(aq)$	1,0079	0	0	0	0
$H_2O(l)$	18,02	−285,83	−237,13	75,29	69,91
$H_2O(g)$	18,02	−241,82	−228,57	33,58	188,83
$H_3O^+(aq)$	19,02	−285,83	−237,13	75,29	+69,91
$H_2O_2(l)$	34,02	−187,78	−120,35	89,1	109,6
$H_2O_2(aq)$	34,02	−191,17	−134,03	—	143,9
Iodo					
$I_2(s)$	253,80	0	0	54,44	116,14
$I_2(g)$	253,80	+62,44	+19,33	36,90	260,69
$I^-(aq)$	126,90	−55,19	−51,57	—	+111,3
$HI(g)$	127,91	+26,48	+1,70	29,16	206,59
Magnésio					
$Mg(s)$	24,31	0	0	24,89	32,68
$Mg(g)$	24,31	+147,70	−113,10	20,79	148,65
$Mg^{2+}(aq)$	24,31	−466,85	−454,8	—	−138,1
$MgO(s)$	40,31	−601,70	−569,43	37,15	26,94
$MgCO_3(s)$	84,32	−1095,8	−1012,1	75,52	65,7
$MgCl_2(s)$	95,21	−641,8	—	—	—
$MgBr_2(s)$	184,11	−524,3	−503,8	—	117,2
Manganês					
Mn	54,94	0	0	26,3	32,01
MnO_2	86,94	−520,0	−465,1	54,1	53,05
Mercúrio					
$Hg(l)$	200,59	0	0	27,98	76,02
$Hg(g)$	200,59	+61,32	+31,82	20,79	174,96
$HgO(s)$	216,59	−90,83	−58,54	44,06	70,29
$Hg_2Cl_2(s)$	472,08	−265,22	−210,75	102	192,5
Nitrogênio					
$N_2(g)$	28,02	0	0	29,12	191,61
$NH_3(g)$	17,03	−46,11	−16,45	35,06	192,45
$NH_3(aq)$	17,03	−80,29	−26,50	—	111,3
$NH_4^+(aq)$	18,04	−132,51	−79,31	—	+113,4
$NO(g)$	30,01	+90,25	+86,55	29,84	210,76
$N_2H_4(l)$	32,05	+50,63	+149,34	139,3	121,21
$NH_2OH(s)$	33,03	−114,2	—	—	—
$HN_3(g)$	43,04	+294,1	+328,1	98,87	238,97
$N_2O(g)$	44,02	+82,05	+104,20	38,45	219,85
$NO_2(g)$	46,01	+33,18	+51,31	37,20	240,06
$NH_4Cl(s)$	53,49	−314,43	−202,87	—	94,6
$NO_3^-(aq)$	62,02	−205,0	−108,74	—	+146,4
$HNO_3(l)$	63,02	−174,10	−80,71	109,87	155,60
$HNO_3(aq)$	63,02	−207,36	−111,25	—	146,4
$NH_4NO_3(s)$	80,05	−365,56	−183,87	84,1	151,08
$N_2O_4(g)$	92,02	+9,16	+97,89	77,28	304,29
$NH_4ClO_4(s)$	117,49	−295,31	−88,75	—	186,2
Oxigênio					
$O_2(g)$	32,00	0	0	29,36	205,14
$OH^-(aq)$	17,01	−229,99	−157,24	—	−10,75
$O_3(g)$	48,00	+142,7	+163,2	39,29	238,93

2A Dados termodinâmicos a 25°C — A13

Substância	Massa molar $M/(\text{g}\cdot\text{mol}^{-1})$	Entalpia de formação $\Delta H_f°/(\text{kJ}\cdot\text{mol}^{-1})$	Energia livre de Gibbs de formação $\Delta G_f°/(\text{kJ}\cdot\text{mol}^{-1})$	Capacidade calorífica molar $C_{P,\text{m}}/(\text{J}\cdot\text{K}^{-1}\cdot\text{mol}^{-1})$	Energia molar* $S_\text{m}°/(\text{J}\cdot\text{K}^{-1}\cdot\text{mol}^{-1})$
Potássio					
K(s)	39,10	0	0	29,58	64,18
K(g)	39,10	$+89,24$	$+60,59$	20,79	160,34
K^+(aq)	39,10	$-252,38$	$-283,27$	—	$+102,5$
KOH(s)	56,11	$-424,76$	$-379,08$	64,9	78,9
KOH(aq)	56,11	$-482,37$	$-440,50$	—	91,6
KF(s)	58,10	$-567,27$	$-537,75$	49,04	66,57
KCl(s)	74,55	$-436,75$	$-409,14$	51,30	82,59
K_2S(s)	110,26	$-380,7$	$-364,0$	—	105
K_2S(aq)	110,26	$-471,5$	$-480,7$	—	190,4
KBr(s)	119,00	$-393,80$	$-380,66$	52,30	95,90
$KClO_3$(s)	122,55	$-397,73$	$-296,25$	100,25	143,1
$KClO_4$(s)	138,55	$-432,75$	$-303,09$	112,38	151,0
KI(s)	166,00	$-327,90$	$-324,89$	52,93	106,32
Prata					
Ag(s)	107,87	0	0	25,35	42,55
Ag^+(aq)	107,87	$+105,58$	$+77,11$	—	$+72,68$
AgCl(s)	143,32	$-127,07$	$-109,79$	50,79	96,2
AgCl(aq)	143,32	$-61,58$	$-54,12$	—	129,3
$AgNO_3$(s)	169,88	$-124,39$	$-33,41$	93,05	140,92
AgBr(s)	187,77	$-100,37$	$-96,90$	52,38	107,1
AgBr(aq)	187,77	$-15,98$	$-26,86$	—	155,2
Ag_2O(s)	231,74	$-31,05$	$-11,20$	65,86	121,3
AgI(s)	234,77	$-61,84$	$-66,19$	56,82	115,5
AgI(aq)	234,77	$+50,38$	$+25,52$	—	184,1
Silício					
Si(s)	28,09	0	0	20,00	18,83
SiO_2(s, α)	60,09	$-910,94$	$-856,64$	44,43	41,84
Sódio					
Na(s)	22,99	0	0	28,24	51,21
Na(g)	22,99	$+107,32$	$+76,76$	20,79	153,71
Na^+(aq)	22,99	$-240,12$	$-261,91$	—	$+59,0$
NaOH(s)	40,00	$-425,61$	$-379,49$	59,54	64,46
NaOH(aq)	40,00	$-470,11$	$-419,15$	—	48,1
NaCl(s)	58,44	$-411,15$	$-384,14$	50,50	72,13
NaBr(s)	102,89	$-361,06$	$-348,98$	51,38	86,82
NaI(s)	149,89	$-287,78$	$-286,06$	52,09	98,53
Zinco					
Zn(s)	65,41	0	0	25,40	41,63
Zn^{2+}(aq)	65,41	$-153,89$	$-147,06$	—	$-112,1$
ZnO(s)	81,41	$-348,28$	$-318,30$	40,25	43,64

A14 Apêndice 2 Dados experimentais

Compostos orgânicos

Substância	Massa molar $M/(g \cdot mol^{-1})$	Entalpia de combustão $\Delta H_c°/$ $(kJ \cdot mol^{-1})$	Entalpia de formação $\Delta H_f°/$ $(kJ \cdot mol^{-1})$	Energia livre de Gibbs de formação $\Delta G_f°/(kJ \cdot mol^{-1})$	Capacidade calorífica molar $C_{P,m}/$ $(J \cdot K^{-1} \cdot mol^{-1})$	Energia molar $S_m°/$ $(J \cdot K^{-1} \cdot mol^{-1})$
Ácidos carboxílicos						
$HCOOH(l)$, ácido fórmico	46,02	−255	−424,72	−361,35	99,04	128,95
$CH_3COOH(l)$, ácido acético	60,05	−875	−484,5	−389,9	124,3	159,8
$CH_3COOH(aq)$	60,05	—	−485,76	−396,46	—	178,7
$CH_3CO_2^-(aq)$	59,04	—	−486,0	−396,30	—	+86,6
$(COOH)_2(s)$, ácido oxálico	90,04	−254	−827,2	−697,9	117	120
$C_6H_5COOH(s)$, ácido benzoico	122,12	−3227	−385,1	−245,3	146,8	167,6
Açúcares						
$C_6H_{12}O_6(s)$, glicose	180,15	−2808	−1268	−910	—	212
$C_6H_{12}O_6(aq)$	180,15	—	—	−917	—	—
$C_6H_{12}O_6(s)$, frutose	180,15	−2810	−1266	—	—	—
$C_{12}H_{22}O_{11}(s)$, sacarose	342,29	−5645	−2222	−1545	—	360
Álcoois e fenóis						
$CH_3OH(l)$, metanol	32,04	−726	−238,86	−166,27	81,6	126,8
$CH_3OH(g)$	32,04	−764	−200,66	−161,96	43,89	239,81
$C_2H_5OH(l)$, etanol	46,07	−1368	−277,69	−174,78	111,46	160,7
$C_2H_5OH(g)$	46,07	−1409	−235,10	−168,49	65,44	282,70
$C_6H_5OH(s)$, fenol	94,11	−3054	−164,6	−50,42	—	144,0
Aldeídos e cetonas						
$HCHO(g)$, metanal (formaldeído)	30,03	−571	−108,57	−102,53	35,40	218,77
$CH_3CHO(l)$, etanal (acetaldeído)	44,05	−1166	−192,30	−128,12	—	160,2
$CH_3CHO(g)$	44,05	−1192	−166,19	−128,86	57,3	250,3
$CH_3COCH_3(l)$, propanona (acetona)	58,08	−1790	−248,1	−155,4	124,7	200
Compostos de nitrogênio						
$CH_3NH_2(g)$, metilamina	31,06	−1085	−22,97	+32,16	53,1	243,41
$CO(NH_2)_2(s)$, ureia	60,06	−632	−333,51	−197,33	93,14	104,60
$NH_2CH_2COOH(s)$, glicina	75,07	−969	−532,9	−373,4	99,2	103,51
$C_6H_5NH_2(l)$, anilina	93,13	−3393	+31,6	+149,1	—	191,3

2A Dados termodinâmicos a 25°C   A15

Substância	Massa molar $M/(g \cdot mol^{-1})$	Entalpia de combustão $\Delta H_c°/$ $(kJ \cdot mol^{-1})$	Entalpia de formação $\Delta H_f°/$ $(kJ \cdot mol^{-1})$	Energia livre de Gibbs de formação $\Delta G_f°/(kJ \cdot mol^{-1})$	Capacidade calorífica molar $C_{P,m}/$ $(J \cdot K^{-1} \cdot mol^{-1})$	Energia molar $S_m°/$ $(J \cdot K^{-1} \cdot mol^{-1})$
Hidrocarbonetos						
$CH_4(g)$, metano	16,04	−890	−74,81	−50,72	35,69	186,26
$C_2H_2(g)$, etino (acetileno)	26,04	−1300	+226,73	+209,20	43,93	200,94
$C_2H_4(g)$, eteno (etileno)	28,05	−1411	+52,26	+68,15	43,56	219,56
$C_2H_6(g)$, etano	30,07	−1560	−84,68	−32,82	52,63	229,60
$C_3H_6(g)$, propeno (propileno)	42,08	−2058	+20,42	+62,78	63,89	266,6
$C_3H_6(g)$, ciclo-propano	42,08	−2091	+53,30	+104,45	55,94	237,4
$C_3H_8(g)$, propano	44,09	−2220	−103,85	−23,49	73,5	270,2
$C_4H_{10}(g)$, butano	58,12	−2878	−126,15	−17,03	97,45	310,1
$C_5H_{12}(g)$, pentano	72,14	−3537	−146,44	−8,20	120,2	349
$C_6H_6(l)$, benzeno	78,11	−3268	+49,0	+124,3	136,1	173,3
$C_6H_6(g)$	78,11	−3302	+82,9	+129,72	81,67	269,31
$C_6H_{12}(l)$, ciclo-hexano	84,15	−3920	−156,4	+26,7	156,5	204,4
$C_6H_{12}(g)$	84,15	−3953	—	—	—	—
$C_7H_8(l)$, tolueno	92,13	−3910	+12,0	+113,8	—	221,0
$C_7H_8(g)$	92,13	−3953	+50,0	+122,0	103,6	320,7
$C_8H_{18}(l)$, octano	114,22	−5471	−249,9	+6,4	—	358

2B POTENCIAIS PADRÃO A 25°C

Potenciais na ordem eletroquímica

Meia-reação de redução	$E°/V$	Meia-reação de redução	$E°/V$
Fortemente oxidantes		$NO_3^- + H_2O + 2\,e^- \rightarrow NO_2^- + 2\,OH^-$	$+0,01$
$H_4XeO_6 + 2\,H^+ + 2\,e^- \rightarrow XeO_3 + 3\,H_2O$	$+3,0$	$Ti^{4+} + e^- \rightarrow Ti^{3+}$	$0,00$
$F_2 + 2\,e^- \rightarrow 2\,F^-$	$+2,87$	$2\,H^+ + 2\,e^- \rightarrow H_2$	**0,** por definição
$O_3 + 2\,H^+ + 2\,e^- \rightarrow O_2 + H_2O$	$+2,07$	$Fe^{3+} + 3\,e^- \rightarrow Fe$	$-0,04$
$S_2O_8^{2-} + 2\,e^- \rightarrow 2\,SO_4^{2-}$	$+2,05$	$O_2 + H_2O + 2\,e^- \rightarrow HO_2^- + OH^-$	$-0,08$
$Ag^{2+} + e^- \rightarrow Ag^+$	$+1,98$	$Pb^{2+} + 2\,e^- \rightarrow Pb$	$-0,13$
$Co^{3+} + e^- \rightarrow Co^{2+}$	$+1,81$	$In^+ + e^- \rightarrow In$	$-0,14$
$H_2O_2 + 2\,H^+ + 2\,e^- \rightarrow 2\,H_2O$	$+1,78$	$Sn^{2+} + 2\,e^- \rightarrow Sn$	$-0,14$
$Au^+ + e^- \rightarrow Au$	$+1,69$	$AgI + e^- \rightarrow Ag + I^-$	$-0,15$
$Pb^{4+} + 2\,e^- \rightarrow Pb^{2+}$	$+1,67$	$Ni^{2+} + 2\,e^- \rightarrow Ni$	$-0,23$
$2\,HClO + 2\,H^+ + 2\,e^- \rightarrow Cl_2 + 2\,H_2O$	$+1,63$	$V^{3+} + e^- \rightarrow V^{2+}$	$-0,26$
$Ce^{4+} + e^- \rightarrow Ce^{3+}$	$+1,61$	$Co^{2+} + 2\,e^- \rightarrow Co$	$-0,28$
$2\,HBrO + 2\,H^+ + 2\,e^- \rightarrow Br_2 + 2\,H_2O$	$+1,60$	$In^{3+} + 3\,e^- \rightarrow In$	$-0,34$
$MnO_4^- + 8\,H^+ + 5\,e^- \rightarrow Mn^{2+} + 4\,H_2O$	$+1,51$	$Tl^+ + e^- \rightarrow Tl$	$-0,34$
$Mn^{3+} + e^- \rightarrow Mn^{2+}$	$+1,51$	$PbSO_4 + 2\,e^- \rightarrow Pb + SO_4^{2-}$	$-0,36$
$Au^{3+} + 3\,e^- \rightarrow Au$	$+1,40$	$Ti^{3+} + e^- \rightarrow Ti^{2+}$	$-0,37$
$Cl_2 + 2\,e^- \rightarrow 2\,Cl^-$	$+1,36$	$In^{2+} + e^- \rightarrow In^+$	$-0,40$
$Cr_2O_7^{2-} + 14\,H^+ + 6\,e^- \rightarrow 2\,Cr^{3+} + 7\,H_2O$	$+1,33$	$Cd^{2+} + 2\,e^- \rightarrow Cd$	$-0,40$
$O_3 + H_2O + 2\,e^- \rightarrow O_2 + 2\,OH^-$	$+1,24$	$Cr^{3+} + e^- \rightarrow Cr^{2+}$	$-0,41$
$O_2 + 4\,H^+ + 4\,e^- \rightarrow 2\,H_2O$	$+1,23$	$Fe^{2+} + 2\,e^- \rightarrow Fe$	$-0,44$
$MnO_2 + 4\,H^+ + 2\,e^- \rightarrow Mn^{2+} + 2\,H_2O$	$+1,23$	$In^{3+} + 2\,e^- \rightarrow In^+$	$-0,44$
$ClO_4^- + 2\,H^+ + 2\,e^- \rightarrow ClO_3^- + H_2O$	$+1,23$	$S + 2\,e^- \rightarrow S^{2-}$	$-0,48$
$Pt^{2+} + 2\,e^- \rightarrow Pt$	$+1,20$	$In^{3+} + e^- \rightarrow In^{2+}$	$-0,49$
$Br_2 + 2\,e^- \rightarrow 2\,Br^-$	$+1,09$	$Ga^+ + e^- \rightarrow Ga$	$-0,53$
$Pu^{4+} + e^- \rightarrow Pu^{3+}$	$+0,97$	$O_2 + e^- \rightarrow O_2^-$	$-0,56$
$NO_3^- + 4\,H^+ + 3\,e^- \rightarrow NO + 2\,H_2O$	$+0,96$	$U^{4+} + e^- \rightarrow U^{3+}$	$-0,61$
$2\,Hg^{2+} + 2\,e^- \rightarrow Hg_2^{2+}$	$+0,92$	$Se + 2\,e^- \rightarrow Se^{2-}$	$-0,67$
$ClO^- + H_2O + 2\,e^- \rightarrow Cl^- + 2\,OH^-$	$+0,89$	$Cr^{3+} + 3\,e^- \rightarrow Cr$	$-0,74$
$Hg^{2+} + 2\,e^- \rightarrow Hg$	$+0,85$	$Zn^{2+} + 2\,e^- \rightarrow Zn$	$-0,76$
$NO_3^- + 2\,H^+ + e^- \rightarrow NO_2 + H_2O$	$+0,80$	$Cd(OH)_2 + 2\,e^- \rightarrow Cd + 2\,OH^-$	$-0,81$
$Ag^+ + e^- \rightarrow Ag$	$+0,80$	$2\,H_2O + 2\,e^- \rightarrow H_2 + 2\,OH^-$	$-0,83$
$Hg_2^{2+} + 2\,e^- \rightarrow 2\,Hg$	$+0,79$	$Te + 2\,e^- \rightarrow Te^{2-}$	$-0,84$
$AgF + e^- \rightarrow Ag + F^-$	$+0,78$	$Cr^{2+} + 2\,e^- \rightarrow Cr$	$-0,91$
$Fe^{3+} + e^- \rightarrow Fe^{2+}$	$+0,77$	$Mn^{2+} + 2\,e^- \rightarrow Mn$	$-1,18$
$BrO^- + H_2O + 2\,e^- \rightarrow Br^- + 2\,OH^-$	$+0,76$	$V^{2+} + 2\,e^- \rightarrow V$	$-1,19$
$MnO_4^{2-} + 2\,H_2O + 2\,e^- \rightarrow MnO_2 + 4\,OH^-$	$+0,60$	$Ti^{2+} + 2\,e^- \rightarrow Ti$	$-1,63$
$MnO_4^- + e^- \rightarrow MnO_4^{2-}$	$+0,56$	$Al^{3+} + 3\,e^- \rightarrow Al$	$-1,66$
$I_2 + 2\,e^- \rightarrow 2\,I^-$	$+0,54$	$U^{3+} + 3\,e^- \rightarrow U$	$-1,79$
$I_3^- + 2\,e^- \rightarrow 3\,I^-$	$+0,53$	$Be^{2+} + 2\,e^- \rightarrow Be$	$-1,85$
$Cu^+ + e^- \rightarrow Cu$	$+0,52$	$Mg^{2+} + 2\,e^- \rightarrow Mg$	$-2,36$
$Ni(OH)_3 + e^- \rightarrow Ni(OH)_2 + OH^-$	$+0,49$	$Ce^{3+} + 3\,e^- \rightarrow Ce$	$-2,48$
$O_2 + 2\,H_2O + 4\,e^- \rightarrow 4\,OH^-$	$+0,40$	$La^{3+} + 3\,e^- \rightarrow La$	$-2,52$
$ClO_4^- + H_2O + 2\,e^- \rightarrow ClO_3^- + 2\,OH^-$	$+0,36$	$Na^+ + e^- \rightarrow Na$	$-2,71$
$Cu^{2+} + 2\,e^- \rightarrow Cu$	$+0,34$	$Ca^{2+} + 2\,e^- \rightarrow Ca$	$-2,87$
$Hg_2Cl_2 + 2\,e^- \rightarrow 2\,Hg + 2\,Cl^-$	$+0,27$	$Sr^{2+} + 2\,e^- \rightarrow Sr$	$-2,89$
$AgCl + e^- \rightarrow Ag + Cl^-$	$+0,22$	$Ba^{2+} + 2\,e^- \rightarrow Ba$	$-2,91$
$Bi^{3+} + 3\,e^- \rightarrow Bi$	$+0,20$	$Ra^{2+} + 2\,e^- \rightarrow Ra$	$-2,92$
$SO_4^{2-} + 4\,H^+ + 2\,e^- \rightarrow H_2SO_3 + H_2O$	$+0,17$	$Cs^+ + e^- \rightarrow Cs$	$-2,92$
$Cu^{2+} + e^- \rightarrow Cu^+$	$+0,15$	$Rb^+ + e^- \rightarrow Rb$	$-2,93$
$Sn^{4+} + 2\,e^- \rightarrow Sn^{2+}$	$+0,15$	$K^+ + e^- \rightarrow K$	$-2,93$
$AgBr + e^- \rightarrow Ag + Br^-$	$+0,07$	$Li^+ + e^- \rightarrow Li$	$-3,05$

2B Potenciais padrão a 25°C — A17

Meia-reação de redução	E°/V	Meia-reação de redução	E°/V
Fortemente redutores		$In^{2+} + e^- \rightarrow In^+$	$-0,40$
$Ag^+ + e^- \rightarrow Ag$	$+0,80$	$In^{3+} + e^- \rightarrow In^{2+}$	$-0,49$
$Ag^{2+} + e^- \rightarrow Ag^+$	$+1,98$	$In^{3+} + 2\,e^- \rightarrow In^+$	$-0,44$
$AgBr + e^- \rightarrow Ag + Br^-$	$+0,07$	$In^{3+} + 3\,e^- \rightarrow In$	$-0,34$
$AgCl + e^- \rightarrow Ag + Cl^-$	$+0,22$	$K^+ + e^- \rightarrow K$	$-2,93$
$AgF + e^- \rightarrow Ag + F^-$	$+0,78$	$La^{3+} + 3\,e^- \rightarrow La$	$-2,52$
$AgI + e^- \rightarrow Ag + I^-$	$-0,15$	$Li^+ + e^- \rightarrow Li$	$-3,05$
$Al^{3+} + 3\,e^- \rightarrow Al$	$-1,66$	$Mg^{2+} + 2\,e^- \rightarrow Mg$	$-2,36$
$Au^+ + e^- \rightarrow Au$	$+1,69$	$Mn^{2+} + 2\,e^- \rightarrow Mn$	$-1,18$
$Au^{3+} + 3\,e^- \rightarrow Au$	$+1,40$	$Mn^{3+} + e^- \rightarrow Mn^{2+}$	$+1,51$
$Ba^{2+} + 2\,e^- \rightarrow Ba$	$-2,91$	$MnO_2 + 4\,H^+ + 2\,e^- \rightarrow Mn^{2+} + 2\,H_2O$	$+1,23$
$Be^{2+} + 2\,e^- \rightarrow Be$	$-1,85$	$MnO_4^- + e^- \rightarrow MnO_4^{2-}$	$+0,56$
$Bi^{3+} + 3\,e^- \rightarrow Bi$	$+0,20$	$MnO_4^- + 8\,H^+ + 5\,e^- \rightarrow Mn^{2+} + 4\,H_2O$	$+1,51$
$Br_2 + 2\,e^- \rightarrow 2\,Br^-$	$+1,09$	$MnO_4^{2-} + 2\,H_2O + 2\,e^- \rightarrow MnO_2 + 4\,OH^-$	$+0,60$
$BrO^- + H_2O + 2\,e^- \rightarrow Br^- + 2\,OH^-$	$+0,76$	$NO_3^- + 2\,H^+ + e^- \rightarrow NO_2 + H_2O$	$+0,80$
$Ca^{2+} + 2\,e^- \rightarrow Ca$	$-2,87$	$NO_3^- + 4\,H^+ + 3\,e^- \rightarrow NO + 2\,H_2O$	$+0,96$
$Cd^{2+} + 2\,e^- \rightarrow Cd$	$-0,40$	$NO_3^- + H_2O + 2\,e^- \rightarrow NO_2^- + 2\,OH^-$	$+0,01$
$Cd(OH)_2 + 2\,e^- \rightarrow Cd + 2\,OH^-$	$-0,81$	$Na^+ + e^- \rightarrow Na$	$-2,71$
$Ce^{3+} + 3\,e^- \rightarrow Ce$	$-2,48$	$Ni^{2+} + 2\,e^- \rightarrow Ni$	$-0,23$
$Ce^{4+} + e^- \rightarrow Ce^{3+}$	$+1,61$	$Ni(OH)_3 + e^- \rightarrow Ni(OH)_2 + OH^-$	$+0,49$
$Cl_2 + 2\,e^- \rightarrow 2\,Cl^-$	$+1,36$	$O_2 + e^- \rightarrow O_2^-$	$-0,56$
$ClO^- + H_2O + 2\,e^- \rightarrow Cl^- + 2\,OH^-$	$+0,89$	$O_2 + 4\,H^+ + 4\,e^- \rightarrow 2\,H_2O$	$+1,23$
$ClO_4^- + 2\,H^+ + 2\,e^- \rightarrow ClO_3^- + H_2O$	$+1,23$	$O_2 + H_2O + 2\,e^- \rightarrow HO_2^- + OH^-$	$-0,08$
$ClO_4^- + H_2O + 2\,e^- \rightarrow ClO_3^- + 2\,OH^-$	$+0,36$	$O_2 + 2\,H_2O + 4\,e^- \rightarrow 4\,OH^-$	$+0,40$
$Co^{2+} + 2\,e^- \rightarrow Co$	$-0,28$	$O_3 + 2\,H^+ + 2\,e^- \rightarrow O_2 + H_2O$	$+2,07$
$Co^{3+} + e^- \rightarrow Co^{2+}$	$+1,81$	$O_3 + H_2O + 2\,e^- \rightarrow O_2 + 2\,OH^-$	$+1,24$
$Cr^{2+} + 2\,e^- \rightarrow Cr$	$-0,91$	$Pb^{2+} + 2\,e^- \rightarrow Pb$	$-0,13$
$Cr_2O_7^{2-} + 14\,H^+ + 6\,e^- \rightarrow 2\,Cr^{3+} + 7\,H_2O$	$+1,33$	$Pb^{4+} + 2\,e^- \rightarrow Pb^{2+}$	$+1,67$
$Cr^{3+} + 3\,e^- \rightarrow Cr$	$-0,74$	$PbSO_4 + 2\,e^- \rightarrow Pb + SO_4^{2-}$	$-0,36$
$Cr^{3+} + e^- \rightarrow Cr^{2+}$	$-0,41$	$Pt^{2+} + 2\,e^- \rightarrow Pt$	$+1,20$
$Cs^+ + e^- \rightarrow Cs$	$-2,92$	$Pu^{4+} + e^- \rightarrow Pu^{3+}$	$+0,97$
$Cu^+ + e^- \rightarrow Cu$	$+0,52$	$Ra^{2+} + 2\,e^- \rightarrow Ra$	$-2,92$
$Cu^{2+} + 2\,e^- \rightarrow Cu$	$+0,34$	$Rb^+ + e^- \rightarrow Rb$	$-2,93$
$Cu^{2+} + e^- \rightarrow Cu^+$	$+0,15$	$S + 2\,e^- \rightarrow S^{2-}$	$-0,48$
$F_2 + 2\,e^- \rightarrow 2\,F^-$	$+2,87$	$SO_4^{2-} + 4\,H^+ + 2\,e^- \rightarrow H_2SO_3 + H_2O$	$+0,17$
$Fe^{2+} + 2\,e^- \rightarrow Fe$	$-0,44$	$S_2O_8^{2-} + 2\,e^- \rightarrow 2\,SO_4^{2-}$	$+2,05$
$Fe^{3+} + 3\,e^- \rightarrow Fe$	$-0,04$	$Se + 2\,e^- \rightarrow Se^{2-}$	$-0,67$
$Fe^{3+} + e^- \rightarrow Fe^{2+}$	$+0,77$	$Sn^{2+} + 2\,e^- \rightarrow Sn$	$-0,14$
$Ga^+ + e^- \rightarrow Ga$	$-0,53$	$Sn^{4+} + 2\,e^- \rightarrow Sn^{2+}$	$+0,15$
$2\,H^+ + 2\,e^- \rightarrow H_2$	**0**, por definição	$Sr^{2+} + 2\,e^- \rightarrow Sr$	$-2,89$
$2\,HBrO + 2\,H^+ + 2\,e^- \rightarrow Br_2 + 2\,H_2O$	$+1,60$	$Te + 2\,e^- \rightarrow Te^{2-}$	$-0,84$
$2\,HClO + 2\,H^+ + 2\,e^- \rightarrow Cl_2 + 2\,H_2O$	$+1,63$	$Ti^{2+} + 2\,e^- \rightarrow Ti$	$-1,63$
$2\,H_2O + 2\,e^- \rightarrow H_2 + 2\,OH^-$	$-0,83$	$Ti^{3+} + e^- \rightarrow Ti^{2+}$	$-0,37$
$H_2O_2 + 2\,H^+ + 2\,e^- \rightarrow 2\,H_2O$	$+1,78$	$Ti^{4+} + e^- \rightarrow Ti^{3+}$	$0,00$
$H_4XeO_6 + 2\,H^+ + 2\,e^- \rightarrow XeO_3 + 3\,H_2O$	$+3,0$	$Tl^+ + e^- \rightarrow Tl$	$-0,34$
$Hg_2^{2+} + 2\,e^- \rightarrow 2\,Hg$	$+0,79$	$U^{3+} + 3\,e^- \rightarrow U$	$-1,79$
$Hg^{2+} + 2\,e^- \rightarrow Hg$	$+0,85$	$U^{4+} + e^- \rightarrow U^{3+}$	$-0,61$
$2\,Hg^{2+} + 2\,e^- \rightarrow Hg_2^{2+}$	$+0,92$	$V^{2+} + 2\,e^- \rightarrow V$	$-1,19$
$Hg_2Cl_2 + 2\,e^- \rightarrow 2\,Hg + 2\,Cl^-$	$+0,27$	$V^{3+} + e^- \rightarrow V^{2+}$	$-0,26$
$I_2 + 2\,e^- \rightarrow 2\,I^-$	$+0,54$	$Zn^{2+} + 2\,e^- \rightarrow Zn$	$-0,76$
$I_3^- + 2\,e^- \rightarrow 3\,I^-$	$+0,53$		
$In^+ + e^- \rightarrow In$	$-0,14$		

2C CONFIGURAÇÕES ELETRÔNICAS NO ESTADO FUNDAMENTAL*

Z	Símbolo	Configuração	Z	Símbolo	Configuração
1	H	$1s^1$	58	Ce	$[Xe]4f^15d^16s^2$
2	He	$1s^2$	59	Pr	$[Xe]4f^36s^2$
3	Li	$[He]2s^1$	60	Nd	$[Xe]4f^46s^2$
4	Be	$[He]2s^2$	61	Pm	$[Xe]4f^56s^2$
5	B	$[He]2s^22p^1$	62	Sm	$[Xe]4f^66s^2$
6	C	$[He]2s^22p^2$	63	Eu	$[Xe]4f^76s^2$
7	N	$[He]2s^22p^3$	64	Gd	$[Xe]4f^75d^16s^2$
8	O	$[He]2s^22p^4$	65	Tb	$[Xe]4f^96s^2$
9	F	$[He]2s^22p^5$	66	Dy	$[Xe]4f^{10}6s^2$
10	Ne	$[He]2s^22p^6$	67	Ho	$[Xe]4f^{11}6s^2$
11	Na	$[Ne]3s^1$	68	Er	$[Xe]4f^{12}6s^2$
12	Mg	$[Ne]3s^2$	69	Tm	$[Xe]4f^{13}6s^2$
13	Al	$[Ne]3s^23p^1$	70	Yb	$[Xe]4f^{14}6s^2$
14	Si	$[Ne]3s^23p^2$	71	Lu	$[Xe]4f^{14}5d^16s^2$
15	P	$[Ne]3s^23p^3$	72	Hf	$[Xe]4f^{14}5d^26s^2$
16	S	$[Ne]3s^23p^4$	73	Ta	$[Xe]4f^{14}5d^36s^2$
17	Cl	$[Ne]3s^23p^5$	74	W	$[Xe]4f^{14}5d^46s^2$
18	Ar	$[Ne]3s^23p^6$	75	Re	$[Xe]4f^{14}5d^56s^2$
19	K	$[Ar]4s^1$	76	Os	$[Xe]4f^{14}5d^66s^2$
20	Ca	$[Ar]4s^2$	77	Ir	$[Xe]4f^{14}5d^76s^2$
21	Sc	$[Ar]3d^14s^2$	78	Pt	$[Xe]4f^{14}5d^96s^1$
22	Ti	$[Ar]3d^24s^2$	79	Au	$[Xe]4f^{14}5d^{10}6s^1$
23	V	$[Ar]3d^34s^2$	80	Hg	$[Xe]4f^{14}5d^{10}6s^2$
24	Cr	$[Ar]3d^54s^1$	81	Tl	$[Xe]4f^{14}5d^{10}6s^26p^1$
25	Mn	$[Ar]3d^54s^2$	82	Pb	$[Xe]4f^{14}5d^{10}6s^26p^2$
26	Fe	$[Ar]3d^64s^2$	83	Bi	$[Xe]4f^{14}5d^{10}6s^26p^3$
27	Co	$[Ar]3d^74s^2$	84	Po	$[Xe]4f^{14}5d^{10}6s^26p^4$
28	Ni	$[Ar]3d^84s^2$	85	At	$[Xe]4f^{14}5d^{10}6s^26p^5$
29	Cu	$[Ar]3d^{10}4s^1$	86	Rn	$[Xe]4f^{14}5d^{10}6s^26p^6$
30	Zn	$[Ar]3d^{10}4s^2$	87	Fr	$[Rn]7s^1$
31	Ga	$[Ar]3d^{10}4s^24p^1$	88	Ra	$[Rn]7s^2$
32	Ge	$[Ar]3d^{10}4s^24p^2$	89	Ac	$[Rn]6d^17s^2$
33	As	$[Ar]3d^{10}4s^24p^3$	90	Th	$[Rn]6d^27s^2$
34	Se	$[Ar]3d^{10}4s^24p^4$	91	Pa	$[Rn]5f^26d^17s^2$
35	Br	$[Ar]3d^{10}4s^24p^5$	92	U	$[Rn]5f^36d^17s^2$
36	Kr	$[Ar]3d^{10}4s^24p^6$	93	Np	$[Rn]5f^46d^17s^2$
37	Rb	$[Kr]5s^1$	94	Pu	$[Rn]5f^67s^2$
38	Sr	$[Kr]5s^2$	95	Am	$[Rn]5f^77s^2$
39	Y	$[Kr]4d^15s^2$	96	Cm	$[Rn]5f^76d^17s^2$
40	Zr	$[Kr]4d^25s^2$	97	Bk	$[Rn]5f^97s^2$
41	Nb	$[Kr]4d^45s^1$	98	Cf	$[Rn]5f^{10}7s^2$
42	Mo	$[Kr]4d^55s^1$	99	Es	$[Rn]5f^{11}7s^2$
43	Tc	$[Kr]4d^55s^2$	100	Fm	$[Rn]5f^{12}7s^2$
44	Ru	$[Kr]4d^75s^1$	101	Md	$[Rn]5f^{13}7s^2$
45	Rh	$[Kr]4d^85s^1$	102	No	$[Rn]5f^{14}7s^2$
46	Pd	$[Kr]4d^{10}$	103	Lr	$[Rn]5f^{14}6d^17s^2$
47	Ag	$[Kr]4d^{10}5s^1$	104	Rf	$[Rn]5f^{14}6d^27s^2$ (?)
48	Cd	$[Kr]4d^{10}5s^2$	105	Db	$[Rn]5f^{14}6d^37s^2$ (?)
49	In	$[Kr]4d^{10}5s^25p^1$	106	Sg	$[Rn]5f^{14}6d^47s^2$ (?)
50	Sn	$[Kr]4d^{10}5s^25p^2$	107	Bh	$[Rn]5f^{14}6d^57s^2$ (?)
51	Sb	$[Kr]4d^{10}5s^25p^3$	108	Hs	$[Rn]5f^{14}6d^67s^2$ (?)
52	Te	$[Kr]4d^{10}5s^25p^4$	109	Mt	$[Rn]5f^{14}6d^77s^2$ (?)
53	I	$[Kr]4d^{10}5s^25p^5$	110	Ds	$[Rn]5f^{14}6d^87s^2$ (?)
54	Xe	$[Kr]4d^{10}5s^25p^6$	111	Rg	$[Rn]5f^{14}6d^{10}7s^1$ (?)
55	Cs	$[Xe]6s^1$	112	Cn	$[Rn]5f^{14}6d^{10}7s^2$ (?)
56	Ba	$[Xe]6s^2$	114	Fl	$[Rn]5f^{14}6d^{10}7s^2\,7p^2$(?)
57	La	$[Xe]5d^16s^2$	116	Lv	$[Rn]5f^{14}6d^{10}7s^2\,7p^4$(?)

*As configurações eletrônicas seguidas por um ponto de interrogação são especulações.

2D OS ELEMENTOS

Elemento	Símbolo	Número atômico	Massa molar* (g·mol⁻¹)	Estado normal†	Densidade (g·cm⁻³)	Ponto de fusão (°C)	Ponto de ebulição (°C)	Energias de ionização (kJ·mol⁻¹)	Afinidade eletrônica (kJ·mol⁻¹)	Eletronega-tividade	Números de oxidação principais	Raio atômico (pm)	Raio iônico‖ (pm)
actínio (do grego *aktis*, raio)	Ac	89	(227)	s, m	10,07	1050	3200	499, 1170, 1900	—	1,1	+3	188	118(3+)
alumínio (de alúmen, sais da forma KAl(SO₄)₂·12H₂O)	Al	13	26,98	s, m	2,70	660	2467	577, 1817, 2744	+43	1,6	+3	143	54(3+)
amerício (as Américas)	Am	95	(243)	s, m	13,67	990	2600	578	—	1,3	+3	173	107(3+)
antimônio (do grego *anti-monos*, não sozinho; do latim *stibium*)	Sb	51	121,76	s, md	6,69	631	1750	834, 1794, 2443	+103	2,1	−3, +3, +5	141	89(3+)
argônio (do grego *argos*, inativo)	Ar	18	39,95	g, nm	1,66‡	−189	−186	1520	<0	—	0	174	—
arsênio (do grego *arsenikos*, macho)	As	33	74,92	s, md	5,78	613§	350	947, 1798	+78	2,2	−3, +3, +5	125	222(3−)
astatínio (do grego *astatos*, instável)	At	85	(210)	s, nm	—	300	350	1037, 1600	+270	2,0	−1	—	227(1−)
bário (do grego *barys*, pesado)	Ba	56	137,33	s, m	3,59	710	1640	502, 965	+14	0,89	+2	217	135(2+)
berílio (do mineral berilo, Be₃Al₂SiO₁₈)	Be	4	9,01	s, m	1,85	1285	2470	900, 1757	<0	1,6	+2	113	34(2+)
berquélio (Berkeley, Califórnia, EUA)	Bk	97	(247)	s, m	14,79	986	—	601	—	1,3	+3	—	87(4+)
bismuto (do alemão *weisse masse*, massa branca)	Bi	83	208,98	s, m	8,90	271	1650	703, 1610, 2466	+91	2	+3, +5	155	96(3+)
bóhrio (Niels Bohr)	Bh	107	(264)	—	—	—	—	660	—	—	+5	128#	83(5+)#
boro (do árabe *buraq*, bórax, Na₂B₄O₇·10H₂O; bor(ax) + (carbon)o)	B	5	10,81	s, md	2,47	2300	3931	799, 2427, 3660	+27	2	+3	88	23(3+)
bromo (do grego *bromos*, odor ruim)	Br	35	79,90	l, nm	3,12	−7	59	1140, 2104	+325	3	−1, +1, +3, +4, +5, +7	114	196(1−)
cádmio (do grego *Cadmus*, fundador de Tebas)	Cd	48	112,41	s, m	8,65	321	765	868, 1631	<0	1,7	+2	149	103(2+)
cálcio (do latim *calx*, cal)	Ca	20	40,08	s, m	1,53	840	1490	590, 1145, 4910	+2	1,3	+2	197	100(2+)
califórnio (Califórnia, EUA)	Cf	98	(251)	s, m	—	—	—	608	—	1,3	+3	169	117(2+)

(continua)

*Os parênteses nas massas molares indicam o isótopo mais estável de um elemento radioativo.

†O estado normal é o estado do elemento na temperatura e pressão normais (20°C e 1 atm). s significa sólido; l, líquido; g, gás; m, metal; nm, não metal; e md, metaloide.

‡A densidade dada é para o líquido.

§O sólido sublima.

‖Carga entre parênteses.

#Raios atômicos e iônicos estimados.

A20 Apêndice 2 Dados experimentais

Elemento	Símbolo	Número atômico	Massa molar* (g·mol⁻¹)	Estado normal†	Densidade (g·cm⁻³)	Ponto de fusão (°C)	Ponto de ebulição (°C)	Energias de ionização (kJ·mol⁻¹)	Afinidade eletrônica (kJ·mol⁻¹)	Eletronegatividade	Números de oxidação principais	Raio atômico (pm)	Raio iônico‖ (pm)
carbono (do latim *carbo*, carvão)	C	6	12,01	s, nm	2,27	3700§	—	1090, 2352, 4620	+122	2,6	−4, −1, +2, +4	77	260(4−)
cério (o asteroide Ceres, descoberto dois dias antes)	Ce	58	140,12	s, m	6,71	800	3000	527, 1047, 1949	<50	1,1	+3, +4	183	107(3+)
césio (do latim *caesius*, céu azul)	Cs	55	132,91	s, m	1,87	28	678	376, 2420	+46	0,79	+1	265	167(1+)
chumbo (do latim *plumbum*, chumbo)	Pb	82	207,2	s, m	11,34	328	1760	716, 1450	+35	2,3	+2, +4	175	132(2+)
cloro (do grego *chloros*, verde amarelado)	Cl	17	35,45	g, nm	1,66‡	−101	239	1255, 2297	+349	3,2	−1, +1, +3, +4, +5, +6, +7	99	181(1−)
cobalto (do alemão *Kobold*, espírito mau; do grego *kobalos*, duende)	Co	27	58,93	s, m	8,80	1494	2900	760, 1646, 3232	+64	1,9	+3, +6	125	64(3+)
cobre (do latim *cuprum*, de Chipre)	Cu	29	63,55	s, m	8,93	1083	2567	785, 1958, 3554	+118	1,9	+1, +2	128	72(2+)
copernício (Nicolaus Copernicus)	Cn	112	(285)	—	—	—	—	—	—	—	—	—	—
crômio (do grego *chroma*, cor)	Cr	24	52,00	s, m	7,19	1860	2600	653, 1592, 2987	+64	1,7	+2, +3	125	84(2+)
cúrio (Marie Curie)	Cm	96	(247)	s, m	13,30	1340	—	581	—	1,3	+3	174	99(3+)
darmstádtio (cidade da Alemanha)	Ds	110	—	—	—	—	—	—	—	—	—	—	—
disprósio (do grego *dysprositos*, difícil de alcançar)	Dy	66	162,50	s, m	8,53	1410	2600	572, 1126, 2200	—	1,2	+3	177	91(3+)
dúbnio (Dubna)	Db	105	(262)	s, m	29	—	—	640	—	—	+5	139#	68(5+)#
einstéinio (Albert Einstein)	Es	99	(252)	s, m	—	—	—	619	<50	1,3	+3	203	98(3+)
enxofre (do sânscrito *sulvere*)	S	16	32,06	s, nm	2,09	115	445	1000, 2251	+200, −532	2,6	−2, +4, +6	104	184(2−)
érbio (Ytterby, cidade na Suécia)	Er	68	167,26	s, m	9,04	1520	2600	589, 1151, 2194	<50	1,2	+3	176	89(3+)
escândio (do latim *Scandia*, Escandinávia)	Sc	21	44,96	s, m	2,99	1540	2800	631, 1235	+18	1,4	+3	161	83(3+)
estanho (anglo-saxão *tin*, do latim *stannum*)	Sn	50	118,71	s, m	7,29	232	2720	707, 1412	+116	2,0	+2, +4	141	93(2+)
estrôncio (Strontian, Escócia)	Sr	38	87,62	s, m	2,58	770	1380	548, 1064	+5	0,95	+2	215	118(2+)
európio (Europa)	Eu	63	151,96	s, m	5,25	820	1450	547, 1085, 2404	<50	—	+3	204	98(3+)

2D Os elementos — A21

Nome (origem)	Símbolo	Z	Massa atômica	Classe	Densidade	P.F. (°C)	P.E. (°C)	Energias de ionização	Afinidade eletrônica	Eletronegatividade	Estados de oxidação	Raio atômico	Raio iônico
férmio (Enrico Fermi, físico italiano)	Fm	100	(257)	s, m	—	—	—	627	—	1,3	+3	—	91(3+)
ferro (do latim *ferrum*, ferro)	Fe	26	55,84	s, m	7,87	1540	2760	759, 1561, 2957	+16	1,8	+2, +3	124	82(2+)
fleróvio (Georgy Flyorov, físico russo)	Fl	114	(298)	—	—	—	—	—	—	—	—	—	—
flúor (do latim *fluere*, fluir)	F	9	19,00	g, nm	1,51‡	−220	−188	1680, 3374	+328	4,0	−1	58	133(1−)
fósforo (do grego *phosphoros*, portador da luz)	P	15	30,97	s, nm	1,82	44	280	1011, 1903, 2912	+72	2,2	−3, +3, +5	110	212(3−)
frâncio (França)	Fr	87	(223)	s, m	—	27	677	400	+44	0,7	+1	270	180(1+)
gadolínio (Johann Gadolin, químico finlandês)	Gd	64	157,25	s, m	7,87	1310	3000	592, 1167, 1990	<50	1,2	+2, +3	180	97(3+)
gálio (do latim *Gallia*, França)	Ga	31	69,72	s, m	5,91	30	2403	577, 1979, 2963	+29	1,6	+1, +3	122	62(3+)
germânio (do latim *Germania*, Alemanha)	Ge	32	72,64	s, md	5,32	937	2830	784, 1557, 3302	+116	2,0	+2, +4	122	90(2+)
háfnio (do latim *Hafnia*, Copenhagen, Dinamarca)	Hf	72	178,49	s, m	13,28	2230	5300	642, 1440, 2250	0	1,3	+4	156	84(3+)
hássio (Hesse, um estado alemão)	Hs	108	(277)	—	—	—	—	750	—	—	+3	126#	80(4+)#
hélio (do grego *helios*, o sol)	He	2	4,00	g, nm	0,12‡	—	−269	2370, 5250	<0	—	0	128	—
hidrogênio (do grego *hydros* + *genes*, gerador de água)	H	1	1,0079	g, nm	0,070‡	−259	−253	1310	+73	2,2	−1, +1	30	154(1−)
hólmio (do latim *Holmia*, Estocolmo, Suécia)	Ho	67	164,93	s, m	8,8	1470	2300	581, 1139	<50	1,2	+3	177	89(3+)
índio (da linha índigo brilhante do seu espectro)	In	49	114,82	s, m	7,29	156	2080	556, 1821	+29	1,8	+1, +3	163	80(3+)
iodo (do grego *ioeidēs*, violeta)	I	53	126,90	s, nm	4,95	114	184	1008, 1846	+295	2,7	−1, +1, +3, +5, +7	133	220(1−)
irídio (do grego e do latim *iris*, arco-íris)	Ir	77	192,22	s, m	22,56	2447	4550	880	+151	2,2	+3, +4	136	75(3+)
itérbio (Ytterby, uma cidade na Suécia)	Yb	70	173,04	s, m	6,97	824	1500	603, 1176	<50	—	+3	194	86(3+)
ítrio (Ytterby, uma cidade na Suécia)	Y	39	88,91	s, m	4,48	1510	3300	616, 1181	+30	1,2	+3	181	106(3+)
criptônio (do grego *kryptos*, escondido)	Kr	36	83,80	g, nm	3,00‡	−157	−153	1350, 2350	<0	—	+2	189	169(1+)
lantânio (do grego *lanthanein*, esconder-se)	La	57	138,91	s, m	6,17	920	3450	538, 1067, 1850	+50	1,1	+3	188	122(3+)
laurêncio (Ernest Lawrence, físico americano)	Lr	103	(262)	s, m	—	—	—	—	—	1,3	+3	—	88(3+)

(continua)

Elemento	Símbolo	Número atômico	Massa molar* (g·mol⁻¹)	Estado normal†	Densidade (g·cm⁻³)	Ponto de fusão (°C)	Ponto de ebulição (°C)	Energias de ionização (kJ·mol⁻¹)	Afinidade eletrônica (kJ·mol⁻¹)	Eletronegatividade	Números de oxidação principais	Raio atômico (pm)	Raio iônico‖ (pm)
lítio (do grego *lithos*, pedra)	Li	3	6,94	s, m	0,53	181	1347	519, 7298	+60	1,0	+1	152	76(1+)
livermorium (de Lawrence Livermore National Laboratory)	Lv	116	(293)	—	—	—	—	—	—	—	—	—	—
lutécio (*Lutetia*, nome antigo de Paris, França)	Lu	71	174,97	s, m	9,84	1700	3400	524, 1340, 2022	<50	1,3	+3	173	85(3+)
magnésio (Magnésia, um distrito na Tessália, Grécia)	Mg	12	24,31	s, m	1,74	650	1100	736, 1451	<0	1,3	+2	160	72(2+)
manganês (do grego e do latim *magnes*, ímã)	Mn	25	54,94	s, m	7,47	1250	2120	717, 1509	<0	1,6	+2, +3, +4, +7	137	91(2+)
meitnério (Lise Meitner)	Mt	109	(268)	—	—	—	—	840	—	—	+2	—	83(2+)
mendelévio (Dimitri Mendeleev)	Md	101	(258)	—	—	—	—	635	—	1,3	+3	—	90(3+)
mercúrio (o planeta Mercúrio, do latim *hydrargyrum*, prata líquida)	Hg	80	200,59	l, m	13,55	−39	357	1007, 1810	−18	2	+1, +2	160	112(2+)
molibdênio (do grego *molybdos*, chumbo)	Mo	42	95,94	s, m	10,22	2620	4830	685, 1558, 2621	+72	2,2	+4, +5, +6	136	92(2+)
neodímio (do grego *neos + didymos*, novos gêmeos)	Nd	60	144,24	s, m	7,00	1024	3100	530, 1035	<0	1,1	+3	182	104(3+)
neônio (do *grego*, novo)	Ne	10	20,18	g, nm	1,44‡	−249	−246	2080, 3952	0	—	0	—	—
netúnio (o planeta Netuno)	Np	93	(237)	s, m	20,45	640	—	597	—	1,4	+5	150	88(5+)
nióbio (Niobe, filha de Tântalo, veja tântalo)	Nb	41	92,91	s, m	8,57	2425	5000	664, 1382	+86	1,6	+5	143	69(5+)
níquel (do alemão Nickel, o demônio, Satã)	Ni	28	58,69	s, m	8,91	1455	2732	737, 1753	+156	1,9	+2, +3	125	78(2+)
nitrogênio (do grego *nitron + genes*, gerador de soda)	N	7	14,01	g, nm	1,04‡	−210	−196	1400, 2856	−7	3,0	−3, +3, +5	75	171(3−)
nobélio (Alfred Nobel, fundador dos prêmios Nobel)	No	102	(259)	s, m	—	—	—	642	—	1,3	+2	—	113(2+)
ósmio (do grego *osme*, um odor)	Os	76	190,23	s, m	22,58	3030	5000	840	+106	2,2	+3, +4	135	81(3+)
ouro (do latim *aurum*, ouro)	Au	79	196,97	s, m	19,28	1064	2807	890, 1980	+223	2,5	+1, +3	144	91(3+)
oxigênio (do grego *oxys + genes*, formador de ácidos)	O	8	16,00	g, nm	1,14‡	−218	−183	1310, 3388	+141, −844	3,4	−2	66	140(2−)

paládio (o asteroide Pallas, descoberto mais ou menos na mesma época)	Pd	46	106,42	s, m	12,00	1554	3000	805, 1875	+54	2,2	+2, +4	138	86(2+)
platina (do espanhol *plata*, prata)	Pt	78	195,08	s, m	21,45	1772	3720	870, 1791	+205	2,3	+2, +4	138	85(2+)
plutônio (o planeta Plutão)	Pu	94	(244)	s, m	19,81	640	3200	585	—	1,3	+3, +4	151	108(3+)
polônio (Polônia)	Po	84	(209)	s, md	9,40	254	960	812	+174	2,0	+2, +4	167	65(4+)
potássio (de *potash*, potassa; do latim *kallium* e do árabe *qali*, álcali)	K	19	39,10	s, m	0,86	64	774	418, 3051	+48	0,82	+1	227	138(1+)
praseodímio (do grego *prasios* + *didymus*, gêmeos verdes)	Pr	59	140,91	s, m	6,78	935	3000	523, 1018	<50	1,1	+3	183	106(3+)
prata (anglo-saxão *seolfor*, do latim *argentum*)	Ag	47	107,87	s, m	10,50	962	2212	731, 2073	+126	1,9	+1	144	113(1+)
promécio (de Prometeu, o semideus grego)	Pm	61	(145)	s, m	7,22	1168	3300	536, 1052	<50	—	+3	181	106(3+)
protactínio (do grego *protos* + *aktis*, primeiro raio)	Pa	91	231,04	s, m	15,37	1200	4000	568	—	1,5	+5	161	89(5+)
rádio (do latim *radius*, raio)	Ra	88	(226)	s, m	5,00	700	1500	509, 979	—	0,9	+2	223	152(2+)
radônio (de radium)	Rn	86	(222)	g, nm	4,40‡	−71	−62	1036, 1930	<0	—	+2	—	—
rênio (do latim *Rhenus*, Reno)	Re	75	186,21	s, m	21,02	3180	5600	760, 1260	+14	1,9	+4, +7	137	72(4+)
ródio (do grego *rhodon*, rosa; suas soluções em água são frequentemente cor-de-rosa)	Rh	45	102,9	s, m	12,42	1963	3700	720, 1744	+110	2,3	+3	134	75(3+)
roentgênio (W. Roentgen, descobridor do raio X)	Rg	111	—	—	—	—	—	—	—	—	—	—	—
rubídio (do latim *rubidus*, vermelho-escuro, "corado")	Rb	37	85,47	s, m	1,53	39	688	402, 2632	+47	0,82	+1	248	152(1+)
rutênio (do latim *Ruthenia* (Rússia)	Ru	44	101,07	s, m	12,36	2310	4100	711, 1617	+101	2,2	+2, +3, +4	134	77(3+)
rutherfórdio (Ernest Rutherford)	Rf	104	(261)	—	—	—	—	490	—	—	+4	150#	67(4+)#
samário (de samarsquita, um mineral)	Sm	62	150,36	s, m	7,54	1060	1600	543, 1068	<50	1,2	+3	180	100(3+)
seabórgio (Glenn Seaborg)	Sg	106	(266)	—	—	—	—	730	—	—	+6	132#	86(5+)#
selênio (do grego *sēlēnē*, a lua)	Se	34	78,96	s, nm	4,79	220	685	941, 2044	+195	2,6	−2, +4, +6	117	198(2−)
silício (do latim *silex*, pederneira)	Si	14	28,09	s, md	2,33	1410	2620	786, 1577	+134	1,9	+4	117	26(4+)

(continua)

Elemento	Símbolo	Número atômico	Massa molar* $(g \cdot mol^{-1})$	Estado normal†	Densidade $(g \cdot cm^{-3})$	Ponto de fusão (°C)	Ponto de ebulição (°C)	Energias de ionização $(kJ \cdot mol^{-1})$	Afinidade eletrônica $(kJ \cdot mol^{-1})$	Eletronegatividade	Números de oxidação principais	Raio atômico (pm)	Raio iônico∥ (pm)
sódio (do inglês *soda*, do latim *natrium*)	Na	11	22,99	s, m	0,97	98	883	494, 4562	+53	0,93	+1	154	102(1+)
tálio (do grego *thallos*, um broto verde)	Tl	81	204,38	s, m	11,87	304	1457	590, 1971	+19	2,0	+1, +3	170	105(3+)
tântalo (de Tântalo, figura mitológica grega)	Ta	73	180,95	s, m	16,65	3000	5400	761	+14	1,5	+5	143	72(3+)
tecnécio (do grego *techn–étos*, artificial)	Tc	43	(98)	s, m	11,50	2200	4600	702, 1472	+96	1,9	+4, +7	136	72(4+)
telúrio (do latim *tellus*, terra)	Te	52	127,60	s, md	6,25	450	990	870, 1775	+190	2,1	−2, +4	137	221(2−)
térbio (Ytterby, uma cidade na Suécia)	Tb	65	158,93	s, m	8,27	1360	2500	565, 1112	<50	—	+3	178	97(3+)
titânio (Titãs, figuras mitológicas gregas, filhos da Terra)	Ti	22	47,87	s, m	4,55	1660	3300	658, 1310	+7,6	1,5	+4	145	69(4+)
tório (Thor, deus nórdico)	Th	90	232,04	s, m	11,73	1700	4500	587, 1110	—	1,3	+4	180	99(4+)
túlio (*Thule*, nome antigo da Escandiávia)	Tm	69	168,93	s, m	9,33	1550	2000	597, 1163	<50	1,2	+3	175	94(3+)
tungstênio (do sueco *tung + sten*, pedra pesada, de wolframita)	W	74	183,84	s, m	19,30	3387	5420	770	+79	2,4	+5, +6	137	62(6+)
urânio (o planeta Urano)	U	92	238,03	s, m	18,95	1135	4000	584, 1420	—	1,4	+6	154	80(6+)
vanádio (Vanadis, figura mitológica escandinava)	V	23	50,94	s, m	6,11	1920	3400	650, 1414	+51	1,6	+4, +5	132	61(4+)
xenônio (do grego *xenos*, estrangeiro)	Xe	54	131,29	g, nm	3,56‡	−112	−108	1170, 2046	<0	2,6	+2, +4, +6	218	190(1+)
zinco (do anglo-saxão *zinc*)	Zn	30	65,41	s, m	7,14	420	907	906, 1733	+9	1,6	+2	133	83(2+)
zircônio (do árabe *zargun*, cor de ouro)	Zr	40	91,22	s, m	6,51	1850	4400	660, 1267	+41	1,3	+4	160	87(4+)

*Os parênteses nas massas molares indicam o isótopo mais estável de um elemento radioativo.

†O estado normal é o estado do elemento na temperatura e pressão normais (20°C e 1 atm). s significa sólido; l, líquido; g, gás; m, metal; nm, não metal; e md, metaloide.

‡A densidade dada é para o líquido.

§O sólido sublima.

∥Carga entre parênteses.

#Raios atômicos e iônicos estimados.

NOMENCLATURA

3A NOMENCLATURA DE ÍONS POLIATÔMICOS

Número de cargas	Fórmula química	Nome	Número de oxidação do elemento central	Número de cargas	Fórmula química	Nome	Número de oxidação do elemento central
+2	Hg_2^{2+}	mercúrio(I)	+1		O_3^-	ozonídeo	$-\frac{1}{3}$
	UO_2^{2+}	uranila	+6		OH^-	hidróxido	$-2(O)$
	VO^{2+}	vanadila	+4		SCN^-	tiocianato	—
+1	NH_4^+	amônio	−3	−2	C_2^{2-}	carbeto (acetileto)	−1
	PH_4^+	fosfônio	−3		CO_3^{2-}	carbonato	+4
−1	$CH_3CO_2^-$	acetato (etanoato)	$0(C)$		$C_2O_4^{2-}$	oxalato	+3
	HCO_2^-	formato (metanoato)	$+2(C)$		CrO_4^{2-}	cromato	+6
	CN^-	cianeto	$+2(C), -3(N)$		$Cr_2O_7^{2-}$	dicromato	+6
	ClO_4^-	perclorato*	+7		O_2^{2-}	peróxido	−1
	ClO_3^-	clorato*	+5		S_2^{2-}	dissulfeto	−1
	ClO_2^-	clorito*	+3		SiO_3^{2-}	metassilicato	+4
	ClO^-	hipoclorito*	$+1(Cl)$		SO_4^{2-}	sulfato	+6
	MnO_4^-	permanganato	+7		SO_3^{2-}	sulfito	+4
	NO_3^-	nitrato	+5		$S_2O_3^{2-}$	tiossulfato	+2
	NO_2^-	nitrito	+3		AsO_4^{3-}	arsenato	+5
	N_3^-	azida	$-\frac{1}{3}$	−3	BO_3^{3-}	borato	+3
					PO_4^{3-}	fosfato	+5

*Esses nomes são representativos dos oxoânions de halogênio.

Quando um íon hidrogênio liga-se a um ânion −2 ou −3, coloque "hidrogeno" antes do nome do ânion. Por exemplo, HSO_3^- é o hidrogenossulfito. Se dois íons de hidrogênio ligam-se a um ânion −3, coloque "di-hidrogeno" na frente do nome do ânion. Por exemplo, $H_2PO_4^-$ é di-hidrogenofosfato.

Oxoácidos e oxoânions

Os nomes dos oxoânions e dos ácidos correspondentes podem ser determinados verificando-se o número de oxidação do átomo central e usando a tabela ao lado. Por exemplo, o nitrogênio em $N_2O_2^{2-}$ tem número de oxidação +1. Como o nitrogênio pertence ao grupo 15, o íon é um íon hiponitrito.

Número do grupo				Oxoânion	Oxoácido
14	15	16	17		
—	—	—	+7	per ... ato	ácido per ... ico
+4	+5	+6	+5	... ato	ácido ... ico
—	+3	+4	+3	... ito	ácido ... oso
—	+1	+2	+1	hipo ... ito	ácido hipo ...oso

APÊNDICE 3

A26 **Apêndice 3** Nomenclatura

Muitos produtos químicos têm nomes comuns, algumas vezes como resultado de seu uso por centenas de anos; outras vezes, porque aparecem nas etiquetas de produtos consumidos, como detergentes, bebidas e antiácidos. Algumas das substâncias que encontraram seu caminho na linguagem do dia a dia estão listadas na tabela ao lado.

3B NOMES COMUNS DE PRODUTOS QUÍMICOS

Nome comum	Fórmula	Nome químico
soda de padaria	$NaHCO_3$	hidrogenocarbonato de sódio (bicarbonato de sódio)
alvejante	$NaClO$	hipoclorito de sódio
bórax	$Na_2B_4O_7 \cdot 10H_2O$	tetraborato de sódio deca-hidratado
pedra de enxofre	S_8	enxofre
calamina	$ZnCO_3$	carbonato de zinco
giz	$CaCO_3$	carbonato de cálcio
sais de Epsom	$MgSO_4 \cdot 7H_2O$	sulfato de magnésio hepta-hidratado
ouro dos tolos (pirita)	FeS_2	dissulfeto de ferro(II)
gesso	$CaSO_4 \cdot 2H_2O$	sulfato de cálcio di-hidratado
cal viva	CaO	óxido de cálcio
cal apagada	$Ca(OH)_2$	hidróxido de cálcio
calcário	$CaCO_3$	carbonato de cálcio
lixívia, soda cáustica	$NaOH$	hidróxido de sódio
mármore	$CaCO_3$	carbonato de cálcio
leite de magnésia	$Mg(OH)_2$	hidróxido de magnésio
estuque	$CaSO_4 \cdot \frac{1}{2}H_2O$	sulfato de cálcio hemi-hidratado
potassa*	K_2CO_3	carbonato de potássio
quartzo	SiO_2	dióxido de silício
sal de cozinha	$NaCl$	cloreto de sódio
vinagre	CH_3COOH	ácido acético (ácido etanoico)
soda de limpeza	$Na_2CO_3 \cdot 10H_2O$	carbonato de sódio deca-hidratado

*Potassa também se refere coletivamente a K_2CO_3, KOH, K_2SO_4, KCl e KNO_3.

3C NOMES DE ALGUNS CÁTIONS COMUNS COM CARGA VARIÁVEL

A nomenclatura moderna inclui o número de oxidação dos elementos que têm números de oxidação variáveis nos nomes de seus compostos. Entretanto, ainda se utiliza muito a nomenclatura tradicional, na qual os sufixos -oso e -ico são usados. A tabela ao lado traduz um sistema no outro, para alguns elementos comuns.

Elemento	Cátion	Nome antigo	Nome moderno
cobalto	Co^{2+}	cobaltoso	cobalto(II)
	Co^{3+}	cobáltico	cobalto(III)
cobre	Cu^{+}	cuproso	cobre(I)
	Cu^{2+}	cúprico	cobre(II)
ferro	Fe^{2+}	ferroso	ferro(II)
	Fe^{3+}	férrico	ferro(III)
chumbo	Pb^{2+}	plumboso	chumbo(II)
	Pb^{4+}	plúmbico	chumbo(IV)
manganês	Mn^{2+}	manganoso	manganês(II)
	Mn^{3+}	mangânico	manganês(III)
mercúrio	Hg_2^{2+}	mercuroso	mercúrio(I)
	Hg^{2+}	mercúrico	mercúrio (II)
estanho	Sn^{2+}	estanoso	estanho (II)
	Sn^{4+}	estânico	estanho (IV)

GLOSSÁRIO

abaixamento do ponto de congelamento Diminuição do ponto de congelamento de um sistema provocada pela presença de um soluto (uma propriedade coligativa).

absorbância (A) Medida da absorção de radiação por uma amostra: $A = \log(I_0/I)$

absorver (1) Ato de passar uma substância para o corpo de outra. Compare com *adsorver*. (2) Remover energia de um feixe de radiação.

abundância (de um isótopo) Percentagem (em termos do número de átomos) de um isótopo que ocorre em uma amostra do elemento.

abundância natural (de um isótopo) Abundância de um isótopo em uma amostra de material de ocorrência natural.

ação capilar A subida de líquidos em tubos finos.

aceleração Taxa de mudança da velocidade (na direção ou na magnitude).

aceleração da gravidade (g) Aceleração experimentada por um corpo devida ao campo gravitacional na superfície da Terra.

acidez Medida da tendência de doação de um próton.

ácido Veja *ácido de Arrhenius, ácido de Brønsted, ácido de Lewis*. Usado isoladamente, "ácido" significa normalmente um ácido de Brønsted.

ácido carboxílico Composto orgânico que contém o grupo carboxila, —COOH. *Exemplos*: CH_3COOH, ácido acético; C_6H_5COOH, ácido benzoico.

ácido conjugado O ácido de Brønsted que se forma quando uma base de Brønsted aceita um próton. *Exemplo*: NH_4^+ é o ácido conjugado de NH_3.

ácido de Arrhenius Composto que contém hidrogênio e libera íons hidrogênio (H^+) em água. *Exemplos*: HCl, CH_3COOH, mas não CH_4.

ácido de Brønsted Um doador de prótons (uma fonte de íons hidrogênio, H^+). *Exemplos*: HCl; CH_3COOH; HCO_3^-; NH_4^+.

ácido de Lewis Um aceitador de par de elétrons. *Exemplos*: H^+; Fe^{3+}; BF_3.

ácido graxo Um ácido carboxílico com cadeia longa de hidrocarboneto. *Exemplo*: $CH_3(CH_2)_{16}COOH$, ácido esteárico.

ácido monoprótico Ácido de Brønsted com um único átomo de hidrogênio ácido. *Exemplo*: CH_3COOH.

ácido nucleico (1) Produto da condensação de nucleotídeos. (2) Molécula que armazena as informações genéticas de um organismo.

ácido poliprótico Molécula que pode doar ou aceitar mais de um próton. (Um ácido poliprótico é, às vezes, chamado de ácido polibásico.) Exemplo: H_3PO_4, ácido triprótico.

ácidos e bases fortes Ácidos e bases que estão completamente desprotonados ou completamente protonados, respectivamente, em solução. *Exemplos*: HCl, $HClO_4$ (ácidos fortes); NaOH, $Ca(OH)_2$ (bases fortes).

ácidos e bases fracas Ácidos e bases que estão incompletamente desprotonados ou protonados, respectivamente, em solução em água nas concentrações normais. *Exemplos*: HF, CH_3COOH (ácidos fracos); NH_3, CH_3NH_2 (bases fracas).

actinídeo Nome antigo (e ainda muito usado) de actinoide.

actinoide Membro da segunda linha do bloco f da Tabela Periódica (de tório a nobélio).

acurácia Grau de liberdade do erro sistemático. Compare com *precisão*.

adesão Ligação a uma superfície.

adiabático Que não permite ou não é acompanhado pela transferência de energia na forma de calor. *Exemplo*: parede adiabática

adsorver Ligar uma substância a uma superfície. A superfície *adsorve* a substância. Distingue-se de *absorver*.

aerossol Suspensão de partículas sólidas ou de gotas de líquido em um gás.

afinidade eletrônica (E_{ae}) Energia liberada quando um elétron é adicionado a um átomo ou íon monoatômico em fase gás.

agente ativo na superfície Veja *surfactante*.

agente desidratante Um reagente que remove água ou os elementos da água de um composto. *Exemplo*: H_2SO_4.

agente oxidante Uma espécie que remove elétrons de uma espécie que está sendo oxidada (e que se reduz no processo) em uma reação redox. *Exemplos*: O_2; O_3; MnO_4^-; Fe^{3+}.

agente redutor Espécie que fornece elétrons a uma substância que está sendo reduzida (e que se oxida) em uma reação redox. *Exemplos*: H_2; H_2S; SO_3^{2-}.

agente secante Uma substância que absorve água e mantém seca a atmosfera em um recipiente fechado. *Exemplo*: óxido de fósforo(V).

água de hidratação Veja *hidratação*.

água dura Água que contém sais de cálcio e magnésio dissolvidos.

álcali Solução de base forte em água. *Exemplo*: NaOH em água.

alcano (1) Hidrocarboneto que não contém ligações múltiplas carbono-carbono. (2) Hidrocarboneto saturado. (3) Membro de uma série de hidrocarbonetos derivados formalmente do metano pela inserção repetitiva de grupos —CH_2—. Os alcanos têm a fórmula molecular C_nH_{2n+2}. *Exemplos*: CH_4; CH_3CH_3; $CH_3(CH_2)_6CH_3$.

alcano linear Alcano que não tem cadeias laterais. Todos os átomos de carbono estão em uma cadeia linear.

alcano ramificado Alcano com cadeias laterais derivadas de hidrocarbonetos.

álcool Molécula orgânica que contém um grupo —OH ligado a um átomo de carbono que não faz parte de um grupo carbonila ou um anel aromático. Os álcoois são classificados como *primários, secundários* ou *terciários*, de acordo com o número de átomos de carbono ligados ao átomo C de C—OH. *Exemplos*: CH_3CH_2OH (primário); $(CH_3)_2CHOH$ (secundário); $(CH_3)_3COH$ (terciário).

aldeído Composto orgânico que contém um grupo —CHO. *Exemplos*: CH_3CHO, etanal (acetaldeído); C_6H_5CHO, benzaldeído.

algarismos significativos (as, em uma medida) Os dígitos da medida até (e incluindo) o primeiro dígito incerto da notação científica. *Exemplo*: 0,0260 mL (isto é, $2,60 \times 10^{-2}$ mL), uma medida com três algarismos significativos (3 as). Veja *o Apêndice 1C*.

alótropos Formas alternativas de um elemento que diferem na forma de ligação dos átomos. *Exemplos*: O_2 e O_3, estanho branco e estanho cinzento.

alqueno (1) Hidrocarboneto com pelo menos uma ligação dupla carbono-carbono. (2) Membro de uma série de hidrocarbonetos derivados formalmente do eteno pela inserção repetitiva de grupos —CH_2—. Os alquenos com uma ligação dupla têm a fórmula molecular C_nH_{2n}. *Exemplos*: CH_2=CH_2; CH_3CH=CH_2; CH_3CH=$CHCH_2CH_3$.

alquino (1) Hidrocarboneto com pelo menos uma ligação tripla carbono-carbono. (2) Membro de uma série de hidrocarbonetos derivados formalmente do etino pela inserção repetitiva de grupos —CH_2—. Os alquinos com uma ligação tripla têm a fórmula molecular C_nH_{2n-2}. *Exemplos*: CH≡CH; CH_3C≡CCH_3.

amida Composto orgânico formado na reação de uma amina com um ácido carboxílico, no qual um grupo —OH foi substituído pelo grupo amino ou um grupo amino substituído. Uma amida contém o grupo —$CONR_2$. *Exemplo*: CH_3CONH_2, acetamida.

amina Composto derivado formalmente da amônia por substituição de um certo número de átomos H por grupos orgânicos. O número de átomos de hidrogênio substituídos determina sua classificação como *primária*, *secundária* ou *terciária*. *Exemplos*: CH_3NH_2 (primária); $(CH_3)_2NH$ (secundária); $(CH_3)_3N$ (terciária). Veja também *íon quaternário de amônio*.

aminoácido Ácido carboxílico que também contém um grupo amino. Os *aminoácidos essenciais* são aminoácidos que têm de ser ingeridos como parte da dieta humana. *Exemplo*: NH_2CH_2COOH, glicina. Veja a Tabela 11E.3.

aminoácido essencial Um aminoácido que é componente essencial da dieta porque não pode ser sintetizado no organismo.

amostra Parte representativa de um todo.

ampère (A) A unidade SI de corrente elétrica. Veja também o Apêndice 1B.

amplitude A altura que assume uma função matemática acima do zero. Em um gráfico que representa uma onda é a altura da onda acima da linha central.

análise gravimétrica Um método analítico que usa a medida das massas.

análise por combustão A determinação da composição de uma amostra pela medida das massas dos produtos da combustão.

análise qualitativa A identificação das substâncias presentes em uma amostra.

análise quantitativa A determinação da quantidade de cada substância presente em uma amostra.

análise química A determinação da composição química de uma amostra. Veja também *análise qualitativa*, *análise quantitativa*.

análise volumétrica Método analítico que utiliza medidas de volume, como em uma *titulação*.

analito Solução de concentração desconhecida em uma titulação. Normalmente, o analito está no bécher, não na bureta.

anfiprótico Que tem a capacidade de doar e aceitar prótons. Veja *anfotérico*. *Exemplos*: H_2O; HCO_3^-.

anfotérico Que tem a capacidade de reagir com ácidos ou bases. Veja *anfiprótico*. *Exemplos*: Al; Al_2O_3.

ângulo de ligação Em uma molécula A—B—C ou parte dela, o ângulo entre as ligações A—B e B—C.

anidrido de ácido Composto que forma um oxoácido quando reage com água. Veja também *anidrido formal*. *Exemplo*: SO_3, o anidrido do ácido sulfúrico.

anidrido formal *Anidrido de ácido* que não reage necessariamente com água para dar o ácido correspondente. *Exemplo*: CO é o anidrido formal do ácido fórmico, HCOOH.

anidro Que não contém água. *Exemplo*: $CuSO_4$, a forma anidra do sulfato de cobre(II). Compare com *hidrato*.

ânion Íon com carga negativa. *Exemplos*: F^-; SO_4^{2-}.

anisotrópico Que depende da orientação.

anodo Eletrodo em que ocorre a oxidação.

anodo de sacrifício Eletrodo de metal que se decompõe para proteger um artefato metálico. Veja *proteção catódica*.

antilogaritmo Se o logaritmo na base B é x, então o antilogaritmo de x é B^x. O *antilogaritmo comum* de x é 10^x. O *antilogaritmo natural* de x é a exponencial e^x.

antioxidante Substância que reage com radicais e impede a oxidação de outra substância.

antipartícula Partícula que tem a mesma massa de uma partícula subatômica, porém carga de nome oposto. *Exemplo*: pósitron, a antipartícula de um elétron.

aproximação do estado estacionário A hipótese de que a velocidade de formação líquida dos intermediários de reação é zero.

aquecimento O ato de transferência de energia na forma de calor.

aquiral Que não é quiral. Superponível a sua imagem no espelho. Veja também *quiral*.

areno Um hidrocarboneto aromático.

arranjo de elétrons (modelo VSEPR) A geometria tridimensional do arranjo de ligações e pares isolados em torno de um átomo central de uma molécula ou íon.

arredondamento Ajuste de um resultado numérico para o número correto de algarismos significativos.

aquiral Que não é quiral. Idêntico a sua imagem no espelho. Veja também *quiral*.

atividade (1) Na termodinâmica, a_J, a concentração ou pressão efetiva de uma espécie J expressa em termos da pressão parcial ou da concentração das espécies em relação a seu valor padrão. (2) em radioatividade, o número de desintegrações nucleares por segundo.

atividade óptica Capacidade de uma substância de girar o plano da luz polarizada que a atravessa.

atmosfera (1) Camada de gases que circunda um planeta (mais especificamente a camada de ar do planeta Terra). (2) Unidade de pressão (1 atm = $1,01325 \times 10^5$ Pa, exatamente).

átomo (1) A menor partícula de um elemento que tem as propriedades químicas do elemento. (2) Uma espécie eletricamente neutra formada por um núcleo e seus elétrons.

átomo de hidrogênio ácido Átomo de hidrogênio (mais exatamente o próton daquele átomo de hidrogênio) que pode ser doado a uma base.

átomo de muitos elétrons Um átomo com mais de um elétron.

Glossário **G3**

átomo nuclear A estrutura do átomo proposta por Rutherford: um núcleo central, pequeno, muito denso, com carga positiva, rodeado por elétrons.

atração de Coulomb A atração entre cargas elétricas de nomes opostos.

autoionização Veja *autoprotólise*.

autoprotólise Reação em que um próton é transferido entre duas moléculas da mesma substância. Os produtos são o ácido conjugado e a base conjugada da substância. *Exemplo*: $2 H_2O(l) \rightleftharpoons H_3O^+(aq) + OH^-(aq)$.

azeótropo Mistura de líquidos que ferve sem mudança de composição. Um *azeótropo de ponto de ebulição mínimo* (um azeótropo de mínima) tem o ponto de ebulição inferior ao dos componentes. Um *azeótropo de ponto de ebulição máximo* (um azeótropo de máxima) tem o ponto de ebulição superior ao dos componentes.

balanço de carga A exigência de que, como uma solução é neutra, a concentração de cargas positivas dos cátions tem de ser igual à concentração de cargas negativas dos ânions.

balanço material A exigência de que a soma das concentrações de todas as formas do soluto em uma solução seja igual à concentração inicial do soluto. *Exemplo*: A soma das concentrações de HCN e CN^- em uma solução de HCN em água é igual à concentração inicial de HCN.

balão volumétrico Balão calibrado que contém um volume especificado.

banda de condução A banda de níveis de energia incompletamente ocupada de um sólido.

banda de estabilidade Região de um gráfico do número de massa contra o número atômico em que existem núcleos estáveis.

banda de valência Na teoria dos sólidos, uma banda de níveis de energia completamente ocupada por elétrons.

banda proibida Faixa de energias em que não ocorrem orbitais em um sólido. A menos que seja declarado algo diferente, refere-se ao salto entre a banda de valência e a banda de condução.

bar Unidade de pressão: $1 \, bar = 10^5 \, Pa$.

barômetro Instrumento que mede a pressão atmosférica.

base Veja *base de Arrhenius, base de Brønsted, base de Lewis*. Usada isoladamente, "base" normalmente significa base de Brønsted.

base conjugada A base de Brønsted formada quando um ácido de Brønsted doa um próton. *Exemplo*: NH_3 é a base conjugada de NH_4^+.

base de Arrhenius Composto que produz íons hidróxido (OH^-) em água. *Exemplos*: NaOH, NH_3, mas não Na, porque não é um composto.

base de Brønsted Um aceitador de prótons (uma espécie à qual íons hidrogênio, H^+, podem se ligar). *Exemplos*: OH^-; Cl^-; $CH_3CO_2^-$; HCO_3^-; NH_3.

base de Lewis Um doador de par de elétrons. *Exemplos*: OH^-; H_2O; NH_3.

base poliprótica Molécula que pode aceitar mais de um próton. *Exemplo*: N_2H_4.

bateria Coleção de células galvânicas colocadas em série. A voltagem que a bateria produz é a soma das voltagens de cada célula.

becquerel (Bq) A unidade SI de radioatividade (uma desintegração por segundo).

binário Dois componentes, como em *mistura binária* e *composto binário* (*iônico* ou *molecular*). Exemplos: acetona e água (mistura binária); HCl, $CaCl_2$, C_6H_6 compostos binários; $CaCl_2$ é iônico, HCl e C_6H_6 são moleculares)

bioenergética Distribuição e utilização de energia em células vivas.

biologia molecular Estudo das funções de organismos vivos em termos de sua composição molecular.

biomassa O material orgânico do planeta produzido anualmente por fotossíntese.

birradical Uma espécie com dois elétrons desemparelhados. Exemplo: $\cdot CH_2CH_2CH_2 \cdot$.

blindagem Repulsão experimentada por um elétron em um átomo. Ela tem origem nos outros elétrons presentes e se opõe à atração exercida pelo núcleo.

bloco (bloco s, bloco p, bloco d, bloco f) Região da Tabela Periódica que contém elementos para os quais, de acordo com o princípio da construção, a subcamada correspondente está sendo preenchida.

buraco octaédrico Cavidade em uma rede cristalina (geralmente em empacotamento compacto) formada por seis esferas colocadas nos vértices de um octaedro regular.

buraco tetraédrico Cavidade em uma estrutura cristalina (geralmente de empacotamento compacto) formada por uma esfera no espaço entre três outras.

bureta Um tubo cilíndrico graduado de diâmetro pequeno dotado de uma torneira que é usado para medir o volume de líquido transferido de um recipiente para outro.

cadeia lateral Substituinte hidrocarboneto em uma cadeia de um hidrocarboneto maior.

calcogênios Oxigênio, enxofre, selênio e telúrio, do Grupo 16 da Tabela Periódica.

cálculo diferencial A parte da matemática que trata das inclinações de curvas e das quantidades infinitesimais. Veja também o Apêndice 1F.

cálculo integral Parte da matemática que trata das combinações de quantidades infinitesimais e das áreas sob as curvas. Veja também o Apêndice 1F.

calibração Interpretação de uma observação por comparação com informações conhecidas.

calor (*q*) A energia transferida em consequência de uma diferença de temperatura entre um sistema e sua vizinhança.

caloria (cal) Uma unidade de energia. A unidade é agora definida em termos do joule, por $1 \, cal = 4,184 \, J$, exatamente. A *caloria nutricional* corresponde a 1 kcal.

caloria nutricional (Cal) Unidade usada em ciência dos alimentos para medir o valor calórico dos alimentos. $1 \, Cal = 1 \, kcal$.

calorímetro Aparelho usado para determinar o calor liberado ou absorvido em um processo pela medida da variação de temperatura.

camada Todos os orbitais de um determinado número quântico principal. *Exemplo*: O orbital 2s e os três orbitais 2p da camada com $n = 2$.

camada de valência A camada mais externa de um átomo. *Exemplo*: a camada $n = 2$ dos átomos do Período 2.

camada de valência expandida Uma camada de valência que contém mais de oito elétrons. Também chamada de *octeto expandido*. *Exemplos*: as camadas de valência de P e S em PCl_5 e SF_6.

camada fechada (ou **subcamada**) Camada (ou subcamada) que contém o número máximo de elétrons permitido pelo princípio da exclusão. *Exemplo*: o caroço semelhante ao neônio $1s^2 2s^2 2p^6$.

campo Influência que se estende sobre uma região do espaço. *Exemplos*: um *campo elétrico*, de uma carga; um *campo magnético*, de um ímã ou uma carga em movimento.

campo cristalino Influência eletrostática dos ligantes (modelados como cargas pontuais negativas) sobre o íon central de um complexo. A *teoria do campo cristalino* é uma racionalização das propriedades ópticas, magnéticas e termodinâmicas dos complexos em termos do campo cristalino de seus ligantes.

campo elétrico Região de influência que afeta partículas carregadas.

campo eletromagnético Região de influência gerada pela aceleração de partículas carregadas.

campo magnético Região de influência que afeta o movimento de partículas carregadas.

candela (cd) A unidade SI de intensidade luminosa. Veja também o Apêndice 1B.

capacidade calorífica (C) Razão entre o calor fornecido e o aumento de temperatura produzido. A *capacidade calorífica em pressão constante*, C_P, e a *capacidade calorífica em volume constante*, C_V, são normalmente diferentes.

capacidade calorífica específica A capacidade calorífica de uma amostra dividida por sua massa.

capacidade calorífica molar (C_m) Capacidade calorífica por mol de substância.

capacidade de tamponamento Quantidade de ácido ou base que pode ser adicionada ao sistema antes de um tampão perder sua capacidade de resistir às variações de pH.

captura de elétron Captura, por um núcleo, de um dos elétrons *s* de seu próprio átomo.

característica (de um logaritmo) O número que precede a vírgula decimal.

caráter iônico A importância da contribuição de estruturas iônicas para a ressonância de uma molécula ou íon.

carboidrato Composto de fórmula geral $C_m(H_2O)_n$, embora pequenos desvios sejam frequentemente encontrados. Incluem celulose, amidos e açúcares. *Exemplos*: $C_6H_{12}O_6$, glicose; $C_{12}H_{22}O_{11}$, sacarose.

carga Medida da energia com a qual uma partícula pode interagir com um campo elétrico.

carga formal (1) Carga elétrica de um átomo em uma molécula que lhe é atribuída considerando que a ligação é covalente não polar. (2) Carga formal (CF) = número de elétrons de valência do átomo livre – (número de elétrons em pares isolados + ½ × número de elétrons compartilhados).

carga fundamental (e) A magnitude da carga de um elétron.

carga nuclear efetiva (Z_{ef}) A carga nuclear observada depois de levar em conta a blindagem provocada pelos outros elétrons do átomo.

carga parcial Carga proveniente de pequenas variações da distribuição de elétrons. Uma carga parcial pode ser positiva ($\delta+$) ou negativa ($\delta-$).

caroço As camadas internas fechadas de um átomo.

catalisador Substância que aumenta a velocidade de uma reação sem ser consumida. Um catalisador é *homogêneo* se está na mesma fase dos reagentes e é *heterogêneo* se está em uma fase diferente da dos reagentes. *Exemplos*: homogêneo, $Br^-(aq)$ na decomposição de $H_2O_2(aq)$; heterogêneo, Pt no processo de Ostwald.

catalisador de Ziegler-Natta Um catalisador estereoespecífico de reações de polimerização, que consiste em tetracloreto de titânio e trietil-alumínio.

catalisador microporoso Um catalisador com estrutura aberta, porosa. *Exemplo*: uma *zeólita*.

catástrofe do ultravioleta A predição clássica de que qualquer corpo negro em qualquer temperatura deveria emitir radiação ultravioleta intensa.

cátion Um íon com carga positiva. Exemplos: Na^+, NH_4^+, Al^{3+}.

cátion amônio O cátion NH_4^+.

catodo O eletrodo em que ocorre a redução.

célula a combustível Célula eletroquímica primária à qual os reagentes são fornecidos continuamente de uma fonte externa enquanto a célula está em uso.

célula de concentração Célula galvânica em que os eletrodos têm a mesma composição, mas estão em concentrações diferentes.

célula eletrolítica Veja *célula eletroquímica*.

célula eletroquímica Sistema formado por dois eletrodos em contato com um eletrólito. Uma *pilha galvânica* (*pilha voltaica*) é um conjunto de células eletroquímicas usado para a produção de eletricidade. Uma *célula eletrolítica* é uma célula eletroquímica em que a corrente elétrica é usada para produzir uma mudança química.

célula galvânica Veja *célula eletroquímica*.

célula primária Uma *célula galvânica* que produz eletricidade a partir de produtos químicos colocados em seu interior e selados no momento da fabricação. Ela não pode ser recarregada.

célula secundária Uma *célula galvânica* que deve ser carregada (ou recarregada) com o auxílio de corrente externa antes de poder ser usada.

célula unitária A menor unidade que, ao ser alinhada repetidamente, sem falhas, pode reproduzir um cristal inteiro.

célula voltaica Veja *célula eletroquímica*.

cerâmica (1) Sólido obtido pela ação do calor sobre as argilas. (2) Sólido inorgânico não cristalino que contém, em geral, óxidos, boretos e carbetos.

cetona Composto orgânico que contém um grupo carbonila entre dois átomos de carbono, na forma R—CO—R'. *Exemplo*: CH_3—CO—CH_2CH_3, butanona.

chapeamento químico Deposição de uma superfície metálica sobre um objeto com o uso de uma reação química de redução.

ciclo (1) Na termodinâmica, uma sequência de mudanças que começa e termina no mesmo estado. (2) Na espectroscopia, uma inversão completa da direção do campo eletromagnético e seu retorno à direção original.

ciclo de Born-Haber Série fechada de reações usada para expressar a entalpia de formação de um sólido iônico em termos de contribuições que incluem a entalpia de rede.

ciclo-alcano Hidrocarboneto alifático saturado no qual os átomos de carbono formam um anel. *Exemplo*: C_6H_{12}, ciclo-hexano.

ciência dos materiais Estudo das estruturas químicas, composições e propriedades dos materiais.

cinética química O estudo das velocidades das reações químicas e das etapas pelas quais elas ocorrem.

clatrato Estrutura na qual uma molécula de uma substância permanece em uma gaiola feita de moléculas de outra substância, normalmente água. *Exemplo*: SO_2 em água.

coagulação Formação de agregados de partículas coloidais.

coeficiente de absorção molar Constante de proporcionalidade entre a absorbância de uma amostra e o produto de sua concentração molar pelo passo óptico. Veja também *lei de Beer*.

coeficientes estequiométricos Os números que multiplicam as fórmulas químicas em uma equação química. *Exemplos*: 1, 1, 2 em $H_2 + Br_2 \rightarrow 2 HBr$.

coesão Ato ou estado em que as partículas de uma substância aderem umas às outras.

coloide (ou suspensão coloidal) Dispersão de partículas de diâmetro entre 1 nm e 1 μm em um gás, líquido ou sólido. *Exemplo*: leite.

combinação linear de orbitais atômicos (LCAO) Soma de orbitais atômicos para formar um orbital molecular (LCAO-MO).

combustão Uma reação em que um elemento ou composto queima em oxigênio. *Exemplo*: $CH_4(g) + 2 O_2(g) \rightarrow CO_2(g) + 2 H_2O(l)$.

combustível fóssil Restos em decomposição de vegetais e animais marinhos (principalmente carvão, óleo e gás natural).

complementaridade A impossibilidade de conhecer a posição de uma partícula com uma grande precisão arbitrária se o momento linear é conhecido com precisão.

complexo (1) Combinação de um ácido e uma base de Lewis por covalência coordenada. (2) Espécie formada por vários ligantes (as bases de Lewis) que têm existência independente, coordenados a um único átomo de metal ou íon (o ácido de Lewis). *Exemplos*: (1) H_3N-BF_3; (2) $[Fe(OH_2)_6]^{+3}$; $[PtCl_4]^-$.

complexo ativado Combinação instável de moléculas de reagentes que pode prosseguir para formar produtos ou se separar para formar novamente os reagentes.

complexo de coordenação O produto da reação de um ácido de Lewis e uma base de Lewis para formar uma ligação covalente coordenada. Veja também *composto de coordenação*.

complexo de spin alto Um complexo d^n com o número máximo de elétrons com spins desemparelhados.

complexo de spin baixo Um complexo d^n com o número mínimo de elétrons com os spins desemparelhados.

complexo octaédrico Complexo em que seis ligantes estão nos vértices de um octaedro regular, com um átomo de metal ou íon no centro. *Exemplo*: $[Fe(CN)_6]^{4-}$.

complexo quadrado planar Complexo no qual quatro ligantes estão nos vértices de um quadrado com o átomo de metal no centro.

complexo tetraédrico Complexo em que quatro ligantes ficam nos vértices de um tetraedro regular com um átomo de metal no centro. *Exemplo*: $[Cu(NH_3)_4)]^{2+}$.

comportamento de Arrhenius Uma reação mostra comportamento de Arrhenius se um gráfico de ln k contra $1/T$ for uma linha reta. Veja *equação de Arrhenius*.

composição em percentagem de massa A massa de uma substância existente em uma amostra expressa na forma de uma percentagem da massa total da amostra.

composição em percentagem de volume O volume de uma substância existente em uma amostra expressa na forma de uma percentagem do volume total da amostra.

composto (1) Combinação específica de elementos que podem ser separados por técnicas químicas, mas não por técnicas físicas. (2) Substância formada por átomos de dois ou mais elementos em uma razão definida e imutável.

composto aromático Um composto orgânico em que um anel aromático é parte da estrutura. *Exemplos*: C_6H_6 (benzeno), C_6H_5Cl (cloro-benzeno), $C_{10}H_8$ (naftaleno).

composto binário Composto formado por átomos de dois elementos diferentes (veja *binário*).

composto de coordenação Complexo neutro ou um composto iônico no qual pelo menos um dos íons é um complexo. *Exemplos*: $Ni(CO)_4$; $K_3[Fe(CN)_6]$.

composto deficiente de elétrons Composto com menos elétrons do que o necessário para que ele tenha uma estrutura de Lewis válida. *Exemplo*: B_2H_6.

composto hipervalente Composto que contém um átomo com mais átomos ligados do que o permitido pela regra do octeto. *Exemplo*: SF_6.

composto inorgânico Um composto que não é orgânico. Veja também *composto orgânico*.

composto iônico Composto formado por íons. *Exemplos*: NaCl; KNO_3.

composto molecular Composto formado por moléculas. *Exemplos*: água; hexafluoreto de enxofre; ácido benzoico.

composto orgânico Composto que contém o elemento carbono e, em geral, hidrogênio. (Os carbonatos são normalmente excluídos.)

composto organometálico Composto que contém uma ligação carbono-metal. *Exemplo*: $Ni(CO)_4$ (complexos de CN^- são normalmente excluídos.)

composto termodinamicamente estável (1) Composto que não tem tendência termodinâmica a se decompor em seus elementos. (2) Composto com energia livre de Gibbs de formação negativa.

composto termodinamicamente instável (1) Composto que tem tendência termodinâmica a se decompor em seus elementos. (2) Composto com energia livre de Gibbs de formação positiva.

compressão Ato de reduzir o volume de uma amostra.

compressível Que pode ser confinado em um volume menor.

comprimento de ligação Distância entre os centros de dois átomos ligados.

comprimento de onda (λ) A distância de máximo a máximo de uma onda.

comprimir Reduzir o volume de uma amostra.

G6 Glossário

concentração A quantidade de uma substância em um dado volume.

concentração inicial (de um ácido ou base fracos) A concentração no momento da preparação, como se não ocorresse desprotonação ou protonação.

concentração molar ($[J]$, c_J) Quantidade (em mols) de soluto dividida pelo volume da solução (em litros).

condensação Formação de uma fase líquido ou sólido a partir da fase gás de uma substância.

condição de frequência de Bohr Relação entre a mudança de energia de um átomo ou molécula e a frequência da radiação emitida ou absorvida: $\Delta E = h\nu$.

condição de contorno Uma restrição no valor da função de onda de uma partícula.

condição de pré-equilíbrio Pré-equilíbrio que se estabelece (ou é presumido) quando um intermediário se forma em uma reação de equilíbrio rápido antes de uma etapa lenta em um mecanismo de reação.

condições normais de temperatura e pressão (CNTP) 25°C (298,15 K) e 1 bar.

condução elétrica A condução de carga elétrica através da matéria. Veja também *condutor eletrônico, condução iônica*.

condução iônica A condução elétrica em que a carga é transportada por íons.

condutividade elétrica Medida da capacidade de uma substância ou solução de conduzir eletricidade.

condutor eletrônico Substância que conduz eletricidade pelo movimento de elétrons.

condutor metálico Um condutor de elétrons cuja resistência aumenta quando a temperatura sobe.

conectividade (dos átomos em uma molécula) O esquema de ligação dos átomos de uma molécula.

configuração eletrônica A ocupação de orbitais de um átomo ou molécula. *Exemplo*: N, $1s^2 2s^2 2p^3$.

conformações Formas moleculares que podem se interconverter pela rotação de ligações, sem quebra e formação de ligações.

congêneres Elementos que estão no mesmo grupo da Tabela Periódica.

conjunto da matéria Matéria composta por um número muito grande de átomos. Veja *propriedade do conjunto da matéria*.

constante de acidez (K_a) Constante de equilíbrio da transferência de próton para a água. Para um ácido HA, $K_a = [H_3O^+][A^-]/[HA]$ no equilíbrio.

constante de autoprotólise A constante de equilíbrio de uma reação de autoprotólise. *Exemplo*: para a água, K_w, com $K_w = [H_3O^+][OH^-]$.

constante de autoprotólise da água (K_w) A constante de equilíbrio da autoprotólise (autoionização) da água, $2\,H_2O(l) \rightleftharpoons H_3O^+(aq) + OH^-(aq)$, $K_w = [H_3O^+][OH^-]$.

constante de Avogadro O número de objetos por mol de objetos ($N_A = 6,02214 \times 10^{23}$ mol^{-1}). O *número de Avogadro* é o número de objetos em 1 mol de objetos (em outras palavras, o número sem dimensões $6,02214 \times 10^{23}$).

constante de basicidade (K_b) Constante de equilíbrio para a transferência de próton da água para uma base. Para uma base B, $K_b = [BH^+][OH^-]/[B]$.

constante de Boltzmann (k) Uma constante fundamental; $k = 1,38065 \times 10^{-23}$ J·K^{-1}. Note que $R = N_A k$.

constante de decaimento (k) A constante de velocidade do decaimento radioativo.

constante de dissociação Veja *constante de acidez*.

constante de equilíbrio (K) Expressão característica da composição de uma mistura de reação no equilíbrio, cuja forma é regida pela lei da ação das massas. *Exemplo*: $N_2(g) + 3\,H_2(g) \rightleftharpoons 2\,NH_3(g)$, $K = (P_{NH_3})^2/P_{N_2}(P_{H_2})^3$.

constante de estabilidade Veja *constante de formação*.

constante de Faraday (F) A magnitude da carga por mol de elétrons; $F = N_A e = 96,485$ kC·mol^{-1}.

constante de formação (K_f) Constante de equilíbrio de formação de um complexo. A *constante de formação total* é o produto das *constantes de formação das várias etapas*. O inverso da constante de formação ($1/K_f$) é chamado de *constante de estabilidade*.

constante de Henry A constante k_H que aparece na *lei de Henry*.

constante de ionização Veja *constante de acidez*.

constante de ionização (dissociação) da base (K_b) Veja *constante de basicidade*.

constante de ionização (dissociação) do ácido (K_a) Veja *constante de acidez*.

constante de ionização da base Veja *constante de basicidade*.

constante de Madelung (A) Número que aparece na expressão da energia da rede e depende do tipo da rede cristalina.

constante de massa atômica (m_u, antigamente amu) Um doze avos da massa de um átomo de carbono-12.

constante de Michaelis (K_M) Constante da lei de velocidade do *mecanismo de Michaelis-Menten*.

constante de Planck (h) Constante fundamental da natureza cujo valor é $6,626 \times 10^{-34}$ J·s.

constante de Rydberg ($\mathcal{R}$) A constante da fórmula das frequências das linhas do espectro do átomo de hidrogênio; $\mathcal{R} = 3,290 \times 10^{15}$ Hz.

constante de solubilidade Veja *produto de solubilidade*.

constante de velocidade (k_r) A constante de proporcionalidade de uma lei de velocidade.

constante do ponto de congelamento (k_f) Constante de proporcionalidade entre o abaixamento do ponto de congelamento e a molalidade do soluto.

constante do ponto de ebulição (k_{eb}) A constante de proporcionalidade entre a elevação do ponto de ebulição e a molalidade de um soluto.

constante dos gases (R) (1) A constante que aparece na lei do gás ideal. Veja as páginas finais deste livro para valores. (2) $R = N_A k$, em que k é a *constante de Boltzmann*.

contador de cintilações Instrumento usado para detectar e medir a radioatividade que utiliza o fato de que algumas substâncias cintilam quando expostas à radiação.

contador Geiger Instrumento usado para detectar e medir a radioatividade, que funciona na base da ionização causada pela radiação incidente.

contração de lantanídeo A redução do raio atômico dos elementos que seguem os lantanídeos abaixo do valor esperado por extrapolação da tendência de cima para baixo de um

grupo (que é consequência da pouca capacidade de blindagem dos elétrons f).

coordenação Uso de um par isolado para formar uma ligação covalente coordenada. Exemplos: F_3B + $:NH_3$ → F_3B—NH_3; Ni + 4 CO → $Ni(CO)_4$.

coordenadas esféricas polares Coordenadas de um ponto expressas em termos do raio r, da colatitude θ e do azimute ϕ.

copolímero Polímero formado pela mistura de monômeros diferentes. Nos *copolímeros aleatórios*, a sequência de monômeros não tem ordem específica; nos *copolímeros alternados*, dois monômeros se alternam; nos *copolímeros em bloco*, regiões formadas por um dos monômeros se alternam com regiões formadas pelo outro; nos *polímeros graftizados*, cadeias formadas por um monômero ligam-se a uma cadeia principal formada pelo outro monômero.

cor complementar A cor na qual a luz branca se transforma quando uma das cores constituintes é removida.

corpo negro Objeto que absorve e emite todas as frequências de radiação, sem distinção.

corrente (I) Taxa de fornecimento de carga. A corrente é medida em *amperes* (A), com 1 A = $1\ C{\cdot}s^{-1}$.

corrente elétrica Veja *corrente*.

corrosão A reação indesejada de um material que leva à sua dissolução ou consumo. *Exemplo*: a oxidação indesejada de um metal.

corrosivo (1) Reagente que pode causar corrosão. (2) Reagente que tem alta reatividade, como a de um agente oxidante forte ou um ácido ou base concentrados.

coulomb (C) A unidade de carga elétrica. Um coulomb equivale à magnitude da carga entregue por uma corrente de um ampere por um segundo (1 C = 1 A·s).

covalência variável Capacidade de um elemento de formar um número variável de ligações covalentes. *Exemplo*: S em SO_2 e SO_3.

craqueamento O processo de conversão de frações do petróleo em moléculas menores com mais ligações duplas. *Exemplo*: $CH_3(CH_2)_6CH_3$ → $CH_3(CH_2)_3CH_3$ + $CH_3CH{=}CH_2$.

criogenia O estudo da matéria em temperaturas muito baixas.

crioscopia Medida da massa molar com o uso do abaixamento do ponto de congelamento.

cristal líquido Substância que flui como um líquido mas é formada por moléculas que estão em um arranjo moderadamente ordenado. Os cristais líquidos podem ser *nemáticos*, *esméticos* ou *colestéricos*, dependendo do arranjo das moléculas.

cristal líquido liotrópico Cristal líquido formado pela ação de um solvente sobre um soluto.

cristal líquido termotrópico Cristal líquido preparado por fusão da fase sólida.

cristalização Processo pelo qual um soluto sai de uma solução na forma de cristais.

cromatografia Técnica de separação que depende da capacidade de fases diferentes de adsorver substâncias em diferentes graus.

cromatograma O registro do sinal de um detector (ou o registro em papel da impressora) obtido na análise cromatográfica de uma mistura.

curie (Ci) Unidade de atividade (para a radioatividade).

curva da energia potencial molecular Gráfico da energia de uma molécula em função da distância internuclear, com os núcleos estacionários.

curva de aquecimento Gráfico da variação da temperatura de uma amostra que é aquecida em velocidade constante.

curva de energia potencial molecular Gráfico da energia de uma molécula contra a distância internuclear, com os núcleos estacionários

curva de pH Gráfico do pH de uma mistura de reação contra o volume do titulante adicionado em uma titulação ácido-base.

dados Informações fornecidas ou obtidas em experimentos.

datação isotópica Determinação da idade de objetos pela medida da atividade de um isótopo radioativo que ele contém, particularmente ^{14}C.

datação radiocarbono *Datação isotópica* baseada especificamente no uso do carbono-14.

debye (D) Unidade usada para os momentos de dipolo elétricos: 1 D = $3,336 \times 10^{-30}$ C·m.

decaimento α Decaimento nuclear devido à emissão de uma *partícula* α.

decaimento alfa (α) Decaimento nuclear devido à emissão de *partículas* α.

decaimento beta (β) Decaimento nuclear devido à emissão de *partículas* β.

decaimento exponencial Variação com o tempo na forma e^{-kt}. *Exemplo*: $[A] = [A]_0 e^{-kt}$.

decaimento nuclear A quebra parcial espontânea de um núcleo (inclusive sua fissão). O decaimento nuclear é também conhecido como *desintegração nuclear*. *Exemplo*: $^{226}_{88}Ra$ → $^{222}_{86}Rn$ + $^{4}_{2}\alpha$.

decantar Retirar, por derramamento, um líquido que está acima de outro líquido mais denso ou de um sólido.

decomposição Reação na qual uma substância se decompõe em substâncias mais simples; a *decomposição térmica* é a decomposição provocada pelo calor. *Exemplo*: $CaCO_3(s) \xrightarrow{\Delta} CaO(s) + CO_2(g)$.

definição de Brønsted-Lowry Definição de ácidos e bases em termos da facilidade que as moléculas e íons têm em participar da transferência de um próton.

degenerados Que têm a mesma energia. *Exemplo*: orbitais atômicos da mesma subcamada.

delta (Δ, em uma equação química) Símbolo que indica que a reação ocorre em temperaturas elevadas.

delta X (ΔX) A diferença entre o valor final e o valor inicial de uma propriedade, $\Delta X = X_{final} - X_{inicial}$. *Exemplos*: ΔT; ΔE.

densidade (d) A massa de uma amostra de substância dividida por seu volume: $d = m/V$.

densidade de entalpia (de um combustível) A entalpia de combustão por litro (sem o sinal negativo).

densidade de probabilidade (de uma partícula) Função que, quando multiplicada pelo volume da região considerada, define a probabilidade de que a partícula seja encontrada naquela região do espaço. Veja também *interpretação de Born*.

deposição A condensação de um vapor diretamente a sólido. A deposição é o inverso da *sublimação*.

depressão do ponto de congelamento O abaixamento do ponto de congelamento de um solvente provocada pela presença de um soluto (uma propriedade coligativa).

desenvolvimento sustentável A utilização econômica e a renovação de recursos acopladas à redução de resíduos perigosos e ao respeito ao meio ambiente.

desidrogenação Remoção de um átomo de cada um de dois átomos de carbono vizinhos que leva à formação de uma ligação múltipla carbono-carbono.

desidro-halogenação Remoção de um átomo de hidrogênio e um de halogênio de átomos de carbono vizinhos em um halogeno-alcano.

desigualdade de Clausius A relação $\Delta S \geq q/T$.

desintegração nuclear Veja *decaimento nuclear*

deslocalizado Espalhado por uma região. Em particular, os *elétrons deslocalizados* são elétrons que se espalham por vários átomos de uma molécula.

deslocamento livre médio A distância média que uma molécula viaja entre colisões.

desnaturação A perda de estrutura de uma macromolécula, como uma proteína, por exemplo.

desordem de posição Localização desordenada das moléculas. Uma contribuição para a entropia.

desordem térmica Desordem decorrente do movimento térmico das moléculas.

desproporcionação Reação redox em que um elemento é simultaneamente oxidado e reduzido. *Exemplo*: $2\,Cu^+(aq) \rightarrow Cu(s) + Cu^{2+}(aq)$.

desprotonação Perda de um próton de um ácido de Brønsted. *Exemplo*: $NH_4^+(aq) + H_2O(l) \rightarrow H_3O^+(aq) + NH_3(aq)$.

destilação A separação dos componentes de uma mistura pelo uso de suas diferentes volatilidades.

destilação fracionada Separação dos componentes de uma mistura líquida por destilação repetida, com o aproveitamento das diferenças de volatilidade.

destilado Líquido obtido por destilação.

desvio negativo (da lei de Raoult) Tendência de uma solução não ideal de ter pressão de vapor inferior à prevista pela *lei de Raoult*.

dêuteron O núcleo de um átomo de deutério, $^2H^+$, formado por um próton e um nêutron.

diagrama de célula A descrição de uma célula eletroquímica que corresponde a uma determinada reação de célula. *Exemplo*: $Zn(s)\,|Zn(s)^{+2}(aq)||Cu^{2+}(aq)|Cu(s)$.

diagrama de fases Sumário gráfico das condições de temperatura e pressão em que as várias fases (sólido, líquido e gás) de uma substância existem. Um *diagrama de fases de um componente* é um diagrama de fases de uma substância.

diagrama de níveis de energia dos orbitais moleculares Descrição das energias relativas dos orbitais moleculares de uma molécula.

diagrama temperatura-composição *Diagrama de fases* que mostra como o ponto de ebulição normal de uma mistura líquida varia com a composição.

diamagnética (substância) Substância que tende a se afastar de um campo magnético. Formada por átomos íons ou moléculas sem elétrons desemparelhados. *Exemplos*: a maior parte das substâncias comuns.

diamina Composto orgânico que tem dois grupos —NH_2.

diatérmico Capaz de permitir a passagem de energia na forma de calor. *Exemplo*: paredes diatérmicas.

diferença de potencial A diferença de potencial elétrico entre dois pontos é uma medida do trabalho que tem de ser feito para mover uma carga elétrica de um ponto a outro. A diferença de potencial é medida em volts, V, e é comumente chamada de *voltagem*.

difração A deflexão de ondas e a interferência resultante causada por um objeto em sua trajetória. Veja também *difração de raios X*.

difração de raios X Análise de estruturas cristalinas pelo estudo das figuras de interferência de um feixe de raios X.

difratograma A figura de pontos brilhantes contra um fundo escuro que resulta da difração.

difusão O espalhamento de uma substância através de outra.

diluído Descreve uma solução em que o soluto está em baixa concentração.

diluir Reduzir a concentração de um soluto por adição de solvente.

dímero O resultado da união de duas moléculas idênticas. *Exemplo*: Al_2Cl_6, formado por duas moléculas de $AlCl_3$.

diol Composto orgânico com dois grupos —OH.

dipeptídeo Oligopeptídeo formado pela condensação de dois aminoácidos.

dipolo Veja *momento de dipolo instantâneo*.

dipolo elétrico Uma carga positiva próxima de uma carga igual de sinal contrário.

diprótico Um ácido com dois átomos de hidrogênio ácidos. Veja também *ácidos* ou *bases polipróticos*.

dispersão (1) A separação no espaço da luz em seus componentes (por um prisma). (2) Veja *suspensão*.

dissacarídeo Molécula de carboidrato formada por duas unidades sacarídeo. *Exemplo*: $C_{12}H_{22}O_{11}$, sacarose.

dissociação (1) A quebra de uma ligação. (2) Separação de íons que ocorre quando um sólido iônico dissolve.

distância de ligação A distância entre os centros de dois átomos em ligação química.

distribuição (de velocidades moleculares) A fração de moléculas de gás que se move em cada velocidade em um determinado instante.

distribuição de Maxwell das velocidades A fórmula de cálculo da fração de moléculas que se move a uma dada velocidade em um gás em uma temperatura especificada.

domínio A região de um metal em que os spins dos elétrons dos átomos estão alinhados, resultando em *ferromagnetismo*.

dopagem A adição de quantidades pequenas conhecidas de uma segunda substância a uma substância sólida pura.

dose absorvida (de radiação) Energia transferida para uma determinada massa de amostra quando exposta à radiação (particularmente, mas não exclusivamente, radiação nuclear). A dose absorvida é medida em *rad* ou *gray*.

dose absorvida de radiação (rad) A quantidade de radiação que deposita 10^{-2} J de energia por quilograma de tecido.

dose equivalente A dose de radiação experimentada por uma amostra, modificada para levar em conta a eficiência *biológica relativa da radiação*. A dose equivalente é medida em sieverts (antigamente, em rems).

Glossário **G9**

dualidade onda-partícula O caráter combinado de onda e partícula que têm a radiação e a matéria.

dublete O par $1s^2$ da configuração eletrônica semelhante ao hélio.

ductilidade Capacidade de se transformar em um fio (como os metais).

ebulição Vaporização rápida de um líquido. Veja *temperatura de ebulição*.

efeito de íon comum Redução da solubilidade de um sal pela presença de outro sal com um íon em comum. *Exemplo*: a solubilidade menor de AgCl em NaCl(aq) do que em água pura.

efeito de par inerte Observação de que um elemento tem valência menor do que seu número de grupo sugere. Um *par inerte* é um par de elétrons de valência da camada s que estão fortemente ligados ao átomo e podem não participar da formação da ligação.

efeito estufa Bloqueio, por alguns gases atmosféricos (notadamente o dióxido de carbono), da irradiação do calor da superfície da Terra, de volta ao espaço, que leva à possibilidade de um aumento global da temperatura.

efeito fotoelétrico Emissão de elétrons da superfície de um metal sob a ação da radiação eletromagnética.

efeito Joule-Thompson O resfriamento de um gás que se expande.

efervescer Sair da solução na forma de gás.

eficiência biológica relativa (Q) Fator usado para avaliar o estrago causado por uma determinada dose de radiação.

efusão A passagem de uma substância (particularmente gases) através de um furo pequeno para um ambiente de pressão inferior.

eixo internuclear Linha reta entre os núcleos de dois átomos ligados.

elasticidade A capacidade de retorno à forma original após distorção.

elastômero Um polímero elástico. *Exemplo*: borracha (poli-isopreno).

elemento (1) Substância que não pode ser separada em componentes simples por técnicas químicas. (2) Substância formada por átomos de mesmo número atômico. *Exemplos*: hidrogênio, ouro, urânio.

elemento eletronegativo Elemento com alta eletronegatividade. *Exemplos*: O; F.

elemento eletropositivo Elemento da série eletroquímica com alto poder redutor. *Exemplos*: Cs; Mg.

elementos transmeitnéricos Os elementos que estão depois do meitnério, com $Z > 109$.

elementos transurânicos Os elementos que estão depois do urânio, com $Z > 92$.

eletrodeposição A deposição por eletrólise de um filme fino de metal sobre um objeto.

eletrodeposição catiônica A deposição eletroquímica de uma camada protetora resistente à corrosão sobre um metal.

eletrodo Condutor metálico que entra em contato com um eletrólito em uma célula eletroquímica. Uma *meia-célula* é algumas vezes denominada eletrodo.

eletrodo de vidro Um bulbo de vidro de parede fina que contém uma solução de eletrólito e um contato metálico. Usado para a medida do pH.

eletrodo padrão de hidrogênio (EPH) Eletrodo de hidrogênio que está no estado padrão (concentração de íons hidrogênio igual a 1 mol·L^{-1} [rigorosamente, atividade unitária] e pressão de hidrogênio igual a 1 bar) e tem $E° = 0$, por definição, em todas as temperaturas.

eletrodo seletivo a íons Um eletrodo sensível à concentração de um íon em particular.

eletrófilo Reagente que é atraído para uma região de alta densidade de elétrons. *Exemplos*: Br_2; NO_2^+.

eletrólise Processo no qual uma mudança química é produzida pela passagem de corrente elétrica por um líquido.

eletrólito (1) Um meio que conduz eletricidade por via iônica. (2) Substância que se dissolve para formar uma solução que conduz eletricidade. Um *eletrólito forte* é uma substância que está totalmente ionizada em solução. Um *eletrólito fraco* é uma substância molecular que está parcialmente ionizada em solução. Um *composto molecular* (*não é eletrólito*) não se ioniza em solução. *Exemplos*: NaCl é um eletrólito forte; CH_3COOH é um eletrólito fraco; $C_6H_{12}O_6$ é um composto molecular (não é eletrólito).

eletrólito sólido Condutor de íons sólido.

elétron (e^-) Uma partícula subatômica com carga negativa que se encontra fora do núcleo de um átomo.

elétron p Um elétron em um orbital p.

eletronegatividade (χ, chi) Capacidade de um átomo de atrair elétrons quando participa de um composto.

elétrons de valência Os elétrons que pertencem à camada de valência.

elétrons do caroço Os elétrons que pertencem ao caroço do átomo.

elétrons emparelhados Dois elétrons com spins opostos ($\uparrow\downarrow$).

elétron-volt (eV) Unidade de energia. Variação da energia potencial de um elétron quando ele se move através de uma diferença de potencial de 1 V; $1 \text{ eV} = 1,60218 \times 10^{-19}$ J.

eletroquímica Ramo da química que trata do uso das reações químicas para produzir eletricidade, dos poderes relativos de oxidação e redução, e do uso da eletricidade para produzir uma mudança química.

elevação do ponto de ebulição O aumento do ponto de ebulição normal de um solvente provocado pela presença de um soluto (*uma propriedade coligativa*).

emissão de pósitron Modo de decaimento radioativo em que um núcleo emite um pósitron.

emissão de próton Processo de decaimento nuclear em que um próton é emitido. Durante a emissão de próton, o número de massa e a carga do núcleo diminuem 1 unidade.

emissão espontânea de nêutrons O decaimento de núcleos ricos em nêutrons por emissão de nêutrons sem estímulo externo.

empírico Determinado pelo experimento.

emulsão Suspensão de pequenas gotas de um líquido dispersas em outro líquido.

emulsão sólida Dispersão coloidal de um líquido em um sólido. *Exemplo*: manteiga, uma emulsão de água na gordura do leite.

enantiômeros Par de isômeros ópticos que são imagem no espelho um do outro mas não são superponíveis.

encadear Formar cadeias ou anéis de átomos. *Exemplos*: O_3; S_8.

energia (E)   A capacidade de um sistema de produzir trabalho ou fornecer calor. A *energia cinética* é a energia do movimento e a *energia potencial* é a energia que depende da posição. A *energia total* é a soma das energias cinética e potencial.

energia cinética (E_c)   A energia de uma partícula devida a seu movimento. A energia cinética pode ser *translacional* (proveniente do movimento através do espaço), *rotacional* (proveniente da rotação em torno de um centro de massa) ou *vibracional* (proveniente do movimento de oscilação dos átomos de uma molécula). *Exemplo*: a energia cinética translacional de uma partícula de massa m e velocidade v é $\frac{1}{2}mv^2$.

energia de ativação (E_a)   (1) Energia mínima necessária para que a reação ocorra. (2) A altura da barreira de ativação. (3) Um parâmetro empírico que descreve a variação da constante de velocidade de uma reação com a temperatura.

energia de dissociação (D)   A energia necessária para separar átomos ligados.

energia de ionização (I)   Energia mínima necessária para remover um elétron do estado fundamental de um átomo, molécula ou íon em fase gás. (Veja *primeira energia de ionização*.) A *segunda energia de dissociação* é a energia de ionização da remoção de um segundo elétron, e assim por diante.

energia de ligação nuclear (E_{lig})   Energia liberada quando Z prótons e $A - Z$ nêutrons se aproximam para formar um núcleo com número atômico Z e número de massa A. Quanto maior for a energia de ligação por núcleon, menor será a energia do núcleo.

energia de rede   Diferença entre a energia potencial dos íons em um cristal e a dos mesmos íons muito separados em um gás.

energia do ponto zero   A energia mais baixa possível de um sistema. *Exemplo*: $E = h^2/8mL^2$ para uma partícula de massa m em uma caixa de comprimento L.

energia interna (U)   Em termodinâmica, a energia total de um sistema.

energia livre de Gibbs ($G = H - TS$)   A energia de um sistema que é capaz de executar trabalho em temperatura e pressão constantes. A direção da variação espontânea, em pressão e temperatura constantes, é a direção da energia livre de Gibbs decrescente.

energia livre de Gibbs padrão de formação ($\Delta G_f°$)   A energia livre de Gibbs padrão de reação por mol da formação de um composto a partir de seus elementos na forma mais estável.

energia livre de Gibbs padrão de fusão ($\Delta G_{fus}°$)   A variação da energia livre de Gibbs padrão por mol que acompanha a fusão.

energia livre de Gibbs padrão de reação ($\Delta G°$)   A energia livre de Gibbs de reação sob condições padrão.

energia livre de Gibbs padrão de vaporização ($\Delta G_{vap}°$)   A variação da energia livre de Gibbs padrão por mol que acompanha a vaporização.

energia potencial (E_p)   A energia que depende da posição. *Exemplo*: a energia potencial de Coulomb.

energia potencial de Coulomb   Energia potencial de uma carga elétrica na vizinhança de outra carga elétrica. A energia potencial é inversamente proporcional à separação das cargas.

energia química   A energia disponível em uma reação química. *Exemplo*: a energia liberada na queima de combustíveis.

energia térmica   Soma das energias potencial e cinética devido ao movimento térmico.

enriquecer   Em química nuclear, aumentar a abundância de um determinado isótopo.

ensemble   Coleção de réplicas hipotéticas de um sistema.

entalpia (H)   Uma propriedade de estado; $H = U + PV$. A variação de entalpia é igual ao calor transferido em pressão constante.

entalpia de congelamento   A variação de entalpia por mol que acompanha o congelamento. O inverso da *entalpia de fusão*.

entalpia de fusão (ΔH_{fus})   A variação de entalpia por mol que acompanha a fusão.

entalpia de hidratação (ΔH_{hid})   A variação de entalpia por mol que acompanha a hidratação de íons na fase gás.

entalpia de ionização (ΔH_{ion})   Variação da entalpia molar que acompanha a perda de elétrons de um átomo, íon ou molécula na fase gás.

entalpia de ligação ($\Delta H_D(X{-}Y)$)   A variação de entalpia que acompanha a dissociação de uma ligação. *Exemplo*: $H_2(g) \rightarrow 2\,H(g)$, $\Delta H_B(H{-}H) = +436\,kJ{\cdot}mol^{-1}$.

entalpia de ligação média ($\Delta H_L(A{-}B)$)   A média das entalpias das ligações A—B de muitas moléculas diferentes que contêm a ligação A—B. Veja também *entalpia de ligação*.

entalpia de mistura (ΔH_{mis})   A variação de entalpia que ocorre quando dois fluidos (líquidos ou gases) se misturam.

entalpia de reação (ΔH)   A variação de entalpia da reação tomada exatamente como a equação é escrita, com os coeficientes estequiométricos interpretados como as quantidades de mols. *Exemplo*: $CH_4(g) + 2\,O_2(g) \rightarrow CO_2(g) + 2\,H_2O(l)$, $\Delta H = 890\,kJ$.

entalpia de rede   Variação de entalpia padrão da conversão de um sólido iônico em um gás de íons.

entalpia de solução (ΔH_{sol})   A variação de entalpia que ocorre quando uma substância se dissolve. A *entalpia de solução limite* é a entalpia de solução da formação de uma solução infinitamente diluída.

entalpia de sublimação (ΔH_{sub})   A variação de entalpia por mol que acompanha a sublimação (a passagem direta do sólido a vapor).

entalpia de vaporização (ΔH_{vap})   A variação de entalpia por mol que acompanha a vaporização (a conversão de uma substância do estado líquido para o estado vapor).

entalpia específica (de um combustível)   A entalpia de combustão por grama (sem o sinal negativo).

entalpia padrão de combustão ($\Delta H_c°$)   A variação de entalpia por mol de substância quando ela queima (reage com oxigênio) completamente em condições padrão.

entalpia padrão de formação ($\Delta H_f°$)   A entalpia padrão de reação por mol na síntese de um composto a partir de seus elementos na forma mais estável, em 1 bar e na temperatura especificada.

entalpia padrão de reação ($\Delta H°$)   A entalpia de reação sob condições padrão.

entropia (**S**)   (1) Medida da desordem de um sistema. (2) A variação de entropia é igual ao calor fornecido reversivelmente a um sistema, dividido pela temperatura em que a transferência de calor ocorre.

entropia de vaporização (ΔS_{vap})   Mudança de entropia por mol que acompanha a vaporização (a passagem de uma substância do estado líquido ao estado vapor).

Glossário **G11**

entropia estatística A entropia calculada pela termodinâmica estatística; $S = k \ln W$.

entropia molar padrão $(S_m°)$ A entropia por mol de uma substância pura em 1 bar.

entropia padrão de fusão $(\Delta S_{fus}°)$ A variação de entropia por mol que acompanha a fusão sob condições padrão (a passagem de uma substância do estado sólido para o estado líquido).

entropia padrão de reação $(\Delta S°)$ A entropia de reação sob condições padrão.

entropia padrão de vaporização $(\Delta S_{vap}°)$ A variação de entropia por mol que acompanha a *vaporização* em condições padrão (a conversão de uma substância do estado líquido para o estado vapor).

entropia residual A entropia diferente de zero em $T = 0$ em certos sistemas, referente à desordem que persiste na orientação das moléculas.

envenenar Inativar um catalisador.

enzima Um catalisador biológico.

equação balanceada Veja *equação química*.

equação de Arrhenius A equação $\ln k = \ln A - E_a/RT$ da dependência, frequentemente observada, da constante de velocidade k com a temperatura. Um *gráfico de Arrhenius* é um gráfico de $\ln k$ contra $1/T$.

equação de Born-Mayer A fórmula para a energia mínima da função de onda de uma partícula.

equação de Bragg Equação que relaciona o ângulo de difração dos raios X ao espaçamento das camadas de átomos em um cristal ($\lambda = 2d \operatorname{sen} \theta$).

equação de Clausius-Clayperon Uma equação que dá a dependência quantitativa da pressão de vapor de uma substância com a temperatura.

equação de estado Expressão matemática que relaciona a pressão, o volume, a temperatura e a quantidade de substância de uma amostra. *Exemplo*: a lei do gás ideal, $PV = nRT$.

equação de Henderson-Hasselbalch Equação aproximada para estimar o pH de uma solução que contém um ácido e uma base conjugados. Veja também o Tópico 6G.

equação de Nernst Equação que expressa o potencial de uma célula eletroquímica em termos das concentrações dos reagentes que participam da reação da célula. $E_{célula} = E_{célula}° - (RT/nF) \ln Q$.

equação de Schrödinger Equação para o cálculo das funções de onda de uma partícula, especialmente um elétron em um átomo ou molécula. Veja também *função de onda*.

equação de segunda ordem Equação da forma $ax^2 + bx + c = 0$. Veja o Apêndice 1E.

equação de van der Waals Equação de estado aproximada de um gás real em que dois parâmetros representam os efeitos das forças intermoleculares.

equação de van 't Hoff (1) A equação da pressão osmótica em termos da molaridade, $\Pi = i[J]RT$. (2) Equação que mostra como a constante de equilíbrio varia com a temperatura.

equação do virial Equação de estado expressa em potências de $1/V_m$: especificamente, $PV = nRT(1 + B/V_m + C/V_m^2 + ...)$, em que B é o *segundo coeficiente do virial* e C é o *terceiro coeficiente do virial*.

equação iônica completa Equação química balanceada, expressa em termos dos cátions e ânions que estão em solução.

Exemplos: $Ag^+(aq) + NO_3^-(aq) + Na^+(aq) + Cl^-(aq) \to AgCl(s) + NO_3^-(aq) + Na^+(aq)$.

equação iônica simplificada Equação que mostra a mudança líquida na reação química, obtida pelo cancelamento dos íons espectadores na equação iônica completa. *Exemplo*: $Ag^+(aq) + Cl^-(aq) \to AgCl(s)$.

equação nuclear Resumo das mudanças que ocorrem durante uma reação nuclear, escrito de maneira semelhante a uma reação química.

equação quadrática Uma equação da forma $ax^2 + bx + c = 0$. Veja também o Apêndice 1E.

equação química Uma declaração, em termos de fórmulas químicas, que resume as informações qualitativas sobre as mudanças químicas que ocorrem em uma reação e a informação quantitativa de que átomos não são criados nem destruídos em uma reação química. Em uma *equação química balanceada* (comumente chamada de "equação química"), o mesmo número de átomos de cada elemento aparece em ambos os lados da equação.

equação simplificada Uma equação não balanceada que resume a informação qualitativa da reação. *Exemplo*: $H_2 + O_2 \to H_2O$.

equação termoquímica Expressão que inclui a equação química balanceada e a entalpia de reação correspondente.

equilíbrio de transferência de próton Equilíbrio que envolve a transferência de um íon hidrogênio entre um ácido e uma base.

equilíbrio dinâmico Condição em que um processo direto e seu inverso ocorrem simultaneamente na mesma velocidade. Exemplo: vaporização e condensação; reações químicas no equilíbrio.

equilíbrio físico Estado em que duas ou mais fases de uma coexistem sem tendência de mudança. Exemplo: gelo e água em 0°C e 1 atm.

equilíbrio heterogêneo Equilíbrio em que pelo menos um dos componentes está em uma fase diferente dos demais. *Exemplo*: $AgCl(s) \rightleftharpoons Ag^+(aq) + Cl^-(aq)$.

equilíbrio homogêneo Equilíbrio químico em que todas as substâncias que participam estão na mesma fase. *Exemplo*: $H_2(g) + I_2(g) \rightleftharpoons 2 HI(g)$.

equilíbrio mecânico Estado em que a pressão de um sistema é igual à da vizinhança.

equilíbrio químico O equilíbrio dinâmico entre reagentes e produtos em uma reação química.

equilíbrio térmico Estado em que um sistema está na mesma temperatura da vizinhança.

equimolar Que tem a mesma concentração molar ou o mesmo número de mols.

erro aleatório Erro que varia aleatoriamente a cada medida, às vezes dando um valor mais alto, às vezes um valor mais baixo.

erro sistemático Erro que persiste em uma série de medidas e não se perde na média. Veja também *acurácia*.

escala Celsius Escala de temperatura na qual o ponto de congelamento da água está em 0 grau e o ponto de ebulição, em 100 graus. A unidade desta escala é o grau Celsius, °C.

escala Fahrenheit Escala de temperatura na qual o ponto de congelamento da água está em 32 graus e o ponto de ebulição

G12 Glossário

normal em 212 graus. As unidades nesta escala são graus Fahrenheit, °F.

escala Kelvin Escala fundamental de temperatura na qual o ponto triplo da água está em 273,16 K e a temperatura mais baixa concebível é o zero. A unidade da escala Kelvin é o *kelvin*, K.

esfera de coordenação Grupos de átomos ligados diretamente ao átomo central de um complexo.

esfericamente simétrico Independente da orientação em torno de um ponto central.

especiação Concentrações de cada um dos íons presentes em uma solução de um ácido poliprótico.

espécie Neste texto, um átomo, um íon ou uma molécula.

espécies isoeletrônicas Espécies que têm o mesmo número de átomos e o mesmo número de elétrons de valência. *Exemplos*: F^- e Ne; SO_2 e O_3; CN^- e CO.

espectro Conjunto de frequências ou comprimentos de onda da radiação eletromagnética emitida, absorvida ou espalhada pelas substâncias.

espectro de absorção Variação da absorção de uma amostra com o comprimento de onda determinada pela medida da absorção de radiação eletromagnética pela amostra quando o comprimento de onda da radiação muda em uma determinada faixa.

espectro de massas Gráfico do número relativo de partículas de massa especificada. O sinal de saída do detector de um espectrômetro de massas. Veja também *espectrometria de massas*.

espectrofotometria Técnica analítica na qual a absorbância de uma solução é medida para determinar-se a natureza ou a concentração de uma substância. Veja *espectrofotômetro*.

espectrofotômetro Instrumento que mede e registra eletronicamente a intensidade da radiação que passa por uma amostra quando varia o comprimento de onda da radiação, isto é, que registra o espectro de uma amostra.

espectrometria de massas Técnica de medida das massas e abundâncias de átomos de moléculas usando um feixe de íons que atravessa um campo magnético.

espectrômetro Instrumento que registra o espectro de uma amostra.

espectrômetro de massas Instrumento usado na *espectrometria de massas*.

espectroscopia A análise da radiação emitida, absorvida ou espalhada pelas substâncias.

espuma (1) Coleção de bolhas formadas por um líquido. (2) Um tipo de *coloide* formado por um gás de pequenas bolhas em um líquido ou sólido.

estado da matéria A condição física de uma amostra. Os estados mais comuns de uma substância pura são sólido, líquido e gás (vapor).

estado de oxidação A condição da espécie que tem um determinado número de oxidação.

estado de transição Arranjo instável de átomos que pode levar a produtos ou reverter aos reagentes. Veja *complexo ativado*.

estado excitado Um estado diferente do estado de energia mais baixa.

estado físico A condição de ser um sólido, um líquido ou um gás em uma determinada temperatura.

estado fundamental O estado de energia mais baixa.

estado padrão A forma pura de uma substância em 1 bar; para um soluto, na concentração 1 $mol \cdot L^{-1}$.

estável Veja *composto termodinamicamente estável*.

estequiometria da reação A relação quantitativa entre as quantidades de reagentes consumidos e as quantidades de produtos formados nas reações químicas expressas pela equação química balanceada da reação.

éster Produto (além da água) da reação entre um ácido carboxílico e um álcool e que tem a fórmula RCOOR′. *Exemplo*: $CH_3COOC_2H_5$, acetato de etila.

estereoisômeros Isômeros nos quais os átomos têm os mesmos parceiros em arranjos diferentes no espaço.

esterificação A formação de um *éster*.

estrutura atômica O arranjo dos elétrons em torno do núcleo de um átomo.

estrutura com empacotamento compacto Estrutura cristalina em que os átomos ocupam o menor volume total com o menor espaço vazio. *Exemplos*: empacotamento hexagonal compacto e empacotamento cúbico compacto de esferas idênticas.

estrutura cúbica com empacotamento compacto (ccp) Uma estrutura com empacotamento compacto cuja distribuição de camadas segue o padrão ABCABC...

estrutura cúbica com face centrada (fcc) Estrutura cristalina construída a partir de uma célula unitária cúbica, com um átomo no centro de cada face e um átomo em cada vértice.

estrutura cúbica de corpo centrado (bcc) Estrutura cristalina com uma célula unitária em que um átomo está no centro de um cubo formado por oito outros átomos.

estrutura cúbica primitiva Estrutura em que a célula unitária é formada por esferas (que representam átomos ou íons) localizadas nos vértices de um cubo.

estrutura de cloreto de césio Estrutura cristalina igual à do cloreto de césio sólido.

estrutura de esfalerita Veja *estrutura zinco-blenda*.

estrutura de Lewis Diagrama que mostra como os pares de elétrons se distribuem entre os átomos de uma molécula.

estrutura de linhas Representação da estrutura de uma molécula orgânica em que linhas representam ligações. Os átomos de carbono e os átomos de hidrogênio a ele ligados não são normalmente explicitados.

estrutura eletrônica Detalhes da distribuição dos elétrons que rodeiam os núcleos de átomos e moléculas.

estrutura em palitos Veja *estrutura de linhas*.

estrutura hexagonal de empacotamento compacto (hcp) Estrutura de empacotamento compacto com uma distribuição de camadas ABABAB...

estrutura primária A sequência de aminoácidos da cadeia de polipeptídeo de uma proteína.

estrutura quaternária A maneira pela qual unidades vizinhas de polipeptídeos se ajustam para formar uma molécula de proteína.

estrutura secundária O modo de enovelamento de uma cadeia de polipeptídeo. *Exemplos*: hélice α; folha β.

estrutura terciária A forma como as seções hélice α e folha β de um polipeptídeo se torcem em consequência de interações entre grupos de peptídeos que estão em regiões diferentes da estrutura primária.

Glossário **G13**

estrutura tipo sal-gema Estrutura cristalina idêntica à desta forma mineral do cloreto de sódio.

estrutura zinco-blenda Estrutura cristalina em que os cátions ocupam metade dos buracos tetraédricos em uma rede cúbica de ânions com empacotamento quase compacto. Também conhecida como *estrutura de esfalerita*.

estruturas de Kekulé As duas estruturas do benzeno, formadas por ligações simples e duplas que se alternam.

etapa determinante da velocidade A reação elementar que governa a velocidade da reação total. *Exemplo*: a etapa $O + O_3 \rightarrow O_2 + O_2$ na decomposição do ozônio.

éter Composto orgânico de fórmula R—O—R′. *Exemplos*: $CH_3OC_2H_5$, etil-metil-éter; $C_2H_5OC_2H_5$, dietil-éter.

eutético Mistura que funde na temperatura mais baixa sem mudança de composição.

evaporar Vaporizar completamente.

exigência estérica Limitação em uma reação elementar em que a colisão efetiva de duas moléculas depende de sua orientação relativa.

expansão isotérmica reversível Expansão em temperatura constante contra uma pressão externa igual à pressão do sistema.

expansão livre Expansão contra a oposição de pressão igual a zero.

experimento Teste feito em condições rigorosamente controladas.

explosão termonuclear A explosão que resulta da fusão nuclear descontrolada.

exponencial A exponencial de x é o antilogaritmo natural de x, isto é, e^x.

extração com solvente Processo de separação de uma mistura de substâncias que utiliza as solubilidades diferentes em vários solventes.

extração hidrometalúrgica Extração de metais pela redução de seus íons em solução em água. *Exemplo*: $Cu^{2+}(aq) + Fe(s) \rightarrow Cu(s) + Fe^{2+}(aq)$.

extrapolar Estender o domínio de um gráfico para fora da região coberta pelos dados.

face do cristal Plano que limita um cristal.

fase Um estado físico específico da matéria. Uma substância pode existir nas fases sólido, líquido e gás e, em certos casos, em mais de uma fase sólido ou líquido. *Exemplos*: os sólidos estanho branco e estanho cinza são duas fases diferentes. Gelo, água líquida e vapor de água são três fases da água.

fase colestérica Fase líquido-cristalina na qual camadas paralelas de moléculas estão deslocadas umas em relação às outras de tal modo que as orientações das moléculas formam uma estrutura em espiral.

fase condensada Uma fase sólido ou líquido. Nunca uma fase gás.

fase esmética Fase líquido-cristalina em que as moléculas estão paralelas umas às outras e formam camadas.

fase nemática Fase líquido-cristalina em que moléculas com forma de bastão se arranjam com os eixos paralelos uns aos outros, mas que estão deslocadas com respeito umas às outras nas demais dimensões.

fator de compressão (Z) A razão entre o volume molar real de um gás e o volume de um gás ideal nas mesmas condições.

fator de conversão Fator usado para converter a medida de uma unidade em outra unidade.

fator de van 't Hoff Veja fator *i*.

fator estérico (P) Fator empírico que leva em conta as exigências estéricas de uma reação.

fator i Fator que leva em conta a existência de íons em uma solução de eletrólitos, particularmente para a interpretação das propriedades coligativas. Ele indica o número de partículas que se formam a partir de uma fórmula unitária do soluto. *Exemplo*: i ≈ 2 para NaCl(aq) muito diluído.

fator i de van 't Hoff Veja *fator i*.

fator pré-exponencial (A) Constante obtida do intercepto y de um gráfico de Arrhenius.

fem padrão Veja *potencial de célula padrão*.

fenol Composto orgânico em que um grupo hidroxila está diretamente ligado a um anel aromático (Ar—OH). *Exemplo*: C_6H_5OH, fenol.

ferromagnetismo Capacidade que algumas substâncias têm de ser magnetizadas permanentemente. Os spins de elétrons de átomos vizinhos estão alinhados. *Exemplos*: ferro; magnetita, Fe_3O_4.

fervura Vaporização rápida de um líquido. Veja *temperatura de ebulição*.

figura de difração A configuração dos pontos brilhantes contra um fundo escuro que resulta da difração.

figuras significativas (fs, em uma medida) Os dígitos em uma medida até, e incluindo, o primeiro dígito incerto na notação científica. *Exemplo*: 0,0260 mL (isto é, $2,60 \times 10^{-2}$ mL), uma medida com 3 fs. Veja também o Apêndice 1C.

filtração Separação de uma mistura heterogênea formada por um sólido e um líquido pela passagem por um filtro fino.

físico-química Estudo dos princípios da química.

fissão (nuclear) Quebra de um núcleo em dois núcleos menores de massas semelhantes. A fissão pode ser *espontânea* ou *induzida* (particularmente por impacto de nêutrons).

fissionável Capaz de sofrer a fissão nuclear induzida.

fixar (nitrogênio) Converter o nitrogênio elementar em seus compostos, particularmente amônia.

floculação Agregação reversível de partículas coloidais em partículas maiores que podem ser filtradas.

fluido de ferro Líquido magnético formado por uma suspensão de um material magnético, como a magnetita, Fe_3O_4, finamente dividido, em um líquido oleoso e viscoso (como óleos minerais, por exemplo) que contém um detergente.

fluido supercrítico Substância que está acima da *temperatura crítica* e da *pressão crítica*.

fluorescência Emissão de luz de moléculas excitadas por radiação de frequência mais alta.

folha beta (β) Um tipo de estrutura secundária planar adotado por um polipeptídeo, na forma de folha pregueada.

força (F) Uma influência que muda o estado de movimento de um objeto. *Exemplos*: uma *força eletrostática*, de uma carga elétrica; uma *força mecânica*, de um impacto.

força eletromotriz (fem, E) Veja *potencial de célula*.

força intensa Força de curto alcance mas muito intensa que age entre os núcleons e os mantém juntos para formar os núcleos.

forças adesivas Forças que ligam uma substância a uma superfície

forças coesivas As forças que mantêm juntas as moléculas de uma substância de modo a formar um material compacto e que são responsáveis pela condensação.

forças de dispersão Veja *interação (força) de London*.

forças intermoleculares Forças de atração e repulsão que ocorrem entre moléculas. *Exemplos*: ligação hidrogênio; forças dipolo-dipolo; forças de London. Veja também *interações de van der Waals*.

forma normal A forma de uma substância nas condições diárias típicas (por exemplo, perto de 1 atm, 25 °C.)

formação de novas cadeias Etapa de propagação de uma reação em cadeia em que mais de um propagador de cadeia se forma.

fórmula de Boltzmann (para a entropia) A fórmula $S = k \ln W$), em que k é a constante de Boltzmann e W é o número de arranjos de átomos que correspondem à mesma energia.

fórmula de Lewis (de um composto iônico) Representação da estrutura de um composto iônico que mostra a fórmula unitária dos íons em termos de seus diagramas de Lewis.

fórmula empírica Fórmula química que mostra os números relativos de átomos de cada elemento de um composto e usa os menores subscritos inteiros possíveis. *Exemplos*: P_2O_5, CH, para o benzeno.

fórmula estrutural Fórmula química que mostra como os átomos de um composto ligam-se uns aos outros.

fórmula estrutural condensada Versão compacta da fórmula estrutural, que mostra como os átomos se agrupam. *Exemplo*: $CH_3CH(CH_3)CH_3$ para o metil-propano.

fórmula molecular Combinação de símbolos químicos e subscritos que mostram o número de átomos de cada elemento presente na molécula. *Exemplos*: H_2O; SF_6; C_6H_5COOH.

fórmula peso Valor numérico da *massa molar* de um composto iônico.

fórmula química Coleção de símbolos químicos e subscritos que mostram a composição de uma substância. Veja também *fórmula estrutural condensada, fórmula empírica, fórmula molecular, fórmula estrutural*.

fórmula unitária Grupo de íons cuja fórmula é igual à fórmula da menor unidade de um composto iônico. *Exemplo*: NaCl, um íon Na^+ e um íon Cl^-.

fosforescência *Luminescência* de longa duração.

fósforo Material fosforescente que emite luz após excitação a níveis de energia mais altos.

fóton Um pacote de radiação eletromagnética com propriedades de partícula. A energia de um fóton de frequência v é $E = hv$.

fração molar (x) A quantidade de partículas (moléculas, átomos ou íons) de uma substância em uma mistura, expressa como uma fração da quantidade total de partículas da mistura.

frações Amostras de destilados obtidas em faixas diferentes de temperaturas de ebulição.

frequência (da radiação) (v, nu) Número de ciclos (repetição da onda) por segundo (unidade: *hertz*, Hz).

frequência de colisão O número de colisões por segundo entre as moléculas de dois reagentes na fase gás.

função de distribuição radial Função que dá a probabilidade de que um elétron em um átomo seja encontrado em um determinado raio, independentemente da direção.

função de estado Propriedade de uma substância que não depende da forma de como foi preparada. *Exemplos*: pressão, entalpia, entropia, cor.

função de onda (ψ) Uma solução da equação de Schrödinger. A amplitude da probabilidade.

função de onda angular ($Y(\theta,\phi)$) A parte angular da função de onda, em particular o componente angular das funções de onda do átomo de hidrogênio. A probabilidade da amplitude de um elétron em função da orientação em torno do núcleo.

função de onda radial ($R(r)$) A parte radial da função de onda, particularmente o componente radial das funções de onda do átomo de hidrogênio. A amplitude da probabilidade de um elétron em função da distância do núcleo.

função de trabalho (Φ) A energia necessária para remover um elétron de um metal.

funcionalização Introdução de grupos funcionais em uma molécula de alcano.

fusão (1) Passagem de um sólido a líquido. (2) Junção de núcleos para formar o núcleo de um elemento mais pesado.

galvanização química Deposição de uma superfície de metal em um objeto através de uma reação de redução química.

galvanizar Cobrir um metal com uma camada inteiriça de zinco.

gás Forma fluida da matéria que enche o recipiente que ocupa e pode ser facilmente comprimida a um volume muito menor. (Um gás difere de um vapor no sentido de que um gás é uma substância em temperatura acima de sua temperatura crítica e o vapor é uma forma gasosa da matéria em uma temperatura inferior à temperatura crítica.)

gás de estufa Um gás que contribui para o efeito estufa.

gás de síntese Mistura de monóxido de carbono e hidrogênio produzida pela reação catalisada entre um hidrocarboneto e água.

gás ideal Gás que satisfaz a lei do gás ideal e é descrito pelo modelo cinético.

gás nobre Um membro do Grupo 18 da Tabela Periódica.

gás real Um gás verdadeiro. Um gás que tem comportamento diferente de um gás ideal.

gel Um coloide sólido, macio, que consiste, tipicamente, em um líquido preso na rede de um sólido.

gordura Um éster de glicerol e ácidos carboxílicos com cadeias longas de hidrocarbonetos. As gorduras agem como reservatórios de energia de longo termo em sistemas vivos.

gray (Gy) A unidade SI de *dose absorvida*. 1 Gy corresponde a um depósito de energia igual a $1 \ J \cdot kg^{-1}$. Veja também *rad*.

grupo Uma coluna vertical da Tabela Periódica.

grupo amino Grupo funcional $-NH_2$, característico das *aminas*.

grupo arila Um grupo aromático. *Exemplo*: $-C_6H_5$, fenila.

grupo carbonila Um grupo $>C=O$ de um composto orgânico ou inorgânico.

grupo carboxila O grupo funcional $-COOH$. Veja *ácido carboxílico*.

grupo funcional Grupo de átomos que dá a uma molécula orgânica um conjunto de propriedades químicas características. *Exemplos*: $-OH$; $-Br$; $-COOH$.

grupo hidroxila Um grupo $-OH$ em um composto orgânico.

grupo principal Qualquer um dos grupos que formam os blocos s e p da Tabela Periódica (Grupos 1, 2 e 13 até 18).

halogenação A incorporação de um halogênio a um composto (particularmente a compostos orgânicos).

halogênio Um elemento do Grupo 17.

halogeno-alcano Um alcano com um substituinte halogênio. *Exemplos*: CH_3Cl, cloro-metano.

hamiltoniano O operador H da equação de Schrödinger; $H\psi = E\psi$.

hélice alfa (α) Tipo de estrutura secundária, na forma de uma hélice direta, adotado por uma cadeia de polipeptídeo.

hertz (Hz) Unidade SI de frequência: 1 Hz é um ciclo completo por segundo; $1\ Hz = 1\ s^{-1}$.

hibridação A formação de orbitais híbridos.

híbrido de ressonância A estrutura que resulta do procedimento de ressonância.

hidratação (1) (de íons) Ligação de moléculas de água a um íon central. (2) (de compostos orgânicos) Adição de água a uma ligação múltipla (H a um átomo de carbono e OH ao outro). *Exemplo*: $CH_2{=}CH_2 + H_2O \rightarrow CH_3CH_2OH$.

hidratado Ligado a moléculas de H_2O. Veja *hidratação*.

hidrato Componente sólido que contém moléculas de H_2O. *Exemplo*: $CuSO_4{\cdot}5H_2O$.

hidreto Composto binário de um metal ou metaloide com o hidrogênio. O termo é frequentemente estendido de modo a incluir todos os compostos binários de hidrogênio. Um *hidreto salino* ou *semelhante a um sal* é um composto de hidrogênio com um metal fortemente eletropositivo. Um *hidreto molecular* é um composto de hidrogênio com um não metal. Um *hidreto metálico* é um composto de certos metais do bloco d com hidrogênio.

hidrocarboneto Composto binário de carbono e hidrogênio. *Exemplos*: CH_4; C_6H_6.

hidrocarboneto alifático Um hidrocarboneto que não tem anéis aromáticos na estrutura.

hidrocarboneto aromático Veja *composto aromático* (um termo mais geral).

hidrocarboneto insaturado Hidrocarboneto com pelo menos uma ligação múltipla carbono-carbono. *Exemplos*: $CH_2{=}CH_2$; C_6H_6.

hidrocarboneto saturado Hidrocarboneto que não tem ligações carbono-carbono múltiplas. *Exemplo*: CH_3CH_3.

hidrofílico Que atrai água. *Exemplo*: grupos hidroxila são hidrofílicos.

hidrofóbico Que repele água. Exemplo: cadeias de hidrocarbonetos são hidrofóbicas.

hidrogenação Adição de hidrogênio a ligações múltiplas. Exemplo: $CH_3CH{=}CH_2 + H_2 \rightarrow CH_3CH_2CH_3$.

hidro-halogenação A adição de haloqeneto de hidrogênio a um alqueno para obter um halogeno-alcano. *Exemplo*: $CH_3CH{=}CH_2 + HCl \rightarrow CH_3CHClCH_3$.

hidrolisar Sofrer hidrólise. Veja também *reação de hidrólise*.

hidrólise Veja *reação de hidrólise*.

hipótese Uma proposta que explica uma série de observações. *Exemplo*: A hipótese atômica de Dalton

hipótese atômica A proposta de John Dalton de que a matéria é composta de átomos.

homeostase Manutenção de condições fisiológicas constantes

incandescência Luz emitida por um corpo aquecido.

indicador Substância que muda de cor quando vai da forma ácida para a forma básica (*indicador ácido-base*) ou da forma oxidada para a forma reduzida (*indicador redox*).

inclinação (de um gráfico) O gradiente de um gráfico. Veja também o Apêndice 1E.

inerte (1) Que não reage. (2) Que é termodinamicamente instável mas permanece inalterado por longos períodos (*não lábil*).

iniciação Formação de intermediários reativos a partir de um reagente no início de uma reação em cadeia que servem como propagadores de cadeia. *Exemplo*: $Br_2 \rightarrow Br{\cdot} + Br{\cdot}$.

integral (1) A soma de quantidades infinitesimais. (2) O inverso da derivada, no sentido de que a integral da primeira derivada de uma função é a função original.

integral definida Uma *integral* em que os limites foram estabelecidos. Veja também o Apêndice 1F.

integral indefinida Uma *integral* em que os limites não foram estabelecidos. Veja também o Apêndice 1F.

intensidade Brilho da radiação eletromagnética. A intensidade de uma onda de radiação eletromagnética é proporcional ao quadrado de sua *amplitude*.

interação (dispersão) de London Interação entre dipolos elétricos instantâneos em moléculas vizinhas.

interação dipolo-dipolo A interação entre dois dipolos elétricos. Cargas parciais de mesmo nome se repelem e cargas parciais de nomes opostos se atraem.

interação dipolo-dipolo induzido A interação entre um dipolo elétrico e o dipolo instantâneo que ele induz em uma molécula não polar.

interação íon-dipolo Atração entre um íon e a carga parcial de nome oposto do dipolo elétrico de uma molécula polar.

interações de van der Waals Interações intermoleculares que dependem do inverso da sexta potência da separação. Veja *forças intermoleculares*.

intercepto (de um gráfico) Ponto em que a linha corta o eixo especificado (geralmente o vertical). Veja também o Apêndice 1E.

interferência Interação entre ondas que leva a uma maior amplitude (*interferência construtiva*) ou a uma menor amplitude (*interferência destrutiva*).

interferência construtiva Interferência que resulta no aumento da amplitude de uma onda. Compare com *interferência destrutiva*.

interferência destrutiva Interferência que resulta na amplitude reduzida de uma onda. Compare com *interferência construtiva*.

inter-halogênio Composto binário formado por dois halogênios. *Exemplo*: IF_3.

intermediário de reação Espécie que é produzida e consumida durante uma reação mas não aparece na equação química total.

intermolecular Entre moléculas.

interpolar Achar um valor entre dois valores medidos.

interpretação de Born A interpretação do quadrado da função de onda, ψ, de uma partícula como sendo a densidade de probabilidade de encontrar a partícula em uma região definida do espaço.

interstício Buraco ou falha em uma rede cristalina.

G16 Glossário

intervalo entre as bandas Faixa de energias em que não existem orbitais em um sólido. A menos que se afirme outra coisa, o intervalo entre as bandas refere-se ao intervalo de energias entre a banda de valência e a banda de condução.

intramolecular No interior da molécula.

íon Um átomo ou grupo de átomos com carga elétrica. *Exemplos*: Al^{3+}, SO_4^{2-}. Veja também *ânion*; *cátion*.

íon ácido Íon que age como ácido de Brønsted. *Exemplos*: NH_4^+; $[Al(H_2O)_6]^{3+}$.

íon básico Íon que age como base de Brønsted. *Exemplo*: $CH_3CO_2^-$.

íon carboxilato A forma desprotonada de um *ácido carboxílico. Exemplos*: $CH_3CO_2^-$, íon acetato; $C_6H_5CO_2^-$, íon benzoato.

íon diatômico Íon formado por dois átomos com carga líquida.

íon duplo Uma forma dos aminoácidos em que o grupo amino está protonado e o grupo carboxila, desprotonado. *Exemplo*: $^+H_3NCH_2CO_2^-$

íon espectador Íon que está presente mas não se altera durante a reação. *Exemplos*: Na^+ e NO_3^- em $NaCl(aq) + AgNO_3(aq) \rightarrow NaNO_3(aq) + AgCl(s)$.

íon halogeneto Um ânion formado a partir de um átomo de halogênio. *Exemplos*: F^-; I^-.

íon hidrônio O íon H_3O^+.

íon monoatômico Íon formado por um único átomo. *Exemplos*: Na^+; Cl^-.

íon poliatômico Íon em que mais de dois átomos estão em ligação covalente. *Exemplos*: NH_4^+; NO_3^-; SiF_6^{2-}.

íon positivo Íon formado pela perda de um ou mais elétrons de um átomo ou molécula. Um *cátion*.

íon quaternário de amônio Um íon da forma NR_4^+, em que R é hidrogênio ou um grupo alquila (os quatro grupos podem ser diferentes).

ionização (1) de átomos e moléculas: Conversão em íons por transferência de elétrons. *Exemplo*: $K(g) \rightarrow K^+(g) + e^-(g)$. (2) de ácidos e bases Veja: *protonação* e *desprotonação*.

isoeletrônicos Que têm o mesmo número de átomos e de elétrons de valência. *Exemplos*: F^- e Ne, SO_2 e O_3, CN^- e CO.

isolante (elétrico) Substância que não conduz eletricidade. *Exemplos*: elementos não metálicos; sólidos moleculares.

isomerização Reação em que um composto se converte em um de seus isômeros. *Exemplo*: *cis*-buteno → *trans*-buteno.

isômero Um de dois ou mais compostos que contêm o mesmo número dos mesmos átomos em arranjos diferentes. No caso dos *isômeros estruturais*, os átomos têm vizinhos diferentes ou estão em ordem diferente. No caso dos *estereoisômeros*, os átomos têm os mesmos vizinhos, mas estão em arranjos diferentes no espaço. Os *isômeros ópticos* têm a relação entre um objeto e sua imagem no espelho. Eles são tipos especiais de estereoisômeros. *Exemplos*: CH_3OCH_3 e CH_3CH_2OH (isômeros estruturais; *cis*-2-buteno e *trans*-2-buteno (estereoisômeros).

isômeros de coordenação Isômeros que diferem pela troca de um ou mais ligantes entre um complexo catiônico e um complexo aniônico.

isômeros de hidratação Isômeros que diferem pelas posições de uma molécula de H_2O e um ligante na esfera de coordenação.

isômeros de ionização Isômeros que diferem pela troca de um ligante com um ânion ou molécula neutra fora da esfera de coordenação.

isômeros de ligação Isômeros que diferem na identidade do átomo do ligante que se liga a um íon de metal.

isômeros estruturais Isômeros em que os átomos têm vizinhos diferentes.

isômeros geométricos Esteroisômeros que diferem no arranjo espacial dos átomos. Os isômeros geométricos têm isomeria *cis-trans*.

isômeros ópticos Isômeros relacionados como um objeto e sua imagem no espelho. A isomeria óptica é a existência de isômeros ópticos. A *isomeria óptica* é um tipo de *estereoisomeria*.

isossuperfície de densidade Imagem gráfica que representa uma estrutura molecular como uma superfície e mostra a distribuição de elétrons em uma molécula. A superfície corresponde a pontos de mesma densidade eletrônica.

isoterma Uma linha em um gráfico que representa a variação de uma propriedade em temperatura constante.

isotônicos Que têm a mesma pressão osmótica.

isótopo Um de dois ou mais átomos que têm o mesmo número atômico, porém diferentes números de massa. *Exemplo*: ^1H, ^2H e ^3H são isótopos do hidrogênio.

isotrópico Que não depende da orientação.

joule (J) Unidade SI de energia ($1 J = 1 kg \cdot m^2 \cdot s^{-2}$).

junção p-n Interface entre um semicondutor do tipo p e um semicondutor do tipo n.

kelvin (K) Unidade SI de temperatura. Veja também o Apêndice 1B.

lábil Refere-se a espécies que existem por tempos muito curtos.

lantanídeo Nome antigo (e ainda muito usado) de *lantanoide*.

lantanoide Um membro da primeira camada do bloco f (de cério a itérbio).

LCAO e LCAO-MO Veja *combinação linear de orbitais atômicos*.

lei Resumo de uma longa série de observações

lei da ação da massa Em um equilíbrio da forma a A + b B $\rightleftharpoons c$ C + d D, a razão $a_C^c a_D^d / a_A^a a_B^b$ medida no equilíbrio é igual a uma constante K, que tem um valor determinado para uma dada equação química e uma dada temperatura.

lei da composição constante Um composto tem sempre a mesma composição, independentemente de sua origem.

lei da conservação da massa A matéria (especificamente os átomos) não é criada nem destruída em uma reação química.

lei da conservação de energia A energia não pode ser criada nem destruída.

lei da efusão de Graham A velocidade de efusão de um gás é inversamente proporcional à raiz quadrada de sua massa molar.

lei das pressões parciais Veja *lei das pressões parciais de Dalton*.

lei das pressões parciais de Dalton A pressão total de uma mistura de gases é a soma das pressões parciais de seus componentes.

Lei de Beer A absorbância da radiação eletromagnética por uma amostra é proporcional à concentração molar da espécie que absorve e ao passo óptico da radiação no interior da amostra.

lei de Boyle O volume de uma determinada amostra de gás, em temperatura constante, é inversamente proporcional à pressão: $P \propto 1/V$.

lei de Charles O volume de uma determinada amostra de gás em pressão constante é diretamente proporcional a sua temperatura absoluta: $V \propto T$.

lei de Faraday da eletrólise A quantidade de produto formada por uma corrente elétrica é quimicamente equivalente à quantidade de elétrons fornecida.

lei de Henry A solubilidade de um gás em um líquido é proporcional a sua pressão parcial acima do líquido: solubilidade $= k_H \times$ *pressão parcial*.

lei de Hess A entalpia de uma reação é a soma das entalpias de qualquer sequência de reações (na mesma temperatura e pressão) em que a reação total pode ser dividida.

lei de Kirchhoff Relação entre as entalpias padrão de reação em duas temperaturas, em termos da diferença de temperatura e da diferença de capacidade calorífica (em pressão constante) dos produtos e reagentes.

lei de Raoult A pressão de vapor de uma solução de um soluto não volátil em um líquido é diretamente proporcional à fração molar do solvente na solução: $P = x_{solvente}P_{puro}$, em que P_{puro} é a pressão de vapor do solvente puro.

lei de Stefan-Boltzmann A intensidade total de radiação emitida por um corpo negro aquecido é proporcional à quarta potência da temperatura absoluta.

lei da velocidade Equação que expressa a velocidade de reação instantânea em termos das concentrações, em cada instante, das substâncias que participam da reação. *Exemplo*: velocidade $= k[NO_2]^2$.

lei de velocidade de pseudoprimeira ordem Uma lei de velocidade que é, na prática, de primeira ordem porque todas as espécies menos uma estão em concentrações virtualmente constantes.

lei de velocidade integrada Expressão para a concentração de um reagente ou produto em termos do tempo, obtida a partir da lei de velocidade da reação *Exemplo*: $[A] = [A]_0 e^{-kt}$.

lei de Wien O comprimento de onda que corresponde ao máximo da radiação emitida por um *corpo negro* aquecido é inversamente proporcional à temperatura absoluta.

lei do decaimento radioativo A velocidade de decaimento é proporcional ao número de nuclídeos radioativos da amostra.

lei do gás ideal ($PV = nRT$) Todos os gases obedecem à lei cada vez mais de perto à medida que a pressão se reduz a valores muito baixos.

lei dos gases combinada Uma combinação da lei de Boyle e da lei de Charles que permite a predição da pressão, do volume ou da temperatura de um gás ideal após uma mudança de estado. $P_1V_1/n_1T_1 = P_2V_2/n_2T_2$.

lei limite Uma lei que só é obedecida acuradamente no limite de uma propriedade, como acontece quando a propriedade (a pressão de um gás, por exemplo) torna-se muito pequena.

lei periódica Reconhecimento da periodicidade das propriedades os elementos.

liga Mistura de dois ou mais metais formada por fusão, mistura e resfriamento. Uma *liga por substituição* é uma liga em que os átomos de um metal substituem os átomos do outro

metal. Uma *liga intersticial* é uma liga em que os átomos de um metal alojam-se nos buracos da estrutura cristalina de outro metal. Uma *liga homogênea* é uma liga em que os átomos dos elementos estão distribuídos de forma uniforme. Uma *liga heterogênea* é uma liga em que ocorrem fases (micro)cristalinas de composição diferente.

liga de ferro Liga de um metal com ferro e, frequentemente, carbono. *Exemplo*: ferro-vanádio.

liga ferrosa Liga baseada em ferro e incluindo, com frequência, vários outros metais do bloco d. *Exemplos*: as variedades de aço.

liga não ferrosa Liga baseada em outros metais que não o ferro. *Exemplos*: latão, bronze.

liga substitucional Veja liga.

ligação Uma interação estável entre átomos.

ligação axial Uma ligação perpendicular ao plano molecular em uma molécula bipiramidal.

ligação covalente Par de elétrons partilhado por dois átomos.

ligação covalente coordenada Ligação formada entre uma base de Lewis e um ácido de Lewis pelo partilhamento de um par de elétrons originalmente pertencente à base de Lewis. Veja *coordenar*.

ligação covalente polar Ligação covalente entre átomos que têm cargas elétricas parciais. *Exemplos*: H—Cl; O—S.

ligação de três centros Ligação química em que um átomo de hidrogênio fica entre dois outros átomos (em geral átomos de boro) e um par de elétrons liga os três átomos.

ligação dissulfeto Uma ligação —S—S— que contribui para as estruturas secundária e terciária de proteínas.

ligação dupla (1) Dois pares de elétrons partilhados por átomos vizinhos. (2) Uma ligação σ e uma ligação π entre os mesmos átomos vizinhos.

ligação equatorial Uma ligação perpendicular ao eixo de uma molécula (em particular, bipirâmides trigonais e octaédricas).

ligação hidrogênio Ligação formada por um átomo de hidrogênio que se posiciona entre dois átomos fortemente eletronegativos (O, N ou F). Os átomos eletronegativos podem estar em moléculas diferentes ou em posições diferentes da mesma molécula.

ligação iônica Atração entre as cargas opostas de cátions e ânions.

ligação metálica A forma de ligação característica dos metais em que os cátions são mantidos juntos por um mar de elétrons.

ligação múltipla Ligação dupla ou tripla entre dois átomos.

ligação não polar (1) Ligação covalente entre dois átomos que têm carga parcial zero. (2) Ligação covalente entre dois átomos que têm a mesma ou quase a mesma eletronegatividade.

ligação peptídica O grupo —CONH—.

ligação pi (π) Uma ligação formada pelo recobrimento lateral de dois orbitais p.

ligação química Veja *ligação*.

ligação sigma (σ) Dois elétrons em uma nuvem de simetria cilíndrica entre dois átomos.

ligação simples Um par de elétrons compartilhado por dois átomos.

ligação tripla (1) Três pares de elétrons partilhados por dois átomos vizinhos. (2) Uma ligação σ e duas ligações π entre átomos vizinhos.

ligações duplas conjugadas Uma sequência de ligações simples e duplas alternadas, como em —C=C—C=C—.

ligante Um grupo que se liga ao íon central de metal em um complexo. Um *ligante polidentado* ocupa mais de um sítio de ligação.

ligante ambidentado Ligante que pode se coordenar a um átomo de metal usando átomos de elementos diferentes. Exemplo: SCN^-, que pode se coordenar através de S ou de N.

ligante de campo forte Ligante que produz uma grande *separação de campo ligante* e fica acima de H_2O na série espectroquímica.

ligante de campo fraco Um ligante que produz uma pequena *separação de campo ligante* e que está abaixo de NH_3 na *série espectroquímica*.

ligante polidentado Ligante que pode se ligar a vários sítios diferentes.

limite de fase (1) Linha que separa duas áreas em um diagrama de fases. Os pontos de um limite de fase correspondem às condições em que as duas fases separadas estão em equilíbrio dinâmico. (2) Superfície entre duas faces.

linguagem simbólica A expressão dos fenômenos químicos em termos de símbolos químicos e equações matemáticas.

linha de amarração (em um diagrama de fase de temperatura-composição) Linha que liga a posição que indica o ponto de ebulição de uma mistura de uma determinada composição à correspondente composição do vapor naquela temperatura.

linha espectral Radiação de um único comprimento de onda emitida ou absorvida por um átomo ou molécula.

lipídeo Composto orgânico natural que se dissolve em hidrocarbonetos mas não em água. *Exemplos*: gorduras, esteroides, terpenos, moléculas que formam as membranas celulares.

líquido Forma fluida da matéria que tem uma superfície bem definida e toma a forma da parte do recipiente que ocupa.

líquido iônico Um composto iônico que é líquido nas temperaturas comuns porque um dos íons é orgânico e relativamente grande. Os líquidos iônicos são usados como solventes não voláteis e não tóxicos.

logaritmo Se um número x é escrito na forma B^y, então y é o logaritmo de x na base B. No caso dos logaritmos comuns (representados por log x), $B = 10$. No caso dos logaritmos naturais (representados por ln x), $B = e$. Veja também o Apêndice 1D.

logaritmo comum Veja *logaritmo*.

luminescência Emissão de luz em um processo, que não a incandescência, que resulta da formação de um estado excitado.

luz Veja *radiação visível*.

luz polarizada A luz plano-polarizada é a luz em que o movimento ondulatório só ocorre em um plano.

luz visível Veja *radiação visível*.

macromoléculas Moléculas muito grandes formadas por centenas de átomos.

maleabilidade Capacidade de ser deformado ao ser atingido por um golpe de martelo (um metal, por exemplo).

manômetro Instrumento usado para medir a pressão de um gás confinado em um recipiente.

mantissa (de um logaritmo) Os números que estão à direita da vírgula decimal.

mar de instabilidade Região de um gráfico de número de massa contra o número atômico que corresponde a núcleos instáveis que decaem espontaneamente com emissão de radiação. Veja também *banda de estabilidade*.

marcação Substituição de um átomo de um composto por um radioisótopo do mesmo elemento de modo a permitir a detecção de quantidades muito pequenas do composto.

marcador isotópico Veja *traçador*.

massa (m) Medida da quantidade de matéria de uma amostra.

massa crítica Massa mínima de material fissionável, acima da qual o número de núcleos que escapam de uma amostra de combustível nuclear é tão pequeno que a reação em cadeia da fissão se sustenta. Uma massa superior é *supercrítica* e uma massa inferior é *subcrítica*.

massa molar (M) (1) Massa por mol de átomos de um elemento. (2) Massa por mol de moléculas de um composto molecular. (3) Massa por mol de fórmulas unitárias de um composto iônico.

matéria Qualquer coisa que tenha massa e ocupe lugar no espaço.

matéria dura Matéria sólida que pode aguentar pressão sem deformar.

máteria em grosso Matéria formada por um grande número de átomos. Veja *propriedade do grosso da matéria*.

matéria macia Matéria que se deforma facilmente quando sujeita a uma força aplicada.

material antiferromagnético Substância em que os spins dos elétrons de átomos vizinhos estão em um arranjo antiparalelo em uma grande extensão. *Exemplo*: manganês.

material biomimético Um material modelado segundo um material de ocorrência natural.

material compósito Material sintético composto por um polímero e uma ou mais substâncias que foram solidificadas conjuntamente.

material ferrimagnético Um material em que os spins de elétrons vizinhos são diferentes e estão juntos em um arranjo antiferromagnético.

material ferromagnético Veja *ferromagnetismo*.

mecânica clássica As leis do movimento propostas por Isaac Newton nas quais as partículas viajam em trajetórias definidas em resposta a forças aplicadas.

mecânica quântica A descrição da matéria que leva em conta a dualidade onda-partícula da matéria e o fato de que a energia de um objeto só pode ser alterada em etapas discretas.

mecanismo de ajuste induzido Modelo de ação enzimática no qual a molécula da enzima ajusta sua forma para acomodar o substrato. Modificação do *mecanismo de chave-fechadura* da ação enzimática.

mecanismo de chave-fechadura Modelo de ação enzimática em que a enzima funcionaria como uma fechadura e o substrato como a chave.

mecanismo de Michaelis-Menten Um modelo de ação enzimática no qual a enzima e seu substrato atingem um *pré-equilíbrio* rápido com o complexo substrato-enzima ligado.

Glossário **G19**

mecanismo de reação Uma série de reações elementares propostas para uma reação total que explicam a lei cinética experimental.

medida acurada Medida que tem erro sistemático pequeno e dá um valor próximo ao valor aceito da propriedade.

medidas de precisão (1) Medidas com um grande número de algarismos significativos. (2) Uma série de medidas com pequeno erro aleatório e, portanto, em concordância muito próxima. Veja *precisão*.

medidor de pH Aparelho eletrônico usado para medir o pH de uma solução.

meia-célula Compartimento de uma célula eletroquímica que contém o eletrodo e um eletrólito.

meia-reação Reação hipotética de oxidação ou redução que mostra a perda ou o ganho de elétrons. *Exemplo*: $Na(s) \rightarrow Na^+(aq) + e^-$; $Cl_2(g) + 2 e^- \rightarrow 2 Cl^-(aq)$.

meia-vida ($t_{1/2}$) (1) Em cinética química, o tempo necessário para que a concentração de uma substância caia à metade de seu valor inicial. (2) Em radioatividade, o tempo necessário para o decaimento dos núcleos radioativos de uma amostra à metade do valor inicial.

membrana semipermeável Membrana que só permite a passagem de certos tipos de moléculas ou íons.

menisco A superfície curva que um líquido forma em um tubo fino.

mesofase Estado da matéria que mostra algumas das propriedades de líquido e de sólido (um cristal líquido).

metais de cunhagem Os elementos cobre, prata e ouro.

metal (1) Substância que conduz eletricidade, tem brilho metálico, é maleável e dúctil, forma cátions e forma óxidos básicos. (2) Os metais são formados por cátions mantidos juntos por um mar de elétrons. *Exemplos*: ferro; cobre; urânio.

metal alcalino Um membro do Grupo 1 da Tabela Periódica (a família do lítio).

metal alcalino-terroso Cálcio, estrôncio e bário. Mais informalmente, um membro do Grupo 2 da Tabela Periódica (família do berílio).

metal de transição Um elemento que pertence aos Grupos entre 3 e 11. *Exemplos*: vanádio; ferro; ouro.

metal de transição interna Um membro do bloco f da Tabela Periódica (os *lantanoides* e *actinoides*).

metaloceno Um composto em que um átomo de metal está entre dois ligantes cíclicos e lembra um sanduíche. *Exemplo*: ferroceno (diciclo-pentadienil-ferro(0), $[Fe(C_5H_5)_2]$.

metaloide Um elemento que tem a aparência física e as propriedades de um metal mas comporta-se quimicamente como um não metal. *Exemplos*: arsênio, polônio.

método *ab initio* Cálculo da estrutura molecular pela solução numérica da *equação de Schrödinger*. Compare com *método semiempírico*.

método científico Conjunto de procedimentos utilizados para desenvolver a compreensão científica da natureza.

método semiempírico Cálculo da estrutura molecular com base em informações experimentais que simplificam o procedimento. Compare com *método ab initio*.

metro (m) Unidade SI de comprimento. Veja também o Apêndice 1B.

micela Um agrupamento compacto, frequentemente quase esférico, de moléculas de detergente (surfactante) orientadas.

microestado Um arranjo instantâneo permitido das moléculas de uma amostra (no contexto da termodinâmica estatística e da definição estatística de entropia).

micro-ondas A radiação eletromagnética com comprimentos de onda próximos de 1 cm.

milímetro de mercúrio (mmHg) A pressão exercida por uma coluna de mercúrio de 1 mm de altura (em 15°C e em um campo gravitacional padrão).

minerais Substâncias que são mineradas. Mais geralmente, substâncias inorgânicas.

minério Fonte mineral natural de um metal. *Exemplo*: Fe_2O_3, hematita, um minério de ferro.

mistura Tipo de matéria que é formada por mais de uma substância e que pode ser separada em seus componentes pelo uso das propriedades físicas diferentes das substâncias.

mistura heterogênea Mistura em que os componentes, embora misturados, estão em regiões diferentes que podem ser distinguidas com um microscópio óptico. *Exemplo*: uma mistura de areia e açúcar.

mistura homogênea Mistura em que os componentes estão uniformemente distribuídos, mesmo na escala molecular. *Exemplos*: o ar; soluções

mistura racêmica Mistura que contém quantidades iguais de dois enantiômeros.

método *ab initio* Cálculo da estrutura molecular pela solução numérica da equação de Schrödinger. Compare com *médodo semi-empírico*.

método semi-empírico Cálculo da estrutura molecular que utiliza informações experimentais para simplificar o procedimento. Compare com *método ab initio*

modelo Descrição simplificada da natureza.

modelo cinético Modelo das propriedades de um gás ideal em que moléculas pontuais estão em movimento aleatório em linha reta até que ocorrem colisões entre elas.

modelo da repulsão dos pares de elétrons da camada de valência (modelo VSEPR) Modelo para a predição das formas das moléculas, usando o fato de que os pares de elétrons se repelem uns aos outros.

modelo de bolas Modelo das moléculas em que os átomos são representados por esferas que indicam o espaço ocupado por cada átomo.

modelo de bolas e palitos Representação da molécula em que os átomos são indicados por bolas e as ligações, por palitos.

modelo iônico A descrição da ligação em termos de íons.

modelo nuclear Modelo do átomo em que os elétrons envolvem um pequeno núcleo central.

moderador Substância que reduz a velocidade dos nêutrons. *Exemplos*: grafita; água pesada.

mol Unidade SI de quantidade química. Veja também o Apêndice 1B.

molalidade (b_J) Quantidade de soluto (em mols) dividida pela massa de solvente (em quilogramas).

molar Refere-se à quantidade por mol. *Exemplos*: *massa molar*, a massa por mol; *volume molar*, o volume por mol. (*Concentração molar* e algumas quantidades relacionadas são exceções.)

G20 Glossário

molaridade ([J], c_J) O termo informal para *concentração molar*.

molécula (1) A menor partícula de um composto que possui as propriedades químicas do composto. (2) Um grupo definido, distinto, eletricamente neutro de átomos ligados. *Exemplos*: H_2; NH_3; CH_3COOH.

molécula diatômica Molécula formada por dois átomos. *Exemplos*: H_2; CO.

molécula diatômica heteronuclear Molécula formada por dois átomos de elementos diferentes. *Exemplos*: HCl; CO.

molécula diatômica homonuclear Molécula formada por dois átomos do mesmo elemento. *Exemplos*: H_2; N_2.

molécula não polar Molécula cujo momento de dipolo elétrico é zero.

molécula polar Molécula que tem momento de dipolo elétrico diferente de zero. *Exemplos*: HCl, NH_3.

molécula poliatômica Molécula formada por mais de dois átomos. *Exemplos*: O_3; $C_{12}H_{22}O_{11}$.

molecularidade O número de moléculas de reagentes (ou átomos livres) que participam de uma *reação elementar*. Veja também *reação bimolecular*; *reação termolecular*; *reação unimolecular*.

momento (p) Veja *momento linear*.

momento angular orbital Medida da velocidade de rotação.

momento de dipolo elétrico (μ) Medida da magnitude do dipolo elétrico (comumente em debyes).

momento de dipolo induzido Momento de dipolo elétrico produzido em uma molécula polarizável por um campo elétrico.

momento de dipolo instantâneo Momento de dipolo decorrente da redistribuição transiente da carga, que é responsável pelas *forças de London*.

momento linear (p) O produto da massa pela velocidade.

monômero Molécula pequena que reage para formar os polímeros. *Exemplos*: $CH_2{=}CH_2$ para o polietileno; $NH_2(CH_2)_6NH_2$ para o náilon.

monossacarídeo Unidade com a qual são feitos formalmente os carboidratos. *Exemplo*: $C_6H_{12}O_6$, glicose.

movimento browniano O movimento incessante das partículas coloidais causadas pelo impacto das moléculas de solvente.

movimento térmico O movimento aleatório, caótico, dos átomos.

mudança de estado A passagem de uma substância de um estado físico para outro. *Exemplo*: fusão: sólido $\rightarrow$ líquido.

mudança espontânea Mudança natural, que tem tendência a ocorrer sem necessidade de estímulo externo. *Exemplos*: um gás que se expande no vácuo; um objeto quente que esfria; metano ao queimar.

mudança física Mudança em que a identidade da substância não se altera, só as propriedades físicas. *Exemplo*: congelamento.

mudança isotérmica Mudança que ocorre em temperatura constante.

mudança química A conversão de uma ou mais substâncias em substâncias diferentes.

nanociência Estudo dos materiais em escala nanométrica. Esses materiais são maiores do que átomos isolados, mas muito pequenos para exibir propriedades do grosso da matéria.

nanomateriais Materiais compostos por nanopartículas de tamanhos entre 1 e 100 nm que podem ser fabricadas e manipuladas em nível molecular.

nanotecnologia Estudo e manipulação da matéria em nível atômico (escala nanométrica).

não eletrólito Substância que se dissolve para dar soluções que não conduzem eletricidade. Exemplo: sacarose.

não lábil Refere-se a uma espécie termodinamicamente instável que não se altera por longo tempo.

não metal Substância que não conduz eletricidade, não é maleável nem dúctil. *Exemplos*: todos os gases; fósforo; cloreto de sódio.

natural Encontrado na natureza sem que seja necessário sintetizá-lo.

nêutron (n) Partícula subatômica eletricamente neutra, encontrada no núcleo de um átomo. O nêutron tem aproximadamente a mesma massa de um próton.

nível de energia Um valor permitido da energia em um sistema quantizado, como, por exemplo, um átomo ou uma molécula.

nível macroscópico Nível a partir do qual os objetos visíveis podem ser observados diretamente.

nível microscópico Nível de descrição que se refere aos objetos muito pequenos, como os átomos.

nível simbólico A discussão de fenômenos químicos em termos de símbolos químicos e equações matemáticas.

nivelamento A observação de que todos os ácidos fortes têm a mesma força em água e se comportam como se fossem soluções de íons H_3O^+.

nodo Um ponto ou uma superfície em que uma função de onda passa pelo zero.

nome comum Um nome informal de um composto que pode dar pouca ou nenhuma informação sobre a composição do composto. *Exemplos*: água; aspirina; ácido acético.

nome sistemático O nome de um composto que revela os elementos presentes (e, na forma mais completa, como os átomos se arranjam). *Exemplo*: metil-benzeno é o nome sistemático do tolueno.

nomenclatura química As regras sistemáticas de nomeação dos compostos.

notação científica A expressão de números na forma $n,nnn\ldots \times 10^a$.

NO$_x$ Óxido, ou mistura de óxidos, de nitrogênio, tipicamente em química atmosférica.

núcleo Pequena partícula com carga positiva que está no centro de um átomo e é responsável por quase toda a sua massa.

núcleo filho Núcleo produzido em um decaimento nuclear.

núcleo físsil Núcleo que tem a capacidade de se quebrar por indução de nêutrons lentos. *Exemplo*: ^{235}U é físsil.

núcleo pai Em uma reação nuclear, o núcleo que sofre desintegração ou transmutação.

núcleo rico em nêutrons Um núcleo com alta proporção de nêutrons que fica acima da *banda de estabilidade*.

núcleo rico em prótons Núcleo que tem baixa proporção de nêutrons e está abaixo da *banda de estabilidade*.

nucleófilo Reagente que é atraído pelos centros de carga positiva de uma molécula. *Exemplos*: H_2O; OH^-.

núcleon Um próton ou um nêutron, em outras palavras, um dos componentes principais de um núcleo atômico.

nucleosídeo Uma substância que é a combinação de uma base orgânica com uma molécula de ribose ou desoxirribose.

nucleossíntese A formação de um elemento.

nucleotídeo Um nucleosídeo com um grupo fosfato ligado ao anel do carboidrato. Uma das unidades que formam os ácidos nucleicos.

nuclídeo Um átomo com número atômico e número de massas conhecidos. *Exemplos*: ^1_1H; $^{16}_8O$.

número atômico (Z) Número de prótons do núcleo de um átomo. Esse número determina a identidade de um elemento e o número de elétrons do átomo neutro.

número de coordenação (1) O número de vizinhos mais próximos de um átomo em um sólido. (2) No caso de sólidos iônicos, o número de coordenação de um íon é o número de vizinhos mais próximos de carga oposta. (3) No caso de complexos, o número de pontos nos quais existem ligantes do átomo central de metal.

número de massa (A) O número total de núcleons (prótons mais nêutrons) do núcleo de um átomo. *Exemplo*: ^{14}C, com número de massa 14, tem 14 núcleons (6 prótons e 8 nêutrons).

número de oxidação Carga efetiva em um átomo de um composto, calculada de acordo com certas regras (veja a Caixa de Ferramentas K.1). O aumento do número de oxidação corresponde à oxidação e a diminuição do número de oxidação corresponde à redução.

número quântico Um inteiro (às vezes, um meio inteiro) que caracteriza uma função de onda e especifica o valor de uma propriedade. *Exemplo*: número quântico principal, n.

número quântico azimutal (l) Veja *número quântico do momento angular orbital*.

número quântico do momento angular orbital (l) Número quântico que especifica a subcamada de uma dada camada em um átomo e determina as formas dos orbitais da subcamada. $l = 0,1,2..., n - 1$. Exemplos: $l = 0$ para a subcamada s; $l = 1$ para a subcamada p. (O número quântico l também especifica a magnitude do momento angular do elétron em volta do núcleo.)

número quântico magnético (m_l) Número quântico que identifica os orbitais de uma subcamada de um átomo e determina sua orientação no espaço.

número quântico magnético de spin (m_s) O número quântico que distingue os dois estados de spin de um elétron: $m_s = +½ (\uparrow)$ e $m_s = -½ (\downarrow)$.

número quântico principal (n) Número quântico que especifica a energia de um elétron em um átomo de hidrogênio e dá nome às camadas do átomo.

números mágicos Os números de prótons ou nêutrons que se correlacionam com o aumento da estabilidade nuclear. *Exemplos*: 2, 8, 20, 50, 82 e 126.

octeto Configuração ns^2np^6 dos elétrons de valência.

octeto incompleto A camada de valência com menos de oito elétrons de um átomo. *Exemplo*: a camada de valência de B em BF_3.

ocupar Ter as características das funções de onda de um estado específico. Estar em um estado específico.

oligopeptídeo Cadeia curta de aminoácidos em ligação amida (peptídica).

orbital atômico Região do espaço em que existe alta probabilidade de encontrar um elétron de um átomo. Um *orbital* s é uma região esférica. Um *orbital* p tem dois lobos em lados opostos do núcleo. Um *orbital* d em geral tem quatro lobos, com o núcleo no centro. Os *orbitais* f têm arranjos de lobos mais complicados.

orbital de antiligação Orbital molecular que, quando ocupado, contribui para o aumento da energia de uma molécula.

orbital e Um dos orbitais d_{z^2} ou $d_{x^2-y^2}$ de um complexo octaédrico ou tetraédrico. Em um complexo octaédrico, os orbitais são designados como e_g.

orbital híbrido Orbital formado pela mistura de orbitais atômicos do mesmo átomo. *Exemplo*: um orbital híbrido sp^3.

orbital híbrido sp^3d^n Orbital híbrido formado por um orbital s, três orbitais p e n orbitais d.

orbital híbrido sp^n Orbital híbrido formado a partir de um orbital s e n orbitais p. Existem dois *orbitais híbridos sp*, três sp^2 e quatro sp^3.

orbital ligante Orbital molecular que, quando ocupado, leva ao abaixamento da energia total de uma molécula.

orbital molecular Função de onda que se espalha por uma molécula e dá a probabilidade (na forma do quadrado) de se encontrar um elétron em cada posição.

orbital molecular ocupado de energia mais alta (HOMO) O orbital molecular de maior energia no estado fundamental de uma molécula que está ocupado por pelo menos um elétron.

orbital molecular vazio de energia mais baixa (LUMO) O orbital molecular de mais baixa energia que não está ocupado no estado fundamental.

orbital não ligante Orbital atômico da camada de valência que não é usado para ligação com outro átomo.

orbital ns Um orbital atômico com número quântico principal n e $l = 0$.

orbital p Veja *orbital atômico*.

orbital pi (π) Orbital molecular que tem um plano nodal que corta o eixo internuclear.

orbital s Veja *orbital atômico*.

orbital sigma (σ) Orbital molecular que não tem um plano nodal contendo o eixo internuclear.

orbital t Um dos orbitais d_{xy}, d_{yz} e d_{zx} de um complexo octaédrico ou tetraédrico. Em um complexo octaédrico, estes orbitais são designados como t_{2g}, e em um complexo tetraédrico, t_2.

ordem de curta distância Átomos ou moléculas em um arranjo regular que não se estende muito além dos vizinhos próximos.

ordem de ligação O número de pares de elétrons que ligam dois átomos especificados.

ordem de longa distância Arranjo ordenado de átomos ou moléculas que se repete por longas distâncias.

ordem de reação A potência a que é elevada a concentração de uma substância em uma lei cinética. *Exemplo*: se a velocidade é $k[SO_2][SO_3]^{-1/2}$, então a reação é de primeira ordem em SO_2 e de ordem $-1/2$ em SO_3. Veja *reação de primeira ordem, reação de segunda ordem, reação de ordem zero*.

ordem total Soma das potências a que as concentrações das espécies são elevadas em uma lei de velocidade de reação. *Exemplo*: se a velocidade é $k[SO_2][SO_3]^{-1/2}$, então a ordem total é 1/2.

oscilante Que varia de maneira periódica com o tempo.

osmometria Determinação da massa molar de um soluto pela medida da pressão osmótica.

osmose Tendência de um solvente de fluir através de uma membrana semipermeável para uma solução mais concentrada (uma propriedade coligativa).

osmose reversa Saída de um solvente de uma solução quando uma pressão superior à pressão osmótica é aplicada no lado de uma membrana semipermeável que contém a solução.

oxidação (1) Combinação com o oxigênio. (2) Reação em que um átomo, íon ou molécula perde um elétron. (3) Meia-reação em que o número de oxidação de um elemento aumenta. *Exemplos*: (1, 2) $2 Mg(s) + O_2(g) \rightarrow 2 MgO(s)$; (2, 3) $Mg(s) \rightarrow Mg^{2+}(s) + 2e^-$.

oxidante Veja *agente oxidante*.

óxido ácido Óxido que reage com água para dar um ácido. Os óxidos de elementos de não metais são geralmente ácidos. *Exemplos*: CO_2; SO_3.

óxido básico Óxido que é uma base de Brønsted. Os óxidos de metais são geralmente básicos. *Exemplos*: Na_2O; MgO.

óxido protetor Óxido que protege um metal da oxidação. *Exemplo*: óxido de alumínio.

oxoácido Um ácido que contém oxigênio. *Exemplos*: H_2CO_3; HNO_3; HNO_2; $HClO$.

oxoânion Ânion de um oxoácido. *Exemplos*: HCO_3^-; CO_3^{2-}.

par ácido-base conjugados Um ácido de Brønsted e sua base conjugada. *Exemplos*: HCl e Cl^-; NH_4^+ e NH_3.

par de bases Dois nucleotídeos específicos que ligam uma fita complementar de uma molécula de DNA a outra por ligação hidrogênio: pares de adenina com timina e guanina com citosina.

par de Cooper Um par de elétrons que podem se deslocar juntos e quase livremente em um retículo cristalino e dão origem à supercondutividade.

par de íons Um cátion e um ânion próximos.

par isolado Um par de elétrons de valência que não participa de ligações.

par isolado axial *Par isolado* que está no eixo de uma molécula bipiramidal.

par isolado equatorial *Par isolado* colocado no plano perpendicular ao eixo molecular.

par redox As formas oxidada e reduzida de uma substância que participa de uma meia-reação de redução ou oxidação. A notação é: espécie oxidada/espécie reduzida. *Exemplo*: H^+/H_2.

paramagnetismo Tendência de ser puxado para um campo magnético. Uma substância paramagnética é composta por átomos ou moléculas com elétrons desemparelhados. *Exemplos*: O_2; $[Fe(CN)_6]^{3-}$.

parâmetros de Arrhenius O *fator pré-exponencial*, A (também chamado de *fator de frequência*), e a *energia de ativação*, E_a. Veja também *equação de Arrhenius*.

parâmetros de van der Waals Os coeficientes, determinados experimentalmente, que aparecem na equação de van der Waals e são característicos de cada gás real. O parâmetro a é uma indicação da energia das forças intermoleculares atrativas e o parâmetro b é uma indicação da energia das forças intermoleculares repulsivas. Veja também *equação de van der Waals*.

partes por milhão (ppm) (1) Razão entre a massa de um soluto e a massa da solução, multiplicada por 10^6. (2) A *composição percentual em massa* multiplicada por 10^4. (*Partes por bilhão*, ppb, a razão das massas multiplicada por 10^9, também se usa.)

partícula alfa (α) Partícula subatômica, de carga positiva, emitida por alguns núcleos radioativos. Núcleo de um átomo de hélio ($_2^4He^{2+}$).

partícula beta (β) Elétron rápido emitido por um núcleo em decaimento radioativo.

partícula em uma caixa Uma partícula confinada entre paredes rígidas.

partícula subatômica Partícula menor do que o átomo. *Exemplos*: elétron; próton; nêutron.

pascal (Pa) Unidade SI de pressão: $1 Pa = 1 kg \cdot m^{-1} \cdot s^{-2}$. Veja também o Apêndice 1B.

passivação Proteção contra reações dada por um filme superficial. *Exemplo*: alumínio no ar.

penetração Possibilidade de que um elétron s seja encontrado nas camadas internas de um átomo e, portanto, próximo do núcleo.

peptídeo Molécula formada por reações de condensação entre aminoácidos. Frequentemente descrito em termos do número de unidades, por exemplo, *dipeptídeo, oligopeptídeo, polipeptídeo*.

percentagem de desprotonação Fração de um ácido fraco, expressa em percentagem, que está presente na forma da base conjugada em uma solução.

percentagem de ionização Fração de moléculas de uma substância, expressa em percentagem, presentes como íons.

percentagem de protonação Fração de uma base, expressa em percentagem, que está na forma do ácido conjugado em uma solução.

percurso livre médio A distância média que uma molécula percorre entre colisões.

perfil de reação A variação de energia potencial quando dois reagentes se encontram, formam um complexo ativado e se separam na forma de produtos.

período Linha horizontal da Tabela Periódica. O número do período é igual ao número quântico da camada de valência dos átomos.

período longo Período da Tabela Periódica com mais de oito membros.

peso atômico O valor numérico da *massa molar* de um elemento.

peso molecular O valor numérico da *massa molar* de um composto molecular.

pH Logaritmo negativo da concentração molar dos íons hidrônio em uma solução: $pH = -\log[H_3O^+]$. $pH < 7$ indica uma solução ácida; $pH = 7$, uma solução neutra; $pH > 7$, uma solução básica.

piezoelétrico Que tem a propriedade de adquirir carga elétrica quando distorcido mecanicamente. *Exemplo*: $BaTiO_3$.

pipeta Um tubo fino, algumas vezes com um bulbo central, calibrado para conter um volume especificado.

pK_a e pK_b Logaritmos negativos das constantes de acidez e basicidade: $pK = -\log K$. Quanto maior for o valor de pK_a ou pK_b, mais fraco será o ácido ou a base, respectivamente.

Glossário **G23**

plano nodal   Um plano em que um elétron de um átomo ou molécula não pode ser encontrado.

plasma   (1) Um gás ionizado. (2) Em biologia, o componente incolor no qual as células vermelhas e brancas do sangue estão dispersas.

poder polarizante   Capacidade de um íon de polarizar um átomo ou íon vizinho.

pOH   Logaritmo negativo da molaridade do íon hidróxido em uma solução. $pOH = -\log[OH^-]$.

polarizabilidade (α) Medida da facilidade com que a nuvem de elétrons de uma molécula pode ser distorcida.

polarizar   Distorcer a nuvem de elétrons de um átomo, íon ou molécula.

polarizável   Uma espécie facilmente polarizada. Veja *polarizar*.

poliamida   Polímero em que os monômeros estão em ligações amida formadas por polimerização por condensação.

poliéster   Polímero em que os monômeros estão em ligações éster formadas por condensação.

polimerização   Formação de um *polímero* a partir de seus *monômeros*.

polimerização por adição   A polimerização, normalmente de alquenos, por uma reação de adição propagada por radicais ou íons intermediários. Veja *polimerização*.

polimerização via radicais   Procedimento de polimerização que utiliza uma reação em cadeia via radicais.

polímero   Substância com moléculas grandes, cujas cadeias de unidades repetitivas ligadas por covalência são formadas a partir de moléculas pequenas conhecidas como *monômeros*. *Exemplos*: polietileno; náilon. Veja também *copolímero*.

polímero de condensação   Polímero formado por uma série de reações de condensação sucessivas. *Exemplos*: poliésteres; poliamidas (náilon).

polímero estereorregular   Polímero em que cada unidade ou par de unidades repetitivas tem a mesma orientação relativa.

polímero termoplástico   Polímero que pode ser amolecido por aquecimento após ter sido moldado.

polímero termorrígido   Polímero que adquire uma forma permanente no molde e não amoloce sob aquecimento.

polinucleotídeo   Polímero formado por unidades de nucleotídeos. *Exemplos*: DNA; RNA.

polipeptídeo   Polímero formado pela condensação de aminoácidos.

polissacarídeo   Uma cadeia de unidades de sacarídeo, como, por exemplo, a glicose, ligadas umas às outras. *Exemplos*: celulose; amilose.

poluente primário   Um poluente diretamente introduzido no meio ambiente. *Exemplo*: SO_2.

poluente secundário   Um poluente formado pela reação química de outras espécies do meio ambiente. *Exemplo*: SO_3 da oxidação de SO_2.

ponte salina   Tubo em forma de U que contém uma solução concentrada de um sal (cloreto de potássio ou nitrato de potássio) em um gel, que age como um eletrólito e conduz corrente entre os dois compartimentos de uma célula eletroquímica.

ponto crítico   O ponto em um diagrama de fases na pressão e temperatura críticas.

ponto de congelamento normal (T_f) Temperatura em que o líquido congela sob 1 atm.

ponto de ebulição (p.e.)   Veja *temperatura de ebulição; temperatura de ebulição normal; ponto de ebulição padrão*.

ponto de ebulição normal (T_e) (1) Temperatura de ebulição quando a pressão é 1 atm. (2) Temperatura em que a pressão de vapor de um líquido é 1 atm.

ponto de ebulição padrão (T_e) Temperatura de ebulição quando a pressão é 1 bar.

ponto de equivalência   Veja *ponto estequiométrico*.

ponto de fusão normal (T_f) Ponto de fusão de uma substância sob 1 atm.

ponto de fusão padrão (T_f) Ponto de fusão de uma substância quando a pressão é 1 bar.

ponto estequiométrico   O estágio de uma titulação em que foi adicionado o volume exato de solução necessário para completar a reação.

ponto final   O estágio, em uma titulação, no qual uma quantidade suficiente do titulante foi adicionada para levar o indicador a uma cor que está entre sua cor inicial e sua cor final.

ponto quântico   Um conjunto tridimensional pequeno de materiais semicondutores. *Exemplo*: 10 a 10^5 átomos de Cd e Se (como seleneto de cádmio, CdSe).

ponto triplo   Ponto em que três linhas de separação de fase encontram-se em um diagrama de fases. Nas condições representadas pelo ponto triplo, as três fases coexistem em equilíbrio dinâmico.

pósitron   Partícula fundamental cuja massa é igual à de um elétron (β^+) com carga oposta.

potência   A taxa de suprimento de energia. A unidade SI de potência é o watt, W ($1\ W = 1\ J \cdot s^{-1}$). Veja também o Apêndice 1B.

potencial de célula $(E_{célula})$ (1) Diferença de potencial entre os eletrodos de uma célula eletroquímica quando não está produzindo corrente. (2) Indicação da tendência de uma reação em uma célula eletroquímica de ocorrer espontaneamente.

potencial de célula padrão $(E_{célula}°)$ O *potencial de célula* quando a concentração de cada soluto que toma parte na reação da célula é $1\ mol \cdot L^{-1}$ (estritamente, atividade unitária) e todos os gases estão em 1 bar. O potencial de célula padrão de uma célula galvânica é a diferença entre seus dois potenciais padrão: $E_{célula}° = E_D° - E_E°$, onde D e E denotam os eletrodos da direita e da esquerda na descrição da célula.

potencial padrão $(E°)$ (1) A contribuição de um eletrodo para o potencial padrão de uma célula. (2) Potencial padrão de uma célula quando à esquerda está o eletrodo padrão de hidrogênio e, à direita, o eletrodo de interesse.

precipitação   Processo em que um soluto sai rapidamente de uma solução na forma de um pó finamente dividido, chamado de *precipitado*.

precipitação radioativa   A poeira fina formada por nuvens de partículas em suspensão que se deposita após a explosão de uma bomba nuclear.

precipitação seletiva   Precipitação de um composto na presença de outros compostos, mais solúveis.

precipitado   O sólido formado em uma *reação de precipitação*.

precisão   Grau de liberdade do erro aleatório. Compare com *acurácia*.

pressão (P) A força dividida pela área em que ela é aplicada.

pressão crítica (P_c) Pressão de vapor de um líquido em sua temperatura crítica.

G24 Glossário

pressão de vapor Pressão exercida pelo vapor de um líquido (ou sólido) quando o vapor e o líquido (ou sólido) estão em equilíbrio dinâmico.

pressão de vapor de sublimação A pressão de vapor de um sólido.

pressão manométrica A pressão no interior de um recipiente menos a pressão externa.

pressão osmótica (Π, pi) Pressão necessária para interromper o fluxo de um solvente através de uma membrana semipermeável. Veja também *osmose*.

pressão padrão ($P°$) A pressão de 1 bar, exatamente.

pressão parcial (P_J) A pressão que um gás (J) em uma mistura exerceria se ele ocupasse sozinho todo o volume do recipiente.

primeira derivada (dy/dx) Medida da inclinação de uma curva. Veja também o apêndice 1F.

primeira energia de ionização (I_1) A energia mínima necessária para remover um elétron de um átomo. Veja *energia de ionização*.

primeira lei da termodinâmica A energia interna de um sistema isolado é constante.

princípio *Aufbau* Veja *princípio da construção*.

princípio da construção O procedimento usado para chegar às configurações de estado fundamental de átomos e moléculas.

princípio da exclusão O número máximo de elétrons que pode ocupar qualquer orbital é dois. Quando dois elétrons ocupam um orbital, seus spins devem estar emparelhados.

princípio da incerteza de Heisenberg Se a posição de uma partícula é conhecida com uma incerteza Δx, então o momento linear paralelo ao eixo x só pode ser conhecido com uma incerteza Δp, em que $\Delta p \Delta x \geq h/2$.

princípio de Avogadro O volume de uma amostra de gás em uma dada temperatura e pressão é proporcional à quantidade de moléculas de gás da amostra: $V \propto n$.

princípio de Le Chatelier Quando uma tensão ocorre em um sistema em equilíbrio dinâmico, o equilíbrio se ajusta para reduzir ao mínimo o efeito da tensão. *Exemplo*: uma reação em equilíbrio tende a prosseguir na direção endotérmica quando a temperatura sobe.

processo de Claus Processo de obtenção de enxofre a partir de H_2S em perfurações de óleo por oxidação do H_2S com SO_2. Este último é formado pela oxidação do H_2S com oxigênio.

processo cloro-álcali A produção de cloro e hidróxido de sódio pela eletrólise de cloreto de sódio em água.

processo endotérmico Um processo em que ocorre absorção de calor ($\Delta H > 0$). *Exemplos*: vaporização; $N_2O_4(g) \rightarrow 2\,NO_2(g)$.

processo exotérmico Processo em que ocorre liberação de calor ($\Delta H < 0$). *Exemplos*: congelamento; $N_2(g) + 3\,H_2(g) \rightarrow 2\,NH_3(g)$.

processo Frasch Processo para minerar enxofre que usa água superaquecida para fundir o enxofre e ar comprimido para forçá-lo a sair à superfície.

processo Haber (processo Haber-Bosch) A síntese catalisada da amônia sob pressão elevada.

processo Hall (processo Hall-Hérault) A produção de alumínio pela eletrólise de óxido de alumínio dissolvido em criolita fundida.

processo hidrometalúrgico A extração de metais pela redução de seus íons em solução em água. *Exemplo*: $Cu^{2+}(aq) + Fe(s) \rightarrow Cu(s) + Fe^{2+}(aq)$.

processo irreversível Processo que não muda de direção por uma variação infinitesimal de uma variável.

processo isotérmico Mudança que ocorre em temperatura constante.

processo pirometalúrgico A extração de metais com o uso de reações em alta temperatura. *Exemplo*: $Fe_2O_3(s) + 3\,CO(g) \xrightarrow{\Delta} 2\,Fe(l) + 3\,CO_2(g)$.

processo reversível Processo que pode se inverter pela mudança infinitesimal de uma variável.

produto Espécie formada em uma reação química.

produto de solubilidade (K_{ps}) Produto das concentrações molares dos íons em uma solução saturada. A constante de equilíbrio da dissolução. *Exemplo*: $Hg_2Cl_2(s) \rightleftharpoons Hg_2^{2+}(aq) + 2\,Cl^-(aq)$, $K_{ps} = [Hg_2^{2+}][Cl^-]^2$.

produto natural Uma substância orgânica que ocorre naturalmente no ambiente.

promoção (de um elétron) Excitação conceitual de um elétron a um orbital de energia mais alta na descrição da formação de uma ligação.

propagação Série de etapas de uma reação em cadeia nas quais um propagador de cadeia reage com uma molécula de reagente para produzir um outro propagador de cadeia. Veja também *reação em cadeia*.

propagador de cadeia Intermediário em uma reação em cadeia.

proporções estequiométricas Quantidades dos reagentes quando estão na mesma proporção de seus coeficientes na equação química. *Exemplo*: quantidades iguais de H_2 e Br_2 na formação de HBr.

propriedade Uma característica da matéria. *Exemplos*: pressão de vapor; cor; densidade; temperatura. Veja também *propriedade química, propriedade física*.

propriedade coligativa Propriedade que só depende do número relativo de partículas de soluto e solvente que estão em solução e não da identidade química do soluto. *Exemplos*: elevação do ponto de ebulição; abaixamento do ponto de congelamento; osmose.

propriedade de estado Veja *função de estado*.

propriedade do grosso da matéria Propriedade que depende do comportamento coletivo de um grande número de átomos. *Exemplos*: ponto de fusão; pressão de vapor; energia interna.

propriedade extensiva Propriedade física de uma substância que depende do tamanho da amostra. *Exemplos*: volume; energia interna; entalpia; entropia.

propriedade física Característica observada ou medida sem que haja alteração da identidade da substância.

propriedade intensiva Propriedade física de uma substância que não depende do tamanho da amostra. *Exemplos*: densidade; volume molar; temperatura.

propriedade química Capacidade que tem uma substância de participar de uma reação química.

proteção catódica A proteção de um objeto de metal pela ligação com um metal mais fortemente redutor.

Glossário **G25**

proteção química Deposição de metal na superfície de um objeto pelo uso de uma reação de redução.

próton (p) Uma partícula subatômica com carga positiva encontrada no núcleo de um átomo.

protonação Transferência de um próton para uma base de Brønsted. *Exemplo*: $H_3O^+(aq) + HS^-(s) \rightarrow H_2S(g) + H_2O(l)$.

pX A quantidade $-\log X$. *Exemplo*: $pOH = -\log [OH^-]$.

qualitativa Descrição não numérica das propriedades de uma substância, sistema ou processo. Veja *análise qualitativa*.

quanta O plural de *quantum*.

quantidade de substância (n) O número de entidades em uma amostra dividido pela constante de Avogadro. Também conhecido como *quantidade química*. Veja *mol*.

quantitativa Descrição numérica das propriedades de uma substância, sistema ou processo. Veja *análise quantitativa*.

quantização A restrição de uma propriedade a certos valores. *Exemplos*: a quantização de energia e momento angular.

quantum Um pacote de energia.

quelato Complexo que contém pelo menos um ligante polidentado capaz de formar um anel de átomos que inclui o átomo central de metal. *Exemplo*: $[Co(en)_3]^{3+}$.

quilograma (kg) Unidade SI de massa. Veja também o Apêndice 1B.

química Ramo da ciência que estuda a matéria e as mudanças que ela pode sofrer.

química descritiva A descrição da preparação, das propriedades e das aplicações dos elementos e seus compostos.

química inorgânica Estudo dos elementos diferentes do carbono e seus compostos.

química nuclear O estudo das consequências químicas das reações nucleares.

química orgânica Ramo da química que trata dos *compostos orgânicos*.

química verde Prática da química que conserva recursos e reduz o impacto no ambiente.

quimioluminescência A emissão de luz por produtos formados em estados energeticamente excitados durante uma reação química.

quiral (molécula ou complexo) Que não é superponível a sua imagem no espelho. *Exemplos*: $CH_3CH(NH_2)COOH$; $CHBrClF$; $[Co(en)_3]^{3+}$.

quociente de reação (Q) A razão entre as atividades dos produtos e dos reagentes, elevadas a uma potência igual aos coeficientes estequiométricos relevantes (como na definição da constante de equilíbrio, porém, em um instante arbitrário da reação). *Exemplo*: para $N_2(g) + 3 H_2(g) \rightarrow 2 NH_3(g)$, $Q = (P_{NH_3})^2/P_{N_2}(P_{H_2})^3$.

rad Uma unidade (não é SI) de *dose absorvida* de radiação (Ver *dose absorvida de radiação*). 1 rad corresponde à deposição de energia de 10^{-2} J·kg^{-1}. Veja também *gray*.

radiação de fundo A radiação nuclear média a que os habitantes da Terra estão expostos diariamente.

radiação do corpo negro A radiação eletromagnética emitida por um *corpo negro*.

radiação eletromagnética Uma onda de campos elétrico e magnético oscilantes. Inclui a luz, os raios X e os raios γ.

radiação gama (γ) Radiação de frequência muito alta e comprimento de onda curto emitida por núcleos.

radiação infravermelha Radiação eletromagnética que tem frequências mais baixas (comprimentos de onda maiores) do que a luz vermelha mas frequências mais altas (comprimentos de onda menores) do que a radiação de micro-ondas.

radiação ionizante Radiação de alta energia (normalmente, mas não necessariamente, radiação nuclear) que pode provocar a ionização.

radiação ultravioleta Radiação eletromagnética de frequências mais altas (comprimentos de onda mais curtos) do que a da luz ultravioleta.

radiação visível Radiação eletromagnética que pode ser detectada pelo olho humano, cujos comprimentos de onda estão entre 700 nm e 400 nm. A radiação visível é também chamada *luz visível* ou simplesmente *luz*.

radical Átomo, molécula ou íon com pelo menos um elétron desemparelhado. *Exemplos*: ·NO; ·O·; ·CH$_3$.

radioatividade Emissão espontânea de radiação pelos núcleos. Esses núcleos são radioativos.

radioativo Um núcleo é radioativo se ele pode mudar sua estrutura espontaneamente e emitir radiação.

radioisótopo Isótopo radioativo.

raio atômico Metade da distância entre os centros de dois átomos vizinhos em um sólido ou uma molécula homonucleares.

raio covalente A contribuição de um átomo ao comprimento de uma ligação covalente.

raio de Bohr (a_0) Em um modelo antigo do átomo de hidrogênio, o raio da órbita de menor energia. Hoje, uma combinação específica de constantes fundamentais ($a_0 = 4\pi\varepsilon_0\hbar^2/m_e e^2 = 52,9$ pm) usada na descrição das funções de onda do hidrogênio.

raio de van der Waals Metade da distância entre os centros de átomos não ligados que se tocam em um sólido.

raio iônico A contribuição de um íon para a distância entre íons vizinhos em um composto iônico sólido.

raios X Radiação eletromagnética cujos comprimentos de onda estão entre cerca de 10 pm e 1000 pm.

raízes (de uma equação) As soluções da equação $f(x) = 0$. Ver o Apêndice 1E.

ramificação Descrição de uma etapa em uma reação em cadeia em que mais de um propagador se forma em uma etapa de propagação. *Exemplo*: ·O· + H$_2$ → ·OH + ·H. Veja também *propagação*.

ramificação da cadeia Etapa de uma reação em cadeia em que se forma mais de um propagador.

razão entre os raios Razão entre o raio do íon menor de um sólido iônico e o raio do íon maior. A razão entre os raios controla a adoção de uma estrutura cristalina nos sólidos iônicos simples.

razão molar A relação estequiométrica entre duas espécies em uma reação química escrita como um fator de conversão. *Exemplo*: (2 mols de H$_2$/1 mol de O$_2$ na reação 2 H$_2$(g) + O$_2$(g) → 2 H$_2$O(l)).

reação bimolecular Reação elementar na qual duas moléculas, átomos ou íons se aproximam e formam um produto. *Exemplo*: O + O$_3$ → O$_2$ + O$_2$.

reação competitiva Reação que ocorre simultaneamente à reação de interesse e usa alguns dos mesmos reagentes, mas forma produtos diferentes.

reação de adição Reação química em que átomos ou grupos ligam-se a dois átomos em ligação múltipla. O produto da reação é uma única molécula que contém todos os átomos que participaram da reação. *Exemplo*: $CH_3CH{=}CH_2 + HBr \rightarrow CH_3CH_2CH_2Br$.

reação de condensação Reação em que duas moléculas se combinam para formar uma molécula maior com eliminação de uma molécula pequena. *Exemplo*: $CH_3COOH + C_2H_5OH \rightarrow CH_3COOC_2H_5 + H_2O$.

reação de decomposição da água Decomposição fotoquímica da água em hidrogênio e oxigênio.

reação de deslocamento Uma reação entre o monóxido de carbono e a água: $CO(g) + H_2O(g) \rightarrow CO_2(g) + H_2(g)$. A reação é usada na fabricação de hidrogênio.

reação de eliminação Reação em que dois grupos ou átomos ligados a carbonos vizinhos são removidos de uma molécula, deixando uma ligação múltipla entre os átomos de carbono. *Exemplo*: $CH_3CHBrCH_3 + OH^- \rightarrow CH_3CH{=}CH_2 + H_2O + Br^-$.

reação de hidrólise Reação de água com uma substância para formar uma nova ligação oxigênio-elemento. *Exemplo*: $PCl_5(s) + 4 H_2O(l) \rightarrow H_3PO_4(aq) + 5 HCl(aq)$.

reação de neutralização Reação de um ácido com uma base para formar um sal. *Exemplo*: $HCl(aq) + NaOH(aq) \rightarrow NaCl(aq) + H_2O(l)$.

reação de ordem zero Reação cuja velocidade não depende da concentração do reagente. *Exemplo*: a decomposição catalisada da amônia.

reação de oxidação-redução Veja *reação redox*.

reação de precipitação Reação em que se forma um precipitado por mistura de duas soluções. *Exemplo*: $KBr(aq) + AgNO_3(aq) \rightarrow KNO_3(aq) + AgBr(s)$.

reação de primeira ordem Reação em que a velocidade é proporcional à primeira potência da concentração de uma substância.

reação de pseudo-primeira ordem Reação cuja lei é efetivamente de primeira ordem porque todas as espécies envolvidas menos uma têm concentrações virtualmente constantes.

reação de reforma Reação em que um hidrocarboneto converte-se em monóxido de água de hidrataçãocarbono e hidrogênio sobre um catalisador de níquel.

reação de segunda ordem (1) Reação cuja velocidade é proporcional ao quadrado da concentração molar de um reagente. (2) Reação cuja ordem total é 2.

reação de substituição (1) Reação em que um átomo (ou um grupo de átomos) substitui um átomo da molécula original. (2) Em complexos, uma reação em que uma base de Lewis expele outra e toma seu lugar. *Exemplos*: (1) $C_6H_5OH + Br_2 \rightarrow BrC_6H_4OH + HBr$; (2) $[Fe(OH_2)_6]^{3+}(aq) + 6 CN^-(aq) \rightarrow [Fe(CN)_6]^{3-}(aq) + 6 H_2O(l)$.

reação de transferência de próton Veja *equilíbrio de transferência de próton*.

reação de troca Reação entre o monóxido de carbono e água: $CO(g) + H_2O(g) \rightarrow CO_2(g) + H_2(g)$. A reação é usada na manufatura de hidrogênio.

reação elementar Uma etapa de reação em um mecanismo de reação proposto.

reação em cadeia Reação que se propaga quando um intermediário reage para produzir outro intermediário em uma série de reações elementares. *Exemplo*: $Br\cdot + H_2 \rightarrow HBr + H\cdot$ seguida por $H + Br_2 \rightarrow HBr + Br\cdot$.

reação em cadeia via radicais Uma reação em cadeia propagada por radicais.

reação fotoquímica Reação provocada pela luz. *Exemplo*: $H_2(g) + Cl_2(g) \xrightarrow{h\nu} 2 HCl(g)$.

reação nuclear A mudança que um núcleo sofre (como uma transmutação nuclear).

reação química Mudança química em que uma substância responde à presença de outra, à variação de temperatura ou a alguma outra influência.

reação redox Reação em que ocorre oxidação e redução. *Exemplo*: $S(s) + 3 F_2(g) \rightarrow SF_6(g)$.

reação termolecular *Reação elementar* em que três espécies colidem simultaneamente.

reação total O resultado líquido de uma sequência de reações.

reação unimolecular *Reação elementar* na qual uma única molécula de reagente transforma-se em produtos. *Exemplo*: $O_3 \rightarrow O_2 + O$.

reagente (1) Uma substância ou solução que reage com outras substâncias. (2) Espécie que age como material de partida em uma reação. Reagente que toma parte em uma reação especificada.

reagente limitante O reagente que define o rendimento teórico do produto em uma determinada reação.

reator nuclear Equipamento que permite a fissão nuclear autossustentável controlada.

recobrimento A fusão de orbitais de átomos diferentes de uma molécula.

recristalização Purificação por dissoluções e cristalizações sucessivas.

rede A distribuição ordenada de átomos, moléculas ou íons em um cristal.

redes de Bravais As 14 células unitárias básicas que podem ser usadas na construção de um cristal.

redução (1) Remoção de oxigênio ou adição de hidrogênio a um composto. (2) Reação em que um átomo, íon ou molécula ganha um elétron. (3) Meia-reação em que o número de oxidação de um elemento diminui. *Exemplo*: $Cl_2(g) + 2 e^- \rightarrow 2 Cl^-(aq)$.

redutor Veja *agente redutor*.

refinamento por zona Método de purificação de sólidos pela passagem repetida de uma zona fundida ao longo do comprimento da amostra.

refratário Capaz de resistir a temperaturas elevadas.

regra de Hund Se mais de um orbital de uma subcamada está disponível, adicione elétrons com spins paralelos a diferentes orbitais daquela subcamada.

regra de Trouton A observação empírica de que a entropia de vaporização no ponto de ebulição (a entalpia de vaporização dividida pela temperatura de ebulição) é aproximadamente $85 \ J\cdot K^{-1}\cdot mol^{-1}$ para muitos líquidos.

regra do octeto Quando átomos formam ligações, eles tendem, na medida do possível, a completar seus octetos pelo partilhamento de elétrons.

regras de solubilidade Resumo das tendências de solubilidade em água de uma série de compostos comuns. Veja também a Tabela I.1 em *Fundamentos*.

relação de de Broglie A proposta de que as partículas têm propriedades de onda e que seu comprimento de onda, λ, está relacionado a seu momento por $\lambda = h/p$, com $p = mv$.

relação diagonal Semelhança de propriedades entre elementos vizinhos na diagonal da Tabela Periódica, especialmente os elementos dos grupos principais dos Períodos 2 e 3 do lado esquerdo da Tabela. *Exemplos*: Li e Mg; Be e Al.

relação estequiométrica Expressão que iguala as quantidades relativas de reagentes e produtos que participam de uma reação. *Exemplo*: 1 mol $H_2 \rightleftharpoons$ 2 mol HBr para $H_2 + Br_2 \rightarrow 2$ HBr.

rem Veja *roentgen-equivalente-homem*.

rendimento percentual Percentagem do rendimento teórico de um produto que é obtida na prática.

rendimento teórico A quantidade máxima de produto que pode ser obtida, de acordo com a estequiometria da reação, a partir de uma determinada quantidade de um reagente especificado.

resíduo (bioquímica) Um aminoácido em uma cadeia de polipeptídeo.

resistência (elétrica) Medida da capacidade da matéria de conduzir eletricidade: quanto menor for a resistência, melhor a condução.

ressonância Combinação de estruturas de Lewis em uma estrutura híbrida. *Exemplo*: $\ddot{O}{=}S{-}\ddot{O}: \longleftrightarrow :\ddot{O}{-}S{=}\ddot{O}$.

revestimento químico Deposição de uma superfície metálica em um objeto pelo uso de uma reação química de redução.

roentgen-equivalente-homem (rem) Unidade (não SI) de *dose equivalente*. Veja também *sievert*.

sal (1) Um composto iônico. (2) O produto iônico da reação entre um ácido e uma base. *Exemplos*: NaCl; K_2SO_4.

saturado Incapaz de aceitar mais material.

seção transversa de colisão A área que uma molécula apresenta como alvo durante uma colisão.

segunda derivada (d^2y/dx^2) Medida da curvatura de uma função. Veja também o Apêndice 1F.

segunda energia de ionização (I_2) A energia necessária para remover um elétron de um cátion com carga unitária em fase gás. *Exemplo*: $Cu^+(g) \rightarrow Cu^{2+}(g) + e^-(g)$, $I_2 = 1.958$ kJ·mol^{-1}.

segunda lei da termodinâmica Uma variação espontânea é acompanhada pelo aumento da entropia total do sistema e sua vizinhança.

segundo (s) Unidade SI de tempo. Veja também o Apêndice 1B.

segundo coeficiente do virial (B) Veja *equação do virial*.

semicondutor *Condutor de elétrons* cuja resistência diminui quando a temperatura aumenta. Em um *semicondutor do tipo n*, a corrente é transportada por elétrons em uma banda quase vazia. Em um *semicondutor do tipo p*, a condução é o resultado da falta de elétrons em uma banda quase cheia de elétrons.

semicondutor extrínseco Um material em que a semicondução ocorre porque existe uma concentração baixa de um dopante (impureza). *Exemplo*: Arsênico adicionado ao silício muito purificado.

semicondutor intrínseco Uma substância pura na qual uma banda de condução vazia fica perto, em energia, de uma banda de valência completa.

separação do campo ligante (Δ) A separação em energia dos orbitais *e* e *t* em um complexo, induzida pelos ligantes.

sequência de reações Série de reações em que os produtos de uma reação são os reagentes da próxima. *Exemplo*: 2 C(s) + O_2(g) $\rightarrow$ 2 CO(g) seguida por 2 CO(g) + O_2(g) $\rightarrow$ 2 CO$_2$(g).

sequestrar Formar um complexo entre um cátion e uma molécula ou um íon volumosos que envolve o íon central. *Exemplo*: Ca^{2+} e $O_3POPO_2PO_3^{3-}$.

série (em espectroscopia) Uma família de linhas do espectro que têm um estado em comum. *Exemplo*: A série de Balmer no espectro do átomo de hidrogênio.

série de Balmer Uma família de linhas espectrais (algumas das quais estão na região do visível) do espectro do átomo de hidrogênio.

série de Lyman Série de linhas do espectro do hidrogênio atômico na qual as transições são atribuídas a orbitais com $n = 1$.

série eletroquímica Pares redox arranjados em ordem de poder de oxidação e redução. Geralmente construída com os agentes oxidantes fortes no começo da lista e os agentes redutores fortes no fim.

série espectroquímica Conjunto de ligantes ordenados de acordo com a intensidade da separação do campo ligante que eles produzem.

série radioativa Série de reações de decaimento nuclear que ocorrem em etapas nas quais partículas α e β são sucessivamente ejetadas e que terminam em um nuclídeo estável (frequentemente um isótopo de chumbo).

SI (Sistema Internacional) Sistema Internacional de unidades. Uma coleção de definições de unidades e símbolos e seu uso. É a extensão e racionalização do sistema métrico. Veja também o Apêndice 1B.

sievert (Sv) A unidade SI de *dose equivalente*: 1 Sv = 1 J·kg^{-1}.

símbolo de estado Símbolo (abreviação) que representa o estado de uma espécie. *Exemplos*: s (sólido); l (líquido); g (gás); aq (solução em água).

símbolo de Lewis (de átomos e íons) O símbolo químico de um elemento com um ponto para cada elétron de valência.

símbolo químico A abreviação do nome de um elemento.

simetricamente esférico Independente da orientação em relação a um ponto central.

síntese Reação em que uma substância se forma a partir de substâncias mais simples. *Exemplo*: N_2(g) + 3 H_2(g) $\rightarrow$ 2 NH_3(g).

síntese em fase vapor Processo em que uma substância é vaporizada e, então, condensada ou misturada com um reagente e o produto condensado forma pequenos cristais.

sistema O objeto de estudo, em geral um vaso de reação e seu conteúdo. Um *sistema aberto* pode trocar matéria e energia com a vizinhança. Um *sistema fechado* tem quantidade fixa de matéria mas pode trocar energia com a vizinhança. Um *sistema isolado* não tem contato com a vizinhança.

Sistema Internacional de Unidades Veja *SI*.

sobrepotencial Diferença de potencial que deve ser adicionada ao potencial da célula para provocar a eletrólise em grau apreciável.

sol Dispersão coloidal de partículas sólidas em um líquido.

sólido Forma rígida da matéria que mantém a mesma forma, independentemente da forma do recipiente que a contém.

G28 Glossário

sólido amorfo Sólido em que os átomos, íons ou moléculas estão em posições aleatórias e sem ordem de longa distância. *Exemplos*: vidro, manteiga. Compare com *sólido cristalino*.

sólido cristalino Sólido no qual os átomos, íons ou moléculas estão em um arranjo ordenado. *Exemplos*: NaCl, diamante, grafita. Compare com *sólido amorfo*.

sólido iônico Sólido formado por cátions e ânions. *Exemplos*: NaCl; KNO_3.

sólido metálico Veja *metal*.

sólido molecular Sólido formado por uma coleção de moléculas mantidas juntas por forças intermoleculares. *Exemplos*: glicose; aspirina; enxofre.

sólido reticulado Sólido formado por átomos em ligações covalentes por toda a sua extensão. *Exemplos*: diamante, sílica.

solubilidade A concentração de uma solução saturada de uma substância.

solubilidade molar (*s*) Valor numérico da concentração molar de uma solução saturada de uma substância.

solução Uma mistura homogênea. Veja também *soluto*; *solvente*.

solução ácida Uma solução com pH < 7.

solução alcalina Solução em água com pH > 7.

solução aquosa Solução em que o solvente é a água.

solução básica Uma solução em água com pH > 7.

solução de eletrólito Solução (geralmente em água) condutora de íons.

solução de estoque Solução armazenada na forma concentrada.

solução de não eletrólito Uma solução que não conduz íons.

solução eletrolítica Solução de um eletrólito.

solução ideal Solução que obedece à *lei de Raoult* em qualquer concentração. Todas as soluções comportam-se idealmente à medida que a concentração se aproxima do zero. *Exemplo*: benzeno e tolueno formam um sistema quase ideal.

solução não aquosa Uma solução em que o solvente não é água. *Exemplo*: enxofre em dissulfeto de carbono.

solução não ideal Uma solução que não obedece à lei de Raoult. Compare com *solução ideal*.

solução saturada Solução em que o soluto dissolvido e o não dissolvido estão em equilíbrio dinâmico. Veja *saturado*.

solução sólida Mistura sólida homogênea de duas ou mais substâncias.

soluto Substância dissolvida.

solvatado Cercado por moléculas de solvente com as quais tem interações. A hidratação é um caso especial no qual o solvente é a água.

solvente (1) O componente mais abundante de uma solução. (2) O componente de uma solução no qual considera-se que os demais componentes estejam dissolvidos.

spin O momento angular intrínseco de um elétron. O spin não pode ser eliminado e só pode ocorrer em duas orientações, representadas por ↑ e ↓ ou α e β.

spins paralelos (desemparelhados) Elétrons com spins alinhados na mesma direção (↑↑).

subcamada Todos os orbitais atômicos de uma determinada camada de um átomo que têm o mesmo valor do número quântico *l*. *Exemplo*: os cinco orbitais 3d de um átomo.

subcrítica Que tem massa inferior à *massa crítica*.

sublimação A conversão direta de um sólido em um vapor sem passar pelo líquido.

substância Tipo de matéria pura e simples. Pode ser um composto ou um elemento.

substância insolúvel Substância que não se dissolve em um determinado solvente. Quando o solvente não é especificado, fica implícito que se trata da água.

substância paramagnética Veja *paramagnetismo*.

substância solúvel Substância que se dissolve em quantidade significativa em um solvente especificado. Quando o solvente não é especificado, presume-se que seja água.

substituição eletrofílica Substituição que ocorre em consequência do ataque por um eletrófilo. *Exemplo*: a nitração do benzeno.

substituição nucleofílica Substituição que resulta do ataque por um nucleófilo. *Exemplo*: a hidrólise de halogeno-alcanos, $CH_3Br + H_2O \rightarrow CH_3OH + HBr$.

substituinte Átomo (ou grupo de átomos) que substituiu um átomo de hidrogênio de uma molécula orgânica.

substrato A espécie química sobre a qual a enzima age.

supercondutor Condutor de elétrons que conduz a eletricidade com resistência zero.

supercondutor de alta temperatura Material que se torna supercondutor em temperaturas bem acima da temperatura de transição dos supercondutores de primeira geração, tipicamente 100 K e acima.

supercrítico Que tem massa superior à *massa crítica*.

superesfriado Refere-se a um líquido esfriado abaixo do ponto de congelamento mas que ainda não se solidificou.

superfície de energia potencial Superfície que mostra a variação da energia potencial com a posição relativa dos átomos de um conjunto poliatômico (como na colisão entre uma molécula diatômica e um átomo).

superfície de contorno Superfície que limita a região do espaço na qual há cerca de 90% de probabilidade de encontrar um elétron que ocupa um orbital especificado de um átomo ou molécula.

superfície de isodensidades Um gráfico que representa uma estrutura molecular como uma superfície e mostra a distribuição dos elétrons de uma molécula. A superfície corresponde a posições que têm a mesma densidade eletrônica.

superfície de potencial eletrostático Estrutura molecular em que a carga líquida é calculada em cada ponto da superfície de isodensidades e é mostrada em cores diferentes. Uma superfície "elpot".

superfície limite A superfície que mostra a região do espaço em que existe cerca de 90% de probabilidade de encontrar o elétron quando ele ocupa um determinado orbital em um átomo ou molécula.

superfluidez A capacidade de fluir sem *viscosidade*.

superposição Combinação de orbitais atômicos de átomos diferentes de uma molécula.

surfactante Uma substância que se acumula na superfície de uma solução e afeta a tensão superficial do solvente. Um componente dos detergentes. *Exemplo*: o íon estearato dos sabões.

suspensão Névoa de pequenas partículas em um fluido.

tabela de equilíbrio Tabela usada para calcular a composição de uma mistura de reação no equilíbrio, conhecida a composição inicial. As colunas são encabeçadas pelas espécies e as linhas são, sucessivamente, a composição inicial, a variação necessária para atingir o equilíbrio e a composição de equilíbrio.

Tabela Periódica Quadro em que os elementos estão arranjados na ordem do número atômico e divididos em grupos e períodos, de modo a mostrar as relações entre as propriedades dos elementos.

tampão Solução que resiste a mudanças de pH quando pequenas quantidades de ácido ou base são adicionadas. Um *tampão ácido* estabiliza soluções em pH < 7 e um *tampão básico* estabiliza soluções em pH > 7. *Exemplos*: uma solução que contém CH_3COOH e $CH_3CO_2^-$ (tampão ácido); uma solução que contém NH_3 e NH_4^+ (tampão básico).

técnica de interrupção de fluxo Procedimento para observar reações rápidas que envolve a análise espectrométrica de uma mistura de reação imediatamente após a injeção rápida dos reagentes em uma câmara de mistura.

temperatura (T) (1) O quanto uma amostra está quente ou fria. (2) A propriedade intensiva que determina a direção na qual o calor vai fluir entre dois objetos em contato.

temperatura e pressão ambiente padrão (SATP) 25°C (298,15 K) e 1 bar (10^5 Pa).

temperatura crítica (T_c) Temperatura na qual e acima da qual uma substância não pode existir como líquido.

temperatura de congelamento Temperatura na qual um líquido congela.

temperatura de ebulição (1) A temperatura na qual um líquido ferve. (2) A temperatura em que um líquido está em equilíbrio com seu vapor na pressão do ambiente. A vaporização ocorre em todo o líquido, não somente na superfície.

temperatura de ebulição normal (T_b) Temperatura na qual um líquido ferve na pressão de 1 atm.

temperatura de fusão Temperatura na qual uma substância funde. Veja *ponto de fusão normal* e *ponto de fusão padrão*.

temperatura de fusão normal (T_f) Temperatura na qual um sólido funde na pressão de 1 atm.

temperatura normal de congelamento (T_f) Temperatura na qual um líquido congela sob 1 atm.

temperatura padrão e pressão padrão (STP) 0°C (273,15 K) e 1 atm (101,325 kPa).

tensão superficial (γ) A tendência das moléculas da superfície de um líquido de serem puxadas para o corpo do líquido, resultando em uma superfície macia.

teorema da equipartição A energia média de cada contribuição quadrática para a energia de uma molécula em uma amostra na temperatura T é igual a $\frac{1}{2}kT$ (em que k é a *constante de Boltzmann*).

teoria Coleção de ideias e conceitos usados para explicar uma lei científica.

teoria cinética molecular (TCM) A versão matemática do *modelo cinético* dos gases.

teoria da colisão A teoria das reações bimoleculares elementares em fase gás nas quais as moléculas só podem reagir se colidirem com uma energia cinética mínima característica.

teoria da ligação de valência A descrição da formação de ligações em termos do emparelhamento de spins nos orbitais atômicos de átomos vizinhos.

teoria de Brønsted-Lowry Uma teoria de ácidos e bases que envolve a transferência de um próton de uma espécie para outra. Veja também *ácido de Brønsted* e *base de Brønsted*.

teoria do campo ligante A teoria da ligação em complexos de metais d. Uma versão mais completa da *teoria do campo cristalino*. Veja também *campo cristalino*.

teoria do complexo ativado Veja *teoria do estado de transição*.

teoria do estado de transição Uma teoria das velocidades de reação em que os reagentes formam um complexo ativado.

teoria dos orbitais moleculares Descrição da estrutura molecular em que os elétrons ocupam orbitais que se espalham pela molécula.

terceira lei da termodinâmica As entropias de todos os cristais perfeitos são iguais no zero absoluto de temperatura.

terceiro coeficiente do virial Veja *equação do virial*.

terminação Etapa de uma *reação em cadeia* em que propagadores de cadeia se combinam para formar produtos. *Exemplo*: $Br\cdot + Br\cdot \rightarrow Br_2$.

termodinâmica O estudo das transformações da energia de uma forma para outra. Veja também *primeira lei da termodinâmica*; *segunda lei da termodinâmica*; *terceira lei da termodinâmica*.

termodinâmica estatística A interpretação das leis da termodinâmica em termos do comportamento de um número elevado de átomos e moléculas.

termoquímica O estudo do calor liberado ou absorvido em uma reação química. Um ramo da termodinâmica.

titulação A análise da composição pela medida do volume de uma solução (titulante) necessário para reagir com um determinado volume de outra solução. Em uma *titulação ácido-base*, um ácido é titulado com uma base. Em uma *titulação redox*, um agente oxidante é titulado com um agente redutor.

titulante Solução de concentração conhecida que é colocada na bureta em uma titulação.

torr (símbolo: Torr) Uma unidade de pressão: 760 Torr = 1 atm exatamente.

trabalho (w) A energia gasta durante o ato de mover um objeto contra uma força oposta. No *trabalho de expansão*, o sistema se expande contra uma pressão oposta. O *trabalho de não expansão* é um trabalho que não provém da mudança de volume.

traçador (em química nuclear) Um isótopo que pode ser acompanhado de composto a composto durante uma sequência de reações.

trajetória O caminho de uma partícula no qual a posição e o momento linear são especificados em cada instante.

trajetória livre média A distância média que uma partícula viaja entre colisões.

transição Uma mudança de estado. (1) Em termodinâmica, uma mudança de estado físico. (2) Em espectroscopia, uma mudança de estado quântico.

transição com transferência de carga Transição em que um elétron é excitado dos ligantes de um complexo para o átomo de metal ou vice-versa.

transição d-d Transição em que um elétron é excitado de um orbital d para outro.

transição de fase Conversão de uma substância de uma fase para outra. *Exemplos*: vaporização; estanho branco → estanho cinza.

G30 Glossário

transmutação induzida por nêutrons Conversão de um núcleo em outro pelo impacto de um nêutron *Exemplo*: $^{58}_{26}Fe + 2^{1}_{0}n \rightarrow ^{60}_{27}Co + ^{0}_{-1}e$.

transmutação nuclear Conversão de um elemento em outro. *Exemplo*: $^{12}_{6}C + ^{4}_{2}\alpha \rightarrow ^{16}_{8}O + \gamma$.

triboluminescência Luminescência que resulta de choques mecânicos sobre um cristal.

triprótico Veja *ácido* ou *base polipróticos*.

troca de íons Troca de um tipo de íon em solução por outro.

unidade derivada Uma combinação de unidades básicas. *Exemplos*: centímetros cúbicos (cm^3); joules ($kg \cdot m^2 \cdot s^{-2}$).

unidade repetitiva A combinação de átomos em um polímero que se repete na cadeia.

unidades Veja unidades básicas.

unidades básicas Unidades de medida do Sistema Internacional (SI) usadas na definição das demais unidades. *Exemplos*: *quilograma* para a massa, *metro* para o comprimento, *segundo* para o tempo, *kelvin* para a temperatura, *ampere* para a corrente elétrica.

universo (em termodinâmica) O sistema e sua vizinhança.

valência O número de ligações que um átomo pode formar.

valência variável Capacidade de um elemento de formar íons com cargas diferentes. *Exemplo*: In^+ e In^{3+}.

vapor A fase gás de uma substância (especificamente, de uma substância que é um líquido ou sólido na temperatura em questão). Veja também *gás*.

vaporização A formação de um gás ou vapor a partir de um líquido.

velocidade A grandeza da velocidade. A taxa de mudança de posição

velocidade de reação A velocidade e uma reação química calculada pela divisão da variação de concentração de uma substância pelo intervalo de tempo em que a variação considerada ocorre, levando em conta o coeficiente estequiométrico da substância. Veja também *velocidade média instantânea*, *velocidade média de reação*.

velocidade inicial Velocidade no início da reação, quando os produtos estão presentes em concentrações muito baixas e não afetam a velocidade.

velocidade instantânea A inclinação da tangente de um gráfico da concentração contra o tempo.

velocidade média de reação Velocidade de reação calculada pela medida da variação de concentração de um reagente ou produto em um intervalo de tempo finito (logo, a média da variação de velocidade naquele intervalo).

velocidade média instantânea A velocidade de mudança de concentração de um reagente ou produto dividida por seu coeficiente estequiométrico na equação balanceada. Todas as velocidades médias instantâneas são registradas como valores positivos.

velocidade quadrática média (v_{rms}) Raiz quadrada do valor médio dos quadrados das velocidades das moléculas em uma amostra.

velocidade relativa média A velocidade média com a qual duas moléculas se aproximam em um gás.

vidro Sólido iônico com estrutura amorfa que se assemelha à estrutura de um líquido.

viscosidade Resistência de um fluido (um gás ou um líquido) a fluir: quanto mais alta for a viscosidade, mais lento será o fluxo.

vizinhança A região próxima que está fora de um sistema em que observações são feitas.

volátil Que tem alta pressão de vapor nas temperaturas ordinárias. Uma substância é geralmente chamada de volátil se o ponto de ebulição for inferior a 100°C.

volatilidade Facilidade com que uma substância vaporiza.

volt (V) A unidade SI de potencial elétrico. Veja também o Apêndice 1B.

volume (V) A quantidade de espaço que uma amostra ocupa.

volume molar (V_m) O volume de uma amostra dividido pela quantidade (em mols) de átomos, moléculas ou fórmulas unitárias que ela contém.

zeólita Um aluminossilicato microporoso.

zero absoluto ($T = 0$; isto é, 0 na *escala Kelvin*) A temperatura mais baixa possível ($-273,15°C$).

zwitterion Veja *íon duplo*.

TESTES B

Fundamentos

A.1B 250. g $\times$ 1,000 lb/453,6 g $\times$ 16 oz/1 lb = 8,82 oz

A.2B 9,81 m·s^{-2} $\times$ 1 km/10^3 m $\times$ (3600 s/1 h)^2 = 1,27 $\times$ 10^5 km·h^{-2}

A.3B $V = m/d$ = (10,0 g)/(0,176 85 g·L^{-1}) = 56,5 L

A.4B $E_c = mv^2/2 = {}^1/_2 \times$ (1,5 kg) $\times$ (3,0 m·s^{-1})^2 = 6,8 J

A.5B $E_c = mgh$ = (0,350 kg) $\times$ (9,81 m·s^{-2}) $\times$ (443 m) $\times$ (10^{-3} kJ/J) = 1,52 kJ

B.1B número de átomos de Au = m(amostra)/m(um átomo) = (0,0123 kg)/(3,27 $\times$ 10^{-25} kg) = 3,76 $\times$ 10^{22} átomos de Au

B.2B (a) 8, 8, 8; (b) 92, 144, 92

B.3B (a) Sn; (b) Na; (c) iodo; (d) ítrio

C.1B (a) O potássio é um metal do Grupo 1. Cátion, +1, logo K$^+$.

(b) O enxofre é um não metal do Grupo 16. Ânion, 16 $-$ 18 = $-$2, logo S^{2-}.

C.2B (a) Li$_3$N; (b) SrBr$_2$

D.1B (a) di-hidrogeno-arsenato; (b) ClO$_3{}^-$

D.2B (a) cloreto de ouro (III); (b) sulfeto de cálcio; (c) óxido de manganês (III)

D.3B (a) tricloreto de fósforo; (b) trióxido de enxofre; (c) ácido hidrobrômico

D.4B (a) Cs$_2$S·4H$_2$O; (b) Mn$_2$O$_7$; (c) HCN; (d) S$_2$Cl$_2$

D.5B (a) pentano; (b) ácido carboxílico

E.1B átomos de H = (3,14 mol H$_2$O) $\times$ (2 mol H)/(1 mol H$_2$O) $\times$ (6,022 $\times$ 10^{23} átomos/mol) = 3,78 $\times$ 10^{24} átomos de H

E.2B (a) $n = m/M$ = (5,4 $\times$ 10^3 g)/(26,98 g·mol^{-1}) = 2,0 $\times$ 10^2 mol; (b) $N = N_A \times n$ = (6,022 $\times$ 10^{23} átomos de Al/mol) $\times$ (2,0 $\times$ 10^2 mol) = 1,2 $\times$ 10^{26} átomos de Al

E.3B cobre-63: (62,94 g·mol^{-1}) $\times$ 0,6917 = 43,536 g·mol^{-1}; cobre-65: (64,93 g·mol^{-1}) $\times$ 0,3083 = 20,018 g·mol^{-1}; 43,536 g·mol^{-1} + 20,018 g·mol^{-1} = 63,55 g·mol^{-1}

E.4B (a) fenol: 6 C, 6 H, 1 O; 6(12,01 g·mol^{-1}) + 6(1,008 g·mol^{-1}) + (16,00 g·mol^{-1}) = 94,11 g·mol^{-1}; (b) Na$_2$CO$_3$·10H$_2$O: 2 Na, 1 C, 13 O, 20 H; 2(22,99 g·mol^{-1}) + (12,01 g·mol^{-1}) + 13(16,00 g·mol^{-1}) + 20(1,008 g·mol^{-1}) = 286,15 g·mol^{-1}

E.5B Ca(OH)$_2$: 1 Ca, 2 O, 2 H; (40,08 g·mol^{-1}) + 2(16,00 g·mol^{-1}) + 2(1,008 g·mol^{-1}) = 74,10 g·mol^{-1}; (1,00 $\times$ 10^3 g de cal)/(74,10 g·mol^{-1}) = 13,5 mol fórmulas unitárias da cal

E.6B CH$_3$COOH: 2 C, 4 H, 2 O; 2(12,01 g·mol^{-1}) + 4(1,008 g·mol^{-1}) + 2(16,00 g·mol^{-1}) = 60,05 g·mol^{-1}; (60,05 g·mol^{-1})(1,5 mol) = 90. g

F.1B % C = (6,61 g/7,50 g) $\times$ 100% = 88,1%; % H = (0,89 g/7,50 g) $\times$ 100% = 11,9%

F.2B AgNO$_3$: (107,87 g·mol^{-1}) + (14,01 g·mol^{-1}) + 3(16,00 g·mol^{-1}) = 169,88 g·mol^{-1}; % Ag = (107,87 g·mol^{-1})/(169,88 g·mol^{-1}) $\times$ 100% = 63,498%

F.3B n(O) = (18,59 g)/(16,00 g·mol^{-1}) = 1,162 mol O; n(S) = (37,25 g)/(32,07 g·mol^{-1}) = 1,162 mol; n(F) = (44,16 g)/(19,00 g·mol^{-1}) = 2,324 mol. 1:1:2 razão, a fórmula empírica é SOF$_2$.

F.4B M(CHO$_2$) = 45,012 g·mol^{-1}. (90,0 g·mol^{-1})/(45,012 g·mol^{-1}) = 2,00; 2 $\times$ (CHO$_2$) = C$_2$H$_2$O$_4$

G.1B M(Na$_2$SO$_4$) = 142,05 g·mol^{-1}. (15,5 g)/(142,05 g·mol^{-1}) = 0,109 mol; (0,109 mol)/(0,350 L) = 0,312 м Na$_2$SO$_4$(aq)

G.2B (0,125 mol·L^{-1}) $\times$ (0,05000 L) = 0,00625 mol ácido oxálico. M(ácido oxálico) = 90,036 g·mol^{-1}. (0,00625 mol) $\times$ (90,036 g·mol^{-1}) = 0,563 g ácido oxálico

G.3B (2,55 $\times$ 10^{-3} mol HCl)/(0,358 mol HCl/L) = 7,12 $\times$ 10^{-3}L = 7,12 mL

G.4B $V_{inicial} = (c_{final} \times V_{final})/c_{inicial}$ = (1,59 $\times$ 10^{-5} mol·L^{-1}) $\times$ (0,02500 L)/(0,152 mol·L^{-1}) = 2,62 $\times$ 10^{-3} mL

H.1B Mg$_3$N$_2$(s) + 4 H$_2$SO$_4$(aq) $\rightarrow$ 3 MgSO$_4$(aq) + (NH$_4$)$_2$SO$_4$(aq)

I.1B (a) composto molecular, não um ácido; logo, um não eletrólito, não conduz eletricidade; (b) composto iônico; logo, um eletrólito forte, conduz eletricidade

I.2B 3 Hg$_2{}^{2+}$(aq) + 2 PO$_4{}^{3-}$(aq) $\rightarrow$ (Hg$_2$)$_3$(PO$_4$)$_2$(s)

I.3B SrCl$_2$ e Na$_2$SO$_4$; Sr^{2+}(aq) + SO$_4{}^{2-}$(aq) $\rightarrow$ SrSO$_4$(s)

J.1B (a) nem ácido, nem base; (b) e (c) são ácidos; (d) *fornece a base* OH$^-$

J.2B 3 Ca(OH)$_2$(aq) + 2 H$_3$PO$_4$(aq) $\rightarrow$ Ca$_3$(PO$_4$)$_2$(s) + 6 H$_2$O

K.1B O Cu$^+$(aq) é oxidado a Cu^{2+}, o I$_2$(s) é reduzido a I$^-$.

K.2B (a) $x + 3(-2) = -2$; $x = +4$ para S; (b) $x + 2(-2) = -1$; $x = +3$ para N; (c) $x + 1 + 3(-2) = 0$; $x = +5$ para Cl

K.3B (a) $4(-2) + x = 0$, $x = +4$; (b) $3(-2) + x = -1$, $x = +5$

K.4B O H$_2$SO$_4$ é o agente oxidante (S é reduzido de +6 a +4); o NaI é o agente redutor (I é oxidado de $-$1 a +5).

K.5B 2 Ce^{4+}(aq) + 2 I$^-$(aq) $\rightarrow$ 2 Ce^{3+}(aq) + I$_2$(s)

L.1B (2 mol Fe)/(1 mol Fe$_2$O$_3$) $\times$ 25 mol Fe$_2$O$_3$ = 50. mol Fe

L.2B 2 mol CO$_2$/1 mol CaSiO$_3$; mol CO$_2$ = (3,00 $\times$ 10^2 g)/(44,01 g·mol^{-1}) = 6,82 mol; (1 mol CaSiO$_3$/2 mol CO$_2$) $\times$ (6,82 mol CO$_2$) = 3,41 mol CaSiO$_3$; (3,41 mol CaSiO$_3$) $\times$ (116,17 g·mol^{-1} CaSiO$_3$) = 396 g CaSiO$_3$

L.3B 2 KOH + H$_2$SO$_4$ $\rightarrow$ K$_2$SO$_4$ + 2 H$_2$O; 2 mol KOH $\simeq$ 1 mol H$_2$SO$_4$; (0,255 mol KOH·L^{-1}) $\times$ (0,025 L) = 6,375 $\times$ 10^{-3} mol KOH. (6,375 $\times$ 10^{-3} mol KOH) $\times$ (1 mol H$_2$SO$_4$)/(2 mol KOH) = 3,19 $\times$ 10^{-3} mol H$_2$SO$_4$; (3,19 $\times$ 10^{-3} mol H$_2$SO$_4$)/ (0,016 45 L) = 0,194 м H$_2$SO$_4$(aq)

RESPOSTAS

R2 Respostas Testes B

L.4B $(0,100 \times 0,028\,15)$ mol $KMnO_4 \times (5$ mol $As_4O_6)/(8$ mol $KMnO_4) \times 395,28$ g·mol$^{-1} = 6,96 \times 10^{-2}$ g As_4O_6

M.1B $(15$ kg $Fe_2O_3)/159,69$ g·mol$^{-1}) \times (2$ mol $Fe)/(1$ mol $Fe_2O_3) \times (55,85$ g·mol$^{-1}) = 10,5$ kg Fe; $8,8$ kg/$10,5$ kg $\times 100\% = 84\%$ produzidos

M.2B $2\,NH_3 + CO_2 \rightarrow OC(NH_2)_2 + H_2O$; $n(NH_3) = (14,5 \times 10^3$ g$)/(17,034$ g·mol$^{-1}) = 851$ mol NH_3; $n(CO_2) = (22,1 \times 10^3$ g$)/(44,01$ g·mol$^{-1}) = 502$ mol CO_2; 2 mol $NH_3 \simeq 1$ mol CO_2; (a) NH_3 é o reagente limitante. $(851$ mol $NH_3/2) < (502$ mol $CO_2)$.

(b) 2 mols NH_3/1 mol ureia. 426 mols, ou 25,6 kg de ureia podem ser produzidos.

(c) $(502 - 426)$ mols $= 76$ mols de CO_2 em excesso $= 3,3$ kg CO_2

M.3B Há 0,61 mol de NO_2 e 1,0 mol de H_2O. 1 mol $H_2O \simeq 3$ mols NO_2; logo, não há NO_2 o suficiente, por isso o NO_2 é o reagente limitante. 22 g, ou 0,35 mol de HNO_3, foram produzidos. O rendimento teórico é $(0,61$ mol $NO_2) \times (2$ mol $HNO_3)/(3$ mol $NO_2) = 0,407$ mol HNO_3. Rendimento percentual $= (0,35$ mol$)/(0,407$ mol$) \times 100\% = 86\%$.

M.4B A amostra contém 0,0118 mol C (0,142 g C) e 0,0105 mol H (0,0106 g H). Massa de O $= 0,236 - (0,142 + 0,0105)$ g $= 0,0834$ g O (0,00521 mol O). As razões molares C:H:O são 0,0118:0,0105:0,005 21, ou 2,26:2,02:1. A multiplicação desses números por 4 dá 9:8:4 e a fórmula empírica $C_9H_8O_4$.

Foco 1

1A.1B $\lambda = c/\nu = (2,998 \times 10^8$ m·s$^{-1})/(98,4 \times 10^6$ Hz$) = 3,05$ m

1A.2B $\nu = \mathscr{R}(1/2^2 - 1/5^2) = 21\mathscr{R}/100$; $\lambda = c/\nu = 100c/21$; $\mathscr{R} = (100 \times 2,998 \times 10^8$ m·s$^{-1})/(21 \times 3,29 \times 10^{15}$ s$^{-1}) = 434$ nm; linha violeta

1B.1B $T = $ constante$/\lambda_{max} = (2,9 \times 10^{-3}$ m·K$)/(700. \times 10^{-9}$ m$) = 4,1 \times 10^3$ K

1B.2B $E = h\nu = (6,626 \times 10^{-34}$ J·s$) \times (4,8 \times 10^{14}$ Hz$) = 3,2 \times 10^{-19}$ J

1B.3B (a) $E_c = 1/2 \times (9,109 \times 10^{-31}$ kg$) \times (7,85 \times 10^5$ m·s$^{-1})^2 = 2,81 \times 10^{-19}$ J; (b) $3,63$ eV $\times (1,602 \times 10^{-19}$ J·eV$^{-1}) = 5,82 \times 10^{-19}$ J, $\lambda = [(3,00 \times 10^8$ m·s$^{-1}) \times (6,626 \times 10^{-34}$ J·s$)]/(5,82 \times 10^{-19}$ J$) = 342$ nm

1B.4B $\lambda = h/m\nu = (6,626 \times 10^{-34}$ J·s$)/(0,0050$ kg $\times 2 \times 331$ m·s$^{-1}) = 2,0 \times 10^{-34}$ m

1B.5B $\Delta\nu = \hbar/2m\Delta x = (1,054\,57 \times 10^{-34}$ J$)/(2 \times 2,0$ t $\times 10^3$ kg·t$^{-1} \times 1$ m$) = 3 \times 10^{-38}$ m·s^{-1}. Não, a incerteza é muito pequena.

1C.1B $E_3 - E_2 = 5h^2/8m_eL^2 = h\nu$; $\nu = 5h/8m_eL^2$; $\lambda = c/\nu = 8m_ecL^2/5h = [8 \times (9,10939 \times 10^{-31}$ kg$) \times (2,998 \times 10^8$ m·s$^{-1}) \times (1,50 \times 10^{-10}$ m$)^2]/(5 \times 6,626 \times 10^{-34}$ J·s$) = 14,8 \times 10^{-9}$ m, ou 14,8 nm

1D.1B razão $= (e^{-6a_0/a_0}/\pi a_0^3)/(1/\pi a_0^3) = e^{-6} = 0,0025$

1D.2B 3p

1E.1B $1s^2 2s^2 2p^6 3s^2 3p^1$ ou $[Ne]3s^2 3p^1$

1E.2B $[Ar]3d^{10}4s^2 4p^3$

1F.1B (a) $r(Ca^{2+}) < r(K^+)$; (b) $r(Cl^-) < r(S^{2-})$

1F.2B Na terceira ionização do Be, o elétron é removido do caroço do gás nobre; contudo, na terceira ionização do B, o elétron é removido da camada de valência. Os elétrons do caroço estão mais próximos do núcleo e, por isso, exigem quantidades de energia maiores para serem removidos.

1F.3B No flúor (Grupo 17), um elétron adicional preenche a única vaga na camada de valência; a camada agora tem a configuração do gás nobre neônio e está completa. No neônio, um elétron adicional teria de entrar em uma nova camada, onde ele estaria mais distante da atração exercida pelo núcleo.

Foco 2

2A.1B (a) $[Ar]3d^5$; (b) $[Xe]4f^{14}5d^{10}$

2A.2B I^-, $[Kr]4d^{10}5s^2 5p^6$

2A.3B $:\ddot{Br}:^- \quad Mg^{2+} \quad :\ddot{Br}:^-$

2A.4B KCl, porque o Cl^- tem raio menor do que o Br^-

2B.1B $H-\ddot{Br}:$; H não tem pares isolados, o Br tem três.

2B.2B
$$H-\underset{\underset{H}{|}}{\ddot{N}}-H$$

2B.3B
$$H-\underset{\underset{H}{|}}{\ddot{N}}-\underset{\underset{H}{|}}{\ddot{N}}-H$$

2B.4B $\left[:\ddot{O}-\ddot{N}=\ddot{O}\right]^- \leftrightarrow \left[\ddot{O}=\ddot{N}-\ddot{O}:\right]^-$

2B.5B $:\ddot{F}-\ddot{O}-\ddot{F}:$
$\quad\,$ 0 $\quad$ 0 $\quad$ 0

2C.1B $:\ddot{O}-\ddot{N}=\ddot{O}$

2C.2B $\left[:\ddot{I}-\ddot{I}-\ddot{I}:\right]^-$ 10 elétrons

2C.3B $\ddot{O}=\ddot{O}-\ddot{O}:$
$\quad\,$ 0 $\quad$ +1 $\quad$ -1

2D.1B (a) CO_2

2D.2B CaS

2E.1B linear

2E.2B (a) trigonal planar; (b) angular

2E.3B (a) AX_2E_2; (b) tetraédrico; (c) angular

2E.4B quadrado planar

2E.5B (a) apolar; (b) polar

2F.1B (a) 3 σ, sem ligações π; (b) 2 σ, 2 π

2F.2B Três ligações σ dos dois híbridos C2sp: uma ligação entre os dois átomos de C e duas ligando cada átomo de C a um átomo de H em um arranjo linear; duas ligações π, uma entre os dois orbitais C2p$_x$, outra entre os dois orbitais C2p$_y$.

2F.3B (a) octaédrica; (b) quadrada planar; (c) sp^{3}d^2

2F.4B O átomo de carbono do grupo CH_3 tem hibridação sp^3 e forma quatro ligações σ a 109,5°. Os demais átomos de carbono têm hibridação sp^2 e formam três ligações σ e uma ligação π; os ângulos de ligação são cerca de 120º.

2G.1B O_2^+: $\sigma_{2s}^2 \sigma_{2s}^{*2} \sigma_{2p}^2 \pi_{2p}^4 \pi_{2p}^{*1}$; BO $= (8 - 3)/2 = 2,5$

2G.2B CN^-: $1\sigma^2 2\sigma^{*2} 1\pi^4 3\sigma^2$

Foco 3

3A.1B $h = P/dg = (1,01 \times 10^5 \text{ kg}\cdot\text{m}^{-1}\cdot\text{s}^{-2})/[(998 \text{ kg}\cdot\text{m}^{-3}) \times (9,806\,65 \text{ m}\cdot\text{s}^{-2})] = 10,3 \text{ m}$

3A.2B $P = (10. \text{ cmHg}) \times (10 \text{ mmHg})/(1 \text{ cmHg}) \times (1,013\,25 \times 10^5 \text{ Pa})/(760 \text{ mmHg}) = 1,3 \times 10^4 \text{ Pa}$

3A.3B $(630. \text{ Torr}) \times (133,3 \text{ Pa}/1 \text{ Torr}) = 8,40 \times 10^4 \text{ Pa ou } 84,0 \text{ kPa}$

3B.1B $V_2 = P_1 V_1/P_2 = (1,00 \text{ bar}) \times (750. \text{ L})/(5,00 \text{ bar}) = 150. \text{ L}$

3B.2B $P_2 = P_1 T_2/T_1 = (760. \text{ mmHg}) \times (573 \text{ K})/(293 \text{ K}) = 1,49 \times 10^3 \text{ mmHg}$

3B.3B $P_2 = P_1 n_2/n_1 = (1,20 \text{ atm}) \times (300. \text{ mol})/(200. \text{ mol}) = 1,80 \text{ atm}$

3B.4B $V/\text{min} = (n/\text{min}) \times RT/P = (1,00 \text{ mol/min}) \times (8,206 \times 10^{-2} \text{ L}\cdot\text{atm}\cdot\text{K}^{-1}\cdot\text{mol}^{-1}) \times (300. \text{ K})/(1,00 \text{ atm}) = 24,6 \text{ L}\cdot\text{min}^{-1}$

3B.5B $V_2 = P_1 V_1/P_2 = (1,00 \text{ atm}) \times (80. \text{ cm}^3)/(3,20 \text{ atm}) = 25 \text{ cm}^3$

3B.6B $P_2 = P_1 V_1 T_2/V_2 T_1 = [(1,00 \text{ atm}) \times (250. \text{ L}) \times (243 \text{ K})]/[(800. \text{ L}) \times (293 \text{ K})] = 0,259 \text{ atm}$

3B.7B $n = (1 \text{ mol He}/4,003 \text{ g He}) \times (2,0 \text{ g He}) = 0,50 \text{ mol He}$; $V = nRT/P = (0,50 \text{ mol}) \times (24,47 \text{ L mol}^{-1}) = 12 \text{ L}$

3B.8B $M = dRT/P = (1,04 \text{ g}\cdot\text{L}^{-1}) \times (62,364 \text{ L}\cdot\text{Torr}\cdot\text{K}^{-1}\cdot\text{mol}^{-1}) \times (450. \text{ K})/(200. \text{ Torr}) = 146 \text{ g}\cdot\text{mol}^{-1}$

3C.1B $2 \text{ H}_2\text{O(l)} \rightarrow 2 \text{ H}_2\text{(g)} + \text{O}_2\text{(g)}$; $(2 \text{ mol H}_2/3 \text{ moléculas do gás}) \times (720. \text{ Torr}) = 480. \text{ Torr H}_2$; $(1 \text{ mol O}_2/3 \text{ moléculas do gás}) \times (720. \text{ Torr}) = 240. \text{ Torr O}_2$

3C.2B $n(\text{O}_2) = (141,2 \text{ g O}_2)/(32,00 \text{ g}\cdot\text{mol}^{-1}) = 4,412 \text{ mol O}_2$; $n(\text{Ne}) = (335,0 \text{ g Ne})/(20,18 \text{ g}\cdot\text{mol}^{-1}) = 16,60 \text{ mol Ne}$; $P_{\text{O}_2} = (4,412 \text{ mol O}_2/21,01 \text{ mol total}) \times (50,0 \text{ atm}) = 10,5 \text{ atm}$

3C.3B $2 \text{ H}_2\text{(g)} + \text{O}_2\text{(g)} \rightarrow 2 \text{ H}_2\text{O(l)}$, então 2 mol $\text{H}_2\text{O} \simeq 1$ mol O_2; $n(\text{O}_2) = PV/RT = [(1,00 \text{ atm}) \times (100,0 \text{ L})]/[(8,206 \times 10^{-2} \text{ L}\cdot\text{atm}\cdot\text{K}^{-1}\cdot\text{mol}^{-1}) \times (298 \text{ K})] = 4,09 \text{ mol O}_2$. $n(\text{H}_2\text{O}) = 2(4,09 \text{ mol O}_2) = 8,18 \text{ mol H}_2\text{O}$; $m(\text{H}_2\text{O}) = (8,18 \text{ mol H}_2\text{O}) \times (18,02 \text{ g}\cdot\text{mol}^{-1}) = 147 \text{ g H}_2\text{O}$

3D.1B $(10. \text{ s}) \times [(16,04 \text{ g}\cdot\text{mol}^{-1})/(4,00 \text{ g}\cdot\text{mol}^{-1})]^{1/2} = 20. \text{ s}$

3D.2B $v_{\text{rms}} = (3RT/M)^{1/2} = [3 \times (8,3145 \text{ J}\cdot\text{K}^{-1}\cdot\text{mol}^{-1}) \times (298 \text{ K})/(16,04 \times 10^{-3} \text{ kg}\cdot\text{mol}^{-1})]^{1/2} = 681 \text{ m}\cdot\text{s}^{-1}$

3E.1B $P = [nRT/(V - nb)] - an^2/V^2 = [\{20. \text{ mol CO}_2 \times (8,3145 \times 10^{-2} \text{ L}\cdot\text{bar}\cdot\text{K}^{-1}\cdot\text{mol}^{-1}) \times (293 \text{ K})\}/\{100. - (20. \text{ mol} \times 4,29 \times 10^{-2} \text{ L}\cdot\text{mol}^{-1})\}] - \{3,658 \text{ L}^2\cdot\text{bar}\cdot\text{mol}^{-2} \times (20. \text{ mol})^2\}/(100.)^2 = 4,8 \text{ bar}$

3F.1B 1,1-dicloro-etano, porque ele tem momento dipolo.

3F.2B Diferentemente do CF_4, o CHF_3 tem momento dipolo líquido e, portanto, seu ponto de ebulição é maior, ainda que seja possível imaginar que a molécula do CF_4 (que tem mais elétrons) exiba forças de London mais intensas.

3F.3B (a) CH_3OH e (c) $HClO$

3H.1B (a) $\{(710 \text{ nm} \times 1 \text{ cm}/10^7 \text{ nm}) \times (10 \text{ cm}) \times (0,5 \text{ mm} \times 1 \text{ cm}/10 \text{ mm})\} \times (2,27 \text{ g}\cdot\text{cm}^{-3}) = 8 \times 10^{-5} \text{ g}$; $(8 \times 10^{-5} \text{ g})/(12,01 \text{ g}\cdot\text{mol}^{-1}) = 7 \times 10^{-6} \text{ mol}$; (b) $(1,3 \times 10^{-6} \text{ mol}) \times (6,022 \times 10^{23} \text{ átomos}\cdot\text{mol}^{-1}) = 4 \times 10^{18} \text{ átomos}$

3H.2B $8(1/8) + 2(1/2) + 2(1) = 4$ átomos

3H.3B A densidade observada está mais próxima do valor previsto para uma estrutura cúbica de corpo centrado.

3H.4B $\rho = (100 \text{ pm})/(184 \text{ pm}) = 0,54$, estrutura do sal-gema

3H.5B $\rho = (167 \text{ pm})/(220 \text{ pm}) = 0,76$, estrutura do cloreto de césio;

$$d = \frac{M}{N_A \left(\dfrac{b}{3^{1/2}}\right)^3} = \frac{(132,91 + 126,90)\text{g}\cdot\text{mol}^{-1}}{(6,022 \times 10^{23} \text{ mol}^{-1})\left(\dfrac{7,74 \times 10^{-8} \text{ cm}}{3^{1/2}}\right)^3}$$

$$= 4,83 \text{ g}\cdot\text{cm}^{-3}$$

3I.1B $d(\text{latão})/d(\text{Cu})$

$$= \frac{0,5000 \times 65,41 \text{ g}\cdot\text{mol}^{-1} + 0,5000 \times 63,55 \text{ g}\cdot\text{mol}^{-1}}{63,55 \text{ g}\cdot\text{mol}^{-1}}$$

$$= 1,015$$

3I.2B $x_{\text{Ag}} = 0,37$, $x_{\text{Ni}} = 0,63$ (da Figura 3I.5). Em 1,00 mol da mistura existem $(0,37 \text{ mol})(107,87 \text{ g}\cdot\text{mol}^{-1}) = 40. \text{ g Ag}$, e $(0,63 \text{ mol})(58,69 \text{ g}\cdot\text{mol}^{-1}) = 37 \text{ g Ni}$. Massa total $= (40. + 37) \text{ g} = 77 \text{ g}$. Massa% (Ag) $= (40./77) \times 100\% = 52\%$; massa% (Ni) $= (37/77) \times 100\% = 48\%$

3I.3B $1,0 \text{ cm}^3 \text{ diamante} \times \dfrac{3,51 \text{ g diamante}}{1 \text{ cm}^3 \text{ diamante}} \times \dfrac{1 \text{ cm}^3 \text{ grafita}}{2,27 \text{ g grafita}} = 1,6 \text{ cm}^3$; $(1 + x)^3 = 1,6 \text{ cm}^3$, $x = +0,170 \text{ cm}$

3I.4B $1,0 \text{ kg hidrato} \times \dfrac{10^3 \text{ g hidrato}}{1 \text{ kg hidrato}} \times \dfrac{1 \text{ mol hidrato}}{228,33 \text{ g hidrato}} \times \dfrac{18 \text{ mol água}}{6 \text{ mol hidrato}} \times \dfrac{18,02 \text{ g água}}{1 \text{ mol água}} \times \dfrac{1 \text{ kg água}}{10^3 \text{ g água}} = 0,24 \text{ kg}$

3J.1B $1,0 \text{ cm} \times \dfrac{10^{12} \text{ pm}}{10^2 \text{ cm}} \times \dfrac{1 \text{ átomo de Ca}}{(2 \times 197 \text{ pm})} \times \dfrac{2 \text{ valência e}^-}{1 \text{ átomo de Ca}} \times \dfrac{1 \text{ orbital}}{2 \text{ valência e}^-} = 2,5 \times 10^7$

3J.2B tipo p

3J.3B (a) Na quimiluminescência, a luz é emitida como resultado da excitação das moléculas durante uma reação química. Na fosforescência, a luz é emitida muito tempo depois de o estímulo acabar.

Foco 4

4A.1B $w = -P\Delta V = -(9,60 \text{ atm}) \times (2,2 \text{ L} - 0,22 \text{ L}) \times (101,325 \text{ J}\cdot\text{L}^{-1}\cdot\text{atm}^{-1}) = -1926 \text{ J} = -1,9 \text{ kJ}$

4A.2B $w = -P\Delta V = -(1,00 \text{ atm}) \times (4,00 \text{ L} - 2,00 \text{ L}) \times 101,325 \text{ J}\cdot\text{L}^{-1}\cdot\text{atm}^{-1} = -202 \text{ J}$; $w = -nRT \ln(V_{\text{final}}/V_{\text{inicial}}) = -(1,00 \text{ mol}) \times (8,3145 \text{ J}\cdot\text{K}^{-1}\cdot\text{mol}^{-1}) \times (303 \text{ K}) \times \ln(4,00 \text{ L}/2,00 \text{ L}) = -1,75 \text{ kJ}$; a expansão isotérmica reversível realiza o maior trabalho.

4A.3B $q = nC_m\Delta T = (3,00 \text{ mol}) \times (111 \text{ J}\cdot\text{K}^{-1}\cdot\text{mol}^{-1}) \times (15,0 \text{ K}) = 5,0 \text{ kJ}$

4A.4B $C_{\text{cal}} = \dfrac{q_{\text{cal}}}{\Delta T} = \dfrac{4,16 \text{ kJ}}{3,24 \text{ °C}} = 1,28 \text{ kJ}\cdot(\text{°C})^{-1}$

4B.1B $w = \Delta U - q = -150 \text{ J} - (+300 \text{ J}) = -450 \text{ J}$; $w < 0$ (o sistema realizou o trabalho)

4B.2B $q = +1,00 \text{ kJ}$; $w = -(2,00 \text{ atm}) \times (3,00 \text{ L} - 1,00 \text{ L}) - (101,325 \text{ J}\cdot\text{L}^{-1}\cdot\text{atm}^{-1}) = -405 \text{ J}$; $\Delta U = q + w = 1,00 \text{ kJ} + (-0,405 \text{ kJ}) = +0,60 \text{ kJ}$

R4   **Respostas**   Testes B

4B.3B U_m (movimento) $= U_m$(translação) $+ U_m$(rotação) $=$
$2 \times (3/2)(RT) = 3 \times (8{,}3145 \text{ J·K}^{-1}\text{·mol}^{-1}) \times (298 \text{ K}) \times$
$(1 \text{ kJ}/1000 \text{ J}) = 7{,}43 \text{ kJ·mol}^{-1}$.

4C.1B   (a) $\Delta H = +30 \text{ kJ}$; (b) $\Delta U = q + w = 30 \text{ kJ} + 40 \text{ kJ} = +70 \text{ kJ}$

4C.2B   (a) $\Delta T = \dfrac{q}{nC_{V,m}} =$

$$\dfrac{1{,}20 \text{ kJ} \times \dfrac{1000 \text{ J}}{1 \text{ kJ}}}{1{,}00 \text{ mol} \times \left(\dfrac{5}{2} \times 8{,}3145 \text{ L·atm·mol}^{-1}\text{·K}^{-1}\right)} = 57{,}7 \text{ K},$$

$T_f = 298 \text{ K} + 57{,}7 \text{ K} = 356 \text{ K}$; $\Delta U = q + w = 1{,}20 \text{ kJ} + 0 = 1{,}20 \text{ kJ}$

(b) (etapa 1) volume constante, encontre a temperatura final:

$$\Delta T = \dfrac{q}{nC_P} =$$

$$\dfrac{1{,}20 \text{ kJ} \times \dfrac{1000 \text{ J}}{1 \text{ kJ}}}{1{,}00 \text{ mol} \times \left(\dfrac{7}{2} \times 8{,}3145 \text{ L·atm·mol}^{-1}\text{·K}^{-1}\right)} = 41{,}2 \text{ K};$$

$T_f = 298 \text{ K} + 41{,}2 \text{ K} = 339 \text{ K}$; $\Delta U = q + w = q + 0$, logo $\Delta U = q = nC_V\Delta T = (1 \text{ mol}) \times (5/2) \times$
$(8{,}3145 \text{ J·mol}^{-1}\text{·K}^{-1}) \times (41{,}2 \text{ K}) = 856 \text{ J}$; (etapa 2)
isotérmica, $\Delta T = 0$, logo $\Delta U = 0$; portanto, após as duas
etapas, $\Delta U = +856 \text{ J}$, $T_f = 339 \text{ K}$

4C.3B $\dfrac{22 \text{ kJ}}{23 \text{ g}} \times \dfrac{46{,}07 \text{ g}}{1 \text{ mol}} = 44 \text{ kJ·mol}^{-1}$

4C.4B $\Delta H_{sub} = \Delta H_{vap} + \Delta H_{fus} = (38 + 3) \text{ kJ·mol}^{-1} = 41 \text{ kJ·mol}^{-1}$

4D.1B $q_r = -q_{cal} = -(216 \text{ J·°C}^{-1})(76{,}7\text{°C}) = -1{,}66 \times 10^4 \text{ J}$;

$$\Delta H_r = \dfrac{-1{,}66 \times 10^4 \text{ J}}{0{,}338 \text{ g}} \times \dfrac{72{,}15 \text{ g}}{1 \text{ mol}} \times \dfrac{1 \text{ kJ}}{1000 \text{ J}}$$
$$= -3{,}54 \times 10^3 \text{ kJ};$$

$C_5H_{12}(l) + 8 O_2(g) \rightarrow 5 CO_2(g) + 6 H_2O(l)$, $\Delta H = -3{,}54 \times 10^3 \text{ kJ}$

4D.2B $\Delta U = \Delta H - \Delta n_{gas}RT = -3378 \text{ kJ} - \left(-\dfrac{3}{4} \text{ mol}\right) \times$
$\left(\dfrac{8{,}3145 \text{ J}}{\text{mol·K}}\right) \times 1273 \text{ K} \times \left(\dfrac{1 \text{ kJ}}{1000 \text{ J}}\right) = -3{,}37 \times 10^3 \text{ kJ}$

4D.3B $-350.\text{kJ} \times \dfrac{1 \text{ mol } C_2H_5OH}{-1368 \text{ kJ}} \times \dfrac{46{,}07 \text{ g } C_2H_5OH}{1 \text{ mol } C_2H_5OH} = 11{,}8 \text{ g } C_2H_5OH$

4D.4B $CH_4(g) + \dfrac{1}{2}O_2(g) \rightarrow CH_3OH(l)$, $\Delta H° = 206{,}10 \text{ kJ} + (-128{,}33 \text{ kJ}) + \dfrac{1}{2}(-483{,}64 \text{ kJ}) = -164{,}05 \text{ kJ}$

4D.5B $C(\text{diamante}) + O_2(g) \rightarrow CO_2(g)$; $\Delta H_r° = \Delta H_f°(CO_2) - \Delta H_f°(C, \text{diamante}) - \Delta H_f°(O_2,g) = -393{,}51 \text{ kJ·mol}^{-1} - (+1{,}895 \text{ kJ·mol}^{-1}) - 0 \text{ kJ·mol}^{-1} = -395{,}41 \text{ kJ·mol}^{-1}$

4D.6B $CO(NH_2)_2(s) + \dfrac{3}{2}O_2(g) \rightarrow CO_2(g) + 2 H_2O(l) + N_2(g)$;
$\Delta H_r° = \Delta H_f°(CO_2) + 2\Delta H_f°(H_2O) - \Delta H_f°(CO(NH_2)_2)$;
$-632 \text{ kJ} = -393{,}51 \text{ kJ} + 2(-285{,}83 \text{ kJ}) - \Delta H_f°(CO(NH_2)_2)$; $\Delta H_f°(CO(NH_2)_2) = -333 \text{ kJ·mol}^{-1}$

4D.7B $\Delta H_r(523 \text{ K}) = \Delta H_r(298 \text{ K}) + \Delta C_{Pr}\Delta T = -365{,}56 \text{ kJ·mol}^{-1}$
$+ \left[\left(84{,}1 - \dfrac{3}{2}(29{,}36) - 2(28{,}82) - 29{,}12\right) \text{J·K}^{-1}\text{·mol}^{-1} \times \dfrac{1 \text{ kJ}}{1000 \text{ J}}\right](523 - 298)\text{K} = -376 \text{ kJ·mol}^{-1}$

4E.1B $[524{,}3 + 147{,}70 + 2(111{,}88) + 736 + 1451 - 2(325)] \text{ kJ} - \Delta H_L = 0$; $\Delta H_L = +2433 \text{ kJ}$

4E.2B $CH_4(g) + 2 F_2(g) \rightarrow CH_2F_2(g) + 2 HF(g)$; ligações
quebradas [2(C—H), 2(F—F)]: 2(412 kJ·mol⁻¹) +
$2(158 \text{ kJ·mol}^{-1}) = 1140 \text{ kJ·mol}^{-1}$; ligações formadas
[2(C—F), 2(H—F)]: 2(484 kJ·mol⁻¹) + 2(565 kJ·mol⁻¹) =
2098 kJ·mol^{-1}; $\Delta H_r° = 1140 \text{ kJ·mol}^{-1} - 2098 \text{ kJ·mol}^{-1} = -958 \text{ kJ·mol}^{-1}$

4F.1B $\Delta S = -50. \text{ J}/1373 \text{ K} = -0{,}036 \text{ J·K}^{-1}$

4F.2B $\Delta S = nR \ln(V_2/V_1) = (8{,}3145 \text{ J·K}^{-1}\text{·mol}^{-1}) \ln(10/1) = +19 \text{ J·K}^{-1}\text{·mol}^{-1}$

4F.3B $\Delta S = nR \ln(P_1/P_2) = 70{,}9 \text{ g} \times (1 \text{ mol}/70{,}9 \text{ g}) \times$
$(8{,}3145 \text{ J·mol}^{-1}\text{·K}^{-1}) \times \ln(3{,}00 \text{ kPa}/24{,}00 \text{ kPa}) = -17{,}3 \text{ J·K}^{-1}$

4F.4B $\Delta S = (5{,}5 \text{ g})(0{,}51 \text{ J·K}^{-1}\text{·g}^{-1}) \ln(373/293) = +0{,}68 \text{ J·K}^{-1}$

4F.5B   (1) $\Delta S = (23{,}5 \text{ g})(1 \text{ mol}/32{,}00 \text{ g})(8{,}3145 \text{ J·K}^{-1}\text{·mol}^{-1}) \times$
$\ln(2{,}00 \text{ kPa}/8{,}00 \text{ kPa}) = -8{,}46 \text{ J·K}^{-1}$; (2) $\Delta S =$
$(23{,}5 \text{ g})(1 \text{ mol}/32{,}00 \text{ g})(20{,}786 \text{ J·K}^{-1}\text{·mol}^{-1}) \times$
$\ln(360 \text{ K}/240 \text{ K}) = +6{,}19 \text{ J·K}^{-1}$; $\Delta S = -8{,}46 + 6{,}19 \text{ J·K}^{-1} = -2{,}27 \text{ J·K}^{-1}$

4F.6B $\Delta S_{vap}° = \dfrac{\Delta H_{vap}}{T_b} = \dfrac{40{,}7 \text{ kJ·mol}^{-1}}{373{,}2 \text{ K}} \times \dfrac{10^3 \text{ J}}{1 \text{ kJ}}$
$= 109 \text{ J·K}^{-1}\text{·mol}^{-1}$

4F.7B $\Delta H_{vap}° = (85 \text{ J·K}^{-1}\text{·mol}^{-1})(273{,}2 \text{ K} + 24{,}5 \text{ K}) \times (1 \text{ kJ}/10^3 \text{ J}) = 26{,}2 \text{ kJ·mol}^{-1}$

4F.8B $\Delta S_{fus}° = \Delta H_{fus}°/T_f = (10{,}59 \times 10^3 \text{ J·mol}^{-1})/(278{,}6 \text{ K}) = 38{,}01 \text{ J·K}^{-1}\text{·mol}^{-1}$

4F.9B   (1) Calor: $\Delta S = (136 \text{ J·K}^{-1}\text{·mol}^{-1}) \ln\left(\dfrac{353{,}2}{276{,}0}\right) = +33{,}5 \text{ J·K}^{-1}\text{·mol}^{-1}$; (2) Vaporização:
$$\Delta S_{vap}° = \dfrac{30800 \text{ J·mol}^{-1}}{353{,}2 \text{ K}} = 87{,}2 \text{ J·K}^{-1}\text{·mol}^{-1};$$
(3) Esfriamento: $\Delta S = (82{,}4 \text{ J·K}^{-1}\text{·mol}^{-1}) \ln\left(\dfrac{276{,}0}{353{,}2}\right) = -20{,}3 \text{ J·K}^{-1}\text{·mol}^{-1}$; $\Delta S_{vap}°(296 \text{ K}) = (33{,}5 + 87{,}2 - 20{,}3) \text{ J·K}^{-1}\text{·mol}^{-1} = 100{,}4 \text{ J·K}^{-1}\text{·mol}^{-1}$

4G.1B $\Delta S = k \ln W = (1{,}38066 \times 10^{-23} \text{ J·K}^{-1})(1{,}0 \text{ mol})(6{,}022 \times 10^{23} \text{ mol}^{-1}) \ln(6) = +15 \text{ J·K}^{-1}$

4G.2B   No gelo, cada átomo de O é cercado por quatro átomos de
H: dois estão ligados covalentemente ao átomo de O; os
outros dois átomos de H, que pertencem às moléculas de
água vizinhas, interagem com o átomo central de O mediante ligações hidrogênio. Logo, mais de uma orientação
é possível no cristal, e a entropia não será zero em $T = 0$.

4H.1B   (a) $\Delta S = S_{cinza} - S_{branco} = (44{,}14 - 51{,}55) \text{ J·K}^{-1}\text{·mol}^{-1} = -7{,}41 \text{ J·K}^{-1}\text{·mol}^{-1}$; a forma cinza; (b) $\Delta S = S_{grafita} - S_{diamante} = (5{,}7 - 2{,}4) \text{ J·K}^{-1}\text{·mol}^{-1} = +3{,}3 \text{ J·K}^{-1}\text{·mol}^{-1}$; diamante

Respostas Testes B **R5**

4H.2B $\Delta S_r^\circ = (229,60 - 219,56 - 130,68)\ \text{J·K}^{-1} = -120,64\ \text{J·K}^{-1}$

4I.1B $\Delta S_{viz} = -\Delta H/T = -(2,00\ \text{mol} \times -46,11\ \text{kJ·mol}^{-1})/$
$298\ \text{K} \times (10^3\ \text{J}/1\ \text{kJ}) = +309\ \text{J·K}^{-1}$

4I.2B $\Delta S_{viz} = -\Delta H/T = -(49,0\ \text{kJ}/298\ \text{K}) \times (10^3\ \text{J}/1\ \text{kJ}) =$
$-164\ \text{J·K}^{-1}$; $\Delta S_{tot} = -164\ \text{J·K}^{-1} + (-253,18\ \text{J·K}^{-1}) =$
$-417\ \text{J·K}^{-1}$; não

4I.3B $\Delta S = nR \times \ln(V_2/V_1) = (2,00\ \text{mol}) \times (8,3145$
$\text{J·K}^{-1}\text{·mol}^{-1}) \times \ln(0,200/4,00) = -49,8\ \text{J·K}^{-1}\text{·mol}^{-1}$;
$\Delta S_{viz} = +49,8\ \text{J·K}^{-1}\text{·mol}^{-1}$; $\Delta S_{tot} = 0$

4I.4B $\Delta S_{viz} = -\Delta H_{vap}/T = -(30,8 \times 10^3\ \text{J·mol}^{-1})/353,2\ \text{K} =$
$-87,2\ \text{J·K}^{-1}\text{·mol}^{-1}$; $\Delta S = +87,2\ \text{J·K}^{-1}$; $\Delta S_{tot} = \Delta S +$
$\Delta S_{viz} = +87,2\ \text{J·K}^{-1} + (-87,2\ \text{J·K}^{-1}) = 0$ em $353,2\ \text{K}$

4J.1B Sim. $\Delta G = \Delta H - T\Delta S$. Quando $\Delta S > 0$, então $T\Delta S > 0$.
Logo, quando a temperatura aumenta, $-T\Delta S$ se torna
mais negativo; com o tempo, $\Delta G < 0$ e o processo se torna
espontâneo.

4J.2B (a) $\Delta G_m = \Delta H_m - T\Delta S_m = 59,3\ \text{kJ·mol}^{-1} - (623\ \text{K}) \times$
$(0,0942\ \text{kJ·K}^{-1}\text{·mol}^{-1}) = +0,6\ \text{kJ·mol}^{-1}$; a vaporização não é espontânea; (b) $\Delta G_m = \Delta H_m - T\Delta S_m =$
$59,3\ \text{kJ·mol}^{-1} - (643\ \text{K})(0,0942\ \text{kJ·K}^{-1}\text{·mol}^{-1}) =$
$-1,3\ \text{kJ·mol}^{-1}$; a vaporização é espontânea.

4J.3B $3\ \text{H}_2\ (g) + 3\ \text{C}\ (s,\ \text{grafita}) \rightarrow \text{C}_3\text{H}_6\ (g)$, $\Delta S_r =$
$237,4\ \text{J·K}^{-1}\text{·mol}^{-1} - [3(130,68\ \text{J·K}^{-1}\text{·mol}^{-1}) +$
$3(5,740\ \text{J·K}^{-1}\text{·mol}^{-1})] = -171,86\ \text{J·K}^{-1}\text{·mol}^{-1}$,
$\Delta G_r = \Delta H_r - T\Delta S_r = +53,30\ \text{kJ·mol}^{-1} - (298\ \text{K})$
$(-171,86\ \text{J·K}^{-1}\text{·mol}^{-1}) \times (1\ \text{kJ}/10^3\ \text{J}) = +104,5\ \text{kJ·mol}^{-1}$

4J.4B Do Apêndice 2A, $\Delta G_f^\circ(\text{CH}_3\text{NH}_2,\ g) = +32,16\ \text{kJ·mol}^{-1}$ a
298 K. Como $\Delta G_f^\circ > 0$, CH_3NH_2 é menos estável do que
os seus elementos nas condições dadas.

4J.5B $\Delta G = [-910 + (6\ \text{mol})(0)] \times [(6\ \text{mol})(-394,36) +$
$(6\ \text{mol})(-237,13)] = +2879\ \text{kJ}$

4J.6B $\text{MgCO}_3(s) \rightarrow \text{MgO}(s) + \text{CO}_2(g)$; $\Delta H^\circ = -601,70 +$
$(-393,51) - (-1095,8) = +100,6\ \text{kJ}$; $\Delta S^\circ = 26,94 +$
$213,74 - 65,7\ \text{J·K}^{-1} = +175,0\ \text{J·K}^{-1}$;
$$T = \frac{\Delta H^\circ}{\Delta S^\circ} = \frac{100,6\ \text{kJ}}{175,0\ \text{J·K}^{-1}} \times \frac{10^3\ \text{J}}{1\ \text{kJ}} = 574,9\ \text{K}$$

Foco 5

5A.1B $\text{CH}_3\text{CH}_2\text{CH}_3$; as moléculas das duas substâncias têm a
mesma massa molar e, portanto, o mesmo número de elé-
trons, além de forças de London compatíveis. Contudo, o
CH_3CHO é polar e tem forças dipolo-dipolo.

5A.2B $\ln\left(\dfrac{P_2}{94,6\ \text{Torr}}\right) = \dfrac{30,8 \times 10^3\ \text{J·mol}^{-1}}{8,3145\ \text{J·mol}^{-1}\text{·K}^{-1}}\left(\dfrac{1}{298\ \text{K}} - \dfrac{1}{308\ \text{K}}\right)$;
$P_2 = 142\ \text{Torr}$

5A.3B $\ln\left(\dfrac{760\ \text{Torr}}{400\ \text{Torr}}\right) = \dfrac{35,3 \times 10^3\ \text{J·mol}^{-1}}{8,3145\ \text{J·mol}^{-1}\text{·K}^{-1}}\left(\dfrac{1}{323\ \text{K}} - \dfrac{1}{T_2}\right)$;
$T_2 = 339\ \text{K}$

5B.1B A inclinação positiva do limite de fase sólido-líquido
mostra que o enxofre monoclínico é mais denso do que o
enxofre líquido na faixa de temperatura na qual o enxofre
monoclínico é estável; o sólido é mais estável em pressões
elevadas.

5B.2B O dióxido de carbono é líquido a 60 atm e 25°C. Quando é
liberado em uma sala a 1 atm e 25°C, a pressão cai, o sistema atinge o limite de fases líquido-vapor, em cuja pressão
o líquido passa a vapor. A vaporização absorve quantidade
suficiente de calor para esfriar o CO_2 abaixo de seu ponto
de sublimação a 1 atm. O resultado é a produção de partículas de CO_2 sólido, ou "neve".

5B.3B A temperatura crítica aumenta com a intensidade das
forças intermoleculares. Por exemplo, o CH_4 não forma
ligações hidrogênio e, por isso, tem temperatura crítica
menor do que NH_3 ou H_2O, as quais podem formar ligações hidrogênio.

5C.1B $n_{\text{C}_9\text{H}_8\text{O}} = 2,00\ \text{g} \times \dfrac{1\ \text{mol}}{132,16\ \text{g}} = 0,0151\ \text{mol}$;

$n_{\text{C}_2\text{H}_5\text{OH}} = 50,0\ \text{g} \times \dfrac{1\ \text{mol}}{46,07\ \text{g}} = 1,09\ \text{mol}$;

$x_{\text{C}_2\text{H}_5\text{OH}} = \dfrac{1,09\ \text{mol}}{(1,09 + 0,0151)\ \text{mol}} = 0,986$;

$P = (0,986)(5,3\ \text{kPa}) = 5,2\ \text{kPa}$

5C.2B Massas iguais; portanto, suponha 50,00 g de cada.

$n_{\text{C}_6\text{H}_6} = 50,00\ \text{g} \times \dfrac{1\ \text{mol}}{78,11\ \text{g}} = 0,6401\ \text{mol}$;

$n_{\text{C}_7\text{H}_8} = 50,00\ \text{g} \times \dfrac{1\ \text{mol}}{92,13\ \text{g}} = 0,5427\ \text{mol}$;

$x_{\text{C}_6\text{H}_6} = \dfrac{0,6401\ \text{mol}}{(0,6401 + 0,5427)\ \text{mol}} = 0,5412$;

$x_{\text{C}_7\text{H}_8} = \dfrac{0,5427\ \text{mol}}{(0,6401 + 0,5427)\ \text{mol}} = 0,4588$;

$P_{total} = (0,5412) \times (94,6\ \text{Torr}) + (0,4588) \times (29,1\ \text{Torr})$
$= 64,5\ \text{Torr}$

5C.3B (a) $P = (0,500)(94,6\ \text{Torr}) + (0,500)(29,1\ \text{Torr}) =$
$61,8\ \text{Torr}$;

(b) $x_{\text{C}_6\text{H}_6,\ vap} = \dfrac{(0,500) \times (94,6\ \text{Torr})}{61,8\ \text{Torr}} =$
$0,765$; $x_{\text{C}_7\text{H}_8,\ vap} = 1 - 0,765 = 0,235$

5D.1B $s = (2,3 \times 10^{-2}\ \text{mol·L}^{-1}\text{·atm}^{-1})(1,00\ \text{atm}) = 2,3 \times 10^{-2}$
mol·L^{-1}; $n(\text{CO}_2) = 0,900\ \text{L} \times (2,3 \times 10^{-2}\ \text{mol·L}^{-1}) =$
$0,021\ \text{mol}$

5E.1B $\text{molalidade} = \dfrac{7,36\ \text{g KClO}_3}{0,200\ \text{kg H}_2\text{O}} \times \dfrac{1\ \text{mol KClO}_3}{122,55\ \text{g KClO}_3} =$
$0,300\ \text{mol·kg}^{-1}$

5E.2B $x_{\text{H}_2\text{O}} = 1 - 0,250 = 0,750$; $0,750\ \text{mol H}_2\text{O} \times 18,02$
$\text{g·mol}^{-1} \times 1\ \text{kg}/10^3\ \text{g} = 0,0135\ \text{kg}$; $m(\text{H}_2\text{O}) = 0,0135\ \text{kg}$
H_2O; $\text{molalidade} = \dfrac{0,250\ \text{mol CH}_3\text{OH}}{0,0135\ \text{kg H}_2\text{O}} = 18,5\ \text{mol·kg}^{-1}$

5E.3B Suponha uma solução de 1L;
$m_{\text{NaCl}} = 1\ \text{L} \times \dfrac{1,83\ \text{mol NaCl}}{1\ \text{L soln}} \times$

R6 Respostas Testes B

$58,44 \text{ g·mol}^{-1} = 106,9 \text{ g NaCl}; m_{\text{solução}} = 1 \text{ L soln} \times$

$\dfrac{10^3 \text{ mL}}{1 \text{ L}} \times \dfrac{1,07 \text{ g}}{1 \text{ mL}} = 1,07 \times 10^3 \text{ g}; m_{H_2O} =$

$1070 \text{ g} - 107 \text{ g} = 9,6 \times 10^3 \text{ g}; 1,83 \text{ mol}/0,96 \text{ kg} =$

$1,9 \text{ mol·kg}^{-1}$

5F.1B $\Delta T_f = k_f m = (39,7 \text{ K·kg·mol}^{-1})(0,050 \text{ mol·kg}^{-1}) = 1,99 \text{ K} = 1,99°C; T_f = 179,8°C - 1,99°C = 177,8°C$

5F.2B $0,100 \text{ mol de íons } (0,025 \text{ mol de íons Co}^{3+} \text{ e } 0,075 \text{ mol de íons Cl}^-); i = 4$

5F.3B $i = 1$, uma vez que a sacarose é um não eletrólito e não sofre dissociação; $(1)(0,08206 \text{ L·atm·mol}^{-1}\text{·K}^{-1})(298 \text{ K}) (0,120 \text{ mol·L}^{-1}) = 2,93 \text{ atm}$

5F.4B $b = 0,51 \text{ K}/39,7 \text{ kg·K·mol}^{-1} = 0,0128 \text{ mol·kg}^{-1};$ $n(\text{linalool}) = 0,100 \text{ kg} \times (0,0128 \text{ mol}/1 \text{ kg}) = 1,28 \times 10^{-3} \text{ mol}; M = 0,200 \text{ g}/(1,28 \times 10^{-3} \text{ mol}) = 156 \text{ g·mol}^{-1}$

5F.5B $n = cV = \left(\dfrac{2,11 \text{ kPa}}{(1) \times (8,3145 \text{ L·kPa·K}^{-1}\text{·mol}^{-1}) \times (293 \text{ K})} \right) \times$

$0,175 \text{ L} = 1,52 \times 10^{-4} \text{ mol};$

$M = \left(\dfrac{1,50 \text{ g}}{1,52 \times 10^{-4} \text{ mol}} \right) = 9,87 \times 10^3 \text{ g·mol}^{-1}$

$= 9,87 \text{ kg·mol}^{-1}$

5G.1B $K = (P_{SO_2})^2 (P_{H_2O})^2/(P_{H_2S})^2 (P_{O_2})^3$

5G.2B $K = 1/(P_{O_2})^5$

5G.3B $K = [ZnCl_2](P_{H_2})/[HCl]^2$

5G.4B $\Delta G_r = 4,73 \text{ kJ·mol}^{-1} + (8,3145 \text{ J·mol}^{-1}\text{·K}^{-1})(298 \text{ K}) \times \ln\{(2,10)^2/0,80\} \times (1 \text{ kJ}/10^3 \text{ J}) = +8,96 \text{ kJ·mol}^{-1}.$ Como $\Delta G > 0$, a reação avança na direção dos reagentes.

5G.5B $\Delta G_r° = 2\Delta G_f° (NO_2(g)) - [\Delta G_f° (O_2(g)) + 2\Delta G_f° (NO(g))] = [2(51,31 - (0 + 2(86,55))] \text{ kJ·mol}^{-1} = -70,48 \text{ kJ·mol}^{-1}; \ln K = -(-70,48 \times 10^3 \text{ J·mol}^{-1})/ (8,3145 \text{ kJ·K}^{-1}\text{·mol}^{-1} \times 298 \text{ K}) = 28,45; K = 2,3 \times 10^{12}$

5H.1B $K = (7,3 \times 10^{-13})^{1/2} = 8,5 \times 10^{-7}$

5H.2B $K_c = K(T/12,03 \text{ K})^{-\Delta n}, \Delta n = 2 - 1 = +1; K_c = (47,9) \times (12,03 \text{ K}/400. \text{ K}) = 1,44$

5I.1B $52 \text{ kPa} \times (1\text{bar})/(10^2 \text{ kPa}) = 0,52 \text{ bar}; P_{NO} = [K \times P_{N_2} \times P_{O_2}]^{1/2} = [(3,4 \times 10^{-21}) \times (0,52 \text{ bar}) \times (0,52 \text{ bar})]^{1/2} = 3,0 \times 10^{-11} \text{ bar, ou } 3,0 \times 10^{-6} \text{ Pa}$

5I.2B $Q = (1,2)^2/2,4 = 0,60; K = 0,15$, e por isso $Q > K$ e a pressão parcial do N_2O_4 aumenta.

5I.3B $K = (2x)^2(x)/(0,012 - 2x)^2 \approx 4x^3/(0,012)^2 = 3,5 \times 10^{-32}; x = 1,1 \times 10^{-12}$. No equilíbrio: $P_{HCl} = 0,012 \text{ bar}; P_{HI} = 2,2 \times 10^{-12} \text{ bar}; P_{Cl_2} = 1,1 \times 10^{-12} \text{ bar}$; parte do I_2 se mantém sólida.

5I.4B $Q = (0,100)^2/(0,200)(0,100) = 0,5$, logo $Q < K; K = 20. = (0,100 + 2x)^2/[(0,200 - x)(0,100 - x)]; x = 0,0750 \text{ bar}; P_{ClF} = 0,100 + 2x = 0,250 \text{ bar}$

5J.1B O equilíbrio tende na direção dos (a) produtos; (b) produtos; (c) reagentes.

5J.2B $Q = (1,30)^2/(0,080)(0,050)^3 = 1.7 \times 10^5; Q < K. K = (1,30 + 2x)^2/(0,080 - x)(0,050 - x)^3 = 6,8 \times 10^5; x = 5,86 \times 10^{-3} \text{ bar}; 0,074 \text{ bar } N_2; 1.31 \text{ bar } NH_3; 0,032 \text{ bar } H_2$

5J.3B A compressão afeta as espécies gasosas apenas. O $CO_2(g)$ reage para formar uma espécie aquosa. Portanto, a compressão favorece a formação de $H_2CO_3(aq)$.

5J.4B $\Delta H_r° = 2(-393,51 \text{ kJ·mol}^{-1}) - 2(-110,53 \text{ kJ·mol}^{-1}) - 0 = -565,96 \text{ kJ·mol}^{-1}$. A reação é exotérmica; portanto, a redução da temperatura força a reação para os produtos. A pressão do CO_2 aumenta.

5J.5B $\Delta H_r° = 0 + (-287,0 \text{ kJ·mol}^{-1}) - (-374,9 \text{ kJ·mol}^{-1}) = +87,9 \text{ kJ·mol}^{-1};$

$\ln\left(\dfrac{K_2}{K_1}\right) = \dfrac{87,9 \times 10^3 \text{ J·mol}^{-1}}{8,3145 \text{ J·mol}^{-1}\text{·K}^{-1}}\left[\dfrac{1}{523 \text{ K}} - \dfrac{1}{800 \text{ K}}\right] = 6,99\ldots$

$K_2 = K_1 e^{6,99\ldots} = (78,3)e^{6,99\ldots} = 8,6 \times 10^4$

Foco 6

6A.1B (a) H_3O^+ (tem mais um H^+ do que H_2O); (b) NH_2^- (tem um H^+ a menos do que NH_3)

6A.2B (a) Ácidos de Brønsted: $NH_4^+(aq)$, $H_2CO_3(aq)$; bases de Brønsted: $HCO_3^-(aq)$, $NH_3(aq)$; (b) ácido de Lewis: $H^+(aq)$; bases de Lewis: $NH_3(aq)$, $HCO_3^-(aq)$

6A.3B (a) $[H_3O^+] = (1,0 \times 10^{-14})/(2,2 \times 10^{-3}) = 4,5 \times 10^{-12} \text{ mol·L}^{-1}$; (b) $[OH^-] = [NaOH]_{\text{inicial}} = 2,2 \times 10^{-3} \text{ mol·L}^{-1}$

6B.1B $[OH^-] = [NaOH]_{\text{inicial}} = 0,077 \text{ mol·L}^{-1}; [H_3O^+] = (1,0 \times 10^{-14})/(0,077) = 1,30 \times 10^{-13} \text{ mol·L}^{-1}; pH = -\log(1,3 \times 10^{-13}) = 12,89$

6B.2B $[H_3O^+] = 10^{-8,2} = 6 \times 10^{-9} \text{ mol·L}^{-1}$

6B.3B $pH = 14,0 - 9,4 = 4,6$

6C.1B A base conjugada do HIO_3 é IO_3^-; $pK_b = pK_w - pK_a = 14,00 - 0,77 = 13,23$

6C.2B (a) $1,8 \times 10^{-9} = K_b(C_5H_5N) < K_b(NH_2NH_2) = 1,7 \times 10^{-6}$, logo NH_2NH_2 é a base mais forte. (b) Da parte (a), C_5H_5N é a base mais fraca, logo $C_5H_5NH^+$ é o ácido mais forte. (c) $1,7 \times 10^{-1} = K_a(HIO_3) > K_a(HClO_2) = 1,0 \times 10^{-2}$, logo HIO_3 é o ácido mais forte. (d) $K_b(HSO_3^-) = (1,0 \times 10^{-14})/(1,5 \times 10^{-2}) = 6,7 \times 10^{-13}; K_b(ClO_2^-) = (1,0 \times 10^{-14})/(1,0 \times 10^{-2}) = 1,0 \times 10^{-12}; K_b(HSO_3^-) < K_b(ClO_2^-)$; logo, ClO_2^- é a base mais forte.

6C.3B $CH_3COOH < CH_2ClCOOH < CHCl_2COOH$ (A eletronegatividade do Cl é maior do que a do H. Portanto, a acidez aumenta à medida que aumenta o número de átomos de cloro.)

6D.1B Aproximação válida: $K_a = 1,4 \times 10^{-3} = x^2/(0,22 - x)$, $x = 0,018, > 5\%$ de $0,22$; logo, a equação quadrática é necessária: $x^2 + (1,4 \times 10^{-3})x - 3,1 \times 10^{-4} = 0; x = 1,7 \times 10^{-2} \text{ mol·L}^{-1} = [H_3O^+]; pH = 1,77$; porcentagem de desprotonação $= [(1,7 \times 10^{-2})/0,22] \times 100\% = 7,7\%$

6D.2B $[H_3O^+] = 10^{-2,35} = 4,5 \times 10^{-3} \text{ mol·L}^{-1}; K_a = (4,5 \times 10^{-3})^2/\{0,50 - (4,5 \times 10^{-3})\} = 4,1 \times 10^{-5}$

6D.3B $K_b = 1,0 \times 10^{-6} = x^2/(0,012 - x) \approx x^2/0,012$; $x = 1,1 \times 10^{-4} = [OH^-]$; pOH = 3,96; pH = 14,00 − 3,96 = 10,04; percentagem desprotonada = $(1,1 \times 10^{-4})/(0,012) \times 100 = 0,92\%$

6D.4B (a) CO_3^{2-} é a base conjugada do ácido fraco HCO_3^-; portanto, a solução é básica. (b) $K_a(Al(H_2O)_6^{3+}) = 1,4 \times 10^{-5}$; logo, a solução é ácida. (c) K^+ é um "cátion neutro" e NO_3^- é uma base conjugada de um ácido forte; logo, a solução aquosa é neutra.

6D.5B $NH_4^+(aq) + H_2O(l) \rightleftharpoons NH_3(aq) + H_3O^+(aq)$; $K_b(NH_3) = 1,8 \times 10^{-5}$; $K_a(NH_4^+) = (1,0 \times 10^{-14})/(1,8 \times 10^{-5}) = 5,6 \times 10^{-10}$; $K_a = 5,6 \times 10^{-10} = x^2/(0,10 - x) \approx x^2/0,10$; $x = 7,5 \times 10^{-6}$; pH = $-\log(7,5 \times 10^{-6}) = 5,12$

6D.6B $F^-(aq) + H_2O(l) \rightleftharpoons HF(aq) + OH^-(aq)$; $K_a(HF) = 3,5 \times 10^{-4}$; $K_b(F^-) = (1,0 \times 10^{-14})/(3,5 \times 10^{-4}) = 2,9 \times 10^{-11}$; $K_b = 2,9 \times 10^{-11} = x^2/(0,020 - x) \approx x^2/0,020$; $x = 7,56 \times 10^{-7}$; pOH = 6,12; pH = 14,00 − 6,12 = 7,88

6E.1B $0,012 = (0,10 + x)(x)/(0,10 - x)$; $x^2 + 0,11x - 0,0012 = 0$; da formula quadrática, $x = 0,0098$; $[H_3O^+] = 0,10 + 0,0098 = 0,11$; pH = 0,96

6E.2B $pK_{a1}(H_3PO_4) = 2,12$; $pK_{a2}(H_3PO_4) = 7,21$; pH = $\frac{1}{2}(2,12 + 7,21) = 4,66$

6E.3B $[Cl^-] = 0,50$ mol·L^{-1}; $^+NH_3CH_2COOH(aq) + H_2O(l) \rightleftharpoons {}^+NH_3CH_2CO_2^-(aq) + H_3O^+(aq)$, $K_{a1} = 4,5 \times 10^{-3}$ mas > 5% desprotonação, por isso a aproximação não é válida, $x^2 + (4,5 \times 10^{-3})x - 0,00225 = 0$; $x = 0,045 = [H_3O^+] = [^+NH_3CH_2CO_2^-]$; $[^+NH_3CH_2COOH] = (0,50 - 0,045)$ mol·$L^{-1} = 0,45$ mol·L^{-1}; $^+NH_3CH_2CO_2^-(aq) + H_2O(l) \rightleftharpoons NH_2CH_2CO_2^-(aq) + H_3O^+(aq)$, $K_{a2} = 1,7 \times 10^{-10} = (x)(0,045)/(0,045 - x)$, $x = 1,7 \times 10^{-10}$ mol·$L^{-1} = [NH_2CH_2CO_2^-]$ (< 5% de ionização, logo a aproximação é válida) $[OH^-] = K_w/[H_3O^+] = (1,0 \times 10^{-14})/(0,045) = 2,2 \times 10^{-13}$ mol·L^{-1}

6F.1B $K_w = [H_3O^+]([H_3O^+] + [NaOH]_{inicial}) = x(x + [NaOH]_{inicial})$, $x^2 + (2,0 \times 10^{-7})x - (1,0 \times 10^{-14})$, $x = 4,1 \times 10^{-8}$ mol·L^{-1}, pH = $-\log(4,1 \times 10^{-8}) = 7,39$

6F.2B $K_a(HIO) = 2,3 \times 10^{-11}$, $x^3 + (2,3 \times 10^{-11})x^2 - [1,0 \times 10^{-14} + (2,3 \times 10^{-11})(1,0 \times 10^{-2}]x - (2,3 \times 10^{-11})(1,0 \times 10^{-14}) = 0$, $x^3 + (2,3 \times 10^{-11})x^2 - (2,4 \times 10^{-13})x - (2,3 \times 10^{-25}) = 0$, $x = 4,9 \times 10^{-7} = [H_3O^+]$, pH = $-\log(4,9 \times 10^{-7}) = 6,31$

6G.1B $K_a = 5,6 \times 10^{-10}$; pH = $-\log(5,6 \times 10^{-10}) + \log(0,030/0,040) = 9,13$

6G.2B $n(CH_3CO_2^-)_{final} = [(0,500\ L) \times (0,040\ mol·L^{-1})] - 0,0100\ mol = 0,0100\ mol$, $[CH_3CO_2^-]_{final} = (0,0100\ mol)/(0,500\ L) = 0,0200\ mol·L^{-1}$; $n(CH_3COOH)_{final} = [(0,500\ L) \times (0,080\ mol·L^{-1})] + 0,0100\ mol = 0,0500\ mol$, $[CH_3COOH]_{final} = (0,0500\ mol)/(0,500\ L) = 0,100\ mol·L^{-1}$; pH = $4,75 + \log(0,0200/0,100) = 4,05$; $pH_{final} - pH_{inicial} = 4,05 - 4,45 = -0,4$ (uma diminuição de 0,4)

6G.3B $(CH_3)_3NH^+/(CH_3)_3N$, porque $pK_a = 9,81$, que está próximo de 10

6G.4B $pH - pK_a = 3,50 - 4,19 = -0,69$; $([C_6H_5CO_2^-]/[C_6H_5COOH]) = 10^{-0,69} = 0,20{:}1$

6H.1B Quantidade de H_3O^+ adicionada = 0,012 L × (0,340 mol)/1 L = 0,004 08 mol; quantidade de OH^- restante = 0,006 25 − 0,004 08 mol = 0,002 17 mol, $[OH^-] = (0,00217\ mol)/(0,0370\ L) = 0,0586$ mol·L^{-1}; pOH = 1,232; pH = 14,00 − 1,232 = 12,77

6H.2B quantidade inicial de $NH_3 = 0,025\ L \times (0,020\ mol·L^{-1}) = 5,0 \times 10^{-4}$ mol; volume de HCl adicionado = $(5,0 \times 10^{-4}\ mol)/(0,015\ mol·L^{-1}) = 0,0333\ L$; $[NH_4^+] = (5,0 \times 10^{-4}\ mol)/(0,0333 + 0,02500)L = 0,0086$ mol·L^{-1}; $K_a = [H_3O^+][NH_3]/[NH_4^+] = 5,6 \times 10^{-10} = (x^2)/(0,0086 - x) \approx (x^2)/(0,0086)$; $[H_3O^+] = x = 2,2 \times 10^{-6}$; pH = 5,66

6H.3B volume final da solução = 25,00 + 15,00 mL = 40,00 mL; quantidade de HCO_2^- formada = quantidade de OH^- adicionada = $(0,150\ mol·L^{-1}) \times (15,00\ mL) = 2,25$ mmol; quantidade de HCOOH restante = 2,50 − 2,25 mmol = 0,25 mmol; $[HCOOH] = (0,25 \times 10^{-3}\ mol)/(0,04000\ L) = 0,062$ mol·L^{-1}; $[HCO_2^-] = (2,25 \times 10^{-3}\ mol)/(0,04000\ L) = 0,0562$ mol·L^{-1}; pH = $3,75 + \log(0,0562/0,0062) = 4,71$

6H.4B (a) quantidade de $H_3PO_4 = (0,030\ L)(0,010\ mol·L^{-1}) = 3,0 \times 10^{-4}$ mol; no primeiro ponto estequiométrico, a quantidade inicial de H_3PO_4 = quantidade de NaOH adicionada; volume de NaOH = $3,0 \times 10^{-4}$ mol/0,020 mol·$L^{-1} = 0,015\ L$, ou 15 mL. (b) 2 × 15 mL = 30. mL

6H.5B $(0,020\ L)(0,100\ mol·L^{-1}) = 0,0020\ mol\ H_2S$; 0,0020 mol/(0,300 mol·$L^{-1}$) = 0,0067 L, ou 6,7 mL NaOH para o primeiro ponto estequiométrico e 2 × 6,7 mL = 13,4 mL para o segundo ponto estequiométrico; (a) antes do ponto estequiométrico, as espécies primárias presentes são Na^+, H_2S e HS^-; (b) no segundo ponto estequiométrico, as espécies primárias presentes são Na^+ e S^{2-} (também HS^- e OH^- porque S^{2-} tem K_b relativamente alto).

6I.1B $K_{ps} = [Ag^+][Br^-] = (8,8 \times 10^{-7})^2 = 7,7 \times 10^{-13}$

6I.2B $K_{ps} = [Pb^{2+}][F^-]^2 = (s)(2s)^2 = 4s^3$; $3,7 \times 10^{-8} = 4s^3$; $s = 2,1 \times 10^{-3}$ mol·L^{-1}

6I.3B Em 0,10 M $CaBr_2(aq)$, $[Br^-] = 2 \times (0,10\ mol·L^{-1}) = 0,20$ mol·L^{-1}; $s = [Ag^+] = K_{ps}/[Br^-] = (7,7 \times 10^{-13})/(0,20) = 3,8 \times 10^{-12}$ mol·L^{-1}

6I.4B $CuS(s) + 4 NH_3(aq) \rightleftharpoons Cu(NH_3)_4^{2+}(aq) + S^{2-}(aq)$; $K = (1,3 \times 10^{-36}) \times (1,2 \times 10^{13}) = 1,6 \times 10^{-23}$; $K = [Cu(NH_3)_4^{2+}][S^{2-}]/[NH_3]^4 = 1,6 \times 10^{-23} = x^2/(1,2 - 4x)^4 \approx x^2/(1,2)^4$; $x/(1,2)^2 = 4,0 \times 10^{-12}$; $x = [S^{2-}] = 5,8 \times 10^{-12}$ mol·L^{-1}

R8 Respostas Testes B

6J.1B $[Ba^{2+}] = \{(1,0 \times 10^{-3}\ mol \cdot L^{-1}) \times (100\ mL)\}/300\ mL = 3,3 \times 10^{-4}\ mol \cdot L^{-1}$. $[F^-] = \{(1,0 \times 10^{-3}\ mol \cdot L^{-1}) \times (200\ mL)\}/300\ mL = 6,7 \times 10^{-4}\ mol \cdot L^{-1}$. $Q_{ps} = (3,3 \times 10^{-4})(6,7 \times 10^{-4})^2 = 1,5 \times 10^{-10} < K_{ps} = 1,7 \times 10^{-6}$; portanto, BaF_2 não precipita.

6J.2B (a) Para que $PbCl_2$ precipite, $[Cl^-] = (K_{ps}/[Pb^{2+}])^{1/2} = (1,6 \times 10^{-5}/0,020)^{1/2} = 2,8 \times 10^{-2}\ mol \cdot L^{-1}$. Para que $AgCl$ precipite, $[Cl^-] = (K_{ps}/[Ag^+]) = (1,6 \times 10^{-10}/0,0010) = 1,6 \times 10^{-7}\ mol \cdot L^{-1}$. Assim, $AgCl$ precipita primeiro $[Cl^-]$ $1,6\ 10^{-7}\ mol\ L\ 1$, e então $PbCl_2$ precipita em $[Cl^-]$ $2,8 \times 10^{-2}\ mol \cdot L^{-1}$. (b) Quando o $PbCl_2$ precipita, $[Ag^+] = (K_{ps}/[Cl^-]) = (1,6 \times 10^{-10})/(2,8 \times 10^{-2}) = 5,7 \times 10^{-9}\ mol \cdot L^{-1}$.

6K.1B redução $(8\ H^+ + MnO_4^- + 5\ e^- \to Mn^{2+} + 4\ H_2O) \times 2$;

oxidação: $(H_2O + H_2SO_3 \to HSO_4^- + 2\ e^- + 3\ H^+) \times 5$;

reação total: $H^+(aq) + 2\ MnO_4^-(aq) + 5\ H_2SO_3(aq) \to 2\ Mn^{2+}(aq) + 5\ HSO_4^-(aq) + 3\ H_2O(l)$

6K.2B oxidação: $(3\ I^- \to I_3^- + 2\ e^-) \times 8$;

redução: $9\ H_2O + 16\ e^- + 3\ IO_3^- \to I_3^- + 18\ OH^-$;

reação total: $3\ H_2O(l) + IO_3^-(aq) + 8\ I^-(aq) \to 3\ I_3^-(aq) + 6\ OH^-(aq)$

6L.1B Como Zn perde dois elétrons, $n = 2\ mol$; $\Delta G = -(2\ mol)(9,6485 \times 10^4\ C \cdot mol^{-1})(1,6\ V) = -3,09 \times 10^5\ C \cdot V = -3,1 \times 10^2\ kJ$.

6L.2B $Mn(s)|Mn^{2+}(aq)||Cu^{2+}(aq),Cu^+(aq)|Pt(s)$

6L.3B (a) esquerda $2\ Hg(l) + 2\ HCl(aq) \to Hg_2Cl_2(s) + 2\ e^-$;
direita: $2\ e^- + Hg_2(NO_3)_2(aq) \to 2\ Hg(l) + 2\ NO_3^-(aq)$;
$2\ HCl(aq) + Hg_2(NO_3)_2(aq) \to Hg_2Cl_2(s) + 2\ HNO_3(aq)$.

(b) sim

6M.1B (a) semirreação de oxidação: $Cu^{2+} + 2\ e^- \to Cu$, $E° = +0,34\ V$, semirreação de redução: $Ag^+ + e^- \to Ag$, $E° = +0,80\ V$; $E_{célula}° = 0,80 - 0,34 = +0,46\ V$.
(b) $Cu(s)|Cu^{2+}(aq)||Ag^+(aq)|Ag(s)$; $Cu(s) + 2\ Ag^{2+}(aq) \to Cu^{2+}(aq) + 2\ Ag(s)$; (c) Ag^+ é o agente oxidante mais forte.

6M.2B $E°(Pb^{2+}/Pb) = E_{célula}° + E°(Fe^{2+}/Fe) = 0,31\ V + (-0,44\ V) = -0,13\ V$

6M.3B $Mn^{3+} + e^- \to Mn^{2+}$, $E_1° = +1,51\ V$; $Mn^{2+} + 2e^- \to Mn(s)$, $E_2° = -1,18\ V$; semirreação total: $Mn^{3+} + 3\ e^- \to Mn(s)$, $E_3° = [(n_1E_1° + n_2E_2°)/(n_3)] = [(1\ mol)(1,51\ V) + (2\ mol)(-1,18\ V)]/(3\ mol) = -0,28\ V$

6M.4B $O_2 + 2\ H_2O + 4e^- \to 4\ OH^-$, $E° = +0,40\ V$; $Cl_2 + 2\ e^- \to 2\ Cl^-$, $E° = +1,36\ V$. Sim, Cl_2 (g) pode oxidar H_2O em $O_2(g)$ em solução básica e condições padrão, porque a semirreação de redução de Cl_2 tem potencial padrão mais positivo do que a semirreação de redução do O_2.

6N.1B $Cd(OH)_2 + 2\ e^- \to Cd + 2\ OH^-$, $E° = -0,81\ V$; $Cd^{2+} + 2\ e^- \to Cd$, $E° = -0,40\ V$; total: $Cd(OH)_2(s) \to Cd^{2+}(aq) + 2\ OH^-(aq)$, $E_{célula}° = -0,41\ V$; $\ln K_{ps} = (2)(-0,41\ V)/0,025\,693\ V = -31,92$; $K_{ps} = 1,4 \times 10^{-14}$

6N.2B reação da célula: $Ag^+(aq, 0,010\ mol \cdot L^{-1}) \to Ag^+(aq, 0,0010\ mol \cdot L^{-1})$, $E_{célula}° = 0,0\ V$, $n = 1$; $E_{célula} = 0,0\ V - (0,025693\ V) \times \ln(0,0010/0,010) = +0,059\ V$

6N.3B Em $pH = 12,5$, $pOH = 1,5$ e $[OH^-] = 0,032\ mol \cdot L^{-1}$; $[Ag^+] = (K_{ps}/[OH^-]) = (1,5 \times 10^{-8}/(0,032)) = 4,7 \times 10^{-7}\ mol \cdot L^{-1}$. $E = -(0,025693\ V/1)\ln(4,7 \times 10^{-7}/1,0) = 0,37\ V$

6N.4B (b) Alumínio. Seu potencial padrão $(-1,66\ V)$ é menor do que o do ferro $(+0,44\ V)$; logo, ele é oxidado mais facilmente.

6O.1B As semirreações de redução são: $Br_2(l) + 2\ e^- \to 2\ Br^-(aq)$, $E° = +1,09\ V$; $O_2(g) + 4\ H^+(aq) + 4\ e^- \to 2H_2O(l)$, $E = +0,82\ V$ em $pH = 7$; $2\ H^+(aq) + 2\ e^- \to H_2(g)$, $E° = 0,00\ V$. Produto no catodo: H_2; produtos no anodo: O_2 e Br_2. (O produto deveria ser H_2O. Contudo, devido ao elevado sobrepotencial para o oxigênio, o bromo também pode ser produzido.)

6O.2B $12,0\ mol\ e^- \times (1\ mol\ Cr)/(6\ mol\ e^-) = 2\ mol\ Cr$

6O.3B $m_{Cr} = \dfrac{(6,20\ C \cdot s^{-1})(6,00\ h \times 3600\ s \cdot h^{-1})}{9,6485 \times 10^4\ C \cdot mol^{-1}} \times \dfrac{1\ mol\ Cr}{6\ mol\ e^-} \times \dfrac{52,00\ g\ Cr}{1\ mol\ Cr} = 12,0\ g\ Cr$

6O.4B $12,00\ g\ Cr \times \dfrac{1\ mol\ Cr}{52,00\ g\ Cr} \times \dfrac{6\ mol\ e^-}{1\ mol\ Cr} = 1,385\ mol\ e^-$;

$t = \dfrac{(1,385\ mol\ e^-)(9,6485 \times 10^4\ C \cdot mol^{-1})}{6,20\ C \cdot s^{-1}} \times \dfrac{1\ h}{3600\ s} = 5,99\ h$

Foco 7

7A.1B velocidade média do desaparecimento de Hb =

$\dfrac{-[(8,0 \times 10^{-7}) - (1,2 \times 10^{-6})](mmol\ Hb) \cdot L^{-1}}{0,10\ \mu s} = 4 \times 10^{-6}\ mmol \cdot L^{-1} \cdot \mu s^{-1}$

7A.2B (a) $\frac{1}{2}[5,0 \times 10^{-3}\ (mmol\ HI) \cdot L^{-1} \cdot s^{-1}] = 2,5 \times 10^{-3}\ (mmol\ H_2) \cdot L^{-1} \cdot s^{-1}$; (b) velocidade média única $= \Delta[H_2]/\Delta t = -\frac{1}{2}(\Delta[HI]/\Delta t) = 2,5 \times 10^{-3}\ mmol \cdot L^{-1} \cdot s^{-1}$

7A.3B (a) primeira ordem em C_4H_9Br; ordem zero em OH^-; (b) ordem total: primeira; (c) s^{-1}

7A.4B velocidade $= k_r[CO]^m[Cl_2]^n$

$\dfrac{velocidade\ (2)}{velocidade\ (1)} = \dfrac{0,241}{0,121} = \left(\dfrac{0,24}{0,12}\right)^m\left(\dfrac{0,20}{0,20}\right)^n$; $2 = (2)^m$; $m = 1$;

$\dfrac{velocidade\ (3)}{velocidade\ (2)} = \dfrac{0,682}{0,241} = \left(\dfrac{0,24}{0,24}\right)^m\left(\dfrac{0,40}{0,20}\right)^m$; $2,8 = (2)^n$;

$n = \dfrac{\log 2,8}{\log 2} = 1,5$;

assim, velocidade $= k_r[CO][Cl_2]^{3/2}$. A partir do experimento 1,

$$k_r = \frac{0,121 \text{ mol·L}^{-1}\cdot\text{s}^{-1}}{(0,12 \text{ mol·L}^{-1})(0,20 \text{ mol·L}^{-1})^{3/2}}$$
$$= 11 \text{ L}^{3/2}\cdot\text{mol}^{-3/2}\cdot\text{s}^{-1}$$

7B.1B $[C_3H_6]_t = [C_3H_6]_0\, e^{-k_r t} = (0,100 \text{ mol·L}^{-1})$
$[e^{-(6,7 \times 10^{-4}\cdot\text{s}^{-1})(200 \text{ s})}] = 0,087 \text{ mol·L}^{-1}$

7B.2B Um gráfico de ln $[CH_3N_2CH_3]$ em relação ao tempo é linear, mostrando que a reação precisa ser de primeira ordem; $k_r = 3,60 \times 10^{-4} \text{ s}^{-1}$.

7B.3B A reação é de primeira ordem, com $k_r = 6,7 \times 10^{-4} \text{ s}^{-1}$ a 500°C;

$$t = \frac{1}{k_r}\ln\frac{[C_3H_6]_0}{[C_3H_6]_t} = \frac{1}{6,7 \times 10^{-4} \text{ s}^{-1}}\ln\left(\frac{1,0 \text{ mol·L}^{-1}}{0,0050 \text{ mol·L}^{-1}}\right)$$
$$= 7,9 \times 10^3 \text{ s} = 2,2 \text{ h}$$

7B.4B $k_r = \dfrac{\ln 2}{2,4 \times 10^4 \text{ y}}$; $t = \dfrac{2,4 \times 10^4 \text{ y}}{\ln 2}\left[\ln\left(\dfrac{1,0}{0,20}\right)\right]$
$$= 5,6 \times 10^4 \text{ y}$$

7B.5B (a) Quatro meias-vidas são necessárias para que a concentração caia a um sexto de seu valor inicial: $(1/2)^4 = 1/16$.
(b) A reação é de primeira ordem com $k_r = 5,5 \times 10^{-4} \text{ s}^{-1}$ em 973 K. $t_{1/2} = (\ln 2)/k_r = (\ln 2)/(5,5 \times 10^{-4} \text{ s}^{-1}) = 1,3 \times 10^3 \text{ s} = 21 \text{ min}$. $t = 4t_{1/2} = 4 \times 21 \text{ min} = 84 \text{ min}$.

7C.1B (a) bimolecular (dois reagentes); (b) unimolecular (um reagente)

7C.2B velocidade total$_{\text{desaparecimento de B}} = k_1[H_2A][B] + k_2[HA^-][B] - k_1'[HA^-][BH^+]$; velocidade total$_{\text{formação de HA}^-} = k_1[H_2A][B] - k_1'[HA^-][BH^+] - k_2[HA^-][B] = 0$; $[HA^-] = (k_1[H_2A][B])/(k_1'[BH^+] + k_2[B])$; substitua por $[HA^-]$: velocidade total$_{\text{desaparecimento de B}} =$

$$k_1[H_2A][B] + \frac{(k_2 k_1[H_2A][B]^2)}{k_1'[BH^+] + k_2[B]} - \frac{k_1' k_1[H_2A][B][BH^+]}{k_1'[BH^+] + k_2[B]};$$

Considere $k_2[B] \ll k_1'[BH^+]$; então, velocidade total$_{\text{desaparecimento de B}} = k_r[H_2A][B]^2[BH^+]^{-1}$; $k_r = (2k_2 k_1)/k_1'$; $H_2A + 2B \rightarrow 2BH^+ + A^{2-}$

7D.1B $\ln\left(\dfrac{k_{r2}}{k_{r1}}\right) = \dfrac{E_a}{R}\left[\dfrac{1}{T_1} - \dfrac{1}{T_2}\right]$; $\ln\left(\dfrac{4,35}{3,00}\right) =$

$$\frac{E_a}{8,3145 \text{ J·mol}^{-1}\cdot K^{-1}}\left[\frac{1}{291 \text{ K}} - \frac{1}{303 \text{ K}}\right];$$
$$E_a = 2,3 \times 10^4 \text{ J·mol}^{-1} = 23 \text{ kJ·mol}^{-1}$$

7D.2B $\ln\left(\dfrac{k_{r2}}{k_{r1}}\right) = \dfrac{E_a}{R}\left[\dfrac{1}{T_1} - \dfrac{1}{T_2}\right]$; $\ln\left(\dfrac{k_{r2}}{k_{r1}}\right) =$

$$\frac{2,72 \times 10^5 \text{ J·mol}^{-1}}{8,3145 \text{ J·mol}^{-1}\cdot K^{-1}}\left[\frac{1}{773} - \frac{1}{573}\right] = -14,77 \; k_{r2}/k_{r1} =$$
$e^{-14,77}$; $k_{r2}' = (6,7 \times 10^{-4} \text{ s}^{-1})(e^{-14,77}) = 2,6 \times 10^{-10} \text{ s}^{-1}$

7E.1B $\dfrac{k_{r2}}{k_{r1}} = e^{-(E_{a,\text{cat}} - E_a)/RT} = 500.$; ln 500. $= -E_{a,\text{cat}}/RT + E_a/RT$
$E_{a,\text{cat}} = E_a - RT(\ln 500.)$; $E_{a,\text{cat}} = 106 \text{ kJ·mol}^{-1} - (8,3145 \times 10^{-3} \text{ kJ·K}^{-1}\cdot\text{mol}^{-1})(310. \text{ K})(\ln 500.) = 90. \text{ kJ·mol}^{-1}$

Foco 8

8A.1B Oxigênio. Ele está acima do gálio e do telúrio na Tabela Periódica e à direita do gálio.

8A.2B O alumínio forma um óxido anfotérico, no qual seu estado de oxidação é +3; portanto, o elemento é o alumínio.

8B.1B (a) Energia de 1,0 mol de fótons $= \left(\dfrac{hc}{\lambda}\right)N_A =$

$\left(\dfrac{6,626 \times 10^{-34} \text{ J·s} \times 2,998 \times 10^8 \text{ m·s}^{-1}}{250 \times 10^{-9} \text{ m}}\right) \times (6,022 \times 10^{23} \text{ mol}^{-1}) =$
$4,78 \ldots \times 10^5 \text{ J·mol}^{-1}$. 1,0 mol H_2 requer $(474 \text{ kJ})/2 = 237 \text{ kJ}$ ou $2,37 \times 10^5 \text{ J}$, então $(2,37 \times 10^5 \text{ J})/(4,78 \ldots \times 10^5 \text{ J·mol}^{-1}) = 0,50$ mol fótons
(b) $(0,50 \text{ mol} \times 6,022 \times 10^{23} \text{ mol}^{-1})/(1,0 \times 10^{14}$ fótons·s$^{-1}) = 3,0 \times 10^9 \text{ s}$, ou 95 anos.

8B.2B O hidrogênio é um não metal e gás diatômico à temperatura ambiente. Ele tem eletronegatividade intermediária $(X = 2,2)$. Por essa razão, ele forma ligações covalentes com não metais e ânions em combinação com metais. Em contrapartida, os elementos do Grupo 1 são metais sólidos com eletronegatividades baixas e formam cátions em combinação com não metais.

8C.1B $K(s) + O_2(g) \rightarrow KO_2(s)$

8C.2B A massa molar do potássio é menor do que a do césio. Logo, a massa de óxido necessária se KO_2 for usado é menor.

8D.1B $2 Ba(s) + O_2(g) \rightarrow 2 BaO(s)$

8D.2B Reação ácido-base de Lewis; CaO é a base e SiO_2 é o ácido.

8E.1B O átomo de boro em $B(OH)_3$ tem um octeto incompleto e pode aceitar um par isolado de elétrons para formar uma molécula de água, a qual atua como base de Lewis. O complexo formado é um ácido fraco de Brønsted, no qual um próton ácido pode ser perdido de uma molécula de H_2O no complexo.

8E.2B (a) +3, porque o número de oxidação do H neste hidreto supostamente é -1; (b) +3

8F.1B Reação ácido-base de Lewis; CO é o ácido de Lewis e OH^- é a base de Lewis.

8F.2B SiH_4 é um ácido de Lewis que pode reagir com a base de Lewis OH^-. CH_4 não é um ácido de Lewis, porque o átomo de C é muito menor do que o átomo de Si e não tem orbitais d acessíveis para acomodar os pares de elétrons adicionais.

8G.1B (a) $\overset{-1}{\ddot{\text{N}}}\!=\!\overset{+1}{\text{N}}\!=\!\overset{-1}{\ddot{\text{N}}}\,\rceil^-$
(b) Outras estruturas de ressonância violam a regra do octeto e, portanto, a estrutura mostrada em (a) é a principal contribuinte da ressonância.
(c) Linear e apolar.

8G.2B Suponha 1 L de solução; 1 L soln $\times$ (10^3 mL/1 L) $\times$ (1,7 g soln/1 mL soln) $\times$ (85 g H_3PO_4/100 g soln) $\times$ (1 mol H_3PO_4/97,99 g H_3PO_4) = 15 m H_3PO_4(aq)

R10 Respostas Testes B

8H.1B Redução: $2(2\,e^- + F_2 \rightarrow 2\,F^-)$; oxidação: $2\,H_2O \rightarrow O_2 + 4\,H^+ + 4\,e^-$; total: $2\,H_2O(l) + 2\,F_2(g) \rightarrow O_2(g) + 4\,H^+(aq) + 4\,F^-(aq)$; $E_{célula}^° = 2{,}87 - 1{,}23\,V = +1{,}64\,V$; $\Delta G^° = -(4\;mol)(96{,}485\;kC{\cdot}mol^{-1})(1{,}64\,V) = -633\;kJ$

8H.2B (a) $+1$; (b) $+6$

8I.1B Os pontos de fusão e de ebulição dos halogênios aumentam para baixo ao longo do grupo, porque as forças de London entre suas moléculas se tornam mais intensas.

8I.2B Na redução do $HClO_3$, um ácido é um reagente. Logo, o aumento do pH reduz o poder de oxidação do $HClO_3$.

8J.1B Quadrada piramidal

Foco 9

9A.1B Cada átomo de metal perderá um elétron 4s. V^+, Mn^+, Co^+ e Ni^+ terão um elétron no orbital 4s, mas Cr^+ e Cu^+ não terão elétrons neste orbital. Como seus elétrons de valência mais externos estão nos orbitais 3d, não no orbital 4s, seus raios deverão ser menores do que os dos outros cátions.

9B.1B (a) Ácido-base de Lewis. (b) Ni é o ácido de Lewis; CO é a base de Lewis.

9B.2B Oxidação: $2\,Hg(l) \rightarrow Hg_2^{2+}(aq) + 2\,e^-$; redução: $4\,H^+(aq) + NO_3^-(aq) + 3\,e^- \rightarrow NO(aq) + 2\,H_2O(l)$; total: $6\,Hg(l) + 8\,H^+(aq) + 2\,NO_3^-(aq) \rightarrow 3\,Hg_2^{2+}(aq) + 2\,NO(aq) + 4\,H_2O(l)$; $E_{célula}^° = 0{,}96\,V - 0{,}79\,V = +0{,}17\,V$

9C.1B (a) sulfato de penta-amino-bromo-cobalto(II); (b) $[Cr(NH_3)_4(OH_2)_2]Br_3$

9C.2B A razão de $CrCl_3{\cdot}6H_2O$ para Cl é 1:3; portanto, o isômero $[Cr(OH_2)_6]Cl_3$ está presente.

9C.3B (a) isômeros de ligação; (b) isômeros de hidratação

9C.4B (a) não quiral; (b) quiral; (c) não quiral; (d) quiral; sem pares de enantiômeros

9D.1B $\Delta_O = hc/\lambda = (6{,}022 \times 10^{23}\;mol^{-1})(6{,}626 \times 10^{-34}\;J{\cdot}s^{-1})(2{,}998 \times 10^8\;m{\cdot}s^{-1})/(305 \times 10^{-9}\;m) \times (1\;kJ/10^3\;J) = 392\;kJ{\cdot}mol^{-1}$

9D.2B (a) Valor elevado de Δ_O; logo, $t_{2g}^6 e_g^1$ com um elétron desemparelhado.
(b) Valor baixo de Δ_O; logo, $t_{2g}^5 e_g^2$ com três elétrons desemparelhados.

9D.3B $\varepsilon = A/Lc = 0{,}531/(1{,}00\;cm)(4{,}15 \times 10^{-6}\;mol{\cdot}L^{-1}) = 1{,}28 \times 10^5\;L{\cdot}mol^{-1}{\cdot}cm^{-1}$.

9D.4B Como Ni^{2+} tem oito elétrons d, ele é um complexo d^8, e não há orbital e_g vazio. Portanto, ambos os complexos têm configuração $t_{2g}^6 e_g^2$ e são paramagnéticos.

Foco 10

10A.1B (a) $^{55}_{26}Fe + ^{\;0}_{-1}e \rightarrow ^A_Z E$; $^{55}_{25}Mn$ é produzido.
(b) $^{11}_{6}C \rightarrow ^A_Z E + ^{\;0}_{-1}e$; $^{11}_{5}B$ é produzido.

10A.2B (c) Ce-148 é rico em nêutrons (na banda azul) e, portanto, pode sofrer emissão β, a qual converte um nêutron em um próton, para atingir a estabilidade.

10A.3B (a) número de massa: $250 + A = 257 + 4(1)$, $A = 11$; número atômico: $98 + Z = 103 + 4(0)$, $Z = 5$; o nuclídeo ausente é $^{11}_{5}B$; (b) número de massa $A + 12 = 254 + 4(1)$, $A = 246$; número atômico: $Z + 6 = 102 + 4(0)$, $Z = 96$; o nuclídeo ausente é $^{246}_{96}Cm$.

10B.1B $m = m_0 e^{-kt} = (5{,}0\;\mu g)e^{-(3{,}3 \times 10^{-7}a^{-1})(1{,}0 \times 10^6\,a)} = 3{,}6\;\mu g$

10B.2B $t = -\left(\dfrac{5{,}73 \times 10^3\;a}{\ln 2}\right) \times \ln\left(\dfrac{1{,}4 \times 10^4}{18400}\right) = 2{,}3 \times 10^3\;a$

10C.1B $\Delta m = \{(235{,}0439 m_u) - 92(1{,}0078 m_u) - 143(1{,}0087 m_u)\} \times (1{,}6605 \times 10^{-27}\;kg) = -3{,}1845 \times 10^{-27}\;kg$; $E_{lig} = -(-3{,}1845 \times 10^{-27}\;kg) \times (3{,}00 \times 10^8\;m{\cdot}s^{-1})^2 \times (1\;eV)/(1{,}602\,18 \times 10^{-19}\;J) = 1{,}79 \times 10^9\;eV$

10C.2B $\Delta m = \{137{,}91 m_u + 85{,}91 m_u + 12(1{,}0087 m_u) - (235{,}04 m_u + 1{,}0087 m_u)\} \times 1{,}6605 \times 10^{-27}\;kg = -2{,}06 \times 10^{-28}\;kg$ por núcleo; $\Delta E = (1{,}0 \times 10^{-3}\;kg)/(235{,}0 \times 1{,}6605 \times 10^{-27}\;kg) \times (-2{,}06 \times 10^{-28}\;kg) \times (3{,}00 \times 10^8\;m{\cdot}s^{-1})^2 = -4{,}8 \times 10^{10}\;J$

Foco 11

11A.1B (a)

(b) $(CH_3)_2CH(CH_2)_3CH(CH_3)CH_2CH_3$

11A.2B (a) 4-etil-2-metil-hexano;

Respostas Testes B **R11**

11A.3B (a) 4-etil-2-hexeno; (b)

$$\begin{array}{ccc} H & & H \\ & \diagdown C \diagup & \\ C & = & C \\ \diagup & & \diagdown \\ H & & H \end{array}$$

11A.4B $CH_3(CH_2)_2CH_2Br$; $CH_3CH_2CHBrCH_3$; $(CH_3)_2CHCH_2Br$; $(CH_3)_3CBr$

11A.5B 27a e 27b são trans.

11A.6B (c) é quiral, porque o segundo átomo de C está ligado a quatro grupos diferentes.

11B.1B $CH_3CHClCH_2CH_3$

11C.1B 1-etil-3,5-dimetil-2-propil-benzeno

11D.1B (a) $HCOOCH_2CH_3$; (b) CH_3OH e $CH_3(CH_2)_2COOH$

11D.2B C: hibridação sp^2; N: hibridação sp^3

11D.3B (a) 3-pentanol; (b) 3-pentanona; (c) etil-metil-amina

11E.1B (a) $CH_2{=}C(CH_3)COOCH_3$; (b) ($-NHCH(CH_3)$ $CO-NHCH(CH_3)CO-)_n$

11E.2B Copolímero alternado

RESPOSTAS DOS EXERCÍCIOS ÍMPARES

Fundamentos

A.1 (a) lei; (b) hipótese; (c) hipótese; (d) hipótese; (e) hipótese

A.3 (a) química; (b) física; (c) física

A.5 A temperatura do corredor ferido e a evaporação e a condensação da água são propriedades físicas. A ignição do propano é uma mudança química.

A.7 (a) física; (b) química; (c) química

A.9 (a) intensiva; (b) intensiva; (c) intensiva; (d) extensiva

A.11 (a) 1 quilogrão; (b) 1 centibatman; (c) 1 megamutchkin

A.13 236 mL

A.15 (a) $5,4 \times 10^8$ pm $<$ (b) $1,3 \times 10^9$ pm

A.17 $d = 19,0$ g·cm^{-3}

A.19 $V = 0,0427$ cm^3

A.21 $d_{\text{líquido}} = 0,8589$ g·cm^{-3}

A.23 $V = 7,41$ cm^3. Uma vez que a área é 1 cm, a espessura precisa ser 7,41 cm.

A.25 0,3423; mantenha 4 algarismos significativos

A.27 0,989

A.29 (a) $4,82 \times 10^3$ pm; (b) 30,5 mm^3·s^{-1}; (c) $1,88 \times 10^{-12}$ kg; (d) $1,66 \times 10^3$ kg·m^{-3}; (e) 0,044 mg·cm^{-3}

A.31 (a) $d = 1,72$ g·cm^{-3}; (b) $d = 1,7$ g·cm^{-3}

A.33 (a) Fórmula: $°X = 50 + 2 \times °C$; (b) 94 °X

A.35 32 J

A.37 $E_{\text{recuperada}} = 8,1 \times 10^2$ kJ; $h = 29$ m

A.39 $E = 6,0$ J

A.41 $g = \dfrac{Gm_E}{R_E^2}$

B.1 $1,40 \times 10^{22}$ átomos

B.3 (a) 5p, 6n, 5e; (b) 5p, 5n, 5e; (c) 15p, 16n, 15e; (d) 92p, 146n, 92e

B.5 (a) ^{194}Ir; (b) ^{22}Ne; (c) ^{51}V

B.7

Elemento	Símbolo	Prótons	Nêutrons	Elétrons	Número de massa
Cloro	^{36}Cl	17	19	17	36
Zinco	^{65}Zn	30	35	30	65
Cálcio	^{40}Ca	20	20	20	40
Lantânio	^{137}La	57	80	57	137

B.9 (a) Todos têm a mesma massa. (b) Eles têm números diferentes de prótons, nêutrons e elétrons.

B.11 (a) 0,5359; (b) 0,4638; (c) $2,526 \times 10^{-4}$; (d) 535,9 kg

B.13 (a) O escândio é um metal do Grupo 3. (b) O estrôncio é um metal do Grupo 2. (c) O enxofre é um não metal do Grupo 16. (d) O antimônio é um metaloide do Grupo 15.

B.15 (a) Sr, metal; (b) Xe, não metal; (c) Si, metaloide

B.17 (a) Metal alcalino: nenhum; (b) Metais de transição: cádmio; (c) lantanoide: cério

B.19 (a) bloco d; (b) bloco p; (c) bloco d; (d) bloco s; (e) bloco p; (f) bloco d

B.21 (a) Pb; Grupo 14; Período 6; metal; (b) Cs; Grupo 1; Período 6; metal.

C.1 A caixa (a) tem uma mistura (um é um composto único, o outro é um elemento). A caixa (b) tem um único elemento.

C.3 A formula química da xantofila é $C_{40}H_{56}O_2$.

C.5 (a) $C_3H_7O_2N$; (b) C_2H_7N

C.7 (a) O césio é um metal do Grupo 1; ele forma íons Cs$^+$. (b) O iodo é um não metal do Grupo 17 e forma íons I$^-$. (c) O selênio é um não metal do grupo 16 e forma íons Se^{2-}. (d) O cálcio é um metal do Grupo 2 e forma íons Ca^{2+}.

C.9 (a) ^{10}Be^{2+} tem 4 prótons, 6 nêutrons e 2 elétrons. (b) ^{17}O^{2-} tem 8 prótons, 9 nêutrons e 10 elétrons. (c) ^{80}Br$^-$ tem 35 prótons, 45 nêutrons e 36 elétrons. (d) ^{75}As^{3-} tem 33 prótons, 42 nêutrons e 36 elétrons.

C.11 (a) ^{19}F$^-$; (b) ^{24}Mg^{2+}; (c) ^{128}Te^{2-}; (d) ^{86}Rb$^+$

C.13 (a) Al_2Te_3; (b) MgO; (c) Na_2S; (d) RbI

C.15 (a) Grupo 13; (b) alumínio, Al

C.17 (a) 0,542; (b) 0,458; (c) $2,49 \times 10^{-4}$; (d) 14 kg

C.19 (a) Na_2HPO_3; (b) $(NH_4)_2CO_3$; (c) +2; (d) +2

C.21 (a) HCl, composto molecular (na fase gás); (b) S_8, elemento (substância molecular); (c) CoS, composto iônico; (d) Ar, elemento; (e) CS_2, composto molecular; (f) $SrBr_2$, composto iônico

D.1 (a) Íon bromito; (b) HSO$_3^-$

D.3 (a) $MnCl_2$; (b) $Ca_3(PO_4)_2$; (c) $Al_2(SO_3)_3$; (d) Mg_3N_2

D.5 (a) pentafluoreto de fósforo; (b) trifluoreto de iodo; (c) difluoreto de oxigênio; (d) tetracloreto de diboro; (e) sulfato hepta-hidratado de cobalto(II); (f) brometo de mercúrio (II); (g) hidrogeno-fosfato de ferro(III) (ou hidrogeno-fosfato férrico, ou bifosfato de ferro(III)); (h) óxido de tungstênio(V); (i) brometo de ósmio(III)

D.7 (a) fosfato de cálcio; (b) sulfeto de estanho(IV), sulfeto estânico; (c) óxido de vanádio(V); (d) dióxido de cobre(I), óxido cuproso

D.9 (a) hexafluoreto de enxofre; (b) pentóxido de dinitrogênio; (c) triiodeto de nitrogênio; (d) tetrafluoreto de xenônio; (e) tribrometo de arsênio; (f) dióxido de cloro

D.11 (a) ácido hidroclórico; (b) ácido sulfúrico; (c) ácido nítrico; (d) ácido acético; (e) ácido sulfuroso; (f) ácido fosfórico

D.13 (a) $HClO_4$; (b) HClO; (c) HIO; (d) HF; (e) H_3PO_3; (f) HIO_4

D.15 (a) TiO_2; (b) $SiCl_4$; (c) CS_2; (d) SF_4; (e) Li_2S; (f) SbF_5; (g) N_2O_5; (h) IF_7

D.17 (a) ZnF_2; (b) $Ba(NO_3)_2$; (c) AgI; (d) Li_3N; (e) Cr_2S_3

D.19 (a) $BaCl_2$; (b) iônico

D.21 (a) sulfeto de sódio; (b) óxido de ferro(III); (c) óxido de ferro(II); (d) hidróxido de magnésio; (e) sulfato de níquel(II) hexahidratado; (f) pentacloreto de fósforo; (g) dihidrogeno-fosfato de cromo(III); (h) trióxido de diarsênio; (i) cloreto de rutênio(II)

D.23 (a) $CuCO_3$, carbonato de cobre(II); (b) K_2SO_3, sulfeto de potássio; (c) LiCl, cloreto de lítio

D.25 (a) heptano; (b) propano; (c) pentano; (d) butano

Respostas dos exercícios ímpares **R13**

D.27 (a) óxido de cobalto(III) monohidratado; $Co_2O_3 \cdot H_2O$; (b) hidróxido de cobalto(II); $Co(OH)_2$

D.29 E = Si; SiH_4, tetrahidreto de silício; Na_4Si, silicito de sódio

D.31 (a) alumino-hidreto de lítio, iônico (com um ânion molecular); (b) hidreto de sódio, iônico

D.33 (a) ácido selênico; (b) arsenato de sódio; (c) telurito de cálcio; (d) arsenato de bário; (e) ácido antimônico; (f) selenato de níquel(III)

D.35 (a) álcool; (b) ácido carboxílico; (c) haloalcano

E.1 $1,73 \times 10^{11}$ km

E.3 3 átomos de At

E.5 (a) $1,2 \times 10^{-14}$ mol; (b) $2,6 \times 10^6$ anos

E.7 $3,5 \times 10^{-15}$ mol C

E.9 (a) $1,38 \times 10^{23}$ átomos de O; (b) $1,26 \times 10^{22}$ fórmulas unitárias; (c) 0,146 mol

E.11 (a) $6,94$ g·mol^{-1}; (b) $6,96$ g·mol^{-1}

E.13 % $^{11}B = 73,8\%$; % $^{10}B = 26,2\%$

E.15 CaS; massa molar $= 72,15$ g·mol^{-1}

E.17 (a) 75 g de índio contêm mais mols de átomos do que 80. g de telúrio. (b) 15,0 g de P têm um numero de átomos ligeiramente maior do que 15,0 g de S. (c) Elas têm o mesmo número de mols.

E.19 (a) $20,027$ g·mol^{-1}; (b) $1,11$ g·cm^{-3}; (c) Volume do tanque esférico $V = 9,05 \times 10^8$ cm^3; volume calculado usando a densidade, $V = 9,01 \times 10^8$ cm^3.
(d) A massa de D_2O obtida não foi precisa.
(e) A hipótese na parte (b) é razoável.

E.21 (a) $0,0981$ mol Al_2O_3; $5,91 \times 10^{22}$ moléculas de Al_2O_3;
(b) $1,30 \times 10^{-3}$ mol de HF; $7,83 \times 10^{20}$ moléculas de HF;
(c) $4,56 \times 10^{-5}$ mol de H_2O_2; $2,75 \times 10^{19}$ moléculas de H_2O_2;
(d) $6,94$ mol de glicose; $4,18 \times 10^{24}$ moléculas de glicose;
(e) $0,312$ mol de N; $1,88 \times 10^{23}$ átomos de N; $0,156$ mol N_2; $9,39 \times 10^{22}$ moléculas de N_2

E.23 (a) $0,0134$ mol de Cu^{2+}; (b) $8,74 \times 10^{-3}$ mol de SO_3; (c) 430. mol de F^-; (d) $0,0699$ mol de H_2O

E.25 (a) $4,52 \times 10^{23}$ fórmulas unitárias; (b) 124 mg; (c) $3,036 \times 10^{22}$ fórmulas unitárias

E.27 (a) $2,992 \times 10^{-23}$ g; (b) $3,34 \times 10^{25}$ moléculas de H_2O

E.29 (a) $0,0417$ mol de $CuCl_2 \cdot 4H_2O$; (b) $0,0834$ mol de Cl^-; (c) $1,00 \times 10^{23}$ moléculas de H_2O; (d) 0,3099

E.31 (a) 1,6 kg de água; \$109,28 por L de H_2O; (b) \$70,20

E.33 0,39%

F.1 (a) $C_{10}H_{16}O$; (b) 78,90%; 10,59%; 10,51%

F.3 (a) HNO_3; (b) O (oxigênio)

F.5 $C_7H_{15}NO_3$; C, 52,15%; H, 9,3787%; N, 8,691%; O, 29,78%

F.7 (a) 143. g·mol^{-1}; (b) óxido de cobre(I)

F.9 razão atômica: 1 O : 2,67 C : 2,67 H; a fórmula é $C_8H_8O_3$

F.11 (a) Na_3AlF_6; (b) $KClO_3$; (c) NH_6PO_4 ou $[NH_4][H_2PO_4]$, dihidrogeno-fosfato de amônio.

F.13 (a) PCl_5; (b) pentacloreto de fósforo

F.15 $C_{16}H_{13}ClN_2O$

F.17 $Os_3C_{12}O_{12}$

F.19 $C_8H_{10}N_4O_2$

F.21 $C_{49}H_{78}N_6O_{12}$

F.23 eteno (85,63%) > heptano (83,91%) > propanol (59,96%)

F.25 (a) fórmula empírica: C_2H_3Cl, fórmula molecular: $C_4H_6Cl_2$; fórmula empírica: CH_4N, fórmula molecular: $C_2H_8N_2$

F.27 45,1% $NaNO_3$

G.1 (a) falso; (b) verdadeiro; (c) falso

G.3 (a) heterogênea, decantação; (b) heterogênea, dissolução seguida de filtração e destilação; homogênea, destilação

G.5 (a) 13,5 mL; (b) 62,5 mL; (c) 5,92 mL

G.7 Meça 482,2 g de H_2O em uma balança e transfira para um bécher. Pese 27,8 g de KNO_3 e misture na água até dissolver-se por completo.

G.9 15,2 g

G.11 16,2 mL

G.13 $1,0 \times 10^{-2}$ mol

G.15 (a) 4,51 mL; (b) 12,0 mL de uma solução 2,5 M em NaOH são adicionados a 48,0 mL de água.

G.17 (a) 8,0 g; (b) 12 g

G.19 (a) 0,067 57 M; (b) 0,0732 M

G.21 (a) $4,58 \times 10^{-2}$ M; (b) $9,07 \times 10^{-3}$ M

G.23 0,13 M Cl^-

G.25 Não resta X. Nenhum benefício à saúde porque não restaram moléculas da substância ativa, X, em solução.

G.27 600. mL

G.29 Ele é satisfatório.

H.1 (a) Você não pode adicionar um composto ou elemento à equação química que não seja produzido (ou esteja envolvido) na reação química. (b) $2\,Cu + SO_2 \rightarrow 2\,CuO + S$

H.3 $2\,SiH_4 + 4\,H_2O \rightarrow 2\,SiO_2 + 8\,H_2$

H.5 (a) $NaBH_4(s) + 2\,H_2O(l) \rightarrow NaBO_2(aq) + 4\,H_2(g)$
(b) $Mg(N_3)_2(s) + 2\,H_2O(l) \rightarrow Mg(OH)_2(aq) + 2\,HN_3(aq)$
(c) $2\,NaCl(aq) + SO_3(g) + H_2O(l) \rightarrow Na_2SO_4(aq) + 2\,HCl(aq)$
(d) $4\,Fe_2P(s) + 18\,S(s) \rightarrow P_4S_{10}(s) + 8\,FeS(s)$

H.7 (a) $Ca(s) + 2\,H_2O(l) \rightarrow H_2(g) + Ca(OH)_2(aq)$
(b) $Na_2O(s) + H_2O(l) \rightarrow 2\,NaOH(aq)$
(c) $3\,Mg(s) + N_2(g) \rightarrow Mg_3N_2(s)$
(d) $4\,NH_3(g) + 7\,O_2(g) \rightarrow 6\,H_2O(g) + 4\,NO_2(g)$

H.9 (a) $3\,Pb(NO_3)_2(aq) + 2\,Na_3PO_4(aq) \rightarrow Pb_3(PO_4)_2(s) + 6\,NaNO_3(aq)$
(b) $Ag_2CO_3(aq) + 2\,NaBr(aq) \rightarrow 2\,AgBr(s) + Na_2CO_3(aq)$

H.11 (I) $3\,Fe_2O_3(s) + CO(g) \rightarrow 2\,Fe_3O_4(s) + CO_2(g)$
(II) $Fe_3O_4(s) + 4\,CO(g) \rightarrow 3\,Fe(s) + 4\,CO_2(g)$

H.13 (I) $N_2(g) + O_2(g) \rightarrow 2\,NO(g)$
(II) $2\,NO(g) + O_2(g) \rightarrow 2\,NO_2(g)$

H.15 $4\,HF(aq) + SiO_2(s) \rightarrow SiF_4(aq) + 2\,H_2O(l)$

H.17 $C_7H_{16}(l) + 11\,O_2(g) \rightarrow 7\,CO_2(g) + 8\,H_2O(g)$

H.19 $C_{14}H_{18}N_2O_5(s) + 16\,O_2(g) \rightarrow 14\,CO_2(g) + 9\,H_2O(l) + N_2(g)$

H.21 $2\,C_{10}H_{15}N(s) + 26\,O_2(g) \rightarrow 19\,CO_2(g) + 13\,H_2O(l) + CH_4N_2O(aq)$

H.23 (I) $H_2S(g) + 2\,NaOH(s) \rightarrow Na_2S(aq) + 2\,H_2O(l)$
(II) $4\,H_2S(g) + Na_2S(alc) \rightarrow Na_2S_5(alc) + 4\,H_2(g)$
(III) $2\,Na_2S_5(alc) + 9\,O_2(g) + 10\,H_2O(l) \rightarrow 2\,Na_2S_2O_3 \cdot 5H_2O(s) + 6\,SO_2(g)$

H.25 (a) primeiro óxido: P_2O_5; segundo óxido: P_2O_3; (b) P_4O_{10} (óxido de fósforo(V)), P_4O_6 (óxido de fósforo(III)); (c) $P_4(s) + 3\,O_2(g) \rightarrow P_4O_6(s)$; $P_4(s) + 5\,O_2(g) \rightarrow P_4O_{10}(s)$

I.1 A imagem mostraria um precipitado, $CaSO_4(s)$, no fundo do frasco. Os íons sódio e cloro, NaCl(aq), permaneceriam em toda a solução.

R14 Respostas dos exercícios ímpares

I.3 (a) CH_3OH, não eletrólito; (b) $BaCl_2$, eletrólito forte; (c) KF, eletrólito forte

I.5 (a) $3\ BaBr_2(aq) + 2\ Li_3PO_4(aq) \rightarrow Ba_3(PO_4)_2(s) + 6\ LiBr(aq)$
$3\ Ba^{2+}(aq) + 6\ Br^-(aq) + 6\ Li^+(aq) + 2\ PO_4^{3-}(aq) \rightarrow$
$Ba_3(PO_4)_2(s) + 6\ Li^+(aq) + 6\ Br^-(aq)$
equação iônica simplificada: $3\ Ba^{2+}(aq) + 2\ PO_4^{3-}(aq) \rightarrow$
$Ba_3(PO_4)_2(s)$
(b) $2\ NH_4Cl(aq) + Hg_2(NO_3)_2(aq) \rightarrow$
$2\ NH_4NO_3(aq) + Hg_2Cl_2(s)$
$2\ NH_4^+(aq) + 2\ Cl^-(aq) + Hg_2^{2+}(aq) + 2\ NO_3^-(aq) \rightarrow$
$Hg_2Cl_2(s) + 2\ NH_4^+(aq) + 2\ NO_3^-(aq)$
equação iônica simplificada: $Hg_2^{2+}(aq) + 2\ Cl^-(aq) \rightarrow$
$Hg_2Cl_2(s)$
(c) $2\ Co(NO_3)_3(aq) + 3\ Ca(OH)_2(aq) \rightarrow$
$2\ Co(OH)_3(s) + 3\ Ca(NO_3)_2(aq)$
$2\ Co^{3+}(aq) + 6\ NO_3^-(aq) + 3\ Ca^{2+}(aq) + 6\ OH^-(aq) \rightarrow$
$2\ Co(OH)_3(s) + 3\ Ca^{2+}(aq) + 6\ NO_3^-(aq)$
equação iônica simplificada: $Co^{3+}(aq) + 3\ OH^-(aq) \rightarrow$
$Co(OH)_3(s)$

I.7 (a) solúvel; (b) ligeiramente solúvel; (c) insolúvel; (d) insolúvel

I.9 (a) $Na^+(aq)$ e $I^-(aq)$; (b) $Ag^+(aq)$ e $CO_3^{2-}(aq)$, Ag_2CO_3 é insolúvel. (c) $NH_4^+(aq)$ e $PO_4^{3-}(aq)$; (d) $Fe^{2+}(aq)$ e $SO_4^{2-}(aq)$

I.11 (a) $Fe(OH)_3$, precipitado; (b) Ag_2CO_3, forma um precipitado; (c) nenhum precipitado se forma porque todos os produtos possíveis são solúveis em água.

I.13 (a) equação iônica simplificada: $Fe^{2+}(aq) + S^{2-}(aq) \rightarrow$ $FeS(s)$;
íons espectadores: Na^+, Cl^-
(b) equação iônica simplificada: $Pb^{2+}(aq) + 2\ I^-(aq) \rightarrow$
$PbI_2(s)$;
íons espectadores: K^+, NO_3^-
(c) equação iônica simplificada: $Ca^{2+}(aq) + SO_4^{2-}(aq) \rightarrow$
$CaSO_4(s)$; íons espectadores: NO_3^-, K^+
(d) equação iônica simplificada: $Pb^{2+}(aq) + CrO_4^{2-}(aq) \rightarrow$
$PbCrO_4(s)$; íons espectadores: Na^+, NO_3^-
(e) equação iônica simplificada: $Hg_2^{2+}(aq) + SO_4^{2-}(aq) \rightarrow$
$Hg_2SO_4(s)$; íons espectadores: K^+, NO_3^-

I.15 (a) equação total: $(NH_4)_2CrO_4(aq) + BaCl_2(aq) \rightarrow$
$BaCrO_4(s) + 2\ NH_4Cl(aq)$
equação iônica completa:
$2\ NH_4^+(aq) + CrO_4^{2-}(aq) + Ba^{2+}(aq) + 2\ Cl^-(aq) \rightarrow$
$BaCrO_4(s) + 2\ NH_4^+(aq) + 2\ Cl^-(aq)$
equação iônica simplificada: $Ba^{2+}(aq) + CrO_4^{2-}(aq) \rightarrow$
$BaCrO_4(s)$; íons espectadores: NH_4^+, Cl^-
(b) $CuSO_4(aq) + Na_2S(aq) \rightarrow CuS(s) + Na_2SO_4(aq)$
equação iônica completa:
$Cu^{2+}(aq) + SO_4^{2-}(aq) + 2\ Na^+(aq) + S^{2-}(aq) \rightarrow$
$CuS(s) + 2\ Na^+(aq) + SO_4^{2-}(aq)$
equação iônica simplificada: $Cu^{2+}(aq) + S^{2-}(aq) \rightarrow CuS(s)$;
íons espectadores: Na^+, SO_4^{2-}
(c) $3\ FeCl_2(aq) + 2\ (NH_4)_3PO_4(aq) \rightarrow$
$Fe_3(PO_4)_2(s) + 6\ NH_4Cl(aq)$
equação iônica completa:
$3\ Fe^{2+}(aq) + 6\ Cl^-(aq) + 6\ NH_4^+(aq) + 2\ PO_4^{3-}(aq) \rightarrow$
$Fe_3(PO_4)_2(s) + 6\ NH_4^+(aq) + 6\ Cl^-(aq)$

equação iônica simplificada: $3\ Fe^{2+}(aq) + 2\ PO_4^{3-}(aq) \rightarrow$
$Fe_3(PO_4)_2(s)$; íons espectadores: Cl^-, NH_4^+
(d) $K_2C_2O_4(aq) + Ca(NO_3)_2(aq) \rightarrow$
$CaC_2O_4(s) + 2\ KNO_3(aq)$
equação iônica completa:
$2\ K^+(aq) + C_2O_4^{2-}(aq) + Ca^{2+}(aq) + 2\ NO_3^-(aq) \rightarrow$
$CaC_2O_4(s) + 2\ K^+(aq) + 2\ NO_3^-(aq)$
equação iônica simplificada: $Ca^{2+}(aq) + C_2O_4^{2-}(aq) \rightarrow$
$CaC_2O_4(s)$;
íons espectadores: K^+, NO_3^-
(e) $NiSO_4(aq) + Ba(NO_3)_2(aq) \rightarrow$
$Ni(NO_3)_2(aq) + BaSO_4(s)$
equação iônica completa:
$Ni^{2+}(aq) + SO_4^{2-}(aq) + Ba^{2+}(aq) + 2\ NO_3^-(aq) \rightarrow$
$Ni^{2+}(aq) + 2\ NO_3^-(aq) + BaSO_4(s)$
equação iônica simplificada: $Ba^{2+}(aq) + SO_4^{2-}(aq) \rightarrow$
$BaSO_4(s)$;
íons espectadores: Ni^{2+}, NO_3^-

I.17 (a) $AgNO_3$ e Na_2CrO_4; (b) $CaCl_2$ e Na_2CO_3; (c) $Cd(ClO_4)_2$ e $(NH_4)_2S$

I.19 (a) Uma solução diluída de H_2SO_4 será usada como reagente.
$Pb^{2+}(aq) + SO_4^{2-}(aq) \rightarrow PbSO_4(s)$
(b) Uma solução de H_2S também é usada como reagente.
$Mg^{2+}(aq) + S^{2-}(aq) \rightarrow MgS(s)$

I.21 (a) $2\ Ag^+(aq) + SO_4^{2-}(aq) \rightarrow Ag_2SO_4(s)$
(b) $Hg^{2+}(aq) + S^{2-}(aq) \rightarrow HgS(s)$
(c) $3\ Ca^{2+}(aq) + 2\ PO_4^{3-}(aq) \rightarrow Ca_3(PO_4)_2(s)$
(d) $AgNO_3$ e Na_2SO_4; Na^+, NO_3^-; $Hg(CH_3CO_2)_2$ e $Hg(CH_3CO_2)_2$ e Li_2S; Li^+, $CH_3CO_2^-$ $CaCl_2$ e $CaCl_2$ e K_3PO_4; K^+, Cl^-

I.23 precipitado branco. $= AgCl(s)$, Ag^+; sem precipitação com H_2SO_4, sem Ca^{2+}; precipitado preto $= ZnS$, Zn^{2+}

I.25 (a) $2\ NaOH(aq) + Cu(NO_3)_2(aq) \rightarrow Cu(OH)_2(s) + 2\ NaNO_3(aq)$
equação iônica completa:
$2\ Na^+(aq) + 2\ OH^-(aq) + Cu^{2+}(aq) + 2\ NO_3^-(aq) \rightarrow$
$Cu(OH)_2(s) + 2\ Na^+(aq) + 2\ NO_3^-(aq)$
equação iônica simplificada:
$Cu^{2+}(aq) + 2\ OH^-(aq) \rightarrow Cu(OH)_2(s)$
(b) 0,0800 M

I.27 (a) $Ag^+(aq) + I^-(aq) \rightarrow AgI(s)$; (b) $1{,}01 \times 10^{-2}$ M Ag^+

J.1 (a) base; (b) ácido; (c) base; (d) ácido; (e) base

J.3 CH_3COOH.

J.5 (a) equação total:
$HF(aq) + NaOH(aq) \rightarrow NaF(aq) + H_2O(l)$
equação iônica completa:
$HF(aq) + Na^+(aq) + OH^-(aq) \rightarrow$
$Na^+(aq) + F^-(aq) + H_2O(l)$
equação iônica simplificada:
$HF(aq) + OH^-(aq) \rightarrow F^-(aq) + H_2O(l)$
(b) equação total:
$(CH_3)_3N(aq) + HNO_3(aq) \rightarrow (CH_3)_3NHNO_3(aq)$
equação iônica completa:
$(CH_3)_3N(aq) + H^+(aq) + NO_3^-(aq) \rightarrow$
$(CH_3)_3NH^+(aq) + NO_3^-(aq)$
equação iônica simplificada:
$(CH_3)_3N(aq) + H^+(aq) \rightarrow (CH_3)_3NH^+(aq)$

(c) equação total:
$LiOH(aq) + HI(aq) \rightarrow LiI(aq) + H_2O(l)$
equação iônica completa:
$Li^+(aq) + OH^-(aq) + H^+(aq) + I^-(aq) \rightarrow$
$$Li^+(aq) + I^-(aq) + H_2O(l)$$
equação iônica simplificada: $OH^-(aq) + H^+(aq) \rightarrow 2\,H_2O(l)$

J.7 (a) $HBr(aq) + KOH(aq) \rightarrow KBr(aq) + H_2O(l)$
(b) $Zn(OH)_2(aq) + 2\,HNO_2(aq) \rightarrow Zn(NO_2)_2(aq) + 2\,H_2O(l)$
(c) $Ca(OH)_2(aq) + 2\,HCN(aq) \rightarrow Ca(CN)_2(aq) + 2\,H_2O(l)$
(d) $3\,KOH(aq) + H_3PO_4(aq) \rightarrow K_3PO_4(aq) + 3\,H_2O(l)$

J.9 (a) KCH_3CO_2, acetato de potássio;
$CH_3COOH(aq) + K^+(aq) + OH^-(aq) \rightarrow$
$$K^+(aq) + CH_3CO_2^-(aq) + H_2O(l)$$
(b) $(NH_4)_3PO_4$, fosfato de amônio;
$3\,NH_3(aq) + 3\,H^+ + PO_4^{3-}(aq) \rightarrow$
$$3\,NH_4^+(aq) + PO_4^{3-}(aq)$$
(c) $Ca(BrO_2)_2$, brometo de cálcio;
$Ca^{2+}(aq) + 2\,OH^-(aq) + 2\,HBrO_2(aq) \rightarrow$
$$2\,H_2O(l) + Ca^{2+}(aq) + 2\,BrO_2^-(aq)$$
(d) Na_2S, sulfeto de sódio;
$2\,Na^+(aq) + 2\,OH^-(aq) + H_2S\,(aq) \rightarrow$
$$2\,H_2O(l) + 2\,Na^+(aq) + S^{2-}(aq)$$

J.11 (b)

J.13 (a) ácido: $H_3O^+(aq)$; base: $CH_3NH_2(aq)$; (b) ácido: CH_3COOH; base: CH_3NH_2; (c) ácido: $HI(aq)$; base: $CaO(s)$

J.15 (a) CHO_2; (b) $C_2H_2O_4$; (c) $(COOH)_2(aq) + 2\,NaOH(aq) \rightarrow Na_2C_2O_4(aq) + 2\,H_2O(l)$;
equação iônica simplificada: $(COOH)_2(aq) + 2\,OH^- \rightarrow$
$$C_2O_4^{2-}(aq) + 2\,H_2O(l)$$

J.17 (a) $C_6H_5O^-(aq) + H_2O(l) \rightarrow C_6H_5OH(aq) + OH^-(aq)$
(b) $ClO^-(aq) + H_2O(l) \rightarrow HClO(aq) + OH^-(aq)$
(c) $C_5H_5NH^+(aq) + H_2O(l) \rightarrow C_5H_5N(aq) + H_3O^+(aq)$
(d) $NH_4^+(aq) + H_2O(l) \rightarrow NH_3(aq) + H_3O^+(aq)$

J.19 (a) $c(C_6H_5NH_3^+) = \left(\dfrac{40{,}0\ \text{g } C_6H_5NH_3Cl}{210{,}0\ \text{mL}} \right) \left(\dfrac{1000\ \text{mL}}{1\ \text{L}} \right)$
$\times \left(\dfrac{1\ \text{mol } C_6H_5NH_3Cl}{129{,}45\ \text{g } C_6H_5NH_3Cl} \right)$
$= 1{,}47\ \text{M } C_6H_5NH_3Cl = 1{,}47\ \text{M } C_6H_5NH_3^+$
(b) $\underset{\text{ácido}}{C_6H_5NH_3^+} + \underset{\text{base}}{H_2O(l)} \rightarrow \underset{\substack{\text{base}\\\text{conjugada}}}{C_6H_5NH_2(aq)} + \underset{\substack{\text{ácido}\\\text{conjugado}}}{H_3O^+}$

J.21 (a) $AsO_4^{3-}(aq) + H_2O(l) \rightarrow HAsO_4^{2-}(aq) + OH^-(aq)$;
$HAsO_4^{2-}(aq) + H_2O(l) \rightarrow H_2AsO_4^-(aq) + OH^-(aq)$;
$H_2AsO_4^-(aq) + H_2O(l) \rightarrow H_3AsO_4(aq) + OH^-(aq)$.
Em cada equação, H_2O é o ácido. (b) 0,505 mol de Na^+

J.23 (a) $CO_2(g) + H_2O(l) \rightarrow H_2CO_3(aq)$ (ácido carbônico);
(b) $SO_3(g) + H_2O(l) \rightarrow H_2SO_4(aq)$ (ácido sulfúrico)

K.1 (a) $+2$; (b) $+2$; (c) $+6$; (d) $+4$; (e) $+1$

K.3 (a) $+4$; (b) $+4$; (c) -2; (d) $+5$; (e) $+1$; (f) 0

K.5 Formam-se íons Fe^{2+} e cobre. O ferro é um agente redutor e reduz Cu^{2+} a cobre metálico. O ferro é oxidado a Fe^{2+}.

K.7 (a) O metanol, $CH_3OH(aq)$, é oxidado, e o $O_2(g)$ é reduzido. (b) O Mo é reduzido, e parte do S presente em $Na_2S(s)$ é oxidada. O enxofre presente em $MoS_2(s)$ permanece no estado de oxidação –2. (c) O $Tl^+(aq)$ é oxidado e reduzido.

K.9 (a) agente oxidante: H^+ em $HCl(aq)$; agente redutor: $Zn(s)$;
(b) agente oxidante: $SO_2(g)$; agente redutor: $H_2S(g)$;
(c) agente oxidante: $B_2O_3(s)$; agente redutor: $Mg(s)$

K.11 $CO_2(g) + 4\,H_2(g) \rightarrow CH_4(g) + 2\,H_2O(l)$; reação de oxidação-redução; CO_2 é o agente oxidante; H_2 é o reagente redutor

K.13 (a) $2\,NO_2(g) + O_3(g) \rightarrow N_2O_5(g) + O_2(g)$;
(b) $S_8(s) + 16\,Na(s) \rightarrow 8\,Na_2S(s)$;
(c) $2\,Cr^{2+}(aq) + Sn^{4+}(aq) \rightarrow 2\,Cr^{3+}(aq) + Sn^{2+}(aq)$;
(d) $2\,As(s) + 3\,Cl_2(g) \rightarrow 2\,AsCl_3(l)$

K.15 (a) agente oxidante: $WO_3(s)$; agente redutor: $H_2(g)$;
(b) agente oxidante: HCl; agente redutor: $Mg(s)$;
(c) agente oxidante: $SnO_2(s)$; agente redutor: $C(s)$;
(d) agente oxidante: $N_2O_4(g)$; agente redutor: $N_2H_4(g)$

K.17 (a) $Cl_2(g) + H_2O(l) \rightarrow HClO(aq) + HCl(aq)$;
agente oxidante: $Cl_2(g)$; agente redutor: $Cl_2(g)$;
(b) $4\,NaClO_3(aq) + 2\,SO_2(g) + 2\,H_2SO_4(aq, \text{diluído}) \rightarrow$
$$4\,NaHSO_4(aq) + 4\,ClO_2(g);$$
agente oxidante: $NaClO_3(aq)$; agente redutor: $SO_2(g)$;
(c) $2\,CuI(aq) \rightarrow 2\,Cu(s) + I_2(s)$;
agente oxidante: $CuI(aq)$; agente redutor: $CuI(aq)$

K.19 (a) $Mg(s) + Cu^{2+}(aq) \rightarrow Mg^{2+}(aq) + Cu(s)$;
(b) $Fe^{2+}(aq) + Ce^{4+}(aq) \rightarrow Fe^{3+}(aq) + Ce^{3+}(aq)$;
(c) $H_2(g) + Cl_2(g) \rightarrow 2\,HCl(g)$;
(d) $4\,Fe(s) + 3\,O_2(g) \rightarrow 2\,Fe_2O_3(s)$

K.21 (a) $-\frac{1}{2}$; (b) -1; (c) -1; (d) -1; (e) $-\frac{1}{3}$

K.23 (a) requer um agente redutor; (b) requer um agente redutor

K.25 (a) reação redox: agente oxidante: $I_2O_5(s)$; agente redutor: $CO(g)$; (b) reação redox: agente oxidante: $I_2(aq)$; agente redutor: $S_2O_3^{3-}(aq)$; (c) reação de precipitação: $Ag^+(aq) + Br^-(aq) \rightarrow AgBr(s)$; (d) reação redox: agente oxidante: $UF_4(g)$; agente redutor: $Mg(s)$

L.1 0,050 mol de Br_2 é obtido.

L.3 (a) $8{,}6 \times 10^{-5}$ mol de H_2; (b) 11,3 g Li_3N

L.5 (a) 507,1 g Al; (b) $6{,}613 \times 10^6$ g Al_2O_3

L.7 (a) 505 g H_2O; (b) $1{,}33 \times 10^3$ g O_2

L.9 $4{,}3 \times 10^3$ g H_2O

L.11 0,482 g HCl

L.13 $Ca(OH)_2$ $3{,}50 \times 10^{-2}$ M

L.15 (a) 0,271 M; (b) 0,163 g NaOH

L.17 (a) 0,209 M; (b) 0,329 g HNO_3 em solução

L.19 $63{,}0\ \text{g·mol}^{-1}$

L.21 0,150 M

L.23 (a) $Na_2CO_3(aq) + 2\,HCl(aq) \rightarrow 2\,NaCl(aq) + H_2CO_3(aq)$; (b) 12,6 M

L.25 0,28%

L.27 $I_3^- + SnCl_2(aq) + 2\,Cl^- \rightarrow 3\,I^- + SnCl_4(aq)$

L.29 (a) $S_2O_3^{2-}$ é oxidado e reduzido. (b) 11,1 g de $S_2O_3^{2-}$ estão presente inicialmente.

L.31 Pt

L.33 $x = 2$, $BaBr_2 + Cl_2 \rightarrow BaCl_2 + Br_2$

L.35 509 kg de Fe

L.37 (a) Usando uma pipeta, transfira 31 mL de HNO_3 16 M para um balão volumétrico de 1,00 L que contém cerca de 800 mL de H_2O. Dilua com H_2O. Agite o frasco para misturar a solução por completo. (b) $2{,}5 \times 10^2$ mL

L.39 (a) fórmula empírica: SnO$_2$; (b) óxido de estanho(IV)
L.41 (a) Não afeta a concentração de KOH.
(b) Deixa a concentração de KOH muito alta.
(c) Deixa a concentração de KOH muito alta
(d) Deixa a concentração de KOH muito alta
M.1 76,6%
M.3 93,1% de rendimento
M.5 (a) BrF$_3$; (b) 12 mol de ClO$_2$F e 2 mol de Br$_2$ são produzidos; 1 mol de BrF$_3$ permanece.
M.7 (a) B$_2$O$_3$(s) + 3 Mg(s) → 3 MgO(s) + 2 B(s);
(b) 3,71 × 10^4 g B podem ser produzidos.
M.9 (a) Cu^{2+}(aq) + 2 OH$^-$(aq) → Cu(OH)$_2$(s); (b) 2,44 g Cu(OH)$_2$
M.11 (a) O$_2$; (b) 5,77 g P$_4$O$_{10}$; (c) 5,7 g P$_4$O$_6$ permanecem
M.13 O número de átomos de cloro é 6.
M.15 (a) 2 Al(s) + 3 Cl$_2$(g) → 2 AlCl$_3$(s); (b) 671 g AlCl$_3$; (c) 44,7%
M.17 81,2%
M.19 A fórmula empírica é: C$_4$H$_5$N$_2$O.
A fórmula molecular é: C$_8$H$_{10}$N$_4$O$_2$.
2 C$_8$H$_{10}$N$_4$O$_2$(s) + 19 O$_2$(g) →
   16 CO$_2$(g) + 10 H$_2$O(l) + 4 N$_2$(g)
M.21 A fórmula empírica é C$_8$H$_{16}$N$_4$O$_3$.
M.23 (a) O sólido é o fosfato de cálcio, Ca$_3$(PO$_4$)$_2$.
(b) 130. g Ca$_3$(PO$_4$)$_2$
M.25 93,0%
M.27 (a) A fórmula empírica é: C$_{11}$H$_{14}$O$_3$. (b) A fórmula molecular do composto é: C$_{22}$H$_{28}$O$_6$.

Foco 1

1A.1 (a) A radiação atravessa a folha de metal. (b) A velocidade menor dá suporte ao modelo da partícula (c) O modelo de radiação. (d) O modelo da partícula.
1A.3 (a) não; (b) sim; (c) sim; (d) não
1A.5 micro-ondas < luz visível < luz ultravioleta < raios X < raios γ
1A.7 (a) 420 nm; (b) 150 nm
1A.9

Frequência	Comprimento de onda	Energia do fóton	Evento
8,7 × 10^{14} Hz	340 nm	5,8 × 10^{-19} J	bronzeado
5,0 × 10^{14} Hz	600 nm	3,3 × 10^{-19} J	leitura
300 MHz	1 m	2 × 10^{-25} J	pipoca de micro-ondas
1,2 × 10^{17} Hz	2,5 nm	7,9 × 10^{-17} J	raios X odontológico

1A.11 Para a série de Lyman, o menor nível de energia é $n = 1$; para a série de Balmer, $n = 2$; para a série de Paschen, $n = 3$; para a série de Brackett, $n = 4$.
1A.13 (a) 121 nm; (b) série de Lyman; (c) esta absorção está na região ultravioleta.
1A.15 A transição é $n_1 = 1$ para $n_2 = 3$.
1A.17 30,4 nm
1B.1 (a) falso; (b) verdadeiro; (c) falso

1B.3 efeito fotoelétrico
1B.5 8,8237 pm
1B.7 (a) 3,37 × 10^{-19} J; (b) 44,1 J; (c) 203 kJ
1B.9 número de fótons = 1,4 × 10^{20} fótons; mols de fótons = 2,3 × 10^{-4} mol de fótons
1B.11 3400 K
1B.13 $\lambda_{máx} = 1,59 \times 10^{-6}$ m, ou 1590 nm
1B.15 (a) 2,0 × 10^{-10} m; (b) 1,66 × 10^{-17} J; (c) 8,8 nm; (d) raio X
1B.17 A pessoa mais pesada (80 kg) tem o menor comprimento de onda
1B.19 1,44 pm para ambos; os comprimentos de onda de um próton e de um nêutron são iguais até três algarismos significativos.
1B.21 1,1 × 10^{-34} m
1B.23 3,96 × 10^3 m·s^{-1}
1B.25 $\Delta\nu = 1,65 \times 10^5$ m·s^{-1}
1B.27 $\Delta x = 1,3 \times 10^{-36}$ m
1C.1 (a) 8,24 nm; (b) 10,6 nm
1C.3 sim; $n_1 = 1, n_2 = 2, n_1 = 1, n_2 = 3, n_1 = 2, n_2 = 3$
1C.5 (a)

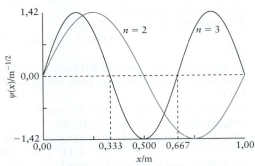

(b) Para $n = 2$, há um nodo em $x = 0,500$ m.
(c) Para $n = 3$, há dois nodos, em $x = 0,333$ m e em 0,667 m.
(d) O número de nodos é igual a $n - 1$.
(e) Para $n = 2$, a probabilidade de se encontrar uma partícula é maior em $x = 0,25$ m e $x = 0,75$ m.
(f) Para $n = 3$, a probabilidade de se encontrar uma partícula é maior em $x = 0,17, 0,50$ e $0,83$ m.
1C.7 (a) Integre no "lado esquerdo da caixa" ou de 0 a 1/2L:

$$\int_0^{L/2} \psi^2 dx = \frac{2}{L}\int_0^{L/2}\left(\operatorname{sen}\frac{n\pi x}{L}\right)^2 dx$$

$$= \frac{2}{L}\left[\left(\frac{-1}{2n\pi}\cdot\cos\frac{n\pi x}{L}\cdot\operatorname{sen}\frac{n\pi x}{L} + \frac{x}{2}\right)\Big|_0^{L/2}\right]$$

dado que n é um inteiro

$$= \frac{2}{L}\left[\left(\frac{L/2}{2}\right) - 0\right] = \frac{1}{2}$$

1D.1 (a) a energia aumenta; (b) n aumenta; (c) l aumenta; (d) o raio aumenta
1D.3 0,33
1D.5 Com um elétron em cada orbital p, a distribuição eletrônica é esfericamente simétrica.
1D.7 (a) A probabilidade (P) é 32,3%. (b) A probabilidade (P) é 76,1%.

1D.9 (a)

1s　　　2p　　　3d

(b) Uma região no espaço onde a função de onda ψ passa por 0.
(c) O orbital s mais simples tem zero nodos, o orbital p mais simples tem um plano nodal e o orbital d mais simples tem dois planos nodais. (d) Um orbital f teria três planos nodais.

1D.11 (a) 1 orbital; (b) 5 orbitais; (c) 3 orbitais; (d) 7 orbitais
1D.13 (a) 7 valores: 0, 1, 2, 3, 4, 5, 6; (b) 5 valores: $-2, -1, 0, +1, +2$, (c) 3 valores: $-1, 0, +1$; (d) 4 subcamadas: 4s, 4p, 4d e 4f
1D.15 (a) $n = 6; l = 1$; (b) $n = 3; l = 2$; (c) $n = 2; l = 1$; (d) $n = 5; l = 3$
1D.17 (a) $-1, 0, +1$; (b) $-2, -1, 0, +1, +2$; (c) $-1, 0, +1$; (d) $-3, -2, -1, 0, +1, +2, +3$
1D.19 (a) 3 orbitais; (b) 5 orbitais; (c) 1 orbital; (d) 7 orbitais
1D.21 (a) 5d, cinco; (b) 1s, um; (c) 6f, sete; (d) 2p, três
1D.23 (a) 3; (b) 1; (c) 4; (d) 1
1D.25 (a) não pode existir; (b) existe; (c) não pode existir; (d) existe
1E.1 (a) a energia aumenta; (b) n aumenta; (c) l aumenta; (d) o raio aumenta. Todas respostas são iguais às do Exercício 1D.1.
1E.3 (a)
$$V(r) = \left(\frac{-3e^2}{4\pi\varepsilon_0}\right)\left(\frac{1}{r_2} + \frac{1}{r_2} + \frac{1}{r_3}\right) + \frac{e^2}{4\pi\varepsilon_0}\left(\frac{1}{r_{12}} + \frac{1}{r_{13}} + \frac{1}{r_{23}}\right)$$
(b) O primeiro termo representa as atrações coulômbicas entre o núcleo e cada elétron. O segundo representa as repulsões coulômbicas entre cada par de elétrons.
1E.5 (a) falsa; (b) verdadeira; (c) falsa; (d) verdadeira
1E.7 Somente (d) é a configuração esperada para um átomo no estado fundamental.
1E.9 (a) possível; (b) impossível; (c) impossível
1E.11 (a) sódio　　　[Ne]3s^1
(b) silício　　　[Ne]3s^{2}3p^2
(c) cloro　　　[Ne]3s^{2}3p^5
(d) rubídio　　　[Kr]5s^1
1E.13 (a) prata　　　[Kr]4d^{10}5s^1
(b) berílio　　　[He]2s^2
(c) antimônio　　　[Kr]4d^{10}5s^{2}5p^3
(d) gálio　　　[Ar]3d^{10}4s^{2}4p^1
(e) tungstênio　　　[Xe]4f^{14}5d^{4}6s^2
(f) iodo　　　[Kr]4d^{10}5s^{2}5p^5
1E.15 (a) telúrio; (b) vanádio; (c) carbono; (d) tório
1E.17 (a) 4p; (b) 4s; (c) 6s; (d) 6s
1E.19 (a) 5; (b) 11; (c) 5; (d) 20
1E.21 (a) 3; (b) 2; (c) 3; (d) 2

1E.23

Elemento	Configuração eletrônica	Elétrons desemparelhados
Ga	[Ar]3d^{10}4s^{2}4p^1	1
Ge	[Ar]3d^{10}4s^{2}4p^2	2
As	[Ar]3d^{10}4s^{2}4p^3	3
Se	[Ar]3d^{10}4s^{2}4p^4	2
Br	[Ar]3d^{10}4s^{2}4p^5	1

1E.25 (a) ns^1; (b) ns^2np^3; (c) $(n-1)d^5ns^2$; (d) $(n-1)d^{10}ns^1$
1F.1 (a) silício (118 pm) > enxofre (104 pm) > cloro (99 pm);
(b) titânio (147 pm) > cromo (129 pm) > cobalto (125 pm);
(c) mercúrio (155 pm) > cádmio (152 pm) > zinco (137 pm);
(d) bismuto (182 pm) > antimônio (141 pm) > fósforo (110 pm)
1F.3 $P^{3-} > S^{2-} > Cl^-$
1F.5 (a) Ca; (b) Na; (c) Na
1F.7 (a) oxigênio (1310 kJ·mol^{-1}) > selênio (941 kJ·mol^{-1}) > telúrio (870 kJ·mol^{-1}); a energia de ionização diminui descendo pelo grupo. (b) ouro (890 kJ·mol^{-1}) > ósmio (840 kJ·mol^{-1}) > tântalo (761 kJ·mol^{-1}); a energia de ionização diminui da direita para a esquerda na Tabela Periódica. (c) chumbo (716 kJ·mol^{-1}) > bário (502 kJ·mol^{-1}) > césio (376 kJ·mol^{-1}); a energia de ionização diminui da direita para a esquerda na Tabela Periódica.
1F.9 A primeira energia de ionização dos átomos de enxofre é muito semelhante à do fósforo devido às repulsões mais intensas no S, o que faz com que a energia dos elétrons mais externos seja maior do que o valor esperado. Uma vez que o primeiro elétron é removido, os elétrons se mantêm mais fixos devido ao menor tamanho do íon S$^+$, o que se reflete na segunda energia de ionização muito maior do enxofre.
1F.11 (a) iodo; (b) são iguais; (c) enxofre; (d) são iguais
1F.13 (a) A tendência de formar íons que tenham carga duas unidades menores do que o esperado com base no número atômico. (b) Devido à baixa blindagem proporcionada pelos elétrons d em elementos pesados, a capacidade dos elétrons s de penetrar no núcleo e se manterem mais fixos é maior do que o esperado.
1F.15 (a) Uma semelhança nas propriedades químicas entre um elemento na Tabela Periódica e um em um período inferior e um grupo à direita. (b) Isto se deve à semelhança de tamanho dos íons. (c) Os compostos de Al^{3+} e Ge^{4+} mostram a relação diagonal, assim como Li$^+$ e Mg^{2+}.
1F.17 Apenas (b) Li e Mg exibem uma relação diagonal.
1F.19 As energias de ionização dos metais do bloco s são consideravelmente menores, o que facilita a perda de elétrons nas reações químicas.
1F.21 (a) metal; (b) não metal; (c) metal; (d) metaloide; (e) metaloide; (f) metal

1.1 397 nm

1.3 750 J

1.5 (a) $\int_0^L \left(\text{sen}\frac{\pi \cdot x}{L}\right)\cdot\left(\text{sen}\frac{2\pi \cdot x}{L}\right) dx$

$= \frac{L}{2\pi}\left(\text{sen}\frac{\pi \cdot x}{L}\right) - \frac{L}{6\pi}\left(\text{sen}\frac{3\pi \cdot x}{L}\right)\bigg|_0^L = 0$

(b)

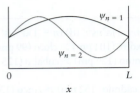
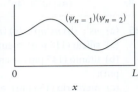

1.7 (a) 0; como a integral é zero, não se observa uma transição entre os estados $n = 1$ e $n = 3$. (b) A intensidade aumenta com o comprimento das caixas.

1.9 Um orbital $2p_x$ tem dois lobos, um com sinal positivo de função de onda, um com sinal negativo. Logo, existe uma probabilidade de ½ ou 0,50 de que um elétron excitado até o orbital $2p_x$ seja encontrado na região do espaço na qual a função de onda tem sinal positivo.

1.11 (a) Os valores observados 75,7 eV (7,30 MJ·mol⁻¹) e 5,28 eV (0,519 MJ·mol⁻¹) correspondem à segunda (7300 kJ·mol⁻¹) e à primeira (519 kJ·mol⁻¹) energias de ionização do Li ($1s^22s^1$), respectivamente.
(b) Os valores da PES observados, 153 eV (14,8 MJ·mol⁻¹) e 933 eV (0,90 MJ·mol⁻¹), correspondem à terceira (14800 kJ·mol⁻¹) e à primeira (900 kJ·mol⁻¹) energias de ionização do Be ($1s^22s^2$).

1.13 O oxigênio é o primeiro elemento encontrado no qual os elétrons p precisam estar emparelhados. Esta energia de repulsão entre elétrons faz com que a energia de ionização seja menor.

1.15 volume molar (cm³·mol⁻¹) = massa molar (g·mol⁻¹)/densidade (g·cm⁻³)

Elemento	Volume molar	Elemento	Volume molar
Li	13	Na	24
Be	4,87	Mg	14,0
B	4,38	Al	9,99
C	5,29	Si	12,1
N	16	P	17,0
O	14,0	S	15,3
F	17,1	Cl	21,4
Ne	16,7	Ar	24,1

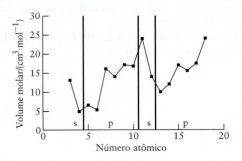

O volume molar é muito semelhante ao tamanho do átomo (volume), o qual diminui à medida que a subcamada s é preenchida e, após, aumenta, quando a subcamada p é preenchida.

1.17 (a) No cobre, as condições são energeticamente favoráveis para que um elétron seja promovido do orbital 4s para um orbital 3d, gerando uma camada 3d totalmente preenchida. No caso do cromo, as condições são energeticamente favoráveis para que um elétron seja promovido do orbital 4s para um orbital 3d, para preencher até a metade a subcamada 3d.
(b) Nb, Mo, Ru, Rh, Pd, Ag, Pt e Au. Destes, a explicação usada para o cromo e o cobre é válida para Mo, Pd, Ag e Au. (c) Porque os orbitais np têm energia muito menor do que os orbitais $(n + 1)$s.

1.19 Com base em (a), o elemento provavelmente será um membro do Grupo 4 (a família do titânio). De (b), sabemos que ele precisa estar no Período 5 e, por isso, o elemento talvez seja o zircônio. Contudo, o ródio, com sua configuração $4d^8$, é a segunda possibilidade.

1.21 (a) raio do átomo neutro = 285 pm (aprox. 20 pm maior do que Cs); (b) raio de +1 íon = 194 pm (aprox. 20 pm maior do que Cs⁺); (c) I_1 = 356 kJ·mol⁻¹ (aprox. 20 kJ menor do que Cs)

1.23 **A** = Na; **B** = Cl; **C** = Na⁺; **D** = Cl⁻

1.25 (a) $1s^24s^1$; (b) +1; (c) $1s^42s^42p^{12}$; portanto, deve ter Z = 20.

1.27 (a) 478 nm; (b) $7,12 \times 10^{14}$ s⁻¹

1.29 O neônio (Z = 10) teria de perder um elétron 2p para sofrer ionização. O maior comprimento de onda detectável seria 3,64 nm, que está na região dos raios X.

1.31 (a) O laser violeta de GaN gera energia o bastante para ejetar o elétron. (b) $2,10 \times 10^{-20}$ J.

1.33 (a) $9,35 \times 10^{-18}$ J; (b) Esta energia corresponde ao comprimento de onda de $2,13 \times 10^{-8}$ m ou 21,3 nm. Ele fica na faixa dos raios X. (c) Se a cadeia tem 10 carbonos, então haveria nove ligações C—C. Se uma função de onda se estende por dois átomos adjacentes, então o número mínimo de funções de onda seria 9. (d) $4,25 \times 10^{-19}$ J; (e) Esta energia corresponde ao comprimento de onda de $4,69 \times 10^{-7}$ m ou 469 nm. Ela fica na região do espectro visível; (f) $2,75 \times 10^{-18}$ m². Isso dá $L = 1,658 \times 10^{-9}$ m = 1658 pm. Como cada ligação C—C tem comprimento igual a 139 pm, o que corresponde à cadeia de átomos com doze C—C.

Foco 2

2A.1 (a) 5; (b) 4; (c) 7; (d) 3

2A.3 (a) [Ar]; (b) [Ar] $3d^{10}4s^2$; (c) [Kr] $4d^5$; (d) [Ar] $3d^{10}4s^2$

2A.5 (a) [Ar] $3d^{10}$; (b) [Xe] $4f^{14}5d^{10}6s^2$; (c) [Ar] $3d^{10}$; (d) [Xe] $4f^{14}5d^{10}$

2A.7 (a) [Kr] $4d^{10}5s^2$; são iguais; In⁺ e Sn²⁺ perdem elétrons de valência 5p; (b) nenhum; (c) [Kr] $4d^{10}$; Pd

2A.9 (a) Co²⁺; (b) Fe²⁺; (c) Mo²⁺; (d) Nb²⁺

2A.11 (a) Co³⁺; (b) Fe³⁺; (c) Ru³⁺; (d) Mo³⁺

2A.13 (a) 4s; (b) 3p; (c) 3p; (d) 4s

2A.15 (a) −2; (b) −2; (c) +1; (d) +3; (e) +2

2A.17 (a) 3; (b) 6; (c) 6; (d) 2

Respostas dos exercícios ímpares **R19**

2A.19 (a) $[Kr]\,4d^{10}5s^2$; não há elétrons desemparelhados; (b) $[Kr]\,4d^{10}$; não há elétrons desemparelhados; (c) $[Xe]\,4f^{14}5d^4$; quatro elétrons desemparelhados; (d) $[Kr]$; não há elétrons desemparelhados; (e) $[Ar]\,3d^8$; dois elétrons desemparelhados

2A.21 (a) $[Ar]$; não há elétrons desemparelhados; (b) $[Kr]\,4d^{10}5s^2$; não há elétrons desemparelhados; (c) $[Xe]$; não há elétrons desemparelhados; (d) $[Kr]\,4d^{10}$; não há elétrons desemparelhados

2A.23 (a) Mg_3As_2; (b) In_2S_3; (c) AlH_3; (d) H_2Te; (e) BiF_3

2A.25 (a) $:\ddot{C}l:^-$ Tl^3 $:\ddot{C}l:^-$ $:\ddot{C}l:^-$
(b) $:\ddot{S}:^{2-}$ Al^{3+} $:\ddot{S}:^{2-}$ Al^{3+} $:\ddot{S}:^{2-}$
(c) Ba^2 $:\ddot{O}:^{2-}$

2A.27 Ga^{3+}, O^{2-}

2A.29 A energia de rede é inversamente proporcional à distância entre os íons; logo, o íon rubídio, que é maior, terá a energia de rede mais baixa.

2B.1 (a) Cl—C—Cl com Cl acima e abaixo; (b) O=Cl—C—Cl (ver estrutura); (c) $\ddot{O}=\dot{N}—\ddot{F}:$
(d) estrutura de F—N—F com F acima

2B.3 (a) $:\ddot{F}—\ddot{O}—\ddot{F}:$ (b) estrutura F—N—F com H abaixo (c) $:\ddot{O}=Si=\ddot{O}:$
(d) estrutura F—Br—F com F acima e abaixo

2B.5 (a) $\left[H—B—H\right]^-$ com H acima e abaixo (b) $\left[:\ddot{B}r—\ddot{O}:\right]^-$ (c) $\left[H—\dot{N}—H\right]^-$

2B.7 E é o fósforo (P).

2B.9 (a) $\left[H—\overset{H}{\underset{H}{N}}—H\right]^+$ $:\ddot{C}l:^-$ (b) K^+ $\left[:\ddot{P}:\right]^{3-}$ K^+ K^+
(c) $Na^+\left[:\ddot{C}l—\ddot{O}:\right]^-$

2B.11 (a) H—C—H com O=C acima (b) H—C—O—H com H acima e abaixo
(c) H—N—C—C—O—H com H, H abaixo e O acima

2B.13 As quatro estruturas de ressonância possíveis para o antraceno são:

(estruturas de ressonância do antraceno)

2B.15
$\ddot{O}=\dot{N}—\ddot{C}l:$ $:\ddot{O}—\dot{N}—\ddot{C}l:$ (com :O: acima)

Em ambas estruturas, N tem carga formal $+1$ e o O unido com ligação simples tem carga formal -1. Os outros átomos têm carga formal 0.

2B.17 As duas estruturas de ressonância do ciclo-butadieno são mostradas abaixo (os carbonos foram numerados para fins de clareza):

(estruturas de ressonância do ciclo-butadieno)

2B.19 (a) $\overset{0}{:}N\overset{+1}{\equiv}\overset{}{O}:\bigg]^+$ (b) $\overset{0}{:}N\equiv\overset{0}{N}:$ (c) $\overset{-1}{:}C\overset{+1}{\equiv}O:$
(d) $\left[:\overset{-1}{C}\equiv\overset{-1}{C}:\right]^{2-}$ (e) $\left[:\overset{-1}{C}\equiv\overset{0}{N}:\right]^-$

2B.21 As duas estruturas possíveis para o ácido hipocloroso são:

$H—\overset{+1}{C}l—\overset{-1}{\ddot{O}}:$ $H—\overset{0}{\ddot{O}}—\overset{0}{\ddot{C}}l:$

Com base na carga formal, a estrutura à direita é a mais provável.

2B.23 (a) $\overset{0}{\ddot{O}}=\overset{0}{C}l—\overset{0}{\ddot{O}}:$ com $:\overset{0}{O}:$ e H abaixo $:\overset{-1}{\ddot{O}}—\overset{+2}{C}l—\overset{0}{\ddot{O}}:$ com $:\overset{-1}{O}:$ e H abaixo
energia mais baixa
(b) $\overset{0}{\ddot{O}}=\overset{0}{C}=\overset{0}{\ddot{S}}$ $:\overset{-1}{\ddot{O}}—\overset{0}{C}\equiv\overset{+1}{S}:$
energia mais baixa
(c) $H—\overset{0}{C}\equiv\overset{0}{N}:$ $H—\overset{-1}{\ddot{C}}=\overset{+1}{N}:$
energia mais baixa

2C.1 Somente (b) e (c) são radicais.

2C.3 (a) O íon periodato tem uma estrutura de Lewis que obedece à lei do octeto:

$$\left[:\overset{-1}{\ddot{O}}—\overset{+3}{I}—\overset{-1}{\ddot{O}}:\right]^- \text{ com } \overset{-1}{:\ddot{O}:} \text{ acima e } \underset{-1}{:\ddot{O}:} \text{ abaixo}$$

A carga formal no I pode ser reduzida de $+3$ a 0 incluindo-se três contribuições para ligações duplas, o que gera quatro formas de ressonância.

$$\left[\ddot{O}=\overset{-1}{I}—\ddot{O}:\right]^- \quad \left[\ddot{O}=I=\ddot{O}\right]^- \quad \left[:\ddot{O}—I=\ddot{O}\right]^- \quad \left[\ddot{O}=I=\ddot{O}\right]^-$$
(com diversos grupos :O: acima e abaixo)

R20 Respostas dos exercícios ímpares

(b) O íon fosfeto de hidrogênio tem uma estrutura de Lewis que obedece à lei do octeto (a primeira estrutura mostrada abaixo). A inclusão de uma ligação dupla no oxigênio reduz a carga formal do P de $+1$ para 0, Existem três formas de ressonância que incluem esta contribuição.

(c) Existe uma estrutura de Lewis que obedece à lei do octeto mostrada abaixo à esquerda. A carga formal do cloro pode ser reduzida a $+1$ incluindo-se uma contribuição para a ligação dupla. A carga formal pode ser reduzida a zero se há duas contribuições para a ligação dupla. Estas contribuições geram as seguintes estruturas de ressonância.

(d) O íon arsenato tem uma estrutura de Lewis que obedece à lei do octeto.

Como na parte (a), a inclusão de uma ligação dupla no oxigênio reduz a carga formal do As de $+1$ para 0. Existem quatro formas de ressonância que incluem esta contribuição.

2C.5 Somente (a) é um radical.
(a) $:\dot{C}l - \ddot{O}:$ (b) $:\ddot{C}l - \ddot{O} - \ddot{O} - \ddot{C}l:$

(c) $\ddot{O} = N - \ddot{O} - \ddot{C}l:$

2C.7 (a) $\left[:\ddot{C}l - \ddot{I} - \ddot{C}l:\right]^{+}$
I tem 2 pares ligantes e 2 pares isolados

(b) I tem 4 pares ligantes e 2 pares isolados

(c) I tem 3 pares ligantes e 2 pares isolados

(d) I tem 5 pares ligantes e 1 par isolado

2C.9 (a) 12 elétrons   (b) 10 elétrons
(c) 12 elétrons   (d) 10 elétrons

2C.11 (a) 2 pares isolados   (b) 2 pares isolados   (c) 1 par isolado

2C.13 (a) Em $BeCl_2$, há 4 elétrons em torno do berílio central:
$:\ddot{C}l - Be - \ddot{C}l:$

(b) Em ClO_2 há um número ímpar de elétrons em torno do cloro central:
$:\ddot{O} - \dot{C}l - \ddot{O}:$

2C.15 (a) energia mais baixa

(b) energia mais baixa

2C.17 (a) A primeira estrutura é favorecida com base nas cargas formais. (b) A primeira estrutura é preferida com base nas cargas formais.

2D.1 In (1,78) < Sn (1,96) < Sb (2,05) < Se (2,55)

2D.3 $BaBr_2$ teria ligações sobretudo iônicas.

2D.5 (a) HCl; (b) CF_4; (c) ligações C—O

2D.7 (a) KCl; (b) BaO

2D.9 $Rb^+ < Sr^{2+} < Be^{2+}$; cátions menores e mais carregados têm maior poder polarizador.

2D.11 $O^{2-} < N^{3-} < Cl^- < Br^-$; a polarizabilidade aumenta à medida que o íon aumenta de tamanho e se torna menos eletronegativo.

2D.13 (a) $CO_3^{2-} > CO_2 > CO$; (b) $SO_3^{2-} > SO_2 \approx SO_3$; (c) $CH_3NH_2 > CH_2NH > HCN$

2D.15 CF_4; ligação mais curta

2D.17 (a) cerca de 127 pm; (b) a ligação C—O: 127 ppm; as ligações C—N: 142 pm; (c) 172 pm; (d) 158 pm

2D.19 (a) 77 pm + 58 pm = 135 pm; (b) 111 pm + 58 pm = 169 pm; (c) 141 pm + 58 pm = 199 pm. O comprimento de ligação aumenta com o tamanho atômico descendo pelo Grupo 14.

2E.1 (a) precisa ter pares isolados; (b) pode ter pares isolados

2E.3 (a) $:N\equiv C-H$ linear; (b) tetraédrica

2E.5 (a) angular; (b) ligeiramente menor que 120°

2E.7 (a) trigonal piramidal; (b) Os ângulos O—S—Cl são idênticos; (c) ligeiramente menor que 109,5°

2E.9 (a) em forma de T; (b) ligeiramente menor que 90°

2E.11 (a), (b), (c), (d)

(a) gangorra, AX_4E; (b) em forma de T, AX_3E_2; (c) quadrado planar, AX_4E_2; (d) trigonal piramidal, AX_3E

2E.13 As estruturas de Lewis são:

(a), (b), (c), (d)

(formas de ressonância possíveis)

(a) linear, 180°, X_2E_3; (b) tetraédrica, 109,5°, AX_4; (c) pirâmide trigonal, menor que 109,5°, AX_3E; (d) linear, 180°, AX_2

2E.15 As estruturas de Lewis são:

(a), (b), (c), (d)

(a) tetraédrica; 109,5°, AX_4; (b) gangorra, 90° e 120°, AX_4E; (c) trigonal planar, 120°, AX_3; (d) trigonal piramidal, ligeiramente menor que 109,5°, AX_3E

2E.17 (a) ligeiramente menor que 120°; (b) 180°; (c) 180°; (d) ligeiramente menor que 109,5°

2E.19 (a) tetraédrica, 109,5°; (b) tetraédrica em torno dos átomos de carbono (109,5°); CBeC ângulo de 180°; (c) angular, H—B—H ângulo ligeiramente menor que 120°; (d) angular, ligeiramente menor que 120°

2E.21 (a) trigonal planar; 120°

(b) linear, 180°

$:N\equiv C-\ddot{\underset{..}{Cl}}:$

2E.23 (a) tetraédrica (b) tetraédrica (c) gangorra

2E.25 As estruturas de Lewis são:

(a), (b), (c), (d)

As moléculas (a) e (d) são polares; (b) e (c) são apolares.

2E.27 (a) piridina: polar; (b) etano: apolar; (c) tricloro-metano: polar

2E.29 (a) **1** e **2** são polares; **3** é apolar. (b) **1** tem o maior momento dipolo.

2F.1 (a) orbitais sp^3 orientados na direção dos vértices de um tetraedro (separados em 109,5°); (b) orbitais sp em posições diretamente opostas (separados em 180°); (c) orbitais sp^3d^2 orientados na direção dos vértices de um octaedro (90° e 180°); (d) orbitais sp^2 orientados na direção dos vértices de um triângulo equilátero (120°).

2F.3 (a) 2 ligações σ; 0 ligações π; (b) 2 ligações σ; 1 ligação π; há também uma estrutura de ressonância que inclui ligações σ. 2 ligações π.

2F.5 (a) sp; (b) sp^2; (c) sp^3; (d) sp^3

2F.7 (a) sp^2; (b) sp^3; (c) sp^3d; (d) sp^3

2F.9 (a) sp^3; (b) sp^3d^2; (c) sp^3d; (d) sp^3

2F.11 (a) sp^3; (b) apolar

2F.13

O CH_2 e o CH têm hibridação sp^2, 120°; o C ligado ao N tem hibridação sp, 180°.

2F.15 O ângulo de ligação aumenta com o caráter s de um orbital híbrido.

2F.17 No formaldeído, tanto o C como o O têm hibridação sp^2, o ângulo de ligação é 120°; a molécula tem três ligações sigma e uma pi.

2F.19 Os dois orbitais híbridos são $h_1 = s + p_x + p_y + p_z$ e $h_2 = s - p_x + p_y - p_z$. Portanto, para mostrar que esses dois orbitais são ortogonais, $\int h_1 h_2 \, d\tau = 0$

$$\int h_1 h_2 \, d\tau = \int (s + p_x + p_y + p_z)(s - p_x + p_y - p_z) \, d\tau =$$

$$\int (s^2 - sp_x + sp_y - sp_z + sp_x - p_x^2 + p_xp_y - p_xp_z + sp_y - p_xp_y + p_y^2 - p_yp_z + sp_z - p_zp_x + p_zp_y - p_z^2) \, d\tau$$

Essa integral de uma soma pode ser escrita como uma soma de integrais:

$$\int s^2 \, d\tau - \int sp_x \, d\tau + \int sp_y \, d\tau - \int sp_z \, d\tau + \cdots$$

Como as funções de onda do hidrogênio são mutuamente ortogonais, as integrais de um produto de duas funções de onda diferente são zero. Isso é simplificado como

$$\int s^2 \, d\tau - \int p_x^2 \, d\tau + \int p_y^2 \, d\tau - \int p_z^2 \, d\tau = 1 - 1 + 1 - 1 = 0$$

2F.21 A hibridação é sp^{0,67}.

2G.1 Os diagramas dos orbitais moleculares são dados (somente os elétrons de valência são mostrados):

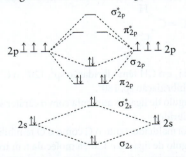

(a) Li$_2$ $b = 1/2\,(2) = 1$; diamagnético, sem pares isolados de elétrons
(b) Li$_2^+$ $b = 1/2\,(1) = 1/2$; paramagnético, um elétron desemparelhado
(c) Li$_2^-$ $b = 1/2\,(2-1) = 1/2$; paramagnético, um elétron desemparelhado

2G.3 (a) (1) $(\sigma_{2s})^2(\sigma_{2s}*)^2(\sigma_{2p})^2(\pi_{2p})^4(\pi_{2p}*)^4(\sigma_{2p}*)^1$; (2) $(\sigma_{2s})^2(\sigma_{2s}*)^2(\sigma_{2p})^2(\pi_{2p})^4(\pi_{2p}*)^3$; (3) $(\sigma_{2s})^2(\sigma_{2s}*)^2(\sigma_{2p})^2(\pi_{2p})^4(\pi_{2p}*)^4(\sigma_{2p}*)^2$; (b) (i) 0,5; (ii) 1,5; (iii) 0; (c) (i) e (ii); (d) σ para (i) e (iii), π para (ii).

2G.5 A carga do C$_2^{n-}$ é -2 e a ligação é de ordem 3.

2G.7 Provavelmente o íon HeH$-$ não existiria, porque sua ordem de ligação é 0; $b = \frac{1}{2}\,(2-2) = 0$; por outro lado, o íon HeH$^+$ teria ordem de ligação 1 e, portanto, menor energia.

2G.9 (a) O diagrama dos níveis de energia do N$_2$ é:

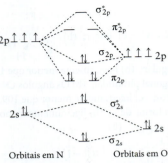

(b) O átomo de oxigênio é mais eletronegativo, o que reduz a energia de seus orbitais, comparados aos do N. Diagrama dos níveis de energia do NO$^+$:

(c) Maior probabilidade de estarem em O; o O é mais eletronegativo, e seus orbitais são mais baixos em energia.

2G.11 (a) B$_2$ (6 elétrons de valência): $(\sigma_{2s})^2(\sigma_{2s}*)^2(\pi_{2p})^2$, ordem de ligação = 1. (b) Be$_2$ (4 elétrons de valência): $(\sigma_{2s})^2(\sigma_{2s}*)^2$, ordem de ligação = 0, (c) F$_2$ (14 elétrons de valência): $(\sigma_{2s})^2(\sigma_{2s}*)^2(\sigma_{2p})^2(\pi_{2p})^4(\pi_{2p}*)^4$, ordem de ligação = 1.

2G.13 CO $(\sigma_{2s})^2(\sigma_{2s}*)^2(\pi_{2p})^4(\sigma_{2p})^2$; ordem de ligação = 3
CO$^+$ $(\sigma_{2s})^2(\sigma_{2s}*)^2(\pi_{2p})^4(\sigma_{2p})^1$; ordem de ligação = 2,5
Devido à ordem de ligação mais alta do CO, ele deve formar uma ligação mais forte.

2G.15 (a)–(c) São todos paramagnéticos. B$_2^-$ e B$_2^+$ têm um elétron desemparelhado cada; B$_2$ tem dois elétrons desemparelhados.

2G.17 (a) F$_2$ tem ordem de ligação 1; F$_2^-$ tem ordem de ligação 1/2. F$_2$ tem a ligação mais forte. (b) B$_2$ tem ordem de ligação 1; B$_2^+$ tem ordem de ligação 1/2. B$_2$ terá a ligação mais forte.

2G.19 C$_2^+$ = $(\sigma_{2s})^2(\sigma_{2s}*)^2(\pi_{2p})^3$; C$_2$ = $(\sigma_{2s})2(\sigma_{2s}*)2(\pi_{2p})^4$; C$_2^-$ = $(\sigma_{2s})^2(\sigma_{2s}*)^2(\pi_{2p})^4(\sigma_{2p})^1$; C$_2^-$ provavelmente terá a menor energia de ionização.

2G.21 $N = \sqrt{\dfrac{1}{2+2S}}$

2.1 Os átomos para os quais não é mostrada a carga formal são zero:

(a) [estruturas de Lewis do íon com cargas formais -1, -1, $2-$]

(b) $[\overset{+1}{\text{Br}} = \overset{\cdot\cdot}{\underset{\cdot\cdot}{\text{O}}}]^+$ (c) $[:\overset{-1}{\text{C}} \equiv \overset{-1}{\text{C}}:]^{2-}$

2.3 O cloreto de ferro(III) provavelmente teria a maior energia de rede.

2.5 [estruturas de ressonância do ânion C$_3$H$_4^{2-}$ mostradas]

2.7 A primeira entre as três estruturas de ressonância mostradas é a estrutura de Lewis mais importante (não há duas cargas semelhantes próximas).

$$:N\equiv \overset{+1}{N}-\overset{-1}{\underset{..}{N}}-\overset{+1}{N}\equiv N: \qquad \overset{-1}{\underset{..}{N}}=N=\overset{+1}{\underset{..}{N}}-\overset{+1}{N}\equiv N:$$

$$:N\equiv \overset{+1}{N}-\overset{+1}{\underset{..}{N}}=N=\overset{-1}{\underset{..}{N}}$$

2.9 (a) H—C≡C—H   H—C≡Si—H
H—Si≡Si—H   H—C≡N: :N≡N:

(b) A estrutura do benzeno é mostrada na caixa abaixo:

(+ formas de ressonância mais importantes)

2.11 (a)

$$\left[\begin{array}{c}\text{estrutura com anel benzeno, O em cima e embaixo}\end{array}\right]^{2-}$$

(b) Todos os átomos têm carga formal 0, exceto os dois átomos de oxigênio, que têm carga formal −1. A carga negativa provavelmente estará concentrada nos átomos de oxigênio. (c) Os prótons se ligarão aos átomos de oxigênio.

2.13 (a) $H-\underset{..}{\overset{..}{O}}-\overset{+1}{\underset{..}{N}}=C=\overset{-1}{\underset{..}{O}}$ $H-\underset{..}{\overset{..}{O}}-N\equiv C-\underset{..}{\overset{..}{O}}:$

$H-\underset{..}{\overset{..}{O}}=\overset{+1}{N}-\overset{-1}{\underset{..}{C}}=\underset{..}{\overset{..}{O}}$

(b) $\underset{H}{\overset{H}{>}}C=\underset{..}{\overset{..}{S}}=\underset{..}{\overset{..}{O}}$ $\underset{H}{\overset{H}{>}}C=\overset{+1}{\underset{..}{S}}-\overset{-1}{\underset{..}{O}}:$

(c) $\underset{H}{\overset{H}{>}}\overset{}{C}=\overset{+1}{N}=\overset{-1}{\underset{..}{N}}$ $\underset{H}{\overset{H}{>}}\overset{-1}{C}-\overset{+1}{N}\equiv N:$

(d) $\underset{..}{\overset{..}{O}}=\overset{+1}{N}=C=\overset{-1}{\underset{..}{N}}$ $\underset{..}{\overset{..}{O}}=N-C\equiv N:$

2.15 (a)

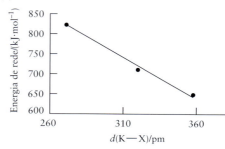

(b) Do gráfico, energia de rede = $-1{,}984\, d_{M-X} + 1356$. Se $d_{K-Br} = 338$ pm, a energia de rede do KBr é cerca de 693 kJ·mol^{-1}. (c) O valor experimental da energia de rede do KBr é 689 kJ·mol^{-1}, e por isso a concordância é muito boa.

2.17

$$H-\underset{\underset{R}{|}}{C}=\underset{\underset{H}{|}}{C}-\underset{\underset{H}{|}}{\overset{..}{C}}-\underset{\underset{H}{|}}{C}=\underset{\underset{R'}{|}}{C}-H \longleftrightarrow H-\underset{\underset{R}{|}}{\overset{..}{C}}-\underset{\underset{H}{|}}{C}=\underset{\underset{H}{|}}{C}-\underset{\underset{H}{|}}{C}=\underset{\underset{R'}{|}}{C}-H$$

$$H-\underset{\underset{R}{|}}{C}=\underset{\underset{H}{|}}{C}-\underset{\underset{H}{|}}{C}=\underset{\underset{H}{|}}{C}-\underset{\underset{R'}{|}}{\overset{..}{C}}-H$$

2.19 (a) I: Tl$_2$O$_3$; II: Tl$_2$O; (b) +3; +1; (c) [Xe]4f^{14}5d^{10}; [Xe]4f^{14}5d^{10}6s^2; (d) composto II (o íon +3 tem maior capacidade de polarização)

2.21 (a) [estruturas de ressonância do ClO$_4^-$ e íons relacionados com cargas formais indicadas]

As quatro estruturas com três ligações duplas (a terceira linha) e aquela com quatro ligações duplas são as estruturas de Lewis mais plausíveis. (b) A estrutura com quatro ligações duplas. (c) +7. A estrutura que só tem ligações simples atende melhor ao critério. (d) As abordagens (a) e (b) são consistentes, mas a abordagem (c) não é, porque os números de oxidação são designados pressupondo-se que a ligação é iônica.

2.23 (a) A ligação S—S tem determinado caráter de ligação dupla. (b) e (c) As estruturas de Lewis para os dois S_2F_2 possíveis são:

:F̈—S̈—S̈—F̈: (Favorecido)   ⟷   :F̈—S̈(+1)=S̈(-1)—F̈:   isômero 1

:F̈(+1)—S̈—S̈(-1)—:F̈ : ⟷   :F̈—S̈=S̈ (com :F̈:) (Favorecido)   isômero 2

Devido à ressonância, espera-se que o comprimento da ligação S—S esteja entre o comprimento de uma ligação simples e o de uma dupla.

2.25 (a) A ligação CN em CH_3NH_2 provavelmente será mais longa. (b) A ligação PF em PF_3 provavelmente será mais longa.

2.27 (a) As estruturas de Lewis são:

$[H-CH_2]^+$ $H-CH_2-H$ $[H-CH_2:]^-$ $[H-C:H]^{2+}$ $[:C:H_2]^{2-}$

(b) Nenhum é radical. (c) Com base na estrutura de Lewis e na teoria VSEPR, a ordem crescente do ângulo HCH é $CH_2^{2-} < CH_3^- < CH_4 < CH_2 < CH_3^+ < CH_2^{2+}$

2.29 (a) fórmula empírica = CH_4O; ela corresponde ao composto metanol (H_3C—OH). Todos os ângulos de ligação do carbono são 109,5°; os ângulos de ligação do oxigênio são um pouco menores que 109,5°; (b) Tanto o carbono como o oxigênio têm hibridação sp^3. (c) A molécula é polar.

2.31 Ligante   Antiligante

(a)

(b)

(c) Os orbitais ligantes e antiligantes do HF parecem diferentes devido ao fato de um orbital p do átomo F ser usado para construir orbitais.

2.33 (a) $CF^+ < CF < CF^-$; (b) o íon CF^+ é diamagnético

2.35 A estrutura de Lewis da borazina:

[borazina resonance structures]

2.37 Os orbitais em cada átomo de B e N terão hibridação sp^2. O orbital antiligante é proporcional a $\psi \propto e^{-r/a_0} - e^{-r/a_0} = 0$.

2.39 (a)   σ   π   δ

[orbital diagrams]

(b) $\sigma > \pi > \delta$

2.41 (a) A ordem de ligação passa de 3 para 2. (b) A ordem de ligação passa de 3 para 2. Os dois íons são paramagnéticos.

2.43 (a) A estrutura de Lewis do benzino é:

[benzyne structure with labels sp^2 and sp]

(b) O benzino é altamente reativo porque os dois átomos de carbono com hibridação sp são obrigados a manter uma estrutura muito tensionada, em comparação com aquela que sua hibridização adotaria – chamada de arranjo linear. Diferentemente dos ângulos de 180° desses átomos de carbono, por necessidade de formarem anéis de seis átomos, ficam próximos de 120°.

2.45 (a–b) Todos os átomos da molécula têm carga formal zero.

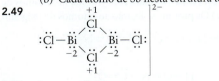

2.47 (a) $[:\ddot{F}-Sb(F)(F)(F)-F\cdots Sb(F)(F)(F)-\ddot{F}:]^-$ com cargas formais +1 e -1

(b) Cada átomo de Sb nesta estrutura tem hibridação sp^3d.

2.49 $[:\ddot{Cl}-Bi(Cl)(Cl)-Bi-\ddot{Cl}:]^{2-}$ com cargas formais +1 e -2

2.51 $[I_a-I_b-I_c(I)-I_d-I_e]^-$

I_b e I_d têm carga formal -1 e I_c tem carga formal $+1$. I_b e I_d têm hibridação sp^3d e I_c tem hibridação sp^3.

Respostas dos exercícios ímpares R25

2.53 (a) A ordem de ligação muda de 2 para 1,5; ligação mais longa; paramagnético; (b) a ordem de ligação muda de 3 para 2,5; ligação mais longa; paramagnético; (c) a ordem de ligação muda de 2 para 2,5; ligação mais curta; paramagnético.

2.55 (a) sp^3d^3; (b) sp^3d^3f; (c) sp^2d

2.57 Todas as ligações são σ, exceto a ligação tripla, que tem uma ligação σ e duas π.

$$sp^3 \; H\!-\!\underset{H}{\overset{H}{C}}\!-\!C\!\equiv\!N\!: \quad 180° \; 109,5° \; sp$$

2.59 (a) $H\!-\!\overset{H}{\underset{H}{C}}\!-\!\ddot{\underset{..}{S}}\!-\!H$ (b) $\ddot{\underset{..}{S}}\!=\!C\!=\!\ddot{\underset{..}{S}}$ (c) $:\!\ddot{\underset{..}{Cl}}\!-\!\overset{H}{\underset{H}{C}}\!-\!\ddot{\underset{..}{Cl}}\!:$

2.61 (a) A estrutura de Lewis do HOCO é:
$$H\!-\!\ddot{\underset{..}{O}}\!-\!C\!=\!\ddot{\underset{..}{O}}$$
(b) É um radical porque o C tem um elétron desemparelhado.

2.63 Os ângulos a e c provavelmente serão semelhantes a 120°. O ângulo b provavelmente será semelhante a 109,5°.

2.65 (a) As estruturas de Lewis de NO e NO₂ são:

$\dot{N}\!=\!\ddot{O}$ (melhor estrutura possível)

$:\!\overset{-1}{\ddot{O}}\!-\!\overset{+1}{N}\!=\!\ddot{O} \longleftrightarrow \ddot{O}\!=\!\overset{+1}{N}\!-\!\overset{-1}{\ddot{O}}\!:$

(estruturas de ressonância equivalentes)

Da Tabela 2D.2, a energia de dissociação média de uma ligação N═O é 630 kJ·mol⁻¹, valor que está de acordo com a estrutura de Lewis do NO. A energia de dissociação de cada ligação NO no NO₂ é 469 kJ·mol⁻¹, que fica entre o valor da ligação N—O dupla e da N—O simples, sugerindo que a configuração de ressonância do NO₂ é razoável. (b) Uma ligação N—O simples teria um comprimento de ligação igual a 149 pm, ao passo que uma ligação N—O dupla teria comprimento de ligação igual a 120 pm (os valores são obtidos somando-se os respectivos raios covalentes dados na Figura 2D.11). Da Tabela 2D.3, o comprimento de uma ligação N—O tripla pode ser estimado entre 105 e 110 pm. Como o NO tem comprimento de ligação igual a 115 pm, é possível que a ordem de ligação real esteja entre aquela de uma ligação dupla e a de uma ligação tripla.

(c) $\overset{0}{\ddot{O}}\!=\!\overset{+1}{N}\!-\!\overset{-1}{\ddot{O}}\!: \quad {}^{0}\!\dot{\underset{..}{N}}\!=\!\ddot{O}\,{}^{0}$ (d) estrutura N₂O₅

(e) N₂O₅(g) + H₂O(l) → 2 HNO₃(aq); o ácido nítrico é produzido

(f) $4,05 \text{ g N}_2\text{O}_5 \times \dfrac{1 \text{ mol N}_2\text{O}_5}{108,02 \text{ g N}_2\text{O}_5} \times \dfrac{2 \text{ mol HNO}_3}{1 \text{ mol N}_2\text{O}_5}$
$= 7,50 \times 10^{-2}$ mol HNO₃

Molaridade $= \dfrac{7,50 \times 10^{-2} \text{ mol HNO}_3}{1,00 \text{ L}}$
$= 7,50 \times 10^{-2}$ mol·L⁻¹ HNO₃

(g) Os números de oxidação do nitrogênio para os diversos óxidos que ele forma são: NO: +2, NO₂: +4, N₂O₃: +3 e N₂O₅: +5. Um agente oxidante é uma espécie que recebe elétrons; com base no número de oxidação, o N₂O₅ deveria ser o agente oxidante mais potente entre os óxidos de nitrogênio, já que possui o número de oxidação mais positivo para o N do grupo.

Foco 3

3A.1 (a) 8×10^9 Pa; (b) 80 kbar; (c) 6×10^7 Torr; (d) 1×10^6 lb·pol⁻²

3A.3 A pressão é o peso total do ar em uma coluna, dividido pela área da base desta. Em altitudes maiores, o peso do ar é menor.

3A.5 (a) 86 Torr; (b) O lado ligado ao bulbo será maior. (c) 848 Torr

3A.7 924 cm

3A.9 $2,9 \times 10^3$ lb

3B.1 (a) 22,4 pol; (b) A pressão do gás no tubo (1) é 41,85 polHg. A pressão do gás no tubo (2) é 59,85 polHg.

3B.3 (a) 20. L; (b) Quando um mol de gás é adicionado ao mesmo volume, a pressão dobra a cada T em (a). O gráfico é

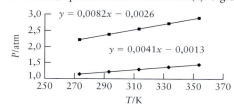

(c) 0,32 K

3B.5 (a) $1,06 \times 10^3$ kPa; (b) $4,06 \times 10^2$ m L; (c) $m = 2,0 \times 10^2$ g; (d) $n = 3,24 \times 10^5$ mol de CH₄

3B.7

(a) Volume, L	$(nR/V)/(\text{atm}\cdot\text{K}^{-1})$
0,01	8,21
0,02	4,10
0,03	2,74
0,04	2,05
0,05	1,64

(b) A inclinação é igual a nR/V. (c) O intercepto é 0,00 em todos os gráficos.

3B.9 (a) $1,5 \times 10^3$ kPa; (b) $4,5 \times 10^3$ Torr

3B.11 10,7 L

3B.13 O volume precisa ser aumentado em 10% para manter P e T constantes.

3B.15 0,050 g

3B.17 (a) 11,8 mL; (b) 0,969 atm; (c) 199 K

3B.19 (a) 63,4 L·mol⁻¹; (b) 6,3 L·mol⁻¹

3B.21 18,1 L

3B.23 4,18 atm

3B.25 621 g

3B.27 $2,52 \times 10^{-3}$ mol

3B.29 (a) 3,6 m³; (b) $1,8 \times 10^2$ m³

R26 Respostas dos exercícios ímpares

3B.31 $NH_3 < N_2 < N_2H_4$

3B.33 615 K ou 342°C

3B.35 (a) 1,28 g·L^{-1}; (b) 3,90 g·L^{-1}

3B.37 (a) 70. g·mol^{-1}; (b) O composto mais provável é o CHF_3. (c) 2,9 g·L^{-1}

3B.39 $C_2H_2Cl_2$

3B.41 44,0 g·mol^{-1}

3C.1 (a) $x_{HCl} = 0,9$; $x_{benzeno} = 1 - 0,9 = 0,1$; (b) $P_{HCl} = 0,72$ atm; $P_{benzeno} = 0,08$ atm

3C.3 (a) A pressão parcial do $N_2(g)$ é 1,0 atm; a pressão parcial do H_2 (g) é 2,0 atm. (b) A pressão total é 3,0 atm.

3C.5 $P_{O_2} = 2,0$ bar

3C.7 (a) 739,2 Torr; (b) $H_2O(l) \rightarrow H_2(g) + 1/2O_2(g)$; (c) 0,142 g

3C.9 (a) $3,0 \times 10^5$ L; (b) $1,0 \times 10^4$ L

3C.11 (b)

3C.13 (a) 97,8 L; (b) 32,5 L; (c) 19,6 L

3C.15 (a) $4,25 \times 10^{-3}$ g; (b) o HCl permanece após a reação; $P = 0,0757$ atm

3D.1 Não

3D.3 $C_{10}H_{10}$

3D.5 (a) tempo = 154 s; (b) tempo = 123 s; (c) tempo = 33,0 s; (d) tempo = 186 s

3D.7 massa molar = 110. g·mol^{-1}; a fórmula molecular é C_8H_{12}

3D.9 (a) 627 m·s^{-1}; (b) 458 m·s^{-1}; (c) 378 m·s^{-1}

3D.11 241 m·s^{-1}

3D.13 271 K

3D.15 0,316

3D.17 (a) A velocidade mais provável é aquela que corresponde ao máximo na curva de distribuição. (b) A porcentagem de moléculas com a velocidade mais provável diminui com o aumento da temperatura.

3D.19 $T = 16 \times 200.$ K $= 3,20 \times 10^3$ K

3E.1 A ligação hidrogênio é importante no HF.

3E.3 (a) As moléculas de H_2 têm a maior velocidade quadrática média. (b) NH_3 terá o maior desvio em relação à idealidade.

3E.5 (a) 1,63 atm (gás ideal); 1,62 atm (gás real); (b) 48,9 atm (gás ideal); 39,0 atm (gás real); (c) 489 atm (gás ideal); $2,00 \times 10^3$ atm (gás real). Em pressões reduzidas, a lei dos gases ideais gera essencialmente os mesmos valores gerados pela equação de van der Waals, mas em pressões elevadas as diferenças são significativas.

3E.7

a/(bar·L^2·mol^{-2})	Substância
17,813	CH_3CN
3,700	HCl
2,303	CH4
0,208	Ne

3E.9 (a) 1,00 atm; (b) (i) 0,993 atm (ii) 1,09 atm

3E.11 Amônia: $a = 4,169$ L^2·atm·mol^{-2}; $b = 0,0371$ L·mol^{-1}; Oxigênio: $a = 1,364$ L^2·atm·mol^{-2}; $b = 0,0319$ L·mol^{-1}

Volume/L	$P_{amônia}$/atm	$P_{oxigênio}$/atm	P_{ideal}/atm
0,05	228,05	805,44	489,08
0,2	45,89	111,37	122,27
0,4	41,33	57,91	61,13
0,6	31,86	39,26	40,76
0,8	25,54	29,71	30,57
1	21,23	23,90	24,45

3E.13 (a) $3,95 \times 10^7$ pm^3·átomo^{-1}; $r = 211$ pm; (b) $8,78 \times 10^6$ pm^3; (c) A diferença nestes valores mostra que não existe uma definição clara dos limites de um átomo.

3F.1 (a) Forças de London, dipolo–dipolo, ligações hidrogênio; (b) Forças de London; (c) Forças de London, dipolo–dipolo, ligações hidrogênio; (d) Forças de London, dipolo–dipolo

3F.3 Somente (b) CH_3Cl, (c) CH_2Cl_2 e (d) $CHCl_3$ têm interações dipolo–dipolo. As moléculas CH_4 e CCl_4 não têm momentos dipolo permanentes.

3F.5 (a) NaCl; (b) butanol; (c) tri-iodometano; (d) metanol

3F.7 (a) PF_3 e PBr_3 são trigonais piramidais, mas PBr_3 tem o maior número de elétrons e deveria ter o maior ponto de ebulição. (b) O SO_2 e o O_3 são curvados e têm momentos dipolo, mas o SO_2 tem o maior ponto de ebulição. (c) O BF_3 e o BCl_3 são trigonais planares. O BCl_3 tem o maior ponto de ebulição.

3F.9 A ordem é (b) dipolo-induzido dipolo $\cong$ (c) dipolo–dipolo na fase gás < (e) dipolo–dipolo na fase sólido < (a) íon–dipolo < (d) íon–íon.

3F.11 Somente HNO_2

3F.13 II, porque os dipolos estão alinhados com extremidades com cargas opostas e muito próximos uns dos outros, maximizando as atrações dipolo–dipolo.

3F.15 AsF_3 é uma molécula polar, AsF_5 não. Logo, as forças intermoleculares dipolo–dipolo em AsF_3 mais intensas do que as forças de London (dispersão) em AsF_5, o que explica o maior ponto de ebulição de AsF_3.

3F.17 O íon Al^{3+} atrai a molécula da água com mais intensidade do que o íon Be^{2+}.

3F.19 (a) O xenônio é maior. (b) As ligações hidrogênio na água fazem com que as moléculas se mantenham mais próximas do que no dietil-éter. (c) O pentano é uma molécula linear, comparada com o dimetil-propano, cuja molécula é compacta e esférica. A compactação do dimetil-propano confere à molécula menor área superficial.

3F.21 $F = \dfrac{-dE_p}{dr} = \dfrac{-d}{dr}\left(\dfrac{1}{r^6}\right) = -\left(\dfrac{-6}{r^7}\right) \propto \dfrac{1}{r^7}$

3G.1 (a) À medida que aumentam as forças intermoleculares, o ponto de ebulição também sobe. (b) A viscosidade provavelmente aumenta com as forças intermoleculares. (c) A tensão superficial também aumenta com as forças intermoleculares.

3G.3 (a) cis-Dicloro-eteno tem as maiores forças intermoleculares e a maior tensão superficial; (b) A 20°C, o benzeno tem a maior tensão superficial.

3G.5 C_6H_6 (apolar) < C_6H_5SH (polar, mas sem ligações hidrogênio) < C_6H_5OH (polar com ligações hidrogênio).

3G.7 CH$_4$, −162°C; CH$_3$CH$_3$, −88,5°C; (CH$_3$)$_2$CHCH$_2$CH$_3$, 28°C; CH$_3$(CH$_2$)$_3$CH$_3$, 36°C; CH$_3$OH, 64,5°C; CH$_3$CH$_2$OH, 78,3°C; CH$_3$CHOHCH$_3$, 82,5°C; C$_5$H$_9$OH (cíclico, mas não aromático), 140°C; C$_6$H$_5$CH$_3$OH (anel aromático), 205°C; OHCH$_2$CHOHCH$_2$OH, 290°C

3G.9 Devido à presença do grupo silanol (Si—OH) na parede do tubo de vidro, as moléculas da água ficam mais próximas à parede do tubo e interagirão mais intensamente com o grupo, formando ligações hidrogênio e escalando as paredes, formando o menisco côncavo. As moléculas de água não apresentam esta interação com um tubo plástico por conta do caráter hidrofóbico dos plásticos; logo, as moléculas de água interagem umas com as outras mediante ligações H, formando um menisco convexo.

3G.11 A água se eleva a um nível mais alto do que o do etanol.

3G.13 Estas moléculas conseguem girar e se torcer de muitas maneiras e, por isso, não conservam a forma de bastão.

3G.15 Porque o benzeno é um solvente isotrópico e sua viscosidade é a mesma em todas as direções.

3G.17 A substância (a), C$_5$H$_6$N$^+$Cl$^-$, é a melhor escolha como solvente líquido iônico.

3H.1 (a) A glicose conserva o estado sólido devido às forças de London, às interações dipolo–dipolo e às ligações hidrogênio; a benzofenona conserva o estado sólido devido às interações dipolo–dipolo e às forças de London. (b) (p.f. = 48°C) < glicose (p.f. = 148 − 155°C).

3H.3 (a) reticular; (b) iônico; (c) molecular; (d) molecular; (e) reticular

3H.5 Substância A: iônica; substância B: metálica; substância C: sólido molecular

3H.7 (a) 2 átomos; (b) o número de coordenação é 8; (c) 286 pm

3H.9 (a) $d = 2{,}72$ g·cm^{-3}; (b) $d = 0{,}813$ g·cm^{-3}

3H.11 (a) 138,7 pm; (b) 143,1 pm

3H.13 O metal ródio tem estrutura de empacotamento compacto.

3H.15 (a) massa de uma célula unitária = $3{,}73 \times 10^{-22}$ g; (b) 8 átomos por célula unitária

3H.17 90,7%

3H.19 No diamante, o carbono tem hibridação sp^3 e forma uma estrutura reticular tetraédrica tridimensional, a qual é extremamente rígida. Na grafita, o carbono tem hibridação sp^2 e é planar.

3H.21 (a) $1{,}1 \times 10^{16}$ átomos de C; (b) 18 nmol

3H.23 (a) O arseneto de índio tem número de coordenação (4,4). (b) A fórmula do arseneto de índio é InAs.

3H.25 (a) um Cs$^+$ e um Cl$^-$ em cada célula unitária e uma fórmula unitária, CsCl, por célula unitária; (b) dois átomos de titânio e quatro átomos de oxigênio por célula unitária e duas fórmulas unitárias, TiO$_2$, por célula unitária; (c) os átomos de Ti têm número de coordenação 6 e os átomos de O têm número de coordenação 3.

3H.27 (a) O óxido de rênio tem número de coordenação (6,2). (b) A formula do óxido de rênio é ReO$_3$.

3H.29 (a) estrutura do cloreto de césio com número de coordenação (8,8); (b) estrutura do sal-gema com número de coordenação (6,6); (c) estrutura do sal-gema com número de coordenação (6, 6)

3H.31 (a) $d = 3{,}36$ g·cm^{-3}; (b) $d = 4{,}80$ g·cm^{-3}

3H.33 (a) Um exemplo da menor célula unitária retangular é:

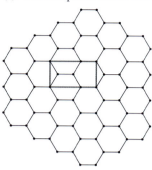

(b) Existem quatro átomos de carbono em cada célula unitária. (c) O número de coordenação é 3 (C$_3$).

3H.35 $3{,}897 \times 10^{10}$ pm = 3,897 cm

3I.1 $d = 0{,}9703$ g·cm^{-3}

3I.3 De modo geral, as ligas são (1) mais duras e mais frágeis, e (2) piores condutoras de eletricidade do que os metais usados para prepará-las.

3I.5 (a) A liga é intersticial porque o raio atômico do nitrogênio é muito menor (74 pm vs. 124 pm) do que o do ferro. (b) A nitrificação deixa o ferro mais duro e resistente, mas reduz sua condutividade elétrica.

3I.7 (a) 2,8 Cu por Ni. (b) A razão atômica é 15 Sn : 1,2 Sb : 1 Cu.

3I.9 (a) Ela pertence ao sistema cristalino hexagonal. (b) O número total de íons carbonato é seis na célula unitária. O número total de íons cálcio na célula é seis. A fórmula é a calcita, CaCO$_3$.

3I.11 $V = 15{,}4$ cm^3

3I.13
$$\begin{bmatrix} & \ddot{\text{O}}{:} & \\ & | & \\ :\!\ddot{\text{O}}\!-\!\text{Si}\!-\!\ddot{\text{O}}\!: & \\ & | & \\ & :\!\ddot{\text{O}}{:} & \end{bmatrix}^{4-}$$

carga formal: Si = 0, O = −1; número de oxidação: Si = +4, O = −2. É uma estrutura AX$_4$ no modelo VSEPR; portanto, a forma é tetraédrica.

3I.15 O íon Si$_2$O$_7^{6-}$ é construído a partir de dois íons tetraédricos SiO$_4^{4-}$, no qual os tetraedros de silicato compartilham um átomo de O. (b) Os piroxenos, como o jade, por exemplo, NaAl(SiO$_3$)$_2$, consistem em cadeias de unidades de SiO$_4$ nas quais os átomos de O são compartilhados por unidades vizinhas.

3J.1 A condutividade de um semicondutor aumenta com a temperatura, quando um número maior de elétrons é promovido à banda de condução. Já a condutividade de um metal diminui quando o movimento dos átomos reduz a velocidade dos elétrons de migração.

3J.3 $n = 4{,}2 \times 10^6$

3J.5 (a) In e Ga; (b) P e Sb

3J.7 (a) Na fluorescência, a luz é absorvida por moléculas emitidas imediatamente, enquanto na fosforescência as moléculas permanecem em um estado excitado por determinado período antes de emitir a luz absorvida. (b) Do ponto de vista mecanístico, a fluorescência envolve a retenção da orientação relativa do spin do elétron excitado, enquanto a fosforescência envolve mudanças no estado do spin do elétron e, por isso, o relaxamento é um processo lento.

3J.9 Elementos paramagnéticos têm ao menos um elétron desemparelhado.

Sc = 3d¹4s² → paramagnético
V = 3d³4s² → paramagnético
Fe = 3d⁶4s² → ferromagnético
Ni = 4s²3d⁸ → ferromagnético
Zr = 4d²5s² → paramagnético
Mo = 4d⁵5s¹ → paramagnético
Ru = 4d⁷5s¹ → paramagnético
Lu = 6s²4f¹⁴5d¹ → paramagnético
Ta = 6s²4f¹⁴5d³ → paramagnético
Re = 6s² 4f¹⁴5d⁵ → paramagnético
Ir = 6s²4f¹⁴5d⁷ → paramagnético
Au = 4f¹⁴5d¹⁰6s¹ → paramagnético

Ti = 4s²3d² → paramagnético
Mn = 4s²3d⁵ → paramagnético
Co = 4s²3d⁷ → ferromagnético
Y = 4d¹5s² → paramagnético
Nb = 4d⁴5s¹ → paramagnético
Tc = 4d⁵5s² → paramagnético
Rh = 4d⁸5s¹ → paramagnético
Hf = 6s²4f¹⁴5d² → paramagnético
W = 6s²4f¹⁴5d⁴ → paramagnético
Os = 6s²4f¹⁴5d⁶ → paramagnético;
Pt = 4f¹⁴5d⁹6s¹ → paramagnético;
Zn = 3d¹⁰4s² → diamagnético

Mais informações em: http://www.periodictable.com/Properties/A/MagneticType.html

3J.11 O composto é ferromagnético abaixo de T_C porque a magnetização é maior.

3J.13 (a) molaridade de QDs = $4{,}5 \times 10^{-6}$ m

3J.15 $E_{111} = \dfrac{h^2}{8m_eL^2}(1^2+1^2+1^2) = \dfrac{3h^2}{8m_eL^2}$

De modo análogo, os outros dois níveis de energia são

$E_{211} = \dfrac{h^2}{8m_eL^2}(2^2+1^2+1^2) = \dfrac{3h^2}{4m_eL^2}$

e

$E_{221} = \dfrac{h^2}{8m_eL^2}(2^2+2^2+1^2) = \dfrac{9h^2}{8m_eL^2}$

Os níveis 211, 121 e 112 são degenerados, isto é, $E_{211} = E_{121} = E_{112}$; os níveis 221, 122 e 212 também são degenerados, isto é $E_{221} = E_{122} = E_{212}$.

3.1 (a) P_{Ar} = 280. Torr; (b) P_{total} = 700. Torr
3.3 $2{,}4 \times 10^4$ L
3.5 0,481 M
3.7 (a) $N_2O_4(g) \to 2\,NO_2(g)$; (b) 2,33 atm; (c) 4,65 atm; (d) x_{NO_2} = 0,426; $x_{N_2O_4}$ = 0,574
3.9 (a) A fórmula molecular é N_2H_4.
(b) H—N̈—N̈—H
        | |
        H   H
(c) $4{,}2 \times 10^{-4}$ mol
3.11 A razão não é independente da temperatura.
3.13 254 g·mol⁻¹; a fórmula é OsO_4
3.15 (a) A, 300 K; B, 500 K; C, 1000 K; (b) v_{rms} = 667 m·s⁻¹
3.17 (a) $ClNO_2$; (b) $ClNO_2$;
(c) estruturas de Lewis
(d) trigonal planar
3.19 (a) V = 0,0153 L; (b) forças atrativas predominam
3.21 (a) P_{CO_2} = 0,556 atm; P_{N_2} = 0,834 atm; P_{H_2O} = 1,11 atm.
(b) A pressão parcial de $N_2(g)$ e $H_2O(g)$ permanecem iguais às dadas no item (a).
3.23 (a) 138 g NaN_3; (b) v_{rms} = 515 m·s⁻¹
3.25 (a) A estrutura de Lewis do NI_3 é

A molécula é polar e tem forma trigonal piramidal. Ela pode participar de interações dipolo–dipolo.
(b) A estrutura de Lewis do BI_3 é

:Ï—B—Ï:
     |
    :Ï:

A molécula é apolar e tem forma trigonal planar. Ela não pode participar de interações dipolo–dipolo.

3.27 (a) Área superficial = $1{,}92 \times 10^6$ pm²; (b) O pentano tem área superficial maior. (c) O pentano provavelmente tem o maior ponto de ebulição.

3.29 $r/\text{pm} = \{2{,}936 \times 10^5 \times M/(\text{g·mol}^{-1})/(d)\}^{1/3}$, onde M é a massa atômica em g·mol⁻¹ e r é o raio em pm. Para os outros gases, calculamos os resultados dados na tabela abaixo:

Gás	Densidade/ (g·cm³)	Massa molar / (g·mol⁻¹)	Raio/pm
Neônio	1,20	20,18	170
Argônio	1,40	39,95	203
Criptônio	2,16	83,80	225
Xenônio	2,83	131,30	239
Radônio	4,4	222	246

3.31 21,0 g·cm⁻³
3.33 (a) O estado de oxidação médio do Ti é +2,36.
(b) Fração de Ti^{2+} = 0,64 e fração de Ti^{3+} = 0,36.
3.35 (a) verdadeira; (b) falsa; (c) verdadeira; (d) falsa
3.37 (a)

(b)

3.39 (a) r = 50,2 pm; (b) K^+ precisa ocupar os buracos octaédricos. A porcentagem de buracos preenchidos é 75%.
3.41 A fórmula empírica é MA_2.
3.43 (a) Para metais puros, a capacidade calorífica por átomo é muito semelhante, o que significa que a lei de Dulong-Petit se aplica bem aqui (uma boa aproximação). (b) As capacidades caloríficas por mol de átomos são diferentes para cristais iônicos diferentes. (c) A capacidade calorífica por mol de átomos de $CuSO_4$ = 16,67 J·K⁻¹·mol⁻¹; capacidade calorífica por mol de $PbSO_4$ = 17,20 J·K⁻¹·mol⁻¹.
3.45 (a) 52% do espaço são ocupados; logo, 48% desta célula unitária estariam vazios. (b) O percentual de buracos vazios em uma célula unitária fcc é 26%; portanto, a célula fcc é mais eficiente na ocupação do espaço disponível.

Respostas dos exercícios ímpares   R29

3.47 A estrutura de Lewis da cadeia de $(HF)_3$ é

$$H-\ddot{\underset{..}{F}}:\cdots H-\ddot{\underset{..}{F}}:\cdots H-\ddot{\underset{..}{F}}:$$

O ângulo de ligação é ~180°.

3.49 38,1 g Fe_2O_3 é o máximo que pode ser produzido.

3.51 (a) Eles são classificados como sais com base na definição clássica (M^{3+} e N^{3-}; eles são chamados de nitritos intersticiais). (b) O caráter covalente de MN fica claro na ligação tripla entre o nitrogênio (N) e o metal do bloco d (M); (c) porque os metais dos Grupos 11 e 12 têm seus orbitais d preenchidos com elétrons e não têm espaço para reter os elétrons do N.

3.53 fórmula = $YBa_2Cu_3O_7$

3.55 $SiC(s) + 2 NaOH(l) + 2 O_2(g) \rightarrow$
$$Na_2SiO_3(s) + H_2O(g) + CO_2(g)$$

3.57 O gráfico (a) foi obtido a partir de um corante orgânico e o gráfico (b) foi obtido a partir de uma suspensão de um ponto quântico.

3.59 Quando um semicondutor é exposto a temperaturas muito baixas, a banda de valência é totalmente ocupada e a banda de condução fica vazia; logo, a condutividade é baixa. À medida que a temperatura aumenta, no vácuo, alguns elétrons são promovidos da banda de valência para a banda de condução e induzem o aumento da condutividade. Contudo, quando um semicondutor é aquecido em meio contendo oxigênio, ocorre a quemissorção, e o oxigênio adsorvido na superfície aprisiona elétrons, formando ânions de oxigênio, os quais reduzem a condutividade.

3.61 (a) O número de oxidação do fósforo em $Li_7P_3S_{11}$ é +5. (b) O número de oxidação do titânio em $BaTiO_3$ é +4.

3.63 (a) fase cristalina; (b) fase cristalina; (c) fase cristalina; (d) fase vítrea

3.65 O número de oxidação do silício no ânion é +4.

3.67 Os fluoretos orgânicos reagem com a água para liberar HF, o qual reage com o vidro.

3.69 (a) $4 FeS_2(s) + 11 O_2(g) \rightarrow 2 Fe_2O_3(s) + 8 SO_2(g)$; (b) 146 g Fe_2O_3; (c) 3,66 mol de SO_2 dissolvem em 5,00 L de água para formar uma solução que é (3,66 mol ÷ 5,00 L) = 0,732 M em H_2SO_3, segundo a equação $SO_2(g) + H_2O(l) \rightarrow H_2SO_3(aq)$; (d) 50 kg SO_2; (e) 2×10^4 L; (f) (i) 0,787 atm; (ii) 1,03 g. (g) Com base na lei dos gases ideais e na equação de van der Waals para calcular as pressões para diferentes quantidades de SO_2, os resultados são listados na tabela abaixo:

Mols de SO_2	P(ideal)/atm	P(vdw)/atm	Desvio percentual
0,100	2,4618	2,407213	2,267647
0,200	4,9236	4,705575	4,633339
0,300	7,3854	6,895579	7,103409
0,400	9,8472	8,97773	9,684746
0,500	12,309	10,95254	12,38485

(h) O desvio percentual é calculado e incluído na tabela no item (g). (i) A atração intermolecular (membro a) tem um efeito maior na pressão do SO_2. (j) Com base nos dados na tabela no item (g), quando $P \approx 5$ atm, SO_2 se torna um gás "real". Para sermos exatos, quando o valor observado de $P = 5,04$ atm, SO_2 se torna um gás "real".

Foco 4

4A.1 (a) isolado; (b) fechado; (c) isolado; (d) aberto; (e) fechado; (f) aberto

4A.3 (a) 28 J; (b) positivo; (c) 8 J

4A.5 expansão reversível

4A.7 (a) $1,12 \times 10^2$ kJ; (b) 89%

4A.9 25°C

4A.11 $14,8$ kJ·$(°C)^{-1}$

4A.13 $-1,19$ kJ

4B.1 864 kJ

4B.3 (a) a favor; (b) 90×10^2 J

4B.5 5,35 kJ

4B.7 -1626 kJ

4B.9 (a) verdadeira se nenhum trabalho é realizado; (b) sempre verdadeira; (c) sempre falsa; (d) verdadeira somente se $w = 0$; (e) sempre verdadeira

4B.11 (a) absorvido, pelo sistema, q é positivo, w é negativo; (b) liberado, no sistema, q é negativo, w é positivo

4B.13 (a) -226 J; (b) -326 J

4B.15 $7,44$ kJ·mol^{-1}

4C.1 NO_2. A capacidade calorífica aumenta com a complexidade molecular: como existem mais átomos na molécula, existem mais vibrações das ligações que podem armazenar energia.

4C.3 373 K

4C.5 (a) 5/2 R; (b) 3R; (c) 3/2 R; (d) 5/2 R

4C.7 (a) $8,22$ kJ·mol^{-1} (b) $43,5$ kJ·mol^{-1}

4C.9 90%

4C.11 33,4 kJ

4C.13 31°C

4C.15 (c)

4D.1 (a) 448 kJ; (b) $1,47 \times 10^3$ kJ; (c) 352 g CS_2

4D.3 (a) $CO(g) + H_2O(g) \rightarrow CO_2(g) + H_2(g)$ (b) $-41,2$ kJ·mol^{-1}

4D.5 7 kJ

4D.7 $-320.$ kJ

4D.9 $23,9 \times 10^3$ kJ·L^{-1}

4D.11 (a) 140 kJ; (b) 43,9 kJ; (c) 0,0762 g

4D.13 -16 kJ

4D.15 -312 kJ·mol^{-1}

4D.17 $-2986,71$ kJ·mol^{-1}

4D.19 $-72,80$ kJ

4D.21 (a) $-138,18$ kJ; (b) 752,3 kJ; (c) 15,28 kJ

4D.23 11,3 kJ

4D.25 $-793,11$ kJ

4D.27 (a) $33,93$ kJ·mol^{-1}; (b) $30,94$ kJ·mol^{-1}; (c) Os valores são muito semelhantes (valor tabelado: $30,8$ kJ·mol^{-1}). As capacidades caloríficas não são necessariamente constantes com a temperatura.

4D.29 Para a reação $A + 2 B \rightarrow 3 C + D$, a entalpia molar de reação na temperatura 2 é dada por:

$$\Delta H_{r,2}° = H_{m,2}°(\text{produtos}) - H_{m,2}°(\text{reagentes})$$
$$= 3H_{m,2}°(C) + H_{m,2}°(D) - H_{m,2}°(A) - 2H_{m,2}°(B)$$
$$= 3[H_{m,1}°(C) + C_{P,m}(C)(T_2 - T_1)] + [H_{m,1}°(D) + C_{P,m}(D)(T_2 - T_1)] - [H_{m,1}°(A) + C_{P,m}(A)(T_2 - T_1)] - 2[H_{m,1}°(B) + C_{P,m}(B)(T_2 - T_1)]$$

R30 Respostas dos exercícios ímpares

$$= 3H_{m,1}°(C) + H_{m,1}°(D) - H_{m,1}°(A) - 2H_{m,1}°(B)$$
$$+ [3C_{P,m}(C) + C_{P,m}(D) - C_{P,m}(A)$$
$$- 2C_{P,m}(B)](T_2 - T_1)$$
$$= \Delta H_{r,1}° + [3C_{P,m}(C) + C_{P,m}(D) - C_{P,m}(A)$$
$$- 2C_{P,m}(B)](T_2 - T_1)$$

Por fim, $\Delta H_{r,2}° = \Delta H_{r,1}° + \Delta C_{P,r}(T_2 - T_1)$, que é a lei de Kirchhoff.

4E.1 2564 kJ·mol^{-1}

4E.3 (a) -412 kJ·mol^{-1}; (b) 673 kJ·mol^{-1}; (c) 63 kJ·mol^{-1}

4E.5 (a) -597 kJ·mol^{-1}; (b) -460 kJ·mol^{-1}; (c) 0 kJ·mol^{-1}

4E.7 (a) -202 kJ·mol^{-1}; (b) -45 kJ·mol^{-1}; (c) -115 kJ·mol^{-1}

4E.9 aproximadamente 228 kJ

4F.1 (a) $0{,}341 \text{ J·K}^{-1}\text{·s}^{-1}$; (b) $29{,}5 \text{ kJ·K}^{-1}\text{·dia}^{-1}$; (c) Menos, porque na equação ΔS_{viz}, se T é maior, $\Delta S_{viz} = \dfrac{-\Delta H}{T}$ é menor.

4F.3 (a) $0{,}22 \text{ J·K}^{-1}$; (b) $0{,}17 \text{ J·K}^{-1}$; (c) como T está no denominador, a variação da entropia é menor em temperaturas elevadas.

4F.5 $14{,}8 \text{ J·K}^{-1}$

4F.7 (a) $6{,}80 \text{ J·K}^{-1}$; (b) $4{,}08 \text{ J·K}^{-1}$

4F.9 $42{,}4 \text{ J·K}^{-1}$

4F.11 $-14{,}6 \text{ J·K}^{-1}$

4F.13 (a) $-22{,}0 \text{ J·K}^{-1}$; (b) 134 J·K^{-1}

4F.15 (a) 253 K; (b) 248 K. O valor $85 \text{ J·K}^{-1}\text{·mol}^{-1}$ é uma média da entropia de vaporização de líquidos orgânicos e, portanto, podem ocorrer desvios quando este é usado para líquidos inorgânicos individuais.

4F.17 $111 \text{ J·K}^{-1}\text{·mol}^{-1}$

4G.1 (a) 0; (b) $1{,}22 \times 10^{-21} \text{ J·K}^{-1}$

4G.3 COF_2. COF_2 e BF_3 têm moléculas trigonais planares, mas seria possível que o COF_2 fosse desordenado, já que os átomos de flúor e de oxigênio ocupam as mesmas posições. Como todos os grupos ligados ao boro são idênticos, esta desordem não é possível.

4G.5 Maior; para o composto cis, existem 12 orientações diferentes, mas para o trans, existem apenas três.

4G.7 $14{,}9 \text{ J·K}^{-1}$

4G.9 (a) $W = 3$; (b) $W = 12$; (c) Inicialmente, um dos sistemas com três átomos tinha dois átomos em estados energéticos mais altos. Na parte (b), o sistema estará em equilíbrio quando cada um dos sistemas de três átomos tem um quantum de energia. Portanto, a energia flui do sistema com dois quanta para o sistema com nenhum quantum.

4H.1 (a) $HBr(g)$; (b) $NH_3(g)$; (c) $I_2(l)$; (d) 1,0 mol de $Ar(g)$ a 1,00 atm

4H.3 $C(s, \text{diamante}) < H_2O(s) < H_2O(l) < H_2O(g)$. A entropia aumenta quando o estado passa de sólido para líquido e então gás. O $C(s, \text{diamante})$ tem entropia menor do que a da água, porque esta é uma substância molecular mantida unida na fase sólido por ligações hidrogênio fracas, e no $C(s, \text{diamante})$ o carbono é retido em sua localização de forma mais rígida e, por essa razão, tem entropia menor.

4H.5 (a) O iodo provavelmente tem a maior entropia devido a sua maior massa e, consequentemente, a seu número elevado de partículas fundamentais. (b) O 1-penteno provavelmente tem a maior entropia devido a sua estrutura

mais flexível. (c) O eteno (também chamado de etileno), porque é um gás. Além disso, considerando-se amostras de massas iguais, a amostra de eteno será composta de muitas moléculas pequenas, ao passo que a de polietileno será formada por moléculas maiores, mas em menor número.

4H.7 (a) diminui; (b) aumenta; (c) diminui

4H.9 $\Delta S_B < \Delta S_C < \Delta S_A$. A variação da entropia no recipiente A é maior do que nos recipientes B e C devido ao maior número de partículas. A variação de entropia no recipiente C é maior do que a no recipiente B por conta da desordem decorrente do movimento vibracional das moléculas no recipiente C.

4H.11 (a) $-163{,}34 \text{ J·K}^{-1}\text{·mol}^{-1}$; a variação da entropia é negativa, porque o número de mols do gás diminuiu 1,5 vez.
(b) $-86{,}5 \text{ J·K}^{-1}\text{·mol}^{-1}$; a variação da entropia é negativa, porque o número de mols do gás diminuiu 0,5 vez.
(c) $160{,}6 \text{ J·K}^{-1}\text{·mol}^{-1}$; a variação da entropia é positiva, porque o número de mols do gás aumentou 1 vez.
(d) $-36{,}8 \text{ J·K}^{-1}\text{·mol}^{-1}$; os 4 mols de produtos sólidos estão mais organizados do que os 4 mols de reagentes sólidos.

4H.13 $dS = \dfrac{dq_{rev}}{T} = \dfrac{C_{P,m}dT}{T}$ e, portanto, $\Delta S = \displaystyle\int_{T_1}^{T_2} \dfrac{C_{P,m}}{T} dT$.

$$C(s, \text{grafita}) + \tfrac{1}{2}O_2(g) \rightarrow CO(g)$$

Se $C_{P,m} = a + bT + c/T^2$, então

$$\Delta S = \int_{T_1}^{T_2} \frac{a + bT + c/T^2}{T} dT$$
$$= \int_{T_1}^{T_2} \left(\frac{a}{T} + b + \frac{c}{T^3}\right) dT = \left(a\ln(T) + bT - \frac{c}{2T^2}\right)\Bigg|_{T_1}^{T_2}$$
$$= a\ln\left(\frac{T_2}{T_1}\right) + b(T_2 - T_1) - \frac{c}{2}\left(\frac{1}{T_2^2} - \frac{1}{T_1^2}\right)$$

$\Delta S(\text{verdadeiro}) = 3{,}31 \text{ J·K}^{-1}\text{·mol}^{-1}$; $\Delta S(\text{média}) = 3{,}41 \text{ J·K}^{-1}\text{·mol}^{-1}$; 3,0%

4I.1 150 J·K^{-1}

4I.3 (a) $30. \text{ kJ·mol}^{-1}$; (b) -11 J·K^{-1}

4I.5 $\Delta S_{frio} = 11{,}9 \text{ J·K}^{-1}$; $\Delta S_{quente} = -11{,}1 \text{ J·K}^{-1}$; $\Delta S_{total} = 0{,}8 \text{ J·K}^{-1}$

4I.7 (a) $\Delta S_{viz} = -73 \text{ J·K}^{-1}$; $\Delta S_{sistema} = 73 \text{ J·K}^{-1}$;
(b) $\Delta S_{viz} = -29{,}0 \text{ J·K}^{-1}$; $\Delta S_{sistema} = 29{,}0 \text{ J·K}^{-1}$;
(c) $\Delta S_{viz} = 29{,}0 \text{ J·K}^{-1}$; $\Delta S_{sistema} = -29{,}0 \text{ J·K}^{-1}$;

4I.9 (a) $\Delta S_{total} = 0 \text{ J·K}^{-1}$; $\Delta S_{viz} = -3{,}84 \text{ J·K}^{-1}$; $\Delta S = 3{,}84 \text{ J·}^{-1}$;
(b) $\Delta S_{total} = 3{,}84 \text{ J·K}^{-1}$; $\Delta S_{viz} = 0 \text{ J·K}^{-1}$; $\Delta S = 3{,}84 \text{ J·K}^{-1}$

4I.11 Variação espontânea significa que $\Delta S_{total} > 0$, A passagem do estado vapor para o estado líquido é denominada condensação e libera calor. Contudo, como mostra o diagrama, a temperatura do sistema não muda. Portanto, o calor liberado saiu do sistema e entrou na vizinhança. Uma vez que o calor flui do quente para o frio, a temperatura da vizinhança (T_{viz}) precisa ser menor do que a do sistema (T_{sis}); logo,

$$\Delta S_{sis} = \frac{q_{rev}}{T_{sis}} \quad e \quad \Delta S_{viz} = \frac{q_{rev}}{T_{viz}}, \text{então } \Delta S_{total} > 0.$$

4J.1 As reações exotérmicas tendem a ser espontâneas porque o resultado é um aumento da entropia da vizinhança. Usando a relação matemática $\Delta G_r = \Delta H_r - T\Delta S_r$, fica claro que se ΔH_r for grande e negativo, comparado com ΔS_r, então, de modo geral, a reação será espontânea.

4J.3 (a) $-1,8$ kJ·mol^{-1}; espontâneo; (b) 1,1 kJ·mol^{-1}; não espontâneo

4J.5

(a) $\frac{1}{2}$ N$_2$(g) $+ \frac{3}{2}$ H$_2$(g) $\rightarrow$ NH$_3$(g); $\Delta H_r^\circ = -46,11$ kJ·mol^{-1}; $\Delta S_r^\circ = -99,38$ J·K^{-1}·mol^{-1}; $\Delta G_r^\circ = -16,49$ kJ·mol^{-1}; (b) H$_2$(g) $+ \frac{1}{2}$ O$_2$(g) $\rightarrow$ H$_2$O(g); (b) $\Delta H_r^\circ = -241,82$ kJ·mol^{-1}; $\Delta S_r^\circ = -44,42$ J·K^{-1}·mol^{-1}; $\Delta G_r^\circ = -228,58$ kJ·mol^{-1}; (c); (b) $\Delta H_r^\circ = -110,53$ kJ·mol^{-1}; $\Delta S_r^\circ = 89,36$ J·K^{-1}·mol^{-1}; $\Delta G_r^\circ = -137,2$ kJ·mol^{-1}; (d) $\frac{1}{2}$ N$_2$(g) $+$ O$_2$(g) $\rightarrow$ NO$_2$(g); $\Delta H_r^\circ = 33,18$ kJ·mol^{-1}; $\Delta S_r^\circ = -60,89$ J·K^{-1}·mol^{-1}; $\Delta G_r^\circ = 51,33$ kJ·mol^{-1}

4J.7

(a) $\Delta S_r^\circ = 125,8$ J·K^{-1}·mol^{-1}; $\Delta H_r^\circ = -196,10$ kJ·mol^{-1}; $\Delta G_r^\circ = -233,56$ kJ·mol^{-1}; (b) $\Delta S_r^\circ = 14,6$ J·K^{-1}·mol^{-1}; $\Delta H_r^\circ = -748,66$ kJ·mol^{-1}; $\Delta G_r^\circ = -713,02$ kJ·mol^{-1}

4J.9

(a) $\Delta H_r^\circ = -235,8$ kJ·mol^{-1}; $\Delta S_r^\circ = -133,17$ J·K^{-1}·mol^{-1}; $\Delta G_r^\circ = -195,8$ kJ·mol^{-1}; usando $\Delta G_r^\circ = \Delta H_r^\circ - T\Delta S_r^\circ$ $= -196,1$ kJ·mol^{-1}; (b) $\Delta H_r^\circ = 11,5$ kJ·mol^{-1}; $\Delta S_r^\circ = -149,7$ J·K^{-1}·mol^{-1}; $\Delta G_r^\circ = 56,2$ kJ·mol^{-1}; usando $\Delta G_r^\circ = \Delta H_r^\circ - T\Delta S_r^\circ = 56,1$ kJ·mol^{-1}; (c) $\Delta H_r^\circ = -57,20$ kJ·mol^{-1}; $\Delta S_r^\circ = -175,83$ J·K^{-1}·mol^{-1}; $\Delta G_r^\circ = -4,73$ kJ·mol^{-1}; usando $\Delta G_r^\circ = \Delta H_r^\circ - T\Delta S_r^\circ = -4,80$ kJ·mol^{-1}

4J.11 (a) $\Delta G_r^\circ = -141,74$ kJ·mol^{-1}, espontâneo; (b) $\Delta G_r^\circ = 130,4$ kJ·mol^{-1}, não espontâneo; (c) $\Delta G_r^\circ = -10590,9$ kJ·mol^{-1}, espontâneo

4J.13 (a) e (d) são termodinamicamente estáveis.

4J.15 (a) $-234,2$ J·K^{-1}·mol^{-1}. O composto é menos estável em temperaturas elevadas. (b) 34,90 J·K^{-1}·mol^{-1}. HCN(g) é mais estável em T elevada. (c) 12,38 J·K^{-1}·mol^{-1}. NO(g) é mais estável à medida que T aumenta. (d) 11,28 J·K^{-1}·mol^{-1}. SO(g) é mais estável à medida que T aumenta.

4J.17 (a) $\Delta G_r^\circ = -98,42$ kJ·mol^{-1}, espontânea abaixo de 612,9 K; (b) $\Delta G_r^\circ = -283,7$ kJ·mol^{-1}, espontânea em qualquer temperatura; (c) $\Delta G_r^\circ = 3,082$ kJ·mol^{-1}, não espontânea em qualquer temperatura

4.1 132,0 kJ

4.3 12,71 kJ·mol^{-1}

4.5 7,53 kJ·mol^{-1}

4.7 (a) 3,72 kJ; (b) $-3267,5$ kJ; (c) $-3263,8$ kJ

4.9 (a) Cu; (b) 8,90 g·cm^{-3}

4.11 (a) (1) (2) (3)

(b) -372 kJ; (c) $-205,4$ kJ; (d) A hidrogenação do benzeno é muito menos exotérmica do que o estimado com base na entalpia de reação. Parte dessa diferença se deve à imprecisão inerente ao uso de valores médios. Contudo, essa diferença é tão grande, que a justificativa dada não completa a explicação. A energia de ressonância do benzeno o torna mais estável, se considerarmos sua molécula como sendo composta por três ligações duplas isoladas e três ligações simples, também isoladas. A diferença entre estes dois valores $[-205$ kJ $- (-372$ kJ$) = 167$ kJ$]$ indica quanto o benzeno é muito mais estável, em comparação com o valor estimado usando a estrutura de Kekulé do composto.

4.13 (a) 2326 kJ·mol^{-1}; (b) 3547 kJ·mol^{-1}; (c) mais estável; (d) 20 kJ por átomo de carbono; (e) 25 kJ por átomo de carbono; (f) A estabilização por átomo de carbono no C$_{60}$ é ligeiramente menor do que no benzeno. Esse dado confirma as expectativas, uma vez que a geometria da molécula de C$_{60}$ a obriga a ser curva.

4.15 31°C

4.17 (a) 1,5 L; (b) SO$_2$ (g); (c) 1,1 L; (d) 40 J, contra o sistema; (e) $-3,0$ kJ, deixa o sistema; (f) -2960 J

4.19 (a) 4103,2 J·mol^{-1}; (b) 4090,7 J·mol^{-1}; (c) 12,5 kJ·mol^{-1}

4.21 Conforme a segunda lei da termodinâmica, a formação de moléculas complexas a partir de precursores mais simples não seria espontânea, porque este processo cria ordem a partir da desordem. Se houver uma contribuição externa de energia, contudo, poderia ser criado um sistema mais ordenado.

4.23 $2,49 \times 10^{27}$ fótons

4.25 64 min

4.27 (a) $-1,0 \times 10^4$ kJ; (b) $3,2 \times 10^4$ g

4.29 (a) 2 H$_2$S(g) $+$ O$_2$(g) $\rightarrow$ 2 S(s) $+$ 2 H$_2$O(l)

(b) $-4,96 \times 10^5$ kJ

(c) O reator precisa ser esfriado.

4.31 (a) endotérmico; (b) 623 kJ

4.33 (a) 14,7 mol; (b) $-4,20 \times 10^3$ kJ

4.35 -108 kJ

4.37 (a) $\Delta G^\circ < 0$; (b) ΔH° impossível dizer; (c) ΔS° impossível dizer; (d) $\Delta S_{total} > 0$

4.39 Segundo a regra de Trouton, a entropia de vaporização de um líquido orgânico é aproximadamente 85 J·mol^{-1}·K^{-1}, e é constante.

Para Pb: $\Delta S_{fus}^\circ = \dfrac{5100 \text{ J}}{600 \text{ K}} = 8,50$ J·K^{-1}

Para Hg: $\Delta S_{fus}^\circ = \dfrac{2290 \text{ J}}{234 \text{ K}} = 9,79$ J·K^{-1}

Para Na: $\Delta S_{fus}^\circ = \dfrac{2640 \text{ J}}{371 \text{ K}} = 7,12$ J·K^{-1}

Esses números são razoavelmente próximos, mas muito menores do que o valor obtido pela regra de Trouton.

4.41 Fe$_2$O$_3$ é termodinamicamente mais estável, porque ΔG_r° da conversão de Fe$_3$O$_4$ em Fe$_2$O$_3$ é negativa.

4.43 (a) $\Delta G_r^\circ = -110,0$ kJ·mol^{-1}; (b) $7,14 \times 10^{-2}$ mol·L^{-1}

4.45 (a) não; (b) positiva; (c) desordem posicional; (d) desordem térmica; (e) a dispersão da matéria

4.47 (a) o método (i); (b) o método (i); (c) não

4.49 Todos os valores são válidos para íons aquosos. O fato de serem negativos devido ao ponto de referência foi descrito. Como os íons não podem ser separados e medidos independentemente, um ponto de referência que define $S_m°(H^+,aq) = 0$ foi estabelecido. Esta definição é usada para calcular as entropias padrão dos outros íons. O fato de serem negativas é devido, em parte, ao fato de o íon $M(H_2O)_x^{n+}$ solvatado ser mais estável do que o íon isolado e as moléculas do solvente $(M^{n+} + x\,H_2O)$.

4.51 (a) 8,57 kJ a 298 K, −0,35 kJ a 373 K, −6,29 kJ a 423 K; (b) 0; (c) A discrepância surge porque os valores de entalpia e de entropia calculados usando-se as tabelas não são rigorosamente constantes com a temperatura.

4.53

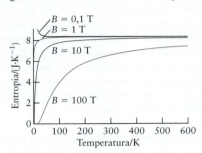

4.55 $T \to \infty$

4.57 (a) Como as entropias molares padrão aumentam com a temperatura (o movimento se torna mais translacional, vibracional e rotacional), o termo $-T\Delta S_m°$ se torna mais negativo em temperaturas elevadas. (b) O aumento da entropia molar depende dos valores relativos das capacidades caloríficas. Em alguns casos, esses são maiores para gases do que para fases condensadas; logo, o termo $-T\Delta S_m°$ é mais negativo.

4.59 A desidrogenação do ciclo-hexano em benzeno:

$C_6H_{12}(l) \to C_6H_6(l) + 3\,H_2(g) \qquad \Delta G_r° = 97{,}6\ \text{kJ}\cdot\text{mol}^{-1}$

A reação do eteno com o hidrogênio:

$C_2H_4(g) + H_2(g) \to C_2H_6(g) \qquad \Delta G_r° = -100{,}97\ \text{kJ}\cdot\text{mol}^{-1}$

Combine as duas reações:

$C_6H_{12}(l) \to C_6H_6(l) + 3\,H_2(g) \qquad \Delta G_r° = +97{,}6\ \text{kJ}\cdot\text{mol}^{-1}$
$+3[C_2H_4(g) + H_2(g) \to C_2H_6(g)] \qquad \Delta G_r° = 3(-100{,}97\ \text{kJ}\cdot\text{mol}^{-1})$

$C_6H_{12}(l) + 3\,C_2H_4(g) \to C_6H_6(l) + 3\,C_2H_6(g)\quad \Delta G_r° = -205{,}31\ \text{kJ}\cdot\text{mol}^{-1}$

O processo global é espontâneo.

4.61 A reação A é espontânea, a reação B é não espontânea.

4.63 (a)

$$\text{H}-\underset{\underset{H}{|}}{\overset{\overset{H}{|}}{\text{C}}}-\text{H} \qquad \text{H}-\overset{\overset{H}{|}}{\text{C}}-\text{O}-\overset{\overset{H}{|}}{\text{C}}-\text{H} \qquad \text{H}-\overset{\overset{H}{|}}{\underset{\underset{H}{|}}{\text{C}}}-\overset{\overset{H}{|}}{\text{C}}-\text{O}-\text{H}$$

(b) $CH_4(g) + 2\,O_2(g) \to CO_2(g) + 2\,H_2O(g)$

$\Delta H_c° = (4 \times 412) + (2 \times 496) + (2 \times -743)$
$\qquad\quad + (4 \times -463)$
$\qquad = +2640 - 3338 = -698\ \text{kJ}\cdot\text{mol}^{-1}$

$H_3C-O-CH_3(g) + 3\,O_2(g) \to$
$\qquad\qquad\qquad\qquad 2\,CO_2(g) + 3\,H_2O(g)$

$\Delta H_c° = (2 \times 360) + (6 \times 412) + (3 \times 496)$
$\qquad\quad + (4 \times -743) + (6 \times -463)$
$\qquad = -1070\ \text{kJ}\cdot\text{mol}^{-1}$

Dado que: $CH_3CH_2OH(l) \to CH_3CH_2OH(g)$
$\qquad\qquad \Delta H_{vap}° = 43{,}5\ \text{kJ}\cdot\text{mol}^{-1}$

$CH_3CH_2OH(g) + 3\,O_2(g) \to 2\,CO_2(g) + 3\,H_2O(g)$

$\Delta H_c° = (360) + (463) + (348) + (5 \times 412)$
$\qquad\quad + (3 \times 496) + (4 \times -743) + (6 \times -463)$
$\qquad = -1031\ \text{kJ}\cdot\text{mol}^{-1}$

Para a combustão de $CH_3CH_2OH(l)$, $\Delta H_c° = 43{,}5 - 1031 = -988\ \text{kJ}\cdot\text{mol}^{-1}$.

A combustão de um mol de dimetil-éter libera a maior quantidade de calor.

(c) $\dfrac{-890\ \text{kJ}\cdot\text{mol}^{-1}}{16{,}01\ \text{g}\cdot\text{mol}^{-1}} = -55{,}6\ \text{kJ}\cdot\text{g}^{-1}$

$\dfrac{-1368\ \text{kJ}\cdot\text{mol}^{-1}}{46{,}02\ \text{g}\cdot\text{mol}^{-1}} = -29{,}73\ \text{kJ}\cdot\text{g}^{-1}$

$\dfrac{-5471\ \text{kJ}\cdot\text{mol}^{-1}}{114{,}08\ \text{g}\cdot\text{mol}^{-1}} = -47{,}96\ \text{kJ}\cdot\text{g}^{-1}$

O metano, porque libera a maior quantidade de calor por grama. (d) 921 L; (e) gás metano, $-890\ \text{kJ}\cdot\text{mol}^{-1}\ CO_2$ (menos CO_2); etanol líquido, $-684\ \text{kJ}\cdot\text{mol}^{-1}\ CO_2$ (mais CO_2); octano líquido, $-684\ \text{kJ}\cdot\text{mol}^{-1}\ CO_2$ (mais CO_2)

Foco 5

5A.1 PH_3 tem a maior pressão de vapor (não tem ligações hidrogênio).

5A.3 (a) 87°C; (b) 113°C

5A.5 $P_{25{,}0°C} = 0{,}19$ atm ou $1{,}5 \times 10^2$ Torr

5A.7 289 K, ou 16°C

5A.9 (a) $+28{,}3\ \text{kJ}\cdot\text{mol}^{-1}$; (b) $91{,}6\ \text{J}\cdot\text{K}^{-1}\cdot\text{mol}^{-1}$; (c) $+1{,}0\ \text{kJ}\cdot\text{mol}^{-1}$; (d) 309 K

5A.11 (a) $+28{,}6\ \text{kJ}\cdot\text{mol}^{-1}$; (b) $90{,}6\ \text{J}\cdot\text{K}^{-1}\cdot\text{mol}^{-1}$; (c) 0,53 atm $(4{,}0 \times 10^2$ Torr)

5B.1 (a) vapor; (b) líquido; (c) vapor

5B.3 (a) 2,4 K; (b) cerca de 10 atm; (c) 5,5 K; (d) não

5B.5 (a) Menor pressão no ponto triplo: hélio líquido I e II estão em equilíbrio com o gás hélio; maior pressão no ponto triplo: hélio líquido I e II estão em equilíbrio com o hélio sólido. (b) hélio I

5B.7 sólido

5C.1 A energia livre de Gibbs molar do solvente na solução de NaCl sempre será menor do que a energia livre de Gibbs molar da água pura, se o solvente tem tempo o bastante, toda a água do bécher de água "pura" se tornará parte da solução de NaCl, deixando um bécher vazio.

5C.3 (a) 0,900 atm (684 Torr); (b) 0,998 atm (758 Torr)

5C.5 $7{,}80 \times 10^{-2}$ mol

5C.7 (a) 0,052; (b) $115\ \text{g}\cdot\text{mol}^{-1}$

5C.9 75,8 Torr

5C.11 (a) $P_{total} = 78{,}2$ Torr; composição do vapor: $x_{benzeno} = 0{,}91$; $x_{tolueno} = 0{,}09$; (b) $P_{total} = 43{,}2$ Torr; composição do vapor: $x_{benzeno} = 0{,}473$; $x_{tolueno} = 0{,}527$

5C.13 63 g

5C.15 (a) Solução ideal (com atrações intermoleculares na mistura que são semelhantes àquelas nos componentes líquidos). (b) Um desvio negativo (ligações hidrogênio na solução). (c) Um desvio positivo (forças intermoleculares pouco intensas entre as moléculas em solução).

5D.1 (a) A água seria a melhor escolha; (b) benzeno; (c) água

5D.3 (a) hidrofílico; (b) hidrofóbico; (c) hidrofóbico; (d) hidrofílico

5D.5 (a) $6{,}4 \times 10^{-4}$ M; (b) $1{,}5 \times 10^{-2}$ M; (c) $2{,}3 \times 10^{-3}$ M

5D.7 (a) 4 ppm; (b) 0,1 atm; (c) 0,5 atm

5D.9 (a) a concentração do CO_2 dobra; (b) sem variação

5D.11 $3{,}48 \times 10^{-2}$ mol CO_2 (cerca de 1,5 g)

5D.13 (a) negativa;
(b) $Li_2SO_4(s) \rightarrow 2\,Li^+(aq) + SO_4^{2-}(aq) + calor$;
(c) a entalpia de hidratação

5D.15 (a) $+0{,}67$ kJ; (b) $-0{,}50$ kJ; (c) $-24{,}7$ kJ; (d) $+0{,}82$ kJ

5D.17 Uma *espuma* é um coloide na forma de suspensão de um gás em um líquido ou em uma matriz sólida, ao passo que um sol é uma suspensão de um sólido em um líquido.

5D.19 Os coloides espalham a luz, as soluções verdadeiras não.

5E.1 (a) 0,856 M; (b) 2,5 g; (c) 0,0571 M

5E.3 18,5 M

5E.5 (a) 0,248 M; (b) 0,246 M

5E.7 22,8 M

5E.9 (a) 1,35 M; (b) 0,519 M; (c) 28,43 M

5E.11 (a) 13,9 g; (b) 29 g

5F.1 $1{,}6 \times 10^2$ g·mol^{-1}

5F.3 (a) $i = 1{,}84$; (b) 0,318 mol·kg^{-1};
(c) 83,8% dissociação

5F.5 B tem a maior massa molar (um número menor de partículas em solução, comparado com A).

5F.7 $-0{,}20°C$

5F.9 (a) 0,24 atm; (b) 48 atm; (c) 0,72 atm

5F.11 $2{,}0 \times 10^3$ g·mol^{-1}

5F.13 $5{,}8 \times 10^3$ g·mol^{-1}

5F.15 (a) 1,2 atm; (b) 0,048 atm; (c) $8{,}3 \times 10^{-5}$ atm

5G.1 (a) falsa; (b) falsa; (c) falsa; (d) verdadeira

5G.3 (a) $K = \dfrac{(P_{C_2H_4Cl_2})^2 (P_{H_2O})^2}{(P_{C_2H_4})^2 (P_{O_2}) (P_{HCl})^4}$

(b) $K = \dfrac{(P_{N_2})^7 (P_{H_2O})^6}{(P_{NH_3})^4 (P_{NO})^6}$

5G.5 (a) O balão 3 representa o ponto de equilíbrio da reação.
(b) 54,5%; (c) $K = 0{,}26$

5G.7
(a) $CH_4(g) + 2\,O_2(g) \rightleftharpoons CO_2(g) + 2\,H_2O(g)$
$K = \dfrac{(P_{CO_2})(P_{H_2O})^2}{(P_{CH_4})(P_{O_2})^2}$

(b) $I_2(g) + 5\,F_2(g) \rightleftharpoons 2\,IF_5(g)$ $K = \dfrac{(P_{IF_5})^2}{(P_{I_2})(P_{F_2})^5}$

(c) $2\,NO_2(g) + F_2(g) \rightleftharpoons 2\,FNO_2(g)$ $K = \dfrac{(P_{FNO_2})^2}{(P_{F_2})(P_{NO_2})^2}$

5G.9 (a) O número de mols de O_2 é maior no segundo experimento. (b) A concentração de O_2 é maior no segundo caso. (c) Embora $(P_{O_2})^3/(P_{O_3})^2$ seja o mesmo, $(P_{O_2})/(P_{O_3})$ será diferente. (d) Como K_c é uma constante, $(P_{O_2})^3/(P_{O_3})^2$ é o mesmo. (e) Como $(P_{O_2})^3/(P_{O_3})^2$ é o mesmo em (d), seu recíproco, $(P_{O_3})^2/(P_{O_2})^3$, precisa ser o mesmo.

5G.11 (a) $\dfrac{1}{P_{BCl_3}^2}$; (b) $[H_3PO_4]^4\,[H_2S]^{10}$; (c) $\dfrac{P_{BrF_3}^2}{P_{Br_2}\,P_{F_2}^3}$

5G.13 $\Delta G_r = 8{,}3 \times 10^{-1}$ kJ·mol^{-1}. Como ΔG_r é positiva, a reação será espontânea para produzir I_2.

5G.15 $\Delta G_r = -27$ kJ·mol^{-1}. Como ΔG_r é negativa, a reação avança na direção dos produtos.

5G.17

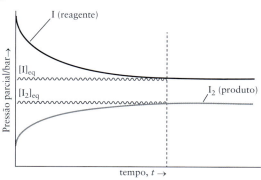

5G.19 (a) $\Delta G_r^\circ = -19$ kJ·mol^{-1}; (b) $\Delta G_r^\circ = +68$ kJ·mol^{-1}

5G.21 (a) $K = 1 \times 10^{80}$; (b) $K = 1 \times 10^{90}$; (c) $K = 1 \times 10^{-23}$

5H.1 (a) $K = 0{,}024$; (b) $K = 6{,}4$; (c) $K = 1{,}7 \times 10^3$

5H.3 $K = 1{,}5 \times 10^{34}$

5H.5 (a) $K_c = 4{,}3 \times 10^{-4}$; (b) $K_c = 1{,}87$

5I.1 $[Br_2] = 1{,}4$ mol·L^{-1}

5I.3 $[H_2] = 2{,}1 \times 10^{-5}$ mol·L^{-1}

5I.5 $P_{PCl_3} = 5{,}4$ bar

5I.7 $K = 4 \times 10^{-31}$. Como $Q > K$, a reação tende a avançar na direção dos reagentes.

5I.9 (a) $Q = \dfrac{(0{,}10)^2}{(0{,}20)(0{,}10)} = 0{,}50$; (b) $Q \neq K$, portanto o sistema não está em equilíbrio. (c) Como $Q < K$, mais produtos serão formados.

5I.11 (a) $Q_c = 6{,}9$. (b) Como $Q_c < K_c$, a tendência é a reação avançar na direção dos produtos, resultando na formação de mais SO_3.

5I.13 (a) A concentração de Cl_2 permanece essencialmente inalterada. A concentração de átomos de Cl é $2 \times (5{,}5 \times 10^{-6}) = 1{,}1 \times 10^{-5}$ mol·L^{-1}. (b) A concentração de F_2 é 8×10^{-4} mol·L^{-1}. A concentração de átomos de F é $3{,}2 \times 10^{-4}$ mol·L^{-1}. (c) Cl_2 é mais estável.

5I.15 $[NH_3] = 0{,}200$ mol·L^{-1}; $[H_2S] = 8 \times 10^{-4}$ mol·L^{-1}

5I.17 $[NO] = 3{,}6 \times 10^{-4}$ mol·L^{-1}; as concentrações de N_2 e O_2 permanecem essencialmente inalteradas em 0,114 mol·L^{-1}.

5I.19 $K_c = 1{,}1$

5I.21 $[CO_2] = 8{,}6 \times 10^{-5}$ mol·L^{-1}; $[CO] = 4{,}9 \times 10^{-3}$ mol·L^{-1}; $[O_2] = 4{,}6 \times 10^{-4}$ mol·L^{-1}

5I.23 $K_c = 3{,}88$

5I.25 $[SO_2] = 0{,}0011$ mol·L^{-1}; $[NO_2] = 0{,}0211$ mol·L^{-1}; $[NO] = 0{,}0389$ mol·L^{-1}; $[SO_3] = 0{,}0489$ mol·L^{-1}

5I.27 (a) Como $Q \neq K$, a reação não está em equilíbrio. (b) Como $Q_c < K_c$, a reação avança na direção da formação de produtos. (c) $[PCl_5] = 3{,}07$ mol·L^{-1}; $[PCl_3] = 5{,}93$ mol·L^{-1}; $[Cl_2] = 0{,}93$ mol·L^{-1}

5I.29 $P_{HCl} = 0{,}22$ bar; $P_{H_2} = P_{Cl_2} = 3{,}9 \times 10^{-18}$ bar

5I.31 (a) Como $Q_c > K_c$, a reação avança na direção da formação de reagentes; (b) $[CO] = 0{,}156$ mol·L^{-1}; $[H_2] = 0{,}155$ mol·L^{-1}; $[CH_3OH] = 4{,}1 \times 10^{-5}$ mol·L^{-1}

5I.33 $K_c = 1{,}58 \times 10^{-8}$

5I.35 (c) $K = p^2/(1{,}0 - 2p)^2$

5J.1 (a) A pressão parcial de H_2 diminui. (b) A pressão parcial de CO_2 diminui. (c) A concentração de H_2 aumenta. (d) A constante de equilíbrio da reação não se altera, porque ela não é afetada por mudanças na concentração.

5J.3 (a) A quantidade de água diminui. (b) A quantidade de O_2 aumenta. (c) A quantidade de NO diminui. (d) A quantidade de NH_3 aumenta. (e) A constante de equilíbrio não é afetada. (f) A quantidade de NH_3 diminui. (g) A quantidade de oxigênio diminui.

5J.5 (a) reagentes; (b) reagentes; (c) reagentes; (d) sem variação; (e) reagentes

5J.7 $P_{N_2} = 4{,}61$ bar, $P_{H_2} = 1{,}44$ bar, $P_{NH_3} = 23{,}85$ bar

5J.9 (a) A pressão de NH_3 aumenta. (b) A pressão de O_2 aumenta.

5J.11 (a) e (b) são endotérmicas, e a elevação da temperatura favorece a formação dos produtos; (c) e (d) são exotérmicas, e a elevação da temperatura favorece a formação dos reagentes.

5J.13 Menos amônia estará presente em temperatura elevada, supondo-se que o sistema não sofra outras mudanças.

5J.15 (a) A 298 K, $K = 1 \times 10^{-16}$; a 423 K, $K = 1 \times 10^{-7}$; (b) A 298 K, $K = 7{,}8 \times 10^{-2}$; a 423 K, $K = 0{,}22$

5J.17 $\ln\left(\dfrac{K_{c2}}{K_{c1}}\right) = \dfrac{\Delta H_r^\circ}{R}\left(\dfrac{1}{T_1} - \dfrac{1}{T_2}\right) - \Delta n_r \ln\left(\dfrac{T_2}{T_1}\right)$

5.1 A água é uma molécula polar e, por isso, orienta-se em torno de cátions e ânions de formas diferentes, alinhando o seu dipolo de modo a alcançar a interação mais favorável.

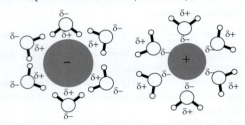

5.3 (a) maiores; (b) menores; (c) altos; (d) menores; (e) baixas, baixa; (f) baixos; (g) altas, alta

5.5 (a, b) diminui com o aumento da temperatura; (c, d) aumenta com o aumento da temperatura

5.7 (a) O butano (uma molécula apolar) dissolve em um solvente apolar (tetra-clorometano).

(b) O cloreto de cálcio dissolve no solvente polar.

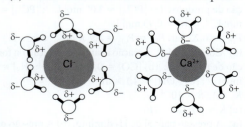

5.9 (a) M_{soluto} parece maior do que a massa molar real;
(b) M_{soluto} parece menor do que a mass molar real;
(c) M_{soluto} parece menor do que a massa molar real;
(d) M_{soluto} parece maior do que a massa molar real.

5.11 (a) $M_{proteína} = 4{,}8 \times 10^3$ g·mol^{-1}; (b) ponto de congelamento: $-3{,}9 \times 10^{-4}$°C; (c) A mudança no ponto de congelamento é tão pequena, que não pode ser medida com precisão; logo, a pressão osmótica é o método preferido.

5.13 (a) $\ln P = -\dfrac{4595\text{ K}}{T} + 13{,}59$; (b) A equação que deve ser usada é $\ln P$ vs. $1/T$. (c) $P = 0{,}040$ atm ou 30. Torr; (d) $T = 338{,}1$ K

5.15 (a) 56,9 g·mol^{-1}; parte se dissocia;
(b) 116 g·mol^{-1}; o ácido acético forma dímeros no benzeno.

5.17 (a) A regressão linear dá:
$y = -3358{,}714x + 12{,}247$

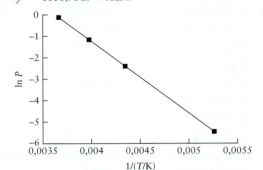

(b) 28 kJ·mol^{-1}; (c) $1{,}0 \times 10^2$ J·K^{-1}·mol^{-1};
(d) $2{,}7 \times 10^2$ K; (d) $2{,}1 \times 10^2$ K

5.19 As temperaturas críticas são CH_4: $-82{,}1$°C; $C_2H_6 = 32{,}2$°C; $C_3H_8 = 96{,}8$°C; $C_4H_{10} = 152$°C. As temperaturas críticas aumentam devido à influência das forças de London mais intensas.

5.21 (a) O balão A tem pressão de 195 Torr e o balão B tem pressão de 222 Torr. (b) Para a fase líquida $x_{acetona} = 0{,}67$ e $x_{clorofórmio} = 0{,}33$. Para a fase vapor $x_{acetona} = 0{,}70$ e $x_{clorofórmio} = 0{,}30$. (c) A solução tem desvio negativo em relação à lei de Raoult.

5.23 O fato de que ΔH_{vap} é baixo indica que a energia necessária para volatilizar a amostra é pequena, o que significa que as forças intermoleculares são baixas. Logo, a razão P_2/P_1 na equação Clausius–Clapeyron provavelmente será maior.

5.25 A pressão osmótica é 7,1 atm.

5.27 (a) 78,5%; (b) O vapor de água no ar condensa como orvalho ou névoa.

5.29 (a) 0,222 M dextrose e $2{,}99 \times 10^{-2}$ M NaCl; (b) 6,89 atm

5.31 (a) 1,0 M; (b) 24 atm

5.33 O aumento da temperatura (a) aumentaria a formação de X(g).

5.35 (a) 2 A(g) → B(g) + 2 C(g); (b) $K = 1{,}54 \times 10^{-2}$

5.37 Como $Q \neq K$, o sistema não está em equilíbrio, e como $Q < K$, a reação avança na direção dos produtos.

5.39 (a) $[N_2O_4] = 0{,}0065$ mol·L^{-1}; $[NO_2] = 7{,}0 \times 10^{-3}$ mol·L^{-1};
(b) $[N_2O_4] = 0{,}015$ mol·L^{-1}; $[NO_2] = 0{,}010$ mol·L^{-1}

5.41 (a) Nas condições $K = 4{,}96$ e $P = 0{,}50$ bar, $\alpha = 0{,}953$.
(b) Nas condições $K = 4{,}96$ e $P = 1{,}00$ bar, $\alpha = 0{,}912$.

5.43 (a) Se $K = 1$, então $\Delta G° = 0$; (b) $T = 978$ K (ou 705°C); (c) Todas as pressões são iguais a 7,50 bar.
(d) $P_{CO} = 7{,}04$ bar; $P_{H_2O} = 5{,}04$ bar; $P_{CO_2}(g) = 8{,}96$ bar; $P_{H_2} = 3{,}96$ bar

5.45 (a)

Halogênio	Energia de dissociação da ligação /$\Delta G_f°$(kJ·mol^{-1})	$\Delta G_f°$/(kJ·mol^{-1})
Flúor	146	19,1
Cloro	230	47,9
Bromo	181	42,8
Iodo	139	5,6

(b)

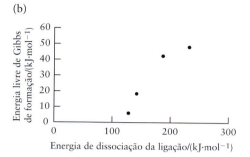

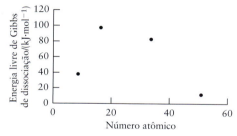

5.47 (a) $K = 4,5 \times 10^{-29}$; (b) A pressão de vapor do bromo é 0,285 bar ou 0,289 atm. (c) $P_{Br} = 3,6 \times 10^{-15}$ bar ou $3,6 \times 10^{-15}$ atm; (d) $V = 0,846$ L ou 846 mL

5.49 (a) $K = 2,77 \times 10^4$; (b) A quantidade de NO$_2$ será maior do que a inicialmente presente, mas menor do que os 3,13 mol·L^{-1} presentes imediatamente após a adição. K_c não é afetada. (c) No equilíbrio,

$[N_2O_4] = 0,64$ mol·L^{-1}; $[NO_2] = 2,67$ mol·L^{-1}.
$$\frac{[NO_2]^2}{[N_2O_4]} = \frac{(2,67)^2}{0,64} = 11,1 \approx K_C$$

Estas concentrações são consistentes com as estimativas em (b).

5.51 Para H$_2$O, $P_{H_2O} = 0,032$ bar ou 24 torr. Para D$_2$O, $P_{D_2O} = 0,028$ bar ou 21 torr.

5.53

Com base no gráfico, fica claro que, quanto maior a constante de equilíbrio, mais sensível ela é à variação da temperatura.

5.55 (a) $K_c = 0,403$; Como K_c é muito pequeno, a quantidade de hidrogênio produzida no equilíbrio não será grande. (b) [CO] = [H$_2$] = 0,364 mol·L^{-1}; [H$_2$O] = 0,330 mol·L^{-1}.

5.57 (a) (i) Mais NO$_2$ se forma. (ii) Mais NO$_2$ se forma. (iii) Não há mudança na quantidade de NO$_2$. (b) 0,242 mols de NO

5.59 (a) $K = 5,6 \times 10^{15}$
Parte (b) O efeito de cada mudança no equilíbrio é:
(a) A quantidade de H$_2$O não varia. (b) A quantidade de SO$_2$ diminui. (c) A quantidade de SO$_2$ diminui. (d) A quantidade de S diminui. (e) A constante de equilíbrio não é afetada. (f) A quantidade de SO$_2$ diminui. (g) A quantidade de SO$_2$ aumenta.

5.61 (a) O equilíbrio se desloca na direção dos reagentes. (b) A compressão do sistema gera pouco ou nenhum efeito. (c) A reação se desloca na direção dos produtos. (d) Elevar a temperatura favorece a formação dos produtos. (e) A reação se desloca na direção dos produtos. (f) Alterar a quantidade de água não afeta a reação. (g) Reduzir a pressão parcial de um reagente (CO$_2$) favorece a produção de reagentes.

5.63 (a) As hibridações do carbono no ácido cítrico são:

$$sp^2 \; C(=O)(OH)-CH_2(sp^3)-C(sp^3)(OH)(CH_2\,sp^3\,C(=O)\,sp^2\,OH)-C(=O)\,sp^2\,OH$$

(b) Sim, os quatro grupos —OH presentes podem participar em ligações hidrogênio; os três oxigênios restantes podem aceitar ligações hidrogênio. (c) Como o ácido cítrico pode formar ligações hidrogênio entre suas próprias moléculas, as forças intermoleculares provavelmente serão intensas e o material será sólido. A capacidade de doar e receber ligações hidrogênio também deve fazer com que ele seja solúvel em água. (d) 100,0 g de uma solução 0,9% NaCl contém 0,9 g de NaCl ($M = 58,44$ g·mol^{-1}), o que representa $1,54 \times 10^{-2}$ mol de NaCl. Se o NaCl se dissocia por completo, a quantidade presente é $3,08 \times 10^{-2}$ mol de soluto em 100,0 mL, o que representa a concentração do soro fisiológico, 0,3 mol·L^{-1}. (e) Para preparar 500,0 mL de uma bebida esportiva isotônica, a molaridade total precisa ser 0,3 mol·L^{-1} (ver a parte d). Isso significa que a quantidade total de soluto necessária é 0,3 mol·L^{-1} × 0,5000 L = 0,15 mol soluto total. A adição de 1,0 g de NaCl aos 500 mL da bebida isotônica explica o 0,034 mol de soluto (o dobro da quantidade de mols de NaCl adicionados), o que mostra que falta 0,116 mol de glicose para atingir a isotonicidade. Como a glicose tem massa molar 180 g·mol^{-1}, além de 1,0 g de NaCl, 21 g de glicose precisam ser adicionados ao volume de 500,0 mL da bebida. (f) 300,0 mL de ácido bórico 1,00% = 300,0 g de solução (supondo que a densidade da solução é 1,00 g·cm^{-3}), significando que existem 3,00 g de B(OH)$_3$ ou $4,85 \times 10^{-2}$ mol^{-1} de B(OH)$_3$ em solução (porque $M_{\text{ácido bórico}} = 61,81$ g·mol^{-1}). Para ser isotônico, o volume de 300,0 mL precisa ter 0,3 mol·L$^{-1} \times (0,3000$ L$) = 0,09$ mol de soluto total. Subtrair a quantidade de ácido bórico presente significa que 0,04 mol de soluto precisa ser adicionado para atingir-se a isotonicidade; como 1 mol de NaCl fornece 2 mols de soluto, 0,02 mol, ou 1,17 g, de NaCl precisa ser adicionado à solução de ácido bórico.

Foco 6

6A.1 (a) CH$_3$NH$_3{}^+$; (b) NH$_2$NH$_3{}^+$; (c) H$_2$CO$_3$; (d) CO$_3{}^{2-}$; (e) C$_6$H$_5$O$^-$; (f) CH$_3$CO$_2{}^-$

6A.3 (a) H$_2$SO$_4$ e HSO$_4{}^-$ formam um par ácido-base conjugados, no qual H$_2$SO$_4$ é o ácido e HSO$_4{}^-$ é a base.
(b) C$_6$H$_5$NH$_3{}^+$ e C$_6$H$_5$NH$_2$ formam um par ácido-base conjugados, no qual C$_6$H$_5$NH$_3{}^+$ é o ácido e C$_6$H$_5$NH$_2$ é a base.
(c) H$_2$PO$_4{}^-$ e HPO$_4{}^{2-}$ formam um par ácido-base conjugados, no qual H$_2$PO$_4{}^-$ é o ácido e HPO$_4{}^{2-}$ é a base.
(d) HCOOH e HCO$_2{}^-$ formam um par ácido-base conjugados, no qual HCOOH é o ácido e HCO$_2{}^-$ é a base.
(e) NH$_2$NH$_3{}^+$ e NH$_2$NH$_2$ formam um par ácido-base conjugados, no qual NH$_2$NH$_3{}^+$ é o ácido e NH$_2$NH$_2$ é a base.

6A.5 (a) Ácido de Brønsted: HNO$_3$; Base de Brønsted: HPO$_4{}^{2-}$; (b) base conjugada para HNO$_3$, NO$_3{}^-$; ácido conjugado para HPO$_4{}^{2-}$, H$_2$PO$_4{}^-$

6A.7 (a) HClO$_3$ (ácido clórico); base conjugada, ClO$_3{}^-$

(b) HNO$_2$ (ácido nitroso); base conjugada, NO$_2{}^-$

6A.9 (a) próton transferido de NH$_4{}^+$ para H$_2$O, NH$_4{}^+$ (ácido), H$_2$O (base); (b) próton transferido de NH$_4{}^+$ para I$^-$, NH$_4{}^+$ (ácido), I$^-$ (base); (c) nenhum próton é transferido; (d) próton transferido de NH$_4{}^+$ para NH$_2{}^-$, NH$_4{}^+$ (ácido), NH$_2{}^-$ (base)

6A.11 (a) HCO$_3{}^-$ como um ácido: HCO$_3{}^-$(aq) + H$_2$O(l) $\rightleftharpoons$ H$_3$O$^+$(aq) + CO$_3{}^{2-}$(aq), HCO$_3{}^-$ (ácido) e CO$_3{}^{2-}$ (base), H$_2$O (base) e H$_3$O$^+$ (ácido); HCO$_3{}^-$ como uma base: H$_2$O(l) + HCO$_3{}^-$(aq) $\rightleftharpoons$ H$_2$CO$_3$(aq) + OH$^-$(aq), HCO$_3{}^-$ (base) e H$_2$CO$_3$ (ácido), H$_2$O (ácido) e OH$^-$ (base); (b) HPO$_4{}^{2-}$ como um ácido: HPO$_4{}^{2-}$(aq) + H$_2$O(l) $\rightleftharpoons$ H$_3$O$^+$(aq) + PO$_4{}^{3-}$(aq), HPO$_4{}^{2-}$ (ácido) e PO$_4{}^{3-}$ (base), H$_2$O (base) e H$_3$O$^+$ (ácido); HPO$_4{}^{2-}$ como uma base. HPO$_4{}^{2-}$(aq) + H$_2$O(l) $\rightleftharpoons$ H$_2$PO$_4{}^-$(aq) + OH$^-$(aq), HPO$_4{}^{2-}$ (base) e H$_2$PO$_4{}^-$ (ácido), H$_2$O (ácido) e OH$^-$ (base)

6A.13 As estruturas de Lewis de (a) e (e) são:

(a) Base de Lewis (b) Ácido de Lewis (c) Base de Lewis

(d) Base de Lewis (e) Base de Lewis

6A.15 (a)

Ácido de Lewis Base de Lewis Produto

(b)

Ácido de Lewis Base de Lewis Produto

6A.17 (a) básico; (b) ácido; (c) anfotérico; (d) anfotérico

6A.19 (a) [OH$^-$] = $5,0 \times 10^{-13}$ mol·L^{-1};
(b) [OH$^-$] = $1,0 \times 10^{-9}$ mol·L^{-1};
(c) [OH$^-$] = $3,2 \times 10^{-12}$ mol·L^{-1}

6A.21 (a) [H$_3$O$^+$] = $1,4 \times 10^{-7}$ mol·L^{-1}
(b) [OH$^-$] = [H$_3$O$^+$] = $1,4 \times 10^{-7}$ mol·L^{-1}

6A.23 [Ba(OH)$_2$]$_0$ = $2,5 \times 10^{-2}$ mol·L^{-1} = [Ba^{2+}]; [OH$^-$] = $5,0 \times 10^{-2}$ mol·L^{-1}; [H$_3$O$^+$] = $2,0 \times 10^{-13}$ mol·L^{-1}

6B.1 ΔpH = 0,92

6B.3 (a) pH da solução desejada = 1,6. (b) pH real = 1,7

6B.5 (a) pH = 1,84, pOH = 12,16;
(b) pH = 0,96, pOH = 13,04;
(c) pOH = 1,74, pH = 12,26;
(d) pOH = 3,15, pH = 10,85;
(e) pOH = 3,01, pH = 10,99;
(f) pH = 4,28, pOH = 9,72

6B.7 (a) [H$_3$O$^+$] = 5×10^{-4} mol·L^{-1};
(b) [H$_3$O$^+$] = 2×10^{-7} mol·L^{-1};
(c) [H$_3$O$^+$] = 4×10^{-5} mol·L^{-1};
(d) [H$_3$O$^+$] = 5×10^{-6} mol·L^{-1}

6B.9 (a)

	[H$_3$O$^+$]/(mol·L^{-1})	[OH$^-$]/(mol·L^{-1})	pH	pOH
(i)	**1,50**	$1,50 \times 10^{-14}$	0,176	13,824
(ii)	$1,50 \times 10^{-14}$	**1,50**	13,824	0,176
(iii)	0,18	$5,6 \times 10^{-14}$	**0,75**	13,25
(iv)	$5,6 \times 10^{-14}$	0,18	13,25	**0,75**

(b) (ii) < (iv) < (iii) < (i)

6B.11 (a) (i) [OH$^-$] = 0,18 mol·L^{-1}; (ii) [OH$^-$] = 18 mol·L^{-1}; (b) 110 gramas de Na$_2$O

6C.1 (i) HClO$_2$
(a) HClO$_2$(aq) + H$_2$O(l) $\rightleftharpoons$ H$_3$O$^+$(aq) + ClO$_2{}^-$(aq)

$K_a = \dfrac{[\text{H}_3\text{O}^+][\text{ClO}_2{}^-]}{[\text{HClO}_2]}$

(b) ClO$_2{}^-$(aq) + H$_2$O(l) $\rightleftharpoons$ HClO$_2$(aq) + OH$^-$(aq)

Respostas dos exercícios ímpares   **R37**

$$K_b = \frac{[HClO_2][OH^-]}{[ClO_2^-]}$$

(ii) HCN
(a) $HCN(aq) + H_2O(l) \rightleftharpoons H_3O^+(aq) + CN^-(aq)$

$$K_a = \frac{[H_3O^+][CN^-]}{[HCN]}$$

(b) $CN^-(aq) + H_2O(l) \rightleftharpoons HCN(aq) + OH^-(aq)$

$$K_b = \frac{[HCN][OH^-]}{[CN^-]}$$

(iii) C_6H_5OH
(a) $C_6H_5OH(aq) + H_2O(l) \rightleftharpoons H_3O^+(aq) + C_6H_5O^-(aq)$

$$K_a = \frac{[H_3O^+][C_6H_5O^-]}{[C_6H_5OH]}$$

(b) $C_6H_5O^-(aq) + H_2O(l) \rightleftharpoons C_6H_5OH(aq) + OH^-(aq)$

$$K_b = \frac{[C_6H_5OH][OH^-]}{[C_6H_5O^-]}$$

6C.3 (a)

Ácido	pK_{a1}	K_{a1}
(i) H_3PO_4	2,12	$7,6 \times 10^{-3}$
(ii) H_3PO_3	2,00	$1,0 \times 10^{-2}$
(iii) H_2SeO_3	2,46	$3,5 \times 10^{-3}$
(iv) $HSeO_4^-$	1,92	$1,2 \times 10^{-2}$

(b) $H_2SeO_3 < H_3PO_4 < H_3PO_3 < HSeO_4^-$

6C.5 HCO_2^- $pK_b = pK_w - pK_a = 14,0 - 3,75 = 10,25$

6C.7 $(CH_3)_2NH_2^+$ $(14,00 - 3,27 = 10,73) < {}^+NH_3OH$ $(14,00 - 7,97 = 6,03) < HNO_2 (3,37) < HClO_2 (2,00)$

6C.9 F^- $(14,00 - 3,45 = 10,55) < CH_3CO_2^-$ $(14,00 - 4,75 = 9,25) < C_5H_5N (8,75) \ll NH_3 (4,75)$

6C.11 O 2,4,6-tricloro-fenol é o ácido mais forte.

6C.13 (1) arilaminas < amônia < alquilaminas; (2) metil < etil < etc.

6C.15 HIO_3 é o ácido mais forte, com o menor pK_a.

6C.17 O íon hipobromito é uma base mais forte.

6C.19 (a) HCl é mais forte; (b) $HClO_2$ é mais forte; (c) $HClO_2$ é mais forte; (d) $HClO_4$ é mais forte; (e) HNO_3 é mais forte; (f) H_2CO_3 é mais forte

6C.21 (a) O acido tricloro-acético é o ácido mais forte. (b) O ácido fórmico é um ácido ligeiramente mais forte do que o ácido acético.

6D.1 (a) pH = 2,72; pOH = 11,28; % de desprotonação = 0,95%;
(b) pH = 0,85; pOH = 13,15; % de desprotonação = 70%;
(c) pH = 2,22; pOH = 11,78; % de desprotonação = 3,0%;
(d) A acidez aumenta quando os átomos de hidrogênio no grupo metila do ácido acético são substituídos por átomos com eletronegatividade maior.

6D.3 (a) $K_a = 0,09; pK_a = 1,0$; (b) $K_b = 5,6 \times 10^{-4}; pK_b = 3,25$

6D.5 (a) pOH = 3,00; pH = 11,00; porcentagem de desprotonação = 1,8%;

(b) pOH = 4,38; pH = 9,62; porcentagem de desprotonação = 0,026%;
(c) pOH = 2,32; pH = 11,68; porcentagem de desprotonação = 1,4%;
(d) pOH = 3,96; pH = 10,04; porcentagem de desprotonação = 2,5%

6D.7 (a) $[HClO] = 0,021$ mol·L^{-1};
(b) $[NH_2NH_2] = 1,5 \times 10^{-2}$ mol·L^{-1}

6D.9 pH = 2,58; $K_a = 6,5 \times 10^{-5}$

6D.11 (a) menor que 7; (b) maior que 7; (c) maior que 7; (d) neutro; (e) menor que 7; (f) menor que 7

6D.13 A ordem crescente de pH da solução é (c) < (a) < (b) < (d).

6D.15 (a) pH = 5,00; (b) pH = 3,06

6D.17 (a) pH = 9,28; (b) pH = 11,56

6D.19 pH = 5,42

6D.21 A formula do ácido é HBrO.

6E.1 pH = 0,80

6E.3 (a) pH = 4,18; (b) pH = 1,28; (c) pH = 3,80

6E.5 (a) pH = 4,37; (b) pH = 4,37.

6E.7 (a) pH = 4,55; (b) pH = 6,17

6E.9 $[H_2CO_3] = 0,0455$ mol·L^{-1};
$[H_3O^+] = [HCO_3^-] = 1,4 \times 10^{-4}$ mol·L^{-1};
$[CO_3^{2-}] = 5,6 \times 10^{-11}$ mol·L^{-1},
$[OH^-] = 7,1 \times 10^{-11}$ mol·L^{-1}.

6E.11 $[H_2CO_3] = 2,3 \times 10^{-8}$ mol·L^{-1};
$[OH^-] = [HCO_3^-] = 0,0028$ mol·L^{-1};
$[CO_3^{2-}] = 0,0428$ mol·L^{-1},
$[H_3O^+] = 3,6 \times 10^{-12}$ mol·L^{-1}.

6E.13 $[HSO_3^-] = 0,14$ mol·L^{-1}; $[H_2SO_3] = 3,2 \times 10^{-5}$ mol·L^{-1}; $[SO_3^{2-}] = 0,0054$ mol·L^{-1}

6E.15 (a) pH = 6,54; (b) pH = 2,12; (c) pH = 1,49

6E.17 $[H_3PO_4] = 6,4 \times 10^{-3}$ mol·L^{-1},
$[H_2PO_4^-] = 8,6 \times 10^{-3}$ mol·L^{-1},
$[HPO_4^{2-}] = 9,5 \times 10^{-8}$ mol·L^{-1},
$[PO_4^{3-}] = 3,5 \times 10^{-18}$ mol·L^{-1}.

6F.1 pH = 6,174

6F.3 pH = 7,205

6F.5 $[HA]_{inicial} = 1,0 \times 10^{-6}$ mol·L^{-1}

6F.7 pH = 5,04; o pH não muda

6F.9 (a) pH = 6,69; pH = 7,22; (b) pH = 6,64; pH = 6,92

6G.1 (a) Quando o acetato de sódio sólido é adicionado a uma solução de ácido acético, a concentração de H_3O^+ diminui. (b) A porcentagem de ácido benzoico que é desprotonada aumenta. (c) A concentração de OH^- diminui.

6G.3 (a) pH = $pK_a = 3,52$, $K_a = 3,02 \times 10^{-4}$; (b) pH = 3,22

6G.5 (a) $[H_3O^+] = 6,1 \times 10^{-10}$ mol·L^{-1};
(b) $[H_3O^+] = 1,7 \times 10^{-11}$ mol·L^{-1};
(c) $[H_3O^+] = 2,5 \times 10^{-10}$ mol·L^{-1};
(d) $[H_3O^+] = 5,9 \times 10^{-9}$ mol·L^{-1}

6G.7 (a) pH = 1,62, pOH = 12,38;
(b) pH = 1,22, pOH = 12,78;
(c) pH = $pK_a = 1,92$, pOH = 12,08

6G.9 (a) pH = 9,46; (b) pH = 9,71;
(c) pH = $pK_a = 9,31$

6G.11 (a) pH = 4,75 (pH inicial); pH = 6,3 (após a adição de NaOH); ΔpH = 1,55; (b) pH = 4,75 (pH inicial); pH = 4,58 (após a adição de NaOH); ΔpH = $-0,17$

6G.13 $\Delta pH = 1{,}16$

6G.15 $\dfrac{[ClO^-]}{[HClO]} = 9{,}3 \times 10^{-2}$

6G.17 (a) $pK_a = 3{,}08$; faixa de pH 2–4; (b) $pK_a = 4{,}19$; faixa de pH 3–5; (c) $pK_{a3} = 12{,}68$; faixa de pH 11,5–13,5; (d) $pK_{a2} = 7{,}21$; faixa de pH 6–8; (e) $pK_b = 7{,}97$, $pK_a = 6{,}03$; faixa de pH 5–7

6G.19 (a) $HClO_2$ e $NaClO_2$, $pK_a = 2{,}00$;
(b) NaH_2PO_4 e Na_2HPO_4, $pK_{a2} = 7{,}21$;
(c) $CH_2ClCOOH$ e $NaCH_2ClCO_2$, $pK_a = 2{,}85$;
(d) Na_2HPO_4 e Na_3PO_4, $pK_a = 12{,}68$

6G.21 (a) $\dfrac{[CO_3^{2-}]}{[HCO_3^-]} = 5{,}6$; (b) 77 g K_2CO_3; (c) 1,8 g $KHCO_3$; (d) $2{,}8 \times 10^2$ mL

6H.1 (a) A curva de nitração é (ver o Exemplo 6H.1 para os cálculos):

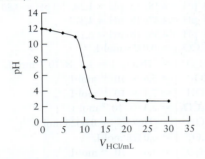

(b) 10,0 mL; (c) 5,00 mL

6H.3 (a) $9{,}17 \times 10^{-3}$ L HCl(aq); (b) 0,0183 L; (c) $[Na^+] = 0{,}0635$ mol·L^{-1}; (d) pH = 2,25

6H.5 (a) pOH = $-\log(0{,}110) = 0{,}959$, pH = $14{,}00 - 0{,}959 = 13{,}4$; (b) pH = 12,82; (c) pH = 12,55; (d) pH = 7,00; (e) pH = 1,80; (f) pH = 1,55

6H.7 porcentagem de pureza = 79,4%

6H.9 pH = $14 - 5{,}77 = 8{,}23$

6H.11 (a) 234 g·mol^{-1}; (b) $pK_a = 3{,}82$

6H.13 (a) pH inicial = 2,89; (b) pH = 4,56; (c) 25,0 mL de NaOH são necessários para atingir-se o ponto estequiométrico, e 12,5 mL de NaOH são necessários para chegar à metade do percurso ao ponto estequiométrico; (d) pH = $pK_a = 4{,}75$; (e) 25,0 mL; (f) pH = 8,72

6H.15 No ponto em que 50% da base fraca é neutralizada com um ácido fraco.

6H.17 (a) pH inicial = 11,20; (b) pH = 8,99; (c) 11. mL; (d) pH = 9,25; (e) 22 mL; (f) pH = 5,24; (g) o vermelho de metila é adequado para esta titulação.

6H.19 (a) O ácido é fraco; (b) $[H_3O^+] = 1 \times 10^{-5}$ mol·L^{-1}; (c) $K_a = 3 \times 10^{-8}$; (d) $[HA]_{inicial} = 3 \times 10^{-3}$ mol·L^{-1}; (e) $[B] = 8 \times 10^{-3}$ M; (f) a fenolftaleína é um indicador adequado.

6H.21 A fenolftaleína e o azul de timol; os outros não.

6H.23 Para o Exercício 6H.9 e o Exercício 6H.14, o azul de timol ou a fenolftaleína.

6H.25 (a) 0,0374 L ou 37,4 mL; (b) 74,8 mL; (c) 112 mL

6H.27 (a) 0,0220 L ou 22,0 mL; (b) 44,0 mL

6H.29 (a)

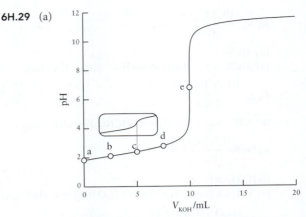

(b) primeiro ponto estequiométrico: (c) = 5,0 mL; segundo ponto estequiométrico: (e) = 10. mL; (c) primeiro ponto estequiométrico: pH = 2,39; segundo ponto estequiométrico: pH = 7,04

6H.31 (a) pH = 1,89; (b) pH = 2,42; (c) pH = 5,91

6H.33 (a) pH = 4,66; (b) pH = 2,80; (c) pH = 7,21

6I.1 (a) $K_{ps} = 7{,}7 \times 10^{-13}$; (b) $K_{ps} = 1{,}7 \times 10^{-14}$; (c) $K_{ps} = 5{,}3 \times 10^{-3}$; (d) $K_{ps} = 6{,}9 \times 10^{-9}$

6I.3 $K_{ps} = 1{,}0 \times 10^{-12}$

6I.5 (a) $S = 1{,}30 \times 10^{-5}$ mol·L^{-1}; (b) $S = 1{,}0 \times 10^{-3}$ mol·L^{-1}; (c) $S = 9{,}3 \times 10^{-5}$ mol·L^{-1}

6I.7 (a) $S = 8{,}0 \times 10^{-10}$ mol·L^{-1};
(b) $S = 1{,}2 \times 10^{-16}$ mol·L^{-1};
(c) $S = 4{,}6 \times 10^{-3}$ mol·L^{-1};
(d) $S = 1{,}3 \times 10^{-6}$ mol·L^{-1}

6I.9 (a) $S = 1{,}0 \times 10^{-12}$ mol·L^{-1};
(b) $S = 3{,}1 \times 10^{-5}$ mol·L^{-1};
(c) $S = 2{,}0 \times 10^{-3}$ mol·L^{-1};
(d) $S = 0{,}20$ mol·L^{-1}

6I.11 $S = 2{,}0 \times 10^{-3}$ mol·L^{-1}

6J.1 (a) $[Ag^+] = 1{,}6 \times 10^{-5}$ mol·L^{-1};
(b) $2{,}7 \times 10^2$ μg $AgNO_3$

6J.3 (a) pH = 6,00; (b) pH = 6,18

6J.5 (a) precipita porque $Q_{ps}(2 \times 10^{-7}) > K_{ps}(1{,}6 \times 10^{-10})$;
(b) não precipita porque $Q_{ps}(1 \times 10^{-11})$, $K_{ps}(1{,}6 \times 10^{-5})$

6J.7 (a) a ordem de precipitação é $Ni(OH)_2$, $Mg(OH)_2$, $Ca(OH)_2$; (b) pH = $14{,}00 - 1{,}13 = 12{,}87$

6J.9 CO_3^{2-} é a melhor escolha de ânion.

6J.11 $[Pb^{2+}] = 1{,}8 \times 10^{-9}$ mol·L^{-1}

6J.13 (a) $K = K_{ps} \cdot K_b^2 = 3{,}4 \times 10^{-32}$;
(b) (i) $2{,}0 \times 10^{-4}$ mol·L^{-1}; (ii) 4×10^{-4} mol·L^{-1}

6J.15 Os dois sais podem ser diferenciados com base em suas solubilidades em NH_3.

6J.17 Na análise qualitativa, a amostra precisa ser dissolvida, digerindo-a com HNO_3 concentrado e então diluindo a solução obtida. À amostra dissolvida e diluída adiciona-se íons cloreto, o que faz precipitar Ag^+ como AgCl, mas o bismuto e o níquel permaneceriam em solução, enquanto esta for ácida. A solução restante pode então ser tratada com H_2S. Em solução ácida, Bi_2S_3 precipita, NiS não. Uma vez que Bi_2S_3 tenha precipitado, o pH da solução pode ser elevado com a adição de base. Com isso, o NiS precipita.

6K.1 (a) Cr é reduzido de $+6$ a $+3$; C é oxidado de -2 a -1;
(b) $C_2H_5OH(aq) \rightarrow C_2H_4O(aq) + 2\,H^+(aq) + 2\,e^-$;
(c) $Cr_2O_7{}^{2-}(aq) + 14\,H^+(aq) + 6\,e^- \rightarrow$
$$2\,Cr^{3+}(aq) + 7\,H_2O(l);$$
(d) $8\,H^+(aq) + Cr_2O_7{}^{2-}(aq) + 3\,C_2H_5\,OH(aq) \rightarrow$
$$2\,Cr^{3+}(aq) + 3\,C_2H_4\,O(aq) + 7\,H_2O(l)$$

6K.3 (a) $4\,Cl_2(g) + S_2O_3{}^{2-}(aq) + 5\,H_2O(l) \rightarrow 8\,Cl^-(aq) +$
$2\,SO_4{}^{2-}(aq) + 10\,H^+(aq)$; Cl_2 é o agente oxidante e
$S_2O_3{}^{2-}$ é o agente redutor.

(b) $2\,MnO_4{}^-(aq) + H^+(aq) + 5\,H_2SO_3(aq) \rightarrow 2\,Mn^{2+}(aq)$
$+ 3\,H_2O(l) + 5\,HSO_4{}^-(aq)$; é o agente oxidante e H_2SO_3
é o agente redutor.
(c) $Cl_2(g) + H_2S(aq) \rightarrow 2\,Cl^-(aq) + S(s) + 2\,H^+(aq)$;
é o agente oxidante e H_2S é o agente redutor.
(d) $Cl_2(g) + H_2O(l) \rightarrow HOCl(aq) + Cl^-(aq) + H^+(aq)$;
Cl_2 é agente oxidante e agente redutor.

6K.5 (a) $3\,O_3(g) + Br^-(aq) \rightarrow 3\,O_2(g) + BrO_3{}^-(aq)$; é o
agente oxidante e Br^- é o agente redutor.
(b) $3\,Br_2(l) + 6\,OH^-(aq) \rightarrow 5\,Br^-(aq) + BrO_3{}^-(aq) + 3\,H_2O(l)$;
é o agente oxidante e o agente redutor.
(c) $2\,Cr^{3+}(aq) + 4\,OH^-(aq) + 3\,MnO_2(s) \rightarrow 2\,CrO_4{}^{2-}(aq)$
$+ 2\,H_2O(l) + 3\,Mn^{2+}(aq)$; é o agente redutor e MnO_2 é
o agente oxidante;
(d) $P_4(s) + 3\,OH^-(aq) + 3\,H_2O(l) \rightarrow 3\,H_2PO_2{}^-(aq) +$
$PH_3(g)$; é agente oxidante e agente redutor.

6K.7 meias-reações: $NO_3{}^-(aq) + 4\,H^+(aq) + 3\,e^- \rightarrow$
$$NO(aq) + 2\,H_2O(l)$$

$$P_4S_3(aq) + 28\,H_2O(l) \rightarrow$$
$$4\,H_3PO_4(aq) + 3\,SO_4{}^{2-}(aq) + 44\,H^+(aq) + 38\,e^-;$$

reação total: $3\,P_4S_3(aq) + 38\,NO_3{}^-(aq) + 20\,H^+(aq) +$
$8\,H_2O(l) \rightarrow 12\,H_3PO_4(aq) + 9\,SO_4{}^{2-}(aq) + 38\,NO(g)$

6L.1 (a) $-2,08 \times 10^5$ J·mol^{-1};   (b) $7,47 \times 10^5$ J·mol^{-1}

6L.3 (a) anodo: $Ni(s) \rightarrow Ni^{2+}(aq) + 2\,e^-$,
catodo: $Ag^+(aq) + e^- \rightarrow Ag(s)$;
total: $2\,Ag^+(aq) + Ni(s) \rightarrow 2\,Ag(s) + Ni^{2+}(aq)$;
(b) anodo: $H_2(g) \rightarrow 2\,H^+(aq) + 2\,e^-$;
catodo: $Cl_2(g) + 2\,e^- \rightarrow 2\,Cl^-(aq)$;
total: $Cl_2(g) + H_2(g) \rightarrow 2\,H^+(aq) + 2\,Cl^-(aq)$;
(c) anodo: $Cu(s) \rightarrow Cu^{2+}(aq) + 2\,e^-$,
catodo: $Ce^{4+}(aq) + e^- \rightarrow Ce^{3+}(aq)$;
total: $2\,Ce^{4+}(aq) + Cu(s) \rightarrow Cu^{2+}(aq) + 2\,Ce^{3+}(aq)$;
(d) anodo: $2\,H_2O(l) \rightarrow O_2(g) + 4\,H^+(aq) + 4\,e^-$;
catodo: $O_2(g) + 2\,H_2O(l) + 4\,e^- \rightarrow 4\,OH^-(aq)$;
total: $H_2O(l) \rightarrow H^+(aq) + OH^-(aq)$;
(e) anodo: $Sn^{2+}(aq) \rightarrow Sn^{4+}(aq) + 2\,e^-$;
catodo: $Hg_2Cl_2(s) + 2\,e^- \rightarrow 2\,Hg(l) + 2\,Cl^-(aq)$;
total: $Sn^{2+}(aq) + Hg_2Cl_2(s) \rightarrow$
$$2\,Hg(l) + 2\,Cl^-(aq) + Sn^{4+}(aq)$$

6L.5 (a) anodo: $Zn(s) \rightarrow Zn^{2+}(aq) + 2\,e^-$,
catodo: $Ni^{2+}(aq) + 2\,e^- \rightarrow Ni(s)$;
total: $Ni^{2+}(aq) + Zn(s) \rightarrow Ni(s) + Zn^{2+}(aq)$;
$Zn(s)|Zn^{2+}(aq)||Ni^{2+}(aq)|Ni(s)$;
(b) anodo: $2\,I^-(aq) \rightarrow 2\,e^- + I_2(s)$,
catodo: $Ce^{4+}(aq) + e^- \rightarrow Ce^{3+}(aq)$;

total: $2\,I^-(aq) + 2\,Ce^{4+}(aq) \rightarrow 2\,Ce^{3+}(aq) + I_2(s)$;
$Pt(s)|I^-(aq)|I_2(s)||Ce^{4+}(aq), Ce^{3+}(aq)|Pt(s)$;
(c) anodo: $H_2(g) \rightarrow 2\,H^+(aq) + 2\,e^-$,
catodo: $Cl_2(g) + 2\,e^- \rightarrow 2\,Cl^-(aq)$;
total: $H_2(g) + Cl_2(g) \rightarrow 2\,HCl(aq)$;
$Pt(s)|H_2(g)|H^+(aq)||Cl^-(aq)|Cl_2(g)|Pt(s)$;
(d) anodo: $Au(s) \rightarrow Au^{3+}(aq) + 3\,e^-$,
catodo: $Au^+(aq) + e^- \rightarrow Au(s)$;
total: $3\,Au^+(aq) \rightarrow 2\,Au(s) + Au^{3+}(aq)$,
$Au(s)|Au^{3+}(aq)||Au^+(aq)|Au(s)$

6L.7 (a) anodo: $Ag(s) + Br^-(aq) \rightarrow AgBr(s) + e^-$;
catodo: $Ag^+(aq) + e^- \rightarrow Ag(s)$;
$Ag(s)|AgBr(s)|Br^-(aq)||Ag^+(aq)|Ag(s)$;
(b) anodo: $4\,OH^-(aq) \rightarrow O_2(g) + 2\,H_2O(l) + 4\,e^-$;
catodo: $O_2(g) + 4\,H^+(aq) + 4\,e^- \rightarrow 2\,H_2O(l)$;
$Pt(s)|O_2(g)|OH^-(aq)||H^+(aq)|O_2(g)|Pt(s)$;
(c) anodo: $Cd(s) + 2\,OH^-(aq) \rightarrow Cd(OH)_2(s) + 2\,e^-$;
catodo: $Ni(OH)_3(s) + e^- \rightarrow Ni(OH)_2(s) + OH^-(aq)$;
$Cd(s)|Cd(OH)_2(s)|KOH(aq)||Ni(OH)_3(s)|Ni(OH)_2(s)|Ni(s)$

6L.9 (a) anodo: $Fe^{2+}(aq) \rightarrow Fe^{3+}(aq) + e^-$;
catodo: $MnO_4{}^-(aq) + 8\,H^+(aq) + 5\,e^- \rightarrow$
$$Mn^{2+}(aq) + 4\,H_2O(l);$$

(b)
$MnO_4{}^-(aq) + 5\,Fe^{2+}(aq) + 8\,H^+(aq) \rightarrow$
$$Mn^{2+}(aq) + 5\,Fe^{3+}(aq) + 4\,H_2O(l)$$
$Pt(s) \mid Fe^{3+}(aq), Fe^{2+}(aq) \mid\mid H^+(aq),$
$$MnO_4{}^-(aq), Mn^{2+}(aq) \mid Pt(s)$$

6M.1 $-0,349$ V

6M.3 (a) $+0,75$ V; (b) $+0,37$ V; (c) $+0,52$ V; (d) $+1,52$ V

6M.5 (a) $E_{célula}° = +0,17$ V; $\Delta G_r° = -98$ kJ·mol^{-1};
$Hg(l) \mid Hg_2{}^{2+}(aq) \mid\mid NO_3{}^-(aq), H^+(aq) \mid O(g) \mid Pt(s)$;
(b) não espontânea;
(c) $E_{célula}° = +0,36$ V; $\Delta G_r° = -208$ kJ·mol^{-1};
$Pt(s) \mid Pu^{3+}(aq), Pu^{4+}(aq) \mid\mid Cr_2O_7{}^{2-}(aq),$
$$Cr^{3+}(aq), H^+(aq) \mid Pt(s)$$

6M.7 (a) $Cu < Fe < Zn < Cr$; (b) $Mg < Na < K < Li$;
(c) $V < Ti < Al < U$; (d) $Au < Ag < Sn < Ni$

6M.9 $-1,50$ V

6M.11 (a) agente oxidante: Co^{2+}; agente redutor: Ti^{2+};
$Pt(s) \mid Ti^{2+}(aq), Ti^{3+}(aq) \mid Co^{2+}(aq) \mid Co(s), +0,09$ V;
(b) agente oxidante: U^{3+}; agente redutor: La;
$La(s) \mid La^{3+}(aq) \mid U^{3+}(aq) \mid U(s), +0,73$ V;
(c) agente oxidante: Fe^{3+}; agente redutor: H_2;
$Pt(s) \mid H_2(g) \mid H^+(aq) \mid Fe^{2+}(aq), Fe^{3+}(aq) \mid Pt(s), +0,77$ V;
(d) agente oxidante: O^3; agente redutor: Ag;
$Ag(s) \mid Ag^+(aq) \mid OH^-(aq) \mid O_3(g), O_2(g) \mid Pt(s), +0,44$ V

6M.13 (a) $Cl_2(g), +0,27$ V; (b) e (c) não favorece a formação dos
produtos; (d) $NO_3{}^-(aq), +1,56$ V

6N.1 (a) 6×10^{-16}; (b) 1×10^4

6N.3 (a) $+0,067$ V; (b) $+0,51$ V; (c) $-1,33$ V; (d) $+0,31$ V

6N.5 (a) pH = 1,0; (b) $[Cl^-] = 10^{-1}$ mol·L^{-1}

6N.7 (a) $+0,030$ V; (b) $+0,06$ V

6N.9 pH = 2,25

6N.11 (a) $K_{ps} = 1,2 \times 10^{-17}$. (b) O valor calculado é 10 vezes
maior do que o valor determinado experimentalmente
$(1,3 \times 10^{-18})$.

6N.13 (a) $Q = 10^6$, $Pb^{4+}(aq) + Sn^{2+}(aq) \to Pb^{2+}(aq) + Sn^{4+}(aq)$;
(b) $Q = 1,0$, $2 Cr_2O_7^{2-}(aq) + 16 H^+(aq) \to 4 Cr^{3+}(aq) + 8 H_2O(l) + 3 O_2(g)$

6N.15 +0,3 V

6N.17 sim; 8,4 kJ por mol de Ag

6N.19 (a) −0,27 V; (b) +0,07 V

6N.21 (a) $Fe_2O_3 \cdot H_2O$; (b) H_2O e O_2 oxidam o ferro conjuntamente. (c) A água é mais condutora quando contém íons dissolvidos; logo, a velocidade da corrosão aumenta.

6N.23 (a) alumínio ou magnésio; (b) custo, disponibilidade e toxicidade dos produtos no meio ambiente; (c) o Fe pode atuar como anodo de uma célula eletroquímica se Cu^{2+} ou Cu^+ estiverem presentes; portanto, ele pode ser oxidado no ponto de contato. A água contendo íons dissolvidos atua como eletrólito.

6O.1 (a) catodo: $Ni^{2+}(aq) + 2 e^- \to Ni(s)$;
(b) anodo: $2 H_2O(l) \to O_2(g) + 4 H^+(aq) + 4 e^-$;
(c) +1,46 V

6O.3 (a) água; (b) água; (c) Ni^{2+}; (d) Al^{3+}

6O.5 (a) 3,3 g; (b) 0,54 L; (c) 0,94 g

6O.7 (a) 27 h; (b) 0,44 g

6O.9 (a) 1,1 A; (b) 0,40 A

6O.11 +2

6O.13 (a) anodo; (b) 0,134 mol; (c) pH = 0,17

6O.15 (a) 57,4%; (b) AgBr

6.1 (a) O ácido (1) é forte; (b) O ácido (3) tem a base mais forte; (c) O ácido (3) tem o maior valor de pK_a.

6.3 $\Delta H_r° = 1,3 \times 10^2$ J·mol^{-1}

6.5 (a) A reação é: $H_2O_2(g) + SO_3(g) \to H_2SO_5(g)$
(b) H_2O_2, H—Ö—Ö—H
SO_3, :Ö::S::Ö: :Ö:
H_2SO_5, H—Ö—S(=O)(=O)—Ö—Ö—H
(c) H_2O_2 = Base de Lewis; SO_3 = Ácido de Lewis

6.7 (a) NaC_2HO_4
(b) [:Ö—C(=Ö)—C(=Ö)—Ö—H]$^-$
(c) A substância dissolvida é o oxalate de sódio, anfiprótico; pH = 2,7

6.9 (a) O ácido nitroso atua como ácido forte. (b) A amônia atua como base forte.

6.11 $K = \dfrac{K_a(HNO_2) \times K_b(NH_3)}{K_w}$; $K = 7,7 \times 10^5$

6.13 A estrutura de Lewis do ácido bórico é

H—Ö—B(—Ö—H)—Ö—H   Ácido bórico
[H—Ö—B(—Ö—H)—Ö—H]$^-$ Base conjugada

O $B(OH)_3$ é um ácido fraco porque não tem um sistema conjugado que deslocalize os elétrons no oxigênio para enfraquecer a ligação O—H. (b) Nessa reação, o ácido bórico atua como ácido de Lewis.

6.15 $K = 6,9 \times 10^{-4}$

6.17 (a) $D_2O + D_2O \rightleftharpoons D_3O^+ + OD^-$; (b) $pK_{hw} = 14,870$;
(c) $[D_3O^+] = [OD^-] = 3,67 \times 10^{-8}$ mol·L^{-1};
(d) pD = 7,435 = pOD; (e) pD + pOD = pK_{hw} = 14,870

6.19 (a) O H^+ no ácido láctico pode interagir com HbO_2^- para produzir HHb e a concentração de HbO_2^- será menor nos tecidos. (b) A concentração de HbO_2^- diminui.

6.21 (a) Dois prótons podem ser aceitos.
(b) [estruturas com grupos NH_2^+ e NH em anéis pirimidínicos com grupo metila]
(c) Cada um dos dois grupos nitro- terá comportamento anfiprótico em solução aquosa (pode aceitar ou doar um próton).

[estrutura com NH* marcados]

6.23 A solução tampão inicial precisa conter ao menos 0,026 mol de CH_3COOH e 0,026 mol de $NaCH_3CO_2$. A concentração da solução inicial será então 0,260 M tanto no ácido acético quanto no acetato de sódio.

6.25 (a) pH = pK_{a1} = 2,8; (b) pH = pK_{a2} = 5,7; (c) Em pH = 4,2, $HOOCCH_2CO_2^-$ é a espécie predominante.

6.27 $2,2 \times 10^{-3}$ M

6.29 (a) $[CO_3^{2-}] = 0,0796$ mol·L^{-1} CO_3^{2-}
(b)

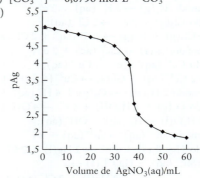

No ponto estequiométrico, pAg = 3,94.

6.31 Amigo 1: Supondo que todo o CO_2 tenha escapa do estômago, o pH no órgão será 7,00; Amigo 2: pH = 13,64

6.33 $\Delta G_f°(PbF_2, s) = -345,65$ kJ·mol^{-1}

6.35 (a) pH = 4,93; (b) massa de NaOH = 2,08 g NaOH

6.37 $[N]/[HN^+] = 10^{-1,55} = 2,8 \times 10^{-2}$

6.39 (a) 3×10^{-18} mol $CO_2(aq)$; (b) ΔpH = −0,3

6.41 Como $Q_{ps}(CaF_2) < K_{ps}(CaF_2)$, o CaF_2 não precipita nessa condição.
6.43 (a) $E_{célula}$; (b) ambos; (c) nenhum; (d) $E_{célula}°$; (e) E
6.45 Al, Zn, Fe, Co, Ni, Cu, Ag, Au
6.47 $-0,92$ V
6.49 $+0,14$ V
6.51 Um eletrólito com carga negativa se dirige do catodo para o anodo.
6.53 (a) A redução ocorre no eletrodo com a maior concentração, que seria o eletrodo de cromo em contato com a solução 1,0 M em $CrCl_3$(aq). (b) A diluição da concentração no anodo aumenta o potencial da célula; (c) A formação de $Cr(OH)_3$ insolúvel diminui a concentração de Cr^{3+} e, portanto, diminui o potencial da célula. (d) Sem efeito
6.55 (a) $1,0 \times 10^{-2}$ M; $8,5 \times 10^{-17}$
6.57 $2,5 \times 10^{-3}$
6.59 (a) $E_2° = E_1° + \Delta S_r°(T_2 - T_1)/n_rF$; (b) $+1,18$ V
6.61 0,08 V a 0,09 V
6.63 pH = 12
6.65 $+0,828$ V a $-0,828$ V
6.67 (a) Um gráfico do potencial da célula, $E_{célula}$, vs. ln $[Ag^+]_{anodo}$ seria uma reta com inclinação positiva;
(b) inclinação = 0,025 693 V, correspondendo a $\frac{RT}{n_rF}$, consistente;
(c) O intercepto y é $E_{célula}°$, e para todas as células de concentração, $E_{célula}° = 0$,
6.69 4×10^{-9}
6.71 0,205 A
6.73 (a) oxidação/anodo: $6\ OH^-(aq) + 2\ Al(s) \rightarrow 2\ Al(OH)_3(aq) + 6\ e^-$;
redução/catodo: $3\ H_2O(l) + \frac{3}{2}O_2(g) + 6\ e^- \rightarrow 6\ OH^-(aq)$;
(b) $+2,06$ V
6.75 (a) $Pb(s) + PbO_2(s) + 2\ HSO_4^-(aq) + H^+(aq) \rightarrow PbSO_4(s) + 2\ H_2O(l)$;
(b) aumenta; diminui; permanece igual
6.77 (a) KOH(aq)/HgO(s); (b) HgO(s);
(c) $HgO(s) + Zn(s) \rightarrow Hg(l) + ZnO(s)$
6.79 100 A
6.81 (a) (i) $E^* = 0 - 0,41$ V $= -0,41$ V;
(ii) $E^* = +0,96$ V $- 0,55$ V $= +0,41$ V;
(b) $E^* = -0,099$ V $- 0,207$ V $= -0,31$ V
(c) (d)

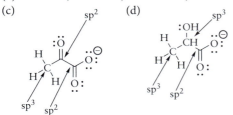

(e) $E_{célula}° = +0,33$V; (f) $\Delta G_r° = -63,7$ kJ·mol^{-1} = -64 kJ·mol^{-1}; (g) $K = +1,43 \times 10^{11}$

Foco 7

7A.1 (a) um terço; (b) dois terços; (c) dois
7A.3 (a) 1,3 mol·L^{-1}·s^{-1}; (b) 0,88 mol·L^{-1}·s^{-1}
7A.5 (a) e (c); observe que as curvas de $[I_2]$ e $[H_2]$ são idênticas e que somente a curva de $[I_2]$ é mostrada.
(b)

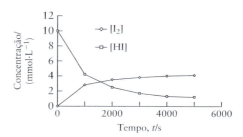

Tempo, t/s	Velocidade/(mmol·L^{-1}·s^{-1})
0	0,0060
1000	0,003
2000	0,000 98
3000	0,000 61
4000	0,000 40
5000	0,000 31

7A.7 (a) mol·L^{-1}·s^{-1}; (b) s^{-1}; (c) L·mol^{-1}·s^{-1}
7A.9 $2,2 \times 10^{-4}$ (mol N_2O_5)·L^{-1}·s^{-1}
7A.11 (a) $2,2 \times 10^{-5}$ mol·L^{-1}·s^{-1}; (b) fator de 2
7A.13 velocidade = $k_r[CH_3Br][OH^-]$
7A.15 (a) primeira ordem com relação a A, segunda ordem com relação a B, zero ordem com relação a C, terceira ordem na reação total; (b) velocidade = $k_r[A][B]^2$;
(c) $k_r = 2,0 \times 10^{-5}$ L^2·mmol^{-2}·s^{-1};
(d) $2,9 \times 10^{-6}$ mmol·L^{-1}·s^{-1}
7A.17 (a) velocidade = $k_r[A][B]^2[C]^2$; (b) ordem total = 5;
(c) $k_r = 2,85 \times 10^{12}$ L^4·mmol^4·s^{-1}; (d) $1,13 \times 10^{-2}$ mmol·L^{-1}·s^{-1}
7B.1 2,0 mg
7B.3 (a) $k_r = 6,93 \times 10^{-4}$ s^{-1}; (b) $k_r = 9,4 \times 10^{-3}$ s^{-1}; (c) $k_r = 5,1 \times 10^{-3}$ s^{-1}
7B.5 (a) 5,2 h; (b) $3,5 \times 10^{-2}$ mol·L^{-1}; (c) $6,5 \times 10^2$ min
7B.7 (a) 1065 s; (b) 710 s; (c) $9,7 \times 10^2$ s; (d) $1,1 \times 10^3$ s
7B.9 (a) $k_r = 0,17$ min^{-1}; (b) tempo adicional de 3,5 min
7B.11 (a)

[gráfico: 1/[HI] = (0,0078·t) + 1,0]

(b) (i) $7,8 \times 10^{-3}$ L·mol^{-1}·s^{-1}. (ii) $3,9 \times 10^{-3}$ L·mol^{-1}·s^{-1}
7B.13 (a) $7,4 \times 10^2$ s; (b) $1,5 \times 10^2$ s; (c) $2,0 \times 10^2$ s
7B.15 (a) 247 min; (b) 819 min; (c) 10,9 g
7B.17 (a) $1,7 \times 10^2$ min; (b) $3,3 \times 10^3$ min
7B.19 $[A]_t = [A]_0 e^{-ak_r t}$; $t_{1/2} = \ln 2/ak_r$
7B.21 $t_{1/2} = 3/(2k_r[A]_0^2)$
7C.1 (a) velocidade = $k_r[NO]^2$; bimolecular;
(b) velocidade = $k_r[Cl_2]$; unimolecular
7C.3 $2\ AC + B \rightarrow A_2B + 2\ C$; o intermediário é AB
7C.5 (a) $2\ HBr + NO_2 \rightarrow NO + H_2O + Br_2$;

(b) Etapa 1: velocidade = $k_1[HBr][NO_2]$; bimolecular;
Etapa 2: velocidade = $k_2[HBr][HOBr]$; bimolecular;
(c) HOBr

7C.7 velocidade = $k_r[NO][Br_2]$

7C.9 Se o mecanismo (I) estivesse correto, a lei da velocidade seria velocidade = $k_r[NO_2][CO]$. No entanto, essa expressão não concorda com o resultado experimental e pode ser eliminada. O mecanismo (II) tem velocidade = $k_r[NO_2]^2$ da etapa lenta. A etapa 2 não influencia a velocidade total, mas é necessário atingir a reação total correta; logo, este mecanismo concorda com os dados experimentais. O mecanismo (III) não está correto, como mostra a expressão para a etapa lenta, velocidade = $k_r[NO_3][CO]$. [CO] não pode ser eliminada desta expressão para gerar o resultado experimental, o qual não contém [CO].

7C.11 (a) Verdadeira; (b) Falsa. No equilíbrio, as *velocidades* das reações direta e inversa são iguais, *não as constantes de velocidade*. (c) Falsa. O aumento da concentração de um reagente faz com que a velocidade aumente, ao fornecer mais moléculas que irão reagir. Ele não afeta a constante de velocidade da reação.

7C.13 A velocidade total de formação de A é velocidade = $-k_r[A] + k_r'[B]$. O primeiro termo é relativo à reação direta e é negativo, já que a reação reduz [A]. O segundo termo, que é positivo, é relativo à reação inversa, que aumenta [A]. Sabendo-se que a estequiometria de reação é 1:1, se não há B presente no começo da reação, [A] e [B] são relacionados pela equação $[A] + [B] = [A]_0$, a qualquer momento, onde $[A]_0$ é a concentração inicial de A. Portanto, a lei da velocidade pode ser escrita como

$$\frac{d[A]}{dt} = -k_r[A] + k_r'([A]_0 - [A]) = -(k_r + k_r')[A] + k_r'[A]_0$$

A solução dessa equação diferencial de primeira ordem é

$$[A] = \frac{k_r' + k_r e^{-(k_r' + k_r)t}}{k_r' + k_r}[A]_0$$

Como $t \to \infty$, o termo exponencial no numerador se aproxima de zero, e as concentrações atingem os valores de equilíbrio dados por

$$[A]_{eq} = \frac{k_r'[A]_0}{k_r' + k_r} \text{ e } [B]_{eq} = [A]_0 - [A]_\infty = \frac{k_r[A]_0}{k_r + k_r'}$$

Com base na razão dos produtos para os reagentes, vemos que

$$\frac{[B]_{eq}}{[A]_{eq}} = \frac{k_r}{k_r'} = K$$

onde K é a constante de equilíbrio da reação.

7D.1 39 kJ·mol^{-1}

7D.3

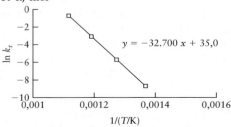

(a) $2,72 \times 10^2$ kJ·mol^{-1}; (b) 0,088 s^{-1}

7D.5 $2,7 \times 10^{10}$ mol·L^{-1}·s^{-1}

7D.7 (a) 0,676; (b) endotérmica; (c) A elevação de temperatura aumenta a constante de velocidade da reação, com a maior barreira de ativação, mais do que eleva a constante de velocidade de reação com a barreira de energia mais baixa. A velocidade da reação direta aumenta muito mais do que a da reação inversa, neste caso. k_r aumenta mais que k_r' e, consequentemente, a constante de equilíbrio K aumenta.

7E.1 (a) Na presença de um catalisador, as velocidades das reações direta e inversa aumentam. (b) Um catalisador não afeta o valor de $\Delta H_r°$ da reação.

7E.3 (a) 6×10^8; (b) 3×10^7

7E.5 RCN + H$_2$O $\longrightarrow$ RCONH$_2$; intermediários: RC(=N$^-$)OH, RC(=NH)OH; catalisador: OH$^-$

7E.7 (a) Falsa. Um catalisador aumenta as velocidades das reações direta e inversa fornecendo um caminho totalmente diferente. (b) Verdadeira, embora um catalisador possa se envenenar, perdendo atividade. (c) Falsa. O caminho de reação propiciado por um catalisador é completamente diferente. (d) Falsa. A posição do equilíbrio não é afetada pela presença de um catalisador.

7E.9 (a) Para obter a equação da velocidade de Michaelis–Menten, começa-se empregando a aproximação do estado estacionário, definindo-se a velocidade da mudança na concentração do intermediário como sendo igual a zero:

$$\frac{d[ES]}{dt} = k_1[E][S] - k'_1[ES] - k_2[ES] = 0$$

Rearranjando, tem-se

$$[E][S] = \left(\frac{k_2 + k'_1}{k_1}\right)[ES] = K_M[ES].$$

A concentração total de enzima ligada e não ligada, $[E]_0$, é dada por $[E]_0 = [E] + [ES]$, e, portanto, $[E] = [ES] - [E]_0$. Inserindo-se esta expressão no lugar de [E] na equação acima, obtém-se $([ES] - [E]_0)[S] = K_M[ES]$

Rearranjando-se para obter [ES], tem-se

$$[ES] = \frac{[E]_0[S]}{K_M + [S]}$$

Com base no mecanismo, a velocidade do aparecimento do produto é dada por velocidade = $k_2[ES]$.
Inserindo-se a equação anterior em lugar de [ES], tem-se

$$\text{Velocidade} = \frac{k_2[E]_0[S]}{K_M + [S]},$$

a equação da velocidade de Michaelis–Menten, que pode ser rearranjada para dar

$$\frac{1}{\text{velocidade}} = \frac{K_M}{k_2[E]_0[S]} + \frac{1}{k_2[E]_0}.$$

Se você construir um gráfico de $\frac{1}{\text{velocidade}}$ vs. $\frac{1}{[S]}$, a inclinação será $\frac{K_M}{k_2[E]_0}$ e o intercepto em y será $\frac{1}{k_2[E]_0}$.

(b)

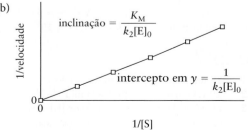

7.1 (a) $CH_3CH=CHCH_2Br$ porque a carga positiva no intermediário reativo está em um átomo de carbono primário. Isso também concorda com o resultado de que, em temperaturas elevadas, este é o produto predominante, uma vez que há energia suficiente para superar a energia de ativação maior. (b) O controle cinético predomina em temperaturas baixas. O caminho de reação com a energia de ativação mais baixa predomina em temperaturas reduzidas porque a barreira mais baixa da energia de ativação resulta em uma constante de velocidade maior, e, portanto em uma reação mais rápida.

7.3 $2{,}3 \times 10^5$ L·mol^{-1}·s^{-1}

7.5 (a) $t_{1/2} = 5$ s; (b) Há quatro moléculas em $t = 8$ s.

7.7 (a) $CH_3CHO \rightarrow CH_3 + CHO$, unimolecular, $[CH_3\cdots CHO]^{\ddagger}$; (b) $2\,I \rightarrow I_2$, termolecular, $[I\cdots I\cdots Ar]^{\ddagger}$; (c) $O_2 + NO \rightarrow NO_2 + O$, bimolecular, $[O\cdots O\cdots NO]^{\ddagger}$

7.9 A velocidade prevista para o mecanismo (i) é velocidade = $k_r[C_{12}H_{22}O_{11}]$, enquanto a velocidade estimada para o mecanismo (ii) é velocidade = $k_r[C_{12}H_{22}O_{11}][H_2O]$. A velocidade para o mecanismo (ii) será de pseudoprimeira ordem em soluções diluídas de sacarose porque a concentração de água não muda. Portanto, em soluções diluídas, os dados cinéticos não podem ser usados para distinguir os dois mecanismos. Contudo, em uma solução altamente concentrada de sacarose, a concentração da água varia durante a reação. Por essa razão, se o mecanismo (ii) está correto, a cinética terá uma dependência de primeira ordem da concentração de H_2O, enquanto o mecanismo (i) prevê que a velocidade de reação é independente de $[H_2O]$.

7.11 (a) Se a etapa 2 é a etapa lenta, se a etapa 1 é um equilíbrio rápido e se a etapa 3 também é rápida, então a lei da velocidade proposta é velocidade = $k_2[N_2O_2][H_2]$. Considere o equilíbrio da etapa 1:
$k_1[NO]^2 = k_1'[N_2O_2]$
$[N_2O_2] = \frac{k_1}{k_1'}[NO]^2$

Fazendo a substituição na lei de velocidade proposta, temos a velocidade = $k_2\frac{k_1}{k_1'}[NO]^2[H_2] = k[NO]^2[H_2]$, onde $k = k_2\frac{k_1}{k_1'}$.

As suposições acima reproduzem a lei de velocidade observada; portanto, a etapa 2 é a etapa lenta.

(b)

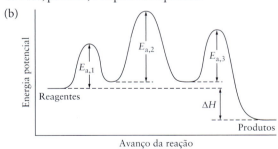

7.13 Para obter uma expressão de $t_{1/2}$ em termos de n, precisamos avaliar uma integral, como, por exemplo:

$$\int_{[A]_0}^{[A]} \frac{d[A]}{[A]^n} = -k_r\int_0^t dt = -k_r t$$

$$\frac{1}{n-1}\left(\frac{1}{[A]^{n-1}} - \frac{1}{[A]_0^{n-1}}\right) = k_r t$$

Portanto, uma expressão para $t_{1/2}$ é

$$\frac{1}{n-1}\left(\frac{2^{n-1}}{[A]_0^{n-1}} - \frac{1}{[A]_0^{n-1}}\right) = k_r t_{1/2}$$

$$\frac{1}{n-1}\left(\frac{2^{n-1}-1}{[A]_0^{n-1}}\right) = k_r t_{1/2}$$

Uma expressão para $t_{3/4}$ poderia ser encontrada rearranjando-se $[A] = \frac{3}{4}[A]_0$:

$$\frac{1}{n-1}\left(\frac{4^{n-1}}{3^{n-1}[A]_0^{n-1}} - \frac{1}{[A]_0^{n-1}}\right) = k_r t_{3/4}$$

$$\frac{1}{n-1}\left(\frac{(4/3)^{n-1}-1}{[A]_0^{n-1}}\right) = k_r t_{3/4}$$

Logo, a razão $t_{1/2}/t_{3/4}$ é

$$t_{1/2}/t_{3/4} = \left(\frac{2^{n-1}-1}{(4/3)^{n-1}-1}\right)$$

7.15 $1{,}5 \times 10^{-3}$ mol·L^{-1}·s^{-1}

7.17 (a) três etapas; (b) primeira etapa; (c) terceira etapa; (d) dois; (e) nenhum

7.19 Para uma reação de terceira ordem,
$t_{1/2} \propto \frac{1}{[A]_0^2}$ ou $t_{1/2} = \frac{\text{constante}}{[A]_0^2}$

(a) O tempo necessário para que a concentração caia à metade da concentração inicial é uma meia-vida

primeira meia-vida = $t_1 = t_{1/2} = \frac{\text{constante}}{[A]_0^2}$

(b) Este tempo, $t_{1/4}$, é duas meias-vidas, mas, devido às concentrações iniciais diferentes, as meias-vidas não são idênticas.

segunda meia-vida = $t_2 = \frac{\text{constante}}{(\frac{1}{2}[A]_0)^2} = \frac{4(\text{constante})}{[A]_0^2} = 4t_1$

tempo total = $t_1 + t_2 = t_1 + 4t_1 = 5t_1 = t_{1/4}$

(c) Este tempo, $t_{1/16}$, é quatro meias-vidas; mais uma vez, as meias-vidas não são idênticas:

terceira meia-vida = $t_3 = \frac{\text{constante}}{(\frac{1}{4}[A]_0)^2} = \frac{16(\text{constante})}{[A]_0^2} = 16t_1$

quarta meia-vida = $t_4 = \frac{\text{constante}}{(\frac{1}{8}[A]_0)^2} = \frac{64(\text{constante})}{[A]_0^2} = 64t_1$

tempo total = $t_1 + t_2 + t_3 + t_4 = t_1 + 4t_1 + 16t_1 + 64t_1$
$= 85t_1 = t_{1/16}$

Se t_1 for conhecido, os tempos $t_{1/4}$ e $t_{1/16}$ podem ser calculados com facilidade.

7.21 Os seguintes gráficos são lineares: (b), (c), (d), (f), (g)

7.23 (a) reação total: $ClO^- + I^- \rightarrow IO^-$;

(b) velocidade = $\frac{k_2 k_1}{k_1'}\frac{[ClO^-][I^-]}{[OH^-]}$;

(c) À medida que o pH aumenta, aumenta também a concentração de OH^- e a velocidade diminui. (d) Se a reação é realizada com um solvente orgânico, então a H_2O deixa de ser um solvente, e sua concentração precisa ser incluída no cálculo da constante de equilíbrio do HOCL:

velocidade = $\frac{k_2 k_1}{k_1'}\frac{[ClO^-][I^-][H_2O]}{[OH^-]}$

R44   Respostas dos exercícios ímpares

7.25   Sapos são poiquilotermos, isto é, precisam manter a temperatura média do organismo dentro de uma ampla faixa de valores. Esta adaptação na rodopsina nos olhos destes animais permite que mantenham a visão constante, mesmo durante flutuações na temperatura.

7.27   40 mg precisam ser reinjetados.

7.29   (a) intermediário = ClO; catalisador = Cl;
(b) Cl, ClO, O, O_2; (c) etapa 1 e etapa 2 são propagadores;
(d) $Cl + Cl \longrightarrow Cl_2$

7.31 $2{,}5 \times 10^9 \text{ L}\cdot\text{mol}^{-1}\cdot\text{s}^{-1}$

Foco 8

8A.1   (a) nitrogênio; (b) potássio; (c) gálio; (d) iodo

8A.3   (a) enxofre; (b) selênio; (c) sódio; (d) oxigênio

8A.5   telúrio < selênio < oxigênio

8A.7   (a) cloro; (b) o cloro tem uma carga nuclear efetiva maior.

8A.9   (a) íon bromo; (b) o bromo tem o maior tamanho.

8A.11   (a) KCl; (b) K—O

8A.13 $2 \text{ K(s)} + H_2(g) \to 2 \text{ KH(s)}$

8A.15   (a) salino; (b) molecular; (c) molecular; (d) metálico

8A.17   (a) ácido; (b) anfotérico; (c) ácido; (d) básico

8A.19   (a) CO_2; (b) B_2O_3

8B.1   Na maioria de suas reações, o hidrogênio atua como agente redutor; isto é, $H_2(g) \to 2 H^+(aq) + 2 e^-$, $E° = 0$. Nestas reações, o hidrogênio lembra os elementos do Grupo 1, como o Na e o K. O hidrogênio também tem afinidade eletrônica semelhante à dos elementos do Grupo 1. A afinidade eletrônica do H é $+73 \text{ kJ}\cdot\text{mol}^{-1}$, valor próximo ao do Li, que é $60 \text{ kJ}\cdot\text{mol}^{-1}$.

8B.3   (a) $C_2H_2(g) + H_2(g) \to H_2C{=}CH_2(g)$; número de oxidação de C em $C_2H_2 = -1$; do C em $H_2C{=}CH_2 = -2$;
(b) $CO(g) + H_2O(g) \to CO_2(g) + H_2(g)$;
(c) $BaH_2(s) + 2 H_2O(l) \to Ba(OH)_2 + 2 H_2(g)$

8B.5   (a) $H_2(g) + Cl_2(g) \xrightarrow{\text{luz}} 2 HCl(g)$; (b) $H_2(g) + 2 Na(l) \xrightarrow{\Delta} 2 NaH(s)$; (c) $P_4(s) + 6 H_2(g) \to 4 PH_3(g)$; (d) $2 Cu(s) + H_2(g) \to 2 CuH(s)$

8B.7   A razão para esta tendência é, sobretudo, a tendência da eletronegatividade do átomo central (N < O < F).

8C.1   Este comportamento está relacionado ao pequeno raio iônico do Li^+, 58 pm, o qual é semelhante ao raio iônico do Mg^{2+}, 72 pm, mas substancialmente menor do que o do Na^+, 102. Pm. O lítio é o único elemento do Grupo 1 que reage diretamente com o nitrogênio para formar nitreto de lítio e com o oxigênio para formar sobretudo o óxido.

8C.3   (a) ns^1; (b) Os agentes redutores cedem um ou mais elétrons. É relativamente fácil remover o único elétron de valência dos metais alcalinos, porque todos têm valores baixos de primeira energia de ionização e o cátion resultante tem a configuração eletrônica de um gás nobre. Os íons de metais alcalinos são fortemente hidratados; a estabilidade gerada pela solvatação os torna pouco reativos frente a agentes redutores e, portanto, torna a forma iônica muito favorável.

8C.5   (a) $4 Na(s) + O_2(g) \to 2 Na_2O(s)$; (b) $6 Li(s) + N_2(g) \xrightarrow{\Delta} 2 Li_3N(s)$; (c) $2 Na(s) + 2 H_2O(l) \to 2 NaOH(aq) + H_2(g)$;
(d) $4 KO_2(s) + 2 H_2O(g) \to 4 KOH(s) + 3 O_2(g)$

8D.1 $Mg(s) + 2 H_2O(l) \to Mg(OH)_2 + H_2(g)$

8D.3   (a) $CaO(s) + H_2O(l) \to Ca(OH)_2(s)$;
(b) $\Delta G_r° = -57{,}33 \text{ kJ}\cdot\text{mol}^{-1}$

8D.5   (a) $Mg(OH)_2(s) + 2 HCl(aq) \to MgCl_2(aq) + 2 H_2O(l)$;
(b) $Ca(s) + 2 H_2O(l) \to Ca(OH)_2(aq) + H_2(g)$;
(c) $BaCO_3(s) \xrightarrow{\Delta} BaO(s) + CO_2(g)$

8D.7   (a) $:\ddot{C}l - Be - \ddot{C}l:$; (b) 180°; (c) sp; (d) $MgCl_2$ é iônico, $BeCl_2$ é um composto molecular; logo, esses compostos têm estruturas diferentes.

8E.1 $4 Al^{3+}(\text{fundido}) + 6 O^{2-}(\text{fundido}) + 3 C(s, gr) \to 4 Al(s) + 3 CO_2(g)$

8E.3   (a) $B_2O_3(s) + 3 Mg(l) \xrightarrow{\Delta} 2 B(s) + 3 MgO(s)$;
(b) $2 Al(s) + 3 Cl_2(g) \to 2 AlCl_3(s)$; (c) $4 Al(s) + 3 O_2(g) \to 2 Al_2O_3(s)$

8E.5

$$
\begin{array}{c}
\text{H} \\
| \\
\text{B} \\
\diagup \quad \diagdown \\
\text{H}\ \text{B} \quad \text{B}\ \text{H} \\
\end{array}
$$

(estrutura do $B_3N_3H_6$ tipo anel com átomos H e B)

8E.7   A estrutura de Lewis do $GaBr_4^-$ é:

$$
\begin{bmatrix}
:\ddot{B}r: \\
| \\
:\ddot{B}r - Ga - \ddot{B}r: \\
| \\
:\ddot{B}r:
\end{bmatrix}^{-}
$$

A forma do $GaBr_4^-$ é tetraédrica.

8F.1   O silício ocorre amplamente na crosta terrestre na forma de silicatos em rochas e como dióxido de silício na areia.
(1) $SiO_2(s) + 2 C(s) \to Si(s, \text{bruto}) + 2 CO(g)$
(2) $Si(s, \text{bruto}) + 2 Cl_2(g) \to SiCl_4(l)$
(3) $SiCl_4(l) + 2 H_2(g) \to Si(s, \text{puro}) + 4 HCl(g)$

8F.3   (a) $+4$; (b) $+4$; (c) $+4$

8F.5   (a) $MgC_2(s) + 2 H_2O(l) \to C_2H_2(g) + Mg(OH)_2(s)$ (ácido–base);
(b) $2 Pb(NO_3)_2(s) \to 2 PbO(s) + 4 NO_2(g) + O_2(g)$ (redox)

8F.7 $\Delta H_r° = +689{,}88 \text{ kJ}\cdot\text{mol}^{-1}$; $\Delta S_r° = +360{,}85 \text{ J}\cdot\text{K}^{-1}\cdot\text{mol}^{-1}$; $\Delta G_r° = +582{,}29 \text{ kJ}\cdot\text{mol}^{-1}$; $T = 1912 \text{ K}$

8G.1

-3	NH_3, Li_3N, $LiNH_2$, NH_2^-
-2	H_2NNH_2
-1	N_2H_2, NH_2OH
0	N_2
$+1$	N_2O, N_2F_2
$+2$	NO
$+3$	NF_3, NO_2^-, NO^+
$+4$	NO_2, N_2O_4
$+5$	HNO_3, NO_3^-, NO_2F

8G.3 $CO(NH_2)_2(aq) + 2 H_2O(l) \to (NH_4)_2CO_3(aq)$; $6{,}4 \text{ kg } (NH_4)_2CO_3$

8G.5   (a) $0{,}35 \text{ L } N_2(g)$; (b) $Hg(N_3)_2$ produziria um volume maior. (c) O íon azida é termodinamicamente instável com relação à produção de $N_2(g)$.

8G.7 $N_2O/H_2N_2O_2$; $N_2O(g) + H_2O(l) \to H_2N_2O_2(aq)$
N_2O_3/HNO_2; $N_2O_3(g) + H_2O(l) \to 2 HNO_2(aq)$
N_2O_5/HNO_3; $N_2O_5(g) + H_2O(l) \to 2 HNO_3(aq)$

8G.9 A amônia (NH₃) pode formar ligações hidrogênio com ela própria.

8H.1 (a) $4\,Li(s) + O_2(g) \xrightarrow{\Delta} 2\,Li_2O(s)$;
(b) $2\,Na(s) + 2\,H_2O(l) \rightarrow 2\,NaOH(aq) + H_2(g)$;
(c) $2\,F_2(g) + 2\,H_2O(l) \rightarrow 4\,HF(aq) + O_2(g)$;
(d) $2\,H_2O(l) \rightarrow O_2(g) + 4\,H^+(aq) + 4\,e^-$

8H.3 (a) $2\,H_2S(g) + 3\,O_2(g) \xrightarrow{\Delta} 2\,SO_2(g) + 2\,H_2O(g)$;
(b) $CaO(s) + H_2O(l) \rightarrow Ca(OH)_2(aq)$;
(c) $2\,H_2S(g) + SO_2(g) \xrightarrow{300°C,\,Al_2O_3} 3\,S(s) + 2\,H_2O(l)$

8H.5 H₂O tem dois pares de elétrons não compartilhados, enquanto NH₃ tem somente um.

8H.7 (a) O peróxido de hidrogênio tem a seguinte estrutura de Lewis:

H—Ö—Ö—H

Cada O em H₂O₂ é uma estrutura AX₂E₂; logo, o ângulo de ligação deve ser < 109,5°. (b)-(e) O potencial de redução de H₂O₂ é +1,78 V em solução ácida e, portanto, apenas Cu⁺ e Mn²⁺ serão oxidados.

8H.9 pH = 13,12

8H.11 Quanto mais fraca for a ligação H—X, mais forte será o ácido. Portanto, as forças dos ácidos são H₂Te > H₂Se > H₂S > H₂O

8I.1 (a) +1; (b) +4; (c) +7; (d) +5

8I.3 (a) $4\,KClO_3(l) \xrightarrow{\Delta} 3\,KClO_4(s) + KCl(s)$;
(b) $Br_2(l) + H_2O(l) \rightarrow HBrO(aq) + HBr(aq)$;
(c) $NaCl(s) + H_2SO_4(aq) \rightarrow NaHSO_4(aq) + HCl(g)$;
(d) Tanto (a) como (b) são reações redox, enquanto (c) é uma reação ácido–base.

8I.5 (a) HClO < HClO₂ < HClO₃ < HClO₄; (b) Quanto maior for o número de oxidação, mais forte será o agente oxidante.

8I.7 :Cl̈—Ö—Cl̈:, AX₂E₂, angular, cerca de 109°.

8I.9 (a) muitos átomos de cloro volumosos estão presentes no iodo central; (b) IF₂ é um radical altamente reativo. (c) muitos átomos volumosos em um átomo central pequeno.

8I.11 (a) IF₃. (b) $3\,XeF_2(g) + I_2(g) \rightarrow 2\,IF_3(s) + 3\,Xe(g)$

8I.13 Cl₂(g) não oxida Mn²⁺ para formar MnO₄⁻ em solução ácida.

8I.15 0,117 mol·L⁻¹

8J.1 O hélio ocorre como componente natural de gases encontrados sob determinadas formações rochosas. O argônio é obtido por destilação do ar líquido.

8J.3 (a) +2; (b) +6; (c) +4; (d) +6

8J.5 $XeF_4(aq) + 4\,H^+(aq) + 4\,e^- \rightarrow Xe(g) + 4\,HF(aq)$

8J.7 H₄XeO₆, porque tem um número maior de átomos de O ligados ao Xe.

8.1 (a)

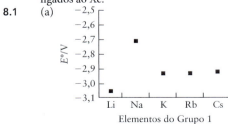

Elementos do Grupo 1

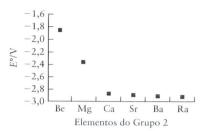

Elementos do Grupo 2

(b) Para ambos os grupos, a tendência nos potenciais padrão com o crescimento do número atômico é totalmente descendente (eles se tornam mais negativos). Esta tendência decrescente ocorre porque é mais fácil remover elétrons distantes do núcleo.

8.3 (a) Verdadeira; (b) Falsa. Os óxidos de carbono são ácidos, ao passo que os de estanho e de chumbo são básicos. (c) Verdadeira

8.5 Na maioria de suas reações, o hidrogênio atua como agente redutor. Exemplos são $2\,H_2(g) + O_2(g) \rightarrow 2\,H_2O(l)$ e vários processos de redução de minérios, como $NiO(s) + H_2(g) \xrightarrow{\Delta} Ni(s) + H_2O(g)$. Com elementos fortemente eletropositivos como os metais alcalinos terrosos, o H₂(g) atua como agente oxidante e forma hidretos metálicos; por exemplo, $2\,K(s) + H_2(g) \rightarrow 2\,KH(s)$.

8.7 0,0538 M

8.9 (a) A estrutura do ânion azida é:

$[:\ddot{N}=N=\ddot{N}:]^-$ AX₂, linear 180°

(b) HCl, HBr e HI são ácidos fortes. Para o ácido fraco HF, $K_a = 3,5 \times 10^{-4}$; logo, HF é ligeiramente mais ácido do que HN₃. O tamanho reduzido do íon azida sugere que a ligação H—N em HN₃ é semelhante em força à ligação H—F; (c) iônicas: NaN₃, Pb(N₃)₂, AgN₃; covalentes: HN₃, B(N₃)₃, FN₃.

8.11 (a) Ambos têm a mesma estrutura básica em relação ao modo como os átomos estão arranjados no espaço. (b) A ligação entre os átomos de boro e os átomos de hidrogênio responsáveis por ela é deficiente em elétrons (uma ligação com dois elétrons e três centros). O padrão da ligação é o convencional (todas as ligações envolvem dois átomos e três elétrons). (c) A hibridação é sp³ no átomo de B e todos os átomos de Al. (d) As moléculas não são planares. Os ângulos de ligação no anel são aproximadamente 90°, enquanto o ângulo entre os hidrogênios terminais e o elemento do Grupo 13 é maior que 109,5°C.

8.13 (a) A energia de ionização de uma molécula é a energia necessária para arrancar um elétron de uma molécula gasosa. (b) SiI₄ tem mais elétrons que SiCl₄; I também é menos eletronegativo e muito maior (e, portanto, mais polarizável) do que o Cl. Como resultado, é mais fácil remover um elétron de SiI₄, o que significa que SiCl₄ tem a maior energia de ionização.

8.15 (a) espécies de 10 elétrons: NH₃ e H₃O⁺; espécies de 15 elétrons: NO e O₂⁺; espécies de 22 elétrons: N₂O⁺ e NO₂⁺. (b) ácidos de Lewis mais fortes: H₃O⁺, NO e NO₂⁺; (c) agentes oxidantes mais fortes: H₃O⁺, NO e NO₂⁺

8.17 As estruturas do ácido tiossulfúrico e do ácido sulfúrico são

```
    :S:                    :O:
    ‖                      ‖
H—Ö—S—Ö—H         H—Ö—S—Ö—H
    ‖                      ‖
    :O:                    :O:
```

Devido à substituição de um dos oxigênios com ligações duplas no ácido sulfúrico com um átomo de enxofre, uma solução aquosa de ácido tiossulfúrico será ligeiramente menos ácida; além disso, o ponto de ebulição será um pouco mais baixo (devido às ligações hidrogênio reduzidas).

8.19 A solubilidade dos haletos iônicos é determinada por uma variedade de fatores, especialmente a entalpia de rede. As entalpias de rede diminuem do cloro para o iodo e, logo, as moléculas de água podem separar os íons com mais rapidez no último. Os haletos menos iônicos, como os haletos de prata, de modo geral têm solubilidade muito menor, e a tendência na solubilidade é oposta à observada para os haletos mais iônicos, porque os íons não são facilmente hidratados, o que os torna menos solúveis.

8.21 (a) O diagrama dos orbitais moleculares do NO^+ deve mostrar os orbitais do oxigênio ligeiramente abaixo dos orbitais do nitrogênio em termos do nível de energia, porque o oxigênio é mais eletronegativo. Isso faz com que as ligações sejam mais iônicas do que no N_2 ou O_2. Contudo, é preciso considerar uma ambiguidade: o diagrama de orbitais moleculares pode ser semelhante ao do N_2 ou do O_2. Por essa razão, há duas possibilidades para o diagrama de energia:

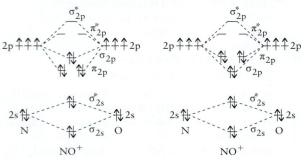

(b) Os dois diagramas dos orbitais estimam a mesma ordem de ligação (3) e as mesmas propriedades magnéticas (diamagnetismo). Por essa razão, estas propriedades não podem ser usadas para determinar o diagrama correto.

8.23 (a) $\Delta H_r^\circ = +128{,}33$ kJ·mol^{-1}; (b) $\Delta H_c^\circ(CH_3OH) = -726$ kJ·mol^{-1}; (c) $-483{,}64$ kJ·mol^{-1}. (d) A combustão direta de um mol de metanol produz mais calor (-726 kJ) do que a decomposição do metanol seguida da combustão do gás hidrogênio formado.

8.25 As espécies (a), (b), (c) e (d) podem ser gases estufa, (e) não. Qualquer molécula que não seja diatômica homomolecular pode exibir um momento dipolo variável quando vibra em certos modos vibracionais. Como o argônio é monoatômico, ele não tem ligações covalentes, modos vibracionais ou momento dipolo.

8.27 1,09 kg de CO_2 serão formados. Isso equivale a aproximadamente metade da quantidade gerada pela combustão de um volume equivalente de octano (2,16 kg por litro). No entanto, é preciso levar em conta quanta energia é produzida por litro de combustível e considerar a massa de dióxido de carbono produzida em função da quantidade de energia gerada. Os cálculos mostram que a energia gerada por litro de metanol é $1{,}79 \times 10^4$ kJ e que o valor para o octano é $3{,}37 \times 10^4$ kJ. A combustão de octano produz quase o dobro de energia por litro, comparada à do metanol (octano/metanol = 1,88). Para uma quantidade equivalente de energia de combustão, o metanol produz 2,05 kg de CO_2, um pouco menos do que o octano.

8.29 As forças íon-íon estão entre as interações moleculares mais intensas. Portanto, as interações em (a) são as mais fortes mostradas. As ligações hidrogênio são mais fortes do que a interação dipolo-dipolo, indicando que as interações em (c) são mais fortes do que as mostradas em (d).

8.31 (a) C: sp^2; B: sp^2; N: sp^2; (b) 8 unidades estão unidas em torno da circunferência do nanotubo. Como cada unidade contém 2 hexágonos, o total é 16 hexágonos por circunferência. (c) No C_{60}, os átomos de carbono têm hibridação sp^2 e são quase planares. Contudo, a curvatura da molécula introduz tensão nos átomos de carbono, fazendo com que alguns destes tendam para a conversão para a hibridação sp^3. Porém, se todos os carbonos passassem a ter hibridação sp^3, a tensão introduzida na gaiola de carbono seria muito maior e, após certo ponto, a adição de hidrogênio se tornaria desfavorável. (d) A estrutura esférica exige a formação dos anéis de cinco membros (ver a estrutura **3** no Tópico 8F, C_{60}). O nitreto de boro não forma estes anéis, porque estes exigiriam ligações boro-boro ou nitrogênio-nitrogênio, as quais são altamente energéticas. (e) $d = 3{,}491$ g·cm^{-3}; (f) A forma cúbica é favorecida em temperaturas elevadas.

Foco 9

9A.1 Os elementos à esquerda do bloco d tendem a ter potenciais padrão fortemente negativos; isso pode ser atribuído a suas energias de ionização baixas.

9A.3 (a) MnO_4^-; (b) MoO_4^{2-}

9A.5 (a) Fe; (b) Cu; (c) Pt; (d) Pd; (e) Ta

9A.7 Com o zinco, o último dos elétrons 3d é adicionado; isso fecha a camada $n = 3$, reduzindo a energia dos orbitais 3d de forma significativa. Com o gálio, o aumento em Z_{ef} faz com que os orbitais 3d sejam atraídos para próximo ao núcleo, reduzindo sua energia ainda mais.

9A.9 Isso ocorre devido à contração lantanídica.

9A.11 (a) Estados de oxidação mais altos se tornam mais estáveis descendo pelo grupo. (b) Estados de oxidação mais altos tendem a ser menos estáveis descendo pelo grupo.

9A.13 M tem número de oxidação +6, o mais comum para o Cr.

9B.1 (a) $TiCl_4(g) + 2\,Mg(l) \xrightarrow{\Delta} Ti(s) + 2\,MgCl_2(s)$;
(b) $CoCO_3(s) + HNO_3(aq) \rightarrow Co^{2+}(aq) + HCO_3^-(aq) + NO_3^-(aq)$;
(c) $V_2O_5(s) + 5\,Ca(l) \xrightarrow{\Delta} 2\,V(s) + 5\,CaO(s)$

9B.3 (a) óxido de titânio(IV), TiO_2;
(b) óxido de ferro(III), Fe_2O_3;
(c) óxido de manganês(IV), MnO_2;
(d) cromito de ferro(II), $FeCr_2O_4$

9B.5 (a) O titânio tem número de oxidação +4.
(b) O zinco tem número de oxidação +2.

9B.7 (a) CO; (b) Nas zonas D e C, $Fe_2O_3(s) + CO(g) \rightarrow 2\,FeO(s) + CO_2(g)$; na zona B, $Fe_2O_3(s) + 3\,CO(g) \rightarrow 2\,Fe(s) + 3\,CO_2(g)$ e $FeO(s) + CO(g) \rightarrow Fe(s) + CO_2(g)$; (c) carbono

9B.9 (a) $V_2O_5(s) + 2 H_3O^+(aq) \to 2 VO_2^+(aq) + 3 H_2O(l)$;
(b) $V_2O_5(s) + 6 OH^-(aq) \to 2 VO_4^{3-}(aq) + 3 H_2O(l)$

9B.13 (a) Br^- será oxidado em Br_2. (b) Nenhuma reação ocorre.

9B.15 (a) Os íons Cr^{3+} em água formam o complexo $[Cr(OH_2)_6]^{3+}(aq)$, que se comporta como ácido de Brønsted. (b) O precipitado é o $Cr(OH)_3$, que dissolve à medida que o íon complexo $Cr(OH)_4^-$ é formado:
$Cr^{3+}(aq) + 3 OH^-(aq) \to Cr(OH)_3(s)$
$Cr(OH)_3(s) + OH^-(aq) \to Cr(OH)_4^-(aq)$

9C.1 (a) íon hexa-cianoferrato(II), +2;
(b) íon hexa-aminocobalto(III), +3;
(c) íon pentaaquacianocobaltato(III), +3;
(d) íon pentaaminasulfatocobalto(III), +3

9C.3 (a) $K_3[Cr(CN)_6]$; (b) $[Co(NH_3)_5(SO_4)]Cl$;
(c) $[Co(NH_3)_4(OH_2)_2]Br_3$; (d) $Na[Fe(OH_2)_2(C_2O_4)_2]$

9C.5 (a) ligante tridentado; (b) ligante mono- ou bidentado; (c) ligante monodentado; (d) ligante bidentado

9C.7 Somente a molécula (b) pode atuar como ligante quelante. Os grupos MH_2 em (a) e (c) estão arranjados de maneira a não serem capazes de se coordenar simultaneamente com o mesmo centro de metal.

9C.9 (a) 4; (b) 2; (c) 6 (en é bidentado);
(d) 6 (o EDTA é hexadentado)

9C.11 (a) isômeros estruturais e de ligação; (b) isômeros estruturais e de ionização; (c) isômeros estruturais e de ligação; (d) isômeros estruturais e de ionização

9C.13 (a) sim

[estrutura: Cloreto mono-hidratado de *trans*-tetra-aminodiclorocobalto(III)]

e

[estrutura: Cloreto mono-hidratado de *cis*-tetra-aminodiclorocobalto(III)]

(b) não;
(c) sim

[estrutura: *cis*-Diamino-dicloroplatina(II)]

e

[estrutura: *trans*-Diamino-dicloroplatina(II)]

9C.15 Três isômeros são possíveis:

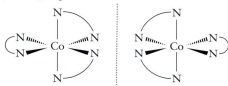

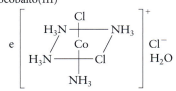

9C.17 (a) quiral; sim

Complexo	Imagem no espelho

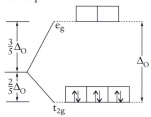

(b) não

9C.19 $[Co(en)_3]^{3+}$ pode formar enantiômeros:

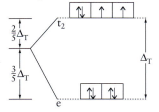

Imagens de espelho não sobreponíveis

9D.1 (a) 2; (b) 5; (c) 8; (d) 10; (e) 0 (ou 8); (f) 10

9D.3 (a) octaédrico; ligante de campo forte, 6 e⁻, sem elétrons desemparelhados

[diagrama de orbitais octaédrico]

(b) tetraédrico: ligante de campo forte, 8 e⁻, 2 elétrons desemparelhados

[diagrama de orbitais tetraédrico]

(c) octaédrico: ligante de campo forte, 5 e⁻, 5 elétrons desemparelhados

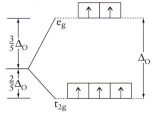

(d) octaédrico: ligante de campo forte, 5 e⁻, 1 elétron desemparelhado

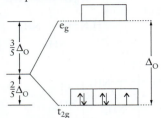

9D.5 $\Delta_O = 214$ kJ·mol⁻¹
9D.7 (a) sem elétrons desemparelhados; (b) 2 elétrons desemparelhados
9D.9 Os ligantes de campo fraco não interagem intensamente com os elétrons d no íon metálico e produzem um pequeno desdobramento do campo cristalino dos estados de energia dos elétrons d, ao passo que o oposto é verdadeiro para ligantes de campo forte. A suscetibilidade magnética (paramagnetismo) define se o ligante associado é de campo forte ou de campo fraco.
9D.11 $1,50 \times 10^{-3}$ mol·L⁻¹
9D.13 Devido ao fato de que CN⁻ é um ligante de campo forte e o Cl⁻ é um ligante de campo fraco.
9D.15 (a) $[CoF_6]^{3-}$ é azul; (b) $[Co(en)_3]^{3+}$ é amarelo. Como F⁻ é um ligante de campo fraco e en é um ligante de campo forte, o desdobramento entre níveis é menor em (a) que em (b) e, por isso, (a) absorve luz de comprimento de onda mais longo do que o da absorvida por (b)
9D.17 573 nm; este comprimento de onda está na região amarela do espectro visível.
9D.19 (a) nenhum; (b) maior
9D.21 Os orbitais 3d estão preenchidos. Por isso, não podem ocorrer transições eletrônicas entre os níveis t e e; nenhuma luz visível é absorvida, produzindo soluções incolores. Os compostos de Zn seriam diamagnéticos (sem elétrons desemparelhados).
9D.23 (a) (i) 162 kJ·mol⁻¹; (ii) 260 kJ·mol⁻¹; (iii) 208 kJ·mol⁻¹; (b) Cl⁻ < H₂O < NH₃
9D.25 O conjunto e_g
9D.27 (a) (i) ácido π; (ii) base π; (iii) base π; (iv) nenhum; (b) Cl⁻ < H₂O < en < CN⁻
9D.29 Não ligante ou ligeiramente ligante. Em um complexo que forma apenas ligações σ, este conjunto de orbitais é antiligante; se ocorrerem interações fracas entre os orbitais p e os ligantes, estes se tornam ligeiramente antiligantes.
9D.31 Antiligante, devido às interações com os orbitais ligantes que formam as ligações σ.
9D.33 Os dois pares isolados de elétrons na água são usados para formar a ligação σ com o íon metálico e a ligação π fraca, fazendo com que o conjunto de orbitais t_{2g} se mova para cima em termos de energia e reduzindo Δ_O; a amônia não tem este par isolado de elétrons adicional e, por essa razão, não pode atuar como ligante doador p.
9.1 $K_{ps} = e^{-70,1} = 3,6 \times 10^{-31}$

9.3 (a) PtBrCl(NH₃)₂

H₃N — Br
  \\ Pt /
H₃N — Cl

cis-Diamino-bromo-cloreto de platina(II)

e

Br — NH₃
  \\ Pt /
H₃N — Cl

trans-Diamino-bromo-cloreto de platina(II)
(b) Se fosse tetraédrico, haveria apenas um composto, não dois.
9.5 (a) $[Ni(SO_4)(en)_2]Cl_2$ gera um precipitado de AgCl quando AgNO₃ é adicionado; o outro não.
(b) $[NiCl_2(en)_2]I_2$ libera I₂ sob oxidação leve; o primeiro não.
9.7 (a) $[MnCl_6]^{4-}$; 5 e⁻, Cl⁻ é um ligante de campo fraco

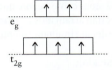

$[Mn(CN)_6]^{4-}$; 5 e⁻, CN⁻ é um ligante de campo forte

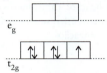

(b) $[MnCl_6]^{4-}$: cinco; $[Mn(CN)_6]^{4-}$: um; (c) $[MnCl_6]^{4-}$; complexos de campo fraco absorvem luz com comprimento de onda maior.
9.9 Se a estrutura prismática fosse verdadeira, existiriam quatro isômeros possíveis, não dois.
9.11 Se a teoria da cadeia fosse verdadeira, os íons cloro não precipitariam como AgCl; além disso, a teoria VSEPR afirmaria que o íon teria uma configuração de ligante trigonal planar, cujas energias de orbital d seriam diferentes dos valores observados para uma configuração octaédrica, gerando propriedades magnéticas e espectroscópicas diferentes das observadas.
9.13 Para um íon d⁸ (Pd²⁺):

— $d_{x^2-y^2}$
↑↓ d_{xy}
↑↓ d_{z^2}
d_{zx} ↑↓   ↑↓ d_{yz}

9.15 Para ter elétrons desemparelhados, ela teria de ser quadrada planar; tanto a geometria octaédrica como a tetraédrica exigem dois elétrons desemparelhados.
9.17 O AgCl se formará apenas a partir do Cl⁻ encontrado fora da esfera de coordenação. (a) $[Co(NH_3)_5OH_2]Cl_3$, cloreto de pentaaminoaquacobalto(III); (b) $[CoCl(NH_3)_5]Cl_2$, cloreto de pentaaminocloridocobalto(III).
9.19 (a) quadrada planar; (b) +1; (c) Há dois isômeros possíveis. Nem a forma cis, nem a forma trans são opticamente ativas.

[Structures of Ir complexes with OC, Cl, PPh₃ ligands shown at top]

Imagens de espelho não sobreponíveis
(enantiômeros)

9.21 15,12 mL

9.23 carbonato de cobre básico (Cu₂CO₃(OH)₂)

9.25 (a) +3 é o estado de oxidação mais provável para o vanádio; (b) 2 V₂O₅(s) + 8 C(s) ⟶ V₄C₃(s) + 5 CO₂(g)

Foco 10

10A.1 (a) $\nu = 3{,}22 \times 10^{20}$ Hz; $\lambda = 9{,}32 \times 10^{-13}$ m; (b) $\nu = 3{,}97 \times 10^{20}$ Hz; $\lambda = 7{,}56 \times 10^{-13}$ m; (c) $\nu = 2{,}66 \times 10^{20}$ Hz; $\lambda = 1{,}13 \times 10^{-12}$ m

10A.3 $^{39}_{18}$Ar e $^{41}_{20}$Ca são isótonos K-40,

10A.5 (a) $^{12}_{5}$B → $^{0}_{-1}$e + $^{12}_{6}$C; (b) $^{214}_{83}$Bi → $^{4}_{2}$α + $^{210}_{81}$Tl; (c) $^{98}_{43}$Tc → $^{0}_{-1}$e + $^{98}_{44}$Ru; (d) $^{266}_{88}$Ra → $^{4}_{2}$α + $^{262}_{86}$Rn

10A.7 (a) $^{109}_{49}$In → $^{0}_{+1}$e + $^{109}_{48}$Cd; (b) $^{23}_{12}$Mg → $^{0}_{+1}$e + $^{23}_{11}$Na; (c) $^{202}_{82}$Pb + $^{0}_{-1}$e → $^{202}_{81}$Tl; (d) $^{76}_{33}$As + $^{0}_{-1}$e → $^{76}_{32}$Ge

10A.9 (a) $^{24}_{11}$Na → $^{24}_{12}$Mg + $^{0}_{-1}$e; uma partícula β é emitida. (b) $^{128}_{50}$Sn → $^{128}_{51}$Sb + $^{0}_{-1}$e; uma partícula β é emitida. (c) $^{140}_{57}$La → $^{140}_{56}$Ba + $^{0}_{+1}$e; um pósitron (β⁺) é emitido. (d) $^{228}_{90}$Th → $^{224}_{88}$Ra + $^{4}_{2}$α; uma partícula α é emitida.

10A.11 (a) $^{11}_{5}$B + $^{4}_{2}$α → 2 $^{1}_{0}$n + $^{13}_{7}$N; (b) $^{35}_{17}$Cl + $^{2}_{1}$D → $^{1}_{0}$n + $^{36}_{18}$Ar; (c) $^{96}_{42}$Mo + $^{2}_{1}$D → $^{1}_{0}$n + $^{97}_{43}$Tc; (d) $^{45}_{21}$Sc + $^{1}_{0}$n → $^{4}_{2}$α + $^{42}_{19}$K

10A.13 (a) $^{68}_{29}$Cu → $^{0}_{-1}$e + $^{68}_{30}$Zn; (b) $^{103}_{48}$Cd → $^{0}_{+1}$e + $^{103}_{47}$Ag

10A.15 α $^{235}_{92}$U → $^{4}_{2}$α + $^{231}_{90}$Th
β $^{231}_{90}$Th → $^{0}_{-1}$e + $^{231}_{91}$Pa
α $^{231}_{91}$Pa → $^{4}_{2}$α + $^{227}_{89}$Ac
β $^{227}_{89}$Ac → $^{0}_{-1}$e + $^{227}_{90}$Th
α $^{227}_{90}$Th → $^{4}_{2}$α + $^{223}_{88}$Ra
α $^{223}_{88}$Ra → $^{4}_{2}$α + $^{219}_{86}$Rn
α $^{219}_{86}$Rn → $^{4}_{2}$α + $^{215}_{84}$Po
β $^{215}_{84}$Po → $^{0}_{-1}$e + $^{215}_{85}$At
α $^{215}_{85}$At → $^{4}_{2}$α + $^{211}_{83}$Bi
β $^{211}_{83}$Bi → $^{0}_{-1}$e + $^{211}_{84}$Po
α $^{211}_{84}$Po → $^{4}_{2}$α + $^{207}_{82}$Pb

10A.17 (a) $^{14}_{7}$N + $^{4}_{2}$α → $^{17}_{8}$O + $^{1}_{1}$p; (b) $^{248}_{96}$Cm + $^{1}_{0}$n → $^{249}_{97}$Bk + $^{0}_{-1}$e; (c) $^{243}_{95}$Am + $^{1}_{0}$n → $^{244}_{96}$Cm + $^{0}_{-1}$e + γ; (d) $^{13}_{6}$C + $^{1}_{0}$n → $^{14}_{6}$C + γ

10A.19 (a) $^{20}_{10}$Ne + $^{4}_{2}$α → $^{8}_{4}$Be + $^{16}_{8}$O; (b) $^{20}_{10}$Ne + $^{20}_{10}$Ne → $^{16}_{8}$O + $^{24}_{12}$Mg; (c) $^{44}_{20}$Ca + $^{4}_{2}$α → γ + $^{48}_{22}$Ti;

(d) $^{27}_{13}$Al + $^{2}_{1}$H → $^{1}_{1}$p + $^{28}_{13}$Al

10A.21 $^{56}_{26}$Fe + 6 $^{1}_{0}$n → $^{62}_{26}$Fe → $^{62}_{32}$Ge + 6 $^{0}_{-1}$e

10A.23 (a) $^{14}_{7}$N + $^{4}_{2}$α → $^{17}_{8}$O + $^{1}_{1}$p; (b) $^{239}_{94}$Pu + 2 $^{1}_{0}$n → $^{241}_{95}$Am + $^{0}_{-1}$e

10A.25 (a) unbihéxio, Ubh; (b) untrihéxio, Uth; (c) binilnílio, Bnn

10B.1 (a) $5{,}64 \times 10^{-2}$ a⁻¹; (b) 0,83 s⁻¹; (c) 0,0693 min⁻¹

10B.3 8,8 h

10B.5 (a) 69,6%; (b) 50,9%

10B.7 $x = 9{,}29 \times 10^8$ a

10B.9 $3{,}54 \times 10^3$ anos

10B.11 400 min

10B.13 26,4%

10B.15 $[X] = [X]_0 e^{-k_1 t}$; $[Y] = \dfrac{k_1}{k_2 - k_1}(e^{-k_1 t} - e^{-k_2 t})[X]_0$; em $[X] + [Y] + [Z] = [X]_0$ todos os tempos, $[Z] = [X]_0 - ([X] + [Y])$, ou

$$[Z] = [X]_0 - \left([X]_0 e^{-k_1 t} + \dfrac{k_1}{k_2 - k_1}(e^{-k_1 t} - e^{-k_2 t})[X]_0\right) =$$

$$[X]_0 \left(1 + \dfrac{k_1 e^{-k_2 t} - k_2 e^{-k_1 t}}{k_2 - k_1}\right)$$

Os valores das constantes de velocidade podem ser encontrados com base nas meias-vidas:

$$k_1 = 0{,}0253 \text{ d}^{-1} \text{ e } k_2 = 0{,}0371 \text{ d}^{-1}$$

Usando essas constantes e assumindo $[X]_0 = 2{,}00$ g, o gráfico é

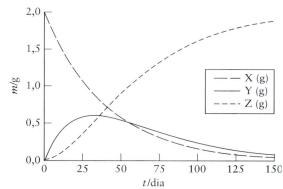

10B.17 Use H₂¹⁸O, na reação, separe os produtos e use uma técnica adequada, como a espectroscopia vibracional ou a espectroscopia de massa, para determinar se o produto incorporou o ¹⁸O.

10B.19 44 anos

10C.1 $-4{,}3 \times 10^9$ kg·s⁻¹ (massa é perdida)

10C.3 (a) $1{,}41 \times 10^{-12}$ J·núcleon⁻¹; (b) $1{,}21 \times 10^{-12}$ J·núcleon⁻¹; (c) $1{,}8 \times 10^{-13}$ J·núcleon⁻¹; (d) $4{,}3 \times 10^{-13}$ J·núcleon⁻¹; (e) ⁶²Ni

10C.5 energia liberada: (a) $7{,}8 \times 10^{10}$ J·g⁻¹; (b) $3{,}52 \times 10^{11}$ J·g⁻¹; (c) $2{,}09 \times 10^{11}$ J·g⁻¹; (d) $3{,}36 \times 10^{11}$ J·g⁻¹

10C.7 (a) $^{24}_{11}$Na → $^{24}_{12}$Mg + $^{0}_{-1}$e; (b) $-8{,}85 \times 10^{-13}$ J; (c) $-3{,}69 \times 10^{-14}$ J·núcleon⁻¹

10C.9 (a) $3{,}5 \times 10^8$ kJ de energia liberada; (b) $1{,}1 \times 10^4$ kg de carvão

10.1 (a) falsa; a dose equivalente é igual ou maior do que a dose real devido ao fator Q; (b) falsa; $1{,}8 \times 10^8$ Bq = 0,0031 Ci, que é muito menor que 10 Ci; (c) verdadeira

10.3 (a) 9 dpm; (b) 7×10^5 decaimentos

10.5 (a) $3{,}4 \times 10^8$ pCi·L^{-1}; (b) $1{,}0 \times 10^{19}$ átomos; (c) 1×10^2 dias

10.7 (a) 4,5 Ga; (b) 3,8 Ga

10.9 (a) $^{98}_{42}\text{Mo} + ^{1}_{0}\text{n} \rightarrow ^{99}_{42}\text{Mo} \rightarrow ^{99m}_{43}\text{Tc} + ^{0}_{-1}\text{e}$; (b) Tc-99m

10.11 0,27 L

10.13 (a) 262 dpm; (b) $1{,}18 \times 10^{-4}$ µCi

10.15 (a) a radiação γ para o diagnóstico (menos destrutiva e não interrompida por tecidos corporais); (b) partículas α (mais destrutivas); (c) e (d) Dois exemplos são ^{131}I, 8d (usado em exames da glândula tireoide) e ^{99m}Tc, 6 h (usado para vários tecidos corporais).

10.17 (a) $k = 1{,}1 \times 10^{-3}\text{d}^{-1}$; meia-vida = 617 d; (b) 1,0 mg

10.19 Os núcleos que emitem pósitrons são ricos em prótons e estão abaixo da banda de estabilidade, sendo adequados para leituras PET.
(a) ^{18}O é rico em nêutrons; não adequado; (b) ^{13}N é rico em prótons, adequado para PET: $^{13}_{7}\text{N} \rightarrow ^{13}_{6}\text{C} + ^{0}_{1}\text{e}$;
(c) ^{11}C é rico em prótons, emite um pósitron; adequado para PET: $^{11}_{6}\text{C} \rightarrow ^{11}_{5}\text{B} + ^{0}_{1}\text{e}$;
(d) ^{20}F é rico em nêutrons; não adequado; (e) ^{15}O é rico em prótons, adequado para PET: $^{15}_{8}\text{O} \rightarrow ^{15}_{7}\text{N} + ^{0}_{1}\text{e}$

10.21 Para determinar a meia-vida efetiva, precisamos determinar a constante de velocidade efetiva, k_E. Essa constante é igual à soma da constante de velocidade biológica (k_B) e a constante de velocidade de decaimento radioativo (k_R), as quais podem se obtidas a partir das respectivas meias-vidas:

$$k_E = k_B + k_R = \frac{\ln 2}{65 \text{ d}} + \frac{\ln 2}{12{,}8 \text{ d}} = 6{,}5 \times 10^{-2} \text{d}^{-1}$$

$$t_{1/2}(\text{efetiva}) = \frac{\ln 2}{6{,}5 \times 10^{-2} \text{ d}^{-1}} = 11 \text{ d}$$

Foco 11

11A.1 (a) alquino
(b) alcano
(c) alqueno
(d) alqueno e alquino
(e) alqueno

11A.3 (a) propano; (b) butano; (c) heptano; (d) decano

11A.5 (a) metila; (b) pentila; (c) propila; (d) hexila

11A.7 (a) propano; (b) etano; (c) pentano; (d) 2,3-dimetil-butano

11A.9 (a) 4-metil-2-penteno; (b) 2,2,3-trimetil-pentano

11A.11 (a) $CH_2\!=\!CHCH(CH_3)CH_2CH_3$;
(b) $CH_3CH_2C(CH_3)_2CH(CH_2CH_3)(CH_2)_2CH_3$;
(c) $HC\!\equiv\!C(CH_2)_2C(CH_3)_3$;
(d) $CH_3CH(CH_3)CH(CH_2CH_3)CH(CH_3)_2$

11A.13 (a)

(b)

(c)

(d)

11A.15 (a) (b) (c)

11A.17 (a) quatro ligações σ simples; (b) duas ligações σ simples e uma dupla com uma ligação σ e uma π; (c) uma ligação σ simples e uma ligação tripla com uma ligação σ e duas ligações π

11A.19

cis-1,2-Dicloro-propeno   trans-1,2-Dicloro-propeno

cis-1,2-Dicloro-propeno é polar, embora trans-1,2-dicloro-propeno também seja ligeiramente polar.

11A.21 (a) hexenos:

1-Hexeno   cis-2-Hexeno

trans-2-Hexeno   cis-3-Hexeno

trans-3-Hexeno

pentenos:

H₃C–CH(CH₃)–CH₂–CH=CH₂
4-Metil-1-penteno

H₃C–CH₂–CH(CH₃)–CH=CH₂
3-Metil-1-penteno

H₃C–CH₂–C(CH₃)=CH₂ (com CH₂ e CH₃)
2-3-Metil-1-penteno

H₃C–CH₂–CH=C(CH₃)–CH₃
2-Metil-2-penteno

H₃C–CH₂–C(CH₃)=CH–CH₃
cis-3-Metil-2-penteno
(+ isômero trans)

H₃C–CH(CH₃)–CH=CH–CH₃
cis-4-Metil-2-penteno
(+ isômero trans)

butenos:

(H₃C)₃C–CH=CH₂
3,3-Dimetil-1-buteno

H₃C–CH(CH₃)–C(CH₃)=CH₂
2,3-Dimetil-1-buteno

(H₃C)₂C=C(CH₃)₂
2,3-Dimetil-2-buteno

(b) moléculas cíclicas:

Ciclohexano

Metil-ciclopentano

Etil-ciclobutano

1,1-Dimetil-ciclobutano

As estruturas abaixo são dadas para enfatizar a estereoquímica:

cis-1,2-Dimetil-ciclobutano

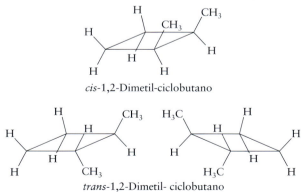

trans-1,2-Dimetil- ciclobutano
(imagens de espelho não sobreponíveis)

trans-1,3-Dimetil- ciclobutano   cis-1,3-Dimetil- ciclobutano

Propil-ciclopropano

Isopropil-ciclopropano
ou 2-ciclo-propilpropano

1-Etil-1-metil-ciclopropano

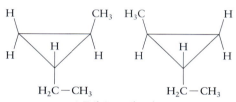

trans-1-Etil-2-metil-ciclopropano
(imagens de espelho não sobreponíveis)

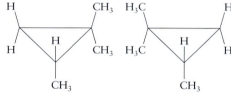

1,1,2-Trimetil-ciclopropano
(imagens de espelho não sobreponíveis)

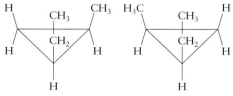

cis-1-Etil-2-metil-ciclopropano
(imagens de espelho não sobreponíveis)

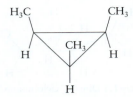
1,2,3-Trimetil-ciclopropano
(isômero cis)

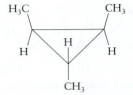
1,2,3-Trimetil-ciclopropano
(isômero cis–trans)

11A.23 (a) não isômeros; (b) isômeros estruturais; (c) isômeros geométricos; (d) não isômeros

11A.25 (a)
$$H_3C-\underset{\underset{CH_3}{|}}{\overset{\overset{H}{|}}{C}}-CH_3$$

(b) Se dois produtos isoméricos são formados e ambos são ramificados, as únicas possibilidades são:

$$H_3C-\underset{\underset{CH_3}{|}}{\overset{\overset{Cl}{|}}{C}}-CH_3 \qquad H_2C-\underset{\underset{CH_3}{|}}{\overset{\overset{Cl}{|}}{C}}-CH_3$$

11A.27 Um * designa carbono quiral:
(a) opticamente ativo,
$$H_3C-\overset{\overset{H}{|}}{\underset{\underset{Br}{|}}{C^*}}-CH_2-CH_3$$

(b) não opticamente ativo,
$$Cl-\overset{\overset{H}{|}}{\underset{\underset{Cl}{|}}{C}}-\overset{\overset{H}{|}}{\underset{\underset{H}{|}}{C}}-CH_3$$

(c) opticamente ativo,
$$H-\overset{\overset{Br}{|}}{\underset{\underset{H}{|}}{C}}-\overset{\overset{Cl}{|}}{\underset{\underset{H}{|}}{C^*}}-CH_3$$

(d) opticamente ativo,
$$H-\overset{\overset{Cl}{|}}{\underset{\underset{H}{|}}{C}}-\overset{\overset{Cl}{|}}{\underset{\underset{H}{|}}{C^*}}-CH_2-CH_2-CH_3$$

11B.1 As equaçãoes balanceadas são

$C_3H_8(g) + 5\,O_2(g) \rightarrow 3\,CO_2(g) + 4\,H_2O(l)$

$C_4H_{10}(g) + \frac{13}{2}\,O_2(g) \rightarrow 4\,CO_2(g) + 5\,H_2O(l)$

$C_5H_{12}(g) + 8\,O_2(g) \rightarrow 5\,CO_2(g) + 6\,H_2O(l)$

As entalpias de combustão correspondentes a essas reações estão listadas no Apêndice 2:

Composto	(a) Entalpia de combustão/ (kJ·mol^{-1})	(b) Calor liberado/(kJ·g^{-1})
Propano	−2220	50,3
Butano	−2878	49,5
Pentano	−3537	49,0

A entalpia de combustão aumenta com a massa molar, como esperado, porque o número de mols de CO_2 e de H_2O formados aumenta com o número de átomos de carbono e de hidrogênio no composto. O calor liberado por grama destes hidrocarbonetos é essencialmente o mesmo, porque a razão H:C é semelhante para os três hidrocarbonetos.

11B.3 Existem nove produtos possíveis:

$$H-\overset{\overset{H}{|}}{\underset{\underset{H}{|}}{C}}-\overset{\overset{H}{|}}{\underset{\underset{H}{|}}{C}}-Cl$$
Um composto monocloro

$$Cl-\overset{\overset{H}{|}}{\underset{\underset{H}{|}}{C}}-\overset{\overset{H}{|}}{\underset{\underset{H}{|}}{C}}-Cl \qquad H-\overset{\overset{H}{|}}{\underset{\underset{H}{|}}{C}}-\overset{\overset{Cl}{|}}{\underset{\underset{H}{|}}{C}}-Cl$$
Dois compostos dicloro

$$H-\overset{\overset{H}{|}}{\underset{\underset{H}{|}}{C}}-\overset{\overset{Cl}{|}}{\underset{\underset{Cl}{|}}{C}}-Cl \qquad H-\overset{\overset{Cl}{|}}{\underset{\underset{H}{|}}{C}}-\overset{\overset{Cl}{|}}{\underset{\underset{H}{|}}{C}}-Cl$$
Dois compostos tricloro

$$Cl-\overset{\overset{Cl}{|}}{\underset{\underset{H}{|}}{C}}-\overset{\overset{Cl}{|}}{\underset{\underset{Cl}{|}}{C}}-Cl \qquad H-\overset{\overset{Cl}{|}}{\underset{\underset{H}{|}}{C}}-\overset{\overset{Cl}{|}}{\underset{\underset{Cl}{|}}{C}}-Cl$$
Dois compostos tetracloro

$$Cl-\overset{\overset{H}{|}}{\underset{\underset{Cl}{|}}{C}}-\overset{\overset{Cl}{|}}{\underset{\underset{Cl}{|}}{C}}-Cl \qquad Cl-\overset{\overset{Cl}{|}}{\underset{\underset{Cl}{|}}{C}}-\overset{\overset{Cl}{|}}{\underset{\underset{Cl}{|}}{C}}-Cl$$
Um composto pentacloro   Um composto hexacloro

Nenhum forma isômeros ópticos.

11B.5 (a)
$$H-\overset{\overset{H}{|}}{\underset{\underset{H}{|}}{C}}-\overset{\overset{H}{|}}{\underset{\underset{H}{|}}{C}}-\overset{\overset{Br}{|}}{\underset{\underset{H}{|}}{C}}-\overset{\overset{H}{|}}{\underset{\underset{H}{|}}{C}}-\overset{\overset{H}{|}}{\underset{\underset{H}{|}}{C}}-H$$
3-Bromopentano

$$H-\overset{\overset{H}{|}}{\underset{\underset{H}{|}}{C}}-\overset{\overset{Br}{|}}{\underset{\underset{H}{|}}{C}}-\overset{\overset{H}{|}}{\underset{\underset{H}{|}}{C}}-\overset{\overset{H}{|}}{\underset{\underset{H}{|}}{C}}-\overset{\overset{H}{|}}{\underset{\underset{H}{|}}{C}}-H$$
2-Bromopentano

(b) reação de adição

11B.7 (a) $C_6H_{11}Br + NaOCH_2CH_3 \rightarrow C_6H_{10} + NaBr + HOCH_2CH_3$

(b)

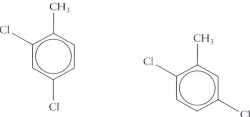

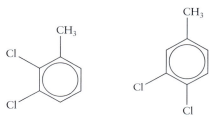

(c) reação de eliminação

11B.9 $C_2H_4 + X_2 \rightarrow C_2H_4X_2$; uma ligação X—X é rompida e duas ligações C—X são formadas. Usando-se as entalpias de ligação:

Halogênio	Cl	Br	I
quebra da ligação X—X / (kJ·mol^{-1})	+242	+193	+151
formação da ligação C—X / (kJ·mol^{-1})	−2(338)	−2(276)	−2(238)
Total/(kJ·mol^{-1})	−434	−359	−325

A reação é menos exotérmica à medida que o halogênio fica pesado. De modo geral, a reatividade e o perigo associado ao uso de halogênios em reações diminuem quando se desce pela Tabela Periódica.

11C.1 (a) 1-etil-3-metil-benzeno; (b) penta-metil-benzeno (1,2,3,4,5-penta-metilbenzeno também está correto, mas, como há apenas um penta-metil-benzeno possível, o uso de números não é necessário)

11C.3 (a) CH₃ (b) CH₃ (c) CH₃ (d) CH₃

11C.5

1,3-Dicloro-2-metil-benzeno   1,3-Dicloro-5-metil-benzeno

1,3-Dicloro-4-metil-benzeno   1,4-Dicloro-2-metil-benzeno

1,2-Dicloro-3-metil-benzeno   1,2-Dicloro-4-metil-benzeno

(b) Todas as moléculas dadas são polares

11C.7

Os eletrófilos tendem a evitar as posições orto e para, as quais têm cargas ligeiramente positivas nas formas de ressonância.

11C.9 Dois compostos podem ser produzidos. A ressonância torna equivalentes as posições 1, 4, 6 e 9. O mesmo ocorre com as posições 2, 3, 7 e 8. As posições 5 e 10 são equivalentes, mas não têm átomos de H.

11C.11 (a) C_9H_8, hidrocarboneto aromático; (b) C_6H_{14}, alcano; (c) C_7H_{10}, alqueno; (d) C_6H_{12}, alcano

11C.13 (a) $C_{11}H_{24}$, alcano; (b) C_9H_{12}, alqueno; (c) C_8H_{16}, alcano; (d) $C_{16}H_{12}$, alqueno

11D.1 (a) RNH_2, R_2NH, R_3N; (b) ROH; (c) RCOOH; (d) RCHO

R54 Respostas dos exercícios ímpares

11D.3 (a) éter; (b) cetona; (c) amina; (d) éster

11D.5 (a) 2-cloropropano; (b) 2,4-dicloro-4-metilhexano; (c) 1,1,1,-triiodoetano; (d) diclorometano

11D.7 (a)

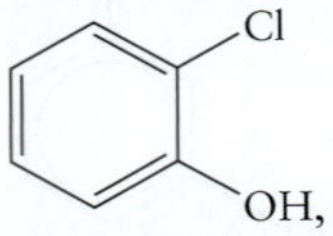

(estrutura: anel benzênico com Cl e OH) OH, fenol

(b) $CH_3CH(CH_3)CH(OH)CH_2CH_3$, álcool secundário;
(c) $CH_3CH_2CH(CH_3)CH_2CH(CH_3)CH_2OH$, álcool primário;
(d) $CH_3C(CH_3)(OH)CH_2CH_3$, álcool terciário

11D.9 (a) $CH_3OCH_2CH_2CH_3$;
(b) $CH_3CH_2CH_2CH_2OCH_2CH_3$;
(c) $CH_3CH_2CH_2OCH_2CH_2CH_3$

11D.11 (a) butil propil éter; (b) metil fenil éter; (c) pentil propil éter

11D.13 (a) aldeído, etanal; (b) cetona, propanona; (c) cetona, 3-pentanona

11D.15 (a)

(estrutura) Butanal

(b)

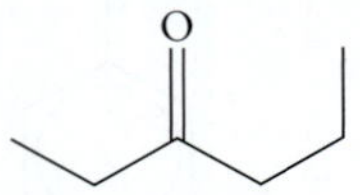

(estrutura) 3-Hexanona

(c)

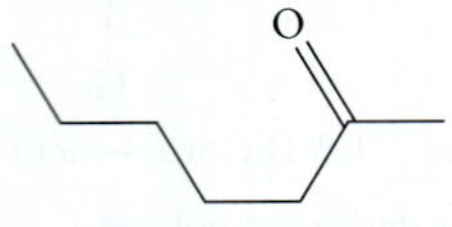

(estrutura) 2-Heptanona

11D.17 (a) ácido etanoico; (b) ácido butanoico; (c) ácido 2-aminoetanoico

11D.19
(a) _(ácido benzoico)_

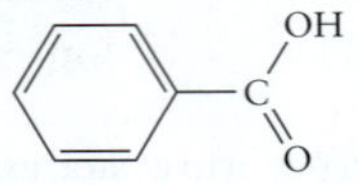

(b) _(estrutura com Cl)_

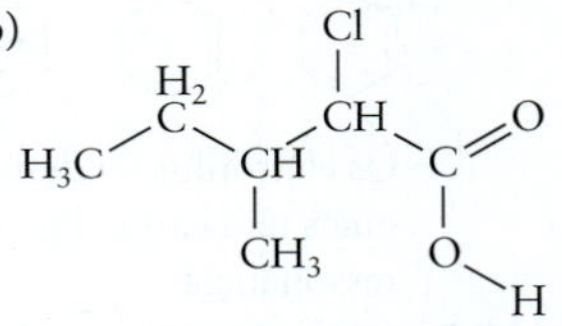

(c) _(estrutura)_

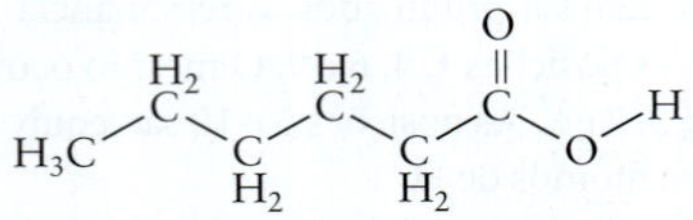

(d) $H_2C=CH$ _(estrutura com $C=O$, O, H)_

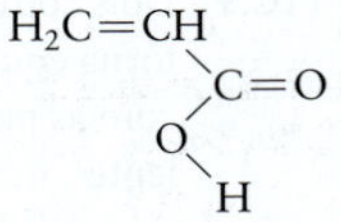

11D.21 (a) metilamina; (b) dietilamina; (c) o-metilanilina, 2-metilanilina, o-metilfenilamina, ou 1-amino-2-metilbenzeno

11D.23 (a) _(anel com NH_2 e CH_3)_
(b) CH_3CH_2 ... $N-CH_2CH_3$ ... CH_3CH_2

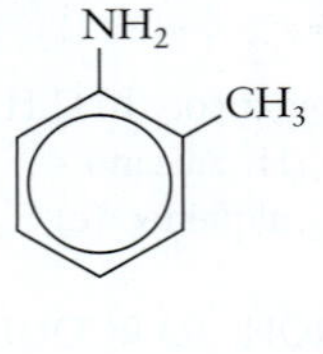

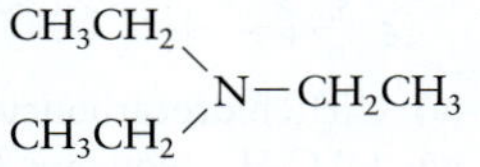

(c)

$$\left[H_3C-\underset{CH_3}{\overset{CH_3}{N}}-CH_3 \right]^+$$

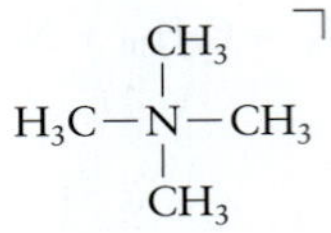

11D.25 (a) e (c)

11D.27 (a) etanol, use um agente oxidante como o sal clorocromato de piridínio (PCC), $C_5H_5NH[CrO_3Cl]$; (b) 2-octanol, use agente oxidante como o dicromato acidificado de sódio, $Na_2Cr_2O_7$, sal clorocromato de piridínio (PCC), $C_5H_5NH[CrO_3Cl]$; (c) 5-metil-1-octanol, use use um agente oxidante como o sal clorocromato de piridínio (PCC), $C_5H_5NH[CrO_3Cl]$

11D.29 (a)

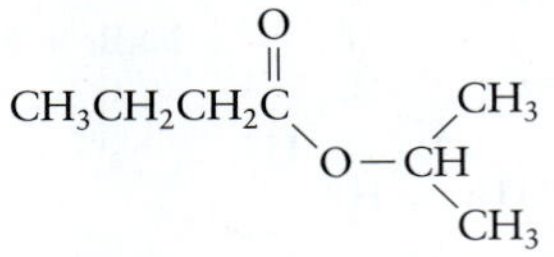

(estrutura: $CH_3CH_2CH_2C(=O)O-CH(CH_3)CH_3$)

(b)

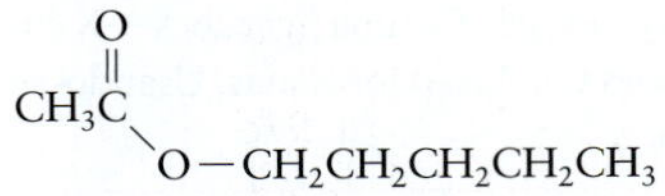

(estrutura: $CH_3C(=O)O-CH_2CH_2CH_2CH_2CH_3$)

(c)

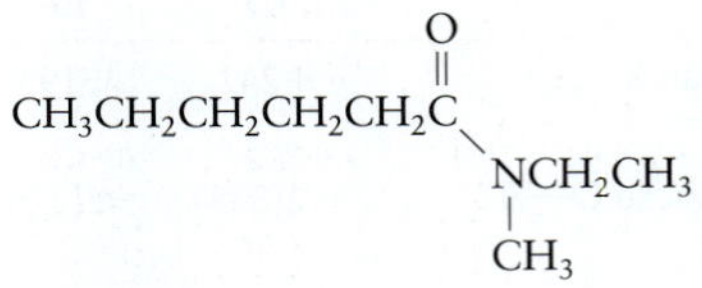

(estrutura: $CH_3CH_2CH_2CH_2CH_2C(=O)NCH_2CH_3$, CH_3)

(d)

(estrutura: $CH_3C(=O)NHCH_2CH_2CH_3$)

11D.31 (a) adição; (b) condensação; (c) adição; (d) adição; (e) condensação

11D.33 Os seguintes procedimentos podem ser usados: 1. Dissolva os compostos em água e use um indicador ácido-base para observar a mudança de cor.

2. $CH_3CH_2CHO \xrightarrow{\text{reagente de Tollens}} CH_3CH_2COOH + Ag(s)$

3. $CH_3COCH_3 \xrightarrow{\text{reagente de Tollens}}$ sem reação

O procedimento 1 distingue o ácido etanoico; os procedimentos 2 e 3 distinguem o propanal da 2-propanona.

11D.35 $CH_3CH_2COOH < CH_3COOH < ClCH_2COOH < Cl_3CCOOH$. Quanto maiores forem as eletronegatividades dos grupos ligados ao grupo carboxila, mais forte será o ácido. O ácido propanoico é menos ácido que o ácido acético porque os grupos alquila têm maior caráter doador de elétrons.

11E.1 (a)

$$-CH_2-C(CH_3)_2-CH_2-C(CH_3)_2-CH_2-C(CH_3)_2-$$

(b)

$$-\underset{CN}{\overset{}{CH}}-CH_2-\underset{CN}{\overset{}{CH}}-CH_2-\underset{CN}{\overset{}{CH}}-CH_2-$$

(c)

versão cis

versão trans

11E.3 HOOCC$_6$H$_{12}$COOH, NH$_2$C$_6$H$_4$NH$_2$
11E.5 (a) CHCl=CH$_2$; (b) CFCl=CF$_2$
11E.7 (a) —OCCONH(CH$_2$)$_4$NHCOCONH(CH$_2$)$_4$NH—;
(b) —OC—CH(CH$_3$)—NH—OC—CH(CH$_3$)—NH—
11E.9 copolímero em bloco
11E.11 De modo geral, os polímeros não têm massas moleculares definidas porque não existe um ponto fixo para o fim do processo de formação da cadeia polimérica. A cadeia para de crescer devido à ausência de unidades monoméricas nas imediações ou à falta de agregados poliméricos menores adequadamente orientados no espaço. De certo modo, um polímero não é um composto puro, mas uma mistura de compostos semelhantes mas com diferentes comprimentos de cadeia. Não há uma massa molar fixa, mas uma massa molar média. Como não existe um composto único, não há um ponto de fusão, mas uma faixa de temperatura.
11E.13 As cadeias do ácido polilático (PLC), as quais são comparativamente menores e mais empacotadas, o que faz que os materiais em PLC sejam mais rígidos do que os de tereftalato de polietileno (PETE).
11E.15 Valores médios elevados de massa molar correspondem a um comprimento de cadeia médio maior. Cadeias longas se entrelaçam mais facilmente, dificultando o rompimento. Este entrelaçamento resulta em (a) pontos mais elevados de amaciamento, (b) maior viscosidade e (c) maior resistência mecânica.
11E.17 Cadeias não ramificadas e altamente lineares têm a maior interação entre si. Quanto maior for o contato intermolecular entre cadeias, mais forte é a força entre elas e maior é a resistência do material.
11E.19 (a) —C(=O)—NH—   (b) amida; (c) condensação
11E.21 Serina, treonina, tirosina, ácido aspártico, ácido glutâmico, lisina, arginina, histidina, asparagina e glutamina atendem aos critérios. De modo geral, a prolina e o triptofano não contribuem mediante ligações hidrogênio, porque são encontradas tipicamente nas regiões hidrofóbicas das proteínas.

11E.23

H$_2$N—CH(CH$_2$-C$_6$H$_4$-OH)—C(=O)—NH—CH$_2$—COOH

11E.25 (a) álcoois e aldeído; (b) os átomos do carbono quiral são marcados com um asterisco.

OHC—C*(H)(OH)—C*(H)(OH)—C*(OH)(H)—C*(OH)(H)—CH$_2$OH

11E.27 (a) GTACTCAAT; (b) ACTTAACGT
11.1 A diferença pode ser explicadas com base nas forças de London mais fracas que existem em moléculas ramificadas. Os átomos de moléculas ramificadas adjacentes não podem ficar tão próximos quanto ocorrem em isômeros não ramificados.
11.3 (a) substituição, CH$_4$ + Cl$_2$ → CH$_3$Cl + HCl
(b) adição, CH$_2$=CH$_2$ + Br$_2$ → CH$_2$Br—CH$_2$Br
11.5 A água não é usada porque os reagentes apolares não se dissolvem prontamente em um solvente muito polar como a água. Além disso, o íon etóxido reage com a água.
11.7 (a) 2-metil-1-propeno, sem isômeros geométricos;
(b) cis-3-metil-2-penteno, trans-3-metil-2-penteno;
(c) 1-hexino, sem isômeros geométricos; (d) 3-hexino, sem isômeros geométricos; (e) 2-hexino, sem isômeros geométricos.
11.9 (a) C$_{10}$H$_{18}$; (b) naftaleno, C$_{10}$H$_8$;
(c) Sim. As formas cis e trans (em relação à ligação C—C comum aos dois anéis com seis integrantes) são possíveis.

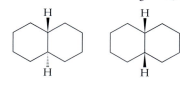

trans-Decalina   cis-Decalina

11.11 (a)

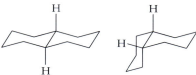

R56 Respostas dos exercícios ímpares

(b) cinco estruturas de ressonância (carga positiva em qualquer um dos cinco atomos de carbono)

(c) quatro elétrons π

11.13 (a)

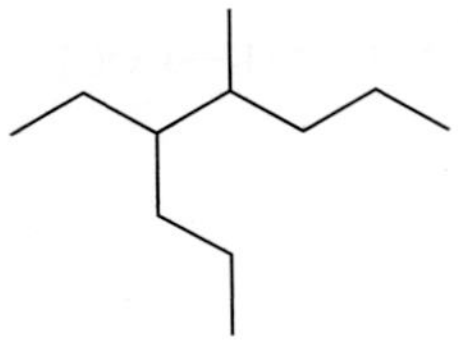

4-Etil-5-metil-octano

(b)

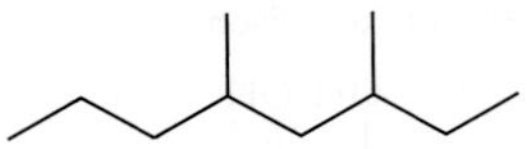

3,5-Dimetil-octano

(c)

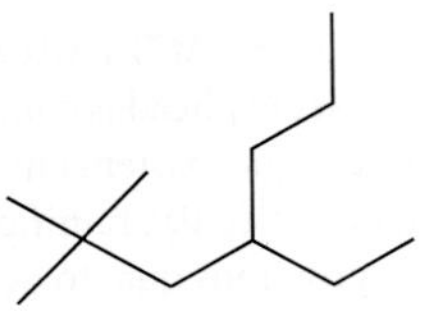

2,2-Dimetil-4-etil-heptano

(d)

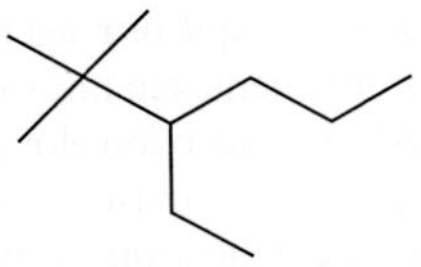

3-Etil-2,2-dimetil-hexano

11.15 ciclopropano

11.17 O grupo NO_2 é um grupo meta-diretor e o átomo de Br é um grupo orto- e para-diretor. Como a posição para no Br já tem o grupo NO_2, a bromação não ocorre neste local. As formas de ressonância mostram que o átomo de bromo ativa a posição orto para ele próprio, conforme esperado. O grupo NO_2 desativa o grupo orto para si, isto é, melhora a reatividade da posição meta em relação ao grupo NO_2. Esta posição é orto para o átomo de Br e, por isso, os efeitos dos grupos Br e NO_2 se multiplicam um ao outro. Dito de outro modo, a bromação ocorre como mostrado:

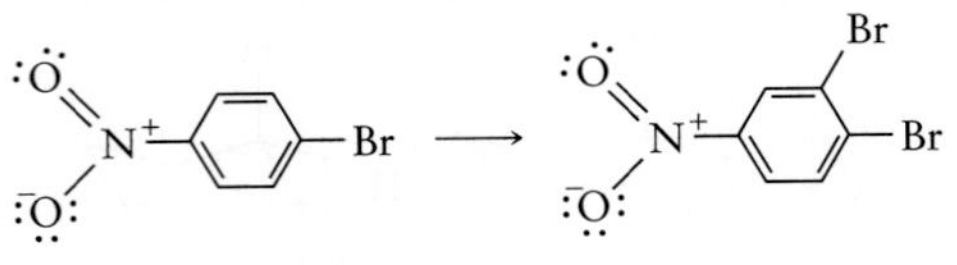

11.19 (a) e (b)

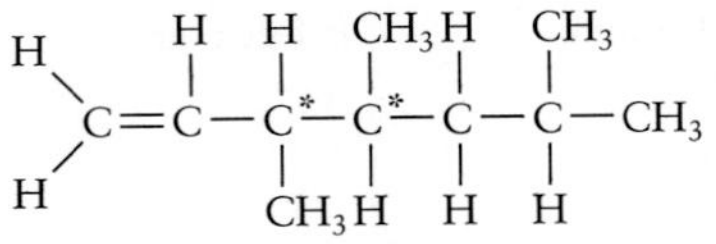

(c) Não, esta molécula não tem isômeros cis/trans.

11.21 C_8H_{10} terá um máximo de absorção em comprimentos de onda maiores. A teoria dos orbitais moleculares prevê que, em hidrocarbonetos conjugados (moléculas que contêm uma cadeia de átomos de carbono com ligações simples e duplas alternadas), os elétrons se deslocalizam, ficando livres para moverem-se para cima e para baixo na cadeia de átomos de carbono. Esses elétrons podem ser descritos usando-se o modelo unidimensional da partícula em uma caixa, apresentado no Foco 1. Segundo tal modelo, à medida que a caixa em que os elétrons estão confinados aumenta de tamanho, os estados de energia quantizada disponíveis para eles ficam mais próximos. Mais elétrons precisam ser acomodados, mas a lacuna LUMO-HOMO diminui com o aumento da cadeia. Logo, os fótons de menor energia, isto é, aqueles com comprimentos de onda maiores, serão absorvidos pela molécula de C_8H_{10} porque ela oferece uma caixa maior do que a molécula de C_6H_8.

11.23 (a) $C_5H_5N_5O$; (b) $C_6H_{12}O_6$; (c) $C_3H_7NO_2$

11.25 (a) álcool, éter, aldeído, anel aromático;

(b) cetona, alqueno; (c) amina, amida, alqueno

11.27 Um asterisco (*) assinala o carbono quiral.

(a)

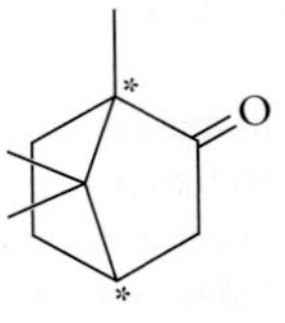

(b)

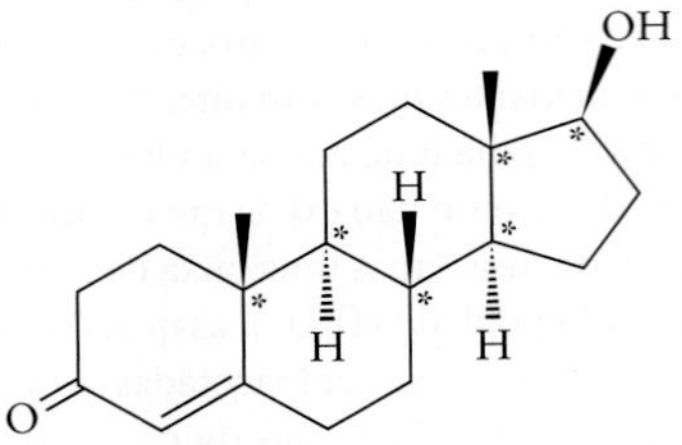

11.29

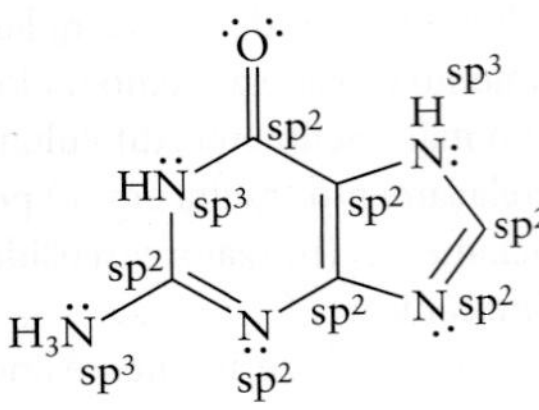

11.31 (a)

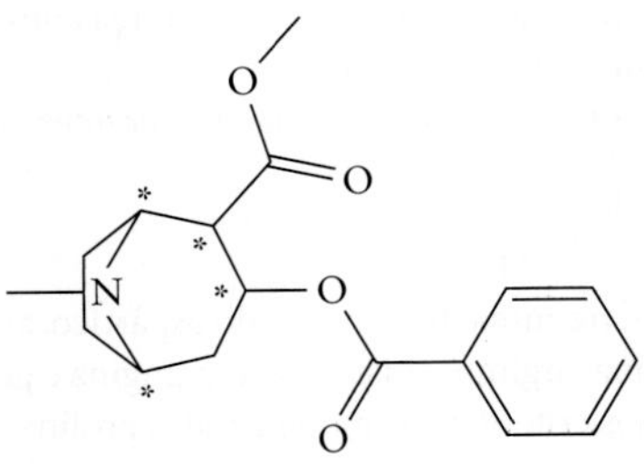

Respostas dos exercícios ímpares — R57

(b)

11.33 (a)

Dietil éter

1-Butanol

(b) O 1-butanol pode formar ligações hidrogênio com ele mesmo, mas o dietil éter não. Logo, as moléculas de 1-butanol são mantidas juntas mais fortemente no líquido. Portanto o 1-butanol tem ponto de ebulição mais alto. Os dois compostos podem formar ligações hidrogênio com a água, o que explica os valores semelhantes de solubilidade.

11.35 (a)

(b)

11.37

11.39 (a) $7180 \ g \cdot mol^{-1}$; (b) 135 monômeros; (c) 23,75 Torr; (d) A mensuração da pressão osmótica é o melhor método neste caso. A pressão osmótica formada pela solução polimérica resultante é facilmente medida, mas a variação na pressão parcial de $H_2O(g)$ é menor que 0,1% com a adição de polímero.

11.41 (a) A estrutura primária é a sequência de aminoácidos ao longo da cadeia proteica. A estrutura secundária é a conformação da proteína, ou o modo como a cadeia se curva ou forma camadas como resultado das interações entre os grupos amida e carboxila. A estrutura terciária é a forma na qual as seções das proteínas se curvam e se entrelaçam devido às interações entre os grupos laterais dos aminoácidos na proteína. Se a proteína é formada por várias unidades polipeptídicas, então a maneira na qual estas se mantém unidas é a estrutura quaternária. (b) A estrutura primária é mantida unida por ligações covalentes. As forças intermoleculares são o maior fator de estabilização da estrutura secundária. As estruturas terciárias e quaternárias são mantidas por meio de uma combinação de forças de London, ligações hidrogênio e, em alguns casos, interações íon-íon.

11.43 (a) $^+H_3NCH_2COOH(aq) + H_2O(l) \rightarrow$
$$^+H_3NCH_2CO_2^-(aq) + H_3O^+(aq)$$
$^+H_3NCH_2CO_2^-(aq) + H_2O(l) \rightarrow$
$$H_2NCH_2CO_2^-(aq) + H_3O^+(aq)$$
(b) $pK_{a1} = 2,35$; $pK_{a2} = 9,78$; pH = 2, $^+H_3NCH_2COOH$; pH = 5, $^+H_3NCH_2CO_2^-$; pH = 12, $H_2NCH_2CO_2^-$

11.45 A polimerização por condensação envolve a perda de uma molécula pequena, normalmente água ou HCl, quando os monômeros se combinam. O Dracon é mais linear do que o polímero obtido a partir do benzeno-1,2-ácido dicarboxílico e etileno glicol, logo o Dracon pode ser usado em tecelagem com maior eficiência.

11.47 (a) $CH_3CH_2CH_3(g) + 5\ O_2(g) \rightarrow 3\ CO_2(g) + 4\ H_2O(g)$
$CHCH + \frac{5}{2}O_2(g) \rightarrow 2\ CO_2(g) + H_2O(g)$
(b) propano, $-2043,96\ kJ \cdot mol^{-1}$, $-46,35\ kJ \cdot g^{-1}$; etino, $-1255,57\ kJ \cdot mol^{-1}$, $-48,22\ kJ \cdot g^{-1}$;
(c) Mais calor é liberado por grama de etino, resultando em uma chama mais quente.

11.49 (a)

(b) (i) sp^3; (ii) sp^3; (c) Cada átomo de N tem um par isolado de elétrons. (d) Sim, os átomos de N ajudam a corrente a fluir, porque o orbital p não hibridado de cada átomo de N participa da conjugação π estendida (elétrons π deslocalizados) que permite o movimento livre dos elétrons pelo polímero.

11.51 (a)

R58 Respostas dos exercícios ímpares

(b)

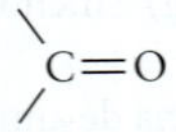

$$C=O \quad \text{Grupo carbonila, cetona}$$

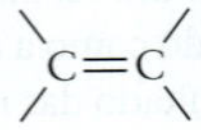

$$C=C \quad \text{Alqueno}$$

$$-C\overset{O}{\underset{OH}{\ }} \quad \text{Ácido carboxílico}$$

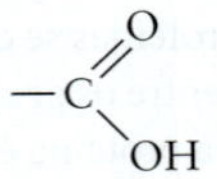

11.53 O carvão não é uma substância pura e, por isso, sua combustão não é limpa. Alguns tipos de carvão geram quantidades consideráveis de óxidos de enxofre e de nitrogênio, contribuindo com a poluição atmosférica. A queima de carvão rico em enxofre contribuiu para muitos problemas ambientas em diversos países. Esses problemas persistem até hoje. Além disso, o carvão é mais difícil de transportar do que a gasolina, porque é um sólido, não um líquido ou gás. Líquidos e gases podem ser transportados em caminhões-tanque e tubulações.

11.55 1-noneno: $CH_2CHCH_2CH_2CH_2CH_2CH_2CH_3$
2-noneno: $CH_3CHCHCH_2CH_2CH_2CH_2CH_3$

11.57 (a) (b)

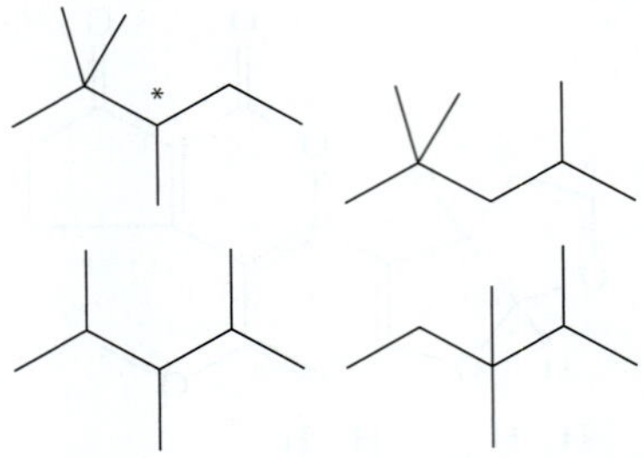

11.59 (a) eliminação; (b) $CH_3CH_2CHBrCH_3$ é o 2-bromobutano; o $CH_3CH_2O^-$ é o etóxido; $CH_3CH=CHCH_3$ é o 2-buteno; CH_3CH_2OH é o etanol; Br^- é brometo; (c) nenhum, é uma base; (d) 30,8%; (e) 33,4%; (f) 30,4%; (g) A menor massa de resíduo ocorre na síntese (e). A maior massa de resíduo ocorre na síntese (f). (h) O rendimento experimental de cada uma das três reações é 79,4, 75,5 e 64,2%. A respectiva economia de átomos para as três reações é 24,4, 25,1 e 19,5%. (i) Com base na maior massa de 2-buteno produzida (e o maior rendimento percentual), a síntese (a) parece ser a melhor. Contudo, com base na economia de átomos experimental, a síntese (e) parece ser a mais indicada.

ÍNDICE

Os números de página precedidos de "A" referem-se aos Apêndices; os que começam com F referem-se à seção *Fundamentos*.

Absorbância, 738

Ação capilar, 197

Aceleração, F9–F10
 da queda livre, F11

Acetato de benzila, 802

Acetato de etila, 802

Acetiletos, 675

Acidente nuclear de Chernobyl, 764

Acidente nuclear de Fukushima Daiichi, 764

Ácido acético, 802
 como base fraca, 446, 460, 462

Ácido aspártico, 817

Ácido bórico, 461, 666

Ácido carbônico, 674
 chuva ácida e, 490–491, 533
 desprotonação do, 483–484

Ácido clorídrico, 696

Ácido desoxirribonucleico (DNA), 820–821

Ácido etanoico, 802

Ácido fluorídrico, 695–696

Ácido fórmico, 674, 802

Ácido fosfórico, 680, 683

Ácido fosforoso, 683

Ácido glutâmico, 817

Ácido hidrazoico, 680

Ácido hipocloroso, 696

Ácido metassilícico, 675

Ácido nítrico, 682
 na dissolução de precipitados, 533

Ácido nitroso, 682

Ácido ortossilícico, 675

Ácido perclórico, 697

Ácido pirofosfórico, 683

Ácido poliprótico, F74
 base conjugada de, 484
 definição de, 483
 titulação de, 518–520. *Veja também* Titulações ácido-base

Ácido sulfúrico, 687, 691
 desprotonação do, 483–484, 691

Ácido sulfuroso, 690

Ácido xenônico, 701

Ácido(s), F72–F77
 bases conjugadas de, 463–465
 binário, 465–466, 469
 concentração inicial de, 472
 conjugado, 447, 463–465
 em tampões, 500–508
 definição de, 445
 estrutura molecular de, 465–466
 forte, 446, F74. *Veja também* Acidez
 fraco, 446, 460–471, F74
 bases conjugadas de, 463–465
 percentagem de desprotonação de, 472, 473–474
 pH de, 472–475, 496–498
 para dissolver precipitados, 533
 pH de soluções muito diluídas de, 494–495
 poliprótico, F74
 base conjugada de, 484
 definição de, 483
 pH de, 483–492

titulação de, 518–520. *Veja também* Titulações ácido-base

reação de transferência de prótons e, 445

tamponamento de, 499–507

Ácidos carboxílicos, 802, 804–805, F36
 acidez dos, 467–470

Ácidos e bases de Arrhenius, 446, F73

Ácidos e bases de Brønsted, 445–449, F73–F74

Ácidos e bases de Lewis, 448–449
 compostos de silício como, 671
 em complexos de coordenação, 527, 720–722
 em reações de substituição, 722

Ácidos, força de. *Veja também* Ácidos fortes
 afinidade eletrônica e, 466
 de ácidos binários, 465–466, 469
 de oxoácidos, 467–470
 do ácido carboxílico, 467–470
 eletronegatividade e, 467–469
 energia de ligação e, 466
 entalpia e, 465–466
 estrutura molecular e, 465–469
 número de oxidação e, 467–469

Ácidos fortes, 446, F74
 bases conjugadas de, 463–465
 estrutura molecular de, 465–466
 nivelados, 464
 nivelados em água, 464
 pH de soluções muito diluídas de, 494–495

Ácidos fracos, 446, 460–471, F74
 bases conjugadas de, 463–465
 pH de, 472–475, 496–498
 porcentagem de desprotonação de, 472, 473–474

Ácidos graxos, 803

Ácidos monopróticos, F74

Ácidos nucleicos, 820–822

Ácidos polifosfóricos, 683

Acidose
 metabólica, 506
 respiratória, 506

Aço, 714, 715
 alnico, 715
 como liga, 219
 inoxidável, 714
 produção de, 714

Acrilonitrila, 809

Actinoides (actinídeos), 62, F20

Acurácia, F9

Adenina, 820

Adesão, 197

Adesivos transdérmicos, 391

Adição eletrofílica, 790–791
 a alquenos, 790–792, 794–795

ADP (difosfato de adenosina), 683

Adsorção, F53

Aerogéis, 239

Afinidade eletrônica, 58–60, 644
 força de ácido e, 466

Agentes oxidantes, F82

Agentes redutores, F83

Água, 688. *Veja também* Soluções aquosas
 autoprotólise da, 451
 pH e, 494–498
 como agente oxidante, 689
 como agente redutor, 689
 como base de Lewis, 689
 como gás estufa, 650
 como substância anfiprótica, 450
 dura, 379
 fluorada, 662–663
 pH da, 688–689
 pressão de vapor de, 351, 357–363
 troca de prótons, 450

Alanina, 804, 817

Álcali, F72

Alcalose
 metabólica 507
 respiratória, 507

Alcanos, 779–780, F35. *Veja também* Hidrocarbonetos alifáticos
 estrutura dos, 779
 funcionalização dos, 789
 halogeno-alcanos, 798
 nomenclatura dos, 779, 780–782
 propriedades físicas dos, 786–787
 reações de, 789–792
 eliminação, 790
 na síntese de alquenos e alquinos, 789–790
 substituição, 789, 808
 síntese de, 789

Álcoois, 798, 799–800, F36

Álcool benzílico, 801

Álcool de cereais, 799

Álcool etílico, 799

Aldeídos, 801

Algarismos significativos, F8

Alótropos, 204–205

Alquenos, 780, F35. *Veja também* Hidrocarbonetos alifáticos
 nomenclatura dos, 782–783
 polimerização via radicais de, 810
 propriedades físicas dos, 786–787
 reações de, 789–792
 adição eletrofílica, 790–791, 794–795
 bromação, 790–791
 hidrogenação, 791
 substituição, 789
 sínteses de, 789–791

Alquilação, 829

Alquimia, 755

Alquinos, 780. *Veja também* Hidrocarbonetos alifáticos
 nomenclatura de, 780–781
 reações de adição de, 791
 sínteses de, 789–791

Alúmen do fabricante de papel, 667

Alumina, 665, 667

Aluminato de sódio, 667

Alumínio, 664, 665–666

Alumínio anodizado, 665

Aluminossilicatos, 221

Amerício-241, 766

Amianto, 220

Amidas, 804–805

Amilopectina, 819

Amilose, 819

Aminas, 803–804

Amino-ácidos, 804, 817

Amino-ácidos essenciais, 817

Amônia, 679
 como base fraca, 446, 460, 462
 síntese de Haber da, 426, 651, 678

Amoniato, 680

Amostras, F2

ampere (unidade), 547, A3

Amplitude, 4

Análise de combustão, F101–F102

Análise, F22, F69

Análise gravimétrica, F69
 gray (unidade), 760

Análise qualitativa, F69
 precipitação na, 533–535

Análise quantitativa, F69

Análise térmica diferencial (DTA), 270

Análise volumétrica, F90

Analito, 509, F90

Anderson, James, 633

Ângulos de ligação, 103–104

Anidridos de ácidos, 647

Anidridos formais, 647

Ânion carboxilato, F74

Ânions, F23, F25
 nomes de, F29–F31
 tamanho relativo de, 55

Anodos
 de sacrifício, 568–569
 em células galvânicas, 546

Antimônio, 677, 678

Antioxidantes, 88, 89

Antipartículas, 750

Antraceno, 793

Aparelho de feixes moleculares, 176

Aparelho supercondutor de interferência quântica (SQUID), 133

Apassivação, 568

Apatitas, 678

Aproximação do estado estacionário, 614

Aqua regia, 717

Aragonita, 221

Arenos, 793

Argamassas, 222

Arginina, 817

Argônio, 699, 700

Aromatização, 829

Arrhenius, Svante, 621, F73

Arsênio, 677, 678

Asfalto, 829

Asparagina, 817

Astato, 693

Atividade
 constante de equilíbrio e, 400–401
 na medida do decaimento nuclear, 761

Atividade óptica, 728, 729

12 Índice

atmosfera (unidade), 150
Átomo de hidrogênio ácido, 445, F73
Átomo(s), F16
  camadas e subcamadas, 33, 39–40. *Veja também* Camadas
  caroço do, 44
  de muitos elétrons, 42–49. *Veja também* Polieletrônico, átomo
  de um elétron, 30–40. *Veja também* Átomos hidrogenoides
  isoeletrônico, 55
  modelo do pudim de passas, 3
  modelo nuclear do, 4, F16–F18
Átomos de hidrogênio, 30–40
  ácidos, 445, F73
  energia de ionização de, 31
  energias dos orbitais de, 42
  estado fundamental de, 31
  estrutura eletrônica de, 39–40
  níveis de energia de, 30–31, 42
  número quântico principal dos, 31
  orbitais dos, 31–33
  spin do elétron de, 38–39
ATP (trifosfato de adenosina), 346, 683–684
Autoarrumação dinâmica, 673
Autopreservação química, 89
Autoprotólise, 451
  pH e, 494–498
Azeótropos, 369–370
Azida de sódio, 680

Bacon, Francis, 585
Balança de Gouy, 133
Balanço de cargas, 494
Balanço de material, 494
Balão volumétrico, F55
Balmer, Johann, 6
Banda de condução, 225
Banda de estabilidade, 753
Banda de valência, 225
bar (unidade), 150
Bário, 659, 660–661
Barômetro, 148
  de mercúrio, 349
Base(s), F72–77. *Veja também* Ácido-base
  conjugada, 447, 463–465
    em tampões, 500–508
  de Arrhenius, 446, F73
  de Brønsted, 445–449, F73–F74
  de Lewis. *Veja* Ácidos e bases de Lewis
  definição de, 445
  forte(s), 446, F74
    ácidos conjugados de, 463–465
    pH de soluções muito diluídas, 494–495
  fraca(s), 446–471, F74
    bases conjugadas de, 463–465
    pH de, 45–477
  poliprótica(s), 483
  tamponamento de, 499–507
Bateria de célula seca, 584
Baterias, 584–586, 655
  células galvânicas em, 545, 655
Bauxita, 665
Bebidas carbonatadas, 674

becquerel (unidade), 761
Becquerel, Henri, 748, 762
Benzaldeído, 794, 801
Benzeno, 793, 830
  bromação do, 794–795
  como híbrido de ressonância, 83–84
  estabilidade do, 334
  ligações duplas no, 123–124
  nitração do, 795–796
  orbitais moleculares do, 135–136
  substituição eletrofílica no, 795–796
Berílio, 659
  compostos de, 661
  configuração eletrônica do, 44–45
Berilo, 659
Bicarbonato de soda, 657
Bicarbonato, no equilíbrio ácido-base fisiológico, 506–507
Biodiesel, 278
Biodiversidade, chuva ácida e, 490–491
Bioenergética, 335
Biologia molecular, F4
Bioluminescência, 228
Biomassa, etanol da, 277
Birradicais, 88
Bismuto, 677, 678
Blindagem de elétrons, 43–44
Boranos, 668
Bórax, 664
Boretos, 668
Boro, 664–665, 666
  configuração eletrônica do, 45, 105
Boro-hidretos, 668
Borracha, 809–810
  estireno-butadieno, 813
  vulcanizada, 814
Bosch, Carl, 426
Boyle, Robert, 153
Bromação
  do benzeno, 794–795
  do eteno, 790–791
Bromo, 693, 694, 695
Brønsted, Johannes, 445
Bronze, 219, 716
  manganês, 713
Bronze de manganês, 713
Buckminsterfullerenos, 671
Buracos octaédricos, 209
Buracos tetraédricos, 208–209
Butano, 780, 783
Butanol, 799
Buteno, 798

Cabeça polar
  hidrofílica, 375
  hidrofóbica, 375
Cádmio, 716, 717–718
Cal hidratada, 662, 688
Cal viva, 662
Calcário, 221, 659, 662, 714
Cálcio, 659, 660–661
  compostos de, 662–663
Calcita, 221, 659
Calcogênios, 685
Calcopirita, 716
Cálculo avançado, A8

Calor, 250–255
  definição de, 250
  entalpia e, 263–272
  medida do, 250–254
  unidades de, 250
  vs. energia térmica, 260
Calor e trabalho, equivalência entre, 256–257
caloria (unidade), 250
Caloria nutricional, 250
Calórico, 243
Calorimetria, 253
Calorimetria diferencial de varredura (DSC), 270
Calorímetro de bomba, 253
Camada de ozônio, destruição da, 632–634, 798
Camadas de elétrons, 33, 39–40
  de valência, 46
    expandidas, 89–92
  fechadas, 44
  subcamadas e, 33–34
Campo elétrico, F12
Campo eletromagnético, F12
Campo magnético, 739, F12
Capacidade calorífica, 251–252
  curvas de aquecimento e, 269–271
  em pressão constante, 264–265
  em volume constante, 264–265
Capacidade tamponante, 505–506
Captura de elétrons, 750, 751–752
Caráter iônico de uma ligação, 97
Carbeto de silício, 675
Carbeto de tungstênio, 675
Carbetos, 675–676
Carbetos salinos, 675–676
Carboidratos, 819–820
Carbonato básico de cobre, 716
Carbonato de amônio, 679
Carbonato de cálcio, 221–222, 662
Carbonato de cobre, 716
Carbonato de sódio, 657
Carbonato de sódio anidro, 657
Carbonatos, solubilidade dos, 379
Carbono, 670–672
  ativado, 671
  óxidos de, 674
  propriedades do, 670–671
  sólido, 627, 671
Carbono-14
  datação por carbono radioativo, 764–765
  marcação radioativa, 765–766
Carborundum, 675
Carga, unidades de, 546–547
Carga formal, 84–86
Carga fundamental, 3
Carga nuclear efetiva, 43
Cargas parciais, 96
Carnalita, 657
Carnot, Sadi, 243
Caroço, 44
Carvão, 829–830
Carvão ativado, 671
Carvona, 785
Cassiterita, 672
Catalisadores, 62, 631–638, F61
  definição de, 631
  envenenados, 635

enzimas como, 635–637
heterogêneos, 633–634
homogêneos, 631–633
industriais, 635
microporosos, 635
Ziegler-Natta, 809, 810
Catástrofe do ultravioleta, 13
Cátion(s), F23, F25
  configuração eletrônica de, 68–70
  formação de, 68–70
  tamanho relativo de, 55
Catodo, em células galvânicas, 546
Caulinita, 239
Célula a biocombustível, 585
Célula de concentração, 564–565
Célula de sódio-enxofre, 586
Célula seca, 584
Células a combustível, 585–586
Células a combustível alcalinas, 585
Células a combustível de ácido fosfórico, 585
Células a combustível de hidrogênio, 585
Células a combustível de hidrogênio-oxigênio, 585
Células alcalinas, 584
Células de chumbo-ácido, 586
Células de Daniell, 546. *Veja também* Células galvânicas
  notação para, 549
Células de íon lítio, 586, 655
Células de prata, 584–585
Células eletrolíticas, 571–573
Células eletroquímicas, 545
  baterias, 584–586
  eletrolíticas, 571–573
  galvânicas, 545–553. *Veja também* Células galvânicas
Células galvânicas, 545–553. *Veja também* Célula
  célula de Daniell, 546, 549
  definição de, 545
  diagramas de célula, 549–553
  diferença de potencial em, 546–547
  eletrodos em, 545–546. *Veja também* Eletrodos
    potencial padrão e, 554–569
  eletrólitos em, 545
  em baterias, 545, 584–586, 655
  estrutura das, 545–546
  meias-células, 546
  notação de, 549–553
  pontes salinas em, 549–550
  potencial de célula de, 547–551. *Veja também* Potenciais padrão de célula
  primárias, 584–586
  reações redox em, 545–546
  secundárias, 586
Células unitárias, 209–212
Células voltaicas. *Veja* Células galvânicas
Celulose, 819–820
Cerâmicas, 206, 239
  resíduos radioativos em, 773
Césio, 654–656
Cetonas, 801
Charles, Jacques, 153
Choque, soluções salinas para, 507

Chumbo, 670, 672–674
Chuva ácida, 490–491, 533
Ciclo de Born-Haber, 290–292
Ciclo-alcanos, 779, 780
Ciclo-hexano, 779
Ciclo-propano, 779
Ciência dos materiais, F4
Cimento, 222–223
Cimento Portland, 222–223
Cinábrio, 687
Cinamaldeído, 794, 801
Cinética, 587–638
   catálise, 631–638. *Veja também* Catalisadores
   equilíbrio, 350
   lei das velocidades integradas, 600–610
   mecanismos de reação, 611–620
   modelos de reação, 621–630
   teoria das colisões, 624–628
   velocidades de reação, 588–599
Cinza de soda, 657
Cirurgia com navalha gama, 756
Cisteína, 817
Citosina, 820, 821
Cloratos, 696
Cloreto de alumínio, 667
Cloreto de berílio, modelo VSEPR do, 105
Cloreto de sódio, 656–657
Cloreto de vinila, 809
Cloretos, 694
Cloro, 693, 694
Clorofila, 662
Cloro-fluoro-carbonetos, 650, 676
   destruição da camada de ozônio e, 632–634
Cloro-fluoro-hidrocarbonetos, 798
Cloro-metano, 798
Coagulação, 688
Cobalamina, 721
Cobalto, 711, 715
   na cirurgia com navalha gama, 756
   na saúde humana, 721
Cobre, 716–717
   na saúde humana, 721
Coeficiente de absorção molar, 738
Coeficiente estequiométrico, F61
Coesão, 197
Colisões
   grudentas, 627
   na nucleossíntese, 755
Coloides, 380–382
Combinação linear de orbitais atômicos, 127
Combustão, 273, F63
   entalpia padrão de, 277, 278
Combustíveis alternativos, 277–278, 651, 830
Combustíveis de hidrogênio, 277
Combustíveis fósseis, 649, 829–830
Complementaridade, 19
Complexo ativado, 628
Comportamento de Arrhenius, 622–624
Composição em percentagem em massa, F46–F47
Compostos binários, F22
   iônicos, F26

Compostos de enxofre, 689–691
Compostos de fósforo, 680
Compostos de halogênios, 695
Compostos de hidrogênio, 652–653
Compostos de lítio, 656
Compostos de nitrogênio, 679–680, 681–682
Compostos de potássio, 657
Compostos de silício, 671
Compostos de sódio, 656–657
Compostos deficientes de elétrons, 136
Compostos hipervalentes, 90
Compostos inorgânicos, F22
Compostos iônicos, F23, F24–F27
   nomes de, F31
Compostos moleculares, F23–F24
   nomes de, F32–F35
Compostos orgânicos, F22
Compostos oxigênio-hidrogênio, 688–690
Compostos termodinamicamente estáveis, 334
Compostos termodinamicamente instáveis, 334
Compostos/complexos de coordenação, 527, 720–725
   absorção da luz por, 737–738
   ácidos e bases de Lewis em, 527, 720–722
   aquirais, 728
   configuração eletrônica de, 734–736
   constante de formação de, 738–739
   cor de, 722, 735, 737–738
   definição de, 720
   desdobramento do campo ligante e, 734
   de spin-alto, 736
   de spin-baixo, 736
   estrutura eletrônica de, 733–742
   formas de, 725–726
   isoméricos, 726–731. *Veja também* Isômero(s)
   ligantes em 720, 724, 725–726, 735–737. *Veja também* Ligantes
   misturas racêmicas, 729
   nomenclatura de, 720, 723–725
   octaédrico, 725, 735
   orbitais de, 733–735, 741–742
   oticamente ativos, 728, 729
   propriedades magnéticas de, 739–740
   quadrado planar, 725
   quelato, 726
   quirais, 728–729
   reações de substituição e, 722
   teoria do campo cristalino e, 733–735
   tetraédricos, 725, 735
   transições d-d em, 737
   transições de transferência de carga, 737
Compressão
   de gases, 147, 179–180
   de líquidos, 179–180
Comprimento de onda, 4
Conceito quantitativo, F4
Conceitos qualitativos, F3

Concentração, F54–F56
   do soluto, medidas, 383, 385
   velocidade de reação e, 588–590, 592–593
Concentração formal de ácido, 472
Concentração inicial de ácido, 472
Concentração molar (molaridade), 383, 385, F54
Concreto, 222–223
Condensação, reações de, 349–350, 683, 803, 805, 808
Condensação, vaporização e, 349–350
Condição de frequência de Bohr, 17
Condições de contorno, 24–25
Condições padrão de temperatura e pressão (SATP), 159
Condução eletrônica em sólidos, 224–227
   semicondutores em, 225–226
   supercondutores em, 227
Condução iônica, 224
Condutores, 224-225
Conectividade de isômeros estruturais, 783
Configurações eletrônicas, 44, 105
   de íons, 68–70
   de moléculas diatômicas, 128–134
   de orbitais moleculares, 131–133
   dos complexos de coordenação, 734–736
   dubletos, 68
   estado excitado, 45–46
   estado fundamental, A18
   hibridação e, 119–123
   octeto, 68
      expandido, 90
      incompleto, 92–93
   periodicidade e, 46–47
   previsão, 45–48
   princípio da construção e, 45
Conformações, 783
Congelamento, 357
   entalpia de, 269
Congêneres, 645
Constante da produção de íons, 451
Constante de acidez, 461–462
Constante de autoionização, 451
Constante de autoprotólise, 451–452
Constante de Avogadro, F38–F39
Constante de basicidade, 462
Constante de Boltzmann, 308, 625
Constante de decaimento, 763
Constante de dissociação de ácidos, 461
Constante de equilíbrio, 399–403, 406
   cálculo de, 562–563
   cálculos com, 418–423
   formas alternativas da, 410–414
   origem da, 402–403
   para a concentração molar dos gases, 411–413
   para equações compostas, 411
   para os múltiplos da equação química, 410
   potenciais padrão e, 561–563
   quociente de reação e, 405–407
   velocidades de reação e, 617–618

Constante de Faraday, 547
Constante de formação, 527
   de complexos de metais d, 783
Constante de Henry, 376
Constante de ionização da base, 461
Constante de ionização de ácidos, 461
Constante de Madelung, 74
Constante de Michaelis, 635
Constante de Planck, 13
Constante de Rydberg, 7, 32
Constante de solubilidade, 523
Constante de velocidade, 592, 593
   medida da, 602–603
   parâmetros de Arrhenius e, 621
   temperatura e, 622–624
Constante do ponto de congelamento, 389
Constante do produto de solubilidade, 523
Constante dos gases, 156
Contadores de cintilação, 761, 762
Contadores Geiger, 761, 762
Contração dos lantanídeos, 707–708
Coordenadas esféricas polares, 32
Copolímeros, 812–813
Coque, 671
Cor, 737–739
   complementar, 737
   dos complexos de coordenação, 722, 735, 737–738
Corpo negro, 11
Corrente elétrica, 224
   geração em células galvânicas, 545–553
Corrosão, 567–569
Corundum, 239
coulomb (unidade), 546–547
Covalência variável, 90
Craqueamento, 829
Criogenia, 699
Criolita, 665, 693
Crioscopia, 390, 393, 394
Criptônio, 699, 700
Cristais, 197–198. *Veja também* Rede
Cristalização, F52
Cromato de sódio, 713
Cromatografia, F53
Cromita , 712
Cromo, 711, 712–713
   na saúde humana, 721
Crutzen, Paul, 632
Cuproníquel, 715
curie (unidade), 761
Curie, Marie Sklodowska, 748
Curie, Pierre, 748
Curva de energia potencial, 185–186
Curva de pH, 509–511
Curvas de aquecimento, 269–271

Dados experimentais, A9–A15
Dados, F2
Dalton, John, 163
Daniell, John, 546
Darmstádio, 757
Datação com radioisótopos
   com carbono-14, 764–765, 765
   com potássio-40, 766
   com urânio-238, 766

14 Índice

Datação isotópica, 764, 765
Davisson, Clinton, 18
debye (unidade), 96
Decaborano, 668
Decaimento exponencial, 601
Decaimento nuclear, 748–749, 754–755
  constante de decaimento no, 763
  definição, 750
  energia nuclear e, 768–774
  estabilidade nuclear e, 753–754
  evidências do, 748–750
  lei do decaimento radioativo e, 763
  meia-vida e, 763–765
  predição do tipo de, 754–755
  velocidade de, medida, 761–765
Decano, 779, 780
Decantação, F53
Decomposição, energia livre de Gibbs e, 334
Definição de Brønsted-Lowry, F73
Densidade de entalpia, 277
Densidade de probabilidade, 23
  do orbital atômico, 36
Densidade dos gases, 159–160
Densidade, F6
  de um metal, 211–212
Derivados do petróleo, 829
Desdobramento do campo ligante, 734, 735, 741
  propriedades magnéticas dos complexos e, 739–740
  transições d–d, 737
Desenvolvimento de fármacos, 104
Desenvolvimento sustentável, F4
Desidrogenação, 790
Desigualdade de Clausius, 324
Deslocalização, 82
Desmagnetização adiabática, 315–316
Desmagnetização nuclear adiabática, 316
Desnaturação das proteínas, 819
Desordem, 296–298. *Veja também* Entropia
  de posição, 298
  térmica, 300–303
Desprotonação, 390, 445, F74
  de ácidos polipróticos, 483–484
  do ácido sulfúrico, 483–484
  porcentagem, de ácido fraco, 472, 473–474
Destilação, 369, F53
Destilado, 369
Detergentes, 375
Deutério, F19
Deuteron, 756
Diagramas de célula, 549–553
Diagramas de fase
  de um componente, 357–360
  definição de, 357
  linha de amarração, 369
  ponto triplo em, 359
Diagramas de temperatura-composição, 366–369
Diagramas dos níveis de energia dos orbitais moleculares, 128
Diamante, 671, 672
Diborano, 668

1,2-Dicloro-1-fluoro-etano, 798
Dicromatos, 713
Dietil-éter, 800
Diferença de potencial, 545
  em células galvânicas, 546–547
  unidades de, 547
Difluoreto de xenônio, 700–701
Difração, 17
Difusão de gases, 170–171
Diluição, F56–F58
Dímeros, 192
Dinitro-benzeno, 793
Diodos emissores de luz, 228–229
Diodos orgânicos emissores de luz, 228–229
Dióis, 799
Dióxido de carbono, 671, 674
  como gás estufa, 650–651
  modelo VSEPR do, 106
Dióxido de cloro, 697
Dióxido de enxofre, 687, 690, 696–697
  chuva ácida e, 490–491, 533
Dióxido de hidrogênio. *Veja* Água
Dióxido de manganês, 713
Dióxido de nitrogênio, 681, 682
Dióxido de silício, 671
Dióxido de titânio, 712
Dipeptídeos, 817
Dipolo elétrico, 96
Dissociação, energia de, 98
Dissolução
  de precipitados, 533
  energia livre de Gibbs de, 379–380
  termodinâmica da, 377
Distribuição das velocidades de Maxwell, 175–177
Distribuição de Boltzmann, 625
DNA (ácido desoxirribonucleico), 820–821
dobson (unidade), 632
Doença da vaca louca, 819
Doença de Alzheimer, 819
Doença de Creutzfeld-Jakob, 819
Doenças dos príons, 819
Dolomita, 659
Domínios, 229
Dopagem, 226
Dose absorvida, 760
Dose equivalente, 761
Dosímetros, 762
Dualidade onda-partícula, 17–18
Dubletos, 68

Ebonite, 814
Ebulição, pressão de vapor e, 354–355
Efeito do íon comum, 525–526
Efeito do par inerte, 60
Efeito estufa, 650–651
Efeito fotoelétrico, 13–16
Efeito Joule-Thomson, 183
Eficiência biológica relativa, 761
Efusão de gases, 170–171
Einstein, Albert, 13
Elasticidade dos polímeros, 814
Elastômeros, 814
Elemento(s), A19–A24, F16
  formação de, 755–757

Grupo 2, 659–663
  metálicos. *Veja* Metal(is)
  não metálicos, 61–62
  nomenclatura de, 757
  propriedades atômicas de, 644
  propriedades gerais, 61
  Tabela Periódica, F19–21. *Veja também* Tabela Periódica
  transmutação de, 755
Elementos do bloco d, 61–62, 705–746
  compostos/complexos de coordenação e, 527, 720–725. *Veja também* Compostos/complexos de coordenação
  em compostos, 708
  Grupos 11 e 12, 716–718
  metais de transição, 706
  na saúde humana, 721
  números de oxidação dos, 708–709
  Período 4, 711–716
  raios atômicos de, 707–708
  sequestro de, 726
  soluções aquosas de, 721
  tendências periódicas dos, 705–710
    nas propriedades físicas, 705–708
    nas propriedades químicas, 708–710
Elementos do bloco p, 61
Elementos do bloco s, 60–61
Elementos do Grupo 1, 654–658
Elementos do Grupo 11, 716–718
Elementos do Grupo 12, 706, 716–718
Elementos do Grupo 13, 664–669
Elementos do Grupo 14, 670–676
Elementos do Grupo 15, 677–685
Elementos do Grupo 16, 685–692
Elementos do Grupo 17, 693
Elementos do Grupo 18, 699–701
Elementos do Grupo 2, 659–663
Elementos do grupo principal, 643–701
Elementos transmeitnério, 757
Elementos transurânio, 757
Eletrodeposição catiônica, 569
Eletrodeposição catiônica, 569
Eletrodo de hidrogênio, em células galvânicas, 546
Eletrodos, 545–546
  de calomelano, 566
  de combinação, 457
  de vidro, 566–567
  definição de, 545
  em células galvânicas, 545–546. *Veja também* Células galvânicas
  em medidores de pH, 566–567
  padrão de hidrogênio, 555
  potencial padrão de, 554–569. *Veja também* Potenciais padrão
  seletivos para íons, 566–567
Eletrófilos, 790
Eletrólise, 571–577
  aplicações, 576, 654
  lei de Faraday da, 573–575
  na produção de alumínio, 665
  produtos da, 573–575

Eletrólitos, F66–F67
  definição, 546
  em células galvânicas, 545
  fortes, F67
  fracos, F68
  sólidos, 224
Elétron p, 37
Elétron(s), F16
  em átomos isoeletrônicos, 55
  p, 37
  promovidos, 119–120
  valência, 44
Eletronegatividade, 645
  força de ácido e, 467–469
  ligações covalentes e, 95–97
Elétrons, blindagem, 43–44
Elétrons de valência, 44
Elétrons, penetração de, 43–44
Elétrons promovidos, 119–120
elétron-volt (unidade), 56
Emulsões sólidas, 380
Enantiômeros, 728, 785
Encadeamento, 686
Energia, 244, F10–F13
  calor e, 250–254
  cinética, F10. *Veja também* Cinética
    colisões e, 624–628
  conservação de, F13
  de ativação, 621–624
    colisões e, 624–628
  de dissociação, 98
  de ionização, 31, 56–58, 61, 644
  de rede, 71
  do ponto zero, 28
  interna. *Veja* Energia interna
  livre de Gibbs, 329–339. *Veja também* Energia livre de Gibbs
  nuclear. *Veja* Energia nuclear
  potencial, 629, F11, F12
  quantização de, 24–28
  química, F13
  renovável, 277–278
  rotacional, 260
  térmica, 260, F13
    vs. calor, 260
  total, F12
  trabalho e, 244–250
  translacional, 260
  vibracional, 260
Energia de ligação nuclear, 768–770
Energia interna, 244, 256–261
  como função de estado, 257–260
  rotacional, 260
  teorema da equipartição e, 260–261, 265–267
  translacional, 260
  vibracional, 260
Energia livre de Gibbs, 333–335
Energia nuclear, 768–774
  da fissão, 770–772
  da fusão, 770, 772
  descarte de resíduos e, 773
  enriquecimento do urânio para a, 772–773
  ligação, 768–770
  química da, 772–773
Energia potencial, 629, F11
  de Coulomb, F12
Energias dos orbitais, 42–44

Índice 15

Entalpia, 263–295
  capacidade calorífica e
    de moléculas na fase gás, 265–267
    em pressão constante, 264–265
    em volume constante, 264–265
  ciclo de Born-Haber e, 290–292
  como função de estado, 269
  curvas de aquecimento e, 269–271
  da transferência de prótons em ácidos binários, 465–466
  de congelamento, 269
  de fusão, 268–269
  de ganho de elétrons, 290
  de hidratação, 378–380
  de ionização, 290
  de ligação, 292–294
    força do ácido e, 466
  de mistura, 370
  de reação. *Veja* Entalpia de reação
  de rede, 290–292, 378–380
  de solução, 377–380
  de sublimação, 269
  de transferência de calor em pressão constante, 263–264
  de vaporização, 267–268
  definição de, 263
  específica, 277
  limite, 377–380
  teoria da equipartição e, 265–267
Entalpia de reação, 273–287. *Veja também* Entalpia
  definição de, 273
  entalpia de ligação e, 292–294
  entalpia padrão de formação e, 282–285
  específica, 277
  lei de Hess e, 280–282
  lei de Kirchhoff e, 285
  padrão, 276–279
  produção de gás e, 274–276
  transferência de calor e, 274–276
  variação com a temperatura, 285–287
Entalpia padrão de formação, 282–285
Entropia, 296–328
  absoluta, 314–320
  como função de estado, 298
  de fusão, 305
  de vaporização, 303–304
  definição de, 297
  desordem e, 296–298
    de posição, 298
  equilíbrio e, 326–327
  estatística, 308–310
    vs. entropia termodinâmica, 311–312
  formula de Boltzmann para a, 308–312
  mudança espontânea e, 296
  mudanças de, 321–328
    de sistemas e vizinhanças, 321–326
    em processos reversíveis vs. processos irreversíveis, 324–325
    energia livre de Gibbs e, 329–339
    total, 323–326

padrão de reação, 318–319
padrão molar, 314–318
regra de Trouton, 304
residual, 310
temperatura e, 300–303
termodinâmica, vs. entropia estatística, 311–312
volume e, 298–300
Enxofre, 685, 686–687
Enxofre monoclínico, 687
Enxofre rômbico, 687
Enzimas, 104, 635–637. *Veja também* Catalisadores
  metaloproteínas, 721
Equação de Arrhenius, 621
Equação de Clausius-Clapeyron, 353
Equação de Henderson-Hasselbalch, 504–505
Equação de Nernst, 53–566
Equação de Schrödinger, 23–24, 26, 30, 42
Equação de van 't Hoff, 392–393, 433–434
Equação de van der Waals, 180
Equação do virial, 180
Equação nuclear, 751–752
Equação simplificada, F61
Equações, A7, F60–F64
  balanceadas, F61, F62–F64
  iônicas, F68–F69
Equações de estado, 156
  de gases, 180–182
Equações químicas, F60–F64
  balanceadas, F61, F62–F64
Equações termoquímicas, 273
Equilíbrio, 347–452
  autoprotólise, 451–452
  definição de, 326
  descrição cinética de, 350, 352, 366, 403, 417, 432
  descrição termodinâmica do, 350, 352, 366, 403, 417, 432
  de fase em sistemas de dois componentes, 364–372
  de fase em sistemas de um componente, 357–363
  diagramas de fase e, 357–360
  dinâmico, 326–327, 350, 397–398
  em condições variáveis, 426–434
    adição e remoção de reagentes, 426–429
    compressão da mistura de reação, 429–431
    temperatura, 431–434
  entropia e, 326–327
  físico, 347–396
  heterogêneo, 401
  homeostase e, 442
  homogêneo, 401
  lei da ação das massas e, 399–402
  mecânico, 327
  molalidade e, 383–387
  pressão de vapor e, 349–356
  princípio de Le Chatelier e, 426–429, 431
  propriedades coligativas e, 388–396
  químico, 327, 347, 397–409
    reversibilidade das reações e, 397–399

solubilidade e, 373–382, 523–529
térmico, 251
velocidades de reação e, 617–618
Equilíbrio ácido-base, no corpo humano, 506–507
Equilíbrio, cálculos do, 415–423
  com a tabela do equilíbrio, 418–423
  com constantes de equilíbrio, 418–423
  direção da reação, 416–417
  extensão da reação, 415–416
Equilíbrio da transferência de prótons
  em pares ácido-base conjugados, 463–464
  indicadores ácido-base e, 517
Equivalência entre calor e trabalho, 256–257
Erro aleatório, F9
Erro sistemático, F9
Escala Celsius, 154
Escala Kelvin, 154
Escamas, na água dura, 379
Escória, 714
Esfarelita, 687, 717
Esfera de coordenação, 720
Esmalte dos dentes, 662–663
Esmeralda, 659
Esmeril, 239
Especiação, de soluções de ácidos polipróticos, 486–489
Espécies de solutos, em soluções de ácidos polipróticos, concentrações de, 486–489
Espectro de absorção, 8
Espectro eletromagnético, 6
Espectrofotometria, 737, 738
Espectrometria, 590, F17
Espectrômetro de mapeamento total de ozônio, 633
Espectrômetro de massas, 590, F17
Espectros atômicos, 6–8
Espectroscopia, 4
Espuma, 380
Estabilidade nuclear, 753–754
Estado de oxidação, F80
Estado de transição, 629
Estado fundamental, 31
Estado padrão, entalpia de reação e, 276–279
Estados da matéria, F5
Estanho, 670, 672
Estequiometria de reação, F87–F93
  análise volumétrica na, F90
  de gases em reações, 166–168
  previsões massa a massa na, F88–F90
  previsões mol a mol na, F87–F88
  titulação na, F90
Estereoisômeros, 727, 728, 784
Ésteres, 802–803
Esterificação, 802
Estireno, 809
Estresse oxidativo, 89
Estrôncio, 659, 660–661
  meia-vida do, 764
Estrutura cúbica de corpo centrado, 209

Estrutura cúbica de face centrada, 209
Estrutura cúbica primitiva, 209
Estrutura da esfarelita, 213
Estrutura de blenda de zinco, 213
Estrutura de cloreto de césio, 213
Estrutura de empacotamento compacto, 207–208
  cúbica, 208
  hexagonal, 207–208
Estrutura de Kekulé, 83
Estrutura de sal-gema, 212–213
Estrutura primária das proteínas, 817
Estrutura quaternária das proteínas, 819
Estrutura reticular
  células unitárias e, 209–212
  retículos de Bravais e, 210
Estrutura secundária das proteínas, 818
Estrutura terciária das proteínas, 818–819
Estruturas de Lewis, 77–81, 77–86
  carga formal e, 84–86
  ressonância e, 81–84
Estruturas em linhas, 778, F24
Etanal, 801
Etanodiol, 799
Etanol, 798, 799, 800, 829
  como combustível, 277–278
Eteno, 780, 809
  bromação do, 790–791
  ligações duplas no, 123
  modelo VSEPR do, 106
Éteres, 798, 800
Etileno-glicol, 799
Etino, 780
Eugenol, 800
Exigência estérica, 626–628
Expansão livre, 246
Experimento de Geiger-Marsden, 3
Experimentos, F3
Expoentes, A6
Exposição à radiação em acidentes nucleares, 764

Faces do cristal, 201
Fármacos de liberação controlada, 391
Fases da matéria, 185
Fator de compressão, 179, 180
Fator estérico, 627
fator *i* de van 't Hoff, 389–390
Fator pré-exponencial, 621
Fatores de conversão, A–5, F6
Feixes moleculares, 627
Feldspato, 221
Femtoquímica, 591
Fenil-alanina, 817
Fenil-metanol, 801
Fenóis, 798, 800–801
Fenolftaleína, 517–518
Fermento em pó, 657
Ferro, 62, 711, 713–715
  manganês e, 713
  na saúde humana, 721
Ferro fundido, 714
Ferromagnetismo, 229
Fertilizantes fosfato, 683, 698

16   Índice

Filtração, F53
Física quântica, 13
Físico-química, F4
Fissão nuclear, 770–772
Fitoquímicos, 89
Fixação de nitrogênio, 677–678
Floculação, 688
Flogopita, 221
Fluido supercrítico, 361–362
Fluidos de ferro, 229
Flúor, 693–694, 695
   ligações de hidrogênio ao, 192
Fluorescência, 228
Fluoreto, 662–663, 694
Fluoreto de estanho (II), 663
Fluoreto de hidrogênio, 695
   ligação sigma (σ) no, 117
Fluorita, 693
Fluoroapatitas, 662, 693
Fluxo, 666
Fogos de artifício, 661
Folha beta (β), 818
Folhas de grafeno, 205
Força(s), F9–F10
   de London
     em alcanos, 786
      solubilidade e, 374–375
   eletromotriz (fem), 547
   intensa, 748, 754
Forças intermoleculares, 179–180,
   185–193
   atrativas, 186
   de London, 189–191
   dipolo-dipolo, 187–189
   dipolo–dipolo induzido, 190
   fases da matéria e, 185
   fator de compressão e, 179, 180
   interações de van der Waals, 190
   íon-dipolo, 186–187
   ligações hidrogênio, 191–192,
     652–653
   origem das, 185–186
   pressão de vapor e, 350–351
   repulsivas, 186, 192–193
Formação de íons complexos,
   527–528
Formaldeído, 801
Formalina, 801
Fórmula de Boltzmann, 308–312
Fórmula de Rydberg, 7, 8
Fórmula empírica, F46, F48
Fórmula molecular, F23, F46, F49
Fórmula peso, F42–F43
Fórmula química, F23
Fórmula unitária, F26
Fórmula-peso, F42–F43
Fórmulas estruturais, F23
   condensadas, 778–779
Fosfina, 680
Fosfolipídeos, 381
Fosforescência, 228
Fósforo, 677, 678
Fósforo branco, 678
Fósforo vermelho, 678
Fósforos, 228
Fotodissociação, 632
Fótons, 13
Fração molar, 164, 383, 385
Frâncio, 654–656
Frequência, 4

Frequência de colisão, 625
Frutose, 819
Fulerenos, 671, 672
Fulerita, 671
Fuligem, 671
Fuller, R. Buckminster, 671
Função de distribuição radial, 36
Função de onda, 23–24
   angular, 32
   condições de contorno da, 24–25
   de elétrons. *Veja* Orbitais atômi-
     cos
   radial, 32
   simetria esférica da, 31–33
   vs. função de distribuição radial,
     36
Função de trabalho, 14
Funcionalização, 789
Funções de estado, 257–260
   energia interna como, 257–260
   entalpia como, 269
   entropia como, 298
Fundente, 666
Fusão, 357
   entalpia de, 268–269
   entropia de, 305
Fusão nuclear, 770, 772

Galena, 672, 687
Gálio, 664, 666
Galvani, Luigi, 545
Galvanização, 576
Ganho de elétrons, entalpia de, 290
Gases, 147–184, F5
   atmosféricos, 163
   compressibilidade de, 147, 179
   concentração molar de, constan-
     tes de equilíbrio para, 411–413
   de estufa, 650–651
   de síntese, 651
   difusão de, 170–171
   efusão de, 170–171
   em reações, estequiometria,
     166–168
   equações de estado para, 180–182
   forças intermoleculares em,
     179–180, 185–193. *Veja também*
     Forças intermoleculares
   ideais, 156–160
     vs. gases reais, 179–180
   liquefação de, 182–183, 360–361
   misturas de, 163–166
   modelo cinético dos, 171–175
   nobres, 61, 699–701, F20
   observação de, 147
   parâmetros de van der Waals
     para, 180–181
   reais, 179–183
   solubilidade de, pressão parcial e,
     376
   volume molar de, 155, 159–160,
     166–168
Gasolina, 829
Gay-Lussac, Joseph-Louis, 153
Geiger, Hans, 3
Géis inteligentes, 392
Gel(is), 380, 673
   sílica, 675
Gerlach, Walter, 39
Germânio, 670, 672

Germer, Lester, 18
Gibbs, energia livre de, 329–339
   de dissolução, 379–380
   de formação, 333–335
   de reação, 332–335, 403–407
     em células galvânicas, 547–549
     potencial de célula e, 546–549
   definição de, 329
   em organismos vivos, 346
   pressão e, 329–332
   temperatura e, 329–332, 337–338
   trabalho de não expansão e,
     335–337
   transições de fase e, 331–332
Gibbs, Josiah Willard, 329
Gipsita, 222
Giz, 221, 659, 662
Glicina, 804, 817
Glicose, 819, 829
Glutamina, 817
Gorduras trans, 803
Gota de óleo, experimento da, 2–3
Goudsmit, Samuel, 38
Grafeno, 671
Gráfico de Arrhenius, 621–624
Gráficos, A7–A8
Grafita, 205, 671, 672
Graham, Thomas, 170
Granito, 221
Grove, William, 585
Grupo amino, 804
Grupo carboxila, 802
Grupo(s), na Tabela Periódica, 51,
   52, F19
   numeração dos, 52
   principais, 52
Grupos arila, 793
Grupos fenila, 793
Grupos funcionais, 798–807
   ácidos carboxílicos, 802
   álcoois, 798, 799–800
   aldeídos, 801
   amidas, 804–805
   aminas, 803–804
   amino-ácidos, 804
   cetonas, 801
   ésteres, 802–803
   éteres, 798, 800
   fabricar compostos simples com,
     805
   fenóis, 800–801
   halogeno-alcanos, 798
   nomenclatura de, 805–806
Grupos hidroxila, 799
Guanina, 820
Guldberg, Cato, 399
Guta-percha, 810

Haber, Fritz, 426
Haber, processo de, 426, 651, 678
Hall, Charles, 665
Halogenação, 790
Halogenetos de alquila, 798
Halogenetos de boro, 666
Halogenetos de hidrogênio, 695–696
Halogenetos de nitrogênio, 679–680
Halogênios, 693–698, F20
Halogeno-alcanos, 798, F36
Hamiltoniano, 24
Heisenberg, Werner, 19

Heitler, Walter, 117
Hélice alfa (α), 818
Hélio, 699–700
   na Tabela Periódica, 51
   núcleo de, como partícula alfa,
     749
Hematita, 713–714
Hemoglobina, 721, 818
hertz (unidade), 4
Hexafluoreto de enxofre, modelo
   VSEPR do, 106
Hexafluoreto de urânio, 772–773
Hexafluoreto de xenônio, 700–701
Hexano, 778, 780
Hexeno, 778
Hibridação, 119–123
Híbrido de ressonância, 82
Híbridos sp, 121
Híbridos sp^2, 120
Híbridos sp^3, 119, 122
Híbridos sp^3d, 121, 122
Híbridos sp^3d^2, 121, 122
Hidratação
   entalpia de, 378–380
   interações íon-dipolo na, 186–
     187
Hidratos, F31
Hidrazina, 679
Hidreto de berílio, 661
Hidretos, 646–647
   binários, 646–647
   do bloco d, 647
   do bloco p, 647
   do bloco s, 647
   metálicos, 647
   moleculares, 647
   salinos, 646, 652
Hidrocarbonetos alifáticos, 778–792
   adição eletrofílica a, 790–792
   alcanos, 779–780
   alquenos, 780
   alquinos, 780
   do petróleo, 829
   estrutura, 778–788
   insaturados, 778
   isômeros de, 780, 783–786
   nomenclatura dos, 779–783
   propriedades físicas dos, 786–787
   reações dos, 789–792
   saturados, 778, 779
   síntese de, 789–790
   tipos de, 779–783
Hidrocarbonetos aromáticos, 778,
   793–797, F35–F36
   do carvão, 829–830
   nomenclatura de, 793–794
   substituição eletrofílica em,
     794–797
Hidrocarbonetos, F35
   estruturas em linhas dos, 778
   fórmula estrutural condensada
     dos, 778–779
   insaturados, 778
   isômeros dos, 780, 783–786
   nomenclatura dos, 779–783
   saturados, 778, 779
Hidrofílica, cabeça, 375
Hidrofóbica, cabeça, 375
Hidrogenação, 791

Hidrogênio, 649–653
abundância de, 649
na reação de decomposição da água, 649
na Tabela Periódica, 51
produção de, 651
propriedades de, 651–652
Hidrogenocarbonato de sódio, 657
Hidro-halogenação, 790
Hidroxi-apatita, 662
Hidróxido de alumínio, 665, 667
Hidróxido de cálcio, 662, 688
Hidróxido de ferro, 714–715
Hidróxido de magnésio, 661–662
Hidróxido de sódio, 657
Hipoclorito de cálcio, 696
Hipoclorito de sódio, 696
Hipo-halogenitos, 696
Hipótese atômica, F3, F16
Hipótese, F3
Histidina, 817
Homeostase, 442
Hund, Friedrich, 45, 127

Ilmenita, 711
Implantes, para a liberação de fármacos, 391
Incandescência, 11, 228
Indicadores ácido-base, 457, 516–518, F72
Indicadores de pH, 457, 516–518, F72
Índio, 664
Iniciação, nas reações em cadeia, 618
Intensidade da radiação, 4, 14
Interação de London, 189–191
Interação íon-dipolo, 186–187
Interações de van der Waals, 190
Interações dipolo-dipolo, 187–189
Interações dipolo-dipolo induzido, 190
Interferência construtiva, 17
Interferência destrutiva, 17
Inter-halogênios, 695
Intermediários de reação, 611
Interpretação de Born, 23
Interstícios, 219
Iodo, 693, 694
Iodo-131, meia-vida, 764
Íon acetileto, 675
Íon aluminato, 665
Íon berilato, 661
Íon carbonato, modelo VSEPR do, 106
Íon etóxido, 800
Íon hidreto, 652
Íon quaternário de amônio, 803
Íon(s), F23, F24–F28
configuração eletrônica dos, 68–70
diatômicos, F26
espectador, F68
halogeneto, F29
interações entre, 72–75
monoatômicos, F24
poliatômicos, F26
tamanho relativo dos, 55
Ionização, 31
entalpia de, 290
Íons diatômicos, F26

Íons espectadores, F68
Íons halogeneto, F29
Íons hidrônio, 445, F73
na água, 451–452
pH e, 455–459. *Veja também* pH
Íons hidróxido na água, 451–452
Íons monoatômicos, F24
Íons poliatômicos, F26
Isolantes, 224
bandas de valência em, 225
Isoleucina, 817
Isomerização, 829
Isômeros
ambidentados, 727
de compostos/complexos de coordenação, 726–731
de coordenação, 727
de hidratação, 727
de hidrocarbonetos, 780, 783–786
de ligação, 727
definição de, 727
enantiômeros, 728, 785
estereoisômeros, 727, 728, 784
estruturais, 726–727, 728, 783–784
geométricos, 728, 784
imagem no espelho, 785
ionização, 727
ópticos, 727, 728, 785
Isopreno, 778, 809–810
Isosuperfície de densidade, 107
Isotermas, 153
Isótopos, F18–F19
Isótopos radioativos. *Veja* Radioisótopos

Jade, 220
joule (unidade), 246, 250
Joule, James, 183, 243
junções p-n, 226

kelvin (unidade), 154
Kimberlita, 205

Lantanoides (lantanídeos), 62, F20
Latão, 219, 716
Látex, 809. *Veja também* Borracha
LCAO-MO, 127
Lei da ação das massas, 399–402
Lei da composição constante, F3
Lei da conservação de energia, F13
Lei da conservação de massa, F61
Lei da Efusão de Graham, 170–171, 772
Lei das pressões parciais, 163–165
Lei de Beer, 738
Lei de Boyle, 153–155, 299–300
Lei de Charles, 154–155
Lei de Dalton, 163–165
Lei de Faraday da eletrólise, 573–575
Lei de Henry, 376
Lei de Hess, 280–282
Lei de Kirchhoff, 285
Lei de Stefan-Boltzmann, 11
Lei de Wien, 12
Lei do decaimento radioativo, 763
Lei dos gases combinada, 156–158
Lei limitante, 156
Lei periódica, 51
Leis científicas, F2

Leis da velocidade, 592–597
aproximação do estado estacionário e, 614
combinação das, 613–617
etapas determinantes da velocidade da reação e, 616–617
para reações elementares, 612–617. *Veja também* Reações elementares
pré-equilíbrio e, 616
Leis das velocidades integradas, 600–610
primeira ordem, 600–604
segunda ordem, 606–608
Leis dos gases, 153–158
combinada, 156–158
de Boyle, 153–154, 155
de Charles, 154–155
ideais, 156–160
princípio de Avogadro, 155
Leis, F2
Leite de magnésia, 661–662
Lennard-Jones, John, 127
Leucina, 817
Lewis, G. N., 448
Libby, Willard, 764
Liberação de fármacos, 391–392
Ligação tripla, 78, 118
Ligação(ões), F22. *Veja também* Ligante(s)
comprimento de, 100–101
força de, 98–100
hidrogênio, 191–192, 652–653
energia das, 192
formação de, 191–192, 652–653
múltiplas, 123–125
peptídicas, 817
pi (π), 118
propriedades da(s), 95–102
sigma (σ), 117
Ligações covalentes, 77–86
caráter iônico de, 97
carga formal e, 84–86
duplas, 118
eletronegatividade e, 95–97
estruturas de Lewis e, 77–81
pi (π), 118
polares, 96
ressonância e, 81–84
sigma (σ), 117–118
simples, 118
tripla, 118
Ligações dissulfeto, 818
Ligações duplas, 78, 118
carbono-carbono, 123–125
conjugadas, 136
Ligações iônicas, 68–75
caráter covalente das, 97–98
energia das, 71–72
interações eletrostáticas e, 72–75
polarizabilidade e, 97–98
propriedades das, 95–102
símbolos de Lewis e, 70–71
Ligações simples, 78, 118
Ligantes, 720, 724, 725–726
cor do complexo e, 735
de campo forte, 735
de campo fraco, 735
iônicos, 720

moleculares, 720
na série espectroquímica, 735
polidentados, 725–726
quelantes, 726
Ligas, 62, 218–219
Ligas de ferro, 712, 714
Ligas heterogêneas, 218
Ligas homogêneas, 218
Ligas intersticiais, 219
Ligas substitucionais, 218–219
Limites de fase, 358–359
Linha de amarração, 369
Linhas espectrais, 6
Lipossomas, 391–392
Liquefação de gases, 182–183, 360–361
Líquidos, 195–199, F5
ação capilar de, 197
compressão de, 179–180
iônicos, 198–199
ordem de curto alcance em, 195
tensão superficial de, 196
viscosidade de, 195–196
voláteis, pressão de vapor e, 349, 350
Lisina, 817
Lítio, 654–656
configuração eletrônica do, 44
Lixo nuclear, 773
Logaritmos, A6–A7
London, forças de
em alcanos, 786
solubilidade e, 374–375
London, Fritz, 117
Lord Kelvin, 183
Luminescência, 228
Luz, cor e, 737–739
Luz visível, 6

Macromoléculas, 808
Magnésio, 659, 660
compostos de, 661–662
Magnetita, 713–714
Manganês, 711, 713
Manômetro, 148, 149
Manômetro, 149
Mar de instabilidade, 753
Marcação de traçadores com radioisótopos, 765–766
Mármore, 221
Marsden, Ernest, 3
Massa crítica na fissão nuclear 772
Massa molar, determinação da, F40–F44
equação de van't Hoff e, 392–393
por crioscopia, 393–394
por osmometria, 393, 395
Matéria dura, 218
Matéria em grosso, 147
Matéria, F5
Matéria mole, 218
Materiais anisotrópicos, 197
Materiais antiferromagnéticos, 229
Materiais autoarrumados, 673
Materiais biomiméticos, 381
Materiais compósitos, 813
Materiais ferrimagnéticos, 229
Materiais inorgânicos, 218–223
carbonato de cálcio, 221–222
cimento, 222–223

concreto, 222–223
ligas, 218–219
silicatos, 220–221
Materiais isotrópicos, 197
Materiais magnéticos, 229
Mecanismo de ajuste induzido, 635
Mecanismo de arpão, 627
Mecanismo de Michaelis-Menten, 635–636
Mecanismos de reação, 611–619, 611–620
de reações elementares, 611–619
em duas etapas, 611
em uma etapa, 611
Medicina nuclear, 756
Medidores de pH, 566
Meias-células, 546
Meias-reações de oxidação, 537
Meias-reações de redução, 537
Meias-reações, nas reações redox, 537
Meia-vida
de reações de primeira ordem, 604–606, 608
definição de, 604
no decaimento radioativo, 763
Meitner, Lise, 770
Meitnério, 757
Membrana, semipermeável, osmose e, 390–391
Mendeleev, Dmitri, 51
Menisco, 197
Menten, Maud, 635
Mercúrio, 716, 718
Mesofase, 197
Metais, 203, 206–208, F20–F21
alcalinos (Grupo 1), 654–658
alcalino-terrosos, 659, 660–661, F20
bandas de condução em, 225
bloco d, 61–62, 705–746. *Veja também* Elementos do bloco d
de cunhagem, 716–717
densidade, 211–212
de transição, 706, F20. *Veja também* Elementos do bloco d
ductilidade, 206
galvanizados, 568, 717
general propriedades dos, 60–62
Grupo 2, 659–663
ligas, 218–219
maleabilidade, 206
processos hidrometalúrgicos para, 716
processos pirometalúrgicos para, 716
Metalocenos, 725
Metaloides, F20–F21
Metaloproteínas, 721
Metanal, 801
Metanetos, 675–676
Metano, 779, 780
como combustível, 278
como gás estufa, 650
Modelo VSEPR do, 105
Metanol, 799
Metil-2-propanol, 799
Metil-butano, 778
Metil-metacrilato, 809
Metil-pentano, 785

Metil-propano, 783
Metionina, 817
Método científico, F2
metro (unidade), F6
Meyer, Lothar, 51
Mica, 221
Micelas, 375
Michaelis, Leonor, 635
Microestados, 308–310
Microscopia de força atômica, 202–203
Microscopia de varredura por tunelamento, 202
milímetros de mercúrio (unidade), 150
Millikan, Robert, 2–3
Minérios de sulfetos, 687
Mioglobina, 721
Misturas, F51–F54
entalpia de, 370
eutéticas, F51–F54
heterogêneas, F52
homogêneas, F52
líquidas. *Veja* Misturas líquidas
pressão de vapor de, 364–366
racêmicas, 729, 785
Misturas líquidas. *Veja também* Misturas; Soluções
azeótropos e, 369–370
binárias, 366–369
destilação e, 369
pressão de vapor de, 364–369
solubilidade e, 373–382
Modelo cinético dos gases, 171–175
Modelo de bolas, F24
Modelo do pudim de passas, 3
Modelo iônico, 68
Modelo nuclear, 4, F16–F18
Modelo VSEPR, 103–115
para moléculas com pares isolados no átomo central, 107–112
para moléculas polares, 112–115
Modelos de bolas e palitos, F24
Modelos de reação, 621–629
efeitos da temperatura e, 621–624
teoria das colisões, 624–628
teoria do estado de transição, 628–629
Modelos, F4, F25
Moderador, na fissão nuclear, 772
Moissan, Henri, 571
mol (unidade), F38–F40
Molalidade, 383–387
Molaridade (concentração molar), 383, 385, F54
Molecularidade, 612
Moléculas aquirais, 785
Moléculas diatômicas
configurações eletrônicas de, 128–134, 131–133
heteronucleares, orbitais moleculares em, 134–135
homonucleares
ligações em, 128–131
orbitais moleculares em, 128–134
níveis de energia de, 129–130
ordem de ligação de, 131
Moléculas, F23–F24
autoarrumação de, 673

não polares, 112, 354
polares, 112–115
interações dipolo-dipolo, 187–189
interações dipolo–dipolo induzido, 190
poliatômicos, orbitais em, 135–137
Moléculas gasosas
capacidade calorífica de, 265–267
movimento de, 171–175
polarizabilidade de, 189
velocidades de
distribuição de Maxwell das, 175–177
raiz quadrada média, 174–175
Moléculas quirais, 785
Molina, Mario, 632–633
Momento angular do orbital, 33–34
Momento de dipolo elétrico, 96
Momento de dipolo instantâneo, 189
Momento linear, 18
Monofluorofosfato, 663
Monômeros, 808, 811
Monóxido de carbono, 674
Monóxido de dinitrogênio, 681, 682
Monóxido de nitrogênio, 681, 682
Moseley, Henry, 51
Mostradores LCD, 198
Motores moleculares, 673
Movimento
Browniano, 381
segunda lei de Newton, F10
térmico, F13
Mudança física, F5
Mudança química, F5
Mulliken, Robert, 96, 127

Naftaleno, 793, 830
Náilon, 811, 814
Nanociência, 229
Nanocristais, 26
Nanomateriais, 229–231
Nanotecnologia, 26, 202, 229, F4
materiais autoarrumados e, 673
na liberação de fármacos, 392
Nanotubos, 230–231, 672
Não metais, F20, F21
Não eletrólito, F66–F67
Negro de fumo, 671
Neônio, 699, 700
Nêutron, 4, F18
newton (unidade), F10
Níquel, 711, 715–716
Nitração do benzeno, 795–796
Nitrato de amônio, 679
Nitrato de potássio, 657
Nitreto de boro, 666, 680
Nitreto de magnésio, 680
Nitretos, 680
Nitritos, 682
Nitrofenol, 795
Nitrogênio, 677–678
ligação pi (π) no, 118
ligações do hidrogênio ao, 192
Níveis de energia, 8
de uma partícula em uma caixa, 25–28
definição de, 25

do átomo de hidrogênio, 30–31
número quântico principal e, 31
Nível macroscópico, F2
Nível microscópico, F2
Nível simbólico, F2
Nodo, da função de onda, 23
Nomenclatura, A25–A26, F29–F36
Nomenclatura química, F29–F36
Nomes comuns, F29
Nomes sistemáticos, F29
Notação científica, A5–A6
Nuclear, precipitação, 764
Nucleófilos, 798
Núcleons, F18. *Veja também* Nêutron; Próton
Núcleos, 4, F16
estáveis, 753–754
filhos, 750–752
físseis, 771
fissionáveis, 771
radioativos, 750
razão nêutron-próton em, estabilidade nuclear e, 753–754
ricos em nêutrons, 754
ricos em prótons, 754
Nucleosídeos, 820
Nucleossíntese, 755–757
Nucleotídeos, 820
Nuclídeos, 750, F18
síntese de, 755–756
Número atômico, 4, 751, F17
Número de Avogadro, F39
Número de coordenação, 208, 720
(4,4), 214
(6,6), 213
(8,8), 213
Número de grupo, 52
Número de massa, 751
Número de oxidação, F29, F80
força do ácido e, 467–469
Número quântico, 24
do momento angular orbital, 33
magnético, 34
magnético de spin, 39
principal, 31, 33
Números mágicos, 753
Nutricional, caloria, 250

Ocre de cromo, 712
Octanagem, 829
Octeto, 68
expandido, 90
incompleto, 92–93
Óleos essenciais, 800
Oligopeptídeos, 817
Orbitais antiligantes, 128
Orbitais atômicos, 31–33
antiligante, 128
camadas e subcamadas, 33–34
combinação linear de, 127
complexos de coordenação, 733–735
e, 734
e_g, 734
t_2, 734
t_{2g}, 733
teoria do campo cristalino e, 733–735
teoria do campo ligante e, 741–742

d, 33, 38
definição de, 31
degenerados, 34
densidade de probabilidade, 36
elétrons que ocupam os, 39-40
f, 33, 38
formas, 35–38
função de distribuição radial em, 36
híbridos, 119–123
ligante, 127
ns, 35
p, 33, 37, 38
s, 33, 35–36
simetria esférica, 33, 35
superfície-limite dos, 36–37
superponíveis, 177
teoria do campo ligante e, 741–742
Orbitais moleculares, 127–137
bandas de condução e, 225
bandas de valência e, 225
configurações eletrônicas de, 131–133
em moléculas diatômicas
heteronucleares, 134–135
homonucleares, 128–134
em moléculas poliatômicas, 135–137
níveis de energia de, 129–130
ordem de ligação de, 131
pi (π), 129–131
sigma (σ), 238–239
Ordem de curto alcance em líquidos, 195
Ordem de ligação, 78, 131
Ordem de longo alcance, em sólidos, 195
Ordem de reação, velocidade de reação e, 594–597
Ordem total, 595
Ortossilicatos, 220
Osmometria, 393, 395
Osmose, 388, 389-396
definição, 390
membranas semipermeáveis e, 390–391
reversa, 395
Ouro, 716, 717
Oxidação, F78–F79. Veja também Reações redox
na corrosão, 567–569
na precipitação, 533
Oxidantes, F82
Óxido de alumínio, 239, 667
Óxido de boro, 666
Óxido de magnésio, 661
Óxido de manganês, 713
Óxido nítrico, 681
Óxido nitroso, 681
como gás estufa, 650
Óxido protetor, 568
Óxidos, 647
bloco d, 647
bloco p, 647
bloco s, 647
Óxidos ácidos, 449–450
Óxidos anfotéricos, 450
Óxidos básicos, 449–450
Óxidos de enxofre, 690

Óxidos de ferro, 713
Óxidos de fósforo, 682–684
Óxidos de nitrogênio, 681–682
chuva ácida e, 490–491, 533
Óxidos dos halogênios, 696–697
Oxigênio, 685–686
ligações hidrogênio com, 192
Oxoácidos, F33
de enxofre, 690–691
de fósforo, 682–684
força dos, 467–470
Oxoânions de halogênios, 696–697
Oxoânions, F26, F30
Ozônio, 686

Padrões de difração, 17
Papel indicador universal, para pH, 457, 516–518, F72
Par isolado axial, 110
Par isolado equatorial, 110
Parafinas, 789, 829
Parâmetros de Arrhenius, 621–623
Parâmetros de van der Waals, 180–181
Paredes adiabáticas, 250–251
Paredes diatérmicas, 250, 251
Pares ácido-base conjugados, 447, 463–465
em tampões, 500–508
Pares de Cooper, 227
Pares isolados, 77
axiais, 110
equatoriais, 110
modelo VESPR de, 107–112
Pares redox, 537
Partícula em uma caixa, 24
níveis de energia da, 24–28
Partículas alfa (α), 3, 749
Partículas beta (β), 749
Partículas radioativas, 749–750
Partículas subatômicas, 2
pascal (unidade), 148, 246
Pauli, Wolfgang, 44
Pauling, Linus, 117
Pechblenda, 772
Pedra de enxofre, 687
Penetração de elétrons, 43–44
Pentabrometo de fósforo, 680
Pentacarbonila de ferro, 715
Pentacloreto de fósforo, 680
modelo VSEPR do, 105
Pentóxido de dinitrogênio, 681
Pentóxido de vanádio, 712
Peptídeo, 817
Percentagem em massa, F54
Perclorato de amônio, 697
Percloratos, 697
Perfil de reação, 626
Periodicidade, 51–53
Permanganato de potássio, 713, 802
Peróxido de hidrogênio, 689
Perxenato, 701
Perxenonato de bário, 701
Peso atômico, F42–F43
Peso molecular, F42–F43
PET (tomografia por emissão de pósitrons), 756
pH, 455–459
cálculo do, 456
da água, 688–689

de soluções em água, 472–482
autoprotólise e, 494–498
de ácidos fortes muito diluídos, 494–495
de ácidos fracos, 472–475, 496–497
de ácidos polipróticos, 483–493. Veja também Soluções de ácidos polipróticos
de base fracas, 475–477
de bases fortes muito diluídas, 494–495
de sais, 477–481, 484–485, 484–486
de soluções equimolares, 503
definição de, 455
do sangue, 506–507
equação de Henderson-Hasselbalch para o, 504–505
indicadores ácido-base e, 457, 516–518, F72
interpretação do, 455–457
medida do, 457
na análise qualitativa, 533–535
pOH e, 457–458
tampões e, 499–507
titulações ácido-base e, 509–522. Veja também Titulações ácido-base
Pirita, 714
Pirita de ferro, 687
Pirolusita, 713
Piroxenos, 220
Planck, Max, 13
Planejamento racional de fármacos, 104
Plano nodal, 37
Plásticos, 815
Poder polarizante, 98, 645
pOH, 457–458
Polarizabilidade, 645
de ligações iônicas, 97–98
de moléculas na fase gás, 189
Poli(metacrilato de metila), 812
Poliamidas, 811
Polieletrônicos, átomos, 42–49
blindagem de elétrons em, 42–44
configuração eletrônica e. Veja Configuração eletrônica
energias de orbital em, 42–44
penetração do elétron em, 42–44
princípio da construção e, 44–47
Poliésteres, 810–812
Poliestireno, 809, 813
Polietileno, 809, 814
Poliisopreno, 810
Polimerização
por adição, 808
por condensação, 810–812
via radicais, 808–809, 810
Polímero(s), 808–823
ácidos nucleicos, 820–821
carboidratos, 818–819
condutores, 815–816
copolímeros, 812–813
de adição, 808
definição de, 808
elasticidade de, 814
estereorregulares, 809
fórmulas de, 811–812

higroscópicos, 815
propriedades físicas de, 813–815
proteínas, 818–819
termoplásticos, 815
termorrígidos, 815
Polinucleotídeos, 820
Polissacarídeos, 819
Polissulfanos, 690
Polônio, 685, 688
Poluição, chuva ácida e, 490–491, 533
Ponte salina, 549–550
Ponto crítico, 361
Ponto de congelamento
abaixamento do, 388, 389–390
normal, 357
Ponto de ebulição, 271
elevação do, 388–390
ligações hidrogênio e, 191–192
normal, 303, 354
padrão, 303
Ponto de fusão, 270–271
normal, 303, 357
padrão, 303
Ponto estequiométrico, 509, 511, F90
em titulações polipróticas, 518–520
indicadores ácido-base e, 517–518
Ponto final do indicador, 517
Ponto triplo, 359
Pontos quânticos, 26, 230
Porcelana, 239
Porcentagem de desprotonação, 472
de ácido fraco, 472–474
Porcentagem de protonação, 475
Pósitron, 750
Potássio, 654–656
fontes de, 657
Potenciais padrão, 554–569, A16–A17
aplicações dos, 561–569
constantes de equilíbrio, 561–563
corrosão, 567–569
eletrodos seletivos para íons, 566–567
equação de Nernst, 563–566
cálculo de, 557–559
definição, 554, 555
lista de, 556, 557
positivo vs. negativo, 555–556, 559
propriedades dos, 554–559
série eletroquímica e, 559
valores numéricos de, 556, 557
Potencial de célula, 547–551
energia livre de Gibbs de reação e, 546–549
medida do, 550
padrão, 548
sinal do, 551
unidades de, 547
Prata, 716, 717
Precipitação, 530–536, F52
definição, 530
na análise qualitativa, 533–535
ordem de, 531–532
predição, 530–531
recristalização na, 533
seletiva, 531–532

110 Índice

Precipitação radioativa, 764
Precipitados, F68
  dissolução de, 533
Precisão, F9
Predições mol a mol, F87–F88
Pré-equilíbrio, 616
Pressão, 148–152
  crítica, 361
  energia livre de Gibbs e, 329–332
  medida da, 148–149
  osmótica, 391–393
  padrão, 150, 159–160
  unidades de, 150–151
Pressão atmosférica, medida da, 148
Pressão de vapor
  da água, 351, 357–363
  de misturas, 364–369
  diagramas de fase para a, 357–360
  ebulição e, 354–355
  equação de Clausius-Clapeyron
    para a, 353
  forças intermoleculares e, 350–
    351
  fração molar e, 364
  lei de Raoult e, 364, 369–370
  no equilíbrio dinâmico, 349–350
  origem da, 349–350
  solventes e, 365–366
  temperatura e, 351–354
  volatilidade e, 350–351
Pressão dos gases, 148–152
  lei dos gases ideais e, 156–160
  medida da, 148–149
  padrão, 150, 159–160
  pressão parcial, 163–166
    solubilidade e, 376
  total, 163–164
  unidades de, 150–151
Pressão osmótica, 391–393
Previsões massa a massa, F88–F90
Primeira energia de ionização,
  56–58
Primeira lei da termodinâmica, 256–
  257. *Veja também* Energia interna
Princípio *Aufbau*, 45
Princípio da construção, 44–47
Princípio da exclusão de Pauli, 44
  forças repulsivas e, 192–193
Princípio da incerteza, 19–21
Princípio de Avogadro, 155
Princípio de Heisenberg, 19
Princípio de Le Chatelier, 426–429
  equação de van 't Hoff e, 433–434
Processo básico com oxigênio, na
  produção de aço, 714
Processo Bayer, 665, 666
Processo cloro-álcali, 576, 657
Processo de Claus, 687
Processo de Downs, 576, 654
Processo de Frasch, 687
Processo de Hall, 665
Processo de Mond 715
Processo de Oswald, 682
Processo sol-gel, 239
Processos endotérmicos, 250
  espontâneos, 324
Processos exotérmicos, 250
Processos hidrometalúrgicos, 716
Processos pirometalúrgicos, 716
Processos reversíveis, 247–249

Produtos, F60
  de solubilidade, 523–525
Prolina, 817
Propagação nas reações em cadeia,
  618
Propagador da cadeia, 618
Propanona, 801
Propeno, 809
Propino, 778
Propriedades atômicas, 644–645
Propriedades coligativas, 388–396
  depressão do ponto de congela-
    mento, 388–390
  elevação do ponto de ebulição,
    388–389
  na determinação da massa molar,
    393
  osmose, 388, 389–396
Propriedades, F5
  extensivas, F8
  físicas, F5
  intensivas, F8
  químicas, F5
Propriedades físicas, F5
Propriedades magnéticas
  de complexos de coordenação,
    739–740
  de substâncias diamagnéticas, 739
  de substâncias paramagnéticas,
    133, 229, 739
Proteção catódica, 568
Proteínas, 817–819
  amino-ácidos de, 804, 817
  desnaturação, 819
  estrutura de
    primária, 817
    quaternária, 819
    secundária, 818
    terciária, 818
  estrutura terciária das, 818–819
Protocolo de Montreal, 633
Próton, 4, F17
  definição de, 445
Protonação, 446, F74
  percentagem, de base fraca,
    475–477
Purificação da água, 688–689

Quanta, 13
Quantidade de substância, F38
Quantização da energia, 24–28
Quartzita, 672
Quartzo, 220, 672
Quelatos, 726
Quernita, 664
Querosene, 829
Questões ambientais
  chuva ácida, 490–491, 533
  destruição da camada de ozônio,
    632–634, 798
quilocaloria (unidade), 250
quilograma (unidade), F6
Química
  definição de, F1
  história da, F1–F2
  níveis de, F2
  ramos da, F4
Química inorgânica, F4
Química nuclear, 747–776
  decaimento nuclear, 748–759

energia nuclear, 768–774
radioatividade, 760–767
Química orgânica, 777–830, F4
  grupos funcionais, 793–807. *Veja
    também* grupos funcionais
  hidrocarbonetos alifáticos, 778–
    792
  polímeros, 808–823
Química verde, F4
Quimioluminescência, 228
Quociente de reação, 403, 405–407

Radiação
  alfa (α), 748–750
  beta (β), 748–750
  de corpo negro, 11
  de fundo, 761
  dose absorvida de, 760
  dose equivalente de, 761
  efeitos biológicos da, 760
  eficiência biológica relativa, 761
  eletromagnética, 4
  gama (γ), 748–750
  infravermelha, 6
  intensidade da, 4, 14
  ionizante, 760
  nuclear, 760
  tipos de, 748–749, 750
  ultravioleta, 6
  unidades de, 760, 761
Radical, 88, 89
Radical, polimerização via, 808–809
  de alquenos, 810
Rádio, 659
Radioatividade, 760–767
  primeiros estudos da, 748–749
Radioisótopos
  meia-vida, 763–765
  usos de, 765–766
Radônio, 699
Raio atômico, 53–54, 644, 646
Raio covalente, 53, 101
Raio de Bohr, 33
raio de van der Waals, 53
Raio iônico, 54–56
Raios catódicos, 2
Raiz quadrada da velocidade qua-
  drática média, de moléculas na fase
  gás, 174–175
Ramificação de cadeia, 618
Raoult, François-Marie, 364
Raoult, lei de, 364, 369–370
Razão entre os raios, 213
Razão molar, F88
Razão nêutron-próton, estabilidade
  nuclear e, 753–754
Razão próton-nêutron, estabilidade
  nuclear e, 753–754
Reação de decomposição da água,
  649
Reação de deslocamento, 651
Reação de neutralização, F76
Reação de reforma, 651
Reação de transferência de prótons,
  445
Reação em cadeia via radicais, 618
Reação, energia livre de, 332–335
Reação, energia livre de Gibbs,
  332–335, 403–407
  em células galvânicas, 547–549
  potencial de célula e, 546–549

Reação(ões), F60
  bimolecular, 612
  competitivas, F96
  comportamento de Arrhenius,
    622–624
  de adição, 790, 808
    eletrofílica, 790–792, 794–795
  de condensação, 349–350, 683,
    803, 805, 808
  de eliminação, 790
  de neutralização, F76
  de primeira ordem, 594, 604–606,
    608
  de segunda ordem, 594, 606–608
  de substituição, 722, 789
    eletrofílica, 794–797
    nucleofílica, 798
  elementares. *Veja* Reações ele-
    mentares
  em cadeia, 618–619, 771–772
    fissão, 771–772
  espontâneas. *Veja* Reações espon-
    tâneas
  molecularidade, 612
  nuclear, 750–752, 771–772
  ordem de, 594–597
  redox. *Veja* Reações redox
  reversibilidade das, 397–399
  teoria das colisões e, 624–628
  termolecular, 612
  unimolecular, 612
Reações de hidrólise, 680, 798
Reações de ordem zero, 594
Reações de precipitação, F66–F70
Reações de pseudo-primeira ordem,
  604
Reações elementares, 611–617
  bimolecular, 612
  etapa determinante da velocidade
    da reação em, 616–617
  leis da velocidade de, 612–617
  molecularidade de, 612
  termolecular, 612
  unimolecular, 612
Reações espontâneas, 321–328
  critérios para, 325, 330–331
  energia livre de Gibbs e, 330. *Veja
    também* Energia livre de Gibbs
  equilíbrio e, 326–327
  sistema e vizinhança e, 321–326
Reações redox, 537–544, F78–F85
  agentes oxidantes e redutores em,
    F82–F83
  balanceamento, 538–543, F84
  constantes de equilíbrio e, 561–
    563
  definição, F79
  eletrodos seletivos a íons e,
    566–567
  em células galvânicas, 545–553,
    549–553. *Veja também* Células
    galvânicas
  meias-reações nas, 537
  na corrosão, 567–569
  na eletrólise, 571–577
  números de oxidação e, F80
  potenciais padrão nas, 534–569.
    Veja também Potenciais padrão
  série eletroquímica e, 559
Reagente limitante, F98

Reagentes antropogênicos, destruição da camada de ozônio e, 632
Reagentes, F60
Reatores nucleares, 771–772
  acidentes em, 764
Recristalização, de precipitados, 533
Redução, F78–F79. *Veja também* Reações redox
Redutor, F83
Refino por zona, 672
Regra de Hund, 45, 735
Regra do octeto, 77, 88
  exceções à, 88–93
Regra "Igual dissolve igual", 374–376
Relação de de Broglie, 17–18
Relações diagonais na Tabela Periódica, 60
Relações estequiométricas, F87
rem (unidade), 761
Rendimento da reação, F96
Rendimento percentual, F96
Replicação, DNA, 821
Repulsão dos pares de elétrons da camada de valência, 103–115
Resíduos, 817
Ressonância, 81–84
Retículos de Bravais, 210
RNA (ácido ribonucleico), 820–821
Roda das cores, 737
Roentgen-equivalente-homem (rem), 761
Rowland, Sherwood, 632–633
Rubídio, 654–656
Rutherford, Ernest, 3, 748–749, 755
Rutherfórdio, 757
Rutilo, 711
Rydberg, Johannes, 7

Sabões, 375
Sais de Epsom, 662
Sais de ferro, 714–715
Sais de odor desagradável, 679
Sal(is), F76
  precipitação de, 530–536
  solubilidade de, 527–528
Sal-gema, 656–657
Sangue, pH do, 506–507
Schrödinger, Erwin, 23, 30–31
Seção transversal de colisão, 625
Segunda energia de ionização, 56–58
Segunda equação do virial, 180
Segunda lei da termodinâmica, 297. *Veja também* Entropia
  sistemas isolados e, 321–328
Segunda lei do movimento de Newton, F10
segundo (unidade), F6
Selênio, 685, 688
Semicondutores, 224, 225–226, 672
Semicondutores extrínsecos, 226
Semicondutores intrínsecos, 225–226
Semicondutores tipo n, 226
Semicondutores tipo p, 226
Semipermeável, membrana, osmose e, 390–391
Separação de bandas, 225
Sequência de reação, 280
Sequestro de elementos do bloco d, 726

Série de Balmer, 7
Série de Lyman, 7
Série eletroquímica, 559
Série espectroquímica, 734–737
Série radioativa, 755
Serina, 817
sievert (unidade), 761
Silanos, 672, 676
Sílex, 675
Sílica, 220, 674–675
  no vidro, 240
Sílica-gel, 675
Silicatos, 220–221, 672
Silício, 670, 672
  germânio, 670
  óxidos de, 674–675
  propriedades do, 670
Silício amorfo, 672
Silicones, 815
Silvita, 657
Símbolos, A1–A3, F5, F6
Símbolos de estado, F61
Símbolos de Lewis, 70–71
Simetria esférica do orbital atômico, 33, 35
Síntese, F22
Sistema termodinâmico, mudança de entropia e, 321–326
Sistema Internacional (SI), unidades, A3–A4, F6
Sistema iônico ácido carbônico/hidrogenocarbonato, no equilíbrio ácido-base fisiológico, 506–507
Sistemas abertos, 243
Sistemas fechados, 243
Sistemas isolados, 243, 321–328
Slater, John, 117, 127
Sobrepotencial, 572
Soda cáustica, 657
Soda de limpeza, 657
Soda de padeiro, 657
Sódio, 654–656
Sol, 380
Sólidos, 201–215, F5
  amorfos, 201
  classificação de, 201–204, 201–215
  condução elétrica em, 224–225
  cristalinos, 68, 201, 209–212
  iônicos, 68, 203, 212–215
  metálicos, 203, 206–208
  moleculares, 203, 204
  ordem de longo alcance em, 195
  reticulares, 203, 205–206
Solomon, Susan, 633
Solubilidade, 373–382, 523–529
  coloides e, 380–382
  de gases, pressão e, 376
  de sais, 527–528, 530–536
  efeito do íon comum e, 525–526
  formação de íons complexos e, 527–528
  limites de, 373–382
  molar, 373, 523–525
    formação de íons complexos e, 527–528
  precipitação e, 530–536
  regra "igual dissolve igual", 374–376
  temperatura e, 377

Solução de Ringer lactada, 507
Solução estoque, F56
Soluções aquosas, F33, F52. *Veja também* Soluções, Água
  pH de, 472–482
    autoprotólise e, 494–498
    de ácidos fortes muito diluídos, 494–495
    de ácidos fracos, 472–475, 496–497
    de ácidos polipróticos. *Veja* Soluções de ácidos polipróticos
    de bases fortes muito diluídas, 494–495
    de bases fracas, 475–477
    de sais, 477–481, 484–485, 484–486
Soluções de ácidos polipróticos
  especiação de, 486–489
  pH de, 483–493
    concentração de íons e, 489–493
    de sais, 484–486
Soluções de eletrólitos, F66
Soluções de não eletrólitos, F66–F67
Soluções equimolares, pH de, 503
Soluções, F52. *Ver também* Misturas líquidas
  absorbância de, 738
  ácidas, F72
    de ácidos fracos, 472–475
  aquosas. *Veja* Soluções aquosas
  balanço de cargas em, 494
  balanço de materiais em, 494
  básicas, F72
    de bases fracas, 475–477
  concentração do soluto em, medidas da, 383, 385
  de não eletrólitos, F66–F67
  eletrólito, F66
  entalpia de, 377–380
  equimolares, pH de, 503
  estoque, F56
  ideais, 366
  isotônicas, 391
  lactadas de Ringer, 507
  não aquosas, F52
  pOH de, 457–458
  reais, 366
  saturadas, 373
  sólidas, F52
Soluções metal-amônia, 656
Soluções salinas, pH de, 477–481
Soluto(s), F52
  concentração, medidas de, 383, 385
  forças de London e, 374–375
Solventes, 366, F52
  pressão de vapor e, 365–366
  regra "igual dissolve igual", 374–376
Spins, 38–39
  emparelhados, 44
  paralelos, 44
Spintrônica, 712
SQUID (aparelho supercondutor de interferência quântica), 133
Stern, Otto, 39
Strassman, Fritz, 770

Subcamadas, 33–34
Sublimação
  definição, 269
  entalpia de, 269
Substância diamagnética, 133
Substância, F5
Substâncias anfipróticas, 450
  pH de soluções de, 484–486
Substâncias diamagnéticas, 739
Substâncias estáveis, 334
Substâncias inertes, 334
Substâncias insolúveis, F66, F70
Substâncias instáveis, 334
Substâncias lábeis, 334
Substâncias não lábeis, 334
Substâncias paramagnéticas, 133, 229
  metais d como, 739
Substâncias solúveis, F66, F70
Substituição eletrofílica em arenos, 794–797
Substituição nucleofílica, 798
Substrato, de enzimas, 635
Sulfato de alumínio, 667
Sulfato de magnésio, 662
Sulfato de sódio deca-hidratado, 657
Sulfeto de ferro, 689
Sulfeto de hidrogênio, 689–690
Sulfitos, 690
Superaquecimento, 271
Supercondutores, 224, 226–227
Supercondutores de alta temperatura, 227
Superesfriamento, 271
Superfície de energia potencial, 629
Superfície de potencial eletrostático, 107
Superfície Elpot, 107
Superfície-limite, 36–37
Superfluidez, 700
Superfosfato, 683
Superponíveis, orbitais, 177
Surfactantes, 375
Synroc, 773

Tabela de equilíbrio, 418–419
Tabela Periódica, 46–47, 51–63, F19–F21
  afinidade eletrônica e, 58–60
  blocos da, 51–52, f20
  efeito do par inerte e, 60
  elementos do bloco d na, 61–62, 705–746
  elementos do bloco p na, 61
  elementos do bloco s na, 60–61
  energia de ionização e, 56–58
  grupos na, 51, 52, F19. *Veja também* Grupo
  grupos principais na, 52, F19
  hidretos na, 646–647
  óxidos, 646, 647
  períodos longos na, 47
  períodos na, 47, 52, F19
  propriedades atômicas e, 644–645
  raio atômico e, 53–54
  raio iônico e, 54–56
  relações diagonais na, 60
  tendências de ligação em, 645–647
Talco, 220

Índice

Tálio, 664, 666
Tampão(ões), 499–507
  ação de, 499–500
  ácidos, 500
  alcalinos, 500
  básico, 500
  composição, 500
  definição, 499
  equação de Henderson-Hasselbalch para, 504–505
  fisiológicos, 506–507
  planejamento, 500–505
  usos, 499
Tecnécio
  na medicina nuclear, 756
  síntese do, 755–756
Técnica de fluxo interrompido, 590
Técnicas de separação, F53
Telas LED, 228–229
Telúrio, 685, 688
Temperatura
  colisões e, 624–628
  comportamento de Arrhenius e, 622–624
  crítica, 361
  da Terra, efeito estufa e, 650–651
  de congelamento, 357
  de transição, 305
  energia de ativação e, 623
  energia livre de Gibbs e, 329–332, 337–338
  entalpia de reação e, 285–287
  entropia e, 300–303
  equilíbrio e, 431–434
  na precipitação, 533
  notação da, 154
  padrão, 159–160
  pressão de vapor e, 351–354
  solubilidade e, 377
  velocidades de reação e, 621–624
Temperatura e pressão padrões (STP), 159–160
Tendências nas ligações, 645–647
Tendências periódicas, 644–648
Tensão superficial, 196
Teorema da equipartição, 260–261, 265–267
Teoria cinética molecular, 171–175
Teoria da ligação de valência, 117–126
Teoria das colisões, 624–628
Teoria de Brønsted-Lowry, 445, 477
Teoria de Lewis, 448–449
Teoria do campo cristalino, 733–735
Teoria do campo ligante, 741–742
Teoria do estado de transição, 628–629
Teoria dos orbitais moleculares, 127–137
Teoria quântica, 11–17
Teorias, F3
Teraftalato de polietileno (PETE), 810
Terapia por captura de nêutrons pelo boro, 756
Terceira equação do virial, 180
Terceira lei da termodinâmica, 314

Terminação das reações em cadeia, 618
Termodinâmica, 241–339
  calor e, 250–255
  definição de, 243
  energia livre de Gibbs e, 329–339
  entalpia e, 263–295
  entropia e, 296–328
  equilíbrio e, 350
  funções de estado e, 257–260. *Veja também* Funções de estado
  notação da, 244
  primeira lei da, 256–257. *Veja também* Energia interna
  processos reversíveis e, 247–249
  reações espontâneas e, 329–339
  segunda lei da, 297. *Veja também* Entropia
    sistemas isolados e, 321–326
  sistema e vizinhança, 250–251
  teorema da equipartição e, 260–261, 265–267
  terceira lei da, 314
  trabalho e, 243–250
  transições de fase e, 331–332
Termograma, 270
Termoplásticos, polímeros, 815
Termoquímica, 273–287. *Veja também* Entalpia de reação
Termorrígidos, polímeros, 815
Teste de Tollens
Tetracarbonila de níquel, 715
Tetracloreto de carbono, 675–676
Tetracloreto de silício, 676
Tetrafluoreto de xenônio, 700–701
Tetróxido de dinitrogênio, 681
Thomson, J. J., 2
Thomson, William (Lord Kelvin), 183
Timina, 820
Timol, 800
Tirosina, 817
Titanatos, 712
Titânio, 711–712
Titulação, definição de, 509, F90
Titulação redox, F90
Titulações ácido-base, 509–522, F90
  ácido forte-base forte, 509–511
  ácido forte-base fraca, 511–515
  ácido fraco-base forte, 511–516
  ácido poliprótico, 518–520
  analito em, 509, F90
  cálculo do pH em, 510
  curva do pH em, 509–511
  indicadores para, 457, 516–518, F72
  ponto estequiométrico em, 509, 511, F90
    em titulações de ácidos polipróticos, 518–520
    indicadores ácido-base em, 517–518
  titulante em, 509, F90
Tomografia de emissão de pósitrons (PET), 756
torr (unidade), 150
Torricelli, Evangelista, 148

Trabalho, 244–250, F10
  de expansão, 245–249
  de não expansão, 245
  energia livre de Gibbs e, 335–337
  processos reversíveis e, 247–249
  unidades de, 246
Traçadores radioativos, 765–766
Trajetória, 19
Transesterificação, 803
Transferência de calor
  em pressão constante, 263–264, 274–276
  em volume constante, 264–265, 274–276
  medida da, 253–254
Transição, 8
Transição, temperatura de, 305
Transições d–d, 737
Transições de fase, 357. *Veja também* Congelamento; Fusão; Vaporização
  definição de, 349
    energia livre de Gibbs e, 331–332
    termodinâmica e, 331–332
Transições de transferência de carga, 737
Transmutação dos elementos, 755–756
Transmutação induzida por nêutron, 757
Transmutação nuclear, 751
Tremolita, 220
Treonina, 817
Trício, 763–764, F19
Tricloreto de boro, 666
Tricloreto de fósforo, 680
Tricloreto de nitrogênio, 679–680
Triestearina, 802
Trifluoreto de boro, 666, 668
  modelo VSEPR do, 105
Trifluoreto de bromo, 695
Trifluoreto de nitrogênio, 679–680
Trifosfato de adenosina (ATP), 346, 683–684
Triiodeto de nitrogênio, 680
Trinitro-fenol, 793
Trióxido de dinitrogênio, 681, 682
Trióxido de enxofre, 690–691
Trióxido de xenônio, 701
Triptofano, 817
Trouton, regra de, 304

Uhlenbeck, George, 38
Unidades, A1–A5, F5–F8
Unidades básicas, F6
Unidades derivadas, F6
Unidades repetidas, 808
Unidades SI, F6
Universo na termodinâmica, 243
Uracila, 820
Urânio enriquecido, 772

Valência, 77, 645
  variável, 69
Valina, 817
van der Waals, Johannes, 180
Vanádio, 711, 712
Vanilina, 795, 801
Vapor, F5
  liquefação do, 182–183, 360–361

Vaporização
  como transição de fase, 357
  condensação e, 349–350
  entalpia de, 267–268
  entropia de, 303–304
Variação isotérmica, 153
Veículos híbridos, células a combustível para, 586
Velocidade de reação, 588–599
  catalisadores e, 631–638. *Veja também* Catalisadores
  concentração e, 588–590, 592–593
  de reações de ordem zero, 594
  definição, 588
  equilíbrio e, 617–618
  etapas determinantes da, 616–617
  fentoquímica e, 591
  inicial, 592
  instantânea, 591–592
  leis da velocidade e, 592–597. *Veja também* Leis da velocidade
  média, 588–590
  ordem de reação e, 594–597
  temperatura e, 621–624
Velocidade, F9
  de moléculas de gases
    distribuição de Maxwell, 175–177
    raiz quadrada média, 174–175
  relativa média, 625
Velocidade líquida de formação, 613–614
Velocidade média única da reação, 590
Velocidade relativa média, 625
Veneno, enzima, 636–637
Vidro, 240
Vidro de borossilicato, 240
Vidro de cal-soda, 240
Viscosidade de líquidos, 195–196
Vitamina B_{12}, 721
Vitrificação, 773
Vizinhança, termodinâmica, 243–244
  variação na entropia e, 321–326
volt (unidade), 547
Volta, Alessandro, 545
Voltagem, 545
Voltímetros eletrônicos, 550
Volume, F6
  entropia e, 298–300
  molar, dos gases, 155, 159-160, 166–168
Vulcanização da borracha, 814

Waage, Peter, 399
watt (unidade), A4

Xenônio, 699, 700–701

Zeólitas, 380, 635, 687
Zero absoluto, 315
  entropias absolutas e, 315
  procura por, 315–316
Ziegler-Natta, catalisador de, 809, 810
Zinco, 716, 717
  na saúde humana, 721
Zircônio, 220
Zwitterions, 804

EQUAÇÕES IMPORTANTES

1. Geral

Raízes da equação $ax^2 + bx + c = 0$:

$$x = \frac{-b \pm (b^2 - 4ac)^{1/2}}{2a}$$

Energia cinética de uma partícula:

$$E_c = \frac{1}{2} mv^2$$

Energia potencial gravitacional de um corpo de massa m a altura h:

$$E_p = mgh$$

Energia potencial de Coulomb para duas cargas Q_1 e Q_2 com separação r no vácuo:

$$E_p = Q_1 Q_2 / 4\pi\varepsilon_0 r$$

2. Estrutura e Espectroscopia

Relação entre o comprimento de onda, λ, e a frequência, ν, da radiação eletromagnética:

$$\lambda\nu = c$$

Energia de um fóton de radiação eletromagnética de frequência ν:

$$E = h\nu$$

Relação de de Broglie:

$$\lambda = h/p$$

Princípio da incerteza de Heisenberg:

$$\Delta p \Delta x \geq \frac{1}{2}\hbar$$

Energia de uma partícula de massa m em uma caixa unidimensional de comprimento L:

$$E_n = n^2 h^2 / 8mL^2 \quad n = 1, 2, \ldots$$

Condição de frequência de Bohr:

$$h\nu = E_{\text{mais alto}} - E_{\text{mais baixo}}$$

Níveis de energia de um átomo hidrogenoide de número atômico Z:

$$E_n = -Z^2 h\mathcal{R}/n^2, n = 1, 2, \ldots$$

Carga formal:

$$\text{Carga formal} = V - \left(L + \frac{1}{2}D\right)$$

3. Termodinâmica

Lei do gás ideal:

$$PV = nRT$$

Trabalho de expansão contra uma pressão externa constante:

$$w = -P_{\text{ex}}\Delta V$$

Trabalho de expansão isotérmica reversível de um gás ideal:

$$w = -nRT \ln (V_{\text{final}}/V_{\text{inicial}})$$

Primeira lei da termodinâmica:

$$\Delta U = q + w$$

Definição da variação de entropia:

$$\Delta S = q_{\text{rev}}/T$$

Definição de entalpia:

$$H = U + PV$$

Definição de energia livre de Gibbs:

$$G = H - TS$$

Variação da energia livre de Gibbs em temperatura constante:

$$\Delta G = \Delta H - T\Delta S$$

Relação entre as capacidades caloríficas molares em pressão constante e em volume constante:

$$C_{P,m} = C_{V,m} + R$$

Entalpia de reação padrão ($X = H$) e energia livre de Gibbs ($X = G$) a partir de entalpias padrão e energias livres de Gibbs de formação padrão:

$$\Delta X^\circ = \Sigma\, n\Delta X_f^\circ(\text{produtos}) - \Sigma\, n\Delta X_f^\circ(\text{reagentes}), n \text{ em mols}$$

$$\Delta X_r^\circ = \Sigma\, n\Delta X_f^\circ(\text{produtos}) - \Sigma\, n\Delta X_f^\circ(\text{reagentes}), n \text{ sem dimensões}$$

Entropia de reação padrão:

$$\Delta S^\circ = \Sigma\, nS_m^\circ(\text{produtos}) - \Sigma\, nS_m^\circ(\text{reagentes}), n \text{ em mols}$$

$$\Delta S_r^\circ = \Sigma\, nS_m^\circ(\text{produtos}) - \Sigma\, nS_m^\circ(\text{reagentes}), n \text{ sem dimensões}$$

Lei de Kirchhoff:

$$\Delta H_2^\circ = \Delta H_1^\circ + \Delta C_P (T_2 - T_1)$$

Variação de entropia quando uma substância de capacidade calorífica constante, C, é aquecida de T_1 até T_2.

$$\Delta S = C \ln (T_2/T_1)$$

Variação de entropia na expansão isotérmica de um gás ideal de V_1 até V_2:

$$\Delta S = nR \ln (V_2/V_1)$$

Fórmula de Boltzmann para a entropia estatística:

$$S = k \ln W$$

Variação de entropia de vizinhança em um processo em um sistema com variação de entalpia ΔH:

$$\Delta S_{\text{viz}} = -\Delta H/T$$

4. Equilíbrio e eletroquímica

Definição de atividade (para sistemas ideais)

Para um gás ideal: $a_J = P_J/P^\circ$, $P^\circ = 1$ bar

Para um soluto em uma solução ideal: $a_J = [J]/c^\circ$, $c^\circ = 1$ mol$\cdot$L^{-1}

Para um líquido ou sólido puros: $a_J = 1$

Quociente de reação e constante de equilíbrio:

Para a reação $a\,A + b\,B \longrightarrow c\,C + d\,D$, $Q = a_C^c a_D^d / a_A^a a_B^b$

Para o equilíbrio $a\,A + b\,B \rightleftharpoons c\,C + d\,D$,
$$K = (a_C^c a_D^d / a_A^a a_B^b)_{\text{equilíbrio}}$$

Variação da energia livre de Gibbs com a composição:

$$\Delta G_r = \Delta G_r^\circ + RT \ln Q$$

Relação entre a energia livre de Gibbs de reação padrão e a constante de equilíbrio:

$$\Delta G_r^\circ = -RT \ln K$$

Equação de van't Hoff:

$$\ln \frac{K_2}{K_1} = \frac{\Delta H_r^\circ}{R}\left(\frac{1}{T_1} - \frac{1}{T_2}\right)$$

Relação entre K e K_c:

$$K = (RTc^\circ/P^\circ)^{\Delta n_{\text{gás}}} K_c \qquad P^\circ/Rc^\circ = 12{,}03 \text{ K}$$

Equação de Clausius-Clapeyron

$$\ln \frac{P_2}{P_1} = \frac{\Delta H_{\text{vap}}^\circ}{R}\left(\frac{1}{T_1} - \frac{1}{T_2}\right)$$

Relação entre a energia livre de Gibbs e o tamanho máximo de não expansão:

$$\Delta G = w_{\text{e,max}} \text{ em temperatura e pressão constantes}$$

Relação entre pH e pOH:

$$\text{pH} + \text{pOH} + pK_w$$

Relação entre constantes de acidez e basicidade de um par ácido-base conjugado:

$$pK_a + pK_b = pK_w$$

Equação de Henderson-Hasselbach:

$$\text{pH} = pK_a + \log ([\text{base}]_{\text{inicial}}/[\text{ácido}]_{\text{inicial}})$$

Relação entre a energia livre de Gibbs de reação e o potencial de célula:

$$\Delta G = -nFE_{\text{célula}}$$

Relação entre a constante de equilíbrio de uma reação de célula e o potencial padrão de célula:

$$\ln K = nFE_{\text{célula}}^\circ/RT$$

Equação de Nernst:

$$E_{\text{célula}} = E_{\text{célula}}^\circ - (RT/nF) \ln Q$$

5. Cinética

Velocidade média de reação:

$$\text{Velocidade de consumo de R} = -\frac{\Delta[\text{R}]}{\Delta t}$$

$$\text{Velocidade de formação de P} = \frac{\Delta[\text{P}]}{\Delta t}$$

Velocidade de formação única de $a\,A + b\,B \longrightarrow c\,C + d\,D$

Velocidade de reação média única $= -\dfrac{1}{a}\dfrac{\Delta[\text{A}]}{\Delta t} = -\dfrac{1}{b}\dfrac{\Delta[\text{B}]}{\Delta t} = \dfrac{1}{c}\dfrac{\Delta[\text{C}]}{\Delta t} = \dfrac{1}{d}\dfrac{\Delta[\text{D}]}{\Delta t}$

Leis de velocidade integrada:

Para a Velocidade de desaparecimento de A $= k[\text{A}]$,

$$\ln \frac{[\text{A}]_t}{[\text{A}]_0} = -kt \ \ [\text{A}]_t = [\text{A}]_0 e^{-kt}$$

Para a Velocidade de desaparecimento de A $= k[\text{A}]^2$,

$$\frac{1}{[\text{A}]_t} - \frac{1}{[\text{A}]_0} = kt, \quad [\text{A}]_t = \frac{[\text{A}]_0}{1 + [\text{A}]_0 kt}, \quad \frac{1}{[\text{A}]_t} = kt + \frac{1}{[\text{A}]_0}$$

Meia-vida de um reagente em uma reação de primeira ordem:

$$t_{1/2} = (\ln 2)/k$$

Equação de Arrhenius:

$$\ln = \ln A - E_a/RT$$

Constante de velocidade em uma temperatura em termos de seu valor em outra temperatura:

$$\ln \frac{k_2}{k_1} = \frac{E_a}{R}\left(\frac{1}{T_1} - \frac{1}{T_2}\right)$$

Constante de equilíbrio em termos das constantes de velocidade:

$$K = k_{\text{direta}}/k_{\text{inversa}}$$

OS ELEMENTOS

Elemento	Símbolo	Número atômico	Massa molar* (g·mol^{-1})	Elemento	Símbolo	Número atômico	Massa molar* (g·mol^{-1})
Actínio	Ac	89	(227)	Lantânio	La	57	138,91
Alumínio	Al	13	26,98	Laurêncio	Lr	103	(262)
Amerício	Am	95	(243)	Lítio	Li	3	6,94
Antimônio	Sb	51	121,76	Lutécio	Lu	71	174,97
Argônio	Ar	18	39,95	Magnésio	Mg	12	24,31
Arsênio	As	33	74,92	Manganês	Mn	25	54,94
Astatínio	At	85	(210)	Meitnério	Mt	109	(268)
Bário	Ba	56	137,33	Mendelévio	Md	101	(258)
Berílio	Bk	97	(247)	Mercúrio	Hg	80	200,59
Berkélio	Be	4	9,01	Molibdênio	Mo	42	95,94
Bismuto	Bi	83	208,98	Neodímio	Nd	60	144,24
Bório	Bh	107	(264)	Neônio	Ne	10	20,18
Boro	B	5	10,81	Netúnio	Np	93	(237)
Bromo	Br	35	79,90	Nióbio	Nb	41	92,91
Cádmio	Cd	48	112,41	Níquel	Ni	28	58,69
Cálcio	Ca	20	40,08	Nitrogênio	N	7	14,01
Califórnio	Cf	98	(251)	Nobélio	No	102	(259)
Carbono	C	6	12,01	Ósmio	Os	76	190,23
Cério	Ce	58	140,12	Ouro	Au	79	196,97
Césio	Cs	55	132,91	Oxigênio	O	8	16,00
Chumbo	Pb	82	207,2	Paládio	Pd	46	106,42
Cloro	Cl	17	35,45	Platina	Pt	78	195,08
Cobalto	Co	27	58,93	Plutônio	Pu	94	(244)
Cobre	Cu	29	63,55	Polônio	Po	84	(209)
Copernício	Cn	112	(285)	Potássio	K	19	39,10
Criptônio	Kr	36	83,80	Praseodímio	Pr	59	140,91
Cromo	Cr	24	52,00	Prata	Ag	47	107,87
Cúrio	Cm	96	(247)	Prométio	Pm	61	(145)
Darmstádtio	Ds	110	—	Protactínio	Pa	91	231,04
Disprósio	Dy	66	162,50	Rádio	Ra	88	(226)
Dúbnio	Db	105	(262)	Radônio	Rn	86	(222)
Einstênio	Es	99	(252)	Rênio	Re	75	186,21
Enxofre	S	16	32,06	Ródio	Rh	45	102,90
Érbio	Er	68	167,26	Roentgênio	Rg	111	—
Escândio	Sc	21	44,96	Rubídio	Rb	37	85,47
Estanho	Sn	50	118,71	Rutênio	Ru	44	101,07
Estrôncio	Sr	38	87,62	Rutherfórdio	Rf	104	(261)
Eurófio	Eu	63	151,96	Samário	Sm	62	150,36
Férmio	Fm	100	(257)	Seabórgio	Sg	106	(266)
Ferro	Fe	26	55,84	Selênio	Se	34	78,96
Flúor	F	9	19,00	Silício	Si	14	28,09
Fósforo	P	15	30,97	Sódio	Na	11	22,99
Frâncio	Fr	87	(223)	Tálio	Tl	81	204,38
Gadolínio	Gd	64	157,25	Tântalo	Ta	73	180,95
Gálio	Ga	31	69,72	Tecnécio	Tc	43	(98)
Germânio	Ge	32	72,64	Telúrio	Te	52	127,60
Háfnio	Hf	72	178,49	Térbio	Tb	65	158,93
Hássio	Hs	108	(277)	Titânio	Ti	22	47,87
Hélio	He	2	4,00	Tório	Th	90	232,04
Hólmio	Ho	67	164,93	Túlio	Tm	69	168,93
Hidrogênio	H	1	1,0079	Tungstênio	W	74	183,84
Índio	In	49	114,82	Urânio	U	92	238,03
Iodo	I	53	126,90	Vanádio	V	23	50,94
Irídio	Ir	77	192,22	Xenônio	Xe	54	131,29
Itérbio	Yb	70	173,04	Zinco	Zn	30	65,41
Ítrio	Y	39	88,91	Zircônio	Zr	40	91,22

*Parênteses em torno da massa molar indicam o isótopo mais estável de um elemento radioativo.